发阐常道

一统科学

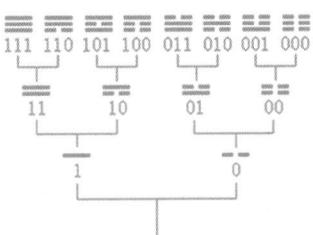

《周易》提出的"太极—二仪—四象—八卦—万物"
认识论模型乃是构建统一科学理论体系的二叉树逻辑结构。

作者简介

庄世坚 教授级高级工程师，厦门市环境科学学会理事长，全国生态文明研究与促进会理事，全国环境监测技术委员会委员。自幼生长在中国的厦门市，1982年初大学毕业即回乡参加生态环境保护工作，历任厦门市环境监测中心站总工程师、副站长和厦门市环境保护局副局长、巡视员。业内，因学术成果颇丰而享受国务院颁发的政府特殊津贴，获全国首届学习型家庭、厦门市拔尖人才等诸多荣誉称号。业余，痴迷于统一科学研究，探索出单元系统形态转化基元规律的普适真理。在其专著《统一科学初探》获奖后，又矢志融通各个基础学科，建立起了逻辑自洽的统一科学理论体系。

统一科学
——融基础学科于一体（上）

庄世坚 著

厦门大学出版社　国家一级出版社
XIAMEN UNIVERSITY PRESS　全国百佳图书出版单位

图书在版编目(CIP)数据

统一科学:融基础学科于一体/庄世坚著.—厦门:厦门大学出版社,2018.3
ISBN 978-7-5615-6808-8

Ⅰ.①统… Ⅱ.①庄… Ⅲ.①学科学 Ⅳ.①G301

中国版本图书馆 CIP 数据核字(2017)第 305061 号

出 版 人	郑文礼
责任编辑	郑　丹　李峰伟
封面设计	李嘉彬
技术编辑	许克华

出版发行　厦门大学出版社

社　　址	厦门市软件园二期望海路 39 号
邮政编码	361008
总编办	0592-2182177　0592-2181406(传真)
营销中心	0592-2184458　0592-2181365
网　　址	http://www.xmupress.com
邮　　箱	xmupress@126.com
印　　刷	厦门集大印刷厂

开本　787mm×1092mm　1/16
印张　101.75
插页　4
字数　2108 千字
版次　2018 年 3 月第 1 版
印次　2018 年 3 月第 1 次印刷
定价　598.00 元(上下册)

本书如有印装质量问题请直接寄承印厂调换

厦门大学出版社
微信二维码

厦门大学出版社
微博二维码

内容简介

把众多学科"统而为一",并建立统一科学的普适理论,是古往今来多少先哲大师、智者志士乃至科学爱好者梦寐以求的奋斗目标。本书以不同领域、各种事物形态变化规律所呈现的同型性为令人醒悟之醍醐,首次揭示了单元系统形态转化基元规律,期望建立"放诸四海而皆准"的普适真理来演绎不同学科的基本理论与规律。本书按《周易》创造的"太极—二仪—四象—八卦—万物"的二分法,建立了逻辑自洽的理论体系,在不同基础学科的融合过程中,获得了诸多原创性发现,不仅阐明了双曲函数、三角函数、正态分布和复数及黄金数隐含的天机,澄清了坐标系、质向量、信息、熵、势、力、时空等概念的本质,像逻辑斯蒂分布、相对论、谐振子、波粒二象性、零点能和浑沌机制等许多理论的内涵也能顺理成章地被演绎,许多司空见惯的物理常数和扩散参数也都一一破解,甚至在圆形极坐标系中用二维伊辛模型解开了穷幽极渺的太极图谜团。相信只要读者系统地洗心品读这一部启人深思的巨著,就可以领略到统一科学的壮丽景象。

绪　言

科学是人类在认识自然、走向文明的过程中创造的奇迹,是人类理性认识能力与认知成果的载体,也是古往今来无数科学家心血和智慧的结晶。在不同的历史时期,人们穷睇眄于天人之际,极遐思于古今之变,以其三五九等的有限的认识能力,按特定的层次、特定的侧面和特定的角度,把一个完整的世界条分缕析映射成为不同学科的知识门类。

一方面,不同的学科在外延拓展中,其内涵日益精细化,使得人类关于不同事物的理性知识包罗万象、浩如烟海。任何人即使穷毕生之力也无法全部加以通晓,更不可能曲尽其妙;另一方面,不同学科建立的科学理论、概念和语言五花八门,人们所揭示的经验规律或思维模型也琳琅满目。有的领域的道理被人们用不同的学科语言重复唠叨或进行学术折腾,有的领域却始终留白,无人问津。

法国数学家庞加莱指出,科学的发展道路一直有两个相反的走向:其一是走向统一与简单,其二是走向变化与复杂。在不同的时期,科学工作者也都分成两个阵营:少数人选择了统一与简单的进路,在纯粹科学和基础科学"无用"的有限空间空透一切直至根本,去领悟科学统一的真谛和追寻宇宙至简的真理之梦;多数人则选择了变化与复杂的进路,在应用科学和技术科学广袤而生动的无限空间自由创新,因为创新最容易在细枝末叶长出新芽,且开发的事物实用功能可以直接获得当下的利益。

把学科统而为一,昭真理一以贯之,一直是人类科学与文明发展的最高目标。追逐这一梦想,成了古往今来多少先哲大师、科学家乃至普通科学爱好者的人生最高境界。它的无限魅力激励着一代代求真者,为建立统一科学的伊甸园矢志不渝、终身不辍。近代以来,牛顿、麦克斯韦、爱因斯坦等物理学大师都在时空中努力探寻物质和运动的世界本源与万物之理,理论物理学界更是投入巨资来验证终极理论的模型及相关论据是否完备。20世纪初,西方哲学界还发起了科学统一的国际运动,并出现了一系列的科学统一观。此后,以系统论、控制论和信息论以及耗散结构论、协同论、突变论为代表的现代系统理论突破了物理学受制实证主义的羁绊,试图以各种不同的理论范式和方法建立起统一的科学理论体系。然而,他们都壮志未酬。

统一科学研究是一项汇聚人类集体智慧的事业,这是一门包罗万象又总括万殊的大学问,需要真正做到通识、通达、通变。首先,要建立宏伟的统一科学理论体系,就要有战略科学家心广思远的博大胸怀,要有将所有的学问和学科的壁障都打通的气势;其次,为了让真理脱颖而出一穷究竟,就要秉具科学缜密的思维方法和敢于颠覆人们传统的思维定势与某些根深蒂固的概念;再次,不仅要有腹笥甚广的知识面和深厚坚实的理论功底,还要有对各学科广博睿智的通识和精深幽邃的洞察,才能有通贯一体的识见来全面系统地整合各个学科的鸿沟;最后,能够接受实践或其他方式检验的科学理论都应是具有开创性、独特性、启发性的,唯有正确的普遍性理论才能够成为经世的经典与闳阔明丽科学殿堂中永恒的基石。

科学的原始性创新突破往往不是通过人为计划和组织来实现的,而常常在理论与思想交汇的要冲中产生的,在人们对真理的自由思考和不懈探索中取得成功。因此,统一科学的研究绝非是科学家们"高大上"的专利,也不仅仅是职业科学工作者高精尖的"冒险"事业,古今中外都有少数民间科学探索高手自觉地加入这一行列。尽管在无花无色的基础科学领域数十年如一日地探索最基本也是最困难的科学统一问题是十分清苦的,但是这些人却甘之如饴地享受这个过程,因为他们怀揣着追求真理的纯洁目标,相信有朝一日,人类能够掌握统一科学的万能钥匙。正是这样的信念与痴迷驱动着他们勇敢地蔑视潮流,以浓厚的兴趣乐此不疲地去领悟宇宙真谛,坚持不懈地做跨学科的研究工作,阐幽发微地去揭示闳廓深远的科学奥秘。

20世纪末,科学进入了一个需要而且一定能够产生理论和思想的时代,大科学的风头推拥着统一科学成为时代潮头上引人注目的前沿。人们达成了共识,即科学的统一并不是要构成现有学科交叉或连缀的大拼盘,而是要建立融通所有学科的横断科学,并提供不同学科都适用的概念、原理和方法。实现科学的统一,也并非取消学科划分或回到古代科学的混沌状态,而是要使相应的学科消弭鸿沟改变无序发展的状态。

20世纪八九十年代,笔者在环境科研中涉猎不同学科而发现了"公理"之美妙,并因企图建立环境科学的基础理论而迷上了统一科学。通过自觉地对一些经典学科的各种不同形态的概念、变量和规律进行比较、归纳、分析和研究,推导了普适于各种层面的事物形态转化基元规律。事物形态转化基元规律在平衡态、准平衡态、近平衡态和远离平衡态可以有不同的简化形式,赋予其质向量以特殊的意义后,就可以一个个地演绎出不同学科中不同事物特殊形态的变化规律。为此,笔者把这一探索过程所揭示的事物形态转化基元规律及其演绎的知识归纳后,于1998年出版了《统一科学初探》一书。

《统一科学初探》以不同领域各种事物形态变化所呈现的同型规律为依据,来审视不同学科的统一性和万宗的同源性。科学发现确实只有第一没有第二,在探索未知的神秘世界时,开悟出常道的真谛也确实比求知问学更为重要。然而,开创性的发现又大都是在不十分成熟的条件下取得的。《统一科学初探》虽然揭示了反映任何事物形态本质逻辑联系的金科玉律,但所建立的统一科学理论体系确实只是初级的探索,像各个经典学科奉为圭臬的诸多经验定律、基本规律和不同的原理并没有被演绎出来。因此,要宣告说人们日用而不知的事物形态转化基元规律就是一统所有学科的普世真理,必然是不可能诚服天下的,甚至还可能引来痴人说梦的骂名。

经历了8年朝斯夕斯、念兹在兹的思考与探索。2006年,笔者有机会到以色列参加有关生态文明的培训,在嘉利利国际管理学院非常宁静的环境中,笔者认真梳理了以往苦心孤诣探究统一科学的思绪以及融通基础学科的途径,终于领悟了统一科学恢弘理论体系的内在关系:统一科学是人类文明的结晶,其理论大厦的逻辑框架应该按照中国古代《周易》创造的"太极—两仪—四象—八卦—万物"的认识论模型来搭建。以质向量为形态参量所揭示的单元系统形态转化基元规律,可以定性、定量、定向地描述任何层次非系统(平衡态)→系统(失衡态)→变相点→系统(失衡态)→非系统(平衡态)的形态变化规律,也可以引申出一元系统形态分布基元规律,还可以演绎出特殊事物形态变化规律或分布规律。按照二分法的路线图,太极空间的单元系统、两仪空间的一元系统、四象空间的二元系统、八卦空间的四元系统和六十四卦空间的多元系统的形态变化规律或分布规律也都可以一一地演绎出来。这种经由一般提炼与演绎推理来构建统一科学理论体系的过程,是以提纲挈领的方式把握道枢,纲举目张地网罗浩繁卷帙中的大小道理。

如果《统一科学初探》所揭示的事物形态转化基元规律是不离于世界须臾的反映一切事物形态变化的最一般规律,那么这一"放之四海而皆准"的普遍真理反过来就可以贯通所有的系统,从而统一所有的学科,并建立起逻辑自洽的理论体系。如果建立了融通各个基础学科的理论体系,也就建立了统一科学。

十多年来,笔者在业余时间潜心学问、钻之弥坚,兀自坚守于《统一科学》这部巨著的著述中。在构建统一科学理论体系的工程中,不仅要把整个科学之树的逻辑结构明晰地展现出来,而且要博古通今、文理渗透、传道解惑、金针度人,还要纵横捭阖、中西融汇、取精用弘、宏括万方。有道是"真佛只说家常话",真理就在常识中。《统一科学》甚至要尽可能用大众化的表述形式为读者提供启人深思的视野开阔的平台,以简洁的公式深入浅出地表达深奥的科学道理,使广大读者都不会感觉到仰观统一科学理论殿堂的艰难和敬畏的隔阂。

最值得称道的是,《统一科学》冒天下之道获致了诸多经典理论与概念的独到见解,不仅阐明了双曲函数、三角函数、正态分布、复数及黄金数隐含的天机,澄清了坐标系、质向量、信息、熵、势、力、时空等概念的本质,而且轻而易举地推演出物理、化学、数学和生物学等教科书中的经典规律,像逻辑斯蒂分布、相对论、谐振子、波粒二象性、零点能、浑沌机制等理论的丰富内涵都顺理成章地被演绎,甚至许多司空见惯的物理常数和扩散参数也都一一被破解。令人击节的是,统一科学在一维质向量坐标系中发现了一元系统形态转化基元规律,并在圆形极坐标系中用二维伊辛模型解开了穷幽极渺的太极图谜团,把二元系统和三元系统的形态转化基元规律直接刻画出含考纽螺线的太极图和伏羲八卦太极图,昭示了困惑人们千年的"天机"。

亲爱的读者,在你打开眼前这部厚重的著作时,你肯定不敢相信,一统学科的伟大志业终将在此圆梦,这一本启人深思的书竟然通解了最根本的万有一统的科学道密。不过,作为本书的读者,你事实上已经自觉不自觉地担当了一名大跨度科学理论的思想裁判。当然,在现今大思想式微与碎片信息蓬勃的"扁平"世界里,以浅尝辄止的悦读或浮躁心态的浏览是难以洞悉本书所阐述的科学道理之真谛。不过,只要读者系统地洗心品读,就可以领略其中学科通融那令人叹绝的神韵,也就可以客观评判本书是否真正名至实归地建立了科学统一的殿堂。

英国著名科学家史蒂芬·霍金在《万有理论》宇宙的起源与归宿中最后说:"如果我们确实发现了一套完整的(大统一)理论,它应该在一般的原理上及时让所有人(而不仅仅是少数科学家)所理解。"统一科学道统的形成可以说是科学理论体系的重建,《统一科学》的问世将成为融通各个学科的嚆矢。面对统一科学开放的殿堂,每一个读者都可以随意登堂入室窥其"万科一道"之堂奥。相信每一个读者了解了真理的底蕴和深邃独到的不同学科融通过程的魅力,一定会与笔者同道共鸣,获得难以言表的欢愉和成就感,自觉能动地"遵道而贵德",应用统一科学中不同层级的各种规律和基础理论来造福人类。

在构建统一科学理论体系的庞大工程中,此出版项目得到了"厦门市优秀人才专项资金"资助,特此深表谢意!

庄世坚

2017年11月于鹭岛筼筜湖畔

目录(上册)

无极篇　科学导论与基本概念

第一章　当代科学的出路 … 3
　第一节　科学的来龙去脉 … 3
　第二节　科学正迈向统一 … 14
　第三节　科学与道学同脉 … 25
　第四节　科学的统一对象 … 37
　第五节　科学道枢与道统 … 49

第二章　中华文明与《周易》 … 63
　第一节　中华文明的源流 … 63
　第二节　《周易》思想概述 … 74
　第三节　《周易》的世界观 … 85
　第四节　《周易》的认识论 … 96
　第五节　《周易》的方法论 … 109

第三章　科学的基本概念 … 124
　第一节　科学理论的认知基础 … 124
　第二节　理性认识的基本方法 … 135
　第三节　认知体系的基本构架 … 148
　第四节　定量基准与向量基准 … 161
　第五节　表达知识的基本语言 … 173

第四章　质向量与坐标系 … 186
　第一节　质向量坐标系空间开显 … 186
　第二节　向量空间中的运算法则 … 198
　第三节　质向量空间的解析模型 … 217
　第四节　度量形态的基干质向量 … 229

| 第五节 | 度量形态的基础质向量 | 244 |

太极篇　太极空间与基元规律

第五章　科学大道的揭示 259
- 第一节　一维正向质向量坐标系及其形态 259
- 第二节　单元系统形态转化基元规律推导 272
- 第三节　信息与熵表达的内在关系及性质 284
- 第四节　信息与熵表达的变化率及其性质 300
- 第五节　单元系统不同失衡态的变化规律 314

第六章　基元规律的变换 329
- 第一节　坐标平移下基元规律的不同形式 329
- 第二节　变相点附近的形态转化基元规律 343
- 第三节　坐标旋转下的形态转化基元规律 360
- 第四节　基元规律在五维空间的不同形式 378
- 第五节　万能的显性因子与广义的力和势 392

第七章　分布规律的变换 406
- 第一节　单元系统的本质形态分布基元规律 406
- 第二节　单元系统本质形态分布规律的分段 420
- 第三节　单元系统本质形态分布规律的变换 438
- 第四节　逻辑斯蒂分布函数与统计分布函数 451
- 第五节　正态分布与其他统计学分布的真谛 463

第八章　准平衡态与线性论 476
- 第一节　太极世界中阴阳之道的演绎理论 476
- 第二节　线性系统的独立性原理及其理论 487
- 第三节　线性系统的质量内涵与质能关系 497
- 第四节　线性系统基本显性因子及其内涵 509
- 第五节　线性系统形态变化规律及其演绎 522

第九章　近平衡与非线性论 535
- 第一节　近平衡态的平庸事物与非线性理论 535

第二节	在近平衡态的单元系统变化规律	547
第三节	时间为显性因子的形态变化规律	560
第四节	长度为显性因子的形态变化规律	572
第五节	位势为显性因子的形态变化规律	585

第十章　远离平衡与质变论　602
　第一节　远离平衡的形态转化与质变理论　602
　第二节　时间为显性因子的形态转化规律　613
　第三节　温度为显性因子的形态转化规律　628
　第四节　电位为显性因子的形态转化规律　645
　第五节　其他杂因子表现的形态转化规律　653

第十一章　多级平衡与连发论　671
　第一节　多级平衡与同向连串发射理论　671
　第二节　二级连串发射的形态变化规律　683
　第三节　多级连串发射的形态变化规律　695
　第四节　以时间为因子的多级发射规律　708
　第五节　其他因子表现的多级发射规律　719

第十二章　多元平行与并发论　731
　第一节　多元系统的同向并行与并发理论　731
　第二节　二元系统同向发射形态变化规律　742
　第三节　二元系统同向发射形态分布规律　755
　第四节　多元系统同向发射形态变化规律　765
　第五节　动力学平行反应与质量作用定律　780

无极篇

科学导论与基本概念

- 第一章　当代科学的出路
- 第二章　中华文明与《周易》
- 第三章　科学的基本概念
- 第四章　质向量与坐标系

无名天地之始，有名万物之母

—— 老子

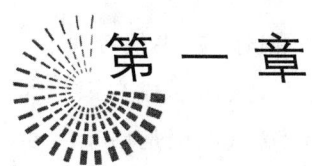

第一章

当代科学的出路

第一节 科学的来龙去脉

科学,是古今中外人们认知世界和追求真理的事业,使亘古以来人类的无数梦想成为平常的现实。人们要对自然界和人世间各种事物现象的真相有科学的认识就要了解科学的演进。人们在策略上把知识整理成有条理的体系后,分科的学问就是学科。科学纵横捭阖创造的文明,必然吸引人们以理性的灵光穿越时空去审视科学的来龙去脉。

一、科学的演进

在浩渺的宇宙之中,已有约46亿年的地球也许还算不上沧海之一粟。地球诞生后的十多亿年才有生命的形成,地球上的人类只是从自然界分化出来的一类特殊产物,她一刻也无法脱离自然界而独立存在。但是,自从三百多万年前(显生宙新生代第四纪更新世)人猿相揖别之后,微不足道的人类在自然界的生物发展阶段上就占据了最高位置。在生存与发展过程中,人类必然要去适应环境,进而还想要征服自然、主宰世界,因此,她也就不得不去认识周围的世界。

然而,大自然既平淡浅近又神奇诡奥,或温暖明媚或恐怖狰狞。在人类看来,事物形态往往就是一个个难以化解的大大小小的谜团。虽然工具制造使人区别于动物,但是人类大多数时间是处在蒙昧时代,人类历史99%以上的时间是漫长的原始社会,彼时人类文化哪怕一丁点的进步,都会用上成千上万年的时间。在此期间,人类从心智未开到使用石器采集天然食物和渔猎,对严酷自然现象只能充满惶恐、迷茫和敬畏。所以,人类必然以无比虔敬之心仰望苍穹,把天作为世界万物的创造者和主宰者。

在大千世界扑朔迷离的变化之中,人们通过仰观天文、俯察地理,静观且顺应自然界的种种现象,从无到有、从少到多地领悟和认识了博大精深的客观世界中一些事物的特点与变化规律。人类对客观世界的认识从实践开始,经历了去粗取精、去伪存真、由表及里、由此及彼的过程,才实现了从感性认识到理性认识的飞跃,从而形成知识。人类正是通过这种不断增长的认知能力才摆脱自然界本身的原属族群,也正是由于生存需要才有了以经验开始的知识诞生,而对客观世界认知所形成的知识又是逐步走向文明的标识。

旧石器时代(距今约300万年~1万年)是人类文明开始发展的时代,也是人类文化的开端。人类对自身周边世界认识和驾驭的能力就是文化。文化是在人类改造自然的活动中产生的精神性产品,人类的历史就是文化发展的历史。如果从古巴比伦苏美尔人有了楔形文字的记载起算,人类进入原始文化发展时期大约只有6000年,而人类文明史中的前2000多年还是文明对话的朦胧期。人类在自然界基础上逐渐地开创出一个文化的世界,文化反过来又促进了人类认识和改造自然能力的提升与发展。特别是在有了文字语言之后,人类文化的内容、境界和功能都有了突飞猛进的发展,人类不仅能够创造各种物质形态的文化物品,而且发展出具有越来越丰富观念形态的文化,如各种思想、价值、理论和信仰。

文化属于观念形态,其重要载体在于知识,化成天下也要依靠知识的表现形式。人类对事实认知所形成的理性认识就意味着科学的起始,凡是能够正确反映各种事物现象的真相的认识就是科学认识。科学的起源就在人类创造文化的始端,科学关乎人类文化,是人类文化的工具之一,是体现文明程度的重要标志。早在史前时期,人类的科学认识活动就随人类自身所处状况应运而生。随着社会生产力水平的提高,人们对客观事物深入认识的要求愈益强烈,自然就打破了宗教神秘的藩篱,以智慧穷理探讨宇宙人生奥秘之哲学和以知识实验追求奥秘之科学就愈益发展。

科学以探究真理、发现新知为使命。科学是人类经验合乎逻辑的自然延伸,是系统化、理论化的经验知识。一切真知都是从直接经验发源的,科学的发生和发展一开始就是由生活和生产的实践活动决定的。在原始文明的漫长岁月里,人们在制造工具的过程中,不断地寻求劳动对象与劳动工具的合道,由此产生的脑力劳动就是科学劳动的开始。人类知识的原始积累阶段就是人们认识事物的过程,是由个别到一般、由局部到整体、由实践到理论、由现实到规律的发展过程。

由于自然环境和生存条件的差别,早期的人类在相互隔绝或缺少交流的情况下发展出不同的文化。在人类发明弓箭、钻木取火、制陶和制造金属农具的近万年历史中,孕育了发源于北非尼罗河流域的古埃及文明、发源于西亚两河流域的巴比伦文明、发源于南亚恒河—印度河流域的古印度文明和发源于东亚黄河—长江流域的中华文明。这四大文明古国不仅在历史的时空中铸就了形态多样的不同文明,而且在天文学、历法、数学、医学、文学和文字方面以及建筑、水利、冶炼等技术方面,都为人类做出了巨大的贡献。[1]

人类走向文明伊始,在人类知识的原始积累阶段,人们感知和思维信息处理的认知活动在不同的时代和不同的地域以不同的视角得到不同程度的发展。思想的形成一般以自由为前提，以对世相人生的观感悟得为基础。不过，面对要解决一些诸如编制历法和疾病治疗的实际问题，纯粹的自然科学研究也慢慢开始兴起。例如，在旧石器时期，中国的伏羲氏就神奇地画出八卦之象来表述事物形态的变化；而佛教、道教、基督教、伊斯兰教、犹太教等宗教也以其神秘玄奇的方式在探寻宇宙和人生的奥秘。

然而，只有当一种文化中出现一批试图摆脱神话的束缚、探求世界本原和人生价值的终极真理的思想家时，人类文化才开始向科学文化升华，这是文明的真正始元。古代科学孕育于原始文明末期，成熟于农业文明鼎盛期。在公元前800年—前300年这个时期，尽管人们认识自然界和社会的能力还极其低下，但是从西方地中海北岸的古希腊、古罗马到东方的中国、印度都涌现了一批哲学家、思想家、科学家。他们在观察大量自然现象的基础上，在人和自然没有充分分化的基础上，把世界看作统一的整体，力图对整个世界做出总结和概括。他们用观察、体验、推理和冥想的方法试图回答宇宙的本原、人生的价值、社会的意义和万物运行的规律这种至高的命题。他们依照其对自然界一些零碎的、片面的、直观的认识，但又是天才的猜测与思辨，曾经提出了关于认知世界的各种混沌的统一的"道理"，并形成了一个指导各自文化发展的思想体系。

回眸人类知识的萌芽时期，一切都处于含苞待放的混沌状态，科学与人文是没有门类区别的，关于自然、社会和人自身的科学知识就统一包容于文化母体之中。古代科学是试图用自然的（即事物自身的）原因去说明客观世界的综合学问，其重要特征是宇宙观为朴素有机论，其方法论为朴素整体观，其源流包括以亚里士多德为代表的古希腊自然哲学和以中国诸子百家为代表的东方古典哲学。那时哲学和自然科学还没有"分家"，没有单独分立的学科，只有对自然界的整体的思辨，其中有被今天称为科学的东西，也有属于哲学和神学的东西，这种混杂在一起的认识体系就是后来所谓的自然哲学。自然哲学在17世纪是一个包罗万象的术语，后来却分出物理学、化学、植物学、动物学等自然科学。不过，正是这种浮于事物外表的原始的科学"统一论"及其有关世界的本原论以及对运动一般规律的认识，为人类自然科学的形成提供了带有强烈主观臆测痕迹的原型和论辩性的思维方法。

西方的自然科学是从古希腊的自然哲学中分离出来的，古希腊文明在人类文明史上占有特殊地位。由于古希腊人先后引进埃及、巴比伦的科学文化，形成了重视现实、尊重自然、追求理性的风尚，形成了特有的静观、思辨的性格，促进了朴素辩证法与自然哲学的产生和发展，并升华为对科学真理的不懈追求。古希腊自然哲学家可谓英才辈出，像泰勒斯、毕达哥拉斯、赫拉克里特、德谟克里特、苏格拉底、柏拉图、亚里士多德、欧几里得等都为科学的发展做出了不可磨灭的奉献，产生了德谟克里特的原子论、欧几里得的公理论、亚里士多德的形式逻辑等。他们在分析大量自然现象的基础上，力图对整个世界做出总结和概括，从而发展成为欧洲古代最典型、最发达的知识体系，为人类自然科学的形成提供了原型和思维方法。特别是，古希腊的有机论中包含明显的机械论，整体论中包含明显的还原论。

后来,希腊的科学文化中心由雅典转移到亚历山大。在罗马时代,包括动物学、植物学、天文学等不同形式和类型的科学始有雏形,一些像物理和数学的简单理论也开始出现。阿基米德继承欧几里得的数学研究传统,完成了物理学研究从猜测到实验、从定质到定量的发展过程,为16世纪以后的科学实验奠定了还原论的方法论基础。

从古希腊文明与罗马文明结束到欧洲文艺复兴,西方在这一时期(约为公元5世纪—15世纪)进入了中世纪的"黑暗时代",欧洲科学由于遭到基督教神学的压制和迫害而沦为神学的"婢女",任何揭示自然奥秘的科学思想只要不符合宗教的教义都会被斥为异端邪说而遭到镇压。直到文艺复兴运动在欧洲兴起了一场科学革命,欧洲人从阿拉伯人那里找到了他们祖先留下的文化遗产后,科学技术才得以复苏。人类的科学也随着哥白尼和伽利略对亚里士多德学说理论的推翻,进入了近代科学的历史阶段,从而完成了科学形态的第一次转型。

回顾古代科学的发展进程,我们可以看到,科学产生之初是混沌一体的。像古代东方整体观就是把对事物整体的认识建立在直观的基础上,并未深入系统内部了解其精细的结构和组分,因而对事物整体的认识往往是朴素的、模糊的、肤浅的,知其然而不知其所以然,其结论有时候甚至是不可靠的。但是,古代人类积累的知识不仅包括关于物质的知识,而且包括关于人和事的知识,许多有关物质的知识(如天文、农业、水利、医疗和数学知识)都已经具有了科学的初步形态。

科学的进步不是来自对自然的肤浅观察,而是要长途跋涉进行某种发现之旅,到达新的观测点,并获致新的知识。知识是人类在实践过程中认识自然、社会和自身所形成的理论成果。由于针对具体的对象或特殊的现象所把握的知识总是具体的,而具体知识的适用范围都是有限的。随着人类关于事物认知水平的逐渐提高,立足于经验积累的知识数量不断增加;而抽象为理论化的知识一旦不成体系,就会鸡零狗碎,也无法指导实践。因此,科学的发展自然要求知识逐渐分科,把自然界的各种过程和事物分成一定的门类,对事物按其多种多样的形态进行分门别类的分析。例如,把自然界分为动物界、植物界和矿物界,或把运动分为机械运动、物理运动、化学运动、生命运动等。

其实,在人类社会的发展进程中,人类世代积累了一定数量的概念和经验知识后,必然会提出一个如何系统化的问题。正如德国社会主义理论家恩格斯所说:"经验自然科学积累了如此庞大数量的实证的知识材料,以致在每一个研究领域中有系统地和依据材料的内在联系把这些材料加以整理的必要,就简直成为无可避免的。"学识分科的产生就是人类把关于自然界物质的知识体系细化所获得的学科形态,每一学科在最初形成时,都是从研究某个范畴的客观对象开始的,各自有一定的研究范围。自然科学以物质对象的自然属性进行研究并创造了一整套的垂直分化方法,科学的方法就是逻辑化、定量化和实证化。自然科学的基本观点是,有关物质对象的构成、相互作用、运动变化的客观规律和一般原理就是物理,物理就是"究物之理"。物理不仅是存在的,而且是人类可以认识和把握的一门基础学科。

从16世纪文艺复兴到19世纪,科学在认知分工展开后就以前所未有的速度发展,西方科学无情地抛弃了古代东方朴素的整体观,采用分析分解的方法,以逻辑的刀子按不同层次、不同侧面、不同角度,把一个完整的五彩缤纷的世界分成精细的专门化的学科门类。西方科学不仅创造了一个"分析时代",而且因分门别类地进行研究取得了巨大的成功。随着世界资本主义工业革命的蓬勃发展,西方的近代科学也进入了它的全盛时期。人们以条分缕析的方式来认识和体察自然的细节,以有限的认识能力来分工破解自然和社会的种种谜团。

在这期间,英国近代唯物主义哲学家培根提倡观察、实验、经验、归纳、总结、分析,崇尚以实验拷问自然,发现了真理和验证真理的新三段思想方法。法国哲学家和数学家笛卡尔则强调演绎法和数学方法的作用,其《方法论》和《哲学原理》对后世的科学研究影响巨大。17世纪在英国发生的科学革命、技术革命和产业革命,又造就了牛顿这样的科学大师。牛顿提出了三大运动定律和万有引力定律这两个物理理论,建立了经典力学的根基。19世纪,以英国物理学家法拉第和麦克斯韦为首的一批科学家又建立了电磁学;自然科学取得了包括细胞的发现、能量守恒和转化、进化论三大发现的巨大进步。

除了分科研究外,近代科学在世界观和认识论方面还表现出还原论和实证检验的典型特征。还原论是一个探究万物之本的基本思维方法,这就是将一切复杂系统中出现的各种现象都归结为最基本的组成单元和决定单元行为的基本规律。[2] 为了深入探讨物质内部的精细结构和组分,人们用还原法与分析的利剑把研究对象一步一步地还原到越来越小的尺度和越来越深的层次:生命被还原到基因,气体、液体和固体被还原为分子或原子的聚集体,原子被还原为原子核和电子,原子核被还原为质子和中子,而质子和中子又被还原为夸克。

近代科学的核心认识论是怀疑主义,只有可重复的实验才具有证实或证伪理论的价值,任何学说都要通过证实或证伪才能确定是否成立。经验科学的归纳方法使得科学彻底地从哲学中分离出来,开创了近代科学"格物致知"的实验方法,即把自然现象从实际过程和技术实践中抽取出来,把事件简化成最基本的单元,在人为控制下研究现象背后所隐含的规律。在理解自然界的过程中,人们要通过科学实验来揭示经验规律与验证理论,因此近代每一门自然科学都要依据观察实验所积累的材料对探讨的自然现象提出理论上的解说和说明,而不像古代学者那样依靠哲学思辨对自然界提出种种猜测,也不像古代工匠那样仅仅追求某种实际的目标(如制造某种产品,改进某种技艺)。

通过不断还原与分析,人类的认识走上了一条从简单到复杂、从笼统到具体、从模糊到精确、从粗糙到精致的发展道路。到了19世纪,人类不仅积累了非常多的关于事物不同特质或性能的知识,而且已经有了不少按一定的类别来反映分科的学说与知识体系。例如,动物分类学按界、门、纲、目、科、属、种等不同阶元划分就可以产生不同的分支科学,而整合后又可以构成一棵动物界演化树。

近代科学以来,科学革命、技术革命和产业革命并驾齐驱,并高速发展。面对这些伟大的成就,西方的科学家们大喜过望,似乎觉得除了一些细枝末节外,宇宙的一切奥妙已经完全被揭开了。甚至有人认为,今后只是"在小数点后六位做文章"就行了。然而,他们万万没有想到,19世纪末的一系列重大发现,使经典科学体系本身遇到了不可克服的危机,并由此爆发了一场新的科学革命。这场科学革命的结果促使了相对论和量子力学的建立,科学从而进入了现代科学时期。

虽然物理学在近代科学中已经沦为实验科学,然而"玄不可言"的相对论却不是通过实验家们的实验发现而产生的,纯粹是理论物理奠基人爱因斯坦洞察力和想象力的产物。如果说牛顿理论是对客观世界的描述,那么相对论就是对主观相对认识的描述。相对论在人们对物理世界的理解中产生了一场非同寻常的革命。[3]实际上,这是现代科学从理论的思维和实验的研究来探索科学迈向统一科学的理论自觉的信号弹。

19世纪以来,科学和技术交叉融合进程加快。在20世纪初,主导着人类物质文明进步的科学和技术的力量就已压倒一切。到了20世纪末,互联网的出现,地球村复又成为一个everything-but-silent的小世界。现代科学以软科学与大科学为特点,软科学研究有形实体之间的关系及各门科学间的关系,重点是整体性、综合性,目的是控制、协调以发挥最优效能;大科学的特点则是自然科学与社会科学互相交叉、互相渗透、互相影响。现代科学对现代文明的塑造起着极为关键的作用,并在与技术综合化发展中显现科学技术化和技术科学化的鲜明特征。

综上所述,我们可以对科学从纵横两个方面有个概要的认识。

纵观人类的科学发展史,人们主要是依据西方自然科学发展史而把整个科学史大体上划分为古代、近代和现代三大阶段:①古代科学(公元16世纪以前统一划为古代),古代阶段各个不同地区和民族在具体的表面经验知识基础之上建立的科学都有一个共同的特点,即直观、思辨和猜测。②近代科学(大致从16世纪初开始到19世纪划为近代),以伽利略、哥白尼、笛卡尔、牛顿、莱布尼茨等科学家基于机器模型来理解世界,提出了太阳中心学说、惯性原理、万有引力定律、微积分等,所以近代科学就称为机械论科学。③现代科学(19世纪以后划为现代),以20世纪初开始出现的相对论和量子理论为标志,近几十年来兴起的系统科学、非线性科学等涌现论科学则是把握对象的整体性来揭示那些随层次提升而涌现的宇宙奥秘。因此,有人把这三大阶段分别称为第一次、第二次和第三次科学浪潮。

横看人类的科学技术成果,人们是依据科学研究对象的相互关系而把整个科学大体上划分为基础科学和应用科学两个层次:①基础科学是以认识自然为目的的自然科学。基础科学的任务在于探索和揭示自然界物质运动形式的基本规律,它发现的新原理具有高度的抽象性和概括性。在基础科学中,最抽象的纯粹科学(或称纯科学)是以一般事物的形态及其变化形式为研究对象,是以发现规律揭示道理为主旨的超然事物形态的理性认识来创建逻辑严密的理论体系。②应用科学是把基础理论转化为实际运用的科学,它包括运用基础科学的知识以扩展人类自身能力的技术科学。狭义的应用科学以自然科学和技术科学为基础,是直接应用于物质生产中的技术、工艺性质的科学,与技术科学之间没有绝对的界限。技术科学研究生产技术和工艺过程中的共同规律,其对象大部分是技术产品。广义的应用科学包括对社会科学、人文科学以及横向科学实际运用的研究。在应用科学层次上,基础科学层次的学科提供指导技术科学的理论;在技术科学层次上,技术科学层次的学科提供指导工程技术的理论;而在工程技术层次上,工程技术层次的学科提供直接用于改造客观世界的知识。

二、分科的学问

科学的内涵是建立科学理论体系首先应当搞清楚的基本问题。人类最早是用拉丁文"scientia"表述"科学"概念的,其本义是知识和学问的意思。早期人类对自然和自身的认识统称为哲学,到后来才分科别类是谓科学。所以,科学是建立在古希伯来文化和古希腊文化传统上的一种探索终极真理的方法,是以探索和发现事物运动客观规律为核心的"格物穷理之学"和分科别类之学问。

然而,将"有系统之真知识"划分为一定层次并不是肇始于近代的西方。先秦时期的《易传》已把学科分为两大类:形而上者谓之道,形而下者谓之器。人类文明进步被认为是不断从形而下之器向形而上之道升华,同时又是形而上之道不断转化为形而下之器的双向或循环过程。不过,直到1831年在英国约克市举办的第一届英国科学节上才产生了"科学"一词。近代以来,关于科学的词义虽几经演变,却一直没有确定。1874年,日本学术界认为"science"就是指"分科的学问",故简称为"科学"。1898年,中国政治家、教育家康有为把"科学"引进中国并使用。中国启蒙思想家、教育家严复在翻译《天演论》等著作时,也用"科学"两字。此后,"科学"便在中国广泛地运用。

就"科学"这个舶来品被翻译成中文来说,中文的"科"是指分门、分类(分别与归类),"学"是指学问、知识或获取知识、技能的过程。"科"与"学"两个字实际上表明了近代科学就是以一定的条理、科目、门类来反映分科的学说与知识体系。科学不仅是人对客观世界的认识,而且是反映自然、社会、思维的客观规律的分科的知识体系。可见,知识体系就是把知识按一定的结构组织而成的体系。

中国的大众工具书《辞海》指出,科学"是关于自然、社会和思维的知识体系"。"科学的任务是揭示事物发展的客观规律,探求客观真理,作为人们改造世界的指南。"自然科学"是研究自然界的物质形态、结构、性质和运动规律的科学"。《辞海》关于科学的定义强调了人类对自然界认识的真理性(客观性)和知识的体系性,并未强调科学的水平以及方法论和知识体系的模式(范式)类型。但是,这个定义所表现的知识的体系性在一定程度上已经隐含着近代科学和现代科学方法论的影子。

其实,众说纷纭的科学在不同时期或不同场合有着不同的意义,至今还是个难以界定的名词,学术界到现在还没有对"科学"一词从概念和定义上达成共识。英国的百科全书写道,"科学是按照自然界的顺序对事物进行分类和对它们的意义的认识";德国的百科全书称,"科学是作为一个整体的知识总和……或者在整体上的描述、有计划的发展以及研究";法国的百科全书认为,"科学,通过揭示现象之中的规律所取得的全部知识,以及作为这些知识基础的认识论";日本的百科辞海说,"科学是认识的一种形态……是指人类在漫长的社会生活中所获得和积累起来的、现在还在继续积累的认识成果——知识的总体和持续不断的认识活动本身……所谓科学,是具备客观性和真理性的既具体又普遍的有体系的学术上的认识。即科学是学问达到最高程度的部类"。

由于科学至今没有一个公认的定义或一劳永逸的标准,因此哲学家和科学家对于"科学"的观点长期以来就一直争论不休。英国生物学家达尔文认为:"科学就是整理事实,以便从中得出普通的规律或结论。"现代西方科学家和哲学家对于"科学"是从知识的体系性上加以理解的:一是"科学"的基本知识(包括科学的概念、定律、定理等),也就是对于客观现象的科学解释或说明,是关于客观世界的理论。二是指科学的理论(即关于理论的理论),是人们对客观世界进行科学说明的"概念框架"。在他们看来,这两者就共同构成完整意义上的"科学"。缺乏任何一方,都没有"科学"的存在,也不会产生"科学"的事实。科学不是简单地累加已有的观察实例和知识,而是要超越技术层面,对这些实例和知识进行理论总结、分类整理与原理阐述并形成体系。

科学作为逻辑严密的知识体系,说明经过人为整理的知识已不是一般零散的知识,而是用科学推理建立的具有很高条理性和结构的理论化、系统化的知识体系。这一点,任何一本经典著作都多少具有这种特色,更不用说作为一门科学。而 science 的本来含义也就是系统知识。在中文里,科学是"分科之学"的略语。"科"的意思就是分类或层次条理的意思,科学的本义也就是分类的"知识""学问",所以 science 对应"科学"就被认为是比较合适的、理所当然的。

恩格斯在《自然辩证法》中指出:"每一门科学都是分析某一个别的运动形式或一系列互相关联和互相转化的运动形式,因此,科学分类就是这些运动形式本身依据其内部所固有的次序的分类和排列。"可见,每一门科学显然包含着知识和知识体系构建方法这两个基本要素。知识是对客观的反映,是构建体系的基本材料。科学的领域是无限的,它所涉猎的内容是无尽的,每一组自然现象、社会生活的每一个阶段、过去或现在发展的每一个时期,都是科学的材料。而分类的方法则是整理和组织大量繁杂知识的途径,分类无论什么种类的事实、查看它们的相互关系和描述它们的关联都是关于知识的知识,是如何获得知识和如何运用知识的知识。

从近代科学到现代科学,机械的分析法可以深入了解事物的本质,并成功地取得对各种各样事物特质和性能的认知,因而成为研究不可或缺的第一步。这种科学分工带来的明显的效益,是使专业化成为必需。人们在观察事物和分析问题时,不是凭借纯粹的直观和灵感来进行的,而要依据一定的理论和运用一定的方法,还要运用自己所积累的相关经验。任何人都可以从整体的世界中割裂出其某一部分事物来加以研究考察,被分出来的事物的某一特定运动形态就可以作为某门自然科学或社会科学特定的研究对象,由此而获得的知识积累到一定程度就可以建立起各自独立的理论体系,也就可以形成一门学科。

建立一门学科并形成自己的概念和语言、理论和方法,是一种策略性的认识过程。没有一定的概念、理论、方法和经验,是无法观察事物与分析问题的。一定的概念、理论、方法和经验构成一个人的专业背景和学科视野。一个人在观察一个事物或研究一个问题时,如果具有多专业背景、多学科视野,就能够从多角度、多层次来分析思考,从而获得全面深刻的认识。不过,一个事物或一个问题本身就具有多方面的特征与多层次的规律,如果研究者的专业背景或学科视野单一,研究囿于一隅来攻其一点而不及其余,就不可能获得对事物全面深刻的认识。当然,个人的专业背景或学科视野总是有限的,任何一个人的时间、精力和能力都是有限的,不论如何努力都不可能具备所有专业背景和所有学科视野。"术业有专攻,成就有侧重。"以人们具备的某些专业背景和某些学科视野来整理和组织人类文明进程中所积累的大量知识时,也就没有严格的统一的分科规定,因此任何人都可以按自己的理解来建立相应的知识体系。虽然只有一个世界,人们却有许多认识,而且这么多认识有时甚至是对立的,不自洽的。

近代以来,随着人们对自然界不懈地探幽索隐,人们的认识日见精进,认识深度也从事物的存在和表象到经验规律,最终进入认识自然本质的客观规律。在人们的认识过程中所带来的知识激增又必然促使新学科的不断涌现,学科往上组成了学科群,形成了一个分支林立、多层次组成的知识体系;往下又分得相当细,形成了许多专业。学科分类的精细化是社会分工日益精细和人类活动社会化程度不断趋强的反映,是科学进步和人类社会发展的重要标志。在这个过程中,不仅要有构建体系的素材知识,还要有超出知识素材范围的逻辑化的构建知识,而它所形成的独立的理论体系才是关于知识的知识。

然而,学科建制虽为现实的拆解提供了源源不断的动力,却没有为知识的组装留下足够的空间。回顾历史,科学问题的自增殖状态表现为科学知识从缓慢积累到突然加速的指数曲线增长律。人类科学知识总量在19世纪50年翻一番,在20世纪前期30年翻一番,随着对现有科学理论的完善和精细化,在20世纪后期5年又翻了一番,进入21世纪则更加呈现爆炸增长态势。在知识的体系性方面,科学作为一个完整的庞大知识系统,其分门别类的结果就是不断地形成新的众多的子系统——学科。如果把科学看作一棵大树,那么每一个学科就是一个枝杈。迄今为止,学科总数已经突破了6000多门,而且随着人们涉猎的物质层次的不同或物质运动级别的不同还会有各种各样的学科大量涌现。

几百年来,有些科学工作者按照自我掌握的分类准则和方法乐此不疲地整理知识并建立新的学科,其中有不少人就是在从事着重复的工作或者在某些部分交叉的工作,由此所造成的不仅是思维的浪费,而且必然带来大量的人力、物力和财力的浪费。幸好,人们基本还是能按照公认和相近的分类原则把这些不同的人各自整理和组织的"百花齐放"的知识体系归为同一门学科,否则学科就泛滥,数不胜数。

其实,从传统学科体系的建立到现代学科体系的发展,每一门学科通常都是历史上形成的实体,它们的范围也是历史上划定的范围,只是研究客观世界发展过程的某一个特定阶段或某一种特定的运动形式,是由特定的研究对象、方法、理论和研究目标等诸方面构成的。虽然各学科的具体知识都可以抽象和概括出相对真理,然而学科的细化程度越高,其局限性就越大,失真的概率往往也会增加。

在知识的社会化大生产中,传统的学科建制往往将整体性的现实问题转化为其中每个分析性学科各自单独面对才能解释和应对的问题。分工日久,分化日深,各门学科之间的鸿沟似乎也在加大,难以沟通。事实上,当今科学和文化已经分化到如此精细的程度,以至于人们经常在知识的汪洋大海中感叹,科技发展越来越尖端,现代分工日益精细,一个人再也对付不了宽广的领域,要试图通过"无专业"的学习和研究来成为"百科全书式"的学术大师本身就很不容易,而要成为"术业无专攻"、学富五车的大思想家或大智者就更是难上加难。每个人好像只能成为某一领域的"专家",而不可能再成为一个"全才"。如今,带有强烈目的性的知识学习已然演变成了经世致用的技术训练。在信息蓬勃的现今社会,令人深思的大思想却今非昔比、踪影难寻,引领时代的思想者成了信息过剩的牺牲品。网络时代的知识从速度上看频繁更迭,从广度上看信息过载,从深度上讲扁平开放;而基础研究却突破少,鲜有引领性研究,更提不出原创性科学思想。

虽然知识像爆炸般地膨胀着,但是许多专业研究人员受到长期的学科训练而形成了思维定式,使他们的视野被禁锢在有限的范围,正所谓"不识庐山真面目,只缘身在此山中"。他们只能像盲人摸象一样囿于学科狭小的特殊局域的隅角,凭着惯性思维去探索一些具体事物蕴藏的奥秘并可能成为佼佼者;而一旦跨越学科范围,他们中相当一部分人在"隔行如隔山"的感叹之余,往往就成为不知流转的门外汉而一筹莫展。许多划地自囿的各种类型的专家以抱残守缺、无视其余的治学态度,本着十分具体的目标硬筑壁垒就事论事,而不肯越雷池半步,还以"干一行,爱一行,专一行"自诩,对本学科的特定计划也大多停留在功利层面。科学博士的学识不博,甚至有些"站在巨人肩膀上"还有所发展的科学家,对于"叠罗汉"所建立的巨人底下广阔而深厚的基础也不甚了了。现在的哲学家大都只懂得自然科学的皮毛,对当代科学前沿有所了解的哲学家凤毛麟角。

人类在认知世界中的学术分工所形成的分科之学已经分化了人类的心智,使世界的整体感和丰富性荡然无存,科学工作者也开始面临被"肢解"的命运,迷茫困惑无处不在。现代教育依托于科层化专业细分的现代学术体系及知识体系,在功利性的价值取向引导下向着实用性和职业性发展,而不能适应当今科学前沿相互交叉渗透的格局。在学科林立和人为挖掘的专业鸿沟阴影下,教育体系成为以专业划分为基础的学术生产制造机构,造成培养出来的人才知识面越来越狭窄,而一代又一代的学生不得不用其相当长的青年时期来完成极其有限的一些学科知识的学习,许多研究生也不得不从事科研的"搬砖"工作。任何一门学科与专业都是科学的特殊部分,但往往是每个求学青年开始人生事业的切入点。对于那些在林林总总的专业博彩中选"错"学科或不能学以致用的学子,其后的人生道路往往十分坎坷。

随着人类社会的发展和认知需求的不断提高,现代科学对局部和细节的了解越来越详尽,各个学科都被分析得越来越精深细致,到了几乎每门专业都能纵深显微衍生出支离破碎的子领域的程度,人们在这些学科乱象中又发现自己对整体的了解越来越模糊,"大而不知"的危机感和紧迫感愈发强烈。人们开始认识到传统学科的不足之处,逐步意识到像宇宙的起源、生命的本质、意识的奥秘、社会的未来走向等重大问题是不可能单靠还原论和分析法来获得答案的。学科在自身发展中会形成一种相对独立而稳定的研究范式,学科内部的所有观察都会受制于研究范式。范式决定了一个学科研究者从一个怎样的特定角度去看待现实,能看到一个怎样的现实,会建构起一种什么样的关于现实的图景。因此,单一的学科视角一般是无法看清多面的现实的。

不过,面对分崩离析、众说纷纭的科学世界,早就有人发现大自然并不尊重我们的学术分工。以学科体系的一个部分来定义整体的科学,是无法从普遍性方面了解科学的整体性及其本质。这就像地球本身是一个整体而国界是人为划分的一样,人们研究地球就不能把国界考虑在其中。为了克服学科的局限性,那些具有不同专业背景、不同学科视野的人们在一定的时空中就走到了一起。他们每一个人都有自己独特的分析工具与独到的观察眼光,他们能够从不同专业背景、不同学科视野出发,从不同角度和不同层次来分析问题,产生各自的观点,当他们在一起共同研究、联合攻关时,就能够把他们那些多角度、多层次思考的观点综合起来,形成对问题全面深刻的认识。有些研究者还对科学本身的属性、性质、发展规律、社会作用等进行研究,并跳出自己的学科范式或站在某一特定的理论立场来看学科中已发现的事实,因此他们能在学科之间的交汇地带突破思维定式,产生创造性的认识成果,进而建立起近距离、小跨径范围内的交叉学科与边缘学科。

科学没有"国界"和时代可言,科学的建立过去是现在仍然是由不同民族、不同国籍、不同信仰、不同语言的人们共同完成的。但是,许多学科研究人员往往都能发现,他们在非常不同的领域各自独立地研究出了非常类似的一般原理,而这些原理的一致性完全是以不同的事实为基础的,这些原理大多是在研究者并不知他人工作情况下研究出来的,他们研究的是互不相关的学科基本原理,得到的却是明显相似的结论。这使得人们感到在神秘的世界迷宫中似乎到处都隐含着统一的密码,呼唤着人们要用一种比较简单的方法来挖掘事物统一的内在关系,来发展跨学科的"基本原理"。它诱使人们选择多门学科的共同点,建立起远距离、大跨径的交叉学科、综合学科和横断学科。

进入 21 世纪以来,全球已处在新科技革命发展和产业变革的历史交汇期,现代科学发展的一个重要特点是,既高度分化又高度综合。当代科学总体上沿着两个不同的方向分化,大科学与小科学、基础科学与应用科学分道扬镳。一方面学科在向着交叉、复合、综合、集成和整体化的方向发展,猛烈地震撼着横亘在学科间的森严壁垒,各个领域形成了关联度很高的网状连接,自然科学与社会科学的相互渗透也不断加强;另一方面,学科越分越细,人类关于事物认识的新发现、新思想、新概念、新方法、新领域和新兴学科不断地涌现,学科的划分、融合和重组也变化得越来越快,呈现出多点、群发和知识呈快速增长的态势和特征,知识变得极易获得,同时又不断快速地被更新,信息与知识的泛滥使得现代人在泛知识之海里甚至有些失措与迷茫。

当代科学处在高度分化与高度综合的十字路口上,合作博弈激烈,学科风云际会交叉融合加速。新科技的知识体系正走向全球化、一体化与地球村,宇宙起源、物质结构、生命起源、脑与认识等一些基本科学问题正孕育着新的重大突破;前沿基础研究向宏观拓展、微观深入和极端条件方向交叉融合发展,而基础科学知识却跨入了量变到质变的"潮汐锁定"期。不过,科学革命已初露端倪,这就是人类将从统一的角度来认识世界。为此,迫切需要建立起大一统的科学理论体系,从而实现科学基础理论革命性的突破。

第二节　科学正迈向统一

客观世界是笼统的整体,人们的视点视角不同,对于客观对象的认识就不同,根据不同学科视野而获得关于事物的知识也就不同。但是,不同学科的融合又忽隐忽现地指示人们事物形态变化存在着真理性和统一性,因此古往今来科学家矢志追求的目标就是探索科学的统一性。目前,在科学整体观的引领下,科学的统一性已初露统一科学的端倪。

一、笼统的世界与科学的统一

科学统一的思想源流历史长远。古老的东方整体观最早放射出统一论的光芒,伏羲氏、神农氏、黄帝、周文王、老子、庄子这些圣哲无一不高瞻远瞩,坚信真善美服从于统一的理论,他们"见天下之动,而观其会通""天下同归而殊途,一致而百虑"。中国古人认为世界是一个笼统的整体,宇宙通过阴阳五行统一于太一。像庄子《齐物论》的"齐"和孔子提出的"大同"及董仲舒"独尊儒术"都是统一的思想,《周易》则是用整体观的思想方法来体现说明宇宙和人类社会万事万物的生成和变化的基本原理的最古老的统一论典籍。三国时期玄学家王弼在《周易略例》中指出:"物无妄然,必有其理,统之有宗,会之有元,故繁而不乱,众而不惑。故自统而寻之,物虽众,则知可以执一御也。由本以观之,义虽博,则知可以一名举也。"

在西方,早在古希腊时代,爱奥尼亚的自然哲学家就相信自然界的统一性,相信这个世界是有规则的,而且通过少量的自然法则就可以解释这个世界。泰勒斯、阿那克西米尼、赫拉克利特、芝诺、毕达哥拉斯、德谟克利特、苏格拉底、柏拉图、亚里士多德、默冬、欧多克斯、托勒密、欧几里得、阿波罗尼奥斯、丢番图、阿基米德、希波克拉底、盖伦、希西塔斯、埃拉托色尼、特奥弗拉斯特等天才人物都不仅在一个领域内做出他们的开创性工作,而且同时在多个领域内均有杰出的成就,反映了古希腊科学体系的丰富内容和高深造诣以及科学与哲学自发统一的魅力。像毕达哥拉斯认为宇宙统一于"数",德谟克利特认为宇宙统一于原子,柏拉图认为宇宙统一于理念世界。

但是,在古代和漫长的中世纪,科学毕竟还是处在哲学的母体之内或神学禁锢之中,这些具有先见之明的统一性思想是不可能得以大发展的。后来,西方哲学家和科学家孜孜以求地探究着终极真理与万物之本的问题,从而推动了科学在不断证伪的过程中逐渐走向昌明,同时科学的统一在相当大范围内也被看作是所有学科还原为物理学。

"物含妙理皆堪寻。"为了揭示宇宙中一切物质的内在联系和作用规律,人们很早就建立了"悟物穷理"的物理学。物理学是通过对实验对象的观察、实验、概括及假说等方法来形成理论,并通过实验来检验其是否正确而建立和发展起来的一门科学。[4]物理学的任务和目的是用一系列尽可能简明的概念和定律去统一概括物质的结构和运动的基本规律。物理学的研究对象是物质运动最基本、最普遍的形态,它所探索的万物之理普遍存在于其他高级的、复杂的物质运动形态之中,因而"究物之理"的物理学可以成为其他自然科学的重要基础。

物理学的研究方法是理论与观测相互对证的方法。科学实验是作为一种独立的实践活动,而观察是物理学的结论具有真理性的最高"裁判庭"。一个陈述除非是对观察结果的断定,否则根本不能通过观察来检验。因此,每一项物理知识必定是一种关于已经完成或将要完成某个特定观察程序的结构的断定。物理学的理论是以实验求证作为立论根据的,是通过观察、实验的归纳,并结合抽象、假设等研究方法,再通过实践的检验才建立起来的。虽然物理学家对特殊的事实不感兴趣,但是实验主义指导下的物理学总是着眼于局部和基本事实,理论的每一步扩展都要与客观世界找到的严密论证一致对应,因而这门学科只能小心翼翼、步步为营地发展成为一门实证的科学。

在物理学史上,最伟大的进展一直是以发现了对先前似乎不相关的现象给出一个统一解释的新理论作为标记的。[5]从布鲁诺、伽利略、开普勒到牛顿,实现了地面力学和天体力学的宏观统一。伽利略提出了运动与静止的统一。17世纪,牛顿相信精神世界和物质世界的和谐、微观世界相似于宏观世界、物理学隐含着自然界的同质性和单纯性。牛顿以空间、时间、质量、力为基础,以三大定律为核心,第一个成功地用微分方程的分析方法"逻辑地演绎出范围很广的现象",建立了完整普遍的力学理论体系。他认为多个领域零零落落的孤立定律之间有内在的联系,力学和他所建立的引力运动学可能是说明其他各种现象的模式。他把地上物体运动规律和天体运动规律都概括在一个理论中,完成了物理学上的第一次理论统一。尽管牛顿关于光学和化学力的试验性研究被证明是不成功的,但他关于宇宙从构造到作用所有层次上基本统一的观念的推广,还是给后世示明了伟大的目标。

英国物理学家法拉第与麦克斯韦的电磁学则实现了光、电、磁、场的统一。19世纪,麦克斯韦把电、磁和光这些迥异的现象归结为4个对称而漂亮的矢量方程式,把光收入电磁波的囊中。麦克斯韦方程组是电磁场运动规律的完备表述,电磁场的任何性质都可由此方程组及其各种推论给出满意的解释,几乎没有例外。麦克斯韦方程组可以用四维向量势写成一个四维协变的形式,其自洽和完备以及显而易见的对称特征,使电磁场理论成为19世纪最完美的物理理论。它的成就启迪后来的爱因斯坦等人自觉地追求其数学表述的自洽性和完备性,以使新建树的理论成为对称性更高、结构更完美的形式体系。

德国物理学家普朗克的量子论和爱因斯坦的相对论,实现了宏观与微观、物理与化学、时空几何与引力理论的统一。普朗克指出,自然科学从一开始就把将各种各样的物理现象概括成一个统一的体系作为自己最伟大的目标。20世纪初,爱因斯坦发展了相对论,使牛顿力学成了相对论的极端情形,他的一生是为追求科学统一而奋斗的一生。1901年,他发表的第一篇科学论文就是为了从统一性的角度看待分子力同牛顿超距作用力之间的内在关系,企图给化学以力学的基础。他认为,"从那些看来同直接可见的真理十分不同的各种复杂的现象中认识到它们的统一性,那是一种壮丽的感觉。"

1905年,爱因斯坦接连发表了4篇划时代的论文:《关于光的产生和转化的一个启发性观点》、《根据分子运动论研究静止液体中悬浮微粒的运动》、《论运动物体的电动力学》和《物体惯性与其所含能量有关吗?》。光量子论文追求光的波动说和粒子说的统一;布朗运动论文是为了消除经典热力学中理论的不统一;狭义相对论论文用洛伦兹变换将麦克斯韦的电磁理论天衣无缝地编织进一个四维的时空框架中,使之在惯性系中达到统一的数学描述;质能关系论文在真正意义上实现了质量和能量的统一。随后,他又导出了 $E=mc^2$ 的公式。这被统称为相对论的理论,主要是对牛顿力学的概念做出了修正。由于爱因斯坦的理论根本性地修订了过往科学界深信的知识,对物理学影响深远,物理学因此出现了革命性变化,时至今日仍备受讨论。

爱因斯坦的论文和相对论始终贯穿着一条主线——追求科学的统一性。他后半生在理论物理中所苦苦探索的,就是要将所有的物质及各种基本的相互作用力囊括在一个统一的理论框架中。他在1915年提出的广义相对论否定了绝对时间和绝对空间,用等效原理把引力质量和惯性质量等同起来,将引力效应与时空几何统一起来,完成了对时间、空间、物质、运动的统一的理解。他说,"我们在寻求一个能把观察到的事实联系在一起的思想体系",寻找一个关于所有学科的统一的理论基础,它由最少数的概念和基本关系组成,从它那里可用逻辑方法推导出各个分科的一切概念和一切关系。他曾就自然界的各种力都可用一种单一理论加以论述的极端简单性进行探讨,试图把电磁场和引力场统一起来。但是,他追求"物理学领域中的逻辑统一"的目标和统一场论的梦想,终未获得成功而空留嗟叹含恨而去。

德国数学家物理学家外尔在1918年提出规范相对论,试图解决引力场与电磁场的统一理论问题。英国科学家爱丁顿从中年开始也一直致力于将量子理论、相对论和引力理论统一起来,以形成一个"基本理论"。现代物理学的一个巨大诱惑就是致力于找到一个终极的基本理论。人们希望看到,一切相互作用具有一个共同的起源,在适当高的能量下有共同的强度。因此,相对论解决了重力问题之后,理论物理学家就尝试建立统一的模型,以期解释通过后3种力相互作用的所有粒子。在1970年前后,美国物理学家格拉肖、温伯格和巴基斯坦物理学家萨拉姆发展了"规范理论",成功地把电磁力和弱力统一在"电-弱理论"中,并与量子色动力学理论一起称为标准模型理论。[6]

科学家在某个能量尺度下将电磁力、弱力和强力统一起来进行描述的规范场理论称为大统一理论(Grand Unified Theory,GUT)。大统一理论是在根源层次上阐释一切物理现象的理论,是用同一个方程式描述宇宙中基本力的物理性质的理论。现在,大统一理论已建立了一套标准模型,把基本粒子分为构成物质"实体"的费米子和传递基本相互作用的玻色子两大类。基本粒子通过维持原子核的强力、弱力和电磁力这3种基本作用力组合成各种复合粒子,进而构成物质世界。"标准模型"预言了62种基本粒子的存在,而这些粒子基本都已被实验所证实。为了弥补这个模型无法解释物质质量来源的缺陷,英国物理学家希格斯于1964年提出了希格斯场的存在,他认为其他基本粒子在穿越宇宙弥漫的希格斯场时,受其作用就获得了质量,而形成希格斯场的就是希格斯场粒子。此后所有的粒子在除引力外的后3种力的框架内相互作用,统一在看似完美的标准模型之下。由于希格斯玻色子未被发现,因此欧洲核子研究中心1991年开始兴建欧洲大型强子对撞机(LHC探测器形似中国八卦图)来寻找玻色子,2011年7月欧洲核子研究中心宣称该对撞机所获数据的研究结果很可能已发现了希格斯玻色子的存在。经过补充大量的数据,2013年3月,理论物理界终于确信"上帝粒子"的存在。

物理学家虽然已经实现了电磁作用力、弱作用力、强相互作用力的统一,不过,标准模型实际上还不是那么完整,它并没有把引力也统一进来,而且漏掉了占宇宙质量98%的暗物质(包括暗能量)。为了达到4种力的统一,科学家们正为建立把量子论和相对论结合到一起的量子引力理论——万有理论而努力。现在已有许多变种的统一理论预言了诸如质子可能会衰变或存在磁单极子或奇异弦的物理现象,但是至今这些现象都还没有得到确凿的证实。像超对称理论和弦理论都是创造万有理论的尝试,然而超弦理论认为似乎是粒子的东西都存在于十维时空的弦形成的圈或线。美国理论物理学家威滕提出的M理论延展了超弦理论,并声称能统一所有的力、构成物质的所有基本粒子、时空以及量子论和相对论，因而被称为"包罗万象"的理论。

现有的大统一理论是终极理论之梦的希望，但它并不是完备的、无缝的天衣。弦论是不是正确的？世界的统一性是否在于其物质性或者将科学的统一归于4种力的观点，并没有得到物理学界的普遍认同，更不用说其他学科领域了。近年来，研究宇观世界的天文宇宙学和研究微观世界的粒子物理学的交叉融合成为科学统一重要的发展趋势。但是，人们对于描述小尺度世界的量子力学与描述大尺度世界的广义相对论的不调和一直感到不安，并试图用一种理论把它们融合起来且要包罗各种理论。"霍金辐射"就是初步尝试这种融合的结果，圈量子引力理论则是更为大胆的尝试。而基于天文观测和粒子物理学成果提出的宇宙大爆炸模型，正在经受各种天体和粒子物理精密测量的检验。

其实，从科学初创时期至今，追求科学的统一就是物理学的一项神圣使命。物理学从3个路径来探寻是什么东西把世界统一为整体：第一个进路是向着万物之本的最低层次还原来追求物质本原的统一；第二个进路是探究物质间的相互作用力来追求运动本原的统一；第三个进路是揭示普遍的万物之理来追求物理规律的统一。[7]

在物理学统一物质本原的第一个进路中，一直是还原论使然。还原论将万物之本归结为物质最基本的组成部分，认为它们决定着宇宙奥秘的答案。在还原论的强大威力下，人们对于物质不断地"逐本求源"，致力于寻求构成世界的最基本成分（即构成物质的基本"砖瓦"）。人们从古代万物之本的水、气、火、土或"以太"，追寻到"无定形""混沌"之物，到分子层次的分子，弄清了物质分子的构造，才开始认识微观世界的真面目。人们把分子还原为原子层次的原子，进而又发现组成分子的原子并非古希腊人设想的"本原之子"，它们还不是物质的"本原"，同样是可分解的物质形式。近代以来，原子被分解为原子核和电子，用行星围绕太阳运转的模型来描述，人们认识了更深层次的微观世界。在原子核层次，物理学家用人工制造的高能粒子束流来打碎构成自然界的最基本"砖瓦"，揭示了原子核所隐含的质子与中子的结构。20世纪60年代，美国当代物理学家盖尔曼和茨威格又各自独立提出了中子、质子这一类强子是由更基本的单元——夸克组成的。目前，人们在物理实验能够达到的微观世界最小层次找到了62种基本粒子。

在物理学统一物质构造模型的第二个进路中，人们秉承着世界本原是物质及其运动的信念，致力于寻求维系基本"砖瓦"之间的相互作用。粒子物理学研究的就是微观世界的基本粒子及其相互作用。根据目前大多数物理学家所认可的标准模型，物质的本原是62种基本粒子，运动的本原是引力、电磁力、弱核力、强核力4种力相互作用。为了形成统一的理论来解释物质及其运动的本原和科学的统一性，理论物理学家在探索物质最基本的粒子及其相互作用时，坚持每一种有关相互作用的理论发现都必须得到实验的实证，心甘情愿地接受了无数次不断否定自己与服从事实的必然宿命，其发展结果才获致了一种与神话时代和自然哲学时代完全不同的学问。

在物理学追求万物之理的第三个进路中，人们的目标是用最少数目的物理规律来描述自然现象。牛顿的力学定律是物理学中的第一次革命,他把历史上许多独立的貌似无关的物理定律汇总在一起,用三大定律来描述"所有"物体在力作用下的运动规律。麦克斯韦在第二次革命中,将电学和磁学中的20多个方程式归纳总结为4个形式对称的微分方程。爱因斯坦在第三次革命中用狭义相对论统一了相对性原理和麦克斯韦方程,用广义相对论将惯性、引力和时间空间统一在一起。此后,人们建立各种理论模型也是梦想用最简约的规律来统一世界。

由于人们认为万物皆由物质构成,世界的本原是物质和运动,近代和现代物理学在寻求统一科学理论的前沿上基本是沿着第一个进路和第二个进路来通向上帝之路的,因此,还原论的思想与大统一的过程相伴而行,粒子物理学成为迈向统一之路的先锋。随着科学向物质世界越来越深的层次掘进,物质实体被划分为一系列的层次,而在每个还原阶段中呈现出的稳定的微观粒子,在历史上都曾被误认为是"基本"粒子。为此,很多中国物理学家认为应当把夸克称为"层子",以表示这只是物质结构许多层次中的一个层次而已。

其实,在粒子物理学家们追根溯源的漫漫长路中,物质粒子被分了再分,直到分不下去为止,这在哲学上还是属于还原论的范畴。还原论是从自然科学中形成发展起来的,自然科学的伟大成就使人们形成一种信念,认为还原分析是科学研究唯一可行的无往不胜的方法,一切复杂问题都可以经过还原分析再加上综合的方法来解决,客观世界的一切奥秘都可以通过向更深层次掘进而揭示出来。例如,在生命科学领域,人们早已把生物个体分解为不同功能的系统,把系统分解为器官,把器官分解为组织。到19世纪,人们又把组织分解为细胞,提出细胞学说,医学则发现细菌和病毒,对人体结构以及生病机理有了前所未有的深入认识。现代生物学又把细胞分解为生物大分子,发现DNA,破译遗传密码,实施人类基因组计划,取得一个又一个里程碑式的进展,从而大大深化了对生命现象的理解。在这种信念驱动下,除了继续向物理世界和生物世界的更深层次探索外,人们又试图把还原分析法推广应用于一切领域,去揭示心理的、思维的、经济的、社会的奥秘。于是,心理学家努力寻找心理原子,社会学家努力寻找社会原子,经济学家努力寻找经济原子等,掀起向微观世界全面进军的强劲热潮,造就了20世纪科学界足以载入史册的一大景观。

还原论在科学统一进程中取得了一定的成功,也遭遇了各种困难,这促使人们另辟蹊径。协同学创始人哈肯发现,"许多个体,无论是原子、分子、细胞,或是动物、人类,都是由其集体行为,一方面通过竞争,另一方面通过协作而间接地决定着自身的命运。"[8] 在物理领域中也有一些物理学家在反思:物理理论之统一是否只有微观世界的基本粒子及其相互作用这样的进路呢?在宇宙系统能够"还原"的所谓最低层次进行内部描述是否得当?也许人们应该变换一个思路,考虑多粒子"凝聚"在一起的多粒子系统的宏观统计性质,就像凝聚态物理学家们对多粒子系统的行为进行外部描述那样?事实上,在粒子物理统一理论中占据重要地位的量子场论,本来就是属于多粒子系统的量子理论。如果把凝聚态物理语言由狭义物态推广到宇宙普适,将其一开始便植根于多粒子相互作用之土壤中,也许能使我们考虑统一理论时具有更宽阔的视野,得益匪浅?

当代就有理论物理学家认为,人们孜孜以求的统一理论,答案有可能突破还原的框框,从凝聚态物理中得到。如今,粒子物理学家按照还原论的想法已经做到了极致,因为涉及的微观尺度越小,到达的能量级别就越高,即使理论方面还可以继续思考下去,但加速器所需的能量已经到了难以企及的程度,因而无法验证新的理论。而近年来在凝聚态物理的发展中,实验和理论都取得不少突破,新型的物质形态在实验中频频出现,比如拓扑序、拓扑绝缘体、自旋液体等。

粒子物理学研究的是微观世界的基本粒子及其相互作用,在研究思路上是还原论使然。而凝聚态物理更多关心的是多粒子系统的宏观统计性质,在研究思路上以整体论为指导。事实上,随着现代科学视野的扩大和研究对象的复杂化,新问题层出不穷,旧体系穷于应付,老概念、旧理论遭到日益严峻的挑战,科学形态和科学理论随时会出现变化。一个问题的解决如果不能从整体上去把握,就很难有准确的理解。传统的依靠还原方法在许多学科领域已不再适用,必须用整体性的方法才能解决人们正面临的一系列复杂的现实问题。由此也启发人们,科学统一需要超越还原论,或者应该重新回归整体论。

二、学科的融合与统一的端倪

追求科学的统一是人类理智所固有的特性,也是科学认识发展的原动力。现代科学为了超越学科的特殊性,必然要寻求学科的统一性。20世纪30年代出现的系统论是突破研究对象局限于物理学唯象理论与研究方法受制实证主义羁绊的一个新奇现象。美籍奥地利理论生物学家、哲学家贝塔朗菲是一般系统论的奠基人,他在支持20世纪20年代中期生物学机体论(即把生命解释为一个有机整体的理论)的基础上,以整体论的思想提出了系统论。系统论把不同的事物抽象为一般的系统,从系统结构和功能及系统的演化来研究各学科的共性规律。

系统无所不在,具有普遍性和一般性,所以系统论又称一般系统论。系统论并不是以某一个体(单元)为研究对象,而是研究元素集合体的存在形态与周围环境的关系。系统论的主要任务是要研究确定一个系统,并着力于确立适用于系统的一般原则,探索适用于一切综合系统或子系统的结构——功能优化的模式、原则和系统运动规律。

贝塔朗菲指出,系统是由相互作用的组分组成的集合,组分通过相互作用一起产生出某些形式的系统及行为。"对系统的描述有内部和外部之分。内部描述本质上是结构性的,力图以状态变量和它们的相互依赖来描述系统的行为。外部描述是功能性的,以系统与环境的相互作用来描述系统的行为。"系统在不同领域中表现出结构上的相似性或同构性。"各个不同的科学领域各自独立地出现相互一致的概念和定律,使得它们在现代发展中带有明显的平行性。"根据系统存在的整体性、关联性、动态性、有序性、预决性等普遍性质,他试图在研究各门具体科学规律和概念体系的基础上找出彼此之间的对应性和同型性,然后抽象上升为一个"适用所有系统的原理性学说"。

贝塔朗菲说,可以清晰精确表述大自然的一般系统论是走向跨学科综合的重要一步,将来可能产生一个"统一的理论"。科学统一应以不同领域的同型规律为依据,不同领域的定律和概念系列的一致性和同型性赋予科学以统一性。他强调,一般系统论旨在寻找能统一"纵向"贯穿于各个学科的共性原理以达到科学的统一,"一般系统论具有'元科学'(meta-science)的意义。一般系统论的发展将使科学走向统一——不像过去的'元物理学'(meta-physics,即形而上学)那样把一切学科还原为物理学的模型与规律,而是统一于系统的模型和规律上"。他认为物理学、生物学和社会科学将结成一体,达到科学统一的目标可能为时不远了。不过,对于科学实现最终的统一,贝塔朗菲坦陈:"究竟能不能建立一个包括所有科学(从物理学、生物学到社会学)的假设——演绎体系的问题,我们也悬而未决。但是,我们肯定可以为实在的各个不同层次或阶层建立起科学的定律。"

至今,一般系统论还在试图寻找各个不同学科领域的一致性和同型性以实现科学的统一。就在人们翘首以待系统论这张巨网把宇宙万物统一起来之时,即20世纪40年代,控制论、信息论等基础理论学科和系统工程学、系统分析等应用学科接踵而至。控制论创始人维纳抓住了生物体内和机械中共同的信息传递和控制问题,提出了一般性的模型与处理方法。信息论奠基人香农则从通信的角度入手,首次提出了信息的定量测度,并把信息和熵联系起来。到了20世纪60—70年代,以自然科学为背景的系统科学的思维和理论得到了深入发展,又出现了以耗散结构论、协同论、突变论、自组织理论、超循环论和重整化群理论为代表的现代系统理论,不同学科都在摆脱原来分科的约束,互相渗透、互相促进,不同领域之间纵横交错,交叉学科、综合学科、横断学科快速发展,进入了相互融通的大科学时代。

与系统科学的思想理论揭示客观世界的普遍联系和演化特征的同时,传统的学科本身也正经历着不断向深度和广度发展,进行辩证的综合。数学的基础概念已日益广泛地被应用于描述各种现象,使得人们能用合适的语言简洁地建立自然界的普遍法则,发现自然科学理论的基本数学结构,从而更深刻地了解各种事物形态现象与变化的本质。现代物理学也超越了笛卡尔的力学世界图景,正引导人们走向一个整体论的、内在动态的宇宙观,这就是把宇宙看作一个各种关系相互联系的网络。现代科学的诸多新理论都被注重整体的系统科学在一定程度上兼容并蓄,并改造成为自身理论体系的一部分。这意味着,当代科学注重联系和发展、整体和层次、结构和功能,正在朝着学科和部门的结构消失的方向发展,传统的各学科泾渭分明的近代科学分类已经无法定位和划分体系,统一科学已经露出了曙光。

科学发展的基本趋势必然要把所有的学科归结为一个整体,建立起一门统一的整体的科学理论体系——统一科学。统一科学就是真理性的"总体范畴",这一门全新的兼备基础性与至高无上性的科学对各个学科就具有全面的、决定的统治地位。所以，统一科学又是一个在自然科学家、哲学家和社会科学家当中备受关注和争论的重要问题。

中外科学史说明，科学发展经历了综合、分化、再综合的过程，科学是个动态的、不断向前发展的过程。美国当代科学史家库恩认为，科学的发展是一个范式的完善和不断更替的过程。历史上不同学科的分科研究，在人类认知能力发展的一定阶段使人类能够从不同的角度和视野对客观自然包括人类自身进行探索和研究，虽然是片面地、孤立地认识整体世界的一部分，但是其深入研究的结果又为科学走向统一准备了必要的知识与手段。这就像经验自然科学积累了庞大数量的实证知识材料就会产生按一定的类别来反映分科的学说与知识体系一样，学科发展所积蓄的综合能力已经要求学科实现统一。"任何一门学科，只有当它是所处时代的社会生存与发展客观需要的自然产物，同时学科内在逻辑必要的前期预备性条件又已基本就绪时，它才会应运而生，并为世所容所重，得以充分发展。"[9]

普朗克在《世界物理图像的统一性》中指出："科学是内在的整体。它被分解为单独的整体不是取决于人类认识能力的局限性。实际上存在着从物理到化学，通过生物学和人类学到社会学的连续链条，这是任何一处都不能被打断的链条。"客观世界是一个内在的整体，不同的学科只是从不同的方面或层次来研究同一个整体。科学被分析成不同的学科不是取决于事物本身所具有的特殊的矛盾性，而是取决于人类认识能力的局限性。不同的学科看起来研究对象确实不同，而实际上却有着共通的道理。因此，许多科学家可以从五花八门的事物形态的信息中发现全息，从一些不同学科的原理中发现公理。交叉学科、边缘学科、综合学科和横断学科的发展向人们展示了知识的统一性和自然界惊人的统一性（尽管由于我们的无知会出现一些偶然的、局部的、暂时的矛盾），同时促使了人们对科学的本义和学科的统一进行反思。

学科的统一并不是要形成一个非常庞大的拼盘一样的知识体系，否则就只是升级版的"百科全书"了。统一科学要体现对事物整体性的回归和对还原论的超越，不仅要保持很强的条理和结构，而且要在"认识的真理性"方面寻找突破口。当代科学的发展已经出现一种新的动向，以还原论和经验论为基础的经典科学正在吸收系统论、理性论和人文精神而迅速发展，把科学变成碎片的学科正在重新整合而走上统一进程。具有高度综合性的当代科学正一步一步向着统一科学的目标接近，并在发展中表现出如下的认识论特征：

（1）研究的完整性。现代科学的认识正在向微观世界的各层次和宏观世界两个方面延伸，对自然界各个层次的认识更加清晰。人们从层次、过程、机制、结构和功能诸多方面揭示了自然界的规律，使人类获得了对自然界越来越完整的认识。

（2）研究的多学科性。采用多学科的方法研究某一物质客体或课题，组织多学科联合攻关是高科技研究取得突破性进展的主要形式，这是当代科学研究的一大特点，也是当代科学发展最有前途的方向。

(3)学科的多对象性。学科的融合反映了各门学科之间横向联系越来越紧密。现代科学研究向横向和纵向两个方面延伸,各门科学不断扩展自己的研究领域,而且需要紧密配合。

(4)研究的信息化。计算机信息处理技术是当代科学技术发展的主导领域,信息处理技术的巨大进步是当代科学革命的核心过程,计算机信息处理技术已广泛渗透于各个科学技术领域。

揭示从自然界到人类社会各种组织的产生、生长、维持、演化和管理的机理,并构建起系统科学理论体系是现代科学的前沿课题。20世纪80年代,中国著名科学家钱学森提出要在基础科学层次上建立系统学,其基本思路是把信息学、控制学、运筹学、系统工程与一般系统论、耗散结构论、协同学、超循环论、微分动力系统、混沌学等融会贯通,综合形成一门关于一般系统的基础科学,即系统学。[10]

虽然时至今日钱学森期望的系统学尚未建立起来,美籍华裔物理学家李政道却已经在憧憬:"将来的历史会写上,是在我们这个时代,把微观的世界与宏观的世界用科学的方法连接起来了。"当代有些科学家预言,探寻成为一切基础的基本原理的科学统一工作可能在2050年前完成,但无绝对把握。圣塔菲学派在20世纪80年代就满怀信心地认为,20年至30年之后,真正的自组织理论即可诞生。当代英国著名科学家霍金在2000年也说过,用一组单一的方程来描述整个宇宙的"大统一理论"已经不再遥远。在未来100年,甚至20年,我们也许会发现一个关于宇宙基本规律的完整理论(即所谓的"一切论")。[11]

然而,科学分类并不能自动地促使科学的统一,因为科学统一并不是科学分类的自然而然的结果,而是需要另辟蹊径加以解决。现代科学迫切呼唤着以整体性为特点的科学理论,呼唤着原创思维成为思维科学中最重要的层面,呼唤着人们把最宏观的宇宙世界与最微观的粒子世界相融通,并要求人们解释世界为何万变不离其宗,而万宗又同源同理的玄妙。处在统一科学呼之欲出的历史关头,是等待观望,还是积极探索,是我们这个时代的科学工作者面临的重大抉择。苏联哲学家凯德洛夫认为科学的统一是现代科学综合发展的必然,但它"将如何实现和何时实现,暂时还难以说得具体"。奥地利量子物理学家薛定谔则指出,除非我们中间有些人敢于去着手,否则将永远达不到。

可见,各门学科本来就属于同一个科学整体,它们只是从不同的方面、不同的层次,用不同领域的概念来研究同一个世界中事物的形态及其变化。各门学科只是表现形式不同或划定的具体研究对象不同,实际上都有着共通的道理和规律。就连长期以来被人们认为是两大类截然不同的科学知识体系的社会科学和自然科学之间也有着共同的道理和规律。因为任何社会现象都是一种事物形态,它们与自然界的事物形态的一般性并没有根本区别,许多区别只是人为地对其特性进行划分的规定,社会与自然本来都是属于同一世界整体的。

统一科学要成为一门高度综合的、统一的学科,各门学科就要殊途同归,原则上从一门学科就可以导出其他所有学科,在某一学科发现的公理、概念也应能适用于其他所有学科。因此,科学迫切需要在科学整体观的指导下建立起各种理论的"公理"体系,并对自然现象间的辩证联系和一般本构关系进行研究。一方面它应把各种事物形态及其运动作为客观现象来研究,研究它在世界发展中的地位、作用及其规律,另一方面它又得把各种学科、理论作为认识现象来研究,研究它本身的结构方法与功能,研究各门学科及其理论之间的联系,从而真正归纳出事物运动的一般原理和一般规律。如果这样的建立综合一切的理论体系的理想实现了,那么人们就能够称之为统一的科学。

统一科学就是把统一的观点引入科学,认识到客观世界是个整体,科学也是个整体,其内在的力量总是激励最完整地认识和说明整体。统一科学不是研究自然界的某种物质结构及其运动形式,而是研究自然界及人类社会中一切事物的共同性质和普遍联系的某些特定方面。统一科学当然不像现有的任何一门学科的知识体系那样范围狭窄或规模有限,其野心甚至是包罗万象而无所不及。

统一科学的建立离不开现有的各个学科。单一学科的分析虽然是十分有限的,可在一定程度上却已大致地弄清了其研究对象的细节,并创立了各种有效的研究方法。不同学科之间的理论借鉴会触发很多有价值的思想,产生新的综合学科。统一科学研究与传统学科的互动,又有可能让现有的科学研究焕发出新的生机和活力。任何学科知识的深化都应该在统一科学知识系统里来认识这门学科知识。为此,统一科学作为整个科学的知识系统要源于现有学科又要高于现有学科,从而必须扬弃各门学科的特殊内核。这样形成的科学大一统理论才能真正成为活生生的科学有机整体,既有哲学思想的灵魂,又有数学模型的骨骼,也有物理实证的血液,还有系统理念的经络以及各具体学科的组织。

钱学森指出:科学是一个整体。"现代科学技术体系"是由数学、自然科学、社会科学、哲学和技术科学、工程技术组成的一个整体。为了实现科学的统一,诸多大科学家和科学工作者都努力以整全视野在上下求索。有的人从许多交叉学科或从学科之间的共同点出发,形成了或大或小的交叉面,但是由于其思想还不够全面,缺乏对科学一体化的整体性认识,因此也不能完成对学科的整合。

其实,古代人类认识周围的世界就是从对自然的整体认识开始的。虽然英文中系统一词(system)来源于古代希腊文(systema),意为部分组成的整体,但是最能体现全面的、系统的思想的还是以中国为代表的东方整体观。所以,比利时物理化学家普利高津认为:"耗散结构这种新思想,和中国的学术思想更为接近。中国传统的学术思想着重于研究整体性和自发性,研究协调与和谐。现代新科学的发展、近十年物理学和数学的研究,如托姆的突变理论、重整化群、分支点理论,都符合中国的哲学思想。""我们正朝着一种新的'综合'前进,朝着一种新的自然主义前进。也许我们最终能够把西方的传统(带着它对实验和定量表达的强调)与中国传统(带着它那自发的、自组织的世界观)结合起来。""中国的思想对于那些想扩大西方科学范围和意义的哲学家和科学家来说,始终是一种启迪的源泉。"

美国物理学家、文化哲学家卡普拉在探索了近代物理学与东方神秘主义基本思想的联系后指出:过去数十年间现代物理学引起的巨大变化,好像正走向类似东方的世界观——宇宙的全部现象是一个不可分离的和谐的整体。东方神秘主义提供了一个协调一致和尽善尽美的哲学框架,它能容纳物理学领域最先进的理论。"如果说物理学现在把我们引向一种在本质上是神秘主义的宇宙观,那么从某方面来说,就是返回到2500年以前的起点上。"[12]

科学的发展也许就是一个否定之否定的过程。近代科学否定了以整体观为特征的东方古代科学和哲学,而科学在当代所遇到的认识论困难重新要求哲学为其解决,也促使科学的内向性发展。科学发展到20世纪中后期,作为科学主体的人在科学发展中的地位和作用日益凸显出来。在当今思维科学更迭与跌宕的潮流中,人们开始重新认识多元文化及其思维方式,科学已经出现了向传统与自然回归的趋势。人们回眸和注视东方思维,希冀从东方智慧汲取营养,西方技术文明与东方思想文明从碰撞走向了结合。正如英国科学家约瑟夫·尼达姆(中文名李约瑟)用几十年著述的《中国科学技术史》所言:"也许这种最现代的'欧洲'自然科学理论基础受到庄周、周敦颐和朱熹这类人物的恩惠,比世界上现在已经认识到的要多得多。"[13]

科学是最独特、最重要的人类成就,是人类进步的唯一体现。科学向整体化的回归和综合学科的产生,又是对近代科学的再否定,其终极目标就必然要揭示科学的统一性,建立起一个对所有可能观察到的现象都能加以描述的统一科学。统一是一切科学的中心,其意义是对事物的前后一贯的说明,不是应用于单个孤立的现象,而是共同地应用到不同的现象上。统一科学的理论体系是哲学和科学的统一体,也是普里高津所追求的"人类新的自然哲学和自然科学"的统一体。这一现代版的"自然哲学"要把科学和哲学统而为一,而且这种统一不是哲学和科学的一种外在的衔接,而是一种内在的融合。统一科学作为一种理论形态就是要在整体观的指导下,通过对哲学与各门具体学科本质关系的理论自觉,尽快地建立起统一科学。

第三节 科学与道学同脉

中国传统文化以论道为最高境界,学而论道和格物致知就是为了揭示潜藏于事物错综复杂表象内的道理。万物统一在"道"中,元道理是至高无上的宇宙法则。科学的本义是"揭示事物发展的客观规律,探求客观真理",科学求真与道学寻道是同脉共振的。追求事物形态变化的普遍规律(真理)是人类的天性和统一科学的根本旨趣。

一、中国诸子百家学而论道汇义理

提到中国传统文化,自然要回顾古代的中华文明,也就要先明了"道理"的概念。中国有句老话:凡事都要讲道理。在中国人心中,讲道理,就是讲科学;讲科学道理,就会得到人们的尊重与景仰;科学道理就是真理的化身。因此,中国人在不同的时空中都在讲道理。

中国文化和哲学几千年的发展,始终没有离开道的观念。古往今来,很多谈道论道的人言谈之间与经典之内,左右不离这个"道"字。"道"字由来已 3000 年之久,本初指划裂留经的痕迹纹理,即万物产生运化由始到终的一划一划的道道。但是,在新石器鼎盛时期,中国人的先祖创立的最古老的典籍——《易经》才是对"道"的生存领悟,及至后来所有中国古代的经典都是在讲述道理。中国传统哲学以道为最高范畴,任何人研究中国传统哲学和传统文化,到了"道"的层次,似乎就达致了人生追求的最高与最圆满的境界。

可是,"道者,万物之奥"。一个"道"字,从古至今始终把人弄得一头雾水,似乎天机不可泄露。中国古人所讲的道理很高深、很玄妙,研几入微,至今芸芸众生依然觉得不知所云,不知道什么是道。而不同时代的不同人对于道的认识也是不一样的,其结果是在中国传统文化中形成了儒、道、佛三家不同的道理。儒、道、佛各家又都讲法外无法,只此一法,让世人听了觉得略有相似,似可殊途同归。

中国古代的儒家论道就是讲天道与人道,讲天道与人道的关系。孔子关于"士志于道""君子谋道不谋食""朝闻道,夕死可也"的语录,就表现出其看得比生死还重的求道问道精神;他关于天的观念、天人合一的观念,实质上都是关于道的观念。在《论语》《中庸》等儒家典籍中,有丰富的关于道的论述,并成为阳刚劲健的思想系统。孔子及其弟子在《周易大传》写道:"《易》之为书也,广为悉备。有天道焉,有人道焉,有地道焉。""夫《易》何为者也?夫《易》开物成务,冒天下之道。如斯而已者也。是故,圣人以通天下之志,以定天下之业,以断天下之疑。"这意思是说,《周易》的内容非常广博,无所不包,概括起来不外是三道:即天道、地道和人道。换言之,就是讲宇宙和人生变化运动的基本道理。因此,它的用途很明确,就是要概括宇宙和人的运动规律,用来开通物理,成全事务。这样圣人就可以用它来沟通天下人的思想,成就天下人的事业,决断天下人的疑惑了。

可见,易道是中华文化的精神主干,是中国人摸索出来的关于宇宙生命的基本变化规律。如果否认了道,几千年的中华文明将一无是处。《周易》所讲的宇宙和人的基本道理就是宇宙和人的运动规律,《周易》中的"道"大体上就相当于科学中的规律性(真理)。像北宋哲学家邵雍就是以太极和道作为宇宙的本原,认为宇宙和历史都是按既定的规律运动,循环往复,以至无穷。

孔子是儒家学派的始祖，但是比老子小了20岁。孔子对道的看法和说法是从老子那里学来的。孔子及其弟子坚信"道不可须臾离也"。在古代的中华文明中，虽然从表象上看，占统治地位的是儒家，实际上却是儒门之外的道统，道本儒末，以道解儒，儒形道魂，道可融儒等。也就是说，道是母，儒是子；道是源，诸子百家是流，而且流散无穷。所谓的"百虑而一致，殊途而同归"，诸子百家尽可争鸣却尽归于老子的道论，老子才是百家之祖、万法之宗。

老子名叫李耳，其著名的著作《道德经》世称《老子》，仅五千多言。《道德经》深刻优美、言简意赅地提出了道，并以道解释宇宙万物的演变，也以谈道论道为指归。《道德经》有言："有物混成，先天地生……可以为天下母。吾不知其名，字之曰道。"在这里，道是指支配宇宙万事万物的发生、发展、消亡、转化的根本规律，是人类认识宇宙、万物、人类社会和思维的方法，也是人生修炼身心的方法、途径和境界，还是人类行为的规范等。在老子看来，"道"是"万物之宗""象帝之先""为天下母"的有无统一体。

老子赋予"道"的特征是：①形上性。道是视之不见、听之不闻、搏之不得的幽隐潜在，它"无状之状，无物之象"，恍惚无象，超越形体。②实存性。"道之为物，惟恍惟惚。惚兮恍兮，其中有象；恍兮惚兮，其中有物。"人们无法用感官直接把握道，但它又确实存在，因而人们可以根据它来认识万物的本然道理。没有万物，道就不存在。③客观性。道玄之又玄却亘古存在，它是万物的本质，通过自身的性质在世界中显现，具有不可破灭的必然性。

老子所讲的道，既指天地万物存在的终极根据和必然规律，又指人应追求的崇高目标和理想境界。道是宇宙人生的大道，它究天人之际，察万物之情，通古今之变，应人生之事，证大道之真，是世人修真成圣之道。道是经常无为的，但它能创造一切，它概括天之道——宇宙自然根本规律和人之道——摄生之道、真人之道、圣人之道和玄妙之道。它举凡天人之际、古今之变，无所不包，囊括无遗，可以入世，可以出世，可以超世，而将玄之又玄、深不可测的大道以明白晓畅的诗文予以科学的总结，体现了中华民族高度的理性思维。

老子是道家的创始人和人类辩证思维的鼻祖，因而被尊为"老子天下第一"。"道"是老子及道家哲学的最高范畴，道论是老子思想体系的基础与核心。由于《道德经》是一个完整的思想体系，开创了道学文化，因而在中国思想史上有着不可替代的地位，是我国第一部大道科学圣典，是我国第一部百科全书，被古人称之为"道学"。

庄子秉承和发展了老子的思想，认为"道"是关于宇宙和人生变化的根本规律，是无限的"自本自根""无所不在"的，强调事物的自生自化，否认有神的存在。庄子汪洋自恣、物我为一，认为超然物外的"道"描述了事物的本质和发生、发展、消亡、转化的秩序，但"道不当名"，这一虚位概念就难以或无法解释，因而"大道不称，大辩不言"乃是"不言之辩，不道之道"。《庄子·大宗师》说："夫道，有情有信，无为无形；可传而不可受，可得而不可见；自本自根，未有天地，自古以固存；神鬼神帝，生天生地；在太极之先而不为高,在六极之下而不为深,先天地生而不为久,长于上古而不为老。"

《庄子·知北游》有言:"天地有大美而不言,四时有明法而不议,万物有成理而不说。圣人者,原天地之美而达万物之理。"《庄子·渔父》认为:"道者,万物之所由也,庶物失之者死,得之者生,为事逆之则败,顺之则成。"道作为规律存在于事物发展的过程中,无所不在,与物无际。《庄子·天地》阐述"行于万物者,道也"。万物莫不"循道而行"。阴阳变化、四时更替都是道的表现形式。

中国古代的道家就是以先秦老子、庄子关于"道"的老庄学说为中心的学术派别。道家文化就是规律文化,在思想理论上,以"道"作为最高范畴,主张尊道贵德,效法自然,以清静无为法则治国修身;在内容上,以老庄的自然天道观为主,强调人们在思想、行为上应效法"道"的"生而不有,为而不恃,长而不宰";在政治上,主张"无为而治""不尚贤,使民不争"。

道学思想曾经盛行于汉唐两朝,对文景之治、贞观之治、开元盛世产生过巨大的影响。后来道学思想传入韩、日等国,形上之道、抽象之理和玄远之思也逐渐成为世界性的学术思潮。

由于道家理论深入人心,公元142年,张道陵在汉代黄老道家理论基础上,吸收古代神仙家的方术和民间巫术鬼神信仰创立了一种宗教实体——道教。道教是道的教化或说教,奉老子为教祖,试图通过精神形体的修炼而成仙得道或延年益寿。道教的教旨是安民护国,通过修炼验证道的存在,同时又以道术为人们的生存服务。道教作为中国汉民族具有礼仪和组织系统的传统宗教,至今仍有相当数量的信众。

佛教以高超的思辨和深邃的思想著称于世,但传入中国并汇入中国文化传统后,也取用道的概念作为佛万能之下的二级哲学范畴。佛教创始人释迦牟尼所传讲的道理就是佛法。佛教的三藏包括经、律、论。佛经把"苦谛、集谛、灭谛、道谛"这四谛解为"真理",道谛就是达到"涅槃"的途径。关于涅槃的道法就是说人经过长期"修道"就能"寂(熄)灭"一切烦恼和"圆满"(具备)一切"清静功德"。

由于道理可以超越生命的有限,对人们形成强烈的诱惑,因而道家和儒家所讲的道理在人们的内心成为伟大的力量而被宗教化为道教和儒教。及至佛法所传讲的经、律、论三藏和"四谛"的道理在中国一传播,佛教就与道教和儒教构成了中华传统文化的台柱。中国佛教的儒、释、道三教融合思想以及"空、假、中"三谛圆融的观念在中国一普及,也就把"道理"和"统一"的精神融会到中国文化之中。

几千年来,一代代的中国人学而论道、顿悟意会、沉潜理道、格物致知,就是为了传承这些因天之序的道理,为了揭示潜藏于事物错综复杂表象内的道理。"格物"为了寻道,讲理才能"致知","致知"还是为了"知道"。道不属于任何个人之私,可以共享。那么,究竟道是什么?道到底能不能讲明白?天机能不能泄露?绝大多数人却不知道。

根据《说文解字》"一达谓之道",道的本义就是指有一定指向、通达一定地点的运动过程之路;引申为人或物所必须遵循的轨道,通称为道。但是,道又是弥散于天地万物之间的无形的东西,联系并规范着万物从一形态到另一形态的演进与变化。"道通天地有形外,思入风云变态中。"道属于"形而上"的观念形态范畴,看不见也摸不着。像《黄帝内经》既表明"道以医显",又宣示可以"从医入道"。儒家讲"道不远人",道不能须臾离开,能离开的,就不是道。佛教讲缘起因果,也是道不远人的意思。儒、释、道和中医对道的追寻异曲同工。道不远人,却"百姓日用而不知",又"民可使由之,不可使知之"。

《庄子·缮性》有言:"道,理也。"北宋张载则认为:"循天下之理之谓道,得天下之理之谓德。"讲道理是为了搞清楚事物的因果。事理是关于事情的道理,物理是关于物质的道理。与人们生活和生产关联的只有特殊的事情与具体的物质,但是特殊的、具体的不同事物隐含着共同的、普遍的道理。如果人们能够站高一层全面归纳和认识各种事物共同依存的内在关系,那么人们在掌握普遍自在的道理基础上,就可以按照规律发展的必然趋势自觉地、有目的地进行活动。

中国古代思想家认为,万物统一在"道"中,"道"的主要特点就是无休止的自发运动和变化的循环性;"阴"和"阳"是变化圈的两极,"道"的所有表现形式都是这两种对立面相互作用的结果。几千年来,先哲论道汇义理而行走天下,引领人们津津乐道地谈论着"道"。在老子乃至道家哲学中,"道"的基本意涵体现为天地万物的总规律及由此引申出的原则、道理、方法等。管子则认为"道"是指气及其运动规律性。"道"是联系物质形态又超然物外、有指向又有秩序的无形路线,是既超越又内在于天地万物及社会人生的、形而上的存在本体,其实质是天地万物最本质的共相。中国古代文化和科学技术的基本原理和最高宗旨就是"道",人们上下求索所悟之道就是事物真实本质必然联系的序列,这样的序列中国人称为道理,西方人则称为规律。因此,"道"就是至高无上的宇宙法则和自然规律,是所有事物形态变化的运行轨道和必由之路。

二、元道理是至高无上的宇宙法则

迄今为止,"道"依然是中国文化的核心。在当代中国的《辞海》中,"道"被定义为(一般)法则、(普遍)规律。"道"与事物特殊规律的"德"相对,道德是哲学的一对范畴。"道"原指人行走的道路或路线,借用为宇宙事物运动变化所必须遵循的普遍规律或万物的本体。"德"和"得"意义相近,用作具体事物从"道"所得的特殊规律或特殊性质;人在宇宙中顺势而为的品性,也称为"德"。

"道"又与具体事物形态的"器"相对,道器也是哲学的一对范畴。《易·系辞上》把道看作无形象的,含有规律和准则的意义;器是有形象的,指具体事物或名物制度。道作为无时空性而永恒自存的抽象的理,可以称为共相;器作为在时空中存在而可变化的具体特殊物,亦可以称为殊相。道器关系是抽象道理与具体事物之间的关系问题,这也是历来唯物主义者和唯心主义者争论的中心。由于形上超越的"道"在中国古代社会中深入人心,一直占据了主导地位并产生巨大的影响,因此一代又一代中国人的思想、观点和行为规范都以哲理至上或道理至上；而在器物层面上的设计发明甚至被称为奇技淫巧，入不了大雅之堂，根本进不了文化主流。

经以载道。常道是不依赖造物主的固有的规律，是普遍适用的（一般）法则。不过，就普遍性而言，道还有大道与小道之分。普遍性越高的规律就是适用范围越大的道理，而适用范围越大的道理就是越根本的道理，最大适用范围的道理也就是最根本的元道理。元道理是至高无上的宇宙法则，也就是反映事物形态内在关系的基元规律。

朱熹认为，"理"是派生万物的本原，"理在万物之先"。"理"一分为二：对自然而言，它是规律；对社会而言，它是准则，两者都是客观存在的。清初思想家王夫之认为："理者，物之固然，事之所以然也。"规律是在一定的条件下可以反复出现的，人们只能发现它，却不能创造它。事物形态的内在规律是固有的，联系不同事物形态的"通道"是自在的、固有的道理。越一般性的规律就越是"铁律"，越根本的道理就越是硬的道理。元道理作为事物形态内在关系的基元规律就是"放之四海而皆准"的真理，是最铁最硬的规律与最基本的原理。

小道理要服从大道理。《韩非子·解老》有言："道者，万物之所然也，万物之所稽也……万物各异理，而道尽稽万物之理。"正如宪法是规定一个国家的社会制度、国家制度、国家机构、公民的基本权利和义务等的一般法则，是一个国家的大道；而该国的法律法规相对于宪法都具有一定的特殊性，就是小道；至于部门和地方的法规乃至企事业单位的制度及家规就是更小之道。

不过，道理并非中国人的专利，西方人也一直用另一种声音在讲道理。公元前6世纪，古希腊人就认为，表面上纷乱如麻的现象背后，其实潜藏着一个简单的秩序。看得见、摸得着的东西并不是最重要的，它背后有一个抽象的能够用数学、逻辑、语言精确表达的logos（罗各斯）。最早出现在古希腊赫拉克里特著作中的罗各斯，追寻的规律或规则就是宇宙万物的源头，万物的根本就是西方人观念中的"道"。罗各斯的主旨就是思想、言辞、理性、逻辑、规律性等，其汉语的含义为思维的规律、规则，观点、主张以及客观事物的规律。

万物背后都有一个根本的道理，而且道理是可以推理寻找和证明的。这种柏拉图的信念就是要从抽象的理念和概念里探索万物的和谐秩序和规律，也就是古希腊哲学的基本精神。规律作为哲学术语就是反复出现的某些相似的东西，但在后来的发展中，罗各斯的规律性内涵及其本义也发生了一些歧义，如在基督教"道成肉身"的教义中，它变成了与神同在、与神同一的"道"。罗各斯也在希腊的传道中变成了logiche（英文是logic），后来就演变成了logistic及语言逻辑，也就是1902年我国翻译家和教育家严复据其英文的音译所称的逻辑。罗各斯的宗旨得到发扬就称其为罗各斯精神，它与追求自由的自我意识的努斯（nuos，"灵魂""心灵"之意）精神共同形成了西方哲学。西方哲学讲求理性，这就是以形而上学为基础的逻辑系统。经过几千年来的不断积淀与发展，西方文化形成了刨根究底与注重单个因素作用的理性精神。逻辑思维、自由精神和理性精神引领着西方人探索科学的道理，并用逻辑分析的刀法把物质世界按一定的纹理进行解析，创造了难以胜数的科学成果。

常度之理是事物本质联系的秩序。整齐且规则排列的次序作为正确思维、准确表达的法则，往往也引申为逻辑，或称为理则、推理。柏拉图在其《宇宙论》中论及，"宇宙是受制于一种玄理""此玄理即运行之原则""此原则即运行中之有规律和常定……此玄理自身是一种混合性，举凡实现于宇宙之所有一切数学的或几何的关系，均由此混合性的玄理所酝酿而来"。亚里士多德对自然万物最普遍、最一般的本质或共相也进行了系统的研究，并把其关于罗各斯的本体论哲学思想表述在《物理学后诸篇》一书中。日本近代哲学家井上哲次郎借用中国哲学经典《易经》中"形而上者谓之道"的说法，将这本最早以逻辑系统来论述道理的书名翻译为《形而上学》。这一译名得到了中国人的认同，至今仍为人们广泛采用。

西方人讲理不拘一格。早在公元前4世纪，古希腊哲学家亚里士多德就建立了由大前提、小前提和结论组成的逻辑学三段论式。逻辑推理就是从一些判断合理地得出另一些判断的规则，凡是运用概念、判断和推理的都必须遵守。阿基米得是按定理—公理—定理—证明—引理这样的格式来讲理的，乃至牛顿力学也是以规律或法则来讲理的。荷兰哲学家斯宾诺莎在17世纪提出，宇宙间只有一种实体，即作为整体的宇宙本身，而上帝和宇宙就是一回事。现代物理学家爱因斯坦和霍金等人则以宇宙宗教为情感认为，如果上帝是无所不能、无所不知的人格化的个体，那么上帝是不存在的；如果上帝是指无例外地制约万物的规律，那么上帝是存在的。西方主流观念认为，上帝用逻辑创造世界，人类用逻辑认识世界，纯理性的领域是绝对固定的、高级的、永恒的世界。讲逻辑，就是讲理，寻求理性的、必然的、超越的知识则成了理顺逻辑的特别技艺。逻辑是辨别真伪、增长智慧的法宝，只有符合逻辑的说法、观点和发现才能成为道理。在个人层面，讲逻辑就是讲道理、有条理，这是做人的基本准则；在社会层面，讲逻辑就是照章办事、依法治国，这是社会和谐有序的前提条件。

可见，西方人所说的无例外地制约万物的规律就是东方人所谓的"道"，只是讲理的方式和观念的逻辑模式与中国人不尽相同。一百多年来，许多中国人在中西文化的交流中自然被逻辑的时代洪流所吸引，而且有不少中国人在内省逻辑的本意后也终于悟道：理则就是原理和规则，道就是反映事物形态客观规律的常道。像近代中国政治家孙中山就是把逻辑学称为"理则学"，其原意为论理之学，也就是让人们思维方式合乎理性的学说。

世界上每样事物都自有理则，每件事情的成败也自有道理。月有阴晴圆缺，是天文的自然理则；人有悲欢离合，是缘起性空的普遍法则。树木荣枯自有其理，人间贫富亦自有其因。每个人都有思想，都希望自己能够发现事物的一般理则，但是人们往往又只能接触一些具体的、特殊的事物。幸好，不同事物的理则是相通的，所以人们研究事物的理则才能做到以小见大。一沙一世界，一花一天国，一树一菩提，一尘一光年，就因为这些不同形态的特殊事物之间的关系都服从一般事物形态的内在的、固有的本质联系，即存在着"万物不同而相通"的统一道理。所以，亚里士多德早就认为，"一滴水中蕴含了整个宇宙"。《庄子·齐物论》中说："道隐于小成。"东汉史学家袁康说："圣人见微知著，睹始知终。"这就是说，有智慧的人自然能从细微的事物中，观察到大道理；从一个事物的例子中，推知晓喻其他事物的理则。因此，人们通过举一反三，闻一知十，深思各项事物的理则，就能从各种不同现象中归纳出一个共同的带规律性的东西。

事物无处不在，道理亦无所不在。任何事物都蕴含着固有的规律，都潜藏着道。意大利通才达·芬奇曾经告诫哥白尼："自然界包括宇宙天体的运动都存在规律性，人们研究科学就是要寻求自然的规律和本质，获得真知。真知存在于科学中。"道不远人，正如阳光和空气作为世间最好的形下物是免费的、无价的，真理和规律作为世间最好的形上物也是免费的、无价的。千百年来，人们为了寻求统领事物形态规律的大道理，而走向追求纯粹的真理，走向认识统一的道理。

世界永恒地运动着，世界上所有事物形态的发展和变化都不是孤立的、杂乱无章的，而是相互联系的、有方向的、有秩序的、有法则的，也就是说，事物形态的运动变化都有其自身所固有的客观规律性。春夏秋冬四季的依次更替，昼夜的循环，生物有机体的新陈代谢，以及社会从低级形态到高级形态的发展等表明，一切事物的运动、发展过程都具有某种一定不移的基本秩序，这就是事物本身所固有的、本质的、必然的联系，就是事物形态变化的规律性。

规律或法则是对事件次序的记录，是错综复杂的表象潜藏着的事物真实本质所固有的必然联系的序列。世界上的一切事物和现象都依循事物本身所固有的规律运动、变化和发展。所有自然现象都不是偶然发生的，它们都跟其他现象相联系，是有规律的。规律具有普遍性和重复性的特点。规律反映的是同类事物的共同本质，因此任何规律都具有一定的普遍性。规律又是在一定的客观条件下起作用的，所以只要具备一定的客观条件，一定的规律就会反复出现，在相同的原因和条件下所发生的现象往往是相同的。物质结构和物质运动的每一个层次上，都有一系列反映这个层次状况的定律，如概括低速领域内机械运动规律的是牛顿定律，把电现象和磁现象统一起来的是电磁学的定律，反映高速世界运动规律的是狭义相对论的定律，能够解释原子尺度世界内的物理现象和物理过程的是量子力学的定律。

对于物理定律来说，如果按照物理运动本身或知识的内容来分类，则有力学定律、电磁学定律、热学定律、光学定律、原子物理学定律等，这种分类着重于讨论物质世界不同层次运动的不同点。如果按照所描述的物理对象及其运动状态或过程对物理定律进行分类，则着重研究物质世界不同层次上的物理定律的共同之处。例如，按照对象分类的物理定律有关于个体的定律、关于系统的定律、关于大量粒子集体的定律；而按照所描述的运动状态或运动过程分类的物理定律有关于状态变化过程的定律、关于不同状态之间关系的定律。

在物质结构和物质运动的各个层次上,物质的特质可以多至无穷,因而其现象必然是复杂多变的。但是,反映这些现象的本质和内在联系的自然定律却是稳定的、巩固的,它是分析质项的因果关系,是在一定条件下可以反复出现的同一的。定律总结出来以后,就可以用它来解释有关的现象,预料在某种条件下会有哪样的现象发生,以致应用它来改进生产技术。例如,100多年前,化学家门捷列夫从已发现的元素中发现了规律性,制成了元素周期表,预测了未发现的元素的特性。所以,把握了自然规律对认识自然界具有重要的意义,也就是说,掌握了自然规律也就能认识和了解自然界的事物与现象。

每一条定律都不是抽象的真理,它总是具体的、历史的和近似的。在某些条件下起作用的定律,在另外一些条件下就表现出明显的局限性,以致必须被另外的一些自然定律所代替;而且自然定律一般都不是绝对准确的,它仅是客观事实的近似描绘。因此,适用范围具有一定限度的规律或法则,只能叫作特殊定律或经验法则,也就是"小道"。例如,在农业社会中,气候对于农业的兴衰起着至关重要的作用,不同地区的人们通过观察和经验归纳的关于气象和节气的农家谚语就是适合该地区的"小道"。因而,《易·系辞下》有言:"为道也屡迁。变动不居,周流六虚,上下无常,刚柔相易。不可为典要,为变所适。"这就是说,作为"道"一旦超出其适用范围的限度往往就要发生变化,不可作为经典来对待。在此情况下就要"适变",只有变才能通,通才能久。变易与适变是《周易》最为重要的一条法则。

其实,小道作为特殊规律就比较贴近于"理"。理,通常指条理,准则。理,实质上是对道(法则)做出的解释,是适用于一定范围内的东西。例如,战国韩非子认为:"理者,成物之文也。""万物各异理,万物各异理而道尽。"意思是世界上万事万物都按照其特殊规律而运动,对事物的特殊规律做出合理的解释,普遍规律最终也就呈现了。因为凡是普遍的都是指"理"而言,凡是特殊的都是指具体的事物而言。

理又可以分为公理和定理。公理被视为是普通真实的陈述,是无法被证明或决定对错的,也不能由演绎原则来推导,其被设为是一个不证自明的命题。由公理逻辑地导出来的语句称为定理,定理是经过受逻辑限制的证明为真的陈述。定理需要某些逻辑框架,继而形成一套公理系统,公理不会从任何其他地方逻辑地产生出来,否则它们就会被归为定理。因此,公理的真实被视为是理所当然的,且被当作演绎及推论其他(理论相关)事实的起点。其实,比公理更高级的就是真理,最高级的真理就是至理。

不过,对于"道"做出解释的"理"与"道"本身是有区别的。道是对事物变化秩序的记录,但是"大道不称",它本身并没有做出任何解释。而"理"是对于事物形态变化秩序的核心关系的陈述,理要运用已有的知识来表达"道"。道与理是一对基本范畴,它们往往结合在一起出现,论道要讲理,要以理服人。

客观世界由自在之物和人类所作所为的事件所组成,包括人与人的交往、合作、竞争,人对物的使用和改造等活动。事物形态的存在与变化总有一定的规律性,物有物理，事有事理，人有人理。理依其表达对象又可以分为物理、事理、人理、哲理等多种含义。物理指万物的道理，涉及物质运动的机理，包括物质结构、物质相互作用和运动变化的内在规律。事理指人们以理性行为在所从事的活动中遵循的道理、规律等。人理指做人的道理，通常要用人文与社会科学的知识去回答在社会生活中"应当怎样做"和"最好怎么做"的问题。哲理指关于宇宙和人生的原理，像诸子百家讲的都是哲理，《易传》讲的也是哲理，孔子及其弟子在对易卦表达的道用文字赋名和解释的同时，把卦象中普遍适合于自然的理也引导到社会与人事伦理上。

天行有律，事运循规。人们要懂物理、明事理、通人理或悟哲理，就得对事物具有理性认识。理性认识是认识的高级阶段，反映事物的本质和内部联系。在感性认识的基础上，经过思考的作用，将丰富的感觉材料，加以去粗取精、去伪存真、由此及彼、由表及里的改造制作加工，就会产生一个飞跃而变成理性认识。

三、科学求真与道学寻道的同脉共振

中国古人云："天地之道，恒久而不已也。""理者，物之固然，事之所以然也。"人为规定的道理是可以改变的，而自然规律是永恒不变的。在自然科学中，人们所了解的任何一种规律必定都具有时间平移下的不变性和空间平移下的不变性。像牛顿的万有引力定律这一简洁的公式囊括了天上地下数不清的和引力有关的运动：核外电子的运动，宇宙星系的旋转，腾空飞离的火箭，自天而降的陨星，潮汐涨落，季节更替，凡此种种，不胜枚举。事物运动的规律性是客观事物本身所固有的，决定于客观事物本身的性质、内容及其所依赖的客观条件。事物运动的规律是不能由人的意志任意地加以改变的，不能为任何人所创造，也不能任意地被消灭。正所谓"天不变，道亦不变"。

人一生下来就遇到当时历史环境形成的条件和在这些条件下起作用的规律，这是无法任意选择的。但是，人们可以发现规律，发现规律就是准确地判断反映客观事实之间的联系。这种关于事物形态规律的理性认识就是道理，系统化的道理也就是科学了。人们既然肯定了世界的物质性及其客观实在性，也就要承认物质运动规律的客观性。自然规律的客观性早已为自然科学所证明。例如，天文学发现各个天体之间的相互关系、它们运行的轨道和相对速度等都服从于万有引力定律、惯性定律等客观规律。生物学揭示了物种的进化是按"自然选择""适者生存"等客观规律进行的。而当人们看到自然界的变化过程在精确的实验条件下总是以同样的方式进行时，物理学就能制定普遍适用的自然规律。

社会现象也有自己的客观规律，它和自然现象一样也是受客观规律支配的。从本原上说，人是自然界的一部分，社会经济规律是广义的自然规律在人类社会的一种表现形式。马克思说："自然规律是根本不能取消的。在不同的历史条件下能够发生变化的，只是这些规律借以实现的形式。"在自然界中起作用的是受客观规律支配的自发的

力量,在社会中起作用的则是有着自己的意志、愿望的自觉活动的人。每个人都有自己的自由意志和愿望,但是一群人所抱的目的和愿望常常是彼此冲突和矛盾的,其中有些是根本办不到的,也有些因为缺乏必要的条件而不能达到。社会中的现象并不是由每个人的意志和愿望决定的,所以许多人自由放飞的愿望只在很少的场合能够完全实现。人们一定的愿望和动机的产生都是由社会发展到一定阶段的客观状况决定的。就经济活动而言,人类生活在自然界,经济规律固然有其相对独立性,但从根本上看是受自然规律统摄和制约的,人类的经济活动只有符合自然规律才能持续进行。所以,只有遵循社会发展的规律,人们才能产生合理的愿望和动机,也只有合道与合理的目的和愿望才是能够实现的。

合道就是遵循自然法则及其变化规律,就是使人们的思想和行动符合事物发展的客观规律,这是人类第一次石破天惊的科学文化的真正觉醒。中华文化的思想内核是"道法自然"与道御万物,这就是合道合理的自觉意识。"易与天地准,故能弥纶天地之道",既表明了规律的客观性,也表达了人们在客观规律面前并不是无能为力的,而是可以在实践中自觉地、能动地认识它,从而掌握它、利用它或限制它发生作用的范围,来达到天人合一的和谐境界。人们为了达到预想的"道济天下"目的,就要认识事物的形态、性质及其与其他事物的关联,通过认识和揭示事物形态的变化规律来认识世界,通过遵循一定的规律和法则的各种实践活动来造福人类。

客观世界把所有的规律、道理和称为科学的东西都蕴藏在其中,古往今来人类的智力却一直在认识事物并努力寻找着事物形态的变化规律或分布规律。像物理学作为一门学科产生以来,物理学主要关心的是要找到数目极小的一组基本定律。化学是研究物质组成与结构和性能的关系以及物质转化规律的学科,化学家的任务就是从物质纷繁混杂的表象中去寻找它的本质,在易变的物质世界中寻找那些不变的东西,去发现关于物质的恒久的可预测的和带有规律的性质。

知识是不可穷尽的,规律却是可以发现的。正如老子所言"为学日益,为道日损",人们积累的后天知识是日益增多,越学越要持续追问所学之识;而对天地之间亘古永恒之道的揭示,则要通过越剥越真的"日损"来由表及里,当损至无物可损时就可以显现规律之澄明。不过,为了揭示客观事物的本质联系,人们必须建立起观念世界和现象世界的本质联系,才能根据客观事物形态可以重复的秩序来描述规律和建立科学理论。科学本质上就是一种一般规律研究法,它是以世界中可重复的和可再发生的事物形态作为事实来揭示事物内在规律的。

科学的目的就是发现各种规律。迄今为止,人类已经观察、分析、综合、归纳和演绎出自然界和社会乃至思维的许许多多的规律。人们根据规律的内容和所属领域的不同,把规律分为自然规律、社会规律和思维规律;人们根据规律发生作用范围的不同,把规律分为一般规律和特殊规律。一般规律和特殊规律就是大道和小道,它们的区分是相对的。针对具体事物的规律都是相对的,都有适用的条件和范围;而在一定范围是一般规律,在更大范围可能就是特殊规律。把一定范围的特定道理或定律汇集起来,再加以说明、解释,可以形成该特定范围的理论。

理论是由概念、原理构成的体系,是系统化了的理性认识。现代理论没有思辨不行,没有逻辑也不行。只有把一定范围的特定道理或定律归纳提炼出适合较大范围的道理或较为一般的规律,才能形成较大范围的理论。科学的分科之学就可看作以一般道理到特殊道理的理论逻辑树来分而论道。当然,理论形式有多种多样,这些理论本身都是按一定的人为规定的论道形式和说理的内容所形成的。文学作品就有许多表达道理的体裁,像律诗、绝句等在押韵和声律及对仗上都有特定的规则;词是中国诗歌的一种,填词也就是要依照乐谱声律节拍或依前人作品的字数、句数、声律和韵律来填写新词;音乐则是通过一定规则来组织乐音形成艺术的形象,音乐语言包括很多规则要素,如旋律、节奏、节拍……

在各种各样道理和大小道理的集合过程中,具有整全视野追求的学者发现从许多小道理中可以归纳出大道理,而从一般的大道理也可以演绎出特殊的小道理。人们如果能够找到最大的、最根本的道理,就找到了元道理,也就找到了真理,通过这最一般的真理就可以演绎出统领各个学科的道理。像协同学的目标就是要在千差万别的各学科领域中确定系统自组织赖以进行的自然规律。因此,合而论道,刨根问底寻求和发现各种事物最根本的、最一般的基元规律——元道理并进行演绎就是统一科学的任务。

作为中国古代文化最高宗旨的"道"和西方人所讲的罗各斯或逻辑实质上都是关联事物形态的道理。"君子务本,本立而道生。"中国道学所谓的"道"就是顺"理"成"道"形成的关于宇宙秩序的道理,道学以阐明宇宙的道理为主旨,道学的思想精髓为人们提供了一种超凡的宇宙观和人生观,对于人们返璞归真认识世界与人生的终极真理相当重要。科学以揭示人类认识客观事物形态的内在规律和探求客观真理的基本原理为任务,逻辑是推论和证明的思想过程,是人们获取知识、认识真理的重要手段,内蕴着科学与人文融通的价值张力。

为了让东方的道学智慧点亮科学的统一之烛,现代人已经把目光转向2500多年前就已经诞生的科学之母——老子的大道科学。道家认为"道"是事物之本原,又是事物之法则,而且处于自发的不断运动之中。李约瑟认为,道家是"内在的而未诞生的最充分意义上的科学"。卡普拉推崇道家的生态智慧,他创造的世界文化模式的指导思想就是基于道家的哲学基本观点。按照他的理解,"道"作为基本的实在,是一个连续的流动和变化过程,我们所观察到的所有现象都参与这个宇宙过程,并且是内在的、动态的。当代系统思想家对道家的系统思想(特别是关于系统自发自组织的思想)也相当重视。

"闻道有先后",千百年来不知有多少人学道,但是并没有真正地悟道。其实,大道至简,道不远人。"百姓日用而不知"的大道就是一般规律,道学实质上也是一种一般规律研究法,这与科学的本质是一样的。如果把事物形态看作一棵大树上无数的叶子,则特殊规律是联系叶子的枝条,一般规律是大树的枝杈,而基本规律就是大树的主干。科学的研究对象是关联事物形态的有条理的茎干，不是事物形态的叶子，而基础科学的研究对象是科学大树主干及其根系。统一科学的研究对象则是生长在人们理性认知空间的一棵完整的道理树（逻辑树），它包括地下的根系、大树主干及其所生长的枝杈、枝条和树叶。

由此可见，道理虽然是抽象和潜在的，却不是无踪可寻的。在对自然和社会的本质和规律的沉思、理解和阐明中，在从相对真理向绝对真理发展的路上，人类的理性认识都是为了在揭示事物形态的基本规律中形成关于恒定的公共秩序的学问。科学与道学所崇尚的至高无上宇宙法则和自然规律在发端处是一致的，可以说科学与道学是"志同道合"或同根同脉的，都是以"揭示事物发展的客观规律，探求客观真理"为使命，可以同脉共振。所以，如果能够揭示普适的事物形态转化的一般规律，那就可以实现科学的统一。

第四节　科学的统一对象

认知任何事物，首要的任务就是确定所要认知的对象。各个学科的研究范围是由研究对象的现象、构成、性质和关系及其规律所决定的。要为统一科学指示对象，必须以一定的自然观为指导。构成论和生成论是认识世界的两大法门，并对应着"存在科学"与"演化科学"。统一科学要将构成论与生成论的自然观统而为一，并扬弃为新的文化。

一、统一科学的对象

天生万物，人只是其中的一种动物，使人区别于万物的是理性。理性不只是生存的工具，当理性面对未知时会产生探究的冲动，要把未知变为已知，这就是好奇心。好奇心是理性觉醒和活跃的征兆。在好奇心的推动下，人类仰观天象、俯察地理，思考宇宙、探索万物，于是在"上穷碧落下黄泉"的探索和研究中产生了哲学和科学。

观察是人们认知事物的基础。人们对事物的认知一般是通过观物取象的感性认识，再用理性思维进行抽象的逻辑加工而形成。然而，从不同的角度观察同一个认知对象，进入观察者视野的现象和反映的事实往往不尽相同，正所谓"横看成岭侧成峰，远近高低各不同"。受认知能力的制约，没有整全视野的人就只能看到认知对象的局部。

一般地，人们对于一个观察对象的认知往往会觉得无从下手，经典的办法就是把观察对象整体分解为若干部分去研究，把总问题分解为若干子问题；当人们把这些部分或子问题一个个认知清楚了，综合起来就能够得到对整个认知对象的认识；如果这些部分或子问题仍然复杂难解，那就继续分解，直到找出更小部分获得知识。这种拆零的分而治之的分析方法就是还原论的经典办法,长期以来人们对于任何事物的认识和理解就是通过对它的组成部分的认识和理解去实现的。

随着人类对世界上无穷无尽事物形态的深入认识,还原论不断地丰富和完善,形成了占据近代科学和现代科学主导地位的方法论体系,其要件包括以下几点:[14]

(1)把研究对象从环境中分离出来或孤立起来,看作封闭系统,即把对象放在所谓"纯粹状态"下进行研究。像传统物理学处理的就是封闭系统。

(2)对象性态可以用一组能够精确观测的形态量(常量和变量)来表示,这些形态量之间的关系能够用明确的数学形式(特别是各种数学方程)表示出来,形成系统的量化模型,从而把实在的对象转变为数学和逻辑的问题来处理。

(3)理论分析的结果由实验室可控性实验来检验,每次实验只改变一个因素或变量,令其余的因素或变量保持不变,逐个对所有因素或变量进行实验验证。

不过,把整体分解为部分必然会遇到层次问题。人们发现整个世界和各种复杂事物都可以划分为不同层次,而且认为低层次比高层次简单,部分比整体根本。所以,随着科学研究中层次概念的确立和层次分析方法的形成,人们把高层次问题还原到低层次去解决。特别是,区分宏观层次和微观层次之后,科学共同体形成一种共识:"科学必须注意的每件事都是通过对客体的微观剖析而发现的。"也就是说,只有把宏观现象还原到微观层次去研究,揭示物质运动的微观机制,用微观事实解释宏观现象,才算充分体现了科学精神。

还原或分析是手段,目的是化难为易,在认识了部分之后,还需要回到整体,得出关于整体的认识。尽管还原论科学也讲综合,但它是一种独尊分析的方法论。因此,在近现代科学中分析思维奠定了主导地位的同时,也使得许多科学工作者忘记了认知事物的出发点。

在过去的400多年中,一代又一代科学家在还原论的引领下,把整体分解为部分,从高层次还原到低层次,把复杂现象还原为简单现象,特别是把宏观还原到微观,消除了科学研究中的重重迷雾,极大地丰富了人类对自然界的认识。但是,随着近代科学和现代科学所获得的不同事物的知识大量地快速增长,面对日益增加的堆积如山的知识碎片,人们想要回归认知事物的出发点,想要对复杂多样的各种实在的事物本质进行深入的理性认识,就要超越感性经验而实现理论升华,就要通过知识的本质联系不断揭示其隐含的规律,建立科学理论体系。

理论是逻辑思维的作品,必须对认识对象试图用一些适当的概念和假设描绘出一幅幅关于客观实在的事物简化的和易于理解的图景,并建立起它们和广泛的经验事实的联系。如果理论再按一定的门类建构理论体系,并按一定的学术脉络构成学科谱系,那么科学就是这些门类繁多的学科的总体。

世间一切学问归根结底都是人们观察和认识世界的学问。不论是受到认知能力限制,还是从研究方便考虑,人们从不同的角度、广度和深度观察世界和认识世界,已在科学发展进程中建立起不同的学科体系。现有的各门学科都以客观世界的某一局部为研究对象,都是依据观察和研究对象来人为地划分学科门类的,但是这种自由划分的分科方法对建立统一科学的理论体系并不科学!科学自身的发展已使得分科越来越细,概念越来越抽象,结果也越来越难以被公众理解,因此科学才迫切需要理清头绪,需要全面回答和深度诠释一些现已成为常识的根本性问题,建立起大融合的统一科学理论体系。

人们笃信科学可以真正理解客观实在。科学研究的目的是用人类的理性来认识研究对象,揭示研究对象的内在的一般的规律,并且提出一套能够对研究对象的基本状况和变化过程进行全面描述和解释的理论。如果科学的研究对象是客观世界,那么科学就是关于客观世界的知识体系。客观世界由"物"和"事"两方面组成,事与物就都是科学研究的对象。物是指独立于人的意识而存在的物质客体及其变化形态。事是指人们从事的活动,社会生活的一切活动和自然界的一切现象也叫事。简言之,事就是事情或事务。

但是,一门学科的创生要有其他学科无法取代的科学的定义和研究对象。每一学科在最初形成时都是从某个范畴的客观对象开始研究,如果研究目的与研究对象不适切,就不可能达到研究目的或获得认知结果。人类生活在自然与社会之中,认识的对象必然选取自然和社会。自然科学的研究对象是自然现象,是以探索和追求自然界的客观规律作为自身使命的。自然科学既是反映不依赖于人的客观规律的真理体系,也是获得客观真理的认识过程。社会科学的研究对象是社会现象,即人本身的行为、人与人之间的关系和人与其生存环境的关系。因此,具体科学有两个意义上的对象:一是各相对独立的科学门类各有属于自己的研究领域,科学才有门类的区别,有了被叫作"物理""化学""生物"的学问。二是科学的对象还理解为"事实"。"事实"的特征是特定的、有形的、相对稳定的,是可以用实验手段来证实或证伪的东西,否则是不能称为科学意义上的"事实"。

自然界是由物质组成的,物质是构成客观世界的材料。大自然是客观世界天然存在着的物质世界,科学认识的对象自然首选大自然。自然界的各种物质客体的结构和运动形式就是自然科学的研究对象。这种对象化的自然或隐或显地显露出实在性、客观性、有序性、不变性、非价值性、非道德性等特征。自然科学中都有特定的研究对象,是从已知探求未知;其研究方法在本质上是经验方法或这种方法的延伸和变化。自然科学以客体为中心,以观察、实验(重复经验)、证实为前提,并将围绕着客体观察到的东西(表象)"整理"压缩为某种"关系"、"定理"或"规律"的知识。自然科学的正确性和有效性是经亿万次实践所证实的,它所能揭示的只能是自然界中那些可以重复的、不受时空变化干涉的、具有客观表现形式的规律,这些规律特征具有严格的决定性和可控性,不受人的感知和行为的左右。

科学是人类认识自然现象及其变化规律的系统知识的总和。按照还原论发展出来的任何一门学科都是从某一个角度对世界的研究,这一前提决定了其知识体系不管如何,都是具有自身"初始角度"局限性的。在这个基础上,人们概括抽象概念,理论建构的起点是选定不加定义的元概念和不加证明的元命题(假设或公理),以元概念严格定义其他概念,以元命题严格表述和证明其他命题,进行理论加工,形成知识体系,去解释由观察和实验所发现的现象、事实和数据。[15]

物理学是研究物质运动一般规律和物质基本结构与性质及所使用的实验手段和思维方法的自然科学。物理学以时空中能直接被实验观察的物质为研究对象,旨在从质和量两方面来发现并建立物质间的内在联系、普遍的相互作用和形态变化规律,其精髓就在于"悟物穷理"。物理学没有限定理论研究层次,对千姿百态的物质都试图还原成少数基质成分,并在看似无关的现象中寻找物质运动的共同规律。

化学是在特定的层次研究原子或分子的各种不同尺度和不同复杂程度的聚集态与组装形态的物质的性质、组成、结构及其相互作用和反应规律以及应用的基础学科。化学是人类以实验为基础研究各类物质的性能和变化规律的个性与共性的学问,其具体的求实变性要求研究者坚持严格的经验主义并具有一定的知识基础和实验技能。

数学在研究物质之间的内在联系、运动和作用规律中,对物质及物质形态进行了抽象,并干脆抛弃了物质的"质",在没有质规定的自由王国中从数和形的角度单纯研究对象的关系,使用的工具是没有质的规定的各种运算法则,包括定理公式等。数学可以分析和解答自然现象内蕴的规律问题,并且可以延伸到社会科学来分析和解答社会现象隐含的规律问题。

与数学相反,哲学从质的角度出发去分析问题,并探讨概念之间的相互关系问题。哲学是关于自然、社会、历史和思维的理论思考,注重的是不同事物之间的内在联系、运动和作用规律的概括和总结,使用的工具是没有数量规定的大脑抽象能力,即分析与综合的能力。哲学是世界观、人生观、价值观及真善美的广阔境界。依据人们观察事物所获得的静止不动的世界观和变化运动的世界观的认识,哲学能够成为对于整个世界(自然界、人类社会及其人的认识领域)做出高度抽象和根本性阐述的逻辑一贯的思想体系。

数学关于不同事物之间的本质关系的刻画都是无性的,无法涵盖人们以不同世界观的视角观察世界所形成的哲学学说。哲学关于宇宙和人生的哲理又是思辨性的,无法涵盖人们以数量关系的视角观察世界所形成的数学。所以,如果没有数学,哲学中应该知道的事就无法知道。一个人如果不懂数学,他就无法懂得其他科学。数学与哲学的思想使命是互补的,相互成为注脚。正如德国18世纪思想家歌德所说:"数学和辩证法一样,都是人类最高级理性的体现。"有的数学家还领悟到:"没有数学,我们无法看穿哲学的深度;没有哲学,人们无法看穿数学的深度;若没有二者,人们就什么也看不透。"[16]

系统科学是把整个世界的事物看作关联度很高的复杂的巨网,把系统看作处于一定的相互关系中并与环境发生关系的各组成部分(要素)的总体。系统科学以系统为研究对象,并研究了一切系统的共同性质和普遍联系的规律,是在"系统"这一横断面上把条分缕析的众多分支学科整合成一个整体的横断科学,是"关于'系统'的科学"。系统科学可以描述事物之间的内在联系、运动和作用规律,已经为建立完整意义上的统一科学开辟了道路。然而,系统科学并没有涵盖非系统,所有那些没有发生联系的事物无法隶属于系统科学的范畴。

古代直观的辩证思维产生了朴素的古代科学,近代的形而上学思维产生了近代和现代的经典科学。统一科学要求对还原论所做的否定进行再否定,在更高层次上回归整体论,走向整体论与还原论相结合的系统论。但是,要一以贯之地包括并融通古代文明的精华和近代与现代科学的成果,就要对分布在不同学科中的成果进行概括和统一。在方法论上,统一科学要扬弃哲学思辨的定质方法和数学抽象的定量方法以及物理不完整的定质、定量方法,要以定质、定量、定向的综合集成方法来认识系统形态变化规律与分布规律,进而揭示系统形态转化基元规律,并从本质上解释各种具体事物的各种特殊形态及其表现的各种现象。

统一科学不啻研究具体物质形态及其运动规律,不能像物理学那样只研究空间、时间和其中存在的物质与物质结构及其运动形式;统一科学也不止研究社会形态及其运动规律,也不能像社会科学那样只研究事理;统一科学不能像哲学或数学那样仅仅以定质、定向或定量、定向的方法来讨论自然界及人类社会中所有事物形态及其变化规律,甚至不能像现有的任何一门学科那样来构建理论知识体系。统一科学要把自然科学、社会科学、思维科学等纵向科学和系统科学、数学、哲学等横断科学都统而为一,就必须以没有特定角度的全视角来全面地观察和研究世界,不以一叶而障目,无取一管来窥全貌,才可能建立起包罗万象、无所不及的统一科学。

统一科学要把现有的按纵向划分的学科沟通连缀起来,提供不同学科都适用的普适的概念、原理和方法,就要超然物外,撇开不同事物的特殊形态,在一般意义上来研究系统的形态。统一科学的研究对象必须把整个宇宙物质世界包括宇观、宏观世界,直至微观世界统一起来,特别是把人的(社会、精神)世界也包括在内。不论是如何抽象的系综,也不论是小系统、大系统与巨系统抑或是简单系统、复杂系统与极其复杂的巨系统,都是统一科学所要研究的对象。

人们常说"隔行不隔理",统一科学要揭示的就是贯彻各行各业的一般原理(公理)。统一科学既以"揭示事物发展的客观规律,探求客观真理"为使命,就要把各种事物形态及其一般规律作为对象来研究,才能真正揭示出事物存在与运动的道(一般规律)和理(一般原理),获得对整个世界最全面、最本质、最自觉的认识。因此,统一科学的研究对象不仅要包括系统科学所涉及的一切与环境相联系的开放系统,而且要包括系统科学没有问津的一切与环境相独立的孤立系统(系综),还要包括一般系统形态变化的规律。

二、构成论的自然观

科学研究的首要问题是确定对象,没有对象就无法开始研究。要在思想上为科学指示出研究对象,必须以一定视角的观点为指导;要为统一科学指示对象,也必须以一定的自然观为指导。在东西方不同的自然观中,作为自然观核心和基础的构成论与生成论是认识世界的两大法门,并成为导致东西方传统科学之差异的总根源。

科学思想是从探讨宇宙的本原和秩序开始的。但是,即使对于同一个事物,从构成论与生成论的不同角度,也会得出不同的观点。从构成论的观点来看,世界可以形成传统实体哲学和形态学的静态结构分析法;从生成论的观点来看,世界可以形成过程哲学和发生学的动态过程分析法。构成论认为,一切存在物都由本原构成,事物的生成和毁灭都是完全独立的元素相结合和分离的结果。

回眸人类几千年的思想史,对自然万物的认知一直以构成论自然观为主流思想和以要素为主要分析法。与中国战国时期的阴阳家邹衍提出的五行学说相似,西方把物质"粗粒化"和类别化的思想导源于古希腊,从米利都学派创始人泰勒斯提出水是万物的本源,到赫拉克利特的水、气、土、火四元素学说,尤其是德谟克利特提出原子论,再到亚里士多德以"四因说"(质料因、形式因、动力因和目的因)来说明万物本原时,构成论自然观已成了西方自然观的中坚。

构成论的自然观所蕴含的科学命题都是现实存在的,这就在理论上为揭示这些命题提供了现实的方法论。构成论首先是实在论的,同时也是还原论的。既然一切事物皆可还原为相同的基本层次,那么要认识构成事物的始基,就要对现实事物进行分析分解,把整体的东西分解成不同的组成部分,这就为科学研究提供了分析还原的方法论。

构成论自然观不仅要求探究事物的始基,按其本来具有的思想内涵,还要探究事物构成要素间的联系。既然能够把自然分解成各个部分,必然也能够把分解出来的各个部分组合成原来的整体。就是说,可以通过对部分的研究获得对整体的认识。但是,这种分解不应该是无限度的,因为存在着实体意义上的构成物质世界的基本单元。

在现实世界中,一切事物都有具体的特殊的形态,不同领域的事物都是以各种各样的形态和结构来表现的。例如,在物理领域,有晶体、山峦、云团、星球等;在生命领域,有树木、花草、飞禽、走兽等;在社会领域,有家庭、社区、城市、国家等;在精神领域,有语言、概念、理论、文化等。各种事物的存在形态就是象,世界上千差万别的事物及其无奇不有的现象,都是在一定环境条件下的表现形态。

任何事物的形态都是其组分聚集形式或分布状况的整体表现,是在一定的环境条件下能够在一定的认知空间内稳定存续的形体或保持运行的态势。不过,仅仅通过组分的聚集形式或分布状况是难以充分认识事物在平衡态下的差异的,因为事物在其平衡态简单笼统的外表下都深藏着内部复杂精细的结构信息。事物只有具备稳定的结构才能保持其形形色色的形态和特性,保存其已积累的特质的信息。

凡是事物都有结构。事物具有结构就意味着事物有确定的组分来构成系统,人们深入认识事物就是通过考察系统的组分之间的关联方式(结构)来了解事物的整体形态、特性、行为和功能。所以,构成论必然把事物形态看成是既定的、不变的,即系统的元素具有基元性。

事物的结构千差万别。以不同的度量基准对结构进行分类就有不同的结构,如元素在空间中的排列方式称为空间结构,像晶体的点阵结构、建筑物的立体结构。事物在运行过程中呈现出来的内在时间节律称为时间结构,像地月系统的周期运动、生物钟等。

结构的稳定性是事物的重要维生机制,稳定性愈强,事物的维生能力愈强。事物只有满足稳定性要求才能正常运转并发挥功能。但是,即使在实际物理空间同处于均匀分布的条件下,由于组分群体组成的结构不同,其形态、功能或对称性和稳定性等都可能存在较大的差异。

事物在充满各种扰动因素的环境中维持其某些性能不变的特性就是其结构的稳健性,也可称为鲁棒性。构成事物形态的系统中某个性能指标保持不变的能力是表征控制系统对特性或参数摄动的不敏感性。在实际问题中,系统特性或参数的摄动常常是不可避免的。

由于构成论便于建立概念体系的结构模式,适合于几何描述,而几何形式又易于发展演绎推理,于是形成了西方传统科学的结构的几何的公理论的特征。[17]西方科学按照构成论的"技术路线"来研究物质结构,由结构求功能,从而深远地影响着科学的发展。在古希腊罗马时期,构成论自然观就启发并引导了科学研究,原子论奠定了形而上学基础,并得出过诸多的科学定律和基本原理。近代以来,英国化学家道尔顿建立了化学原子论,这一时期陆续发展起来的物理学、化学、生物学等学科都一直遵循着构成论指引的方向。传统物理学是一种机械论的世界观,其思想都是构成论的自然观取向的,也都是建立在探索万物之本的还原论方法基础上的。物理学家们试图用单一的科学定理来解释宇宙的运动,他们认为所有的相互作用力都是相互关联的,并指出所有亚原子微粒可能都是由一种基本粒子产生的。

构成论自然观引导了西方从古至今的科学发展。构成论并没有丢掉整体的思想内涵,而是提供了一种认识整体的探究方法。构成论描述的是给定的系统,凡是事物都可抽象为系统的,凡是系统都是由组分构成的,系统的组分是不变,结构也是稳定的,可以确切地认识系统内部组分的分布关系及其与外部的关联关系。所以,构成论自然观指导下的研究对象及其建立的科学理论可以说就是"存在科学"。

三、生成论的自然观

与强调物质实体的构成论相对的是倚重事物形态有组织关系的生成论。生成论从探讨宇宙的秩序开始，所以生成论认为，一切存在物都由本原生成，主张变化是"产生"和"消灭"或者转化。生成论的核心思想是：孤立自在的物质实体是不存在的；世界一切事物及其时空、性质在事物的内在联系中生成，内在联系的不确定性产生世界的量子性与层展结构；认识过程不是"原像—镜像"的对应过程，而是主体与客体之间在实践中相互内在地生成与展示的过程等。

自古以来，人类智力就一直在探索事物形态是如何形成及其组织结构是如何构成等问题的答案，生成论和构成论的两种观点在古代东方和西方都产生过，都具有深厚的历史渊源。在中国几千年的思想史中，对自然界的思考着重于研究整体性和自发性；描述事物从无到有的创生过程以元气论为基础，通过"形"与"气"的相互转化来说明自然界的生生不息。像"道体论"、"元气论"、"太极论"、"理本论"和"心本论"的思想内容各不相同，但是渗透其中的自然观都是以生成论取向的。所以，构成论的方法在中国古代很少使用，大量使用的是与中国道家"有生于无"思想一致的生成论。

生成论自然观在中国古代就已逐渐发展成为人们对自然万物的认知主流观点，而在西方的现代和当代通过过程哲学才在哲学领域占有一席之地。过程哲学虽然以关系为主要分析法，却无法回答像"第一个活细胞是如何组织起来的"这样的问题。因为以哲学的思辨和整体考察的方法来猜测和认识事物形态的变化，是无法给出事物形态和结构从无到有的组织生成机理的。幸好，生成论便于建立概念体系的功能模式，适合于由代数来描述，而代数形式又易于发展借助模型的类比推理，于是生成论的思想可以凸显科学的功能的代数的模型化的特征。虽然如今生成论的许多理论还仅限于定性描述且思辨性内容居多，人们还在苦苦探索能够科学刻画系统创生的理论和描述形态生成的方法，但是生成论自然观已经引起了当代科学的一些新兴学科工作者们的重视，而且科学兴趣中心也正在从构成论转向生成论。

从构成论走向生成论是人类科学发展的必然趋势。万事万物都是生成的，生成的整个过程是事物存在的基本过程。从一种物质形态开始生长、分化、发育而成新的物质形态，生成物从生到成的行为都具有整体的不可分性，而实体则是暂存的、有条件的。人们关于系统生成已经获得许多深刻的认识。19世纪下半叶，天文学中的星云说、生物学中的进化论和热力学中的第二定律，就已经将演化生成的思潮带进了科学。20世纪，宇宙学、基本粒子物理学乃至深入纳米层次的研究，进一步揭示了微观世界、宏观世界到宇观世界都处于生灭的过程中。当代分子生物学、生理学等正在进一步揭示世界生成发展的奥秘。

普利高津以现代热力学为根据，把自然界自发组织产生的结构称为平衡结构，把受激组织产生的结构称为耗散结构。平衡结构是通过平衡过程中的相变而形成的有序结构,如晶体、超导体等。平衡结构的基本特点是无须与外界环境进行交换即可保持其结构,甚至只有隔断与外界的联系才能自发生成全新的形态和结构,并长久保持自己。耗散结构因为保持着连续的正熵产生并将其耗散掉,所以被称为耗散结构。耗散结构是在远离平衡态的条件下通过相变而形成的有序结构,其基本特点是只有与外部环境不断交换物质、能量、信息才能生成全新的形态和结构,有序结构的生成和保持是不断地吸收外部环境的物质或能量。

长期以来,人们在构成论自然观指导下更多研究的是平衡系统的有序稳定结构。虽然也有人在生成论自然观指导下意识到,系统在一定条件之下,既可以从有序变成混沌,也可以从混沌无序变成浑沌有序,还可以从一种浑沌有序变为另一种浑沌有序而导致状态突变。由于没有真正区分自发组织产生的平衡结构和受激组织产生的耗散结构,因此在事物全新的形态和结构生成时,人们或者依照物理学的相变理论来讨论保守自组织与平衡结构的自发生成,或者按照自组织理论来思考从耗散的自组织中崛起的综观稳定结构。

事物从无到有的形态和结构发生,必须分清是自发组织还是受激组织所生成。所谓的自发组织就是自组织,这是在自发条件下无须与外界环境进行交换即可形成新生形态的系统,其组织力来自系统的内部。与自发组织相对应的概念是受激组织,这是在受激的条件下必须与外界环境进行交换才能形成新生形态的系统,其组织力来自系统的外部。系统在涨落作用下能自发形成稳定的有序结构,有序是系统自组织和子系统协同的结果。一种自行组织起来的结构、模式、形态,或者它们所呈现的特性、行为、功能,不是系统的构成成分所固有的,而是组织的产物、组织的效应,这是通过众多组分相互作用而在整体上涌现出来的,是由组分自下而上自发产生的。不论是自发组织发生平衡结构,还是受激组织发生耗散结构,往往都以一种涌现的方式呈现出来,或者说形态发生是以一种突变的方式表现出来。

系统科学把整体具有的、部分不具有的特性称为整体涌现性。涌现出现在生成系统之中,反映的是现实世界的"复杂系统永不停息地把自己组成各种形态的趋向"。涌现涉及意想不到的整体系统,而不仅仅涉及个体的子系统;涌现性是高层次具有而低层次没有的特性。例如,水的自然形态是液态,具有可溶解性等,而组成水的氢元素和氧元素则没有这种性质。涌现的复杂性和来自相互连接模式的差异,起源于和依赖于系统各个组分之间的相互作用。人们通过对涌现现象的研究,已经总结出了涌现具有普遍、系统和恒新等特性。[18]

涌现现象是开放系统的平衡结构或耗散结构在演化过程涌现出的全新形态和结构,而秩序的生成则是系统演化过程中广泛存在的形态变化机制。系统包含有复杂的反馈机制,反馈是有序之本。至今为止,不同的学科已经揭示了许多事物形态变化不同表现形式的组织规律。在远离平衡态,某些特定的形态参量在超出一定的临界阈值时,系统的形态就会"涌现"出全新的改变了性质的形态。因此,半个多世纪以来新兴学科都在研究系统的整体涌现性。但是,除了贝塔朗菲直到其晚年才把涌现的概念引入系统科学,像耗散结构论、突变论、协同学、超循环论和混沌论以及非线性动力学等影响广泛的系统理论都没有明确地引入涌现的概念。不过,美国科学家詹奇在1980年出版的《自组织的宇宙观》一书中通过阐述自组织进化论,已经比较全面地表达了涌现论思想。他把自组织理论的最新成果与过程哲学、系统哲学、东方传统哲学乃至佛教的宗教哲学思想结合起来,涉猎了从宇宙之初到精神现象,从自然演化到文化进步,从量子跃迁到社会动荡,从物理节律到全息学说乃至天人感应,从技术应用到发展战略乃至伦理、道德、艺术、管理和创造性学说等领域。

可见,生成论所描述的是事物形态转化或结构演化所存在的创生道理,并且在不同的系统可以呈现同型的规律。作为开放的系统,其内部各组分之间只要有一定的关联,各个单元就会按一定的序列排列组成具有一定对称性的点阵或结构,其整体对外的表现也就成为具有一定形态和性能的事物。所以,生成论自然观指导下的研究对象及其建立的科学理论可以说就是"演化科学"。

四、构成论与生成论的对立统一

从古至今,人们在对事物的认识中一直存在构成论、生成论、系统论等观点。中国和西方都曾提出过丰富的自然观思想,不同的自然观引导了中国和西方对自然进行不同的思考,致使中国和西方对自然形成不同的研究方式及其发展结果。构成论自然观以"心物二分"为前提,形成了以原子论、机械论为基础的经典科学研究传统,至今还在朝着世界还原构成的方向奔走。生成论自然观从动态的生成过程着眼,形成了以整体论为基础的认知传统,认为在宇宙生成的大视野中生成演化才是自然界和人类社会最普遍的现象,现在也在整体生成的走向上前行。普里高津指出:"西方科学向来是强调实体(如原子、分子、基本粒子、生物分子等),而中国的自然观则以'关系'为基础,因而是以关于物理世界的更为'有组织的'观点为基础。"[19]

构成论自然观要认识构成事物的始基,就要对事物进行解构,把整体分解成不同的组成部分,再进行内部描述,并以形态量及其相互依赖来描述系统的行为。整体由部分组成,没有部分就没有整体,要认识整体就要了解构成整体的各个部分。虽然部分及其加和不等于整体,但是部分毕竟是整体的构成要素,是整体存在的基础,不从部分开始,就无法认识清楚整体。要探究事物的始基,还要探究事物构成要素间的联系。因为构成要素相同并不一定形成同样的事物,事物之间的联系方式也是决定事物性质的因素。在构成论自然观指导下,近代科学和现代科学把探究事物结构作为重要的研究内容,并且依照结构方法论的指引和结构探究的科学成果揭示了从宏观到微观领域的无数奥秘,制造了现实中的人工自然物。

其实，构成论的目的也想要认识整体，它在实践上要把握控制的也是整体。还原方法只是构成论蕴含的一种方法论取向，而结构方法则具有整体论的思想内涵。如果把整体的要素及其内外结构联系都揭示清楚，就能得到事物形态的整体面貌。然而，还原是认识事物的不可逾越的环节和过程，加上对科学任务理解的不同，就有一些人会在科学发展进程中设定不同级别的思辨准则，去追求一些特定层次典型事物具体形态的知识，如生命的起源形态、宇宙大爆炸的形态、"最小"粒子形态等形态的知识。

知识是对事物形态的认识产物或结果。既然宇宙是无限的，那么知识也是无限的；然而认知无限的客体世界的主体的人生是有限的，以有限的生命去追求无限的知识，我们的人生就会废掉。就如庄子所言："吾生也有涯，而知也无涯。以有涯随无涯，殆已。"由此可见，如果科学的任务是积累关于事物形态的知识，那么由于人类对事物形态的认知是不可穷尽的，因此科学的统一也就永远没有完成之日。如果科学的任务不是积累关于事物形态的知识，而是"揭示事物发展的客观规律"，探求作为人们改造世界的指南的客观真理，那么人类在科学统一方向的抉择上，若还是像还原论者把所有的学科还原为物理学或简单地还原为基本的粒子，显然是不可行的。

近代科学为了研究的方便，采用孤立原则来截断联系，让时间"凝固"，让活物变成"死物"，由此进行的"静态"解剖分析，还原物质为粒子，使人们了解了各种物质不同层次的成分和结构。但是，科学的整体观认为：还原论的分解只是人类认识事物及其构成的有效方法之一，当人们把一个事物分解为它的各个组成部分时，这些部分就已经失去了作为整体的一个部分的一系列关键属性。随着科学的发展和人类社会的进步，人们已不满足于这种孤立的静态研究，科学应该更接近世界的真实，必须突破那种将事物看作机器或工具的近代理性及其带来的人与社会的异化。传统的原子论的研究纲领无法解决当今科学提出的诸多问题，无法解释世界生成演化的复杂现象，因而促使了系统科学从近代科学中脱胎而生。

系统科学是关于事物普遍联系的理论。系统是由不可再分的基本因子——单位元素——单元所构成。同一层次单元的相关性只有在系统中才能充分表现，各个相互孤立的单元集合不一定成为系统，只有在这个集合中各个单元之间存在相互作用、相互关联、相互联系，它才能成为一个系统。但是，一定量的单元积聚为系统，整个系统整体上就会表现出一定的形态与性能，事物形态的变化也就是该系统的单元在联系与离散过程中整个集团行为的特性变化。因此，要对系统形态的规律性进行刻画就只能对系统外部进行描述，就是要以系统与环境的相互作用来描述系统的行为。

世界上任何由两个或两个以上的单元相互作用而形成的统一整体就是系统，而单元之间一切联系方式的总和叫作系统的结构。单元之间不同的联系方式对系统的形成、运行、存续的影响不同，有时相去甚远。如果把所有的联系都考虑进去，则既无必要也无可能。可行的办法是略去无关紧要的、偶发的、无任何规则可循的联系，把结构看作单元之间相对稳定的、有一定规则的联系方式的总和。因为各个层次的系统结构都是由相互制约的各部分组成的具有一定功能的整体,分析任何事物的形态及其变化只要用该层次系统相应的特殊的组成单元的行为来解释。如果还像还原论者那样跨越一个个层次去追求物质的本原,就不会最后成功地将科学统一于不同领域的同型规律。

普利高津毕其一生致力于把演化观点引入物理学,试图在存在科学与演化科学之间搭建桥梁。目前,系统科学正在从构成论走向生成论,不仅形成一套新的概念,尝试用新的工具,探索新的领域,而且发现了一系列以往科学未曾发现的关于生成演化的规律。确实,世界上各种不同的物质系统的生长演变有相似的过程,其"生"与"灭"存在着共同的规律。宇宙从大爆炸开始,正是遵循着某一相同的生成规律,才分化生长成为今天万物殊异的复杂世界。

尽管今天系统科学还不能不借用经典科学的许多概念与方法,但是它从一开始就十分明确,它不是在原有基础上修修补补。系统诞生和整体重建的问题可以与系统的物质成分无关,而系统生长的规律亦与系统的物质构成及大小尺度无关。系统科学的发展表明:探索世界的构成抑或生成,是科学发展的两条道路。构成论和生成论是这两个不同方向的道路上的自然观,任何科学工作者在从事科学研究的道路上都要面临这两个发展方向的抉择。两个不同方向的科学发展道路是相反相成的。如果把构成论和生成论看作互斥互补的对立统一体,就可以产生一种新的世界观,就能把用构成论自然观观察事物所形成的"存在科学"与用生成论自然观观察事物所形成的"演化科学"统而为一,形成统一科学的有机体。

作为统一科学之鸟的两翼,"存在科学"与"演化科学"就对应着构成论和生成论的两类理论。统一科学要融合构成论自然观和生成论自然观来审视不同事物普遍存在的形态与各种生成演化的现象,必须从近代和现代的形而上学静止观的思维方式向动态观的辩证思维方式复归,从强调用还原的分析方法处理问题转向强调用生成的整体方法处理问题。统一科学要探讨和确立与构成论不同的逻辑起点,必然不会将系统分解还原为某一个绝对的基本层次。统一科学要探索贯穿所有层次的普遍规律和层次间跃迁的共同规律,就要试图重新选择和构建新的方法论基础;其探索的使命虽然包括关于事物形态量的守恒律,但更主要的是关于事物形态质的相似律。正如温伯格所指出:"我们在追寻某种普遍的东西——它统治着整个宇宙的一切现象——我们所谓的自然律。"

统一科学在关于事物形态生成的理论中以非既成的系统为对象,在考察系统在演化中表现的涌现特性时,既要包括自发组织理论,又要包括受激组织理论,还要通过系统在任何受限生成过程涌现的形态等来探索事物形态变化规律。统一科学既要研究不具备涌现性的加和性整体,又要研究具备涌现性的非加和性整体,还要对一个系统在变化过程中是否形成某种形态或构建某种结构给出确切的判据。因此,统一科学可以把自发组织的过程看作自发发射的过程,而把受激组织的过程看作吸收发射的过程。统一科学的基本信念是:尽管世界上所有的事物产生的形态和结构千差万别,但必定存在普遍起作用的原理和规律支配着这种生成过程。只要任意两种事物统一时,就必然有一种形态质变（相变）过程将其中一种事物转化为另一种事物。

古代科学是综合的学问，关于自然社会、人自身的知识统一包容于哲学母体。现代科学是分科的学问，它沿着不断分支化、专门化的道路演进，已造成了不同分支相互隔离、难以沟通的局面。统一科学就是要完成西方以科学为代表的文化与东方以哲学为代表的文化的结合，实现严复所期望的"统新故而视其通，苞中外而计其全"。维纳指出，科学"需要一个新的独立的出发点"。普利高津认为，"我们正是站在一个新的综合、新的自然观的起点上。也许我们最终有可能把强调定量描述的西方传统和着眼于自发自组织世界的中国传统结合起来"。为此，在建立融会贯通各个学科的统一科学理论体系之前，要认识中西方构成论与生成论自然观及其理论，将东西方文明的优秀精华集成起来，辩证统一扬弃为新的文化。在探索事物形态转化或结构演化的一般道理之前，也要认真反思与形成构成理性认识基石的概念的内涵和外延，才能打通梗阻、搭建桥梁、整合碎片、握指成拳，才能使不同学科的理论升华而终至通达无碍。

现代科学体系的建立和发展，一般是通过细致的观察、精心的实验获得可靠的经验事实，再利用精确的数学、周密的逻辑构建严谨的理论体系，最后又以理性的预见和实证的研究来相互促进。但是，就在人们接近认识的"前沿线"上，现有的科学理论与观察和实验现象的冲突经常发生，其积累的内在矛盾日益凸显，而新科技革命的先兆已初露端倪，迫切需要建立大一统的科学理论。

然而，统一科学关联着一场科学重建的大革命，她要求人类真正地以科学的态度来迎接认知革命的风暴。统一科学的首要问题乃是确定科学的统一对象和进路。过去，科学历经漫漫长路找到三个进路而未能取得最终的统一，就是未能真正确定统一对象。在此，统一科学可以明确地指出，科学的统一就是要清晰地揭示事物内在最基本的规律，自觉地掌握打开宇宙迷宫之门的金钥匙，才能完整深刻地认识世界并得到改造世界的科学指南。只有建立起统一科学"绍道统，立人极。致广大，尽精微，综罗百代"的理论体系，才能促进人类福祉，推动文明进步，让科学的光明照亮人类前行的道路。

在建构统一科学理论体系的过程中，中国传统文化不仅能提供形而上学的基础和富有系统的思维，而且能为探索世界生成演变的规律提供重要的指导和智慧启迪。中国数学家吴文俊在香山科学会议十周年大会上说过："在已见端倪的第二次科技革命中，东方的科学思想将成为革命的灵魂，东方的科学方法将成为革命的最有力工具。"

第五节　科学道枢与道统

哲学具有思辨普遍性的特征，具体科学具有程式化的机理，但彼此都存在着自身的局限性而无法将对方统一在其麾下。科学的统一性在于规律的同型性，揭示了事物形态转化基元规律的道枢，就可以统领各种层次不同事物形态的变化规律与分布规律；以中国传统文化的整体观和《周易》的二分法为逻辑，还可以建立起统一科学的道统。

一、统一科学的哲思

统一科学要以综合构成论自然观和生成论自然观来审视不同事物普遍存在的形态与各种生成演化的现象，就必须实现世界观的转变，兼容并蓄哲学中关于事物静止的观点和运动的观点。世界观的转变是根本的转变，任何具体科学的研究总是在一定世界观和方法论指导下进行的。因此，要建立统一科学，就要从世界观上实现构成论自然观和生成论自然观的统一，也要实现哲学与科学的统一。

回眸人类知识的萌芽时期，一切知识都处于含苞待放的浑沌状态，万物一体的宇宙本体论没有门类的区别。一直到17世纪以前的自然哲学时期，哲学和许多具体科学（如天文学、数学、力学、生物学、物理学等）基本上还是浑然一体，也没有后来意义上的哲学和科学的明确界限。那时，哲学曾试图包容所有的具体科学，总括万殊地成为"知识的总汇"，且不自量力地充任"科学的科学"。

随着人类认知能力的提高，知识的积累迫使人们必须分门别类地进一步认识世界，于是哲学与自然科学由于研究对象不同而逐渐分了家。此后，由于生产和科学的进一步发展，具体科学已经从哲学中独立出来，哲学作为一门百科全书式的学问已不可能，这时才有了真正意义上的哲学和具体科学的关系，但不是整体与部分的关系，而是一般与个别的关系，也就是普遍和特殊的关系。所谓一般与个别的关系，是说具体科学是作为形而上学的哲学的基础，而哲学是对具体科学的概括，是由作为前科学的源始实情的生存领悟奠基的。

由于实证科学的研究方式是实验的而非思辨的，它虽然能对世界的局部事物实现精密的认识，但能解释得通的范围不大，它限于对经验中的物质和事件进行描述，并对这些物质和事件做出解释和说明，以期形成具有普遍意义的规律，它追求的是一个"怎么样"。要想了解更多更深的关于世界各种事物的实质性东西，科学就显得无能为力。而哲学，是对事物的究根穷底的思辨研究，它视野广阔且思索范围很大，它追求的是一个"为什么"。哲学的理论框架相对于科学的模型粗糙得多，但是玄远之思的哲学往往不过问细节，科学回答不了的东西哲学都可以回答。笛卡尔打比方说，知识好比是大树，哲学是树根，科学则是树枝；苏联领导人斯大林说，哲学和科学是普遍性和特殊性的关系，哲学是普遍性，科学是特殊性。

客观物质世界都是具体科学和哲学的研究对象，但具体科学研究的是物质世界某一特定领域或某一特定层次的事物形态的本质及其在生成、演化和消亡的过程的规律；而哲学则是研究整个自然界、社会和人类思维及其发展的最一般规律的学问，这种关于整个世界的根本观点的理论体系的学说要以具体科学提供的活生生现实世界的具体材料为基础,是从自然知识和社会知识概括和总结出来的。哲学的最高概括离不开具体科学,具体科学也离不开哲学。科学产生知识,哲学产生思想。哲学和具体科学虽然不同,但两者是不可分割、相互依赖、有互动关系的,是一般与个别、普遍与特殊的对立统一。

然而,由于哲学不能让科学的世界观实现思维方法程式化、数学形式化,对于自然界、社会和人类思维进行抽象思考所形成的学问只能是概念性的概括描述,其所阐述的规律也都是一些定性的规律,不能在认知方法上突破从定性的理论向定量的逻辑思维发展的局限,因此难以与自然科学中关于物质的特殊性质、结构和形态的学说直接联系起来,也无法从最一般的规律出发逐步演绎出自然科学中人们所熟悉的物理、化学、生物……各学科定量的特殊的规律。所以,哲学只能停留在"一般"的概念圈子里,给人以玄之又玄的感觉,难以为一般人所认识、掌握和应用。现在人们所认定的科学意义上的科学是需要通过实践证明的,只有经过实践证明才能成为科学,而哲学是不需要实践证明,也无法通过实践证明的。正因为哲学没有可证伪性,从严格意义上讲,它本身是否符合科学也还存在着争议,因而由哲学出发是难以完成统一科学且演绎出具体学科具体事物变化规律的使命的。

自工业革命以来,科学技术发挥了极其伟大的作用,为人类创造了高度发达的生产力、巨大财富和高福利水平的生活,并以人类性灵之光耀眼的辉煌,大大推进了人类文化的发展与进步。哲学和社会科学的发展不免相对滞后,因为它的作用是隐性的、悠长的、慢性的、精神性的,也是无价的(无法精确计价的),还是涉及人的心灵和精神世界的。在具体科学和技术成果所带来的物质利益面前,整个世界与人的存在形式都在发生空前的改变,以理性论和经验论为内容的西方哲学应运而生。19世纪60年代,在哲学中一切唯科学是从的科学主义思潮的几次冲击影响下,从西方哲学中分化而来的近代自然科学变成了哲学的主人,哲学则成了科学的廉价说明书,哲学只能在科学的外衣下维持生存。

19世纪科学的繁荣不仅引发了科学主义思潮,也引起了哲学界科学统一思潮的兴盛。德国思想家、政治家马克思曾预言:"科学,只有从自然科学出发,才是现实的科学。历史本身是自然史的,即自然界成为人这一过程的现实部分。自然科学往后将包括关于人的科学,正像人的科学包括自然科学一样:这将是一门统一的科学。"恩格斯也指出:"经验自然科学的事实已经能以近乎系统的形式描绘出一幅自然界联系的清晰图画。""在本世纪,自然科学在本质上已成为整理材料的科学,即研究过程,研究这些事物发生和发展,研究把自然界这些过程结合为一个伟大整体的联系的科学了。"他还指出"自然界中整个运动的统一,现在已经不再是哲学的论断,而是自然科学的事实了"。他说这种系统化"会迫使理论自然科学发生革命"。

由于哲学不再固守自身独特的价值而置具体事实于不顾,开始追求它在其他学科或科目中所具有的工具性价值,因此,法国哲学家孔德认为人类智力或每一个知识部门在达到最后的科学阶段,运用的是实证方法,采纳的是实证哲学。实证哲学的基本性质,就是把一切现象看成服从一些不变的自然规律;精确地发现这些规律,并把它们的数目压缩到最低限度,乃是人们一切努力的目标。他主张科学还原论和统一科学,统一科学也就成为人们关注的重要现实议题。培根认为,自然的统一性能够得以证明,科学的所有分支能够通过基本的学说即对所有科学来说共同的第一哲学结合到一个知识的普遍本体中。

在19世纪和20世纪之交,活跃于科学和哲学舞台的批判学派对科学统一情之所钟,宏论弥深。奥地利科学哲学家马赫表示:全部科学起源于生活的需要。不过,它可以被培育它的人的特定职业或有局限性的倾向和能力详尽地划分开来,可是每一个分支只有通过与整体的活生生的联系才能充分地、健全地得以发展。唯有这样的统一,才能保证不致片面修剪和畸形生长。他相信,特殊学科之间的藩篱毕竟是冷酷的约定的限制,层层大桥将架设在鸿沟之上。因为知识的题材对于所有研究领域都是共同的,统一的旨趣不仅在情趣和目的上,而且也在方法上。他把统一科学的实现作为毕生的理想并预言,统一科学是可望成功的,一百年后的科学将比今天可能还要高的意义上显示出统一。在未来科学中,所有知识的小溪将越来越多地汇聚成共同的河流。

在20世纪30年代,西方哲学界又发起了科学统一的国际运动,像逻辑经验主义的物理语言统一观、物理主义的科学统一观、还原论关于物理学的微观粒子活动规律的科学统一观等纷至沓来。现代西方哲学家纽拉特、卡尔纳普等提出的逻辑经验主义,把逻辑与经验密切地结合起来,认为科学是一种"可证实"的知识体系。逻辑经验主义把哲学的任务归结为对知识进行逻辑分析,特别是对科学语言进行分析;坚持分析命题和综合命题的区分,强调通过对语言的逻辑分析以消灭形而上学;强调一切综合命题都以经验为基础,提出可证实性或可检验性和可确认性原则;主张物理语言是科学的普遍语言,试图把一切经验科学还原为物理科学,实现科学的统一。

逻辑经验论者把科学统一作为他们的基本哲学信条之一,主张以物理主义统一科学知识。物理主义就是以物理学为基础,应用行为主义的心理学方法,从物理事物的语言方面,将心理现象还原为物理现象,并将心理学命题译为物理学命题,从而把"心理的"与"物理的"、"身体的"与"心灵的"东西统一起来,进而把一切经验科学"还原"为物理科学。如果根据物理语言的普遍性,把物理语言用作科学的系统语言,那所有的科学都会成为物理学,形而上学也就变为无意义的而被抛弃。科学各个领域也都成为统一科学的组成部分,世界上只有一种客体,那就是物理事件。在这物理事件范围内,规律无所不包。因此逻辑经验论者认为,科学的分门别类是由于"分工的实用理由"造成的,实际上,不仅经验科学的各个分支,而且社会科学和人文学科,也是"总括万殊的统一科学"的一部分。

纽拉特指出:统一科学包含全部科学定律,这些定律无一例外是关联的。卡尔纳普认为:对于整个科学构造一个同质的定律系统,是未来科学发展的目的。这个目的不能表明是不可以达到的。"科学的统一问题意指科学的逻辑问题而非本体论问题。"逻辑是关于思维规律的学问,所谓科学的逻辑就是"在抽象情况下对科学语言表达的分析",是"关于各种科学分支的术语和定律之间的逻辑关系"。

逻辑经验主义提出科学统一问题的主张以后,尽管也遭到了人们诸多的非议,但是逻辑经验主义者并没有放弃实现统一科学的理想。他们把对统一科学问题的兴趣在逻辑经验论的语境中得以再现并精致化,从 1935 年到 1941 年共举行了 6 次"国际统一科学大会",而且从 1937 年开始,卡尔纳普与纽拉特及美国哲学家莫里斯还一起主持编辑出版了涵盖众多学科的《统一科学国际百科全书》。

逻辑经验主义以现代逻辑为工具,以自然科学研究为模本,力图把哲学建立在精确科学的基础之上。这种统一科学不仅要统一物理,而且要统一事理和人理,它所代表的理性主义精神和逻辑分析传统,对当代西方哲学产生了深远的影响,开辟了科学哲学的研究方向,并在很大程度上改变了西方哲学的思维方式。自 20 世纪 70 年代末以来,西方掀起了一场重新评价逻辑经验主义的热潮,并涌现出了一股非还原物理主义的理论思潮,试图避免传统物理主义所无法避免的还原论困境,寻找能够帮助解决当前面临的哲学问题的重要线索和根据。

英国科学哲学家波普尔曾依靠人的批判理性,试图通过证伪来严格检验科学规律的真理性。证伪主义的观点拓宽了人们对科学理解的视野,但还是不能完全解释科学发展的历史。不过,现代的科学哲学已把注意力转移到人的科学发现和创造上来,把科学的发展放在了整个社会文化和具体的历史背景之下,使之走出了纯粹逻辑和纯粹认识论的狭隘范畴。这标志着自 19 世纪以来一直盛行的科学主义开始向人文主义回归,重视科学的人文价值成为当代科学发展的潮流。

其实,哲学和科学一直存在着自身的局限性和悬而未决的棘手问题。哲学作为一种理论形态,只是对事物形态变化一般规律的整体把握和不同运动形式的粗略描述,而具体科学的明显不足是只注意局部而不注意整体,这种分门别类的认知手段也不是唯一的和万能有效的认识世界的方法。虽然科学主义和实证主义推进了认识论和方法论的研究,但是它们取代不了人们对超经验和超逻辑问题的关心。因此,科学的方法论受到了人们的反思,并进而产生了科学认识论。科学认识论的第一个公理就是物理科学方法所获得的知识只局限于物理意义上的观察知识。人们不会否认那些不是观察性质的知识也可能会存在,人们也许没有义务允许其他形式的人类心灵的洞察力有可能会进入其自身以外的世界。所以,在当代,科学与哲学的区分已经变得模糊了。"是科学变成了哲学,还是哲学变成了科学?无论你如何看待,可以肯定的是,这二者之间的界限已经变得模糊,变得远不如今天大多数科学家和哲学家自己所认为的那样实在。"[20]

回顾历史长河中泛起的朵朵统一科学的浪花,有古代的始基的统一,中世纪的神学的统一,近代的科学本体的统一,现代的还原论的统一,哲学信条的统一,现代的方法、语言和内容、任务的统一等。在不同的历史时期和不同的学科领域,都一直有人以崇高的使命感渴望了解学科最基本的真理,试图以各种不同的理论范式和方法去寻求事物本质并阐释绝对真理,力图建立起统一的科学体系。许多有哲学头脑的科学家,如莱布尼茨、牛顿、马赫、爱因斯坦、海森堡、贝塔朗菲等都力求从整体上去理解统一科学,并在普通学科中积累下经久不衰的有用知识;而对科学有更多了解的哲学家,如黑格尔、卡尔纳普、纽拉特、摩尔根、普特南等人也一往情深地对统一科学进行过专门的研究和论述,他们对于自然界潜在的简单性和规律性都怀有不可动摇的信念,并指导着他们潜心探讨根本的、永恒的、合理的统一科学理论。

科学是人类追求真理的事业,探究真理并建立起统一的科学体系是人类认知世界中最卓越、最伟大的使命。千百年来历代的先哲和科学家由于历史条件的限制都没有实现统一科学的梦想,然而,他们在认识世界的进程中从各个角度和不同深度用各种方式所做的探索,所揭示的经验定律或特殊规律以及所建立起来的各门学科,都是勤精渐修付出极大的辛劳才揭示出世界的一部分奥秘。正是这些学科的建立与发展,逐步为统一科学的创立奠定了基础、素材乃至部件。

在科学发展史上,披荆斩棘的先锋总要经历崎岖险阻,后来人却可能发现捷径。当今科学工作者在直面统一科学这样伟大的志业时,为了不再重蹈西方经典科学注重"实体"的老路,跨越一个个层次去追求物质的本原和终极原理,就要在世界观上把视野从具体科学拓展到一般的哲学领域,而在认知方法上又要扬弃中国传统哲学所注重的"关系",以综合的系统思维和一定的逻辑方法来揭示各种事物形态变化规律与分布规律的普适规律。如此发现的常道既要有哲学的思辨普遍性的特征又要有科学的程式化的机理,人们掌握了这把反映事物形态变化规律与分布规律的金钥匙,就可以实现哲学与精确科学的融通,并在现有科学的基础之上建立起统一科学的理论大厦。

二、科学道枢与道统

人类文明史是科学技术的进步史,科学进步是以人们对事物认识的深度和广度的进展为标志的。自殷末周初起,中国古人便开始走出蒙昧进入文明时代,那时的先民就以笼统朴素的整体观思维方式去认识自然界。尽管他们对自然界的解释是直观的、粗糙的,但他们已经意识到自然界并不是"由任何神或任何人创造的",而是由各种相互联系和作用的事物所形成的。他们通过观察不同事物形态的运动变化逐渐认识到,一切事物形态都处在永恒的变化发展之中,都处在产生—形成—消灭的过程之中,而"天道有常,不为尧存,不为桀亡"。

人们生活在自然界中,亿万年来一直都经常可以看到动物禽鸟奔逃飞散、小溪流水、大河奔腾以及在浩瀚的夜空斗转星移等事物形态的变化现象。自然界中存在的变化现象必然会使人们的思想浸淫于事物形态永恒运动的感觉之中。因此,中国古人萌生了以"两点论"的观点来观察虚实互变的事物形态,还提炼出了阴阳变易的理论。如今,现代人所面对的自然界,其实还是历代古人曾经关注的那个自然界,自然界中各种事物形态的运动变化依然是人们最普遍的经验。虽然随着人类科技水平的发展,现代人在认知手段上更为先进,可以更精确地认识不同层次的事物形态的变化,但是几千年来人类认知事物形态变化规律的基本观点没有改变。

在认识世界的进程中,人类经历了从感性认识到理性认识的飞跃以及从经验定律到理论规律的发展。为了获取事物形态的知识及其变化规律,人们上下求索进行了无数的科学研究。但是,知识总是对事物现象具体的有限的把握,它需要在经验事实的基础上进一步提升与超越。中国古代《中庸》用"格物致知"表示事物真相与道理的获致是知性通达由表及里的穷究过程。当人们把纷繁复杂的现象从知识中剔除,剩下的"骨架"就可显现出事物本质的内在关系,如此获致的抽象理论才是科学知识。中国无产阶级革命家毛泽东说:"人们总是首先认识了许多不同事物的特殊的本质,然后才有可能进一步地进行概括工作,认识诸种事物的共同的本质。""就人类认识运动的秩序说来,总是由认识个别的和特殊的事物,逐步地扩大到一般的事物。"

客观世界是一个整体,而人们观察的视点视角不同,对于客观对象的认识就不同,根据不同视野而获得关于事物的知识也就不同。所有的知识都是人造的,是人类精神的产物,是人对客观世界的认识。在科学发展的历史长河中,由于受到认识能力和条件的限制,绝大多数人都是从某一个侧面或非常有限的特质对事物形态的本质进行探索和描述。人们从不同层面以不同方式逐渐揭示出客观世界的一部分奥秘,并在一定的发展阶段根据其对事物形态认识所积累的知识进行逻辑整理和系统分类,据此基本概念和规律就可建立起不同的学科。

由于人们只要选定某一特定的研究对象来分析某一层次的某种运动形式或一系列互相关联和互相转化的特定形式,就可以形成一门学科,这样,科学在不同时期或不同场合就有不同意义,就有若干种解释。科学的每一种解释都反映出了某些事物某一方面的本质特征,虽然只有一个世界,在认识世界时人们却有许多认识,而且这么多的认识有时甚至是对立的和不自洽的。

回眸古往今来的文明发展历程,人类社会从狩猎文明、农耕文明到工业文明,乃至今天以工业化、信息化高度发展为特征的后工业文明,人类的科学知识是随着文明发展而加速发展的。特别是近代以来,人们通过逻辑分析等手段引发了知识的大爆炸,并且通过归纳整理等方式已经为知识建立了庞大的体系。人类的知识形态可分为两个部分:一是各个时代积累起来的人们观察和科学实验所发现的经验事实;二是在这些经验事实基础上提出的概念、公式、定理和理论体系。

科学的本义是求真,追求事物发展的普遍规律是人类的天性,也是形而上学的根本旨趣。规律是事物形态之间内在的、本质的、必然的联系,具有高度的客观性和真理性。当然,在无限的存在面前,人类的认识能力总是有限的,每一个认识都不可避免地带有地域和时代的局限性,所以理论也有对有错、有真有假。由于科学发展只能在不断的试错中尝试着进行,近代以来人们都尽可能设计受控实验以进行理论与模型的真理性验证,因此,学科的建立也大都遵循着三种方法:理论化、计算建模和各类受控实验。在实验科学中,人们一般都通过实验设计、实时控制和数据处理来研究事物形态的变化规律与分布规律。但是,由于实验设计往往从研究对象的现状出发,而实验对象的现状大多不是平衡态,由此得到的样本都是带有一定偶然性的观测值;以各种测量的物理量来分析它们之间的相互关系,所得到的经验规律大多是不完整的或至少在参数上是不精确的。因此,人们得到的各种特殊事物形态变化规律或分布规律往往是五花八门或鱼龙混杂的,所得到的认知成果要作为纯真的道理就必然不同程度地打上折扣。

科学对于真相的认识往往不是一步到位,而是阶段性的;既要冲破原有学科的界限,又要面对来自学科内的质疑。虽然人们在获取知识时追求的是主客观世界的统一,但主观世界与客观存在毕竟不是一回事,知识再正确也只是逼近对世界的描述,而不是客观世界。知识本质上就像模型一样,其形成是为了尽可能真确地模拟物理客体并反映其实际特性。但是,知识与其所反映的真实客体是绝对不可能无丝毫误差的,已经被实验证实或被经验确认的命题只是相对真理。随着科学的不断发展和不断创新,许多在某种时代背景中被权威或大众所认可的相对真理,就会被更为真确的真理所取代。例如,古希腊天文学家托勒密的"地心说"就被波兰天文学家哥白尼的"日心说"所取代。相对真理的相对性还体现在层次上,像物理学各个领域有那么多的定理、定律和法则,但它们的地位并不是平等的,而是有层次的。[21]

所谓真理,就是相对真理与绝对真理的有机统一。真理是对客观事物及其规律的正确反映,科学工作者追求的是绝对真理,但是他们最终也只能用"最逼近真理"来认知世界和获取知识。科学知识是人们运用范畴、定理、定律等思维形式来反映现实世界各种现象的本质和规律而获取的对该事物认识的正确陈述或预见。科学知识的基本特点是客观性、普遍性和构造性,而客观性就是可检验性或可重复性,普遍性就是一般性或融通性,构造性指的是逻辑性和精确性。科学认识的目的是获得不以人的意志为转移的客观真理,只有正确反映客观事物的本质和规律性的客观真理及其理论才是科学的理论。

从认识的真理性来看,公理是由若干个基础概念之间的某些关系联系起来的。求真与求是不仅是科学的本义和起点,而且是科学发展的方向和目的。自近代科学以来,虽然"知识的体系性"得到了充分的发展,但是科学家仍非常严格地审视"认识的真理性"。不光要看它的"公理"是否来源于直觉、实验或有充分理由,而且严密地审查推导过程中的任何细节,并考查其任一导出结论是否与实验或生活经验相冲突。判定科学的发现和理论作为客观真理的唯一依据是,正确预见并为不同科学家在相同条件下所重复验证的实验事实。

可见,一切事物和现象都依循事物本身所固有的规律存在、运动、变化和发展,一切事物形态在运动变化过程中都具有某种一定不移的基本秩序,这是事物形态本身固有的本质的内在联系,而人们所要认知的最基本的公理就是事物形态变化的一般规律或分布的一般规律。最基本的公理是认知一切事物形态的根本法则,不仅可以刻画事物的本性,而且可以刻画事物发生发展的规律。

随着人们认识的逐渐深入,有一些人已经发现许多学科只是从不同的方面或不同的层次来研究同一个事物整体,不同的事物从一种形态变成另一种形态所遵循的规律只是看起来不同,实际上却有着共通的道理,世界可能隐含着适用于一般系统的模型、原理和规律。在神秘的知识迷宫中,似乎到处都隐藏着某些统一的密码,它诱使人们选择多门学科的共同点,建立起了一些横断科学、交叉科学和边缘科学。因此,日本当代物理学家宫原将平结合现代科学发展的特点系统地阐发了关于科学统一的思想,提出综合与统一是现代科学发展的大趋势,指出"在现代科学的分化与综合的相互关系中,主导方面是综合",表现为边缘学科的发展、横断学科的出现和"大科学"之崛起。[22]

其实,早在三千多年前,中国的老子就说过,"知常曰明。不知常,妄作凶"。这个"常"指的是自然永恒不变的规律,就是"放之四海而皆准"永恒不变的大道。孔子说:"吾道一以贯之。"道教的经典《灵宝五符经》曰:"知一者无一不知也,不知一者无一能知也。"东汉的《说文》有言:"一,惟初太始,道立于一,造分天地,化成万物。"《淮南子·诠言》也说:"一也者,万物之本也。"南宋的朱熹认为,"宇宙之间,一理而已。天得之而为天,地得之而为地,而凡生于天地之间者,又各得之以为性,其张之为三纲,其纪之为五常,盖皆此理之流行,无所适而不在……",即天地间存在的理是一切的根本。明代王阳明也认为,一切事物均由天支配,但是天理就在自己的心中。这就是说,宇宙之间最根本的道理就在人们理性认识的思维(心)中。

几千年来,举凡那些知名的思想伟人、哲学先圣、科学巨人、文化泰斗,都渴望获得那个可以化生万物的一般道理,而忍受着人世间的诸般烦恼和折磨,孜孜不倦、长年累月地穷究天人之理,通晓古今之变。朱熹认为:"穷理须穷得尽,见得深奥是理也。"在穷尽天地人间之理和"冒天下之道"的过程中,他们就是想要"抱一而为天下式"获致最基本的公理。事实上,人们所要寻求的公理或大道就是统领各种事物形态变化或分布的最一般规律,也就是绝对真理。

科学的魅力在于发现规律,知识的优势在于能够阐发常道。爱因斯坦说过:"科学并不就是一些定律的汇集,也不是许多各不相关的事实的目录。它是人类头脑用其自由发明出来的观念和概念所做的创造。""物理学家的最高使命是要得到那些普遍的基本定律。"世界虽千差万别、五彩纷呈,令人目不暇接,但其内在规律往往表现出统一与和谐。人们在各个不同的学科领域可以发现,整个世界不同的事物往往具有结构上的一致性,并以不同的方式显露出不同层次或领域中秩序的同型性。许多看来截然不同、形态各异的事物的本质乃至特殊定律都存在着惊人的相似性和对应性!一些很不相同的事物形态的转化过程都可以产生相同的图式或相同的模型。

贝塔朗菲认为:"科学本质上是一种一般规律研究法。它以自然界中可重复的和可再发生的事件作为事实基础来建立定律。""世界统一性的概念应以不同领域的同型规律为依据,而不能把所有层次的实在最后都还原为物理层次作为依据,那是一种无效的和牵强附会的愿望。"[23]不同领域的定律和概念系列的一致性与同型性赋予科学以统一性。世界上不同领域中各种事物形态变化所呈现的十分相似的规律启示人们,所有的事物形态变化规律都隐含着统一性,人们应在更高的阶段上审视不同学科的统一性,再寻觅纷纭多样的事物形态现象所共同具有的各种变化过程的本质,揭示事物形态变化的基本规律。

不同学科领域所具有的规律同型性特征,各个不同层次的系统所表现的秩序同型性迹象,都使人们有充分的理由对于还原论是否有必要将一切归结为物质最基本的组成部分产生怀疑。因此,在理论物理界以外的更广泛领域,目前已有许多人放弃了跨越一个个实体的层次,于无色无香的微观世界里去追求物质本原的统一思路。他们不畏自然界和人世界的艰深复杂,一直在各自的领域内苦苦求索,试图建立一个有关所有学科前后一致的主旨宏大的统一科学理论体系。

爱因斯坦说过:"科学只能由那些全心全意追求真理和向往理解事物的人来创造。"虽然历代的先哲和科学家由于历史条件的限制都壮志难酬,没有最终掌握事物形态分布与变化的最一般规律——元道理的金钥匙,但是他们从各种角度不同深度所做的探索及其获得的成果,事实上已为人们揭示世界上所有事物形态分布与变化的基本规律奠定了坚实的基础。所以,美国物理开拓时期的科学家惠勒用下面的话表达了人们要揭示世上终极真理这一最终目标的心情:"总有一天,有一扇门肯定会开启,显露出这个世界的闪闪发光的中心机制,既质朴,又优美。"盖尔曼认为:"人们现在尽管还不能理解,但可能有一天会恍然大悟——所有不同的学科知识原本就同出一辙。"温伯格也满怀信心地预言:"我们迟早会发现控制所有自然现象的物理原理。"

学无古今,唯求真实。追求真理而不占有真理,塑造了人类的科学精神。科学的进步是从相对真理向绝对真理接近的过程,又是从分科问学向统一认识的发展过程。为了突破特定规律和相对真理局限,而获致事物形态内在的固有的最一般的真理,古今中外多少有识有志之士都毕其有限的一生"要为真理而斗争"。他们为了真理,可以"勇往奋进以赴之""殚精瘁力以成之""断头流血以从之"。

一种伟大的思想总是在前人的基础上继承创新,一代又一代的贤哲总要站在伟人的肩膀上集人类伟大思想之大成,才能继往开来探索真理。纵观人类的科技发展史,凡重大的科学发现及技术发明都不是凭空出世的,都离不开方法创新和思维革命。从古代的原子论、整体论到近代的还原论、演绎论,再到现代的系统论、信息论;或者从经验论、思辨论到归纳演绎、分析综合、实证论和否证论,再到各种创造性思维,人类思维经历了一系列飞跃与革命。正是这些思维革命打破了科技活动中那些僵死陈旧的研究传统,推动着科技不断地发展与繁荣。科学技术发展了,又会改变人们的思想观念和思维方式;而思维方式革命性的发展,还必然会促使科技的革命性发展与开拓创新。

以往还原论强调从局部机制和微观结构中寻求对宏观现象的说明,如今整体论则强调系统内部各部分之间的相互联系和作用决定着系统的宏观性质,整体性原则是系统方法的首要原则。但是,如果没有对局部机制和微观结构的深刻了解,对系统整体的把握也就难以具体化。因此,统一科学必须把还原论与整体论有机地结合起来,用相对还原法来揭示每个层次多粒子微观行为所表现的系统宏观统计规律。

不过,任何一门学科的建立,必须有新的发现,提出新的概念,揭示新的规律,构建新的理论体系。创立统一科学不仅要探索开展学科际的创新途径和方法,而且要使人类对世界的认知方式发生革命性的变化。只有通过思维革命和方法创新才能提出重大的科学新理论。统一科学是关于自然科学、社会科学和思维科学统一的科学,是研究世界整体相关统一的规律及其规律应用的整体科学。统一科学要源于现有的哲学、自然科学、社会科学、思维科学等一切相关学科,又要以融为一体的方式包括这些学科,高于这些学科。

虽然各个学科按一定的专业角度或横断切面以一定的逻辑已经把人类累积的一些杂乱知识或经验公式与特殊规律归纳整理成理论体系,但是统一科学并不是要统成学科的拼盘,而是要扒开不同学科领域发现的事物形态变化的特殊定律及其表达的不同认知的神秘炫目的外衣,揭示在支配各种事物的生灭转化基元过程的基本规律——单元系统形态转化基元规律。如果单元系统形态转化基元规律对于各种事物形态的变化规律都是通用的,那么单元系统形态转化基元规律就是统一科学所要揭示的"放之四海而皆准"的真理,由此再按一定的逻辑形成理论,就可以获得对世界最全面、最本质、最自觉的认识。

统一科学的重要性首先来自于基础理论的枢轴作用,只要找到统领事物形态变化规律性的科学大道,就找到了认识世界的方法论道枢,就可完成探求客观真理的关键任务。通过单元系统形态转化基元规律可以演绎出各种事物形态在不同特殊条件下的规律性,由此产生的新理论就可以解释现有学科理论所能解释的现象以及原有理论的悖论,并在探索新的现象中还会有科学的预见性。这样,人们也就可以自觉深刻地理解各种已知和未知的事物形态、结构性质和运动规律的内涵与外延。

为了揭示反映不同层次各种事物形态变化规律或分布规律的道枢,人们必须在各个学科共同感兴趣的交界面上明纲要、总其要,把认知事物形态变化或分布的一些基本概念联系起来,归纳扬弃各个学科大量规律,并在一定的认知体系中把具有特殊形态和复杂内部结构的事物看作一般的系统。通过分析系统各元素之间、系统与元素之间和系统与外部环境之间的相互联系和相互作用,来认识系统在相互联系和相互作用中所反映出的内在关系,就可以发现系统形态所隐含着的"粒子"本质及其变化与分布的一般模型、普遍原理和基本规律。

以无所不在的单元系统形态转化基元规律为基石和顶梁柱,可以完成构建统一科学理论殿堂的崇高使命。当然,统一科学理论体系的建构还必须按一定的思想渊源与逻辑脉络形成有条理的规律体系,这样才能构成统一科学的道统。中国自古以来重传承、尊师道,传道的脉络和系统久之便形成了道统、学统与文统。科学体系、学科谱系及学术谱系与中国历史上的道统、学统与文统颇为相似。但是,道学的累世传道形成的道统包含着许多人为主观因素和社会历史因素,而统一科学理论体系和学科谱系必须按照合理的逻辑脉络来构建。

认识的真理性和统一性是一切科学发展的中心问题,其意义是对事物的前后一贯的说明,不是应用于单个孤立的现象,而是共同地应用到不同的现象上。因此,统一科学理论体系的建构是关乎基础科学发展方向和出路的问题。纵观科学的来龙去脉就可明了,当今科学的发展正处在高度分化与高度综合的十字路口上。要对科学有全面的认识,就要朝着综合的方向走向统一科学。科学史的奠基人萨顿认为:"科学的统一性……代表着人类思想的主要方向。"[24]

当前,无论是经济社会发展的强烈需求,还是科学技术内部所积蓄的能量,都在催生着一场新的科技革命。人们"上天入地下海"将探索发现的视野进一步拓展到宇宙、地心、海洋和生命的本源,以期解决基础科学的"根问题"。现代科学所呈现的学科大融合的形势,就意味着科学有史以来一场真正意义上的革命即将到来。爱因斯坦称这是"一种壮丽的感觉",他试图用统一场论来实现其建立科学统一体的夙愿,却未能如愿。为此,他曾经把目光投向东方文明。当他看到16世纪以前中国古代科学技术的发展水平远远领先于西方,在《中华民族对自然科学的贡献》中不无"惊奇"地说:西方近代自然科学的发展,主要是由于科学家们得力于两大法宝:一是以欧几里得几何学为代表的形式逻辑思维方法;一是以培根为代表的近代科学实验方法。这两大法宝,中国古代贤哲显然都不具备,然而值得惊奇的是,西方科学家做出的成绩,有不少被中国古代科学家早就做出来了。这是什么原因呢?原因之一是中国古代科学家自幼学习《周易》,《周易》的思维方法、思维模式对他们有很大的帮助,所以中国古代科学家掌握了一套古代西方科学家们不曾掌握的一把打开宇宙迷宫之门的金钥匙,能够更早更快地破译许多宇宙之谜。

统一科学要以整个世界及其组成的各种事物的规律性作为研究对象,就要以整体观来看世界。由于中国古典文化能够提供一种更为整全的世界理解,因此一提及整体观,人们自然希冀从中华传统文化中汲取东方智慧的营养,以中国古代哲学和科学的合理认知方法内观地、全面地认识始终在变化的整个世界,并寻求科学理论的创新突破和发展。《周易》是中华传统文化的总源头,通过对《周易》思想体系、世界观和方法论的解读,就会发现古老的《周易》与现代科学的一些新发现、新理论有着千丝万缕的关系,而且其宝藏中蕴含着许多理性认识的科学方法。所以,许多科学家都认为《周易》会在某种程度上对现代科学的发展提供某些哲学启示和新的启迪,是因为中国古代科学曾经提供了一套认知事物的方法及其整体思维方式和相关的理论。《周易》认知事物的世界观、认识论和方法论是认识世界的通用方法。

目前，西方思想界和学术界的主流正在兴起一场"思维革命"，对西方200多年的一些传统理念、思想和路线进行质疑、批判，认为西方的二元论、分析论、还原论已经走到了尽头，仅仅沿着西方文明演进的轨迹科学是无法取得根本突破的，只有汲取中华文明才能使人们对人、自然界和人与自然的关系以及对现实与未来的认识再向前迈进。一些西方学者提出：如果把西方科学中重视实体，强调实验、分析和定量表述的方法与中国《周易》中重视整体和关系，强调自发、自组织、协调和转化的自然主义的思想结合起来，将导致一种更加符合我们时代精神的新的科学的自然观。1988年就有75位诺贝尔奖获得者在巴黎的面向21世纪的国际大会上形成共识："人类要在21世纪生存下去，必须回到2500年前，从研究《易经》最有心得的孔子那里去汲取智慧。"[25]如今，在世界范围已出现了一种前所未有的现象，以"万世师表"孔子命名的孔子学院花开全球，截至2015年，就有134个国家和地区建立了500所孔子学院。继中国传统科学的思想成果逐渐注入西方近代科学之后，中国的"系统"思想之光射向了现代科学，博大精深的中华传统文化也正在进入一些国家的国民教育体系。

要实现科学的统一，就要积极借鉴中国优秀传统文化认知事物的整体思维方式和相关的系统性方法，把握古今东西文化的契合点，以揭示出单元系统形态转化基元规律为统领各个层次不同事物形态的变化规律与分布规律的道枢，以儒家《易传》的二分法运演体系作为构建统一科学道统的简明逻辑，就可以建立起将所有学科完全融合的统一科学理论体系，人类也就可以完整而深刻地理解自然、社会和人。

两千五百多年前，老子就深叹"夫唯无知，是以不我知""知我者稀，则我贵矣"。庄子也浩叹"万世之后，而遇一大圣，知其解者，是旦暮遇之也"。在当前中华文明受到重视的时代背景下，作为当代的中国人，理所当然更应该回顾古代中华文明，认真审视和研究中国古代科学遗产，因为具有"国学"基础的中国人比西方人更容易进入自己老祖宗整体观的思想宝库。如果当代中国人不是继续沿着在西方已经受到质疑的科技老路在进行着所谓的模仿和"追赶"，而能够因应这场第二次科技革命的"思维革命"，鉴往知新，贯通古今，合璧中西，就最有条件成为探索统一科学的尖兵和引爆认知革命的工程兵。

参考文献

[1]李喜先.科学[M].贵阳:贵州人民出版社,2013:1-17.

[2]张广铭,于渌.物理学中的演生现象[J].物理,2010(8):543-549.

[3]爱因斯坦.相对论的意义[M].北京:科学出版社,1961:16-70.

[4]钱显毅,钱显忠,钱爱玲.应用物理学[M].北京:中国水利水电出版社,2012:1.

[5]温伯格.湖畔遐思:宇宙和现实世界[M].丁亦兵,乔从丰,李学潜,等,译.北京:科学出版社,2015:121-122.

[6]温伯格.终极理论之梦[M].李泳,译.长沙:湖南科学技术出版社,2003:106-118.

[7]张天蓉.爱因斯坦与万物之理[M].北京:清华大学出版社,2016:4.

[8]哈肯.协同学:大自然构成的奥秘[M].凌复华,译.上海:上海译文出版社,2005:8.

[9]许国志,顾基发,范文涛,等.系统工程的回顾与展望[J].系统工程理论与实践,1990(6):1-15.

[10]苗东升.系统科学精要[M].2版.北京:中国人民大学出版社,2006:231.

[11]王习加,吴建勋.破解科学统一之谜[M].长沙:湖南科学技术出版社,2001:310.

[12]卡普拉.物理学之"道":现代物理学与东方神秘主义[M].朱润生,译.北京:北京出版社,1983:5.

[13]JOSEPH NEEDHAM History of scientific thought[M].Science and civilization in China:Vol.2.Cambridge:Cambridge University Press,1956:505.

[14]苗东升.复杂性科学研究[M].北京:中国书籍出版社,2015:176.

[15]温勇增.系统涌生原理[M].北京:经济日报出版社,2014:159.

[16]莫里兹.数学家言行录[C].朱剑英,译.江苏教育出版社,1990:80.

[17]董光璧.从构成论到生成论[J].科学文化评论,2007,4(4):97-99.

[18]约翰·霍兰.涌现:从混沌到有序[M].陈禹,等,译.上海:上海科学技术出版社,2005:231-237.

[19]普里高津.从存在到演化[J].自然杂志,1980(1):13-16.

[20]约翰·格里宾.大爆炸探秘[M].卢炬甫,译.上海:上海科技教育出版社,2011:1.

[21]杨维纮.力学[M].2版.北京:中国科学技术出版社,2004:222.

[22]岩崎允胤,宫原将平.科学认识论[M].哈尔滨:黑龙江出版社,1984:544.

[23]贝塔朗菲.一般系统论:基础、发展和应用[M].林康义,魏宏森,等,译.北京:清华大学出版社,1987:45.

[24]卡里尔,等.科学的统一[J].哲学译丛,1993(4):60-67.

[25]MARNHAN P. Nobek winners say tao wisdom of Confucius[J]. The Canberra Tumes,1988,Jan24.

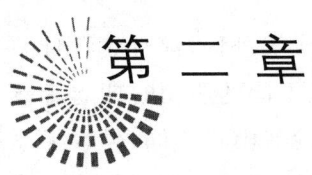

第二章

中华文明与《周易》

第一节 中华文明的源流

文明是全人类创造的物质财富和精神财富的总和。中华文明源远流长,为人类文明的繁荣发挥了重要的作用。自古以来,中华民族积淀的文化为后世留下了饱蕴思想精髓的经典。人们只有对中华优秀传统文化的历史渊源、发展脉络和基本走向有清楚的认识,才能对中华民族在人类社会发展过程中所创造的物质财富和精神财富有所认识。

一、中华文明源远流长

人类是从自然界分化出来的一类动物,人类要生存与发展,就必须观察事物、认识世界和理解宇宙。人类在地球上生活了700万年,人类的历史是地球史45亿年的1.5‰。大约距今30万年前,原始人就在制造石器的过程中,开始了认识自然、改造自然的活动。在太古洪荒的时代和远古时期的原始社会,人类群体处处受自然界的摆布和束缚,只能被动地适应自然、依赖自然,盲目地崇拜自然、顺从自然。直到有一天,人类发现了火,人类的文化探索终于走出了漫长的、黑暗的蒙昧时代,迈向了野蛮时代。

大自然对于人类是如此不自然,因此人类在刚有了那么一丁点儿文化生活时,就向大自然发起进攻,向那广袤无垠的太空宣战!但鉴于当时低下的社会生产力,人类活动对自然生态并没有任何实质性的破坏和威胁。倒是人类在襁褓之中,通过艰难困苦的摸索,通过直觉、臆测等认识宇宙万物,逐渐形成了简朴的原始文明意识,并在生产力发展到一定程度时就开始了人类的文明史。人类社会发展史既是人类生命繁衍、财富创造的物质文明发展史,更是人类文化积累、文明传承的精神文明发展史。在漫漫的历史长河中,在不同的自然环境中,不同的民族国家形成了人类史上存在过的33种多彩的文明形态。

星汉灿烂,荦荦大端。各种文明都有其自身发生和发展的演变过程,都有其自身的特点和优缺点,它们以各自的光辉照亮了人类文明的地平线,在不同的历史时期起着不同的历史作用。这些在不同土壤和环境萌生、成长的文明由于发展模式不同,导致了不平衡的产生。大约在公元前3000年,古埃及的尼罗河文化和两河流域的苏美尔文化成了西方文明形态的源泉。到公元前1000年前后,古希腊人在爱琴文化的基础上,吸收了两河流域的文化和埃及文化,创造了古希腊文明,成为西方文明的主体。之后,世界各地有大大小小几十处区域都先后走向文明,但均埋没在历史厚重的尘埃下。

文化是人们生存方式、生活方式的一种复杂体现,是一定时代物质生活在精神领域的反映和历史沉淀的结果。古往今来,各个民族创造的优秀文化,以其独有的凝聚力、创造力和传承力,以及在不同民族间、不同文化间传播、交流和交融的机理,精细地编织着人类的文明历史,驱动着人类的传承与前行。

中华文明是在欧亚大陆东部产生的一支原生文明,在世界几乎还是一片混沌的新石器时代早期(距今15000年前至9000年前)就开始孕育,人们播下的文明种子萌发为制造陶器、磨制石器、驯养家畜和栽培水稻的幼苗。在新石器时代中期(距今9000年前至7000年前),人们播撒的文明种子进一步萌芽、生长和分蘖。8000年前,在黄河流域地区,中华子民已开始有了精神追求和文化生活。在中华文明起步阶段,被尊为"人文始祖""三皇之首"的太昊伏羲统一了九大部落,奉"龙"为华夏图腾。以黄帝为代表的华夏部落统一了中华,继承了包括巢氏、女娲氏和燧人氏的早期文化元素,成为中华文化的源泉。经过仰韶文化和龙山文化时期的发展,中华文明经历了从起源到逐步形成的过程,社会的复杂化程度更加明显,夏、商、周时期逐渐进入高度发达的阶级社会,再经过秦、汉及其以后两千多年的封建社会的发展和衰落,中华文明走过了一个漫长的历史过程。[1]

在人类最辉煌的四大古老文明中,中华文明起源不算最早;但是,中华文明却是人类不朽的文明。经过数千年悠长而阴暗的历史隧道,其他古老的文明或衰落了,或消亡了,或融入了其他文明之中,唯有中华文明历经沧桑而绵延不绝,仍以世罕其匹的巨大时空实体存在于太平洋西岸。在中国的历史进程中,夏朝就有文字记载。有了文字就可以记录历史,以此作为进入文明时代的标志,中华文明就是上下五千年;如果包含早期文明,那么中华文明就有8000年。

中华民族屹立于世界东方,在数千年的延续发展中,中华民族依靠自己的智慧和创造力,通过许多族群的交流与融合,并在逐渐发展的过程中吸收了周边民族的许多优秀成果,在世界的东方发展出多元一体、多样共生的灿烂文化。中华文明以其特有的文明定力和文化永恒性而内化,在不断的进步中糅合了从西方引进的技术、理论和各种思想但又不迷失自我,因而在人类历史长河中具有非同寻常的影响力。数千年来,中华文明以文教化四方而少有武力征服,任何想吞蚀和同化中华文明的行为,最终结果都是在博大精深的中国文化前一败涂地。

中华文明是由中国古代文化和科学技术所构成的,其深厚的传统一直为中华民族所认同和发展。多少年来,中华儿女繁衍生息,以其独特的智慧不断积淀中华民族最深层的精神文化,并形成人们普遍认可的行为准则,同时创造出亘古不绝、一脉相承的灿烂文化,涵盖了中华民族千百年来的民族精神、道德规范、审美情趣、行为习惯、创造才能、思维方式、历史认知及现实感受。中华文明以其深刻而广泛的影响不断地激励着一代代的中华儿女前进和促进社会的发展。作为中华民族民族文化发展中最重要的积极因素,中华民族精神基本上凝聚于《周易大传》的两句名言之中:"天行健,君子以自强不息""地势坤,君子以厚德载物"。

8000年前,伏羲发明了八卦图,开启了中华文明的第一缕曙光,也给后世留下了令人费解的千古谜团。及至在后来的流传中,在不同的时期都有人以自己对八卦图的理解来解释八卦图的奥秘。八卦图作为文化和科学得以发展的基因或胚胎,与当时前文化、前科学的巫术文化一结合,自然孕育了科学与迷信相混杂的认知体系。直到公元前11世纪的殷周时期,中国上古的思想家克服了宗教迷信的束缚,对巫术文化形态进行系统的升华,"天地之学"代替了"鬼神之学",形成了一部包含着丰富哲学思想的著作——《周易》,从此中国古代哲学和科学便有了长足进展,《周易》成为中华民族传统文化的里程碑。

人类社会的进步又表现为文化的进步。中华文化博大精深、源远流长,古往今来已融汇成一派浩瀚的巨流,在世界文化中独树一帜,形成了自身独特的价值观念与思维方式。几千年来原创思维一直是中华民族生存和发展的灵魂与血脉,以老子、庄子等为代表所阐述的以自然为中心的道学文化和以孔子、孟子、程子、朱子为代表的以人为本的儒学文化以及诸子百家一起,共同奠定了中华民族优秀文化的根基。经、史、子、集四部之学构成了国学的基础。

文化是文明的具体表现。在中国古代文化的影响下,追求真理的品格和精神深藏于中华民族的民族性格中。因此,在近8000年的文明史中,中华民族能够久历众劫而不覆,多逢危难而不倾,独能遇衰而复振,不断地发展壮大,根源一脉传至今。这共同的文化根基,就是中华民族的精神家园和维系民族团结与国家统一的精神纽带。

相对于西方文化而言,中华文明没有形成类似古希腊那样旗帜鲜明的原子论、公理论和形式逻辑,却在有机论和整体论的方向上日趋完善,达到任何其他古代文明未曾达到的高度。中国传统文化所具有的自身特殊性,就是中华民族精神和民族素质的结晶,是儒、道、释三家并存的文化。由于中国传统文化的主导性精神意向主要是解决如何做人以及做个有道德的人的问题,因此历史上的封建王朝大都崇古唯圣、重文尚礼,主张"以儒守成、以道达变、以佛治心",通过充实主体自我精神世界、完善主体自我人格境界来实现主体自我道德价值,由此也就形成了中国社会长达几千年的稳态结构。

文以载道,文以化人。文化是人类精神世界中美丽而高雅的花朵,是人类智慧的结晶和集中体现,文化积淀的人文文化和科学文化的内涵极为丰富深邃。文化是科学技术发展的条件和基础,科学技术又是文化的骨骼和经络。科学技术虽然没有华丽的外表和富贵的身份,但却因其追求朴实的真理和阐发深邃的思想而散发出迷人的光辉。

在人类文化活动中,科学技术活动是其极其重要的组成部分,科学技术为人类其他文化活动提供了强有力的物质基础和精神源泉。中国传统文化把文史哲、政经法、农工医等都当作一个整体来看待。中华民族的祖先在漫长的历史进程中,不仅创造了光辉灿烂的历史文化,而且积累了丰富的自然经验,形成了完整的自然观、技术观和科学观。中国古代科学是天、地、人、物、理、数紧密合为一体的科学。在近代分科之学形成前,中国的国学除了有小学、经学、文学、史学、哲学等传统人文学科的内容之外,还包括了政治学、经济学、法学、军事学、民俗学等社会科学,而且包括了天文、地理、历法、算学、医学等自然科学和农学、水利、工艺、建筑等实用技术科学的内容。所以,中国古代的自然科学和实用技术科学可称为自然国学。[2]

其实,中华文明有一个鲜明的特点,就是中国古代的文化与科学技术具有典型的综合性和交叉性,许多概念、原理、模式和理论在不同的学科内都是相通的,甚至于文、理相通,科学、哲学与艺术相通,呈现多学科一体化的理论形态。由于中国古代的学问主张天地人贯通、文史哲贯通、儒释道贯通、真善美贯通、道学政贯通,因此又可以看作"通人之学"。例如,战国后西汉前,中国就有《尔雅》这样的百科全书雏形。又如,支撑着中华民族走过数千年的中医就与整个中国传统文化关系密切,这是医学、文化一体的科学,在《黄帝内经》中既有中医,又有生态学、天文学、生理学、心理学等。

中华文明之所以能够取得成功,一个极其重要的文化环境和思想条件就在于,中国古代文化和科学技术早就蕴含有纯粹而宝贵的科学态度和科学精神。中国古代科学技术有其独立的形态和系统,没有西方国家所谓的"黑暗的中世纪",没有限制和禁止科学研究的僵化宗教。中国古代科学技术由道家哲学和儒家哲学奠基,而中国古典哲学又由古代源始的超经验与超逻辑的直觉思维奠基。中国古代文化和科学技术的基本原理和最高宗旨是"道","道"是至高无上的宇宙法则和自然规律,是既超越又内在于天地万物及社会人生的形而上的存在本体和价值本体。中国古代文化和科学技术的精神是:道法自然,师法自然,无为而治。老子曰:"人法地,地法天,天法道,道法自然。"

中国古代科学技术和文化的国际地位和世界影响是众所周知的,它不仅将自身的文明光芒向周边地区或国家辐射,而且影响整个亚洲并惠及欧美,在东亚还形成了以汉字和儒家思想为主要特征的中华文化圈,成为东方文明的核心体系。在相当长的历史时期内,中国发明家还引领着世界技术创新的潮流,并在6—13世纪达到世界文明的巅峰,直到18世纪仍在经济、社会和文化各方面雄踞各国之首。

在世界科技史上,中国古代科学技术有着重要的地位。它的发展从远古时代原始积累,春秋战国基础奠定,两汉、宋元两次高潮,中经魏晋南北朝的充实提高和隋唐五代的持续发展,至明万历以后,虽比诸同时期的西方已经大为落后,但仍有缓慢进展,也出现了一系列集大成的著作,传统科学思想从高峰走向总结。李约瑟对中国千百年来在科技与文明领域的历史有很深的研究,他曾把中国古代各个时期的重要科技成就作为纵线,世纪年代作为横线,制作了一幅科技发展的示意图。此图清楚地表明:无论是以前的4000年,还是近来的500年,中国科学技术"事实上一点没有退步"而是"一直在稳缓地前进"。

中国古代技术曾长期处于世界领先地位,取得了许多卓越成就,其重要科技发明创造就有88项。正如胡锦涛所言:"在长达5000多年的中华文明发展史上,我国古代科技先驱们在天文学、算学、农学、医学等领域创造了闪耀着民族智慧之光的辉煌科技成就,贡献了造纸术、火药、印刷术、指南针等举世闻名的伟大发明,在丝织、制瓷、冶金、造船等领域也达到当时的世界先进水平。"以中国古代四大发明为例:在战国时期出现的司南在宋代已发展为指南针,传到欧洲后为航海家的航海活动提供了条件。唐时,火药就已经被用于战争,火药武器的使用改变了作战方式,加速了人类的历史进程。活字印刷术始于隋唐时期的雕版印刷,这一印刷史上伟大的技术革命,对人类文化的传播和保存是一个重大贡献。西汉已发明造纸,这一经济便利书写材料的推广应用从根本上改变了文字书写载体及传承,为世界文明做出了巨大贡献。

由于中国古代以农为本,而民以食为天,因此其不仅是粟作农业的起源地,也是稻作农业的起源地之一。中国的农业科技使中国领先进入封建社会,并构成中国社会长期稳定的基础。中国的蚕丝织品长期成为西方各国期求之物,由此带来了"丝绸之路"的繁荣。中国的青铜文明虽然较为后起,但技术上却后来居上且自成体系。公元前700多年,东周时期便发明了生铁冶铸技术,使人类历史迅速进入铁器时代。中国铁器和钢铁冶炼及其加工工艺被当作世界之宝,延续发展了2000年之久,其产量和质量一直让西方望尘莫及。中国的陶瓷名扬天下,瓷器在中世纪比黄金还贵。春秋时期,人们就已经运用十进位值制记数法,并用作四则运算。珠算是最早的计算器之一。此外,髹饰、制漆、织染、犁耧、水轮、水转翻车、浑天仪、地震仪、中式木结构营造技艺、中医诊疗技术、火箭、人痘接种、独轮车、茶的栽培和焙制、曲蘖发酵与深井钻探技术等中国古代发明也相继为人类做出贡献。[3]

唐朝在鼎盛时期已是世界各国进行经济政治文化交流的主要目标国,宋元朝时科学技术达到了登峰造极的地步,其中数学和三大发明(指南针、火药、雕版印刷术)处于当时世界科学技术的最高峰。在当时,大宋王朝占据绝对领先的地位,不仅经济总量在世界上举足轻重,而且造船业和航海业也取得巨大进步;而这个时间段对应西方欧洲的却是黑暗的中世纪。明朝再次成为世界中心,在经济、文化、科技、军事等方面都保持着绝对优势。及至1820年,清朝的经济总量占世界的28.7%,其国力和声威达到鼎盛。

15世纪以前,中国古代封建社会的经济一直走在世界前列,并长期占据世界经济中心地位,其原因就在于有科学技术的坚实支持。据英国经济史学家麦迪森估算,公元1000年,北宋的GDP占世界的22.7%,随后就一直保持在20%以上。可见,中华民族有史以来就是富于创造的民族,这些科学技术成就闪耀着中华民族智慧的光辉,中国的四大发明曾极大地促进了人类文明的传播和交流,而且对世界文明做出了巨大的贡献。英国哲学家培根曾赞扬说,中国古代的印刷术、火药和指南针改变了世界事物的面貌和状态。李约瑟在《中国科学技术史》的《总论》中说:"中国的科学在耶稣会传教士来到之前已有二千年的历史……它和西方科学却很少有共同之处。""中国古代的发明和发现往往超过同时代的欧洲,特别是15世纪以前更是如此,这可以毫不费力地加以证明。"李约瑟不仅列举了大量的例子,且挑明了中国传入西方的26项技术,还阐述了中国的技术发明在公元后的13世纪中不断地倾注到欧洲。

诚然,中国古代科学技术成果中80%属于技术成果,理论研究成果积分仅占13%,实验成果积分仅占7%。[4]这正好说明中国古代科学技术最明显的特点就是具有极强的实用性、经验性、描述性与本土化,偏重于能解决实际问题的技术创造。实际上,中国古代科学技术的这一特点早在封建社会初创的秦汉时期就已形成,从建立与巩固新的封建秩序出发,必然要求科学技术直接为发展生产服务,也必然更多地具有实用性的色彩。此外,中国古代的封建经济主要是农业经济,国家又采取重农抑商的政策,因此与农业关系密切的学科(天文学、农学、地学、医学等)在中国古代都得到较大的发展。

科学是技术之母。中国古代的科学技术成就与中国古代的科学方法是密不可分的,有了科学方法,才有科学发现。中国古代不仅有高度发展的技术发明,而且有高度发展的科学理论和科学方法。从中国传出去的,不仅有技术发明,而且有科学理论和科学方法。像干支、阴阳合历、圭表、筹算、小孔成像、杂种优势利用、二十四节气、盈不足术、马王堆地图、本草学、勾股容圆、方程术、天象记录、经脉学说、四诊法、方剂学、制图六体、律管管口校正、物不知数、敦煌星图、潮汐表、法医学体系、正负开方术、天元术、垛积术、四元术、等程律(十二平均律)、《本草纲目》分类体系、系统的岩溶地貌考察等,都是中国古代不同时期重要的科学发现与创造。

宋元时期,中华文明在世界文明对话架构中更多地担当了文明的传播者和输出者的重任。1726年,铜活字排印的《古今图书集成》的六编分类纲目就提供了一个非常完整的中国古代科学大纲,其丰富多彩的内容概括了天、地、人、物、学、行6个方面,成为中国古代科学大全。中国最早发育出的古老科学有分类学、生态学、生理学、数学、物理学、天文学、地理学、医学……而最发达的是天文学、地理学、数学和医学。中国的天文历法以农业应用为本,计算天体位置的方法十分高明,历法应用的规模与延续时间之久为世界罕见。中国的数学有早于西方几百年的优异成果,形成了以计算见长、解决实际问题为特点的数学理论体系。中医药学自成一家,至今还为世界所称道。

恩格斯说过:"一个民族想要站在科学的最高峰,就一刻也不能没有理论思维。"这是因为"无论对一切理论思维多么轻视,可是没有理论思维,就会连两件自然的事实也联系不起来,或者连两者之间所存在的联系都无法了解"。中国作为文明古国,在工程、医药、科技数学、军事、交通、音乐等方面都做出了伟大的贡献,不仅以丝绸、瓷器、茶叶、科技发明这些文明符号带动了世界的进步,而且以《周易》《四书》《五经》等典籍所倡导的中庸、守信、谦和、善治和求索精神在世界上树立了中国的精神符号。正因为中国思想领跑于世界,才形成了灿烂的东方思想文明,东方思想的精髓几乎都源于中国。

如果说孔子、孟子、荀子等探讨最多的是人生哲学、社会哲学和历史哲学,对宇宙起源和世界本原等本体论问题探讨得较少,那么,到了宋代,张载、程颢和程颐,特别是朱熹,就以易经哲学作为根基,吸取道家哲学和佛教哲学中有价值的思想,建构了包括宇宙、世界、社会、人生、历史等方面的系统的宋明理学体系。宋明理学以太极、理器等哲学范畴为纲领,用对待、发展、变化之理来解释宇宙、人生、社会和历史,因此影响极其深远,不仅影响了宋代以来的思想发展,而且构成了东亚文明区的精神内核和灵魂。

文化的进步反映着社会的文明进步,文化的发展推动着人的全面发展。中华民族拥有几千年文明史的文化积淀,有着丰硕的文化成果积淀,几千年来中国文化一直是东方文化的主体和代表。中华古代文化在人类文明史上所发出的熠熠辉煌,让百科全书派最重要的思想家狄德罗十分感慨:"中华民族,其历史的悠久,文化、艺术、智慧、政治、哲学的趣味,无不在所有民族之上。"

尽管中国通过丝绸之路确实把文明之光从远东射出,然而鉴于中国所特有的人文地理形态,使得域外文明对中国的了解最早都是以传说的形式出现的,之后也全笼罩着一层浓厚的神秘色彩。

1433年,郑和在第七次下西洋的途中病逝,大明王朝就选择了退出历史舞台,加上焚船禁航放弃海洋和闭关锁国拒绝通商,因而错失了历史机遇。可就在这时,受益于中国四大发明的欧洲则开始了地理大发现、文艺复兴、科学革命、技术革命、工业革命等一系列壮举,至此世界的天平向西方倾斜。1543年,波兰天文学家哥白尼发表了《天体运行论》,掀起了一场史无前例的科技革命——意大利数学家、物理学家伽利略发明了望远镜,英国数学家、物理学家牛顿发现了万有引力,英国发明家瓦特制造了蒸汽机,美国科学家富兰克林完成了电学实验。与科技革命相伴随,西方的政治革命也相继爆发,工业革命促使经济快速发展,巨大的生产力像魔术般地喷发出来,促使工业发达社会的出现。

二、正视中华文化瑰宝

自18世纪以来,西方社会科学技术日新月异,经济发展一日千里。近代科学在欧洲已经发展得十分红火,而中国却一如既往地延续着传统文化。相形之下,中国科学技术的发展就趋于停滞,其独特的科学方法和崇高的科学精神也被人们所遗忘,中国的经济和国际地位急剧下滑。在这样的背景下,中国的科学技术也被看作技艺。美国第一任物理学会会长罗兰在1883年发表的"为纯科学呼吁"一文,令人发指,他认为:多少代中国人只满足于科学的应用,却从来没有寻根问底过他们所做事情中的原理。由于停止了纯科学的进步而只留意科学的应用,中国人已经远远落后于世界的进步。他甚至因此而将这个所有民族中最古老、人口最多的中华民族当成野蛮人。[5]

从19世纪中叶起,中国逐步显现出积贫积弱,当亚非拉许多地方成为西方强权的殖民地或是势力范围时,中国也成为一个贫穷落后、割地赔款、任人宰割的半殖民地国家。西方列强在对中国进行土地宰割和经济侵略以及商品进攻的同时又进行了文化侵略,西方文化和科学技术以其绝对优势傲视和支配其他文化,"西学东渐"令东方精神的世界意义失落。

回顾中国发展的兴衰史,在古代和中世纪,中国的科学曾经长期居于领先地位。到了文艺复兴以后,西欧新兴的市民阶级迫切需要天文、地理、航海、制造、火炮乃至世界范围的政治、经济、贸易、社会、历史诸多方面的知识,这些知识和他们本身的切身利益密切相关,因此,这个阶级上升并取得统治权后,西方就大踏步建立起近代科学体系。在此期间,中国却由于科学技术的落伍错失了历史的发展机遇,导致了经济社会发展的日益落后,而且对近代科学体系茫然无知。直到19世纪中叶,西方的科学技术大举传入中国,以经验为主的中国传统科学技术相形见绌。西方殖民者以在华教会为大本营,向中国人灌输了一系列殖民主义观念,诸如东方落后、中国落后、中国没有科学、科学只在欧洲等。面对以西方武力扩张作为背景的基督教文化在东方的传播过程,中国文化身份逐渐模糊。

17—20世纪,西方的知识活动为科学活动及其概念提供了一个标准的范型,一百多年来中国社会一直有人以此范型来度量古今中外的认知活动,源远流长的中国传统科学技术逐渐被贬为不是"科学",到20世纪基本上被打入"冷宫",进了"博物馆"。国人痛心疾首,但是在反思中华民族饱受欺辱的原因时,却也将不幸归咎于中国传统文化,而主动的西化又使得中国的文化创新能力日益减弱,思想深度日渐式微,许多国人甚至丧失了文化自信。

同时,进入中国的外国传教士则把渗透中华文明主流思想的文化典籍和中国古代的科学技术翻译成西文传到欧洲,因此引起一批著名学者和启蒙思想家对东方的文化宝藏产生了浓厚兴趣,像笛卡尔、莱布尼茨、孟德斯鸠、伏尔泰、歌德、康德等都在发掘神州瑰宝中受过中国文化的影响。中国传统的文化和科学技术给了西方人不少的启迪,又加快了西方以科学实验为主的科技发明创新速度。

确实,中国传统文化的孔孟之道总体优于起源中东盛行西方的宗教,但是中国古代的知识活动过分重视人际关系,相对轻视和忽视探索自然,对探索自然和真理的热情不足,因而未能形成近乎西方标准范型的科学体系。然而,从乾嘉时代的"训诂考据"走向道咸年间"通经致用"的近代新学,从救亡图存运动的失败到1919年五四新文化运动的兴起,中国人终于在"德先生"和"赛先生"的呐喊中唤起了科学精神的觉醒。随着近代科学与现代科学的倡导以及现代科学技术的应用和普及,中国人逐渐认识到文化和科学技术是一个国家核心竞争力的重要因素,在综合国力竞争中发挥着不可替代的作用。

然而,在追求科技现代化的漫漫征程中,又出现了不少国人忽视中华民族优秀文化的现象,他们把现代与传统割裂,以现代的分科学问做标准,去衡量和评判传统的综合学问,形成了传统文化的虚无主义;他们把东方文化与西方文化割裂开来,以西方文化为标准,去衡量和评判东方文化,否认东方文化的存在或贬低其价值。所以,中华传统的文化瑰宝和中国古代科技非但不被重视,反而常常受到误解和横遭非议。

不过,尽管至今西方还有许许多多人仍以神秘的眼光来看中国,国际社会对中国文化的隔膜与误读相当严重,但是中国文明的奥秘对当代外国学者所显示的一派迷离风采,已经吸引了越来越多的外国人走进中国或走近中国,从而对中华传统文化有越来越多的了解,甚至像英国科学史家李约瑟、日本的介子场理论奠基者汤川秀树和美国理论物理学家卡普拉这样的学者还成了中国文明的仰慕者和崇拜者。他们发现华夏文化源远流长,内容丰富;其阐宇宙之奥秘,明人生之指归,保罗宏大,蔚为大观。美国当代科学史家尤里达坦陈:"现今的科学大厦不是西方的独有成果和财富,也不仅仅是亚里士多德、欧几里得和牛顿的财产,其中也有老子、邹衍、沈括和朱熹的功劳。"[6]

社会是以经济为基础、政治为中介、文化为导向的有机体,但文化是永久的,经济是长远的,政治是暂时的。文化作为自在自发的力量规范着人的生存,既为社会发展提供理念、精神、价值、理想的重要支撑,又是社会发展的推动力与制约力。文化价值的内化与软实力的提升往往是一种润物无声、潜移默化的过程。

中国在历史上曾经领先世界科学连续长达一千多年之久,为此,李约瑟在对中华文明与西方文明进行比较后提出这样一个问题:"在上古和中古时代,中国科学技术一直保持一个让西方望尘莫及的发展水平,中国的科学发现和发明远远超过同时代的欧洲,已被证明是形成近代世界秩序的基本因素之一。而中国古代文明却没有能够在亚洲产生出与此相应的现代科学,其阻碍因素又是什么?"为什么近代科学首先出现在伽利略时代的西方,而不是在中国?要回答这个著名的"李约瑟难题",就要深入研究中国科学技术与中国文化的关系,就要对中国近代科学及其文化基础进行反思。

与西方近代科学严密的形式逻辑和系统的科学实验等先进的方法和方法论特点不同,东方智慧纳阴阳而囊括百家。中国传统科技文化的概念、方法、手段及其应用等各方面都有自己的特点,它发展辩证逻辑而忽视形式逻辑,重观察和思辨而不重视科学实验,长于非线性研究而不长于线性研究。它不是按西方科学的学科来分类的,而是对天地人进行整体考察;它着重整体、有机、综合地研究自然、社会各种事物,建立了自己独特的理论体系,从而得出与西方近代科学有很大差异的特殊理论观念与研究方法等。其实,即使在西方也不是只存在一种科学模式,古希腊科学和现代科学都与近代科学不同,将来也必然会出现新的科学模式。如果人们排斥非西方文明中培育起的各种传统科学模式,那就必然要否定大多数古文明国家的科学贡献。

理论形态和描述方式的不同,并不是判断科学的标准。中国古代科学与西方科学的理论形态和研究方法的差异,是很难得出或是或非的结论的。作为理论体系,哪种理论体系能够更好地反映自然规律,哪种理论体系更方便于人类的使用,那就是科学理论。中国传统文化和科学从宇宙万物统一性上和功能探索上较深刻地把握住了事物的整体性及其基本特征,只要能够发现事物的客观规律就是"科学"。如果数典忘祖,以近代科学的标准来武断地否定中国古代科学的存在和成就,那也必将受到国人的唾弃。

科学本身是在发展,人们对它的认识也在不断深化。要给科学下一个永世不变的定义确实勉为其难,当然更不能用不同时期不同国度的科学定义作为标准来评判其他时期是否存在科学。"无名天地之始,有名万物之母。"在 19 世纪出现科学这个名词之前,人类世界就已经历了古代科学和近代科学发展的两个阶段,早就具有未被称为"科学"的科学及其知识、学问和方法了。虽然中国传统科技文化描述性的概念定义方法有明显不足,但它从知识器物、体制机制和思想精神等不同层面反映着古人认识世界和改造世界的思维结构和行动模式,影响着后人的科学实践活动,并形成了一种日用而不知的文化影响力。

溯其源而清其流,观其变而会其通。先秦诸子、汉唐气象、宋明风韵……8000 年不绝如缕的文脉,涵养出古今一贯的泱泱中华;8000 年从未中绝的文明,铸就了源远流长的悠久文明。以中国文化为代表的东方文化是人类文明的重要组成部分,其精髓和生命力越来越受到世界的关注和认同。然而,"道可道,非常道。名可名,非常名",只有搞清楚中国古代科学思想内涵才能名副其实,而要搞清楚中国古代科学思想,就要深入了解中国古代文化和科学的根基。

在漫长的历史演变中,中国人的祖先创造了灿烂辉煌的民族文化,留下了泽被后世、饱蕴思想精髓的中华经典。这些经典之所以成为"经典",是因为它们经受了千百年的时间考验,大浪淘沙,薪火相传,其独具特色的思想价值穿越时空,成为人类社会共同拥有的财富。

其实,中国古代的各类经典的经和传等都是关于中国古代人类社会对社会科学和自然科学探索的记录,都是作为一种经过历史检验而具有恒久价值的作品。这些经传是中华文化的根源,是以中国古代诸子百家为代表的东方古典哲学的代表作,而其中最具特殊地位的典籍就是在新石器鼎盛时期先哲创立的涵盖万有、纲纪群伦的《易经》。

经典作为一种经过历史检验而具有恒久价值的作品,总是面向历史开放的;历史又在不断地发展变化,不同时代的人对经典有不同的理解和诠释。正如《四库全书总目提要》所言:"易道广大,无所不包。旁及天文、地理、乐律、兵法、韵学、算术,以逮方外之炉火,皆可援《易》以为说;而好易者又援以入《易》,故易说愈繁。"3000 多年来,《周易》一直作为三玄之冠被蒙上神秘的面纱,并以其深刻意蕴和魅力,吸引着古今中外历代众多的圣贤、智者、学者、名人、科学家和广大爱好者投身到易学研究中来,一代代学者返本开新,甚至呕心沥血地注释、阐发、评议《周易》。解读不尽、取用不竭的《周易》的价值内涵极为丰富又位极显赫,因此被称为东方神秘文化。

人们常说,读《易》见天心。一直到近代,中国人都把《周易》视为"大道之原",也就是说,易学成为中国国学内容的核心,《周易》的治学原则也是中国古代文化与科学的通则。然而,几千年来,大多数国人对《周易》中的一些基本概念、术语、研究方法并不了解,而易学界对其真正的本质与内涵也不甚了了,即令是现代一些顶级科学家对其中高深的奥义也百思不得其解。

《周易》与西方科学体系有着根本性的差别。《周易》是在1626年被译成拉丁文后开始传向西方的,此后又被译成德、英、法、俄、日、韩、荷兰、南斯拉夫、丹麦、意大利、西班牙等文字。西方人研究《周易》,并没有像中国易学那样分成象数派、义理派和图书派,而主要是从翻译、占筮、数理和哲学4个不同的方面对《周易》进行了研究。

综观古今中外,《周易》所形成的非常奇特的文化现象是有其内在原因的。《周易》不同于《圣经》,它与科学有着同样的哲学基础和对世界认识的终极追求,在世界文化史上也享有极高的地位。黑格尔说过:"《易经》代表了中国人的智慧,就人类心灵所创造的图形和形象来找出人之所以为人的道理,这是一种崇高的事业。"当代理论物理学家卡普拉认为:"可以把《易经》看成是中国思想和文化的核心。"1949年,《易经》在欧洲被翻译成英文出版,其序言就坦言:"谈到世界人类唯一的智慧宝典,首推中国的《易经》。在科学方面我们所得的定律常常是短命的,或被后来的事实所推翻,唯独中国的《易经》,亘古常新,相延六千年之久,依然具有价值,且与最新的原子物理学具有颇多相同的地方。"

李约瑟通过对中西科技发展史的研究,经过数十年博学、审问、慎思、明辨,也终于走到了《周易》的面前,得出《周易》是"科学"的论断。他认识到:"以太极图为标志的中国道家思想极端独特地糅合了哲学以及原始的科学与魔术。""仅仅凭借昌明盛大的近代科学是不能对世界进行完整认识的,需要别的体验,那就是这些宗教的唯理性、理念的观念。至于两者的结合、交融,必定是一门高深的学问。"

《周易》这部最古老的典籍有如此超凡的魅力、隽永的张力,其实是用自然现象来类比社会现象,用自然现象的已然性来论证社会现象的应然性,是中国古代学者运用辩证法思想方法来体现说明宇宙和人类社会万事万物的生成和变化的基本原理。《周易》中的思想方法奠定了中华文化传统的基调,几千年来对中华文化和政治、经济等诸多领域都产生了极大的深刻的影响,不仅对中国古代的哲学思想、伦理道德、文学艺术乃至自然科学许多领域都产生过巨大而深远的影响,而且在哲学与科学思维方法逻辑运作中至今也还有着恒久的地位与价值。

回顾中华文明灿烂丰富的宝藏,归纳和总结中华民族数千年的经验和智慧,可以发现《周易》所具有的沛然莫之能御的旺盛生命力,与科技自古以来就有相当的联系。《周易》一直隐而不彰、晦而不明,若隐若现地发射出统一科学的幽光,吸引着人们的目光进一步聚焦在《周易》之上。德国哲人雅斯贝尔斯说过,中国的每一步前进,无不回到自己的"文明轴心时代"汲取智慧和力量。

如果《周易》能为化解人类和科学的难题提供不同于其他文化的独具特色的思想资源,那么我们就有可能在传承和创新中重释中华经典精神。如果还能够借鉴包括西方文化在内的其他文明,"寻找现代文明的普遍标志和中华文化的契合点",那么我们就有可能揭示《周易》与统一科学的本质上的深刻关系或者从中获得重大启迪。

中华文明的基本特征是广大悠久、一统多元。中国优秀传统文化蕴藏着解决科学统一的深邃思想,《周易》确实存在着值得重新挖掘的无价之宝,隐含着无与伦比的力量。只要人们以对待中华文化的理性而现实的态度,鉴古知今,究往穷来,役古人而不为古人所用,通经致用,明体达用,就能够促使沉淀于历史长河的中国古代科学获得新生,就能从先贤的思想足迹中悟出些道理。但是,这绝不是张扬狭隘的民族主义,而是致力于将博大精深的中华文化作为世界文化的一部分,作为全人类共同的精神财富,进而实现统一科学的根本突破。

第二节 《周易》思想概述

涵盖万有的《周易》是一部具哲学整体观的指导性著作,扮演了中国科学思想发展的襁褓和摇篮的角色。《周易》体系结构严谨,理论内容丰富,其科学思维方法是中国古代科学思想的渊源与方法论的滥觞。易学作为中国古代文化和科学的根本基础,从事科学研究的人们都应当对其内容和思想有概要的认识。

一、《周易》内容梗概

《周易》,源于自然,源起于新石器时代(至今近8000年)伏羲发明的八卦图。伏羲,又名宓羲、包牺、庖牺等,是中华民族先民们由原始的野蛮向文明时期过渡的最杰出的代表,被推崇为中华人文的始祖。在中国神话中,伏羲画八卦、结网罟、取火种、兴嫁娶、制历法、创乐器、造书契……但是,伏羲所画的八卦图及其成因从古至今始终是一个谜团,八卦是否由龟卜演化而来或者其图形象征龟卜之兆,这些传说均无从考证。虽然没有人能够拿出有科学依据的事实来解析八卦图完整的起源,但是对八卦图的解释和理解在不同时期存在着不同流派思想的说明文字。伏羲氏所创造的"无字天书"八卦是由爻符"⚊"和"⚋"组合而成的三重爻,八卦的爻符分别是☰、☱、☲、☳、☴、☵、☶、☷。依此排序的八卦称为先天八卦,伏羲所画的八卦图也叫先天八卦图。古人对八卦的爻象分别冠名为☰乾、☱兑、☲离、☳震、☴巽、☵坎、☶艮、☷坤,如图2-1所示。

《周易》是以八卦图为基础产生的中国最古老的典籍,其后出现的典籍都是在此基础上的发展、发挥和注释。"周易"一词最早出现于公元前672年(即庄公22年)的《左传》。《周易》包括《易经》和《易传》两个部分,但它并不是出于一时一人之手。《周易》究竟是在什么时候成书,作者是谁,迄今也都还没有定论。[7]不过,据《周礼·春官·太卜》

记载:"太卜……掌三易之法,一曰《连山》,二曰《归藏》,三曰《周易》。其经卦皆八,其别卦皆六十有四。"

《连山易》有八万言,相传在5000年前由伏羲的后裔神农氏(即炎帝)所创。神农氏将八卦两两相重,第一次演绎出先天六十四卦,因为神农氏又号连山氏,所以用象征山的艮卦为六十四卦的首卦,取义为"山之出云,连绵不绝"。

《归藏易》有四千三百言,相传在4600年前为轩辕氏所创立。轩辕氏也就是黄帝,他所演绎的易法也一样是六十四卦,不过它以坤卦为首卦。坤卦,象征地,而地又是万物的归宿和载体,加上黄帝又号归藏氏,所以取名《归藏易》。

《周易》是在3000多年前周文王被商代的纣王囚禁在羑里(现安阳境内存有羑里城遗址)时演绎出来的另一套六十四卦易法。它以乾卦为首,以未济卦为末卦,表明事物是处在不停地变化发展之中的,一事的终末又是另一事的开始,周而复始,周流不息,加上文王建周,所以叫《周易》。周文王认为先有天地,天地相交而生成万物,因此他提出了关于乾坤的学说,并把八卦序数改为坎1、坤2、震3、巽4、中5、乾6、兑7、艮8、离9;称天即乾,地即坤,八卦其余六卦皆为其子女:震为长男,坎为中男,艮为少男;巽为长女,离为中女,兑为少女。周文王所创的八卦也称为文王八卦,又称后天八卦。周文王所画的八卦图就叫后天八卦图,如图2-2所示。

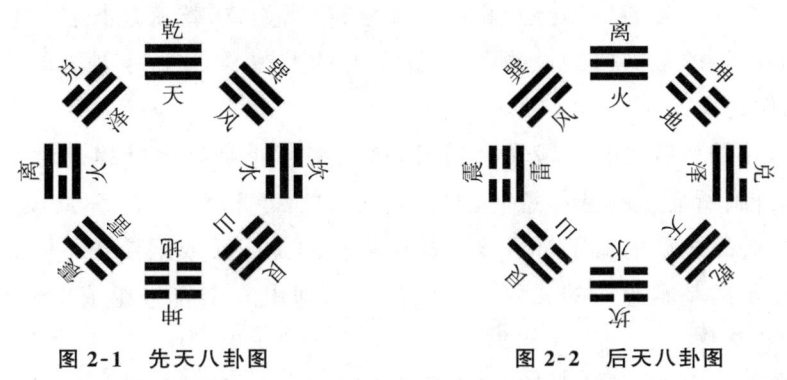

图2-1 先天八卦图　　　　图2-2 后天八卦图

多数人认为,三"易"是夏、商、周各代根据河图洛书的体用关系及各自对先天易经的感悟演绎出来的作品。可惜的是,《连山易》和《归藏易》早已失而不传,它们只是作为一个符号出现在易学史上。不过,这种特殊的符号结构具有无限的包容性和巨大的开放性,为后人的思想表达构建了理性的框架。至今保存完好的通行的《易经》就是《周易古经》(简称《易经》,也是狭义的《周易》),这是周代的一本把记号叙述变成文字叙述的书籍。《易经》分为上下两篇,上篇30卦,下篇34卦,共64卦;每一卦6爻,共384爻。

从"伏羲画八卦,文王作卦辞,周公作爻辞"来看,《易经》应是居历三古(上古、中古、下古)不同时代先哲的集体创作,而且《易经》是对伏羲所画八卦的爻卦基本符号、图像及其排序的发挥和发展,卦辞和爻辞是从多方面对八卦与六十四卦的符号及其排序解读后对其代表的事物形态的意义所做的"说明和注释"。正如《系辞》所言:"八卦成列,象在其中矣。因而重之，爻在其中矣。刚柔相推，变在其中矣。系辞焉而命之，动在其中矣。"

八卦的"卦"，是一个会意字，从圭从卜。"圭"是指土圭，系以泥做成土柱来测日影。"卜"取测度之意。立八圭来测度日影，从四正四隅上将观测到的日影加以总结和记录，即可形成八卦的图像。古人除了对八卦的图像进行冠名外，还以8种自然物与之对应，乾为天、坤为地、震为雷、巽为风、艮为山、兑为泽、坎为水、离为火。

以八卦为基础或由八卦符号两两相重，还可以构成《易经》六十四卦的卦画。为了区分八卦之卦象和六十四卦之卦象，古人称八卦为"经卦"，称六十四卦为"别卦"。因此，任意两个经卦相重叠就可以得一别卦。六十四卦是由八经卦以特定的序列相重组而成的，但上八卦与下八卦须同时规定好顺序，才能组成六十四卦。从卦画看，一别卦由两经卦组成：居下部分称内卦（又称下体），另一部分称外卦（又称上体），相重而成六十四卦，所以往往用八卦卦象称呼六十四别卦。

《易经》的文字符号其实是对卦画这种更为抽象的符号的一种具体说明，它从属于卦画符号，其层次也与卦画符号的层次相适应，所以每一卦除了卦画（符号）外，还有卦名和卦爻辞。按照先后次序，《易经》六十四卦的每一卦由4部分组成：

（1）卦画（卦的符号），由6个爻符组成，如坤。

（2）卦名，与每一卦的整体卦画相应的文字符号，如乾，乾就是卦名。卦名是对卦画所蕴含的中心问题的最简要的说明，它是这个卦的主题，如乾这个卦画的6个符号皆为阳，故乾有刚健之义。

（3）卦辞，在卦名后面有一段文字符号，这段文字叫卦辞。卦辞是对一卦六爻总的说明，是整体卦画所显示的基本意向，如乾后面有"元亨利贞"4个字，此就为乾卦卦辞。

（4）爻辞，卦辞之后的文字符号。爻辞所表达的是阴爻或阳爻在不同卦的不同爻位这种卦象所显示的基本意向的文辞，一卦有六爻，即由6个符号组成，每爻都有一个意思，故共有6条爻辞。

《易经》的经文由64卦的卦符、卦名和卦辞以及384条爻辞组成。《易经》的卦爻辞分为两部分：一部分是通过取象来说明事理，另一部分则是断语。取象就是提取事物存在形态的特征现象，并通过描述事物的现象来说明其中的道理。断语就是下结论，大多用龟卜和其他预测术中的术语，如元、亨、利、贞、吉、吝、厉、悔、咎、凶等辞，为64卦384爻注上卦辞和爻辞。《周易》卦爻辞之所以要由两部分组成，原因就是为了占问。在占问时，遇到某一卦或某一卦中的某一爻，先看卦爻辞取象部分，表示占问者处境，然后再看判断结果。

《易经》成书于公元前11世纪的殷周之际，反映的是夏商之际宗教上的巫术文化传统，也反映古代政治、经济、文化结构与风俗习惯及生活方式。这是科学与迷信相混杂的一种认知体系。此前，炎帝神农氏和黄帝轩辕氏通过制作耒耜、教民耕种、发明医药、治麻为布、制作衣裳、作陶为器、冶制斤斧等，使中华古国具有了早期的文明。

在社会生产力极其低下和科学技术非常不发达的当时，人们对自然和社会现象的客观情况和规律性缺乏认识，不可能做出科学的解释。人们认为在事物无穷形态的背后有一个至高无上的帝王和（或）神明的存在，它支配着世界上的一切。当人们屡遭意外的天灾人祸打击后，就萌发出借助于神意预知这突如其来的横祸和自己的行为所带来的后果，以达到趋利避害。基于这种对神的崇拜和宗教迷信，他们在长期的实践中发明了种种沟通人神的预测方法——占卜。通过龟卜、蓍筮这类传达神灵启示的手段，人们就能根据神意来判断吉凶。因此，夏朝的《连山》、商朝的《归藏》和周朝的《易经》都是根据积累的卜筮记录编纂而成的占筮书，通过一定的筮法起卦和占断，即利用64卦和384爻（各有卦辞、爻辞加以说明）的变化来预测吉凶。

在上古和远古时期，人类的认识能力、思维能力、创造能力等都还处在比较原始的幼稚阶段，像星占、兽占、梦占等巫术文化形态是当时人类唯一可能创造出来的文化形态，因此作为《易经》文字系统的卦爻辞其实是《易经》的作者借助于先民丰富的经验与哲理思维以及有限的直接观察与幼稚而活泼的联想，将一些不具有真实性、不带有普遍性的东西加以整理，并以隐语形式普遍应用于天、地、人的占卜之中。这种用来预测事物和人事吉凶的方法及其简单的判断和推理是当时历史背景下的必然产物。

南宋理学家朱熹在《朱子语类》中曾经提出："《易》本为卜筮而作。古人淳质，初无文义，故画卦爻以'开物成物'……此《易》之大意如此。"卜筮是古人多次演算、试验的结果。筮书是作为专供卜筮人操作筮法之所据，而筮法是以蓍草进行演算而得卦，再通过分析所得卦的卦象和卦爻之辞来推断问事的凶吉。卜筮的原始动机就是要寻求天命、人命问题的解答，《易经》继承了原始的巫术文化传统，反映了殷商之际宗教思想的变革，将当时以德配天的天命神学观念与卜筮相结合，构成一个以天人整体观为理论基础的巫术操作体系。《易经》经历了长期的孕育发展过程，扬弃了原始筮占那种单纯根据蓍草排列以定吉凶的低层次思维模式，在蓍与卦的外壳下蕴含了一定哲理，因此《易经》的起步点就为后人称为哲学的理论体系建立了基础。

《易经》六十四卦的卦画和八卦图一样，在逻辑上都是简单的，然而逻辑上简单的东西不一定容易理解。《易经》所蕴含的深邃的道理得知者甚少，说破者更为鲜见。在先秦时期，春秋战国的圣人孔子和弟子们熟读《易经》，剥去了《易经》占筮体系的外壳，发现《易经》对卦爻注释的古奥文句中，保存着许多宝贵的上古知识，包含着相当丰富的上古思想文化资料，尤其是以特定的秩序排列而成的八卦和六十四卦的卦画符号，就像无字天书一样隐含着天道、地道和人道。他们为此得出结论：洁净精微，易之教也。因此，他们析理以辞创作了《周易大传》，对其代表的事物形态的义理做出了"说明和注释"。

《周易大传》简称《易传》，古称《十翼》。《十翼》包括《彖·上》《彖·下》《象·上》《象·下》《系辞·上》《系辞·下》《文言》《说卦》《序卦》和《杂卦》10篇辅助阐明《易经》的文章，其中，《系辞》的本义就是将文辞系于卦爻之下，通过对卦爻赋予意义的同时，形成了《周易古经》的整体概论。由于《系辞》提出了许多纲领性的光辉思想（诸如"一阴一阳之谓道"等），因此被认为是《易传》思想的代表作及其全书的原理通论。

东汉的班固在《汉书·艺文志》有"人更三圣，世历三古"的说法。学界对于这句话的解释是，伏羲画八卦、周文王作辞演绎八卦、孔子作传而发扬易学精义。古人关于"易更三圣"是突出了孔子创作《易传》的历史作用，认为《易传》对《易经》符号逻辑系统进行了全面的诠释与发挥，从此《易经》才演变成了中国古典的思辨哲学。

传，有解说之义。在古代，凡解说、阐发经典著作意义的书和文字，皆可称为"传"。《易传》成书时代上自春秋，下至战国，有人甚至认为可追溯到汉朝，其作者显然不是少数几个人。《易传》中的10篇文章是现存最早、最全面注释《易经》的著作，由于孔子及其弟子在这些辅助阐明《易经》要义的导读作品中融入了他们的一些思想，充满了忧患意识和治国治家治身的金玉良言，因此对《易经》产生了很大的影响，它是人们学习和研究《易经》的必读之书。但是，在经历《易传》长期的宣导以后，《易经》与《易传》却形成了本末倒置的发展形态！人们几乎普遍认为《周易古经》乃至伏羲所画八卦是谈不上什么"思想"的，虽然它包含有许多象数符号逻辑系统和当时人们的许多重要的观念，但是如不纳入概念系统之中，用以说明事物的生灭变化，这些干瘪抽象的数字、图像与符号是没有任何意义的。

《易经》的思想表述通过解释卦辞、爻辞的文字表现在《易传》，《易传》对《易经》的象、数、理都做了全面的解释和发挥，用文字来命名构成八卦的两个爻符，明确地运用了阴阳概念。《易传》思维模式以卦爻系统为形式，以文字系统为内容，这两种不同层次的信息借助人们创设的符号进而"外化"于物质载体的表现形式。64卦以"六爻"与"六位"关系为基础，以时、位、中、比、应、承、乘为原则，给人们提供一个从时间、地点、条件"全方位"分析问题、认识事物的方法，因而成为《易传》的最主要模式。

《易传》的主要贡献在于：

（1）《易传》用文字来命名构成八卦的两个符号，提出"一阴一阳之谓道"，明确地运用了阴阳概念，并规定了对立事物的阴阳归属。提出"太极"概念，阐发了"形而上者谓之道，形而下者谓之奇"的命题，将《易经》中的内容用文字清楚地表达出来。

（2）从抽象意义上对《易经》中卦画推演所形成的思想理念做了提炼和注释，即将《易经》64卦和384爻上升到理论高度进行概括说明和解释，提出了"刚柔相推而生变化"的变易根源论，表明了渐微和彰显两种变易形式。

（3）《易传》从整体上对《易经》64卦加以排列和说解，揭示了卦与卦之间、卦象与卦辞之间、爻象与爻辞之间、卦与爻之间的内在联系，使《易经》64卦由原来的散乱不堪，成了一个有机的、具有一定逻辑性的相互联系的统一体，体现了天地阴阳变化的规律。

（4）《易传》在注释经文中敏锐地发掘话题，从社会、人生道德角度来注释《易经》，阐发了经文的思想内涵及其见解，也论证了卦画推演与人类世界的相通性，发挥了儒家伦理传统，使《易经》成为一部道德修养的书。

（5）《易传》为易学注入了理性精神，使《易经》的许多深邃理念明朗化；对《易经》的体例（如卦象、爻象、爻位等）也做了详细说明，而且还保留了中国古代原始的古筮方法——大衍法。

从《易经》到《易传》的发展，被人们认为是神学到哲学的发展。在人类前科学阶段和理性的哲学思潮出现以前，社会的精神生活完全笼罩在宗教神学统治之下。在这一历史时期出现的《易经》，顺理成章地成为供占卜用的神学书。《易传》在《易经》的基础上进行了哲理的提升，而且在中国哲学史上第一次把本来是道家的两个概念——"道"与"器"概括为一对范畴。《易传》明确把"道"与"器"两者对偶并举，而且做了新的内涵规定，即"形而上者谓之道，形而下者谓之器"。有了这种"形而上"的追求，就是从卜筮到哲学的一种飞跃。同时，"道"和"器"这一对范畴也奠定了往"形而上"和"形而下"背道而驰的发展方向。

由于《易传》不是对《易经》的单纯注解，而是从探索对立范畴来说明宇宙万物的根本属性，在《易经》的基础上进行了哲理的升华，把蕴藏在占筮方法之中的哲理提升上来，并发挥得淋漓尽致，使《易传》成为一本关于宇宙和人的充满伟大哲理的书，标志着哲学从神学中脱胎而出的人类新觉醒。因此，《易传》和《易经》一起传了下来，人们也就把《周易古经》和《周易大传》统称为《周易》（不过，港台地区和国外一般把《易经》和《易传》都称为《易经》）。

其实，《周易》形成严谨的体系大致是在周朝后期。当时，先秦诸子百家并起，几乎无人不论阴阳，各家都带着浓郁思辨性质的自然观，对世界的本原问题和对事物运动规律的思辨进行了主观臆测的解说。他们对事物或浅或深的认识都是从整体角度考虑的，他们注重的都是辩证统一。从汉代开始，每一个时代也都有那么一些人，根据自己对自然界和社会的一些片面的认识，但又是天才的猜测与思辨，为《周易》（主要是《易经》）作传、作注。这些传与注也都反映了作者的哲学及其所处时代的精神，而其中优秀的就成为重要的哲学文献，如《京房易传》《周易注》《程氏易传》等。由于各个时代都有人用自己时代的经验材料去注疏《周易》，那些文字成果也就和《周易》一起流传下来，并形成了"两派"（象数学派和义理学派）和"六宗"（占卜宗、禨祥宗、造化宗、老庄宗、儒理宗、史事宗）的源流变迁；因此，两千多年以后的今天，已然形成了一个庞大的、根深叶茂的易学体系。

二、《周易》思想提要

《周易》作为中国三千多年前问世的经典，博大精深，经久而不衰，至简而又至易，囊括宇宙，法象天地，遍观万物。它雄踞六经（《诗》《书》《礼》《乐》《易》《春秋》）之首，三玄（易、老、庄）之冠，世界三大经典（《易经》《圣经》《吠陀经》）之巅，被认为是中华文化的总源头和十三部经典之首要，甚至人们一直疑之为上古人类文明的遗产。其实，《周易》在中华文化中能够处在如此的地位，关键还在于《周易》的世界观和方法论是科学的，因而它不仅给人以知识,而且给人以智慧,还能为人们提供研究自然、明白道理和发现规律的思想武器。

纲纪群伦的《周易》曾引起了李约瑟的重视,他在《中国古代科学》中论述了《周易》和自然科学(尤其是中国自然科学)的关系:"古人是如此眷爱发明创造者,以致有许多人的名字都收录了中国伟大的自然哲学秘籍《易经》之中。它是一部上古奇书。此书原本收集的尽是农家判断自然界征兆的资料,其间汇总了大量古代占卜方面的资料,最后成书时已成为一部详尽而系统地阐述各种符号及其解释的著作了。众所周知,卦分八八六十四卦,各以长短线条的不同排列组合为标志。因为每种卦象都有其特定的抽象含义,故而全套卦象就扮演了中国科学发展的思想宝库的角色,而那些符号估计代表的正是外部世界展示威力的各种力量。""恐怕我们很难探寻出《易经》的确实成书年代,但这部经典名著很可能始于公元前8世纪,成稿于公元前3世纪,其主要增补内容'十翼'必然可以追溯到秦汉时期。'十翼'之中专有一篇阐述人类伟大发明创造与某几种卦象的关联。据书中所载,文化领域的各位杰出人物正是得益于卦象,头脑才豁然开朗的。换言之,秦汉时代的学者认为很有必要依据这部思想宝典记载的卦象推导各发明创造产生的原因。结网、织布、造船、筑屋、造箭、制磨、演算——所有这些都是从各种卦象中推算出来的。"

李约瑟引用了《易·系辞下》的一段话:"古者包牺氏之王天下也。仰则观象于天,俯则观法于地,观鸟兽之文,与地之宜,近取诸身,远取诸物,于是始作八卦,以通神明之德,以类万物之情。做结绳而为网罟,以佃以渔,盖取诸《离》。包牺氏没,神农氏作,木为耜,揉木为耒,耒耨之利,以教天下,盖取诸《益》。日中为市,致天下之民,聚天下之货,交易而退,各得其所,盖取诸《噬嗑》。神农氏没,黄帝、尧、舜氏作,通其变,使民不倦,神而化之,使民宜之。《易》,穷则变,变则通,通则久。是以自天之,吉无不利。黄帝、尧、舜垂衣裳而天下治,盖取诸《乾》《坤》。刳木为舟,剡木为楫,舟楫之利,以济不通,致远以利天下,盖取诸《涣》。服牛乘马,引重致远,以利天下,盖取诸《随》。重门击柝,以待暴客,盖取诸《豫》。断木为杵,掘地为臼,杵臼之利,万民以济,盖取诸《小过》。弦木为弧,剡木为矢,弧矢之利,以威天下,盖取诸《睽》。上古穴居而野处,后世圣人易之以宫室,上栋下宇,以待风雨,盖取诸《大壮》。古之葬者,厚衣之薪,葬之中野,不封不树,丧期无数,后世圣人易之棺椁,盖取诸《大过》。上古结绳而治,后世圣人易之以书契,百官以治,万民以察,盖取诸。"他在解释这段话时说:"我想,这篇作品主要表达的是对各技术的先驱者的崇敬之意。作者把他们的事迹收入《易经》这样一部无与伦比的世界理论体系著作,为世人所敬仰。"他又说:"中国古代文化中进行过大量细致入微的实验,若非风水术士极为认真地观察磁针指示的位置,人们永远不会发现磁偏角现象。"

《周易》这本最古老的典籍确实是一部论述思辨哲学的著作。《易·系辞上》中有"《易》与天地准,故能弥纶天地之道。仰以观于天文,俯以察于地理,是故知幽明之故;原始反终,故知死生之说,精气为物,游魂为变,是故知鬼神之情状",表述的就是《周易》

的作者通过观察来了解事物的各种形态与特性,进而再通过思辨的方法找到了"天地之道"作为准则。在从感性认识到理性认识的飞跃中,他们往往是不假经验之助而纯粹由思维作用构成了对事物的认识,并依次把宇宙万物复杂的点点滴滴的事物联系起来。

《周易》这部书涉猎的范围,诚如《易·系辞上》中所言:"夫《易》广矣大矣,以言乎远则不御;以言迩则静而正,以言乎天地之间则备矣。"就是说,《周易》这部书所包含的道理十分广大,以远说,没有止境;以近说,止于一身即可观察实践而得到验证;从天地间的事物说,则无所不备。朱熹在《周易本义》一书的序言中也对《周易》做了评价:"至哉易乎,其道至大而无不包,其用至神而无不存。"可见,《周易》在内涵所涉及的广度上,具有笼统然而却涵盖一切的整体性,包涵了宇宙中所有的规律,所以可应用到所有各种各样的情况。

《周易》这部"易道广大,无所不包"的书最早是供占筮用的,所以包含有蓍、数、卦、爻、理5个部分。《说卦传》有言:"昔者圣人之作'易'也,幽赞于神明而生蓍,参天两地而倚数,观变于阴阳而立卦,发挥于刚柔而生爻,和顺于道德,而理于义,穷理尽性,以至于命。"说的就是,往昔伏羲、文王等作"易"书,鉴于宇宙万物变化莫测的神妙,便利用《周易》中的大衍法创立了占筮的揲蓍法。

揲蓍法占筮由起卦方法、起卦规则和占断依据组成。起卦方法是根据大衍法创造出来的,大衍法是用48根蓍草演示"先天八卦次序"(太极生两仪,两仪生四象,四象生八卦)内涵的一种二分法,是法自然的行为;而利用大衍法制定出占筮的起卦规则(即九变八,六变七)是根据"后天八卦次序"创造出来的,虽然其起卦方法是一个逻辑推理过程,但是在起卦过程中,18次把蓍草任意分成两组,却是一个无意识的任意行为,所以推出的卦是占筮者任意行为的结果。[8]

占卜的依据首先是数。《易·系辞上》说:"天一,地二,天三,地四,天五,地六,天七,地八,天九,地十。天数五,地数五,五位相得而各有合。天数二十有五,地数三十。凡天地之数五十有五。此所以成变化而行鬼神也。"《周易》以奇数为天数,以偶数为地数,以这两个数错综复杂的关系来表现宇宙的变化万千。天数五(一三五七九),地数五(二四六八十),天地之数累计相加两相掺杂,由此而确立了"大衍之数"五十有五,有了"大衍之数",就可以行筮法。

每次使用揲蓍法的起卦方法可以推出一个数,这个数或六或七,或八或九。即经过揲蓍,每三变而后得七、八、九、六,其中,数六代表阴四卦中的坤卦;数八代表阴四卦中其他三卦巽、离、兑中的任何一卦;数九代表阳四卦中的乾卦;数七代表阳四卦中其他三卦震、坎、艮中的任何一卦。七、八、九、六分阴阳老少,用爻、卦代表阴阳老少,七、九为少阳和老阳,得七、九都画刚爻,即阳爻;得八、六则画柔爻,即阴爻。每次使用起卦方法就可以推出一个爻,"大衍之数"18次变化而生六爻,累计六爻就可推出一个称为本卦的别卦。

通过揲蓍法的推爻组卦,总共可以形成六十四卦。再把"先天六十四卦次序"中的六十四卦重新排列,然后以龟卜和其他预测术中的利、吉、悔、凶等术语为基础,为64卦和384爻注上卦辞和爻辞,就作为揲蓍法占筮的占断依据。虽然由占筮者任意行为推出的卦的卦爻辞与被预测的人事的吉凶成败是没有必然联系的,但是这六十四卦的变化序列却反映了天地和万物变化之理,它穷尽了万事万物的至理和生灵之本性,整体上反映了客观法则的天命流行。而这卦爻变动和天命流行之理,就成了占卜者依卦占卜指导问命者前途凶吉的依据。由此,《周易》这部书就包括了反映宇宙万物的象、数、理。

象、数、理三大要素是《周易》思维的基本模式,其思维模式可以表述为:象—数—理—象。中国古代的科学方法具有一个指导数学、天文学、农业、医学等各门学科发展的共同模式,或可称一般模式,那就是:实际问题—概念方法—一般原理—实际问题。可见,两者完全是一脉相通的。当代科学家的科学研究方法论模式在一定程度上与中国古代的科学的方法论模式也是相通的,中国古代科学从实际问题出发并以解决实际问题见长的方法论模式与当代科学哲学家以解决问题为理论核心的方法论模式可谓不谋而合。这与爱因斯坦归纳的科学认识过程:事实→概念→理论→事实也是一致的。

《周易》体现了6个显著的特点:

(1)勤于观察。《周易》最重观察,"仰观天文,俯察地理"是"观察"一词的最早出典。

(2)善于推类。《周易》极重推类,不仅主张"以类族辨物",而且要求"引而伸之,触类而长之"。

(3)精于用数。《周易》的"参天两地而倚数",就是要求对观察到的天地间一切现象做数学的处理。

(4)明于求道。《周易》提出"冒天下之道",就是试图探求自然和人类社会的普遍规律。

(5)重于应用。《周易》又强调应用,认为圣人最大的功绩就在于"备物之用,立成器以为天下利"。

(6)长于辩证。《周易》中所蕴含的丰富的辩证思想,就更为人们所熟知了。

其实,这些特点也就是中国古代科学方法的特点。在《周易》这部书中,它充分吸收了当时自然科学上的天文历算等成就以及在社会生活中经常接触的复杂现象,并对这些现象做出解释和说明。

归纳《周易》对人类文明的贡献,主要有以下几点。

1. 一个基本道理

阴阳之道。以"一阴一阳之谓道"阐述了任何事物都存在着既对立又统一的阴阳两个面,正反两种力量的生灭转化是一切事物成长和变化的规律。阴阳对立消长是《周易》的全部宗旨。

2. 两个认知方法

(1)分析方法。以"易有太极,是生两仪,两仪生四象,四象生八卦"这种"一分为二"

的太极思维,来建立二分法的科学分类法,对事物分门别类并揭示出人们思维发展中的"所以然之故"。

(2) 归纳方法。以观物取象来模拟事物的形态,以类比来建立抽象的"思想型式",以"冒天下之道"来概括天地间的规律,其概括、分类、精简、抽象化就是归纳法的精神。

3. 三个主要原则

汉《易纬·乾凿度》提出:"易一名而含三义:所谓易也,变易也,不易也。"郑玄依此义作《易赞》及《易论》云:"易一名而含三义:易简一也,变易二也,不易三也。"可以说,《易·系辞》也都是在反复讨论这三个要点。

(1) 简易。宇宙间任何复杂的事物及其变化都可以简化为原理法则,以简驭繁。《易·系辞上》云:"易则易知,简则易从。易知则有亲,易从则有功。"天地自然法则本来就是简朴而平易,浑朴而简洁的,它使人们易知又易从。《周易》通过观察事物,模拟其形态,以象、数就能穷尽宇宙间的物质运动现象与人事变化,归而纳之为极简单的平凡之理,即所谓"大道至简"。

(2) 变易。宇宙中的任何一种事物均处于永恒的运动之中,永无休止。"生生之谓易","变则通,变则达"。天地间万事万物都是千变万化的,其内部阴阳双方也在矛盾斗争中交互变化,而且由量变渐变到超出一阈值时必然会出现质变或突变,"物极一变"。

(3) 不易。任何一种事物总是常常处在相对稳定状态中,这是事物内部阴阳两个对立面处于相对稳定之中。正是对立统一的事物存在着相对"不易"的形态,才有事物在绝对变化发展过程的可识性;正是有万世不变的易理,才有"天不变,道亦不变"。

4. 四大思维法则

(1) 象。眼睛看得见的事物形态就是象。《周易》中用卦象、爻象来表现天地间事物的形态及其生成发育的万有现象,以象示理,又借象藏理,以理论科学方式来解释事物的现象。

(2) 数。卦之变化的数理就是数。每一个现象都有抽象的"思想型式"——数在其中,推演现象中的数理的变化过程就可得而知人事与万物的前因和后果。

(3) 理。理解卦之道理就是理。《周易》中的哲理是以象的内在意蕴来寻求事物形态变化规律的,并解释宇宙间的万事万理,探讨宇宙人生的能变、所变与不变之原因。

(4) 占。用占卜来判断气之旺或衰就是占。依据《周易》的法则来察往彰来,索隐探赜。也就是说,可以运用易学进行占卜,预测预知人生和一切事物。

《周易》这部书以阴阳之道为主线,以象、数、理为内容,其重点则表现在简易、变易和不易上。"子曰:'易',其至矣乎!"孔子感慨:《周易》这部书,真是至高无上的书啊!其实,此乃这本书的象、数、理、占四大法则包含了人们认知世界万物的深奥的混沌的"道理",贯穿着阴阳变化之道,陈述了简易、变易和不易之理。

不过,由于历史条件和作者本身条件所限,《易传》的作者没有也不可能对《周易》的本质有足够的认识，因此，在《易传》中既有关于《周易》本体的论述，又有关于《易经》卦爻辞的解释与发挥，而且两者往往相互交错、相互混杂，没有表现出一个整体的、系统的思想体系来。然而，不可否认的是，在《易传》中的一些关于易图体系本体的叙述往往含有精义和朴素的辩证法思想。

《易经》是中国古代先哲倾其精神魂魄而完成的智慧结晶，包括了精辟的象、数、理的理论和对自然本源的认识。经过《易传》的解释和发挥，《易经》的哲理化程度达到新的高度，《周易》遂成为一部博大精深的哲学典籍。因此，《周易》得到了汉代统治者的青睐，由原来卜筮之书而成为官方安邦治国、修身养性的哲学之书，被称为五经之首，大道之源。《周易》思想渗透到当时社会生活的各个领域，成了统治者治国的理论根据。自此以后，《周易》包含了二重性，一方面在历代统治者加封之下，其理论指导作用日益显露和光大，另一方面以预测及对卜筮的崇拜与信仰为主流的民间术士也不断地更新和完善筮法体系。一直到今天，《周易》的二重性还是十分明显。

《易·系辞上》是孔子的学《易》心得。"子曰：夫易何为者也？夫易开物成务，冒天下之道，如斯而已者也。"清楚地说明了《周易》的作用就是用来揭示事物内在的道理以判定事体，概括天地间的规律，如此而已。《周易》揭示的"天下之道"就是阴阳对立而又统一的规律。《周易》以"法自然"为原则，也就是依大自然为准绳来"冒天下之道"。由于其中的大小道理和基本观念都是从自然界和社会的事物中归纳出来的，自然规律、社会人事规律、人情民心和君子理性等被巧妙地结合起来，自然规律与社会规律被完整地统一起来，因此《周易》的道理就是普遍意义上的关于事物构成和生成的一般规律。

虽然《周易》的基本定理和基本精神是贯通自然与社会的，然而既往的绝大多数人基本上都从哲学和社会科学角度来研究《周易》，着重在哲理思想的探讨，而轻视和贬低其与自然界关系的研究；在应用上也都偏于人事，甚至过分地往占筮方向倾斜。尽管《周易》的思想与中国古代科学技术的存在和发展也有着千丝万缕的联系，但是《周易》与自然科学的关系反而得不到体现。

由此可见，《周易》不仅是一部包含着丰富哲学思想的著作，而且隐匿着许多有价值的方法论思想，其精深义理和奇妙象数潜藏着科学的精髓，因而可以说它是一部科学著作。作为中国传统文化的经典著作，其理论体系结构严谨，内容丰富且博大精深；作为中国古代科学与文化的源头，在中国传统文化中占有极其重要的地位。中华文明的哲学基础体现为宇宙观，包括关联宇宙、一气充塞、阴阳互补、变化生生、自然天理、天人合一都能从《周易》寻到源头[9]。《周易》为中国古代文化中的传统思维模式与思想原则奠定了基础，既包含"观乎天文以察时变"为工具理性所掌握的自然知识，又含有"观乎人文以化成天下"为价值理性所追求的人文理想。《周易》既是中国国学内容的核心，其治学原则也是中国古代文化与科学的通则，因而自然恒久地影响着中华民族最深层的精神追求和行为准则。

第三节 《周易》的世界观

《周易》是东方文化的奇葩，其世界观是蕴含于文化深层的精妙所在。《周易》的世界观是整体观与自然观，其理念对诸子百家认识世界给予了视角和方法上的引导。《周易》的不易原则、简易原则和变易原则蕴含着深广丰赡的哲学思想，成为中国人探讨宇宙和生命奥秘的指导原则。《周易》的世界观能为科学真理的发现提供永恒的启迪。

一、《周易》整体与自然的世界观

几千年来，《周易》一直是中国古代文化宝库中一部最具魅力的经典著作，一直扮演着中国哲学与科学发展的思想宝库的角色；它以特定的方式构建了自己风格鲜明的思想体系，历代经学家莫不把其列为"群经之首，大道之源"。许多人通过解读博大精深的《周易》，就可以发现它伟大、深刻的思想奥妙是一个巨大的富矿。孔子说，学易可以无大过。唐朝诗人虞世南说，不学易，不可为将相。唐朝药王孙思邈说，不知易，不可为太医。德国数学家、物理学家和哲学家莱布尼茨的"先天和谐"理论，瑞士心理学家荣格的"共和性原理"，丹麦物理学家玻尔的"并协原理"等，其灵感无不来自易经。荣格认为："没有哪种作品比《易经》更能代表中国文化的精神。千百年以来，中国最具有智慧的人们一直在使用它，对它做出阐述。至少对那些明白它的意思的人们来说，无论它问世多少年，它都会万古长青。"

一定的思维方式同一定的世界观、认识论、方法论相互适应、相互匹配、相互支持，共同组成一定的科学形态。《周易》树立了鲜明的、独有的世界观、认识论和方法论，其深层理念对后来诸子百家认识世界给予了视角和方法上的引导。许多人通过发掘《周易》的宝藏，又发现许多科学方法和哲学的精神原种，都可以在其中找到渊源和根据。不过，一代代的中国人虽然一直在挖掘先人留给后世的文化财富和精神宝藏，但是至今对八卦和《易经》的天机道秘依然未能悟透，甚至有些津津乐道的易学家还曲解了《周易》的本义。

数千年来，无数的研究者一般是沿着两条途径来发展易学的：一是研究《周易》经传中的字义和文意，形成了训诂、注释和考据之学；二是研究《周易》经传所蕴含的哲理，形成了义理之学。然而，从《周易》发源的诸子之学并没有把《周易》的真相完全揭示出来，绝大多数的人关心"历史悠久、博大精深、奥妙无穷、晦涩难懂"的《周易》，却没有真正从世界观和方法论角度来认识其与科学的内在关系。

形式简明的《周易》结构非常奇特，它是由一套独特的符号系统和文字系统有机组合而成的。《周易》的符号系统就是指八经卦和六十四别卦。符号系统有它自己的一套规律,内部结构是很严谨的。文字系统包含着 64 条卦辞和 384 条爻辞,卦辞和爻辞的文字都很简略,但是内容却很深奥。人们的研究方式也主要是结合《易传》对《易经》中的六十四卦的卦辞和爻辞的解释进行发挥,并试图以此寻找卦辞与卦符之间的规律性的联系,进而揭示《易经》的无穷奥秘。

"轴心时代"流传下来的人类经典中,《周易》大概是唯一未被完全读懂的书。古往今来,《周易》一直被认为是一部多数人看不懂又极想看的书。这是因为《周易》符号繁杂、内容深奥难懂,加上时间久远,字义有变化,习惯用法亦有不同,考据也存在很多困难,尤其是《易经》,文字古怪,行文简短抽象,更让人不知其所云。为此,历代先哲在哲理和解卦释卦方面费了很多心血,有不少心得;但也因一些人穿凿附会、以讹传讹,以致鱼目混珠,真假难分,使后人无所适从。《周易》要么被"尊"为思辨哲学,要么被视为"封建迷信"的"东西",这种认识在社会公众中不仅普遍存在,而且根深蒂固。

整部《易经》都是说卦,字字珠玑,理深意宏;但其中的一个道理、两大方法、三个原则和四大法则就被变化多端的卦象所蒙蔽,被哲学的义理和打卦"算命"等历史沙尘所淹没。自古以来,大多数人又把卦作为《易经》的核心,在解读时把精力都集中在如何学好卦、理悟卦、看活卦、断准卦,而对《易经》在解释万事万物的运化演变规律时所运用的世界观和创立的认识论与方法论往往漠然视之。

其实,所谓的世界观就是人们对整个世界及人与世界关系总的看法和根本观点。观,就是看。看什么,什么就反映在人们思想上。看世界,就是世界观。一般说来,人人都有自己的世界观,并以此来观察问题和处理问题。看到世界上的事物形态都处于运动变化之中,世界观就是变易的世界观;看到世界上的事物形态都处于恒定不变的静态中,世界观就是不易的世界观。世界观又称宇宙观,是自然和社会存在的反映,是社会意识的核心。世界观是在社会实践的基础上产生和逐渐形成的。人们在实践活动中,首先形成的是对于现实世界各种具体事物的看法和观点,久而久之,人们逐渐形成了关于世界的本质、人和客观世界的关系等总的看法和根本观点,这就是世界观。

远古先民"推天道以明人事",从宇宙天象、时空变化及其与人事生产生活之间的关系,观察事物,体悟人情,从而形成了从整体上、宏观上把握事物的思维方式。在三千多年前,中国的先哲从《易经》首唱发端,对当时社会形成的自然知识和社会知识进行了概括和总结,探讨了宇宙发展的普遍规律,从而产生了丰富的哲学思想,并在《周易》这部纲领性的书中首次系统地阐述了哲理。《周易》作为中国最古老的论述思辨哲学的典籍,是一部关于世界观学说的著作。

《周易》作为古老的思辨哲学最重观察,观是客观全面地看,察是细致入微地看。思维是对感性认识进行加工处理的意识活动,感性认识的最高形式是表象或印象,带有现象性是其基本特征。人们的形象思维是把意象形诸于物象的思维方式,思维过程存在的感性直观,即象。《易·系辞下》有言:"是故《易》者,象也。象也者,像也。""是故夫象,圣人有以见天下之绩,而拟诸其形容,象其物宜,是故谓之象。"可见,《周易》源于自然,是通过"观物取象"的观察活动和被观测事物在观察者的认知体系的反映,来"立象尽意",最终达到认识事物的结果,其世界观是整体观与自然观。

《周易》的这种系统思维要求把组成系统的多项要素作为整体来看待,因而中国思想史上形成了看重整体的思想原则。中国思想家们大多习惯于把个体纳入总体之下和之中加以考察,他们的世界观从来都是整体主义的和有机主义的。《老子》说"天得一以清,地得一以宁",儒家认为《春秋》"大一统",法家主张"尊于一"。虽然各派理论的出发点不同,但都毫无例外地表现了对整体观的推崇。像中医就是把人体作为一个有机整体,而不像西医那样还要对各个组织器官进行个性化研究。

人类认识自然界可能就是从与其生存和生活息息相关的白天、黑夜开始的。茫茫苍穹,满天繁星,这对于他们来讲仅仅是无极的光团。然而,当他们以由暗到明这一"太极"来看世界时,日光普照形成了白昼,月光撒放又形成了夜晚,昼夜的光明有着明显的差异,因而作为光源的日与月就自然而然被人们当作观察的对象。日月交变出现,明暗周而复始。日与月之更替体现的是变化,人们取象后就可以用日月的对立统一体——"易"(合日月而成)来表示日与月的变化的意思。

《周易》是中国哲学中对运动变化观念表达得最好的一部著作,《周易》的"易"字即变化之意,"生生之谓易",其英译为 *The Book of Changes*。《说文》曾经对此字进行象形的解说,谓其字是指蜥蜴、蜓和审宫四脚蛇一类的动物,它们都以善变出名,故可以其义释"易",它点出了《易经》的核心思想便是"变"或"动"。《易·系辞上》中对此做出了进一步的说明,说"圣人有以见天下之动,而观其会通,以行其典礼",意思是说,圣人是以认识到天下的运动变化及其融会贯通而发现一切事物的共同规律的。也有人认为,日月周而复始完成的一次周转可以"周"来表示,"周易,即周转变化或周环运动"[10]。

其实,日与月只是自然界中两种发光程度呈明显差异的物体,而物体对于日光的向背还可以引出阴阳的概念,向日为阳,背日为阴。大千世界中性质相异的事物比比皆是。在《易经》中,就用爻象—和--来表征事物性质对立的两个方面,把--定为阴爻,把—定为阳爻。

—和--这两个不同的爻是认知世界的两个最基本的元素,实质上是最高的和普适的范畴。所有事物分异的相对形态都可以阳爻和阴爻来表示,如日与月,乾与坤,天与地,刚与柔,动与静,昼与夜,黑与白,炎与凉,热与冷,胜与负,开与关,大与小,前与后,上与下,尊与卑,贵与贱,君与臣,男与女,夫与妇,父与子,仁与义,硬与软,矛与盾,正与负,奇与偶,是与非,肯定与否定,诞生与死亡,作用力与反作用力……都表征了阴和阳两种仪态的区分。只要是一个用阳来代表,另一个相对的便是阴。但是,阴与阳的规定也不是随意乱来的,而是从整体来看,要有彼此联系的。

在《易经》中,阴阳观念是潜在的或隐含的,在《易传》中阴阳范畴及其观念才以纯粹思想的形式出现。关于阴阳的认识在中国古老典籍中俯拾皆是。《庄子·天下篇》有

"《易》以道阴阳也",《说卦》有"分阴分阳,迭用柔刚",《易·系辞下》也有"立天之道曰阴曰阳""阴阳合德,而刚柔有体",《黄帝内经》还有"阴阳者天地之道也,万物之纲纪,变化之父母,生杀之本始,神明之府也",这都说明,在各种事物中都存在着阴与阳两种不同性质的要素,差异即生阴阳,阴阳表述差异。天道最为崇高,亦是用阴阳来划分的。

阴阳存在于一个对立统一体中,阴阳这两个符号是设立卦象以推演宇宙间万事万物关系的根本。因为世界上任何两种事物的表现形式就是两种仪态,也就是阴阳两种象。既是两种象就存在着差异,差异就是对立,因此对立的两种象或者存在差异的两种事物形态都可以称为一阴一阳。孤阴不生,独阳不长,阴阳之生长和变化就是古人最早的世界观。当然,阴阳两种仪态也可以称为乾与坤两种象,如《易·系辞下》指出"乾,阳物也;坤,阴物也"。

回顾人类认知事物的历史,从原始社会开始,人们在观察世界时就已经发展了一种经验综合型的整体思维方式,因此在《易经》成书之时,中国的先哲就凭着对大量自然现象的观察和人们积累的非常有限的一些对自然界和社会的知识,把世界看作统一的整体来进行探索。也许正是这些零碎、简单和有限的知识,使得他们反而能从大处着眼,能在人和自然没有充分分化的基础上,采用了系统的思维方式,以自然观和整体观力图对世界万物做出归纳和概括。

因此,以《周易》为代表的中国古代文化和科学一直注重整体的一致性,忽视个体的力量。首先,《周易》把世界看作一个由若干不同基本要素按一定结构组成的具有特定功能的有机整体,并提出了把八卦作为系统化工具。把八卦按上下方位相互叠加而建构了六十四卦的认知体系,形成了概括天地间万事万物的分类体系。其次,《周易》用卦画系统来说明万事万物的复杂变化,把世界看成是一个由基本矛盾关系所规定的层次的整体,是一个动态的循环演化的系统整体。在《易经》的无字天书中,那些爻卦符号、图像及其排序就包藏着事物形态变易、不易与简易的道理,并给人们打开了无限的想象空间。

二、不易、变易和简易原则

人类在认识世界时,把所要认知的宇宙万物都作为一个整体,这个整体必然包括静止不动和演化变动两个方面。宇宙充满着万物的动与静,反映到人们的主观世界,必然形成不易和变易两种不同的世界观。就像人们观察星空,既可以看到"永恒不动"的恒星,又可以看到与恒星之"恒"的概念相对立的"运行不断"的行星。

《周易》以整体观和"不易原则"来认知事物的形态,就是以变动不居的思维看待世界,把世界上的任何一种事物都看作形态空间的一个点。其实,这就是一点论的看法,即用孤立的眼光瞄准一事或一物的形态,把事物都作为由具有一定特质和本性的单元群组成的集合体,因而事物形态在形态空间中就始终表现为一个点。以这样的观点所观察的事物形态就是"不易"的、静止的形态,即使有环境的扰动,事物的阴阳成分也只是围绕平衡态为核心点做的些许波动。

《周易》的"不易原则"认为,"天地之道,恒久而不已也",宇宙间存在着内在的"不易"之道。任何一种事物总是常常处在相对稳定的状态中,这是事物内部阴阳两个对立面处于相对均衡的稳定之中。尽管世界上根本不存在绝对孤立、绝对静止的事物,然而任何一种事物在一定的形态空间中都会表现出性质相对稳定的关节点,也就是说任何一种事物的形态都是一定环境条件下的相对的暂时的平衡态。任何一种客观事物之所以被称为有别于其他事物的事物,就是由处在这种平衡态所具有的特质决定的。正是对立统一的事物存在着相对"不易"的形态,才有事物在绝对变化发展过程中的可识性。

《周易》也以"变易原则"来认知事物的形态,把认识和探求万物的变易视为自己的基本旨归。通过卦象的推演和体系的展开,《周易》表达了关于事物变易的基本思想:事物的变易源于内部要素的不同交合;变易要经历一个渐渐积累的过程;变易超过一定限度,就会走向反面;等等。在《周易》神秘的形式中,蕴含着许多有关自然的本质是永恒变化的变易观点和论述。诸如:"刚柔相推而生变化""穷则变,变则通,通则久""变化者,进、退之象也""一阖一辟谓之变,往来不穷谓之通""两间形象,其中有往有来,有隐有见,有荣有枯,有生有死,千变万化。易中变化,则阴极变阳,阳极化阴也"。

《周易》的"变易原则"认为,"夫乾,其静也专,其动也直,是以大生焉。夫坤,其静也翕,其动也辟,是以广生焉"。乾坤的动静交替,产生了万物。各种事物都是在不断地变易的,天地间万事万物是千变万化的,其内部阴阳双方也在矛盾斗争中交互变化。变易是有周期性的,周期性亦是在不断地变易的。

人们在观察事物形态的可变性时,所能清楚看到的一般是事物形态发生质变的涌现现象,也就是事物形态由量变渐变到超出一阈值时必然会出现质变或突变,即所谓"物极一变"。这种质变反映到人们的思想就是阴阳变易。但是,事物在从纯阴(坤)到纯阳(乾)的变化或从纯阳(乾)到纯阴(坤)的变化过程中,阴阳形态转化往往要经历一系列的亦阴亦阳的过渡形态的变化发展,这些"原始反终"的过渡形态所形成的基本次序联系起来,就是事物形态演化的规律。可见,"一阴一阳之谓道",就是一种事物形态到另一种事物形态的阴阳变易之道,所以规律就称为"道"。

在自然界和人世界都充满着阴与阳的矛盾和对立。《易传》提出的"一阴一阳之谓道",阐述了任何事物都存在着既对立又统一的阴阳两个面,揭示了自然界与人类社会矛盾的普遍性。所谓天道、地道和人道也都不过是阴阳之道。阴阳之道就是朴素的自发的辩证观念,也就是生成论的演化道理。有了阴阳之道,有了互根互换的道理,中国古人就能以"阴阳说"对世界的一切现象进行高度的概括与综合。阴阳论认为世界上的一切事物都是由阴阳两个方面构成的,一方以另一方的存在为基础,阴中有阳,阳中有阴,阴阳互补,动静互根。阴阳相反相成,既是对立的、排斥的,也是统一的、联系的。

《易·系辞下》说:《易》之"为道也屡迁,变动不拘,周流六虚,上下无常,刚柔相易,不可为典要,唯变所适"。《易》中卦象,往往代表着某一事物的演变过程,而卦里的六爻,则代表某个时期变化着的状态。"爻者,言乎变者也。"它们本身也是错杂关联、交相变化的。这是说,《易经》是一部经世致用的好书,人生不可须臾疏远的。它以阴阳运行,互相推移变化,所以其道常常变迁,变动不拘于一爻一卦,爻卦之间,更互变动,周流于六个爻位之间,因此不可固执于一种典常的意蕴,而且是与变化相适应的道理。

《易传》把《易经》中的"—"与"--"符号系统确定为阴阳系统,并通释了八卦及其构成的架构模式。《说卦》是系统地解说八卦的学术专著,其内容主要说明八卦的产生过程,八卦的性质、功用和方位以及八卦所代表的卦象。《周易》创作的八个卦象是四组错卦(对立之卦)的构成体,命名依次为:乾、兑、离、震、巽、坎、艮、坤,其中乾和坤就代表着性质截然相反的两种事物,它们作为矛盾的阴阳对立体可以通过相互推移而变化成为其他卦象的事物。在这种推移转化过程所形成的其他类别的事物可以用兑、离、震、巽、坎、艮表示,它们之间既是两两对立又是统一的。八卦之中,天在上,地在下,天地对立;山高泽低,山泽对立;风与雷互相搏击,风雷对立;水火不相容,水火对立。震、巽、离、兑、坎、艮所代表的各物具有矛盾对立的统一性,具有乾坤阴阳变化的作用,"故水火不相逮,风雷不相悖,山泽通气,然后能变化,既成万物也"。

《易传》中的《序卦》则是对六十四卦排列及其排列的客观根据进行总的说明,它以"有天地,然后万物生焉"来说明乾坤居《周易》之首,又以因果联系、物极必反、相生相成观点来解释卦与卦之间的关系。六十四卦卦画排列存在着"二二相偶,非覆即变"的特点。所谓"二二相偶",是指六十四卦两两为对,共三十二对,如乾坤为一对,屯蒙为一对,按顺序依次为对。而所谓"非覆即变",是指三十二对的每一对卦画不是颠倒,就是相反。覆,颠倒;变,相反,如(屯)倒置为(蒙),(需)倒置为(讼),这是覆。(乾)与(坤)相反,乾六爻全为阳爻,坤六爻全为阴爻,(颐)与(大过)相反,颐上下为阳爻,而中间四爻为阴爻,大过上下为阴爻,而中间四爻为阳爻,两者卦画完全相反,这就是变。六十四卦三十二对中,有二十八对为"覆",有四对为"变",即除了乾坤、颐大过、坎离、中孚小过这四对为变卦外,其他的对皆为覆卦。

《周易》承认事物都存在着对立面,阴与阳、动与静、变易与不易就是对立的。天地间的万事万物都是对待关系,其盈满或空虚都随时增减盈息,这就是天下的道理。六十四卦由三十二个对立卦组成,其卦的爻象和爻辞反映了自然界和社会生活中的"大人"和"小人"、吉和凶、得和失、益和损、泰和否、既济和未济等一系列对立统一的现象,所以《庄子·天下篇》将其概括为"易以道阴阳"。

在看待事物的关系上,《周易》还承认不同要素间存在复杂的依存、交感和转化关系,相关联的事物在相互对立中相互交感、相互依存和相互促进,对立事物可以互相转化。《周易》中的"爻"有交错、联系之意,每一卦都是按六爻构成的不同要素的交合,所以《说文》中直接把"爻"解释为"交"。在卦象系统中,那些上下之间可发生交感的卦象则吉,如泰卦;相反,否卦因乾上坤下,天地不交感而不吉。泰卦卦辞说"小往大来",否卦卦辞说"大往小来",泰卦九三爻辞说"无平不陂,无往不复",乾卦九五爻辞说"飞龙在天",上九爻辞则说"亢龙有悔",这些又都表现了物极则反的观点。

《周易》的变易原则承认世界是充满着由阴之阳的阳盛阴衰运动或由阳之阴的阴盛阳衰的变化;不易原则认为世界上的事物常常处在相对稳定的状态之中,正是对立统一的事物存在着相对"不易"的孤立的、静止的形态,才有事物在绝对变化发展过程中的可识性。

其实,变易和不易这两种截然相反的、世界观反映在思维方式上就是辩证法与形而上学。不易的世界观在哲学中就是关于事物静止的观点并发展成为形而上学的基本观点,变易的世界观在哲学中就是关于事物运动的观点并发展成为辩证法的基本观点。在哲学上,辩证法的世界观与形而上学的世界观形成了相互对垒的两大阵营,但是它们又对应着构成论自然观和生成论自然观,是"存在科学"与"演化科学"的理论基础。人们要全面正确地认识事物,不仅应当以形而上学的世界观来认识不易事物的形态构成,而且应当以辩证法的世界观来认识变易事物的形态生成。

《周易》的不易原则是不易世界观的内核,可以作为形而上学的指导思想;形而上学就是存在式的认知方法,就是孤立、静止、机械地看问题的方法。形而上学的认知方法是《周易》世界观的"不易原则"的表现。对于任何一个事物,人们一开始当然要形而上学地来研究它,应当先孤立地来看它,先将它本身是什么看清楚,是由什么所构成的看清楚,然后再看清楚与这个事物有着连续性关系的"近邻"。只有将一个事物本身看清楚了,把这一事物的构成弄明白了,把其与周边的关系理清了,才谈得上去看与这个事物有着明显间断的"远邻",看它与这远邻的相关关系。这就是说物质的存在性是矛盾性的基础,辩证法思想是建立在形而上学基础之上又与形而上学相对立的。

在欧洲,形而上学的思想是从15世纪后半期到18世纪才得以流行的,并孕育发展了近代的经典科学。但是,在3000年前的《周易》的世界观里就既有形而上学的不易思想,也有辩证法的变易思想。只是变易原则在《周易》中得到了更全面、更淋漓的发挥,即宇宙的任何一种事物都是处于永恒的运动变化之中且永无休止,产生、发展、消失和变化才是事物的本质。变易原则是变易世界观的中枢,也可以成为辩证法的应用关键。

朱熹认为,《周易》广大悉备、包涵万理、无所不有;说尽天下后世无穷无尽的事理,只一两字便是一个道理。《周易》的世界观秉承两个原则,一是"对待",二是"流行"。对待就是对立统一,流行就是运动变化。这两个原则也就是辩证法关于世界是普遍联系和变化发展的且发展的原因在于事物的内部矛盾的古典中文版记录。

长期以来,人们都认为关于世界是普遍联系和变化发展的辩证法源于西方,因为辩证法这个名词就源自于古希腊的人们把论证或分析命题中的矛盾以及在谈话中揭露对方论断中的矛盾并克服这些矛盾以求真理的方法。后来,人们运用古希腊的这种分析事物矛盾的方法来研究世界发展的普遍规律,揭示事物的矛盾运动,也就成为人们认识世界的辩证法。辩证法是与形而上学认知事物的观点相对立的矛盾式的认知方法,也就是全面地联系地变化地看问题的方法。辩证思维接受亦此亦彼的两者兼顾方式,这种思维领域的开明之举避免了形而上学思维非此即彼的两者择一的专制。

在西方哲学辩证法发展的历史星河中,亚里士多德和黑格尔是两颗明耀的巨星:一个是古希腊自发辩证法高峰上的皇冠,一个是德国古典哲学唯心辩证法上的魁首。两颗巨星遥相呼应,构成西方哲学发展史上两个超越感应的光环。亚里士多德和黑格尔的辩证法涉及的范围十分广博,以致在各人所处的历史时代构建成了包罗万象的体系。所以,恩格斯在《自然辩证法》中说道:"辩证法直到现在还只被亚里士多德和黑格尔这两个思想家比较精密地研究过。"但是,深究亚里士多德和黑格尔两人之所以能够成为两种辩证法形态的代表,其根本原因就在于他们以各自特有的方式触及辩证法的实质和核心,探索了辩证法本质的深层结构。

苏联创始人辩证唯物主义哲学家列宁在《谈谈辩证法问题》中也曾对辩证法的实质和它的主要特征做了深刻的概括:"统一物之分为两个部分以及对它的矛盾着的部分的认识,是辩证法的实质。"人们"要认识世界上一切过程的'自己运动',自生的发展和蓬勃的生活,就要把这些过程当作对立面的统一来认识"。

然而,在亚里士多德和黑格尔之前,中国的先哲早就以直观的辩证思维对事物形态进行了深入研究并在《周易》中系统阐述,只是未冠以辩证法之名。不过,黑格尔曾经主动承认,他根据《易经》阴阳消长的道理阐明了正、反、合的辩证逻辑定理。如果说辩证法是联系地、变化地看问题的方法,那么阴阳的对立统一就是辩证法的本质。所以,《周易》及其"心之辩"代表着中国古代辩证法思想的萌芽,而从《周易》问世的时间来看,它又是世界上萌发辩证法的引种园![11]

在《周易》中,除了不易原则和变易原则这两种既相互对立又相互联系的共生世界观以外,简易原则也可以作为一个世界观。简易原则就是简单性原则,这是一种重要的科学思维方法,也是最高的原则。宇宙任何一种事物虽然都处于永恒的运动之中变化无穷,但是,宇宙间的物质运动现象与人事变化可以穷尽归纳为极为简单的必然之理。所以,《易·系辞上》说"易简则天下之理得矣"。宇宙间无论如何奥妙的事物,当人们有了足够的智慧来了解它以后,就会变得十分平凡和简单。大道至简,最简单的道理就是宇宙最根本的道理。三国时代的少年奇才王弼在解释《周易》时认为:"物无妄然,必有其理。统之有宗,会之有元,故繁而不乱,众而不惑……故自统而寻之,物虽众,则知可以执一御也。由本以观之,义虽博,则知可以一名举也。"为此,他提出了以一总多的方法,要人们像象辞那样"统论一卦之体,明其所由之宗主",即认识任何事物形态的变化都要抓住必然的根本的道理。

宇宙间的任何事物,有其事必有其事理,有其物也必有其物理。万事万物的现象再错综复杂,在人们懂了其中逻辑简明的本质关系以后,就会变得非常简单。懂得了《易经》的简易法则,就可以化繁为简,就可以把复杂的道理变得非常简化,也就可以懂得宇宙中的事物是如何存在与变化的。公元前3世纪,欧几里得用公理方法创立了数学中第一个演绎体系,实质上也是简易法则的表现。[12]

简易法则在古希腊催生了逻辑体系,并成为西方科学的摇篮,而且还引领物理学家按照欧几里得方式建立自己的理论。牛顿把逻辑的简单性作为他的"哲学推理法则"的第一法则。19世纪,物理学家马赫提出经济思维原则是科学的永恒趋势。爱因斯坦则说:"唯一事关紧要的是基础的逻辑简单性。"美国物理学家斯莫林也说过:"少数真正的好的统一思想是以动人、简单和唯一的方式出现的,它们没有众多的选择和可以调节的特征。"[13]像牛顿力学只由三个简单定律确立,狭义相对论只有两条基本原理,广义相对论也只有三条基本原理。

事实上,物理学理论所揭示的物质系统的形态变化规律经常都是前提简单、表述形式简洁、结构体系自洽而完备,并具有显著的对称特色等。为了认识物质背后所存在的简单的和谐美,物理家们努力把杂乱无章的感觉经验同逻辑上贯彻一致的思想体系对应起来,用数学语言和逻辑体系来完备、统一和简单地构造整个和谐的宇宙图景。

其实,统领宇宙间天地的自然法则本来就是简朴平易的,简易就容易为人们所理解,简单就是美。逻辑前提越简单的理论所涉及的事物种类越多,被它说明的现象也就越多,其理论覆盖面就越广,应用起来就越方便。《周易》的简易法则世界观不仅对中国古代哲学产生了重大的影响,而且也被历代哲学家普遍接受。由此,文辞简约成了古代中国哲学的表述特色,执简御繁也成了哲学研究的基本方法,追求真理的明白易懂更是众多哲学家共同的信念。简易原则是确立公理的指导原则,是科学探索的指南针,是选择和评价理论的准则。[14]

三、《周易》世界观的哲学启示

中国古代的先哲通过"仰观天文,俯察地理",并用易象来表现世界生成发育的万有现象;以阴阳的理论和思辨方法来解释自然变化和人事休咎的现象,并从中寻求事物的变易原则、不易原则和简易原则。《周易》的不易原则、简易原则和变易原则蕴含着深广的哲学思想,为中国古代的人们提供了三种不同的正确的世界观,作为他们探讨宇宙和生命奥秘的指导原则,这些思想观念较之西方中世纪的经院哲学显然具有极大的优越性。例如,大化流行、生生日新的宇宙发展观,万物变化、物极必反的矛盾转化思想,仰观俯察、穷理尽性的唯物主义认识原则,人能"赞天地之化育"的主观能动性思想等。

《周易》的世界观强调连续、动态、关联、关系和整体的观点,并通过阴阳之道和不易、变易、简易三个原则得到了充分的阐明,其象、数、理、占四大思维法则是产生中国古代科学与哲学的重要法器。几千年前,《周易》就提出以(象、数)简易之法来表现宇宙事物的普世之道,《周易》中涉及的数很少且都是与象不可分的,却能用以解释世界上很多不同事物的一些共同规律。《周易》朴素的、整体的世界观是统领认识论和方法论的根本,其认知事物的世界观和方法是通用的认识世界的方法。《周易》的万象更新思想是对人们由简入繁、由浅及深的认识发展过程的概括总结,其"一阴一阳之谓道"的论断也为人们提供了揭示科学真理的启迪。

"易道周普无所不备。"《周易》在远古就提出了认知世界的阴阳不易、阴阳变易和阴阳简易而深邃的"道"理,不能不令人称奇。阴阳不易理论、阴阳变易理论和阴阳简易理论就像三棱锥塔的三个侧面,可以形成不同的世界观。当人们站在三棱锥塔的不同侧面的底部时,他们之间会感觉相距很远;但当他们爬到塔的高处时,他们之间的距离就会感觉近多了。在这种比喻中,顺理成章的推论是不难想见的,随着高度的不断上升,阴阳不易、阴阳变易和阴阳简易的道理将愈发接近,并在最高点达到统一。

面对宇宙间无穷的事物形态,人们在认知过程中往往会因为所站的位置高度不够而观点相距甚远,甚至那些站位较高而世界观视角不同的哲学家或科学家也都会以其片面观察事物的认识而进行喋喋不休的争论。但是,如果人们能够深谙《周易》的阴阳之道和高超的思辨,就可以站在不易、变易和简易三个原则构筑的三棱锥塔的顶端来认识整个世界。我们现在所面对的世界,还是历代古人曾经关注的那个世界。虽然随着时代科技水平的发展,现代人在认知手段上更为先进,可以更精确地认识不同层次的事物的形态,但是几千年来人类认知事物形态及其规律的基本观点没有改变!

《周易》是东方文化的奇葩,其世界观是蕴含于文化深层的精妙所在。《周易》难以契会和解读的世界观一旦被融会贯通,那宝塔蕴藏的神妙智慧就会全幅豁显,它的丰赡内蕴也会大白于天下,给予人们永恒的真理启迪。《周易》作为中国传统文化的明珠不仅到处散发出智慧的光芒,而且这部哲学、自然科学与社会科学相结合的综合巨著也隐含着统一科学的深邃道理,因此几百年来,《周易》认知事物的方法及其整体思维方式正逐渐被域外文化所认识、惊叹和吸收。卡普拉关注到《周易》的八卦等传统概念后,在其《物理学之"道":近代物理学与东方神秘主义》的再版序言中写道:"……这些概念与东方神秘主义的相应思想之间高度地和谐一致,这对于认定神秘的传统哲学(亦称持久常在的哲学)为我们近代的科学理论提供了最为坚实的哲学基础。""对于现代物理学的世界观与东方神秘主义世界观之间存在深刻的和谐性的认识,看来只是一场更大的文化变迁的不可分割的组成部分之一。这场文化变迁将导致一种对于实在的新的观念的出现,将从根本上改变我们的思想、看法与价值观。"

世界观是科学认知的必要前提,世界观也就是宇宙观。"东方宇宙观的两个基本主题是:所有现象都是统一的、相互联系的,宇宙在本质上是能动的。""它的精髓就是认识到一切事物的统一性和相互关联,以及体会到世界上所有现象都是一个基本统一体的表现。"[15]

世界观反映在人与自然的关系问题上就表现为自然观。东方古代朴素的有机自然观至今对于现代科学哲学还具有重大的影响。老子认为"人法地、地法天、天法道,道法自然"。所谓自然就是自身孤立的自主形态。老子和庄子都以自然状态为自律的、自发的理想形态,为不受人为干预的自我变化形态,对于受外力制约而变化、在外力作用下生存的形态则不以为然。这与古希腊语的"physis"没有人为作用的意味,而只有自我生成的概念实际上是对等的。然而,老庄以后的道家不仅把自然看作人类的生存方式,而且看作天地万物的本来形态、包罗万象的自然发展方式,这就使自然这个概念成了与表示包罗万象的事物的拉丁语"nature"对等的概念。在18世纪,欧洲关于自然的概念也发生了根本的变化,完全失去了原来的、有生命的、自我发展的意味,代之以笛卡尔的机械论。像时钟模型的、他律的、决定论的自然观就完全掩盖了"自然而然"的、自律的、自我生成的自然观。

综上所述,《周易》作为中国古代科学与文化的源头,在中国传统文化中占有极其重要的地位,并闪烁着耀眼的光芒。《周易》"冒天下之道",试图概括天地间的规律来求得自然和人类社会最普遍的规律,其所蕴含的十分丰富的科学道理和基本的哲理,为中国古代文化中的传统思维模式与思想原则奠定了基础,并成为中国传统文化的经典著作和中华民族的知识瑰宝。以《周易》为文本源头的中国传统文化是前工业文明的文化,它的一系列特征决定了中国古代科学只能停留于对整体的直观把握上,中国没有也不可能独立地创建还原论科学。

温故而知新,鉴古以知来。在丰厚广博的传统文化资源中,最具活性、最富启示意义的当属古人观察世事的思维方式和对待事物的行事方法。《周易》以其熠熠的睿智辉煌引导着中国古代文化和科技走过了几千年的历程,虽然中华文化宝藏中还有许多人们没有深度采掘的瑰宝,但是它毕竟是远古时期人类认识能力低下的产物,其本身并不是无所不能的,而是有相当的局限性和其自身的缺陷。

从有限的事实和观察中概括出具有普遍性的科学定律,一定需要思辨方法。《周易》虽然不像西方那样重视还原论,进行分门别类的研究,也不擅长分析方法和科学实验,但是它却选择了朴素整体论和思辨方法,强调整体地把握事物,从宇宙万物统一性上和功能的探索上较深刻地把握住事物的整体性及其基本特征。正如恩格斯所说,辩证思维在古代是"以天然的、纯朴的形式出现的",但由于"还没有进步到对自然界的解剖、分析","自然现象的总联系还没有在细节方面得到证明"。现代科学否定这种整体论,代之以还原论,强调给对象以分解、分析,把握局部和细节乃是一大进步。

其实,如果站在人类社会漫长的历史长河中来看文化与科学的发展,科学只是人类认知水平的历史产物。人们不能僵化地看待科学,对于古代、近代和现代各个时期人类取得的科学技术成果也不应过高地给予评价。因为科学技术具有传承性,后来的科学技术总是在先前的水平上发展的,所以不能孤立地割断这种联系,而只片面讨论某一历史时期的科学和思想,即是科学史的辩证法。

在科学史上,每次科学的大发展和真正的科学革命,都是对科学概念、科学方法、研究手段、研究角度和理论体系进行大力改革的结果。新观念、新思想、新方法和新理论是科学发展的新鲜血液,也是科学的生命所在。近代科学和现代科学的还原方法在科学方法体系中居于主导的甚至唯一的地位,乃是一种历史的选择,在一定历史阶段是必然的和合理的。但是,它终归是片面的,正在产生对科学思维的强力禁锢。随着历史的向前推移,还原论已穷于应付层出不穷的新问题,摆脱困境的出路在于既要还原论又要整体论。

在 21 世纪新的科学革命到来之际,科学趋向整体性、动态性的世界观与《周易》和中国古代哲学颇有相通之处,也因此使得许多科学家把目光重新聚焦在《周易》及其传统的整体思维方式上,试图从中寻找资源。许多科学家都认为《周易》会在某种程度上对现代科学的发展提供某些哲学启示,是因为中国古代科学形成了自己独特的理论体系,并提供了一套非常丰富的关于整体观的概念、方法和理论。

不过,现代人如果沉溺于古人对《周易》境遇伦理的说教而不能自拔,那就是愚蠢的。当代科学工作者想要促进科学认识的统一,就应当拂去《周易》之上的层层历史积尘,在中国传统文化中寻求思想资源。当代科学的发展绝不是要倒退到中国古代科学的天地里,而是要以古托今,革故鼎新,借鉴其合理的认知方法来寻求科学理论的创新。

科学的任务是揭示事物内在的客观规律与探求客观真理,作为人们改造世界的指南。建立统一科学的理论体系是现代科学的理想境界,为了达致这一伟大的目标,那就应当以《周易》的世界观作为科学的统一观,以认识的真理性作为探宝的方向,通过对中国古代科学宝藏再行挖掘,深入开掘中国《周易》及其他传统学术典籍中鲜活的思想,贯通古今,合璧中西,就可能构建起统一科学的理论体系。

第四节 《周易》的认识论

《周易》是科学认识论的胚芽或先导,其中蕴含着丰富的认识事物的方法。在《周易》的多种理论中,对后世影响最大的恐怕要属古人在占筮中所创立的二分法。"无极生太极,太极生二仪,二仪生四象,四象生八卦"的二分法是融合辩证法和分类法的认识方法,是人们逐步深入认识事物并揭示事物道理的认识论。

一、《周易》创立的二分法

幽玄诡奥的《周易》是人类智力演进的发动机,是古人认识大自然、理解社会发展的知识集成,是华夏远古文化和科学思想的集中体现。《周易》是古人了解自然的一种朴素认识论和方法论,是中华哲学的源头,是对自然与人事的认识论。

中华传统文化的总源头——《周易》出现的一些认识论重要范畴,是科学认识论的胚芽或先导。认识论是关于认识的本质及其发展规律的哲学理论,它把人类认识的本质、结构,认识与客观实在的关系,认识的前提和基础,认识发生、发展的过程及其规律等问题作为思考的内容和研究对象。认识论是方法论的基础。

首先,《周易》把仰观俯察作为认识世界的主要途径。《易·系辞下》中"古者包牺氏之王天下也,仰则观象于天,俯则察法于地"和《易·系辞上》的"仰以观于天文,俯以察于地理",是中国关于人认识自然的基本方法的最早记录,反映的就是中国古代的先人辛勤耕耘、善于观察、长于思索、勇于探究,注重整合、联系实际的认知方法。《周易》把观察作为认识事物的根本方法,从而使其认识论达到了先秦认识论的制高点。

其次,《周易》把类化意象作为认识世界的基本形式。《周易》以观察为背景,在认知识活动中特别发展了辨类方法。中国古代科学被古人统称为"数术"之学,这是与《周易》象数思维的"取象比类"方法直接相关。《周易》产生于人类认识的早期,是从整体上对世界做出的笼统、直观的把握;其思维方式从整体上看还是一种原始思维,其认知世界的方式是以"类化的意象"来识别事物的特征,即以"象"喻"意",借"象"言理,通过建立某一类事物的物象(如畜牧、狩猎、农耕、商旅、战争、婚姻等)来认识世界。从思维借助于"卦象"这一点看来,《周易》富有形象思维的特点;从取象的目的在于"比类"而言,它又有着逻辑思维的特性。"君子以类族辨物"(《易同人卦》)、"君子以慎辨物居方"(《未济卦》),"当名辨物""穷理尽性"(《易》)。因此,取象比类是形象思维和逻辑思维相互诱导的特殊思维方法,是《周易》的模拟思维方法的特征之一。

"象"和"数"都是易学的最基本范畴,观宇宙之象而知作为其本来规律之数,于是有由自然数组成的树的逻辑结构。象数思维就是借助具体而又抽象的象数来认识和体悟外界事物,是在经验认识的基础上,通过类比、联想等方式和通过对事件记录的取数方式来阐述事物形态变化的深刻道理。在《周易》中,"象数"是体,"义理"是用,体用一源。对"象"和"数"的形象思考和理性研究是中国人认识天地万物的切入点和关注点,反映的就是中国古代的科学思想方法。

象的建立,从认识论的角度看有两大作用:一是通过象数模式体例,将万事万物简约化、规范化,使思维从具体到抽象;二是利用抽象的符号,触类旁通,由此及彼,充实内容,使认识又从抽象到具体。这两方面作用形成认识论的双向运动,构成了《周易》唯象思维这样独特的思维方式。

在《周易》中除大量应用了象征思维,还有类比思维,有许多有价值的认识论的思想、理论和方法。《周易》的阴阳方、五行说和八卦理论就是建立了一种模型,把东西按照类比的方式、象征的方式往上套。此外,认识论本身的目的是接近认识的真实情况,而非规定认识的途径。但是,方法作为运用一定的世界观、认识论处理事物、现象的手段、方式,运用方法得当就可以较快地达到认识的目的。

在《周易》中,最值得关注的还是《易经》中大衍法用48根蓍草演示一分而为二的二分法。由于在运用揲蓍法占筮的起卦过程中,每次被取出的4根蓍草代表阳,每次被取出的8根蓍草代表阴,没有被取出的蓍草代表太极。所以《易·系辞上》第十一章说:"是故易有太极,是生二仪,二仪生四象,四象生八卦,八卦定吉凶,吉凶生大业。"这段话所揭示的就是《易经》首创了二分法。

《易经》这种一分为二的思维方法是从顶开始，逐步逐级分划出其构成的阴阳两种要素，形成非此即彼的两种对立的副类。像八卦生成的形式逻辑就可以用一棵由根茎与枝杈组成的二叉树的图形来表示"太极、二仪、四象与八卦"，如图2-3所示。

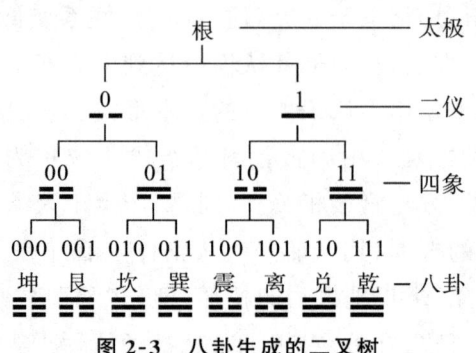

图 2-3　八卦生成的二叉树

《易经》所表述的二分法，经秦汉至隋唐时期儒释道各家的发展和丰富，到两宋道学家进行综合，便构成了完整的太极思维系统。将整体事物一分为二的二分法是为了避免对事物笼而统之的模糊认识，而把事物化整为零的一种基础分析方法。实质上，从分类学的分类系统来看，二分法是分划分类的基础方法。

二分法的太极思维是人们由浅入深逐步认识事物的思想，它可以引导人们进入认知世界的一维、二维和三维以及更多维的相空间，掌握其底蕴潜藏的道理和法宝就可以引导人们去自觉地理性认识事物形态的存在规律与变化规律。同时，它也可以引导人们对事物形态的认识由具体的感知经验进入抽象的思辨哲学，从而体悟《易经》思想瑰宝的真谛。因此，必须对太极、二仪、四象与八卦及六十四卦有清晰的认识。

二、无　极

《易经》成书于殷周之际，当时人类已经从对上天的恐惧、警悚和敬畏开始进入对周围事物的观察、记录和思考。他们仰观天象、俯察地理，对自然现象、周围的事物和宇宙的本原必然产生许许多多大惑不解的疑团。

在人类认识的初级阶段和知识的原始积累阶段，人们认识世界的能力极其低下，其认识能力只能在人与自然没有分化的基础上把世界看作统一的整体，把事物看作独立的、静止的、简单的系统来进行认识。因而，这些先人首先领悟的一个道理就是：事物无穷无尽的现象与形态在未被人们所认识之前，其所有的性质都是混沌的、无序的、无边无际的、无始无终的。这样"气形质具而未离"的"混沌"就是无极。

三、太　极

茫茫宇宙中的事物状态是无穷无尽的,人们想要破解客观世界各种事物形态的疑团就要认识事物,也就是要打开"黑箱"来揭示事物形态的内在关系和潜在的道理。认识事物就是要判定事物,就要以择定的性质作为认知对象的识别标准,否则人们就无所适从。因此,要改变原来对事物一无所知的状态,就必须建立起认知事物的坐标系,这个坐标系也就是判定事物形态的认知空间。

认知事物就是要改变对事物混沌的、无序的无极形态的无知变为有知,这种无中生有的改变就是"变易"。"易有太极",就是讲认识事物及其内在的道理首先要以"太极"为思辨准则,太极是最简单、最根本的判定事物的基准。"无极生太极"就是无中生有,就是由统一性的无极产生单元性的太极;太极也就是道家所谓的至有。

在认知事物的最为简单的坐标系中,无极是作为参照系的,而太极则表现为有指向的一维坐标轴。在欧几里得几何学中,太极就是由直线上的一点(无极)和它一旁的部分所组成的图形。显然,太极作为射线或半直线有一个端点,它从一个端点向另一边无限延长,且不可测量,如图2-4所示。

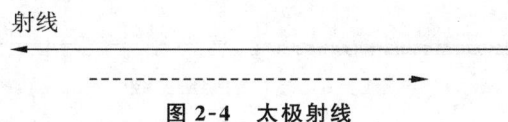

图 2-4　太极射线

有了太极这个判定事物的标准指引,现实世界无序的事物就可以用一定的序列来认识。像空间界定就有了零点,时间之矢也有了起点,认知事物的关系才有始终、有因果、有差异、有卦象。这实质上就意味着人们开始步入认知世界,人们只有在这样的认知坐标系中才可以追究天地万物的根源与发展。正像《文心雕龙·原道》所言:"人文之元,肇自太极,幽赞神明,易象为先。"

四、二　仪

在认知坐标系中,太极表现为单一指向的坐标轴,人们判定事物的性质仅仅以此为基准是远远不够的。当他们以光亮这一性质作为太极来看世界时,昼夜的光亮就表现出明显的差异。为了识别差异,代表昼夜的日与月就被当作阳与阴,由此分异的阴阳两种性质的仪态就称为二仪。

"易有太极,是生二仪。"日月交变出现,明暗周而复始,日与月的更替体现的就是阴阳两种仪态的变化,人们就用日月的对立统一体——"易"表示。日月周而复始完成的一次周转则以"周"表示,因而"周易,即周转变化或周环运动",其中就蕴含着阳与阴的二仪概念。虽然《易经》的卦名、卦辞和爻辞都没有阴阳的字眼和概念,阴阳的概念是在周朝初期才开始出现的,如《文子·九守篇》说"天地未形,窈窈冥冥,浑沌而一,分为阴阳",但是,中国古代的人们早就认为宇宙是从无序混沌的初态分为天地二仪的。"盘古开天辟地""气之轻清而上浮者为天,气之重浊而下凝者为地",从而形成天地分明这样有序的二仪世界。

体相对而性相反的二仪是人们认识事物及其内在道理的思辨准则,是判定事物的基准。在认知事物的一维坐标系中,无极是作为参照系而成为坐标原点的,而太极则表现为以某个方向为正方向的一维坐标轴,与之反向的太极与正向太极共同构成了一维二仪的坐标系。在欧几里得几何学中,正向太极作为射线或半直线有一个端点,而反向太极作为射线或半直线也有一个端点,这两个端点可以重合为一点(无极),这一参照点和它两旁无限延长的部分所组成的图形就是一维二仪的坐标,把阴线用符号"--"指代,阳线以符号"—"指代;所得到的阴阳二仪,在易象中就称"—"为阳爻,称"--"为阴爻,如图2-5所示。如果反向的阴阳二仪用黑白各半的矩形图来表现,就是如图2-6所示的带有两个磁极的磁棒或黑白"双节棍"。

$$阴(-)\vec{Y} \longleftarrow\text{---------}\ 0 \longrightarrow \vec{X}\ 阳(+)$$

图 2-5 阳爻和阴爻构成的一维二仪坐标系

图 2-6 反向的阴阳二仪

孔子在熟读《周易古经》后的心得体会是:"易始于太极,太极分而为二,故生天地。"因此,孔子及其弟子在《易传》中就用阴爻--和阳爻—的符号来指代所有反向的对立的阴阳二仪。在此,阴阳概念并没有特殊的定义,而只是使—和--这对抽象的普适的爻符有了便于理解的称谓,这样所有的事物形态一分为二为分异的、相对的具体两种仪态都可以用阳爻和阴爻来表示,如日与月,乾与坤,天与地,刚与柔,动与静,昼与夜,炎与凉,胜与负,开与关,大与小,前与后,上与下,尊与卑,贵与贱,君与臣,男与女,夫与妇,父与子,仁与义,硬与软,矛与盾,正与负,奇与偶,是与非,道与器,肯定与否定,形而上与形而下,哲学与科学……

爻符—和--只是一种指代二仪的规定,是认知分异事物的两个最基本的元素,表征的是事物一种性质分异且对立的两个方面。实质上,这是用二分法分划后产生的两个既排斥又穷尽的副属类,是最高的、普适的哲学范畴。事物某一性质之差异有了阴阳二仪作为比较标准,人们在进入一维坐标系的二仪空间中,就可以将整体混沌的事物"一分为二"作为两个类别来认知。二仪也可以用定质分类饼图表示,如图2-7所示,阳爻—对应白色半圆,阴爻--对应黑色半圆。

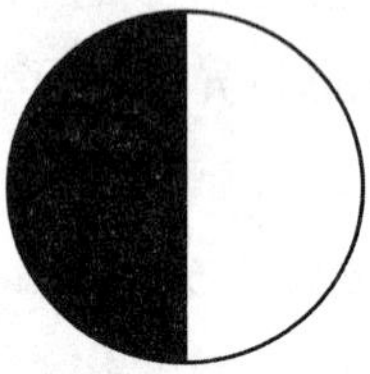

图 2-7 二仪的定质分类饼

五、四象

四象是人们在认识事物阴阳的基础上引申出来的四种属象,是阴阳特性的进一步细化。古人夜观天象,以北极星周围的紫薇垣之勾陈星为参照系,呈现在他们眼前的往往是这么一种景象:其东方角亢氐房心尾箕七宿就像苍龙,北方斗牛女虚危室壁七宿俨然玄武(龟蛇),西方奎娄胃昴毕觜参七宿犹如白虎,南方井鬼柳星翼轸七宿则酷似朱雀。东方苍龙与南方朱雀同属阳,西方白虎与北方玄武同属阴,但是阳中尚可分阴阳,阴中也可分阴阳。例如,同属阳的南方与东方其日照量就有差异,南方的日照量大于东方而称为太阳,东方则称为少阳。同理,西方与北方的日照量也有差异,西方日照量大于北方而称为少阴,北方则称为太阴。可见,属阳的事物一分为二还可在阳的基础上分出阴阳二仪,属阴的事物也可在阴的基础上再分出阴阳二仪。对事物的同一性质进行两次分异就可以得到苍龙、白虎、朱雀、玄武四象,这就是二仪生四象。

实质上,在二仪这两个副属类的基础上,再分别进行二分,就可以产生次一级的副属类。由两个独立的一维二仪坐标系组成定质的二维坐标系,认知空间的仪态就被两两分划为四个象限。二仪生四象就是由两个独立的二仪共同组成的认知坐标系中所产生的四个卦象。如果卦象用二爻画表示,每卦含二爻,每爻的爻象又有━和╍两种可能,排列组合的结果是 $2^2=4$ 个卦象,故简称四象。四象的爻符为═、╞╞、╞╡、╍╍,由阴爻╍╍和阳爻━这两种符号组合而成。如果是两个阳爻的卦象就命名为"太阳"(或老阳),如果是两个阴爻的卦象就命名为"太阴"(或老阴)。如果是下阴上阳的卦象就命名为"少阳",如果是下阳上阴的卦象就命名为"少阴"。

四个卦象之间在方位上依对立统一的逻辑关系来排序和确定方位关系,不可以更改。太阳(白)与太阴(黑)相对,少阳(浅灰)与少阴(深灰)相对,这样的四象序列依次为:太阳═、少阳╞╞、少阴╞╡、太阴╍╍。序列既符合"天道左旋,地道右旋"的∽形规则,又满足"数往者顺,知来者逆"的规定,从太阳到少阳为"数往者顺",是向左旋转,这是逆时针方向;从少阴到太阴为"知来者逆",是向右旋转,这是顺时针方向。把少阳与少阴相连接,四个卦象就是依 S 形曲线而排列的,这样就在平面上构成了四象图。

四象图与欧几里得几何学中平面上的笛卡尔直角坐标系本质上是一样的。定质的二维笛卡尔直角坐标系是对两种质(x,y)进行甄别的空间表现形式,四象图则是对事物两种质(阴,阳)进行甄别的空间表现形式。由定质的坐标轴作为射线构成二维笛卡尔直角坐标系,就把平面空间分成左、右、上、下四个象限,如图 2-8 所示。

其中,太阳═即第Ⅰ象限(＋,＋),少阳╞╞即第Ⅱ象限(－,＋),太阴╍╍即第Ⅲ象限(－,－),少阴╞╡即第Ⅳ象

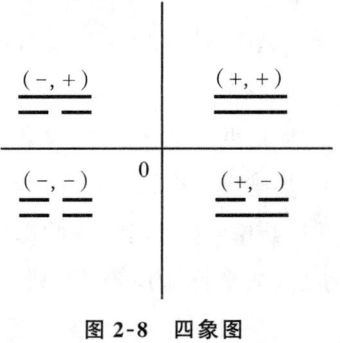

图 2-8 四象图

限(+,-)。四个象限代表四类同质事物,所以也可以看作不同性质的四点分布。

其实,根据两对阴阳相对的质来认识的不同事物,都可以分出对应的太阳、少阳、少阴、太阴四个卦象。例如,对于周期变化的时间来讲,一天不仅可以分为昼夜,还可以在此基础上分成上午、下午、上半夜、下半夜四象;一年也可以在上半年和下半年的基础上分成春、夏、秋、冬四季。

四象也可以用分类饼图表示,如图2-9所示,如果白色部分表示太阳☰,黑色部分表示太阴☷,浅灰色表示少阳☱,深灰色表示少阴☳,那么,图2-9可以转化为图2-10。

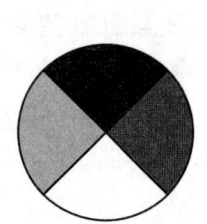

图2-9 四象的分类饼

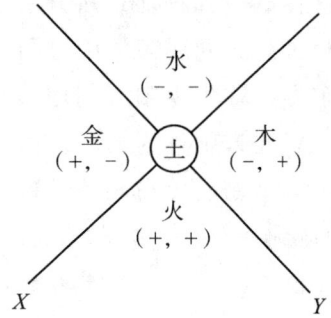

图2-10 四象的爻象

如果把自然要素——火、木、水、金和土的性质像阴阳概念那样一般化,以此来指代所有具有不同阴阳成分的四象和没有阴阳可言的无极,则土性居中,定为无极;火性成炎向上,阳气最旺,为太阳;木性能屈能直,吸收阳光而成长向上,为少阳;水性润湿向下,阴气最盛,为太阴;金性固守地下,但能从事变革,为少阴。把火、木、水、金四象再加上太极土就构成五行的要素。

五行中的火、木、水、金对应着四象的朱雀、苍龙、玄武(龟蛇)、白虎或太阳、少阳、太阴、少阴,它们的称谓就像阴阳概念一样便于人们领会,实质上是对抽象的、普适的四类范畴进行冠名,都是爻符☰、☷、☱、☳的代名词。所以把五行说之木、火、土、金、水用于方位,就有相应的东南中西北,用于人体内脏则有肝心脾肺肾,用于五音也有角徵宫商羽,用于味道还有酸苦甘辛咸……可见,五行说是阴阳说的深化与发展,是重复运用二分法得到的分划分类的结果。

六、八 卦

由两个独立的二仪共同组成的认知坐标系,产生了四个卦象,在四象这四个副属类的基础上,再一次分别进行二分,就可以产生又次一级的副属类,所得到的八种不同类别(卦象)称为八卦。此即"四象生八卦",实质上是建立了由三个独立的二仪共同组成的认知坐标系所产生的卦象,是阴阳特性更进一步的细化。

在由三个独立的二仪组成的定质三维坐标系中,认知空间被分划为八个卦限。八卦中的每一卦（经卦）的卦象都是三次运用二分法产生的阴阳类别，每一次二分所产生的爻象就构成了三级爻位上的爻符。一卦三爻中，每一爻的爻象都有"—"和"- -"两种可能，排列组合的结果为 $2^3=8$ 个卦象，故简称八卦。

"八卦以象告"，八卦的分类饼图可以用图 2-11 所示，如果白色部分用乾☰表示，近白色部分用兑☱表示，浅灰色部分用离☲表示，灰色部分用震☳表示，深灰色部分用巽☴表示，浅黑色部分用坎☵表示，近黑色部分用艮☶表示，黑色部分用坤☷表示，那么就可以将八卦的分类饼图变换为如图 2-12 所示的先天八卦图。

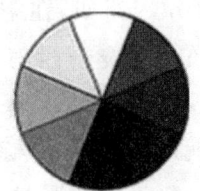 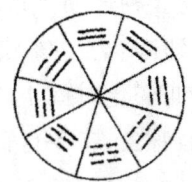

图 2-11　八卦的分类饼　　图 2-12　二维平面表示的八卦

在先天八卦图的每一卦的卦象之中，爻位是自下而上垂直排列的，不可以随意更改。为了表明爻象经天纬地的普适性以及爻位上中下的差异性，人们借用自然界的大气圈（天）、生物圈（人）和岩石圈（地）来作为八卦中爻位的级别，即初爻（下爻）为第一级，称为地位；中爻为第二级，称为人位；上爻为第三级，称为天位。所谓爻含有三才之道，"三才"即天地人。可见，立八卦意欲在于解释世界。

《周易》源于八卦图，可不论是先天八卦还是后天八卦，在原先的厚重的史册上都没有留下图形的印记。后来，北宋的易学家邵雍根据《易经》对八卦的文字描述而绘制成图，并以先天八卦为体，后天八卦为用，在《皇极经世》中记载了卦象的排列。此外，邵雍还以他著作的《观物外篇》由卦变而得的"先天一图"为载体，提出了"一变而二，二变而四，三变而八卦成矣。四变而十有六，五变而三十有二，六变而六十四卦备矣"之说，因此在解说《先天图》的卦变时就给人以耳目一新的感觉。如果以三画乾为祖，三变而得八卦图：一变乾之上爻得兑，二变乾、兑之中爻得离、震，三变乾、兑、离、震之初爻得巽、坎、艮、坤。八卦围成圆图既是"乾坤纵而六子横"图，亦是《先天图》内贞八卦方位图（八卦小圆图，一般称为"先天八卦图"）。

在先天八卦图中，每一卦之间在方位上是依一定的逻辑关系来排序的，不可以更改。先天八卦的卦象和命名依次为：☰乾、☱兑、☲离、☳震、☴巽、☵坎、☶艮、☷坤，其类别排列是根据《说卦》"天地定位，山泽通气，雷风相薄，水火不相射"来确定图中的乾（天）、坤（地）、艮（山）、兑（泽）、震（雷）、巽（风）、坎（水）、离（火）的方位关系，即八卦的乾、兑、离、震是向左旋转，巽、坎、艮、坤是向右旋转。这样的∽形曲线符合"数往者顺，知来者逆"的规定，被称为"天道左旋，地道右旋"的规则。因而，"乾一、兑二、离三、震四"为"数往者顺"，是向左旋转，这是逆时针方向；而"巽五、坎六、艮七、坤八"为"知来者逆"，是向右旋转，这是顺时针方向。在震四与巽五连接时，八个卦象实际上是依 S 形曲线(有人称之为太极曲线)而排列的,这样生成的八卦图就在平面上构成了先天八卦图(伏羲八卦图)。

如果爻象符号改为数字符号,则☰乾、☱兑、☲离、☳震、☴巽、☵坎、☶艮、☷坤八个卦象转换为卦数,依次为111,110,101,100,011,010,001,000(现代中西方文字和字母排序均为横排,且自左向右),这是以最左端的数字为第一级,对应初爻;以中间数字为第二级,对应中爻;以最右端的数字为第三级,对应上爻。

不论是卦象还是卦数,把这8个抽象的、普适的八卦应用于具体事物的分类认识,就可以分出同一事物3种性质下表现差异的8个部分。例如,在空间方位上可以分出四方四隅8个方位,即南(乾)、东南(兑)、东(离)、东北(震)、西南(巽)、西(坎)、西北(艮)、北(坤)。在周期变化时间上,也可以分出8个不同的时段,如一天的时间,每一个半时辰对应着不同的卦象,正午区间的一个半时辰就对应乾卦,其余类推。对于一年的时间而言,每3个节气也对应着不同的卦象,如芒种、夏至和小暑这一时段对应乾卦,其余也可依次类推。

其实,先天八卦图在本质上与欧几里得几何学中的三维笛卡尔直角坐标图是等同的。三维笛卡尔直角坐标系是对3种质(x,y,z)进行甄别的立体空间表现形式,八卦图则是对事物3种质(上中下三爻)进行甄别的平面空间表现形式。三维笛卡尔直角坐标系把立体空间分成左右、上下、前后8个卦限,如图2-13所示,八卦图则在平面上分成8个卦限。运用数学上空间映射的方法,则乾卦(☰)对应第一卦限Ⅰ(+,+,+)、兑卦(☱)对应第二卦限Ⅱ(-,+,+)、离卦(☲)对应第三卦限Ⅲ(+,-,+)、震卦(☳)对应第四卦限Ⅳ(-,-,+)、巽卦(☴)对应第五卦限Ⅴ(+,+,-)、坎卦(☵)对应第六卦限Ⅵ(-,+,-)、艮卦(☶)对应第七卦限Ⅶ(+,-,-)、坤卦(☷)对应第八卦限Ⅷ(-,-,-)。这里其实只是将阳爻"—"换成"+"把阴爻"--"换成"-"。[16]

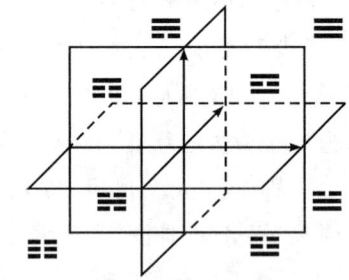

图2-13 三维空间表示的八卦图的卦象

可见,先天八卦图能够巧妙地在平面上把8个卦象的分异直观地展开,可以避免三维笛卡尔直角坐标系立体的空间想象与作图技巧。八卦图和三维笛卡尔坐标系的8个卦象都是按事物形态进行定质划分的分类空间。对于客观世界中具有三爻(三种质)的事物来讲,都可以在八卦图或三维笛卡尔直角坐标系中来认知。事实上,8个卦限也可以看作不同性质的8个点的分布。

七、六十四卦

八卦的经卦都是三爻卦,如果把两个经卦两两重叠,这样得到的重卦,叫别卦,又叫大成之卦。由于一个别卦含六爻,每爻又有阳爻—和阴爻--两种可能,因此排列组合的结果卦数就有 64(2^6=64)个。六十四卦是将事物形态高度概括为 64 个标准的类别,其分类饼图可以用图 2-14 来表示。

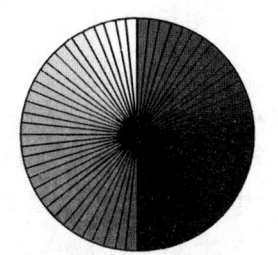

图 2-14　六十四卦分类饼

实际上,六十四卦是建立了由 6 个独立的二仪共同组成的认知坐标系所产生的卦象,是阴阳特性一步一步细化的结果。在由 6 个独立的二仪组成的定质的六维坐标系中,认知空间被分划为 64 个卦限。六十四卦的卦象是 6 次运用二分法得到的 64 种不同阴阳类别(卦象),每一次二分所产生的爻象就构成了六级爻位上的爻符。一卦六爻中,每爻的爻象都有—和--两种可能,排列组合的结果为 2^6=64 个卦象,所以简称六十四卦。

六十四卦图在本质上等同于欧几里得几何学中定质的六维笛卡尔直角坐标系,它们的卦象都是按事物形态进行定质划分的分类空间。六十四卦图能够在平面上把 64 个卦象的分异直观地展开,可定质的六维笛卡尔直角坐标系无论作图技巧有多高,都是难以在空间中表达其分异的。对于客观世界中具有 6 种质的事物来讲,可用六十四卦图来认知,却无法在不可想象的六维笛卡尔直角坐标系中认知。

六十四卦代表着 64 个类别,《周易》对六十四卦不仅冠名,而且都赋予了卦辞和爻辞。易卦的名称是对卦爻辞的高度概括,是对卦符的精练命名,体现了特定的义理和思维方式。《周易》中六十四卦的每一卦之间在方位上的排列,也是依照乾为天、坤为地,有天地然后有万物的思想所形成的逻辑性关系来排序的,不可以随意更改。因此,由乾(阳)之坤(阴),伏羲六十四卦依序被命名为:乾、夬、大有、大壮、小畜、需、大畜、泰、履、兑、睽、归妹、中孚、节、损、临、同人、革、离、丰、家人、既济、贲、明夷、无妄、随、噬嗑、震、益、屯、颐、复、姤、大过、鼎、恒、巽、井、蛊、升、讼、困、未济、解、涣、坎、蒙、师、遯、咸、旅、小过、渐、蹇、艮、谦、否、萃、晋、豫、观、比、剥、坤。

其实,邵雍除了将八卦绘制成图以外,他还就二分法六变形成的卦象,以六画乾为祖,根据"天道左旋,地道右旋"的∽形规则,为不同的类别规定了序列。乾卦→复卦四宫三十二卦左半圈是向逆时针方向旋转,姤卦→坤卦四宫三十二卦右半圈是向顺时针方向旋转。在姤卦与复卦连接时,64 个卦象也是依 S 形曲线(太极曲线)而排列的,表现了事物异质形态转化信息与事物本质尚未转化信息逐级对比的轨迹,这样生成的圆图就在平面上构成了先天六十四卦圆图,如图 2-15 所示。

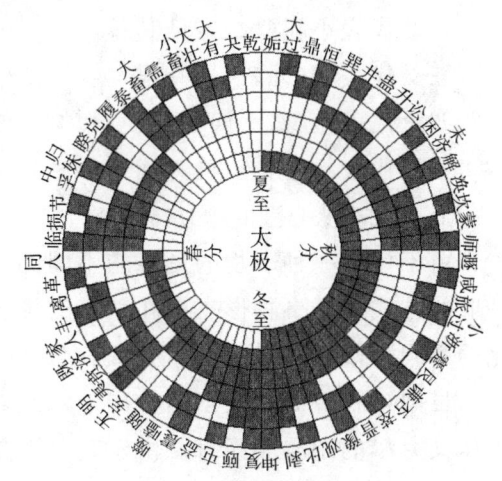

图 2-15　先天六十四卦圆

在《周易》六十四卦的每一个别卦的卦象之中,每一卦都有六爻,爻所居的位置就叫爻位。爻位也是自下而上垂直排列的,不可以更改。别卦卦象的爻位级别也含有天地人三才之道,初爻、二爻为地位,三爻、四爻为人位,五爻、六爻为天位。初、三、五爻为阳位,分别为地、人、天之正位。二、四、六爻(上爻)为阴位。上爻为上位,初爻为下位。上卦之中爻和下卦之中爻为中位,居于中位叫得中。

不过,在《周易》中,阴阳位与阴阳爻并非一一对应,即阴爻并非居阴位,阳爻亦并非居阳位,而多为阴阳杂居,如阳居阴位,阴居阳位,所以《周易》中有当位、不当位(或得位、失位)问题。一般说来,阳居阳位,阴居阴位为当位;阳居阴位,阴居阳位为失位。

在《周易》中,六十四卦说的是境遇伦理,其实在这一境遇伦理模型中,别卦的爻位是依一定规律排列的,可以按爻所处的位置来代表不同性质的事类。一般说来,二爻五爻居中,以示行中之道(即不偏不倚,不过无不及,古人称为大德),故多荣誉,多有功绩。因而,《周易》二五两爻的注辞多是吉利的。三爻居内卦之上,过中,故多凶险。四爻近五爻,五爻为天子,故近天子之人,多恐惧,即所谓伴君如伴虎。初爻代表事未成,上爻以示事已过。如果以爻所处位置来代表事物形态变化的不同阶段,那么初爻就代表事物开始,二爻代表事物崭露头角,三爻代表事物大成,四爻代表事物进入更高层次,五爻代表事物成功,上爻代表事物终极。以乾卦为例:

初九,潜龙(潜藏的龙,以示事物刚开始)。

九二,见龙在田(龙出现在田野,比喻事物崭露头角)。

九三,君子终日乾乾(事物小成,防骄,故小心谨慎)。

九四,或跃在渊(进入更高层次,新旧更替,故迷惑在渊中)。

九五,飞龙在天(龙飞在天空,大有作为,以示事物成功)。

上九,亢龙(龙飞过高,代表事物终极)。

又如以爻所处位置代表人的身体不同的部分,并以艮卦为例:

初爻代表脚趾(初六:艮其趾)。

二爻代表小腿(六二:艮其腓)。

三爻代表腰(九三:艮其限)。

四爻代表上身(六四:艮其身)。

五爻代表脸(六五:艮其辅)。

上爻代表头(上九:艮其敦)。

由于任何一种事物的形态的不同部分都可以对应着一定的爻位,因而爻位也是以一般的方式表征事物形态存在秩序的排序。虽然一定的爻位也可以对应着事物形态演化的不同阶段,但是表示事物形态变化的序列主要还是通过卦象来表现的。

虽然《周易》的两次创新止步于六十四卦,但是二分法是就一个类概念分成两个既排斥又穷尽的副属类而言。由于其分类是从顶向下进行的,通过逐次二分而最后分成倍增的单元组,因此该等级分类属于分划分类。二分法还可以为知识体系的分科构筑具有很高条理性的分析法二叉树结构。从无极→太极→二仪→四象→八卦→六十四卦→……→万物……的认识深化过程，就是将整个研究对象逐次二分而得到最后的分组，其中任何水平下的组都是较高水平组的再分组，因此形成了一个等级的树状分类，有如图 2-16 所示的二叉图。

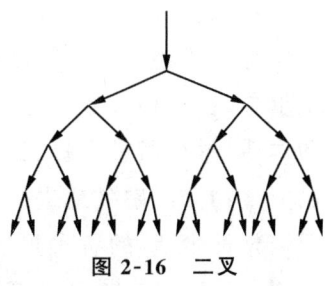

图 2-16　二叉

实际上，二分法是顺应了事物自然规律才能够使人们获得对事物形态变化过程不同程度的认知。例如，凡是由受精卵发育而来，且体细胞中含有两个染色体组的生物个体，均称为二倍体。高等哺乳动物几乎都是二倍体生物，二倍体生物在产生卵子和精子时就是减数分裂。减数分裂是生物细胞中染色体数目减半的分裂方式。性细胞分裂时，染色体只复制一次，细胞连续分裂两次。减数分裂可以分为中间期和分裂期两个阶段。整个二倍体细胞减数分裂过程就是一张无极→太极→二仪→四象→八卦→六十四卦→万物的二叉图。

二分法在中国历史上深入人心，至今仍是中国人所承认的一条公理。"阴阳说""五行说""八卦说"等学说就是基于《周易》创立的二分法而产生的。由于二分法是认知事物的基础方法，可以引出二进制算术，是生成论的基础、分类法的起源、分析法的发轫和微分学的初步，因此二分法被一些思想家狂热信奉，而且二分法思维至今仍然被当作西方现代文化思维的最主要特征。

在《周易》中，中国的先哲是按照事物的共同特征和本质规律，从整体观出发运用阴阳之道，把事物"一分为二"为太极、二仪、四象、八卦、六十四卦乃至万物等不同的类别，从而达到对事物进行分门别类的认知。在《周易》所创立的理论体系中，每次二分都是根据事物的单质而将事物分成相对于该质的等权的阴阳两类。这种分划可以人为地在任一水平下停止，如果停止在二仪就产生了"阴阳说"或矛盾论；如果停止在四象则出现了"五行说"；如果停止在八卦也就有"八卦说"。因此，《周易》提供了非常重要的认识方法——二分法，这是人类认识事物最基本的科学思维方法。

其实，《周易》所提供的研究自然、认识自然的精湛的方法论思想武器，为科学研究提供了一套别开生面的象数思维模式，象数思维与"概念思维"的不同也成了中国传统思维方式与西方思维方式的分水岭。《周易》的象数思维模式突出地反映了东方思维的特征，这是西方文化中所不具备的。但是，由象数思维和阴阳思维产生的二分法认为，世界上的一切事物都是由阴阳两个方面构成的，一方以另一方的存在为基础，阴阳互补、动静互根。

虽然"先天图"是邵雍托伏羲之名而创造出来的，但是其对八卦和六十四卦卦象的排序，说明他的确悟出了伏羲画卦的真旨，从而反证了周文王和孔子所传文王之卦（后天八卦）有悖于伏羲。不仅先天图不是《周易》中已有的东西，而且赫赫有名的太极图也是后人的发挥和创造。太极图相传是五代宋初的道教学者陈抟所画，阴阳鱼相抱的太极图连续地表述了伏羲八卦的深刻内涵，并形象地表达了《周易》蕴含的阴阳之道，如图

2-17所示。

综上所述,《周易》以整体观确定宏观坐标,又以二分法形成理论框架,在互相关系中进行具体分析。按照宇宙万物的共同特征和本质规律,通过太极、二仪、四象、八卦的形式逻辑,逐步引导人们对事物分门别类地进行认知。自然界、社会和人(包括其物质生活与精神生活)的各种形态及其相互关系都可以在二仪、四象、八卦或六十四卦中找到相应的卦象。例如,自然界的日、月、星、辰、风、雨、雷、电、山、河、草、木、飞禽、走兽种种情况;社会的农耕、狩猎、商贸、战争、祭祀种种事态;不同性别、等级、年龄、职业的男人、女人,其生、老、病、死、婚、丧、嫁、娶种种生活现象;人在生理上身体的各个部位组织;人的喜、怒、哀、乐情感;人的精神追求……各种事物形态都可以在这样的认知坐标系中识别。

图2-17 太极图

"一阴一阳之谓道",事物形态的变化规律就是阴阳转化之道。不同的卦象具有不同的阴阳定性成分,它们就是阴阳性质转化之道上的里程碑;其全体所反映的正是事物形态的变化规律。二仪、四象、八卦和六十四卦这些不同精度的卦象,就像是以不同间距的里程碑来反映事物形态变化之道的路段。《周易》的二分法是定性描述与定量描述的综合集成法,其象、数、理、占四大法则包含了人们认知世界万物的深奥的混沌的统一的"道理"。在认识论上,《周易》通过阴阳要素给予人们太极智慧,让人们认识到阴中有阳,阳中有阴,阴阳互根互用。

科学的认识论与科学的逻辑工具之间有深层次的内在联系。《周易》开辟了认识论研究定性认识与定量认识辩证统一的途径,所以古代中国就有形式逻辑(只是没有发达到建立逻辑体系);而古希腊科学所崇尚的形而上学是理性的思维方式和科学研究方法,其自然哲学所遵循的是与二分法相近的形式逻辑原则。古希腊科学力求形式的圆满,使得自然哲学进一步理论化,形成严密的符号逻辑系统,又和严格的实验相结合,给人们提供了一种理性的思维方式和科学研究方法,其结果是为人类提供了宝贵的自然科学理论。当代圣塔菲学派用"多来自少"或"复杂来自简单"的命题来表述生成论,其实在《周易》中就可以找到辩证逻辑的思想源头。因此,人们有理由相信《周易》"太极—二仪—四象—八卦—万物"的认识论模型是形式逻辑与辩证逻辑的源头活水。

思维方式是人们在认识和实践活动中形成的较为固定的理解、把握、评价和选择事物的某种习惯性思维框架、手段和途径,主要包括思维主体的知识及其结构、思维形式和思维方法等。人们已经采用二分法对思维方式进行不同的分类,形成一系列矛盾概念,如正向思维与逆向思维、发散思维与收敛思维、求同思维与求异思维、言表思维与意会思维、精确思维与模糊思维、逻辑思维与直觉思维、抽象思维与形象思维等,这些相反的思维实际上都是阴阳矛盾,是对立统一的。

不同的思维方式会产生不同的认识论,科学进步的思维方式能够帮助人们以正确的认识论来认识世界及其各种事物形态的关系。《周易》的作用在于,将朴素认识论及其包含的二分法上升为国家意识形态,并由此影响了中国人几千年的思维走势。在 21 世纪里,中华民族要在科学技术发展中显示出东方智慧新的转移与新的实现,要对人类文明再次做出自己应有的贡献,要正确地处理人与自然、人与社会和人与人的问题,就要对《周易》的认识论和其他本质直观思维方法及深邃的思想进一步解读,并以此作为构筑统一科学大厦的顶梁柱。

第五节 《周易》的方法论

科学是认识世界的正确的方法论。任何一个理论体系总是和一定的方法紧密联系在一起的,赋予《周易》独特神韵的正是其丰厚的方法内涵。深入发掘《周易》的宝藏,可以发现定质的分类法、定量的二进制、定向的阴阳论等科学方法都能在其中找到渊源。《周易》的方法论可以为统一科学理论体系的建立提供富有启示性的重要思路。

一、定质的分类法

近代科学的最大发明是科学发现的方法。所谓方法,就是关于认识客观事物所采用的步骤、程序、方式、手段、模式、法则、工具、规范等的统称。方法论是关于认识客观事物根本方法的理论,即关于方法的理论或学问,指人们用一定的哲学思想来处理一些问题的步骤、方法、原则和工具。方法论同世界观有着一致性,世界观用于认识和改造世界就成为方法论,不同的世界观必然蕴含着不同的方法论。科学方法是解决问题的工具,是为科学认识服务的,从属于科学的认知目标。科学发展的历史是伴随着和包含着方法演进的历史。科学方法的创新能让人类不断拓展自身的认知能力,推动科学向纵深发展。一般科学方法是广泛适用的方法,是哲学方法的具体化和特殊化。在追求真理的过程中,运用科学方法才能保证科学理论的客观性、合理性和完美性。[17]所以,英国科学家皮尔逊认为:"整个科学的统一仅在于它的方法,不在于它的材料。"[18]

《周易》作为群经之首,是一部以占筮形式表现的经典,在其众多的象、数、理、占的结构与变化中蕴含着许许多多的方法。所以,《周易》的思维方法构成了一个以感悟为特色,在对事物整体把握的前提下进行辩证思维的方法论体系。孔子及其弟子就是在学习《易经》时发现了这一思想库的宝藏,于是他们在《易传》里把《易经》这部卜筮之书转变为哲学著作,不仅阐明了《易经》中许许多多的哲理,同时也揭示了诸多有价值的方法论思想。

辨类方法最初是从对物体或物种的识别开始的。从伏羲开始,《周易》在方法论上就一直秉承"取象比类"的方法取其物"象"来"立象尽意"。"象"的本意就是主观地将事物高度抽象并变成符号。8000年前,中国的伏羲氏画了八卦之象,把事物及其变化分为8类。殷末周初(3000多年前)成书的《易经》又把分类系统细化为六十四卦。在对《易经》进行系统研究的基础上,《易传》于公元前841年透露了《易经》认知事物的基础方法就是二分法。

二分法是《周易》创立的适用于一切事物的一般分类法,也是关于事物分类的基础方法。在《周易》中,对事物的认知是在人们认识活动开始之时先把事物当作一个整体,再运用二分法将整体的研究对象"一分为二",对暂时被从整体割裂的"二仪"(两个类属)分别进行研究;如果尚不足以揭示事物的本质,还可以逐级深入地分析四象(4个类属)、八卦(8个类属)……这种以二为阶的等级分类过程,是根据事物质的共同点或差异点来把事物分门别类的。在不同级别的分类过程中产生的二仪、四象、八卦或六十四卦,都是不同层次的类属名称而已。《周易》中的这些"类"当然都不是在时空中存在而可以变化的具体的特殊的事物,而是比其高一层的表现质差异的东西。因为具体的特殊的事物各不相同,不能是类。

除了二分法外,《周易》还有一些直接关于分类的论述。例如,《易·系辞下》指出:"古者包牺氏之王天下也,仰则观象于天,俯则观法于地,观鸟兽之文于地之宜,近取诸身,远取诸物,于是始作八卦,以通神明之德,以类万物之情。"《系辞》中还有:"当万物之数也……八卦而小成,引而伸之,触类而长之,天下之能事毕矣。""夫《易》,彰往而察来,而微显阐幽,开而当名辨物,正言断辞则备矣。其称名也小,其取类也大,其旨远,其辞文,其言曲而中,其事肆而隐。因贰以济民行,以明失得之报。""方以类聚,物以群分。"等等。

分类属于人类的基本思维方法,是人类认识自然界进行科学研究的一种基本分析方法。"分"即鉴定、描述和命名,"类"即归类,按一定秩序排列类群。分类是根据事物的共同点或差异点,按照对象的本质或重要特征分门别类编组排队,把事物划分为不同种类的逻辑方法。[19]《周易》中的二分法就是通过比较对象性质之间的相似性,根据对象性质之间存在的共同点和相似特征,将它们归属于一个确定的集合。根据类别组成的序列,其对应的象数符号也可以组成序列。

分析是思维的基本过程和方法,是人们认识事物的前提和基础。人们通过分析研究事物的各个部分、各个侧面和各个因素之间的联系,就能形成对事物的比较与鉴别,就会从事物的现象来把握事物的特征,由事物的特征去深入认识事物的本质。当然,把某一事物分解为它的各个部分、各个方面和各个因素而孤立地加以研究,并不是分析的最终目的,而是认识事物的一种还原手段。只有通过分析才能透过现象深入到所要研究的事物的内部,才能找出能够把各个部分联系起来的能说明各方面的基本的东西,这种基本的东西就是事物的本质。所谓本质,也就是事物本身所固有的根本性质。

分析是把整体分解为各个组成部分、性质、要素,并对这些部分、性质或要素进行研究和认识的一种思维方法。只要科学存在,就需要分析。分析的任务是从事物或现象的总体中,分出构成该事物或现象的部分、要素或性质,使事物的各种性质清晰地呈现在人们的面前。

分类法是与比较法相联系的一种逻辑方法,从属于分析方法的类型。但是,以还原论为导向的分析法采取的做法往往是把整体加以"解剖",把被考察的因素从整体中"分割"后抽取出来并加以"分离",以便使之单独地发生作用,通过对它们进行精心的考察和研究来揭示它们孤立的特殊性质。分类法则是在把整体的各个部分、各种要素暂时地割裂开来进行分析的过程中,始终保持了整体的关联性,而不是像上述的分析法那样攻其一点不及其余。

事物的共同点以及与别类事物的差异点就是事物的共性与特性,这种共性与特性也就是分类的根据。万物虽众,但均有共有别。推而共之,可以类上归类;推而别之,可以类下分类。共性是归合事物的根据,特性是区分事物的根据,共性与特性的对立统一是一切分类的根据。所以,分类是分与合的统一,是通过共性与特性的对立对比而进行的。分类就是对事物的性质进行分别归类,分别是由一般到特殊的基本方法,归类是由特殊到一般的基本方法。

人们的思维判定必须通过事物共性与特性的对立对比来进行甄别和分类。所谓的共性和特性都是一种规定性质,由人们认知事物的需求和能力等因素产生,由此就在方法上发展和派生出不同的方式,产生了一系列的分类法。分类学就是根据这些分类法的特性与关系来组成分类系统。分类的方法所构成的分类系统如图2-18所示。

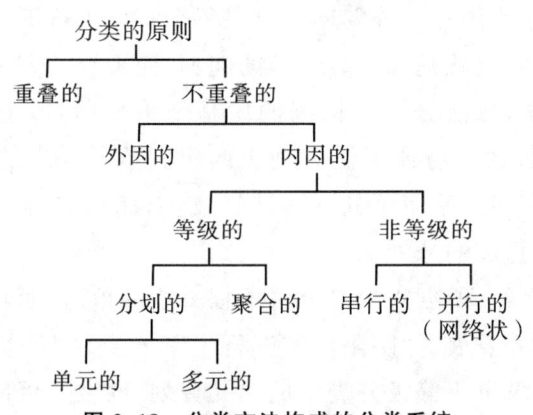

图2-18 分类方法构成的分类系统

分类的方法在分类系统中可以分为:

(1)重叠分类和不重叠分类(指每个被分类的成员都只能属于最后分成的一个组,而不能同时属于两个以上的组)。

(2)不重叠的分类又分为外在分类(指事先知道某种外在因素,并在分类过程中有目的地让分类结果尽量反映外在因素的影响)和内在分类(指将所有同质的数据等同对待,它们对分类实体起着同样的作用)。

(3)内在的分类又分为等级分类(将整个研究对象的样方集合逐次二分而得到最后

的分组,其中任何水平下的组都是较高水平组的再分组,形成一个等级的树状分类)和非等级分类(最终得到的分组不是由上级组逐次分划而来的,组间的联系不是树状的而是网状的)。

(4)等级分类还可以分为分划分类(从顶向下进行,即从整个研究对象的样方集合开始通过逐次二分而最后分成单个样方或一定水平的样方组,二分法是分划分类中单元的分类)和聚合分类(从单个样方开始,通过逐次两者相并最后到包含整个样方集合)。

(5)非等级分类也可以再分为串行分类和并行分类。

一切分类都有一个分类级别。分类级别(或层次)是通过共性与特性的对立统一实现的。首先,按照对象大的共同点把对象分成大类,再按大类中各个对象次一级的共同点,把对象分成次一级类,据此就可以把对象分成不同等级的类系统。例如,根据目前天文学的研究水平,科学家把天体分为总星系、星系、恒星、行星、卫星等,这种将对象区分为各有一定从属关系的不同等级系统,就称为等级分类。

但是,无论是聚合的还是分划的等级分类,都有单元与多元之分。单元分类是根据某一性质的有无而将样方组进行一次分划,这种分划显然是简单明确的。多元分类是根据全部性质或多个性质的相似性来决定样方组的分划或两个组的合并,其依据的信息较多,分类的结果更稳定。分划的原则是从总体的一组实体出发,逐步细分下去。分划的根据是相异系数,聚合的根据是相似系数。分划可以人为地在任一水平下停止,而聚合则必须全部完成才能停止。分划还可以对每个实体进行不同处理以反映它们在分析过程中不同的重要性,也就是"内部加权"的问题,而聚合的方法则不能这样做。

对于单元分划方法,每次分划所依据的质是个重要信息,可用阳、阴,或+、-,或1、0等符号来标示,由此质的有或无而分划出两组。单元分类的原则是根据单质而分成有无此质的两类。其优点是简单、明确,计算较快,而缺点就是如果采用了一个无关紧要的质,就会造成无意义的分划。

从方法论来看,《易经》所创立的二分法根据事物的单质,而将事物分成相对于该单质的等权的阴阳两类,并发展了"阴阳说""五行说""八卦说"等学说。在各种各样的分类方法中,二分法只是隶属于等级分类中的单元分划分类法,可以说是最简单的一种定质分析的分类方法。《周易》之所以采用二分法对事物深入分析和认识,显然与其秉持的简易原则和整体观有着直接的关系。

重温《周易》所创立的二分法,绝不是为了论证其作为分类法的源头比亚里士多德所提出的那个动物的分类系统要早了几百年还是几千年,而是要真正理会二分法的数理神韵及其所具备的形式逻辑的思维,因为分类方法在引导人类步入科学领域起着至关重要的作用。

分类是认识资料理论化的最初步骤,它使认识资料得到了整理,达到了一定的系统性,从而使知识变成了科学。对自然界的科学认识就是以系统分类为起点,这是自然科学进行理论思维的前提。有了分类方法,就有了组织人类已积累的知识之间关系的策略,就能系统地依据材料的内在联系把积累的知识材料加以整理,使其形成条理清晰、层次清楚的系统。

给对象以正确的分类,把握不同类对象的特殊矛盾和特殊运动规律,是科学研究取得成功的关键。完备的分类是建立完备的学科体系的前提。现有的任何一门学科都是人们以一定的分类法对具有一定共同点的研究对象的事实或规律的知识单元所组成的知识体系。可见,《周易》所创立的以二分法为代表的分类的思想方法既反映了中国古代的科学思想,也首开了把整体分解为部分的分析研究之先河,由此引导人们开始步入认知世界的理性王国。

二、定量的二进制

从伏羲开始,《周易》在方法论上就一直秉承"取象比类"的方法取其物"象"来"立象尽意";而"象"的本意就是主观地将事物高度抽象并变成符号。《周易》在研究事物形态的转化中,即卦象的变化中,发现了事物不仅具有一定的形象,而且也都具有一定的数量,多个事物的现象必然有数在其中。《汉书·律历志》曰:"自伏羲画八卦,由数起。"因此,《周易》又从象走向数,以数代象。《易传》中言及象与数就有许多,如《易·系辞上》:"极数知来""参伍以变,错综其数,通其变,遂成天下之文;极其数,遂定天下之象"。

在《周易》中,易爻—和--作为表征阴阳的最基本元素,任何爻卦都不过是它们的组合形式。阳爻—和阴爻--这两个抽象的爻符是两个最基本的易数,因为这两个爻象符号可以用数字符号1和0来替代,而易卦符号就是通过卦画的奇偶表示了数的变化。所以,《周易》象数符号逻辑系统是包含着巧妙的二值数理逻辑思想的精神原种,《周易》这一学说因此被看作象数之学,史籍也常用"数术类""五行志"等概括之。

由二分法产生的二仪、四象、八卦、六十四卦乃至更精细、更高级别的分类,所形成的所有卦象中的每一卦的爻符都可以用易数表示,也就可以用数符来表示。例如,二仪的爻符是—和--,其对应的数符是1和0;四象的爻符是⚌、⚍、⚎、⚏其对应的数符分别是11,10,01,00;而八卦的爻符是☰乾、☱兑、☲离、☳震、☴巽、☵坎、☶艮、☷坤,其对应的数符分别是111,110,101,100,011,010,001,000。

人们在运用二分法深化对事物的认识时,一般都是循着《易经》提出的无极→太极→二仪→四象→八卦→六十四卦的路线进行的。其实,从八卦到六十四卦还要经历十六卦和三十二卦。

因为在八卦的基础上,再运用一次二分法,自然就会产生数量为($2^4=16$)十六卦的卦象。这十六卦中的每一卦也都可以用四爻画来表示,每一卦四爻中的位置也是自下而上垂直排列的。如果用"1"代表阳爻,用"0"代表阴爻,其数符可表示为1111,1110,1101,1100,1011,1010,1001,1000,0111,0110,0101,0100,0011,0010,0001,0000。十六卦比八卦在对事物组成部分的认识上又进了一步。十六卦图反映的是事物从阴(坤)到阳(乾)或从阳(乾)到阴(坤)可以分成 16 个不同类型的形态,在平面上其每个卦象分别代表着一个形态。图 2-19 所示就是把十六卦图中的卦象赋予方位的特殊规定。例如,气象部门现在使用的风玫瑰图(也叫风向频率玫瑰图)就是典型的十六卦图。

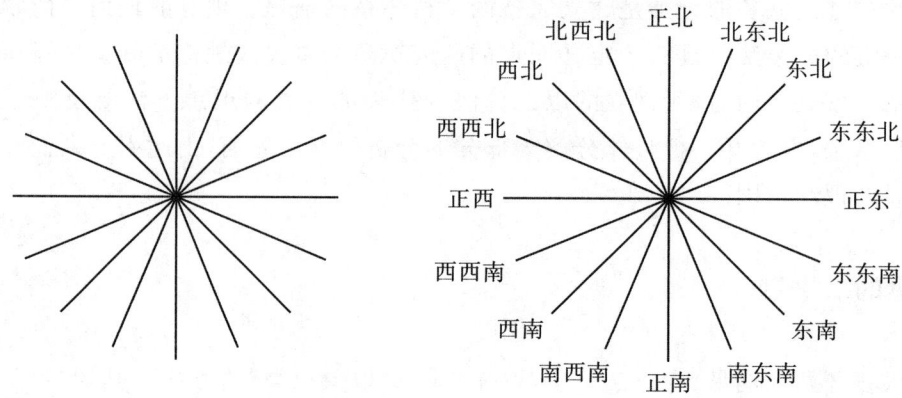

图 2-19　代表 16 个不同类型的十六卦

同理,在十六卦的基础上再运用一次二分法,也会产生($2^5=32$)三十二卦的卦象。区分的方式如前所述。三十二卦的卦象是五爻画,三十二卦只是比十六卦更为细化而已。例如,佛教中描述佛及转轮圣王身所具足的微妙相,就是 32 种法相。

遵循逐次应用二分法的分类路线,在三十二卦的基础上当然还可以再生出六十四卦来。虽然《易经》在讨论八卦后没有提及十六卦和三十二卦,就进入了六十四卦,其实,这样的跳跃是根据二分法的发生机制,以八经卦为假想"太极"而衍生出八宫六十四卦,也就是在八卦每一卦的基础上再分八卦。因此,这样"三级跳"的分析结果与循序渐进运用二分法的认识结果殊途同归,都是把事物细分为 64 个组成部分来认识。

在《周易》的历史传承中,对于如何挖掘《周易》的宝藏,不同时期的易学家在继承和发展上对二分法内涵的理解见仁见智,并明显地分道扬镳。许多人在八卦和六十四卦上止步不前,仅仅热衷于以此来解释宇宙万物的生息;而有的人则继续发扬了二分法的思想,开拓了更精确认知各个领域"万物"的途径。例如,邵雍在《观物外篇》就提出:"是故一分为二,二分为四,四分为八,八分为十六,十六分为三十二,三十二分为六十四,故曰分阴分阳,迭用柔刚,故易六位而成章也。十分为百,百分为千,千分为万,犹根之有干,干之有枝,枝之有叶,愈大而愈少,愈细而愈繁,合之斯为一,析之斯为万。"这种思想与春秋时期庄子在《天下篇》提出的"一尺之捶,日取其半,万世不竭"的说法是一致的,实质上这可以使人们通过间断认识连续,进而奠定近代微分学的基础。

此外,就在人们学易解易的历史进程中,卦象图也在演变之中,各种易图也添了进来,并加有不同易家的各种注释。朱熹在下功夫研究《先天图》由来的基础上,主张把邵雍《先天图》内的方图"取出放外",还提出了《伏羲八卦方位》与《伏羲六十四卦方位》两张卦象图。例如，八卦小横图是以黑格和白格对应着八卦图中卦爻的阴阳符号所做的图，如图2-20所示。朱熹《周易本义》所列的伏羲六十四卦次序图也是以黑格和白格对应着原卦爻的阴阳符号所做的大横图，如图2-21所示。

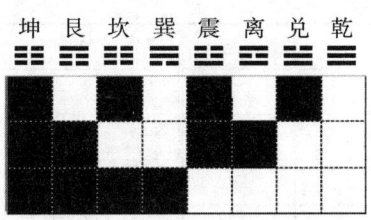

图2-20 八卦小横

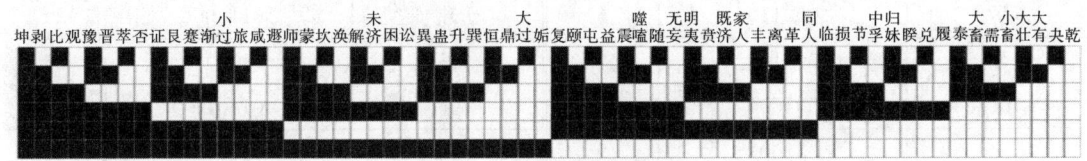

图2-21 伏羲六十四卦次序

在八卦小横图和伏羲六十四卦次序图中，每一级二分的阴阳都分别以黑白矩形块来表示。从横向上看，每一级的黑色和白色的矩形块直接对应着该级卦象中的阴爻和阳爻，其爻符分别是--和—，而数符则分别是0和1。从纵向看，用黑色和白色的矩形块直接对应爻符--和—后，每一级的卦象正好是其自下而上垂直排列的爻位。若以数符1和0代替爻符—和--，则最左端的数字为第一级，就对应着初爻；次左端的数字为第二级，对应着第二级的爻符……这样形成的每一级数符就自然是该分类级别的二进制数。

在先天八卦图中，每一个经卦都是由3个爻符组成的，以数符1和0代替爻符—和--，且以最左端的数字为第一级，对应初爻；以次左端的数字为第二级，对应二爻；以最右端的数字为第三级，对应上爻，那么，八卦序数与二进制数的关系就见表2-1。八卦的爻象和名称如图2-20所示。

表2-1 先天八卦卦序序数与二进制数及十进制数的关系

先天八卦	乾一	兑二	离三	震四	巽五	坎六	艮七	坤八
符号	☰	☱	☲	☳	☴	☵	☶	☷
二进制数	111	110	101	100	011	010	001	000
十进制数	7	6	5	4	3	2	1	0

六十四卦的每一个别卦都由6个爻符组成，以数符1和0代替爻符—和--，且以最左端的数字为第一级，对应初爻；以次左端的数字为第二级，对应二爻……以次右端

的数字为第五级,对应五爻;以最右端的数字为第六级,对应上爻,那么,伏羲六十四卦序数与二进制数的关系就见表 2-2。六十四卦的爻象和名称如图 2-21 所示。[20]

表 2-2 伏羲六十四卦序数与二进制数及十进制数的关系

坤	000000	0	坎	010010	18
剥	000001	1	涣	010011	19
比	000010	2	解	010100	20
观	000011	3	未济	010101	21
豫	000100	4	困	010110	22
晋	000101	5	讼	010111	23
萃	000110	6	升	011000	24
否	000111	7	蛊	011001	25
谦	001000	8	井	011010	26
艮	001001	9	巽	011010	27
蹇	001010	10	恒	011100	28
渐	001011	11	鼎	011101	29
小过	001100	12	大过	011110	30
旅	001101	13	姤	011111	31
咸	001110	14	复	100000	32
遯	001111	15	颐	100001	33
师	010000	16	屯	100010	34
蒙	010001	17	益	100011	35
震	100100	36	节	110010	50
噬嗑	100101	37	中孚	110011	51
随	100110	38	归妹	110100	52
无妄	100111	39	睽	110101	53
明夷	101000	40	兑	110110	54
贲	101001	41	履	110111	55
既济	101010	42	泰	111000	56
家人	101011	43	大畜	111001	57
丰	101100	44	需	111010	58
离	101101	45	小畜	111011	59
革	101110	46	大壮	111100	60
同人	101111	47	大有	111101	61
临	110000	48	夬	111110	62
损	110001	49	乾	111111	63

伏羲六十四卦次序图以二叉图逐级延伸的形式清晰地表示 6 次运用二分法来深化对事物形态认知的过程,反映了从太极→二仪→四象→八卦→六十四卦逐次二分的分析成果,也体现了人们从整体到局部认知事物的金字塔结构或树状结构。

其实,用二分法所产生的任一级的类别都是 2 的级数(1→2→4→8→16→32→64→…),不论其分析结果精度如何,各个类别的形态的信息都可以只用爻符━和╸╸或数符 1 和 0 来表征。几千年前,中国人把这种"逢二进一"的东西叫作先天(伏羲)八卦图或伏羲六十四卦图,西方人则把这种东西称作二进制。因为二进制就是以任何两种不同符号所表示的"逢二进一"的形式,这两个符号就是二进制的基数,因此用二分法所形成的所有卦象的卦序的序数也都可以用二进制的基数来表示。这就表明,在易图体系中存在着一个完整的二进制数系,中国对二进制数学的发明具有绝对的优先权。

由数符代替爻符后,二分法所产生的 2 的级数(1→2→4→8→16→32→64→…)的卦象与二进制偶合的情况,透露了这其中所包含的哲理与数理相通的信息。其实,通过《周易》的易数和筮法不仅可以引导出二进制,而且还可以引导出十进制、奇数偶数、排列组合、三阶魔方等规律。这是因为数制间存在相互转换的关系,像在"先天八卦次序""先天六十四卦次序"等易图中都存在着一个由二进制数转换成十进制数的编码,即 2^n 编码。把"先天六十四卦方位"中的六十四卦各卦阴爻和阳爻的二进制数分别转换成十进制数,并分别用黑色块和白色块表示,就可以说明在"先天六十四卦次序""先天六十四卦方位"中存在着一个完整的二进制数学体系。

二进制换算成十进制的方法是:从右到左数位,依次为二进制的第一位数码、第二位数码、第三位数码……乃至第 n 位数码;把第一位数码(0 或 1)乘以 2^0、第二位数码(0 或 1)乘以 2^1、第三位数码(0 或 1)乘以 2^2……乃至第 n 位数码(0 或 1)乘以 2^{n-1},然后相加起来,其和便是二进制数相应的十进制数。例如,$101=1\times2^2+0\times2^1+1\times2^0=5$。八卦爻符和六十四卦爻符所对应的数符及其对应的十进制数分别在表 2-1 和表 2-2 中给出。

二进制是以 2 为基数,使用 0 和 1 两个数码按"逢二进一"的计算方法来表示任意数,反映的是 0,1,2…的升序方向,伏羲八卦(或六十四卦)卦序反映的是退阳进阴过程的序数,由一、二、三……表示,因此只要在二进制换算成十进制的基础上加 1 就可以得到完全对应的数值。

由于二进制与二分法存在的内在关系,二进制实质上也是贯彻着《周易》的"简易原则",相比于其他的思维表述系统,二进制具有最简洁、最快速的特点。二进制以 0,1 两个数符表尽天下万物,如晶体管的通导状态与截止状态,电灯的亮与灭,逻辑元件的开与关或打孔与未打孔……都可以用这简便的方式来表述。

通过 0 和 1 两个基本数符的交易、组合……算术逻辑运算,二进制算术可以进一步发展成为反映事物数量关系的学科——数学。由于二进制具有可行性、简易性、逻辑性等表述方式的优越性,又可以间断性来表达连续性,因此电子计算机算法语言基础一般采用的就是简洁与快速的二进制。

虽然《周易》并没有二进制这样的概念,但是《易经》"一分为二"的思想产生了二分法的分类法,其易数也就构成了二进制的基础。在几千年前,象数派就企图将它形式化、数理化,但它不是形式逻辑的,而是思辨逻辑的;而义理派则对形式化、数理化不感兴趣,他们注重内容,关注实际,并以此来解释生活、理解人生。因此,《周易》所阐述的二分法和孕育的二进制思想并不是由中国人来发扬光大的,而是由外国人掌握并创造了近代辉煌的历史。所以,一提起二进制记数法的历史人们就常与德国哲学家莱布尼茨联系在一起,把他当作现代数理逻辑的创造者和计算机的先驱。

事实上,莱布尼茨并不是二进制记数法的最早发现者,而是从数理方面研究中国《周易》的先驱者。他曾经得益于中国《周易》思想的启发,从八卦图中参悟出二进位制数的真谛,明确肯定中国人在4000年前就已有了类似二元数学的符号,而且还首次证明了"伏羲六十四卦次序""伏羲六十四卦方位"两图的科学性。在莱布尼茨的大力提倡和阐述下,二进制才引起人们的普遍关注。莱布尼茨坦陈:二进制"是具有世界普遍性的、最完美的逻辑语言"。

莱布尼茨在《致德雷蒙的信:论中国哲学》中叹服:"《易经》,也就是变易之书……恰恰是二进制算术……阴爻(- -)就是0,阳爻(—)就是1。这个算术提供了计算千变万化数目的最简便的方式。"1703年4月,他还向法国科学院递交了题为"二进制算术的解说"的论文,其副题是:"关于只用0与1两个符号的二进制算术的说明,兼论其用处及古代中国伏羲氏所用数字的意义"。他认为:"伏羲是中华帝国东洋科学的创造者,这易图是流传于宇宙间的科学中最古老的科学纪念物。易图和我的新算术完全符合,我若没有早发明二元算术,亦不能明白六十四卦的体系和算法图画的目的,望洋兴叹、不知所云。我发现这算术距今二十年前,不料到了现在,仅于阐明中国古代的纪念物上发生重大的效用……二元算术不外是0和1之应用,换句话说,就是无与有的运用。伏羲的'- -'就是0,伏羲的'—'就是1。易六十四卦给予普遍文明的发明以重大的暗示,使思想与数发生关系,对于思想计算上是有非常的利益,对于人类精神作用的完成,更有非常的兴趣。八卦是中国人所认为八个基本的画图,伏羲将创造放入这八个画图之中。宇宙一切从'- -'与'—'而来,即从'0'与'1'而来。中国社会所实行的表现,给予我们以非常而必要的光明。比之许多学者注重于希腊罗马人的知识尤为必要。这是因为中国人在四千年前,已了解到这'0'与'1'的二元数学,即中国古代已有科学上的大成就。"[21]

其实,在易学西渐的历程中,除了近代的莱布尼茨从数学的视角获取了《易经》尤其是其符号系统的真谛并使之成为一种精确的科学工具以外,他的德国同胞黑格尔也曾经从哲学的角度把《易经》这种形式化、符号化抽象方法在西方逻辑(尤其是现代符号逻辑)中充分地予以发挥。数学大师欧拉在研究天平砝码的最优配置问题时曾经以特定的方式证明了二进制可以换算成十进制。20世纪末,卡普拉对《周易》之于二进制的启发也发表评述:"事实上,现代微积分……也是计算机科学建立的基石之一的产生,也可归因于《周易》的启示,而时间约在2000年之前。"这段话的意思,其实是表明了《周易》在创立二分法的同时也发明了二进制。

综上所述,二分法作为最简单的分类方法,是完全有可能成为人们认知事物中实现最简单的数字化与信息化的基础。因为二分法使用的思维方式是逻辑思维,这种二值数理逻辑思维方式的基础就是二进制的数位化方式,是以大脑神经单元的有无两种状态表征二元分割后的两种状态,再进行概念、判断、推理逻辑三段论式的运算。这种运算与电子计算机有相同的基础。正如吴文俊所强调,"中国传统数学是最古老的数学,也是最现代化的数学,2000多年前的中国古代数学就注定适应现代计算机"。人们只要掌握了"一分为二"的思想方法,就不仅可以探索出如何将八卦图形换算成十进制数的互换法则,而且能够通过二进制去定量地认识世界。但是,二进制只是一种工具,计算机也只是一种工具,而不是"世界"本身。人类要深入认识世界,就得自觉地用好二进制这个定量的基本方法。

三、定向的阴阳论

解读《周易》并不是发思古之幽情而喜欢经典,也不是想欣赏上古先祖的智慧或"悦读"中华民族的库藏,而是要通过不同卦象的特定排列组合形成二仪、四象、八卦、六十四卦等不同的全套卦象来产生有价值的方法论思想和基本理论。

作为中国传统文化的经典著作,《周易》以其熠熠的睿智辉煌引导中国古代文化和科技走过了8000年的文明历程。博大精深的《周易》蕴含着许多有价值的方法论思想和基本理论,因此8000年来《周易》一直扮演着中国科学发展的思想宝库的角色。人们在发掘《周易》的宝藏中找到了许多科学方法的渊源,并由此透露了《周易》是可能实现与近代科学和现代科学沟通的信息。但是,即使到今天,人们也还没有完全掌握《周易》的深奥智慧财富,在《周易》的科学宝藏中还有许多没有深度采掘的瑰宝。

《周易》的世界观是自然观与整体观,并通过阴阳之道和不易、变易、简易3个原则得到了充分的阐明,其象、数、理、占四大思维法则是产生中国古代科学与哲学的重要法器。虽然《周易》所取的卦象是对具体事物形态的感性认识抽象而上升为理性认识的不易之象,但是《周易》不定向的本卦之象却是"易"的基础。《周易》的变易原则就是卦与卦之间的联系与变化的原则。《周易》的四象、八卦和六十四卦都是一个首尾连贯、环环相扣的体系。如果把每个体系都视为一个统一的卦变过程,那么每一个卦象就是这个统一的变易过程中的一个特定阶段。如果把这些推移过程所涉及的卦象及其卦爻按其由来与走向联系起来,那么卦变的变易轨迹反映的就是易道或易理,也就是关于任何事物形态构成规律与事物形态生成的规律。因此,如果不掌握卦体和易道,人们是没有办法揭示卦变的规律的。

其实，物的存在是一个过程，事即是这个过程的基本内容。事与事有异有同，事事相续为流行，事之流行中呈现的异象谓之变，其异中之同谓之常，变化之中的恒常谓之理，所以理是客观地存在于事中的。以事为基本观念就是以变易为基本概念，人们所在的宇宙也就是事事相续的宇宙。宇宙由事物而构成，事事更代而无已，物物流转而不穷，凡事皆有起有过，凡物皆有始有终，总一切的事事之起与过，统一切的物物之始与终。

万事万物都在不断的变化之中，事物的每一个变化过程都表示着一种有起有过、有始有终的趋势或走向。所有事物形态的卦象链接起来所形成的"形而上"的整个链条就是其隐含的深刻道理，这一序列也就是事物形态变化的规律。

《礼记·大学》曰："物有本末，事有始终。"《系辞传》亦言："原始要终，以为质也。"这就是说，了解了事物之所始，探求了事物之所终，也就了解了事物始终或本末的质。基态就是本征态，以本征态为起始态，处在这一形态的事物之质为本质；以目的态为终结态，处在这一形态的事物之质必然与本质相异而称为异质。事物形态的转化是以该事物变化的起始形态为基态和结局形态为目的态，是系统从一种形态的本质属性变为另一种形态的异质属性。从系统外部来看，事物形态的转化就是系统整体形态和行为方式的根本变化；从系统内部来看，事物形态的转化就是从一种结构变为另一种不同的结构。

世界上的事物形态变化都有变化方向异同的共性特征，《周易》就是沿着这个基本性的认知，导出了关键的概念：阴阳。事物形态发生质变必然存在着该事物变化的起始形态和结局形态，把事物形态变化的出发点称作乾（或阳），事物形态变化的归宿点就称作坤（或阴），反之亦然。以事物的生长变易之始终为一阴一阳，那么事物由一种形态向另一种形态转化就是扭转乾坤，也就是"一阴一阳"之间的变易和转化。世界上任何两种事物的表现形式就是两种形态，也就是具有普遍性的两种象。既是两种象就存在着差异，差异就是对立，因此对立的两种象或者存在差异的两种事物形态都可以称为一阴一阳。阴阳双方存在着相对性，人们一般取阴性为静止的、内守的、下降的、寒冷的、有形的、晦暗的、抑制的、物质的等，而取阳性为运动的、向上的、外向的、温热的、无形的、明亮的、兴奋的、功能的等。

一阴一阳是互根互用、消长平衡的，它们相互对立、相互制约、相互排斥、相互斗争。孤阴不生，独阳不长。阴阳任何一方都不能脱离另一方而单独存在，正如没有上也就无所谓下，没有热也就无所谓寒。但是，在一定条件下事物的性质可以向其相反的方向转化，即属阳的事物可以转化为属阴的事物，属阴的可化为属阳的，因而阴阳对立双方不是处于静止不变的状态，而是始终处于此消彼长或此长彼消的运动变化过程，阴阳双方不断资生、促进和助长对方。因此，阴阳可以相互转化，无阳则阴无以生，无阴则阳无以化，"化而裁之谓之变"。

阴阳这两个符号作为二仪,是设立卦象以推演宇宙间万事万物关系的根本。拓展到四象、八卦或六十四卦,作为事物形态变化的出发点和归宿点的阴阳就改称为乾坤。阴阳相互转化就是所谓的扭转乾坤。《系辞传》曰:"乾坤毁则无以见易。"这就是说,乾坤作为表征不同本质的两种事物形态的表现形式,彼此是不可或缺的对象,只有差异性的共存才能构成矛盾,而矛盾又是事物变化的源泉,没有差异就无所谓变化。乾坤之所以能化生万物,在于两者处于一种不停息的升降、交流之中,乾为天,本位在上,故以下降为基本的运动方向;坤为地,本位在下,故以上升为基本的运动方向。《周易·象》曰:"泰,小往大来,吉亨,则是天地交而万物通也,上下交而其志同也。"由此推演而来,阴阳双方都应以交流为基本存在方式,即以阴阳为代表的所有事物的双方均应处于一种不停息的交流之态。

　　无穷的宇宙有着无数的大小乾坤。《易·系辞下》有言,"乾坤,其《易》之门邪",说的就是乾坤二卦是进入《周易》的门户,也是《周易》变易原则阴阳演化的展示平台,而事物形态的变化序列形成的规律就是扭转乾坤之"道"。所谓的"一阴一阳之谓道"正是孔子及其弟子研读《易经》后的悟道心得。

　　《周易》的思想体系是在哲学和科学尚未昌明的时代里逐渐形成的,当时就有了混沌初开之说,即认为宇宙是从混沌无序的初态变化而来的。"盘古开天辟地""气之轻清而上浮者为天,气之重浊而下凝者为地",从而形成天地分明这样有序的世界。《说卦传》说:"天地定位",就是选中心定方向,就是所谓的立极定向,这是认知世界的第一步,也是关键的一步。因此,《周易》就把事物的形态生成和现象涌现用"无极生太极"一言以蔽之。

　　太极作为判定事物的指针,就是有指向的思辨准则。有了太极这个神针的指引,人们就能在认知世界万事万物的变化中分出阴阳和乾坤等对立统一体彼此的始终与因果。"一阴一阳之谓道"作为《周易》的基本道理,阐述的是事物从此形态向彼形态的变化规律就是一阴一阳变易的道理。"一阴一阳之谓道"的"之"是前往或去到的运动,所以由阴之阳的变化与由阳之阴的变化方向是不一样的。

　　任何两种事物形态在太极的规定下都可以形成"一阴一阳"的相对概念,两种事物形态在阴阳对立消长变化中也会按一定的方向和规则表现出次第区分的排序结果。所以,一切事物在运动变化过程中,其形态都会形成具有一定指向的基本秩序。联系阴阳两端的运动规律必然要以贯通乾坤的两种符号来构造出事物形态变化的一般表征方式。

　　一切事物运动的规律都是事物内部的要素和事物之间有规则的联系,其整体表现就是事物形态按照一定的客观秩序进行有规则的排列、组合和运动。对于物质实在来讲,运动的基点即本,结局即末;而对事件实在来讲,变化的出发点即始,归宿点即终。任何两种事物形态都可以作为阴阳的两个方面,贯通事物一阴一阳对立面的根源和结局的通道就是道理。

《周易》以"一阴一阳之谓道"阐述了任何事物都可以分析出以阴阳概念指代的此事物与彼事物,阴阳两大因素所代表的本质与异质是此消彼长的。《周易》的阴阳论暗示着事物形态的变化都具有方向性,隐含着从无到有的本末逻辑关系,蕴含着矛盾辩证式的思维模式。

在中国古代科学发展中,人们对于《周易》中隐含的超拔与高明的科学方法浅尝辄止,并未做深度挖掘和文本解读。但是,矛盾辩证式的阴阳思维对科学的统一还是具有深刻启迪的,所以在构建统一科学理论体系时就不能使《周易》科学方法的瑰宝束之高阁,不仅要掌握定质的分类法和定量的二进制等法宝,还要把握定向的阴阳论。把定质方法、定量方法和定向方法有机统一起来运用,就是掌握了"一把打开宇宙迷宫的金钥匙",这是统一科学研究取得成功的关键。

"集大成而续千万年绝传之学,开愚蒙而立仁万世一定之规。"民族文化的独特性和优越性,不仅体现于显性的世界观和价值观,而且根植于隐性的思维模式中。中国古代的思维方式都是撇开机械的分析而径直要求把握道体之大全。未来科学思想的发展若如李约瑟博士所云,将是从机械的分析的轨道转到有机的综合的轨道上来,那么中国古代思维方式和智慧肯定对此有重大贡献。

任何一个理论体系总是和一定的方法紧密联系在一起的。重温《周易》不仅要懂得中华民族最深层的精神追求和行为准则,懂得中华民族文明史的核心价值观,而且要汲取《周易》蕴藏的方法论精髓,促使人们养成求真、务实、尚理的习惯和品格。只有真正搞清楚《周易》的思想体系、世界观、认识论和方法论及其局限性,才能科学地评价《周易》对科学的贡献,并为构建统一科学理论体系奠定坚实的思想根基。

参考文献

[1] 单霁翔.谈谈中华文明的几个特点[J].求是,2009(14):55.

[2] 孙关龙,宋正海.自然国学[M].北京:学苑出版社,2006:1-9.

[3] 宋健.现代科学技术基础知识[M].北京:科学出版社,中共中央党校出版社,1994:14-15.

[4] 刘钝,王扬宗.中国科学与科学革命:李约瑟难题及相关问题研究论著选[M].沈阳:辽宁教育出版社,2002:329.

[5] 刘绪义.纯科学的地位在中国何以确立[J].科技导报,2006,24(1):84-87.

[6] URITAM R.A. Physics and the view of nature in traditional China[J]. American Journal of Physics,1975,43(2):136-152.

[7] 杨维增,何洁冰.周易基础[M].广州:花城出版社,1994:83-89.

[8] 苗孝元,姜在生.易之道[M].济南:齐鲁书社,2002:143-168.

[9] 陈来.中华文明的核心价值[M].北京:生活·读书·新知三联书店,2014:1-35.

[10] 刘子华.八卦宇宙论与现代天文[M].成都:四川科学技术出版社,1989:2-5.

[11] 王章陵.周易思辨哲学:上册[M].台北:台湾顶渊文化事业有限公司,2005:56-57.

[12] 李浙生.物理科学与认识论[M].北京:冶金工业出版社,2004:298-305.

[13]斯莫林.物理学的困惑[M].李泳,译.长沙:湖南科学技术出版社,2009:251.

[14]官鸣.科学之道——官鸣学术论文选[M].厦门:厦门大学出版社,2014:97-107.

[15]卡普拉.物理学之"道":现代物理学与东方神秘主义[M].朱润生,译.北京:北京出版社,1983:11-113.

[16]徐道一.周易科学观[M].北京:地震出版社,1992:131.

[17]李喜先.科学[M].贵阳:贵州人民出版社,2013:30-43.

[18]皮尔逊.科学的规范[M].李醒民,译.北京:华夏出版社,1999:15.

[19]吴岱明.科学研究方法学[M].长沙:湖南人民出版社,1987:298-325.

[20]罗发海,程民治.道与现代物理学[M].合肥:安徽大学出版社,2006:34-40.

[21]陈仁政.不可思议的 e[M].北京:科学出版社,2005:68-71.

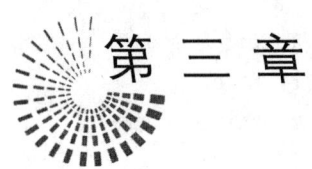

第三章

科学的基本概念

第一节 科学理论的认知基础

世界是一切事物形态的总和,是可知的。认识是人对客观世界的反映活动和主观能动的建构活动的统一概念,是反映事物本质属性的思维形态,是建立理论的基石和知识进步的阶梯。概念是人类认识世界的认识之网的网结,理论是规范人的思想和行为的各种概念系统。科学理论体系的构建以联系概念的判断来表达规律,并由此推演出逻辑结论。

一、世界的可知性与理性认识

在广袤无垠的浩渺宇宙之中,地球只是一个无足轻重的星球,地球上的人类就更微不足道了。人类只是地球演化过程的某一阶段出现的生物当中的一种灵长类的动物,但是人类又是地球上唯一被证实的已知的有智慧的生命。在生态圈中,人虽然是个后来者,却是最高级的生物。人来源于动物界,无疑又高于动物界,高就高在人有思想、有文字、有理智,人类可以有意识地利用生态圈、岩石圈和大气圈的资源,为人类创造物质和精神财富。然而,人类要生存于这个并不能由人的意志自由控制的世界,就必须去认识和适应自身所处的世界。

宇宙是一切事物形态及其运动的总和。人类只是从自然界分化出来的一类特殊产物,她一刻也无法脱离自然界而独立存在,她的各种演变与发展都与其周边的世界息息相关。人类本身作为地球动物中的一类有智慧的生命群体,其对自然物的采集、加工、改造,人与人的交往、合作、竞争,对人的活动所做的组织、协调、管理、指挥等,都隶属于宇宙中的事物范畴。因而,宇宙中与人世有关的一切物体和物质都被人们界定为世界的内容,人们所做的事情、所从事的工作、所处理的事务也都是世界的内容。

人类要在宇宙中生存与发展,就必须认识宇宙、理解宇宙。人类从诞生伊始,就一天也没有停止过认识活动。人类在生活、生产和科学的实践过程中的认知活动,是人类从无知—求知—获得新知的过程;人类正是通过这样的认知活动逐步形成和发展了认识事物的能力,并逐步深入地理解宇宙。

正如爱因斯坦所说:"宇宙中最不可理解的事情是宇宙可以理解。"认识和理解宇宙中变幻无穷的奇妙现象是人类思维的骄傲,思维的功能及其复杂性是人类所独有的,人的智慧就在于其所具有的认识事物的能力。宇宙中的许多事物之于人类虽然是遥不可及的,但是宇宙中又有很多事物是与人类或与人世的活动紧密地相互关联的。因此,自从人类摆脱蒙昧后,就力图认知自己周围冥冥造化的自然,期冀理解大象无形的天地,神话、宗教、自然哲学就是人们设法理解自然的尝试。可是,事物无所不在却又往往无从把握,只有在科学出现之后,人们才逐渐掌握了理解自然的强大工具。

宇宙虽然可以理解,但又永远不能穷尽理解,要在想象中完全理解这个宇宙是极具挑战性的事,而这正是宇宙的魅力和激励人类求知的不竭动力。波普尔和薛定谔都认为:对自然的可理解性的信念是科学家信仰的实质性要素,而自然的可理解性依赖于它具有客观的秩序,我们有能力察觉这种秩序。爱因斯坦说:"相信世界在本质上是有秩序的和可认识的这一信念,是一切工作的基础。""要是不相信我们的理论构造能够把握世界,要是不相信我们世界的内部和谐,那就不可能有科学。"

人类要理解宇宙,就要建立起能够在意识中认知宇宙间各种事物特性及其构成关系的认知体系。在建立认知体系之前,人们要先收集那些含义广泛的表示某种事物本质的概念,而且还要注意其他与之相关的各种不同观念。而在人们构建的认知体系之中,人类的每一个成员都是宇宙的观察员。由于观察员本人观察世界都以"己"为本、以"我"为主体,以被观察的事物为客体,由此而产生的观察与认知结果就称之为"主观"经验,而被观察的事物则称为"客观"实在。

认知与认识是同一概念,是人脑反映客观事物的特性与联系的心理活动。人生一世十分有限,人们所要认识的宇宙却涵盖了自然界、社会和人的生活、思维等一切内容,所以宇宙也可看作与世界是同一概念。面对无限的宇宙,英国科学哲学家波普尔把整个世界理解为三个,世界1(客观物质世界W1)、世界2(主观经验世界W2)、世界3(知识世界W3,主要是文本世界),三者都有各自的本体论问题。[1]

客观物质世界是物理客体的世界。从星系到基本粒子和场,从生物到人体,包括神经活动都属于物质世界。这里的物质指的是客观实在。正如列宁所说:"这种客观实在是人通过感觉感知的,它不依赖于我们的感觉而存在,为我们的感觉所复写、摄影、反映。"客观世界的本质是物质的,物质世界中包含着无限多样的物质形态。这些物质形态也就是《周易》所说的"在地成形"之物或"形而下"的"器"。

主观经验世界是指人的意识或精神的世界。人的意识是物质高度发展的产物,超然物外的意识或精神对物质世界有因果作用或相互作用,因此人通过感觉感知客观实在所形成的主观认知形态是实在的,也称为一个世界。在人类的认知活动中,被观察的事物作为实在客体,其形态必然反映在主体的意识或精神之中。主体这种"观物"的结果就会产生感性认识的主观经验——印象。

知识世界是人类思想内容的客观知识世界。认识并不只是"原像—镜像"的反映,而且是主体对原型客体进行抽象和反映升华后,使其性质、规定、关系、特征、要求、能力在主体神经中枢的表现形式与建构结果,是反映与建构的对立统一。知识是主体创造的具有客观实在性和自身特点的原型客体的同态系统,是与原型客体具有一定的相似性或同构性并以某种语言表达的模型。人们要获得对客观实在的主观经验,就要经历从印象的表象深入本质、从感性认识到理性认识这样一个"立象尽意"的建构过程,而且所建立的具有思想内容的"意象"一般都是以符号象征的知识形态,包括用文字语言表达的故事、神话、文艺作品和用数理语言表达的数学公式、几何图形、数理模型以及用言辞与数理语言混合表达的科学理论或科学知识等文本。

客观世界是一切事物形态的总和,既包括独立于人的意识而存在的物质客体及其运动和演化,也包括人们改造自然和变革社会的各种活动。正如爱因斯坦所说:"相信有一个离开知觉主体而独立存在的外在世界,是一切自然科学的基础。"主观世界是客观世界的转化形态,知识世界拓展了人类主观世界的转化过程。主观世界和知识世界可以看作与客观世界关联的"形而上"的"在天之象"。

认识是主体对客体的一种观念的或理论的关系,是主体超越自己进入客观世界的重要桥梁。虽然认识是通过主体的意识和思维活动的实现而表现出来的,但它发生的基础则是主体和客体之间的物质的相互作用,即实践。由于主观世界与客观世界实质上存在着一一对应的同构关系,因此不依赖于人们的感觉而存在的客观世界的事物形态能够被人们通过感觉所感知。在人们的主观世界中,客观实在被复写、摄影、反映所形成的人类精神的产物,就是人们对客观实在感知的形态。

精神世界关于事物形态的感知形态还不是知识,感知只是为了获取信息。在人类认识世界的进程中,人们首先认知的对象是那些感官能直接感知的具有一定形象的物体,是在时空中存在且可变化的具体特殊物。客观世界万物纷呈,人们五官所及(譬如眼之于亮、耳之于声、苦之于味)摄取了各种感性素材,捕获了外界的各种信息。这是人们认识客观事物的通道与起点。人们不通过感觉,就不能知道事物的任何形态,也不能知道事物运动的任何形式。感觉是人脑对直接作用于感觉器官的客观事物个别性质的反映,是人类认识功能的低级形式,它与人类的知觉和思维等高级反映形式一道起作用。

感觉所反映的是客观事物的个别性质,它的存在形式是不能综合形成物象的"感性素材"。感性素材犹如砖瓦木石,只是提供建房的建筑材料,而不能提供房屋的形象。感性材料只是一种"质材",它尚未对事物做出质的规定性。然而,"质材"是掌握事物质的规定性的基础与出发点,没有它就谈不上"质"的把握。感性素材是客观存在,而为人类最基本、最原始也最普遍的感官机能所摄取。主体感觉单纯地摄取,对其无所增损,它只是事物表现的感性外观的构成因素,因此它的外在性是十分明显的,它只是一种外在的质。

亚里士多德认为,物质是产生和组成一切事物的普遍基质(物理学家常把这种基质叫作实在)。随着人们对物质结构和物质组成认识的加深,人的感官延伸后所摄取的感性素材大量增多,人们观测的范围也不断拓展。例如,在显微镜、望远镜、光谱等分析仪器与分析技术发明之后,人们通过星际飞行和哈勃望远镜可以进行太空观测,通过卫星或遥感技术可以进行空间观测等。但是,人的感官直接或通过各种特殊的技术手段间接摄取客观事物有关方面信息所显示的感性素材,如果只停留于感觉则支离破碎,在主体方面不能形成一个整体形象。所以,人们必须进一步将互不相干的感性素材,统摄成为该事物的一个综合的整体形象,这样才能产生所谓的"知觉形象"。知觉形象是对感性素材的扬弃,它与感性素材比较,具有三个特点:

(1)整体性。知觉产生客观事物的整体形象是客观事物全貌的摹写与复制,但求外部形似,而未深入该事物的内部。

(2)稳定性。知觉形象从整体上组织了诸感性素材,即使外界条件有所变化也仍然能够保持相对的稳定性。

(3)综合性。知觉形象是综合的结果,在初步了解事物质的特征的基础上就可以进一步深入了解其本质。

认识主体通过感觉器官在与认识对象发生实际接触后,所形成的关于对象的生动的直接的形象和外部世界的初级认识就是感性认识。感性认识包括感觉、知觉、表象三种形式,它与认识对象之间的联系是直接的,并以具体形象的方式反映对象,具有直接性和形象性。

感性认识是主观世界对客观世界的直接反映,是人们获得知识的第一步,属于认识的初级阶段。无论是感性素材的摄取,还是知觉形象的摄合,知觉信息所揭示的都还是外在的质。外在的质,只是对事物的真知的引导,真知却在于对事物的内在本质的掌握。人们要真正认识事物,就要"格物致知"和"格物穷理",不仅必须剥离对象世界的神秘表象,理性地认识事物形态的真面目,而且还要一般地揭示和掌握事物内在的"本质实体"。本质实体是对知觉形象的否定,它扬弃了知觉形象的感性外观,概念地把握了物质的内在实质。

大自然的事物是实在的。人们要认知事物,首先就要进行观察,被观察的事物作为物理客体,其形态必然反映在主体的意识或精神之中。"万物静观皆自得",对于世界上万般事物观物取象的结果就会产生感性认识的主观经验。认识主体在获得对客观实在的主观经验的感性认识基础上,接着就要用理性思维对感性材料进行逻辑加工,即遵循从感性具体到抽象又从抽象上升到思维具体的方法以及逻辑的东西与历史的东西统一的原则,通过归纳和演绎、分析和综合,以概念(范畴)、判断、推理的形式,就会产生具有思想内容的认识,形成理论知识的体系,把客体作为许多规定的综合,即多样性的统一的整体在思维中观念地再现出来,这就是反映事物本质的理性认识。

认知是人类感知和思维信息的处理过程,人们对外部世界的观察和认识不可能从一开始就是一个十足的理性活动,但是在人类认识能力进化到一定程度时,他们对客观具体事物的认识就要从感性认识进入理性认识。感性认识和理性认识是同一认识过程的两个阶段。感性认识反映的是事物的具体特性、表面性和外部联系,理性认识反映的是事物的本质、内在联系和规律,两者因为反映对象的深度、层次不同而有质的不同。感性认识反映了事物的现象和外部联系,理性认识反映了事物的全体、本质和内部联系。

人们认识事物都必须经历感性认识和理性认识这两个不同的认识阶段。从感性认识的初级阶段上升到理性认识的高级阶段是认识过程中的一次飞跃。理性认识作为认识的高级阶段和高级形式是相对于感性认识而言的,是由感性认识发展而来的。理性认识是人们在感性认识的基础上,把所获得的感觉材料,经过思考和分析,加以去粗取精、去伪存真、由此及彼、由表及里的整理和改造,凭借抽象思维把握到的关于事物的本质及其内部联系的认识。理性认识是认识主体通过抽象思维对感性材料进行加工制作而获得的对事物的本质和规律的认识,它包括概念的提炼、假设的提出、推理的运用、模型的建立、方法的创新、理论框架的设计等建构形式。在从现象中揭示出本质,从偶然性中揭示出必然性的过程中,理性认识与认识对象的联系是间接的,并以抽象的方式反映对象,具有间接性和抽象性。[2]

认识是人对客观世界的反映活动和主观能动的建构活动的统一。只有感性认识阶段简单的、直观的反映而没有理性认识阶段人的能动的、辩证的建构,是无法区分人的认识与动物的认识的。认识的根本任务在于揭示事物的本质和规律,认识的目的在于用获得的理性认识去指导实践。因此,必须使感性认识发展到理性认识,这就是人们在认知事物过程中形成的认识论。

二、事物的规定性与概念系统

一种事物之所以存在,在于获得了自身的规定性,而规定性首先是一种确定性,没有确定性就没有规定性。认知不同的事物首先就要赋之以"名",也就是要给某种事物的本质规定它"是什么"的定义以建立概念。在中国古代,所谓"名"翻译成现代语言就是概念。[3]两千五百多年前,老子在《道德经》里说过:"无名,天地之始;有名,万物之母。故常无欲以观其妙。常有欲以观其徼。"用现代的语言来说就是:宇宙刚开始时自成一体无所谓名称概念;但是有了概念,才可以分出万物,给其一个归属。所以,人们要经常以无欲无求的心态来客观观察宇宙各种各样事物形态及其变化规律的玄妙,还要常怀打破砂锅问到底的求知欲来观察探索事物形态的本质及其归属关系。

理性认识以事物的本质、规律为对象和内容,表现为一系列的抽象、概括、分析和综合的过程。在这一过程中,理性认识是对事物的抽象、概括、间接的反映,是主观能动性的集中体现,也是对事物的本质的、全面的反映,所以是以抽象性、间接性、普遍性为特征的。

理性认识包括概念、判断和推理三种基本形式:

(1)概念。概念是人脑对事物的一般特征和本质特征的反映,是反映思维对象特有属性的基本思维方式,是逻辑思维的基石,是知识的基本单位和表现形式,是关于认识对象和客体的性质、规定、能力、特征的概括和总结。人们在对客观事物的感性认识大量积累的基础上,抽象出事物的本质属性,并用一定的词语和语言把它表达出来,这就产生了概念。概念是对客观世界本质的主观反映,是认识成果的思想结晶,一切概念都是用来感知、整理和表示人们对实体对象认识活动的观念形态工具。

(2)判断。判断是对事物之间关系的反映。判断是展开了的概念,是对某一事物内部联系做出肯定与否定的论断的思维形式,是反映事物关系的思维形式,是对事物的状况和性质有所判定的思维形式。

(3)推理。推理是从一个判断或几个已知判断中推陈出新的判断,是由已知判断合乎规律地推出未知的新的判断的思维形式,是通过对某些判断的分析和综合再引出新的判断的过程。推理能反映出事物之间的内在联系和发展的必然趋势。

概念、判断和推理是相互联系、相互促进的。概念是基础,是思维的"细胞",是思维的基本要素。感性认识是理性认识的基础和前提,理性认识就是通过科学抽象以形成科学概念,并通过概念来把握客观事物的本质和规律。概念、范畴都是人类认识世界的认识之网上的网结,概念是建立理论的基石和知识进步的阶梯,理论是规范人的思想和行为的各种概念系统。每门学科都表现为概念、概念组成的规律及规律构成的理论。科学理论体系的构建必须以概念作为基石,以联系概念的判断来表达规律,并由此推演出逻辑结论。

人的认识不仅是主观对客观的反映,而且还有主观对客观的观念性建构。反映是建构的基础,建构是反映的升华。要实现从感性认识上升到理性认识的飞跃,不仅必须占有客观事物丰富而真实的感性材料,而且要运用科学的思维方法对感性材料进行加工制作。通过观察、比较、分类、联想、类比、归纳、演绎、抽象与概念化等科学研究和科学发现的方法,可以理性地认知事物的本质和规律并形成科学理论。但是,认识主体通过一系列的抽象思维对感性材料进行加工制作所运用的抽象思维方法并不是唯一的方法或都是科学的方法,通过概念、范畴等反映形式也只能有条件地、近似地把握事物的本质和规律,因而获得的对事物的本质和规律的理性认识并不一定是真理。

人类认识事物的方式多种多样,任何事物都可以从不同的角度去看待去判断。从不同的角度(如物质运动的角度、数量关系的角度等)观察同一对象世界,进入观察者视野所呈现的现象和事实可能不同,可以形成不同的观点和知识体系,即不同的学科门类。由于一个角度的认识不能代替或否定另一个角度的认识,从不同的角度去认识事物就具有了方法论的意义,而客观世界本身是无所谓方法的,这样认识的目的乃至解决问题的目的就会有正确与错误之分,又会有符合实际与脱离实际之别,因此任何学科范式或思维模式都是片面的。

虽然从不同学科不同角度所形成的认识往往是不同的,但是就赖以产生的学科范式和人们认识的目的而言,根据不同事物采用不同或相同或综合的认识方式,都有助于人类对世界认识的深化;由不同角度反映到人的头脑里得出的观点和结论,都有助于人们认识真理。

认识在观念范围内的任务是把握真理。列宁说:"认识是人对自然界的反映。但是,这并不是简单的、直接的、完全的反映,而是一系列的抽象过程,即概念、规律等的构成、形成过程。"认识过程是"从生动的直观到抽象的思维,并从抽象的思维到实践,这就是认识真理,认识客观实在的辩证途径"。真理是客观事物及其规律在人的意识中的正确反映。凡是真理都具有不以人的意志为转移的客观性。

真理性是主观认识与客观事物的一致性,这是区别于非科学的最具本质的特征。反映主观认识与客观事物的一致性的重要标准是一个理论、一个发现的外部证实性和内部自洽性。就某个确定的问题和对象而言,真理只能是一个,即与客观事物及其规律相符合的认识。然而,认知的真理性并不是绝对真理,而是相对真理,或逼近真理。换句话说,科学研究是一个探索真理的理性认识过程,是不断逼近绝对真理的过程。在人类认知能力发展的漫漫长路中,以往建立的任何理论都是相对真理,都有其适用范围,都有在新条件下改进的可能。

世界上没有不可认识的事物,只有尚未被认识的事物。要正确地认识未知世界的事物,就必须进行科学的认识活动,科学认识是对客观对象本身的性质和规律的系统把握,科学认识的特点在于追求理性认识的正确无误。科学的发展过程本身也可能包含着错误,这就是科学需要不断发展的重要原因,也是人们要不断提高自身认识能力和水平的重要原因。要使人们的理性认识的真实性具有很高的确证度,人们就要在思维和方法上下功夫。要正确全面地认识客观事物,达到系统把握客观对象本身的性质和规律的目的,人们就要认真权衡不同角度的认识,兼收并蓄不同观点,并做出科学合理、实事求是的决策判断。

科学是理性的代表、理性方法的典范、理性精神的用武之地。科学理论的形成要经历从感性认识上升到理性认识的飞跃,就要包括科学的经验层次和理论层次。科学的经验层次是通过感官或借助仪器对客观事物进行观察来发现其在不同环境条件下的现象和特征。科学的理论层次是在观察、经验累积的基础上应用一定的方法,通过思辨对客观事物的性质加以概括和抽象,进而形成学说、定律和理论。在科学的经验层次上,人们在自己的能力范围内可以占有客观事物相当丰富而真实的感性材料。在科学的理论层次上,科学理论是具有某种逻辑结构并经过一定实验检验的概念系统,而且科学家在表述科学理论时总是力求达到符号化和形式化,使之成为严密的公理化体系。

科学理论的形成是真知的表达,而真知是人们对事物感性材料进行加工制作,通过思辨而为概念所把握的内在的本质实体。思辨是指思考辨析能力,思考是指分析、推理、判断等思维活动;辨析是指对事物的情况、类别、事理等的辨别分析。不过,在运用科学的思维方法对感性材料进行加工制作的过程中,常常会因为达到真实认识客观世界的思辨准则和方法的不同而产生不同的相对真理。

从个别事实出发得到的定理、法则和公式是认识一般化的表现,从这些定理、法则和公式出发还可以建立具有更广泛意义的定理、法则和公式。老子早就说过:"名可名,非常名。"这就是说,人们对于事物的认识所形成的概念并不是一成不变的,即"定义"也不是永久恒定的。随着人们对事物属性、形态或特征的本质认识的深化,许多概念、理论和方法在不同的历史时期会以不同的创新形式来表现,其内涵和外延也会发生一定的变化;人们关于事物形态的本质的认识也会因为科学思维方法的不同而形成不同的概念、判断和推理。

形态是刻画事物整体特征的重要概念。凡是事物都有人们可以感知的形象和态势。客观世界中无数个具体的事物都可以在物理时空中表现出相对不变的特别形态,因而人们在主观世界中通过感觉感知客观实在所形成的主观认知形态是无限的,主观世界就是由无数个主观认知的形态所构成。在客观世界中,人们还可以看到同一个具体的事物表现出形态连续的变化过程,这一系列的形态就会使人们的思想浸淫于主观认知的形态不断变化的感觉之中。

人们关于事物形态的学问可以建立起形态科学。如果人们用文字的通俗语言来定性描述某一个具体事物的特殊形态及其变化过程,那么人们关于事物运动过程的形态变化的认识就是一种通俗而特定的经验知识。如果人们用数字和图形的数学语言来定量分析某一个具体事物的特殊形态及其变化过程,那么人们关于事物运动过程的形态变化的认识就是一种抽象而普遍的理性知识。正如英国生物学家汤普森所言:"形态科学探讨的是物质在各种情况和条件下呈现的形态,更广泛一点的话,还包括一切在理论上可以想象的形态。""对形态的研究,可以是完全描述性的,也可以是分析性的。一开始,我们用通俗的语言,用简单的字眼描述某一物体的形状;到终了,则用严谨的数学语汇来定义这种形状。"[4]

可见,对于每一个具体事物的特殊形态及其变化过程的认识,人们只要依据一定的科学思维方法,都可以获得相应的知识;但是如果人们对事物形态使用不同的认知符号和语言,那所形成的知识往往就会表现出不同的形式和内容。因此,人们关于无数事物形态的知识必然是不可限量的,这无数的知识也就构成了广博浩瀚的知识世界。

客观世界的事物形态各异、变幻无穷,而知识世界就是客观世界和主观世界的转化形态,因而有些人就曾经认为人类世代累计的关于事物的知识形态只能是杂乱无序、变化无穷的。到了19世纪,虽然人们已经开始了按一定的知识类别来建立知识的分科体系,但是至今大多数人都不敢奢望可以把人类的所有知识整合后形成统一的科学体系。

因为除了人类认识能力的限制以外,人们若还是以就事论事或就物论物的认知方法,确实是不可能认识所有事物形态的。对于无限的世界而言,任何具体事物的认识都不可能具有普遍的意义。因为人们凭着肉眼仅仅能够看到世界的一部分,而无法看到整个世界,所以是很难对气象万千的世界得出超越经验的结论的。即使能得出某些结论,也很可能是一些推测或者思维跳跃,很容易被推翻或证伪。

不过,在这世界上,还是有些人认为"天地有大美而不言",事物的形态是美不胜收的。由于这些人能够超然物外,合理地运用认识客观世界的思辨准则来认识事物形态变化中如诗如歌的韵律,因此,在对各种事物形态和现象以及人类实践活动的上位思考与哲学的沉思后,他们发现事物形态和现象都是按照一定的等级次序发生联系的,他们运用符号和思维的逻辑来契合这些事物的秩序与自然的逻辑,把杂乱无章的感觉经验同逻辑上贯彻一致的思想体系对应起来,就产生了反映客体世界内在特性的科学道理、人生道理和社会道理。这些道理也就是潜藏于天地万物形态和现象之中极其美妙的普遍规律。人们追求真理,就是要通过揭示事物形态的内在规律而达致大美之真,认识世界也就是要以理论道,"原天地之美,而达万物之理"。

上述这两种认识上的差异是人们认识论的差异,是源于人们在从感性认识到理性认识的飞跃过程中对事物内在本质的掌握程度,是源于理性认识的飞跃高度。人们的理性认识所能达到的高度则取决于对一般化方法的运用。所谓的一般化方法就是从已知的概念和定理出发,建立以原有的结果为特殊情形的更为广泛的概念和定理的方法。

在从特殊到一般的不断升级过程中,理性思维无疑是人类认识的要素之一。人们要思维就要将各种事物进行比较,就要在头脑的观念世界(一定维度的坐标系)中把事物加以对比,以确定识别对象的相同或相异的关系。比如,把苹果和梨进行比较,就会发现它们都有着水果的特性,但在形状、味道等方面又各不相同。人们将不同的事物进行比较就是将不同的事物联系起来,联系是理论思维的必由之路。

思维是人类心理活动的高级形式,是智慧的核心,是主体人脑对客体事物间接的、概括的加工形式,以内隐或者外隐的语言或动作表现出来。经验是无效的,唯有思维才是人脑对客观事物本质特征的间接与概括的反映。思维对客观事物的关系和联系进行着多层加工,揭露事物内在的本质特征,是认识的高级形式和重要阶段。如果没有思维,就很难去认识事物本身。正如恩格斯所说:"没有理论思维,就会连两件自然的事实也联系不起来,或者连二者之间所存在的联系都无法了解。""要想登上科学的最高峰,就一刻也离不开理论的思维。"

理论思维是以概念系统为主要内容的把握世界的基本方式。理论思维以逻辑化的概念系统规范人们的思想内容和思维方式、行为内容和行为方式,也就是在理论层面规范人们的所思所想和所作所为。科学思维是指为了达到真实认识客观世界的思辨模式和方法,为人们提供了描述和解释世界的现代概念系统和知识体系,向人们展现了具有鲜明时代性的世界图景。

人脑对感性材料进行加工制作的过程即为思维活动,思维活动的产物就是思维方式,即概念、判断和推理。认识主体过滤掉感性认识中的现象性内容,抽取出现象性后面的属性、关系、规律,并使之意念化,进而形成抽象概念,就称为抽象思维,即概念思维。少了抽象思维和科学的理性思维,就很难认识事物的本质和规律。科学的理性思维是通向真理之路的不二法门。科学的理性思维还应当涉及对事物的定性认识与定量认识,而不能像认识论那样迄今都只是关注感性认识和理性认识的关系,没有把量变质变规律与感性理性关系联系起来。

思维方式是人们在一定的理论观念和方法手段的基础上所形成的认识,这种反映和处理客观事物的方式包括逻辑思维和形象思维。理性思维中的逻辑思维是纯粹理智的活动,这种活动不但不需要借助外在的经验,反而还要摆脱外在的经验束缚。与现实生活完全脱节、毫无实际效用的逻辑思维构成了科学的最初形态,也成为推动科学发展的不竭动力。科学的发展史,就是一部理性思维的发展史,也就是一部逻辑思维的发展史。逻辑思维只有在一定维度的坐标系进行,才能科学地思辨和度量。只有在一定维度的坐标系进行的逻辑思维,才能使人类的思维进入科学思维阶段,并构成科学认识的基础。

自然界是由物质组成的,物质世界是物理客体的存在空间,是客观实在的自在空间,不存在所谓度量的问题。主观经验的世界是人的意识或精神的感知空间,是主观印象的自为空间,也不存在所谓的思辨准则。只有在知识世界里,人要对客观实在的主观经验进行理性思维,才会出现思辨准则或度量基准。认识客观世界的思辨准则和度量基准是人们掌握事物内在的"本质实体"的科学方法。度量基准是人们从不同角度理解宇宙的"解剖刀",不同的解剖刀或不同的刀法往往导致对宇宙理解的不同结果。虽然只有一个宇宙,却可以因为对宇宙的不同理解而产生不同的认识结果,从而获得不同的科学知识。

科学因其理性精神而熠熠生辉,因其文化传统而历久弥新。科学的本质特征就是认识的真理性,即主观认识逻辑与客观事物逻辑的一致性。为了判定人们不同认知结果的真理性,认知必须在同样的认知体系里进行。认知体系就是一个表征认知对象特征的坐标系,是以坐标轴为载体来撑起知识世界的擎天巨柱。认知体系打开了事物的认知空间,且把物质世界、主观经验的世界和思想内容的世界都建立了同构关系。在事物的认知空间中,度量基准必须同一,事物才有可比性和可认知性。观察员一经为认知坐标系确定了一定的度量基准,就打开了一定的认知空间,对事物的认知也就可以据此展开。

在理性认知空间中,每一个事物形态都可以转化为认知形态的抽象符号。有了理性认知空间,人们又可以把事物形态通过抽象的符号加以联系。如果按照一定的度量基准进行一系列事物形态的联系能够形成逻辑顺序,那么其对应的抽象符号的逻辑顺序就是事物形态的变化规律或分布规律。如果所有的认知活动都按照同一的度量基准来认识，那么不同领域的观察员就不仅具有认知事物形态的共同语言，而且不同领域所发现的事物形态的变化规律或分布规律也可以一般化。

建立认知坐标系必须有某一个参照点（或参照系）作为度量基准的基点，这就是认知坐标系中的原点。这个参照点（系）作为零维坐标系就像"定海神针"一样，客观世界中任何实在的事物形态都可以在认知坐标系中按一定的度量基准来进行理性认识。由于人类是宇宙的观察员，观察员"以我为中心"来观察世界就是把自己定位在认知体系中的原点，因此观察员往往就处在认知坐标系中的原点。常言道："屁股指挥脑袋""立场决定是非"，其实说的就是观察员所确定的认知体系的原点决定着观察员对世界上事物的观点。

虽然人类作为宇宙的观察员无法用物理学的隔离法把观察者和对象区分开来，处在宇宙中的研究者却可以建立不同的认知坐标系来认识宇宙。宇宙基本原理认为：没有任何一个点是宇宙的中心，这是从宇宙万物的客观性来表述其自在的。但是，客观事物形态反映到人们的主观世界，在认知体系中就有认知空间的中心点与非中心点之分。

认知体系是支撑理性认知空间的框架，是描述无穷事物形态的指南与标尺，也就是人们表征事物形态特征的坐标系。认知坐标系的维数是确定认知对象特征的决定因素。"维"是独立表征事物形态某一类性质的专属认知空间，是对事物属性进行辨类的定质基准。像卫生组织用一系列的指标（血压、血糖、胆固醇……）来表征人们的健康状态，这些不同的指标就是刻画健康形态的维度。由一个维度确立的空间模式是一维质空间，这是同一类性质的相空间；由两个维度确立的空间模式是二维质空间，这是两类不同性质的相空间；由三个维度确立的空间模式是三维质空间，这是三类不同性质的相空间……由 m 个维度确立的空间模式就是 m 维质空间，这是 m 类不同性质的相空间。

在认知体系中，如果人们表示认知事物形态特性的维度含有方向的概念，那么一维坐标轴的空间呈直线性，其方向被单一射线所确立；二维坐标轴的空间呈平面性，由不同的两条射线的方向所确立；三维坐标轴的空间呈立体性，由不在同一平面的三条射线的三个方向所确立……m 维坐标轴的空间就是由 m 条射线的 m 个方向所确立的。

在理论上，任何 m 维空间仅仅被本维空间的特有维度所确立。然而，任何一级 m 维空间都可以看作 $m+1$ 维空间的截面，并以 $m+1$ 空间多出的维度为轴线移动而形成 $m+1$ 空间模式。任何 m 维空间除被本维空间的特有维度确立外，还可以用横截面的形式在高一维空间有所体现。例如，线是平面的横截面，以宽为轴线移动成平面。

任何 m 维空间虽然被本维空间的特质的维度所确立，但是一种质还可以由不同的分质所构成，所以一维空间对内还可以打开不同的分维度空间。作为一维坐标轴的内部空间，各个分维度彼此之间是独立的，但是所有分维度的方向又必须与一维坐标轴方向一致。

人类的智力是由不同的认知能力构成的，科学思维活动可以看作在一定维度的坐标系进行的对比、联系、抽象、概括等思辨活动。有了描述事物形态的度量基准，才有建立科学理论体系的基础。不过,认识主体所应用的概念体系、参照系和度量基准与认识对象呈现的特质有密切关系。如果人们的认知能力仅限于分辨事物的性质,每一个维度的坐标轴只是按定质的度量基准形成的序列,那么不论多少维度的坐标系,都只是人们定质认识事物形态的认知空间。如果每一个维度的坐标轴都是按定质、定量和定向的度量基准形成的序列,那么由此构建的坐标系就是人们定质、定量和定向认识事物形态的理性世界。

可见,科学理论体系的构建只有以一定维度的认知坐标系为基石,才能形成对事物形态的定性认识与定量认识;只有在坐标系空间中表达规律并由此推演出逻辑结论,才能建立相关的科学理论,才能像爱因斯坦所说的:"我们能够用纯粹数学的构造来发现概念以及把这些概念联系起来的定律,这些概念和定律是理解自然现象的钥匙。"

英国数学家、哲学家怀特海认为:"没有逻辑就没有科学。""建立一个有条理的、逻辑的、关于普遍思想的必不可少的系统,使我们经验的每个要素都得到解释。"在做建立体系的工作以前,先要完成一项任务,就是收集和强调少数几个含义广泛的概念,同时还要注意其他与之相关的各种不同观念。

统一科学的殿堂作为一个理论体系,其建构不仅要解决建筑材料(知识)是什么或数量多少的问题,而且要解决殿堂的合理设计与选材施工的问题。在设计和选材中,有了定质、定量和定向为基本特征的三种度量基准所构成的认知坐标系,就有了组织人类已经积累的知识之间关系的策略,就能够系统地和依据材料的内在联系把积累的知识材料加以整理,使其形成条理清晰和层次清楚的理论系统。有了对客观世界进行科学说明的"概念框架",也就能够使人们在认知坐标系的一定空间范围内更理性、更全面、更深入地认知事物形态的构成与生成,这样,人们所期望的统一科学理论殿堂才有建设和构筑的基础。

第二节　理性认识的基本方法

建立真实地反映原型内在本质特征的模型是反映人们思维水平和研究能力的重要环节。用"粗粒化"的方式扬弃事物知觉形象的感性外观是建立系统与非系统模型的基础。系综是一簇系统,是全同系统的集合。系统是相互联系和作用的诸元素合成的具有特定性能的有机综合体。要建立统一科学,还要实现不同学科之间概念语言的沟通。

一、模型的建构

人类文明的建构是从科学活动开始的,科学活动是人类从感性认识到理性认识的运动过程,并以理性的认识水平来代表对事物本质的认知度。根据认识发生论,世界中所有的事物都是不依赖于人们的感觉而存在的客观实在。在感性认识阶段,人们还未能实现对客观事物从内在的"本质实体"来进行认知,只能直接从事物的外部形态进行认知,甚至把物质同某种特定的物质形体捆绑在一起。但是,经历了由表及里、去粗取精的认识过程,人们就可以对所认识的客观事物形成特殊的概念。为了从有限认识无限,从个别认识一般,从特殊认识普遍,人们往往采取适用于一组有限事实的特殊概念来推测适用于普遍事实的一般概念。适用的范围愈普遍,这样的概念就愈一般。

从有限的事实和观察中概括出具有普遍性的概念与规律,需要一定的认知方法。类比就是科学认知的一种重要的推理方法,是从人们已经掌握的事物性质推测正在研究中的事物性质的思辨方法。人们在对客观实在进行联系和比较的认知活动中发现,大千世界中虽然存在着自在的、无限多样的事物形态,但是许多不同的事物之间往往能表现出不同程度的相似性。这就启发人们,可以利用事物性质或关系的相似性来识别所要认知的事物形态及其规律。因此,在从感性认识到理性认识的发展历程中就出现了称为"模型"的认知方法。

模型也称范型、范式或模式。能够表征或刻画被识别对象类属特征的信息模型称为对象的模式。人们把所要认知的对象、系统或过程称为原型,而把在特定(一般是简化)的条件下与之相似的另一事物称为前者的模型。原型往往是客观世界中的真实事物,模型则是为了某种特定的目的对原型某些部分的性质或信息进行简缩或变换等的加工提炼。模型是相对原型来说的,是构成原型的替代物。从表面上看,模型往往跟原型风马牛不相及,在现实世界中,模型可以是实在的事物也可以是虚拟的事物,但在理性世界中都是另一种实在的知识。

"模型"一词源于拉丁文的"Modulus",意思是尺度、样本和标准。模型是模拟实际事物的替代物,是对某种"实在"现象的"摹本"的简化表示,是对客观事物原型的"影子"的反映,是主体和客体之间的一种特殊的中介,它就像纽带一样将认识与实在联结起来。

从认识论的角度来看,模型具有这样两个特性:

(1)模型是主体创建的用来研究客体的一种手段,必须反映原型的基本特性,然而模型绝非原型的忠实反映,而是原型客体的模拟物或相似物,是创造性的建构。在研究过程中它作为客体的代替物,是主体进行研究的直接对象,因此模型具有所要认识的客体性质。

(2)模型不需要与原型在外部形态、特征、质料、结构和功能上一一相似,但是必须按照所要研究的问题和目的,与原型客体在某些方面有本质上的相似性,只有这样的模型才具有方法论的价值。

人类的思维方式与认识方式存在着不可分割的关系。抽象思维是感性认识到理性认识不可缺少的桥梁或中间环节。主体在由原型事物感性认识的印象之表象深入其本质的理性认识中,抽象就是要将原型事物共有的特征和本质抽取出来,并舍弃那些与其不同的不能反映其本质的内容,从而建立起反映原型内在本质的模型。

人们所要认识的事物总是处于多种因素交错的复杂状态,这就使得人们在认识伊始经常面临着难以着手的困难,人们才需要通过旁敲侧击建立起模型来了解原型。所以,建立真实地反映原型内在本质特征的模型,自然就成为最能反映人们思维水平和研究能力的重要环节。为此,主体只有初步具备对客体的认识,才能准确地抽象出客体的那些本质特征而构建模型,也才能以模型本身作为进一步研究原型的新起点,并通过模型的逻辑处理获得对客体的理性认识。

在建立模型的抽象过程中,人们一般不可能也没必要将原型事物的所有特征或性质都抽取出来,而在舍弃那些非本质的内容时又可能发生偏差。因此,通过人们主观意识或精神建立的模型往往不可能完整无误地反映客观实在的所有各种性质、数量与取向的信息。例如,以平面表现的油画和摄影都是反映物体或人体形象信息的模型,然而在建立平面模型过程中,由画家凭感觉所画的油画比之于照相机靠机械所摄的影像,有一些形体信息总会失真;而这些平面同构的信息体若用于反映物体或人体其他非形体信息时,就更无能为力或很不完整。

其实,任何知识都是主体精神对客体原型的仿真模型,所有人造的知识都只能是逼近对客观世界的事物实在的描述,只能尽可能真切地模拟事物客体的本质属性及其变化。任何模型都必定是近似的和简单的,它与原型之间只能是部分性质或一定程度的相似,都是用人们认为已经了解的一种东西去表示人们认为想要了解的另一种东西。[5]

由于模型的近似性和不同抽象方法的采用,从原型到任何一种模型都必须抓住主要因素和主要关系,而忽略许多无关紧要的次要因素和次要关系。例如,在野外条件下要进行种群动态的研究是相当困难的,必须连续若干年进行大量可信的数据的搜集;在观察期中,气候条件和环境因素经常改变,对于搜集到手的资料往往也难以进行准确的解释。不过,在条件容易保持稳定的实验室内培养一两种动物进行研究,就容易发现实验种群的动态规律,所以科学实验就成为人们认识事物的重要研究途径。正如马克思所言:"物理学者考察自然过程,就是要在它表现得最为精密准确并且最少受扰乱影响的地方进行考察;或是在可能的时候,在各种条件保证过程纯粹进行的地方进行实验。"

为了真切地获取客体原型中具有内在性、抽象性与统率性的本质实体,为了把握研究对象的基本结构要素、本质属性和典型特征,主体就要把客观事物那些非本质的感性素材加以扬弃,且常常要经历把一个事物的整体分解为各个部分,并把这个整体事物的各种质都单独地分离开的思维过程。这一思维活动最基本的认知加工方式就是分析。分析就是主体将客体的本质属性与其非本质属性从它们的各种联系中分解开,通过扬弃而析出那些最能反映客体本质属性的部分。

为了科学地建立模型,科学实验必然成为分析客体的本质属性与非本质属性的重要手段。通过分析,主体就可以具备对客体的初步认识,也就可以通过对原型确定的本质属性来建立模型。科学研究的重要原则就是要按照原型特定的本质,建立一个理想化和简单化的能反映客体本质关系的模型方法,从而获得关于原型客体的认识。

二、事物的粒化

模型是科学研究必须采用的一种手段,通过模型研究原型是科学研究的基本方法。人们对于同一个原型,可以从许多不同角度采取若干种不同的模型进行研究,也就是用不同的抽象方法,将原型不同方面的一些主要性质分别抽出来加以单独研究,然后再重新综合起来。原型的某些性质一旦被人们确定为认知的主要性质,就是以此作为原型的本质。表示原型的本质特征越少,原型内在的关系就越简单,人们所要建立的模型也就越简单、越明晰。人们进入理性认知世界后,自然要寻求一个反映事物内在本质的简单的理想模型。试图用形式简化而可以理解的模型去描述实在的某一方面,是任何理论尝试的基础。

在理性认识伊始,人们往往要把大量复杂的事物形态按其各自特征和性能将其划分为若干较为简单的本质类别,每个被分出来的本质类别就被看成一个粗粒。所谓的"粒"就是指一些个体(元素、点等)通过不分明关系、相似关系、邻近关系或功能关系等所形成的类别。例如,商场的货物多种多样,若不按某种方式摆放就很难进行有效管理。于是,人们按货架所摆放货物的种类、体积、等级等将商场划分为若干块并以此安排货架,其中每一块将摆放同一种类或体积相似或同一等级的货物。这里的块就是粒的概念,划分粒的过程也称为"粗粒化"。像《周易》通过"观物取象"所形成的抽象的二仪、四象和八卦以及六十四卦就是被分出来的本质类别,也就是中国古人对事物知觉形象感性外观扬弃后的几种"粗粒"。

粗粒就是把事物看作没有结构的基元。18世纪出现的燃素理论认为:所有的物体都由化学元素和原质构成,后者赋予前者以特殊的性质。据此,粗粒化就是将事物形态抽象并粗略地简化成具有某一类性状的"粗粒"。粗粒化是突出认知事物形态的某一本质特征,省略认知对象的其他非本质细节,然后将其表示成适当的同质元素的分析方法。毛泽东曾经赋诗"要将宇宙看稊米",这就是要把所有的事物都粗粒化。人们在夜空中仰望天体,看到的所有星星(包括月亮)不过是星河中的一些"粗粒"。在宇观尺度上,宇宙中的物质(星系团)始终是均匀各向同性分布的"粗粒"。在阅兵式上,人们看到的穿着统一制服的士兵进行动作整齐划一的表演,也是队列中的一些"粗粒"的群体运动。在现代DNA分析中,神经元也是作为神经体的"粗粒",而附加到细胞中的非细胞的染色体或核区DNA原有的能够自主复制的较小的DNA分子(即细胞附殖粒、又胞附殖粒)则叫作质粒。[6]

用粗粒化的方式扬弃事物知觉形象的感性外观是人们理性看待客观世界的一种基本方法。这种"难得糊涂"的理性认知事物方式,相当于当代在图像处理中要将人体敏感部位"马赛克"一样,是把所要认知的事物的某些具体特殊的细节抹去,而只保留其反映事物形态本质的特征量,这是人类理智处理和存储事物现实而又复杂信息的一种反映。由于粗粒化是舍弃了那些与原型事物不同的、不能反映其本质属性的内容,并将抽取出来的原型事物共有的特征和本质属性都作为简单的类别,因此这些抽象后的类别就是在一定的条件下忽略事物非本质的个性差异而得到的认知单质元素,简称为单元。

在同样的环境条件下,同类粗粒的行为是相同的、不可辨别的,从而具有了全同性。这种具有全同性的粗粒具有一样基质和特性,每个粗粒就是表现事物形态某些基质和特性的一个单元。任何复杂的、具体的事物经过粗粒化而被当作匀质的一种类别后都可以看作一个粗粒,并由其中心点来代表。在物理学中粗粒也称为质点。当物体的大小、形状可以忽略时,或运动过程中物体各部分运动相同(平动时),就可以把物体抽象成一个质点。例如,一辆运动的汽车或一架飞行的飞机或一个运动的天体都是质点。简言之,所谓的事物的粗粒化就是把同类事物抽象为一个质点。

客观事物经过粒化的抽象都可以转化为人们认知形态的"粒子",因此人们把那些在空间上没有占据可以察觉到的有限体积和没有可以观察到的内部结构的实物称为粒子。在建立牛顿力学时,对物质都要进行粒化的抽象,即把一个体积和线度有限的物体抽象为一个没有大小的质点,固体、液体和气体都可看成是一群质点(或称质点系),而物质(质点系)的内部结构和相互作用常可忽略。

在现代物理学中,人们对于不同层次大量的粒子已经有了统一的认识:一切物质都是由不同层次的具有一定基质和特性的粒子群所组成的。各种物质都是由不同的分子构成,物质分子构成的状态就是实物存在的形式,分子是物质中能独立存在的相对稳定并保持该物质特性的最小单元。在分子层次上,每个分子又包含着一定质和量的原子,原子通过一定的相互作用力以一定的次序和排列方式结合成分子。在原子层次上,每个原子里有一个带正电的原子核和一些绕核运动并带负电的电子。在原子核层次上,每个原子核又是由一定量的质子和中子组成的。除了氢原子核仅有一个质子外,其他元素的原子核都含有许多个质子和中子,而且质子数目等于核外的电子数。质子和中子不再被认为是物质的基本单元,它们属于复合粒子,由更小更为基本的夸克和反夸克构成;每个质子由2个上夸克和1个下夸克构成,每个中子由1个上夸克和2个下夸克构成。[7]

分子、原子、原子核都可以看作上一层次物质结构中的粒子,而那些比原子核小的物质单元也可以看作上一层次物质结构中的基本粒子。现在已经发现的基本粒子有62种,并分为三大类:12种轻子——只参加弱相互作用、电磁相互作用而不参加强相互作用的费米子;36种夸克——感受强相互作用力的带电粒子;13种媒介子——传递相互作用的粒子和1种自旋为零的玻色子——希格斯粒子。宇宙中的物质主要由重子类和轻子类基本粒子构成,因而自然界的物质也简称为重子物质。不过,人们已认识到,所谓基本粒子只是暂时不考虑其进一步结构而将其视为一个整体。实际上,基本粒子并不基本,因而从 20 世纪 60 年代起,国际上就把基本粒子的"基本"去掉,统称其为粒子。

如果事物按基质的单位粗粒化,由此形成的粒子就是基本单元。基本单元是构成系统的最小组分,称为元素。"元素"一词中的"元"意味本源或本根,"素"意味未被分割的基本质素。元素的基本特征具有基元性,也就是相对于其所隶属的系统而言的不可再分性。元素是构成系统的个体或分量,系统是多个相同或相类的元素按一定的秩序和关系所组合而成的总体,系统和元素的关系是总体和个体的关系。总体是由个体组成,并由个体来体现的。结构主义者就将彼此间有一定关系的诸多个体组成的集合称为系统。

对于事物的粒化只是最基本的认知加工过程的一个方面,认识个体是为了更深刻地了解总体。但是,认识了每一个个体,如果不进行归纳综合,仍然不一定了解总体,因此在思维活动完成分析以后还要进行综合。综合与分析都是思维活动最基本的认知加工方式,其他的思维加工方式是由分析与综合派生出来的。综合是分析的逆向过程,它有两种不同的综合形式,一是把事物按一定的性质分类后的各个元素再按一定的序列和取向的系统方式结合起来;二是把事物按一定的性质分类后的各个元素无序地没有定向地以松散的非系统方式集合起来。

建立系统和非系统的概念,对于整体观中的理性认识是至关重要的。但是,系统与整体不是一个概念,系统必为整体,整体不一定是系统,整体也可以是系综这样的非系统。

三、理想的系综

非系统是一种没有按一定结构框架组织起来的多粒子集合,像孤立元素的集合就不称其为系统。如果粒子集合为一个非系统 N,就必然满足以下两个条件之一:N 中只有不可再分的粒子;N 中不同粒子之间没有按一定方式连成一体。可见,非系统可以分为两类:第一类是没有构成元素的基元,即不可分解的囫囵整体,如数学中的单元集或文字学中的汉字的笔画;第二类是具有全同性的组分之间没有特定联系的离散群体,如数学中没有规定元素关系的多元集或孤立子集的多元集,汉字的笔画也可看作无穷个没有文字学意义的点集。

任何事物原型在尚未被人们所认知之前,其整体是模糊的第一类非系统。但是,只要人们对事物有所知,就可发现事物都是有其特质的具体的元素集群,事物内部与外部也存在着普遍的联系,严格意义上的非系统并不存在。单元集只是一种数学抽象,没有一种现实事物是绝对不可分的。现实世界也不存在完全没有内部联系的多元集。只有偶然联系的多元集也不是绝对的非系统,因为偶然性涵盖随机性。

非系统与系统是相对的范畴。按照构成论自然观,人们对认知对象的识别结果都是通过一定结构框架组织起来而体现的。这就是说,系统是以非系统为部件而构成的。非系统还与系统相比较而存在,因为有些集群中元素间的联系非常微弱,如果忽略这种联系就可以把它视为第二类非系统。由于系统构成关系的完备性,因此不允许同一系统的两个元素之间只有非构成关系,即系统中不存在相对于构成关系的孤立元素。以非系统作为反衬,反而能够更好地显示那些具有紧密内在联系的群体的系统性,能更好地揭示系统概念的内涵。

第二类非系统的概念以系综的术语来表述,这是美国数学家兼物理学家吉布斯在1878年提出的。系综的存在寄托于科学的抽象思维,而不是实际客体,物理量只对于"整个集合"的平均状况才有意义。在统计系综理论中,系综是组成、性质、尺寸、形状等宏观条件完全一样的大量系统的集合,但系综的系统可以处在不同的微观形态。简言之,系综是一簇系统,是全同系统的集合。[8]

粒子的一个普遍的基本特性是全同性。以整体观来看一个处于平衡的系综,其集合中的任一元素(成员或体系)精细结构和形态的差异都可以忽略,系综中元素之间的关系是平等的,不存在互相依赖、互相制约或特惠于某个特定元素的关系。系综中的元素是各向同性的粒子,而系综是彼此独立的全同粒子所集成的群体,也就是"凝聚"在一起的多粒子系统。系综是全同粒子的集群,但是又可以脱离统计前提的限制,不必要求其中的成员的数量要极多或足够多。

系综的一个基本假设是各态历经假说:对于一个处于平衡态的系综,其中具有各自内禀属性的"粒子"的微观形态无不处在瞬息万变之中,但是整个系综形态量的平均就等于对系综里所有"粒子"的微观形态进行平均的结果。所以,只要系综"凝聚"的"粒子"足够多或等待足够长的时间,系综必将辗转经历和宏观约束相应的所有可达微观态。这一假说是系综统计得以成立的大前提。

系综中的成员是处在相同环境条件下结构完全相同的各向同性的"粒子",系综中具有全同性的每一个"粒子"都可以作为研究者的目标体系,而系综可以由相空间中质点的"云"来描述。所以,建立了系综就可以见微知著,人们便可通过想象从集成系综的"粒子"的"微观"态去寻找整个系综的"宏观"态。通过系综的统计规律还可以返回计算目标体系形态量的平均值,或进一步预测各类过程的变化特性。对于一个系综,系综统计法乃是以系综的统计规律去代替单一观测对象的统计规律。因此,系综在群体动力学可以大展拳脚。

爱因斯坦说过:"任何试图把量子论的描述看作对于'单个系统'的完备描述的做法都会使它成为极不自然的理论解释。但只要接受这样的理解方式,也即(量子论的)描述只能针对系统的'全集',而非单个个体,上述的困难就马上不存在了。"这个论述是系综解释的思想源泉。[9]近百年来,许多研究者就是用系综思想来研究粒子集群的。因为粒子集群中细粒之间的联系相当微弱,行为几乎是相同和不可辨别的,在忽略粒子间微弱联系的情况下可以视之为非系统,这样的非系统也就是系综,而且是一般意义上的系综。

在统计物理中,系综表述为在一定条件下一个系统所有可能出现形态的集合;也可以表示为一群彼此独立的随机事件的集合,或者是"大量的性质相同的、彼此独立的力学体系所构成的群体(或集合)"。如果系综所处的环境条件可以具体化,那么系综还可分为不同的稳定系综:①由能量 E,粒子数 N,体积 V 一定的孤立系统组成微正则系综,系综里的每个体系具有相同的能量。②由温度 T,粒子数 N,体积 V 一定的恒温封闭系统组成正则系综,系综里的每个体系都可以和其他体系交换能量,但是系综里所有体系的能量总和是固定的。③由温度 T 和化学势 μ 一定的开放系统组成巨正则系综,系统里的每个体系都可以和其他体系交换能量和粒子,但系综内各体系的能量总和以及粒子数总和都是固定的。④由具有相同的温度和压强的各个体系组成等温等压系综,系综里的每个体系具有相同的粒子数,系统里的每个体系都可以和其他体系交换能量和体积,但系综内各体系的能量总和以及体积总和都是固定的。

其实,近代科学提出的系综概念在中国古代早就有之,中国古人认为象与"气"相联系,"气"是与具体物质不同的另一种实在,并将粒子集群之象称为"气"。在中国先秦哲学中,"渺渺蒙蒙不分上下,昏昏沉沉不辨内外"的"气"是"细无内,大无形"的气,是天地万物的本原。《周易》认为"象者,气也"。《易乾凿度》说:"太易者,未见气也。太初者,气之始也。太始者,形之似也。太素者,质之始也。气似质具而未相离,谓之混沌。"《庄子·知北游》也有"通天下一气耳"的说法,认为天下各种各样的物象和现象都可用气来表达。

气,"物之原也",是哲学逻辑结构的最高范畴,是构成宇宙万物的最原始的本原。气是中国古代文化和传统哲学中的一个核心概念,这可能来自对空气的抽象和引申,源于对自然现象如风、云等的观察与推理。大千世界中万事万物都在运动变化着,如果用宇观的宏大眼光来审视茫茫宇宙,则各个星系中运动的星体不过是一些能运行变化的精微物质,犹如气流中的气体。像银河系中的所有星星就被叫作银河。

在中国古代发展中,气一元论自然观就是用这种超然的世界观和粗粒化的认知方法把世界的万事万物都看成一种极细微的物质——"气";认为气是连续不断、流动有序的介于有形有状的粒子与无形无状的虚空的中间状态,气是构成世界万物的本原,可以用来表示宇宙最普遍的物质。在中国古人眼里,由各向同质的"粒子"组成的集群就是"气"。《鹖冠子·泰灵》指出:"精微者,天地之始也……故天地成于元气,万物乘于天地。"到了汉代,元气的概念发展成为元气学说。"元"者,原也,始也。"元气"把气作为宇宙的最初本原,因此元气学说也称为"元气本原论"、"气本原论"或"气一元论"。

中国古代元气论者认为,气是宇宙中自然存在的一种极为细微的连续形态的物质,自然元气是生成宇宙万物的最初本原和始基元素,它自身的升降聚散运动推动着宇宙万物的发生、发展和变化。气一元论与中国古代的"大一统"思想是密切相关的,体现了整体动态、万物一体、联系中介、融汇通达的特点,体现了物由气化、象由气生、主客交融、物我一体的思想。以气一元论为基础的辩证自然观曾经是中国古代科学思想的主流,因而在天文、历法、音律、农学、医学乃至物理学、化学等传统学科中都贯穿了有机宇宙观和气一元论思想的指导。从周朝的伯阳文,战国的荀况,西汉的董仲舒,东汉的王充,唐代的柳宗元、刘禹锡,到北宋的张载,明代的朱熹以及明清之际的王夫之,都不断地对气一元论的思想进行发展和完善。

气是万物生成的动力或具体执行者,生出的不仅是自然界的万物万象,也包括人与人类社会。气的存在普遍地渗透在中国人的一切行为与活动中,从人的生理活动、心理活动、社会活动、信仰活动到审美活动,从人的本能行为、生产行为、道德行为、宗教行为到艺术行为。因此,农民讲"岁时节气",政治家讲"气数气运",宗教家讲"行气服气",文艺理论家讲"文以气为主",医学讲"理气安神"。直到今天,中国人还习惯地运用"气"的概念,如阴气、阳气、寒气、热气、血气、精气、神气、脏腑之气、营卫之气、和气、正气、邪气、骨气、脾气、杀气、生气等,这些都是古代气一元论整体观的传承。

《管子·内业》曰:"气,道乃生,生乃思,思乃知。"不过,中国的气一元论只是指出"气"是由构成万物本原的极细微的物质集聚而成,并没有深入了解这些细微物质的集聚方式,也没有深入研究在不同环境条件下整个"气团"的变化气势、走向和路线。所以,气一元论最终还是和其他思想瑰宝一起进了历史博物馆。

从知性到理性所产生的关于"气"的理念,可以说是人类认知能力发展的必然产物。因为古希腊哲学中也有关于"气"形成万物的学说,精灵之气忽隐忽现,弥漫于整个宇宙。古代、近代和现代的西方人还有用"以太"或"场"的细粒来表示普遍的物质形态的理论。其实,关于"以太""场"的概念与中国古代关于"气"的概念是接近的。中国古代道家等关于"气"的含义与佛家"万物皆空"的感悟也是相近的,佛家的"空"不是纯粹的"无"而是"形而上"的抽象的"场"。近代和现代科学的空间也不是纯粹的虚无,而是同质的、抽象的元素构成的场界。在欧几里得空间,任何一个象限或卦限都是同质的一类相空间,如《周易》八卦图的8个卦象是代表8种基质类别的"场",六十四卦图中的64个卦象则代表64种质的"场"。

在近代西方科学史上,是从英国物理学家、化学家法拉第开始才逐渐形成"场"概念的,开始认识所谓的"场物质"。单就弥漫于地球表面的空气而言,相对于人们肉眼可见的物体也未尝不可以称为一种场,即"气场"。从现代意义上说,场就是分布着物质粒子(质点)的气,如电磁场就可称为"电磁气"或"光子气"等。在量子场论看来,主要的物质形态只有实物和场物质两大类。物质时散时聚,散之表现为场,聚之表现为物。场物质是一种基本的、普遍的离散物质,又是相应的时空连续体,实物只不过是场物质的局部凝聚而构成的。就场来看,不是疏散的、低密度的、小曲率的场,就是集聚的、高密度的、大曲率的场(实物)。场物质通常又以实物为源和归宿,两者可以互相转化变换或交换。场有万有引力场、重力场、电场、磁场、电磁场、光场、强作用场、弱作用场等,它们是不同的高速、低密度的场物质的运动状态和存在方式。物体通常是由元素原子和分子等粒子相互联系而构成的,其周围环境又分布着其他的场物质。不同实物或粒子周围具有不同性质的场物质,使其与环境具有不同的交换作用方式和特性。

系综是近代统计物理提出的一个想象中的理想工具,但是如果用中国古代的气一元论来看,这只不过是一定量的、独立的单元集成的气团。"群体"是同类(同质)的粒子(质点)的集合。具体的事物形态经过舍象后成为称为"气"的粒子,这些粒化以后的质点的集群就是气一元论中的气团,也就是单一元素集成的"形而上"的抽象群体。事物的整体功能反应和各种整体关系是通过"气韵"和"气象"显现出来的。有意思的是,科学发展史也经历了"东方不亮西方亮"。自古以来,中国所讲的"气"在西方经典物理学中成为"相",在近代科学和现代科学中也已经摇身一变成为所谓的场物质,而且现代科学还把质点聚散的"物"与"场"的概念统一表述成为"系统"和"系综"的概念!而如今,气一元论又有了"云数据"的时髦外衣。

四、实有的系统

正如非系统与系统是相对的范畴,系综与系统是一对理想与实有的相对概念。与系综作为现代科学的一个想象中的工具相对,系统是理性认识的实在。如果实际的事物抽象粒化以后,那些物质单元或事件要素作为细微的粒子在气团中并不是独立的,那么气团中的每一个粒子之间就是相互有联系的,这些粒子的构成关系就是系统。

系统是一定量的各向非同性的单个元素(简称单元,即"原素""因子""组成成分"等)之间相互联系、相互作用的集聚体。"系统是一般性质的模型,即被观察到的实体的某些相当普遍的特性在概念上的类比。使用模型或类比构思是科学(乃至日常认识)的一般方法。"[10]如果一定量的不可或无须再细分的全同性粒子彼此按一定的序列和一定的取向相互联系并组成一定结构的集群,那么这一相互联系的集群整体就统称为系统。所以,系统是相互作用着的各向不同性的类弦多粒子复合体。例如,运动的汽车、飞行的飞机和运动的天体都被称为质点,这些有指向的移动的质点就是系统的元素(粒子)。

由全同的单一元素组成的系统就叫作全同单元系统,简称单元系统。具有特质的单元可以称为质元,所有的物质单元都是质元。化学中把同种元素组成的物质叫作单质。有的单质由分子构成,如氧气、氮气、氢气等;有的单质由原子构成,如铁、镁、铝、铜等,这些单质都是单元系统,是粗粒化以后的一组相互联系的粒子集群。

按照德国数学家康托尔对于点集的描述:"所谓集合,是我们直觉中或理智中的、确定的、互不相同的事物的一个汇集,被设想为一个整体(单体)。"[11]组成集合的对象称为集合的元素。以同质的元素联系形成的整体就是一个同质系统。例如,人体是有血、有肉、有骨骼、有经络……的生命体,当人们要认知人体的骨骼这一性质时,就要进行解剖,把骨骼与其他组织分解开来,然后再依其既有的空间关系重新综合成为人体骨骼系统。

系统隶属于人们理性认识的范畴。知识世界中的一切客观事物都是由一定特质、一定数量的元素构成的系统。也就是说,客观事物的组成元素转化为人们的认知形态就是经过粒化的"粒子","粒子"通过功能关系、相似关系、邻近关系或不分明关系等各种关系所形成的有结构的整体就是系统。就像单身的一男一女,在没有建立关系时可以作为人群系综里的独立单元,但是一旦他们建立了婚姻关系,也就形成了称作"家庭"的系统。

在中文里,所谓"系"就是联系、连缀,"统"就是丝绪的总束、集中,引申为"系统"可以说就是联系比较密切并且相互作用着的诸单元的统一体。各个单元相互联系,此单元的一部分与彼单元的另一部分相互连接,就会形成组织或构造。系统就是自成体系的组织,是按一定方式相互联系的"互联网",是相同或相类或相异的事物经过粒化成为粒子并按一定的秩序和内部联系组合而成的有结构层次的整体。像互联网作为全球各个角落各种信息的汇聚之地与全球用户了解世界、接触世界的最广阔平台,它本身就是一个典型的系统。

可见,系统是相互联系、相互作用的诸元素合成的具有特定性能的有机综合体。换言之,两个或两个以上的组成部分(组分)相互作用形成的统一整体就是系统。系统是全部组分相互联系或互动互应形成的整体,凡是系统,其整体都有相应的形态、结构、边界、特性、行为、功能、空间占有等。

系统科学的基本信念是系统无处不在,任何处于自身相互作用中以及与环境的相互关系中的单元集合都称之为系统,世界由自然界和人类社会中各式各样的系统组成,没有一个现实的事物完全不可以被看作系统。一切事物都以系统方式存在,都可以用系统方法研究。[12]

由于系统是整体的、普遍的舍象事物,中国古代科学的整体观和许多论点都可以翻译成为现代系统科学的版本,并得到完整的表述,因此,哈肯认为:"中国是充分认识到系统科学巨大重要性的国家之一。"

在任一层次上具有一定基质和数量的非全同性的元素集聚成为一个系统,其整体就会表现出相应的结构形态与性能。例如,当水分子聚在一起就会表现出水、冰或水蒸气三种形态;当细胞聚在一起就会成为组织、器官和生物体;当大量的消费者联系在一起就会创造时尚;当人们聚在一起就会表现出群体行为。

现实存在的系统都具有特定的形态,如一场会议就组织形成一个人员系统。具体的系统只具有特殊层次上的一般性,只能适用于特定事物的系统,如物理系统、生物系统、社会系统、思维系统等。如果撇开组分元素的特质,仅仅把组分元素的关系看成系统,那就是一般系统。一切系统共用的与组分元素特质无关的共性,就是系统的一般性。系统的一般性表现为不同领域的结构相似性或同型性,支配各种行为的原理具有一致性,而其实体在特质上可以有很大的区别。

忽略了不同的系统形态的具体特质,则舍象后的一般组分元素都可以视为点,即节点；不同节点之间有相邻或不相邻的关系，把两个相邻节点用一条几何线段联系起来，叫作边；不相邻而有联系的点之间用一组边连通起来，这样得到的观念系统就是数学所讲的图；所有节点的集合和所有边的集合一起形成的特殊几何图形，称为网络。

网络是一类系统结构的几何表达，称为网络结构。例如，传感网是由一组传感器节点以特定方式构成的有线或无线网络，物联网是物物相连的互联网。在社会组织架构为基本形态的网络社会中，每个人、团体、组织和机构都在复杂的全球网络系统矩阵中成为一个无边无际、互联互通的信息节点。用拓扑学的观点来看，系统形态所具有的特性包括拓扑特性，都可用以刻画系统的某些重要性态。凡是网络都呈现某种拓扑特性，像数学中的图论就为刻画网络提供了适当的工具。

元素之间一切联系方式的总和叫作系统的结构，结构不能离开元素而单独存在，只有通过元素之间相互作用才能体现其客观实在性。划分子系统和确定元素之间的关联方式是刻画系统结构的重要方法，这种划分是由元素相互联系的情形规定的，它是客观自然的划分。不同的联系方式对系统的形成、运行和存续的影响不同，有时相去甚远。

系统是许多组分元素按照某种规则交互作用形成的，在一个由若干元素组成的系统中，系统与元素是整体与个体缺一不可的两个方面。系统由系统和元素划出两个范围界限，可分别称为外界界限与下界界限。这种把整体分解为部分所出现的界限的存在形式就是层次。层次是指系统内在组织结构有序的间断和连续，或是系统要素在结构或性能方面的有机结合的等级次序。系统的实际运动永远是多层次的复合运动，而多层次系统是由若干个界限相互包含、层次相邻的单层次系统组成的，它有大小界限，又有中间层次的界限。

系统的外界就是环境，把系统与环境分开来的某种界限叫作系统的边界，系统通过边界与环境相关联。从空间结构来看，边界是把系统与环境分开来的所有点的集合；从逻辑上来看，边界是系统构成关系从起作用到不起作用的界限，是系统的质从存在到消失的界限。边界肯定了系统的质在其内部的存在，同时就否定了系统的质在其外部的存在。边界的存在是客观的，边界可以分为有形边界和无形边界。凡是系统均有边界。正因为系统存在边界，人们才可以比较明晰地认识事物的形态。一个层次系统的界限对系统内的元素来说都是无穷大的。

事物是普遍联系的，一事物与外部事物有千丝万缕的联系，舍象后的系统和系统之间同样存在着联系——这就是系统和外界（环境）的联系。正因为系统间存在不同层次的联系，所以系统和系统才可以组成更大的系统——母系统，或者一个系统才能分为若干个子系统。系统在任何母系统中的相互联系称为上层联系，系统内部任何子系统之间的联系称为下层联系。子系统的单元之间是按某种方式更紧密地联系在一起的集团，具有相对独立性，有其自己相对的整体特性。不同集团的元素之间往往不是直接相互联系，而是通过所属的集团联系在一起。例如，有机大分子作为一个系统，基团就是子系统，而不同的原子才是元素。互联网形成了一个系统，在其中建立的QQ群或微信群就形成子系统,且这个子系统本身是它所从属的互联网这样一个系统的组成部分。一般地,每个具体的系统都可以看作从普遍联系的更大的网络系统中相对独立地划分出来的系统。

系统的上层联系与下层联系反映了系统的相关性和相互独立性两个侧面。相关性把同一层次的一些系统组成高一层次的系统,相互独立性则把某一层次的系统划分为低一层次不同的子系统。各个层次都有其阈限,阈限是以各层次系统的自由度为标志的。跨越层次就要突破阈限。如果用古代思想家的形象描述来形容,跨越层次就需要经过"脱胎换骨"的质变,每跨越一个层次就是进入一个新的大千世界。

客观事物是世界某一界限范围内的特定部分,在这一界限内部事物之间的相互关系与事物在该界限外部中的相互关系是独立的。事物集合而成为各级系统,说明了整个世界有着层次性的结构,每一层次一般还可再分为若干中间层次。例如,一篇文章是一个相当复杂的系统,包括了好几个层次的组合:基本笔画或字母在没有建立联系之前是非系统存在体,但是只要它们按照文字或单词组成规则构成了文字或单词,那就具有了文字或单词的意义,就形成了一个层次的系统。同样,文字或单词又构成了句子,形成了另一个层次的系统;不同的句子也可以构成段落,也形成了再一个层次的系统;如此,不同的段落还可以构成章节;不同的章节还可以构成一篇文章;不同的文章还可以构成一部书;它们都形成了不同层次的系统。[13]

一个系统可以作为高一层次系统的元素这一点,决定了高一层次系统的内部相关性,同时又是低一层次系统的外部相关性。影响系统整体的性质因素不仅有内部的相关性,而且有外部的相关性。外部相关性决定了一个系统之外的一切系统的总和就是该系统的环境。由于不可能也没必要考虑一个系统与一切系统的所有联系,因此外部相关性又决定了只要考虑环境中那些与系统具有不可忽略联系的系统。外部相关性还决定了系统具有与环境交换的特性,这种与环境交流的开放性决定了任何系统严格地说都是开放系统。

不过,因为内部相关性与外部相关性是处于具有相互独立性的两个系统层次中,在一个系统层次中,内部相关性是主要因素。系统内部相关性的外部表现就是系统的形态,系统的形态是系统所有元素的性质与关系的宏观表现,是系统内部结构的表象反映,这是系统内各个元素相互作用的综合结果。凡是系统,其内部各向非同性的物质元素之间的联系方式是各式各样的,都有不同的结构和表现形态,还有内外结构与形态上的差别。元素和结构是构成系统的相互依存、不可分割的两个方面,系统是元素与结构的统一,元素与结构一起称为系统的内部构造。因而,系统有层次或子系统之分,系统中各元素集合的性状是不同的,其表现形态也可能存在较大的分异。

在理性认识中,如果把系统内外的所有联系都一起考虑,既无必要也无可能;人们一般的认知方法就是略去无关紧要的、偶发的、无任何规则可循的联系,而把结构看作元素之间相对稳定的有一定规则的联系方式的总和。占有一定空间(物理空间或相空间)是任何系统存续和演化的必要条件,占有足够空间的系统才能施展出事物特有的形态。系统的形态都是在一定环境中表现的"象"——现象。

人们在认知事物形态时,还是必须首先划定某个层次;而在这一层次上,作为组成系统的元素应被看作在该层次上是不可再分的(即使实际可分,也不应再分割)最小的子系统,元素本身也具有自己独特的基质和独立的表现形态。例如,社会系统以人作为元素,人体作为生物学系统,又以细胞为元素;但是,细胞没有社会性,细胞之间只有生物学和物理学的相互作用,所以就不能以细胞为元素来研究社会问题。不同层次的系统形态之间也是相互联系的,但是这种联系并不是简单的汇总或统计的关系,而是有着各种特定的方式与途径。

第三节　认知体系的基本构架

任何事物都会以一定的形态来表现,形态是事物的存在形式。人们认知各种事物要从具体的形态开始,而要获得任何一种事物形态的真知,就要用对象的特征来表征对象——建立理性认知体系。理性认知体系的构架包括坐标系的参照系(原点),也包括坐标轴,还包括坐标轴之间张开的空间场。坐标轴是表达事物形态的度量基准的标杆。

一、参照系

客观世界的事物形态是无穷无尽的,反映在人们主观世界的感知映像也是不可穷尽的,人们由感性认识获取的有关事物形态的知识也必然是无限的。无数的事物形态就处在不断的运动变化之中,如自然界中星系、恒星—行星、星球、地球、物体、分子、原子、电子、夸克等不同层次结构的各种粒子都无时无刻地运动着。各种事物处在相互联系和相互作用之中,其中还有无数的事物在作用过程中必然会发生相应的形态变化,因此人们面对客观世界中无数的不断变化的事物形态就会产生"万象更新"的动态映像。

观察和认知事物形态是人们思维的一种基本方式,只有步入理性认识的世界,人们才能对事物的不同形态进行甄别。面对无穷无尽、变化不已的各种事物形态,人们要认知其中的任何一个自在自为的事物就必须把这一实在的事物作为认识对象。然而,要把这一实在的事物转化为知识世界中具有相应思想内容的知识产品,主体就必须对这一实在的客体进行理性思维加工。主体对客体的理性认识就是通过对模型进行抽象的思维加工制作而获得的对事物本质和规律的认识的。但是,不论认识对象具有何种表现客体自身特点的形式,主体产生认识的第一要务就是要在主体神经中枢建立一定的把握原型事物的本质及其内在联系的规定性。

理性认识需要有一定的科学方法,科学方法有助于研究者更好地探究真相和发现规律。在所有的关于事物本质联系的理性认识中,最基础的认识方法就是比较。有比较,才有鉴别;有鉴别,才能认识事物形态的差异。而要对任一事物进行比较分析,就必须也只能以某一事物形态作为比较的参照系(也叫参考系);有了参照系,主体才能在神经中枢建立起描述事物形态的理性认知体系。

世界上的事物形态各异、千变万化、光怪陆离、生生不息,使得人们长期以来一直把作为参照系的事物形态看作神奇莫测的东西。为了探索物质的起源或世界的本原,古往今来不知有多少贤哲和科学大师纷纷著书立说,把一个简单的参照系描述得玄之又玄,并在各个领域留下了各种奥妙无穷的、形式各异的人类精神的精华。西方古代哲学认为世界起源于混沌。古希腊哲人阿那克萨戈拉在《论自然》中曾说:"当初万物是聚在一起的,数目无限多,体积无限小;因为小也就是无限,万物聚在一起的时候,由于微小,是分不清的。"恩格斯后来评述道:"在希腊哲学家看来,世界在本质上是某种从混沌中产生出来的东西,是某种发展起来的东西,某种逐渐生成的东西。"

中国古代哲学认为世界生于混沌之气。像中国人所熟知的"盘古开天地"的神话,就为人们描绘了一幅"宇宙初始""万物混一"的画卷。这种天地混沌的本原态,无所谓上下左右,没有任何特殊方向和特殊性质。《列子·天瑞》中就有:"气、形、质具而未相离,故曰浑沌。浑沌者,言万物相浑沌而未相杂也。视而不见,听之不闻,循之不得,故曰易也。"这就是说,混沌是指元气已具物质的性质,但还没有进一步分化的无序的形态,也就是《周易》中的无极。

在中国传统文化中,儒、释、道都从各自的角度对这一本原进行了阐述。儒家在《易传》中把世界的本原设定为无极,提出"无极生太极"。佛教把世界的本原归结为空,如《大智度论》五有言:"观五蕴无我无我所,是名为空。"佛教宣扬"诸法皆空",以悟"空"为进入涅槃之门,所以称佛教为"空门"。"真空"就是大乘之穷极和小乘之涅槃。释迦牟尼说过:"没有无生、无始、无创、无形,则无逃避有生、有始、有创、有形世界之可能。"佛教空透一切的根本是意念之空,而不是没有物质形态的真空。这是强调了参照系对于坐标系、虚无空间对于实有空间的相对性与根本性。道家则把世界的本原称之无。老子在《道德经》中说:"天下之物生于有,有生于无。"他认为"无名天地之始,有名万物之母",即在天地未形成时,不存在什么名称或概念,"名"是有了天地之物后才由人们制定的,所以说"始制有名"。"道"原来也是"无名"的,老子把"道常无名"这种形态称为"无名无朴","朴"指纯自然状态或素材,即处于平衡态的本征事物。

在人们的认知世界中,认知事物形态的首要任务就是要人为地选择一个基点,这个被择定的基点就是事物形态变化的本原,也就是混沌的"未分化的整体"。具体的"形而下"的参照物成为"形而上"的参照系以后,在人们理性认识的形态空间中作为零维空间就只能人为地当作虚无,万事万物都可归于无。"无"是事物的本原,即无象、无形、无态,而"无名无朴"之"道"就是理性认知的无极零维空间。道教的"悟道"与佛教的"悟空"实质上是一样的,都是"复归于无极"的过程,即回复到世界最原始的、无形无象无方所的本体的过程。可见,坐标系原点上的"无",不是绝对的无,而是"真空妙有",是一种潜化的存在形态,是一种"不显象"的客观实在,在这样的参照系上,所有事物的形与象及其质都以极为隐藏的方式存在于认知世界。

只有选定了参照系,才能正确地描述事物形态的变化,这是人类认识之所以成为可能的先决条件。参照系的选取主要是看研究问题的性质与方便。从不同的参照系来看,同一事物形态的变化并不相同。例如,观察坐在飞机中的乘客,以飞机作为参照系来看是静止的,以地面作为参照系来看就是在运动。再如,人们以观察者眼睛作为坐标系原点,仰观夜空中的点点繁星的星象就是坐标空间的一个个驻点,第二天(或翌年同一天)夜晚是否再现第一天夜空的星象就要以同一个坐标系来评判。为了描述星象在不同时间的变化,并避免观察者所处位置作为坐标系原点的差异,人们一般就在茫茫星空中选择北极星作为参照系。

只有先选定系统生成演化基本的逻辑起点——参照系,人们才能明确地描写事物形态的变化。否则,实验观察选择的参照系不同,所描述的事物形态也必然不同。宇宙学上存在一个让所有物理定律都失效的"奇点",这一奇点就是个参照系。回顾历史上关于宇宙的中心曾有过许多学说,这些学说都只是为描述宇宙的运动而选取不同参照系所得到的学说,如"中心火"、地心说、日心说等。

公元前4世纪,亚里士多德在解释落体运动时首先提出了地心说,亦称地球中心说或地静说;这是把宇宙运动的坐标原点选在地球上,建立地心参考系(地球—行星参考系),并认为地球居于宇宙的中心静止不动,太阳、月球和恒星都围绕地球运行。公元2世纪,托勒密根据观察资料进一步发展了地心说,用数学物理模型定量地描述行星在天空中的视运动轨迹。这个学说后来被教会利用以维护其统治,并统治人类的思想达1000多年。16世纪后,地心说在描述行星运动的统治地位被日心说取代,但是在物理学中还是保留了相当的地位,人们在描述物体运动时,在通常情形下都还是以地球为参照系。

日心说(亦称太阳中心说、日静说)把宇宙运动的坐标原点选在太阳上,建立了太阳参考系(太阳—恒星参考系),认为地球和其他行星都围绕太阳运动。对这一坐标系中的运动现象从理论上进行系统的论述就产生了日心说。古希腊天文学家阿里斯塔恰斯在公元前3世纪最早提出这种看法,但是后来由于地心说占了统治地位,直到16世纪,日心说才又由哥白尼提出并做了系统的理论论述。日心说阐明地球是一颗绕太阳旋转的普通行星,从根本上动摇了人类中心论等宗教教义不可冒犯的神话,给了宗教以沉重的打击,引起了宇宙观的革命。哥白尼的《天体运动论》不仅直接为以后开普勒总结出行星运动定律铺平了道路,而且启发伽利略提出了相对性原理。这是人类认识史上的一次飞跃,因此相对性原理成了整个物理学理论大厦的一块基石,后来爱因斯坦提出的相对论力学就是基于伽利略的相对性原理。

相对性原理告诉人们,物理规律并不因为所选择的参照系不同而有所变化。从原则上说,参照系的选择是任意的。然而,恰当地选择参照系,对于物体运动的描述就简便得多,比如美国所发射的"旅行者号"宇宙飞船,在发射的初始主要考虑它相对于地面的运动,所以以地球为参照系比较方便;当飞船进入星际之间,以太阳为参照系就比较方便;当飞船挣脱了太阳系的羁绊进入浩瀚的太空之中,那么以其他恒星作为参照系就比较方便。由于银河系是恒星和星际气体及尘埃的巨大聚集,银河系以"人马座"方向上的中央核球为中心,因此银核中恒星最为密集。如果以银核为参照系,也可以像地心说或日心说那样产生"银核心说"。虽然无限的宇宙没有中心,但若把宇宙中的物质看成是"星系质点"所组成的流体,则"星系质心"就是宇宙的参照系。

从亚里士多德—托勒密的地心说到哥白尼—伽利略的日心说的演化,人们是花了2000年的时间才实现了参照系观念的转变。更令人吃惊的是,尽管人们知道世界上的一切事物形态都在运动变化,但是到了20世纪20年代,由于美国天文学家哈勃发现了一个叫作宇宙大爆炸的时刻,人们才不得不把宇宙的中心作为参照系来考虑。

从近代科学到现代科学,虽然人们没有一味地去寻求宇宙的新中心,却在各学科领域内根据所研究问题的需要,恰当地选择了各种不同的合适的参照系。例如,常用的地面参照系、电学中的零电势、大地测量学中的参考椭球(亦称作参考椭圆体)、电化学中的参考电极、测量学中的平均海平面、热力学中的绝对零度、原子物理学中的基态、海洋学中的无运动面(也叫无流速面或零面)、农业中的标准区(也叫对照区)作物田间试验时所设置的对比小区、时间计量上的标准时(历法上的公历纪元为耶稣基督诞生年)、时区制度中的本初子午线、光学中的参考光波、胚胎学中的组织中心、光学中的参考光波、经典宇宙学中关于宇宙大爆炸的奇点,如此等等。此外,在队列中的排头兵也可以作为人们描述队形变化的参照系。

可见,在各学科中为认识事物形态变化而择定的参照系可以说俯拾皆是,也就是说世界上的一切事物都可以作为参照系。事物形态是从混沌中产生、发展和生成的,事物形态的变化都是相对参照系而言的,参照系是为了确定研究对象的形态和描述其运动而选定的参考标准事物,被主体择定为参照系的事物是主体认识所有其他事物的基本视点,这个基点在主体的整个认识过程中是唯一"不易"的原点。所以,参照系也称为参照点,是所谓的奇点,是抽象的曲率无限大的点。事实上,一个独立存在的抽象的参照系未必是点状物,而是具有典型意义的某一客观实在的事物的一种相对平衡、相对稳定的形态。

只要理性认知的参照系选择得当,就便于人们的认知和理解,使刻画的事物形态变化规律简单明了。正如上述的托勒密以地球作为观察和研究事物的基点,自然就会产生前科学的"地心说";哥白尼以太阳作为观察和研究事物的基点,自然也会形成后科学的"日心说"。爱因斯坦认为:回顾牛顿的全部思想,他的最伟大的成就是他认识到特选

(参考系)的作用。像"哥白尼革命"的意义、广义相对论的建立和达尔文学说的提出,它们的重要性都在于选择了更合适、更一般的参照系。在客观世界中,参照系就是被规定的参照物;人们一般会指定某一事物相对静止、相对孤立的平衡态,作为考察其他运动变化对象的静止不动的基态。任何相对平衡、相对稳定的事物都可以被人们指定为认知体系的基态,都可以作为考察其他事物形态及其变化的本原。严格地说,参照系的选择就是事物基态的选择。

主体建立一个认知体系就要以择定为参照系的事物为根本,以此为基点并通过认知体系规定的思辨准则来认识其他事物。主体以择定为参照系的事物作为理性思维加工制作的原点,就意味着主体的立场已经与参照系的事物融为一体,是零距离的没有差异的本体。因此,认知体系就是主体所建立的一个世界,在这个世界中,参照系是作为主体观察和研究事物的基点,主体所观察和研究的其他事物都是客体或与参照系有差异的异体。所谓的世界观也就是主体在这样的认知体系中观看客体形成的对其他事物及其关系的总的看法和根本观点。

参照系是描写事物形态变化过程的理性认知坐标系的逻辑基点——原点,在认知坐标系的形态空间中本身就代表一种事物的特定形态——基态。坐标系的原点是人们认知世界事物形态空间中的"黑洞",是最特殊的奇点,是数学中的零向量$\vec{0}$,是《周易》中以虚无的方式包含万有的"无极"。参照系用数量的概念表示就必须规定为"0",参照系作为零维形态空间的几何要素表达就是坐标系的原点。可见,零维形态空间的"零"是有深刻内涵的。正如恩格斯在《自然辩证法》一书中所说:"零作为一切正数和负数的界限,作为能既不是正又不是负的唯一真正的中性数。零不只是一个非常确定的数,而且它本身比其他一切被它所限定的数都更重要。事实上,零比其他一切数都有更丰富的内容。"没有零,就没有一、二等数量概念。任何一个量的无,本身是有量的规定的,并且因此才能用零来运算,计算方法的一切固定差别才会消失,一切才可以用相反的形式表示出来。

二、坐标轴

建立理性的认知体系,就是要打开人们理性认识事物形态的空间。所谓理性,就是反映事物本质特征的规定性,这样的规定性可以是某些思辨准则,也可以是某些度量基准。所以,理性认识事物形态的认知空间是建立在一定的思辨准则或度量基准基础上的坐标系空间,而撑起认知空间标架的各条标杆所表达的就是这些思辨准则或度量基准,这些擎天巨柱般的思辨准则或度量基准也就是认知坐标系的坐标轴。

通过确定认知事物的本质特征来识别事物形态是人类文明的标志。在人类的理性认识活动中,人们一般不可能也没必要把研究对象所关联的所有感性素材全部同时进行研究,而是要突出主要的本质的因素或特性,舍去那些作用微乎其微的因素或特性。

被突出的主要的本质因素或特性是事物内在性、抽象性与统率性的本质特征,而且可以提取作为人们认知事物的基质或特性的思辨准则。

事物的性质是人们理性认知的首要规定性。确定了认知事物基质或特性的思辨准则,就有了认知事物形态的定质基准。如果以此作为坐标轴,人们就可以建立起定质认知事物形态的认知体系。作为人们认知事物的思辨准则,认知体系的坐标轴是支撑认知体系的指标框架,也是描述无穷事物形态的性质、大小及其变化趋势的指南与标尺。

"性者天生之质。"在现实世界中,每一种事物形态都因为具有独特的基质或个性,人们才能把它们相互区别开来。人们(或借助仪器)对物质世界的认知(感测)是通过对物质间质的差异性的区分来进行的。当"一个物体"与其周边的差异在人们的认知能力内,人们就能感知其存在;当"一个物体"与其周边不存在差异,实际上它与其周边不存在"体"的界限,就已经不适用"一个物体"这一称谓了,也就是不存在。在这里,思辨事物之间差异的定质准则就是事物可知与不可知的界限,也就是认知体系的坐标轴。

思辨事物本质之间差异的准则是人们认知事物的辨别基准,也是人们理解宇宙的"解剖刀"。作为客观存在的事物,在认知体系中必须在思辨准则的度量下才具有可感知性和可认识性。如果该事物与他事物无法用人们设定的思辨准则来度量,就无法感知或不可认识,而无法感知或不可认识的事物不属于科学的范畴。因此,科学关于事物的客观性是指在认知体系中以确定的同一度量基准来描述客体。

人们要理性地认识事物,最根本的就是要合理地建立定质的思辨准则,也就是要对所认知的事物设定有关思辨"本质实体"的基质或特性。例如,设定了"光度"这一特性的辨别基准,混沌的事物就可以分为阴阳两种仪态。设定了"易"作为识别事物形态的定质基准,任何事物的形态就可以分为"不易"和"变易"两种状态,由《周易》的"不易原则"和"变易原则"就有"不易"和"变易"两种世界观。以"变易"作为识别事物形态的思辨准则,实际上就是建立了太极坐标系。在太极坐标系中,以定向变化的世界观来观察事物的运动,自然可以得到辩证唯物主义的基本原理:运动是事物的固有性质。

佛教以"性相"的两个方面作为认识事物形态的思辨准则。《大智度论》三十一说:"性言其体,相言可识。"性是事物内在的不可改变的本质,如火的热性,水的湿性;相是事物外现的表相,是可识别的形态,如火的焰相、水的流相。可见,质是一事物区别于他事物的一种规定性,是由事物内部的特殊矛盾规定的。事物的多样性是事物多种特质的表现,而物质则表示该物乃是具有质的规定性的物体。

对事物进行定质的思辨属于人类的基本思维方法。《周易》中采用据"象"归类、取"象"比类的象数思维方法,以卦象对具体的物象或事象进行典型的定质分类。"象"是可分的,"象数"中的"数"也不是定量的而是定质的,中国人至今沿用的生肖属相就是对不同年龄的一种分类。而古希腊时代像亚里士多德等著名学者,对每一个自然现象的研究及其发现的每一个自然定理都是定性描述的。为了解释物质的基本特性,炼金术士们探索了一些根本的原理,诸如四元素(土、气、火、水)、七金属、宇宙精灵、哲人石等,他们或通过把物质和行星、神话中的人物以及神学联系在一起来理解物质的性质,或采用符号、颜色、图片、神秘的名称和代码来表示物质。

人们关于事物本质特征的认知能力表现在定质思辨准则的应用上。定质研究主要是凭人们的直觉和经验,凭研究对象过去和现在的延续状况及最新的信息资料,对研究对象的性质、特点和发展变化规律做出判断的一种方法。设立不同的定质度量基准,对事物形态的认识就会有不同的结果。人类认知能力的提高,说穿了就是人们对于形态各异的事物的思辨准则的不断增多或度量基准的不断细化。

在20世纪以前,人们还只能以物体的宏观形状变化特征为思辨准则来区别物质的形态:物质的形态就是物质在宇宙中所呈现的不同状态。根据物体抽象为质点系后,具有固定形状和体积又不易形变的物态就称为固态;具有一定体积但外形随容器而变且易于流动的状态就称为液态;形状和体积均随容器而变且容器敞开时物质粒子就逃之夭夭,这种状态就是气态。人们常说"物质有三态",就是指一种质点系能以固体、液体或气体的空间形式而在一段时间稳定存在。

后来,人们以物质内部结构形式的稳定性作为思辨准则,物质就远不止三态了。有些固体内部的分子或原子以规则、对称、周期性的结构状态出现,就称为结晶态。另一些所谓固体,如玻璃、沥青、电木、塑料等,虽然在常温常压下具有固定的体积和外形,也不明显地表现出流动性,但内部结构更像液体,这种状态称为玻璃态。不少介于液态和晶态之间的有机物质存在既有流动特性又有某些类似晶体的光学性质,这种物态被称为液晶态或介晶态。气体被加热至万度以上的高温或被辐射之后,原子可能会电离,气体将成为带正电的离子和带负电的电子所组成的集合体,而且正负离子量相等,这两种离子的集聚状态叫作等离子态。如果物质处于极低温度条件下(在绝对零度以上若干度),某些金属的直流电阻将趋近于零,这叫作超导体。在极低温度下,有的液体(如液态氦)的黏滞性也完全消失,便叫作超流态。另外,也可通过改变压力来改变物质的状态,如在巨大的压力下,氢可以转变成具有金属特性的固态就称为金属氢态。[14]

以上物态都是人们生活中或实验室里能得到的物质形态。如果再把高压和高温也作为定质的思辨准则,那所呈现的物质形态又别有一番景象。天文学家已经发现,在离地球很远的太空中,有一种质量大而体积小的恒星——白矮星,其内部压力和温度高得使物质原子的所有电子都脱离了原子核而成为自由电子,并使所有光身的原子核像晶体那样,高度紧密规则地堆砌起来,自由电子则在其间混乱地运动着,由于其密度很高,便称为超固态。还有另一种恒星,其内部温度和压力远远超过白矮星的温度和压力,在强大的压力下,把原子核外的所有电子都"挤"进原子核里与质子结合成中子,且大部分原子核不再维持其原有的结构状态,因此星球外壳的物质几乎变成了由中子组成的流体,其密度也大大超过白矮星的密度,这种高密度物态叫中子态,所以这种恒星叫作中子星。但是,中子态还不是密度最高的物态,科学家们认为还可能存在一些密度更高的物态,如超子态、反常中子态、黑洞或白洞等,并在理论上已计算出这些物态能够稳定存在的条件。

现代物理学对不同层次大量的实物粒子已经有了统一的认识:一切物质都是由不同层次的具有一定的基质和性能的质元群体所组成。当某一层次大量的质元群体在一定的环境条件下相互联系并集聚为一种稳定结构的系统时,这一层次的质元群体的结构状态就叫作该层次上的物质形态,简称物态。当系统所含质元种类和数量不变时,它作为一个整体存在,必然呈现一定的形态。一般说来,任何一种物质在不同的环境温度、压力和外场(如引力场、电场、磁场等)影响下,将呈现不同的物态。有时一种物质在某种温度和压力下,有几种不同的物态同时存在,即同时呈现几种不同的"相貌",从而把整个物体分为几个均匀的部分,每个均匀部分称为一个"相"。在一定条件(温度、压力或特定的外场等)下,物理系统将以一种与外界条件相适应的聚集状态或结构形式存在,这种形态就是相。因此,同一种物质形态可能同时存在许多不同的相,如固态水有很多结晶方式(相)。

在科学家们不断揭示新的物态的同时,人们只要把眼光移向生命世界,一样可以发现不可胜数的物态。生命是自然界发展到一定阶段的物质形态,如地球上有约150万种动物、30万种植物和10万种微生物,它们的种类繁多,形体结构、生理机制和生态习性各异。其实,这些都是人们在不同层次上设定的生命基元作为思辨准则而在时间和空间上表现的不同形态。

总之,物质世界中千差万别、形形色色的物质及其无奇不有的现象,都是物质在一定环境条件下的表现形态,也就是《周易》所表述的"在地成形"的现象。以占有一定的时空和具有一定的性质作为思辨准则,上述有关物质的固态、液态、气态、结晶态、非晶固态、液晶态、等离子态、超导态、超流态、超固态、中子态、黑洞和白洞及生物的存在形式等,都可以称为物态。每种物态都有其特殊的性质和结构,而与别的物态相区别。如果以物质所占有的物理空间作为思辨准则,那么任何物态又都是大量的物质基元在一定环境条件下集聚为具有一定空间的物质结构并且能够在一段时间内保持稳定的形态。物质基元的结构形式在空间的广延性决定了该物质的形象或形状,而它们维持其特质在时间上的持续性又决定了该物质的存在情态。

如果以物质所占有的物理时间作为定质的思辨准则,那么在一段时间内能够相对持续稳定地表现某种实在的特质就称为事件,而事件的表现情态就称为事态。事态与物态不同,事态只关心人们所考察的对象在某一段时间内所表现的特质的持续性。在社会发展和社会活动的不同阶段都可以表现出不同事物存续运行的事态,如国家的经济状况、运动员的竞技状况、两军相争中的战场态势等。

在物质世界中,有许多物质在运动过程中其形体本身没有变化,其所占有的空间特性就可忽略或隐去,这样的研究对象就可以抽象为具有一定特质的点。例如,运动学在研究固体的运动规律时就把固体作为质点,而研究质点在一系列事态中的"历史"。对于世界上任何事物的存在与运动,态都是最基本的一个独立要素,所以可以用件数来计量的事态也称为事件。

一个事件是一些转换、构型、感觉或强度感知组成的系列,这个系列有它的开端、中间过程和终结。怀特海用四维的"事件原子"取代三维的"物质粒子",他认为,自然的终极事实就是事件,事件一旦发生就不会消失,而是过渡到另一个事件。事件之间有一种内在关系。世界是无休止的事件流。事件的过渡构成时间,事件互涵的扩张构成空间;有时间只是因为有事件,除了事件,就不会有任何存在了。

其实,如果同时以物质所占有的物理空间和时间作为定质的思辨准则,那么形态就是事物在一定条件下的表现形式。形(或状)是指事物在一定空间中的占有形式,态是指事物在一定时间内的占有形式。因而,形态一般是指事物在一定时空条件下的存在形式。不论是客观世界、主观世界还是理论世界,它们的基本内容都是由事物的形态所构成。世界上一切现象都是各种实在事物的不同的表现形态,认识世界、理解宇宙必然就要囊括所有的事物形态。

事物形态的无限性表明世界上任何一种事物在一定环境条件下都会呈现一定的形态。事物在它发展的一定阶段和一定时期内,都具有质的相对稳定性。在这个时段中,事物的性质基本不变,这种一定条件下的表现形式,就称为事物形态。《周易》世界观的不易原则告诉人们,没有相对稳定的不易的事物形态,人们就无法认识事物。只要事物处于相对静止不变的平衡态,在一定条件下就可以保持它的相对稳定性而达致"恒,久也",否则变幻无穷的世界就是不可知的了。

事物形态所达到的相对平衡态,是事物内部的各种矛盾因素及其与外部环境的作用和反作用处在一种势均力敌的均衡形态。在平衡态下,事物的各种矛盾都取得暂时的相对统一,达到一种稳定不变的"静态"。除非外界条件发生变化,这种平衡态不会自发地发生变化。事物之所以表现出无限的不同形态,正是它们具有无限的不同规定的相对不变和暂时平衡的定态。只有承认事物的相对不变和暂时的平衡态,才能区别事物,才能认识和把握千千万万的事物的具体形态,才能分别对不同的事物进行具体的科学的分析研究,否则,世界上的万事万物都是瞬息万变的,无从捉摸。没有形态可言,也就无法辨识。

无穷无尽的事物都是具有自身的特质而区别于其他事物的,人们在认知不同的事物时如果能找到它们的共性作为度量基准,就可以把它们归为同一类。例如,各种物质在结晶状态下的颜色、外形、断口、密度、硬度、黏度、透明度、响亮度、比重、气味、滋味等几十种性质都不尽相同;然而,只要以"一切晶体在外观上两对应的晶面夹角恒等、物理性质表现为各向异性、相变时有确定的熔点"这三个基本宏观特征作为界定晶体性质的思辨准则,即可识别晶体。

事物质的规定性是分类的思辨准则,也是表征事物本质特性的共性参量。许多事物,不管它们呈现什么具体形态,只要它们存在着一定的共性,就有确定的描述事物共性的质参量,区别事物形态的依据就是规定事物共同性质的质参量。牛顿认为:进行哲学研究的最好的和最可靠的方法,首先是勤恳地去探索事物的性质。所以,牛顿进行科学研究一直秉承着把一切还原为"所有物体的普遍的质"这一信条。

在人类认识世界的历史进程中,人们认知事物是从区分事物开始的。分类是根据质的规定性,把事物的共同点和差异点划分为不同种类的逻辑方法。恩格斯说:"有了分类,彼此间有了因果联系:知识变成了科学……"对自然界的科学认识以分类为起点,这是自然科学进行理论思维的前提。在上古时期,人们就是用定质的、隐喻的、直觉的、灵感的方法来认识事物,而定质认知的实质就是分类。像《周易》中的二仪、四象、八卦或六十四卦的类属,就是用二分法把事物分门别类后得到的一组定质的图像。

其实,凡是要用人类思维去解决有很多不同现象的地方,由复杂的、现有的或想象的对象组成的集合,都可以抽象出重要特征,并在认知体系中通过规定若干维度的特征——"质",予以分类处理。那些具有某些共同特征的集合就是"类"的概念,也就是以共同性质、特点贯穿具体特殊的事物而使其成为成员的一个"抽象的构造品"。

分类是确定同质对象或区分异质对象的思维活动。概念的建立和判断的形成以及规律的发现与阐述,都是以关于对象的合理分类为前提的。人们通过事物共性与特性的对立对比来进行分类,共性是归合事物同类的根据,特性则是区分事物异类的根据,由此就在方法上发展和派生出不同的方式来,产生了一系列的分类法。分类学就是根据这些分类法的特性与关系来组成分类系统的。

事物形态是与思辨准则直接对应的,思辨准则就是事物质的规定性。质的规定性使事物成为它本身这个样子,而不成为另外的样子。由于事物质的规定的人择性,因此关于事物形态认知的界定也就具有人为规定的形式。选择不同的思辨准则,人们关于事物形态就会有不同"粒度"的认知水平和分类级别。分类级别(或层次关系)是通过共性与特性的对立统一实现的。按照对象大的共同点把对象分成大类,再按大类中诸对象次一级的共同点,把对象分成次一级类,据此就可以把对象分成不同等级的类系统。例如,对于物质世界的物质形态,人们可以按物质不同类型的规定性而把物质实体区分为各有一定从属关系的不同等级系统,这种等级分类就形成不同的层次:①总星系;②星系团;③星系;④星球;⑤生态系统;⑥后生动物和植物群;⑦后生动物和多细胞植物;⑧组织和器官;⑨单细胞生物种群;⑩细胞和单细胞生物;⑪细胞器;⑫液体和固体(晶体);⑬分子;⑭原子;⑮基本粒子;⑯亚基本粒子;⑰未知、亚亚基本粒子。

再如,图 3-1 所示是雪花和冰晶中能看到的一些骨架图案,真实的冰晶当然更加丰富多彩,《雪花晶体》一书就搜集了 2500 余幅六角冰晶的显微照片,变幻无穷,琳琅满目[15]。这些千姿百态的冰晶其实都是一种微小的颗粒在平面上紧密堆积,按照几何规则形成具有六边形对称性的不同表现形态。这些不同形态的冰晶是在微小环境差异下的产物,同属于冰的晶态,都具有冰这种质的规定性。但是,其空间结构的差异,使得它们具有同质异构的形态。

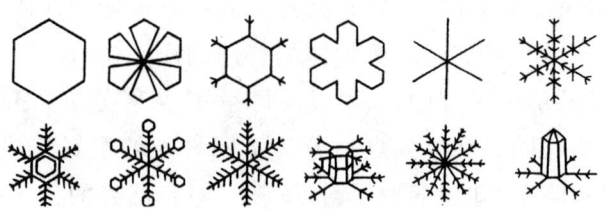

图 3-1　一些雪花和冰晶的骨架

由此可见，系统形态是元素结构的表象反映，形态就是指形体内外有机联系的必然结果。自然形态是指自然界客观存在且由自然力所促成的形态。人为形态是指人类应用某种技术加工制造出来的形态。以元素不同基本质素的质的规定性作为思辨准则，人们所认识的事物形态在思辨准则人择性的支配下必然是无限的，在人类知识世界中所表现的"本质实体"也是无穷无尽的。

物质世界由无穷无尽的物态所构成，主观世界和理论世界都是物质世界的转化形态，也是由无穷无尽的形态构成的。例如，主观世界中有意识形态、观念形态等，而理论世界中仅在描述词的形式变化上就有构形形态、构词形态、内部形态、分析形态等，凡此种种，不胜枚举。不过，主观世界的形态是映射到作为主体的人们的思维观念中的"在天之象"，而理论世界的形态经过理性抽象后就成为"形而上"的系统，是不占有物理空间、没有形体和空间位移概念的意象。

不论是在物质世界、主观世界还是理论世界中，两个和两个以上的具有一定特质的基本元素（简称基元）都可以相互组合成为一个系统。系统作为人们理性认识的产物，与理性坐标系存在着对应的关系。每一种表示方式被称作它的一种表象。当系统的组合结构占有一定的物理空间时，系统的表象就会表现出一定的形象或形状；当系统能在一段时间内相对稳定地表现系统的特质时，系统的表象就会表现出一定的情态——事态；当系统在某一物理空间和时间间隔内能表现出某种相对稳定的特质时，系统的表象必然会表现出一定的形态。当系统在希尔伯特空间时，其形态就用向量表示；一旦选择了一组单位向量，形态空间就有了一种描述方式，事物形态在相应表象中的表示也就确定了。[16]

一切客观事物都是由一定量的质元构成的绝对不可分的单纯实体，这样的"本质实体"在人们理性认知空间所表现的"在天之象"就是"形而上"的抽象系统所构成的。"形而上"的抽象系统隶属于人们理性认识的范畴，且这种由一定基本质素的元素之间关系构成的系统已是有别于原来未经理性加工的客观事物所表现的实在形态。爱因斯坦在1931年曾就世界的实在性说过："相信有一个离开知觉主体而独立存在的外在世界，是一切自然科学的基础。"

系统是人们依照所择定的基质或特性的度量基准来思辨事物而产生的"本质实

体",因而系统就是具有基质或特性的"本质实体"的"在天之象"。这就是说,系统是在理性认知体系中由相互关联和相互作用的若干组成元素按一定秩序组织而成的具有特定性能的模型。不同的系统是由不同质素、不同数量的元素按不同方向构成的组织,这些具有质的规定性的元素相互联系、相互作用组成的任何一种系统也就具有一定的质。所谓"质",也就是性质。系统的整体性质可以通过所规定的性质指标来思辨衡量。

系统的"质"呈现在人们面前,首先是一个感性的物体,具有"感性具体性"。质是事物内部具有"性格"的单元相互作用整体所"使"的性。性能则是事物所具有的性质和功能。性质是事物内部具有质的规定性的单元相互联系所构成的系统本体之质,这一内在的质就叫本质。本质从整体上规定了事物的性能和发展方向。性质由事物的内在矛盾构成,是事物比较深刻的一贯的和稳定的方面。事物的性质在各方面的外部表现是现象,一般是人的感官所能直接感觉到的外在的质,是事物比较表面的零散的和多变的方面。任何事物都有本质和现象,本质和现象是统一的,但又不直接相符合;像假象也是事物本质的一种表现,不过是事物本质的一种歪曲的颠倒的表现。

系统内的单元一般是各向非同性的单元,其单元之间的联系方式是各式各样的;这种单元相互联系的密切性和特殊性,使得系统作为一个整体,其性质不能归结于各孤立单元性质的总和,还要显现出不同联系方式所形成的结构或组织的整体性质。因此,系统不是各单元随便拼凑的一个集合,而是单元有机组织的集合体。和一个单元具有一定的外貌一样,一个单元集合也具有一定的形态结构。单元之间的相互联系和相互作用使得系统产生了各单独单元都不具有的性质。

对任何事物分类必须依据事物的共同点或与别类事物的差异点来进行。依据不同大小的共同点就会将对象区分为各有一定从属关系的不同等级的类系统,所以一切分类都有一个分类级别(或层次关系)。不同的等级系统就称之为等级分类。当具有多种组成的系统的整体性构成一种等级序列的存在方式时,世界的层次性也随之显现。

但是,要揭示客观世界的层级结构,就要依据一定的分层规则。在分划的根据确定以后,就可以在某一水平下对系统内部元素个体所存在着的不同程度的对应和类似进行分类,由此得到的类别就是系统内部元素个体的不同组别或层次,而不是等级分类。因而,分划根据确定后的分类过程就是系统内部元素个体的分层过程。

认知体系中思辨准则的人择性决定了系统可具有完全不同的质,如工程系统、生物系统、经济系统、社会系统等分别代表系统具有工程、生物、经济、社会等质。在数学中,维度是用于描述空间的维数。在物理学中,认知体系中的维度就直接表现为以质或特质为坐标轴来表示思辨准则。例如,在一维线性空间就是以长度这一特质作为坐标轴的,而速率的认知空间就是以长度除时间这一特质作为思辨准则的。

作为人们认知事物的定质准则,每一个坐标轴都是理性认识客观实在的定质基准。对事物进行定质研究,就是依据定质准则对事物进行分类,如《周易》的二仪、四象、八卦、六十四卦都是对事物进行定质分析的分类结果。通过定质研究搜集到的"质"信息,就能回答像"有与无"或"是与否"或"阴与阳"等是非问题。

认知体系中思辨准则的人择性决定了人们可以依照所择定的特征来思辨事物的表象,各个特征对分类起的作用不一样;同一个事物以不同的质作为思辨准则可以产生不同的"本质实体"。因此,对于同一个事物,人们可以依据不同的思辨准则形成系统的不同表象。

客观世界无穷无尽的事物都具有自身的特质而区别于其他事物,人们如果能找到所认知的不同事物的共性作为思辨准则,就可以把它们归为同一类。思辨事物之间差异的准则既是认知体系的基准,那么思辨准则所设定的有关"本质实体"的因素或特性越一般,所涉猎的事物就越广泛。越普遍的事物具有越一般的共性,也就具有越少的思辨准则。这在认知体系上就表现为具有较少维度的坐标轴。

如果从事物的特质规定中可抽象出一般意义下的共性规定,以此思辨准则来研究事物表象,就有助于揭示事物表象的一般性。一切系统共用的与组成部分质无关的定质基准就是认知体系一个维度的定质坐标轴,因而一般规定的定质坐标轴可用代质符号 X 标注。

"维"在中国古文中是系物的大绳;而在几何学中是维系或界定空间的坐标轴的数目,是独立决定系统形态的最小自由度。认知体系独立的维度是假定每一个度量基准是彼此无关的质变量,而且只有假定质变量无关,才能为各种事物间的可能存在关系预留足够的空间,像 m 维坐标系就为 m 个质变量的关系研究提供了一个有力工具。维度 m 又称为维数,取任何非负整数 $0,1,2,\cdots,0$ 维就是一个点。

在理性认知体系中,可通过几何工具用一条直线 l 来表示某一个质的规定的思辨准则。每一条直线就代表一个定质基准,称为一维定质坐标系 X。两个独立的定质基准在几何上是两条垂直相交的直线,两条垂线构成一个平面,称为二维定质坐标系(如二维直角坐标系)XY。三个独立的定质基准在几何上就是三条垂直相交的直线,三条垂线构成一个立体空间,称为三维定质坐标系(如三维直角坐标系)XYZ。同理,m 个独立的定质基准在几何上是 m 条垂直相交的直线,但是 m 条垂线构成的图形是无法想象的 m 维定质坐标系 $X_1X_2\cdots X_m$。大于三维的多维定质坐标系都是抽象的认知体系,在非欧几何上都可用分类饼图中的直线表示,如图 3-2 所示的直线。理论上允许 m 为无穷大,在无穷维度的认知体系中描述的系统就有无穷个独立的质。

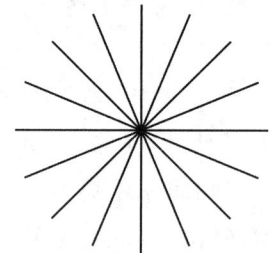

图 3-2 多维定质分类饼

定质的思辨准则以事物的质或特质作为区分类别的根据,从事物的内在规定性来研究事物的质或特质,确实发挥了其定质分类的独特功用。任何事物的形态构成或形态生成之所以称其为一事或一物,正是其存在着有别于其他事物的特别的性质。人们要从天地间的万物或人世界的万事中区分出某种事物,就要借助于定质分析。定质分析是思维的基本过程和分类方法,是人们认识事物的前提和基础。

科学的进步是与度量基准的合理择定相联系的。给定适当的质的规定性,把握不同认识对象的特殊矛盾和特殊运动规律,是科学研究取得成功的关键。任何一门学科都是人们以一定的分类法对具有一定共同点的研究对象表现的事实或规律的知识单元所组成的知识体系。完备的度量基准是建立完备的认知体系构架的前提,而完备的定质分类法在引导人类步入科学世界起着至关重要的作用。认知坐标系与定质坐标轴就是建立统一科学殿堂的一块奠基石。

第四节　定量基准与向量基准

原点和坐标轴及其度量基准是认知坐标系的基本要素。如果定质坐标轴还包括定量或定向的度量基准,那么人们所建立的认知体系就不仅可以定质地认识事物的类别,而且可以定量地认识事物的数量或定向地认识事物的变化取向。只有认识清楚同质定量和定向排序的质向量内涵,才能精确认识系统的形态,并以此为巨柱撑起统一科学的殿堂。

一、同质计量

思辨方法致力于构建一种内在一致的合乎逻辑的且具有必然性的一般观念体系。但是,如果人们仅以定质的思辨准则来认识事物形态,则必须将同质性的研究对象在数量上的差异略去,所检视的事物形态就是有限的若干类别,由此得出的定质分类结论就具有较浓的思辨色彩,而其概括性的描述也多以文字为主。虽然定质研究试图发掘深度,却只能通过逻辑推理对事物形态的特质、特点及其变化规律做出特别的判断和解释,所获得的类比样本既不能够代表总体,也不具有普遍性;而从事物形态的一种性质延伸到另一种性质,不同的性质往往超出了人们的认识能力。因此,定质研究对于人们认识世界功不可没,却又显得整个思维过于粗糙。

人们要全面认识事物,不仅要研究抽象的系统所处的整体形态,而且要研究系统组成元素之间的构成关系、系统的形态生成及其规律等。要实现这样的认知目的,仅仅靠定质的思辨准则是不够的。因为任何一类性质相同的系统,其组成元素在数量上仍然可以大不相同。深入研究同一层次、同一类型或同一性质的任何事物,其组成元素或部分都有可能表现出数量上的差异。只有通过定量研究收集到的"数量"信息,才能回答像"多与少"或"大与小"或"长与短"等数量问题。比如,要刻画人体的健康状态,仅用一系列定性的指标(血压、血糖、胆固醇……)是不行的,还必须有这些指标的指标值。

理性认知坐标系是人类统一测度事物形态的一项基本智能。人类在从哲学和科学两个角度思索事物形态是什么的同时,也在思考和建立事物形态的统一测度方法。例如,秦始皇在统一全国之际,在施行统一文字政策的同时,也统一了度量衡,即使用相同单位对物体进行准确的测量。度量衡是指在日常生活中用于计量物体长短、容积、轻重的物体的统称。度量衡的"度"指长度,"量"指体积,"衡"指重量。

为此,理性认知坐标系的坐标轴就要在定质表达基础上进一步增加定量的度量基准。对事物进行定量表象的表达属于人类的基本思维方法,也是一种古已有之的知性思维方式。毕达哥拉斯说:"数,统治着宇宙。"南宋数学家秦九韶在《数书九章》序言也说过:(数)"大则可以通神明,顺性命;小则可以经世务,类万物……爰自河图洛书,阐发秘奥,八卦九畴错综精微,极而至大衍皇极之用,而人事之变无不赅,鬼神之情莫能隐……要其归,则数与道非二本也。"

要深入了解事物,就要进行定量分析。定量分析是通过对事物量的规定性的分析来认识和区别事物的表象表达。在几何上,一个定质的同类事物可用一条直线来规定,如果在这一类事物中选择其中的一小部分作为基本元素,那就是在定质的直线坐标轴上选择了其中的一小段作为基本度量的标准单位ε,单位基本量ε与该坐标轴X就具有相同的质的规定性。在同质的规定条件下,任何维度的坐标轴都有自己的两极,从一极向另一极过渡的不同中介态都只是数量上的差异。

数量是认知事物形态的重要规定性,进行计量就可以用数量来表现事物的差异。人类对事物的计数是定量的第一课。人类最早的定量工具就是用手指和脚趾来计数,但它们只能表示20以内的数字。当数目很多时,大多数的原始人就用小石子来记数。渐渐地,人们又发明了打绳结来记数的方法,或者在兽皮、树木、石头上刻画记数。牧羊人要点数羊群,天文学家要测量星星等都需要记数,由此产生了记数符号。像中国古代是用木、竹或骨头制成的小棍累计叠加来记数,称为算筹。这些记数方法和记数符号慢慢就转变成了最早的数字符号(数码)。但是,这些计数都是从事物组成单元的个体形象来进行计量的,并不涉及计量事物的性质。

在定量的计数中,任何数量都包含着一个一个可数的同质单位基本量ε,所以这些数就表现出间断性。如果把同质的规定性所代表的单位基本量的数都联系在一起,那就可以在一定范围内构成同质的数量序列,这就是量的不间断性。在量的规定性中,数目显示的系列性与单位显示的度规性是以不间断性和间断性来表现的,间断的数和不间断的量是不可分的,它们是互相规定的。数目显示了系列性,单位显示了度规性。因此,同质的规定性在一定范围内的量可以取不同的数值。如果同质的规定性的量是在一定范围内连续运行变化的,那么这一不间断的量就称为变量,可以用符号x表示。

任何事物都是质和量的统一,都存在着质和量两方面,都有质的规定性和量的规定性。定质研究着重于事物质的规定性,定量研究着重于事物量的规定性。规定性是指一事物同它事物互相区别的特性,它规定事物的本质及其数量界限。质的规定性就是从事物内在的必然联系上表明事物之间性质的区别;而量的规定性则是事物质的范围和等级的一种规定性,是从事物存在或运动的规模、程度、速度、水平等方面来表明事物在数量上的区别。不过,目前在科学界和社会上却出现了把科学分析和定量分析等同起来的倾向,在强调定量分析的同时忽视了定质分析(即定性分析)的必要性和重要性。

一方面,一定的质决定着一定的量,质规定着量的活动范围,不同质的事物具有不同的数量界限,有着不同的量的等级。另一方面,质又以一定的量作为必要的条件,它决定于数量的界限。不同的数量界限或不同量的等级表现着不同质的规定性。定量描述的还原论欲把事物的质还原为它的量来研究,其实质是假定对象的质的规定性可以还原为量的规定性,相信通过分析量的规定性可以全面把握对象的质的规定性(定性特性)。因此,至少必须满足这样几个条件:①描述系统定量特性(性态量)的概念能够明确定义;②不同性态量之间的关系能够用数学形式表示出来(如函数、方程、矩阵等),建立数学模型;③可以足够精确地观测这些性态量,获得完备而有效的数据。[17]

在进行定量研究之前,人们必须借助定质研究确定所要研究的事物性质;在进行定量研究过程中,人们又必须借助定质研究确定事物发生质变的数量界限和引起质变的原因。定质研究是定量研究的基础和前提,在搞清楚"有无"或"是否"的问题后,往往必须回答"多少"或"大小"的问题。没有定质研究的定量研究是一种盲目的纯数量的定量研究;而定量研究是为了更科学、更准确地定质,更全面、更深刻地认识事物,它可促使定质研究得出更广泛而深入的结论。

通过定量分析,人们对于事物的认识就可以由模糊变得清晰,由抽象变得具体。定量分析把事物定义在人们能理解的范围,由定量分析拓展广度而至定质分析,人们可以见微知著。通过这些组成元素或部分的观察来获得对认识对象的整体认识,不仅能够通过分析一些具有代表性的样本来推论总体特征,而且可以把样本转化为数据来探索数据间的内在联系,并用数学模型对各种环境中的事物做出带有普遍性的解释。因此,定质研究与定量研究是统一的、相辅相成的。定质研究是定量研究的指南和依据,定量研究是定质研究的具体化。

在理性的认知体系中,质的规定性和量的规定性往往一起作为研究事物的标准尺度。在几何上,一个定质的同类事物可以用一条直线来规定,但是其数量上的差异是通过该直线的长短来规定的。有长短的直线就是质的规定性和量的规定性共同的表现方式。

任何事物都是以若干质的规定性为形态要素而构成的系统,系统存续运行中表现出来的形势、状况或态势就称为系统的形态。系统的行为是通过形态的生成、保持和改变来体现的,而系统形态的构成关系、形态的可能变化、不同形态之间的转化等又充满着数量特征。由于量的规定性也是刻画系统形态特征的表象表达,因此研究对象通常具有"性质"和"数量"两个方面的信息,描述系统形态的质参量就是同时包括质的规定性和量的规定性的特征量。

系统形态用一组能够明确定质又可以精确度量的质参量来表征,质参量是决定系统行为特性的一组完备而最少的系统量。一组独立质参量的个数 m 代表形态空间的维数,给定这一组质参量的数值就是给定该系统的一个形态,这一组质参量的不同取值代表不同的形态。质参量可以取不同的数值,如果是在一定范围内连续运行变化,这样的质参量就称为质变量,可以用 X 表示。如果系统形态必须用多个质变量 X_1,X_2,$\cdots$,X_m 进行表象表达,就称为多变量系统。

决定系统行为特性的还有另一类数量,它们反映环境对系统的制约,由于不直接由系统决定,而称为环境参量。与质变量显著不同,在人们的观察或系统的运行过程中这类参量往往表现为质常量。由于环境参量对系统行为特性有重要影响,有时可以改变系统的质,又可在一定范围内调整控制,故常称之为控制参量。质参量与质常量的划分是相对的。在一定条件下,为了降低认知坐标系相空间的维数,可以把某些变化相对缓慢的质变量作为控制参量进行分析计算,得出结论后再考虑它们的变化可能带来的影响。在一般的情形下,把其中质参量都当作质变量可能更合理些。

在定量研究中,分清质变量和质常量的形态特性具有特别重要的意义。因为量的关系不只是存在于某一种特定的事物形态或其特定的运动形式中,而是普遍地存在于各种事物形态和各种运动形式中,所以各种不同性质的问题可能会具有相同的数学形式,即相同的数量关系。在事物的特质抽象化为一般意义的条件下,人们就可以研究一切系统共用的数量关系,这样的理性认识领域就是数学的研究范畴。不过,如果因此而忽略了纯数量关系中每个数所代表的形态量的质的规定性,就背离了科学研究事物形态的初衷。

二、定向排序

定量研究具有逻辑严密、推断结果准确并可重复检验的优点,所以随着现代科学技术的发展和计算机的广泛应用,定量研究正成为现代科学研究的最主要特征之一,"用数据说话"甚至成为学术界的时尚。但是,定量分析离不开定质的规定。只有同时运用定质研究和定量研究,才能在精确定量的根据下准确定质。不仅如此,科学建立在定质研究基础上的定量研究,一般还要与定向研究结合起来。在大多数研究中,研究者既要做出"有无"或"是否"的判断,又要做出"多少"或"大小"的分析,还要做出"走势"或"动向"的研判。

虽然定质是人们认知事物的首要规定性,但是定向与定量一样也都是人们认知事物的必要规定性。在科学发展的进程中,人们的理性认识就是随着定质研究与定量研究的结合或定质研究与定向研究的联系或定量研究与定向研究的融通而发展。由于研究对象通常具有"性质"、"数量"和"取向"三个方面的信息,因此科学必须分别发展出定质研究、定量研究和定向研究三种方法,还必须发展出定质研究、定量研究和定向研究三种方法之间相互结合的表象表达。

序化思想也是人们认识事物的一种基本思维方式,是一种典型的知性思维方式。同一质的规定性的量在一定范围内依序连续变化,就可以成为依一定的取向极性逐渐变化的序列。在描述事物形态的认知坐标系中,引入定向的思辨准则就可以使人们在刻画系统形态特征时有方向的基准。有了这种定质度量基准与定向度量基准相结合的一维坐标轴,人们也就可以用这种有指向的度量基准给有序与无序的秩序性问题以精确而普适的定义。

在汉语中,秩序由"秩"和"序"两字组合而成。"秩"和"序"都有"次序、常规"的含义,秩序就是有条理地、有组织地安排各构成部分以求达到正常的运转或良好的外观的状态。像《周易》中的卦是象的编码形式,卦实质上就是以顺序之理的秩序来描述象的排序和运动变化等问题,如《序卦》就是说明六十四卦排列次序的篇名。

秩序与混乱、有序与无序都是相对的范畴。没有相互联系的事物群体(即系综)不存在秩序性问题,自在的事物原型也无所谓秩序。无序不称其为系统,有序是系统的本质属性之一。秩序既不是事物或系统,也不是事物或系统的运动,而是通过某一层次的系统的各个组分元素之间协作而建立的排列组合方式。对于某一事物或系统,秩序是一定事物或系统保持自己整体和功能的内部结构方式和运动秩序,它是系统、结构和功能得以发生的基础。[18]

由一定质和量的元素排列组合形成的系统的秩序就是质点的不均匀却又有次第的分布形态。分布和排列组合完全是一回事。无序指的是元素在分布上是无规则堆积,元素分布得越均匀,排列组合的方式就会越少,就越混沌一团,越缺少秩序;反之,有序指的是元素在分布上的规则排列,元素分布得越不均匀,排列组合的方式就会越多,就越不混乱,越有秩序。因此,有序度是分布的不均匀度,无序度或混乱度就是分布的均匀度。结构有序的系统就称为组织。

世界上任何事物抽象为系统,其整体基质和性能并不是由组成它们的元素决定的,而是由元素在组织中的秩序决定的。比如,在人类居住的地球上,所有的实在物质不管它们的性质和功能如何千差万别、丰富多彩,从其原子水平讲(更深层次暂不说),它们都是由质子、中子、电子等基本粒子按照不同的组织秩序组成的。如果把地球上的所有实物都打碎成质子、中子、电子等基本粒子的话,这些实物的整体性能就会全然消失。这就说明,各种实物包括生物乃至人在内,它们的整体性能并不是由组成它们的质子、中子、电子等基本粒子决定的,而是由质子、中子、电子等基本粒子在空间和时间中不同的组合方式和排列顺序亦即不同的秩序决定的。

其实,事物的组分"粒化"后就可看作气团的粒子。按照近代气体运动论的观点,当把气体充入气瓶的瞬间,气瓶内分子是非均匀分布的,从而短暂地处于非平衡状态。在人们的理性认识中,这种非平衡态是一种暂时的有序状态,其性状的差异是可呈现如图3-3(A)所示的逻辑序列。但是,气体的整体有序流动是人为造成(例如充气)的暂时的空间有序,并不代表气体的结构特征,这种有序很快就会自动消失,从不均匀分布趋向于完全均匀分布。如果气体(在容器中)不与外界发生任何相互作用,也没有外力场(如重力场、磁场等)的影响,气体就会自动地趋向于一种稳定的分布状态,这种状态就叫作平衡态。在此状态下,分子不仅分布是均匀的,而且总在无规则的运动中,其运动轨迹不可预测,因此每个分子都有等同的权利出现在容器中任何一处,或有权利取某一速度值。气体处于平衡时是一个最混乱最没有秩序的状态,如图 3-3(B)所示的状态就称为完全无序。

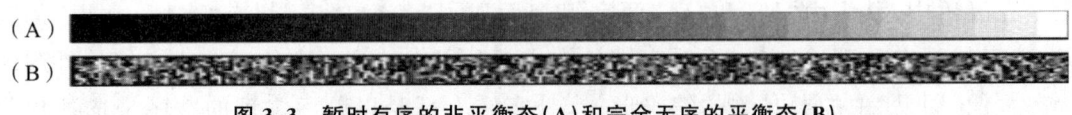

图 3-3　暂时有序的非平衡态(A)和完全无序的平衡态(B)

气体"有序"的状态与固体或液体中平衡态下的自然有序状态有所不同。固体中的远程有序和液体中的近程有序,是物质的单元在一定的外界条件下相互联系、自然形成的具有一定的构形,而且其有序的结构一经形成,只要外界条件不变就不会趋向无序。气体与固体和液体的有序或无序之所以存在着区别,根本的原因就是系统内部的单元是否为各向同性的粒子。作为"理想气体"所处的平衡态是动态平衡,其"分子"不仅是全同的,而且相互之间没有作用力,它们彼此毫无联系,并无时无刻不在运动和改变着自己的状态,所以呈现的秩序是"元气未分,混沌为一"的完全无序的平衡形态。

理想气体在客观世界中是不存在的,只是在研究领域中才有其一定的地位。这是因为世界上事物千变万化,人们往往需设定某一理想状态来进行研究。对于客观事物中非各向同性的组分,在不同的环境条件下,它们彼此之间就有不同的联系方式,达到平衡时在空间上就必然有一种特定的稳定结构,这种平衡一般是相对的静态平衡,而其组分之间相互联系所组织的构形是有序的。

一定指向的秩序规定性体现着事物一定的质和量的组分的逻辑关系。正因为如此,生物个体向后代遗传的并不是物质,也不是能量,而是规定它生物特性的秩序——物质和能量在时空中的组合方式和排列顺序——遗传信息,这种秩序用遗传物质 DNA 分子的结构编码存贮起来并遗传给后代。这就是说,遗传信息在生物体发育生长时,按照 DNA→RNA→蛋白质(酶)→生化变化→新陈代谢的方向传递、转录、放大,最后形成具有这种特定秩序的生物个体,也正是这种特定指向的秩序规定了生物个体的特性。

可见,任何自在的事物及其构成组分本来是无所谓关联的秩序,其"粒化"后抽象的像素点是无序的,如图 3-3(B)所示的均相。但是,相互作用的事物及其构成组分就必然涉及关联的秩序,其"粒化"后抽象的像素点就是有序的非均相。事物的组分抽象为系统的元素,秩序就是系统的元素在人们理性认识空间中定向的排列组合方式。对于系统而言,秩序是一种相对稳定的元素恒常的相互作用的联系方式,是关联系统的根本的质。秩序的形成必须有系统的元素作为元件,没有系统的元素就形成不了秩序。

系统的元素依不同的组合方式和排列顺序所协同组成的气团就会构成其整体具有

指向的"气势"。任何系统都存在着有序程度高低的差异，而有序程度高低的差异所形成性能上的差异（势差）又决定着事物变化运动的方向。如果没有外环境的作用，则系统自发运动的方向总是从有序趋向无序，势力强的要压迫势力弱的。不过，强势的单元集群侵入弱势单元集群的结果，必然伴随着有序程度的下降。例如，温度可以叫作"热势"，温度差将引起热量的传递；电势差则引起电荷的移动；密度差也会引起粒子的迁移，这些运动都是有序趋向无序的过程。但是，在外界环境的作用下，系统在被激发的条件下，其运动的方向却可以从无序趋向有序，随着环境作用程度的加强，有序程度也相应提高。有没有外界环境的作用是决定系统有序度高低及其运动方向的关键。

有了方向的规定性，人们在对数量关系的研究中就不仅可以通过算术对事物进行精确记数，而且可以对事物的数量差异按一定的走向排列成为系列。这样，游离于事物质的规定性之外的计数，只是一个外延的抽象的量，它只能告诉人们某些数值，此外再无任何意义。而把定向的度量基准引入数量关系的认知体系后，人们就可以从数的外延进入数的内涵，就可以规定数在量的变化上是朝着大的方向还是小的方向发展，由此就出现了序数。

序数是具有逻辑取向的数、集中的数，是与事物相关的抽象的内涵量，表示在同一质的规定条件下某种质的差别的量。例如，"第一"可以说明某物与他物相比较，它表示最早出现或质地最好等比较后的排序。序数扬弃了计数中的杂多性或不相关性，体现了某事物的外在单纯性从而与他事物的相关性。序数在某事物持续的变动中产生了联系与差别，并在与其联系并有差别的他事物的量的规定性中获得自身量的规定。例如，在《周易》六十四卦中的每一卦都是独立的一类，当乾卦在伏羲先天图中的排序为第一卦时，坤卦的排序就只能是第六十四卦了，如此等等。因此，内涵量的"序数"因对象不同，它有各种不同的含义，并使之超出了一般外延量的"计数"的局限性。

序数的数集所对应的是有指向的一系列点的集合，有指向的数列也就是所谓的"指数"。当有序的数集是稠密的、连续的时，这样的数集称为实数。诚如《周易》所言，"极数定象"。在几何上，实数所对应的点集就称为数轴。数轴是具有一定指向的又有大小的实数数集所构成的直线，也就是由参照点射出的一维坐标轴。实数与数轴上的点存在一一对应的关系。数轴上每一个点都对应一个实数，这个实数叫作这个点在数轴上的坐标，这样由参照点射出的数轴对应的坐标为$[0, +\infty)$。利用数轴上的点与实数的对应关系，就可以认知和判定一些系统的数量关系。像分析化学的比色就是先建立色列（数轴），再以样品来寻求其对应关系。

同质的规定性的量在一定范围内依序连续变化，就使之成为依一定的方向极性逐渐变化的序列，即形成一个太极。数轴就是一个不间断的数的集合，也是人们认知事物形态的一个太极。在这一认知太极上，万物皆数，而任何数又都可以用定量、定向的数轴上的一个点来表示，由此还可以形成自然数、正整数和正实数的记数系统。自然界、人类社会和精神现象都有量的规定性和结构关系，而数学又是研究世界中各种事物空间形式、数量关系和结构关系的科学,因此以定量、定向的数轴就可以表示任何事物形态的数量关系或几何要素,也就是说事物形态的变化规律都可以用函数式或坐标空间的轨迹来表示。

由此可见,有序是元素在有指向的认知坐标系空间上的规则排列分布,排序是在定向度量基准指引下的排列结果。在定质的基础上,进一步增加定量和定向的度量基准,就可以用有序度作为度量基准来描写事物形态特征或系统内部单元(粒子)间的联系情况。否则,人们对于系统错综复杂的关系必然是"剪不断,理还乱",根本无从认识其间的相互作用与关系。有序度的高低还是判断事物形态变化方向的重要"指数"。通过对事物有序度的分析,人们对于事物形态变化过程的认识就可以有确定的方向和明确的起点与终点。

在理性的认知体系中,人们必须以一定指向的思辨准则来度量构成系统的单元所形成的逻辑关联顺序,并通过所形成的秩序概念来评判事物的有序程度。如果把构成系统的元素作为图 3-3 中的像素点,当它们关联形成一致的逻辑顺序时,在图中就表现为灰度连续渐变的非均相,如图 3-3(A)所示。这一序列的两极若用黑与白表示,则可以作为系统对立的两种形态。只要事物粗粒化足够精细,那么所形成的逻辑序列还可以看作一条连续的有向直线,并可作为一维单向坐标轴。

作为一维坐标轴,一般都要规定参照点为原点(起始点),终结点为极点,而从原点到极点自始至终的方向为正向。如果把有指向的度量基准和有性质的度量基准结合起来,认知事物的标准尺度就可以统一称为所谓的"指标"。在上古时期,《周易》中的太极就是现代指标的概念。人们要认知事物是否具有某一种性质,就得以此性质及其取向作为太极来思辨事物。在几何上,一个定质的同类事物可以用一条直线来规定,每一个指标就是一条有向直线。确定了指向的直线,叫作有向直线。一维有向直线用图形表示就是射线,用一个箭头表示它的指向。具有一定指向的一维坐标轴射线就是太极,如图 3-4 所示的就是一维单向指标认知体系。

$$0 \longrightarrow$$

图 3-4 一维单向指标认知体系

"太极生二仪。"如果认知体系中有两个相反的指标,在几何上可以表示为"一分为二"反向发散的射线或"合二而一"反向聚集的射线,像图 3-5 所表示的就是一维反向指标认知体系。

$$A \longleftarrow O \longrightarrow B$$

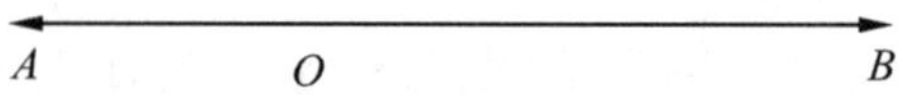

图 3-5 一维反向指标认知体系

如果认知体系中有 m 个不同的独立指标,在非欧几何上可以像平面分类饼图那样表示为对外发散的射线或对内聚集的射线,则在平面内,从任一点出发或在任一点终结的各个方向的所有射线,可分别表示不同维度的指标,像图 3-6 所表示的就是十六维单向指标认知体系。

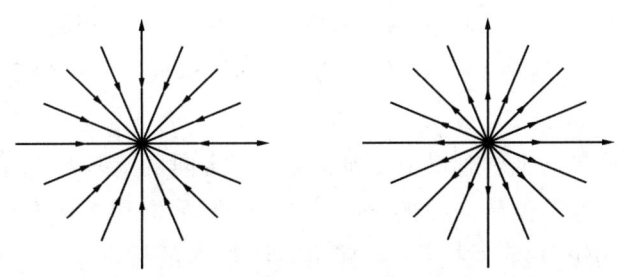

图 3-6　十六维单向指标认知体系

此外,方向的规定性和数量的规定性也往往一起作为定量研究和定向研究的综合度量基准。几何学是关于事物形状或运动之空间形式(空间点集合)的科学。在精确的坐标几何学中,一个同质的事物可用一条直线来规定,其数量上的差异可通过该直线的长短来规定;而对于有指向的指标可用具有一定长度和一定方向的直线来表示,此即所谓的向量,也就是兼有方向与量值两个基本要素。向量又称为矢量,最初被应用于物理学,如力、速度、位移和电场强度、磁感应强度等很多物理量都是向量。向量被看作线性空间或向量空间的一个元素。向量与点不同,它表示的是两点间的位移,而不是空间中点的物理位置。向量还可以确定方向,而点则不能。[19]

三、质向量

认知事物形态的坐标轴以参照点作为确定的参照基准,而当坐标轴具有了定质、定量和定向这三个方面的基本特征时,人们描述系统形态就有了定质、定量和定向的识别准则。把定质、定量和定向三个方面的度量基准结合起来作为坐标轴,就可以建立起一个定质、定量和定向三结合的坐标系。在定质、定量和定向三结合的坐标系中,每一个坐标轴都规定了度量系统形态性质类别、计量单位和排序取向的基准,坐标轴本身也就是一个度量系统形态的质向量。因此,质向量坐标系就是由参照系和可度量的质向量组成的理性认知体系。

在质向量坐标系中,每一个定质、定量和定向的坐标轴都具有性质、数量和指向的规定性,所以用于认知系统形态的性质、数量和指向的参量就称为质向量。质向量是唯一可以在理性认知体系的形态空间对于系统形态进行定质、定量和定向综合刻画的表象表达。

独立的质向量坐标轴个数代表定质、定量和定向描述系统形态的维数,是独立决定系统形态质向量的最小自由度。如果关于系统形态可度量的坐标轴维数为 m,则 m 可以取任何非负整数 $0,1,2,\cdots,m,\cdots$。如果选择了 m 个定质、定量和定向三结合的度量基准来描述系统形态,那就必须以 m 维质向量坐标轴来建立认知坐标系。m 维独立的质向量坐标轴可用不同的符号来代表,如 $\vec{X_1},\vec{X_2},\cdots,\vec{X_m}$。$m$ 维质向量坐标轴可分别用 m 种可度量的质向量 $\vec{X_1},\vec{X_2},\cdots,\vec{X_m}$ 来实现对系统形态定质、定量和定向的表象表达。每一个 m 维质向量刻画了 m 维系统的一个形态,而 m 维系统的每一个形态都可以用一个 m 维质向量来表示。

每一个独立的质向量坐标轴既是定质、定量和定向度量基准三结合的可度量参量,那么坐标轴上被择定为单位质向量的 $\vec{e}$ 就是作为计量单位和表示变化方向的度量基准。单位质向量 $\vec{e}$ 是最简单的基元质向量,是衡量系统形态的标准量。要考察某一质向量的基质、大小和方向及其变化情况,都要与规定的单位质向量 $\vec{e}$ 进行比较。通过单位质向量 $\vec{e}$ 来观察、比较和认知,就可以形成理性认知系统形态的理论和知识。表象的改变只意味着形态空间单位质向量的改变。像物理学中的物理量不仅有特质(物理意义),还有大小和方向,所以质向量可以贯彻物理学。事实上,电磁学中电场强度 $\vec{E}$、电位移 $\vec{D}$ 和电极化强度 $\vec{P}$ 三个电矢量就是质向量,磁感应强度 $\vec{B}$、磁场强度 $\vec{H}$ 和磁化强度 $\vec{M}$ 三个磁矢量也是质向量。为了将电磁学领域的源论和场论统一在一个和谐的理论体系中,德国物理学家诺依曼曾经提出的磁流矢势 $\vec{A_m}$ 和麦克斯韦方程中的电流矢势 $\vec{A_i}$ 依然是质向量。英国数学家、物理学家亥维赛在完成麦克斯韦方程组第二次简化时,保留的电场强度 $\vec{E}$、磁场强度 $\vec{H}$、电位移 $\vec{D}$ 和磁感应强度 $\vec{B}$ 也都是质向量。[20]

在理性认知坐标系中,客观实在的每一个确定的事物形态都可以通过粗粒化而成为粒子,并可以将系统形态转化为认知形态的抽象符号(包括图像符号、图形符号、文字符号或数字符号)。在质向量坐标系中,系统形态就表现为质向量坐标系空间中的一个点。质向量坐标系空间的每一个点都对应着一个具有特定的性质、数量、取向的特征向量——质向量,所有的点构成了其所在空间的质向量场。

如果一个系统形态的性质、数量、取向是确定的,它所对应的质向量在一维质向量坐标轴开辟的空间中,就是起点为 O 终点为 A 的质向量,记为 $\vec{OA}$,或简单地记为 $\vec{a}$。一维质向量坐标系的指向就是该质向量的方向,质向量符号通常绘成箭号,所以它的名称也可称作质矢量。质向量在坐标中的线段长度 OA 表示质向量 $\vec{a}$ 的大小,称为质向量的模,记作 $|\vec{OA}|$ 或 $|\vec{a}|$。长度为 0 的质向量叫作零质向量,记作 $\vec{0}$。

长度(模)等于 1 个单位长度的质向量称为单位向量,可以用 $\vec{e}$ 来表示。如果任一质向量 $\vec{a}$ 的长度 $|a|>0$,那么

$$\frac{\vec{a}}{|a|}=\vec{e} \tag{3-1}$$

由于质向量 $\vec{a}$ 具有与单位质向量 $\vec{e}$ 相同的方向,于是 $\vec{a}=a\vec{e}$ 或 $|\vec{a}|=a$,即表示系统形态的质向量 $\vec{a}$ 与坐标轴单位质向量 $\vec{e}$ 具有相同的方向,其大小就是一维质向量坐标系上数值为 a 的点。

在一维质向量坐标系 $\vec{X}$ 中,单位质向量 $\vec{e}$ 作为度量标准是衡量事物形态的标准量,可以令单位质向量 $|\vec{e}|=1$。这样,当某一质向量 $\vec{a}$ 与坐标轴单位质向量 $\vec{e}$ 具有相同

的方向时,由于 $\vec{a}=a\vec{e}$,即 $\vec{a}=a \cdot 1=a$,因此在质向量坐标系中往往可按下方向的问题不表,而只讨论 a 的数值大小。在这样的条件下,模 a 就称为质标量或质常量。

在任一维度质向量坐标轴 $\vec{X_i}$ 上,一维质向量坐标轴是取值无限大的质向量,所择定的单位质向量 $\vec{e_i}$ 与其坐标轴 $\vec{X_i}$ 都具有相同的方向。在任一维度质向量坐标轴 $\vec{X_i}$ 的空间中,它们的关系为

$$X_i \equiv \frac{\vec{X_i}}{\vec{e_i}} \quad (i=0,1,2,\cdots,m,\cdots) \tag{3-2}$$

在任一维度质向量坐标轴上,可用实质变量 X_i 来表征质向量 $\vec{X_i}$。

如果省略了质向量关于质的特别规定,质向量就是一般规定的质向量,也就可以表达成为向量。这样,物理学中的物理量也就成为数学中的向量。数学是研究现实世界中数量关系和空间形式的科学,其内容就是舍弃了事物形态关于特质的规定,只保留了系统的数量关系和空间形式,并进行一些符号关系的定量研究、定向研究或两者相结合的研究。由于系统形态以隐性的抽象方式来表达,或用不同代质符号的向量来体现事物形态质的差异,因而定质、定量、定向的质向量就只能以兼有方向与大小的向量来表达。在几何上,向量就对应着具有一定指向又有长短的直线,也就是说每一个向量都可以用一条有指向的直线段来表示,有向线段的长度表示向量的大小,箭头所指的方向表示向量的方向。单位向量 $\vec{e}$ 则是起点为零向量 $\vec{0}$ 而终点为 $\vec{e}$(模为单位长)的基元向量,也是具有确定指向和大小的常向量。

在质向量坐标轴开辟的空间中,任何一个系统形态都是有性质、大小和指向的形态。如果系统的所有形态都集中在质向量坐标轴的某个区域 $[\vec{a},\vec{b}]$,且按一定顺序分布或渐次变化形成一个序列,用 $\vec{u}$ 表示,则当整个序列的质向量 $\vec{x}\in[\vec{a},\vec{b}]$ 都与坐标轴及其单位质向量 $\vec{e}$ 具有相同的方向时,其质向量之模就是数值为 $|\vec{u}|\in[a,b]$ 的集合,表现在坐标轴上也就是一线段。由于质向量 $\vec{u}$ 与一维质向量坐标轴单位质向量 $\vec{e}$ 具有相同的方向,因而在 $[a,b]$ 区间内质向量 $\vec{u}$ 可以用质标量 u 表示,并称之为质常量。

当系统形态在一维质向量坐标系的一定区间 $[\vec{a},\vec{b}]$ 发生变化时,如果变化的方向与一维质向量坐标系的单位质向量 $\vec{e}$ 具有相同的方向,系统形态变化的形态量就可以用可变的质向量 $\vec{x}$ 表示。由于质向量 $\vec{x}$ 与一维质向量坐标轴单位质向量 $\vec{e}$ 具有相同的方向,质向量 $\vec{x}$ 在向量空间中都是 $\vec{x}=x\vec{e}$,在规定了 $|\vec{e}|\equiv 1$ 后,$\vec{x}$ 可以看作一维质向量坐标轴上的线段,因而在 $[\vec{a},\vec{b}]$ 区间内可变的质向量 $\vec{x}$ 还可以用质标量 x 表示,x 又可以称为质变量。

如果认知坐标系是由 m 个相互独立的质向量 $\vec{X_1},\vec{X_2},\cdots,\vec{X_m}$ 组成,那么在认知坐标系中任一系统形态都可以用一组称为形态量的分质向量 $(\vec{x_1},\vec{x_2},\cdots,\vec{x_m})$ 来表征。质向量也可以表示为一竖列

$$\vec{x} = \begin{pmatrix} x_1 \\ x_2 \\ \vdots \\ x_m \end{pmatrix}$$

即质向量 $\vec{x}$ 是以 m 维质变量 $x_i(i=1,2,\cdots,m)$ 为分量的质向量，这里设定 m 个质变量 $x_1,x_2,\cdots,x_m$ 的排序方向规定为与自然数的升序方向一致，所以可以用坐标轴上的分量表示。一般的系统形态大都必须用多个质变量描述，因而称为多变量系统。

由于同一质的规定性的形态量在一定形态空间范围内连续变化的量称为形态变量 x，而有序度是在一定的质的规定性（参数）基础上规定数量和指向的度量基准，因此在一定形态空间范围内刻画系统有序程度和系统形态变化方向的形态参量称为序参量。质向量 $\vec{x}$ 就是形态变量定向变化的序参量，用同样的质向量（或序参量）就可以刻画完全不同的系统形态。

在理性认知坐标系中，把描述系统形态的性质、数量和指向的度量基准综合成为一个统一的标准尺度，就称其为一个定质、定量和定向三结合的质向量坐标轴。任何一个可计量的"指标"都是反映系统形态变化的质向量，这在几何上就是一条有刻度的有向直线，如图 3-7 所示。如果省略了质向量关于质的特别规定，那么一维质向量坐标系就成为一维向量坐标系，在此一维向量坐标系的空间中，就可以对所认知的任一系统形态都赋予隐性的数学抽象形式，并进行定量和定向的描述。

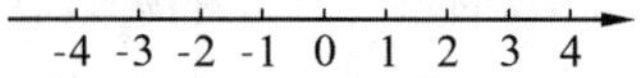

-4 -3 -2 -1 0 1 2 3 4

图 3-7　一维质向量坐标系

如果建立起包括反向的定质、定量和定向度量基准三结合的一维质向量坐标轴所形成的认知坐标系，那么这一坐标系就是由具有一定质的规定性且两个方向相反的一条有刻度的有向直线所组成，据此也就可以对任一系统存在的两种截然不同形态进行表象表达。如果规定了一个方向为正向，那与它相反的方向就是负向。在这样由相反的质向量构成的认知坐标系中，如果规定正半轴的一个基准质向量为整个坐标系的统一基准质向量，则正半轴的方向为正向，而反向的另一半轴为负向，其对立统一体也就是一维反向的双向质向量坐标系。

上述的一维向量坐标系还可以用欧几里得几何表示，定量和定向相结合的一维向量坐标轴可以用数轴来表现。相交于原点的两条数轴构成了平面放射坐标系。如果两条数轴上的度量单位相等，则称此仿射坐标系为笛卡尔坐标系。笛卡尔坐标系是直角坐标系和斜角坐标系的统称，两条数轴相互垂直的笛卡尔坐标系，称为笛卡尔直角坐标系，否则称为笛卡尔斜角坐标系。两条相交的数轴可以构成一个平面。如果存在两两反向的独立的四条定量和定向相结合的坐标轴，也可以规定两个正半轴的基准向量都可以成为整个坐标系的统一基准向量，因而称为二维笛卡尔直角坐标系。

三条独立的定量和定向相结合的一维向量坐标轴是三条垂直相交的数轴,三条数轴上度量单位相等的仿射坐标系被称为空间笛卡尔坐标系。三条数轴相互垂直的笛卡尔坐标系被称为空间笛卡尔直角坐标系,否则被称为空间笛卡尔斜角坐标系。如果存在两两反向的独立的六条定量和定向相结合的坐标轴,也可以规定三个正半轴的基准向量都可以成为整个坐标系的统一基准向量,因而称为三维笛卡尔直角坐标系。相交于原点的三条不共面的数轴构成空间的仿射坐标系。

同理,$2m$ 条独立的定量和定向相结合的坐标轴就是 $2m$ 条垂直相交的数轴,但是 $2m$ 条垂直相交的数轴构成的图形也是无法想象的 $2m$ 维笛卡尔直角坐标系。因为大于三维的多维直角坐标系都是抽象的认知体系,只能转而用《周易》那样的非欧几何的图像来表示。如果存在两两反向的独立的 $2m$ 条定量和定向相结合的坐标轴,也可以规定 m 个正半轴的基准向量都可以成为整个坐标系的统一基准向量,因而称为 m 维笛卡尔直角坐标系。不过,人们对系统形态进行刻画并描述系统形态特征量之间的关系,只能是根据认识的必要选择适当维度来建立理性认知坐标系的构架(图式或范型)。

第五节 表达知识的基本语言

言为心声,语言是人类进行感知和观念表达的一个符号系统。任何思想和知识都要依靠语言的表达来获得公共性,从而能复制、分享与传递。图像、数字、几何、数学、音素等符号元素形成系统就可成为语言。不同的认知语言具有人择性,只有了解语言及其符号元素象征的知识形态,才能把人们的理性认识用科学语言形成逻辑的演绎体系。

一、符号元素的多样性

语言是人类特有的现象,它是思想的直接表现。人们通过语言将客观事实及其作用规律表征出来形成知识,从而表现为人的思想和观念。语言是人类进行感知和观念表达的一个符号系统,符号是根据社会约定俗成使用某种物质实体来表达某种特定意义的这种实体和意义的结合体。从具象的知性向抽象的理性转化,产生的符号都是抽象概念思维的知识形态。然而,由于抽象的程度或方式不同,理性转变所形成的符号的外在形态也就不同,因此就有各种各样的符号元素。

(一)图像符号

人类在从感性认识到理性认识的发展过程中,为了概念地把握事物的"本质实体",抽象思维是不可缺少的桥梁或中间环节。为此,人们必须扬弃事物知觉形象的感性外观,由印象的表象深入事物的内在本质。在人们从事物具象形态向抽象系统演进的过程中,图像符号自然成了人们"立象尽意"表达系统构成的一种表象形式。

"图像"这样一种知识形态是通过扬弃而析出事物的基本结构要素、性质和特征,使那些能够反映事物本质的部分成为可以在主体间把握的东西。所以,不论是"大象无形"的抽象图像,还是保留一定感性素材的模拟图像,都是一种中立的形式化系统,是一种消除了历史语言痕迹的符号系统。

当一种图像的外在形象具有内在含义时,就具有了符号性。凡是以涵盖性特别强大的符号为基础的具象形态或抽象图像都可以称为图像符号。比较典型的图像符号有图形符号、卦象符号和象形文字。

1. 图形符号

图形符号是指以图形为主要特征用以传递某种信息的视觉符号。图形符号是保留了一定感性素材的模拟图像,具有直观、简明、易懂、易记的特征,便于信息的传递,使不同年龄、具有不同文化水平和使用不同语言的人都容易接受和使用,因而它可以指导人们的行动,在社会生产和生活的各个领域、各个部门和各个行业广泛应用。

2. 卦象符号

在《周易》中,"象"是一个典型的刻画符号,《周易》就是借助"象"的想象和规定来把握整体世界的一切。《易·系辞下》指出"是故易者象也,象也者像也"。象是自然界存在的具象事物,表明客观世界是具有自然性质的,是有形的、物质的。《易注·系辞》进一步指出,"天地万物,一对一待,易之象也。盖未画易之前,一部易经,已列于两间。故天尊地卑,未有易卦之乾坤,而乾坤已定矣。卑高以陈,未有易卦之贵贱,而贵贱已位矣。……在天成象,在地成形,未有易卦之变化,而变化已见矣。圣人之易,不过模写其象数而已,非有心安排也"。

8000年前伏羲"观物取象",所立之象就是把眼睛看得见的具体事物的形态取其物"象"。取象,即取法自然之象,是指对自然界事物所呈现的容貌、形态的自然物象加以概括整理,完成了"在地成形"的感性认识到"在天成象"的理性认识的飞跃。圣人在"仰观天文,俯察地理,近取诸身,远取诸物"从形到象的认知过程,还通过对天地万物形象的刻画来摹写其变化的过程,凭借抽象思维获得了关于事物形态基本结构要素、性质和特征的理性认识。这种关于抽象、概括、间接地反映事物的本质、内部联系的认识是"拟诸形容,象其物宜"的过程,认知加工过程完结后所获得的最终知识就是以直观和表象的"图像"符号来表述人们对于所观察事物的知识。

《周易》刻画出来的符号就是"形上"的易象——卦象。在"观物取象"的理性认识中,"象"的本意就是通过逻辑抽象变成符号,力求将认识客体融于主体中,达到物我一致,天人合一。伏羲通过对丰富多样的事物形态的表象进行"抽取"和"舍象"的抽象,就是要使研究对象那些必然的、本质的东西以爻象和卦象的符号形式来指代,通过所刻画的符号生成一种象征性的信息记录,因此也就完成了从感性具体(即表象)到抽象规定的转化。

但是,正因为伏羲所立之象是高度抽象的易象,所以在历史上人们对于这些卦符的理解也就完全可能产生附会臆想。像《易经》中的彖辞与象辞是人们就卦符的构形所做的一些说明,并没有真正阐明其卦义。《易传》有关卦符的解释,则是以《大象》的卦辞解释卦象和《小象》的爻辞解释爻象。在《说卦传》里,伏羲所刻画的八卦之象依其爻象的形与位的组合排列还被后人用形容的名称描述为:乾三连(☰)、兑上缺(☱)、离中虚(☲)、震仰盂(☳)、巽下断(☴)、坎中满(☵)、艮覆碗(☶)、坤六断(☷),甚至据此进行臆测。

3. 象形文字

除了上述的图像符号外,在从具象形态向抽象图像转化演进的过程中还有一种重要的符号系统,即象形文字。象形文字是一种最原始的造字方法,是人类文字发展最初阶段的一种产物,西方文化和东方文化一些古老的文字体系在文字上都发源于象形符号。

人类最早的象形文字出现于距今约6000年的古埃及。最初发明的文字只是一些刻画符号和图画文字,没有读音。面对700多个象形符号,古埃及人创立了一种抽象表达的方法,摆脱了象形符号的具象意义,从中提取出一部分抽象符号,用其组合表达出新的符号意义。后经菲尼基人和希腊人改造和演进,形成了西方今天的拉丁语系拼音文字。继古埃及人和苏美尔人发明象形文字之后,巴比伦和苏美尔人又发明了楔形文字。

文字的出现是人类进入文明时代的主要标志。中国有文字可考证的历史是陶文,而文明史的记录则是从夏朝原始形态的象形生动的象形文字开始的。当时出现的象形文字都刻在龟甲和兽骨上,所以人们称之为甲骨文。象形文字是指符号形体与词语概念所代表的客观事物具体形态相似的文字。来自于图画文字的象形文字也是一种图像符号,但是其图画性质减弱,而象征性质增强。象形文字用文字的线条或笔画,把要表达物体的外形特征具体地勾画出来,与所代表的东西在形状上很相像。所以,象形文字是保留了一定感性素材的图像符号,是理性思维和艺术巧思的融合。

但是,在传递信息和交流思想的过程中,抽象的刻画符号和具象的图画文字都存在局限性,有些实物和抽象事物是画不出来的。中国人的祖先面对象形文字所表示的意象或具象使用上的困扰,遂在刻画符号和图画文字的基础上对其进行改造和简化,形成了象形、形声、会意、转借等手法,包括了意符、音符和记号。表意鲜明的甲骨文是中国汉字的前身,后来汉字发展成了一个近三万个间架方正、音韵优美的方块字符体系。

(二)数字符号

数量是事物的一种基本规定性,这是在同一质的规定条件下所进行的对事物存在和运动的规模、程度、速度、水平等方面的量度。在定量的记数中,任何"量"都包含着一个同质的单位,所以在计量中人们就突出用数来表明量的规定性。但是,用数来表现事物的区别就要有相应的记数符号。这就是说,具有同样本质的事物在数量上的差异可以用不同的数码符号作为外延,并可以转变成数字符号。数字符号是人们理性认识中出现的表现事物同质差异的抽象形态。

从历史考察可知,自新石器时代,就有中国的伏羲独具匠心地设计出有象征意义的爻象符号来代表客观实在的事物。但是,卦象符号不仅是一种图像符号,而且还是一种抽象的数字符号,它既通过卦画的奇偶表示了数的变化,又通过卦画的阴阳区分表示了自然与社会的事物形态的特定内涵。八卦符号是囊括宇宙、法象天地(天文、地理)、遍观万物(以生物为主),考察自身与环境(主要包括人体形态和环境生态),把握"物理现象"(天文、气象、地理等)、"生理现象"(万物之情)和"心理现象"(神明之德)而获得的理性认识。因此,当代美国物理学家卡普拉认为"易卦符号是一套宇宙原型"。

《左传·僖公十五年》有言:"龟,象也;筮,数也。物生而后有象,象而后有滋(滋生),滋而后有数。"从符号代表的意义来说,卦爻是符号,一、二、三(1,2,3…)等数字也是符号,卦爻之象也可看作一种代数符号。《周易》试图用先天八卦图和六十四卦图这种概括而不离象的图像符号和抽象的数字符号来象征宇宙万物,这种通过抽象生成的图像、数据等符号形式看似最无思想性的东西,实际上代表了研究对象那些必然的本质的东西。因此,《周易》被看作涵盖性特别强大的象数之学,也可以说是人类社会最早以符号表达逻辑思想的数理逻辑学。

象数之学不只是反映一种逻辑思想的意象方法,也是反映一种通贯宇宙人与人、人与物构成关系及其理念与思想的数理科学。象数之学标志着人们在认知上完成了从感性具体的表象到抽象规定的转化,实现了象与数的融通,因此有关筮数的表述语言就可以用直观的卦爻之象来解释,而直观的形象又有利于人们去发现其数的奥秘。

随着人类社会生产力的发展和人类智能的发展,在定量的度量基准的引导下,必然出现数字符号脱离图像符号而独立发展。于是,除了《周易》的象数,阿拉伯数字或罗马数字等数字符号应运而生。数字符号是人类认识世界、改造世界和记录文化不可或缺的符号系统。数字符号系的产生使得人类在较早时期就能够对客观事物进行更大规模的记录和认知,这是人类社会进步的基石之一。

(三)几何符号

约在公元 62 年,古希腊的几何数学家海伦就首先使用几何符号来表达图形的概念。例如,用△表示三角形,用 or 或 p′ 表示平行,用▱表示四边形,用⊙表示圆。此后,就有越来越多的几何符号出现,每一个几何符号都有其特定含意。但是,每一个几何符号大多是经过长期发展而形成的,一个通行的几何符号一般都经历了历史的考验,得到了人们的公认才成为世界通用的符号。

几何学是研究空间性质和结构的图形科学。几何学使用的符号大致可分为三种类型:①表示几何概念的象形或图形符号,如用"△"表示三角形;②几何中特有的表意符号,如用"∽"表示"相似";③代数符号,如"＋"和"－"。只有了解了几何符号所表征的几何图形的概念,才能真正掌握几何语言。几何学正是采用几何文字语言、几何图形语言和几何符号语言作为几何语言,其所有的概念、性质、定理等才变得很有规律,也能很快理解和记忆。例如,人们在解答几何题目的时候,都是用"图形语言"来分析题目,用"符号语言"来书写解答过程,用"文字语言"来解释原因的。

几何文字语言、几何图形语言和几何符号语言这三种几何语言存在着相互之间"互译"的问题。只有正确理解它们,才能进行正确互译,才能把空间改制为抽象的和思想上的对象或实体,也才能正确地进行位置关系和数量关系与图形形状三种关系之间的互相转换。

(四)数学符号

数学对象的说理性一般都很强,用文字语言来叙述数学特性常常言不尽意。为了简化叙述,自古至今数学家们创造了大量不同的缩写符号来标记数字、形状、图像和变化,从而使表达问题的思路顺畅。数学正是运用这些广泛使用或既定俗成的数字符号和图形符号,来表达记录各种高级的高度符号化了的抽象的数学定律,使得人类能够理性地认识自然和社会的事物形态变化规律,量化地进行工程设计和施工,从而成为几乎各个学科的基础和研究工具。像系统形态用"名字"ϕ来识别,使用狄拉克的符号就可以标记为态向量$|\phi\rangle$。

符号是数学语言的组成部分。数学符号是一书写系统,用于表示数学内的概念,是一种含义高度概括、形体高度浓缩的抽象的科学语言。数学使用了比其他任何学科都要多得多的符号,数学符号或符号表达式是用来传达精确语意的,只有准确地使用数学符号,才能严格地推导出陈述某些数学对象的性质和关系的命题,并可以得出一个数学模型。像算符就是任何作用在给定函数上的一种规定,它可以包括乘法、微分及其他任何数学运算。

德国哲学家兼数学家莱布尼茨认为,"数学符号节省了人们的思维",有助于人类思想表达的经济化。数学符号的发明和使用虽比数字晚,但是数量比数字多得多。数学符号有两个基本功能:①准确明了地使别人知道指的是什么概念;②书写简便。许多数学符号很形象,一看就明了其含意,如相等符号"＝"、平行符号"∥"。但是,每一个数学符号也都有其概念的内涵,如果不了解数学符号含意,人们就看不懂大量天书般的符号,唯有进了数学大门才能真正发觉数学符号给数学理论的表达和说理带来很大的方便,甚至感到是必不可少的。数学符号还有一个特点就是对数学概念的系统性依附,人们总是在某个理论框架的意义下讨论数学符号。不过,同一个符号可以在不同的理论中被使用,且有着不同的意义。因此,地球上不同地区虽然采用了不同的文字,可是数学符号是人们认知世界最通用的语言,而恰当地使用符号的技巧则是数学分析的重要部分。

（五）音素符号

语言是人类特有的用来表达意思和交流思想的工具,通常由文字语言、有声语言和肢体语言构成。上述的图像符号、数字符号、几何符号和数学符号都是用于书面表达的不同形式的文字语言的构成元素,这些文字语言的符号历经历史陶冶与文化锤炼,已经形成了完整的形、义系统。但是,先于文字语言的用于口头表达的有声语言则是由音素符号构成的语音系统。音素符号在社会群体中也是约定俗成的,并在现实生活中发挥传递信息、协调行动和创造文明的重要作用。

人说话的声音是由若干单个的音组成的,即使是一个很短的字、词也是由一定的读音组成的,这种组成一个读音的最小单位就叫音素。音素作为语音中最小的单位,是从音色的角度划分出来的最小的语音单位。音素是具体存在的表征任何一个声音上的最小差别的单位,它可以是一个辅音,也可以是一个元音。对于每一个音素只要赋予一定的含义,也就称其为音素符号。每一种语言中的音素符号都是不一样的,即使是同一种语言,方言的音素符号也是不一样的。国际音标的音标符号与全人类语言的音素符号具有一一对应性。

二、语言符号的系统性

人们一进入理性的认知空间,从知性反映迈向理性建构,起步时就面临着要把表象性思维的前概念观念图式转变成为抽象概念思维,只有经历这一过程才能达到一种规范化一般化把握对象本质特征的认识。人们要对任一事物有所认识,就必须把客观世界中自在自为的具体事物转化为知识世界中具有思想内容的表现形态,这就要根据一定的思辨准则或度量基准来区分事物间的差异性,从而获得关于事物那些具有内在性、抽象性与统率性的"本质实体"的认识。

然而,在由思辨准则或度量基准构成的认知体系中,不论是以性质的规定性或是数量的规定性还是方向的规定性乃至它们之间的组合来认识事物,任何规定性都必须是某种描述客观实在的语言。语言是抽象思维的主要成分之一。对于一些复杂而抽象的概念,如果语言中没有与它们相应的词,就难以清晰而方便地对它们进行思考。

人类的交流基于语言,语言是用来表达思想的,语言给思想插上翅膀,是思想的外衣。如果语言选择不当,许多道理就会讲不清或道不明,从而影响人们的正确认识和思想交流。语言本身是认知空间抽象符号的组织形态,是人类精神设定的思辨准则或度量基准的实在产物。现代符号主义认为,认知(智能)的基本元素是符号,人类的语言、文字和思维都可以用符号来表达,认知过程是对符号表示的运算,而且思维过程只不过是这些符号的存储、变换、输入和输出。德国逻辑经验论者卡西尔指出,"人类的全部文化都是人以自己的符号化的活动所创造的产品"。"关系的思想依赖于符号的思想",人们认知事物所体现的形态就是"符号处理"或"信息处理"的范式。[21]

符号是人们认知活动的重要工具。在人们由感性认识向理性认识的转变进程中，图像符号、象数符号、数字符号等符号都是人们从具象向抽象转化演进的知识形态。每一类符号元素都是在某种规定性下设计出来的知识形态，每一个符号元素都有相应的含义，所以人们所认知的一切事物形态都可以由一系列抽象的符号元素来指代。符号元素相互联系可以组成系统，正如以音素符号为单元可以构成音节和语音系统，以文字符号为单元可以构成词汇和语句系统，从而可以产生语言。以图像符号为单元也可以组成图像系统和图形系统，以数字符号为单元也可以组成记数系统。这些文字系统、图像系统、图形系统或记数系统都可以产生语言，它们彼此间的组合也可以产生语言。

因此，没有语言，便不会有科学。把客观世界的实在事物转化为认知空间中的符号，把感知空间转变成为符号空间，就是人们迈进理性世界实现对事物理性认识的第一步。人类文明的建构一定要从符号化的能力开始，人类理性认识的作用就是可以借符号来代表真实的事物。在感性认识中，真实的事物不够真实，而通过逻辑抽象得到的符号有时候比真实的事物更稳定，理论上的理解往往可以使自然界图像的好些部分看起来更为简单。人们获得的知识产生于个体经验，但经由语言成为集体经验，从而能够复制、分享与传递。

定质、定量和定向的度量基准都是不同的抽象符号的组织形态，这些符号化的度量基准决定着不同语言的表现形式，也决定着人们认知事物的知识形态。不同形态的语言致使科学具有不同的形态。图像、数字、文字等符号形体及其概念可以代表客观实在的事物，而这些符号元素通过一定的组织形式所构成的系统就是语言。有了以图像、数字、文字等符号构成的语言、概念和模型，人们才能形成思想的架构，才能把感性经验逐出理论思考的领域，由此进入理性认知的世界。

人们最常用的有声语言是由语音、词汇和语法构成的系统，是最直接地记录思维活动的符号体系，其中，语音是由音义结合的音素符号所构成的子系统，是语言交际工具的声音形式，其产生的语音语言是声音和意义紧密联系着的语言。词汇是由音素符号所构成的子系统，这是语言符号系统的部件；音素符号是语言符号的元素，由音素符号组成音节和语音。语法则是构成语言系统的规定性，为词类的构词、构形和组词成句设定规则，也为词的屈折变化运用或表示相互关系的其他手段以及词在句中的功能和关系确定用法。

文字语言是文字符号自身多层次组合的复杂系统，其产生的语言是文字符号和意义紧密联系着的语言。以文字符号为单元可以构成单词或词汇，单词或词汇又构成了语句系统，不同的语句构成了段落系统，不同的段落又构成章节系统，不同的章节才构成一篇完整的文章系统。当然，不同的文章也可以构成一部书，不同的书还可以构成丛书乃至学科文化。单词、语句、段落、章节、文章和书籍是不同层次文字符号系统的载体，其多层次组合的复杂系统就是文字语言。

20世纪下半叶至今，电子计算机获得了神速的发展。计算机系统的最大特征是指令通过一种语言传达给机器。为了使电子计算机进行各种工作，就需要有一套用以编写计算机程序的数字、字符和语法规则,由这些字符和语法规则组成计算机各种指令(或各种语句),这些就是计算机能接受的语言。计算机语言是人与计算机之间传递信息的媒介。如今,人与计算机之间的通信已经形成了机器语言、汇编语言和高级语言三大类计算机语言。

不过,人类的文字语言是有限的,而用有限的文字语言表达的事物,都难免因为人们各自观察此事物的立场和角度不同以及每个人的知识程度、表达水平的差异而产生不同的观点,甚至偏离和违背事物的本来面目。幸好,在人类社会的进步中,语言并不是单纯封闭地发展的。前概念的观念图式转变成为抽象概念思维的多种形式也不是此起彼伏地出现在擂主台上的,而是交错混杂地使用和发展着。

在8000年前,中国的伏羲就用八卦的记号构造了符号的思想模型,其中的阴爻、阳爻的爻符和二仪、四象、八卦也都是简单的几个符号模型。《周易》中有许多由象数符号和文字符号共同组合构成表达知识的符号系统,这种复合的符号系统就是《周易》依象解辞的语言。《周易》的象数是由图像符号和数字符号所构成的,《易传》则是由象数符号和文字符号所构成。《周易》的文字系统(卦名、卦辞、爻辞)是对其符号系统(六十四卦之卦象)的最早标示。《周易》就是由象数符号系统和文字符号系统构成的统一整体。

《周易》既包含象数,也蕴含义理,但是这不等于说象数是《周易》符号系统,义理是其文字系统。卦象的卦画符号较之文字符号是居于首要地位的,文字符号只是对卦画这种更抽象的符号的一种具体说明。在人类认识和沟通中,各种符号的内涵及意义都必须经过文字的说明,才能得到显示和为人所理解;但是,文字的局限性是显而易见的。《易·系辞上》说:"书不尽言,言不尽意。"就是说,文字对象、数来说永远是"言不尽意"的。为了解决"词不达意"或"言外之意"的语言障碍,《易·系辞下》说:"圣人立象以尽意,设卦以尽情伪;系辞焉以尽其言;变而通之以尽利,鼓之舞之以尽神。"《周易》正是运用象数符号和文字符号组成的语言来依象解辞,从而使得其中所蕴含的数理和哲理也都融合在一起。

认知的符号系统不同,产生的语言也是不相同的,不同的语言又有不同的表现形态。用文字语言表达,就表现为《系辞》或哲学那样的言辞形态;而用数理语言表达,就会产生数理模型那样的抽象形态。以不同的符号系统作为基础,可以产生不同的语言和理论。不同学科使用不同意义的语言,像揭示宇宙"至简"的"大道"或处理人际关系的复杂问题,从根本上看也都可以简化成符号处理的问题。

由此可见,图像符号和数字符号以及文字符号都可以组合构成复杂的符号系统。数字符号可以与图像符号一起构成数学公式,进而再与必要的文字符号一起构成复合的符号系统,从而产生言简意赅的数学语言。数学语言是以数字符号和数学符号为基本单元的复合符号系统。有了这种抽象符号构成的语言就可以表达丰富的思想内涵,否则就会像《九章算术》那样用方块字繁复艰难地表达复杂运算。

德国哲人海德格尔说过:"语言是精神存在的家。"语言具有历时性和共时性特点,既在纵向发展中代代相传,又在共有时空里人人互用。知识要共享,欢歌要共鸣,就要有交流思想的语言。虽然人们可以使用不同的语言进行认知,但是要用此特有的工具来表达意思和交流思想,就要有共同的语言,否则,人们阐发思想的语言千差万别,不同语言之间就无法相互沟通,人们所获得的认识结果也会因为使用不同的语言符号而出现理解上的偏差。

三、认知语言的人择性

德国哲人伽达默尔说过:"语言是理解本身得以实现的普遍媒介。"科学奥秘不是国家机密,它们隐藏在自然界中,一旦被人们发现就要通过适当的语言来表达,才能晓谕天下。语言所表达的知识是与其认知符号的象征直接相关的。在知识的认知空间中,任何一个事物形态都可以转化为认知单元的抽象符号,人们还可以按照一定的规则将不同事物形态抽象的形态符号组成系统,构成语言的形态。

不过,由于人们选择的认知符号及其组合的系统不同,由此而产生的语言也是不同的。人们可以用不同的语言来表述同一个事物。例如,对于一座高楼从平地筑起之前所进行的奠定基础,中国人称之为"奠基",日本人则称之为"定础"。又如,对于有指向的数值参量,社会科学称之为"指数",自然科学则称之为"向量"。

用不同的语言表达的概念都是"名"的不同表征。孔子说过:"名不正则言不顺,言不顺则事不成。"讲经论道,必须名正言顺。为了让更多的人懂得道理、掌握道理,中国古代的先哲们(如诸子百家)最大限度地发挥了当时的传播手段和扩散手段,不仅纷纷以汉字的象形文字著述经典来表述社会和自然的规律以及做人做事的道理,而且以口语音素符号的声音形式不辞劳苦、周游天下到处讲经论道。

可是,语义一般都有强烈的模糊性,无法精确处理。正如《庄子·秋水》篇所云:"可以言传者,物之粗也;可以意致者,物之精也。"言传之知是初级知识,意会之知才是高级知识。由于中国古代文化和科学所具有的文理相通特点,要以有限的语言文字来定质地表达清楚通达天、地、人的哲理和事物形态的内在规律,必然会由于"词不达意"而出现许多思想沟通的困难,甚至"无以言表",还会出现不同时代、不同地域、不同人群把言辞沟通视为不可逾越的鸿沟。

然而,人们所使用的语言形式及其思辨准则与人们所获得的认识又是直接关联的。比如,要认知美国、中国、日本谁是强国,人们可以设定"时代""经济""军事""科技"等质的规定性作为思辨准则,这些评判事项都可以用文字语言来表达。而要认知物理学中质点的运动规律,观察员就要用数理语言并给定考察对象的变量及其适用范围等度量基准。因此,认知语言存在着人择性,人们选择的认知语言不同,所获得的认识结果也是不尽相同的。

在从知性到理性的认识中,人们可以用"粒化"的概念来扬弃事物知觉形象感性外观，可以用"舍象法"把客观事物及其形态系统化，进而又可以把这些概括、抽象的客观事物形态转化为认知形态抽象的符号。在知识世界的认知空间中，人们把抽象的形态符号以不同的方式联系，还可以产生不同的语言。语言是人们所认知的事物单元的符号系统，这一抽象符号的"互联网"是按照一定的秩序构成的。语言是建构的，世界模型是语言结构的展现，世界的结构就是语言的结构。由于认知体系度量基准的人择性，联系一系列形态符号所形成的语言和语义及其表达的知识自然就具有多样性。

放眼古今中外，许多人历尽漫漫长路，不屈不挠，上下求索，不断地获得越来越多的各种客观事物的真知，不断地揭开科学神秘的面纱，但是由于不同学科领域的人所选择的语言不同，最终的认识收效往往大相径庭，甚至有的还因为"方言"问题导致了诸多关于理性表达和知识交流的争论。像量子论和相对论是现代物理学的两大支柱，但是这种实在超越了经典的逻辑，用经典物理学语言（描述宏观客体的语言系统）无法描述微观客体的特性和运动状态，而又不可能以别的语言来代替它，由此自然就引发了运用经典物理学语言描述微观客体所带来的"语言困境"。

科学发展表明，某个理论之所以有用，就是说它能高度精确地在单一的描述式中将范围广泛的多种现象联系起来。但是，在什么语言才是最通用、最精准的公共语言的问题上，人们却有不同的见解。物理学是研究物质运动基本规律的学问，物理学语言是物理学中关于物理事件所用的语言，是以一种最简洁的形式去理解它所描述的那一部分物理实在，即对物理事件的时空描述。美国分析哲学家卡尔纳普认为：科学中所有的陈述最终都可以用物理学的语言来表达，那就是使它们的数量值都归结为空间—时间坐标系上的确定的位置。大多数的科学工作者也都认为物理学的语言是一切科学的共同语言。

然而，物理学（包括其他自然科学的物理规律）在使用物理学语言的同时又往往需要用数学语言来说话。近代物理学的书写语言几乎都是数学语言，德国天文学家开普勒用代数方程总结出了行星运动的三定律，被誉为世界第一位数学物理学家。意大利实验物理学家伽利略以几何学方法论证了落体运动定律，并用最简单的代数方程来表达牛顿力学的三定律，树立了近代科学成功的里程碑。微积分为严格描述变化和运动提供了数学语言。18世纪天体力学的主要进展也多数是靠数学方法取得的。19世纪实验物理学的数学化则成了19世纪物理学的重要特点。数学语言使得理论家有了一个建立理论的犀利武器。

近代科学以来，在经典物理学特别是力学领域，人们的科学研究主要是在非平衡态的线性区（准平衡态）纵横驰骋，揭示的物质运动规律都应用较为精确的数学语言来表述。因此，物理学甚至成了数学的同义词。在现代科学中，物理学与数学的紧密关系愈发显示出数学与物理的内在一致性。像统计物理学与概率数学的联系，就成为相变理论的基础。一些新的物理理论出现时都能找到合适的数学工具，或者是创造出新的数学工具来为之服务，如非欧几里得几何学与广义相对论、希尔伯特空间与量子力学、微分几何学与规范场论等。可见，数学与物理学可以形象地用筋骨和血肉的关系来形容，筋骨是基础和框架,筋骨与血肉之间存在着深层次的依存关系,它们相辅相成。

数学是研究现实世界中的空间形式、数量关系和结构关系的理性思维科学。数学作为一门研究量与形(数与象)关系的横断科学已渗透到了各个学科领域,是研究和知晓现实世界的工具,并成了各门科学发展的共同工具,具有最大的普适性。马克思认为:"一种科学只有成功地运用数学时,才算达到真正完善的地步。"爱因斯坦说过:"政治是暂时的,而数学方程式是不朽的。"培根也曾说:"数学是进入各种科学的门户,是钥匙……没有数学知识,就不可能知晓这个世界中的一切。"伽利略还说过:"宇宙这本书是用数学语言写成的。"

数学语言是表达数学思想的专门语言和宇宙交际的理想工具,是描述研究对象和客观规律的一种符号系统,具有符号形式化、数量精确化、公式概括化的特点和优点。正因为数学具有最清楚的语言表达形式,对数与形及其关系的概括和表达既优美又简捷,所以数学才被人们当作科学之母。古今科学家们都坚信,数学是表达大自然规律最精炼、最简单、最抽象、最普适的语言。任何科学理论最浓缩和最完美的表达方式应该是数学方程式。当代数学家丘成桐指出:"我们能直觉地感觉到几何概念或许让几何成为宇宙构成的最好语言。"

然而,"对人类经验整体毫无偏狭的考察并不等于指出这种经验办事或者经验所揭示的真理具有自动把自己分解为数学概念的性质"[22]。数学应用于科学,同时表现了广泛性与抽象性的基本特点。抽象性表现在它抛弃了事物形态的本质内容与功能特性,而单纯地从数与形的关系来考察事物。由于数学完全脱离了事物的性质,只是考察事物形态被抽象后在理性世界中的数量关系与关联点的轨迹,不仅使科学变得"冷漠"和形式化,而且各种数学公式难免成了脱离具体事物那活生生的血肉之躯的骨骼,难以解释各种事物形态生动的现象及其基质与特性,因而真正"知其所云为何物"的数学家并不多见。

科学是语言的创造和应用过程。为了实现科学语言的统一,莱布尼茨在17世纪就构想创造一种能够把人类思想还原为计算的具有普遍表征作用的"人工语言"。这种"通用的科学语言"拟以描述事物状态以及彼此的相互关系的符号理论为基础,其功能包括逻辑推理和判断程序,还包括以定义理论为基础的重要概念确定,从而以内容为基础使推理在形式上具有计算的确定性。20世纪30年代,逻辑经验论继承和发展了莱布尼茨的思想,提出以物理语言作为科学语言,把推理过程像数学一样利用公式来进行计算,从而得出正确结论。

逻辑学者认为数学上的推论是以符号代表观念,以不同符号代表不同观念的关系,因此包括命题演算和谓词演算的符号逻辑成了形式逻辑的现代版。符号逻辑在数学中的应用又可称为数理逻辑。数理逻辑是使用一套特殊符号系统,对自然语言进行加工的一种特殊改写方式。而以英国逻辑学家罗素为代表的逻辑主义,则把探索、阐述和确立有效推理原则的逻辑学和数学当作一个东西,并认为数理逻辑作为一种方法,有助于传统的哲学问题,特别是数理哲学问题的解决。[23]

如今却有不少人认为,把数学当作逻辑或把逻辑作为数学哲学是20世纪以来逻辑学中的最大偏见。用数学方程式模拟事物形态的变化规律确实已经成为当代科学的必由之路,但是数学方程式只是由一些符号所组成的关系式,如果没有对每一个参量所指代的概念进行阐述,那么人类是无法进行思维的,那些数据、符号和关系式也是毫无意义的。

可见,科学知识通过语言表征,科学认识借助于语言展开,科学是特定语言语境的产物。语言是最复杂、最有系统而应用又最广泛的符号系统,可以使不同时空的人的思想有效地交流。不同学科在不同历史条件下或由于这样那样的因素,已经选择了某种特定的符号系统作为表达该学科理论的语言,而且其表述的知识也曾经或正在影响着人们对客观事物的认识。但是,科学与语言是不可分离的。由于认知语言的人择性,人们在科学语言的使用上必然见仁见智。像贝塔朗菲就反对将物理学语言作为科学的唯一语言,认为人们不能把生物行为和社会各层次还原为最低的层次,即物理构想和定律。"简单地'还原'为基本的粒子和物理学常规定律今天已不再可行了。"系统论也没有把数学作为其认知客观世界的唯一语言,而是认为一般系统论的成熟的形式是"用逻辑—数学的确切的定律体系代替已有的'范畴理论'"。

因此,在"揭示事物发展的客观规律,探求客观真理"的过程中,要表达清楚人们的理性认识,描述事物复杂现象背后的秩序,宣示事物形态内在的规律,讲明其中隐晦的道理,就必须考虑语言的普遍性。统一科学的任务是要揭示世界上各种事物形态的变化规律与分布规律,就不能用哲学味道的写意的高大上的语言,而要以通用的精准的公共语言来表达,既要兼顾关于物质形态的特定性质、数量及其变化方向的物理学语言,用比较通用的数理语言来"津津乐道",又要汲取一般系统论合理有效表达思想的逻辑—数学语言,使系统原理进入定量科学,使一般系统论进一步精致化。统一科学要形成各学科统一的理论,一切有利于理清事物形态变化规律的公共语言、知识和理论都将成为统一科学表达道理的理由和论据的语言共同体。

统一科学要按照统一的度量基准对事物形态的分布和变化秩序的核心关系进行顺畅的陈述,要对不同事物形态隐含的"不称"的科学道理做出合理的解释,就要以逻辑和范式为以理服人的理路,运用哲理、物理、事理、数理等理性的浓缩化的语言来理论由抽象的形态符号构成的科学道理。因此,统一科学所择定的语言必须构成一种共同的记号和规则的系统,构成一种可表达任何事物概念内涵的普适的系统,其所择定的语言就应是可定质、定量、定向的"质向量"语言。

参考文献

[1] 邱仁宗.科学方法和科学动力学[M].北京:知识出版社,1984:68-72.
[2] 吴岱明.科学研究方法学[M].长沙:湖南人民出版社,1987:64-65.

[3]牟宗三.理则学[M].2版.台北:正中书局,2007:3-5.

[4]达西·汤普森,泰勒·邦纳.生长和形态[M].袁丽琴,译.上海:上海科学技术出版社,2003:299.

[5]杰拉尔德·温伯格.系统化思维导论[M].王海鹏,译.北京:人民邮电出版社,2015:24.

[6]杨慧,王晓力,陈燕.生物学理论与生物技术研究[M].北京:中国水利水电出版社,2014:64.

[7]张天蓉.爱因斯坦与万物之理[M].北京:清华大学出版社,2016:171-172.

[8]苏文锻.系综原理[M].厦门:厦门大学出版社,1991:80.

[9]曹天元.上帝掷骰子吗?量子物理史话[M].北京:北京联合出版公司,2013:298.

[10]贝塔朗菲.一般系统论基础、发展和应用[M].林康义,魏宏森,等,译.北京:清华大学出版社,1987:239.

[11]李新洲,徐建军.现代数学及其应用[M].上海:上海科学技术出版社,2006:1-2.

[12]沈骊天.系统信息控制科学原理[M].南京:南京大学出版社,1987:20-27.

[13]郑炜.20世纪科学未解之谜[M].北京:中国华侨出版社,2000:13-18.

[14]林静.变化无常的物质形态[M].北京:中国社会出版社,2012:1-52.

[15]BENTLEY W. A,HUMPHREYS W. J.Snow crystals[M].New York:Dover Publications Inc.,1962:266.

[16]陈宗海,董道毅,张陈斌.量子控制导论[M].合肥:中国科学技术大学出版社,2005:34.

[17]苗东升.复杂性科学研究[M].北京:中国书籍出版社,2015:181-182.

[18]苗东升.系统科学精要[M].2版.北京:中国人民大学出版社,2006:32-33.

[19]帕利斯·巴尼斯.数学是什么[M].谭艾菲,译.上海:上海科学技术文献出版社,2016:266-270.

[20]李浙生.物理科学与认识论[M].北京:冶金工业出版社,2004:311-314.

[21]卡西尔.人论[M].甘阳,译.上海:上海译文出版社,1985:35.

[22]阿瑟·爱丁顿.物理科学的哲学[M].杨富斌,鲁勤,译.北京:商务印书馆,2014:140.

[23]罗素.我的哲学的发展[M].杨洋,译.南京:江苏文艺出版社,2010:71-98.

第四章

质向量与坐标系

第一节 质向量坐标系空间开显

科学认识的第一要务是建立刻画事物形态的理性坐标系。人们的理性认识都是基于所在的认知空间产生的,而认知空间又是由人们所设立的坐标轴和参照点构成的认知坐标系决定的。只有在质向量坐标系中开显的认知空间中,人们才能按既定的度量基准来定质、定量、定向地认识系统形态变化或分布的规律性,并逻辑地表达系统形态的各种关系。

一、关于质向量空间

科学是理性的且必须是合乎理性的。建立刻画系统形态特征的理性坐标系,必须确定一组度量基准作为坐标轴。只有提取事物存在的本质特征,并以此作为坐标轴,人们才能在这一组坐标轴构建的坐标系所打开的认知空间中,以各个维度的度量基准来认识系统形态并表达其表象的内在关系。

如果坐标轴只是规定了性质的思辨准则,人们就只能在一组独立性质为坐标轴张开的分类空间中对认知对象进行质的分类思辨,人们所得到的关于系统形态的认识就只是定质描述的知识。如果坐标轴只是规定了数量的度量基准,人们也就只能在一组独立的数轴为坐标轴张开的变量空间中对认知对象进行数量上的计量,人们所得到的关于系统形态及其变化规律的认识就是定量描述的知识。

如果坐标轴不仅规定了性质的度量基准,而且规定了数量的度量基准,人们就可以对系统形态同时进行分类和计量;如果坐标轴不仅规定了性质的度量基准,而且规定了指向的度量基准,人们就可以在以一组独立的质射线为坐标轴张开的指标空间中对系统形态同时进行分类和取向;如果坐标轴不仅规定了性质的度量基准,而且规定了数量的度量基准,同时规定了指向的度量基准,人们只要开显理性认知的质向量之维,就可以在一组独立的质向量为坐标轴张开的质向量空间中,对系统形态同时进行分类、计量和取向。所以,由定质、定量和定向度量基准三结合的质向量坐标轴组建的认知坐标系才是完整的实现理性认识的坐标系。

每一个定质、定量和定向三结合的坐标轴都是一个可度量系统形态的质向量,不同维度的质向量坐标轴张成的空间就是质向量空间,所以由参照系和坐标轴撑起的认知系统形态的坐标系应当包括质向量空间。质向量空间是确定系统形态本质特性且按一定的计量标准和一定的逻辑顺序方向展开的理性认知空间。这是理性认识系统形态的抽象的表象空间,不可与真实的物理空间相混淆。

在理性认知空间中,宇宙中的一切事物都是由若干部分按一定的组织原则,通过有秩序的集体运动组织起来的系统。一切系统都是由一定数量的有指向(各向非同性)的质点(元素)按一定的组织原则,通过有秩序的集体运动组织起来的有序整体,系统的形态空间是由系统形态所构成的集合。因此,认知坐标系的每一个定质、定量和定向三结合的坐标轴,就是将系统的各部分组成整体的组织规则和运动秩序,就是统一识别和判定系统形态内在关系的度量基准。

在认知坐标系中,坐标轴的维数是一个极为重要的概念,是决定系统行为特性的表象参量。在不同维数坐标系的空间中描述系统形态,能够区分不同类型的系统形态,可以建立系统的演化方程来描述系统形态的变化规律。因此,要描述任何一个系统形态,人们无须对系统的各组成部分进行全面具体深入的研究,只需要由一个度量基准参照系与若干维数质向量坐标轴共同构成一个认知系统形态的理性坐标系。如果确定 m 个一般规定的质向量 $\vec{X}_1, \vec{X}_2, \cdots, \vec{X}_m$ 作为质向量坐标轴,由 $\vec{X}_1, \vec{X}_2, \cdots, \vec{X}_m$ 质向量坐标轴与参照系一起就可构成 m 维质向量坐标系。

由于宇宙中客观实在的每一个确定的事物形态都可以通过"粒化"而成为粒子,并可以转化为认知形态的抽象符号(包括图像符号、图形符号、文字符号或数字符号),这在形态空间中也就表现为一个系综或一个点。在质向量空间 $\vec{X}$ 中,只有"系综"或者说"事件的全集"才是有意义的。任何一个单元系统的系综都对应着一个质向量,这样的形态点就用 $\vec{x}$ 表示。认知坐标系张开多少维度的质向量空间取决于所规定的坐标轴的质。作为形态空间的一个质向量永远都只代表系统"全集"的统计值,也就是一种平均情况。[1]

在不同维度质向量坐标轴打开的空间中,可以进行不同系统形态的表象表达和认知活动。m 维质向量坐标系是由 m 维质向量坐标轴 $\vec{X}_1, \vec{X}_2, \cdots, \vec{X}_m$ 组成的,在 m 维质向量坐标系空间中的任一个点可以由一组质向量 $\vec{x}_1, \vec{x}_2, \cdots, \vec{x}_m$ 来表示,每一组质向量 $\vec{x}_1, \vec{x}_2, \cdots, \vec{x}_m$ 就代表着 m 元系统的一个可能形态,因而 m 元系统所有可能形态的集合也就是 m 维质向量坐标系的形态空间。在 m 维质向量坐标轴 $\vec{X}_1, \vec{X}_2, \cdots, \vec{X}_m$ 所张开的 m 维质向量坐标系的空间中,构成空间的点及其质向量是无限的,所对应的 m 元系统形态也是无限的。

质向量空间是无穷个系统形态的点的集合,而在质向量空间中的某个区间分布的系统形态的点的数量可能是有限的,也可能是无限的,这与区间的确定范围和质向量的规定有关。虽然质向量空间具有无限的广延性,但在其中分布或变化的任何系统形态一般只占有部分的区间。质向量空间可以根据其特质分类,质向量离散地取值时,称为离散质向量空间;质向量连续地取值时,称为连续质向量空间。

二、一维质向量空间

(一)一维单向质向量坐标系

在认知坐标系中,只有一个维度的坐标系是最基本、最简易的理性认知体系。如果一维坐标系的坐标轴只具有性质的度量基准,则人们只能规定一个"质"对系统形态进行最基本、最简单的分类思辨。如果这一个质可以用符号 X 来指代其质的一般规定,那么这一维定质坐标系 X 在几何上就是一条标注 X 的直线。

如果一维坐标系不仅具有性质的度量基准,而且具有取向的度量基准,人们就可以用一个有指向的指标——"太极"对系统形态进行描述,这样的认知对象可以想象成一个有指向的极小的质点,就像只有一个磁极的磁棒。在欧几里得几何中,由一个维度的有向指标所确立的一维仿射坐标系及其空间,就是在直线 X 上取一定点作为原点(一般用 O 表示)所形成的一条单向射线。一维仿射坐标系就像一支羽箭,其箭尾在原点,箭锋在正无穷值方向的极点,如图3-4所示。

如果一维单向坐标系的坐标轴不仅具有数量的度量基准,而且具有取向的度量基准,人们就可以用一个有指向可计量的一维向量坐标轴 $\vec{X}$ 对系统形态进行刻画。定量与定向度量基准相结合的一维向量坐标轴 $\vec{X}$ 是由参照点射出的有方向和大小的射线,也叫作数轴。在几何上,数轴为以 O 为起点和以正无穷值方向的极点为终点的一维向量坐标轴。在同一条数轴上,认知对象的数量差异可以通过有向线段 $\overrightarrow{OM}$ 的长短来规定。如果规定数轴上的任意点 M 和数 x 相对应,那么数轴上的点和数之间就建立起一一对应的关系,即系统形态数量的差异可以用不同的数字 x 来表示;数 x 等于数轴上以 O 为起点、以 M 为终点的有向线段 $\overrightarrow{OM}$ 的值 OM,即 $OM=x$,数 x 称为数轴上点 M 的坐标。已知数轴上任意一点 M,必有一确定的数 x 作为它的坐标;反过来,已知一数 x,可在直线上决定一点 M,点 M 的坐标是等于 x 的。

如果一维仿射坐标系不仅具有定质的度量基准,而且具有定量与定向的度量基准,人们就可以用一个具特质、有指向、可计量的"质向量" $\vec{X}$ 对系统形态进行理性刻画。在欧几里得几何中,由一个维度的质向量坐标轴所确立的一维仿射坐标系及其空间,就是在有向直线 $\vec{X}$ 上取一定点作为原点(一般用 O 表示),再任取一条一定长度的线段(如 $0\rightarrow 1$ 的线段)作为定量的单位长度,这一条可计量的有向直线 l 就是有大小、有方

向且特质取名为 X 的质向量 $\vec{X}$，如图 4-1 所示。

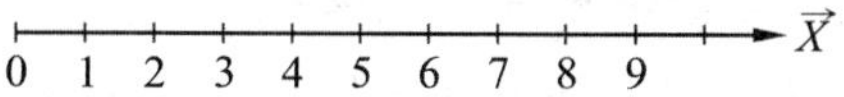

如果质向量 $\vec{X}$ 的取值全都是正值，以此作为坐标轴所建立的一维质向量坐标系 $\overrightarrow{OX}$，就称为一维正向质向量坐标系 $\vec{X}_+$。一维正向质向量坐标系 $\vec{X}_+$ 的基准单位是在坐标轴 $\vec{X}_+$ 上截取的，其性质和指向必然与一维正向质向量坐标轴 $\vec{X}_+$ 一致。如果一维正向质向量坐标轴 $\vec{X}_+$ 上的测度单位取 $0\to 1$ 的线段，这样的基准质向量就称为一维正向单位质向量 $\vec{e}_+$。

图 4-1　一维正向质向量坐标系

必须指出，一维正向质向量坐标系 $\vec{X}_+$ 所规定的特质是认知系统形态的度量基准的一个重要方面。但是，如果人们只需研究同类事物数量关系及其变化趋势，就"可以"忽略系统形态的特质，定质、定量、定向的质向量坐标轴也就可以退化为定量、定向的向量坐标轴。定量、定向的一维正向向量坐标轴也就可以用一般的向量符号 $\vec{X}_+$ 表示，不过这与定质、定量、定向的一维正向质向量坐标轴所用的特定质向量的符号 $\vec{X}_+$ 在内涵上还是有着重大区别的。

由一个定质、定量和定向三结合的坐标轴所建立的仿射坐标系 $\vec{X}_+$ 就打开了人们认知系统形态的一维正向质向量空间 $(\vec{X}_+)$。一维正向质向量空间 $(\vec{X}_+)$ 是以一个定质的形态参量 $\vec{X}$ 按照既定的逻辑顺序方向无限展开的理性空间，代表着以某一个系统形态的特性依规定的正向将无限多个系统形态按质的规定以数量大小排成的序列 $\vec{X}_+$。

在一维正向质向量坐标系 $\vec{X}_+$ 的 $(\vec{X}_+)$ 空间中，所有质向量的符号都在右下角标注"+"，其数值定义域为大于等于零的数轴。任何一个系统确定的形态都可以用特定的质常向量 $\vec{a}_+$ 来表示，任何一个系统的非确定形态可以用一般的质向量 $\vec{x}_+$ 来指代。由于质向量 $\vec{a}_+$ 或 $\vec{x}_+$ 与一维正向质向量坐标系 $\vec{X}_+$ 的一维正向单位质向量 $\vec{e}_+$ 具有相同方向，因此任一系统形态也可以用正半轴非负的质变量 a_+ 或 x_+ 来表征系统形态。在隐匿性质和指向的前提下，任何一个系统确定的形态可以用正实数数轴上的一个定点（常量）a_+ 来表示；任何一个系统的非确定形态也可以用正实数数轴上的一个动点（变量）x_+ 来表示，x_+ 是一般地描述系统形态变化且可以度量的序参量。

其实，一维正向质向量坐标系 $\vec{X}_+$ 作为最简易的理性认知体系并不是近代科学的成就，早在上古时期，中华民族已经孕育了整体思维和思辨能力，《周易》中所谓的"无极生太极"可以说已经建立了最为简易的一维仿射坐标系。在欧几里得几何中，无极就是参照系，而太极就是一种有质的规定且有取向的思辨准则，"无极生太极"是由参照点射出的射线，这单一指向且伸展到无限的坐标轴就是一维仿射坐标系。由于太极这样的一维坐标轴是"从无到有"的有向直线，以"易"作为质的规定性，因此太极就是从不易到变易的一维仿射坐标轴。

太极是最简易的坐标系,是有指向的最基本序列,是无中生有的秩序,是识别系统形态的定向基准和定质标杆。有了太极这个坐标系作为人们观察现实世界各种系统形态的基准和指南,现实的事物形态就可以依一定的序列来认识。依此太极世界观,人们所认知的世界就是变化的,各种事物形态也是变化的。不过,《周易》的太极只能使人们笼统地得到"变易原则"这样充满哲理的世界观,这与近代科学中的一维向量坐标系并不等价。

在一维正向质向量坐标系 $\vec{X}_+$ 中,系统某一有序的失衡态就是坐标轴上的一个质向量 $\vec{x}_+$。然而,以质向量 $\vec{x}_+$ 表示某一个系统的不确定形态,$\vec{x}_+$ 这一形态序参量是难以描述系统形态变化的,人们也难以看清系统从此形态向彼形态变化的内在关系。不过,如果同一系统存在两个不同的形态 $\vec{x}_{+1}$ 和 $\vec{x}_{+2}$,在一维正向质向量坐标系 $\vec{X}_+$ 中就表现为两个不同的点(象)。把这一对点(象)联系起来,即为具有共同指向又有大小的一个质向量变化量 $\Delta\vec{x}_+$($\Delta\vec{x}_+ = \vec{x}_{+2} - \vec{x}_{+1}$),它代表着系统从形态 $\vec{x}_{+1}$ 到形态 $\vec{x}_{+2}$ 的起止变化,也就是一阴一阳定向的变易。由于任何存在差异的系统形态都可以构成对象,因此 $\Delta\vec{x}_+$ 在一维正向质向量坐标系 $\vec{X}_+$ 上的区间质向量是联系任何对象形态之间的序参量。

在一维正向质向量坐标系 $\vec{X}_+$ 中,联系一阴一阳对象之间的质向量用几何表示就是一段有向线段或联系着起点站和终点站的"轨道"。"一阴一阳之谓道",同类系统形态的变易过程可以用一维正向质向量坐标系 $\vec{X}_+$ 中的区间质向量 $\Delta\vec{x}_+ = \vec{x}_{+2} - \vec{x}_{+1}$ 或狄拉克符号 $\langle \vec{x}_{+2} | \vec{x}_{+1} \rangle$ 作为表象表达,系统从此形态 $\vec{x}_{+1}$ 向彼形态 $\vec{x}_{+2}$ 运动的道理——系统形态的变化规律也都可以用一维正向质向量空间($\vec{X}_+$)中的区间向量 $\Delta\vec{x}_+$ 来表示。

在一维正向质向量坐标系 $\vec{X}_+$ 中,$\vec{x}_+$ 这一序参量难以描述系统从此形态向彼形态变化的变化规律,不过在一维正向质向量坐标系 $\vec{X}_+$ 内部还可以打开二维分质向量空间($\vec{\alpha}_+, \vec{\beta}_+$),这样,任何一个常质向量 $\vec{a}_+$ 都可以用相互垂直的分质向量 $\vec{a}_{+\alpha}$ 与分质向量 $\vec{a}_{+\beta}$ 之和来表示,一个常质向量 $\vec{a}_+$ 总能把它唯一地写为常质向量 $\vec{a}_{+\alpha}$ 与常质向量 $\vec{a}_{+\beta}$ 之和,记为 $\vec{a}_+ = \vec{a}_{+\alpha} + \vec{a}_{+\beta}$。$\vec{a}_{+\alpha}$ 与 $\vec{a}_{+\beta}$ 是相互独立的分质向量,记为 $\vec{a}_+ = (\vec{a}_{+\alpha}, \vec{a}_{+\beta})$。在一维正向质向量坐标系 $\vec{X}_+$ 的($\vec{X}_+$)空间中,任何一个系统形态都可以用质向量 $\vec{x}_+$ 作为表象表达;而在一维正向质向量坐标系 $\vec{X}_+$ 内部的二维分质向量空间($\vec{\alpha}_+, \vec{\beta}_+$)中,任何一个质向量 $\vec{x}_+$ 又可分解为独立的两个分质向量 $\vec{x}_{+\alpha}$ 与分质向量 $\vec{x}_{+\beta}$,记为 $\vec{x}_+ = (\vec{x}_{+\alpha}, \vec{x}_{+\beta})$。任何一个质向量 $\vec{x}_+$ 都可用相互垂直的分质向量 $\vec{x}_{+\alpha}$ 与分质向量 $\vec{x}_{+\beta}$ 之和 $\vec{x}_+ = \vec{x}_{+1} + \vec{x}_{+2}$ 来表示。

同理,在一维正向质向量坐标系 $\vec{X}_+$ 内部也可以打开 m 维分质向量空间($\vec{x}_{+1}, \vec{x}_{+2}, \cdots, \vec{x}_{+m}$),这样,任何一个系统形态既可以用质向量 $\vec{x}_+$ 作为表象表达,也可以由 m 个相互独立的分质向量 $\vec{x}_{+1}, \vec{x}_{+2}, \cdots, \vec{x}_{+m}$ 表示,记为 $\vec{x}_+ = (\vec{x}_{+1}, \vec{x}_{+2}, \cdots, \vec{x}_{+m})$,那么这

一质向量 $\vec{x}_+$ 就可以用相互独立的分质向量 $\vec{x}_{+1},\vec{x}_{+2},\cdots,\vec{x}_{+m}$ 之和 $\vec{x}_+=\vec{x}_{+1}+\vec{x}_{+2}+\cdots+\vec{x}_{+m}$ 来表示。

作为一维正向质向量坐标系 $\vec{X}_+$ 内部低一级的 m 个相互独立的分质向量构成的 m 维分质向量空间 $(\vec{x}_{+1},\vec{x}_{+2},\cdots,\vec{x}_{+m})$，这 m 个相互独立分质向量彼此是正交或垂直的，但是这 m 个相互独立的每一个分质向量与其上一级质向量 $\vec{x}_+$ 及其单位质向量 $\vec{e}_+$ 具有相同的方向。这 m 个分质向量是一维正向质向量 $\vec{x}_+$ 内部同方向的分质向量；当 m 个分质向量不是相互独立作为一维正向质向量 $\vec{x}_+$ 内部同方向的量，这 m 个分质向量可以用质变量 $\vec{x}_{+1},\vec{x}_{+2},\cdots,\vec{x}_{+m}$ 表示，且彼此之间存在函数关系 $f(\vec{x}_{+1},\vec{x}_{+2},\cdots,\vec{x}_{+m})$。一维正向质向量 $\vec{x}_+$ 是描述系统形态变化的变质向量，m 个分质向量 $\vec{x}_{+1},\vec{x}_{+2},\cdots,\vec{x}_{+m}$ 的函数 $f(\vec{x}_{+1},\vec{x}_{+2},\cdots,\vec{x}_{+m})$ 是代表系统形态定质、定向、定量变化的序参量，可以表示成 $\vec{x}_+=x\vec{e}_+=f(x_1,x_2,\cdots,x_m)\vec{e}_+$。

在一维正向质向量坐标系 $\vec{X}_+$ 中，虽然 $\vec{x}_+$ 这一序参量难以描述单元系统从此形态向彼形态变化的运动规律，但是只要深入单元系统内部，用不同的分质向量 $\vec{x}_{+1},\vec{x}_{+2},\cdots,\vec{x}_{+m}$ 之间的内在关系就可以精确地认识单元系统的形态变化规律。这 m 个相互独立的序参量 $\vec{x}_{+1},\vec{x}_{+2},\cdots,\vec{x}_{+m}$ 只是比一维正向质向量 $\vec{x}_+$ 低一级的分质向量，但又是多维的分质向量。因此，在揭示系统形态变化规律之前，必须找到为数不多且又一般的能真正代表系统形态变化的一维正向质向量 $\vec{x}_+$ 的分质向量 $\vec{x}_{+1},\vec{x}_{+2},\cdots,\vec{x}_{+m}$。

(二) 一维双向质向量坐标系

在一维单向仿射坐标系空间上，只能对系统形态进行单向的定质或定量及其综合的刻画。但是，许多系统形态往往同时具有两个不同方向的变化，这就必须由两个同质反向的一维单向仿射坐标轴一起对其进行表象表达。由这样的两个同质反向的太极所构成的仿射坐标系就是一维双向的质坐标系，也是由原点 O "一分为二" 生成的反向太极，其几何表示如图 3-5 所示。这一反向太极坐标轴的 "二仪" 空间是贯通正负、经天纬地的空间，是把阴阳、乾坤两界连成一体的对立统一体，可以从正反两方面描述系统的形态。

对于一维双向仿射坐标系，可以特别规定其中一个方向的太极坐标轴 $\vec{X}_+$ 为正向，那与它相反方向的太极坐标轴 $\vec{X}_-$ 就是负向。如果这两个反向的一维单向仿射坐标系都是定质、定量、定向三结合的质向量坐标轴，那么在统一规定正半轴的一个单位质向量 $\vec{e}_+$ 为整个坐标系的质向量基准的前提下，这样构成的质向量坐标系就可以称为取值范围为 $(-\infty,+\infty)$ 的一维二仪质向量坐标系 $\vec{X}$。这一反向拓展了定义域的一维二仪质向量坐标系 $\vec{X}$ 以一维正向单位质向量 $\vec{e}_+$ 为度量基准，这一简并的一维二仪质向量坐标轴 $\vec{X}$ 由一维正向质向量坐标轴 $\vec{X}_+$ 和一维负向质向量坐标轴 $\vec{X}_-$ 组成，其几何表示如图 4-2 所示。

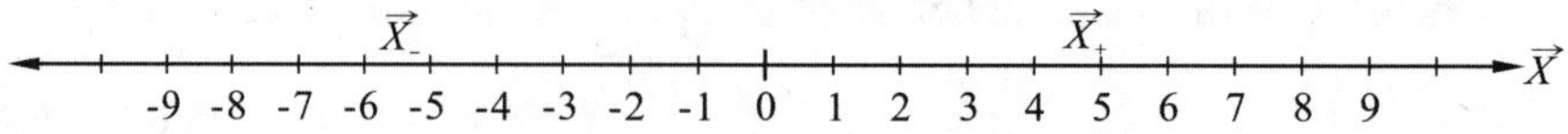

图 4-2 一维双向质向量坐标系 $\vec{X}$

在一维二仪质向量坐标系 $\vec{X}$ 上，与一维正向单位质向量 $\vec{e}_+$ 方向一致的半轴称为正向，与一维正向单位质向量 $\vec{e}_+$ 方向相反的半轴称为负向。正半轴上的任一个定点可以用常质向量 $\vec{a}_+$ 表示，这与正半轴的一维正向单位质向量 $\vec{e}_+$ 方向一致；而负半轴上的任一个定点也可以用常质向量 $\vec{a}_-$ 或 $-\vec{a}_-$ 表示，这与负半轴的一维负向单位质向量 $\vec{e}_+ = -\vec{e}_+ = \vec{e}_-$ 方向一致。

在一维二仪质向量坐标系 $\vec{X}$ 中，所有质向量的符号都无须在右下角标注"+"，其数值定义域为负无穷大到正无穷大的数轴。在 $[\vec{a}_-, \vec{a}_+]$ 的质向量区间里，任何一个系统的反向可逆变化的几何表示为 $a_- \longleftrightarrow a_+$，其形态可以用质向量 $\vec{a}$ 表示；它符合向量的加法运算规则，即 $\vec{a} = \vec{a}_+ + \vec{a}_-$。由 $\vec{a} = \vec{a}_+ + \vec{a}_-$ 得到的 $\vec{a} = \vec{a}_+ - \vec{a}_-$ 反映了正向变化的向量 $\vec{a}_+$ 和负向变化的逆向量 $-\vec{a}_-$ 加和是相互抵消的相减关系；而由 $\vec{a} = \vec{a}_+ + \vec{a}_-$ 得到的 $\vec{a} = \vec{a}_- - \vec{a}_+$ 则反映了负向变化的向量 $-\vec{a}_-$ 和正向变化的逆向量 $\vec{a}_+$ 加和也是相互抵消的相减关系。因此，在由两个单向质向量坐标轴反向简并的一维二仪质向量坐标系 $\vec{X}$ 中，系统形态的正向变化规律是 $\vec{a} = \vec{a}_+ - \vec{a}_-$；系统形态的负向变化规律是 $\vec{a} = \vec{a}_- - \vec{a}_+$，它们相差一个负号，代表相反的两个过程。与一维正向单位质向量 $\vec{e}_+$ 同向的质向量用正号表示，与一维正向单位质向量 $\vec{e}_+$ 反向的质向量用负号表示。

三、二维质向量空间

如果一个系统形态具有两种不同的本质特征，就必须由两个独立维度的质坐标轴对其进行描述。如果一个系统形态具有两种不同的本质，组成单元是可计量的而且形态是朝着单一方向变化的，就必须由两个独立的一维正向质向量坐标轴对其进行描述。二维正向质向量坐标系 $\vec{O}\vec{X}_+\vec{Y}_+$ 由两条垂直的定质、定量、定向三结合的一维正向质向量坐标轴所构成。

由于许多同质的系统形态往往同时具有两个不同方向的变化，当同时具有两种不同本质的系统形态两两反向变化时，那就必须由两个独立的一维双向质向量坐标轴来对其进行描述。如果二维质向量坐标系中的一对反向的一维单向质向量坐标轴采用了同一个一维正向单位质向量 $\vec{e}_{X_+}$ 作为度量基准，就可简并为一维二仪质向量坐标系 $\vec{X}$，其定义域为 $(-\infty, +\infty)$。另一对反向的一维单向质向量坐标轴也采用同一个一维正向单位质向量 $\vec{e}_{Y_+}$ 作为度量基准，也可简并为一维二仪质向量坐标系 $\vec{Y}$，其定义域为 $(-\infty, +\infty)$。一维正向单位质向量 $\vec{e}_{X_+}$ 与一维正向单位质向量 $\vec{e}_{Y_+}$ 是相互独立的，质向量 $\vec{X}$ 和质向量 $\vec{Y}$ 各自代表着一维二仪质向量坐标轴 $\vec{X}$ 和 $\vec{Y}$，所以零向量 $\vec{0}$（即参照系）与一维二仪质向量坐标轴 $\vec{X}$ 和一维二仪质向量坐标轴 $\vec{Y}$ 共同构成二维二仪质向量坐标系 $\vec{O}\vec{X}\vec{Y}$。

在研究同类事物数量关系及其变化趋势时,可忽略或隐匿事物形态的特质,而用一般的"代质"数学符号表示。因此,在定质、定量、定向的质向量坐标轴退化为定量、定向的向量坐标轴以后,就可用定量、定向的度量基准来描述系统形态,这样,上述的二维二仪质向量坐标系 $\vec{O}\vec{X}\vec{Y}$ 就成为二维二仪向量坐标系 $\vec{O}\vec{X}\vec{Y}$,其空间就是希尔伯特空间。

在二维二仪向量坐标系 $\vec{O}\vec{X}\vec{Y}$ 中,可以用数学符号 $\vec{e}_{X_+}$ 来表示一维二仪向量坐标系 $\vec{X}$ 正方向上的单位向量,用数学符号 $\vec{e}_{Y_+}$ 来表示一维二仪向量坐标轴 $\vec{Y}$ 正方向上的单位向量,一维正向单位向量 $\vec{e}_{X_+}$ 与一维正向单位向量 $\vec{e}_{Y_+}$ 正交,彼此是相互独立的单位向量,这样,由两个独立的一维二仪向量坐标轴 $\vec{X}$ 和一维二仪向量坐标轴 $\vec{Y}$ 就可以建立二维二仪向量坐标系 $\vec{O}\vec{X}\vec{Y}$,并打开其希尔伯特向量空间——向量场。

其实,在规定了一维二仪向量坐标轴 $\vec{X}$ 的一维正向单位向量 $\vec{e}_{X_+}$ 和一维二仪向量坐标轴 $\vec{Y}$ 的一维正向单位向量 $\vec{e}_{Y_+}$ 的正向以后,由于一维正向单位向量 $\vec{e}_{X_+}$ 与一维二仪向量坐标轴 $\vec{X}$ 同向,一维正向单位向量 $\vec{e}_{Y_+}$ 与一维二仪向量坐标轴 $\vec{Y}$ 同向,因此这两条一维二仪向量坐标轴就可以隐匿向量的"方向"表达,而直接采用两条数轴——X 轴与 Y 轴的变量来表达。相交于原点的两条数轴,构成了平面仿射坐标系 XY。如果两条数轴上的度量单位相等,则称此仿射坐标系为二维笛卡尔坐标系。两条互相垂直的数轴构成二维笛卡尔直角坐标系,否则称为二维笛卡尔斜角坐标系。二维笛卡尔坐标系是二维直角坐标系和二维斜角坐标系的统称。

二维笛卡尔直角坐标系 OXY 可以通过欧几里得几何工具来表示 (X,Y) 平面,所以,欧几里得空间常被叫作笛卡尔空间。只要在平面上选定两条互相垂直的直线,并指定一维正向单位向量 $\vec{e}_{X_+}$ 与一维正向单位向量 $\vec{e}_{Y_+}$ 的正方向(用箭头表示),以两直线的交点 O 作为原点,再选取线段 $|\vec{e}_{X_+}| = |\vec{e}_{Y_+}| = 1$ 作为两条直线的公共单位长度,那么在平面上就建立了一个笛卡尔平面直角坐标系 OXY。这两条互相垂直的有向直线叫作坐标轴,一般把其中的一条坐标轴放在水平的位置上,并规定从左到右是其正方向,这条坐标轴叫作横坐标轴,简称横轴或 X 轴,与 X 轴垂直的一条坐标轴叫作纵坐标轴,简称纵轴或 Y 轴,规定从下到上是其正方向,两条垂直相交的坐标轴共同构成一个平面。二维(笛卡尔)直角坐标系 OXY 如图 4-3 所示。

物理学中把同质的一种均匀聚集状态称为一种相,因此用形态变量为标架支撑起来的坐标空间称为相空间,这样在系统形态与相空间之间就建立起对应的关系。[2] 在平面上导入坐标系 OXY 后,可以使平面上的点和一对有序的实数 x、y 之间建立一一对应关系。设点 M 在横轴上投影点的坐标为数 x,则称 x 为点 M 的横标;点 M 在纵轴上投影点的坐标为数 y,则称数 y 为点 M 的纵标,如图 4-3 所示的点 $M(3,5)$。

二维笛卡尔直角坐标系 OXY 的两条坐标轴 X、Y 互相垂直,把整个平面分为四个

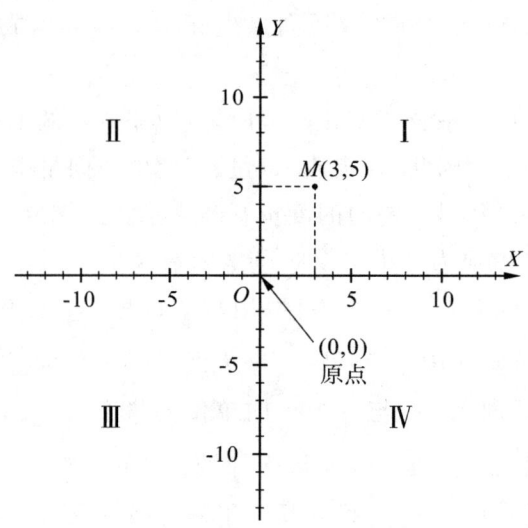

图 4-3 二维笛卡尔直角坐标系

部分,称为象限。四个象限有一定的次序,在正的 X 半轴和正的 Y 半轴之间的相空间称为第Ⅰ象限,在正的 Y 半轴和负的 X 半轴之间的相空间称为第Ⅱ象限,在负的 X 半轴和负的 Y 半轴之间的相空间称为第Ⅲ象限,在负的 Y 半轴和正的 X 半轴之间的相空间称为第Ⅳ象限。

在由参照系 O、X 坐标轴与 Y 坐标轴以及四个象限的向量空间共同构成的二维笛卡尔直角坐标系 OXY 中,分布在平面上不同位置的点代表着不同的系统形态。参照系 O 这一点代表着在各个方向上都没有性质也没有大小的系统形态;X 坐标轴与 Y 坐标轴分别代表着两种质的系统形态,同一坐标轴上的任一点则表示同一种性质、同一个走向却有不同量值的系统形态;四个象限的相空间上的任一点分别代表着具有四种不同性质混合比例的系统形态,在同一象限中该点所代表的系统形态的不同性质的混合比例由其与邻近的坐标轴的距离决定。

第Ⅰ象限的相空间含有正的 X 半轴和正的 Y 半轴的质,第Ⅱ象限的相空间含有正的 Y 半轴和负的 X 半轴的质,第Ⅲ象限的相空间含有负的 X 半轴和负的 Y 半轴的质,第Ⅳ象限的相空间含有负的 Y 半轴和正的 X 半轴的质。可见,在二维笛卡尔直角坐标系 OXY 中,第Ⅰ象限的相空间与第Ⅲ象限的相空间是性质完全不同的相空间,而第Ⅱ象限的相空间与第Ⅳ象限的相空间也是性质完全不同的相空间。

四、三维质向量空间

如果系统形态同时具有三种不同的本质特征,就必须由三个独立维度的质坐标轴来对其进行描述。如果系统形态同时具有三种不同的本质,组成单元是可计量的而且形态是朝着单一方向变化的,那就必须由三个独立的一维正向质向量坐标轴来对其进行表象表达。三维正向质向量坐标系 $\vec{O}\vec{X}_+\vec{Y}_+\vec{Z}_+$ 由三条垂直的一维正向质向量坐标轴所构成。

由于许多同质的认知对象的形态往往同时具有两个不同方向的变化,当同时具有三种不同本质的认知对象的形态各自反向变化时,那就必须由三条独立的一维双向质向量坐标轴来对其进行描述。如果三维质向量坐标系中的一对反向的一维单向质向量坐标轴采用了同一个一维正向单位质向量 $\vec{e}_{X_+}$ 作为度量基准,就可简并为一维二仪质向量坐标系 $\vec{X}$,其定义域为 $(-\infty,+\infty)$。另一对反向的一维单向质向量坐标轴也采用同一个一维正向单位质向量 $\vec{e}_{Y_+}$ 作为度量基准,也可简并为一维二仪质向量坐标系 $\vec{Y}$,其定义域为 $(-\infty,+\infty)$。还有一对反向坐标轴在采用同一个单位质向量 $\vec{e}_{Z_+}$ 作为度量基准后,也一样可简并为一维二仪坐标系 $\vec{Z}$,其定义域为 $(-\infty,+\infty)$。一维正向单位质向量 $\vec{e}_{X_+}$、一维正向单位质向量 $\vec{e}_{Y_+}$ 与一维正向单位质向量 $\vec{e}_{Z_+}$ 都是相互独立的,质向量 $\vec{X}$、质向量 $\vec{Y}$ 和质向量 $\vec{Z}$ 各自代表着一维二仪质向量坐标轴 $\vec{X}$、$\vec{Y}$ 和 $\vec{Z}$,所以零向量 $\vec{0}$(即参照系)与一维二仪质向量坐标轴 $\vec{X}$ 和一维二仪质向量坐标轴 $\vec{Y}$ 及一维二仪质向量坐标轴 $\vec{Z}$ 共同构成三维二仪质向量坐标系 $\vec{O}\vec{X}\vec{Y}\vec{Z}$,如图 4-4 所示。

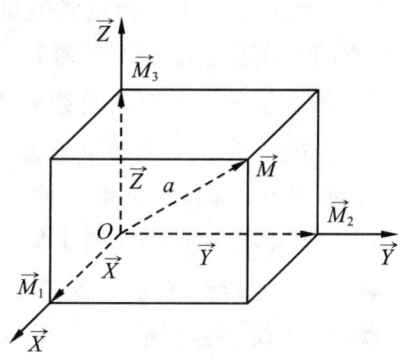

图 4-4 三维二仪质向量坐标系

在研究同类系统数量关系及其变化趋势时,如果人们忽略或隐匿了系统形态的性质,在定质、定量、定向的质向量坐标轴退化为定量、定向的向量坐标轴以后,就只是以定量、定向的向量基准对系统形态进行度量。因此,上述的三维二仪质向量坐标系 $\vec{X}\vec{Y}\vec{Z}$ 就成为三维二仪向量坐标系 $\vec{O}\vec{X}\vec{Y}\vec{Z}$。在此希尔伯特空间中,物理问题就变成了数学问题。

在三维二仪向量坐标系 $\vec{O}\vec{X}\vec{Y}\vec{Z}$ 中,可分别运用符号 $\vec{e}_{X_+}$ 和 $\vec{e}_{Y_+}$ 以及 $\vec{e}_{Z_+}$ 来表示一维二仪向量坐标系 $\vec{X}$、一维二仪向量坐标轴 $\vec{Y}$ 和一维二仪向量坐标轴 $\vec{Z}$ 正方向上的基准向量,一维正向单位向量 $\vec{e}_{X_+}$、一维正向单位向量 $\vec{e}_{Y_+}$ 与一维正向单位向量 $\vec{e}_{Z_+}$ 彼此是相互独立的正交单位向量。这样,由三个独立的一维二仪向量坐标轴 $\vec{X}$、一维二仪向量坐标轴 $\vec{Y}$ 和一维二仪向量坐标轴 $\vec{Z}$ 就可打开三维二仪向量坐标系 $\vec{O}\vec{X}\vec{Y}\vec{Z}$,并打开其向量空间(场)。

在分别规定了一维二仪向量坐标轴 $\vec{X}$、一维二仪向量坐标轴 $\vec{Y}$ 和一维二仪向量坐标轴 $\vec{Z}$ 的一维正向单位向量 $\vec{e}_{X_+}$、一维正向单位向量 $\vec{e}_{Y_+}$ 和一维正向单位向量 $\vec{e}_{Z_+}$ 的正向以后,由于一维正向单位向量 $\vec{e}_{X_+}$ 与一维二仪向量坐标轴 $\vec{X}$ 同向,一维正向单位向量 $\vec{e}_{Y_+}$ 与一维二仪向量坐标轴 $\vec{Y}$ 同向,一维正向单位向量 $\vec{e}_{Z_+}$ 与一维二仪向量坐标轴 $\vec{Z}$ 同向,因而这三条一维二仪向量坐标轴可以隐匿向量的"方向"表达而直接采用三条数轴

X 轴、Y 轴与 Z 轴的变量来表达,这样,相交于原点的三条数轴就构成了立体仿射坐标系 XYZ。如果三条数轴上的度量单位相等,则称此仿射坐标系为笛卡尔坐标系,三条互相垂直的数轴共同构成三维笛卡尔直角坐标系 $OXYZ$。

三维笛卡尔直角坐标系 $OXYZ$ 可以通过欧几里得几何工具来表示其空间,所以,欧几里得空间常被叫作笛卡尔空间。只要选定三条互相垂直的直线,并指定单位向量 $\vec{e}_{X_+}$ 和 $\vec{e}_{Y_+}$ 以及 $\vec{e}_{Z_+}$ 的正方向(用箭头表示),以三条直线的交点 O 作为原点,再选取线段 $|\vec{e}_{X_+}| = |\vec{e}_{Y_+}| = |\vec{e}_{Z_+}| = 1$ 作为三条直线的公共单位长度,那么在空间上就建立了一个三维笛卡尔直角坐标系 $OXYZ$。这三条互相垂直的有向直线叫作坐标轴,一般把其中的一条坐标轴放在水平的位置上,并规定从里到外朝着前方的是其正方向,这条坐标轴叫作横轴或 X 轴;在水平面上,与 X 轴垂直的一条坐标轴叫作纵轴或 Y 轴,规定从左到右是其正方向;与水平面垂直的一条坐标轴叫作立轴或 Z 轴,规定从下到上是这条铅垂线的正方向。X

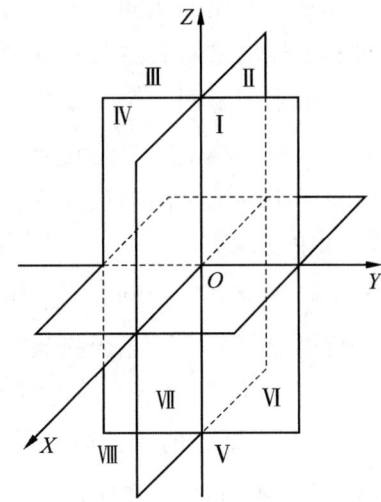

图 4-5 三维笛卡尔直角坐标系

轴、Y 轴和 Z 轴三条坐标轴两两决定互相垂直的三个平面 XOY、YOZ、ZOX,称为坐标平面,这三个平面把整个立体空间分为左右、上下、前后八个区域,称为卦限。三维笛卡尔直角坐标系 $OXYZ$ 如图 4-5 所示。

第 Ⅰ 卦限的相空间含有正 X 半轴、正 Y 半轴和正 Z 半轴的性质,第 Ⅱ 卦限的相空间含有正 Y 半轴、正 Z 半轴和负 X 半轴的性质,第 Ⅲ 卦限的相空间含有正 Z 半轴、负 X 半轴和负 Y 半轴的性质,第 Ⅳ 卦限的相空间含有正 Z 半轴、负 Y 半轴和正 X 半轴的性质,第 Ⅴ 卦限的相空间含有正 X 半轴、正 Y 半轴和负 Z 半轴的性质,第 Ⅵ 卦限的相空间含有正 Y 半轴、负 Z 半轴和负 X 半轴的性质,第 Ⅶ 卦限的相空间含有负 Z 半轴、负 X 半轴和负 Y 半轴的性质,第 Ⅷ 卦限的相空间含有负 Z 半轴、负 Y 半轴和正 X 半轴的性质。

可见,在三维笛卡尔直角坐标系 $OXYZ$ 中:第 Ⅰ 卦限的相空间与第 Ⅶ 卦限的相空间是完全不同质的相空间,第 Ⅱ 卦限的相空间与第 Ⅷ 卦限的相空间也是完全不同质的相空间,第 Ⅲ 卦限的相空间与第 Ⅴ 卦限的相空间是完全不同质的相空间,第 Ⅳ 卦限的相空间与第 Ⅵ 卦限的相空间也是完全不同质的相空间。

在由参照系 O 和 X 轴、Y 轴、Z 轴三条坐标轴以及八个卦限的向量空间共同构成的三维笛卡尔直角坐标系 $OXYZ$ 中,分布在空间中不同位置的点和一组有序的实数 x、y、z 之间建立了一一对应关系,并代表着不同的系统形态。设点 M 在横轴上投影点的坐标为数 x,则称 x 为点 M 的横标;点 M 在纵轴上投影点的坐标为数 y,则称数 y 为点 M 的纵标;点 M 在立轴上投影点的坐标为数 z,则称数 z 为点 M 的立标。参照系

O 这一点($x=y=z=0$)代表着在各个方向上都没有性质也没有大小的系统形态；X 坐标轴($y=z=0$)、Y 坐标轴($x=z=0$)和 Z 坐标轴($x=y=0$)分别代表着三种纯质的系统形态，同一坐标轴上的不同点则表示同一种质、同一个指向却有不同量值的系统形态。八个卦限的相空间上的任一点 M 分别代表着八种具有不同质混合比例的系统形态，在同一卦限中该点所代表的系统形态的质的混合比例也由其与邻近的坐标轴的距离决定。

五、高维质向量空间

理性认识促进了科学的诞生，科学的发展又促进了理性认识的提升。在理性认识坐标系中，人们是按一定的系统本质属性、数量度量基准和逻辑顺序方向来认识系统形态的。如果系统形态同时具有 m 个不同的本质特征，就必须由 m 个独立维度的质坐标轴来对其进行表象表达。

由于许多同质的系统形态往往同时具有两个不同方向的变化，当同时具有 m 种不同本质的系统形态各自反向变化时，那就必须由 m 个独立的一维双向质向量坐标轴来对其进行描述。如果每一维度的双向质向量坐标轴都采用正半轴的一维正向单位质向量作为度量基准，那就都可简并为一维二仪质向量坐标轴 $\vec{X_i}(i=1,2,\cdots)$，其定义域全为 $(-\infty,+\infty)$。由于每一个一维二仪质向量坐标轴的一维正向单位质向量都是相互独立的，因此参照系 $\vec{0}$ 与 m 个一维二仪质向量坐标轴 $\vec{X_i}(i=1,2,\cdots)$ 共同构成 m 维二仪质向量坐标系 $\vec{O}\vec{X_1}\vec{X_2}\cdots\vec{X_m}$。

m 个质向量坐标轴是度量系统形态特性的一组完备而最少的参量。在 m 维独立的一维二仪质向量坐标轴组成的 m 维二仪质向量坐标系 $\vec{X_1}\vec{X_2}\cdots\vec{X_m}$ 的空间中，每个点都代表着系统的一个可能形态 $\vec{x}$，并对应着一组 m 元质向量 $(\vec{x_1},\vec{x_2},\cdots,\vec{x_m})$。不同的两个点就代表着系统的两个可能形态，也对应着两组 m 元质向量。不同的 k 个点就代表着系统的 k 个可能形态，也对应着 k 组 m 元质向量。

虽然人们所面对的事物形态的特性各种各样，然而人们在研究同类事物的一般数量关系及其变化趋势时，可以忽略或隐匿事物形态特定的性质。因此，以省略质向量"质"的 m 个一维二仪向量坐标轴 $\vec{X_1},\vec{X_2},\cdots,\vec{X_m}$ 为仿射标架，与参照系 $\vec{0}$ 一起可以建立起 m 维二仪向量坐标系 $\vec{O}\vec{X_1}\vec{X_2}\cdots\vec{X_m}$。在分别规定了 m 个一维二仪向量坐标系的一维正向单位向量的正向以后，由于 m 维一维正向单位向量分别与其仿射标架同向，因而 m 维二仪向量坐标系 $\vec{O}\vec{X_1}\vec{X_2}\cdots\vec{X_m}$ 可以隐匿向量的"方向"表达而直接采用 m 维数轴的变量来表达，这样相交于原点的 m 维数轴就构成了 m 维仿射坐标系 $OX_1X_2\cdots X_m$。如果 m 维数轴上的度量单位相等，则称此 m 维仿射坐标系为 m 维笛卡尔坐标系。m 维互相垂直的数轴共同构成 m 维笛卡尔直角坐标系 $OX_1X_2\cdots X_m$。

通过欧几里得几何工具可以表示三维及其三维以下的笛卡尔直角坐标系的空间，

但是无法对三维以上($m \geqslant 4$)的笛卡尔直角坐标系的空间进行直观的描述。因为大于三维的 m 维直角坐标系都是抽象的认知体系,所以 m 维质变量坐标系空间是现实世界无法想象的高维质变量坐标系空间,只能像《周易》那样用非欧几何的图像来表示,或在"卡-丘"高维空间以无数不同的蜷缩方式表示。

为了研究 m 维质变量坐标系 $OX_1X_2\cdots X_m$ 空间的性质,可以借用二维质变量坐标系空间、三维质变量坐标系空间的知识,也就是说,高维质变量坐标系空间是由低维质变量坐标系空间组成的,高维质变量坐标系空间也是由点、线、面组成的。

坐标系是空间的点到有序数组的对应关系。在 m 维笛卡尔直角坐标系 $OX_1X_2\cdots X_m$ 空间中的每个点都代表系统的一个可能形态,并与一组分质变量($x_1, x_2, \cdots, x_m$)建立了一一对应的关系,即每一组分质变量代表着一个系统形态。由于每一个分质变量 x_i ($i=1,2,\cdots,m$)可以取不同的数值,且允许在一定的范围内变化,因此可以在一定的变化范围内称之为质变量。任何质变量都只能在一定的范围内取值,这一范围就是质变量的定义域。相空间的一个点表示系统的某一形态,相空间形态变化的相点的连线构成了点在相空间的轨道,即相轨道。

系统形态的变化往往是在坐标系空间的一定范围,这就把质变量限制于一定的相空间,如 m 维质变量坐标系的取值范围 $a_1 \leqslant x_1 \leqslant b_1, a_2 \leqslant x_2 \leqslant b_2, \cdots, a_m \leqslant x_m \leqslant b_m$ 就是它们的相空间。相空间中的一个点表示一个系统的形态,称为相点。从一个相点到另一个相点的变化轨迹,称为相轨道或相轨线或相流。在相空间中,系统形态的变化是以相轨线来表现的,相轨线反映的就是系统形态的关联性和规律性,且可以对应地用形态参量的符号联系形成抽象的系统模式。[3]

综上所述,在任何维度的质向量坐标系空间中,系统形态的内在本质都可以通过一定类型的规律性来表现。任何规律从本质上说都是宇宙自身内部各种现实存在和事物形态的内在关系。就每一具体的事物形态来说,规律正是其自身所固有的,而不是其他外在的因素强加于它的。正是因为事物形态自身具有内在的关系性,它才能同其他事物形态具有真正的联系。对事物形态的理性认识,就是要认识系统形态的关系。一切理性认识本质上都是对系统形态的关系的认识。如果脱离系统形态的关系,人们就不可能认识事物形态及其相互之间的关系。在一定维度的质向量坐标系空间中,人们总结和归纳系统形态相互之间的关系的不同类型,已经得到向量代数的运算法则。

第二节 向量空间中的运算法则

质向量是统一科学的基本概念,各种质向量省却了关于质的特别规定后就称其为向量。解析几何在向量空间中深入进行向量关系的分析,已经合乎理性地总结和归纳了向量代数的各种运算法则。向量运算把数与形紧密结合起来,其中的代数运算、几何运算和坐标运算都可以转化为坐标系中相关的点坐标与向量坐标之间的运算。[4]

一、向量在空间的投影

引入坐标概念的解析几何是几何发展的一个重要里程碑。质向量省却了特质的规定后就称其为以代质符号标注的向量,所以人们认为向量和向量理论有着极为广泛的应用背景和深刻而神秘的物理意义。[5]在向量分析中,向量只考虑数量大小和取向方向两个基本特征。向量之间的空间关系就是拓扑关系,向量空间中的一条有向线段是一直观的向量,线段长度表示大小,线段端点的顺序表示方向。有向线段用一系列有序特征点表示,有向线段集合就构成了图形。

在以 $\vec{X}_1, \vec{X}_2, \cdots, \vec{X}_m$ 为坐标轴张成的 m 维向量坐标系 $\vec{O}\vec{X}_1\vec{X}_2\cdots\vec{X}_m$ 空间中,如果向量 $\vec{x}$ 在允许变化的一定范围内,大小和方向都保持不变,那么保持为定常的向量 $\vec{x}=\vec{a}$,就称为常向量 $\vec{a}$。常向量 $\vec{a}$ 在向量空间中就是奇点或不动点,不动点代表着系统处于平衡态,代表着系统的一类定态行为,即静态行为。在数学上,不动点就是在向量空间上各个维度的变化率均为零:

$$\dot{x}_1 = \dot{x}_2 = \cdots = \dot{x}_m = 0 \tag{4-1}$$

考察向量的变化必须同时考虑向量的大小和方向的变化。如果向量的大小和方向或其中之一发生变化,那就不是常向量,而称为变向量 $\vec{x}$。变向量 $\vec{x}$ 在向量空间中就是动点,动点代表着系统处于非平衡态,代表着系统的一类动态行为,即变易行为。在数学上,动点就是在向量空间上各个维度的变化率不全为零。

在以向量 $\vec{X}$ 为坐标轴张成的一维向量坐标系 $\vec{X}$ 的 $(\vec{X})$ 空间中,任何一个常向量 $\vec{a}$ 是一个定点,常向量 $\vec{a}$ 在一维向量坐标轴 $\vec{X}$ 上的投影就是它本身。由于常向量 $\vec{a}$ 与坐标轴 $\vec{X}$ 同向,因此经常用标量 a 表示。

在一维向量坐标系 $\vec{X}$ 的 $(\vec{X})$ 空间中,任何一个变向量 $\vec{x}$ 是在一定范围内变化的动点,变向量 $\vec{x}$ 在一维向量坐标轴 $\vec{X}$ 上的投影也是它本身。由于变向量 $\vec{x}$ 与坐标轴 $\vec{X}$ 也同向,因此也经常用标量 x 表示。

但是,不论是常向量 $\vec{a}$ 还是变向量 $\vec{x}$,如果它们的起点与原点 $\vec{0}$ 不重合,而是在一维向量坐标轴上的 $[\alpha,\beta]$ 区间内,那么常向量 $\vec{a}$ 在一维向量坐标轴上的投影就是 $a=a_\beta-a_\alpha$,而变向量 $\vec{x}$ 在一维向量坐标系 $\vec{X}$ 上的投影就是 $x\in[\alpha,\beta]$。

(一)分向量

在两个向量 $\vec{X}$ 和 $\vec{Y}$ 作为坐标轴张成的二维向量直角坐标系 $\vec{X}O\vec{Y}$ 的空间中,给定一个常向量 $\vec{a}$,起点的坐标为 (x_1,y_1),终点的坐标为 (x_2,y_2),如图 4-6 所示。平行移动使它的起点与原点 O 重合，常向量 $\vec{a}$ 在 $\vec{X}$ 轴和 $\vec{Y}$ 轴的投影就分别为分向量 $\vec{a}_X$ 和 $\vec{a}_Y$。因此，任何一个常向量 $\vec{a}$ 总能把它唯一地写为两个相互垂直的分向量 $\vec{a}_X$ 与 $\vec{a}_Y$ 之和，即

$$\vec{a}=\vec{a}_X+\vec{a}_Y \qquad (4-2)$$

式中，$\vec{a}_X$、$\vec{a}_Y$ 称为向量 $\vec{a}$ 的坐标。(4-2)式表明，任何一个常向量 $\vec{a}$ 都可以用相互垂直的分向量 $\vec{a}_X$ 与分向量 $\vec{a}_Y$ 之和来表示。分向量 $\vec{a}_X$ 与分向量 $\vec{a}_Y$ 可以看作常向量 $\vec{a}$ 内部空间的独立向量，记作 $\vec{a}=(\vec{a}_X,\vec{a}_Y)$。

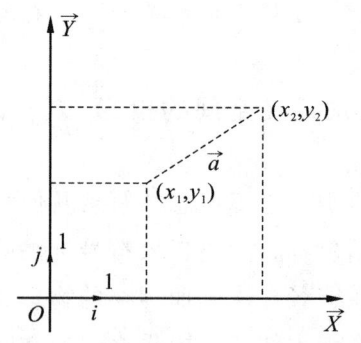

图 4-6　二维向量直角坐标系的常向量

一般地，在由一维向量坐标轴 $\vec{X}$ 和一维向量坐标轴 $\vec{Y}$ 建立的二维向量直角坐标系 $\vec{X}O\vec{Y}$ 的空间中，任何一个系统形态都可以用一个变向量 $\vec{z}$ 表示；这一向量 $\vec{z}$ 又可以分解为独立的两个分向量 $\vec{z}_X$ 与 $\vec{z}_Y$，即变向量 $\vec{z}$ 可以用相互独立的两个分向量 $\vec{z}_X$ 与 $\vec{z}_Y$ 之和来表示，即

$$\vec{z}=\vec{z}_X+\vec{z}_Y \qquad (4-3)$$

(4-3)式表明，任何一个变向量 $\vec{z}$ 都可以用相互垂直的分向量 $\vec{z}_X$ 与分向量 $\vec{z}_Y$ 之和来表示。分向量 $\vec{z}_X$ 与分向量 $\vec{z}_Y$ 可以看作一维变向量 $\vec{z}$ 内部空间的独立向量，记作 $\vec{z}=(\vec{z}_X,\vec{z}_Y)$，$\vec{z}_X$ 与 $\vec{z}_Y$ 称为向量 $\vec{z}$ 的坐标。

向量概念还可以推广到维数更高的空间或更为抽象的空间中去。在以 m 个向量 $\vec{X}_1,\vec{X}_2,\cdots,\vec{X}_m$ 为坐标轴张成的 m 维向量坐标系的空间中，如果把其中的一个点看作发自原点的一个 m 元向量的端点，那么每一个点与 m 元向量都是一一对应的。如果某一个定态以常向量 $\vec{a}$ 表示，则其在 $\vec{X}_1,\vec{X}_2,\cdots,\vec{X}_m$ 坐标轴上的所有分向量都保持为定常的向量，即 $\vec{a}_1,\vec{a}_2,\cdots,\vec{a}_m$。因此，这一常向量 $\vec{a}$ 也可以用相互独立的一组定常的分向量 $\vec{a}_1,\vec{a}_2,\cdots,\vec{a}_m$ 表示，其关系式为

$$\vec{a}=\vec{a}_1+\vec{a}_2+\cdots+\vec{a}_m \qquad (4-4)$$

同理，在以 m 个向量 $\vec{X}_1,\vec{X}_2,\cdots,\vec{X}_m$ 为坐标轴张成的 m 维向量坐标系的空间中，任何一个系统形态都可以用变向量 $\vec{x}$ 表示，而该变向量 $\vec{x}$ 在 m 维向量坐标轴的投影就是一组分向量 $\vec{x}_1,\vec{x}_2,\cdots,\vec{x}_m$。所以，变向量 $\vec{x}$ 可以分解为独立的 m 个分向量 $\vec{x}_1$，$\vec{x}_2,\cdots,\vec{x}_m$，即变向量 $\vec{x}$ 可以用相互垂直的一组分向量 $\vec{x}_1,\vec{x}_2,\cdots,\vec{x}_m$ 之和来表示），即

$$\vec{x}=\vec{x}_1+\vec{x}_2+\cdots+\vec{x}_m \qquad (4-5)$$

由于分向量之间相互独立，这样就可以分别研究 m 元向量的 m 个分量，也就是向量在各个坐标轴上的投影，然后归纳 m 个分量的结果合成结果向量。m 元向量与第 i 个坐标轴在原点相交，这两条发自原点的射线确定一个平面。因此，可以在这个平面上，从 m 元向量的端点向第 i 个坐标轴作垂线，连接原点和垂足的线段是向量在第 i 个坐标轴上的投影。原点、向量和垂足三点构成一个直角三角形。在空间的第 i 个平面

上,利用向量和它的投影所确定的平面上的直角三角形就可以研究第 i 个分向量的性质。

常向量 $\vec{a}$ 可以分解为 m 个独立的分向量 $\vec{a}_1,\vec{a}_2,\cdots,\vec{a}_m$,变向量 $\vec{x}$ 也可以分解为 m 个独立的分向量 $\vec{x}_1,\vec{x}_2,\cdots,\vec{x}_m$,那就意味着在一维向量坐标系 $\vec{X}$ 内部,可以分解成低一级的 m 维分向量空间,这样,一维向量坐标系 $\vec{X}$ 内部的 m 维向量空间的常向量 $\vec{a}$ 可以用 $\vec{a}(\vec{a}_1,\vec{a}_2,\cdots,\vec{a}_m)$ 表示,一维向量坐标系 $\vec{X}$ 内部的变向量 $\vec{x}$ 可以用 $\vec{x}(\vec{x}_1,\vec{x}_2,\cdots,\vec{x}_m)$ 表示。

(二)单位向量

在某个向量坐标轴上的投影是一个单位,而在其他向量坐标轴上的投影是 $\vec{0}$ 的向量称为在指定坐标轴方向上的单位向量。长度(即模)为 1 的向量称为单位向量,用 $\vec{e}$ 表示。正向坐标轴上的单位向量记作 $\vec{e}_+$。任一向量 $\vec{a}$ 的单位向量表示为 $\vec{e}_a$,显然有 $\vec{e}_a=\dfrac{\vec{a}}{|\vec{a}|}=\dfrac{\vec{a}}{a}$ 或 $\vec{a}=\vec{e}_a a$。

(三)M 向量

M 向量是始自原点 $\vec{0}$ 的射线且在所有 m 个向量坐标轴上的投影都是 1 的向量。$\overrightarrow{OM}$ 的长度 $|\overrightarrow{OM}|=OM=\sqrt{m}$,$M$ 向量和每个向量坐标轴的夹角都相等。例如,在三维向量坐标系空间里,M 向量是 $\overrightarrow{OM}=(1,1,1)$,三维 M 向量的长度是 $|\overrightarrow{OM}|=OM=\sqrt{3}=1.732$,三维 M 向量和任一轴的夹角的余弦值是 $\dfrac{1}{\sqrt{3}}=0.577$,三维 M 向量和任一轴的夹角是 $\arccos 0.577=54.74°$。

二、向量的运算法则

大约公元前 350 年前,亚里士多德就知道了力这一物理量可以表示成向量(矢量),两个力的组合作用可用著名的平行四边形法则来得到。但是,直到 17 世纪牛顿才最先使用有向线段来表示向量。此后,人们通过向量分析把向量空间图形的性质转化为向量的运算,并总结了许多关于向量运算的法则。[6]

(一)向量的运算

1. 平行向量

为了认知向量的异同,必须对向量进行比较和分析。如果常向量 $\vec{a}$ 和常向量 $\vec{b}$ 的夹角为零或 π,则称向量 $\vec{a}$ 和向量 $\vec{b}$ 相互平行,记作 $\vec{a}//\vec{b}$。向量 $\vec{a}$ 和向量 $\vec{b}$ 平行,就可以把它们看作在一条线上,所以,两向量平行和两向量共线是等价的。如果同时存在若干个向量,只要方向相同或相反的非零向量就叫作平行向量。例如,常向量$\vec{a}$、$\vec{b}$、$\vec{c}$平行,就记作$\vec{a}//\vec{b}//\vec{c}$。

共线向量定理:如果空间中任意两个向量$\vec{a}$和向量$\vec{b}$平行,就存在实数λ,使得

$$\vec{a} = \lambda \vec{b} \tag{4-6}$$

式中,向量$\vec{b} \neq 0$。反之,如果$\vec{a} = \lambda \vec{b}$($\lambda$为数量),则向量$\vec{a}$与向量$\vec{b}$平行,记作$\vec{a}//\vec{b}$。

(4-6)式是向量缩放的变换式,此式还可以写成$\lambda = \dfrac{\vec{a}}{\vec{b}} = \dfrac{a}{b}$,其中$\vec{a} = a\vec{e}$和$\vec{b} = b\vec{e}$,在消掉单位向量$\vec{e}$后得到的实数$\lambda$是标量,$\lambda$是没有方向的因素,代表着向量$\vec{a}$和向量$\vec{b}$的比例。因而,只要满足(4-6)式的充要条件就可以断定这两个向量的夹角$<\vec{a},\vec{b}>$为零或π,即$<\vec{a},\vec{b}> = 0$或$<\vec{a},\vec{b}> = \pi$。对于平行向量来说,如果向量$\vec{X}_+$和向量$\vec{X}_-$的夹角$<\vec{a},\vec{b}>$为π,则它们共线组成的一维向量坐标系$\vec{X}$就是由正向向量坐标轴$\vec{X}_+$和负向向量坐标轴$\vec{X}_-$组成的。在《周易》中,正向太极$\vec{X}_+$与负向太极$\vec{X}_-$就称为二仪。

在向量空间中,如果同时存在若干个向量,长度相等且方向相同的向量叫作相等向量。例如,常向量$\vec{a}$与常向量$\vec{b}$相等,记作$\vec{a} = \vec{b}$。显然,零向量与零向量相等。任意两个相等的非零向量,都可以用同一条有向线段来表示,并且与有向线段的起点无关。

如果两个向量长度相等,处在同一直线或两平行直线上,且指向相同,则称这两个向量是相等的。这类等量同向且任意平移都相等的向量就称为自由向量。自由向量是只考虑大小和方向,而不考虑它的始点和终点位置,即一个向量可以在空间自由地平行移动。自由向量的起点可以平移到任意一点的位置上,不论位置如何,只要其大小相等、方向相同即认为是相等或同一向量。

在向量空间中,两个长度相等的自由向量都可以把起点平行移动到原点的位置上而表现为两个相等的向量。因此,经过平移变换,自由向量的方向和大小并没有改变。

在向量空间中,每一个确定的点都是一个确定的向量,代表着一个确定的系统形态;两个不同的定点是两个不同的向量,代表着两个不同的系统形态。每两个定点之间形成一个区间向量,如果区间向量是相等的自由向量,则只表明这两个点经过自由移动,人们所观察到的这两点的系统形态之间的差异在方向和大小上并没有改变。

两个平行的向量投影在一维向量空间中是共线的,因而其比值$\lambda = \dfrac{\vec{a}}{\vec{b}}$就是标量。如果向量$\vec{b}$和向量$\vec{a}$是作为一维向量空间内部的分向量,那么这两个分向量与单位向量$\vec{e}$具有相同的方向,$\vec{a}$和$\vec{b}$也就是一维数轴上的实数a和b,这样$\lambda = \dfrac{\vec{a}}{\vec{b}} = \dfrac{a}{b}$。

2. 非平行向量

在向量分析中,如果常向量$\vec{a}$和常向量$\vec{b}$不平行,常向量$\vec{a}$和常向量$\vec{b}$之比不是实

数,那么(4-6)式的共线向量定理就不成立,这样,常向量 $\vec{a}$ 和常向量 $\vec{b}$ 就无法构成平行的或共线的一维向量空间。如果常向量 $\vec{a}$ 和常向量 $\vec{b}$ 不平行,两个向量就会形成一定的夹角,夹角之间的空间就称为向量空间。

如果常向量 $\vec{a}$ 和常向量 $\vec{b}$ 的夹角 $<\vec{a},\vec{b}>$ 为直角,即 $<\vec{a},\vec{b}>=\dfrac{\pi}{2}$,则称常向量 $\vec{a}$ 和常向量 $\vec{b}$ 垂直或正交,记作 $\vec{a}\perp\vec{b}$。如果常向量 $\vec{a}$ 和常向量 $\vec{b}$ 正交,表示常向量 $\vec{a}$ 和常向量 $\vec{b}$ 是相互独立的向量,其向量空间就是正交向量空间或垂直向量空间。

如果二维正交向量空间是由相互独立的变向量 $\vec{X}$ 和变向量 $\vec{Y}$ 所构成,则变向量 $\vec{X}$ 和变向量 $\vec{Y}$ 可以各自代表着一维向量坐标轴,正交的向量 $\vec{X}$ 和向量 $\vec{Y}$ 就代表着正交的二维向量坐标轴 $\vec{X}$ 和 $\vec{Y}$,它们共同构成笛卡尔直角坐标系 $\vec{X}O\vec{Y}$,其所张开的空间就是二维向量直角坐标系空间。在二维向量直角坐标系 $\vec{X}O\vec{Y}$ 中,向量 $\vec{X}$ 和向量 $\vec{Y}$ 正交的交点就是原点(参照系),即零向量 $\vec{0}$。$\vec{X}$ 轴正方向上的基准向量记作 $\vec{e}_{X_+}$,$\vec{Y}$ 轴正方向上的单位向量记作 $\vec{e}_{Y_+}$。单位向量 $\vec{e}_{X_+}$ 与单位向量 $\vec{e}_{Y_+}$ 正交,彼此是相互独立的向量。

如果常向量 $\vec{a}$ 和常向量 $\vec{b}$ 不平行也不正交,就表示两个常向量存在一定的相关关系,可以用 $\vec{a}=f(\vec{b})$ 表示,反之亦然。

(二)向量的加和

1. 平行四边形法则

自古以来,人们就发现向量的加和遵循平行四边形法则,即用平行四边形的对角线向量来规定两个向量之和。对于两个不共线的向量,平行四边形法则是用几何作图来定义的,如图 4-7 所示。

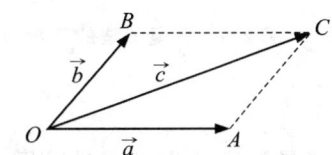

图 4-7 向量加和遵循的平行四边形法则

设 $\vec{a}=\overrightarrow{OA},\vec{b}=\overrightarrow{OB}$,以 $\overrightarrow{OA}$ 与 $\overrightarrow{OB}$ 为边作一平行四边形 $OACB$,取对角线向量 $\overrightarrow{OC}$,记 $\vec{c}=\overrightarrow{OC}$,称 $\vec{c}$ 为 $\vec{a}$ 与 $\vec{b}$ 之和,并记作

$$\vec{c}=\vec{a}+\vec{b} \tag{4-7}$$

如果向量 $\vec{a}$ 由平行分向量 $\vec{a}_{//}$ 和垂直分向量 $\vec{a}_\perp$ 组成,则

$$\vec{a}=\vec{a}_{//}+\vec{a}_\perp \tag{4-8}$$

如果向量 $\vec{a}$ 由两个独立的分向量 $\vec{a}_1$、$\vec{a}_2$ 组成,即 $\vec{a}=\vec{a}_1+\vec{a}_2$,而向量 $\vec{b}$ 由两个独立的分向量 $\vec{b}_1$、$\vec{b}_2$ 组成,即 $\vec{b}=\vec{b}_1+\vec{b}_2$,两个向量加法适用平行四边形法则,则 $\vec{a}+\vec{b}=(\vec{a}_1+\vec{a}_2)+(\vec{b}_1+\vec{b}_2)$。

如果向量 $\vec{a}=\overrightarrow{OA}$ 与 $\vec{b}=\overrightarrow{OB}$ 在同一直线上,那么,规定它们的和是这样一个向量:当 $\overrightarrow{OA}$ 与 $\overrightarrow{OB}$ 的指向相同时,和向量的方向与原来两向量相同,其模等于两向量的模之和,如图 4-8 所示。

向量 $\vec{a}$ 和向量 $\vec{b}$ 共线,其比值 $\lambda = \dfrac{\vec{a}}{\vec{b}} = \dfrac{a}{b}$ 为标量,这两个向量与和向量及其单位向量 $\vec{e}$ 具有相同的方向,因此 $\vec{a}$ 和 $\vec{b}$ 也就可以用两向量的模(实数 a 和 b)构成其加和。

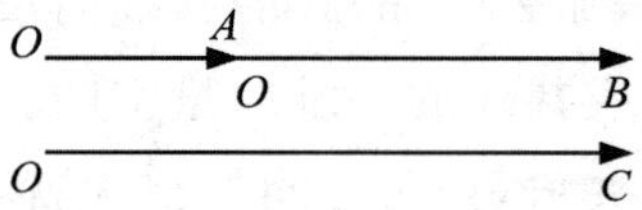

图 4-8　两共线同向向量的加和

2. 三角形法则

由于平行四边形的对边平行且相等,可以像图 4-9 那样来作出两向量的和向量:作 $\overrightarrow{OA} = \vec{a}$,以 $\overrightarrow{OA}$ 的终点为起点作 $\overrightarrow{AC} = \vec{b}$,连接 $\overrightarrow{OC}$ 得 $\vec{a} + \vec{b} = \overrightarrow{OC} = \vec{c}$。这样将两向量的首尾相连,则一向量的首与另一向量的尾的连线就是两向量的和向量。因此,"首尾相接,首尾连"的方法就称作向量加法的三角形法则。

采用向量加法的三角形法则的定义,对两向量共线与不共线时都同样适用。图 4-10 所示就是不共线的两向量的向量和 $\vec{c} = \vec{a} + \vec{b}$ 的示意图。

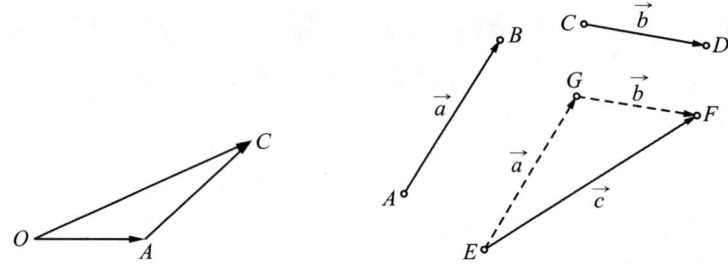

图 4-9　向量加法的三角形法则　　图 4-10　不共线的两向量加和

3. 运算律

由向量加法的定义或借助图示可以得到向量加法的运算规律。

(1)交换律。

$$\vec{a} + \vec{b} = \vec{b} + \vec{a} \tag{4-9}$$

在解析几何中,交换一对向量加法中两向量的顺序所发生的情形可以用图 4-11 来说明,此图说明了向量加法是可交换的。

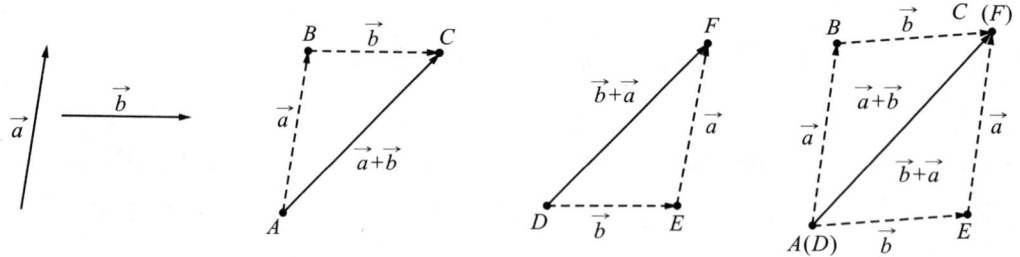

图 4-11　两向量加法中的顺序所发生的情形

(2)结合律。

三角形法则可以推广到任何多个向量和,图 4-12 形象地表明按三角形法则对不同

向量加和的结合结果是一样的

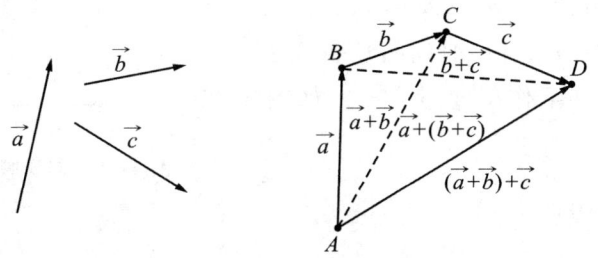

图 4-12　多个向量的加和

此图说明了向量加法的结合律，即

$$(\vec{a}+\vec{b})+\vec{c}=\vec{a}+(\vec{b}+\vec{c})=\vec{a}+\vec{b}+\vec{c} \tag{4-10}$$

4. 多边形法则

图 4-12 所示也称为多边形法则，但是由图 4-13 所示的向量加法可以看出，向量的平行四边形法则在空间仍然成立，在求相同起点的两个向量之和时可以用平行四边形法则。求多个向量之和，可以转化为首尾相接的若干个向量之和，等于由起始向量起点指向末端向量终点的向量，所以称之为多边形法则。

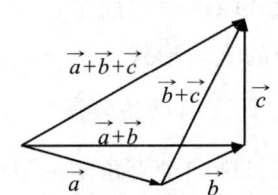

图 4-13　多个向量加和的多边形法则

在 m 维向量空间中，所有向量的加和都必须遵循平行四边形法则，其他关系也都与二维向量空间中的情形类同。

（三）向量的减法

向量减法法则是向量加法法则的反向拓展。在一维向量坐标系空间内，如果空间中任意两个向量 $\overrightarrow{OA}$ 与 $\overrightarrow{OB}$ 的指向相反（向量 $\vec{a}$ 和向量 $\vec{b}$ 的夹角为 π）时，和向量 $\vec{c}$ 的模等于两个加向量 $\vec{a}$ 与 $\vec{b}$ 的模之差，其方向与模值大的向量方向一致，如图 4-14 所示。

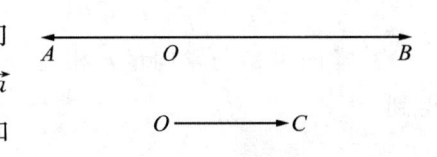

图 4-14　反向向量的减法法则

因为与 $\vec{a}$ 的模相同而方向相反的向量叫 $\vec{a}$ 的负向量，记作 $-\vec{a}$，这样，就可以规定两向量 $\vec{a}$ 与 $\vec{b}$ 的差为

$$\vec{a}-\vec{b}=\vec{a}+(-\vec{b}) \tag{4-11}$$

特别地，$\vec{a}-\vec{a}=\vec{a}+(-\vec{a})=0$。如果向量 $\vec{a}$ 由两个分向量 $\vec{a}_1$、$\vec{a}_2$ 组成，即 $\vec{a}=\vec{a}_1+\vec{a}_2$，向量 $\vec{b}$ 由两个分向量 $\vec{b}_1$、$\vec{b}_2$ 组成，即 $\vec{b}=\vec{b}_1+\vec{b}_2$，而两个向量减法是向量加法的逆运算，即一个向量减去另一个向量等于加上那个向量的负向量，$\vec{a}-\vec{b}=(\vec{a}_1+\vec{a}_2)-(\vec{b}_1+\vec{b}_2)$。

$\vec{a}-\vec{b}$ 表示由 $\vec{b}$ 的终点指向 $\vec{a}$ 的终点的向量。显然,向量减法满足三角形法则,由三角形法则可以看出:要从 $\vec{a}$ 减去 $\vec{b}$,只要把与 $\vec{b}$ 长度相同而方向相反的向量 $-\vec{b}$ 加到向量 $\vec{a}$ 上去。由平行四边形法则,可如下作出向量 $\vec{a}-\vec{b}$,如图 4-15 所示。

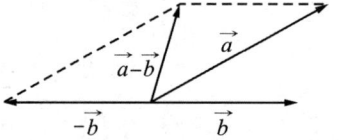

图 4-15　向量减法的平行四边形法则

（四）向量的分量

1. 平面向量基本定理

如果单位向量 $\vec{e}_1$ 和单位向量 $\vec{e}_2$ 是同一平面内的两个不共线向量,那么对于这一平面内的任意向量 $\vec{a}$,有且只有一对实数 λ_1 和 λ_2,使

$$\vec{a}=\lambda_1\vec{e}_1+\lambda_2\vec{e}_2 \tag{4-12}$$

不共线的 $\vec{e}_1$ 和 $\vec{e}_2$ 表示这一平面内所有向量的一组基底。平面内任一向量 $\vec{a}$ 可用两个不共线的单位向量 $\vec{e}_1$ 和 $\vec{e}_2$ 来表示,因此 $\vec{a}=\lambda_1\vec{e}_1+\lambda_2\vec{e}_2$ 可以看作向量分解为二维分向量的表示形式。(4-6)式 $\vec{a}=\lambda\vec{b}$ 可看作式(4-12)的特例,也是一维共线向量定理。

2. 正交向量的分量

在二维向量直角坐标系中,分别以 $\vec{X}$ 轴和 $\vec{Y}$ 轴方向相同的两个单位向量 $\vec{i}\equiv\vec{e}_X$,$\vec{j}\equiv\vec{e}_Y$ 作为基底,对于平面上的一个常向量 $\vec{c}$,由平面向量基本定理可知,有且只有一对实数 a 和 b,使得

$$\begin{aligned}\vec{c}&=\vec{a}+\vec{b}\\&=a\vec{i}+b\vec{j}\end{aligned} \tag{4-13}$$

由(4-13)式可知,常向量 $\vec{c}$ 总能把它唯一地写为两个相互垂直的常向量 $\vec{a}$ 与常向量 $\vec{b}$ 之和,其中,a 叫作 $\vec{c}$ 在 $\vec{X}$ 轴上的坐标,b 叫作 $\vec{c}$ 在 $\vec{Y}$ 轴上的坐标,有序数对 (a,b) 叫作向量 $\vec{c}$ 的坐标,记作

$$\vec{c}=(a,b) \tag{4-14}$$

在常向量 $\vec{a}$ 与常向量 $\vec{b}$ 相互垂直的条件下,常向量的模只要通过勾股定理就可以得到

$$|\vec{c}|=\sqrt{a^2+b^2} \tag{4-15}$$

可见,和向量的长度是以两向量为边的矩形的对角线的长度。标量加法是向量加法的特例(当夹角等于 0 或 π 时),向量的加法是标量加法的扩展。

在由坐标轴 $\vec{X}$ 和坐标轴 $\vec{Y}$ 共同构成的二维笛卡尔直角坐标系中,与 $\vec{X}$ 轴和 $\vec{Y}$ 轴方向相同的两个单位向量分别标记为 $\vec{i}\equiv\vec{e}_X$,$\vec{j}\equiv\vec{e}_Y$,并作为 $\vec{X}$ 轴和 $\vec{Y}$ 轴的基底。如果平面上的任何一个点都用一个变向量 $\vec{z}$ 表示,由平面向量基本定理可知,有唯一的一对实数 x、y 使得

$$\vec{z}=x\vec{i}+y\vec{j} \tag{4-16}$$

由(4-3)式 $\vec{z}=\vec{z}_X+\vec{z}_Y$ 可知,平面内的任何一个变向量 $\vec{z}$ 都可以分解成一对互相垂直的向量 $\vec{z}_X$ 与 $\vec{z}_Y$,也都可以用两个相互垂直的分向量 $\vec{z}_X$ 与 $\vec{z}_Y$ 来合成,这样,分向量 $\vec{z}_X=x\vec{i}$ 与分向量 $\vec{z}_Y=y\vec{j}$ 又可以看作一维变向量 $\vec{z}$ 内部空间的独立向量,其中,x 叫作 $\vec{z}$ 在 $\vec{X}$ 轴上的坐标,y 叫作 $\vec{z}$ 在 $\vec{Y}$ 轴上的坐标,有序数对 (x,y) 叫作向量 $\vec{z}$ 的坐标,记作 $\vec{z}(x,y)$。

当 $\vec{X}$ 轴正方向上的单位向量 $\vec{e}_X=\vec{e}$,$\vec{Y}$ 轴正方向上的单位向量 $\vec{e}_Y=\vec{e}i$ 时,在规定 $\vec{X}$ 轴的单位向量 $\vec{e}\equiv 1$ 的条件下,就有

$$\begin{aligned}\vec{z} &= \vec{z}_X+\vec{z}_Y \\ &= \vec{x}+\vec{y} \\ &= x\vec{e}_X+y\vec{e}_Y \\ &= x+yi\end{aligned} \tag{4-17}$$

式中,与 $\vec{X}$ 轴垂直的 $\vec{Y}$ 轴上的单位向量 $\vec{e}_Y\equiv i$,称为虚数单位。(4-17)式中的 $\vec{z}=\vec{x}+\vec{y}$ 还可以记作 $\vec{z}=(\vec{x},\vec{y})$。

变向量 $\vec{z}=\vec{x}+\vec{y}$ 的模可以通过勾股定理得到

$$z=|\vec{z}|=\sqrt{x^2+y^2} \tag{4-18}$$

任何实数 a 与虚数单位 i 结合的数 ai 称为虚数。实数与虚数组成的数称为复数。任何一个包括两个独立分向量 $\vec{x}$ 与 $\vec{y}$ 的向量 $\vec{z}$ 都可以用复数表示。特别地,当(4-17)式中的 $x=1$ 和 $y=0$ 时,$\vec{z}=\vec{e}_1=\vec{e}$,即 $\vec{z}$ 就是单位向量 $\vec{e}$;由(4-18)式可得 $|\vec{e}|=\sqrt{1^2+0}=1$。当(4-17)式中的 $x=0$ 和 $y=1$,$\vec{z}=\vec{e}_2=i$,即 $\vec{z}$ 就是虚数单位 i;由(4-18)式可得 $|\vec{e}_2|=\sqrt{0+i^2}=\sqrt{i^2}=i$。这里虚数单位 i 的平方等于 -1,即 $i^2=-1$,$i=\sqrt{-1}$。

3. 多维度分向量

正如在 m 维向量空间中,求多个向量的加和可以多次运用两个不共线向量的平行四边形法则一样,把一个向量分解为若干个向量之和,也可以多次运用平面向量基本定理。在此,以三维度分向量为例。

由平面向量基本定理拓展,就可以得到三维向量基本定理,即

$$\vec{a}=\lambda_1\vec{e}_1+\lambda_2\vec{e}_2+\lambda_3\vec{e}_3 \tag{4-19}$$

式中,$\vec{e}_1$、$\vec{e}_2$、$\vec{e}_3$ 是空间不共面的三个单位向量。$\vec{a}$ 可能与 $\vec{e}_1$、$\vec{e}_2$ 其中一个共线,也可能与 $\vec{e}_1$、$\vec{e}_2$ 都不共线。

在由坐标轴 $\vec{X}$、坐标轴 $\vec{Y}$ 和坐标轴 $\vec{Z}$ 构成的三维向量直角坐标系 $\vec{O}\vec{X}\vec{Y}\vec{Z}$ 中,空间中任何一个点都可用一个向量 $\vec{a}$ 表示。若分别与 $\vec{X}$ 轴、$\vec{Y}$ 轴和 $\vec{Z}$ 轴同向的三个单位向量标记为 $\vec{i}\equiv\vec{e}_X$,$\vec{j}\equiv\vec{e}_Y$,$\vec{k}\equiv\vec{e}_Z$,并作为 $\vec{X}$ 轴、$\vec{Y}$ 轴和 $\vec{Z}$ 轴的基底,那么,有且只有一组实数 x、y、z 使得

$$\begin{aligned}\vec{a} &= \vec{a}_X+\vec{a}_Y+\vec{a}_Z \\ &= x\vec{i}+y\vec{j}+z\vec{k}\end{aligned} \tag{4-20}$$

这样,空间中的任一向量 $\vec{a}$ 都可由 x、y 和 z 唯一确定,其中 x 叫作 $\vec{a}$ 在 $\vec{X}$ 轴上的坐标,y 叫作 $\vec{a}$ 在 $\vec{Y}$ 轴上的坐标,z 叫作 $\vec{a}$ 在 $\vec{Z}$ 轴上的坐标。有序数组 (x,y,z) 叫作向量 $\vec{a}$ 的坐标,记作

$$\vec{a}=(x,y,z) \tag{4-21}$$

(4-20)式表明,任意一个向量 $\vec{a}$ 都可以分解成三个相互垂直的分向量 $\vec{a}_X$、$\vec{a}_Y$ 与 $\vec{a}_Z$。如果坐标轴 $\vec{X}$、坐标轴 $\vec{Y}$ 和坐标轴 $\vec{Z}$ 正向的单位向量分别为 $\vec{e}_X=\vec{e}i, \vec{e}_Y=\vec{e}j, \vec{e}=\vec{e}k$,在规定 $|\vec{e}|\equiv 1$ 的条件下,$i=(1,0,0), j=(0,1,0), k=(0,0,1)$,向量 $\vec{a}=(x,y,z)$ 还可以分解为

$$\vec{a}=xi+yj+zk \tag{4-22}$$

由于所有向量的分解都必须遵循平面向量基本定理,因此多维分向量可以通过多次分解得到。其他关系也都与二维的情形类同。

(五)向量的数乘

设 λ 是实数域 **R** 中的一个数量,$\lambda\in\mathbf{R}$。如果有 λ 个同一向量 $\vec{a}$ 自身相加,则这 λ 个向量之和可以用向量的数乘表示,即向量 $\vec{a}$ 和标量 λ 的乘积仍为向量

$$\vec{A}=\lambda\vec{a} \tag{4-23}$$

它的模等于

$$|\lambda\vec{a}|=|\lambda||\vec{a}|=\lambda|\vec{a}| \tag{4-24}$$

(1)当 $\lambda>0$ 时,$\vec{a}$ 与 $\lambda\vec{a}$ 方向相同,其模等于 $|\vec{a}|$ 的 λ 倍,即 $|\lambda\vec{a}|=\lambda|\vec{a}|$;

(2)当 $\lambda<0$ 时,$\vec{a}$ 与 $\lambda\vec{a}$ 方向相反,其模等于 $|\vec{a}|$ 的 λ 倍,即 $|\lambda\vec{a}|=\lambda|\vec{a}|$;

(3)当 $\lambda=0$ 时,向量 $\lambda\vec{a}$ 是零向量,即 $\lambda\vec{a}=\vec{0}$。

特别地,取 $\lambda=-1$,则向量 $(-1)\vec{a}$ 的模与 $\vec{a}$ 的模相等,而方向相反,由负向量的定义知:$(-1)\vec{a}=-\vec{a}$。

根据向量与数量乘积的定义,可以推导出向量数乘运算的规律。

1. 结合律

$$\lambda(\mu\vec{a})=\mu(\lambda\vec{a})=(\lambda\mu)\vec{a} \tag{4-25}$$

$\lambda(\mu\vec{a})$、$\mu(\lambda\vec{a})$、$(\lambda\mu)\vec{a}$ 的方向是一致的,且 $|\lambda(\mu\vec{a})|=|\mu(\lambda\vec{a})|=|(\lambda\mu)\vec{a}|=|\lambda\mu||\vec{a}|$。

2. 分配律

$$\begin{cases}(\lambda+\mu)\vec{a}=\lambda\vec{a}+\mu\vec{b}\\ \lambda(\vec{a}+\vec{b})=\lambda\vec{a}+\lambda\vec{b}\end{cases} \tag{4-26}$$

由向量与数量的乘积,还可以得到上述的共线向量定理:如果 $\vec{a}=\lambda\vec{b}$(λ 为数量),则向量 $\vec{a}$ 与向量 $\vec{b}$ 平行,记作 $\vec{a}\parallel\vec{b}$;反之,如果向量 $\vec{a}$ 与向量 $\vec{b}$ 平行,则 $\vec{a}=\lambda\vec{b}$(λ 是数量)。

设 $\vec{a}$ 是非零向量,用 $\vec{e}_a$ 表示与 $\vec{a}$ 同方向且长度等于1的单位向量。由于 $|\vec{a}|\vec{e}_a$ 与 $\vec{e}_a$ 同方向,从而 $|\vec{a}|\vec{e}_a$ 与 $\vec{a}$ 亦同方向,且 $||\vec{a}|\vec{e}_a|=|\vec{a}||\vec{e}_a|=|\vec{a}|$,因此任何一个向量都可以表示成为它的模与单位向量的数乘,即 $\vec{a}=|\vec{a}|\vec{e}_a$。可以规定:若 $\lambda\neq 0, \dfrac{\vec{a}}{\lambda}=\dfrac{1}{\lambda}\vec{a}$,于是, $\vec{e}_a=\dfrac{\vec{a}}{|\vec{a}|}$,称为 $\vec{a}$ 的单位化。这就表明:一个非零向量除以它的模是一个与原向量同方向的单位向量。不过,由于向量之间并没有定义除法运算,因此不能将式子 $\vec{e}_a=\dfrac{\vec{a}}{|\vec{a}|}$ 改写成形式 $|\vec{a}|=\dfrac{\vec{a}}{\vec{e}_a}$。

（六）向量的内积

在向量分析中,对于非零向量 $\vec{a}$ 和非零向量 $\vec{b}$,其内积（或称数量积、点乘、点积、直积）为一个实数,即

$$\vec{a}\cdot\vec{b}=|\vec{a}||\vec{b}|\cos<\vec{a},\vec{b}> \tag{4-27}$$

而向量 $\vec{b}$ 与向量 $\vec{a}$ 的内积为

$$\vec{b}\cdot\vec{a}=|\vec{b}||\vec{a}|\cos<\vec{b},\vec{a}> \tag{4-28}$$

两个向量 $\vec{a}$ 和 $\vec{b}$ 相互不独立,它们之间就存在一定的夹角 $<\vec{a},\vec{b}>$。当向量 $\vec{a}$ 和向量 $\vec{b}$ 的夹角 $<\vec{a},\vec{b}>=0$ 时, $\cos<\vec{a},\vec{b}>=1$,表明向量 $\vec{a}$ 和向量 $\vec{b}$ 平行;当向量 $\vec{a}$ 和向量 $\vec{b}$ 的夹角 $<\vec{a},\vec{b}>=\pi$ 时, $\cos<\vec{a},\vec{b}>=-1$,表明向量 $\vec{a}$ 和向量 $\vec{b}$ 反向平行;当向量 $\vec{a}$ 和向量 $\vec{b}$ 的夹角 $<\vec{a},\vec{b}>=\dfrac{\pi}{2}$ 时, $\cos<\vec{a},\vec{b}>=0$,表明向量 $\vec{a}$ 和向量 $\vec{b}$ 相互垂直。

特别地,当 $\vec{a}=\vec{b}$ 时,(4-27)式内积变为

$$\vec{a}\cdot\vec{a}=|\vec{a}||\vec{a}|\cos<\vec{a},\vec{a}>=|\vec{a}|^2 \tag{4-29}$$

如果向量 $\vec{a}$ 由两个相互垂直的分向量 $\vec{a}_X$、$\vec{a}_Y$ 组成 $\vec{a}(\vec{a}_X,\vec{a}_Y)$,即 $\vec{a}=\vec{a}_X+\vec{a}_Y$,向量 $\vec{b}$ 由相互垂直的两个分向量 $\vec{b}_X$、$\vec{b}_Y$ 组成 $\vec{b}(\vec{b}_X,\vec{b}_Y)$,即 $\vec{b}=\vec{b}_X+\vec{b}_Y$,则两个向量相乘的数乘为

$$\vec{a}\cdot\vec{b}=(\vec{a}_X+\vec{a}_Y)\cdot(\vec{b}_X+\vec{b}_Y)=a_Xb_X+a_Yb_Y \tag{4-30}$$

在 $\vec{a}//\vec{b}$,即 $<\vec{a},\vec{b}>=0, \cos<\vec{a},\vec{b}>=1$ 的条件下,

$$\vec{a}\cdot\vec{b}=|\vec{a}||\vec{b}|=\sqrt{a_X^2+a_Y^2}\cdot\sqrt{b_X^2+b_Y^2} \tag{4-31}$$

特别地,对于向量 $\vec{a}$ 自身的数乘,上式表述的就是

$$\vec{a}\cdot\vec{a}=|\vec{a}|^2=(\vec{a}_X+\vec{a}_Y)(\vec{a}_X+\vec{a}_Y)=a_X^2+a_Y^2 \tag{4-32}$$

所以, $\vec{a}$ 的大小是 $|\vec{a}|=\sqrt{a_X^2+a_Y^2}$。

可见, $|\vec{a}|>a_X+a_Y$。如果 $\vec{a}_X=\vec{a}_Y$,则 $|\vec{a}|=|\vec{a}_X+\vec{a}_Y|>a_X+a_Y=2a_X$。其实,这就是人们常说的所谓"1+1>2"。因此,可以令

$$\Delta a=|\vec{a}|-(a_X+a_Y)=\sqrt{a_X^2+a_Y^2}-(a_X+a_Y) \tag{4-33}$$

Δa 为向量 $\vec{a}$ 的模与两个分向量模的差值。

如果向量 $\vec{a}$ 和向量 $\vec{b}$ 相互不独立,则向量 $\vec{a}$ 在向量 $\vec{b}$ 上就有一个投影,这样就给了向量 $\vec{a}$ 以一窥向量 $\vec{b}$ 的机会。对于向量 $\vec{a}$ 和向量 $\vec{b}$ 来说,另一个向量在它们上的投影在很大程度上仍然是彼此关联的。

由于坐标轴 $\vec{X}$ 的单位向量 $\vec{e}$ 也是一个向量,因此向量 $\vec{a}$ 在单位向量 $\vec{e}$ 方向上的投影等于向量的模乘以轴与向量间的角 $<\vec{a},\vec{e}>$ 的余弦,即

$$\mathrm{Prj}_e a = \vec{a} \cdot \vec{e} = |\vec{a}||\vec{e}|\cos<\vec{a},\vec{e}> \tag{4-34}$$

如图 4-16 所示。

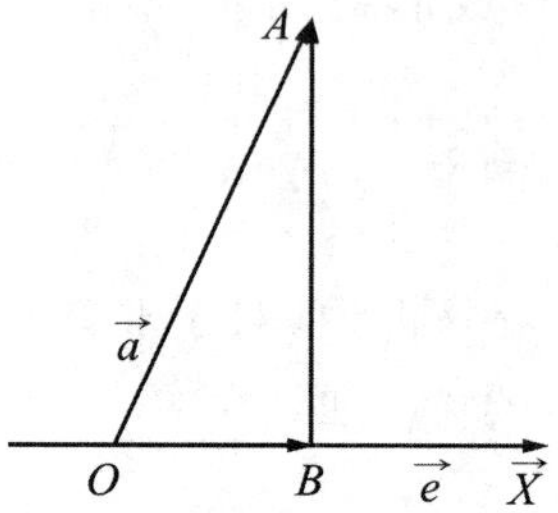

向量 $\vec{a}$ 与向量 $\vec{b}$ 之间还存在这样的关系:

(1) $\vec{a} \cdot \vec{b} = \vec{b} \cdot \vec{a}$。

(2) $\vec{a} \cdot (\vec{b} + \vec{c}) = \vec{a} \cdot \vec{b} + \vec{a} \cdot \vec{c}$。

(3) $\lambda(\vec{a} \cdot \vec{b}) = (\lambda \vec{a}) \cdot \vec{b} = \vec{a} \cdot (\lambda \vec{b}) = (\vec{a} \cdot \vec{b})\lambda$(其中 λ 为纯量)。

在由坐标轴 $\vec{X}$、坐标轴 $\vec{Y}$ 和坐标轴 $\vec{Z}$ 构成

图 4-16 向量 $\vec{a}$ 在单位向量 $\vec{e}$ 方向上的投影

的三维向量直角坐标系中,(4-20)式 $\vec{a} = x\vec{i} + y\vec{j} + z\vec{k}$ 中 $\vec{i} \equiv \vec{e}_X, \vec{j} \equiv \vec{e}_Y, \vec{k} \equiv \vec{e}_Z$ 互相垂直,所以

$$\vec{i} \cdot \vec{i} = \vec{j} \cdot \vec{j} = \vec{k} \cdot \vec{k} = 1 \tag{4-35}$$

在三维向量直角坐标系 $\vec{O}\vec{X}\vec{Y}\vec{Z}$ 中,三维向量 $\vec{a} = a_X\vec{i} + a_Y\vec{j} + a_Z\vec{k}$ 和三维向量 $\vec{b} = b_X\vec{i} + b_Y\vec{j} + b_Z\vec{k}$ 的内积等于它们的对应坐标乘积之和,即

$$\vec{a} \cdot \vec{b} = a_X b_X + a_Y b_Y + a_Z b_Z \tag{4-36}$$

显然,$\vec{a}$ 和 $\vec{b}$ 这两个三维向量垂直或正交的充分必要条件为

$$a_X b_X + a_Y b_Y + a_Z b_Z = 0 \tag{4-37}$$

从矩阵的观点,可以把向量的分向量用矩阵的行和列表示,如此

$$a = \begin{pmatrix} a_1 \\ a_2 \\ a_3 \end{pmatrix}, \quad b = \begin{pmatrix} b_1 \\ b_2 \\ b_3 \end{pmatrix}$$

从而得到

$$a^\mathrm{T} b = a_1 b_1 + a_2 b_2 + a_3 b_3 \tag{4-38}$$

这就使得定义实的列向量 $\vec{a}$ 同 $\vec{b}$ 的内积为 $a^\mathrm{T} b$,如果 $a^\mathrm{T} b = 0$,就定义 a 同 b 正交。

(七)方向余弦

利用内积,可以计算两个向量的方向余弦及其夹角,即

$$\cos<\vec{a},\vec{b}> = \frac{\vec{a} \cdot \vec{b}}{|\vec{a}||\vec{b}|} \tag{4-39}$$

$$<\vec{a},\vec{b}> = \arccos \frac{\vec{a} \cdot \vec{b}}{|\vec{a}||\vec{b}|} \tag{4-40}$$

在二维向量直角坐标系中,如果向量 $\vec{a}$ 由两个相互垂直的分向量 $\vec{a}_X$、$\vec{a}_Y$ 组成,即 $\vec{a} = \vec{a}_X + \vec{a}_Y$,向量 $\vec{b}$ 由相互垂直的两个分向量 $\vec{b}_X$、$\vec{b}_Y$ 组成,即 $\vec{b} = \vec{b}_X + \vec{b}_Y$,则 $\vec{a}$、$\vec{b}$ 两个向量的方向余弦为

$$\cos<\vec{a},\vec{b}> = \frac{\vec{a} \cdot \vec{b}}{|\vec{a}||\vec{b}|} = \frac{a_X b_X + a_Y b_Y}{\sqrt{a_X^2 + a_Y^2}\sqrt{b_X^2 + b_Y^2}} \tag{4-41}$$

对于向量 $\vec{a} = a_1 \vec{e}_1 + a_2 \vec{e}_2$,如果 $\vec{a}$ 与 $\vec{e}_1$ 的夹角为 $\alpha = <\vec{a},\vec{e}_1>$,$\vec{a}$ 与 $\vec{e}_2$ 的夹角为 $\beta = <\vec{a},\vec{e}_2>$,则称 α 和 β 为向量 $\vec{a}$ 的方向余弦,即

$$\cos\alpha = \cos<\vec{a},\vec{e}_1> = \frac{\vec{a} \cdot \vec{e}_1}{|\vec{a}||\vec{e}_1|} = \frac{(a_1\vec{e}_1 + a_2\vec{e}_2) \cdot \vec{e}_1}{\sqrt{a_1^2 + a_2^2} \cdot 1} = \frac{a_1}{\sqrt{a_1^2 + a_2^2}} \tag{4-42}$$

$$\cos\beta = \cos<\vec{a},\vec{e}_2> = \frac{\vec{a} \cdot \vec{e}_2}{|\vec{a}||\vec{e}_1|} = \frac{(a_1\vec{e}_1 + a_2\vec{e}_2) \cdot \vec{e}_2}{\sqrt{a_1^2 + a_2^2} \cdot 1} = \frac{a_2}{\sqrt{a_1^2 + a_2^2}} \tag{4-43}$$

如果向量 $\vec{a}$ 由两个相互独立的分向量 $\vec{a}_X$ 和 $\vec{a}_Y$ 组成,则其方向余弦为

$$\cos<\vec{a},\vec{a}_X> = \frac{a_X}{\sqrt{a_X^2 + a_Y^2}} \tag{4-44}$$

$$\cos<\vec{a},\vec{a}_Y> = \frac{a_Y}{\sqrt{a_X^2 + a_Y^2}} \tag{4-45}$$

把方向余弦与线性相关联系起来,令 $k_1 = \cos\alpha = \frac{a_1}{|\vec{a}|}$,$k_2 = \cos\beta = \frac{a_2}{|\vec{a}|}$,通过比较每个分向量和二维向量 $\vec{a}$ 的模的夹角偏差程度就可以得知二维向量 $\vec{a}$ 和分向量的相关程度。

(八)线性相关与线性无关

1. 向量的线性组合

如果向量 $\vec{A}$ 为向量 $\vec{a}$ 的数乘,即 $\vec{A} = k_1\vec{a}$,向量 $\vec{B}$ 为向量 $\vec{b}$ 的数乘,即 $\vec{B} = k_2\vec{b}$,向量 $\vec{C}$ 为向量 $\vec{c}$ 的数乘,即 $\vec{C} = k_3\vec{c}$,那么三个向量的线性组合就是

$$\vec{D} = \vec{A} + \vec{B} + \vec{C} = k_1\vec{a} + k_2\vec{b} + k_3\vec{c} \tag{4-46}$$

式中,k_1、k_2 和 k_3 是数量。这就是说,向量 $\vec{D}$ 是分向量 $\vec{A}$、$\vec{B}$ 和 $\vec{C}$ 的线性组合,也就是说 $\vec{D}$ 可经 $\vec{A}$、$\vec{B}$ 和 $\vec{C}$ 表出。

2. 向量的线性相关

设向量 $\vec{a}$ 由两个相互独立的分向量 $\vec{a}_X$ 和 $\vec{a}_Y$ 组成,如果向量组 $\vec{a}_X$、$\vec{a}_Y$ 中有一向量可以经其余的向量线性表出,则这个向量组就叫作线性相关。$\vec{a}_X$ 和 $\vec{a}_Y$ 线性相关的充要条件是有个不全为零的数 λ_1、λ_2,使

$$\lambda_1 a_X + \lambda_2 a_Y = 0 \tag{4-47}$$

向量组中如果有一个向量线性相关,则这个向量组必然线性相关。含有零向量的向量组必然线性相关。

设向量 $\vec{a}$ 由三个相互独立的分向量 $\vec{a}_X$、$\vec{a}_Y$ 和 $\vec{a}_Z$ 组成,如果向量 $\vec{a}(\vec{a}_X,\vec{a}_Y,\vec{a}_Z)$ 和向量 $\vec{b}(\vec{b}_X,\vec{b}_Y,\vec{b}_Z)$ 的夹角为零或 π,即 $<\vec{a},\vec{b}>=0$ 或 $<\vec{a},\vec{b}>=\pi$,那么就存在实数 λ 使得平行或反平行的两个向量 $\vec{a}$ 和 $\vec{b}$ 建立起(4-6)式 $\vec{a}=\lambda\vec{b}$ 的相关关系。向量 $\vec{a}$ 和向量 $\vec{b}$ 就称为线性相关,代表着向量 $\vec{a}$ 和向量 $\vec{b}$ 比例的 λ 就是相关系数。

如果向量空间的有向线段所在直线互相平行或重合,就称为共线向量,亦称平行向量。平行向量满足下列关系

$$\vec{a}//\vec{b} \Leftrightarrow a_1=\lambda b_1, a_2=\lambda b_2, a_3=\lambda b_3 \quad (\lambda \in \mathbf{R}) \Leftrightarrow \frac{a_1}{b_1}=\frac{a_2}{b_2}=\frac{a_3}{b_3} \tag{4-48}$$

3. 向量的线性无关

如果向量 $\vec{a}$ 和向量 $\vec{b}$ 的夹角为直角,即 $<\vec{a},\vec{b}>=\frac{\pi}{2}$ 或 $\cos<\vec{a},\vec{b}>=0$,那么向量 $\vec{a}$ 与向量 $\vec{b}$ 就无法建立起(4-6)式 $\vec{a}=\lambda\vec{b}$ 的相关关系,向量 $\vec{a}$ 和向量 $\vec{b}$ 就称为线性无关,代表着向量 $\vec{a}$ 和向量 $\vec{b}$ 比例的相关系数 λ 就恒等于零。或者说,如果向量组不是线性相关,就叫作线性无关。如果向量组线性无关,则它的任意一部分向量所成的向量组也线性无关。设向量 $\vec{a}$ 由两个相互独立的分向量 $\vec{a}_X$ 和 $\vec{a}_Y$ 组成,两个向量 $\vec{a}_X$、$\vec{a}_Y$ 线性无关的充要条件是:当 $\lambda_1 a_X + \lambda_2 a_Y = 0$ 时,必有 $\lambda_1 = \lambda_2 = 0$。

(九)向量的外积

在向量分析中,对于非零向量 $\vec{a}$ 和非零向量 $\vec{b}$,其外积(或称向量积、叉乘、叉积、斜积)为一个向量,记作

$$\vec{c}=\vec{a}\times\vec{b} \tag{4-49}$$

$\vec{c}$ 是一个过两相交向量 $\vec{a}$ 和 $\vec{b}$ 的交点且垂直于两向量 $\vec{a}$ 和 $\vec{b}$ 所在平面的向量,其大小为向量 $\vec{a}$ 和向量 $\vec{b}$ 的模同它们之间夹角的正弦的乘积,即向量 $\vec{c}$ 的模在数值上等于以向量 $\vec{a}$ 和向量 $\vec{b}$ 为两边的平行四边形的面积,即

$$|\vec{a}\times\vec{b}| = |\vec{a}||\vec{b}|\sin<\vec{a},\vec{b}> \quad 0 \leqslant <\vec{a},\vec{b}> \leqslant \pi \tag{4-50}$$

可见,向量和向量的乘积可以构成新的向量。向量 $\vec{c}=\vec{a}\times\vec{b}$ 的方向是垂直于 $\vec{a}$ 和 $\vec{b}$ 所在的平面且使 $\vec{a}$、$\vec{b}$ 和 $\vec{c}$ 形成一个右手系(即右手的四指从 $\vec{a}$ 沿小于 π 的转角转向 $\vec{b}$ 时,竖起的大拇指指向就是 $\vec{c}$ 的方向),如图 4-17 所示。

如果 $\vec{a}$、$\vec{b}$ 中有一为零向量,则定义 $\vec{a}\times\vec{b}=0$。如果两个向量 $\vec{a}$ 和 $\vec{b}$ 之间存在的夹角 $<\vec{a},\vec{b}>=\frac{\pi}{2}$ 或 $<\vec{b},\vec{a}>=$

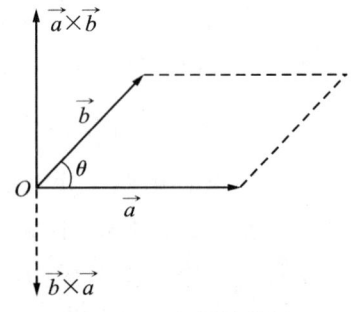

图 4-17 向量的外积

$\frac{\pi}{2}$,因为 $\cos<\vec{a},\vec{b}>=\cos<\vec{b},\vec{a}>=\cos\frac{\pi}{2}=0$,从而使 $\vec{a}\cdot\vec{b}=0$ 和 $\vec{b}\cdot\vec{a}=0$。$\vec{a}$ 和 $\vec{b}$ 的外积 $|\vec{a}\times\vec{b}|=|\vec{a}||\vec{b}|\sin<\vec{a},\vec{b}>$ 与 $\vec{b}$ 和 $\vec{a}$ 的外积 $|\vec{b}\times\vec{a}|=|\vec{b}||\vec{a}|\sin<\vec{b},\vec{a}>$ 是不同的,按右手规则,$\sin<\vec{a},\vec{b}>=\sin\frac{\pi}{2}=1=-(-1)=-\sin\left(-\frac{\pi}{2}\right)=-\sin<\vec{b},\vec{a}>$,即 $<\vec{a},\vec{b}>$ 的夹角为 $-\frac{\pi}{2}$,所以,$\sin<\vec{a},\vec{b}>\neq\sin<\vec{b},\vec{a}>$。

外积的运算符合下列运算规律。

(1)外积不遵守乘法交换率,而符合反交换律:

$$\vec{a}\times\vec{b}=-\vec{b}\times\vec{a}=\frac{1}{2}(\vec{a}\times\vec{b}-\vec{b}\times\vec{a}) \tag{4-51}$$

(2)加法的分配律:

$$\vec{a}\times(\vec{b}+\vec{c})=\vec{a}\times\vec{b}+\vec{a}\times\vec{c} \tag{4-52}$$

(3)与标量乘法兼容:

$$\lambda(\vec{a}\times\vec{b})=(\lambda\vec{a})\times\vec{b}=\vec{a}\times(\lambda\vec{b})=(\vec{a}\times\vec{b})\lambda \quad (\text{其中}\lambda\text{是纯量}) \tag{4-53}$$

(4)$|\vec{a}\times\vec{b}|$ 等于以 $\vec{a}$ 和 $\vec{b}$ 为边的平行四边形的面积。三重积可以得到以 $\vec{a}$、$\vec{b}$ 和 $\vec{c}$ 为边的平行六面体的体积。

(5)如果 $\vec{a}\times\vec{b}=\vec{0}$ 且 $\vec{a}$ 和 $\vec{b}$ 不是零向量,则向量 $\vec{a}$ 和向量 $\vec{b}$ 平行。

(6)如果 $\vec{i}$、$\vec{j}$、$\vec{k}$ 分别为三维向量直角坐标系中相互垂直的三条坐标轴的单位向量,$\vec{i}\equiv\vec{e}_X,\vec{j}\equiv\vec{e}_Y,\vec{k}\equiv\vec{e}_Z$,则

$$\vec{i}\times\vec{i}=\vec{j}\times\vec{j}=\vec{k}\times\vec{k}=\vec{0} \tag{4-54}$$

$$\vec{i}\times\vec{j}=-\vec{j}\times\vec{i}=\vec{k}\quad \vec{j}\times\vec{k}=-\vec{k}\times\vec{j}=\vec{i}\quad \vec{k}\times\vec{i}=-\vec{i}\times\vec{k}=\vec{j} \tag{4-55}$$

(7)如果一个三维向量为 $\vec{a}=a_1\vec{i}+a_2\vec{j}+a_3\vec{k}$,另一个三维向量为 $\vec{b}=b_1\vec{i}+b_2\vec{j}+b_3\vec{k}$,则这两个向量的外积为

$$\vec{a}\times\vec{b}=\begin{vmatrix} \vec{i} & \vec{j} & \vec{k} \\ a_1 & a_2 & a_3 \\ b_1 & b_2 & b_3 \end{vmatrix} \tag{4-56}$$

(8)向量 $\vec{a}$ 的平行分向量 $\vec{a}_{//}$ 和垂直分向量 $\vec{a}_\perp$ 可以分别由向量 $\vec{a}$ 和向量 $\vec{b}$ 的内积和外积来表达,即

$$\vec{a}_{//}=(\vec{a}\cdot\vec{b})\frac{\vec{b}}{|\vec{b}|^2}=(\vec{a}\cdot\vec{b})\vec{b}^{-1} \tag{4-57}$$

$$\vec{a}_\perp=\vec{a}-\vec{a}_{//}=(\vec{a}\times\vec{b})\vec{b}^{-1} \tag{4-58}$$

(十)向量函数与线性变换

如果给空间的每一个点赋予向量,那么整个空间就充满了向量,这个场就叫作向量

场。向量场是由一个向量对应另一个向量的函数。向量函数是自变量和因变量都是向量的函数,是既不平行也不正交的自变量和因变量存在的相关关系。一个向量函数定义了一个向量场,因为一个区域内的每一点都联系着一个向量。当自变量 $\vec{x}$ 在空间变化时,因变量 $\vec{y}$ 的终点就画出了一条空间曲线。在高等代数中,函数又被称为变换。如果自变量为 $\vec{x}$,因变量为 $\vec{y}$,变换就记为

$$\vec{y} = f(\vec{x}) \tag{4-59}$$

$$T\vec{x} = \vec{y} \tag{4-60}$$

不过,(4-60)式通常又写成 $\vec{x}T = \vec{y}$ 的形式,并称因变量 $\vec{y}$ 为自变量 $\vec{x}$ 的象,而自变量 $\vec{x}$ 称为因变量 $\vec{y}$ 的前身。在不同的数学领域往往有不同的术语,但是函数、映射、对应和变换通常都是表示同一种输入与输出的简单规则。

在线性空间中,系统形态之间的联系反映为向量的线性映射。线性映射是向量的同态,或在给定的域上的向量空间所构成的范畴中的态射。线性映射也叫作线性变换或线性算子,是在两个向量空间之间的函数。设在线性空间 L 中定义了一个向量函数 T,使对 L 中任一向量 $\vec{x}$,L 中有一向量 $\vec{y}$ 和它对应,记为 $\vec{y} = \vec{x}T$,并且对于任何 $\vec{x}$,$\vec{y} \in L$ 与数域 K 中任意数 $a, b \in K$ 来说

$$(a\vec{x} + b\vec{y})T = a(\vec{x}T) + b(\vec{y}T) \tag{4-61}$$

在满足可加性和均匀性这两个条件时,则称 T 为一个线性变换。可见,线性变换就是线性的向量函数。显然,把 L 中一切向量都变成零向量的变换是线性的,这个变换叫作零变换。把一切向量都变成它自己的变换也是线性的,这个变换叫作单位变换。

对于线性空间 L 中的线性变换,向量的几何变换都是线性变换,所以向量函数才能以不同的面目出现。向量的线性变换包括缩放变换、切变变换、平移变换和旋转变换以及投影变换。线性变换可以单独进行,也可以若干个变换组合进行,如复杂的透视投影常常是与旋转、缩放、平移、切变等组合在一起对图像进行变换的。此外,线性变换都能够用矩阵来表达。

(十一)向量函数的连续与导数

如果对于任意给定的正数 ε,能找到某个正数 δ,当 $|\varphi - \varphi_0| < \delta$ 时,$|\vec{u}(\varphi) - \vec{u}(\varphi_0)| < \varepsilon$,则称向量函数 $\vec{u}(\varphi)$ 在 φ_0 连续,这等价于 $\lim\limits_{\varphi \to \varphi_0} \vec{u}(\varphi) = \vec{u}(\varphi_0)$。

设有向量函数 $\vec{u}(\varphi)$,当 φ 有增量 $\Delta\varphi$ 时,$\vec{u}(\varphi)$ 连续地变为 $\vec{u}(\varphi + \Delta\varphi)$,只要极限存在,$\vec{u}(\varphi)$ 的导数就是

$$\frac{d\vec{u}}{d\varphi} = \lim_{\Delta u \to 0} \frac{\vec{u}(\varphi + \Delta\varphi) - u(\varphi)}{\Delta\varphi} \tag{4-62}$$

如果向量函数 $\vec{u}(x, y, z) = u_1(x, y, z)\vec{i} + u_2(x, y, z)\vec{j} + u_3(x, y, z)\vec{k}$ 以空间直角坐标 x、y、z 为自变量,则 $\vec{u}$ 的微分是

$$\mathrm{d}\vec{u} = \frac{\partial \vec{u}}{\partial x}\mathrm{d}x + \frac{\partial \vec{u}}{\partial y}\mathrm{d}y + \frac{\partial \vec{u}}{\partial z}\mathrm{d}z \tag{4-63}$$

乘积的导数服从类似于纯量函数的规律,然而,在涉及外积时,次序是重要的。

三、关于向量与质向量的运算

长期以来,人们已总结了一系列的向量运算法则。向量符号为表述系统异质形态及其变化规律或本质形态分布规律提供了简单明了的形式。虽然质向量作为向量应当遵循向量运算法则,但是只有在研究同类事物数量关系及其变化趋势时,才可以隐匿事物形态的特质,使质向量退化为向量,在此前提下,质向量的运算规则才能与向量的运算规则一致。因此,在研究非同类事物数量关系及其变化趋势时,还必须明确质向量运算法则与向量运算法则的异同。

首先,二维及其二维以上的质向量坐标系是由不同的质向量坐标轴构成的,系统形态在质向量空间中的每一个点对应着一个质向量。但是,一个质向量在空间的投影却无法像一个向量在空间的投影那样,可以用相互垂直的分向量之和来表示这一个向量。因为向量无所谓量纲,其加和还是没有量纲;而质向量都有量纲,具有不同量纲的质向量的加和其物理意义是难以阐明的。

其次,传统的向量代数包括向量的加法、减法和乘法,而乘法还包括了数乘、内积和外积。数乘只改变了原来向量的模,而没有改变它的方向。内积使两个向量变成一个标量,不再属于向量空间。但是,多个向量的内积却得到这样的结果:奇数个向量的内积是向量,而偶数个向量的内积是标量。这在向量代数中都没有解释个中的缘由。外积使两个向量变成一个新向量,并与原来两个向量组成的平面垂直。推而广之,多个向量的外积还是一个向量。虽然任何维度的向量坐标系都是由向量坐标轴构成的,然而在向量代数中并没有看到利用外积的规则来探索坐标轴与坐标系的关系。其实,利用(4-49)式 $\vec{c} = \vec{a} \times \vec{b}$,一维向量坐标轴 $\vec{c}$ 就可以看作由两个相交的向量坐标轴 $\vec{a}$ 和 $\vec{b}$ 所决定。也就是说,在一维向量坐标轴 $\vec{c}$ 内部可以打开二维仿射坐标系 $\vec{a} \times \vec{b}$。同理,一个向量 $\vec{X}$ 推广为 m 个向量的外积 $\vec{X} = \vec{X}_1 \times \vec{X}_2 \times \cdots \times \vec{X}_m$,在一维向量坐标轴 $\vec{X}$ 内部也可以打开 m 维仿射坐标系 $\vec{X}_1 \times \vec{X}_2 \times \cdots \times \vec{X}_m$。

最后,在向量运算规则中,人们并没有定义严格意义上的向量乘法和向量除法,而是仿照矩阵定义了内积和外积,并得到了相当广泛的应用和成功。由于内积和外积是不封闭的,即积不属于同一个集合,不是同一个向量空间的向量,因此内积和外积没有逆运算。根据线性空间的定义,在线性空间里也是不能做向量除法运算的。此外,外积 $\vec{c} = \vec{a} \times \vec{b}$ 所得到的结果 $\vec{c}$ 是一个过两相交向量 $\vec{a}$ 和 $\vec{b}$ 的交点且垂直于两向量 $\vec{a}$ 和 $\vec{b}$ 所在测度空间的向量,这个向量是基于右手定则产生的有别于向量 $\vec{a}$ 和向量 $\vec{b}$ 所在的平面而位于新维度空间中的向量。由于右手定则与左手定则是相对应的,单纯地用右手定则得到的外积必然不遵守乘法交换律,而符合(4-51)式 $\vec{a}\times\vec{b}=-\vec{b}\times\vec{a}$ 的反交换律。

传统的向量分析一般限于线性空间。在人们对事物形态及其变化的认知中必须面对大量的非线性系统,而非线性系统的最基本运算规则是除法、乘法和乘幂。为了使 m 维向量空间里的线性空间推广到非线性空间,m 维向量元素之间不仅要能进行加法和减法运算,还要能进行乘法和除法运算。为此,有人定义了新的向量乘法和向量除法,即:对应分向量的积做积向量的分量,对应分向量的商做商向量的分量[7]。

$$\vec{c}(i)=\vec{a}(i)\times\vec{b}(i) \quad (i=1,2,\cdots,m)$$

$$\vec{c}(i)=\frac{\vec{a}(i)}{\vec{b}(i)} \quad (i=1,2,\cdots,m)$$

如此定义的积向量仍然是同一向量空间的点,这就使得 m 元向量的向量乘法有了逆运算——向量除法。由于积向量、商向量仍在同一向量空间的向量集合内,因此这样定义的乘法、除法对空间封闭;而定义了向量乘法、除法的向量空间则晋升为群,即组成了一个阿贝尔群。在此群中,向量既有加法和减法,又有向量乘法、除法和幂运算。由于运算封闭,它们运算的结果是唯一确定的,也与多维向量空间的点是一一对应的。如此,人们就能够在 m 维向量空间做乘法、除法,并把多维向量空间由线性空间扩展到了非线性空间,因此也就可以考虑向量(依赖于自变量时)的微分、积分等分析运算。

在质向量的乘法中,同样存在着数乘、内积和外积。质向量的数乘只改变了原来质向量的模,而没有改变它的性质和指向。质向量的内积不但不能使两个质向量变成一个标量,而且还要产生一个新的量纲。m 个质向量的外积变成一个新的质向量,也要产生一个新的量纲。

在 m 维质向量坐标系空间中,系统形态用质向量表示,系统形态的变化率就要用质向量的商来表示。显然,质向量的除法是必需的。为了解决质向量的除法问题,可以进一步探索质向量的乘法。

如果 $\vec{x}$ 为一质向量,λ 为一常数,则质向量的数乘为 $\lambda\vec{x}$。$\lambda\vec{x}$ 是与 $\vec{x}$ 同方向且伸缩了 λ 倍的质向量,可以定义为 $\vec{y}=\lambda\vec{x}$,如此就有

$$\lambda=\frac{\vec{x}}{\vec{y}}=\frac{x}{y} \tag{4-64}$$

由向量内积的运算规则可知,一个向量可以用两个分向量的内积来表达,当 $\vec{x}$ 和 $\vec{y}$ 这两个分向量的交角为零,即 $<\vec{x},\vec{y}>=0,\cos<\vec{x},\vec{y}>=1$ 时,表明 $\vec{x}$ 和 $\vec{y}$ 都是共线的向量,其比值 $\lambda=\frac{\vec{x}}{\vec{y}}=\frac{x}{y}$ 就是一维数轴上的实数(标量),因而函数关系 $\vec{y}=f(\vec{x})$ 才可以写成实变函数 $y=f(x)$。可见,共线的质向量 $\vec{x}$ 与质向量 $\vec{y}$ 具有相同的量纲,通过质向量 $\vec{x}$ 与质向量 $\vec{y}$ 的除法,就可以得到一个标量 λ。

由于 λ 为一标量,而(4-64)式又可以看作两个质向量的内积,因此质向量 $\vec{y}$ 的倒数 $\vec{y}^{-1}=\frac{1}{\vec{y}}$ 应当是另一个质向量,可设定为 $\vec{z}=\frac{1}{\vec{y}}$,这样,(4-64)式就可以改为

$$\lambda = \vec{x} \cdot \vec{z} \tag{4-65}$$

综合考虑质向量的内积和外积,还可以有新的斩获。既然任何一个向量都可以表示成为它的模与单位向量的数乘,那么对于任何一个质向量 $\vec{x}$,也都可以表示成为质标量 x 与单位质向量 $\vec{e}$ 的数乘,即 $\vec{x}=x\vec{e}$。质标量 x 还可以利用质向量的内积表示成 (4-64)式 $\lambda=\dfrac{\vec{x}}{\vec{y}}=\dfrac{x}{y}$ 或(4-65)式 $\lambda=\vec{x}\cdot\vec{z}$ 的形式。例如,一维质向量坐标系 $\vec{X}$ 可以写成数乘的形式 $\vec{X}=X\vec{e}$。质标量 X 可以表示成质向量 $\vec{\alpha}$ 与质向量 $\vec{\beta}$ 的内积,即 $\vec{X}=X\vec{e}=\vec{\alpha}\cdot\vec{\beta}\cdot\vec{e}$。

在二维质向量坐标系空间中,垂直或正交的两个质向量 $\vec{x}$ 和 $\vec{y}$ 一般各自代表着系统形态中两种完全不同的质,各自具有两种完全不同的量纲。如果两个质向量 $\vec{x}$ 和 $\vec{y}$ 不平行也不正交,质向量 $\vec{x}$ 和质向量 $\vec{y}$ 的比值 $\dfrac{\vec{x}}{\vec{y}}$ 就不是标量 $\dfrac{x}{y}$(实数 λ 或 0),即存在着 $\dfrac{\vec{x}}{\vec{y}}\neq\lambda$ 与 $\dfrac{\vec{x}}{\vec{y}}\neq 0$ 的关系,因而也必须以对比的形式来保留两种不同质参量的量纲 $\dfrac{\vec{e}_X}{\vec{e}_Y}$。

质向量 $\vec{x}$ 和质向量 $\vec{y}$ 具有不同的量纲,它们的除法就要从质向量外积 $\vec{x}\times\vec{y}$ 的逆运算来考虑。既然质向量 $\vec{y}$ 的倒数 $\vec{y}^{-1}=\dfrac{1}{\vec{y}}$ 为另一个质向量,那么质向量就可以有逆质向量,并且积向量是 M 向量的两个质向量互为逆向量。所以,质向量 $\vec{x}$ 和质向量 $\vec{y}$ 的除法可以表示为

$$\vec{z}=\dfrac{\vec{x}}{\vec{y}}=\dfrac{x}{y}\left(\dfrac{\vec{e}_X}{\vec{e}_Y}\right) \tag{4-66}$$

第三节 质向量空间的解析模型

向量运算以物理为背景,如果还原向量坐标轴所省略的质,那就可以在质向量坐标系张开的空间中以质向量来刻画系统形态。系统形态的变化在质向量空间形成相轨道,通过认识系统形态的思想模型和刻画系统形态的数学模型的认知,可以用质向量表达的解析模型为揭示系统形态变化规律或分布规律奠定基础。

一、质向量坐标系空间的相轨道

在质向量坐标系的空间中,每个点都代表着系统的一个可能形态,两个点就代表着系统的两个可能形态,m 个点就代表着系统的 m 个可能形态。任何一个确定的点都可以用一个定常的质向量来表示,或者说每一个常质向量都对应着质向量空间中的一个

定点。

在一维质向量坐标系 $\vec{X}$ 上,一个定点对应着孤立系统的一个平衡态,可用常质向量 $\vec{a}$ 表示。特别地,在坐标原点上 $\vec{a}=\vec{0}$。在 m 维质向量坐标系 $\vec{X_1}\vec{X_2}\cdots\vec{X_m}$ 的 $(\vec{X_1},\vec{X_2},\cdots,\vec{X_m})$ 空间中,m 元系统的一个平衡态就是一个确定的点阵,可以用一组 m 个相互独立的常质向量 $(\vec{a_1},\vec{a_2},\cdots,\vec{a_m})$ 表示,其中坐标原点为 $(\vec{0},\vec{0},\cdots,\vec{0})$。因此,在一维质向量坐标系 $\vec{X}$ 内部打开 m 维分质向量空间 $(\vec{X_1},\vec{X_2},\cdots,\vec{X_m})$,一个孤立系统确定的平衡态既是一维质向量坐标轴 $\vec{X}$ 上的点,也是 m 维分质向量坐标系 $\vec{X_1}\vec{X_2}\cdots\vec{X_m}$ 中的点阵,可以用常质向量 $\vec{a}(\vec{a_1},\vec{a_2},\cdots,\vec{a_m})$ 表示,其中,坐标原点为 $\vec{0}(\vec{0},\vec{0},\cdots,\vec{0})$。

考察各种具体事物形态必须同时考虑其性质、大小和取向,而运用抽象的质向量就可以定质、定量、定向地刻画一般的系统形态。一个系统的平衡态对应着一个常质向量。如果系统形态发生变化,刻画其形态的质向量必然表现为至少在性质、大小和方向中的某一方面发生变化,那么表征系统形态的质向量就称为变质向量。在质向量空间中,一个变质向量就对应着一个动点。所谓的动点就代表着系统处于非平衡态,代表系统的一类动态行为。

在一维质向量坐标系 $\vec{X}$ 的一定区间内变动的一个点对应着一个单元系统所具有的一系列可能的形态,可以用不确定的变质向量 $\vec{x}$ 表示。在 m 维质向量坐标系 $\vec{X_1}\vec{X_2}\cdots\vec{X_m}$ 的 $(\vec{X_1},\vec{X_2},\cdots,\vec{X_m})$ 空间中,m 元系统在一定的空间内变动的一个点对应着无数的不确定形态,也可以用一组 m 个独立的变质向量 $\vec{x_1},\vec{x_2},\cdots,\vec{x_m}$ 表示。在一维质向量坐标系 $\vec{X}$ 内部打开 m 维分质向量空间 $(\vec{X_1},\vec{X_2},\cdots,\vec{X_m})$,空间内一个单元系统所具有的不确定形态既是一维质向量坐标轴 $\vec{X}$ 上的点,也是 m 维分质向量坐标系中 m 元子系统的点阵,可以用变质向量 $\vec{x}(\vec{x_1},\vec{x_2},\cdots,\vec{x_m})$ 表示。

在质向量坐标系空间中,系统形态的变化表现为在一系列不同形态点之间变动的动态过程。在 m 维质向量坐标系 $\vec{X_1}\vec{X_2}\cdots\vec{X_m}$ 的 $(\vec{X_1},\vec{X_2},\cdots,\vec{X_m})$ 空间的一定区间,建立定点或常质向量之间的联系、比较、运算等,就会产生常质向量关系的规律和运算法则;建立动点或变质向量之间的联系、比较、运算等,也会产生变质向量关系的规律和运算法则。

在向量坐标系空间中,可以用隐性的向量来表示系统形态,且可以把向量运算解决几何问题的计算过程数量化。在向量空间中,动点在形态变化历程中所遵循的向量法则,可以用人们熟悉的打高尔夫球来比喻。如果把粗粒化以后的事物形态作为高尔夫球,图 4-9 所示的向量加法的三角形法则就可看作在平面上打高尔夫球。O 点为发球点,C 点为球洞(终点),向量 $\vec{OC}$ 代表击球者一举成功地一杆进洞。如果击球者第一杆的力度和方向没有恰到好处地掌控好,那就必须击打第二杆才能进洞;由于第一杆 $\vec{OA}$ 的落球点 A 可以分布在 O 点周围允许变化范围的任意点,因此在 $\vec{OC}$ 为常向量的前提下,满足 $\vec{a}+\vec{b}=\vec{OC}=\vec{c}$ 中的 $\vec{a}$ 与 $\vec{b}$ 有无穷多解。这样,A 点实际上是一个动点,使得用三角

形法则所得到的从$\overrightarrow{OA}$到$\overrightarrow{AC}$的路径有无限多条。如果O点代表系统形态变化初始的平衡态，C点代表系统形态变化终结的平衡态，那么系统形态变化经由的相轨道$\overrightarrow{OC}$或从$\overrightarrow{OA}$到$\overrightarrow{AC}$的曲折路径就可以用符号$\langle$终结态$\overrightarrow{C}|$初始态$\overrightarrow{O}\rangle$表示。

多边形法则也可以看作在向量坐标系空间中打高尔夫球（粗粒化的事物形态）。如果发球起点与球洞（终点）各代表系统的一个平衡态，击球者能够一杆进洞，只要用一个向量即可表示这样的系统形态变化。如果击杆者力度和方向没有掌控好，那就必须第二杆、第三杆乃至许多杆击球才能进洞，由此形成的多个落球点的轨迹就构成了空间的多边形。进洞前的所有落球点是分布在终点周围允许变化范围的任意点，在满足多边形起点和终点首尾相接的常向量前提下，多边形的其他节点（落球点）都是一个个动点，这样使得用多边形法则得到的路径就有无限多个。因此，如果起始点到终结点各代表系统形态变化始终是一阴一阳的平衡态，那么系统形态变化经由的起止的径直路径或多边形的曲折轨道就是相空间中的相轨道，简称"道"。

相空间是连续的场，或称为连续统。要研究系统形态在相空间的连续变化规律，只要把系统在相空间所涉及的一系列的点依序联系起来，系统形态变化就表现为相点沿着一定轨道的运动，所形成的相轨道叫作相流的流线。一条相轨道代表系统的一个行为，反映系统形态变化中质向量的变化规律。任何曲线都可用折线去无限逼近，所以任何系统形态变化的相轨道不论有多曲折也都可以用多边形的线性变化来描述，即向量微积分可成为连续相空间刻画相轨道的有效工具。

在环境作用下，孤立系统可以打破原有的平衡态$\vec{a}$进入准平衡态、近平衡态或远离平衡态的某种失衡态$\vec{x}$，从而变成开放系统。在一维质向量坐标系$\vec{X}$上，这样的形态变化历程就表现为从$\vec{a}$点到$\vec{x}$点的两点间质向量的变化，可用$\vec{a}\to\vec{x}$区间质向量变化量$\Delta\vec{x}=\vec{x}-\vec{a}$表示，或用符号$\langle\vec{x}|\vec{a}\rangle$表示。当$\vec{a}=\vec{0}$时，$[\vec{0},\vec{x}]$区间的质向量的变化就是$\Delta\vec{x}=\vec{x}$或$\langle\vec{x}|\vec{0}\rangle$。

在m维质向量坐标系$\vec{X}_1\vec{X}_2\cdots\vec{X}_m$的$(\vec{X}_1,\vec{X}_2,\cdots,\vec{X}_m)$空间内，一个$m$元系统从确定的平衡态$(\vec{a}_1,\vec{a}_2,\cdots,\vec{a}_m)$进入失衡的不确定形态$(\vec{x}_1,\vec{x}_2,\cdots,\vec{x}_m)$，这一形态变化历程可以用相空间的质向量变化量$\Delta\vec{x}=(\vec{x}_1,\vec{x}_2,\cdots,\vec{x}_m)-(\vec{a}_1,\vec{a}_2,\cdots,\vec{a}_m)$或$\langle(\vec{x}_1,\vec{x}_2,\cdots,\vec{x}_m)|(\vec{a}_1,\vec{a}_2,\cdots,\vec{a}_m)\rangle$表示。当确定的平衡态$(\vec{a}_1,\vec{a}_2,\cdots,\vec{a}_m)$处在基态时，在这一相空间内所表现的质向量变化量就是$\Delta\vec{x}=(\vec{x}_1,\vec{x}_2,\cdots,\vec{x}_m)$。

按照控制论创始人维纳等人的意见，一个系统可以从外部探知的一切变化都称作它的行为，系统相对于它的环境做出的任何变化都可以定义为系统行为。行为是刻画系统与环境相互关系的概念。行为属于系统自身的变化，是系统相对于环境的变化，所以行为是系统特性的表现，可以从外部加以探测和认识。[8]

既然一条相轨道是系统一个行为的记录，那么系统的任何一个行为都可以用相轨道来表现。相空间的每个相点都可以有一条轨道通过,并且只有一条轨道通过。相空间充满各种各样的轨道,但是每条轨道不自交,不同轨道也互不相交。一条轨道可能只包含两个相点,或者由有限个相点组成(离散系统),或者为一条曲线(包括封闭曲线);这些相点就像是高尔夫球的落球点,它们彼此间形成的序列所遵循的规则就是向量的运算法则。由此得到的相轨道就是系统形态构成的轨道或形态生成的道理,这是用关联点或数据的抽象符号形式来逻辑地表达系统构成和系统生成关系的路线图,也就是用模式、图形等形式的数理语言来揭示系统形态构成与形态生成的内在规律。

由于一切系统都必须在一定的环境中形成、运行和演变,任何系统作为整体都与外部环境有着直接的联系,因而外部环境的变化必然会影响到系统,不仅会改变系统与外部事物的联系方式,而且还会改变系统内部组分的联系方式,使整个系统由静止形态进入运动形态。在环境的强烈作用下,系统内部组分本身的联系方式——结构甚至还会发生改变,由此就会引起系统形态和性质也发生根本的变化。

在质向量坐标系的空间中,表示系统单元集体行为的相轨道就是系统形态构成与系统形态生成的道理。研究系统形态构成与系统形态生成的内在规律,其主旨就是要揭示系统单元集体行为的相轨道。关联系统形态的规律是系统形态按一定的规则和条理所形成的具有一定走向的"道",向量运算法则就是维护系统内在秩序的固有规则——规律。

系统形态是系统内在秩序的表象反映,系统内在秩序是系统形态的决定因素,而质向量又是表述系统内在秩序的序参量。系统是不同单元之间的构成关系,在相空间中就是相点的构成关系。按照固有规律相互联系的相点,在人们的认知体系中就是系统模型。系统模型是对系统形态、现象、过程或系统的简化描述,或是对其部分性质的模仿,是反映系统形态构成规律或生成规律的表现形式。系统形态构成规律对应的是系统形态分布规律的模型,而系统形态生成规律对应的是系统形态变化(演化)规律的模型。通过认知模型的逻辑处理,人们就可以揭示系统形态变化规律和分布规律并进行正确的陈述或预见。

模型只是一种人们创造出来的概念,是用来帮助人们更好地理解周围真实世界的体系,用来描述系统的内在联系及系统与外界的关系。钱学森指出:模型是通过"对问题现象的了解,利用外面考究得来的机理,吸收一切主要因素,略去一切不主要因素所制造出来的'一幅图画',一个思想上的结构物。这是一个模型,不是现象本身"[9]。

人们是以模型来理解世界的。虽然模型可看作所要研究的那部分现实世界的一种虚构的、简化的版本,但是科学中最理性的认知方法是通过模型工具把握原型系统行为的本质特性,在模型里,人们就有可能进行完全精确的计算。科学认知世界的通用方式是在观察和理性思考的基础上,抓住客观事物的主要矛盾建立比较简易的假说模型,然后得出可以与实验及普遍理论对比的结论。所以,人们将研究对象看作一个系统,从整体的行为上对它进行研究。这种研究并不在于列举所有的事实和细节,而在于识别出有显著影响的因素和相互关系，以便掌握系统的本质规律。

二、认识系统形态的思想模型

由于不同的事物之间往往表现出不同程度的相似性，而且这种相似性经常出现在相去很远的各种领域中，因此人们就利用事物的相似性来建立所要认知事物本质特征的简化模型。人类文明以科学思维为基始，而科学思维又以建立模型为代表来认识客观事物及其发展变化。建立概念模型是科学研究的基本方法，被认为是最能反映人们思维水平和研究能力的重要环节。用模型方法去认识世界是人的一种创造，所有的模型都是人们为认识客观实在的原型而运用人的理性思维构建的知识产品，每一种模型的建立也都是在已有的知识基础上发挥创造性的结果。模型是由唯象认识过渡到抽象认识的桥梁，而人的想象力和逻辑思维能力又是建立和运用模型的重要助手。科学家所做的大部分事情都是在对某种"实在"现象进行建模，并对所建立的模型进行研究。因此，贝塔朗菲指出："'系统'是总的自然界的模型，是模拟被考察实体的某些比较普遍性质的概念方面的东西。使用模型或模拟结构是科学的一般做法（甚至是一般生活的做法）。"[10]

人的理性思维可以模拟原型事物的形态特征，并对内在本体进行定质、定量和定向的信息联系，从而组织成有条理的模型。人们运用模型仅仅是为了体现事物的本质特征、揭开原型的内在机制或研究人们所关心的系统的某个方面的问题，因而只要与原型事物至少在定质、定量和定向的某一方面存在着一一对应的同构关系，就可以构造模型。模型不再包括原型的全部特征，但能描述原型的本质特征。

系统模型是一个系统某一方面本质属性的描述，它以某种确定的形式（如文字、符号、图表等）提供该系统的知识。系统模型一般不是系统对象本身，而是原型事物的描述、模仿或抽象。对于大多数研究目的而言，没有必要考虑系统的全部属性。系统模型只是原型事物某一方面本质属性的描述，本质属性的选取完全取决于所要研究的目的。对于同一个系统来说，由于研究目的的不同可以建立不同的系统模型，因此系统模型的建立既是一种技术，又是一种"艺术"。[11]

系统模型反映原型事物的主要特征，但它又高于原型事物而具有同类问题的共性。因此，一个适用的系统模型具有如下三个特征：它是原型事物的抽象或模仿；它由反映系统本质或特征的主要因素构成；它集中体现了这些主要因素之间的关系。

对原型事物通过类比、抽象等手段建立起各种系统模型，就称为建模。通览人们已经构造的各种不同形式的模型，模型的表现形式主要分为物质模型（形象模型）与思想模型（抽象模型）两大类。物质模型包括实物模型、模拟模型与物理模型，而思想模型包括理想模型、数学模型和符号模型。思想模型作为一种抽象的形式反映客观对象，是事物在人们思想中的理想化反映，是物质模型在思维中的引申。

物质的实物模型是根据相似性理论按一定的比例模仿实物或设计中的构造物的形状制造的实物,不论其细节是否跟实物一模一样,或只是模仿实物的主要特征,它们都具有感官可以直接感受的特征,可通过视觉了解实物的形象。这是以形象化方法按原型事物的形态结构特征来构建具象的模型。

物质模型的模拟模型是根据不同事物形态的特定变量所服从的共同规律来构建出物理意义完全不同的比拟和类推的同构模型。这是因为在科学发展史上,在许多独立的并以完全不同的事实为基础的领域中,经常重复发现同样的原理。一个领域的工作者不知道他所需要的理论结构已经在其他某个领域发现了。

虽然人们在构建物质模型中都必须抽象出原型某些方面的本质属性,但是人们在对原型进行简化和纯化的思维中仍然要从一定的概念和经验出发,在经验世界中对客体从理论上进行原理和规律的推断。因此,以一定的经验来建立物质模型,就无法完全通过理性认识来构建一个真实反映事物形态本质特征的简单模型,也难以揭示适用于一般系统的模型。

模型是系统的一种表示。试图用形式简化又易于理解的系统模型去描述客观实在原型的本质特征,是任何理论尝试的基础。现代科学哲学的研究表明,作为建构科学理论的方法,可以把理论看作一簇与经验同构的模型,用"同构"的概念来说明理论与客观对象之间的对应关系。为此,人们通过思想模型来寻求建立反映事物形态本质属性与内在关系的简化模型,并使之成为应用范围广泛的一般系统模型。

虽然人们的认识是不可能绝对没有丝毫误差地反映各种错综复杂事物的所有特质与性能及其相互联系、相互作用的所有形态,但是人们可以通过理性认识或理论思维把不同领域的知识联系起来,可以用思想模型尽可能真切地反映客观原型。从逻辑上讲,任何一个人要想正确地想象某些诸如原子之类的物理系统是不可能的,因为那些系统包含着一些纯属人们经验世界之外的东西。因此,必须借助于理论仿真模型,才能深入探讨那些人们感官无法直接感受或想象的事物。

理论思维是认识事物本质的强大武器,千古奇书《周易》就是理论思维的杰作。古希腊科学也正是偏重理论思维,讲究思维方式的特点,才创造了人类科学史上的辉煌。正如恩格斯在其著作《反杜林论》旧序中所说:"建立各个知识领域互相间的正确联系,也同样成为无可避免的。因此,自然科学便走进了理论思维的领域,而在这里经验的方法就不中用了,在这里只有理论思维才能有所帮助。"但是,在许多情形下,"我们专注对自然物质的思索,排斥对虚无精神的反思,这一现状扭曲了我们对现实的真实状态的认识"[12]。

理论思维是建立思想模型的必要手段。思想模型中的思维模型、数学模型和符号模型都是主体根据研究的需要,对客体初步的或阶段性的认识成果进一步抽象为思想模型。因为客体真实的东西受具体性状或环境因素的影响反而不够"真实",主体通过理性作用建立的思想模型来代表真实的客体,具有比那个真实的客体更稳定、更典型、更标准的意义。因此,思想模型作为客体的一种理想化、数学化、理论化的系统形态,成为人们进行理论分析、逻辑推理和数学演算的对象。

建立思想模型必须把实际的研究对象理想化,看成理想对象的系统模型;或把实际的物质结构理想化,当成理想结构的系统模型;或者把实际的物理过程理想化,看作理想过程的系统模型;或者把实际的环境理想化,当作理想环境的系统模型。作为思想模型,理想化和理论化的系统模型必然存在着模型与原型的逼真性、可行性、局限性等问题。但是,只要思想模型具备近似的通用性、精确性、鲁棒性、条理性和可转移性,建立思想模型就是十分有意义的。

思想模型一般有以下几类:

(1)以抽象概念来表达的理想模型。理想模型在物理学中可以细分为四种:对象模型、结构模型、过程模型和环境模型。例如,理想的系统模型有质点、点电荷、电源、直流电路等,原子物理中的结构模型有汤姆逊葡萄干—布丁模型、卢瑟福核式结构模型、波尔氢原子模型等原子或原子核模型等,运动学中理想刚体的过程模型有匀速直线运动、匀变速直线运动、匀速圆周运动、碰撞、机械波等,理想环境的系统模型包括理想流体、匀强电场、匀强磁场和真空中静止的点电荷所形成的电场……

(2)以数学问题出现的数学模型。数学模型是对客体的运动规律和数量关系的一种抽象,并用数学语言描述或符号表达的一类模型。根据所用的数学语言,数学模型可分为解析模型、逻辑模型、网络模型、图像与表格、信息网络与数字化模型。数学模型可以是一个或一组代数方程、微分方程、差分方程、积分方程或统计学方程,也可以是它们的某种适当的组合,通过这些方程定量地或定质地描述系统各变量之间的相互关系或因果关系。除了用方程描述的数学模型外,还有用其他数学工具,如代数、几何、拓扑、数理逻辑等描述的模型。数学模型描述的是系统的整体行为和外部特征,而不是系统内部的实际结构。大多数数学模型都可以通过求解模型给出精确解,并引出基本结论。

(3)以简单明了的符号表示事物的符号模型。符号模型是在一些约定或假设下借助于专门的符号或线条等,按一定形式组合起来描述原型,具有简明、方便、目的性强及非量化等特点。使用符号可以避免由于事物外形不同或表达事物的文字语言不同而引起的混乱,如地图、电路图、化学结构式等。例如,《周易》用意象思维方法提出的卦图也是用符号模型来模拟和表达宇宙阴阳变易的道理。

三、刻画系统形态的数学模型

用模型方法去认识世界是人们的一种创造,是获得各种事物形态及其相关知识的有效途径,也是统一科学的基本研究方法。知识是指人们运用范畴、定理、定律等思维形式来联系现实世界各种事物的现象,反映本质和规律而获取的对该事物认识的正确陈述或预见。知识世界是人们为认识客观实在而运用人的理性思维构建的另一个世界。知识世界的符号与客观世界的事物存在着一一对应的同构关系,而人的理性思维又可以把关于客观事物形态的感知信息联系组织成有条理的模型,因此人们才能对内在的"本质实体"进行认识。

在人们运用理性思维构建的知识世界里,不论是直观的物质模型,还是抽象的思想模型,都是对客观世界中原型事物的模拟,都要尽可能真确地反映原型事物的本质特性。然而,人们在模型的选择上,思想模型中的数学模型是应用最为广泛的横向联系的一种公共研究方法。

在自然界中,各种现象的统一性显示在微分方程式的惊人的类似中。[13]微分方程是一种数学模型,数学模型在理论世界中占有非常重要的地位。模型是实现数学上的同态对应的一个系统。数学模型正是以数学为语言,才能够描述完全超乎人类想象力的表征客观事物形态的内在本质。按照"电子计算机之父"匈牙利数学家冯·诺伊曼的看法:"科学不是试图做解释,更不是做说明,主要是建立模型。一种模型就是一种数学构造,附加些文字说明后来描述观察到的现象。这样的数学构造之所以合理,只是也正是在于可以指望它起作用。"

数学模型是非常经济的假设。数学模型是对于现实世界的一个特定对象和为了一个特定的目的而运用适当的数学工具所得到的一个抽象的简化的数学结构。具体来说,数学模型就是为了某种特定目的,根据有关信息和规律做出一些必要的简化假设,采用形式化语言,概括或近似地表达出来的一种数学结构,它可以是反映该现象的性态和数量规律的数学表达式、图形、图表或算法。[14]

数学模型是对人们所观察之物的系统化的陈述,是描述客观事物的特征及其内在联系的数学结构表达式,其原型可以是具体对象及其性质或关系,也可以是数学对象及其性质或关系。如果数学模型是指描述系统的形态参量与系统的其他独立形态参量之间的数学关系,那么模型结构及其序参量的认知就是认识系统形态内在规律的基础问题。既然描述系统形态的序参量可以构成数学模型的逻辑表达式,那么数学模型还可以分为解析模型和曲线模型,人们也就可以用解析几何的基本方法来描述系统形态的内在关系。

(一)解析模型

解析模型是机理模型,它是从分析事物形态的变化行为或分布情况的机理出发,利用科学的基本理论建立的关于系统的数学模型。撇开划分系统的组分和描述组分之间的关联方式(系统结构),把对象看成以若干特征量为要素构成的系统,用解析模型描述特征量之间的关系,就可以对系统进行定量的刻画。解析模型一般的表现形式是系统的形态参量函数或方程式,因而称为模式,用符号表示就是

$$y = f(x) \tag{4-67}$$

上式中算符 f 代表某种数学操作,如关系、变换、运算、方程或其他,x 为数学操作

的对象，$f(x)$ 表示对 x 施行操作。如果 f 可以找到具体的数学表达，就成为包含输入量 x、输出量 y 的方程（代数方程、微分方程或其他方程），这个方程就是系统的解析模型。

集合的概念可以描述彼此不同的客观事物，所以函数是广义集合的必然伴生物。对于输入量 x 每一个可能取的值，或者说对于集合 $[a,b]$ 中的每一个 x，系统都能按照一定的规律有输出量 y 和它对应，输出量 y 就是输入量 x 的一个函数，$y=f(x)$ 就是联系 x 与 y 的解析模型。

对于一个系统而言，如果其内部某一子系统的输出是另一子系统的输入，它们就可以用公用的特征量表示，也就可以把各个方程联结为一个有机联系的方程组。对于一个多层次的复杂系统，如果所有特征量都能找到解析模型（方程），则由这些方程组成的方程组就是整个复杂系统的解析模型。

处在连续相空间中的系统称为连续系统，其变化方程为微分方程，有高阶方程和一阶联立方程组两种形式。若一个输出量 y 有 m 个输入量 $(x_1, x_2, \cdots, x_m)$ 相对应，用函数形式表示连续系统的变化方程就是

$$y = f(x_1, x_2, \cdots, x_m) \tag{4-68}$$

处在离散相空间中的系统称为离散系统，离散系统的变化方程一般为差分方程。例如，逻辑斯蒂方程 $x_{n+1} = ax_n(1-x_n)$ 或其等价形式 $x_{n+1} = 1 - \lambda x^2$ 就是离散系统的变化方程，知道了离散系统变化方程的输入量 x_n，就可以算出其输出量 x_{n+1}。

定量方法基于如下的前提：①系统具有一组能够明确定义可以精确观测的特征量；②各个特征量之间存在可以用数学形式表示的关系；③系统的结构、性质、行为、状态等质的规定性包含在这些特征量的关系中。因此，可以把对系统的定质描述归结为定量描述，由此建立系统的数学模型，就可以把对系统的研究转化为对数学模型的定量研究，即用数学方法处理系统问题。不过，人们在寻求一定形式和近似度的解析模型时，往往把特征量的数据作为实证科学的起跑点。人们从具体的科学实验、经验、统计和测量出发，形成数字表格，再采用统计或回归分析等方法来建立一定经验范围内的初步数学模型，这样形成的数学模型一般不能以解析式出现。

（二）曲线模型

形与数统一的解析几何可以用解析模型来表达，而且可以用认知体系中的曲线模型来表达关于特征量的输入量 x 与输出量 y 的函数关系。在认知体系的相空间中，任何一个系统形态都表现为一个点，联系各个形态点之间的解析模型可以用曲线来表示，因此称之为曲线模型。曲线模型所在的认知体系的相空间也可以称作 Γ 空间。

在认知体系的相空间中，当系统形态发生变化时，系统形态的代表点就必然要在相空间内移动，其相轨道就代表着系统的行为；而由相轨道表示的模型也就是曲线模型。如果表现系统形态的特征量 x 按照一定的规律与另一个表现系统形态的特征量 y 构

成函数关系,那就可以用联系 x 与 y 的曲线来表示。

在认知体系的相空间中,任何系统形态在环境持续不断的作用下,其形态变化过程所形成的相轨道整体上就是一条曲线。如果系统形态的变化是在确定的环境条件作用下,那么系统形态的变化结果就是确定的,系统形态的变化曲线也是可以确定的。因此,任何一个系统形态的变化过程都可以用曲线模型来表现出所有形态点的相轨道或整个系统形态变化过程的规律。

如果系统形态的变化是随着某一公共的特征量而变化的,则系统形态的变化实际上就是作为该特征量的函数而出现的,例如,形态量可以用 $X(t)$ 表示。当特征量取一确定值时,m 个不同的形态量 $x_1, x_2, \cdots, x_m$ 也就取了确定值,在相空间中就表现为 m 个点。例如,在三维相空间中,$X(t)$ 的形态可用 $X[x_1(t), x_2(t), \cdots, x_m(t)]$ 表示;系统在 5 个不同时间点的形态变化相轨线可以用图 4-18 所示的曲线来表示。

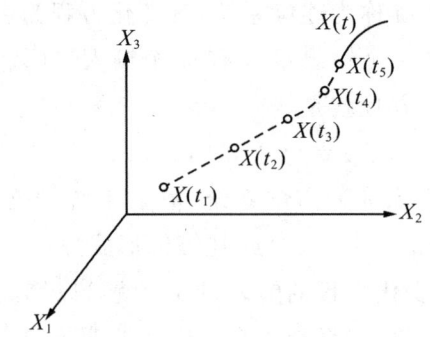

图 4-18 三维相空间中的系统形态变化相轨线

以解析模型或曲线模型表达的数学模型凸显了系统形态参量之间的数量关系,可以精确定量地描述系统形态及其变化规律。数学模型(特别是解析模型)可以在任何不同的领域用来刻画系统形态的变化规律或分布规律。不过,解析模型建模时需要进行机理分析,包括明确认识对象的形态特性、分析因果关系、理清内部机理和评估物理或现实价值等,因而仅仅从"大数据"的定量角度描述系统形态及其变化规律是难以为各种具体系统形态的数学表达提供令人信服的理论诠释的。

在高中物理课本中,人们都学过牛顿运动三大定律,第二定律的表述是"物体运动的加速度与外力成正比,与它的质量成反比;外力向量等于加速度向量的质量倍数"。[15]这后半句中的"外力向量"和"加速度向量"实际上就是质向量,但是高一的中学生对于质向量的知识一般是贫乏的,所以绝大多数人只记住了前半句。然而,统一科学认为要描述各个门类具体学科不同系统的形态及其变化规律,必须回到质向量空间,才能讲清系统形态变化与分布的道理。因为机理模型中的每个抽象的特征量都有明确的意义,每个序参量都对应着人们所研究的系统形态的某种质,只有质向量模型才有可能向人们透露世界的本真。因此,应当在质向量空间中采用质向量模型来揭示系统形态的构成规律与生成规律。

四、以质向量表达的解析模型

在认知体系中,作为人们认知系统形态的质向量是表征系统形态本质特征的序参量。以一个质向量 $\vec{X}$ 作为一个维度的坐标轴,就可以组成一维质向量坐标系来定质、定量、定向地描述单元系统形态的一种特征量。如果所要表征的系统形态具有两种质,那就要用两个独立的质向量 $\vec{X}$ 和 $\vec{Y}$ 来代表二元系统形态的两种特征量,并用质向量坐标轴 $\vec{X}$ 和 $\vec{Y}$ 组成二维质向量坐标系。如果所要表征的系统形态具有 m 种质,那就要用 m 个独立的质向量 $\vec{X}_1, \vec{X}_2, \cdots, \vec{X}_m$ 来代表 m 元系统形态的 m 种特征量,m 个独立的质向量坐标轴 $\vec{X}_1, \vec{X}_2, \cdots, \vec{X}_m$ 构成了 m 维正交的质向量坐标系 $\vec{X}_1 \vec{X}_2 \cdots \vec{X}_m$。以 m 个独立的质向量 $\vec{X}_1, \vec{X}_2, \cdots, \vec{X}_m$ 作为坐标轴构造出来的空间就称为 m 维质向量空间 $(\vec{X}_1, \vec{X}_2, \cdots, \vec{X}_m)$。

在 m 维质向量坐标系 $\vec{X}_1 \vec{X}_2 \cdots \vec{X}_m$ 张开的质向量空间中,系统的整体形态是由 m 个独立的质向量 $\vec{X}_1, \vec{X}_2, \cdots, \vec{X}_m$ 确定的,所以这一系统称为 m 元系统。如果用几何语言来描述,在 m 维质向量坐标系张开的向量空间中,m 元系统的形态就是 m 维质向量空间中的一个点。

在一维质向量坐标系 $\vec{X}$ 空间中,一个孤立系统具有确定的形态,其形态点可以用常质向量 $\vec{a}$ 表示。在 m 维质向量坐标系 $\vec{X}_1 \vec{X}_2 \cdots \vec{X}_m$ 的空间中,m 元系统具有确定的形态,可以用 m 个独立的常质向量 $(\vec{a}_1, \vec{a}_2, \cdots, \vec{a}_m)$ 来表示,$\vec{a}_1, \vec{a}_2, \cdots, \vec{a}_m$ 称为常质向量 $\vec{a}$ 在 $(\vec{X}_1, \vec{X}_2, \cdots, \vec{X}_m)$ 质向量空间中的坐标值,常质向量就记作 $(\vec{a}_1, \vec{a}_2, \cdots, \vec{a}_i, \cdots, \vec{a}_m)$,其中 $\vec{a}_i$ 叫作它的第 i 个分质向量。

任何系统形态在某一环境条件下如果不发生变化,则其在质向量空间就是一个确定的相点。任何一个系统在一定的质向量空间具有确定的形态,就可以看作处在平衡态;这一系统也就可以作为与环境没有联系的孤立系统,并在一定的质向量空间表现为恒定的常质向量。但是,环境条件一旦发生变化,孤立系统的平衡态就要发生变化,从而孤立系统就变为开放系统;在一定的质向量空间,这一开放系统就处在失衡态,因而代表系统形态的相点必然要发生移动变化,并在一定的质向量空间表现为变质向量。特别地,在一维质向量坐标系 $\vec{X}$ 空间中,变动相点的形态可以用变质向量 $\vec{x}$ 表示。

当外界环境存在随机扰动时,系统形态就可能不确定。这种不确定性是一种外在的随机性,外界随机因素去掉后,系统仍表现为一种确定的形态。在系统形态不确定的情况下,系统的形态在某一环境条件下没有确定值,在一定维度的质向量空间中,其所对应的就是取一系列可能值的不确定点。如果不考虑质向量空间的质,那这一定维度的质向量空间就成为同样维度的向量空间。在此,系统形态每个可能的取值都有一定的概率,这样的系统形态称为概率形态。处于概率形态的系统必然同时包含着若干确定的参数,系统内、外有关的确定参数统称为系统概率形态的条件。伴随着确定的参数等概率形态的条件不同以及是否存在涨落等,在质向量空间中所得到的图样可能很不相同。

在 m 维质向量坐标系 $\vec{X}_1\vec{X}_2\cdots\vec{X}_m$ 的 $(\vec{X}_1,\vec{X}_2,\cdots,\vec{X}_m)$ 空间中,变动的形态点可以用一组 m 个独立的变质向量 $(\vec{x}_1,\vec{x}_2,\cdots,\vec{x}_m)$ 表示,$\vec{x}_1,\vec{x}_2,\cdots,\vec{x}_m$ 可以分别看作 m 个子系统的变质向量,称为 m 维质向量空间中的坐标值,变质向量就记作 $(\vec{x}_1,\vec{x}_2,\cdots,\vec{x}_i,\cdots,\vec{x}_m)$,其中 $\vec{x}_i$ 叫作它的第 i 个分质向量。$\vec{x}_1,\vec{x}_2,\cdots,\vec{x}_m$ 可以作为一维质向量 $\vec{x}$ 的 m 个分质向量,这一维质向量坐标系 $\vec{X}$ 内部的 m 个分质向量与一维质向量坐标轴 $\vec{X}$ 的单位质向量 $\vec{e}$ 具有相同的方向,因而 m 个独立的序参量 $x_1,x_2,\cdots,x_m$ 都是一维质向量坐标系 $\vec{X}$ 内部的 m 个质变量,且都可用标量来表示。

对于 m 个质向量 $\vec{x}_1,\vec{x}_2,\cdots,\vec{x}_m$ 的每一个可能取的值,如果系统形态都能按照一定的规律有变质向量 $\vec{y}$ 和它们相对应,那么 $\vec{y}$ 就是 m 个质向量 $\vec{x}_1,\vec{x}_2,\cdots,\vec{x}_m$ 的一个函数,用符号表示就是

$$\vec{y}=f(\vec{x}_1,\vec{x}_2,\cdots,\vec{x}_m) \tag{4-69}$$

算符 f 是代表某种输入量与输出量之间的关系、变换、运算、方程或其他的操作,$\vec{x}_1,\vec{x}_2,\cdots,\vec{x}_m$ 作为操作的对象,$f(\vec{x}_1,\vec{x}_2,\cdots,\vec{x}_m)$ 就表示对 $\vec{x}_1,\vec{x}_2,\cdots,\vec{x}_m$ 施行了操作。如果 f 可以找到诸如向量的运算法则的具体表达,那么(4-69)式的方程式就是 m 元系统的 m 维质向量解析模型。为了认识系统形态及其变化规律,就要在 m 维质向量空间中建立刻画 m 元系统形态的 m 维质向量模型,即符合统一科学基础层次要求的模型。

现实世界的客观实在都可作为质向量空间的一个质向量或一个相点,因而(4-69)式是在 m 维质向量坐标系的空间中刻画 m 元系统内在关系的质向量空间模型。然而,人们只有清楚地表明各个维度质向量坐标轴的特质,才能在质向量空间中建立描述事物形态及其变化的质向量空间模型。例如,赋予质向量 $\vec{x}$ 以"文本"这一特质,同时将文本分词作为分质向量 $(\vec{x}_1,\vec{x}_2,\cdots,\vec{x}_m)$,文档向量空间就可看作由一组正交词条向量 $(\vec{x}_1,\vec{x}_2,\cdots,\vec{x}_m)$ 所组成的向量空间 $\vec{x}(\vec{x}_1,\vec{x}_2,\cdots,\vec{x}_m)$。又如,在信息检索时,输入的检索词被转换成类似于文件的向量,经由比较每个文件(向量)和检索词(向量)的夹角偏差程度就可得知文件和检索词的相关程度。因此,质向量空间模型是搜索引擎开发出的应用最多且效果较好的信息检索方法。基于统计的邮件分类也是采用质向量空间模型。

在不同的学科领域,人们所研究的事物形态及其规律是不同的,每一学科得到的事物形态的变化规律或分布规律都是特定的规律。例如,电学中有库仑定律、欧姆定律、闭合电路的欧姆定律、法拉第电磁感应定律、楞次定律,这些定律都对应着一定的模型及其特定的条件。但是,有一些很不相同的系统的不同模型可以产生相同的形态转化图样。由此就启发人们,世界中的各种事物可能隐含着适用于一般系统的模型、原理和规律,只要用以描绘系统形态的质向量选择得合理,就有可能使之成为具有普遍意义的

质向量空间模型。

因此,人们必然要探索是否存在着一组表征系统形态及其规律的质向量,如果科学的所有认知活动都能够按这一组质向量为度量基准来认识,那不同学科领域就不仅具有认知系统的共同语言,而且不同学科领域所发现的事物形态的特定规律也就可以一般化。有了一般化的质向量空间模型作为刻画系统形态的理性认识工具,人们就可以在同一的认知空间中理解同一个宇宙,研究至高无上的宇宙法则和自然规律,揭示贯穿于各个学科的系统形态固有的内在的一般规律。

奥地利物理学家玻尔兹曼说过:"模型,无论是物理的还是数学的,无论是几何的还是统计的,已经成为科学以思维能力理解客体和用语言描述客体的工具。"模型化的开局就是要合理地选择用以描绘客观系统形态的具体特性,并使之成为确定质向量空间的序参量。这些刻画系统形态内在特征的质向量就是质向量空间的维数。只有选定一组质向量作为坐标轴并撑起描述系统形态的坐标系,才能建立认知系统形态内在关系的质向量空间模型,才能在质向量空间中刻画系统运行演化过程的特征和规律,才能理性地认识世界。

在质向量坐标系空间中,模型研究是研究某一系统形态构成的空间分布或在形态生成过程的变化序列,系统形态所联系的序列就构成了系统形态的分布规律,系统在变化过程所经历的形态就构成了系统形态的变化规律。在质向量空间建立以质向量表达的解析模型就是要构成描述系统形态的质向量之间的函数关系。求解系统形态的质向量方程并分析其解的特性,就可获得对系统单元整体行为的定质、定量和定向的了解。质向量空间方法是刻画系统内在特性和规律的最有效的方法,可以获得对系统形态及其关系的深刻认识,并为揭示系统形态变化规律或分布规律奠定基础。系统形态变化规律或分布规律以动静为互根,刻画了系统的整体行为和形态的外部特征,而不是系统内部的实际结构,因此可以成为统一科学的第三条进路,由此进路就可建立起统一科学的理论大厦。

第四节 度量形态的基干质向量

基本,基础、根本之谓也。确定一组可度量一般系统形态的质向量是建立统一科学大厦的桩基。在此,就要经过"由表及里"的分析、提炼和思辨,来择定一组具有普遍意义的度量系统形态的基干质向量。以总体单元数 $\vec{N}$、异质单元数 $\vec{n}$、能量 $\vec{E}$、能阈 $\vec{E}_{\neq}$ 和能元 $\vec{\varepsilon}$ 这五个基干质向量作为坐标轴,可以构造出五维质向量坐标系 $\vec{O}\vec{N}\vec{n}\vec{E}\vec{E}_{\neq}\vec{\varepsilon}$。

一、总体单元数

　　整个宇宙是一个无所不包的系统。然而，人们认识宇宙不可能也没有必要同时全面认识整个宇宙的各个方面，而只要根据所要解决的问题的需要，从宇宙中划出某个局部，即把某个层次上或若干个层次中的一些事物从其所处的宇宙中孤立出来（不论是实际上把它孤立出来，还是理论上把它孤立出来），单独作为一个系统来认知。

　　不过，对于任何一个系统，从它原来的形态出发进行研究是很难着手的，而经过简化或分解后，系统元素之间的关系就比较容易把握。所以，人们一般都要采取系统分析的手段来使系统简化或分解成为简单的结构形式，再通过探讨同一层次元素之间的关系，查明相关层次系统和元素互相联系的结构形式与性能特征，来深入了解系统的形态、性质和变化规律。为此，系统的划分又不能任意进行，而是要使划分后的系统能够在系统表现得最为精密准确并且最少受扰乱影响的地方进行考察，或者在可能的时候，在各种条件保证过程纯粹进行的地方进行实验，以使认知对象的形态及其性质典型化。

　　系统层次的结构递进是不可穷尽的，要孤立出一个系统就要明确所划定的系统的范围及其所处的层次。不同的划分和不同的层次，都是从不同的角度来反映研究对象的整体性。系统组成范围的划分和所处层次的选择看起来是主观任意的，因为系统的划分具有很大的灵活性。有时系统划分是采用把事物划分为系统与环境的方法：系统以外的世界被看作系统的环境；环境是以系统为主体的一个相对于系统的概念，是指系统存在的条件及其周围实在。有时系统划分方法又是将多层次系统中较大和较小的各层次省去，而成为单层次系统。

　　现实世界中的事物都是互相联系、互相作用的开放系统，像通常的物质都具有成团的特性，在地面上、在太阳系内、在一个恒星周围，聚集有大量的物质。[16]虽然不存在绝对孤立、完全静止的事物，也不存在真正没有结构的孤立系统，但是事物在它运动的一定阶段具有质的稳定性。如果事物的基质不变，就表明事物处在相对静止的平衡态，就可以理想化地把相对静止、相对平衡的事物设定为孤立系统。那些实际上有结构、有联系的但又相对静止、相对稳定的事物一旦被当作孤立系统，就只能忽略事物内部的层次结构和元素之间的相互联系。

　　因此，在一般意义上，孤立系统是由彼此独立的全同单元组成的，是处于理想的平衡态的全同粒子的集成。孤立系统所处的孤立形态是人们所要认识的事物具有本质特征的形态，可称为本征态。处于本征态的孤立单元所表现的性质，就是孤立系统的本质。如果把本征系统当作理想的系综，就只要关注系综是由多少个全同单元所组成。

　　不论是在物质世界、主观世界还是理论世界中，任何事物都可以看作具有一定特质的基本元素（简称基元）组合而成的质点集群。其实，质点集群就是中国古代科学以超然的整体观来观察具象的事物并以"粗粒化"方法抽象而得到的一团"气"，每一团气就是由单一性质的元素——单元组成的单层次系统。例如,人们形容每个商场的人气是否兴旺,就是把人群这个集合体作为一个气团,这个系统是由具有"人性"这一形态特质规定的单元——人所组成的。在人群这个集群中,人数的多少决定着人气的兴衰。这就是说,任何事物都可以看作一个气团,气团的大小取决于其中的单元的数量。

自近代科学以来,人们所研究的各种自然现象大都是对自然现象做了单纯化和理论化的粗粒化处理后才进行的。譬如,牛顿力学是经过"粗粒化"处理而取得的理论成果。如果没有忽略实物运动中的摩擦力等因素,就难以抽象地得出物体运动的惯性概念。要计算地球和太阳之间的引力,也要把两个星球"粗粒化"为两个质点。尽管地球和太阳是两个庞大的球体,但以质心代替所有的点而忽略其具体位置后,人们就已经不知不觉地加遍了两个球体内部每一对质点之间的吸引力。力学中的质点就是把物体抽象成为具有一定质量而没有大小和形状的物体。电动力学的麦克斯韦方程则是略去了辐射阻尼和辐射场对运动电荷的反作用等影响后才总结出来的关于带电物质的数学模型。研究微观粒子运动规律的量子力学,也还是设定了"全同性",即当交换两个相同粒子时不出现新的状态这一前提条件下才成立的。

系综是全同单元组成的群体集合。在由形到象的理性认识中,由粒化抽象得到的粒子具有全同性和间断性,这是指系综内的单质元素具有完全一样的基质和性能,在同样的环境条件下的行为是相同的、不可辨别的。正如黑格尔所说:"本质只是纯同一和自身反映。"全同单元都各向同性,因而全同单元系综就是一定数量的同质的全同粒子的集群。例如,所有已发现的粒子都是质子电荷的简单整数倍。

任何系综都是某种特质单元的孤立系统,如人类社会由一个个人、畜群由一只只牲畜、宇宙由一个个天体、生物由一个个细胞、化合物由一个个分子组成,这些具有质的规定性的单元共同组成一个群体。这些群体的成员可以是动物,也可以是活动,甚至还可以是习惯;但是这一群体中的每个成员都只能看作与群体中的任一成员等效。在这种纯粹单元的系综中,全同单元之间彼此没有相互联系和作用,也就无所谓结构,这些量子化单元可看作莱布尼茨所说的单子。

处在某一层次的系综是人们从整个宇宙中主观选取的一个局部,范围是有限的。在清除了外来因素影响的系综中,系综中的单元只能看作"至小无内"的不可再分的绝对抽象的质点。虚空的单元的不可再分性、广延性和不可入性,提供了每个单元的形态都是全同粒子的客观根据,反映了系综的基本性质。所以,处于理想状态的本质单元只能用抽象的质点的数目来表示,任何一个系综都是由各种可数的本质单元所组成,本质单元数量的多少决定着系综总体的大小。

系综总体所包含的全同单元数称为总体单元数。总体单元数是描述事物形态的一种规定性,代表着系综的规模。同一质的规定性在一定范围内的量可以取不同的数值,所以在把事物表征为系综以后,系综内部抽象的单元数就可以用来刻画事物的形态。凡物莫不有数,凡事也莫不有数。世界上的万事万物,大至总星系,小至夸克,无不具有量的规定性。任何事物都有一个外在的数和一个内在的量,任何"数量"都包含着一个可数的同质单位的量,数是量的表示。从神秘的数到事物的量,事物"数量"的系列性与度规性交织前进。

由于统一科学研究对象的一般化和系综选取的人择性,系综所包含的本质单元的数量可多可少,可以是零、几个、几十个、几百个、几千个、几万个……几亿个……几兆个……乃至无限大的某个数,因此系综的总体单元数是一个可变量。系综的总体单元数既为变量,那么对于本质单元数量的多少就必须规定其序列的取向。如果规定这一变量最小的数值为 0,最大的数值为 $+\infty$,其值域为 $[0,+\infty)$,这样,总体单元数就是一个非负的有序变量,记作 N_+。当然,如果反向取值,总体单元数就是一个非正的有序变量,记作 N_-。

由此可见,认知任何事物必须先确定研究对象,被划定的研究对象在相对平衡态下就是孤立系统。孤立系统在理性认知体系的定点上可以看作理想化的系综。系综是由全同的本质单元组成,系综总体的规模大小可以用总体单元数 N 来表达。总体单元数作为一个描述事物形态的度量基准,不仅是个定量、定向的向量,而且是一个以"总体单元数"规定系统形态的质向量,记作 $\vec{N}$。如果以总体单元数作为度量事物形态的质向量,那么这一名叫"总体单元数"的质向量就可以在理性认知体系中成为一维质向量坐标轴 $\vec{N}$。

二、异质单元数

人们把要认识的事物划定为研究对象,并把那些实际上有结构、有联系的但又处在相对静止和相对平衡形态的事物当作理想化的系综。任何事物一旦成为系综,就是以孤立系统的平衡态为基本,其基质就称为本质,形态称为本征态。本征态是稳定分布,这种分布具有相当程度的恒久性。不过,如果人们仅仅孤立静止地考察事物的本征态,就只能就事论事、就物论物,必然讲不清道不明事物形态变化的道理。要讲清楚宇宙中万事万物生生不息的道理,就得确定与本征态相对的异质形态作为研究对象的一对范畴。

所谓对象,就是在主体认知中作为根源和结局处于相对地位的客体。在各种主观条件或客观条件下,人们研究事物形态变化所选择的起止形态可以是两种彼此完全不同的平衡态,也可以是以平衡的本征态作为基始态而以非平衡的某一形态(即过渡态)作为目标形态。本征态与目标形态就是"阴"与"阳",也就是人们所确立的研究对象。没有"一阴一阳",就无所谓道,也就无理可讲。事物从本征态到目标形态的变化发展过程所涉及所关联的形态就是人们的研究范围。

如果人们所感兴趣的研究对象一经确定为一静一动的系综和系统,那就表明原先处于本征态的孤立系统在划定的研究范围内已经对外界环境开放而成为开放系统。现实世界中本来就不存在绝对的孤立系统,任何系统都存在于一定的环境之中,系统与环境是密切关联的。系统的环境相关性就是系统内部与系统外部的相互联系、相互影响、相互制约。系统与环境的相互依存必然产生相互作用,而且这种作用还会传递到系统的内部,使得系统内的单元也互相作用。

系统在与环境的相互作用中,既有输入又有输出地交换物质、能量或信息。如果在某一外界环境的作用下,系统能够保持其既有的本质和特性,那就是系统适应了环境的变化。如果在某一外界环境的作用下,系统的本质和特性不能保持而发生改变,那就是系统不适应环境的变化。在系统与环境的相互作用中,只有输入量和输出量出现差异,才能使系统的有序性得以表现。这种差异正是系统本质发生变化的原动力,并引领着系统形态变化的方向。

任何事物的本征态都是本体保持其既有的本质和特性的形态,但是在环境的作用下,原来孤立静止的本体结构和性能就要发生异化。这里的异化是指本体在一定发展阶段分裂转化出其对立面——异体,是指一事物自身分化产生了与自身对立的异己的外在的事物。分化就是从一般和比较匀质的状态转化为比较特殊和比较异质的状态。

孤立系统对周围环境一旦开放,在环境作用下可以变化而成为两个既相互联系、相互依赖又相互排斥、相互对立的部分、方面和趋势。这两个对立面就是孤立系统发生了异化作用后生成开放系统的本质与异质或旧质与新质。没有什么事物像系综那样是绝对纯粹匀质的,实际的事物都含有异质,没有异质就没有世界,没有异化作用也就没有事物形态的变化。事物的运动过程就是事物中新质与旧质两个对立面斗争的过程,也就是异质单元与本质单元竞争的过程。所以,任何系统都包含本质与异质相互依赖和相互斗争,并推动着系统形态的变化。

如果把气团的形态变化作为研究对象,那么在变化中就得把气分出阴阳二元。因为如果气团中仅仅只有一种基本单元的话,气就是没有变化的"死气",气团就是系综而不是系统。在任何一团处于平衡态的气中,当纯阳的单元数量开始减少而显现出一定量的阴气单元时,阳刚之气就有序地变成了"阴阳怪气";随着阴气单元数完全取代了阳气的单元数,纯阳之气的气数已尽,事物也就完成了从纯阳到纯阴的乾坤巨变。反之亦然,"极其数遂定天下之象"。因此,气一元论无法对阴阳二气由阴之阳或由阳之阴的根源和结局做出是有序还是无序的判定。

一切客观存在的事物都是质和量的统一体,没有一定的质和一定的量的客体是不存在的。事物不仅有质的规定性,而且还有量的规定性。量和质一样,也是事物自身固有的一种规定性。量与质是紧密联系不可分离的,本质是具有一定量的质,异质也是具有一定量的质。

开放系统所包含的异质单元数是描述事物形态变易的一种规定性。作为系统与系综的差异,就是人们所要认知的事物已经由静止的平衡态进入了运动的失衡态,由本体匀质的本征态进入了异体非匀质的变异态。系综中集聚的各向同性的单元彼此之间发生了相互作用,就变成了系统中各向非同性单元的组合。系统偏离原来平衡的本征态越远,异化的程度就越厉害,异质单元的数量也就越多。随着系统中异质单元数由少变多、由弱变强,系统的性质就可能会发生根本的变化。如果事物由一种本质的平衡态向另一种异质的形态突变或飞跃,就会涌现出具有全新结构、全新功能、全新性状的另一种事物。

在系统形态的变化过程中,可以用异质单元的数量的变化来描述系统变异的程度。不过,由于系综选取的人择性,与任何一个与本征态相异的形态都可以作为目标形态,这样人们所研究的系统形态的变化范围就是可变的,从而系统所包含的异质单元数也是可变的,因此异质单元数是一个可变量。

在理性认知体系中,异质单元数既然是一个可大可小的变量,那么对于异质单元数量的多少也必须规定其序列的取向。如果规定这一变量最小的数值为0,最大的数值为总体单元数 N_+,其值域为$[0, N_+]$,那么,异质单元数就是一个非负整数的有序变量,记作 n_+。当然,如果反向取值,异质单元数就是一个非正的有序变量,记作 n_-。

可见,在系统形态变化过程中,相对于本征态的某一个目标形态(包括非平衡的过渡态)中所包含的异质单元数,是描述系统形态转化程度的一个变量。任何系统都包含了一定数量的异质单元,系统的异化形态是各向非同性单元相互联系的有序性的综合体现。

在理性认知体系中,要认识系统形态的变化程度,就必须以"异质单元数"作为定质、定量和定向描述系统形态变异的度量基准。这一规定系统形态的"异质单元数"是一个质向量,记作 $\vec{n}$。在理性认知体系中,异质单元数可成为一维质向量坐标轴 $\vec{n}$。

三、能 量

任何事物都具有一定的特质,所谓的物质就是表示该物具有质的规定性。质是事物的基本性质,它包括事物的所有特质。质是人们识别事物的一种规定性,这种质的规定性决定一事物是这一事物而不是别的事物,而把它和其他事物区别开来。世界上的事物之所以形形色色、千差万别,就是因为它们各自有特殊的质的规定性。事物的质是事物性质的表现,是在一事物和他事物发生联系时表现出来的质。

实在的事物常常是包含着多种本质单元的组成之物,是多种不同单质的统一体,因而事物往往具有多方面的特质。但是,人们一般不可能也没必要同时把握某一事物所具有的全部特质。在科学研究中,人们总是对同一个对象从不同的侧面进行研究,也就是研究这个对象的不同方面的特质。然而,当人们以不同的观点来观察,同样的对象又往往会成为十分不同的东西,这是对于同一客体的性质依主体设定的思辨准则获得的不同认识结果。例如,同样一个桌子,对于物理学家来说,是电子、中子和质子的聚集物;对于化学家来说,是某些有机分子的合成物;对于生物学家来说,是木质细胞的复合体;对于艺术学家来说,是风格奇异的物体;对于经济学家来说,是有一定金钱价值的有用物……

任何系统与外部环境是关联的,系统内部的单元也是相互联系的,系统在内外关联因子的影响下,其形态往往要发生改变。系统在内部联系和外部联系中表现出来的性质和影响环境的能力,称为系统的性能。系统的性能是在系统与环境的相互关系中表现出来的系统总体的特性、能力、行为和作用的总称。因此,性能是指系统本身所具有的本质属性,是一系统影响、改变他系统以及抵抗、承受他系统的影响和作用的能力。事物的任何一种性质都在行为过程中表现为事物具有某一种性能。"质的变化……只有通过物质或运动(所谓能)的量的增加或减少才能发生。"[17]

但是,性能一般不是功能,功能是特殊的性能。系统的内在特质决定着该系统之所能或之所长,系统相对于它的环境发生的任何变化就是系统的行为。系统行为引起环境中某些事物产生的有益于主体的变化,才称之为系统的功能。功能只能在系统行为过程中呈现出来,通过它所引起的功能对象的变化来衡量。功能强调事物本身具有的性能、产生的功效或此事物对彼事物施加影响产生的结果。例如,可以流动是水的重要性能,利用它输送木材是水的功能。

凡是系统都有性能。性能是功能的基础,提供发挥功能的可能性。事物往往具有多方面的特质,实际上指的是系统具有多方面的性能,每种性能都可能被用来发挥相应的功能,或综合几种性能来发挥某种功能。虽然性能一般不是功能,功能只是特殊的性能,但是系统行为所引起的环境中某些事物形态的变化是否有益,在许多场合存在着价值取向的争议,因此人们也往往把系统的性能统称为系统的功能或把系统的功能也称为系统的性能。

系统的性能作为系统所有元素在内外部联系表现出来的特性和能力,是由元素和结构共同决定的。不同的元素和结构会产生不同的性能,任何系统只要有元素和结构就具有相应的性能。性能是元素和结构的表现形态,性能对结构又有反作用。

性能常用来刻画元素对整个系统的作用,即对系统整体存续运行的贡献。任何系统都是一定数量的具有一定性质的元素集群,系统内部的任何一个元素都有相对的独立性,从而具有某种相对独立的性能。一个单元在孤立状态下不依赖于整个系统而独具的性能可以称为元性能。一个孤立系统所具有的性能就是该集群中各个本质单元的元性能的算术加和,称为原性能。

在理性认知体系中,如果把一系统所处的平衡态作为基点,那就是以此系统为本,该系统所具有的基质或素质就是本质。本质是系统内部所有单质对外整体表现的基本性质。系统的本质决定着系统的本能,如动物在进化过程中形成而由遗传固定下来的、对个体和种族生存有重要意义的行为就是动物的本能。孤立系统的本能就是其原性能。考察孤立系统的原性能,可以简单地根据本质单元的元性能和数量来进行相加,这样,处于平衡态的系综的原性能就有强弱之分或大小之别。本质单元的量越大,孤立系统的原性能就越强。例如，森林的单元是一棵一棵的树木；若人们要考察森林提供燃料、产生热量的功能，则每棵树在孤立状态下能提供和它自身质量相等的燃料和相应的热量，每棵树的这种原功能是大的；若人们要考察森林保持水土和抵挡风暴的功能，则每棵树在孤立状态下即使还有这种功能，也是非常小的；若人们要考察森林调节气候、净化环境、维持生态平衡的功能，则任何一棵树在孤立状态下都不可能具有，这时原功能为零。

对于非孤立系统来讲，系统内部的单元是相互关联、相互作用的，所以开放系统的性能是其各种原性能与各种关联性能之和。但是，人们在研究开放系统的性能时，一般不可能也没有必要同时掌握该系统的全部性能，而是根据客观的实际状况和需要做出具体分析，区别出主要的性能和次要的性能。对于那些与人们所关注的问题关系不大的性能就当作潜能或内能，而不予考虑。

在考察系统形态的变化时，人们还可以把处于平衡态的系综的各种原性能或本能当作零，这样只有系统处在运动过程才能呈现出新增的异化性能，系统形态变化的性能是其内部异质单元与本质单元相互关联、相互竞争的综合表现。例如，像化学结合能就是自由粒子（原子）从自由状态（本征态）结合成为有关复合粒子（分子）时所放出的能量，或者是把一个复合粒子分解为各个自由粒子时所必须给予的能量。

孤立系统处于本征态是相对的或设定的理想状态，而在环境作用下，开放系统的单元则是相互联系的。开放系统在变化中必然产生出异质的新成分，本质单元与异质单元的交互作用，不仅会使系统内部的单元相互关联形成结构，而且会使系统具有比原性能大得多或小得多的性能，也可能涌现出原性能中所没有的新性能。这种与原性能相比，量上多出来或少出来的性能，就叫作关联性能或构性能。

单元系而成统的结构生成过程是系统关联性能或构性能的展现。事实上，一堆自行车零件对于行人没有用处，而组装起来就具有交通工具的构功能。无生命的原子和分子只有组织成为细胞才会具有生命的神奇功能。某一化学元素发生特定化学反应的功能，离子键化合物硬度较高、密度较大、难压缩、难挥发的功能，多数共价键单质稳定、坚硬、难熔的功能，金属键物质导电传热良好、易于机械加工的功能，发电机的发电功能，动物的奔跑功能，人的思维功能，无一不是由这些事物的内部结构的关联作用带来的，因而都是关联功能或构功能。

可见，任何元素按照某种方式相互联系而形成系统，就会产生它的组分及组分总和所没有的新性能，这种系统的关联性能或构性能只能在系统整体中表现出来，一旦把整体还原为它的组成部分便不复存在。这种系统的关联性能或构性能是指系统整体上比系综的本征态多出来的能力，也就是人们常说的"团结就是力量"的力量。

一个系统的性能是从环境对系统输入到系统向环境输出的变换，也是内部与外部相互联系的总链条中的变换关系。开放系统的非平衡态与环境存在紧密的联系，它一方面接受环境的作用，另一方面也对环境发生作用，在这一变化过程中，系统就会表现出一定的性能。系统的性能综合体现在各个系统的相互联系之中,系统结构及单元的性能并不直接参与这种相互联系,它们对这种相互联系的作用已经完全被吸收到系统的性能之中。因此,系统对外部其他系统的影响或对上层系统的贡献,完全表现为系统的性能。结构局限于层次的范围中,不同层次的系统结构是相互独立的;性能则起着承上启下的作用,它把不同层次的系统、把相互独立的系统界限内外串通起来。

在不同的领域,关联性能或构性能可以用关联功能或构功能来表示,也可以用相近的词来表述,如对器官而言,功能可称为事功与能力;而对机体而言,功能则可表述为功效和作用。不同子系统之间有功能上的分工合作,即按照功能划分子系统,也就是说该系统具有功能结构。例如,人体系统有消化、循环、免疫等功能子系统的划分,导弹系统有弹头、弹体、动力装置、控制装置等功能子系统的划分。

性能是刻画系统影响与改变环境的能力以及抵抗与承受环境的影响和作用的能力。但是,同一系统不仅原性能有强弱之分或大小之别,而且在行为过程中的不同阶段,其关联性能或构性能也是不一样的,因而系统性能的数量差异可以用"能量"来定量表示。

在物理学中,能量是最基本的物理概念。能量是指物质运动做功本领的一般量度,是物质以不同的方式运动的能力。物质系统的每一确定的运动形态都有一确定的能量。任何物质都离不开运动,相应于不同的运动形式,能量可分为机械能、内能、电能、化学能、原子能等形式。物质的变化伴随着能量的变化,随着物质运动形式的转变,能量形式也同时发生转变。

在物理学中,功与能是分开定义的。功是由"工作"一词发展起来的概念,是度量能量转换的基本物理量。甲物体对乙物体做功的过程就是能量从甲物体传递到乙物体的过程(有时能量的形式也同时发生改变)。例如,河水对水力发电机做功时,水的机械能传递给发电机,并转换为发电机所发出的电能;当电流对电动机做功时,就把电能传递给电动机,并转化为机械能。能量传递的多少就是做功的数值。

总之,能量差是系统由于形态变化所可能做的总功。不论是系统影响与改变环境的能力,或是系统抵抗与承受环境的影响和作用的能力,对于不同的系统和环境都可以在无限大的范围内变化,加上系统选取的人择性,因此能量作为系统可计量的性能是一个可变量,这个变量就是描述系统形态变化过程的一个变量,记作 E。

性能作为系统在完成一定活动的行为过程中所表现的影响、改变环境以及抵抗、承受环境的影响和作用的本领,也表现了系统形态变化过程有目标、有指向的变动能力。所谓"有指向",便不是系统中的单元之间混沌无规的相互作用,而是系统整体互依有序的能动运作。所以,以能量作为一个描述系统形态变化特征的序参量,能量的大小就必须规定其序列的取向。可以规定,能量 E 的最小数值为负无穷大($-\infty$),能量 E 的最大数值为正无穷大($+\infty$),即 $E \in (-\infty, +\infty)$。

在理性认知体系中,要定质、定量和定向地认识系统形态的性能,就必须以"能量"

作为描述系统形态性能的度量基准。这一规定系统形态性能的"能量"是一个质向量，记作 $\vec{E}$。在理性认知体系中，能量可以成为一维质向量坐标轴 $\vec{E}$。

四、能　阈

《易·系辞上》有言："乾知大始，坤作成物。"为了讲清事物形态变化的道理，必须在认知体系中一定乾坤，确定作为变化源起的基始态和作为变化结局的终极态。如果事物形态在这一变化过程中发生了根本的转化，那么在事物形态转化的起止形态之间必然存在着一个界限，否则人们就不能分出彼此与阴阳。这就是说，一阴与一阳之间存在着一个阴阳界，在这个界限两边的形态是截然不同的相。事物的阴性或阳性就是两类彼此完全不同的异性事物的性能规定性。

事物形态在不断地变化过程中，必然不可能保持其基始的匀质形态。然而，事物形态在异化过程中的一定量的界限内，如果其形态的本质单元占据主导成分，就将保持自己本质的稳定性，而在这一界限内的所有过渡形态都隶属于本质这一类别。但是，事物形态在异化过程中一旦超出一定量的限度（关节点），新质的成分超过了旧质的成分，其异质单元就将占据主导成分，就要引起事物性质的根本变化，事物就由一种本质的形态（旧相）向另一种异质的形态（新相）突变或飞跃，从而在变相点涌现出一个异质的类别。

事物形态转化的一定限度或变相点是事物保持自己质的稳定性的界限，是事物数量变化范围的关节，也是不同事物之间的类别阈限。例如，水在标准大气压下，冷却到 0 ℃时，即从液体转变为固体，加热到 100 ℃时，即从液体转变为气体，0 ℃和 100 ℃就是从量变到质变的两个转折点。这种质变的转折点在哲学上称为度的极限或度量关系关节线，也称关节点或交错点，而在自然科学中常称为临界点或奇点。

事物在变相点的临界边缘存在着各种各样的奇异行为，是当今科学中充满难题和意外发现的领域之一。临界现象丰富多彩、不胜枚举，其魅力之所在是因为在实现系统形态转变时需要耗费一定的功，而在变相点的临界边缘这种功的耗费可能是最小的，即系统只要接受微小的干扰就可以经由浑沌有序而进入性质不同的另一种形态。例如，岩石被风霜松开并在山边某一特定地点保持平衡，一个小小的火花点燃了巨大的森林，一句话引起了一场世界战争，一次小小的犹豫制止了一个人实现他的愿望，一个小小的孢子使得所有的马铃薯枯萎，一个小小的胚芽使人们成为哲学家或白痴，亚马逊密林中蝴蝶拍动翅膀会引起德克萨斯州的飓风。[18]

除了"蝴蝶效应"成了导致浑沌的通俗代名词，国外还有这样一首颇有哲理的民谣：

少了一颗钉子，丢了一块蹄铁；
少了一块蹄铁，丢了一匹战马；
少了一匹战马，丢了一个骑士；
少了一个骑士，丢了一场胜利；

> 少了一场胜利,丢了一个国家。

钉子缺,蹄铁卸;蹄铁卸,战马蹶;战马蹶,骑士绝;骑士绝,战事折;战事折,国家灭,这一连串的事件中,是由钉子缺这一微不足道的小事经逐级放大才导致国家灭亡的。这样一个"一点小变化会带来大不同"的连串形态转变,就是存在着一系列"牵一发而动全身"的"临界点"。北宋诗人苏轼也曾用"竹中一滴曹溪水,涨起西江十八滩"来刻画千钧一发的临界状态。

其实,变相点在不同的学科往往都被冠以不同的名称。电磁学中使物质的磁性发生突变的临界温度称为居里点;在分子物理和热学中物质三相平衡共存的状态称为三相点,液体沸腾时的温度称为沸点,晶体熔解时的温度称为熔点;光学中全反射能使折射角等于90°的临界角度称为临界角;声学中引起正常人不舒服感觉或疼痛感觉的最小声强称为痛阈,而引起正常人听觉的最小声强称为听阈;在原子和原子核物理中发生某一过程所必需的最小能量极限称为阈能;在生物学中描述作物生育时期是以50%植株开花时称为开花期;在毒理学中引起机体某种反应的毒物最小浓度或剂量称为阈浓度(剂量)。

在20世纪初的物理学革命中,光电效应是一个必须借助阈限的概念才能解释的实验现象。这一实验发现,光照射到一定的金属电极表面时,能否产生光电流取决于光的频率是否超过该金属的临阈频率γ_0,而与光的强度无关;光电子的动能大小也只与光频率有关,与光的强度无关。这是经典物理无法解释的。爱因斯坦的光子学说认为,光是一束有一定能量和动量的光子流,其大小由频率及波长决定。由于金属吸收光能时是按照光子的能量一份份吸收的,只有当入射光频率足够大,即光子能量足够大时,吸收光子能量的电子才有可能克服金属的引力,逸出金属表面变成光电子。对于一定的金属,这就存在一个临界频率γ_0,光的频率超过γ_0时才能产生光电子,而光的频率愈大,产生的光电子的动能就愈大,这就解释了光电效应的实验结果。

实际上,事物的性质与其性能密切相关,事物的质变也会导致事物的性能发生根本的变化。事物的种类不同,其阴性与阳性之间的性能阈限值也完全不同。所以,可以把"以四两之力而拨千斤之重"而造成事物性质根本变化的控制参量称为性能阈限值,简称能阈。

在事物形态的变化中,能阈既是阴阳两界"鬼门关"的门槛,又是实现类与类连续、层与层相通的桥梁。世界上的事物是由无数个种类或层次的规定所组成,每一个种类或层次上的规定性与其他所有种类或层次上的规定性乃至整个世界的规定性是息息相关的,世界就是一个规定性的系统网络,能阈是这张互联网络上的纽结。这纽结是质和量的集合点,也是质和量的转换站,这个站点既是旧形态的"坟墓",又是新形态的"蓓蕾"。因此,能阈是关于系统形态变质的一种规定。

能阈是系统原有基质或性能所能保持的极限,超过这个阈限就物极必反,系统形态的性质就会发生根本的变化。可见,能阈是系统质的规定性的边界,规定了系统两个平衡态的性质也就给出了能阈的值。例如,人们提出定义、概念,制定政策、法规,订立合同、契约,划分类型、界限等,都是对系统做出质的规定并给出能阈的界限值。系统形态都是以一定能阈的限制来界定的,都是有条件的、相对的、暂时的、有边有际的、可以穷尽的。所以,能阈是系统分类、分级、分相或分层的形态标准边际值。

能够给出能阈的系统都是有界的,其性能也是有限的;而未能给出能阈的系统则可视为无界的,其性能也是无限的。无界的系统是人们考察的系统处于远离能阈限制的形态,其性能可以近似地看作无限的、无条件的、绝对的、永恒的、无边无际的、不可穷尽的。可见,表征性能的能量是一个无限进展的系列,如果不与作为"度"的能阈相互联系,就是一种没有间断的无限连续。这种想象的无限性在客观世界是不存在的,只是在数学领域还有其一定的理论意义。

在系统形态变化中,人们可以不断地认识量的有限与无限的统一。系统形态的变化总是先从量变开始,再发展到质变的。在能阈的限度内,系统还能保持自己质的相对稳定性,即量的增加或减少并不引起质的变化。不同类别的系统性质各不相同,界定系统形态的能阈的量值也各不相同;系统形态的类别有无限之多,从而能阈值就有无限之多。由于人们认识世界的主观能动性,对系统质的规定有其相应的任意性,因此能阈是描述系统形态转换行为的一个变量,记作 $E_{\neq}$。

人类对于客观事物形态的认识活动,是一个不断超越自身规定的无限进程:从设置事物的类别界限到界限的突破,然后又复归于新的界限。这个界限与界限的否定的统一,无不以作为"度"的能阈为其转化的标志。伴随着事物的分类,也就有能阈的分异或分级,同一种类的能阈对应着一个能级。在理性认知体系中,不同能级的高低必须规定其序列的取向。如果规定能阈这一变量取值最小数值为负无穷大($-\infty$),最大数值为正无穷大($+\infty$),即 $E_{\neq} \in (-\infty, +\infty)$,这样能阈就形成了一个取向自小而大的序列。因此,能阈就是一个规定系统形态转化阈限的质向量,记为 $\vec{E}_{\neq}$。

在理性认知体系中,要认识系统形态的质变界限,就必须以能阈作为定质、定量和定向描述系统性能转折点的度量基准。这一取名为能阈的质向量可以成为一维质向量坐标轴 $\vec{E}_{\neq}$。

五、能　元

人是宇宙演化特定阶段出现的无数事物中的一个普通的又具有认识能力的物质类别。在人类发展过程中,人的认知能力也在不断地发展着。在人类认知事物的初级阶段,人们只能用感官直接接触事物,接受事物的各种刺激,这些刺激通过人的神经传达到大脑,使人们形成对事物特质与性能(如颜色、声音、冷热、软硬、气味等)的感觉。

随着人们认识能力的提高,眼界越开阔,视野便越扩展,所见到的客观事物的范围,便会越加宽广。从人们所形成的关于事物大小的感觉起,人们感知的世界就开始了以人的感官功能为尺度来进行比较分析。例如，人们把肉眼看到的那些比高山大的事物（如地球、月亮、太阳、星系等）称为宏观世界，而把那些眼睛看不见的微小事物（如细菌、病毒、分子、原子、电子等）称为微观世界。

人们的感官本身属于摩尔系统中的存在，因此科学研究首先发现的是摩尔规律。后来，人们运用各种技术发明了各种仪器，以此来延伸人的感官的观测能力，从而使人们由感性分析走上理性分析。例如，人们借助显微镜、望远镜、温度计、紫外或红外光度计等仪器，实现了扩大和加深对事物的感性认识。目前，人类还在努力扩展认识和挑战这种观测能力的极限，以便为理性认识积累更多的材料。然而，人类在认识世界的过程中，借助仪器来扩展人的感知能力，其实质也只不过是变换了人们感知世界的认识尺度。

认识的尺度是人类认识能力的标志。人们要从对事物的定质分析进入定量分析，关键就是要确定比较事物的认识尺度。世界上任何事物的各种性能都有强弱之分，而要区分各种性能的强弱，就要进行比较，有比较才有鉴别。任何比较都是在一定关系中根据一定标准进行的，没有标准就无法进行比较，不同的标准也不能进行比较，错误的标准则会导致错误的比较。各种事物的性能只有与某个规定的性能尺度相比较才能衡量出其大小或强弱。不与人们选定为标准的性能尺度相比较，事物的性能大小就难以精确地度量。

大自然把人的观测能力局限在一定的范围内，使人们仰观天宇觉得太大，细察原子又觉得太小。但是，只要人们根据认知事物的要求，取定适当的尺度，就能达到人们研究的目的。不过，取定不同的度量基准将会产生不同的结果。例如，当人们测量一个国家的海岸线，尺子越短，测量得越精细，海岸线长度便会越长，因为人们不得不计入海岸线长度越来越小的不规则性。如果以千米作为测量单位，则海岸线上几米到几十米的一些弯曲就会被忽略；而以米为单位，则测量长度就会长得多，但是海岸线上几厘米到几十厘米的弯曲也会被忽略。可见，事物形态的特征会因衡量尺度的不同而改变，事物的性能只有大于或等于度量基准才能显现出来。

以较小的性能尺度为单位来测度事物的性能，事物形态就将呈现连续性的特征，而以过大的性能尺度为单位来测度事物的性能，事物形态将表现间断性的特征。这就告诉人们，事物形态的连续性和间断性特征是由度量基准决定的。随着主观视角的变化，客观对象也会随之而发生变化；度量基准不同，所描述的世界景象也不尽相同。

为了寻求认识事物形态的适度的性能尺度，就要对具体事物进行具体分析，因为世界的复杂性也就在于其度量基准的多样性。以地球系统为例，地球系统包括大气、海洋、地壳、地幔、生物等子系统，它们通过能量交换和生物化学循环进行相互作用而出现范围很宽的各种时间尺度的运动形式。百万年的时间尺度，包括地幔运动、板块运动、造山运动和火山运动，生命的演化以及相伴的大气化学成分的变化等；千年的时间尺度，包括冰期和间冰期之间的振荡以及相伴的生物种群分布的变化，地球轨道的变化等;十年到百年的时间尺度,包括气候变化、大气的化学成分、地表枯干的形式等;天到季的时间尺度,包括天气变化、海洋环流涡旋、极地冰冠的增长或溶化、地表径流量、植物生长的年循环、各种辐射过程等;秒到小时的时间尺度,包括地表的质量、动量和能量通量,积云对流等。如果再考虑空间尺度,也可以给出各种空间尺度下的事物形态不同量级的表现形式。

为了确定事物形态各种性能的数量大小,就要确定作为标准的性能尺度,即各种性能的计量标准。像古代的中国,民间曾用"一袋烟的功夫"或"一泡尿的功夫"作为时间的计量标准,用"一箭的距离"作为长度的计量标准。度量衡是人类为精确认识世界而产生和发展起来的。但是,中国古代的度量衡制度极为混乱,不同朝代之间有差异,同一朝代不同地区之间也有差异。为了保证国家的赋税收入,必须统一度量衡,为此战国时期改革家商鞅制造了标准的度量衡器,秦始皇统一了度量衡制。一直到20世纪30年代,南京国民政府还在进行度量衡改革来统一中国度量衡制度;1959年,中国实行统一计量制度的命令,才彻底解决不同地区之间的度量衡差异,并与国际接轨。

图4-19所示的温标表明对同一种物体的温度进行计量,可以采用不同的计量标准。为了避免混乱,法国于18世纪开创了国际上统一计量标准的历史。18世纪末,米、千克、秒单位制使长度、质量和时间的计量取得了国际上统一的规定。1875年,17国代表在巴黎签订了公约,公推米制为国际通用度量衡制度。此后,由于电磁学、热力学和辐射度学的发展,又增加了电流(安培)、温度(开尔文)、物质的量(摩尔)和发光强度(坎德拉)的基本单位。由米、千克、秒、安培、开尔文、坎德拉和摩尔这7个基本单位组成的国际单位制(SI)至今仍是人们日常生活、工业和科技工作中广泛使用的计量"尺寸"。

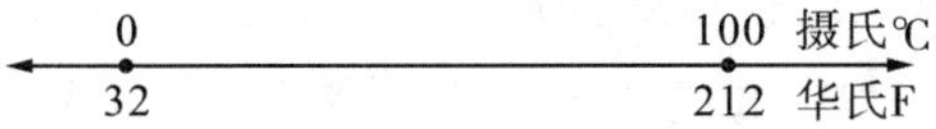

```
        0              100   摄氏℃
        32             212   华氏F
```

图4-19 不同计量标准的温标

然而,国际单位制一进入"微观世界"领域就显得十分笨拙与粗糙,无法作为适宜的度量基准。不同的领域应有不同的、适用的计量尺度。为此,普朗克于1906年提出用基本物理常数重新定义基本单位,并把最具稳定性的电子质量 m、电子电荷 e、真空中光速 c 和普朗克常数 h 作为量子电动力学的自然单位。与传统的实物基准不同的量子计量基准的出现,总是伴随着某一种具体的量子物理过程,并由此定义一种基本单位,因此后来还形成了量子计量学。2007年,国际计量委员会已准备用基本物理常量重新定义SI基本单位。

其实,不论是米、千克、秒、安培、开尔文、坎德拉和摩尔的SI基本单位,还是采用更为稳定化的单位来作为长度、质量、时间、电流、温度、光度和物质量的基本单位,都只是一些常见的质参量的计量标准。只要人们根据研究对象的性质,都可以用事物某一方面的性能因子作为计量标准的尺度。例如,基线、基期、基数、基价、基准物质、原则、原理、标准大气、标准电容、标准电阻、标准电感、标准状态、标准强度、标准大气压、标准地、标准化石、标准频率、标准电位等都是一些学科中用作计量标准的尺度。

用某种事物的某个性质作为性能因子,只是反映了事物诸多性能的一个特定侧面。要全面反映一般系统的性能大小,还是要用一般的性能参量作为度量系统性能的基准。这个作为衡量系统性能的标准尺度既然是被人为规定的性能基准,就可以将系统的一个本质单元所具有的性能定义为能元,记作 ε。在此,能元 ε 就是指在思想上可分的能量连续统,这是一个设想的被细分的能量"单元"。在物理学中,能元 ε 在 1907 年前是被普朗克当作物理上不可分的能量原子,称为能量"单元",而到了 1907 年之后又改称为能量子——量子。[19]

由于能量单元规定的人择性,能元 ε 可以在广大的范围内变化,因此能元 ε 是一个刻画系统形态变化过程能量与能阈的变量。能元 ε 为变量就是可进行"尺度变换"的质变量。像 20 世纪 60 年代,美国物理学家卡丹诺夫在处理相变的临界现象时提出的"重正化群"理论,就是把原子间的相互联系用"尺度变换"来刻画,把看上去不变的物理量看成是随着观测尺度而上下浮动的。在同一年代,法国数学家曼德博在研究英国不规则海岸线长度时也是采取改变测量尺度的做法。

如果规定能元 ε 变量最小的数值为负无穷大($-\infty$),最大的数值为正无穷大($+\infty$),即 $\varepsilon \in (-\infty, +\infty)$,那么能元 ε 就是一个描述系统形态变化特征的序参量,这一有指向的序参量就是一个单位质向量,记作 $\vec{e}$。

任何一个质向量 $\vec{x}$ 都可以表示成为质标量 x 与单位质向量 $\vec{e}$ 的数乘(即 $\vec{x}=x\vec{e}$),能元 $\vec{\varepsilon}$ 作为质向量,也可以表示成它的模与单位质向量的数乘(即 $\vec{\varepsilon}=\varepsilon\vec{e}$)。能元 $\vec{\varepsilon}$ 是度量系统形态的能量 $\vec{E}$ 和能阈 $\vec{E}_{\neq}$ 的基准。在理性认知体系中,能元 $\vec{\varepsilon}$ 也可以成为一维质向量坐标轴 $\vec{\varepsilon}$。

综上所述,总体单元数 $\vec{N}$、异质单元数 $\vec{n}$、能量 $\vec{E}$、能阈 $\vec{E}_{\neq}$ 和能元 $\vec{\varepsilon}$ 这五个质向量是从各学科繁茂芜杂的事物形态中概括、归纳和提炼出来的基干形态参量。如果系统的形态确定,这五个基干质向量也就确定;如果系统的形态改变,这五个基干质向量(至少有一个)也随之改变。

以总体单元数 $\vec{N}$、异质单元数 $\vec{n}$、能量 $\vec{E}$、能阈 $\vec{E}_{\neq}$ 和能元 $\vec{\varepsilon}$ 这五个质向量作为五条彼此独立的一维质向量坐标轴,可以与原点 $\vec{O}$ 构成认知系统形态的五维质向量坐标系 $\vec{O}\vec{N}\vec{n}\vec{E}\vec{E}_{\neq}\vec{\varepsilon}$;这五条彼此独立的质向量坐标轴所围合的 $(\vec{N},\vec{n},\vec{E},\vec{E}_{\neq},\vec{\varepsilon})$ 质向量空间,每一个卦限都代表一个独立的相空间。处于平衡态的任何一个系统都可以用其中的一个定点或一个常质向量 $\vec{a}$ 表示,处在非平衡态的任何一个系统也都可用其中的一个动点或一个变质向量 $\vec{x}$ 表示,即可用总体单元数 $\vec{N}$、异质单元数 $\vec{n}$、能量 $\vec{E}$、能阈 $\vec{E}_{\neq}$ 和能元 $\vec{\varepsilon}$ 五个基干质向量来表示系统形态,记作 $\vec{x}(\vec{N},\vec{n},\vec{E},\vec{E}_{\neq},\vec{\varepsilon})$。

第五节　度量形态的基础质向量

由两个质向量作为坐标轴来建立坐标系,人们就可以在直观的二维质向量坐标系空间来认识系统形态及其内在规律。通过对人们熟悉而又陌生的"信息"和"熵"深究其本质,以此组基础质向量作为度量系统形态的坐标轴,就可以构建二维基础质向量坐标系。在信息—熵质向量坐标系中,人们就可以探索系统形态变化的一般规律。

一、信　息

人们认识事物是从区分事物的形态开始的,而要区分事物形态就得进行比较。有比较才有鉴别,人们只有通过不同形态的比较才能区分事物,进而才能进行分类、类比、归纳、演绎、分析、综合等研究。比较是确定事物同异关系的基本逻辑方法。比较的内容既包括事物性质的类比,也包括绝对量与相对量的比较,还包括变化的取向等。

在二维质向量坐标系空间中,两个不同的系统形态可以用质向量表示为 $\vec{x}$ 和 $\vec{y}$,这两个质向量的相对比较就是 $\dfrac{\vec{x}}{\vec{y}}$。由(4-66)式 $\dfrac{\vec{x}}{\vec{y}} = \dfrac{x}{y}\left(\dfrac{\vec{e}_x}{\vec{e}_y}\right)$ 可知,如果质向量 $\vec{x}$ 和质向量 $\vec{y}$ 垂直或正交,则 $\dfrac{\vec{x}}{\vec{y}} = 0$,两个质向量 $\vec{x}$ 和 $\vec{y}$ 各自具有完全不同的质。如果质向量 $\vec{x}$ 和质向量 $\vec{y}$ 平行(共线),则 $\dfrac{\vec{x}}{\vec{y}} = \dfrac{x}{y} = \lambda$,实数 λ 就是两个质向量 $\vec{x}$ 和 $\vec{y}$ (或两个质变量 x 与 y) 缩放几何变换的比值。由于这两个质向量 $\vec{x}$ 和 $\vec{y}$ 具有相同的质,单位质向量相同 $\vec{e} = \vec{e}_x = \vec{e}_y$,因此其比值(比率)是没有量纲的实数。

如果两个质向量 $\vec{x}$ 和 $\vec{y}$ 不平行也不正交,质向量 $\vec{x}$ 和质向量 $\vec{y}$ 的比值就是 $\dfrac{\vec{x}}{\vec{y}} \neq \lambda$。$\dfrac{\vec{x}}{\vec{y}}$ 的比值不是标量 $\dfrac{x}{y}$(实数 λ 或 0),即存在着 $\dfrac{\vec{x}}{\vec{y}} \neq \lambda$ 与 $\dfrac{\vec{x}}{\vec{y}} \neq 0$ 的关系,表明两个质向量 $\vec{x}$ 和 $\vec{y}$ 不是同类的质向量,因而 $\dfrac{\vec{x}}{\vec{y}}$ 的比值必须以对比的形式来保留两种不同质参量的量纲 $\dfrac{\vec{e}_x}{\vec{e}_y}$。

可见,实数 λ 就是两个同类的质向量 $\vec{x}$ 和 $\vec{y}$ 的比较结果。$\dfrac{\vec{x}}{\vec{y}} = \dfrac{x}{y}$ 可以看作以 y 为单位来度量 x,称作 x 比 y,所得的实数 λ 称为"比值"。如果令 $P \equiv \lambda$,P 就是向量缩

的变换式(4-64)式 $\lambda = \dfrac{\vec{x}}{\vec{y}} = \dfrac{x}{y}$ 中的 λ，记为 $P = \dfrac{x}{y}$。由于向量缩放的变换为线性变换，则两个同类的质向量 $\vec{x}$ 和 $\vec{y}$ 就是默认了它们都与单位质向量 $\vec{e}$ 具有相同的方向。

当 x 与 y 为变量时，比值 $P = \dfrac{x}{y}$ 也是一个变量。当 x 与 y 取确定的值，$x = a$ 和 $y = b$，即 a 和 b 为常量时，比值 $P = \dfrac{a}{b}$ 也是一个常量。P 又称为比例。所谓比例，就是用两个确定的数的联系来表示两个同类事物的不同形态量的比较关系。两个确定的数变化与共，即比例中只要有一项改变，整个比例关系也会相应改变。所谓比例失调，就是两个既定的常量 a 和 b 所表征的形态关系发生了变化。例如，水变成双氧水（过氧化氢）是氢原子与氧原子的比例改变，比例关系一改变，这个化合物的性质也就改变了；社会人口的男女性比例一破坏，就会导致严重的社会问题。

比值 $P = \dfrac{a}{b}$ 的比例关系还可以表示为分数。早在人类文化发明的初期，由于进行测量和均分的需要，古人就引入并使用了分数。分数 P 用于表示两个同类事物不同组成单元数的相互比较，其中一数就是另一数的几倍或几分之几。分数 P 表示事物的形态量 a 在同类事物的形态量 b 中占的份额。P 比起整数 a 或 b 的图像来，只是基础变了，从事物的形态量变到了它们的度量，这样人们考察的对象也就从可数的事物形态量变成了可度量的系统形态量，如货币或重量系统和长度系统就分别提供了可度量流形的例子。因此，用比例或分数表示的量的规定性，就既具有稳定性，又可以用有限的确定的形式表示数的无限性。

同类物质的两个不同的平衡态可以通过 $\vec{a}$ 和 $\vec{b}$ 这两个常质向量的相对量 $\dfrac{\vec{a}}{\vec{b}}$ 来比较，或通过 a 和 b 这两个常量的相对量 $\dfrac{a}{b}$ 来比较。同类事件的两个不同的形态也可以通过 $\vec{a}$ 和 $\vec{b}$ 这两个常质向量的相对量 $\dfrac{\vec{a}}{\vec{b}}$ 来比较，或通过 a 和 b 这两个常量的相对量 $\dfrac{a}{b}$ 来比较。

对事件而言，a 个事件数与 b 个事件数的比值 $P = \dfrac{a}{b}$，用概率论的术语表述 P 就是概率的古典定义，也称为几率。古典概率把 P 称为几率，这与《周易》里"夫《易》，圣人之所以极深而研几也。唯深也，故能通天下之志；唯几也，故能成天下之务；唯神也，故不疾而速，不行而至"和"知几者神乎……几者，动之微，吉之先见者也"之中的"几"意义是相同的。几率的实质就是数。P 为"盈虚"之量或阴中有阳、阳中有阴的几率。所以，明代朱载堉说："天运无端，惟数可以测其几；天道至玄，因数可以见其妙。"清代方以智在《〈物理小识〉自序》则说："寂感之蕴，深究其所自来，是曰通几。"

在环境的作用或扰动下，变化着的系统形态一般都难以用精确的数字来描述。然而，在数学上对于随机事件发生可能性的大小可以用概率来度量。如果在相同的条件下进行 N 次试验，事件 A 出现了 n 次，那么事件 A 在 N 次试验中出现的频率为 $\frac{n}{N}$。如果重复很多组这样的试验，就可以发现在统计的意义上，随机事件的频率存在一个极限值 P。P 就是事件 A 出现的概率，即 $\frac{n}{N} \to P$。不同随机事件发生的可能性大小是不同的，肯定会发生的事件（称为必然事件）的概率为 1，不可能发生的事件概率为 0，而一般随机事件（称为偶然事件）的概率是介于 0 与 1 之间的一个数。概率论的随机性指的是系统形态在变化中依赖于不能绝对准确预言的原因，因而用分数来表示偶然事件。在物理学中，概率本质上就被界定为一类事件中的相对频率。麦克斯韦就说过："我们这个世界的真正逻辑寓于概率的计算之中。"

1965 年，美国自动控制专家扎德创立了模糊集合论，用隶属程度来描述系统形态的差异在中介过渡时所呈现的"亦此亦彼"性——模糊性。当隶属度 $P=0$ 时，表示系统处于均匀各向同性的平衡态；当 $P=1$ 时，表示系统已从原来的形态完全变化到另一种新的形态；而当 $0<P<1$ 时，则表示系统已从平衡的本征态异化成为一种非均匀的有杂质的中介过渡的运动形态。正如随机性是因果律的一种破缺一样，模糊性是排中律的一种破缺。模糊数学把传统数学从二值逻辑的基础扩展到连续值逻辑上来，使得数学从研究静止的事物扩展到了运动的事物。

其实，在古代烽火和消息树的信息传输系统中，烽火的燃起和消息树的倒下都传达了敌人进攻的确定形态。如果烽火燃起或消息树的倒下代表 $P=1$，那么相反的情形就代表 $P=0$。可见烽火的燃与灭或消息树的倒与立，这两种对立形态都可以看作两个离散的数值 0 和 1 的化身。像声音的有无、恒温器的电热器的开与关和动物大脑神经元的兴奋或抑制等，都是代表两种截然相反形态中非此即彼的一种，都表现了然或否、真或假、1 或 0 的可能性。所以，不仅概率论中的必然事件和不可能事件可以用 1 或 0 表示，世界上两个同类事物的不同形态量的比较关系也都可以用 1 或 0 表示。系统变化的基始形态与终极形态都可以用数学中的 $0-1$ 矩阵、通信理论中二元传输系统与沃尔什函数及计算机的存储元件等表示。

自古以来，信息和消息这两个术语是不加区分的。直到 19 世纪，电报和电话的发明才使得人们意识到要赋予消息科学的概念。1948 年，香农在《通信的数学理论》中对信息做出了系统的理论阐述。凡通信必定涉及两种实体，发送信息的源实体叫作信源，接收信息的信息归宿实体叫作信宿，实施通信活动的系统叫作通信系统。在通信系统中，编码器的输入叫作"消息"，编码的输出叫作"信号"。为了比较不同的通信系统，必须对系统的某些共同特性做出度量。由于传信率可以作为信道性能标准的量，因而称为"信道容量"。为了度量它，需要对被传输的信息进行测度，为此把信息表示为信道的输出与信道的输入之比,即信号数 n 与消息数 N 之比 $P=\dfrac{n}{N}$,由此就产生了狭义信息论。此后,随着信号与消息概念的一般化,信息早就超越了通信理论中的一般概念,信息论由狭义信息论发展成一般信息论和广义信息论,其研究范围拓展到自然科学和社会科学许多极不相关的领域。

在量子论把信息这一属性赋予自然界后,1989 年,惠勒提出了"万物源于比特"的命题,即万物归根结底是由信息构成的。量子信息学采用量子态作为信息单元,并称之为量子比特。[20]当今许多物理学家都认为:宇宙是由比特构成的……既不是物质,也不是能量,就是信息!

信息是指消息、情报、资料、数据、信号等所包含的内容,是以不同形式和不同特点普遍存在的东西,是人类生存发展须臾不可或缺的。信息是一个从宇宙自然到人类精神、从无机物质到有机生命中贯穿着的客观存在的东西,是事物生灭演化过程中所固有的性质。随着信息概念的广泛应用,人们对它的解释越来越多,对它的实质也越来越感到困惑。物理学家曾经用"薛定谔猫"来嘲笑微观粒子叠加态的信息,爱因斯坦也因为没能洞悉信息的内涵而断言"上帝不会掷骰子"。

虽然信息已成为当代"信息社会"的时髦用语,可是当问及"什么是信息"时,人们往往无言以对,"只可意会,不可言传",甚至连那些善辩的哲学家也都感到困惑。目前,人们对信息的定义不下百种之多,却仍然弄不清信息的本质是什么。信息无所不在、无时不有,可人们又不知其所以然,就是香农也只是认为"信息是用以消除不确定性的东西";而维纳也只能把信息定义为"信息就是信息,不是物质也不是能量"。[21]

辩证法认为,一切两极对立都是通过中介而相互过渡的。有和无之间,不论是有生于无还是无生于有,都需要通过中介而相互联系和过渡。信息并不是一种直接的具体的事物形态,却只有当同类事物在形态变化中才能体现出来。信息是在载体的变化中才得以体现的,被改变的事物形态就称为信息载体。世界的运动在于事物形态的相互转化,而事物从此形态变化到彼形态都要经过一系列中介过渡的形式,处于中介过渡的形态便具有"亦此亦彼"的性质。这种"亦此亦彼"的性质表明了中介过渡的形态既含有此形态的本质成分,也含有彼形态的异质成分。例如,高个子与矮个子、美与丑、清洁与污染、有矿与无矿、人与猿、脊椎动物与无脊椎动物、生物与非生物等,这样一些对立的阴阳概念之间都没有绝对分明的界限,都具有中介过渡的"负阴而抱阳"形态,也都具有系统形态在质向量空间中相对量的对立概念或比较信息。

由于 $0\leqslant n\leqslant N$,而 n 与 N 的取值都处在正整数的定义域,因此比较 n 与 N 的绝对值是很难判定系统形态转化程度的。而信息这个概念把任何系统形态转变过程的形态量都用相对量归一化,把任何系统的任何形态都用[0,1]中的一个数值来表示,不仅使同一系统变化中的过渡形态的比较成为可能,而且可以用数学语言来反映各种不同系统的同一性,进行不同性质或不同种类的系统形态变化程度的比较。这就意味着,不管具体事物呈现什么样的特殊形态,任何人都能够在头脑中重建系统形态的变化过程,通过信息这一形态参量来理解系统形态的转化程度,使各种系统的不同形态及其之间的同一性得到反映。

在统一科学里,系统的异质单元数 $\vec{n}$ 与系综的总体单元数 $\vec{N}$ 都是同类的质向量。取质向量 $\vec{x}\equiv\vec{n}$ 和 $\vec{y}\equiv\vec{N}$,由(4-66)式 $\vec{z}=\dfrac{\vec{x}}{\vec{y}}=\dfrac{x}{y}\left(\dfrac{\vec{e}_x}{\vec{e}_y}\right)$ 就可以把系统的异质单元数 $\vec{n}$ 与系综的总体单元数 $\vec{N}$ 之比定义为信息 $\vec{P}$,即

$$\vec{P}=\dfrac{\vec{n}}{\vec{N}}=\dfrac{n}{N}=P \tag{4-70}$$

此式表示,信息是系统形态变化过程中 n 个异质单元在 N 个本质单元总体中所占的份额;或者可以理解为信息是本质单元总体的 N 个基态中有 n 个已经发生变态并转化为异质的形态。由于异质单元数 $\vec{n}$ 与总体单元数 $\vec{N}$ 都是具有共同的单位质向量 $\vec{e}$ 的质向量,因此它们两者之比为实数。实数 P 属于实数的范畴,也一样称为信息。

信息 P 既由 $\vec{n}$ 和 $\vec{N}$(或 n 和 N)这两个质向量组成,那么这两个质向量的取值对于信息值就起着至关重要的作用。N 是表示系综大小的总体单元数,作为自然数,其数值的大小决定着变化中过渡形态的多少。当 N 较小时,系统形态变化所能经历的过渡态自然较少,整个形态变化过程表现为间断的序列;而当 N 较大时,系统形态变化所能经历的过渡态自然较多,整个形态变化过程表现为趋近于连续的序列。

当 $N=1$ 时,n 的取值只有 0 和 1 两种选择,$P=\dfrac{n}{N}$ 也只有 0 和 1 两个值,这样系统形态的变化非此即彼,系统形态的转化也是一蹴而就的,系统形态转化过程表现为典型的突变,即间断的跳跃。例如,投掷硬币时,如果以正面朝上的事件为本征态数($N=1$),那么投掷时只能出现正面和反面的两种事件($n=0,1$)。当 $N=2$ 时,n 的取值就有 0,1,2 三种选择,P 也相应地表现为 $0,\dfrac{1}{2},1$。这就表示系统在形态转化过程中开始出现过渡态,这一变化过程的起始态、过渡态和终止态都是离散的。当 N 为自然数时,n 和 P 的取值就有 $(N+1)$ 种选择。例如,以阴性的冬季为基始形态,阳性的夏季为终结形态,从冬季到夏季的变化就要经历春季这个阴阳相间的过渡态。如果系统形态的变化只有若干个形态作为过渡态,那么形态变化的过程就是离散的、不连续的。

由于信息 P 是异质单元数 n 与总体单元数 N 按比例给定的,因而是有理数。让分子和分母的位数足够多,便能选定一个分数,它能标出接近于数轴上任何指定点的位置,无论多么接近都可以。在一般情形下,只要 N 充分大,P 的取值也就足够多,共有 $(N+1)$ 个,其间的过渡态为 $(N-1)$ 个,从而在数轴的 $[0,1]$ 区间内就可以表现为一系列彼此相互接近的 $(N+1)$ 点,也就可近似地看作一条连续的线。例如,一个物体往往包含数量足够大的物质单元(分子或原子),气团所包含的极细微物质的数量也往往很

大,即 N 充分大,因此在其形态变化时表现的行为就基本上是连续的。

当 $N\to+\infty$ 时,n 的取值为无限的正整数数列,可以有无穷种选择,P 也相应地有无穷种取值,这些值在数轴上 $[0,1]$ 区间内就是无限多个紧连的点。但是,仍然无法标出一条连续的线段上所有的点,因为一条连续线段上的点不仅包括信息所代表的有理数,也包括所有的无理数。一个无理数是无法用整数和另一整数相除来表达的,但是稠密的有理数在数轴上取一定的精度就可以视为连续的。这就是说,信息 P 是建立在连续值逻辑的基础上的,且按同样的取向形成序列。

信息 P 是刻画系统形态变化程度的序参量,任何系统在形态转化过程的每一个过渡态都有确定的信息值。任何性质迥异的系统形态在其千变万化的过程中却可以找到一一对应的信息值。虽然从物质世界到精神世界所有系统的性质都千差万别,但在认知世界都存在着一一对应的信息。不同的系统形态在转化过程中的信息值相同,就可以认为具有自相似结构或称为全息同构。全息同构系统的客观存在是人们能够认识事物、获得知识的基础,也是实现科学统一的思想基础。

例如,在化学上可以找到许多像周期表中同族的元素异质同构的例子。在生物界中,不同类的生物在结构上的相似性更为明显。蛋白质虽然五花八门,但是不同生物体中执行同一功能的蛋白质分子在结构上基本相同。从原始藻类开始的植物界与以人类为代表的动物界似乎有很大的差别,但是在结构上有很大的相似性:它们都是以细胞为基本单位生成的,细胞分裂的方式相同、遗传方式相同、叶绿素和血红素的化学结构相似,动物的线粒体呼吸链和植物的叶绿体非环状光合氧化还原链的化学原理也基本相似。所以,人类与海星和海胆(无脊椎动物)一样,全部组织是从三个原始细胞层产生的。

客观世界中异素同构的例子不胜枚举,主观世界中也是如此。主观世界与客观世界实质上也存在着一一对应的同构关系,因而意识才能反映物质。地图或沙盘的物理模型就是在平面或立体上等比例缩小来反映一个地域的空间信息。物理上水的渗流场和电流场的组成要素截然不同,但是在它们当中所发生的物理过程可以用相同的数学方程来表示,可以用相同的数学模型来反映它们的形态变化。自然现象与文学也是风马牛不相及的,但是文学可以通过异素同构来比喻和反映自然现象。世界上的事物无穷无尽,但是系统与系统之间的同构关系,使得不同事物总能通过抽象的信息找到其对应的关系。系统形态转化规律也是通过原型与模型的异质同构关系才得以揭示的。

可见,世界的可知性在于世界的统一性,而世界的统一性又根基于系统的同构性。信息 P 是由异质单元数 $\vec{n}$ 和总体单元数 $\vec{N}$ 这两个质向量组成的导出量,信息 P 比之于异质单元数 $\vec{n}$ 和总体单元数 $\vec{N}$ 这两个质向量所代表的"内在本质"有其相对独立的"内在本质"。

信息与系统形态相互包含,被表征的系统形态称为信源,而承载于信源之上的才是信息,不存在和载体无关的"裸信息"。不过,信息与信源具有可分离性,人们不直接接触某种事物就可以获取它的信息,可以不改变对象自身而对它的信息进行采集、变换、加工、存取和利用,还可以跨越时空进行传送。由于信息与信源的可分离性,因此同一信息可以用不同的形式表示,用不同的载体固定,用不同的系统进行传送、加工、存取;不同的信息可以用相同的形式表示,用同类载体固定,用相同的系统进行传送、加工、存取。

信息既然是基本形态变量的导出量,就具有非物质性。它没有限定的事物形态,又必须依赖于具体事物形态作为载体才能存在。长期以来,人们无法直接感受信息的实际面目,而它又通过与物质和能量的相关关系像幽灵一样若隐若现。统一科学在此则要直截了当地揭开信息的真实面目,信息就是度量不同系统形态转化程度的参量。

信息是系统中异质成分与本质成分矛盾双方的对立统一体,是系统阴阳比例关系的构成。客观世界的万事万物是彼此相关的,事物的相关性是信息产生的前提,而信息正是这类相关性的密码,各种事物的组织性与复杂性均以信息作为量度。正是通过信息,事物运动才得以表现自己的存在,事物形态的转化程度也才能得到刻画和描述。一种事物要和其他事物相互作用、相互转化,必须依靠信息这种非物质的存在来表征自己、识别异己、改变自己,并向对立面转化。

依系统的大小,信息 P 既可以在系统形态转化过程中表现为间断的量,也可表现为连续的量。信息 P 是作为间断与连续两个概念的桥梁。当系综处于无序的形态时,$P=0$,而当系统处于有序的形态时,$P\neq 0$。信息 P 作为事物形态"盈虚"之变量可以指示有序结构的产生和转变,它十分明确地使事件的次数或物质单元的个数都达到了它们的度量,澄清了各种各样有关信息定义的模糊认识。信息 $\vec{P}=\dfrac{\vec{n}}{\vec{N}}=\dfrac{n}{N}=P$ 是没有量纲的分数,它是总体单元数 N 和异质单元数 n 较量的对立统一体。

可见,信息 P 作为一个描述系统形态变易程度的度量基准,实数 P 的取值范围为一有指向的实数集合序列。若确定了信息 P 的序列取向,也就确定了单位质向量 $\vec{e}$ 的方向,把信息 P 与单位质向量 $\vec{e}$ 数乘,所得到的就是一个质向量,记作 $\vec{P}$。

如果以名叫"信息"的这一质向量作为认知系统形态的度量基准,那么信息 $\vec{P}$ 也就可以在理性认知体系中成为一维质向量坐标轴 $\vec{P}$。不过,质向量 $\vec{P}$ 作为自由向量是可以通过坐标平移成为正半轴的 $\vec{P}_+$。通过线性变换,$\vec{P}$ 变换为 $\vec{P}_+$,由于单位质向量 $\vec{e}_{P_+}$ 的取值范围只取正实数,其最小数值为零,其最大数值为 $+1$,即 $|\vec{e}_{P_+}|\in[0,1]$。因此,(4-70)式变为

$$\vec{P}_+=\dfrac{\vec{n}_+}{\vec{N}_+}=\dfrac{n_+}{N_+}=P_+ \tag{4-71}$$

同理,质向量 $\vec{P}$ 作为自由向量也可以通过坐标平衡成为负半轴的 $\vec{P}_-$。通过线性变换,$\vec{P}$ 变换为 $\vec{P}_-$;由于单位质向量 $\vec{e}_{P_-}$ 的取值范围只取负实数,其最大数值为零,其最小数值为 -1,即 $|\vec{e}_{P_-}|\in[-1,0]$,因此,(4-70)式也就变为

$$\vec{P}_- = \frac{\vec{n}_-}{\vec{N}_-} = \frac{n_-}{N_-} = P_- \qquad (4-72)$$

二、熵

世界上的事物形态无穷无尽,各种事物的相互联系和相互作用使得彼此的形态不断转化着,从而构成了整个世界生生不息的运动。不同事物形态的变化过程存在着同一性,事物形态转化程度都是系统有序化过程的综合反映,事物形态的转化程度取决于系统的有序度。例如,十几个人抬一棵沉重的大树,如果组织不好,用力不整齐就根本抬不走;如果有人指挥,喊着口号,齐心协力,就很容易把树抬走。定向运动的炮弹可以击穿墙壁;而无规则运动的分子则很难穿过固体。发电厂有秩序的电流可以推动马达,提供稳定的照明;而大自然无秩序的雷电目前还无法为人们所利用,只会造成破坏。人的心脏跳动是按一定秩序形成心律,心力衰弱是心脏有序度的降低;而人一旦触电,电流便打乱心脏工作秩序,从而使人的生命这个处于高度有序的组织状态回到无序的状态——死亡。可见,系统形态的有序度(或组织化程度)是描述系统形态转化程度的一个重要参量。

所谓秩序,是指系统内部的要素和系统之间有规则的联系,其表现是系统按照一定取向的客观秩序进行有规则的排列、组合和运动。依照系统形态是否存在一定的序列,是否按一定的规则表现出次第区分排列的结果,就产生有序与无序的概念。不管人们把目光投向何方,从遥远辽阔的星系到原子的极幽深处,整个宇宙莫不是井然有序、按部就班的。人们所看到的事物的精妙组织及其形态的规律性并不是混乱无序的,相反,它们是按照从简单到复杂的有序的结构安排的。

有序与无序是一个古老与现代的哲学命题,在中国古代就有混沌初开之说,即认为宇宙是从无序的初态变化而来的。"盘古开天辟地""气之轻清而上浮者为天,气之重浊而下凝者为地",从而形成天地分明这样有序的世界。在近代,达尔文在他的著作中也多次应用有序与无序的概念并借此阐明了系统生成和进化的事实:至少在生物界,现实世界的演变遵循着无序→有序→更有序。在现代,有序与无序的概念更是广泛地出现在各种不同的学科之中。随着科学触角伸向非线性动力学和复杂现象,各种与无序概念相关的理论也百花齐放,吸引子、浑沌、分形等名词逐渐为人们所熟悉,但也使人莫衷一是。

事物总是倾向于增加它的无序度。例如,人们只要停止保养房子,就必然会看到房子越来越杂乱。为了量度事物的无序度,1865年,德国物理学家克劳修斯在热力学研究中为了完成热力学第二定律的定量化而引入一个"entropie"的概念,使之成为无序的变量,称为"熵"。熵由"变换容度"的希腊词派生而来,其希腊文意思是发展演化,是用以表示一个物质系统中能量衰竭程度的量度,即无组织程度的度量,因而可以使有序与无序这对概念定量化。用熵表示的热力学第二定律就经常写成 $\mathrm{d}S' \geqslant \dfrac{\delta Q}{T}$ 的形式。式中 S' 表示熵，T 为系统的环境温度，而热量的变化量 δQ 为热力过程中该系统在实际过程中的热效应。熵变 $\mathrm{d}S'$ 在可逆过程与 $\dfrac{\delta Q}{T}$ 相等，在不可逆过程则大于 $\dfrac{\delta Q}{T}$。

但是，究竟熵的内涵是什么？熵能否成为系统无序程度的度量基准呢？1923年，中国物理学家胡刚复教授发挥了象形文字的作用，把 entropie 译名为熵，他认为热力学的熵是热量变化与温度这两种与"火"相关的性能的商。这种关于熵的理解是把一系统影响或改变它系统以及抵抗或承受它系统的影响和作用的过程所产生的热量变化与环境温度来比较。实际上，熵是比温度更为基本的形态参量。[22]

熵是一个非常抽象的概念。这是由于热力学是一种宏观理论，它的研究不能涉及物质的微观结构。直到统计力学建立以后，玻尔兹曼引入了以热力学系统微观组成的全同性即对称性为基础的等概率假说，才在熵与信息之间建立了联系，并指出熵是由可能性的数目决定的。此后，熵的重要应用价值才被发现，并相继出现了物理熵、信息熵等概念。一百多年来，熵的概念不断向其他领域泛化，不仅反复出现在许多领域的描述之中，而且波及离最初表述很远的领域，已被广泛应用于几乎所有科学领域，从而表明了它在科学发展中的重要地位和自身的生命力。因此，爱因斯坦将熵理论在科学中的地位概述为："熵理论，对于整个科学来说是第一法则。"但是，也正是由于熵概念在各个领域的广泛应用，不同的人对它做出了多样的规定和表述，又造成了各种熵的含义不尽相同，甚至还有互相对立的情况。

为此，有的学者在物理熵和信息熵的基础上又重新定义了广义熵的概念，再通过广义熵的具体操作使熵的概念应用于不同领域，但还是难以避免对熵概念的理解产生歧义性。因此，迄今人们还是把熵这一与能量相当类似的词看作一个含义相当丰富的复杂综合体，是在非常广阔的科学领域中无处不在作怪的幽灵。不过，科学上普遍流行的观点还都是把熵理解为系统无序程度的度量，认为系统内部粒子（如分子）运动状况越杂乱无序，系统的熵就越大。

其实，人们常说的"可比性"是指被比较的两种事物在性质上应当是同一类别的。当质向量 $\vec{x}$ 和质向量 $\vec{y}$ 具有相同的质时，单位质向量相同：$\vec{e}=\vec{e}_x=\vec{e}_y$，其比值就是没有量纲的实数 $\dfrac{\vec{x}}{\vec{y}}=\dfrac{x}{y}=\lambda$。如果两个质向量 $\vec{x}$ 和 $\vec{y}$ 不是同类量，则它们所代表的质向量 $\vec{x}$ 和质向量 $\vec{y}$ 的比值就不是标量 $\dfrac{x}{y}$（实数 λ 或 0），$\dfrac{\vec{x}}{\vec{y}} \neq \lambda$ 表明质向量 $\vec{x}$ 和质向量 $\vec{y}$ 在质向量空间中是非共线的不平行的两个质向量，因而它们的比值 $\dfrac{\vec{x}}{\vec{y}}$ 必须以对比的形式来保留两种不同质参量的量纲 $\dfrac{\vec{e}_x}{\vec{e}_y}$。

不同类别的事物形态一般是不能用以比较的,如果要比较不同性质的事物形态 $\vec{x}$ 和 $\vec{y}$,那就必须保留量纲 $\dfrac{\vec{e_x}}{\vec{e_y}}$。例如,把甲物体的质量和乙物体的体积做比较就是不合适的,就不能区分出两者在两个不同质上的差异来。要比较两个事物在某一质上的差异,必须就两个事物的同一方面的质去比较才是有意义的。

把熵和热量传递捆绑在一起的热力学熵是有量纲的,因为热量的变化量与温度隶属于不同性质的形态参量。不同类别的质向量彼此间的联系和比较,无法用标量来表明事物形态的无序度,因而以热力学熵 S' 作为无序分子运动紊乱程度的度量基准确实存在着热力学自身的局限。不过,深入探究热力学第二定律即可看出,热量 Q 只是能量 E 的一种特殊表现形式,热量的变化量 δQ 只是能量变化量 ΔE 的一种特定变换;温度 T 则可看作能元 ε 的特殊因子。由特殊到一般,广义熵就可以用同类的可比的能量变化量 ΔE 与能元 ε 的比值来定义。

能量变化量 $\vec{\Delta E}$ 与能元 $\vec{\varepsilon}$ 为同类的质向量,其比值是一个实数 λ。如果令 $S \equiv \lambda$,S 就是向量缩放的变换式(4-6)式 $\vec{x} = \lambda \vec{y}$ 中的 λ,记为 $S = \dfrac{\vec{\Delta E}}{\vec{\varepsilon}}$。由于向量缩放的变换为线性变换,因此两个同类的质向量 $\vec{\Delta E}$ 与 $\vec{\varepsilon}$ 就是默认它们与单位质向量 $\vec{e}$ 具有相同的方向。

在向量代数上,直线上伸长和平移的复合一般称为仿射映射或直线上的仿射变换。向量的几何变换都是线性变换,向量的线性变换包括切变的形式,平行于向量 $\vec{x}$ 的切变为

$$\vec{x_0} = \vec{x} + \lambda \vec{e} \tag{4-73}$$

说明直线坐标系的坐标用仿射变换能映射到任何坐标系的对应坐标。

根据这一关于一条直线上的两个坐标系仿射变换的公理,如果在(4-73)式的线性函数中令 $\vec{x} \equiv \vec{E}$,$\vec{x_0} \equiv \vec{E_{\neq}}$ 和 $\vec{e} \equiv \vec{\varepsilon}$,再令 $\lambda \equiv S$,即

$$S = \dfrac{\vec{E_{\neq}} - \vec{E}}{\vec{\varepsilon}} \tag{4-74}$$

这样,系统的能量 $\vec{E}$ 与其能阈 $\vec{E_{\neq}}$ 之差对能元 $\vec{\varepsilon}$ 的商就可以直接定义为熵 S。在此,熵 S 的定义在统一的意义上把能阈 $\vec{E_{\neq}}$、能量 $\vec{E}$ 与能元 $\vec{\varepsilon}$ 内在地联系起来,并成为这三个质向量的函数 $S(\vec{E}, \vec{E_{\neq}}, \vec{\varepsilon})$。

在统一科学中,系统形态的生成或组织形态的瓦解都是事物形态无序度(或有序度)的变化过程,其无组织程度都可用系统的熵 S 来度量。能阈 $\vec{E_{\neq}}$、能量 $\vec{E}$ 与能元 $\vec{\varepsilon}$ 这三个质向量的名称都共同含有"能",都是共线的质向量。能阈 $\vec{E_{\neq}}$、能量 $\vec{E}$ 与能元 $\vec{\varepsilon}$ 这三个质向量都共同具有单位质向量 $\vec{e}$,都处在一维质向量坐标轴的空间。所以,能阈 $\vec{E_{\neq}}$、能量 $\vec{E}$ 与能元 $\vec{\varepsilon}$ 三者形成的熵 S 才能够用没有量纲的实数表示。

在上述的推导中,实数熵 S 是作为质变量出现的,其最小数值为负无穷大($-\infty$),

最大的数值为正无穷大($+\infty$),即 $S\in(-\infty,+\infty)$。然而,这一实数集合却是有指向的序列。把有指向的熵 S 的变化序列联系起来,熵 S 就是一个可以定质、定量和定向的质向量,记作 $\vec{S}$。如此,由(4-66)式 $\vec{z}=\dfrac{\vec{x}}{\vec{y}}=\dfrac{x}{y}\left(\dfrac{\vec{e}_x}{\vec{e}_y}\right)$,质向量 $\vec{S}$ 就取为

$$\vec{S}=\frac{\vec{E}_{\neq}-\vec{E}}{\vec{\varepsilon}}=\frac{E_{\neq}-E}{\varepsilon}=S \tag{4-75}$$

以名叫"熵"的质向量作为认知系统形态的度量基准,那么熵 $\vec{S}$ 也就可以在理性认知体系中成为一维质向量坐标轴 $\vec{S}$。不过,质向量 $\vec{S}$ 作为自由向量,是可以通过坐标平移成为 $\vec{S}_+$。通过线性变换,$\vec{S}$ 变换为 $\vec{S}_+$,熵 S_+ 的取值范围就只取正实数,其最小数值为零,最大的数值为正无穷大,$S_+\in[0,+\infty)$,即

$$S_+=\frac{\vec{E}_{\neq+}-\vec{E}_+}{\vec{\varepsilon}_+} \tag{4-76}$$

同理,质向量 $\vec{S}$ 作为自由向量可以通过坐标平移成为负半轴的 $\vec{S}_-$。通过线性变换,$\vec{S}$ 变换为 $\vec{S}_-$;熵 S_- 的取值范围只取负实数,其最大数值为零,最小数值为负无穷大,$S_-\in(-\infty,0]$,即

$$S_-=\frac{\vec{E}_{\neq-}-\vec{E}_-}{\vec{\varepsilon}_-} \tag{4-77}$$

在(4-74)式 $\vec{S}=\dfrac{\vec{E}_{\neq}-\vec{E}}{\vec{\varepsilon}}$ 中,当系统的能量 $\vec{E}$ 达到能阈 $\vec{E}_{\neq}$ 时,系统的熵 $S=0$,表示系统在此点的有序度达到最大,无序度达到最小。如果系统的能量 $\vec{E}=0$,这种没有性能体现的系统就是处于平衡态的孤立系统,本征态的熵 $S=\dfrac{\vec{E}_{\neq}}{\vec{\varepsilon}}=\xi_{\neq}$ 达到了最大值。这与孤立系统平衡态的熵最大的原理是相一致的。

由于能量 $\vec{E}$ 与能元 $\vec{\varepsilon}$ 是同类的质向量,由(4-66)式 $\vec{z}=\dfrac{\vec{x}}{\vec{y}}=\dfrac{x}{y}\left(\dfrac{\vec{e}_x}{\vec{e}_y}\right)$ 就可以直接把系统的能量 $\vec{E}$ 与能元 $\vec{\varepsilon}$ 之比定义为能商 $\vec{\xi}$ 或 ξ,即

$$\vec{\xi}=\frac{\vec{E}}{\vec{\varepsilon}}=\frac{E}{\varepsilon}=\xi \tag{4-78}$$

能阈 $\vec{E}_{\neq}$ 与能元 $\vec{\varepsilon}$ 也是同类的质向量,由(4-66)式 $\dfrac{\vec{x}}{\vec{y}}=\dfrac{x}{y}\left(\dfrac{\vec{e}_x}{\vec{e}_y}\right)$ 也可以直接把系统的能阈 $\vec{E}_{\neq}$ 与能元 $\vec{\varepsilon}$ 之比定义为能阈商 $\vec{\xi}_{\neq}$ 或 $\xi_{\neq}$,即

$$\vec{\xi}_{\neq}=\frac{\vec{E}_{\neq}}{\vec{\varepsilon}}=\frac{E_{\neq}}{\varepsilon}=\xi_{\neq} \tag{4-79}$$

能阈 $\vec{E}_{\neq}$、能量 $\vec{E}$ 与能元 $\vec{\varepsilon}$ 都具有共同单位质向量 $\vec{e}$ 的质向量,所以能商 ξ 和能阈商 $\xi_{\neq}$ 都为实数。可见,熵 S 是能阈 $\vec{E}_{\neq}$、能量 $\vec{E}$ 与能元 $\vec{\varepsilon}$ 这三个质向量的导出量。这就

十分明确地使系统的能阈$\vec{E}_{\neq}$、能量$\vec{E}$与能元$\vec{\varepsilon}$都统一到了关于"能"的度量,澄清了各种各样有关熵定义的模糊认识,且可以描述系统内各子系统分布的均匀性。

综上所述,当人们选择的坐标轴的度量基准越基本、越一般,所认知的系统形态就越简单、越少许以至于唯一,联系系统形态的规律也必然越简单而达致根本。信息$\vec{P}$是异质单元数$\vec{n}$和总体单元数$\vec{N}$这两个质向量的导出量,熵$\vec{S}$是能阈$\vec{E}_{\neq}$、能量$\vec{E}$与能元$\vec{\varepsilon}$这三个质向量的导出量。在理性认知体系中,信息$\vec{P}$和熵$\vec{S}$作为基干质变量的导出量就是比$\vec{N},\vec{n},\vec{E},\vec{E}_{\neq},\vec{\varepsilon}$这五个基干质向量更为根本的两个认知系统形态变易的度量基准。相对于$\vec{N},\vec{n},\vec{E},\vec{E}_{\neq},\vec{\varepsilon}$五个基干质向量,信息和熵就更具有隐喻性、暗示性和超乎常规想象的奇思妙想之神秘性。可见,信息$\vec{P}$和熵$\vec{S}$是两个独立的认知系统形态的基础质向量,这两个名叫"信息"和"熵"的度量准则可以分别成为一维质向量坐标轴。

由于信息$\vec{P}$和熵$\vec{S}$可以分别作为独立的一维质向量坐标轴,它们是构成关联最少的坐标系(两个维度坐标系)的两个质向量,因而称之为基础质向量。以信息$\vec{P}$和熵$\vec{S}$这两个质向量坐标轴和原点一起构成二维质向量直角坐标系$\vec{S}O\vec{P}$,就张开了$(\vec{P},\vec{S})$二维质向量空间,系统形态在其中的质向量$\vec{x}$就记作$\vec{x}(\vec{P},\vec{S})$。在二维质向量直角坐标系$\vec{S}O\vec{P}$的$(\vec{P},\vec{S})$空间中,人们就可描述信息$\vec{P}$和熵$\vec{S}$这两个基础质向量之间最一般的内在关系,揭示和阐释各种不同系统形态变化与分布的规律。

参考文献

[1]曹天元.上帝掷骰子吗?量子物理史话[M].北京:北京联合出版公司,2013:295-299.

[2]魏诺.非线性科学基础与应用[M].北京:科学出版社,2004:35.

[3]李士勇,田新华.非线性科学与复杂性科学[M].哈尔滨:哈尔滨工业大学出版社,2006:68-69.

[4]尤承业.解析几何[M].北京:北京大学出版社,2004:1-44.

[5]梁昌洪.话说对称[M].北京:科学出版社,2010:77.

[6]马玉峰.空间解析几何[M].北京:中国时代经济出版社,2013:18-58.

[7]白图格吉扎布,梁应权.植被监测及趋势分析[J].植物生态学报,2008,32(4):967-976.

[8]苗东升.系统科学精要[M].2版.北京:中国人民大学出版社,2006:28.

[9]钱学森.论技术科学[J].科学通报,1957,8(4):3-18.

[10]贝塔朗菲.一般系统论:基础、发展和应用[M].林康义,魏宏森,等,译.北京:清华大学出版社,1987:213.

[11]陈禹,钟佳桂.系统科学与方法概论[M].北京:中国人民大学出版社,2006:170.

[12]卡伦·L.弗伦奇.通往天堂的入口[M].吴冬月,译.北京:中国友谊出版公司,2016:82.

[13]李之光.相似与模化(理论及应用)[M].北京:国防工业出版社,1982:53.

[14]吴岱明.科学研究方法学[M].长沙:湖南人民出版社,1987:388-393.

[15]丁玖.智者的困惑[M].北京:高等教育出版社,2013:10.

[16]陈方培.时空与物质:物理学的基本概念和基本规律[M].北京:科学出版社,2014:12.

[17]恩格斯.自然辩证法[M].北京:人民出版社,1971:47.
[18]格莱克.混沌:开创新科学[M].张淑誉,译.上海:上海译文出版社,1990:9-29.
[19]库恩.结构之后的路[M].邱慧,译.北京:北京大学出版社,2012:52.
[20]陈宗海,董道毅,张陈斌.量子控制导论[M].北京:中国科学技术大学出版社,2005:2.
[21]维纳.控制论[M].郝季仁,译.北京:科学出版社,1963:133.
[22]冯端,冯少彤.溯源探幽:熵的世界[M].北京:科学出版社,2005:30-32.

太极篇

太极空间与基元规律

- 第五章　科学大道的揭示
- 第六章　基元规律的变换
- 第七章　分布规律的变换
- 第八章　准平衡态与线性论
- 第九章　近平衡与非线性论
- 第十章　远离平衡与质变论
- 第十一章　多级平衡与连发论
- 第十二章　多元平行与并发论

道者，万物之奥

——老子

第 五 章

科学大道的揭示

第一节 一维正向质向量坐标系及其形态

要阐发科学的统一性,获得系统形态及其规律性的理性认识,就要建立一定维度的仿射坐标系。在一维质向量坐标系的空间中,单元系统的平衡态表现为定态或孤点。单元系统形态变化可以在一维正向质向量坐标系 $\vec{X}_+$ 及其内部的多维空间中展露其起止之道,人们也可以在其中揭示单元系统形态转化基元规律。

一、仿射坐标系及其质向量空间

为了阐发科学的统一性,给科学寻找一个"统一的基础",必须"无中生有",建立起一个对所有可能观察到的现象都能统一描述的理性认知坐标系。有比较才有鉴别,有鉴别才有发展。一切事物的存在都是相对于不存在而言的,事物的现实形态是相对于事物的"虚无"形态而言的。建立虚无空间的目的是为了展现实有空间,使其他事物形态与作为比较标准的事物形态能够产生相对的概念。在人们的认知世界中,作为"不存在"或不显像的虚无空间,给出了比较其他事物形态的绝对标准。实有空间是相对于理论上的虚无空间而言的,世界上各种事物所呈现的形形色色的形态正是与作为参照系的事物原像相比较出现差异的具体表现。任一事物的存在表明该事物与作为参照系的事物至少在某一方面的性质已经出现了差异,并在人们的认知世界中得到了反映,显了像,具有了与参照系的事物本质形态不同的异质形态。

为了比较世界上万事万物情态物态的差异,不仅要在所择定的参照系上建立适当的理性认知坐标系,而且还应确定用以统一比较的度量基准,度量基准的序列就是认知体系的坐标轴,有了参照系(原点)与一定维度的坐标轴,就可以建立认知坐标系并开显认知事物形态的空间。

当坐标轴只以"质"为度量基准，那么所建立的认知坐标系及其张开的空间就是可以定质表述的类别空间。当坐标轴只以数量为度量基准，那么所建立的数轴坐标系及其张开的空间就是可以定量表述的数量空间。当坐标轴以指标为度量基准，那么所建立的认知坐标系及其张开的空间就是可以定质、定向表述的仿射空间。当坐标轴以向量为度量基准，那么所建立的向量坐标系及其张开的空间就是可以定量、定向表述的希尔伯特空间，这样人们就可以用"态矢"的概念来描写系统的物理状态（一个量子态可以用一个态矢完全描述）。当坐标轴以质向量为度量基准，那么所建立的坐标系及其张开的空间就是质向量空间，人们就可以在此定质、定量、定向地刻画系统的形态。

一定维度的仿射坐标系为人们认识系统形态变化的方向和变化量提供了可度量的空间。一维仿射坐标系是最基本、最简单的理性认识坐标系，它是一维仿射坐标轴本身，是从一理想的抽象的原点（无极）射向无穷远处的极点的一条有向极线（太极）。由于一维仿射坐标轴是一条有指向的射线，可以说一维仿射坐标系就是以"易"作为思辨准则的。如果规定了某一性质定向变化的相空间为一维仿射坐标系的简易相空间，那么一维仿射坐标系就是可以定质、定向的太极。但是，"太极"作为相对于零维空间的无极而生成的一维定质、定向仿射坐标系，却不能定量地表明系统形态的数量；只有规定了某一性质定向变化的可度量的相空间为一维仿射坐标系，其才是可以定质、定量、定向的一维单向质向量坐标系。

理性认知坐标系的种类很多，像常用的一定维度的仿射坐标系就有笛卡尔直角坐标系、平面极坐标系、柱面坐标系、球面坐标系等。笛卡尔坐标系是直角坐标系和斜角坐标系的统称。在笛卡尔坐标系中，数轴是坐标轴上已标定好方向和长度单位的直线。相交于原点的两条数轴，构成一个平面仿射坐标系，坐标平面内点的坐标则是根据数轴上点的坐标定义的。若两条数轴上的度量单位相等，则称此仿射坐标系为笛卡尔坐标系。两条数轴互相垂直的笛卡尔坐标系，称为笛卡尔直角坐标系，否则称为笛卡尔斜角坐标系。三条数轴互相垂直的笛卡尔坐标系称为空间笛卡尔直角坐标系，否则称为空间笛卡尔斜角坐标系。笛卡尔直角坐标系也称为正交坐标系，是最常用的一类坐标系。在笛卡尔直角坐标系中，空间（或平面）上任何一个点都可以用一组（对）实数来表示它所在的位置；反之，任何一组（对）实数也可用一个空间（或平面）上的点来表示。在一定维度的仿射坐标系空间中，某个定点的位置可以按规定方法选取一组有次序的数，并称之为"坐标"，坐标空间中的点与坐标存在着对应的关系。

一定维度的向量坐标系只能定量、定向地刻画系统形态的"态矢"变化，却没有表明系统的特质。例如，为了精确定量地描述物体的位移，阐明"所有物体的普遍的质"的质点位置、运动的快慢和方向等，就要获得对物体形态变化定质、定量、定向的理性认识，建立一定维度的质向量坐标系。在此，科学中所有关于系统形态及其内在关系的陈述才可以用统一的数理语言和逻辑方法来表达，才可以用质向量的概念来表征系统形态的演化行为，也才能够用一种普遍、抽象、精确的质向量模式讲清楚系统形态变化规律的共通道理。

一维正向质向量坐标系 $\vec{X}_+$ 所张开的 $(\vec{X}_+)$ 空间是描述系统形态最简单的质向量空间。在一维正向质向量坐标系 $\vec{X}_+$ 的 $(\vec{X}_+)$ 空间中，任何一个定点都代表着单元系统一个确定的形态，并对应着一个常质向量。质向量 $\vec{X}_+$ 可以分解为 m 个分质向量 $\vec{X}_{+1}$，$\vec{X}_{+2}$，…，$\vec{X}_{+m}$，因此在一维正向质向量坐标系 $\vec{X}_+$ 内部可以打开 m 维分质向量坐标系，单元系统的形态也可视为 m 元子系统的形态，并用 m 个分质向量来刻画。

在一维正向质向量坐标系 $\vec{X}_+$ 的 $(\vec{X}_+)$ 空间中，若表征系统形态的质向量不仅表现为常质向量 $\vec{x}_+ = \vec{C}$，而且取值为零，即 $\vec{x}_+ = \vec{0}$，这样的特殊形态就不仅是一个孤点，而且是一维正向质向量坐标系 $\vec{X}_+$ 的原点。一维正向质向量坐标系 $\vec{X}_+$ 的原点就是零维质向量空间，是质向量长度为零且没有方向差异的点。零维质向量空间不仅可作为描述系统形态变化的质向量坐标系的参照系（或称参照点），而且是认识系统形态变化的基点，可作为人们认识世界上各种系统形态的参照系。

作为认知系统的参照系，只是把某一事物的形态作为衡量和描述研究对象形态变化的标准，而这个事物形态本身并没有从客观世界中消失，其自在的形态只是被人为地当作处于一种绝对静止、绝对孤立、绝对虚空的理想形态——基态。在零维质向量空间中，任何事物相对平衡的形态都可以被人们指定为基态；在整个考察其他事物形态变化的认识过程中，作为基态的事物形态一直被认定是处在绝对静止、绝对孤立的本征态。本征态是指事物形态的质向量保持不变的平衡态，其质向量的取值都为零向量。没有大小、能量和质量，也没有信息的曲率无限大的系综可作为万物的本原态，也可作为系统生成演化基本的逻辑起点，这个动态系统的"生成元"就是描述系统形态变化的理想基态，是认知世界的理性坐标系基点，也就是在《周易》中作为宇宙变易本原的"无极"。作为一维正向质向量坐标系 $\vec{X}_+$ 中的原点，这里一切皆空，一切皆无，一切静止，一切都潜移默化了，因而称为奇点。

如果要以 m 个不同的质向量坐标轴来定质、定量、定向地刻画某一个系统形态，就要以 m 个质向量 $\vec{X}_1, \vec{X}_2, \cdots, \vec{X}_m$ 为坐标轴，零向量 $\vec{0}$ 为原点建立起 m 维质向量坐标系 $\vec{O}\vec{X}_1\vec{X}_2\cdots\vec{X}_m$。$m$ 维独立的质向量坐标轴 $\vec{X}_1, \vec{X}_2, \cdots, \vec{X}_m$ 作为仿射标架的基底所界定的质向量空间 $(\vec{X}_1, \vec{X}_2, \cdots, \vec{X}_m)$，为人们理性认知系统形态提供了空间。在 m 维质向量坐标系 $\vec{O}\vec{X}_1\vec{X}_2\cdots\vec{X}_m$ 的质向量空间 $(\vec{X}_1, \vec{X}_2, \cdots, \vec{X}_m)$ 中，任何一个确定的事物形态被人们理性地撇开其结构而粗粒化和符号化以后，都可以抽象成为质向量空间的一个常质向量或一个确定的质点；每个质点都代表着事物的一个确定的形态，多个孤立的质点就对应着事物多个确定的形态。如果把 m 维质向量空间 $(\vec{X}_1, \vec{X}_2, \cdots, \vec{X}_m)$ 中事物多种多样形态序列所呈现的那些点集联系起来，就可以组织成为分布在一定范围的线、面、体等几何轨迹，由此也就构建了描述系统形态分布或变化的认知模型。

在一维正向质向量坐标系 $\vec{X}_+$ 内部打开其 m 维分质向量空间,作为在一维正向质向量坐标系 $\vec{X}_+$ 的原点,它也是各个分质向量坐标轴的原点。例如,在一维正向质向量坐标系 $\vec{X}_+$ 内部的 $(\vec{N}_+,\vec{n}_+,\vec{E}_+,\vec{E}_{+\neq},\vec{\varepsilon}_+)$ 五维分质向量空间中,坐标系的原点可以表示为 $\vec{N}_+=\vec{n}_+=\vec{E}_+=\vec{E}_{+\neq}=\vec{\varepsilon}_+=\vec{0}$,它就是 $(\vec{N}_+,\vec{n}_+,\vec{E}_+,\vec{E}_{+\neq},\vec{\varepsilon}_+)$ 五维分质向量空间中的原点 $\vec{0}(0,0,0,0,0)$。在此零维质向量空间中,事物形态潜化了就意味着系综里没有任何单元存在 $(\vec{N}_+=0)$,因而产生不了任何异质单元 $(\vec{n}_+=0)$,也就无法表现单元所具有的能元 $(\vec{\varepsilon}_+=0)$ 或整个系统的性能 $(\vec{E}_+=0)$。这样虚无的形态是独立的,根本无所谓形态的转化 $(\vec{E}_{+\neq}=0)$,因此,这样的虚无形态所处的零维质向量空间是理想的、绝对的虚无空间。

二、质向量空间中的孤点与定态

世界上一切事物都有具体的形态,从宏观世界到宇观世界乃至涨观世界,客观实在的物质形态在人们的认知世界里是无穷无尽的;而在微观世界或渺观世界,客观实在的物质形态在人们的认知世界中也是不可穷尽的。无穷的事物形态又处在不断的运动变化之中,如自然界中大到地球、太阳、星云等天体,小到分子、原子、电子、夸克等各种粒子都无时无刻地运动着、变化着。

客观世界不存在绝对静止的事物,然而事物在它发展的一定阶段或一定时期总存在相对静止、相对稳定的特殊形态。如果把事物抽象为系统,系统就存在着两类可能的形态,一类是暂态或过渡态,代表系统可以到达又不能保持的动态,另一类是稳定态,代表系统可以到达且能够保持的静态。稳定态简称为定态,这种稳定不变的形态也就是平衡态。可见,平衡态是系统内部各种阴阳成分或矛盾因素及其与外部环境的作用与反作用处在一种势均力敌的均衡形态。

客观世界虽然不存在绝对的孤立系统,但是如果系统与环境之间没有发生相互作用和运动,其自身形态又没有发生任何质的变化,在人们的理性认识中所留下的印象就是存在着与环境无关的相对的孤立系统。孤立系统内部的任何变化都不会影响环境的变化,也可以说,孤立系统既未受到环境的影响,也不对环境产生作用。

任何系统都要受到环境的影响,不存在真正孤立的系统,平衡态也只是人们所考察的系统形态参数都保持不变的一种形态。实在的系统总会受到环境不同程度的扰动(摄动),只是在受到环境一定程度的扰动后,许多系统具有鲁棒性还能回复到平衡态。在一段时间内,当系统所受的外界环境作用对于所研究的系统影响很小时,人们就可近似地将它看作孤立系统,而其所处的稳定态就看作平衡态。

事物的定态或孤立系统的平衡态所具有的不变性,称为守恒。在各个不同学科中,一个事物的定态或孤立系统的平衡态在理性认知空间中都表现为一个定点,并且早就被人们以不同的形式来表达。

在力学中,任何物质都具有一定的质量和形状,这些物质微粒化后就可以抽象为只有质量而没有大小和形状的理想物,称为质点。如果有许多质点相互联系,则这些质点共同组成质点系。不受外力作用的质点系在力学上称为孤立系,这与统一科学所说的孤立系统是一致的。由一定量性质完全相同的质点组成力学系统,如果力学系统处于平衡态中,则表明质点系是相互独立的孤立系统,称为系综。在力学系统中,如果以坐标和动量为形态变量,则静止稳定的状态就是平衡态。例如,单摆静止地处于最高位置或最低位置都是平衡态。结构、性质、行为、状态不随时间改变的系统称为静力学系统,而结构、性质、行为、状态随时间改变的系统就称为动力学系统。

在热力学中,明确地把不受外界影响并具有确定状态的物质称为孤立系统。如果孤立系统既不与外界交换物质也不与外界交换任何形式的能量,也就是说孤立系统与环境完全不存在任何物质流、能量流或信息流的交流,则这样的严格意义上的孤立系统称为"微正则系综"。如果孤立系统与外界的大热源相接触,与外界有热的交换但没有物质交换,则这样的准孤立系统称为"正则系综"。如果孤立系统与外界的大热源相接触,与外界既有热的交换也有物质交换,则这样的准孤立系统称为"巨正则系综"。例如,如果将中性气体放在绝热性能很好的固定弹性壁做成的匣子内,又不计重力的影响,尽管各个分子做布朗运动,但只要作为状态变量的温度和压强等力学量均为常量,则这样的孤立系统就可以近似地看作微正则系综。[1]

在电磁学中,如果不考虑带电体的大小和电荷的分布状况,就可以把这样的带电体抽象为一个几何的点,带电体的电荷可以看作集中于该点上,因此定义为点电荷。点电荷实质上就是一个孤立系统,只是这样的孤立系统形态的特质是以电荷这个质参量来表示的。例如,具有确定的电量值($e=1.602\,189\times10^{-19}$ C)的基本粒子就称为电子,每一个电子就是一个孤立系统。

在原子和原子核物理学中,如果原子或其他的基本粒子均不随时间变化,而处在一种定态并显现出某方面的特殊性质,则这种具有确定量子数的"微观"系统就是孤立系统。在分子物理学中,处于稳定态的孤立分子(其中的原子也都在不停地运动着)也是孤立系统。

在半导体物理学中,本征半导体(也称为内禀半导体)是指完全不含杂质和缺陷,导电性能完全由材料本身特性所决定的与外界影响无关的半导体,这种本征半导体实际上也就是孤立系统。

在相对论中,事件由四维时空中的"点"表示,并称为"世界点",这样的事件是孤立事件,自然就属于孤立系统的范畴。

在宇宙学中,大爆炸时宇宙的大小被认为是零,是一个具有无限密度、无限热和无限时空曲率的点。这个在宇宙学坐标系具有密度和温度等功能特性的奇点也是一个孤立系统,可作为宇宙演化的起点。平日里夜空中呈现的点点繁星的星象,也可以看作一个个孤立系统的平衡态。

不仅无机界处处可见孤立系统,有机界也到处存在孤立系统。在生命起点的自生说中,不论把生命的起点说成是细胞形态还是非细胞形态,这个生命起源的关节点都是孤立系统的一个稳定的形态。例如,在人类社会的进化中,种族的部落也曾以其封闭的原始形态孤立地分布于社会形态空间之中,虽然每个部落中的人际关系是混乱无序的,但是外部的人却根本无法了解部落中人们之间的关系和行为,所以一个部落就是一个孤立系统。

现代科学的大量事例表明,处于平衡态的孤立系统,其整体形态都是确定的,但是孤立系统内部每个单元的运动轨道却是不确定的。例如,在生态学中,群落是在一定地理区域内生活在同一环境下的动物、植物和各种微生物种群的集合体,这些不同的种群集合在一起彼此相互作用,组成一个具有独特成分、结构和功能的生物系统。尽管群落内部的种群有捕食者和被捕食者,而弱肉强食与物竞天择的结果却往往使整个群落具有最合理的成分和结构,具有最有效的能量利用。因此,自然群落从外部整体看,就是生态平衡的孤立的生物系统。

在人们的认知体系中,任何事物的定态经过粗粒化以后都可以抽象为粒子,处于"特定"平衡态的单个粒子是可以演化的,粒子之间以及粒子和外界也都可以不断地发生相互作用,但是所有粒子的形态量平均值和测量值的概率分布都保持不变,所以整个系统可以看作独立的孤立系统。孤立系统在几何空间中就抽象为曲率无限大的几何点,在物理空间中就抽象为具有一定"质"和各向同性的质点。

在一维正向质向量坐标系 $\vec{X}_+$ 的空间中,质点是有指向的粒子,这种粒子可以想象成一个极小的只有一个磁极的磁棒,也就是外尔于1929年提出的粒子——外尔费米子。

在 m 维质向量仿射坐标系张开的空间中,任何一种具有确定形态的孤立系统都可以用 m 维质向量空间中的一个定点来表示;可以用一个孤点来表示孤立系统的一种确定形态,用多个孤点来表示孤立系统的多个确定形态。因此,在一维正向质向量坐标系 $\vec{X}_+$ 的质向量空间中,原点是一个取值为零向量 $\vec{x}_+ = \vec{0}$ 的特殊孤点,而其他的孤点则是取值为非零向量的常质向量 $\vec{x}_+ = \vec{C}$。不同的孤立系统形态就是取得了不同的常质向量或在质向量空间中占有了相应的定点。

在一维正向质向量坐标系 $\vec{X}_+$ 及其内部的 m 维分质向量空间($\vec{X}_{+1}, \vec{X}_{+2}, \cdots, \vec{X}_{+m}$)中,一个孤立的点——孤点 $\vec{C}$ 代表着事物的一个定态,并可分别取为常质向量 ($\vec{C}_1, \vec{C}_2, \cdots, \vec{C}_m$) 来表示 $\vec{C}$。处于定态的事物是指孤立系统所形成的一种平衡态,它不随时间变化且与外界没有联系,构成系统的基本单元在各个维度的质向量上呈现出均匀的没有差异的状态,整个系统的宏观形态也呈现出均匀恒定的特点,是一种无活力的"死寂"的混乱无序的静止形态。

虽然孤立系统的形态和参照系中的事物形态一样,其外部表现都是平稳的、静止的、不易的,但是两者还是有差异的。作为参照系的事物是被人们主观上看作一切皆空的形态虚无的原点,没有性质或大小可言;而作为事物的定态在一定维度的质向量空间中就是一个定点或驻点,事物所具有的这种确定的相对平衡态,就是该事物遵循"不易原则"的存在形态,是一种性质确定的纯态。事物稳定的存在形态是事物实在形态的一种特殊表现,表明整个事物形态在其存在阶段上都没有发生变化而一直保持其特有的性质与面目。

在人们的认知体系中,任何事物的存在都具有确定不变的形态,这种形态与作为参照系的事物形态的差异就是事物在认知坐标系显了像;相对于潜像的参照系的"无",它就是"有"。天下万物都是有形有像的东西,而有形有像的东西是相对于无形无像的参照系而言的。例如,在以数轴为数量坐标轴建立的坐标系及其张开的空间中,参照系是0,那么坐标系中各种孤立系统的形态就可依其与参照系形态的差异程度,称为1,2,3,…,这样,世界上的万事万物就可以用数轴中具有确定数值的点来表示。又如,在以形态参量为坐标轴建立的坐标系及其张开的形态空间中,每个点都代表事物的一个确定形态,空间中的任意两个点就代表事物不同的两个形态,因此泡利不相容原理认为:不可能有两个相同的物态同处于一个空间(点)。

三、单元系统形态变化的起止之道

在一维正向质向量坐标系$\vec{X}_+$的$(\vec{X}_+)$空间中,两个确定的点代表着事物的两个确定形态,并对应着两个常质向量;如果其中一种事物形态可以用常质向量$\vec{A}_+$表示,则另一种事物形态就可以用常质向量$\vec{B}_+$表示。当事物处在形态变化出发点的本征态时,可以看作一个抽象的理想的系综处在平衡的基态。但是,一旦离开逻辑起点,系综就变为系统。事物从形态$\vec{A}_+$到形态$\vec{B}_+$的变化可看作单元系统从起始态$\vec{A}_+$到终结态$\vec{B}_+$的形态变化$\langle \vec{B}_+ | \vec{A}_+ \rangle$,并可以用质向量$\overrightarrow{A_+B_+}$表示。$\langle \vec{B}_+ | \vec{A}_+ \rangle$表示的就是系统从起始态$\vec{A}_+$到终结态$\vec{B}_+$的定向变化之道,而$\overrightarrow{A_+B_+}$表示的就是系统从起始态$\vec{A}_+$到终结态$\vec{B}_+$的形态变化规律,即$\overrightarrow{A_+B_+} = \Delta \vec{x}_+$。单元系统从形态$\vec{A}_+$到形态$\vec{B}_+$的变化反映在一维正向质向量坐标系$\vec{X}_+$的$(\vec{X}_+)$空间背景中,就是在两点之间画出一条与途径无关的相轨迹。单元系统从起始态$\vec{A}_+$到终结态$\vec{B}_+$的形态变化$\langle \vec{B}_+ | \vec{A}_+ \rangle$如图5-1所示。

在一维正向质向量坐标系$\vec{X}_+$的$(\vec{X}_+)$空间中,单元系统形态的定向变化明显呈现为一种动态过程。单元系统形态的变化规律是通过其变化过程的一系列具体的形态来表现的,这些具体的形态之间既相互联系又彼此存在差异。单元系统从起始平衡态(基态)$\vec{A}_+$到终结平衡态$\vec{B}_+$的变化过程中,经历了一系列的形态变化,这些过渡态均处于

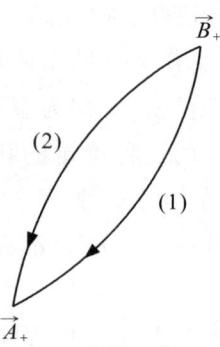

图 5-1　单元系统起止形态变化的相轨迹与途径无关

非平衡态,可以用一个动点来代表单元系统的这一动态行为。一个动点对应着一个变质向量 $\vec{x}_+$,$\vec{x}_+$ 的值域是非负的。

在一维正向质向量坐标系 $\vec{X}_+$ 的 $(\vec{X}_+)$ 空间中,单元系统从起始态(基态)$\vec{A}_+$ 到终结态 $\vec{B}_+$ 的形态变化 $\langle\vec{B}_+|\vec{A}_+\rangle$,其质向量的变化量为

$$\Delta\vec{x}_+ = \vec{x}_{B_+} - \vec{x}_{A_+} = \int_{A_+}^{B_+}(\mathrm{d}\vec{x}_+)_{可逆(1)} \tag{5-1}$$

即单元系统质向量的变化量 $\Delta\vec{x}_+$ 的变化区间就是 $[\vec{x}_{A_+},\vec{x}_{B_+}]$。

如果起始态 $\vec{A}_+$ 为坐标系的原点,即 $\vec{x}_{A_+}=\vec{0}$,那么(5-1)式就成为

$$\Delta\vec{x}_+ = \vec{x}_{B_+} = \int_{A_+}^{B_+}(\mathrm{d}\vec{x}_+)_{可逆(1)} \tag{5-2}$$

在一维正向质向量坐标系 $\vec{X}_+$ 的 $(\vec{X}_+)$ 空间中,一维正向质向量坐标系 $\vec{X}_+$ 的指向与一维正向单位质向量 $\vec{e}_+$ 相同,处在其中的单元系统形态的向量 $\vec{x}_+$ 与一维正向单位质向量 $\vec{e}_+$ 也具有相同的方向。在这样的条件下,系统形态的变化就像人在同向运行的火车上行走一样,可以不考虑方向因素。如果基准向量的模是正实数 $|\vec{e}_{X_+}|\equiv 1$,那么质向量 $\vec{x}_+$ 还可以用标量 x_+ 表示,因此系统形态变化规律及其变化区间就在非负的实数范围。但是,在一维正向质向量坐标系 $\vec{X}_+$ 的 $(\vec{X}_+)$ 空间中,质向量 $\vec{x}_+$ 只是一段有向直线;而系统从某一个形态 $\vec{A}_+$ 向另一个形态 $\vec{B}_+$ 的变化过程在其中的表现,只能是符合线性规律的,刚好是一段有向直线。在线性空间中,线性规律所表达的是同类系统形态在既定方向上的数量变化,而无法反映非同类系统形态的变化规律,也难以表示单元系统形态的阴阳转化规律。

在一维正向质向量坐标系 $\vec{X}_+$ 可以打开 $(\vec{X}_+)$ 空间的内部空间,单元系统由形态 $\vec{A}_+$ 向形态 $\vec{B}_+$ 的变化,就相当于把单元系统作为一个动点来考察其形态变化。如果以高尔夫球来比喻系统,那就可以把 $\vec{A}_+$ 点看作发球点,$\vec{B}_+$ 点看作终点球洞。人们打高尔夫球的作用力越大,落球点就越远,相当于环境对系统所施加的能量越大,系统的各个单元吸收了环境施予的这部分能量后跃迁的异质单元数就越多,整个系统形态转化

信息也越大。单元系统从起始态 $\vec{A}_+$ 到任一过渡态或终结态 $\vec{B}_+$ 的形态变化历程，可以看作人们以不同的作用力击打高尔夫球所形成的落球点轨迹。单元系统所经历的形态变化表现为在一系列过渡态之间的转化过程，表现在质向量空间就是一动点从 $\vec{A}_+$ 点始发经由的路径。

单元系统从起始态（基态）$\vec{A}_+$ 到终结态 $\vec{B}_+$ 的形态变化 $\langle \vec{B}_+ | \vec{A}_+ \rangle$，相当于由起始向量起点指向末端向量终点的向量。根据向量加和的多边形法则，向量 $\overrightarrow{A_+B_+}$ 可以转化为首尾相接的若干个向量之和，即任何一个向量都可以分解成若干个分向量的组合。这就是说，向量 $\overrightarrow{A_+B_+}$ 代表着击球者一杆进洞，多个向量之和代表着击球者许多杆才进洞。单元系统从起始态 $\vec{A}_+$ 到任一过渡态或终结态 $\vec{B}_+$ 的形态变化历程，可看作人们通过许许多多杆的连续击球才使高尔夫球的落球达到既定的点位。可见，任一向量 $\vec{x}_+$ 可以分解成若干个分向量，通过这些分向量之间的加和关系就可反映单元系统形态变化的一般规律。

由向量的外积 $\vec{X} = \vec{X}_1 \times \vec{X}_2$ 可知，如果向量 $\vec{X}$ 是向量 $\vec{X}_1$ 和向量 $\vec{X}_2$ 的外积，那么向量 $\vec{X}$ 可以看作由向量 $\vec{X}_1$ 和向量 $\vec{X}_2$ 所构成。非零向量 $\vec{X}_1$ 和非零向量 $\vec{X}_2$ 的外积的大小为向量 $\vec{X}_1$ 和向量 $\vec{X}_2$ 的大小同它们之间夹角的正弦的乘积，即 $|\vec{X}_1 \times \vec{X}_2| = |\vec{X}_1||\vec{X}_2|\sin\langle\vec{X}_1,\vec{X}_2\rangle$，当 $\langle\vec{X}_1,\vec{X}_2\rangle = \frac{\pi}{2}$ 时，$|\vec{X}_1 \times \vec{X}_2| = |\vec{X}_1||\vec{X}_2|$。如果向量 $\vec{X}$ 规定了质并成为质向量坐标轴，那么在一维质向量坐标轴 $\vec{X}$ 内部就可以打开由相互垂直的分质向量 $\vec{X}_1$ 和分质向量 $\vec{X}_2$ 构成的二维分质向量坐标系。如果令分质向量 $\vec{X}_1 \equiv \vec{P}$ 和分质向量 $\vec{X}_2 \equiv \vec{S}$，那么质向量 $\vec{X}$ 就可看作 $\vec{P}$ 和 $\vec{S}$ 的外积。如果质向量 $\vec{X}$ 成为一维质向量坐标轴 $\vec{X}$，那么在一维质向量坐标轴 $\vec{X}$ 内部就可打开由分质向量 $\vec{P}$ 和分质向量 $\vec{S}$ 构成的 $(\vec{P},\vec{S})$ 空间。

同理，m 个向量的外积为一个向量 $\vec{X}$，即 $\vec{X} = \vec{X}_1 \times \vec{X}_2 \times \cdots \times \vec{X}_m$，那么 $\vec{X}_1, \vec{X}_2, \cdots, \vec{X}_m$ 都可看作向量 $\vec{X}$ 的分向量。如果向量 $\vec{X}$ 规定了质并成为一维质向量坐标轴，那么在一维质向量坐标轴 $\vec{X}$ 内部就可以打开由独立的分质向量 $\vec{X}_1, \vec{X}_2, \cdots, \vec{X}_m$ 构成的 m 维分质向量坐标系 $\vec{X}_1 \times \vec{X}_2 \times \cdots \times \vec{X}_m$，并张开 m 维分质向量空间 $(\vec{X}_1, \vec{X}_2, \cdots, \vec{X}_m)$。例如，令分质向量 $\vec{X}_1 \equiv \vec{N}$，分质向量 $\vec{X}_2 \equiv \vec{n}$，分质向量 $\vec{X}_3 \equiv \vec{E}$，分质向量 $\vec{X}_4 \equiv \vec{E}_{\neq}$ 和分质向量 $\vec{X}_5 \equiv \vec{\varepsilon}$，那么质向量 $\vec{X}$ 就可看作五个分质向量 $\vec{N}, \vec{n}, \vec{E}, \vec{E}_{\neq}, \vec{\varepsilon}$ 的外积。如果向量 $\vec{X}$ 规定了质并成为一维正向质向量坐标轴 $\vec{X}_+$，那么在一维正向质向量坐标系 $\vec{X}_+$ 内部就可以打开由总体单元数 $\vec{N}_+$、异质单元数 $\vec{n}_+$、能量 $\vec{E}_+$、能阈 $\vec{E}_{\neq +}$ 和能元 $\vec{\varepsilon}_+$ 这五个分质向量分别作为坐标轴构成的五维分质向量空间 $(\vec{N}_+, \vec{n}_+, \vec{E}_+, \vec{E}_{\neq +}, \vec{\varepsilon}_+)$。

在一维正向质向量坐标系 $\vec{X}_+$ 内部可以打开低一级的 m 维分质向量空间 $(\vec{X}_{+1},$

$\vec{X}_{+2},\cdots,\vec{X}_{+m}$),这样,一维正向质向量坐标系 $\vec{X}_+$ 中任一确定的常质向量 $\vec{a}_+$,都可以用其内部 m 维分质向量空间($\vec{X}_{+1},\vec{X}_{+2},\cdots,\vec{X}_{+m}$)中 m 个相互独立的常质向量 $\vec{a}_{+1}$, $\vec{a}_{+2},\cdots,\vec{a}_{+m}$ 来表示;而一维正向质向量坐标轴 $\vec{X}_+$ 中单元系统正向的动态行为不仅可以用变质向量 $\vec{x}_+$ 表示,而且可以作为 m 元子系统用一维正向质向量坐标系 $\vec{X}_+$ 内部 m 维分质向量空间($\vec{X}_{+1},\vec{X}_{+2},\cdots,\vec{X}_{+m}$)中 m 个分质向量 $\vec{x}_{+1},\vec{x}_{+2},\cdots,\vec{x}_{+m}$ 来表示。

当单元系统从起始态 $\vec{A}_+$ 连续变化到终结态 $\vec{B}_+$,其形态点的变动就要用变质向量 $\vec{x}_+$ 或 m 个分质向量 $\vec{x}_{+1},\vec{x}_{+2},\cdots,\vec{x}_{+m}$ 表示;而单元系统形态的变换当然也要用 m 元子系统形态的分质向量之间的数学关系表示。如果对 m 个分质向量 $\vec{x}_{+1},\vec{x}_{+2},\cdots,\vec{x}_{+m}$ 施行了操作 f,那么 m 元子系统的行为都能严格按照 $f(\vec{x}_{+1},\vec{x}_{+2},\cdots,\vec{x}_{+m})$ 的规律响应,$\vec{y}_+ = f(\vec{x}_{+1},\vec{x}_{+2},\cdots,\vec{x}_{+m})$ 就是联系起始态 $\vec{A}_+$ 与终结态 $\vec{B}_+$ 的数理模型。

由于质向量空间中的每个确定的质点都是以质向量来表征其形态的,因此代表该点的质向量必须明确其形态特定的质含义,而不能用笼统而空泛的数学符号来表示。这就是说,要在一维正向质向量坐标系 $\vec{X}_+$ 中建立关于单元系统形态及其正向变化的一般模型,必须对作为认知单元系统形态度量基准的分质向量坐标轴赋予明确的质向量内涵,否则 m 个分质向量 $\vec{x}_{+1},\vec{x}_{+2},\cdots,\vec{x}_{+m}$ 只是纯数学的向量,以此作为抽象坐标轴是无法定质、定量、定向地表征单元系统形态及其变化的一般规律的。即使有了像 $\vec{y}_+ = f(\vec{x}_{+1},\vec{x}_{+2},\cdots,\vec{x}_{+m})$ 那样的一般向量的数学公式,也难以阐明各个分质向量之间的关系,只是使单元系统从一种形态到另一种形态的变化成为一个泛函问题而已。

四、单元系统形态转化规律的叩问

按照波普尔的理解,对于赫拉克利特来说,"真理就是抓住自然的基本演化,即把它作为内在的无限之物,作为它自身的过程加以表述"。世界由无数个特殊事物的具体形态所构成,世界的运动就是各个种类、各个层次的事物从各自的形态向事物的其他形态转化的过程。因此,要获致科学的真理,就要在理性认知空间中揭示不同层次的单元系统形态变化规律,即以单元系统的生成模型作为原型的替代品来揭示单元系统(整个单元集团)形态变化的一般规律。

还原论可以把整体分解为部分,高层次还原为低层次;还原主义主张事物的高层性质、功能可归结为低层性质、功能,并用低层现象说明高层现象。因此,统一科学只要发现每个层次的系统整体与部分的关系都一样,就可以揭示普适于系统形态变化的一般规律。当然,还必须十分明确地阐明理性认知坐标系各个维度的质向量内涵。

统一科学在"无极篇"阐述科学的基本概念和预备知识时,从各学科形态各异、性质不同的具体事物入手,采用系统"舍象法"来概括贯通古今中外有关事物形态的概念,归纳各个学科已经揭示的以各种形式出现的事物变化规律,并由此提炼出适用于一般系统的度量基准。总体单元数 $\vec{N}$、异质单元数 $\vec{n}$、能量 $\vec{E}$、能阈 $\vec{E}_{\neq}$ 和能元 $\vec{\varepsilon}$ 这五个质向量,就是一组能够定质、定量、定向度量系统形态的基干质向量;信息 $\vec{P}$ 和熵 $\vec{S}$ 这两个质向量也是一组能够定质、定量、定向度量系统形态的基础质向量,选择任何一组质向量作为坐标轴,它们与原点就可以共同构成认知系统形态及其关系的质向量坐标系。

统一科学要认清系统形态的质变和量变及其变化规律是否存在更一般的内在关系,探索系统从一种形态到另一种形态转化所遵循的最一般规律,就要沿流而溯源,揭示关于系统形态转化的基本规律。列宁说过,"规律就是关系""本质的关系或本质之间的关系"。瑞士心理学家皮亚杰也说过,"物理事实只有经过逻辑—数学构架的中介才能为我们所认识,从事实的验证开始就是这样,在归纳推理过程中就更是这样"。[2] 在一维正向质向量坐标系 $\vec{X}_+$ 内部打开 m 维分质向量 $\vec{X}_{+1}, \vec{X}_{+2}, \cdots, \vec{X}_{+m}$ 为坐标轴构成的坐标系 $O\vec{X}_{+1}\vec{X}_{+2}\cdots\vec{X}_{+m}$,就可在低一级的 m 维分质向量空间中认识单元系统形态的变化规律。基此,人们才可以用 $\vec{y}_+ = f(\vec{x}_{+1}, \vec{x}_{+2}, \cdots, \vec{x}_{+m})$ 的模型来反映单元系统从起始态 $\vec{A}_+$ 到终结态 $\vec{B}_+$ 的形态变化规律,并突破在一维正向质向量空间 ($\vec{X}_+$) 中仅能用 $\Delta \vec{x}_+ = \overrightarrow{A_+ B_+}$ 来表示 $\langle \vec{B}_+ | \vec{A}_+ \rangle$ 形态变化的朦胧道理。

朱熹说过,"事事物物,皆有个极,是道理极至。总天地万物之理,便是太极"。在一维正向质向量坐标系 $\vec{X}_+$ 的太极内部可以打开 $\vec{N}_+, \vec{n}_+, \vec{E}_+, \vec{E}_{\neq+}, \vec{\varepsilon}_+$ 五个分质向量作为坐标轴构成的坐标系,也可以打开 $\vec{P}_+$ 和 $\vec{S}_+$ 两个分质向量作为坐标轴构成的坐标系。在一维正向质向量坐标系 $\vec{X}_+$ 的太极内部的分质向量空间中,人们就可以直击统一科学理论体系的核心:揭示反映单元系统形态变化的一般规律!

在一维正向质向量坐标系 $\vec{X}_+$ 内部打开由 $\vec{N}_+, \vec{n}_+, \vec{E}_+, \vec{E}_{\neq+}, \vec{\varepsilon}_+$ 五个分质向量作为坐标轴构成的五维坐标系中,总体单元数 $\vec{N}_+$、异质单元数 $\vec{n}_+$、能量 $\vec{E}_+$、能阈 $\vec{E}_{\neq+}$ 和能元 $\vec{\varepsilon}_+$ 这五个分质向量既相互区别又相互联系,既对立又统一。对立关系使得 $\vec{N}_+, \vec{n}_+, \vec{E}_+, \vec{E}_{\neq+}, \vec{\varepsilon}_+$ 这五个分质向量相互区别,从而确认它们在认识世界中各自的本质与作用,使之成为认识单元系统形态的独立的度量基准,并可组成一个互相正交的五维分质向量坐标系;统一关系又使得 $\vec{N}_+, \vec{n}_+, \vec{E}_+, \vec{E}_{\neq+}, \vec{\varepsilon}_+$ 这五个分质向量相互联系、相互依赖,共同构成一组度量单元系统形态的分质向量坐标轴,因而单元系统形态及其关系才能用 $\vec{N}_+, \vec{n}_+, \vec{E}_+, \vec{E}_{\neq+}, \vec{\varepsilon}_+$ 这五个分质向量来表示。

在一维正向质向量坐标系 $\vec{X}_+$ 内部的五维分质向量空间 ($\vec{N}_+, \vec{n}_+, \vec{E}_+, \vec{E}_{\neq+}, \vec{\varepsilon}_+$) 中,任何一个单元系统形态都可以用一组分质向量的特殊值或一个点来代表。单元系统由一种形态向另一种形态的变化,无非是 $\vec{N}_+, \vec{n}_+, \vec{E}_+, \vec{E}_{\neq+}, \vec{\varepsilon}_+$ 这五个分质向量的某个分质向量或若干个分质向量或全部分质向量取得了不同的特殊值。单元系统形态在变化过程中,其分质向量不断地发生改变,从而形成一个变动的序列。通过 $\vec{N}_+, \vec{n}_+, \vec{E}_+, \vec{E}_{\neq+}, \vec{\varepsilon}_+$ 这五个分质向量的内在关系式来描述单元系统整体形态的正向变化,就可以揭示单元系统形态变化的一般规律。

把单元系统从某一个特定形态到另一个特定形态所经历的孕育、产生、成长到成熟的一系列过渡形态联系起来,就是单元系统形态变化历程的"基本路线"。在一维正向质向量坐标系 $\vec{X}_+$ 中,当单元系统包含的总体单元数足够多时,单元系统在形态转化中经历的过渡态也就足够多,反映在一维正向质向量坐标系 $\vec{X}_+$ 的 $(\vec{X}_+)$ 空间上是一条近于连续的直线,在一维正向质向量坐标系 $\vec{X}_+$ 内部的 $(\vec{P}_+, \vec{S}_+)$ 二维分质向量平面中就是一条曲线,而在一维正向质向量坐标系 $\vec{X}_+$ 内部的 $(\vec{N}_+, \vec{n}_+, \vec{E}_+, \vec{E}_{\neq +}, \vec{\varepsilon}_+)$ 五维分质向量空间中则是超乎想象的五维的连续体。

在一维正向质向量坐标系 $\vec{X}_+$ 中,任何一个质向量都可以分解成质向量的模与一维正向单位质向量 $\vec{e}_+$ 的数乘 $\vec{X}_+ = |\vec{X}_+|\vec{e}_+$。质向量 $\vec{X}_+$ 的模为标量,在实数域就是质变量,即 $X_+ = |\vec{X}_+|, X_+ \in [0, +\infty)$。一维正向单位质向量 $\vec{e}_+$ 的模也是标量,在实数域就是质变量,即 $e_+ = |\vec{e}_+|, e_+ \in [0, +1]$。因而,一维正向单位质向量 $\vec{e}_+$ 分解成单位质向量的模与单位质向量的数乘还是其自身 $\vec{e}_+ = |\vec{e}_+|\vec{e}_+ = \vec{e}_+$。显然,在一维正向质向量坐标系 $\vec{X}_+$ 上,一维正向单位质向量 $\vec{e}_+$ 表现为 $0 \to 1$ 的一段单向直线。在一维正向质向量坐标系 $\vec{X}_+$ 内部的 $(\vec{N}_+, \vec{n}_+, \vec{E}_+, \vec{E}_{\neq +}, \vec{\varepsilon}_+)$ 五维分质向量空间中的表现,则是从原点 $(0,0,0,0,0)$ 到点 $(N_+, n_+, E_+, E_{\neq +}, \varepsilon_+)$ 的五维的超乎想象的有向连续体。

单元系统形态正向变化的过程表现在一维正向质向量坐标系 $\vec{X}_+$ 上的变化区间,如果只是在一维正向单位质向量 $\vec{e}_+$ 的 $\langle \vec{e}_+ | \vec{0} \rangle$ 范围内变动,那就是单元系统形态变化的基元过程。基元过程表现的形态变化规律就是单元系统形态转化基元规律。在一维正向质向量坐标系 $\vec{X}_+$ 上,一维正向单位质向量 $\vec{e}_+$ 是不可分割的元向量,单元系统在基元过程范围内的形态变化是最基本的形态变化,单元系统形态转化基元规律也是最基本的规律。

在一维正向质向量坐标系 $\vec{X}_+$ 内部的 $(\vec{N}_+, \vec{n}_+, \vec{E}_+, \vec{E}_{\neq +}, \vec{\varepsilon}_+)$ 五维分质向量空间中,五个分质向量 $\vec{N}_+, \vec{n}_+, \vec{E}_+, \vec{E}_{\neq +}, \vec{\varepsilon}_+$ 若是有的蜕化为常质向量,则分质向量空间的维数就可以减少。如果某一个分质向量保持为常质向量,那么表明这一维度所代表的系统形态的"质"在人们的理性认识中已被潜化,系统形态变化的空间就可减少一维;如果某两个分质向量保持为常质向量,那么系统形态变化的框架就可以减少二维;依此类推,最简单的系统形态变化空间为一维质向量空间。如果五维分质向量都是常质向量,那么系统形态变化空间就成为零维质向量空间,系统形态就永恒不变,这个静态的、不变的系统形态就是人们认识事物、定义事物的本征态。如果这五个分质向量不仅为常质向量,而且取值为零,那么这个特定的零质向量就可作为认识世界的坐标原点——参照系。

对于一维正向质向量坐标系 $\vec{X}_+$ 内部由信息 $\vec{P}_+$ 和熵 $\vec{S}_+$ 这两条坐标轴张成的二维分质向量空间 $(\vec{P}_+,\vec{S}_+)$，也是如此。在单元系统形态变化过程中，信息 $\vec{P}_+$ 和熵 $\vec{S}_+$ 这两个分质向量也是既相互区别又相互联系，既对立又统一。对立的关系使得一维正向质向量坐标系 $\vec{X}_+$ 内部的信息 $\vec{P}_+$ 和熵 $\vec{S}_+$ 两个分质向量成为认识单元系统形态的独立的度量基准，并组成一个互相垂直的二维坐标系；统一的关系使得信息 $\vec{P}_+$ 和熵 $\vec{S}_+$ 这两个分质向量相互联系，共同构成一组质向量，因而任何一个单元系统形态才能用信息 $\vec{P}_+$ 和熵 $\vec{S}_+$ 这两个分质向量来表示。

在一维正向质向量坐标系 $\vec{X}_+$ 内部的 $(\vec{P}_+,\vec{S}_+)$ 二维分质向量空间中，任何一个单元系统形态都可以用信息 $\vec{P}_+$ 和熵 $\vec{S}_+$ 的一组特殊值或一个点来代表。单元系统由一形态向另一形态的变化，只是信息 $\vec{P}_+$ 和熵 $\vec{S}_+$ 这两个分质向量特定值的变化。在单元系统形态变化过程中，$(\vec{P}_+,\vec{S}_+)$ 的特殊值不断地发生改变，从而形成一个变动的序列。把单元系统形态变化所经历的点联系起来，就可形成单元系统形态变化规律的空间轨迹。像一维正向单位质向量 $\vec{e}_+$ 在一维正向质向量坐标系 $\vec{X}_+$ 内部的 $(\vec{P}_+,\vec{S}_+)$ 二维分质向量平面中的表现，就是从原点 $(0,0)$ 到 (P_{e_+},S_{e_+}) 点的有向曲线。因此，通过信息 $\vec{P}_+$ 和熵 $\vec{S}_+$ 这两个分质向量之间的内在关系来描述单元系统形态的正向变化，就可以建立单元系统形态变化规律的模型。

作为统一科学描述单元系统形态变化的基础质向量，信息 $\vec{P}_+$ 是总体单元数 $\vec{N}_+$ 和异质单元数 $\vec{n}_+$ 的函数，熵 $\vec{S}_+$ 是能量 $\vec{E}_+$、能阈 $\vec{E}_{\neq+}$ 和能元 $\vec{\varepsilon}_+$ 的函数，它们都有丰富的内涵。为了深入认识单元系统形态变化的道理，把 $\vec{N}_+,\vec{n}_+,\vec{E}_+,\vec{E}_{\neq+},\vec{\varepsilon}_+$ 五个分质向量的关系作为建立统一科学理论体系的切入点，会有助于揭示和理解单元系统形态转化的一般规律。

为了揭示单元系统发生形态变化过程的内在规律，首先必须明确一个单元即是一个粒子，单元系统是最简单的多粒子系统。单元系统形态转化基元规律是事物形态变化最基本的规律，其转化过程对应着一维正向质向量坐标系 $\vec{X}_+$ 上不可分割的一维正向单位质向量 $\vec{e}_+$ 从无到有的阴阳变化，一维正向单位质向量 $\vec{e}_+$ 就是太极基元质向量，统一科学所要探讨的单元系统形态转化基元规律就是一般系统形态转化最基本的规律。

其次，必须明确运动是相对于静止而言的，不平衡是相对于平衡而言的。由于单元系统形态在变化过程中经历了一系列的不平衡态，如果从任意一个不平衡态出发，那么得到的单元系统形态转化规律就会各式各样。统一科学要揭示单元系统形态转化的一般规律必须是从平衡态变为非平衡态，并最终达到新的平衡态的单元系统形态转化规律，所以平衡态应当成为单元系统形态转化规律研究的出发点和归宿点。

再次，在某一维度质向量坐标轴 $\vec{X}_i$ 上择定的单位质向量 $\vec{e}_i$ 代表着这一坐标轴的指向,某一维度质向量坐标轴 $\vec{X}_i$ 都可以用实质变量 X_i 与其单位质向量 $\vec{e}_i$ 的数乘来表征质向量 $\vec{X}_i$。

最后,任何实用的定量的数理模型都依赖于连续的解析函数,所以在单元系统形态转化基元规律的推导中还必须设定所研究的单元系统具有足够数量的单元,以保证单元系统形态在转变中能够经历充分多的过渡态,从而满足解析函数推导中所需的连续条件。

综上所述,统一科学就是要和合生新,在"冒天下之道"的基础上,来认知世界各种各样的事物"一阴一阳"变化的"天地之道";用"最逼近真理"来构建单元系统形态变化道理的仿真机理模型,也就是通过单元系统形态变化基元过程最一般规律的推导来奠定统一科学理论殿堂的基础。[3]

第二节 单元系统形态转化基元规律推导

统一科学以追求真理为宗旨。质向量坐标系是认知系统形态变化规律的理性坐标系,在一维正向质向量坐标系 $\vec{X}_+$ 内部所张开的 $(\vec{N}_+, \vec{n}_+, \vec{E}_+, \vec{E}_{\neq +}, \vec{\varepsilon}_+)$ 五维分质向量空间或 $(\vec{P}_+, \vec{E}_+, \vec{E}_{\neq +}, \vec{\varepsilon}_+)$ 四维分质向量空间中,就可以进行单元系统形态转化基元过程最一般规律的推导,揭示单元系统形态变化的生成元与科学大道——单元系统形态转化基元规律。

一、单元系统形态转化基元规律的推导

恩格斯把事物形态的转化概括为:"自然界的一切运动都可以归结为一种形式向另一种形式不断转化的过程;转化过程是一个伟大的基本过程,对自然的全部认识都综合于这个过程的认识中;每一门学科都是分析某一个别的运动形式或一系列相互关系或相互转化的运动形式。"日本物理学家汤川秀树认为:"把物质理解为由单纯的东西集合而成,各种现象都能依据简单的法则给以说明。"其实,由单纯东西集合而成的物质就是单元系统,一种形式向另一种形式转化的基本过程就是形态转化基元过程。

统一科学以贯彻任何层次的单元系统形态变化规律作为其研究的基本对象。但是,在获得对研究对象的正确认识前,必须先确立研究的逻辑起点,由此才能开创认知所有层次系统形态及其内在规律的科学理论体系。一定维度的质向量坐标系是统一科学认知系统形态变化规律的理性坐标系,只有在一定维度的质向量坐标系空间中,人们才能定质、定量、定向地认识任何系统形态及其变化规律和分布规律。

在各种维度的质向量坐标系空间中,具体事物不论表现为什么样的实在形态,都只能被人们抽象为一般系统的前体或母体——粒子(或质点)。在某种意义下,一个粒子

就是"单个的"凝聚的客体,它具有确定的个性,并可在给定的质向量空间域内由一定的属性表征。[4]因此,任何多粒子系统形态都可以用质向量来表征。质向量是定质、定量、定向地刻画系统形态的序参量,质向量符号为表述系统形态生成过程及其变化规律提供了简单明了的形式,且使这些规律的推导简单化。因此,统一科学在探索多粒子系统形态生成过程及其变化规律时必然要选择在一定维度的质向量坐标系空间中进行。

一维正向质向量坐标系 $\vec{X}_+$ 是最简单的理性认知坐标系,也是认知单元系统形态生成过程及变化规律的逻辑起点。在一维正向质向量坐标系 $\vec{X}_+$ 内部,以信息 $\vec{P}_+$ 和熵 $\vec{S}_+$ 为刻画单元系统形态的分质向量坐标轴,可以建立 $O\vec{P}_+\vec{S}_+$ 二维分质向量坐标系并张开 $(\vec{P}_+,\vec{S}_+)$ 分质向量空间。以信息 $\vec{P}_+$、能商 $\vec{\xi}_+$ 和能阈商 $\vec{\xi}_{\neq+}$ 三个分质向量为刻画单元系统形态的三个坐标轴,也可以建立 $O\vec{P}_+\vec{\xi}_+\vec{\xi}_{\neq+}$ 三维分质向量坐标系并张开 $(\vec{P}_+,\vec{\xi}_+,\vec{\xi}_{\neq+})$ 分质向量空间。以总体单元数 $\vec{N}_+$、异质单元数 $\vec{n}_+$、能商 $\vec{\xi}_+$ 和能阈商 $\vec{\xi}_{\neq+}$ 四个分质向量作为刻画单元系统形态的四个坐标轴,也可以建立 $O\vec{N}_+\vec{n}_+\vec{\xi}_+\vec{\xi}_{\neq+}$ 四维分质向量坐标系并张开 $(\vec{N}_+,\vec{n}_+,\vec{\xi}_+,\vec{\xi}_{\neq+})$ 分质向量空间。以总体单元数 $\vec{N}_+$、异质单元数 $\vec{n}_+$、能量 $\vec{E}_+$、能阈 $\vec{E}_{\neq+}$ 和能元 $\vec{\varepsilon}_+$ 五个分质向量作为刻画单元系统形态的五个坐标轴,还可以建立 $O\vec{N}_+\vec{n}_+\vec{E}_+\vec{E}_{\neq+}\vec{\varepsilon}_+$ 五维分质向量坐标系并张开 $(\vec{N}_+,\vec{n}_+,\vec{E}_+,\vec{E}_{\neq+},\vec{\varepsilon}_+)$ 分质向量空间。

单元系统从起始态到终结态的形态转化基元过程,在一维正向质向量坐标系 $\vec{X}_+$ 上就是一维正向单位质向量 $\vec{e}_+$ 所表达的质向量变化量。在一维正向质向量坐标系 $\vec{X}_+$ 内部打开由总体单元数 $\vec{N}_+$、异质单元数 $\vec{n}_+$、能量 $\vec{E}_+$、能阈 $\vec{E}_{\neq+}$ 和能元 $\vec{\varepsilon}_+$ 这五个分质向量构成的 $(\vec{N}_+,\vec{n}_+,\vec{E}_+,\vec{E}_{\neq+},\vec{\varepsilon}_+)$ 空间,其中必然存在着与一维正向质向量坐标轴 $\vec{X}_+$ 的一维正向单位质向量 $\vec{e}_+$ 对应的起始态和终结态,从起始平衡态向着终结平衡态"从无到有"的 $\langle\vec{e}_+|\vec{0}\rangle$ 形态转化规律就是单元系统形态转化基元规律。

一维正向质向量坐标系 $\vec{X}_+$ 是单向仿射质向量坐标轴。在一维正向质向量坐标系 $\vec{X}_+$ 内部,总体单元数 $\vec{N}_+$、异质单元数 $\vec{n}_+$、能量 $\vec{E}_+$、能阈 $\vec{E}_{\neq+}$ 和能元 $\vec{\varepsilon}_+$ 五个分质向量坐标轴构成五维分质向量坐标系 $O\vec{N}_+\vec{n}_+\vec{E}_+\vec{E}_{\neq+}\vec{\varepsilon}_+$;$\vec{N}_+,\vec{n}_+,\vec{E}_+,\vec{E}_{\neq+},\vec{\varepsilon}_+$ 五个分质向量坐标轴都是正向仿射坐标轴,且各自都与 $N_+,n_+,E_+,E_{\neq+},\varepsilon_+$ 五个分质变量坐标轴的指向一致,所以它们正交所张开的五维分质向量空间可用 $(N_+,n_+,E_+,E_{\neq+},\varepsilon_+)$ 五维分质变量空间来替代。

同一指向规定下的质向量可用质变量代替,在 $N_+,n_+,E_+,E_{\neq+},\varepsilon_+$ 这五条分质变量坐标轴张开的 $(N_+,n_+,E_+,E_{\neq+},\varepsilon_+)$ 五维分质变量空间里,任何事物形态粗粒化后都被抽象成为其中的一个质点。一维正向质变量坐标系 X_+ 上每个定点的形态都可用一个常量 C_+ 或五维分质变量空间 $(N_+,n_+,E_+,E_{\neq+},\varepsilon_+)$ 中的一组确定的常量

$C_{N_+}, C_{n_+}, C_{E_+}, C_{E_{\neq+}}, C_{\varepsilon_+}$ 来表示。因此,单元系统由一种平衡态 $\vec{A}_+$ 向另一种平衡态 $\vec{B}_+$ 的单向变化,从起始态 $\vec{A}_+$ 到终结态 $\vec{B}_+$ 的形态变化 $\langle \vec{B}_+ | \vec{A}_+ \rangle$ 可以用 $\Delta \vec{x}_+ = \overrightarrow{A_+ B_+}$ 表示。点 $\vec{A}_+$ 和点 $\vec{B}_+$ 分别是一维正向质变量坐标系 X_+ 空间中的一个定点,用一维正向质变量坐标系 X_+ 上的常量 A_+ 和 B_+ 表示。

在一维正向质变量坐标系 X_+ 中,如果处于平衡态 A_+ 的事物可以看作一个孤立系统,这个孤立系统一旦作为人们描述单元系统形态变化的基始,它就是理想的系综。系综所处的平衡态就是本征态,作为单元系统形态变化之前"不易"的基本形态,也可简称为基态。单元系统由平衡态 A_+ 向另一平衡态 B_+ 变化过程中的任何一个形态都是动态或过渡态,可以用一维正向质变量坐标系 X_+ 上的变量 x_+ 或其内部五维分质变量空间 $(N_+, n_+, E_+, E_{\neq+}, \varepsilon_+)$ 中的 $x_+(N_+, n_+, E_+, E_{\neq+}, \varepsilon_+)$ 表示。

在一维正向质变量坐标系 X_+ 内部的 $(N_+, n_+, E_+, E_{\neq+}, \varepsilon_+)$ 五维分质变量空间中认知事物,不论其结构是简单还是复杂,都要把实在的事物抽象为单元系统。单元系统可定义为处于自身相互作用中以及与环境的相互关系中的单元集合,因而可用不同的方式做数学上的表述,即用一些数学符号来代表相应的对象或关系。例如,相互作用是指若干个单元处于若干种关系 f 中,以至于一个单元在 f 中的行为不同于它在另一关系 f' 中的行为。若单元的行为在 f 和 f' 中并无差异,那么就不存在相互作用,单元的行为就不依赖于 f 和 f',这样的单元就是全同单元。单元系统处在质变量空间中的某一个定点,就可看作由一群全同单元集合而成的孤立的多粒子系统,也就是所谓的"系综"。[5]

在一维正向质变量坐标系 X_+ 内部的 $(N_+, n_+, E_+, E_{\neq+}, \varepsilon_+)$ 五维分质变量空间中,定点 A_+ 表示一个相对静止和暂时平衡的无序态,处在这一常态的单元系统可以用一组质常量 $C_{N_+}, C_{n_+}, C_{E_+}, C_{E_{\neq+}}, C_{\varepsilon_+}$ 表示。其中,$N_+ = C_{N_+}$ 表明单元系统是由 N_+ 个彼此无相互作用的全同单质元素组成的单元集群,N_+ 个全同单元数就称为总体单元数。在这一集群中的每个单元都是具有完全相同性质的单质元素,它们彼此无相互作用,与环境也无交互作用,N_+ 个全同单元的性质构成了整个单元系统具有确定的性能 $E_+ = C_{E_+}$,这就是单元系统既有的原性能。

在一维正向质变量坐标系 X_+ 内部的 $(N_+, n_+, E_+, E_{\neq+}, \varepsilon_+)$ 五维分质变量空间中,单元系统的形态为一定点 A_+,在形态没有发生变易的情况下,其质不会发生任何变化,也就是说此单元系统所在的形态是没有任何异质成分的,其异质单元数 $n_+ = C_{n_+} = 0$。在单元系统形态没有发生 $\langle \vec{B}_+ | \vec{A}_+ \rangle$ 的单向变化时,是无所谓终结态 B_+ 的,因而可以取能阈 $E_{\neq+} = C_{E_{\neq+}} = 0$。还有,单元系统被抽象为一个至小无内的质点,也就明确了能元 ε_+ 只能取为零,即能元 $\varepsilon_+ = C_{\varepsilon_+} = 0$。

在一维正向质变量坐标系 X_+ 内部的 $(N_+, n_+, E_+, E_{\neq+}, \varepsilon_+)$ 五维分质变量空间中,孤立系统作为多粒子"凝聚"的系综,其所处定点 A_+ 的形态为本征态,也称为基态。

如果单元系统形态发生变化的起始点 A_+ 就是坐标系的原点 O,那么系综所处的基态就称为参照系。参照系作为认知系统形态的本原,它和 A_+ 点一样,异质单元数 $n_+ = C_{n_+} = 0$,能阈 $E_{\neq +} = C_{E_{\neq +}} = 0$,能元 $\varepsilon_+ = C_{\varepsilon_+} = 0$。但是,处在原点的基态是被人们理性地当作一种一切皆空的形态,系综在这样的虚空里,其总体单元数 N_+ 也只能取为零,即 $N_+ = C_{N_+} = 0$。在这种理想的虚无形态下,处于原点的系统也不会表现出任何性能,即使它实际还存在着某些原性能,但是作为人们所要考察的性能的参比,它那些原性能也只能作为潜性能。所以,坐标系原点的能量为零,记作 $E_+ = C_{E_+} = 0$。这样,处在坐标系原点 O 的单元系统形态就可以用 $O(0,0,0,0,0)$ 表示。

在一维正向质变量坐标系 X_+ 内部的 $(N_+, n_+, E_+, E_{\neq +}, \varepsilon_+)$ 五维分质变量空间中,如果单元系统所处的基态 A_+ 为 $A(C_{N_+}, 0, 0, 0, 0)$,即表示其总体含有 N_+ 个确定的全同单元 $N_+ = C_{N_+}$。当外界环境对单元系统发生作用时,单元系统内的各个单元之间就会发生相互作用,这就使得单元系统由孤立的、静止的平衡态进入一种联系的、运动的非平衡态,单元系统也就从孤立系统变成了开放系统。这样,单元系统与环境的相互作用以及系统内各个单元之间的相互关联、相互作用、适应与不适应都会通过单元系统的性能来表现,单元系统也就具有了相应的能量 E_+。

适应与不适应是刻画系统与环境关系的概念。适应是系统与环境进行稳定有序的交换,组分之间稳定有序地互动互应。不适应是系统与环境稳定有序的交换方式被破坏,只有通过变革自身才能重新适应环境。系统能否保持其形态和结构取决于系统与环境的交换关系。在系统吸收环境的能量而发射的过程中,系统对环境的适应是靠外部力量的干预来建立和维持的,称为受激适应或受激发射。在系统自发向环境释放能量的发射过程中,系统对环境的适应是靠内部自己的力量来建立和维持的,称为自发适应或自发发射。

在一维正向质变量坐标系 X_+ 内部的 $(N_+, n_+, E_+, E_{\neq +}, \varepsilon_+)$ 分质变量空间中,单元系统处于 $A(C_{N_+}, 0, 0, 0, 0)$ 点,其总体单元数 $N_+ = C_{N_+}$,而其他分质变量皆为零。但是,在环境的作用下,孤立系统可以摇身一变而成为开放系统,单元系统就会因此具有能量 E_+,单元系统的这些能量 E_+ 是从环境中获得的。单元系统的各个单元吸收了环境施予的这部分能量 E_+ 后,单元系统中就有 n_+ 个单元有能力可以从基态 A_+ 跃迁到另一个异质的高能级的平衡态 B_+。跃迁到终结态 B_+ 的单元数 n_+ 就称为异质单元数。在这样的单元系统中,就有 n_+ 个异质单元处在高能级的形态 B_+,而基态 A_+ 中未被激发的本质单元数为

$$n_+^0 = N_+ - n_+ = C_{N_+} - n_+ \tag{5-3}$$

上述孤立系统变化为开放系统的形态生成过程,是孤立系统中的单元吸收了环境的能量而受激发射的过程,简称为吸收发射过程。单元系统在这一形态转化过程中所经历的各种过渡形态统称为激发态或过渡态。单元系统的激发程度可以用异质单元数 n_+ 与总体单元数 $N_+ = C_{N_+}$ 的比值 P_+ 来表示,并称之为形态转化信息或异质信息

$$P_+ = \frac{n_+}{N_+} = \frac{n_+}{n_+ + n_+^0} \tag{5-4}$$

当单元系统处于基态 A_+ 时,异质单元数 $n_+ = 0$,其形态转化信息 $P_+ = 0$,此即单元系统保持原有的孤立静止的平衡态。当单元系统在环境作用下,处于基态的所有本质单元全部受激发而处于高能级的平衡态 B_+,这时 $n_+ = N_+ = C_{N_+}$,单元系统的形态转化信息 $P_+ = 1$,表明单元系统已由原有的形态 A_+ 完全转变成另一种异质的形态 B_+。当单元系统处于吸收发射的激发过程时,$0 < n_+ < N_+$,单元系统的形态转化信息 $0 < P_+ < 1$。

单元系统从起始态(基态)A_+ 到终结态 B_+ 的形态生成过程,可以根据向量加和的多边形法则,把 $\langle \vec{B_+} | \vec{A_+} \rangle$ 的形态变化通过向量 $\overrightarrow{A_+ B_+}$ 转化为首尾相接的若干个向量之和。通过一系列过渡态所对应的分向量之间的加和关系,就可以反映单元系统形态 $\langle \vec{B_+} | \vec{A_+} \rangle$ 变化的阴阳之道。在环境作用下,单元系统形态所经历的形态变化表现为在无穷多个过渡态 x_+ 之间的转化过程,$A_+ \to x_+$ 形态变化所对应的质向量就可以通过无限多个微分形式的向量加和来反映"一阴一阳之谓道"。

在一维正向质变量坐标系 X_+ 内部的 $(N_+, n_+, E_+, E_{\neq +}, \varepsilon_+)$ 五维分质变量空间中,在总体单元数 N_+ 充分大和保持恒定 $N_+ = C_{N_+}$ 的情况下,单元系统的形态转化信息 P_+ 可以近似地看作连续变量,而异质单元数 n_+ 和本质单元数 n_+^0 也可以近似地看作连续变量。因此,单元系统所处的任一过渡态的形态转化信息 P_+ 可以用微分来表示。

用信息 P_+ 取代异质单元数 n_+ 与总体单元数 N_+ 作为分质变量,一维正向质变量坐标系 X_+ 内部的五维分质变量空间 $(N_+, n_+, E_+, E_{\neq +}, \varepsilon_+)$ 就成为四维分质变量空间 $(P_+, E_+, E_{\neq +}, \varepsilon_+)$。在一维正向质变量坐标系 X_+ 内部的 $(P_+, E_+, E_{\neq +}, \varepsilon_+)$ 四维分质变量空间中,异质信息 P_+ 的全微分为

$$\begin{aligned} dP_+ &= \frac{\partial P_+}{\partial n_+} dn_+ + \frac{\partial P_+}{\partial n_+^0} dn_+^0 \\ &= \frac{n_+^0}{N_+^2} dn - \frac{n_+}{N_+^2} dn_0 \\ &= \frac{1}{N_+^2}(n_+^0 dn_+ - n_+ dn_+^0) \\ &= \frac{1}{C_{N_+}^2}(n_+^0 dn_+ - n_+ dn_+^0) \end{aligned} \tag{5-5}$$

基态中已激发的异质单元数 n_+ 的变化情况为

$$dn_+ = n_+ \kappa_{n_+} dE_+ \tag{5-6}$$

基态中未激发的本质单元数 n_+^0 的变化情况为

$$dn_+^0 = n_+^0 \kappa_{n_+^0} dE_+ \tag{5-7}$$

上两式中 κ_{n_+} 和 $\kappa_{n_+^0}$ 分别为异质单元数 n_+ 和本质单元数 n_+^0 的变化率，E_+ 为单元系统的能量。把(5-6)式和(5-7)式代入(5-5)式可得

$$dP_+ = \frac{n_+ n_+^0}{C_{N_+}^2}(\kappa_{n_+} - \kappa_{n_+^0})dE_+ \tag{5-8}$$

$$\frac{dP_+}{dE_+} = \frac{n_+ n_+^0}{C_{N_+}^2}(\kappa_{n_+} - \kappa_{n_+^0}) \tag{5-9}$$

由于 κ_{n_+} 和 $\kappa_{n_+^0}$ 都是随能量 E_+ 变化的量，可以令单元数的实际增长率为 $\kappa(E_+) = \kappa_{n_+} - \kappa_{n_+^0}$，因而(5-9)式变为

$$\begin{aligned}\frac{dP_+}{dE_+} &= \kappa(E_+)\frac{n_+ n_+^0}{C_{N_+}^2} \\ &= \kappa(E_+)\frac{n_+(C_{N_+} - n_+)}{C_{N_+} \cdot C_{N_+}} \\ &= \kappa(E_+)P_+(1-P_+)\end{aligned} \tag{5-10}$$

$$\frac{dn_+}{dE_+} = \kappa(E_+)n_+\left(1 - \frac{n_+}{C_{N_+}}\right) \tag{5-11}$$

$\kappa(E_+)$ 在一定的能量变化范围和精度内可以假定为常量，记为 $\frac{1}{C_{\varepsilon_+}}$，即

$$\frac{1}{C_{\varepsilon_+}} = \kappa(E_+) = \kappa_{n_+} - \kappa_{n_+^0} \tag{5-12}$$

如此，(5-9)式 $\frac{dP_+}{dE_+} = \frac{n_+ n_+^0}{C_{N_+}^2}(\kappa_{n_+} - \kappa_{n_+^0})$ 就变成

$$\frac{dP_+}{P_+(1-P_+)} = \frac{1}{C_{\varepsilon_+}}dE_+$$

$$\frac{dP_+}{P_+} + \frac{dP_+}{1-P_+} = \frac{1}{C_{\varepsilon_+}}dE_+$$

对上式积分，可得

$$\ln\frac{P_+}{1-P_+} + \ln C = \frac{E_+}{C_{\varepsilon_+}}$$

或

$$E_+ = C_{\varepsilon_+}\ln\frac{CP_+}{1-P_+} \tag{5-13}$$

式中，C 为不定积分产生的常数。显然，常量 C_{ε_+} 具有能量的量纲，可设定常量 C_{ε_+} 即为衡量单元系统能量大小而规定的尺度参量——能元。因而，上式可以改写成

$$P_+ = \frac{1}{1 + Ce^{-E_+/C_{\varepsilon_+}}} \tag{5-14}$$

或

$$n_+ = \frac{C_{N_+}}{1 + Ce^{-E_+/C_{\varepsilon_+}}} \tag{5-15}$$

取

$$C = e^{C_{E\neq+}/C_{\varepsilon+}} \tag{5-16}$$

则上两式又可写成

$$P_+ = \frac{1}{1+e^{(C_{E\neq+}-E_+)/C_{\varepsilon+}}} \tag{5-17}$$

$$n_+ = \frac{C_{N_+}}{1+e^{(C_{E\neq+}-E_+)/C_{\varepsilon+}}} \tag{5-18}$$

(5-16)式中的常数 $C_{E\neq+}$ 为待定参量,也具有能量的量纲。

当 $E_+ = C_{E\neq+}$ 时,由(5-18)式可知 $n_+ = \frac{C_{N_+}}{2}$ 或 $P_+ = \frac{1}{2}$,此时异质单元数与本质单元数相等,激发度为一半或形态转化信息为 $\frac{1}{2}$。这种情形表明单元系统形态仍有一半的单元数表现为本质单元数,另一半单元数则已转化为异质单元数,可见 $C_{E\neq+}$ 是单元系统由本质转化为异质的关节点。当 $E_+ < C_{E\neq+}$ 时,$n_+ < \frac{C_{N_+}}{2}$,单元系统中本质成分仍起主导作用;当 $E_+ > C_{E\neq+}$ 时,$n_+ > \frac{C_{N_+}}{2}$,单元系统中异质成分起主导作用,因此 $C_{E\neq+}$ 发挥着单元系统本质与异质定质的分界作用,可以定义为能阈。

若把单元系统的能量作为因变量,由(5-17)式和(5-18)式可得到

$$E_+ = C_{E\neq+} + C_{\varepsilon+} \ln \frac{P_+}{1-P_+} \tag{5-19}$$

$$E_+ = C_{E\neq+} + C_{\varepsilon+} \ln \frac{n_+}{C_{N_+}-n_+} \tag{5-20}$$

(5-17)式~(5-20)式就是吸收发射条件下的单元系统形态转化基本规律,反映了具有根本质变的单元系统生成非单元系统的革命过程。

在一维正向质变量坐标系 X_+ 内部的 $(N_+, n_+, E_+, E_{\neq+}, \varepsilon_+)$ 五维分质变量空间中,如果处于 $A(C_{N_+}, 0, 0, 0, 0)$ 点的孤立系统在与环境的相互作用下,不是从环境中获得能量而是其潜能向环境释放能量 $-E_+$,在释放能量的过程中,基态中就会有些单元自发地跃迁到另一个不同质的低能级的平衡态而成为异质单元。在孤立系统向环境释放能量而变为开放系统的过程,是单元系统的单元自发发射的过程。在自发发射过程中,自发地跃迁到低能级的形态 B_+ 的异质单元数用 n_- 表示,这与吸收发射到高能级的异质单元数 n_+ 方向不同,所以通过分质变量的脚标以示区别,即 $n_- = -n_+$。而基态 A_+ 中未被激发的本质单元数 n_+^0 就具有与(5-3)式 $n_+^0 = N_+ - n_+ = C_{N_+} - n_+$ 一样的形式,即 $n_-^0 = N_+ - n_- = C_{N_+} - n_-$。

依照上述吸收发射条件下单元系统形态转化基本规律的推导过程,同样可以得到自发发射条件下单元系统形态转化基本规律

$$P_+ = \frac{1}{1+e^{-(C_{E_{\neq+}}-E_+)/C_{\varepsilon_+}}} \quad (5\text{-}21)$$

$$n_+ = \frac{C_{N_+}}{1+e^{-(C_{E_{\neq+}}-E_+)/C_{\varepsilon_+}}} \quad (5\text{-}22)$$

$$E_+ = C_{E_{\neq+}} - C_{\varepsilon_+} \ln \frac{P_+}{1-P_+} \quad (5\text{-}23)$$

$$E_+ = C_{E_{\neq+}} - C_{\varepsilon_+} \ln \frac{n_+}{C_{N_+}-n_+} \quad (5\text{-}24)$$

(5-21)式~(5-24)式是自发发射条件下的单元系统形态转化基本规律,反映了具有根本质变的单元系统消亡的革命性过程。

在一维正向质变量坐标系 X_+ 中,一维正向单位质变量 e_+ 的起始态 A_+ 和终结态 B_+ 就是"一阴一阳"或"一无一有"或"一坤一乾"两种形态,它们既可以用具有哲学意义的"阴"或"无"或"坤"作为基态,也可以用具有哲学意义的"阳"或"有"或"乾"作为基态。在 $\langle \vec{B}_+ | \vec{A}_+ \rangle$ 的单元系统形态转化基元过程中,吸收发射条件下单元系统形态转化的基元规律就是从阴到阳、从无到有、从坤到乾生成过程的基本道理,也就是"坤卦"事物不断获得外界能量流的激励,而向"乾卦"转化所经历的获得"乾卦"成分的路径。在 $\langle \vec{B}_+ | \vec{A}_+ \rangle$ 的单元系统形态转化基元过程中,自发发射条件下单元系统形态转化的基元规律就是从阳到阴、从有到无、从乾到坤生成过程的基本道理,也就是"乾卦"以自身的能量流不断地向外界环境作用而向"坤卦"转化所留下的没有停息的轨迹。

在一维正向质变量坐标系 X_+ 内部的 $(P_+, E_+, E_{\neq+}, \varepsilon_+)$ 四维质变量空间中,依(5-17)式和(5-21)式的 $P_+(E_+)$ 的函数关系作图,可分别得到吸收发射与自发发射条件下单元系统形态生成过程的 $P_+ \sim E_+$ 关系曲线,这是具有"地板和天花板"限制的曲线,如图 5-2 和图 5-3 所示。

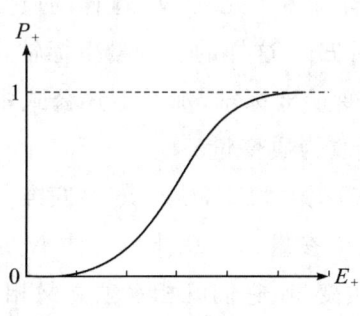

图 5-2　吸收发射的 $P_+ \sim E_+$ 曲线

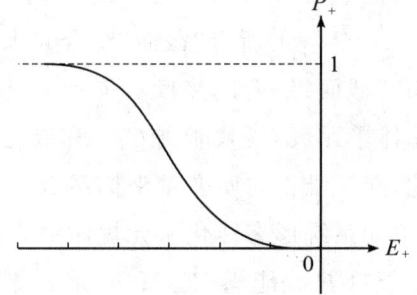

图 5-3　自发发射的 $P_+ \sim E_+$ 曲线

由此可见,吸收发射与自发发射两种条件下的单元系统形态转化规律只是在指数的幂或对数项相差一个正负号。正号"+"代表单元系统获得能量而吸收发射,即代表形态生成的成型演化过程;负号"−"代表单元系统损失能量而自发发射,即代表形态消

亡的保型演化过程。只要记住正负号的意义,单元系统形态转化基元规律就可以统一表达为如下形式

$$P_+ = \frac{1}{1+e^{\pm(C_{E_{\neq+}}-E_+)/C_{\varepsilon_+}}} \tag{5-25}$$

$$n_+ = \frac{C_{N_+}}{1+e^{\pm(C_{E_{\neq+}}-E_+)/C_{\varepsilon_+}}} \tag{5-26}$$

$$E_+ = C_{E_{\neq+}} \pm C_{\varepsilon_+} \ln \frac{P_+}{1-P_+} \tag{5-27}$$

$$E_+ = C_{E_{\neq+}} \pm C_{\varepsilon_+} \ln \frac{n_+}{C_{N_+}-n_+} \tag{5-28}$$

在上述单元系统形态转化基元规律的推导中,只有异质单元数 n_+ 和能量 E_+ 为质变量,总体单元数 $N_+ = C_{N_+}$、能阈 $E_{\neq+} = C_{E_{\neq+}}$ 和能元 $\varepsilon_+ = C_{\varepsilon_+}$ 都是质常量,所以上述的单元系统形态转化基元规律只能在总体单元数、能阈和能元都始终不变的特殊条件下才能适用。在一维正向质变量坐标系 X_+ 内部的 $(P_+, E_+, E_{\neq+}, \varepsilon_+)$ 四维分质变量空间中的单元系统形态转化基元规律才能用图 5-2 的 $P_+ \sim E_+$ 关系曲线和图 5-3 和 $P_+ \sim E_+$ 关系曲线表示。

不过,在 m 维质变量坐标系中,在某一维度的坐标轴上用层析方法所切出的各个"截面"空间就是 $m-1$ 维的,而所有的 $m-1$ 个"截面"综合起来就成为 m 维质变量坐标系。在 m 维质变量坐标系的 $m-1$ 维"截面"空间中,被截取的坐标轴保持为质常量。在单元系统形态转化基元规律的推导中,异质单元数 n_+ 和能量 E_+ 为质变量,总体单元数 $N_+ = C_{N_+}$、能阈 $E_{\neq+} = C_{E_{\neq+}}$ 和能元 $\varepsilon_+ = C_{\varepsilon_+}$ 为质常量,单元系统形态的变化空间就是 $(C_{N_+}, n_+, E_+, C_{E_{\neq+}}, C_{\varepsilon_+})$ 质变量空间。

可见,若把总体单元数 N_+、能阈 $E_{\neq+}$ 和能元 ε_+ 这三个维度的质变量坐标轴激活,也就是说,把 $N_+ = C_{N_+}$ 的所有"截面"综合起来就有总体单元数 N_+ 这样的质变量坐标轴,把 $E_{\neq+} = C_{E_{\neq+}}$ 的所有"截面"综合起来就有能阈 $E_{\neq+}$ 这样的质变量坐标轴,把 $\varepsilon_+ = C_{\varepsilon_+}$ 的所有"截面"综合起来就有能元 ε_+ 这样的质变量坐标轴,那么上述公式中作为质常量的总体单元数 C_{N_+}、能阈 $C_{E_{\neq+}}$ 和能元 C_{ε_+} 都可改为质变量。

如此,在一维正向质变量坐标系 X_+ 内部的 $(N_+, n_+, E_+, E_{\neq+}, \varepsilon_+)$ 五维分质变量空间中,单元系统形态转化基元规律中所包含的五个参量——总体单元数 N_+、异质单元数 n_+、能量 E_+、能阈 $E_{\neq+}$ 和能元 ε_+ 就都是分质变量,它们既相互独立又相互关联,可以互为因果关系,因而在数学上可以用显函数表示,其吸收发射或自发发射条件下的表现形式为

$$n_+ = \frac{N_+}{1+e^{\pm(E_{\neq+}-E_+)/\varepsilon_+}} \tag{5-29}$$

$$N_+ = n_+[1+e^{\pm(E_{\neq+}-E_+)/\varepsilon_+}] \tag{5-30}$$

$$E_+ = E_{\neq +} \pm \varepsilon_+ \ln \frac{n_+}{N_+ - n_+} \quad (5\text{-}31)$$

$$E_{\neq +} = E_+ \mp \varepsilon_+ \ln \frac{n_+}{N_+ - n_+} \quad (5\text{-}32)$$

$$\varepsilon_+ = \pm \frac{E_+ - E_{\neq +}}{\ln \dfrac{n_+}{N_+ - n_+}} \quad (5\text{-}33)$$

上述这些表征单元系统形态变化规律的显函数都是质变量的因果间共同变化的相依关系所给出的对应法则。实质上,在一维正向质变量坐标系 X_+ 内部($N_+, n_+, E_+, E_{\neq +}, \varepsilon_+$)五维分质向量空间中,被显化的那一个脚标为正号"+"的因变量的变化指向就与一维正向质变量坐标系 X_+ 的一维正向单位质变量 e_+ 具有相同的指向。

为了显化单元系统某个质变量与其他质变量的关系,(5-29)式～(5-33)式突出了总体单元数 N_+、异质单元数 n_+、能量 E_+、能阈 $E_{\neq +}$ 和能元 ε_+ 中的某个质变量作为人们关注的形态量,因而这些单元系统形态方程的表现形式为显函数。在人们进入理性认知的世界后,显函数将大大有助于人们走出蒙昧,走向明白。

单元系统形态转化基元规律也可用隐函数来表示,其表现形式为

$$f(N_+, n_+, E_+, E_{\neq +}, \varepsilon_+) = \frac{n_+}{N_+} - \frac{1}{1 + e^{\pm (E_{\neq +} - E_+)/\varepsilon_+}} = 0 \quad (5\text{-}34)$$

上式隐函数右端为零,是表示如果把单元系统形态的转化过程都看作黑箱的话,单元系统的质变量的关系也就被潜化。可见,单元系统形态转化基元规律表现为隐函数后,即"道隐无名"。这一个"隐"字就使得整个缤纷多彩的世界成为混沌的无极,使得"大道"既"不称"也"不语",人们当然就视之不见、听之不闻、搏之不得。

二、关于单元系统形态转化基元规律的认识

由于原因和结果只是认知坐标系上一种人为的排序规定,在现实世界中两者是同一的,在一定条件下还可以相互转化的,因此原因与结果相互包含,原因包含着结果,结果包含着原因,原因与结果相互对应。原因与结果的区分仅仅具有相对的意义,原因与结果是不可分割的整体。这种因果整体性的观念在数学上可建立起反函数的概念,(5-29)式～(5-33)式的单元系统形态方程就是反函数的表现形式。

从(5-29)式～(5-34)式的单元系统形态方程还可看到,单元系统形态转化基元规律的表现形式都是由指数函数或对数函数这样的初等超越函数组成的高等超越函数。但是,单元系统形态转化基元规律以显函数来表示后就表现为单值函数,而单值函数又凸显了单元系统在形态变化过程所具有的整体性。当单元系统形态处于某一确定形态时,单元系统的质变量就取得了其所处的质变量空间的一组确定值,而与其变化过程的历史无关。如果外界条件不变,单元系统的各个质变量的值就不会发生变化;而当单元

系统形态发生变化时,其各个质变量的值也随之而改变,改变多少,只取决于单元系统的开始形态和终了形态,而与变化时所经历的途径无关。无论经历多么复杂的变化,只要单元系统恢复原有形态,则这些质变量的值也就恢复原值。因此,凡是具有这种特性的单值函数就称为形态函数。

(5-29)式～(5-34)式表达的单元系统形态方程是刻画单元系统正向运行演化的过程、特征和规律。通过求解单元系统形态方程与分析解的特性,就可获得对单元系统行为特性的了解。质变量是单元系统形态的内在特征量,单元系统形态方程反映的是单元系统形态的内在关系,质变量空间方法刻画的是单元系统形态的内在特性和形态转化基元规律,因而可以获得对单元系统及其形态转化更深刻的认识。

在一维正向质向量坐标系 $\vec{X}_+$ 内部的 $(\vec{N}_+,\vec{n}_+,\vec{E}_+,\vec{E}_{\neq +},\vec{\varepsilon}_+)$ 五维分质向量空间中,一维正向质向量坐标系 $\vec{X}_+$ 上的一维正向单位质向量 $\vec{e}_+$ 与其坐标轴具有相同的方向,可用非负的质变量 X_+ 来表征同质向量 $\vec{X}_+$。所以,在一维单向质向量坐标系 $\vec{X}_+$ 内部由总体单元数 $\vec{N}_+$、异质单元数 $\vec{n}_+$、能量 $\vec{E}_+$、能阈 $\vec{E}_{\neq +}$ 和能元 $\vec{\varepsilon}_+$ 组成的五维分质向量坐标系中,也才可以用 $\vec{N}_+,\vec{n}_+,\vec{E}_+,\vec{E}_{\neq +},\vec{\varepsilon}_+$ 作为认识单元系统形态的度量基准。由 $N_+,n_+,E_+,E_{\neq +},\varepsilon_+$ 这五个非负的分质变量的内在关系就可以表达单元系统形态生成过程的变化规律。但是,如果没有对一维正向质向量坐标系 $\vec{X}_+$ 与一维正向质变量坐标系 X_+ 做出同一指向的规定或声明,(5-29)式～(5-34)式的单元系统形态转化基元规律的表现形式还是要以质向量来表达。

"心造极,韵自成。"在一维正向质向量坐标系 $\vec{X}_+$ 内部的 $(\vec{N}_+,\vec{n}_+,\vec{E}_+,\vec{E}_{\neq +},\vec{\varepsilon}_+)$ 五维分质向量空间中,统一科学推导了单元系统从一个形态到另一个形态转化基元过程中总体单元数 $\vec{N}_+$、异质单元数 $\vec{n}_+$、能量 $\vec{E}_+$、能阈 $\vec{E}_{\neq +}$ 和能元 $\vec{\varepsilon}_+$ 这五个分质向量的内在关系,从而揭示了单元系统形态转化基元规律。单元系统形态转化基元规律是在五维分质向量空间描述单元系统以某个平衡态为起点到另一个平衡态为终点的质向量变化规律,其吸收发射由阴之阳的形态变化规律与自发发射由阳之阴的形态变化规律都具有单一的指向性。

上述关于吸收发射与自发发射两种条件下的单元系统形态转化基元规律,构成了世界上任何单元系统形态转化的数理仿真模型,这样揭示的单元系统形态转化最一般的基本规律不仅适用于单元系统在形态转化过程中的任何过渡形态,而且适用于任何不同性质的起止形态。其既适用于任何大小的孤立系统,又适用于任何规定的认识尺度,还适用于任何一个层次或级别的事物形态。

美国当代物理学家弗兰克说过,"科学梦寐以求的是从一条原理导出一切事实"。历史上,在逻辑经验论的思想框架内曾经将科学的统一表述为:把所有科学定律和原理的内容归并到普遍的定律之中。而至此,也许人们还不敢相信,统一科学已经将所有学科不同事物的特殊定律概括成为一切科学理论的最基本的原理,将所有事物形态的生灭转化规律归纳为一条适合宇宙中所有事物形态转化的规律。有了这一条适合宇宙中所有单元系统形态的最基本的大统一规律，就可以将古今中外一切哲学、具体科学与各门知识全都统一起来，因而这一简单优雅的方程式就称为单元系统形态转化基元规律。

"大道至简"。爱因斯坦曾经说过，"物理上真实的东西一定是逻辑上简单的东西，也就是说，它在基础上具有统一性"。[6] 单元系统是最简单的系统，一维正向质向量坐标系 $\vec{X}_+$ 是最简单的质向量坐标系。一维正向单位质向量 $\vec{e}_+$ 是一维正向质向量坐标系 $\vec{X}_+$ 上最小的基元质向量，反映的是单元系统从起始态 A_+ 到终结态 B_+ 基元过程 $\langle B_+|A_+\rangle$ 的形态变化。但是，其变化规律在一维正向质向量坐标系 $\vec{X}_+$ 中又无法识别。因此，在一维正向质向量坐标系 $\vec{X}_+$ 张开其内部的 $(\vec{N}_+, \vec{n}_+, \vec{E}_+, \vec{E}_{\neq +}, \vec{\varepsilon}_+)$ 五维分质向量空间，通过揭示基元质向量 $\vec{e}_+$ 表现的单元系统形态转化基元规律，就得到人们苦苦追求的统一科学的至简、至真、至美的大道理。

在人们的认知世界中，道就是在一定的区间内具有一定走向的一系列形态联系而成的轨道。"道"本来就是"其大无外，其小无内"的，它大到无边无际，小到无形无状，所以称之为大道理和元道理。《象传》曰"大哉乾元，万物之始，乃统天"，元者为万物之本。诚如老子所言："道常无名、朴。""有无相生"的单元系统形态转化基元规律"挫锐解纷，和光同尘"，作为无中生有的模型或有中生无的模型永远是无名而质朴的。庄子也说过，"天地有大美而不言，四时有明法而不议，万物有成理而不说。圣人者，原天地之美而达万物之理"。

为了说清楚这一简单抽象的科学大道理，人们完全可以利用上述对古今中外不同时期的"名"、概念和范畴进行大量阐述所奠定的理念基础，搞清楚事物的因果，名正言顺地对单元系统形态方程式赋予事物形态的理论内涵，这样统一科学揭示的大道理才是贯通哲理、数理、物理、事理和人理的解析模型。[7]

美国物理学家斯莫林说过，"迄今为止我们都在讨论用一个定律来统一。很难想象有谁能否定这是必需的目标"。[8] 统一科学"参天地之法则"而获致"大美"的单元系统形态转化基元规律，是太极世界"一阴一阳"可以直接演算的最基本的"元道理"。这一御宇宙的潜在的自然法则是理性的理解力可以触及的，而不是仅仅凭借概念和思辨建立的基本前提，也不是传统逻辑中无法被证明或决定对错而被设为不证自明的公理。可见，统一科学在此实现惊天大发现后就可"抱一为天下式"，通过单元系统形态转化基元规律的转化、演绎、简化和组合以及由大道理向小道理的推演，来重现人们已经在不同时代、不同领域所揭示的许多事物形态生成过程的特殊规律。由此作为逻辑性理论的出发点，便可以推出一切定律、一切理论与知识，进而还可以产生各种工程技术。"知道了这些定律，我们手里就拥有了驾驭星体、石头和天下万物的法则。"[9]

在传统逻辑中，归纳法和演绎法被认为是理性思维中的两种主要推理方法，前者属于合情推理（或然推理），后者属于论证推理（必然推理）。演绎法又称演绎推理，指的是从一般原理推导出个别结论的思维方法,或者说是从一般性前提出发推出其特殊情形的结论的推理方法。最基本、最一般的原理称为公理,是依据人类理性和愿望发展起来而共同遵从的道理。公理被认为是经过了人类长期反复实践的考验,不能由演绎原则来推导,不需要再由其他判断加以证明的初始命题和原理。因此,公理的真实被视为是理所当然的,且被当作逻辑演绎导出新的真理性结论及推论其他(理论相关)事实的起点。公理化方法就是选取少数不加定义的原始概念(基本概念)和无条件承认的相互制约的规定(公理)作为出发点,再以严格的逻辑推演,使某一学科(或理论)分支成为学科(或理论)的演绎系统的方法。

事实上,单元系统形态转化基元规律的平移、变换、简化和组合的演绎过程,也是单元系统形态转化基元规律一般性和普适性的确证过程。单元系统形态生成过程的最一般规律可以把世界上各个层次各种各样事物的变化规律统而为一,因此把握了道枢的人们就可以用单元系统形态转化最一般的规律去取代大量的唯象学定律,去获得关于事物形态变化过程的现象、本质和关系的认识,去解释并推导出各个学科从微观到宏观的所有现象,以达到对科学大统一的描述。

黑格尔说:"真理只有作为体系才是现实的。"统一科学是研究各种事物形态变化一般规律的理论体系,也是阐述单元系统形态转化基元规律天机的道枢。单元系统形态转化基元规律是支配并统率各个层次各类事物形态变化的最一般规律,也是不受时空限制、超越民族和国界的普遍性真理。不过,在"太极篇"中,统一科学的使命还只是认识单元系统形态转化基元规律不同的形式和丰富的内涵,并揭示单元系统形态在单向变化过程中以及各种失衡条件下的变化规律。

第三节　信息与熵表达的内在关系及性质

在一维正向质向量坐标系 $\vec{X}_+$ 内部的 $(\vec{P}_+,\vec{S}_+)$ 二维分质向量空间中,单元系统形态转化基元规律表达为熵信息函数形式。利用异质信息与本质信息的互补关系,由熵信息函数可得到信息熵函数;通过坐标平移,熵信息函数还可表达为双曲正切函数。了解了形态变化的可逆过程与不可逆过程,就可认识单元系统形态转化机理的内在关系及其性质。

一、$(\vec{P}_+,\vec{S}_+)$ 二维空间中单元系统形态转化基元规律

作为描述单元系统形态生成过程的基础质变量,信息 P_+ 是总体单元数 N_+ 和异质单元数 n_+ 的函数,也是由总体单元数 $\vec{N}_+$ 和异质单元数 $\vec{n}_+$ 导出的一个正实数域中的质变量,这是将同类的 $\vec{N}_+$ 和 $\vec{n}_+$ 组成的二维正向质向量空间压缩成为只由质变量 P_+

构成的一维正向质变量空间。熵 S_+ 是能量 E_+、能阈 $E_{\neq+}$ 和能元 ε_+ 的函数,也是由能量 $\vec{E}_+$、能阈 $\vec{E}_{\neq+}$ 和能元 $\vec{\varepsilon}_+$ 导出的另一个正实数域中的质变量,这是将同类的 $\vec{E}_+$,$\vec{E}_{\neq+}$,$\vec{\varepsilon}_+$ 组成的三维正向质向量空间 $(\vec{E}_+,\vec{E}_{\neq+},\vec{\varepsilon}_+)$ 压缩成为只由质变量 S_+ 构成的一维正向质变量空间。如果以信息 P_+ 和熵 S_+ 这两个互相独立的质变量作为仿射坐标轴,与原点 O 可以共同构成二维正向质变量坐标系 OP_+S_+,并张成 (P_+,S_+) 二维正向质变量空间。二维正向质变量坐标系 OP_+S_+ 与二维正向质向量坐标系 $\vec{O}\vec{P}_+\vec{S}_+$ 指向一致,可以互代。因此,在一维正向质向量坐标系 $\vec{X}_+$ 内部的 $(\vec{P}_+,\vec{S}_+)$ 二维分质向量空间中,任何一个单元系统形态都可用一维正向质变量空间 (X_+) 的一个点 x_+ 表示,或用 (P_+,S_+) 二维分质变量空间的一组特殊值 (P_+,S_+) 来代表,也可以用 $x_+(P_+,S_+)$ 来描述。

当单元系统由一个平衡态 $\vec{A}_+$ 向另一平衡态 $\vec{B}_+$ 变化时,在 $\langle \vec{B}_+|\vec{A}_+\rangle$ 的基元过程中,在一维正向质向量空间 $(\vec{X}_+)$ 的轨迹就是一维正向单位质向量 $\vec{e}_+$ 的有向线段;而在二维分质变量空间 (P_+,S_+) 中,信息 P_+ 和熵 S_+ 这两个分质变量的取值不断地发生改变,所形成的变动序列就是 $x_+(P_+,S_+)$ 的运行轨迹。通过信息 P_+ 和熵 S_+ 的关系式 $f(P_+,S_+)$ 所反映的就是单元系统形态转化基元规律。因此,在谋求以信息 P_+ 和熵 S_+ 的关系式来揭示单元系统形态转化基元规律时,没有必要像在一维正向质向量坐标系 $\vec{X}_+$ 内部的 $(\vec{N}_+,\vec{n}_+,\vec{E}_+,\vec{E}_{\neq+},\vec{\varepsilon}_+)$ 五维分质向量空间中那样,一步一步地推导单元系统形态转化基元规律。

以(4-71)式 $P_+=\dfrac{n_+}{N_+}$ 和(4-76)式 $S_+=\dfrac{E_{\neq+}-E_+}{\varepsilon_+}$ 来代替单元系统形态转化基元规律中相应的分质变量,并以熵 S_+ 为自变量,信息 P_+ 为因变量,单元系统形态转化基元规律(5-29)式 $n_+=\dfrac{N_+}{1+\mathrm{e}^{\pm(E_{\neq+}-E_+)/\varepsilon_+}}$ 变成

$$P_+=\frac{1}{1+\mathrm{e}^{\pm S_+}} \tag{5-35}$$

式中,熵 S_+ 前面的正号"+"代表单元系统形态生成的成型演化过程,即吸收发射的过程;而熵 S_+ 前面的负号"−"代表单元系统形态消亡的保型演化过程,即自发发射的过程。

质向量熵 $\vec{S}_+$ 是自由向量,通过坐标平移 $\vec{S}_+$ 可以成为 $\vec{S}$。因此,熵 S_+ 的取值范围 $(0\leqslant S_+<\infty)$ 也要由正实数拓展到负实数,S_+ 变换为 S,即 $(-\infty<S<\infty)$。如此,熵 S_+ 就要取(4-74)式 $S=\dfrac{\vec{E}_{\neq}-\vec{E}}{\vec{\varepsilon}}$,(5-35)式成为

$$P_+=\frac{1}{1+\mathrm{e}^{\pm S}} \tag{5-36}$$

$P_+=f(S)=P_+(S)$,称为熵信息函数。单元系统形态转化基元规律以(5-36)式

的熵信息函数 $P_+(S)$ 表示，就只有信息 P_+ 和熵 S 两个质变量。在吸收发射条件下，$P_+(S=+\infty)=0$，$P_+(S=0)=\dfrac{1}{2}$，$P_+(S=-\infty)=1$；当 $S_1>S_2$ 时，$P_+(S_1)\leqslant P_+(S_2)$，表明熵信息函数在吸收发射条件下为非降函数。在自发发射条件下，$P_+(S=-\infty)=0$，$P_+(S=0)=\dfrac{1}{2}$，$P_+(S=+\infty)=1$；而当 $S_1<S_2$ 时，$P_+(S_1)\leqslant P_+(S_2)$，表明熵信息函数在自发发射条件下也是非降函数。

其实，信息 P_+ 作为熵 S 的函数，是从信息 P_+ 和熵 S 的联系中把信息 P_+ 抽引出来作为考察对象的主要形态量，把信息 P_+ 看作由于熵 S 的作用而产生的结果。熵 S 是引起信息 P_+ 的自为因素，所以熵 S 称为自变量；信息 P_+ 则由于熵变的原因而称为因变量。在数学上，自变量或因变量的变化范围称为定义域。信息 P_+ 的定义域为 $[0,1]$，而熵 S 的定义域为 $(-\infty,+\infty)$。在此，熵 S 的定义域从正实数域扩大到负实数域，实际上这是通过熵 $\vec{S}_+$ 坐标轴的平移，使吸收发射过程与自发发射过程的单元系统形态转化基元规律都能以对称的形式来表达。

质变量坐标系的维数是张开质变量空间的独立坐标轴的个数，也是在质变量空间中刻画系统形态变化的独立质变量个数。(5-36)式只包含了两个独立的分质变量，单元系统形态转化基元规律就可以用信息 P_+ 和熵 S 的二维分质变量空间的 $P_+\sim S$ 关系曲线来表示。

依(5-36)式作 $P_+\sim S$ 关系曲线图，可分别得到吸收发射与自发发射条件下单元系统形态转化基元规律的熵信息函数轨迹，这是具有"地板和天花板"限制的曲线，如图 5-4 和图 5-5 所示。

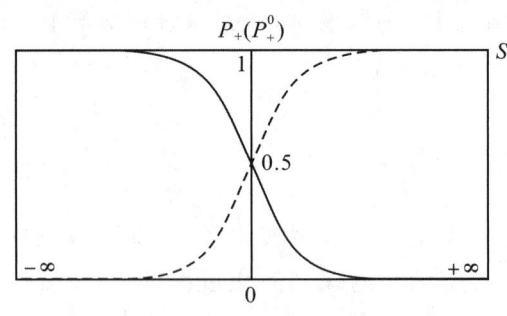

图 5-4　吸收发射的 $P_+\sim S$ 关系曲线

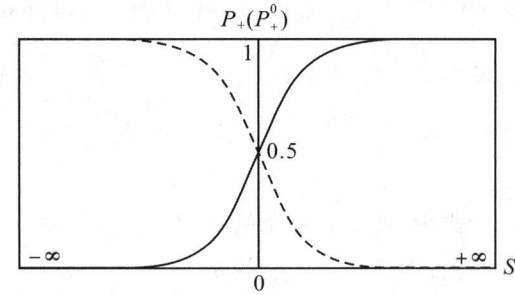

图 5-5　自发发射的 $P_+\sim S$ 关系曲线

图 5-4 的实线表明，在吸收发射条件下，在单元系统形态转化过程中，信息随熵的变化表现为"地板和天花板"限制的反 S 形曲线。当单元系统处于基态时，孤立系统平衡态的熵为最大（$S=+\infty$），而形态转化信息为零（$P_+=0$）。吸收发射是个减熵过程，随着单元系统熵的减少（负熵流的增强），单元系统的异质信息为单调上升，起先是缓慢地近于线性地上升；到了一定阶段，异质信息的增加开始加快，呈非线性上升；到了熵为零的附近区间，信息变化进入突跃阶段；此后上升趋势减缓，呈非线性上升；最后缓慢地

趋于异质信息的极限值1,此时单元系统也完成了形态转化,达到了新的平衡态,熵变为负无穷大($S=-\infty$)。通过这一吸收发射条件下的形态转化过程,就可清楚地看出,平衡态是最无序且熵最大的静止形态,而变质点是最有序且熵最小的运动形态。由此还可以演绎出信息论中关于"要增强系统的信息和有序性就要从环境向系统输入负熵流"的论断,也可以演绎信息增强规律中关于增强信息需要消耗能量的论述。

图5-5的实线表明,在自发发射条件下,单元系统在形态转化过程中信息随熵的变化表现为"地板和天花板"限制的S形曲线。当单元系统作为孤立系统处于平衡的基态时,其熵为负无穷大($S=-\infty$),其形态转化信息为零($P_+=0$)。自发发射是个增熵过程,随着系统熵的增加(正熵流的增强),单元系统的异质信息为单调上升。整个变化过程的特征与吸收发射条件下形态转化的特征类似,只是方向相反,最后达到新的平衡态时,单元系统的熵为正无穷大($S=+\infty$)。可见,单元系统形态转化基元规律可以表述为:在吸收发射条件下,单元系统的异质信息随着熵的减少而增加,$P_+\sim S$关系曲线为反S形;在自发发射条件下,单元系统的异质信息随着熵的增大而提高,$P_+\sim S$关系曲线为S形。

在单元系统形态转化基元过程中,信息P_+和熵S所表现的内在关系以显函数$P_+=f(S)$的形式来表现,即(5-36)式表明了信息P_+和熵S存在着相互依存和互为因果的关系。不过,信息P_+和熵S的内在关系也可以用隐函数来表现,即

$$f(P_+,S)=P_\pm-\frac{1}{1+e^{\pm S}}=0$$

只是面对信息P_+和熵S这样的隐函数关系,人们从外部获得的关于信息P_+和熵S的知识就是零!

二、异质信息与本质信息的互补关系

在一维正向质向量坐标系$\vec{X}_+$内部的$(\vec{P}_+,\vec{S})$二维分质向量空间中,省却了分质向量关于方向的规定,用概率论的观点可以把单元系统形态变化的过程看作是一个事件。如果吸收发射作为事件A,那么自发发射就是逆事件$\bar{A}$;反之亦然。

熵S落在某一个区间内的异质信息可以定义为

$$P_+(a<S\leqslant b)=P_+(b)-P_+(a) \tag{5-37}$$

如果S的一切可能值都位于区间$[a,b]$内,则当$\delta<a$时,事件$S<\delta$是不可能事件,所以有$P_+(\delta)=0$;而当$\delta>b$时,事件$S<\delta$是必然事件,所以有$P(\delta)=1$。

在统一科学中,任何刻画单元系统形态的质向量都是由性质同异、数量大小和排序方向三个方面所构成。如果不考虑质变量的特定质含义而单纯地在规定的序列上考虑其数量关系,质向量就变成了数学中的一般变量。像(P_+,S)二维质变量空间中的异质信息P_+和熵S这一对质变量,如果只是单纯地考虑其数量关系——数理,就可以用

数学中的数理统计论把熵作为随机变量,而把信息称为概率。

其实,庄子早在两千三百多年前探求万物演化时,就提出了"万物皆出于几,皆入于几"的论断。而今,把信息 P_+ 演绎为数理统计学的几率(即概率)以后,可以像单元系统形态转化基元规律推导过程那样,使信息 P_+ 表现出两个方面的意义:一是把概率(信息)P_+ 看作在环境作用下,单元系统由基态跃迁到另一级平衡态(系统变化的目标形态,简称目标形态)的异质单元数 n_+ 与总体单元数 N_+ 的比值;二是把概率 P_+ 看作在环境作用下,处于基态的系综的 N_+ 个总体单元的群体都有所变态,P_+ 就是整个群体部分变态程度的度量。可见,信息 P_+ 就是刻画单元系统在形态转化过程中所处的激发态的失衡参量。

从数理统计的角度看,上述这两种信息的意义是完全等价的。由于信息的概念包括了概率的内涵,因而信息函数的表现形式是统计函数。统计规律是关联个体所组成的大集体规律,是单元系统形态转化基元规律的表现形式。实际上,人们在一般情况下是无法描述单元系统中每一单元的"命运"的,必须以"整体观"来描述系统群体的"宏观"形态。一个群体中的异质单元数是群体最明显的"宏观"形态量,它们"在平均的意义上"真正控制着各个单元的变化;而统计函数则是从群体与环境之间的关系来描述群体形态变化的统计规律。

从信息的第一种概率意义来看,单元系统在环境的作用下,目标形态中的每个可能态不是被异质单元所占据,就只能是还空着。如果把单元系统形态变化过程中目标形态尚未被异质单元占据的可能态数,称为空穴单元(简称空穴)数 n_{+0},那么

$$n_{+0} = N_+ - n_+ = N_+ + n \tag{5-38}$$

所谓的空穴单元数 n_{+0} 是单元系统在形态变化过程中目标形态尚未被异质单元占据的可能态数,实际上这就是在形态变化过程中系综保留的本质单元数 n_+^0,也就是单元系统分布的本质单元数 n_+^0,即

$$n_+^0 = n_{+0} = N_+ - n_+ \tag{5-39}$$

这是同一个问题的两个方面,也就是老子所说的"有无相生"。

由(5-39)式两边同除以总体单元数 N_+,就可以得到单元系统在形态变化过程中本征态所留守的信息,即本质信息

$$\begin{aligned} P_{+0} = P_+^0 &= 1 - P_+ \\ &= 1 - \frac{1}{1+e^{\pm S}} \quad (-\infty < S < \infty) \\ &= \frac{1}{1+e^{\mp S}} \end{aligned} \tag{5-40}$$

比较(5-36)式 $P_+ = \dfrac{1}{1+e^{\pm S}}$ 和(5-40)式可知,$P_+(S)$ 与 $P_+^0(S)$ 存在互补关系,即

$$P_+(S) + P_+^0(S) = 1 \tag{5-41}$$

吸收发射条件下的 $P_+(S)$ 与自发发射条件下的 $P_+^0(S)$ 的函数关系是一样的；在自发发射条件下的 $P_+(S)$ 与吸收发射条件下的 $P_+^0(S)$ 的函数关系也是一样的，即在同样的发射条件下

$$P_+(S)=P_+^0(-S)=P_{+0}(-S) \tag{5-42}$$

$$P_+^0(S)=P_{+0}(S)=P_+(-S) \tag{5-43}$$

由此可见，单元系统形态的异质信息与单元系统形态的本质信息是互补的两个质变量，利用这些形影不离的互补关系去分析单元系统形态的变化信息与分布信息是很方便的。在省却信息这一质变量关于性质的规定时，信息称为概率，由此还可以演绎得到概率论的一条推论：事件 S 的逆事件 $\bar{S}$ 的概率为 $P_+(\bar{S})=1-P_+(S)$。

特别地，当熵 $S=0$ 时，

$$P_+=P_+^0=P_{+0}=\frac{1}{2}$$

此即代表一种特殊形态，即目标形态的各种可能态有一半已被异质单元占据，而另一半则为空穴所拥有的形态。

其实，$P_+(S)$ 与 $P_+^0(S)$ 或 $P_{+0}(S)$ 之所以存在互补关系，是因为单元系统在形态转化过程中，本质单元从基态跳到目标形态而成为异质单元，空穴也就同时从目标形态跳到基态。就形态变化对单元系统的影响而言，单元所处形态的熵越低，空穴所处形态的熵就越高，单元系统的熵也就越低。如果把 $P_+\sim S$ 关系图上下颠倒过来，便可以得到一幅空穴的 $P_+^0\sim S$ 关系图，在图 5-4 和图 5-5 中就用虚线表示。由图还可以看到，尽管吸收发射（或自发发射）的 $P_+\sim S$ 曲线与自发发射（或吸收发射）的 $P_+^0\sim S$ 曲线形状一样，但它们各自的发展方向是不相同的。

所谓的原因和结果只是时空序上的一种人为规定，这种区分仅仅具有相对的意义，两者实质上是相互包含，并在一定条件下可以相互转化的。在数学上，原因和结果表现为直接函数的自变量，可以用直接函数的反函数来表示。上述的信息与熵的关系是把信息 P_+ 作为熵 S 的直接函数，其反函数就是把熵 S 作为信息 P_+ 的函数，即 $S=f(P_+)=S(P_+)$，因而可称之为信息熵函数。熵作为信息的函数，是从异质信息 P_+ 和熵 S 的联系中把熵 S 抽引出来作为考察对象的主要形态量，把熵 S 看作由于异质信息 P_+ 的作用而产生的结果。

由(5-36)式 $P_+=\dfrac{1}{1+e^{\pm s}}$ 可得

$$e^{\pm s}=\frac{1-P_+}{P_+}=\frac{P_+^0}{P_+} \tag{5-44}$$

两边取对数，就有信息熵函数

$$S=\pm\ln\frac{1-P_+}{P_+}=\pm\ln\frac{P_+^0}{P_+}=\pm\ln\frac{P_{+0}}{P_+} \tag{5-45}$$

依上式作 $S \sim P_+$ 关系曲线图，可得到吸收发射与自发发射条件下单元系统形态转化基元规律的信息熵轨迹，如图 5-6 和图 5-7 所示。

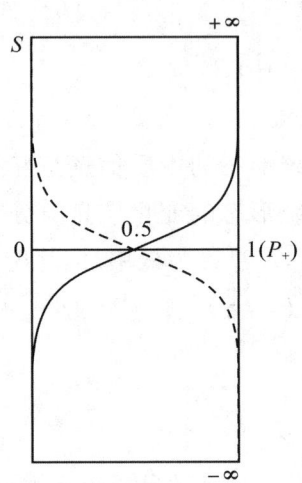
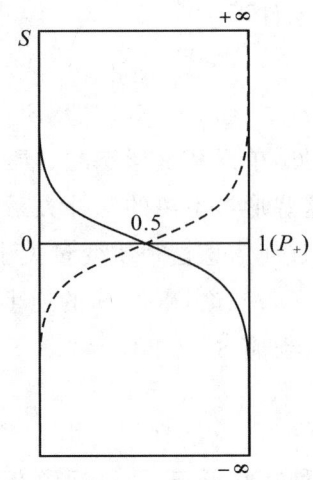

图 5-6　吸收发射的 $S \sim P_+$ 关系曲线　　　图 5-7　自发发射的 $S \sim P_+$ 关系曲线

图 5-6 表明，在吸收发射条件下，单元系统在形态转化过程中，熵 S 随信息 P_+ 的变化表现为余切函数型曲线。当单元系统处于基态（平衡态）时，其形态转化信息为零，即 $P_+ = 0$，(5-45)式 $S = \ln \dfrac{1-P_+}{P_+}$ 对数中的分母为零，熵为最大，即 $S = +\infty$。随着单元系统形态转化信息 P_+ 的增加，单元系统的熵 S 单调下降，起先是近于线性地下降，到了一定阶段，熵 S 的减少开始减缓，呈非线性下降；到了形态已转化的异质信息 P_+ 与尚未转化的本质信息 P_+^0 均为 0.5 的形态附近区间，熵 S 变化近于停滞，减少很小；此后下降趋势加快，呈非线性下降；最后又直线式地向熵的最低点 $S = -\infty$ 冲刺，该点的形态转化信息为 $P_+ = 1$。

图 5-7 则表明，在自发发射条件下，单元系统在形态转化过程中，熵 S 随信息 P_+ 的变化表现为正切函数型曲线。当单元系统处于基态（平衡态）时，其形态转化信息为零，即 $P_+ = 0$，(5-45)式 $S = -\ln \dfrac{1-P_+}{P_+}$ 对数中的分母为零，熵为负无穷大，即 $S = -\infty$。随着单元系统形态转化信息 P_+ 的增加，单元系统的熵 S 单调上升，起先是近于线性地上升；到了一定阶段，熵 S 的增加开始减缓，呈非线性上升；到了形态的转化信息 P_+ 与尚未转化信息 P_+^0 均为 0.5 的形态附近区间，熵 S 变化近于停滞，增加很少；此后上升趋势增大，呈非线性上升；最后直线式地冲向熵的最高点 $S = +\infty$，该点的形态转化信息为 $P_+ = 1$。

因此，单元系统形态转化基元规律还可以表述为：在吸收发射条件下，单元系统的形态转化信息 P_+ 随着熵 S 的减少而增加，$S \sim P_+$ 关系曲线为反 ∽ 形；在自发发射条件下，单元系统的形态转化信息 P_+ 随着熵 S 的增大而提高，$S \sim P_+$ 关系曲线为 ∽ 形。

信息熵函数已揭示了宏观系统关于熵的微观意义,因为形态转化信息 P_+ 取值的大小意味着异质单元变化形态的多样性和它所对应的宏观形态的均匀性。$S(P_+)$ 只是这种多样性或均匀性的量度,熵的加大仅仅是系统复杂程度加大,人们无权指责这一定是坏事而不是好事。因为熵变的方向与单元系统处于自发发射过程或吸收发射过程相关,而这两个方向是单元系统形态都存在的两个可能的发展方向。

历史上,关于信息 P_+ 与熵 S 的联系是从系统状态不定度开始的,有序度或组织度增加的过程是系统增加信息的过程,有序度或组织度减少的过程是系统损失信息的过程。1872 年,玻尔兹曼在其著作中就已经提到信息与熵之间的可测关系:"熵是一个系统失去了的'信息'的度量。"[10] 1929 年,美国核物理学家西拉德则最早将熵的减少与获得的信息相联系,向动摇熵增加定理的"麦克斯韦妖"提出了挑战。

在信息论中,上述关于自发发射条件下的信息熵 $S=-\ln(\frac{1-P_+}{P_+})=-\ln\frac{P_+^0}{P_+}$ 已被人们改称为"信息量 H",单元系统转化信息 P_+ 作为接收端出现的概率则被称为后验概率,尚未转化信息 P_+^0 作为传送端出现的概率被称为先验概率。因而,以信息量表现的信息熵就是[11]

$$H=\ln(\frac{1-P_+}{P_+})=\ln\frac{P_+}{P_+^0}=\ln\frac{后验概率}{先验概率} \tag{5-46}$$

"名可名,非常名",把信息或熵冠以不同名称的事例在各个学科比比皆是。例如,在凝聚态物理的新领域,信息 P_+ 是被用来表示像分数电荷、分数统计和分数维物质——分形之类的概念。可见,人们早已从不同角度和不同深度涉及了信息与熵的概念及其相互之间的关系,但是只有统一科学才能顺理成章地揭示其内在关系。熵信息函数是由指数函数这个初等超越函数构成的高等超越函数,而信息熵函数则是由对数函数这个初等超越函数组成的高等超越函数。

通过信息与熵的函数分析,不仅可以对两者的内在关系有较深刻的认识,而且可以对信息与熵内在关系的深邃内涵有更清晰的认识。信息与熵的内在关系反映的是单元系统形态转化基元规律的内在关系,即使人们的观测坐标发生变化,这种固有的关系也不能以人的意志为转移。所以,有必要再进一步分析单元系统形态转化基元规律在坐标平移变换下的表现形式。

三、坐标平移后的熵信息函数与信息熵函数

在一维正向质向量坐标系 $\vec{X}_+$ 上,单元系统由一个平衡态向另一个平衡态转化的基元过程就是被取为度量基准的一维正向单位质向量 $\vec{e}_+$,但是一维正向单位质向量 $\vec{e}_+$ 在一维正向质向量坐标系 $\vec{X}_+$ 上只是表现为发端于原点 0,终结于 1 的一段 0→1 单向直线,以此线性的形式来表达单元系统形态转化基元规律,人们是无法认识基元过程

的形态变化特征的。为此,在一维正向质向量坐标系 $\vec{X}_+$ 内部打开 $(\vec{P}_+,\vec{S})$ 二维分质向量空间,如果各个分质向量坐标轴用其同向的分质变量坐标轴来表示,则单元系统形态转化基元规律就可以用信息 P_+ 和熵 S 这两个质变量来描述。在一维正向质变量坐标系 X_+ 内部的 (P_+,S) 二维分质变量空间中,由(5-36)式 $P_+=\dfrac{1}{1+e^{\pm S}}$ 可以得到如图 5-4 和图 5-5 所示的 $P_+\sim S$ 曲线图。

在吸收发射条件下,(5-36)式 $P_+=\dfrac{1}{1+e^{+S}}$ 可以进行如下变换:

$$P_+=\frac{1}{1+e^S}=\frac{e^{-S/2}}{e^{S/2}+e^{-S/2}}$$
$$=\frac{1}{2}\left(1-\frac{e^{S/2}-e^{-S/2}}{e^{S/2}+e^{-S/2}}\right)=\frac{1}{2}\left(1-\tanh\frac{S}{2}\right)\quad(-\infty<S<\infty)\tag{5-47}$$

在自发发射条件下,(5-36)式 $P_+=\dfrac{1}{1+e^{-S}}$ 也可以进行如下变换:

$$P_-=\frac{1}{1+e^{-S}}=\frac{e^{S/2}}{e^{S/2}+e^{-S/2}}$$
$$=\frac{1}{2}\left(1+\frac{e^{S/2}-e^{-S/2}}{e^{S/2}+e^{-S/2}}\right)=\frac{1}{2}\left(1+\tanh\frac{S}{2}\right)\quad(-\infty<S<\infty)\tag{5-48}$$

式中的 $\tanh\dfrac{S}{2}$ 如果省却了质变量关于质的规定,则令

$$\operatorname{th}x\equiv\tanh x=\frac{e^x-e^{-x}}{e^x+e^{-x}}\quad(-\infty<x<\infty)\tag{5-49}$$

此函数称为双曲正切函数。

可见,单元系统形态转化基元规律也可以用双曲正切函数表示。

对信息 P_+ 进行坐标平移,令 $P\equiv P_+-\dfrac{1}{2}$,则 $P\in\left[-\dfrac{1}{2},+\dfrac{1}{2}\right]$,代入(5-47)式,那么在吸收发射条件下,(5-47)式可以写为

$$P=P_+-\frac{1}{2}=-\frac{1}{2}\tanh\frac{S}{2}=-\frac{1}{2}\frac{e^{S/2}-e^{-S/2}}{e^{S/2}+e^{-S/2}}\tag{5-50}$$

对信息 P_+ 进行坐标平移,即把 $P\equiv P_+-\dfrac{1}{2}$ 代入(5-48)式,那么在自发发射条件下,(5-48)式可以改写为

$$P=P_+-\frac{1}{2}=\frac{1}{2}\tanh\frac{S}{2}=\frac{1}{2}\frac{e^{S/2}-e^{-S/2}}{e^{S/2}+e^{-S/2}}\tag{5-51}$$

可见,在对信息 P_+ 进行 $P\equiv P_+-\dfrac{1}{2}$ 的坐标平移后,$P\in\left[-\dfrac{1}{2},+\dfrac{1}{2}\right]$,单元系统形态转化基元规律的熵信息函数 $P_+(S)$ 可表达为双曲正切函数,即

$$P = \mp \frac{1}{2}\tanh\frac{S}{2} \qquad (5\text{-}52)$$

在此,双曲正切函数不仅是单元系统形态转化基元规律在坐标平移下的又一种表达形式,而且其赖以认知的空间已经从一维正向质向量坐标系 $\vec{X}_+$ 的太极空间 $(\vec{X}_+)$ 变化为一维二仪质向量坐标系 $\vec{X}$ 的二仪空间 $(\vec{X})$。一维正向质向量坐标系 $\vec{X}_+$ 上反映单元系统形态转化基元过程的一维正向单位质向量 $\vec{e}_+$,也变成了一维二仪质向量坐标系 $\vec{X}$ 上反映单元系统形态转化基元过程的一维二仪单位质向量 $\vec{e}$。

在一维正向质向量坐标系 $\vec{X}_+$ 内部打开的 $(\vec{P}_+,\vec{S})$ 二维分质向量空间与在一维双向质向量坐标系 $\vec{X}$ 内部打开的 $(\vec{P},\vec{S})$ 二维分质向量空间,熵信息函数 $P_+ = \dfrac{1}{1+e^{\pm S}}$ 与熵信息函数 $P = \mp \dfrac{1}{2}\tanh\dfrac{S}{2}$ 中 S 的定义域都是 $(-\infty < S < +\infty)$。但是,熵信息函数 $P_+ = \dfrac{1}{1+e^{\pm S}}$ 的值域为 $[0,1]$,而双曲正切函数 $\tanh S$ 的值域为 $[-1,+1]$,从而熵信息函数 $P = \mp \dfrac{1}{2}\tanh\dfrac{S}{2}$ 的值域为 $\left[-\dfrac{1}{2},+\dfrac{1}{2}\right]$。在吸收发射条件下,所得到的 $P \sim S$ 曲线如图 5-8 所示。在自发发射条件下,所得到的 $P \sim S$ 曲线如图 5-9 所示。

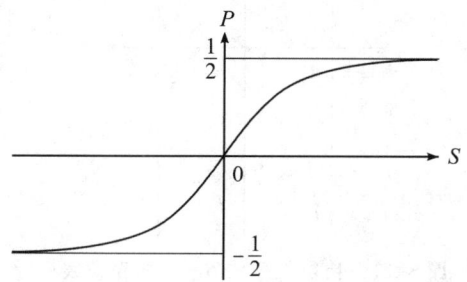
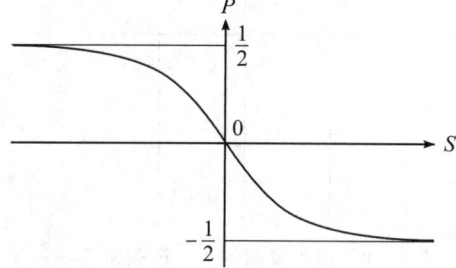

图 5-8 吸收发射的 $P \sim S$ 关系曲线　　图 5-9 自发发射的 $P \sim S$ 关系曲线

由图可见,负双曲正切函数和双曲正切函数都是奇函数。在吸收发射条件下,单元系统形态转化基元规律用负双曲正切函数表示,其 $P \sim S$ 函数曲线是在水平直线 $P(S) = \dfrac{1}{2}$ 及 $P(S) = -\dfrac{1}{2}$ 之间关于原点对称的在定域内单调减少的反 S 形曲线。在一维质变量坐标系 X 内部的 (P,S) 二维分质变量空间中,$P \sim S$ 关系曲线的起始点为 $\left(+\infty,-\dfrac{1}{2}\right)$,终结点为 $\left(-\infty,+\dfrac{1}{2}\right)$,这两个点分别处于 OPS 二维直角坐标系的第 IV 卦限和第 II 卦限,分别代表阴阳性质截然相反的两个对立形态。在自发发射条件下,单元系统形态转化基元规律用双曲正切函数表示,其函数曲线就是在水平直线 $P(S) = \dfrac{1}{2}$ 及 $P(S) = -\dfrac{1}{2}$ 之间关于原点对称的在定域内单调增加的 S 形曲线。在一维质变量

坐标系 X 内部的 (P,S) 二维分质变量空间中，$P\sim S$ 关系曲线的起始点为 $(-\infty, -\frac{1}{2})$，终结点为 $(+\infty, +\frac{1}{2})$，这两个点分别处于 OPS 二维直角坐标系的第Ⅲ卦限和第Ⅰ卦限，分别代表阴阳性质截然相反的两个对立形态。

通过反双曲正切函数 $\operatorname{artanh} x = \frac{1}{2}\ln\frac{1+x}{1-x}$，由 (5-52) 式 $P = \mp\frac{1}{2}\tanh\frac{S}{2}$ 得到

$$\frac{S}{2} = \mp\operatorname{artanh}(2P) = \mp\frac{1}{2}\ln\frac{1+2P}{1-2P}$$

即单元系统形态转化基元规律的信息熵函数还可用对数函数表示为

$$S = \mp 2\operatorname{artanh}(2P) = \mp\ln\frac{1+2P}{1-2P} \tag{5-53}$$

在一维二仪质变量坐标系 X 内部的 (P,S) 分质变量空间中，吸收发射条件下与自发发射条件下的 $S\sim P$ 关系曲线如图 5-10 和图 5-11 所示。

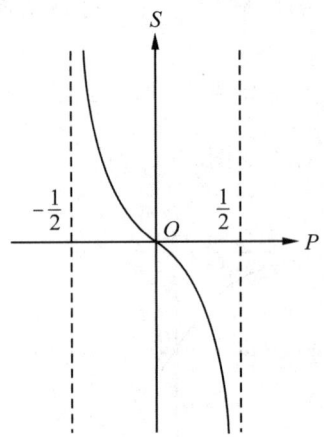
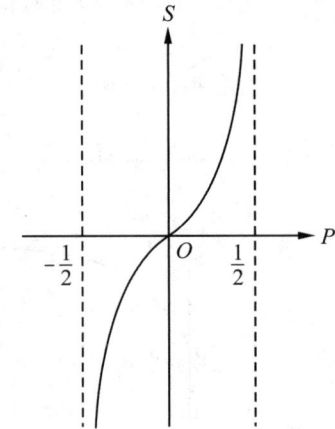

图 5-10　吸收发射的 $S\sim P$ 关系曲线　　　　图 5-11　自发发射的 $S\sim P$ 关系曲线

在一维二仪质向量坐标系 $\vec{X}$ 内部打开 $(\vec{P},\vec{E},\vec{E}_{\neq},\vec{\varepsilon})$ 四维分质向量空间，在一维质向量坐标系 $\vec{X}$ 上反映单元系统形态转化基元过程的一维正向单位质向量 $\vec{e}_+$ 就可在 $(\vec{P},\vec{E},\vec{E}_{\neq},\vec{\varepsilon})$ 四维分质向量空间来表现单元系统形态转化基元规律。在一维二仪质向量坐标系 $\vec{X}$ 内部的 $(\vec{P},\vec{E},\vec{E}_{\neq},\vec{\varepsilon})$ 分质向量空间中，在省却分质向量关于方向的规定时，单元系统形态转化基元规律可以表示为

$$P_+ = \mp\frac{1}{2}\tanh\frac{S}{2} = \mp\frac{1}{2}\frac{e^{S/2} - e^{-S/2}}{e^{S/2} + e^{-S/2}}$$

$$= \mp\frac{1}{2}\frac{e^{(E_{\neq}-E)/2\varepsilon} - e^{-(E_{\neq}-E)/2\varepsilon}}{e^{(E_{\neq}-E)/2\varepsilon} + e^{+(E_{\neq}-E)/2\varepsilon}} \tag{5-54}$$

如果能阈 $\vec{E}_{\neq}$ 和能元 $\vec{\varepsilon}$ 恒定不变 $(\vec{E}_{\neq} = \vec{C}_{E_{\neq}}, \vec{\varepsilon} = \vec{C}_{\varepsilon})$，那么在一维二仪质向量坐标系 $\vec{X}$ 内部 $(\vec{P},\vec{E},\vec{E}_{\neq},\vec{\varepsilon})$ 四维分质向量空间的 $(\vec{P},\vec{E},\vec{C}_{E_{\neq}},\vec{C}_{\varepsilon})$ 截面上，在省却分质向量

关于方向的规定时，上述的信息函数 P 就是以能量 E 为自变量的双曲正切函数。在自发发射条件下，能阈 C_{E_*} 是决定双曲正切函数曲线重心的位置参量，如果能阈 $C_{E_*}=0$，则双曲正切函数曲线函数就关于原点对称。当能元 C_{E_*} 越小，即 $\frac{1}{C_\varepsilon}$ 越大时，双曲正切函数曲线拐的弯也就越陡峭；而能元 C_ε 越大，即 $\frac{1}{C_\varepsilon}$ 越小时，曲线则越平坦。图 5-12 中画出了能元 $C_\varepsilon=2$，$C_\varepsilon=1$ 和 $C_\varepsilon=0.2$ 的双曲正切函数三条曲线。可见，能元 C_ε 对 S 形曲线形状影响之大。

特别地，在能元 $C_\varepsilon\to 0$ 的极限下，可以逼 S 形曲线形成两个直角，成为图 5-13 中所示的"台阶函数"（也称为"阶跃函数"或阈值函数），即

$$P(E)=\lim_{C_\varepsilon\to 0}\frac{1}{2}\tanh\frac{E}{2C_\varepsilon}=\begin{cases}\dfrac{1}{2} & (E>0) \\ -\dfrac{1}{2} & (E<0)\end{cases} \tag{5-55}$$

这是一种"广义函数"。当能量 $E=0$ 时，$P(0)$ 可以在 $-\frac{1}{2}$ 到 $+\frac{1}{2}$ 的垂直线上取任意值。为了确定起见，通常规定 $P(0)=0$。

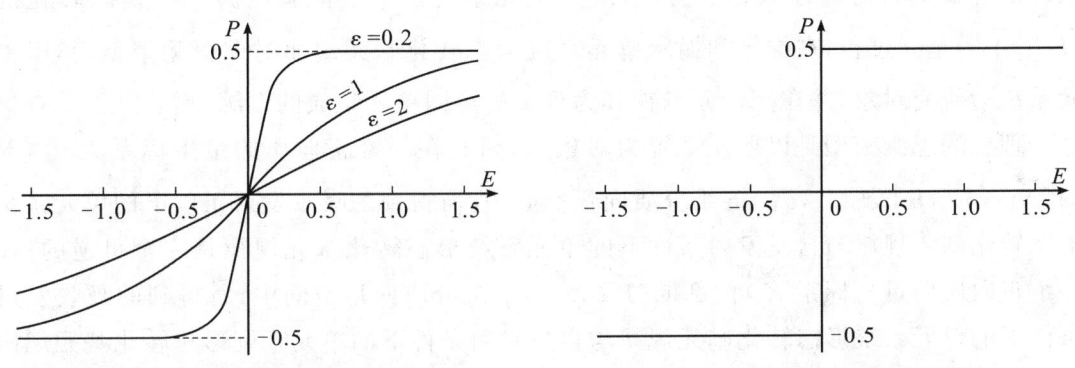

图 5-12 能元变化的双曲正切函数曲线　　图 5-13 台阶函数曲线

通过上述分析可以看到，单元系统形态在任何维度的质向量空间中都只是一个自由向量，自由向量可以在质向量空间自由平行移动。单元系统形态变化规律是在一定的变化区间表达单元系统形态的各维度质向量按其内在关系排序形成的序列。在质向量空间一定的变化区间里，把单元系统形态所经历的变化按其质向量内在关系形成的序列自由平行移动，并不改变各个质向量之间的内在关系。也就是说，反映形态变化基元过程的单元系统形态转化基元规律在坐标系平移后，其外在表现形式发生一定的变化，而其内在的关系序列并没有改变。

此外，在一维正向质向量坐标系 $\vec{X}_+$ 内部的 $(\vec{P}_+,\vec{S})$ 二维分质向量空间中，在省却分质向量关于方向的规定时，异质信息 $P_+(S)$ 与本质信息 $P_+^0(S)$ 存在的互补关系为

(5-41)式 $P_+(S)+P_+^0(S)=1$。若对信息 P_+ 进行坐标平移,把 $P\equiv P_+-\dfrac{1}{2}$ 代入 $P_+(S)+P_+^0(S)=1$,在一维质向量坐标系 $\vec{X}$ 内部的 (P,S) 二维分质向量空间中所得到的 $P(S)$ 与 $P^0(S)$ 存在的互补关系就变成

$$P(S)+P^0(S)=0 \qquad (5\text{-}56)$$

或

$$P(S)=-P^0(S) \qquad (5\text{-}57)$$

把(5-52)式 $P=\mp\dfrac{1}{2}\tanh\dfrac{S}{2}$ 代入,还可以得到本质信息分布函数为

$$P^0=\pm\dfrac{1}{2}\tanh\dfrac{S}{2} \qquad (5\text{-}58)$$

四、形态变化的可逆过程与不可逆过程

为了在一维正向质向量坐标系 $\vec{X}_+$ 上寻求至简的大道,就必须对具体事物形态"粗粒化",再抽象出其本质来构建模型,所建的模型只有是理想思维模型才能达致对单元系统形态最真切的理性认识。为此,对于单元系统由一平衡态向另一平衡态转化的 $\langle B_+|A_+\rangle$ 基元过程,在推导和揭示单元系统形态转化基元规律时就得删繁就简,以单元系统为研究对象,并在坐标原点视其为理想的全同单元集成的系综。

理想的思维模型是以单元系统为对象的,因此在一维正向质向量坐标系 $\vec{X}_+$ 内部的 $(\vec{N}_+,\vec{n}_+,\vec{E}_+,\vec{E}_{\neq +},\vec{\varepsilon}_+)$ 五维分质向量空间中,所得到的吸收发射条件下的单元系统形态转化基元规律与自发发射条件下的单元系统形态转化基元规律是完全可逆的;在一维正向质向量坐标系 $\vec{X}_+$ 内部的 $(\vec{P}_+,\vec{S}_+)$ 二维分质向量空间中,所得到的吸收发射条件下的单元系统形态转化基元规律与自发发射条件下的单元系统形态转化基元规律也是完全可逆的。

不论是在一维正向质向量坐标系 $\vec{X}_+$ 内部的 $(\vec{N}_+,\vec{n}_+,\vec{E}_+,\vec{E}_{\neq +},\vec{\varepsilon}_+)$ 五维分质向量空间中,还是在 $(\vec{P}_+,\vec{S}_+)$ 二维分质向量空间中,单元系统形态转化基元规律都是质向量函数。全同单元系统形态的转化是可逆的过程,单元系统形态变化规律作为单值函数存在着完全可逆的反函数,形态函数的质参量值就对应着本质单元与异质单元共同组成的单元系统所处的形态。如果环境条件不变,单元系统就处于一定的形态,其各种质参量就不会发生变化;而当单元系统的形态发生变化时,它的各个质参量也随之而改变,改变多少,只取决于单元系统的起始形态和终了形态,而与变化过程所经历的具体路径无关。在单元系统形态变化的可逆过程中,无论经历多么复杂的变化,只要单元系统恢复到原来形态,就能同时消除过程对环境所产生的一切影响,而其质参量也恢复原值。

在一维正向质向量坐标系 $\vec{X}_+$ 内部的 $(\vec{P}_+,\vec{S}_+)$ 二维分质向量空间中,单元系统在吸收发射条件下经过可逆过程由基态 $\vec{A}_+$ 转化为目标态 $\vec{B}_+$ 的 $\vec{P}_+\sim\vec{S}_+$ 关系曲线与其在自发发射条件下经过原来过程的逆过程准静态地再由原目标态 $\vec{B}_+$ 转化为原基态 $\vec{A}_+$ 的 $\vec{P}_+^0\sim\vec{S}_+$ 关系曲线是完全重合的两条光滑曲线,即吸收发射的反 S 形 $\vec{P}_+\sim\vec{S}_+$ 关系曲线与自发发射的 S 形 $\vec{P}_+\sim\vec{S}_+$ 关系曲线是同一曲线,这样的形态变化过程就是可逆过程。

如果从起始态 $\vec{A}_+$ 到终结态 $\vec{B}_+$ 的形态变化 $\langle\vec{B}_+|\vec{A}_+\rangle$ 有(1)和(2)两条可逆途径,即 $\vec{A}_+\to\vec{B}_+$ 和 $\vec{B}_+\to\vec{A}_+$ 两个反向过程组成一个可逆过程,当单元系统从 $\vec{A}_+\to\vec{B}_+\to\vec{A}_+$ 就构成了一个可逆循环,如图 5-1 所示。

在一维正向质向量坐标系 $\vec{X}_+$ 的 $(\vec{X}_+)$ 空间中,可逆系统在可逆循环过程的质向量变化量为

$$\Delta\vec{x}_+ = \overrightarrow{A_+B_+} + \overrightarrow{B_+A_+} = 0$$

所以,可逆系统是与运动路径无关的保守系统。

如果 $\vec{A}_+\to\vec{B}_+$ 和 $\vec{B}_+\to\vec{A}_+$ 的形态变化轨道是连续的,那么整个可逆循环过程就由一系列的变化过程构成,这些过渡态的质向量的变化量的总和必须满足质向量的变化量为零($\Delta\vec{x}_+=0$),即 $\oint(\mathrm{d}\vec{x})_{可逆}=0$。

可逆过程的概念非常重要,可逆过程必须完全不存在消耗因素(如摩擦、黏滞、非弹性形变、电阻、磁滞等),这一过程也只有在全同的不可分辨的粒子组成的单元系统的形态变化过程中才得以实现。可逆过程的每一步都可沿着原路径返回,而且返回原形态时,系统和环境都不留下任何痕迹。因此,可逆过程具有下面几个特点:[12]

(1)可逆过程是以无限小的变化进行的,整个过程进行的速度是无限慢的。整个可逆过程是一连串非常接近于平衡的形态所构成的,它和平衡态密切相关,其形态变化轨迹在平面表现为光滑曲线。

(2)在可逆过程中,用同样的手段,循着原来过程的逆过程反向进行,可以使系统和环境都完全恢复到原来的形态。

(3)在可逆过程中,当系统对外做功时,做最大功;当环境对系统做功时,做最小功。

可逆过程是个理想化的过程,可在全同单元系统极其接近于平衡的准平衡态下发生,它与平衡态密切相关。不过,准平衡过程不一定就是可逆过程,或者说它是可逆过程的必要条件但不是充分条件,只有完全不存在消耗因素(如摩擦、黏滞、非弹性形变、温差、电阻、磁滞等)耗散的准平衡过程才是可逆过程。全同单元系统的可逆过程就一定是准平衡过程;含有微量杂质或缺陷的全同单元系统的实际过程虽然都不可能是严格的可逆过程,但在消耗因素可以忽略不计而过程变化又足够缓慢的情况下,又可以近似地当作可逆过程。

在客观世界中,既找不到理想的、绝对的全同单元集成的系综,也找不到完全不存在消耗因素的形态转化过程,任何再纯的物质也会含有微量的杂质、缺陷等消耗因素,实际的事物都不可能是理想的系综,而是含有微量的杂质或缺陷的非纯粹单元系统。所以,实在的物质系统的形态变化曲线是不光滑的曲线。如果非纯粹单元系统含有的杂质量极少,近于以纯粹单元为主导成分的全同单元集成的系统,该系统就可看作掺杂或有缺陷的准单元系统。因此,人们在理论分析时,也把实在的事物形态变化曲线当作准单元系统形态变化曲线。

对于一个掺杂或有缺陷的准单元系统,实际系统形态在经历吸收发射和自发发射的变化过程后,即由形态(1)变到形态(2)之后,如果用任何方法都不可能使系统和环境完全复原,则称为不可逆过程。不可逆过程不能理解为根本不能向相反的方向进行。一个不可逆过程发生后,也可以使系统恢复到原来的形态,但是当系统回到原来的形态后,环境必定发生了某些变化。不可逆系统经历由吸收发射再到自发发射(也可以相反)这样两个相反的形态变化过程,所表现的形态变化关系曲线就是不重合的两条不光滑的曲线。

客观世界中不存在理想的单元系统和真正的可逆过程,原因和结果的相互转化不存在着完全的对应关系。所以,实际事物的形态转化过程是不可逆的,在特定条件下也只能无限地趋近于可逆过程。例如,在理想气体的分子模型中,人们把分子看成彼此之间没有相互作用且没有体积的质点,而实际气体的分子间却存在着体积、引力、黏滞性等因素,使得实际气体只能近似地符合理想气体状态方程式。

在一维正向质向量坐标系 $\vec{X}_+$ 内部的 $(\vec{P}_+,\vec{S})$ 二维分质向量空间中,如果单元系统在环境的作用下做吸收发射,在省却分质向量关于方向的规定时,其形态转化基元规律用 $P_+ \sim S$ 关系曲线表示就是图 5-14 中的 AB 曲线。这一反 S 形曲线表现了随着熵值 S 的不断减少,一定基质的单元从基态 A 到目标形态 B 的形态转化规律。当形态 B 中的异质单元饱和后,如果这一系统再做自发发射,使形态 B 中现有的本质单元(原为异质单元)再反转回到形态 A,这时系统中原异质单元数不断减少,而熵值 S 却不断地增加。但是,对于不可逆过程,当系统的熵值 S 增加到 S_A 时,得到的自发发射 $P_+^0 \sim S$ 关系曲线即 BC 曲线并不与 AB 曲线重合。当 $S=S_A$ 时,$P_+^0 \neq 0$,说明形态 B 中还含有一定数量的原异质单元,称为剩余单元,P_+^0 就称为剩余单元信息强度。[13]

可见,在含有杂质的单元系统中,要使 B 形态中的异质单元完全回到 A 态,就需要一个比 S_A 更大的正向熵 ΔS_0。当达到 $P_+^0 = 0$ 的形态时,这时的正向熵值 $\Delta S_{AA'}$ 称为此系统的矫顽熵,而 $-\Delta S_{AA'}$ 可称为滞留熵。如果使正熵流继续增大,那么形态 A' 中的单元将跃迁到另一个形态 D,直到饱和,用 $P \sim S$ 关系曲线表示就是图 5-15 中的 $A'D$ 段。此后如果让熵减小到 S_A,然后又使其继续减小,则系统中异质单元的激发形态将沿着 $D \rightarrow -C \rightarrow A'' \rightarrow B$ 回到异质单元饱和形态 B。图 5-15 中的曲线就是反映上述形态转化规律的曲线,其中联系两个平衡形态(即 B 与 D)的闭合曲线称为该系统的异质单元滞留回线。

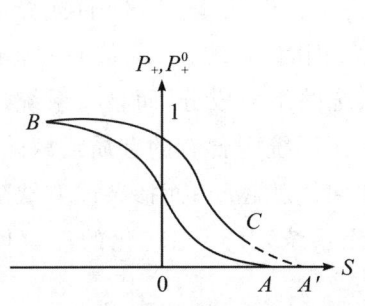

图 5-14　准单元系统的 $P_+ \sim S$ 关系曲线

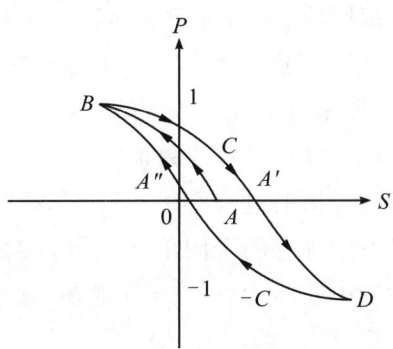

图 5-15　异质单元的 $P \sim S$ 滞留回线

同理，在一维正向质向量坐标系 $\vec{X}_+$ 内部的 $(\vec{N}_+, \vec{n}_+, \vec{E}_+, \vec{E}_{\neq +}, \vec{\varepsilon}_+)$ 五维分质向量空间的 $(\vec{C}_{N_+}, \vec{n}_+, \vec{E}_+, \vec{C}_{E_{\neq +}}, \vec{C}_{\varepsilon_+})$ 截面上，如果单元系统在环境的作用下做吸收发射，在省却分质向量关于方向的规定时，其形态转化规律用 $n_+ \sim E_+$ 关系曲线表示就是图 5-16 中的 AB 曲线。这一反 S 形曲线表现了随着能量的不断增加，一定基质的单元从基态 A 到目标形态 B 的形态转化规律。当形态 B 中的异质单元饱和后，如果单元系统再做自发发射，使形态 B 中现有的本质单元（原为异质单元）再反转回到形态 A，这时系统中原来的异质单元数不断增加，而能量却不断减少。但是，对于不可逆过程，当系统的能量减少到 E_A 值时，得到的自发发射 $n_+^0 \sim E_+$ 关系曲线即 BC 曲线并不与 AB 曲线重合。当 $E_+ = E_{+A}$ 时，$n_+^0 \neq 0$，说明形态 B 中还含有一定数量的原异质单元，n_+^0 称为剩余单元。

可见，在含有杂质的实际单元系统中，要使 B 形态中的异质单元完全回到 A 态，就需要一个比 E_A 更小的负向能量 ΔE_+。当达到 $n_+^0 = 0$ 的形态时，这时的负向能量 $-\Delta E_{AA'}$ 称为此系统的矫顽能，而 $\Delta E_{AA'}$ 可称为滞留能。如果使负向能量流继续减小，那么形态 A' 中的单元将跃迁到另一个形态 D，直到饱和，用 $n_+ \sim E_+$ 关系曲线表示就是图 5-17 中的 $A'D$ 段。此后若让能量增加到 E_A，然后又使其继续增加，则系统中异质单元的激发形态将沿着 $D \to -C \to A'' \to B$ 回到异质单元饱和形态 B。图 5-17 中的曲线就是反映上述形态转化规律的曲线，其中联系两个平衡形态（即 B 与 D）的闭合曲线称为该系统的异质单元滞留回线。

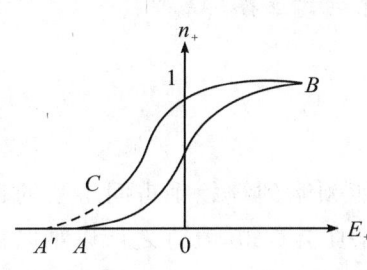

图 5-16　准单元系统的 $n_+ \sim E_+$ 关系曲线

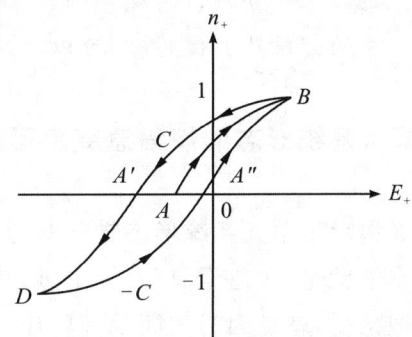

图 5-17　异质单元的 $n_+ \sim E_+$ 滞留回线

滞留回线表明,对于实际存在的掺杂或有缺陷的准单元系统来说,形态转化信息 P_+ 与熵 S 值(或 n_+ 与 E_+ 的值)不具有一一对应的关系。P_+ 值随着 S 值(或异质单元数 n_+ 随能量 E_+)的变化而异,对同一个 S 值(E_+ 值)而言,P_+ 值(E_+ 值)一般不是唯一的。P_+ 值(E_+ 值)的数值等于多少,不仅决定了系统的组成成分,而且与系统达到这个形态所经历的过程有关,是一个不可逆过程。准单元系统中含有的杂质或缺陷越少,就越接近于理想的全同单元系统,其形态转化的滞留回线就越窄;而掺杂或有缺陷的准单元系统中实际含有的杂质越多,就越偏离全同单元系统,其形态转化的滞留回线就越宽。

在不可逆过程中,滞留能 $\Delta E_{AA'}$ 也可称为零点能。零点能是量子论预言的,是指单元系统由基态($E_+ = 0$)出发,经历了不可逆运动过程后回到原来的基态时残余的微小能量。例如,任何简单的振荡器(如一个摆)开始运动继而因摩擦而逐渐停止,但振荡器在停止点并未完全停止运动,而是以零点能在停止点的左右随机地晃动。为了使振荡器一达到停止点就停止运动,就要外界环境有反向的与零点能大小一致的能量(矫顽能)作用在振荡器上。这个矫顽能的大小也就是振荡器在不可逆过程中消耗在环境中的能量。

揭示零点能对于现实的不可逆过程具有重要的意义。现实的具体物质在不可逆运动中总有零点涨落现象,如微波接收机中出现一定的"噪音",不论人们技术多完善,总无法把它去掉。在非全同单元系统中,即使在没有热扰动效应的绝对零度上也总存在着微小的运动。

第四节　信息与熵表达的变化率及其性质

在一维正向质向量坐标系 $\vec{X}_+$ 内部的 $(\vec{P}_+, \vec{S}_+)$ 二维分质向量空间,单元系统形态转化基元规律可以用极为简洁的形式来表达,也可以用单元系统形态的熵信息变率函数和单元系统形态的信息熵变率函数来表达。深入分析信息变率函数、熵变率函数的性质和熵信息变率、信息熵变率的分段及变化特征,可以为统一科学理论体系的建立夯实基础。

一、单元系统形态的熵信息变率函数

在揭示了单元系统形态转化基元规律后,人们就能领略到统领宇宙间事物的自然法则本来就是"大道至简"的。不过,有的时候人们可能真会觉得,真理之所以难以被人们普遍接受,就是因为太简单。要让人们认同简洁的单元系统形态转化基元规律可以演绎出一切自然规律、社会规律和思维规律,那还要人们对信息 P 和熵 S 的变化率及其相关的性质有更深刻的洞察,统一科学才能因天之序去替天行道。

在一维正向质向量坐标系 $\vec{X}_+$ 内部的 $(\vec{P}_+,\vec{S})$ 二维分质向量空间中,信息 $\vec{P}_+$ 和熵 $\vec{S}$ 的分质向量坐标轴各自与信息 P_+ 和熵 S 的分质变量坐标轴同向,可以在 (P_+,S) 二维分质变量空间中表达单元系统形态转化基元规律。$P_+ \sim S$ 关系曲线图就直观地表明,信息 P_+ 随熵 S 的变化是非线性的,即信息 P_+ 关于熵 S 的变化率不是常量。

由于 $P \equiv P_+ - \frac{1}{2}$,对于连续变量熵 S,可以定义熵信息变(化)率为

$$p = \frac{dP}{dS} = \frac{dP_+}{dS} = p_+ \tag{5-59}$$

熵 S 具有熵信息变率函数 $p(S)$ 或 $p_+(S)$,就可以说 S 服从 $p(S)$ 或 $p_+(S)$,简记为 $S \sim p(S)$ 或 $S \sim p_+(S)$。

由(4-66)式 $\vec{z} = \frac{\vec{x}}{\vec{y}} = \frac{x}{y}(\frac{\vec{e}_x}{\vec{e}_y})$ 可知,信息 $\vec{P}_+$ 和熵 $\vec{S}$ 作为质向量,它们的比值还是一个质向量。信息变化量 $d\vec{P}_+$ 为质向量,$d\vec{P}_+ = dP_+\vec{e}_P$;熵的变化量 $d\vec{S}$ 也是质向量,$d\vec{S} = dS\vec{e}_S$。所以,尽管可以令 $\vec{e}_P = \vec{e}_S = \vec{e}$,则 $\vec{p}_+ = \frac{dP_+}{dS}\left(\frac{\vec{e}_P}{\vec{e}_S}\right) = \frac{dP_+}{dS} = p_+$,即熵信息变(化)率 p_+ 可以表达为一个质变量,实质上它却是一个质向量,这是决定单元系统信息的变化方向和变化率的强度因素。

由(5-59)式 $p_+ = \frac{dP_+}{dS}$ 可知,熵的值落入该点附近一个无限小区间内的信息,等于该点的熵信息变率和区间长度的乘积。下面的式子可以说明熵信息变率函数的意义:

$$P_+(S < S \leqslant S + dS) = dP_+(S) = p_+(S)dS \tag{5-60}$$

这一等式应该从极限的意义来理解:

$$p_+(S) = \frac{dP_+(S)}{dS} = \lim_{\Delta S \to 0} \frac{P_+(S < S \leqslant S + \Delta S)}{\Delta S}$$

$$= \lim_{\Delta S \to 0} \frac{P_+(S + \Delta S) - P_+(S)}{\Delta S}$$

即熵信息变率函数在形态空间某一点的值是熵在该点的信息变化率,所以熵信息变率函数是一个质向量。

对于吸收发射过程,dS 为负值,$p_+ = \frac{dP_+}{dS}$ 也为负值。由于信息 P_+ 不可能取负值,相应地 $P_+(S+dS \leqslant S < S) = dP_+(S) = p_+(S)dS$,因此熵信息变率函数和熵信息函数的关系还可以写成

$$P_+(S) = \int_{+\infty}^{S} p_+(S)dS \tag{5-61}$$

且有

$$\int_{+\infty}^{-\infty} p_+(S)\mathrm{d}S = P_+ = 1 \tag{5-62}$$

对于自发发射过程,熵信息变率函数与熵信息函数的关系也可以写成

$$P_+(S) = \int_{+\infty}^{S} p_+(S)\mathrm{d}S \tag{5-63}$$

$$\int_{+\infty}^{-\infty} p_+(S)\mathrm{d}S = P_+ = 1 \tag{5-64}$$

(5-62)式和(5-64)式称为归一化条件。任何熵信息函数或熵信息变率函数都必须满足归一化条件。

在一维正向质向量坐标系 $\vec{X}_+$ 内部的 $(\vec{P}_+, \vec{S})$ 二维分质向量空间中,在省却质向量关于方向的规定时,把(5-36)式 $P_+ = \dfrac{1}{1+\mathrm{e}^{\pm s}}$ 代入(5-59)式 $p_+ = \dfrac{\mathrm{d}P_+}{\mathrm{d}S}$,就可得到

$$p_+ = \mp \frac{\mathrm{e}^{\pm s}}{(1+\mathrm{e}^{\pm s})^2} = \mp \frac{1}{4}\mathrm{sech}^2 \frac{S}{2} \tag{5-65}$$

依(5-65)式作 $p_+ \sim S$ 关系曲线图,得到图 5-18(a) 与图 5-19(b),由图可见,熵信息变率函数曲线是一条连续的钟形曲线。图 5-18(a) 与图 5-19(b) 则是依(5-60)式画出来的 $P_+ \sim S$ 关系曲线图。

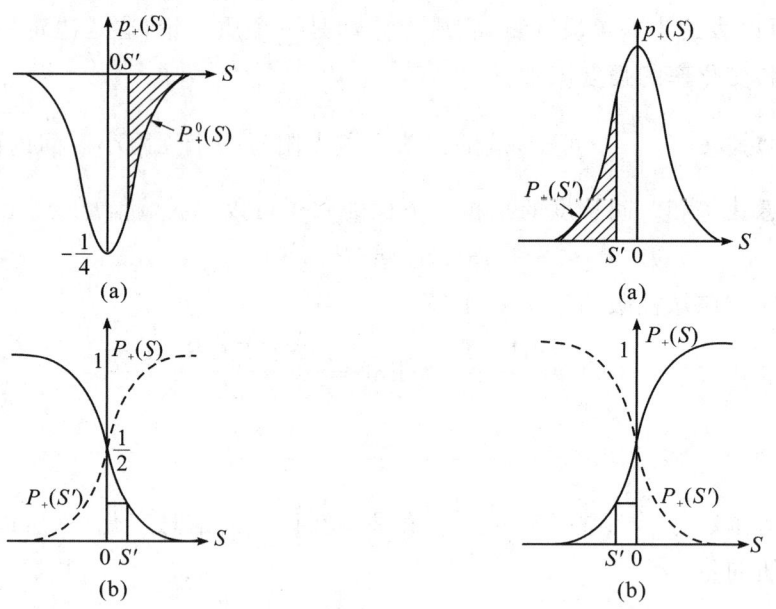

图 5-18 吸收发射的 $p_+ \sim S$ 与 $P_+ \sim S$ 关系曲线   图 5-19 自发发射的 $p_+ \sim S$ 与 $P_+ \sim S$ 关系曲线

在吸收发射的条件下,钟形曲线开口向上,曲线在横轴下任一点 S 右边曲线上的面积就是熵信息函数在该点的值。由于归一化条件,熵信息变率曲线上的总面积为 1,对应的熵信息函数曲线是一条单调上升到 1 的曲线。在曲线的端点和中点,熵信息变率函数取值为

$$p_+(S=-\infty)=0, p_+(S=+\infty)=0, p_+(S=0)=-\frac{1}{4}$$

在自发发射条件下,钟形曲线开口向下,曲线在横轴上任一点 S' 左边曲线上的面积就是熵信息函数在该点的值。在归一化条件下,熵信息变率曲线下的总面积为1,对应的熵信息函数曲线是一条单调上升到1的曲线。在曲线的端点和中点,熵信息变率函数取值为

$$p_+(S=-\infty)=0, p_+(S=+\infty)=0, p_+(S=0)=+\frac{1}{4}$$

由已知质变量 S 的熵信息变率函数与熵信息函数,就可以计算 S 值落入某一区间 $[a,b]$ 内的信息变化量,即 $a \leqslant S \leqslant b$ 的信息变化量为

$$\begin{aligned}\Delta P(a \leqslant S \leqslant b) &= P(S=b) - P(S=a) \\ &= \int_a^b p_+(S)\mathrm{d}S \\ &= \frac{1}{1+e^{\pm b}} - \frac{1}{1+e^{\pm a}}\end{aligned} \quad (5\text{-}66)$$

熵 S 的值落入区间 $[a,b]$ 内的信息 $\Delta P(a \leqslant S \leqslant b)$,称为熵 S 在区间 $[a,b]$ 内的信息变化量。区间 $[a,b]$ 的熵信息变化量是 $[a,b]$ 区间内信息变率曲线下的面积,这是一个形态函数,只与起始形态 ($S=a$) 和终止形态 ($S=b$) 有关,而与具体路径无关。

由(5-66)式可以给出不同起止态的熵信息变化量:

$\Delta P(-1 < S < 1) = 46.21\%$ $\Delta P(-6 < S < 6) = 99.50\%$

$\Delta P(-2 < S < 2) = 76.16\%$ $\Delta P(-7 < S < 7) = 99.82\%$

$\Delta P(-3 < S < 3) = 90.51\%$ $\Delta P(-8 < S < 8) = 99.93\%$

$\Delta P(-4 < S < 4) = 96.40\%$ $\Delta P(-9 < S < 9) = 99.98\%$

$\Delta P(-5 < S < 5) = 98.66\%$ $\Delta P(-10 < S < 10) = 99.99\%$

可见,熵 S 在 $[-3,3]$ 区间的信息变化量就达到 90% 以上,而在 $[-10,10]$ 区间的信息变化量就接近于1。

其实,$\Delta P(a \leqslant S \leqslant b)$ 在给出了熵 S 在区间 $[a,b]$ 内的信息变化量值的同时,也表明了熵 S 落在区间 $[a,b]$ 以外的信息变化量值。例如,熵 S 在 $[-10,10]$ 区间的信息变化量接近于1,也就是说熵 S 在 $[-10,10]$ 区间以外的信息变化量微乎其微。

值得一提的是,1948年,信息论创始人香农为了得到信息论的中心概念——信息量,曾经提出:"能否定义一个量,这个量在某种意义上能度量这个过程所'产生'的信息是多少?或者更理想一点,所产生的信息速率是多少?"由于信息论把信息熵的概念混同于信息量,因而这一问题一直没有得到人们清楚的解答。[14] 在统一科学中,可以清楚地表明:信息变化量 ΔP_+ 就是度量形态变化过程所产生的信息量,而熵信息变率函数就是描述单元系统形态变化过程所产生的信息变化率,上述信息论的问题也就迎刃而解了。

二、单元系统形态的信息熵变率函数

由于信息 P 和熵 S 都是连续变量,熵信息函数与信息熵函数互为反函数,因此上面关于熵信息变率函数的推证方法可以直接用于信息熵变率函数的推证。

信息熵变(化)率函数定义为

$$s(P_+) \equiv \frac{dS(P_+)}{dP_+} \tag{5-67}$$

把(5-45)式 $S = \pm\ln\frac{1-P_+}{P_+} = \pm\ln\frac{P_+^0}{P_+} = \pm\ln\frac{P_{+0}}{P_+}$ 代入上式就可得到:

在吸收发射条件下

$$s(P_+) = \frac{1}{P_+(P_+-1)} = -\frac{1}{P_+ P_+^0} \quad (0 \leqslant P_+ \leqslant 1) \tag{5-68}$$

在自发发射条件下

$$s(P_+) = \frac{1}{P_+(1-P_+)} = \frac{1}{P_+ P_+^0} \quad (0 \leqslant P_+ \leqslant 1) \tag{5-69}$$

与熵信息变(化)率 p_+ 类似,信息熵变(化)率 s 实质上也是一个质向量,也是决定系统熵的变化方向和变化率的强度因素。

依(5-68)式作 $s \sim P_+$ 关系曲线图可得图 5-20,由于 P_+ 的取值为 $[0,1]$ 中的有理分数,在坐标轴上表现为处处稠密近于连续,其对应的 $s(P_+)$ 或 $S(P_+)$ 也只能表现为稠密的分立值,在图 5-20 中就是近于连续的曲线。由图可见,在吸收发射条件下,信息熵变率函数曲线是一条开口向下的基本上连续的悬链形曲线。曲线在横轴上任一点 P_+ 左边所包围的面积就是信息熵函数在该点的值。对应的信息熵函数曲线是一条由 $+\infty$ 单调下降到 $-\infty$ 的余切型曲线。

依(5-69)式作 $s \sim P_+$ 关系曲线图可得图 5-21。同理,在自发发射条件下,信息熵变率函数曲线是一条开口向上的基本上连续的拱形曲线,其他特征与吸收发射条件的信息熵变率函数曲线相反,不再赘述。

由于信息熵变率函数与信息熵函数存在如下关系

$$S(P_+) = \int_0^{P_+} s(P_+) dP_+ \quad (0 \leqslant P_+ \leqslant 1) \tag{5-70}$$

因此,也可以计算 P_+ 的值落入某一区间 $[a,b]$ 内的熵变化量,即 $a \leqslant P_+ \leqslant b$ 的熵变化量,记作 ΔS。

$$\begin{aligned}\Delta S(a \leqslant P_+ \leqslant b) &= S(P_+ = b) - S(P_+ = a) \\ &= \int_a^b s(P_+) dP_+\end{aligned} \tag{5-71}$$

在吸收发射条件下

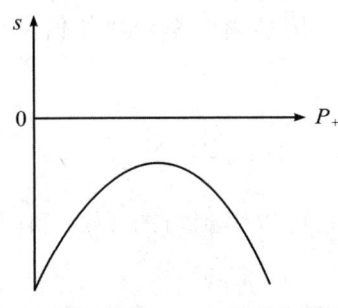
吸收发射的 $s\sim P_+$ 关系曲线

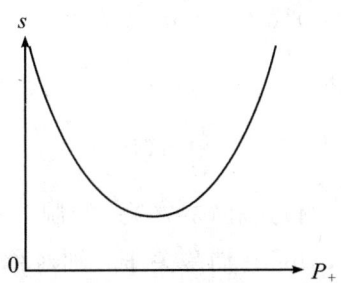
自发发射的 $s\sim P_+$ 关系曲线

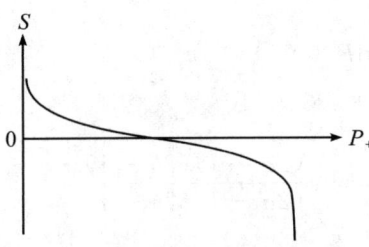
吸收发射的 $S\sim P_+$ 关系曲线

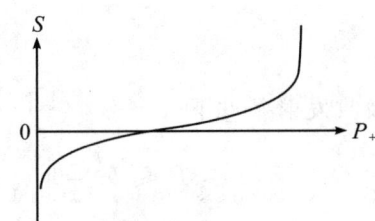
自发发射的 $S\sim P_+$ 关系曲线

图 5-20　吸收发射的 $s\sim P_+$ 与 $S\sim P_+$ 关系曲线　　图 5-21　自发发射的 $s\sim P_+$ 与 $S\sim P_+$ 关系曲线

$$\Delta S(a\leqslant P_+\leqslant b)=\int_a^b \frac{1}{P_+(P_+-1)}dP_+=\ln\frac{a(1-b)}{b(1-a)} \tag{5-72}$$

在自发发射条件下

$$\Delta S(a\leqslant P_+\leqslant b)=\int_a^b \frac{1}{P_+(1-P_+)}dP_+=\ln\frac{b(1-a)}{a(1-b)} \tag{5-73}$$

图 5-21 给出了在自发发射条件下对应于区间 $[a,b]$ 的熵变化量的示意。区间 $[a,b]$ 的熵变量 ΔS 是 $[a,b]$ 区间内熵变率曲线所包围的面积。可见熵这一变量也是个质变量函数,只与起始形态($P_+=a$)和终止形态($P_+=b$)有关,而与具体路径无关。

形态函数在质变量空间的内在关系是固有的,在坐标平移的情况下这种规律是不会改变的。对于信息熵变率函数,如果取 $P=P_+-\frac{1}{2}$,在吸收发射条件下,(5-68)式 $s(P_+)=\frac{1}{P_+(P_+-1)}=-\frac{1}{P_+P_+^0}$ 变为

$$s(P)=\frac{1}{(P+\frac{1}{2})(P-\frac{1}{2})}=\frac{1}{P^2-\frac{1}{4}}=\frac{4}{(2P)^2-1} \tag{5-74}$$

在自发发射条件下,(5-69)式 $s(P_+)=\frac{1}{P_+(1-P_+)}=\frac{1}{P_+P_+^0}$ 变成

$$s(P)=\frac{1}{(P+\frac{1}{2})(\frac{1}{2}-P)}=\frac{1}{\frac{1}{4}-P^2}=\frac{4}{1-(2P)^2} \tag{5-75}$$

把 $s(P)$ 代入(5-70)式 $S(P_+) = \int_0^{P_+} s(P_+) \mathrm{d}P_+$，信息熵变率函数与信息熵函数的关系就变成

$$S(P) = \int_{-1/2}^{P} s(P) \mathrm{d}P \quad (-\frac{1}{2} \leqslant P \leqslant \frac{1}{2}) \tag{5-76}$$

依(5-74)式和(5-75)式绘制 $s \sim P$ 关系曲线图，可以得到与图 5-20 和图 5-21 同样的图形，只是它们是关于 s 轴对称的。

相应地，P 的值在某一区间 $[a,b]$ 内的熵的变化量为

$$\Delta S(a \leqslant P \leqslant b) = S(P=b) - S(P=a)$$
$$= \int_a^b s(P) \mathrm{d}P \tag{5-77}$$

在吸收发射条件下

$$\Delta S(a \leqslant P \leqslant b) = \int_a^b \frac{4}{(2P)-1} \mathrm{d}P = \ln\frac{(2a+1)(2b-1)}{(2a-1)(2b+1)} \tag{5-78}$$

在自发发射条件下

$$\Delta S(a \leqslant P \leqslant b) = \int_a^b \frac{4}{1-(2P)^2} \mathrm{d}P = \ln\frac{(2a-1)(2b+1)}{(2a+1)(2b-1)} \tag{5-79}$$

下面就以《周易》的二仪、四象和八卦为例，给出不同起止态的熵变化值：

(1) 二仪。

$$\Delta S(0 < P_+ \leqslant \frac{1}{2}) = -\infty \qquad \Delta S(\frac{1}{2} \leqslant P_+ < 1) = +\infty$$

(2) 四象。

$$\Delta S(0 < P_+ \leqslant \frac{1}{4}) = -\infty \qquad \Delta S(\frac{1}{4} \leqslant P \leqslant \frac{2}{4}) = -\ln 3 = -1.0986$$

$$\Delta S(\frac{2}{4} \leqslant P_+ \leqslant \frac{3}{4}) = \ln 3 = 1.0986 \qquad \Delta S(\frac{3}{4} \leqslant P_+ < 1) = +\infty$$

(3) 八卦。

$$\Delta S(0 < P_+ \leqslant \frac{1}{8}) = -\infty \qquad \Delta S(\frac{1}{8} \leqslant P_+ \leqslant \frac{2}{8}) = -\ln \frac{7}{3} = -0.8430$$

$$\Delta S(\frac{2}{8} \leqslant P_+ \leqslant \frac{3}{8}) = -\ln \frac{9}{5} = -0.5878 \qquad \Delta S(\frac{3}{8} \leqslant P_+ \leqslant \frac{4}{8}) = -\ln \frac{5}{3} = -0.5108$$

$$\Delta S(\frac{4}{8} \leqslant P_+ \leqslant \frac{5}{8}) = \ln \frac{5}{3} = 0.5708 \qquad \Delta S(\frac{5}{8} \leqslant P_+ \leqslant \frac{6}{8}) = \ln \frac{9}{5} = 0.5878$$

$$\Delta S(\frac{6}{8} \leqslant P_+ \leqslant \frac{7}{8}) = \ln \frac{7}{3} = 0.8430 \qquad \Delta S(\frac{7}{8} \leqslant P_+ < 1) = +\infty$$

在单元系统形态转化的过程中，由(5-70)式或(5-76)式得到的熵值虽然是分立的，但却是依一定顺序逐渐变化的，并且相邻的熵值非常接近，因此这些熵值就构成熵谱。

特别是在形态转化信息 $P_+ = \frac{1}{2}$ 或 $P_+ = 0$ 的附近区间内,熵谱值都很接近于零,熵变量也很小,从而形成一个稠密的近于连续的熵带。熵带按不同的密集度来划分就有不同的宽度,而且熵带的熵谱值是关于 P 轴或 P_+ 轴对称的。由于熵带在 $S=0$ 附近的熵谱值变化很小,好像熵就被禁锢在这个带中,因而可称 $S=0$ 附近的熵带为禁带。在禁带中,单元系统的形态是高度有序的。

吸收发射条件下的信息熵函数 $S(P_+)$ 是质变量函数。在质变量空间,质变量 S 可进行线性变换,即用另一变量 X 替代变量 S,即

$$X = \alpha + \beta \cdot S$$

式中,α、β 为常量。把(5-45)式 $S = \pm \ln \frac{1-P_\pm}{P_\pm}$ 代入,就有

$$X = \alpha \pm \beta \ln \frac{1-P_+}{P_+} \tag{5-80}$$

特别地,如果令 $X = E$,$\alpha = E_{\neq}$,$\beta = -\varepsilon$,即把变量 X 规定为形态变量——能量 E、能阈 $E_{\neq}$ 和能元 ε 均为常向量,这样(5-80)式就变成

$$E = E_{\neq} \mp \varepsilon \ln \frac{1-P_+}{P_+} \tag{5-81}$$

如此,上述的熵谱就成为能谱或能级,熵带也就成为能带了,可见能带是关于能阈 $E_{\neq}$ 对称的。如果有一个能级在能阈 $E_{\neq}$ 之上,另一个能级在能阈 $E_{\neq}$ 之下,而它们至能阈 $E_{\neq}$ 的距离相等,那么一个能级中的每个过渡态被单元占据的信息,同另一个能级中每个过渡态被空穴占据的信息恰好相等,能阈 $E_{\neq}$ 就是这种对称性的对称点。能带的宽度则与能元 ε 的大小直接相关,当能元 ε 越小,能带也就越窄,反之亦然。由此,可以自然地演绎出固体物理学的能带理论。

三、信息变率函数与熵变率函数的性质

对熵信息变率函数和信息熵变率函数进行分析,可以得出它们所具有的一些性质。

性质 1 熵信息变率函数可用双曲正割函数表示。

在吸收发射和自发发射条件下,由(5-65)式 $p_+ = \mp \frac{e^{\pm S}}{(1+e^{\pm S})^2}$ 可得到

$$p_+ = \mp \frac{e^{\pm S}}{(1+e^{\pm S})^2} = \mp \frac{e^{\mp S}}{(1+e^{\mp S})^2}$$

$$= \mp \frac{4}{4(e^{S/2}+e^{-S/2})} = \mp \frac{1}{4}\operatorname{sech}^2 \frac{S}{2} \tag{5-82}$$

如果省却了分质变量关于质的规定,令

$$y = \operatorname{sech} x = \frac{2}{e^{+x}+e^{-x}} \tag{5-83}$$

此函数定义为双曲正割函数。所以,熵信息变率函数可用双曲正割函数表示,双曲正割函数的图形如图 5-22 所示。

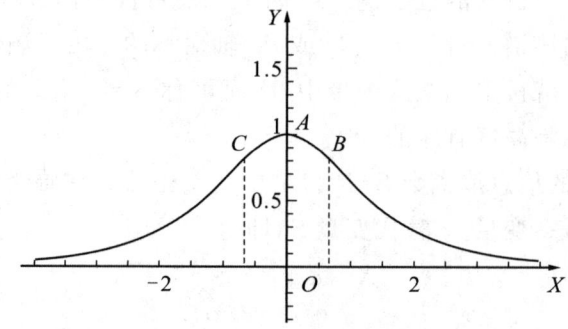

图 5-22 双曲正割函数曲线

性质 2 熵信息变率函数 $p_+(S)$ 为熵信息变化函数 $P_+(S)$ 与熵信息分布函数 $P_+^0(S)$ 的乘积,即

$$p_+(S)=\mp P_+(S)[1-P_+(S)]=\mp P_+(S)P_+^0(S) \tag{5-84}$$

由 (5-65) 式 $p_+=\mp \dfrac{e^{\pm S}}{(1+e^{\pm S})^2}$,可以得到吸收发射和自发发射条件下熵信息变率函数为

$$p_+(S)=\mp \frac{e^{\pm S}}{(1+e^{\pm S})^2}=\mp(1+e^{\mp S})^{-1}[1-(1+e^{\pm S})^{-1}]$$
$$=\mp P_+(S)[1-P_+(S)]=\mp P_+(S)P_+^0(S)$$

类似地,

$$\frac{P_+}{1-P_+}=\frac{(1+e^{\pm S})^{-1}}{1-(1+e^{\pm S})^{-1}}=\frac{1}{1+e^{\pm S}-1}$$
$$=e^{\mp S}$$

两边取对数即得 (5-45) 式 $S=\pm \ln \dfrac{1-P_+}{P_+}$。

性质 3 熵信息变率函数 $p(S)$ 可以用双曲正切函数的形式表达为 $P_+(S)$ 与熵信息分布函数 $P_+^0(S)$ 的乘积,即

$$p_+(S)=\mp \frac{1}{(e^{\frac{S}{2}}+e^{-\frac{S}{2}})^2}$$
$$=\mp \frac{1}{4}\left(1-\tanh \frac{S}{2}\right)\left(1+\tanh \frac{S}{2}\right) \tag{5-85}$$

性质 4 信息熵函数可用反双曲正切函数或反双曲余切函数表示。

从 (5-45) 式 $S=\pm \ln \dfrac{1-P_+}{P_+}$ 可得,信息熵函数为

$$S=\pm \ln \frac{1-P_+}{P_+}$$

$$= \pm \text{arctanh}(1 - 2P_+)$$
$$= \pm \text{arctanh}(P_+^0 - P_+) \tag{5-86}$$

其中,反双曲正切函数定义为

$$\text{arctanh}\, x = \frac{1}{2}\ln\frac{1+x}{1-x} \tag{5-87}$$

其定义域为$(-1, +1)$。

性质 5 信息变率函数曲线的图形取决于能量 E、能阈 $E_{\neq}$、能元 ε 等参量的取值。

把熵 $S = \dfrac{E_{\neq} - E}{\varepsilon}$ 代入(5-65)式 $p_+(S) = \mp \dfrac{e^{\pm S}}{(1+e^{\pm S})^2}$,熵信息变率函数变为由能量 E、能阈 $E_{\neq}$ 和能元 ε 作为自变量的信息变率函数,即

$$p_+(S) = p_+(E, E_{\neq}, \varepsilon) = \mp \frac{e^{\pm(E_{\neq}-E)/\varepsilon}}{\varepsilon[1+e^{\pm(E_{\neq}-E)/\varepsilon}]^2} \tag{5-88}$$

这样,信息密度函数曲线就是关于能阈 $E_{\neq}$ 对称的曲线。曲线重心的移动位置决定于能阈参量 $E_{\neq}$,而曲线的陡峭或平坦则取决于能元参量 ε,ε 越小则曲线越陡,ε 越大曲线则越平坦。曲线的拐点为 $E_{\neq} \pm \varepsilon \ln(2+\sqrt{3})$。特别地,如果能阈 $E_{\neq}$ 和能元 ε 都为常量,即 $\mu = E_{\neq} = C_{E_{\neq}}$ 和 $\sigma = \varepsilon = C_{\varepsilon}$,则(5-88)式可以写作

$$p_+(E, \mu, \sigma) = \mp \frac{e^{\pm(\mu-E)/\sigma}}{\sigma[1+e^{\pm(\mu-E)/\sigma}]^2} \tag{5-89}$$

图 5-23 给出了 $\mu = 1$ 和 $\sigma = 0.5, \sigma = 1, \sigma = 2, \sigma = 5$ 的异质信息密度分布函数曲线。图 5-24 是图 5-23 的积分图形,也是 $P(E; \mu, \sigma) \sim E$ 异质信息分布函数曲线。曲线的中心位置决定于能阈参量 μ,曲线的突跃度则取决于能元参量 σ。特别地,在 $\sigma \to 0$ 的极限下,$P(E; \mu, \sigma) \sim E$ 为 μ 处的一条垂线。

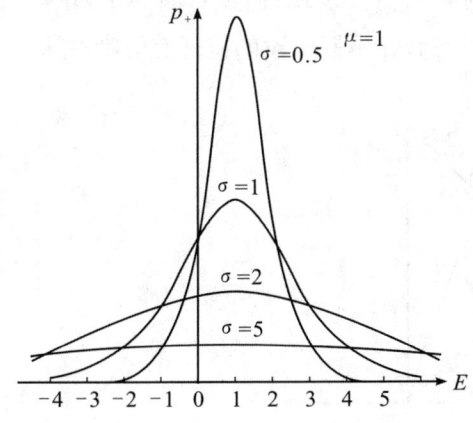

图 5-23 异质信息密度分布函数曲线

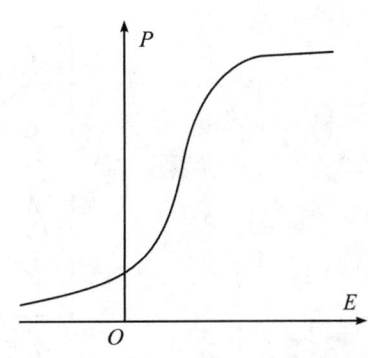

图 5-24 异质信息分布函数曲线

四、熵信息变率的分段及变化特征

在一维正向质向量坐标系 $\vec{X}_+$ 内部,由信息 $\vec{P}_+$ 和熵 $\vec{S}$ 这一组分质向量作为坐标轴可以建立二维分质向量坐标系 $\overrightarrow{OP_+S}$。在省却分质向量关于方向的规定时,在 (P_+,S) 二维分质变量空间中,单元系统形态转化基元规律可以用熵信息函数 $P_+(S)$ 表示,单元系统形态转化基元过程的 $P_+\sim S$ 关系曲线是一条连续变化的曲线,其图形直观地表现为图 5-4 反 S 形曲线或图 5-5 的 S 形曲线。但是,如果依照形态变化各个阶段的特征来进行熵信息函数曲线的分段描述,那么 $P_+\sim S$ 形态变化关系曲线可以划分为开始、加速、转折、减速和终结五段。

为了对单元系统形态转化基元过程各个阶段的变化特征有更深切的理解,通过关于熵信息变率函数的分析,可获得对熵信息函数 $P_+(S)$ 更为深入的认识。在 (5-84) 式 $p_+(S)=\mp P_+(S)[1-P_+(S)]=\mp P_+(S)P_+^0(S)$ 中,单元系统形态的异质变动信息 P_+ 和本质留守信息 P_+^0 都是熵信息变率函数的自变量,它们在单元系统形态转化中发挥着各自的作用。单元系统形态的异质变动信息 P_+ 起着拉力的作用,而本质留守信息 P_+^0 起着推力的作用。熵信息变率的函数曲线为钟形曲线,它比熵信息函数的 S 形(或反 S 形)曲线更能突出地反映单元系统形态转化各个阶段的特征。

在 $p_+=\mp P_+(1-P_+)=\mp P_+ P_+^0$ 中,如果本质留守信息 P_+^0 与异质变动信息 P_+ 作为自变量分别呈线性变化,由 $P_+ + P_+^0 = 1$ 可以得到 $P_+^0 = 1-P_+$,那么 $p_+ = P_+ P_+^0 = P_+(1-P_+) = P_+ - P_+^2$,如此,就可用图 5-25 的曲线表示。在图 5-25 中,在自发发射条件下的熵信息变率 p_+ 就是 $p_+ = P_+(1-P_+) = P_+ P_+^0$。通过图 5-25 的几何图形,可直观地看出单元系统形态变化过程的阴阳消长表现;通过对图 5-4 和图 5-5 的 S 形(或反 S 形)曲线分段描述,还可对单元系统形态转化不同阶段的特征有清晰的认识。[15]

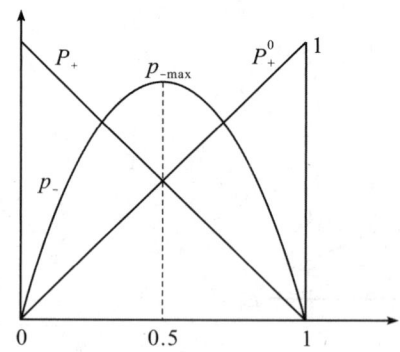

图 5-25 本质留守信息 P_+^0 与异质变动信息 P_+ 的相互消长

(1) 开始段。在单元系统形态转化的初级阶段,异质单元数很少,异质单元的成分很少,整个系统形态的异质变动信息 P_+ 只是由 0 开始崭露头角并缓慢增长,其产生的拉力很小；而本质单元数很多，本质单元成分很大，整个系统形态本质留守信息 P_+^0 很大（接近于1），由其产生的推力很大，所以 $P_+P_+^0$ 的乘积是比较小的，单元系统形态转化的变化率自然也比较小。单元系统基本性质是由阴阳（矛盾）的主要方面——本质单元的成分所决定，虽然单元系统基本形态只是处于量变过程，没有发生根本变化，但整个量变却是在失衡中逐渐加大的。

（2）加速段。单元系统形态在这一阶段的变化，本质单元数较多，本质单元的成分相应较多，因为本质单元作为矛盾的主要方面，其本质留守信息 P_+^0 还是起着主导作用，$P_+^0 > \frac{1}{2}$，所以由其产生的推力必然比较大。随着异质单元数的增加，异质变动单元的成分也相应在增多，但因为异质变动单元作为矛盾的非主要方面，尽管异质变动信息 P_+ 陡然增加，但毕竟仍处于弱势，所以 $P_+ < \frac{1}{2}$，不过由其产生的拉力已经相当之大。因此，$P_+P_+^0$ 的乘积自然比较大，单元系统形态变化的变化率也比较大，整个单元系统形态的变化在加速中趋向于剧烈。

（3）转折段。在单元系统形态转化的中间阶段，异质单元数与本质单元数近于相等，异质单元成分与本质单元成分旗鼓相当，异质变动信息 P_+ 与本质留守信息 P_+^0 不相上下，所以 $P_+P_+^0$ 的乘积趋于最大。由于异质单元成分的拉力和本质单元成分的推力都很大，两者共同的作用就使得单元系统形态转化以很大的变化率进行着。特别是，当异质单元数与本质单元数相等或 $P_+ = P_+^0 = \frac{1}{2}$ 时，异质变动信息 P_+ 与本质留守信息 P_+^0 作为阴阳双方力量的对比达到势均力敌，取得了阴阳的相对平衡，这样 $P_+P_+^0$ 的乘积也达到极值，即 $p_{+\max} = P_+P_+^0 = \frac{1}{4}$。在单元系统形态的变化中，当阴阳处于平衡时，事物形态往往呈现出动态的和谐。不过，一旦超过这个阈限，阴阳（矛盾）双方力量的对比将发生根本的变化，异质单元成分战胜本质单元成分就会由阴阳（矛盾）的非主要方面转化为主要方面，单元系统形态的本质也会随着阴阳交变而发生根本的变化，质变的结果就是整个单元系统形态涌现出异质。

（4）减速段。单元系统形态在这一阶段的变化，异质单元数较多，随着异质单元数继续增加，异质单元的成分也在增大，异质单元作为矛盾的主要方面，其异质变动信息 P_+ 起着主导作用，$P_+^0 > \frac{1}{2}$，因此由其产生的拉力也在加大。但是，在这一阶段本质单元数还有不少，虽然本质单元的成分在减少，但作为矛盾的非主要方面，其本质留守信息 P_+^0 还是起着一定作用的，$P_+^0 < \frac{1}{2}$，因此由其产生的推力依然不小，这样，$P_+P_+^0$ 的乘积仍然相当之大。不过，随着异质变动信息 P_+ 的增加逐渐趋缓，整个系统形态的变化率相对于转折段已然变小，单元系统形态的变化在减速中趋向于平缓。

(5)终结段。在单元系统形态转化的终结阶段,异质单元数很多,异质单元的成分也很多,整个系统形态的异质变动信息 P_+ 接近于1,但由于异质变动信息增长缓慢,由此而产生的拉力很大。然而,由于本质单元数很少,本质单元的成分也很少,整个系统形态本质留守信息 P_+^0 很小,由其产生的推力很小,因此 $P_+ \cdot P_+^0$ 的乘积是比较小的,单元系统形态转化的变化率自然也比较小。整个单元系统的基本性质是由阴阳(矛盾)的主要方面——异质单元成分所决定,虽然单元系统的基本形态也只是处于量变过程,没有发生根本的变化,但整个形态的量变却是在趋于平衡中逐渐饱和并最终达到稳定的平衡态。

在关于单元系统形态转化基元规律的理论中,通过信息与熵的内在关系和 $P_+\sim S$ 关系曲线图所揭示的单元系统形态转化历程,都是经历了开始段的线性变化→加速段的非线性变化→转折段的突变→减速段的非线性变化→终结段的线性变化的过程。但是,把单元系统形态转化基元过程划分为开始、加速、转折、减速和终结五个阶段,只是突出体现了单元系统形态变化的共同特征。在开始阶段,单元系统形态从平衡态到非平衡态的失衡只是准平衡态的量变;到了加速阶段,单元系统形态从平衡态到非平衡的失衡则是近平衡态的量变;而到了转折阶段,单元系统形态在超越阈限后从平衡态到非平衡态的失衡就是远离平衡态的质变;到了减速阶段,单元系统形态的异质又是近平衡态的量变;在终结阶段,单元系统形态的异质则是准平衡态的量变,并最后通过量变达到新的平衡态。单元系统形态转化基元规律所表现的特征与历程表明,单元系统形态在变化过程中始终存在着本质与异质相互对立的矛盾,矛盾着的对立面既相互斗争又相互联系,由此推动单元系统形态的变化。

其实,统一科学中的异质变动信息 P_+ 就是系综所具有的总体单元数 N_+ 与系统所具有的异质单元数 n_+ 这对阴阳矛盾的对立统一体。$P_+\sim S$ 关系曲线图反映的异质变动信息 P_+ 的变化,是 n_+ 与 N_+ 这两个对立面相互斗争的表现,并通过比值 P_+ 的变化来体现。当 $P_+^0>\frac{1}{2}$ 时,本质留守信息作为矛盾的主要方面起着主导作用;当 $P_+>\frac{1}{2}$ 时,异质变动信息变成矛盾的主要方面起着主导作用;只有当 $P_+=P_+^0=\frac{1}{2}$ 时,异质变动信息 P_+ 与本质留守信息 P_+^0 矛盾双方势均力敌,才取得相对平衡。$P_+\sim S$ 关系曲线就是始终存在的相互对立的矛盾双方力量对比变化的反映,当 P_+ 超过形态转化信息的阈限 $\frac{1}{2}$ 时,单元系统就必然发生性质的根本变化。

单元系统形态的变化及其性质向对立面的转化过程表现为量变到质变又到量变的过程。当单元系统处于非临界点时,由于环境压力的小变化,系统无须改变其形态或结构,只要做一些小的调整即可保持与环境的适应。如果环境条件维持稳定,不出现任何干扰,这个异质单元集合群体的终极形态就会一直存在下去。但是,当环境压力增大,处于平衡态的系综在环境的作用下,其本质单元集合群体及形态结构就会变成一个动态系统,系统形态不断地变化;当环境压力增大到临界点时,系统的原形态或结构不再适应环境,必须用全新的方式组织系统的元素,形成新的形态或涌现异质形态,所建立的新的结构是稳定的异质形态结构,这是与环境达成新的适应的一个新平衡态。

从质变量空间看,单元系统演化的目的体现为一定的点,代表演化过程的终极形态,即目的态。处于非目的态的系统"不安于现状",力求离之远去;处于目的态的单元系统"安于现状",自身不再愿意或无力改变这种形态。目的态是单元系统自身质的规定性的体现,这种规定性只有在稳定态中才能确立并得到保持,不稳定态不可能成为目的态。只要单元系统尚未到达目的态,现实态与目的态之间必定存在非零的吸引力,并牵引着单元系统向目的态运动。

在统一科学中,单元系统形态转化过程表现出来的规律可以用形态空间的轨迹来表述,$P_+ \sim S$ 关系曲线就清楚地表明了单元系统形态的转化都要经历从平衡到近平衡态的量变,再到远离平衡态的质变,最后又通过量变达到新的平衡态的过程。自组织过程是在自发发射条件下单元系统形态的变化过程,单元系统都要经历形态的衰减、衰弱、转化、衰竭和消亡的过程。他组织过程则是在吸收发射条件下单元系统形态的变化过程,单元系统也都要经历形态的孕育、成长、转化、完善和生成的过程。

人们所考察的事物抽象为系统,与系统相邻的事物就是环境。单元系统形态的转化完全取决于环境的作用,环境的持续作用和作用的大小又决定着单元系统形态的转化程度。任一事物都是世界某一界限范围内的那一部分,任一事物以外的世界都是该事物的外界环境,所有的事物都是开放系统,都与环境有联系,也就是说绝对的孤立系统是不存在的。系统与外界环境不同层次的系统的联系状况是不同的,因而环境对系统的作用和系统对环境的反作用也必然不同。

当系统与环境的作用和反作用达到势均力敌,系统与环境就处于一种相对静止、相对平衡的形态下。在这样的特定阶段,系统就具有质的稳定性。人们所认识的系统往往就是其形态处在相对静止和相对稳定的平衡态。虽然处在平衡态下的系统都具有固有的特性和基质及其性能,但是在人们把这样的系统与其他系统联系起来考察时,这种相对稳定的平衡态又可以理想化地设定为孤立形态。在考察系统形态变化时,如果把孤立形态当作研究对象的本征态,则这种系统的原功能在人们的认识中就可以潜化。

系统的环境是千变万化的,系统与环境中其他系统的相互联系必然存在松紧度不一的关系。人们所考察的系统与相邻环境中的系统往往相互之间存在着物质、能量或信息的直接交流,它们之间的相关度就比较大;而远离人们所考察系统的环境中的其他系统与其相互之间的相关度就比较小,在绝大多数情况下都可以完全忽略不计。

系统与相邻的环境之间既存在直接的联系又发生直接的作用。在系统与环境的作用与反作用中,是环境的强势作用促使系统吸收发射发生形态受激变化乃至形态的根本转化,还是系统的强势作用通过对环境的自发发射使得自身的形态也发生变化,这就

取决于系统与其环境孰强孰弱。因此,就可能会出现以下几种典型情形:

(1)如果系统与相邻环境两者的总体单元数大小相当,且能量强弱相近,相对于系统的环境就是资源有限的环境,其相互作用就表现为系统与环境存在着资源竞争。

(2)如果系统与相邻环境相比,环境的总体单元数和能量都远大于系统,相对于系统的环境就可以看作资源无限的环境,这样,系统对环境的作用就小于环境对系统的作用。系统在与环境的相互作用中,系统形态的变化就会受到激励而从平衡态向远离平衡态运动,相邻环境的形态则会自发地从平衡态向近平衡态变化。不过,整个系统形态的变化会产生性质的根本改变,而环境的变化却没有导致其性质发生根本改变。

(3)如果系统与相邻环境相比,环境的总体单元数和能量都远小于系统,相对于环境的系统就可以看作资源无限的系统,这样,系统对环境的作用就大于环境对系统的作用。系统在与环境的相互作用中,系统形态的变化就会自发地从平衡态向准平衡态或近平衡态偏离,而相邻环境的形态则会受激励而从平衡态向远离平衡态变化。不过,整个系统的变化并没有导致其性质的根本改变,而环境的变化却会产生其性质的根本改变。

(4)如果系统与相邻环境相比,环境的总体单元数和能量都绝对地大于系统,相对于系统的环境就可以看作资源极其无限的环境,这样,系统对环境的作用就远小于环境对系统的作用,系统对环境的作用比之于环境对系统的作用就极小。系统在环境的强大激励作用下,其形态就会从平衡态向远离平衡态跃迁,相邻环境的形态则只是从平衡态向准平衡态稍稍偏离。在此势力悬殊的相互作用中,整个系统形态的性质会快速产生根本改变,而环境微乎其微的变化是很难察觉其性质的改变,更不可能发生质变。

(5)如果系统与相邻环境相比,环境的总体单元数和能量都绝对地小于系统,相对于系统的环境就可以看作资源极其有限的环境,这样,系统对环境的作用就远大于环境对系统的作用,系统对环境的作用比之于环境对系统的作用就极大。系统在对环境强大的自发作用下,其形态只是从平衡态向准平衡态稍稍偏离,而相邻环境的形态则会从平衡态向远离平衡态跃迁。在此势力绝对一边压倒的相互作用中,整个系统形态微小的变化只是其性质稍微改变,绝对不可能发生质变,而环境形态的性质却会快速地产生根本的改变。

第五节 单元系统不同失衡态的变化规律

单元系统形态转化基元过程是从一种本质形态向另一种异质形态转变。单元系统异质形态由发生到发展直至成熟的演变过程,必然要经历阴阳消长的过渡形态,不同失衡态的单元系统形态变化规律可以有不同的简化函数表现形式。对单元系统不同失衡态的变化规律的内涵进行分析,可以对单元系统形态转化基元规律有更深切的认知。

一、不同失衡态的单元系统变化规律的简化函数

在一维正向质向量坐标系 $\vec{X}_+$ 上,只能用线性的不可分割的一维正向单位质向量 $\vec{e}_+$ 表示单元系统形态转化基元规律;而在一维正向质向量坐标系 $\vec{X}_+$ 内部的 $(\vec{P}_+,\vec{S}_+)$ 二维分质向量空间中,省却了分质向量关于方向的规定,单元系统形态转化基元规律可以用远离平衡态的熵信息函数或信息熵函数表示。

在单元系统形态转化基元过程所经历的开始、加速、转折、减速和终结五个阶段中,单元系统形态的异质信息在开始阶段的变化只是经历了准平衡态的量变;到了加速阶段,单元系统形态的异质信息变化则是经历了近平衡态的量变;在超越本质阈限的转折点到了减速阶段,单元系统形态的异质信息又是经历近平衡态的量变;而在终结阶段,单元系统形态的异质信息变化还是要经历准平衡态的量变。开始、加速与减速、终结四个阶段所对应的 $P_+ \sim S$ 关系曲线图就是 S 形(或反 S 形)曲线的两侧部分,而其对应的单元系统形态变化规律则是在平衡态附近的熵信息函数。

为此,有必要深入分析熵信息函数 $P_+(S)=\dfrac{1}{1+\mathrm{e}^{\pm s}}$ 在平衡态附近(即 $P_+\to 0$ 或 $P_+\to 1$)的情形,以便寻求用一些简单的初等函数来代替熵信息函数这种复杂的超越函数。

(一)近平衡态

单元系统形态转化基元规律的熵信息函数 $P_+(S)=\dfrac{1}{1+\mathrm{e}^{\pm s}}$ 给出了熵的定义域为 $(-\infty < S < +\infty)$,而信息 P_+ 的值域为 $[0,1]$。

在吸收发射条件下,由于近平衡态的熵 $S\to +\infty$,即 $\mathrm{e}^s\gg 1$ 或 $\mathrm{e}^s\approx(1+\mathrm{e}^s)$,所以

$$P_+=\dfrac{1}{1+\mathrm{e}^{+s}}\approx \mathrm{e}^{-s} \tag{5-90}$$

在自发发射条件下,因为基态附近的熵 $S\to -\infty$,即 $\mathrm{e}^{-s}\gg 1$,$\mathrm{e}^{-s}\approx(1+\mathrm{e}^{-s})$,所以

$$P_+=\dfrac{1}{1+\mathrm{e}^{-s}}\approx \mathrm{e}^{+s} \tag{5-91}$$

可见,在平衡态附近,熵信息函数 $P_+(S)=\dfrac{1}{1+\mathrm{e}^{\pm s}}$ 可以简化成

$$P_+(S)=\mathrm{e}^{\mp s} \quad (-\infty < S < +\infty) \tag{5-92}$$

对 (5-92) 式 $P_+(S)=\mathrm{e}^{\mp s}$ 求导或由 (5-65) 式 $p_+(S)=\mp\dfrac{\mathrm{e}^{\pm s}}{(1+\mathrm{e}^{\pm s})^2}$ 也可以得到近平衡态的熵信息变率函数为

$$p_+(S) = \frac{dP_+}{dS} = \mp e^{\mp s} \quad (-\infty < S < +\infty) \tag{5-93}$$

对(5-92)式 $P_+(S) = e^{\mp s}$ 两边取对数，还可以得到近平衡态信息熵函数的简化式

$$S(P_+) = \mp \ln P_+ \tag{5-94}$$

信息熵变率函数为

$$s(P_+) = \frac{dS}{dP_+} = \mp \frac{1}{P_+} \tag{5-95}$$

此即表明，在近平衡态和吸收发射条件下，单元系统形态变化规律可表述为：单元系统形态的异质信息 P_+ 为熵 S 的负指数函数，而单元系统形态的熵 S 为异质信息 P_+ 的负对数函数。在近平衡态和自发发射条件下，单元系统形态变化规律可以表述为：单元系统形态的异质信息 P_+ 为熵 S 的指数函数，单元系统形态的熵 S 为异质信息 P_+ 的对数函数。

可见，单元系统形态转化基元规律在近平衡态可以用负指数函数或指数函数来代替熵信息函数 $P_+ = \frac{1}{1+e^{\pm s}}$ 这种复杂的超越函数，可以用负对数函数或对数函数来代替信息熵函数 $S = \pm \ln(\frac{1-P_+}{P_+})$ 这种复杂的超越函数。虽然近平衡态的熵信息函数和信息熵函数是单元系统形态转化基元规律的近似表达式，但是在其适用范围内近似函数与精确函数的结果是一致的，而且应用起来简单方便。

图 5-26 和图 5-27 分别给出了吸收发射和自发发射条件下单元系统形态转化基元规律的 $P_+ \sim S$ 关系曲线图与 $S \sim P_+$ 关系曲线图，近平衡态的 $P_+ \sim S$ 关系曲线和 $S \sim P_+$ 关系曲线则用虚线表示。可见，实线与虚线在近平衡态吻合得很好，因此在形态转化的开始段和加速段用简单的指数函数曲线或对数函数曲线代替复杂的 $P_+ \sim S$ 关系曲线和 $S \sim P_+$ 关系曲线是完全可行的。

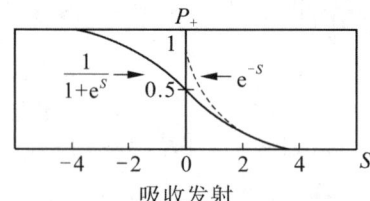 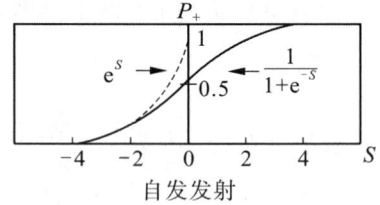

图 5-26 $P_+ \sim S$ 关系曲线

由(5-93)式 $p_+ = \mp e^{\mp s}$ 和(5-95)式 $s(P_+) = \mp \frac{1}{P_+}$ 作 $p_+ \sim S$ 关系曲线图与 $s \sim P_+$ 关系曲线图也可以看到，在近平衡态熵信息变率函数的钟形曲线可以用指数曲线来代替，信息熵变率函数曲线也可以用双曲线来代替。相应地，在近平衡态可以用指数函数代替复杂的熵信息变率函数，信息熵变率函数也可以用双曲函数代替。这种在一定

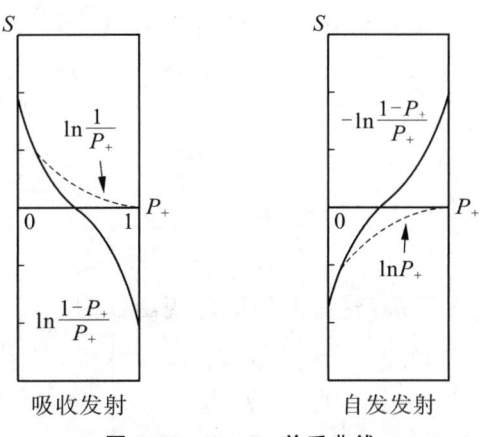

图 5-27 $S \sim P_+$ 关系曲线

范围内的替代关系可以用图 5-28 和图 5-29 来表示。

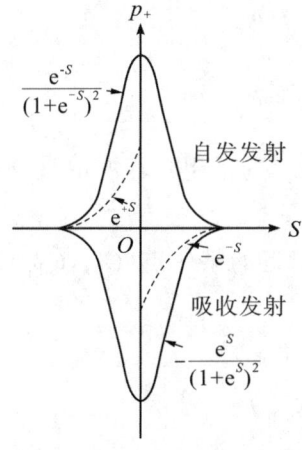

图 5-28 近平衡态熵信息变率函数
曲线与替代的指数曲线

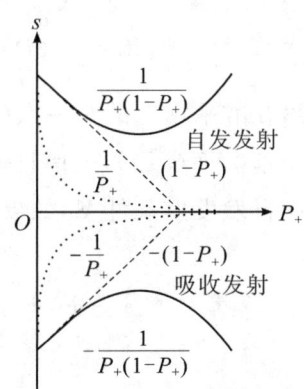

图 5-29 近平衡态信息熵变率函数
曲线与替代的双曲线

(二) 准平衡态

单元系统形态转化基元规律以熵信息函数来表达,在近平衡态可以用指数函数(或负指数函数)来代替,这在其适用范围内不仅结果一致,而且应用起来简单方便。由此可进一步推断,既然熵信息函数、指数函数(或负指数函数)的 $P_+ \sim S$ 关系曲线都是以坐标横轴和平行于横轴的直线($P_+=1$)为渐近线的,那么当幂指数在零点附近取得无穷小量,在基态附近更小的适用范围内(准平衡态)就可以用一族线性函数中的某一个来代替熵信息函数的指数函数(或负指数函数)。同时随着研究范围向基态的逼近,线性函数所表征的直线与熵信息函数曲线的起始段在该范围所表征的 $P_+ \sim S$ 关系曲线的重合范围就越大。

在吸收发射条件下,如果以准平衡态的某一点(C_{S_1}, C_{P_1})为切点,其切线方程为

$$P_+ - C_{P_1} = f'(C_{S_1})(S - C_{S_1})$$
$$= -\mathrm{e}^{-C_{S_1}}(S - C_{S_1})$$

熵信息函数为

$$P_+(S) = -\mathrm{e}^{-C_{S_1}}S + C_{P_1} + C_{S_1}\mathrm{e}^{-C_{S_1}}$$
$$= aS + b \tag{5-96}$$

式中,常量 $a = -\mathrm{e}^{-C_{S_1}}, b = C_{P_1} + C_{S_1}\mathrm{e}^{-C_{S_1}}$。

由(5-96)式 $P_+ \sim S$ 的关系,容易得到信息熵函数为

$$S(P_+) = -\mathrm{e}^{+C_{S_1}}P_+ + C_{S_1} + C_{P_1}\mathrm{e}^{+C_{S_1}}$$
$$= cP_+ + d \tag{5-97}$$

式中,常量 $c = -\mathrm{e}^{+C_{S_1}}, d = C_{S_1} + C_{P_1}\mathrm{e}^{+C_{S_1}}$。

熵信息变率函数和信息熵变率函数分别为常量,即

$$p_+(S) = \frac{\mathrm{d}P_+}{\mathrm{d}S} = -\mathrm{e}^{-C_{S_1}} = a \tag{5-98}$$

$$s(P_+) = \frac{\mathrm{d}S}{\mathrm{d}P_+} = -\mathrm{e}^{+C_{S_1}} = c \tag{5-99}$$

实际上,在准平衡态的某一点 $(C_{S_1}, C_{P_1}) \approx (0, +\infty)$,(5-98)式熵信息变率 $p_+(S) = -\mathrm{e}^{-C_{S_1}} = a \approx 0$,而(5-99)式信息熵变率 $s(P_+) = -\mathrm{e}^{+C_{S_1}} = c \approx -\infty$。

同理,在自发发射条件下,如果以基态(平衡态)附近的某一点 (C_{S_1}, C_{P_1}) 为切点,其切线方程为

$$P_+ - C_{P_1} = f'(C_{S_1})(S - C_{S_1})$$
$$= -\mathrm{e}^{+C_{S_1}}(S - C_{S_1})$$

熵信息函数为

$$P_+(S) = \mathrm{e}^{+C_{S_1}}S + C_{P_1} - C_{S_1}\mathrm{e}^{+C_{S_1}}$$
$$= a'S + b' \tag{5-100}$$

式中,常量 $a' = \mathrm{e}^{+C_{S_1}}, b' = C_{P_1} - C_{S_1}\mathrm{e}^{+C_{S_1}}$。

由(5-100)式的 $P_+ \sim S$ 关系,也可得到信息熵函数为

$$S(P_+) = \mathrm{e}^{-C_{S_1}}P_+ + C_{S_1} - C_{P_1}\mathrm{e}^{-C_{S_1}}$$
$$= c'P_+ + d' \tag{5-101}$$

式中,常量 $c' = \mathrm{e}^{-C_{S_1}}, d' = C_{S_1} - C_{P_1}\mathrm{e}^{-C_{S_1}}$。

熵信息变率函数和信息熵变率函数分别为常量,即

$$p_+(S) = \frac{dP_+}{dS} = \mathrm{e}^{+C_{S_1}} = a' \tag{5-102}$$

$$s(P_+) = \frac{\mathrm{d}S}{\mathrm{d}P_+} = \mathrm{e}^{-C_{S_1}} = c' \tag{5-103}$$

在准平衡态的某一点 $(C_{S_1}, C_{P_1}) \approx (-\infty, 0)$,熵信息变率为(5-102)式 $p_+(S) =$

$e^{+C_{s_1}} = a' \approx 0$,而信息熵变率为(5-103)式 $s(P_+) = e^{-C_{s_1}} = c' \approx +\infty$。所以,熵信息变率 $p_+(S)$ 围绕 0 的指数模型呈现平稳的线性变化。准平衡态的线性变化是近平衡态指数变化的特例,这是熵信息变率 $p_+(S)$ 趋于 0 的情形,也是幂指数趋于 0 的指数变化。

在吸收发射条件下与自发发射条件下,信息熵函数的准平衡态 $P_+ \sim S$ 关系图就是图 5-26 中起始段的直线(横线);熵信息函数的准平衡态 $S \sim P_+$ 关系图也是图 5-27 中起始段的直线(竖线)。在吸收发射条件下与自发发射条件下,熵信息变率函数的准平衡态 $p_+ \sim S$ 关系图就是图 5-28 中钟形曲线起始段的直线(横线);信息熵变率函数的准平衡态 $s \sim P_+$ 关系图就是图 5-29 中起始段的直线(竖线)。

必须指出,这里的准平衡态是逼近基态各个过渡态的统称。在准平衡态的单元系统形态变化过程称为准平衡过程(简称平衡过程),这是一个在进行中无限接近于平衡态的理想化过程。单元系统在准平衡过程中所经历的每一个过渡形态都可以近似地看作平衡态。如果一个实际过程是考虑时间因子的准平衡(静态)过程,且这样一个准平衡(静态)过程进行得足够缓慢,其形态变化的时间大于弛豫时间,就可以近似地看作准平衡(静态)过程。

利用 P_+ 与 P_+^0 的关系,还可以得到在吸收发射条件下单元系统在准平衡态的分布信息为

$$P_+^0 = 1 - P_+$$
$$= e^{-C_{s_1}} S + 1 - C_{P_1} + C_{S_1} e^{-C_{s_1}} \qquad (5-104)$$

在自发发射条件下,单元系统在准平衡态的分布信息为

$$P_+^0 = 1 - P_+$$
$$= -e^{-C_{s_1}} S + 1 - C_{P_1} + C_{S_1} e^{+C_{s_1}} \qquad (5-105)$$

(三)偏离准平衡态

上面讨论了单元系统形态转化基元规律在近平衡态和准平衡态条件下的简化形式。但是,如果人们研究的领域略微超出准平衡态的线性范围,那么处于这种弱非线性范围的单元系统形态转化基元规律还可以得到其他的简化形式。

在逼近平衡态的范围内,如果用简单的抛物线方程来代替单元系统形态转化基元规律的熵信息函数,则在一定的适用范围内其结果也完全一致。不过,由于抛物线焦点与顶点的不同,抛物线方程作为熵信息函数近似式的适用范围并不相同,表现在 $P_+ \sim S$ 关系曲线上就是两条曲线的重合范围也不相同。如果抛物线顶点为 (h, k),焦点为 $(\frac{\theta}{2} + h, k)$,$\theta(>0)$ 为焦参量,则在吸收发射条件下的抛物线方程可以表示为

$$(P_+ - k)^2 = 2\theta(S - h)$$

或

$$S = -\frac{1}{2\theta} P_+^2 - \frac{k}{\theta} P_+ + \frac{k^2}{2\theta} + h \qquad (5-106)$$

在自发发射条件下,抛物线方程则表示为
$$(P_+ - k)^2 = -2\theta(S - h)$$
或
$$S = -\frac{1}{2\theta}P_+^2 + \frac{k}{\theta}P_+ - \frac{k^2}{2\theta} + h \tag{5-107}$$

用图 5-30 的 $P_+ \sim S$ 关系图表示抛物线方程就可以看出,抛物线在一定的范围内与单元系统形态转化基元规律的 $P_+ \sim S$ 关系曲线吻合得相当好,在这一范围内可以用简单的抛物线方程代替熵信息函数。用图 5-31 的 $S \sim P_+$ 关系图表示抛物线方程也可以看出,抛物线在一定的范围内与单元系统形态转化基元规律的 $S \sim P_+$ 关系曲线吻合得相当好,在这一范围内可以用简单的抛物线方程代替信息熵函数。

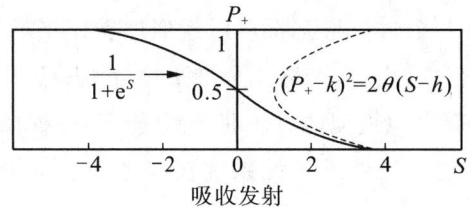 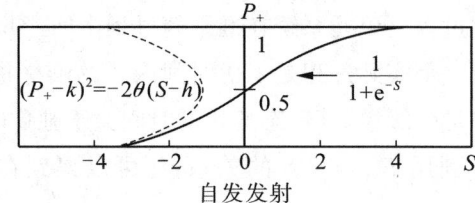

图 5-30　熵信息函数曲线与替代的抛物线

当人们研究的上述逼近平衡态的范围再稍加扩展,可以用较简单的低次曲线方程来代替单元系统形态转化基元规律的信息熵函数,在一定的适用范围内其结果都是一样的。例如,用立方抛物线方程来表示信息熵函数 $S(P_+)$,在吸收发射条件下,
$$S(P_+) = -\mu P_+^3 \tag{5-108}$$
在自发发射条件下,
$$S(P_+) = \mu P_+^3 \tag{5-109}$$

把立方抛物线方程所表征的 $S \sim P_+$ 关系用图 5-31 的图形表示,就可以看出立方抛物线在一定的范围内与单元系统形态转化基元规律的 $S \sim P_+$ 关系曲线吻合得相当好,在这一范围也完全可以用较简单的立方抛物线方程来代替单元系统形态转化基元规律的熵函数。

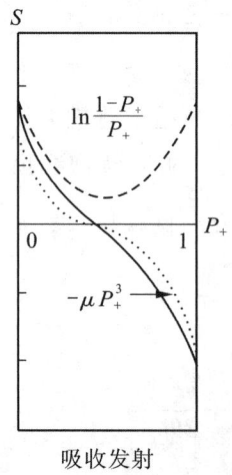 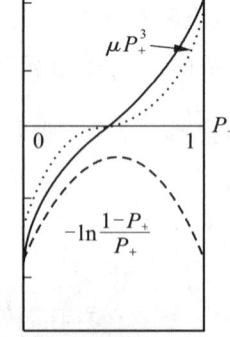

图 5-31　信息熵函数曲线与替代的抛物线

如此不断地拓宽研究范围，单元系统形态转化过程的熵信息函数就可以用高次的信息函数来取代原有的超越函数形式，熵信息函数也可以用熵的幂函数来替代原有的熵信息函数形式。不过，在此应当注意，上述的单元系统形态变化规律均在基态附近，而基态只是平衡态之一，目标态也是一种平衡态。对于目标态，只要把上述形态分布信息 P_+^0 改为形态转化信息 P_+，则由上述基态附近各种情形下单元系统形态转化基元规律的简化形式，就可直接得到目标态附近各种情形下单元系统形态转化基元规律的简化形式，因此不再赘述。

二、不同失衡态的单元系统变化规律的内涵分析

为了进一步认知单元系统形态转化基元规律在不同平衡态的内涵，有必要对其进行深入的分析。在一维正向质向量坐标系 $\vec{X}_+$ 内部的 $(\vec{P}_+, \vec{S})$ 二维分质向量空间中，省却了分质向量关于方向的规定，远离平衡态的单元系统形态变化规律不仅可以用异质信息 P_+ 的显函数表现为(5-36)式 $P_+ = \dfrac{1}{1+e^{\pm s}}$ 的熵信息函数形式，也可以用熵 S 的显函数表现为(5-45)式 $S = \pm \ln \dfrac{1-P_+}{P_+}$ 的信息熵函数形式，还可以用异质信息 P_+ 和熵 S 之间的微商来描述，即 $p_+ = \dfrac{dP_+}{dS} = f(P_+, S)$ 和 $s = \dfrac{dS}{dP_+} = f(P_+, S)$。

在一维正向质向量坐标系 $\vec{X}_+$ 内部的 $(\vec{P}_+, \vec{S})$ 二维分质向量空间中，省却了分质向量关于方向的规定，每一个平衡态对应着一个定点，其异质信息 P_+ 为零，而熵 S 为常量 S_0。但是，在逼近平衡态（即异质信息 P_+ 很小）的情形下，单元系统的熵 S 可应用泰勒定理展开成泰勒级数

$$S = S_0 + \left(\dfrac{dS}{dP_+}\right)_0 P_+ + \dfrac{1}{2}\left(\dfrac{d^2 S}{dP_+^2}\right)_0 P_+^2 + \cdots \tag{5-110}$$

上式中下角标"0"表示在平衡态下求导数。

由于单元系统在紧邻平衡态处的熵值趋近于常量，即 $S \to S_0$，单元系统的异质信息 P_+ 就不可以按泰勒级数展开成熵 S 的幂级数。

通过泰勒级数可对单元系统在不同失衡态的变化规律做出分析。

（一）平衡态

当孤立系统未受环境的任何扰动时，孤立系统与环境的交换完全适应，并以恒定的存在方式来表现其形态和结构。孤立系统未受到环境的作用，必然保持其原有的平衡态，其本身没有异质信息 P_+ 可言，而孤立系统的熵 S 为常量，即 $S = S_0$。由于孤立系统的异质信息为零（$P_+ = 0$），熵 S 对信息 P_+ 的变化率也自然为零，$s_0 = \left(\dfrac{dS}{dP_+}\right)_0 = 0$。

(二)准平衡态

当孤立系统受到环境很轻微的扰动作用时就会变为开放系统,系统在准平衡态下就会具有些微的异质信息 P_+ 而表现出一定的熵值 S。但是,由于异质信息 P_+ 如此之小,在熵 S 的级数展开式中含 P_+ 的二次项及其二次项以上的高次项对于系统熵 S 的贡献是微乎其微的,可以忽略不计。这样(5-110)式就可以写成

$$S = S_0 + \left(\frac{dS}{dP_+}\right)_0 P_+ \tag{5-111}$$

由于任何系统在平衡位置附近都存在熵 S 对信息 P_+ 的变化率 $s \equiv \left(\frac{dS}{dP_+}\right)$,因此对(5-110)式的单元系统的信息熵 S 求导,也可得到信息熵变化率 s 的泰勒级数展开式,即

$$s = \frac{dS}{dP_+} = \left(\frac{dS}{dP_+}\right)_0 + \left(\frac{d^2 S}{dP_+^2}\right)_0 P_+ + \cdots \tag{5-112}$$

上式中下角标"0"表示在平衡态下求导数。

在准平衡态上,信息 $P_+ \to 0$,(5-112)式中包含 P_+ 的一次项及其以上的高次项对于单元系统信息熵变化率 s 的贡献极小,可忽略不计。这样,信息熵变化率 s 就与信息 P_+ 的变化无关,$\left(\frac{dS}{dP_+}\right)_0$ 表现为常量,即

$$C_S = \Gamma = \left(\frac{dS}{dP_+}\right)_0 \tag{5-113}$$

如此,(5-111)式 $S = S_0 + \left(\frac{dS}{dP_+}\right)_0 P_+$ 可以表示为

$$S = S_0 + \Gamma P_+ = S_0 + \Delta S_1 \tag{5-114}$$

式中,ΔS_1 就是准平衡态下系统表现的熵变化量,即为

$$\Delta S_1 = S - S_0 = \Gamma P_+ \tag{5-115}$$

如果处于平衡态的孤立系统被当作参照点,即 $S = S_0 = 0$,则

$$\Delta S_1 = S = \Gamma P_+ \tag{5-116}$$

在这样的情形下,人们在考虑单元系统形态的熵变化量时,就是使单元系统处在平衡态的原熵 S_0 潜化了,而只考虑单元系统形态在变化中产生的熵。

在准平衡态,每个单元的熵变化量相等,它们对外协同作用的方向平行一致,单元系统表现的熵变化量 ΔS_1 是各个单元平行作用熵变化量的加和。在准平衡态,信息熵变化率 s 既为常量 Γ,也是方向单一的,信息熵变化率 Γ 是每一单元所均分的系统的平行熵变化率的综合反映。因而,平行作用的熵变化量 ΔS_1 可以表示成为平行熵变化率 Γ 和异质信息 P_+ 这两个因素的乘积。

(三)次准平衡态

当单元系统所受的环境微扰有所加大,单元系统所处的失衡态就是次准平衡态。在这种形态下,单元系统的异质信息 P_+ 也相应有所增大,因此在信息熵 S 的级数展开式中所含 P_+ 的二次项对于系统熵 S 的贡献是不可忽略的。但是,P_+ 的二次项以上的高次项对于单元系统的信息熵 S 的贡献还是可以忽略的。这样,(5-110)式就可以写成

$$\begin{aligned} S &= S_0 + \left(\frac{dS}{dP_+}\right)_0 P_+ + \frac{1}{2}\left(\frac{d^2S}{dP_+^2}\right)_0 P_+^2 \\ &= S_0 + \Gamma P_+ + \frac{1}{2}\Omega P_+^2 \\ &= S_0 + \Delta S_1 + \Delta S_2 \end{aligned} \tag{5-117}$$

式中,

$$\Omega = \left(\frac{d\Gamma}{dP_+}\right)_0 = \left(\frac{d^2S}{dP_+^2}\right)_0 \tag{5-118}$$

Ω 为单元系统熵 S 对信息 P_+ 的二次变化率或平行熵变化率 Γ 对异质信息 P_+ 的微商,而 ΔS_2 是各个单元相互作用的熵变化量。

(5-117)式表明,在次准平衡态,单元系统的信息熵 S 是异质单元的平行熵变化量 ΔS_1 和异质单元的相互作用熵变化量 ΔS_2 之和。ΔS_2 代表在次准平衡态下单元系统中异质单元两两相互作用表现出的熵变化量。如果设 $S(P_{ij})$ 为第 i 个异质单元与第 j 个异质单元之间的相互作用熵,则第 i 个异质单元与系统中所有其他异质单元的相互作用熵为

$$S_i = \sum_{\substack{j=1 \\ i \neq j}}^{m} \vec{S}(P_{ij}) = \sum_{\substack{j=1 \\ i \neq j}}^{m} \Omega_j P_i P_j \tag{5-119}$$

那么,单元系统 m 个单元总的相互作用熵为

$$\begin{aligned} \Delta S_2 &= \frac{1}{2}\sum_{i=1}^{m} S_i = \frac{1}{2}\sum_{i=1}^{m}\sum_{\substack{j=1 \\ i \neq j}}^{m} S(P_{ij}) \\ &= \frac{1}{2}\sum_{i=1}^{m}\sum_{\substack{j=1 \\ i \neq j}}^{m} G_i P_i P_j = \frac{1}{2}G P^2 \end{aligned} \tag{5-120}$$

式中引入因子 $\frac{1}{2}$ 是由于 $S(P_{ij})$ 和 $S(P_{ji})$ 本是同一个相互作用熵,但是在以第 i 个异质单元和以第 j 个异质单元为参考点计算时各考虑了一次的缘故。因此,(5-120)式中异质单元的两两相互作用熵变化量 ΔS_2 可以表示为熵 S 对信息 P_+ 的二次变化率 Ω 与异质信息 P_+ 平方两个因素乘积的一半。

由(5-118)式 $\Omega = \left(\frac{d\Gamma}{dP_+}\right)_0 = \left(\frac{d^2S}{dP_+^2}\right)_0$ 又可以得到关于平行熵变化率 Γ 与熵 S 对异

质信息 P_+ 的二次变化率 Ω 的关系

$$d\Gamma = G\,dP_+ \tag{5-121}$$

积分得

$$\Gamma = GP_+ \tag{5-122}$$

可见,平行熵变化率 Γ 是熵 S 对信息 P_+ 的二次变化率 Ω 与异质信息 P_+ 的乘积。

(四)近平衡态

在环境扰动作用继续加大(即异质信息 P_+ 加大)的情形下,单元系统中异质单元之间的作用就不仅要考虑异质单元平行作用的熵变化量 ΔS_1 和异质单元两两相互作用的熵变化量 ΔS_2,还要考虑每一个异质单元同时与若干个异质单元相互作用的熵变化量 ΔS_3,ΔS_4 等。

不过,在一维正向质向量坐标系 $\vec{X}_+$ 内部的 $(\vec{P}_+,\vec{S})$ 二维分质向量空间中,省却了分质向量关于方向的规定,当单元系统处在最有序的形态转化界点,这一变相点的熵为零,即 $S=0$,异质信息 P_+ 和本质信息 P_+^0 相等且为常量,则 $P_+ = P_+^0 = \dfrac{1}{2}$,而异质信息 P_+ 对熵 S 的变化率不为零,即 $p_+ = \dfrac{dP_+}{dS} \neq 0$。不过,在单元系统发生质变的临界点附近的高度有序区域,单元系统的熵作为序参量趋近于零,即 $S \to 0$(取值可以很小),单元系统的异质信息 P_+ 也可以应用泰勒级数展开成熵 S 的幂级数。

这样,在相变临界点附近(即单元系统受环境的扰动较大而熵 S 很小的情形下)的近平衡态,单元系统的异质信息 P_+ 可以应用泰勒定理展开成泰勒级数,即

$$P_+ = P_+^* + \left(\frac{dP_+}{dS}\right)_* S + \frac{1}{2}\left(\frac{d^2 P_+}{dS^2}\right)_* S^2 + \cdots \tag{5-123}$$

上式中角标"*"表示在变相点临界处。

通过坐标平移 $P = P_+ - \dfrac{1}{2}$,使得单元系统转化的变相点变为二维质变量坐标系的原点,在此认知坐标系中处于变相点的单元系统的熵和异质信息就在坐标系的原点,取值均为零,即 $P = P^* = 0$,$S = S^* = 0$,如此,(5-123)式变为

$$P = P^* + \left(\frac{dP}{dS}\right)_* S + \frac{1}{2}\left(\frac{d^2 P}{dS^2}\right)_* S^2 + \cdots \tag{5-124}$$

在单元系统发生质变的变相点附近的高度有序区间,序参量起着支配作用,这是单元系统形态发生质变时所遵从的原则。当单元系统逼近准变相点时,单元系统就会具有些微的熵变化量而表现出一定的异质信息 P。但是,由于熵 S 是如此之小,在异质信息 P 的级数展开式中含熵 S 的二次项及其二次项以上的高次项对于系统异质信息 P 的贡献是微乎其微的,都可以忽略不计,这样(5-124)式就可以写成

$$P = P^* + \left(\frac{dP}{dS}\right)_* S \tag{5-125}$$

单元系统形态在变相点附近都存在信息 P 对熵 S 的变化率，因此定义单元系统在变相点附近信息 P 对熵 S 的变化率为广义信率，即

$$\Lambda \equiv \left(\frac{dP}{dS}\right)_* \tag{5-126}$$

信率是普遍存在的。在准变相点下，广义信率 Λ 表现为常量，如此，(5-125)式 $P = P^* + \left(\frac{dP}{dS}\right)_* S$ 可以表示为

$$\begin{aligned} P &= P^* + \Lambda S \\ &= P^* + \Delta P^1 \end{aligned} \tag{5-127}$$

式中，$\Delta P^1 = \Lambda S$ 就是在准变相点上单元系统表现出的信息变化量，即为

$$\Delta P^1 = P - P^* = \Lambda S \tag{5-128}$$

由于坐标系的原点就在单元系统转化的变相点，处于变相点的异质信息取值为零，即 $P = P^* = 0$。如此，就不必考虑单元系统在变相点的异质信息，而只要考虑单元系统在形态变化中产生的异质信息。

在近平衡态，熵 S 对信息 P_+ 的变化率为平行熵变化率 $\Gamma = \left(\frac{dS}{dP_+}\right)_0$，而在变相点上，信息 P 对熵 S 的变化率为广义信率 $\Lambda \equiv \left(\frac{dP}{dS}\right)_*$，它们一个是在最无序的平衡形态，而另一个却是在最有序的转化形态，这种无序的平衡态与有序的浑沌态有着根本的不同。在无序的平衡态附近的准平衡态，各种异质信息 P 和熵 S 都能精确地决定，熵信息函数和信息熵函数都可以用线性函数表示。

不过，由(5-112)式 $s = \frac{dS}{dP_+} = \left(\frac{dS}{dP_+}\right)_0 + \left(\frac{d^2S}{dP_+^2}\right)_0 P_+ + \cdots$，可以把信息熵变化率 s 表示成信息 P_+ 的级数 $s = \Gamma + \Omega P_+ + \Psi P_+^2 + \cdots$；坐标系的原点平移到单元系统形态转化的变相点（$P = P_+ - \frac{1}{2}$），广义信率 $\Lambda \equiv \left(\frac{dP}{dS}\right)_* = \left(\frac{dP_+}{dS}\right)_*$ 在信息 $P_+ \to 0$ 的条件下也可以表示成信息 P_+ 的泰勒级数，即

$$\Lambda = \left(\frac{dP_+}{dS}\right)_* = C_0 + C_1 P_+ + C_2 P_+^2 + \cdots + C_m P_+^m + \cdots \tag{5-129}$$

在近平衡态，(5-129)式中包含 P_+ 的二次项及其以上的高次项对于广义信率的贡献极小，可以忽略不计。广义信率的泰勒级数展开式的常数 C_0 在变相点的取值为零，因此在近平衡态广义信率可以用信息 P_+ 的一次函数表示，即

$$\Lambda = \left(\frac{dP_+}{dS}\right)_* = C_1 P_+ \tag{5-130}$$

此式移项后就是 $dS = \dfrac{dP_+}{C_1 P_+}$，这个线性微分方程是(5-129)式级数的一级近似，是对单元系统形态的最简单描写，其积分式为

$$S = \dfrac{1}{C_1}\ln P_+ + C' \tag{5-131}$$

这就表明，在近平衡态单元系统的熵 S 与信息 P_+ 为对数关系。

在平衡态，$P_+ = 0$，单元系统的熵为 $S_0 = 0$；而 $S_0 = C' = 0$，因而 $C_1 = 1$；与(5-111)式 $S = S_0 + \left(\dfrac{dS}{dP_+}\right)_0 P_+$ 对比，即可得到熵 S 在近平衡态的对数形式就是

$$S = S_0 + \dfrac{1}{C_1}\ln P_+ = \dfrac{1}{C_1}\ln P_+ = \ln P_+ \tag{5-132}$$

如果把(5-132)式做个变换，则可得到近平衡态的指数形式为

$$P_+ = e^S \tag{5-133}$$

因为(5-130)式线性微分方程是对单元系统在近平衡态演化的一种近似描写，这样的线性方程还不能作为产生有序结构的自组织模型，所以单元系统不会发生相变。异质信息 P_+ 和熵 S 本质上是几率性的，其熵信息函数只能用非线性的指数函数表示，而信息熵函数必须用非线性的对数函数表示。

在此必须指出，如果总体单元数是确定的 $N_+ = C_{N_+}$，那么(5-132)式 $S = \ln P_+$ 可以写成

$$S = \ln P_+ = -\dfrac{\ln N_+}{\lg e}\lg n_+ = C\lg n_+ \tag{5-134}$$

式中，$C = -\dfrac{\ln N_+}{\lg e} = -\dfrac{\ln C_{N_+}}{\lg e}$，以 e 为底的自然对数被替换为以 10 为底的对数。此式实际上就是现代信息论中不确定性(程度)的表达式，而1928年，美国统计学家哈特莱则将熵 S 称为信息量，并以 H 标示。[16]

(五)远离平衡态

由于环境的变化或单元系统自身的变化或两者的变化，导致系统与环境不再适应，单元系统在准平衡态、次准平衡态和近平衡态都会出现一定量的变化但并不涉及质的变化，单元系统只需做些调整就可以恢复适应。但是，如果环境对单元系统的作用不断加大，单元系统中异质单元之间的相互作用就会呈现出愈来愈大的有序度。

在单元系统形态转化的变相点附近，虽然单元系统达到了最为有序的形态，但是单元系统的熵变包含着每一个异质单元同时与所有异质单元的相互作用，这就使得整个单元系统异质单元的作用方向和作用大小处于一种浑沌状态。另外，在异质信息 P_+ 较大的情形下，单元系统偏离平衡态也较大，平衡态附近异质信息 P_+ 的一次项对于单元系统形态的作用就不再是举足轻重的了。

因此，当单元系统处在平衡态附近，熵 S 的泰勒级数展开式中含信息 P_+ 的高次项对于单元系统熵 S 的贡献量，应视环境扰动程度的大小来决定(5-110)式的保留项数。如果异质信息 P_+ 大到一定程度，(5-110)式的级数也就不再收敛，表示单元系统的形态处在远离平衡态时将发生质变。在远离平衡态，单元系统与环境不相适应的变化已经突破了一定的阈值，单元系统只有改变原来的形态并抛弃原有的结构，创建新的形态和结构才能重新适应环境。

对单元系统形态变化规律的内涵进行分析，可以撇开平衡态而在形态转化变相点附近高度有序的浑沌态区间进行。当坐标系的原点平移到形态转化的变相点($P=P_+-\frac{1}{2}$)，在信息 $P \to 0$ 的条件下，广义信率 $\Lambda \equiv \left(\frac{\mathrm{d}P}{\mathrm{d}S}\right)_* = \left(\frac{\mathrm{d}P_+}{\mathrm{d}S}\right)_*$ 可以用(5-129)式信息 P 的泰勒级数表示。如果只考虑(5-129)式中包含 P 的一次项，可以由此推出近平衡态的熵信息函数为指数函数 $P_+ = \mathrm{e}^{-S}$ 和信息熵函数为对数函数 $S = \ln P_+$。

当单元系统处于远离平衡态时，单元系统所受到的环境作用是如此之大，使得 (5-129)式 $\Lambda = \left(\frac{\mathrm{d}P_+}{\mathrm{d}S}\right)_* = C_0 + C_1 P_+ + C_2 P_+^2 + \cdots + C_m P_+^m + \cdots$ 中包含 P_+ 的二次项必须予以保留，只有含 P_+ 的二次项以上的高次项才可以忽略不计。广义信率的泰勒级数展开式的常数 C_0 在临界点的取值为零，这样(5-129)式可以用信息 P_+ 的二次函数表示

$$\Lambda = \left(\frac{\mathrm{d}P_+}{\mathrm{d}S}\right)_* = C_1 P_+ + C_2 P_+^2 \tag{5-135}$$

对于这一方程，如果要求 $f(P)=0$ 有两个根，即不仅在起始点 $P_+=0$ 时广义信率为零，即 $\Lambda = \left(\frac{\mathrm{d}P_+}{\mathrm{d}S}\right)_* = 0$，而且在单元系统完成形态转化并达到终结目标的平衡态时（即信息 P 达到它的饱和水平 $P_N = 1$ 时），广义信率也为零，即 $\Lambda = \left(\frac{\mathrm{d}P_+}{\mathrm{d}S}\right)_* = 0$。满足这个条件的 $f(P)$ 的最简单公式就是(5-129)式止于异质信息 P_+ 二次项的级数，即(5-135)式 $\left(\frac{\mathrm{d}P_+}{\mathrm{d}S}\right)_* = C_1 P_+ + C_2 P_+^2$。对此微分方程 $\left(\frac{\mathrm{d}P_+}{\mathrm{d}S}\right)_* = P_+(C_1 + C_2 P_+)$ 进行变换，如果取式中 $C_2 = -C_1$，就可以得到如下的微分形式

$$\frac{\mathrm{d}P_+}{\mathrm{d}S} = C_1 P_+ (1 - P_+) \tag{5-136}$$

上式的积分式为 $OP_+ S$ 坐标系中以异质信息 P_+ 表现的单元系统形态转化基元规律，即与(5-14)式 $P_+ = \frac{1}{1 + C\mathrm{e}^{-E_+/C_+}}$ 类同。在外界环境容许的条件下，单元系统异质信息 P_+ 变化可以达到极限值，即 $P_+ = 1$。

可见，以广义信率的泰勒级数展开式含有异质信息 P_+ 二次非线性项的微分方程

来刻画单元系统的演化,说明这类单元系统内部的各个单元之间就存在着非线性的相互作用,可以形成异质的形态结构,因此寓意深刻的单元系统形态转化基元规律可以作为形态涌现的组织模型。

参考文献

[1]苏文锻.系综原理[M].厦门:厦门大学出版社,1991:115-119.

[2]皮亚杰.发生认识论原理[M].北京:商务印书馆,1997:90.

[3]庄世坚.统一科学初探[M].厦门:厦门大学出版社,1998:85.

[4]威切曼.量子物理学[M].SI版//伯克利物理学教程:第4卷.潘笃武,译.北京:机械工业出版社,2016:312.

[5]于学刚.狭义相对论和量子理论一元化表述[M].北京:科学出版社,2012:125.

[6]爱因斯坦.爱因斯坦文集:第1卷[M].北京:商务印书馆,1976:380.

[7]顾基发,唐锡晋.物理—事理—人理系统方法论:理论与应用[M].上海:上海科技教育出版社,2006:8.

[8]斯莫林.物理学的困惑[M].李泳,译.长沙:湖南科学技术出版社,2009:9.

[9]温伯格.终极理论之梦[M].李泳,译.长沙:湖南科学技术出版社,2007:194.

[10]吕锋.信息理论与编码[M].2版.北京:人民邮电出版社,2010:10.

[11]苗东升.系统科学精要[M].2版.北京:中国人民大学出版社,2006:238-239.

[12]傅献彩,陈瑞华.物理化学:上册[M].3版.北京:人民教育出版社,1980:99.

[13]许煜寰,等.铁电与压电材料[M].北京:科学出版社,1978:35-38.

[14]李贤平.概率论基础[M].2版.北京:高等教育出版社,1997:202-214.

[15]徐道一.周易科学观[M].北京:地震出版社,1992:134.

[16]张学文,马力.熵气象学[M].北京:气象出版社,1992:75.

第六章

基元规律的变换

第一节 坐标平移下基元规律的不同形式

在一维正向质向量坐标系 $\vec{X}_+$ 内部的 $(\vec{N}_+,\vec{n}_+,\vec{E}_+,\vec{E}_{\neq+},\vec{\varepsilon}_+)$ 五维分质向量空间中，统一科学推导出了单元系统形态转化基元规律。但是，由五个分质变量 N_+、n_+、E_+、$E_{\neq+}$、ε_+ 组成的方程式，在五维空间是难以想象其关系的。不过，如果某些分质向量在单元系统形态转化中保持为常质向量，则单元系统形态转化基元规律就可在参照系移位后的低维度空间表现。

一、四维质向量空间的单元系统形态转化基元规律

由参照系（作为坐标系的原点）和一组独立的质向量坐标轴组成的一定维度的质向量坐标系，打开了认知单元系统形态的质向量空间。在这一质向量空间中，单元系统形态的变化表现为一定区间的自由向量，自由向量以不变的区间跨度可在质向量空间自由平行移动。在一定维度的质向量空间中，单元系统的每一个形态可以由各个维度的质向量之间的内在关系来刻画，且作为自由向量，可以自由平行移动。单元系统在一定区间所经历形态变化的表现，按一定的内在关系排序形成的序列就构成了单元系统形态变化规律。在一定维度的质向量空间中，表征单元系统所经历的每一个形态的各个质向量之间的内在关系不会改变，单元系统形态变化规律的质向量表达跟坐标的选择无关，在坐标系参照点平移后其几何形状也没有改变。因此，"物理定律不应该依赖于观测者所在的参考系，这是物理理论'统一'之路的三个基本目标之一"[1]。

如果考察单元系统形态的变化可以选择在某些质向量不变的特殊条件下进行，则人们就能在较少维度的质向量空间来揭示单元系统形态变化规律，这种特定条件下的

单元系统形态变化规律就是其中的某些质向量取为常质向量的形式。通过坐标轴的平移变换可以使部分质向量变为常质向量,这样单元系统形态变化规律就可以从多个质向量的表现形式变成较少质向量的表现形式,从而降低其抽象程度。

在一维正向质向量坐标系 $\vec{X}_+$ 内部的 $(\vec{N}_+, \vec{n}_+, \vec{E}_+, \vec{E}_{\neq+}, \vec{\varepsilon}_+)$ 五维分质向量空间中认识单元系统形态变化,各个分质向量坐标轴与各自的分质变量坐标轴同向,可用其分质变量坐标轴来表示。(5-29)式~(5-33)式是表达单元系统形态转化基元规律的五元方程。然而,面对总体单元数 N_+、异质单元数 n_+、能量 E_+、能阈 $E_{\neq+}$ 和能元 ε_+ 这五个质变量作为显函数所给出的内在关系,任何空间想象再丰富的人都会望而却步。

不过,如果这五个分质变量的某一个分质变量在人们考察单元系统形态变化的过程中保持为质常量 C,那么参照系移位后,人们就可以在四维分质变量空间中来反映单元系统形态的单向变化规律,所得到的单元系统形态转化基元规律就具有较为简单的表达式。

(一)$\varepsilon_+ = C_{\varepsilon_+}$ 的情形

当人们在考察单元系统运动的过程时,把能元 ε_+ 取作衡量单元系统形态单向变化的控制参量,这个能量尺度就是质常量,设为 $\varepsilon_+ = C_{\varepsilon_+}$,那么单元系统形态转化基元规律在此条件下的各种表现形式就是

$$n_+ = \frac{N_+}{1 + e^{\pm(E_{\neq+} - E_+)/C_{\varepsilon_+}}} \tag{6-1}$$

$$N_+ = n_+ [1 + e^{\pm(E_{\neq+} - E_+)/C_{\varepsilon_+}}] \tag{6-2}$$

$$E_+ = E_{\neq+} \pm C_{\varepsilon_+} \ln \frac{n_+}{N_+ - n_+} \tag{6-3}$$

$$E_{\neq+} = E_+ \mp C_{\varepsilon_+} \ln \frac{n_+}{N_+ - n_+} \tag{6-4}$$

$$C_{\varepsilon_+} = \pm \frac{E_+ - E_{\neq+}}{\ln \dfrac{n_+}{N_+ - n_+}} \tag{6-5}$$

(二)$E_{\neq+} = C_{E_{\neq+}}$ 的情形

当人们考察单元系统由一种形态向另一种形态转化的起止形态已经确定时,就是给定了形态转折的能阈,即 $E_{\neq+} = C_{E_{\neq+}}$。在此条件下,单元系统形态转化基元规律的各种表现形式为

$$n_+ = \frac{N_+}{1 + e^{\pm(C_{E_{\neq+}} - E_+)/\varepsilon_+}} \tag{6-6}$$

$$N_+ = n_+ [1 + e^{\pm(C_{E_{\neq+}} - E_+)/\varepsilon_+}] \tag{6-7}$$

$$E_+ = C_{E_{\neq+}} \pm \varepsilon_+ \ln \frac{n_+}{N_+ - n_+} \qquad (6-8)$$

$$C_{E_{\neq+}} = E_+ \mp \varepsilon_+ \ln \frac{n_+}{N_+ - n_+} \qquad (6-9)$$

$$\varepsilon_+ = \pm \frac{E_+ - C_{E_{\neq+}}}{\ln \dfrac{n_+}{N_+ - n_+}} \qquad (6-10)$$

（三）$E_+ = C_{E_+}$ 的情形

当人们在考察单元系统运动的过程时，单元系统的能量恒定不变，即能量守恒的条件下 $E_+ = C_{E_+}$，单元系统形态转化基元规律的各种表现形式为

$$n_+ = \frac{N_+}{1 + e^{\pm(E_{\neq+} - C_{E_+})/\varepsilon_+}} \qquad (6-11)$$

$$N_+ = n_+ [1 + e^{\pm(E_{\neq+} - C_{E_+})/\varepsilon_+}] \qquad (6-12)$$

$$C_{E_+} = E_{\neq+} \pm \varepsilon_+ \ln \frac{n_+}{N_+ - n_+} \qquad (6-13)$$

$$E_{\neq+} = C_{E_+} \mp \varepsilon_+ \ln \frac{n_+}{N_+ - n_+} \qquad (6-14)$$

$$\varepsilon_+ = \pm \frac{C_{E_+} - E_{\neq+}}{\ln \dfrac{n_+}{N_+ - n_+}} \qquad (6-15)$$

（四）$N_+ = C_{N_+}$ 的情形

当人们确定了系综的大小时，即指定了总体单元数 $N_+ = C_{N_+}$，在研究对象界定的范围内，单元系统形态转化基元规律的各种表现形式为

$$n_+ = \frac{C_{N_+}}{1 + e^{\pm(E_{\neq+} - E_+)/\varepsilon_+}} \qquad (6-16)$$

$$C_{N_+} = n_+ [1 + e^{\pm(E_{\neq+} - E_+)/\varepsilon_+}] \qquad (6-17)$$

$$E_+ = E_{\neq+} \pm \varepsilon_+ \ln \frac{n_+}{C_{N_+} - n_+} \qquad (6-18)$$

$$E_{\neq+} = E_+ \mp \varepsilon_+ \ln \frac{n_+}{C_{N_+} - n_+} \qquad (6-19)$$

$$\varepsilon_+ = \pm \frac{E_+ - E_{\neq+}}{\ln \dfrac{n_+}{C_{N_+} - n_+}} \qquad (6-20)$$

（五）$n_+ = C_{n_+}$ 的情形

如果异质单元数保持为常数，即 $n_+ = C_{n_+}$，那么在这种特定条件下，单元系统形态

转化基元规律的各种表现形式为

$$C_{n_+} = \frac{N_+}{1+e^{\pm(E_{\neq+}-E_+)/\varepsilon_+}} \tag{6-21}$$

$$N_+ = C_{n_+}[1+e^{\pm(E_{\neq+}-E_+)/\varepsilon_+}] \tag{6-22}$$

$$E_+ = E_{\neq+} \pm \varepsilon_+ \ln \frac{C_{n_+}}{N_+ - C_{n_+}} \tag{6-23}$$

$$E_{\neq+} = E_+ \mp \varepsilon_+ \ln \frac{C_{n_+}}{N_+ - C_{n_+}} \tag{6-24}$$

$$\varepsilon_+ = \pm \frac{E_+ - E_{\neq+}}{\ln \dfrac{C_{n_+}}{N_+ - C_{n_+}}} \tag{6-25}$$

二、三维质向量空间的单元系统形态转化基元规律

在一维正向质向量坐标系 $\vec{X}_+$ 内部的 $(\vec{N}_+, \vec{n}_+, \vec{E}_+, \vec{E}_{\neq+}, \vec{\varepsilon}_+)$ 五维分质向量空间中，各个分质向量坐标轴与各自的分质变量坐标轴同向，可以用其分质变量坐标轴来表示。如果某两个分质变量在人们考察单元系统形态单向变化的过程中始终保持为质常量 C，就可以在三维分质变量空间中来反映单元系统形态的单向变化规律。

（一）$\varepsilon_+ = C_{\varepsilon_+}$，$E_{+\neq} = C_{E_{\neq+}}$ 的情形

在人们考察单元系统形态的变化过程中，如果确定了能元的尺度（$\varepsilon_+ = C_{\varepsilon_+}$），而且还确定了单元系统形态转化的阈限（$E_{\neq+} = C_{E_{\neq+}}$），那么在此条件下，单元系统形态转化基元规律的各种表现形式为

$$n_+ = \frac{N_+}{1+e^{\pm(C_{E_{\neq+}}-E_+)/C_{\varepsilon_+}}} \tag{6-26}$$

$$N_+ = n_+[1+e^{\pm(C_{E_{\neq+}}-E_+)/C_{\varepsilon_+}}] \tag{6-27}$$

$$E_+ = C_{E_{\neq+}} \pm C_{\varepsilon_+} \ln \frac{n_+}{N_+ - n_+} \tag{6-28}$$

$$C_{E_{\neq+}} = E_+ \mp C_{\varepsilon_+} \ln \frac{n_+}{N_+ - n_+} \tag{6-29}$$

$$C_{\varepsilon_+} = \pm \frac{E_+ - C_{E_{\neq+}}}{\ln \dfrac{n_+}{N_+ - n_+}} \tag{6-30}$$

（二）$\varepsilon_+ = C_{\varepsilon_+}$，$E_+ = C_{E_+}$ 的情形

在人们考察单元系统形态的变化过程中，如果确定了能元的尺度（$\varepsilon_+ = C_{\varepsilon_+}$），而且

能量也保持恒定（$E_+ = C_{E_+}$），那么在此条件下，单元系统形态转化基元规律的各种表现形式为

$$n_+ = \frac{N_+}{1+e^{\pm(E_{\neq+}-C_{E_+})/C_{\varepsilon_+}}} \tag{6-31}$$

$$N_+ = n_+[1+e^{\pm(E_{\neq+}-C_{E_+})/C_{\varepsilon_+}}] \tag{6-32}$$

$$C_{E_+} = E_{\neq+} \pm C_{\varepsilon_+} \ln\frac{n_+}{N_+ - n_+} \tag{6-33}$$

$$E_{\neq+} = C_{E_+} \mp C_{\varepsilon_+} \ln\frac{n_+}{N_+ - n_+} \tag{6-34}$$

$$C_{\varepsilon_+} = \pm \frac{C_{E_+} - E_{\neq+}}{\ln\dfrac{n_+}{N_+ - n_+}} \tag{6-35}$$

（三）$\varepsilon_+ = C_{\varepsilon_+}$，$N_+ = C_{N_+}$ 的情形

在人们考察单元系统形态的变化过程中，如果确定了能元的尺度（$\varepsilon_+ = C_{\varepsilon_+}$），同时又划定了系综的总体单元数（$N_+ = C_{N_+}$），那么在此条件下，单元系统形态转化基元规律的各种表现形式为

$$n_+ = \frac{C_{N_+}}{1+e^{\pm(E_{\neq+}-E_+)/C_{\varepsilon_+}}} \tag{6-36}$$

$$C_{N_+} = n_+[1+e^{\pm(E_{\neq+}-E_+)/C_{\varepsilon_+}}] \tag{6-37}$$

$$E_+ = E_{\neq+} \pm C_{\varepsilon_+} \ln\frac{n_+}{C_{N_+} - n_+} \tag{6-38}$$

$$E_{\neq+} = E_+ \mp C_{\varepsilon_+} \ln\frac{n_+}{C_{N_+} - n_+} \tag{6-39}$$

$$C_{\varepsilon_+} = \pm \frac{E_+ - E_{\neq+}}{\ln\dfrac{n_+}{C_{N_+} - n_+}} \tag{6-40}$$

（四）$\varepsilon_+ = C_{\varepsilon_+}$，$n_+ = C_{n_+}$ 的情形

在人们考察单元系统形态的变化过程中，如果确定了能元的尺度（$\varepsilon_+ = C_{\varepsilon_+}$），而且异质单元数也保持不变（$n_+ = C_{n_+}$），那么在此条件下，单元系统形态转化基元规律的各种表现形式为

$$C_{n_+} = \frac{N_+}{1+e^{\pm(E_{\neq+}-E_+)/C_{\varepsilon_+}}} \tag{6-41}$$

$$N_+ = C_{n_+}[1+e^{\pm(E_{\neq+}-E_+)/C_{\varepsilon_+}}] \tag{6-42}$$

$$E_+ = E_{\neq+} \pm C_{\varepsilon_+} \ln\frac{C_{n_+}}{N_+ - C_{n_+}} \tag{6-43}$$

$$E_{\neq+} = E_+ \mp C_{\varepsilon_+} \ln \frac{C_{n_+}}{N_+ - C_{n_+}} \qquad (6\text{-}44)$$

$$C_{\varepsilon_+} = \pm \frac{E_+ - E_{\neq+}}{\ln \dfrac{C_{n_+}}{N_+ - C_{n_+}}} \qquad (6\text{-}45)$$

（五）$E_{\neq+} = C_{E_{\neq+}}$，$E_+ = C_{E_+}$ 的情形

在人们考察单元系统形态的变化过程中，如果确定了单元系统形态转化的阈限（$E_{\neq+} = C_{E_{\neq+}}$），且其能量又保持恒定不变（$E_+ = C_{E_+}$），那么在此条件下，单元系统形态转化基元规律的各种表现形式为

$$n_+ = \frac{N_+}{1 + e^{\pm(C_{E_+} - C_{E_{\neq+}})/\varepsilon_+}} \qquad (6\text{-}46)$$

$$N_+ = n_+ [1 + e^{\pm(C_{E_+} - C_{E_{\neq+}})/\varepsilon_+}] \qquad (6\text{-}47)$$

$$C_{E_+} = C_{E_{\neq+}} \pm \varepsilon_+ \ln \frac{n_+}{N_+ - n_+} \qquad (6\text{-}48)$$

$$C_{E_{\neq+}} = C_{E_+} \mp \varepsilon_+ \ln \frac{n_+}{N_+ - n_+} \qquad (6\text{-}49)$$

$$\varepsilon_+ = \pm \frac{C_{E_+} - C_{E_{\neq+}}}{\ln \dfrac{n_+}{N_+ - n_+}} \qquad (6\text{-}50)$$

（六）$E_{\neq+} = C_{E_{\neq+}}$，$N_+ = C_{N_+}$ 的情形

在人们考察单元系统形态的变化过程中，如果确定了单元系统形态转化的阈限（$E_{+\neq} = C_{E_{+\neq}}$），同时也划定了系综的总体单元数（$N_+ = C_{N_+}$），那么在此条件下，单元系统形态转化基元规律的各种表现形式为

$$n_+ = \frac{C_{N_+}}{1 + e^{\pm(C_{E_+} - E_+)/\varepsilon_+}} \qquad (6\text{-}51)$$

$$C_{N_+} = n_+ [1 + e^{\pm(C_{E_+} - E_+)/\varepsilon_+}] \qquad (6\text{-}52)$$

$$E_+ = C_{E_{\neq+}} \pm \varepsilon_+ \ln \frac{n_+}{C_{N_+} - n_+} \qquad (6\text{-}53)$$

$$C_{E_{\neq+}} = E_+ \mp \varepsilon_+ \ln \frac{n_+}{C_{N_+} - n_+} \qquad (6\text{-}54)$$

$$\varepsilon_+ = \pm \frac{E_+ - C_{E_{\neq+}}}{\ln \dfrac{n_+}{C_{N_+} - n_+}} \qquad (6\text{-}55)$$

（七）$E_{\neq+} = C_{E_{\neq+}}$，$n_+ = C_{n_+}$ 的情形

在人们考察单元系统形态的变化过程中，如果确定了单元系统形态转化的阈限

($E_{\neq+}=C_{E_{\neq+}}$),而且异质单元数保持不变($n_+=C_{n_+}$),那么在此条件下的单元系统形态转化基元规律的各种表现形式为

$$C_{n_\pm}=\frac{N_+}{1+e^{\pm(C_{E_{\neq+}}-E_+)/\varepsilon_+}} \tag{6-56}$$

$$N_+=C_{n_+}[1+e^{\pm(C_{E_{\neq+}}-E_+)/\varepsilon_+}] \tag{6-57}$$

$$E_+=C_{E_{\neq+}}\pm\varepsilon_+\ln\frac{C_{n_+}}{N_+-C_{n_+}} \tag{6-58}$$

$$C_{E_{\neq+}}=E_+\mp\varepsilon_+\ln\frac{C_{n_+}}{N_+-C_{n_+}} \tag{6-59}$$

$$\varepsilon_+=\pm\frac{E_+-C_{E_{\neq+}}}{\ln\dfrac{C_{n_+}}{N_+-C_{n_+}}} \tag{6-60}$$

(八)$E_+=C_{E_+}$,$n_+=C_{n_+}$的情形

在人们考察单元系统形态的变化过程中,如果单元系统的能量保持恒定($E_+=C_{E_+}$),而且异质单元数也保持恒定($n_+=C_{n_+}$),那么在此条件下,单元系统形态转化基元规律的各种表现形式为

$$C_{n_+}=\frac{N_+}{1+e^{\pm(E_{\neq+}-C_{E_+})/\varepsilon_+}} \tag{6-61}$$

$$N_+=C_{n_+}[1+e^{\pm(E_{\neq+}-C_{E_+})/\varepsilon_+}] \tag{6-62}$$

$$C_{E_+}=E_{\neq+}\pm\varepsilon_+\ln\frac{n_+}{N_+-C_{n_+}} \tag{6-63}$$

$$E_{\neq+}=C_{E_+}\mp\varepsilon_+\ln\frac{C_{n_+}}{N_+-C_{n_+}} \tag{6-64}$$

$$\varepsilon_+=\pm\frac{C_{E_+}-E_{\neq+}}{\ln\dfrac{C_{n_+}}{N_+-C_{n_+}}} \tag{6-65}$$

(九)$E_+=C_{E_+}$,$N_+=C_{N_+}$的情形

在人们考察单元系统形态的变化过程中,如果单元系统的能量保持恒定($E_+=C_{E_+}$),那么在系综总体单元数确定($N_+=C_{N_+}$)的条件下,单元系统形态转化基元规律的各种表现形式为

$$n_+=\frac{C_{N_+}}{1+e^{\pm(E_{\neq+}-C_{E_+})/\varepsilon_+}} \tag{6-66}$$

$$C_{N_+}=n_+[1+e^{\pm(E_{\neq+}-C_{E_+})/\varepsilon_+}] \tag{6-67}$$

$$C_{E_+}=E_{\neq+}\pm\varepsilon_+\ln\frac{n_+}{C_{N_+}-n_+} \tag{6-68}$$

$$E_{\neq +} = C_{E_+} \mp \varepsilon_+ \ln \frac{n_+}{C_{N_+} - n_+} \tag{6-69}$$

$$\varepsilon_+ = \pm \frac{C_{E_+} - E_{\neq +}}{\ln \dfrac{n_+}{C_{N_+} - n_+}} \tag{6-70}$$

（十）$N_+ = C_{N_+}$，$n_+ = C_{n_+}$ 的情形

在人们考察单元系统形态的变化过程中，如果划定了系综的总体单元数（$N_+ = C_{N_+}$），而且异质单元数也确定（$n_+ = C_{n_+}$），那么在这个指定的过渡态上单元系统形态转化基元规律的各种表现形式为

$$C_{n_+} = \frac{C_{N_+}}{1 + e^{\pm (E_{\neq +} - E_+)/\varepsilon_+}} \tag{6-71}$$

$$C_{N_+} = C_{n_+} [1 + e^{\pm (E_{\neq +} - E_+)/\varepsilon_+}] \tag{6-72}$$

$$E_+ = E_{\neq +} \pm \varepsilon_+ \ln \frac{C_{n_+}}{C_{N_+} - C_{n_+}} \tag{6-73}$$

$$E_{\neq +} = E_+ \mp \varepsilon_+ \ln \frac{C_{n_+}}{C_{N_+} - C_{n_+}} \tag{6-74}$$

$$\varepsilon_+ = \pm \frac{E_+ - E_{\neq +}}{\ln \dfrac{C_{n_+}}{C_{N_+} - C_{n_+}}} \tag{6-75}$$

三、二维质向量空间的单元系统形态转化基元规律

在一维正向质向量坐标系 $\vec{X}_+$ 内部的（$\vec{N}_+, \vec{n}_+, \vec{E}_+, \vec{E}_{\neq +}, \vec{\varepsilon}_+$）五维分质向量空间中，各个分质向量坐标轴与各自的分质变量坐标轴同向，可以用其分质变量坐标轴来表示。如果某三个分质变量在人们考察单元系统形态变化的过程中始终保持为质常量 C，就可以在二维分质变量空间中来反映单元系统形态的变化规律。

（一）$\varepsilon_+ = C_{\varepsilon_+}$，$E_{\neq +} = C_{E_{\neq +}}$，$E_+ = C_{E_+}$ 的情形

在人们考察单元系统形态的变化过程中，如果确定了能元的尺度（$\varepsilon_+ = C_{\varepsilon_+}$），又确定了单元系统形态转化的阈限（$E_{\neq +} = C_{E_{\neq +}}$），而且能量也保持恒定（$E_+ = C_{E_+}$），那么在此条件下，单元系统形态转化基元规律的各种表现形式为

$$n_+ = \frac{N_+}{1 + e^{\pm (C_{E_{\neq +}} - C_{E_+})/C_{\varepsilon_+}}} \tag{6-76}$$

$$N_+ = n_+ [1 + e^{\pm (C_{E_{\neq +}} - C_{E_+})/C_{\varepsilon_+}}] \tag{6-77}$$

$$C_{E_+} = C_{E_{\neq +}} \pm C_{\varepsilon_+} \ln \frac{n_+}{N_+ - n_+} \tag{6-78}$$

$$C_{E_{\neq+}} = C_{E_+} \mp \varepsilon_+ \ln \frac{n_+}{N_+ - n_+} \tag{6-79}$$

$$C_{\varepsilon_+} = \pm \frac{C_{E_+} - C_{E_{\neq+}}}{\ln \dfrac{n_+}{N_+ - n_+}} \tag{6-80}$$

（二）$\varepsilon_+ = C_{\varepsilon_+}$，$E_{\neq+} = C_{E_{\neq+}}$，$N_+ = C_{N_+}$ 的情形

在人们考察单元系统形态的变化过程中，如果确定了能元的尺度（$\varepsilon_+ = C_{\varepsilon_+}$），又确定了单元系统形态转化的阈限（$E_{\neq+} = C_{E_{\neq+}}$），还确定了系综的总体单元数（$N_+ = C_{N_+}$），那么在此条件下，单元系统形态转化基元规律的各种表现形式为

$$n_+ = \frac{C_{N_+}}{1 + e^{\pm(C_{E_{\neq+}} - E_+)/C_{\varepsilon_+}}} \tag{6-81}$$

$$C_{N_+} = n_+ [1 + e^{\pm(C_{E_{\neq+}} - E_+)/C_{\varepsilon_+}}] \tag{6-82}$$

$$E_+ = C_{E_{\neq+}} \pm C_{\varepsilon_+} \ln \frac{n_+}{C_{N_+} - n_+} \tag{6-83}$$

$$C_{E_{\neq+}} = E_+ \mp C_{\varepsilon_+} \ln \frac{n_+}{C_{N_+} - n_+} \tag{6-84}$$

$$C_{\varepsilon_+} = \pm \frac{E_+ - C_{E_{\neq+}}}{\ln \dfrac{n_+}{C_{N_+} - n_+}} \tag{6-85}$$

（三）$\varepsilon_+ = C_{\varepsilon_+}$，$E_{\neq+} = C_{E_{\neq+}}$，$n_+ = C_{n_+}$ 的情形

在人们考察单元系统形态的变化过程中，如果确定了能元的尺度（$\varepsilon_+ = C_{\varepsilon_+}$），又确定了单元系统形态转化的阈限（$E_{\neq+} = C_{E_{\neq+}}$），还确定了异质单元数（$n_+ = C_{n_+}$），那么在此条件下，单元系统形态转化基元规律的各种表现形式为

$$C_{n_+} = \frac{N_+}{1 + e^{\pm(C_{E_{\neq+}} - E_+)/C_{\varepsilon_+}}} \tag{6-86}$$

$$N_+ = C_{n_+} [1 + e^{\pm(C_{E_{\neq+}} - E_+)/C_{\varepsilon_+}}] \tag{6-87}$$

$$E_+ = C_{E_{\neq+}} \pm C_{\varepsilon_+} \ln \frac{C_{n_+}}{N_+ - C_{n_+}} \tag{6-88}$$

$$C_{E_{\neq+}} = E_+ \mp C_{\varepsilon_+} \ln \frac{C_{n_+}}{N_+ - C_{n_+}} \tag{6-89}$$

$$C_{\varepsilon_+} = \pm \frac{E_+ - C_{E_{\neq+}}}{\ln \dfrac{C_{n_+}}{N_+ - C_{n_+}}} \tag{6-90}$$

（四）$\varepsilon_+ = C_{\varepsilon_+}$，$E_+ = C_{E_+}$，$N_+ = C_{N_+}$ 的情形

在人们考察单元系统形态的变化过程中，如果确定了能元的尺度（$\varepsilon_+ = C_{\varepsilon_+}$），单元

系统的能量又保持恒定($E_+ = C_{E_+}$),系综的总体单元数也已明确($N_+ = C_{N_+}$),那么在此条件下,单元系统形态转化基元规律的各种表现形式为

$$n_+ = \frac{C_{N_+}}{1 + e^{\pm(E_{\neq +} - C_{E_+})/C_{\varepsilon_+}}} \tag{6-91}$$

$$C_{N_+} = n_+ [1 + e^{\pm(E_{\neq +} - C_{E_+})/C_{\varepsilon_+}}] \tag{6-92}$$

$$C_{E_+} = E_{\neq +} \pm C_{\varepsilon_+} \ln \frac{n_+}{N_+ - n_+} \tag{6-93}$$

$$E_{\neq +} = C_{E_+} \mp C_{\varepsilon_+} \ln \frac{n_+}{C_{N_+} - n_+} \tag{6-94}$$

$$C_{\varepsilon_+} = \pm \frac{C_{E_+} - E_{\neq +}}{\ln \dfrac{n_+}{C_{N_+} - n_+}} \tag{6-95}$$

(五)$\varepsilon_+ = C_{\varepsilon_+}, E_+ = C_{E_+}, n_+ = C_{n_+}$ 的情形

在人们考察单元系统形态的变化过程中,如果确定了能元的尺度($\varepsilon_+ = C_{\varepsilon_+}$),单元系统的能量又保持恒定($E_+ = C_{E_+}$),异质单元数也保持守恒($n_+ = C_{n_+}$),那么在此条件下,单元系统形态转化基元规律的各种表现形式为

$$C_{n_+} = \frac{N_+}{1 + e^{\pm(E_{\neq +} - C_{E_+})/C_{\varepsilon_+}}} \tag{6-96}$$

$$N_+ = C_{n_+}[1 + e^{\pm(E_{\neq +} - C_{E_+})/C_{\varepsilon_+}}] \tag{6-97}$$

$$C_{E_+} = E_{\neq +} \pm C_{\varepsilon_+} \ln \frac{C_{n_+}}{N_+ - C_{n_+}} \tag{6-98}$$

$$E_{\neq +} = C_{E_+} \mp C_{\varepsilon_+} \ln \frac{n_+}{N_+ - n_+} \tag{6-99}$$

$$C_{\varepsilon_+} = \pm \frac{C_{E_+} - E_{\neq +}}{\ln \dfrac{C_{n_+}}{N_+ - C_{n_+}}} \tag{6-100}$$

(六)$\varepsilon_+ = C_{\varepsilon_+}, N_+ = C_{N_+}, n_+ = C_{n_+}$ 的情形

在人们考察单元系统形态的变化过程中,如果确定了能元的尺度($\varepsilon_+ = C_{\varepsilon_+}$),也确定了系综的总体单元数($N_+ = C_{N_+}$),而且异质单元数也保持不变($n_+ = C_{n_+}$),那么在此条件下,单元系统形态转化基元规律的各种表现形式为

$$C_{n_+} = \frac{C_{N_+}}{1 + e^{\pm(E_{\neq +} - E_+)/C_{\varepsilon_+}}} \tag{6-101}$$

$$C_{N_+} = C_{n_+}[1 + e^{\pm(E_{\neq +} - E_+)/C_{\varepsilon_+}}] \tag{6-102}$$

$$E_+ = E_{\neq +} \pm C_{\varepsilon_+} \ln \frac{C_{n_+}}{C_{N_+} - C_{n_+}} \tag{6-103}$$

$$E_{\neq+} = E_+ \mp C_{\varepsilon_+} \ln \frac{C_{n_+}}{C_{N_+} - C_{n_+}} \tag{6-104}$$

$$C_{\varepsilon_+} = \pm \frac{E_+ - E_{\neq+}}{\ln \dfrac{C_{n_+}}{C_{N_+} - C_{n_+}}} \tag{6-105}$$

（七）$E_{\neq+} = C_{E_{\neq+}}, E_+ = C_{E_+}, N_+ = C_{N_+}$ 的情形

在人们考察单元系统形态的变化过程中，如果确定了单元系统形态转化的阈限（$E_{\neq+} = C_{E_{\neq+}}$），单元系统的能量又保持恒定（$E_+ = C_{E_+}$），且划定了系综的总体单元数（$N_+ = C_{N_+}$），那么在此的条件下，单元系统形态转化基元规律的各种表现形式为

$$n_+ = \frac{C_{N_+}}{1 + e^{\pm(C_{E_{\neq+}} - C_{E_+})/\varepsilon_+}} \tag{6-106}$$

$$C_{N_+} = n_+ [1 + e^{\pm(C_{E_{\neq+}} - C_{E_+})/\varepsilon_+}] \tag{6-107}$$

$$C_{E_+} = C_{E_{\neq+}} \pm \varepsilon_+ \ln \frac{n_+}{C_{N_+} - n_+} \tag{6-108}$$

$$C_{E_{\neq+}} = C_{E_+} \mp \varepsilon_+ \ln \frac{n_+}{C_{N_+} - n_+} \tag{6-109}$$

$$\varepsilon_+ = \pm \frac{C_{E_+} - C_{E_{\neq+}}}{\ln \dfrac{n_+}{C_{N_+} - n_+}} \tag{6-110}$$

（八）$E_{\neq+} = C_{E_{\neq+}}, E_+ = C_{E_+}, n_+ = C_{n_+}$ 的情形

在人们考察单元系统形态的变化过程中，如果确定了单元系统形态转化的阈限（$E_{\neq+} = C_{E_{\neq+}}$），单元系统的能量又保持恒定（$E_+ = C_{E_+}$），异质单元数也保持守恒（$n_+ = C_{n_+}$），那么在此条件下，单元系统形态转化基元规律的各种表现形式为

$$C_{n_+} = \frac{N_+}{1 + e^{\pm(C_{E_{\neq+}} - C_{E_+})/\varepsilon_+}} \tag{6-111}$$

$$N_+ = C_{n_+} [1 + e^{\pm(C_{E_{\neq+}} - C_{E_+})/\varepsilon_+}] \tag{6-112}$$

$$C_{E_+} = C_{E_{\neq+}} \pm \varepsilon_+ \ln \frac{n_+}{N_+ - n_+} \tag{6-113}$$

$$C_{E_{\neq+}} = C_{E_+} \mp \varepsilon_+ \ln \frac{C_{n_+}}{N_+ - C_{n_+}} \tag{6-114}$$

$$\varepsilon_+ = \pm \frac{C_{E_+} - C_{E_{\neq+}}}{\ln \dfrac{C_{n_+}}{N_+ - C_{n_+}}} \tag{6-115}$$

（九）$E_{\neq+} = C_{E_{\neq+}}, N_+ = C_{N_+}, n_+ = C_{n_+}$ 的情形

在人们考察单元系统形态的变化过程中，如果确定了单元系统形态转化的阈限

($E_{\neq+}=C_{E_{\neq+}}$),又划定了系综的总体单元数($N_+=C_{N_+}$),且异质单元数保持不变($n_+=C_{n_+}$),那么在此条件下,单元系统形态转化基元规律的各种表现形式为

$$C_{n_+}=\frac{C_{N_+}}{1+e^{\pm(C_{E_{\neq+}}-E_+)/\varepsilon_+}} \tag{6-116}$$

$$C_{N_+}=C_{n_+}[1+e^{\pm(C_{E_{\neq+}}-E_+)/\varepsilon_+}] \tag{6-117}$$

$$E_+=C_{E_{\neq+}}\pm\varepsilon_+\ln\frac{C_{n_+}}{C_{N_+}-C_{n_+}} \tag{6-118}$$

$$C_{E_{\neq+}}=E_+\mp\varepsilon_+\ln\frac{C_{n_+}}{C_{N_+}-C_{n_+}} \tag{6-119}$$

$$\varepsilon_+=\pm\frac{E_+-C_{E_{\neq+}}}{\ln\dfrac{C_{n_+}}{C_{N_+}-C_{n_+}}} \tag{6-120}$$

(十)$E_+=C_{E_+}$,$N_+=C_{N_+}$,$n_+=C_{n_+}$ 的情形

在人们考察单元系统形态的变化过程中,如果单元系统保持能量守恒($E_+=C_{E_+}$),又划定了系综的总体单元数($N_+=C_{N_+}$),且异质单元数也保持不变($n_+=C_{n_+}$),那么在此条件下,单元系统形态转化基元规律的各种表现形式为

$$C_{n_+}=\frac{C_{N_+}}{1+e^{\pm(E_{\neq+}-C_{E_+})/\varepsilon_+}} \tag{6-121}$$

$$C_{N_+}=C_{n_+}[1+e^{\pm(E_{\neq+}-C_{E_+})/\varepsilon_+}] \tag{6-122}$$

$$C_{E_+}=E_{\neq+}\pm\varepsilon_+\ln\frac{C_{n_+}}{C_{N_+}-C_{n_+}} \tag{6-123}$$

$$E_{\neq+}=C_{E_+}\mp\varepsilon_+\ln\frac{C_{n_+}}{C_{N_+}-C_{n_+}} \tag{6-124}$$

$$\varepsilon_+=\pm\frac{C_{E_+}-E_{\neq+}}{\ln\dfrac{C_{n_+}}{C_{N_+}-C_{n_+}}} \tag{6-125}$$

四、一维质向量空间的单元系统形态转化基元规律

在一维正向质向量坐标系 $\vec{X}_+$ 内部的 ($\vec{N}_+,\vec{n}_+,\vec{E}_+,\vec{E}_{\neq+},\vec{\varepsilon}_+$) 五维分质向量空间中,各个分质向量坐标轴与各自的分质变量坐标轴同向,可以用其分质变量坐标轴来表示。如果某四个分质变量在人们考察单元系统形态变化的过程中始终保持为质常量 C,那么作为因变量的另一个分质变量也必然是一个质常量,这样,就可以在很简单的一维分质变量空间中来反映单元系统形态的变化规律。在这样的条件下,单元系统形态转化基元规律的各种表现形式为

$$C_{n_+} = \frac{C_{N_+}}{1+e^{\pm(C_{E_{\neq+}}-E_+)/C_{\varepsilon_+}}} \tag{6-126}$$

$$C_{N_+} = C_{n_+}[1+e^{\pm(C_{E_{\neq+}}-E_+)/C_{\varepsilon_+}}] \tag{6-127}$$

$$C_{E_+} = C_{E_{\neq+}} \pm C_{\varepsilon_+} \ln \frac{C_{n_+}}{C_{N_+}-C_{n_+}} \tag{6-128}$$

$$C_{E_{\neq+}} = C_{E_+} \mp C_{\varepsilon_+} \ln \frac{C_{n_+}}{N_+-C_{n_+}} \tag{6-129}$$

$$C_{\varepsilon_+} = \pm \frac{C_{E_+}-C_{E_{\neq+}}}{\ln \dfrac{C_{n_+}}{N_+-C_{n_+}}} \tag{6-130}$$

五个分质变量各自在其一维质变量空间中保持恒定，这种情形总体上就是单元系统形态保持着恒定的平衡态——"不易"的静止的孤立形态，它在$(N_+,n_+,E_+,E_{\neq+},\varepsilon_+)$五维分质变量空间中的运动轨迹就恒定地保持为一个点$(C_{N_+},C_{n_+},C_{E_+},C_{E_{\neq+}},C_{\varepsilon_+})$。世界上万事万物的各种形态就是这些质常量取值不同的结果，这五个质常量的定义域都是$[0,+\infty)$，因而世界上各种各样事物形态的分布空间均是无限的。

五、零维形态空间的单元系统形态转化基元规律

在一维正向质向量坐标系$\vec{X}_+$内部的$(\vec{N}_+,\vec{n}_+,\vec{E}_+,\vec{E}_{\neq+},\vec{\varepsilon}_+)$五维分质向量空间中，各个分质向量坐标轴与各自的分质变量坐标轴同向，可以用其分质变量坐标轴来表示。如果表征单元系统形态的总体单元数N_+、异质单元数n_+、能量E_+、能阈$E_{\neq+}$和能元ε_+五个分质变量在人们考察单元系统形态变化的过程中都始终保持为质常量C，而且这些质常量都取值为零。这样，在$(N_+,n_+,E_+,E_{\neq+},\varepsilon_+)$五维分质变量空间中所反映的单元系统形态变化规律就是

$$N_+ = n_+ = E_+ = E_{\neq+} = \varepsilon_+ = 0 \tag{6-131}$$

这种情形不仅表明了单元系统形态保持为恒定的孤立形态，而且可以作为考察一切单元系统形态变化的参照形态，它在一维正向质向量坐标系$\vec{X}_+$内部的$(\vec{N}_+,\vec{n}_+,\vec{E}_+,\vec{E}_{\neq+},\vec{\varepsilon}_+)$五维分质向量空间的运动轨迹就是坐标系的原点$O(0,0,0,0,0)$。在此，所有的质向量的特质、数量和取向全部消失，因此才能成为人们理性认识单元系统形态的参照系。

虽然单元系统形态转化基元规律的隐函数形式具有最简单的形式，但是人们却无法由此获取对单元系统形态的认知；而其显函数形式则清楚地表现了某一分质变量与其他分质变量的关系。由于在一维正向质向量坐标系$\vec{X}_+$内部的$(\vec{N}_+,\vec{n}_+,\vec{E}_+,\vec{E}_{\neq+},\vec{\varepsilon}_+)$五维分质向量空间中，人们还是很难认识那些"变幻"的质向量，因而选择了在某些分质向量不变的条件下来考察单元系统的变化及其内在关系，这样人们就能在较为简

单的认知空间中来识别单元系统形态及其变化规律。

在一维正向质向量坐标系 $\vec{X}_+$ 内部的 $(\vec{N}_+, \vec{n}_+, \vec{E}_+, \vec{E}_{\neq+}, \vec{\varepsilon}_+)$ 五维分质向量空间中,在坐标轴平移的条件下,单元系统形态转化基元规律可以在其表现空间中以各种"直截了当"的特殊形式出现,这为人们认识不同约束条件下的单元系统形态单向变化规律提供了多种多样的平台。单元系统形态转化基元规律的函数关系从高级的超越函数到低级的超越函数再到线性函数,使得人们对单元系统形态的认识也从复杂到简单、从高维到低维。分质变量成为质常量的数目越多,展示在人们眼前的"不易"的度量基准就越多,人们也就越容易认识在该条件下的单元系统形态及其变化规律。在五个分质变量都保持为质常量的情形下,单元系统形态就是保持着恒定的"不易"的静止的孤立形态,单元系统形态转化基元规律在一维正向质向量坐标系 $\vec{X}_+$ 内部的 $(\vec{N}_+, \vec{n}_+, \vec{E}_+, \vec{E}_{\neq+}, \vec{\varepsilon}_+)$ 五维分质向量空间中表现的运动轨迹就成为一个点,世界上万事万物的形态就是这些常质向量取值不同的结果。最极端的情形就是五个质向量取值全部为零,从而成为人们认知世界的参照系。

由此可见,描述单元系统形态的变化总是相对于一定的形态,作为参照标准的形态就叫作参照系。质向量是定质、定量、定向认知单元系统的度量基准,每一个质向量都可以成为一个维度的坐标轴来度量单元系统形态的变化。确定了刻画单元系统形态变化的质向量坐标轴的维数,就确定了质向量坐标系的空间维度。如果刻画单元系统形态的质向量有 m 个,那就要用 m 个独立的质向量坐标轴来构成 m 维正交的质向量坐标系,并打开 m 维质向量空间。

然而,思辨事物形态变化的序参量如果太过一般、太过抽象,就很难让人们认识;而思辨事物形态变化的序参量如果太过具体又数量太多,其间的关系就会太过复杂。在认识单元系统形态变化的过程中,人们又往往需要用一些比较特殊和具体的度量基准,因此在大多数情况下,人们是难以回避在一维正向质向量坐标系 $\vec{X}_+$ 内部的 $(\vec{N}_+, \vec{n}_+, \vec{E}_+, \vec{E}_{\neq+}, \vec{\varepsilon}_+)$ 五维分质向量空间来表达单元系统形态转化基元规律。

其实,在一维正向质变量坐标系 X_+ 内部的 $(N_+, n_+, E_+, E_{\neq+}, \varepsilon_+)$ 五维分质变量空间推导单元系统形态转化基元规律的过程中,起先是把总体单元数 N_+、能阈 $E_{\neq+}$ 和能元 ε_+ 设为常质变量。这是把参照系(坐标原点)建立在 $0'(C_{N_+}, 0, 0, C_{E_{\neq+}}, C_{\varepsilon_+})$ 点上,即 $N_+ = C_{N_+}, E_{\neq+} = C_{E_{\neq+}}, \varepsilon_+ = C_{\varepsilon_+}, n_+ = 0, E_+ = 0$,这样得到的单元系统形态转化规律只描述了异质单元数 n_+、能量 E_+ 为质变量的特殊情形,也就是在 $(N_+, n_+, E_+, E_{\neq+}, \varepsilon_+)$ 五维分质变量空间的 $(C_{N_+}, n_+, E_+, C_{E_{\neq+}}, C_{\varepsilon_+})$ 截面上,来描述 n_+ 和 E_+ 的内在关系。而后,通过把质常量激活为质变量,使参照系平移到 $(N_+, n_+, E_+, E_{\neq+}, \varepsilon_+)$ 五维分质变量空间的原点 $0(0,0,0,0,0)$ 上,从而才得到了全面反映单元系统形态转化的基元规律。

由此就启发人们,采用坐标轴平移变换,一样可以在较低维度的分质向量空间来表达单元系统形态转化基元规律。因为在 m 维分质向量坐标系中,每一个坐标轴代表着一个刻画单元系统形态的质向量。如果某一坐标轴退缩为一个点，就意味着该分质向量已成为常质向量，其形态特质在人们的认知过程中成为潜质，不再作为人们认知单元系统形态的度量基准。这样，整个 m 维分质向量空间也就减少了一个分维度，而成为 $m-1$ 维分质向量空间。如果有 k 个分质向量保持为常质向量，就意味着这 k 个分质向量所代表的 k 个坐标轴都退缩到 $m-k$ 维分质向量空间，这样整个 m 维分质向量空间也就减少了 k 个分维度。[2]

定常的质向量是决定系统行为特性的控制参量，反映了环境对系统形态的制约，所以也称为形态参量。在一定条件下，为了降低分质向量空间的维数，可以把某些分质向量作为控制参量进行分析计算，得出结论后再考虑其变化可能带来的影响。在 m 维分质向量坐标系中，如果 k 个分质向量保持为常质向量，那么在 $m-k$ 维分质向量空间中所得到的单元系统形态变化规律就只能包含 $m-k$ 个分质向量和 k 个常质向量，这 k 个常质向量在人们认知单元系统形态的过程中其形态特质都是作为潜质的。任何一级分质向量空间都是在高级分质向量空间中截取的部分分质向量空间，只是在由高级分质向量空间中截取的分质向量空间中的参照点已经发生了平移变换。

在不同维度的分质向量空间中，单元系统形态转化基元规律具有不同的函数表达形式。不论是多少维度的分质向量空间表达的单元系统形态转化基元规律，各个分质向量之间的内在关系都是固有的，都遵守着一般规律的协变性。上述的(6-1)式～(6-131)式都是单元系统形态转化基元规律在不同约束条件下的表达式，都可以由一维正向质向量坐标系 $\vec{X}_+$ 内部的 $(\vec{N}_+, \vec{n}_+, \vec{E}_+, \vec{E}_{\neq +}, \vec{\varepsilon}_+)$ 五维分质向量空间中的单元系统形态转化基元规律通过坐标平移逐步演绎得到。

可见，既然同一个单元系统形态可以用不同的表象表达，从各种表象得到的各个分质向量之间的内在关系都是固有的，表象的改变只意味着形态空间单位质向量的改变，因而在不同维度的分质向量空间所得到的单元系统形态转化基元规律实质也是一样的。[3]

所以，美国理论物理学家费恩曼说："对于某一特定问题——假如结果最后能表达成一个向量方程，当能够选择一个简洁的坐标系时，却还去费神用一个在某一复杂角度上的任意坐标系，显然毫无意义。因此，务必利用向量方程式与任一坐标系无关的这一事实。"[4]

第二节　变相点附近的形态转化基元规律

一维正向质向量坐标系 $\vec{X}_+$ 的一维正向单位质向量 $\vec{e}_+$ 表达的单元系统形态变化，对应着其内部多维分质向量空间的单元系统形态转化基元规律。平行向量可自由移动，一维正向单位质向量 $\vec{e}_+$ 也可自由移动。

若单元系统形态转化的变相点在一维质向量坐标系 $\vec{X}$ 的原点上，则单元系统形态转化基元规律就有相应的表达式，在近变相点也有相应的近似表达式。

一、远离变相点的单元系统形态转化基元规律

在一维正向质向量坐标系 $\vec{X}_+$ 上被取为度量基准的一维正向单位质向量 $\vec{e}_+$，是发端于坐标轴原点 O 终结于 1 的一段 $0\to 1$ 单向直线，以此线性的形式来表达单元系统形态转化基元规律，人们难以分辨基元过程的差异。然而，在一维正向质向量坐标系 $\vec{X}_+$ 内部打开的 $(\vec{P}_+,\vec{S}_+)$ 二维分质向量空间中，如果各个分质向量坐标轴用其同向的分质变量坐标轴来表示，那么一维正向单位质向量 $\vec{e}_+$ 所表达的单元系统形态转化基元规律就可以用熵信息函数(5-35)式 $P_+=\dfrac{1}{1+e^{\pm s_+}}$ 或(5-36)式 $P_+=\dfrac{1}{1+e^{\pm s}}$ 表示。不过，(5-36)式中熵 S 的取值范围已拓展到正、负实数域，即 $(-\infty<S<\infty)$。

一维正向质向量坐标系 $\vec{X}_+$ 本身是一个发端于原点且取值全部为正值的质向量，不仅可以正向平移，也可以负向平移，平移以后，跨越原点的一维二仪质向量坐标系就是由正半轴 $\vec{X}_+$ 与反向的负半轴 $\vec{X}_-$ 所构成，$\vec{X}=\vec{X}_++\vec{X}_-=\vec{X}_+-\vec{X}_-$，用 $\vec{X}$ 标示。也就是说，一维正向质向量坐标系 $\vec{X}_+$ 可通过自由平行移动成为一维二仪质向量坐标系 $\vec{X}$。

当然，一维正向质向量坐标系 $\vec{X}_+$ 上的一维正向单位质向量 $\vec{e}_+$ 也可以自由移动。如果一维正向单位质向量 $\vec{e}_+$ 平移后成为平行的质向量 $\vec{e}$，$|\vec{e}|=|\vec{e}_+|-\dfrac{1}{2}$，那么一维二仪单位质向量 $\vec{e}$ 在一维正向质向量坐标系 $\vec{X}_+$ 上就不再是 $0\to 1$ 的单向直线，而是 $-\dfrac{1}{2}\to +\dfrac{1}{2}$ 的单向直线。这就是说，一维二仪单位质向量 $\vec{e}$ 已经由一维正向质向量坐标系 $\vec{X}_+$ 延伸到原点之外。因此，一维质向量坐标系 $\vec{X}$ 可以用一维二仪单位质向量 $\vec{e}$ 作为度量基准。

在一维正向质向量坐标系 $\vec{X}_+$ 上，单向变化的单元系统称为射线系统或太极系统。在一维二仪质向量坐标系 $\vec{X}$ 上的单元系统也称为一元系统。在一维二仪质向量坐标系 $\vec{X}$ 上，单元系统处在正半轴 $\vec{X}_+$ 与负半轴 $\vec{X}_-$ 的"一阴一阳"两种对立形态可以用"阳性"空间 $(\vec{X}_+)$ 中的相点或质向量 $\vec{x}_+$ 和"阴性"空间 $(\vec{X}_-)$ 中的相点或质向量 $\vec{x}_-$ 表示。当单元系统形态从中性的原点 $\vec{0}$ 变化到阳性的 $\vec{x}_+$ 点时，其形态变化为 $\Delta\vec{x}_+=\vec{x}_+-\vec{0}=\vec{x}_+$；当单元系统形态从阴性的 $\vec{x}_-$ 点变化到中性的原点 $\vec{0}$ 时，其形态变化为 $\Delta\vec{x}_-=\vec{0}-\vec{x}_-=-\vec{x}_-$，一维二仪质向量坐标系 $\vec{X}$ 的原点 $\vec{0}$ 就是变相点。而单元系统形态从阴

性的 $\vec{x}_-$ 点变化到阳性的 $\vec{x}_+$ 点，其形态变化就是作为"一阴一阳之谓道"的形态变化基本规律，可以用质向量的加和表示为

$$\Delta \vec{x} = \Delta \vec{x}_+ + \Delta \vec{x}_- = \vec{x}_+ - \vec{x}_- \tag{6-132}$$

在一维二仪质向量坐标系 $\vec{X}$ 内部打开 $(\vec{P}, \vec{S})$ 二维分质向量空间，"阳性"空间 $(\vec{X}_+)$ 中的分质向量空间为 $(\vec{P}_+, \vec{S}_+)$，其中的分质向量用脚标加"+"号的分质向量表示，"阴性"空间 $(\vec{X}_-)$ 中的分质向量空间为 $(\vec{P}_-, \vec{S}_-)$，其中的分质向量用脚标加"-"号的分质向量表示。所以，在 $(\vec{P}_+, \vec{S}_+)$ 空间中，单元系统的信息和熵可以分别用分质向量 $\vec{P}_+$ 和 $\vec{S}_+$ 表示；在 $(\vec{P}_-, \vec{S}_-)$ 空间中，单元系统的信息和熵可以分别用分质向量 $\vec{P}_-$ 和 $\vec{S}_-$ 表示。$\vec{P}_+$ 和 $\vec{S}_+$ 是与一维正向单位质向量 $\vec{e}_+$ 同向的质向量，$\vec{P}_-$ 和 $\vec{S}_-$ 是与一维正向单位质向量 $\vec{e}_+$ 反向的质向量，把方向相反且又共线的两个对称的质向量代入(6-132)式，就得到单元系统形态变化的信息为

$$\vec{P} = \vec{P}_+ - \vec{P}_- \tag{6-133}$$

而单元系统形态变化的熵为

$$\vec{S} = \vec{S}_+ - \vec{S}_- \tag{6-134}$$

在一维正向质向量坐标系 $\vec{X}_+$ 内部的 $(\vec{P}_+, \vec{S}_+)$ 二维分质向量空间中，当信息正向坐标轴 $\vec{P}_+$ 通过平移变换为信息坐标轴 $\vec{P}$ 后，一维正向单位信息向量 $\vec{e}_{P_+}$ 变为 $\vec{e}_P$，其取值范围为 $\left[-\frac{1}{2}, +\frac{1}{2}\right]$；所以，$\vec{P}$ 的定义域为 $\left[-\frac{1}{2}, +\frac{1}{2}\right]$，$\vec{P}_+$ 的定义域为 $\left[0, +\frac{1}{2}\right]$，$\vec{P}_-$ 的定义域为 $\left[-\frac{1}{2}, 0\right]$。当熵正向坐标轴 $\vec{S}_+$ 通过平移变换为熵坐标轴 $\vec{S}$ 后，一维正向单位熵向量 $\vec{e}_{S_+}$ 变换为 $\vec{e}_S$，其取值范围为 $(-\infty, +\infty)$；所以，$\vec{S}$ 的定义域为 $(-\infty, +\infty)$，$\vec{S}_+$ 的定义域为 $[0, +\infty)$，$\vec{S}_-$ 的定义域为 $(-\infty, 0]$。在一维二仪质向量坐标系 $\vec{X}$ 内部的 $(\vec{P}, \vec{S})$ 二维分质向量空间中，$\vec{P}_+$ 和 $\vec{P}_-$ 或 $\vec{S}_+$ 和 $\vec{S}_-$ 都是方向相反且又共线的两个对称的分质向量。但是，在一维二仪质向量坐标系 $\vec{X}$ 内部的 $(\vec{P}, \vec{S})$ 二维分质向量空间中，$\vec{P}_+$ 的定义域 $\left[0, +\frac{1}{2}\right]$，只是在一维正向质向量坐标系 $\vec{X}_+$ 内部的 $(\vec{P}_+, \vec{S}_+)$ 二维分质向量空间中 $\vec{P}_+$ 的定义域 $[0, +1]$ 的一半。$\vec{P}_-$ 或 $\vec{S}_+$ 和 $\vec{S}_-$ 的定义域亦然。

在一维二仪质向量坐标系 $\vec{X}$ 内部的多维分质向量空间中，如果各个分质向量与各自的分质变量坐标轴同向，则可以用其分质变量坐标轴来表示。为此，在用其分质变量表达正向子系统或负向子系统的形态变化时，就要通过正负符号来区别。在吸收发射占上风的条件下，单元系统的形态变化方向与一维二仪单位质向量 $\vec{e}_P$ 同向。(6-133)式 $\vec{P} = \vec{P}_+ - \vec{P}_-$ 就成为

$$P = \frac{1}{2}(P_+ - P_-) \tag{6-135}$$

在自发发射占上风的条件下,单元系统的形态变化方向与一维二仪单位质向量 $\vec{e}_P$ 反向。这样,(6-133)式就成为

$$P = -\frac{1}{2}(P_+ - P_-) \tag{6-136}$$

(一)吸收发射

在一维二仪质向量坐标系 $\vec{X}$ 内部打开的 $(\vec{P}, \vec{S})$ 二维分质向量空间中,单元系统在远离变相点的形态转化基元规律包含着吸收发射与自发发射相反的矛盾运动。正向子系统形态变化和负向子系统形态变化都必须遵循单元系统形态转化基元规律,把吸收发射和自发发射条件下远离平衡态的单元系统形态转化基元规律(5-36)式 $P_\pm = \frac{1}{1+\mathrm{e}^{\pm s}}$ 代入(6-135)式 $P = \frac{1}{2}(P_+ - P_-)$,就有远离变相点的单元系统形态转化基元规律

$$P = \frac{1}{2}\left(\frac{1}{1+\mathrm{e}^{+s}} - \frac{1}{1+\mathrm{e}^{-s}}\right) \tag{6-137}$$

当单元系统在形态转换过程中取得某一个熵值时,吸收发射子系统的熵值与自发发射子系统的熵值相等,(6-137)式就成为

$$\begin{aligned} P &= \frac{1}{2}\left(\frac{1}{1+\mathrm{e}^s} - \frac{1}{1+\mathrm{e}^{-s}}\right) = \frac{1}{2}\left(\frac{\mathrm{e}^{-\frac{s}{2}}}{\mathrm{e}^{\frac{s}{2}}+\mathrm{e}^{-\frac{s}{2}}} - \frac{\mathrm{e}^{\frac{s}{2}}}{\mathrm{e}^{\frac{s}{2}}+\mathrm{e}^{-\frac{s}{2}}}\right) \\ &= -\frac{1}{2}\left(\frac{\mathrm{e}^{\frac{s}{2}}-\mathrm{e}^{-\frac{s}{2}}}{\mathrm{e}^{\frac{s}{2}}+\mathrm{e}^{-\frac{s}{2}}}\right) = -\frac{1}{2}\tanh\frac{S}{2} \end{aligned} \tag{6-138}$$

式中,熵 S 的定义域为 $(-\infty, +\infty)$,而 P 的值域为 $\left[-\frac{1}{2}, +\frac{1}{2}\right]$。

在数学上,函数 $f(x)$ 若满足条件

$$f(x) = f(-x)$$

则定义 $f(x)$ 为对称函数或偶函数;而函数 $f(x)$ 若满足条件

$$f(x) = -f(-x)$$

则定义 $f(x)$ 为反对称函数或奇函数。

(6-138)式表示,远离变相点的单元系统形态变化信息是吸收发射子系统的形态转化信息与自发发射子系统的形态转化信息之差的一半。在吸收发射条件下,单元系统形态转化信息函数为负双曲正切函数。双曲正切函数是反对称函数。单元系统形态转化的 $P \sim S$ 关系曲线可用图 6-1 的单调增加的反 S 形曲线表示,这是关于原点 O 对称的熵信息

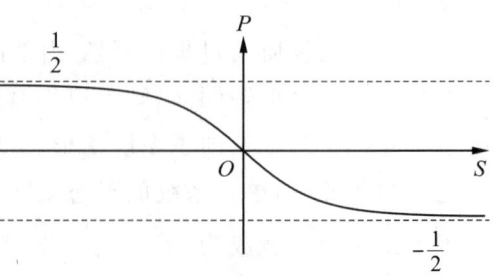

图 6-1 吸收发射的 $P \sim S$ 关系曲线

函数曲线。

对(6-138)式求导数,可以得到在吸收发射条件下的单元系统形态转化信息变化率函数为

$$p = \frac{\mathrm{d}}{\mathrm{d}S}\left(-\frac{1}{2}\tanh\frac{S}{2}\right) = -\frac{1}{4}\operatorname{sech}^2\frac{S}{2} \tag{6-139}$$

显然,这个函数为偶函数,其 $p \sim S$ 关系曲线是关于 p 轴对称的钟形曲线,图形如图6-2所示。

在单元系统的形态变化信息 P 与 P_+ 是同向的规定下,可对单元系统的形态变化方向及其主要因素做出基本识别。当信息 P 为正数时,在单元系统形态变化过程中起主要作用的是吸收发射的形态变化。

(6-138)式的反函数为

$$S = 2\operatorname{arctanh}(-2P) \tag{6-140}$$

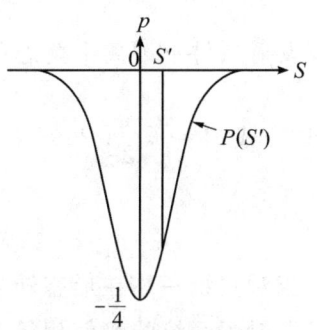

图 6-2 吸收发射的 $p \sim S$ 关系曲线

此式表示,在吸收发射条件下,远离变相点的单元系统信息熵函数为反双曲正切函数。反双曲正切函数是反对称函数,其 $S \sim P$ 关系曲线可用图 6-3 的曲线表示,这是关于原点 O 对称的曲线。

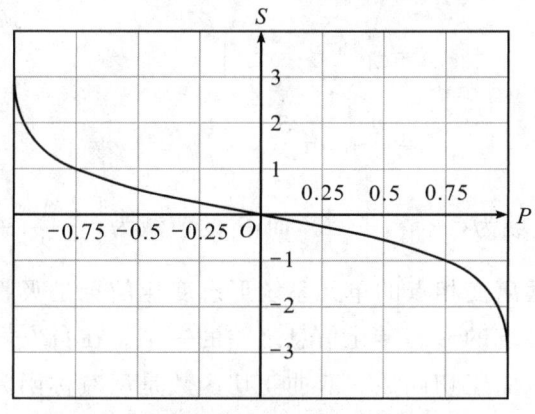

图 6-3 吸收发射的 $S \sim P$ 关系曲线

对(6-140)式求导数,可以得到在吸收发射条件下远离变相点的单元系统熵变化率函数为

$$s = \frac{\mathrm{d}}{\mathrm{d}P}[2\operatorname{arctanh}(-2P)]$$

$$= -\frac{4}{1-4P^2} = \frac{4}{4P^2-1} \tag{6-141}$$

显然,这个函数为奇函数,其 $s \sim P$ 关系曲线是关于原点 O 对称的。

(二) 自发发射

在一维质向量坐标系 $\vec{X}$ 内部打开的 $(\vec{P},\vec{S})$ 二维分质向量空间中，远离变相点的单元系统形态转化基元规律包含着吸收发射与自发发射相反的矛盾运动。正向子系统形态变化和负向子系统形态变化都必须遵循单元系统形态转化基元规律，把吸收发射和自发发射条件下远离平衡态的单元系统形态转化基元规律(5-36)式 $P_{\pm}=\dfrac{1}{1+\mathrm{e}^{\pm s}}$ 代入(6-136)式 $P=-\dfrac{1}{2}(P_{+}-P_{-})$，就有远离变相点的单元系统形态转化基元规律

$$P=-\frac{1}{2}\left(\frac{1}{1+\mathrm{e}^{+s}}-\frac{1}{1+\mathrm{e}^{-s}}\right) \tag{6-142}$$

当对立统一体在形态转换过程中取得某一个熵值 S 时，吸收发射子系统的熵值与自发发射子系统的熵值相等，(6-142)式就成为

$$\begin{aligned}P&=-\frac{1}{2}\left(\frac{1}{1+\mathrm{e}^{+s}}-\frac{1}{1+\mathrm{e}^{-s}}\right)\\&=-\frac{1}{2}\left(\frac{\mathrm{e}^{-\frac{s}{2}}}{\mathrm{e}^{\frac{s}{2}}+\mathrm{e}^{-\frac{s}{2}}}-\frac{\mathrm{e}^{\frac{s}{2}}}{\mathrm{e}^{\frac{s}{2}}+\mathrm{e}^{-\frac{s}{2}}}\right)\\&=\frac{1}{2}\left(\frac{\mathrm{e}^{\frac{s}{2}}-\mathrm{e}^{-\frac{s}{2}}}{\mathrm{e}^{\frac{s}{2}}+\mathrm{e}^{-\frac{s}{2}}}\right)\\&=\frac{1}{2}\tanh\frac{S}{2}\end{aligned} \tag{6-143}$$

式中，熵 S 的定义域为 $(-\infty,+\infty)$，而 P 的值域为 $\left[-\dfrac{1}{2},+\dfrac{1}{2}\right]$。

(6-143)式表示，远离变相点的单元系统形态变化信息是吸收发射子系统的形态转化信息与自发发射子系统的形态转化信息之差的一半。在自发发射条件下的单元系统形态转化信息函数为双曲正切函数。双曲正切函数是反对称函数。远离变相点的单元系统形态转化的 $P\sim S$ 关系曲线可用图 6-4 的单调增加的 S 形曲线表示，这是关于原点 O 对称的熵信息函数曲线。

对(6-143)式求导数，得到在自发发射条件下的单元系统形态转化信息变化率函数为

$$p=\frac{\mathrm{d}}{\mathrm{d}S}\left(\frac{1}{2}\tanh\frac{S}{2}\right)=\frac{1}{4}\operatorname{sech}^{2}\frac{S}{2} \tag{6-144}$$

显然，这个函数为偶函数，其 $p\sim S$ 关系曲线是关于 p 轴对称的钟形曲线，图形如图 6-5 所示。

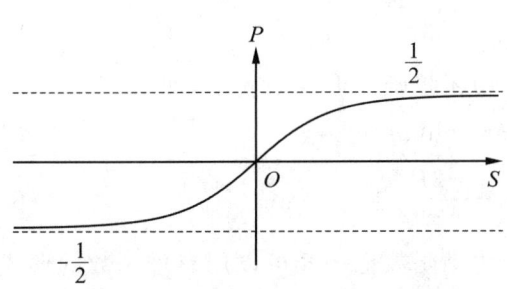

图 6-4　自发发射的 $P \sim S$ 关系曲线

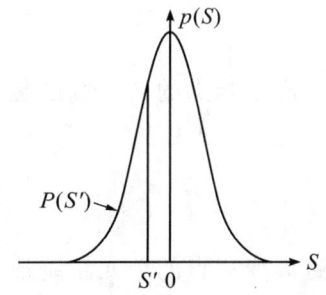

图 6-5　自发发射的 $p \sim S$ 关系曲线

(6-143)式 $P = \frac{1}{2}\tanh\frac{S}{2}$ 的反函数为

$$S = 2\text{arctanh}(2P) \tag{6-145}$$

(6-145)式表示,在自发发射条件下,远离变相点的单元系统信息熵函数为反双曲正切函数。反双曲正切函数是一个反对称函数,其 $S \sim P$ 关系曲线可用关于原点 O 对称的信息熵函数曲线表示,如图 6-6 所示。

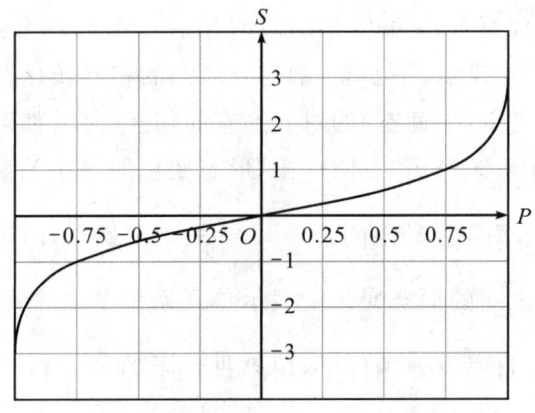

图 6-6　自发发射的 $S \sim P$ 关系曲线

对(6-145)式求导数,可以得到在自发发射条件下远离变相点的单元系统熵变化率函数为

$$s = \frac{\mathrm{d}}{\mathrm{d}P}[2\text{arctanh}(2P)] = \frac{4}{1-4P^2} \tag{6-146}$$

显然,这个函数为奇函数,其 $s \sim P$ 关系曲线是关于原点 O 对称的。

综上所述,对于远离变相点的单元系统形态转化基元规律可以统一用单元系统熵信息函数的双曲正切函数形式来表示,即

$$P = \mp \frac{1}{2}\tanh\frac{S}{2} \tag{6-147}$$

远离变相点的单元系统信息变化率函数的统一形式为

$$p = \mp \frac{1}{4}\operatorname{sech}^2 \frac{S}{2} \qquad (6\text{-}148)$$

远离变相点的信息熵函数也可以统一用超越函数形式来表示,即

$$S = \mp 2\operatorname{artanh}(2P)$$
$$= \mp \ln \frac{1+2P}{1-2P} \qquad (6\text{-}149)$$

远离变相点的单元系统形态转化熵变化率函数也一样可以用有理函数的形式统一表示为

$$s = \mp \frac{4}{1-4P^2} \qquad (6\text{-}150)$$

可见,进行 $P = P_+ - \frac{1}{2}$ 的坐标平移是一种简单的移轴变换。坐标轴平移后,二维分质变量坐标系 OSP_+ 变成了二维分质变量坐标系 OSP,人们的世界观就要发生相应的变化。在 (P,S) 分质变量空间中,第Ⅰ卦限与第Ⅲ卦限是两个截然相反的相空间(即"太阳"与"太阴"的相空间),第Ⅱ卦限与第Ⅳ卦限也是两个截然相反的相空间(即"少阳"与"少阴"的相空间),原点 O 正好是阴阳两相的变相点。因此,第Ⅰ卦限某一定点(平衡态)与第Ⅲ卦限另一定点(平衡态)的对立形态的相互转化,第Ⅱ卦限某一定点(平衡态)与第Ⅳ卦限另一定点(平衡态)的对立形态的相互转化,都可以利用分质变量之间的反向叠加来揭示单元系统经历"一阴一阳"形态变化的内在关系。

在吸收发射条件下,用第Ⅳ卦限的 $(+\infty, -\frac{1}{2})$ 为起始点,以第Ⅱ卦限的 $(-\infty, +\frac{1}{2})$ 为终结点,这两个相点之间的形态变化就表示单元系统从一个形态向另一个性质相反的对立形态的变化。在自发发射条件下,用第Ⅲ卦限的 $(-\infty, -\frac{1}{2})$ 为起始点,以第Ⅰ卦限的 $(+\infty, +\frac{1}{2})$ 为终结点,这两个相点之间的形态变化就表示单元系统从一个形态向另一个性质相反的对立形态的变化。

二、近变相点的单元系统形态转化基元规律

在一维二仪质向量坐标系 $\vec{X}$ 内部的 $(\vec{P}, \vec{S})$ 二维分质向量空间中,二维分质向量直角坐标系 $\vec{O}\vec{S}\vec{P}$ 开辟了四个象限的不同相空间,坐标系的原点 $\vec{O}$ 就是变态(变相)点。因此,单元系统从一个形态向另一个形态转化,就要以坐标系的原点 $\vec{O}$ 为中心。由于各个分质向量与各自的分质变量坐标轴同向,因此可以用其分质变量来表示。

在一维二仪质向量坐标系 $\vec{X}$ 内部的 $(\vec{P}, \vec{S})$ 二维分质变量空间中,如果人们考察单元系统形态的变化是以平衡态 A 为起始点和以平衡态 B 为终结点的,则远离变相点的

⟨B|A⟩的形态转化就在跨越[A,B]的区间中进行。如果人们考察单元系统形态的变化不是以平衡态 A 为起始点和以平衡态 B 为终结点的,而是聚焦在变相点附近不同相空间的过渡态,则单元系统在近变相点的形态转化规律就可以用不同的形式来近似表达。

(一)吸收发射条件下的近变相点单元系统形态转化规律

在一维二仪质向量坐标系 $\vec{X}$ 内部的 $(\vec{P},\vec{S})$ 二维分质向量空间中,在近变相点的单元系统形态变化规律也包含着吸收发射与自发发射两种相反的矛盾运动。正向子系统形态变化和负向子系统形态变化都必须遵循单元系统形态转化基元规律,把吸收发射和自发发射条件下近平衡态单元系统形态转化基元规律(5-92)式 $P_{\pm}=e^{\mp S}$ 代入(6-135)式 $P=\frac{1}{2}(P_+-P_-)$,就有近变相点单元系统形态转化规律的熵信息函数表达式

$$P=\frac{1}{2}(P_+-P_-)=\frac{1}{2}(e^{-S}-e^{+S}) \tag{6-151}$$

式中,熵 S 的定义域为 $(-\infty,+\infty)$,而 P 的值域是在比 $\left(-\frac{1}{2},\frac{1}{2}\right)$ 更小的区间内。

在此,如果省却了质变量关于质的规定,令

$$\sinh x=\operatorname{sh} x\equiv\frac{e^x-e^{-x}}{2} \tag{6-152}$$

此函数就称为双曲正弦函数。

把 $-x$ 代入(6-152)式中,就可显现双曲正弦函数为反对称函数

$$\sinh(-x)=\frac{e^{-x}-e^{+x}}{2}=-\frac{e^{+x}-e^{-x}}{2}=-\sinh x \tag{6-153}$$

在单元系统形态变化信息 P 与 P_+ 是同向的规定下,(6-151)式就成为负双曲正弦函数

$$P=\frac{1}{2}(e^{-S}-e^{+S})=-\sinh S \tag{6-154}$$

这就是在吸收发射条件下近变相点的单元系统形态转化基本规律。

(6-154)式表示,近变相点的单元系统形态变化信息是吸收发射子系统的形态转化信息与自发发射子系统的形态转化信息之差的一半,是两个反向指数函数的组合。在吸收发射条件下的单元系统形态转化信息函数为负双曲正弦函数。双曲正弦函数是反对称函数。单元系统形态转化的 $P\sim S$ 关系曲线可以用图 6-7 的双曲正弦函数曲线表示,这是

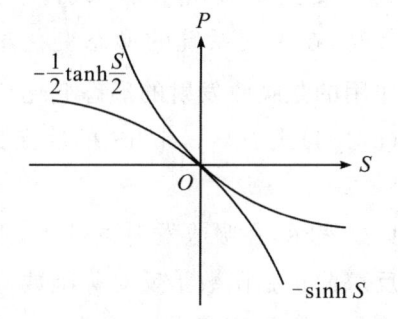

图 6-7 吸收发射近变相点的 $P\sim S$ 关系曲线

关于原点 O 对称的曲线,也就是双曲正切函数 $P=-\frac{1}{2}\tanh\frac{S}{2}$ 的反 S 形曲线中间突跃的转折段。

对(6-154)式求导数,可以得到在吸收发射条件下近变相点的单元系统形态转化信息变化率函数为

$$p=\frac{\mathrm{d}}{\mathrm{d}S}(-\sinh S)$$
$$=\frac{\mathrm{d}}{\mathrm{d}S}\left[\frac{1}{2}(\mathrm{e}^{-S}-\mathrm{e}^{+S})\right]$$
$$=-\frac{\mathrm{e}^{+S}+\mathrm{e}^{-S}}{2} \tag{6-155}$$

如果省却了质变量关于质的规定,令

$$\cosh x=\mathrm{ch}x\equiv\frac{\mathrm{e}^{+x}+\mathrm{e}^{-x}}{2} \tag{6-156}$$

即指数函数与负指数函数的算术平均,称为双曲余弦函数。

把 $-x$ 代入(6-156)式中,就可显现双曲正弦函数为偶函数

$$\cosh(-x)=\frac{\mathrm{e}^{-x}+\mathrm{e}^{+x}}{2}=\cosh x \tag{6-157}$$

因此,(6-155)式可以用双曲余弦函数表达为

$$p=-\cosh S \tag{6-158}$$

显然,单元系统的 $p\sim S$ 关系曲线是关于 p 轴对称的,其函数图形为倒挂的悬链线,如图 6-8 所示。可见,在吸收发射条件下近变相点的单元系统形态转化信息函数是负双曲正弦函数,而其信息变化率函数则是负双曲余弦函数。

在单元系统的形态变化信息 P 与 P_+ 是同向的规定下,可对单元系统的形态变化方向及其主要因素做出基本识别。当信息 P 为正数时,在单元系统的形态变化过程中起主要作用的是吸收发射的形态变化。

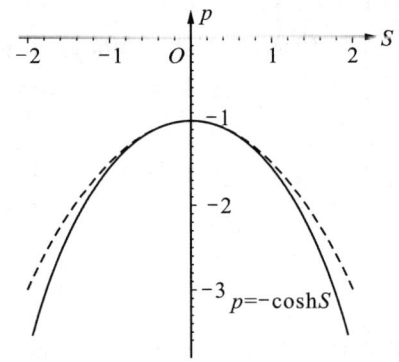

图 6-8 吸收发射近变相点的 $p\sim S$ 关系曲线

(6-154)式 $P=-\sinh S$ 的反函数为

$$S=\operatorname{arcsinh}(-P) \tag{6-159}$$

此式表示,在吸收发射条件下,近变相点的单元系统信息熵函数为反双曲正弦函数。反双曲正弦函数是反对称函数,其 $S\sim P$ 关系曲线可用图 6-9 的曲线表示,这也是关于原点 O 对称的曲线。

对(6-159)式求导数,可以得到吸收发射条件下在近变相点的单元系统熵变化率函数为

$$s = \frac{d}{dP}[\text{arcsinh}(-P)]$$
$$= -\frac{1}{1+P^2} \quad (6\text{-}160)$$

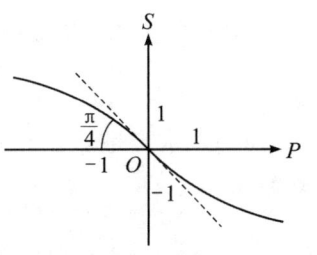

图 6-9 吸收发射近变相点的 $S \sim P$ 关系曲线

显然,这个函数为偶函数,其 $s \sim P$ 关系曲线是关于 P 轴对称的。

(二)自发发射条件下的近变相点单元系统形态转化规律

在一维二仪质向量坐标系 $\vec{X}$ 内部的 $(\vec{P}, \vec{S})$ 二维分质向量空间中,在近变相点的单元系统形态变化规律也包含着吸收发射与自发发射两种相反的矛盾运动。由于正向子系统形态变化和负向子系统形态变化都必须遵循单元系统形态转化基元规律,因此把吸收发射和自发发射条件下近平衡态的单元系统形态转化基元规律的(5-92)式 $P_\pm = e^{\mp S}$ 代入(6-136)式 $P = -\frac{1}{2}(P_+ - P_-)$,就有近变相点单元系统形态转化规律的熵信息函数

$$P = -\frac{1}{2}(P_+ - P_-)$$
$$= -\frac{1}{2}(e^{-S} - e^{+S}) \quad (6\text{-}161)$$

式中,熵 S 的定义域为 $(-\infty, +\infty)$,而 P 的值域是在比 $\left(-\frac{1}{2}, \frac{1}{2}\right)$ 更小的区间内。

在单元系统的形态变化信息 P 与 P_+ 是同向的规定下,(6-161)式就成为双曲正弦函数

$$P = -\frac{1}{2}(e^{-S} - e^{+S})$$
$$= \sinh S \quad (6\text{-}162)$$

这就是在自发发射条件下近变相点的单元系统形态转化基本规律。

(6-161)式表示,近变相点的单元系统形态变化信息是吸收发射子系统的形态转化信息与自发发射子系统的形态转化信息之差的一半,是两个反向指数函数的组合。在自发发射条件下的单元系统形态转化信息函数为双曲正弦函数。双曲正弦函数是反对称函数。单元系统形态转化的 $P \sim S$ 关系曲线可以用图 6-10 的双曲正弦函数曲线表示,这是

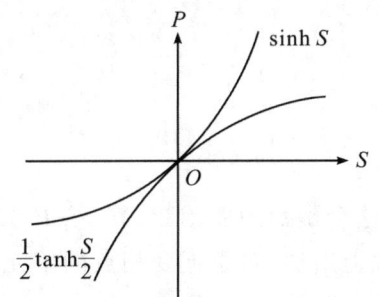

图 6-10 自发发射近变相点的 $P \sim S$ 关系曲线

关于原点 O 对称的曲线,也就是双曲正切函数 $P=\frac{1}{2}\tanh\frac{S}{2}$ 的 S 形曲线中间突跃的转折段。

对(6-162)式求导数,可以得到自发发射条件下近变相点的单元系统形态转化信息变化率函数为

$$p = \frac{d}{dS}(\sinh S) = \cosh S \tag{6-163}$$

显然,单元系统的 $p \sim S$ 关系曲线是关于 p 轴对称的,其函数图形为正挂的悬链线,如图 6-11 所示。可见,在自发发射条件下,近变相点的单元系统形态转化信息函数是双曲正弦函数,而其信息变化率函数则是双曲余弦函数。

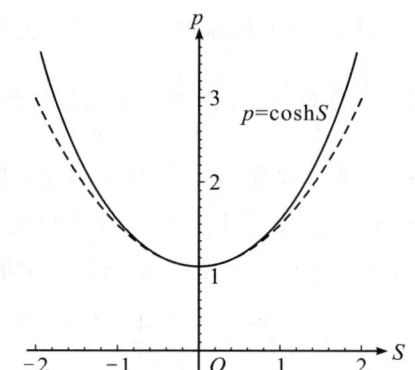

图 6-11　自发发射近变相点的 $p \sim S$ 关系曲线

在单元系统的形态变化信息 P 与 P_+ 是同向的规定下,可对单元系统的形态变化方向及其主要因素做出基本识别。当信息 P 为正数时,在单元系统的形态变化过程中起主要作用的是自发发射的形态变化。

(6-162)式 $P = \sinh S$ 的反函数为

$$S = \text{arcsinh} P \tag{6-164}$$

此式表示,在自发发射条件下,近变相点的单元系统信息熵函数为反双曲正弦函数。反双曲正弦函数是反对称函数,其 $S \sim P$ 关系曲线可用图 6-12 的曲线表示,这也是关于原点 O 对称的曲线。

对(6-164)式求导数,可以得到自发发射条件下在近变相点的单元系统熵变化率函数为

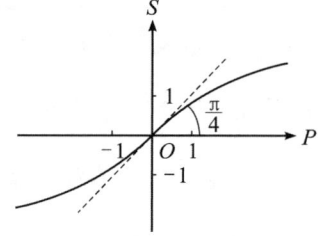

图 6-12　自发发射近变相点的 $S \sim P$ 关系曲线

$$\begin{aligned} s &= \frac{d}{dP}(\text{arcsinh} P) \\ &= \frac{1}{1+P^2} \end{aligned} \tag{6-165}$$

显然,这个函数为偶函数,其 $s \sim P$ 关系曲线是关于 P 轴对称的。

综上所述,对于近变相点的单元系统熵信息函数,可以用统一的双曲正弦函数形式来表示,即

$$P = \mp \sinh S \tag{6-166}$$

近变相点的单元系统形态变化的信息变化率函数的统一形式为
$$p = \mp \cosh S \tag{6-167}$$
近变相点的信息熵函数也可以用统一的形式来表示，即
$$S = \mp \operatorname{arcsinh} P \tag{6-168}$$
近变相点单元系统形态转化的熵变化率函数也可以统一表示为
$$s = \mp \frac{1}{1+P^2} \tag{6-169}$$

三、准变相点的单元系统形态转化基元规律

在一维二仪质向量坐标系 $\vec{X}$ 内部的 $(\vec{P},\vec{S})$ 二维分质向量空间中，各个分质向量与各自的分质变量坐标轴同向，可以用其分质变量来表示。如果人们考察单元系统形态的变化是以平衡态 A 为起始点和以平衡态 B 为终结点的，则远离变相点的 $\langle B|A \rangle$ 形态转化就在跨越 $[A,B]$ 的区间中进行。如果人们考察单元系统形态的变化不是以平衡态 A 为起始点和以平衡态 B 为终结点的，而是聚焦在变相点附近不同相空间的过渡态，则单元系统在近变相点的形态变化只在变相点附近的小区间进行，在准变相点的单元系统形态变化必然在贴近变相点的更小区间进行。

在一维二仪质向量坐标系 $\vec{X}$ 内部的 $(\vec{P},\vec{S})$ 二维分质向量空间中，省却了分质向量关于方向的规定，在近变相点的单元系统形态转化规律就是(6-166)式 $P = \mp \sinh S$ 的熵信息函数。这两个变化方向相反的熵信息函数分别表征的是吸收发射的双曲正切函数的反 S 形曲线中间突跃的转折段与自发发射的双曲正切函数的 S 形曲线中间突跃的转折段。在近变相点的单元系统形态转化规律表达式中，虽然双曲正弦函数中熵 S 的定义域为 $(-\infty, +\infty)$，但实际上近变相点熵 S 的值域就在坐标系原点 O 附近的区间，单元系统形态变化信息 P_+ 的值域也是在坐标系原点 O 附近比 $\left(-\frac{1}{2}, \frac{1}{2}\right)$ 更小的区间内。

由于双曲正弦函数可以进行泰勒展开，得到的泰勒级数为
$$\sinh x = \frac{e^{+x} - e^{-x}}{2} = x + \frac{x^3}{3!} + \frac{x^5}{5!} + \cdots$$
在 x 充分小时，即 $x \to 0$，上式可以近似地表示为
$$\sinh x \approx x \tag{6-170}$$
因此，在 $S \to 0$ 的区间内，把双曲正弦函数的泰勒级数展开的近似表达式(6-170)式 $\sinh x \approx x$ 代入(6-154)式 $P = -\sinh S$ 中，得到吸收发射条件下的单元系统异质信息转化规律为
$$P = -\sinh S \approx -S \tag{6-171}$$

同样，在 $S\to 0$ 的区间内，把双曲正弦函数的泰勒级数展开的近似表达式(6-170)式 $\sinh x\approx x$ 代入(6-162)式 $P=\sinh S$ 中，得到的自发发射条件下的单元系统异质信息转化规律为

$$P=\sinh S\approx S \tag{6-172}$$

显然，(6-171)式和(6-172)式中熵 S 的定义域很接近于零，熵充分地小，即 $S\to 0$；单元系统形态的信息 P 的值域也与熵 S 一样非常接近于零，单元系统跨越原点的相空间区间就是准变相点所在的对称区间。可见，在准变相点单元系统形态转化规律的熵信息函数为线性函数。

在一维二仪质向量坐标系 $\vec{X}$ 内部的 $(\vec{P},\vec{S})$ 二维分质向量空间中，省却了分质向量关于方向的规定，吸收发射条件下的准变相点的单元系统熵信息函数的 $P\sim S$ 关系曲线如图 6-13 中的直线（虚线）所示；而自发发射条件下的准变相点的单元系统熵信息函数的 $P\sim S$ 关系曲线如图 6-14 中的直线（虚线）所示，它们都是关于原点 O 对称的函数。

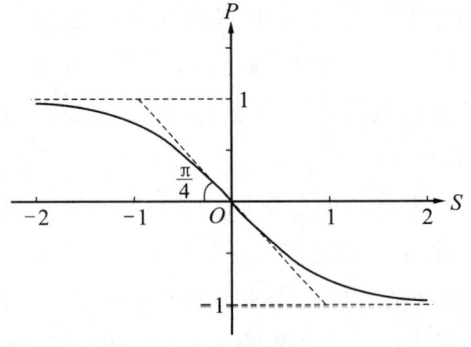

图 6-13 吸收发射准变相点的 $P\sim S$ 关系曲线　　图 6-14 自发发射准变相点的 $P\sim S$ 关系曲线

在准变相点，吸收发射条件下的单元系统信息变化率函数可以通过对(6-171)式 $P=-S$ 求导得到

$$p=\frac{\mathrm{d}}{\mathrm{d}S}(-S)=-1 \tag{6-173}$$

在准变相点，自发发射条件下的单元系统信息变化率函数也可以通过对(6-172)式 $P=S$ 求导得到

$$p=\frac{\mathrm{d}}{\mathrm{d}S}(S)=1 \tag{6-174}$$

这两个函数都是偶函数，其 $p\sim S$ 关系曲线分别为图 6-15 和图 6-16 中平行于 S 轴的实线。

(6-171)式 $P=-S$ 的反函数为

$$S=-P \tag{6-175}$$

上式表示，吸收发射条件下准变相点的单元系统信息熵函数为负线性函数。负线性

图 6-15　吸收发射准变相点的 $p\sim S$ 关系曲线　　图 6-16　自发发射准变相点的 $p\sim S$ 关系曲线

函数是反对称函数,其 $S\sim P$ 关系曲线可用图 6-17 的虚线表示,这也是关于原点 O 对称的曲线。

(6-172)式 $P=S$ 的反函数为

$$S=P \tag{6-176}$$

上式表示,自发发射条件下准变相点的单元系统信息熵函数为线性函数。线性函数是反对称函数,其 $S\sim P$ 关系曲线可用图 6-18 的虚线表示,这也是关于原点 O 对称的曲线。

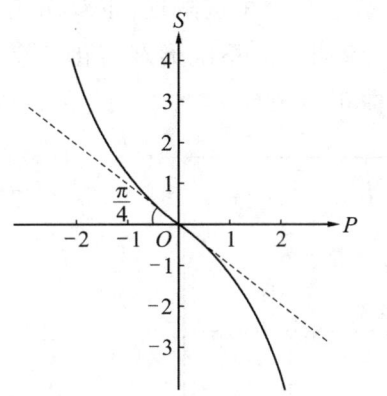

图 6-17　吸收发射准变相点的 $S\sim P$ 关系曲线　　图 6-18　自发发射准变相点的 $S\sim P$ 关系曲线

对(6-175)式 $S=-P$ 求导数,可以得到吸收发射条件下准变相点的单元系统熵变化率函数

$$s=\frac{\mathrm{d}}{\mathrm{d}P}(-P)=-1 \tag{6-177}$$

显然,这个函数为偶函数,其 $s\sim P$ 关系曲线是关于 s 轴对称的,图形如图 6-19 所示。

对(6-176)式 $S=P$ 求导数,也可以得到自发发射条件下准变相点的单元系统熵变化率函数

$$s=\frac{\mathrm{d}}{\mathrm{d}P}(P)=1 \tag{6-178}$$

显然,这个函数为偶函数,其 $s\sim P$ 关系曲线是关于 s 轴对称的,图形如图 6-20 所示。

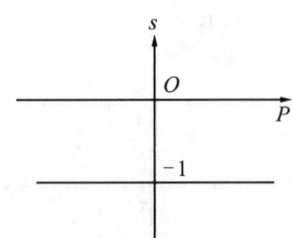
图 6-19 吸收发射准变相点的 $s\sim P$ 关系曲线

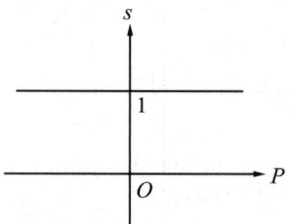
图 6-20 自发发射准变相点的 $s\sim P$ 关系曲线

综上所述,在一维二仪质向量坐标系 $\vec{X}$ 内部的 $(\vec{P},\vec{S})$ 二维分质向量空间的变相点附近区间中,省却了分质向量关于方向的规定,可以得到单元系统形态转化规律不同的分段表达形式。在远离变相点的单元系统熵信息函数,吸收发射时为负双曲正切函数,自发发射时为双曲正切函数。在近变相点的单元系统熵信息函数,吸收发射时为负双曲正弦函数,自发发射时为双曲正弦函数。在准变相点的单元系统熵信息函数,吸收发射时为负线性函数,自发发射时为线性函数。

其实,图 6-21 可以直观地反映正双曲正切函数曲线(点画线)、正双曲正弦函数曲线(实线)和正双曲余弦函数曲线(虚线)三者的关系。在变相点附近,正双曲正弦函数曲线(实线)与正双曲正切函数曲线(点画线)重合,说明单元系统形态转化信息函数在近变相点的重合区间可以用双曲正弦函数代替双曲正切函数。

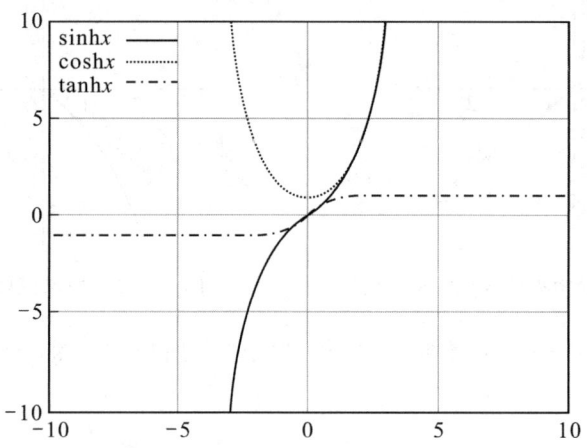
图 6-21 双曲正切函数、双曲正弦函数和双曲余弦函数的曲线关系

此外,双曲正切函数 $\tanh x$、双曲正弦函数 $\sinh x$ 和双曲余弦函数 $\cosh x$ 都可以统一用半角双曲正切函数 $\tanh\dfrac{x}{2}$ 来表示,即

$$\tanh x = \frac{2\tanh\dfrac{x}{2}}{1-\tanh^2\dfrac{x}{2}} \tag{6-179}$$

$$\sinh x = \frac{2\tanh\frac{x}{2}}{1+\tanh^2\frac{x}{2}} \tag{6-180}$$

$$\cosh x = \frac{1-\tanh^2\frac{x}{2}}{1+\tanh^2\frac{x}{2}} \tag{6-181}$$

因而，$\tanh\frac{x}{2}$ 称为万能公式。

正如道家语所言："天得一以清，地得一以宁，万物得一以生。"利用 $\tanh\frac{x}{2}$ 万能公式的性质，远离变相点、近变相点和准变相点的单元系统形态转化基元规律可以统一用半角双曲正切函数 $\tanh\frac{S}{2}$ 的熵信息函数表示。以半角双曲正切函数表达的熵信息函数 $P=\mp\frac{1}{2}\tanh\frac{S}{2}$ 就是远离变相点的单元系统形态转化基元规律；以双曲正弦函数表达的近变相点的单元系统熵信息函数，包含着半角双曲正切函数 $P=\mp\sinh S=\mp\frac{2\tanh\frac{S}{2}}{1+\tanh^2\frac{S}{2}}$；以双曲余弦函数表达的近变相点的单元系统熵信息变化率函数，也包含着半角双曲正切函数 $p=\mp\cosh S=\mp\frac{1-\tanh^2\frac{S}{2}}{1+\tanh^2\frac{S}{2}}$。

在一维二仪质向量坐标系 $\vec{X}$ 内部的 $(\vec{P},\vec{S})$ 二维分质向量空间中，省却了分质向量关于方向的规定，单元系统形态转化规律在远离变相点条件下的熵信息函数可以分别用负半角双曲正切函数和半角双曲正切函数 $P=\mp\frac{1}{2}\tanh\frac{S}{2}$ 表示。因此，半角双曲正切函数是单元系统形态转化基元规律的另一种表达形式。

另外，由双曲正弦函数和双曲余弦函数也可以定义其他的双曲函数，如双曲正弦函数和双曲余弦函数之比定义为双曲正切函数，即

$$\tanh x=\text{th}x\equiv\frac{\text{sh}x}{\text{ch}x}=\frac{e^x-e^{-x}}{e^x+e^{-x}} \tag{6-182}$$

类似地，还可以定义其他的双曲函数。

$$\text{ctanh}x=\text{cth}x\equiv\frac{\text{ch}x}{\text{sh}x}=\frac{e^x+e^{-x}}{e^x-e^{-x}} \tag{6-183}$$

定义为双曲余切函数。

$$\mathrm{sech}x \equiv \frac{1}{\mathrm{ch}x} \tag{6-184}$$

定义为双曲正割函数。

$$\mathrm{cech}x \equiv \frac{1}{\mathrm{sh}x} \tag{6-185}$$

定义为双曲余割函数。

这些双曲函数具有一系列的性质：

$$(\mathrm{ch}x)' = \mathrm{sh}x \tag{6-186}$$

$$(\mathrm{ch}x)'' = \mathrm{ch}x \tag{6-187}$$

$$(\mathrm{sh}x)' = \mathrm{ch}x \tag{6-188}$$

$$(\mathrm{sh}x)'' = \mathrm{sh}x \tag{6-189}$$

$$\mathrm{ch}^2 x - \mathrm{sh}^2 x = 1 \tag{6-190}$$

$$\mathrm{sech}^2 x = 1 - \mathrm{th}^2 x \tag{6-191}$$

$$\mathrm{cech}^2 x = \mathrm{cth} x - 1 \tag{6-192}$$

$$\mathrm{sh}^{-1} x = \ln(x + \sqrt{x^2 + 1}) \tag{6-193}$$

$$\mathrm{ch}^{-1} x = \ln(x \pm \sqrt{x^2 - 1}) \tag{6-194}$$

$$\mathrm{th}^{-1} x = \frac{1}{2} \ln \frac{1+x}{1-x} \tag{6-195}$$

$$\mathrm{cth}^{-1} x = \frac{1}{2} \ln \frac{x+1}{x-1} \tag{6-196}$$

$$\mathrm{e}^x = \mathrm{sh}x + \mathrm{ch}x \tag{6-197}$$

$$\mathrm{e}^{-x} = \mathrm{ch}x - \mathrm{sh}x \tag{6-198}$$

第三节　坐标旋转下的形态转化基元规律

一维正向质向量坐标系 $\vec{X}_+$ 及其单位质向量 $\vec{e}_+$ 不仅可以自由移动，而且可以自由旋转。一维二仪质向量坐标系 $\vec{X}$ 转动后成为一维二仪质向量坐标系 $\vec{X}_\perp$，一维二仪单位质向量 $\vec{e}$ 变化成为 $\vec{e}_\perp$。在一维二仪质向量坐标系 $\vec{X}_\perp$ 内部的多维分质向量空间中，在变相点附近不同的区间，单元系统形态转化规律具有不同的表达式及其几何形状。

一、关于坐标系与向量的转动

在 m 维质向量坐标系中，如果省却了各个质向量坐标轴关于质的规定，就称其为

m 维向量坐标系。在 m 维向量空间中,向量的几何变换都是线性变换;但是,线性变换不仅包括平移变换、切变变换和缩放变换,还包括旋转变换。旋转是在向量空间中描述向量围绕一个固定点运动的变换,是向量空间中的点以一个定点为中心的旋转。旋转不同于没有固定点的平移和翻转变换的形体的反射,旋转保留任何两点之间的距离在变换之后不变。

由于任何维度向量坐标系的参照系都决定着人们的世界观,而向量坐标轴又都是作为定量、定向的度量基准,因此在保持坐标轴固定而向量旋转时,向量是关于原点逆时针旋转的;而在保持向量固定而坐标系旋转时,坐标轴是关于原点顺时针旋转的。如图 6-22 中的向量 $\vec{z}$ 围绕原点逆时针旋转了一个角度 φ,就由点 $\vec{z}$ 得到点 $\vec{w}$,但在新的向量空间中的坐标将顺时针旋转一个角度 φ 而到新坐标。[5]

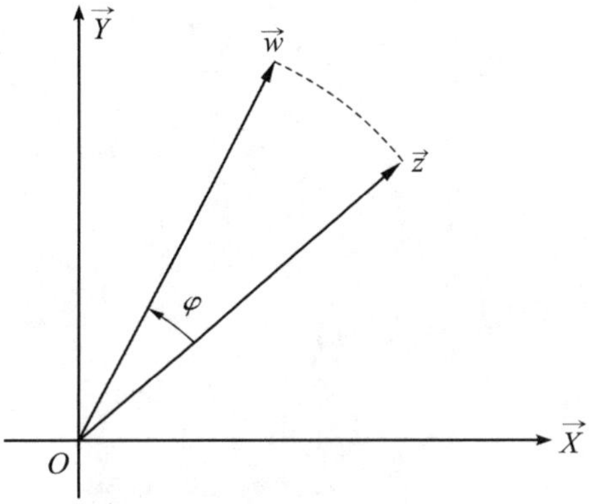

图 6-22 向量 $\vec{z}$ 的旋转变换

在一维二仪向量坐标系空间中,任一个向量 $\vec{z}$ 都是与一维二仪向量坐标轴重合的;但是向量 $\vec{z}$ 通过旋转变换,其在一维二仪向量空间中的几何表示就不再与一维二仪向量坐标轴重合。当任一个向量 $\vec{z}$ 绕原点旋转了 $\frac{\pi}{2}$,其在一维二仪向量空间中的几何表示就与原来的一维二仪向量坐标轴垂直。

向量 $\vec{z}$ 旋转角度为 φ 的变换是通过变换式

$$\vec{w} = e^{i\varphi} \vec{z} \tag{6-199}$$

来进行的,其中 i 为虚数单位。

在数学中,指数函数 e^φ 可以通过泰勒展开而成为幂级数[6]

$$e^\varphi = \sum_{n=0}^{\infty} \frac{\varphi^n}{n!} = 1 + \varphi + \frac{\varphi^2}{2!} + \frac{\varphi^3}{3!} + \frac{\varphi^4}{4!} + \frac{\varphi^5}{5!} + \cdots \tag{6-200}$$

这是指数函数 e^φ 在一维仿射坐标系空间的泰勒展开。如果在 e^φ 的级数中引进复变数,把 φ 拓展到虚数 φ,并且把不含 i 的实数项与含 i 的虚数项分别归并在一起,就得到欧拉恒等式,即

$$\begin{aligned} e^{i\varphi} &= 1 + i\varphi + \frac{(i\varphi)^2}{2!} + \frac{(i\varphi)^3}{3!} + \frac{(i\varphi)^4}{4!} + \frac{(i\varphi)^5}{5!} + \cdots \\ &= 1 - \frac{\varphi^2}{2!} + \frac{\varphi^4}{4!} - \cdots + i\left(\varphi - \frac{\varphi^3}{3!} + \frac{\varphi^5}{5!} - \cdots\right) \\ &= \cos\varphi + i\sin\varphi \end{aligned} \tag{6-201}$$

把(6-201)式 $e^{i\varphi} = \cos\varphi + i\sin\varphi$ 代入(6-199)式 $\vec{w} = e^{i\varphi} \vec{z}$ 就可以得到

$$\vec{w} = e^{i\varphi} \vec{z} = \vec{z}\cos\varphi + i\vec{z}\sin\varphi \tag{6-202}$$

(6-201)式中括弧内的级数代表

$$\sin\varphi = \varphi - \frac{\varphi^3}{3!} + \frac{\varphi^5}{5!} - \cdots \qquad (6-203)$$

(6-201)式中括弧外的级数代表

$$\cos\varphi = 1 - \frac{\varphi^2}{2!} + \frac{\varphi^4}{4!} - \cdots \qquad (6-204)$$

当 $\varphi = \frac{\pi}{2}$ 时,

$$\begin{aligned} e^{i\frac{\pi}{2}} &= \cos\frac{\pi}{2} + i\sin\frac{\pi}{2} \\ &= i \end{aligned} \qquad (6-205)$$

当 $\varphi = \pi$ 时,

$$\begin{aligned} e^{i\pi} &= \cos\pi + i\sin\pi \\ &= -1 = i^2 \end{aligned} \qquad (6-206)$$

当 $\varphi = \frac{3\pi}{2}$ 时,

$$\begin{aligned} e^{i\frac{3\pi}{2}} &= \cos\frac{3\pi}{2} + i\sin\frac{3\pi}{2} \\ &= -i = i^3 \end{aligned} \qquad (6-207)$$

当 $\varphi = 2\pi$ 时,

$$\begin{aligned} e^{i2\pi} &= \cos 2\pi + i\sin 2\pi \\ &= 1 = i^4 \end{aligned} \qquad (6-208)$$

事实上,(6-205)式给出了虚数单位 i 的定义。如此,当 $\varphi = \frac{\pi}{2}$ 时,(6-202)式 $\vec{w} = e^{i\varphi}\vec{z}$ 就成为

$$\vec{w} = e^{i\frac{\pi}{2}}\vec{z} = \vec{z} \qquad (6-209)$$

把(6-209)式代入一维向量坐标系中,$\vec{a} = \vec{a}_+ - \vec{a}_-$ 正向变化表达的单元系统形态变化规律就是

$$\vec{a}i = \vec{a}_+ i - \vec{a}_- i \qquad (6-210)$$

$\vec{a} = \vec{a}_- - \vec{a}_+$ 负向变化表达的单元系统形态变化规律就是

$$\vec{a}i = \vec{a}_- i - \vec{a}_+ i \qquad (6-211)$$

(6-210)式和(6-211)式所表达的单元系统形态的向量方向与坐标轴单位向量 $\vec{e}$ 方向垂直,在消掉公因子 $\vec{e}$ 后,都可以用虚数的代数形式来表示。因此,经过 $\vec{w} = e^{i\frac{\pi}{2}}\vec{z} = \vec{z}$ 的旋转变换,常向量 $\vec{a}$ 在一维二仪向量空间中的几何表示就与一维二仪向量坐标 $\vec{X}$ 轴垂直,如图 6-23 所示。

在二维二仪向量坐标系 $\vec{X}O\vec{Y}$ 中,一维二仪向量坐标轴 $\vec{X}$ 与一维二仪向量坐标轴

$\vec{Y}$正交，在二维二仪向量空间中任一个向量$\vec{a}$的坐标值是$(\vec{x},\vec{y})$。如果二维二仪向量直角坐标系$\vec{X}O\vec{Y}$绕原点旋转了φ，把(6-201)式$e^{i\varphi}=\cos\varphi+i\sin\varphi$代入(6-199)式$\vec{w}=e^{i\varphi}\vec{z}$，新坐标轴$\vec{X'}$

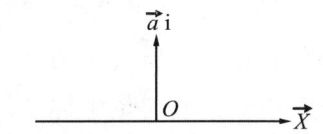

图6-23 常向量$\vec{a}i$在一维向量空间中的几何表示

与旧坐标轴$\vec{X}$的关系为$\vec{X'}=e^{i\varphi}\vec{X}$，而新坐标轴$\vec{Y'}$与旧坐标轴$\vec{Y}$的关系为$\vec{Y'}=e^{i\varphi}\vec{Y}$。同一个向量$\vec{a}$在新的二维直角坐标系$\vec{X'}O\vec{Y'}$向量空间中的坐标就是$(\vec{x'},\vec{y'})$，其变换公式是

$$\begin{cases}\vec{x'}=\vec{x}\cos\varphi-\vec{y}\sin\varphi\\ \vec{y'}=\vec{x}\sin\varphi+\vec{y}\cos\varphi\end{cases} \quad (6\text{-}212)$$

如此，当$\varphi=\dfrac{\pi}{2}$时，由(6-209)式$\vec{w}=e^{i\frac{\pi}{2}}\vec{z}=i\vec{z}$就可以得到

$$\begin{cases}\vec{x'}=i\vec{x}\\ \vec{y'}=i\vec{y}\end{cases} \quad (6\text{-}213)$$

(6-212)式也就成为

$$\begin{cases}\vec{x'}=-\vec{y}\\ \vec{y'}=\vec{x}\end{cases} \quad (6\text{-}214)$$

如果一维正向向量坐标轴朝着反向的一维负向向量坐标轴延伸为一维二仪向量坐标轴$\vec{X}$，则一维正向单位向量$\vec{e}_+$在一维正向向量坐标系$\vec{X}_+$上平移后成为一维二仪单位向量$\vec{e}$，其模为$|\vec{e}|=|\vec{e}_+|-\dfrac{1}{2}$，以一维二仪单位向量$\vec{e}$为基准的一维二仪向量坐标系标记为$\vec{X}$。

对一维二仪向量坐标系$\vec{X}$进行$\vec{w}=e^{i\frac{\pi}{2}}\vec{z}=\vec{z}$的旋转变换，旋转$\dfrac{\pi}{2}$后的一维二仪向量坐标系标记为$\vec{X}_\perp$，其单位向量$\vec{e}_\perp$的定义域为$\left[-\dfrac{i}{2},\dfrac{i}{2}\right]$。如果在一维二仪向量坐标系$\vec{X}_\perp$内部打开一组多维分向量空间，多维分向量坐标系旋转后各个分向量坐标轴与未旋转的一维二仪向量坐标系$\vec{X}$不再同向，则不能直接用其变量来表示。如果一维二仪向量坐标系旋转$\dfrac{\pi}{2}$，其变量空间就由实数表达的一维二仪变量空间变成了以虚数i表达的一维二仪变量空间。在旋转变换后的多维分变量空间中，单元系统形态变化规律的表达式不同，但其表达系统形态的多维分变量之间的内在关系并没有改变。

不同失衡态的单元系统形态转化基元规律是固有的、协变的，与坐标系的选择无关，所以单元系统形态变化规律是一成不变的且必须永远遵守。但是，在不同维度的质向量坐标系中，表征单元系统形态的点的坐标各不相同，其形态变化规律的函数表达式也各不相同。坐标系选择适当，有的函数表达式很简单；坐标系选择不适当，有的函数表达式就会很复杂。为了表达清楚单元系统形态转化基元规律在坐标系旋转变换下的函数式,不能再用省却质规定的一般向量坐标系来讨论。

例如,在一维二仪质向量坐标系 $\vec{X}$ 内部打开 $(\vec{P},\vec{S})$ 二维分质向量空间,如果一维二仪质向量坐标系 $\vec{X}$ 经过旋转 $\varphi=\dfrac{\pi}{2}$ 变换成为一维二仪质向量坐标系 $\vec{X}_\perp$,那么由信息 $\vec{P}$ 和熵 $\vec{S}$ 作为一维分质向量坐标轴构成的二维分质向量直角坐标系 $\vec{OSP}$,也要经过旋转 $\varphi=\dfrac{\pi}{2}$ 变换而成为二维分质向量坐标系 $\vec{OS}_\perp\vec{P}_\perp$。在 $\vec{OS}_\perp\vec{P}_\perp$ 坐标系的 $(\vec{P}_\perp,\vec{S}_\perp)$ 二维分质向量空间中,任一质向量 $\vec{a}$ 依(6-209)式就成为 $\vec{a}\mathrm{i}$,像信息 $\vec{P}$ 坐标轴的单位信息向量经过旋转 $\dfrac{\pi}{2}$ 后也变成为 $e_{P_\perp}$,可以标记为 $e_P\mathrm{i}$。如此,信息 $\vec{S}$ 坐标轴和熵 $\vec{S}$ 坐标轴依(6-213)式就分别是 $\vec{P}_\perp=\vec{P}\mathrm{i}$ 和 $\vec{S}_\perp=\vec{S}\mathrm{i}$。在一维二仪质向量坐标系 $\vec{X}_\perp$ 内部的 $(\vec{P}_\perp,\vec{S}_\perp)$ 二维分质变量空间中,就可以让单元系统在变相点附近不同区间展现其形态转化规律的面目。

二、远离变相点的单元系统形态转化基元规律

在一维二仪质向量坐标系 $\vec{X}$ 内部打开由信息 $\vec{P}$ 和熵 $\vec{S}$ 这两个分质向量作为坐标轴构成的二维分质向量坐标系 $\vec{OSP}$,各个分质向量与各自的分质变量坐标轴同向,可以用其分质变量坐标轴来表示。在 (P,S) 二维分质变量空间远离变相点的区间里,在吸收发射条件下,单元系统形态转化基元规律可以用(6-138)式 $P=-\dfrac{1}{2}\tanh\dfrac{S}{2}$ 的负半角双曲正切函数表示;在自发发射条件下,单元系统形态转化基元规律可以用(6-143)式 $P=\dfrac{1}{2}\tanh\dfrac{S}{2}$ 的半角双曲正切函数表示。

如果一维二仪质向量坐标系 $\vec{X}$ 及其内部的二维分质向量坐标系 $\vec{OSP}$ 绕原点旋转了 $\varphi=\dfrac{\pi}{2}$,就相当于进行 $w=\mathrm{e}^{\mathrm{i}\frac{\pi}{2}}z=\mathrm{i}z$ 的旋转变换。省却分质向量关于指向的规定,由(6-138)式 $P=-\dfrac{1}{2}\tanh\dfrac{S}{2}$ 可以得到在吸收发射条件下的单元系统形态转化基元规律为

$$P\mathrm{i}=-\dfrac{1}{2}\tanh\dfrac{S}{2}\mathrm{i}$$
$$=-\dfrac{1}{2}\left(\dfrac{\mathrm{e}^{\mathrm{i}\frac{S}{2}}-\mathrm{e}^{-\mathrm{i}\frac{S}{2}}}{\mathrm{e}^{\mathrm{i}\frac{S}{2}}+\mathrm{e}^{-\mathrm{i}\frac{S}{2}}}\right)$$

令

$$\tan x \equiv \frac{\mathrm{e}^{\mathrm{i}x} - \mathrm{e}^{-\mathrm{i}x}}{\mathrm{e}^{\mathrm{i}x} + \mathrm{e}^{-\mathrm{i}x}} \frac{1}{\mathrm{i}} \qquad (6-215)$$

为正切函数,这样上式就可以改写成为

$$P\mathrm{i} = -\frac{1}{2}\left(\frac{\mathrm{e}^{\mathrm{i}\frac{S}{2}} - \mathrm{e}^{-\mathrm{i}\frac{S}{2}}}{\mathrm{e}^{\mathrm{i}\frac{S}{2}} + \mathrm{e}^{-\mathrm{i}\frac{S}{2}}}\right)\frac{\mathrm{i}}{\mathrm{i}}$$

$$= -\frac{\mathrm{i}}{2}\tan\frac{S}{2}$$

在一维二仪分质向量坐标系 $\vec{X}_\perp$ 内部的 $(\vec{P}_\perp, \vec{S}_\perp)$ 二维分质向量空间中,省却了分质向量关于方向的规定,吸收发射条件下的单元系统形态转化基元规律为

$$P = -\frac{1}{2}\tan\frac{S}{2} \qquad (6-216)$$

式中,S 的定义域为 $(-\infty, +\infty)$,而 P 的值域为 $\left[-\frac{1}{2}, \frac{1}{2}\right]$。可见,单元系统形态转化基元规律可以用(6-216)式的负半角正切函数表示,其 $P \sim S$ 关系曲线可以用图 6-24 的 ∽ 形曲线表示,这是关于原点对称的曲线。

对(6-216)式求导数,可以得到在吸收发射条件下远离变相点的单元系统形态转化信息变化率函数为

$$p = \frac{\mathrm{d}}{\mathrm{d}S}\left(-\frac{1}{2}\tan\frac{S}{2}\right) = -\frac{1}{4}\sec^2\frac{S}{2} \qquad (6-217)$$

式中

$$\sec x \equiv \frac{2}{\mathrm{e}^{\mathrm{i}x} + \mathrm{e}^{-\mathrm{i}x}} \qquad (6-218)$$

称为正割函数。显然,正割函数的平方为偶函数,所以 $p \sim S$ 关系曲线是关于 p 轴对称的,如图 6-25 所示。

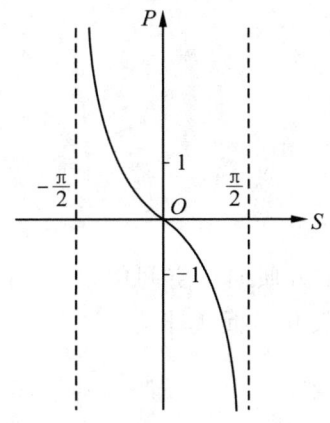
图 6-24 吸收发射的 $P \sim S$ 关系曲线

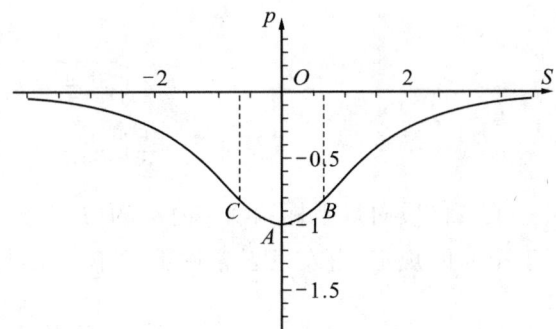
图 6-25 吸收发射的 $p \sim S$ 关系曲线

(6-216)式 $P=-\frac{1}{2}\tan\frac{S}{2}$ 的反函数为

$$S=2\arctan(-2P)$$
$$=-2\arctan(2P) \qquad (6-219)$$

上式表示，在一维二仪质向量坐标系 $\vec{X}_\perp$ 内部的 $(\vec{P}_\perp,\vec{S}_\perp)$ 二维分质向量空间中，省却分质向量关于指向的规定，吸收发射条件下单元系统形态的信息熵为反正切函数。反正切函数是反对称函数，其 $S\sim P$ 关系曲线可用图 6-26 的曲线表示，这是关于原点 O 对称的反 S 形曲线。

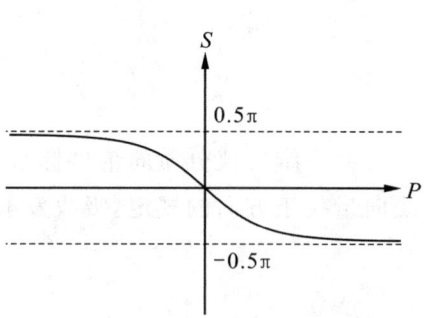

图 6-26 吸收发射的 $S\sim P$ 关系曲线

对(6-219)式求导数，可以得到吸收发射条件下单元系统形态转化的熵变化率函数为

$$s=\frac{\mathrm{d}}{\mathrm{d}P}[2\arctan(-2P)]=-\frac{4}{1+4P^2} \qquad (6-220)$$

显然，这个函数为偶函数，其 $s\sim P$ 关系曲线是关于坐标轴 P 对称的。

同样，在一维二仪质向量坐标系 $\vec{X}$ 内部的 $(\vec{P},\vec{S})$ 二维分质向量空间里，省却分质向量关于指向的规定，在远离变相点的区间和自发发射条件下，单元系统形态转化基元规律可用(6-143)式 $P=\frac{1}{2}\tanh\frac{S}{2}$ 的半角双曲正切函数表示。如果一维二仪质向量坐标系 $\vec{X}$ 及其内部的二维分质向量坐标系 $\vec{O}\vec{S}\vec{P}$ 绕原点旋转了 $\varphi=\frac{\pi}{2}$，就相当于进行 $w=\mathrm{e}^{\mathrm{i}\frac{\pi}{2}}z=\mathrm{i}z$ 的旋转变换。省却了分质向量关于指向的规定，由(6-143)式 $P=\frac{1}{2}\tanh\frac{S}{2}$ 可以得到在自发发射条件下的单元系统形态转化基元规律为

$$P\mathrm{i}=\frac{1}{2}\tanh\frac{S}{2}\mathrm{i}$$
$$=\frac{1}{2}\left(\frac{\mathrm{e}^{\mathrm{i}\frac{S}{2}}-\mathrm{e}^{-\mathrm{i}\frac{S}{2}}}{\mathrm{e}^{\mathrm{i}\frac{S}{2}}+\mathrm{e}^{-\mathrm{i}\frac{S}{2}}}\right)\frac{\mathrm{i}}{\mathrm{i}}$$
$$=\frac{\mathrm{i}}{2}\tan\frac{S}{2}$$

在一维二仪质向量坐标系 $\vec{X}_\perp$ 内部的 $(\vec{P}_\perp,\vec{S}_\perp)$ 二维分质向量空间中，省却了分质向量关于指向的规定，自发发射条件下的单元系统形态转化基元规律为

$$P=\frac{1}{2}\tan\frac{S}{2} \qquad (6-221)$$

式中，S 的定义域为 $(-\infty,+\infty)$，而 P 的值域为 $\left[-\frac{1}{2},\frac{1}{2}\right]$。可见，单元系统形态转化基元规律又可以用(6-221)式的半角正切函数表示，其 $P\sim S$ 关系曲线可以用图

6-27的反∽形曲线表示,这是关于原点对称的曲线。

对(6-221)式 $P=\frac{1}{2}\tan\frac{S}{2}$ 求导数,也可以得到在自发发射条件下远离变相点的单元系统形态转化信息变化率函数为正割函数,即

$$p=\frac{\mathrm{d}}{\mathrm{d}S}\left(\frac{1}{2}\tan\frac{S}{2}\right)=\frac{1}{4}\sec^2\frac{S}{2} \qquad (6-222)$$

这一偶函数的 $p\sim S$ 关系曲线是关于 p 轴对称的,如图 6-28 所示。

(6-221)式 $P=\frac{1}{2}\tan\frac{S}{2}$ 的反函数为

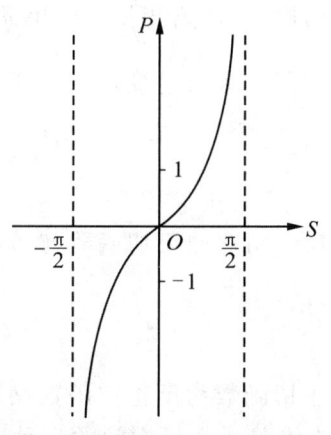

图 6-27 自发发射的 $P\sim S$ 关系曲线

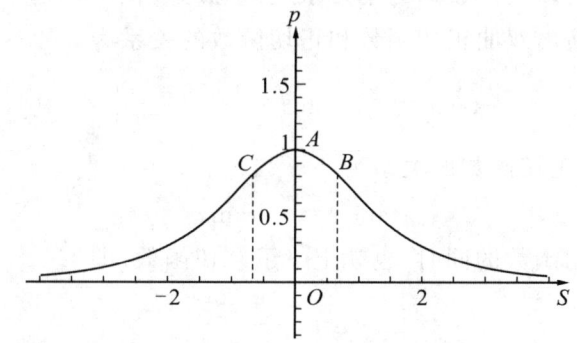

图 6-28 自发发射的 $p\sim S$ 关系曲线

$$S=2\arctan(2P) \qquad (6-223)$$

上式表示,在一维二仪质向量坐标系 $\vec{X}_\perp$ 内部的 $(\vec{P}_\perp,\vec{S}_\perp)$ 二维分质向量空间中,省却了分质向量关于指向的规定,自发发射条件下单元系统形态的信息熵为反正切函数。反正切函数是反对称函数,其 $S\sim P$ 关系曲线可用图 6-29 的曲线表示,这是关于原点 O 对称的 S 形曲线。

对(6-223)式求导数,可以得到在自发发射条件下单元系统形态转化的熵变化率函数为

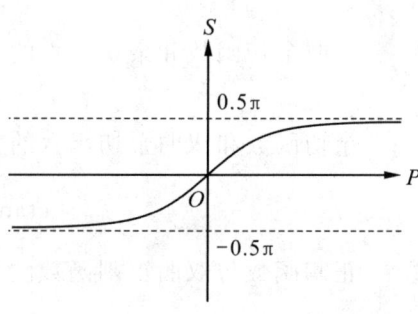

图 6-29 自发发射的 $S\sim P$ 关系曲线

$$s=\frac{\mathrm{d}}{\mathrm{d}P}[2\arctan(2P)]=\frac{4}{1+4P^2} \qquad (6-224)$$

这个函数为偶函数,其 $s\sim P$ 关系曲线是关于坐标轴 P 对称的。

由此可见,一维二仪质向量坐标系 $\vec{X}$ 及其内部的二维分质向量坐标系 $\vec{OSP}$ 绕原点旋转了 $\varphi=\frac{\pi}{2}$,在旋转变换的 $(\vec{P}_\perp,\vec{S}_\perp)$ 二维分质向量空间中,省却了分质向量关于

指向的规定,远离变相点的单元系统形态转化基元规律就由半角双曲正切函数(6-147)式 $P=\mp\frac{1}{2}\tanh\frac{S}{2}$ 变成半角正切函数,即

$$P=\mp\frac{1}{2}\tan\frac{S}{2} \tag{6-225}$$

或由反半角双曲正切函数(6-149)式 $S=\mp 2\operatorname{artanh}(2P)=\mp\ln\frac{1+2P}{1-2P}$ 变成反半角正切函数,即

$$S=\mp 2\operatorname{artan}(2P) \tag{6-226}$$

正切函数和反正切函数又都是单元系统形态转化基元规律在旋转变换后的($P_\perp$, $S_\perp$)二维分质变量空间的一种表达形式。虽然双曲正切函数与正切函数的表示形式不同,但只是坐标系旋转产生的观察结果,它们是在不同的质变量空间反映同一单元系统形态转化基元规律,所以它们表达的单元系统形态的内在关系是一样的。

由此,还可以推演出双曲正切函数和正切函数的关系为

$$\tan x=-\mathrm{i}\tanh\mathrm{i}x\equiv\frac{\mathrm{e}^{\mathrm{i}x}-\mathrm{e}^{-\mathrm{i}x}}{\mathrm{e}^{\mathrm{i}x}+\mathrm{e}^{-\mathrm{i}x}}\frac{1}{\mathrm{i}} \tag{6-227}$$

正切函数和双曲正切函数的关系为

$$\tanh x=-\mathrm{i}\tan\mathrm{i}x \tag{6-228}$$

在此,定义了正切函数的同时,也就定义了余切函数,即

$$\operatorname{ctan}x=\frac{\mathrm{e}^{\mathrm{i}x}+\mathrm{e}^{-\mathrm{i}x}}{\mathrm{e}^{\mathrm{i}x}-\mathrm{e}^{-\mathrm{i}x}}\mathrm{i} \tag{6-229}$$

此外,还可以定义余割函数

$$\csc x\equiv\frac{2\mathrm{i}}{\mathrm{e}^{\mathrm{i}x}-\mathrm{e}^{-\mathrm{i}x}} \tag{6-230}$$

双曲余切函数和余切函数的关系为

$$\operatorname{ctanh}x=\mathrm{i}\operatorname{ctan}\mathrm{i}x \tag{6-231}$$

余切函数和双曲余切函数的关系为

$$\operatorname{ctan}x=\mathrm{i}\operatorname{ctanh}\mathrm{i}x\equiv\frac{\mathrm{e}^{\mathrm{i}x}+\mathrm{e}^{-\mathrm{i}x}}{\mathrm{e}^{\mathrm{i}x}-\mathrm{e}^{-\mathrm{i}x}}\mathrm{i} \tag{6-232}$$

正割函数与双曲正割函数的关系为

$$\sec x=\operatorname{sech}\mathrm{i}x \tag{6-233}$$

余割函数与双曲正割函数的关系为

$$\csc x=\mathrm{i}\operatorname{csch}\mathrm{i}x \tag{6-234}$$

三、近变相点的单元系统形态转化基元规律

在一维二仪质向量坐标系 $\vec{X}$ 内部打开由信息 $\vec{P}$ 和熵 $\vec{S}$ 这两个分质向量作为坐标

轴构成的二维分质向量坐标系 $\overrightarrow{OSP}$，各分质向量与各自的分质变量坐标轴同向，可用其分质变量坐标轴来表示。在 (P,S) 二维分质变量空间近变相点的区间里，在吸收发射条件下单元系统形态转化规律可用（6-154）式 $P=-\sinh S$ 的负双曲正弦函数表示，在自发发射条件下单元系统形态转化规律可用（6-162）式 $P=\sinh S$ 的双曲正弦函数表示。

如果一维二仪质向量坐标系 $\overrightarrow{X}$ 及其内部的二维分质向量坐标系 $\overrightarrow{OSP}$ 绕原点旋转了 $\varphi=\dfrac{\pi}{2}$，就相当于进行 $w=e^{i\frac{\pi}{2}}z=iz$ 的旋转变换。省却了分质向量关于指向的规定，由（6-154）式 $P=-\sinh S$ 可以得到在吸收发射条件下的单元系统形态转化规律为

$$Pi = -\sinh Si$$
$$= -\frac{e^{+iS}-e^{-iS}}{2} \tag{6-235}$$

令

$$\sin x \equiv \frac{e^{ix}-e^{-ix}}{2i} \tag{6-236}$$

为正弦函数，这样（6-235）式就可以改写成

$$P = -\frac{e^{iS}-e^{-iS}}{2}\frac{1}{i}$$
$$= -\sin S \tag{6-237}$$

在吸收发射条件下，近变相点的单元系统形态转化规律可以用（6-237）式的负正弦函数表示，其 $P\sim S$ 关系曲线就可以用图 6-30 的负正弦函数曲线表示。

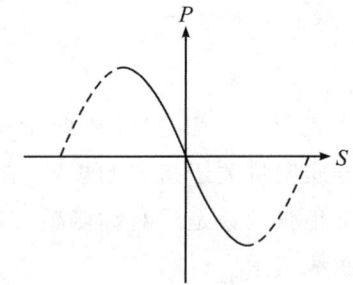

图 6-30　吸收发射近变相点的 $P\sim S$ 关系曲线

如果把 $-x$ 代入（6-236）式 $\sin x\equiv\dfrac{e^{ix}-e^{-ix}}{2i}$ 中，可以得到

$$\sin(-x)=\frac{e^{-ix}-e^{+ix}}{2i}=-\frac{e^{+ix}-e^{-ix}}{2i}=-\sin x \tag{6-238}$$

可见，正弦函数是反对称函数。负正弦函数的 $P\sim S$ 关系曲线是关于原点 O 对称的曲线。

对（6-237）式 $P=-\sin S$ 求导数，可以得到吸收发射条件下近变相点的单元系统形态转化信息变化率函数为

$$p=\frac{d}{dS}(-\sin S)$$
$$=\frac{d}{dS}\left(-\frac{e^{iS}-e^{-iS}}{2i}\right)$$

$$= -\frac{e^{iS}+e^{-iS}}{2}$$
$$= -\cos S \tag{6-239}$$

在(6-239)式的推导中,令

$$\cos x \equiv \frac{e^{ix}+e^{-ix}}{2} \tag{6-240}$$

为余弦函数,其倒数为(6-218)式 $\sec x = \dfrac{1}{\cos x} = \dfrac{2}{e^{ix}+e^{-ix}}$ 的正割函数。

把 $-x$ 代入(6-240)式 $\cos x \equiv \dfrac{e^{ix}+e^{-ix}}{2}$ 中,可以得到

$$\cos(-x) = \frac{e^{-ix}+e^{+ix}}{2} = \cos x \tag{6-241}$$

可见,余弦函数为偶函数,即对称函数。

在吸收发射条件下,单元系统形态转化信息变化率函数是负余弦函数,其 $p \sim S$ 关系曲线是关于 p 轴对称的,$p \sim S$ 关系曲线如图6-31所示。

熵信息函数的反函数就是信息熵函数。在吸收发射条件下,近变相点的单元系统信息熵函数由(6-237)式 $P = -\sin S$ 的反函数可以直接得到

$$S = \arcsin(-P)$$
$$= -\arcsin P \tag{6-242}$$

上式表示,在一维二仪质向量坐标系 $\vec{X}_\perp$ 内部的 $(\vec{P}_\perp, \vec{S}_\perp)$ 二维分质向量空间中,省却了分质向量关于指向的规定,在吸收发射条件下,单元系统的信息熵函数为反正弦函数。反正弦函数是反对称函数,其 $S \sim P$ 关系曲线可用图6-32关于原点 O 对称的反 $\backsim$ 形曲线表示。

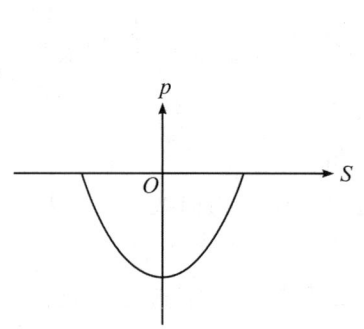

图6-31 吸收发射近变相点的 $p \sim S$ 关系曲线

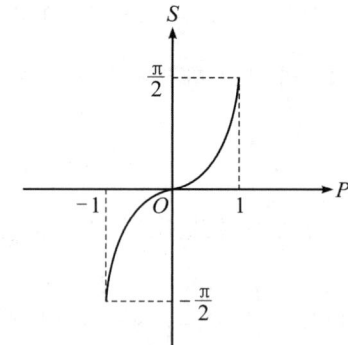

图6-32 吸收发射近变相点的 $S \sim P$ 关系曲线

在近变相点,对信息熵函数(6-242)式 $S = -\arcsin P$ 求导数,可以得到吸收发射条件下单元系统形态转化的熵变化率函数为

$$s = \frac{\mathrm{d}}{\mathrm{d}P}(-\arcsin P) = -\frac{1}{\sqrt{1-P^2}} \qquad (6\text{-}243)$$

显然,这个函数为偶函数,其 $s \sim P$ 关系曲线是关于坐标轴 P 对称的。

同样,如果一维二仪质向量坐标系 $\vec{X}$ 及其内部的二维分质向量坐标系 $\vec{O}\vec{S}\vec{P}$ 绕原点旋转了 $\varphi = \frac{\pi}{2}$,就相当于进行 $w = \mathrm{e}^{\mathrm{i}\frac{\pi}{2}}z = \mathrm{i}z$ 的旋转变换。省却了分质向量关于指向的规定,由(6-162)式 $P = \sinh S$ 可以得到在自发发射条件下近变相点的单元系统形态转化规律为

$$\begin{aligned} P &= \frac{\mathrm{e}^{\mathrm{i}S} - \mathrm{e}^{-\mathrm{i}S}}{2}\frac{1}{\mathrm{i}} \\ &= \sin S \end{aligned} \qquad (6\text{-}244)$$

其 $P \sim S$ 关系曲线就可以用图 6-33 的正弦函数曲线表示。

对(6-244)式 $P = \sin S$ 求导数,也可以得到自发发射条件下近变相点的单元系统形态转化信息变化率函数为余弦函数,即

$$p = \cos S \qquad (6\text{-}245)$$

这一偶函数的 $p \sim S$ 关系曲线也是关于 p 轴对称的,如图 6-34 所示。

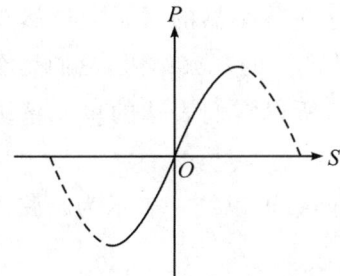
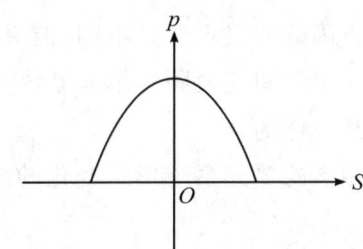

图 6-33 自发发射近变相点的 $P \sim S$ 关系曲线　　**图 6-34** 自发发射近变相点的 $p \sim S$ 关系曲线

在自发发射条件下,近变相点的单元系统信息熵函数由(6-244)式 $P = \sin S$ 的反函数也可以直接得到

$$S = \arcsin P \qquad (6\text{-}246)$$

上式表示,在一维二仪质向量坐标系 $\vec{X}_\perp$ 内部的 $(\vec{P}_\perp, \vec{S}_\perp)$ 二维分质变量空间中,省却了分质向量关于指向的规定,自发发射条件下单元系统的信息熵函数为反正弦函数。反正弦函数是反对称函数,其 $S \sim P$ 关系曲线可用图 6-35 的曲线表示,这是关于原点 O 对称的 ∞ 形曲线。

对信息熵函数(6-246)式 $S = \arcsin P$

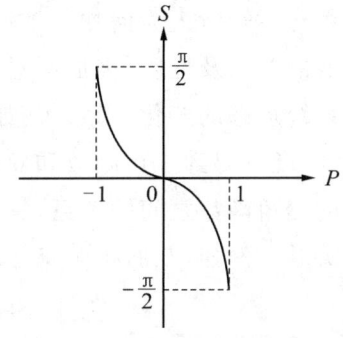

图 6-35 自发发射近变相点的 $S \sim P$ 关系曲线

求导数,也可以得到自发发射条件下单元系统形态转化的熵变化率函数为

$$s = \frac{d}{dP}(\arcsin P) = \frac{1}{\sqrt{1-P^2}} \tag{6-247}$$

显然,在近变相点单元系统形态转化的熵变化率函数是偶函数。

由此可见,一维二仪质向量坐标系 $\vec{X}$ 及其内部的二维分质向量坐标系 $\vec{OSP}$ 绕原点旋转了 $\varphi = \frac{\pi}{2}$,在旋转变换的 $(\vec{P}_\perp, \vec{S}_\perp)$ 二维分质变量空间中,省却了分质向量关于指向的规定,近变相点的单元系统形态转化规律就由双曲正弦函数(6-166)式 $P = \mp \sinh S$ 变成正弦函数,即

$$P = \mp \sin S \tag{6-248}$$

或由反双曲正弦函数(6-168)式 $S = \mp \mathrm{arcsinh} P$ 变成反正弦函数,即

$$S = \mp \arcsin P \tag{6-249}$$

在近变相点,熵 S 的定义域虽然为 $(-\infty, +\infty)$,而实际上其值域就在变相点 O 附近,P 的值域也是在比 $\left(-\frac{1}{2}, \frac{1}{2}\right)$ 更小的近于参照点 O 的区间内。正弦函数和反正弦函数都是单元系统形态转化规律在旋转变换后的 $(P_\perp, S_\perp)$ 二维分质变量空间的一种表达形式。坐标系经过旋转变换,这些质变量函数存在着必然的联系。虽然双曲正弦函数与正弦函数的表示形式不同,但只是坐标系旋转产生的观察结果,它们是在不同的二维分质变量空间反映同一单元系统形态转化规律,所以它们表达的单元系统形态的内在关系是一样的。

近变相点的单元系统形态变化的熵信息变化率函数可以统一表示为余弦函数,即

$$p = \mp \cos S \tag{6-250}$$

近变相点的单元系统形态变化的信息熵变化率函数可以统一表示为

$$s = \mp \frac{1}{\sqrt{1-P^2}} \tag{6-251}$$

统一科学在一维质向量的虚数空间中自然地演绎出三角函数,每一个函数的质变量都有确切的含义,如果忽略了这些质变量的质,就会像数学家一样可以发现三角函数的变量关系却不知所云为何物。不过,统一科学可以利用数学上人们熟悉的三角函数和双曲函数的关系及性质,来加深对单元系统形态变化规律的认识,阐明三角函数所联系的单元系统形态的变化关系。例如,由 $i^2 = -1$ 和 $-i^2 \equiv 1$ 的规定,把 ix 代入三角函数的定义式,就可得到三角函数和双曲函数的关系式。双曲函数之间的任一关系都可化成对应的三角函数之间的关系,三角函数之间的任一关系也都可化成对应的双曲函数之间的关系。例如,双曲正弦函数和正弦函数的关系为

$$\sinh x = -i \sin ix \tag{6-252}$$

正弦函数和双曲正弦函数的关系为

$$\sin x = -\mathrm{i}\sinh \mathrm{i}x \equiv \frac{\mathrm{e}^{\mathrm{i}x} - \mathrm{e}^{-\mathrm{i}x}}{2\mathrm{i}} \tag{6-253}$$

双曲余弦函数和余弦函数的关系为

$$\cosh x = \cos \mathrm{i}x \tag{6-254}$$

余弦函数和双曲余弦函数的关系为

$$\cos x = \cosh \mathrm{i}x \equiv \frac{\mathrm{e}^{\mathrm{i}x} + \mathrm{e}^{-\mathrm{i}x}}{2} \tag{6-255}$$

由正弦函数和余弦函数可以定义其他的三角函数,如通过正弦函数(6-236)式 $\sin x \equiv \dfrac{\mathrm{e}^{\mathrm{i}x} - \mathrm{e}^{-\mathrm{i}x}}{2\mathrm{i}}$ 和余弦函数(6-240)式 $\cos x \equiv \dfrac{\mathrm{e}^{\mathrm{i}x} + \mathrm{e}^{-\mathrm{i}x}}{2}$ 相除,可以得到正切函数表达式

$$\tan x = \frac{\sin x}{\cos x} = -\frac{\mathrm{e}^{\mathrm{i}x} - \mathrm{e}^{-\mathrm{i}x}}{\mathrm{e}^{\mathrm{i}x} + \mathrm{e}^{-\mathrm{i}x}}\mathrm{i} \tag{6-256}$$

余切函数的表达式就是余弦函数(6-240)式 $\cos x \equiv \dfrac{\mathrm{e}^{\mathrm{i}x} + \mathrm{e}^{-\mathrm{i}x}}{2}$ 和正弦函数(6-236)式 $\sin x \equiv \dfrac{\mathrm{e}^{\mathrm{i}x} - \mathrm{e}^{-\mathrm{i}x}}{2\mathrm{i}}$ 之比

$$\mathrm{ctan}\, x = \frac{\cos x}{\sin x} = \frac{\mathrm{e}^{\mathrm{i}x} + \mathrm{e}^{-\mathrm{i}x}}{\mathrm{e}^{\mathrm{i}x} - \mathrm{e}^{-\mathrm{i}x}}\mathrm{i} \tag{6-257}$$

而余割函数的表达式就是正弦函数(6-236)式 $\sin x \equiv \dfrac{\mathrm{e}^{\mathrm{i}x} - \mathrm{e}^{-\mathrm{i}x}}{2\mathrm{i}}$ 的倒数

$$\csc x = \frac{1}{\sin x} \tag{6-258}$$

把正弦函数(6-236)式 $\sin x \equiv \dfrac{\mathrm{e}^{\mathrm{i}x} - \mathrm{e}^{-\mathrm{i}x}}{2\mathrm{i}}$ 和余弦函数(6-240)式 $\cos x \equiv \dfrac{\mathrm{e}^{\mathrm{i}x} + \mathrm{e}^{-\mathrm{i}x}}{2}$ 联系起来,还可以得到欧拉恒等式的表达式(6-201)式 $\mathrm{e}^{\mathrm{i}x} = \cos x + \mathrm{i}\sin x$。在(6-201)式 $\mathrm{e}^{\mathrm{i}x} = \cos x + \mathrm{i}\sin x$ 中把 x 换成 $-x$,就得到欧拉恒等式的另一表达式

$$\mathrm{e}^{-\mathrm{i}x} = \cos x - \mathrm{i}\sin x \tag{6-259}$$

(6-201)式和(6-259)式就是欧拉公式。把恒等式(6-201)式和(6-259)式相加,就可以得到(6-240)式 $\cos x \equiv \dfrac{\mathrm{e}^{\mathrm{i}x} + \mathrm{e}^{-\mathrm{i}x}}{2}$;将(6-201)式减去(6-259)式,则可以得到(6-236)式 $\sin x \equiv \dfrac{\mathrm{e}^{\mathrm{i}x} - \mathrm{e}^{-\mathrm{i}x}}{2\mathrm{i}}$。所以,正弦函数(6-236)式 $\sin x \equiv \dfrac{\mathrm{e}^{\mathrm{i}x} - \mathrm{e}^{-\mathrm{i}x}}{2\mathrm{i}}$ 和余弦函数(6-240)式 $\cos x \equiv \dfrac{\mathrm{e}^{\mathrm{i}x} + \mathrm{e}^{-\mathrm{i}x}}{2}$ 也称为欧拉公式。

在数学中,三角函数属于初等函数里的超越函数的一类函数,由此也可以推演出三角函数具有的一系列独特的性质和基本关系。[7]

(一)倒数关系

$$\sin x \cdot \csc x = 1 \qquad (6-260)$$

$$\cos x \cdot \sec x = 1 \qquad (6-261)$$

$$\tan x \cdot \operatorname{ctan} x = 1 \qquad (6-262)$$

(二)平方关系(毕达哥拉斯恒等式)

$$\sin^2 x + \cos^2 x = 1 \qquad (6-263)$$

$$\sec^2 x = 1 + \tan^2 x \qquad (6-264)$$

$$\csc^2 x = 1 + \operatorname{ctan}^2 x \qquad (6-265)$$

(三)反函数的对应关系

$$\arcsin x \equiv \sin^{-1} x = \frac{1}{\mathrm{i}} \ln(\mathrm{i}x + \sqrt{1-x^2}) \qquad (6-266)$$

$$\arccos x \equiv \cos^{-1} x = \frac{1}{\mathrm{i}} \ln(x + \sqrt{x^2-1}) \qquad (6-267)$$

$$\arctan x \equiv \tan^{-1} x = \frac{1}{2\mathrm{i}} \ln \frac{1+\mathrm{i}x}{1-\mathrm{i}x} \qquad (6-268)$$

$$\operatorname{arcctan} x \equiv \operatorname{ctanh}^{-1} x = \frac{1}{2} \ln \frac{x+1}{x-1} \qquad (6-269)$$

(四)导数公式

$$(\sin x)' = \cos x \qquad (6-270)$$

$$(\cos x)' = -\sin x \qquad (6-271)$$

$$(\tan x)' = \sec^2 x \qquad (6-272)$$

$$(\operatorname{ctan} x)' = -\csc^2 x \qquad (6-273)$$

$$(\sec x)' = \sec x \cdot \tan x \qquad (6-274)$$

$$(\csc x)' = -\csc x \cdot \operatorname{ctan} x \qquad (6-275)$$

$$(\sin x)'' = -\sin x \qquad (6-276)$$

$$(\cos x)'' = -\cos x \qquad (6-277)$$

(五)万能公式

$$\sin x = \frac{2\tan \dfrac{x}{2}}{1+\tan^2 \dfrac{x}{2}} \qquad (6-278)$$

$$\cos x = \frac{1-\tan^2\frac{x}{2}}{1+\tan^2\frac{x}{2}} \tag{6-279}$$

$$\tan x = \frac{2\tan\frac{x}{2}}{1-\tan^2\frac{x}{2}} \tag{6-280}$$

万能公式的特点是可以统一用半角正切函数 $\tan\frac{x}{2}$ 来表示正弦函数 $\sin x$、余弦函数 $\cos x$ 和正切函数 $\tan x$，其实它就是一元系统形态转化基元规律的另一种表现形式，但在数学中其质向量被抽象得魂不附体。

四、准变相点的单元系统形态转化基元规律

在一维二仪质向量坐标系 $\vec{X}$ 内部打开由信息 $\vec{P}$ 和熵 $\vec{S}$ 这两个分质向量作为坐标轴构成的二维分质向量坐标系 $\vec{OSP}$，各分质向量与各自的分质变量坐标轴同向，可用其分质变量坐标轴来表示。在 (P,S) 二维分质变量空间近变相点的区间里，在吸收发射条件下，单元系统形态转化规律可用(6-154)式 $P=-\sinh S$ 的负双曲正弦函数表示，在自发发射条件下单元系统形态转化规律可用(6-162)式 $P=\sinh S$ 的双曲正弦函数表示。

在近变相点的单元系统形态转化规律的双曲正弦函数表达式中，双曲正弦函数可以用 $\sinh x = x + \frac{x^3}{3!} + \frac{x^5}{5!} + \cdots$ 的泰勒级数展开。在熵 S 充分小时，即 $S \to 0$，还可以用 (6-170)式 $\sinh S \approx S$ 表示。对于熵 S 充分小的状况，人们考察单元系统形态的变化就是在变相点附近非常贴近变相点的准变相点的很小区间内进行。因此，在吸收发射条件下把(6-170)式 $\sinh S \approx S$ 代入(6-154)式 $P = -\sinh S$ 中，就可以用(6-171)式 $P=-S$ 表示在准变相点的单元系统形态变化规律。同样，在自发发射条件下把(6-170)式 $\sinh S \approx S$ 代入(6-162)式 $P = \sinh S$ 中，也可以用(6-172)式 $P=S$ 表示在准变相点的单元系统形态变化规律。可见，在准变相点的单元系统形态转化规律的熵信息函数为线性函数。

如果一维二仪质向量坐标系 $\vec{X}$ 及其内部的二维分质向量坐标系 $\vec{OSP}$ 绕原点旋转了 $\varphi = \frac{\pi}{2}$，就相当于进行 $\vec{w} = e^{i\frac{\pi}{2}}\vec{z} = i\vec{z}$ 的旋转变换。省却了分质向量关于指向的规定，在吸收发射条件下对(6-171)式 $P=-S$ 进行 $w = e^{i\frac{\pi}{2}}z = iz$ 的旋转变换，就有

$$Pi = -Si \tag{6-281}$$

因此，准变相点在吸收发射条件下的单元系统形态转化规律可以用(6-281)式的负

线性函数表示,其 $P \sim S$ 关系曲线可以用图 6-36 中的虚线表示,这是关于原点 O 对称的直线。

准变相点在吸收发射条件下的单元系统形态转化信息变化率函数可以通过对(6-281)式 $Pi=-Si$ 求导得到

$$p = \frac{d}{dS}(-S) = -1 \qquad (6-282)$$

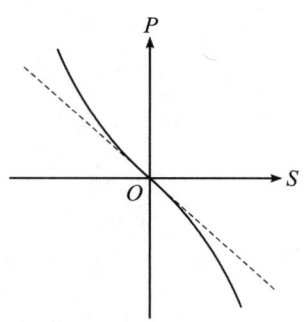

图 6-36　吸收发射准变相点的 $P \sim S$ 关系曲线

上式表明,在吸收发射条件下,准变相点的单元系统形态转化信息变化率函数可以用常数表示,这个函数为偶函数,其 $p \sim S$ 关系曲线是关于 p 轴对称的平行于 S 轴的直线,如图 6-37 所示。

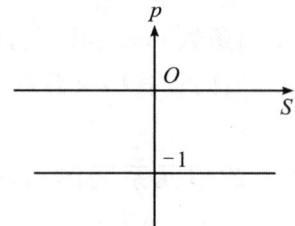

图 6-37　吸收发射准变相点的 $p \sim S$ 关系曲线

线性函数在实数空间和虚数空间所反映的准变相点单元系统形态变化规律是一样的,其表达的本质关系也是一样的。熵信息函数的反函数即为信息熵函数。在吸收发射条件下,准变相点的信息熵函数由(6-281)式 $Pi=-Si$ 的反函数可以直接得到

$$S = -P \qquad (6-283)$$

这一负线性函数是反对称函数,其 $S \sim P$ 关系曲线可以用图 6-38 关于原点 O 对称的实线表示。

在吸收发射条件下,准变相点的单元系统形态转化的熵变化率函数也可以通过对(6-283)式 $S=-P$ 求导得到

$$s = \frac{d}{dP}(-P) = -1 \qquad (6-284)$$

显然,熵变化率函数是偶函数。在吸收发射条件下,$s \sim P$ 关系曲线可用图 6-39 关于 s 轴对称的平行于 P 轴的直线表示。

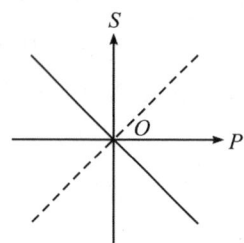

图 6-38　吸收发射准变相点的 $S \sim P$ 关系曲线

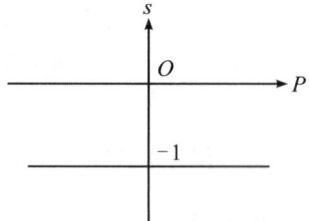

图 6-39　吸收发射准变相点的 $s \sim P$ 关系曲线

同理,如果一维二仪质向量坐标系 $\vec{X}$ 及其内部的二维分质向量坐标系 $\overrightarrow{OSP}$ 绕原

点旋转了 $\varphi=\dfrac{\pi}{2}$，就相当于进行 $\vec{w}=e^{i\frac{\pi}{2}}\vec{z}=\vec{iz}$ 的旋转变换。省却了质向量关于指向的规定，在自发发射条件下对（6-172）式 $P=S$ 进行 $w=e^{i\frac{\pi}{2}}z=iz$ 的旋转变换，就有

$$Pi=Si \tag{6-285}$$

因此，准变相点在自发发射条件下的单元系统形态转化规律可以用（6-285）式 $Pi=Si$ 的线性函数表示，其 $P\sim S$ 关系曲线可以用图 6-40 的直线表示，这是关于原点 O 对称的直线。

准变相点在自发发射条件下的单元系统形态转化信息变化率函数可以通过对（6-285）式 $Pi=Si$ 求导得到

$$p=\frac{\mathrm{d}}{\mathrm{d}S}(S)=1 \tag{6-286}$$

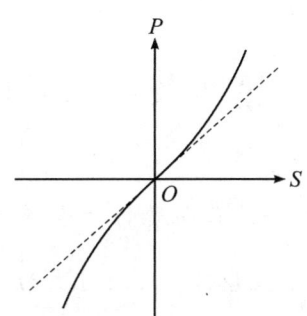

图 6-40　自发发射准变相点的 $P\sim S$ 关系曲线

上式表明，在自发发射条件下，准变相点的单元系统形态转化信息变化率函数可以用常数表示，这个函数为偶函数，其 $p\sim S$ 关系曲线是关于 p 轴对称的平行于 S 轴的直线，如图 6-41 所示。

在自发发射条件下，准变相点的单元系统形态转化规律的熵信息函数为正线性函数（6-285）式 $Pi=Si$。由此，可以直接得到其反函数

$$S=P \tag{6-287}$$

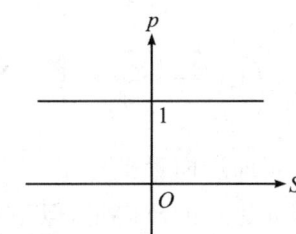

图 6-41　自发发射准变相点的 $p\sim S$ 关系曲线

这一线性函数也是反对称函数，其 $S\sim P$ 关系曲线可用图 6-38 关于原点 O 对称的虚线表示。

在自发发射条件下，准变相点的单元系统形态转化的熵变化率函数也可以通过对（6-287）式 $S=P$ 求导得到

$$s=\frac{\mathrm{d}}{\mathrm{d}P}(P)=1 \tag{6-288}$$

自发发射条件下，$s\sim P$ 关系曲线也可用图 6-42 关于 s 轴对称的平行于 P 轴的直线表示

由此可见，真理总是历久弥新的。不论人们如何建立反映单元系统形态变化的坐标系，单元系统形态变化规律都是不变的。

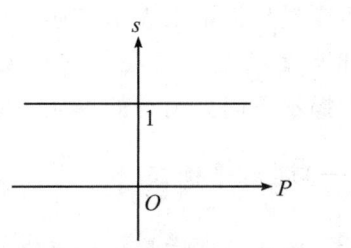

图 6-42　自发发射准变相点的 $s\sim P$ 关系曲线

单元系统形态转化基元规律既可以用双曲函数表示,也可以用三角函数表示。双曲正弦函数与正弦函数、双曲余弦函数与余弦函数以及双曲正切函数与正切函数,只是表现形式不同,其表达的形态变化规律的内容本质却是一样的。单元系统形态变化在不同层面和过程中所表现的规律实际上都是单元系统形态转化基元规律的表现。

第四节 基元规律在五维空间的不同形式

一维正向质向量坐标系 $\vec{X}_+$ 经过平移成为一维二仪质向量坐标系 $\vec{X}$,经过旋转 $\frac{\pi}{2}$ 后还可成为一维二仪质向量坐标系 $\vec{X}_\perp$,在它们内部都可以打开由总体单元数 $\vec{N}_+$、异质单元数 $\vec{n}_+$、能量 $\vec{E}_+$、能阈 $\vec{E}_{\neq+}$ 和能元 $\vec{\varepsilon}_+$ 构成的五维分质向量空间。如此,其平衡态或变相点附近的单元系统形态转化基元规律就有不同的函数表现形式。

一、在 $(\vec{N}_+, \vec{n}_+, \vec{E}_+, \vec{E}_{\neq+}, \vec{\varepsilon}_+)$ 空间不同失衡态的单元系统形态变化规律

在一维正向质向量坐标系 $\vec{X}_+$ 的空间中,一维正向单位质向量 $\vec{e}_+$ 是表征单元系统形态转化基元过程的质向量,但是却只能在 $[0,1]$ 区间以线性函数表达,无法分辨单位质向量所描述的变化过程。要在一维正向质向量坐标系 $\vec{X}_+$ 揭示单元系统形态转化基元过程的形态变化规律,就要打开一维正向质向量坐标系 $\vec{X}_+$ 内部的多维分质向量坐标系。

然而,在一维正向质向量坐标系 $\vec{X}_+$ 内部打开多维分质向量坐标系,如果思辨事物形态变化的分质向量太过抽象,则人们很难理解少数分质向量内在关系的内涵;如果思辨事物形态变化的分质向量太过具体,则其间的关系又会因为分质向量数量太多而显得太过复杂。要认识各种事物形态变化过程潜藏的规律,人们就要以一些比较特殊和具体的质向量作为度量基准。为此,在一维正向质向量坐标系 $\vec{X}_+$ 内部,打开总体单元数 $\vec{N}_+$、异质单元数 $\vec{n}_+$、能量 $\vec{E}_+$、能阈 $\vec{E}_{\neq+}$ 和能元 $\vec{\varepsilon}_+$ 这五个分质向量构成的五维分质向量坐标系 $O\vec{N}_+\vec{n}_+\vec{E}_+\vec{E}_{\neq+}\vec{\varepsilon}_+$,各个分质向量与各自的分质变量坐标轴同向,可以用其分质变量坐标轴来表示。通过揭示总体单元数 N_+、异质单元数 n_+、能量 E_+、能阈 $E_{\neq+}$ 和能元 ε_+ 之间存在的内在关系,就可以在 $(N_+, n_+, E_+, E_{\neq+}, \varepsilon_+)$ 五维分质变量空间中揭示不同失衡态的单元系统形态变化规律。

(一)远离平衡态

在一维正向质向量坐标系 $\vec{X}_+$ 内部的 $(\vec{N}_+, \vec{n}_+, \vec{E}_+, \vec{E}_{\neq+}, \vec{\varepsilon}_+)$ 五维分质向量空间

中,各个分质向量与各自的分质变量坐标轴同向,可以用其分质变量坐标轴来表示。远离平衡态的单元系统形态转化基元规律可用 N_+,n_+,E_+,$E_{\neq +}$,ε_+ 分别作为因变量来表达:(5-29)式 $n_+ = \dfrac{N_+}{1+e^{\pm(E_{\neq +}-E_+)/\varepsilon_+}}$,(5-30)式 $N_+ = n_+[1+e^{\pm(E_{\neq +}-E_+)/\varepsilon_+}]$,(5-31)式 $E_+ = E_{\neq +} \pm \varepsilon_+ \ln \dfrac{n_+}{N_+ - n_+}$,(5-32)式 $E_{\neq +} = E_+ \mp \varepsilon_+ \ln \dfrac{n_+}{N_+ - n_+}$ 和(5-33)式 $\varepsilon_+ = \pm \dfrac{E_+ - E_{\neq +}}{\ln \dfrac{n_+}{N_+ - n_+}}$。

在一维正向质向量坐标系 $\vec{X}_+$ 内部的 $(\vec{N}_+,\vec{n}_+,\vec{E}_+,\vec{E}_{\neq +},\vec{\varepsilon}_+)$ 五维分质向量空间中,如果 $\vec{N}_+$、$\vec{E}_{\neq +}$ 和 $\vec{\varepsilon}_+$ 保持为常质向量,即 $\vec{N}_+ = \vec{C}_{N_+}$,$\vec{E}_{\neq +} = \vec{C}_{E_{\neq +}}$ 和 $\vec{\varepsilon}_+ = \vec{C}_{\varepsilon_+}$,那么 $(\vec{C}_{N_+},\vec{n}_+,\vec{E}_+,\vec{C}_{E_{\neq +}},\vec{C}_{\varepsilon_+})$ 质向量空间是 $(\vec{N}_+,\vec{n}_+,\vec{E}_+,\vec{E}_{\neq +},\vec{\varepsilon}_+)$ 五维分质向量空间的一个截面,在此平面中,参照点已经移动到 $(\vec{C}_{N_+},\vec{0},\vec{0},\vec{C}_{E_{\neq +}},\vec{C}_{\varepsilon_+})$。由于各个分质向量与各自的分质变量坐标轴同向,可以用其分质变量坐标轴来表示。在 $(C_{N_+},n_+,E_+,C_{E_{\neq +}},C_{\varepsilon_+})$ 的截面上,异质单元数 $n_+ = f(E_+,C_{N_+},C_{E_{\neq +}},C_{\varepsilon_+})$ 或能量 $E_+ = f(n_+,C_{N_+},C_{E_{\neq +}},C_{\varepsilon_+})$ 都是带常数的二元函数,可用(6-81)式 $n_+ = \dfrac{C_{N_+}}{1+e^{\pm(C_{E_{\neq +}}-E_+)/C_{\varepsilon_+}}}$,(6-82)式 $C_{N_+} = n_+[1+e^{\pm(C_{E_{\neq +}}-E_+)/C_{\varepsilon_+}}]$,(6-83)式 $E_+ = C_{E_{\neq +}} \pm C_{\varepsilon_+} \ln \dfrac{n_+}{C_{N_+}-n_+}$,(6-84)式 $C_{E_{\neq +}} = E_+ \mp C_{\varepsilon_+} \ln \dfrac{n_+}{C_{N_+}-n_+}$ 和(6-85)式 $C_{\varepsilon_+} = \pm \dfrac{E_+ - C_{E_{\neq +}}}{\ln \dfrac{n_+}{C_{N_+}-n_+}}$ 来表达单元系统形态转化基元规律。兹以(6-81)式 $n_+ = \dfrac{C_{N_+}}{1+e^{\pm(C_{E_{\neq +}}-E_+)/C_{\varepsilon_+}}}$ 为例,对远离平衡态的单元系统形态转化基元规律进行分析,其他的表达式可以进行类似的描述。

由(6-81)式 $n_+ = \dfrac{C_{N_+}}{1+e^{\pm(C_{E_{\neq +}}-E_+)/C_{\varepsilon_+}}}$ 可以得到,在吸收发射条件下,在单元系统形态转化过程中,异质单元数 n_+ 随能量的变化表现为 S 形关系曲线。吸收发射是个能量增加的过程,随着单元系统正能量 E_+ 的增强,单元系统的异质单元数 n_+ 以 S 形单调增加。在自发发射条件下,在单元系统形态转化过程中,异质单元数 n_+ 随能量的变化表现为反 S 形关系曲线。自发发射是个能量衰弱的过程,随着单元系统能量的减少(负能量 $-E_+$ 的增强),单元系统的异质单元数 n_+ 以反 S 形单调增加。

通过对异质单元数函数(6-81)式 $n_+ = \dfrac{C_{N_+}}{1+e^{\pm(C_{E_{\neq +}}-E_+)/C_{\varepsilon_+}}}$ 求能量 E_+ 的导数,可以得到异质单元数变化率函数为

$$r_+ = \dfrac{dn_+}{dE_+}$$

$$= \pm \frac{C_{N_+}\exp\pm(C_{E_{\neq+}}-E_+)/C_{\varepsilon_+}}{C_{\varepsilon_+}[1+\exp\pm(C_{E_{\neq+}}-E_+)/C_{\varepsilon_+}]^2}$$

$$= \pm \frac{n_+}{C_{\varepsilon_+}}\left(1-\frac{n_+}{C_{N_+}}\right) \quad (6-289)$$

上式表明,在远离平衡态的异质单元数变化率是异质单元数 n_+ 的多项式函数。在 $(C_{N_+},n_+,E_+,C_{E_{\neq+}},C_{\varepsilon_+})$ 截面上,$r_+ \sim n_+$ 关系曲线为一抛物线。

通过对能量函数(6-83)式 $E_+ = C_{E_{\neq+}} \pm C_{\varepsilon_+}\ln\frac{n_+}{C_{N_+}-n_+}$ 求异质单元数 n_+ 的导数,也可以得到能量变化率

$$\mu_+ = \frac{\mathrm{d}E_+}{\mathrm{d}n_+} = \pm \frac{C_{N_+}C_{\varepsilon_+}}{n_+(C_{N_+}-n_+)} \quad (6-290)$$

可见,在远离平衡态的能量变化率 μ_+ 是异质单元数 n_+ 的分式函数。

(二)近平衡态

在一维正向质向量坐标系 $\vec{X}_+$ 内部的 $(\vec{N}_+,\vec{n}_+,\vec{E}_+,\vec{E}_{\neq+},\vec{\varepsilon}_+)$ 五维分质向量空间中,各个分质向量与各自的分质变量坐标轴同向,可以用其分质变量坐标轴来表示。在 $(N_+,n_+,E_+,E_{\neq+},\varepsilon_+)$ 五维分质变量空间中,因为信息 P_+ 与总体单元数 N_+ 和异质单元数 n_+ 之间存在着(4-71)式 $P_+ = \frac{n_+}{N_+}$ 的函数关系,熵 S_+ 与能量 E_+、能阈 $E_{\neq+}$ 和能元 ε_+ 之间存在(4-76)式 $S_+ = \frac{E_{\neq+}-E_+}{\varepsilon_+}$ 的函数关系,所以只要把它们代入(5-92)式 $P_+(S) = \mathrm{e}^{\mp S}$,就可以在 $(N_+,n_+,E_+,E_{\neq+},\varepsilon_+)$ 五维分质变量空间得到近平衡态的单元系统形态转化基元规律

$$n_+ = N_+ \mathrm{e}^{\mp(E_{\neq+}-E_+)/\varepsilon_+} \quad (6-291)$$

$$N_+ = n_+ \mathrm{e}^{\pm(E_{\neq+}-E_+)/\varepsilon_+} \quad (6-292)$$

$$E_+ = E_{\neq+} \pm \varepsilon_+ \ln\frac{n_+}{N_+} \quad (6-293)$$

$$E_{\neq+} = E_+ \mp \varepsilon \ln\frac{n_+}{N_+} \quad (6-294)$$

$$\varepsilon_+ = \mp \frac{E_{\neq+}-E_+}{\ln n_+ - \ln N_+} \quad (6-295)$$

在一维正向质向量坐标系 $\vec{X}_+$ 内部的 $(\vec{N}_+,\vec{n}_+,\vec{E}_+,\vec{E}_{\neq+},\vec{\varepsilon}_+)$ 五维分质向量空间中,如果 $\vec{N}_+$、能阈 $\vec{E}_{\neq+}$ 和能元 $\vec{\varepsilon}_+$ 保持为常质向量,那么 $(\vec{C}_{N_+},\vec{n}_+,\vec{E}_+,\vec{C}_{E_{\neq+}},\vec{C}_{\varepsilon_+})$ 质向量空间是 $(\vec{N}_+,\vec{n}_+,\vec{E}_+,\vec{E}_{\neq+},\vec{\varepsilon}_+)$ 五维分质向量空间的一个截面,在此平面中,参照点已经移动到 $(\vec{C}_{N_+},0,0,\vec{C}_{E_{\neq+}},\vec{C}_{\varepsilon_+})$。由于各个分质向量与各自的分质变量坐标轴同向,

可以用其分质变量坐标轴来表示,则(6-291)式～(6-295)式就成为

$$n_+ = C_{N_+} e^{\mp(C_{E_{\neq+}}-E_+)/C_{\varepsilon_+}} \tag{6-296}$$

$$C_{N_+} = n_+ e^{\pm(C_{E_{\neq+}}-E_+)/C_{\varepsilon_+}} \tag{6-297}$$

$$E_+ = C_{E_{\neq+}} \pm C_{\varepsilon_+} \ln\frac{n_+}{C_{N_+}} \tag{6-298}$$

$$C_{E_{\neq+}} = E_+ \mp C_{\varepsilon_+} \ln\frac{n_+}{C_{N_+}} \tag{6-299}$$

$$C_{\varepsilon_+} = \mp\frac{C_{E_{\neq+}}-E_+}{\ln n_+ - \ln C_{N_+}} \tag{6-300}$$

通过对异质单元数函数(6-296)式 $n_+ = C_{N_+} e^{\mp(C_{E_{\neq+}}-E_+)/C_{\varepsilon_+}}$ 求导,可以得到异质单元数变化率

$$\begin{aligned} r_+ &= \frac{\mathrm{d}}{\mathrm{d}E_+}\left[C_{N_+} e^{\mp(C_{E_{\neq+}}-E_+)/C_{\varepsilon_+}}\right] \\ &= \pm\frac{C_{N_+}}{C_{\varepsilon_+}} e^{\mp(C_{E_{\neq+}}-E_+)/C_{\varepsilon_+}} \\ &= \pm\frac{n_+}{C_{\varepsilon_+}} \\ &= \pm\kappa_+ n_+ \end{aligned} \tag{6-301}$$

式中,$\kappa_+ = \dfrac{1}{C_{\varepsilon_+}}$。

可见,在近平衡态的异质单元数变化率是能量的指数函数,也是异质单元数的线性函数。如果把(6-289)式 $r_+ = \dfrac{\mathrm{d}n_+}{\mathrm{d}E_+} = \pm\dfrac{n_+}{C_{\varepsilon_+}}\left(1-\dfrac{n_+}{C_{N_+}}\right)$ 与(6-301)式 $r_+ = \dfrac{\mathrm{d}n_+}{\mathrm{d}E_+} = \pm\dfrac{n_+}{C_{\varepsilon_+}}$ 进行比较,它们的主要不同之处是(6-289)式方程的右边增加了 $\left(1-\dfrac{n_+}{C_{N_+}}\right)$ 修正因子,在远离平衡态的形态转化过程中,异质单元数变化率函数包含了自我抑制作用。

同样,通过对能量函数(6-298)式 $E_+ = C_{E_{\neq+}} \pm C_{\varepsilon_+}\ln\dfrac{n_+}{C_{N_+}}$ 求异质单元数的导数,也可以得到在近平衡态的能量变化率

$$\mu_+ = \frac{\mathrm{d}E_+}{\mathrm{d}n_+} = \pm\frac{C_{\varepsilon_+}}{n_+} \tag{6-302}$$

上式表明,在近平衡态的能量变化率 μ_+ 与异质单元数 n_+ 是双曲函数。

(三) 准平衡态

在一维正向质向量坐标系 $\vec{X}_+$ 内部的 $(\vec{N}_+, \vec{n}_+, \vec{E}_+, \vec{E}_{\neq+}, \vec{\varepsilon}_+)$ 五维分质向量空间中,各个分质向量与各自的分质变量坐标轴同向,可以用其分质变量坐标轴来表示。在 $(N_+, n_+, E_+, E_{\neq+}, \varepsilon_+)$ 五维分质变量空间中,由于信息 P_+ 与总体单元数 N_+ 和异质

单元数 n_+ 之间存在着(4-71)式 $P_+ = \dfrac{n_+}{N_+}$ 的函数关系，熵 S_+ 与能量 E_+、能阈 $E_{\neq+}$ 和能元 ε_+ 之间存在着(4-76)式 $S_+ = \dfrac{E_{\neq+} - E_+}{\varepsilon_+}$ 的函数关系，所以只要把它们代入准平衡态的单元系统形态变化规律，就可以在 $(N_+, n_+, E_+, E_{\neq+}, \varepsilon_+)$ 五维分质变量空间得到准平衡态的单元系统形态变化规律。

在准平衡态与吸收发射条件下，由熵信息函数(5-96)式 $P_+(S) = aS + b$（式中常量 $a = -e^{-C_{S_1}}$，$b = C_{P_1} + C_{S_1} e^{-C_{S_1}}$），可得到异质单元数 n_+ 的函数表达式为

$$n_+ = aN_+ \frac{E_{\neq+} - E_+}{\varepsilon_+} + bN_+ \tag{6-303}$$

总体单元数 N_+ 的函数表达式为

$$N_+ = \frac{n_+}{a \dfrac{E_{\neq+} - E_+}{\varepsilon_+} + b} \tag{6-304}$$

能量 E_+ 的函数表达式为

$$E_+ = E_{\neq+} - \varepsilon_+ \frac{n_+ - bN_+}{aN_+} \tag{6-305}$$

能阈 $E_{\neq+}$ 的函数表达式为

$$E_{\neq+} = E_+ + \varepsilon_+ \frac{n_+ - bN_+}{aN_+} \tag{6-306}$$

能元 ε_+ 的函数表达式为

$$\varepsilon_+ = aN_+ \frac{E_{\neq+} - E_+}{n_+ - bN_+} \tag{6-307}$$

在准平衡态与自发发射条件下，由熵信息函数(5-100)式 $P_+(S) = a'S + b'$（式中常量 $a' = e^{+C_{S_1}}$，$b' = C_{P_1} - C_{S_1} e^{+C_{S_1}}$），可以得到异质单元数 n_+ 的函数表达式为

$$n_+ = a'N_+ \frac{E_{\neq+} - E_+}{\varepsilon_+} + b'N_+ \tag{6-308}$$

总体单元数 N_+ 的函数表达式为

$$N_+ = \frac{n_+}{a' \dfrac{E_{\neq+} - E_+}{\varepsilon_+} + b'} \tag{6-309}$$

能量 E_+ 的函数表达式为

$$E_+ = E_{\neq+} - \varepsilon_+ \frac{n_+ - b'N_+}{a'N_+} \tag{6-310}$$

能阈 $E_{\neq+}$ 的函数表达式为

$$E_{\neq+} = E_+ + \varepsilon_+ \frac{n_+ - b'N_+}{a'N_+} \tag{6-311}$$

能元 ε_+ 的函数表达式为

$$\varepsilon_+ = a'N_+ \frac{E_{\neq +} - E_+}{n_+ - b'N_+} \tag{6-312}$$

在一维正向质向量坐标系 $\vec{X}_+$ 内部的 $(\vec{N}_+, \vec{n}_+, \vec{E}_+, \vec{E}_{\neq +}, \vec{\varepsilon}_+)$ 五维分质向量空间中，如果总体单元数 $\vec{N}_+$、能阈 $\vec{E}_{\neq +}$ 和能元 $\vec{\varepsilon}_+$ 为常质向量，即 $\vec{N}_+ = \vec{C}_{N_+}$，$\vec{E}_{\neq +} = \vec{C}_{E_{\neq +}}$ 和 $\vec{\varepsilon}_+ = \vec{C}_{\varepsilon_+}$，那么 $(\vec{C}_{N_+}, \vec{n}_+, \vec{E}_+, \vec{C}_{E_{\neq +}}, \vec{C}_{\varepsilon_+})$ 分质向量空间就是 $(\vec{N}_+, \vec{n}_+, \vec{E}_+, \vec{E}_{\neq +}, \vec{\varepsilon}_+)$ 五维分质向量空间的一个截面。由于各个分质向量与各自的分质变量坐标轴同向，可以用其分质变量坐标轴来表示，因而人们可在 $(C_{N_+}, n_+, E_+, C_{E_{\neq +}}, C_{\varepsilon_+})$ 截面上考察 $n_+ \sim E_+$ 或 $E_+ \sim n_+$ 变量之间的关系。

在 $(C_{N_+}, n_+, E_+, C_{E_{\neq +}}, C_{\varepsilon_+})$ 截面上和吸收发射条件下，(6-303)式 $n_+ = aN_+ \cdot \frac{E_{\neq +} - E_+}{\varepsilon_+} + bN_+$ 和(6-305)式 $E_+ = E_{\neq +} - \varepsilon_+ \frac{n_+ - bN_+}{aN_+}$ 就成为

$$n_+ = aC_{N_+} \frac{C_{E_{\neq +}} - E_+}{C_{\varepsilon_+}} + bC_{N_+} \tag{6-313}$$

$$E_+ = C_{E_{\neq +}} - C_{\varepsilon_+} \frac{n_+ - bC_{N_+}}{aC_{N_+}} \tag{6-314}$$

通过对异质单元数函数求导，令 $\kappa_+ = \frac{1}{C_{\varepsilon_+}}$，可以得到异质单元数变化率

$$r_+ = \frac{\mathrm{d}n_+}{\mathrm{d}E_+} = -aC_{N_+}\kappa_+ \tag{6-315}$$

通过对能量函数求异质单元数的导数，也可得到能量变化率

$$\mu_+ = \frac{\mathrm{d}E_+}{\mathrm{d}n_+} = -\frac{C_{\varepsilon_+}}{aC_{N_+}} \tag{6-316}$$

在 $(C_{N_+}, n_+, E_+, C_{E_{\neq +}}, C_{\varepsilon_+})$ 截面上和自发发射条件下，(6-308)式 $n_+ = a'N_+ \cdot \frac{E_{\neq +} - E_+}{\varepsilon_+} + b'N_+$ 和(6-310)式 $E_+ = E_{\neq +} - \varepsilon_+ \frac{n_+ - b'N_+}{a'N_+}$ 就成为

$$n_+ = a'C_{N_+} \frac{C_{E_{\neq +}} - E_+}{C_{\varepsilon_+}} + b'C_{N_+} \tag{6-317}$$

$$E_+ = C_{E_{\neq +}} - C_{\varepsilon_+} \frac{n_+ - b'C_{N_+}}{a'C_{N_+}} \tag{6-318}$$

通过对异质单元数函数求导，令 $\kappa_+ = \frac{1}{C_{\varepsilon_+}}$，其异质单元数变化率为

$$r_+ = \frac{\mathrm{d}n_+}{\mathrm{d}E_+} = -a'C_{N_+}\kappa_+ \tag{6-319}$$

通过对能量函数求异质单元数的导数，也可以得到能量变化率

$$\mu_+ = \frac{\mathrm{d}E_+}{\mathrm{d}n_+} = -\frac{C_{\varepsilon_+}}{a'C_{N_+}} \tag{6-320}$$

由此可见，在准平衡态的异质单元数变化率 r_+ 为一常数，其 $r_+ \sim E_+$ 关系曲线为一平行于纵轴的直线。在准平衡态的能量变化率 μ_+ 为一常数，其 $\mu_+ \sim n_+$ 关系曲线为一平行于纵轴的直线。

二、在 $(\vec{N}, \vec{n}, \vec{E}, \vec{E}_{\neq}, \vec{\varepsilon})$ 空间变相点附近的单元系统形态转化规律

一维正向质向量坐标系 $\vec{X}_+$ 平移可成为一维二仪质向量坐标系 $\vec{X}$，其单位质向量 $\vec{e}$ 是表征单元系统形态转化基元过程的质向量。在一维二仪质向量坐标系 $\vec{X}$ 内部，打开 $\vec{O}\vec{N}\vec{n}\vec{E}\vec{E}_{\neq}\vec{\varepsilon}$ 分质向量坐标系，各个分质向量与各自的分质变量坐标轴同向，可用其分质变量坐标轴来表示。所以，一维二仪质向量坐标系 $\vec{X}$ 上的一维二仪单位质向量 $\vec{e}$ 所表征的单元系统形态转化基元规律可在 $(\vec{N}, \vec{n}, \vec{E}, \vec{E}_{\neq}, \vec{\varepsilon})$ 五维分质变量空间进行刻画。

（一）远离变相点

在一维二仪质向量坐标系 $\vec{X}$ 内部的 $(\vec{N}, \vec{n}, \vec{E}, \vec{E}_{\neq}, \vec{\varepsilon})$ 五维分质向量空间中，省却了分质向量关于指向的规定，把(4-70)式 $P = \dfrac{n}{N}$ 代入(6-147)式 $P = \mp \dfrac{1}{2}\tanh\dfrac{S}{2}$，远离变相点的单元系统形态转化规律就可以表达为双曲正切函数形式的异质单元数函数

$$n = \mp \frac{N}{2}\tanh\frac{E_{\neq} - E}{2\varepsilon} \tag{6-321}$$

由此，远离变相点的单元系统形态转化规律也可以表达为对数函数形式的能量函数

$$E = E_{\neq} \pm \varepsilon \ln\frac{N + 2n}{N - 2n} \tag{6-322}$$

特别地，在一维二仪质向量坐标系 $\vec{X}$ 内部的 $(\vec{N}, \vec{n}, \vec{E}, \vec{E}_{\neq}, \vec{\varepsilon})$ 五维分质变量空间中，省却了分质向量关于指向的规定，因为变相点 $E_{\neq} = 0$，所以(6-321)式可以写成

$$n = \pm \frac{N}{2}\tanh\frac{E}{2\varepsilon} \tag{6-323}$$

同样，(6-322)式也可以写成

$$E = \pm \varepsilon \ln\frac{N + 2n}{N - 2n} \tag{6-324}$$

在一维二仪质向量坐标系 $\vec{X}$ 内部的五维分质向量坐标系 $\vec{O}\vec{N}\vec{n}\vec{E}\vec{E}_{\neq}\vec{\varepsilon}$ 中，如果 $\vec{N}、\vec{E}_{\neq}$ 和 $\vec{\varepsilon}$ 为常质向量，则在 $(\vec{C}_N, \vec{n}, \vec{E}, \vec{C}_{E_{\neq}}, \vec{C}_{\varepsilon})$ 二维截面上，省却了分质向量坐标轴关于指向的规定，分质向量可以用其分质变量来表示，如此，(6-321)式就成为

$$n = \mp \frac{C_N}{2}\tanh\frac{C_{E_{\neq}} - E}{2C_{\varepsilon}} \tag{6-325}$$

而(6-322)式就成为

$$E = C_{E_{\neq}} \pm C_\varepsilon \ln \frac{C_N + 2n}{C_N - 2n} \qquad (6-326)$$

由于变相点 $C_{E_{\neq}} = 0$，这样(6-325)式可表达为

$$n = \pm \frac{C_N}{2} \tanh \frac{E}{2C_\varepsilon} \qquad (6-327)$$

同理，(6-326)式可表达为

$$E = \pm C_\varepsilon \ln \frac{C_N + 2n}{C_N - 2n} \qquad (6-328)$$

上面诸式中，n 和 E 的定义域都是 $(-\infty, +\infty)$。在吸收发射条件下，$n \sim E$ 关系曲线为反 S 形曲线；而在自发发射条件下，$n \sim E$ 关系曲线为 S 形曲线，这些曲线都是关于原点 O 对称的曲线。

在 $(C_N, n, E, C_{E_{\neq}}, C_\varepsilon)$ 的二维截面上，通过对异质单元数函数(6-327)式 $n = \pm \frac{C_N}{2} \cdot \tanh \frac{E}{2C_\varepsilon}$ 求导，可以得到异质单元数变化率函数

$$\begin{aligned} r &= \frac{\mathrm{d}}{\mathrm{d}E}\left(\pm \frac{C_N}{2} \tanh \frac{E}{2C_\varepsilon}\right) \\ &= \pm \frac{C_N}{4C_\varepsilon} \operatorname{sech}^2\left(\frac{E}{2C_\varepsilon}\right) \end{aligned} \qquad (6-329)$$

通过对能量函数(6-328)式 $E = \pm C_\varepsilon \ln \frac{C_N + 2n}{C_N - 2n}$ 求导，也可以得到能量变化率函数

$$\begin{aligned} \mu &= \frac{\mathrm{d}}{\mathrm{d}n}\left(\pm C_\varepsilon \ln \frac{C_N + 2n}{C_N - 2n}\right) \\ &= \pm \frac{4C_N C_\varepsilon}{(C_N + 2n)(C_N - 2n)} \end{aligned} \qquad (6-330)$$

（二）近变相点

在一维二仪质向量坐标系 $\vec{X}$ 内部的 $(\vec{N}, \vec{n}, \vec{E}, \vec{E}_{\neq}, \vec{\varepsilon})$ 五维分质向量空间中，省却了分质向量关于指向的规定，把(4-70)式 $P = \frac{n}{N}$ 代入(6-166)式 $P = \mp \sinh S$，近变相点的单元系统形态转化规律可以表达为双曲正弦函数形式的异质单元数函数

$$\begin{aligned} n &= \mp N \sinh\left(\frac{E_{\neq} - E}{\varepsilon}\right) \\ &= \mp N \sinh(\xi_{\neq} - \xi) \end{aligned} \qquad (6-331)$$

式中，$\xi_{\neq} = \frac{E_{\neq}}{\varepsilon}, \xi = \frac{E}{\varepsilon}$。

由此，近变相点的单元系统形态转化规律也可以表达为对数函数形式的能量函数

$$E = E_{\neq} \pm \varepsilon \ln\left[\frac{n}{N} + \sqrt{\left(\frac{n}{N}\right)^2 + 1}\right] \quad (6\text{-}332)$$

在 $(N, n, E, E_{\neq}, \varepsilon)$ 五维分质变量空间中，由于变相点 $E_{\neq} = 0$，(6-331)式可以写成

$$n = \pm N \sinh\frac{E}{\varepsilon} = \pm N \sinh\xi \quad (6\text{-}333)$$

而(6-332)式也可以写成

$$E = \pm \varepsilon \ln\left[\frac{n}{N} + \sqrt{\left(\frac{n}{N}\right)^2 + 1}\right] \quad (6\text{-}334)$$

在一维二仪质向量坐标系 $\vec{X}$ 内部的分质向量坐标系 $\vec{O}\vec{N}\vec{n}\vec{E}\vec{E}_{\neq}\vec{\varepsilon}$ 中，如果 $\vec{N}, \vec{E}_{\neq}$ 和 $\vec{\varepsilon}$ 保持为常质向量，在 $(\vec{C}_N, \vec{n}, \vec{E}, \vec{C}_{E_{\neq}}, \vec{C}_{\varepsilon})$ 截面上，省却了分质向量坐标轴关于指向的规定，分质向量可用其分质变量来表示，(6-331)式相应地要变成

$$n = \mp C_N \sinh\frac{C_{E_{\neq}} - E}{C_{\varepsilon}} \quad (6\text{-}335)$$

而(6-332)式也要变成

$$E = C_{E_{\neq}} \pm C_{\varepsilon} \ln\left[\frac{n}{C_N} + \sqrt{\left(\frac{n}{C_N}\right)^2 + 1}\right] \quad (6\text{-}336)$$

在变相点，$C_{E_{\neq}} = 0$，(6-335)式可以表达为

$$n = \pm C_N \sinh\frac{E}{C_{\varepsilon}} \quad (6\text{-}337)$$

而(6-336)式也可表达为

$$E = \pm C_{\varepsilon} \ln\left[\frac{n}{C_N} + \sqrt{\left(\frac{n}{C_N}\right)^2 + 1}\right] \quad (6\text{-}338)$$

上面诸式中，n 和 E 的定义域都是 $(-\infty, +\infty)$。可见，近变相点的异质单元数变化规律为双曲正弦函数，其相应的 $n \sim E$ 关系曲线为关于原点 O 对称的曲线。

在 $(C_N, n, E, C_{E_{\neq}}, C_{\varepsilon})$ 的截面上，通过对异质单元数函数(6-337)式 $n = \pm C_N \sinh\frac{E}{C_{\varepsilon}}$ 求导，可以得到异质单元数变化率为

$$r = \frac{\mathrm{d}}{\mathrm{d}E}\left(\pm C_N \sinh\frac{E}{C_{\varepsilon}}\right)$$

$$= \pm \frac{C_N}{C_{\varepsilon}}\cosh\frac{E}{C_{\varepsilon}} \quad (6\text{-}339)$$

这个双曲余弦函数为偶函数，其 $r \sim E$ 关系曲线是关于 r 轴对称的曲线，其函数图形在吸收发射条件下为倒挂的悬链线，而在自发发射条件下为正挂的悬链线。

通过对能量函数(6-338)式 $E = \pm C_{\varepsilon} \ln\left[\frac{n}{C_N} + \sqrt{\left(\frac{n}{C_N}\right)^2 + 1}\right]$ 求导，也可以得到能量

变化率函数为

$$\mu = \frac{d}{dn}\left[\pm C_\varepsilon \ln\left(\frac{n}{C_N} + \sqrt{\frac{n^2}{C_N^2}+1}\right)\right]$$

$$= \pm C_\varepsilon \left(\frac{1+\dfrac{n}{\sqrt{n^2+C_N^2}}}{n+\sqrt{n^2+C_N^2}}\right)$$

$$= \pm \frac{C_\varepsilon}{\sqrt{n^2+C_N^2}} \tag{6-340}$$

(三) 准变相点

在一维二仪质向量坐标系 $\vec{X}$ 内部的 $(\vec{N}, \vec{n}, \vec{E}, \vec{E}_{\neq}, \vec{\varepsilon})$ 五维分质向量空间中,省却了分质向量关于指向的规定,把(4-71)式 $P = \dfrac{n}{N}$ 代入(6-171)式 $P = -S$ 和(6-172)式 $P = S$,准变相点的单元系统形态转化规律可以表达为异质单元数 n 的函数,即

$$n = \mp N \frac{E_{\neq} - E}{\varepsilon} \tag{6-341}$$

准变相点的单元系统形态转化规律也可表达为总体单元数 N 的函数,即

$$N = \mp n \frac{\varepsilon}{E_{\neq} - E} \tag{6-342}$$

准变相点的单元系统形态转化规律也可表达为能量 E 的函数,即

$$E = E_{\neq} \pm \frac{n\varepsilon}{N} \tag{6-343}$$

准变相点的单元系统形态转化规律也可表达为能阈 $E_{\neq}$ 的函数,即

$$E_{\neq} = E \mp \frac{n\varepsilon}{N} \tag{6-344}$$

准变相点的单元系统形态转化规律也可表达为能元 ε 的函数,即

$$\varepsilon = \mp N \frac{E_{\neq} - E}{n} \tag{6-345}$$

在 $(N, n, E, E_{\neq}, \varepsilon)$ 五维分质变量空间中,由于变相点 $E_{\neq} = 0$,则(6-341)式 $n = \mp N \dfrac{E_{\neq} - E}{\varepsilon}$ 可以写成

$$n = \pm \frac{NE}{\varepsilon} \tag{6-346}$$

(6-342)式 $N = \mp n \dfrac{\varepsilon}{E_{\neq} - E}$ 可以写成

$$N = \pm \frac{n\varepsilon}{E} \tag{6-347}$$

(6-343)式 $E = E_{\neq} \pm \dfrac{n\varepsilon}{N}$ 可以写成

$$E = \pm \dfrac{n\varepsilon}{N} \tag{6-348}$$

(6-344)式 $E_{\neq} = E \mp \dfrac{n\varepsilon}{N}$ 可以写成

$$E_{\neq} = E \mp \dfrac{n\varepsilon}{N} = 0 \tag{6-349}$$

(6-345)式 $\varepsilon = \mp N \dfrac{E_{\neq} - E}{n}$ 可以写成

$$\varepsilon = \pm \dfrac{NE}{n} \tag{6-350}$$

在一维二仪质向量坐标系 $\vec{X}$ 内部的 $(\vec{N}, \vec{n}, \vec{E}, \vec{E}_{\neq}, \vec{\varepsilon})$ 五维分质向量空间中,如果总体单元数 $\vec{N}$、能阈 $\vec{E}_{\neq}$ 和能元 $\vec{\varepsilon}$ 保持为常质向量,也就是这三种度量单元系统形态的基准在人们的认知过程中被潜化,即 $\vec{N} = \vec{C}_N$,$\vec{E}_{\neq} = \vec{C}_{E_{\neq}}$ 和 $\vec{\varepsilon} = \vec{C}_{\varepsilon}$,那么人们考察单元系统的 $\vec{n} \sim \vec{E}$ 或 $\vec{E} \sim \vec{n}$ 分质向量之间的关系就可以在 $(\vec{C}_N, \vec{n}, \vec{E}, \vec{C}_{E_{\neq}}, \vec{C}_{\varepsilon})$ 平面中进行。省却了分质向量坐标轴关于指向的规定,分质向量可以用其分质变量来表示,且 $E_{\neq} = C_{E_{\neq}} = 0$。如此,异质单元数 n 的函数表达式(6-346)式 $n = \pm \dfrac{NE}{\varepsilon}$ 就成为

$$n = \pm \dfrac{C_N E}{C_{\varepsilon}} = \pm C_{\alpha} E \tag{6-351}$$

式中,$C_{\alpha} = \dfrac{C_N}{C_{\varepsilon}}$。其相应的 $n \sim E$ 关系曲线为关于原点对称的斜率为 $\mp C_{\alpha}$ 的直线。此即表明,在准变相点条件下,单元系统的异质单元数 n 是能量 E 的线性函数。

同理,能量 E 的函数表达式(6-348)式 $E = \pm \dfrac{n\varepsilon}{N}$ 就成为

$$E = \pm \dfrac{C_{\varepsilon} n}{C_N} = \pm C_{\gamma} n \tag{6-352}$$

式中,$C_{\gamma} = \dfrac{C_{\varepsilon}}{C_N} = \dfrac{1}{C_{\alpha}}$。此又表明,在准平衡态条件下,单元系统的能量 E 是异质单元数 n 的线性函数。

三、在 $(\vec{N}_{\perp}, \vec{n}_{\perp}, \vec{E}_{\perp}, \vec{E}_{\neq\perp}, \vec{\varepsilon}_{\perp})$ 空间变相点附近的单元系统形态转化规律

一维二仪质向量坐标系 $\vec{X}$ 旋转 $\dfrac{\pi}{2}$ 后成为一维二仪质向量坐标系 $\vec{X}_{\perp}$,其单位质向

量 $\vec{e}_\perp$ 的定义域为 $\left[-\dfrac{i}{2}, \dfrac{i}{2}\right]$。在一维二仪质向量坐标系 $\vec{X}_\perp$ 内部打开 $(\vec{N}_\perp, \vec{n}_\perp, \vec{E}_\perp, \vec{E}_{\neq\perp}, \vec{\varepsilon}_\perp)$ 分质向量空间，各个分质向量与各自的分质变量坐标轴同向，可以用其分质变量坐标轴来表示。所以，在一维二仪质向量坐标系 $\vec{X}_\perp$ 上，一维二仪单位质向量 $\vec{e}_\perp$ 是表征单元系统形态转化基元过程的质向量，其所表征的单元系统形态转化基元规律可以在 $(\vec{N}_\perp, \vec{n}_\perp, \vec{E}_\perp, \vec{E}_{\neq\perp}, \vec{\varepsilon}_\perp)$ 分质向量空间进行刻画。

如果在一维二仪质向量坐标系 $\vec{X}_\perp$ 内部打开多维分质向量空间，多维分质向量坐标系旋转后各个分质向量坐标轴与未旋转的一维二仪质向量坐标系 $\vec{X}$ 不再同向，则不能直接用其变量来表示。如果一维二仪质向量坐标系旋转 $\dfrac{\pi}{2}$，则其质变量空间就由实数表达的一维二仪质变量空间变成了以虚数 i 表达的一维二仪质变量空间。

（一）远离变相点

在一维二仪质向量坐标系 $\vec{X}_\perp$ 内部的 $(\vec{N}_\perp, \vec{n}_\perp, \vec{E}_\perp, \vec{E}_{\neq\perp}, \vec{\varepsilon}_\perp)$ 五维分质向量空间中，省却了分质向量关于指向的规定，把（4-71）式 $P=\dfrac{n}{N}$ 代入（6-225）式 $P=\mp\dfrac{1}{2}\tan\dfrac{S}{2}$，远离变相点的单元系统形态转化规律可以表达为正切函数形式的异质单元数函数，即

$$n_\perp = \mp \frac{N_\perp}{2}\tan\frac{E_{\neq\perp}-E_\perp}{2\varepsilon_\perp} \tag{6-353}$$

由此，远离变相点的单元系统形态转化规律也可以表达为对数函数形式的能量函数，即

$$E_\perp = E_{\neq\perp} \pm \varepsilon_\perp \ln\frac{N_\perp + 2n_\perp}{N_\perp - 2n_\perp} \tag{6-354}$$

在一维二仪质向量坐标系 $\vec{X}_\perp$ 内部的 $(\vec{N}_\perp, \vec{n}_\perp, \vec{E}_\perp, \vec{E}_{\neq\perp}, \vec{\varepsilon}_\perp)$ 五维分质向量空间中，省却了分质向量关于指向的规定，因为变相点 $E_\neq = 0$，所以（6-353）式可以写成

$$n_\perp = \pm \frac{N_\perp}{2}\tan\frac{E_\perp}{2\varepsilon_\perp} \tag{6-355}$$

而（6-354）式也可以写成

$$E_\perp = \pm \varepsilon_\perp \ln\frac{N_\perp + 2n_\perp}{N_\perp - 2n_\perp} \tag{6-356}$$

在一维二仪质向量坐标系 $\vec{X}_\perp$ 内部的 $(\vec{N}_\perp, \vec{n}_\perp, \vec{E}_\perp, \vec{E}_{\neq\perp}, \vec{\varepsilon}_\perp)$ 五维分质向量空间中，如果 $\vec{E}_{\neq\perp}$、$\vec{\varepsilon}_\perp$ 和 $\vec{N}_\perp$ 保持为常质向量，则在 $(\vec{C}_{N_\perp}, \vec{n}_\perp, \vec{E}_\perp, \vec{C}_{E_{\neq\perp}}, \vec{C}_{\varepsilon_\perp})$ 二维截面上，省却了分质向量坐标轴关于指向的规定，分质向量可以用其分质变量来表示，如此，（6-

355)式 $n_\perp = \pm \dfrac{N_\perp}{2} \tan \dfrac{E_\perp}{2\varepsilon_\perp}$ 的正切函数就成为

$$n_\perp = \pm \dfrac{C_{N_\perp}}{2} \tan \dfrac{E_\perp}{2C_{\varepsilon_\perp}} \tag{6-357}$$

而(6-356)式 $E_\perp = \pm \varepsilon_\perp \ln \dfrac{N_\perp + 2n_\perp}{N_\perp - 2n_\perp}$ 也可以写成

$$E_\perp = \pm C_{\varepsilon_\perp} \ln \dfrac{C_{N_\perp} + 2n_\perp}{C_{N_\perp} - 2n_\perp} \tag{6-358}$$

在一维二仪质向量坐标系 $\vec{X}_\perp$ 内部的 $(\vec{N}_\perp, \vec{n}_\perp, \vec{E}_\perp, \vec{E}_{\neq\perp}, \vec{\varepsilon}_\perp)$ 分质向量空间的 $(\vec{C}_{N_\perp}, \vec{n}_\perp, \vec{E}_\perp, \vec{C}_{E_{\neq\perp}}, \vec{C}_{\varepsilon_\perp})$ 二维截面上,各个分质向量与各自的分质变量坐标轴同向,可以用其分质变量坐标轴来表示。通过对(6-357)式 $n_\perp = \pm \dfrac{C_{N_\perp}}{2} \tan \dfrac{E_\perp}{2C_{\varepsilon_\perp}}$ 求导数,可以得到异质单元数变化率为

$$r_\perp = \dfrac{\mathrm{d}n_\perp}{\mathrm{d}E_\perp} = \pm \dfrac{C_{N_\perp}}{4C_{\varepsilon_\perp}} \mathrm{sech}^2 \left(\dfrac{E_\perp}{2C_{\varepsilon_\perp}} \right) \tag{6-359}$$

通过对(6-358)式 $E_\perp = \pm C_{\varepsilon_\perp} \ln \dfrac{C_{N_\perp} + 2n_\perp}{C_{N_\perp} - 2n_\perp}$ 求导数,也可以得到能量变化率为

$$\mu_\perp = \pm \dfrac{4 C_{N_\perp} C_{\varepsilon_\perp}}{(C_{N_\perp} + 2n_\perp)(C_{N_\perp} - 2n_\perp)} \tag{6-360}$$

(二)近变相点

在一维二仪质向量坐标系 $\vec{X}_\perp$ 内部的 $(\vec{N}_\perp, \vec{n}_\perp, \vec{E}_\perp, \vec{E}_{\neq\perp}, \vec{\varepsilon}_\perp)$ 五维分质向量空间中,省却了分质向量关于指向的规定,把(4-71)式 $P = \dfrac{n}{N}$ 代入(6-248)式 $P = \mp \sin S$,近变相点的单元系统形态转化规律可以表达为正弦函数形式的异质单元数函数,即

$$n_\perp = \mp N_\perp \sin \dfrac{E_{\neq\perp} - E_\perp}{\varepsilon_\perp} \tag{6-361}$$

由此,近变相点的单元系统形态转化规律也可以表达为能量函数,即

$$E_\perp = E_{\neq\perp} \pm \varepsilon_\perp \ln \left[\dfrac{n_\perp}{N_\perp} + \sqrt{\left(\dfrac{n_\perp}{N_\perp} \right)^2 + 1} \right] \tag{6-362}$$

在一维二仪质向量坐标系 $\vec{X}_\perp$ 内部的 $(\vec{N}_\perp, \vec{n}_\perp, \vec{E}_\perp, \vec{E}_{\neq\perp}, \vec{\varepsilon}_\perp)$ 五维分质向量空间中,省却了分质向量关于指向的规定,由于变相点 $E_{\neq\perp} = 0$,因此(6-361)式可以写成

$$n_\perp = \pm N_\perp \sin \dfrac{E_\perp}{\varepsilon_\perp} \tag{6-363}$$

而(6-362)式也可以写成

$$E_\perp = \pm \varepsilon_\perp \ln \left[\dfrac{n_\perp}{N_\perp} + \sqrt{\left(\dfrac{n_\perp}{N_\perp} \right)^2 + 1} \right] \tag{6-364}$$

在一维二仪质向量坐标系 $\vec{X}_\perp$ 内部的 $(\vec{N}_\perp, \vec{n}_\perp, \vec{E}_\perp, \vec{E}_{\neq\perp}, \vec{\varepsilon}_\perp)$ 五维分质向量空间中,如果 $\vec{E}_{\neq\perp}, \vec{\varepsilon}_\perp$ 和 $\vec{N}_\perp$ 保持为常质向量,在 $(\vec{C}_{N_\perp}, \vec{n}_\perp, \vec{E}_\perp, \vec{C}_{E_{\neq\perp}}, \vec{C}_{\varepsilon_\perp})$ 截面上,省却了分质向量坐标轴关于指向的规定,分质向量可以用分质变量来表示。这样,(6-361)式 $n_\perp = \mp N_\perp \sin \dfrac{E_{\neq\perp} - E_\perp}{\varepsilon_\perp}$ 就成为

$$n_\perp = \mp C_{N_\perp} \sin \frac{C_{E_{\neq\perp}} - E_\perp}{C_{\varepsilon_\perp}} \tag{6-365}$$

而 (6-362) 式 $E_\perp = E_{\neq\perp} \pm \varepsilon_\perp \ln\left[\dfrac{n_\perp}{N_\perp} + \sqrt{\left(\dfrac{n_\perp}{N_\perp}\right)^2 + 1}\right]$ 也要变成

$$E_\perp = C_{E_{\neq\perp}} \pm C_{\varepsilon_\perp} \ln\left[\frac{n_\perp}{C_{N_\perp}} + \sqrt{\left(\frac{n_\perp}{C_{N_\perp}}\right)^2 + 1}\right] \tag{6-366}$$

由于 $C_{E_{\neq\perp}} = 0$,相应地 (6-365) 式就成为

$$n_\perp = \pm C_{N_\perp} \sin \frac{E_\perp}{C_{\varepsilon_\perp}} \tag{6-367}$$

而 (6-366) 式也成为

$$E_\perp = \pm C_{\varepsilon_\perp} \ln\left[\frac{n_\perp}{C_{N_\perp}} + \sqrt{\left(\frac{n_\perp}{C_{N_\perp}}\right)^2 + 1}\right] \tag{6-368}$$

通过对 (6-367) 式 $n_\perp = \pm C_{N_\perp} \sin \dfrac{E_\perp}{C_{\varepsilon_\perp}}$ 异质单元数函数求导,也可以得到坐标系旋转下的异质单元数变化率函数

$$r_\perp = \frac{dn_\perp}{dE_\perp} = \pm \frac{C_{N_\perp}}{C_{\varepsilon_\perp}} \cos\left(\frac{E_\perp}{C_{\varepsilon_\perp}}\right) \tag{6-369}$$

这个双曲余弦函数为偶函数。

通过对 (6-368) 式 $E_\perp = \pm C_{\varepsilon_\perp} \ln\left[\dfrac{n_\perp}{C_{N_\perp}} + \sqrt{\left(\dfrac{n_\perp}{C_{N_\perp}}\right)^2 + 1}\right]$ 能量函数求导,也可以得到坐标系旋转下的能量变化率函数

$$\begin{aligned}\mu_\perp &= \frac{d}{dn}\left[\pm C_{\varepsilon_\perp} \ln\left(\frac{n_\perp}{C_{N_\perp}} + \sqrt{\frac{n_\perp^2}{C_{N_\perp}^2} + 1}\right)\right] \\ &= \pm \frac{C_{\varepsilon_\perp}}{\sqrt{n_\perp^2 + C_{N_\perp}^2}}\end{aligned} \tag{6-370}$$

(三) 准变相点

在一维二仪质向量坐标系 $\vec{X}_\perp$ 内部的 $(\vec{N}_\perp, \vec{n}_\perp, \vec{E}_\perp, \vec{E}_{\neq\perp}, \vec{\varepsilon}_\perp)$ 五维分质向量空间中,省却了分质向量关于指向的规定,把 (4-71) 式 $P = \dfrac{n}{N}$ 代入 (6-281) 式 $Pi = -Si$ 和

(6-285)式 $Pi=Si$，准变相点的单元系统形态转化规律可以表达为异质单元数函数

$$n_\perp = \mp N_\perp \frac{E_{\neq\perp} - E_\perp}{\varepsilon_\perp} \tag{6-371}$$

由此，准变相点的单元系统形态转化规律也可以表达为能量 $E_\perp$ 的函数

$$E_\perp = E_{\neq\perp} \pm \frac{n_\perp \varepsilon_\perp}{N_\perp} \tag{6-372}$$

由于变相点 $E_{\neq\perp}=0$，因而(6-371)式成为

$$n_\perp = \pm N_\perp \frac{E_\perp}{\varepsilon_\perp} \tag{6-373}$$

同样，(6-372)式成为

$$E_\perp = \pm \frac{n_\perp \varepsilon_\perp}{N_\perp} \tag{6-374}$$

如果 $\vec{E}_{\neq\perp}$、$\vec{\varepsilon}_\perp$ 和 $\vec{N}_\perp$ 保持为常质向量，在一维二仪质向量坐标系 $\vec{X}_\perp$ 内部的 ($\vec{N}_\perp$, $\vec{n}_\perp$, $\vec{E}_\perp$, $\vec{E}_{\neq\perp}$, $\vec{\varepsilon}_\perp$) 五维分质向量空间的 ($\vec{C}_{N_\perp}$, $\vec{n}_\perp$, $\vec{E}_\perp$, $\vec{C}_{E_{\neq\perp}}$, $\vec{C}_{\varepsilon_\perp}$) 截面上，省却了分质向量坐标轴关于指向的规定，分质向量可以用其分质变量来表示。那么，异质单元数 $n_\perp$ 的函数表达式为

$$n_\perp = \mp C_{N_\perp} \frac{C_{E_{\neq\perp}} - E_\perp}{C_{\varepsilon_\perp}} \tag{6-375}$$

能量 $E_\perp$ 的函数表达式为

$$E_\perp = C_{E_{\neq\perp}} \pm \frac{n_\perp C_{\varepsilon_\perp}}{C_{N_\perp}} \tag{6-376}$$

由于变相点 $C_{E_{\neq\perp}}=0$，因此(6-375)式 $n_\perp = \mp C_{N_\perp} \frac{C_{E_{\neq\perp}} - E_\perp}{C_{\varepsilon_\perp}}$ 可表达成为

$$n_\perp = \pm C_{N_\perp} \frac{E_\perp}{C_{\varepsilon_\perp}} = C_{\alpha_\perp} \tag{6-377}$$

式中，$C_{\alpha_\perp} = \frac{C_{N_\perp}}{C_{\varepsilon_\perp}}$。

同样，(6-376)式 $E_\perp = C_{E_{\neq\perp}} \pm \frac{n_\perp C_{\varepsilon_\perp}}{C_{N_\perp}}$ 也可表达成为

$$E_\perp = \pm \frac{n_\perp C_{\varepsilon_\perp}}{C_{N_\perp}} = \pm C_{\gamma_\perp} n_\perp \tag{6-378}$$

式中，$C_{\gamma_\perp} = \frac{C_{\varepsilon_\perp}}{C_{N_\perp}} = \frac{1}{C_{\alpha_\perp}}$。

第五节　万能的显性因子与广义的力和势

单元系统形态变化规律以总体单元数 $\vec{N}$、异质单元数 $\vec{n}$、能量 $\vec{E}$、能

阈 $\vec{E}_{\neq}$ 和能元 $\vec{\varepsilon}$ 五个质向量或信息 $\vec{P}$ 和熵 $\vec{S}$ 两个质向量来反映,就只能以一般的形式来表现。若以特定的质向量或万能的显性因子来刻画单元系统形态变化规律,则可以生动地体现各种各样的单元系统形态变化规律,且可以自然而然地建立关于"力"和"势"的一般概念。

一、特定的质向量与特质的规定性

一维正向质向量坐标系 $\vec{X}_+$ 上的一维正向单位质向量 $\vec{e}_+$ 是表征单元系统形态变化基元过程的质向量,经过平移变换可成为一维二仪质向量坐标系 $\vec{X}$ 上的一维二仪单位质向量 $\vec{e}$,再经过旋转变换可成为一维二仪质向量坐标系 $\vec{X}_\perp$ 上的一维二仪单位质向量 $\vec{e}_\perp$。虽然单位质向量在空间的变换中其本质并未改变,但是在一维质向量空间是难以表述单元系统所经历的基元过程的形态变化规律。为此,必须打开一维二仪质向量坐标系 $\vec{X}$(或 $\vec{X}_+$ 或 $\vec{X}_\perp$)内部的多维分质向量坐标系,只要确定分质向量坐标轴,就可以在多维分质向量空间中以函数形式来表现单元系统形态转化基元规律,而且各个分质向量与一维二仪质向量坐标轴 $\vec{X}$ 同向,可以用其分质变量来表示。

例如,在一维正向质向量坐标系 $\vec{X}_+$ 内部的 $(\vec{P}_+, \vec{S}_+)$ 二维分质向量空间中,省却了分质向量坐标轴关于指向的规定,单元系统形态转化基元规律就是由信息 P_+ 和熵 S_+ 这两个分质变量构成的熵信息函数 $P_+ = \dfrac{1}{1+e^{\pm S_+}}$ 或信息熵函数 $S_+ = \pm \ln\left(\dfrac{1-P_+}{P_+}\right)$。在一维正向质向量坐标系 $\vec{X}_+$ 内部的 $(\vec{N}_+, \vec{n}_+, \vec{E}_+, \vec{E}_{\neq +}, \vec{\varepsilon}_+)$ 五维分质向量空间中,省却了分质向量坐标轴关于指向的规定,单元系统形态转化基元规律是由总体单元数 N_+、异质单元数 n_+、能量 E_+、能阈 $E_{\neq +}$ 和能元 ε_+ 这五个分质变量构成的函数,其显函数表现形式为 (5-29) 式～(5-33) 式: $n_+ = \dfrac{N_+}{1+e^{\pm(E_{\neq +}-E_+)/\varepsilon_+}}$,$N_+ = n_+[1+e^{\pm(E_{\neq +}-E_+)/\varepsilon_+}]$,$E_+ = E_{\neq +} \pm \varepsilon_+ \ln \dfrac{n_+}{N_+ - n_+}$,$E_{\neq +} = E_+ \mp \varepsilon_+ \ln \dfrac{n_+}{N_+ - n_+}$ 和 $\varepsilon_+ = \pm \dfrac{E_+ - E_{\neq +}}{\ln \dfrac{n_+}{N_+ - n_+}}$。

通过对单元系统形态转化基元规律进行分段,可以在平衡态附近得到单元系统形态转化基元规律相应的近似表达式。但是,这些平衡态附近的单元系统形态转化基元规律的各种近似表达式并没有改变其质向量空间,单元系统形态转化基元规律的简化表达式也没有改变表现单元系统形态的内在关系。所以,迄今为止人们所知道的物理定律都具有在坐标轴作平移和转动情况下的不变性。[8]

不过,如果刻画单元系统形态的一维质向量坐标轴经过缩放、切变、平移、旋转和投影等线性变换,一维质向量坐标轴内部所打开的多维分质向量空间也要经过线性变换,而其中表现的单元系统形态变化规律也必然要以发生相应线性变换的各个分质向量来表达。例如,在一维正向质向量坐标系$\vec{X}_+$内部的$(\vec{N}_+,\vec{n}_+,\vec{E}_+,\vec{E}_{\neq +},\vec{\varepsilon}_+)$五维分质向量空间中通过坐标的平移变换,总体单元数$\vec{N}_+$、异质单元数$\vec{n}_+$、能量$\vec{E}_+$、能阈$\vec{E}_{\neq +}$和能元$\vec{\varepsilon}_+$这五个分质向量之中就有若干个分质向量变成常向量,因而(5-29)式～(5-33)式的函数关系在这些不同约束条件下就可以演绎出一百三十多种单元系统形态转化基元规律的特殊表达形式。

在一维二仪质向量坐标系$\vec{X}$(或$\vec{X}_+$或$\vec{X}_\perp$)内部,打开$(\vec{P},\vec{S})$二维分质向量空间或$(\vec{N},\vec{n},\vec{E},\vec{E}_{\neq},\vec{\varepsilon})$五维分质向量空间,不仅可以得到远离变相点表征单元系统形态转化的基元规律,而且可以得到变相点附近单元系统形态转化规律的简化表达式。通过坐标平移变换,还可以得到不同约束条件下各种形式的单元系统形态转化基元规律。

其实,在一维二仪质向量坐标系$\vec{X}$内部不同维度的分质向量空间揭示单元系统形态转化基元规律,统一科学是按照人类的理性认识,先把所要考察的各种特殊事物的具体细节抹去,只保留其反映事物形态的本质特征量,通过撇开事物外部的非本质的联系,舍弃事物的次要因素,对客观事物的质加以概括和抽象,就形成了关于事物"内在本质"抽象的度量基准。有了这种关于事物性质的抽象规定及其在变化量值和取向上的一般规定,人们就可以将这些质向量作为认识单元系统形态的一组坐标轴来建立认知单元系统形态的坐标系。

支撑一定维度质向量坐标系的擎天巨柱就是一组质向量坐标轴,像信息$\vec{P}$和熵$\vec{S}$作为一组基础质向量坐标轴可以打开$(\vec{P},\vec{S})$质向量空间;而总体单元数$\vec{N}$、异质单元数$\vec{n}$、能量$\vec{E}$、能阈$\vec{E}_{\neq +}$和能元$\vec{\varepsilon}$作为一组基干质向量坐标轴也可以打开$(\vec{N},\vec{n},\vec{E},\vec{E}_{\neq},\vec{\varepsilon})$质向量空间。基础质向量与基干质向量都是具有规定含义的质向量,由这些质向量的若干组合来刻画单元系统形态的内在关系,就必然以高度抽象而又普适简洁的思维模型来表现单元系统形态转化基元规律及其变换形式。

统观在一维正向质向量坐标系$\vec{X}_+$内部不同维度的分质向量空间中表现的单元系统形态转化基元规律及其在平衡态或变相点附近的各种近似表达式,可以发现在各种约束条件下的表达式都是以构造坐标系的各个分质向量来表现其相互内在关系的,每一种特定的形式都具有深刻的内涵,每一个变质向量或常质向量也都有其既定的含义。

回顾科学史上各个学科所揭示的各种单元系统形态变化的规律,可以发现绝大多数的单元系统形态变化规律也都有特殊的表现形式。这就告诉人们,在单元系统形态转化基元规律的一般形式和各学科已发现的具体单元系统形态变化规律的特殊形式之间,目前还存在着一道鸿沟。

在由一组质向量坐标轴构造的一定维度的质向量坐标系中,每一个质向量坐标轴赋予了单元系统形态转化基元规律内在关系的"先天基因",单元系统形态变化规律的质向量表现形式是一般的还是特殊的,都是由这一组质向量决定的。如果反映单元系统形态变化规律的质向量金身不破,仍然以像信息$\vec{P}$和熵$\vec{S}$那样一般又抽象的质向量作为形态参量,那单元系统形态变化规律就只能以上述的一般形式来表现,由此建立的学说和理论也只能以这些质向量来阐述单元系统形态变化的基本规律及其相应的基本概念。但是,如果描述单元系统形态变化规律的这一组质向量不是一般的基础质向量,那就可用特殊规定的质向量之间存在的内在关系来刻画单元系统形态变化规律,并且可以在现实世界和具体领域生动地体现单元系统形态转化基元规律。

任何事物都是有质的事物,而质就是事物特质的规定性。各种质的规定都是对事物某一方面质的反映,是从某一方面反映了事物的本质实在。虽然思维的多次抽象活动可以形成多种抽象的规定,但这些抽象规定的堆砌并不能反映具体事物,因为客观事物是多样规定性的统一。如果人们的认识只停留在科学抽象的一般水平上,那就不能把握具体真理。因此,当人们的认识达到了掌握单元系统形态转化基元规律的绝对真理以后,还必须从抽象的一般再上升到理性的具体,把各种规定性联系起来,在思维中再现出认识对象的多样规定性的统一。

打通一般到特殊的通道是建立统一科学演绎理论体系的重要工程,统一科学也只有填平单元系统形态转化基元规律一般形式到各学科具体事物形态变化规律特殊形式之间的鸿沟,才能构成统一科学完整的理论体系。从一般演绎到特殊的关键,就是要解决从抽象规定性到具体规定性"魂不附体"的问题。

世界上的事物形态千差万别,体现的就是它们质的特殊规定性的差别。质是最初的、内在的、直接的规定性。客观事物因为其自身质的规定性,且具有独立的不依赖其他事物的一面,所以是"自在的"。质的规定性和事物具有直接的同一性,某物有某质就称其为某物质,没有某质也就无所谓某物质;某物规定的质一旦发生变化,它就不再是某物,而变成异质的他物了。正是有这种特殊的质的规定性,人们才能把事物分为电子、光子、原子、分子、细胞、植物、动物、人、社会团体、星球、星系等。否则,整个世界就只有一般的全同的粒子(单元)或由此组成的不可辨别的"气团"(系统)。

质的规定性使事物形态成为它本身这个样子,而不成为另外的样子。这种质的规定性也使得事物的性能具有各种特殊的规定形式,因而人们才能把事物的质这个抽象的概念分为酸、甜、苦、辣、喜、怒、哀、乐等,把性能这一笼统的概念分为动能、势能、电能、磁能、光能、功能等。

任何事物质的规定性及其性能的规定性都是在人们理性认识中人为赋予的。人们可以根据事物某种典型的质或特征来规定事物的具体性能,也可以根据事物形态转化的运动形式(如机械运动、化学运动、原子运动等)所表现的各种综合性能来规定其性能的形式(如机械能、化学能、原子能等)。因而,事物在形态转化中表现的综合性能往往包含着一些不同规定的特殊性能,事物的综合性能是事物特殊性能规定的多样性的整体表现。

在统一科学中,以质向量作为认知事物形态的度量基准,在一维二仪质向量坐标系 $\vec{X}$ 内部就可以打开低一级的 m 维分质向量空间。因而,一维二仪质向量坐标系 $\vec{X}$ 中

的质向量 $\vec{x}$ 可以分解为 m 个分质向量 $\vec{x}_1,\vec{x}_2,\cdots,\vec{x}_m$，即 $\vec{x}=(\vec{x}_1,\vec{x}_2,\cdots,\vec{x}_m)$，这样，一个一般规定的质向量 $\vec{x}$ 就可以用 m 个特殊规定的分质向量 $\vec{x}_1,\vec{x}_2,\cdots,\vec{x}_m$ 来取代。例如，一维质向量 $\vec{x}$ 分解为 2 个分质向量 $\vec{x}_1,\vec{x}_2$，如果取 $\vec{x}_1=\vec{P},\vec{x}_2=\vec{S}$，就是 $\vec{x}=(\vec{P},\vec{S})$；一维质向量 $\vec{x}$ 分解为 5 个分质向量 $\vec{x}_1,\vec{x}_2,\vec{x}_3,\vec{x}_4,\vec{x}_5$，如果取 $\vec{x}_1=\vec{N},\vec{x}_2=\vec{n},\vec{x}_3=\vec{E},\vec{x}_4=\vec{E}_{\neq},\vec{x}_5=\vec{\varepsilon}$，就是 $\vec{x}=(\vec{N},\vec{n},\vec{E},\vec{E}_{\neq},\vec{\varepsilon})$。[9]

以此类推，由于任何一个质向量都可以由 m 个彼此独立的特殊的分质向量来表示，那么在以 k 个质向量作为刻画单元系统形态的坐标轴所建立的 k 维质向量坐标系中，在每一维度的质向量坐标轴内部也可以打开 m 维特殊的分质向量空间。

例如，对于能量 $\vec{E}$ 这一质向量，可以由 m 个相互独立的特殊性能 $\vec{E}_1,\vec{E}_2,\cdots,\vec{E}_m$ 作为其特殊的分质向量，单元系统的能量 $\vec{E}$ 就具有 m 种性能的特殊规定性。以这一组能量 $\vec{E}$ 的分质向量 $\vec{E}_1,\vec{E}_2,\cdots,\vec{E}_m$ 构成 m 维特殊性能的坐标系，这 m 维特殊分质向量坐标轴所打开的就是 m 维特殊分质向量空间 $(\vec{E}_1,\vec{E}_2,\cdots,\vec{E}_m)$，这样单元系统的整体能量 $\vec{E}$ 就可以用 m 个彼此独立的特殊性能 $\vec{E}_1,\vec{E}_2,\cdots,\vec{E}_m$ 来刻画。

同理，能阈 $\vec{E}_{\neq}$ 这一质向量可以用 m 个相互独立的特殊的能阈 $\vec{E}_{\neq 1},\vec{E}_{\neq 2},\cdots,\vec{E}_{\neq m}$ 作为其特殊的分质向量，单元系统的能阈 $\vec{E}_{\neq}$ 就具有 m 种质的特殊规定性。以这一组能阈 $\vec{E}_{\neq}$ 的分质向量 $\vec{E}_{\neq 1},\vec{E}_{\neq 2},\cdots,\vec{E}_{\neq m}$ 构成 m 维特殊能阈的坐标系，这 m 维特殊分能阈坐标轴所打开的就是 m 维特殊分能阈空间 $(\vec{E}_{\neq 1},\vec{E}_{\neq 2},\cdots,\vec{E}_{\neq m})$，这样单元系统的能阈 $\vec{E}_{\neq}$ 也就可以用 m 个彼此独立的特殊能阈 $\vec{E}_{\neq 1},\vec{E}_{\neq 2},\cdots,\vec{E}_{\neq m}$ 来刻画。

能元 $\vec{\varepsilon}$ 这一质向量也可以用 m 个相互独立的特殊的能元 $\vec{\varepsilon}_1,\vec{\varepsilon}_2,\cdots,\vec{\varepsilon}_m$ 作为其特殊的分质向量，单元系统的能元 $\vec{\varepsilon}$ 就具有 m 种质的特殊规定性。以这一组能元 $\vec{\varepsilon}$ 的分质向量 $\vec{\varepsilon}_1,\vec{\varepsilon}_2,\cdots,\vec{\varepsilon}_m$ 构成 m 维特殊能元的坐标系，这 m 维特殊分能元坐标轴所打开的就是 m 维分特殊能元空间 $(\vec{\varepsilon}_1,\vec{\varepsilon}_2,\cdots,\vec{\varepsilon}_m)$，这样单元系统的整体能元 $\vec{\varepsilon}$ 也就可以用 m 个彼此独立的特殊能元 $\vec{\varepsilon}_1,\vec{\varepsilon}_2,\cdots,\vec{\varepsilon}_m$ 来刻画。

这就是说，如果构成坐标系的一组质向量坐标轴有 k 个，每一维度的质向量坐标轴又可以由 m 维正交的特殊分质向量的坐标系来取代，并在其内部打开了 m 维特殊的分质向量空间，这样每一维度的质向量坐标轴就应扩展 $(m-1)$ 维数。因此，整个质向量坐标系的 k 个坐标轴维数就应当扩展 $k(m-1)$ 维而达到 $k\times m$ 维。

如此，在一维二仪质向量坐标系 $\vec{X}$ 内部由总体单元数 $\vec{N}$、异质单元数 $\vec{n}$、能量 $\vec{E}$、能阈 $\vec{E}_{\neq}$ 和能元 $\vec{\varepsilon}$ 组成的五维分质向量坐标系 $O\vec{N}\vec{n}\vec{E}\vec{E}_{\neq}\vec{\varepsilon}$ 中，如果总体单元数 $\vec{N}$、异质单元数 $\vec{n}$、能量 $\vec{E}$、能阈 $\vec{E}_{\neq}$ 和能元 $\vec{\varepsilon}$ 这五个分质向量的每一个都具有 m 个独立的特殊分质向量，那么这五个分质向量坐标轴都可以在其内部打开 m 维支质向量空间。

例如，在能量 $\vec{E}$ 这一维度的坐标轴内部，能量分向量 $\vec{E}_1,\vec{E}_2,\cdots,\vec{E}_m$ 构成了 m 维特殊性能的坐标系，在这 m 维特殊性能坐标轴所打开的分质向量空间中，单元系统的

能量 $\vec{E}$ 是由其 m 个彼此独立的特殊性能 $\vec{E}_1,\vec{E}_2,\cdots,\vec{E}_m$ 决定的,即整个单元系统的能量 $\vec{E}$ 是 $\vec{E}_1,\vec{E}_2,\cdots,\vec{E}_m$ 的外积

$$\vec{E}=\vec{E}_1\times\vec{E}_2\times\cdots\times\vec{E}_m \tag{6-379}$$

在能阈 $\vec{E}_{\neq}$ 这一维度的坐标轴内部,能阈分向量 $\vec{E}_{\neq 1},\vec{E}_{\neq 2},\cdots,\vec{E}_{\neq m}$ 构成了 m 维特殊能阈的坐标系,在这 m 维特殊能阈坐标轴所打开的分质向量空间中,单元系统的能阈 $\vec{E}_{\neq}$ 是由其 m 个独立的特殊能阈 $\vec{E}_{\neq 1},\vec{E}_{\neq 2},\cdots,\vec{E}_{\neq m}$ 决定的,即整个单元系统的能阈 $\vec{E}_{\neq}$ 是 $\vec{E}_{\neq 1},\vec{E}_{\neq 2},\cdots,\vec{E}_{\neq m}$ 的外积

$$\vec{E}_{\neq}=\vec{E}_{\neq 1}\times\vec{E}_{\neq 2}\times\cdots\times\vec{E}_{\neq m} \tag{6-380}$$

能元 $\vec{\varepsilon}$ 是单元系统中的一个单元所具有的性能,这是单元系统中不可再分的能量单位。但是,在能元 $\vec{\varepsilon}$ 这一维度的坐标轴内部,能元的显性因子分向量 $\vec{\theta}_1,\vec{\theta}_2,\cdots,\vec{\theta}_m$ 构成了 m 维特殊显性因子的坐标系,在这 m 维显性因子为坐标轴所打开的分质向量空间中,单元系统的能元 $\vec{\varepsilon}$ 也就表现出 m 个独立的显性质向量因子 $\vec{\theta}_1,\vec{\theta}_2,\cdots,\vec{\theta}_m$,即整个单元系统的能元 $\vec{\varepsilon}$ 是 $\vec{\theta}_1,\vec{\theta}_2,\cdots,\vec{\theta}_m$ 的外积

$$\vec{\varepsilon}=\vec{\theta}_1\times\vec{\theta}_2\times\cdots\times\vec{\theta}_m \tag{6-381}$$

二、万能的显性因子与广义的力和势

客观世界的事物都具有多种不同的特殊性能,一事物在与其他事物的作用中也往往会表现出多方面的特殊性能,并由此组成该事物的性能态。例如,人体的性能态包括生理状况、各种行为和能力(像学习、思维、吃饭、睡觉、走路、工作、体温、血压、呼吸、脉搏等),而人员的性能态则主要是思想意识、能力水平和工作成效这 3 方面的有机结合。

但是,在科学研究中,人们一般不可能也没有必要同时把握事物所具有的全部特殊性能。人们总是对同一对象从不同的侧面进行研究,也就是只研究这一事物某些方面的特殊性能。人们在研究事物的性能时,还应当根据客观的实际状况和实践的需要,区别主要的性能和次要的性能,对与人们所考虑的问题关系不大的那些性能,都可以当作潜能或内能而不予考虑。

在 m 维质向量空间中,当人们只要研究单元系统某一方面的特殊性能 $\vec{E}_j$ 的变化时, $\vec{E}\equiv\vec{E}_j$ 就称为显性能;而其他 $(m-1)$ 方面的特殊性能 $\vec{E}_i(i=1,2,\cdots,m,i\neq j)$ 就作为潜性能,其总体则称为系统的潜能。在能量 $\vec{E}$ 这一质向量坐标轴内部打开的 m 维特殊性能坐标系中,潜能作为能量的常量可以记作 $\vec{C}_E$。因此,(6-379)式 $\vec{E}=\vec{E}_1\times\vec{E}_2\times\cdots\times\vec{E}_m$ 可以写成

$$\begin{aligned}\vec{E}&=\vec{E}_1\times\vec{E}_2\times\cdots\times\vec{E}_m\\&=\vec{C}_E\times\vec{E}\end{aligned} \tag{6-382}$$

特别地，当 i=1 时，$\vec{E}=\vec{E}_1=\dot{\vec{E}}$。或者取 $\vec{C}_E=1$，这样也有 $\vec{E}=\dot{\vec{E}}$。

当单元系统某一方面的特殊性能 $\vec{E}_j$ 被突出为显性能 $\dot{\vec{E}}$ 以后，其相应的能阈为 $\dot{\vec{E}}_0\equiv\vec{E}_{j0}$，相应的能元为 $\dot{\vec{\varepsilon}}\equiv\vec{\varepsilon}_j$；而单元系统其他方面的特殊性能总体上被当作潜能以后，其相应的能阈为 $\vec{E}_{\neq i}$，能元为 $\vec{\varepsilon}_i(i=1,2,\cdots,m,i\neq j)$，潜能阈 $\vec{C}_{E_\neq}$ 和潜能元 $\vec{C}_\varepsilon$ 也就可以当作常质向量。因此，(6-380)式 $\vec{E}_\neq=\vec{E}_{\neq 1}\times\vec{E}_{\neq 2}\times\cdots\times\vec{E}_{\neq m}$ 可以写成

$$\begin{aligned}\vec{E}_\neq &= \vec{E}_{\neq 1}\times\vec{E}_{\neq 2}\times\cdots\times\vec{E}_{\neq m} \\ &= \vec{C}_{E_\neq}\times\dot{\vec{E}}_\neq\end{aligned} \tag{6-383}$$

特别地，当 i=1 时，$\vec{E}_\neq=\vec{E}_{\neq 1}=\dot{\vec{E}}_\neq$。或者取 $\vec{C}_{E_\neq}=1$，这样也有 $\vec{E}_\neq=\dot{\vec{E}}_\neq$。

如果能元 $\dot{\vec{\varepsilon}}$ 的某一方面因子 $\dot{\vec{\theta}}\equiv\vec{\theta}_j$ 被突出为显性因子，则 $\dot{\vec{\theta}}\equiv\vec{\theta}_j$ 就是与显性能 $\dot{\vec{E}}$ 平行的显性因子。由于只凸显了 j 方面的特性，$\dot{\vec{\theta}}\equiv\vec{\theta}_j$ 可以用其同向的质变量 $\theta=\dot{\theta}=\theta_j$ 来表示。在 $(i=1,2,\cdots,m,i\neq j)$ 方面的特性都被潜化以后，这些被潜化的质因子被当作隐性因子，且总体上可以当作常向量 $\vec{C}_\varepsilon$。因此，(6-381)式 $\vec{\varepsilon}=\vec{\theta}_1\times\vec{\theta}_2\times\cdots\times\vec{\theta}_m$ 也可以写成

$$\begin{aligned}\vec{\varepsilon} &= \vec{\theta}_1\times\vec{\theta}_2\times\cdots\times\vec{\theta}_m \\ &= \vec{C}_\varepsilon\times\dot{\vec{\theta}}\end{aligned} \tag{6-384}$$

特别地，当取 $\vec{C}_\varepsilon=1$ 时，这样就有 $\vec{\varepsilon}=\dot{\vec{\theta}}$。

在一维正向质向量坐标系 $\vec{X}_+$ 内部的 $(\vec{N}_+,\vec{n}_+,\vec{E}_+,\vec{E}_{\neq +},\vec{\varepsilon}_+)$ 五维分质向量空间的 $(\vec{C}_{N_+},\vec{n}_+,\dot{\vec{E}}_+,\vec{C}_{E_{\neq +}},\vec{C}_{\varepsilon_+})$ 截面上，各个分质向量坐标轴与各自的分质变量坐标轴同向，可以用各个分质变量来表示其分质向量。在准平衡态和吸收发射条件下，单元系统形态变化规律可以由(6-314)式 $E_+=C_{E_{\neq +}}-C_{\varepsilon_+}\dfrac{n_+-bC_{N_+}}{aC_{N_+}}$ 表达，其中能量变化率为(6-316)式 $\mu_+=\dfrac{\mathrm{d}E_+}{\mathrm{d}n_+}=-\dfrac{C_{\varepsilon_+}}{aC_{N_+}}$。在准平衡态和自发发射条件下，单元系统形态变化规律可以由(6-318)式 $E_+=C_{E_{\neq +}}-C_{\varepsilon_+}\dfrac{n_+-b'C_{N_+}}{a'C_{N_+}}$ 表达，其中能量变化率为(6-320)式 $\mu_+=\dfrac{\mathrm{d}E_+}{\mathrm{d}n_+}=-\dfrac{C_{\varepsilon_+}}{a'C_{N_+}}$。可见，单元系统形态在能量 E_+ 这一维度上所表现的变化量 ΔE_+ 可以统一表示为能量变化率 $\mu_+=\dfrac{\mathrm{d}E_+}{\mathrm{d}n_+}$ 与异质单元数变化量 Δn_+ 的乘积，即

$$\Delta E_+=\mu_+\Delta n_+ \tag{6-385}$$

由于能量 E_+ 和异质单元数 n_+ 的变化起始点就是坐标原点，因此上式可写成

$$E_+ = \mu_+ n_+ = \frac{\mathrm{d}E_+}{\mathrm{d}n_+} n_+$$
$$= \frac{\mathrm{d}E_+}{\mathrm{d}\theta_+} \frac{\mathrm{d}\theta_+}{\mathrm{d}n_+} n_+ = F_+ \theta_\varepsilon n_+$$
$$= F_+ \theta_+ \tag{6-386}$$

式中,

$$F_+ = \frac{\mathrm{d}E_+}{\mathrm{d}\theta_+} \tag{6-387}$$

$$\theta_\varepsilon \equiv \frac{\mathrm{d}\theta_+}{\mathrm{d}n_+} \tag{6-388}$$

F_+ 称为力,作为能量的导数其本质是向量,这是决定单元系统能量的变化方向和变化率的强度因素。θ_ε 是显性因子变化率,其本质也是向量,这是决定单元系统显性因子的变化方向和变化率的强度因素。

(6-386)式 $E_+ = F_+ \theta_+$ 表明,在准平衡态下能量 E_+ 可以看作力 F_+ 与显性因子 θ_+ 的数乘,或者说能量 E_+ 与显性因子 θ_+ 线性相关。因此,显性因子 θ_+ 可以作为认知单元系统某一方面的特殊性能成分的度量基准。显性因子 θ_+ 为显性因子变化率 θ_ε 与异质单元数 n_+ 的乘积,即

$$\theta_+ = \frac{\mathrm{d}\theta_+}{\mathrm{d}n_+} n_+ = \theta_\varepsilon n_+ \tag{6-389}$$

在一维正向质向量坐标系 $\vec{X}_+$ 内部的 $(\vec{N}_+, \vec{n}_+, \vec{E}_+, \vec{E}_{\neq +}, \vec{\varepsilon}_+)$ 五维分质向量空间的 $(\vec{C}_{N_+}, \vec{n}_+, \vec{E}_+, \vec{C}_{E_{\neq +}}, \vec{C}_{\varepsilon_+})$ 截面上,省却了分质向量关于指向的规定,把能量变化率 μ_+ 定义为"势",即

$$\mu_+ = \frac{\mathrm{d}E_+}{\mathrm{d}n_+} \tag{6-390}$$

一维正向质向量坐标系 $\vec{X}_+$ 平移可成为一维二仪质向量坐标系 $\vec{X}$,在一维二仪质向量坐标系 $\vec{X}$ 内部的 $(\vec{N}, \vec{n}, \vec{E}, \vec{E}_{\neq}, \vec{\varepsilon})$ 五维分质向量空间的 $(\vec{C}_N, \vec{n}, \vec{E}, \vec{C}_{E_{\neq}}, \vec{C}_\varepsilon)$ 截面上,省却了分质向量关于指向的规定,势就是

$$\mu = \frac{\mathrm{d}E}{\mathrm{d}n} \tag{6-391}$$

可见,势作为能量变化率是异质单元数变化率的倒数,也就是给单元系统添加或者减少一个异质单元数所需要的能量。势作为能量变化率就是能量的变化梯度,而位于任何一点的梯度是一个向量,它在这点的大小是方向导数在那里可以达到的最大值。[10]

在一维正向质向量坐标系 $\vec{X}_+$ 内部的 $(\vec{N}_+, \vec{n}_+, \vec{E}_+, \vec{E}_{\neq +}, \vec{\varepsilon}_+)$ 五维分质向量空间的 $(\vec{C}_{N_+}, \vec{n}_+, \vec{E}_+, \vec{C}_{E_{\neq +}}, \vec{C}_{\varepsilon_+})$ 截面上,省却了分质向量关于指向的规定,准平衡态下的能

量 E_+ 就是势 μ_+ 与异质单元数 n_+ 的数乘。势 $\mu_+ = \dfrac{\mathrm{d}E_+}{\mathrm{d}n_+}$ 这是表征力场的一种方法，为人们提供了一个简洁的速记方法来描述场，这一能量关于异质单元数的变化率有点类似于等高线地图，等高线越集中的地方表明该地方的地势越陡峭。例如，在物理学的保守场里某一点 A 的势，就是把一个单位质点（如重力场中的单位质量，静电场中的单位正电荷）从场中的某一点 A 移到参考点（坐标原点）的势能差。

势 μ_+ 和力 F_+ 是不同的概念。但是，(6-386)式 $\mu_+ n_+ = F_+ \theta_+$ 的关系式把势和力联系在一起，说明了系统内在的张力或外界的影响力是产生系统"势"的原因，它们对逆势而行者起着阻遏或改变行进方向的作用，对顺势而行者则起着加大运动速率的作用；它们可以造成行为处境的安稳与险恶的分化，改变行进过程的难易程度，影响行动者行走姿态的安适感，从而对行为取向与形态变化起着影响作用。

其实，人们日常语言中充满了大量将系统的形态演变类比为"运动"的隐喻，通常在相关词语后面加上"势"字就可以表示静态的或稳恒行进的事物的演变趋向，如局势、形势、态势、姿势、情势、国势、水势、火势、风势、伤势、时势、运势、走势、涨势、跌势等。另外，势又指某种影响力，如权势、地势、山势、势力等。从这些关于势的说法中不难看出：势是使静态系统开始朝某一方向运动，使运动中的系统改变行进速度、行走姿态或行进方向。例如，围绕着形势、姿势、走势、涨势的判断也就是一种关于静态的"形"与"姿"或稳恒行进的"走"与"涨"被"加速"情况的判断。显然，围绕着系统"势"的动力学分析，隐含着势 μ_+ 可用以表征系统形态演变特征的"加速度"以及产生这种"加速度"的影响力。

任何系统具有的某一方面的特殊性能 E_j 都可以作为显性的性能 $\cdot E \equiv E_j$，且可以通过其显性因子 θ_+ 来表示。因此，在准平衡态下，系统凸显的能阈 $\cdot E_{\neq +}$ 也都可以看作显性因子 $\theta_{\neq +}$ 的线性函数，即系统的能阈 $E_{\neq +}$ 与显性因子 $\theta_{\neq +}$ 线性相关，系统的能阈 $E_{\neq +}$ 可以表示为

$$E_{\neq +} = \cdot F_{\neq +} C_{E_{\neq +}} \theta_{\neq +} = F_{\neq +} \theta_{\neq +} \tag{6-392}$$

式中，$E_{\neq +}$ 为能阈的特定质参量；$F_{\neq +}$ 为能阈力。

当系统具有某一方面的特殊性能 E_j 时，作为系统组成的每一个单元也同样具有了某一方面的特殊性能 ε_j，且可以通过其显性因子 θ_ε 来表示。如此，在准平衡态下，系统的单元所具有的能量——能元 ε_+ 所凸显的能元为 $\cdot \varepsilon_+$ 时，也都可以看作显性因子 θ_ε 的线性函数，即系统的能元 ε_+ 与显性因子 θ_ε 线性相关，系统的能元 ε_+ 可以表示为

$$\varepsilon_+ = \cdot F_\varepsilon C_\varepsilon \theta_\varepsilon = F_\varepsilon \theta_\varepsilon \tag{6-393}$$

式中，θ_ε 为能元 ε_+ 的特定质参量。F_ε 为能元力，且为常量。

由此可见，显性因子 θ_+ 是统一科学建立演绎理论的一个非常重要的概念。由于显性因子 θ_+ 就像在电信中使用通配符代替不确定字符或在计算机（软件）技术中使用通配符这一类键盘字符来代替真正字符或完整的单词，因而可称之为万能的质参量。

在准平衡态，每一个能元 ε_+ 可以通过其显性因子 θ_ε 来表示，即 $\varepsilon_+ = F_\varepsilon \theta_\varepsilon$。而

n_+ 个能元 ε_+ 协同所拥有的能量为 $E_+ = n_+ \varepsilon_+$，把 (6-393) 式 $\varepsilon_+ = F_\varepsilon \theta_\varepsilon$ 和 (6-389) 式 $\theta_+ = \theta_\varepsilon n_+$ 代入，就有

$$E_+ = n_+ \varepsilon_+ = n_+ F_\varepsilon \theta_\varepsilon = F_\varepsilon \theta_+ \tag{6-394}$$

此即表明，n_+ 个能元共同拥有的能量 E_+ 是具有 θ_ε 这一质的规定性的能元的数量加和，反映了单元系统中的异质单元数 n_+ 是一个个单元的变化；而 n_+ 个异质单元共同拥有的显性因子 θ_+ 也是拥有 θ_ε 这一质的规定性的单元的数量加和，显性因子 θ_+ 也表现为显性因子 θ_ε 的整数倍。

处在平衡态的系综作为全同单元系统，其总体单元数为 N_+，而每一个单元都具有本质能元 ε_+^0。由于平衡态中的本质单元各向同性，因此这 N_+ 个本质单元在平衡态共同拥有的原性能 E_+^0 就是本质能元 ε_+^0 的 N_+ 倍，且可以表示为

$$E_+^0 = N_+ \varepsilon_+^0 \tag{6-395}$$

或者说，全同单元系统中每个单元的能量 ε_+^0 为整个单元系统原性能 E_+^0 的 $\frac{1}{N_+}$，此即为全同单元系统所遵循的能量均分原理。

当 N_+ 个本质单元的每一个能元 ε_+^0 都是以显性因子 θ_ε^0 这一质的规定性来表现时，即 $\varepsilon_+^0 = F_\varepsilon \theta_\varepsilon^0$，$N_+$ 个本质单元就共同拥有了 θ_ε^0 这一特定的质，而且整个系综拥有的特质 θ_+^0 也就是 N_+ 个拥有显性因子 θ_ε^0 这一质的规定性的单元的数量加和，即

$$\theta_+^0 = N_+ \theta_\varepsilon^0 \tag{6-396}$$

把 $\varepsilon_+^0 = F_\varepsilon \theta_\varepsilon^0$ 和 $\theta_+^0 = N_+ \theta_\varepsilon^0$ 代入 (6-395) 式 $E_+^0 = N_+ \varepsilon_+^0$，可以得到系综的原性能为

$$E_+^0 = N_+ \varepsilon_+^0 = N_+ F_\varepsilon \theta_\varepsilon^0 = F_\varepsilon \theta_+^0 \tag{6-397}$$

(6-396) 式 $\theta_+^0 = N_+ \theta_\varepsilon^0$ 表明，一个单元拥有了 θ_ε^0 这一质，总体单元数为 N_+ 的系统就具有 θ_+^0 的质的规定性。任何单元系统都是一定量的单元数 N_+ 穿上了显性因子 θ_+ 的外衣来表现其性质的，正因为有了形形色色的不同的显性因子 θ_+，才有不同性质的事物，整个世界也才因此而色彩斑斓、形态各异。

总体单元数 N_+ 所表示的是系综拥有本质 θ_ε^0 的单元数，而异质单元数 n_+ 所表示的是拥有与平衡态的本质相异的质 θ_ε 的单元数。如果每一个能元 ε_+ 以显性因子 θ_ε 这一质的规定性来表现时，即 $\varepsilon_+ = F_\varepsilon \theta_\varepsilon$。当 n_+ 个异质单元共同拥有了 θ_ε 这一质，单元系统拥有的质 θ_+ 也就是 n_+ 个拥有显性因子 θ_ε 这一质的规定性的异质单元的数量加和，即 (6-389) 式 $\theta_+ = \theta_\varepsilon n_+$。显性因子 θ_ε 是表明某个系统所具有的某一性质的特征量，n_+ 个具有 θ_ε 这一质的规定性的异质单元共同构成某一质 θ_+ 的 "质量"。

特殊万能的显性因子 θ_+ 的导出，打开了统一科学演绎理论体系的大门。用显性因子 θ_+ 来表达单元系统的性能，概括且明了，简洁且深刻。显性因子 θ_+ 作为普适的特殊的度量基准还有一个重要的作用，就是作为理论与实验（实践）的联结纽带，为单元系统形态转化基元规律的理论由一般走向特殊铺平道路。因为一切测量都可以用特定的显性因子 θ_+ 来表示，特殊万能的显性因子 θ_+ 作为单元系统形态转化基元规律的函数变

量,实际上奠定了测量学的理论基础,使得单元系统形态转化基元规律可以通过特定的实验测量来验证。

其实,在一维正向质向量坐标系 $\vec{X}_+$ 内部打开 m 维分质向量坐标空间,各个分质向量与各自的分质变量坐标轴同向,可以用其分质变量坐标轴来表示。任何一个分质变量 $x_i(i=1,2,\cdots,m)$ 都可以作为显性因子 θ_j 的函数 $x_i=f(\theta_j)$,其中 $(i\neq j)$。在显性因子 $\theta_j \to 0$ 的条件下,分质变量 x_i 可以按泰勒级数展开,即

$$\begin{aligned} x_i &= x_i^0 + \left(\frac{\partial x_i}{\partial \theta_j}\right)_0 \theta_j + \left(\frac{\partial^2 x_i}{\partial \theta_j^2}\right)_0 \theta_j^2 + \cdots \\ &= x_i^0 + x_i^1 + x_i^2 + \cdots \\ &= x_i^0 + F\theta_j + G\theta_j^2 + \cdots \end{aligned} \tag{6-398}$$

在准平衡态,由于显性因子 $\theta_j \to 0$,(6-398)式中包含 θ_j 的一次项及其以上的高次项对于系统分质变量 x_i 的贡献极小,可以忽略不计,这样,分质变量 x_i 的变化率 $F=\left(\frac{\partial x_i}{\partial \theta_j}\right)_0$ 就与 θ_j 的变化无关。分质变量 x_i 对显性因子 θ_j 的微商 $F=\left(\frac{\partial x_i}{\partial \theta_j}\right)_0$ 本质上也是质向量,这是决定系统分质变量 x_i 的变化方向和变化率的强度因素,因而称为广义力,即

$$x_i = x_i^0 + \left(\frac{\partial x_i}{\partial \theta_j}\right)_0 \theta_j = x_i^0 + F\theta_j \tag{6-399}$$

特别地,当广义力 $F=\left(\frac{\partial x_i}{\partial \theta_j}\right)_0=0$,表明分质变量 x_i 没有变化,此时系统乃处于平衡态 $x_i=x_i^0$。

如果处于平衡态的孤立系统被作为参照点,即 $x_i=x_i^0=0$,则准平衡态的单元系统的质变量

$$x_i^1 = \Delta x_i = x_i - x_i^0 = F\theta_j \tag{6-400}$$

可见,质变量 x_i^1 与显性因子 θ_j 是平行的,而变化率 $F=\left(\frac{\partial x_i}{\partial \theta_j}\right)_0$ 是决定单元系统质变量 x_i^1 变化的强度因素,x_i^1 就代表着平行作用。

在次准平衡态,单元系统的显性因子 θ_j 相应有所增大,因此在(6-398)式的级数展开式中所含 θ_j 的二次项对于单元系统分质变量 x_i 的贡献是不可忽略的。但是,θ_j 的二次项以上的高次项对于单元系统分质变量 x_i 的贡献还是可以忽略的。这样,(6-398)式就可以写成

$$\begin{aligned} x_i &= x_i^0 + \left(\frac{\partial x_i}{\partial \theta_j}\right)_0 \theta_j + \left(\frac{\partial^2 x_i}{\partial \theta_j^2}\right)_0 \theta_j^2 \\ &= x_i^0 + x_i^1 + x_i^2 \\ &= x_i^0 + F\theta_j + G\theta_j^2 \end{aligned} \tag{6-401}$$

式中,G 为单元系统分质变量 x_i 对显性因子 θ_j 在平衡态的二次微商或广义力 F

对显性因子 θ_j 的微商,即

$$G=\left(\frac{\partial F}{\partial \theta_j}\right)_0=\left(\frac{\partial^2 x_i}{\mathrm{d}\theta_j^2}\right)_0 \tag{6-402}$$

若以处于平衡态的孤立系统作为参照点,即 $x_i=x_i^0=0$,则质变量就是

$$x_i^2=x_i-x_i^0-x_i^1=G\theta_j^2 \tag{6-403}$$

可见,x_i^1 代表着平行作用,而 x_i^2 则代表着相互作用。

以往,人们凡是言及事物间的相互作用就会言及力的存在,而力究竟是什么及其怎样存在却一直是个难以捉摸的神秘概念。其实,这是由于人们把单元系统中单元之间的相互联系和相互作用力等概念混为一谈。统一科学在此却能够在逻辑推理的基础上,分清广义力 F 与质变量 x_i 对显性因子 θ_j 在平衡态的二次微商 G 的区别,分清单元之间的平行作用的质变量的变化、两两相互作用质变量的变化与其他相互作用质变量的变化的区别。

在一维正向质向量坐标系 $\vec{X}_+$ 内部的 $(\vec{N}_+,\vec{n}_+,\vec{E}_+,\vec{E}_{\neq +},\vec{\varepsilon}_+)$ 五维分质向量空间中,各个分质向量与各自的分质变量坐标轴同向,可以用其分质变量坐标轴来表示,各个分质向量也可以用其分质变量来表示。如果把广义力与万能的显性因子 θ_j 的乘积 $E_+=F_\varepsilon\theta_+$,$E_{\neq+}=F_{\neq+}\theta_{\neq+}$ 和 $\varepsilon_+=F_\varepsilon\theta_\varepsilon$ 代入单元系统形态转化基元规律的表达式,即 (5-29)式 $n_+=\dfrac{N_+}{1+\mathrm{e}^{\pm(E_{\neq+}-E_+)/\varepsilon_+}}$,(5-30)式 $N_+=n_+[1+\mathrm{e}^{\pm(E_{\neq+}-E_+)/\varepsilon_+}]$,(5-31)式 $E_+=E_{\neq+}\pm\varepsilon_+\ln\dfrac{n_+}{N_+-n_+}$,(5-32)式 $E_{\neq+}=E_+\mp\varepsilon_+\ln\dfrac{n_+}{N_+-n_+}$ 和 (5-33)式 $\varepsilon_+=\pm\dfrac{E_+-E_{\neq+}}{\ln\dfrac{n_+}{N_+-n_+}}$ 之中,这样单元系统形态转化基本规律就有各种不同的表达式。

在一维二仪质向量坐标系 $\vec{X}$ 内部打开 $\vec{O}\vec{N}\vec{n}\vec{E}\vec{E}_{\neq}\vec{\varepsilon}$ 五维分质向量坐标系,各个分质向量与各自的分质变量坐标轴同向,可以用其分质变量坐标轴来表示。一维二仪质向量坐标系 $\vec{X}$ 上单位质向量 $\vec{e}$ 所表征的单元系统形态转化基元规律,就可以在 $\vec{O}\vec{N}\vec{n}\vec{E}\vec{E}_{\neq}\vec{\varepsilon}$ 五维分质变量坐标系进行刻画。如果把广义力与万能的显性因子 θ_j 的乘积 $E_j^1=F\theta_j$,$E_{\neq j}=F_{\neq}\theta_{\neq j}$ 和 $\varepsilon_j=F_\varepsilon\theta_{\varepsilon j}$ 代入远离变相点、近变相点和准变相点的单元系统形态转化规律表达式中的质变量,质变量用其缩放变换的显性因子 θ 替代,单元系统形态转化规律就有其相应的各种不同表达式。

在一维二仪质向量坐标系 $\vec{X}_\perp$ 内部,打开 $(\vec{N}_\perp,\vec{n}_\perp,\vec{E}_\perp,\vec{E}_{\neq\perp},\vec{\varepsilon}_\perp)$ 五维分质向量空间,各个分质向量与各自的分质变量坐标轴同向,可以用其分质变量坐标轴来表示。一维二仪质向量坐标系 $\vec{X}_\perp$ 上单位质向量 $\vec{e}_\perp$ 所表征的单元系统形态转化基元规律,也可以在 $(\vec{N}_\perp,\vec{n}_\perp,\vec{E}_\perp,\vec{E}_{\neq\perp},\vec{\varepsilon}_\perp)$ 五维分质向量空间进行刻画。如果把广义力与万能的显性因子 θ_j 的乘积 $E_j^1=F\theta_j$,$E_{\neq j}=F_{\neq}\theta_{\neq j}$ 和 $\varepsilon_j=F_\varepsilon\theta_{\varepsilon j}$ 代入远离变相点、近变相点和准变

相点的单元系统形态转化规律表达式中的质变量,质变量用其缩放变换的显性因子 θ 替代,单元系统形态转化规律也有其相应的各种不同表达式。

在认知空间中,人们揭示的单元系统形态变化规律都是以所设立的认知维度来表现单元系统形态的内在关系的。不论认知坐标系经过何种线性变换,单元系统形态变化规律在各种条件下的表达式都必须以构造坐标系的各个质向量来表现其相互的内在关系。人们关于单元系"内在本质"的认知成果完全取决于建立认知体系的度量基准。如果度量基准是质向量,人们就可以定质、定量、定向地认识单元系统形态;如果度量基准是具有一般意义的质向量,人们所揭示的单元系统形态转化基元规律就是以抽象而一般的质向量表达的规律形式。

不过,通过上述的分析可以看到,任何质向量都可以用特殊的质参量来表现。如果度量基准是显性因子 θ,人们所揭示的单元系统形态转化基元规律就是以显性因子 θ 作为认知尺度表达的特殊形式。显性因子 θ 是让人们的认知由一般迈向特殊、由抽象走向具体的关键质参量。由于它实现了让一般的质向量变换为显性因子 θ,这就无限地拓展了人们的认知准则,因此人们可以通过各种规定的显性因子 θ 来认识无穷无尽的单元系统形态及其变化的特殊规律。

由此可见,在各种失衡条件下或不同变相点附近的单元系统形态转化的一般规律,只要通过上述的显性因子 θ 来表现,就可以得到各种具体事物形态变化的特殊规律。显性因子 θ 在描述各种具体事物形态变化规律中将发挥关键的作用,如果把时间和空间都作为能量的特殊的显性因子,那么在时空背景下的物理规律也只是描述物质运动的特殊规律。

显性因子 θ 作为具体的质变量时,在不同的质的规定性下,该形态参量所代表的意义就不尽相同。不过,人们一般只要选择最有代表的少数几个显性因子就能描述系统形态的主要特性,而为了选出这种具有典型代表意义的显性因子,就必须分清这种显性因子是否属于序参量。序参量是在支配系统形态变化的进程中决定形态变化特点的形态变量。人们在考察不同系统在形态变化过程中的性质时,可以发现众多质变量中有的起作用大些,有的起作用小些,起作用大的变量不仅决定了系统形态变化的特点和性质,而且决定了其他变量的变化。

在一维二仪质向量坐标系 $\vec{X}$ 内部的 m 维分质向量坐标系中,任何单元系统形态都可以由 m 个特别规定的分质向量或显性因子来描述。如果要刻画的单元系统形态复杂多样,则所需的分质向量或显性因子就会较多,列出这些分质向量或显性因子所满足的运动方程,往往要有十几个甚至几十个运动方程组成的方程组,这不仅给求解造成了很大的困难,而且利用这些方程的解来分析系统的复杂形态也很麻烦。

幸好,在单元系统发生质变的变相点附近,序参量在高度有序的区间起着支配作用,只要分析少数序参量满足的方程,就能使复杂问题的求解过程大大简化;只要分析清楚这些序参量的形态变化规律,其他变量的演化特点也就随之了解了。所以,在分析实际问题时,一般要对单元系统形态变化先进行分析,找出那些重要的序参量,然后才能进一步分析单元系统的形态变化方程。如果找不到序参量,或者找错序参量,那就不会得到刻画单元系统形态变化的正确模型。但是,在远离变相点的近于平衡无序的区间,序参量的作用就不再是举足轻重的了,单元系统形态变化不仅决定于序参量,也与其他变量有关,因此在平衡态附近描写单元系统形态变化一般要综合考虑各种支配系统形态变化的变量。

综上所述,可以对统一科学理论本身有较深刻的认识。因为每一个理论都是背景相关的理论,像物理理论是以明确的模型或方程描述在特殊的背景时空下的物质基本结构、物质之间的相互作用以及它们最普遍的最基本的运动形式和规律。因此,统一科学理论要融合处于不同特殊背景的学科理论,质向量就一定要处于一般的背景而不能以特殊的显性因子来表现,这样构造的统一科学理论才是背景独立的元理论。[11]

参考文献

[1]张天蓉.爱因斯坦与万物之理[M].北京:清华大学出版社,2016:29.

[2]尤承业.解析几何[M].北京:北京大学出版社,2004:133.

[3]陈宗海,董道毅,张陈斌.量子控制导论[M].北京:中国科学技术大学出版社,2005:34.

[4]费恩曼,莱顿,桑兹.费恩曼物理学讲义:第2卷[M].李江芳,王子辅,钟万蘅,译.上海:上海科学技术出版社,2005:70.

[5]普里瓦洛夫.复变函数引论[M].闵嗣鹤,等,译.北京:高等教育出版社,1956:107-108.

[6]钟玉泉.复变函数论[M].3版.北京:高等教育出版社,2004:164.

[7]沈永欢,梁在中,许履瑚.实用数学手册[M].北京:科学出版社,1992:36-50.

[8]费恩曼,莱顿,桑兹.费恩曼物理学讲义:第1卷[M].郑永令,华宏鸣,吴子仪,等,译.上海:上海科学技术出版社,2005:538-543.

[9]北京大学数学系几何与代数教研室代数小组.高等代数[M].3版.北京:高等教育出版社,2003:114-117.

[10]登斯.化学中的数学方法[M].王知群,译.北京:科学出版社,1981:325.

[11]斯莫林.物理学的困惑[M].李泳,译.长沙:湖南科学技术出版社,2009:123.

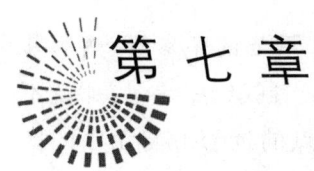

第七章

分布规律的变换

第一节 单元系统的本质形态分布基元规律

在一维正向质向量坐标系 $\vec{X}_+$ 内部的多维分质向量空间,一维正向单位质向量 $\vec{e}_+$ 经过平移反射变换,可以得到本质单元系统形态分布基元规律及其在不同失衡态的各种近似表达式,也可以得到熵本质信息分布密度函数和本质信息熵分布密度函数,进一步分析还可以认知概率密度函数所具有的性质。

一、单元系统本质形态分布基元规律

人们认知事物的形态都是在一定的认知空间中进行的,由一组质向量坐标轴构成的一定维度的质向量坐标系所张开的质向量空间,是人们定质、定量、定向地认识事物形态的理性认知空间。但是,单元系统从一个平衡态向紧邻的平衡态的转化规律,在一维正向质向量坐标系 $\vec{X}_+$ 上只能用不可分割的一维正向单位质向量 $\vec{e}_+$ 来表示。为了深入认识单元系统形态变化基元过程从无到有的规律,通过在一维正向质向量坐标系 $\vec{X}_+$ 内部打开 m 维分质向量空间 $(\vec{X}_{+1}, \vec{X}_{+2}, \cdots, \vec{X}_{+m})$,就可以获得单元系统形态转化基元规律及其在不同失衡态的各种近似表达式。

在一维正向质向量坐标系 $\vec{X}_+$ 内部的 m 维分质向量空间中,统一科学建立了关于单元系统形态变化规律的理论,所得到的不同条件下的单元系统形态转化基元规律及其各种近似表达式都是关于事物新生形态的涌现规律。然而,这只是以生成论自然观看待事物形态异质变动所展示的一方面的景象。在同一个变化过程中,以构成论自然观来看待事物形态的本质变化,还可以展示从有到无的另一方面的景象。为此,就有必要以单元系统既有的本质形态为研究对象,全面地认识单元系统本质形态分布规律。

在一维正向质向量坐标系 $\vec{X}_+$ 内部打开由信息 $\vec{P}_+$ 和熵 $\vec{S}_+$ 作为坐标轴建立的 $\vec{OP}_+\vec{S}_+$ 二维分质向量坐标系,单元系统形态变化中异质单元的发射就相当于空穴单元的回填。在第五章第三节"信息与熵表达的内在关系及性质"中,已明确了空穴单元数 n_{+0} 就是单元系统保留的本质单元数 n_+^0,因而有 $n_+^0=n_{+0}$。(5-40)式 $P_{+0}=P_+^0=\dfrac{1}{1+e^{\mp s}}$ 进一步表明,单元系统所留守的信息 P_{+0} 就是本质单元的本质信息 P_+^0。(5-40)式表明:在吸收发射条件下,本质信息 $P_+^0(S)$ 与自发发射条件下的异质信息 $P_+(S)$ 函数关系是一样的;在自发发射条件下,本质信息 $P_+^0(S)$ 与吸收发射条件下的异质信息 $P_+(S)$ 函数关系也是一样的。

在一维正向质向量坐标系 $\vec{X}_+$ 上,既然以单元系统本质形态为研究对象,那么一维正向单位质向量 $\vec{e}_+$ 经过平移反射变换,表征单元系统形态异质变化基元过程的一维正向单位质向量 $\vec{e}_+$ 就可以变换为表征单元系统形态本质分布基元过程的一维正向单位质向量 $\vec{e}_+^0$,$\vec{e}_+^0$ 的定义域为 $|\vec{e}_+^0|\in[0,1]$。这样,也就可直接在一维正向质向量坐标系 $\vec{X}_+$ 上用一维正向单位质向量 $\vec{e}_+^0$ 来表达单元系统本质形态分布基元规律。为此,在一维正向质向量坐标系 $\vec{X}_+$ 内部打开 $(\vec{P}_+^0,\vec{S})$ 分质向量空间,在省却分质向量关于方向的规定时,如果以本质信息 P_+^0 作为因变量,以熵 S 作为自变量,$P_+^0(S)$ 的函数关系就是本质信息 P_+^0 与熵 S 的内在关系,因此单元系统本质形态分布基元规律可以用熵本质信息分布函数表示,即单元系统本质信息分布基元规律为

$$P_+^0(S)=\dfrac{1}{1+e^{\mp s}} \tag{7-1}$$

此式表明,在一维正向质向量坐标系 $\vec{X}_+$ 内部的 $(\vec{P}_+^0,\vec{S})$ 二维分质向量空间中,在省却分质向量关于方向的规定时,熵本质信息分布函数 $P_+^0(S)$ 相对于 P_+^0 轴($S=0$)是对称的。依(7-1)式作 $P_+^0\sim S$ 关系曲线图,分别得到吸收发射与自发发射条件下单元系统本质形态分布基元规律的熵本质信息分布函数的 $P_+^0\sim S$ 关系曲线图,如图7-1和图7-2所示。

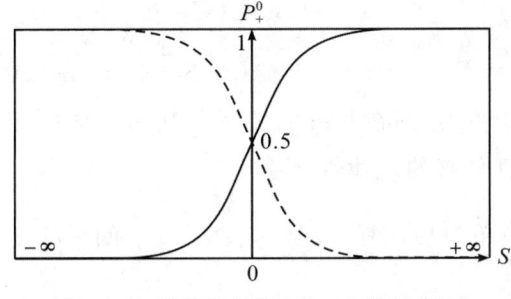

图 7-1　吸收发射的 $P_+^0\sim S$ 关系曲线

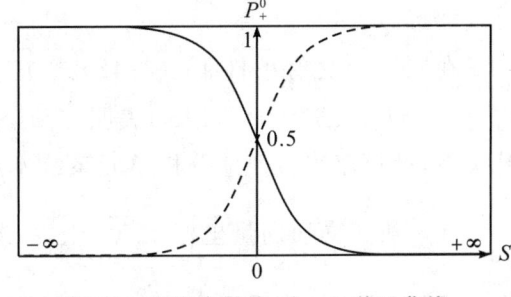

图 7-2　自发发射的 $P_+^0\sim S$ 关系曲线

由图可见,单元系统本质形态分布基元规律可以表述为:在吸收发射条件下,单元

系统形态的本质信息随着熵的增大而提高,"地板和天花板"限制的 $P_+^0 \sim S$ 关系曲线为 S 形;在自发发射条件下,单元系统形态的本质信息随着熵的减少而增加,"地板和天花板"限制的 $P_+^0 \sim S$ 关系曲线为反 S 形。

熵本质信息分布函数 $P_+^0(S)$ 的反函数为本质信息熵分布函数 $S(P_+^0)$,由(7-1)式 $P_+^0(S) = \dfrac{1}{1+e^{\mp S}}$ 可以得到吸收发射或自发发射条件下单元系统本质形态分布基元规律

$$S = \pm \ln \dfrac{P_+^0}{1-P_+^0} = \pm \ln \dfrac{P_+^0}{P_+} \tag{7-2}$$

依上式作 $S \sim P_+^0$ 关系曲线图,就可以分别得到吸收发射与自发发射的单元系统本质信息与熵的分布轨迹,如图 7-3 和图 7-4 所示。

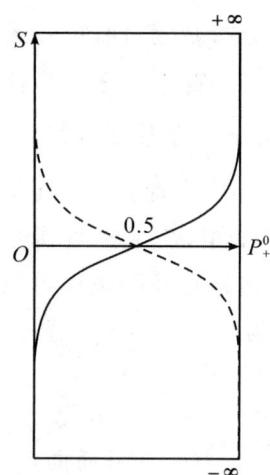
图 7-3 吸收发射的 $S \sim P_+^0$ 关系曲线

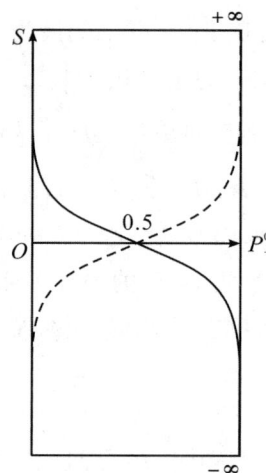
图 7-4 自发发射的 $S \sim P_+^0$ 关系曲线

可见,单元系统本质形态分布基元规律也可以表述为:在吸收发射条件下,单元系统在形态转化中的本质信息随着熵的增大而提高,$S \sim P_+^0$ 关系曲线为 ∽ 形;在自发发射条件下,单元系统在形态转化中的本质信息随着熵的减少而增加,$S \sim P_+^0$ 关系曲线为反 ∽ 形。

在同样的发射条件下,(5-42)式 $P_+(S) = P_+^0(-S) = P_{+0}(-S)$ 和(5-43)式 $P_+^0(S) = P_{+0}(S) = P_+(-S)$ 表明,$P_+(S)$ 与 $P_+^0(S)$ 存在互补的关系。利用这样的互补关系,就可以很方便地分析单元系统本质信息分布的规律性。

在一维正向质向量坐标系 $\vec{X}_+$ 上,一维正向单位质向量 $\vec{e}_+^0$ 经过 $|\vec{e}_+| - \dfrac{1}{2}$ 的平移变换,表征单元系统本质形态分布基元过程 $\langle 0|1 \rangle$ 的一维正向单位质向量 $\vec{e}_+^0$ 成为表征单元系统本质形态分布基元过程 $\langle +\dfrac{1}{2} | -\dfrac{1}{2} \rangle$ 的一维二仪单位质向量 $\vec{e}^0$,一维正向质向

量坐标系 $\vec{X}_+$ 也就平移成为一维二仪质向量坐标系 $\vec{X}^0$。一维正向质向量坐标系 $\vec{X}_+$ 内部的 $(\vec{P}_+^0, \vec{S})$ 二维分质向量空间，也成为一维二仪质向量坐标系 $\vec{X}^0$ 内部的 $(\vec{P}^0, \vec{S})$ 二维分质向量空间，在省却分质向量关于方向的规定时，本质信息在 $(\vec{P}_+^0, \vec{S})$ 分质向量空间与 $(\vec{P}^0, \vec{S})$ 分质向量空间的关系为

$$P^0 \equiv P_+^0 - \frac{1}{2} \tag{7-3}$$

P_+^0 的值域为 $[0, 1]$，而 P^0 的值域为 $\left[-\frac{1}{2}, \frac{1}{2}\right]$。这样，在吸收发射条件下，单元系统本质信息分布基元规律可以用熵的双曲正切函数表示为

$$\begin{aligned} P^0 &= P_+^0 - \frac{1}{2} = \frac{1}{1+e^{-S}} - \frac{1}{2} \\ &= \frac{1}{2}\left(\frac{1-e^{-S}}{1+e^{-S}}\right) = \frac{1}{2}\left(\frac{e^{S/2}-e^{-S/2}}{e^{+S/2}+e^{-S/2}}\right) \\ &= \frac{1}{2}\tanh\frac{S}{2} \quad (-\infty < S < +\infty) \end{aligned} \tag{7-4}$$

在自发发射条件下，单元系统本质信息分布基元规律可以用熵的负双曲正切函数表示为

$$\begin{aligned} P^0 &= P_+^0 - \frac{1}{2} = \frac{1}{1+e^{+S}} - \frac{1}{2} \\ &= \frac{1}{2}\left(\frac{1-e^{+S}}{1+e^{+S}}\right) = \frac{1}{2}\left(\frac{e^{-S/2}-e^{+S/2}}{e^{+S/2}+e^{-S/2}}\right) \\ &= -\frac{1}{2}\tanh\frac{S}{2} \quad (-\infty < S < +\infty) \end{aligned} \tag{7-5}$$

双曲正切函数是单元系统本质信息分布基元规律在坐标平移下的又一种表达形式。双曲正切函数 $\tanh S$ 是奇函数或反对称函数，其值域为 $[-1, 1]$，因而 $P^0(S)$ 的值域为 $\left[-\frac{1}{2}, \frac{1}{2}\right]$。可见，在对本质信息 P_+^0 进行 $P^0 \equiv |\vec{P}_+^0| - \frac{1}{2}$ 的坐标平移后，单元系统本质信息分布基元规律的熵本质信息函数 $P^0(S)$ 可以统一表达为熵的双曲正切函数

$$P^0 = \pm\frac{1}{2}\tanh\frac{S}{2} \tag{7-6}$$

本质信息 P_+^0 通过 $P^0 \equiv |\vec{P}_+^0| - \frac{1}{2}$ 的坐标平移，也可以得到的 $P^0(S)$ 与 $P(S)$ 存在的互补关系为

$$P^0(S) + P(S) = 0 \tag{7-7}$$

或

$$P^0(S) = -P(S) \tag{7-8}$$

这与 $P_+(S)$ 与 $P_+^0(S)$ 存在(5-41)式 $P_+(S)+P_+^0(S)=1$ 的互补关系在内涵上是不同的。

在吸收发射条件下,单元系统本质信息转化基元规律的熵本质信息分布函数曲线如图 7-5 所示,其 $P^0 \sim S$ 关系曲线就是在水平直线 $P^0(S)=\frac{1}{2}$ 及 $P^0(S)=-\frac{1}{2}$ 之间关于原点对称的在定域内单调增加的 S 形曲线。在 (P^0,S) 二维分质变量空间中,$P^0 \sim S$ 关系曲线的起始点为 $(-\infty,-\frac{1}{2})$,终结点为 $(+\infty,+\frac{1}{2})$,这两个点分别处于 (P^0,S) 二维分质变量空间的第Ⅰ卦限和第Ⅲ卦限,分别代表性质截然相反的两个对立形态。

在自发发射条件下,单元系统本质信息分布基元规律的熵本质信息分布函数曲线如图 7-6 所示,其 $P^0 \sim S$ 关系曲线也是在水平直线 $P^0(S)=\frac{1}{2}$ 及 $P^0(S)=-\frac{1}{2}$ 之间关于原点对称的在定域内单调减少的反 S 形曲线。在 (P^0,S) 二维分质变量空间中,$P^0 \sim S$ 关系曲线的起始点为 $(-\infty,+\frac{1}{2})$,终结点为 $(+\infty,-\frac{1}{2})$,这两个点分别处于 (P^0,S) 二维分质变量空间的第Ⅱ卦限和第Ⅳ卦限,分别代表性质截然相反的两个对立形态。

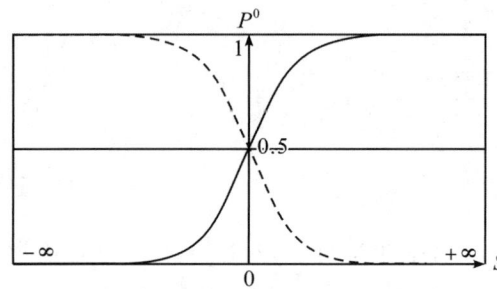

图 7-5 吸收发射的 $P^0 \sim S$ 关系曲线

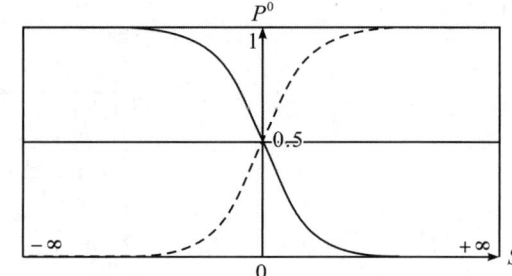

图 7-6 自发发射的 $P^0 \sim S$ 关系曲线

通过反双曲正切函数 $\operatorname{arctanh} x = \frac{1}{2}\ln\frac{1+x}{1-x}$ 也可以得到

$$\frac{S}{2} = \operatorname{arctanh}(2P^0) = \pm\frac{1}{2}\ln\frac{1+2P^0}{1-2P^0}$$

即单元系统本质形态分布基元规律的本质信息熵分布函数为

$$S = 2\operatorname{arctanh}(2P^0) = \pm\ln\frac{1+2P^0}{1-2P^0} \tag{7-9}$$

在吸收发射条件下,单元系统本质形态分布基元规律的本质信息熵分布函数曲线如图 7-7 所示,其 $S \sim P^0$ 关系曲线就是在垂直线 $P^0(S)=\frac{1}{2}$ 及 $P^0(S)=-\frac{1}{2}$ 之间关于原点对称的在定域内单调减少的∽形曲线。

在自发发射条件下,单元系统本质形态分布基元规律的本质信息熵分布函数曲线如图 7-8 所示,其 $S\sim P^0$ 关系曲线也是在垂直线 $P^0(S)=\frac{1}{2}$ 及 $P^0(S)=-\frac{1}{2}$ 之间关于原点对称的在定域内单调增加的反∽形曲线。

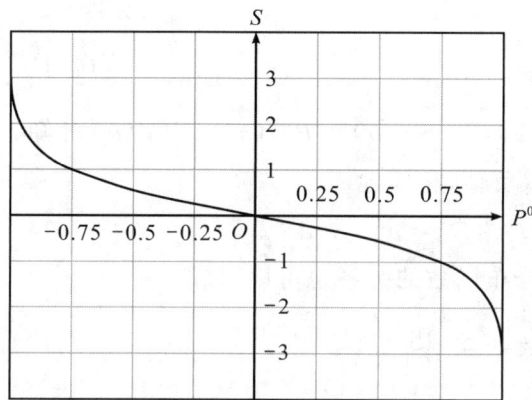

图 7-7　吸收发射的 $S\sim P^0$ 关系曲线

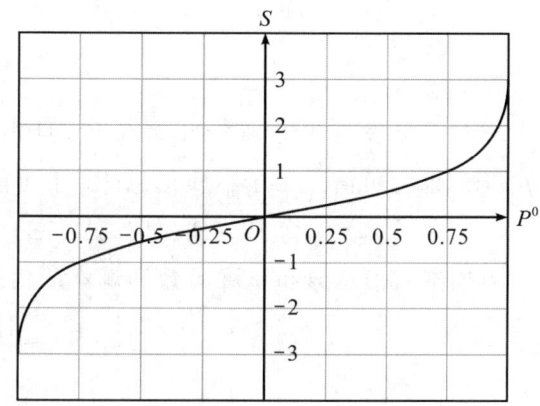

图 7-8　自发发射的 $S\sim P^0$ 关系曲线

二、熵本质信息分布密度函数

在一维正向质向量坐标系 $\vec{X}_+$ 内部的 $(\vec{P}^0_+,\vec{S})$ 二维分质向量空间中,在省却分质向量关于方向的规定时,熵 S 是个连续变量,本质信息 P^0_+ 也是个连续变量。因此,对于连续型变量熵 S,可以定义本质信息分布率函数为

$$p^0_+(S)\equiv\frac{\mathrm{d}P^0_+(S)}{\mathrm{d}S} \quad (-\infty<S<\infty) \tag{7-10}$$

本质信息变化率函数也称为本质信息分布密度函数。如果熵 S 具有本质信息变化率函数 $p^0_+(S)$,就可以说熵 S 服从分布 $p^0_+(S)$,简记为 $S\sim p^0_+(S)$。

把(7-1)式 $P^0_+(S)=\dfrac{1}{1+\mathrm{e}^{\mp S}}$ 代入(7-10)式,就可得到单元系统熵本质信息分布密度函数

$$p^0_+(S)=\pm\frac{\mathrm{e}^{\mp S}}{(1+\mathrm{e}^{\mp S})^2} \quad (-\infty<S<\infty) \tag{7-11}$$

对于吸收发射过程,虽然 $\mathrm{d}P^0_+(S)=p^0_+(S)\mathrm{d}S$ 这一式子可说明熵本质信息分布密度函数的意义,但是(7-10)式 $p^0_+(S)\equiv\dfrac{\mathrm{d}P^0_+(S)}{\mathrm{d}S}$ 的熵本质信息分布密度函数还是应该从极限的意义来理解,即[1]

$$p^0_+(S)=\lim_{\Delta S\to 0}\frac{P^0_+(S<S\leqslant S+\Delta S)}{\Delta S}$$

熵本质信息分布密度函数在质变量空间某一点的值是熵 S 在该点的本质信息密度，熵 S 的值落入该点附近一个无限小区间内的信息等于该点的熵本质信息分布密度和区间长度的乘积。

熵本质信息分布密度函数和熵本质信息分布函数的关系还可以写成

$$P_+^0(S) = \int_{-\infty}^{S} p_+^0(S) dS \tag{7-12}$$

$$\int_{+\infty}^{-\infty} p_+^0(S) dS = P_+^0 = 1 \tag{7-13}$$

对于自发发射过程，dS 为负值，且由 $P_+^0(a < S \leqslant b) = P_+^0(a) - P_+^0(b)$ 可知，$p_+^0(S)$ 也为负值。由于本质信息 P_+^0 不可能取负值，相应地

$$P_+^0(S + dS \leqslant S < S) = dP_+^0(S) = p_+^0(S) dS \tag{7-14}$$

熵本质信息分布密度函数和熵本质信息分布函数的关系也可以写成

$$P_+^0(S) = \int_{+\infty}^{S} p_+^0(S) dS \tag{7-15}$$

且有

$$\int_{-\infty}^{+\infty} p_+^0(S) dS = P_+^0 = 1 \tag{7-16}$$

(7-13)式和(7-16)式称为归一化条件。任何熵本质信息分布函数或熵本质信息分布密度函数都必须满足归一化条件。在吸收发射条件下，(7-12)式的熵本质信息分布密度函数可以用图 7-9(a) 的 $p_+^0 \sim S$ 关系曲线图表示，而其积分得到的熵本质信息分布函数可以用图 7-9(b) 的 $P_+^0(S) \sim S$ 关系曲线图的积分实线表示。

在自发发射条件下，(7-15)式的熵本质信息分布密度函数可以用图 7-10 上半部分的 $p_+^0 \sim S$ 关系曲线图表示，而其积分得到的熵本质信息分布函数可以用图 7-10 下半部分的 $P_+^0(S) \sim S$ 关系曲线图的积分实线表示。

在吸收发射条件下，单元系统熵本质信息分布函数曲线是 S 形曲线，熵本质信息分布密度函数曲线是开口向下的钟形曲线。钟形曲线在横轴上任一点 S' 左边曲线上的面积就是熵本质信息分布函数在该点的值。在归一化条件下，熵本质信息分布密度曲线下的总面积为 1，对应的熵本质信息分布函数曲线是一条单调上升到 1 的曲线。在曲线的端点和中点，熵本质信息分布密度函数取值为

$$p_+^0(S = -\infty) = 0, \quad p_+^0(S = +\infty) = 0, \quad p_+^0(S = 0) = \frac{1}{4}$$

在自发发射条件下，单元系统熵本质信息分布函数曲线是反 S 形曲线，熵本质信息分布密度函数曲线是开口向上的钟形曲线。钟形曲线在横轴下任一点 S 右边曲线上的面积就是熵本质信息分布函数在该点的值。由于归一化条件，熵本质信息分布密度曲线上的总面积为 1，对应的熵本质信息分布函数曲线是一条单调上升到 1 的曲线。在曲线的端点和中点，熵本质信息分布密度函数取值为

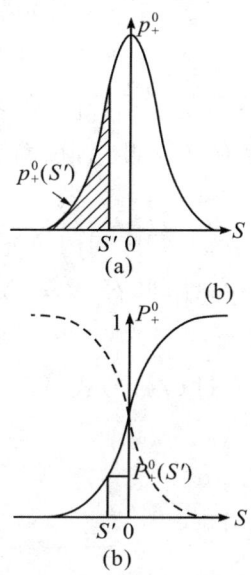
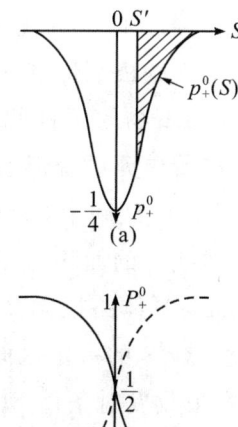
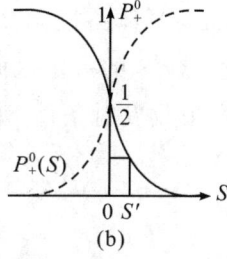

图 7-9 吸收发射的 $p_+^0 \sim S$ 关系曲线与 $P_+^0 \sim S$ 关系曲线

图 7-10 自发发射的 $p_+^0 \sim S$ 关系曲线与 $P_+^0 \sim S$ 关系曲线

$$p_+^0(S=-\infty)=0, p_+^0(S=+\infty)=0, p_+^0(S=0)=-\frac{1}{4}$$

如果已知熵 S，通过单元系统熵本质信息分布密度函数与熵本质信息分布函数，就可计算，熵 S 的值落入某一区间 $[a,b]$ 内的本质信息分布量 $\Delta P_+^0(a \leqslant S \leqslant b)$，即 $a \leqslant S \leqslant b$ 的本质信息分布量为

$$\Delta P_+^0(a \leqslant S \leqslant b) = P_+^0(S=b) - P_+^0(S=a)$$
$$= \int_a^b p_+^0(S) \mathrm{d}S$$
$$= \frac{1}{1+\mathrm{e}^{\mp b}} - \frac{1}{1+\mathrm{e}^{\mp a}} \tag{7-17}$$

熵 S 的值落入区间 $[a,b]$ 内的本质信息分布量 $\Delta P_+^0(a \leqslant S \leqslant b)$，称为熵 S 在区间 $[a,b]$ 内的本质信息分布量，可简称为信息量。

$\Delta P_+^0(-1<S<1)=46.21\%$ $\Delta P_+^0(-2<S<2)=76.16\%$

$\Delta P_+^0(-3<S<3)=90.51\%$ $\Delta P_+^0(-4<S<4)=96.40\%$

$\Delta P_+^0(-5<S<5)=98.66\%$ $\Delta P_0(-6<S<6)=99.50\%$

$\Delta P_+^0(-7<S<7)=99.82\%$ $\Delta P_+^0(-8<S<8)=99.93\%$

$\Delta P_+^0(-9<S<9)=99.98\%$ $\Delta P_+^0(-10<S<10)=99.99\%$

可见，熵 S 在 $[-3,3]$ 区间的本质信息分布量就达到 90% 以上，而在 $[-10,10]$ 区间的本质信息分布量就接近于 1。

(7-17)式 $\Delta P_+^0(a \leqslant S \leqslant b)$ 既给出了熵 S 在区间 $[a,b]$ 内的本质信息分布量，同时

也表明了熵 S 落在区间 $[a,b]$ 以外的本质信息分布值。熵 S 在 $[-10,10]$ 变相区间的本质信息分布量接近于 1，也就是说人们在熵 $S[-10,10]$ 过渡区间以外所看到的就是单元系统阴阳对立的极端形态——乾坤。乾坤是人们认识单元系统阴阳形态分布的两个极端，它们作为事物的两种截然不同的形态而稳定地存在。可见，在熵 $S[-10,10]$ 区间以内就分布着单元系统形态基本的本质信息。

在熵 S 的 $[a,b]$ 区间中，单元系统本质信息分布量是 $[a,b]$ 区间内单元系统熵本质信息分布密度曲线下的面积，这是一个形态函数，且只与起始形态 ($S=a$) 和终止形态 ($S=b$) 有关，而与具体路径无关。

单元系统在熵 S 的一定区间的本质信息分布量可通过 (7-17) 式 $\Delta P_{\pm}^{0}(a \leqslant S \leqslant b)$ 来求得，所以在吸收发射条件下，其本质信息分布量为

$$\Delta P_{+}^{0}(S \leqslant S < +\infty) = \frac{1}{1+e^{-\infty}} - \frac{1}{1+e^{-S}}$$

$$= \frac{1}{1+e^{+S}}$$

而在自发发射条件下，其本质信息分布量为

$$\Delta P_{+}^{0}(-\infty < S \leqslant S) = \frac{1}{1+e^{-S}} - \frac{1}{1+e^{+\infty}}$$

$$= \frac{1}{1+e^{-S}}$$

在一维二仪质向量坐标系 $\vec{X}$ 内部的 $(\vec{P^0}, \vec{S})$ 二维分质向量空间中，本质信息 $\vec{P^0}$ 发生了 $|\vec{P^0}| \equiv |\vec{P_+}| - \frac{1}{2}$ 的坐标平移，在省却了分质向量关于方向的规定时，单元系统本质信息分布基元规律就可以用双曲正切函数 (7-6) 式 $P^0 = \pm \frac{1}{2} \tanh \frac{S}{2}$ 来表达，其熵本质信息分布密度函数可以通过 $p^0(S) \equiv \frac{dP^0(S)}{dS}$ 求导而表达为双曲余割函数

$$p^0 = \pm \frac{1}{4} \operatorname{sech}^2 \frac{S}{2} \quad (-\infty < S < \infty) \tag{7-18}$$

显然，这个函数为偶函数。单元系统的熵本质信息分布函数与熵本质信息分布密度函数可以相互唯一地确定。$p^0 \sim S$ 关系曲线是关于 p^0 轴对称的连续的钟形曲线，其图形如图 7-9 与图 7-10 所示。

三、本质信息熵分布密度函数

由于本质信息 P^0 和熵 S 都是连续变量，熵本质信息分布函数与本质信息熵分布函数互为反函数，因此上面关于熵本质信息分布密度函数的推证方法可以直接用于本

质信息熵分布密度函数的推证。

在一维正向质向量坐标系 $\vec{X}_+$ 内部的 $(\vec{P}^0_+,\vec{S})$ 二维分质向量空间中,在省却分质向量关于方向的规定时,本质信息熵分布密度函数定义为

$$s(P^0_+) \equiv \frac{dS(P^0_+)}{dP^0_+}$$

把(5-45)式 $S = \pm \ln \dfrac{P^0_+}{P_+} = \pm \ln \dfrac{P_{+0}}{P_+}$ 代入上式就可得到

$$s(P^0_+) = \mp \frac{1}{P^0_+(1-P^0_+)} = \mp \frac{1}{P_+ P^0_+} \tag{7-19}$$

依(7-19)式作 $s \sim P^0_+$ 关系曲线图,在吸收发射条件下可以得到图 7-11。由于 P^0_+ 的取值为 $[0,1]$ 中的有理分数,有理分数在数轴上表现为处处稠密近于连续,其对应的 $s(P^0_+)$ 或 $S(P^0_+)$ 也只能表现为稠密的分立值,在图 7-11 中就是近于连续的分布密度曲线。由图可见,在吸收发射条件下,单元系统本质信息熵分布密度函数曲线是一条开口向下的拱形曲线,其中,$s(\dfrac{1}{2}) = -\dfrac{1}{4}$ 为极大值,$s(0) = -\infty$,$s(1) = -\infty$。

依(7-19)式作 $s \sim P^0_+$ 关系曲线图,在自发发射条件下可以得到图 7-12。在自发发射条件下,单元系统本质信息熵分布密度函数曲线是一条开口向上的悬链形曲线,其中,$s(\dfrac{1}{2}) = +\dfrac{1}{4}$ 为极小值,$s(0) = +\infty$,$s(1) = +\infty$。

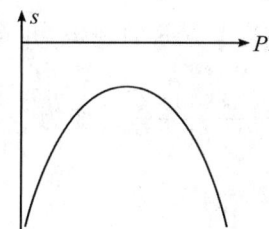
图 7-11 吸收发射的 $s \sim P^0_+$ 关系曲线

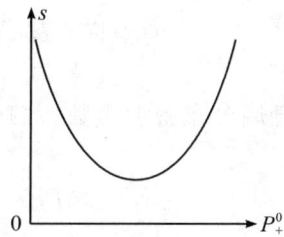
图 7-12 自发发射的 $s \sim P^0_+$ 关系曲线

本质信息熵分布密度函数与本质信息熵分布函数存在如下关系

$$S(P^0_+) = \int_0^{P^0_+} s(P^0_+) dP^0_+ \quad (0 \leqslant P^0_+ \leqslant 1) \tag{7-20}$$

因此,可以计算本质信息 P^0_+ 落入某一区间 $[a,b]$ 内的熵 S 的分布量,即 $a \leqslant P^0_+ \leqslant b$ 的熵分布量,记作 ΔS。

$$\Delta S(a \leqslant P^0_+ \leqslant b) = S(P^0_+ = b) - S(P^0_+ = a)$$
$$= \int_a^b s(P^0_+) dP^0_+ \tag{7-21}$$

在吸收发射条件下,

$$\Delta S(a \leqslant P^0_+ \leqslant b) = \int_a^b \frac{1}{P^0_+(P^0_+ - 1)} dP^0_+ = \ln \frac{a(1-b)}{b(1-a)} \tag{7-22}$$

在自发发射条件下，

$$\Delta S(a \leqslant P_+^0 \leqslant b) = \int_a^b \frac{1}{P_+^0(1-P_+^0)} dP_+^0 = \ln\frac{b(1-a)}{a(1-b)} \tag{7-23}$$

图 7-11 给出了在自发发射条件下对应于区间$[a,b]$的熵分布量 ΔS 的示意，区间$[a,b]$的熵分布量 ΔS 是$[a,b]$区间内熵分布密度曲线所包围的面积。可见，熵分布量 ΔS 也是个形态函数，只与起始形态($P_+^0=a$)和终止形态 $P_+^0=b$ 有关，而与具体路径无关。

在质变量空间，形态函数的内在关系是固有的。在坐标平移情况下，这种规律也是不会改变的。由于本质信息熵分布函数 $S(P_+^0)$ 是形态函数，在质变量空间可以自由平行移动，因而质变量 S 可作线性变换，即可以用另一个质变量 X 替代质变量 S，即

$$X = \mu + \sigma S \tag{7-24}$$

式中，μ 和 σ 为常量。在吸收发射条件下，把(7-2)式 $S = \ln\frac{P_+^0}{1-P_+^0}$ 代入，就有

$$X = \mu - \sigma \ln\left(\frac{1-P_+^0}{P_+^0}\right) \tag{7-25}$$

特别地，令 $X = E_+$，$\mu = C_{E_{\neq+}}$，$\sigma = C_{\varepsilon_+}$，即把质变量 X 定义为能量 E_+，而能阈 $E_{\neq+}$ 和能元 ε_+ 分别为质常量 $\mu = C_{E_{\neq+}}$ 和质常量 $\sigma = C_{\varepsilon_+}$，(7-25)式就变成

$$E_+ = C_{E_{\neq+}} - C_{\varepsilon_+} \ln\left(\frac{1-P_+^0}{P_+^0}\right) \tag{7-26}$$

在一维二仪质向量坐标系 $\vec{X}$ 内部的 $(\vec{P^0}, \vec{S})$ 二维分质向量空间中，本质信息 $\vec{P^0}$ 进行了 $|\vec{P^0}| \equiv |\vec{P_+^0}| - \frac{1}{2}$ 的坐标平移，若省却分质向量关于方向的规定，并在吸收发射条件下，本质信息熵分布密度函数(7-19)式 $s(P_+^0) = -\frac{1}{P_+^0(1-P_+^0)}$ 变为

$$s(P^0) = \frac{1}{\left(P^0 + \frac{1}{2}\right)\left(P^0 - \frac{1}{2}\right)}$$

$$= \frac{4}{(2P^0)^2 - 1} \quad \left(-\frac{1}{2} \leqslant P^0 \leqslant \frac{1}{2}\right) \tag{7-27}$$

在一维二仪质向量坐标系 $\vec{X}$ 内部的 $(\vec{P^0}, \vec{S})$ 二维分质向量空间中，本质信息 $\vec{P^0}$ 也可进行 $|\vec{P^0}| \equiv |\vec{P_+^0}| + \frac{1}{2}$ 的坐标平移，在省却分质向量关于方向的规定和自发发射条件下，本质信息熵分布密度函数(7-19)式 $s(P_+^0) = \frac{1}{P_+^0(1-P_+^0)}$ 变成

$$s(P^0) = \frac{1}{\left(P^0 + \frac{1}{2}\right)\left(\frac{1}{2} - P^0\right)}$$

$$= \frac{4}{1 - (2P^0)^2} \quad \left(-\frac{1}{2} \leqslant P^0 \leqslant \frac{1}{2}\right) \tag{7-28}$$

依(7-27)式和(7-28)式绘制 $s\sim P^0$ 关系曲线图,可以得到与图 7-11 和图 7-12 同样的拱形曲线,只是它们都是关于 s 轴对称的。

如果本质信息 P^0 在某一区间 $[a,b]$ 内,其对应的熵分布量为

$$\Delta S(a \leqslant P^0 \leqslant b) = S(P^0 = b) - S(P^0 = a)$$
$$= \int_a^b s(P^0) dP^0 \tag{7-29}$$

在吸收发射条件下,本质信息 P^0 在 $[a,b]$ 区间内的熵分布量为

$$\Delta S(a \leqslant P^0 \leqslant b) = \int_a^b \frac{4}{(2P^0)^2 - 1} dP^0$$
$$= \ln \frac{(2a+1)(2b-1)}{(2a-1)(2b+1)} \tag{7-30}$$

在自发发射条件下,本质信息 P^0 在 $[a,b]$ 区间内的熵分布量为

$$\Delta S(a \leqslant P^0 \leqslant b) = \int_a^b \frac{4}{1 - (2P^0)^2} dP^0$$
$$= \ln \frac{(2a-1)(2b+1)}{(2a+1)(2b-1)} \tag{7-31}$$

下面就以《周易》的二仪、四象和八卦为例,给出不同起止态的熵的分布值。

(1) 二仪

$\Delta S(0 < P^0 \leqslant \frac{1}{2}) = -\infty$ $\qquad \Delta S(\frac{1}{2} \leqslant P^0 < 1) = +\infty$

(2) 四象

$\Delta S(0 < P^0 \leqslant \frac{1}{4}) = -\infty$ $\qquad \Delta S(\frac{1}{4} \leqslant P^0 \leqslant \frac{2}{4}) = -\ln 3 = -1.0986$

$\Delta S(\frac{2}{4} \leqslant P^0 \leqslant \frac{3}{4}) = \ln 3 = 1.0986$ $\qquad \Delta S(\frac{3}{4} \leqslant P^0 < 1) = +\infty$

(3) 八卦

$\Delta S(0 < P^0 \leqslant \frac{1}{8}) = -\infty$ $\qquad \Delta S(\frac{1}{8} \leqslant P^0 \leqslant \frac{2}{8}) = -\ln \frac{7}{3} = -0.8430$

$\Delta S(\frac{2}{8} \leqslant P^0 \leqslant \frac{3}{8}) = -\ln \frac{9}{5} = -0.5878$ $\qquad \Delta S(\frac{3}{8} \leqslant P^0 \leqslant \frac{4}{8}) = -\ln \frac{5}{3} = -0.5108$

$\Delta S(\frac{4}{8} \leqslant P^0 \leqslant \frac{5}{8}) = \ln \frac{5}{3} = 0.5708$ $\qquad \Delta S(\frac{5}{8} \leqslant P^0 \leqslant \frac{6}{8}) = \ln \frac{9}{5} = 0.5878$

$\Delta S(\frac{6}{8} \leqslant P^0 \leqslant \frac{7}{8}) = \ln \frac{7}{3} = 0.8430$ $\qquad \Delta S(\frac{7}{8} \leqslant P^0 < 1) = +\infty$

在单元系统本质形态分布区间内,由(7-21)式或(7-29)式得到的熵值虽然是分立的,但却是依一定顺序逐渐变化的,并且相邻的熵值非常接近,因此这些熵值就构成熵谱。特别是在形态分布的变相点附近区间内,熵谱值都很接近于零,熵变化量 ΔS 也很

小,从而形成一个稠密的近于连续分布的熵带。这个熵带按不同的密集度来划分就有不同的宽度,而且熵带分布的熵谱值是关于 P^0 轴对称的。这个熵带在 $S=0$ 附近熵谱值的变化很小,好像熵就被禁锢在这个带中,可称 $S=0$ 附近的熵带为禁带。在禁带中,单元系统的形态高度有序。

四、分布密度函数与变化率函数的性质

在一维正向质向量坐标系 $\vec{X}_+$ 内部的 $(\vec{P^0_+},\vec{S})$ 二维分质向量空间中,在省却分质向量关于方向的规定时,分析单元系统熵本质信息分布密度函数和本质信息熵分布函数,可以得出它们所具有的一些性质。

性质 1 熵本质信息分布密度函数可以用双曲正割函数表示。

证明:在吸收发射或自发发射条件下,单元系统熵本质信息分布密度函数可以由 (7-11)式 $p^0_+(S)=\pm\dfrac{e^{\mp S}}{(1+e^{\mp S})^2}$ 表示,但是此式还可以变换形式成为双曲正割函数的表示式

$$\begin{aligned}
p^0_+(S) &= =\pm\frac{(e^{\mp S/2})^2}{(1+e^{\mp S})^2} \\
&= \pm\frac{1}{4}\frac{4}{(e^{S/2}+e^{-S/2})^2} \\
&= \pm\frac{1}{4}\operatorname{sech}^2\frac{S}{2} \quad (-\infty<S<\infty)
\end{aligned} \tag{7-32}$$

所以,熵本质信息分布密度函数可以用双曲正割函数表示。

性质 2 熵本质信息分布密度函数 $p^0_+(S)$ 为熵异质信息变化函数 $P_+(S)$ 与熵本质信息分布函数 $P^0_+(S)$ 的乘积,即

$$\begin{aligned}
p^0_+(S) &= \pm P^0_+(S)[1-P^0_+(S)] \\
&= \pm P^0_+(S)P_+(S)
\end{aligned} \tag{7-33}$$

证明:由(7-11)式 $p^0_+(S)=\pm\dfrac{e^{\mp S}}{(1+e^{\mp S})^2}$ 和(5-41)式 $P_+(S)+P^0_+(S)=1$,可把吸收发射或自发发射条件下单元系统熵本质信息分布密度函数表达为

$$\begin{aligned}
p^0_+(S) &= \pm\frac{e^{\mp S}}{(1+e^{\mp S})^2} \\
&= \pm(1+e^{\mp S})^{-1}[1-(1+e^{\mp S})^{-1}] \\
&= \pm P^0_+(S)[1-P^0_\pm(S)] \\
&= \pm P^0_+(S)P_+(S)
\end{aligned}$$

性质 3 本质信息熵分布函数可以用反双曲正切函数或反双曲余切函数表示。

证明：因为 $\dfrac{P_+^0}{1-P_+^0} = \dfrac{(1+e^{\mp S})^{-1}}{1-(1+e^{\mp S})^{-1}} = \dfrac{1}{(1+e^{\mp S}-1)} = e^{\pm S}$，两边取对数得(7-2)式 $S = \pm \ln \dfrac{P_+^0}{1-P_+^0} = \pm \ln \dfrac{P_+^0}{P_+}$。再用反双曲正切函数定义式 $\operatorname{artanh} x = \dfrac{1}{2}\ln\dfrac{1+x}{1-x}$ 进行变量替换，就可以把单元系统本质信息熵分布函数写为

$$S(P_+^0) = \mp \ln\dfrac{1-P_+^0}{P_+^0}$$
$$= \mp 2\operatorname{artanh}(1-2P_+^0)$$
$$= \pm 2\operatorname{artanh}(P_+^0 - P_+) \tag{7-34}$$

性质 4 本质信息分布密度函数曲线的图形取决于参量能量 E、能阈 $E_{\neq}$ 和能元 ε。

证明：把熵 $S = \dfrac{E_{\neq}-E}{\varepsilon}$ 代入(7-11)式 $p_+^0(S) = \pm\dfrac{e^{\mp S}}{(1+e^{\mp S})^2}$，则单元系统熵本质信息分布密度函数 $p_+^0(S)$ 变为由能量 E、能阈 $E_{\neq}$ 和能元 ε 作为自变量的本质信息分布密度函数

$$p_+^0(S) = p_+^0(E, E_{\neq}, \varepsilon)$$
$$= \pm \dfrac{e^{\mp(E_{\neq}-E)/\varepsilon}}{\varepsilon[1+e^{\mp(E_{\neq}-E)/\varepsilon}]^2} \tag{7-35}$$

这样，在一维正向质向量坐标系 $\vec{X}_+$ 内部的 $(\vec{p}_+^0, \vec{E}, \vec{E}_{\neq}, \vec{\varepsilon})$ 四维分质向量空间中，在省却分质向量关于方向的规定时，本质信息分布密度函数曲线就是关于能阈 $E_{\neq}$ 对称的曲线，即曲线重心的移动位置决定于能阈(位置)参量 $E_{\neq}$，而曲线的陡峭或平坦则取决于能元(尺度)参量 ε，ε 越小曲线越陡，ε 越大曲线越平坦。曲线的拐点为 $E_{\neq} \pm \varepsilon \ln(2+\sqrt{3})$。

特别地，如果能阈 $E_{\neq}$ 和能元 ε 都为质常量，即 $\mu = C_{E_{\neq}}$ 和 $\sigma = C_{\varepsilon}$，则(7-35)式可以写作

$$p_+^0(E, \mu, \sigma) = \pm\dfrac{e^{\mp(\mu-E)/\sigma}}{\sigma[1+e^{\mp(\mu-E)/\sigma}]^2} \tag{7-36}$$

图 7-13 给出了 $\mu=1$ 和 $\sigma=0.5, \sigma=1, \sigma=2, \sigma=5$ 的本质信息分布密度函数曲线。图 7-14 是图 7-13 的积分图形，也是 $p_+^0(E, \mu, \sigma) \sim E$ 关系曲线。曲线的中心位置决定于能阈(位置)参量 μ，曲线的突跃度则取决于能元(尺度)参量 σ。特别地，在 $\sigma \to 0$ 的极限下，$p_+^0(E, \mu, \sigma) \sim E$ 为 μ 处的一条垂线。

由此可见，在一维正向质向量坐标系 $\vec{X}_+$ 内部的 $(\vec{P}_+^0, \vec{S})$ 二维分质向量空间中，在省却分质向量关于方向的规定时，通过分析可以得到单元系统熵本质信息分布密度函数和本质信息熵分布密度函数所具有的一些性质。不过，如果不深入挖掘上述这些函数的内涵和外延，像熵本质信息分布函数或熵本质信息分布密度函数就只能被人们当作统一科学理论推演中出现的一个抽象函数而已。其实，这些函数在传统的学科中是

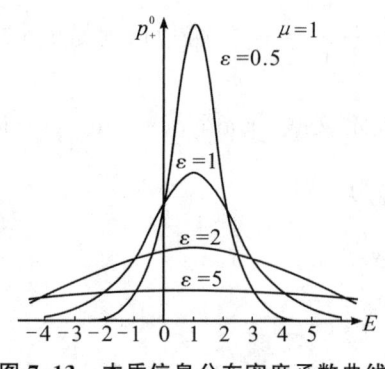

图 7-13 本质信息分布密度函数曲线

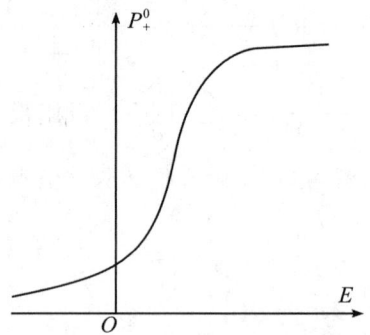

图 7-14 本质信息分布函数曲线

可以发挥其基本规律的母体作用的。例如,在现代物理体系中,人们对现象的所有预见都是对可能会发生的事件的预见。如果不求助于随机规律,物理学就不能对未来做出任何预见。因此,随机规律是所有物理规律中最基本和必不可少的规律。[2]

虽然现代自然科学所揭示的物理规律大体上可以分为机械决定论规律和统计学规律两类,但是机械决定论规律并没有表明由可积的微分方程式表达的物理规律是本质单元数(或异质单元数)的显函数,而统计学规律也没有指出这种规律是本质信息(或异质信息)的显函数。只有在统一科学中,才能表达清楚随机规律就是本质信息分布函数(或异质信息变化函数)的典型表现。

第二节　单元系统本质形态分布规律的分段

在一维正向质向量坐标系 $\vec{X}_+$ 内部的 $(\vec{P}^0_+,\vec{S})$ 二维分质向量空间中,本质单元系统形态分布基元过程在不同失衡态的本质形态分布规律可用不同的简化函数表达。变相点附近本质信息分布规律也可以用不同的简化函数表达,其旋转变换还有不同的表达式,深入分析可进一步认知本质单元系统形态分布规律在不同变相点附近的内涵。

一、不同失衡态本质信息分布规律的简化函数

在一维正向质向量坐标系 $\vec{X}_+$ 内部的 $(\vec{P}^0_+,\vec{S})$ 二维分质向量空间中,在省却分质向量关于方向的规定时,在平衡态附近可以用简单的初等函数来代替单元系统在远离平衡态的熵本质信息分布函数 $P^0_+(S)=\dfrac{1}{1+e^{\mp s}}$ 或本质信息熵分布函数 $S=\pm\ln\dfrac{P^0_+}{1-P^0_+}$ 这类复杂的超越函数。

（一）近平衡态

（7-1）式 $P_+^0(S)=\dfrac{1}{1+e^{\mp s}}$ 是以熵本质信息分布函数表达的本质信息形态分布基元规律，其中熵的定义域为（$-\infty<S<\infty$），而本质信息 P_+^0 的定义域为 $[0,1]$。在吸收发射和近平衡态条件下，熵 $S\to -\infty$，$e^{-s}\gg 1$ 或 $e^{-s}\approx(1+e^{-s})$。在自发发射和近平衡态条件下，熵 $S\to +\infty$，即 $e^s\gg 1$ 或 $e^s\approx(1+e^s)$。所以，单元系统在近平衡态的熵本质信息分布函数为

$$P_+^0(S)=\dfrac{1}{1+e^{\mp s}}\approx e^{\pm s}\quad(-\infty<S<\infty) \tag{7-37}$$

把 $e^{-s}\approx(1+e^{-s})$ 或 $e^s\approx(1+e^s)$ 代入（7-11）式 $p_+^0(S)=\pm\dfrac{e^{\mp s}}{(1+e^{\mp s})^2}$，也可以得到单元系统在近平衡态的熵本质信息分布密度函数为

$$p_+^0(S)=\pm e^{\pm s}\quad(-\infty<S<\infty) \tag{7-38}$$

对（7-37）式 $P_+^0(S)=\dfrac{1}{1+e^{\mp s}}\approx e^{\pm s}$ 两边取对数，还可以得到单元系统在近平衡态的本质信息熵分布函数的简化式

$$S(P_+^0)=\pm\ln P_+^0 \tag{7-39}$$

如此，单元系统在近平衡态的本质信息熵分布密度为

$$s(P_+^0)=\dfrac{d}{dP_+^0}(\pm\ln P_+^0)=\pm\dfrac{1}{P_+^0} \tag{7-40}$$

此即表明，在近平衡态单元系统本质形态的分布规律可以表述为：在吸收发射的条件下，单元系统形态的本质信息 P_+^0 为熵 S 的指数函数，而单元系统形态的熵 S 为本质信息 P_+^0 的对数函数。在自发发射条件下，单元系统形态的本质信息 P_+^0 为熵 S 的负指数函数，而单元系统形态的熵 S 为本质信息 P_+^0 的负对数函数。

图 7-15 和图 7-16 分别给出了吸收发射和自发发射条件下单元系统本质形态分布基元规律的 $P_+^0\sim S$ 关系曲线图与 $S\sim P_+^0$ 关系曲线图，而单元系统在近平衡态的 $P_+^0\sim S$ 关系曲线和 $S\sim P_+^0$ 关系曲线则用虚线表示。可见，实线与虚线在近平衡态吻合得很好，因此在单元系统形态转化的开始段和加速段用简单的指数函数曲线或对数函数曲线代替复杂的 $P_+^0\sim S$ 关系曲线和 $S\sim P_+^0$ 关系曲线是完全可行的。

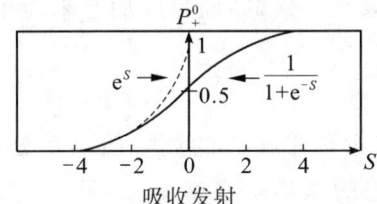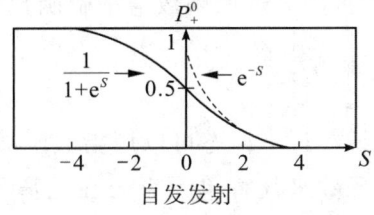

图 7-15 不同失衡态单元系统 $P_+^0\sim S$ 关系曲线

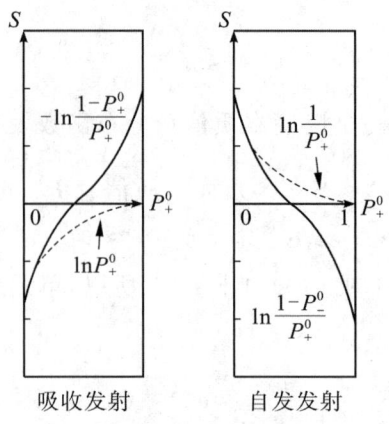

图 7-16　不同失衡态单元系统 $S\sim P_+^0$ 关系曲线

由(7-38)式和(7-40)式作 $p_+^0\sim S$ 关系曲线图与 $s\sim P_+^0$ 关系曲线图，也可以看到单元系统在近平衡态的熵本质信息分布密度函数的钟形曲线可以用指数曲线来代替，本质信息分布熵密度函数曲线也可以用双曲线来代替。相应地，单元系统在近平衡态可以用指数函数代替复杂的熵本质信息分布密度函数，本质信息熵分布密度函数也可以用双曲函数代替。这种在一定范围内的替代关系可以用图 7-17 和图 7-18 来表示。

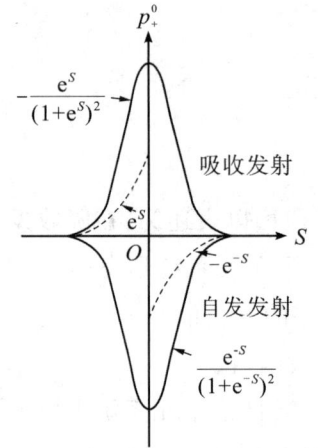

图 7-17　不同失衡态的 $p_+^0\sim S$ 关系曲线

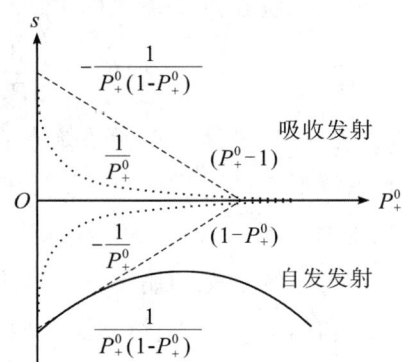

图 7-18　不同失衡态的 $s\sim P_+^0$ 关系曲线

由此可见，单元系统在近平衡态用远离平衡态近似表达式来代替熵本质信息分布函数和本质信息熵分布函数以及熵本质信息分布密度函数和本质信息熵分布密度函数，在其适用范围内近似函数与精确函数的结果是一致的，而且应用起来简单方便。

（二）准平衡态

单元系统在近平衡态可以用指数函数代替远离平衡态的熵本质信息分布函数，也可以用对数函数来代替单元系统在远离平衡态的本质信息熵分布函数。由此可以推断：既然熵本质信息分布函数的 $P_+^0\sim S$ 关系曲线都是以坐标横轴和平行于横轴的直线（$P_+^0=1$）为渐近线的，那么当幂指数在零附近波动时，在准平衡态适用范围内就可以用一族线性函数中的某一个来代替熵本质信息分布函数，而且随着研究范围向平衡态的逼近，线性函数所表征的直线与熵本质信息分布函数曲线的起始段在该范围所表征的 $P_+^0 \sim S$ 关系曲线的重合范围就越大。

在吸收发射条件下，在省却分质向量关于方向的规定时，如果以准平衡态的某一点 $(C_{S_1}, C_{P_{01}})$ 为切点，则熵与本质信息的切线方程为

$$P_+^0 - C_{P_{+1}^0} = f'(C_{S_1})(S - C_{S_1})$$
$$= e^{C_{S_1}}(S - C_{S_1}) \tag{7-41}$$

如此，单元系统在准平衡态的熵本质信息分布函数为

$$P_+^0(S) = e^{C_{S_1}} S + C_{P_{+1}^0} - C_{S_1} e^{C_{S_1}}$$
$$= aS + b \tag{7-42}$$

式中，常量 $a = e^{C_{S_1}}$，$b = C_{P_{+1}^0} - C_{S_1} e^{C_{S_1}}$。

由(7-41)式，即可得单元系统在准平衡态的本质信息熵分布函数

$$S(P_+^0) = e^{-C_{S_1}} P_+^0 + C_{S_1} - C_{P_{+1}^0} e^{-C_{S_1}}$$
$$= cP_+^0 + d \tag{7-43}$$

式中，常量 $c = e^{-C_{S_1}}$，$d = C_{S_1} - C_{P_{+1}^0} e^{-C_{S_1}}$。

熵本质信息分布密度函数和本质信息熵分布密度函数分别为常量，即

$$p_+^0(S) = \frac{dP_+^0}{dS} = e^{C_{S_1}} = a \tag{7-44}$$

$$s(P_+^0) = \frac{dS}{dP_+^0} = e^{-C_{S_1}} = c \tag{7-45}$$

在准平衡态的某一点 $(C_{S_1}, C_{P_{+1}^0}) \approx (-\infty, 0)$，(7-44)式的熵本质信息分布密度 $p_+^0(S) = e^{C_{S_1}} = a \approx 0$，而(7-45)式的信息熵分布密度 $s(P_+^0) = e^{-C_{S_1}} = c \approx \infty$。

同理，在自发发射条件下，在省却分质向量关于方向的规定时，如果以准平衡态的某一点 $(C_{S_1}, C_{P_{+1}^0})$ 为切点，则熵与本质信息的切线方程为

$$P_+^0 - C_{P_{+1}^0} = f'(C_{S_1})(S - C_{S_1})$$
$$= -e^{-C_{S_1}}(S - C_{S_1}) \tag{7-46}$$

如此，单元系统在准平衡态的熵本质信息分布函数为

$$P_+^0(S) = -e^{-C_{S_1}} S + C_{P_{+1}^0} + C_{S_1} e^{-C_{S_1}} = a'S + b' \tag{7-47}$$

式中，常量 $a' = -e^{-C_{S_1}}$，$b' = C_{P_{+1}^0} + C_{S_1} e^{-C_{S_1}}$。

由(7-46)式，也可得单元系统在准平衡态的本质信息熵分布函数

$$S(P_+^0) = -e^{+C_{S_1}} P_+^0 + C_{S_1} + C_{P_{+1}^0} e^{+C_{S_1}} = c'P_+^0 + d' \tag{7-48}$$

式中，常量 $c' = -e^{+C_{S_1}}$，$d' = C_{S_1} + C_{P_{+1}^0} e^{+C_{S_1}}$。

熵本质信息分布密度函数和本质信息熵分布密度函数分别为常量，即

$$p_+^0(S) = \frac{dP_+^0}{dS} = -e^{-C_{S_1}} = a' \tag{7-49}$$

$$s(P_+^0) = \frac{dS}{dP_+^0} = -e^{+C_{s_1}} = c' \tag{7-50}$$

在准平衡态的某一点$(C_{S_1}, C_{P_{+1}^0}) \approx (+\infty, 0)$，熵本质信息分布密度(7-49)式的$p_+^0(S) = -e^{-C_{s_1}} = a' \approx 0$，而本质信息熵分布密度(7-50)式的$s(P_+^0) = -e^{+C_{s_1}} = c' \approx -\infty$。所以，熵本质信息分布密度围绕 0 的指数模型呈现平稳的线性变化。准平衡态的线性变化是近平衡态指数变化的特例，是熵本质信息分布密度趋于 0、幂指数趋于 0 的指数变化。

在吸收发射条件下与自发发射条件下，本质信息熵分布函数的准平衡态 $P_+^0 \sim S$ 关系图就是图 7-15 中起始段的直线（横线）；熵本质信息分布函数的准平衡态 $S \sim P_+^0$ 关系图也是图 7-16 中起始段的直线（竖线）。在吸收发射条件下与自发发射条件下，熵本质信息分布密度函数的准平衡态 $p_+^0 \sim S$ 关系图就是图 7-17 钟形曲线起始段的直线（横线）；本质信息熵分布密度函数的准平衡态 $s \sim P_+^0$ 关系图就是图 7-18 中起始段的直线（竖线）。

二、变相点附近本质信息分布规律的简化函数

在一维正向质向量坐标系 $\vec{X}_+$ 上，单元系统从起始态 $\vec{A}_+$ 到终结态 $\vec{B}_+$ 的形态变化 $\langle \vec{B}_+ | \vec{A}_+ \rangle$ 只能用极度抽象的一维正向单位质向量 $\vec{e}_+$ 来度量其形态变化。但是，一维正向质向量坐标系 $\vec{X}_+$ 经过平移变换成为一维二仪质向量坐标系 $\vec{X}$，一维正向单位质向量 $\vec{e}_+$ 也相应地变换为 $\vec{e}$。在一维质向量坐标系 $\vec{X}$ 内部打开以信息 $\vec{P}$ 和熵 $\vec{S}$ 这两个质向量作为坐标轴建立的 $\vec{O}\vec{P}\vec{S}$ 二维分质向量坐标系，在省却分质向量关于方向的规定时，在吸收发射条件下，当单元系统在一维二仪质向量坐标系 $\vec{X}$ 内部的 (P, S) 二维分质变量空间从一个形态 A 向另一个截然相反的对立形态 B 变化时，单元系统的本质信息就分布在坐标系第Ⅳ卦限的 $(+\infty, -\frac{1}{2})$ 与第Ⅱ卦限的 $(-\infty, +\frac{1}{2})$ 两个点之间。在自发发射条件下，当单元系统在一维二仪质向量坐标系 $\vec{X}$ 内部的 (P, S) 二维分质变量空间从一个形态 A 向另一个截然相反的对立形态 B 变化时，单元系统的本质信息就分布在坐标系第Ⅲ卦限的 $(-\infty, -\frac{1}{2})$ 与第Ⅰ卦限的 $(+\infty, +\frac{1}{2})$ 两个点之间。

在一维二仪质向量坐标系 $\vec{X}$ 内部打开的 $(\vec{P}^0, \vec{S})$ 二维分质向量空间中，在省却分质向量关于方向的规定时，本质信息 $\vec{P}^0$ 和熵 $\vec{S}$ 这两个分质向量在同样的发射条件下也存在着像(5-42)式 $P_+(S) = P_+^0(-S) = P_{+0}(-S)$ 和(5-43)式 $P_+^0(S) = P_{+0}(S) = P_+(-S)$ 的互补关系。所以，单元系统本质形态分布基元规律的熵本质信息分布函数 $P^0(S)$ 的统一表达式为(7-6)式 $P^0 = \pm \frac{1}{2}\tanh\frac{S}{2}$。双曲正切函数 $P^0 = \pm \frac{1}{2}\tanh\frac{S}{2}$ 是

个奇函数,$P^0 \sim S$关系曲线是关于原点O对称的熵本质信息分布函数曲线,即关于原点O对称在定域内单调增加的S形曲线或单调增加的反S形曲线,双曲正切函数曲线拐点就是直角坐标系OP^0S的原点O,也就是直角坐标系OP^0S中最有序的变相点。

在一维二仪质向量坐标系$\vec{X}$内部的$(\vec{P^0},\vec{S})$二维分质变量空间中,省却了分质向量关于方向的规定,反双曲正切函数$S=2\text{artanh}(2P^0)$是个奇函数,$S \sim P^0$关系曲线是关于原点O对称的本质信息熵分布函数曲线。所以,单元系统本质形态分布基元规律用反双曲正切函数表示,其$S \sim P^0$关系曲线就是关于原点O对称在定域内单调增加的∽形曲线或单调增加的反∽形曲线,$S=2\text{artanh}(2P^0)$的反双曲正切函数曲线拐点是直角坐标系OP^0S的原点O,也是直角坐标系OP^0S中最有序的变相点。

在OP^0S二维分质向量坐标系中,以原点O为中心可以对单元系统形态分布规律依照其接近形态变相点O的远近特征来分段描述。

(一)远离变相点

在一维二仪质向量坐标系$\vec{X}$内部由本质信息$\vec{P^0}$和熵$\vec{S}$坐标轴与原点$\vec{O}$构成的二维分质向量坐标系$\vec{O}\vec{P^0}\vec{S}$中,熵$\vec{S}$作为人们认知单元系统形态的分质向量坐标轴,是由具有两个相反方向的仿射坐标轴所组成的分质向量坐标轴,简并的一维二仪分质向量坐标轴$\vec{S}$是包括了正半轴和负半轴,其取值范围为$(-\infty,+\infty)$。这是用一维二仪分质向量坐标轴$\vec{S}$正半轴的一维二仪单位质向量$\vec{e}$作为整个坐标轴的度量基准。同样,本质信息$\vec{P^0}$作为人们认知单元系统形态的质向量坐标轴,也是由具有两个相反方向的仿射坐标轴所组成的质向量坐标轴,简并的一维二仪质向量坐标轴$\vec{P^0}$包括了正半轴和负半轴,其取值范围为$\left(-\frac{1}{2},+\frac{1}{2}\right)$,这也是用一维二仪质向量坐标轴$\vec{P^0}$的一维二仪单位质向量$\vec{e}^0$作为整个坐标轴的度量基准。因此,二维二仪分质向量坐标系$\vec{O}\vec{P^0}\vec{S}$是由简并的一维二仪质向量坐标轴$\vec{S}$和简并的一维二仪质向量坐标轴$\vec{P^0}$以及原点$\vec{O}$构成的二维分质向量坐标系。

在一维二仪质向量坐标系$\vec{X}$内部的$(\vec{P^0},\vec{S})$二维分质向量空间中,第Ⅰ卦限与第Ⅲ卦限是两个性质截然相反的形态空间,第Ⅱ卦限与第Ⅳ卦限也是两个性质截然相反的形态空间,它们彼此组成了"一阴一阳"的相空间。在$\vec{O}\vec{P^0}\vec{S}$二维分质向量坐标系中,在省却了分质向量的方向规定时,第Ⅰ卦限的相空间是以$\left(+\infty,+\frac{1}{2}\right)$为极点的各个$\left(0<S<+\infty,0<P_0<+\frac{1}{2}\right)$可能形态点的集合;第Ⅱ卦限的相空间是以$\left(-\infty,+\frac{1}{2}\right)$为极点的各个$\left(-\infty<S<0,0<P^0<+\frac{1}{2}\right)$可能形态点的集合;第Ⅲ卦限的相空间是以$\left(-\infty,-\frac{1}{2}\right)$为极点的各个$\left(-\infty<S<0,-\frac{1}{2}<P^0<0\right)$可能形态点的集

合;第Ⅳ卦限的相空间是以 $\left(+\infty,-\frac{1}{2}\right)$ 为极点的各个 $\left(0<S<+\infty,-\frac{1}{2}<P^0<0\right)$ 可能形态点的集合。

在一维二仪质向量坐标系 $\vec{X}$ 内部的 $(\vec{P^0},\vec{S})$ 二维分质向量空间中,所有的点都对应着一个质向量,$\vec{OP^0S}$ 二维分质向量坐标系的原点是无性、无量、无向的零向量 $\vec{0}$ 。"一阴一阳"两种对立形态可以用常质向量 $\vec{a}_+$ 和常质向量 $\vec{a}_-$ 表示。显然,4个象限的极点都与 $\vec{OP^0S}$ 二维分质向量坐标系原点 $\vec{O}$ 的形态差异最大,而分布在 $\vec{OP^0S}$ 二维分质向量坐标系原点 $\vec{O}$ 附近的质向量则与形态转化点的零向量 $\vec{0}$ 很接近。由于单元系统本质形态分布规律可以用(6-132)式 $\Delta\vec{x}=\vec{x}_+-\vec{x}_-$ 表示,而"一阴一阳"的本质信息 $\vec{P^0}$ 可以用常向量 $\vec{P^0_-}$ 和常向量 $\vec{P^0_+}$ 表示,因此单元系统的本质信息分布规律为 $\vec{P^0}=\frac{1}{2}(\vec{P^0_+}-\vec{P^0_-})$ 。

在一维二仪质向量坐标系 $\vec{X}$ 内部的 $(\vec{P^0},\vec{S})$ 二维分质向量空间中,省却了分质向量关于方向的规定,在吸收发射条件下,当单元系统从一个形态 A 向另一个截然相反的对立形态 B 变化时,可以用 $\vec{OP^0S}$ 二维分质向量坐标系第Ⅳ卦限的 $\left(+\infty,-\frac{1}{2}\right)$ 与第Ⅱ卦限的 $\left(-\infty,+\frac{1}{2}\right)$ 两个极点之间单元系统本质信息分布规律来表示。在自发发射条件下,当单元系统从一个形态 $\vec{A}$ 向另一个截然相反的对立形态 $\vec{B}$ 变化时,可以用 $\vec{OP^0S}$ 二维分质向量坐标系第Ⅲ卦限的 $\left(-\infty,-\frac{1}{2}\right)$ 与第Ⅰ卦限的 $\left(+\infty,+\frac{1}{2}\right)$ 两个极点之间单元系统本质信息分布规律来表示。

在一维二仪质向量坐标系 $\vec{X}$ 内部的 $(\vec{P},\vec{S})$ 二维分质向量空间中,在省却分质向量关于方向的规定时,远离变相点的单元系统形态转化基元规律在吸收发射或自发发射条件下表现为(6-147)式 $P=\mp\frac{1}{2}\tanh\frac{S}{2}$ 。利用(5-42)式 $P_+(S)=P^0_+(-S)$ 和(5-43)式 $P^0_+(S)=P_+(-S)$ 的互补关系,所得到的单元系统本质形态分布基元规律的熵本质信息函数 $P^0(S)$ 的表达式就是(7-6)式 $P^0=\pm\frac{1}{2}\tanh\frac{S}{2}$,其 $P^0\sim S$ 关系曲线如图7-5和图7-6所示。而单元系统本质形态分布基元规律的本质信息熵函数为(7-9)式 $S=2\mathrm{arctanh}(2P^0)=\pm\ln\frac{1+2P^0}{1-2P^0}$,其 $S\sim P^0$ 关系曲线如图7-7和图7-8所示。

可见,在远离变相点的相空间,单元系统异质信息 P 越大,其本质信息 P^0 就越小;反之亦然。但是,在 $\vec{OP^0S}$ 二维分质变量坐标系原点 O 的变相点附近,这种反差就没有那么明显;在原点 O ,本质信息与异质信息都同样达到均衡,而且正熵流与负熵流也达到了均衡。

在一维二仪质向量坐标系 $\vec{X}$ 内部的 $(\vec{P^0},\vec{S})$ 二维分质向量空间中,在省却分质向量关于方向的规定时,熵本质信息分布密度函数为(7-18)式 $p^0=\pm\frac{1}{4}\text{sech}^2\frac{S}{2}$,其 $p^0\sim S$ 关系曲线如图7-9和图7-10所示。在 OP^0S 二维坐标系分质变量原点 O 处,熵本质信息分布密度达到极值,$p^0=\pm\frac{1}{4}$。在吸收发射条件下,本质信息熵分布密度函数为(7-27)式 $s(P^0)=\dfrac{1}{\left(P^0+\frac{1}{2}\right)\left(P^0-\frac{1}{2}\right)}$,其 $s\sim P^0$ 关系曲线与图7-11类同,只是以 s 轴为对称轴。在自发发射条件下,本质信息熵分布密度函数为(7-28)式 $s(P^0)=\dfrac{1}{\left(P^0+\frac{1}{2}\right)\left(\frac{1}{2}-P^0\right)}$,其 $s\sim P^0$ 关系曲线与图7-12类同,只是以 s 轴为对称轴。显然,在 OP^0S 二维坐标系原点 O 的平衡点,熵本质信息分布密度达到极值 $p^0=\pm\frac{1}{4}$,本质信息熵分布密度 $s(P^0)$ 也达到极值,$s(P^0)=\mp 4$。

(二)近变相点

在一维二仪质向量坐标系 $\vec{X}$ 内部由本质信息 $\vec{P^0}$ 和熵 $\vec{S}$ 这两条分质向量坐标轴与原点 $\vec{O}$ 构成的二维分质向量坐标系 $\vec{O}\vec{P^0}\vec{S}$ 中,二维分质向量空间分成4个不同的象限,坐标系的原点 $\vec{O}$ 就是形态转化的变相点。因此,单元系统形态在不同相空间的分布,就要以坐标系的原点 $\vec{O}$ 为中心。如果人们考察单元系统的形态变化是以平衡态 $\vec{A}$ 作为起始点和平衡态 $\vec{B}$ 为终结点的,那么远离变相点的 $\langle\vec{B}|\vec{A}\rangle$ 形态转化就是在跨越原点 $\vec{O}$ 的 $[\vec{A},\vec{B}]$ 对称区间中进行的,而其所经历的形态点也就在 $[\vec{A},\vec{B}]$ 的对称区间分布。

如果人们考察单元系统的形态变化不是以平衡态 $\vec{A}$ 作为起始点和以平衡态 $\vec{B}$ 为终结点的,而是聚焦在变相点附近的不同相空间,那么在 $(\vec{P},\vec{S})$ 二维分质向量空间中获取的近变相点单元系统本质形态分布规律就可以取远离变相点单元系统本质形态分布基元规律的近似形式。

在一维二仪质向量坐标系 $\vec{X}$ 内部的 $(\vec{P},\vec{S})$ 二维分质向量空间中,在省却分质向量关于方向的规定时,近变相点吸收发射条件的单元系统形态变化规律为(6-154)式 $P=-\sinh S$,而近变相点自发发射条件的单元系统形态变化规律为(6-162)式 $P=\sinh S$。利用异质信息 $P(S)$ 与本质信息 $P^0(S)$ 存在的互补关系,所得到的近变相点的单元系统本质形态分布基元规律的表达式就是

$$P^0=\pm\sinh S \tag{7-51}$$

这一反对称函数自变量熵 S 的值域为 $(-\infty,+\infty)$,实际上是在变相点附近;因变

量本质信息 P^0 的值域是在原点附近比 $\left(-\dfrac{1}{2}, \dfrac{1}{2}\right)$ 更小的区间。其 $P^0 \sim S$ 关系曲线为双曲正弦函数曲线,如图 7-19 和图 7-20 所示。

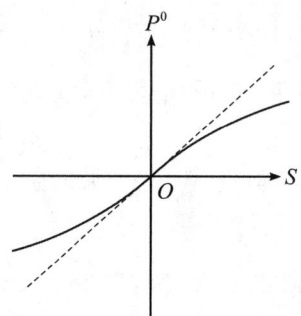 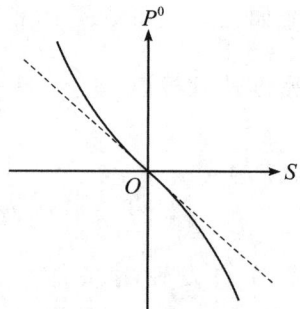

图 7-19 吸收发射近变相点的 $P^0 \sim S$ 关系曲线　　图 7-20 自发发射近变相点的 $P^0 \sim S$ 关系曲线

相应地,在近变相点吸收发射或自发发射条件下,单元系统的本质信息熵分布函数为

$$S = \pm \operatorname{arcsinh} P^0 \tag{7-52}$$

其 $S \sim P^0$ 关系曲线如图 7-21 和图 7-22 所示。

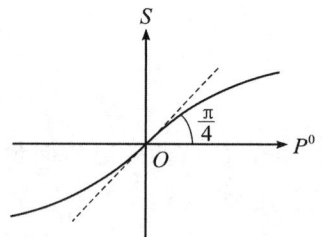 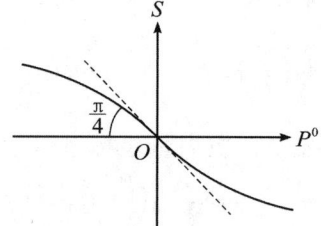

图 7-21 吸收发射近变相点的 $S \sim P^0$ 关系曲线　　图 7-22 自发发射近变相点的 $S \sim P^0$ 关系曲线

对(7-51)式 $P^0 = \pm \sinh S$ 求导数,得到在近变相点吸收发射或自发发射条件下单元系统的本质信息分布密度函数为

$$p^0 = \frac{\mathrm{d}}{\mathrm{d}S}(\pm \sinh S) = \pm \cosh S \tag{7-53}$$

这个函数为偶函数,其 $p^0 \sim S$ 关系曲线是关于 p^0 轴对称的,如图 7-23 和图 7-24 所示。

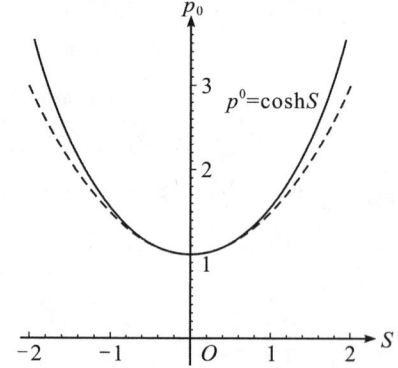 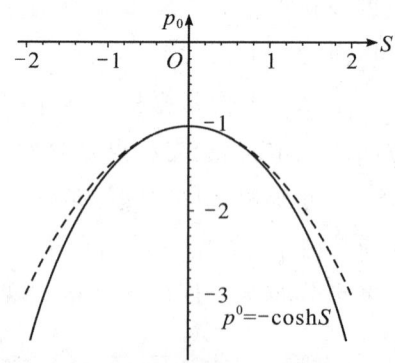

图 7-23 吸收发射近变相点的 $p^0 \sim S$ 关系曲线　　图 7-24 自发发射近变相点的 $p^0 \sim S$ 关系曲线

同样,可以得到在近变相点吸收发射或自发发射条件下单元系统的本质信息熵分布密度函数为

$$s = \frac{d}{dP^0}[\pm \mathrm{arcsinh} P^0] = \pm \frac{P^0}{\sqrt{1+(P^0)^2}} \tag{7-54}$$

(三)准变相点

在一维二仪质向量坐标系 $\vec{X}$ 内部由本质信息 $\vec{P}$ 和熵 $\vec{S}$ 这两条分质向量坐标轴与原点 $\vec{O}$ 构成的二维分质向量坐标系 $\vec{O}\vec{P}\vec{S}$ 中,二维分质向量空间 $(\vec{P},\vec{S})$ 中的准变相点是 $\vec{S}\rightarrow\vec{0}$ 的十分贴近变相点的区间。在此区间内,在省却分质向量关于方向的规定时,通过双曲正弦函数的泰勒级数展开的近似表达式,可以得到吸收发射条件下的异质信息转化规律为(6-171)式 $P=-\sinh S \approx -S$,而自发发射条件下的异质信息转化规律为(6-172)式 $P=\sinh S \approx S$。

利用异质信息 $P(S)$ 与本质信息 $P^0(S)$ 存在的互补关系,在准变相点吸收发射或自发发射条件下,单元系统本质信息分布规律的表达式就是直线方程

$$P^0 = \pm S \tag{7-55}$$

这一函数是线性函数,也是关于原点 O 对称的奇函数,在吸收发射或自发发射条件下,其 $P^0 \sim S$ 关系曲线如图 7-19 和图 7-20 中的虚线所示。

在准变相点吸收发射或自发发射条件下,单元系统的本质信息熵分布函数为

$$S = \pm P^0 \tag{7-56}$$

这一线性函数也是关于原点 O 对称的奇函数,其 $S \sim P^0$ 关系曲线可用图 7-25 和图 7-26 的直线表示,也就是图 7-21 和图 7-22 中的虚线。

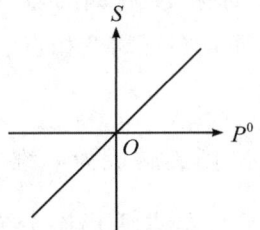

图 7-25 吸收发射准变相点的 $S \sim P^0$ 关系曲线　　图 7-26 自发发射准变相点的 $S \sim P^0$ 关系曲线

在准变相点吸收发射或自发发射条件下,单元系统的熵本质信息分布密度函数可以通过对(7-55)式 $P^0 = \pm S$ 求导得到

$$p^0 = \frac{d}{dS}(\pm S) = \pm 1 \tag{7-57}$$

其 $p^0 \sim S$ 关系曲线为图 7-27 和图 7-28 中平行于 S 轴的实线。

对(7-56)式求导数,也可以得到准变相点吸收发射或自发发射条件下单元系统的本质信息熵分布密度函数

图 7-27 吸收发射准变相点的 $p^0 \sim S$ 关系曲线　　图 7-28 自发发射准变相点的 $p^0 \sim S$ 关系曲线

$$s = \frac{\mathrm{d}}{\mathrm{d}P^0}(\pm P^0) = \pm 1 \tag{7-58}$$

其 $s \sim P^0$ 关系曲线如图 7-29 和图 7-30 所示。

图 7-29 吸收发射准变相点的 $s \sim P^0$ 关系曲线　　图 7-30 自发发射准变相点的 $s \sim P^0$ 关系曲线

三、近变相点本质信息分布规律的旋转变换

在一维二仪质向量坐标系 $\vec{X}$ 上，一维二仪单位质向量 $\vec{e}^0$ 所表征的基元过程的单元系统本质形态分布规律，可以通过一维二仪质向量坐标系 $\vec{X}$ 内部的 $(\vec{P}^0, \vec{S})$ 二维质向量空间中的单元系统本质形态分布基元规律来表达，而且在远离变相点、近变相点和准变相点，还可以表达为一系列超越函数及其简化形式。

但是，经过旋转 $\frac{\pi}{2}$ 变换后，一维二仪质向量坐标系 $\vec{X}$ 则旋转成为一维二仪质向量坐标轴标 $\vec{X}_\perp$。在一维二仪质向量坐标系 $\vec{X}$ 表征单元系统本质形态分布基元过程 $\langle +\frac{1}{2} | -\frac{1}{2} \rangle$ 的单位质向量 $\vec{e}^0$ 就成为在一维二仪质向量坐标系 $\vec{X}_\perp$ 表征单元系统形态分布基元过程 $\langle +\frac{i}{2} | -\frac{i}{2} \rangle$ 的单位质向量 $\vec{e}^0_\perp$。在一维二仪质向量坐标系 $\vec{X}_\perp$ 内部打开 $(\vec{P}^0_\perp, \vec{S}_\perp)$ 二维分质向量空间，各个分质向量与各自的分质变量坐标轴同向，可用其分质变量坐标轴来表示。所以，一维二仪质向量坐标系 $\vec{X}_\perp$ 上一维二仪单位质向量 $\vec{e}^0_\perp$ 所表征的基元过程的单元系统本质形态分布规律可以在 $(\vec{P}^0_\perp, \vec{S}_\perp)$ 分质向量空间进行刻画。

其实，一维二仪单位质向量 $\vec{e}^0$ 经过旋转 $\frac{\pi}{2}$ 变换后成为 $\vec{e}^0_\perp$，而 $\vec{e}^0_\perp$ 又可以表达为 $\vec{e}^0 i$；一维二仪质向量坐标系 $\vec{X}_\perp$ 也可表达为 $\vec{X} i$。因此，在一维二仪质向量坐标系 $\vec{X} i$ 内部打开 $(\vec{P}^0_\perp, \vec{S}_\perp)$ 分质向量空间，也就是打开了 $(\vec{P}^0, \vec{S})$ 的虚空间。

一维二仪质向量坐标系 $\vec{X}$ 内部的二维分质向量坐标系 $\vec{O}\vec{P}^0\vec{S}$ 经过旋转 $\frac{\pi}{2}$ 变换后，在 $(\vec{P}^0_\perp, \vec{S}_\perp)$ 分质向量空间中，本质信息坐标轴 $\vec{P}^0$ 和熵坐标轴 $\vec{S}$ 都要相应地发生 $\frac{\pi}{2}$ 的旋转变换。因此，单元系统本质形态分布基元规律在远离变相点、近变相点和准变相点的表达形式也要发生相应的变化。在一维二仪质向量坐标系 $\vec{X}$ 内部的 $(\vec{P}^0, \vec{S})$ 二维分质向量空间与 $(\vec{P}^0_\perp, \vec{S}_\perp)$ 二维分质向量空间中，单元系统本质形态分布基元规律在远离变相点、近变相点和准变相点的表达形式是不一样的，这里以列表的形式来表示，见表 7-1。

表 7-1　不同空间不同变相点附近的本质信息分布规律比较

1. 远离变相点

$(\vec{P}^0, \vec{S})$ 空间的公式及其序号	$(\vec{P}^0_\perp, \vec{S}_\perp)$ 空间的公式及其序号
熵本质信息分布函数 $$P^0 = \pm \frac{1}{2} \tanh \frac{S}{2} \quad (7\text{-}6)$$	熵本质信息分布函数 $$P^0 = \pm \frac{1}{2} \tan \frac{S}{2} \quad (7\text{-}59)$$
本质信息熵分布函数 $$S = \pm \ln \frac{1+2P^0}{1-2P^0} \quad (7\text{-}9)$$	本质信息熵分布函数 $$S = \pm i \ln \frac{1+2P^0 i}{1-2P^0 i} \quad (7\text{-}60)$$
本质信息分布密度函数 $$p^0 = \pm \frac{1}{4} \operatorname{sech}^2 \frac{S}{2} \quad (7\text{-}18)$$	本质信息分布密度函数 $$p^0 = \pm \frac{1}{4} \sec^2 \frac{S}{2} \quad (7\text{-}61)$$
本质信息熵分布密度函数（吸收发射条件下） $$s(P^0) = \frac{4}{(2P^0)^2 - 1} \quad (7\text{-}27)$$	本质信息熵分布密度函数（吸收发射条件下） $$s(P^0) = -\frac{4i}{1+(2P^0)^2} \quad (7\text{-}62)$$
本质信息熵分布密度函数（自发发射条件下） $$s(P^0) = \frac{4}{1-(2P^0)^2} \quad (7\text{-}28)$$	本质信息熵分布密度函数（自发发射条件下） $$s(P^0) = =-\frac{4i}{1+(2P^0)^2} \quad (7\text{-}63)$$

2. 近变相点

$(\vec{P}^0, \vec{S})$ 空间的公式及其序号	$(\vec{P}^0_\perp, \vec{S}_\perp)$ 空间的公式及其序号
熵本质信息分布函数 $$P^0 = \pm \sinh S \quad (7\text{-}51)$$	熵本质信息分布函数 $$P^0 = \pm \sin S \quad (7\text{-}64)$$
本质信息熵分布函数 $$S = \pm \operatorname{arcsinh} P^0 \quad (7\text{-}52)$$	本质信息熵分布函数 $$S = \mp i \operatorname{arcsinh} P^0 i \quad (7\text{-}65)$$
本质信息分布密度函数 $$p^0 = \pm \cosh S \quad (7\text{-}53)$$	本质信息分布密度函数 $$p^0 = \pm \cos S \quad (7\text{-}66)$$
本质信息熵分布密度函数 $$s = \pm \frac{P^0}{\sqrt{1+(P^0)^2}} \quad (7\text{-}54)$$	本质信息熵分布密度函数 $$s = \pm \frac{P^0}{\sqrt{1-(P^0)^2}} \quad (7\text{-}67)$$

续表

3. 准变相点

$(\vec{P^0}, \vec{S})$空间的公式及其序号	$(\vec{P^0_\perp}, \vec{S_\perp})$空间的公式及其序号
熵本质信息分布函数 $P^0 = \pm S$ (7-55)	熵本质信息分布函数 $P^0 i = \pm S i$ (7-68)
熵本质信息分布函数 $S = \pm P^0$ (7-56)	熵本质信息分布函数 $S i = \pm P^0 i$ (7-69)
熵本质信息分布密度函数 $p^0 = \pm 1$ (7-57)	熵本质信息分布密度函数 $p^0 = \mp i$ (7-70)
本质信息熵分布密度函数 $s = \pm 1$ (7-58)	本质信息熵分布密度函数 $s = \mp i$ (7-71)

四、不同变相点附近的单元系统本质形态分布规律的内涵

在一维正向质向量坐标系 $\vec{X}_+$ 内部的 $(\vec{P^0_+}, \vec{S})$ 二维分质向量空间中，单元系统本质形态分布基元规律不仅可以用熵本质信息分布函数表示，也可以用本质信息熵分布函数表示，还可以用本质信息 $\vec{P^0_+}$ 和熵 $\vec{S}$ 之间的微商来描述，即熵本质信息分布函数和熵本质信息分布密度函数来表示。但是，一维正向质向量坐标系 $\vec{X}_+$ 通过坐标轴的平移成为一维二仪质向量坐标系 $\vec{X}$，可以使变相点与坐标原点重合。在一维二仪质向量坐标系 $\vec{X}$ 内部的 $(\vec{P^0}, \vec{S})$ 二维分质向量空间中，熵本质信息分布函数、熵本质信息分布密度函数、本质信息熵分布函数和本质信息熵分布密度函数的表示形式就与变换前的不一样。因此，有必要对其进行深入的分析，以进一步认知单元系统本质形态分布规律在不同变相点附近的内涵。

（一）关于不同变相点附近的熵

在一维二仪质向量坐标系 $\vec{X}$ 内部的 $(\vec{P^0}, \vec{S})$ 二维分质向量空间中，在省却分质向量关于方向的规定时，远离平衡态的变相点是一个确定的形态点，其本质信息 P^0 为零，熵 S 也为零。因此，在变相点 O 附近（即单元系统的本质信息 P^0 很小的情形下），单元系统的熵 S 可以应用泰勒定理展开成泰勒级数，即

$$S = S^0 + \left(\frac{dS}{dP^0}\right)_0 P^0 + \frac{1}{2}\left(\frac{d^2 S}{dP^{02}}\right)_0 P^{02} + \cdots \quad (7\text{-}72)$$

通过上式，可以对单元系统的熵 S 在变相点附近不同区域与本质信息 P^0 的关系做出分析。

1. 变相点

当单元系统所处的形态为坐标系原点 O 时,即为变相点。在坐标系原点 O 上,单元系统没有本质信息可言,其本质信息为零,即 $P^0=0$,而且熵取值也为零,即 $S=0$,所以当单元系统处在变相点时最为有序。

2. 准变相点

当单元系统处在变相点附近时,就会具有些微的本质信息 P^0 并表现出一定的熵值 S。但是,由于本质信息 P^0 如此之小,在熵 S 的级数展开式中含 P^0 的二次项及其二次项以上的高次项对于单元系统熵 S 的贡献是微乎其微的,可以忽略不计,这样,(7-72)式就可以写成

$$S = S^0 + \left(\frac{dS}{dP^0}\right)_0 P^0 \tag{7-73}$$

由于任何系统在变相点附近都存在熵 S 对本质信息 P^0 的分布密度 $s \equiv \frac{dS}{dP^0}$,因此对(7-73)式的熵 S 求导,也可以得到单元系统本质信息熵分布密度 s 的泰勒级数展开式

$$s = \left(\frac{dS}{dP^0}\right)_0 + \left(\frac{d^2S}{dP^{02}}\right)_0 P^0 + \cdots \tag{7-74}$$

式中,下角标"0"表示在变相点下求导数。

在准变相点上,信息 $P^0 \to 0$,(7-74)式中包含 P^0 的一次项及其他的高次项对系统信息熵分布密度 s 的贡献极小,可以忽略不计。这样,本质信息熵分布密度 s 与本质信息 P^0 的变化无关,$\left(\frac{dS}{dP^0}\right)_0$ 为常量,即

$$\Gamma_0 = \left(\frac{dS}{P^0}\right)_0 \tag{7-75}$$

如此,(7-73)式可以表示为

$$\begin{aligned} S &= S^0 + \Gamma_0 P^0 \\ &= S^0 + \Delta S_1 \end{aligned} \tag{7-76}$$

式中,ΔS_1 就是准变相点下单元系统表现的熵分布量,即为

$$\Delta S_1 = S - S^0 = \Gamma_0 P^0 \tag{7-77}$$

单元系统所处的变相点就是坐标系参照点 O,即 $S=S^0=0$,所以

$$\Delta S_1 = S = \Gamma_0 P^0 \tag{7-78}$$

在此情形下,在考虑单元系统的熵分布量时,就是使单元系统处在变相点的原熵 S^0 潜化了,而只考虑单元系统在形态变化中产生的熵。

在准变相点,单元系统每个单元的熵分布量相等,它们对外协同作用的方向平行一致,单元系统表现的熵分布量 ΔS_1 是各个单元平行作用熵变化量的加和。在准变相

点,信息熵分布密度既为常量 Γ_0,也是方向单一的,信息熵分布密度 Γ_0 是每一单元所均分的系统的平行熵分布密度的综合反映。平行作用的熵分布量 ΔS_1 可表示成为信息熵分布密度 Γ_0 和本质信息 P^0 这两个因素的乘积,因此,准变相点就表现得格外有序。

3. 次准变相点

当单元系统所处的形态是次准变相点时,在这种形态下,单元系统的本质信息 P^0 也相应有所增大,因此在熵 $\vec{S}$ 的级数展开式中所含 P^0 的二次项对单元系统熵 S 的贡献是不可忽略的。但是,本质信息 P^0 的二次项以上的高次项对单元系统熵 S 的贡献还是可以忽略的,这样,(7-72)式就可以写成

$$\begin{aligned} S &= S^0 + \left(\frac{dS}{dP^0}\right)P^0 + \frac{1}{2}\left(\frac{d^2S}{dP^{02}}\right)P^{02} \\ &= S^0 + \Gamma_0 P^0 + \frac{1}{2}\Omega_0 P^{02} \\ &= S^0 + \Delta S_1 + \Delta S_2 \end{aligned} \tag{7-79}$$

式中,

$$\Omega_0 = \frac{d\Gamma_0}{dP^0} = \left(\frac{d^2S}{dP^{02}}\right)_0 \tag{7-80}$$

Ω_0 为单元系统熵 S 对信息 P^0 的二次分布密度或平行熵分布密度 Γ_0 对本质信息 P^0 的微商,ΔS_2 是单元系统内各个单元相互作用的熵分布量。

(7-79)式表明,在次准变相点,单元系统熵 S 是系统内各个单元的平行熵分布量 ΔS_1 和系统内各个单元的相互作用熵分布量 ΔS_2 之和。ΔS_2 是代表在次准变相点下单元系统中各个单元两两相互作用表现的熵分布量。如果设 $S(P_{ij})$ 为第 i 个单元与第 j 个单元之间的相互作用熵,则第 i 个单元与单元系统中所有其他单元的相互作用熵为

$$S_i = \sum_{\substack{j=1 \\ i \neq j}}^{m} \vec{S}(P_{ij}) = \sum_{\substack{j=1 \\ i \neq j}}^{m} \Omega_j P_i P_j \tag{7-81}$$

那么,单元系统中 m 个单元总的相互作用熵就是

$$\begin{aligned} \Delta S_2 &= \frac{1}{2}\sum_{i=1}^{m} S_i = \frac{1}{2}\sum_{i=1}^{m}\sum_{\substack{j=1 \\ i \neq j}}^{m} S(P_{ij}) \\ &= \frac{1}{2}\sum_{i=1}^{m}\sum_{\substack{j=1 \\ i \neq j}}^{m} G_i P_i P_j \\ &= \frac{1}{2}GP^2 \end{aligned} \tag{7-82}$$

式中,引入因子 $\frac{1}{2}$ 是由于 $S(P_{ij})$ 和 $S(P_{ji})$ 本是同一个相互作用熵,在以第 i 个单

元和以第 j 个单元为参考点计算时各考虑了一次的缘故。因此,(7-82)式中各个单元两两相互作用的熵变化量 ΔS_2 可表示为熵 S 对本质信息 P^0 的二次分布密度 Ω_0 与本质信息 P^0 平方两个因素乘积的一半。

由(7-80)式 $\Omega_0 = \dfrac{\mathrm{d}\Gamma_0}{\mathrm{d}P^0} = \left(\dfrac{\mathrm{d}^2 S}{\mathrm{d}P^{0\,2}}\right)_0$,又可以得到关于平行熵分布密度 Γ_0 与熵 S 对本质信息 P^0 的二次分布密度 Ω_0 的关系

$$\mathrm{d}\Gamma_0 = G_0 \mathrm{d}P^0 \tag{7-83}$$

上式积分可得

$$\Gamma_0 = G_0 P^0 \tag{7-84}$$

可见,单元系统平行熵分布密度 Γ_0 是熵 S 对信息 P^0 的二次分布密度 Ω_0 与本质信息 P^0 的乘积。

4. 近变相点

在本质信息 P^0 加大的情形下,单元系统中的本质单元之间的作用就不仅要考虑各个单元平行作用的熵分布量 ΔS_1 和各个单元两两相互作用的熵分布量 ΔS_2,而且还要考虑单元系统内每一个单元同时与若干个单元相互作用的熵分布量 $\Delta S_3, \Delta S_4$ 等。

(二)关于不同变相点附近的本质信息

在一维二仪质向量坐标系 $\vec{X}$ 内部的 $(\vec{P^0}, \vec{S})$ 二维分质向量空间中,在省却分质向量关于方向的规定时,当单元系统处在远离平衡态的变相点时,这一确定的形态点的本质信息 P^0 为零,即 $P^0 = 0$,熵 S 也为零,即 $S = 0$。因此,在单元系统发生质变的临界点附近的高度有序区域,单元系统的熵作为序参量趋近于零向量,即 $S \to 0$(取值可以很小),单元系统的本质信息 P^0 也可以应用泰勒级数展开成熵 S 的幂级数

$$P^0 = P^0_0 + \left(\dfrac{\mathrm{d}P^0}{\mathrm{d}S}\right) S + \dfrac{1}{2} \left(\dfrac{\mathrm{d}^2 P^0}{\mathrm{d}S^2}\right) S^2 + \cdots \tag{7-85}$$

通过上式,就可以对单元系统的本质信息 P^0 在变相点附近不同区域的作用情况做出分析。

1. 变相点

当单元系统所处的形态为坐标系原点时,也是最为有序的变相点。在坐标系原点 O 上,单元系统没有本质信息可言,其本质信息为零,即 $P^0 = 0$,而且熵取值也为零,即 $S = 0$,所以 $P^0 = 0$。

2. 准变相点

当单元系统处在变相点临界的高度有序的区间时,序参量起着支配作用,这是单元系统形态发生质变时所遵从的原则。在准变相点,单元系统具有了些微的熵变化量就会表现出一定的本质信息 P^0。不过,由于熵 S 是如此之小,在本质信息 P^0 的级数展

开式中含熵 S 的二次项及其二次项以上的高次项对于单元系统本质信息 P^0 的贡献是微乎其微的,都可以忽略不计,这样,(7-85)式就可以写成

$$P^0 = P_0^0 + \left(\frac{dP^0}{dS}\right)S \tag{7-86}$$

式中,单元系统形态在变相点附近所存在的本质信息 P^0 对熵 S 的导数称为广义信率 Λ_0,即

$$\Lambda_0 \equiv \frac{dP^0}{dS} \tag{7-87}$$

在准变相点,广义信率 Λ_0 的表现可看作常量,如此,(7-86)式 $P^0 = P_0^0 + \left(\frac{dP^0}{dS}\right)S$ 可以表示为

$$\begin{aligned} P^0 &= P_0^0 + \Lambda_0 S \\ &= P_0^0 + \Delta P_0^1 \end{aligned} \tag{7-88}$$

在准变相点上单元系统表现的本质信息分布量,在上式中即为

$$\Delta P_0^1 = P^0 - P_0^0 = \Lambda_0 S \tag{7-89}$$

特别地,当广义信率 $\Lambda_0 = 0$ 时,表明单元系统的本质信息 P^0 没有变化。由于处于变相点的本质信息 P^0 也取值为零,即 $P_0^0 = 0$,此时处于变相点的单元系统本质信息为 $P^0 = P_0^0$,因而单元系统本质信息分布量

$$\Delta P_0^1 = P^0 = \Lambda_0 S \tag{7-90}$$

在这样的情形下,就不必再考虑单元系统在变相点处的本质信息 P_0^0 了,而只要考虑在变相点附近的本质信息 P^0。

在准变相点,每个单元的熵 S 相等,它们对外协同作用的方向平行一致,单元系统表现的熵变化量 ΔS 是各个单元平行作用熵的加和。在准变相点,每个单元的熵 S 变化率 $\Gamma^0 \equiv \frac{dS}{dP^0}$ 为常量且方向平行,每个单元的变化率 Γ^0 是每一单元所均分的系统的平行熵变化率的综合反映。因而,单元系统平行作用的熵 ΔS_1 可以表示为每个本质单元熵变化率 Γ^0 和本质信息 P^0 这两个因素的乘积,即 $\Delta S_1 = \Gamma^0 P^0$。

在准变相点,熵 S 对本质信息 P^0 的变化率为每个单元的熵 S 变化率 $\Gamma^0 \equiv \frac{dS}{dP^0}$,而本质信息 P^0 对熵 S 的变化率为广义信率 $\Lambda_0 \equiv \frac{dP^0}{dS}$,两者互为倒数。

3. 近变相点

当单元系统形态处在近变相点时,单元系统的本质信息 P^0 依然很小,即 $P^0 \to 0$,但是熵 S 比准变相点已经进一步增大。这样,在(7-85)式 $P^0 = P_0^0 + \left(\frac{dP^0}{dS}\right)S + \frac{1}{2} \cdot$

$\left(\dfrac{\mathrm{d}^2P^0}{\mathrm{d}S^2}\right)S^2+\cdots$ 中包含 S 的各项对于单元系统本质信息 P^0 都有所贡献,不可忽略。如果对(7-85)式的本质信息 P^0 求熵 S 的导数,则单元系统在近变相点的广义信率 $\Lambda_0\equiv\dfrac{\mathrm{d}P^0}{\mathrm{d}S}$ 也可以表示成信息 P^0 的泰勒级数

$$\Lambda_0=\frac{\mathrm{d}P^0}{\mathrm{d}S}=C_0+C_1P^0+C_2(P^0)^2+\cdots+C_m(P^0)^m+\cdots \tag{7-91}$$

广义信率的泰勒级数展开式的常数 C_0 在临界点的取值为零,如果忽略此级数的本质信息 P^0 二次项以及二次项以上项次对广义信率 Λ_0 的影响,在近变相点的广义信率 Λ_0 就可以用本质信息 P^0 的一次函数表示

$$\Lambda_0=\frac{\mathrm{d}P^0}{\mathrm{d}S}=C_1P^0 \tag{7-92}$$

此式移项后就是

$$\mathrm{d}S=\frac{\mathrm{d}P^0}{C_1P^0} \tag{7-93}$$

这个线性微分方程是(7-91)式泰勒级数的一级近似,是对近变相点单元系统本质形态分布规律的最简单描述,其积分式为

$$S=\frac{1}{C_1}\ln P^0+C' \tag{7-94}$$

这就表明在近变相点,单元系统的熵 S 与本质信息 P^0 为对数关系。

由于单元系统在变相点的熵 $S=S_0=0$,因而(7-94)式中 $C'=0$,这样,在近变相点单元系统以本质信息表达的熵 S 分布规律就是

$$\begin{aligned}S&=S_0+\frac{1}{C_1}\ln P^0\\&=\frac{1}{C_1}\ln P^0\end{aligned} \tag{7-95}$$

如果把(7-95)式做个变换,则可得到在近变相点单元系统以熵表达的熵本质信息分布规律

$$P^0=\mathrm{e}^{C_1S} \tag{7-96}$$

4. 远离变相点

单元系统在形态转化的变相点附近达到有序的形态,但是随着单元系统远离变相点,每一个单元要同时与其他所有单元相互作用,这就使得整个单元系统内各单元的作用方向和作用大小处于一种无序的混沌状态。在单元系统偏离变相点较大的区间内,本质信息 P^0 也较大,本质信息 P^0 对单元系统形态的作用就举足轻重了。在变相点附近,熵 S 的泰勒级数展开式中含本质信息 P^0 的高次项对单元系统熵 S 的贡献量,应视环境扰动程度的大小来决定(7-85)式的保留项数。当单元系统远离变相点时,(7-85)

式中包含 P^0 的二次项就必须予以保留,只有含 P^0 的二次项以上的高次项才可以忽略不计。

因为广义信率 Λ_0 的泰勒级数展开式的常数 C_0 在临界点的取值为零,所以广义信率 Λ_0 可以用本质信息 P^0 的二次函数表示,即

$$\Lambda_0 = \frac{dP^0}{dS} = C_1 P^0 + C_2 (P^0)^2 \tag{7-97}$$

对这一微分方程进行变换,就可以得到

$$\frac{dP^0}{dS} = C_1 P^0 \left(1 + \frac{P^0}{C_P^0}\right)$$

或

$$\frac{d}{dS}\left(\frac{P^0}{C_P^0}\right) = C_1 \left(\frac{P^0}{C_P^0}\right)\left[1 + \left(\frac{P^0}{C_P^0}\right)\right] \tag{7-98}$$

式中,$C_2 = \frac{C_1}{C_P^0}$。C_P^0 表示外界环境容许单元系统本质信息 P^0 变化所能达到的极限值,取值为 $-\frac{1}{2}$ 或 $+\frac{1}{2}$。

如果令 $x = \frac{P^0}{C_P^0}$,则(7-98)式成为 $\frac{dx}{dS} = C_1 x(1+x)$,其积分式为

$$S = -\frac{1}{C_1}\ln\left(\frac{1+x}{x}\right) + C'$$

$$= -\frac{1}{C_1}\ln\left(\frac{P^0 + C_P^0}{P^0}\right) + C' \tag{7-99}$$

这就是单元系统在近变相点以本质信息 P^0 表现的熵 S 的变化规律。

第三节　单元系统本质形态分布规律的变换

在一维正向质向量坐标系 $\vec{X}_+$ 内部的 $(\vec{N}_+, \vec{n}_+, \vec{E}_+, \vec{E}_{\neq +}, \vec{\varepsilon}_+)$ 五维分质向量空间中,通过坐标平移变换可以在较低维度的质向量空间表达单元系统本质单元分布基元规律;通过旋转变换,单元系统本质单元分布基元规律又有不同的表达形式;通过泰勒级数展开,可以对不同变相点附近的单元系统本质单元分布规律及其分布密度函数进行分析。

一、单元系统本质形态分布规律的平移变换形式

在一维正向质向量坐标系 $\vec{X}_+$,某一个单元系统确定的形态就对应着其中的一个

常质向量 $\vec{a}_+$ 或一个定点。当单元系统形态发生从 $\vec{a}_+$ 到 $\vec{b}_+$ 的单向的连续变化时,区间 $[\vec{a}_+,\vec{b}_+]$ 就是单元系统形态的变化区间,处在其中变化的单元系统形态可以用质向量 $\vec{x}_+$ 表示。用质向量变化量 $\Delta \vec{x}_+ = \vec{x}_{+b} - \vec{x}_{+a}$ 表示单元系统形态 $\langle \vec{x}_{+b} | \vec{x}_{+a} \rangle$ 的变化规律,$\Delta \vec{x}_+$ 在一维正向质向量坐标系 $\vec{X}_+$ 表现为 $[\vec{a}_+,\vec{b}_+]$ 区间的一条有向线段。如果有向线段的方向与一维正向单位质向量 $\vec{e}_+$ 同向,且当 $\vec{a}_+$ 点为一维正向质向量坐标系 $\vec{X}_+$ 的原点时,即 $\vec{x}_{+a}=\vec{0}$,则 $\Delta \vec{x}_+ = \vec{x}_{+b} = \vec{x}_+$。在此条件下,$\vec{x}_+$ 就表示一维单向质向量空间 $(\vec{X}_+)$ 中的单元系统形态变化规律。

一维正向质向量空间 $(\vec{X}_+)$ 中的 $\Delta \vec{x}_+$ 所表达的只能是单元系统形态变化,无法分辨其特质与变化规律。不过,只要在一维正向质向量坐标系 $\vec{X}_+$ 内部打开多维分质向量空间,就可以在多维分质向量空间中识别分质向量所表征的单元系统形态及其构成关系与变化规律。在一维正向质向量坐标系 $\vec{X}_+$ 内部,以什么样的分质向量作为坐标轴,由这一组分质向量坐标轴所建立的多维分质向量坐标系就决定了其分质向量空间。例如,在一维正向质向量坐标系 $\vec{X}_+$ 内部打开 $(\vec{N}_+,\vec{n}_+,\vec{E}_+,\vec{E}_{\neq +},\vec{\varepsilon}_+)$ 五维分质向量空间,这一五维空间就是由总体单元数 $\vec{N}_+$、异质单元数 $\vec{n}_+$、能量 $\vec{E}_+$、能阈 $\vec{E}_{\neq +}$ 和能元 $\vec{\varepsilon}_+$ 这 5 个分质向量作为坐标轴张开的 $\vec{O}\vec{N}_+\vec{n}_+\vec{E}_+\vec{E}_{\neq +}\vec{\varepsilon}_+$ 坐标系的空间。

在一维正向质向量坐标系 $\vec{X}_+$ 内部的 $(\vec{N}_+,\vec{n}_+,\vec{E}_+,\vec{E}_{\neq +},\vec{\varepsilon}_+)$ 五维分质向量空间中,各个分质向量坐标轴与各自的分质变量坐标轴同向,可以用其分质变量来表示。由于本质单元数 n_0 与异质单元数 n 存在(5-38)式 $n_+^0 = N_+ - n_+$ 和(5-39)式 $n_+^0 = n_{+0}$ 的关系,因此可以直接得到本质单元系统形态分布基元规律的显函数表达形式

$$n_+^0 = \frac{N_+}{1+e^{\mp(E_{\neq +}-E_+)/\varepsilon_+}} \tag{7-100}$$

$$N_+ = n_+^0 [1+e^{\mp(E_{\neq +}-E_+)/\varepsilon_+}] \tag{7-101}$$

$$E_+ = E_{\neq +} \mp \varepsilon_+ \ln \frac{n_+^0}{N_+ - n_+^0} \tag{7-102}$$

$$E_{\neq +} = E_+ \pm \varepsilon_+ \ln \frac{n_+^0}{N_+ - n_+^0} \tag{7-103}$$

$$\varepsilon_+ = \pm \frac{E_+ - E_{\neq +}}{\ln \dfrac{n_+^0}{N_+ - n_+^0}} \tag{7-104}$$

单元系统本质形态分布基元规律具有不同的函数表达形式,其各个质向量之间的内在关系是固有的、不变的。但是,在一维正向质向量坐标系 $\vec{X}_+$ 内部的 $(\vec{N}_+,\vec{n}_+,\vec{E}_+,\vec{E}_{\neq +},\vec{\varepsilon}_+)$ 五维分质向量空间中,各个分质向量与各自的分质变量坐标轴同向,可以用其分质变量坐标轴来表示,通过坐标平移变换,可以把分质变量变成质常量,这样单元系统本质形态分布基元规律也就可以从多个分质变量变成较少的分质变量,从而就

有较简单的表达式。如此,通过坐标轴平移变换就可以演绎得到不同的表达式,见表 7-2。

表 7-2 坐标平移变换下的单元系统本质形态分布基元规律

\multicolumn{2}{c}{$\varepsilon_+ = C_{\varepsilon_+}$ 的情形}	\multicolumn{2}{c}{$E_{\neq +} = C_{E_{\neq +}}$ 的情形}
公式	序号	公式	序号
$n_+^0 = \dfrac{N_+}{1+e^{\mp(E_{\neq +}-E_+)/C_{\varepsilon_+}}}$	(7-105)	$n_+^0 = \dfrac{N_+}{1+e^{\mp(C_{E_{\neq +}}-E_+)/\varepsilon_+}}$	(7-110)
$N_+ = n_+^0 [1+e^{\mp(E_{\neq +}-E_+)/C_{\varepsilon_+}}]$	(7-106)	$N_+ = n_+^0 [1+e^{\mp(C_{E_{\neq +}}-E_+)/\varepsilon_+}]$	(7-111)
$E_+ = E_{\neq +} \mp C_{\varepsilon_+} \ln \dfrac{n_+^0}{N_+ - n_+^0}$	(7-107)	$E_+ = C_{E_{\neq +}} \mp \varepsilon_+ \ln \dfrac{n_+^0}{N_+ - n_+^0}$	(7-112)
$E_{\neq +} = E_+ \pm C_{\varepsilon_+} \ln \dfrac{n_+^0}{N_+ - n_+^0}$	(7-108)	$C_{E_{\neq +}} = E_+ \pm \varepsilon_+ \ln \dfrac{n_+^0}{N_+ - n_+^0}$	(7-113)
$C_{\varepsilon_+} = \pm \dfrac{E_+ - E_{\neq +}}{\ln \dfrac{n_+^0}{N_+ - n_+^0}}$	(7-109)	$\varepsilon_+ = \pm \dfrac{E_+ - C_{E_{\neq +}}}{\ln \dfrac{n_+^0}{N_+ - n_+^0}}$	(7-114)
\multicolumn{2}{c}{$E_+ = C_{E_+}$ 的情形}	\multicolumn{2}{c}{$N_+ = C_{N_+}$ 的情形}
$n_+^0 = \dfrac{N_+}{1+e^{\mp(E_{\neq +}-C_{E_+})/\varepsilon_+}}$	(7-115)	$n_+^0 = \dfrac{C_{N_+}}{1+e^{\mp(E_{\neq +}-E_+)/\varepsilon_+}}$	(7-120)
$N_+ = n_+^0 [1+e^{\mp(E_{\neq +}-C_{E_+})/\varepsilon_+}]$	(7-116)	$C_{N_+} = n_+^0 [1+e^{\mp(E_{\neq +}-E_+)/\varepsilon_+}]$	(7-121)
$C_{E_+} = E_{\neq +} \mp \varepsilon_+ \ln \dfrac{n_+^0}{N_+ - n_+^0}$	(7-117)	$E_+ = E_{\neq +} \mp \varepsilon_+ \ln \dfrac{n_+^0}{C_{N_+} - n_+^0}$	(7-122)
$E_{\neq +} = C_{E_+} \pm \varepsilon_+ \ln \dfrac{n_+^0}{N_+ - n_+^0}$	(7-118)	$E_{\neq +} = E_+ \pm \varepsilon_+ \ln \dfrac{n_+^0}{C_{N_+} - n_+^0}$	(7-123)
$\varepsilon_+ = \pm \dfrac{C_{E_+} - E_{\neq +}}{\ln \dfrac{n_+^0}{N_+ - n_+^0}}$	(7-119)	$\varepsilon_+ = \pm \dfrac{E_+ - E_{\neq +}}{\ln \dfrac{n_+^0}{C_{N_+} - n_+^0}}$	(7-124)
\multicolumn{2}{c}{$n_+^0 = C_{n_+^0}$ 的情形}	\multicolumn{2}{c}{$\varepsilon_+ = C_{\varepsilon_+}, E_{\neq +} = C_{E_{\neq +}}$ 的情形}
$C_{n_+^0} = \dfrac{N_+}{1+e^{\mp(E_{\neq +}-E_+)/\varepsilon_+}}$	(7-125)	$n_+^0 = \dfrac{N_+}{1+e^{\mp(C_{E_{\neq +}}-E_+)/C_{\varepsilon_+}}}$	(7-130)
$N_+ = C_{n_+^0} [1+e^{\mp(E_{\neq +}-E_+)/\varepsilon_+}]$	(7-126)	$N_+ = n_+^0 [1+e^{\mp(C_{E_{\neq +}}-E_+)/C_{\varepsilon_+}}]$	(7-131)
$E_+ = E_{\neq +} \mp \varepsilon_+ \ln \dfrac{C_{n_+^0}}{N_+ - C_{n_+^0}}$	(7-127)	$E_+ = C_{E_{\neq +}} \mp C_{\varepsilon_+} \ln \dfrac{n_+^0}{N_+ - n_+^0}$	(7-132)
$E_{\neq +} = E_+ \pm \varepsilon_+ \ln \dfrac{C_{n_+^0}}{N_+ - C_{n_+^0}}$	(7-128)	$C_{E_{\neq +}} = E_+ \pm C_{\varepsilon_+} \ln \dfrac{n_+^0}{N_+ - n_+^0}$	(7-133)

续表

$n_+^0=C_{n_+^0}$ 的情形		$\varepsilon_+=C_{\varepsilon_+}, E_{\neq+}=C_{E_{\neq+}}$ 的情形	
$\varepsilon_+=\pm\dfrac{E_+-E_{\neq+}}{\ln\dfrac{C_{n_+^0}}{N_+-C_{n_+^0}}}$	(7-129)	$C_{\varepsilon_+}=\pm\dfrac{E_+-C_{E_{\neq+}}}{\ln\dfrac{n_+^0}{N_+-n_+^0}}$	(7-134)
$\varepsilon_+=C_{\varepsilon_+}, E_+=C_{E_+}$ 的情形		$\varepsilon_+=C_{\varepsilon_+}, N_+=C_{N_+}$ 的情形	
$n_+^0=\dfrac{N_+}{1+\mathrm{e}^{\mp(E_{\neq+}-C_{E_+})/C_{\varepsilon_+}}}$	(7-135)	$n_+^0=\dfrac{C_{N_+}}{1+\mathrm{e}^{\mp(E_{\neq+}-E_+)/C_{\varepsilon_+}}}$	(7-140)
$N_+=n_+^0[1+\mathrm{e}^{\mp(E_{\neq+}-C_{E_+})/C_{\varepsilon_+}}]$	(7-136)	$C_{N_+}=n_+^0[1+\mathrm{e}^{\mp(E_{\neq+}-E_+)/C_{\varepsilon_+}}]$	(7-141)
$C_{E_+}=E_{\neq+}\mp C_{\varepsilon_+}\ln\dfrac{n_+^0}{N_+-n_+^0}$	(7-137)	$E_+=E_{\neq+}\mp C_{\varepsilon_+}\ln\dfrac{n_+^0}{C_{N_+}-n_+^0}$	(7-142)
$E_{\neq+}=C_{E_+}\pm C_{\varepsilon_+}\ln\dfrac{n_+^0}{N_+-n_+^0}$	(7-138)	$E_{\neq+}=E_+\pm C_{\varepsilon_+}\ln\dfrac{n_+^0}{C_{N_+}-n_+^0}$	(7-143)
$C_{\varepsilon_+}=\pm\dfrac{C_{E_+}-E_{\neq+}}{\ln\dfrac{n_+^0}{N_+-n_+^0}}$	(7-139)	$C_{\varepsilon_+}=\pm\dfrac{E_+-E_{\neq+}}{\ln\dfrac{n_+^0}{C_{N_+}-n_+^0}}$	(7-144)
$\varepsilon_+=C_{\varepsilon_+}, n_+^0=C_{n_+^0}$ 的情形		$E_{\neq+}=C_{E_{\neq+}}, E_+=C_{E_+}$ 的情形	
$C_{n_+^0}=\dfrac{N_+}{1+\mathrm{e}^{\mp(E_{\neq+}-E_+)/C_{\varepsilon_+}}}$	(7-145)	$n_+^0=\dfrac{N_+}{1+\mathrm{e}^{\mp(C_{E_{\neq+}}-E_+)/\varepsilon_+}}$	(7-150)
$N_+=C_{n_+^0}[1+\mathrm{e}^{\mp(E_{\neq+}-E_+)/C_{\varepsilon_+}}]$	(7-146)	$N_+=n_+^0[1+\mathrm{e}^{\mp(C_{E_{\neq+}}-E_+)/\varepsilon_+}]$	(7-151)
$E_+=E_{\neq+}\mp C_{\varepsilon_+}\ln\dfrac{C_{n_+^0}}{N_+-C_{n_+^0}}$	(7-147)	$C_{E_+}=C_{E_{\neq+}}\mp\varepsilon_+\ln\dfrac{n_+^0}{N_+-n_+^0}$	(7-152)
$E_{\neq+}=E_+\pm C_{\varepsilon_+}\ln\dfrac{C_{n_+^0}}{N_+-C_{n_+^0}}$	(7-148)	$C_{E_{\neq+}}=C_{E_+}\pm\varepsilon_+\ln\dfrac{n_+^0}{N_+-n_+^0}$	(7-153)
$C_{\varepsilon_+}=\pm\dfrac{E_+-E_{\neq+}}{\ln\dfrac{C_{n_+^0}}{N_+-C_{n_+^0}}}$	(7-149)	$\varepsilon_+=\pm\dfrac{C_{E_+}-C_{E_{\neq+}}}{\ln\dfrac{n_+^0}{N_+-n_+^0}}$	(7-154)
$E_{\neq+}=C_{E_{\neq+}}, N_+=C_{N_+}$ 的情形		$E_{\neq+}=C_{E_{\neq+}}, n_+^0=C_{n_+^0}$ 的情形	
$n_+^0=\dfrac{C_{N_+}}{1+\mathrm{e}^{\mp(C_{E_{\neq+}}-E_+)/\varepsilon_+}}$	(7-155)	$C_{n_+^0}=\dfrac{N_+}{1+\mathrm{e}^{\mp(C_{E_{\neq+}}-E_+)/\varepsilon_+}}$	(7-160)
$C_{N_+}=n_+^0[1+\mathrm{e}^{\mp(C_{E_{\neq+}}-E_+)/\varepsilon_+}]$	(7-156)	$N_+=C_{n_+^0}[1+\mathrm{e}^{\mp(C_{E_{\neq+}}-E_+)/\varepsilon_+}]$	(7-161)
$E_+=C_{E_{\neq+}}\mp\varepsilon_+\ln\dfrac{n_+^0}{C_{N_+}-n_+^0}$	(7-157)	$E_+=C_{E_{\neq+}}\mp\varepsilon_+\ln\dfrac{C_{n_+^0}}{N_+-C_{n_+^0}}$	(7-162)
$C_{E_{\neq+}}=E_+\pm\varepsilon_+\ln\dfrac{n_+^0}{C_{N_+}-n_+^0}$	(7-158)	$C_{E_{\neq+}}=E_+\pm\varepsilon_+\ln\dfrac{C_{n_+^0}}{N_+-C_{n_+^0}}$	(7-163)

续表

$E_{\neq+}=C_{E_{\neq+}}, N_+=C_{N_+}$ 的情形		$E_{\neq+}=C_{E_{\neq+}}, n_+^0=C_{n_+^0}$ 的情形	
$\varepsilon_+ = \pm \dfrac{E_+ - C_{E_{\neq+}}}{\ln \dfrac{n_+^0}{C_{N_+} - n_+^0}}$	(7-159)	$\varepsilon_+ = \pm \dfrac{E_+ - C_{E_{\neq+}}}{\ln \dfrac{C_{n_+^0}}{N_+ - C_{n_+^0}}}$	(7-164)
$E_+=C_{E_+}, n_+^0=C_{n_+^0}$ 的情形		$E_+=C_{E_+}, N_+=C_{N_+}$ 的情形	
$C_{n_+^0} = \dfrac{N_+}{1+e^{\mp(E_{\neq+}-C_{E_+})/\varepsilon_+}}$	(7-165)	$n_+^0 = \dfrac{C_{N_+}}{1+e^{\mp(E_{\neq+}-C_{E_+})/\varepsilon_+}}$	(7-170)
$N_+ = C_{n_+^0}[1+e^{\mp(E_{\neq+}-C_{E_+})/\varepsilon_+}]$	(7-166)	$C_{N_+} = n_+^0[1+e^{\mp(E_{\neq+}-C_{E_+})/\varepsilon_+}]$	(7-171)
$C_{E_+} = E_{\neq+} \mp \varepsilon_+ \ln \dfrac{C_{n_+^0}}{N_+ - C_{n_+^0}}$	(7-167)	$C_{E_+} = E_{\neq+} \mp \varepsilon_+ \ln \dfrac{n_+^0}{C_{N_+} - n_+^0}$	(7-172)
$E_{\neq+} = C_{E_+} \pm \varepsilon_+ \ln \dfrac{C_{n_+^0}}{N_+ - C_{n_+^0}}$	(7-168)	$E_{\neq+} = C_{E_+} \pm \varepsilon_+ \ln \dfrac{n_+^0}{C_{N_+} - n_+^0}$	(7-173)
$\varepsilon_+ = \pm \dfrac{C_{E_+} - E_{\neq+}}{\ln \dfrac{C_{n_+^0}}{N_+ - C_{n_+^0}}}$	(7-169)	$\varepsilon_+ = \pm \dfrac{C_{E_+} - E_{\neq+}}{\ln \dfrac{n_+^0}{C_{N_+} - n_+^0}}$	(7-174)
$N_+=C_{N_+}, n_+^0=C_{n_+^0}$ 的情形		$\varepsilon_+=C_{\varepsilon_+}, E_{\neq+}=C_{E_{\neq+}}, E_+=C_{E_+}$ 的情形	
$C_{n_+^0} = \dfrac{C_{N_+}}{1+e^{\mp(E_{\neq+}-E_+)/\varepsilon_+}}$	(7-175)	$n_+^0 = \dfrac{N_+}{1+e^{\pm(C_{E_{\neq+}}-C_{E_+})/C_{\varepsilon_+}}}$	(7-180)
$C_{N_+} = C_{n_+^0}[1+e^{\mp(E_{\neq+}-E_+)/\varepsilon_+}]$	(7-176)	$N_+ = n_+^0[1+e^{\mp(C_{E_{\neq+}}-C_{E_+})/C_{\varepsilon_+}}]$	(7-181)
$E_+ = E_{\neq+} \mp \varepsilon_+ \ln \dfrac{C_{n_+^0}}{C_{N_+} - C_{n_+^0}}$	(7-177)	$C_{E_+} = C_{E_{\neq+}} \mp C_{\varepsilon_+} \ln \dfrac{n_+^0}{N_+ - n_+^0}$	(7-182)
$E_{\neq+} = E_+ \pm \varepsilon_+ \ln \dfrac{C_{n_+^0}}{C_{N_+} - C_{n_+^0}}$	(7-178)	$C_{E_{\neq+}} = C_{E_+} \pm C_{\varepsilon_+} \ln \dfrac{n_+^0}{N_+ - n_+^0}$	(7-183)
$\varepsilon_+ = \pm \dfrac{E_+ - E_{\neq+}}{\ln \dfrac{C_{n_+^0}}{C_{N_+} - C_{n_+^0}}}$	(7-179)	$C_{\varepsilon_+} = \pm \dfrac{C_{E_+} - C_{E_{\neq+}}}{\ln \dfrac{n_+^0}{N_+ - n_+^0}}$	(7-184)
$\varepsilon_+=C_{\varepsilon_+}, E_{\neq+}=C_{E_{\neq+}}, N_+=C_{N_+}$ 的情形		$\varepsilon_+=C_{\varepsilon_+}, E_{\neq+}=C_{E_{\neq+}}, n_+^0=C_{n_+^0}$ 的情形	
$n_+^0 = \dfrac{C_{N_+}}{1+e^{\mp(C_{E_{\neq+}}-E_+)/C_{\varepsilon_+}}}$	(7-185)	$C_{n_+^0} = \dfrac{N_+}{1+e^{\mp(C_{E_{\neq+}}-E_+)/C_{\varepsilon_+}}}$	(7-190)
$C_{N_+} = n_+^0[1+e^{\mp(C_{E_{\neq+}}-E_+)/C_{\varepsilon_+}}]$	(7-186)	$N_+ = C_{n_+^0}[1+e^{\mp(C_{E_{\neq+}}-E_+)/C_{\varepsilon_+}}]$	(7-191)
$E_+ = C_{E_{\neq+}} \mp C_{\varepsilon_+} \ln \dfrac{n_+^0}{C_{N_+} - n_+^0}$	(7-187)	$E_+ = C_{E_{\neq+}} \mp C_{\varepsilon_+} \ln \dfrac{C_{n_+^0}}{N_+ - C_{n_+^0}}$	(7-192)
$C_{E_{\neq+}} = E_+ \pm C_{\varepsilon_+} \ln \dfrac{n_+^0}{C_{N_+} - n_+^0}$	(7-188)	$C_{E_{\neq+}} = E_+ \pm C_{\varepsilon_+} \ln \dfrac{C_{n_+^0}}{N_+ - C_{n_+^0}}$	(7-193)

续表

$\varepsilon_+ = C_{\varepsilon_+}, E_{\neq +} = C_{E_{\neq +}}, N_+ = C_{N_+}$ 的情形		$\varepsilon_+ = C_{\varepsilon_+}, E_{\neq +} = C_{E_{\neq +}}, n_+^0 = C_{n_+^0}$ 的情形	
$C_{\varepsilon_+} = \mp \dfrac{E_+ - C_{E_{\neq +}}}{\ln \dfrac{n_+^0}{C_{N_+} - n_+^0}}$	(7-189)	$C_{\varepsilon_+} = \mp \dfrac{E_+ - C_{E_{\neq +}}}{\ln \dfrac{C_{n_+^0}}{N_+ - C_{n_+^0}}}$	(7-194)
$\varepsilon_+ = C_{\varepsilon_+}, E_+ = C_{E_+}, N_+ = C_{N_+}$ 的情形		$\varepsilon_+ = C_{\varepsilon_+}, E_+ = C_{E_+}, n_+^0 = C_{n_+^0}$ 的情形	
$n_+^0 = \dfrac{C_{N_+}}{1 + e^{\mp(E_{\neq +} - C_{E_+})/C_{\varepsilon_+}}}$	(7-195)	$C_{n_+^0} = \dfrac{N_+}{1 + e^{\mp(E_{\neq +} - C_{E_+})/C_{\varepsilon_+}}}$	(7-200)
$C_{N_+} = n_+^0 [1 + e^{\mp(E_{\neq +} - C_{E_+})/C_{\varepsilon_+}}]$	(7-196)	$N_+ = C_{n_+^0} [1 + e^{\mp(E_{\neq +} - C_{E_+})/C_{\varepsilon_+}}]$	(7-201)
$C_{E_+} = E_{\neq +} \mp C_{\varepsilon_+} \ln \dfrac{n_+^0}{C_{N_+} - n_+^0}$	(7-197)	$C_{E_+} = E_{\neq +} \mp C_{\varepsilon_+} \ln \dfrac{C_{n_+^0}}{N_+ - C_{n_+^0}}$	(7-202)
$E_{\neq +} = C_{E_+} \pm C_{\varepsilon_+} \ln \dfrac{n_+^0}{C_{N_+} - n_+^0}$	(7-198)	$E_{\neq +} = C_{E_+} \pm C_{\varepsilon_+} \ln \dfrac{C_{n_+^0}}{N_+ - C_{n_+^0}}$	(7-203)
$C_{\varepsilon_+} = \mp \dfrac{C_{E_+} - E_{\neq +}}{\ln \dfrac{n_+^0}{C_{N_+} - n_+^0}}$	(7-199)	$C_{\varepsilon_+} = \mp \dfrac{C_{E_+} - E_{\neq +}}{\ln \dfrac{C_{n_+^0}}{N_+ - C_{n_+^0}}}$	(7-204)
$\varepsilon_+ = C_{\varepsilon_+}, N_+ = C_{N_+}, n_+^0 = C_{n_+^0}$ 的情形		$E_{\neq +} = C_{E_{\neq +}}, E_+ = C_{E_+}, N_+ = C_{N_+}$ 的情形	
$C_{n_+^0} = \dfrac{C_{N_+}}{1 + e^{\mp(E_{\neq +} - E_+)/C_{\varepsilon_+}}}$	(7-205)	$n_+^0 = \dfrac{C_{N_+}}{1 + e^{\pm(C_{E_{\neq +}} - C_{E_+})/\varepsilon_+}}$	(7-210)
$C_{N_+} = C_{n_+^0} [1 + e^{\mp(E_{\neq +} - E_+)/C_{\varepsilon_+}}]$	(7-206)	$C_{N_+} = n_+^0 [1 + e^{\mp(C_{E_{\neq +}} - C_{E_+})/\varepsilon_+}]$	(7-211)
$E_+ = E_{\neq +} \mp C_{\varepsilon_+} \ln \dfrac{C_{n_+^0}}{C_{N_+} - C_{n_+^0}}$	(7-207)	$C_{E_+} = C_{E_{\neq +}} \mp \varepsilon_+ \ln \dfrac{n_+^0}{C_{N_+} - n_+^0}$	(7-212)
$E_{\neq +} = E_+ \pm C_{\varepsilon_+} \ln \dfrac{C_{n_+^0}}{C_{N_+} - C_{n_+^0}}$	(7-208)	$C_{E_{\neq +}} = C_{E_+} \pm \varepsilon_+ \ln \dfrac{n_+^0}{C_{N_+} - n_+^0}$	(7-213)
$C_{\varepsilon_+} = \mp \dfrac{E_+ - E_{\neq +}}{\ln \dfrac{C_{n_+^0}}{C_{N_+} - C_{n_+^0}}}$	(7-209)	$\varepsilon_+ = \mp \dfrac{C_{E_+} - C_{E_{\neq +}}}{\ln \dfrac{n_+^0}{C_{N_+} - n_+^0}}$	(7-214)
$E_{\neq +} = C_{E_{\neq +}}, E_+ = C_{E_+}, n_+^0 = C_{n_+^0}$ 的情形		$E_{\neq +} = C_{E_{\neq +}}, N_+ = C_{N_+}, n_+^0 = C_{n_+^0}$ 的情形	
$C_{n_+^0} = \dfrac{N_+}{1 + e^{\pm(C_{E_{\neq +}} - C_{E_+})/\varepsilon_+}}$	(7-215)	$C_{n_+^0} = \dfrac{C_{N_+}}{1 + e^{\pm(C_{E_{\neq +}} - E_+)/\varepsilon_+}}$	(7-220)
$N_+ = C_{n_+^0} [1 + e^{\mp(C_{E_{\neq +}} - C_{E_+})/\varepsilon_+}]$	(7-216)	$C_{N_+} = C_{n_+^0} [1 + e^{\mp(C_{E_{\neq +}} - E_+)/\varepsilon_+}]$	(7-221)
$C_{E_+} = C_{E_{\neq +}} \mp \varepsilon_+ \ln \dfrac{C_{n_+^0}}{N_+ - C_{n_+^0}}$	(7-217)	$E_+ = C_{E_{\neq +}} \mp \varepsilon_+ \ln \dfrac{C_{n_+^0}}{C_{N_+} - C_{n_+^0}}$	(7-222)

续表

$E_{\neq +}=C_{E_{\neq +}}, E_+=C_{E_+}, n_+^0=C_{n_+^0}$ 的情形		$E_{\neq +}=C_{E_{\neq +}}, N_+=C_{N_+}, n_+^0=C_{n_+^0}$ 的情形	
$C_{E_{\neq +}}=C_{E_+}\pm\varepsilon_+\ln\dfrac{C_{n_+^0}}{N_+-C_{n_+^0}}$	(7-218)	$C_{E_{\neq +}}=E_+\pm C_{\varepsilon_+}\ln\dfrac{C_{n_+^0}}{N_+-C_{n_+^0}}$	(7-223)
$\varepsilon_+=\mp\dfrac{C_{E_+}-C_{E_{\neq +}}}{\ln\dfrac{C_{n_+^0}}{N_+-C_{n_+^0}}}$	(7-219)	$C_{\varepsilon_+}=\mp\dfrac{E_+-C_{E_{\neq +}}}{\ln\dfrac{C_{n_+^0}}{N_+-C_{n_+^0}}}$	(7-224)
$E_+=C_{E_+}, N_+=C_{N_+}, n_+^0=C_{n_+^0}$ 的情形		质变量全为常量的情形	
$C_{n_+^0}=\dfrac{C_{N_+}}{1+e^{\mp(E_{\neq +}-C_{E_+})/\varepsilon_+}}$	(7-225)	$C_{n_+^0}=\dfrac{C_{N_+}}{1+e^{\mp(C_{E_{\neq +}}-C_{E_+})/C_{\varepsilon_+}}}$	(7-230)
$C_{N_+}=C_{n_+^0}[1+e^{\mp(E_{\neq +}-C_{E_+})/\varepsilon_+}]$	(7-226)	$C_{N_+}=C_{n_+^0}[1+e^{\mp(C_{E_{\neq +}}-C_{E_+})/C_{\varepsilon_+}}]$	(7-231)
$C_{E_+}=E_{\neq +}\mp\varepsilon_+\ln\dfrac{C_{n_+^0}}{C_{N_+}-C_{n_+^0}}$	(7-227)	$C_{E_+}=C_{E_{\neq +}}\mp C_{\varepsilon_+}\ln\dfrac{C_{n_+^0}}{C_{N_+}-C_{n_+^0}}$	(7-232)
$E_{\neq +}=C_{E_+}\pm\varepsilon_+\ln\dfrac{C_{n_+^0}}{C_{N_+}-C_{n_+^0}}$	(7-228)	$C_{E_{\neq +}}=C_{E_+}\pm C_{\varepsilon_+}\ln\dfrac{C_{n_+^0}}{C_{N_+}-C_{n_+^0}}$	(7-233)
$\varepsilon_+=\pm\dfrac{C_{E_+}-E_{\neq +}}{\ln\dfrac{C_{n_+^0}}{C_{N_+}-C_{n_+^0}}}$	(7-229)	$C_{\varepsilon_+}=\pm\dfrac{C_{E_+}-C_{E_{\neq +}}}{\ln\dfrac{C_{n_+^0}}{C_{N_+}-C_{n_+^0}}}$	(7-234)

由此可见,在一维正向质向量坐标系 $\vec{X}_+$ 内部的 $(\vec{N}_+,\vec{n}_+^0,\vec{E}_+,\vec{E}_{\neq +},\vec{\varepsilon}_+)$ 五维分质向量空间中,在省却分质向量关于方向的规定时,只要坐标轴发生了一定的移动,总体单元数 N_+、本质单元数 n_+^0、能量 E_+、能阈 $E_{\neq +}$ 和能元 ε_+ 都可以作为表征单元系统本质形态分布基元规律的函数,且可以取一定的简化形式。例如,在一维正向质向量坐标系 $\vec{X}_+$ 内部的 $(\vec{N}_+,\vec{n}_+^0,\vec{E}_+,\vec{E}_{\neq +},\vec{\varepsilon}_+)$ 五维分质变量空间的 $(\vec{C}_{N_+},\vec{n}_+^0,\vec{E}_+,\vec{C}_{E_{\neq +}},\vec{C}_{\varepsilon_+})$ 平面上,在省却分质向量关于方向的规定时,单元系统的本质单元数分布基元规律就可以用(7-185)式 $n_+^0=\dfrac{C_{N_+}}{1+e^{\mp(C_{E_{\neq +}}-E_+)/C_{\varepsilon_+}}}$ 表示,如此等等。

二、单元系统本质形态分布基元规律的旋转变换形式

在一维二仪质向量坐标系 $\vec{X}$ 内部打开 $(\vec{N},\vec{n}^0,\vec{E},\vec{E}_{\neq},\vec{\varepsilon})$ 五维分质向量空间,在省却分质向量关于方向的规定时,把 $P^0=\dfrac{n^0}{N}$ 和 $S=\dfrac{E_{\neq}-E}{\varepsilon}$ 代入(7-6)式 $P^0=\pm\dfrac{1}{2}\tanh\dfrac{S}{2}$,得到的单元系统本质单元数分布基元规律就是

$$n^0 = \pm \frac{N}{2} \tanh \frac{E_{\neq} - E}{2\varepsilon} \tag{7-235}$$

如果一维二仪质向量坐标系 $\vec{X}$ 经过旋转 $\frac{\pi}{2}$ 变换后成为一维二仪质向量坐标系 $\vec{X}_{\perp}$，单位质向量 $\vec{e}^0$ 经过旋转 $\frac{\pi}{2}$ 变换后成为 $\vec{e}^0_{\perp}$，而 $\vec{e}^0_{\perp}$ 又可以表达为 $\vec{e}^0 i$，则一维二仪质向量坐标系 $\vec{X}_{\perp}$ 也可以表达为 $\vec{X} i$。在一维二仪质向量坐标系 $\vec{X}_{\perp}$ 内部的 ($\vec{N}_{\perp}, \vec{n}^0_{\perp}, \vec{E}_{\perp}, \vec{E}_{\neq\perp}, \vec{\varepsilon}_{\perp}$) 五维分质向量的虚空间中，各个分质向量坐标轴都相应地发生 $\frac{\pi}{2}$ 的旋转变换而成为虚轴。因为各个分质向量与各自的分质变量坐标轴同向，可以用其分质变量坐标轴来表示，所以 (7-235) 式的双曲正切函数就要改为用正切函数来表现单元系统本质单元数分布基元规律

$$n^0 = \pm \frac{N}{2} \tan \frac{E_{\neq} - E}{2\varepsilon} \tag{7-236}$$

同样，在一维二仪质向量坐标系 $\vec{X} i$ 内部的 ($\vec{N}_{\perp}, \vec{n}^0_{\perp}, \vec{E}_{\perp}, \vec{E}_{\neq\perp}, \vec{\varepsilon}_{\perp}$) 五维分质向量空间中，各个分质向量与各自的分质变量坐标轴同向，可以用其分质变量坐标轴来表示，通过坐标平移变换可以把分质变量变成质常量，这样 (7-235) 式的单元系统本质单元数分布基元规律也就可以从多个分质变量变成较少分质变量，从而可以在较低维度的分质变量空间来认识。如此，通过五维分质变量坐标系 $O \vec{N} \vec{n}^0 \vec{E} \vec{E}_{\neq} \vec{\varepsilon}$ 原点 O 的平移变换，单元系统本质单元数分布基元规律就可以像表 7-2 那样，通过逐步演绎得到由 1 个分质变量到 4 个分质变量变成质常量的不同表达式。

在此，仅以 $\vec{N} = \vec{C}_N, \vec{E}_{\neq} = \vec{C}_{E_{\neq}}, \vec{\varepsilon} = \vec{C}_{\varepsilon}$ 的情形为范例，分别在一维二仪质向量坐标系 $\vec{X}$ 内部的 ($\vec{N}, \vec{n}^0, \vec{E}, \vec{E}_{\neq}, \vec{\varepsilon}$) 五维分质向量空间的 ($\vec{C}_N, \vec{n}^0, \vec{E}, \vec{C}_{E_{\neq}}, \vec{C}_{\varepsilon}$) 截面上和在一维二仪质向量坐标系 $\vec{X} i$ 内部的 ($\vec{N}_{\perp}, \vec{n}^0_{\perp}, \vec{E}_{\perp}, \vec{E}_{\neq\perp}, \vec{\varepsilon}_{\perp}$) 五维分质向量空间的 ($\vec{C}_{N\perp}, \vec{n}^0_{\perp}, \vec{E}_{\perp}, \vec{C}_{E_{\neq\perp}}, \vec{C}_{\varepsilon\perp}$) 截面上，对变相点附近的单元系统本质单元数分布规律及其分布密度依远离变相点、近变相点和准变相点几种情形进行比较。

（一）远离变相点

在一维二仪质向量坐标系 $\vec{X}$ 内部的 ($\vec{N}, \vec{n}^0, \vec{E}, \vec{E}_{\neq}, \vec{\varepsilon}$) 五维分质向量空间的 ($\vec{C}_N, \vec{n}^0, \vec{E}, \vec{C}_{E_{\neq}}, \vec{C}_{\varepsilon}$) 截面上和在一维二仪质向量坐标系 $\vec{X} i$ 内部的 ($\vec{N}_{\perp}, \vec{n}^0_{\perp}, \vec{E}_{\perp}, \vec{E}_{\neq\perp}, \vec{\varepsilon}_{\perp}$) 五维分质向量空间的 ($\vec{C}_{N\perp}, \vec{n}^0_{\perp}, \vec{E}_{\perp}, \vec{C}_{E_{\neq\perp}}, \vec{C}_{\varepsilon\perp}$) 截面上，在省却分质向量关于方向的规定时，远离变相点的单元系统本质单元数形态分布规律及其分布密度函数见表 7-3，并给出了用显性因子表现的相关函数。

表 7-3　远离变相点的本质单元数分布规律

($\vec{C}_N, \vec{n}^0, \vec{E}, \vec{C}_{E\neq}, \vec{C}_\varepsilon$) 截面的公式		($\vec{C}_{N\perp}, \vec{n}^0_\perp, \vec{E}_\perp, \vec{C}_{E\neq\perp}, \vec{C}_{\varepsilon\perp}$) 截面的公式	
$n^0 = \pm \dfrac{C_N}{2} \tanh \dfrac{C_{E\neq} - E}{2C_\varepsilon}$	(7-237)	$n^0 = \pm \dfrac{C_N}{2} \tan \dfrac{C_{E\neq} - E}{2C_\varepsilon}$	(7-238)
$r^0 = \pm \dfrac{C_N}{4C_\varepsilon} \mathrm{sech}^2 \left(\dfrac{C_{E\neq} - E}{2C_\varepsilon} \right)$	(7-239)	$r^0 = \pm \dfrac{C_N}{4C_\varepsilon} \sec^2 \left(\dfrac{C_{E\neq} - E}{2C_\varepsilon} \right)$	(7-240)
$n^0 = \pm \dfrac{C_N}{2} \tanh \dfrac{C_{E\neq} - Fx}{2C_\varepsilon}$	(7-241)	$n^0 = \pm \dfrac{C_N}{2} \tan \dfrac{C_{E\neq} - Fx}{2C_\varepsilon}$	(7-242)
$r^0 = \pm \dfrac{C_N}{4C_\varepsilon} \mathrm{sech}^2 \left(\dfrac{C_{E\neq} - Fx}{2C_\varepsilon} \right)$	(7-243)	$r^0 = \pm \dfrac{C_N}{4C_\varepsilon} \sec^2 \left(\dfrac{C_{E\neq} - Fx}{2C_\varepsilon} \right)$	(7-244)

(二) 近变相点

在一维二仪质向量坐标系 $\vec{X}$ 内部的 ($\vec{N}_\perp, \vec{n}^0_\perp, \vec{E}_\perp, \vec{E}_{\neq\perp}, \vec{\varepsilon}_\perp$) 五维分质向量空间中，在省却分质向量关于方向的规定时，把 $P^0 = \dfrac{n^0}{N}$ 和 $S = \dfrac{E_{\neq} - E}{\varepsilon}$ 代入 (7-51) 式 $P^0 = \pm \sinh S$，近变相点的单元系统本质形态分布规律为

$$\dfrac{n^0}{N} = \pm \sinh \dfrac{E_{\neq} - E}{\varepsilon} \tag{7-245}$$

在一维二仪质向量坐标系 $\vec{X}i$ 内部的 ($\vec{N}_\perp, \vec{n}^0_\perp, \vec{E}_\perp, \vec{E}_{\neq\perp}, \vec{\varepsilon}_\perp$) 五维分质向量空间中，在省却分质向量关于方向的规定时，近变相点的单元系统本质形态分布规律就得以正弦函数来表现，即

$$\dfrac{n^0}{N} = \pm \sin \dfrac{E_{\neq} - E}{\varepsilon} \tag{7-246}$$

在一维二仪质向量坐标系 $\vec{X}$ 内部的 ($\vec{N}, \vec{n}^0, \vec{E}, \vec{E}_{\neq}, \vec{\varepsilon}$) 五维分质向量 ($\vec{C}_N, \vec{n}^0, \vec{E}, \vec{C}_{E\neq}, \vec{C}_\varepsilon$) 截面上和在一维二仪质向量坐标系 $\vec{X}i$ 内部的 ($\vec{N}_\perp, \vec{n}^0_\perp, \vec{E}_\perp, \vec{E}_{\neq\perp}, \vec{\varepsilon}_\perp$) 五维分质向量空间的 ($\vec{C}_{N\perp}, \vec{n}^0_\perp, \vec{E}_\perp, \vec{C}_{E\neq\perp}, \vec{C}_{\varepsilon\perp}$) 截面上，在省却分质向量关于方向的规定时，近变相点的单元系统本质形态分布规律及其分布密度函数见表 7-4，并给出了用显性因子表现的相关函数。

表 7-4　近变相点的本质单元数分布规律及其分布密度

旋转前的公式及其序号	旋转后的公式及其序号
$n^0 = \pm C_N \sinh \dfrac{C_{E\neq} - E}{C_\varepsilon}$ （7-247）	$n^0 = \pm C_N \sin \dfrac{C_{E\neq} - E}{C_\varepsilon}$ （7-248）
$r^0 = \pm \dfrac{C_N}{C_\varepsilon} \cosh \dfrac{C_{E\neq} - E}{C_\varepsilon}$ （7-249）	$r^0 = \pm \dfrac{C_N}{C_\varepsilon} \cos \dfrac{C_{E\neq} - E}{C_\varepsilon}$ （7-250）
$n^0 = \pm C_N \sinh \dfrac{C_{E\neq} - Fx}{C_\varepsilon}$ （7-251）	$n^0 = \pm C_N \sin \dfrac{C_{E\neq} - Fx}{C_\varepsilon}$ （7-252）
$r^0 = \pm \dfrac{C_N}{C_\varepsilon} \cosh \dfrac{C_{E\neq} - Fx}{C_\varepsilon}$ （7-253）	$r^0 = \pm \dfrac{C_N}{C_\varepsilon} \cos \dfrac{C_{E\neq} - Fx}{C_\varepsilon}$ （7-254）

（三）准变相点

在一维二仪质向量坐标系 $\vec{X}$ 内部的 $(\vec{N}, \vec{n}^0, \vec{E}, \vec{E}_{\neq}, \vec{\varepsilon})$ 五维分质向量空间中，在省却分质向量关于方向的规定时，把 $P^0 = \dfrac{n^0}{N}$ 和 $S = \dfrac{E_{\neq} - E}{\varepsilon}$ 代入（7-55）式 $P^0 = \pm S$，准变相点的单元系统本质形态分布规律为线性函数，即

$$\dfrac{n^0}{N} = \pm \dfrac{E_{\neq} - E}{\varepsilon} \tag{7-255}$$

在一维二仪质向量坐标系 $\vec{X}i$ 内部的 $(\vec{N}_\perp, \vec{n}^0_\perp, \vec{E}_\perp, \vec{E}_{\neq\perp}, \vec{\varepsilon}_\perp)$ 五维分质向量空间中，在省却分质向量关于方向的规定时，准变相点的单元系统本质形态分布规律就要以复数形式来表现。

在一维二仪质向量坐标系 $\vec{X}$ 内部的 $(\vec{N}, \vec{n}^0, \vec{E}, \vec{E}_{\neq}, \vec{\varepsilon})$ 五维分质向量空间的 $(\vec{C}_N, \vec{n}^0, \vec{E}, \vec{C}_{E\neq}, \vec{C}_\varepsilon)$ 截面上和在一维二仪质向量坐标系 $\vec{X}i$ 内部的 $(\vec{N}_\perp, \vec{n}^0_\perp, \vec{E}_\perp, \vec{E}_{\neq\perp}, \vec{\varepsilon}_\perp)$ 五维分质向量空间的 $(\vec{C}_{N_\perp}, \vec{n}^0_\perp, \vec{E}_\perp, \vec{C}_{E\neq_\perp}, \vec{C}_{\varepsilon_\perp})$ 截面上，在省却分质向量关于方向的规定时，准变相点的本质单元数形态分布规律及其分布密度函数见表 7-5，并给出了用显性因子表现的相关函数。

表 7-5　准变相点的本质单元数分布规律及其分布密度

旋转前的公式及其序号	旋转后的公式及其序号
$n^0 = \pm \dfrac{C_N}{C_\varepsilon} E \mp C_N C_{E\neq}$ （7-256）	$n^0 i = \pm \dfrac{C_N}{C_\varepsilon} E i \mp C_N C_{E\neq}$ （7-257）
$r^0 = \dfrac{dn^0}{dE} = \pm \dfrac{C_N}{C_\varepsilon}$ （7-258）	$r^0 = \dfrac{dn^0}{dE} = \mp \dfrac{C_N}{C_\varepsilon} i$ （7-259）
$n^0 = \pm \dfrac{C_N}{C_\varepsilon} Fx \mp C_N C_{E\neq}$ （7-260）	$n^0 i = \pm \dfrac{C_N}{C_\varepsilon} Fxi \mp C_N C_{E\neq}$ （7-261）
$r^0 = \dfrac{dn^0}{dx} = \pm \dfrac{C_N}{C_\varepsilon} F$ （7-262）	$r^0 = \dfrac{dn^0}{dx} = \mp \dfrac{C_N}{C_\varepsilon} Fi$ （7-263）

三、不同变相点附近的单元系统本质形态分布密度分析

在一维二仪质向量坐标系 $\vec{X}$ 内部的 $(\vec{N},\vec{n}^\circ,\vec{E},\vec{E}_{\neq},\vec{\varepsilon})$ 五维分质向量空间的 $(\vec{C}_N,\vec{n}^\circ,\vec{E},\vec{C}_{E_{\neq}},\vec{C}_{\varepsilon})$ 截面上,在省却分质向量关于方向的规定时,变相点附近的单元系统本质单元数分布规律及其分布密度函数可以分为远离变相点、近变相点和准变相点几种情形来进行认识。由于坐标系的原点就取为单元系统形态转化的变相点,在形态最有序的变相点附近,单元系统的能量作为序参量趋近于零,即 $E \to 0$(取值可以很小),单元系统的本质单元数 n° 也可以应用泰勒定理展开成能量 E 的泰勒级数,即

$$n^\circ = n_0^\circ + \left(\frac{\mathrm{d}n^\circ}{\mathrm{d}E}\right)E + \frac{1}{2}\left(\frac{\mathrm{d}^2 n^\circ}{\mathrm{d}E^2}\right)E^2 + \cdots \tag{7-264}$$

(一)变相点

当单元系统所处的形态为一维二仪质向量坐标系 $\vec{X}$ 的原点 $\vec{0}$ 时,即为单元系统形态变化的变相点。在省却分质向量关于方向的规定时,在变相点上,单元系统的本质单元数 n° 与异质单元数 n 等量齐观又取向相反,针锋相对的结果体现在整个单元系统就是总体单元数为零,即 $N=0$,且单元系统的能阈 $E_{\neq}$ 和能量 E 取值都为零,即 $E_{\neq}=E=0$,所以,单元系统处在变相点时其形态最为有序。

(二)准变相点

单元系统在变相点时,其能阈 $E_{\neq}$ 取值为零,即 $E_{\neq}=0$。但是,当单元系统处在变相点临界的高度有序区间时,序参量起着支配作用,这是单元系统形态发生相变时所遵从的原则。在准变相点,单元系统就会具有些微的能量 E 变化而表现出一定的本质单元数 n° 的变化。但是,由于能量 E 是如此之小,在本质单元数 n° 的级数展开式中含能量 E 的二次项及其二次项以上的高次项对于单元系统本质单元数 n° 的贡献是微乎其微的,都可以忽略不计,这样(7-264)式就可写成

$$n^\circ = n_0^\circ + \left(\frac{\mathrm{d}n^\circ}{\mathrm{d}E}\right)E \tag{7-265}$$

式中,单元系统形态在变相点附近所存在的本质单元数 n° 对能量 E 的导数称为本质单元数分布密度 r°,即 $r^\circ = \frac{\mathrm{d}n^\circ}{\mathrm{d}E}$。

在准变相点,本质单元数分布密度 r° 的表现可看作常量,如此,(7-265)式就可以表示为

$$n^\circ = n_0^\circ + \left(\frac{\mathrm{d}n^\circ}{\mathrm{d}E}\right)E$$

$$= n_0^0 + r^0 E$$
$$= n_0^0 + \Delta n_0^1 \tag{7-266}$$

在准变相点上单元系统表现的本质单元数分布量,在上式中即为

$$\Delta n_0^1 = n^0 - n_0^0 = r^0 E \tag{7-267}$$

特别地,当本质单元数 n^0 的分布密度 $r^0 = \dfrac{\mathrm{d} n_0}{\mathrm{d} E} = 0$,表明本质单元数 n^0 没有变化,$\Delta n_0^1 = 0$,此时处于变相点的单元系统本质单元数为 $n^0 = n_0^0$。

因为一维二仪质向量坐标系 $\vec{X}$ 的原点为单元系统的变相点,处于变相点的本质单元数 n_0^0 取值为零,即 $n_0^0 = 0$,所以本质单元数分布量为

$$\Delta n_0^1 = n^0 = r^0 E \tag{7-268}$$

在这样的情形下,人们就不必再考虑单元系统在变相点的本质单元数 n_0^0,而只要考虑单元系统在形态变化中产生的本质单元数 n^0。所以,在准变相点,单元系统的本质单元数 n^0 关于能量 E 的变化规律为一线性函数,这是关于原点 O 对称的奇函数,其 $n^0 \sim E$ 关系曲线可用图 7-31 的直线(虚线)表示。

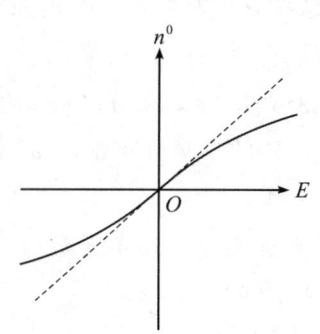

图 7-31 准变相点的 $n^0 \sim E$ 关系曲线

在准变相点,单元系统中的每个单元能量相等,它们对外协同作用的方向平行一致,单元系统表现的能量 ΔE_1 是各个单元平行作用能量的加和。在准变相点,每个单元的能量 E 变化率 $\mu^0 = \dfrac{\mathrm{d} E}{\mathrm{d} n^0}$ 为常量且方向平行,每个单元的变化率 μ^0 是每一单元所均分的系统的平行能量变化率的综合反映。因而,单元系统平行作用的能量 ΔE_1 可以表示为每个本质单元能量变化率 μ^0 和本质单元数 n^0 这两个因素的乘积,即 $\Delta E_1 = \mu^0 n^0$。

在准变相点,能量 E 对本质单元数 n^0 的变化率(势)为每个单元的能量变化率,即 $\mu^0 = \dfrac{\mathrm{d} E}{\mathrm{d} n^0}$,而本质单元数 n^0 对能量 E 的变化率(力)为本质单元数分布密度,即 $r^0 = \dfrac{\mathrm{d} n^0}{\mathrm{d} E}$,两者互为倒数,即 $r^0 = \dfrac{1}{\mu^0}$。

(三)次准变相点

当单元系统形态处在次准变相点,单元系统在这种形态下能量 $E \to 0$,但是能量 E 已经有所增大,因此在(7-264)式的级数展开式中所含 E 的二次项对于单元系统本质单元数 n^0 的贡献是不可忽略的。但是,E 的二次项以上的高次项对于单元系统本质单元数 n^0 的贡献还是可以忽略的,这样,(7-264)式就可以写成

$$n^0 = n_0^0 + \left(\frac{\mathrm{d}n^0}{\mathrm{d}E}\right)E + \frac{1}{2}\left(\frac{\mathrm{d}^2 n^0}{\mathrm{d}E^2}\right)E^2$$

$$= n_0^0 + r^0 E + \frac{1}{2}\omega^0 E^2 \tag{7-269}$$

即在次准变相点，单元系统本质单元数 n^0 关于能量 E 的变化规律为二次方程。这一函数也是关于原点 O 对称的奇函数，其 $n^0 \sim E$ 关系曲线可用图 7-31 的曲线（实线）表示。

在 (7-269) 式中，

$$\omega^0 = \frac{\mathrm{d}r^0}{\mathrm{d}E} = \frac{\mathrm{d}^2 n^0}{\mathrm{d}E^2} \tag{7-270}$$

式中，ω^0 为单元系统本质单元数 n^0 对能量 E 的二次变化率或平行本质单元数分布密度 r^0 对能量 E 的微商。

由 (7-270) 式又可以得到单元系统本质单元数分布密度 r^0 与单元系统本质单元数对能量 E 的二次分布密度 ω^0 的关系，即 $\mathrm{d}r^0 = \omega^0 \mathrm{d}E$，积分可得

$$r^0 = \omega^0 E \tag{7-271}$$

所以，单元系统本质单元数分布密度 r^0 是本质单元数 n^0 对能量 E 的二次变化率 ω^0 与能量 E 的乘积。

（四）近变相点

当单元系统形态处在近变相点，单元系统在这种形态下依然能量 $E \to 0$，但是单元系统的能量 E 又比次准变相点进一步增大，如此，(7-264) 式 $n^0 = n_0^0 + \left(\frac{\mathrm{d}n^0}{\mathrm{d}E}\right)E + \frac{1}{2}\left(\frac{\mathrm{d}^2 n^0}{\mathrm{d}E^2}\right)E^2 + \cdots$ 中包含 E 的各项对于单元系统本质单元数分布密度 r^0 都有所贡献。但是，如果对 (7-254) 式的本质单元数求能量 E 的导数，则在近变相点单元系统的本质单元数分布密度 $r^0 = \frac{\mathrm{d}n^0}{\mathrm{d}E}$ 也可以表示成能量 E 的泰勒级数，即

$$r^0 = \frac{\mathrm{d}n^0}{\mathrm{d}E} = \left(\frac{\mathrm{d}n^0}{\mathrm{d}E}\right)_0 + \left(\frac{\mathrm{d}^2 n^0}{\mathrm{d}E^2}\right)_1 E + \cdots \tag{7-272}$$

显然，(7-272) 式右侧与 (7-264) 式右侧都是能量 E 的零次、一次、二次到 m 次，乃至更高次的无穷级数，如果这两个级数对应的各项次的系数相等，则

$$r^0 = \frac{\mathrm{d}n^0}{\mathrm{d}E} = C_1 n^0 \tag{7-273}$$

此式移项后就是 $\mathrm{d}E = \frac{\mathrm{d}n^0}{C_1 n^0}$，这个线性微分方程是对近变相点单元系统形态变化规律的刻画，其积分式为

$$E = \frac{1}{C_1}\ln n^0 + C' \qquad (7\text{-}274)$$

所以,在近变相点单元系统的能量 E 与本质单元数 n^0 为对数关系。

由于在变相点单元系统的本质单元数 $n^0 = n_0^0 = 0$,能量 $E = E_0 = 0$,因而(7-274)式中 $C' = 0$,这样,在近变相点,单元系统以本质单元数 n^0 表达的能量 E 变化规律就是对数形式,即

$$\begin{aligned} E &= E_0 + \frac{1}{C_1}\ln n^0 \\ &= \frac{1}{C_1}\ln n^0 \end{aligned} \qquad (7\text{-}275)$$

如果把(7-265)式做个变换,则可得到在近变相点以能量 E 表达的单元系统本质单元数 n^0 分布规律就是指数形式,即

$$n^0 = e^{C_1 E} \qquad (7\text{-}276)$$

第四节　逻辑斯蒂分布函数与统计分布函数

人们获得的理性认知是由认知的理性空间所决定的。数学的几何空间(或向量空间)省却了坐标轴的质,人们所获知的只是抽象的数量(或向量)变化关系的知识。统一科学在质向量空间的单元系统本质形态分布规律,可以演绎出逻辑斯蒂分布函数、指数分布函数和均匀分布函数及其他数理统计分布函数。

一、逻辑斯蒂分布函数

如果理性认知空间是一组独立的质向量坐标轴张开的质向量空间,则人们就可以定质、定量、定向地刻画关于单元系统异质形态的变化规律或本质形态的分布规律。如果理性认知空间是以一组独立的向量为坐标轴张开的向量空间,则人们所得到的关于单元系统异质形态的变化规律或本质形态的分布规律的认识就只是可以定量、定向描述的知识。如果理性认知空间是以一组独立的变量为坐标轴张开的变量空间,则人们所得到的关于单元系统异质形态的变化规律或本质形态的分布规律的认识就仅仅是可以定量描述的知识。

一维正向质向量坐标系 $\vec{X}_+$ 为人们开辟了一个理性认识单元系统形态变化的世界,但是在一维正向质向量坐标系 $\vec{X}_+$ 及其内部的多维分质向量空间中,人们必然以"变易"的世界观和生成论的自然观来观察单元系统形态的变化。在一维正向质向量坐

标系 $\vec{X}_+$ 及其内部的多维分质向量空间中,通过分质向量或其显性因子所构成的各种函数关系式就可揭示单元系统形态的变化规律。不论是单元系统异质形态转化基元规律或者是单元系统异质形态变化一般规律,还是单元系统异质形态变化特殊规律,都是从不同方面来描述单元系统异质形态的变易情况。

然而,在一维正向质向量坐标系 $\vec{X}_+$ 及其内部的多维分质向量空间中,如果人们以"不易"的世界观和构成论的自然观来观察单元系统本质形态的关系,通过分质向量或其显性因子所构成的各种函数关系式就可以揭示在不易过程的单元系统形态分布规律。不论是单元系统本质形态分布基元规律或者是单元系统本质形态分布一般规律,还是本质单元系统形态分布特殊规律,都是从不同方面来描述单元系统本质形态的构成情况。

因此,人们在认识伊始就必须搞清楚所要认识的单元系统形态是本质形态还是异质形态。尽管在一维正向质向量坐标系 $\vec{X}_+$ 内部的多维质向量空间中揭示的单元系统异质形态转化基元规律与单元系统本质形态分布基元规律的函数形式几乎相同,但是它们所要表达的单元系统形态的变化或构成情况是根本不同的。如果没有认真区分每一个质向量符号的差异,就可能混淆它们所代表的异质形态与本质形态。如果搞错了正负符号,就可能搞错吸收发射与自发发射的约束条件。如果忽略了质向量坐标轴所表征的形态关于性质和方向的规定,在不同的质向量空间中和不同的发射条件下以及不同的变换操作下,人们也就无法分辨单元系统异质形态变化规律与单元系统本质形态分布规律的区别之所在。

例如,在一维正向质向量坐标系 $\vec{X}_+$ 内部的 $(\vec{P}_+^\circ,\vec{S})$ 二维分质向量空间中,在省却分质向量关于方向的规定和自发发射条件下,单元系统本质形态分布基元规律可以用熵本质信息函数(7-1)式 $P_+^\circ = \dfrac{1}{1+e^S}$ 表示。如果进一步忽略分质变量本质信息 P_+° 和熵 S 关于质的规定,令(7-1)式 $P_+^\circ = \dfrac{1}{1+e^S}$ 的自变量 $x \equiv S$,因变量 $y \equiv P_+^\circ$,那就可以演绎出数理统计学中标准的逻辑斯蒂分布函数,即

$$y = \frac{1}{1+e^x} \tag{7-277}$$

又如,在一维正向质向量坐标系 $\vec{X}_+$ 内部的 $(\vec{P}_+^\circ,\vec{S})$ 二维分质向量空间中,在自发发射条件下,省却分质向量关于方向的规定,单元系统本质形态分布基元规律可以用本质信息分布密度函数(7-32)式 $p_+^\circ(S) = -\dfrac{1}{4}\operatorname{sech}^2 \dfrac{S}{2}$ 表示。如果进一步忽略分质变量中本质信息分布密度 p_+° 和熵 S 关于质的规定,令自变量 $x \equiv S$,因变量 $y \equiv p_+^\circ$,那就可以演绎出标准逻辑斯蒂分布的概率密度函数式,即

$$y = -\frac{1}{4}\operatorname{sech}^2 \frac{x}{2} \tag{7-278}$$

所以，在此条件下可以称单元系统的熵 S 服从逻辑斯蒂分布。

再如，在一维正向质向量坐标系 $\vec{X}_+$ 内部的 $(\vec{P}_+^0,\vec{E},\vec{E}_{\neq},\vec{\varepsilon})$ 四维分质向量空间中，在省却分质向量关于方向的规定和自发发射条件下，单元系统本质形态分布基元规律可以用本质信息函数表示，即

$$P_+^0 = \frac{1}{1+e^{(E_{\neq}-E)/\varepsilon}} \tag{7-279}$$

在能阈 $E_{\neq}=C_{E_{\neq}}=\mu$ 与能元 $\varepsilon=C_\varepsilon=\sigma$ 保持为常量的条件下，(7-279)式成为一维正向质向量坐标系 $\vec{X}_+$ 内部的 $(\vec{P}_+^0,\vec{E},\vec{E}_{\neq},\vec{\varepsilon})$ 四维分质向量空间的 $(\vec{P}_-^0,\vec{E},\vec{C}_{E_{\neq}},\vec{C}_\varepsilon)$ 截面上的本质信息函数，即

$$P_+^0 = \frac{1}{1+e^{(\mu-E)/\sigma}} \tag{7-280}$$

特别地，当能阈 $C_{E_{\neq}}=\mu=0$ 时，(7-280)式变成 $P_+^0 = \frac{1}{1+e^{-E/\sigma}}$。

能阈 $C_{E_{\neq}}=\mu$ 是决定单元系统本质信息函数曲线重心的位置参量，如果能阈 $C_{E_{\neq}}=0$，则本质信息函数曲线就关于 P_+^0 轴对称。当能元（尺度参量）$C_\varepsilon=\sigma$ 越小，即 $\kappa=\frac{1}{C_\varepsilon}$ 越大时，本质信息函数曲线拐的弯也就越陡峭；而能元 C_ε 越大，即 $\kappa=\frac{1}{C_\varepsilon}$ 越小时，本质信息函数曲线则越平坦。特别地，在能元 $C_\varepsilon \to 0$ 的极限下，可以致本质信息函数的 S 形曲线形成两个直角，在此情形下，单元系统本质信息函数曲线就是非连续的能级分布图形。

如果进一步忽略质变量中本质信息 P_+^0、能阈 $E_{\neq}$、能量 E 和能元 ε 这些分质变量关于质的规定，令(7-280)式 $P_+^0 = \frac{1}{1+e^{(\mu-E)/\sigma}}$ 的自变量 $x \equiv E$ 和因变量 $y \equiv P_+^0$，那也就可以自然地演绎出数理统计学中带参量 μ 和 σ 的逻辑斯蒂分布函数，即

$$y = \frac{1}{1+e^{(\mu-x)/\sigma}} \tag{7-281}$$

这就是 X 服从 μ（位置参数）和 σ（尺度参数）的逻辑斯蒂分布函数，记作 $X \sim L(\mu,\sigma)$。逻辑斯蒂分布函数的图形如图 7-32 所示。

如果 $\mu=0$，$\lambda=\frac{1}{\sigma}$，则(7-281)式成为

$$y = \frac{1}{1+e^{-x/\sigma}} = \frac{1}{1+e^{-\lambda x}} \tag{7-282}$$

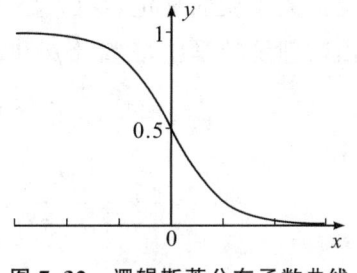

图 7-32 逻辑斯蒂分布函数曲线

逻辑斯蒂分布函数曲线就是关于 y 轴对称的曲

线。当尺度参量 σ 越小,即 $\lambda=\dfrac{1}{\sigma}$ 越大时,逻辑斯蒂分布函数曲线拐的弯也就越陡峭;而尺度参量 σ 越大,即 $\lambda=\dfrac{1}{\sigma}$ 越小时,逻辑斯蒂分布函数曲线则越平坦。特别地,在尺度参量 $\sigma\to 0$ 的极限下,逻辑斯蒂分布函数成为"广义函数",即

$$y=\lim_{\sigma\to 0}\dfrac{1}{1+e^{-x/\sigma}}=\begin{cases}0 & x>0\\ \dfrac{1}{2} & x=0\\ 1 & x<0\end{cases} \quad (7\text{-}283)$$

其图形如图 7-33 所示,当 $x>0$ 时,y 保持在 1 的水平线上;当 $x=0$ 时,$y=0.5$;当 $x<0$ 时,y 保持在 1 的水平线上,这是一种"台阶函数",也称"阶跃函数"。

此外,在一维正向质向量坐标系 $\vec{X}_+$ 内部的 $(\vec{P}^0_+,\vec{E},\vec{E}_{\neq},\vec{\varepsilon})$ 四维分质向量空间中,在省却分质向量关于方向的规定和自发发射条件下,单元系统本质形态分布基元规律也可以用本质信息分布密度函数表示,即

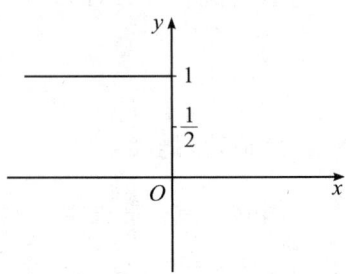

图 7-33 "广义函数"曲线

$$p^0_+=-\dfrac{1}{4}\text{sech}^2\left(\dfrac{E_{\neq}-E}{2\varepsilon}\right) \quad (7\text{-}284)$$

在能阈 $E_{\neq}=C_{E_{\neq}}=\mu$ 与能元 $\varepsilon=C_{\varepsilon}=\sigma$ 保持为常量的条件下,再结合(4-75)式 $S=\dfrac{E_{\neq}-E}{\varepsilon}$ 和(7-32)式 $p^0_+(S)=\pm\dfrac{1}{4}\text{sech}^2\dfrac{S}{2}$,(7-284)式就可以表达成为带参量 μ 和 σ 的本质信息分布密度函数,即

$$\begin{aligned}p^0_+ &=-\dfrac{1}{4}\text{sech}^2\left(\dfrac{\mu-E}{2\sigma}\right)\\ &=-\dfrac{e^{(\mu-E)/\sigma}}{\sigma[1+e^{(\mu-E)/\sigma}]^2}\end{aligned} \quad (7\text{-}285)$$

如果进一步忽略质变量中本质信息分布密度 p^0_+、能阈 $E_{\neq}$、能量 E 和能元 ε 这些质变量关于质的规定,令(7-285)式的自变量 $x\equiv E$,因变量 $y\equiv p^0_+$,那就可以自然地演绎出数理统计学中带参量 μ 和 σ 的逻辑斯蒂分布的概率密度函数,即

$$\begin{aligned}y &=-\dfrac{1}{4}\text{sech}^2\left(\dfrac{\mu-x}{2\sigma}\right)\\ &=-\dfrac{e^{(\mu-x)/\sigma}}{\sigma[1+e^{(\mu-x)/\sigma}]^2} \quad (-\infty<\mu<\infty,\sigma>0\ -\infty<x<\infty)\end{aligned} \quad (7\text{-}286)$$

其图形如图 7-34 所示。如果把 $x'=\dfrac{\mu-x}{\sigma}$ 代入(7-281)式 $y=\dfrac{1}{1+e^{(\mu-x)/\sigma}}$ 和(7-286)式 $y=-\dfrac{1}{4}\text{sech}^2\left(\dfrac{\mu-x}{2\sigma}\right)$,又可以得到(7-277)式 $y=\dfrac{1}{1+e^x}$ 和(7-278)式 $y=-\dfrac{1}{4}\cdot$

$\mathrm{sech}^2 \dfrac{x'}{2}$，这在数理统计学中称为标准化变换。

讨论至此，数理统计学分布函数的真谛就不言而喻了。数理统计学作为数据科学关注的是研究对象的数据，如果仅仅从数理的角度来单纯地研究事物形态的数量关系，其结果只是把事物形态的参量数值从各种事物形态的载体中抽象出来，而这些抽象的数量一旦脱离了作

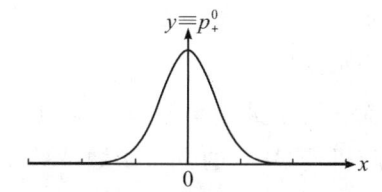

图 7-34　逻辑斯蒂分布概率密度函数曲线

为统计学切入点的各种单元系统形态的母体后，其质向量所代表的性质或变化指向就无法用数理说清楚了。这些质向量用随机变量与常量的"躯体"作为替身，也就丢弃了单元系统形态既有的定质和定向的特定意义。因此，人们必然"不知所云为何物"，就会混淆或颠倒许多质向量函数中各个质向量的本义及其隶属关系或主次关系。

在数理统计学中，由于人们"忘乎所以"，只研究单元系统形态的数量关系，质向量仅仅以随机变量或常量来表示，因此人们无法看出这些质向量"退化"为随机变量或常量后的真面目。例如，在一维正向质向量坐标系 $\vec{X}_+$ 内部的 $(\vec{P}_+^0, \vec{E}, \vec{E}_{\neq}, \vec{\varepsilon})$ 四维分质向量空间中，在省却分质向量关于方向的规定时，本质信息分布函数或本质信息分布密度函数的能阈 $E_{\neq} = C_{E_{\neq}} = \mu$ 与能元 $\varepsilon = C_\varepsilon = \sigma$ 保持为常量，其分质向量的内涵并没有改变。但是，在数理统计学中，带参量 μ 和 σ 的逻辑斯蒂分布函数及其概率密度函数就根本无法体现参量 μ 和 σ 蕴含的形态属性；在几何空间中，参量 μ 也只是被称为决定 $y \sim x$ 曲线中心的"位置"参量，而参量 σ 则被称为决定 $y \sim x$ 曲线"胖""瘦"的尺度参数。

其实，逻辑斯蒂（logistic）这个词源出拉丁文 logistica，古义是"计算艺术"。在近代，莱布尼茨把它用作数理逻辑的同义词。在数理统计学中，逻辑斯蒂分布函数也称为逻辑斯蒂模型或逻辑斯蒂方程，这是被认为符合"逻辑"的方程和"合乎情理"的方程。[3] 但是，在仅仅研究事物形态数量关系的变量空间，人们是无法思辨事物形态属性差异的。逻辑斯蒂分布函数和逻辑斯蒂分布概率密度函数的深刻底蕴一直鲜为人知，人们也就无法从本质上自觉地识别它是本质形态转化信息函数在某种规定下的表现形式，更不用说由此来揭示作为"放之四海而皆准"的单元系统本质形态分布基元规律。因此，长期以来，人们只能让单元系统本质形态分布基元规律的真理从眼皮底下溜走了。

逻辑斯蒂方程虽然在19世纪就已经出现，但是它只是个经验方程而不是解释性模型，并非由逻辑推理而得到，必然难以上升到统一科学的理论高度。然而，在统一科学中，从单元系统本质形态分布规律的熵本质信息函数可以演绎出逻辑斯蒂分布函数，从熵本质信息分布密度函数也可以演绎出逻辑斯蒂分布概率密度函数，由此人们不仅可以清楚地表达分布函数与概率分布等价[4]，也可以说明逻辑斯蒂分布函数和逻辑斯蒂分布概率密度函数是数理统计学最一般、最基本的分布函数和概率密度函数。

在一维正向质向量坐标系 $\vec{X}_+$ 内部的 $(\vec{P}_+^0, \vec{E}, \vec{E}_{\neq}, \vec{\varepsilon})$ 四维分质向量空间的 $(\vec{P}_+^0,$

$\vec{E}$、$\vec{C}_{E_{\neq}}$、$\vec{C}_{\varepsilon}$)截面上,统一科学描述的是单元系统本质形态在环境扰动下的保守信息,在自发发射条件下得到的就是单元系统本质形态分布基元规律。把单元系统本质形态分布基元规律的质向量简化为代数的变量和参数,就可以演绎得到数理统计学中的逻辑斯蒂分布函数。

统一科学关于单元系统本质形态分布基元规律的本质信息分布函数曲线与数理统计学随机变量 X 的分布函数曲线是一样的;统一科学关于单元系统本质形态分布基元规律的本质信息分布密度函数曲线与数理统计学随机变量 X 的概率密度函数曲线也是一样的,都呈现出"两头小,中间大"的对称性质。概率密度函数曲线与累积分布函数曲线的特征可以在图 7-32 和图 7-34 上清晰地展现,因为两者的本质是一样的,也就可以把数理统计学的概率等术语翻译为统一科学的信息等术语,这样两者就有了共同的语言,而其反映的就是单元系统形态本质单元存量信息的分布函数。通过分析本质信息与能量的内在关系、本质信息与能量的变化率及其性质和单元系统本质形态分布基元规律在平衡态附近与变相点附近的简化形式,人们也可以对单元系统本质形态分布各个区间的变化特征有更明确的认识。

二、指数分布函数

在一维正向质向量坐标系 $\vec{X}_+$ 内部的 ($\vec{P}_+^0$, $\vec{S}$) 二维分质向量空间中,省却了分质向量关于方向的规定,在近平衡态和自发发射条件下,单元系统本质形态分布规律可以用熵本质信息分布函数 (7-37) 式 $P_+^0(S) = \dfrac{1}{1+e^S} \approx e^{-S}$ 表示,如果进一步忽略本质信息 P_+^0 和熵 S 关于质的规定,令 (7-37) 式的自变量 $x \equiv S$,因变量 $y \equiv P_+^0$,那就可以演绎出数理统计学中指数分布的累计分布函数,即

$$y = e^{-x} \tag{7-287}$$

在近平衡态和自发发射条件下,熵本质信息分布密度函数也可以用 (7-38) 式 $p_+^0(S) = -e^{-S}$ 表示。省却 $p_+^0(S) = -e^{-S}$ 式中的质变量关于质的规定,令自变量 $x \equiv S$,因变量 $y \equiv p_+^0$,那也就可以演绎出数理统计学中指数分布的概率密度函数,即

$$y = -e^{-x} \tag{7-288}$$

在一维正向质向量坐标系 $\vec{X}_+$ 内部的 ($\vec{P}_+^0$, $\vec{E}_+$, $\vec{E}_{\neq +}$, $\vec{\varepsilon}_+$) 四维分质向量空间中,在省却分质向量关于方向的规定和自发发射条件下,本质信息分布基元规律可以由 (7-100) 式 $n_+^0 = \dfrac{N_+}{1+e^{(E_{\neq +} - E_+)/\varepsilon_+}}$ 和 $P_+^0 = \dfrac{n_+^0}{N_+}$ 表达为

$$P_+^0 = \dfrac{1}{1+e^{(E_{\neq +} - E_+)/\varepsilon_+}} \tag{7-289}$$

在近平衡态和自发发射条件下,本质信息分布函数可以表示为

$$P_+^0 = e^{-(E_{\neq +} - E_+)/\varepsilon_+} \tag{7-290}$$

在近平衡态和自发发射条件下，本质信息分布密度函数也可以表示为

$$p_+^0 = \frac{\partial}{\partial E_+}[e^{-(E_{\neq +} - E_+)/\varepsilon_+}]$$
$$= \frac{1}{\varepsilon_+} e^{-(E_{\neq +} - E_+)/\varepsilon_+} \tag{7-291}$$

如果能阈 $E_{\neq +} = C_{E_{\neq +}} = \mu_+$ 与能元 $\varepsilon_+ = C_{\varepsilon_+} = \sigma_+$ 保持为质常量，则在一维正向质向量坐标系 $\vec{X}_+$ 内部的 $(\vec{P}_+^0, \vec{E}_+, \vec{E}_{\neq +}, \vec{\varepsilon}_+)$ 四维分质向量空间的 $(\vec{P}_+^0, \vec{E}_+, \vec{C}_{E_{\neq +}}, \vec{C}_{\varepsilon_+})$ 截面上，在省却分质向量关于方向的规定和自发发射条件下，近平衡态的单元系统本质信息分布函数(7-290)式 $P_+^0 = e^{-(E_{\neq +} - E_+)/\varepsilon_+}$ 可以表示为

$$P_+^0 = e^{-(C_{E_{\neq +}} - E_+)/C_{\varepsilon_+}}$$
$$= e^{-(\mu_+ - E_+)/\sigma_+} \tag{7-292}$$

(7-291)式 $p_+^0 = \frac{1}{\varepsilon_+} e^{-(E_{\neq +} - E_+)/\varepsilon_+}$ 也可以表示为 $p_+^0 = \frac{1}{\sigma_+} e^{-(\mu_+ - E_+)/\sigma_+}$。

其实，由(6-296)式 $n_+ = C_{N_+} e^{\mp(C_{E_{\neq +}} - E_+)/C_{\varepsilon_+}}$ 和 $P_+ = \frac{n_+}{N_+}$ 可以得到自发发射条件下近平衡态单元系统的异质信息变化函数

$$P_+ = e^{(C_{E_{\neq +}} - E_+)/C_{\varepsilon_+}}$$
$$= e^{(\mu_+ - E_+)/\sigma_+} \tag{7-293}$$

在 $(P_+^0, E_+, C_{E_{\neq +}}, C_{\varepsilon_+})$ 平面上，再由(5-41)式 $P_+(S) + P_+^0(S) = 1$，可以得到自发发射条件下近平衡态单元系统的本质信息分布函数

$$P_+^0 = 1 - e^{(C_{E_{\neq +}} - E_+)/C_{\varepsilon_+}}$$
$$= 1 - e^{(\mu_+ - E_+)/\sigma_+} \tag{7-294}$$

如果忽略本质信息 P_+^0、能量 E_+、能阈 $E_{\neq +}$ 和能元 ε_+ 这几个质变量的质内涵，在能阈 $E_{\neq +} = C_{E_{\neq +}} = \mu_+$ 与能元 $\varepsilon_+ = C_{\varepsilon_+} = \sigma_+$ 以及 $\kappa_+ = \frac{1}{\sigma_+}$ 为质常量的条件下，近平衡态的条件为 $\mu_+ - E_+ \gg \sigma_+$，令能量为自变量 $x_+ \equiv E_+$、本质信息为因变量 $y \equiv P_+^0$ 和 $\lambda_+ \equiv \kappa_+$，这样由(7-294)式 $P_+^0 = 1 - e^{(\mu_+ - E_+)/\sigma_+}$ 就可以演绎出数理统计学中带参量的指数分布的本质信息分布函数

$$y = 1 - e^{(\mu_+ - x_+)/\sigma_+}$$
$$= 1 - e^{\lambda_+ (\mu_+ - x_+)} \tag{7-295}$$

式中，$\lambda_+ = \frac{1}{\sigma_+} > 0$，$\lambda_+$ 称为率参数，即质参量 $\kappa_+ = \frac{1}{\sigma_+}$ 忽略了质的规定，也就是每单位时间发生该事件的次数；而 y 的变化区间是 $[0, \infty)$。在数理统计学中，(7-295)式就是随机变量 X 服从 μ_+（位置参数）和 σ_+（尺度参数）的指数分布函数。

在 $(p_+^0, E_+, C_{E_{\neq +}}, C_{\varepsilon_+})$ 平面上，由(7-294)式 $P_+^0 = 1 - e^{(\mu_+ - E_+)/\sigma_+}$ 也可以得到近平

衡态单元系统的本质信息分布密度函数

$$p_+^0 = \frac{d}{dE_+}[1-e^{(\mu_+-E_+)/\sigma_+}]$$

$$= \frac{1}{\sigma_+} e^{(\mu_+-E_+)/\sigma_+}$$

$$= \kappa_+ e^{\kappa_+(\mu_+-x_+)} \tag{7-296}$$

在上述条件下，如果进一步忽略本质信息分布密度 p_+^0、能量 E_+、能阈 $\vec{E}_{\neq+}=C_{E_{\neq+}}=\mu_+$ 和能元 $\varepsilon_+=C_{\varepsilon_+}=\sigma_+$ 以及 $\kappa_+=\frac{1}{\sigma_+}$ 这些分质变量关于质的内涵，令能量为自变量 $x_+\equiv E_+$、本质信息分布密度为因变量 $y\equiv p_+^0$ 和 $\lambda_+\equiv\kappa_+$，这样由（7-296）式 $p_+^0=\kappa_+ e^{\kappa_+(\mu_+-x_+)}$ 就可以自然地演绎出数理统计学中带参量的指数分布概率密度函数

$$y = \lambda_+ e^{\lambda_+(\mu_+-x_+)} \tag{7-297}$$

因为数理统计学指数分布的本质信息分布密度函数的参量 μ_+ 已经丢失了能阈 $\vec{E}_{\neq+}$ 的质向量内涵，且用样本均数（数学期望）来取代真值，只能以指数分布的本质信息分布密度函数曲线在几何空间中的峰值位置作为参量 μ_+ 的表征，所以称其为位置参数；另一参量 σ_+ 也已丢失了能元 ε_+ 的质变量意义，只能以指数分布的本质信息分布密度函数曲线在几何空间中的"胖""瘦"尺度作为参数 σ_+ 的特征，因而称其为尺度参数；而 $\lambda_+=\frac{1}{\sigma_+}$ 在数理统计学中也称为指数分布的期待值。

由（7-297）式 $y=\lambda_+ e^{\lambda_+(\mu_+-x_+)}$ 还可以得到位置参数 $\mu_+=0$ 的指数分布本质信息分布密度函数为 $y=\lambda_+ e^{-\lambda_+ x_+}$。在一维正向质向量坐标系 $\vec{X}_+$ 及其内部的多维分质向量空间中，所有分质向量的符号都在右下角标注"+"，其数值定义域为大于等于零的数轴。在一维二仪质向量坐标系 $\vec{X}$ 及其内部的多维分质向量空间中，所有分质向量的符号都无须在右下角标注"+"，其数值定义域为负无穷大到正无穷大的数轴。因此，一维正向质向量坐标系 $\vec{X}_+$ 中位置参数 $\mu_+=0$ 的指数分布的本质信息分布密度函数 $y=\lambda_+ e^{-\lambda_+ x_+}$，还可以表达为一维质向量坐标系 $\vec{X}$ 中位置参数 $\mu=0$ 的指数分布的本质信息分布密度函数，即用分段函数来表达数理统计学中指数分布的概率密度函数

$$f(x;\lambda) = \begin{cases} 0 & x<0 \\ \lambda e^{-\lambda x} & x\geq 0 \end{cases} \tag{7-298}$$

图 7-35 给出了指数分布在参数取不同值时的概率密度函数曲线。

在一维正向质向量坐标系 $\vec{X}_+$ 中，位置参数 $\mu_+=0$ 的指数分布的本质信息分布密度函数为（7-295）式 $y=1-e^{\lambda_+(\mu_+-x_+)}$，用分段函数也可以表达为数理统计学中指数分布的累积分布函数

$$F(x;\lambda) = \begin{cases} 0 & x<0 \\ 1-e^{-\lambda x} & x\geq 0 \end{cases} \tag{7-299}$$

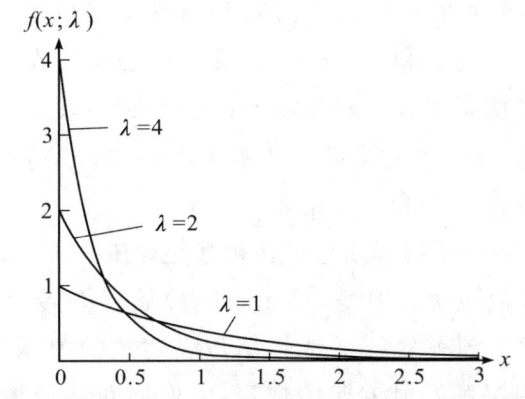

图 7-35　不同参数值时的指数分布概率密度函数曲线

指数分布随机变量 x 的值不大于其期待值 $\frac{1}{\lambda}$ 的概率为 $F\left(x=\frac{1}{\lambda}\right)=1-e^{-1}=0.632$，$x$ 的值大于 $\frac{1}{\lambda}$ 的概率为 $1-F\left(x=\frac{1}{\lambda}\right)=e^{-1}=0.368$。指数分布的图形如图 7-36 所示。

由此可见，在一维正向质向量坐标系 $\vec{X}_+$ 内部的 $(\vec{P}_+^0,\vec{E}_+,\vec{E}_{\neq +},\vec{\varepsilon}_+)$ 四维分质向量空间中，省略了本质信息 $\vec{P}_+^0$、能量 $\vec{E}_+$、能阈 $\vec{E}_{\neq +}$ 和能元 $\vec{\varepsilon}_+$ 关于性质与指向的规定，也就缺失了本质信息函数所适用的内涵；省略了近平衡态与自发发射的条件，数理统计学中带参量的指数分布函数及其概率密度函数的随机变量和各个参数的特定含义就难以分辨。如果质向量再用其他显性因子代替，那么所得到的函数必然面目全非，人们根本无从识别。

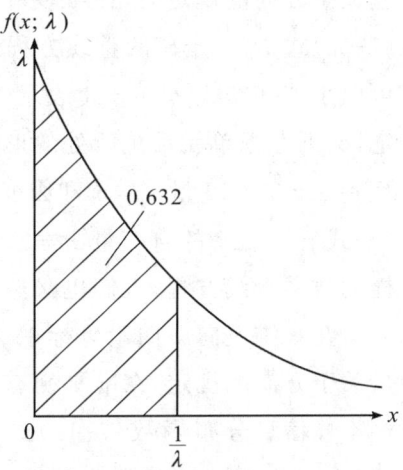

图 7-36　指数分布函数曲线

三、均匀分布函数

在一维正向质向量坐标系 $\vec{X}_+$ 内部的 $(\vec{P}_+,\vec{S})$ 二维分质向量空间中，在省却分质向量关于方向的规定时，单元系统形态转化基元规律在准平衡态和吸收发射条件下可以用熵信息函数(5-96)式 $P_+(S)=aS+b$ 表示（式中常量 $a=-e^{-C_{S_1}}$，$b=C_{P_1}+C_{S_1}e^{-C_{S_1}}$），而熵信息变率函数为(5-98)式 $p_+(S)=a$ 的常量。在准平衡态和自发发射条件下，可以用熵信息函数(5-100)式 $P_+(S)=a'S+b'$ 表示（式中常量 $a'=e^{+C_{S_1}}$，$b'=C_{P_1}-C_{S_1}e^{+C_{S_1}}$），而熵信息变率函数为(5-102)式 $p_+(S)=a'$ 的常量。

在一维正向质向量坐标系 $\vec{X}_+$ 内部的 $(\vec{P}_+,\vec{S})$ 二维分质向量空间中，如果省略了质向量关于性质的内涵与指向的规定,信息 $\vec{P}_+$ 和熵 $\vec{S}$ 就可以成为随机变量 y_+ 和 x,常质向量也成为常数 a 和 b 或 a' 和 b',这样,在准平衡态和吸收发射条件下的(5-96)式 $P_+(S)=aS+b$ 或准平衡态和自发发射条件下的(5-100)式 $P_+(S)=a'S+b'$,也就成为 $y=ax+b$ 和 $y=a'x+b'$;而由熵信息变率函数(5-98)式 $p_+(S)=a$ 与(5-102)式 $p_+(S)=a'$ 也可以得到 $y_+=a$ 和 $y_+=a'$。

可见,在准平衡态,单元系统异质形态转化基元规律与单元系统本质形态分布基元规律都可用线性函数近似表达。但是,单元系统异质形态转化基元规律或单元系统本质形态分布基元规律在准平衡态的线性函数表达式的内涵是不一样的,如果省略了分质向量关于质的内涵和发射方向的规定,人们面对同样形式的线性函数必然莫衷一是。

同理,在一维质向量坐标系 $\vec{X}$ 内部的 $(\vec{P}^0, \vec{S})$ 二维分质向量空间中,在省却分质向量关于方向的规定时,在准变相点条件下,单元系统本质形态分布基元规律也可以用(7-55)式 $P^0=\pm S$ 的直线方程表示;而在准变相点条件下,熵本质信息分布密度函数可以用(7-57)式 $p^0=\pm 1$ 表示。不过,如果省略了分质向量关于质的内涵与定向的规定,又不考虑单元系统所处的形态(准变相点或准平衡态)与发射方向,若定义(7-55)式 $P^0=\pm S$ 的自变量 $x\equiv S$ 和因变量 $y\equiv P^0$,得到的直线方程就是 $y=\pm x$;如果定义(7-57)式 $p^0=\pm 1$ 的自变量 $x\equiv S$ 和因变量 $y\equiv p^0$,得到的直线方程就是 $y=\pm 1$。面对这样的数学直线方程,人们也必然丈二和尚摸不着头脑,无从阐明其物理意义。

在一维正向质向量坐标系 $\vec{X}_+$ 内部的 $(\vec{P}^0_+, \vec{S})$ 二维分质向量空间中,省却了分质向量关于方向的规定,在准平衡态和吸收发射条件下,单元系统本质形态分布规律可以用熵本质信息分布函数(7-42)式 $P^0_+(S)=aS+b$ 表示(式中常量 $a=e^{C_{S_1}}$, $b=C_{P^0_{+1}}-C_{S_1}e^{C_{S_1}}$),而熵本质信息分布密度函数为(7-44)式 $p^0_+(S)=e^{C_{S_1}}=a$ 的常量。在准平衡态和自发发射条件下,单元系统本质形态分布规律可以用熵本质信息分布函数(7-47)式 $P^0_+(S)=a'S+b'$ 表示(式中常量 $a'=-e^{-C_{S_1}}$, $b'=C_{P^0_{+1}}+C_{S_1}e^{-C_{S_1}}$),而熵本质信息分布密度函数为(7-49)式 $p^0_-(S)=-e^{-C_{S_1}}=a'$ 的常向量。

在准平衡态和自发发射条件下,若进一步忽略质变量——本质信息 P^0_+ 和熵 S 关于质的规定,令(7-47)式 $P^0_+(S)=a'S+b'$ 的自变量 $x\equiv S$,因变量 $y\equiv P^0_+$,就可以演绎出数理统计学中均匀分布的累计分布函数

$$y=a'x+b' \tag{7-300}$$

同样,令(7-49)式 $p^0_+(S)=a'$ 的自变量 $x\equiv S$,因变量 $y\equiv p^0_+$,那也就可以演绎出数理统计学中均匀分布的概率密度函数

$$y=a' \tag{7-301}$$

在一维正向质向量坐标系 $\vec{X}_+$ 内部的 $(\vec{N}_+, \vec{n}_+, \vec{E}_+, \vec{E}_{\neq +}, \vec{\varepsilon}_+)$ 五维分质向量空间中,在省却分质向量关于方向的规定和自发发射条件下,准平衡态的异质单元数的函数

表达式为(6-308)式 $n_+ = a'N_+ \dfrac{E_{\neq +} - E_+}{\varepsilon_+} + b'N_+$，把(4-71)式 $P_+ = \dfrac{n_+}{N_+}$ 代入，就可以在 $(P_+, E_+, E_{\neq +}, \varepsilon_+)$ 四维分质变量空间得到准平衡态的异质信息变化规律

$$P_+ = a' \dfrac{E_{\neq +} - E_+}{\varepsilon_+} + b' \tag{7-302}$$

由(5-41)式 $P_+(S) + P_+^0(S) = 1$，又可以得到准平衡态和自发发射条件下单元系统的本质信息分布规律

$$P_+^0 = 1 - a' \dfrac{E_{\neq +} - E_+}{\varepsilon_+} - b' \tag{7-303}$$

在一维正向质向量坐标系 $\vec{X}_+$ 内部的 $(\vec{P}_+^0, \vec{E}_+, \vec{E}_{\neq +}, \vec{\varepsilon}_+)$ 四维分质向量空间的 $(\vec{P}_+^0, \vec{E}_+, \vec{C}_{E_{\neq +}}, \vec{C}_{\varepsilon_+})$ 截面上，省却质向量关于方向的规定，并在自发发射条件下，能阈 $E_{\neq +} = C_{E_{\neq +}} = \mu_+$ 与能元 $\varepsilon_+ = C_{\varepsilon_+} = \sigma_+$ 以及 $\kappa_+ = \dfrac{1}{\sigma_+}$ 为质常量，准平衡态的单元系统的本质信息分布函数(7-303)式可以表示为

$$P_+^0 = 1 - a'' \dfrac{\mu_+ - E_+}{\sigma_+} - b' = 1 - a' \kappa_+ (\mu_+ - E_+) - b' \tag{7-304}$$

在上述条件下，由(7-304)式 $P_+^0 = 1 - a'' \dfrac{\mu_+ - E_+}{\sigma_+} - b'$ 也可以得到均匀分布的单元系统的本质信息分布密度函数

$$p_+^0 = \dfrac{\mathrm{d}}{\mathrm{d}E_+} \left(1 - a'' \dfrac{\mu_+ - E_+}{\sigma_+} - b' \right) = \kappa_+ a' \tag{7-305}$$

在 $(P_+^0, E_+, C_{E_{\neq +}}, C_{\varepsilon_+})$ 平面上，如果忽略了本质信息 P_+^0、能量 E_+、能阈 $E_{\neq +}$ 和能元 ε_+ 这几个质变量关于质的内涵，令能量为自变量 $x_+ \equiv E_+$、本质信息为因变量 $y_+ \equiv P_+^0$ 和 $\lambda_+ \equiv \kappa_+$，这样由(7-304)式 $P_+^0 = 1 - a' \kappa_+ (\mu_+ - E_+) - b'$ 就可以演绎出数理统计学中带参量的均匀分布的本质信息分布函数

$$\begin{aligned} y &= 1 - a'' \dfrac{\mu_+ - x_+}{\sigma_+} - b' \\ &= a' \lambda_+ x_+ + 1 - a' \mu_+ \lambda_+ - b' \end{aligned} \tag{7-306}$$

式中，$\lambda_+ = \dfrac{1}{\sigma_+} > 0$，而本质信息 $y \equiv P_+^0$ 和能量 $x_+ \equiv E_+$ 的变化区间都是 $[0, \infty)$。在数理统计学中，(7-306)式就是随机变量 X 服从 μ_+（位置参数）和 σ_+（尺度参数）的均匀分布函数。

若令自变量 $x_+ \equiv E_+$ 和因变量 $y \equiv p_+^0$，在准平衡态和自发发射条件下，均匀分布的本质信息分布密度函数也可表示为概率密度函数

$$y = \lambda_+ a' \tag{7-307}$$

可见，不论是在什么样的质向量空间中，如果省却了质向量关于性质的内涵与定向

的规定,把质向量代之以随机变量,常质向量代之以常数,这样虽然可以演绎出数理统计学的均匀分布函数和概率密度函数。但是,由于线性方程所适用的形态空间和约束条件无法辨识,人们也就难以由此来阐明单元系统异质形态的线性变化规律或单元系统本质形态的线性分布规律。

在数理统计学中,均匀分布是变量(标志值)为连续变量时的一种广义集合的分布函数,其概率密度函数 $p_+^0(x_+)$ 只是一个不变的常数 $p_+^0 = \lambda_+ a'$,而不是随着 x_+ 而变化的函数。若设常数 $p_+^0 = \lambda_+ a' = \dfrac{1}{\beta - \alpha}$,那么在一维正向质向量坐标系 $\vec{X}_+$ 上的有限区间 $[\alpha, \beta]$ 上,如果随机变量 X 服从均匀分布,利用本质信息分布密度函数和本质信息分布函数的关系

$$P_+^0(x_+) = \int_\alpha^{x_+} p_+^0(x_+) \mathrm{d}x_+$$
$$= \int_\alpha^{x_+} \lambda_+ a' \mathrm{d}x_+$$
$$= \frac{x_+ - \alpha}{\beta - \alpha} \tag{7-308}$$

数理统计学中均匀分布的本质信息分布密度函数也可以在一维二仪质向量坐标系 $\vec{X}$ 中表达,即概率密度函数可用分段函数来表达,即

$$p_+^0(x) = \begin{cases} \dfrac{1}{\beta - \alpha} & \alpha \leqslant x \leqslant \beta \\ 0 & \text{其他} \end{cases} \tag{7-309}$$

而均匀分布的累积函数用分段函数来表达即为

$$P_+^0(x) = \int_{-\infty}^x p_+^0(x) = \begin{cases} 0 & x < \alpha \\ \dfrac{x - \alpha}{\beta - \alpha} & \alpha \leqslant x < \beta \\ 1 & x \geqslant \beta \end{cases} \tag{7-310}$$

用图 7-37 表示均匀分布的概率密度函数,它在 α 到 β 的区间上是一条与 X 轴平行的一段水平线,其高度是 $\dfrac{1}{\beta - \alpha}$,而在其他地方则与 X 轴重合,这个结果说明在线性区间内标志值为各种值的概率是相同的。由于标志变量均匀地分布在区间中,才称之为均匀分布。这个名称也与概率论中的概率密度函数为均匀分布是对应的。此外,在连续变量情况下的均匀分布与离散变量情况下的等权分布是对应的,它们都是概率论中的基本分布。等权分布是在标志值为离散取值(分立)的情况下得到的。

用图 7-38 表示均匀分布的累积函数图形,它在 α 到 β 的区间上是一条与 x 轴相交的一条直线,其斜率是 $\lambda_+ a'$,截距与 P_+^0 轴交于 $1 - a' \mu_+ \lambda_+ - b'$,在 $x \geqslant \beta$ 处是取值为 1 的一条直线。

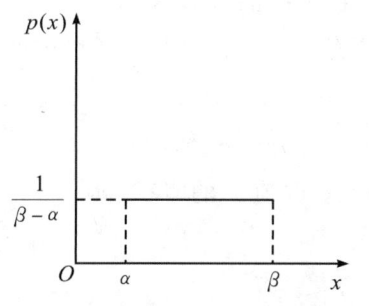

图 7-37 均匀分布概率密度函数曲线

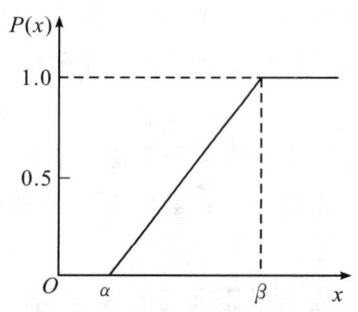

图 7-38 均匀分布累积函数曲线

第五节 正态分布与其他统计学分布的真谛

在数理统计学中占据极其重要地位的是正态分布,正态分布概率密度函数曲线与逻辑斯蒂分布密度函数曲线的特征一样。统一科学的单元系统本质形态分布基元规律可以演绎出数理统计学逻辑斯蒂分布函数和概率密度函数,并可以展示隐含在随机现象后面的近似正态的分布函数与其他统计分布的真谛。

一、关于正常形态的分布函数

数理统计学认识事物形态及其分布规律大多选择在二维认知空间中进行。在由参照系 O,X 坐标轴与 Y 坐标轴以及 4 个象限的向量空间共同构成的二维笛卡尔直角坐标系 OXY 中,在其所张开的平面上通过一组随机变量 (x,y) 就可以定量且抽象地表示某一事物形态或随机现象的观测值。随机变量有离散型随机变量和连续型随机变量两种,这两种随机变量的分布情况都可以用分布函数来表示,分布函数就是一种描述随机变量分布律的形式。对于一个随机变量 x,要导出规律性的结论,不仅要给出它的全部数值 X(定义域),而且要写出它的统计分布函数 $Y=P(x)$ 或者概率密度函数 $y=p(x)$。如果统计分布函数 $Y=P(x)$ 或者概率密度函数 $y=p(x)$ 都在 Y 坐标轴上取值,则统计分布函数就应表达为 $Y=P(x)$,而概率密度函数应表达为 $y=p(x)$。

如果把实际观测的随机变量 x 的分布看作某个理想或标准的统计总体的分布,则随机变量 x 的分布函数就是某一总体分布函数。标准化的分布函数或概率密度函数是具有确定规律的数值模型,它完整地描述了随机变量的统计特性。

如果随机变量 X 具有概率密度函数 $p(x)$,就可以说成随机变量服从分布,简记为
$$X \sim p(x) \quad x \in (-\infty, +\infty) \tag{7-311}$$

随机变量 X 的概率分布可以用分布函数 $p(x)$ 来表示。统计分布函数 $P(x)$ 或者

概率密度函数 $p(x)$ 是表示随机变量 X 所服从的分布规律的符号。[5]

分布函数在 x 处的值等于随机变量 X 取值小于或等于 x 这样一个随机事件的概率

$$P(x) \equiv P_r(X \leqslant x) \quad x \in (-\infty, +\infty) \tag{7-312}$$

任何一个分布函数都必须满足 $P(x=-\infty)=0, P(x=+\infty)=1$。

概率密度函数在某一点 x 处的值等于随机变量 X 取值 x 的概率,即

$$p(x) \equiv P(X=x) \tag{7-313}$$

对于连续型随机变量 X,概率密度函数为

$$p(x) \equiv \frac{\mathrm{d}P(x)}{\mathrm{d}x} \tag{7-314}$$

即

$$P_r(x \leqslant X \leqslant x+\mathrm{d}x) = \mathrm{d}P(x) = p(x)\mathrm{d}x$$

这一等式可以从极限的意义来理解,即

$$p(x) = \lim_{\Delta x \to 0} \frac{P_r(x<X \leqslant x+\Delta x)}{\Delta x} \tag{7-315}$$

统计分布的概率密度函数在某一点的值是随机变量在该点的概率分布密度,随机变量的值落入该点附近一个无限小区间内的概率,等于该点的概率分布密度和区间长度的乘积。因此,随机变量小于某个值的概率可以用概率密度函数从变量的下限积分到现在的值的办法得到。也就是说,概率密度函数和分布函数的关系还可以写成

$$P(x) = \int_{-\infty}^{x} p(x)\mathrm{d}x \tag{7-316}$$

式中,随机变量 x 的分布密度函数 $p(x) > 0$。

以上积分应当遍及变量 x 的一切可能值(从负无穷大积分到正无穷大),所以在几何空间中分布函数是概率分布密度曲线下的面积,且有

$$P(x=\infty) = \int_{-\infty}^{+\infty} p(x) = 1 \tag{7-317}$$

此即表明,概率密度函数曲线是一条连续的曲线。概率分布密度曲线图在横轴上任一点左边曲线下的面积就是分布函数在该点的值,由于归一化条件,概率分布密度曲线下的总面积为1,其分布函数曲线是一条单调上升到1的曲线,如图 7-39 所示。

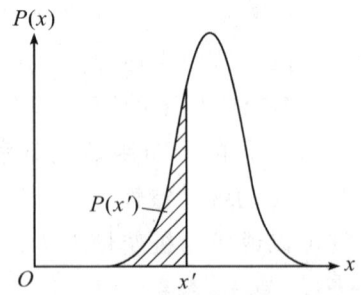 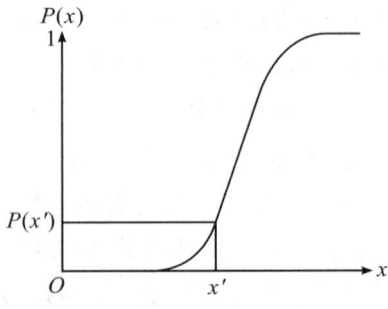

图 7-39 随机变量的概率密度函数及其分布函数曲线

已知一个随机变量 X 的概率密度函数或分布函数,就可以计算 X 的值落入某一区间 $[a,b]$ 内的概率,即随机事件 $a \leqslant x \leqslant b$ 的概率是

$$P_r(a \leqslant X \leqslant b) = P(b) - P(a)$$
$$= \int_a^b p(x) \mathrm{d}x \qquad (7\text{-}318)$$

X 的值落入区间 $[a,b]$ 内的概率 $P_r(a \leqslant X \leqslant b)$,即随机事件 $a \leqslant x \leqslant b$,叫作随机变量 X 在区间 $[a,b]$ 内的概率含量。区间 $[a,b]$ 内的概率含量是 $[a,b]$ 区间内的概率分布密度曲线下的面积。

随机变量 X 的概率密度函数或分布函数是表征随机变量 X 分布规律的函数。数理统计学在揭示具体事物的特殊形态表现的各种随机现象观测值的规律性时,并不是逐一地去归纳或构建随机变量 X 的概率密度函数或分布函数,而是从具有随机误差的观测数据中尽可能精确地获得系统特性的真实信息,这种对实际观测数据进行去伪存真处理的操作就称为估计。[6]

为了建立随机变量 X 的标准化的概率密度函数或分布函数的数学模型,人们广泛研究了各种随机现象的状态和状况。人们发现天下形形色色的事物存在形态,以随机变量 X 的概率密度函数曲线表达,普遍表现出"两头小,中间大"的明显特征,如人的身高,太高太矮的都不多,而居于中间者占多数。实际生活中的许多随机变量,除了像成年男(女)子的高度、体重等身体状态外,学生的成绩、纤维的长度、加工零件的尺寸、每包大米(同一规格)的重量、钢的含碳量、测量的误差、射击目标的水平或垂直偏差以及人们的社会态度等,都具有这类普遍的特征。为此,人们把概率密度函数曲线具有"两头小,中间大"特征的事物存在形态称为正常的形态,即"正态"。

正态分布最早是由德国数学家和天文学家棣莫弗于 1733 年发现的,他用 $n! \sim \sqrt{2n\pi}(n/e)^n$ 这个逼近式研究了二项式分布的极限式,最终得到 n 次试验中出现 m 次事件的概率的期望值满足 $\lim\limits_{n \to \infty} P \left\{ x_1 < \dfrac{m(n) - n/2}{\sqrt{n}/2} < x_2 \right\} = \int_{x_1}^{x_2} (\sqrt{2\pi})^{-1} \mathrm{e}^{-x^2/2} \mathrm{d}x$,这个二项分布的极限形式就是一个正态分布。棣莫弗还首次处理了概率积分 $\int_0^\infty \mathrm{e}^{-x^2} \mathrm{d}x = \dfrac{\sqrt{\pi}}{2}$,得到正态分布的概率密度函数 $f(x) = \dfrac{1}{\sqrt{2\pi}} \mathrm{e}^{-\frac{x^2}{2}}$。[7]

后来,法国数学家拉普拉斯在研究极限定理时知道了这个事实。1809 年,德国数学家高斯在研究误差理论时发现误差服从的分布也是正态分布,所以有时正态分布又称为高斯分布。因为高斯等的工作揭示了正态分布的重要性,正态分布可从某种合理的假设出发而推导出来,所以被认为是理论依据比较充分的概率分布。长期以来,人们普遍认为在实际问题中遇见的几乎所有的连续变量都可以用正态分布来满意刻画,自然现象似乎都应当符合正态(高斯)分布。因此,正态分布也称常态分布或常态分配,并

作为数理统计学统计分布中最重要的一种连续随机变量概率分布占据了特殊的统治地位。

正态分布概率密度函数为

$$p(x)=\frac{1}{\sigma\sqrt{2\pi}}\exp\left[-\frac{1}{2}\left(\frac{x-\mu}{\sigma}\right)^2\right] \quad x\in(-\infty,+\infty) \tag{7-319}$$

正态分布函数为

$$P(x)=\frac{1}{\sigma\sqrt{2\pi}}\int_{-\infty}^{x}\exp\left[-\frac{1}{2}\left(\frac{x-\mu}{\sigma}\right)^2\right]\mathrm{d}x \quad x\in(-\infty,+\infty) \tag{7-320}$$

式中,参数 μ 为期望值;常数 σ 为标准差;σ 的平方 σ^2 为方差。

期望和方差这两个参数可以完全决定一个正态分布,当期望和方差两个参数有确定值时,概率密度函数 $p(x)$ 也就确定了。所以,正态分布概率密度函数可简记为 $n(x;\mu,\sigma^2)$,其分布函数又常记为 $N(x;\mu,\sigma^2)$。特别地,当 $\mu=0,\sigma=1$ 时,正态分布称为标准正态分布,简记为 $N(x;0,1)$。标准正态分布概率密度函数为

$$n(x;0,1)=\frac{1}{\sqrt{2\pi}}\exp\left(-\frac{x^2}{2}\right) \tag{7-321}$$

而标准正态分布的分布函数为

$$N(x;0,1)=\frac{1}{\sqrt{2\pi}}\int_{-\infty}^{x}\exp\left(-\frac{x^2}{2}\right)\mathrm{d}x \tag{7-322}$$

如果令

$$z=\frac{x-\mu}{\sigma} \tag{7-323}$$

就可以对概率密度函数(7-319)式 $p(x)=\frac{1}{\sigma\sqrt{2\pi}}\exp\left[-\frac{1}{2}\left(\frac{x-\mu}{\sigma}\right)^2\right]$ 和分布函数(7-320)式 $P(x)=\frac{1}{\sigma\sqrt{2\pi}}\int_{-\infty}^{x}\exp\left[-\frac{1}{2}\left(\frac{x-\mu}{\sigma}\right)^2\right]\mathrm{d}x$ 进行标准化变换,变换后的 z 称为标准化正态离差或称 z 值,正态变量的 z 值服从标准正态分布 $N(x;0,1)$。利用标准正态分布数值表可以得出任意正态分布的数值。

正态分布概率密度函数曲线为钟形,称为"钟形曲线"。在正态分布概率密度函数曲线中:参数 μ 是曲线出现峰值的位置,因而称为位置参数;参数 σ 决定着分布曲线"胖""瘦",因而称为尺度参数。图 7-40 给出了标准正态分布概率密度函数曲线及其分布函数曲线,图 7-41 给出了不同 σ 的正态分布概率密度曲线。[8]

二、关于近似正态的分布函数

虽然现实世界的许多现象看起来是杂乱无章、毫无规则的,但它们在总体上又似乎

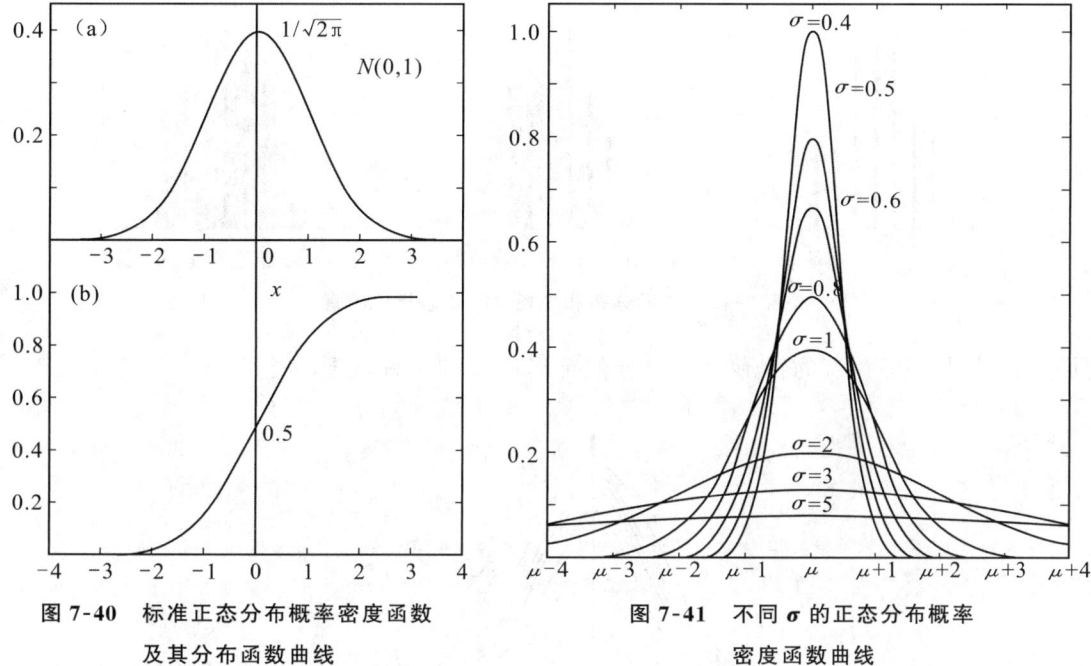

图 7-40　标准正态分布概率密度函数及其分布函数曲线　　　图 7-41　不同 σ 的正态分布概率密度函数曲线

都服从正态分布,这一点就无可非议地显示出在纷乱中有一种秩序存在。为此,人们在不知所以然的情况下对正态分布给予了高度的重视和热捧。在 18—19 世纪,就曾经有人做过各种努力,以作为支配所有连续随机变量的分布规律来建立事物正常形态的分布。但遗憾的是,由于根据的前提不真,他们企图以正态分布作为连续随机变量统一的分布规律的各种努力,均以失败而告终。[9]

不过,由于正态(高斯)分布在数理统计学中占据了极其重要的地位,因此直到现今,许多常用的统计方法依然是建立在"所研究的量具有或近似地具有正态分布"这个假定的基础上,而经验和理论(概率论中所谓"中心极限定理")也表明了这个假定的现实性。

因此,两百多年来,人们依据其专业知识和经验,围绕事物在平衡态附近本质单元数的分布,从随机变量和总体中抽取的样本数据出发,已经建立了数十种离散型和连续型概率密度函数和分布函数。在人们所构造的这些经验分布函数中,有相当一部分就是近似正态的分布函数。例如,二项分布 $X \sim B(\pi,n)$,$X \sim N[n\pi,n\pi(1-\pi)]$ 和泊松分布 $X \sim N(\lambda,\lambda)$ 就是近似正态的离散型概率密度函数和分布函数。图 7-42 所示为二项分布和泊松分布正态近似示意图。

近似正态的连续型概率密度函数和分布函数更多,像 χ^2 分布概率密度可由标准正态分布推出;学生氏 t 分布的分布密度曲线是关于纵轴对称的,在自由度足够大($n>30$)时,其概率密度曲线也近似于标准正态分布(图 7-43);而三角分布、柯西分布、拉普拉斯分布、逻辑斯蒂分布等统计概率密度函数都是偶函数,其概率分布密度曲线都

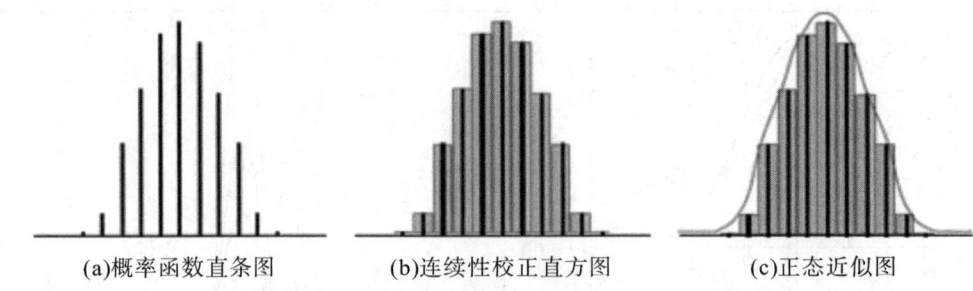

(a)概率函数直条图　　(b)连续性校正直方图　　(c)正态近似图

图 7-42　二项分布和泊松分布正态近似示意

具有"两头小,中间大"的钟形曲线或近似钟形曲线的对称性质[10]。

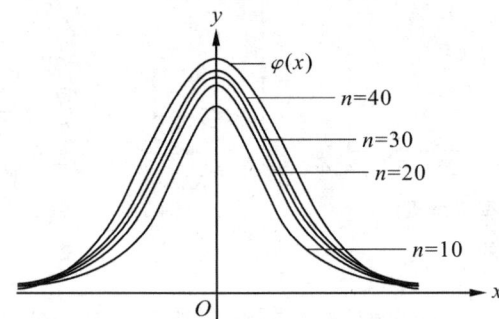

图 7-43　近似标准正态分布概率密度曲线

在此,列出几种与正态分布近似的概率密度函数及其分布函数。

(一)三角分布

三角分布概率密度函数为

$$\begin{cases} p(x) = \dfrac{a+x}{a^2} & (-a < x < 0) \quad a:a \in (-\infty, +\infty) \\ p(x) = \dfrac{a-x}{a^2} & (0 < x < a) \quad b:b > a \quad a \leqslant 0 \leqslant b \end{cases} \qquad (7\text{-}324)$$

三角分布函数为

$$\begin{cases} P(x) = \dfrac{(x-a)^2}{a(a-b)} & (a \leqslant x \leqslant 0) \\ P(x) = 1 - \dfrac{(b-x)^2}{b(b-a)} & (0 < x \leqslant b) \end{cases} \qquad (7\text{-}325)$$

三角分布概率密度函数曲线的形状如图 7-44 所示,这是一个以纵轴为对称轴的等腰三角形。三角分布函数曲线的形状如图 7-45 所示,这是一个 S 形曲线。

当两个分布范围相等的均匀分布合成时,其合成误差就是三角分布。如果对两个误差限为不相等的均匀分布随机误差求和时,则其和的分布规律不再是三角形分布而是梯形分布,多个误差限为不相等的均匀分布随机误差和呈现近似的正态分布。

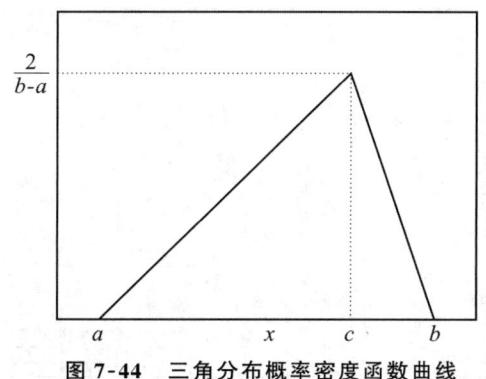

图 7-44 三角分布概率密度函数曲线

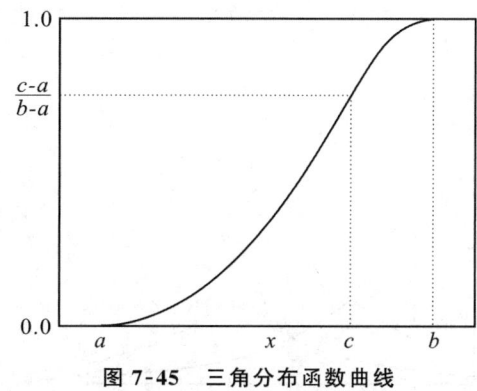

图 7-45 三角分布函数曲线

(二)拉普拉斯分布

拉普拉斯分布概率密度函数为

$$p(x)=\frac{1}{2\sigma}\exp\left(-\frac{|x-\mu|}{\sigma}\right) \quad x\in(-\infty,+\infty) \tag{7-326}$$

拉普拉斯分布函数为

$$P(x)=\begin{cases}\dfrac{1}{2}\exp\left(\dfrac{x-\mu}{\sigma}\right) & x\leqslant\mu \\ 1-\dfrac{1}{2}\exp\left(-\dfrac{x-\mu}{\sigma}\right) & x<\mu\end{cases} \tag{7-327}$$

上述带参量 μ(位置参数)和 σ(尺度参数)的拉普拉斯分布在 $\mu=0$ 和 $\sigma=1$ 的特定条件下,称为标准拉普拉斯分布。标准拉普拉斯分布概率密度函数为

$$p(x;0,1)=\frac{1}{2}\mathrm{e}^{-|x|} \tag{7-328}$$

标准拉普拉斯分布的累积分布函数为

$$P(x;0,1)=\begin{cases}\dfrac{1}{2}\mathrm{e}^{x} \\ 1-\dfrac{1}{2}\mathrm{e}^{-x}\end{cases} \quad x\in(-\infty,+\infty) \tag{7-329}$$

不同参数值的拉普拉斯分布概率密度函数曲线的形状如图 7-46 所示,都是以纵轴为对称轴的钟形曲线。不同参数值的拉普拉斯分布函数曲线如图 7-47 所示,都是 S 形曲线。

(三)柯西分布

柯西分布是以法国数学家柯西与荷兰物理学家洛伦兹名字命名的连续概率分布,也叫柯西-洛伦兹分布。

柯西分布概率密度函数为

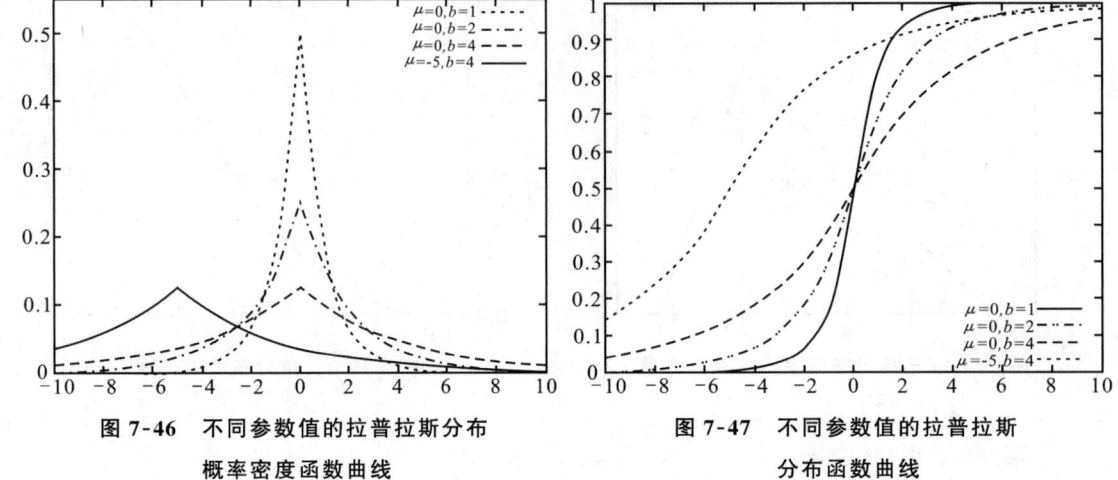

图 7-46 不同参数值的拉普拉斯分布概率密度函数曲线

图 7-47 不同参数值的拉普拉斯分布函数曲线

$$p(x;\mu,\sigma)=\frac{1}{\pi\sigma\left[1+\left(\frac{x-\mu}{\sigma}\right)^2\right]}$$

$$=\frac{1}{\pi}\left[\frac{\sigma}{(x-\mu)^2+\sigma^2}\right] \quad x\in(-\infty,+\infty) \quad (7\text{-}330)$$

柯西分布的累积分布函数为

$$P(x;\mu,\sigma)=\frac{1}{\pi}\arctan\frac{x-\mu}{\sigma}+\frac{1}{2} \quad x\in(-\infty,+\infty) \quad (7\text{-}331)$$

在柯西分布概率密度函数中,μ 是定义分布峰值位置的位置参数,σ 是最大值一半处的一半宽度的尺度参数($\sigma>0$)。在 $\mu=0$ 和 $\sigma=1$ 的特定条件下,柯西分布称为标准柯西分布,其概率密度函数为

$$p(x;0,1)=\frac{1}{\pi(1+x^2)} \quad x\in(-\infty,+\infty) \quad (7\text{-}332)$$

标准柯西分布的累积分布函数为

$$P(x;0,1)=\frac{1}{\pi}\arctan x+\frac{1}{2} \quad x\in(-\infty,+\infty) \quad (7\text{-}333)$$

柯西分布的平均值、方差或者矩都没有定义,它的众数与中值有定义,都等于 μ。不同参数值的柯西分布概率密度函数曲线如图 7-48 所示,都是以纵轴为对称轴的钟形曲线;而其不同参数值的柯西分布函数曲线如图 7-49 所示,都是 S 形曲线。

三、统一科学演绎的分布函数

统计科学起源于研究自然和社会经济问题,是人类通过搜索、整理、分析数据等手段,以达到推断所测对象的本质所形成的一门科学。统计科学的分支学科——数理统

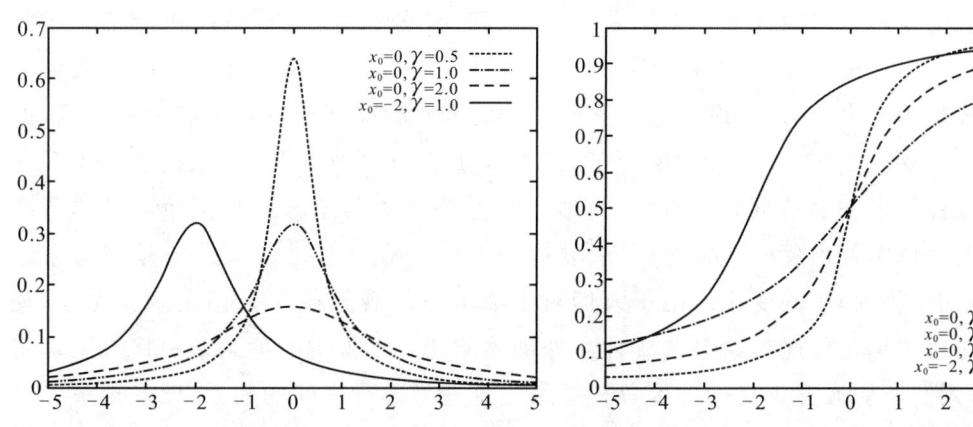

图 7-48 不同参数值的柯西分布概率密度函数曲线　　图 7-49 不同参数值的柯西分布函数曲线

计学是伴随着概率论的发展而发展起来的,概率论是数理统计方法的理论基础,而它却属于数学范畴。数理统计学通过对事物形态与随机现象的数据收集与数据处理,运用多种模型与技术分析对从总体中抽取的样本数据进行推理、推断或预测,从而对研究的自然和社会经济问题的数量分布和概率知识产生科学的认识。数理统计学早就发现:自然界与人类社会的事物形态与随机现象在环境扰动下一般都表现为围绕着其平衡态而呈现异动的形态,这些事物形态与随机现象的分布形式都普遍具有"两头小,中间大"的明显特征,因此人们通过观测得到的观测量大都可看成是许多微小的独立的随机因素总和的后果,而各种因素在正常情况下都不起压倒一切其他因素的主导作用。

虽然在不同的历史时期,有许许多多的科学家和统计学家面对着不同的具体的事物形态,曾经依据其以往的经验和所研究问题的专业知识以及卓绝的智慧构造了一系列统计模型——概率密度函数或分布函数,通过收集整理随机现象的样本数据进行统计推断或模型识别(图像识别),并以最接近的经验分布函数模型来估计和推断作为统计总体的形态分布规律,但是,数理统计学的认识空间是基于随机变量的认知空间,由此揭示的大量个体聚集在一起而表现的统计规律仅仅是经验公式,只能是关于随机变量的概率密度函数及其分布函数。

数理统计学的统计分布中的随机变量 x 是人们围绕某一事物的平衡态观察事物存在形态而获得的观测值,随机变量 x 的分布被看作某统计总体的分布,x 的分布函数 $P(x)$ 为一总体分布函数,其中的一系列不同类型的分布函数与基本概率公式是人们在不同条件下设计出来的反映事物形态本质单元分布规律的数学模型。譬如,正态分布概率密度函数就是人为臆造出来的与带参量的逻辑斯蒂分布概率密度函数近似的统计模型。

在现实世界中,大多数的客观事物形态反映到人们的理性认知体系中,往往不是纯粹的单元系统,而且系统外部环境的作用一般也是复杂多变的,因此客观事物形态的观测值在人们的考察区间内并不是围绕着平衡态"正态"分布的,也不是逻辑斯蒂分布概率密度函数的标准形式,其分布密度函数曲线必然不会呈现出"两头小,中间大"的钟形曲线的对称性质。为此,人们设计出了不同类型的非对称概率密度函数和分布函数,如指数分布、Γ分布、β分布、κ分布、F分布、威布尔分布、皮尔逊Ⅲ型分布、极值分布等。

客观世界的事物都是具体的事物,其形态都是特殊的形态。人们在面对具体事物的特殊形态表现的各种随机现象时,一般要通过实际的观察和借助仪器测量来考察与认识事物形态(物理)量的变化。由于人们对事物形态的观测往往会存在观测误差,观测产生的测量数据还要通过误差的统计学处理才能使测量得到的形态量更接近于真实值。然后,人们还要通过正确的理论分析总结出这些形态量之间的关系,以发现事物形态及其随机现象观测值的规律性,从而获得对事物形态的本质认识。在此,事物本质形态分布规律是用数学模型来描述的,而数理统计学的分布函数就是用来描述一个系统内部的个体组成(不同性质、不同状态的个体各有多少)的随机变量分布情况的。因此,数理统计学被称为是一门研究偶然现象的数量规律性的学科。

其实,偶然性是必然性的表现形式,偶然性只是必然性的补充,现象的偶然性每每是伴随着它的必然性而一同出现的。作为描述系统整体特性的数理统计学,描述的大数现象是系统形态的现象,刻画的群体行为是系统行为,所以呈现出来的统计确定性(统计规律)是一种系统特性,即由于大量个体聚集在一起而形成的群体涌现性。

不过,数理统计学家尽管可以设计一系列概率密度函数和分布函数作为统计总体分布规律的模型,并且利用数据分析出某些自然现象服从某种概率统计分布,但是仅为数据选配概率分布函数就可能被认为是一种数学游戏。数理统计学家在设计诸多对称或非对称的概率密度函数时,都是基于随机变量的认知空间,都只是用不同的方式和精度来逼近不同失衡态或不同约束条件下的系统本质形态分布规律。由于质向量所代表的系统形态特性、发射条件与指向规定被省略,由此构建的不同类型的分布函数和概率密度函数就失却了质向量的内涵,人们面对系统形态内涵不明的数值模型中的随机变量与参数,必然难以寻求其"数理"的真正意义,还可能出现具有同样形式的单元系统本质形态分布函数究竟是在什么维度空间或处在何种失衡态等困惑。

例如,在统计物理学中,理想气体分子的玻尔兹曼分布、整数自旋粒子系统的玻色分布、半整数自旋粒子系统的费米分布等分布函数的变量和常量本来都具有明确的物理意义,但是如果将这些分布函数进一步抽象为数理统计学的分布函数,人们仅凭这样设计出来的统计分布函数或概率密度函数的形式是无法思辨其本身的形态的。通过观测得到的离散数据虽然可以嵌套或逼近某一统计分布函数或概率密度函数及其函数曲线上的一段,但是分布在一定区间的这些数值究竟代表着系统形态何种失衡态或怎样约束条件下的系统本质形态分布规律,人们确实无法识别。

数理统计学所得到的任何一个分布函数只不过是一个分布概率与随机变量的关系图,无法阐明质向量之间的内在关系。虽然数理统计学设计的离散型和连续型的概率密度函数和分布函数数量并不多,而应用的范围又如此之广,但是在目前主流统计学和概率论中都没有进一步的物理分析说明,这里面的深刻原因也没有人给出明确的答案。因此,人们一直期待着数理统计学能对客观事物的规律性提供更有物理意义的解释,也期待着出现一个理论可以对此做统一的说明。

由于理性认知坐标空间的混淆和限制,数理统计学是不可能从事物形态的本质与分布机理上来揭示单元系统本质形态分布规律及其在不同条件下的替代形式的,根据数值模型也根本无法阐明分布函数所代表的系统形态特性、发射条件与指向规定及其随机变量与参数的内涵。然而,统一科学却可以从系统形态的本质与分布机理上揭示单元系统本质形态分布规律及其在不同失衡态或不同约束条件下的替代形式,并从理论上演绎出数理统计学和概率论中的分布函数和概率密度函数乃至那些非对称的分布函数和概率密度函数,且可以为这些函数找到统一的物理说明。

在统一科学中,在一维正向质向量坐标系 $\vec{X}_+$ 内部的 $(\vec{P}_+^0, \vec{S})$ 二维分质向量空间中,省却了分质向量关于方向的规定,单元系统本质形态分布基元规律就可以用(7-1)式 $P_+^0(S) = \dfrac{1}{1+e^{\mp S}}$ 的熵本质信息分布函数表示,其熵本质信息分布密度函数可以用(7-32)式 $p_+^0(S) = \pm \dfrac{1}{4}\mathrm{sech}^2 \dfrac{S}{2}$ 表示。如果忽略熵 $\vec{S}$ 和本质信息 $\vec{P}_+^0$ 以及本质信息分布密度 $\vec{p}_+^0$ 这些分质向量有关质的内涵与定向规定,在自发发射条件下,令自变量 $x \equiv S$ 和因变量 $y \equiv P_+^0$,就可以演绎出数理统计学中标准的逻辑斯蒂分布函数(7-277)式 $y = \dfrac{1}{1+e^x}$;在自发发射条件下,取自变量 $x \equiv S$ 和因变量 $y \equiv p_+^0$,也可演绎出(7-278)式 $y = -\dfrac{1}{4}\mathrm{sech}^2 \dfrac{x}{2}$ 的标准逻辑斯蒂分布概率密度函数。

在一维正向质向量坐标系 $\vec{X}_+$ 内部打开 $(\vec{P}_+^0, \vec{E}, \vec{E}_{\neq}, \vec{\varepsilon})$ 四维分质向量空间,在省却了分质向量关于方向的规定和自发发射条件下,单元系统本质形态分布基元规律可以用(7-279)式 $P_+^0 = \dfrac{1}{1+e^{(E_{\neq}-E)/\varepsilon}}$ 的本质信息函数表示,也可以用本质信息分布密度函数(7-284)式 $p_+^0 = -\dfrac{1}{4}\mathrm{sech}^2\left(\dfrac{E_{\neq}-E}{2\varepsilon}\right)$ 表示。在能阈 $E_{\neq} = C_{E_{\neq}} = \mu$ 与能元 $\varepsilon = C_\varepsilon = \sigma$ 保持为常量的条件下,(7-279)式成为(7-280)式 $P_+^0 = \dfrac{1}{1+e^{(\mu-E)/\sigma}}$,(7-284)式成为(7-285)式 $p_+^0 = -\dfrac{1}{4}\mathrm{sech}^2\left(\dfrac{\mu-E}{2\sigma}\right)$。如果忽略分质变量中本质信息 P_+^0、本质信息分布密度 p_+^0、能阈 $E_{\neq}$、能量 E 和能元 ε 这些分质变量关于质的特别规定,令自变量 $x \equiv E$ 和因变量 $y \equiv P_+^0$,就可以演绎出数理统计学中带参量 μ 和 σ 的逻辑斯蒂分布函数(7-281)式 $y = \dfrac{1}{1+e^{(\mu-x)/\sigma}}$;令自变量 $x \equiv E$ 和因变量 $y \equiv p_+^0$,就可以演绎出数理统计学中

带参量 μ 和 σ 的逻辑斯蒂分布密度函数(7-286)式 $y = -\frac{1}{4}\text{sech}^2\left(\frac{\mu-x}{2\sigma}\right)$。

在数理统计学中，逻辑斯蒂分布比著名的正态分布出现晚得多，但是它与单元系统本质形态分布基元规律的内在关系一直没有为人们所揭示，所以逻辑斯蒂分布函数出现以后自然地位平平。把正态分布的分布函数和概率密度函数与单元系统本质形态分布基元规律的本质信息函数和本质信息分布密度函数相比较，不论是在形式上还是在内容上都是不一样的，是不能取而代之的。因此，统一科学可以拨乱反正，让逻辑斯蒂分布函数理直气壮地登上数理统计学的王座。

不过，把数理统计学正态分布概率密度函数（7-319）式 $p(x) = \frac{1}{\sigma\sqrt{2\pi}} \cdot \exp\left[-\frac{1}{2}\left(\frac{x-\mu}{\sigma}\right)^2\right]$ 与(7-286)式 $y = -\frac{1}{4}\text{sech}^2\left(\frac{\mu-x}{2\sigma}\right)$ 相比较，就可看到正态分布和逻辑斯蒂分布概率密度函数或单元系统本质信息分布密度函数都是偶函数，其曲线的特征也完全一样，正态分布的概率密度函数曲线与带参量的逻辑斯蒂分布概率密度函数曲线在相当大的范围内几乎重合。因此，在与统一科学单元系统本质形态分布基元规律相吻合的范围内，正态分布概率密度函数还是能反映事物形态存在的典型的"两头小，中间大"特征的。这也应该就是正态分布在统计分布中可以占据核心地位并且应用相当广泛的根本原因。

数理统计学是从研究对象的总体中抽取一定量的样本，通过收集整理随机现象的样本数据，以具有随机误差的实际观测数据进行经验分布函数模型的估计，再尽可能精确地推断作为统计总体的形态分布规律。但是，在统计过程中只考虑了随机变量的数值，参数真值所代表的形态的属性意义已经被忽略，再加上实际获取真值的困难，人们就只能用离散的样本均数（数学期望）μ 来取代连续的能阈真值 C_E，用离散的总体标准差 σ 来取代离散的能元 C_ε。

此外，数理统计学是以具有随机误差的实际观测数据进行经验分布函数模型的估计的，由于每一组实际观测的数据在不同的条件下都可能存在不同的随机误差，以此来进行估计和推断就必然可以获得与逻辑斯蒂分布或正态分布近似的一系列概率密度函数及其分布函数。在"阴阳相济"、各组元都等权的情况下，各组元的分布就表现为逻辑斯蒂分布或正态分布；在阴盛阳衰或阳盛阴衰等阴阳失调的情况下，各组元不平衡的分布就表现为偏态分布。

还有，单元系统本质形态分布规律反映的是单元系统内部的元素和单元系统之间有规则的联系，质点进行有规则的排列、组合而表现的客观序列表达的是质向量本质的内在联系。在一维正向质向量坐标系 $\vec{X}_+$（或一维二仪质向量坐标系 $\vec{X}$）及其内部的多维分质向量空间中，统一科学关于单元系统的本质信息函数和本质信息分布密度函数的符号与角标是特定的。数理统计学的概率密度函数及其分布函数所要表达的是单元系统本质形态分布基元规律的本质信息函数和本质信息分布密度函数，但人们搞不清系统是处在怎样的质向量坐标系空间，所以这些函数的变量与参量的符号与角标往往是随意择取的。

在一维正向质向量坐标系 $\vec{X}_+$（或一维二仪质向量坐标系 $\vec{X}$）内部不同维度的分质向量空间中，在不同的失衡态或变相点附近以及不同的发射条件下，统一科学得到的单元系统本质形态分布基元规律在形式与内涵上都有所不同。如果自觉地省略既定的发射条件和分质向量有关质的内涵与指向规定等约束条件，统一科学就可以从理论上推导出数理统计学中常见的统计分布函数与概率密度函数，为这些统计函数找到单元系统形态内在关系的说明，并澄清其理论成因及其单元系统形态背景。

由此可见，在一维正向质向量坐标系 $\vec{X}_+$（或一维二仪质向量坐标系 $\vec{X}$）及其内部的多维分质向量空间中，统一科学揭示的单元系统本质形态分布基元规律是至高无上的宇宙法则，这一恒久而不已的自然规律反映的就是所有事物本身所固有的、本质的、必然的联系，因此单元系统本质形态分布基元规律必然可以将数理统计学中隐含在随机现象后面的数理规律性演绎出来。在不同的平衡态或变相点附近，本质信息分布基元规律可以用本质信息分布函数和本质信息分布概率密度函数的不同形式表示。通过单元系统本质形态分布基元规律的演绎与组合，并按照单元系统内在逻辑关系把已知的知识（或定理）条理化、系统化，就可以建立一整套反映万事万物表现形态客观真理的知识体系。

参考文献

[1] 王勇,田波平.概率论与数理统计[M].2版.北京:科学出版社,2005:48-50.
[2] 阿瑟·爱丁顿.物理科学的哲学[M].北京:商务印书馆,2014:12-13.
[3] 宋波,玄玉仁,卢凤勇,等.浅评逻辑斯蒂方程[J].生态学杂志,1986,5(3):57-62.
[4] 张学文,马力.熵气象学[M].北京:气象出版社,1992:12-16.
[5] 李惕碚.实验的数学处理[M].北京:科学出版社,1980:16.
[6] 复旦大学数学系.概率论与数理统计[M].2版.上海:上海科学技术出版社,1961:236.
[7] 黎渝,陈梅.不可思议的自然对数[M].北京:人民邮电出版社,2016:163-166.
[8] 朱永生.实验物理中的概率和统计[M].2版.北京:科学技术出版社,2006:109-115.
[9] 马文.概率应用及思维方法[M].重庆:重庆大学出版社,1989:130.
[10] 林少宫.基础概率与数理统计[M].2版.北京:人民教育出版社,1978:108-175.

第八章

准平衡态与线性论

第一节 太极世界中阴阳之道的演绎理论

一切事物形态都是可变的,太极世界是刻画事物形态变化的最简易的理性认识空间。统一科学在寻求万物之理的探索中,获致了单元系统的异质形态转化基元规律和本质形态分布基元规律。通过至高无上的宇宙法则的演绎可以使"不称"的阴阳之道大白于天下,通过至简无内的科学大道理到小道理的推演可以得到科学的逻辑生长树。

一、一切事物形态都是可变的

人类社会几千年的文明进步,使人们不断地深化对无穷无尽的事物形态的认识,逐渐积累了许多关于事物形态的知识。人们通过"格物"以寻道,说理而"致知",从感性认识到理性认识,逐渐认识到大自然千变万化的各种形态是有规律可循的,也总结和归纳了一些反映事物形态变化的经验规律和特定规律。在不懈地追求真理的进程中,人们一方面积少成多集聚起人类对事物形态认知的知识库藏,并通过对日积月累的知识整理、分类建立了不同的学科理论体系,另一方面人们又从特殊规律上升到一般规律,使科学所发现的规律一般化。

纵览科学的来龙去脉,回顾古代的中华文明,可以发现中华传统文化的总源头——《周易》不仅有着丰富的文化宝藏,而且对归纳迁阔的理性认识早有智性的思考和深度的勘测。《周易》蕴含着统一科学的思想雏形,其认知世界的最基本、最简易的方法是"无极生太极",这在理性认知体系上就是以"不易"(静)的参照点和有指向"变易"(动)的太极构成一维仿射坐标系。由这个单向太极开辟的认知空间就是一维指标空间,如果以"易"作为认知世界的思辨准则,那么天地万物就处于不断运动变化之中。

世界上的事物形态生生不息,"生生之谓易"。以太极为思辨准则就是建立了一维单向"变易"坐标系,这是古往今来任何人步入科学殿堂的最初认知空间。根据哲学思辨普遍性的特征,古今中外不知有多少人所形成的关于事物形态变化的世界观,实际上就是自觉或不自觉地在太极思想指引下产生的。科学的全部成就证明,一切事物形态都是可变的,都依一定的条件互相转化。世界是相互联系、相互转化的无数事物形态的统一体。各种各样的相对静止和暂时平衡的事物形态,只是事物永恒的、绝对的运动过程中的特殊表现形式。例如,在地球演化发展过程中,原生的低级形态的物质经过机械的、物理的,特别是化学的长期作用,逐渐形成愈来愈高级的具有形态特征的化合物,出现了相对稳定的蛋白质,产生了能够暂时平衡的生命形态。由于生物长期的发展又出现了类人猿这种形态,类人猿通过劳动再变成了人的形态,而人的群体运动又产生了人类社会的不同形态。

事物从一种形态向另一种形态转化和变动都称为运动,而事物由小到大、由简到繁、由低级到高级、由旧质到新质的运动变化过程就称为发展。运动是事物的存在形式,事物形态的可变性是事物的根本性质。亚里士多德说过:"对于运动的无知,必然导致对于自然界的无知。"人们要认知自然界,就必须认识运动,也就要以太极为思辨准则来认知事物形态的运动变化。运动泛指事物在物理时空中的一切变化,如接近、分离、位移、旋转、作用、反作用、化合、分解、异化作用、同化作用、兴奋、抑制、机械运动、物理运动、化学运动、生命运动、思维运动、社会运动等都是运动,也就是变化。

太极世界不仅是各种事物形态的存在空间,也是各种事物形态运动、变化、发展和转化的空间。在太极世界中,一切事物形态都是可变的,这就表明一切事物都处在永不停息的运动变化之中。整个宇宙从微观世界到宏观世界,从无机物到有机物,从生物界到人类社会,无一不在运动着,无时不在变化发展着,没有永恒不变的形态。

就自然界的每一个物体来说,它内部的原子都在不停地运动,原子核外的电子不停地围绕原子核旋转,原子核内部的中子和质子也是不断地运动和转化的。没有这些运动,就没有原子和原子核。地球和太阳系其他行星围绕着自己的轴心自转,同时围绕着太阳运行,太阳本身和其他恒星也在宇宙太空中不停运转。没有这些运动,就没有太阳系和宇宙中千千万万的星系。每一个生物有机体,无论动植物机体还是人的身体,都在不断地进行着新陈代谢。没有不断地新陈代谢这种运动,就没有任何的生物有机体及其形态发生。

毛泽东"人间正道是沧桑"的诗句凝练地表达了人类社会发展的规律就是沧海桑田般的变化。因为社会生活处在不断的运动变化中,没有一个社会形态是永远不变的。人类历史上已经出现了五种社会形态,即原始社会、奴隶社会、封建社会、资本主义社会和社会主义社会。没有社会生活和社会形态的不断运动变化,就没有人类的历史。

可见,不仅客观世界的一切事物处在不断的运动变化之中,人类社会和精神世界中的一切也处在永不停息的运动变化之中。没有意识形态的不断运动变化,就没有思想运动、意识流和新观念。随着人们认知能力和科技创新能力的不断提高,知识世界也是在不断地发展和变化,科学发展到当今就是古往今来人类知识形态的发展结果。

在客观世界中,实在的事物都是与环境密切关联的。环境条件一改变,环境必然通过相互作用使事物原有的形态发生或大或小的改变。事物形态的变化是随着与之联系的环境条件的变化而变化的。相同的事物形态对不同的环境条件的变化响应程度是不一样的,不同的事物形态对同样的环境条件的变化响应程度也不一样。有的事物形态可以变得面目全非,产生不同性质的新形态;有的事物形态则基本上保持原来性质的形态,只是发生数量上的变化。

事物形态的变化分为质变和量变。事物形态的量变和质变是有区别的。一个事物的性质是相对稳定的,性质要是发生变化,这个事物就可能变成另一个事物。事物的数量是有一定的伸缩性的,同一性质的事物可以有不同的数量,而且在一定范围内数量的变化也不会影响事物性质的规定性。一定的性质决定着一定的数量,性质规定着数量的变化范围,不同性质的事物具有不同的数量界限,有着不同数量的等级。另外,性质又以一定的数量作为必要条件,它取决于数量的界限。不同的数量界限、不同的数量等级表现着不同质的规定性。

量变是事物形态逐渐的、不显著的、非根本性质的变化,是连续变化的因变。不会影响事物形态的质规定性的量变是普遍存在的,如机械位移、质量增减、受力大小、温度升降、场强强弱、颜色深浅、运动快慢及事物的各个组成部分在空间上的排列次序的变化,等等。

质变是事物形态涌现的、显著的、根本性质的变化,包括高变化率的因变(近似于非连续)和非连续的飞跃两种。导致事物某些质的规定性通过急速制断(即突变)起根本变化的形态变化是普遍存在的,如水沸,冰融,蒸发,结晶,升华,凝华,火山爆发,地震发生,弹性结构的塌陷,冲击波的形成,电阻的消失,渗流的出现,铁磁—反铁磁、铁电—反铁电、金属—绝缘体的转变,胚胎中胚囊的形成,基因突变导致生物进化或旧物种绝迹,舟覆机堕,古城兴衰,工厂倒闭,经济危机,改革维新,囚犯扰乱,政权更迭,战争爆发……

世界上一切事物的形态不仅是可变的,而且还有量变和质变之分。量变和质变是事物形态变化的两种基本形式,任何事物形态的发展变化都是从量变开始的,量变达到一定的程度(质变点)就会引起质变,就会根本性地改变事物原本的性质和形态。事物的本质或旧质被异质或新质所代替,事物就会以另一种异化的形态来表现,这就是事物形态演化的普遍法则。

事物形态的变化总是要先经历量变,才能发生质变。质变和突变的意义在于量变和渐变的连续性的中断,扬弃旧质(本质),产生新质(异质)。例如,在标准的气压下,液态水在0~100 ℃范围内的温度增减不会改变水的规定性,只有温度的量变超出了这个界限,水才会发生质变而变成冰(固态)或汽(气态)。

事物从一种形态转化为另一种形态,还可以通过多种方式来实现。例如,可以单独改变环境温度,或可以改变压强,也可以同时改变温度和压强,还可以通过改变其他外场等手段来达到目的。事物的异质只存在于组成它的诸单元的相互联系和相互作用之中,决定因素在于事物内部单元之间的矛盾斗争及事物与环境之间的矛盾斗争,外界条件只是为实现事物某种形态的变异创造了条件,而事物内部本质与异质的冲突和矛盾斗争才是事物形态变化的根本原因。

任何事物都是质与量的统一体,人们要认识事物形态的变化,就要从质与量两方面来深刻把握。事物的量是抽象的,而质是具体的。量是质的基础,质是量的限度。任何事物的平衡态都是相对的暂时的存续,而事物的非平衡态才是绝对的永恒的存续。虽然事物的形态不可穷尽,但是人们可以在理性认知体系中把无数的事物抽象为一般的系统,转而研究系统形态。根据系统形态在变化过程中所处的与平衡态的接近程度,非平衡态可分为准平衡态、近平衡态和远离平衡态。

在类似的环境条件下,平衡态、准平衡态、近平衡态和远离平衡态的有序度和对称性都不一样。处于平衡态的系统,其组成元素彼此间是无序的、没有确定的方向,因而对称性最高;而处于非平衡态的系统,各种"有序"的运动则会引起对称性的破缺。从平衡态经由准平衡态再到近平衡态直至远离平衡态,系统的有序度不断提高,而对称性却不断下降。准平衡态和近平衡态的变化隶属于量变范畴,而远离平衡态的变化则属于质变范畴;系统形态在转化过程的不同阶段,不同的失衡态往往表现出不同形式的变化规律。因此,人们在研究系统形态变化时就不仅要分清各种形态,而且应认识和掌握在不同失衡阶段上系统形态表现出的变化规律与分布规律。

二、一阴一阳之谓道

在远古时期,《周易》通过归纳由不同成分(比如原子、分子、细胞或动物)单元所组成的各种系统时发现,任何系统的两个不同形态都是相对的形态,都可以用"一阴一阳"或爻符(-- 与 —)或数符(0 与 1)来指代。人们观察系统从一种形态向另一种形态的变化,就是在选择并确定自己观察或思考的客体作为研究对象的。所谓"对象"就是成对的"象"(或相对的符号),这无独有偶的成对的"象"(或符号)也就是一对存在着差异或对立的系统形态。像中国古代圣人就是以"乾坤"两个相对的卦符来表示研究"对象"的,乾卦代表纯阳,坤卦代表纯阴。不论是八卦还是六十四卦,都是以乾坤两卦并列作为变易基础的,且以卦中阴阳爻位的互易来表示系统形态的变易。

对象一经确立就建立了两个不同系统形态的联系,人们要科学地认知任一系统形态,至少要从系统两个不同形态的关联来考察。两个以上(含两个)的系统形态的内在关系的研究,才是科学所要关注的。世界上任何两种不同系统存在的相对形态的关系都可以作为科学的研究对象。联系任何两种不同系统形态之间的变化规律,也就是科学所要揭示的系统形态变化规律。

任何两种系统形态都可以作为阴阳相对的两个面,两种系统形态的阴阳对立消长是一切系统变化的规律。《易·系辞上》指出,"一阴一阳之谓道",这里的"之"是前往或去到的运动,不论是由阴之阳还是由阳之阴,都是系统由本之末的形态变化过程,其运动之道就是规律。《礼记·大学》曰:"物有本末,事有始终。"对于物质实在来讲,运动的基点形态即本,运动的结局形态即末;而对事件实在来讲,变化的出发形态即始点,变化的归宿形态即终点。可见,理性地贯通系统一阴一阳对立面的本源和末端的秩序通道就是道理。

要讲清系统形态是由阴之阳或由阳之阴的道理,就要把握系统形态变化的方向。任何事物都可以看作一个开放系统,一方面系统与环境相互联系和相互作用,另一方面系统内部的组成元素也相互联系和相互作用。当环境对系统的作用和影响能力大于系统对环境的承受和抵抗能力时,系统在环境的激励下必将使内部的组成元素产生激发运动,从而改变其原来的形态而进入比原来的能级更高的形态,这是由阴之阳的过程。当环境对系统的作用和影响能力小于系统自身对环境的作用和影响能力时,系统在对环境产生作用的过程中,内部的组成元素也将产生自发运动,从而改变其原来的形态而进入比原来的能级更低的形态,这是由阳之阴的过程。

环境与系统的作用孰强孰弱决定着系统形态的变化指向,也决定着系统形态的变化程度。然而,作用强弱、影响大小、联系松紧……都只是对系统形态变化的初步肤浅的定量认识。要揭示系统形态变化的一般规律,就得由表及里、由浅入深地对系统形态的变化关系进行定质、定量、定向的认识。在研究一阴一阳两种系统形态的转化时,要优先确定起止形态之间的运动方向。当某一系统从纯阴(坤)的形态到纯阳(乾)的形态转化时,研究的对象就是以纯阴(坤)的系统形态为本,处在起始形态的本质都是清一色的阴质成分。系统形态变化过程的所有过渡形态是本质成分和异质成分的对立统一体。随着系统形态的变化发展,过渡态当中的异质(阳质)成分比例将逐渐增多,突破一定的阈限后,异质(阳质)成分就要占据主导地位,并最终完全取代本质(阴质)成分。当某一系统形态的变化是从纯阳(乾)的形态到纯阴(坤)的形态转化,情形就刚好相反。

上述的一切说明,有了定向的"太极"作为观察世界各种系统形态的思辨指南,人们就必然会"一往直前"地走进运动变化的太极世界。在太极这一"变易"的理性认识空间中,人们必然要用变化的世界观来观察系统形态的变化,要以变易的性质、方向和数量来描述各种系统形态。在太极的理性世界中,人们只要用定质、定向和定量的系统形态量来刻画自然界物质或人世间事件形态的变化,就可以形成用数理—逻辑语言表达的物理或事理;如果仅用文字语言来概括天地间事物形态的变化,还可以归纳为哲学的理论化表现——哲理。

哲学是"人们对于整个世界(自然界、人类社会和思维)的根本观点的体系,是自然知识和社会知识的概括和总体"[1]。哲学是文化的灵魂和思想的寓所,哲学旨在从包罗万象的世界中找到世界的本原,并在本原的基础上对千差万别和千变万化的世界做出全面、统一、简洁、自洽的解释。哲学不需要也不具备实验手段,它所凭借的是知识、理念、玄思及概念、范畴的逻辑推演。因此,人们认为哲学应该是在世界最高的层次上研究本体论、方法论和认识论,并以其先天特性透过现象来揭示事物本质与普遍规律的一门总体科学。

哲学既以定质、定向的单向"太极"作为认知事物形态的思辨准则,就可以用临近的属概念来描述事物形态的阴阳变化,并用属概念下的其他种差概念来描述事物形态的数量变化,从而归纳出关于自然、社会和思维发展的最普遍、最一般的规律。对立统一规律、质量互变规律和否定之否定规律是哲学所揭示的关于世界变化运动的一般规律。黑格尔将这三大基本规律作为思维规律首先加以阐述,马克思和恩格斯则对这三条基本规律给予了唯物主义的改造,从而使人类对自然界、社会和思维本身的认识有了"最好的劳动工具和最锐利的武器"。[2]

从理论形态上看,在唯物辩证法关于世界变化运动规律的科学体系中,三大基本规律揭示了事物的本质联系和存在状态:质量互变规律揭示了事物变化表现出渐进的量变与突然的质变这两种基本形式和状态;对立统一规律揭示了事物普遍联系的根本内容和变化发展的根本动力;否定之否定规律揭示了事物变化发展的总趋势和基本方向。

由于哲学以单向的太极作为认知事物形态的思辨准则,它可以用文字语言来表述自然界、人类社会和思维领域事物形态变化的一般规律,可以用属概念及其下属的种概念来描述事物形态阴阳变化的对立统一规律、质量互变规律和否定之否定规律。但是,也正因为这样的哲学语言是无法精确地刻画事物形态质变和量变的规律,所以哲学研究的对象主要是思想理论体系,而不是物质性对象;它只能以具体科学为基础,却无法代替具体科学去研究世界所有领域里的所有规律。哲学研究了整个世界变化发展的最普遍、最一般的规律,却无意也无法去演绎具体科学的特定事物形态发生和演变过程的规律。

爱因斯坦有句名言:"哲学是科学之母。"从发生学上说,科学只是自然哲学的衍生物,科学是后来才独立而成为与哲学并行的学科。其实,科学与哲学早就有互动关系,科学产生知识,哲学产生思想。然而,哲学先天的局限使得它只能解释科学和为之开路,为科学提出思想、概念和观点而无法指导科学,更不可能替代科学研究事实并进行特殊的陈述。像科学哲学就是专门研究有关科学的历史或为科学总结许多理论模型。实际上,哲学并不是不想征服具体科学,只是由于它以定质、定向的"太极"作为认知事物形态的思辨准则,语言的限制使之只能囿于高山之巅以超然的世界观来放眼世界和鸟瞰万象,却不能以精准的视点来观望具体事物和考察特殊形态的变化。因此,尽管人们可以运用文字语言来定质、定向地描述哲学中关于自然、社会和思维发展的最普遍、最一般的规律,但是哲理难以实现从"一般到特殊"的认识飞跃。科学的具体学科则相反,它不是以"望远镜"而是以"显微镜"来考察世界的,只是由于视角之所限,就只能"只见树木,不见森林",因而像物理学也难以实现从"特殊到一般"的认识飞跃。

人们关于事物形态变化的理性认识是与度量基准直接对应的。选择不同的度量基准,人们关于事物形态变化的认识就会有不同的认知心得。如果选择定量的度量基准,人们关于事物形态变化的认识就会得到数学的数理知识;如果选择定质的度量基准,人们关于事物形态变化的认识就会得到哲学的哲理知识。但是,如果把太极那种定质、定向的思辨准则变为质向量那样定质、定量、定向的度量基准,在以质向量为坐标轴建立的坐标系及其张开的质向量空间中,人们关于事物形态变化的认识就会发生根本的改观,不仅可以像哲学那样"会当凌绝顶,一览众山小",而且可以像数学那样精准地获得系统形态数量变化规律的认识,还可以像物理学那样阐明物质系统形态的变化规律。

统一科学在建立认知单元系统形态及其变化规律的理性坐标系时,就是以质向量为度量基准和坐标轴的。在一维正向质向量坐标系 $\vec{X}_+$ 内部可以打开不同维度的分质向量空间,可以推导和分析由这些分质向量组成的函数关系式。统一科学"冒天下之道",概括了宇宙和人类社会事物形态变化的规律,顺理成章地揭示了单元系统形态转化基元规律,这"一阴一阳"的变易之道就是反映宇宙万物的本质和发生、发展、消亡、转化的根本规律。单元系统形态转化基元规律的揭示,实现了"用逻辑—数学的确切的定律体系代替已有的'范畴理论'",实质上就已经找到了一般系统论所追求的成熟形式,也找到了人们探索数千年苦苦寻觅的最为简易的科学大道理。

统一科学极为深远的意义更主要的是表现在基础理论上,它所揭示的单元系统形态转化基元规律就是关于宇宙中任何事物转化形态的基本规律。单元系统形态转化基元规律是反映任何事物由此形态向彼形态变化过程的一般规律,也是反映世界上任何单元系统形态变化的机理模型。单元系统形态转化基元规律揭示的是最一般规律,所以即使人们对单元系统形态的基质所具特性或作用力本质一无所知,仍有可能自觉地理解单元系统形态转化基元过程。这里单元系统形态的转化是在最广的意义上表示创造形态或消灭形态的任何一种过程。

基本乃基础、根本之谓也。基本的东西是经过岁月的考验、穿越时空的隧道,而为人们所普遍认同和普遍遵循的东西。"大道至简",即蕴含大道理的最基本东西也往往是最简单、最朴素的东西。最基本的规律就是那些持续发挥着基础性主导性作用的具有普遍意义的无名而质朴的规律。单元系统形态转化基元规律就是"科学大道理"或元道理,也就是古今中外多少人梦寐以求的"放之四海而皆准"的真理。

统一科学从根本上抓住了刻画单元系统形态变化的"质向量"这一关键,以此来寻求建立普适于各种事物形态变化的机理模型。因此,统一科学所揭示的单元系统形态转化基元规律既可以反映单元系统在环境作用下的吸收发射变化规律,也可以反映单元系统反作用于环境的自发发射变化规律,还可通过质向量的内在关系来反映单元系统形态变化的各种特征与性质。由单元系统形态转化基元规律所衍生的各种相关理论,也就奠定了统一科学在太极世界的理论基础。

在一维正向质向量坐标系 $\vec{X}_+$ 内部多维分质向量空间中,单元系统形态转化基元规律作为反映单元系统形态转化的一般规律,必然是分质向量的函数关系式,反映的是各分质向量之间的内在关系。单元系统形态转化基元规律的表现形式是与其所在的质向量空间相对应的,质向量坐标系一经变换,质向量空间也要发生相应的变换,由此得到的单元系统形态转化基元规律就有不同的表现形式。

在人们观测单元系统形态的坐标系发生变换的情况下,尽管单元系统形态转化基元规律的表达形式各不相同,但是各个质向量之间的关系是固有的。虽然在平衡态附近(近平衡态和准平衡态)或变相点附近(近变相点和准变相点),单元系统形态转化基元规律可以用一些近似的简化形式来表达,却没有改变各个质向量之间的内在关系。

科学的发展已表明:某个理论之有用,就是说它能高度精确地在一个单一的描述式中将范围广泛的多种现象联系起来。列宁曾指出,"自然界的统一性显示在关于各种现象领域的微分方程的'惊人类似'中。"单元系统形态转化基元规律的揭示,奠定了整个统一科学理论的基础,证实了人们千百年来所宠爱的信仰——世界(各种事物)是按照一个单一的、质朴的、具有惊人的、优美的规律在运行。单元系统形态转化基元规律就是几千年来多少人殚精竭虑所追求的至简大道。以整体性为特点的单元系统理论的问世,也表明了庄子所企盼的天地之间的"大美"已经显露原型,薛定谔所指的"把所有已知的知识综合成一个统一体"的轮廓业已廓清;凯德洛夫所坚信的"统一科学未来结构的图解问题"已总体构成。[3]

然而,作为包罗万象的统一科学的一般理论,这种基于数理和其他公共语言表述的科学理论究竟有多大的"精确性""确定性"和"普遍性",如果没有经过严格的检验或经验上的实证是难以令人信服的。单元系统形态转化基元规律作为统一科学理论殿堂的顶梁柱,只是统一科学理论体系建设的第一步。统一科学的目标是要使人们对单元系统形态变化规律有一个完全的了解,且要用普适的单元系统形态转化基元规律去探讨和解释由不同的特殊成分组成的各种系统的特殊运动。

三、大道理到小道理的推演

"道可道,非常道。"在科学发展的历史长河中,以往人们所建立的一些学科只是从复杂的世界中概括出某些事物形态的变化规律,揭示了自然界、社会和思维的一定过程一定方面的特殊的运动规律,如力学、物理学、化学、生物学、社会科学等各以机械的、物理的、化学的、生物的、社会的物质运动形式作为自己的研究内容。这些科学的理论严格地说都是近似于客观实在的真理,因而现今教科书上所揭示的许多特殊规律可以说只是单元系统形态转化基元规律的可信然而却有缺陷的摹本。由于这些学科都尚未达到揭示真理的最高境界,因而这些学科理论所适用的十分严格的范围,都可以在更普遍的理论基础上得到精确的说明,而这更普遍的科学理论都把人们以往所考虑的理论作为特殊情况或极限情况。

其实,普遍的、无限的、超验的、终极性的问题是无法在现实生活中得到一一回应和验证的。爱因斯坦在晚年回顾理论探索道路时就指出:"理论越向前发展,以下情况就越清楚:从经验事实中是不能归纳出基本规律来的(比如,引力场方程或量子力学中的薛定谔方程)"。[4]统一科学所归纳出来的单元系统形态转化基元规律既然是最普遍、最一般、最根本的规律,也就无法用更一般的道理来说明,这就意味着人们在认知世界过程中从现象到本质、由特殊到一般的归纳推理方法至此已完成基本使命。

归纳是演绎的基础,演绎是归纳的指导。统一科学理论大厦的建设必须在"桩基"到位的基础上去完成另一个基本任务,也就是要应用单元系统形态转化基元规律及其通用的理论,来解释和认识以往各学科所揭示的各种具体事物在不同的失衡态表现出的特殊现象与规律,同时还要预见各学科尚未揭示的规律或无法说明和观察的各种现象。因此,这一任务的实现只能借助于由一般到特殊的演绎推理法。

"由特殊到一般,又由一般到特殊",这是"实践—理论—实践"的循环认识运动的一般进程,也是单元系统形态转化基元规律在认识具体事物形态转化中的自我体现。演绎是由一般到特殊的过程,是由一般到个别的推理方法。演绎又称推演,是人们认知事物最基本的方法,是思维的基本过程和方法,也是人们认识事物形态的前提和基础。

演绎推理是由一般推演到特殊的一种途径。这是一种必然性的推理,是科学认识的一个重要方法,是进行逻辑证明的有效工具,是做出科学预见的重要手段,也是发展假说和理论的必要环节。像逻辑推演,就是指从一个思想(概念或命题)过渡到另一个思想(概念或命题)的逻辑推演(如各种直接推理、间接推理以及论证等)。

当然,不论是演绎还是推演都离不开"演"字,要建立统一科学演绎的理论体系,就必须有单元系统形态转化基元规律演绎的表现空间。在众目睽睽的统一科学理论的演绎舞台上,人们所瞩目和聚焦的"演员"就是单元系统形态转化基元规律。因此,在揭示了单元系统形态转化基元规律以后,统一科学就要运用演绎法进行从大道理到小道理的推求论究,也就是要从已知的最抽象、最一般的单元系统形态转化基元规律开始,进行深入推演。

作为统一科学理论大厦结构基础的单元系统形态转化基元规律,如果确实对任何自然现象、社会现象和思维现象都普遍有效,就可能借助于单纯的演绎得出一切自然、社会和思维运动过程的描述,这样,各个学科中各种特殊事物的形态变化规律就可以从逻辑推论而不是从经验证据中演绎出来。另外,一般规律和特殊规律是互相联结着的,一般规律总是表现为特殊规律,总是存在于特殊规律之中,通过认识特殊规律可以深化对一般规律的认识。统一科学也只有演绎到无机界和有机界以及人世界的各个具体学科乃至具体事物,单元系统形态转化基元规律的普遍性和正确性才能得到证明和检验。

从抽象简易的"科学大道理"推演出具体生动的"学科小道理",是检验科学大道理是否具有普遍适用性和实践上可操作性的一个途径。严格地说,现有的各种学科理论(包括各种概念、原理和每一条特殊定律)都只是对某些特殊事物形态变化规律的正确反映,它们一般不是从个别现象出发总结出来的,而是从普遍存在的某些类型的大量现象出发,通过分析概括而归纳出来的相对真理。不过,相对真理还是为归纳出单元系统形态转化基元规律这样的绝对真理提供了重要的不同梯级的台阶。

如果科学可以看作一棵逻辑生长树,统一科学所揭示的单元系统形态转化基元规律就是科学这棵逻辑生长树的基干,各个基础学科发现的事物形态的较一般的规律就是科学这棵逻辑生长树的分枝,而各个应用学科所发现的事物形态的特定规律或经验规律就是每一个分枝所生长出来的更细的枝条和叶片。在单元系统形态转化基元规律的演绎中,各学科现有的具体理论与统一科学基本理论是相互联系的,利用既往人类已取得的科学成果与实证科学的学科枝条,可以避免将单元系统形态转化基元规律直接演绎到具体事物形态的各种定律还要借助一个个实验或实践进行检验的麻烦。因此,统一科学的演绎理论可以通过现有科学理论枝条的嫁接来培植科学的逻辑生长树。

要建立统一科学演绎的理论体系,就要以单元系统形态转化基元规律为逻辑之根本。因为单元系统形态转化基元规律及其理论是关于认识对象的最基本、最一般的本质规定,它以潜在的方式包含着表现认识对象的多样规定性,其中孕育着客观对象的完整"机体"的一切"胚芽"。因此,借助于单元系统形态转化基元规律的不断演绎,使统一科学的理论进行逻辑化的"理解",就可以引申出适合于不同方面的各种越来越具体的概念和定理,并得出一切事物运动过程的描述。这样,通过再现现有学科的各种特殊规律"而达万物之理",就可以建立一个以单元系统形态转化基元规律为核心的完整的理论体系,使整个科学理论体系的逻辑生长树枝繁叶茂。

正如爱因斯坦所说:"一切科学的伟大目标,即要从尽可能少的假说或者公理出发,通过逻辑的演绎,概括尽可能多的经验事实。"单元系统形态转化基元规律的演绎是建立科学逻辑树的培植过程,这个培植过程是一个只有起点却没有止境也没有限期的生长工程。通过举一反三或触类旁通的培育,这棵逻辑树可以生长成为庞大的参天大树。在此,单元系统形态转化基元规律演绎理论所推演的"小道理"只能作为整个科学逻辑树培植工程的示范项目,也就是说这里所能列举的范例必然是"挂一漏万"。

统一科学以归纳推理为工具揭示的单元系统形态转化基元规律是最一般的规律,由此就可以构成无所不包的普适理论,但这只是统一科学理论体系的一部分。统一科学理论体系的另一部分就是要以演绎推理为工具,演绎出各个学科、各个领域的规律乃至各种特定条件下的特殊规律,以此来构成新的理论,并形成理论与实际相互联系的桥梁。这样,科学的任务才可以完成。

统一科学在单元系统形态转化基元规律的演绎过程中,要将科学研究已经获得的结果(即各种基本概念、原理和规律),按照从高级到低级、从复杂到简单、从高维到低维、从抽象到具体的逻辑关系依次系统地演绎出来。由科学逻辑树的根本出发,通过统一科学主干向学科的枝干发展,越往末梢越能引申出适合不同方面的各种越来越具体的概念和特殊的规律,从而构成一个严密的完整的统一科学演绎理论体系,以将所研究的事物具体形态及其变化再现出来。

演绎科学由构成其基础的一组公理而完全确定下来。在单元系统形态转化基元规律演绎的过程中,统一科学必然会再现出具体学科中许许多多的特殊的规律或定律。这些特殊的规律或定律虽然都是反映具有某些特性的事物在一定条件下其形态运动变化的模型,但是其发现的来路不同,有一部分是原理机制的解释性模型,另一部分则是简单的经验方程。解释性模型不仅试图描述事物形态变化的行为,而且要从基本结构上来解释它,它与逻辑推理法有着极其密切的关系。作为经验性的规律,人们则无须再追问为什么是这样,因为它不是从另外的原理推导出来的模型。

统一科学通过"粗粒化"的理性抽象可以将无数具体事物形态归纳为单元系统形态,以质向量来刻画系统在形态转化中的内在关系,再经过严格的逻辑分析就可得到单元系统形态转化基元规律。这是真正意义上的符合逻辑的解释性模型,由此统一科学才有可能对世界上各种事物形态的运动过程给出其形态变化原理的机制说明。

虽然许多特定的事物形态变化规律不仅可以从单元系统形态转化基元规律的演绎途径得到,而且可以在经验的基础上通过归纳等渠道得到。但是,通过单元系统形态转化基元规律演绎的特定规律是"先验的",并不依赖于它们在物理学上、化学上、生物学上、社会学上等"方言"的解释,这就为单元系统形态转化基元规律的一般性提供了有力的证据,反过来也说明单元系统形态转化基元规律在各个领域或学科中的一致性。数学、物理、化学和生物学是现代自然科学的最重要组成部分,也是在这几百年期间发展最快的学科,因此在把单元系统形态转化基元规律演绎到各相关学科的特定规律时,统一科学必然要以这些经典学科的经验规律或先验规律作为范例。例如,物理学是关于物质和能量的科学,这在统一科学中就是在一维正向质向量坐标系 $\vec{X}_+$ 内部中 ($\vec{N}_+$, $\vec{n}_+$, $\vec{E}_+$, $\vec{E}_{\neq+}$, $\vec{\varepsilon}_+$) 五维分质向量空间的 ($\vec{C}_N$, $\vec{n}_+$, $\vec{E}_+$, $\vec{C}_{E_{\neq+}}$, $\vec{C}_\varepsilon$) 截面中系统地研究物质和能量的行为,并对研究所揭示的物质形态变化规律进行说明。

美国科学史家库恩指出:"科学家由一个新范式指引,去采用新工具,注意新领域。甚至更为重要的是,在革命过程中,科学家用熟悉的工具去注意以前注意过的地方时,他们会看到新的不同的东西。"[5]统一科学演绎理论的建立过程是人们从"理想国"回归"祖国"的过程,是从抽象的枯燥的思维模型(在天之象)回归具体的生动的现实原型(在地之形)的过程。通过这样的推演过程,人们就能对富于秩序与和谐的世界所蕴含的质朴的美产生清晰的认识,也才能感受法国科学家达兰贝尔所说的:"对一个从统一的观点把握宇宙的人来说,宇宙的整个创生过程看上去像一个唯一的真实必然。"

统一科学所揭示的单元系统形态转化基元规律也只有通过演绎,才能证实人们长久以来所宠爱的信仰——世界是以一个单一的、质朴的,具有惊人的优美的数理模型在运行,才能反映出各个层次的系统建立在逻辑和精确数学表达基础上的结构上的相似性和现实中存在的形式上的一致性。

统一科学的理论体系是正确反映各种事物形态变化规律和分布规律的知识体系,这个关于自然、社会和思维的知识体系是对整个世界最深刻、最全面的认识。对单元系统形态转化基元规律及其在不同条件下的简化形式和相关知识,按照其内在的逻辑关系条理化和系统化后,可以形成统一科学理论体系的架构。为此,统一科学将通过单元系统形态转化基元规律的演绎来表述沉寂数千年的"不言之大美,不议之明法,不说之成理"的大道理,并建立统一科学的理论大厦。

第二节 线性系统的独立性原理及其理论

统一科学使人们的理性认识的逻辑起点统一在一维正向质向量坐标系 $\vec{X}_+$ 上。一维正向质向量空间是认知单元系统准平衡态变化的太极空间,在其内部的多维分质向量空间中,以各个特定的分质向量函数关系式就可以刻画线性系统形态在变易过程中的内在关系。另外,根据线性系统特征和独立性原理等可以建立相关的线性理论。

一、一维正向质向量空间

太极作为仿射坐标轴是最简单的认知世界。一维正向质向量坐标系 $\vec{X}_+$ 开辟了定质、定量、定向认识单元系统形态的最简单的认知空间。一维正向质向量坐标系 $\vec{X}_+$ 的原点 $\vec{0}$ 作为参照系是零维质向量空间,表现为一切皆空。在一维正向质向量空间($\vec{X}_+$)中,具有确定形态的单元系统保持着恒定的静止的平衡形态,处于这种平衡态的单元系统就是与外界环境没有任何形式的物质、能量或信息交换的孤立系统。在一维正向质向量空间($\vec{X}_+$)中,孤立系统表现的轨迹就是静止的不动的孤点,其质向量取为常质向量。在此,任何一个确定的单元系统形态都可以用一个常质向量 $\vec{a}_+$ 或一个定点表示,而另一个确定的单元系统形态则可以用另一个常质向量 $\vec{b}_+$ 或另一个定点表示。

孤立系统的平衡态是在理性认知世界中人们设定的一种理论形态。在现实世界中,任何一个事物总是和它周围的其他事物联系在一起的,事物与事物之间一般都有着千丝万缕的联系和相互作用,所以人们是不可能把一个客观事物绝对地孤立起来的。一事物与它事物相互联系就会相互作用,相互作用的结果必然导致事物形态发生一定的变化。在一维正向质向量空间($\vec{X}_+$)中,单元系统形态的变化都可以看作在一定的质向量区间中进行,当单元系统形态从 $\vec{a}_+$ 连续变化到 $\vec{b}_+$ 时,$\langle\vec{b}_+|\vec{a}_+\rangle$ 的变化区间就是 $[\vec{a}_+,\vec{b}_+]$。如果单元系统形态变化的方向与一维正向质向量坐标系 $\vec{X}_+$ 的单位质向量 $\vec{e}_+$ 方向一致,$[\vec{a}_+,\vec{b}_+]$ 中任何一个变化过程的单元系统形态就都可以用一个变向量 $\vec{x}_+$ 表示,这样,$\vec{a}_+$ 点的质向量就是 $\vec{x}_{a_+}$,$\vec{b}_+$ 点的质向量就是 $\vec{x}_{b_+}$,$\vec{x}_+ \in [\vec{a}_+,\vec{b}_+]$。

在一维正向质向量空间($\vec{X}_+$)的 $[\vec{a}_+,\vec{b}_+]$ 区间中,如果单元系统形态从 $\vec{a}_+$ 连续变

化到 $\vec{b}_+$，$\langle\vec{b}_+|\vec{a}_+\rangle$ 的初态和终态都是平衡态，$\langle\vec{b}_+|\vec{a}_+\rangle$ 的形态变化规律就可以用形态的质向量变化量 $\Delta\vec{x}_{a_+b_+}=\vec{x}_{b_+}-\vec{x}_{a_+}$ 表示。但是，如果 $\vec{x}_+$ 是 $\langle\vec{b}_+|\vec{a}_+\rangle$ 变化过程的中间形态，当单元系统形态从平衡态 $\vec{a}_+$ 连续变化到非平衡态 $\vec{x}_+$，$\langle\vec{x}_+|\vec{a}_+\rangle$ 的形态变化规律就可以用形态的质向量变化量 $\Delta\vec{x}_+=\vec{x}_+-\vec{x}_{a_+}$ 表示。在一维正向质向量坐标系 $\vec{X}_+$ 上，$\Delta\vec{x}_{a_+b_+}$ 或 $\Delta\vec{x}_+$ 就表现为一有向线段，如图 8-1 所示。

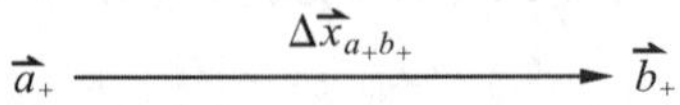

$$\vec{a}_+ \xrightarrow{\Delta\vec{x}_{a_+b_+}} \vec{b}_+$$

图 8-1 一维正向质向量坐标系 $\vec{X}_+$ 上的 $\langle\vec{b}_+|\vec{a}_+\rangle$ 形态变化

特别地，当 $\vec{a}_+$ 点就处在一维正向质向量坐标系 $\vec{X}_+$ 的原点，而 $\vec{b}_+$ 点为距离原点最近的第一个平衡态，$\langle\vec{b}_+|\vec{a}_+\rangle$ 的形态变化过程被称为单元系统形态转化的基元过程。在一维正向质向量坐标系 $\vec{X}_+$ 上的 $[\vec{a}_+,\vec{b}_+]$ 区间，$\langle\vec{b}_+|\vec{a}_+\rangle$ 的形态变化量就是 $0\to1$ 从无到有的基元过程表现的一维正向单位质向量 $\vec{e}_+$，即 $\Delta\vec{x}_{a_+b_+}=\vec{e}_+$。

一维正向质向量空间 ($\vec{X}_+$) 是认知单元系统形态的太极空间，在这最具一般意义的质向量空间中，以质向量变化量 $\Delta\vec{x}_{a_+b_+}=\vec{e}_+$ 来表征单元系统形态的转化或以 $\Delta\vec{x}_+$ 来表征单元系统形态的变化，人们是难以分辨单元系统形态在变化中的内在关系与各种特征的。然而，由于质向量 $\vec{X}$ 又可以分解为 m 个独立的分质向量 $\vec{X}_1,\vec{X}_2,\cdots,\vec{X}_m$，在一维正向质向量坐标系 $\vec{X}_+$ 内部可以打开 m 维分质向量的认知空间 ($\vec{X}_{+1},\vec{X}_{+2},\cdots,\vec{X}_{+m}$)，这样人们就可以用 m 个特殊规定的分质向量 $\vec{X}_{+1},\vec{X}_{+2},\cdots,\vec{X}_{+m}$ 来共同刻画单元系统异质形态的变化规律或单元系统本质形态的分布规律。

在一维正向质向量坐标系 $\vec{X}_+$ 内部所择定的作为单元系统形态度量基准的各个分质向量一般是相互独立的，由它们作为坐标轴构成的正交坐标系就打开了认知单元系统形态的分质向量空间。分质向量空间中的一个点代表着单元系统的一个确定形态，这个定态可以用它所联系的那些分质向量坐标轴来描述。所以，表征单元系统形态变化的分质向量是决定单元系统形态变化规律函数形式的形态参量。

一维正向质向量坐标系 $\vec{X}_+$ 上的质向量变化量 $\Delta\vec{x}_{a_+b_+}=\vec{e}_+$ 反映了单元系统形态转化基元过程的形态变化 $\Delta\vec{x}_+=\vec{x}_{b_+}-\vec{x}_{a_+}$，但是在一维正向质向量坐标系 $\vec{X}_+$ 上的单位质向量 $\Delta\vec{x}_{a_+b_+}=\vec{e}_+$ 只有在其内部的多维分质向量空间中才能表现单元系统形态转化基元过程的基本规律，这样的质向量关系式反映的就是一维正向质向量坐标系 $\vec{X}_+$ 内部多维分质向量空间中各分质向量之间存在的内在关系。把多维分质向量空间中 $[\vec{a}_+,\vec{b}_+]$ 区间 $\Delta\vec{x}_+$ 所经历的一系列形态点联系起来，所得到的轨迹就是单元系统形态转化基元规律在这一形态空间中的运行轨道。

表现单元系统形态转化基元规律的质向量函数关系式是与其所在的一维正向质向

量坐标系 $\vec{X}_+$ 内部的分质向量空间相对应的。如果单元系统形态变化 $\Delta \vec{x}_+$ 的起点 $\vec{a}_+$ 与终点 $\vec{b}_+$ 是分布在一维正向质向量坐标系 $\vec{X}_+$ 内部的多维分质向量坐标空间的完全相反的卦限（或象限），那么 $\vec{a}_+$ 与 $\vec{b}_+$ 就代表着性质完全不同的两种单元系统形态，$\langle \vec{b}_+ | \vec{a}_+ \rangle$ 的形态变化规律 $\Delta \vec{x}_+ = \vec{x}_{b_+} - \vec{x}_{a_+}$ 反映的是单元系统形态发生质的根本转化。如果单元系统形态变化 $\Delta \vec{x}_+$ 的起点 $\vec{a}_+$ 与终点 $\vec{b}_+$ 是分布在一维正向质向量坐标系 $\vec{X}_+$ 内部的多维分质向量坐标空间的相同或相近的卦限（或象限），那么 $\vec{a}_+$ 与 $\vec{b}_+$ 就代表性质相同或相近而数量和取向却不一样的两种单元系统形态，$\langle \vec{b}_+ | \vec{a}_+ \rangle$ 的形态变化规律 $\Delta \vec{x}_+ = \vec{x}_{b_+} - \vec{x}_{a_+}$ 反映的是单元系统形态没有发生质的根本转化。

一维正向质向量坐标系 $\vec{X}_+$ 内部的 $(\vec{P}_+, \vec{S}_+)$ 二维分质向量空间是联系信息和熵两个质向量的空间，也是单元系统形态转化基元规律表现和演绎的最简易空间。由于 $(\vec{P}_+, \vec{S}_+)$ 二维分质向量空间与一维正向质向量坐标系 $\vec{X}_+$ 同向，在省却质向量关于指向的规定时，单元系统形态转化基元规律可以用（5-35）式 $P_+ = \dfrac{1}{1+\mathrm{e}^{\pm S_+}}$ 或（5-45）式 $S = \pm \ln \dfrac{1-P_+}{P_+}$ 表示。在近平衡态（5-35）式可以用（5-92）式 $P_+ = \mathrm{e}^{\mp S}$ 替代，而（5-45）式也可以用（5-94）式 $S = \mp \ln P_+$ 来替代；在准平衡态，（5-35）式还可以用（5-96）式 $P_+ = aS + b$ 和（5-100）式 $P_+ = a'S + b'$ 的线性函数替代，而（5-45）式也可以用（5-97）式 $S = cP_+ + d$ 和（5-101）式 $S = c'P_+ + d'$ 的线性函数来替代。

在一维正向质向量坐标系 $\vec{X}_+$ 内部，信息 $\vec{P}_+$、能商 $\vec{\xi}_+$ 和能商阈 $\vec{\xi}_{\neq +}$ 可以构成三维分质向量空间 $(\vec{P}_+, \vec{\xi}_+, \vec{\xi}_{\neq +})$，信息 $\vec{P}_+$、能量 $\vec{E}_+$、能阈 $\vec{E}_{\neq +}$ 和能元 $\vec{\varepsilon}_+$ 可以构成四维分质向量空间 $(\vec{P}_+, \vec{E}_+, \vec{E}_{\neq +}, \vec{\varepsilon}_+)$，总体单元数 $\vec{N}_+$、异质单元数 $\vec{n}_+$、能量 $\vec{E}_+$、能阈 $\vec{E}_{\neq +}$ 和能元 $\vec{\varepsilon}_+$ 可以构成五维分质向量空间 $(\vec{N}_+, \vec{n}_+, \vec{E}_+, \vec{E}_{\neq +}, \vec{\varepsilon}_+)$。在多维分质向量空间中，尽管单元系统形态转化基元规律的表现形式相对复杂，但是在坐标平移的情况下也都可以得到单元系统形态转化基元规律在较低的分质向量空间的各种表现形式。

在一维正向质向量坐标系 $\vec{X}_+$ 上打开其内部多维分质向量空间，就可以揭示单元系统各分质向量之间的内在关系。一维正向质向量坐标系 $\vec{X}_+$ 是变易的正向太极，其内部各个特殊规定的分质向量 $\vec{X}_{+1}, \vec{X}_{+2}, \cdots, \vec{X}_{+m}$ 也是变易的质向量，以此构成的各种函数关系式就是刻画单元系统形态在变易过程的内在关系。不论是单元系统异质形态转化基元规律及其在不同平衡态得到的单元系统异质形态变化规律，还是单元系统本质形态转化基元规律及其在不同平衡态得到的单元系统本质形态变化规律，都是从不同方面来描述单元系统形态变化的。

既然人们所获得的关于事物形态变化的理性认识是由认知空间决定的，那么不论认知坐标系是经过缩放、切变、平移，还是旋转、反射、投影等变换，只要其中刻画单元系统形态的坐标轴发生相应的线性变换,人们在几何变换后的质向量空间中获得的知识就是以变换后的各个质向量来表现单元系统形态变化的关系式。例如,在一维正向质向量坐系 $\vec{X}_+$ 内部的 $(\vec{N}_+,\vec{n}_+,\vec{E}_+,\vec{E}_{\neq +},\vec{\varepsilon}_+)$ 五维分质向量空间中,各个分质向量与各自的分质变量坐标轴同向,可以用其分质变量坐标轴来表示。在其中三个质变量设定为质常量的条件下,经过坐标平移后,就可以在平面空间以两个质变量的函数形式来表现单元系统形态转化基元规律,即(6-76)式~(6-125)式展现的各种形式。如果这些函数进一步省略其质参量的特质含义,就可归纳为数学的四种基本函数类型。

1. 线性函数

$$f(x_+) = \alpha x_+ + \beta \tag{8-1}$$

式中,α 和 β 为常量。这是 x_+ 的一次函数,它的图像为直线。

2. 指数函数

$$f(x_+) = \alpha + \beta e^{\beta x_+ + \gamma} \tag{8-2}$$

式中,α、β 和 γ 为常量。这是以 e(自然对数的底)为底的 x_+ 的指数函数,其图像为指数曲线。

3. 对数函数

$$f(x_+) = \alpha \ln(\beta x_+ + \gamma) \tag{8-3}$$

式中,α、β 和 γ 为常量。这是指数函数的反函数,其图像为对数曲线。

4. 逻辑斯蒂函数

$$f(x_+) = \frac{1}{\alpha + \beta e^{\gamma x_+}} \tag{8-4}$$

式中,α、β 和 γ 为常量。其图像为 S 型曲线或反 S 形曲线。

由于这些带常量的函数省略了质向量的性质内涵和指向规定而成为数学上抽象的变量函数,因而其所表征的单元系统形态的真正含义就难以捉摸了。

线性函数是数学中最简单的一类函数,其由来与质向量认知空间有着密不可分的联系。例如,在一维正向质变量坐标系 X_+ 内部 $(N_+,n_+,E_+,E_{\neq +},\varepsilon_+)$ 五维分质变量空间的 $(N_+,n_+,C_{E_+},C_{E_{\neq +}},C_{\varepsilon_+})$ 截面上,(6-76)式 $n_+ = \dfrac{N_+}{1+e^{\pm(C_{E_{\neq +}}-C_{E_+})/C_{\varepsilon_+}}}$ 可以写成(8-1)式 $f(x_+) = \alpha x_+ + \beta$ 的形式,即 $n_+ = \dfrac{N_+}{1+e^{\pm(C_{E_{\neq +}}-C_{E_+})/C_{\varepsilon_+}}} = C_{P_+} N_+$,其中常数 $C_{P_+} = \dfrac{1}{1+e^{\pm(C_{E_{\neq +}}-C_{E_+})/C_{\varepsilon_+}}}$。这就说明,在 $(N_+,n_+,C_{E_+},C_{E_{\neq +}},C_{\varepsilon_+})$ 平面上的一条以 C_{P_+} 为斜率

的直线就对应着一维质变量坐标轴 P_+ 上的一个定点。又如,(6-103)式 $E_+ = E_{\neq+} \pm C_{\varepsilon_+} \ln \dfrac{C_{n_+}}{C_{N_+} - C_{n_+}}$ 也可以写成(8-1)式 $f(x_+) = \alpha x_+ + \beta$ 的形式,即 $E_+ = E_{\neq+} \pm C_{\varepsilon_+} \cdot \ln \dfrac{C_{n_+}}{C_{N_+} - C_{n_+}} = E_{\neq+} \pm C_{\Delta E_+}$,其中常量 $C_{\Delta E_+} = C_{\varepsilon_+} \ln \dfrac{C_{n_+}}{C_{N_+} - C_{n_+}}$。这就说明,在 $(E_+, E_{\neq+}, C_{N_+}, C_{n_+}, C_{\varepsilon_+})$ 平面上的一条以 $C_{\Delta E_+}$ 为截距的直线就对应着一维分质变量坐标轴 $C_{\Delta E_+}$ 上的一定点。

对于线性函数必须表明其变化的平面是在一维正向质变量坐标系 X_+ 内部的 (P_+, S_+) 二维分质变量空间中,还是其他多维分质变量空间的截面。只有这样的线性函数才能表明单元系统形态变化规律的真实内涵,才能分清单元系统形态的变化是在准平衡态或是准变相点还是其他的失衡态下进行。

在一维正向质变量坐标系 X_+ 内部的 (P_+, S_+) 二维质变量空间中,信息在图 5-4 和图 5-5 两端的相当区间内的准平衡态都表现为直线,且熵在图 5-6 和图 5-7 两端的相当区间内的准平衡态也表现为直线。可见,信息和熵这两个质变量在准平衡态的变化规律都是线性规律,因此在质变量空间描绘的关系曲线都是直线。

二、线性系统的线性理论

虽然准平衡态贴近于平衡态,颇具有平衡态稳定的特点,却与平衡态具有根本的差异。平衡态是孤立系统在质向量空间中表现为静止的不动的形态,与外界环境没有任何的联系和交流。准平衡态是孤立系统已经失去了平衡进入平衡态附近线性区的非平衡态。由于线性区的非平衡系统与外界环境有了联系和交流而成为开放系统,并且在与环境的相互作用中不断地变化。不过,准平衡态之所以称为"准"平衡态,又表明其形态与平衡态十分接近,其准平衡过程就是由无限接近于平衡态的点组成的过程,因而准平衡态的变化规律都是线性规律。非线性函数在准平衡态都可以近似地取为线性函数,而质变量空间中那些不具有线性函数表现形式的质变量函数都称为非线性函数。

在一维正向质向量坐标系 $\vec{X}_+$ 内部的 m 维分质向量空间中,各个分质向量与各自的质变量坐标轴同向,可以用其分质变量坐标轴来表示。任何一个质变量 $x_i (i = 1, 2, \cdots, m)$ 都可以作为显性因子 θ_j 的函数 $x_i = f(\theta_j)$,其中 $i \neq j$,而且在显性因子 $\theta_j \to 0$ 的条件下,x_i 还可以按泰勒级数展开为(6-396)式 $x_i = x_i^0 + \left(\dfrac{\partial x_i}{\partial \theta_j}\right)_0 \theta_j + \left(\dfrac{\partial^2 x_i}{\partial \theta_j^2}\right)_0 \theta_j^2 + \cdots$。

在准平衡态,(6-396)式可以用(6-397)式 $x_i = x_i^0 + \left(\dfrac{\mathrm{d} x_i}{\mathrm{d} \theta_j}\right)_0 \theta_j = x_i^0 + F\theta_j$ 表示。这样,质变量的变化量为(6-398)式 $x_i^1 = x_i - x_i^0 = F\theta_j$,即表现为广义力 F 和显性因子 θ_j 这两个因素的乘积。

因此，作为与环境没有任何交互作用的孤立系统就不会表现出什么性质，其显性因子 $\theta_j=0$，质变量 $x_i=0(i=1,2,\cdots,m)$。孤立系统的形态等于参照点的平衡态 $x=x_i^0$。当孤立系统受到环境很轻微的扰动作用时，一进入准平衡态就将表现出单元系统的某些性质。但是，微扰的显性因子 θ_j 如此之小，单元系统质变量的级数展开式中含 θ_j 的二次项及其二次项以上的高次项对于单元系统形态的贡献是微乎其微的，可以忽略不计，因此，(6-396)式才能够用(6-398)式表示。

在准平衡态下，质变量的变化量为(6-398)式 $x_i^1=x_i-x_i^0=F\theta_j$，其中单元系统整体表现的 θ_j 就是开放系统中每一异质单元在环境作用下各自表现的性能的综合反映。在准平衡态，单元系统中每个单元的异质成分是均等的，它们对外的协同作用方向整齐划一，因而这种平行一致作用的性质就是各个单元性质的算术加和。准平衡态是接近于原点的形态，处在准平衡态的单元系统具有均匀展开、单向直进、一往无前的变化线状特性。对此，在许多学科中人们早有研究。

不过，人们以前只是隐约感觉到在准平衡态单元系统各单元的平行作用，并没有真正发现广义力的内涵。像协同学创始人哈肯就指出："愈是接近于宇宙学奇点，基本粒子间各种不同的力就愈显出同等重要的作用。这就是宇宙学家近年来对物质理论的新发展深感兴趣的缘故。"

(6-398)式中的广义力 $F=\left(\dfrac{\partial x_i}{\partial \theta_j}\right)_0$ 为单元系统的潜性因子，这是单元系统的质变量 x_i 对显性因子 θ_j 的微商。在数学上，广义力是零次齐函数，这是决定单元系统形态变化方向和变化率的强度因素。强度因素的数值取决于单元系统自身的特性，与单元系统的数量大小无关而不具有加和性。(6-398)式中的显性因子 θ_j 在数学上为一次齐函数，在准平衡态下这种变量与变量在同向平行相加时可以表现为标量，因而称为广度因素。广度因素具有加和性，即整个单元系统的某种广度因素是单元系统中各个自在的、不变的、固有的部分的总和。

当描述单元系统形态变化规律的函数形式具有直线的加和性质时，相应的单元系统称为线性系统。其实，线性本来就是数学名词。所谓线性，是指量与量之间的正比关系，在几何空间形象地画出来就表现为一根直线。线性系统是在质变量空间中符合线性规律的非平衡系统，也是一类最简单且有史以来人们研究得最多的动态系统。

在数学上，线性系统被视为一种数学变换或反映输入与输出因果关系的数学描述。不同线性函数(直线)只是比例系数不同，经过简单的数学变换(平移和旋转等)可以完全重合。数学的发展早已为线性系统的研究提供了包括线性代数、傅里叶分析、线性算子理论和随机过程的线性理论在内的强有力的解析方法和工具。[6]

线性系统的主要特征是，线性系统的输入与输出之间具有线性可加性和齐次性。如果 $f(x)$ 满足①加和性 $f(x_1+x_2)=f(x_1)+f(x_2)$，②齐次性 $f(kx)=kf(x)$，这两个条件合并表示即为 $f(ax_1+bx_2)=af(x_1)+bf(x_2)$，此操作就称为线性的。这是数学操作具有线性特性的基本要求,称为叠加原理。

如果以输出对输入的响应特性为例来说明,还可以充分揭示叠加原理的内涵。令 u_1 和 u_2 代表两个不同输入,y_1 和 y_2 代表相应的输出,u_1+u_2 代表输入 u_1 与 u_2 之和,y 代表系统对 u 的输出响应。如果系统是线性的,即满足叠加原理,则有

$$y=y_1+y_2$$

加和性的意义是,线性关系表示互不相干的独立作用。这就是说,把 u_1 和 u_2 同时作用于系统,等于它们分别作用于系统之和,不会因 u_1 和 u_2 同时输入的相互影响而产生相干(联合)效应,即不会在 y_1+y_2 之外有所增益或亏损。可见,输入之和的输出等于各个输入所得输出之和,而常数倍输出等于此输入所得输出的常数倍。

线性条件是叠加原理的必要条件,亦是加法可以定义的必要条件。描述线性系统的方程遵从叠加原理,即方程的不同解加起来仍然是方程的解。线性系统的线性可加性在数学上可以开辟实数的算术运算领域。所以,数学家们首先要研究的就是线性函数或线性方程等。

线性系统理论的重要性首先在于它的基础性,其大量的概念、方法、原理和结论,对于线性系统与还原论科学的许多学科分支都具有重要和基本的作用,成为这些学科必不可少的基础知识。还原论科学本质上就是线性科学,其基本的方法论原则是:[7]

(1)采取线性假设。面对一个待解决的问题,只要线性假设近似成立,就建立线性模型,直接把对象作为线性系统来描述。

(2)把非线性系统线性化。在线性假设不适用的地方,放弃建立线性模型的打算,建立对象的非线性数学模型,然后再做近似线性化处理。

(3)线性化加微扰方法。如果线性化处理中被作为余项而忽略掉的非线性因素实际上不能完全忽略不计,则可以在求得线性模型解之后,把非线性因素作为扰动作用考虑进去,对结果加以一定的修正,以适当反映非线性因素的影响。

线性系统或者可线性化的系统的大量存在,是研究线性系统的实际背景。人的认识的发展是从简单事物开始的,人们在科学发展的早期首先就是从线性关系来认识自然事物的,并研究了事物间的线性相互作用。以往的科学是以线性系统为研究对象的简单性科学。简单性科学推崇线性思维,视之为科学思维的最佳形式。线性思维是指把思维对象作为线性系统来识物想事的思维方式,或是指思维主体把头脑中的思维活动作为线性系统来规范和运作的思维方式。线性思维的哲学基础是这样一个本体论假设:现实世界本质上是线性的,非线性只是一种对系统的扰动因素,一般情况下都允许忽略不计,按照线性系统识物想事才能抓住本质,关注非线性可能将思维引向歧路。

近代自然科学也是从研究线性系统这种简单对象开始的。存在因果开链是线性系统的特征。例如,在经典物理学中,人们首先考察的就是没有摩擦的理想摆、没有黏滞性的理想流体、温度梯度很小的热流等。科学工作者在对大自然中的许多现象进行探索时,总是力求在忽略非线性因素的前提下建立起线性模型,至少是力求对非线性模型

做线性化处理,用线性模型近似或局部地代替非线性原型,或者借助于对线性过程的微小扰动来讨论非线性效应。

经过长期的发展,在经典科学中已经开发出了一系列处理线性问题的行之有效的方法,并且也形成了一整套线性理论,如傅立叶变换、拉普拉斯变换、传递函数、回归技术等。从这个特点看来,经典科学是属于线性科学的范畴。迄今为止,线性科学在理论研究和实际应用上都已经取得了十分光辉的进展,在自然科学和工程技术领域,对线性系统的研究也都取得了很大的成绩,在天文学上的预言也获得了辉煌的成就。

其实,科学发展到今天,真正成熟的体系化了的内容主要是线性理论。线性系统的线性可加性又称为独立性原理(也叫叠加原理),即部分之和等于整体。一个线性方程的任何两个解可以加在一起构成一个新解。这就是说,若干过程(如位移、速度)或作用(如力)的总结果等于它们各自产生的结果的总和,而与它们是否同时发生或先后次序无关。独立性原理是线性理论的一种表达,线性理论是非线性理论必要的基础性知识准备。线性理论表现了合运动的可分性和分运动的可加性,因而人们可以解剖系统,又能把它们拼凑起来再实现叠加。

虽然部分之和等于整体的独立性原理和"各部分"之间的相互作用是不存在的,或者微弱到对于某种研究目的可以忽略不计这两个条件在实际上是无法完全满足的,但是在理论上是可行的。运用独立性原理可以演绎出力的独立作用原理,可以解答力学问题,可以讨论电磁学问题还有振动的合成与波的叠加等一系列问题。

线性系统理论的研究对象为线性系统,它是实际系统的一类理想化了的模型。在线性系统理论中,输入变量、状态变量和输出变量三者之间的数学关系都被看作线性的关系。线性系统的数学模型具有标准形式,通常可以用线性的微分方程和差分方程来描述。常用的线性模型有时间域模型和频率域模型,时间域模型比较直观,而频率域模型则是一个更强大的工具,而且建立的基本途径一般都通过解析法和实验法。

虽然一切实际存在的事物都是处于非线性作用的整体联系的互为因果的网络上,都可以抽象为非线性系统,真正的线性系统在现实世界是不存在的,但是,在一定的人择范围内,事物的行为方式都具有一种收敛性,没有什么事物形态是不确定的。很大一部分实际系统的某些主要关系特性都可以充分精确地用线性系统来近似地代表,并且实际系统与理想化了的线性系统间的差别对于所研究的问题而言已经小到无关紧要的程度,可以忽略不计。人们也正是基于线性理论和运用分析的方法,才能把实际存在的事物分割成一个个尽量小的单元和孤立的单个因果链。例如,物理实体被分割成大量的质点或粒子,生命有机体被分割成细胞,行为被分割成反射,知觉被分割成点状的感觉,如此等等。

许多客观事物的内部相互作用非常复杂,要想完全分析清楚一个实际的系统的内部相互作用,并用定量的方式把它们表述清楚,往往是不可能的。然而,自然科学研究的方法论告诉人们,对任何事物都要尽量采用简单的方式去描写它们,当人们无法肯定它一定要复杂到某种程度的时候,人们就不采用这样复杂形式来刻画它们。线性理论为研究和解决复杂的问题在适用范围提供了依据。人们可以把复杂的运动看作由两个或几个比较简单的运动叠加而成的,各个比较简单的分运动被认识了,复杂的运动也就可能被认识。

在科学发展史上,人们利用线性理论创建了一个分析的时代,也把世界这个有机整体一块块地分割开来,由此也就产生了各种不同的学科。牛顿力学就是成功运用线性理论的学科,它用严格的数学形式表述了物质的宏观机械运动以及物体之间作用的基本规律,它以精确的计算结果征服了科学界,因而被视为近代科学的典范,现代科学的发展一般都以牛顿力学的建立作为一个里程碑。牛顿力学的方法是整体由局部构成,按照这种方法,应当先研究小的局部的过程,再研究整体如何由这些局部的东西构成。牛顿的方程是微分方程就体现了这一点,先描写微分(局部)的一段,然后再积分出整体的情况来。

现代物理学中的基本方程都是微分方程,正是沿袭了牛顿的方法。爱因斯坦的狭义相对论、广义相对论中的基本方程也是微分的,也属于牛顿的体系。依据牛顿力学,人们发现了海王星、冥王星,在天文学研究上取得了重大突破。根据牛顿力学,人们不仅可以预测彗星的出现和其他天体的运动,而且可以设计各种火箭,并利用它们把卫星送入轨道或在其他星球着陆或在宇宙空间中实行对接等。牛顿力学的辉煌成就,使得在它诞生之后差不多约三个世纪的岁月里,人们对它的信仰达到了神乎其神的地步,以牛顿力学为基础的整个经典力学就是在这样的背景下形成的。

牛顿力学的认识论构成了传统自然科学的基石,这种认识的主流概括起来就是线性观和确定论,因此物理学家几乎一致认为世界的基本规律都是决定性的和可逆的。拉普拉斯就说过:"只要给我初条件,我就可以决定未来的一切。"其实,爱因斯坦的相对论也是这种时间和空间高度对称性的产物。

几百年来,人们不断地拓展牛顿力学,对线性理论进行了广泛的探讨,充分发挥了它解释力学现象的能力,并使它的数学也发展到相当完善的地步,线性方程、线性代数等日臻完善。人们不仅对经典理论相当满意,而且也确实应用线性理论解决了不少实际问题。虽然牛顿力学对于接近光速的物体和微观粒子的运动并不适应,但是宏观物体的运动速度最高仅达到每秒十几千米甚至几十千米,离光速每秒 30 km 相差甚远,完全可以不考虑相对论等非线性效应,因此以线性理论为主线的牛顿力学具有相当强的生命力。

长期以来,牛顿力学和大多数物理规律大都采用线性规律来认识问题和解决问题。在几乎所有的物理学领域(包括经典力学、电动力学、量子力学、广义相对论等)内,线性系统都是基本的研究对象,所获得的物理基本定律往往是守恒的或者是对称的。由于这些线性系统大都与时间反转有关,因此所有成功的物理方程在时间上都是对称的,在时间的任何方向上使用都显得一样,将来和过去都是平权的。例如,对于牛顿定律、哈密顿方程、麦克斯韦方程、爱因斯坦广义相对论、狄拉克方程、薛定谔方程等,如果人们颠倒时间方向(即用$-t$来取代时间的坐标t),所有这些方程在实质上都不变。全部经典力学以及量子力学的U部分都是完全时间可逆的。[8]

20世纪40年代,普利高津和由他率领的比利时布鲁塞尔学派从研究偏离平衡态热力学系统的输送过程入手,深入讨论离开平衡态不远的非平衡状态的热力学系统的物质、能量输送过程,即流动的过程,以及驱动此过程的热力学力,并对这些流和力的线性关系做出了定量描述,指出线性区非平衡系统演化的基本特征是趋向平衡状态,即熵增最小的定态。这就是关于线性非平衡系统的"最小熵产生定理"。

最小熵产生原理否定了线性区存在突变的可能性。由此可知,局域线性非平衡系统在扰动作用下,随时间的发展总是使局域系统趋向于某个定态,扰动可以是局域系统外部的扰动,也可以是局域系统内变量的涨落。

到了20世纪50年代,经典的线性化方法和线性系统理论发展已臻于成熟和完备。特别是,美国数学家卡尔曼系统地把状态空间法引入系统和控制理论中,在此基础上,他提出了能控性和能观测性这两个表征系统结构特性的最基本的重要概念,并提出相应的判别准则。他所揭示的线性系统结构分解的重要结果为现代线性系统理论的形成和发展做了开创性的工作。而后,线性系统的分析和综合方法已经形成和发展为相当完整和相当成熟的现代线性系统理论,并在相当多领域的应用获得了令人满意的诸多成果和重要进展。

1965年以后,现代线性系统理论在研究内容和研究方法上又有了一系列新的发展,并在不少工程技术领域中得到了应用;出现了从几何方法角度来研究线性系统的结构和特性的几何理论,出现了作为工具的代数理论,也出现了在推广经典频率法基础上发展起来的多变量频域理论和新方法。随着计算机技术的发展,以线性系统为对象的计算方法和计算机辅助设计问题也受到普遍重视。特别在自动控制系统中,通过反馈使原来不稳定的平衡态变为稳定的准平衡态。像飞机的匀速直线飞行是准平衡态,当实际航向偏离这个状态时,自动驾驶仪即对飞机产生控制,使它回到准平衡态。

所谓非线性动力学就是为解决不能线性化处理的非线性动态系统而提出来的,线性系统的未来完全可以预料,只要迈出头一步(给定初值),未来的一切都已决定。线性关系、线性运作(如迭代)即使一再重复进行,也不会带来任何性质上新的东西。在线性世界里,太阳底下没有什么新的东西。在经典科学的世界图景中,平衡态是系统有序性的唯一来源,偏离平衡态只是对有序性的扰动。

近几十年以来,随着复杂性科学研究的兴起,人们对线性科学与非线性科学进行了比较与分析。人们发现,线性是非线性减弱到允许忽略不计时的简化表示,所谓非线性系统只是对弱非线性系统的理论近似。线性系统的特征是存在因果开链的。线性化方法的科学性和有效性毕竟是有严格限制的。与线性化方法相适应,简单性科学线性思维,视为科学思维的最佳形式。

其实,在统一科学中,不论是经典的线性理论还是现代的线性理论,都可以通过单元系统形态转化基元规律在准平衡态的表现形式演绎出来。统一科学关于准平衡条件下单元系统形态变化所遵循的线性规律可以演绎出牛顿力学所适用的那种稳定轨道,也可以在各个学科领域展现单元系统形态转化基元规律在准平衡态下的线性理论。因为在一维正向质向量坐标系 $\vec{X}_+$ 内部 ($\vec{N}_+$, $\vec{n}_+$, $\vec{E}_+$, $\vec{E}_{\neq+}$, $\vec{\varepsilon}_+$) 五维分质向量空间的 ($\vec{C}_{N_+}$, $\vec{n}_+$, $\vec{E}_+$, $\vec{C}_{E_{\neq+}}$, $\vec{C}_{\varepsilon_+}$) 截面上,省却了分质向量的取向规定,能量 E_+ 的显性因子 θ_+ 取为时间 t_+,时间 t_+ 是可以反转的,所以应用准平衡态单元系统形态变化规律和现代线性系统理论,就可以解决诸如最优控制、非线性控制、鲁棒控制、随机控制、智能控制、系统辨识和参数估计、过程控制、数字滤波和通信系统等工程技术领域中的各种线性问题。

第三节　线性系统的质量内涵与质能关系

在理性认知坐标系中,开放系统内的单元在相互关联中就能够从无序中生出秩序,形成一定指向的场单元。在一维正向能量坐标轴 $\vec{E}_+$ 的场空间中,线性系统符合独立性原理,而构性能变化率就是态势。把线性系统的显性因子 θ_+ 统称为质量,就可以演绎出著名的质能关系式;在理清一般质量的内涵后,还可以澄清质量的相关概念。

一、一维场空间线性系统的构性能及其态势

在自然界中,不同的物质材料在不同的环境条件下可以组成不同的物质系统,不同的组成元素、不同的结构、不同的对称性和不同的有序度使得不同的物质具有不同的性能。例如,超导体、导体、半导体、绝缘体等不同导体材料就具有不同的成分和不同的结构,在不同的环境中具有不同的磁性(顺磁性、抗磁性、铁磁性)和导电性能。

但是,人们要理性地认识客观事物,必然要扬弃所有物质或事件知觉形象的感性外观,把认识对象用"粗粒化"的方式抽象为单质元素——单元。由一定量的单元群体所构成的孤立系统既可以看成"气团",也可以看成"以太",还可以看成微正则系综,其主旨就是要用最抽象和最一般的方式来表示宇宙中的具体物质或特殊事件。

当孤立系统作为单元群体集聚的"气团"处于平衡态时,在一维正向质向量坐标系 $\vec{X}_+$ 中就可以被当作密度极高、曲率极大的孤点。孤立系统是与环境没有联系和不发生作用的系统,其所处的平衡态在整体上就表现为静止的、死寂的、混乱无序的状态;孤立系统内部的单元则是方向各异、混沌无序、彼此联系或作用相互抵消的,也就无性质可言。因此,处于平衡态的孤立系统可作为理性认知体系的参照系。

当外环境的作用使得处于平衡态的事物失去平衡时,在理性认知体系中孤立系统就变成了开放系统。开放系统不仅与环境相互联系和相互作用,开放系统内的单元彼此之间也要发生联系和作用,因而独立的"气团"就会打破对称守恒的平衡态而表现出一定的性质。处于非平衡态的开放系统与环境有了联系和作用,整个系统的形态就会呈现出"起死回生"的动态,这样的动态也就是孤立系统失去了平衡所呈现的不稳定、不对称的变化形态。然而,任何系统在失衡过程的变化方向都是从无序趋向有序的,系统形态的变化都是有序程度高低的差异。

在系统偏离平衡态的变化过程中,人们可以根据其有序度来划分非平衡态。准平衡态是最接近于平衡态的较为稳定的动态,所以其变化过程也称为准静态过程。例如,面对一潭死水,人们可以把这一潭水作为孤立系统,而把其平静如镜的形态作为平衡态。但是,当"风乍起,吹皱一池春水"时,人们看到的是清风微微地吹来,水面泛起一片涟漪,那整齐划一的"微波"形态就可以当作准平衡态。

一个系综由一定量相互独立的单元群体集成,一个系统由一定量相互作用的单元粒子的群体构成,而众多粒子之间的相互作用必定要涉及场的作用。所有粒子都是弥漫在空间中的某种场,这些场有着不同的能量形态,而当能量最低时就是通常说的"真空"。因此,真空其实只不过是粒子的一种不同形态(基态)而已,任何粒子都可以从中被创造出来,也可以互相湮灭。[9]

按照人们在解释粒子之间非接触作用时所建立的场概念观点来看,在一定维度坐标轴构建的坐标系中,坐标轴之间形成的空间称为场空间或相空间。在一定维度特质坐标系的相空间中,相空间是均匀的类属空间,其中的每一个场单元都可以明确地分出性质,每一个场单元都可以看成一个"场物质"——质点。但是,在一定维度质向量坐标系的相空间中,每一个场单元不仅具有一定的性质,而且场单元是依照质向量坐标轴的方向形成序列,每一个场单元在相空间内任何位置都有确定的大小和方向,都可以看成受到确定的力的作用,而这力的大小和方向单一地取决于质点的位置,这种力称为场力。因此,质向量相空间就可以看成在场力的作用下具有了场化效应。

在质向量相空间中:场化效应越强,场单元有序程度越高;有序度越高,场单元的一致性就越强。在质向量相空间中,人们不仅可以度量任何一个系统的性能,而且可以度量任何一个系统的有序度。在一维正向质向量坐标系$\vec{X}_+$的空间($\vec{X}_+$)中,所有的场单元都均匀有序地分布而形成一维质向量坐标系$\vec{X}_+$的场空间。这个只含一个场的相空间的基本特征是场单元的单一性和简单性,单一性体现在场单元变化方向只有一个,简单性体现在场单元的变化率相同。在一维质向量场空间中,场单元的运动变化可看作沿着一维场线进行着同方向同变化率的运动。因此,线性系统内各个单元的形态都可看作处在准平衡态,每个场单元都可以用大小和方向确定的单元向量来表达。

在一维正向质向量坐标系$\vec{X}_+$的($\vec{X}_+$)场空间中,处在其中的准平衡态系统内部的全同单元结构相同、对称性相同、有序度相同,在一维场空间的取向一致,变化率也一样,从而决定了这些"齐步走"的单元与系统整体变化的方向是相同的。因此,在一维质向量坐标系 $\vec{X}_+$ 的 $(\vec{X}_+)$ 空间中,处在准平衡态的系统都是线性系统,线性系统所有单元都具有相同的性质且动向都绝对地平直和均匀,线性系统形态可以用质向量来表达。

在一维正向质向量坐标系 $\vec{X}_+$ 内部 $(\vec{N}_+, \vec{n}_+, \vec{E}_+, \vec{E}_{\neq +}, \vec{\varepsilon}_+)$ 五维分质向量空间的 $(\vec{C}_{N_+}, \vec{n}_+, \vec{E}_+, \vec{C}_{E_{\neq +}}, \vec{C}_{\varepsilon_+})$ 截面上,如果处于准平衡态的单元系统有 n_+ 个全同单元,每个单元的质向量 $\vec{a}_+$ 相同,这 n_+ 个质向量自身相加,其加和就可以用质向量 $\vec{a}_+$ 的数乘表示

$$\vec{A}_+ = n_+ \vec{a}_+ \tag{8-5}$$

这集成的质向量 $\vec{A}_+$ 就是单元系统的质向量。

在一维质向量坐标系 $\vec{X}_+$ 的 $(\vec{X}_+)$ 空间中,如果处于准平衡态的单元系统包含有 k 个非全同单元,每个单元的质向量虽不尽相同,但是这 k 个单元是方向一致的,这样的单元系统也称作线性系统,其质向量 $\vec{A}_+$ 及其单元的质向量 $\vec{a}_{+i}$ 满足加和性,即

$$\vec{A}_+ = \vec{a}_{+1} + \vec{a}_{+2} + \cdots + \vec{a}_{+k} \tag{8-6}$$

由于质向量 $\vec{A}_+$ 与一维正向质向量坐标系 $\vec{X}_+$ 的单位质向量 $\vec{e}_+$ 具有相同的方向,因此 $\vec{A}_+$ 往往就用质变量 A_+ 表示,这样,(8-6)式就可以写成标量的加和

$$A_+ = a_{+1} + a_{+2} + \cdots + a_{+k} \tag{8-7}$$

上述关于单元与线性系统的关系就是部分之和等于整体的独立性原理(也叫叠加原理)。

在一维正向质向量坐标系 $\vec{X}_+$ 的 $(\vec{X}_+)$ 空间中,任何一个线性系统的形态都可以用一个质向量或线性空间的一个点来表示,线性系统单元的变化方向是整齐划一的,而线性系统的形态量与单元量的关系又是符合部分之和等于整体的独立性原理。因此,所有的线性系统都可以用叠加原理来进行分解和合并。

在一维正向质向量坐标系 $\vec{X}_+$ 的 $(\vec{X}_+)$ 空间中,如果单元系统处在形态转化过程的起始段和终结段,这样的形态就是十分接近平衡态的非平衡态——准平衡态,处于准平衡态的单元系统即为线性系统。如果线性系统处在准平衡态的某一确定态,其形态参量就表现为一维场空间的常质向量 $\vec{A}_+$;如果线性系统处在准平衡态的某一过渡态,其形态参量就要用一维线性空间中的变质向量 $\vec{x}_+$ 表示。

在一维正向质向量坐标系 $\vec{X}_+$ 的 $(\vec{X}_+)$ 空间中,一维正向单元质向量 $\vec{e}_+$ 是具有一定性质、指向和大小的质向量单元,作为自由向量,它可以在空间中自由平行移动,起点可以平移到场空间任意一点的位置上。一维正向质向量坐标系 $\vec{X}_+$ 的 $(\vec{X}_+)$ 空间是单元系统形态变化的一维线性空间,单元系统从某一平衡态向另一平衡态转化的基元过程就对应着一维正向质向量坐标系 $\vec{X}_+$ 上的单位质向量 $\vec{e}_+$,单元系统的形态变化则对应着一维正向质向量坐标系 $\vec{X}_+$ 上的一段向量 $\Delta \vec{x}_+$,单元系统形态变化的指向与一维

正向质向量坐标系 $\vec{X}_+$ 的单位质向量 $\vec{e}_+$ 的指向一致。

在准平衡态下,同向平动的线性系统就像射箭一样是有起点、有方向和有指向的直线运动。当线性系统在一维正向质向量坐标系 $\vec{X}_+$ 的 $(\vec{X}_+)$ 空间沿着一维正向单位质向量 $\vec{e}_+$ 相同的方向变化时,线性系统形态变化所形成的质向量 $\vec{x}_+$ 就可以用质变量 x_+ 表示。这就是说,在一维正向质向量坐标系 $\vec{X}_+$ 的 $(\vec{X}_+)$ 空间中,可以省略线性系统形态变化的方向,而只考虑其形态量数值大小的变化,因此线性系统形态的变化量也就被人们自觉不自觉地当作标量 Δx_+。

然而,从形态参量之间的数值大小差异是无法追溯到单元系统形态转化起始或终结的准平衡态的,以平动过程两点(过渡态)间的某一个质变量变化量 Δx_+ 的数值是不可能评述其起点(零点)形态的。不过,在相当长的历史时期,人们却在线性系统直线运动规律的研究和应用上投入了巨大的人力、物力和财力,虽然取得了丰硕的成果并积累了无数的知识,但是诸多的研究者并没有把线性系统的运动规律与准平衡态线性变化规律联系起来,没有真正认识事物在准平衡态线性变化的内涵,却一味地追逐某些特殊物质的起源。

由于单元系统形态在一维正向质向量坐标系 $\vec{X}_+$ 的 $(\vec{X}_+)$ 空间中的变化只能用 $\Delta\vec{x}_+$ 表达,无法精准地刻画单元系统在不同失衡态的变化规律,因此必须打开一维正向质向量坐标系 $\vec{X}_+$ 内部的分质向量空间 $(\vec{x}_{+1},\vec{x}_{+2},\cdots,\vec{x}_{+k})$,这样,表达单元系统形态的质向量 $\vec{x}_+$ 就可以用分质向量 $\vec{x}_+(\vec{x}_{+1},\vec{x}_{+2},\cdots,\vec{x}_{+k})$ 表示。二维分质向量空间 $(\vec{P}_+,\vec{S}_+)$、三维分质向量空间 $(\vec{P}_+,\vec{\xi}_+,\vec{\xi}_{\neq+})$、四维分质向量空间 $(\vec{N}_+,\vec{n}_+,\vec{\xi}_+,\vec{\xi}_{\neq+})$ 和五维分质向量空间 $(\vec{N}_+,\vec{n}_+,\vec{E}_+,\vec{E}_{\neq+},\vec{e}_+)$ 都是一维正向质向量坐标系 $\vec{X}_+$ 的内部空间,单元系统形态在其间的变化就可以用这些分质向量来表达。例如,在一维正向质向量坐标系 $\vec{X}_+$ 内部的 $(\vec{P}_+,\vec{S}_+)$ 二维分质向量空间中,信息 $\vec{P}_+$ 和熵 $\vec{S}_+$ 这两个质向量是质向量 $\vec{x}_+$ 的分质向量 $\vec{x}_+=(\vec{P}_+,\vec{S}_+)$,单元系统的形态可以用 $\vec{x}_+(\vec{P}_+,\vec{S}_+)$ 表示,单元系统形态的变化就是 $\vec{x}_+(\vec{P}_+,\vec{S}_+)$ 的运行轨迹,在准平衡态适用范围内,单元系统形态变化规律可以用线性函数来表征。

不过,在一维正向质向量坐标系 $\vec{X}_+$ 内部的不同维度分质向量空间中,单元系统在准平衡态的变化规律的表现形式是不一样的。在信息 $\vec{P}_+$、能商 $\vec{\xi}_+$ 和能商阈 $\vec{\xi}_{\neq+}$ 共同构成的三维分质向量空间 $(\vec{P}_+,\vec{\xi}_+,\vec{\xi}_{\neq+})$ 中,单元系统的形态变化是 $\vec{x}_+(\vec{P}_+,\vec{\xi}_+,\vec{\xi}_{\neq+})$ 的运行轨迹,单元系统形态变化规律在准平衡态的表现是平面规律。在总体单元数 $\vec{N}_+$、异质单元数 $\vec{n}_+$、能商 $\vec{\xi}_+$ 和能商阈 $\vec{\xi}_{\neq+}$ 共同构成的四维分质向量空间 $(\vec{N}_+,\vec{n}_+,\vec{\xi}_+,\vec{\xi}_{\neq+})$ 中,单元系统的形态变化就是 $\vec{x}_+(\vec{N}_+,\vec{n}_+,\vec{\xi}_+,\vec{\xi}_{\neq+})$ 的运行轨迹,单元系统形态变化规律在准平衡态的表现是球体规律。在总体单元数 $\vec{N}_+$、异质单元数 $\vec{n}_+$、能量 $\vec{E}_+$、能阈 $\vec{E}_{\neq+}$ 和能元 $\vec{e}_+$ 共同构成的五维分质向量空间 $(\vec{N}_+,\vec{n}_+,\vec{E}_+,\vec{E}_{\neq+},\vec{e}_+)$ 中,单

元系统的形态变化就是 $\vec{x}_+(\vec{N}_+,\vec{n}_+,\vec{E}_+,\vec{E}_{\neq +},\vec{\varepsilon}_+)$ 的运行轨迹,单元系统形态变化规律在准平衡态的表现是四维"超球体"规律。

既然在一维正向质向量坐标系 $\vec{X}_+$ 内部的 $(\vec{P}_+,\vec{S}_+)$ 二维分质向量空间中可以认识单元系统形态转化基元规律,在一般情况下就没有必要在高维的分质向量空间中去讨论单元系统形态转化基元规律。既然在一维正向质向量坐标系 $\vec{X}_+$ 的 $(\vec{X}_+)$ 空间质向量 $\vec{x}_+$ 可以当作标量 x_+,由信息 $\vec{P}_+$ 和熵 $\vec{S}_+$ 这两个质向量表示的单元系统形态及其变化也可以用标量 P_+ 和 S_+ 的线性函数来表示,也就是在一维正向质向量坐标系 $\vec{X}_+$ 的基础上可以用标量 P_+ 和 S_+ 来描述单元系统形态的变化。因此,单元系统在准平衡态的形态变化规律可用 (P_+,S_+) 二维分质变量空间中简单的线性规律来表述,也可用 (P_+,S_+) 二维分质变量空间的一个有向线段表示。

同理,在一维正向质向量坐标系 $\vec{X}_+$ 内部的 $(\vec{N}_+,\vec{n}_+,\vec{E}_+,\vec{E}_{\neq +},\vec{\varepsilon}_+)$ 五维分质向量空间中可以认识单元系统形态转化基元规律,而且在省却了分质向量关于方向的规定后,可用 $(N_+,n_+,E_+,E_{\neq +},\varepsilon_+)$ 表示分质变量空间的标量场。例如,在一维正向质向量坐标系 $\vec{X}_+$ 内部 $(\vec{N}_+,\vec{n}_+,\vec{E}_+,\vec{E}_{\neq +},\vec{\varepsilon}_+)$ 五维分质向量空间的 $(\vec{C}_{N_+},\vec{n}_+,\vec{E}_+,\vec{C}_{E_{\neq +}},\vec{C}_{\varepsilon_+})$ 截面上,当单元系统形态发生变化时,就可用异质单元数 n_+ 与能量 E_+ 的函数关系来表达单元系统形态变化规律。

单元系统的能量 E_+ 是整个系统从某一平衡态 A_+ 开始失衡,在某一非平衡态 x_+ 中表现出来的特定的形态变化量可一般地表示为

$$E_+ = E_{A_+}^0 + \Delta E_+ \tag{8-8}$$

式中,ΔE_+ 是单元系统在失衡变化中超出平衡态 A_+ 原性能(本质能量)$E_{A_+}^0$ 而表现出来的能量变化量,这一异质能量就称为构性能。

一般来说,单元系统的性能可以分成三个层次:基本层次是单元系统中各个元素的"元性能",即本质单元的能元 ε_+^0。第二层次是单元系统中各个本质单元的能元 ε_+^0 相加的本质能量 E_+^0,称为"原性能"。如果单元系统总体含有 C_{N_+} 个本质单元,其原性能(本质能量)就是 $E_+^0 = C_{N_+} \varepsilon_+^0$。第三层次是由单元系统中各个单元或各子系统按一定秩序组合形成的结构所产生的性能 ΔE_+,称为"构性能"。

构性能 ΔE_+ 只存在于单元系统形态变化中,存在于失衡态各个单元的联系中,而不存在于孤立系统的单元之中。正像人的整体生命力在孤立的人手或人脚中无法找到一样,生命力只存在于人体系统的有机运动之中。构性能以元性能为基础,但又不等于元性能的加和。当处于平衡态 A_+ 的单元系统形态发生变化时,孤立系统中的单元就结合成为有序的开放系统,系统也就获得了一种系统效应和系统原性能 $E_{A_+}^0$ 的"附加量" ΔE_+,在宏观上,单元系统就呈现出整体的能量 E_+ 大于(或小于)部分性能之和 $E_{A_+}^0$ 的现象,系统这种大于(或小于)原性能 $E_{A_+}^0$ 的构性能 ΔE_+ 就是系统异于本质的一种新质。以上述的人体功能态为例,当健康的人从事一般日常的工作或在生活中的大

量活动所表现的正常功能态可以看作人体的原功能,而当人体由于疾病或对机体存活不利的外界恶劣条件下所处的反常功能态或体育竞技与战斗中高度警觉所处的超常功能态以及人的特异功能或正常人通过气功进入异常功能态,都是人体形态转化过程中表现的构性能。

单元系统在非平衡态表现的能量变化 ΔE_+ 是与其失衡程度相关的。在准平衡态条件下,单元系统受到环境的扰动非常小,整个单元系统形态都保持着其质的规定性,而在运动变化过程的一定范围内也将保持其基本性质。处于平衡态 A_+ 的单元系统总体上含有 C_{N_+} 个本质单元,其原性能 $E_{A_+}^0 = C_{N_+} \varepsilon_{A_+}^0$ 为平衡态时的本质能量;而单元系统在准平衡态的异质能量则可以看作 n_+ 个异质单元的能元 ε_+ 相加的性能 ΔE_+。当平衡态 A_+ 处于一维正向能量坐标轴 $\vec{E}_+$ 的原点时,单元系统的原性能 $E_{A_+}^0 = 0$,在此本质能量 $E_{A_+}^0$ 得以隐含的情况下,单元系统的能量 E_+ 就是其构性能 ΔE_+,即(8-8)式成为

$$E_+ = \Delta E_+ \tag{8-9}$$

单元系统整体性能的变化 ΔE_+ 是各个异质单元性能变化的综合表现。如果单元系统的整体能量 E_+ 是其构性能 ΔE_+,构性能 ΔE_+ 就包含有 n_+ 个异质单元的特殊性能,且这些特殊性能彼此相互独立,因此单元系统的整体性能就等于这 n_+ 个特殊性能的总和,即

$$E_+ = \varepsilon_{+1} + \varepsilon_{+2} + \cdots + \varepsilon_{+n_+} \tag{8-10}$$

此式可以称为线性系统性能的独立性原理,实际上这就是(8-7)式 $A_+ = a_{+1} + a_{+2} + \cdots + a_{+k}$ 的质变量 A_+ 取为能量 E_+。如果线性系统 n_+ 个异质单元是全同的,那么含有 n_+ 个异质单元的系统的异质能量还可以用(6-392)式 $E_+ = n_+ \varepsilon_+$ 表示最小能量单位 ε_+(称为量子或能元)的整数倍。

单元系统形态表现的构性能用(6-392)式 $E_+ = n_+ \varepsilon_+ = n_+ F_\varepsilon \theta_\varepsilon = F_\varepsilon \theta_+$ 表示,(8-8)式 $E_+ = E_{A_+}^0 + \Delta E_+$ 就是

$$\begin{aligned} E_+ &= E_{A_+}^0 + \Delta E_+ \\ &= E_{A_+}^0 + n_+ F_\varepsilon \theta_\varepsilon \\ &= E_{A_+}^0 + n_+ \varepsilon_+ \\ &= E_{A_+}^0 + n_+ \mu_+ \quad (n_+ = 1, 2, 3, \cdots) \end{aligned} \tag{8-11}$$

当平衡态 A_+ 处于一维正向能量坐标轴 $\vec{E}_+$ 的原点时,单元系统的原性能 $E_{A_+}^0 = 0$,单元系统的能量 E_+ 就是其构性能 ΔE_+,即(8-9)式 $E_+ = \Delta E_+$,在隐含本质能量 $E_{A_+}^0$ 的情况下,(8-11)式就成为

$$E_+ = \Delta E_+ = n_+ F_\varepsilon \theta_\varepsilon = n_+ \varepsilon_+ = n_+ \mu_+ \tag{8-12}$$

上式表明,单元系统在准平衡态只是微微展露出有别于平衡态本质的异质,其显性因子 θ_+ 只是一个微分量 $d\theta_+$。在准平衡态下,单元系统的能量 E_+ 是异质单元数 n_+ 的

线性函数,单元系统形态变化中比原性能多出来的能量 ΔE_+ 表现为一份一份(自然数)量子 ε_+ 的变化,单元系统的异质能量也表现为显性因子变化率 θ_ε 的整数倍 n_+。可见,(8-12)式中的构性能实际上已经奠定了量子理论的基础。在(8-12)式中,正整数 n_+ 的定义域为 $[1,+\infty)$,当 $n_+=1$ 时,构性能的最小值为 $\Delta E_+ = \varepsilon_+$,所以构性能必大于或等于此值,即

$$\Delta E_+ \geqslant \varepsilon_+ \tag{8-13}$$

在准平衡态,单元系统形态所表现的能量变化率 $\mu_+ = \dfrac{\mathrm{d}E_+}{\mathrm{d}n_+}$ 为常量。μ_+ 也可定义为"势",代表着单元系统形态变化的态势。μ_+ 是决定单元系统能量变化方向和能量变化率的强度因素,而异质单元数 n_+ 为广度因素。因此,单元系统的异质能量 E_+ 为势 μ_+ 与异质单元数 n_+ 的乘积,反映了单元系统中的 n_+ 个异质单元数具有相同的势。

由(6-386)式 $\mu_+ n_+ = F_+ \theta_\varepsilon n_+$ 可得

$$\mu_+ = F_+ \theta_\varepsilon \tag{8-14}$$

可见,势是力 $F_+ = \dfrac{\mathrm{d}E_+}{\mathrm{d}\theta_+}$ 与显性因子变化率 $\theta_\varepsilon \equiv \dfrac{\mathrm{d}\theta_+}{\mathrm{d}n_+}$ 的乘积。在准平衡态,单元系统表现的力这一强度因素是常量,所以在势场或力场的作用下,相应的广度因素就会发生变化而出现异质单元数的定向流动或能量的传递。例如,气体分子密度势的存在会使气体由稠密处向稀疏处扩散和流动,温度势的存在将产生热流等。

其实,如果把失衡的单元系统看作场化效应中的"气团",则每一个"气团"的场单元所表现的一致性就会形成相应的气场,每一个气场也就有相应的气势。通过改变环境条件可以打破孤立系统的平衡态而成为开放系统,开放系统的失衡态形成气场有序的气势就是造势;而利用气场之"势",顺势而为或因势利导就是用势。如果人们能动地把环境和系统自身的一切有利条件充分凝聚起来形成某种"气势",使要办理的事情或要驱动的物体不仅"势在必行",而且"势不可挡"或"势如破竹",那就可以说人们善于造势或善于用势。

在一维正向能量坐标轴 $\vec{E}_+$ 的场空间中,单元系统形态所表现的能量变化率就是态势 $\vec{\mu}_+ = \dfrac{\mathrm{d}\vec{E}_+}{\mathrm{d}\vec{n}_+}$。在省却质向量关于方向的规定时,(8-5)式 $\vec{A}_+ = n_+ \vec{a}_+$ 实际上就是(6-386)式 $E_+ = \mu_+ n_+$。由(6-389)式 $\theta_+ = \theta_\varepsilon n_+$ 可知,单元系统的能量可表示为(6-392)式 $E_+ = n_+ \varepsilon_+ = n_+ F_\varepsilon \theta_\varepsilon = F_\varepsilon \theta_+$,式中显性因子 θ_+ 含有异质单元普适的特殊显性因子 θ_ε。因此,在准平衡态,n_+ 个异质单元共同拥有的显性因子 θ_+ 也是拥有 θ_ε 这一质的规定性的单元的数量加和,可以通过 n_+ 个异质能元的显性因子 θ_ε 来表示单元系统的特质。因而,单元系统的异质能量 E_+ 与显性因子 θ_+ 存在的线性关系 $E_+ = F_\varepsilon \theta_+$ 反映了单元系统中的显性因子 θ_+ 具有相同的力 F_ε。

二、质能关系式的演绎与质量概念的内涵

单元系统形态转化基元规律是适合于所有单元系统形态变化的一般规律。在一维正向质向量坐标系 $\vec{X}_+$ 内部不同的分质向量空间中,单元系统形态转化基元规律有不同的表达式。在省却质向量关于特质和指向的规定时,不同的质向量可以用一般的质变量 $x_i(i=1,2,\cdots,m)$ 表示。任何一个质变量 x_i 都可作为显性因子 θ_j 的函数 $x_i=f(\theta_j)(i\neq j, i=1,2,\cdots,m)$。在准平衡态($\theta_j\to 0$)条件下,单元系统就是线性系统,其质变量 x_i 可以按泰勒级数展开为(6-397)式 $x_i=x_i^0+\left(\dfrac{\partial x_i}{\partial \theta_j}\right)_0\theta_j=x_i^0+F\theta_j$。因此,通过特殊万能的显性因子 θ_j 就可以打开物理学等学科线性系统理论体系的演绎大门。

在一维正向质向量坐标系 $\vec{X}_+$ 内部的 $(\vec{N}_+,\vec{n}_+,\vec{E}_+,\vec{E}_{+\neq},\vec{\varepsilon}_+)$ 五维分质向量空间中,各个分质向量与各自的质变量坐标轴同向,可以用其质变量坐标轴来表示。当单元系统发生准平衡态变化时,其能量 E_+ 作为质变量可以按泰勒级数展开为(6-397)式的形式。万能的显性因子 θ_j 表现的是单元系统的各种特质,所以每一个异质能元 ε_+ 的显性因子可以定义为质元 $\theta_\varepsilon \equiv m_\varepsilon$,并称 m_ε 为关乎异质单元运动状态变化的量——动质量,这样,(6-389)式 $\theta_+=\theta_\varepsilon n_+$ 就可以改成

$$m_+ = n_+ m_\varepsilon \qquad (8\text{-}15)$$

此式表明,线性系统可以通过 n_+ 个异质单元的质元 m_ε 来表示其一般的质,m_+ 就统称为线性系统的动质量,即 n_+ 个异质单元在异动中共同体现的各种质量 θ_j 的总体就是单元系统的动质量 m_+。在显性因子 $\theta_\varepsilon \equiv m_\varepsilon$ 测度性坐标轴上的 A_+ 点,线性系统的动质量 m_+ 反映的就是表现 m_+ 一般质的异质单元数 n_+ 的量。

如果把(8-15)式表达的线性系统的动质量 m_+ 代入(6-392)式 $E_+=n_+ F_\varepsilon \theta_\varepsilon = F_\varepsilon \theta_+$,就可以得到处于准平衡态 A_+ 的线性系统的性能

$$\Delta E_+ = n_+ F_\varepsilon m_\varepsilon = F_\varepsilon m_+ \qquad (8\text{-}16)$$

在一维正向质向量坐标系 $\vec{X}_+$ 内部 $(\vec{N}_+,\vec{n}_+,\vec{E}_+,\vec{E}_{+\neq},\vec{\varepsilon}_+)$ 五维分质向量空间的 $(\vec{C}_{N_+},\vec{n}_+,\vec{E}_+,\vec{C}_{E_{+\neq}},\vec{C}_{\varepsilon_+})$ 截面上,处在平衡态的系综作为全同单元系统其总体单元数 $N_+=C_{N_+}$,而每一个单元都具有本质能元 $\varepsilon_+^0 = C_{\varepsilon_+}$。由(6-393)式 $E_+^0 = N_+ \varepsilon_+^0$ 可得到全同单元系统所遵循的能量均分原理,即单元系统在静态时所拥有的原性能 E_+^0 就是本质能元 ε_+^0 的 N_+ 倍。如果 N_+ 个本质单元的每一个能元 ε_+^0 都以显性因子 θ_ε^0 这一质的规定性来表现($\varepsilon_+^0 = F_\varepsilon \theta_\varepsilon^0$),$N_+$ 个本质单元就共同拥有了 θ_ε^0 这一般的质,整个系综拥有的一般的质 θ_+^0 也就可以用(6-394)式 $\theta_+^0 = N_+ \theta_\varepsilon^0$ 来表达。

如果令每一个能元 ε_+^0 的显性因子 $\theta_\varepsilon^0 \equiv m_\varepsilon^0$,并称之为本质单元的静质量 m_ε^0,那么单元系统在自身的静止系的平衡态就给定了总体单元数 $N_+=C_{N_+}$,单元系统表现的

静质量就是质点系全部质点质量的总和

$$m_+^0 = N_+ m_\varepsilon^0 \tag{8-17}$$

此式表明,在显性因子"质"$\theta_\varepsilon^0 \equiv m_\varepsilon^0$测度性坐标轴上的$A_+$点,静质量$m_+^0$反映的就是单元系统固有的本质,可以用来反映单元系统本质的强弱。(8-17)式还可用作表现m_ε^0特质的总体单元数N_+的量的测度。

如果把(8-17)式表达的单元系统的静质量代入(6-395)式$E_+^0 = N_+ F_\varepsilon \theta_\varepsilon^0 = F_\varepsilon \theta_+^0$,就可以得到处于平衡态$A_+$的单元系统的原性能

$$E_{A_+}^0 = F_\varepsilon N_+ m_{A_+}^0 = F_\varepsilon m_{A_+}^0 \tag{8-18}$$

再把(8-16)式和(8-18)式代入(8-8)式$E_+ = E_{A_+}^0 + \Delta E_+$,就可以得到单元系统处在准平衡态的能量

$$\begin{aligned} E_+ &= E_{A_+}^0 + \Delta E_+ \\ &= F_\varepsilon m_{A_+}^0 + F_\varepsilon m_+ \\ &= F_\varepsilon N_+ m_{A_+}^0 + n_+ \mu_+ \end{aligned} \tag{8-19}$$

式中,势μ_+为单元系统形态所表现的能量变化率。

单元系统的静质量m_+^0和动质量m_+反映了总体单元数$N_+ = C_{N_+}$和异质单元数n_+;反过来,一定量的异质单元就可以表现出单元系统在某一特质上的差异。显性因子θ_+就是显现的异质,潜能因子θ_+^0就是潜藏的本质。异质能元ε_+是从能量来规定单元的,而异质质元m_ε是从性质来规定单元的,这是一个单元的两方面的表述。所以,异质能元和异质质元存在下述的关系

$$\varepsilon_+ = F_\varepsilon m_\varepsilon \quad (F_\varepsilon \text{为常数}) \tag{8-20}$$

如果单元系统的能量E_+变化时,力F_ε保持不变,即$F_\varepsilon = F_+$,由(6-386)式$E_+ = \mu_+ n_+ = F_+ \theta_+$还可以得到

$$E_+ = \mu_+ n_+ = F_\varepsilon m_+ \tag{8-21}$$

代入(8-19)式$E_+ = F_\varepsilon m_{A_+}^0 + F_\varepsilon m_+$即可看出,单元系统的质量为静质量$m_+^0$与动质量$m_+$的加和

$$M_+ = m_{A_+}^0 + m_+ \tag{8-22}$$

当单元系统的平衡态A_+处于一维正向能量坐标轴$\vec{E}_+$的原点时,原性能$E_{A_+}^0 = E_0^0 = 0$,从而单元系统的静质量$m_{A_+}^0 = m_0^0 = 0$。例如,自然界所有基本粒子中,光子在质量M_+测度性坐标轴的原点上,所以光子的静质量取为零。在这样的条件下,单元系统的质量就是线性非平衡区间的动质量$M_+ = m_+$,再代回(8-21)式$E_+ = F_\varepsilon m_+$,就可以得到

$$E_+ = F_\varepsilon M_+ = F_\varepsilon m_+ \tag{8-23}$$

如果取$F_\varepsilon = c^2$(c为真空中的光速),由(8-23)式就可以轻而易举地演绎出物理学著名的质能关系式[10]。

$$E_+ = m_+ c^2 \qquad (8\text{-}24)$$

此式表明,单元系统的能量与它的质量成正比。质量和能量好像是同一事物的两个侧面,任何质量都含有能量,任何能量也都具有质量。像爱因斯坦就说过,"能量拥有质量,质量代表能量"。因此,人们还可以把物质蕴藏的能量称为固有能。

其实,单元系统失衡时由静止进入运动,产生的异质单元数为 n_+,每一个异质单元的质元 m_ε 为常量,异质单元数为 n_+ 的单元系统的动质量为 $m_+ = n_+ m_\varepsilon$,代入(8-12)式 $E_+ = n_+ \mu_+$ 就可以得到 $E_+ = m_+ \dfrac{\mu_+}{m_\varepsilon} = m_+ c^2$。

在质能转换式中,单元系统的势 μ_+ 与质元 m_ε 的商为常数 $\left(\dfrac{\mu_+}{m_\varepsilon} = c^2\right)$,常数 c 就是爱因斯坦在相对论推导中人为代入的未定义符号——光速。

在原子物理学中,(8-24)式 $E_+ = m_+ c^2$ 曾得到实验有力的验证,人们认为这是物质转化为能量的理论依据。例如,在下列原子核反应中

$$_1H^1 +\,_3Li^7 =\,_2He^4 +\,_2He^4$$

如果不考虑质量和速度的依赖关系,而只计算反应前后静质量的总和,则反应后的静质量较反应前为小。

$_1H^1$ 的静质量 $m_+^0 = 1.008142$ amu,$_{13}Li^7$ 的静质量 $m_+^0 = 7.01822$ amu。反应前静质量总和 $m_+^0 = 8.02636$ amu,$_2He^4$ 的静质量 $m_+^0 = 4.003873$ amu;反应后静质量总和 $m_+^0 = 2 \times 4.003873 = 8.007746$ amu,反应后静质量的变化量 $m_+ = \Delta m_+^0 = 8.007746 - 8.02636 = -0.01861$ amu。这一变化量为负值,因而在原子物理学中常被称为"质量亏损"。这一反应的质能变化为

$$\begin{aligned}E_+ &= c^2 \Delta m_+^0 \\ &= 931.05 \times (-0.01861) \\ &= -17.3268 \times 10^6 \text{ eV}\end{aligned}$$

在这一反应中所得的 α 粒子具有巨大的速度,它的动能由云室实验直接测定为 8.65×10^6 eV,这样两个 α 粒子的动能为 17.3×10^6 eV,这在实验误差范围内恰恰与反应前后质能的变化相等,从而验证了(8-24)式 $E_+ = m_+ c^2$。可见,α 粒子获得的动能是由于质能的减少而来的,整个系统的总能量还是保持不变。这就是孤立系统中质能转化为动能的换能效应,而不是物质转化为能量的证明。

其实,质量的概念最早是在经典力学中产生的,牛顿在确立古典力学代表作《自然哲学的数学原理》中提出的第一个定义便是质量。质量是以地球为参照系考察物体在地球重力系统作用下所表现的性质的变化量。地球上的物体或直接受地球作用的物体都受到地球的引力作用,因而这些物体在其基质上就有了重力的性能,都可以在整体或单元上体现出狭义的质量。重量是由地球对物体的引力而产生的,因此重量和质量是密切相关的,在同一地区,物体的重量和其质量成正比。

地球上的物质形态是无数的,每一种物质受到地球作用后所表现的重力属性大小是不一样的。不同的物质即使总体单元数 N_+ 相同,其质量还是可能存在很大差异的。例如,微观粒子的质量往往相差很大。像带电轻子的质量,从电子到 τ 子(比电子重 3600 倍)就有很大的变化;各种夸克的质量也相差很大,有的只有质子质量的几分之一,而"顶夸克"的质量估计为质子的 100 倍。不过,夸克、轻子和中微子重量极轻,人们已难以判定其受地球引力作用而产生的质量。

在牛顿力学中,质量是以两种形式存在的:一种是惯性质量,另一种是引力质量。惯性质量是物体惯性这种质的大小的量度,质量大表示物体惯性大,质量小表示物体惯性小。物体质量越大,其惯性也越大,保持该物体原来形态不变的能力就越强。像牛顿第二定律 $F=ma$ 中的 m 就是惯性质量,它表征物体的惯性,即抵抗速度变化的能力。引力质量是物体间产生引力作用和感受外力作用能力的量度,也就是"物质的量",像万有引力定律 $F=G\dfrac{m_1 m_2}{r^2}$ 中的 m_1 和 m_2 就是引力质量。惯性质量和引力质量具有等效性,不可能把惯性质量和引力质量区别开,它们是同一个物理量在两个方面的表现,质量既反映物体的惯性性质又反映物体间的万有引力的强度性质,它们在数值上彼此相等。

历史上由经典力学产生的质量概念虽然已经深入人心,但这只是一个狭义的质量概念。如果按照统一科学所演绎的线性系统的质能关系式,惯性质量和引力质量是从两种物质构成的系统来表现引力作用下的两个子系统的动质量的两种特殊表现形式。像在地球重力系统作用下的物体,考虑引力质量一般要同时论及地球与物体,而考虑惯性质量一般只是讨论物体。

由于质量的定义联系着重量或地球引力,因此质量的国际制单位是千克。尽管这是唯一基于物理对象而非物理常数定义的国际标准单位,但是质量的量纲所表现的只是一个狭义的特定单位。虽然现在仍在地球引力的背景下利用特定的原器来定义质量,然而由于质量所涉及的物理学常量无法作为精确的基本衡量单位,科学家们已经着手研究用数学常数形式对它进行重新定义。

一个线性系统(如社会科学中的事物)所含的特质单元的多少,都用千克为基本单位来表达显然并不合适,经典力学范畴中的质量存在着很大的局限性。如果考虑传统的因素,经典力学的质量概念只能称为狭义的"质量"。广义质量的量纲不应是重量单位,广义的质量概念应该适合于任何事物。显然,上述的统一科学关于静质量和动质量的演绎才能真正从事物所包含的质元的量及其变化的根本来理顺不同时期人们关于质量的不同见解。

世界上的任何事物都具有质,万事万物都具有区别于他事物的特殊的内在规定性,这些规定性规定了事物的本质和异质及其数量界限。本质是指事物本身所固有的基本性质,事物的基本性质又往往通过事物的基质或特质表现出来。事物的特质往往是多种多样的,如金属有导电、导热等物理属性,阶级社会中的人有阶级性等社会属性。

同一事物可以具备多种特质,而多种特质的地位和作用各不相同,可以分为本质和非本质。本质体现着事物的基质的主要方面或基本特征。非本质虽然也是事物某些方面的特征,但并不涉及事物的基质的主要方面,不体现事物的基本特征。某一事物如果丧失了本质就不称其为该事物,而丧失了非本质并不影响它的基质。

事物的异质往往只有在形态的变化中才能显现出来,事物的本质只有在事物之间发生联系或互相作用的前提下在与异质的比较中才得以表现,人们也只有在一定的理性认知空间中才能认识事物的本质和异质。任何处在准平衡态的事物都可以抽象为线性系统,线性系统在一定的质向量空间中所具有的能量都可以通过质能关系式表现为质量,线性系统所具有的质量也可以通过质能关系式表现为能量。因此,任何静止的事物都具有静质量,任何变化的事物都具有动质量。

在一维正向质向量坐标系 $\vec{X}_+$ 内部 $(\vec{N}_+,\vec{n}_+,\vec{E}_+,\vec{E}_{\neq +},\vec{\varepsilon}_+)$ 五维分质向量空间的 $(\vec{C}_{N+},\vec{n}_+,\vec{E}_+,\vec{C}_{E\neq +},\vec{C}_{\varepsilon+})$ 截面上,省却了质向量关于方向的规定,单元系统在准平衡态的能量 E_+ 可以按泰勒级数展开为(6-397)式 $x_i = x_i^0 + \left(\frac{\partial x_i}{\partial \theta_j}\right)_0 \theta_j = x_i^0 + F\theta_j$,并通过显性因子 θ_j 展现为线性变化规律。不过,线性系统在准平衡态的能量 E_+ 不仅可以通过万能的显性因子 θ_j 展现为质量 M_+ 的线性变化规律,而且通过(6-389)式 $\theta_+ = \theta_\varepsilon n_+$ 的演绎还可以得到表现为其他显性因子 θ_j 的线性变化规律。

对于不同性质的事物都需要不同的显性因子 θ_+ 来表达其质量。例如,一个零件要用尺寸、重量、材料、质量等质参量来表示,一台机器要用外形尺寸、重量、性能、质量、经济、外观等质参量来表示,一台汽轮机中的蒸汽要用压力、温度等质参量来表示,一个电路要用电流、电压、电阻等质参量来表示,一种药品要用各种配方的质参量来表示,一种方法要用各种工艺的质参量来表示,一种运动要用运动轨道、速度、加速度等质参量来表示。

卡普拉说过:"质量一旦被看作能量的一种形式,它也就不再被限定为不可消失,而是可以转化为能量的其他形式。"[11]因此,人们除了用质量 M_+ 来笼统地表达事物一般质的变化量外,还用一些典型的显性因子 θ_+ 来表达其特质的变化量,包括长度 l_+、面积 A_+、体积 V_+、时间 t_+、电量 Q_+、磁量 Q_{m+} 等。

(1)当线性系统的异质能元 ε_+ 的显性因子为直径元 $\theta_\varepsilon = l_\varepsilon$ 时,n_+ 个异质单元的直径就表现为长度:

$$l_+ = n_+ l_\varepsilon \tag{8-25}$$

(2)当线性系统的异质能元 ε_+ 的显性因子为面积元 $\theta_\varepsilon = A_\varepsilon$ 时,n_+ 个异质单元的面积就表现为面积:

$$A_+ = n_+ A_\varepsilon \tag{8-26}$$

(3)当线性系统的异质能元 ε_+ 的显性因子为占有空间 $\theta_\varepsilon = V_\varepsilon$ 时,n_+ 个异质单元所

占有的空间就表现为体积：

$$V_+ = n_+ V_\varepsilon \tag{8-27}$$

（4）当线性系统的异质能元 ε_+ 的显性因子为存在寿命 $\theta_\varepsilon = t_\varepsilon$ 时，n_+ 个异质单元的存在就表现为时间：

$$t_+ = n_+ t_\varepsilon \tag{8-28}$$

（5）当线性系统的异质能元 ε_+ 的显性因子为电荷 $\theta_\varepsilon = q_\varepsilon$ 时，n_+ 个异质单元的总体电荷就表现为电量：

$$Q_+ = n_+ q_\varepsilon \tag{8-29}$$

（6）当线性系统的异质能元 ε_+ 的显性因子为磁荷 $\theta_\varepsilon = q_{m\varepsilon}$ 时，n_+ 个异质单元的总体磁荷就表现为磁量：

$$Q_{m+} = n_+ q_{m\varepsilon} \tag{8-30}$$

在一维正向质向量坐标系 $\vec{X}_+$ 内部（$\vec{N}_+, \vec{n}_+, \vec{E}_+, \vec{E}_{\neq +}, \vec{\varepsilon}_+$）五维分质向量空间的（$\vec{C}_{N_+}, \vec{n}_+, \vec{E}_+, \vec{C}_{E_{\neq +}}, \vec{C}_{\varepsilon_+}$）截面上，省却了分质向量关于方向的规定，上述的显性因子 θ_+ 只是若干典型的显性因子，而人们认知中的显性因子 θ_j 正因为可以表现各种各样的性能而称为万能。处在准平衡态的单元系统能量 E_+ 的变化规律是通过显性因子 θ_j 来表现的，所以具有各种各样的特殊形式。这就是说，单元系统的能量可以用（6-392）式 $E_+ = n_+ F_\varepsilon \theta_\varepsilon = F_\varepsilon \theta_+$ 表示。单元系统中 n_+ 个异质单元在异动中共同体现的 θ_ε 这一质的规定性才是线性系统显现的某一特质 θ_j。

在科学史上，有许多事物的显性因子 θ_j 是作为常见的质参量被提出的，且有些常用的显性因子曾在不同的历史时期被不同学派的观点所注解，这些关于质参量的概念甚至已成了人们的思维定式。但是，统一科学在其理论演绎中必须深入认知质参量在准平衡态中表现的线性变化规律或特征，只有澄清这些典型的显性因子的真正内涵，统一科学的基础理论才能完成向其他学科演绎的任务。

按照一般的认识原则，人们要认识某一种具体事物，揭示决定该事物的内在要素是必需的探究任务。如果搞不清某一事物是怎样形成和由什么内在要素形成的，那么一切外在因素的作用机制就难以得到说明。因此，探究追问事物的构成要素是认识任何事物的基本前提，没有这一前提，事物存在和变化的原因和规律等就不能得到彻底的论证。实际上，事物的构成要素就是借助于事物的显性因子来表达的。

第四节　线性系统基本显性因子及其内涵

万能的显性因子 θ_+ 是表现事物特质的关键因素，也是统一科学由一般向特殊演绎的桥梁和纽带。线性系统形态的任何一个特质都可以用显性因子来表达,并组成不同的概念内涵。在此有必要重新认识线性系统常用的典型的显性因子——时间、空间和温度的内涵,并重建这些基本的科学概念。

一、时　间

时间是人类存在的基本维度,也是人类最平常、最真实的感受和经验。夜以继日、寒来暑往是人类日常生活所共同面对的时间现象,人类所处的物理环境和生物本性的周期性是影响人类时间概念发展的因素。几千年来,时间联系着人们生命的产生、成长和终止,联系着人们事业的成功与失败,联系着个人对历史的回忆和未来的展望,因而时间被人们抹上了神秘色彩,其内涵一直是人们争论的主题。人们认为,时间及其流逝方向也许是意识的最大秘密,而爱因斯坦却认为"时间是一种错觉"。[12]

时间的本质不仅对了解周围的世界(包括宇宙创生和演化的规律)至关重要,而且对诸如科学、文化和人类知觉的关系等问题有着不容忽视的影响。人们甚至认为,科学更新在很大程度上是重新发现时间的历史。可遗憾的是,时间是虚幻的还是以某种难以琢磨的方式"真实"存在的,科学家们至今仍然没有一个易于理解的清晰的时间的定义。有的科学家认为,时间是基本的物理量,不需定义,也没有定义公式,它不可能借助其他物理量来定义,其量值只能根据与取作单位的同类量相比较而得出,而许多物理量却可以用时间作为基础来定义。[13]

尽管时间至今还是被人们当作很难被定义的事物之一,但为了标记事物发展变化的过程,人类早就给自己拟订了一种"纪序"参照系,这也是古代就有的定义时间的形式。每个民族在自己的文化生活中所形成的"纪序"的约定时间,都是来自其生产生活实践中约定或俗成的经验累积。例如,公元纪年就是源于耶稣出生时间的约定,而今天人们所"感知"的日期则是一种全球约定的定义时间。

从古希腊起,时间就一直是一个本体论问题,长期萦绕在欧洲文化上空,并成为哲学思想与探究的主要对象。柏拉图认为,时间是理念"永恒性"的摹本。巴门尼德说,"存在是静止的,没有时间变化的"。赫拉克利特则揭示了时间是一种物性,即时间本质上是物质运动的一种存在方式。亚里士多德提出了哲学范畴的时间概念并指出:时间既不是运动,又不能脱离运动,是运动的数。伽利略指出,时间具有"各向同性、均匀性和无限性"。

在近代,牛顿把时间绝对化,并提出绝对时间的概念。他认为:绝对的、真正的及数学的时间是与物质并存而且与物质无关的独立客体,是与其他外界事物无关的自身在那里均匀地流逝着。因此,在经典力学中时间是自在的,是纯粹的持续性,是一脱离于自然界运动之外的独立存在物。牛顿相信,人们可以毫不含糊地测量两个事件之间的时间间隔,只要用好的钟,不管谁去测量,这个时间都是一样的。

1905 年,爱因斯坦提出了狭义相对论,时间与空间不再是互相独立的,而是一个整体的四维时空连续流。相对论就是建立在否认绝对时间而只承认相对时间存在的认识之上。至此,时间在其永恒与无限的直观视界中,与运动和空间的同一性本质得到了最权威的认定。

在当代,英国理论物理学家霍金探索时间本质的思想也曾经在广阔的宇宙中遨游,他认为至少存在三个时间箭头,将过去和将来区分开来。热力学箭头是无序度增加的时间方向,心理学箭头是在这个方向上我们能记住过去而不是将来,宇宙学箭头是宇宙膨胀而不是收缩的方向。[14]他在 1988 年出版了《时间简史》,此书很快风靡全球,迄今已被译成四十多种语言,销售量超过 2500 万册,同时也把他关于时间的概念灌输给了热爱科学和刻奇(Kitsch)的读者。

可见,时间是一个与人类自身历史同样古老的概念,也是科学中最常用的概念。在人类文明史上,时间这一概念是为了描述事件之间顺序而引入的,时间的方向性则是为了区分过去、现在和将来的需要而定义的。事物的存在形态和变化形态是人们认识事物的基础,各种事物的存在形态或变化形态都具有一定的发展顺序和持续性,而描述事物形态存在的本质或变化的异质都可以通过时间这个显性因子来表征,因而要描述事物形态的存在过程或变化过程就不能离开时间这一显性因子,离开了时间,任何事物形态的存在和变化都难以认识。

然而,在科学中,时间往往被视为一个纯粹的几何参量。人们通常所说的时间一词实际上有两种含义,一种含义指的是时刻,另一种含义指的是时间间隔。时刻是指连续流逝的时间的某一瞬间,它指的是某一事件是什么时候发生的;时间间隔是指两个瞬间之间的间隔长短,它指的是某一事件持续的时间。[15]

在统一科学中,时间的概念可以演绎。在一维正向质向量坐标系 $\vec{X}_+$ 内部($\vec{N}_+$, $\vec{n}_+$, $\vec{E}_+$, $\vec{E}_{\neq+}$, $\vec{\varepsilon}_+$)五维分质向量空间的($\vec{C}_N$, $\vec{n}_+$, $\vec{E}_+$, $\vec{C}_{E_{\neq+}}$, $\vec{C}_{\varepsilon+}$)截面上,省却了质向量关于方向的规定,单元系统在准平衡态的能量 E_+ 可以按泰勒级数展开为(6-397)式 $x_i = x_i^0 + \left(\dfrac{\partial x_i}{\partial \theta_j}\right)_0 \theta_j = x_i^0 + F\theta_j$,并通过显性因子 θ_j 展现为能量的线性变化规律。因此,线性系统的能量可以表达为(8-11)式 $E_+ = E_{A_+}^0 + \Delta E_+ = E_{A_+}^0 + n_+ F_\varepsilon \theta_\varepsilon$。

如果时间只是作为能量 E_+ 的显性因子 θ_j 中特殊而平凡的一个成员,当线性系统的异质能元 ε_+ 的显性因子为存在寿命 $\theta_\varepsilon = t_\varepsilon$,即显性因子变化率被规定为异质时间元时,由(6-389)式 $\theta_+ = \theta_\varepsilon n_+$ 可知,通过 n_+ 个异质单元的显性因子 t_ε 来表示单元系统的特质,单元系统的变动时间为(8-28)式 $t_+ = n_+ t_\varepsilon$,即 n_+ 个异质单元共同体现的"质"θ_j 就是单元系统的变动时间 t_+。

由于任一个既定的事件在时间测度性坐标轴 T_+ 上就是一个静止的 A_+ 点,这一可测度的时刻可称为静时间 $t_{A_+}^0$,它反映的是处于平衡态 A_+ 的单元系统的事件所含的本质单元数量。在平衡态,给定了一定数量的本质单元数,就给定了总体单元数 $N = C_N$,

全同单元的静时间 t_ε^0 也就给定。在时间测度性坐标轴 T_+ 上，A_+ 点的静时间 $t_{A_+}^0$ 表现为具有某个数值的时刻，体现出的时间特征即是 $t_+^0 = N_+ t_\varepsilon^0$。从时间反映事件持续的长短这一质来看，$A_+$ 点孤立系统的静时间 $t_{A_+}^0$ 所反映的也就是表现 t_ε^0 特质的总体单元数 N_+ 的量。

把异质单元的显性因子——单元的存在"寿命"$\theta_\varepsilon = t_\varepsilon$ 和单元的静时间 t_ε^0 代入(8-11)式，可以得到单元系统处在准平衡态的能量

$$E_+ = E_{A_+}^0 + \Delta E_+$$
$$= F_\varepsilon t_{A_+}^0 + F_\varepsilon t_+$$
$$= F_\varepsilon N_+ t_\varepsilon^0 + n_+ \mu_+ \tag{8-31}$$

其中，处于平衡态 A_+ 的单元系统的原性能 $E_{A_+}^0 = F_\varepsilon N_+ t_\varepsilon^0 = F_\varepsilon t_{A_+}^0$，这是单元系统本身固有的性质，可以用来反映单元系统的质的强弱，是事物测度性的一种表现。能元力 F_ε 为常数，可称为能元功率。势 μ_+ 为单元系统形态所表现的能量变化率。当单元的静时间为 t_ε^0 时，N_+ 个总体单元相加的质量就是静时间，即 $t_+^0 = N_+ t_\varepsilon^0$，处于平衡态 A_+ 的静时间就是 $t_{A_+}^0 = N_{A_+} t_\varepsilon^0$。处于平衡态 A_+ 的总体单元数 N_+，就是本质单元数 N_+^0。当显性因子为单元的存在寿命 $\theta_\varepsilon = t_\varepsilon$ 时，n_+ 个异质单元表现的总寿命就是变动时间，即(8-28)式 $t_+ = n_+ t_\varepsilon$。

单元系统的静时间 t_+^0 和变动时间 t_+ 反映了本质单元数 N_+^0 和异质单元数 n_+。由(6-391)式 $\varepsilon_+ = F_\varepsilon \theta_\varepsilon$ 可知，异质能元 ε_+ 和异质时间元 t_ε 存在下列的关系

$$\varepsilon_+ = F_\varepsilon t_\varepsilon \quad (F_\varepsilon \text{ 为常数}) \tag{8-32}$$

如果单元系统的能量 E_+ 变化时，力 F_ε 保持不变，即 $F_\varepsilon = F_+$，由(6-386)式 $E_+ = \mu_+ n_+ = F_+ \theta_+$ 和(8-28)式 $t_+ = n_+ t_\varepsilon$ 还可以得到

$$E_+ = \mu_+ n_+ = F_\varepsilon t_+ \tag{8-33}$$

当单元系统的平衡态 A_+ 处于一维正向能量坐标轴 E_+ 的原点时，原性能 $E_{A_+}^0 = E_0^0 = 0$，从而单元系统的静时间 $t_{A_+}^0 = t_0^0 = 0$，这在一维时间测度性坐标轴 T_+ 上是取值为零的原点。在这样的条件下，单元系统的时间就是线性非平衡区间的动时间 $T_+ = t_+$，再代回(8-21)式 $E_+ = F_\varepsilon m_+$，就可以得到(8-33)式。

把(8-33)式代入(8-31)式 $E_+ = F_\varepsilon t_{A_+}^0 + F_\varepsilon t_+$ 即可看出，单元系统的时间为静时间 t_+^0 与变动时间 t_+ 的加和

$$T_+ = t_{A_+}^0 + t_+ \tag{8-34}$$

事实上，人们在截取时间段 Δt_+ 时，一般都不去考虑时间坐标轴 T_+ 的真正原点 t_0^0，往往把所截取的时间段的起始时刻取为零($t_{A_+}^0 = 0$)，时间段的另一端的时刻就是这一段的时间($\Delta t_+ = t_+$)；或者所截取的时间段的起始时刻没有取为零，但是以时间段的另一端的时刻减去起始时刻作为这一段的时间 Δt_+。在一维时间测度性坐标轴 T_+ 上，时间就表现为一有向线段，这就是所谓的"时间之矢"。所以，人们在日常生活中看到的岁月总是一气呵成，"一个人不能两次踏进同一条河流"，时间永远都是沿着一个方

向不可逆转地流逝,没有停顿,没有间隙。

可见,时间 t_+ 作为能量 E_+ 的显性因子,在准平衡态可以用简单的线性函数表示,其定义域为 $[0,+\infty)$。时间 t_+ 是有起点的,其起点就是坐标的原点。统一科学关于准平衡态的理论可以轻易地解释时间这一能量 E_+ 的显性因子及其在时间坐标轴起始时刻取为零的问题,可以解决长期以来困惑人们的许多关于时间的问题,特别是被当作当代物理学中的一个大难题——时间箭头的问题。

由准平衡态理论可以看出,历史上前人关于时间认识的差异是从静时间 t_+^0 和变动时间 t_+ 两个方面表达了时间是与事物形态的存在和变化相关联的质参量。热力学箭头、心理学箭头和宇宙学箭头以及进化论和生物学时间都是单向的,是取静时间 $t_+^0=0$ 并作为时间坐标轴之矢射出的原点。因此,变动时间 t_+ 用于描述人们所要认识的"至高无上"的宇宙系统时就是宇宙时间。宇宙系统的中心是人类认识事物形态一维正向质向量坐标系 $\vec{X}_+$ 的参照系,也就是宇宙的奇点($A_+=0$),宇宙奇点在一维时间测度性坐标轴 T_+ 的时刻就是静时间($t_{A_+}^0=t_0^0=0$)。

宇宙作为最大的天体,其中的各种天体和星球都以旋转体的自转和公转的方式相对稳定地存在并发生相互作用。地球只是宇宙中微不足道的一个普通星球,它的地位决定它主要在太阳系中与其他行星发生联系和作用,并通过整个太阳系和银河系乃至更大的系统发生联系和作用。地球在太阳系中以准平衡态稳定存在。以地球上人类的眼光(包括借助仪器)来观测宇宙,以宇宙时间来看,事物形态的运动变化都是单元系统在一维正向质向量坐标系 $\vec{X}_+$ 的准平衡态运动。所以,宇宙时间作为在准平衡态描述宇宙系统形态变化的一个连续的参变量,早已形成了物理世界中人类经验和科学的基础。

20 世纪 20 年代,哈勃提出的宇宙大爆炸理论表明,宇宙从一维正向质向量坐标系 $\vec{X}_+$ 原点的基态到准平衡态无中生有的过程是通过大爆炸的方式过渡的,因而人们想象"上帝"是在大爆炸的瞬间创造了宇宙。在大爆炸的那一时刻 $t_{A_+}^0=t_0^0$,宇宙的尺度无穷小且密度无限大而被称为黑洞。黑洞是广义相对论所预言的事件视界包围着的一个时空奇点。作为参照系,黑洞的一切形态参量皆取为零。由于更早的时间根本没有定义,在这个意义上,时间在宇宙大爆炸时就有一开端,即 $t_{A_+}^0=t_0^0=0$。不过,人们现在已经意识到不必去论证宇宙大爆炸是否真的发生,或大爆炸是否在瞬间完成。因为宇宙系统被认为是"最大的"系统并处在准平衡态,人们无法想象宇宙系统形态是否会发生根本的变化,宇宙时间作为能量 E_+ 的显性因子,未曾也不可能被当作能阈 $E_{+\neq}$ 的显性因子,因此 Δt_+ 就具有最标准、最普遍的意义。

处在准平衡态的宇宙系统是无与伦比的,以描述宇宙系统的形态变化作为质参量的宇宙时间就是动时间($T_+=t_+$)。在一维正向时间坐标系 $\vec{T}_+$ 上,宇宙时间必然具有单向线性流动的特点,所以在人们的意识之外的宇宙时间可称为绝对时间。不过,人们在一般计量中虽然用的都是宇宙时间 $T_+=t_+$,但是往往又是截取同向的宇宙时间的

两个时刻间隔 Δt_+ 作为过程的相对时间。宇宙系统相对于人们研究的具体事物来讲，计量的尺度相差极其悬殊，像生物时间、原子时间、分子时间、热力学时间等其他的时间都只是宇宙时间 Δt_+ 的一小段。既然时间段的选取是人择的，那就可以根据异质单元或研究具体事物的方便将天文时间分为……年、季、月、日、时、分、秒、毫秒、微秒……例如，新的国际单位制定义的 1 s 长为位于海平面上的铯原子钟内铯原子 Cs133 基态的两个超精细能级在零磁场中跃迁辐射振荡 9192631770 周所持续的时间。

在此还要指出，绝对时间 $\vec{t}_+$ 是一维正向时间坐标系 $\vec{T}_+$ 上的一个质向量，如果单位质向量 $\vec{e}_+$ 平移为 $\vec{e}$，则一维正向时间坐标系 $\vec{T}_+$ 也将平移成为一维时间坐标系 $\vec{T}$。在一维时间坐标系 $\vec{T}$，时间 $\vec{t}$ 可发生"反演"，其定义域为 $(-\infty,+\infty)$，这也就是现代物理学并不完全支持时间箭头观点的原因之所在。物理学的绝对时间表达了时间的方向与物体的运动规律无关，即时间方向的改变并不影响经典物体的运动规律。但这只是在一维时间坐标系 $\vec{T}$ 中物体在准平衡态下的动时间，统一科学关于线性系统的时间 $\vec{T}_+$ 为静时间 t_+^0 与变动时间 t_+ 的加和，才是真正的绝对时间。在狭义相对论中，时间方向的改变也不影响物体的运动规律，这也是在一维时间坐标系 $\vec{T}$ 中物体在近平衡态下的动时间。[16]

二、空　间

空间也是科学中最常用的一个概念。空间和时间一样，既是一个与人类自身历史同样古老的概念，也是一个至今人们尚未统一认识的范畴，更是物理学家最想知道的东西。事件是在一段时间内能相对持续稳定地表现某种实在的特质，一般只要考虑其时间的延续性，但是其影响又是有空间范围的。因此，空间与时间又往往一起被用于描述事物的形态。尽管人们对于绝对空间的本质至今还是争论不休，但是绝大部分的人都一致认为，空间相对于时间是完全独立的质参量。

关于空间的定义人们是见仁见智。牛顿在历史上第一次把时间和空间分为绝对和相对两个范畴，把空间看作物体和过程"空虚"的"容器"。他认为，在物质之外存在着一个统一的"绝对静止的、绝对平直的、绝对均匀的空间"。爱因斯坦提出的相对论则是建立在否认绝对时间、绝对空间和绝对运动的存在而只承认相对时间、相对空间和相对运动的存在的认识之上。英国物理学家霍金和彭罗斯还证明了，在经典广义相对论的框架里，在很一般的条件下，空间与时间一定存在奇点（像黑洞里的奇点以及宇宙大爆炸处的奇点），在奇点处，所有定律以及可预见性都失效。奇点可以看成空间和时间的边缘或边界，只有给定了奇点处的边界条件，才能由爱因斯坦方程得到宇宙的演化。由于边界条件只能由宇宙外的造物主所给定，因此宇宙的命运就掌握在造物主的手中。这就是从牛顿时代起一直困扰人类智慧的第一推动问题。然而，霍金近来又宣称黑洞理论只是"推理和假设",而非真正存在的情况。

客观世界是实在的世界,所谓实在是指具有物质实体的实际存在。任何物质的存在形态都是一定量的物质单元在一定的环境条件下集聚为具有一定空间的物质结构,并能够在一段时间内保持稳定的形态。每种物质都有其特殊的性质和结构,物质单元的结构形式在空间的广延性决定了该物质在人们认知中的形象或形状。当人们说到任何物质时,一般都要指明它在世界的什么地方存在且具有多大的规模或体积,也就是要凸显物质形态的空间广延性。各种物质的存在形态及其变化都具有一定的占有范围和广延性,广延性是物质形态各种特质中的一个平凡的质。物质形态的空间广延性通过空间来表达,离开了空间的基本属性,任何物质的存在、运动、变化、发展都难以认识。

空间是在人们的意识之外,不依赖于人们的意识而客观存在的。空间是静止的物质存在的基本形式,也是运动着的物质存在的基本形式。物质存在的空间表现为占据一定形态的位置,物质位置的移动变化则称为位移。最简单的空间是一维线性空间,一维线性空间长度单位的选取是人择的,可以根据物质形态的占位线度或物质位置的变化范围分为……光年、千米、米、厘米、毫米、微米、纳米……例如,目前已作为国际制单位基本物理量的长度是米。

在统一科学中,空间的概念也可以演绎。在一维正向质向量坐标系 $\vec{X}_+$ 内部 ($\vec{N}_+$, $\vec{n}_+$, $\vec{E}_+$, $\vec{E}_{\neq+}$, $\vec{\varepsilon}_+$) 五维分质向量空间的 ($\vec{C}_{N_+}$, $\vec{n}_+$, $\vec{E}_+$, $\vec{C}_{E_{\neq+}}$, $\vec{C}_{\varepsilon_+}$) 截面上,省却了分质向量关于方向的规定,单元系统在准平衡态的能量 E_+ 可以按泰勒级数展开为(6-397)式 $x_i = x_i^0 + \left(\frac{\partial x_i}{\partial \theta_j}\right)_0 \theta_j = x_i^0 + F\theta_j$,并通过显性因子 θ_j 展现为能量的线性变化规律。因此,线性系统的能量可以表达为(8-11)式 $E_+ = E_{A_+}^0 + \Delta E_+ = E_{A_+}^0 + n_+ F_\varepsilon \theta_\varepsilon$。空间长度也是显性因子 θ_j 中特殊而平凡的一个成员,描述物质存在的占位或位置变化的质都可以通过长度这个显性因子来表征。因而,空间长度是描述物质形态的存在和变化的基本因子。

当一个单元系统处于静止的平衡态时,在一维正向质向量坐标系 $\vec{X}_+$ 上就是一个确定的点位 A_+。在平衡态,单元系统给定了总体单元数 $N = C_N$,也就给定了一定数量的本质单元数。如果能元 ε_+ 的显性因子为本质单元的直径($\theta_\varepsilon^0 = l_\varepsilon^0$),本质单元可测度的占位范围就称为本质单元的直径元 l_ε^0。在一维长度测度性坐标轴 L_+ 上的 A_+ 点的长度 $l_{A_+}^0$ 表现为具有某个数值的长度,体现出直径元的长度特征,即 $l_+^0 = N_+ l_\varepsilon^0$。从空间广延性反映单元系统占据空间的大小这一特质来看,处于平衡态 A_+ 点的单元系统的占位长度 l_+^0 所反映的就是表现 l_ε^0 特质的本质单元数 N_+ 的量。

为了对长度 l_+^0 的内涵有深刻的认识,可以回到现实世界看一看晶体这一种物质存在的基本形式。晶体是以其内部粒子(原子、离子、分子等)在空间结构上相区别的,晶体所共有的一个基本点是它们内部结构都具有明显的空间排列上的周期性,其在外形上的规则性反映的就是内部粒子结构的规律性。一个周期性的结构总可分解为质向量的三个要素：①形态性质周期性重复的内容，即结构单元；②结构单元周期性重复的大小；③结构单元周期性重复的取向。

对于体现晶体结构周期性的结构单元，就是要选择内部粒子结构的重复单元。如果一组同质的粒子以一组直径相同的圆球来代表，将它们以互相接触的方式沿直线方向排列成一行，如图8-2所示，这一等径圆球的密置列在 l_ε^0 方向以 l_ε^0（即球的直径）的间隔在空间做有规则的排列，其重复的基元是圆球，而重复的基本周期是 l_ε^0。如果将 l_ε^0 这个平移向量作用在球数无限的密置列上（即将结构向右平移推动 l_ε^0 的距离），密置列将复原，这一排成直线的密置列称为平移轴，平移轴是晶体内部特有的对称要素。原胞沿着平移轴移动一定距离，可以使相等部分重合。[17]

为了描写晶体结构的周期性，人们引入了空间点阵的概念，就是用一系列的点在空间的排列来模拟晶体内部的结构。这些点所代表的就是晶体内部粒子的重心，它们按一定的规则排列而得到的几何图形，称为空间点阵。对于排成直线的等径圆球密置列，其空间点阵称为直线点阵，直线点阵中相邻两个点阵点的间隔即结构的基本周期（$\Delta l_\varepsilon^0 = l_\varepsilon^0$），平移量 l_ε^0 称为直线点阵的基本向量或素向量。显然，这就是与直线点阵相对应的平移群表达式，平移群是反映结构周期性的代数形式，异质单元数 n_+ 就是点阵点的点数。图8-3所示的聚乙烯的长链高分子就是最简单的一维空间点阵结构。

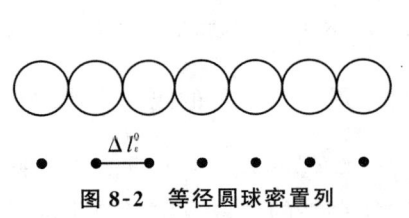

图8-2 等径圆球密置列

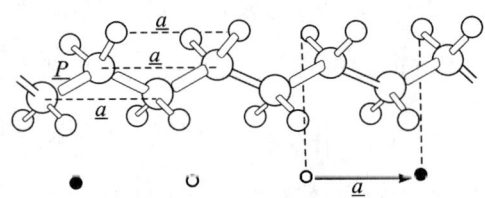

图8-3 聚乙烯长链的一维空间点阵结构

当单元系统由静止的平衡态进入运动的准平衡态时，单元系统所在的空间位置就要发生移动，表示单元系统形态的空间属性就会出现差异。单元系统的本质单元处在与原先不同的位置就表明异动的单元成了异质单元。处在准平衡态的单元系统就是线性系统。如果线性系统的异质能元 ε_+ 的显性因子为直径元（$\theta_\varepsilon = l_\varepsilon$），则线性系统中 n_+ 个异质单元在异动中共同体现的特质 θ_+ 就是单元系统的位移(8-25)式 $l_+ = n_+ l_\varepsilon$。

当线性系统的显性因子变化率被规定为异质直径元（$\theta_\varepsilon = l_\varepsilon$）时，由(6-389)式 $\theta_+ = \theta_\varepsilon n_+$ 可知，通过 n_+ 个异质单元的显性因子 l_ε 来表示单元系统的特质，线性系统的位移为(8-25)式 $l_+ = n_+ l_\varepsilon$，即 n_+ 个异质单元在位置异动中共同体现的特质 l_ε 就是单元系统的占位空间 l_+。不过，线性系统位移的直线连续性只有在准平衡态下才能成立，一旦超出准平衡态，位移这个显性因子就不再是线性的能量因子，而表现为非线性的或分立的。也就是说，一旦超出准平衡态，位移将产生弯曲或"翘曲"。这也就是人们早已认识的相对论效应。

把异质单元的位移长度 $\theta_\varepsilon = l_\varepsilon$ 和单元的直径元 l_ε^0 代入(8-11)式，可以得到单元系

统处在准平衡态的能量

$$\begin{aligned}E_+ &= E_{A_+}^0 + \Delta E_+ \\ &= E_{A_+}^0 + n_+ F_\varepsilon l_\varepsilon \\ &= F_\varepsilon l_{A_+}^0 + F_\varepsilon l_+ \\ &= F_\varepsilon N_+ l_\varepsilon^0 + n_+ \mu_+ \end{aligned} \quad (8-35)$$

其中，处于平衡态 A_+ 的单元系统的原性能 $E_{A_+}^0 = F_\varepsilon N_+ l_\varepsilon^0 = F_\varepsilon l_{A_+}^0$，这是单元系统本身固有的性质，可以用来反映单元系统的本质的强弱，是事物测度性的一种表现。能元力 F_ε 为常数，势 μ_+ 为单元系统形态所表现的能量变化率。当本质单元的直径元为 l_ε^0 时，N_+ 个本质单元相加的长度就是单元系统占据的空间长度，即 $l_+^0 = N_+ l_\varepsilon^0$，处于平衡态 A_+ 的单元系统空间长度就是 $l_{A_+}^0 = N_+ l_\varepsilon^0$。处于平衡态 A_+ 的总体单元数 N_+，就是本质单元数 N_+^0。当能量的显性因子为单元的位移长度（$\theta_\varepsilon = l_\varepsilon$）时，$n_+$ 个异质单元表现的总长度就是空间位移长度，即(8-25)式 $l_+ = n_+ l_\varepsilon$。

可见，时间和空间在数学上是同样的东西。[18] 单元系统占据的空间长度 l_+^0 和空间位移长度 l_+ 反映了本质单元数 N_+^0 和异质单元数 n_+。

由(6-391)式 $\varepsilon_+ = F_\varepsilon \theta_\varepsilon$ 可知，异质能元 ε_+ 和直径元 l_ε 存在如下关系

$$\varepsilon_+ = F_\varepsilon l_\varepsilon \quad (F_\varepsilon \text{为常数}) \quad (8-36)$$

如果单元系统的能量 E_+ 变化时，力 F_ε 保持不变，即 $F_\varepsilon = F_+$，由(6-386)式 $E_+ = \mu_+ n_+ = F_+ \theta_+$ 和(8-25)式 $l_+ = n_+ l_\varepsilon$ 还可以得到

$$E_+ = \mu_+ n_+ = F_\varepsilon l_+ \quad (8-37)$$

此即表明，当单元系统的平衡态 A_+ 处于一维正向能量坐标轴 E_+ 的原点时，原性能 $E_{A_+}^0 = E_0^0 = 0$，从而单元系统占据的空间长度 $l_{A_+}^0 = l_0^0 = 0$，这在一维空间测度性坐标轴 L_+ 上是取值为零的原点。在这样的条件下，单元系统的空间长度就是从基态的位置到准平衡态位置无中生有的位移（$L_+ = l_+$），再代回(8-35)式，就可以得到(8-37)式 $E_+ = F_\varepsilon l_+$。

由(8-35)式还可以得到，处在准平衡态的单元系统的长度 L_+ 为平衡态系综占据的空间长度 l_+^0 与线性系统空间位移长度 l_+ 的加和，即

$$L_+ = l_+^0 + l_+ \quad (8-38)$$

其实，人们在表达线性系统空间位移长度 l_+ 时，一般都不去考虑一维空间长度坐标轴 L_+ 的真正原点 l_0^0，而往往把所截取的空间位移的起点取为零（$l_{A_+}^0 = 0$），空间位移的另一端点就是这一段的位移长度（$\Delta l_+ = l_+$）。如果所截取的空间位置的起点没有取为零，但是以空间位移的另一端的位置减去起点位置也可作为这一段区间的位移长度（Δl_+）。

在这样的条件下，单元系统的长度就是线性非平衡区间的位移（$l_+ = \Delta l_+$），再代回(8-37)式 $E_+ = F_\varepsilon l_+$ 就可以得到

$$\Delta E_+ = F_\varepsilon \Delta l_+ \quad (8-39)$$

(8-39)式的微分形式为

$$F_l = \frac{dE_+}{dl_+} \qquad (8-40)$$

式中，$F_l = F_e$ 称为能量的梯度。

如果单元系统在某 A_+ 点的能量为 E_+，在与 A_+ 点垂直距离的 dl_+ 处能量为 $E_+ + dE_+$，则能量的梯度 F_l 即为该能量的变化率，梯度指向为能量场增长最快的方向。当某一形态函数在某点处沿着该方向的方向导数取得该点处的最大值，即形态函数在该点处沿方向变化最快时，变化率最大（为该梯度的模）。

可见，表现空间广延性的空间位移长度 l_+ 作为能量的显性因子，在准平衡态可以用简单的线性函数表示，它在一维空间长度坐标轴上就表现为一有向线段。空间位移长度 l_+ 是联系着物质静态存在的占位空间长度 l_+^0 与动态变化的位移长度 Δl_+ 的形态变量。空间广延性也是从虚无中生出实有的一种质，当人们说到任一具体物质的运动时，往往就要联系到物质结构的规模或体积及其增大和缩小，要联系到它在空间所占位置的改变或位置移动。因此，空间位移长度 l_+ 是描述物质存在和运动的基本形态参量。

由于人们所要认识的所有物质都存在于宇宙之中，当人们放眼宇宙，其中心点就是人类认识物质的参照系，因此宇宙空间内存在的一种超高密度的奇异天体就被人们称作黑洞，这样的奇点因为完全不发射和反射任何电磁波也就被作为认知体系的原点。如此，时间在宇宙大爆炸时就有一开端（$t_0^0 = 0$），空间在宇宙大爆炸时也有一无限紧密的起点，这一点没有空间广延性，只是一个没有体积的占位长度（$l_0^0 = 0$）的点。

但是，宇宙作为至大无边的系统，其空间的广延性是如此之大，以至于静态存在的具体物质的占位长度与之相比相差是极其悬殊的。为此，人们根据空间广延性的大小，把物质形态的分布空间分为超微空间、微观空间、宏观空间、宇观空间、超宇空间等。作为具体的物质形态，其占位长度所在的超微空间、微观空间、宏观空间只是宇宙浩瀚空间的微小部分，物质运动的位移也只是宇宙系统的准平衡态变化。在规定的广延性衡量标准下，人们无法想象宇宙系统形态是否会发生根本的变化，长度作为能量 E 的显性因子未曾也不可能被当作能阈 $E_{+\neq}$ 的显性因子，也就不存在宇宙空间的阈限概念。

处在准平衡态的宇宙系统就是线性系统，其位置变化保持着线性变化，位置变化的长度就是位移 Δl_+。位移是量度线性系统空间广延性大小的质参量，是了解一事物同周围其他事物形态在空间广延性上联系（如距离、排列秩序等）的参量。在准平衡态下，虽然位移 Δl_+ 这个参量是与能量同向的质向量，但是当所要考察的线性系统的空间位置变化只是表现了一维的位移长度变化时，其衡量标准的长度单位就是在宇宙空间中截取发自宇宙参照系射线上的一个位移过程的线段 Δl_+。线段 Δl_+ 是截取同向的数值不同的两个宇宙形态位置的差值，以此就可以度量人们所要认识的线性系统的空间占有或变化长度。

三、温　度

热力学是研究热现象中物态转变和各种形式能量相互转化规律的科学,热运动是物质运动的基本表现形式之一,温度则是热力学中最核心的一个概念,也是科学中常用的一个概念。任何物质形态都是一定量的物质单元在一定的环境条件下集聚为具有一定结构的形态。各种物质内部的单元又永不停息地做着无规则的热运动,都具有一定的热的特质,因而热是描述物质各种特质中的一个常见的质。法国数学家和物理学家傅里叶认为:"热贯穿在宇宙间的一切物质之中,它的射线充斥于空间的所有部分。"[19]例如,宏观物体内部大量的微观粒子的组成、大小、距离和排列秩序以及相互作用各不相同,这些物质单元内部发生的微观运动对外的宏观表现就是热运动。

在漫长的历史进程中,人们知道冷热是物体的一个重要的属性,但是,人们无法深入物体内部去了解物质单元的无序状况和相互作用,对于肉眼看不见的热运动,只能通过人的感觉来判断物体的冷热程度。所以,由人的感觉来判断物体的冷热程度,是建立在主观感觉基础上的。为了能客观地反映物体的冷热程度,准确判定这一质参量,人们一直努力在一定的理性认知空间中建立关于热与温度的概念。

19世纪中叶,英国物理学家焦耳等人在研究热现象的领域,通过多次实验将"热"这一特质确定为能量的一种形式,从而建立了热力学。热力学从大量观察和经验中总结自然界有关热现象的一些共同规律而得出热力学定律(热力学第零、第一、第二和第三定律),用严密的逻辑推理来研究宏观物体的热性质及规律并构成热现象的宏观理论。热能是物质内部的组成单元(如分子、原子、电子等)所做的无序运动总体表现的能量形式。物质内部所有组成单元的综合平衡态都对应着确定的热平衡态,都具有确定的热能。

在热力学创建的同期,分子概念和分子运动论逐步确立。从分子运动论的观点来看,温度是表征处于热平衡态的某一个物体内部微观粒子(如分子)热运动状况的物理量,反映了物体分子无规则热运动的剧烈程度和物体热能 $E(T)$ 的大小。温度是物体冷热的内在根据,热运动越剧烈,物体的温度就越高。物体温度 T 的微观实质是粒子平均动能的量度。因此,温度是含有统计意义的,它是大量微观粒子的集体效应,是物体粒子平均动能大小的标志。对于个别粒子而言,它的动能可能大于平均动能,也可能小于平均动能,但在温度一定时,它是一个确定的值。对于个别粒子,说它温度是多少是没有意义的。

温度概念的科学定义是根据热平衡定律,即热力学第零定律建立的。任何一个物体在环境作用下,从环境所获得的热量就等于物体的内能增量和物体对外所做的功。热与实物粒子的无规则运动的速度有关,无规则运动越强烈,该物体就越热,温度也就越高。热力学第零定律说明,处于热平衡的物体都有一个共同性质,即保证它们在进行热接触时达到热平衡。温度就是表征物体这种性质的物理量,是决定两个物体接触时是否会保持热平衡的一个质参量。处于热平衡的一切物体都具有相同的温度。如果两物体温度相等,则热接触时两物体呈热平衡。如果两物体温度不相等,则热接触时不呈热平衡,温度都要变化,直到相等时才达到热平衡。物体要从环境获得热量,环境的温度就要比物体的温度高,这种热传导的能量传递形式才能自发进行。在温度不同的物体之间,热量也总是由高温物体向低温物体传递的。

为了测度温度,就要建立起确定温度的计量"标尺"——温标。温标是一维温度坐标系,其上的每一个点代表着一个确定温度,而每一段则代表着温度的变动范围。温标的单位制是为量度物体温度的高低而对温度的零点和分度法所做的一种规定。建立一种温标,就必须选定测温质的物理量的两个确定的数值作为参考点(也叫基准点),进而规定划分温度间隔的方法。

任何一种物质的物理属性,只要它随温度的改变而发生线性变化,都可选用来标志温度,即制作温度计。当然用这些温度计进行实际测量温度时,所得结果并不严格相同。这是因为不同物质或同一物质的不同物理属性随温度的变化关系不同。如果规定了某一物质的某种属性随温度做线性变化,则由两个固定的且可重复的温度即可定义温标,而其他测温属性一般就不再与温度形成严格的线性关系。

由于测温物质和测温特性的选取不同,参考点和分度方法的选择不同,因此可以有各式各样的温标。人们最早建立的温标(华氏温标、列氏温标和摄氏温标)就是参考点和分度不同的温标,统称为经验温标。虽然经验温标目前还是人们生活中常用的温标,但已被科学所废弃。因为不管用什么温度计测定温度,都只是反映了测温质的特性而且还夹杂着温度计结构的影响,任何温度计都不能测定物体的真正温度。

为了结束经验温标的混乱局面,英国物理学家开尔文于1848年在卡诺循环基础上创立了一种不依赖任何测温质及其任何物理性质的真实的绝对温标,也叫开氏温标或热力学温标。开氏温标的分度法与摄氏温标相同(即绝对温标上相差1 K时,摄氏温标上也相差1 ℃),开氏温标与摄氏温标的换算关系为 $T(K)=T(℃)+273.15$;所不同的只是绝对温标上水的冰点定为273.15 K,沸点定为373.15 K。在1标准大气压(760 mmHg或760 Torr)时,摄氏温标是选定冰的熔点为0 ℃和水的沸点为100 ℃,绝对温标是选定绝对零度(即以纯冰、纯水和水蒸气平衡共存的温度作为三相点)为0 K和冰的熔点为273.15 K。摄氏零度以下的-273.15 ℃被规定为零点,称为绝对零点。

为了统一温度的测量,1927年第七届国际计量大会决定采用热力学温标作为最基本的国际单位制温标。为科学上使用简便和准确起见,1954年第十届国际计量会议决定采用绝对零度为273.16 K。水的三相点变成一个单一的固定点,热力学温度被作为基本温度,符号是 T,其单位是开尔文,中文代号是开,国际代号是K。根据定义,1 K等于水的三相点的热力学温度的1/273.16。

建立在"卡诺循环"基础上的热力学温标是科学界公认最基本的科学的温标,它为温度计构成一个比任何其他温标好得多的基础。开氏温标就是以卡诺循环的热量作为测定温度的工具,即热量起着测温质的作用。热力学温标选定了理想的绝对零度,而绝对零度所表示的是理论上的最低温度,没有一个地方有这个温度,人类也不可能制造出这个温度来,只能无限地接近。在绝对零度的温度下,物体没有热能,气体的体积将减小到零。由于理想气体分子的平均平动动能是由温度 T 确定的,因而可以把绝对零度说成是构成物质的所有理想气体分子停止运动时的温度。事实上,一切实际气体在温度接近绝对零度时,将表现出明显的量子特性,这时气体早已变成液态或固态的凝聚态。

在接近绝对零度之处,分子的动能趋于一个固定值,这个极值被叫作零点能量。这就说明,在绝对零度时分子的能量并不为零,而是具有一个很小的数值,其原因是全部粒子都处于能量可能有的最低的形态,也就是全部粒子都处于基态。处在基态的粒子只能进行量子力学概念中的"零点运动",除非瓦解运动粒子的集聚系统,否则就不能停止这种运动。由于任何测温质都是物质,因而绝对温标的绝对零度选定了 $-273.15\ ℃$ 为 $0\ K$,而不是取 $-273.16\ ℃$ 为绝对零点。

在统一科学中,温度这一基本概念的内涵可以得到深刻的认识。在一维正向质向量坐标系 $\vec{X}_+$ 内部 $(\vec{N}_+,\vec{n}_+,\vec{E}_+,\vec{E}_{\neq +},\vec{\varepsilon}_+)$ 五维分质向量空间的 $(\vec{C}_{N_+},\vec{n}_+,\vec{E}_+,\vec{C}_{E_{\neq +}},\vec{C}_{\varepsilon_+})$ 截面上,省却了分质向量关于方向的规定,单元系统在准平衡态的能量 E_+ 可以按泰勒级数展开为 (6-397) 式 $x_i=x_i^0+\left(\dfrac{\partial x_i}{\partial \theta_j}\right)_0\theta_j=x_i^0+F\theta_j$,并通过显性因子 θ_j 展现为能量的线性变化规律。线性系统的能量可表达为 (8-11) 式 $E_+=E_{A_+}^0+\Delta E_+=E_{A_+}^0+n_+F_\varepsilon\theta_\varepsilon$。

当单元系统处于某一平衡态 A_+ 时,其能量 $E_{A_+}^0$ 是确定的,这在一维能量正向坐标轴上可用一个确定的点 $E_{A_+}^0=C_{E_+}$ 来表示。如果能量是以热能这样一种特殊形式来表现的,处于某一平衡态 A_+ 的单元系统在一维热能正向坐标轴上就有一个可测度的确定的热平衡点 A_+,称为热平衡态。在一维测度性热能坐标轴上,单元系统在平衡态的热能表现为具有某个数值的能量 $E_{A_+}^0$,热平衡态的热能反映的是单元系统总体单元的平均动能。

处于某一平衡态 A_+ 的单元系统发生热运动时,其热平衡态即被破坏,就会在原有的热平衡态的热能 $E_{A_+}^0$ 的基础上增加或减少一定的能量。这种由于热运动而发生的热能变化量 ΔE_+ 就称为热量 Q_+,即 $Q_+=\Delta E_+$。热量是与热平衡态变化范围有关的量,是热能变化的一种量度。当单元系统有了热量的得失,其自身的热值必然要出现差异。热量 Q_+ 既是热能变化量 ΔE_+ 的简称,就必须由两个热能来划分其变化区间 $[E_{+1},E_{+2}]$,这在一维热能坐标轴上就表现为一有向线段,记为 $\vec{Q}_+$,即热量 $\vec{Q}_+$ 是表征物质热运动的质向量。

单元系统热量 Q_+ 的得失变化可通过能量的显性因子 θ_j 表现为温度 $\theta_j=T_+$。温度 T_+ 是一个表示单元系统冷热程度的热力学量,是能量显性因子 θ_j 中特殊而平凡的一个成员,是物质的一种特质。温度的变动量是单元系统两个形态的温度变化的差值,其变化区间为$[T_{+1},T_{+2}]$,这在一维温度正向坐标轴上就是一段变量,记为ΔT_+。由于单元系统的冷热程度只有在其形态的变化中才能显现出来,而热量Q_+是与单元系统形态变化过程有关的量,是其热能变化的一种量度,因而通过热传递在单元系统间转移的热能可以通过温差ΔT_+这一过程量来表现。

在热平衡态A_+,单元系统的总体单元数是确定的,即$N_+=C_{N_+}$,给定了本质单元数$N_+=N_+^0$,热平衡态A_+的热能$E_{A_+}^0$和温度$T_{A_+}^0$也就给定。当人们以温度T_+这一显性因子来考察物质的冷热程度时,每一个热平衡态A_+可测度的温度就可以用一维温度正向坐标轴T_+上的一个确定点的某个数值$T_{A_+}^0$来表示,这样,处在准平衡态进行热运动的单元系统的热能E_+在(8-11)式的表现就是

$$E_+ = E_{A_+}^0 + \Delta E_+$$
$$= E_{A_+}^0 + Q_+$$
$$= kT_{A_+}^0 + kT_+ \tag{8-41}$$

式中,单元系统在热平衡态A_+的原性能为$E_{A_+}^0 = kT_{A_+}^0$。当单元系统的平衡态A_+处于一维正向能量坐标轴E_+的原点时,原性能$E_{A_+}^0 = E_0^0 = 0$,此处的温度$T_{A_+}^0 = T_0^0 = 0$,这在绝对温标上是取值为零的原点。在准平衡态的适用区间内,单元系统从基态始发的无中生有的过程中能量E_+就是热量Q_+,即$E_+ = \Delta E_+ = Q_+$。当显性因子为温度T_+,力F_e为玻尔兹曼常数k,$F_e = k$时,单元系统的能量E_+(热能)就是温度的线性函数

$$E_+ = Q_+ = kT_+ \tag{8-42}$$

在准平衡态下,线性系统的热能与温度变化成正比关系,以T_{+1}代表初态温度和T_{+2}代表末态温度,由(8-42)式可以得到

$$\Delta E_+ = k(T_{+2} - T_{+1}) = k\Delta T_+ \tag{8-43}$$

如果(8-42)式$E_+ = kT_+$的中间形态是平衡态A_+,$E_+ = kT_+$就体现在(8-41)式$E_+ = kT_{A_+}^0 + \Delta E_+$的左边,而(8-43)式$\Delta E_+ = kT_+$则体现在(8-41)式$E_+ = kT_{A_+}^0 + \Delta E_+$右边的$\Delta E_+$项中,如此就可得到线性系统在准平衡态的温度$T_+$为热平衡态$A_+$的温度$T_{A_+}^0$与变动温度$\Delta T_+$的加和

$$T_+ = T_{A_+}^0 + \Delta T_+ \tag{8-44}$$

可见,通过温度这个显性因子来表征物体的热运动,既可以回避热平衡态真值的确定,又可以描述热的形态属性。温度的变化可以用测温质的测温属性来表达。温度虽然是由物体的冷热程度这一直觉观念中引申出来的,但它是表征物体热的特质的一个基本形态参量;离开了温度,物体的冷热程度就很难描述。

第五节　线性系统形态变化规律及其演绎

单元系统的能量E_+通过显性因子θ_j可以表现出各种各样的特殊形

式,且与质变量 x_i 遵循着线性规律。在许多学科中,把单元系统在准平衡态的异质能量都表示为潜能因子量 F 与显性因子 θ_j 的乘积。因此,通过线性系统的形态变化规律就可以直接演绎出各个学科人们已经熟悉的许多经典的线性规律,且都可以用质变量 x_i 来表达。

一、在物理学中的演绎

在一维正向质向量坐标系 $\vec{X}_+$ 内部 $(\vec{N}_+,\vec{n}_+,\vec{E}_+,\vec{E}_{\neq +},\vec{\varepsilon}_+)$ 五维分质向量空间的 $(\vec{C}_{N_+},\vec{n}_+,\vec{E}_+,\vec{C}_{E_{\neq +}},\vec{C}_{\varepsilon_+})$ 截面上,各个分质向量坐标轴与各自的分质变量坐标轴同向,可以用其分质变量来表示。在准平衡态和吸收发射条件下,单元系统的异质单元数 n_+ 与能量 E_+ 的函数关系可以用(6-313)式 $n_+ = aC_{N_+}\dfrac{C_{E_{\neq +}} - E_+}{C_{\varepsilon_+}} + bC_{N_+}$ 的线性函数表示,能量 E_+ 与异质单元数 n_+ 的函数关系也可以用(6-314)式 $E_+ = C_{E_{\neq +}} - C_{\varepsilon_+}\dfrac{n_+ - bC_{N_+}}{aC_{N_+}}$ 的线性函数表示,而异质单元数变化率函数可以用(6-315)式 $r_+ = \dfrac{\mathrm{d}n_+}{\mathrm{d}E_+} = -aC_{N_+}\lambda_+$ 表示;能量变化率函数也可以用(6-316)式 $\mu_+ = \dfrac{\mathrm{d}E_+}{\mathrm{d}n_+} = -\dfrac{C_{\varepsilon_+}}{aC_{N_+}}$ 的线性函数表示。在准平衡态和自发发射条件下,系统的异质单元数 n_+ 与能量 E_+ 的函数关系可以用(6-317)式 $n_+ = a'C_{N_+}\dfrac{C_{E_{\neq +}} - E_+}{C_{\varepsilon_+}} + b'C_{N_+}$ 的线性函数表示,能量 E_+ 与异质单元数 n_+ 的函数关系也可以用(6-318)式 $E_+ = C_{E_{\neq +}} - C_{\varepsilon_+}\dfrac{n_+ - b'C_{N_+}}{a'C_{N_+}}$ 的线性函数表示;而异质单元数变化率函数可以用(6-319)式 $r_+ = \dfrac{\mathrm{d}n_+}{\mathrm{d}E_+} = -a'C_{N_+}\lambda_+$ 表示;能量变化率函数也可以用(6-320)式 $\mu_+ = \dfrac{\mathrm{d}E_+}{\mathrm{d}n_+} = -\dfrac{C_{\varepsilon_+}}{a'C_{N_+}}$ 的线性函数表示。

能量 E_+ 通过显性因子 θ_j 可以表现出各种各样的特殊形式,这就为统一科学打开了无限的演绎空间。有史以来,人类只有在空间和时间的条件下才能观察和设想任何真实的事物。按照赫拉克利特的说法,在世界上没有任何东西能超越它的尺度——而这些尺度就是空间和时间的限制。自然界的物质都具有时空特质,因而自然科学建立的坐标系必然包括空间维度和时间维度。由于空间和时间不过是能量 E_+ 的显性因子 θ_j 的特殊形式,而物理学是研究自然界的物质结构、物体间的相互作用和物体运动最一般规律的自然科学,所以空间和时间在物理学中就如影随形。

统一科学作为横断科学,突破了物理学在空间和时间的特殊维度中研究物质形态变化规律的限制,不仅可以对世界1的事物形态变化规律进行研究,而且可以对世界2和世界3的单元系统形态变化规律进行研究。当单元系统处在准平衡态时,每一个质

变量 x_i 与显性因子 θ_j 都遵循着线性规律(6-397)式 $x_i = x_i^0 + F\theta_j$。在平衡态 A_+，单元系统的能量 $E_{A_+}^0$ 与一维质变量坐标轴参照系的选择直接相关。在准平衡态下讨论单元系统的能量变化时，人们往往就把平衡态 A_+ 取作参照点 $x_i = x_i^0 = 0$，即(6-398)式 $x_i^1 = x_i - x_i^0 = F\theta_j$。因此，从统一科学关于准平衡态的线性理论可以直接演绎得到物理学(包括力学、电磁学、热学、光学、声学、核物理学、固体物理学等分支)的经典运动方程。

（一）力 学

在早期的经典力学中，质点运动学和动力学的研究对象都是运动速度远小于光速的宏观物体。运动学主要研究质点和刚体的运动规律，动力学主要研究作用于物体的力与物体运动的关系。运动学与动力学研究的出发点和研究范围大都集中在处于准平衡态的质点的运动。因此，经典力学的发展是从阐述最简单的物体平衡规律到建立物体运动的一般规律，而这些规律却可以由统一科学的线性规律演绎。

在准平衡态和自发发射条件下，单元系统的能量变化量 ΔE_+ 与显性因子 θ_+ 的关系满足线性规律，即(6-386)式 $E_+ = F_+ \theta_+$。单元系统在准平衡态下的能量变化量 ΔE_+ 在牛顿力学中就是量度能量变化的"功" W_+，所以功 W_+ 与显性因子 θ_+ 的变化量 $\Delta \theta_+$ 呈线性关系

$$W_+ = \Delta E_+ = F_+ \Delta \theta_+ \qquad (8\text{-}45)$$

式中，单元系统的能量变化率 F_+ 就称为"力"。

1. 势 能

单元系统的空间长度 l_+ 是人们关心的一个显性因子。如果 l_{+1}、l_{+2} 为单元系统初态和末态位置，则空间位置的移动 Δl_+ 称为位移。

$$\Delta l_+ = l_{+2} - l_{+1} \qquad (8\text{-}46)$$

此式即为势能函数。如果力 F_+ 对单元系统所做的功 W_+ 只与该单元系统的初态和末态位置有关，而与该单元系统所经的具体路径无关，此力场称为保守力场，力 F_+ 称为保守力，这样

$$W_+ = \pm F_+ \Delta l_+ \qquad (8\text{-}47)$$

式中，Δl_+ 为力 F_+ 方向上的位移，位移与力 F_+ 同向取正号，否则取负号。[20]

演绎到力学中，单元系统变身为物体，其做功要有两个必要因素：一是物体受到力 F_+ 的作用，二是力的作用点在力 F_+ 的作用方向上发生了位移 Δl_+。特别地，当物体在地球环境中，力 F_+ 表现为重力 F_{G_+}，而位移表现为高度的变化 ($\Delta h_+ = h_{+2} - h_{+1}$)，这样，重力对物体做的功就等于自发发射条件下物体重力势能的变化量，即

$$W_+ = E_{+p_2} - E_{+p_1}$$
$$= F_{G_+} h_{+2} - F_{G_+} h_{+1}$$

$$= F_{G_+}(h_{+2} - h_{+1}) \tag{8-48}$$

如果将地面作为零势能位置，即取 $h_{+2}=0$，就有

$$W_+ = -F_{G_+} h_+ \tag{8-49}$$

重力 F_{G_+} 在重力势能中为潜能因子量，它还可以分解为物体质量 m_+ 与重力加速度 g 的乘积（$F_{G_+} = m_+ g$），因此重力势能可表示为

$$E_{+p} = W_+ = -m_+ g h_+ \tag{8-50}$$

式中，负号表示这是个自发发射过程。

2. 动力学

在动力学中，作用于物体的力与物体运动的关系表现为线性条件的运动叠加性原理或运动的独立性原理。这是指一个物体同时参与几种运动，各个分运动都可以看成是独立进行的，物体的合运动可视为几个相互独立分运动的叠加结果。分运动和合运动之间具有独立性、等时性、矢量性和同体性。

在统一科学中，时间 t_+ 只是能量的一个显性因子 θ_+。当单元系统在准平衡态由初态时刻 t_{+1} 变化到末态时刻 t_{+2} 时，其间经历的时刻变化为

$$\Delta t_+ = t_{+2} - t_{+1} \tag{8-51}$$

在准平衡态，单元系统的功由(8-45)式 $W_+ = \Delta E_+ = F_+ \Delta \theta_+$ 变为

$$W_+ = \Delta E_+ = F_+ \Delta t_+ \tag{8-52}$$

如果将单元系统的初态时刻 t_{+1} 作为零点（$t_{+1}=0$），其能量变化量即为

$$E_+ = F_+ t_+ \tag{8-53}$$

式中，力 $F_+ = F_N$ 为常数，称为功率。

在动力学中，单元系统表现为物体，功率定义为物体所做的功与做功过程的时间之比 $\left(F_N = \dfrac{W}{\Delta t_+}\right)$。用单位时间所做的功可表示一台机器能力的大小，如果不用功率这个参量则很难说明一台机器的能力。

3. 流体力学

在统一科学中，体积 V_+ 是能量的一个显性因子。但是，单元系统在流体力学中就变身为流体，流体体积 V_+ 的变化量为

$$\Delta V_+ = V_{+2} - V_{+1} \tag{8-54}$$

式中，V_{+1}、V_{+2} 分别为流体处在初态和末态的体积。

处在准平衡态的流体的能量变化及其与体积 V_+ 变化量的线性关系，一样可以通过(8-45)式 $W_+ = \Delta E_+ = F_+ \Delta \theta_+$ 来反映，即

$$W_+ = \Delta E_+ = \pm F_+ \Delta V_+ \tag{8-55}$$

如果将流体的初态体积 V_1 作为零点（$V_1=0$），流体的能量就是

$$E_+ = \pm F_+ V_+ = \pm P_+ V_+ \tag{8-56}$$

在流体力学中，力 $F_+ = P_+$，称为压强。

(二) 电磁学

在统一科学中，处于平衡态的单元系统的总体单元数是确定的，即 $N_+ = C_{N_+}$。如果电荷量 Q_+ 是表现能量的一个显性因子 θ_+，本质单元在电磁学中就称为电子。电子的显性因子为电荷 $\theta_{+\varepsilon} = q_{+\varepsilon}$，则 N_+ 个电子的电荷量为 $Q_+ = N_+ q_{+\varepsilon}$。当单元系统在准平衡态由初态 Q_{+1} 到末态 Q_{+2} 时，其电荷量的变化量为

$$\Delta Q_+ = Q_{+2} - Q_{+1} \tag{8-57}$$

电场是表现电性的场空间。电荷在电场中的势能大小可以用电势能表示。对于电场中的同一点，电荷的电量愈大，电势能就愈高。由 (8-12) 式 $E_+ = \Delta E_+ = n_+ \mu_+$ 就可得到电势能 E_+ 与电荷量 Q_+ 呈线性关系，即

$$E_+ = n_+ \mu_+ = \mu_+ \frac{Q_+}{q_{+\varepsilon}} = U_+ Q_+ \tag{8-58}$$

式中，$U_+ = \dfrac{\mu_+}{q_{+\varepsilon}}$ 在电学中称作电势或电位。在电场中，同一点的电势 U_+ 为常量。当电荷变化量 ΔQ_+ 与电势 U_+ 同方向时取正号，反之取负号。

对于电场中的不同点，电势 U_+ 是不一样的。所以，电势 U_+ 还可以进一步分解为电场强度 E'_+ 与距离 Δd_+ 的乘积

$$U_+ = E'_+ \Delta d_+ \tag{8-59}$$

这里 Δd_+ 为电力线上的距离。电力线在静电场中始于正电荷，终于负电荷；线上某点的切线方向，表示该点电场强度 E'_+ 的方向。

把 (8-59) 式代入 (8-58) 式 $E_+ = U_+ Q_+$，就有

$$E_+ = E'_+ \Delta d_+ Q_+ \tag{8-60}$$

把上式与力学中力的概念联系起来，还可以定义电场力为

$$F_+ = E'_+ Q_+ \tag{8-61}$$

由此就可以得到如下几点推论：

(1) 在电场中移动电荷时，电场力所做的功跟电荷的始末位置 (Δd_+) 有关，与电荷经过的路径无关。

(2) 在电场中移动电荷时，电荷的电势能 E_+ 的变化总等于电场力对电荷所做的功，即

$$\begin{aligned} W_+ &= E_{+1} - E_{+2} \\ &= Q_+ U_{+1} - Q_+ U_{+2} \\ &= Q_+ (U_{+1} - U_{+2}) \\ &= Q_+ \Delta U_+ \end{aligned}$$

(3) 电势能是相对的，论述电势能时必须确定零电势能的位置。理论上常规定无穷

远处为零势能位置,一般就规定地球的电势能为零。

(4)电势能的大小由电荷所在点的电场和电荷本身的性质决定。

关于电势也可以展开如下的讨论：

(1)确定零电势位置的方法与确定零电势能的方法相同。如果 $U_{+\infty}=0$,则点电荷 q_+ 产生的电场中各点的电势都是正值,即 $U_{+i}>0$,且离 q_+ 越近,U_{+i} 越高;点电荷 q_- 产生的电场中各点的电势都是负值,即 $U_i<0$,且离 q_- 越近,U_{+i} 越低。

(2)根据能量最低原理,电荷发生自发发射时在电场力作用下移动,正电荷总是从电势高的地方移向电势低的地方,负电荷总是从电势低的地方移向电势高的地方;外力反抗电场力移动电荷时则相反。

(3)电场中电势相同的各点构成的面叫作等势面。等势面一定跟电力线垂直,即与场强的方向垂直。电荷沿等势面移动时,电势能不变,所以电场力不做功。

(4)当电势可以分解为电力线距离与电场强度的乘积时,表明电势与电力线距离呈线性关系。电势也还可以与其他显性因子呈线性关系,如果这个显性因子是电荷量 Q_+,就有

$$U_+ = kQ_+ \tag{8-62}$$

令常数 $k=\dfrac{1}{C}$,并把常量 C 称为电容,代入(8-58)式 $E_+=U_+Q_+$,得

$$E_+ = \frac{1}{C}Q_+^2 \tag{8-63}$$

当显性因子为电流强度 I_+ 时,则电势可以表达为

$$U_+ = RI_+ \tag{8-64}$$

其中,常数 R 称为电阻。由此就可直接得出人们熟悉的部分电路欧姆定律：导体中的电流强度与这段导体两端的电压成正比,与这段导体的电阻成反比。

电流强度 I_+ 还可以定义为单位时间内的电荷变化量,即

$$I_+ = \frac{\mathrm{d}Q_+}{\mathrm{d}t_+} \tag{8-65}$$

其积分式为

$$Q_+ = I_+ t_+ \tag{8-66}$$

代入(8-58)式 $E_+=U_+Q_+$,就得到电功

$$W_{+E} = U_+ I_+ t_+ = I_+^2 R t_+ = \frac{U_+^2}{R}t_+ \tag{8-67}$$

电功率为

$$N_{+E} = \frac{W_{+E}}{t_+} = I_+ U_+ = I_+^2 R = \frac{U_+^2}{R} \tag{8-68}$$

类似地,关于电场强度 E'_+,虽然它不是基本物理量,但是它的性质是符合叠加原理的。由(8-61)式 $F_+=E'_+Q_+$ 可得

$$E'_+ = \frac{F_+}{Q_+} \tag{8-69}$$

在均强电场中,由(8-59)式 $U_+ = E'_+ \Delta d_+$ 就有

$$E'_+ = \frac{U_+}{\Delta d_+} \tag{8-70}$$

在电磁学中,磁场是表现磁性的场空间,表现磁性的显性因子 θ_+ 是磁荷量 Q_{+m}。当一块磁铁放入磁场 H 时,能量就会发生变化,而且在磁场中取向不同时,能量不同,其数值取决于磁场的大小及方向。磁荷在磁场中势能的大小也可以用磁势能 E_{+H} 表示。对于磁场中的同一点,磁荷量愈大,磁势能就愈高。如果以无磁场时的能量算作零,则在磁场 H 中磁矩和磁场交角为 φ 时能量为

$$E_{+H} = -\mu_+ H \cos\varphi = -\mu_H H \tag{8-71}$$

可见,磁势能 E_{+H} 与磁场强度 H 也是呈线性关系的;磁场强度也是符合叠加原理的。

在电磁学中,叠加原理是线性电路的重要特性,它为电路中有多种(或多个)信号源激励时,研究响应与激励的关系提供了理论根据和方法。在任何由线性元件、线性受控源及独立源组成的电路中,每一支路的响应都可以看作每个独立电源单独作用时在该支路中产生相应的代数和。

图 8-4 表明,在把叠加原理用于线性的电阻电路时,可以让电压源单独作用,再让电流源单独作用,然后再求和。电压源作用电流源为零值,电流源作用电压源为零值,应用叠加原理时,每次只能有一种独立源作用。如果线性的电阻电路中的各元件是逐个顺次连接起来的,则电路为串联电路。串联电路可以用叠加原理得出其总电路和各支路电流、电压和电阻的关系。

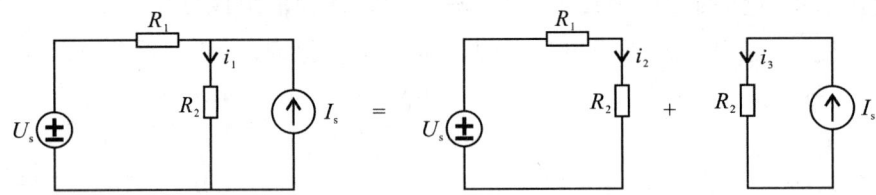

图 8-4 线性的电阻电路

此外,光是电磁波,具有相应的电磁场。激光辐射出几乎是波长一致平行准直的光束,在其传播的进程中有高度的定向性。因此,激光在传播中构成单色性和方向性非常好的场空间,其中的光能与场强也都呈现线性关系。

(三)量子力学

量子力学是物理学的分支学科。在量子力学中,物理对象的形态是用希尔伯特空间中的态矢来刻画的,而希尔伯特空间中的元素往往被称为向量。一个物理系统可以

被一个复希尔伯特空间所表示,其中的向量是描述系统可能状态的波函数。按照坐标空间展开,态矢可在任意选定表象中展开为本征态矢的叠加,所以波函数就可以看成是本征态矢的叠加。量子力学中由平面波和束缚态所构成的希尔伯特空间,一般被称为完备希尔伯特空间。希尔伯特空间就是定义了内积的线性空间,并且按照内积诱导出的度量是完备的。因此,作为20世纪物理学的带头学科,量子力学至今基本上都还隶属于线性科学。

在一维正向质向量坐标系 $\vec{X}_+$ 内部 $(\vec{N}_+,\vec{n}_+,\vec{E}_+,\vec{E}_{\neq +},\vec{\varepsilon}_+)$ 五维分质向量空间的 $(\vec{C}_{N_+},\vec{n}_+,\vec{E}_+,\vec{C}_{E_{\neq +}},\vec{C}_{\varepsilon_+})$ 截面上,省却分质向量关于指向的规定,统一科学得到处于准平衡态的单元系统能量 E_+ 与异质单元数 n_+ 的函数关系,在吸收发射条件下可用(6-314)式 $E_+=C_{E_{+\neq}}-C_{\varepsilon_+}\dfrac{n_+-bC_{N_+}}{aC_{N_+}}$ 的线性函数表示,在自发发射条件下可以用(6-318)式 $E_+=C_{E_{+\neq}}-C_{\varepsilon_+}\dfrac{n_+-b'C_{N_+}}{a'C_{N_+}}$ 的线性函数表示。

在吸收发射条件下,线性系统的能量变化量为

$$\Delta E_+=-\frac{C_{\varepsilon_+}}{aC_{N_+}}\Delta n_+ \tag{8-72}$$

可见,线性系统的能量变化量与异质单元数变化量成正比。线性系统的能量变化量是异质单元数的形态函数,与变化过程的路径无关。

线性系统的能元 ε_+ 以显性因子表示为 $F_\varepsilon\theta_\varepsilon$,代入(8-13)式 $\Delta E_+\geqslant\varepsilon_+$ 可知,线性系统形态变化中的能量变化量大于或等于 $F_\varepsilon\theta_\varepsilon$,所以能元 ε_+ 又称为"量子"。在量子力学黑体辐射过程中,如果黑体中的带电粒子发生简振振动时显性因子 θ_ε 表现为振动频率 ν_+,潜能因子 F_ε 就是一个称为普朗克常数的常量 h,带电粒子的量子就是黑体中的能元,即

$$\varepsilon_+=h\nu_+ \tag{8-73}$$

若量子 $\varepsilon_+=-\dfrac{C_\varepsilon}{aC_{N_+}}=h\nu_+$,那么黑体的辐射能量用(6-392)式 $E_+=n_+\varepsilon_+=n_+F_\varepsilon\theta_\varepsilon=F_\varepsilon\theta_+$ 表示即为量子 $\varepsilon_+=h\nu_+$ 的整数倍

$$\Delta E_+=n_+h\nu_+ \tag{8-74}$$

式中,n_+ 为异质单元数;$h=6.625\times10^{-27}$ 尔格·秒。

在统一科学中,力 $F=\dfrac{\mathrm{d}E_+}{\mathrm{d}\theta_+}$ 是能量关于显性因子的变化率,演绎到量子就可以产生关于量子之间的作用力的学问——量子力学。所以,量子力学在描述量子微观状态的特征与规律的理论中必然有一些原理是符合线性规律的,这从如下几条基本原理就可以清楚地看出。

1. 态叠加原理

态叠加原理:单元系统的任何一个态都可以看作其他两个或多个态线性叠加的结

果。这个基本原理相应的数学表达式是

$$\vec{\Psi} = \sum_k C_k \vec{\Psi}_k \tag{8-75}$$

式中，C_k 一般为复数；$\vec{\Psi}$ 为代表态在希尔伯特空间中的向量。

2. 物理量用算符表达

所有的可观察量都以作用在态矢量上的线性厄密算符来表达，而厄密算符有时也被称为实算符或自伴算符。

3. 物理诠译

当对物理量进行观测时，每次所测到的值只能是它本征值中的一个。$<\sigma|F|\sigma>$ 是物理量 F 在态 σ 中被观测时所得到的平均值。

4. 基本对易关系（量子条件）

一对正则共轭变数 q 与 p 的对易关系是

$$qp - pq = ih \tag{8-76}$$

5. 运动方程

态 $\vec{pt}$ 随时间的变化规律是 $\vec{pt}$，即

$$ih\frac{\partial}{\partial t}\vec{pt} = H\vec{pt} \tag{8-77}$$

这就是态的运动方程。

二、在其他学科中的演绎

线性规律在不同的学科不胜枚举，只要稍加注意都可以罗列出许多特殊而具体的线性模型。像经济学中的列昂节夫模型、诺依曼模型、盖伊尔模型等都是线性、封闭式的生产模型。为了表明统一科学可以直接演绎出不同学科的线性规律，在此还是以几个实例示范。[21]

（一）心理学

心理学是研究人类心理规律的科学。心理规律指人的认识、情感、意志等心理过程和能力、性格等心理特性。心理学最初在哲学内部发展，到了19世纪中期，随着自然科学的进展和实验方法的采用，才逐渐成为一门独立的科学。但是，在心理学中由于人们研究方向的差异也形成了许多分支，其中实验心理学主张心理学采用实验法，通过不同环境的实验或改变环境的实验来获取研究对象——心理的变化规律。随着近代科学技术的发展，现代心理学不断地改进实验心理学的研究方法和实验，如脑电波描记法、电子计算机的利用以及在实际生活场所进行的自然实验法等。然而，实验心理学的发展

最终还是没有超出心理物理学的范畴,其揭示的心理规律也没有心理物理学的心理物理函数直观与明确。

心理物理学是一门研究心身或心物之间函数关系的精密科学。德国生理学家韦伯于1834年最早进行了心理物理研究,他研究了所谓提重的辨别试验发现,在对相当重的两个物体进行重量辨认时刚好感觉到有差别所需要的物理差别量(即差别阈)要比在两个相当轻的物体上产生的差别量大。此外,在晴朗的夏日夜空,人们很容易看到满天的繁星,而在白天则极难觉察到它们的存在。这个熟悉的现象告诉人们:对于刺激强度变化 $\Delta \Phi_+$ 的觉察与原有刺激强度 Φ_+ 之间存在着某种关系,这种关系被心理学家们称为刺激的临界值函数。

韦伯在深入进行刺激与反应的关系研究后,终于揭示了一个心理规律,即差别阈是刺激强度的线性函数

$$\Delta \Phi_+ = C\Phi_+ \tag{8-78}$$

或

$$\frac{\Delta \Phi_+}{\Phi_+} = C \tag{8-79}$$

这就是心理学上的韦伯定律或称韦伯分数。

韦伯定律的线性函数构成了心理物理学和实验心理学的基础,使得人们的认知心理研究从哲学思辨式的讨论进入了刺激和反应行为的客观观察与研究,心理状态和过程都能通过心理表征来计算。

在统一科学里可一目了然地看出,韦伯定律就是准平衡态下单元系统形态变化规律所表现的线性规律(6-386)式 $E_+ = F_+ \theta_+$ 在神经系统中产生心理功能的演绎。因为心理、意识状态的生起固然是大脑神经机能的表现,但它绝不是大脑神经内部自生的东西,而是大脑神经对外部世界的刺激与影响的"回答活动"。韦伯定律反映的正是外部世界的刺激强度 Φ_+ 与大脑神经对比刺激所反应的差别阈 $\Delta \Phi_+$ 之间简单的线性关系,这种感觉的差别阈就是在准平衡态下产生的一种构性能。

作为神经系统的高级产物,大脑是意识的物质载体,其生理机能产生了心理现象的萌芽状态。心理发展的高级形式就是意识精神。动物神经系统愈复杂,其心理功能系统也愈复杂。心理功能的性质和水平及其限度为大脑神经系统的复杂及有序程序所决定。但是,心理功能与神经系统的结构关系至今仍是人们望而却步的复杂关系,因而心理物理学并不直接研究这种关系,转而讨论了心理功能与环境刺激量的关系,并确证了在准平衡态下这一关系呈线性关系。

(二)宇宙学

20世纪才建立的宇宙学是对宇宙的起源、演化、物质组成及结构形成的研究。人类由于受到自身感觉器官能力的限制,只能看到星星在天球上投影的二维分布图像,而

无法直接看出它们在三维空间上的距离,确定天体离开人们的距离成为天文学研究中的一个难题。为此,宇宙学家不断地发展新技术和新方法来测量天体的距离。

苏联宇宙学家弗里德曼最先在1922年认为宇宙正在膨胀,并根据广义相对论提出了宇宙膨胀模型。各种原子发光时,发出的光的频率是某些确定的值,也就是说发出的光的波长是某些确定的值。这些光谱是这种原子的特征光谱线,根据这些特征光谱线就可以判别这些光是从什么原子发出来的。在宇宙的大尺度范围中(超出银河系),遥远星系所发出的光的光谱中的谱线与地面上同种元素发射的谱线相比较,位置发生了移动。每个星系离人们远去的速度与它跟地球的距离成正比,谱线的移动是由于发光物体沿着谱线方向的运动引起的,称为多普勒效应。当物体运动的速度远远小于光速时,谱线移动的量 $\frac{\lambda-\lambda_0}{\lambda_0}$ (λ 为所测到的天体某一谱线波长,λ_0 为实验室中光源同一谱线的波长)与光源运动的速度成正比,用公式来表示就是

$$\frac{\lambda-\lambda_0}{\lambda_0}=\frac{v_+}{c}=Z \tag{8-80}$$

式中,c 为光速。

当光源迎着观测者运动时,谱线的波长变短,其位置移向光谱的紫端,则 $Z<0$,称为紫移;当光源离开观测者运动时,谱线的波长变长,其位置移向光谱的红端,$Z>0$,称为红移。在 Z 较小时,v_+ 表示光源运动的真实速度,可用线性关系 $v_+=cZ$ 来表示谱线的移动量。但是当 Z 较大时,就要根据相对论理论加以修正。

所谓红移现象就是指:如果源远去(或退去),则观测到源发射信号的波长变长、频率变低。所以,一个静止的物体发射出黄色的光,那么当它离开我们时,其颜色就渐渐发红。1929年,美国天文学家哈勃根据这一道理,仔细地测量了一批星系的距离,发现除个别外,绝大多数河外星系的光谱线波长都红移,红移量大致同星系的距离成正比。哈勃的研究结果发表后,许多宇宙学家对于红移与距离的关系进行了系统的研究并证实了这个结果。宇宙学家确认,距离我们较远的旋涡星云显得比距离我们较近的那些"更红",谱线红移确实可用作测量星系距离的工具。对于那些非常遥远的星系,至今地面上最大的望远镜也无法把它们分解成单个恒星的集合,人们就可以直接用其谱线的红移来估算它们的距离。[22]

如果将旋涡星云光线的红移解释为多普勒效应,那就意味着所有星系都在离开我们而去,其退行速度 u 正比于同我们的距离 D,即 $u=H_0 D$,这就是哈勃定律,比例常数 H_0 称为哈勃常数。如果遵循哥白尼的思想,认为我们在宇宙中并不处于特殊的中心位置,也就是说哈勃定律对任何星系来说都是成立的,那么直接的推论就是:宇宙中所有的星系都在彼此远离,即宇宙处于普遍的膨胀之中。哈勃的这一发现为弗里德曼宇宙模型提供了直接的观测依据,动摇了宇宙整体静止的传统观念,为进一步研究宇宙的起源和演化扫清了道路,这是20世纪宇宙学最重要的成就之一。

在统一科学中,谱线红移的线性规律也是轻而易举就可以演绎得到的。因为当物体运动的速度远远小于光速时,这是物体在准平衡态下的一种运动,而其运动规律在准平衡态下必然表现为线性规律,只是(6-386)式 $E_+ = F_+ \theta_+$ 的量被赋予了特殊的意义而已。由此就可以解释,在膨胀的宇宙中传播的光子的波长随时间变长,遥远的星系的光谱系统地移向光谱的红端。

(三)生物学

生物学是研究自然界所有生物的起源、演化、生长发育、遗传变异等生命活动的规律和生命现象的本质以及各种生物之间、生物与环境之间的相互关系的科学。生物界千姿百态,种类繁多,人们常把生物划分为植物、动物和微生物三大类。在生命的起源和演化过程中,植物、动物和微生物是联系在一起的,它们之间有许多普遍的共性,亲缘关系密切。然而,它们又分别发展出自己的生活方式,并且相互牵连影响,因此它们也具有各自的特点。

在地球上的生物演化过程中,生物从单细胞发展成多细胞,从水体扩展至陆地,从低级进展至高级,直至人类的出现,无不有赖于植物能提供足够的氧气和有机物。在复杂的生态系统中,植物和一部分与植物有着亲缘关系的自养微生物是生产者,包括人类在内的动物都是消费者,而无数微生物是分解者。地球生物圈中的物质循环和能量流动主要就是由这三者的共同作用而运转的,靠植物利用太阳能将无机物变成有机物并释放出氧气来推动的。只有植物茂盛了,生物界才得以发展繁荣,植物处于非常关键的地位。

因此,生物学在研究生物形态的演化中,对植物生态的变化做了相当多的研究,其中最简单的典型就是植物群落的演替。植物群落的演替过程是一个单元系统的形态变化过程,植物群落演替的各个阶段就是一个个过渡态。在一定条件下,它可以由一种状态(原象)转移到另一种状态(映象),这种状态转移的过程就是所谓的演替系统,这种由各种状态或者子系统组成的系列就构成了植物群落的演替系统。

植物群落演替的初始状态不管是什么原因造成的,当外因作用不超过植物群落演替的抗性,即在它的负载能力允许范围之内,也就是说外界因素不造成演替方向的改变时,植物群落就发生内因生态演替,其主要动力是植物间的竞争,依次更替的结果必然终结在地带性顶极植被类型中,它的稳定特征是线性唯一的。

在植物学中,假定演替系统为线性系统 $S(X)$,它就符合叠加原理,即

$$S[\lambda_1 X_1(t) + \lambda_1 X_2(t)] = \lambda_1 S[X_1(t)] + \lambda_2 S[X_2(t)] \tag{8-81}$$

式中,λ_1、λ_2 为常量;X_1、X_2 为状态。否则,称为非线性系统。

昆虫在生长发育过程中,温度是影响最显著的一个生态因子。有效温积法则认为,昆虫为了完成发育,需要一定的温热积累。发育历期 D 与该历期内的有效温度(超过发育零点 T_L 以上的温度)$T - T_L$ 的乘积对每一具体种群为常数,即 $D(T - T_L) = K$。

如果用平均发育速率 $V = \dfrac{1}{D}$ 表示,则有

$$V(T) = \dfrac{1}{K}(T - T_L) \tag{8-82}$$

这种线性关系仅在最适温度附近近似成立。最适温度是昆虫的平衡态,而这里发育速率与温度的线性关系只是反映了昆虫生长发育在准平衡态的运动规律,一旦超出准平衡态,这种直线运动规律就要为非线性规律所取代。

不论是植物群落的演替还是昆虫生长发育的例子都符合线性变化规律,都可以由统一科学单元系统形态转化基元规律在准平衡态下的线性规律进行演绎。生物学的植物群落演替或昆虫生长发育的形态变化只要可以看作理想的典型化了的准平衡态,就可以抽象为线性系统形态变化符合线性规律的例子。由统一科学理论出发,人们可以自觉地演绎出准平衡态下各种特殊生物形态变化符合线性规律的实例。

参考文献

[1] 《辞海》编辑委员会.辞海:哲学分册[M].上海:上海辞书出版社,1981:49.
[2] 恩格斯.路德维希·弗尔巴哈和德国古典哲学的终结[M]//马克思恩格斯选集:第4卷.北京:人民出版社,1995:247.
[3] 凯德洛夫,王树恩,武树元.马克思关于未来统一科学的预测[J].科学、技术与辩证法,1984(4):84-91.
[4] 沈蘧.试论理论物理中数学方法的创造力[J].世界科学,1992,15(6):1-4.
[5] 库恩.科学革命的结构[M].金吾伦,胡新和,译.北京:北京大学出版社,2003:101-135.
[6] 魏诺.非线性科学基础与应用[M].北京:科学出版社,2004:23-24.
[7] 苗东升.复杂性科学研究[M].北京:中国书籍出版社,2015:194-195.
[8] 罗杰·彭罗斯.皇帝新脑[M].许明贤,吴忠超,译.长沙:湖南科学技术出版社,1999:351.
[9] 曹天元.上帝掷骰子吗?量子物理史话[M].北京:北京联合出版公司,2013:323.
[10] 爱因斯坦.相对论的意义[M].李灏,译.北京:科学出版社,1961:28-30.
[11] 卡普拉.物理学之"道":现代物理学与东方神秘主义[M].朱润生,译.北京:北京出版社,1999:186.
[12] 普利高津.确定性的终结[M].湛敏,译.上海:上海科技教育出版社,1998:46.
[13] 费恩曼,莱顿,桑兹.费恩曼物理学讲义:第1卷[M].新千年版.郑永令,华宏鸣,吴子仪,等译.上海:上海科学技术出版社,2013:42-47.
[14] 于学刚.狭义相对论和量子理论一元化表述[M].北京:科学出版社,2012:32-35.
[15] 童宝润.时间统一系统[M].北京:国防工业出版社,2003:15.
[16] 陈方培.时空和物质[M].北京:科学出版社,2014:2.
[17] 谢有畅,邵美成.结构化学:下册[M].北京:人民教育出版社,1979:1-10.
[18] 晏红.霍金大宇宙探索之秘[M].海口:南方出版社,1999:93.
[19] 傅里叶.热的解析理论[M].桂质亮,译.北京:北京大学出版社,2008:3.
[20] 杨维纮.力学[M].2版.北京:中国科学技术出版社,2004:182-185.
[21] 庄世坚.统一科学初探[M].厦门:厦门大学出版社,1998:234-239.
[22] 高崇寿,谢柏青.今日物理[M].北京:高等教育出版社,2004:202-203.

第九章

近平衡与非线性论

第一节 近平衡态的平庸事物与非线性理论

在相当长的时期里,科学都封闭在线性科学的狭窄圈子里发展,比比皆是的非线性现象促使人们必须从线性科学迈向非线性科学。在一维正向质向量坐标系 $\vec{X}_+$ 内部的多维分质向量空间 $(\vec{X}_{+1},\vec{X}_{+2},\cdots,\vec{X}_{+m})$ 中,近平衡态的单元系统形态转化基元规律可以演绎出非线性系统平庸的形态变化规律,并打开一般到特殊的通道。

一、从线性科学迈向非线性科学

一维正向质向量坐标系 $\vec{X}_+$ 是统一科学理论大厦的顶梁柱。作为仿射坐标系,一维正向质向量坐标系 $\vec{X}_+$ 的 $(\vec{X}_+)$ 空间打开了人们定质、定量、定向认识单元系统形态的空间。任何一个确定的事物形态都可以看作孤立、静止、无序的单元系统平衡态,这样的孤立系统就是一个质点,都可以用一维正向质向量空间 $(\vec{X}_+)$ 中的一个常质向量 $\vec{a}_+$ 或定点表示。

当单元系统形态发生变化,进入了关联的、运动的、失衡的有序形态时,孤立系统就成为开放系统,其形态就不再囿于孤点。在一维正向质向量坐标系 $\vec{X}_+$ 中,事物从此形态向彼形态的变化即单元系统形态从一个定点到另一个定点的变化,其经历两个不同形态的运动轨道就是阴阳之道,"一阴一阳"的变化轨迹就是单元系统形态的变化规律。

通览不同学科领域中的事物在形态变化过程中所表现的客观现象及其特殊定律,可以发现各种单元系统的对应性和同型性表现为单元结构上的相似性或形式上(逻辑上)的一致性,与"系统的实质、它的各个要素的实质以及要素间的关系的实质无多大关系"。因此,可以归纳出反映单元系统形态变化的质向量和基本概念,并揭示由不同成分(如原子、分子、细胞或动物)单元所组成的各种单元系统的共同真谛。统一科学刨根究底所追求的就是各种单元系统在结构上的对应性和同型性,而对于代表"系统的实质、它的各个要素的实质"的基元(如原子、分子、细胞或动物)的不同成分与性质都予以扬弃。

统一科学揭示了一维正向质向量坐标系 $\vec{X}_+$ 及其内部空间所蕴含的单元系统异质形态转化基元规律和单元系统本质形态分布基元规律,这些规律及其在不同平衡态或不同变相点的形态函数,都是以一组质向量之间的内在关系来反映单元系统形态的一般变化,这些以抽象枯燥的形式出现的单元系统形态变化规律讲述的是科学的元道理或大道理,而不是具体的、特殊的道理。统一科学在这一方面与哲学的研究对象是一致的,都是抽象的理论研究,它们所揭示的关于自然、社会和思维发展的最普遍、最一般的规律涵盖着所有的知识层面。

揭示单元系统异质形态转化基元规律与单元系统本质形态分布基元规律只是统一科学涉猎的一个方面,而通过这些基元规律演绎出其他学科的特殊规律则是统一科学还需拓展的另一个方面。统一科学"可上九天揽月,可下五洋捉鳖",既要远望"森林",又要近察"树木"。因此,统一科学只有把抽象的哲学宏论与具体的学科道理大小通吃,才称得上实现了科学的统一,也才有理由认定单元系统异质形态转化基元规律与单元系统本质形态分布基元规律是最一般的规律。

理论有解释一切事实的义务,而没有藐视事实的特权。成熟的科学理论一般都具有演绎式的逻辑结构。面对形形色色的各种事物及其无穷无尽的形态变化的事实,统一科学理论不仅要做出物理、事理等机理性的说明,而且要以演绎推理为工具,从单元系统形态转化基元规律的大道理直接演绎出具体事物形态变化的小道理。统一科学要从单元系统形态的一般概念和单元系统形态转化基元规律的抽象形式出发,一步一步地演绎出较为具体的概念和特殊的定理,在思维行程中把事物形态具体复制出来,并概括地反映现实对象的运动过程。

各种特殊事物形态的变化都遵循着单元系统异质形态转化基元规律或本质形态分布基元规律,但是客观事物的具体形态只有通过异质形态变化规律或本质形态分布规律的特殊表现形式才能便于人们理解和认识。因此,统一科学要在太极世界纵横驰骋,就必须打开一般到特殊的通道,并建立起一般理论到特殊学科的演绎体系。

要建立统一科学一般理论的演绎体系,就要通过"舍本求末",把考察某一层次系统的特殊形态及其组成单元的特定性质作为对象,也就是要在各个学科领域中寻求这些具有特性的基元。例如,生物学的目标是把生命现象分解为原子实体和局部过程,生命有机体被分解成细胞,它的活动被分解成生理过程,最终再被分解成物理化学过程,并把遗传基质分解为基因颗粒,等等。

统一科学的演绎理论是基于一维正向质向量坐标系 $\vec{X}_+$ 的 $(\vec{X}_+)$ 空间而发轫的。在 $(\vec{X}_+)$ 空间的 $[\vec{a}_+, \vec{b}_+]$ 区间中,单元系统形态从 $\vec{a}_+$ 连续变化到中间形态 $\vec{x}_+$,

$\langle \vec{x}_+ | \vec{a}_+ \rangle$ 的形态变化规律可以用质向量 $\Delta \vec{x}_+ = \vec{x}_+ - \vec{x}_{a_+}$ 表示。但是，单元系统从平衡态到非平衡态的变化过程所表现的异质形态变化规律，有可能是从平衡态到准平衡态异质形态的线性变化，也有可能是从平衡态到近平衡态异质形态的非线性变化，还有可能是从平衡态到远离平衡态异质形态的非线性质变。

在一维正向质向量坐标系 $\vec{X}_+$ 的 $(\vec{X}_+)$ 空间中，描绘单元系统形态变化的轨线都是直线。当单元系统处于准平衡态时，在一维正向质向量坐标系 $\vec{X}_+$ 内部多维分质向量空间描绘的轨迹依然是直线，其形态变化遵循线性规律，单元系统就称为线性系统。但是，当单元系统所处的形态是近平衡态或远离平衡态时，在一维正向质向量坐标系 $\vec{X}_+$ 内部多维分质向量空间描绘的轨迹就不是直线，其形态变化不再遵循线性规律而遵循非线性规律，这一系统就称为非线性系统。

线性系统所处的准平衡态是最简单的非平衡态，所有的线性系统都可以用叠加原理进行分解和合并。对于处在准平衡态的线性系统，只要近似知道线性系统的初始条件和理解自然定理，就可以计算线性系统的近似行为，历史上人们就是运用线性理论和逻辑分析工具解决了许多事物形态线性变化的实际问题。因为线性关系容易理解，可以把研究对象一块块地分割开来进行考察，然后再一块块地拼合起来，所以，线性关系不仅让人喜爱，而且以牛顿力学为代表的经典科学在相当长的时期里都是封闭在线性科学的狭窄圈子里发展的。人们关于世界整体知识的划分，也就像将设备分解成部件或躯体分解成器官或骨架分解成骨骼一样，将地球表面分解成行政区域。[1]

必须承认，在科学还处在以简单关系为主要研究对象的幼年阶段，线性方法曾经是十分有效的。但是，许多人由此也形成了一种扭曲的认识或所谓的"科学思想"，认为线性系统是客观世界中的常规现象和本质特征，线性系统是科学探索的基本对象，只有线性问题才存在理论体系，只有线性规律才有普遍性，才能建立一般原理和普适方法；而非线性科学研究似乎总是把人们对"正常"事物或"正常"现象的认识转向为对"反常"事物和"反常"现象的探索。

其实，非线性是一个数学名词，它是指两个量之间没有像正比那样的"直线"关系。在人们尚未认识非线性问题的本质特征时，就只能把非线性系统作为线性系统例外的病态现象，因而认为非线性问题很难找到普遍的解决方法，没有普遍的规律，只能作为对线性系统的扰动或采取特殊的方法做个别处理。在科学发展史上，虽然有过一些解决非线性方程的巧妙方法，但是与大量存在的非线性问题相比，只能算作凤毛麟角；甚至人们一遇到非线性系统或发现方程中的非线性项时，就想尽办法回避，或加以舍弃，或使之"线性化"。

不过，随着科学的发展和对自然界认识的深入，人们已经逐渐认识到线性理论的局限性。例如，柱体扭转时为什么会伸长，射流在刚离管口处为什么会出现径向膨胀现象，油漆为什么总积聚在搅拌器轴杆周围致使搅拌效率不高，像车胎那样的橡皮制品超出小变形到有限变形的范围怎样计算等,面对这些问题,在线性理论的框架里是找不到合理的答案的。在19世纪,英国物理学家汤姆森进行了关于热电现象的研究,开创了非平衡态热力学的新天地。然而,在非平衡态热力学研究的早期阶段,人们所研究的系统实际上都是很接近于平衡态的情况,也就是非平衡态的线性区。

20世纪初,人们发现处在准平衡态的单元系统的质能关系是线性关系,即(8-20)式 $E_+ = m_+ c^2$。然而,当单元系统形态的变化一超出准平衡态,质能变化关系就不是线性关系,而是非线性关系。因此,相对论力学得出在次准平衡态下的质能关系式为

$$E_+ = m_+ c^2 = \frac{m_+^0 c^2}{\sqrt{1-\frac{u_+^2}{c^2}}} \tag{9-1}$$

式中,u_+ 为静止质量等于 m_+^0 的物体的速度;E_+ 为物体的总能量;$m_+^0 c^2$ 为物体速度为零时的能量——静能。

20世纪初,人们已经发现,牛顿力学对于接近光速运动的物体并不适用,对于接近光速运动的物体就应采用相对论的方程来进行讨论。后来,人们又发现了对于"微观"粒子的运动也不能用牛顿力学来讨论,而应当用量子力学的方程来讨论。20世纪30年代以来,牛顿力学退却到非相对论与非量子论的低速宏观范围,只适用于那些宏观物体缓慢运动的周期或准周期的稳定轨道。相对论和量子力学发展了牛顿力学,成为20世纪初物理学的革命,标志着科学的研究领域开始从线性科学迈向非线性科学。

"非线性科学即是研究非线性现象共性的一门学问。"[2]。近百年来,人们在各个领域从各种角度开展了非线性的研究。例如,在20世纪50年代蓬勃兴起的航天技术的推动下和控制理论应用范围扩大的形势下,经典线性控制理论的局限性日趋明显,它既不能满足实际需要,也不能解决理论本身提出的一些新问题,这种状况推动了非线性系统的研究。1960年以后,线性系统理论从经典阶段发展到现代阶段,而非线性系统理论在这一领域逐渐占据了重要的位置。

人们通过非线性系统的研究发现,在自然现象和社会现象中,事物都存在着相互作用,因而处处都出现非均匀、非平衡、非对称、非单一和非封闭的非线性问题。人们通过研究还发现,自然界的变迁、人类社会的风云变幻和人们的思维过程也都是非线性过程。正因为事物形态变化进入了非线性变化,才使得事物形态表现得更为有序、失稳、不均匀和多样,也才有世界的万千气象。非线性特性是事物存在和发展的基本特征,线性系统只是对一部分简单非线性系统的理论近似。

非线性现象扑朔迷离,非线性系统具有多样性、复杂性和随机性,人们在漫漫的认知道路上,从不同的条件或出发点探索得到的非线性规律也种类繁多,令人眼花缭乱。五花八门的非线性规律不像经典的线性规律那样具有严格确定性,它们一般都是非确定性的。人们往往对于许多非线性问题束手无策,只能具体问题具体分析,似乎没有统一的方法可循,或者人们只能从统计学角度来描述其确定性的概率。所以,长期以来人

们对非线性问题的研究只是分散在自然科学和技术科学的各个领域,至今一直没有找到解决非线性问题的普遍方法。正因为人们在非线性科学领域的研究迄今还处于很不成熟的阶段,所以非线性科学领域对于非平衡形象的研究被作为现代科学的前沿。日本理论物理学家久保亮五在评价非平衡现象的研究现状时认为:"在非平衡、非平衡现象下面隐藏着物理的概念和规律,我们要去发现它,研究它。这个领域的研究目前还处在一个初始的阶段。"

其实,非线性现象是各个领域普遍存在的现象,人们不可能从19世纪才开始探索非线性现象所隐含的规律。早在公元前500多年前,老子在其《道德经》就说:"曲则全,枉则直,洼则盈,敝则新,少则得,多则惑。""道冲而用之或不盈。"老子所论述的是曲向全的转化和枉向直的转化;规律是空虚无形的,一切事物形态的变化都是由曲至全而归一的,其中,有关"曲"的内涵就是非线性的概念。

在西方,也早就有人探索过非线性现象。公元前4世纪,亚里士多德认为行星轨道应是最完美的圆。公元2世纪,托勒密提出的地心说认为,太阳绕地球做匀速圆周运动,行星绕太阳做匀速圆周运动。他们甚至以为认识了曲线运动就可以认识非线性的本质,但是未能如愿。17世纪,欧洲出现了一大批科学家,像牛顿、伽利略、惠更斯等人也都对曲线运动进行了探索。牛顿力学不仅研究了当物体所受的力和它运动的方向不在同一直线上的曲线运动,而且把揭示事物形态的变化规律从准平衡态推向次准平衡态。例如,在经典力学发展中,人们通过经验的归纳总结出了动能的抛物方程 $E=\frac{1}{2}mv^2$;在牛顿第二定律中,力也可以用二阶微分方程表示为 $F=m\frac{\mathrm{d}^2x}{\mathrm{d}t^2}$。

虽然次准平衡态比准平衡态偏离平衡态更远了,但又向更有序的非平衡态迈进了一步。次准平衡态与准平衡态是如此接近,因此单元系统在准平衡态具有的一些性质(可逆性与决定性)在次准平衡态仍然成立,如在牛顿第二定律中将时间 t 反转为 $t'=-t$,它的形式并没有变化,过去和将来起着完全相同的作用。因此,单元系统在次准平衡态下变化的非线性规律一直被归入经典的线性理论中讨论,其实这种线性作用只不过是非线性作用在一定条件下的近似。在次准平衡态下,单元系统受到环境的扰动作用加大了,系统中单元之间的作用就不仅要考虑单元的两两相互作用,还要考虑每一个单元同时与若干个单元的相互作用。不过,人们对单元系统的扰动只是采取特殊方法做个别处理。

面对非线性系统在非平衡态所表现的非均匀、非对称、非单一和非封闭的各种非线性问题,许多人都以不同的方式在探索,而且涉猎的范围还超出了次准平衡态。例如,①1887年,头顶瑞典和挪威王冠的国王奥斯卡二世悬赏征求解答三体的问题,即三个质点在万有引力作用下的运动。②1744年,欧拉研究了细杆在轴向力压缩下的变形,即压杆屈曲或解的分叉。③在非线性振动中,由负阻尼引起的自激振动(系统靠内部维持振动)和次谐波共振(系统外部强迫激励几分之一的频率振动)而出现的一系列完全不同的新现象。④由非线性和色散的强耦合形成的非常稳定的(即使碰撞也不改变形状的)像粒子一样的波结构,即孤立子。⑤在连续的流动中,当质点运动速度超过物质中的声速时,连续的流动会变成不连续的激波或叫冲击波。⑥各种不同空间和时间尺度的大小旋涡相互嵌套着,能量在其间传输的"多体"问题,即湍流。

实际上,只有当单元系统形态处于准平衡态时才表现为线性系统,传统科学中的线性系统只是属于事物形态变化的简单类型。科学家们长期以来选择并研究这类线性系统一方面是由于非线性问题在数学上远比线性问题困难,另一方面是科学当时只拥有初级的无法适于复杂系统的实验技术和理论。比如,在经济学的发展中,主流经济学家在牛顿力学范式的影响下长期持有静态均衡思想,但后来有一小部分经济学家开始跳出经典研究范式,将达尔文生物进化论思想逐步引入经济学,建立了演化经济学理论体系,从而使经济体系所具有的非线性特征得到了很好的解释。像人们经济生活中的复利(被爱因斯坦称为世界第八大奇迹),威力就在于以指数增长方式发生利滚利。

二、非线性系统的形态变化规律

在科学发展进程中,人们是在经历了非常漫长的求索与周折后才真正进入非线性领域。尽管对非线性系统的研究比对线性系统的研究困难得多,但是人们在物理学、化学、生物学、天文学、地学等诸多学科中还是进行了广泛的研究。在近代科学的一些研究领域,人们通过归纳一些非线性系统的经验规律,才逐渐披露了近平衡态事物形态变化规律的真实面目,像单摆和复摆在有阻尼的空气中,其摆幅就遵循着 $x=Ae^{-\beta t}$ 的指数规律。单元系统在离开平衡态之后,由准平衡态(线性区域)向非平衡的近平衡态或远离平衡态进一步发展就会显现出非线性的特征。在近平衡态或远离平衡态,线性系统的独立性原理失效,整体不等于部分之和,非线性方程的两个解之和不再是方程的解。

1889年,瑞典物理化学家阿累尼乌斯根据范荷甫规则及平衡常数随温度变化的范荷甫公式的启示,研究了物质反应速度随温度而变化的关系,发现速度常数与温度之间的关系根据实验结果能相当满意地用下列经验公式表示

$$k=Ae^{-E/RT} \tag{9-2}$$

式中,常数 A 称为"指数前因子"或"频率因子"。

阿累尼乌斯公式不仅适用于一般的均相反应,而且适用于一般非均态反应(包括催化反应)。1918年,英国科学家路易斯在阿累尼乌斯的活化状态和活化能的概念基础上提出了碰撞理论,指出阿累尼乌斯公式中常数 A 表示作用物分子间的碰撞频率,即单位时间体积内分子的碰撞数(Z)。根据阿累尼乌斯的概念,不是每次碰撞都能引起反应,只有其中能量较大的活化分子的碰撞才能发生反应。令 P 表示这种活化分子碰撞占碰撞数中的分数,则反应速度等于 ZP,碰撞理论就是试图通过 Z 和 P 的计算来求

得反应速度。P 可由能量分布定律求得,简单的碰撞理论认为能量等于 E 或超过 E 的分子分数为 $e^{-E/RT}$,即

$$P = A e^{-E/RT} \tag{9-3}$$

式中,A 为方位因素。

与(9-3)式类似,在 19 世纪,玻尔兹曼以概率观点给相变以微观的解释,提出了微观粒子的能级分布公式

$$P_i = \exp\left(-\frac{E_i}{kT}\right) \tag{9-4}$$

式中,E_i 为第 i 能级的能量;P_i 为粒子占据该能级的概率;k 为玻尔兹曼常数(等于 1.38×9^{-16} 尔格/度)。(9-4)式称为玻尔兹曼有序性原理,完整地解释了在自发发射中形成平衡结构的自组织过程。

玻尔兹曼还以对数函数的形式揭示了近平衡态下热力学系统所遵循的第二定律——熵变规律。

$$S' = k \ln \Omega \tag{9-5}$$

式中,S' 为熵;k 为玻尔兹曼常数;Ω 为宏观状态对应的微观状态总数。

玻尔兹曼从分子运动的观点把热力学熵与系统的微观状态数联系起来,所讨论的对象不再局限于分子热运动,他对熵所做的微观解释不仅使人们对熵的理解豁然开朗,并且为熵概念的泛化创造了契机,经典统计热力学就是在这样的基础上发展了"广义熵"。在统计热力学中,对于有 $N(N=C_N)$ 个分子的封闭系统,在系统总能量 E 和体积 V 固定的条件下,热力学熵 S' 是 (E,V,N) 的函数。统计热力学的发展基于这样一个假定:对于 (E,V,N) 确定的热力学系统(即宏观状态一定的系统)来说,任何一个可能出现的微观状态都具有相同的数学概率。但是,统计热力学至今也无法推演出这个基本假定。

在热力学发展的初期,德国物理学家克劳修斯和英国物理学家汤姆逊等人甚至把热力学第二定律滥用于整个宇宙,提出了耸人听闻的"宇宙热寂说":宇宙的熵正在不可遏止地单向增大,最终必将达到极大值。随着宇宙的熵趋于极大,太阳和其他恒星的燃料烧尽之后热量散失,压力变为均匀,宇宙万物就会达到热平衡。那时,所有的能量都成为不可再进行传递和转化的束缚能,现有的有序宇宙就会变成无序的宇宙,一切运动都停止了,宇宙将进入某种"惰性的死寂状态",将是一个死气沉沉、浩瀚无边的"死海",也就到了世界的末日。

热力学的熵变规律只是单向考虑了自发发射条件下的封闭系统熵变,所以会出现"宇宙热寂说"那样惊心动魄的预言。但是,后来匈牙利物理学家齐拉德首次提出了"负熵"的概念,1944 年薛定谔也明确地论述了负熵的概念。[3]从此,人们才认识到应当从正向和负向两个方向综合考虑熵变。像美国科普作家阿西莫夫在谈论黑洞时就说了:"在黑洞里,热力学第二定律被颠倒过来了,因而尽管宇宙的大多数区域是在衰亡,但是

黑洞里在逐渐复兴。"

20世纪中叶,普利高津研究并创立了非平衡态热力学。在非平衡热力学系统的线性区研究的基础上,他又探索了非平衡热力学系统在非线性区的演化特征。他认为:在准平衡态和近平衡态,涨落是一种破坏稳定有序的干扰,是非线性科学无法回避的问题。

20世纪60年代以来,非线性科学有了飞速的发展,在探求非线性系统形态变化规律及其研究的普适方法方面取得了明显成就:相干结构和孤立子揭示了非线性作用引起的惊人的有序性;确定性系统的混沌使人们看到了普遍存在于自然界而人们多年来视而不见的一种运动形式;分形和分维的研究把人们从线、面、体的常规几何观念中解放出来;自组织现象和图形生成反映非线性地耦合到一起的大量单元和子系统中由于有序和混沌竞争而形成的时空组织或时空过程。

非线性科学的这些问题与成就,在人类探索自然的实践中起着开阔眼界和解放思想的作用。人们发现了非线性系统的一些特征,如非线性系统一般都由许多相互作用的基本单元组成,每个基本单元的形态只有极少数几种,每个基本单元的形态变化是由相邻的基本单元的形态所决定。根据这些特征,非线性系统通过各单元的局部相互作用,整体上可以显示出多种多样的复杂形态,可以产生本质上全新的一些现象。把这些在不同的学科领域内发现的非线性现象的共同特征联系起来,就可以得到非线性系统形态变化的普遍规律。在近平衡态,非线性系统的运动规律表现为非质变的、平庸的指数规律或对数规律,并且这个简单的微分方程能够广泛地用于完全不同的事物及很不相同的现象。但是,涌现现象不可能从线性化方程出发的微扰理论得到。

其实,非线性系统形态变化规律隶属于单元系统形态变化规律,由统一科学的信息熵可以直接演绎出热力学的熵变规律来。通过单元系统形态转化基元规律的信息熵(5-45)式 $S=\pm\ln\dfrac{1-P_+}{P_+}=\pm\ln\dfrac{P_+^0}{P_+}=\pm\ln\dfrac{P_{+0}}{P_+}$ 可以得到单元系统在近平衡态($P_+\ll 1$)自发发射时的熵,即(5-94)式 $S=\ln P_+$。令 $P_+\equiv\Omega$,就可以得到 $S=\ln\Omega$。如果把 $S'=\dfrac{\Delta E_+}{T_+}$ 称为热力学熵,再把上式 $S=\ln\Omega$ 演绎到统计热力学,取能元 $\varepsilon_+=kT_+$,则

$$S=\dfrac{E_{\neq +}-E_+}{\varepsilon_+}=\dfrac{\Delta E_+}{kT_+}=\dfrac{S'}{k} \tag{9-6}$$

热力学熵 S' 是统一科学的熵 S 的 k 倍,即 $S'=kS$,而热力学系统的概率 Ω 是单元系统在宏观状态下所对应的微观状态总数。把 $S=\ln\Omega$ 与(9-6)式联系起来,就可以得到热力学系统的熵(9-5)式 $S'=k\ln\Omega$。

1948年,香农冲破热力学的束缚引入了信息熵,使统计热力学的"广义熵"具有更广泛的含义,而具有了普适性。但是,必须指出,不论是热力学熵还是信息熵都只是统一科学的熵在近平衡态下的特殊表现形式。从统一科学在近平衡态下自发发射时的熵

$S=\ln P$ 出发，不仅可以演绎出热力学熵，而且可以演绎出信息熵及其假定。

在一维正向质向量坐标系 $\vec{X}_+$ 内部的 $(\vec{P}_+,\vec{E}_+,\vec{E}_{\neq+},\vec{\varepsilon}_+)$ 四维分质向量空间中，近平衡态单元系统形态转化基元规律为 $P_+=\mathrm{e}^{\mp(E_{\neq+}-E_+)/\varepsilon_+}$；而在一维正向质向量坐标系 $\vec{X}_+$ 内部的 $(\vec{P}_+,\vec{E}_+,\vec{E}_{\neq+},\vec{\varepsilon}_+)$ 四维分质向量空间的 $(\vec{P}_+,\vec{E}_+,\vec{C}_{E_{\neq+}},\vec{C}_{\varepsilon_+})$ 截面上，近平衡态单元系统形态转化基元规律为 $P_+=\mathrm{e}^{\mp(C_{E_{\neq+}}-E_+)/C_{\varepsilon_+}}$。在自发发射条件下，如果环境温度 T_+ 恒定，令 $C_{\varepsilon_+}=RT_+$，$A=\mathrm{e}^{+C_{E_{\neq+}}/RT_+}$，由 $P_+=\mathrm{e}^{\mp(C_{E_{\neq+}}-E_+)/C_{\varepsilon_+}}$ 就可以演绎出(9-3)式 $P_+=A\mathrm{e}^{-E_+/RT_+}$ 这个经验公式。这里，活化分子碰撞占碰撞数中的分数 P_+ 就是分子系统形态转化过程中的异质信息，活化分子数就是吸收发射的异质单元数 n_+，分子的碰撞数就是总体单元数 N_+。活化能 E_+ 是环境作用于分子系统的能量，而 RT_+ 则是衡量系统能量大小的能元 C_{ε_+}。在半导体物理中，人们也将偏离热平衡时的载流子数密度用近平衡态单元系统形态转化基元规律 $P_+=\mathrm{e}^{\mp(C_{E_{\neq+}}-E_+)/C_{\varepsilon_+}}$ 来表达。电子数密度为 $n_e=N_e\mathrm{e}^{-(E_c-E_F^e)/kT}$，空穴数密度为 $n_h=N_h\mathrm{e}^{+(E_v-E_F^h)/kT}$，式中 E_F^e 和 E_F^h 分别为电子和空穴的准费米能级。[4]

可见，指数方程是单元系统形态转化基元规律在吸收发射和近平衡态条件下的一种简化形式，它所描述的是非线性系统没有产生质变的平庸的形态变化规律。上述所讨论的范例，不论非线性系统是以基本属性向量的一般形式还是以不同的显性因子的特殊形式来表现，非线性系统在近平衡态的形态变化规律都遵循指数函数或对数函数。

但是，如果人们是研究非线性系统在近平衡态的形态分布规律，那就应该在一维正向质向量坐标系 $\vec{X}_+$ 打开其内部的多维分质向量空间，通过近平衡态单元系统形态分布基元规律就可以演绎出非线性系统在近平衡态的形态分布规律的一般形式及其以不同的特殊显性因子来表现的特殊形式都是遵循指数函数或对数函数。例如，在气象学中，不仅雨滴、雪花、冰雹和霰的谱为负指数分布，而且风速、比湿、位能、潜热能、雨深—面积、雨强—时间、日降水量和无雨期长度等分布也都是负指数分布。[5]

处于近平衡态的单元系统都是非线性系统，非线性系统中的单元相互作用就会发生运动，只是这种作用或运动的结果还不至于使整个单元系统形态发生质变。例如，在自然系统中，任何一个形态参量的不均匀都可能会造成一种相应的输运流或扩散流，空间密度不均匀会出现质量的输运，温度不均匀会出现热量的输运，流动时速度不均匀会出现动量的输运，等等。所以，人们采用物理规律（常以微分方程表示）来描写系统的扩散现象就是要刻画各处不均匀的情况，反映的是非线性系统尚未出现质变的形态变化。不过，非线性系统尚未出现质变的形态变化除了准平衡态和近平衡态，还有介于两者之间的情形。

在一维正向质向量坐标系 $\vec{X}_+$ 内部的 $(\vec{N}_+,\vec{n}_+,\vec{E}_+,\vec{E}_{\neq+},\vec{\varepsilon}_+)$ 五维分质向量空间的 $(\vec{C}_{N_+},\vec{n}_+,\vec{E}_+,\vec{C}_{E_{\neq+}},\vec{C}_{\varepsilon_+})$ 截面上，各个分质向量坐标轴与各自的分质变量坐标轴同向，可以用其分质变量来表示。对于介于准平衡态与近平衡态之间的次准平衡态下的

单元系统形态变化规律,只要用简单的抛物线方程代替单元系统形态转化基元规律的信息熵函数就可获得。其中,异质单元数 n_+ 可用显性因子(6-389)式 $\theta_+ = \theta_\varepsilon n_+$ 的形式来表现,而在平衡态附近单元系统的能量 E_+ 应用泰勒定理展开的泰勒级数就是

$$E_+ = E_+^0 + \left(\frac{dE_+}{d\theta_+}\right)_0 \theta_+ + \frac{1}{2}\left(\frac{d^2 E_+}{d\theta_+^2}\right)_0 \theta_+^2 + \cdots \tag{9-7}$$

在质变量空间中,处在平衡态的单元系统的异质单元数 n_+ 为零,显性因子 θ_+ 也为零,能量 E_+ 为常量 E_+^0(此即系统的原性能)。但是,在非平衡态,单元系统的异质单元数 n_+ 不为零,显性因子 θ_+ 也不为零,能量 E_+ 的泰勒级数展开式中含 θ_+ 的项数对于系统性能的贡献是不可忽略的。然而,在次准平衡态(9-7)式中含 θ_+ 二次项以上的高次项对于单元系统能量 E_+ 的贡献还是可以忽略的,这样,(9-7)式就可以写成

$$\begin{aligned}E_+ &= E_+^0 + \left(\frac{dE_+}{d\theta_+}\right)_0 \theta_+ + \frac{1}{2}\left(\frac{d^2 E_+}{d\theta_+^2}\right)_0 \theta_+^2 \\ &= E_+^0 + F\theta_+ + \frac{1}{2}\left(\frac{dF}{d\theta_+}\right)_0 \theta_+^2 \\ &= E_+^0 + Fx_+ + \frac{1}{2}\alpha \theta_+^2 \\ &= E_+^0 + E_+' + E_+'' \end{aligned} \tag{9-8}$$

或

$$\begin{aligned}E_+ &= \sum_i E_{+i}^0 + \sum_i \left(\frac{\partial E_+}{\partial \theta_{+i}}\right)_0 \theta_{+i} + \frac{1}{2}\sum_{i,j}\left(\frac{\partial^2 E_+}{\partial \theta_{+i}\partial \theta_{+j}}\right)_0 \theta_{+i}\theta_{+j} \\ &= \sum_i E_{+i}^0 + \sum_i F_i \theta_{+i} + \frac{1}{2}\sum_{i,j}\alpha_j \theta_{+i}\theta_{+j} \\ &= \sum_i E_{+i}^0 + \sum_i F_i \theta_{+i} + \frac{1}{2}\sum_{i,j}\alpha_j \theta_{+i}\theta_{+j} \\ &= \sum_i E_{+i}^0 + \sum_i E_{+i}' + \sum_i E_{+i}'' \end{aligned} \tag{9-9}$$

在上两式中

$$\alpha = \left(\frac{dF}{d\theta_+}\right)_0 = \left(\frac{d^2 E_+}{d\theta_+^2}\right)_0 \tag{9-10}$$

$$\alpha_j = \left(\frac{\partial F_i}{\partial \theta_{+j}}\right)_0 = \left(\frac{\partial^2 E_+}{\partial \theta_{+i}\partial \theta_{+j}}\right)_0 \tag{9-11}$$

式中,α 和 α_j 为系统能量对显性因子 θ_+ 的二次变化率,可称作广义加速度。

由(9-10)式可得广义力与广义加速度的关系为 $dF = \alpha d\theta_+$,积分得

$$F = \alpha \theta_+ \tag{9-12}$$

可见,广义力 F 是广义加速度 α 与显性因子 θ_+ 的乘积。

(9-9)式中的 $\sum_i E_{+i}''$ 是代表在次准平衡态下单元系统中单元两两相互作用贡献的构性能部分。如果设 $E_+(x_{+ij})$ 为第 i 个单元与第 j 个单元之间的相互作用能,则第 i

个单元与单元系统中所有其他单元的相互作用能为

$$E_{+i} = \sum_{\substack{j=1 \\ i \neq j}}^{N_+} E_+(\theta_{+ij}) = \sum_{\substack{j=1 \\ i \neq j}}^{N_+} \alpha_j \theta_{+i} \theta_{+j} \quad (9\text{-}13)$$

因此,整个单元系统 N 个单元总的相互作用能为

$$\begin{aligned} E_{\text{作}} &= \frac{1}{2} \sum_{i=1}^{N_+} E_{+i} \\ &= \frac{1}{2} \sum_{i=1}^{N_+} \sum_{\substack{j=1 \\ i \neq j}}^{N_+} E(\theta_{+ij}) \\ &= \frac{1}{2} \sum_{i=1}^{N_+} \sum_{\substack{j=1 \\ i \neq j}}^{N_+} \alpha_i \theta_{+i} \theta_{+j} \end{aligned} \quad (9\text{-}14)$$

式中,引入因子 $\frac{1}{2}$ 是由于 $E_+(\theta_{+ij})$ 和 $E_+(\theta_{+ji})$ 本是同一个相互作用能,但在以第 i 个单元和以第 j 个单元为参考点计算时各考虑了一次的缘故。

(9-8)式和(9-9)式表明,在次准平衡态,单元系统的能量 E 为异质单元的平行作用能和异质单元的相互作用能之和,且

$$E_{\text{作}} = E''_+ = \frac{1}{2} \alpha \theta_+^2 \quad (9\text{-}15)$$

$$\sum_I E_{\text{作}} = \sum_i E''_{+i} = \frac{1}{2} \sum_{i,j} \alpha_j \theta_{+i} \theta_{+j} \quad (9\text{-}16)$$

即异质单元的两两相互作用能可表示为广义加速度 α 与显性因子 θ_+ 平方两个因素乘积的一半。广义加速度 α 是单元系统能量对显性因子 θ_+ 的二次微商或广义力 F 对显性因子 θ_+ 的变化率,这一强度因素不具有加和性,其数值由单元系统的特性所决定,与系统的数量无关,在数学上也是零次齐函数。显性因子 θ_+ 的平方在数学上是二次齐函数。

如果环境的扰动作用继续加大(即异质单元数 n_+ 或显性因子 θ_+ 继续加大),在这样的近平衡态情形下,单元系统中单元之间的作用就不仅要考虑单元两两相互作用,还要考虑每一个单元同时与若干个单元的相互作用,这样相互作用能就不仅包括 E''_+(或 $\sum_i E''_{+i}$),还应包括 E'''_+(或 $\sum_i E'''_{+i}$)、E''''_+(或 $\sum_i E''''_{+i}$)……因此,单元系统能量 E_+ 的泰勒级数展开式中含显性因子 θ_+ 的高次项对于单元系统性能的贡献量,应视环境的作用程度的大小来决定保留的项数。

如果显性因子 θ_+ 增大到临界程度,级数就不再收敛,这表示单元系统远离平衡态就将发生质变。在临界点附近,单元系统形态达到最有序的形态,但是单元系统在能阈 $E_{\neq+}$ 附近的构性能包含着每一个单元与所有单元的相互作用,这就使得各个单元作用的方向、异质单元与本质单元都处于一种浑沌状态。不过,这种有序的浑沌态与平衡态时无序的混沌态有着根本的不同。这种有序的浑沌态表明在远离平衡态下,单元系统

各种质参量本质上都是几率性的,只有在无序的混沌态附近的准平衡态,单元系统的各种质参量才能精确地确定。

以往,人们凡言事物间的相互作用就言力的存在,而这个力究竟是什么或怎样存在成了难以捉摸的神秘概念。其实,这是人们把单元系统间单元的复杂联系和相互作用力等概念混为一谈。只有统一科学才能够在逻辑推理的基础上,分清广义力与广义加速度的区别,分清单元之间的平行作用能、两两相互作用能与其他相互作用能。

讨论至此,人们就不难看出,单元系统的能量大小并不是通过和预先选定的能元 ε_+ 这样的标本单位相比较直接测量的,而是根据显性因子 θ_+ 的测量结果来计算的。能量的定义本身就包含着计算公式,而这些计算公式都是有条件的。在不同的失衡态下,能量函数的计算公式各不相同,计算能量就应根据这些公式中的显性因子 θ_+ 来进行。在偏离准平衡态的次准平衡态情形下,能量 E_+ 是异质单元数 n_+ 的二次函数。如果人们继续向近平衡态和远离平衡态的非线性力学挺进,能量 E_+ 就不能由异质单元数 n_+ 的二次函数表达。

不论非线性规律取何种形式,非线性系统与线性系统总是表现出不同的特征。线性系统的变量严格遵循着线性叠加规律,因此在线性系统中一般总能找到某个局部,它的性质与整体是一致的。以运动稳定性为例,在线性系统中非全局稳定性与其平衡点局部的稳定性是一致的,平衡点的局部失衡将导致系统全局的失衡。但是,非线性系统则不然。在非线性系统中,某个平衡点的失稳,通常不会引起系统全局的失稳,正像江河中的一个漩涡不至于使整条江水倒流一样。

线性关系是互不相干的独立贡献,而非线性是相互作用。"世界是一个庞大的组织",是作为一个非线性系统而整体存在的,组成系统的要素与要素之间或部分与部分之间存在着密切的相互作用。非线性系统的行为和性能是由其整体决定的,非线性系统可以具有其组成部分所没有的性能,有着相同组成部分但它们的关联和作用关系不同的两个系统可呈现出很不相同的行为和性能。整体性能等于部分性能之和的"叠加原理"只有在线性系统才会出现,而非线性系统的整体性能与部分性能的关系可以出现"大于"和"小于"两种情况。

在非线性系统中,整体不能由部分简单叠加而成,各部分行为之间的关系是非线性的,各个不同部分的组合会产生新的和无法预见的后果。像几根竹筒组合成为竹排,不仅保留了原有的各个竹筒的单根功能,而且新增了组合后的船体的功能,这就是亚里士多德朴素地认为的"整体大于它的部分之和"。非线性系统的不同部分的相互协同作用会产生超出仅仅是叠加的东西,将其组合或分开又往往会产生质的变化。非线性系统的这种"整体大于它的部分之和"的表现早已为人们所认识,并成了系统论的基本原则或定律。

非线性是整体性实现的基本条件,系统整体性实现要求系统内部存在非线性相干机制。非线性产生于反馈、散逸和相互作用下简单比例性的破坏。不同部分或单元与单元相互之间也可能产生冲突和内耗作用（在不同场合又可称为矛盾、异化、纠纷、争吵、论战等），这种拮抗对立的抵消结果将产生"整体小于它的部分之和"的现象，这也是非线性系统运动变化的普遍现象。非线性促使系统的创生与自组织，它是系统演化的发动机与推进器，也是系统稳定性的根源。

线性是简单的比例关系，其特性是平庸的；非线性是对线性的偏离，其特性才富有创造性，但是非线性的特性如果不能表现出单元系统形态转化的质变，则也只能归属于平庸的。正是非线性系统的形态变化具有平庸的与涌现的特点，才产生了现实世界的无限多样性、丰富性和复杂性。在非线性系统中，复杂性和混乱是不同的，一个极为简单的非线性系统可以展示出极为复杂的活动。非线性系统在失衡态的表现是极其丰富和多样的，它们趋于急剧和自然地跃入更复杂或更高级的形态。在现实世界中，绝大多数的系统都是复杂的非线性开放系统。

人们已经发现，在自然科学的各个不同领域中，各种非线性系统有着共同的规律。[6]在近平衡态，非线性系统的形态变化规律都遵循指数函数或对数函数所反映的量变规律，而且非线性函数之间不可能由一种或几种简单形式经过某些数学变换产生出来。

第二节　在近平衡态的单元系统变化规律

在近平衡态，单元系统形态变化规律的熵信息函数是以指数函数来表现的，而信息熵函数则是以对数函数来表现的。借助于数学上人们已经认识的指数函数和对数函数的性质和特征，可以深入了解和分析近平衡态单元系统形态变化规律的内涵，进而就能理直气壮地把近平衡态的单元系统形态变化规律在不同的学科中进行演绎。

一、近平衡态的单元系统形态变化规律

在一维正向质向量坐标系 $\vec{X}_+$ 上，如果定点 $\vec{a}_+$ 和定点 $\vec{b}_+$ 对应单元系统的两个平衡态，当单元系统从平衡态 $\vec{a}_+$ 连续变化到 $[\vec{a}_+, \vec{b}_+]$ 区间中的一个过渡态 $\vec{x}_+$ 时，过渡态 $\vec{x}_+$ 为非平衡态，$\vec{x}_+ \in (\vec{a}_+, \vec{b}_+)$。在 $\vec{x}_{a_+} \to \vec{x}_+$ 的变化过程中，单元系统形态的变化规律可以用质向量变化量 $\Delta \vec{x}_+ = \vec{x}_+ - \vec{x}_{a_+}$ 表示。当单元系统形态的变化方向与一维质向量空间一维正向单位质向量 $\vec{e}_+$ 的方向一致时，单元系统形态的变化可不考虑方向而用变量 x_+ 表示。

在一维正向质向量坐标系 $\vec{X}_+$ 的 $(\vec{X}_+)$ 空间中，以质向量变化量 $\Delta \vec{x}_+$ 来表征单元系

统形态的变化，人们是无法分辨单元系统形态变化是处在准平衡态还是近平衡态或其他形态的。不过，一维正向质向量坐标系 $\vec{X}_+$ 可以分解为 m 个独立的分质向量 $\vec{X}_{+1}$，$\vec{X}_{+2}$，…，$\vec{X}_{+m}$，在一维正向质向量坐标系 $\vec{X}_+$ 内部可以打开 m 维分质向量空间（$\vec{X}_{+1}$，$\vec{X}_{+2}$，…，$\vec{X}_{+m}$），这样人们就可以用 m 个特殊规定的分质向量 $\vec{X}_{+1}$，$\vec{X}_{+2}$，…，$\vec{X}_{+m}$ 的内在关系来刻画单元系统形态变化，揭示不同失衡态的单元系统形态变化规律。

一维正向质向量坐标系 $\vec{X}_+$ 内部的（$\vec{P}_+$，$\vec{S}$）二维分质向量空间是联系信息 $\vec{P}_+$ 和熵 $\vec{S}$ 这两个分质向量的最小空间，也是描述单元系统形态变化的最简单空间。在（$\vec{P}_+$，$\vec{S}$）二维分质向量空间中，任何一个单元系统形态都是可以用一个分质向量表达；由于各个分质向量坐标轴与各自的分质变量坐标轴同向，可以用其分质变量来表示，即分质向量 $\vec{P}_+$ 和 $\vec{S}_+$ 可以用标量 P_+ 和 S_+ 表示。因此，在（P_+，S）二维分质变量空间中，单元系统形态遵循着单元系统形态转化基元规律，且可以用标量的函数形式 $P_+ = \frac{1}{1+e^{\pm S}}$ 来表达；在近平衡态，信息与熵的内在关系也可以分别用标量的函数形式（5-92）式 $P_+(S) = e^{\mp S}$ 和（5-94）式 $S(P_+) = \mp \ln P_+$ 来表达。

在一维正向质向量坐标系 $\vec{X}_+$ 内部的（$\vec{P}_+$，$\vec{E}_+$，$\vec{E}_{\neq +}$，$\vec{\varepsilon}_+$）四维分质向量空间的（$\vec{P}_+$，$\vec{E}_+$，$\vec{C}_{E_+}$，$\vec{C}_{\varepsilon_+}$）截面上，各个分质向量坐标轴与各自的分质变量坐标轴同向，可以用其分质变量来表示，所以一维正向质向量坐标系 $\vec{X}_+$ 的单位质向量 $\vec{e}_+$ 所表达的单元系统形态转化基元规律以信息函数表示就是（5-25）式 $P_+ = \frac{1}{1+e^{\pm(C_{E_{\neq+}} - E_+)/C_{\varepsilon_+}}}$，而其近平衡态的单元系统形态变化规律以信息函数表示就是

$$P_+ = e^{\mp(C_{E_{\neq+}} - E_+)/C_{\varepsilon_+}}$$
$$= e^{\mp(kC_{E_{\neq+}} - kE_+)}$$
$$= C_\pm^0 e^{\pm kE_+} \tag{9-17}$$

式中，常数 $\kappa = \frac{1}{C_{\varepsilon_+}}$，$C_\pm^0 = e^{\mp \kappa C_{E_{\neq+}}}$。

在近平衡态，单元系统形态变化规律以能量函数表示就是 $\neq +$

$$E_+ = C_{E_{\neq+}} \pm C_{\varepsilon_+} \ln P_+ = C_{E_{\neq+}} \pm C_{\varepsilon_+} \ln \frac{n_+}{C_{N_+}} \tag{9-18}$$

式中，常数取 $\varepsilon_+ = C_{\varepsilon_+}$，$E_{\neq+} = C_{E_{\neq+}}$ 和 $N_+ = C_{N_+}$。

在吸收发射条件下，取 $A_+ = C_+^0 = e^{-\kappa C_{E_{\neq+}}}$，（9-17）式 $P_+ = C_\pm^0 e^{\pm \kappa E_+}$ 成为

$$P_+ = C_+^0 e^{\kappa E_+} = A_+ e^{\kappa E_+} \tag{9-19}$$

在吸收发射条件下，（9-18）式 $E_+ = C_{E_{\neq+}} \pm C_{\varepsilon_+} \ln \frac{n_\pm}{C_{N_+}}$ 还可以表示为

$$E_+ = \alpha_+ + \beta \ln n_+ \tag{9-20}$$

式中，常数 $\alpha_+ = C_{E_{\neq+}} - C_{\varepsilon_+} \ln C_{N_+}$，$\beta = C_{\varepsilon_+}$。

在自发发射条件下，取 $A_-=C_-^0=\mathrm{e}^{\kappa C_{E_{\neq-}}}$，(9-17)式 $P_+=C_\pm^0\mathrm{e}^{\pm\kappa E_+}$ 成为

$$P_+=C_-^0\mathrm{e}^{-\kappa E_+}=A_-\mathrm{e}^{-\kappa E_+} \tag{9-21}$$

在自发发射条件下，(9-18)式 $E_+=C_{E_{\neq+}}\pm C_{\varepsilon_+}\ln\dfrac{n_\pm}{C_{N_+}}$ 还可以表示为

$$E_+=\alpha_- -\beta\ln n_+ \tag{9-22}$$

式中，常数 $\alpha_-=C_{E_{\neq+}}+C_{\varepsilon_+}\ln C_{N_+}$，$\beta=C_{\varepsilon_+}$。

对(9-17)式 $P_+=C_\pm^0\mathrm{e}^{\pm\kappa E_+}$ 求导，可以得到异质信息变化率

$$\begin{aligned}p_+&=\dfrac{\mathrm{d}}{\mathrm{d}E_+}(C_\pm^0\mathrm{e}^{\pm\kappa E_+})\\&=\pm\kappa C_\pm^0\mathrm{e}^{\pm\kappa E_+}\\&=\pm\kappa P_+\end{aligned} \tag{9-23}$$

如果把(6-386)式 $E_+=\mu_+ n_+$ 代入(9-18)式 $E_+=C_{E_{\neq+}}\pm C_{\varepsilon_+}\ln\dfrac{n_+}{C_{N_+}}$，等式两边的能量、能阈和能元都除以异质单元数 n_+，那就可以得到以势 μ_+ 为因变量的近平衡态的单元系统形态变化规律

$$\mu_+=C_{\mu_{\neq+}}\pm C_{\mu_{\varepsilon_+}}\ln\dfrac{n_+}{C_{N_+}} \tag{9-24}$$

在近平衡态，$P_++P_+^0=1$ 和 $P_+(S)=P_+^0(-S)=P_{+0}(-S)$ 的关系依然保持，如此就有

$$P_+(S)+P_+^0(S)=P_+(S)+P_+(-S)=1 \tag{9-25}$$

把吸收发射的(9-19)式 $P_+=A_+\mathrm{e}^{\kappa E_+}$ 和自发发射的(9-21)式 $P_+=A_-\mathrm{e}^{-\kappa E_+}$ 代入(9-25)式，也可得到

$$P_++P_+=A_+\mathrm{e}^{\kappa E_+}+A_-\mathrm{e}^{-\kappa E_+}=1 \tag{9-26}$$

在一维正向质向量坐标系 $\vec{X}_+$ 内部的 $(\vec{N}_+,\vec{n}_+,\vec{E}_+,\vec{E}_{+\neq},\vec{\varepsilon}_+)$ 五维分质向量空间的 $(\vec{C}_{N_+},\vec{n}_+,\vec{E}_+,\vec{C}_{E_{+\neq}},\vec{C}_{\varepsilon_+})$ 截面上，各个分质向量坐标轴与各自的分质变量坐标轴同向，可以用其分质变量来表示。所以，一维正向质向量坐标系 $\vec{X}_+$ 的单位质向量 $\vec{e}_+$ 所表达的 $\langle\vec{e}_+|\vec{0}\rangle$ 单元系统形态转化基元规律以异质单元数函数表示就是(6-81)式 $n_+=\dfrac{C_{N_+}}{1+\mathrm{e}^{\pm(C_{E_{\varepsilon_+}}-E_+)/C_{\varepsilon_+}}}$，而其近平衡态的单元系统形态变化规律以异质单元数函数表示就是

$$\begin{aligned}n_+&=C_{N_+}\mathrm{e}^{\mp(C_{E_{\varepsilon_+}}-E_+)/C_{\varepsilon_+}}\\&=C_{N_+}C_\mp^0\mathrm{e}^{\pm\kappa E_+}\\&=B_\pm\mathrm{e}^{\pm\kappa E_+}\end{aligned} \tag{9-27}$$

式中，常数为 $\kappa=\dfrac{1}{C_{\varepsilon_+}}$，$C_\mp^0=\mathrm{e}^{\mp\kappa C_{E_{\varepsilon_+}}}$ 和 $B_\pm=C_{N_+}C_\pm^0$。

由此可得到以能量函数表示的近平衡态单元系统形态变化规律

$$E_+ = \pm\frac{1}{\kappa}\ln\frac{n_+}{B_\pm} = \pm\frac{1}{\kappa}\ln\frac{n_+}{C_{N_+}C_\pm^0} = C_{E_{\ne+}}C_{\varepsilon_+}\ln\frac{n_+}{C_{N_+}} \tag{9-28}$$

在吸收发射条件下,(9-27)式还可以写作

$$n_+ = B_+ \mathrm{e}^{\kappa E_+} \tag{9-29}$$

在自发发射条件下,(9-27)式也可以写作

$$n_+ = B_- \mathrm{e}^{-\kappa E_+} \tag{9-30}$$

对(9-27)式求导,得到的异质单元数变化率就是

$$r_+ = \frac{\mathrm{d}}{\mathrm{d}E_+}(B_\pm \mathrm{e}^{\pm\kappa E_+}) = \pm\kappa B_\pm \mathrm{e}^{\pm\kappa E_+} = \pm\kappa n_+ \tag{9-31}$$

此外,还可以得到处于不同能级的异质单元数的比值。在吸收发射条件下,由(9-29)式 $n_+ = B_+ \mathrm{e}^{\kappa E_+}$ 即可得到处于能级 E_{+1} 的异质单元数 n_{+1} 与处于能级 E_{+2} 的异质单元数 n_{+2} 之比。在自发发射条件下,由(9-30)式 $n_+ = B_- \mathrm{e}^{-\kappa E_+}$ 也可得到处于能级 E_{+1} 的异质单元数 n_{+1} 与处于能级 E_{+2} 的异质单元数 n_{+2} 之比。它们在不同发射条件下的比值可表示为

$$\frac{n_{+1}}{n_{+2}} = \mathrm{e}^{\pm\kappa(E_{+1}-E_{+2})} \tag{9-32}$$

可见,近平衡态的单元系统形态变化规律是非线性系统形态发生质变前的平庸的变化规律,它所刻画的单元系统形态的变化现象都不会出现超出阈限的变质涌现现象或变态突变现象。在近平衡态,单元系统形态变化规律的熵信息函数是以指数函数来表现的,而信息熵函数则是以对数函数来表现的。从熵信息函数可以演绎出指数函数的性质和特征,从信息熵函数也可以演绎出对数函数的性质和特征。指数函数与对数函数是数学中重要的常用的初等超越函数,它们互为反函数。由于人们对指数函数和对数函数所具有的性质和特征早有认识,因此有必要把在数学中人们关于指数函数和对数函数的认识成果引入非线性论中,如此才能对单元系统形态变化规律在近平衡态的形式与平庸的内涵有较深刻的认识。

二、指数函数的性质和特征

在数学中,指数的概念是由乘方概念推广而来的。n 个相同因数相乘($a \cdot a \cdots a = a^n$)导出乘方,这里的 n 为正整数。n 还可以推广到全体整数、有理指数和实数。a 作为底数也可选用一些特殊的数值,如整数 2、分数 $\frac{1}{2}$、自然数 e 等。以实数 x 为变量,指数函数的表示式为

$$y = a^x \tag{9-33}$$

指数函数具有一些典型的性质和特征。

(一)指数函数的性质

(1)定义域为全体实数$(-\infty,+\infty)$。

(2)值域为正实数$(0,+\infty)$,从而函数没有最大值与最小值,但有下界,$y>0$。

(3)对应关系为一一映射,从而存在反函数——对数函数。

(4)单调性:当$a>1$时,为增函数;当$0<a<1$时,为减函数。

(5)无奇偶性:为非奇非偶函数。但是,$y=a^x$与$y=a^{-x}$的图像关于Y轴对称;$y=a^x$与$y=-a^x$的图像关于X轴对称;$y=a^x$与$y=\log_a x$的图像关于直线$y=x$对称。

(6)有两个特殊点:零点$(0,1)$和不变点$(1,a)$。

(7)运算性质:

$$a^0=1$$

$$a^1=a$$

$$a^{x+y}=a^x a^y \quad (9\text{-}34)$$

$$a^{xy}=(a^x)^y \quad (9\text{-}35)$$

$$\frac{1}{a^x}=\left(\frac{1}{a}\right)^x=a^{-x} \quad (9\text{-}36)$$

$$a^x b^x=(ab)^x \quad (9\text{-}37)$$

它们对所有正实数a与b和所有实数x与y都是有效的,其中涉及分数和方根的表达式还可以使用指数符号来简化:

$$\frac{1}{a}=a^{-1}$$

对于任何$a>0$,实数b和整数$n>1$:

$$\sqrt[n]{a^b}=(\sqrt[n]{a})^b=a^{\frac{b}{n}} \quad (9\text{-}38)$$

(二)指数函数的特征

18世纪,瑞士数学家欧拉发现,如果以数学常数 e 为底数,指数函数就是e^x。常数$e\approx 2.718281828459045235360 2874\cdots\cdots$是个很漂亮的无理数,常出现在人们日常生活的周遭(从黄金矩形、鹦鹉螺螺纹、螺旋星系,乃至求双曲线的面积这样的问题,都少不了 e)。不管是自然还是艺术,都有 e 的踪影,可以说 e 无所不在。因此,e 被称为自然数,又叫欧拉数。

指数函数在科学中的重要性主要源于其导数的性质。欧拉数 e 之所以漂亮也就在于,以欧拉数 e 为底的指数函数e^x其导数就是它自己

$$\frac{d}{dx}e^x=e^x \quad (9\text{-}39)$$

正指数函数 $y=e^x$ 既是微分方程 $y'=y$ 的解,又是泛函导数的不动点。对于常数 k 的形如 ke^x 的函数是唯一有这个性质的函数。指数函数的图像在任何一点上的斜率是这个函数在这一点上的高度。正指数函数 $y=e^x$ 的图形如图 9-1(a)所示,指数函数 $y=e^x$ 对于 x 的负数值非常平坦,对于 x 的正数值迅速攀升,在 x 等于 0 的时候等于 1,它的 y 值总是等于在这一点上的斜率。负指数函数 $y=e^{-x}$ 的图形如图 9-1(b)所示,负指数函数 $y=e^{-x}$ 对于 x 的正数值非常平坦,对于 x 的负数值迅速攀升,在 x 等于 0 的时候等于 1,它的 y 值总是等于在这一点上的负斜率。

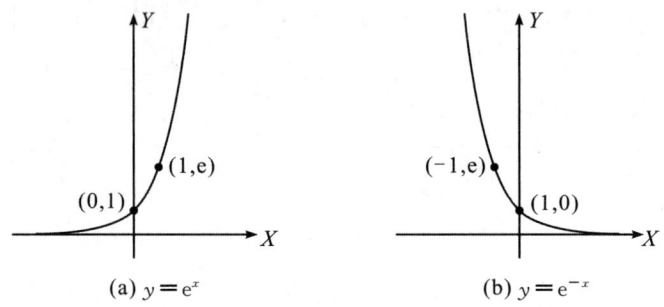

图 9-1　指数函数曲线

作为实数变量 x 的函数,$y=e^x$ 和 $y=e^{-x}$ 的图像总是正的(在 X 轴之上),或递增或递减。它永不触及 X 轴,尽管它可以任意程度地靠近它。所以,X 轴是这个图像的水平渐进线。它的反函数是自然对数 $\ln x$,它定义在所有正数 x 上。一般地说,变量 x 可以是任何实数或复数,甚至可以是完全不同种类的数学对象。

实际上,图 9-1 就是图 5-26 自发发射的单元系统形态转化基元规律在近平衡态的表现,也就是熵信息函数曲线在加速段的轨迹。图 9-2 则是图 5-26 吸收发射的单元系统形态转化基元规律在近平衡态的表现,也就是熵信息函数曲线在加速段的轨迹。不过,指数函数的定义域已经发生变化,因此图 9-1(a)只能是平移以后才能再现图 5-26 的一段,而图 9-1(b)也只能是平移以后才能再现图 5-26 的一段。

以常数 e 为底数的指数函数 e^x 可以等价地写为 $\exp(x)$。指数函数 e^x 也可以用各种等价的无穷级数方式定义,特别是它可以定义为幂级数

$$e^x = \sum_{n=0}^{\infty} \frac{x^n}{n!} = 1 + x + \frac{x^2}{2!} + \frac{x^3}{3!} + \cdots + \frac{x^n}{n!} \tag{9-40}$$

或序列的极限

$$e^x = \lim_{n \to \infty}\left(1 + \frac{x}{n}\right)^n \tag{9-41}$$

在这些定义中,$n!$ 表示 n 的阶乘,而 x 可以是任何实数或复数。但是,要得到指数函数的数值,无穷级数可以重写为

$$e^x = \frac{1}{0!} + x\left\{\frac{1}{1!} + x\left[\frac{1}{2!} + x\left(\frac{1}{3!} + \cdots\right)\right]\right\}$$

$$=1+\frac{x}{1}\left\{1+\frac{x}{2}\left[1+\frac{x}{3}(1+\cdots)\right]\right\}$$

如果确保 x 小于 1,则这个表达式快速收敛。

显然,当 x 等于 1 时,$e^x=e$。可见,e 这个无理数有多种不同的定义法或表示法。e 可以定义为无穷级数的和,称为级数表示法

$$e=1+\frac{1}{1!}+\frac{1}{2!}+\frac{1}{3!}+\cdots+\frac{1}{n!}=\sum_{n=0}^{\infty}\frac{1}{n!} \tag{9-42}$$

e 也可以定义为数列的极限值,称为极限表示法

$$e=\lim_{n\to\infty}\left(1+\frac{1}{n}\right)^n \tag{9-43}$$

在初等微积分中

$$\int_1^e \frac{1}{t}\mathrm{d}t=1 \tag{9-44}$$

e 是唯一的正数能使上述的定积分的值等于 1。

对于其他底数(以 a 表示)的指数函数 $y=a^x$,其导数为

$$\frac{\mathrm{d}}{\mathrm{d}x}a^x=(\ln a)a^x \tag{9-45}$$

所以,任何指数函数都是它自己导数的常数倍。

使用自然对数,还可定义更一般的(以 a 为底表示的)指数函数

$$a^x=(e^{\ln a})^x=e^{x\ln a} \tag{9-46}$$

(9-46)式定义于所有的 $a>0$ 和所有的实数 x,叫作底数为 a 的指数函数。这个 a^x 的定义依赖于先前确立的定义于所有实数上的函数 e^x 的存在,对于 $a=e$,(9-46)式就是 $e^x=e^{x\ln e}=e^{x\cdot 1}$。

三、对数函数的性质和特征

对数的概念是在近代科学的初期出现的。在 16 世纪末到 17 世纪初,哥白尼的"太阳中心说"刚刚开始流行,促使天文学成为当时的热门学科。可是,由于当时常量数学的局限性,天文学家们不得不花费很大的精力去计算那些恒河沙数般繁杂的"天文数字",因此浪费了光阴甚至毕生的宝贵时间。

苏格兰数学家纳皮尔男爵是 17 世纪的一位天文爱好者,为了简化计算,他多年潜心研究大数字的计算技术,在 1594 年提出了对数的概念。1614 年,他出版了《奇妙的对数定律说明书》,公布了他发明的对数及其特点,当时他的发明使用的是代数方法,与现代的对数理论并不完全一样。[7]纳皮尔在"指数"概念尚未形成的时代并不是通过指数来引出对数,而是通过研究直线运动得出对数概念的。他所发明的一种计算特殊多位数之间乘积的方法,是把二分法形成的 2 的对应幂排成一行,这一行数都是 2 的指

数,再把其指数排成另一行,即

1,2,4,8,16,32,64,128,256,512,1024,2048,4096,8192,…

0,1,2,3,4,5,6,7,8,9,10,11,12,13,…

如果要计算第一行中两个数的乘积,可以通过第二行对应数字的加和来实现。这种"化乘除为加减"从而达到简化计算的思路,正是对数运算的明显特征。其实,这种计算方法已具备现代数学中"对数运算"的思想。因此,法国数学家、天文学家拉普拉斯曾说过,对数可以缩短计算时间,"在实效上等于把天文学家的寿命延长了许多倍"。恩格斯在《自然辩证法》中把笛卡尔的坐标、纳皮尔的对数、牛顿和莱布尼茨的微积分共同称为17世纪的三大数学发明。[8]

当今通行的对数函数的数学表达式为 $y=\log_a x$。如果 $a^y=x$,则记为 $y=\log_a x$,其中,a 为底数,x 为真数,y 为以 a 为底的 x 的对数。欧拉指出:"对数源于指数。"指数运算与对数运算是互逆运算,所以指数函数的反函数——对数函数必然受到人们的重视。下面介绍对数函数的性质和特征。

(一)对数函数的性质

(1)定义域为正实数 $(0,+\infty)$。

(2)值域为全体实数 $(-\infty,+\infty)$。

(3)对应关系为一一映射,因而有反函数——指数函数。

(4)单调性:当 $a>1$ 时是增函数,当 $0<a<1$ 时是减函数。

(5)无奇偶性。但是 $y=\log_a x$ 与 $y=\log_{1/a} x$ 关于 X 轴对称,$y=\log_a x$ 与 $\log_a(-x)$ 图像关于 Y 轴对称,$y=\log_a x$ 与 $y=a^x$ 图像关于直线 $y=x$ 对称。

(6)有特殊点 $(1,0),(a,1)$。

(7)零和负数没有对数;1的对数是零,即 $\log_a 1=0$;底的对数是1,即 $\log_a a=1$。

(8)运算法则:

当 $a>0, a\neq 1, x>0, y>0$ 时,

$$a^{\log_a x}=x \tag{9-47}$$

$$\log_a xy=\log_a x+\log_a y \tag{9-48}$$

$$\log_a \frac{x}{y}=\log_a x-\log_a y \tag{9-49}$$

$$\log_a x^y=y\log_a x \tag{9-50}$$

(9)对数换底公式:

$$\log_a x=\frac{\log_b x}{\log_b a} \tag{9-51}$$

$$\log_{a^x} b^y=\frac{y}{x}\log_a b \tag{9-52}$$

$$\log_a b = \frac{1}{\log_b a} \quad (9\text{-}53)$$

由对数的换底公式很容易得到一些与人们认识发展水平相适应的或便捷的对数。

①常用对数。以 10 为底的对数函数 $\log_{10} x$ 在计算中最常遇到,因此被称为常用对数函数。为了区别于其他的底,用一个特殊的函数记号"lg"来表示它,即 $y = \lg x$ 就是 $y = \log_{10} x$。$\lg x$ 当 $x = b$ 时的函数值 $\lg b$ 称为 b 的常用对数。

②自然对数。16 世纪以后,人们发现欧拉数 e 在工程、物理、建筑等领域非常有用,因而指数函数 $y = e^x$ 受到了人们的重视。计算对数函数 $y = \log_a x$ 的导数,得到

$$\frac{dy}{dx} = \frac{1}{x} \log_a e \quad (9\text{-}54)$$

当 $a = e$ 时,$\log_e x$ 的导数为 $\frac{1}{x}$。可见,只有用 e 作为底时结果才会简洁,而用其他数作为底时形式就会复杂。以 e 作为对数的底,是微积分运算的必然结果。为此,人们为以 e 为底的对数函数规定了一个特殊的函数符号"ln",用 $\ln x$ 来表示 $\log_e x$(即 $y = \ln x$ 就是 $\log_e x$),称为自然对数函数,其函数值也就随之被称为自然对数。其实,选择自然对数是"自然"的,这还不仅是大自然的选择,其用武之地太大了。[9]

(二)对数函数的特征

$y = \log_2 x$ 与 $y = 2^x$,$y = \log_{\frac{1}{2}} x$ 与 $y = \left(\frac{1}{2}\right)^x$ 的图像关于直线 $y = x$ 对称,它们互为反函数,表明其互补关系是对立统一的。

对数函数 $y = \log_a x$ 的图像特征如图 9-2 所示。

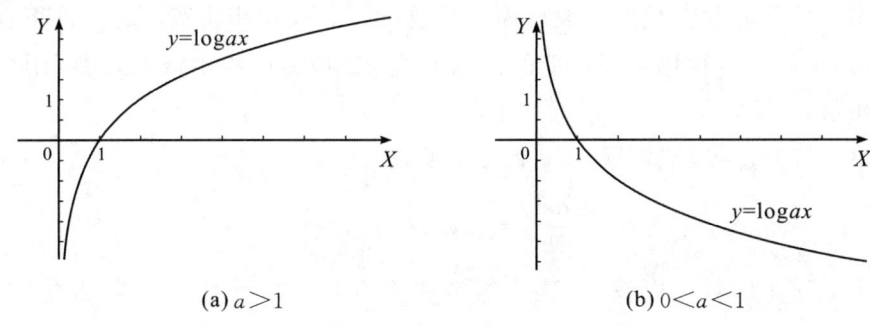

图 9-2 对数函数曲线

图 9-2 的特征是图像都在 Y 轴的右边,图像都经过(1,0)点。当 $a > 1$ 时,对数函数曲线在(1,0)点右边的纵坐标都大于零,$y = x$ 在(1,0)点左边的纵坐标都小于零;自左向右看,$y = x$ 图像逐渐上升,为增函数。当 $0 < a < 1$ 时,对数函数曲线在(1,0)点右边的纵坐标都小于零,$y = x$ 在(1,0)点左边的纵坐标都大于零;自左向右看,$y = x$ 图像逐渐下降,为减函数。

四、近平衡态单元系统变化规律的内涵

在一维正向质向量坐标系 $\vec{X}_+$ 内部 $(\vec{N}_+, \vec{n}_+, \vec{E}_+, \vec{E}_{\neq +}, \vec{\varepsilon}_+)$ 五维分质向量空间的 $(\vec{C}_{N_+}, \vec{n}_+, \vec{E}_+, \vec{C}_{E_{\neq +}}, \vec{C}_{\varepsilon_+})$ 截面中,近平衡态的单元系统形态变化规律的表现形式为指数函数或对数函数。利用人们熟悉的指数函数与对数函数的性质和特征,可以对近平衡态的单元系统形态变化规律的内涵有更深入的了解。例如,单元系统异质形态转化信息与单元系统本质形态转化信息在近平衡态的变化规律都是对数函数,利用对数函数的性质和特征,就可以深入认识近平衡态信息熵的变化规律。像图 9-2(a) 与图 5-27 自发发射的单元系统形态转化基元规律在近平衡态的曲线同型,是信息熵函数曲线在加速段的轨迹;图 9-2(b) 与图 5-27 吸收发射的单元系统形态转化基元规律在近平衡态的曲线同型,也就是熵信息函数曲线在加速段的轨迹。但是,由于对数函数的定义域已经发生了变化,图 9-2(a) 只要平移以后就能再现图 5-27 的一段,而图 9-2(b) 只要平移以后也能够再现图 5-27 的一段。

在一维正向质向量坐标系 $\vec{X}_+$ 内部 $(\vec{N}_+, \vec{n}_+, \vec{E}_+, \vec{E}_{\neq +}, \vec{\varepsilon}_+)$ 五维分质向量空间的 $(\vec{C}_{N_+}, \vec{n}_+, \vec{E}_+, \vec{C}_{E_{\neq +}}, \vec{C}_{\varepsilon_+})$ 截面中,各个分质向量坐标轴与各自的分质变量坐标轴同向,可以用其分质变量来表示。在一般情形下,单元系统的异质单元数变化率 r_+ 可以表示为异质单元数的非线性函数

$$r_+ = \frac{dn_+}{dE_+} = f(n_+) \tag{9-55}$$

异质单元数的非线性函数 $f(n_+)$ 有多种不同的形式,(9-55)式代表着单元系统在不同失衡态异质单元数变化的一般规律。尽管(9-55)式在相当宽广的条件下存在唯一解,但一般地求解此方程仍是不可能的。只有当 $f(n)$ 为可积函数时,才可用分离变量法求得解析解。

不过,(9-55)式可以展开成为一个泰勒级数

$$r_+ = \frac{dn_+}{dE_+} = \alpha_1 n_+ + \alpha_{11} n_+^2 + \cdots \tag{9-56}$$

考察上面这个级数可以发现,这个级数在没有异质单元数 n_+ "自然发生"的情况下,不含绝对项。只要绝对值等于零,即当 $n_+ = 0$ 时,$\dfrac{dn_+}{dE_+}$ 就必定消失。

人们根据"非线性是对线性的偏离"的观点,得到了一种对于弱非线性系统的有效处理方法。由微积分知道,只要非线性函数 $f(n_+)$ 满足连续性和光滑性要求,在局部范围内就可用线性函数近似代表它。考察(9-55)式在本质单元数 n_+^0 附近的局部性质,按泰勒公式展开得

$$f(n_+) = f(n_+^0) + f'(n_+^0)(n_+ - n_+^0) + \varphi(n_+) \tag{9-57}$$

$\varphi(n_+)$ 为高次项,即非线性余项。只要 $n_+-n_+^0$ 足够小,非线性项就可以略去不计,这样就可得到它的近似表达。因此,非线性系统的异质单元数变化率 r_+ 在 n_+^0 处附近可以用以下的线性系统近似描述

$$\frac{\mathrm{d}n_+}{\mathrm{d}E_+}=f(n_+^0)+f'(n_+^0)(n_+-n_+^0)$$
$$=\alpha n_++\beta \tag{9-58}$$

式中,$\alpha=f'(n_+^0),\beta=f(n_+^0)-n_+^0 f'(n_+^0)$。

科学研究的方法论告诉人们,对于任何事物形态都要尽量采用简单的方式去描述它们,当人们无法肯定它一定复杂到某种程度时,就不采用复杂的形式来描述它们。既往大多数的物理规律都采用线性方程,就是这种思想方法的体现。因此,上面这个级数如果只保留级数的第一项,就实现了描述单元系统形态的最简单的可能性

$$\frac{\mathrm{d}n_+}{\mathrm{d}E_+}=\alpha n_+ \tag{9-59}$$

实际上,(9-59)式就是(9-31)式 $r_+=\pm\kappa n_+$ 的翻版。

(9-59)式表明,在近平衡态单元系统的异质单元数 n_+ 随能量 E_+ 的变化与单元系统的异质单元数 n_+ 成正比。由于 $\alpha=\mp\kappa$,当常数 α 取负数时,表示单元系统处在吸收发射过程变化之中;当常数 α 取正数时,表示单元系统处在自发发射过程变化之中。

方程(9-59)式 $\frac{\mathrm{d}n_+}{\mathrm{d}E_+}=\alpha n_+$ 的解是指数函数

$$n_+=\frac{\gamma}{\alpha}\mathrm{e}^{\alpha E_+} \tag{9-60}$$

显然,(9-60)式可以改成与(6-296)式 $n_+=C_{N_+}\mathrm{e}^{\mp(C_{E_{\neq +}}-E_+)/C_{\varepsilon_+}}$ 一样的形式,其中常数 $\alpha=\mp\kappa=\pm\frac{1}{C_{\varepsilon_+}},\gamma=C_{N_+}\mathrm{e}^{\mp C_{E_{\neq +}}/C_{\varepsilon_+}}$。

上述近平衡态的单元系统形态变化规律是以异质单元数 n_+ 为因变量的指数函数,由此可以直接得到其反函数——以能量 E_+ 为因变量的对数函数

$$E_+=\frac{1}{\alpha}\ln\frac{\alpha n_+}{\gamma}=C_{E_{\neq +}}\pm\frac{1}{\alpha}\ln\frac{n_+}{C_{N_+}} \tag{9-61}$$

把常数代入,就可改写成与(6-298)式 $E_+=C_{E_{\neq +}}\pm C_{\varepsilon_+}\ln\frac{n_+}{C_{N_+}}$ 一样的形式。

其实,在吸收发射条件下,当单元系统满足 $E_{\neq +}-E_+\gg\varepsilon_+$ 时,对于那些比 $E_{\neq +}$ 高很多的能级,异质单元分布很稀疏,每个过渡态被异质单元占据的信息 P_+ 远小于1,其异质单元分布信息与指数函数 $\mathrm{e}^{-E_+/\varepsilon_+}$ 成比例。在自发发射条件下,当满足条件 $E_{\neq +}-E_+\gg\varepsilon_+$ 时,对于那些比 $E_{\neq +}$ 低很多的能级,每个过渡态接近于被异质单元所充满,而空穴则很稀少,每个过渡态被异质单元占据的信息 P_+ 接近于1,其异质单元分布信息与指数函数 $\mathrm{e}^{+E_+/\varepsilon_+}$ 成比例。所以,近平衡态下单元系统形态的变化信息必然表现出规律

性。就像普利高津所说:"我们现在能够把概率包括到物理学基本定律的表述之中。"[10]

在一维正向质向量坐标系 $\vec{X}_+$ 内部 $(\vec{N}_+,\vec{n}_+,\vec{E}_+,\vec{E}_{\neq +},\vec{\varepsilon}_+)$ 五维分质向量空间的 $(\vec{C}_{N_+},\vec{n}_+,\vec{E}_+,\vec{C}_{E_{\neq +}},\vec{C}_{\varepsilon_+})$ 截面中,只要隐匿了单元系统形态关于性质与方向的规定,近平衡态的单元系统形态变化规律就成为数学中常用的指数函数或对数函数。不过,以异质单元数 n_+ 与能量 E_+ 关系来反映单元系统在近平衡态变化的指数函数或对数函数,在诸多学科的应用中只能以不同的、具体的事物形态来表现。例如,凡是复制自身的现象都应当用指数增长来表述,像生物繁殖、资本产生利息、信息拷贝等都是自身复制的例子,都要以指数函数来刻画其形态变化规律。

对于以异质单元数 n_+ 与能量 E_+ 关系来反映单元系统在近平衡态变化的对数函数,在此再以电离能与原子序数的关系曲线为例。在化学史上,化学元素周期律的发现是具有划时代意义的一件大事。元素周期律往往通过元素周期表来表现。19世纪,俄国化学家门捷列夫在制定他的元素周期表时发现,假如将元素按其原子核质量来排列就会出现一些不规则的情况。1913年,英国物理学家莫斯莱发现解决这个异常情况的方法是不按原子重量,而按原子核的电荷数——原子序数来排列。不同的元素划分成不同的周期,其本质原因就是由于原子能级组的不同,而原子能级的高低不是简单地依照阿拉伯数字的大小排列,而是有能级交错的。[11]

在多种形式的周期表中,元素周期律的基础就是各元素原子基态核外电子排布的周期性。元素电子结构周期系可以表明原子的电子结构与元素周期的关系,揭示元素周期与物质内部结构的本质联系。每一个化学元素都有其对应的电离能(或称游离能),这是将一个电子自一个孤立的原子、离子或分子移至无限远处所需的能量。在原子的电子组态中,原子外层的电子如果都表现为同一类电子,那么元素的电离能与原子序数的关系曲线就如图9-3所示。

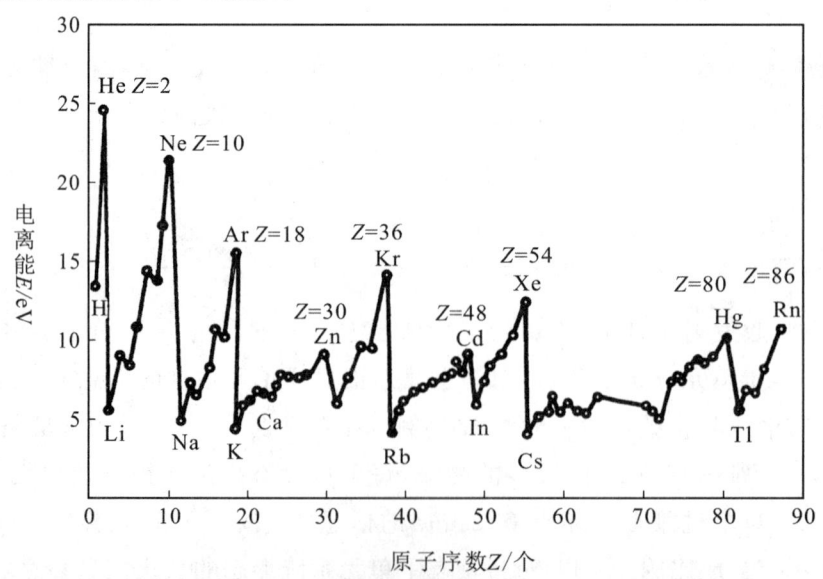

图9-3 元素的电离能与原子序数关系曲线

在元素周期律的空间构型中,如果一个周期中的元素较少,则其排布表现出离散的特征。如果一个周期中的元素较多,其排布就可以逐渐表现出连续的特征。例如,在电离能与原子序数的关系图中,从 Rb~Cd 间的周期具有众多的元素,其电子组态为:

[Kr]$5s, 5s^2, 4d5s^2, 4d^25s^2, 4d^45s, 4d^55s, 4d^75s, 4d^85s, 4d^{10}, 4d^{10}5s, 4d^{10}5s^2$

显然,Rb~Cd 的周期所表现的电离能与原子序数关系曲线就是一条具有连续特征的对数增长曲线,所描绘的电离能与原子序数的关系曲线反映了(9-18)式 $E_+ = C_{E_{\neq+}} \pm C_{\varepsilon_+} \ln \dfrac{n_+}{C_{N_+}}$ 的 $E_+ \sim n_+$ 关系曲线。

(9-18)式 $E_+ = C_{E_{\neq+}} \pm C_{\varepsilon_+} \ln \dfrac{n_+}{C_{N_+}}$ 是描述在近平衡态单元系统中异质单元数 n_+ 的变化引起系统能量 E_+ 变化的普遍规律,所以在不同的学科都有大量的实例。例如,将共振论推广到共轭分子激发态性质的定量处理上,以共轭体系基态及激发态克库勒式(极性式)计数作为相应波函数的基向量,任意与电子激发态性质相关的跃迁能的可观察显性因子 θ(如紫外吸收峰的波数、极谱还原或氧化半波电位等)与激发态结构数 n_+ 和基态结构数 $N_+ = C_{N_+}$ 的比值就呈现上述自然对数关系,即

$$\theta = A + B \ln \dfrac{n_+}{C_{N_+}} \tag{9-62}$$

式中,A、B 为常数。

由此可见,虽然非线性系统的形态变化规律可以依单元系统的不平衡度表现为各种简单的函数形式,但是作为近平衡态下刻画异质单元数 n_+ 与能量 E_+ 关系的单元系统形态变化规律,指数函数或对数函数的适用范围是最大的。近平衡态的单元系统形态变化规律是非线性系统形态发生质变前的平庸的变化规律,而其他形式的函数一般都是指数函数或对数函数的进一步简化,只能反映单元系统更为贴近平衡态的变化规律。在近平衡态,单元系统的形态变化规律通过指数函数或对数函数可以表现异质单元数 n_+ 与能量 E_+ 关系,能量 E_+ 可以用一般的形式来表现,也可以像上述电离能那样以特殊的形式来表现,还可以用显性因子的形式来表现;异质单元数 n_+ 可以用一般的形式来表现,也可以像上述原子序数或结构数那样以特殊的形式来表现,还可以与其他特定的形态量一起以某种质变量的形式来表现。

如果在一维正向质向量坐标系 $\vec{X}_+$ 内部打开的是 m 维分质向量的认知空间($\vec{X}_{+1}, \vec{X}_{+2}, \cdots, \vec{X}_{+m}$),各个分质向量坐标轴与各自的分质变量坐标轴同向,则也可以用其分质变量来表示。分质变量 $x_{+i}(i=1,2,\cdots,m)$ 是表征单元系统形态的分质变量,而任何一个分质变量 $x_{+i}(i=1,2,\cdots,m)$ 都可以作为显性因子 θ_{+j} 的函数 $x_{+i} = f(\theta_{+j})$,其中 $i \neq j$。所以,在近平衡态条件下的单元系统形态变化规律,不论是指数函数还是对数函数,都可以通过万能的显性因子 θ_+ 来表示。

对于由 m 种特性组成的连续系统,其微分方程有如下的一般形式

$$\frac{dx_1}{d\theta_1}=a_{11}x_1+\cdots+a_{1m}x_m$$

$$\frac{dx_2}{d\theta_2}=a_{21}x_1+\cdots+a_{2m}x_m$$

$$\vdots$$

$$\frac{dx_m}{d\theta_m}=a_{m1}x_1+\cdots+a_{mm}x_m \tag{9-63}$$

由于矩阵是描述对象整体特性的数学工具之一,因此将 m 元微分方程组的系数用矩阵表示即为

$$\boldsymbol{A}=\begin{pmatrix} a_{11} & \cdots & a_{1m} \\ \vdots & & \vdots \\ a_{m1} & \cdots & a_{mm} \end{pmatrix} \tag{9-64}$$

相应的向量方程为

$$\dot{\boldsymbol{X}}=\boldsymbol{A}\boldsymbol{X} \tag{9-65}$$

对于变系数系统,方程的系数为 θ_+ 的函数 $a_{ij}(\theta_+)$,系数矩阵记为 $\boldsymbol{A}(\theta_+)$。对于常系数系统,并限定 $\boldsymbol{A}$ 为非奇异矩阵,即行列式满足

$$\det\boldsymbol{A}\,(\text{或}\,|\boldsymbol{A}|)\neq 0 \tag{9-66}$$

例如,在一维正向质向量坐标系 $\vec{X}_+$ 内部 $(\vec{N}_+,\vec{n}_+,\vec{E}_+,\vec{E}_{\neq+},\vec{\epsilon}_+)$ 五维分质向量空间的 $(\vec{C}_{N_+},\vec{n}_+,\vec{E}_+,\vec{C}_{E_{\neq+}},\vec{C}_{\epsilon_+})$ 截面上,各个分质向量坐标轴与各自的分质变量坐标轴同向,可以用其分质变量来表示。当单元系统的能量 E_+ 通过万能的显性因子 θ_{+j} 表现时,m 维特性组成的单元系统在近平衡态的能量 E_+ 的非线性变化规律就可以表现出各种各样的特殊形式。

单元系统在平衡态附近的变化是最普遍的运动形式之一。单元系统一旦进入非平衡态后就成为非线性系统,并会逐渐显现出形式各异的非线性现象。本章后面各节所列举的就是单元系统在近平衡态的能量 E_+ 以一定的显性因子 θ_{+j} 表现的非线性变化规律的一些实例。

第三节 时间为显性因子的形态变化规律

当单元系统以时间 t_+ 作为能量 E_+ 显性因子时,就叫作动力系统。统一科学可以透过动力系统在近平衡态显现出的异彩纷呈的非线性现象,揭示其初期慢如绣花、后期势如破竹的特征,并可以演绎出近平衡态下动力系统在物理学、化学动力学、生态学和信息学所表现出的形式各异的形态变化规律。

一、近平衡态动力系统的特征与规律

单元系统以时间 t_+ 作为能量 E_+ 的显性因子,就被称为动力系统。在近平衡态,动力系统会显现出异彩纷呈的非线性现象。许多学科的科学家早已认识到一些经验规律是以指数函数来表达的:如果一个变量的增长速率或衰减速率是与它的大小成比例的,那么这个变量就可以写为常数倍的时间 t_+ 的指数函数。像物理学中的原子弹爆炸、阻尼振动、高温物体的冷却和 RC 电路的电容充电与放电以及化学中的元素衰变等,都是某一个形态量 x_+ 随时间 t_+ 发生指数增长(或指数衰减)的例子。当然,不同形式的形态参量 x_+ 都表现为异质单元数 n_+ 套上不同的"外衣",如物理学中的牛顿冷却定律 $T_t = C + (T_0 - C)\mathrm{e}^{-kt_+}$ 就是用气体的温度 T_+ 来间接表达异质单元数 n_+。

在不同的学科中,最简单的非线性系统就是一维微分动力系统。如果动力学系统只有一种特质,其形态量以 x_+($x_+ = \lambda n_+$)来表达,则动力系统在近平衡态变化的微分方程即为

$$\frac{\mathrm{d}x_+}{\mathrm{d}t_+} = a x_+ \tag{9-67}$$

其通解为

$$x_+(t_+) = c\,\mathrm{e}^{at_+} \tag{9-68}$$

而特解为

$$x_+(t_+) = x_0 \mathrm{e}^{at_+} \tag{9-69}$$

式中,积分常数 x_0 为初值;a 为特征指数,其正值与负值给出了两种完全不同的系统行为:$a > 0$ 时,系统发散;$a < 0$ 时,系统收敛于特解 $x_+ = 0$。

如果动力系统具有两种特质,其形态量分别以 x_+ 和 y_+ 来表达,那么,只要(9-63)式取 $m = 2$,就可以得到二元动力学方程组

$$\begin{cases} \dfrac{\mathrm{d}x_+}{\mathrm{d}t_+} = a_{11} x_+ + a_{12} y_+ \\ \dfrac{\mathrm{d}y_+}{\mathrm{d}t_+} = a_{21} x_+ + a_{22} y_+ \end{cases} \tag{9-70}$$

其系数矩阵为

$$\mathbf{A} = \begin{pmatrix} a_{11} & a_{12} \\ a_{21} & a_{22} \end{pmatrix} \tag{9-71}$$

在微分方程组给定以后,借助代数方法,通过分析系数矩阵就可以全面了解动力系统的动态行为。

不过,要寻找(9-70)式二元动力学方程组如下形式的解

$$\begin{cases} x_+(t_+) = x^* \mathrm{e}^{\lambda t_+} \\ y_+(t_+) = y^* \mathrm{e}^{\lambda t_+} \end{cases} \quad (\lambda \text{ 为待定数}) \tag{9-72}$$

可以用 V 来标记待定向量

$$V = \begin{pmatrix} x^* \\ y^* \end{pmatrix} \tag{9-73}$$

为(9-72)式的向量形式为

$$x_+(t_+) = e^{\lambda t_+} V \tag{9-74}$$

将(9-72)式代入(9-70)式并消去 $e^{\lambda t_+}$，得到

$$AV = \lambda V$$

或

$$(A - \lambda I)V = 0$$

即

$$\begin{vmatrix} a_{11} - \lambda & a_{12} \\ a_{21} & a_{22} - \lambda \end{vmatrix} = 0 \tag{9-75}$$

这是(9-70)式的特征方程，它的根 λ 称为特征值，与特征值 λ 对应的向量 V 称为(9-70)式或矩阵 A 的特征向量。将特征方程(9-75)式展开得到

$$\lambda^2 - \tau\lambda + \nabla = 0$$

式中，$\tau = a_{11} + a_{22}$，$\nabla = a_{11}a_{22} - a_{12}a_{21}$。

解上述的特征方程，可以得到特征根

$$\lambda_{1,2} = \frac{\tau \pm \sqrt{\tau^2 - 4\nabla}}{2} \tag{9-76}$$

令 V_1 和 V_2 为对应于两个特征根 λ_1 和 λ_2 的特征向量，两者线性无关，由此可以张成形态空间。动力系统的任何一个初始态均可表示为

$$x_0 = C_1 V_1 + C_2 V_2 \tag{9-77}$$

根据叠加原理，二维连续动力系统的所有时间轨道具有如下的形式

$$x(t_+) = C_1 e^{\lambda_1 t_+} V_1 + C_2 e^{\lambda_2 t_+} V_2 \tag{9-78}$$

可见，有关动力系统行为特性的全部信息都隐含于它的动力学方程和系数矩阵中。以往人们把数学中的微分方程作为有关动力系统的演化规律来研究非线性系统的问题并取得了相当的成功，但由于无法上升到统一科学高度来认识非线性动力系统的内在关系，也就未能从单元系统在近平衡态的形态变化规律来认识动力系统的特征与规律。

在统一科学中，可以直接演绎出动力系统在近平衡态下形式各异的变化规律。在一维正向质向量坐标系 $\vec{X}_+$ 内部 ($\vec{N}_+$, $\vec{n}_+$, $\vec{E}_+$, $\vec{E}_{\neq+}$, $\vec{\varepsilon}_+$) 五维分质向量空间的 ($\vec{C}_{N_+}$, $\vec{n}_+$, $\vec{E}_+$, $\vec{C}_{E_{\neq+}}$, $\vec{C}_{\varepsilon_+}$) 截面上，各个分质向量坐标轴与各自的分质变量坐标轴同向，可以用其分质变量来表示。在近平衡态，单元系统的异质单元数 n_+ 与能量 E_+ 的函数关系可以用(9-27)式 $n_+ = B_\pm e^{\pm \kappa E_+}$ 的指数函数表示，能量 E_+ 与异质单元数 n_+ 的函数关系也可以用(9-28)式 $E_+ = \pm \frac{1}{\kappa} \ln \frac{n_+}{C_{N_+} C_\pm^0}$ 的对数函数表示。(9-27)式 $n_+ = B_\pm e^{\pm \kappa E_+}$ 的指

数规律与(9-28)式 $E_+ = \pm \dfrac{1}{\kappa} \ln \dfrac{n_+}{C_{N_+} C_\pm^0}$ 的对数规律是单元系统形态转化基元规律在近平衡态的两种表现形式,具有普遍适用的意义。

由于单元系统的能量 E_+ 还可以通过显性因子 θ_{+j} 表现出各种各样的特殊形式,(9-27)式 $n_+ = B_\pm \mathrm{e}^{\pm \kappa E}$ 或(9-28)式 $E_+ = \pm \dfrac{1}{\kappa} \ln \dfrac{n_+}{C_{N_+} C_\pm^0}$ 在许多学科领域中也就被赋予了特殊的意义,量纲也就应运而生。因此,不同领域的事物形态在近平衡态的变化规律既有指数函数和对数函数的同型性,又有具体事物形态具有的性质的特殊性。

当能量 E_+ 的显性因子为时间 t_+,而异质单元数 n_+ 与其他特定的质参量一起作为质变量时,动力系统在近平衡态的非线性变化规律就是指数函数或对数函数的特殊表现形式。因此,动力系统在其形态变化过程中的近平衡态可以表现出各式各样的非线性现象。

非线性动力系统的基本特征是不满足叠加原理,其在近平衡态各种各样的变化都表现出初期慢如绣花、后期势如破竹的共同特点。但是,这并不是由于动力系统中存在着随机力或受外环境噪声源的影响,也不是由于无穷多自由度的相互作用,更不是由于量子力学的不确定性引起,而是在近平衡态的非线性动力系统变化规律使然。因此,在近平衡态的非线性动力系统变化规律在各个学科都能找到应用实例。下面,就给出四个具体的演绎实例。

二、物理学中的放射性元素及其衰变规律

自古以来,人类一直梦想能把一种物质转变为另一种物质,直到 19 世纪末,物理学家发现了物质的放射性才圆了这个梦。自然界中的许多元素都是不稳定的,都能够通过放射出某种射线而变成另外一种元素的原子,这种放射性衰变遵循粒子数随时间变化的规律。

物理学中的动力学是通过时间 t_+ 这一质参量来研究物质运动形态与外力关系的,物质的放射性衰变随时间的变化规律必然成为其研究对象。如果人们考察的物质系统是由原子核作为本质单元组成的,那么当动力系统处在自发发射变化过程中时,这个过程就是原子核衰变过程。向环境释放某种射线的原子核称为放射性元素。

在一维正向质向量坐标系 $\vec{X}_+$ 内部 $(\vec{N}_+, \vec{n}_+, \vec{E}_+, \vec{E}_{\neq +}, \vec{\varepsilon}_+)$ 五维分质向量空间的 $(\vec{C}_{N_+}, \vec{n}_+, \vec{E}_+, \vec{C}_{E_{\neq +}}, \vec{C}_{\varepsilon_+})$ 截面上,各个分质向量坐标轴与各自的分质变量坐标轴同向,可以用其分质变量来表示。在人们考察任一原子核系统时,起始时 $(t_+ = 0)$,原子核的总体单元数设为 $N_+ = C_{N_+}$。如果在整个考察过程中能元始终保持不变 $(\varepsilon_+ = C_{\varepsilon_+})$,能阈也保持不变 $(E_{\neq +} = C_{E_{\neq +}})$,那么原子核系统在自发发射条件与近平衡态下的能量 E_+ 与异质单元数 n_+ 的变化规律就可以用(9-30)式 $n_- = B_- \mathrm{e}^{-\kappa E}$ 所示的指数函数表

示，其中常数 $\kappa=\dfrac{1}{C_{\varepsilon_+}}$，$B_-=C_{N_+}C_-^0$ 和 $C_-^0=\mathrm{e}^{-\kappa C_{E_+}}=\mathrm{e}^{-C_{E_+}/C_{\varepsilon_+}}$。

当能量 E_+ 的显性因子 θ_+ 为时间 t_+ 时，在(8-53)式 $E_+=F_+t_+$ 中，令常数 $\dfrac{F_+}{C_{\varepsilon_+}}=\kappa F_+=\lambda$，则由(9-30)式 $n_-=B_-\mathrm{e}^{-\kappa E}$ 就可得到放射性衰变定律

$$n_+=B_-\mathrm{e}^{-\lambda t_+}=C_{N_+}C_-^0\mathrm{e}^{-\lambda t_+} \tag{9-79}$$

由上式还可得到半衰期 $t_{1/2}$，即放射性物质衰变掉一半的时间。

所有的这类放射元素的蜕变反应都遵循(9-79)式的放射性衰变定律。放射性衰变定律表明，原子核数 n_+ 按指数规律随时间 t_+ 的增加而减少，且与外界的温度、压力等因素无关。(9-79)式中的 λ 为单位时间内原子核的自发衰变几率，叫作衰变常数，它的倒数等于平均寿命。

三、化学动力学中的基元反应及其规律

物质的化学变化和物理现象总是紧密联系着的。通过时间 t_+ 这一质参量来研究化学反应速率和机理的学科就叫作化学动力学，它以分子为研究对象，主要研究化学反应的动态性质，即研究因化学或物理等各种因素(如反应物浓度、温度、压力、表面催化剂、介质、空间取向、电磁场、光、声等)的变化而引起系统中化学变化过程的速率和变化机理的问题。化学热力学只解决了反应的可能性问题，能否实现该反应还需由化学动力学来解决，两者是相辅相成的。[12]

在化学反应过程中，各化学成分的量都要发生变化。各种化学反应的速率差别很大：有的反应速率很慢(如岩石的风化和地壳中的一些反应)，人们难以觉察反应的进行；有的反应速率很快(如离子反应、爆炸反应、燃烧反应等)，在飞秒尺度即可瞬时完成，这也不是人的直觉所能度量的；有的反应速率则比较适中，在几十秒到几十天的范围，大部分有机化学反应都属于这种符合人们感性认识的范畴。虽然从化学描述物质形态变化过程中各阶段的细节是可能的，人类也有丰富的化学动力学的感性认识，但是化学反应的时间坐标往往与人类感官所能感觉的时间(一般的计量单位都在秒以上)不同，要度量相当困难，所以化学动力学这门学科创立至今已有100多年，而真正显示其生命力是近60年的事。

在化学动力学中，时间 t_+ 往往以毫秒为单位，后来还逐渐发展到以微秒、毫微秒，甚至微微秒乃至毫微微秒为单位。尽管各种化学反应的时间标度千差万别，从毫微微秒到上百年、上千年，但是人们通过对这些过程或精细或粗略的研究，已经发现了少数简单系统的化学反应机理是一样的。不仅反应变化曲线是一样的，而且在相应的点上都反映相同的信息，因而人们可根据这些机理对化学反应进行分类。

在化学动力学看来，物质形态的变化存在两大类反应，一类叫表观反应，一类叫基

元反应。表观反应只能代表化学反应的热力学性质,它只受物质不灭定律的限制,却不能代表化学反应的动力学过程。基元反应是反应物分子在碰撞中一步直接转化为生成物分子的反应。基元反应的速率方程服从质量作用定律,即基元反应的速率与反应物的浓度成正比。基元反应能够反映真正发生的动力学过程,由几个基元反应组成的表观反应动力学公式能够揭示表观反应的反应机理,表观反应的速率是基元反应速率的综合平均结果。

化学反应方程式反映了反应物与生成物的比例关系,是宏观的综合的表达式,但是化学反应方程式是无法反映速率的方程式。按照质量作用定律,如果反应速率与反应物浓度的一次方成比例,那么这个反应在化学动力学上就叫作一级反应。化学动力学中存在着大量的一级反应,像分子重排反应、蔗糖的水解反应、N_2O_5 的分解反应等。

化学反应的速率是用单位体积、单位时间内反应物摩尔数的减少或生成物摩尔数的增加来表示的。例如,在等容的条件下(即体积为常量 $V_+ = C_{V_+}$),反应 A→B 可以用某一段时间间隔 $\Delta t_+ = (t_{+2} - t_{+1})$ 内 A 浓度的减少或 B 浓度的增加来求出其平均的反应速率

$$\bar{r}_+ = \frac{\Delta C_+}{\Delta t_+} = -\frac{(C_{+2} - C_{+1})_A}{(t_{+2} - t_{+1})} \tag{9-80}$$

或

$$\bar{r}_+ = \frac{\Delta C_+}{\Delta t_+} = -\frac{(C_{+2} - C_{+1})_B}{(t_{+2} - t_{+1})} \tag{9-81}$$

由于反应的速率随时间 t_+ 而变化,即反应初期的反应速率 r_{+1} 和后期的反应速率 r_{+2} 不同,因此用瞬时速率 r_+ 更为确切,即

$$r_+ = -\frac{1}{V_+}\frac{dn_{+A}}{dt_+} = \frac{1}{V_+}\frac{dn_{+B}}{dt_+} \tag{9-82}$$

对于在等容($V_+ = C_{V_+}$)条件下进行的 A→B 化学反应

$$\begin{aligned} r_+ &= -\frac{1}{C_{V_+}}\frac{dn_{+A}}{dt_+} \\ &= -\frac{d(n_{+A}/C_{V_+})}{dt_+} = -\frac{d[A]}{dt_+} = -\frac{dC_A}{dt_+} \end{aligned} \tag{9-83}$$

或

$$\begin{aligned} r_+ &= -\frac{1}{C_{V_+}}\frac{dn_{+B}}{dt_+} \\ &= \frac{d(n_{+B}/C_{V_+})}{dt_+} = \frac{d[B]}{dt_+} = \frac{dC_B}{dt_+} \end{aligned} \tag{9-84}$$

可见,化学反应的速率方程式表示了化学反应速率与反应物浓度之间的关系。单分子反应 A→B 服从一级动力学规律,基元反应速率对浓度的依赖性服从质量作用定律,即速率与反应物的浓度成正比

$$r_+ = \frac{dC_A}{dt_+} = -kC_A \tag{9-85}$$

式中,比例常数 k 叫作反应速率常数。分离变量并积分,上式的积分形式为

$$C_A = C_A^0 e^{-kt_+} \tag{9-86}$$

式中,C_A^0 为 $t_+ = 0$ 时的反应物浓度;C_A 为 $t_+ \neq 0$ 时的反应物浓度。

把(9-86)式进一步推演,可以得到

$$\frac{C_A}{C_A^0} = \frac{\frac{n_{+A}}{V_+}}{\frac{C_{N_+}}{V_+}} = \frac{n_{+A}}{C_{N_+}} = e^{-kt_+} \tag{9-87}$$

在统一科学中,上述关于化学动力学的基元反应及其规律可以轻而易举地得到演绎。当人们考察任一单分子反应 A→B 时,在整个考察过程中,反应物的总体分子数不变 ($N_+ = C_{N_+}$),能元始终保持不变 ($\varepsilon_+ = C_{\varepsilon_+}$),能阈也保持不变 ($E_{\neq +} = C_{E_{\neq +}}$)。在一维正向质向量坐标系 $\vec{X}_+$ 内部 ($\vec{N}_+, \vec{n}_+, \vec{E}_+, \vec{E}_{\neq +}, \vec{\varepsilon}_+$) 五维分质向量空间的 ($\vec{C}_{N_+}, \vec{n}_+, \vec{E}_+, \vec{C}_{E_{\neq +}}, \vec{C}_{\varepsilon_+}$) 截面上,各个分质向量坐标轴与各自的分质变量坐标轴同向,可以用其分质变量来表示。取能量 E_+ 的显性因子 θ_+ 为时间 t_+,起始时 ($t_+ = 0$),反应物的摩尔数设为 $N_+ = C_{N_+}$,那么动力系统在自发发射条件与近平衡态下,能量 E_+ 与异质单元数 n_+ 的变化规律就可以用(9-30)式 $n_+ = B_- e^{-\kappa E_+}$ 所示的指数函数表示。在等容 ($V_+ = C_{V_+}$) 条件下,异质单元数 n_+ 以浓度 C 的形式来表现,这样由(9-30)式 $n_+ = B_- e^{-\kappa E_+}$ 立马可以得到单分子反应 A→B 的反应物浓度变化规律,即(9-86)式 $C_A = C_A^0 e^{-kt_+}$。

通过自发发射与近平衡态条件下的单元系统形态转化基元规律可以直接演绎出单分子反应 A→B 所服从的一级动力学规律,还可以演绎得到(9-87)式 $\frac{C_A}{C_A^0} = e^{-kt_+}$。(9-87)式表明,在单分子反应 A→B 中,反应物质(或产物)的浓度随时间的变化不是线性关系。反应开始时,反应物的浓度较大,反应速率较快,单位时间内得到的产物也较多。反应进行时,反应物的浓度随时间按指数规律下降,反应速率亦随之以相同的方式持续下降。只有 $t_+ \to \infty$,才能使 $C_A \to 0$,即一级反应需用无限长时间才能反应完全。在反应后期,反应物的浓度较稀,反应速率较慢,生成的产品的数量也较少。

当反应物消耗一半时,浓度 $C_A = \frac{1}{2} C_A^0$;由(9-87)式 $\frac{C_A}{C_A^0} = e^{-kt_+}$ 得到反应物消耗了一半所需的时间 $t_{1/2} = \frac{\ln 2}{k}$,称为一级反应的半衰期。可见,一级反应的半衰期 $t_{1/2}$ 与反应的速率系数 k 成反比,而与反应物的起始浓度无关。这说明一级反应消耗掉初始反应物量一半所用时间与再消耗掉余下的一半所需时间相等。这一特点是一级反应特有的,可以作为判断一个反应在动力学上是否属于一级反应的根据。

其实,上述演绎的化学动力学基元反应规律具有更一般的意义。处于平衡态的动

力系统受到外界瞬时扰动后,经过一定时间必能回复到原来的平衡态,动力系统所经历的这一过程即弛豫过程。在自发发射条件与恒容条件约束下,动力系统中的物质分子由于相互作用而交换能量最后达到稳定分布的过程就是弛豫过程。动力系统由近平衡态达到平衡态的弛豫过程,遵循动力学过程的指数变化规律。像物质分子通过扩散的传质过程,就可以用(9-85)式 $r_+ = \dfrac{\mathrm{d}C_A}{\mathrm{d}t_+} = -kC_A$($k$ 为正的常数)的微分方程来表示,即动力系统中物质分子的浓度随时间的变化速率与该浓度的大小成正比。例如,在气体的泻流过程中,外界气体分子扩散速率与系统内气体分子数密度成正比(比例系数为负)。(9-85)式 $r_+ = \dfrac{\mathrm{d}C_A}{\mathrm{d}t_+} = -kC_A$ 所示微分方程的积分为负指数型函数,即(9-86)式 $C_A = C_A^0 \mathrm{e}^{-kt_+}$,也就是质量作用定律。

弛豫过程中,由非平衡态达到平衡态的时间就是弛豫时间,它是动力系统的一种特征时间,表示动力系统由不稳定定态趋于某种稳定定态所需要的时间。像 RC 电路充电时遵循 $u_C(t) = \varepsilon(1 - \mathrm{e}^{-t/RC})$ 和放电时遵循 $u_C(t) = \varepsilon \mathrm{e}^{-t/RC}$,指数中的时间就是弛豫时间。实际上,弛豫时间就是动力系统调整自己随环境变化所需的时间。在协同学中,弛豫时间可以表征快变量的影响程度,弛豫时间短表明快变量容易消去。动力系统可以是具体的,也可以是抽象的,如弹性形变消失的时间可称为弛豫时间,光电效应中的从光照射到射出电子的时间段可称为弛豫时间,政策实施到产生效果的时间也可称为弛豫时间。弛豫时间与系统的大小有关,大系统达到平衡态所需时间长,故弛豫时间长。弛豫时间也与达到平衡的种类(力学的、热学的还是化学的平衡)有关。一般说来,纯粹力学平衡条件破坏所需弛豫时间要短于纯粹热学平衡或化学平衡破坏所需弛豫时间。

四、生态学中的单种群增长规律

生态学考察的生物系统是由生物个体组成的,人们把一定时间内占据一定空间的同种生物的所有个体称为种群。种群是生物生殖、发展和进化的基本单元,种群内的个体间能够进行基因交流,同种生物的所有种群构成一个物种。种群的形态及其增长规律是生态学研究的重要内容。由于"生长和形态贯穿于这个复合世界中,因此,它们必然以数学定律为基础,数学方法也就尤其适合诠释生长和形态。"[13]

在定量描述种群的动态数学模型中,最简单的模型是单种群生长过程的消长以及种群消长与种群参数(如出生、死亡、迁入、迁出等)间的关系模型。单种群增长规律表明,处于平衡态的生物个体受到外环境的养分和能量等因素源源不断的刺激作用,种群中增长的个体数随着时间增加呈指数增长,这个指数规律就叫作"自然增长律"。生态学的单种种群增长规律还可以分为世代不相重叠种群的离散增长模型(差分方程)和世代重叠种群的连续增长模型（微分方程）两类。

（一）世代不相重叠种群的离散增长模型

如果现实种群只由一个世代组成，相继世代之间没有重叠，种群增长就属于离散型。世代不相重叠种群的离散增长模型通常是把世代 $t+1$ 的种群 n_{t+1} 与世代 t 的种群 n_t 联系起来的差分方程，即

$$n_{t+1}=\lambda n_t \tag{9-88}$$

式中，n 为种群的生物个体数量大小；t 为世代的序号；λ 为种群的周限增长率，代表种群两个世代的比率。

在数学上，差分方程通常被称为"映射"，因为它描述了如何把一个数字（n_t）映射为另一个数字（n_{t+1}）。差分方程可以通过迭代来求解，迭代就是给定 x_n 计算 x_{n+1} 的操作。迭代过程也就是系统的演化过程。如果种群在无限环境下以 $\lambda=\dfrac{n_1}{n_0}$ 的速率年复一年地增长，则（9-88）式 $n_{t+1}=\lambda n_t$ 所示差分方程的解就是

$$n_t=n_0\lambda^t \tag{9-89}$$

这一种群增长形式称为几何级数式增长或指数式增长。

例如，英国经济学家马尔萨斯 1798 年在其《论人口原理》一书中分析了美洲和欧洲的一些地区的人口增长规律后得出结论："在不控制的条件下，人口每 25 年增加一倍，即按几何级数增长。"如果把 25 年作为一代，把第 t 代的人口记为 n_t，n_0 是开始计算的那一代人口数，"马尔萨斯人口论"的数学模型就是没有世代重叠的昆虫数目的虫口方程，即（9-88）式 $n_{t+1}=\lambda n_t$。只要 $\lambda>1$，由（9-89）式 $n_t=n_0\lambda^t$ 可知，n_t 很快就趋向无穷大，表示出生率高于死亡率时就会发生"人口爆炸"。如果取 $\lambda=2$，人口无限增长的马尔萨斯定律 $n_{t+1}=2n_t$ 就是伯努利映射，映射中的时间仅以离散间隔起作用。

（二）世代重叠种群的连续增长模型

如果相继世代之间有重叠，种群生物个体数量以近似连续的方式改变，通常就用微分方程来描述。在食物（养料）和空间条件充裕、气候适宜、没有敌害等理想条件下，种群生物个体数量往往会连续增长。对于在无限环境中瞬时增长率保持恒定的种群，种群生物个体增长仍表现为指数式增长过程，即

$$\frac{\mathrm{d}n}{\mathrm{d}t}=rn$$

其积分式为

$$n=n_0\mathrm{e}^{rt} \tag{9-90}$$

式中，n 为种群生物个体大小；n_0 为种群生物个体的初始数量；t 为时间；r 为种群生物个体的瞬时增长率（也称为内禀增殖率），这是描述种群在无限环境中呈几何级数

式增长的瞬时增长能力。如果以 b 和 d 表示种群生物个体的瞬时出生率和瞬时死亡率，那么瞬时增长率 r 就等于 $(b-d)$，即 $r=b-d$（假定种群为封闭种群，没有迁入和迁出）。

以种群生物个体的数量 n 对时间 t 作图，种群增长曲线呈"J"字形，因此种群生物个体的指数增长又称为"J"形增长，如图 9-4 所示。但是，如果以 $\lg n$ 对时间 t 作图，则成为直线。

在世代重叠种群的连续增长模型中，瞬时增长率 r 与周限增长率 λ 之间的关系式为

$$r = \ln \lambda \tag{9-91}$$

或

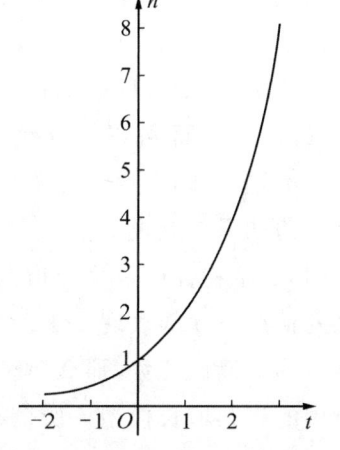

图 9-4　种群生物个体的指数增长曲线

$$\lambda = e^r \tag{9-92}$$

在统一科学中，上述关于生态学中的单种群增长规律可以轻而易举地得到演绎。生态学的单种群生物个体的指数增长过程就是在吸收发射与近平衡态条件下自然种群的形态变化过程。虽然自然种群是在现实的有限的环境中增长的，但是在这个最简单的单种群生物个体指数增长模型的概念结构里，丰富的环境资源被认为是不受限制的，可以无限地种群生物个体的增殖提供养料和能量，因而生物个体指数增长规律是一个理想种群在无限环境资源中的增长模型。

在统一科学中，当人们考察单种群生物个体增长时，在整个考察过程中，种群的生物个体总数不变（$N_+ = C_{N_+}$），能元始终保持不变（$\varepsilon_+ = C_{\varepsilon_+}$），能阈也保持不变（$E_{\neq +} = C_{E_{\neq +}}$）。在一维正向质向量坐标系 $\vec{X}_+$ 内部 $(\vec{N}_+, \vec{n}_+, \vec{E}_+, \vec{E}_{\neq +}, \vec{\varepsilon}_+)$ 五维分质向量空间的 $(\vec{C}_{N_+}, \vec{n}_+, \vec{E}_+, \vec{C}_{E_{\neq +}}, \vec{C}_{\varepsilon_+})$ 截面上，各个分质向量坐标轴与各自的分质变量坐标轴同向，可以用其分质变量来表示。取能量 E_+ 的显性因子 θ_+ 为时间 t_+，人们考察任一单种群系统时，在种群生长起始时（$t_+ = 0$），种群的生物个体总数 N_+ 为单元系统的总体单元数 $N_+ = C_{N_+}$。在吸收发射与近平衡态条件下，单元系统能量 E_+ 与异质单元数 n_+ 的变化规律就可以用（9-29）式 $n_+ = B_+ e^{\kappa E_+}$ 的指数函数来表示，此即单种群系统在生长过程中的生物个体变化规律，其中常数 $\kappa = \dfrac{1}{C_{\varepsilon_+}}$，$B_+ = C_{N_+} C_+^0$ 和 $C_+^0 = e^{\kappa C_{E_{\neq +}}}$。

由（8-53）式 $E_+ = F_+ t_+$，令常数 $\dfrac{F_+}{C_{\varepsilon_+}} = \kappa F_+ = \lambda$，则（9-29）式 $n_+ = B_+ e^{\kappa E_+}$ 可以写成

$$\begin{aligned} n_+ &= B_+ e^{\kappa E_+} \\ &= B_+ e^{\lambda t_+} \end{aligned} \tag{9-93}$$

显然，这就是生态学中的单种群生物个体的增长规律。

在吸收发射与近平衡态条件下，单种群生物个体所表现的增长规律是简单的指数

函数,它能够正确地描述生物群体的无约束生长,且适用于动物、植物和微生物的个体生长。单种群生物个体增长规律包含了种群的指数增长,是无界生长的假设。在这种无限制情况下,如果种群的各个世代彼此不相重叠,单种群生物个体(像人口、细菌培养时的细菌总数)都可以按几何级数增加。每一个生物个体分成两个,两个又分成四个……不过,实际上自然种群是不可能长期地按几何级数增长的,否则,像一对苍蝇或一个细菌如果按此模型增长,不需要多久就将占有地球表面全部空间。

因此,生物种群系统的指数增长只能在空间和各种资源对种群数量相对没有任何限制的情况下才能表现出来。如果环境与动物种群在相互作用过程中,环境始终占据着绝对的压倒性优势,那么单种群内生物个体数目增长到建立种群就表现为在"无限"环境中的连续增长模型。所谓在"无限"环境中的种群,就是假定环境中的空间、食物等资源是无限的,种群的增长率不随种群本身的密度而变化。

在生态学中,(9-93)式中的 λ 称为内禀增殖率。如果将(9-93)式取对数,就有

$$\lambda t_+ = \ln \frac{n_+}{B_+} = \ln n_+ - \ln B_+$$

对这一方程两边取微分,就可得到马尔萨斯方程

$$\lambda = \frac{\mathrm{d}n_+}{n_+ \mathrm{d}t_+} \tag{9-94}$$

这是在养分等环境条件不受限制时,单种群增殖(包括自然界中从微生物、植物、动物到人群的各种增殖)行为所遵循的一般规律。因此,内禀增殖率 λ 是种群不受养分等环境因素限制时的一种取决于种群内部特性的最大可能增殖比速率(或增殖率)。

在"无限"环境的条件下,单种群生物个体呈指数式增长的机制说明种群增长不受内外环境因素的限制,而使种群的内禀增长能力 λ 充分表现。这类单种群在无限环境中的指数增长模型又称马尔萨斯方程,这一模型所描述的种群增长是无界的,或可供种群不断增长的"空间"是无限的,是没有任何限制的,也可称为与密度无关的增长。所以,与密度无关的增长可以分为两类:①如果种群的各个世代彼此不相重叠,其种群增长是不连续的、分步的,则称其为离散增长,一般用差分方程或几何增长的模型描述;②如果种群的各个世代彼此重叠,其种群增长是连续的,则用微分方程或指数增长的模型描述。

在一维正向质向量坐标系 $\vec{X}_+$ 内部 $(\vec{N}_+, \vec{n}_+, \vec{E}_+, \vec{E}_{\neq+}, \vec{\varepsilon}_+)$ 五维分质向量空间的 $(\vec{C}_{N_+}, \vec{n}_+, \vec{E}_+, \vec{C}_{E_{\neq+}}, \vec{C}_{\varepsilon_+})$ 截面上,省却了分质向量关于取向的规定,且能量 E_+ 的显性因子 θ_+ 为时间 t_+,单种群生物个体指数增长规律所刻画的 $n_+ \sim t_+$ 增长曲线呈现"J"形形状,所以简单的指数增长又称为J形增长。在自然种群生物个体数量变动中,J型的种群增长随处可见,指数增长模型的函数特征与在逻辑斯蒂增长模型的初期阶段十分接近,J形增长可视为是一种不完全的S形增长。不过,实际的单种群生物个体增长曲线并不像指数增长模型所描绘的那样光滑和典型。

在此还要指出,生态学的指数增长模型与数理统计学的指数分布函数是不一样的,指数增长模型反映的是吸收发射条件下单元系统在近平衡态的异质形态变化规律,而数理统计学的指数分布函数反映的是在吸收发射条件下单元系统在近平衡态的本质形态分布规律。在生态学中用指数增长模型来描述种群生物个体数量的变化,其描述的对象也是单种群系统的异质单元数,而不是数理统计学描述的本质单元数。由于生态学中的指数增长方程与数理统计学中的指数分布函数都是从单元系统形态的表观数值特征来认识单元系统形态的变化规律或分布规律,而抛弃了单元系统形态的属性内涵与取向规定,因而人们无法全面地认识形态变量及其关系所隐含的深刻内涵,这也必然导致有些人会把生态学的指数增长方程与数理统计学的指数分布函数混为一谈。不过,这一问题在统一科学理论体系中可以迎刃而解。

五、信息学中的知识增长规律

人类知识的增长和科学技术的发展趋势可以用指数规律来描述。科学计量学奠基人普赖斯通过研究物理学论文数量增长的现象,在1948年就发现了科学文献的指数增长规律,并绘制了著名的普赖斯曲线。在19世纪,人类的科技知识总量每50年增加1倍;在20世纪中叶,人类的科技知识总量每10年增加1倍。由此人们发现,人类得到的知识与科学技术成果在历史上的分布都呈现出指数增长规律。这一指数增长规律是一个统计规律,所以在指数曲线上下虽然有些跳动,但是在一定相关系数内依然成立。

此后,人们还发现了当代科学技术的发展趋势也呈指数增长规律。第二次世界大战以后,在所有经济发达国家中,科研经费的投入都以指数增长。由于社会对科技投入的不断增加,科学技术发展的规模越来越大,表现为科技知识总量的加速增长和知识更新速度的加快。所以,近30多年来人类所取得的科技成果,即科学新发现和技术新发明的数量,比过去2000年的总和还要多。曾有人估算,截至1980年,人类社会获得的科学知识的90%是第二次世界大战后30余年获得的。到2000年,人类社会获得的知识翻了一番,现在全世界范围内,每天新发表科技论文6000～8000篇,发表科技论文的数量每隔一年半就增加1倍。当今,工程师知识的半衰期是5年,即5年内有一半知识已过时。由于科技知识量的激增,新学科也不断涌现,当今学科总数已达6000多门,而学科数的增长也符合指数增长规律。

产生于20世纪40年代的信息论试图对上述现象做出解释。信息论认为,每一个系统的信息既不会凭空消失,又不会因输出而损失,所以任一系统拥有的信息量不再会减少,而信息相互传播又使系统不断得到输入信息,其中不重复的信息不断地增加着系统拥有的信息和信息量,这样,系统的信息量随着时间的推移必然只增不减。在信息相互传播交流的作用下,各系统的信息量密度都随时间不断增高。

由于信息相互传播的范围不断扩大,传播速率又随着信息量密度增高而增大,信息量密度的上升大致呈指数规律,因此造成了当今如此程度的信息爆炸或知识爆炸,使得世界各个局部系统信息量随时间而增加,并在一定条件下由无序向有序发展。

其实,用统一科学关于近平衡态动力系统的理论也可以直接演绎出信息学中的知识增长规律。当人们考察任一知识系统的信息量增长时,在整个考察过程中,知识系统的能元始终保持不变($\varepsilon_+ = C_{\varepsilon_+}$),能阈也保持不变($E_{\neq +} = C_{E_{\neq +}}$)。在一维正向质向量坐标系 $\vec{X}_+$ 内部 $(\vec{P}_+, \vec{E}_+, \vec{E}_{\neq +}, \vec{\varepsilon}_+)$ 四维形态分向量空间的 $(\vec{P}_+, \vec{E}_+, \vec{C}_{E_{\neq +}}, \vec{C}_{\varepsilon_+})$ 二维截面上,各个分质向量坐标轴与各自的分质变量坐标轴同向,可以用其分质变量来表示。取能量 E_+ 的显性因子 θ_+ 为时间 t_+,取知识积累的起点 $t_+ = 0$,那么在吸收发射与近平衡态条件下,由(8-53)式 $E_+ = F_+ t_+$,令常数 $\dfrac{F_+}{C_{\varepsilon_+}} = \kappa F_+ = \lambda, \kappa = \dfrac{1}{C_{\varepsilon_+}}, A_+ = e^{-C_{E_{\neq +}}/C_{\varepsilon_+}}$,则(9-19)式 $P_+ = A_+ e^{\kappa E_+}$ 可以进一步化作

$$P_+ = A_+ e^{\kappa F_+ t_+} = A_+ e^{\lambda t_+} \tag{9-95}$$

这样所得到的(9-95)式指数函数就是知识系统在信息增长过程中表现的知识信息量增长规律。

由此可见,统一科学不仅可以演绎出近平衡态下各学科动力系统的经验规律,而且可以揭示出各种特殊的动力系统在近平衡态下丰富多彩的表现。在(9-27)式 $n_+ = B_\pm \cdot e^{\pm \kappa E_+}$ 中,取能量 E_+ 的显性因子 θ_+ 为时间 t_+,就可以写作 $n_+ = B_\pm e^{\pm \kappa E_+} = B_\pm e^{\pm \lambda t_+}$。在吸收发射条件下,指数规律的常数取正值,这样的"自然增长律"就可以正确地反映单种群生物个体增长规律、知识信息量增长规律、本金靠复利的增长规律等。在自发发射条件下,指数规律的常数取负值,这个负指数函数就适用于放射性物质的衰变规律、化学动力学的基元反应及其规律、单分子反应中化合物的分解规律等,还可以诠释细菌在射线或毒药下一批一批地死亡、多细胞生物体在饥饿中体内物质的丧失、死亡率高于出生率情况下人口的灭绝率等不胜枚举的例子。

第四节 长度为显性因子的形态变化规律

具有一定空间广延性的系统称作实体系统。一个实体系统在进入近平衡态后,就会逐渐显现出空间位移的非线性变化现象。实体系统在其空间位置变化过程表现出迁移现象,其形态变化规律或分布规律在近平衡态呈现出指数函数的特点,因而吸引不同学科的科学家从各自学科的角度对非线性位移规律进行认识,并形成了各种理论。

一、气体分子在重力场的分布规律

如果人们考察的单元系统是由气体分子组成的实体系统,那么气体系统中的分子

在热平衡态可以看作均匀分布的理想气体。通常,气体分子系统处于静力平衡状态。但是,处于平衡态的气体分子在重力场中受到外环境的重力作用就会失去平衡,并将产生自发发射的空间位移运动。

考察气体分子系统在重力作用下的空间位移运动就可以看到:一方面,原来热平衡态中的无规则热运动会使气体分子均匀分布于它们所能达到的空间,另一方面,外环境的重力作用则要使气体分子聚集于地面上形成新的形态。在这样的环境作用下,气体分子系统在空间中必然要形成非均匀分布。在这样接近平衡的非平衡态下,气体分子数必然随高度的增加而减少。因此,科学家在 17 世纪就发现,按照玻尔兹曼统计可以得到气压(用密度表示)随高度的分布是遵从指数递减规律 $\rho = \rho_0 e^{-ah}$ 的。

历史上,有不少人对气体分子在重力场的分布规律做过研究,并有不同的发现。像分子密度随高度变化的方程就是拉普拉斯第一次用分子密度的形式表示气压随着高度的上升而呈指数地衰减的方程 $\rho = \rho_0 e^{-mgh/kT}$,式中 ρ_0 是地面处($h=0$)的分子密度。[14]

1908—1909 年期间,法国物理学家佩兰在仔细地研究了布朗运动后做出推论:胶态粒子(在密度比它小的液体中永远保持悬浮状态的极小的粒子)的性质与气体分子类似,胶态粒子的粒径肉眼能够观察,因而粒子的数量可以计数。若能配制成一种胶体悬浮液,其中所有粒子都完全相同,并能测定每个粒子的质量,那么利用重力场中微粒按高度的分布,数出悬浮液中两个已知高度 h_1、h_2 处单位体积的粒子数 n_1 和 n_2,就能求得 N_A。

$$\ln \frac{n_2}{n_1} = -\frac{N_A mg}{RT}(h_2 - h_1) \tag{9-96}$$

佩兰基于光的散射原理据此做了实验,证实了气体分子运动论,证实了爱因斯坦关于布朗运动的理论。

在统一科学中,关于气体分子在重力场的分布规律可以直接演绎得到。当人们考察任一气体分子系统在重力场的分布时,在整个考察过程中,如果气体分子系统的总体分子数不变($N_+ = C_{N_+}$),能元始终保持不变($\varepsilon_+ = C_{\varepsilon_+} = RT_+$),能阈也保持不变($E_{\neq +} = C_{E_{\neq +}}$),那么,在一维正向质向量坐标系 $\vec{X}_+$ 内部 $(\vec{N}_+, \vec{n}_+, \vec{E}_+, \vec{E}_{\neq +}, \vec{\varepsilon}_+)$ 五维分质向量空间的 $(\vec{C}_{N_+}, \vec{n}_+, \vec{E}_+, \vec{C}_{E_{\neq +}}, \vec{C}_{\varepsilon_+})$ 截面上,各个分质向量坐标轴与各自的分质变量坐标轴同向,可以用其分质变量来表示。在自发发射与近平衡态条件下,单元系统的异质单元数 n_+ 与能量 E_+ 的变化规律可以用(9-30)式 $n_+ = B_- e^{-\kappa E_+}$ 所示的指数函数表示,其中常数 $\kappa = \frac{1}{C_{\varepsilon_+}}$,$B_- = C_{N_+} C_-^0$ 和 $C_-^0 = e^{-\kappa C_{E_{\neq +}}} = e^{-C_{E_{\neq +}}/C_{\varepsilon_+}}$。可见,如果用热力学的能元 $\varepsilon_+ = C_{\varepsilon_+} = RT_+$ 作为能量尺度,就可以得到自发发射和近平衡态条件下的气体分子系统在重力场的分布规律

$$n_+ = B_- e^{-\kappa E_+} = C_{N_+} e^{(C_{E_{\neq +}} - E_+)/RT_+} \tag{9-97}$$

这里的异质单元数 n_+ 就是集聚在地面上的气体分子数。

当气体分子系统的能量 E_+ 以长度 l_+ 作为显性因子 θ_+ 时,这样的系统就具有空间广延性,并表现为高度 h_+;能量 E_+ 就可以用势能 $E_+ = mgh_+$ 表示。取地面($h_+ = 0$)为零势能,得 $E_{\neq +} = C_{E_{\neq +}} = 0$,即

$$n_+ = C_{N_+} e^{-E_+/RT_+} = C_{N_+} e^{-mgh_+/RT_+} \tag{9-98}$$

或

$$\frac{n_+}{C_{N_+}} = e^{-mgh_+/RT_+} \tag{9-99}$$

将上式用单位体积内的分子数(密度)来表示,就有

$$\frac{\rho_+}{\rho_+^0} = \frac{n_+/V}{C_{N_+}/V} = e^{-mgh_+/RT_+} \tag{9-100}$$

由于在同一温度下,同一气体的密度 ρ_+ 与每单位体积内的分子数 M 成正比,与压力 p_- 也成正比,即

$$\rho_+ = \frac{Mp_-}{RT_+}$$

式中,M 为气体的分子量。将上式代入(9-100)式就有

$$\rho_+ = \rho_+^0 e^{-mgh_+/RT_+} \tag{9-101}$$

这就是气体分子在重力场的分布规律。

二、分子自由程的分布规律

1858 年,克劳修斯在其《气体分子的平均自由路程》一书中提出,气体分子在没有遇到其他分子作用而自由通过厚度为 χ 的空间的概率为 $W = B_- e^{-a\bar{\chi}}$。如果人们考察的一个实体系统是由数目极大的分子组成的,一个分子与其他分子相继两次碰撞之间所经过的直线路程就叫作自由程。对个别分子而言,自由程时长时短,但是大量分子的自由程的长短具有确定的统计规律。分子在行进中的多次碰撞之间各有若干个自由程,大量分子自由程的平均值称为平均自由程,以 $\bar{\chi}$ 表示。

设在气体分子系统的平衡态中,N 个分子各以相同的平均速度 $\bar{v}$ 各向同性地自由游荡。但是,分子在行进中将会发生碰撞,设分子每连续碰撞一次所需时间间隔的平均值为 Δt,它与平均碰撞频率 Z 的关系为 $\Delta t = \dfrac{1}{Z}$,则平均自由程为

$$\bar{\chi} = \bar{v} \Delta t = \frac{\bar{v}}{Z} \tag{9-102}$$

气体分子系统内部的分子的碰撞过程可以看作一个自发发射的过程。如果在人们的整个考察过程中,气体分子系统的分子总数(总体单元数)不变($N_+ = C_{N_+}$),能元始终保持不变($\varepsilon_+ = C_{\varepsilon_+} = RT_+$),能阈也保持不变($E_{\neq +} = C_{E_{\neq +}}$),则在自发发射与近平衡

态条件下，气体分子系统的异质单元数变化规律就可以用(9-30)式 $n_+ = B_- e^{-\kappa E_+}$ 的指数函数表示，其中常数 $\kappa = \dfrac{1}{C_{\varepsilon_+}}$，$B_- = C_{N_+} C_-^0$ 和 $C_-^0 = e^{-\kappa C_{E_+}} = e^{-C_{E_+}/C_{\varepsilon_+}}$。

由于气体分子系统的能量可以由时间 t_+ 这一显性因子来表达，即 $E_+ = F_+ t_+$，代入(9-30)式 $n_+ = B_- e^{-\kappa E_+}$ 就可以得到(9-79)式 $n_+ = B_- e^{-\lambda t_+}$，其中常数 $\lambda = \kappa F_+$，$\kappa = \dfrac{1}{C_{\varepsilon_+}}$。把时间表达为 $t_+ = \dfrac{\overline{\chi}}{\overline{v}}$，代入(9-79)式，就有

$$n_+ = B_- e^{-\lambda \overline{\chi}/\overline{v}} \tag{9-103}$$

再令 $\mu = \dfrac{\lambda}{\overline{v}}$，则

$$n_+ = B_- e^{-\mu \overline{\chi}} \tag{9-104}$$

如此演绎得到的就是分子自由程的分布规律。此式表明，还未被碰撞的分子数目与平均自由程 $\overline{\chi}$ 的关系为负指数函数关系。

三、光化学的朗伯定律

如果人们考察的实体系统是光源系统，其组成单元为光子，在平衡态的光子可以看作均匀分布。但是，处于平衡态的光源系统在受到外环境的作用时，就会有一定量的光子与环境物质因相互作用而失去原有的平衡。在光的作用下进行的反应称为光化学反应。

光化学是研究光与物质相互作用所引起的永久性化学效应的化学分支学科。光化学过程是普遍而重要的光子形态变化过程之一，绿色植物的光合作用、动物的视觉、涂料与高分子材料的光致变性以及照相、光刻、有机化学反应的光催化等，无不与光化学过程有关。

早在1729年和1760年，法国数学家布格和德国数学家朗伯就先后阐明了光的吸收程度和吸收层厚度的关系。1818年，德国化学家格罗特斯和英国化学家德雷珀提出了光化学第一定律：只有被物质吸收的光，才能产生光化学变化。此后，光化学的许多现象也不断地为人们所熟知，但是光化学成为有理论基础的科学还只是近百年的事。

事实表明，光化学第一定律在生物的光化学反应上也是成立的，如视觉中暗适应周围视觉的相对光谱亮度曲线与视紫红质的吸收波谱相一致，光合成波谱与叶绿素之类的吸收波谱互相对应等说明了这个问题。因而，研究光化学理论不仅应该知道反应的吸收光谱和光源的光谱能量分布，而且应该了解光源与反应物间存在的溶剂、产物和玻璃制品的吸收光谱。

一般地，参与光化学反应的物质并没有吸收全部的入射光能。光子的吸收概率关系到入射的光辐射能否改变基态分子的电子分布，以达到特定的激发态。光化学的初

级过程是分子吸收光子使电子激发,分子由基态提升到激发态。分子中的电子状态、振动与转动状态都是量子化的,即相邻状态间的能量变化是不连续的。因此,当分子激发时的初始状态与终止状态不同时,所要求的光子能量也是不同的,而且要求两者的能量值尽可能匹配。

人们把分子处在能量较低的稳定状态,称作基态。受到光照射后,如果分子能够吸收电磁辐射,就可以跃迁到能量较高的状态,因而称其为激发态。如果分子可以吸收不同波长的电磁辐射,就可以达到不同的激发态。按其能量的高低,从基态往上依次称作第一激发态、第二激发态,等等;而把高于第一激发态的所有激发态统称为高激发态。处在激发态的分子寿命一般较短,而且激发态越高,分子的寿命越短,以至于来不及发生化学反应,所以光化学主要与低激发态有关。激发时分子所吸收的电磁辐射能有两条主要的耗散途径:一是和光化学反应的热效应合并;二是通过光物理过程转变成其他形式的能量。

在光化学系统中,属于低光强照射的被吸收光子数为 $10^{13} \sim 10^{15}$ cm^{-3}·s^{-1}。由于激发态分子的寿命很短,处于电子激发态的分子也只能有很低的浓度,因此第二光子的吸收概率极小。德国物理学家斯塔克和爱因斯坦分别于1908年和1912年把能量的量子概念应用到分子的光化学反应上,他们提出了光化学第二定律(爱因斯坦光化学当量定律):在初始光化学反应中,被活化的分子数等于吸收的光量子数。

由光子组成的光源系统在平衡态下的光子是均匀分布的,处在平衡态的光子对外也将表现出一定的光强 I_0。但是,当这一纯态的光子系统加入其他介质或照射到一均匀、非散射的介质时,由于发生光化学反应,光源系统的光子强度 I 就要发生不均匀的变化,这个失衡的变化过程是一个自发发射的过程。

在统一科学中,可以轻而易举地演绎得到上述关于光化学的朗伯定律。当人们考察光源系统的形态变化时,如果光源系统的纯态光子总数(总体单元数)不变($N_+ = C_{N_+}$),能元保持不变($\varepsilon_+ = C_{\varepsilon_+}$),能阈也保持不变($E_{\neq +} = C_{E_{\neq +}}$)。在一维正向质向量坐标系 $\vec{X}_+$ 内部 $(\vec{N}_+, \vec{n}_+, \vec{E}_+, \vec{E}_{\neq +}, \vec{\varepsilon}_+)$ 五维分质向量空间的 $(\vec{C}_{N_+}, \vec{n}_+, \vec{E}_+, \vec{C}_{E_{\neq +}}, \vec{C}_{\varepsilon_+})$ 截面上,各个分质向量坐标轴与各自的分质变量坐标轴同向,可以用其分质变量来表示。当光子系统加入其他介质或照射到一均匀、非散射的介质时,在自发发射与近平衡态条件下,能量 E_+ 与光子数 n_+ 的变化规律就可以用(9-30)式 $n_+ = B_- \mathrm{e}^{-\kappa E_+}$ 的指数函数表示,其中常数 $\kappa = \dfrac{1}{C_{\varepsilon_+}}$,$B_- = C_{N_+} C_-^0$ 和 $C_-^0 = \mathrm{e}^{-\kappa C_{E_{\neq +}}} = \mathrm{e}^{-C_{E_{\neq +}}/C_{\varepsilon_+}}$。所以,光源系统的光子变化规律也遵循(9-30)式 $n_+ = B_- \mathrm{e}^{-\kappa E_+}$。

在光源系统尚未自发发射时,处于混沌平衡态的 $E_+ = 0$,$C_{E_{\neq +}} = 0$,即 $C_-^0 = \mathrm{e}^{-\kappa C_{E_{\neq +}}} = 1$。由于光源与反应物间存在的溶剂、产物和玻璃制品的吸收光谱可以通过光强 I 来表现光子数 n_+,即 $I = k n_+$,$I_0 = k C_{N_+}$,代入(9-30)式 $n_+ = B_- \mathrm{e}^{-\kappa E_+}$,即可得到光源系统的光强变化规律

$$I = kB_- \mathrm{e}^{-E_+/C_{\varepsilon_+}} = I_0 \mathrm{e}^{-E_+/C_{\varepsilon_+}} \tag{9-105}$$

当光源系统的能量 E_+ 的显性因子 θ_+ 为介质的厚度 l_+ 时,由(8-36)式 $E_+ = F_\varepsilon l_+$,令常数(吸收系数)$\alpha = \dfrac{F_\varepsilon}{C_{\varepsilon_+}}$,则(9-105)式可以写成

$$I = I_0 \mathrm{e}^{-F_\varepsilon l_+ / C_{\varepsilon_+}} = I_0 \mathrm{e}^{-\alpha l_+} \tag{9-106}$$

上式还可以用以 10 为底的指数来表示,即

$$I = I_0 10^{-\beta l_+} \tag{9-107}$$

在上面的公式中,I_0 为入射到单吸收介质的单色光的初始光强;I 为光传播一段距离 l_+ 后的透射光强度;$\dfrac{I}{I_0}$ 称为透光度 T,$\lg \dfrac{I_0}{I}$ 叫作吸光度 A 或消光度 E。β 与 α 的关系为 $\alpha = 2.303\beta$,α 和 β 与光源系统的性质及光的波长等有关。透光度和吸光度的关系为

$$A = \lg \dfrac{I_0}{I} = \lg \dfrac{1}{T} = -\lg T = \beta l_+ \tag{9-108}$$

(9-108)式就是光化学中的朗伯定律。

此式表明,当入射光的波长、吸光物质的浓度和溶液的温度一定时,溶液的吸光度与液层的厚度成正比。光化学反应与光的吸收有密切的关系,光化学反应的发生及进行的程度均与光的吸收有关。光在介质中传播时,由于介质的吸收作用而使光强呈负指数关系不断地减弱。例如,当一束平行单色光(只有一种波长的光)照射有色溶液时,由于溶液吸收了一部分光能,光的强度就要减弱。如果溶液浓度不变,则溶液的厚度愈大(即光在溶液中所经过的途径愈长),光的强度减低也愈显著。

四、光化学反应的比尔定律

在光化学反应中,由一束平行单色光组成的光源系统在平衡态下的光子是均匀分布的,光子在平衡态时光强为 I_0。当这一纯态的光子系统照射到一均匀、非散射的介质时,光强 I 就要改变。

德国物理学家比尔在 1852 年提出了光的吸收程度与吸光物质浓度之间的定量关系:如果吸收光的介质是溶液,则其浓度表示为 C。如果溶液吸光质点愈浓,吸收的光子也愈多,则入射光通过溶液后减弱 $-\mathrm{d}I$,$-\mathrm{d}I$ 应与入射光强 I 成正比,也与浓度增加的变化值 $\mathrm{d}C$ 成正比。因此,得到溶液吸光度与浓度的关系式

$$-\mathrm{d}I = k'' I \mathrm{d}C$$

积分后得

$$\ln \dfrac{I}{I_0} = -k'' C \tag{9-109}$$

或

$$I = I_0 \mathrm{e}^{-k'' C} \tag{9-110}$$

将自然对数化为常用对数,(9-109)式就变为

$$\lg \frac{I}{I_0} = -k''' C \tag{9-111}$$

这就是光化学中的比尔定律。

在统一科学中,可以直接演绎光化学反应中的比尔定律。在人们考察光化学反应的整个过程中,光子系统在平衡态下的光子是均匀分布的,光子总数(总体单元数)不变 ($N_+ = C_{N_+}$),如果能元保持不变($\varepsilon_+ = C_{\varepsilon_+}$),能阈也保持不变($E_{\neq +} = C_{E_{\neq +}}$),那么在一维正向质向量坐标系 $\vec{X}_+$ 内部($\vec{N}_+, \vec{n}_+, \vec{E}_+, \vec{E}_{\neq +}, \vec{\varepsilon}_+$)五维分质向量空间的($\vec{C}_{N_+}, \vec{n}_+, \vec{E}_+, \vec{C}_{E_{\neq +}}, \vec{C}_{\varepsilon_+}$)截面上,各个分质向量坐标轴与各自的分质变量坐标轴同向,可以用其分质变量来表示。在自发发射与近平衡态条件下,光子系统能量 E_+ 与光子数 n_+ 的变化规律就可以用(9-30)式 $n_+ = B_- e^{-\kappa E_+}$ 所示的指数函数表示,其中常数 $\kappa = \frac{1}{C_{\varepsilon_+}}$,$B_- = C_{N_+} C_-^0$ 和 $C_-^0 = e^{-\kappa C_{E_{\neq +}}} = e^{-C_{E_{\neq +}}/C_{\varepsilon_+}}$。

显然,在光子系统尚未发生自发发射时,混沌平衡态的 $E_+ = 0, C_{E_{\neq +}} = 0$,即 $C_-^0 = e^{-\kappa C_{E_{\neq +}}} = 1$。在近平衡态和自发发射条件下,光子系统的光子变化规律为 $n_+ = B_- e^{-\kappa E_+} = C_{N_+} e^{-\kappa E_+}$。如果通过光强 I 来表现光子数 n_+,只要将 $n_+ = C_{N_+} e^{-\kappa E_+}$ 两边乘于 k,由 $I = kn_+$,$I_0 = kC_{N_+}$,就可以得到光子系统的光强变化是呈指数规律变化的,即(9-105)式 $I = I_0 e^{-E_+/C_{\varepsilon_+}}$。

如果光子系统的能量 E_+ 的显性因子 θ_+ 为介质浓度 C 时,令 $E_+ = F_C C$,$n_+ \propto I$,$C_{N_+} \propto I_0$,由此即可由(9-105)式 $I = I_0 e^{-E_+/C_{\varepsilon_+}}$ 直接演绎得到光强受介质中吸收光的溶质分子的影响而发生偏离平衡的指数函数——比尔定律,即(9-110)式 $I = I_0 e^{-k''C} = I_0 e^{-F_C C}$,式中 $k'' = F_C/C_{\varepsilon_+}$。

在光化学中,如果朗伯定律在其近平衡态的适用范围内,能元 ε_+ 所表现的显性因子 θ_+ 也是介质浓度 C,即 $\varepsilon_+ = F_C C_\varepsilon$,由于 F_C 还可以表现出吸收层厚度 l_+ 的属性,即吸收层厚度 l_+ 也是能量 E_+ 的显性因子 θ_+($F_C \propto l_+$),那么(9-106)式 $I = I_0 e^{-F_C l_+/C_{\varepsilon_+}} = I_0 e^{-\alpha l_+}$ 就可以改写为

$$I = I_0 e^{-KCl_+} \tag{9-112}$$

或

$$\ln \frac{I_0}{I} = KCl_+$$

或

$$A = \lg \frac{I_0}{I} = \alpha l_+$$

在上述公式中,I 为透射光强度;$\frac{I}{I_0}$ 称为透光度 T;$\lg \frac{I_0}{I}$ 叫作吸光度 A;C 为溶液的

浓度；l_+ 为液层的厚度；K 为吸光系数。α 与系统的性质及光的波长等有关。透光度和吸光度的关系为

$$A = \lg \frac{I_0}{I} = \lg \frac{1}{T} = -\lg T = KCl_+ \qquad (9\text{-}113)$$

(9-113)式就是朗伯-比尔定律的数学表示式。朗伯-比尔定律表示一束单色光通过溶液时，溶液的吸光度与溶液的浓度和液层厚度的乘积成正比。朗伯-比尔定律同时考虑了吸收层的厚度和溶液浓度对光吸收的影响，反映了有色溶液对单色光的吸收程度与溶液和液层厚度间的定量关系。

朗伯-比尔定律是比色分析的基本原理，在分析化学中有着广泛的应用。比色分析（又称吸光光度法）是基于溶液对光的选择性吸收而建立起来的一种分析方法。这一方法是把已知浓度的标准溶液与所需要决定浓度的溶液分置于比色计中，用目力或光电比色计比较光线穿透两溶液后的强度。所用标准溶液的厚度可任意加减，最后使穿透的强度相等，因为在强度相等时，溶液厚度与浓度成反比例，所以由所穿透溶液的厚度及标准溶液的浓度，就能求得未知的有色溶液浓度。比色分析具有简单、快速、灵敏度高等特点，广泛应用于微量组分的测定。

朗伯-比尔定律在其他学科中也经常被应用。例如，应用于大气科学就可以指出太阳辐射在大气中的削弱关系。光子系统在真空中表现为单色光，当光子通过大气时，其媒质发生了改变，由于受媒质的吸收作用，其光强必然要减弱。这就是说，在大气成分均匀的情况下，单色辐射通过大气后将要减弱。

设有一束横截面积为 1 cm² 的单色射线，在经过大气路径上透过管道 AB 内所包含的空气质量 dm，以 Φ_λ 表示具有波长 λ 的单色辐射在进入 dm 时的辐射通量，在通过 dm 后的辐射通量则改变了 $d\Phi_\lambda$ 而变成 $\Phi_\lambda + d\Phi_\lambda$，由于辐射被减弱 Φ_λ，显然这一减弱量与 Φ_λ 和 dm 是成比例的，即

$$d\Phi_\lambda = -a_\lambda \Phi_\lambda dm \qquad (9\text{-}114)$$

式中，a_λ 为减弱系数（或称消光系数），系数愈大则辐射能量被减弱愈多。

对于可见光来说，在标准气压的情况下，空气的减弱系数约为 9^{-5} cm^{-1}，并且是随波长而变化的，在紫光部分增大，在黄绿光部分则减小。为了求得 Φ_λ 通过 dm 的减少率，可以对上式 $\dfrac{d\Phi_\lambda}{\Phi_\lambda} = -a_\lambda dm$ 在从 0 到 m 的范围内积分，则

$$\int_{\Phi_{0,\lambda}}^{\Phi_\lambda} \frac{d\Phi_\lambda}{\Phi_\lambda} = -\int_0^m a_\lambda dm$$

式中，$\Phi_{0,\lambda}$ 为大气上界的单色辐射通量。

单色辐射在大气中受削弱时，在性质上（即本身的成分）并没有改变，相应于该单色辐射的减弱系数仍保持不变，所以

$$\int_{\Phi_{0,\lambda}}^{\Phi_\lambda} \frac{d\Phi_\lambda}{\Phi_\lambda} = -\int_0^m a_\lambda dm$$

积分以后,可以得到

$$\ln \frac{\Phi_\lambda}{\Phi_{0,\lambda}} = -a_\lambda m$$

$$\Phi_\lambda = \Phi_{0,\lambda} e^{-a_\lambda m} \tag{9-115}$$

上式揭示了辐射能在大气中传播时的削弱关系,在大气科学中也被称为比尔定律。由此可见,太阳辐射能在大气中的传播,只是分析化学比色过程在现实世界的放大。

其实,在光子系统尚未自发发射时,混沌平衡态的 $E_+ = 0$,$C_{E_{\neq+}} = 0$,即 $C_-^0 = e^{-\kappa C_{E_{\neq+}}} = 1$。所以,在近平衡态和自发发射条件下,光子系统的光子变化规律为 $n_+ = B_- e^{-\kappa E_+} = C_{N_+} e^{-\kappa E_+}$。如果具有波长 λ 的单色辐射通过截面的光子数 n_+ 用辐射通量 Φ_λ 来表示,只要将 $n_+ = C_{N_+} e^{-\kappa E_+}$ 两边同除于截面 A;减弱系数 a_λ 与空气质量 m 的乘积就是能商 $\xi = \kappa E_+ = a_\lambda m$。如此,就可以直接演绎出(9-115)式 $\Phi_\lambda = \Phi_{0,\lambda} e^{-a_\lambda m}$。

五、弹性波的衰减规律

在物理学中,当某处物质粒子离开平衡位置(即发生应变)时,该粒子在弹性力的作用下就会发生振动,同时又引起周围粒子的应变和振动,这样形成的振动在弹性介质中的传播过程称为弹性波。

光波或电磁波因为其质点的振动方向与波的传播方向相互垂直而称为横波,光子在介质中的传播遵循朗伯定律。液体和气体内部只能由压缩和膨胀而引起应力,所以液体和气体只能传递纵波;而固体内部能产生切应力,因而固体既能传播横波也能传播纵波。

如果人们考察的实体系统是物质系统,则其组成单元为物质粒子。物质系统的物质粒子在平衡态下都可以看作均匀分布,并将在平衡位置附近振动,从而对外表现出一定的波强度。但是,处于平衡态的物质系统在受到外环境作用时,就会有一定量的物质粒子与弹性介质有弹性相互作用而失去原有的平衡,对外通过弹性波表现出波强度减弱。当传播的媒质改变了原有的性质,处于平衡态的物质系统对外表现的波强度就要发生衰减的不均匀变化,因而弹性波的衰减规律成为人们关注的一个问题。

在统一科学中,也可以轻易地演绎得到上述关于弹性波的衰减规律。在人们考察物质系统形态变化的整个过程中,如果物质系统的粒子总数(总体单元数)不变($N_+ = C_{N_+}$),能元保持不变($\varepsilon_+ = C_{\varepsilon_+}$),能阈也保持不变($E_{\neq+} = C_{E_{\neq+}}$),那么在一维正向质向量坐标系 $\vec{X}_+$ 内部 $(\vec{N}_+, \vec{n}_+, \vec{E}_+, \vec{E}_{\neq+}, \vec{\varepsilon}_+)$ 五维分质向量空间的 $(\vec{C}_{N_+}, \vec{n}_+, \vec{E}_+, \vec{C}_{E_{\neq+}}, \vec{C}_{\varepsilon_+})$ 截面上,各个分质向量坐标轴与各自的分质变量坐标轴同向,可以用其分质变量来表示。物质系统的粒子在受到外环境作用的弹性波变化过程是一个自发发射过程。在近平衡态条件下,能量 E_+ 与异质单元数 n_+ 的变化规律就可以用(9-30)式 $n_+ =$

$B_-\mathrm{e}^{-\kappa E_+}$ 的指数函数表示,其中常数 $\kappa=\dfrac{1}{C_{\varepsilon_+}}$,$B_-=C_{N_+}C_-^0$ 和 $C_-^0=\mathrm{e}^{-\kappa C_{E_{\neq+}}}=\mathrm{e}^{-C_{E_{\neq+}}/C_{\varepsilon_+}}$。

显然,在物质系统尚未自发发射时,混沌平衡态的 $E_+=0,C_{E_{\neq+}}=0$,即 $C_-^0=\mathrm{e}^{-\kappa C_{E_{\neq+}}}=1$。所以,在近平衡态和自发发射条件下,物质系统的粒子变化规律为 $n_+=B_-\mathrm{e}^{-\kappa E_+}=C_{N_+}\mathrm{e}^{-\kappa E_+}$。由于物质系统对外表现的波强与异质单元数 n_+ 成正比,即 $I=kn_+$,$I_0=kC_{N_+}$,只要将 $n_+=C_{N_+}\mathrm{e}^{-\kappa E_+}$ 两边乘于 k,就可得到物质系统在自发发射和近平衡态条件下的波强变化规律,即 (9-105) 式 $I=I_0\mathrm{e}^{-E_+/C_{\varepsilon_+}}$。

当能量 E_+ 的显性因子 θ_+ 为媒质的传播距离 l_+ 时,由 (8-36) 式 $E_+=F_\varepsilon l_+$,令常数(吸收系数)$\beta=\dfrac{F_\varepsilon}{C_{\varepsilon_+}}$,则 (9-105) 式 $I=I_0\mathrm{e}^{-E_+/C_{\varepsilon_+}}$ 可以写成

$$I=I_0\exp\left(-\dfrac{F_\varepsilon l_+}{C_{\varepsilon_+}}\right)=I_0\mathrm{e}^{-\beta l_+} \tag{9-116}$$

这就是弹性波的衰减规律。此式表明,波强度是按指数规律而减弱的。

由于在媒质(固体、液体、气体等)中传播的实际波的波强度减少是按指数规律衰减的,因而要比按反平方规律的减小快得多。按指数规律衰减的公式,就可以局部地解决弹性波为媒质的吸收问题,尤其重要的是解决了吸性系数同媒质性质及辐射频率的关系。

弹性波的衰减规律具有广泛的普适性,如声学中振动幅度的衰减也都遵循与弹性波衰减相同的规律。这种某一辐射通过媒质时强度减弱的规律差不多可以在任何时候(对于任何媒质和任何的辐射)得到。

六、菲克扩散定律与昂萨格倒易关系

物体中大量物质分子进行的无规则运动使物体在宏观上处于平衡态,而处于平衡态的物质分子的体积浓度可以看作是均匀的。但是,物体中只要有一定量的物质分子进行规则的定向运动就会使物体在宏观上处于失衡态,处于失衡态的物质分子的浓度就不是均匀的,在其运动的方向上就会形成浓度梯度场。物体只要存在物质分子浓度梯度就会产生扩散,扩散现象是物质分子微观运动的宏观表现,是通过物质分子运动而自发实现的输运过程。

对于不同组分的物质分子群体,由于相互联系、相互作用而共同趋向于平衡态的扩散过程,要揭示其中某一组分的物质分子群体的扩散规律,就必须建立刻画该组分物质分子群体在空间定向迁移运动的坐标系。1855 年,德国物理学家菲克在研究大量扩散现象的基础上,基于物质分子浓度和空间距离这两个质参量坐标轴所构成的二维质参量坐标系,对物质分子质点扩散过程的宏观行为做出了定量的描述,提出了浓度场下物质扩散的动力学方程——菲克第一定律。

如果人们考察的某一组分物质分子浓度 C 仅仅是空间距离 x_+ 的单变量函数 $C=C(x_+)$，自变量 x_+ 只能在 X_+ 轴上变动，移动的方向只有直线左右两方，则菲克第一定律的数学表达式为

$$J = -D \frac{dC}{dx_+} \tag{9-117}$$

式中，J 是量度在一段短时间内某一组分物质分子流过垂直于浓度梯度方向的单位截面扩散的物质量，这一扩散通量是度量某一物质分子浓度 C 与空间距离 x_+ 关系的质参量；D 称为扩散系数或扩散度；C 为扩散组分物质分子的体积浓度；x_+ 为在 X_+ 轴上的位移（长度）；dC/dx_+ 为浓度梯度，负号表示扩散方向为浓度梯度的反方向，即扩散组分物质分子由高浓度区向低浓度区扩散。

当两种组分的物质分子群体 A 和 B 接触时，扩散就会发生；扩散是组分 A 物质分子和组分 B 物质分子形成平衡态的混合物的过程。如果人们考察的是组分 A 物质分子与 B 接触时所发生的扩散，那么组分 A 物质分子通过垂直于浓度梯度方向的单位截面扩散的物质量为

$$J_A = -D_{AB} \Delta C_A \tag{9-118}$$

式中，负号表示物质分子 A 向浓度减小的方向传递；D_{AB} 为组分 A 物质分子在组分 B 物质分子中的分子扩散系数；ΔC_A 为组分 A 物质分子浓度 C_A 的梯度。如果 C_A 仅沿 x_+ 方向变化，即 $x_+ = l_+$，则简化为

$$J_A = -D_{AB} \frac{dC_A}{dx_+} \tag{9-119}$$

对多种混合物而言，通过假设从高浓度区域往低浓度区域流的通量大小与浓度梯度（空间导数）成正比，就可以把扩散通量与浓度联系起来。由此，即可得到菲克第一定律：在单位时间内通过垂直于扩散方向的单位截面积的扩散物质流量（称为扩散通量，用 J 表示）与该截面处的浓度梯度成正比，也就是说，浓度梯度越大，扩散通量越大。

由于分子运动的快慢与温度、分子的质量有关，因此扩散系数 D 是描述扩散速率的重要物理量，其大小取决于温度、流体黏度与分子大小，并与扩散分子流动的平均速度成正比；它相当于浓度梯度为 1 时的扩散通量，D 值越大则扩散越快。

菲克第一定律是以某一点的导数（微商）代表了浓度函数在该点的变化率，其推导是适合于稳定扩散的情形：$\frac{\partial C}{\partial t_+} = 0$。在扩散过程中，各处的扩散组分物质分子的浓度 C 通过各处的扩散通量 J 只随距离 x_+ 变化，而不随时间 t_+ 发生变化，每一时刻从前边扩散来多少扩散组分物质分子，就向后边扩散走多少扩散组分物质分子，没有盈亏，所以扩散组分物质分子浓度不随时间而变化。

菲克第一定律只适应于 J 不随时间变化的稳定扩散情形，而大多数扩散过程是在非稳态 $\left(\frac{\partial C}{\partial t_+} \neq 0\right)$ 条件下进行的。非稳态扩散的特点是：在扩散过程中，各处的扩散组

分物质分子的浓度 C 通过各处的扩散通量 J 随时间 t_+ 和距离 x_+ 变化。因此，在考虑组分物质分子沿着一维距离空间坐标轴 X_+ 方向扩散了 x_+ 距离的过程中，还要考虑组分物质分子的体积浓度 C 随着时间 t_+ 发生扩散变化的情况，即 $C=C(x_+,t_+)$。

为此，菲克又认为，在单位面积上物质扩散的速率 $\dfrac{\mathrm{d}m_+}{\mathrm{d}t_+}$ 等于其扩散系数 D 和浓度梯度 $\dfrac{\mathrm{d}C}{\mathrm{d}x_+}$ 之积，[15] 即

$$\frac{\mathrm{d}m_+}{\mathrm{d}t_+}=-D\,\frac{\mathrm{d}C}{\mathrm{d}x_+} \tag{9-120}$$

对于非稳态扩散，在第一定律及质量守恒定律的基础上可以得到

$$\frac{\partial C}{\partial t_+}=-\frac{\partial}{\partial x_+}J_x=\frac{\partial}{\partial x_+}\left(D\,\frac{\partial C}{\partial x_+}\right) \tag{9-121}$$

再用链式法则展开，就可以推导出扩散组分物质分子浓度随时间分布的扩散方程，即菲克第二定律。

$$\frac{\partial C}{\partial t_+}=\frac{\partial}{\partial x_+}\left(D\,\frac{\partial C}{\partial x_+}\right)=D\,\frac{\partial}{\partial x_+}\left(\frac{\partial}{\partial x_+}C\right)=D\,\frac{\partial^2 C}{\partial x_+^2} \tag{9-122}$$

菲克第二定律指出：在非稳态扩散过程中，在距离 x_+ 处扩散组分物质分子浓度随时间的变化率等于该处的扩散通量随距离变化率的负值。

其实，在统一科学中通过线性系统的形态变化规律就可以演绎出菲克定律。在一维正向质向量坐标系 $\vec{X}_+$ 内部 ($\vec{N}_+,\vec{n}_+,\vec{E}_+,\vec{E}_{\neq+},\vec{\varepsilon}_+$) 五维分质向量空间的 ($\vec{C}_{N_+},\vec{n}_+,\vec{E}_+,\vec{C}_{E_{\neq+}},\vec{C}_{\varepsilon_+}$) 截面上，省却了分质向量关于指向的规定，在自发发射和准平衡态条件下，把本质单元数 $n_+^0=C_{N_+}-n_+$ 代入 (6-319) 式 $r_+=\dfrac{\mathrm{d}n_+}{\mathrm{d}E_+}=-a'C_{N_+}\kappa_+$ 中，就可得到本质单元数分布密度函数

$$r_+^0=\frac{\mathrm{d}n_+^0}{\mathrm{d}E_+}=a'C_{N_+}\kappa_+ \tag{9-123}$$

在定容条件下 ($V_+=C_{V_+}$)，若人们考察的本质单元数（扩散组分物质分子数）为 n_+^0，扩散组分物质分子的体积浓度就是 $C=\dfrac{n_+^0}{V_+}=\dfrac{n_+^0}{C_{V_+}}$。以组分物质分子扩散迁移的距离 x_+ 为能量 E_+ 的显性因子，$E_+=Fx_+$。这样，$\dfrac{\mathrm{d}n_+^0}{\mathrm{d}E_+}=\dfrac{C_{V_+}\dfrac{\mathrm{d}n_+^0}{C_V}}{\mathrm{d}(Fx_+)}=\dfrac{C_{V_+}\mathrm{d}C}{F\,\mathrm{d}x_+}$，代入 (9-123) 式就可以得到

$$r_+^0=\frac{C_{V_+}\,\mathrm{d}C}{F\,\mathrm{d}x_+} \tag{9-124}$$

如果令 $J=r_+^0=a'C_{N_+}\kappa_+$，且称之为扩散通量，再令 $D=-\dfrac{C_{V_+}}{F}$，并称为扩散系数，

这样就可演绎出质量传递中的菲克第一定律(9-117)式 $J=-D\dfrac{\mathrm{d}C}{\mathrm{d}x_+}$,式中负号表示扩散方向与浓度梯度 $\dfrac{\mathrm{d}C}{\mathrm{d}x_+}$ 增加的方向相反,即扩散由高浓度向低浓度方向进行。

对于非稳态扩散,以组分物质分子扩散迁移的时间 t_+ 为能量 E_+ 的显性因子,即 $E_+=F_N t_+$,在自发发射和准平衡态条件下,也一样可以演绎出质量传递中的菲克第二定律。

可见,在研究物质分子的浓度场时,就要考察扩散组分物质分子浓度 C 在场中各点处的邻域内沿每一方向的变化情况。在非平衡态中,扩散组分物质分子浓度 C 是一个强度量,这一强度量的不均匀性就会产生空间梯度。梯度是某一点最大的方向导数,沿梯度方向,函数有最大的变化率(正向增加与逆向减少)。只要空间梯度存在,就会有扩散现象发生。不同失衡态的物质分子群体有空间梯度存在时,通过物质分子在空间定向迁移的自发发射过程而达到平衡态的过程就是扩散过程。扩散是组分物质分子由自由度小向自由度大的方向的定向迁移运动,浓度梯度 $\dfrac{\mathrm{d}C}{\mathrm{d}x_+}$ 是表征流过垂直方向的单位截面的扩散流量,所以经常被称为"流",而扩散通量 J 则是"流"相对应的"力"。

如果单元系统是一个处于平衡态的热力学系统,而一个热力学系统在各种物理量作用下将产生相应的响应,人们把引起热力学系统响应的物理量称为作用物理量,通常用动力表示,记为 X_j;代表响应的物理量称为效果物理量,通常用通量表示,记为 J_j。像热力学系统在温度差(动力)作用下可以引起热量的迁移形成热流(通量),在电势差(动力)作用下可以引起电量的迁移形成电流(通量)。在实际输运过程中,一个通量也许不止由一个动力引起,一个动力也许不止与一个通量相关。虽然通量的原有意义是流量,但人们已经把它推广到指一向量的"法向分量的面积分"。[16]

一般地,如果单元系统的强度量不是以浓度来表达的,而是以其他的强度量 Θ(如温度、化学位、应力、速度等参量)来表达,则在非平衡态下由于强度量的不均匀性就会产生强度量的空间梯度 $\dfrac{\partial \Theta}{\partial x_+}$(如温度梯度 $\dfrac{\partial T}{\partial x_+}$、压强梯度 $\dfrac{\partial p}{\partial x_+}$ 等)。只要强度量存在空间梯度——不可逆"流"(通量)$Y_j=-\dfrac{\partial \Theta}{\partial x_+}$,其在空间定向迁移运动的自发发射过程都称为扩散,与"流"(通量)相对应的扩散通量则称为"力"(X_i)。所以,不可逆过程常用"流"和"力"来说明。

不可逆流的强度表示为 Y_j,而不可逆力的强度表示为 X_i。不可逆流的强度 Y_j 有赖于不可逆力 X_i 的大小,Y_j 是 X_i 的函数。一般来说,它们是很复杂的函数。在近平衡态,当不可逆力 X_i 不大时,可以认为 Y_j 正比于 X_i。对于第 i 种力产生的第 i 种流,力与流之间的线性关系可以写成

$$X_i=\sum_j L_{ij} Y_j \quad (i,j=1,2,\cdots) \tag{9-125}$$

式中，L_{ij}是不依赖于X_i的常数。流与力的这种关系称作线性关系，而在非平衡热力学中这种线性关系适用的范围叫非平衡线性区。显然，线性区是流与力都不太强的区。

进一步研究表明，第i种力不仅可以引起第i种流，也可以影响第j种流（这里$j \neq i$）。任何一种"力"都可以引起与之共轭的物质流动，并且如果有耦合作用的话，还会引起与这种"力"耦合的其他物质的流动。例如，温度梯度的存在不仅可以产生热流，而且可以诱导扩散流。同样，密度不均匀也可以导致热的流动。所以，在线性区流与力之间的一般关系为

$$Y_i = \sum_j L_{ij} X_j \quad (i,j = 1, 2, \cdots) \tag{9-126}$$

式中，常数L_{ij}叫作线性唯象系数，其中L_{ii}叫作自唯象系数，而$L_{ij}(i \neq j)$叫作交叉唯象系数。非零的交叉唯象系数的存在又叫作交叉效应，它反映了不同的不可逆过程之间的相互影响。

1931年，美国物理化学家昂萨格根据对涨落的分析和微观动力学过程的可逆性给出了非平衡热力学的近平衡区域的一般关系：热力学系统对弱外界强迫作用的响应是线性的。昂萨格发现，线性系数满足"昂萨格倒易关系"，唯象系数矩阵是对称的

$$L_{ij} = L_{ji} \tag{9-127}$$

即第i种力对第j种流的影响与第j种力产生第i种流的能力相同（脚标i、j次序颠倒后，数值不变），这个线性唯象关系的存在不依赖于具体物质或具体过程，这种交叉系数间的对称性和流与力（X_i，Y_j，X_j，Y_i）的具体类型无关。

昂萨格倒易关系是描述不可逆热力学过程的线性唯象定律中各系数间的倒易关系，在看来全然不同的不可逆过程之间建立了量的联系，反映了各种不同的不可逆过程间的交叉耦合作用。在热力学系统中，一般总能找到某个局部，它的性质与整体是一致的；其全局稳定性与其平衡点局部的稳定性是一致的，平衡点的局部失稳将导致系统的全局失稳。在极为广大的领域中，昂萨格倒易关系的线性唯象关系可以较好地描述线性区不可逆过程的各种输运现象，因为对输运过程的"力"和"流"都近似地满足线性关系。

昂萨格倒易关系虽然是线性非平衡热力学中的一条基本定理，适用于一切热力学的线性不可逆过程，不过，从上述的演绎可以看出，这一定理只是单元系统形态转化基元规律在近平衡态以长度l_+为能量E_+的显性因子的一个特殊推理而已。

第五节 位势为显性因子的形态变化规律

在近平衡态的单元系统形态转化基元规律可以用指数函数或对数函数来表达。当单元系统的能量E_+的显性因子θ_+为势μ_i时，由近平衡态的单元系统形态转化基元规律可演绎出电化学的离子缔合规律、氢过电

位、电极电位与膜电势,也可以演绎出理想气体或理想溶液中各组分的化学势,还可以演绎出心理物理学的费希纳定律等。

一、电化学的离子缔合规律

电化学是研究化学反应和电现象间相互关系的科学,它要研究化学能和电能的相互转变以及与这个过程有关的定律和规则。由于电和化学反应的相互作用可以通过电池来完成,而电池由两个电极和电极之间的电解质构成,因而电化学主要的研究内容包括两个方面:①电解质学,包括电解质的导电性质、离子的传输性质、参与反应离子的平衡性质等;②电极学,包括电极的平衡性质和通电后的极化性质,也就是电极和电解质界面上的电化学行为以及化学能与电能相互转化过程中所遵循的规律。

电解质溶液的物理化学是电解质学研究的主要内容,关于电解质溶液知识的理解和论述常称作电解质溶液理论。当电解质溶液中只有一种离子 i 时,该溶液就是由 i 离子作为组成单元的物质系统。因为任何物质系统的物质粒子在平衡态下都可以看作均匀分布,所以处于平衡态溶液的 i 离子浓度是均匀的,并对外表现出一定的极性。

如果在此溶液中加入荷电相反的离子 j,离子就要发生缔合运动,从而破坏 i 离子系统的平衡态而偏离原来的平衡态。离子缔合是两个异号电荷离子相互接近到某一临界距离形成离子对的过程。在较浓的电解质溶液中,当荷电相反的离子接近到一定程度时,它们相互间的静电吸引能可能超过热运动能,从而在溶液中形成一个比较稳定的离子缔合体,并作为一个整体在溶液中运动。

离子缔合与离子的电价及溶剂介电常数有关。对于 1-1, 2-2 型电解质,离子对是不带电的,形成的离子对不导电,其效果相当于溶液中的一些离子被一些偶极分子所置换。对 AB_2 等型的电解质,则有带电的 AB^+ 及不带电的 AB_2 等单位存在,电导会降低。一般地说,离子半径愈小或溶剂的介电常数愈小,愈容易生成离子对,因此它对在低介电常数溶剂中的电解质显得很重要。

人们所考察的处于平衡态的 i 离子系统一经确定,离子系统的总体单元数即为常数 $N_{+i} = C_{N_+}$。但是,如果在只有一种 i 离子的电解质溶液中加入荷电相反的 j 离子,就会有一定量的离子缔合体(异质单元)n_{+i} 生成,其效果必然降低原 i 离子系统的极性和能态而发生不均匀的变化,因而这个偏离平衡态的变化过程是一个自发发射过程。

在统一科学中,可以演绎得到关于电化学的离子缔合规律。人们在考察任一离子系统的过程中,如果离子系统的总体单元数不变($N_+ = C_{N_+}$),能元始终保持不变($\varepsilon_+ = C_{\varepsilon_+}$),能阈也保持不变($E_{\neq +} = C_{E_{\neq +}}$),由于电化学属于热力学范畴,能元 ε_+ 可用热力学能元 kT_+ 来表示(k 为玻耳兹曼常数,T_+ 为热力学温度),即 $\varepsilon_+ = C_{\varepsilon_+} = kT_+$。在一维正向质向量坐标系 $\vec{X}_+$ 内部($\vec{N}_+, \vec{n}_+, \vec{E}_+, \vec{E}_{\neq +}, \vec{\varepsilon}_+$)五维分质向量空间的($\vec{C}_{N_+}, \vec{n}_+, \vec{E}_+, \vec{C}_{E_{\neq +}}, \vec{C}_{\varepsilon_+}$)截面上,各个分质向量坐标轴与各自的分质变量坐标轴同向,可以用其

分质变量来表示。在自发发射与近平衡态条件下,离子缔合的变化规律就可以用(9-30)式 $n_+ = B_- e^{-\kappa E_+}$ 的指数函数表示,其中常数 $\kappa = \dfrac{1}{C_{\varepsilon_+}}$,$B_- = C_{N_+} C_-^0$ 和 $C_-^0 = e^{-\kappa C_{\varepsilon_+}} = e^{-C_{\varepsilon_+}/C_{\varepsilon_+}}$。

对于处在平衡态的 i 离子系统,离子系统的 $E_+ = 0$,$C_{E_+} = 0$,即 $C_-^0 = e^{-\kappa C_{\varepsilon_+}} = 1$。但是,只要加入荷电相反的 j 离子,i 离子系统就会失衡。在近平衡态和自发发射条件下,离子系统的离子缔合变化规律为

$$n_{+i} = C_{N_{+i}} e^{-\kappa E_+} = C_{N_{+i}} e^{-E_+/kT_+} \tag{9-128}$$

当能量 E_+ 的显性因子 θ_+ 为电位 φ_+ 时,(9-128)式中的能量 E_+ 可以用(8-58)式的电位能 $E_+ = n_+ \mu_+ = U_+ Q_+$ 表示。令电位 $U_+ \equiv \varphi_+$,电荷 $Q_+ = Z_i q_\varepsilon$(Z_i 为离子的价数,q_ε 为单位电荷),就有

$$E_+ = Z_i q_\varepsilon \varphi_+ \tag{9-129}$$

若 φ_{+j} 为 j 离子的电位,在不考虑其他离子的相互作用时,i 离子在距 j 离子 r 处的平均浓度为

$$n'_{+i} = C_{N_{+i}} e^{-Z_i q_\varepsilon \varphi_{+j}/kT_+} \tag{9-130}$$

如果 φ_{+j} 为 $\dfrac{Z_j q_\varepsilon}{Dr}$($D$ 为溶剂介电常数),则

$$n'_{+i} = C_{N_{+i}} e^{-(Z_i Z_j q_\varepsilon^2/DrkT_+)} \tag{9-131}$$

由上式还可以看出,i 离子的分布是 r 越大,密度越小;而 r 越小,i 离子随 r 的变化率就越大。

i 离子在距 j 离子的厚度为 dr 的球壳内的数目为

$$N_i e^{-(Z_i Z_j \varepsilon^2/DrkT)} 4\pi r^2 dr$$

随着 r 的增大,球壳的体积 $4\pi r^2 dr$ 也增大。由于这两个相反因素的作用,因此取一系列厚度 dr 相同的球壳,则球壳中 i 离子的个数,最初在 n_i 变化很大的范围内是减小的,经一个极小点又较缓慢地增多起来,相当于 i 离子最少的球壳距离为 q。其关系式为

$$q = \dfrac{|Z_i Z_j| \varepsilon^2}{2DkT} \tag{9-132}$$

式中,$Z_i Z_j$ 为 i、j 离子的电价。

在溶液中,个别"离子对"存在的时间很短,但是每一瞬间都有许多缔合体分解,同时又有许多离子缔合。从统计的观点看,溶液中总是存在着一定数量的缔合体。在电解质溶液中,离子系统不断地发生离子缔合和离子分解,但是在近平衡态下,i 离子在距 j 离子 r 处的平均浓度都遵循着(9-130)式 $n'_{+i} = C_{N_{+i}} e^{-Z_i q_\varepsilon \varphi_{+j}/kT_+}$ 的指数变化规律。

二、氢过电位

电极和电解质界面上的电化学行为也是电化学研究的一个主要内容。传统的电化

学测试技术和研究方法主要测量电化学过程中总的电流、电位、阻抗等宏观参量及其随时间的变化规律，从而推测电化学系统的内部变化过程。

在电化学中，实际的电极在工作过程中会发生偏离理想电极模型的情况，这就叫极化。电极的极化有浓差极化和活化极化两种。由于电极反应并不像人们理想中的那样迅速，因此当电位达到理论电位时，电极反应的速率仍然很慢。这种由于电化学反应本身的迟缓性而引起的电极电势对平衡电势的偏离称为活化极化。当电流通过电极时，阴极上的还原反应来不及消耗外界输送的电子，使电极表面上积累了比平衡态还多的电子，从而导致电极电势向负方向移动。反之，阳极上的氧化反应来不及补充电极上被外界取走的电子，使电极表面的电子数比平衡态还少，也将导致电极电势向正的方向移动。

在实际的电极反应进行时，会发生阴极电位比理论值低、阳极电位比理论值高的情况，这就叫作过电位。过电位是电极的电位差值，即无电流通过（平衡态下）和有电流通过之电位差值。对于某一电极反应，当电极电势正偏离其平衡电极电势 E_P 时，其偏离值称为超电势，也就是过电位。过电位随着电流密度的升高而提高。过电位是由于电极的极化而产生的，就是说实际的电极反应已经偏离了理想的电极反应。如果阴极析出的是氢气，就叫作析氢过电位。[17]

在氢电极未通电时，H_2 在平衡态下是均匀分布的。在通电时，电极系统与外环境取得了联系，在环境作用下，氢电极就会发生 H_2 分子分解为 H^+ 的化学反应：

$$H_2 \longrightarrow 2H^+$$

由于 H^+ 的存在使得电位必然要发生变化，在近平衡态下氢电极的热力学电位可以表示为

$$\varphi_+ = \varphi_+^0 + \frac{RT_+}{F} \ln \frac{a_{H^+}}{P_{H_2}^{1/2}} \tag{9-133}$$

如果与电极保持平衡的氢是 1 大气压，$P_{H_2}=1$，那么

$$\varphi_+ = \varphi_+^0 + \frac{RT_+}{F} \ln a_{H^+} \tag{9-134}$$

根据通用的氢标度，常数 φ_+^0 是有条件地作为零。氢电极的热力学电位并不依赖于电极材料，通常用镀铂黑的铂片是为了容易建立如下的平衡，同时不发生其他反应

$$\frac{1}{2}H_2(P \text{ 大气压}) \rightleftharpoons H \longrightarrow H^+ + e^-$$

当电极电位处在热力学电位 φ_+ 时，电极反应严格地保持着如上式表示的动态平衡。这就是说，氢的电离和离子氢的放电继续不断地以等速交换，从而使电流密度 i_0 保持恒定。

如果有显著的电流通过氢电极，上面的暂时平衡就被破坏了，电极电位按电流的大小做出不同程度的移动。要是电极电位向着比热力学电位更负的方向移动，平衡就向

着放电方向转移，这是自发发射过程。反之，电极电位如果向正的方向移动，平衡就向电离的方向转移，这是吸收发射过程。电位转移的程度自然决定于电极电位值。氢的电离叫作阳极反应，离子氢的放电叫作阴极反应。

在多数情况下，人们遇到的是氢的阴极分离，就是说有电流密度 i A/cm^2 从外界流向氢电极，使氢离子的放电反应远远超过氢的电离反应。假定在这种情况下的电极电位 φ_+ 是不可逆的，那么比热力学电位更负的电位值称为氢过电位 η，这归之于电化学极化 $\eta = \varphi_+ - \varphi_{+不可逆}$。过电位值愈大，说明电极的极化程度愈大。很明显，电极上过电位的概念同电解进行时引起的 ΔE_+ 不可逆值是密切关联的。

氢过电位这个现象的存在，对电解工业具有很大的意义。因此，从 20 世纪初以来，人们对氢离子放电过程进行了广泛研究。人们总结了诸多实验的大数据，知道氢过电位不仅与电流密度有关，而且与其他因素，如电极材料、电极的表面状态、溶液组成、温度等都有密切关系。因此，人们发现了氢离子放电过程的规律性。德国有机化学家塔菲尔于 1905 年总结了电极过程动力学中基本的经验式，并以此来说明氢过电位 η 与电流密度 i_+ 的定量关系，此式就称为塔菲尔公式。

$$\eta = a + b \ln i_+ \tag{9-135}$$

或

$$i_+ = K \mathrm{e}^{\eta/b} \tag{9-136}$$

式中，常数 $K = \mathrm{e}^{-a/b}$，而常数 a、b 叫塔菲尔系数。a 是电流密度等于 1 A/cm^2 时的过电位值，它和电极材料、表面状态、溶液组成、温度等有关不同金属的 b 值相差不大而 a 值相差明显，因此常以 a 作为活化过电位大小的判据。不同的理论也都证明，上式中的常数 b 的数值就是 $\dfrac{RT_+}{\alpha F}$。根据实验，对多数电极来说，a 的数值接近于 0.5，因此 b 的数值对大多数的金属来说都差不多，这使得多数金属的塔菲尔关系线有着几乎相等的斜率。

塔菲尔的经验公式揭示了电化学极化超电势与电流密度的关系。析氢过电位（一定程度上）可以用塔菲尔常数衡量，塔菲尔常数越大，过电位越大。当电化学极化程度较高且浓差极化可忽略时，过电位与电流密度之间常满足这一经验规律。

在统一科学中，在人们考察电极系统的整个过程中，如果所考察的电极系统的电子总数（总体单元数）不变（$N_+ = C_{N_+}$），能元始终保持不变（$\varepsilon_+ = C_{\varepsilon_+}$），能阈也保持不变（$E_{\neq +} = C_{E_{\neq +}}$），那么在一维正向质向量坐标系 $\vec{X}_+$ 内部 $(\vec{N}_+, \vec{n}_+, \vec{E}_+, \vec{E}_{\neq +}, \vec{\varepsilon}_+)$ 五维分质向量空间的 $(\vec{C}_{N_+}, \vec{n}_+, \vec{E}_+, \vec{C}_{E_{\neq +}}, \vec{C}_{\varepsilon_+})$ 截面上，各个分质向量坐标轴与各自的分质变量坐标轴同向，可以用其分质变量来表示。如此，电极系统在吸收发射与近平衡态条件下的能量 E_+ 与异质单元数 n_+ 的变化规律就可以用 (9-29) 式 $n_+ = B_+ \mathrm{e}^{\kappa E_+}$ 的指数函数表示，其中常数 $\kappa = \dfrac{1}{C_{\varepsilon_+}}$，$B_+ = C_{N_+} C_+^0$ 和 $C_+^0 = \mathrm{e}^{\kappa C_{E_{\neq +}}}$。

取电极系统的能量 E_+ 的显性因子 θ_+ 为电极电位 φ_+ 时,由(6-386)式 $E_+=F_+\theta_+$ $=F_+\varphi_+$,令常数 $\dfrac{F_+}{C_{\varepsilon_+}}=a$,则(9-29)式 $n_+=B_+\mathrm{e}^{\kappa E_+}$ 可以写成

$$n_+=B_+\mathrm{e}^{\kappa E_+}=B_+\mathrm{e}^{a\varphi_+} \tag{9-137}$$

由于电流 $i_+=\mathrm{d}q_+/\mathrm{d}t_+=n_+\mathrm{d}q_e/\mathrm{d}t_+$,$i_+^0=\mathrm{d}q_+^0/\mathrm{d}t_+=C_{N_+}\mathrm{d}q_e/\mathrm{d}t_+$,因此(9-137)式两边同乘以电子变化率 $\mathrm{d}q_e/\mathrm{d}t_+$,就有

$$i_+=i_+^0 B_+\mathrm{e}^{a\varphi_+} \tag{9-138}$$

再令 $C_{\varepsilon_+}=bF_+$,$K=i_+^0 B_+$,过电位 $\eta=\varphi_+$,代入上式就可以得到如下的指数函数

$$i_+=K\mathrm{e}^{\eta/b} \tag{9-139}$$

对上式取对数,就可以得到塔菲尔经验公式(9-135)式 $\eta=a+b\ln i_+$,而这演绎出来的就是近平衡态下电极系统的过电位变化规律。

在电流密度很小时,(9-135)式 $\eta=a+b\ln i_+$ 与事实不符合,这是因为按照这个关系式,当 $i_+\to 0$ 时,过电位 η 将趋向 $-\infty$,这个结论当然是不对的。因为当 $i_+\to 0$ 时,电极的情况接近于可逆电极,过电位 η 应该是零而不应该变为 $-\infty$。但是,利用统一科学线性理论就可以从本质上解释上述问题。在准平衡态下,低过电位与通过电极的电流密度的关系就表现为线性关系,即过电位 η 与通过电极的电流密度成正比,可以表示为 $\eta=wi_+$。w 的数值与金属电极的性质等因素有关,它和(9-135)式中的常数 a 一样表示在指定条件下的氢电极的不可逆程度。

三、电极电位与膜电势

近代电化学的研究领域中涉及的不少问题,已经要求人们从分子水平上观测电极——界面上发生的化学和物理过程。在电化学中,当电极处在氧化态且未通电时,这种氧化态是一种平衡态。当电流通过电极时,这种平衡态就被破坏了,也就有了异质的还原态物质出现。

对于任意给定的一个作为正极的电极,其电极反应可以写成如下的通式:

$$\text{氧化态}+n_+q_\varepsilon \longrightarrow \text{还原态} \tag{9-140}$$

电流通过电极时,电极产生的氧化还原反应是一个自发发射过程,并将使电极所处的氧化态偏离原来的平衡态。在一定容积 V 下的电极反应中的电子($e=q_e$)转移数 n_+ 可以用浓度 C(或活度 a)表示。

在统一科学中,可以直接演绎电极电势与膜电势的变化规律。在人们考察电极产生的氧化还原反应的过程中,当人们考察电极反应中的形态变化时,如果电极未通电所处的形态的电子总数(总体单元数)为常量($N_+=C_{N_+}$),能元保持不变($\varepsilon_+=C_{\varepsilon_+}$,在恒温下可表示为 $\varepsilon_+=RT_+$),能阈也保持不变($E_{\neq+}=C_{E_{\neq+}}$),那么,在一维正向质向量坐标系 $\vec{X}_+$ 内部 $(\vec{N}_+,\vec{n}_+,\vec{E}_+,\vec{E}_{\neq+},\vec{\varepsilon}_+)$ 五维分质向量空间的 $(\vec{C}_{N_+},\vec{n}_+,\vec{E}_+,\vec{C}_{E_{\neq+}},\vec{C}_{\varepsilon_+})$

截面上,各个分质向量坐标轴与各自的分质变量坐标轴同向,可以用其分质变量来表示。这样,在自发发射与近平衡态条件下,电极系统的能量 E_+ 与异质单元数 n_+ 的变化规律就可以用(9-30)式 $n_+ = B_- e^{-\kappa E_+}$ 的指数函数表示,也可以用(9-28)式 $E_+ = -\frac{1}{\kappa}\ln\frac{n_+}{B_-} = C_{E_{\varphi+}} - C_{\varepsilon_+}\ln\frac{n_+}{C_{N_+}}$ 表示,其中常数 $\kappa = \frac{1}{C_{\varepsilon_+}}$,$B_- = C_{N_+} C_-^0$ 和 $C_-^0 = e^{-\kappa C_{E_{\varepsilon_+}}} = e^{-C_{E_{\varepsilon_+}}/C_{\varepsilon_+}}$。

当电极系统的能量 E_+ 的显性因子 θ_+ 为电位 φ_+ 时,电极反应转移的电荷量 $Q_+ = n_+ q_\varepsilon$,由(8-58)式 $E_+ = n_+\mu_+ = \mu_+\frac{Q_+}{q_{+\varepsilon}} = \varphi_+ Q_+$ 得到电位能的能量为

$$E_+ = \varphi_+ Q_+ = n_+ F \varphi_+ \tag{9-141}$$

式中,$F = q_\varepsilon$ 为单位电荷(称为法拉第常数)。

把(9-141)式 $E_+ = n_+ F \varphi_+$ 和 $C_{\varepsilon_+} = RT_+$ 以及 $a_{还原态} = \frac{n_+}{V}$ 与 $a_{氧化态} = \frac{C_{N_+}}{V}$ 代入(9-28)式 $E_+ = C_{E_{+\varphi}} - C_{\varepsilon_+}\ln\frac{n_+}{C_{N_+}}$,就有

$$\varphi_+ = \varphi_+^0 - \frac{RT_+}{n_+ F}\ln\frac{a_{还原态}}{a_{氧化态}} \tag{9-142}$$

电极反应都符合(9-140)的通式,氧化还原反应中的电子转移就是一个离子化过程。所以,转移的电荷量可以写成 $Q_+ = ZF$,Z 为反应离子价数。这样,(9-142)式就成为

$$\varphi_+ = \varphi_+^0 + \frac{RT_+}{ZF}\ln\frac{a_{氧化态}}{a_{还原态}} \tag{9-143}$$

这个演绎得到的公式就是奈恩斯特公式,式中电位 φ_+ 的单位为伏特。奈恩斯特公式表明,电极的电位与电极周围的离子浓度有关,氧化形式的离子浓度越高,或还原形式的离子浓度越低,则电极的电位就越高,反之亦然。

对于可逆电池而言,如果总反应是

$$a\mathrm{A} + b\mathrm{B} = g\mathrm{G} + h\mathrm{H}$$

则电池的电动势为

$$\varphi = \varphi_0 - \frac{RT_+}{n_+ F}\ln\frac{a_\mathrm{G}^g a_\mathrm{H}^h}{a_\mathrm{A}^a a_\mathrm{B}^b} \tag{9-144}$$

式中,n_+ 为起反应物质的当量数,E_0 为所有反应物的活度都等于 1 时的电池的电动势,称为标准电动势;F 为法拉第常数,$n_+ F$ 为电荷量 Q_+。

奈恩斯特公式不仅可以用于电极电势,而且可以用于膜电势。当不同浓度的 MX 溶液用一个只允许 M^+ 透过而 X^- 不能透过的半透膜隔开时,α 相与 β 相就相互连通,由于 M^+ 在双方的内电位不同就打破原有的平衡而产生膜电势。在建立新的平衡时,M^+ 离子在双方的电化学位相等

$$\overline{\mu}_{M^+}(\alpha) = \overline{\mu}_{M^+}(\beta) \tag{9-145}$$

或
$$\mu_{M^+}(\alpha) + F\varphi_+(\alpha) = \mu_{M^+}(\beta) + F\varphi_+(\beta)$$

又因 $\mu_{+i} = \mu_{+i}^0 + RT_+ \ln a_i$，所以

$$\Delta\varphi_+(\alpha,\beta) = \varphi_+(\alpha) - \varphi_+(\beta) = \frac{RT_+}{F}\ln\frac{a_{M^+}(\beta)}{a_{M^+}(\alpha)} \tag{9-146}$$

或
$$a_{M^+}(\beta) = a_{M^+}(\alpha)\exp\left[\frac{\varphi_+(\alpha) - \varphi_+(\beta)}{RT_+} \cdot F\right] \tag{9-147}$$

如果 β 相是较浓的相，则 $\varphi_+(\alpha) > \varphi_+(\beta)$，表明有正离子移向 α 相。例如，在生物体的细胞膜两侧就有膜电势，就是这个细胞膜电势维持了神经、脉搏的协调运动。

以往，人们对于膜电势产生的真正机理还不十分清楚，只是认为可能是膜和离子发生离子交换的结果。其实，(9-32)式 $\frac{n_{+1}}{n_{+2}} = e^{\pm\kappa(E_{+1}-E_{+2})}$ 已经给出了在自发发射条件下，处于能级 E_{+1} 的异质单元数 n_{+1} 与处于能级 E_{+2} 的异质单元数 n_{+2} 之比是 $\frac{n_{+1}}{n_{+2}} = e^{-\kappa(E_{+1}-E_{+2})}$。$\beta$ 相较浓的正离子就是处于高能级 E_{+1} 的异质单元数 n_{+1}，α 相较稀的正离子就是处于低能级 E_{+2} 的异质单元数 n_{+2}，它们之间能级的差值以质参量电势来表示就是形成的膜电势。

膜电势的应用相当广泛，玻璃电极、离子选择性电极都具有膜电势。在电化学反应中，常在电极上伴随着表面膜的生长。美国化学家刘易斯根据 Fe-Cr 合金在较高浓度的正磷酸中形成表面膜时遵从对数生长规律，判定了此金属表面膜有良好的保护性。电极上表面膜的溶解取决于膜的本性，离子缺陷引起的化学溶解、膜溶解过程都遵从对数速率规律。

四、理想气体中各组分的化学势

处于平衡态的理想气体的分子可看作孤立系统中的组成单元，其变化规律可以用理想气体状态方程描述。但是，对于实际气体来讲，分子之间是存在相互作用的。不同的实际气体有着不同的状态方程，且这些方程通常都很复杂。不过，在压强很小和温度不太高也不太低的情况下，各种气体的行为都与理想气体的状态趋近。

在物理化学上，化学势 μ_+ 是决定化学反应进行方向的概念。对于处在恒温恒压条件下的化学反应，可用化学势 μ_+ 来标志化学反应自发进行的方向。对于理想气体的状态变化，可以用化学势 μ_+ 描述。[18]

对于混合理想气体，可以用半透膜平衡条件来确定混合气体中某一种气体的化学

势 μ_{+i}，如图 9-5 所示。设图中左方为 k 种混合理想气体，中间的半透膜只允许第 i 种气体通过。假定开始时右方只有第 i 种气体，因此平衡后，右方仍只有第 i 种气体。第 i 种气体在混合气体中的化学势是 μ_{+i}，而在右方的纯态中为 μ'_{+i}，左方第 i 种气体的分压力是 p_{+i}，右方的压力是 p'_{+i}；平衡以后，化学势 $\mu_{+i}=\mu'_{+i}$，分压力 $p_{+i}=p'_{+i}$。

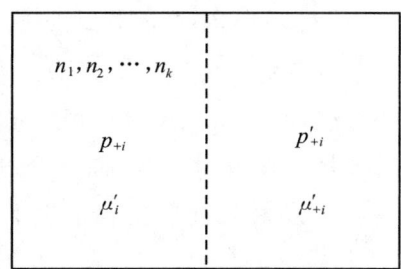

图 9-5　半透膜平衡示意

对于理想气体，由

$$\left(\frac{\partial \mu_+}{\partial p_+}\right)_T = \widehat{V}$$

移项积分后得

$$\mu_+ = \mu_+^0(T_+) + RT_+ \ln p_+ \tag{9-148}$$

式中，$\mu_+^0(T_+)$ 是仅与温度 T_+ 有关的积分常数，也可以看作在温度 T_+ 和压力 p_+ 为 1 大气压时理想气体的化学势，而这个状态就规定是该气体的标准状态。据此，半透膜左方气体的化学势为

$$\mu_{+i} = \mu_{+i}^0(T_+) + RT_+ \ln p'_{+i}$$

而半透膜右方气体的化学势为

$$\mu'_{+i} = \mu_{+i}^0(T_+) + RT_+ \ln p_{+i}$$

上式就是混合理想气体中某一种气体的化学势。

根据道尔顿分压定律 $p_{+i} = p_+ x_i$，代入上式得

$$\mu_{+i} = \mu_{+i}^0(T_+) + RT_+ \ln p_+ + RT_+ \ln x_i \tag{9-149}$$

或

$$\mu_{+i} = \mu_{+i}^0(T_+, p_+) + RT_+ \ln x_i \tag{9-150}$$

即

$$x_i = e^{-(\mu_{+i}^0 - \mu_{+i})/RT_+} \tag{9-151}$$

式中，$\mu_{+i}^0(T_+, p_+)$ 为第 i 种纯气体在指定 T_+、p_+ 时的化学势；x_i 为混合理想气体中 i 组分的摩尔分数 $\left(x_i = \dfrac{n_{+i}}{\sum n_{+i}}\right)$。

(9-151)式可以看作混合理想气体的热力学定义。如果未加半透膜，所有气体组分都将在平衡态均匀分布；加了半透膜，只有 i 组分可以通过，平衡态失衡，因而在近平衡

态下气体的分布规律就可以用(9-151)式表示。

在统一科学中,也可以直接演绎得到理想气体中各组分的化学势。在人们考察气体分子系统的整个过程中,如果气体分子系统处在平衡态的分子总数(总体单元数)为常量($N_+ = C_{N_+}$),能元保持不变($\varepsilon_+ = C_{\varepsilon_+}$),在热力学范畴,恒温下可表示为($C_{\varepsilon_+} = RT_+$),能阈也保持不变($E_{\neq +} = C_{E_{\neq +}}$),那么,在一维正向质向量坐标系 $\vec{X}_+$ 内部($\vec{N}_+, \vec{n}_+, \vec{E}_+, \vec{E}_{\neq +}, \vec{\varepsilon}_+$)五维分质向量空间的($\vec{C}_{N_+}, \vec{n}_+, \vec{E}_+, \vec{C}_{E_{\neq +}}, \vec{C}_{\varepsilon_+}$)截面上,各个分质向量坐标轴与各自的分质变量坐标轴同向,可以用其分质变量来表示。

k 种气体混合成为混合气体是自发发射过程,而混合气体通过半透膜分离成为 k 种气体则是吸收发射过程。在吸收发射与近平衡态条件下,气体系统的能量 E_+ 与异质单元数 n_+ 的变化规律可以用(9-29)式 $n_+ = B_+ e^{\kappa E_+}$ 的指数函数表示,也可以用(9-28)式 $E_+ = \dfrac{1}{\kappa}\ln\dfrac{n_+}{B_+} = C_{E_{\neq +}} + C_{\varepsilon_+} \ln\dfrac{n_+}{C_{N_+}}$ 所示的对数函数表示,其中常数 $\kappa = \dfrac{1}{C_{\varepsilon_+}}$, $B_+ = C_{N_+} C_+^0$ 和 $C_+^0 = e^{\kappa C_{E_{\neq +}}}$。

在吸收发射与近平衡态及恒温条件下,如果把 $C_{\varepsilon_+} = RT_+$ 和 $P_+ = \dfrac{n_+}{C_{N_+}} = p_+$ 以及(6-386)式 $E_+ = \mu_+ n_+$ 代入(9-28)式 $E_+ = C_{E_{\neq +}} + C_{\varepsilon_+} \ln\dfrac{n_+}{C_{N_+}}$,令 $C_{E_{\neq +}} = \mu_+^0(T_+)$,以 μ_+ 为因变量的近平衡态单元系统形态变化规律(9-24)式 $\mu_+ = C_{\mu_{\neq +}} \pm C_{\mu_{+}} \ln\dfrac{n_+}{C_{N_+}}$ 就可以写作(9-148)式 $\mu_+ = \mu_+^0(T_+) + RT_+ \ln p_+$。对于在半透膜条件下平衡的混合理想气体,也可以确定半透膜左方气体的化学势 μ_{+i} 和右方气体的化学势 μ'_{+i} 以及混合理想气体中 i 组分摩尔分数 x_i 的形态分布规律。

五、理想溶液中各组分的化学势与互不相溶中液相的分配定律

在物理化学关于溶液热力学的研究中,拉乌尔定律是稀薄溶液的基本规律之一,它对相平衡和溶液热力学函数的研究起着指导作用。拉乌尔定律可表述为:在某一恒定温度下,稀溶液中溶剂的蒸气压等于纯溶剂的蒸气压乘以溶液中溶剂的摩尔分数。其数学表达式为

$$p_{+i} = p_{+i}^0 x_i \tag{9-152}$$

式中,p_{+i} 为溶液中第 i 组分溶剂的蒸气分压;p_{+i}^0 为第 i 组分纯溶剂的蒸气压;x_i 为第 i 组分溶剂的物质的量分数。

在满足 $x_i \to 1$ 的稀溶液中,溶剂分子所受的作用力几乎与纯溶剂中的分子相同。所以,如果在稀溶液中某组分的分子所受的作用与纯态时相等,则该组分的蒸气压就服从拉乌尔定律。

在一定温度和压力下,任一组分在全部浓度范围内都符合拉乌尔定律的溶液称为理想溶液。从分子模型来看,理想溶液各组分的分子大小及作用力彼此相似,当一种组分的分子被另一种组分的分子取代时,没有能量的变化或空间结构的变化。换言之,即当各组分混合成溶液时,不会产生热效应和体积的变化。与理想气体不同,理想溶液具有真实性,一些光学异构体的混合物、同位素化合物的混合物、立体异构体的混合物、紧邻同系物的混合物等都具有理想溶液的特征,都可以算作理想溶液。虽然一般溶液大都不具有理想溶液的性质,但是因为理想溶液所服从的规律较简单,并且许多实际溶液在一定的浓度区间的某些性质经常表现得很像理想溶液,所以引入理想溶液的概念不仅在理论上有价值,而且也有实际意义。

在一定的环境条件(温度、压力或特定的外场等)下,气体和液体都是以一种与环境条件相适应的聚集状态或结构形式存在的相。气体可以通过相变液化形成液体。不过,物质在两相中的化学势是不同的。在相变过程中,由于物质在不同组分间的转移是在恒温恒压下进行的,因此可以通过比较两相中物质化学势的大小来判断物质在各组分间转移的方向和限度,即物质总是从化学势较高的相转移到化学势较低的相。当物质在两相中的化学势相等时,则相变过程停止,系统达到平衡态。可见,化学势在处理相变和化学变化的问题时具有重要的意义。

如果以 μ^{α}_{+i} 和 μ^{β}_{+i} 分别代表第 i 组分物质在 α 相和 β 相中的化学势,当 $\mu^{\alpha}_{+i}=\mu^{\beta}_{+i}$ 时,两相中第 i 组分物质达到平衡。任何一种溶液都是气体和液体两相的化学势达到了平衡。

如果某溶液的温度为 T_+,平衡时某一组分 i 在气液两相中的化学势相等,则有

$$\mu^{液}_{+i}=\mu^{气}_{+i} \tag{9-153}$$

如果液面上的蒸气是混合的理想气体,则

$$\mu^{气}_{+i}=\mu^{0}_{+i}(T_+)+RT_+\ln p_{+i} \tag{9-154}$$

式中,p_{+i} 为 i 种气体的分压。

在某一温度下,稀溶液服从拉乌尔定律,把(9-152)式 $p_{+i}=p^{0}_{+i}x_i$ 代入(9-153)式和(9-154)式就可得到

$$\mu^{液}_{+i}=\mu^{0}_{+i}(T_+)+RT_+\ln p^{0}_{+i}+RT_+\ln x_i \tag{9-155}$$

将等式右方第一、第二项合并,并略去液体的符号,得

$$\mu_{+i}=\mu^{0}_{+i}(T_+,p_+)+RT_+\ln x_i \tag{9-156}$$

或

$$x_i=e^{-[\mu^{0}_{+i}(T_+,p_+)-\mu_{+i}]/RT_+} \tag{9-157}$$

式中,$\mu^{0}_{+i}(T_+,P_+)$ 是 T_+ 和 P_+ 的函数,这是当 $x_i=1$(即纯 i 组分在温度为 T_+ 和压力为 p_+ 时)的化学势,这个状态也就是溶液中 i 组分的标准态。

在统一科学中,可以直接演绎得到理想溶液中各组分的化学势。在人们考察溶液系统的整个过程中,如果处在平衡态的分子总数(总体单元数)为常量($N_+=C_{N_+}$),能

元保持不变($\varepsilon_+ = C_{\varepsilon_+}$,在恒温下可表示为 $C_{\varepsilon_+} = RT_+$),能阈也保持不变($E_{\neq +} = C_{E_{\neq +}}$),那么,在一维正向质向量坐标系 $\vec{X}_+$ 内部($\vec{N}_+, \vec{n}_+, \vec{E}_+, \vec{E}_{\neq +}, \vec{\varepsilon}_+$)五维分质向量空间的 ($\vec{C}_{N_+}, \vec{n}_+, \vec{E}_+, \vec{C}_{E_{\neq +}}, \vec{C}_{\varepsilon_+}$) 截面上,各个分质向量坐标轴与各自的分质变量坐标轴同向,可以用其分质变量来表示。如此,溶液系统在吸收发射与近平衡态条件下的能量 E_+ 与异质单元数 n_+ 的变化规律就可以用(9-29)式 $n_+ = B_+ e^{\kappa E_+}$ 的指数函数表示,也可以用(9-28)式 $E_+ = \frac{1}{\kappa} \ln \frac{n_+}{B_+} = C_{E_{\neq +}} + C_{\varepsilon_+} \ln \frac{n_+}{C_{N_+}}$ 的对数函数表示,其中常数 $\kappa = \frac{1}{C_{\varepsilon_+}}$, $B_+ = C_{N_+} \cdot C_+^0$ 和 $C_+^0 = e^{\kappa C_{E_{\neq +}}}$。

在吸收发射与近平衡态及恒温条件下,取能量 E_+ 的显性因子 θ_+ 为化学势 μ_+ 时,把 $C_{\varepsilon_+} = RT_+$ 和 $P_+ = \frac{n_+}{C_{N_+}} = p_+$ 以及(6-386)式 $E_+ = \mu_+ n_+$ 代入(9-28)式 $E_+ = C_{E_{\neq +}} + C_{\varepsilon_+} \ln \frac{n_+}{C_{N_+}}$,令 $C_{E_{\neq +}} = \mu_+^0(T_+)$,以势 μ_+ 为因变量的近平衡态单元系统形态变化规律(9-24)式 $\mu_+ = C_{\mu_{\neq +}} \pm C_{\mu_{\varepsilon_+}} \ln \frac{n_+}{C_{N_+}}$ 可写作(9-148)式 $\mu_+ = \mu_+^0(T_+) + RT_+ \ln p_+$。对于多组分混合成的理想溶液,$x_i$ 是第 i 组分溶剂的物质的量分数,$x_i = \frac{n_{+i}}{\sum_i n_{+i}} = \frac{n_{+i}/C_{N_+}}{\sum_i n_{+i}/C_{N_+}} = p_i/p_{+i}^0$,以势 μ_i 为因变量的近平衡态单元系统形态变化规律(9-148)式 $\mu_+ = \mu_+^0(T_+) + RT_+ \ln p_+$ 就可写作(9-156)式 $\mu_{+i} = \mu_{+i}^0(T_+, p_+) + RT_+ \ln x_i$,其中 $\mu_{+i}^0(T_+, p_+) = \mu_{+i}^0(T) + RT_+ \ln p_{+i}^0$。

化学势的适用范围是气体或液体。对于固体而言,引入一种其他的物质,系统中的原有物质就不可保持恒定,即内能和体积将会相应发生改变。但是,在对化学势做出相应修正后,还是可以得到溶质在两互不相溶液相中的分配定律。

令 μ_{+i}^{α}、μ_{+i}^{β} 分别代表 α、β 两相中溶质 i 的化学势,在恒温恒压条件下,两相平衡时 $\mu_{+i}^{\alpha} = \mu_{+i}^{\beta}$。溶质 i 在 α 相中纯态时的化学势为 $\mu_{+i}^{0\alpha}$,当有其他组分 $j(j \neq i)$ 在一起时,平衡就要发生移动,其化学势符合对数律

$$\mu_{+i}^{\alpha} = \mu_{+i}^{0\alpha} + RT_+ \ln a_{+i}^{\alpha}$$
$$\mu_{+i}^{\beta} = \mu_{+i}^{0\beta} + RT_+ \ln a_{+i}^{\beta}$$

当溶质 i 在非纯态的 α、β 两相时,原来移动后的两个平衡相都将发生进一步移动,组成共同的一个新平衡相,即

$$\mu_{+i}^{0\alpha} + RT_+ \ln a_{+i}^{\alpha} = \mu_{+i}^{0\beta} + RT_+ \ln a_{+i}^{\beta} \tag{9-158}$$

这样,溶质在两互不相溶液相中的分布律为

$$\frac{a_{+i}^{\alpha}}{a_{+i}^{\beta}} = \exp\left(\frac{\mu_{+i}^{0\beta} - \mu_{+i}^{0\alpha}}{RT_+}\right) \tag{9-159}$$

其实，α 相较浓的正离子就是处于高能级 E_{+2} 的异质单元数原子数 n_{+2}，β 相较稀的正离子就是处于低能级 E_{+1} 的异质单元数 n_{+1}，它们之间能级的差值就是 α 相的化学势与 β 相的化学势 μ_{+1}^α 与 μ_{+2}^β 的差值。这样，由（9-32）式 $\dfrac{n_{+1}}{n_{+2}}=e^{\kappa(E_{+1}-E_{+2})}$ 也可以直接得到（9-159）式。

如果溶质 i 在 α 相及 β 相中的浓度不大，则活度 a 可以用浓度代替，如此就可得到

$$\frac{C_{+i}^\alpha}{C_{+i}^\beta}=K \tag{9-160}$$

式中，C_{+i}^α、C_{+i}^β 分别为溶质 i 在溶剂 α、β 中的浓度，K 称为分配系数。

（9-160）式表明，在恒温恒压下，如果一个物质溶解在两个同时存在的互不相溶的液体里，则达到平衡后该物质在两相中浓度之比等于常数，称为分配定律。如果溶质在任一溶剂中有缔合现象或离解现象，则分配定律仅能适用于在溶剂中分子形态相同的部分。

利用分配定律可以计算有关萃取效率的问题。设用某一溶剂（与原溶剂互不相溶）从大量的某溶液中抽取其中有用的溶质，假定该溶质在两溶剂中没有缔合、离解、化学变化等作用，设在体积为 V_1 的溶液中含有溶质，如果萃取 m 次，每次都用体积 V_2 的新鲜溶剂，则最后原溶液中所剩溶质的质量（W_m）为

$$W_m=W\left(\frac{KV_1}{KV_1+V_2}\right)^m \tag{9-161}$$

被抽出之量为

$$W-W_m=W-W\left(\frac{KV_1}{KV_1+V_2}\right)^m=W\left[1-\left(\frac{KV_1}{KV_1+V_2}\right)^m\right] \tag{9-162}$$

如果知道溶质在两溶剂中的分配系数 K，从上式就可计算每次用 V_2 的溶剂萃取，需要若干次才能把体积 V_1 中的有效成分从质量 W 减到 W_m。

六、心理物理学的费希纳定律

由于人与人的思想、情感、情绪等心理关系直接影响着生产者功能的发挥，因此定量研究人对环境的反应和行为特性的心理物理学便应运而生，并在社会与经济的发展中逐渐显露出其重要的作用。心理物理学是研究心物关系并使之数量化的一个心理学分支，是对物理刺激和它引起的感觉进行数量化研究的心理学领域。心理物理学以科学方法得来的数据来阐明心物的相互关系，它所要解决的问题是：多强的刺激才能引起感觉，即绝对感觉阈限的测量；物理刺激有多大变化才能被觉察到，即差别感觉阈限的测量；感觉怎样随物理刺激的大小而变化，即阈上感觉的测量，或者说心理量表的制作。

在心理物理学中，韦伯定律揭示了刺激强度变化 $\Delta\Phi_+$ 的觉察与原有刺激强度 Φ_+

之间存在的线性规律(8-90)式 $\Delta\Phi_+ = C\Phi_+$，但是人们在稍为广泛的领域中很快就发现了韦伯定律的局限性，在近平衡态环境刺激量与感觉的反应量并不呈直线关系。

心理物理学的创始人费希纳于1860年发现了刺激量按几何级数增加而感觉量则按算术级数增加。于是，他在韦伯定律的基础上进一步提出如下的基本假设：①在一定的刺激范围内，所有的最小可觉差(JND)在主观上都是相等的，可以作为感觉量的单位。②反应量可以看作若干JND单位的总和。

这样，韦伯定律(8-91)式 $\frac{\Delta\Phi_+}{\Phi_+} = C$ 就可以改写为

$$\frac{k\,d\Phi_+}{\Phi_+} = dr \tag{9-163}$$

这里 k 是一常数，dr 是由JND引起的感觉量增量。由上述假设可知，各个JND所引起的 dr 都是相等的。解上面的微分方程，可得

$$r = k\ln\Phi_+ + C$$

当刺激强度 Φ_+ 取阈限值 $\Phi_+ = R$ 时，感觉量 r 为0，即 $0 = k\ln R + C$。把 $C = -k\ln R$ 代入上式，就有

$$r = k(\ln\Phi_+ - \ln R) = k\ln\frac{\Phi_+}{R}$$

如果令 R 为单位1，则有

$$r = k\ln\Phi_+ \tag{9-164}$$

此式就是反映刺激与反应关系的费希纳定律。因为费希纳定律是在韦伯定律基础上推演出来的，所以亦称韦伯—费希纳定律。[19]

(9-164)式 $r = k\ln\Phi_+$ 是以自然对数来表示的，也可以改变底数使之成为常用对数

$$r = K\lg\Phi_+ \tag{9-165}$$

式中，常数 $K = 2.303k$。

费希纳所得出的感觉强度与刺激强度的对数成正比的定律，确定了心物之间的定量关系，因而成为心理物理学确定感觉强度和刺激强度间函数关系的基本定律。为此，人们评价："费希纳为物理世界与精神世界的关系找到了一种数学的说明。他关于测量感觉以及把感觉与刺激变量联系起来的出色而独立的见解，对认识韦伯早期工作的含义与结果，以及应用这些含义和结果使心理学成为一门精确的科学，乃是不可或缺的。"[20]

1957年，美国心理物理学家史蒂文斯在大量实验的基础上又提出了感觉量与刺激之间存在着幂函数关系，即史蒂文斯幂定律。

$$\Psi_+ = K'\Phi_+^\alpha \tag{9-166}$$

式中，Ψ_+ 为感觉量；Φ_+ 为刺激强度；K' 为决定量表单位的常数；α 为依赖于感觉方式和刺激条件的幂指数。

在(9-166)式中:如果 $\alpha=1$,感觉量与刺激强度呈线性关系;如果 $\alpha>1$,Ψ_+ 增长得较快;如果 $\alpha<1$,Ψ_+ 增长得较慢。在史蒂文斯定律中,幂指数 α 的值成为感觉量 Ψ_+ 与刺激量 Φ_+ 之间关系的一个重要指数,幂指数 α 的值是通过感觉量 Ψ_+ 和刺激强度 Φ_+ 的值来确定的。

其实,费希纳定律和史蒂文斯定律都是心理物理学中通过总结和归纳得到的经验规律。以费希纳为代表的古典心理物理学和以史蒂文斯为代表的新心理物理学都没有考虑到刺激与感觉之间的关系会受其他因素的影响而产生波动的实际情况,因此无法解释为什么其公式只适用于中等强度的刺激。

在统一科学中,可以轻易地演绎得到心理物理学的费希纳定律等。在人们考察感觉系统的整个过程中,可以设定人们所考察的感觉系统未受外环境刺激时所处的状态的可觉差 JND 总数(总体单元数)不变($N_+=C_{N_+}$)。如果能元保持不变($\varepsilon_+=C_{\varepsilon_+}$),能阈也保持不变($E_{\neq+}=C_{E_{\neq+}}$),那么在一维正向质向量坐标系 $\vec{X}_+$ 内部 ($\vec{N}_+,\vec{n}_+,\vec{E}_+,\vec{E}_{\neq+},\vec{\varepsilon}_+$) 五维分质向量空间的 ($\vec{C}_{N_+},\vec{n}_+,\vec{E}_+,\vec{C}_{E_{\neq+}},\vec{C}_{\varepsilon_+}$) 截面上,各个分质向量坐标轴与各自的分质变量坐标轴同向,可以用其分质变量来表示。如此,感觉系统在吸收发射条件与近平衡态下的能量 E_+ 与异质单元数 n_+ 的变化规律就可以用(9-29)式 $n_+=B_+\mathrm{e}^{\kappa E_+}$ 的指数函数表示,也可以用(9-28)式 $E_+=\dfrac{1}{\kappa}\ln\dfrac{n_+}{B_+}=C_{E_{\neq+}}+C_{\varepsilon_+}\ln\dfrac{n_+}{C_{N_+}}$ 的对数函数表示,其中常数 $\kappa=\dfrac{1}{C_{\varepsilon_+}}$,$B_+=C_{N_+}C_+^0$ 和 $C_+^0=\mathrm{e}^{\kappa C_{E_{\neq+}}}$。

外界环境的作用是通过感觉量 r 作用于人的神经系统,而神经系统的刺激强度 Φ_+ 是吸收发射的异质单元数 n_+ 的表现形式,即 $\Phi=\psi n$(ψ 为常数)。由(6-386)式 $E_+=\mu_+n_+=F_+\theta_\varepsilon n_+$ 可知,任何单元系统的势与力存在线性关系 $\mu=F\theta_\varepsilon$,如果感觉量 r 取为显性因子 $\theta=r$,能量 $E=Fr=\dfrac{\mu}{r_\varepsilon}r$。令常数 $a=\dfrac{\mu}{C_\varepsilon r_\varepsilon}$,则(9-29)式 $n_+=B_+\mathrm{e}^{\kappa E_+}$ 可以写成

$$n_+=B_+\mathrm{e}^{ar}=C_N A\mathrm{e}^{ar}$$

式中,$A=\mathrm{e}^{-C_{E_\varepsilon}/C_\varepsilon}$。

把 $\Phi=\psi n$ 代入上式就有

$$\Phi=\Phi_N A\mathrm{e}^{ar} \tag{9-167}$$

如果令 $K'=\Phi_N A$,$\alpha=ar$,那么(9-167) $\Phi=\Phi_N A\mathrm{e}^{ar}$ 式就是(9-166)式 $\Psi=K'\Phi^\alpha$,即史蒂文斯幂定律。可见,当人的神经系统的感觉量在近平衡态的范围内变化的,刺激强度与感觉量呈指数关系。

(9-167)式取对数就有

$$r=\dfrac{C_\varepsilon r_\varepsilon}{\mu}\ln\dfrac{\Phi}{\Phi_N}+\dfrac{C_{E_0} r_\varepsilon}{\mu} \tag{9-168}$$

当感觉量为 $r=0$ 时,刺激强度 Φ_+ 达到其阈限值 $R=\Phi_N$,即 $C_{E_0}=0$。令 $k=\dfrac{C_\varepsilon r_\varepsilon}{\mu}$,则(9-168)式成为

$$r=k(\ln\Phi_+-\ln R)=k\ln\dfrac{\Phi_+}{R} \qquad (9\text{-}169)$$

如果令 R 为单位 1,(9-164) $r=k\ln\Phi_+$ 就显露出其真面目。(9-169)式 $r=k\ln\dfrac{\Phi_+}{R}$ 就是由单元系统形态转化基元规律演绎得到的在近平衡态反映刺激与反应关系的费希纳定律。

可见,心理机能是从知觉、动机、感情、意象、符号、概念等朴素概念综合状态出发,使这一无定形统一体发展到有愈来愈明确的区分。像原始状态的知觉似乎是一种联觉,但是从它里面可以分离出视觉的、听觉的、触觉的、化学的以及其他感受。所以,人的神经系统在没有外环境刺激的情况下保持为平衡态,而在外环境刺激作用下就要失去原来的平衡而偏离平衡态,人们也由此获得了感觉。处在失衡态的感觉系统是开放系统,机体对外部刺激反应的过程可以想象为干扰和接踵而来的稳态再建。在中等强度刺激的范围,人的感觉系统处在近平衡态,所以心理物理学中的史蒂文斯幂定律是感觉系统在近平衡态下吸收发射过程的形态变化规律(9-167)式 $\Phi_+=\Phi_N A e^{ar}$ 的一种特殊表现形式;而费希纳定律是在近平衡态和吸收发射条件下单元系统形态变化规律的一种特殊表现形式,也是感觉系统在近平衡态下的吸收发射过程的形态变化规律(9-169)式 $r=k\ln\dfrac{\Phi_+}{R}$ 的一种特殊表现形式。

参考文献

[1]杰拉尔德·温伯格.系统化思维导论[M].王海鹏,译.北京:人民邮电出版社,2015:17.
[2]谷超豪.非线性现象的个性与共性[J].科学,1992(3):10-12.
[3]薛定谔.生命是什么[M].罗来鸥,罗辽复,译.长沙:湖南科学技术出版社,2005:66-74.
[4]陆栋,蒋平,徐至中.固体物理学[M].上海:上海科学技术出版社,2003:187-188.
[5]张学文,马力.熵气象学[M].北京:气象出版社,1992:169.
[6]魏诺.非线性科学基础与应用[M].北京:科学出版社,2004:2.
[7]帕利斯·巴尼斯.数学是什么[M].谭艾菲,译.上海:上海科学技术文献出版社,2016:167.
[8]陈仁政.不可思议的 e[M].北京:科学出版社,2005:8-34.
[9]黎渝,陈梅.不可思议的自然对数[M].北京:人民邮电出版社,2016:70-80.
[10]普利高津.确定性的终结[M].湛敏,译.上海:上海科技教育出版社,1998:4.
[11]徐光宪.物质结构:上册[M].北京:人民教育出版社,1961:89-93.
[12]阚伟,刘宇辉,朱明远.物理化学理论与应用研究[M].北京:中国水利水电出版社,2014:54.
[13]达西·汤普森.生长和形态[M].袁丽琴,译.上海:上海科学技术出版社,2003:301.
[14]费恩曼,莱顿,桑兹.费恩曼物理学讲义:第1卷[M].新千年版.郑永令,华宏鸣,吴子仪,等,译.上

海:上海科学技术出版社,2013:411-412.

[15]胡承正.统计物理学[M].武汉:武汉大学出版社,2004:154.

[16]费恩曼,莱顿,桑兹.费恩曼物理学讲义:第2卷[M].李江芳,王子辅,钟万蘅,译.上海:上海科学技术出版社,2005:30-31.

[17]藤昭,相泽益男,井上彻.电化学测定方法[M].陈震,姚建年,译.北京:北京大学出版社,1995:65-140.

[18]傅献彩,陈瑞华.物理化学:上册[M].3版.北京:人民教育出版社,1980:220-252.

[19]陈文熙.刺激-效应的统一模型[J].心理学报,1984,16(2):204-213.

[20]杜·舒尔茨.现代心理学史[M].杨立能,沈德灿,译.北京:人民教育出版社,1981:55.

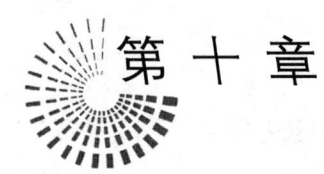

第十章

远离平衡与质变论

第一节 远离平衡的形态转化与质变理论

线性系统与非线性系统的形态变化有着明显不同的特征。非线性系统在远离平衡态的变化过程中必然出现质变或相变,且往往以突跃的形式涌现。系统科学及其现代理论从不同的角度论及了形态生成的涌现机理,而统一科学通过单元系统形态转化基元规律所表现的特征与历程,就可以演绎出系统科学与哲学中形态生成的基本规律。

一、单元系统远离平衡态的质变特征

经典科学发现的确定性系统是线性系统(其典型代表是机械运动),线性科学的建立把世界描述成稳定、规则、有秩序的。正是基于线性系统的可叠加性或可还原性,线性系统的每个具体行为轨迹完全由初始条件决定,给定初始条件后就可以精确地预见它的未来。线性系统发展了确定论,表现为它的数学模型是完全确定的,用确定性方程可以得出确定性结果。经典科学发现的随机性系统是非线性系统(其典型代表是热力学系统),非线性科学的建立否定了拉普拉斯决定论的可预见性的无限遐想。正是基于非线性系统的复杂性和多变性,随机系统的未来行为每一步都无法预测,或者说只能做统计意义上的预测。

线性系统与非线性系统的形态变化有着明显不同的特征。线性系统的基本特征是可叠加性或可还原性,部分之和等于整体,几个因素对系统联合作用的总效应等于各个因素单独作用效应的加和,因而描述线性系统的方程遵从叠加原理,即方程的不同解加起来仍然是方程的解。分割、求和、取极限等数学操作都是处理线性问题的有效方法。非线性系统的基本特征是整体不等于部分之和,叠加原理失效,描述非线性系统状态的微分方程都是不遵从叠加原理的非线性方程。正是基于非线性作用,才形成了物质世

界的无限多样性、丰富性、曲折性、奇异性和演化性。

对线性理论与非线性理论进行比较,可以归纳出区分线性系统和非线性系统形态变化的三个特征。

(1)在运动形式上存在着规则运动与不规则运动的区别。线性系统的形态变化一般表现为时空中的平滑运动,并可用连续的、可微的、简单的线性函数表示,而非线性系统表现为从规则运动向不规则运动的转化和跃变,带有明显的非均匀性、非对称性或间断性、突变性,并且要用较复杂的超越函数来表示。

(2)从系统对外界影响和系统参量变化的响应上来看,线性系统的响应是平缓光滑的,往往表现为对外界影响成比例的变化,而非线性系统的响应是不均匀的和失衡的,甚至在一些关节点上参量的极微小变化就可以引起系统运动形式质的改变,在对外界激励的响应上表现为出现与外界激励有本质区别的行为。如周期驱动的非线性振动系统可以出现驱动频率的分频、倍频形式的运动,而不仅仅是重复外界频率。

(3)反映在连续介质中的波动上,线性行为表现为色散引起的波包弥散、结构的消失,而非线性作用可以促使空间规整性结构的形成和维持,如孤子、涡旋、突变面等。

非线性系统在近平衡态尽管可以表现出使线性系统的叠加原理失效而显现出非均匀性、非对称性或间断性等特征,但是单元系统在近平衡态的形态变化尚未达到相变的临界点,因而单元系统在近平衡态的形态变化规律只是表现为量变的平庸的变化规律。不过,单元系统在远离平衡态的形态变化就会表现出比近平衡态更为明显的非均匀性、非对称性或间断性等特征,而且单元系统在远离平衡的形态变化一旦突破临界点,各种表现的临界现象都会反映质变的特征,因而单元系统在远离平衡态的形态变化规律都表现为质变的规律。

质变是任何单元系统形态的某种规定的性质发生根本变化的普遍现象,是单元系统形态的一种基本变化形式。单元系统在远离平衡的形态变化过程中,在每一个不同的聚集层次都会呈现出许多意想不到的全新的性质。当单元系统形态的变化突破临界点时,单元系统形态将发生由本质形态主导向由异质形态主导的形态转化,而且单元系统在临界点附近的形态往往表现为不连续地跳跃到另一异质形态,因而单元系统形态发生质变时往往是以突变的形式涌现的。

单元系统形态的质变若以突变的方式进行,突变方式就是在稳定态、非稳定态交界的临界点的变化方式,这时偶然扰动因素被迅速放大,推动形态迅速离开临界点与非稳定区域,跃向另一稳定分支的形态点。临界点或分叉点上发生系统规定性质的改变,就是引起了突变,可称之为广义突变。一般说来,如果出现初始对称性破缺,从而使过程失去结构稳定性,就会引起广义突变。这种过程并无确定的形式,但即使过程不是结构稳定的,其最后结果仍是非常确定的。

单元系统形态在临界点两侧的性质是不相同的,临界点是单元系统形态发生突变的关节点,也是其结构最不稳定的地方。单元系统形态在临界点附近的突变,一般都伴随着许多性质的急剧变化,因而在临界点附近的临界现象往往是充满奇异或多样的突变现象,也是人们认为最具挑战意义的复杂现象。例如,质量大于太阳三倍的恒星,其发光发热的能量发挥到一定的程度,内部的核能源枯竭而不能保持原有的结构,就会"忽喇喇似大厦倾",塌缩而成为"黑洞"。

在自然界与人类社会中,突变现象可谓无所不在、无时不有。例如,人们登上(或走下)一个台阶、打开(或关闭)电灯、高山流水在悬崖边"高位派发"跌宕形成的瀑布、天气的突然变凉或变暖、地震的突然发生、桥梁的断裂、锅炉的爆炸、火山的爆发、股市的暴跌或"井喷"、金属或合金失去电阻变为超导体、铁磁体的磁性突然消失、流体失去黏滞性转入超流状态、基因突变导致的生物进化、经济危机引起社会形态的更替、政变致使国家秩序革命性变化等,都是事物远离平衡态的突变现象。各种突变现象及其产生原因错综复杂,然而在不同的突变点附近却存在着系统形态变化十分相似的机理与同型性。

系统形态突变存在的同型性必然吸引人们去深入探索系统远离平衡态的变化机理与本质,以建立起关于突变规律的科学理论。在哲学领域,哲学家们依据对世界运动观察及其事物形态变化的认识,通过对事物突变现象的机理共性与同型性的高度抽象,概括和总结了对立统一规律、质量互变规律和否定之否定规律,并形成了关于事物形态突变规律的描述性的哲理。在更多的学科领域,人们则一直力图通过定质或定量或定向的探索来形成关于事物形态突变的规律和理论。

物质形态从量变到质变的过程就是相变的过程。相就是指物质具有相同成分及相同物理、化学性质的均匀部分。同一相内可以含有多种化学组元(如密度均匀的空气可为一相),而各化学组元却应是处处均匀的。事物形态的相变现象就是在原先的相中出现一种新的相。临界相变是指物质从一个相转变为另一个相的过程,是物质性质从无到有或从有到无的突变过程。相变的形式是千变万化的:有的涉及结构的改变,如气体的凝聚、液体的凝固、不同结构的固相间的转化、结晶态与非晶态的转变、合金的有序和无序的转变等;有的涉及特定物理性能的跃变,如顺磁态转化为铁磁态、金属的正常态转化为超导态、铁磁体与顺磁体之间的转变等。原子形成之后,其结构就具有相对的稳定性,物质相变虽然很难发生,但还是可以发生。例如,燃烧是初级化学元素裂变为光子的过程,放射性是原子裂变的过程。在已形成的原子中增加质子和中子就更加困难了,不过挤压就可能形成物质相变,所以地壳褶皱中容易形成矿脉。大规模的物质相变还可能伴随裂变和物质的溶解过程,包括原子的裂变再造、星球层次的形成等。

人类关于物质"三态"变化的早期观察就是最早的相变实验,如水、水蒸气和冰就是水的三个不同的相。自古以来,人们一直都对千奇百怪的相变现象十分感兴趣,并认为相变一般是指在外界约束条件发生连续变化的过程中物相于某一特定的条件下(或临界值时)发生的突变。突变可以具体表现为:

(1)从一种结构或形态转变为另一种结构或形态,如气—液、气—固、固—液相间的转变,固相中不同晶体结构或聚集态间的转变。

(2)化学成分的不连续变化,如固溶体的脱溶分解或溶液的脱溶沉淀。

(3)某种物理性质的突变,反映了某一种长程有序相的出现或消失,如顺磁体-铁磁体、顺电-铁电体、正常导体-超导体等的转变,又如金属-非金属、液态-玻璃态等的转变,则对应于构成物相的某一种粒子在两种明显不同的状态(如扩展态与局域态)之间的转变。

以上三种物相变化可以单独出现,也可以两种或多种变化同时出现,如脱溶沉淀往往是结构与成分的变化同时发生,铁电相变则总是和结构相变耦合在一起的,而铁磁相的沉淀析出则兼备三种变化。

在此,可以用生物进化中的变态作为具体实例来说明关于生物在突破临界点的远离平衡态产生的质变。匈牙利生物化学家和生物物理学家圣乔其运用生物物理学方法从亚分子水平(原子、电子的水平)研究生物化学,在生物氧化过程方面曾提出了一系列新颖的思想。1976年,他联系生命的系统发育史提出了关于癌的一种新理论,并阐述了 α 态和 β 态的跃变(相变)[1]。

α 态是一个生物体不受限制地分裂增殖的脱分化状态,即不受控制地进行分裂增殖的状态;β 态是表现各种生物学功能的分化状态。生命的 α 态以电子供体与电子受体的比值 $\left(\dfrac{D}{A}\right)$ 高、电子张力大的闭壳层分子为主,表现为不导电的电介质,分子处在无结构的分散状态;而 β 态以 $\left(\dfrac{D}{A}\right)$ 比值低、电子张力小的自由基为主,表现为可导电的半导体,分子处于有结构的不溶性状态。当细胞处于 α 态时,其中的水是无结构的,而处于 β 态时,水则变为有结构的。α 态和 β 态分别相当于生理学和生物化学中的"营养相"和"生殖相",分别相应于 DNA 的复制状态和转录(表达)状态。α 态和 β 态之间的相互转变及调控是生命科学的基本原理之一,涉及致癌机制、动物变态、某些代谢调节物、维生素等作用机理以及生物进化等。

生命的 α 态和 β 态及其相互转变,受到基因的精确调控。在遗传基因精密严格的调控下,可发生从 α 态到 β 态的跃变——变态(相变)。在某些生物中,营养相与生殖相之间的转变存在变态的界限。例如,蛙类作为营养相的幼体就是在水中生活、用鳃呼吸和有尾的蝌蚪,它跃变为生殖相的成体后就可在陆上生活,用肺和皮肤呼吸。

要实现生物体从 α 态到 β 态跃变的变态,生物体的组织、器官必须来一番拆卸、改造和重建。有的生物在变态中拆卸 α 态的组织结构时经过一个代谢率降低、不活动、外形构造也很简单的阶段,例如昆虫的蛹。昆虫经历蛹的阶段所发生的变态,幼虫与成虫形态也有显著的差别,像蚕和蛾属于完全变态。昆虫中也有不完全变态的,像蝗虫就没有蛹的阶段,幼虫(跳蝻)与蝗虫成体形态差异也不很大。在动物界中,发生变态的还有脊索动物(海鞘)、棘皮动物、软体动物、线形动物、扁形动物、腔肠动物等。如果从生物的进化史回溯上去,还可以把变态一直追溯到黏菌。

一个生物体从 α 态发育到 β 态,分化出生殖细胞。雌雄生殖细胞结合成受精卵,再重新长成幼体,又进入一个新的 α 态,世代交替,循环往复。在 α 态的 DNA 复制相,容易发生"复制差错"——基因突变。突变的方向是不定的、随机的,绝大部分是隐性的功能缺陷型或减弱型,但其中也以很小的概率产生功能改进的有利突变。随着生物体的发育而进入 β 态,突变基因就表现为宏观性状。自然选择作用于宏观性状,淘汰功能缺陷突变的个体,选择功能改进的有利突变留下来。在累代 α 态和 β 态的交替中,不断重复这个过程,生物就进化发展了。

任何一个生命体(或组织系统)为了满足自己更高的生存需求都要通过进化涌现出某些功能结构,生物体正是根据这些功能需求来自组织和自进化自身的结构形式。一个生物体从 α 态到 β 态就是完成一次形态转化,就会展示一次变态的特性。在 α 态到 β 态的跃变过程中,高等生物细胞中环磷酸腺苷(cyclic adenosine monophosphate, CAMP)抑制 α 态而促进 β 态的涌现,因而 CAMP 事实上起着分化激素的作用。激素能够调节遗传基因的活动,对生物变态也有重要影响。在两栖类动物中,甲状腺素具有分化激素的作用,能够促进 β 态的出现,促进幼体到成体的变态。在昆虫中,保幼激素具有保持 α 态而抑制 β 态出现的抑制变态作用。

二、单元系统形态生成的涌现理论

人们从远古开始就对远离平衡态的突变现象进行了广泛的研究,但是如果从 1869 年英国物理化学家安德鲁斯发现临界点和 1873 年荷兰物理学家范德瓦耳斯提出非理想气体状态方程起算,人们对相变的实验和理论研究却只有一百多年的历史。相变是广泛存在的现象,临界点是特殊的相变点。相变理论透过对物质相变现象的研究,把相变看作有序和无序两种倾向矛盾斗争的结果,从而形成了关于突变现象的科学理论。相变理论把一切系统形态的发生都归之于冲突,归之于异质单元与本质单元之间的斗争,相互作用促使有序和有组织,热运动则引起无序和混乱。在异质的势力压倒本质的势力或一种倾向盖过另一种倾向时所发生的突变就是相变。相变既是有序和无序两种倾向的矛盾斗争,就必然伴随着系统能量、信息和属性的转换,这种转换是使系统原相的结构松弛、解体并为新相建构更高级的结构。

如果系统形态变化过程是确定的,则其所有可能形态的集合就是相空间,确定过程的模型就是相流。如果系统形态变化过程是可微的,其相空间具有微分流形的结构,就能用可微函数来描述。在早期的相变分类理论中,奥地利数学家、物理学家厄伦菲斯按相变时化学势及其偏导数的连续性,把相变分为一级相变和高级(二级、三级……)相变:凡是化学势的第 $k-1$ 阶以内的导数都连续,而第 k 阶导数不连续的相变,称为第 k 级相变。当系统由 α 相转变为 β 相时,化学势 $\mu_i^\alpha = \mu_i^\beta$,而化学势的一级偏微商不相等,则称为一级相变。自然界中观察到的相变多数为一级相变,如金属与合金中的相变、金属的熔化等,在相变过程中存在着明显的体积变化和潜热存在。当系统由 α 相转变为 β 相变时,化学势 $\mu_i^\alpha = \mu_i^\beta$,且化学势的一级偏微商也相等,而化学势的二级偏微商不相等,则称为二级相变。在近期的二级相变理论中,第一类相变是指化学势连续,但化学势的导数不连续;第二类相变是指连续相变即化学势连续,且其一阶导数乃至更高阶导数也连续。

人们在研究和认识广泛的突变现象的过程中,已经在生命领域和热力学领域发现物质相变随处可见,比比皆是。因此,可以将系统的形态变化、物理性质变化和化学性质变化这三类演变过程看作广义相变。[2] 20 世纪以来,还不断地出现了分岔、突变、浑沌、耗散结构、分数维、协同学、细胞自动机等全新的概念和多种非线性理论,实际上这多是从不同的角度来刻画相变的。例如,普利高津在总结他 20 年来对不可逆现象的热力学的研究成果基础上发现,当系统离开平衡态的参数达到一定阈值时,系统将会出现"行为临界点"。在越过这种临界点后,系统将离开原来的热力学无序分支发生突变,而进入一个全新的稳定有序状态;如果将系统推向离平衡态更远的地方,则系统可能演化出更多新的稳定有序结构。普利高津将这类稳定的有序结构称作耗散结构,从而在 1969 年提出了关于远离平衡态的非平衡热力学系统的耗散结构理论。

耗散结构理论指出,一个远离平衡态的非线性的开放系统(不管是物理的、化学的,还是生物的系统),通过不断地与外界交换物质、能量和信息,一旦系统的某个参数变化达到一定的阈值,通过涨落,系统便可能发生突变,就可能从原来无序的混乱状态转变到一种时间、空间或功能有序的新的状态。系统从无序状态过渡到这种耗散结构有几个必要条件:①系统必须是开放的,即系统必须与外界进行物质、能量的交换;②系统必须是远离平衡态的,系统中物质、能量流和热力学力的关系是非线性的;③系统内部不同元素之间存在着非线性相互作用,并且需要不断地输入能量来维持。

处在准平衡态和近平衡态的系统都是简单的,开放系统的涨落是一种破坏稳定有序的干扰,但在远离平衡态条件下,非线性作用使涨落放大而达到有序。远离平衡态的开放系统在外界条件不断作用下,通过非平衡相变的涨落越过一个特定临界点后,就可能从原来的混沌无序状态转变为一种依靠耗散物质能量来维持的有序结构——耗散结构。由突变而涌现出来的耗散结构,状态是稳定的。为此,普利高津及其布鲁塞尔学派认为,开放系统在远离平衡态的情况下可以涌现出新的结构。

耗散结构是一般系统论所要寻找的具有有序性的系统稳定结构。耗散结构可以泛指一系列远离平衡态的开放系统,可以是力学的、物理的、化学的、生物学的系统,也可以是社会的经济系统。在物理学中,耗散结构的典型例子是贝纳德流。在生物学中,微生物细胞是典型的耗散结构。在耗散结构理论中,开放系统合乎理论生物学的规定:从热力学的角度来看,开放的系统本身尽管在产生熵,但系统又同时向环境输出熵,输出熵大于生产熵,系统保留的熵在减少,趋于定向有序。因此,耗散结构理论成了解释生命过程的热力学现象和生物进化的热力学理论基础之一。

耗散结构是自行产生组织性的,这种现象称为自组织现象,因而耗散结构理论又被人们称为自组织理论。当系统自己走向有序结构时,就可称为系统自组织。自组织是一种未求助于外力的凸显自我扬弃、自我否定、自我发展的内源性矛盾运动,具有对立性、统一性和中介性。像地球上的生命体都是远离平衡态的开放系统,它们通过与外界不断地进行物质和能量交换,经自组织而形成一系列的有序结构。

自组织现象是世界中的普遍现象。系统在从无序形态变为有序形态时,都显示出引人注目的相似性,像热对流、化学钟、材料的性能、昆虫的活动、大脑的机制、气候的变迁、宇宙的起源等。其实,科学本身也是一个自组织系统,它在发展过程中表现出的特点就像氨基酸等有机分子聚合成为越来越大的结构;这种结构的出现是偶然的并突然达到一种有序态,从而在一个较高的层面上出现某种新的、重要的和有全新性质的东西。科学知识是或多或少零星地开始形成的,最后在某一较高层面上统一成为一个新东西,一个新的规范。[3]

由此表明,一切自组织系统的作用遵循同样的基本原理。普利高津正是抓住了不同系统中存在的共性,把不同学科共同存在的耗散结构抽取出来作为自己的研究对象,用共同的数学模型研究各学科的不同问题,因而具有方法论的意义。所以,其在把理论生物学推进一大步的同时,也使一般系统论的有序结构稳定性有了严密的理论根据。不过,按照自组织理论,对于非直线系统一般还是无法精确求解的,因而通常采用讨论方程的定态解及其稳定性来反映系统可能存在的形态。

关于远离平衡的突变论和有序结构的耗散结构理论尽管还有许多缺陷,但是对于自然科学以至社会科学已经产生了积极的重大影响,促使科学家特别是自然科学家开始探索各种系统相变的基本规律,提出了像涨落、分岔、临界点等概念,并建立了突变论和协同论等现代系统理论。

突变论是法国数学家托姆于1972年提出的。托姆总结了热力学、量子场论、天文、地质、生物化学、生态学、形态生成学等众多学科中普遍存在的突变现象,运用拓扑和尖点理论等数学工具,从结构稳定性出发,推导出系统渐变和突变的条件,归纳了在不同控制参数下的各类基本突变模型,建立了通过描述系统在临界点的状态来研究非连续性突然变化规律的突变论。突变论的核心在于:即使对形态的基质所具特性或作用力本质一无所知,仍有可能在某种程度上理解形态生成的过程。在突变论中,"形态生成"这一用语得到最广义的应用,用它可以表示创造形态或消灭形态的任一过程,因而突变论不仅像耗散结构论和协同论一样可以揭示吸收发射条件下从无序到有序的质变规律,而且可以揭示自发发射条件下从有序到无序的质变规律。

然而,突变论是有其特定适用范围的。突变论把研究中心聚焦在系统形态的突变点附近,往往没有研究系统形态变化的全过程。突变论无视涨落的存在,又试图用势函数来描绘各种不连续的突变现象。当控制参数不多于4个时,共有7种不同的基本突变类型,可以求出其势函数、分支集和平衡曲面的方程,画出直观的数学模型图,据此就能比较方便地对系统在突变临界点附近的形态进行定质和定量的分析。但是,在实际应用中,这7类突变函数的求解并不轻松,人们一般难以识别这7种类型中哪些类型的哪些曲线是代表多元系统多相变化的。当其控制参数多于4个时,得到的数学模型往往是高维超曲面,需要用超曲面的拓扑性质来求解。

协同论是与上述的耗散结构论和突变论在20世纪同一年代里诞生的,并在探索纷繁复杂的事物质变中互相支持着成长起来。这些现代系统科学理论讨论的都是在远离平衡态的非线性区内系统的演化、突变的规律,都是利用微分方程的稳定性理论来分析、反映系统演化的宏观方程。这些理论给人们提供了认识事物质变的新方法,因而能对形形色色看来毫不相同的问题深刻地把握其临界点附近突变的本质。

对于事物在突破临界点的远离平衡态下产生质变的"形态生成",贝塔朗菲在一般系统论中称之为涌现(或翻译成突现)。涌现是用以描述系统层级结构间整体宏观动态现象的概念。涌现即新质或整体质的产生,是整体有而部分无的特性。也就是说,涌现是在系统中的行为主体,根据各自行为规则进行相互作用所产生的没有事先计划但实际发生了的一种行为模式。整体行为模式不能根据其个体行为规则进行预测,或整体模式不能还原为其个体行为。[4]

系统科学把只有整体具有而局部所没有的东西称为"涌现"。例如,中国许多科学工作者为了揭示"经络是整体涌现的生命现象",用多年的时间做了大量的研究工作,在一定程度上证明了经络现象的客观性,也找到了很多与经络现象有关的物质结构,取得了不少成就。但是,人们至今并没有完全阐明经络的本质是什么,因为深入研究只能发现与经络学说相关的一些具体物质,而没有发现完全符合经络学说的物质结构。因此,人们就自觉意识到不能寄希望于具体的解剖实证研究去阐明经络的本质,而是应该转变思想认识,从形态发生的角度去阐述经络学说。经络理论所具有的特点,要求人们不能采用破坏性测量方法和试图从组成部件的研究出发来理解整体行为的策略,而应该像把握人的整体变化的中医学那样,测定的全部都是人的涌现特性。

涌现来自系统组分之间、系统与环境之间的相互作用,是对系统单元进行组织的产物。像一个生物体的组分有序地整合在一起,即把组分组织起来形成有序结构,将产生组织效应,组织愈复杂,产生的整体涌现性也愈丰富复杂。组分之间互补互惠、协同行动、相互促进、和谐共生,将产生正面的涌现效应;组分之间相互掣肘、彼此拆台,就将产生负面的涌现效应。

涌现性是组分之间、层次之间、系统和环境之间互动互应所激发出来的系统整体效应,是系统的整合效应,即结构效应或组织效应。涌现性是指那些高层次具有而还原到低层次就不复存在的基质、特征、行为和构性能。把整体分割为部分,意味着组分之间、层次之间的联系被切断,相互作用不存在了,激发效应便无从谈起;组分之间没有互动互应的整体不称其为系统,整体与环境的相互作用也无从谈起。正因为如此,系统一旦被解构为组分,整体涌现性便不复存在。相反,如果按照一定结构模式把组分整合在一起,把系统和它的环境整合在一起,所有组分之间、层次之间、系统和环境之间处于相互联系、相互作用之中,则必然在系统整体层次上涌现出特定的激发效应来。

涌现首先是个定质问题。涌现现象是系统形态在远离平衡态的演化过程中涌现出的全新形态和结构,通过定质的形态参量反映某些定质的形态参量的变化达到并超出了临界点的阈值。说系统具有涌现特性,是指整体具有部分或部分之总和所没有的性质、特征、行为、功能等,因而称之为系统的质。涌现性包含非加和性而不等于非加和性,所以不能用大于、等于或小于的等量化关系来表达。此时,涌现原理的正确表述就是:整体具有部分及其总和所没有的新的性质或行为模式,用部分的性质或模式不可能全面解释整体的性质和模式。

涌现也是个定量问题。系统演化过程中广泛存在形态变化的机制,系统在平衡态附近的形态参量变化只能引起系统形态在接近平衡态的定量变化,属于平庸情况。当整体与部分表现出同质的性能,彼此具有可比性时,涌现效应就表现在量的方面。此时,涌现原理的正确表述就是:整体不等于部分之和。亚里士多德的著名命题"整体大于部分之和"是一个量化命题,但只是从一个方面来表明一切系统的整体性能并不是各个局部性能的叠加。

系统科学是关于整体性的科学,但是在区分整体时又只是简单地分出不具备涌现性的加和性整体(即非系统)和具备涌现性的非加和性整体(即系统)。这就是说,系统科学并不研究一切整体和整体性,它只研究非加和性整体或整体涌现性。然而,科学的研究对象不仅包括具备整体涌现性的非加和性整体(远离平衡态),而且包括不具备整体涌现性的加和性整体(准平衡态),还要包括不具备整体涌现性的非加和性整体(近平衡态)。可见,目前系统科学的研究范围是有局限的,其关于非线性系统形态的研究尚未形成完整的基础理论,所以系统科学的研究成果还不可能实现统一科学的目标。

三、统一科学演绎哲学基本规律

迄今为止,由欧洲文艺复兴滥觞到 20 世纪中叶达到巅峰的现代科学,大多数学科都摈弃了整体观而采取逻辑分析的方法对事物形态进行研究。人们在某一个领域发现了某种事物在远离平衡态的相变规律就会出现相关的质变理论或相变模型,人们综合了各类反映事物形态质变的规律和理论,不仅进一步提炼出比较一般的非线性理论,而且其中有些非线性理论已经十分接近于单元系统形态质变的统一规律。但是,各类反映事物形态质变的理论都未能归纳出统一科学的生成元——单元系统形态转化基元规律,人们面对无数"地板和天花板"限制的 S 形曲线最终还是让它悄然地从眼皮底下溜走了。

虽然哲学和系统科学及其理论(系统论、信息论、控制论和耗散结构论、协同论、突变论)是从整体观出发来研究事物形态变化的,但是它们又往往不分条件地把质变模型等量齐观,因而无法得到反映事物质变规律的统一模型。为此,有必要以整体观来考察各类事物的形态变化,用单元系统形态转化基元规律来演绎出不同事物形态的质变规律,由此来丰富统一科学的理论。

在统一科学所构建的理论体系中,一维质向量仿射坐标系开辟了太极单向变化的世界。事物从此形态向彼形态的变化就是在一维正向质向量坐标系 $\vec{X}_+$ 空间中从一个点 $\vec{a}_+$ 到另一个点 $\vec{b}_+$ 的阴阳变化,单元系统在质向量空间经历的运动轨道就是单元系统形态的变化规律。

在一维正向质向量坐标系 $\vec{X}_+$ 上的 $[\vec{a}_+,\vec{b}_+]$ 区间中,单元系统形态从平衡态 $\vec{a}_+$ 连续变化到非平衡的过渡态 $\vec{x}_+,\langle \vec{x}_+|\vec{x}_{a_+}\rangle$ 的形态变化规律都可以用质向量变化量 $\Delta \vec{x}_+ = \vec{x}_+ - \vec{x}_{a_+}$ 表示。但是,以质向量变化量 $\Delta \vec{x}_+$ 来表征单元系统形态的变化,这有可能是从平衡态到准平衡态的线性变化,也有可能是从平衡态到近平衡态的非线性变化,还有可能是从平衡态到远离平衡态突变的非线性变化,甚至可能是从平衡态到多个平衡态的一连串的非线性质变。

由于一维质向量 $\vec{X}_+$ 可以分解为 m 个独立的分质向量 $\vec{X}_1,\vec{X}_2,\cdots,\vec{X}_m$,因此在一维正向质向量坐标系 $\vec{X}_+$ 内部就可以打开 m 维分质向量空间 $(\vec{X}_{+1},\vec{X}_{+2},\cdots,\vec{X}_{+m})$,这样人们就可用 m 个特定的分质向量 $\vec{X}_{+1},\vec{X}_{+2},\cdots,\vec{X}_{+m}$ 的内在关系与各种特征来刻画单元系统在失衡态情况下的变化规律。所以,在一维正向质向量坐标系 $\vec{X}_+$ 中,人们无法分辨单元系统形态变化所处的失衡态,却可以在一维正向质向量坐标系 $\vec{X}_+$ 内部的 m 维分质向量空间 $(\vec{X}_{+1},\vec{X}_{+2},\cdots,\vec{X}_{+m})$ 中认知单元系统形态及其变化规律。

处于无序平衡态的单元系统形态一旦发生变化,就进入了有序失衡的运动形态,而处在非平衡态的系统就是开放系统。在一维正向质向量坐标系 $\vec{X}_+$ 及其内部的多维分质向量空间中,单元系统形态依其变化特征可分成渐变与突变两种方式。准平衡态是最接近于平衡的非平衡态,处在准平衡态的系统为线性系统,其形态变化规律为线性规律。未处在准平衡态而处在失衡态的系统为非线性系统,近平衡态是比准平衡态偏离平衡态更远的失衡态,远离平衡态是偏离平衡态最远的失衡态。

统一科学给出的从任一平衡态到另一平衡态的单元系统形态转化基元规律是由质向量表达的一般模型,它深刻地揭示了处在不平衡态下的单元系统通过内部的相互作用使新质产生和旧质消灭,从而使单元系统发生由本质到异质的质变。从单元系统形态转化基元规律出发,可以直接演绎得到自发发射条件下反映物质热运动规律的费米分布函数,也可以轻而易举地演绎出吸收发射条件或自发发射条件下任何运动形式的事物形态变化规律。

在第五章第三节"信息与熵表达的内在关系及性质"中,单元系统形态转化基元规律刻画了经历线性变化→非线性变化→突变→非线性变化→线性变化的基元过程,体现了从平衡态到非平衡态的量变,再到远离平衡态的突变,最后通过量变又达到新平衡态的共同特征。通过单元系统形态转化基元规律表现的特征与历程,还可以定质、定量和定向地演绎出哲学上的对立统一规律、质量互变规律和否定之否定规律。

对立统一规律认为,事物在发展变化过程中始终存在着相互对立的(阴阳)矛盾,矛盾着的对立面既相互斗争又相互联系,由此推动事物的运动和变化。在统一科学中,在一维正向质向量坐标系 $\vec{X}_+$ 内部的 $(\vec{P}_+,\vec{S}_+)$ 二维分质向量空间中,如果单元系统的本质信息 $\vec{P}_+^0$ 为阳——,异质信息 $\vec{P}_+$ 为阴--,就有 $\vec{P}_+ + \vec{P}_+^0 = 1$。在一维正向质向量坐标系 $\vec{X}_+$ 内部的 $(\vec{N}_+,\vec{n}_+,\vec{E}_+,\vec{E}_{\neq+},\vec{\varepsilon}_+)$ 五维分质向量空间中,设本质单元数 $\vec{n}_+^0$ 为阳——,异质单元数 $\vec{n}_+$ 为阴--,它们的加和就是系统的总体单元数 $(\vec{N}_+ = \vec{n}_+ + \vec{n}_+^0)$。阴阳之间呈现对立统一的关系,而单元系统形态转化过程反映的就是事物所具有的本质单元数 $\vec{n}_+^0$ 的留守信息 $\vec{P}_+^0$ 与异质单元数 $\vec{n}_+$ 的异动信息 $\vec{P}_+$ 这对矛盾的阴阳消长关系。$\vec{P}_+ \sim \vec{S}$ 关系曲线图上刻画的就是留守信息 $\vec{P}_+^0$ 与异动信息 $\vec{P}_+$ 这两个对立面相互斗争的形态变化。阴阳关系式 $\vec{P}_+ + \vec{P}_+^0 = 1$ 表明了阴阳并存,但阴阳的比例可以不同的。对立和统一并存,对立性和统一性可以不同,但是不能分离。

质量互变规律认为,事物的发展和向对立面的转化表现为量变—质变—量变的过程。在统一科学中,单元系统形态转化基元规律可以用形态空间的轨线来表述,$\vec{P}_+ \sim \vec{S}$ 关系曲线就清楚地表明了单元系统形态转化都要经历从平衡态到近平衡态的量变,再到远离平衡态的质变,最后又通过量变达到新的平衡态的过程。$\vec{P}_+ \sim \vec{S}$ 关系曲线就是始终存在的相互对立的矛盾双方力量对比变化的反映,当 $\vec{P}_+$ 超过形态转化信息阈限时,单元系统必然发生性质的根本变化。

单元系统形态转化基元规律经历了开始段的线性变化→加速段的非线性变化→转折段的突变→减速段的非线性变化→终结段的线性变化的过程,依照这一过程各阶段的特征所进行的描述,体现了事物从平衡态到非平衡态的量变,再到远离平衡态的突变,最后通过量变达到新的平衡态的共同特征。单元系统形态变化过程从开始、加速、转折、减速到终结的五个阶段,已深刻地表述了哲学的质量互变规律。

否定之否定规律进一步揭示了事物因内部矛盾的斗争而转化为自己的对立面的规律,揭示了旧事物灭亡和新事物产生的规律,并且说明了事物发展过程的螺旋式、波浪式前进上升的性质。世界上任何事物形态发生变化时都有本质成分和异质成分两个方面,用哲学的术语讲就是肯定和否定两个方面。肯定的方面是事物保持其本质成分的方面,否定的方面则是促使本质灭亡的方面。当以异质成分为主导的新形态一经生成,事物就否定了原来以本质为主导的旧形态而转化到自己的对立面。因此,否定就是事物从一种形态向另一种形态的转化,是旧质向新质的飞跃。事物形态的变化总是由肯定阶段走向否定阶段。统一科学中的孤立系统变为开放系统就是由肯定走向否定;而由开放系统再变为新形态的孤立系统是由否定走向第二次否定,即否定之否定,单元系统也就完成了由一个形态向另一形态的转化。

随着单元系统形态在转化过程中有序程度的不断提高,其对称性不断减少;单元系统不断增加的有序性,是对无序的不断否定,当有序程度增加到了最高程度,是其最有序的表现。此后,单元系统的形态变化又向着一种新的无序发展,对有序进行了再否定,最终达到新的平衡态而呈现出无序的混沌。在有序性的否定之否定过程中,虽有某些特征或特性重复出现,但是这种重复绝不同于循环,而是在更高的基础上重复了肯定阶段的某些特征或特性。因此,单元系统形态转化的表现特征不是直线的,而是曲折的、螺旋式的波浪式的单调运动。

由此可见,统一科学在一维正向质向量坐标系 $\vec{X}_+$ 内部张开的多维分质向量空间中,通过其所揭示的单元系统形态转化基元规律不仅可以直接演绎出哲学中的对立统一规律、质量互变规律和否定之否定规律,而且可以使这些定质描述的三大规律精准地定量和定向。关于单元系统形态转化基元规律可以演绎出哲学中的基本规律这个事实本身,不仅推翻了有些哲学家关于哲学永远不能定量研究的断言,而且说明了统一科学是比哲学更为根本的科学。统一科学所揭示的单元系统形态转化基元规律确实是关于世界运动的最基本的大统一规律,也是关于自然、社会和思维发展的最普遍、最一般的规律。

哲学观察世界是以事物的性质为思辨准则的,由于文字语言定性描述的限制,即使可以发现关于事物形态定质变化的三大规律,也不可能像统一科学那样以定质、定量、定向的度量基准获得单元系统形态及其变化的一般规律,更不可能像统一科学那样演绎出具体学科的各种特定事物形态变化的基本规律及其特殊的定律。

为了充实质变理论的依据,表明单元系统形态转化基元规律的一般性及其演绎的广泛性,有必要在一维正向质向量坐标系 $\vec{X}_+$ 内部的 $(\vec{N}_+, \vec{n}_+, \vec{E}_+, \vec{E}_{\neq +}, \vec{\varepsilon}_+)$ 五维分质向量空间中,以若干典型的质向量及显性因子为因变量来演绎出一些学科中人们较为常见的事物形态质变规律。

第二节 时间为显性因子的形态转化规律

当单元系统的能量 E_+ 或能元 ε_+ 的显性因子为时间 t_+ 时就称其为动力系统。由单元系统形态转化基元规律可以演绎出动力系统在远离平衡态变化过程中所表现出的动力学函数。像生态学的逻辑斯蒂方程、比尔曲线与技术替代曲线、城市化的形态变化规律、严重急性呼吸系统综合征(severe acute respiratory syndrome,SARS)疫情的走势变化规律等都可以用单元系统形态转化基元规律来推演。

一、生态学的逻辑斯蒂方程

生态学是关于生物群体形态及其变化规律的学问,其研究核心是生态系统中的生物群体的生命过程及其与环境相互作用的整体行为和变化规律,研究的是生物群体的生存与周围环境的关系。生态学不是以某个生物体为研究对象的,而是以种群群落和生物圈等层次为研究对象的。种群是生物同种个体的集合体,群落则是种群的集合体,生物圈又是群落的集合体。种群是物种在自然界中存在的基本单位,又是生物群落的基本组成单位,是生物同种个体的一种特殊组合,具有独特的性质、结构、机能,有自动调节大小的能力。

生态学中的群体具有不同的时空尺度,可以由高度发达的植物、动物或人组成,也可以由细菌或那些靠一定的基质"为生的"生物分子所组成。一个自然群体就是在特定时间和一定地理区域内生活和繁殖在同一环境下的生物单元(生物个体或种群或群落)的集合群体。许多生物单元集合在一起,彼此相互作用组成一个具有独特的成分、结构和功能的生物系统。例如,一个森林、一片草原、一片荒漠都可以看作一个群落。

和一个生物单元具有一定的外貌一样,每一个生物群体都具有一定的形态结构,但是,生物群体及其形态结构并不是一成不变的,在自然环境和其他生物群体的作用下,生物群体是一个随时间变化的动态系统,这种变化最终会终止于一个稳定的形态结构,此时生物群体与环境的能量收入和能量支出达到了平衡。如果环境条件维持稳定,不出现任何干扰,那么,这个生物群体的终极形态就会一直存在下去。

一个生物群体从一定的形态结构变化到另一个形态结构的过程称为演替。演替是生物群体的成长和发展过程,是生物群体形态结构从简单到复杂、从低级到高级的进化发展过程,生态学中往往把这一形态发生过程称为进化。现今地球上存在的各种自然群落就是亿万年来地球自然演化发展的产物,这样的自然群落经历过长期的自然选择考验,具有最合理的成分和结构,具有最有效的能量利用。

生态学涉及的大量问题是生物群体形态的转化问题,从差不多毫无差异的原生质小滴(受精卵)最后转变为奇妙的多细胞有机体结构,都是这一类神秘的生物群体的形态变化问题。为了探求生物群体的形态变化规律,人们必须描述生物群体的"宏观"性质,而不是描述个别生物单元的"微观"命运。因为个体生物单元的生物学特性主要表现在出生、生长、发育、衰老、死亡等方面,而生物群体具有出生率、死亡率、年龄结构、性比例、社群关系、数量变化等特性。生物群体的特性是个体水平所不具有的,是组成生物群体以后才出现的特性。在生物群体中,生物单元的个体数目就是描述群体形态的"宏观"参量,它们至少"在平均的意义上"真正控制着各个个体的命运。

在自然条件下,生物种群的增长通常都会受到环境资源的限制。除了生物种群的自身特性外,生物种群的增长在多数情况下与环境中空间、物质、能量等资源的可利用程度以及有机体对这些资源的利用效率有关。当生物种群的个体数量在一个有限的空间中增长时,随着种群密度的上升,对有限空间资源和其他生活必需条件的种内竞争也将增加,这必然影响到生物种群的出生率和存活率,从而降低了生物种群的实际增长率,一直到停止增长,甚至使种群密度下降。

在环境资源受限制的情况下,荷兰数学家兼生物学家维尔乌斯特对生物繁殖和生长过程进行了大量研究,并于1838年在修正了马尔萨斯模型的基础上发现了描述生物单种群竞争增长的形态变化规律,这就是从生物种群与环境之间的关系来描述种群内个体数目增长过程的逻辑斯蒂增长方程,名称为Lacourbe logistique。

逻辑斯蒂增长方程不是推导出来的,只是在马尔萨斯方程上加了一个修正项,因而被视为是一种经验方程。但是,在有限环境下描述种群建立过程中生物体增长的机理模型不仅仅用于"人口"研究,也可用于诸如"虫口""马口""鸟口"等其他生物繁衍、种群数量的研究。

逻辑斯蒂增长模型的微分方程形式为

$$\gamma=\frac{\mathrm{d}n_+}{\mathrm{d}t_+}=\lambda n_+\left(1-\frac{n_+}{C_{N_+}}\right) \tag{10-1}$$

可以求得其精确的解析解为

$$n_+=\frac{C_{N_+}}{1+a\mathrm{e}^{-\lambda t_+}} \tag{10-2}$$

$$t_+=\frac{1}{\lambda}\ln\frac{an_+}{C_{N_+}-n_+} \tag{10-3}$$

式中,n_+为某一时刻t_+的种群个体数,$n_+\in[0,+\infty)$,$t_+\in[0,+\infty)$;λ为内禀增长率(或马尔萨斯常数或种群增长潜力指数),表示种群的潜在增殖能力,即生物种群在最有利的条件下所能达到的最大增长率;$C_{N_+}\in[0,+\infty)$,称为环境容纳量或负荷量,即环境能维持的特定种群的个体数量,它取决于食物、空间、捕食者及其他生态因子的影响。

如果令$x_+=P_+=\frac{n_+}{C_{N_+}}$,则

$$y_+=\frac{\mathrm{d}x_+}{\mathrm{d}t_+}=\lambda x_+(1-x_+) \tag{10-4}$$

$$x_+=\frac{1}{1+a\mathrm{e}^{-\lambda t_+}} \tag{10-5}$$

$$t_+=\frac{1}{\lambda}\ln\frac{ax_+}{1-x_+} \tag{10-6}$$

$$\frac{x_+}{1-x_+}=\frac{1}{a}\mathrm{e}^{\lambda t_+} \tag{10-7}$$

式中,x_+为某一时刻t_+的种群密度,$x_+\in[0,1]$,而在(10-6)式中,$\ln\frac{x_+}{1-x_+}$称作

x_+ 的逻辑斯蒂转换值,通常也简称为逻值。所以,逻辑斯蒂增长模型可以表达为逻值和时间的线性函数。

逻辑斯蒂增长模型的 $x_+ \sim t_+$ 变化曲线如图 10-1 所示,为 S 形曲线;其微分表达式的函数图像是一个开口朝下的抛物线,如图 10-2 所示。

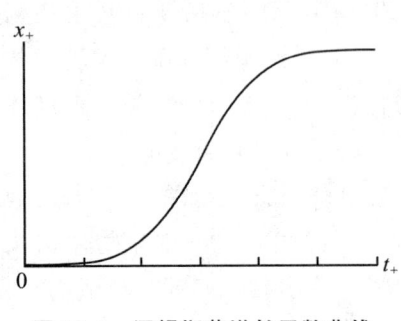 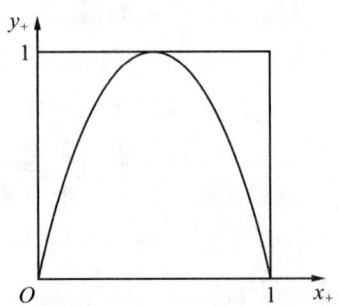

图 10-1 逻辑斯蒂增长函数曲线　　　　图 10-2 逻辑斯蒂变化率函数曲线

由于逻辑斯蒂增长模型的 $x_+ \sim t_+$ 变化曲线能够客观地描述动物和植物的自然生长过程,又具有 S 形特征,因此逻辑斯蒂增长模型变化曲线被称为生长曲线或 S 形曲线。然而,在逻辑斯蒂增长模型的一定阶段就会表现出两类典型的增长型之间的中间过渡型,有的增长曲线更接近于 J 形,有的更接近于 S 形。

逻辑斯蒂增长模型以增长率变化为前提条件,又称自我抑制性方程。因为环境容量是有限的,所以种群的指数增长是暂时的,一般仅发生在早期密度很低的阶段,即资源丰富的情况下。随着种群密度增大,同种个体间的"拥挤效应"随之增大,加上资源缺乏、代谢产物积累等势必会影响到种群增长率 λ,使内禀增长能力受到限制而降低。[5]

在特定环境中,自然生物种群中个体数量的增长随着资源的消耗和种群增长率变慢而趋向停止,体现在逻辑斯蒂增长曲线上即为 S 形曲线。S 形增长曲线的变化是逐渐趋于平滑的,而不是骤然的,从曲线的斜率来看,起先变化速率较慢,之后逐渐加快,到曲线中心有一拐点,变化速率最快,之后又逐渐变慢,直到上渐近线。由(10-5)式可知,当 $t_+ \to \infty$,$n_+ \to C_{N_+}$(或 $x_+ \to 1$)时,是生物个体数(或种群密度)达到环境容纳量饱和状态(或平衡态)的极限值。所以,S 形曲线有一个上渐近线,S 形增长曲线渐近但不会超过这个最大值水平,此值即为种群停止增长处的种群大小,此处种群的平衡密度 $x_+ = 1$。

当 $n_+ = \dfrac{C_{N_+}}{2}$ 或 $x_+ = \dfrac{1}{2}$ 时,逻值 $\ln \dfrac{x_+}{1-x_+}$ 等于 0,这是 n_+ 或 x_+ 对 t_+ 的拐点。S 形增长曲线的转折点为

$$t_+ = \frac{1}{\lambda} \ln a \tag{10-8}$$

在拐点上,$\dfrac{\mathrm{d}n_+}{\mathrm{d}t} = \dfrac{\lambda}{4}$ 或 $\dfrac{\mathrm{d}x_+}{\mathrm{d}t} = \dfrac{\lambda}{4C_{N_+}}$ 为最大。在拐点前,$n_+ < \dfrac{C_{N_+}}{2}$ 或 $x_+ < \dfrac{1}{2}$,逻值

为负值，$\frac{dn}{dt}$ 随种群个体数或 $\frac{dx_+}{dt_+}$ 随种群密度增加而上升。在拐点后，$n_+ > \frac{C_{N_+}}{2}$ 或 $x_+ > \frac{1}{2}$，逻值为正值，$\frac{dn}{dt}$ 随种群个体数或 $\frac{dx_+}{dt_+}$ 随种群密度增加而下降。因此，逻辑斯蒂增长曲线可以划分为：开始段（$n_+ \to 0$ 或 $x_+ \to 0$），加速段（$n_+ \to \frac{C_{N_+}}{2}$ 或 $x_+ \to \frac{1}{2}$），转折段（$n_+ = \frac{C_{N_+}}{2}$ 或 $x_+ = \frac{1}{2}$），减速段（$n_+ \to C_{N_+}$ 或 $x_+ \to 1$）和饱和段（$n_+ = C_{N_+}$ 或 $x_+ = 1$）。

利用逻辑斯蒂增长模型可以表征生物种群数量的动态规律。在有限的环境资源条件下，随着生物种群内个体数量 n_+ 的增多，对于有限空间和其他生活资源的种内竞争也会加剧。有竞争就会影响到生物种群的出生率和存活率，从而降低生物种群的实际增长率。当生物种群个体的数量 n_+ 接近于环境所能支持的极限时，即环境负荷量 C_{N_+} 值，生物种群将不再增长而保持在该值左右，即 $\frac{dn_+}{dt} = 0$。

近一百多年来，逻辑斯蒂增长方程作为描述生物种群受限增长的普遍模型已引起生态学家的广泛重视。人们相继在果蝇、拟谷盗、草履虫、米象和酵母菌，还有桔金螨、田鼠、高原鼠兔和中华鼢鼠以及鱼类等许多具有简单生活史的生物实验中证实生物种群形态变化的S形增长规律。例如，栅列藻、小球藻等低等植物的种群增长，高等植物一个单株的构件数（如鹿角漆树不同年龄的顶生枝数量），内禀增长率低的大型动物（如环颈雉）种群，它们都同样具有典型的S形增长特点，也都按照S形曲线增长。逻辑斯蒂增长模型既可以用来描述有机体发育速率与温度的关系，描述植物叶面积增长、穗生长、籽粒灌浆速率、果实增长、发育期的进程等，也可以用来确定某些作物、畜牧、狩猎等方面的收获时间——最大持续产量原理，还可以作为其他复杂模型理论的基础。两个相互作用种群的动态问题还可以通过逻辑斯蒂增长方程的复合等技术构建复杂系统的模型。例如，捕食模型、竞争模型和"竞争—密度效应"以及由此而派生的"收获量—密度效应"与进化理论中的 r- 与 k- 选择问题等。

不过，尽管逻辑斯蒂增长模型被认为是具有相当简单生命史的生物种群模型，是种群生态学的核心理论之一。但令人遗憾的是，人们只是知道逻辑斯蒂增长模型是两个相互作用种群增长模型的基础，是渔业、林业、农业等实践领域中确定最大持续产量的主要模型，模型中两个参数 λ、C_{N_+} 是生物进化对策理论中的重要概念，至今都还未能认识逻辑斯蒂受限增长方程并非仅仅出自生物种群个体再生或营养供应的某种知识，它与因生物群体密度制约因素而形成的负反馈机制有联系，是对资源的限制进行的一种最简单的数学表述，因而它才能在生态学中处于十分重要的地位。

在自然条件下，任何生物种群与生物群落中的其他生物密切关联，不可能从其中孤立出来。自然界的情况是复杂的，单种群只在实验室内才有可能存在。但是，为了寻求生物种群增长规律及其理想的动态机理模型，人们往往要从研究分析单种群入手，这与统一科学揭示单元系统形态转化基元规律时的思路是一致的。生态学的单种群就是单元系统的一种表现形式,当单种群在与环境的关联中成为开放系统,单种群的个体数也就对应着单元系统的异质单元数。因此,生态学中关于在有限环境里的种群演变规律的逻辑斯蒂增长模型可以由统一科学的单元系统形态转化基元规律演绎。

在一维正向质向量坐标系 $\vec{X}_+$ 内部 $(\vec{N}_+,\vec{n}_+,\vec{E}_+,\vec{E}_{\neq+},\vec{\varepsilon}_+)$ 五维分质向量空间的 $(\vec{C}_{N_+},\vec{n}_+,\vec{E}_+,\vec{C}_{E_{\neq+}},\vec{C}_{\varepsilon_+})$ 截面上,各个分质向量坐标轴与各自的分质变量坐标轴同向,可用其分质变量来表示。单元系统形态转化基元规律可用(5-26)式 $n_+=\dfrac{C_{N_+}}{1+e^{\pm(C_{E_{\neq+}}-E_+)/C_{\varepsilon_+}}}$ 和(5-28)式 $E_+=C_{E_{\neq+}}\pm C_{\varepsilon_+}\ln\dfrac{n_+}{C_{N_+}-n_+}$ 的函数关系式表示。当单元系统的能量 E_+ 通过显性因子 θ_+ 表现为特殊的显性因子——时间 t_+ 时,单元系统就成为动力系统。由单元系统形态转化基元规律也就可以演绎出动力系统的动力学函数

$$n_+=\frac{C_{N_+}}{1+e^{\pm(C_{E_{\neq+}}-E_+)/C_{\varepsilon_+}}}$$
$$=\frac{C_{N_+}}{1+ae^{\mp\lambda t_+}} \tag{10-9}$$

式中,能量 $E_+=F_N t_+$(t_+ 为显性因子);能阈 $E_{\neq+}=C_{E_{\neq+}}=\mu_+$;能元 $\varepsilon_+=C_{\varepsilon_+}=\sigma_+$;$a=e^{\pm E_{\neq+}/\varepsilon_+}=e^{\pm\mu_+/\sigma_+}$;$\lambda=\dfrac{F_N}{C_{\varepsilon_+}}=\dfrac{F_N}{\sigma_+}$。

动力系统在远离平衡态变化中的异质单元数变化率函数可表示为

$$\frac{dn_+}{dt_+}=\pm\lambda n_+\left(1-\frac{n_+}{C_{N_+}}\right) \tag{10-10}$$

当人们考察生物种群演化时,规定种群的总体单元数为 $N_+=C_{N_+}$,这就是环境容纳量。如果在整个考察过程中,能元始终保持不变($\varepsilon_+=C_{\varepsilon_+}$),能阈也保持不变($E_{\neq+}=C_{E_{\neq+}}$),那么在演化某一时刻 t_+ 的种群个体数为异质单元数 n_+,把 λ 称作内禀增长率,而 $a=e^{\pm C_{E_{\neq+}}/C_{\varepsilon_+}}=e^{\pm\mu_+/\sigma_+}$。这样,由吸收发射条件下单元系统形态转化基元规律的微分表达式(10-10)式 $\dfrac{dn_+}{dt_+}=\pm\lambda n_+\left(1-\dfrac{n_+}{C_{N_+}}\right)$ 就可以得到(10-1)式 $\gamma=\dfrac{dn_+}{dt_+}=\lambda n_+\cdot\left(1-\dfrac{n_+}{C_{N_+}}\right)$;而由吸收发射条件下单元系统形态转化基元规律的积分表达式(10-9)式 $n_+=\dfrac{C_{N_+}}{1+ae^{-\lambda t_+}}$ 也可以直接演绎出生态学中个体数目连续增长的逻辑斯蒂增长模型(10-2)式 $n_+=\dfrac{C_{N_+}}{1+ae^{-\lambda t_+}}$。

在上述的逻辑斯蒂增长模型中,种群个体的数量 n_+ 及其对应的时刻 t_+ 都被看作连续变量。其实,在生物种群总体数量为 $N_+=C_{N_+}$ 的单元系统中,生物个体数量 n_+ 往往表现为代际的间断变化,种群总体数量 N_+ 与生物个体数量 n_+ 都是自然数。在某

一时间段 t_+，种群个体的数量记为 $n_t(t=1,2,\cdots)$，而种群总体的数量记为 C_{N_+}。设此种群的出生率 λ_n 和死亡率 λ_{n_0} 都是常数，则种群的实际增长率 $\lambda=\lambda_n-\lambda_{n_0}$ 也为常数，这样得到的逻辑斯蒂方程就是差分方程，而不是微分方程，即

$$n_{t+1}-n_t=\lambda n_t \tag{10-11}$$

$$n_{t+1}=(1+\lambda)n_t \tag{10-12}$$

为了得到上述差分方程的解，就要进行迭代。在数学上，给定 x_n 计算 x_{n+1} 的操作叫作迭代，迭代过程就是系统的演化过程。通过迭代得到上述差分方程的解为

$$n_t=n_1(1+\lambda)^{t-1} \tag{10-13}$$

当 $\lambda>0$ 时，差分方程不稳定。当 $t\to\infty$ 时，n_t 以指数增长的方式趋于无穷。当 $\lambda\leqslant 0$ 时，差分方程是稳定的。如果 $\lambda=0$，n_t 为常数，生物种群个体的数量不发生变化；如果 $\lambda<0$，当 $t\to\infty$ 时，n_t 趋于平衡解零，生物种群个体的出生率低于死亡率，种群中的生物体趋于灭绝。

由于时间 t_+ 作为能量 E_+ 的一种显性因子（$E_+=F_N t_+$），生物种群的内禀增长率 λ 与固有增长率 κ 的关系为 $\lambda=\dfrac{F_N}{C_{\varepsilon_+}}=\kappa F_N$。所以，生物种群的出生率 λ_n 对应于异质单元数 n_+ 的变化率 κ_n，种群的死亡率 λ_{n_0} 对应于本质单元数 n_0 的变化率 κ_{n_0}，而生物种群的实际增长率 $\lambda=\lambda_n-\lambda_{n_0}$ 对应于单元数的固有增长率 $\kappa=\kappa_n-\kappa_{n_0}$。在第五章第二节中的"单元系统形态转化基元规律的推导"中已经指出，如果 κ 在一定的能量变化范围和精度内可以假定为常量，即 $\dfrac{1}{C_{\varepsilon_+}}=\kappa=\kappa_n-\kappa_{n_0}$，则生物种群的内禀增长率 λ 在一定的时间变化范围和精度内也可以假定为常量。

离散时间段 $t=t_+$ 的种群个体数量 n_t 是自然数表达的异质单元数 n_+，确定的生物种群总体数量 N_+ 就是总体单元数 $N_+=C_{N_+}$，所以（5-11）式 $\dfrac{\mathrm{d}n_+}{\mathrm{d}E_+}=\kappa E_+ n_+\cdot\left(1-\dfrac{n_+}{C_{N_+}}\right)$ 不仅可以改写为连续变量的逻辑斯蒂增长方程（10-1）式 $\gamma=\dfrac{\mathrm{d}n_+}{\mathrm{d}t_+}=\lambda n_+\cdot\left(1-\dfrac{n_+}{C_{N_+}}\right)$，而且可以改写为非线性差分方程

$$n_{t+1}-n_t=\lambda n_t\left(1-\dfrac{n_+}{C_{N_+}}\right) \tag{10-14}$$

上面的非线性差分方程不能直接求出它的解，但可以用逐次递推的方法，由初始值 n_1 求出 $n_2,n_3,\cdots$。这个看起来很简单的差分方程就是描述某些没有世代交叠的逻辑斯蒂增长方程，可以展现出丰富多彩的动力学行为。例如，用于描述昆虫数目的动力学行为，(10-14)式就是没有世代交叠的昆虫数目（虫口）的方程。若计入限制虫口增长的负因素，则当虫口数目太多时，由于争夺有限的食物和生存空间发生咬斗或接触传染而导致疾病蔓延；若争斗使虫口数目减少的事件的数目比例于 n_t^2，则（9-88）式 $n_{t+1}=\lambda n_t$

就可以修正为标准的虫口方程

$$n_{t+1} = \lambda n_t (1 - n_t) \tag{10-15}$$

这一修正马尔萨斯理论所得到的描述虫口动态变化的模型同时考虑了激励和抑制两种因素，反映出"过犹不及"的效应，因而具有更普遍的意义和用途。

其实，迭代系统随时间的变化过程可以发生在离散时间中（称之为映射），也可以发生在连续时间内（称之为流）。在有限空间和资源环境下，由生物种群密度表达种群竞争的逻辑斯蒂增长模型可以看作在连续时间内的生物种群增长模型。

在一维正向质向量坐标系 $\vec{X}_+$ 内部 $(\vec{P}_+, \vec{E}_+, \vec{E}_{\neq +}, \vec{\varepsilon}_+)$ 四维分质向量空间的 $(\vec{P}_+, \vec{E}_+, \vec{C}_{E_{\neq +}}, \vec{C}_{\varepsilon_+})$ 截面上，在省却分质向量关于方向的规定时，分质向量简化为分质变量和参数。以单元系统形态的异动信息作为因变量，在吸收发射条件下，单元系统形态转化基元规律可表示为信息函数

$$P_+ = \frac{1}{1 + e^{C_{E_{\neq +}}/C_{\varepsilon_+}} e^{-E_+/C_{\varepsilon_+}}}$$

$$= \frac{1}{1 + e^{-(E_+ - \mu_+)/\sigma_+}}$$

$$= \frac{1}{1 + a e^{-b\theta_+}} \tag{10-16}$$

在吸收发射条件下，单元系统形态转化基元规律信息变率函数为

$$p_+ = \frac{d}{d\theta_+} \left(\frac{1}{1 + a e^{-b\theta_+}} \right)$$

$$= \frac{ab e^{-b\theta_+}}{(1 + a e^{-b\theta_+})^2}$$

$$= ab P_+ (1 - P_+) \tag{10-17}$$

以上两式中，能量 $E_+ = F\theta_+$（θ_+ 为显性因子）；能阈 $E_{\neq +} = C_{E_{\neq +}} = \mu_+$；能元 $\varepsilon_+ = C_{\varepsilon_+} = \sigma_+$；$a = e^{E_{\neq +}/\varepsilon_+} = e^{C_{E_{\neq +}}/C_{\varepsilon_+}} = e^{\mu_+/\sigma_+}$；$b = \frac{F}{C_{\varepsilon_+}} = \frac{F}{\sigma_+}$。

如果把时间 t_+ 作为能量 E_+ 的一种特殊显性因子 θ_+，$E_+ = F_N t_+$，则 $\lambda = \frac{F_N}{C_{\varepsilon_+}} = \frac{F_N}{\sigma_+}$ 也是 b 的一种特殊形式；再令 $x_+ = P_+ = \frac{n_+}{C_{N_+}}$，由(10-16)式 $P_+ = \frac{1}{1 + a e^{-b\theta_+}}$ 就可以演绎出生态学中以种群密度表达的逻辑斯蒂增长模型(10-5)式 $x_+ = \frac{1}{1 + a e^{-\lambda t_+}}$，由(10-17)式 $p_+ = ab P_+ (1 - P_+)$ 也可以自然地演绎出(10-4)式 $\frac{dx_+}{dt_+} = \lambda x_+ (1 - x_+)$。

由此可见，生态学中由经验得到的逻辑斯蒂增长模型早已不自觉地触及了单元系统形态转化基元规律，但是生态学的工作者"日用而不知"。由于逻辑斯蒂增长模型表

面上的简单性在某种程度上隐藏了它所涉及的机制的一般性,因此逻辑斯蒂增长模型描述的事物形态变化规律在生态学的生物层次和自然科学的无生命层次以及社会科学中都被广泛引用,人们认为这种受限生成过程模型用于描述某一研究对象数量变化的动态增长过程可能是最普遍的,因而被人们广泛应用于事物由发生到发展、成熟直至衰弱的演变过程规律的模拟研究。然而,正因为人们未能认识逻辑斯蒂增长模型在描述种群演变过程所蕴含的单元系统形态变量的本质及其之间的内在关系,也就不可能据此深入探索单元系统形态转化基元规律。但是,在统一科学中,生态学中逻辑斯蒂增长模型这个经验方程可以由单元系统形态转化基元规律轻而易举地演绎得到。以异质单元数或异质信息的时间函数所表现的S形逻辑斯蒂增长方程,只是远离平衡态的单元系统形态转化基元规律的一种特殊表现形式。

二、皮尔曲线与技术替代曲线

美国生物学家和人口统计学家皮尔曾经对有机体和人口增长做过广泛研究,并在1920年发现在环境资源受限制的情况下描述种群增长的逻辑斯蒂方程及其S形曲线能够极为正确地描述有机体和人口增长的情况。具有代表性的情况就如南瓜的重量,完全是按照一种有规律的S形曲线增长,而不是呈J形指数增长,还有在有限空间的酵母菌细胞数量增长似乎也循着同一条S形增长曲线发展。为此,人们把S形增长曲线称为皮尔曲线(现今仍以他的名字命名)。[6]

此后,人们发现技术设备的增长特性与生物的增长过程之间也存在着某种类似。不同类型照明设备的效率增长情况或发电厂的热效率的变化情况都表明,产品技术水平的增长与生物有机体的增长表现出类似的S形增长特征。于是,人们自然就想在两者之间对它们进行比较。通过找到某种类比法来说明S形增长曲线用于技术预测的合理性,并为技术发展的过程提供一个模型,以便做出更为准确的预测。

新陈代谢现象是生命活动的主要特征,生命旋回是事物从兴起(如商品投入市场),经过成长、成熟到衰退的全过程。例如,在经济学中,商品的生命周期直接受到需求(销售量)和利润(获利能力)的控制,又间接受到价格、社会经济、科技水平、市场竞争、供需平衡等互相依存的许多因素的影响,多种因素的相消相成使商品生命显示出某种共性。因此,事物的受限增长过程可看作某一动力系统的生命旋回(即兴衰周期、生命周期等)。皮尔增长曲线是描述新陈代谢现象和反映某一事物受限增长过程的一种特定的逻辑曲线,其数学模型为

$$y=\frac{L}{1+a\mathrm{e}^{-bt}} \tag{10-18}$$

式中,L 为变量 y 的增长上限;a、b 为参量。皮尔增长曲线在时间 t 为 $-\infty$ 时有一个初始值 0,在时间为 $+\infty$ 时有一个极限值 L。

由于事物的受限增长过程可看作某一动力系统的生命旋回,人们在了解了皮尔增长曲线模型可以描述动力系统生命变化的新陈代谢现象后,必然以此来预测未来某一时间的事物形态信息。皮尔增长曲线在预测学中称作更替曲线,主要用于预言技术方式更替的快慢。

通常,当一种新的技术方式还没有在其经济性和可靠性方面表现出优点时,人们仍然沿用较老的技术制造老式产品。随着使用领域的不断扩大,较新的技术经受了考验并证明其性能的可靠时,较老的技术就被放弃。在任何情况下,新技术方式更替旧技术方式都如此。使用新技术方式往往要冒风险,所以它在刚刚被发明之时并不能立即为人们所采用,有些可能采用新技术以后仍使用旧技术。而另一些人认识到不采用新技术也是冒险的,他们坚决采用新技术。如果这些人成功了,别人就会仿效。对于一种新的技术方式取代另一种技术方式以达到同一种技术指标,人们常用一条增长曲线表示较新技术对于较旧技术的更替。这样预测者也就可以用皮尔增长曲线预测新技术取代老技术的速度,并根据 S 形更替曲线下端历史数据对新技术采用的快慢进行预测。例如,1870 年到 1965 年期间,美国所使用的机动船的总吨位与所使用帆船总吨位之比的百分数对于时间作用是一条典型的 S 形曲线。这一期间金属船(包括所有的钢壳船和金属水泥船)与木船的总吨位之比的百分数对于时间作图也是一条 S 形曲线。

当涉及的不是一种新技术更替老技术,而是预测一种前所未有的全新功能的问题时,人们同样用相同的一条比尔 S 形增长曲线。例如,1907 年到 1955 年期间,美国用电的家庭所占的百分比对时间作图是一条 S 形曲线。在某种程度上,电力不仅用于电灯取代油灯和蜡烛,用于电冰箱取代天然冰箱,而且在用于洗衣机和吸尘器取代人工操作的装置以及为那些以前从未发明的装置(如电风扇和空调器)等方面提供了动力。某些新技术增长的特点大体上与住家电气化所占百分比增长的情况相同(曲线都是 S 形)。有部分原因是出于经济上的考虑,也有部分原因则是有些人嗜好发明,喜欢做出最新的尝试。大多数人却观望着,他们总是在别人做出样子以后才跟着干,最终存在由于市场饱和而造成的自然极限。

在预测学中,新技术与旧技术的占比实质上反映的事物新旧形态的信息可以通过信息量来表达。用信息量来表达动力系统的形态信息又可以拓展皮尔增长曲线模型的应用范围。比如,信息传播就是信息量变化的一种形式。所谓信息传播,可以是一则新闻、一条谣言或市场上某种新商品有关的知识。在初期,知道这一信息的人很少,但是随着时间的推移,知道的人越来越多,到了一定的时间,社会上大部分人都知道了这一信息。如果以 t_+ 表示从信息产生算起的时间,P_+ 表示已知的人口比例信息,则它们之间的数量关系可以用二维形态空间中吸收发射条件下的单元系统形态转化基元规律来描述。例如,某种商品的销售,开始时知道的人很少,销售量也很小;当这种商品信息传播出去后,销售量大量增加;到接近饱和时,销售量增加又极为缓慢。

英国统计学家费希尔和科学计量学奠基人普赖斯在 1971 年建立的技术替代曲线

模型就是以信息量为因变量,其表达式为

$$P_+ = \frac{1}{2}[1-\tanh\alpha(t_{\neq+}-t_+)] \tag{10-19}$$

或

$$\frac{P_+}{1-P_+} = \exp[-2\alpha(t_{\neq+}-t_+)] \tag{10-20}$$

式中,P_+ 为被替代的百分数;$\alpha = \frac{1}{2}$ 为最初几年中每年替代增长的百分数;$t_{\neq+}$ 为 P_+ 取值 $\frac{1}{2}$ 的时刻。技术替代曲线的图形如图 10-3 所示。

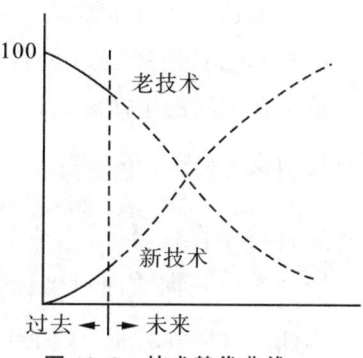

图 10-3 技术替代曲线

由于广泛的技术替代都存在同样的比尔增长曲线或技术替代曲线,比尔增长曲线与技术替代曲线就是确定上限的增长曲线。因此,可据此预测工农业等经济的发展,研究某种新产品生产量的市场形势及其对技术发明与技术革新的接受情况等。在统一科学中,皮尔增长曲线完全可以从单元系统形态转化基元规律直接演绎得到。皮尔增长曲线是描述某一动力系统生命变化的新陈代谢现象,就是以单元系统形态转化基元规律来刻画研究对象形态随时间变化的增长曲线。

如果在人们考察一个单元系统形态的演化过程中,系统的总体单元数保持不变 ($N_+ = C_{N_+}$),能元始终保持不变 ($\varepsilon_+ = C_{\varepsilon_+}$),能阈也保持不变 ($E_{\neq+} = C_{E_{\neq+}}$)。那么在一维正向质向量坐标系 $\vec{X}_+$ 内部 ($\vec{N}_+, \vec{n}_+, \vec{E}_+, \vec{E}_{\neq+}, \vec{\varepsilon}_+$) 五维分质向量空间的 ($\vec{C}_{N_+}, \vec{n}_+, \vec{E}_+, \vec{C}_{E_{\neq+}}, \vec{C}_{\varepsilon_+}$) 截面上,各个分质向量坐标轴与各自的分质变量坐标轴同向,可以用其分质变量来表示。如果单元系统的能量 E_+ 通过显性因子 θ_+ 表现为时间 t_+,单元系统就是动力系统。由单元系统形态转化基元规律 (5-26) 式 $n_+ = \dfrac{C_{N_+}}{1+e^{\pm(C_{E_{\neq+}}-E_+)/C_{\varepsilon_+}}}$ 可以演绎出动力系统的动力学函数 (10-9) 式 $n_+ = \dfrac{C_{N_+}}{1+e^{\pm(C_{E_{\neq+}}-E_+)/C_{\varepsilon_+}}} = \dfrac{C_{N_+}}{1+a e^{\mp\lambda t_+}}$,式中能量 $E_+ = F_N t_+$ (t_+ 为显性因子),能阈 $E_{\neq+} = C_{E_{\neq+}} = \mu_+$,能元 $\varepsilon_+ = C_{\varepsilon_+} = \sigma_+$,$a = e^{\pm E_{\neq+}/\varepsilon_+} = e^{\pm C_{E_{\neq+}}/C_{\varepsilon_+}} = e^{\pm\mu_+/\sigma_+}$,$\lambda = \dfrac{F_N}{C_{\varepsilon_+}} = \dfrac{F_N}{\sigma_+}$。

如果动力系统在演化过程某一时刻 t_+ 的异质单元数为 $y = n_+$,其增长的上限 L 为总体单元数 $N_+ = C_{N_+}$,那么在吸收发射与远离平衡态条件下,由动力系统的动力学函数 (10-9) 式 $n_+ = \dfrac{C_{N_+}}{1+a e^{-\lambda t_+}}$ 就可以直接演绎出能量 E_+ 与异质单元数的变化规律

(10-18)式 $y=\dfrac{L}{1+a\mathrm{e}^{-bt}}$，式中 $b=\lambda$，$t=t_+$。由(10-9)式 $n_+=\dfrac{C_{N_+}}{1+a\mathrm{e}^{-\lambda t_+}}$ 所刻画的 $n_+ \sim t_+$ 关系曲线就是皮尔增长曲线，动力系统的动力学函数(10-18)式 $y=\dfrac{L}{1+a\mathrm{e}^{-bt}}$ 就是逻辑斯蒂增长模型(10-2)式 $n_+=\dfrac{C_{N_+}}{1+a\mathrm{e}^{-\lambda t_+}}$。所以，皮尔增长曲线在时间 t_+ 为 $-\infty$ 时有一个初始值 0，在时间为 $+\infty$ 时有一个极限值 L。

皮尔增长曲线表达了动力系统在吸收发射和远离平衡态条件下演化过程的规律，不论是新产品的生命旋回还是新技术的更替都可以用皮尔增长曲线来反映。不过，要演绎得到费希尔和普赖斯建立的技术替代曲线模型(10-19)式 $P_+=\dfrac{1}{2}[1-\tanh\alpha(t_{\neq +}-t_+)]$，还要进行坐标变换。

在一维正向质向量坐标系 $\vec{X}_+$ 内部 $(\vec{P}_+,\vec{E}_+,\vec{E}_{\neq +},\vec{\varepsilon}_+)$ 四维分质向量空间的 $(\vec{P}_+,\vec{E}_+,\vec{C}_{E_{\neq +}},\vec{C}_{\varepsilon_+})$ 截面上，如果所描述的对象是动力系统在吸收发射条件下的异动信息，在省却分质向量关于方向的规定时，把时间 t_+ 作为能量 E_+ 的特殊显性因子 $\theta_+(E_+=F_N t_+)$，则吸收发射条件下的单元系统形态转化基元规律(10-16)式 $P_+=\dfrac{1}{1+a\mathrm{e}^{-b\theta_+}}$ 可以表达为信息函数(10-5)式 $x_+=\dfrac{1}{1+a\mathrm{e}^{-\lambda t_+}}$。令 $\alpha \equiv \dfrac{F_N}{2C_{\varepsilon_+}}=\dfrac{\lambda}{2}$，$C_{E_{\neq +}}=F_N t_{\neq +}$，$t_{\neq +}$ 为 P_+ 取值 $\dfrac{1}{2}$ 的时刻，这样就可以像(5-47)式 $P_+=\dfrac{1}{1+\mathrm{e}^s}=\dfrac{1}{2}\left(1-\tanh\dfrac{S}{2}\right)$ 那样演绎出(10-19)式 $P_+=\dfrac{1}{2}[1-\tanh\alpha(t_{\neq +}-t_+)]$。由(10-7)式 $\dfrac{x_+}{1-x_+}=\dfrac{1}{a}\mathrm{e}^{\lambda t_+}$ 也可以得到(10-20)式 $\dfrac{P_+}{1-P_+}=\exp[-2\alpha(t_{\neq +}-t_+)]$。

可见，由经验得到的比尔曲线模型和替代曲线模型完全可以由单元系统形态转化基元规律演绎得到。像市场竞争、城市演化、地区经济发展、能源需求、通信网发展规模等社会系统的形态变化问题，也都可以应用统一科学形态转化理论和单元系统形态转化基元规律来成功解决。实际上，动力系统的总体单元数 $N_+=C_{N_+}$ 是一个有限的数，随着时间的推移，动力系统最大的异质单元数 n_+ 也不可能超过总体单元数 N_+。在技术中，当接近物理极限时，性能提高所耗费的费用在正常情况下是急剧升高的；在其他领域，越是靠近使用者所要求的完美状态，这种性能提高对使用者的价值就越小。因此，能够完成某一种性能的技术所能达到的性能总是有一定限度的。到了某个时刻，将会达到一个有限的极限水平，这个极限可能是物理的障碍(如真空温度的绝对零度)或者是社会需求的程度(如每人每天的食物消费量、每个家庭所拥有的汽车数量和平均室内温度)。

在上述讨论的动力学函数中,在时间 t_+ 很小时(即近平衡态区间),异质单元数 n_+ 与时间 t_+ 的函数关系的基本变化特征呈指数型增长,这是因为指数时间序列只描绘了近平衡态的增长部分——高速生长部分,其时间序列曲线隐含地假定了过去的指数式增长能够无限地延伸到未来。而当 t_+ 增大时(即远离平衡态区间),异质单元数 n_+ 的增长速率就会下降,且越来越接近于一个确定的极限值;异质单元数 n_+ 与时间 t_+ 的函数关系的基本变化特征呈 S 形增长。因此,技术设备的增长和技术替代这类问题都可以用单元系统形态转化基元规律的动力学函数来解决。

科学理论的功能是给对象系统的内在机理做出解释。动力系统的演化过程都是由时段构成的,动力学函数的应用非常广泛,不仅可以回顾历史和直面当前,而且可以预测未来。在吸收发射与远离平衡态条件下,由单元系统形态转化基元规律得到的动力系统的动力学函数具有普适性,不仅可以用逻辑斯蒂增长模型来描述生物种群的增长,而且可以用于刻画技术设备的增长特性,还可以用于动力系统形态的预测。

三、城市化的形态变化规律

社会是由人群组成的,但是社会中人和人的关系并不是自然群体的关系。人类在一定的自然环境中具有一定的组织形态,如农村和城市的环境不同,人与人构成的社会系统就不同。农村社会是社会经济发展水平较低的形态,随着社会系统的发展变化,商品交换逐渐集中在一定地域中进行,这一地域的农村社会形态也就将通过演化而产生城市化的结构形态。

城市化(也称为城镇化或都市化)是指由农业为主的传统乡村向以工业、服务业为主的现代化城市社会逐渐转变的历史过程。这种社会现象,是在 18 世纪中叶的产业革命以后才出现的。1857 年,马克思在《政治经济学批判》中指出:"现代的历史是乡村城市化,而不像在古代那样是城市乡村化。"这一科学论断实际上揭示了乡村城市化是作为一种社会历史过程的时间界限。

由于城市化进程是一个极为复杂的社会经济现象,城市化进程不仅具有世界性和区域性,同时还具有连续性和阶段性,因此人们必然要对世界城市化发展的全过程进行较为科学的定量描述,从而分析各国城市化发展的共同规律。[7]

经过早期对城市化过程的模拟和试错,城市化水平随时间增长的规律逐渐被认识和推广。1974 年,联合国在《城乡人口预测方法》中,从理论与实证两个方面详细论证了:城市化必然伴随着工业化而出现,工业化必然推动城市化的发展。各国在实现城市化的过程中,起步有早有晚,速率有快有慢,但城市化水平随时间的增长都无一例外地遵循着 S 形特征的发展规律,这是世界各国城市化发展的共同规律。城市化发展变化规律的特征曲线称为 S 形曲线,是具"地板和天花板"限制的 S 形曲线,如图 10-4 所示。

城市化发展的 S 形曲线实际上是反映一个区域从乡村形态转化为城市形态的社会历史进程。在城市演化过程中,人口是一个主要的因素,是标志城市规模的主要变量。城市化就是城市人口占全社会人口比例提高的过程。如果把一个国家或地区的总人口数作为常量 $N_+ = C_{N_+}$,把城市人口数作为变量 n_+,则农村人口数也是变量 n_+^0。城市人口占总人口的比重 $\frac{n_+}{N_+}$ 就是反映城市化水平的信息 $\left(P_+ = \frac{n_+}{C_{N_+}}\right)$。如果取变量为时间 t_+,则城市和农村人口的变化为

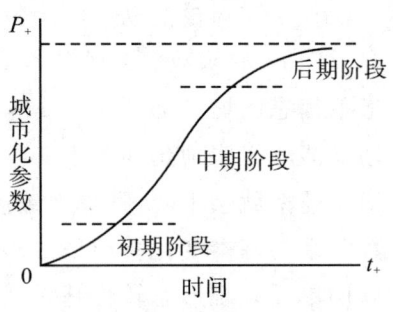

图 10-4 城市化发展特征曲线

$$dn_+ = n_+ \lambda_{n_+} dt_+$$
$$dn_+^0 = n_+^0 \lambda_{n_+^0} dt_+$$

式中,λ_{n_+} 和 $\lambda_{n_+^0}$ 分别代表城市和农村人口的总增长率,即包括机械增减引起的人口变化。城市化发展的微分方程为

$$\frac{dP_+}{dt_+} = \lambda t_+ P_+ (1 - P_+)$$

这一方程的解就是城市化与社会形态的变化规律

$$P_+ = \frac{1}{1 + a e^{\lambda t_+}} \tag{10-21}$$

在统一科学中,城市化与社会形态变化规律可以从单元系统形态转化基元规律直接演绎得到。人们考察一个国家或地区的城市化与社会形态变化时,农村人口数为本质单元数 n_+^0,城市人口数为异质单元数 n_+,一个国家或地区的总人口数为总体单元数 $N_+ = C_{N_+}$,而反映城市化水平的信息为 $P_+ = \frac{n_+}{C_{N_+}}$。如果在整个考察过程中能元始终保持不变($\varepsilon_+ = C_{\varepsilon_+}$),能阈也保持不变($E_{\neq+} = C_{E_{\neq+}}$),那么在一维正向质向量坐标系 $\vec{X}_+$ 内部 $(\vec{P}_+, \vec{E}_+, \vec{E}_{\neq+}, \vec{\varepsilon}_+)$ 四维分质向量空间的 $(\vec{P}_+, \vec{E}_+, \vec{C}_{E_{\neq+}}, \vec{C}_{\varepsilon_+})$ 截面上,各个分质向量坐标轴与各自的分质变量坐标轴同向,可以用其分质变量来表示。如果把时间 t_+ 作为能量 E_+ 的特殊显性因子 $\theta_+ (E_+ = F_N t_+)$,则吸收发射条件下的单元系统形态转化基元规律(10-16)式 $P_+ = \frac{1}{1 + a e^{-b\theta_+}}$ 可以表达为信息函数(10-5)式 $x_+ = \frac{1}{1 + a e^{-\lambda t_+}}$,由此得到的就是城市化与社会形态变化规律。

其实,城市化的社会形态变化规律只是吸收发射条件下的单元系统形态转化基元规律的特殊表现形式,其他的社会形态变化也都遵循单元系统形态转化基元规律。社会中凡是发生大的社会转型都是遵循单元系统形态转化基元规律的,社会形态转化的演变规律都具有 S 形的变化特征,只是以革命方式完成的社会形态更替将使这种突跃

特征突显出来。

在历史、经济、语言、心理学、社会学等社会科学领域中存在着大量的事理系统,一切事理系统只要其能量 E_+ 的显性因子 θ_+ 为时间 t_+,都可以作为动力系统以过程来表达形态变化。人们办理任何事情的过程就是一种事态的变化过程,必须进行动力系统的历时性研究,这是事理系统的一大特点。任何事理系统形态的变化过程都会显示出阶段性、步骤性、程序性,所以人们可以把事理系统形态变化的全过程划分为若干阶段。事理系统形态变化有着与一般动力系统形态转化类似的现象,通过单元系统形态转化基元规律的演绎就可得到事理系统形态的演化规律。当一个事理过程在准平衡态按计划顺利进行时,似乎一切都不出所料,但是,在近平衡态,某些未曾料到的异质因素或倾向正在悄悄地积累并放大;一旦到达其临界点,事理系统就会以不同的形态突然涌现在人们的面前,这种事态的突变也就是所谓的事变。

四、SARS 疫情的走势变化规律

从古至今,突发公共卫生事件就没有中断过。随着科学技术的进步,世界不同地域间的联系更加密切,突发公共卫生事件也频繁发生,但是突发公共卫生危机管理必须掌握疫情走势规律,才能有效应对。

2002 年,由新冠状病毒引起的以近距离空气飞沫和密切接触为主的呼吸道传染病,即严重急性呼吸系统综合征(SARS)在中国广东顺德首发,并扩散至东南亚乃至全球。2003 年年初,SARS 在中国北京等地传播,且有愈演愈烈之势。为此,北京大学的物理学家根据两个多月公布的病例数的数据,建立了北京 SARS 疫情走势的模型。[8]

这一模型从每天病例增加数入手,得到病例相对增加率 $k = \dfrac{\Delta n_+}{N_+ \Delta t_+}$,其中 $N_+ = n_{+\max} = C_{N_+}$。如果病例相对增加率 k 为常数,建立的模型就是指数型的 $n_+ = N_+ e^{kt_+}$,但是,当疫情发展到一定程度时,一个正常和成熟的社会必然及时反应并采取有力措施,而使病例相对增加率 k 逐步下降。实际的数据表明,病例的相对增加率 k 随着累计病例数的增加而减小,其逻辑斯蒂方程的微分表达式为 $k = \dfrac{1}{d}\left(1 - \dfrac{n_+}{n_{+\max}}\right)$,由此得到的北京 SARS 疫情走势模型为

$$n_+ = \frac{C_{N_+}}{1 + e^{(t_{\phi+} - t_+)/d}} \qquad (10\text{-}22)$$

其走势曲线如图 10-5 所示。

北京 SARS 疫情走势模型的积分形式在物理学研修者看来就是一个反转的费米-狄拉克分布。其实,这是一个吸收发射条件下的逻辑斯蒂方程,也就是吸收发射条件下的单元系统形态转化基元规律。因此,北京 SARS 疫情走势变化规律可以从统一科学

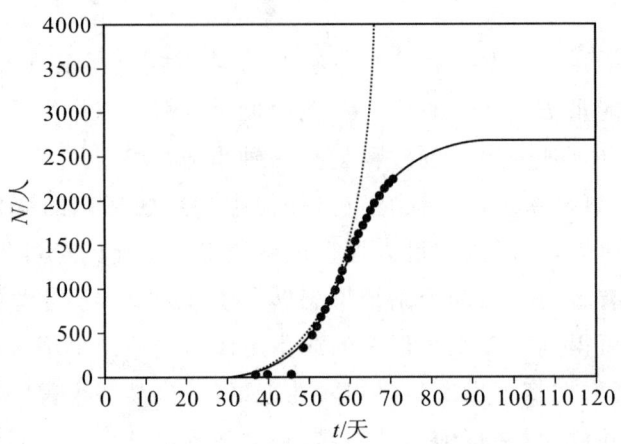

图 10-5 北京 SARS 疫情病例数及其模型走势曲线

的单元系统形态转化基元规律直接演绎得到。

在整个考察北京 SARS 疫情的过程中,设定某一天 t_+ 的病例增加数为异质单元数 n_+,最多的病例数设为 $N_+ = n_{+\max}$。如果在人们考察整个 SARS 疫情的演化过程中,疫情的总体单元数保持不变($N_+ = C_{N_+}$),能元始终保持不变($\varepsilon_+ = C_{\varepsilon_+}$),能阈也保持不变($E_{\neq +} = C_{E_{\neq +}}$),那么在一维正向质向量坐标系 $\vec{X}_+$ 内部($\vec{N}_+, \vec{n}_+, \vec{E}_+, \vec{E}_{\neq +}, \vec{\varepsilon}_+$)五维分质向量空间的($\vec{C}_{N_+}, \vec{n}_+, \vec{E}_+, \vec{C}_{E_{\neq +}}, \vec{C}_{\varepsilon_+}$)截面上,各个分质向量坐标轴与各自的分质变量坐标轴同向,可以用其分质变量来表示。当能量 E_+ 的显性因子为时间 t_+($E_+ = F_N t_+$)时,疫情就成为一动力系统。在吸收发射与远离平衡态条件下,疫情这一动力系统的病例数 n_+ 的变化规律可以用(10-9)式 $n_+ = \dfrac{C_{N_+}}{1+\mathrm{e}^{(C_{E_{\neq +}} - E_+)/C_{\varepsilon_+}}}$ 的逻辑斯蒂函数表示。由于能阈 $E_{\neq +} = C_{E_{\neq +}} = F_N t_{\neq +}$,能元 $\varepsilon_+ = C_{\varepsilon_+} = F_N d$,这样,由(10-9)式 $n_+ = \dfrac{C_{N_+}}{1+\mathrm{e}^{(C_{E_{\neq +}} - E_+)/C_{\varepsilon_+}}}$ 就可以演绎出(10-22)式 $n_+ = \dfrac{C_{N_+}}{1+\mathrm{e}^{(t_{\neq +} - t_+)/d}}$。以此动力学函数刻画 $n_+ \sim t_+$ 关系曲线,也就可以得到图 10-5 所示的 S 形曲线。

第三节 温度为显性因子的形态转化规律

当单元系统的能量 E_+ 或能元 ε_+ 的显性因子为温度 T_+ 时,就称其为热力学系统。由单元系统形态转化基元规律可演绎出热力学系统在远离平衡态变化过程中所表现出的热力学函数。在此,物理学的费米分布函数、伊辛模型、超导电与磁化现象、凝聚与对流现象和正电子湮灭以及生物学中核酸的解链与动物性腺的性别分化都被一一推演。

一、费米分布函数与伊辛模型

统计物理学是理论物理学的分支,它根据对物质微观结构及微观粒子相互作用的认识,用概率统计的方法对由大量粒子组成的宏观物体的物理性质及宏观规律做出微观解释。统计物理学以整体观来研究具有很大自由度的系统的宏观性质与微观性质之间的关系,所以它已经成为微观到宏观的桥梁。统计物理学认为,一切物体都是由大量数目的微粒(分子和原子)构成的多粒子系统,所有宏观上可观测的物理量都是相应微观量的统计平均值。统计物理学的一个基本任务就是确定任何依赖于多粒子系统微观状态的物理量取不同值的概率,也就是研究系综在相宇中的分布。在计算物理量的统计平均值时,统计物理学常引入一大群系统,它们有着相同的宏观条件但处在不同的微观状态。所有这样的系统所组成的集合称为统计系综或系综。[9]

在平衡态统计理论中,有三种常用的系综及其分布。对于能量 E_+ 和粒子数 N_+ 固定的孤立系统采用微正则系综,平均的结果是 E_+ 和 N_+ 的函数。对于可以和大热源交换能量但粒子数固定的系统采用正则系综,平均的结果是温度 T_+ 和粒子数 N_+ 的函数,允许能量 E_+ 有涨落。对于可以和大热源交换能量和粒子的系统采用巨正则系综,平均的结果是温度 T_+ 和化学势 μ_+ 的函数,允许能量 E_+ 和粒子数 N_+ 都有涨落。[10]

微观粒子的不可区分性及其对于量子状态的占有法则的区别,从而产生两种不同的量子统计法。在量子力学看来,全同微观粒子是互相不可区分的,这种完全不可分辨性在研究由同类粒子组成的系统时有着重要意义。N_+ 个等同粒子组成的系统的波函数,对于粒子的置换(指坐标和所有内禀量子数的置换)可能具有两种不同的对称性质。自旋为整数的粒子组成的系统,其总波函数对于任意两个粒子的置换是对称的。这些传递力的粒子称为玻色粒子或玻色子,相应的粒子系统称为玻色系统。自旋为半整数的粒子组成的系统,其总波函数对于任意两个粒子的置换是反对称的。这类构成物质的粒子称为费米粒子或费米子,相应系统称为费米系统。费米子遵守泡利不相容原理:在一种状态下,要么存在一个粒子,要么没有粒子。玻色子则不然。[11]

一个系统的统计特性来源于全同单元(等同粒子)的交换特性。当绝对温度 $T_+ \neq 0$ 时,费米根据泡利不相容原理用相空间进行统计,揭示了费米子所依从的统计规律;狄拉克也由量子态上最多由一个电子所占据独立地得到同样的公式,因而称为费米-狄拉克统计。费米-狄拉克统计的含义是:能量为 E_+ 的每个量子态上被电子所占据的概率,此即表示在温度 T_+ 时能级 E_+ 的一个量子态上平均分布的电子数。

根据费米-狄拉克统计分布,给定费米子组成的单元系统中处于量子态 i 上的平均粒子数可以通过下面的公式计算

$$n_{+i} = \frac{1}{1+e^{-(\mu_+ - E_{+i})/kT_+}} \tag{10-23}$$

式中，k 为玻尔兹曼常数；T_+ 为绝对温度（热力学温标）；E_{+i} 为量子态 i 上单个粒子的能量；$\mu_+ = E_+^0 = C_{E_+^0}$ 为化学势。

由这种量子统计法得到的费米分布函数为

$$P_+^0 = \frac{1}{1+e^{-(\mu_+ - E_+)/kT_+}} = \frac{1}{1+Ae^{E_+/kT_+}} \tag{10-24}$$

这里，P_+^0 是 n_+^0 个完全相同的粒子分配到 N_+ 个相格中的概率，$A = e^{-\mu_+/kT_+} = e^{-C_{E_+}/kT_+}$。当 $T_+ = 0$ K 时，$\mu_+ = E_+^0 = C_{E_+^0}$ 是绝对零度时的化学势，又称费米能量，所以化学势就是系统的费米能。像半导体中，电子的费米能也被称为费米能级。费米分布函数为

$$P_+^0 = \begin{cases} 1 & E_+ < \mu_+ \\ 0 & E_+ > \mu_+ \end{cases}$$

费米-狄拉克统计分布函数曲线如图 10-6 所示。

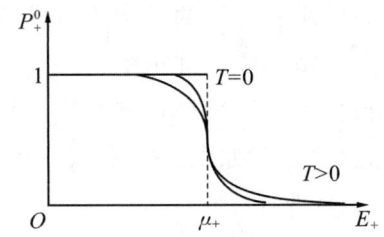

图 10-6 费米-狄拉克统计分布函数曲线

由于自旋和统计存在的关系，具有半整数自旋的微观粒子遵从费米-狄拉克统计法。然而，费米-狄拉克统计在数学处理上非常困难，因此在处理实际问题时经常引入一些近似条件，使费米-狄拉克统计退化成为经典的麦克斯韦-玻尔兹曼统计。此外，对于具有整数自旋的玻色子，也有对应的玻色—爱因斯坦统计法予以处理。

对于十分稀薄的理想气体，处于任何一个量子态的平均粒子数都很少，即 $n_+ \ll 1$，这时量子状态的占有法则自然不起作用，两种量子统计法的差别消失。因此，经典统计中的玻尔兹曼分布律为

$$P_+^0 = e^{(\mu_+ - E_+)/kT_+} \tag{10-25}$$

此外，统计物理学还有一个描述有序—无序相变的重要物理模型——伊辛模型，这是一个最简单的描述无限多个相互作用的自旋的物理模型。德国物理学家伊辛建立的这一模型不采用任何数学近似，严格地推导出反映相变的种种行为。伊辛模型的严格解说明了统计物理的潜力，并在平均场理论占统治地位的天地里打开了缺口。[12]

伊辛模型是模拟铁磁性物质的结构来解释相变现象的一种模型。铁磁性物质晶体的每个晶格格点的占据，均有向上或向下两个可能状态的自旋，与其最近邻自旋间有相互作用。相互作用倾向于使最近邻自旋的排列方向一致，在绝对零度时所有自旋的取向完全一致。温度作为一个无序量对有序状态进行扰动，使系统在临界温度从有序态变为无序态。临界温度附近相变的临界行为是统计物理学和凝聚态物理学的一个重大问题。但是，由于自旋取向的可能性随系统的自旋个数呈指数增加，任何计算机都无法计算存在无限多个自旋的体系的物理性质。1925 年，伊辛解出一维伊辛模型精确解，

表明在有限温度下没有自发磁化,因而一维伊辛模型中没有相变发生。1944年,美国物理学家昂萨格用统计物理方法获得二维伊辛模型的配分函数和比热的精确解,证明确有一个相变点,而被视为统计物理学上的一个里程碑。但是,二维伊辛模型的求解过程要动用数学武库中的重型兵器,这使得许多人望而却步。1952年,美籍华裔物理学家杨振宁求出二维伊辛模型的自发磁化强度,并和美籍华裔物理学家李政道合作提出了杨-李相变理论,严格证明了解存在的条件。

二维伊辛模型的表现形式是

$$P' = \tanh(J/kT_+) \tag{10-26}$$

式中,P' 为概率;J 为两相邻磁矩反平行时的能量(平行时为负);T_+ 为温度;k 为玻尔兹曼常数。

迄今为止,三维伊辛模型还没有出现被学术界公认的数学上严格的精确解。因此,人们必然另辟蹊径来研究相变,而就在此时,标度律和普适性的概念成了人们认识相变现象的新阶梯。美国物理学家威尔孙在20世纪70年代用量子场论的重正化群方法建立了现代相变理论。但是,由于用重正化群理论计算出临界指数的正确数值并能直接与实验比较的例子非常之少,人们只好求助于近似计算,而系统的近似计算需要有合适的"小参数",这就使得用重正化群方法广泛用于解释各种相变现象也受到了限制。

其实,物质经过相变就会出现新的结构和物性。发生相变的系统一般是在分子之间有较强相互作用的系统,又称合作系统。人们一方面努力拓展相变研究的维度,另一方面挖掘看似简单的二维伊辛模型的内涵,并将它推广应用于研究连续的量子相变、基本粒子的超弦理论、动力学临界行为等。二维伊辛模型不仅可以描述晶体的磁性、合金的有序—无序转变、液氦到超流态的转变、液体的冻结和蒸发、生物体蛋白的折叠等非常广泛的相变现象,而且具有非常丰富的物理内容,还有助于发现物理世界的基本规律。然而,令人遗憾的是人们对于伊辛模型的内涵可以说至今还尚未了解透彻。

不过,在统一科学中,费米分布函数和伊辛模型的真实本质却昭然若揭。在一维正向质向量坐标系 $\vec{X}_+$ 内部的 $(\vec{N}_+, \vec{n}_+, \vec{E}_+, \vec{E}_{\neq +}, \vec{\varepsilon}_+)$ 五维分质向量空间中,各个分质向量坐标轴与各自的分质变量坐标轴同向,可以用其分质变量来表示。如果人们考察巨正则系综的分布时,相格的总数(总体单元数)设为 N_+,费米子个数(本质单元数)为 n_+^0,本质单元数 n_+^0 与异质单元数 n_+ 存在(5-38)式 $n_{+0} = N_+ - n_+$ 和(5-39)式 $n_+^0 = n_{+0}$ 的关系,那么单元系统在吸收发射与远离平衡态条件下的能量 E_+ 与本质单元数 n_+^0 的变化规律就可以用(7-100)式 $n_+^0 = \dfrac{N_+}{1+e^{-(E_{\neq +}-E_+)/\varepsilon_+}}$ 的逻辑斯蒂分布函数表示。

如果巨正则系综在整个考察过程中,能元 ε_+ 的显性因子为温度 T_+,即 $\varepsilon_+ = kT_+$(k 是玻尔兹曼常数,T_+ 为绝对温度),能阈以化学势来表现 $E_{\neq +} = C_{E_{\neq +}} = \mu_+$,代入(7-100)式就有 $P_+^0 = \dfrac{n_+^0}{N_+} = \dfrac{1}{1+e^{-(\mu_+ - E_+)/kT_+}}$,显然这就已经演绎出(10-24)式 $P_+^0 =$

$\frac{1}{1+e^{-(\mu_+ - E_+)/kT_+}} = \frac{1}{1+Ae^{E_+/kT_+}}$。在近平衡态，由于(10-24)式中的 $e^{-(\mu_+ - E_+)/kT_+} \gg 1$，费米分布函数简化后的指数函数也就是经典统计中的玻尔兹曼分布律(10-25)式 $P_+^0 = e^{(\mu_+ - E_+)/kT_+}$。

可见，在一维正向质向量坐标系 $\vec{X}_+$ 内部的 $(\vec{P}_+^0, \vec{E}_+, \vec{E}_{\neq +}, \vec{\varepsilon}_+)$ 四维分质向量空间中，吸收发射条件下的单元系统本质形态分布基元规律就是费米分布函数！可惜，80多年来，费米分布函数的应用空间仅仅囿于金属电子论。如果把统计物理的研究对象（由微粒构成的系统）看作相对意义上各层次的单元"凝聚"在一起的多粒子系统，那么费米分布函数就是反映任何系统热运动（自发发射）过程中质变规律的一般表达式。如果能元不取 kT_+ 的特殊形式而取为一般的形式 ε_+，那么费米分布函数就是反映在吸收发射条件下单元系统在形态过程中质变规律的一般形式。遗憾的是，统计物理学一直未能脱离热力学的羁绊，所以也就没有归纳到如此高度，至今也还没有人捅破这层窗户纸。

另外，一维二仪质向量坐标系 $\vec{X}$ 上的单位质向量 $\vec{e}$ 所表征的单元系统形态转化基元规律可以在一维二仪质向量坐标系 $\vec{X}$ 内部的五维分质向量坐标系 $\vec{O}\,\vec{N}\vec{n}\vec{E}\vec{E}_{\neq}\vec{\varepsilon}$ 进行刻画。如果在人们的考察过程中，单元系统的总体单元数恒定（$N = C_N$），能阈和能元也始终不变（$E_{\neq} = C_{E_{\neq}}, \varepsilon = C_\varepsilon$），那么在一维二仪质向量坐标系 $\vec{X}$ 内部 $(\vec{N}, \vec{n}, \vec{E}, \vec{E}_{\neq}, \vec{\varepsilon})$ 五维分质向量空间的 $(\vec{C}_N, \vec{n}, \vec{E}, \vec{C}_{E_{\neq}}, \vec{C}_\varepsilon)$ 截面上，各个分质向量与各自的分质变量坐标轴同向，可以用其分质变量坐标轴来表示。在远离变相点条件下，本质单元形态分布基元规律就可以用(6-325)式 $n = \mp \dfrac{C_N}{2} \tanh \dfrac{C_{E_{\neq}} - E}{2C_\varepsilon}$ 的双曲正切函数表示。由于在变相点 $C_{E_{\neq}} = 0$，因此(6-325)式又可以表示为

$$n = \pm \frac{C_N}{2} \tanh \frac{E}{2C_\varepsilon} \tag{10-27}$$

在吸收发射和等温条件下，令 $J = \dfrac{E}{2}, kT = C_\varepsilon$，考虑到伊辛模型所描述的粒子有自旋且有向上或向下两个可能状态，其占据相格的信息可规定为 $P' = 2\dfrac{n}{C_N}$。这样，由吸收发射条件下的单元系统形态转化基元规律(10-27)式 $n = \pm \dfrac{C_N}{2} \tanh \dfrac{E}{2C_\varepsilon}$ 就可以演绎出二维伊辛模型(10-26)式 $P' = \tanh(J/kT_+)$。(10-26)式 $P' = \tanh(J/kT_+)$ 的双曲正切函数是把单元系统形态的突变点作为坐标原点，这是单元系统形态转化基元规律的又一种表达形式。所以，二维伊辛模型是反映二维形态空间中物质相变的模型，是体现相变中突变行为的合乎实际的物理模型。

伊辛模型的基础是统计物理，统计物理的研究对象是物体内部热运动的规律以及热运动对物体性质的影响，能元 ε 是取 $kT = C_\varepsilon$ 的特殊形式来衡量单元系统能量的大小。但是，非平衡态统计物理没有上升到统一科学的高度来看单元系统远离平衡过程

的形态转化,其发展前途就只能在既定的畛域。统一科学的研究对象不仅包括物质的热运动,而且包含其他任何形式的事物形态变化,所以能元 ε 就取一般的形式。可见,如果把统计物理的研究对象也扩大到一般系统,那么伊辛模型的描述对象就不局限于物质相变,而是普适于事物形态的质变。像在政治学上,应用伊辛模型就可以让人们搞懂"同侪压力"对选举的影响。[13]

二、超导电与磁化现象

在热力学中,相变与临界现象是充满难题和意外发现的领域,也是当今科学最具魅力的前沿。相变是有序和无序两种倾向矛盾斗争的表现,相互作用是有序的起因,热运动是无序的来源。每当温度降低到一定的程度,以致热运动不再能破坏某种特定相互作用造成的秩序,即当一种相互作用的特征能量足以和热运动能量 $E_+=kT_+$ 相比时,物质的宏观形态就可能发生突变——相变。相变是由具有对称性的相而变成对称性自发破缺的相的过程。

多种多样的相互作用导致形形色色的相变现象,超导电现象与磁化现象就是热力学诸多相变现象的范例。超导是超导电性的简称,它是指金属、合金或其他材料的电阻变为零的性质。电阻率为零,即完全没有电阻的状态称为超导态。超导电是低温下典型的突变现象。荷兰物理学家昂尼斯在 1911 年首先发现了超导现象。他在测量一个固态汞样品的电阻与温度的关系时发现,当温度下降到 4.2 K 附近时,样品的电阻突然减小到仪器无法觉察出的一个小值。图 10-7 所示就是当时一个样品的实验结果。测量电流愈小,电阻变化愈尖锐,用足够小的测量电流就能使电阻的下降集中发生在 0.01 K 的窄小范围内。在这个转变温度以下,电阻完全消失。人们把某一物质发生电阻跃变时的温度称为该物质的临界转变温度,用 T_C 表示。超导体的基本特性就是温度降到某一临界温度 T_C 以下时电阻突然消失。[14]

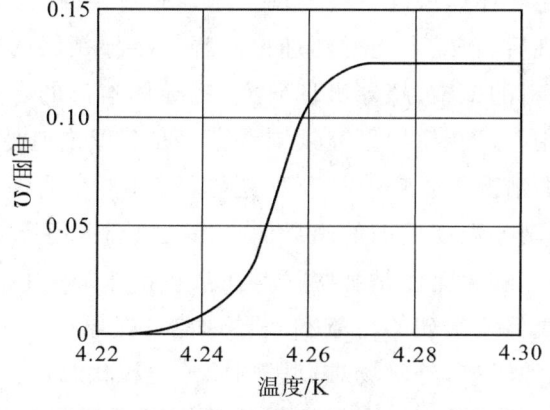

图 10-7 超导体的电阻—温度特性曲线

超导体的温度特性与铁磁体的温度特性是一致的。如果把一块磁铁加热，它就会突然失去其磁性，但是如果降低其温度，它又会突然重新获得磁性。因此，人们的兴奋点自然集中在表征超导态的重要物理参量——临界磁场上。当外加磁场所产生的激发能高于超导的凝聚能时，材料将由超导态变为正常态，这个磁场强度就称为临界磁场。

铁磁体是由很多原子性元磁体（称为自旋体）组成的。在温度 T_+ 大于临界温度 T_C 时，这些元磁体的指向是随机的、无规的，当把它们的元磁矩加起来时，就会互相抵消不形成宏观磁矩。随着温度 T_+ 的下降，这些元磁体的有序度就会相应增加，当温度 T_+ 下降到 T_C 以下时，这些元磁体由于电子自旋之间的交换作用就突然变成一种长程有序状态，从而表现出一种自发磁化现象。因此，超导温度是临界磁场研究的关键。

在过去的一个世纪里，人们已发现有几十种金属元素和上千种合金、金属间化合物、化合物半导体、有机化合物等具有神奇的超导电性。至今人们还一直在寻求较高温度下具有超导电性的材料，平均每隔 4 年人们发现的具有超导电性的材料转变温度 T_C 就上升 1 K，到 1973 年发现创纪录的 Nb_3Ge，其 $T_C=23$ K。此后的 13 年人们的发现没有突破，超导材料的转变温度也就一直徘徊不前。1986 年，瑞士科学家缪勒和他的德国合作者贝德诺尔茨发现了一类铜氧化合物超导材料，其超导转变温度随后迅速被其他科学家提高到约 160 K，这是首类处于液氮温区的高温超导材料。随着液氮温区超导体的发现，高 T_C 超导体研究取得了重大突破，理所当然地掀起了全球性的高 T_C 超导研究热潮，高温超导电性和高温超导材料的研究也成了当代凝聚态物理和材料科学的一个主要前沿和热点。因为如果人们能研制出室温超导体，就能实现能量传输无损耗，这无疑将促使一场新的能源革命。

为此，许多国家的科学家都在开展高 T_C 超导体研究，追逐更高的超导临界转变温度的超导材料，高 T_C 超导体的指标报道也越来越高，许多人宣称已观察到了室温超导现象。中国新研制的氧化物超导体的转变温度已达到 132～146 K。目前，中国又在相关结构的氟掺杂的钐氧铁砷化合物（$SmFeAsO1-xFx$）中发现了超导电性，在具有二维层状晶体结构的铁基超导体钡铁砷中也发现了三维的超导特性。

自超导现象被发现后，曾经未能得到理论解释。超导领域的研究一直围绕 4 个主要方面进行：新超导材料的探索、超导机理研究、超导体本身的宏观量子相干特性和基于超导现象的其他应用。可在超导研究领域一直存在着理论追赶实验的现象。科学家往往在一个较为偶然的情况下发现一类新型超导材料，再对这种材料的超导机理进行研究，以期研制出临界转变温度更高的超导体。像液氮温区超导体发现后，人们对于超导机理的解释是：超导体和超流体是某些材料在某些特殊条件下所产生的特有现象，如典型的极低温下的氦流体所出现的超流和超导现象。氦原子是惰性元素，在接近绝对零度下，壳粒极难脱离原子核，外磁场难以影响原子壳粒状态，使其具有很强的逆磁性，完全靠交换场而联结成液体状态。由于极低温的氦原子几乎不动，一个壳粒周围场质可以跟材料的所有原子实现交换，它的微小移动立即通过交换场质流遍整个材料，即电阻等于零。随着温度升高或外磁场增强,氦原子及其壳粒热运动加强,开始时只有壳粒跃迁,电阻呈阶跃式改变;温度升高或外磁场增强到一定程度,迫使壳粒脱离原子核而自由热运动,此时恢复欧姆定律的关系。氦液体插入玻璃毛细管,管壁与氦原子间交换强于氦液体内部的拟原子间交换,使其沿着管壁连续上升到管口流出,形成超流体现象。

如今关于超导机理与自发磁化现象的解释还有不少,可是令人惊异的是,在高 T_C 超导体研究不断取得重大突破的今天,人们仍不清楚高温超导形成机理和自发磁化现象的本质。虽然许多人一直致力于关于超导电现象和自发磁化现象内在规律的研究,但是这些基础性理论问题尚未取得根本性的突破。不过,现在人们已清楚地认识到只有真正了解高温超导的机理,才能够指导研制具有较高转变温度的超导体,并帮助人们理解电子强关联材料的物理本质。

在统一科学中,超导电现象与自发磁化现象的本质却可以直接从单元系统形态转化基元规律演绎得到。当人们考察任一超导体的电子群体的电阻与温度的关系时,任一超导体的电子群体的总体电子数可设为常数($N_+ = C_{N_+}$),而超导态的电子数可设为异质单元数 n_+。如果能元保持不变($\varepsilon_+ = C_{\varepsilon_+}$),能阈也保持不变($E_{\neq +} = C_{E_{\neq +}}$),那么在一维正向质向量坐标系 $\vec{X}_+$ 内部($\vec{N}_+, \vec{n}_+, \vec{E}_+, \vec{E}_{\neq +}, \vec{\varepsilon}_+$)五维分质向量空间的($\vec{C}_{N_+}, \vec{n}_+, \vec{E}_+, \vec{C}_{E_{\neq +}}, \vec{C}_{\varepsilon_+}$)截面上,各个分质向量坐标轴与各自的分质变量坐标轴同向,可以用其分质变量来表示。如此,超导体在自发发射与远离平衡态条件下能量的 E_+ 与异质单元数 n_+ 的变化规律就可以用(5-26)式 $n_+ = \dfrac{C_{N_+}}{1+\mathrm{e}^{-(C_{E_{\neq +}} - E_+)/C_{\varepsilon_+}}}$ 的单元系统形态转化基元规律表示。

如果超导体的电子群体自旋方向的有序性是通过电阻 R_+ 来表征的,则电阻 R_+ 的实质就是异质单元数 n_+ 乔装打扮的形式 $R_+ = \lambda n_+$,而电子群体非超导态的电阻就是 $R_{N_+} = \lambda N_+ = \lambda C_{N_+}$。当单元系统的能量 E_+ 通过显性因子表现为温度 T_+ 时,$E_+ = kT_+$(k 为玻尔兹曼常数,T_+ 为热力学温度),能阈可用热力学能阈 $C_{E_{\neq +}} = kT_C$ 来表示,能元 ε_+ 也可用热力学能元 $C_{\varepsilon_+} = kT_{\varepsilon_+}$ 来表示。如此,(5-26)式 $n_+ = \dfrac{C_{N_+}}{1+\mathrm{e}^{-(C_{E_{\neq +}} - E_+)/C_{\varepsilon_+}}}$ 就成为

$$\begin{aligned}
R_+ &= \frac{R_{N_+}}{1+\mathrm{e}^{-(C_{E_{\neq +}} - E_+)/C_{\varepsilon_+}}} \\
&= \frac{R_{N_+}}{1+\mathrm{e}^{-(T_C - T_+)/T_{\varepsilon_+}}} \\
&= \frac{R_{N_+}}{1+A\mathrm{e}^{BT_+}}
\end{aligned} \quad (10\text{-}28)$$

式中,$A = \mathrm{e}^{-T_C/T_{\varepsilon_+}}$,$B = \dfrac{1}{T_{\varepsilon_+}}$。

超导现象研究的是超导体电子群的电阻与温度的关系。对电子群体而言,电阻是电子群体处于激发态的一种无序形态的表现属性。随着温度的下降,激发态中自旋方向各异的电子的无序度随之下降,电阻相应减少。在一定的临界转变温度 T_c 之下,由于电子—声子之间的相互作用所产生的吸引作用,促进动量相反和自旋反向的两个电子相互配对,在动量空间中发生玻色凝聚而形成一种高度有序的相干态,这样系统中的电子彼此相互作用造成的长程有序形态就是超导状态。通过(10-28)式的 $R_+ \sim T_+$ 函数关系就可以表达电子群体自旋方向的有序性变化规律,其 $R_+ \sim T_+$ 的函数关系曲线就是图 10-7 所示的电阻(R_+)~温度(T_+)的 S 形关系曲线,反映了电子群体由具有一定电阻的无序的形态转化为超导的(零电阻)长程有序形态的变化特性。

可见,统一科学揭示的单元系统形态转化基元规律可以直接演绎得到超导体的宏观的量子形态转化规律。统一科学的理论对超导现象给予了理所当然的理论支持。尽管磁性状态和超导状态的电子自旋排列不一样,但它们都是热力学系统中的电子彼此相互作用(或通过第三者)造成的一种长程有序状态。在一定的转化温度之上,物质形态进入一种无序状态,因此不论是磁性还是超导性都将突然消失,表现出来的物质的磁性—温度特性曲线或超导性—温度特性曲线都是 S 形的,并遵循远离平衡态的单元系统形态转化基元规律。

三、凝聚与对流现象

凝聚现象与对流现象也是热力学诸多相变现象的范例。如果人们考察水汽系统的分子群体,在高温下水分子互不相关地自由运动着,水分子系统处在一种无序的平衡态;当环境温度降低时,水汽形成液滴,水分子互相之间保持着一个平均距离,它们的运动就进入一种高度相关的状态;继续降低环境温度到凝固点时,水就变为冰,这时水分子在冰晶中以一定的次序规则地排列着。在环境温度下降过程中,不同的聚集态(也叫作相)之间的转变都是突变的。反之,当环境温度不断上升时,上述的凝聚现象就变成溶化或熔化或蒸发现象。

在环境温度的作用下,物质系统的分子群体可以由无序状态陡然变为有序状态,从而突现出其相应的特性。虽然在上述物质形态的变化过程中,物质单元都是水分子,然而在这三个相中水分子的宏观性质(包括力学、光学、电学和热学性质)是大不一样的。物理学中把结构发生了突变的物相变化或物态变化称为第一类相变,其主要特征是体积在相变点有突跃。

任何物质系统的分子群体发生形态转化时,一般都充满着丰富多彩的突变现象。1900 年,法国学者贝纳德发现了对流有序的现象。他在一个圆盘中倒入一些液体,当从下面均匀加热这一薄层液体时,刚开始上下液面温差不太大,液体中热量的交换主要靠热传导的方式进行,此时没有宏观的运动发生。但是,当上下液面温差 ΔT_+ 超过某

一临界值 ΔT_C 时,对流突然发生,并自发地形成稳定的蜂窝状的涡旋,人们把这有规律的对流花样称为贝纳德花纹,如图 10-8 所示。[15]

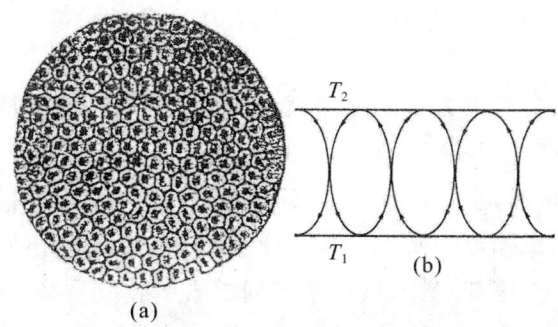

图 10-8　贝纳德实验的对流花纹

在贝纳德不稳定性实验中,上下层的水温开始是相同的,水分子系统与环境相适应,水分子系统在宏观尺度上处于处处均匀无组织的静止的平衡态。当开始进行底部加热,液层上下出现温差,不过,锅底部的温度只略高于上部的水。此时,水分子系统要保持原来的形态就不再适应环境,但只要出现从下到上的热传导,处于混乱状态的水分子系统呈现出稳定增长的有序因子,水分子系统和环境就仍然适应而在形态上依然是均匀的。随着系统内的水分子缓慢地将热向上传导,水分子系统处于接近于热力学平衡态,上部较冷的水的黏滞性将阻碍底层水的上升,此时并没有宏观的运动发生,水分子系统整体还保持原来的基本性质。然而,如果将锅进一步加热,直至底部和上部水的温差达到临界值 ΔT_C,就将打破这一系统的平衡,此时便会发生激烈的变化,就会出现许多新奇的现象。液体将变得不稳定并开始对流循环,即发生了有规则的宏观运动,传热方式也突然由热传导切变到了对流。这是因为近平衡态的平庸结构已不能适应环境,必须对水分子系统进行宏观尺度上的组织,建立全新的结构以重新适应环境。

在环境能量的持续作用和适当控制的情况下,水分子系统在经过临界温度后通过对流运动将自组织成高度规则的贝纳德花纹。从上往下俯视,贝纳德花纹是许多像蜂房那样的正六角形网格,中心液体往上流,边缘液体往下流,或者相反。这种六角细胞的形式或卷筒形的大小比分子间的距离大很多,也就是说,分子之间的相互作用范围比其本身的尺度要大很多,即由原来完全均匀的形态突变为有一定规则的空间结构形态。这种组织性对流状态的优点是,流动单体比水分子之间的力的作用范围要大好多倍。所以,尽管每个水分子都是被其周围的分子盲目地推挤着,然而 10^{20} 个或更多分子的组合作用必然构成一种宏观有序的对流活动的连贯的形式,这一动态结构的现象也就是被普利高津称为自然地产生于混乱的秩序。

关于贝纳德不稳定性,英国物理学家瑞利进行了流体流动的实验,并得出了对流发生的基本理论。对流实验是在地球的重力场中进行的,加热虽然造成了上下层的密度差,但均匀的一层液体中,哪里都没有开始宏观运动的优先权。设想一滴靠近底部的液体,如果它与周围的温度 T_+ 完全一样,就不会产生向上浮的运动。但是,如果由于涨落,它向上偏离了平衡位置,那就会继续向上浮,因为它的密度比周围的液体低。同样,如果顶面附近有一颗液滴,由于涨落偏离平衡位置往下,也会由于密度比周围的液体高而继续下沉。

按照这种图像,只要有无穷小的温差就会出现对流,但实际情形并非如此,必须考虑两个抑制对流的因素:第一个因素是黏滞力,液滴上升或下降的运动都会受到黏滞阻力。第二个因素是热扩散,上浮液滴的温度比周围高,热量往外扩散,结果使液滴本身温度下降,导致密度增加和浮力减小。对于下沉的液滴,过程正好相反,其效果也使运动速率减慢。因此,能否出现对流,取决于不同因素的相互抗衡。竞争中哪个因素占优势,有一个定量的标准。有利于对流的是重力加速度 g、热膨胀系数 α 和上下底之间的温度差 $\Delta T_+ = T_{+2} - T_{+1}$ 以及代表抑制因素的黏滞系数 γ 和热扩散系数 D_T。用这些参数,再加上容器中的液体高度 d,就可以构成一个没有量纲的数(瑞利数)

$$R'_+ = \frac{g\alpha \Delta T_+ d^3}{\gamma D_T} \tag{10-29}$$

瑞利当时估计,R'_+ 的阈值(或临界值)R'_C 约为 1700,$R'_+ > R'_C$ 时就要出现对流。这个估计已被后来的实验所证实。用瑞利数计量矩形几何结构中的温度梯度时,随着瑞利数的进一步增加,滚动便开始振荡,而且在更高的瑞利数时,能够出现几种频率的振荡,最后出现了称为湍流或浑沌的一种完全不规则运动。

关于规则的对流图案的形成有一点是明确的,足够小的一滴液体的运动,只能向上或者向下,不能同时兼有两个方向。形成规则的图案是解决这个矛盾的办法之一。相对于原来的没有花纹图案的均匀液体,这是一种破缺。流体力学的非线性方程中包含着产生对称破缺的可能性,各种可能的花纹图案还有稳定性的竞争。哪种形状和尺寸的图案得以实现,还与容器形状等条件有关。例如,在圆柱状容器中形成的是同心环,而不是"蛋糕卷"。R'_+ 的数值继续增大,还会出现花纹图案的更替和周期运动。这是一系列运动状态的稳定和失稳过程,对此已有了很细致的理论和实验分析。20 世纪 50 年代末,人们还建立了由表面张力形成对流花纹的理论对其进行解释。

不过,贝纳德实验与瑞利的模型是不同的,被加热的容器中液体的表面是自由的。由于形成对流不是浮力而是表面张力,因此在圆形容器中形成的是六角图案而不是同心环。每个六角形中心的液体向上流动,边界处液体向下流动,这也是对流与抑制因素(黏性和热扩散)竞争的结果。

其实,对流不稳定性是日常生活中经常遇到的一类突变现象,如沸腾的汤锅、烟囱口的"热风"等。从更大范围说,海洋中的巨大暖流或寒流、全球性的大气运动等都是对流的表现,在气象学中出现的线度为几百米的云道也是对流现象。还有一些对流运动是不容易觉察的,如大地板块的移动就是受到地幔对流的影响。

在统一科学中,关于凝聚与对流现象的不稳定性机理也可以得到深刻的认识。在

人们考察一个由 N_+ 个水分子组成的水分子系统的形态变化时,水分子系统的水分子总数可设为常数($N_+ = C_{N_+}$),而凝聚态或对流态的水分子数可设为异质单元数 n_+。如果在人们的考察过程中,能元始终保持不变($\varepsilon_+ = C_{\varepsilon_+}$),能阈也保持不变($E_{\neq +} = C_{E_{\neq +}}$),那么在一维正向质向量坐标系 $\vec{X}_+$ 内部 $(\vec{N}_+, \vec{n}_+, \vec{E}_+, \vec{E}_{\neq +}, \vec{\varepsilon}_+)$ 五维分质向量空间的 $(\vec{C}_{N_+}, \vec{n}_+, \vec{E}_+, \vec{C}_{E_{\neq +}}, \vec{C}_{\varepsilon_+})$ 截面上,各个分质向量坐标轴与各自的分质变量坐标轴同向,可以用其分质变量来表示。对水分子系统进行加热,其形态就要在环境热能 E_+ 作用下产生吸收发射的运动。在吸收发射与远离平衡态条件下,水分子系统的能量 E_+ 与异质单元数 n_+ 的变化规律就可用(5-26)式 $n_+ = \dfrac{C_{N_+}}{1+e^{(C_{E_{\neq +}} - E_+)/C_{\varepsilon_+}}}$ 的单元系统形态转化基元规律表示。

当水分子系统的能量 E_+ 通过显性因子表现为温度 T_+ 时,$E_+ = kT_+$(k 为玻尔兹曼常数,T_+ 为热力学温度),能阈可以用热力学能阈 $C_{E_{\neq +}} = kT_C$ 来表示,能元 ε_+ 也可以用热力学能元 $C_{\varepsilon_+} = kT_{\varepsilon_+}$ 来表示。令对流通量 Ψ_+ 为单位面积的异质单元数 $\Psi_+ = \dfrac{n_+}{D_+}$,完全通量 $\Psi_{\max}$ 为单位面积的总体单元数 $\Psi_{\max} = \dfrac{C_{N_+}}{D}$,如此,(5-26)式 $n_+ = \dfrac{C_{N_+}}{1+e^{(C_{E_{\neq +}} - E_+)/C_{\varepsilon_+}}}$ 成为

$$\Psi_+ = \frac{\Psi_{\max}}{1+e^{(C_{E_{\neq +}} - E_+)/C_{\varepsilon_+}}}$$
$$= \frac{\Psi_{\max}}{1+e^{(T_C - T_+)/T_{\varepsilon_+}}}$$
$$= \frac{\Psi_{\max}}{1+A' e^{BT_+}} \tag{10-30}$$

式中,$A' = e^{T_C/T_{\varepsilon_+}}$,$B = \dfrac{1}{T_{\varepsilon_+}}$。

如果人们能够精确地测定不同温差 ΔT_+ 所对应的水分子系统的异质单元数 n_+,也就能够确定不同温差 ΔT_+ 所对应的对流通量 Ψ_+。以(10-30)式所刻画的对流通量随温度变化的 $\Psi_+ \sim T_+$ 函数关系,就可以表达凝聚与对流现象的不稳定性机理。在加热的起始阶段,水分子系统由无序的平衡态进入准平衡态,就初步呈现出线性稳定增长的有序因子。在加热的加速阶段,系统内的水分子将热向上传导,水分子系统处在接近于热力学平衡态,上部较冷的水的黏滞性将阻碍底层水的上升,此时并没有宏观的运动发生,水分子系统整体还保持原来的基本性质。在加热的转折阶段,底部和上部水的温差 ΔT_+ 达到某一临界值 T_C,就将彻底打破这一系统的平衡而发生激烈的变化,并出现许多新奇的现象。由于容器的差异,对流不稳定所发生的有规则的宏观运动,或者以滚动或六角细胞的形式出现,或者以同心环或"蛋糕卷"对流花纹的形式出现,传热方式也随之突然由热传导切变到了对流。

四、正电子湮灭

在物理学中,正电子(俗称阳电子)是电子的反粒子,除带正电荷外,其他性质与电子相同。正电子虽然比较稳定,但是一旦碰到电子就会很快与之发生湮灭而转变为伽马光子,所以不容易观测到,它不是目前所知宇宙的物质的基本成分。因此,关于正电子湮灭现象的研究就是以正电子为研究对象的。

正电子湮灭过程是当正电子与原子核接触时,就会与核外电子发生湮灭,正电子数就减少。所以,当正电子进入固体物质时,与物质中的电子相遇就要发生湮灭,正负电子对的湮灭结果放出几个 γ 射线。其实,正电子湮灭过程反映的是正电子(单元)数与温度的关系。从辐射源发生的正电子进入固体物质后,就在其中热化,其动能逐渐减小到热能($E_+ = kT_+$),随后正电子以 kT_+ 量级的动能在物质中运动,直到最后与电子发生湮灭。正负电子对发生湮灭时,正电子的主要俘获陷阱是位错而不是空位;正电子在位错中使得位错结构重新排列,因此正电子湮灭实验可用来探测物质的微观结构,并称之为正电子湮灭方法。基于湮灭过程的特性受正电子所遇到的原子环境的影响,用正电子寿命方法来研究金属中的缺陷,在低温、高温和中间温度分别测量正电子在金属、合金中湮灭的平均寿命,就可以得到正电子在金属中湮灭平均寿命与温度的关系曲线是 S 形曲线,如图 10-9 所示。

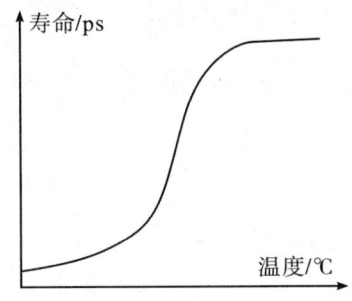

图 10-9　正电子湮灭的平均寿命与温度关系曲线

自从 1950 年人们将这种新方法用于物质结构研究以来,正电子湮灭方法在金属、合金、晶体缺陷、无机晶体、化学、医学等方面得到了不同程度的发展和应用,特别在研究晶体缺陷方面发展较快。这一方法对点阵缺陷,特别是对空位型缺陷和位错非常灵敏,可用来研究空位串和空位—杂质原子对。正电子湮灭方法可以跟踪位错结构的变化,也可以研究退火时杂质的作用。塑性形变可以产生位错、空位、间隙等几种点阵缺陷,而正电子在不同的点阵缺陷处有不同的俘获和湮灭速率。有人把经过塑性形变的高纯铁和带杂质的 Armco 铁样品进行等时退火后,测量了正电子寿命和湮灭 γ 射线的多普勒展宽来研究各种恢复过程。多普勒展宽用线形"S 参数"来描写,S 参数定义为湮灭峰中心两侧固定道数上的计算总和被湮灭 γ 射线的面积除。在形变样品实验上得到的正电子寿命和线形参数 S 的恢复与等时退火温度的关系符合反 S 形变化规律,如图 10-10 和图 10-11 所示。

在统一科学中,正电子湮灭是阴阳粒子"合二为一"的自发发射过程,其湮灭的机理可以得到合理的解释。在人们考察正电子湮灭的形态变化时,正电子数为单元系统的本质单元数 n_+^0,而电子数可设为单元系统的异质单元数 n_+,正电子数与电子数的加和

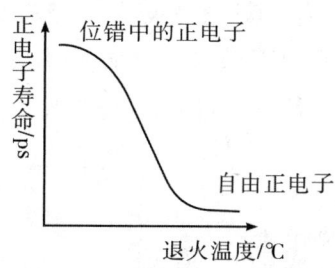
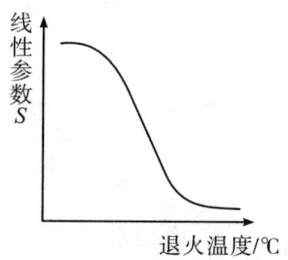

图 10-10　正电子寿命与退火温度关系曲线　　图 10-11　线形参数 S 与退火温度关系曲线

总数可设为常数（$N_+ = C_{N_+}$）。如果在人们的考察过程中能元保持不变（$\varepsilon_+ = C_{\varepsilon_+}$），能阈也保持不变（$E_{\neq +} = C_{E_{\neq +}}$），那么在一维正向质向量坐标系 $\vec{X}_+$ 内部（$\vec{N}_+, \vec{n}_+, \vec{E}_+, \vec{E}_{\neq +}, \vec{\varepsilon}_+$）五维分质向量空间的（$C_{N_+}, \vec{n}_+, \vec{E}_+, \vec{C}_{E_+}, \vec{C}_+$）截面上，各个分质向量坐标轴与各自的分质变量坐标轴同向，可以用其分质变量来表示。

在远离平衡态和自发发射条件下，单元系统本质单元数 n_+^0 与能量 E_+ 的函数关系为（7-175）式 $n_+^0 = \dfrac{C_{N_+}}{1+e^{(C_{E_{\neq +}}-E_+)/C_{\varepsilon_+}}}$。如果能量 E_+ 的显性因子 θ_+ 取为温度 T_+，则 $E_+ = kT_+$（k 为玻尔兹曼常数，T_+ 为热力学温度），能阈可用热力学能阈 $C_{E_{\neq +}} = kT_C$ 来表示，能元 ε_+ 也可用热力学能元 $C_{\varepsilon_+} = kT_{\varepsilon_+}$ 来表示。如此，（7-175）式 $n_+^0 = \dfrac{C_{N_+}}{1+e^{(C_{E_{\neq +}}-E_+)/C_{\varepsilon_+}}}$ 就成为

$$n_+^0 = \dfrac{C_{N_+}}{1+e^{(C_{E_{\neq +}}-E_+)/C_{\varepsilon_+}}}$$
$$= \dfrac{C_{N_+}}{1+e^{(T_C-T_+)/T_{\varepsilon_+}}}$$
$$= \dfrac{C_{N_+}}{1+ae^{-bT_+}} \tag{10-31}$$

式中，$a = e^{T_C/T_{\varepsilon_+}}$，$b = \dfrac{1}{T_{\varepsilon_+}}$。

由于本质单元数 n_+^0 可以用正电子寿命 P_S 或线形参数 S 作为替代形式，因而正电子寿命 P_S 与温度 T_+ 的关系曲线或线形参数 S 与温度 T_+ 的关系曲线必然呈现单元系统形态转化基元规律的反 S 形变化曲线特征。现在人们已经证实，每种粒子都存在一种和它对应的反粒子，粒子和反粒子的湮灭规律都可以由单元系统形态转化基元规律演绎。

五、有机体生长发育过程的变性机理

在 20 世纪中叶，生物学家就已认识到环境温度 T_+ 是在昆虫生长发育过程中影响

最为显著的一个因子。1944年,澳大利亚就有学者在对昆虫发育的经验观察中发现,昆虫发育速率在低温下随温度增加而升高,而在高温下随温度增加而降低,并提出昆虫发育速率 V_+ 与环境温度 T_+ 间的关系符合逻辑斯蒂方程,即

$$V_+(T_+) = \frac{K}{1+e^{(\alpha-\beta T_+)}} \tag{10-32}$$

式中,α、β 和 K 均为常数,K 为昆虫发育的最快速率。

上述这种经验观察的结果符合有机体发育速率增长的逻辑斯蒂增长模型,却未能反映出高温下发育速率下降的特性,所以又有人提出了一种关于最快发育点 T_{top} 对称的一种修正的逻辑斯蒂方程

$$V_+(T_+) = \frac{C}{1+e^{(k_1-k_2\tau)}} \tag{10-33}$$

其中

$$\tau = \begin{cases} T_+ & T_+ \leqslant T_{top} \\ 2T_{top} - T_+ & T_+ > T_{top} \end{cases}$$

式中,T_{top} 为最快发育时的温度;C、k_1、k_2 为常数。但是这种高、低温下发育速率对称的假说是不现实的,实际记录很少呈现这种对称性。

温度作为昆虫生长发育过程的质参量的一种表现,在其他种类的生物形态变化过程中也一样可以呈现。例如,哺乳类、鸟类的性别虽然是在受精时由来自雌雄配子核内的染色体配对而决定的,但是许多爬行类、两栖类性腺的性别分化还受一个环境的后成因素的影响,即卵孵化的温度,这种现象在龟类中尤为明显。人们曾经对欧洲淡水龟、北非陆生龟等20种龟进行了观察,发现这些龟都遵循一条共同的规律:低温孵化时(23~27 ℃),绝大部分甚至100%的子龟呈表型雄性,而高温(30~33 ℃)时,则几乎甚至100%的子龟呈表型雌性。温度变化既不引起死亡率的改变,也不引起胚胎的畸形。当处于称作临界或阈值温度的中间温度时,同一窝卵孵出的子代就会出现两种性别,偶尔也会产生间性个体。人们曾经证明两种蜥蜴(*Agama agama*,*Eublepharis macularius*)和一种鳄鱼(*Alligator mississipiensis*)的性比也受孵化温度的影响。在这些例子中,低温条件下绝大多数或者100%产生雌性,高温条件下几乎或100%产生雄性。爬行类性比与孵化温度的关系曲线如图10-12所示。

性腺分化对温度的敏感性涉及进化、生态和物种保存等方面的问题,这就促使人们从分子生物学的角度去了解温度对性腺分化产生影响的机制。

分子生物学是现代生命科学基础研究中最活跃的前沿。生物界的核酸有两大类,即脱氧核糖核酸(deoxyribonucleic acid,DNA)和核糖核酸(ribonucleic acid,RNA)。这两类核酸在生物体的生命活动全过程中都起着极其重要的作用。分子生物学的建立是以DNA双螺旋结构的发现为标志的。DNA存在于细胞核和线粒体内,携带着决定个体基因型的遗传信息。DNA双链碱基之间形成氢键,相互配对而连接在一起。氢键是

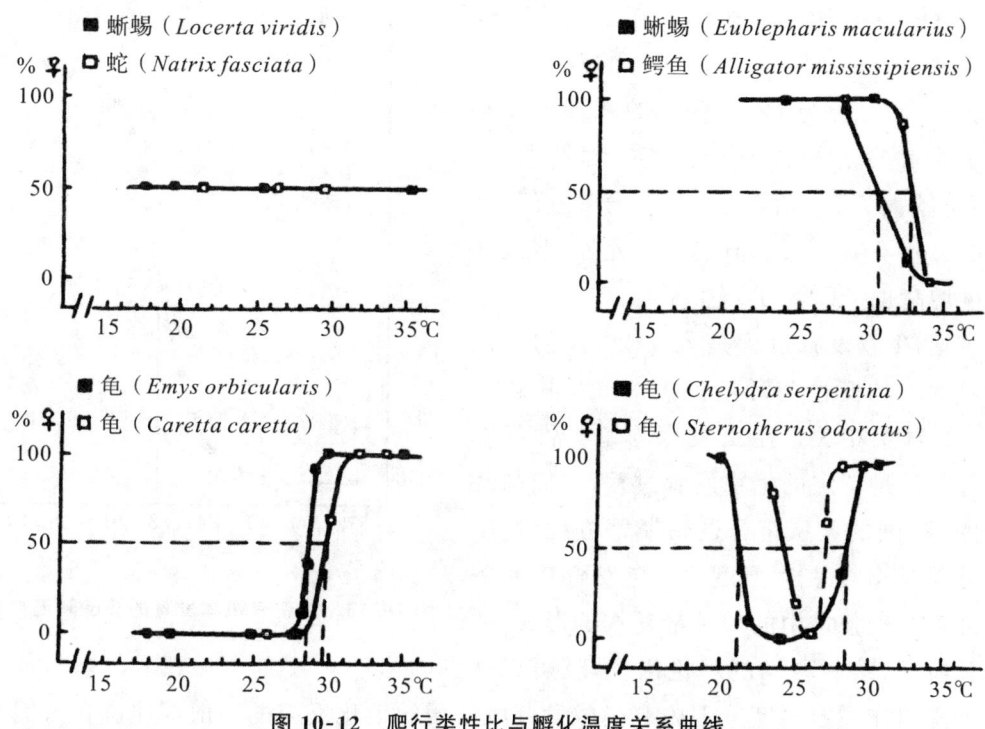

图 10-12 爬行类性比与孵化温度关系曲线

一种能量较低的次级键,容易受到破坏而使 DNA 双链分开。氢键的形成是自由能降低的过程,可以自发生成,局部分开的碱基对又可以重新形成氢键,使其恢复双螺旋结构。这使得 DNA 在生理条件下能够迅速分开和再形成,从而保证 DNA 生物学功能的行使。[17]

双螺旋的稳定靠碱基堆积力和氢键的相互作用共同维持。如果因为某种因素破坏了这两种非共价键力,导致 DNA 两条链完全解离,就称为变性。导致变性的因素可以是温度过高、盐浓度过低、酸或碱过强等。DNA 变性是二级结构的破坏与双螺旋解体的过程,碱基对氢键断开,碱基堆积力遭到破坏,但不伴随共价键的断裂,这有别于 DNA 一级结构破坏引起的 DNA 降解过程。

DNA 变性常伴随一些物理性质的改变,如黏度降低,浮力、密度增加,尤其重要的是光密度的改变。例如,核酸分子中碱基杂环的共轭双键使核酸在 260 nm 波长处有特征性光吸收。在双螺旋结构中,平行碱基堆积时,相邻碱基之间的相互作用会导致 DNA 双螺旋在波长 260 nm 的光吸收比相同组成的游离核苷酸混合物的光吸收值低 40%,这种现象称为减色效应。DNA 变性后立即引起这一效应的降低,与未发生变性的相同浓度 DNA 溶液相比,变性在波长 260 nm 的光吸收增强,这一现象称为增色效应。

利用增色效应可以在波长 260 nm 处监测温度变化引起的 DNA 变性过程,核酸的解链曲线如图 10-13 所示。DNA 的变性发生在一定的温度范围内,这个温度范围的中点称为解链温度,用 T_m 表示。当温度达到解链温度时,DNA 变性分子内 50% 的双螺旋结构被破坏。T_m 值与 DNA 变性的碱基组成和变性条件有关。DNA 分子的 GC 含量越高,T_m 值也越大。T_m 值与 DNA 分子的长度有关,DNA 分子越长,T_m 值越大。此外,溶液离子浓度增高也可以使 T_m 值增大。

可见,生物发育过程是各种 DNA 的变性过程,DNA 的变性与环境温度 T_+ 及其解链温度 T_m 息息相关。昆虫发育与龟类性腺的性别分化只是特定的生物发育过程,它们与环境温度 T_+ 间的关系符合逻辑斯蒂方程,逻辑斯蒂方程是迄今表达温度 T_+ 与发育速率关系的许多经验公式中的一种最基本的形式。

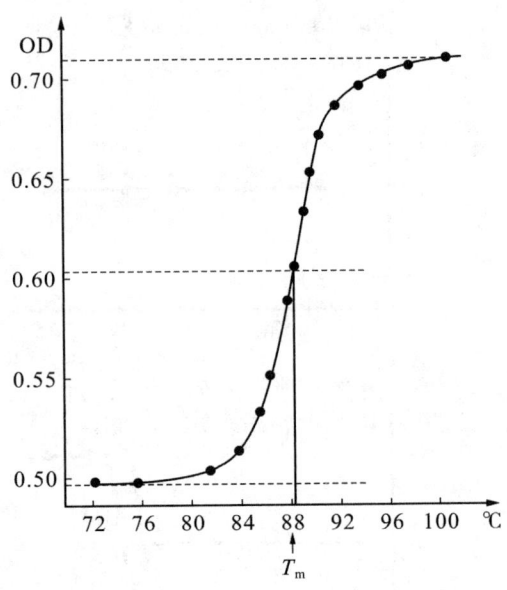

图 10-13　生物有机体发育的核酸解链曲线

其实,从统一科学的理论出发,就可以从本质上说明在一定温度范围内有机体发育所遵循的生化反应的一般规律。在人们考察一个由 N_+ 个生物个体组成的有机体的生长发育过程中,有机体的总体生物个体数可设为常数($N_+ = C_{N_+}$),而有机体的发育个数为 n_+。如果在人们的考察过程中能元始终保持不变($\varepsilon_+ = C_{\varepsilon_+}$),能阈也保持不变($E_{\neq +} = C_{E_{\neq +}}$),那么在一维正向质向量坐标系 $\vec{X}_+$ 内部 ($\vec{N}_+, \vec{n}_+, \vec{E}_+, \vec{E}_{\neq +}, \vec{\varepsilon}_+$) 五维分质向量空间的 ($\vec{C}_{N_+}, \vec{n}_+, \vec{E}_+, \vec{C}_{E_{\neq +}}, \vec{C}_{\varepsilon_+}$) 截面上,各个分质向量坐标轴与各自的分质变量坐标轴同向,可以用其分质变量来表示。有机体在环境温度 T_+ 的作用下,其形态就要产生吸收发射运动。所以,在吸收发射与远离平衡态条件下,有机体的能量 E_+ 与异质单元数 n_+ 的变化规律就可以用 (5-26) 式

$$n_+ = \frac{C_{N_+}}{1+e^{(C_{E_{\neq +}} - E_+)/C_{\varepsilon_+}}}$$

的逻辑斯蒂函数表示。

在人们考察有机体生长的发育过程中,当有机体的能量 E_+ 通过特殊的显性因子表现为环境温度 T_+ 时,$E_+ = kT_+$(k 为玻尔兹曼常数,T_+ 为环境温度),能阈可以用热力学能阈 $C_{E_{\neq +}} = kT_C$ 来表示,能元 ε_+ 也可用热力学能元 $C_{\varepsilon_+} = kT_{\varepsilon_+}$ 来表示。其中,临界温度就是解链温度 $T_C = T_m$。如此, (5-26) 式 $n_+ = \dfrac{C_{N_+}}{1+e^{(C_{E_{\neq +}} - E_+)/C_{\varepsilon_+}}}$ 成为

$$n_+ = \frac{C_{N_+}}{1+e^{(C_{E_{\neq +}} - E_+)/C_{\varepsilon_+}}}$$

$$= \frac{C_{N_+}}{1+e^{(T_C - T_+)/T_{\varepsilon_+}}}$$

$$= \frac{C_{N_+}}{1+ae^{-bT_+}} \tag{10-34}$$

式中，$a = e^{T_C/T_{\varepsilon_+}}$，$b = \dfrac{1}{T_{\varepsilon_+}}$。

只要令单位时间有机体的发育个体的发育速率为 $V_+(T_+)$，单位时间有机体的总体个数的最快发育速率为 K，$\alpha = \dfrac{T_C}{T_{\varepsilon_+}}$，$\beta = b = \dfrac{1}{T_{\varepsilon_+}}$，那么由(10-34)式就可以演绎出(10-32)式 $V_+(T_+) = \dfrac{K}{1+e^{(\alpha-\beta T_+)}}$。如果人们能够精确地测定不同环境温度 T_+ 所对应的有机体的发育个体数 n_+，就能够确定不同环境温度 T_+ 所对应的有机体的发育速率 V_+，也就能够以(10-32)式 $V_+(T_+) = \dfrac{K}{1+e^{(\alpha-\beta T_+)}}$ 精准地刻画有机体的发育速率随温度变化的 $V_+ \sim T_+$ 函数关系，进而可以表达出生物有机体发育速率的变化机理。

第四节　电位为显性因子的形态转化规律

当单元系统的能量 E_+ 的显性因子表现为电位 φ_+（$E_+ = F\varphi_+$）时就称其为电动系统。由单元系统形态转化基元规律可以演绎出在远离平衡态电动系统表现的各种变化规律，既可以解释极化现象并演绎极谱分析的基本方程，也可以演绎出人脑神经元的动作电位与刺激信号强度的函数关系，还可以揭示人工神经网络活化函数的真面目。

一、极化现象与极谱分析

电化学是研究化学能和电能相互转变过程及其有关定律和规则的学问。以电化学反应所特有的动力学规律性为基础的极谱法（或称作极谱）曾经是化学分析中最精确、最普遍使用的一种研究方法。这个方法是 1922 年捷克斯洛伐克电化学家海洛夫斯基提出来的。[18]

"极谱"这个名字反映了它与电解中所看到的极化现象的紧密联系。当电流通过电极时，电极电位偏离于平衡电位的现象称为电极的极化。极化现象是由于浓度发生差别而引起的，称为浓差极化。在极谱中，溶液的化学分析是借助于电流—电位曲线来进行的。电流—电位曲线是使用一种特殊的电解池测量出来的，这个电解池包括了一个滴汞电极和任一实际上不可极化的电极，最常用的是汞电极。后者放在电解池的底部，与汞滴相比具有一个很大的表面积。因为通过极谱池的电流很小（约 10^{-6} A），电解池的电阻又很低，所以欧姆电位降是可以忽略的。在大电极上，由于表面积很大、电流密度很小，因此并不引起显著的电极电位变化。然而，汞滴的表面积不超过 0.1 cm²，因此其电流密度高几百倍，这就引起其电位偏离平衡值很远。事实上，极谱池电压随着电流的增高（或降低）应归因于滴汞电极电位的变化。

在极谱实验中，改变加到电解池上的电位，同时测量作为这个电位函数的电流，即画出了电流—电位曲线或电流对滴汞电极电位的曲线。电位可用电位器来改变，电流用微安计测量（即所谓目视极谱法）。为了分析目的，使用自动极谱法是比较方便的：按预定方式变化的电位连续地加在电解池上，相应的电流变化或者由反射式检流计的光束就自动记录在显像纸上，或者用一个记录笔自动记录在普通纸上。如果溶液中只含有一种在某一电位下能在汞电极上还原的质点，那么产生的曲线具有图 10-14 所示的形状，具有相当于一定质点还原的那一段曲线称为极谱波（或极谱阶跃）。如果在不同的电位下可被还原的几种质点都在溶液中存在的话，那就得到一条图 10-15 所示的曲线，这样的曲线叫作极谱图。

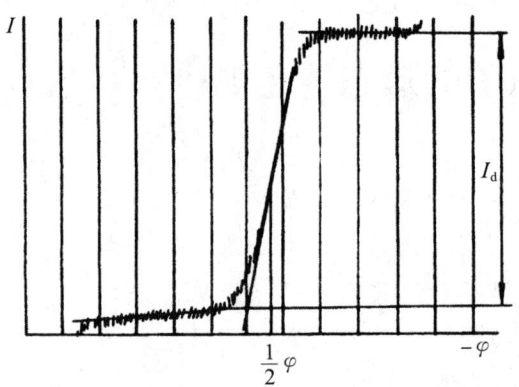

图 10-14　相当于一种质点还原的极谱曲线

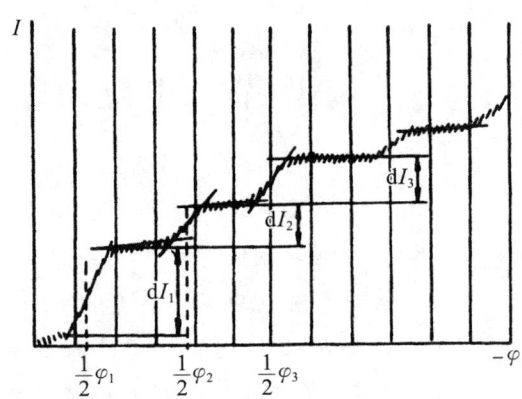

图 10-15　极谱

极谱分析法是一种经典的电化学分析法，定性极谱分析是以测定半波电位（相当于极谱波转折点的电位，这一点的电流是极限电流的一半）并与各种物质已知的半波电位相比较为基础的，定量极谱分析则是以测量相当于扩散极限还原电流的波高为基础的。在极谱分析中，当金属离子在汞滴表面放电时，就形成了汞齐。一个汞齐电极的平衡电位取决于溶液中金属离子活度和汞齐中金属原子活度之比

$$\varphi_+ = \varphi_{\neq +} + \frac{RT_+}{ZF_a} \ln \frac{a_{M^{z+}}}{a_{M(Hg)}} \tag{10-35}$$

式中，Z 为反应离子价数；F_a 为法拉第常数。

在极谱测量中，使用被测定离子的稀溶液，在阴极上就产生相应的稀汞齐，因此活度可用浓度来代替

$$\varphi_+ = \varphi_{\neq +} + \frac{RT_+}{ZF_a} \ln \frac{C_{M^{z+}}}{C_{M(Hg)}} \tag{10-36}$$

在极谱分析中，汞齐的浓度 $C_{M(Hg)}$ 必定与电流 I_+ 成正比，即

$$C_{M(Hg)} = k' I_+ \tag{10-37}$$

然而，一种给定物质的浓度总是在含有过量无关物质的溶液中测定的，此无关物质

称为局外电解质或支持电解质。局外电解质抑制了被测定离子的迁移,因而被测定离子完全通过扩散输送到汞滴的表面。在这些情况下,极限电流 I_d(最大扩散电流)与溶液中可还原物质(本体溶液)的浓度成正比

$$I_d = k'' C_{M^{z+}}^0 \tag{10-38}$$

且相当于汞滴电极表面附近溶液中被测离子的完全耗尽,即 $C_{M^{z+}} = 0$。在任何低于 I_d 的电流 I_+ 下,汞滴电极表面附近金属离子的浓度不等于零而相当于 $C_{M^{z+}}$ 的浓度;再根据(10-36)式 $\varphi_+ = \varphi_{\neq +} + \frac{RT_+}{ZF_a} \ln \frac{C_{M^{z+}}}{C_{M(Hg)}}$ 就可看出,电极电位是由 $C_{M^{z+}}$ 决定的。在此,扩散电流为 $I_+ = k''(C_{M^{z+}}^0 - C_{M^{z+}})$,这样就可以将该表达式改写为 $I_+ = I_d - k'' C_{M^{z+}}$,由此

$$C_{M^{z+}} = \frac{1}{k''}(I_d - I_+) \tag{10-39}$$

将(10-37)式和(10-39)式中的 $C_{M(Hg)}$ 和 $C_{M^{z+}}$ 值代入(10-36)式,可以得到极谱波的基本方程式

$$\varphi_+ = \varphi_{\neq +} - \frac{RT_+}{ZF_a} \ln k' k'' - \frac{RT_+}{ZF_a} \ln \frac{I_+}{I_d - I_+} \tag{10-40}$$

若 $I_+ = \frac{1}{2} I_d$,那么 $\varphi_+ = \varphi_{\neq +} - \frac{RT_+}{ZF_a} \ln k' k'' = \varphi_{1/2}$,$\varphi_{1/2}$ 即半波电位,它取决于放电离子本性而与其浓度无关,代入半波电位值,(10-40)式可简化为

$$\varphi_+ = \varphi_{1/2} - \frac{RT_+}{ZF_a} \ln \frac{I_+}{I_d - I_+} \tag{10-41}$$

在上述电化学所推导的对汞溶金属离子还原的极谱波方程式中,由海洛夫斯基和捷克斯洛伐克科学家尤考维奇在1934年导出的(10-39)式 $C_{M^{z+}} = \frac{1}{k''}(I_d - I_+)$ 是极谱波的基本方程,它不仅可用于汞溶金属离子的放电,而且可用于许多其他电极过程,特别是氧化还原反应。

对于包含显著化学极化的一些反应,$\varphi_+ - \ln \frac{I_+}{I_d - I_+}$ 直线的斜率往往大于 $\frac{RT_+}{ZF_a}$。这一情况可以通过引入(10-40)式的一个因子 $\frac{1}{\alpha}$ 来处理,假定 $0 < \alpha < 1$。(10-40)式表明,当 $I_+ = I_d$ 时,电极电位趋向负无限大。在这些情况下可以料想在 $I_+ \sim \varphi_+$ 曲线上出现一个几乎水平的部分,相当于电流有一小的变化时,电位有一明显的变化(图10-14)。实际上,电位移向下一个电极过程可能发生的数值,就可能出现如图10-15所示的第二个、第三个……极谱波形。决定极谱波形状并与可还原物质浓度相联系的这个量就是平均极限扩散电流 I_d。

其实,从统一科学的理论出发,就可以解释极化现象并演绎出反映电极的平衡电位

与电流的关系的极谱分析基本方程(10-40)式。在一维正向质向量坐标系 $\vec{X}_+$ 内部 $(\vec{N}_+,\vec{n}_+,\vec{E}_+,\vec{E}_{\neq+},\vec{\varepsilon}_+)$ 五维分质向量空间的 $(\vec{C}_{N_+},\vec{n}_+,\vec{E}_+,\vec{C}_{E_{\neq+}},\vec{C}_{\varepsilon_+})$ 截面上,各个分质向量坐标轴与各自的分质变量坐标轴同向,可以用其分质变量来表示。单元系统形态转化基元规律可以用(5-26)式 $n_+ = \dfrac{C_{N_+}}{1+e^{\pm(C_{E_{\varepsilon_+}}-E_+)/C_{\varepsilon_+}}}$ 和(5-28)式 $E_+ = C_{E_{\neq+}} \pm C_{\varepsilon_+} \cdot \ln \dfrac{n_+}{C_{N_+}-n_+}$ 的函数关系式表示。当单元系统以电位 φ_+ 作为能量 E_+ 的显性因子 θ_+ 时 $(E_+ = F_\varphi \varphi_+)$,这样的单元系统就叫作电动系统。由单元系统形态转化基元规律(5-26)式 $n_+ = \dfrac{C_{N_+}}{1+e^{\pm(C_{E_{\varepsilon_+}}-E_+)/C_{\varepsilon_+}}}$ 和 $E_+ = F_\varphi \varphi_+$,就可以演绎出电动系统在远离平衡态表现的变化规律

$$n_+ = \frac{C_{N_+}}{1+e^{\pm(C_{E_{\varepsilon_+}}-E_+)/C_{\varepsilon_+}}}$$
$$= \frac{C_{N_+}}{1+a e^{\mp B\varphi_+}} \tag{10-42}$$

式中,能阈 $E_{\neq+} = C_{E_{\neq+}}$,能元 $\varepsilon_+ = C_{\varepsilon_+}$,$a = e^{\pm C_{E_{\varepsilon_+}}/C_{\varepsilon_+}}$,$B = \dfrac{F_\varphi}{C_{\varepsilon_+}}$。

当能元 $C_{\varepsilon_+} = RT_+$ 时,(5-28)式 $E_+ = C_{E_{\neq+}} \pm C_{\varepsilon_+} \ln \dfrac{n_+}{C_{N_+}-n_+}$ 也可表示为

$$E_+ = C_{E_{\neq+}} \pm RT_+ \ln \frac{n_+}{C_{N_+}-n_+} \tag{10-43}$$

能量 E_+ 的显性因子 θ_+ 为电位 φ_+,电动系统的电化学反应转移电荷量 $Q_+ = n_+ q_\varepsilon$,所以能量 E_+ 可用电位能(9-130)式 $E_+ = \varphi_+ Q_+$ 表示。如果(10-43)式两边再同除于电荷量 Q_+,那就得到以电位表现的远离平衡态的电动系统形态转化基元规律,即电动系统的电动力学函数为

$$\varphi_+ = C_{\varphi_{\neq}} \pm \frac{RT_+}{Q_+} \ln \frac{n_+}{C_{N_+}-n_+} \tag{10-44}$$

在极谱分析电极产生的氧化还原反应中,由于浓度发生差别而引起的浓差极化现象是一个电子数的自发发射过程。异质单元数 n_+ 就是电极反应转移的电子数,$Q_+ = n_+ F_a$ 为转移的电荷量($F_a = q_\varepsilon$ 为法拉第常数),代入(10-44)式就有

$$\varphi_+ = C_{\varphi_{\neq}} - \frac{RT_+}{n_+ F_a} \ln \frac{n_+}{C_{N_+}-n_+} \tag{10-45}$$

在一定容积 V 下的电极反应中的电子转移数 n_+ 可以用浓度 $C = \dfrac{n_+}{V}$(或活度 a)表示,所以,(10-45)式可以写成

$$\varphi_+ = C_{\varphi_{\neq}} - \frac{RT_+}{n_+ F_a} \ln \frac{C_{\text{还原态}}}{C_{\text{氧化态}}} \tag{10-46}$$

由于电极反应都符合"氧化态$+n_+q_\varepsilon \longrightarrow$还原态"的通式,氧化还原反应中电子转移就是一个离子化过程,因此转移的电荷量可以写成 $Q_+=ZF_a$,Z 为反应离子价数。这样,极谱波的电动力学函数就是

$$\varphi_+=C_{\varphi_{\neq}}-\frac{RT_+}{ZF_a}\ln\frac{C_{还原态}}{C_{氧化态}} \quad (10-47)$$

如果用汞电极进行极谱测量,把溶液中金属离子活度和汞齐中金属原子活度代入(10-47)式,就可以得到(10-45)式。如果异质单元数(电子转移数)n_+ 以电荷数的替代形式电流量 $I_+=\dfrac{\mathrm{d}Q_+}{\mathrm{d}t_+}=n_+\dfrac{\mathrm{d}q_\varepsilon}{\mathrm{d}t_+}$ 来表示,总体单元数 $N_+=C_{N_+}$ 也可以用平均极限扩散电流(最大扩散电流)量 $I_\mathrm{d}=\dfrac{\mathrm{d}Q_\mathrm{d}}{\mathrm{d}t_+}=C_{N_+}\dfrac{\mathrm{d}q_\varepsilon}{\mathrm{d}t_+}$ 表示。相应地,电势用符号 φ_+ 表示,电势的阈限值 $\varphi_{+\neq}=C_{\varphi_{\neq}}$ 就是半波电位 $\varphi_{1/2}$,也是常量,代入(10-47)式就可以直接演绎出极谱波的基本方程式(10-41)式 $\varphi_+=\varphi_{1/2}-\dfrac{RT_+}{ZF_a}\ln\dfrac{I_+}{I_\mathrm{d}-I_+}$。

二、神经元形态转化规律与人工神经网络

生物体由细胞组成。细胞是一切生物机体的基本结构单位,也是生物体生长发育的基本单元。在神经生物学(又称神经科学)中,人脑作为自然界最为复杂的生物结构,是极为复杂而庞大的系统。人脑是由许许多多神经细胞(神经元)组成的,神经元是脑组织的基本单元,神经元种类很多,有人估计有 5000 万种,神经元总数约 10^{11} 个。

由于认知的基本元素是构成神经系统的神经元,人们必然对神经元的结构与功能感兴趣。在人体内,神经元的结构形式并非完全相同,但是无论结构形式如何,神经元都由一些基本成分组成。神经元作为神经系统的基本结构单元,每个神经元由细胞体、树突和轴突三大部分组成。每个神经元伸出许许多多枝权,有一个叫轴突的主枝,还有不少叫树突的分枝,树突是接受从其他神经元传入的信息的入口。轴突较长构成神经纤维,树突较短而分枝很多。轴突和树突都同相邻细胞或神经细胞形成一对一对的接触,叫突触,它主要是一个神经元的轴突末端与另一个神经元的树突或细胞体之间的接角。

突触是神经元之间建立功能性联系的一个很精细的结构,它由突触前膜、突触间膜和突触后膜组成。突触前膜是指能释放特定化学物质(即神经递质)的神经末梢膜,它在外来刺激下会释放出神经递质,即动作电位。与前膜相对应的接受神经递质作用的神经胞体膜称为突触后膜,它表面镶嵌着对特定递质敏感的受体蛋白。前后膜之间的空隙称为突触间膜,因此一个神经元既是递质的受体也是递质的发生体。突触可分为化学突触和电突触两大类,前者以化学物质(神经递质)作为通信的媒介,后者即缝隙连接,以电流(电信号)传递信息。哺乳动物神经系统以化学突触占大多数,通常所说的突

触是指化学突触。突触是神经元传递信息的重要结构,它是神经元与神经元之间,或神经元与非神经细胞之间的一种特化的细胞连接,通过它的传递作用实现细胞与细胞之间的通信。

在神经元之间的连接中,最常见的是一个神经元的轴突末端与另一个神经元的树突、树突棘或胞体连接,分别构成轴-树、轴-棘、轴-体突触。此外,还有轴-轴、树-树突触等。某个神经元的当前状态(兴奋还是抑制,程度如何)取决于同它关联的神经元兴奋和抑制的合作抗衡效应。神经元突触的数量很大,往往数以千计,一个神经元大约有1000个突触,每个突触与其他神经元相连。神经冲动到达突触后引起神经递质的释放,从而影响下一个神经元膜的通透性。神经元的电脉冲几乎可以不衰减地沿着轴突传送到其他神经元。在一定时间内,神经元接到的来自各方面的刺激总和达到一定程度(阈值)时就发生兴奋。在神经系统的早期生长发育过程中,各个神经元会自动避开与之不相干的细胞,沿着特定的途径生长,最后正确地找到所要联系的靶细胞,从而形成一个精细的神经网络。神经系统一旦成熟,其细胞的增长就会停止(即神经毛细胞不能再自然生长)。然而,不同的刺激或许能使原本不联系的神经元发生联系,因为突触具有可塑性。

神经元的信息传递是由一个神经元释放的神经递质通过神经间的突触而结合在另一个神经元膜的受体上完成的。神经元的信号接收端是树突,后经胞体由轴突传递给下一个神经元。神经元与神经元之间通过突触相互联系来传递信息,突触传递信息是有方向性的。不同突触所起的作用是不同的,有的使后面的神经元兴奋,有的则使其受到抑制,因而使人脑能产生感觉和控制运动,并使人们具有思维、认知、学习、记忆、行为等能力。

神经的活动是被短程的激活与长程的抑制之间的相互作用支配的,不过这时的激活剂和抑制剂都是神经元。神经元的主要功能是传输信息。信息在一个神经元上是以电脉冲的形式传输的,这种电脉冲称为动作电位。由神经元传出的电脉冲信号通过轴突,首先到达轴突末梢,使其中的囊泡产生变化从而释放神经递质,这种神经递质通过突触的间隙进入另一个神经元的树突中。树突上的受体能够接受神经递质从而去改变膜向离子的通透性,使膜内外离子浓度差产生变化,进而使电位产生变化。神经元之所以产生动作电位,原因就在于它是可兴奋性细胞,而兴奋性又主要体现在该细胞的细胞膜上。按照德国生理学家伯恩斯坦1902年提出的膜学说:兴奋性细胞平时呈极化状态,动作电位便是细胞本身消除这种极化状态的过程。

某一个神经元的动作电位要传递给其他的神经元,是通过突触单向性传递实现的。生物神经元是按突触净输入电流所确定的速率来产生作用电位的,这个电流以充电方式直接作用于细胞体并改变了细胞电位,充放电特性的时间常数由细胞膜电容 C 和膜电阻 R 决定。输入电流被细胞按时间常数 RC "积分",以便确定有效的"输入电位" φ_+ 的数值。实际上,动作电位 U_+ 是扣除作用电位 Γ_+ 之后的细胞膜电位,作用电位 Γ_+ 的

发放速率取决于 φ_+ 的大小。发放速率与输入电流 I_+（或输入电位 φ_+）的关系是很大的，但一般说来是单调变化的 S 形曲线，即开始时是从零渐渐变化的，连续上升增大到某一最大值，才产生突变上升的脉冲。图 10-16 所示是神经元的 $\dfrac{I_+}{O_+}$ 特性曲线，表明神经元兴奋过程的动作电位 U_+ 与输入刺激信号强度 φ_+ 的关系。

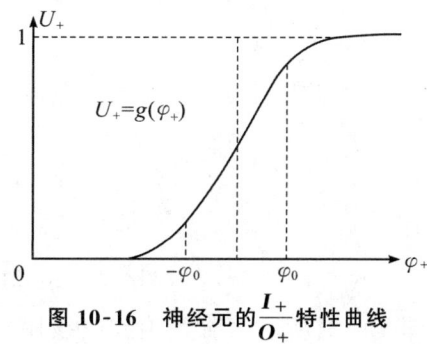

图 10-16 神经元的 $\dfrac{I_+}{O_+}$ 特性曲线

一个神经元的兴奋和抑制两种状态是由细胞膜内外之间不同的电位差来表征的。在抑制状态，细胞膜内外之间有内负外正的电位差；在兴奋状态，则产生内正外负的相反电位差。细胞膜内外的电位差是由膜内外的离子浓度不同导致的。人们在了解了神经元的兴奋与抑制状态后把神经元作为双态开关进行模拟，就产生了以生物神经系统的神经细胞为基础的信息处理单元的人工神经元二值逻辑模型。[19]

在对生物神经系统进行研究时，人们将大量的形式相同的处理单元（神经元）互连也就组成了人工神经网络模型。人工神经网络是模仿生物脑细胞结构和功能、脑神经结构以及思维处理问题等脑功能，对生物神经系统的若干基本特性进行抽象和模拟，并进行分布式并行信息处理的算法数学模型。虽然每个神经元的结构和功能都不复杂，但是神经网络的动态行为是十分复杂的，不过用神经网络可以表达实际物理世界的各种现象，因此模拟人类实际神经网络的人工神经网络模型已被人们直接称为神经网络。

在构建神经网络模型时，由于它不要求对事物内部的机制有明确的了解，因此人们一般都省略了其形态量的性质而只考虑其数量关系，得到的人工神经网络是一种基于距离度量的数据分类方法的数学模型。这种由大量人工神经元广泛互连而成的进行信息处理的人工网络模型是一种数学运算模型，系统的输出取决于输入和输出之间的连接权，而连接权可以通过对训练样本的学习获得。人工神经元模型具有三种基本元素：突触、加法器和活化函数，其中，活化函数是执行对该神经元所获得的网络输入的变换，是神经网络的核心，可以用来诱导神经网络的输出。但是，由于人们忽略了表征事物形态的质向量的性质和取向，使得输入数据缺乏所谓的先验知识，因此在建立分类的决策函数时，只好把不同形式的表达单元系统形态转化基元规律的非线性函数作为特定的输出函数——活化函数。[20]

神经网络模型的活化函数主要有三种形式，即

（1）逻辑 sigmoid 函数：

$$\mathrm{sig}\, x = \dfrac{1}{1+\mathrm{e}^{-ax}} \tag{10-48}$$

（2）双曲正切函数：

$$\tanh x = \frac{e^{ax} - e^{-ax}}{e^{ax} + e^{-ax}} \tag{10-49}$$

(3)阶跃函数(硬限制函数或阈值函数或 Heaviside 函数):

$$h(x) = \lim_{\sigma_+ \to 0} \frac{e^{ax} - e^{-ax}}{e^{ax} + e^{-ax}} = \begin{cases} 1/2 & x > 0 \\ 0 & x = 0 \\ -1/2 & x < 0 \end{cases} \tag{10-50}$$

图 10-17 所示为逻辑 sigmoid 函数曲线图,图 10-18 所示为双曲正切函数曲线图,图 10-19 所示为阶跃函数曲线图。就像逻辑斯蒂分布函数的尺度参量在 $\sigma_+ \to 0$ 的极限下可以成为台阶函数一样,逻辑 sigmoid 函数和双曲正切函数两种 S 形活化函数也可成为阶跃函数。

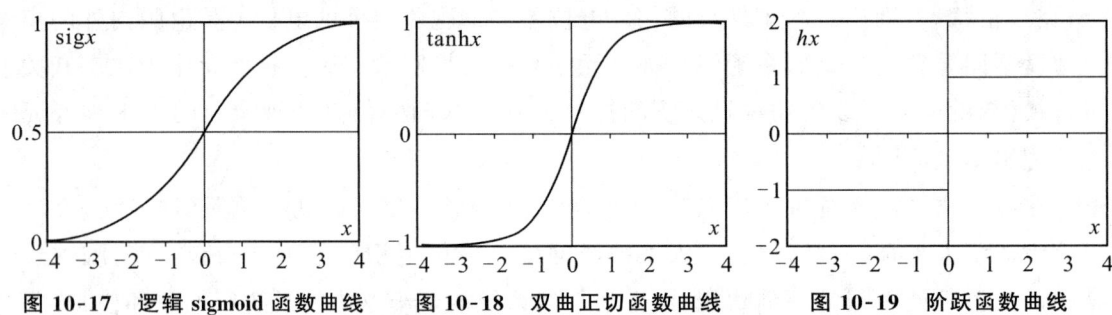

图 10-17 逻辑 sigmoid 函数曲线 图 10-18 双曲正切函数曲线 图 10-19 阶跃函数曲线

其实,在统一科学看来,以输入神经元的电位 φ_+ 作为能量 E_+ 的显性因子 θ_+,生物神经元就是一个电动系统。在一维正向质向量坐标系 $\vec{X}_+$ 内部 ($\vec{N}_+, \vec{n}_+, \vec{E}_+, \vec{E}_{\neq+}$, $\vec{\varepsilon}_+$) 五维分质向量空间的 ($\vec{C}_{N_+}, \vec{n}_+, \vec{E}_+, \vec{C}_{E_{\neq+}}, \vec{C}_{\varepsilon_+}$) 截面上,各个分质向量坐标轴与各自的分质变量坐标轴同向,可以用其分质变量来表示。若能阈 $E_{\neq+} = C_{E_{\neq+}}$,能元 $\varepsilon_+ = C_{\varepsilon_+}$,$a = e^{\pm C_{E_{\neq+}}/C_{\varepsilon_+}}$,$B = \frac{F_\varphi}{C_{\varepsilon_+}}$,由单元系统形态转化基元规律就可以得到远离平衡态的电动系统形态变化规律(10-42)式 $n_+ = \frac{C_{N_+}}{1 + a e^{\mp B \varphi_+}}$ 或(10-44)式 $\varphi_+ = C_{\varphi_{\neq}} \pm \frac{RT_+}{Q_+} \cdot \ln \frac{n_+}{C_{N_+} - n_+}$。

在吸收发射条件下,以动作电位 Γ_+ 作为形态转化信息 P_+ 的一种表现形式,$P_+ = \Gamma_+$,这样,由(10-42)式可以得到动作电位 Γ_+ 与输入神经元的刺激信号强度 φ_+ 的函数关系,其关系曲线就如图 10-14 所示。此处神经元高度兴奋和极度抑制的动作电位被分别标为 1 和 0,分别对应着激发态和基态的信息量。此外,由单元系统形态转化基元规律也可演绎出神经元的 $\frac{I_+}{O_+}$ 特性曲线。可见,神经元在动作电位的作用下从极度抑制形态转化到高度兴奋形态是遵循单元系统形态转化基元规律的。

在吸收发射过程中,单元系统形态转化基元规律可用逻辑斯蒂函数(10-42)式 n_+

$=\dfrac{C_{N_+}}{1+a\mathrm{e}^{-B\varphi_+}}$ 的变换式 $P_+=\dfrac{1}{1+a\mathrm{e}^{-B\varphi_+}}$ 表示，也可用双曲正切函数(6-325)式 $n=-\dfrac{C_N}{2}$ · $\tanh\dfrac{C_{E_{\neq}}-E}{2C_{\varepsilon}}$ 的变换式 $P=-\dfrac{1}{2}\tanh\dfrac{C_{E_{\neq}}-E}{2C_{\varepsilon}}$ 表示，其中 $P_+=\dfrac{n_+}{C_{N_+}},P=\dfrac{n}{C_N},E=F_\varphi\varphi$。如果省却了分质变量和分质常量以及显性因子关于特质的规定，而只保留变量和常量的数学意义，即令 $\varphi=x,P(\varphi)\to\mathrm{sig}x$，那么单元系统形态转化基元规律就可演绎出人工神经网络模型的活化函数（也称为激活函数或激励函数）$\mathrm{sig}x=\dfrac{1}{1+\mathrm{e}^{-ax}}$。

神经网络的基本组成单元是神经元，在数学上的神经元模型是和生物学上的神经细胞对应的。生物的神经细胞是神经网络理论诞生和形成的物质基础和源泉。人工神经网络模型能够接受并处理信息，在系统辨识、模式识别、智能控制等领域有着广泛而吸引人的前景。由于人工神经网络在模拟生物神经网络进行信息处理时，省略了电动系统作用电位 $\varGamma_+$ 与输入神经元的刺激信号强度 φ_+ 等相关输入和输出信息的特质规定和发射条件，前述三种普遍的活化函数只是作为神经网络模型的三种类型，因此，通常人们对于实验数据适宜采用哪些形式的活化函数并没有什么先验知识，对于这些表达式所含的变量和定义域的范围及比例因子，也往往不清楚其实际的意义。

在统一科学中，通过单元系统形态转化基元规律的演绎，就能认识神经网络模型参量的真正面目及其对应的生物神经细胞的行为特性，而人工神经网络的应用反过来又是在验证单元系统形态转化基元规律的普适性。

第五节　其他杂因子表现的形态转化规律

当单元系统的能量 E_+ 表现为某一特殊的显性因子 θ_+（$E_+=F\theta_+$）时，由单元系统形态转化基元规律就可以演绎出在远离平衡态以 θ_+ 为质参量的单元系统形态变化规律。由此不仅可以揭示水在土壤中运动的机理和原子平均磁矩的变化规律，而且可以解释南极臭氧层空洞与激光的机理，还可以认知生物体致突变作用及准单元系统滞留回线的道理。

一、水在土壤中运动的机理

现代土壤学的研究对象是液态的水。水能溶解和输送肥料，水能控制土壤的次生盐碱化，水能调节土壤的通气性能和土壤温度，水本身也是作物生长不可缺少的要素，因此水文地质学已经由单纯的"找水"逐步演变到对水资源的综合研究，其中对于"饱和—非饱和地下水运动"的研究又与土壤物理学中土壤水的研究相互渗透。

对于"含水层"(其中水处于饱和状态)的饱和水运动,人们很早就把它看成是流体在多孔介质中的受阻运动。对于"包气带"(其中水处于非饱和状态)的非饱和水运动,1907年,美国土壤物理学家白金汉提出用能量的观点来研究土壤水的运动;1931年,美国学者理查兹等人进一步发展了这一思想,并奠定了非饱和水的定量研究基础。

人们把流体在多孔介质中的运动状态叫作渗流场。如果忽略水流速度,多孔介质中的水在恒温条件下所具有的能够做功的能量就叫作这个渗流场的势能 E_S,水流总是由势能高的地方流向势能低的地方。根据水流所受的不同的力,通常把势能 E_S 看成几种分势能的加和,即

$$E_S = E_P + E_m + E_0 + E_g \tag{10-51}$$

式中,E_P 为压力势;E_m 为基质势;E_0 为溶质势;E_g 为重力势。

在土壤水的饱和区域中,压力势 E_P 通常就是静水头 h_+,即从所考虑的土壤水的位置到潜水面——饱和区与非饱和区的交界面的距离;而在土壤水的非饱和区域内,孔隙与大气相通,$E_P=0$。基质势 E_m 是几种现象的综合表示,通常起主要作用的是孔隙间的毛管力(负压)。因此,在饱和区 $E_m=0$,而在非饱和区 $E_m<0$,它的数值可以用张力计测量出来。溶质势 E_0 代表着水中的溶质离子和水分子之间的吸引力,所以也是负值;通常如果不考虑土壤水与作物根系之间的相互作用,可以认为 $E_0=0$。对于重力势 E_g 而言,如果把 Z 轴朝下的方向取为正,则在 Z 轴坐标为 z 处的重力势可以表示为 $E_g=-z$。

渗流基本方程是任何定量描述水运动和溶质迁移模型的基础,其核心是回答水在孔隙介质中运动时水流阻力的变化规律。对于不同的土壤,达西渗流基本方程是定量研究的基础。人们要测定土壤中水分的数量与能量之间的关系,就要得到表示吸力 F_η 与水分之间关系的曲线或土壤含水率 η_+ 与水分之间关系的曲线,这条曲线就叫作这种土壤形态转化的"水分特征曲线",是定量研究土壤水运动的基本曲线。

定量研究土壤水运动的另一条基本曲线是"渗透特征曲线"。传统的孔隙介质水渗流理论认为:当流速很低时,渗透流速与水力梯度服从达西定律。实验表明,饱和区中反映阻力的达西定律 $q_- = -K_+ \mathrm{grad} E_+$ 对于非饱和区也是可用的,不同的只是原来的比例常数 K_+(渗透系数)已不再是常数,而是随 η_- 而变。这是由于随着孔隙间空气的增加(η_- 减少),水分运动所受的阻力也随着增加,因而一般地 $K_- = -K_+$ 是 η_- 的非减函数。对于某种土壤,$K_- \sim \eta_-$ 曲线叫作它的"渗透特征曲线"。这两种特征曲线的典型形态如图10-20和图10-21所示。

用统一科学的单元系统形态转化基元规律就可以演绎出土壤水运动的特殊规律。在一维正向质向量坐标系 $\vec{X}_+$ 内部 $(\vec{N}_+, \vec{n}_+, \vec{E}_+, \vec{E}_{\neq +}, \vec{\varepsilon}_+)$ 五维分质向量空间的 $(\vec{C}_{N_+}, \vec{n}_+, \vec{E}_+, \vec{C}_{E_{\neq +}}, \vec{C}_{\varepsilon_+})$ 截面上,各个分质向量坐标轴与各自的分质变量坐标轴同向,可以用其分质变量来表示。在远离平衡态,单元系统的形态转化基元规律可以用

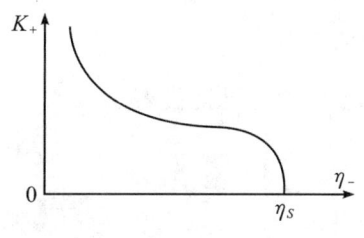

图 10-20　水分特征曲线

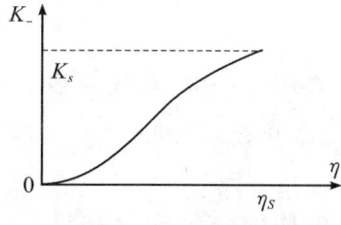

图 10-21　渗透特征曲线

(5-26)式 $n_+=\dfrac{C_{N_+}}{1+e^{\pm(C_{E_{\ne +}}-E_+)/C_{\varepsilon_+}}}$ 和(5-28)式 $E_+=C_{E_{\ne +}}\pm C_{\varepsilon_+}\ln\dfrac{n_+}{C_{N_+}-n_+}$ 的函数关系式表示。

当单元系统能量 E_+ 的显性因子 θ_+ 为土壤含水率 η_+ 时，$E_+=F_\eta\eta_+$，单元系统形态转化基元规律(5-26)式 $n_+=\dfrac{C_{N_+}}{1+e^{\pm(C_{E_{\ne +}}-E_+)/C_{\varepsilon_+}}}$ 就成为

$$n_+=\dfrac{C_{N_+}}{1+e^{\pm(C_{E_{\ne +}}-E_+)/C_{\varepsilon_+}}}$$
$$=\dfrac{C_{N_+}}{1+a\,e^{\mp B\eta_+}} \tag{10-52}$$

式中，能阈 $E_{\ne +}=C_{E_{\ne +}}$，能元 $\varepsilon_+=C_{\varepsilon_+}$，$a=e^{\pm C_{E_{\ne +}}/C_{\varepsilon_+}}$，$B=\dfrac{F_\eta}{C_{\varepsilon_+}}$。

在自发发射条件下，异质单元数 n_+ 可以用渗透系数 K_- 来表示，$K_-=n_+F_\Phi$，而 $K_{S_+}=C_{N_+}F_\Phi$，能量 E_+ 用土壤含水率 η_+ 作为自变量，由(10-52)式就可以直接得到土壤水运动的渗透规律

$$K_-=\dfrac{K_{S_+}}{1+a\,e^{B\eta_+}} \tag{10-53}$$

依上式作 $K_-\sim\eta_+$ 函数关系曲线，这条具有"地板和天花板"限制的S形曲线就代表了渗透特征曲线。

在自发发射条件下，当能量 E_+ 的显性因子是以土壤含水率 η_+ 这一特殊的显性因子来表现，$E_+=F_\eta\eta_+$，而 $C_{E_{\ne +}}=F_\eta\eta_{\ne +}$，环境温度为 T_+ 时，能元 $C_{\varepsilon_+}=RT_+$，单元系统形态转化基元规律(5-28)式 $E_+=C_{E_{\ne +}}\pm C_{\varepsilon_+}\ln\dfrac{n_+}{C_{N_+}-n_+}$ 表示成为

$$\eta_+=\eta_{\ne +}-\dfrac{RT_+}{F_\eta}\ln\dfrac{n_+}{C_{N_+}-n_+} \tag{10-54}$$

依上式作 $\eta_+\sim n_+$ 的关系曲线，这条典型的反∽形曲线就代表了土壤含水率 η_+ 与异质单元数 n_+ 之间的函数关系。

在自发发射条件下，当能量 E_+ 不是以土壤含水率 η_+ 这一特殊的显性因子来表现，而是以吸力 F_η 这一特殊的因子来表现，(10-28)式又可以表示成为

$$F_\eta = F_{\neq \eta} - \frac{RT_+}{\eta_+} \ln \frac{n_+}{C_{N_+} - n_+} \tag{10-55}$$

依上式作 $F_\eta \sim n_+$ 函数关系曲线,这条典型的反∽形曲线就代表了吸力 F_η 与异质单元数 n_+ 之间的关系曲线。

二、原子平均磁矩的变化规律

在磁学中,一个原子状态的总角动量总是与其磁矩相连的。物质中具有不成对电子的离子、原子或分子时,存在电子的自旋角动量和轨道角动量,也就存在自旋磁矩和轨道磁矩。原子(或分子)磁矩之间并无强的相互作用(一般为交换作用),因此原子磁矩在热扰动的影响下处于无规则混乱排列状态,原子磁矩互相抵消而无合磁矩。

但是,当受到外加磁场作用时,原来在热扰动下混乱排列的这些原子磁矩将同时受到磁场作用(使其趋向磁场排列)和热扰动作用(使其趋向混乱排列),因此总的效果是在外加磁场方向有一定的磁矩分量。在外磁场作用下,原子原来取向杂乱的磁矩将确定指向,从而表现出顺磁性;而与顺磁性相反的现象称为抗磁性。

顺磁性是指有些物质可以受到外部磁场的影响产生同指向的磁场的特性。顺磁(性)物质的主要特点是原子或分子中含有不成对电子,具有没完全抵消的电子磁矩,从而具有原子或分子磁矩。虽然顺磁性的物质使磁化率(磁化强度与磁场强度之比)成为正值,但数值很小。一般顺磁物质的磁化率约为十万分之一,并且随温度的降低而增大,所以,顺磁性是一种弱磁性。

如果某物质中单位体积内包含有 N 个磁原子,并置于磁场 B 中,每个磁原子的自旋为 $\frac{1}{2}$,磁矩为 μ_0,那么每一原子的磁矩取向要么"向上"(即平行于磁场),要么"向下"(即反平行于磁场)。为了求出该物质的一个原子的磁矩沿磁场 B 方向的平均分量 $\bar{\mu}_B$,可以假设磁原子彼此相距很远,邻近的磁原子在每个磁原子的位置上产生的磁场可以忽略,于是,可以集中注意单个磁原子,取单个磁原子作为研究对象,而将所有其他磁原子看作温度 T_+ 的大热源。

如果以"+"态表示原子的磁矩向上,"−"态表示原子的磁矩向下,这两种状态就是所谓的阴阳两种形态,每一个微观状态的"+"或"−"也就等价于《周易》中的阳爻或阴爻。

费米量子统计法考虑的是 n_+^0 个完全相同的粒子分配到 N_+ 个相格中的概率 P_+^0,一个相格就是一个空间(空着的"房间"),在每个相格中,每个微观状态都可以独立地取 2 种状态,N_+ 个相格一共就有 2^{N_+} 种状态。磁矩在 N_+ 个相格的 2^{N_+} 种形态的分配方式是不一样的,两个相邻的磁矩间的平行作用或反平行作用又构成了整体形态上的差异。

这样,原子处于"+"态的概率为
$$P_+ = Ce^{-\beta\varepsilon} = Ce^{\beta\mu_0 B} \tag{10-56}$$

原子处于"-"态的概率为
$$P_- = Ce^{-\beta\mu_0 B} \tag{10-57}$$

常数 C 直接由归一化条件确定,即在两个态的任意态中找到原子的概率必须等于 1,于是
$$P_+ + P_- = C(e^{\beta\mu_0 B} + e^{-\beta\mu_0 B}) = 1$$

即
$$C = \frac{1}{e^{-\beta\mu_0 B} + e^{\beta\mu_0 B}} \tag{10-58}$$

一个原子沿磁场方向的平均磁矩 $\overline{\mu}_B = \sum_i \mu_i P_i = \mu_0 P_+ + (-\mu_0) P_-$,将概率 P_+ 及 P_- 的值代入上式后,就可以得到[22]
$$\overline{\mu}_B = \mu_0 \frac{e^{\beta\mu_0 B} - e^{-\beta\mu_0 B}}{e^{\beta\mu_0 B} + e^{-\beta\mu_0 B}} \tag{10-59}$$

即
$$\overline{\mu}_B = \mu_0 \tanh \frac{\mu_0 B}{kT_+} \tag{10-60}$$

如果以统一科学的单元系统形态转化基元规律来演绎一个原子沿磁场方向的平均磁矩,只要在一维质向量坐标轴 $\vec{X}$ 内部打开 $\vec{O}\vec{N}\vec{n}\vec{E}\vec{E}_{\neq}\vec{\varepsilon}$ 分质向量坐标系,各个分质向量与各自的分质变量坐标轴同向,可以用其分质变量坐标轴来表示;这样,在 $(N,n,E,E_{\neq},\varepsilon)$ 五维分质变量空间中,远离变相点的单元系统形态转化基元规律可以用双曲正切函数 (6-323)式 $n = \pm \frac{N}{2}\tanh\frac{E}{2\varepsilon}$ 表示。令单元系统能量 E 为磁能 $\mu_0 B$,$E = \mu_0 B$,能元 ε 为特征热能 kT_+,即 $\varepsilon = kT_+$,在吸收发射条件下,代入(6-323)式就有 $n = \pm \frac{N}{2}\tanh\frac{\mu_0 B}{2kT_+}$。由于置于磁场 B 中的每个磁原子的自旋为 $\frac{1}{2}$,磁矩为 μ_0,而物质的一个原子的磁矩沿磁场 B 方向的平均分量为 $\overline{\mu}_B$,因此可以用磁矩 μ_0 与双曲正切函数的乘积 $\overline{\mu}_B = \mu_0 \tanh\frac{\mu_0 B}{kT_+}$ 来表示一个原子沿磁场方向平均磁矩的变化规律。

再令能商 $\xi \equiv \frac{E}{\varepsilon} = \frac{\mu_0 B}{kT_+}$,能商 ξ 为磁能 $\mu_0 B$ 与特征热能 kT_+ 的比值的量度,这样就可以估算:当 $kT_+ \gg \mu_0 B$,即 $\xi \ll 1$ 时,$\overline{\mu}_B = 0$。也就是说,当温度很高时,原子的磁矩方向是无秩序分布的,$P_+ \approx P_-$;反之,如果温度很低时,即 $\xi \gg 1$,则磁矩平行磁场方向就比反平行的可能性大很多,在这种情况下,$\overline{\mu}_B \approx \mu_0$。

物质单位体积内的平均磁矩(即磁化强度)指向磁场方向。如果单位体积有 N 个

磁原子,那么它的磁矩的值

$$\overline{M}_0 = N\overline{\mu}_B \tag{10-61}$$

现在再对 $\overline{\mu}_B$ 的表达式进行定量分析,当 $\xi \ll 1$ 时,指数可展开成

$$e^{\xi} = 1 + \xi + \cdots$$
$$e^{-\xi} = 1 - \xi + \cdots$$

所以

$$\tanh\xi = \frac{1}{2}[(1+\xi+\cdots)-(1-\xi+\cdots)] = \xi \tag{10-62}$$

即当 $\xi \ll 1$ 时,$\overline{\mu}_B = \dfrac{\mu_0^2 B}{kT_+}$,而当 $\xi \gg 1$ 时,$\tanh\xi = 1$,所以

$$\overline{\mu}_B = \mu_0 \tag{10-63}$$

由此可见,当 $\dfrac{\mu_0^2 B}{kT_+} \ll 1$ 时,

$$\overline{M}_0 = \chi B \tag{10-64}$$

式中,$\chi = \dfrac{N\mu_0^2}{kT_+}$,$\chi$ 称为物质的磁化率,它是与 B 无关的比例常数,反比于绝对温度 T_+,这也就是磁学中的居里定律。而当 $\dfrac{\mu_0 B}{kT_+} \gg 1$ 时

$$\overline{M}_0 \to N\mu_0 \tag{10-65}$$

也就是说,物质的磁化率 χ 越高,它就越容易被磁化。磁化率是衡量顺磁性强度的量。磁化强度 $\overline{M}_0$ 与磁场 B 及绝对温度 T_+ 无关,达到最大许可值即磁饱和状态。磁化强度 $\overline{M}_0$ 与绝对温度 T_+ 和磁场 B 的关系如图 10-22 所示。

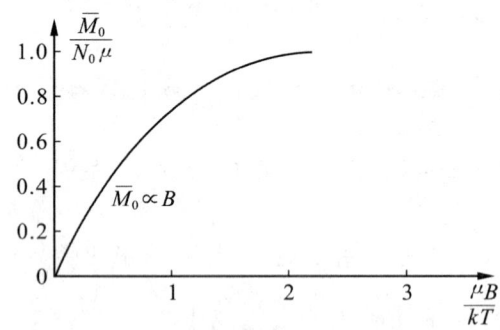

图 10-22　磁化强度 $\overline{M}_0$ 与绝对温度 T_+ 和磁场 B 的关系曲线

顺磁性物质的磁化率为正值,比反磁性大 1～3 个数量级都遵守居里定律。铁磁性物质均拥有极大的磁化率,但是大的磁化率不一定就说明一个物质是铁磁性的。可见,在讨论顺磁性时,对于处于磁场 B 中的 N 个磁原子,磁矩取向"向上"(即平行于磁场)的原子构成一个形态,磁矩取向"向下"(即反平行于磁场)的原子构成另一个形态。单

个磁原子从一种形态向另一种形态的转化过程,其单元系统形态转化基元规律可以用双曲正切函数直接演绎。

三、南极臭氧层的空洞

大气的结构与海洋的结构不同,按其物理性质来说是不均匀的,特别是在铅直方向上各气象要素形态往往是急剧变化的。不同高度范围内的大气层各有其不同的特点,这些特点可以由在某高度上取得支配地位的主要性质来确定。因此,人们按照大气温度、成分、电离等不同性质,在铅直方向将大气层分为对流层、平流层、中间层、热层和外层(散逸层)五层。

在大气的分层中,同一层次的主要特性在空间分布上是不均匀的,不仅垂直方向上的分布不均匀,而且水平方向上的分布亦如此。例如,主要集中在距地面 15～25 km 的臭氧层决定了平流层的温度结构,通过吸收绝大部分太阳光中有害的紫外线辐射,保护了地球的生命。在自然状态下,大气平流层中的臭氧分子能够吸收紫外线的能量,分解成为氧原子,并很快与大气中的氧气发生进一步的化学反应生成新的臭氧分子,使臭氧层中的臭氧分子达到动态平衡。大气平流层在这个周而复始的过程中保存了大气中 90% 的臭氧,位于这一高度的臭氧能够吸收大部分对地球生物健康有害的 UV-B 段紫外线,从而抵挡大量的有害的紫外线到达地球。

但在过去的岁月里,人们不知不觉地向大气排放了额外的氟氯化碳类的化学物质。20 世纪 70 年代以来,科学家发现全球臭氧总量有逐渐减少的趋势,并推断臭氧的减少主要在臭氧层。墨西哥化学家莫利纳和美国化学家罗兰首次注意到人类制造的氟氯化碳类物质可能与臭氧层的破坏有关,并进一步发现释放到大气中的氟氯化碳类物质会在大气中停留大约 10 年,最终上升到平流层。这些化学物质部分破坏了保护人类生命的臭氧层的水平分布,进而扰乱了由自然界建立的脆弱的平衡。

在联合国成立 50 周年之际,由世界气象组织和联合国环境署联合出版的《变化中的臭氧层》一书指出,在赤道带上空的平流层,臭氧不断地生成,它们通过空气运动向两极输送,由此形成了一个保护地球上生命的臭氧层。人们通过全球臭氧观测系统的测量发现,从 1977 年开始在南极上空的臭氧层已形成了空洞。1986 年和 1987 年的特别考察获取的资料进一步确认了活性氯物质(如一氧化氯 ClO)的存在是破坏保护性臭氧层的原因。图 10-23 所示就是美国国家航空航天局 1987 年进行飞机测量得到的一氧化氯和臭氧的浓度

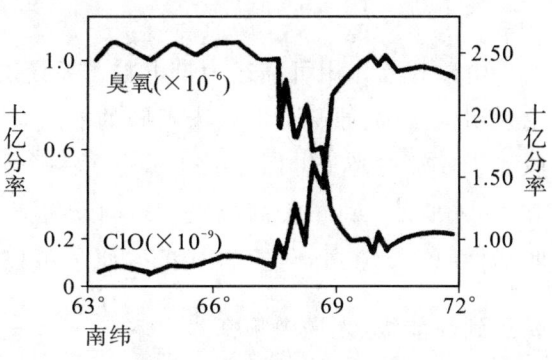

图 10-23 平流层的一氧化氯和臭氧的浓度分布曲线

分布曲线。

由图可见，随着飞机进入极地涡旋和南极臭氧"空洞"（约67°S），一氧化氯（ClO）迅速增加，其分布曲线为形态转化的S形曲线。测量时（9月中旬），涡旋的化学不平衡地区阳光普照，臭氧的浓度随纬度增加的分布曲线为反S形的形态转化分布曲线。这两条形态转化曲线呈反相关，清楚地说明了人为制造的氯氟烃、哈龙、四氯化碳、甲基氯仿等正在消耗臭氧并破坏脆弱的南极平流层的化学平衡。此后，进一步的观测表明臭氧层的耗损不仅在南极已经发生，而且在北极上空和其他中纬度地区也都出现了程度不同的臭氧层耗损现象。

臭氧形态转化曲线警示人们必须采取补救行动来保护臭氧层，否则将对人类造成严重危害。为此，国际社会已通过《关于保护臭氧层的维也纳公约》和《关于耗损臭氧层物质的蒙特利尔议定书》的缔结与履行及一系列削减使用耗损臭氧层物质的行动计划来保护臭氧层。此后，随着《关于耗损臭氧层物质的蒙特利尔议定书》履约获得重大进展，臭氧层空洞的形态变化曲线有望得以修复。

其实，上述的一氧化氯（ClO）浓度变化的S形曲线与臭氧（O_3）浓度变化的反S形曲线用统一科学的理论也可以得到解释。在一维正向质向量坐标系 $\vec{X}_+$ 内部（$\vec{N}_+$, $\vec{n}_+$, $\vec{E}_+$, $\vec{E}_{\neq +}$, $\vec{\varepsilon}_+$）五维分质向量空间的（$\vec{C}_{N_+}$, $\vec{n}_+$, $\vec{E}_+$, $\vec{C}_{E_{\neq +}}$, $\vec{C}_{\varepsilon_+}$）截面上，各个分质向量坐标轴与各自的分质变量坐标轴同向，可以用其分质变量来表示。单元系统形态转化基元规律可以用(5-26)式 $n_+ = \dfrac{C_{N_+}}{1+e^{\pm(C_{E_{\neq +}}-E_+)/C_{\varepsilon_+}}}$ 和(5-28)式 $E_+ = C_{E_{\neq +}} \pm C_{\varepsilon_+} \cdot \ln\dfrac{n_+}{C_{N_+}-n_+}$ 的函数关系式表示。当异质单元数 n_+ 以臭氧浓度来表现，而能量 E_+ 的显性因子 θ_+ 用地球纬度来表现时，把(6-386)式能量 $E_+ = F\theta_+$ 的能量因子特殊化，代入单元系统形态转化基元规律的函数关系式，就可以描绘在远离平衡态的臭氧浓度和纬度的函数关系曲线。

四、激光的机理

电磁相互作用可描述为带电粒子系统对光子的吸收和发射。固体物理学的能带理论表明，物质的原子可以处于不同的能级，当原子在不同能级之间上下跃迁时，可以吸收光子或辐射光子。图10-24示意了一个处于双能级中的原子，其可能的能级为 E_{+1} 和 E_{+2}（$E_{+1} > E_{+2}$）。高能级 E_{+1} 叫激发态，低能级 E_{+2} 叫基态。处于激发态上的原子叫活性原子。在外界光场作用下，原子可以吸收能量为 $E_{+1} - E_{+2}$ 的光子而从低能级跃迁到高能级，光场中频率为 $\nu_+ = \dfrac{E_{+1} - E_{+2}}{h}$ 的光子正具有这样的能量（这里 h 为普朗克常数）。相反，如果原子初始时处于高能级 E_{+1}，它就可以自发地从高能级跃迁到基态或低能级激发态而放出同样频率 $\nu_+ = \dfrac{E_{+1} - E_{+2}}{h}$ 的光子,这个过程叫自发辐射,如图 10-25 所示。[23]

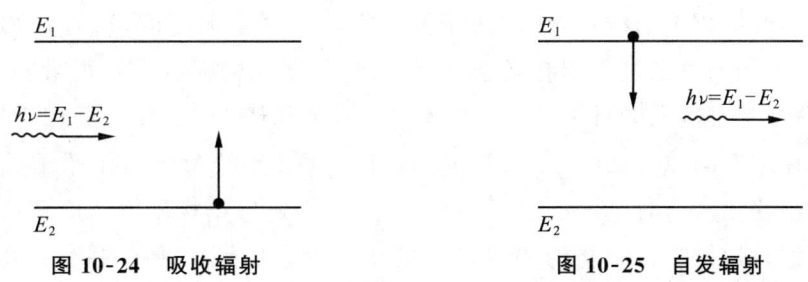

图 10-24　吸收辐射　　　　　　图 10-25　自发辐射

一个频率为 $\nu_+ = \dfrac{E_{+1} - E_{+2}}{h}$ 的光子打入一个处于激发态的活性原子上,也令激发原子从高能级向低能级跃迁,同时放出两个频率为 ν_+ 的光子,这个过程叫受激辐射过程。受激过程与化学的自催化反应和电子线路中的正反馈十分类似。由于系统发射的光可以在可见光的频率范围,也有可能是不可见的光,因此人们笼统地把整个光场称为辐射。

在众多原子组成的宏观系统中,总是有些原子处于激发态,而有些原子处于基态。通常,处于激发态的原子要比处于基态的原子少得多。统计物理学的计算告诉人们,在温度为 t(℃)的情况下,处于高能级 E_{+1} 的原子数与处于低能级 E_{+2} 的原子数之比是 $\dfrac{n_{+1}}{n_{+2}} = e^{(E_{+1} - E_{+2})/kT_+}$,式中 T_+ 是绝对温度(近似等于 $273 + t$),而 k 是玻尔兹曼常数。在常温常压下,$E_{+1} - E_{+2} \ll kT_+$,所以 $e^{(E_{+1} - E_{+2})/kT_+}$ 很小,系统中绝大多数原子处于基态。这样,绝大多数原子只能吸收光子进行受激跃迁,而通过自发辐射或受激辐射放出光子的原子数则很少。[24]

在平衡态中,输入能量为零,外界光场与原子达到平衡,光的强度很弱。处于平衡态的原子群体中的原子进行着无序的电磁运动,是没有方向性的低高密度的光。那些少量的处于激发态的活性原子也是各自独立地发射光波。这些弱光不仅没有一致的频率、位相和方向,而且经常互相抵消而变得更弱。因此,这些自然光的光强近似于零。图 10-26 示意了少量活性原子彼此独立地发出自然光。

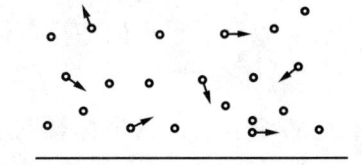

图 10-26　少量活性原子发出自然光

不过,人们可以采用一些物理方法强迫原子系统离开平衡态而进入近平衡态直至远离平衡态。例如,在红宝石激光器中用光照射红宝石,或在半导体激光器中使半导体两端形成适当的电压,利用这些手段输入能量可不断地把基态的粒子激发到高能态上去并发射光波,这个过程类似于事先用水泵把水抽上水塔,所以人们把这类操作叫作光泵。利用光泵可以使原子系统布居在激发态上的

粒子数大于常温 t 时的正常粒子数。光泵使系统偏离了平衡态,光泵强度越强,这种偏离程度就越大。但是,当输入的能量较小时,系统处于近平衡态。只要保持基态粒子数大于激发态粒子数,基态粒子数"粒多势众"使得激发态粒子的特性无法体现;激活原子彼此独立地发射不相干的波列,它们的相位和方向是完全无序的,这时,激光器就像一盏普通的灯,原子的发光过程始终是杂乱无章的,辐射场的强度总是很微弱的。

但是,一旦光泵输入能量 E_+ 的强度超过了一个阈值 $E_{+\neq}$,使布居在激发态的原子数大于布居在基态的原子数——物理上把这种上大下小的布居叫作原子数反转,形势就会发生急剧变化。这时系统已经远离平衡态,近平衡态结构不再适应环境,受激辐射占了支配地位。初始十分微弱的辐射场被处于激发态的原子逐次放大,产生了位相一致、方向一致、相干性极好、强度很大的辐射场,这种"由辐射的受激发生的光放大"的缩写(LASER)就叫作激光,如图 10-27 所示。

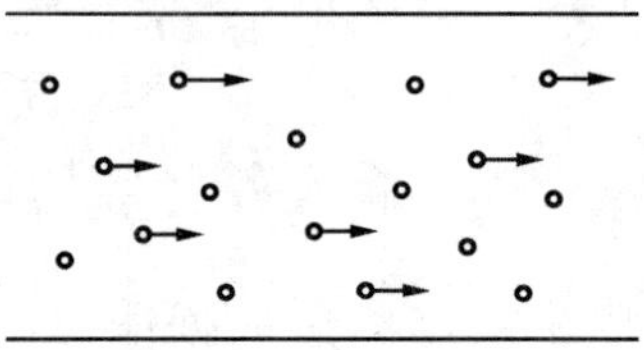

图 10-27 激光

激光是一种人工产生的单色性强、相干性好、方向性好和密度高的光,是高度有序的电磁运动。1960 年以降,人们认识了激光的机理后各种激光器相继出现,已经为光与物质相互作用的研究提供了前所未有的全新实验手段。以 PN 结型半导体激光器为例,激发态 E_{+1} 相当于导带而基态 E_{+2} 相当于价带,光辐射的机理是导带电子与价带空穴的复合。非平衡态导带中能级为 E 的状态为电子占据的概率为[23]

$$P_e^v(E) = \frac{1}{1+e^{(E-E_F^v)/k_B T}} \tag{10-66}$$

而非平衡态价带中能级为 E 的状态为电子占据的概率为

$$P_e^v(E) = \frac{1}{1+e^{(E-E_F^v)/k_B T}} \tag{10-67}$$

价带能量为 E 的能级为空穴占据的概率与导带中能级为 E 的状态为电子占据的概率的关系为

$$P_p^v(E) = 1 - P_e^v(E) \tag{10-68}$$

其实,以统一科学的理论可以更为清晰地解释激光的机理。在一维正向质向量坐标系 $\vec{X}_+$ 内部 $(\vec{N}_+, \vec{n}_+, \vec{E}_+, \vec{E}_{\neq +}, \vec{\varepsilon}_+)$ 五维分质向量空间的 $(\vec{C}_{N_+}, \vec{n}_+, \vec{E}_+, \vec{C}_{E_{\neq +}}, \vec{C}_{\varepsilon_+})$ 截面上,各个分质向量坐标轴与各自的分质变量坐标轴同向,可以用其分质变量来表示。单元系统形态转化基元规律可以用(5-26)式 $n_+ = \dfrac{C_{N_+}}{1+e^{\pm(C_{E_{\neq +}}-E_+)/C_{\varepsilon_+}}}$ 和(5-28)式

$E_+ = C_{E_{\neq +}} \pm C_{\varepsilon_+} \ln \dfrac{n_+}{C_{N_+}-n_+}$ 的函数关系式表示。原子从基态到激发态的形态变化,其变化过程是把一般的吸收发射形式指定为特殊的受激辐射形式。如果处于平衡态的原子群体的原子总数为 $N_+ = C_{N_+}$,而从基态跃迁到激发态的活性原子数为 n_+,这样的

异质单元数 n_+ 是随外界光场强度变化的一个变量。当单元系统的能量 E_+ 通过光泵强度 I_+ 这一特殊的显性因子 θ_+ 来表现时,由(6-386)式 $E_+=F\theta_+$ 就有 $E_+=FI_+$,单元系统的能阈 $E_{\neq+}$ 对应着光泵强度的阈限值 $I_{\neq+}$,$E_{\neq+}=C_{P_0}=FI_{\neq+}$,而能元又保持不变($\varepsilon_+=C_{\varepsilon_+}$),因此在吸收发射和远离平衡态的条件下,(5-26)式 $n_+=\dfrac{C_{N_+}}{1+\mathrm{e}^{\pm(C_{E_{\neq+}}-E_+)/C_{\varepsilon_+}}}$ 就成为

$$n_+=\frac{C_{N_+}}{1+a\mathrm{e}^{-BI_+}} \tag{10-69}$$

式中,$a=\mathrm{e}^{C_{E_{\neq+}}/C_{\varepsilon_+}}$,$B=\dfrac{F_{I_+}}{C_{\varepsilon_+}}$。通过活性原子数 n_+ 与光泵强度 I_+ 的逻辑斯蒂函数来表达原子布居形态反转生成激光的规律,其原子群体由散漫的无序形态转化为高度有序的协同状态的关系曲线就是 S 形曲线。

特别地,对单元系统的形态参量进行非平衡态导带中能级为 E 的状态的相关质变量进行规定,令 $P_\mathrm{e}^\mathrm{v}(E)=\dfrac{n_+}{C_{N_+}}$,$C_{\varepsilon_+}=k_BT$,$C_{E_{\neq+}}=E_F^\mathrm{e}$,由(5-26)式 $n_+=\dfrac{C_{N_+}}{1+\mathrm{e}^{\pm(C_{E_{\neq+}}-E_+)/C_{\varepsilon_+}}}$ 就可以直接演绎出(10-66)式。同样,对单元系统的形态参量进行非平衡态价带中能级为 E 的状态的质变量进行规定也就可以直接演绎出(10-67)式和(10-68)式。

可见,激光的产生是在原子布居反转的非平衡条件下,由千千万万个小原子因受激辐射相互协同组织的相变结果。各个激活原子似乎被某种力量自动组织起来,以同一的频率和相位朝着同一方向发射单色波,且长度可达上万千米!激光是在远离平衡时出现的典型的耗散结构,其宏观尺度上高度有序的协同状态是无机界中一个非常明显的自组织现象,是与无序的自然光完全不同的另一种有序的形态。

五、生物体致突变作用

突变本来是生物界的一种自然现象,是生物进化的基础。由于生物体适应环境的能力,其形态和生理受它们所生活的环境影响很大。环境因素(包括环境污染物)引起生物体细胞遗传信息发生突然改变的作用,称为致突变作用。在细胞分裂繁殖过程中,这种变化的遗传信息或遗传物质能够传递给子代细胞,使其具有新的遗传特性。具有这种致突变作用的物质称为致突变物。

生物细胞内的遗传物质主要是染色体,它是一种复杂的核蛋白结构,主要成分是脱氧核糖核酸(DNA)。染色体上排列着成千上万个基因,即染色体上占有一定位置的遗传单位。遗传物质的变化,若涉及整个染色体,则表现为染色体结构或数目的改变,称为染色体畸变;只限于基因范围,则为基因突变。基因突变存在利和害两个方面。例如,现在人们通过航天搭载,将酒曲酵母菌投入微重力、宇宙射线、重粒子、变化磁场和

高真空的特殊太空环境中,在综合诱因作用下,使酵母菌体内的DNA基因组出现断裂和重组的变异现象,产生基因突变,再对基因突变的酵母菌种进行多方式的筛选,最终就能培育出独具"太空特色"的新型酵母菌种。

但是,突变对大多数生物个体往往有害。哺乳动物的生殖细胞如发生突变,可能影响妊娠过程,导致不孕和胚胎早期死亡等;体细胞的突变,可能是形成癌肿的基础。如果环境污染物具有致突变作用,则为一种毒性表现。已知能引起染色体畸变的环境因素,在物理学方面有各种辐射线(X射线、γ射线、中子、紫外线等)、磁场、声波、温度变化等,在生物学方面有病毒、支原体、霉菌素等,在化学方面有部分有机化合物、无机化合物和元素。

目前,关于以上各种因素诱发染色体畸变的机理存在各种假说,最基本的原因是各种环境污染物直接或间接地影响了基因的化学成分DNA的结果。例如,射线的电离辐射能直接损伤DNA的螺旋结构,病毒的DNA或RNA基因组可以整合到人体DNA链中,不同的化学物质可以抑制或破坏原有的DNA螺旋结构。

在正常情况下,每种生物都有固定的染色体数目和结构,只有在不利的环境因素作用下,才会发生畸变。环境污染物对生物产生危害的程度,主要取决于污染物进入生物体的剂量。机体毒性反应强弱和环境污染物的毒性大小又有密切的关系。人们通常交替地运用效应和反应来说明个体或群体对一定剂量的有毒物质的反应。效应仅涉及个体,即一个动物或一个人;反应则涉及群体,如一组动物或一群人。反应以百分率或比值表示其质化效应。

效应就是生物学效应,指机体在接触一定剂量的某种外界因素后引起的生物学改变。效应一般具有强度性质,为量化效应或称计量资料,其强度可用一定计量单位来表示。效应用于叙述在群体中发生改变的强度时,往往用测定值的均数来表示。近代一些毒理学家提出:把引起个体生物学的变化,如条件反射、非条件反射、脑电、心电、血象、免疫功能、酶活性的变化及各种中毒症状和死亡的出现等称为效应。

反应是指接触一定剂量的某种外界因素后,表现出某种生物学效应并达到一定强度的个体在群体中所占的比例。生物学反应常以"阳性"和"阴性"或以"阳性率"等表示。例如,将一定量的化学物给予一组实验动物,引起50%的动物死亡,则死亡率为该化学物在此剂量下引起的反应。也就是说,把对群体影响的变化如对某种实验动物的半数致死量(LD_{50})、肿瘤的发生率等称为反应。

在毒理学中,剂量—反应关系是指不同剂量的毒物与其引起的质化效应发生率之间的关系。如果某种毒物引起机体出现某种损害作用,一般就存在明确的剂量反应关系(过敏反应例外)。剂量—反应关系可用曲线表示,即以表示反应的百分率或比值为纵坐标,以剂量为横坐标,绘制散点图所得的曲线。不同毒物在不同条件下引起的反应类型是不同的,主要原因是剂量与反应的相关关系不一致,在用曲线进行描述时可以呈现不同类型的曲线。实验得到的典型剂量—反应关系曲线一般都呈S形,如图10-28

所示。

剂量—反应关系曲线的特点是在低剂量范围内,随着剂量增加,反应或效应强度增加较为缓慢;然后随剂量的逐渐增加,反应趋于明显,反应或效应强度也随之急速增加;但是当剂量继续增加时,反应或效应强度增加又趋于缓慢。曲线开始平缓,继之陡峭,然后又趋平缓,呈现 S 形。曲线的中间部分,即反应率 50% 左右,斜率最大,剂量略有变动,反应即有较大增减。

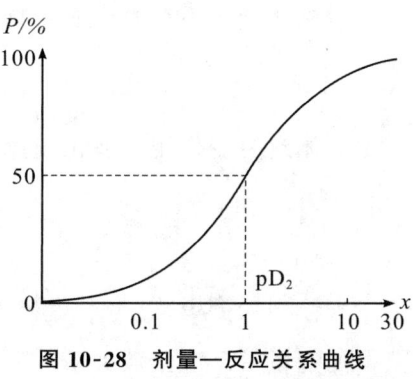

图 10-28 剂量—反应关系曲线

剂量大小意味着生物体接触毒物的多少,是决定毒物对机体造成损害的最主要的因素。剂量是指给予机体的数量、与机体接触的数量、吸收进入机体的数量或靶器官中的含量或浓度。毒物与机体接触直至产生毒性效应可以分为三个时相,即接触相、动力相和毒效相。机体产生不良或有害生物学变化的最小剂量称为阈剂量,这是可以使整个机体或较重要的器官和系统的功能状态引起变化的最低剂量。低于阈剂量,没有观察到对机体产生不良效应的最大剂量称为无作用剂量。阈剂量或无作用剂量是制定卫生标准和环境质量标准的主要依据。

其实,以统一科学的理论来看致突变作用,生物学的剂量—反应关系表现的就是在吸收发射条件下生物体形态变化过程的特殊形式。考察污染物进入生物体的剂量反应关系,生物体的形态变化过程是在吸收发射条件下把单元系统形态变化过程指定为特殊的质变形式。如果处于平衡态的生物体的个体总数为 $N_+ = C_{N_+}$,而对机体产生不良效应的个体数为 n_+,那么,在一维正向质向量坐标系 $\vec{X}_+$ 内部 $(\vec{N}_+, \vec{n}_+, \vec{E}_+, \vec{E}_{\neq +}, \vec{\varepsilon}_+)$ 五维分质向量空间的 $(\vec{C}_{N_+}, \vec{n}_+, \vec{E}_+, \vec{C}_{E_{\neq +}}, \vec{C}_{\varepsilon_+})$ 截面上,各个分质向量坐标轴与各自的分质变量坐标轴同向,可以用其分质变量来表示。在远离平衡态,单元系统的形态转化基元规律可以用(5-26)式 $n_+ = \dfrac{C_{N_+}}{1+e^{\pm(C_{E_{\neq +}} - E_+)/C_{\varepsilon_+}}}$ 和(5-28)式 $E_+ = C_{E_{\neq +}} \pm C_{\varepsilon_+} \cdot \ln \dfrac{n_+}{C_{N_+} - n_+}$ 的函数关系式表示。

以污染物进入生物体的剂量为显性因子 x_+,由(6-386)式 $E_+ = F\theta_+$ 就有 $E_+ = Fx_+$,单元系统的能阈 $E_{\neq +}$ 对应着污染物进入生物体的阈剂量 $X_{\neq +}$,$E_{\neq +} = FX_{\neq +}$,而能元又保持不变($\varepsilon_+ = C_{\varepsilon_+}$),在吸收发射条件下,(5-26)式 $n_+ = \dfrac{C_{N_+}}{1+e^{(C_{E_{\neq +}} - E_+)/C_{\varepsilon_+}}}$ 就成为

$$n_+ = \dfrac{C_{N_+}}{1+a e^{-\beta x_+}} \tag{10-70}$$

式中,$a = e^{C_{E_{\neq +}}/C_{\varepsilon_+}}$,$\beta = \dfrac{F_x}{C_{\varepsilon_+}}$。

对机体产生不良效应的生物体的百分率或比值赋予单元系统形态转化信息特定的含义,即 $P_+ = \dfrac{n_+}{C_{N_+}}$。代入(10-70)式,就可以得到精确地描述污染物进入生物体的剂量与生物体致突变作用的变化规律

$$P_+ = \dfrac{1}{1+ae^{-\beta x_+}} \qquad (10\text{-}71)$$

上式是以剂量 x_+ 或其浓度 $C_+ = \dfrac{x_+}{V_+}$ 为自变量,以反应强度的百分率为因变量所获得的剂量—反应函数关系。显然,由此就可以直接描绘图 10-28 的 S 形剂量—反应关系曲线。当单元系统形态转化信息 P_+ 为 $\dfrac{1}{2}$ 时,就是生物体的反应率为 50% 或半数致死量(LD_{50})。

六、准单元系统的滞留回线

理想的单元系统是指构成系统的所有单元都是单一性质的全同元素,只要有异质元素存在的系统就是非单元系统。不过,如果异质元素的数量相对于整个系统同质元素的数量只是极其微小的量,那么这样的非单元系统就称为准单元系统。现实中含有微量杂质的准单元系统比比皆是。在此,就以铁电体和半导体的接触现象以及吸附脱附等温线作为认知准单元系统形态转化滞留回线的范例。

(一)铁电体和半导体的接触现象

在半导体物理学中,具有铁电性的物质称为铁电体。铁电体中存在固有的自发极化电矩。铁电晶体中通常还伴随着电畴结构的出现,同一个电畴中的自发极化电矩同向;当晶体足够大时,不同电畴的电矩可以因取向不同而互相抵消,使得宏观的极化不显露出来。铁电性是对某些铁电晶体施加外加电场时其自发极化强度可以随外电场的方向而转向。铁电体的这些性质与铁磁性十分相似,所以称为铁电性。

所有铁电体的铁电性都出现在一定的温度范围。在较高温度时,铁电体不具有铁电性且处在顺电相;当温度下降到相变温度时,铁电体涌现铁电性而处于铁电相。铁电晶体从顺电相到铁电相的相变过程本质上是一种协作作用。由顺电相到铁电相的转变温度称为居里点。许多领域的研究表明,协作作用应该是尺度相关的,当研究体系的尺度减小到与相干长度可以比拟时,这种相互作用便会减弱。然而,由于电矩作用的长程性质,铁电体中的协作作用要比其他场合(如超导现象)来得复杂,铁电体中往往同时存在着两种不同的互作用现象:微观的作用趋向于使晶体中固有电矩排列一致,而以退极化场形式表现的宏观作用则趋向于破坏固有电矩的有序排列。这两种作用都是与尺度有关的,只是微观作用的相干长度远比宏观作用的相干长度短。因此,研究铁电相变规

律有助于探明种类不同的互作用各自对铁电现象的影响。

实验表明,在金属-铁电体-半导体(MFS)结构中,剩余极化强度稳定值的降低是本征的变化,而不是相邻的相反极化畴互相抵消所表现的平均极化强度减低的现象。由于在接近临界温度时,各种连续相变的相应物理量都有相似的临界行为,因而根据研究铁电相变微观机制的热力学理论的软模理论,把畸变后的晶体结构视为原结构附加软模所对应的"冻结了的"原子位移,由此而得到的有关畸变结构相变的一般结论便具有普遍的意义。

在铁电体-半导体接触的结构中,由于半导体中空间电荷密度(包括自由载流子和电离杂质的浓度)比较低,补偿极化的空间电荷分布在从界面到半导体体内有限深度的范围内,这些区域的电势和能带也会发生相应的变化。对于本征半导体—铁电体—半导体对称结构在外加偏压 V_a 作用下的情形,铁电体中退极化场在数值上等于两侧界面电势和外加偏压代数和除以铁电体自身的厚度。退极化场的出现标志着存在极化电荷补偿不足的过程,这种过程实质上是由接触性质和电路条件决定的。

铁电体中由于出现畴结构,宏观极化强度 $P=0$。当外电场 E 很小时,P 与 E 为线性关系;当外电场 E 足够大时,自发极化电矩在外电场作用下可以改变方向。在交变外电场 E 的作用下,宏观极化强度 P 出现滞后于 E 而变化的关系曲线,称为电滞回线。铁电体电滞回线的形成决定于电畴结构在外电场中的变化。经过固定振幅的强交变电场多次反复极化之后,电滞回线有大致稳定的形状,如图 10-29 所示。

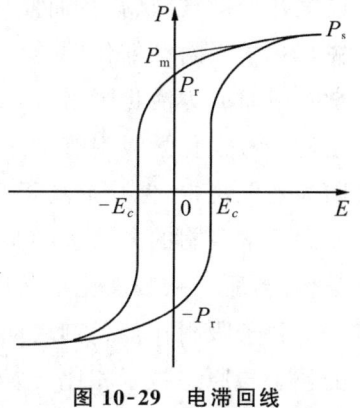

图 10-29 电滞回线

图 10-29 中的箭头标明回线循环的方向。当交变外电场 E 很大时,极化趋向饱和,从这部分外推至纵轴的截距 P_s 称为饱和极化强度。在饱和部分,晶体呈单畴状态,其中所有电矩均沿最靠近外电场方向的那个可能的自发极化方向排列。E 由幅值减小时,P 略有降低;当 $E=0$ 时,铁电体具有剩余极化强度 P_r;当电场反向至 $E=E_c$ 时,剩余极化迅速消失,反向电场继续增大时极化反向形成大致对称的回线,其中 E_c 称为矫顽场。电滞回线是判断铁电性的重要标志,可以用来表明退极化场及其铁电薄膜相变特性的影响。

其实,在统一科学看来,铁电体的电滞回线表明了铁电薄膜的相变在吸收发射和自发发射过程中都服从单元系统形态转化基元规律,只是由于铁电体中存在自发极化电矩,电畴结构不是理想的球体,铁磁畴不是全同的单元系统,使得铁电薄膜相变经历吸收发射再到自发发射这样两个相反过程后,这样的准单元系统形态变化关系曲线就是经历了不可逆过程的两条不重合、不光滑的曲线。

(二)吸附脱附等温线

吸附脱附现象产生的等温线也可以作为认知含杂质的准单元系统形态变化曲线的范例。固体表面的原子或分子由于受到不对称力场的作用,可吸附气体或液体分子以减弱这种不对称的力场。当气体或液体分子与多孔固体物质接触时,气体或液体分子可在多孔物质表面发生吸附现象。被吸附的物质称为吸附质,能吸附别的物质的固体称为吸附剂。在吸附质与吸附剂接触时,吸附质分子与吸附剂表面发生碰撞,吸附质分子由于力的作用被表面吸住而留在表面上。被吸住的分子在表面上还有一定的热运动和振动,若由于温度升高或其他环境因素的作用,使这两种运动的能量增加到可以摆脱吸附力的束缚,被吸住的分子就会离开多孔物质表面逸入外空间,从而产生脱附现象。

按照吸附质与吸附剂作用力的性质不同,可以将吸附区分为物理吸附与化学吸附。化学吸附类似于化学反应,吸附后反应物分子与多孔物质(催化剂)表面原子之间形成吸附化学键,组成表面络合物,它与原反应物分子相比,由于吸附链的强烈影响,某个键或某几个键被减弱,从而使反应活化能降低很多。

化学吸附在催化中是一个必经的且又重要的步骤,反应物在催化剂表面上发生化学吸附而成为活化吸附态,从而降低反应活化能、加快反应速度、控制反应方向或产物结构。考察化学吸附有助于了解催化过程的机理,还可用来研究催化剂的活性表面。因为在催化中,催化剂真正起作用的表面是那部分活泼的表面,这部分活泼的表面通常要用化学吸附的方法去测试。催化作用本质上是表面化学作用而不影响化学平衡的一类作用,所以从表面化学角度研究催化是最基本的。

粒子吸附在催化剂表面,借它和催化剂表面原子间的吸附链构成吸附态。吸附态的粒子与原态粒子相比,结构一般有较大的变化,因此,从本质上说,原态粒子与吸附态粒子是两种形态的粒子,或者说原态粒子变为吸附态粒子是一种形态变化的质变。吸附粒子可以分子、原子、离子等形式处于吸附态,催化剂中进入吸附态的成分可以是催化剂表面的原子或离子等。

在吸附剂表面上,粒子被吸住的过程是与吸住的粒子离开吸附剂表面的过程并存。当吸住占优势,使吸附剂表面上的粒子数目愈来愈多时,就表现为吸附;当吸住的粒子从吸附剂表面离开占优势,使吸附剂表面上的粒子数目愈来愈少时,就表现为脱附。吸附与脱附的速率相等时,吸附剂表面上粒子的数目维持在某一定量,即动态吸附平衡。

在恒定体积下,一定量的吸附质粒子表现为一定的压力,当改变环境的压力时,吸附的平衡点就要发生移动。由于温度对于气体的体积和压力都会产生影响,因此人们一般选择恒定的温度来研究吸附质的量与压力的关系。"吸附等温线"就是固定在某一温度下和吸附达到平衡时吸附量与压力的关系曲线。吸附与脱附的矛盾互相制约,吸附等温线不可能呈直线形状。随着压力的增加,等温线的斜率随之变化,当催化剂内开始发生毛细管凝聚时,等温线就出现突跃。

1916年，美国化学家朗缪尔在研究低压下气体在金属上的吸附时，通过实验数据发现了一些规律，他根据这些规律建立了单分子层吸附理论，并且由平衡时吸附速率和解吸速率相等（即 $\kappa_1 p(1-p)=\kappa_{-1}p$）而导出朗缪尔吸附等温式

$$n_+ = C_{N_+}\frac{bp}{1+bp} \tag{10-72}$$

式中，n_+ 为压力 p 时固体表面的吸附量；C_{N_+} 为吸附饱和时的吸附量，对于单分子层吸附，固体表面被气体覆盖的分数就是 $P_+=\dfrac{n_+}{C_{N_+}}$，固体表面未被气体覆盖的分数为 $P_+^0=1-P_+$；$b=\dfrac{\kappa_1}{\kappa_{-1}}$ 称为吸附系数，其大小反映了固体吸附气体的能力。[26]

其实，在一维正向质向量坐标系 $\vec{X}_+$ 内部 $(\vec{N}_+,\vec{n}_+,\vec{E}_+,\vec{E}_{\neq +},\vec{\varepsilon}_+)$ 五维分质向量空间的 $(\vec{C}_{N_+},\vec{n}_+,\vec{E}_+,\vec{C}_{E_+},\vec{C}_{\varepsilon_+})$ 截面上，各个分质向量坐标轴与各自的分质变量坐标轴同向，可用其分质变量来表示。单元系统形态转化基元规律可以用(5-15)式 $n_+=\dfrac{C_{N_+}}{1+Ce^{-E_+/C_{\varepsilon_+}}}=C_{N_+}\dfrac{C^{-1}e^{E_+/C_{\varepsilon_+}}}{1+C^{-1}e^{E_+/C_{\varepsilon_+}}}$ 表达。令吸附系数 b 与压力 p 的乘积 $bp=C^{-1}e^{E_+/C_{\varepsilon_+}}$，(5-15)式就是朗缪尔吸附等温式(10-72)式。可见，由单元系统形态转化基元规律就可演绎朗缪尔吸附等温式。

从理论上讲，吸附和脱附的形态变化函数在数学上应表现为单值函数，即不论在吸附过程还是在脱附过程，都只能得到同一个等温线。但是，在研究孔性催化剂的等温吸附过程中发现了一个反常现象。比如，苯在氧化铁胶上的吸附等温线，从吸附过程中所得到的与在脱附过程中所得到的不同，在中间一段压力范围内不重合。这种现象称为滞后现象，吸附等温线（吸附支）与脱附等温线（脱附支）组成一个滞后环，如图 10-30 所示。滞后现象存在时，在吸附过程中和脱附过程中与同一气体压力相应的吸附量不同，与同一压力 p 对应的吸附量，在吸附支上是 $V_{吸}$，在脱附支上是 $V_{脱}$，而 $V_{脱}$ 总大于 $V_{吸}$。滞后现象存在时，与同一吸附量对应的气体

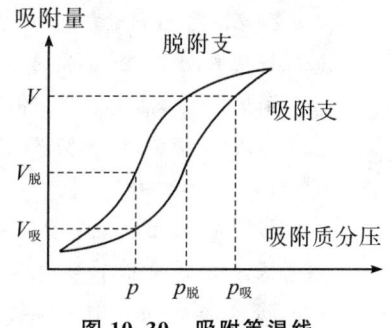

图 10-30　吸附等温线

压力，在吸附过程中与脱附中不一样，与同一吸附量 V 对应的气体压力，在吸附支上是 $p_{吸}$，在脱附支上是 $p_{脱}$，而 $p_{吸}$ 总是大于 $p_{脱}$ 的。

其实，吸附—脱附过程的滞后环和铁磁中的磁滞回线是一回事，它们都是准单元系统形态变化不可逆过程的表现。因为只要吸附质粒子不是理想的球体，就不是所谓理想的全同单元，就要花一部分能量来完成翻转等运动，而且作为吸附剂的催化剂，其多孔表面的孔洞大小深度形状等也是不完全均匀的，这些因素必然使得吸附曲线与脱附曲线形成滞后圈。

参考文献

[1] 王身立.生命的态与阴阳学说[J].自然杂志,1987,10(5):366-369.
[2] 方维平,陈秉辉.广义相变[M].厦门:厦门大学出版社,2011:1.
[3] 哈肯.协同学:大自然构成的奥秘[M].凌复华,译.上海:上海译文出版社,2005:184.
[4] 苗东升.系统科学精要[M].2版.北京:中国人民大学出版社,2006:54-66.
[5] 宋波,玄玉仁,卢凤勇,等.浅评逻辑斯蒂方程[J].生态学杂志,1986,5(3):57-62.
[6] Martino J.,唐金刚.增长曲线预测法[J].世界科学,1985(10):52-59.
[7] 邹德慈.城市规划导论[M].北京:中国建筑工业出版社,2002:13-16.
[8] 王正行,张建玮,唐毅南.北京SARS疫情走势的模型分析与预测[J].物理,2003,32(5):341-344.
[9] 胡承正.统计物理学[M].武汉:武汉大学出版社,2004:1-2.
[10] 陈仁烈.统计物理引论[M].2版.北京:人民教育出版社,1963:246-252.
[11] 费恩曼,莱顿,桑兹.费恩曼物理学讲义:第3卷[M].潘笃武,李洪芳,译.上海:上海科学技术出版社,2005:37-39.
[12] 于渌,郝柏林.相变和临界现象[M].北京:科学出版社,1984:92-111.
[13] Gordon F.21世纪新物理学[M].秦克诚,译.北京:科学出版社,2013:521.
[14] 章立源.超越自由:神奇的超导体[M].北京:科学出版社,2016:1-16.
[15] 埃里克·詹奇.自组织的宇宙观[M].曾国屏,等,译.北京:中国社会科学出版社,1992:27-29.
[16] 陈实平,章净波.龟的性别分化[J]自然杂志.1987,10(4):295-296.
[17] 杨慧,王晓力,陈燕.生物学理论与生物技术研究[M].北京:中国水利水电出版社,2014:17-25.
[18] 安特罗波夫.理论电化学[M].吴仲达,朱耀斌,吴万伟,译.北京:高等教育出版社,1982:407-414.
[19] 魏诺.非线性科学基础与应用[M].北京:科学出版社,2004:13-17.
[20] 杨帮华,李昕,杨磊,等.模式识别技术及其应用[M].北京:科学出版社,2016:73-76.
[21] 萧树铁.土壤水非线性扩散问题的研究及其应用[J].自然杂志.1983,6(11):823-826.
[22] 费恩曼,莱顿,桑兹.费恩曼物理学讲义:第2卷[M].李江芳,王子辅,钟万蘅,译.上海:上海科学技术出版社,2005:482-485.
[23] 母国光,战元令.光学[M].北京:人民教育出版社,1978:599-601.
[24] 钱显毅,钱显忠,钱爱玲.应用物理学[M].北京:中国水利水电出版社,2012:283-285.
[25] 陆栋,蒋平,徐至中.固体物理学[M].上海:上海科学技术出版社,2003:288-293.
[26] 阚伟,刘宇辉,朱明远.物理化学理论与应用研究[M].北京:中国水利水电出版社,2014:222.

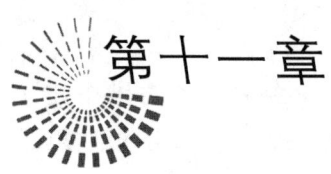

第十一章

多级平衡与连发论

第一节 多级平衡与同向连串发射理论

在一维正向质向量坐标系 $\vec{X}_+$ 内部打开多维分质向量空间,就可以揭示单元系统形态转化基元规律及其丰富内涵。然而,有些系统形态变化并不是一蹴而就,而是通过一系列形态转化逐级逐步涌现出来。单元系统的连串发射过程有许多实例,因此必须对单元系统多级层次涌现性与同向连串发射理论进行探索。

一、关于基元规律的小结与展望

在漫漫的历史长河中,人类对于各种各样事物形态的认知和研究已经持续了数千年。人类对事物形态的认识,总是从个别的具体的事物形态的感性认识开始,并上升到理性认识。为此,人们就要运用归纳和演绎、分析和综合等方法,对经验材料进行理论思维加工,经过"由表及里,去伪存真"的抽象过程来建立新的科学概念,并运用科学概念形成科学判断、科学原理和进行科学推理来描述个别事物的性质和规律,以达到认识个别事物本质的目的。特别是物理学领域的科学家们在特定条件下已经认识了许多简单系统的形态变化规律,为人们认知事物形态的本质及其变化规律发挥了极大的作用。

但是,不同领域的科学家各自发现的不同事物形态的本质及其所蕴含的规律是以不同面目混杂在人类所积累的复杂知识之中,只有通过科学发现的一般规律才能使复杂的知识变得简单而有条理。不同的学科建立和发现一系列不同事物特殊形态的科学概念、原理和定律后,人们也必须在思维中将先前研究所得到的各种概念和定律综合起来,进行概括总结和判断推理来发现它们之间内在的必然联系,才能彻悟出事物形态的真谛及其蕴藏的一般规律。科学的发展必然要求人们通过科学研究的妙悟和一般规律的揭示,并按一定的逻辑来构建统而为一的科学理论体系。

为了探索形形色色事物形态变化规律所蕴含的一般规律,必须在理性思维中建立事物形态转化规律的理想化模型。为此,统一科学在《周易》思想和中华文明象数思维的启发引导下,以司外揣内、多维视角、旁推类比为特点,根据科学抽象的理想纯化作用把不同的事物形态"粗粒化"为质点,然后在理性认知体系中探索了单元系统形态变化的规律性。

要建立理性认知体系,必然涉猎最简单的一维正向质向量坐标系 $\vec{X}_+$。一维正向质向量坐标系 $\vec{X}_+$ 与一维正向单位质向量 $\vec{e}_+$ 具有相同的指向,而一维正向单位质向量 $\vec{e}_+$ 的模是正实数 $|\vec{e}_+| \equiv 1$。在一维正向质向量坐标系 $\vec{X}_+$ 中,单元系统从起始态(基态) $\vec{A}_+$ 到终结态 $\vec{B}_+$ 的形态变化 $\langle \vec{B}_+ | \vec{A}_+ \rangle$ 可以用 $[\vec{x}_{A_+}, \vec{x}_{B_+}]$ 区间的质向量变化量 $\Delta \vec{x}_+$ 表示。如果 $\langle \vec{B}_+ | \vec{A}_+ \rangle$ 为单元系统从一平衡态到最紧邻的另一平衡态最小的形态转化基元过程,那么 $[\vec{x}_{A_+}, \vec{x}_{B_+}]$ 区间的质向量变化量 $\Delta \vec{x}_+$ 就是一维正向单位质向量 $\vec{e}_+$。

在一维正向质向量坐标系 $\vec{X}_+$ 空间中,一维正向单位质向量 $\vec{e}_+$ 的形态变化只是一段有向直线,单元系统形态转化规律只能用线性函数来表达。然而,利用向量的外积关系,可以在一维正向质向量坐标系 $\vec{X}_+$ 内部打开 m 维分质向量的认知空间。在一维正向质向量坐标系 $\vec{X}_+$ 上,不同的定点代表着在既定方向上数量有一定差异的同类事物形态,而在其内部的 m 维分质向量空间中,不同的定点则代表着 m 元子系统的不同形态。这样,人们就可以用 m 个特殊规定的分质向量 $\vec{X}_{+1}, \vec{X}_{+2}, \cdots, \vec{X}_{+m}$ 来描述一维正向单位质向量 $\vec{e}_+$ 所表征的 m 元子系统质向量变化量。在一维正向质向量坐标系 $\vec{X}_+$ 中,一维正向单位质向量 $\vec{e}_+$ 表征单元系统形态转化的一个基元过程,而在其 m 维分质向量空间 $(\vec{X}_{+1}, \vec{X}_{+2}, \cdots, \vec{X}_{+m})$ 中,分质向量 $\vec{X}_{+1}, \vec{X}_{+2}, \cdots, \vec{X}_{+m}$ 所刻画的 $\Delta \vec{x}_+$ 就是单元系统形态转化基元规律。

"心造极,韵自成。"统一科学通过在一维正向质向量坐标系 $\vec{X}_+$ 内部打开多维分质向量空间,揭示了单元系统由一起始平衡态(基态) $\vec{A}_+$ 向另一终结平衡态 $\vec{B}_+$ 转化的大道理,揭露了至简的单元系统形态转化基元规律中所包含的丰富内涵。反映单元系统从此形态向彼形态转化的 $\langle \vec{B}_+ | \vec{A}_+ \rangle$ 基元过程,既是一个普适的形态转化过程,也是一个不可再分割的最基本过程,其形态变化所经历的轨道就是所谓的"一阴一阳之谓道"。因此,单元系统形态转化基元规律就是事物形态由阴之阳或由阳之阴基元过程的元道理,也是科学大道的"生成元"。

单元系统形态转化基元规律可看作中国传统阴阳之道的现代版,"一阴一阳"也就是单元系统所处的两种相异的平衡态。阴与阳是相对的,如果"阴"是作为单元系统的基态,则其异化信息 $P_+ = 0$;如果"阳"是作为单元系统的另一平衡态,则其异化信息

$P_+ = 1$。当单元系统形态完成转化达到 $P_+ = 1$ 时，也就达到了老子《道德经》所说的"天得一以清，地得一以宁，神得一以灵，谷得一以盈，万物得一以生"。当单元系统形态变化尚未完成转化达到 $P_+ = 1$ 时，这种失衡态也就是老子《道德经》所说的"天无以清，将恐裂；地无以宁，将恐废；神无以宁，将恐歇；谷无以盈，将恐竭；万物无以生，将恐灭"。

在一维正向质向量坐标系 $\vec{X}_+$ 的多维分质向量空间中，单位质向量 $\vec{e}_+$ 所描述的单元系统形态转化基元过程明显表现为开始段的线性变化→加速段的非线性变化→转折段的突变→减速段的非线性变化→终结段的线性变化历程。根据基元过程不同阶段的单元系统形态变化特征，单元系统形态转化基元规律可看作涵盖了单元系统在平衡态、准平衡态、近平衡态和远离平衡态不同失衡阶段的形态变化规律。

单元系统形态转化基元规律所反映的是单元系统从一种平衡态向另一种平衡态转化的基本规律。如一个晶体管就可以看作一个单元系统的转换器，打开通电和关闭断电代表着两种平衡态。在计算机芯片中，这两种状态用 1 和 0 来表示。但是，在从断电到通电两种平衡态的过渡中，晶体管会经历这两种平衡态之间的过渡形态：轻微导电、适度导电和完全导电。两种平衡态之间的过渡态就是单元系统形态变化中的失衡态。在不同失衡态下，单元系统形态转化基元规律可以用较为简单的函数替代，所反映的也是单元系统从一种平衡态向另一种平衡态转化中间过程（准平衡态、近平衡态或远离平衡态）的规律。

单元系统形态转化基元过程是从起始态（平衡态）到动态（失衡态）再到终结态（平衡态）的变化过程，两种平衡态之间的过渡态就是单元系统形态变化中的失衡态。远离起始态（平衡态）超过形态分界阈限所形成的异质形态，是单元系统整体涌现性的最集中、最完整的体现。单元系统只有到达终结态（平衡态），形态转化的基元过程才算结束。异质形态的形成是涌现的结果，其特性是不能用单元系统的组分或元素来说明的，一旦把整体分解为部分，这些定态便不复存在。

单元系统从一种平衡态向另一种平衡态不完全转化所形成的失衡规律，是根据其转化（失衡）程度分别用远离平衡态、近平衡态、次准平衡态和准平衡态的单元系统形态转化基元规律来描述，并可以用不同简化程度的函数形式来表示。但是，在吸收发射和自发发射两种条件下，单元系统与环境的作用方向不一，因而单元系统形态转化基元规律的各种函数形式中的符号也不一样。

虽然在不同的失衡态，单元系统形态转化基元规律可以用不同简化程度的函数形式来表示，但是每一个形态参量都是质向量。在省却质向量关于方向规定的条件下，质向量可用质变量表达。但是，如果进一步省却质变量关于性质的规定，则质变量成为一般变量，反映单元系统形态变化的物理模型也就蜕化为数学模型，据此人们往往不知所以然。

通过单元系统形态转化基元规律在生态学中的演绎，可以厘清生态学描述种群数量变化动态的逻辑斯蒂增长模型并不是数理统计学的逻辑斯蒂分布函数。逻辑斯蒂增长模型中单种群的个体数对应着单元系统的异质单元数,而不是本质单元数;逻辑斯蒂增长模型是吸收发射条件下单元系统异质形态转化基元规律的一种特殊形式。可见,生态学中的逻辑斯蒂增长模型与数理统计学的逻辑斯蒂分布函数描述的对象是不一样的。逻辑斯蒂增长模型反映的是吸收发射条件下单元系统异质形态转化规律,而逻辑斯蒂分布函数反映的是自发发射条件下单元系统本质形态分布基元规律。

生态学中的逻辑斯蒂增长模型与数理统计学的逻辑斯蒂分布函数只是从单元系统表观形态的数值特征来认识其形态变化规律,它们都抛弃了单元系统属性与指向的规定,因而人们无法全面地认识形态参量及其关系所隐含的深刻内涵,必然导致有些人会把生态学的逻辑斯蒂种群演变方程与数理统计学的逻辑斯蒂分布函数混为一谈。以统一科学的理论来考察单元系统形态特征及其参量的内在关系,就可以识别单元系统异质形态的转化规律与单元系统本质形态的分布规律。

其实,各种具体的事物都是穿上了不同质或特质的"外衣"来展示其特殊形态的。人类对客观事物规律的认识,总是从特殊到一般,再从一般到特殊。单元系统形态转化基元规律跃然纸上之后,人们就应以这个最一般的规律(理论)为指导,自觉地把握形态"开关"变化的关键,去分析和研究特殊事物的本质。因此,统一科学可以打破不同学科的界限,通过不同失衡态的单元系统形态转化基元规律来演绎不同学科的具有不同质参量的特殊的事物形态变化规律或经验定律。

统一科学通过把最一般的大道理向一些学科特殊的小道理推演,既可以检验这最普遍、最根本的规律是否是"放诸四海而皆准"的"公理",又可以验证单元系统形态转化基元规律的真理性和科学的统一性,还可以表明一般规律可以用"天下同归而殊途,一致而百虑"的方式来表现。在这至高无上的科学大道的"下凡"过程中,人们可以洞察"百姓日用而不知"的科学大道的通俗性,人们也可以在各个学科领域看到林林总总的小道理都服从于统领一切的大道理,任何一种物质或一个事件从某一特殊形态向另一特殊形态转化的"变质"或"变态"过程都遵循单元系统形态转化基元规律。

在一维正向质向量坐标系$\vec{X}_+$中,揭示了单元系统形态转化基元规律就意味着人们已经掌握了认知单元系统形态变化基元过程至简无内的元道理,这一真理实际上就是构建统一科学理论大厦的基石。至此,可以说科学向统一性和简单性的进展不仅取得了突破,而且已经达到了既定的目标。单元系统形态转化基元规律作为元道理是无法用更一般的道理来说明的,但是人们可以对元道理的构造图景在不同领域进行拓展和深化,也可以对元道理在整体图景和整体风格下追索细部图景和细部风格,还可以根据元道理在不同学科表现的各种图景和特殊风格发明具体的技术手段、开辟应用空间。

然而,要构建统一科学的理论大厦,首先就要以单元系统形态转化基元规律为基石来奠定整个太极领域的最基础层次。单元系统形态转化基元规律的各种表现形式都只是反映单元系统从某一平衡态向另一平衡态转化基元过程中的形态变化规律,反映的只是全同单元系统在与环境的相互作用中"从无到有"或"从有到无"的某一单向的形态变化规律。单元系统在与外界环境的相互作用中,从某一形态变化到另一形态只是单元系统无限变化或运动过程的一个基元过程。这个过程一完结,单元系统就从原来的本质形态变成了崭新的异质形态。在环境的继续作用下,单元系统完全可能继续进行更新的形态转化,因而人们考察单元系统的运动就不能只是局限于从某一形态到另一形态的单级变化范围,而应该在人们考察的范围内全面反映单元系统运动过程中所经历的各种不同条件下的各种多级形态变化规律。

其次,单元系统形态转化基元规律反映单元系统从某一本质形态朝着另一个异质形态的变化,这种单向(不是吸收发射就是自发发射)的变化规律反映在形态空间是指向明确的从一个点到另一个点的运动轨迹。随着考察单元系统运动范围的拓宽,就要研究单元系统在相互作用中从某形态出发同时进行吸收发射与自发发射双向发射的形态转化规律及同一个单元系统中同时发生多向发射的形态变化规律。

最后,在认知单元系统形态变化规律上,传统学科是在人们所能发现的限制条件内建立起特定的数理模型;统一科学则是在环境对全同单元系统全面均匀的作用条件下获得最一般的质向量模型,所以单元系统形态转化基元规律只适用于纯粹由全同单元组成的系统。但是,现实的环境对于系统的作用更多的是多重的或不同方向的或不均匀的甚至是随机的,处在客观世界中的大多数事物都与复杂的(甚至是不可预测的)环境相联系。由于环境不断地同系统进行各种方式的交流,要背离真实的世界而精确无比地控制任何形态变量是非常艰难的,因而人们往往必须从实验室理想的实验条件中再回到事物的现实环境中来,深入研究各种环境条件下单元系统的运动规律才可能真正地认识人们面前实际的丰富多彩的世界。

现实世界中,人们所面对的都是具有一定特质的事物在相互联系和相互作用中产生的形态变化,而不是在严格苛刻的科学实验条件下由某一平衡态向另一平衡态的基元变化过程。不论是统一科学揭示的单元系统形态转化基元规律,还是其他学科发现的特定事物形态变化规律,若只是反映单元系统形态转化基元过程的失衡规律,那就无法反映比基元过程更为广泛空间里的单元系统形态变化规律。要深刻认识错综复杂的事物,必然要求人们用更高远的眼光和更宽广的视角去揭示单元系统形态潜藏的规律,而不能在太极领域揭示了单元系统形态转化基元规律就故步自封。为此,有必要在一维正向质向量坐标系$\vec{X}_+$里认识单元系统经历多级基元过程连串发射的形态变化规律。

二、单元系统连串发射过程的实例

不论自然界还是人类社会的事物一般都具有多层次结构,都可以看作某一复杂层次结构中一定层次上的平衡系统。但是,任何一个处在平衡态的系统都面临着维持平衡与打破平衡的两种抉择,且两者必居其一。维持平衡,就无法改变系统的形态;打破平衡,就可以改变系统的形态。像单元系统在与外界环境的相互作用中,完成了从某一平衡态变化到另一平衡态后,就达到了新的平衡态。然而,单元系统在达到新的平衡态后,在外界环境的作用下还可以打破平衡而继续进行新的形态转化。在单元系统形态持续发展的进步过程中,往往要经历:建立平衡,打破平衡,再建立新的平衡,再打破平衡……

把事物抽象为系统,系统形态往往不可能一次完成从本质到异质的涌现,需要通过一系列的中间等级的整合逐步涌现出来,每个涌现等级代表一个层次,每经过一次涌现形成一个新的层次。从元素层次开始,由低层次到高层次逐步发展和建构,最终形成系统的复杂结构。可见,层次是系统由元素整合为整体过程的涌现等级,不同性质的涌现形成不同的层次,不同层次表现不同质的涌现性。[1]

就单元系统而言,在实现了从某一层次平衡态到另一层次平衡态的形态转化后,可以继续打破平衡进行更高层次的形态转化,从而经历多级层次形态变化的进阶。单元系统在完成了一级层次形态转化后,一样可以继续同向进行第二级、第三级等多级层次形态转化。

其实,在自然界和人们的日常生活中,处处可以看到单元系统形态变化经历同向多级层次形态的一连串变化,像"吃甘蔗吃一节剥一节"就是体现了单元系统多级层次连串发射的过程。单元系统连串发射过程的实例比比皆是,兹列举不同领域的一些范例。

(一)串联电路

在物理学中,电路元件常用的一种连接方式是串联,即同一电流通过所有相连接器件的连接方式,这种连接方式是指若干个两端元件依次有一端相连且连接点上没有分支。将电路元件(如电阻、电容、电感、用电器等)逐个顺次首尾相连接,各用电器串联起来组成的电路就叫串联电路。

串联电路的特点是:流过一个元件的电流同时也流过另一个。在串联电路中,电流的路径只有一条,电流的方向只有一个,所以从电源正极流出的电流将依次逐个流过各个用电器,最后回到电源负极。因此,在串联电路中,各个用电器互相牵连,要么全工作,要么全部停止工作。究其本质,串联电路中每一个元件的电阻可能都不一样,同样的电流流经一个元件就是经历一个形态变化。串联电路中串接了多个元件,电流流通时就要经历多个级次的形态变化。

(二)连串反应

在化学中,化学反应的实质是反应物的原子或分子之间的"态-态反应"。[2]有一类化学反应称为连串反应。凡是经历几个基元步骤才能完成,而前一个基元步骤的产物是后一个基元反应的反应物的,这种互相联系的反应系列就称为连串反应或连续反应。连串反应是在同一体系或不同体系中连续发生两个或两个以上的反应,这是反应产物同时可以进一步反应而生成其他产物的反应。由于连续进行的基元步骤有几个,而且其反应级数可以不同,因此连串反应一般都很复杂。比较简单的连串反应是一级连串反应和二级连串反应。各基元步骤都是一级连串反应的称作连串一级反应,各基元步骤都是二级连串反应的称作二级连串反应,反应通式可表示为 $A \longrightarrow B \longrightarrow C$。

连串反应中互相联系的反应连续发生,反应所经历的多个物质形态就成为串接的系列。连串反应的主要特征是:随着反应的进行,中间产物浓度逐渐增大,达到极大值后又逐渐减少。在连串反应中,反应物、中间产物和最终产物都不一样,反应物与每一个反应产物都是一个物质形态。连串反应是化学反应和化学工业中最基本的复杂反应之一,许多(如氯苯、乙苯等)化工生产过程都属于连串反应。以中间产物为目的产物的生产工艺称为连串反应工艺。

(三)多级火箭

在空间技术中,火箭是以热气流高速向后喷出并利用产生的反作用力向前运动的喷气推进装置。火箭自身携带燃烧剂与氧化剂而不依赖空气中的氧助燃,可在大气中及在外层空间飞行。由于火箭的速度与发动机的喷气速度成正比,同时随火箭的质量比增大而增大;即使使用性能最好的液氢液氧推进剂,发动机的喷气速度也只能达到 $4.3 \sim 4.4$ km/s。因此,单级火箭不可能把物体送入太空轨道,必须采用多级火箭以接力的方式将航天器送入太空轨道。

多级火箭是由二级或二级以上的火箭组合成的火箭。多级火箭各级之间的连接方式有串联、并联和串并联式三种组合方式。串联就是把几枚单级火箭串联在一条直线上;并联就是把一枚较大的单级火箭放在中间,叫芯级,在它的周围捆绑多枚较小的火箭,一般叫作助推火箭或助推器,即助推级;串并联式多级火箭的芯级也是一枚多级火箭。多级火箭各级之间、火箭和有效载荷及整流罩之间,通过连接-分离机构(常简称为分离机构)实现连接和分离。分离机构由爆炸螺栓或爆炸索和弹射装置(或小火箭)组成。平时,它们由爆炸螺栓或爆炸索连成一个整体;分离时,爆炸螺栓或爆炸索爆炸,使连接解锁,然后由弹射装置或小火箭将两部分分开,也有借助前面一级火箭发动机启动后的强大射流分开的。

采用多级火箭能增加射程,提高有效载荷(弹头、卫星、宇宙飞船等)的最终速度。战略导弹和大型运载火箭通常采用多级串联火箭,火箭一级一级地分离,载荷得到一级一级的加速。载荷在多级火箭每一级分离后获致的速度代表着一种形态,所以载荷(弹头、卫星、宇宙飞船等)的最终速度是多级火箭连串发射的结果。

(四)多级天体系统

在宇宙学中,当今科学家们已能观测到 200 亿光年的宇宙深处,探索到 100 多亿年前宇宙中多种多样的自然现象。科学上已观测到的天体系统呈现出多种多样的物质形态:有气尘复合体的松散的星云形态,有密集的星体系统形态,还有辐射场的连续形态。纵观多级天体系统的形态,每一级的天体系统都有代表该层次的形态;对于不同的层次,天体系统形态的均匀性和各向同性都有不同的含义。

在宇宙天体生成理论中,科学家建立了许多关于天体起源的模型。宇宙模型就是关于多级天体系统的形态生成与变化的理论基础。等级式宇宙论模型(又称阶梯式宇宙论)是基于天体逐级成团概念的一种宇宙学说,无限的宇宙空间被认为存在着无限阶梯式的天体系统,像……行星、恒星、星系、星系团和超星系团……都只是其中的一个梯级。

(五)驿传制与接力赛

古代的"驿传制"(又称为"传马制")是一种利用接力的方式由骑马的传令兵在中央与地方政府间紧急递送书令的制度。这种公务用途的驿传的名称中的"驿"字指的是在官道上每隔固定距离就会设置的驿场(宿场)。如果把每一个驿场看作单元系统多级层次的一个平衡态,那么传令兵递送书令的过程就是经历多级连串发射的形态变化过程。

古代的驿传制于1917年在日本首度被转化为竞技目的的由多人组队参加的长距离接力赛跑活动。此后类似驿站接力赛就成为一类体育比赛,像接力赛跑属于田径运动,为多人合作的径赛项目;奥运的圣火点燃也参考了接力赛跑的形式;游泳接力赛虽然没有接力棒,却是以前位选手碰触池壁时作为交接。在各种接力赛中,同队选手之间的传接代表一种形态,接力赛所经历的多个传接形态就成为串接的系列。

(六)行走进步与上下阶梯

在日常生活中,人们要出行到达既定的目的地,就要一步步地行走。千里之行,始于足下。不积跬步,无以至千里。人们的出行是不可能一蹴而就的,行走进步的过程其实就是单元系统经历多级层次形态变化的过程。此外,爬楼梯登高或下台阶落地也都是单元系统连串发射的过程,是由一形态向其他形态连续转化过程的层出叠现。

(七)串联词

在公众聚会中,主持人往往要把几项要进行的活动(节目)通过语言使之关联起来,以便过渡和按次序开展。这种词句作为重要的应用写作文体之一就是串联词。串联词是主持人组织、串联各活动(节目)的话语。它承接上一个活动(节目)并开启下一个活动(节目),是主持人穿梭于活动(节目)内容和听众之间的手段和途径,也是达到理想的传播效果的关键因素。每一个活动(节目)都是相对独立的一个形态,通过串联词的过渡就使得听众能够按公众聚会主持人引导的次序,经历多个不同活动(节目)形态的串接。

(八)传宗接代与生世分段

在人类社会中,生老病死是自然规律,人类总是一代接一代地世代相传。虽然每个人都要经历年幼到年迈的不同阶段,但是每个人的一生作为生命体在一个家族的繁衍中只是代表着一种生命形态。像中国人每个家庭所记的世代相传的家谱,都是按照血缘的顺延来记载一个家族男性生命形态的连串顺序。所以,每一套家谱就是记录一个家族经历一代接一代多级传宗接代的形态变化过程。

在生物界中,生物体从出生直至死亡所经历的生存过程反映了生物活体从出生→存在→异变→终结的历程,实质上也是反映一个单元系统经历多级连串的形态变化的过程。像蚕的一生要经历蚕、蛹和蛾的不同形态,从蚕到蛹,再到蛾,乃至蛾生下许多蚕卵最后死亡就是一个单元系统经历多级连串的形态变化过程。对于人来讲,一个人从出生到死亡,在世的时间就是一辈子或一世,童年、少年、青年、壮年和老年这些阶段都可以看作单元系统表现的多级形态。所以,在佛教中,把人的一生从出生→存在→异变→终结的历程中的不同阶段称为生、住、异、灭,即"四有为相",亦称四相。一切事象或其他生命体的发生(生相)、存续(住相)、变化(异相)、消灭(灭相)的过程,也是"一期四相"。瞬间事象生灭过程则叫作"刹那四相"。

(九)科学进步与科学革命

在人类社会的发展史中,人们总是在不断地认识自然、改造自然。在此过程中,人们必然会发现各种各样的问题并对其产生种种困惑和怀疑,从而进行科学探索和研究。只要存在着人与自然的矛盾,就会形成科学问题,旧的问题解决了,新的问题又会在孕育之中,从而引导着科学家们去不断地探索,使人类的知识不断地走向深入,这部科学发展的历史也就会不断地写下去。对于科学本身而言,科学理论是科学探索完成和成熟的阶段,同时,科学理论又是科学认识的新起点。科学是不断完善和发展的进步过程,新的科学理论或学说通常是在补充、修正甚至推翻原有理论或学说的基础上形成的。

科学是人类社会发展与进步的动力和阶梯,是科学使人类一个又一个征服自然的梦想变成了现实。科学进步的过程可以科学革命的飞跃性方式来完成。科学革命是引发科学范式、人类思想观念的革命性变化,同时又将引发技术革命,使人类的生活方式和生产方式发生重大变迁。每一次科学技术革命以后,人类将进入新的生活形态和生产形态,即一个新的科技时代的开始。科学技术是一种在历史上起推动作用的革命的力量。16世纪以来,世界科技发生了五次革命:近代物理学的诞生、蒸汽机和机械革命、电力和运输革命、相对论和量子论革命以及电子和信息革命。这五次科技革命使人类进入了五个科技时代,在人类社会历史上就是五级社会形态的连串变化过程。

(十)社会进步与社会变革

人类社会发展的趋势是前进的、上升的,但这一趋势是通过曲折复杂的进步过程实现的。在人类社会的某一历史阶段,一个国家的统治者或管理者为了巩固其在政治和经济上的统治,都要根据当时的社会现实制定一系列的法律或制度,以此来规范和约束人们的思想和行为。当这些法规或制度有序地运行一个历史阶段,一切都在其之下变得按部就班时,也就形成了一种近于平衡的和谐的社会形态。但是,相对稳定的社会平衡只是一种貌似有序的安宁的静态平衡,这种静态平衡是社会决策层通过管理社会的手段来掌握和控制人们的诉求和自由。这种社会平衡在很大程度上是"限制"人的个性的多元化和能量的充分释放,让他们按既定规范的内容和程序做人行事。

静态平衡的社会形态渐渐会成为阻碍先进生产力和生产关系的绊脚石,尤其在阶级社会中,代表旧生产关系的落后或反动的阶级,总是要采取各种手段阻碍生产关系的变革,反对和压制代表生产力发展方向的进步阶级。社会进步的过程是打破静态平衡的过程。只有以新的平衡替代旧的平衡,社会才能在推陈出新中不断向新阶段迈进。在推陈出新的又一个历史阶段,各种曾经牢牢束缚着人们的"绳索"将被剪断,一个个门槛将被去除,人们有了对自己行为和个人意愿的决定权,就不再受外在因素约束,人们的行为自由度也会徒然宽广。

社会进步就是人类社会合乎规律地由低级向高级的前进运动,社会形态的更替是社会进步的过程。纵观整个人类社会的进步历史,就是一次又一次的政治革命打破旧社会统治的平衡并建立新社会制度的更新进程。当一个政权出现不可逆转的缺陷,打破社会平衡最有效的手段就是政治革命。代表生产力发展方向的革命力量通过革命变革社会关系打破保守的社会平衡,就可以推动生产力的发展和社会的进步。

由此可见,进步并不是自然界中神秘的概念,从人们的日常生活到社会形态的变化处处都有进步。进步是立足现实、面向未来,从现实的实际出发,向理想目标靠近的过程。进步的过程就是单元系统多级同向发射过程的表述。在同一方向上,在多个平衡态上的连续发射过程就是由一个接一个单元系统形态转化基元过程的串接。因此,人们考察事物的形态变化就不能仅仅局限于一个基元过程及其中间过程,而必须向更为广大的认识范围扩展。

三、多级平衡与同向连串发射理论

人们认识复杂现象的一般方法都是从容易的情形开始,再一步一步往难处走的。人们不仅对单元系统表现形态的认识因循着这种由简到繁的过程,而且对单元系统的认识手段和方法也应如此。从无到有,从少到多,从简单到复杂,这种由潜在到显现的展开,从一种形态到另一种形态的转化,再从低级形态到高级形态的发展,是人们认识事物的自然发展过程,也是统一科学探索单元系统更为广阔的变化范围所必须遵循的发展规律。

老子在《道德经》说过:"天下之物生于有,有生于无。道生一,一生二,二生三,三生万物。万物负阴而抱阳,冲气以为和;阴变阳,阳变阴,其变无穷;阳变阴合,乘机而为动静;二气之动,交感而生,凝滞而成物我之万象。"这一论断说明了从"道"到"万物"要连续经历一层层的"生成过程",这样依次演化的成象过程就是统一科学在步入更宽广的空间所要认识的单元系统形态及其变化规律的领域。

"道生一"精辟地表明单元系统由一种本质平衡态向另一种异质平衡态转化是基元规律的使然,基元过程无中生有的结果就是"道生一","道"即为人们所认识的单元系统形态及其变化的道理——规律,"一"代表单元系统一种异质形态的生成。正如老子说"抱一为天下式",不论宇宙有多大,事物形态有多复杂,都可以九九归一用单元系统形态转化基元规律"一式"来概括。

人们对事物的认识必然要由一到多,拓展理性认识的范围。人们对事物形态的认知不可能从一而终,而是一元复始。"一生二,二生三,三生万物"是单元系统形态转化基元规律二次、三番和不断表现的结果,接二连三的变态行为是由单元系统经历多个不同的形态引起的。为此,统一科学应当循序渐进地从探索单元系统形态同向的二级形态变化规律,再进入研究单元系统形态同向的多级形态连串变化规律,开辟"一生二,二生三,三生万物"的新天地。

在一维正向质向量坐标系 $\vec{X}_+$ 中,统一科学要继续大踏步地朝着同向的多级形态连串变化挺进,就要以单元系统形态转化基元规律这个元道理为灵魂形成一以贯之的理论。单元系统形态转化基元规律决定了每一级的单元系统形态变化规律,单元系统多级形态变化又可看作几个简单基元过程的形态变化合成,因而单元系统形态的"生成元"就不再"单打独斗"了,在多级形态连串变化中处处可见其身影。

在一维正向质向量坐标系 $\vec{X}_+$ 中,单元系统从起始态(基态)$\vec{A}_+$ 到终结态 $\vec{B}_+$ 的形态变化 $\langle \vec{B}_+ | \vec{A}_+ \rangle$ 可以用 $[\vec{x}_{A_+}, \vec{x}_{B_+}]$ 区间的质向量变化量 $\Delta \vec{x}_+$ 表示。如果 $\langle \vec{B}_+ | \vec{A}_+ \rangle$ 为单元系统从一平衡态到最紧邻的另一平衡态的形态转化基元过程,那么 $[\vec{x}_{A_+}, \vec{x}_{B_+}]$ 区间的质向量变化量 $\Delta \vec{x}_+$ 就是一维正向单位质向量 $\vec{e}_+$。如果 $\langle \vec{B}_+ | \vec{A}_+ \rangle$ 包括了单元系统形态转化的多个基元过程,那么 $[\vec{x}_{A_+}, \vec{x}_{B_+}]$ 区间的质向量变化量 $\Delta \vec{x}_+$ 就是多个一维正向单位质向量 $\vec{e}_+$ 的加和。

在一维正向质向量坐标系 $\vec{X}_+$ 中,单元系统从起始平衡态(基态)$\vec{A}_+$ 到第一个平衡态 $\vec{B}_+$ 的形态变化可以用一维正向单位质向量 $\vec{e}_+^1$ 来表示,而第一个平衡态 $\vec{B}_+$ 到第二个平衡态 $\vec{C}_+$ 的形态变化可以用一维正向单位质向量 $\vec{e}_+^2$ 来表示,第二个平衡态 $\vec{C}$ 到第三个平衡态 $\vec{D}$ 的形态变化可以用一维正向单位质向量 $\vec{e}_+^3$ 来表示,以此类推,第 $m-1$ 个平衡态到第 m 个平衡态的形态变化可以用一维正向单位质向量 $\vec{e}_+^m$ 来表示。每一级的一维正向单位质向量 $\vec{e}_+^i$ 都是指向相同的,单元系统从起始平衡态(基态)$\vec{A}$ 到第 m 个平衡态的形态变化可以用 m 个一维正向单位质向量 $\vec{e}_+^i$ 的加和表示,即

$$\Delta \vec{x}_+ = \vec{e}_+^1 + \vec{e}_+^2 + \cdots + \vec{e}_+^m \tag{11-1}$$

在一维正向质向量坐标系 $\vec{X}_+$ 上，一个单元系统的多级形态变化方向是相同的，可以根据不同的基元过程的变化特征进行分段描述，单元系统在每一段的形态变化都遵循单元系统形态转化基元规律。虽然在一维正向质向量坐标系 $\vec{X}_+$ 难以用一维正向单位质向量 $\vec{e}_+^i$ 来表达单元系统形态转化基元规律，但是在一维正向质向量坐标系 $\vec{X}_+$ 内部打开多维分质向量空间，通过多维分质向量空间中不同级别的单元系统形态转化基元规律的加和，就可以得到单元系统从起始平衡态（基态）$\vec{A}_+$ 到第 m 个平衡态（或第 m 个失衡态）的形态变化规律。

在一维正向质向量坐标系 $\vec{X}_+$ 内部的多维分质向量空间中揭示的单元系统形态转化基元规律是以单元系统为对象的，所以在一维正向质向量坐标系 $\vec{X}_+$ 及其内部的多维分质向量空间中探索单元系统形态的二级或多级连串变化，也只能涉及单元系统同向的二级或多级形态连串变化。不过，在一维正向质向量坐标系 $\vec{X}_+$ 内部的多维分质向量空间中，用单元系统形态转化基元规律来表达一维正向单位质向量 $\vec{e}_+^i$ 是完备的，而自洽性和相对完备性是构造科学理论体系的有效工具。在爱因斯坦看来，既然一个科学理论是自然的或者是完备的，那么这个理论在逻辑上应该是自洽的相对封闭的知识体系，理论的各个基本概念或基本观点之间不应当存在着无法消除的矛盾，并且这个理论应当没有神秘色彩且任意性极少。

单元系统连串发射过程的种种实例说明，单元系统处于相对静止、相对稳定的形态都是"各个不同阶段的各个非连续的部分（以太原子、化学原子、物体、天体），是各种不同的关节点，这些关节点决定一般物质的各种不同质的存在形式"[3]。这些关节点都是不同层次的一个个形态里程碑，代表着不同特质的事物的相对稳定形态。因此，在一维正向质向量坐标系 $\vec{X}_+$ 的认知空间中，如果人们还是秉承近代科学应运而生的"还原论"，一往情深、百折不回地去追求世界起源或物质本原（如宇宙的起源、太阳系的起源、地球的起源或生命的起源等），那只能是一个没有终点的探索。不论还原论在何时宣布发现了某一层次的物质实在的最终本原态，都一定是可以设定为基态的零维质向量空间，其成果只是向前一个里程碑进了一步。例如，人们在 19 世纪认识了生命的本质是蛋白体，在 20 世纪又进一步提出了 DNA（脱氧核糖核酸）的双螺旋模型，到了 21 世纪可能还会有更新的说法。

任何新出现的理论都是在一定阶段上和一定过程中的理论，那些与这种新理论有关的在其之前的理论是新理论得以产生和创立的思想条件。在统一科学理论体系中，没有思想理论上的批判、继承、联结，新理论的创立将是艰难的。人们的眼界越开阔，视野便越扩展，所见到的事物的范围便会越加宽广。随着人们视点或视角的变化，客观事物的映象也会随之发生变化，人们的认识也会有新的领悟和提高。从此，单元系统形态转化基元规律就不可能是特立独行的了。

单元系统多级形态连串变化规律反映的是一维正向质向量坐标系 $\vec{X}_+$ 上多个一维

正向单位质向量$\vec{e}_+$在其内部多维分质向量空间的形态变化规律。可以预见，统一科学在太极领域所论述的单元系统多级形态连串变化的理论应该还是简单的，只是表达单元系统超出一维正向单位质向量$\vec{e}_+$范围的形态变化规律，是叠加最简单的单元系统形态转化基元规律的理论，也是统一科学向复杂性迈进的第一步。

第二节　二级连串发射的形态变化规律

在一维正向质向量坐标系$\vec{X}_+$内部的多维分质向量空间考察单元系统形态的变化，若不局限于一个形态转化基元过程，而是向更大的形态变化范围扩展，那二级连串形态变化就是最简单的多级连串形态变化过程。通过揭示在二级连串发射过程的单元系统形态变化规律，可以认识不同形态的变化状况，还可以认识耗散结构的介稳态。

一、二级连串吸收发射过程中的形态变化规律

单元系统完成的从一平衡态向另一平衡态转化的基元过程，就称为一级形态转化。但是，单元系统在环境的作用下完成了一级形态转化以后，不一定就会稳定在这一新的平衡态上，在环境的持续作用下，单元系统完全可以继续做同向连串发射而向更新的形态转化。例如，把冰（固相）加热到 0 ℃以上，水分子系统就变成了水（液相），冰变成水是由冰（固相）到水（液相）的一级形态转化基元过程。把冰水从 0 ℃再加热到 100 ℃，水分子系统就由水（液相）变成水汽（气相），这也是一个水分子系统形态转化基元过程。其中，把冰（固相）加热到 0 ℃以上变成了水（液相），是水分子系统完成了一级相变的形态转化。如果继续对水加热，到 100 ℃时水分子系统又会变成水汽（气相），这种二级相变就是单元系统同向连串发射的形态转化。

现实世界中有着无穷无尽的单元系统形态做同向二级连串发射的实例，物理学中也少不了二级相变的形态转化例子。例如，氦在极低温度下有两种液态即氦Ⅰ和氦Ⅱ，后者在温度低于 2.2 K 时才出现，由气态的氦到液态的氦Ⅱ，这也是二级相变。又如，对于激光所存在的不稳定性而言，当泵浦参量小于第一阈值时，无激光发生；但是，当泵浦参量超过第一阈值时，就会出现稳定的连续激光；如果再进一步增大泵浦参量，使其超过第二阈值时，就呈现出规则的超短脉冲激光序列。再如，流体绕圆柱体的流动也是呈现不稳定性的另一个典型例子，当流速低于第一临界值时是一种均匀层流；但是当流速高于第一临界值时，便出现静态花样，形成一对旋涡；如果再进一步提高流速，使其高于第二临界值时，就呈现出动态花样，旋涡发生振荡。

研究同向的二级串联的单元系统形态变化规律可以在一维正向质向量坐标系$\vec{X}_+$

及其内部的多维分质向量空间中进行。在一维正向质向量坐标系$\vec{X}_+$及其内部的多维分质向量空间中,单元系统形态发生同向二级连串发射就是在完成了一级形态转化后接着又进行同一方向的另一级形态转化。也就是说,同向二级连串发射是指单元系统的两个形态转化基元过程连串进行,其中前一个基元过程的终结平衡态就是后一个基元过程的起始平衡态。

为了揭示单元系统经历单向二级形态转化的一般规律,必须深入分析单元系统所经历的同向二级连串发射吸收发射过程

$$A_+ \to B_+ \to C_+$$

在一维正向质向量坐标系$\vec{X}_+$中,如果形态$\vec{A}_+$被设定为基态,且处在一维正向质向量坐标系$\vec{X}_+$的原点,则其质向量$\vec{a}_+$就是零向量$\vec{0}$。当单元系统完成了从平衡态$\vec{A}_+$到平衡态$\vec{B}_+$的$\langle \vec{B}_+ | \vec{A}_+ \rangle$第一级的形态转化后,形态$\vec{B}_+$在一维正向质向量坐标系$\vec{X}_+$中记为质向量$\vec{b}_+$。如果单元系统在形态$\vec{B}_+$基础上继续做$\langle \vec{C}_+ | \vec{B}_+ \rangle$的形态转化,形态$\vec{C}_+$在一维正向质向量坐标系$\vec{X}_+$中记为质向量$\vec{c}_+$。在一维正向质向量坐标系$\vec{X}_+$中,单元系统形态的二级连串发射是符合向量加法运算规则的,所以

$$\vec{c}_+ = \vec{a}_+ + \vec{b}_+ \tag{11-2}$$

在任何维度的质向量空间中,任何系统形态都可以用一个质向量或一个点表示。当一个单元系统从平衡态$\vec{A}_+$向另一平衡态$\vec{B}_+$转化,$\langle \vec{B}_+ | \vec{A}_+ \rangle$的变化方向是恒定的,在一维正向质向量坐标系$\vec{X}_+$的$[\vec{x}_A, \vec{x}_B]$区间中留下的变动轨迹就是一条直线。一维正向质向量坐标系$\vec{X}_+$的指向与一维正向单位质向量$\vec{e}_+$具有相同的变化方向,表达单元系统形态变化的质向量$\vec{x}_+$也与一维正向单位质向量$\vec{e}_+$具有相同的指向,所以单元系统的质向量$\vec{x}_+$可以用质变量x_+来表示。

在环境的持续作用下,如果单元系统完成一级形态转化而继续进行新一级的形态转化,其变化方向恒定不变,则单元系统的二级连串发射过程的变化方向与一维正向单位质向量$\vec{e}_+$的方向也是一致的,在一维正向质向量坐标系$\vec{X}_+$空间中所留下的变动轨迹必然还是一条直线,因此(11-2)式可以用代数的形式$c_+ = a_+ + b_+$表示。但是,在一维正向质向量坐标系$\vec{X}_+$内部打开多维分质向量空间,单元系统的二级连串发射过程在多维的分质向量空间中所留下的运行轨迹一般就不会是直线。不过,由于各个分质向量坐标轴与各自的分质变量坐标轴同向,可以用其分质变量来表示,因此在一维正向质向量坐标系$\vec{X}_+$内部多维分质向量空间表征的单元系统形态可以用标量来表示,相应地,表达其二级连串发射过程的形态变化规律的关系式也可以用标量来表示。

在一维正向质向量坐标系$\vec{X}_+$中,单元系统二级连串发射的形态变化规律可以用(11-2)式简单地表示,但是单元系统质向量之间的线性关系是难以识别的。为此,必须在一维正向质向量坐标系$\vec{X}_+$内部的多维分质向量空间中认识二级连串吸收发射过程

中单元系统的形态变化规律。

在一维正向质向量坐标系 $\vec{X}_+$ 内部的 $(\vec{N}_+,\vec{n}_+,\vec{E}_+,\vec{E}_{\neq +},\vec{\varepsilon}_+)$ 五维分质向量空间中,如果总体单元数 $\vec{N}_+$、能阈 $\vec{E}_{\neq +}$ 和能元 $\vec{\varepsilon}_+$ 保持为常质向量,即 $\vec{N}_+ = \vec{C}_{N_+}$,$\vec{E}_{\neq +} = \vec{C}_{E_{\neq +}}$ 和 $\vec{\varepsilon}_+ = \vec{C}_{\varepsilon_+}$,那么,在一维正向质向量坐标系 $\vec{X}_+$ 内部 $(\vec{N}_+,\vec{n}_+,\vec{E}_+,\vec{E}_{\neq +},\vec{\varepsilon}_+)$ 五维分质向量空间的 $(\vec{C}_{N_+},\vec{n}_+,\vec{E}_+,\vec{C}_{E_{\neq +}},\vec{C}_{\varepsilon_+})$ 截面上,各个分质向量坐标轴与各自的分质变量坐标轴同向,可以用其分质变量来表示。因此,在 $(N_+,n_+,E_+,E_{\neq +},\varepsilon_+)$ 五维分质变量空间的 $(C_{N_+},n_+,E_+,C_{E_{\neq +}},C_{\varepsilon_+})$ 截面上就可以考察单元系统在二级连串吸收发射过程中 $n_+ \sim E_+$ 变量之间的关系。

设单元系统处于基态(亦称为母体)A_+ 时的总体单元数 $N_+ = C_{N_+}$,此时形态 B_+ 和形态 C_+ 的异质单元数都为零。当单元系统在环境作用下做吸收发射时,因吸收发射而跃迁到高能态 B_+(可称为中间体)的异质单元数为 n_{B_+},而再进一步吸收发射跃迁到更高能态 C_+(称为产物)的异质单元数为 n_{C_+},这样基态(母体)A_+ 就剩下 $n_{A_+}^0$ 个本质单元,即

$$A_+ \rightarrow B_+ \rightarrow C_+$$

未发射时各形态的单元数:　　　N_+　　0　　0

发射过程各形态的单元数:　　　$n_{A_+}^0$　　n_{B_+}　　n_{C_+}

在吸收发射过程中,单元系统的总体单元数 N_+ 保持恒定,即

$$N_+ = n_{A_+}^0 + n_{B_+} + n_{C_+} = C_{N_+} \tag{11-3}$$

单元系统在形态变化中的异质单元数就是

$$n_+ = n_{B_+} + n_{C_+} \tag{11-4}$$

将等式两边同除于总体单元数 $N_+ = C_{N_+}$,单元系统的形态转化信息就等于形态 B_+ 和形态 C_+ 的转化信息之和 $P_+ = P_{B_+} + P_{C_+}$,即

$$\begin{aligned} P_+ &= P_{B_+} + P_{C_+} \\ &= \frac{N_{B_+}}{N_+}\frac{n_{B_+}}{N_{B_+}} + \frac{N_{C_+}}{N_+}\frac{n_{C_+}}{N_{C_+}} \\ &= \alpha_{B_+} P_{B_+} + \alpha_{C_+} P_{C_+} \\ &= \frac{\alpha_{B_+}}{1+e^{S_{B_+}}} + \frac{\alpha_{C_+}}{1+e^{S_{C_+}}} \\ &= \alpha_{B_+}\frac{1}{1+e^{(C_{E_{\neq +}}-E_+)/C_{\varepsilon_+}}} + \alpha_{C_+}\frac{1}{1+e^{(C_{E_{\neq +}}-E_+)/C_{\varepsilon_+}}} \end{aligned} \tag{11-5}$$

式中,N_{B_+} 和 N_{C_+} 分别为形态 B_+ 和形态 C_+ 的可能单元数;$\alpha_{B_+}\left(=\dfrac{N_{B_+}}{N_+}\right)$ 和 $\alpha_{C_+}\left(=\dfrac{N_{C_+}}{N_+}\right)$ 为形态 B_+ 和形态 C_+ 的权重系数,它们符合归一化条件

$$\alpha_{B_+} + \alpha_{C_+} = 1$$

而 $P_{B_+}\left(=\dfrac{n_{B_+}}{N_{B_+}}\right)$ 和 $P_{C_+}\left(=\dfrac{n_{C_+}}{N_{C_+}}\right)$ 分别为形态 B_+ 和形态 C_+ 的转化信息。

如果形态 B_+ 和形态 C_+ 的可能单元数相等，即 $N_{B_+}=N_{C_+}$，那么 $\alpha_{B_+}=\alpha_{C_+}=\dfrac{1}{2}$，代入(11-5)式就有

$$\begin{aligned}P_+ &= P_{B_+}+P_{C_+}\\ &=\alpha_{B_+}P_{B_+}+\alpha_{C_+}P_{C_+}\\ &=\dfrac{1}{2}\left[\dfrac{1}{1+e^{(C_{E_+^*}-E_+)/C_{\varepsilon_+^*}}}+\dfrac{1}{1+e^{(C_{E_+^*}-E_+)/C_{\varepsilon_+^*}}}\right]\\ &=\dfrac{1}{2}\left(\dfrac{1}{1+e^{S_{B_+}}}+\dfrac{1}{1+e^{S_{C_+}}}\right)\end{aligned}\tag{11-6}$$

在一维正向质向量坐标系 $\vec{X}_+$ 内部的 $(\vec{P}_+,\vec{S}_+)$ 二维分质向量空间中，各个分质向量坐标轴与各自的分质变量坐标轴同向，可以用其分质变量来表示；二级连串同向发射过程中形态变化的 $P_+ \sim S_+$ 关系曲线可以用图 11-1 表示。在一维正向质向量坐标系 $\vec{X}_+$ 内部的 $(\vec{P}_+,\vec{E}_+,\vec{E}_{\neq+},\vec{\varepsilon}_+)$ 四维分质向量空间中的 $(\vec{P}_+,\vec{E}_+,\vec{C}_{E_{\neq+}},\vec{C}_{\varepsilon_+})$ 截面上，各个分质向量坐标轴与各自的分质变量坐标轴同向，也可以用其分质变量来表示；二级连串同向发射过程中形态变化的 $P_+ \sim E_+$ 关系曲线可以用图 11-2 表示。

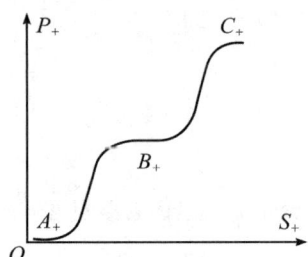

图 11-1 二级连串同向发射过程的 $P_+ \sim S_+$ 关系曲线

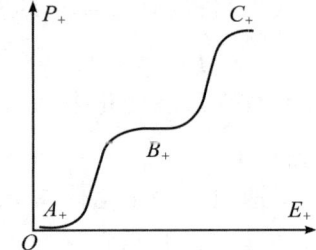

图 11-2 二级连串同向发射过程的 $P_+ \sim E_+$ 关系曲线

为了更清楚地认知单元系统在同向二级连串吸收发射过程中异质单元数 n_{B_+} 和产物中异质单元数 n_{C_+} 的变化规律，还可以换个角度以变化率来考察二级连串吸收发射：$A_+\xrightarrow{\kappa_{A_+}}B_+\xrightarrow{\kappa_{B_+}}C_+$。

当单元系统在环境作用下做吸收发射时，基态 A_+ 的单元变化率 r_{A_+} 等于其消耗率，形态 C_+ 的单元变化率 r_{C_+} 等于其生成率，而形态 B_+ 的变化率 r_{B_+} 等于生成率与消耗率之差。这里基态 A_+ 和形态 C_+ 的变化都遵循单元系统形态转化基元规律，而中间形态 B_+ 的变化规律就是自发发射与吸收发射条件下的单元系统形态转化基元规律的简单集成。

参照(5-6)式 $\mathrm{d}n_+=n_+\kappa_{n_+}\mathrm{d}E_+$，可以得到单元系统在不同形态异质单元数随能量变化的变化率，即

$$r_{A_+} = -\frac{dn_{A_+}^0}{dE_+} = \kappa_{A_+} n_{A_+}^0 \tag{11-7}$$

$$r_{B_+} = \frac{dn_{B_+}}{dE_+} = \left(\frac{dn_{B_+}}{dE_+}\right)_{A_+} - \left(\frac{dn_{B_+}}{dE_+}\right)_{B_+}$$

$$= \kappa_{A_+} n_{A_+}^0 - \kappa_{B_+} n_{B_+} \tag{11-8}$$

$$r_{C_+} = -\left(\frac{dn_{B_+}}{dE_+}\right)_{B_+} = \kappa_{B_+} n_{B_+} \tag{11-9}$$

解(11-7)式,可以得到吸收发射后基态 A_+ 的本质单元数

$$n_{A_+}^0 = C_{N_+} e^{-\kappa_{A_+} E_+} \tag{11-10}$$

式中,C_{N_+} 为 $E_+ = 0$ 时母体 A_+ 的本质单元数,也是整个单元系统的总体单元数。

将(11-10)式代入(11-8)式 $r_{B_+} = \frac{dn_{B_+}}{dE_+} = \kappa_{A_+} n_{A_+}^0 - \kappa_{B_+} n_{B_+}$,就有

$$\frac{dn_{B_+}}{dE_+} = \kappa_{A_+} C_{N_+} e^{-\kappa_{A_+} E_+} - \kappa_{B_+} n_{B_+}$$

这是一个 $\frac{dy}{dx} + Px = Q$ 型的一次线性微分方程,方程式的解为

$$n_{B_+} = C_{N_+} \frac{\kappa_{A_+}}{\kappa_{B_+} - \kappa_{A_+}} (e^{-\kappa_{A_+} E_+} - e^{-\kappa_{B_+} E_+}) \tag{11-11}$$

由(11-3)式 $N_+ = n_{A_+}^0 + n_{B_+} + n_{C_+} = C_{N_+}$ 得 $n_{C_+} = C_{N_+} - n_{A_+}^0 - n_{B_+}$。把(11-10)式 $n_{A_+}^0 = C_{N_+} e^{-\kappa_{A_+} E_+}$ 和(11-11)式 $n_{B_+} = C_{N_+} \frac{\kappa_{A_+}}{\kappa_{B_+} - \kappa_{A_+}} (e^{-\kappa_{A_+} E_+} - e^{-\kappa_{B_+} E_+})$ 代入,就有

$$n_{C_+} = C_{N_+} \left[1 - e^{-\kappa_{A_+} E_+} - \frac{\kappa_{A_+}}{\kappa_{B_+} - \kappa_{A_+}} e^{-\kappa_{A_+} E_+} + \frac{\kappa_{A_+}}{\kappa_{B_+} - \kappa_{A_+}} e^{-\kappa_{B_+} E_+}\right]$$

$$= C_{N_+} \left[1 - \frac{\kappa_{B_+}}{\kappa_{B_+} - \kappa_{A_+}} e^{-\kappa_{A_+} E_+} + \frac{\kappa_{A_+}}{\kappa_{B_+} - \kappa_{A_+}} e^{-\kappa_{B_+} E_+}\right] \tag{11-12}$$

根据(11-10)式、(11-11)式和(11-12)式绘图,可得图 11-3。由图可见,基态 A_+ 的本质单元数 $n_{A_+}^0$ 随着能量 E_+ 的上升而单调减少;形态 C_+ 的异质单元数 n_{C_+} 则随着能量 E_+ 的上升而单调增加;而形态 B_+ 的异质单元数 n_{B_+} 随着能量 E_+ 的上升开始表现为增加,而后表现为减少,中间出现极大值。

由(11-11)式还可看出,中间体 B_+ 的异质单元数 n_{B_+} 的变化规律与它本身的变化率常数 κ_{A_+} 有关,还与母体 A_+ 的变化率常数有关。中间体 B_+ 的异质单元数 n_{B_+} 变化规律不同于简单的指数律,中间体 B_+ 的异质单元数 n_{B_+} 在变化过程中出现极大值,是连串吸收发射的突出特征。在吸收发射前期,基态 A_+ 的本质单元数 $n_{A_+}^0$ 较多,转化成形态 B_+ 的变化率较大,因而形态 B_+ 中异质单元数量 n_{B_+} 不断增长。但是,随着吸收发射的继续进行,形态 A_+ 的本质单元数 $n_{A_+}^0$ 逐渐减少,相应地使生成形态 B_+ 的变化率减小。同时,由于中间体 B_+ 的异质单元数 n_{B_+} 增大,进一步转化成最终产物 C_+ 的变化

率不断增大,使形态 B_+ 的异质单元数 n_{B_+} 大量消耗,因而形态 B_+ 的异质单元数 n_{B_+} 反而下降。当生成形态 B_+ 的变化率与消耗形态 B_+ 的变化率相等时,就出现极大值点。

利用(11-11)式,可以求得 n_{B_+} 为极大值时的参数。将(11-11)式对 E_+ 微分,当 n_{B_+} 有极大值时,$\dfrac{\mathrm{d}n_{B_+}}{\mathrm{d}E_+}=0$,求得相应的能量为

$$E_{+m}=\frac{\ln\kappa_{B_+}-\ln\kappa_{A_+}}{\kappa_{B_+}-\kappa_{A_+}}$$

再代入(11-11)式 $n_{B_+}=C_{N_+}\dfrac{\kappa_{A_+}}{\kappa_{B_+}-\kappa_{A_+}}(\mathrm{e}^{-\kappa_{A_+}E_+}-\mathrm{e}^{-\kappa_{B_+}E_+})$ 得

$$(n_{B_+})_m=C_{N_+}\left(\frac{\kappa_{A_+}}{\kappa_{B_+}}\right)^{\kappa_{B_+}/(\kappa_{B_+}-\kappa_{A_+})} \quad (11\text{-}13)$$

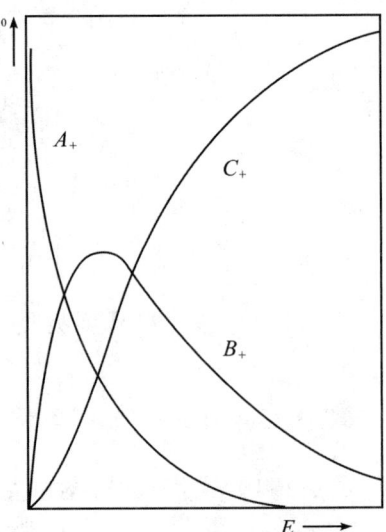

图 11-3 母体、中间体和产物的单元数随能量变化曲线

$(n_{B_+})_m$ 就是形态 B_+ 处于极大值时的单元数。

对于连串吸收发射来说,吸收的能量越多,得到最终产物 C_+ 的单元数 n_{C_+} 也总是越多。但是,如果中间体 B_+ 是所需的主产物,而最终产物 C_+ 是副产物,显然,$\dfrac{\kappa_{B_+}}{\kappa_{A_+}}$ 的比值越大越有利于产物 C_+ 的生成。由于中间体 B_+ 有一个单元数最大时的能量值 E_{+m},超过能量值 E_{+m} 反而引起所考虑的 B_+ 单元数的降低和其他单元数的增加。因此,控制整个单元系统吸收的能量使其在 E_{+m} 附近,就可望得到最多的中间体 B_+ 的单元数。若 $E_{\neq+B}>E_{\neq+C}$,则宜用较高的环境能量或其他高能的方式;若 $E_{\neq+B}<E_{\neq+C}$,则宜用较低的环境能量或其他低能的方式。可见,掌握了二级连串吸收发射的单元系统形态变化规律,就可以通过控制环境能量来获取尽可能多的中间体或最终产物。

二、二级连串发射中不同形态变化的典型状况

在上述单元系统形态二级连串吸收发射变化规律的推导中,所讨论的是 κ_{A_+} 与 κ_{B_+} 的一般情况。对于 κ_{A_+} 与 κ_{B_+} 相差不大,即二级连串发射的变化率大致相等的情况,通过(11-10)式、(11-11)式和(11-12)式就可以得到不同能量下母体、中间体和产物的单元数。但是,在一些典型的情况下,单元系统形态的变化规律还可以进一步简化。

(1) $\kappa_{A_+}\gg\kappa_{B_+}$。在 $\kappa_{A_+}\gg\kappa_{B_+}$ 的情况下,单元系统形态第一级吸收发射是很容易进行的,母体很快都转化成为中间体,这样生成最终产物的速率就主要取决于第二级吸收发射。

(2) $\kappa_{A_+}\ll\kappa_{B_+}$。另一种极端情况是 $\kappa_{A_+}\ll\kappa_{B_+}$,单元系统形态第二级吸收发射很容

易进行,中间体 B_+ 一旦生成立即转化为 C_+,因此二级连串发射的总变化率(即生成产物 C_+ 的变化率)决定于第一级吸收发射。在(11-12)式中,如果令 $\kappa_{A_+} \ll \kappa_{B_+}$,则可以简化为 $n_{C_+} = C_{N_+}(1 - e^{-\kappa_{A_+} E_+})$。这相当于在始态和终态之间直接进行一个吸收发射,产物的单元数与 κ_{A_+} 有关。

当 $\kappa_{A_+} \ll \kappa_{B_+}$,且 $E_+ \gg \dfrac{1}{\kappa_{B_+}} = C_{\varepsilon_B}$ 时,可以得到(11-11)式 $n_{B_+} = C_{N_+} \dfrac{\kappa_{A_+}}{\kappa_{B_+} - \kappa_{A_+}} \cdot (e^{-\kappa_{A_+} E_+} - e^{-\kappa_{B_+} E_+})$ 的近似表达式

$$n_{B_+} \approx C_{N_+} \frac{\kappa_{A_+}}{\kappa_{B_+} - \kappa_{A_+}} e^{-\kappa_{A_+} E_+} \tag{11-14}$$

在这种条件下,中间体 B_+ 单元数 n_{B_+} 的变化将遵循母体自发发射条件下的指数规律。

此外,$\kappa_{A_+} \ll \kappa_{B_+}$,(11-13)式 $(n_{B_+})_m = C_{N_+} \left(\dfrac{\kappa_{A_+}}{\kappa_{B_+}}\right)^{\kappa_{B_+}/(\kappa_{B_+} - \kappa_{A_+})}$ 也可简化成为

$$\kappa_{A_+} N_{A_+} \approx \kappa_{B_+} N_{B_+} \tag{11-15}$$

事实上,(11-15)式提供了一个测量能量水平较低的系统能阈值的方法。

$$E_{1/2B_+} = \frac{n_{B_+}}{n_{A_+}^0} E_{1/2A_+} \tag{11-16}$$

只要测得与较高能态的能阈及其相应的单元数 $n_{A_+}^0$ 与 n_{C_+},就可算出低能态的能阈值;反之亦然。

在一维正向质向量坐标系 $\vec{X}_+$ 内部 $(\vec{N}_+, \vec{n}_+, \vec{E}_+, \vec{E}_{\neq +}, \vec{\varepsilon}_+)$ 五维分质向量空间的 $(\vec{C}_{N_+}, \vec{n}_+, \vec{E}_+, \vec{C}_{E_{\neq +}}, \vec{C}_{\varepsilon_+})$ 截面上,各个分质向量坐标轴与各自的分质变量坐标轴同向,可以用其分质变量来表示。然而,能量 E_+ 只是一个质变量,如果取某种特定形式的质参量 θ_+ 作为能量 E_+ 的显性因子,就赋予了研究对象特殊的含义。例如,在功率不变的条件下,时间 t_+ 就是(6-386)式 $E_+ = F_+ \theta_+$ 中能量 E_+ 的显性因子。把时间 t_+ 这个能量 E_+ 的显性因子作为自变量,人们所考察的单元系统形态变化过程就成了动力学过程。

研究动力系统的目的是考察其长期行为的变化规律。在动力系统的二级连串发射过程中,一般的能量 E_+ 用时间 t_+ 这个特殊的显性因子代替后,若规定 $C_{功率} = 1$,则

$$\kappa = C_{功率} k \tag{11-17}$$

这样,二级连串自发发射过程就可表达为衰变反应,相应的能阈 $E_{+\neq}$ 就是半衰期 $t_{1/2}$。因此,单元系统在上述二级连串发射过程中的几个不同形态变化规律的表达式相应地变为

$$n_{A_+}^0 = C_{N_+} e^{-k_{A_+} t_+} \tag{11-18}$$

$$n_{B_+} \approx C_{N_+} \frac{k_{A_+}}{k_{B_+} - k_{A_+}} (e^{-k_{A_+} t_+} - e^{-k_{B_+} t_+}) \tag{11-19}$$

$$n_{C_+} = C_{N_+} \left(1 - \frac{k_{B_+}}{k_{B_+} - k_{A_+}} e^{-k_{A_+} t_+} + \frac{k_{A_+}}{k_{B_+} - k_{A_+}} e^{-k_{B_+} t_+}\right) \tag{11-20}$$

$$n_{B_+} \approx C_{N_+} \frac{k_{A_+}}{\kappa_{B_+} - \kappa_{A_+}} e^{-k_{A_+} t_+} \tag{11-21}$$

例如,化学动力学就是研究以时间 t_+ 为质参量的化学反应。有一类化学反应称为连串反应,是指几个基元反应连续地进行,其中前一个基元反应的产物为后一基元反应的反应物。最简单的连串反应就是同向二级连串发射的形态变化,这是两个连续的一级反应

$$A_+ \xrightarrow{k_1} B_+ \xrightarrow{k_2} C_+$$

设 $t_+ = 0$ 时: a 0 0

$t_+ = t_+$ 时: x y z

对于 A_+ 物质,(11-18)式 $n_{A_+}^0 = C_{N_+} e^{-k_{A_+} t_+}$ 写成浓度表达式,即

$$x = C_{N_+} e^{-k_1 t_+} \tag{11-22}$$

对于 B_+ 物质,(11-19)式 $n_{B_+} \approx C_{N_+} \frac{k_{A_+}}{k_{B_+} - k_{A_+}} (e^{-k_{A_+} t_+} - e^{-k_{B_+} t_+})$ 写成浓度表达式,即

$$y = \frac{ak_1}{k_2 - k_1} (e^{-k_1 t_+} - e^{-k_2 t_+}) \tag{11-23}$$

对于 C_+ 物质,(11-20)式 $n_{C_+} = C_{N_+} \left(1 - \frac{k_{B_+}}{k_{B_+} - k_{A_+}} e^{-k_{A_+} t_+} + \frac{k_{A_+}}{k_{B_+} - k_{A_+}} e^{-k_{B_+} t_+}\right)$ 写成浓度表达式,即

$$z = a\left(1 - \frac{k_2}{k_2 - k_1} e^{-k_1 t_+} + \frac{k_1}{k_2 - k_1} e^{-k_2 t_+}\right) \tag{11-24}$$

由此可见,当 k_1 与 k_2 相近(不能相等)时,反应物 A_+ 的浓度随时间 t_+ 单调减少很快趋于零;最终产物 C_+ 的浓度总是随时间 t_+ 而单调增大;而中间产物 B_+ 的浓度在反应前期增加较快(因反应物 A_+ 的浓度较大),随着 A_+ 浓度降低以及中间产物 B_+ 本身由于生成产物 C_+ 而消耗,中间产物 B_+ 的生成速率变慢,达到某一时刻,中间产物 B_+ 的生成与消耗相抵,浓度达到一最大值,随后中间产物 B_+ 的浓度逐渐降低。这就是连串反应的特征。

连串反应的特征对于生产是有指导作用的,如果中间产物 B_+ 是人们所需的产品而 C_+ 是副产品,则可以通过控制反应时间 t_+,使 B_+ 物质尽可能地多,而 C_+ 物质尽可能地少。B_+ 的浓度处于极大值的时间就是生成 B_+ 最多的时间 t_m,由 $E_m = \frac{\ln \kappa_{B_+} - \ln \kappa_{A_+}}{\kappa_{B_+} - \kappa_{A_+}}$ 就可以得到 B_+ 的浓度处于极大值的时间

$$t_m = \frac{\ln k_2 - \ln k_1}{k_2 - k_1} \tag{11-25}$$

k_2 和 k_1 差值愈大,t_m 越小。因此,可以通过改变温度、加入催化剂、调节 k_2 和 k_1 的大小,并控制适宜的时间,来获得 B_+ 的最大产率。如果将 t_m 的关系式(11-25)式代

入(11-23)式 $y=\dfrac{ak_1}{k_2-k_1}(e^{-k_1 t}-e^{-k_2 t})$ 中,还可以得到 B_+ 处于最大值时的浓度

$$y_m = a\left(\dfrac{k_1}{k_2}\right)^{k_2/(k_2-k_1)} \tag{11-26}$$

这与形态 B_+ 处于极大值时的单元数(11-13)式 $(n_{B_+})_m = C_{N_+}\left(\dfrac{\kappa_{A_+}}{\kappa_{B_+}}\right)^{\kappa_{B_+}/(\kappa_{B_+}-\kappa_{A_+})}$ 本质是一样的。相应地,(11-16)式 $E_{1/2B_+} = \dfrac{n_{B_+}}{n_{A_+}^0} E_{1/2A_+}$ 也可以写成

$$t_{1/2B_+} = \dfrac{n_{B_+}}{n_{A_+}^0} t_{1/2A_+} \tag{11-27}$$

由于(11-16)式 $E_{1/2B_+} = \dfrac{n_{B_+}}{n_{A_+}^0} E_{1/2A_+}$ 是从 $\kappa_{A_+}\gg\kappa_{B_+}$ 和 $\kappa_{A_+}\ll\kappa_{B_+}$ 两种极端情况的分析得到,(11-27)式也如此。但是,由此可以看出由连续步骤组成的反应系统,其总反应的表观动力学特征实际上取决于反应速率系数最小的那一步基元反应的速率。一般将此连续反应中最难进行(速率系数 k 为最小)的一步称为决速步骤或速率控制步骤。

上述公式不仅对于化工和医药行业掌握不同时段的母体、中间体和产物的物质量具有重要的指导作用,对于过程工程和更广泛的领域也都有重要的意义。所以,二级连串发射的进程取决于最慢的一级。由二级连串发射进行拓展,还可得出一条非常重要的定理——奴役原理:任何连串发射不论分几级进行,都是由最慢的一级控制着全局。

由于单元系统单元之间的协同合作结果,在临界点附近只有几个质变量(序参量)无阻尼,它们驱使着其他衰减快的变量的运动,因此单元系统的最终有序的形态或结构将由这种慢变量决定。这种慢变量可能由若干个独立的质变量组成,而这几个慢变量之间的快慢程度也可能是有差异的,这种差异的存在将使得单元分布函数成为偏倚的 S 形曲线,而单元密度曲线也是偏态的单峰曲线,因此区别快变量与慢变量是研究单元系统形态变化规律的一个关键。

根据(11-21)式 $n_{B_+}\approx C_{N_+}\dfrac{k_{A_+}}{\kappa_{B_+}-\kappa_{A_+}}e^{-k_{A_+}t}$ 的结论,还可以启示人们建立一个保存短寿命物质的方法。譬如,医院中常用的放射性核素 $^{113}I_n$,半衰期只有 99.5 min,当人们把它从远处运来时就所剩无几了。如果从北京用汽车运送放射性核素 $^{113}I_n$ 到拉萨要用 3000 min,它到达时也就只剩下原来的 1/4 了。但从(11-13)式 $(n_{B_+})_m = C_{N_+}\left(\dfrac{\kappa_{A_+}}{\kappa_{B_+}}\right)^{\kappa_{B_+}/(\kappa_{B_+}-\kappa_{A_+})}$ 所启示的规律,人们就应该把 $^{113}I_n$ 与其母体 $^{113}S_n$ 一起保存。因为 $^{113}S_n \rightarrow ^{113}I_n$ 的半衰期为 115 天,过一段时间后 $^{113}I_n$ 即以 $^{113}S_n$ 的规律而衰变。

在 $\kappa_{A_+}\ll\kappa_{B_+}$ 的条件下,由(11-15)式 $\kappa_{A_+}N_{A_+}\approx\kappa_{B_+}N_{B_+}$ 可以明了,母体与子体的变化强度相等,两者处于平衡态。单位能量内中间子体所发射出的单元数就等于它从母体的发射中补充得到的单元数。在上例中,医院收到的且可以保存一段时间的放射源,

正是处于平衡态的子体和母体的混合物。当临床需要使用$^{113}I_n$时,就要用化学方法把子核$^{113}I_n$淋洗出来,单独使用。$^{113}I_n$被淋洗后,$^{113}S_n$继续以电子俘获方式生成$^{113}I_n$,在适当时候又可被淋洗,这种情况与母牛挤乳很相似,所以俗称$^{113}S_n$为"母牛"。其实,这就是新陈代谢的机理,人体受创伤后能产生新组织或细胞也就是基于这个道理。

三、二级连串发射过程中耗散结构的介稳态

除了上述 $\kappa_{A_+} \gg \kappa_{B_+}$ 或 $\kappa_{A_+} \ll \kappa_{B_+}$ 和 κ_{A_+} 与 κ_{B_+} 相近的情形,还有一种 $\kappa_{A_+} = \kappa_{B_+}$ 的重要情形,此时,(11-11)式 $n_{B_+} = C_N \dfrac{\kappa_{A_+}}{\kappa_{B_+} - \kappa_{A_+}}(e^{-\kappa_{A_+} E_+} - e^{-\kappa_{B_+} E_+})$ 变成 $\dfrac{0}{0}$ 型,无法分析 n_{B_+} 的含义。为此,对(11-8)式 $\dfrac{dn_{B_+}}{dE_+} = \kappa_{A_+} n_{A_+}^0 - \kappa_{B_+} n_{B_+}$ 再行求导,可以得到

$$\frac{d^2 n_{B_+}}{dE_+^2} = \kappa_{A_+} \frac{dn_{A_+}^0}{dE_+} - \kappa_{B_+} \frac{dn_{B_+}}{dE_+}$$
$$= -\kappa_{A_+}^2 n_{A_+}^0 - \kappa_{A_+} \kappa_{B_+} n_{A_+}^0 + \kappa_{B_+}^2 n_{B_+}$$

如果 $\kappa = \kappa_{A_+} = \kappa_{B_+}$,上式可以表述为

$$\frac{d^2 n_{B_+}}{dE_+^2} = -\kappa^2 (2n_{A_+}^0 - n_{B_+})$$

即

$$\frac{d^2 n_{B_+}}{dE_+^2} + \kappa^2 (2n_{A_+}^0 - n_{B_+}) = 0 \tag{11-28}$$

当吸收发射过程进行到 A_+ 形态所剩的单元数与 B_+ 形态的单元数相等时,$n_+ = n_{A_+}^0 = n_{B_+}$,就有

$$\frac{d^2 n_+}{dE_+^2} + \kappa^2 n_+ = 0 \tag{11-29}$$

其实,这是典型的简谐振动的方程,其通解为 $n_+ = C_1 \cos(\kappa E_+) + C_2 \sin(\kappa E_+)$。如果引入 $C_1 = C_{N_+} \cos\delta, C_2 = -C_{N_+} \sin\delta$,则

$$n_+ = C_{N_+} \cos(\kappa E_+ + \delta) \tag{11-30}$$

当 B_+ 形态单元的变化率等于零 $\left(\dfrac{dn_{B_+}}{dE_+} = 0\right)$ 时,异质单元的生成率等于本质单元的消耗率,而 A_+ 形态本质单元的消耗率也等于 C_+ 形态异质单元的生成率,如此单元系统进入一种动态平衡或介稳状态,即稳定的涨落运动形态。

在这种 $\kappa = \kappa_{A_+} = \kappa_{B_+}, n_+^0 = n_{A_+}^0 = n_{B_+}$ 的条件下,所得到的中间体 B_+ 单元数的收支平衡,因而这一介稳态便是一种稳恒的周而复始的简谐脉动形态。处在这种动态平衡的中间体 B_+ 的结构是一种通过自组织产生的耗散结构,它必须与环境(A_+ 形态和 C_+ 形态)交换单元(物质)和能量才能维持。当输入的单元(物质)或能量与输出的单元(物

质)或能量不一致时,这个耗散结构就要解体,其动态平衡就要破坏。

自组织是系统要素之间通过竞争与协同作用形成一定的结构并具有相应的形态,是通过低层次客体的局域相互作用而形成的高层次的结构、功能有序模式不由外部特定干预和内部控制者指令的自发过程,由此而形成的有序的较复杂的系统称为自组织系统。世界上普遍存在两大类自组织产生的结构:一类是通过平衡过程中的相变而形成的平衡结构(如晶体、超导体等),平衡结构的基本特点是无须与外界环境进行交换即可保持结构,甚至只有隔断与外界的联系才能长久保持自己;另一类是在远离平衡态的条件下通过相变在非线性区形成宏观有序的耗散结构,耗散结构的基本特点是只有与外界环境不断交换物质、能量、信息才能形成(或保持)新的稳定有序结构。[4]

普利高津曾列举了大量的耗散结构的例子,但是并没有指出典型的简谐振动就是耗散结构的一种表现形式。事实上,从统一科学就很容易理解能在一定条件下自发地产生组织性和相干性的耗散结构,其实质就是系统处于联系链条之中并实现了动态平衡而表现的一种介稳形态。耗散结构是内环境与外环境交流的中转站或集散地,它一方面消耗内环境提供的能量,另一方面又向外环境散发能量,这种能量的收支平衡是维持耗散结构的前提,而具有耗散结构的系统为了对环境收支能量,它就必然是个开放系统。[5]

系统都是处于普遍联系之中的,系统既有从环境得到能量或物质的一面,又有向环境释放能量或物质的另一面。如果单方面考察系统的运动,许多现象就无法得到合理的解释。例如,原子中的电子系统是个耗散结构,电子系统一方面不断地向外环境辐射电磁波,同时又从内环境(原子核)得到能量。然而,人们曾经在研究原子中电子的运转问题时忽略了内环境对电子系统的作用,因而得到的结论必然是电子轨道要逐渐缩小,最终电子要落入核内。又如,在石英钟内运转的指针也是个耗散结构,它一方面从内环境(电池)得到能量,另一方面它又向外环境(空气)释放能量,以克服空气摩擦。在与外界存在物质或能量交换的情况下,无机体通过内部的协同作用,其新的井然有序的耗散结构也会从浑沌中产生出来,并随着恒定能量供应而得以维持。

诸如此类的事例比比皆是。世界上广泛存在着耗散结构,不仅自然界每个大大小小的天体都是耗散结构,而且一切生命系统和社会系统都是耗散结构,乃至精神领域的各种系统都是耗散结构。所以,耗散结构理论才可以在这些风马牛不相及的系统中得到广泛应用。在此,就以人体这样的耗散结构来讨论。

早在人类文明时代的初期,人类就开始了关于人体的研究,千万年来人类积累了丰富的关于人体的宝贵知识。人体是以物质为基础的一个有机体,细胞是构成人体的最基本单位,构成人体的细胞总数在百万亿以上。无数个细胞结合起来构成了人体上的四种基本组织:上皮组织、结缔组织、肌肉组织和神经组织。四种基本组织的不同配合,构成了人体的种种器官,每种器官都有自己特定的形状和功能。一个器官只能完成一定的功能,许多器官结合起来完成某一方面的全套功能,就构成了系统。人体共有八个系统,即消化系统、神经系统、呼吸系统、循环系统、运动系统、内分泌系统、泌尿系统和生殖系统。所以,人体是一个由多层次系统构成的综合体。人体中的各个器官、组织作为相对独立的子系统又相互联系,神经系统、血液系统、淋巴系统、十四经脉等把它们都联系在一起。在人体这一复杂的有机体中,各个器官或组织中的各种物质组分在常态下都是耗散结构,并在一定的正常值范围内达到了平衡。

人体这一复杂的聚细胞体系在与内外环境的交换过程中取得动态平衡,就可以看作处于平衡态的耗散结构,否则就是处于非平衡态的开放系统。新陈代谢和自我复制是人体最基本的特征,物质代谢(其核心为合成代谢)是生命的基础,能量代谢是生命的动力。一方面人体要从环境中摄取物质和能量(食物、空气等),另一方面又要向环境排放物质和能量(排泄物)。这种输入与输出处于动态平衡时,人体就处于正常的健康状态,生命体就是输入与输出的物质和能量两者相依为命的共生之花。当人体的某个组织或器官(子系统)的输入或输出通道受阻(即 $\kappa_{A_+} \neq \kappa_{B_+}$)时,人体生命正常耗散的物质或能量不是积累就是亏空,这种平衡就要移位而偏离正常值,人就会出现伤病或处于亚健康状态;而当这种输入与输出严重失衡(即 $\kappa_{A_+} \gg \kappa_{B_+}$ 或 $\kappa_{A_+} \ll \kappa_{B_+}$)时,耗散结构将迅速解体,而从稳定的动态平衡的形态向另一种静态平衡的形态——死亡态运动。

人体在生命活动过程中进行运动、呼吸等各项生命活动都要消耗能量,如物质代谢的合成反应、肌肉收缩、腺体分泌等都需要能量。能量的补充主要来源于食物,主要是由糖类物质分解产生的。动物性和植物性食物中所含的营养素可分为五大类:碳水化合物、脂类、蛋白质、矿物质和维生素,加上水则为六大类。其中,碳水化合物、脂肪和蛋白质经体内氧化可释放能量,三者统称为"产能营养素"或"热源质"。产能营养素相当于能泵,源源不断地为人体在各项生命活动中所消耗的能量给予补给,以维持人体耗散结构的正常生命活动。

人体作为耗散结构所处的平衡态是人体的正常状态,也就是健康状态。人体的健康状态是指生理、心理及社会适应三个方面的各种指标全都维持在一种动态平衡的良好状况,不仅生理机能要处在正常值水平,而且精气神魂魄也要处在正常值水平,还有适应社会的心态和能力也要处在正常值水平。但是,指示人体没有生病或者体质健壮的指标可以数以百计(常用的化验检查项目就有近 400 项),指示人体健康的指标就更多,所以人体这一巨系统是维度非常之多的复杂系统。这众多的指标在一定的参考值范围内都可以称为标识健康的正常值,也就是说人体健康这一超越三维的超高维系统就像皮球,即使受到一定伤病的冲击,只要在其弹性范围内可以恢复就是健康的。

中国传统医学认为,人的生命过程是一个动态平衡过程,即人体的五脏六腑、组织器官及其功能活动的协调吻合。在各种动态平衡中有两种平衡最为重要,一是人体与大自然及周围环境间的相互作用,二是人体各部分之间的相互作用。一旦这两种平衡出现问题,人体健康肯定就会出现问题。因此,中医把人体看成是一个联系、动态、有序、自然而又相对"模糊"的有机体,看成是一个与天地同构且同序的气、形、神的统一体。中医通过不肢解、不破坏、不干扰的望闻问切四诊合参的方法,通过采用横向的、有机的、整合的方法来探求病因、病性、病位,分析病机。中医治病立足于调整人体系统的自身的关系,重视人体功能状态和整体调节,着眼于恢复和保持身体各部分的协调平衡,尽量避免其他组分、结构、功能强加于人体系统。

其实,不仅是人体,每一个生命有机体(生命、细胞、新陈代谢和多细胞有机体)在维生过程中都是一个耗散结构。这个开放系统在连续不断地流入与流出之中,在其组分的不断构成与破坏之中维持自己,只要它是有生命的,就永远不会处于化学和热力学的平衡态,而是维持在与平衡态不同的所谓介稳态上。这种介稳态就是通常所说的新陈代谢这个基本生命现象的真正形式,是活细胞的内部化学过程的外部表现形式。所以,生物活体具有自养、自组装、自修复、可降解的特性,可定义为特种环境下能够生存和成活的自组织的耗散结构。

自然界存在的网络归根结底都是自然界自组织的产物。自组织发生的条件是在开放系统——与环境有交换的系统中。开放系统的熵的变化 dS 由两个部分组成:一个部分是系统内部产生的熵,记作 d_iS;由于热力学第二定律的作用,这个内部熵总是增大的,即 $d_iS > 0$。另一个部分是从外界环境中输入的熵,记作 d_eS。可见,开放系统的熵 $dS = d_iS + d_eS$。如果 dS 为负值,即 $dS < 0$,就意味着系统朝有序的方向发展。要使这个不等式成立,就需要 $|d_eS| > d_iS$,这里的 d_eS 是负熵。

自组织发生的另一个条件是系统要远离平衡态。为此,必须由环境持续向系统输入正能量或低熵物质,使系统及其元素处于一个动态过程,经过一系列循环的变化,以低能高熵的物质与能量形式从系统中输出。这就是以不同形式进行出现的"新陈代谢",即自组织的条件。例如,一个动物与其环境不断地进行物质与能量的交换,它以环境的食物(低熵物质)为主,并排泄出废物(高熵物质),从而产生和保持自己的有序结构。一个生态系统靠阳光和矿物质繁衍兴旺,阳光和矿物质通过植物及其叶绿素转化为有机物,有机物又通过动物、细菌、腐食菌类等中间媒质转化回矿物质和热量。虽然这些矿物质以及氧、水、二氧化碳之类的物质可以循环再生,但相当大部分的太阳能耗散了,不能再利用了。[6]

第三节　多级连串发射的形态变化规律

在环境的持续作用下,单元系统可以进行单向的多级形态转化,通过认识多级连串发射的 $n_+ \sim E_+$ 关系,可以揭示单元系统多级连串吸收发射规律并得出奴役原理;由无限多级连串自发发射的单元系统形态变化规律又可以得到统计物理分布函数;通过多级连串发射的 $E_+ \sim n_+$ 关系还可以演绎出能谱的能带及其构成的总能系统。

一、多级连串发射的形态变化规律

大千世界中的物质有各种各样的物态或物相,不仅有气态、液态和固态,而且有铁磁相、超流相、反铁磁相、超导相、铁电相、向列相等,还有更为精微的一系列相态。随着环境中温度、压强、组分和其他诸如磁场之类可控参量的持续变化,任何给定的物质一般都能经历若干次从一种相态到另一种相态的变化,从而构成物质相态的单向多级变化。像竹类植物"节节高"的生长形态,就是常见的单向多级连串发射的形态变化过程。

通过揭示单元系统在二级连串发射过程的形态变化规律可以看到,两个单元系统形态转化基元规律的单向串联已经向复杂性迈出了最初的一步。为了揭示单元系统经历单向多级形态转化的一般规律,必须"百尺竿头,更进一步",深入研究单元系统在多级连串发射过程的形态变化规律。

在一维正向质向量坐标系 $\vec{X}_+$ 中,以质向量变化量 $\Delta \vec{x}_+$ 来表征单元系统形态的变化,人们无法分辨单元系统的形态变化是处在准平衡态或是近平衡态还是远离平衡态。然而,只要在一维正向质向量坐标系 $\vec{X}_+$ 内部打开 m 维分质向量空间($\vec{X}_{+1}, \vec{X}_{+2}, \cdots, \vec{X}_{+m}$),质向量 $\vec{x}_+$ 就可以分解为 m 个独立的分质向量 $\vec{x}_1, \vec{x}_2, \cdots, \vec{x}_m$,也就可以用 m 个特殊规定的分质向量来刻画单元系统在经历不同形态时的内在关系与变化规律。

在一维正向质向量坐标系 $\vec{X}_+$ 内部的($\vec{N}_+, \vec{n}_+, \vec{E}_+, \vec{E}_{\neq +}, \vec{\varepsilon}_+$)五维分质向量空间中,各个分质向量与各自的分质变量坐标轴同向,可以用其分质变量坐标轴来表示。如果一个与外界环境没有物质和能量交换的单元系统所具有的总体单元数为 N_+,其形态就可视为($N_+, n_+, E_+, E_{\neq +}, \varepsilon_+$)五维分质变量空间中的基态 A_+。例如,英国物理学家狄拉克 1929 年提出的真空假说就是以具有最低能量的系综形态为基态的。

当环境施加一定的能量 E_+ 给单元系统时,基态 A_+ 中的本质单元就会吸收发射到比基态能级较高的平衡态(称作第一级平衡态)A'_+,在第一级平衡态就会出现异于基态的本质单元的异质单元。随着外加能量 E_+ 的逐渐增加,发射到 A'_+ 态的异质单元数将逐渐增加,直至 A'_+ 态的所有量子态都被发射来的异质单元所填满。此后,随着外加能量 E_+ 进一步增强,A'_+ 态中的异质单元将再次吸收发射而跃升到更高能级的平衡态(称作第二级平衡态)A''_+,而保留在 A'_+ 态中的异质单元数为 n_{+1}。当 A''_+ 态又为 A'_+ 态发射来的异质单元所占满后,随着环境施加的能量 E_+ 再进一步增强,A''_+ 态中的单元还可吸收发射而跃升到更高一级能级的平衡态(称作第三级平衡态)A'''_+,而保留在 A''_+ 态中的异质单元数为 n_{+2}。如此递进,随着环境作用于单元系统的能量 E_+ 不断增加,最终本质单元终将被激发到某一高能级的平衡态(称作第 k 级平衡态)A^k_+,在 A^k_+ 态中的异质单元数为 n_{+k}。

上述这一多级连串吸收发射的过程可以表示为

$$A_+ \rightarrow A'_+ \rightarrow A''_+ \rightarrow A'''_+ \rightarrow \cdots \rightarrow A^k_+ \tag{11-31}$$

$$A_+ \to A'_+ + A''_+ + A'''_+ + \cdots + A^k_+ \tag{11-32}$$

多级连串吸收发射过程的特点是：就相邻的两个平衡态而言，某一级的平衡态都是更高一级平衡态的基态，或某一级的平衡态都是其更低一级平衡态的高能态；而就相邻的三个形态而言，任一级的平衡态都是其上下级平衡态的中间态或过渡态。

（一）多级连串吸收发射的异质单元数变化规律

在一维正向质向量坐标系 $\vec{X}_+$ 内部 $(\vec{N}_+, \vec{n}_+, \vec{E}_+, \vec{E}_{\neq +}, \vec{\varepsilon}_+)$ 五维分质向量空间中的 $(\vec{C}_{N_+}, \vec{n}_+, \vec{E}_+, \vec{C}_{E_{\neq +}}, \vec{C}_{\varepsilon_+})$ 截面上，省却了分质向量关于指向的规定，单元系统在多级连串吸收发射过程产生的异质单元总数为各级平衡态的异质单元数之和，即

$$\begin{aligned} n_+ &= n_{A'_+} + n_{A''_+} + \cdots + n_{A^k_+} \\ &= n_{+1} + n_{+2} + \cdots + n_{+k} \end{aligned} \tag{11-33}$$

这里 $n_{+1} = n_{A'_+}, n_{+2} = n_{A''_+}, \cdots, n_{+k} = n_{A^k_+}$。

根据上述多级连串吸收发射过程的特点，单元系统每一级吸收发射都是向更高一级平衡态发生形态转变的基元过程，而且都遵循单元系统形态转化基元规律，所以可以把(11-33)式进一步展开

$$\begin{aligned} n_+ &= n_{+1} + n_{+2} + \cdots + n_{+k} \\ &= \frac{N_+}{1+e^{(E_{\neq +1}-E_+)/\varepsilon_+}} + \frac{n_{+1}}{1+e^{(E_{\neq +2}-E_+)/\varepsilon_+}} + \cdots + \frac{n_{+(k-1)}}{1+e^{(E_{\neq +k}-E_+)/\varepsilon_+}} \\ &= \frac{N_+}{1+e^{(E_{\neq +1}-E_+)/\varepsilon_+}} + \frac{N_+}{[1+e^{(E_{\neq +1}-E_+)/\varepsilon_+}][1+e^{(E_{\neq +2}-E_+)/\varepsilon_+}]} + \cdots + \\ &\quad \frac{N_+}{[1+e^{(E_{\neq +1}-E_+)/\varepsilon_+}][1+e^{(E_{\neq +2}-E_+)/\varepsilon_+}][1+e^{(E_{\neq +k}-E_+)/\varepsilon_+}]} \\ &= N_+ \sum_{j=1}^{k} \prod_{i=1}^{j} \frac{1}{[1+e^{(E_{\neq +i}-E_+)/\varepsilon_+}]} \quad (i,j=1,2,\cdots,k) \end{aligned} \tag{11-34}$$

此式就是在 $k+1$ 级连串吸收发射过程中的单元系统形态变化规律。

当 $(E_{\neq +i} - E_+) \gg \varepsilon_+$ 时，(11-34)式可以简化为

$$n_+ = N_+ \sum_{j=1}^{k} \prod_{i=1}^{j} e^{-(E_{+i\neq}-E_+)/\varepsilon_+} \tag{11-35}$$

在一维正向质向量坐标系 $\vec{X}_+$ 内部 $(\vec{N}_+, \vec{n}_+, \vec{E}_+, \vec{E}_{\neq +}, \vec{\varepsilon})$ 五维分质向量空间中的 $(\vec{C}_{N_+}, \vec{n}_+, \vec{E}_+, \vec{C}_{E_{\neq +}}, \vec{C}_{\varepsilon_+})$ 截面上，各个分质向量与各自的分质变量坐标轴同向，可以用其分质变量坐标轴来表示。(11-34)式还可以表示为

$$n_+ = C_{N_+} \sum_{j=1}^{k} \prod_{i=1}^{j} \frac{1}{[1+e^{(C_{E_{\neq i}}-E_+)/C_{\varepsilon_+}}]} \quad (i,j=1,2,\cdots,k) \tag{11-36}$$

(11-36)式所刻画的 $n_+ \sim E_+$ 关系曲线可以反映出在 $k+1$ 级连串吸收发射过程中单元系统的形态变化特征，如图 11-4 所示。

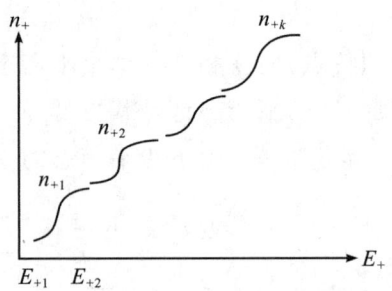

图 11-4 多级连串吸收发射的单元系统形态变化特征

通过对(11-33)式 $n_+ = n_{+1} + n_{+2} + \cdots + n_{+k}$ 求能量 E_+ 的导数,也可以得到单元系统在多级连串发射过程的异质单元数变化率函数

$$r_+ = r_{+1} + r_{+2} + \cdots + r_{+k}$$

或

$$\frac{\mathrm{d}n_+}{\mathrm{d}E_+} = \frac{\mathrm{d}n_{+1}}{\mathrm{d}E_+} + \frac{\mathrm{d}n_{+2}}{\mathrm{d}E_+} + \cdots + \frac{\mathrm{d}n_{+k}}{\mathrm{d}E_+} \tag{11-37}$$

在远离平衡态和吸收发射条件下,把各级形态中的异质单元数变化率函数(6-289)式 $r_+ = \dfrac{\mathrm{d}n_+}{\mathrm{d}E_+} = \dfrac{n_+}{C_{\varepsilon_+}}\left(1 - \dfrac{n_+}{C_{N_+}}\right)$ 代入(11-37)式,就有

$$\begin{aligned} r_+ &= \frac{\mathrm{d}n_+}{\mathrm{d}E_+} \\ &= \left[\frac{n_{+1}}{C_{\varepsilon_+}}\left(1 - \frac{n_{+1}}{C_{N_{+1}}}\right)\right] - \left[\frac{n_{+2}}{C_{\varepsilon_+}}\left(1 - \frac{n_{+2}}{C_{N_{+2}}}\right)\right] - \cdots - \left[\frac{n_{+k}}{C_{\varepsilon_+}}\left(1 - \frac{n_{+k}}{C_{N_{+k}}}\right)\right] \\ &= \frac{1}{C_{\varepsilon_+}}\left[(n_{+1} + n_{+2} + \cdots + n_{+k}) - \left(\frac{n_{+1}^2}{C_{N_{+1}}} + \frac{n_{+2}^2}{C_{N_{+2}}} + \cdots + \frac{n_{+k}^2}{C_{N_{+k}}}\right)\right] \end{aligned} \tag{11-38}$$

(11-38)式所刻画的 $r_+ \sim E_+$ 关系曲线可以反映出 $k+1$ 级连串吸收发射过程中单元系统形态变化的情况,如图 11-5 中下部的一个个抛物线相连的曲线所示,每一级异质单元数变化率的峰值就对应 $n_+ \sim E_+$ 关系曲线中同级的变相点。其实,这就是分析化学中谱图的本质。

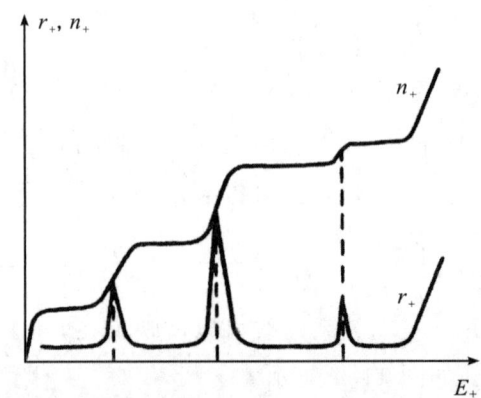

图 11-5 多级连串吸收发射的 $r_+ \sim E_+$ 与 $n_+ \sim E_+$ 关系曲线

(二) 多级连串吸收发射的信息变化规律

把(11-33)式 $n_+ = n_{+1} + n_{+2} + \cdots + n_{+k}$ 两边同除于 N_+，就有

$$P_+ = P_{+1} + P_{+2} + \cdots + P_{+k}$$
$$= \sum_{j=1}^{k} P_{+j} \qquad (j=1,2,\cdots,k) \tag{11-39}$$

即单元系统在连串发射过程的整体信息等于各级平衡态的信息之和。

在 $k+1$ 级形态连串吸收发射过程中，单元系统在某一级（i 级）平衡态的形态变化规律是跟随更低一级（$i-1$ 级）平衡态变化而变化的规律；而某一级（i 级）平衡态再做吸收发射变化时，其低一级（$i-1$ 级）的平衡态就不再受到影响。因此，多级连串发射都属于正向运动。

在多级连串吸收发射过程中，单元系统在某一级平衡态上的吸收发射必须是在前一级的平衡态已经被单元占满的情形下才能发生。如果把每一级平衡态的形态转化作为一个事件，那么发生一级形态变化的事件时，其他级的形态变化就不能发生的事件就称为互斥事件或互不相容事件。如果再把信息取为概率的古典定义，那么根据(11-35)式 $n_+ = N_+ \sum_{j=1}^{k} \prod_{i=1}^{j} e^{-(E_{\neq+i}-E_+)/\varepsilon_+}$ 所得到的关于单元系统在连串发射过程的整体形态信息等于各级形态转化信息之和的结论，就可以演绎出概率论中的加法定理：两两互斥事件的概率等于事件发生的概率之和。

把(11-34)式 $n_+ = N_+ \sum_{j=1}^{k} \prod_{i=1}^{j} \dfrac{1}{[1+e^{(E_{\neq+i}-E_+)/\varepsilon_+}]}$ 两边同除于 N_+，得

$$P_+ = \sum_{j=1}^{k} \prod_{i=1}^{j} \frac{1}{[1+e^{(E_{\neq+i}-E_+)/\varepsilon_+}]} \tag{11-40}$$

式中，

$$P_{+j} = \prod_{i=1}^{j} \frac{1}{[1+e^{(E_{\neq+i}-E_+)/\varepsilon_+}]}$$
$$= \prod_{i=1}^{j} \frac{1}{1+e^{S_{+i}}} \tag{11-41}$$

在多级连串吸收发射过程中，若单元系统在每一级吸收发射中都只完成了近平衡态的形态变化，即 $S_{+i} \gg 1$，这样(11-41)式可以简化为

$$P_{+j} = \prod_{i=1}^{j} e^{-(E_{\neq+i}-E_+)/\varepsilon_+} = \prod_{i=1}^{j} e^{-S_{+i}} = e^{-(S_{+1}+S_{+2}+\cdots+S_{+i})} \tag{11-42}$$

而(11-40)式 $P_+ = \sum_{j=1}^{k} \prod_{i=1}^{j} \dfrac{1}{[1+e^{(E_{\neq+i}-E_+)/\varepsilon_+}]}$ 也可以简化为

$$P_+ = \sum_{j=1}^{k} \prod_{i=1}^{j} e^{-S_{+i}}$$
$$= e^{-S_+} + e^{-2S_+} + \cdots + e^{-kS_+}$$

$$= e^{-S_+}\left[\frac{1-e^{-(k-1)S_+}}{1-e^{-S_+}}\right]$$

$$= \frac{1-e^{-(k-1)/S_+}}{e^{S_+}-1} \tag{11-43}$$

此即单元系统的多级连串吸收发射规律,也可称为统计熵信息函数。

当 $k\to\infty$ 时,也就是在基态之上存在着无限多级的平衡态,且各级平衡态相邻两级的熵差值彼此相近的情形下,$e^{-(k-1)S_+}\to 0$,这样(11-43)式又可以变为

$$P_+ = \frac{1}{e^{S_+}-1} \tag{11-44}$$

在一维正向质向量坐标系 $\vec{X}_+$ 内部的 $(\vec{N}_+,\vec{n}_+,\vec{E}_+,\vec{E}_{\neq +},\vec{\varepsilon}_+)$ 五维分质向量空间中,各个分质向量与各自的分质变量坐标轴同向,可以用其分质变量坐标轴来表示。把 $P_+ = \dfrac{n_+}{N_+}$ 和 $S_+ = \dfrac{E_{\neq +}-E_+}{\varepsilon_+}$ 代入(11-44)式 $P_+ = \dfrac{1}{e^{S_+}-1}$,在各级平衡态相邻两级的能阈差值彼此相近的特定条件下,也可以得到无限多级连串吸收发射的单元系统形态变化规律

$$n_+ = \frac{N_+}{e^{(E_{\neq +}-E_+)/\varepsilon_+}-1} \tag{11-45}$$

同理,在一维正向质向量坐标系 $\vec{X}_+$ 内部 $(\vec{N}_+,\vec{n}_+,\vec{E}_+,\vec{E}_{\neq +},\vec{\varepsilon}_+)$ 五维分质向量空间中的 $(\vec{C}_{N_+},\vec{n}_+,\vec{E}_+,\vec{C}_{E_{\neq +}},\vec{C}_{\varepsilon_+})$ 截面上,各个分质向量与各自的分质变量坐标轴同向,可用其分质变量坐标轴来表示。在各级平衡态相邻两级的能阈差值彼此相近的特定条件下,无限多级连串吸收发射的单元系统形态变化规律可以表述为

$$n_+ = \frac{C_{N_+}}{e^{(C_{E_{\neq +}}-E_+)/C_{\varepsilon_+}}-1} \tag{11-46}$$

在一般情况下,在多级连串吸收发射过程中,单元系统各级平衡态相邻两级的熵差值是不相等的。因此,可以像二级连串发射那样得出多级连串发射非常重要的定理——奴役原理:连串发射不论分几级进行,经常都是熵(或能阈)值最大的一级控制着全局。

奴役原理适用于单元系统的连串反应形态变化的定质描述。对于一个单元系统,其显性因子可能成千上万,影响形态变化的因素也可能不可胜数。幸好,在形态转化临界点附近,绝大多数质变量阻尼大且衰减快,对于单元系统形态变化的性质和过程影响不大,可称为次变量。在众多的质变量中往往只有一个或几个质变量不仅不衰减,而且主宰着连串发射过程的始终,这些起主导作用的质变量就叫作序变量。单元系统的形态变化特点是由序变量决定的,质变量之间的合作和竞争最终导致只有少数序参量支配系统,可据此来描写单元系统在临界点附近的行为。这就是说,单元系统的行为仅由很少几个序参量的行为决定,这样甚至很复杂的系统也能显示较有规则的行为。

（三）多级连串吸收发射的能量变化规律

在一维正向质向量坐标系 $\vec{X}_+$ 内部 $(\vec{N}_+, \vec{n}_+, \vec{E}_+, \vec{E}_{\neq +}, \vec{\varepsilon}_+)$ 五维分质向量空间中的 $(\vec{C}_{N_+}, \vec{n}_+, \vec{E}_+, \vec{C}_{E_{\neq +}}, \vec{C}_{\varepsilon_+})$ 截面上，各个分质向量与各自的分质变量坐标轴同向，可用其分质变量坐标轴来表示。根据多级连串吸收发射的特点，某一级的平衡态为其更高一级平衡态的基态，而每一级吸收发射都是一个单元系统形态发生形态转变的基元过程。在多级连串吸收发射过程中，单元系统的能量为同向的各级平衡态能量的连串叠加

$$E_+ = E_{+1} + E_{+2} + \cdots + E_k \tag{11-47}$$

如果在每一级吸收发射中，单元系统都完成了形态转化的基元过程，则每一级的吸收发射必然遵循单元系统形态转化基元规律，把(5-31)式 $E_+ = E_{+\neq} + \varepsilon_+ \ln \dfrac{n_+}{N_+ - n_+}$ 代入(11-47)式，多级连串发射的单元系统能量变化规律就是

$$\begin{aligned} E_+ &= E_{\neq +1} + \varepsilon_+ \ln \frac{n_{+1}}{N_+ - n_{+1}} + E_{\neq +2} + \varepsilon_+ \ln \frac{n_{+2}}{n_{+1} - n_{+2}} + \cdots + E_{\neq +k} + \varepsilon_+ \ln \frac{n_{+k}}{n_{+(k-1)} - n_{+k}} \\ &= (E_{\neq +1} + E_{\neq +2} + \cdots + E_{\neq +k}) + \\ &\quad \varepsilon_+ \ln \frac{n_{+1} \cdot n_{+2} \cdot \cdots \cdot n_{+k}}{(N_+ - n_{+1})(n_{+1} - n_{+2}) \cdot \cdots \cdot [n_{+(k-1)} - n_{+k}]} \end{aligned} \tag{11-48}$$

如果在每一级吸收发射中，单元系统都只是完成了近平衡态的形态变化，则每一级吸收发射也都遵循近平衡态的形态变化规律。把(6-293)式 $E_+ = E_{\neq +} + \varepsilon_+ \ln \dfrac{n_+}{N_+}$ 代入(11-47)式，多级连串发射的单元系统能量变化规律就是

$$\begin{aligned} E_+ &= E_{\neq +1} + \varepsilon_+ \ln \frac{n_{+1}}{N_+} + E_{\neq +2} + \varepsilon_+ \ln \frac{n_{+2}}{n_{+1}} + \cdots + E_{\neq +k} + \varepsilon_+ \ln \frac{n_{+k}}{n_{+(k-1)}} \\ &= (E_{\neq +1} + E_{\neq +2} + \cdots + E_{\neq +k}) + \varepsilon_+ \ln \frac{n_{+k}}{N_+} \end{aligned} \tag{11-49}$$

如果 $n_{+k} = N_+$，那就意味着处在基态中的单元经过一级一级的吸收发射，尽管每一级都只是近平衡态，但是最终也都达到了最高级的平衡态，这样(11-49)式就成为

$$E_+ = E_{\neq +1} + E_{\neq +2} + \cdots + E_{\neq +k} \tag{11-50}$$

同理，在一维正向质向量坐标系 $\vec{X}_+$ 内部 $(\vec{N}_+, \vec{n}_+, \vec{E}_+, \vec{E}_{\neq +}, \vec{\varepsilon}_+)$ 五维分质向量空间中的 $(\vec{C}_{N_+}, \vec{n}_+, \vec{E}_+, \vec{C}_{E_{\neq +}}, \vec{C}_{\varepsilon_+})$ 截面上，各个分质向量与各自的分质变量坐标轴同向，可以用其分质变量坐标轴来表示。把(5-28)式 $E_+ = C_{E_{\neq +}} + C_{\varepsilon_+} \ln \dfrac{n_+}{C_{N_+} - n_+}$ 代入(11-47)式，多级连串发射的单元系统能量变化规律就是

$$E_+ = C_{E_{\neq +1}} + C_{\varepsilon_+} \ln \frac{n_{+1}}{C_{N_+} - n_{+1}} + C_{E_{\neq +2}} + C_{\varepsilon_+} \ln \frac{n_{+2}}{n_{+1} - n_{+2}} + \cdots + C_{E_{\neq +k}} + C_{\varepsilon_+} \ln \frac{n_{+k}}{n_{+(k-1)} - n_{+k}}$$

$$= (C_{E_{\neq+1}} + C_{E_{\neq+2}} + \cdots + C_{E_{\neq+k}}) +$$
$$C_{\varepsilon_+} \ln \frac{n_{+1} \cdot n_{+2} \cdot \cdots \cdot n_{+k}}{(C_{N_+} - n_{+1})(n_{+1} - n_{+2}) \cdot \cdots \cdot [n_{+(k-1)} - n_{+k}]} \tag{11-51}$$

若在每一级吸收发射中,单元系统都只是完成了近平衡态的形态变化,则每一级的吸收发射也都遵循近平衡态的形态变化规律。把(6-298)式 $E_+ = C_{E_{\neq+}} \pm C_{\varepsilon_+} \ln \frac{n_+}{C_{N_+}}$ 代入(11-47)式,多级连串发射的单元系统能量变化规律就是

$$E_+ = C_{E_{\neq+1}} + C_{\varepsilon_+} \ln \frac{n_{+1}}{C_{N_+}} + C_{E_{\neq+2}} + C_{\varepsilon_+} \ln \frac{n_{+2}}{n_{+1}} + \cdots + C_{E_{\neq+k}} + C_{\varepsilon_+} \ln \frac{n_{+k}}{n_{+(k-1)}} \tag{11-52}$$
$$= (C_{E_{\neq+1}} + C_{E_{\neq+2}} + \cdots + C_{E_{\neq+k}}) + C_{\varepsilon_+} \ln \frac{n_{+k}}{C_{N_+}}$$

如果 $n_{+k} = N_+$,那就意味着处在基态中的单元系统经过一级一级的吸收发射,尽管每一级都只是近平衡态,但是最终也都达到了最高级的平衡态,这样(11-52)式就成为

$$E_+ = C_{E_{\neq+1}} + C_{E_{\neq+2}} + \cdots + C_{E_{\neq+k}} \tag{11-53}$$

由于某一级的形态总是与某一级的能量范围相对应,因而在多级形态中各个能级也就表现为离散的、量子化的。这里能量的量子化即表示能量不能任意连续变化,只能采取某些分立的数值,用图形来表示即阶梯状,也就是图11-6所示的 $E_+ \sim n_+$ 变化曲线。

在多级连串吸收发射过程中,单元系统在某一级平衡态上的吸收发射必须是在前一级的平衡态已经被单元占满的情形下才能发

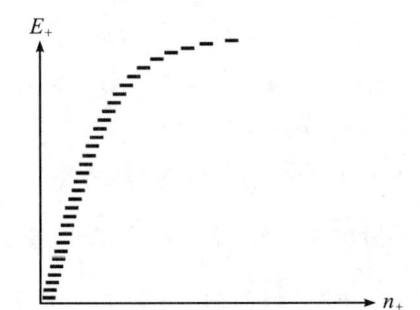

图 11-6 多级连串发射的 $E_+ \sim n_+$ 变化曲线

生。多级连串吸收发射就是能谱中的多个能级被连串发射上来的异质单元数——占据,占据较高能级的异质单元数具有较高的能量。多级连串发射过程的形态变化规律是单元系统形态转化基元规律的集成。

特别地,如果各级平衡态相邻两级的能阈差值彼此相等

$$\Delta E_{\neq+} = E_{\neq+1} - E_{\neq+2} = \cdots = E_{\neq+(k-1)} - E_{\neq+k} \tag{11-54}$$

即各级平衡态的能阈值呈等差数列

$$E_{\neq+i} = E_{\neq+(i-1)} + \Delta E_{\neq+} \tag{11-55}$$

那么,各级平衡态相邻两级的能量差值也彼此相等

$$\Delta E_{\neq+1} = \Delta E_{\neq+2} = \cdots = \Delta E_{\neq+k} = \Delta E_{\neq+} \tag{11-56}$$

即各级平衡态的能级差值呈等差数列

$$E_{+i} = E_{+(i-1)} + \Delta E_+ \tag{11-57}$$

由于 $E_{\neq+1}, E_{\neq+2}, \cdots, E_{\neq+k}$ 都是确定的能级,因此这些能级就构成了能谱或能带。在 $E_{\neq+i} = E_{\neq+(i-1)} + \Delta E_{\neq+i}$ 的条件下,能带中相邻的能级是等间距的。对于某一个能级 $E_{\neq+i}$ 而言,如果有一个能级在能阈 $E_{\neq+i}$ 之上,另一个能级在能阈 $E_{\neq+i}$ 之下,那么它们至 $E_{\neq+i}$ 的距离相等。能阈 $E_{\neq+i}$ 就是这相邻能级的对称点,而能带的宽度取决于相邻能级的能阈差值 $\Delta E_{\neq+}$,当能阈差值 $\Delta E_{\neq+}$ 越小,能带也越窄;反之亦然。

单元系统在多级连串发射过程中的各个能级构成了整个系统的能带。在能带的实际应用中,人们可以按照各个能级能量品位高低进行梯级利用,结合不同的化学和热力过程寻找各种行之有效的技术和方法,从总体上安排好功、热(冷)与物料热力学能等各种能量之间的匹配关系与转换使用,综合利用好各种能源以取得更好的总效果,实现不同能的多级、多层次的转化和梯级利用。例如,余能利用的方法与它的品位很有关系。有的高温废气的气压也比较高,让它通过一个膨胀汽轮机,高温高压的气体就可以膨胀做功。再把常规热机与其他用能系统联系起来,综合考虑整个系统的能流安排,合理利用系统中的各种余能和废热,就可以大大提高总的能源利用水平。[7]

在一维正向质向量坐标系 $\vec{X}_+$ 内部的 $(\vec{N}_+, \vec{n}_+, \vec{E}_+, \vec{E}_{\neq+}, \vec{\epsilon}_+)$ 五维分质向量空间中,能量 $\vec{E}_+$ 只是一个分质向量,在省却分质向量关于指向规定的条件下,(11-47)式是单元系统在多级连串发射过程中能量的一般表达式。由于能量 E_+ 可用显性因子表现,因此(11-47)式还有许多替代形式,而且在现实中有无数的实例。像物理学的场叠加原理就说明,由所有的源产生的总的场等于由每一个源产生的场之和。当一般意义的场被特定为电场时,由若干源产生的总电场就是由各个源产生的电场的向量和。这就是说,如果有许多电荷产生一个场,其中的一个电荷独自产生的电场为 E_{+1},另一个电荷独自产生的电场为 E_{+2},如此等等,把所有的向量加起来就可得到总电场。这个原理可以用(11-47)式表示,把各个点电荷产生的电场代入就有 $E_+ = \sum_i \dfrac{q_i r_i}{4\pi\epsilon_0 r_i^3}$。

由此可见,在多级连串发射过程中,单元系统的能量从基态一级一级地传递至第 $k+1$ 级平衡态,只要第 $i-1$ 级平衡态产生了耗散结构,接着第 i 级平衡态就会产生耗散结构。在第 $k-1$ 级之前,单元系统形态的连串变化就像多米诺骨牌的效应或击鼓传花游戏。海面上滚滚的波涛叠起的浪花也是多级连串过程中质量传导表现出的耗散结构。人们阅读时一页一页地翻书或动量、热量和质量传递等各类传导也都可以看作单元系统多级连串发射的表现。

二、统计物理与数理统计分布函数

在此必须指出,上述的讨论是以单元系统的异质单元为研究对象的,单元系统形态变化规律是围绕多级连串吸收发射过程展开的,这同单元系统本质单元在多级连串吸收发射过程的分布规律思路是一致的,但是必须分清异质单元与本质单元的差异。不过,只要把上述关于异质单元系统形态在多级连串吸收发射过程各种规律的有关能量和能阈的符号改变一下,就可以得到对应的反映在多级连串吸收发射过程的本质单元系统形态分布规律。

为了阐述在多级连串吸收发射过程的本质单元系统形态分布规律,下面就结合统计物理学与数理统计学的分布函数推演来进行。[8]

(一)费米-狄拉克分布函数

在一维正向质向量坐标系 $\vec{X}_+$ 内部的 $(\vec{N}_+, \vec{n}^0_+, \vec{E}_+, \vec{E}_{\neq +}, \vec{\varepsilon}_+)$ 五维分质向量空间中,各个分质向量与各自的分质变量坐标轴同向,可以用其分质变量坐标轴来表示。如果人们考察的是单元系统本质单元的分布,相格的总数(即总体单元数)设为 N_+,每个量子态上最多由一个本质单元所占据,相格中分布的本质单元数为 n^0_+,本质单元数 n^0_+ 与异质单元数 n_+ 存在(5-38)式 $n_{+0}=N_+-n_+$ 和(5-39)式 $n^0_+=n_{+0}$ 的关系,那么,单元系统在吸收发射与远离平衡态条件下,能量 E_+ 与本质单元数 n^0_+ 的变化规律就可以用(7-100)式 $n^0_+=\dfrac{N_+}{1+e^{-(E_{\neq +}-E_+)/\varepsilon_+}}$ 的逻辑斯蒂分布函数表示。如果在整个考察过程中能元 ε_+ 的显性因子为温度 T_+,即 $\varepsilon_+=kT_+$（k 是玻尔兹曼常数,T_+ 为绝对温度）,能阈以化学势来表现,即 $E_{\neq +}=C_{E_{\neq +}}=\mu_+$,再令 $P^0_+=\dfrac{n^0_+}{N_+}$,$A=e^{-\mu_+/kT_+}$,代入(7-100)式就可以得到统计物理学的费米-狄拉克分布函数,即(10-24)式 $P^0_+=\dfrac{1}{1+e^{-(\mu_+-E_+)/kT_+}}=\dfrac{1}{1+Ae^{E_+/kT_+}}$。

(二)玻色—爱因斯坦分布函数

在一维正向质向量坐标系 $\vec{X}_+$ 内部 $(\vec{N}_+, \vec{n}^0_+, \vec{E}_+, \vec{E}_{\neq +}, \vec{\varepsilon}_+)$ 五维分质向量空间中的 $(\vec{C}_{N_+}, \vec{n}^0_+, \vec{E}_+, \vec{C}_{E_{\neq +}}, \vec{C}_{\varepsilon_+})$ 截面上,各个分质向量与各自的分质变量坐标轴同向,可以用其分质变量坐标轴来表示。如果人们在考察单元系统本质单元的分布时,相格的总数(总体单元数)设为 N_+,但是每一个量子态上不限制本质单元的数目,这样人们所要考察的就是在无限多级连串吸收发射过程的本质单元系统形态分布规律。

由于本质单元数 n^0_+ 与异质单元数 n_+ 存在(5-38)式 $n_{+0}=N_+-n_+$ 和(5-39)式 $n^0_+=n_{+0}$ 的关系,因此在各级平衡态相邻两级的能阈差值彼此相等的特定条件下,利用(11-46)式 $n_+=\dfrac{C_{N_+}}{e^{(C_{E_{\neq +}}-E_+)/C_{\varepsilon_+}}-1}$ 可以得到在无限多级连串吸收发射过程的本质单元系统形态分布规律

$$n^0_+=\dfrac{C_{N_+}}{e^{-(C_{E_{\neq +}}-E_+)/C_{\varepsilon_+}}-1} \quad (11\text{-}58)$$

当本质单元系统的能元 $\varepsilon_+ = C_{\varepsilon_+}$ 通过显性因子表现为温度 T_+ 时,就可用热力学能元 $C_{\varepsilon_+} = kT_+$ 来表示(k 为玻尔兹曼常数,T_+ 为热力学温度)。令 $A = e^{-C_{E_+}/C_{\varepsilon_+}} = e^{-C_{E_+}/kT_+}$,这样由(11-58)式就可以演绎出统计物理学中的玻色—爱因斯坦分布函数

$$n_+^0 = \frac{C_{N_+}}{e^{-(C_{E_+}-E_+)/kT_+}-1} = \frac{C_{N_+}}{Ae^{E_+/kT_+}-1} \tag{11-59}$$

由此可见,统计物理学中的玻色—爱因斯坦统计分布的假设实质上是把基态以上的无限多级的各种平衡态笼统地看作一个比基态能量高一级的形态,这样分布在基态之上的各级高平衡态就退化为基态之上的第一平衡态中的量子态。在 $C_{E_+} - E_+ \gg kT_+$ 的条件下,分布在能阈相等的任一级平衡态中的所有本质单元组成子系统,而每一个子系统又可以看作一个大单元。由于各级平衡态的能级差值相等,因此分布在各级平衡态上的本质单元集群就是全同的大单元,每一个大单元都是符合(10-10)式费米-狄拉克分布函数的费米子。由于各个大单元都处于基态之上的各自的量子态中,空间中的任一量子态只能容纳一个大单元,因而"泡利不相容原理"认为:不能有两个全同的费米子处于同一个量子态。

然而,如果人们考察的对象不是像费米-狄拉克分布中的大单元而是其中的本质单元,这样泡利不相容原理就不能成立。因此,玻色-爱因斯坦统计分布认为空间中的任一量子态可以同时容纳多个乃至无限个全同的单元,这样的单元也就叫作玻色子。全同的玻色子有聚集在同一个量子态的倾向,要是已经有一些同类的玻色子在某个态上,别的玻色子跑到这个态的概率会比较大。原子突然聚集到最低能级上是一个"相变",叫作玻色-爱因斯坦凝聚。

其实,组成单元系统的单元都具有量子特征。但是,单元系统中的单元凝聚不是粒子在普通空间中凝聚成高密度的特质,而是在动量空间里大量粒子聚集到单一能量上或凝聚到动量为常数或零的最低状态上。因此,称为动量的凝聚。多粒子体系的玻色子会聚集在同一能态(如最低量子态)上,从而产生玻色-爱因斯坦凝聚,导致一系列奇妙的宏观物理现象,例如出现宏观量子效应,而这时只要用一个粒子的波函数就可以描述整个粒子体系了。这样,描述一个宏观态的运动就好像描述系统中的一个粒子的运动那样简单。它的波函数可写成 $\psi = \sqrt{\rho}e^{i\phi}$ 的形式,其模的平方代表宏观数量的粒子的密度,而不再是量子力学中常讲的找到一个粒子的概率,相位 ϕ 对所有粒子都是相同的或只是一个固定相位差,这个波函数称为宏观波函数。[9]

从统一科学来看统计物理学中的玻色系统和费米系统,可以清楚地看出这两种系统的差异实际上是从宏观和微观两种不同角度得出的结果。如果从微观和宏观两个方面来考察同一系统,单元系统的任一形态从微观上都可以看作该形态上聚集着不同数量的本质单元。

既然一定量的本质单元共同占有同一形态,那么这些形态相同的单元就应该是全同的,由这种全同单元组成的系统就称为玻色系统,因此玻色认为一种形态可以同时容

纳多个单元。但是,如果从单元系统整体的宏观角度来看,单元系统所处的每一个形态都代表着一种事物,那么人们就可以把单元系统在形态转化过程中的每一个微小差异的形态称作不同态的事物,即在单元系统形态转化中的任何一个过渡态只能为一种事物所占据,这种满足泡利不相容原理的系统就称为费米系统,因此费米认为一个单元只能占据一个形态空间。

(三) 麦克斯韦—玻色分布函数

在一维正向质向量坐标系 $\vec{X}_+$ 内部 $(\vec{N}_+, \vec{n}_+^0, \vec{E}_+, \vec{E}_{\neq +}, \vec{\varepsilon}_+)$ 五维分质向量空间中的 $(\vec{C}_{N_+}, \vec{n}_+^0, \vec{E}_+, \vec{C}_{E_{\neq +}}, \vec{C}_{\varepsilon_+})$ 截面上,各个分质向量与各自的分质变量坐标轴同向,可以用其分质变量坐标轴来表示。如果人们在考察单元系统本质单元的分布时,相格的总数(即总体单元数)设为 $N_+ = C_{N_+}$,当本质单元系统的能元 $\varepsilon_+ = C_{\varepsilon_+}$ 通过显性因子表现为温度 T_+ 时,就可用热力学能元 $C_{\varepsilon_+} = kT_+$ 来表示(k 为玻尔兹曼常数,T_+ 为热力学温度)。

在近平衡条件下,$C_{E_{\neq +}} - E_+ \gg kT_+$,玻色-爱因斯坦分布函数(11-59)式 $n_+^0 = \dfrac{C_{N_+}}{A \mathrm{e}^{E_+/kT_+} - 1}$ 可以近似地写作

$$n_+^0 = \frac{C_{N_+}}{A} \mathrm{e}^{-E_+/kT_+} \tag{11-60}$$

此式也就是统计物理中经典的麦克斯韦-玻色分布函数。

在近平衡条件下,$C_{E_{+\neq}} - E_+ \gg kT_+$,由费米-狄拉克分布函数(10-24)式 $P_+^0 = \dfrac{1}{1 + A \mathrm{e}^{E_+/kT_+}}$ 也可以得到(11-60)式 $n_+^0 = \dfrac{C_{N_+}}{A} \mathrm{e}^{-E_+/kT_+}$ 的麦克斯韦-玻色分布函数。对此,玻尔兹曼曾经以概率的观点给相变以微观的解释,提出微观粒子的能级分布公式为 $P_{+i}^0 = \mathrm{e}^{-E_{+i}/kT_+}$,$E_i$ 为第 i 能级的能量,P_{+i}^0 为粒子占据该能级的概率。

可见,麦克斯韦-玻色分布函数(经典分布函数)是费米-狄拉克分布函数或玻色-爱因斯坦分布函数在近平衡态下的近似函数。三种分布函数的比较图如图 11-7 所示。

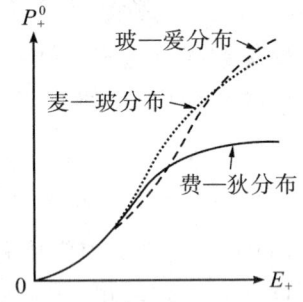

图 11-7 麦—玻分布、费—狄分布与玻—爱分布比较

(四) 数理统计分布函数

虽然单元系统本质单元在多级连串吸收发射过程的分布规律可以演绎出统计物理学分布函数,但是必须认识到多级连串发射中的各个平衡态在微观上经常表现为离散的量子化态,只要各级平衡态相邻两级的能阈差值彼此相近且平衡态的级数又足够多,在宏观上就可近似地看作连续的不间断态。例如,人

们以现实的三维物体作为原型,通过照相机或摄像机等拍摄可以摄取原型变化过程不同的时间节点的影像,这些二维影像都是反映原型的离散的量子化的模型。但是,如果以此作为时间轴上的单位,把这些间断的模拟单元联系起来,则又可以在更高的层次上动态地反映原型多级连串的连续变化过程。

本质单元系统在多级连串吸收发射过程中所得到的形态分布规律是本质单元在各级离散平衡态的分布规律。这是因为分布在各级形态中的本质单元都是静止的、不变的,各级形态之间看起来就是离散的。但是,只要各级平衡态相邻两级的能阈差值彼此相近且平衡态的级数又足够多,在宏观上就可以用连续的分布信息函数表示。

在一维正向质向量坐标系 $\vec{X}_+$ 内部可以打开由 m 个独立的分质向量 $\vec{X}_{+1}, \vec{X}_{+2}, \cdots, \vec{X}_{+m}$ 作为坐标轴构成的 m 维分质向量坐标系,各个分质向量与各自的分质变量坐标轴同向,可以用其分质变量坐标轴来表示。在 m 个分质向量忽略了其所代表的定质和定向内涵后,由统一科学得到的在多级连串吸收发射过程中的本质单元系统形态分布规律还可演绎出数理统计学中一些重要的连续型分布和离散型分布。例如,在一维正向质向量坐标系 $\vec{X}_+$ 内部 $(\vec{P}_+^0, \vec{E}_+, \vec{E}_{\neq +}, \vec{\varepsilon}_+)$ 四维分质向量空间的 $(\vec{P}_+^0, \vec{E}_+, \vec{C}_{E_{\neq +}}, \vec{C}_{\varepsilon_+})$ 截面上,在省却分质向量关于方向的规定时,通过(6-386)式 $E_+ = F_+ \theta_+$,可用能量 E_+ 的显性因子 θ_+ 来代替其分质变量,信息函数 $P_+(\theta_+)$ 就是以显性因子 θ_+ 为自变量,以信息 P_+ 为因变量。如果进一步省却分质变量关于质的规定,分质变量就退化为数学中的变量,这样,异质信息 P_+ 就变成了概率 P,再令能量的显性因子 θ_+ 为随机变量 x,即 $\theta_+ = x$,以此来讨论 $P \sim x$ 关系就可演绎出数理统计学中的分布函数。

在概率论中,任何一级单元系统形态转化过程都称为一个事件。概率函数在某一点 x 处的值就等于随机变量 X 取值 x 的概率,即[10]

$$p(x) \equiv P_r(X = x) \tag{11-61}$$

如果随机变量 X 可取无限个 x 值,并以各种确定的概率取这些不同的值,则称 X 为连续型随机变量。

但是,如果随机变量 X 只能取有限个可数的值,并以各种确定的概率取这些不同的值,则称 X 为离散型随机变量。设 X 的取值为 k 个值 $x_1, x_2, \cdots, x_k$,相应的概率为 $p_i = P_r(X = x_i), i = 1, 2, \cdots, k$,显然 $\{p_i\}$ 满足

(1) $p_i \geqslant 0 \quad (i = 1, 2, \cdots, k)$。

(2) $\sum_{i=1}^{k} p_i = 1$。

离散型随机变量 X 的分布函数为 $P_r(X = x) = p(x)$。

离散型随机变量 X 的概率(密度)函数与分布函数的关系为

$$p(x) = \sum_{x_i \leqslant x} p(x_i) \tag{11-62}$$

$$p(x_i) = p(x_i) - p(x_{i-1}) \tag{11-63}$$

离散型随机变量 X 的概率(密度)函数可以由图 11-8 所示的"谱线"来表示,离散

型随机变量 X 的分布函数可以由图 11-9 所示的阶梯状的图形来表示。

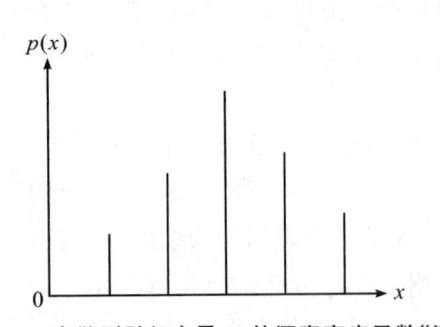

图 11-8　离散型随机变量 X 的概率密度函数"谱线"

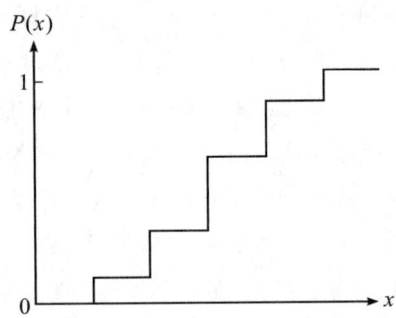

图 11-9　离散型随机变量 X 的分布函数曲线

综上所述,在多级连串吸收发射过程的本质单元系统形态分布规律如果包括了各级平衡态形成等间距能级的假设,在此理想条件下导出的公式就是简单的。就像爱因斯坦所说:"逻辑上简单的东西,当然不一定就是物理上真实的东西。但是,物理上真实的东西一定是逻辑上简单的东西,也就是说,它在基础上具有统一性。"可见,物理上真实的东西之所以是逻辑上简单的东西,就在于物理学关于全同粒子系统形态的变化规律与分布规律都可以通过统一科学单元系统形态的变化规律与分布规律进行演绎。

第四节　以时间为因子的多级发射规律

当单元系统的能量 E_+ 的显性因子为时间 t_+ 时,人们所考察的单元系统就是动力系统。像化学动力学的连串反应、生物进化论、社会形态更替、技术与产品的换代等,都是关于动力系统多级连串形态变化规律在不同领域的表现形成的理论。生物时间、热力学时间和天文时间乃至分立的时间则是时间 t_+ 在不同领域不同失衡态的表现形式。

一、化学动力学

在化学领域,化学动力学是研究以时间 t_+ 为质参量的化学反应,这是一门揭示化学反应的历程和研究物质结构与其反应能力之间关系的学问。实际的化学反应绝大多数都是由一系列基元反应组成的复杂反应,复杂反应又称为总包反应,是化学动力学中的宏观化学反应。复杂反应要经过若干个基元反应才能完成,这些基元反应代表了反应所经过的途径,在化学动力学上称之为反应机理或反应历程。

在复杂反应中,有一类反映同向多级连串发射形态变化的连串反应(连续反应)。连串反应是在同一体系或不同体系中连续发生两个或两个以上的基元反应。或者说,连串反应是指几个基元反应连续地进行,其中前一个基元反应的产物为后一个基元反应的反应物,如此依次连续进行。像链反应就是同向多级连串发射形态变化的连串反应。

在化学反应动力学中,链式反应是用热、光、辐射或其他方法引发反应,产生自由基或自由原子,通过自由基或自由原子等活性组分相继发生大量反复循环的连续反应,使反应发展下去。[11]

如果在链传递过程中,每反应掉一个自由原子或自由基只能产生一个自由原子或自由基的链式反应称为直链反应或单链反应,这种链反应也就是单元系统穿越多个层次的多级形态连串变化。

链反应是反应物分子依靠在反应过程中交替和重复产生的活性中间体(自由基或自由原子)而转变为产物分子的一类重要化学反应。在链反应中,直链反应或支链反应包含了三个基本步骤:

(1)链引发。链引发是依靠热、光或电的作用,在反应体系中产生第一个作为链载体的自由基的反应。链引发可以使起始的反应物分子产生自由基或自由原子。

(2)链的持续反应。链反应的主体为链传递,链传递是链载体自由基的再生反应,即旧链载体的消失和新链载体的产生同时进行的反应。链传递是自由基与分子相互作用的交替过程。

(3)链的终止反应。链终止是链载体的消亡过程。链终止使得自由基销毁,反应链终止。

其中,链的持续反应就是同向多级连串发射过程,反应本身除了生成产物外,还再生了活性组分——自由基,如此循环,犹如一个个链节持续不断,链反应即由此得名。反应中的活性组分(自由基或自由原子)就称为链载体。

对于气态有机物(如烃、酮、醛、醇、醚等)的热分解反应,化学动力学普遍认定的链式反应机理为

链的引发 $\quad M_1 \longrightarrow R_1 + M_2$

链的传递 $\quad R_1 + M_1 \longrightarrow R_1H + R_2$

$\quad R_2 \longrightarrow R_1 + M_3$

链的终止 $\quad R_1 + R_2 \longrightarrow M_4$

$\quad 2R_1 \longrightarrow M_5$

$\quad 2R_2 \longrightarrow M_6$

式中,R 代表自由基;$M_1, M_2, \cdots, M_6$ 代表不同的稳定组分。

又如,高分子化合物是由多个单体连接而成的,其加成聚合反应中有一类是自由基无支化的链式反应。像乙烯类单体 M 的加成聚合,通过加入能产生自由基 R 的引发剂 I,引发以下链式聚合反应:

引发 $\quad I \longrightarrow 2R$

持续 $\quad R+M \longrightarrow RM$

$\quad RM+M \longrightarrow RM_2$

……

终止 $\quad RM_i+RM_j \longrightarrow R_2M_{(i+j)}$

这类反应的研究对开创高分子时代曾产生过巨大的影响,而起关键作用的就是这类反应存在着链的传递或链的持续过程,其为一个动力系统单向的多级连串发射过程。

链式加成聚合反应在某些条件下,反应的速率可以不断变大,甚至可以变为无限大,因而发生爆炸。在反应器的局部地方,反应温度急剧上升,反应速率也急剧上升,链反应的速率达到失控而爆炸的现象,称为爆聚,如图 11-10 所示。

此外,苯的液相氯化 $C_6H_6 \xrightarrow{Cl_2} C_6H_5Cl \xrightarrow{Cl_2} C_6H_4Cl_2 \xrightarrow{Cl_2} C_6H_3Cl_3$ 就是连串反应,一些放射性元素的衰变也是动力系统形态变化过程的连串反应。

在一维正向质向量坐标系 $\vec{X}_+$ 内部 ($\vec{N}_+, \vec{n}_+, \vec{E}_+, \vec{E}_{\neq +},$ $\vec{\varepsilon}_+$) 五维分质向量空间的 ($\vec{C}_{N_+}, \vec{n}_+, \vec{E}_+, \vec{C}_{E_{\neq +}}, \vec{C}_{\varepsilon_+}$) 截面上,在省却分质向量关于方向的规定时,单元系统的多级连串形态变化规律可以用图 11-4 的 $n_+ \sim E_+$ 关系曲线表示。当能量 E_+

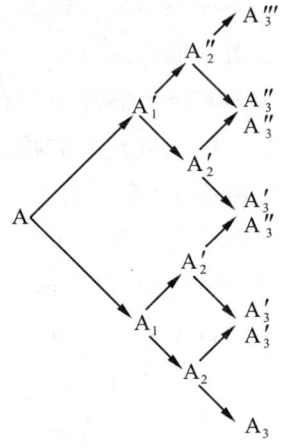

图 11-10 链反应的爆聚

的显性因子为时间 t_+ 时,单元系统多级连串形态变化的 $n_+ \sim E_+$ 关系曲线就成为 $n_+ \sim t_+$ 关系曲线,这就是反映动力系统多级连串形态变化规律的关系曲线。在化学动力学中,就可以用多级连串自发发射形态变化规律的关系曲线来描述自动催化反应过程。

不过,如果把多级连串吸收发射称作正向运动,那么多级连串自发发射就可以称作负向运动。负向运动与正向运动一样,在 $k+1$ 级形态连串自发发射过程中的某一级 (i 级)产生的变化规律是跟随上一级 ($(i-1)$ 级)的变化规律的;而某一级 (i 级)按自己的方式变化时,上一级 ($(i-1)$ 级)不受影响。

二、生物进化论

生物体是自然界中种类繁多、功能复杂、形态多样的物体,它本身具有高度不均匀的有序结构,是在远离平衡态下生存的耗散结构。生物体只有死亡后,才真正开始被环境所同化,与环境一起处于无序的平衡态。生物体与环境相互作用,种群里的遗传性状在世代之间的变化就称为进化。性状是指基因的表现,在繁殖过程中,基因会经复制并传递到子代,基因的突变可使性状改变,进而造成个体之间的遗传变异。新性状又会因物种迁徙或是物种间的水平基因转移而随着基因在种群中传递。当这些遗传变异受到非随机的自然选择或随机的遗传漂变影响,在种群中变得较为普遍或稀有时,就表示发生了进化。

一部生物进化史,就是生物从原始的比较均匀的无序结构发展为高级的不均匀的有序结构的历史。原始的细胞有了细胞膜,避免了自身与海水的均匀;真核细胞更进一步,在细胞内分化出细胞核和各种细胞器来;植物由根、茎、叶、花、果组成;动物有各种器官,正是这些不均匀的有序结构维持了生命的稳定,构成了生物的特有形态。

在生物学中,反映生物体进化的理论称为进化论或演化论。进化论的科学基础是由英国博物学家达尔文1859年出版的《物种起源》一书奠定的,他认为生物都有繁殖过剩的倾向,而生存空间和食物是有限的,所以生物必须"为生存而斗争"。在同一种群中的个体存在着变异,那些具有能适应环境的有利变异的个体将存活下来并繁殖后代,不具有有利变异的个体就被淘汰。如果自然条件的变化是有方向的,则在历史过程中,经过长期的自然选择,微小的变异就得到积累而成为显著的变异,由此可能促使亚种和新种的形成。因此,淘汰和突变决定了新物种的起源,这就是自然选择原理,也是生物界或者说是生命世界的一条普适原理。

但是,生物体的进化都是针对种群而非个体而言的,变化必须被传递到下一代。因此,美国生物学家道格拉斯·菲秋马认为:"生物进化……是生物种群性质的变化,这种变化超出了单一个体的寿命。个体发生不是进化,孤立的生命体不进化。种群中可通过遗传物质从一代传给下一代的变化被认为是进化。生物进化可能是细微或显著的:它包含了从一个种群中不同的等位基因比例的一切微小变化(如决定血型的基因),到把最早的原生物变成蜗牛、蜜蜂、长颈鹿和蒲公英的延续变化。"[12]

达尔文的进化论从生物与环境相互作用的观点出发,认为生物的变异、遗传和自然选择作用能导致生物的适应性改变。进化论有充分的科学事实作为根据,所以能经受住时间的考验,一百多年来在学术界产生了深远的影响。但是,达尔文在当时的历史条件下对于生物的进化只能给出定性的阐述,无法对整个生物进化过程做出定量的描述。

现代生物学对生命起源、物种分化和形成等进化理论有了进一步发展,认为生物最初从非生物发展而来,现代生存的各种生物有共同的祖先,进化是生物逐渐演变向前发展的过程。在此过程中,生物通过变异、遗传和自然选择,从无序发展到有序,由低级发展到高级,种类由少发展到多,由简单发展到复杂。今天地球上的各种生物极少是和远古时代的祖先一模一样的,在未来各种生物又会和今天不同,这就是进化的结果。进化的过程是极其缓慢的,要经过长期的自然选择逐渐地演化。除了由低等进化到高等外,生物的种类也不断地增多。今天的物种远比5亿年前的物种多得多,今后还会不断地增加。

现代生物学表明,经历一段时间后,随机的突变必然会使生物体内的脱氧核糖核酸(DNA)发生变化,所有物种(甚至通过克隆繁殖出来的生命)都在不断进化。所以,在系统发育中,生物物种随着从低等到高等的进化,分化程度越来越高,其结构上的等级性也会越来越明显。

(1) 物种随着从低等到高等的进化,分化程度越来越高。原生动物门的生物有些是几个细胞以上的个体聚合形成的群体,但是组成群体的各个个体细胞一般没有分化。多孔动物门动物可以说是最原始、最低等的多细胞动物,由两层细胞组成,只有细胞分化,没有器官和明确的组织。腔肠动物门动物具两胚层,有组织分化。扁形动物门具三胚层,有器官分化。物种随进化的分化程度增高还表现为高等物种细胞间的相似性、独立性,细胞的全能性和再生能力降低。

(2) 物种随着从低等到高等的进化,其结构上的等级性越来越明显。物种随着进化,其高级结构分化程度越来越高,而所有物种均保留以干细胞为代表的最低级的结构,因此,进化使物种结构上的等级性越来越明显。

(3) 动物物种随着进化和结构等级性的发展,在形态上表现为"头"的发展。生物随着进化和结构等级性的发展,不同等级的结构纵向排列,物种在形态上逐渐出现前后方向一并发展为以极性为特征的"头"。生物的进化主要发生在"头"端,"头"的发展既是生物进化和结构等级性发展的结果,也是其促进因素。"头"的发展与对称的体形以及身体分节的发展相关。

虽然现代生物学仍没有揭示生物进化的多级形态变化规律,但是其把生物的进化看作由非生物开始的多级连串发射链条中的一段。如果要进一步追溯生命起源的形态生成过程,进化论的基点可能就要选择在宇宙大爆炸论的基础上。根据宇宙大爆炸论,宇宙大爆炸后化学运动就开始了,这以后的化学运动,主要倾向是化学元素的进化。大爆炸的早期,主要是形成 ^1H 与 ^2H 等物质,然后 $2H \longrightarrow He$,因此,在人们观测的早期宇宙中,氢和氦的丰度最高。

化学进化和一系列重元素的生成,主要是在恒星中完成的。在宇宙的演化中,逐渐形成了星系,星系中又有了地球(据天文学中的"平庸原理",仅银河系中,类似地球的行星就可能有 10 亿个),在地球上进一步出现化学进化。据美国科学家米勒的实验证明,原始地球的还原型大气是在自然条件下通过化学进化生成氨基酸的,氨基酸再通过肽键的连接生成蛋白质,最后进化产生了有机生命。显然,从简单的氢到有机生命,这是一个进化的链条,链条的每一个环节就是连串发射过程中的某一级形态。

从宇宙的早期就开始了化学运动,这种运动发展到高级形态就出现了生命。生命的基础是物质,生命过程是物质变化过程的表现,也是化学过程的表现。化学是认识生命过程的基础,生命现象是生物体系化学行为的总表现。在一个生物系统中所发生的化学反应组合起来成为在空间上定位、在时间上定序的化学事件顺序。生命过程(从整体动物到细胞和亚细胞结构)由若干生物事件序列组成,而每一生物事件又都是化学事件顺序的表现。

实际上,介于物理运动与生物运动之间的化学运动是物质形态转化的一种运动形式,因而具有很大的普遍性。从宇宙的发展、生命的起源等多方面来看,人们离开化学进化就不能理解所面对的自然界。所以,早在 19 世纪,英国科学家、"天演论"作者赫胥黎就把进化论推广到宇宙,他说:"不仅植物界,而且动物界;不仅生物,而且地球的整个结构;不仅我们的行星,而且整个太阳系;不仅我们的恒星及其卫星,而且作为那种遍及于无限空间,并持续了无限时间的秩序的证据的亿万个类似星体,都在努力完成它们进化的预定过程。"

综上所述,在最广泛的意义上,进化是一种动力系统单向多级连串的形态变化,并且随处可见,星系、语言和政治体制概莫能外。从历史的角度看,人类文明形态也是依次更替的。从原始文明转化为农业文明,再从农业文明转化为工业文明,现在又开始从工业文明向生态文明转化。自然发展和人类变革的步伐体现为一个一个的突变事件,发生突变的临界点(也常常是转折点)之间的连线所描绘的就是历史前进的痕迹。这些历史的演化正是动力系统单向多级连串发射过程在自然和社会变革中进化的表现。

图 11-11 给出了动物进化的分化形态示意图,这是关于动物的新生形态(异质单元的表现形式)与时间的关系曲线,表现的是动物形态在历史(时间)演变中的多级连串发射(异化或进化)过程。图中的横坐标时间 t_+ 是能量 E_+ 的显性因子,而不同等级的动物形态就是各级平衡态的异质单元数的集合形式。图 11-11 的 $n_+ \sim t_+$ 关系曲线实质上就是图 11-4 的 $n_+ \sim E_+$ 关系曲线的特殊表现形式。

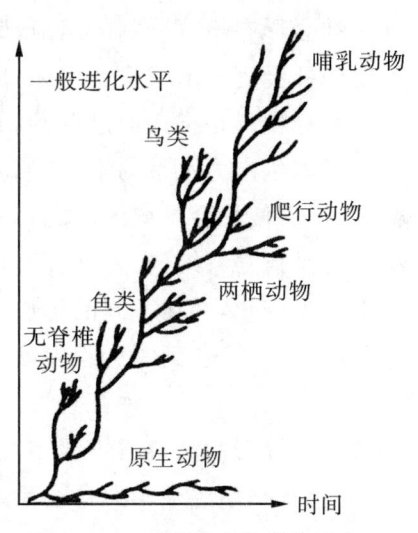

图 11-11 动物进化的分化形态

可见,在统一科学中,应用单元系统多级连串发射规律就可以描述生物分化的多级进化过程。在此,每一种生物形态都被看作暂时性的平衡态,每一个小生境也都将被一系列物种相继地占有,每个物种都能在其利用这个小生境的"能力"变得更大时取代前一物种。由于生物体适应环境的能力,其形态和生理受它们所生活的环境影响很大,适者才能生存,而生存着的生物体就形成了生物的一种特有形态。依靠生物体的形态并用生理特征作为辅助,不仅可以探讨生物不同种属间的进化关系,而且可以研究生物亲缘关系的远近并进行分类。

在生物学上,基因库指的是某个时间点上某个物种所有存活个体所含有的基因的总和,以此作为不同等级的动物形态的异质单元数的集合形式,不仅可以更清楚地表明图 11-11 就是图 11-4 的 $n_+ \sim E_+$ 关系曲线的特殊表现形式,而且可以用单元系统多级连串吸收发射规律定质、定向和定量地演绎出进化论。任何一种生物体进化形成的平衡形态都是动力系统多级连串吸收发射过程的一个里程碑,而这些形态的级数多少则是由人们选择的基态所决定的。

三、社会形态更替

人是在生物进化过程中产生的一类具有特殊形态的高级动物,人在生产活动中还要形成与一定的生产力发展水平相适应的生产关系。以共同的物质生产活动为基础而相互联系的人类生活共同体就称为社会或社会系统。社会系统作为一种历史现象必然有一定的社会形态。社会形态是关于社会运动的具体形式、发展阶段和不同质态的范畴,是同生产力发展一定阶段相适应的经济基础与上层建筑的统一体,是一种外在的表现形态。社会形态包括社会的经济形态、政治形态和意识形态,是三者历史的、具体的统一。经济形态是社会形态的基础,"生产关系总和"是社会形态的本质方面,上层建筑则是社会形态不可分割的组成部分,是一定社会形态的表现。一定的社会形态总要以一定的社会制度形式呈现出来,所以社会制度也被视为社会形态的同义语。

社会生产是指人通过劳动,并利用自然界的原料和能源来制造人们需要的各种产品。随着生产力水平的不断提高,人们从自然界输入社会系统的物质和能量也在不断提高,从而使社会系统的信息不断增强,社会形态有序度也不断提高。但是,社会系统不可能是孤立系统,在外部社会环境的干扰作用和内部矛盾运动的推动下,社会形态迟早会发生变化,并在不同的历史时期形成逐级进步的各种社会形态。在社会形态变化过程中,有序度达到一定程度就会形成该历史条件下的一种新的特殊的社会形态。

一个国家的某一种社会形态有时可以稳定上千年,有时只能稳定存在几年,这主要取决于该社会的开放程度及其生产力状况或与环境的作用程度。一个惯性很强的民族,一个扰动信息很少的社会系统(如封建社会),很难获得快速的进步,其社会形态就会相对稳定。

生物形态的变化产生生命运动,而社会形态的变化产生社会运动。生命运动是自然界物质特殊层次——基因物质到个体层次的运动,或该层次与同载体其他层次的复合运动;社会运动则是自然界物质的另一个层次——人到社会层次的运动,或与同载体其他层次的复合运动。可以说,社会进化只是生物进化过程中具有特别意义的一个独立分支。人类社会是不断发展的,社会的根本性变革和进步就是通过社会形态的更替实现的。人类社会的发展是连续性与阶段性的统一,是通过发展形态的依次更替而实现由低级向高级的进步。

在社会基本矛盾的推动下,社会形态由低级向高级依次更替、不断演进,形成了人类社会的历史。关于社会形态的演进顺序,马克思在1859年的《〈政治经济学批判〉序言》中指出:"大体说来,亚细亚的、古代的、封建的和现代资产阶级的生产方式可以看作社会经济形态演进的几个时代。资产阶级的生产关系是社会生产过程的最后一个对抗形式……人类社会的史前时期就以这种社会形态而告终。"因此,人们依据社会发展阶段的性质,将社会历史划分为五种社会形态:原始社会、奴隶制社会、封建制社会、资本主义社会和共产主义社会（其第一阶段是社会主义社会）。

不同的民族、不同的国家在由一种社会形态向更高社会形态迈进时，可以通过不同的形式和道路依次更替，但是在某种特定条件下可以超越一种或几种社会形态跳跃式地向前发展。有的国家经历了几种社会形态依次更替的典型过程，也有的国家在历史发展进程中超越了一个甚至几个社会形态而跨越式地向前发展；有些国家在历史发展的一定阶段上社会形态性质不够典型，甚至多种社会形态特征交叉渗透；有些国家在一定时期由较为落后的社会形态快速跃迁为先进的社会形态，而有些国家的社会形态则长期陷于停滞状况甚至由先进转为长期落后。即使是同一种社会形态，在不同国家也会显现不同特点。例如，美国跨过封建制度直接建立资本主义制度，中国跨越典型的资本主义社会阶段而走向社会主义等。同类社会形态的不同国家，由于各种不同的自然条件、种族关系、外部条件、历史影响等，在其经济基础和上层建筑方面各有自己的特点，表现为同类社会形态的不同模式。

社会形态更替的选择性是指历史运动按规律行进过程中历史主体有目的、有意识地进行创造和超越，体现出社会形态更替的跨越性与合目的性的一面，这是由社会基本矛盾中反作用一面，即生产关系对生产力的反作用、上层建筑对经济基础的反作用决定的，它使社会形态的更替符合人类的目的，表现出历史的选择性。由于历史规律的决定性和人的活动的选择性并存，因此，在社会形态更替上还会显现前进性与曲折性，即社会形态的更替演进还表现为历史的进步性与曲折性、渐进性与跨越性的统一。

社会形态更替的进步性和渐进性主要是指五种社会形态依次演进的基本趋势，其历史过程是一个扬弃的过程。但是，社会形态更替的进步性和渐进性并不否认历史发展的曲折性和跨越性。一种新社会制度取代旧社会制度，往往不是从旧社会制度发展较为充分的典型国家开始的，而更易于在旧制度发展不很完善或者很不充分的地方突破。这既体现了社会形态更替过程的曲折性，又为社会形态更替的跨越性提供了条件和历史契机。例如，资本主义制度是在欧洲而并非在封建制度高度发展完善的中国等东方国家首先取得胜利的，社会主义首先是在俄国、中国等国家而并非在欧美各较发达资本主义国家获得成功的，这些都是明显的例证。封建制取代奴隶制的过程也有某些类似的情况。

在社会进步发展过程中，也会出现社会形态更替的反复甚至倒退。从世界历史上看，每一次社会制度的变革，无不经过曲折反复的斗争；每一个新生的社会制度，无不经历一个从不成熟到逐步成熟的发展过程。例如，英国的资产阶级革命开始于1640年，但是在战胜封建制度以后，接着就出现了1660年的旧王朝复辟。直到1688年，资产阶级政党以政变的方式从荷兰迎来了一个带着荷兰海陆军进入英国的国王，才使英国的资本主义社会形态稳固下来。就整个资本主义社会制度来说，从建立到巩固大体经历了200多年时间。

在人类历史进程上，社会形态的更替总是呈现出由低级到高级、由简单到复杂的运行,即遵循着原始社会—奴隶社会—封建社会—资本主义社会—共产主义社会(社会主义社会是它的第一阶段)的基本顺序;不同民族、国家的同类社会形态具有共同的本质,如西方英国、美国等国和东方的日本,同是资本主义社会,具有生产资料资本家私有制和资产阶级专政的共同本质。

社会主义作为人类历史迄今最进步的社会形态,它的产生和发展虽具有某种跨越性,却是合乎规律的。它走向成熟与取得最后胜利,必然要经过曲折复杂的斗争和长期发展的过程,在这个过程中出现某种重大挫折甚至倒退也是不可避免的。但是,历史车轮前进的总趋势是不可改变的,它所呈现的"曲折"必将以社会的巨大进步来补偿。

其实,社会形态的变化构成了人类的社会发展史,整个社会的进化史所遵循的客观规律就是多级连串发射过程的运动规律。例如,城市是一种社会现象,其成为经济、政治和文化中心与人类活动的中心舞台,也是经历了一系列的进化的。城市发展形态从聚落→村镇→初始的城市→多功能的城市→综合复杂的大城市→更为复杂的城市群,就是动力系统多级连串吸收发射过程的体现。图 11-12 给出了不同历史发展阶段的社会形态所对应的社会特征。

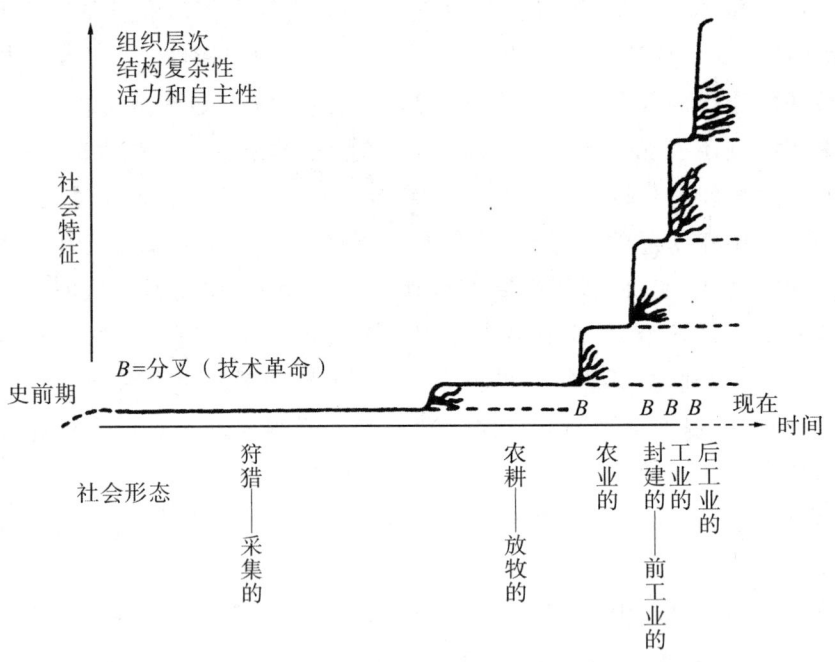

图 11-12 不同历史发展阶段的社会形态与社会特征

在统一科学里,一种社会形态变化到另一种社会形态不过是单元系统形态转化基元规律的一种特殊表现形式,所以,由单元系统形态转化基元规律可以演绎出社会形态的变化规律,而由连串发射过程的事物形态变化规律也一样可以演绎出五种社会形态依次更替的社会历史运动规律。五种社会形态的依次更替,是社会历史运动的一般过程和一般规律,表现了社会形态更替的必然性、统一性和合规律性。这是由社会基本矛盾运动决定的,它使社会形态更替遵循社会历史运动规律,表现为一种决定性的进程。

但是,任何一级的单元系统形态都是经历多级连串发射过程而逐步形成的,而且这种多级连串发射过程在各种不同的种类中都会发生。在社会形态更替的实际过程中,历史规律的决定性和人的活动的选择性都起着作用,是两者的统一过程。在现实社会中,社会的组成单元——人往往并不是纯粹的全同的单元,不同的民族、国家、地区和部落的人的群体差异和个体差异都会在一定的外部环境的扰动或随机作用下表现,而且不同的社会环境的作用也是千差万别的,具有不同的选择性。因此,社会形态变化规律与单元系统形态转化基元规律会表现出一定的偏差,五种社会形态依次更替的社会历史运动规律也会与连串发射过程的单元系统形态变化规律表现出一定的偏差。

四、技术与产品的换代

在人类物质生产发展史上,发明是技术和生产活动的起点,产品之所以被发明出来是为了满足人们日常生活的需要。技术变革和技术进步,生产力和人们生活水平的提高,社会历史的发展,都离不开发明创造。发明不仅要提供前所未有的东西,而且要提供比以往技术更为先进的东西,即在原理、结构特别是功能效益上优于现有技术。发明的成果或是提供前所未有的人工自然物模型,或是提供加工制作的新工艺、新方法。

发明的核心在于发现合适的可行性解决方案,满足并符合社会需要是创造技术发明的基本条件。社会需求的增长促使新的技术目标的出现。原有的技术手段同新的技术目标的矛盾,推动、激励着发明。在技术活动中,由于知识和经验的积累、综合,也会促使创新的技术构想和发明出现,新的技术成果又能引发出新的需求,并有助于新发明的推广应用。

但是,在不同的领域和场合中,发明创造仅仅满足了某个预先存在的保持不变的需要。在社会情形中,"需求"的建立,甚至达到这一需求的"要求"的建立,常表现出和满足需求的货物或技术的生产有关。在一个较长的历史阶段里,人们经常能观察到不同领域中的一系列技术进步促使了某些新产品因新的性能而发展。例如,

(1)计算机性能:电子管技术—晶体管—混合系统—集成电路。

(2)人的速度:脚—乘骑动物—火车—汽车—螺旋桨飞机—喷气式飞机—火箭。

(3)外燃机:萨弗里式—纽科门式—瓦特式—科尼什式—三次膨胀式—帕森斯式—高压涡轮式。

在这些众所周知的技术进步途径中,所有的技术都是从已存在的技术中创造出来的。只要现有技术接近成熟,就会有一项新技术出现,继续其进展的步伐。这是因为人类渴望进步,当现有方法对未来显示出不断减少的潜力时,人类就努力寻求新的解决方法。当新的技术发展到一个临界点或者拐点的时候,就会促使相关产品迅速进入工业化时代,它是工业化的导火索。

在产品开发中，传统的串行工程方法是基于 200 多年前英国政治经济学家亚当·斯密的劳动分工理论形成的。该理论认为分工越细，工作效率越高。串行工程方法把整个产品开发全过程细分为很多步骤，每个部门和个人都只做其中的一部分工作，而且是相对独立进行的，工作做完以后把结果交给下一部门。西方把这种方式就称为"抛过墙法"，人们的工作是以职能和分工任务为中心的，不一定存在完整的、统一的产品概念。因此，在传统串行工程中，对各部门工作的评价往往是看交给他的那一份工作任务完成得是否出色。就设计而言，主要是看设计工作是否新颖，是否有创造性，产品是否有优良的性能。对其他部门，也是考量员工的工作是否能出色地完成。如果某个部门的工作出现问题，在整个串行工程中就会出现最慢的一步控制着全局的"奴役原理"现象。

以往，人们认为上述一系列技术进步促使某些新产品以新的性能发展的情况是假定被纯经济的逻辑控制的。技术进步是既有连续又有间断、既有量变又有质变的过程，前后相继的技术进步形态是部分可重叠的。但是，在统一科学里，人们所考察的技术进步形态或新产品的形态都代表着一个平衡态，每一个技术形态或产品形态的变化都是单元系统形态的转化。所以，新技术或新产品的形态更替是一个连串发射的过程，而一个新产品从概念构思到生产出来也是一个完整的连串发射过程。

在一维正向质向量坐标系 $\vec{X}_+$ 内部由总体单元数 $\vec{N}_+$、异质单元数 $\vec{n}_+$、能量 $\vec{E}_+$、能阈 $\vec{E}_{\neq +}$ 和能元 $\vec{\varepsilon}_+$ 这五个分质向量坐标轴构成的 ($\vec{N}_+, \vec{n}_+, \vec{E}_+, \vec{E}_{\neq +}, \vec{\varepsilon}_+$) 五维分质向量空间中，各个分质向量与各自的分质变量坐标轴同向，可以用其分质变量坐标轴来表示。如果总体单元数 $N_+ = C_{N_+}$，能阈 $E_{\neq +} = C_{E_{\neq +}}$ 和能元 $\varepsilon_+ = C_{\varepsilon_+}$，那么在 ($N_+, n_+, E_+, E_{\neq +}, \varepsilon_+$) 五维分质变量空间的 ($C_{N_+}, n_+, E_+, C_{E_{\neq +}}, C_{\varepsilon_+}$) 截面上，取时间 t_+ 为能量 E_+ 的显性因子，人们所考察的技术系统形态的变化过程一样遵循单元系统形态转化基元规律，新技术的进步途径也必然会遵循人们熟悉的 $n_+ \sim E_+$ 关系的 S 形曲线。因此，对于代表单元系统特质的任意一种质，都可以期望找出一系列 $n_+ \sim t_+$ 关系的 S 形曲线。更有趣的是，与这些 S 形曲线相切的曲线本身通常也同样是 S 形的，它被称作包络曲线。这一曲线表明了一个给定的逻辑斯蒂方程族所确定的一系列增长和峰值。图 11-13 给出的是不同的交通运输工具的最高速度所形成的包络曲线。

包络曲线通常用于描述某些技术过程或产物的增多。对于同一种技术来说，存在着单元系统形态转化的 S 形曲线规律，但对各种技术来说，就存在着包络线规律，因此可以在更大范围和更长时间对新事物做出预测。由于发现或引进一种新技术或新产品将打破某种社会、技术或经济的平衡，而这一平衡相当于技术或产品的增长曲线所达到的最大值，这些技术或产品是发明创造将不得不与之竞争的，并且它们在该方程所描述的情形中起着类似的作用。例如，汽船的发展不仅导致绝大多数帆船的消失，而且通过降低运输成本和提高航行速度，引起海上运输需求的增高，结果增加了船的数目。

可见，众多的技术集合在一起，通过采用或者丢弃某些技术，创造了某些利基机会以及揭示一些新现象来实现进化。这也就创造了一种人们称之为"经济"的东西。经济

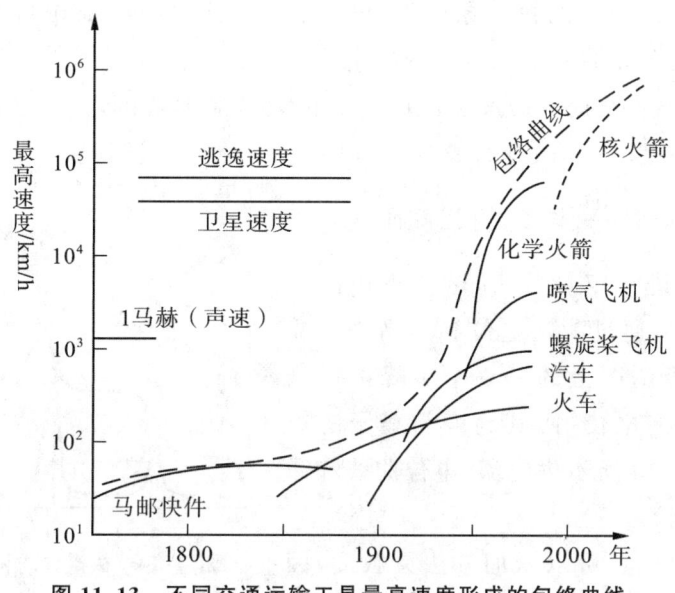

图 11-13　不同交通运输工具最高速度形成的包络曲线

从其技术中泛现,并不断从它的技术中创造自己。经济是技术的一种表达,并随这些技术的进化而进化。[12]

第五节　其他因子表现的多级发射规律

单元系统的能量 E_+ 虽可表现不同的显性因子,但在多级连串发射过程表现出具有相同形式的形态变化规律。通过极谱图、量子化电导、连续相变和量子现象以及其他的范例,可以在不同领域看到单元系统多级连串发射形态变化规律的表现。通过事物形态变化信息 P 的连续与分立的辩证分析,可得到关于相对论与量子论一元化的统一表述。

一、电化学的极谱图

电化学是研究电和化学反应相互关系的科学。在电化学中,相当于一种质点还原的典型极谱曲线是反映单元系统形态突变的典型的实验曲线,因而被称为极谱波(或极谱阶跃)。如果在不同电位下可被还原的几种质点都在溶液中存在的话,那么这个电化学系统在形态变化过程中得到的电流-电位曲线就是一条多级 S 形串联的曲线,如图 11-14 所示。[13]

极谱分析是一种在特殊电解条件下的电化学分析方法。电子示波器问世以后,在极谱学中展现了一些新应用的可能性。当这些装置被用于记录电位和电流随时间的变化时,由于示波极谱图中的每一条电流-电位($I_+\sim U_+$)曲线都相当于一定物质的还原,因此示波极谱图能够用于测定溶液的定质组成。

为了增加极谱方法的灵敏度和准确度及扩大其潜力范围,人们已经不用电流—电位曲线,而是发展了一种微分极谱法——微分电流-电位法,即导数 $\dfrac{dI}{dU}$ 与 U 的关系曲线。用微分极谱法可以进行定量分析,微分极谱图的定质和定量测定是通过测定电位和峰高来完成的,像微分示波极谱图上的每一个尖峰都相当于一定离子的半波电位,而其高度与离子的组成成正比。图 11-14 所示为电流-电位曲线和微分极谱曲线的比较。

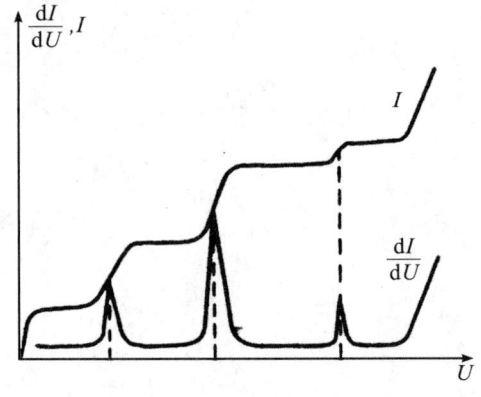

图 11-14 极谱曲线和微分极谱曲线

微分电流-电位法可以增加方法灵敏度,因此在仪器分析的绝大部分领域,都是使用特殊的微分电子电路得到微分谱图来进行物质的定质、定量分析。这样,人们所看到的图形都是一个峰接一个峰的分析结果,而如果采用其积分形式,人们也就可以在分析化学中直接看到单元系统多级连串发射的广泛事例了。

在统一科学中,在一维正向质向量坐标系 $\vec{X}_+$ 内部 ($\vec{N}_+, \vec{n}_+, \vec{E}_+, \vec{E}_{\neq +}, \vec{\varepsilon}_+$) 五维分质向量空间的 ($\vec{C}_{N_+}, \vec{n}_+, \vec{E}_+, \vec{C}_{E_{\neq +}}, \vec{C}_{\varepsilon_+}$) 截面上,各个分质向量坐标轴与各自的分质变量坐标轴同向,可以用其分质变量来表示。如果以电势 U_+ 的特殊形式作为能量 E_+ 的显性因子,异质单元为电子的电荷 $q_{+\varepsilon}$,电量 Q_+ 是 n_+ 个电子的总电荷 ($Q_+ = n_+ q_{+\varepsilon}$),电流强度 I_+ 为单位时间内的电荷变化量,即 (8-65) 式 $I_+ = \dfrac{dQ_+}{dt_+}$,那么,图 11-14 中的电流与电位的 $I_+\sim U_+$ 曲线就与图 11-4 在本质上与多级连串吸收发射的 $n_+\sim E_+$ 关系曲线是一样的。而图 11-14 中的微分电流与电位的 $\dfrac{dI_+}{dU_+}\sim U_+$ 曲线反映了单元系统在多级连串吸收发射过程中的变化规律,图中下部的一个个抛物线相连的微分极谱曲线本质上与图 11-5 中的异质单元数变化率与能量的 $r_+\sim E_+$ 关系曲线是一样的。

二、量子化电导

霍尔效应是电磁基本现象之一。霍尔效应是美国物理学家霍尔于 1879 年发现的一个电磁效应现象。霍尔效应定义了磁场和感应电压之间的关系,这种效应和传统的感应效果完全不同。当电流通过一个位于磁场中的导体的时候,磁场会对导体中的电子产生一个垂直于电子运动方向上的的作用力,从而在导体的两端产生电压差。

在一个通有电流的导体中,如果施加一个垂直于电流方向的磁场,由于洛伦兹力的作用,电子的运动轨迹将产生偏转,从而在垂直于电流和磁场方向的导体两端产生电压,这个电磁输运现象就是经典的霍尔效应。产生的横向电压被称为霍尔电压,霍尔电压与施加的电流之比 $\dfrac{U_+}{I_+}$ 则被称为霍尔电阻 ρ_{xy}。由于洛伦兹力的大小与磁场成正比,因此霍尔电阻 ρ_{xy} 也与磁场呈线性变化关系。霍尔电阻 ρ_{xy} 也与磁感应强度 B 成正比 $\rho_{xy} = \dfrac{B}{Ne}$,即 ρ_{xy} 与 B 的线性关系是一条倾斜上升的直线;而一般的纵向电阻 ρ_{xx} 是一条与磁场没有什么关系的水平线,即 ρ_{xx} = 常数。

在霍尔效应发现 100 周年之际,德国物理学家冯·克利青等人在实验室中观察到的量子霍尔效应却与经典霍尔效应大相径庭。在经典霍尔效应中,霍尔电阻 ρ_{xy} 随磁感应强度 B 增大沿斜线上升;而在量子霍尔效应中,霍尔电阻 ρ_{xy} 也随磁感应强度 B 的增大而上升,只是上升得不均匀,是爬楼梯式的上升,霍尔电阻曲线表现为一个一个的平台。换言之,当磁感应强度 B 连续增大时,霍尔电阻 ρ_{xy} 的变化却不是连续的。霍尔电阻 ρ_{xy} 增加到某一个数值后便停住不动,只有当磁感应强度 B 一直持续增大到另外某个数值时,霍尔电阻曲线才又突然跳到另一个平台上,表明霍尔电阻 ρ_{xy} 到达一个新的数值。如此一直下去,平台越来越宽,跳跃得越来越高……

如果把霍尔电阻 ρ_{xy} 叫作横向电阻的话,则纵向电阻 ρ_{xx} 就是在一定方向流动的电流与垂直于电流方向施加的电压之比值 $\left(\dfrac{I_+}{U_+}\right)$。在经典霍尔效应情形中,纵向电阻 ρ_{xx} 并不随磁场变化,所以人们把这一个固定的数值称为霍尔常数。

在经典电磁学中,电导(即导电能力)是对于某一种导体允许电流通过它的容易性的量度。霍尔电导是在一定方向流动的电流与垂直于电流方向施加的电压之比值 $\left(\dfrac{I_+}{U_+}\right)$,而外加磁场在垂直于两者的方向上。霍尔电导是材料中的载流子密度,电导单位就是自由空间阻抗的倒数。可见,霍尔电导就是所谓的纵向电阻 ρ_{xx}。在经典霍尔效应低磁场中,霍尔电阻 ρ_{xy} 与磁感应强度 B 呈线性变化关系,霍尔电导 ρ_{xx} 随磁感应强度 B 增大的变化曲线为平行于 B 轴的直线。但是,在较强的磁场中,霍尔电阻 ρ_{xy} 随着磁感应强度 B 的变化曲线为一条 S 形曲线,而霍尔电导 ρ_{xx} 与磁感应强度 B 的变化曲线则是一条单峰的抛物线。特别是,在适度的低温和垂直于二维电子气的强磁场的条件下,霍尔电导与载流子密度等参数以及磁场本身的依赖关系曲线可呈现惊人的量子力学行为,霍尔电阻 ρ_{xy} 随着磁场磁感应强度 B 的增强呈现出一系列台阶式的平台;霍尔电阻 ρ_{xy} 是跳跃式的变化,即 $\rho_{xy} = \dfrac{U_+}{I_+} = \dfrac{h}{ve^2}$ 是从一个值跳到另一个值(其中 $v = 1, 2, 3, \cdots$),这正是典型的"量子"特征,所以,人们便理所当然地把此现象称为量子霍尔效应。而当霍尔电阻 ρ_{xy} 出现平台的时候,霍尔电导 ρ_{xx} 的电导值变成了 0,如图 11-15

所示。

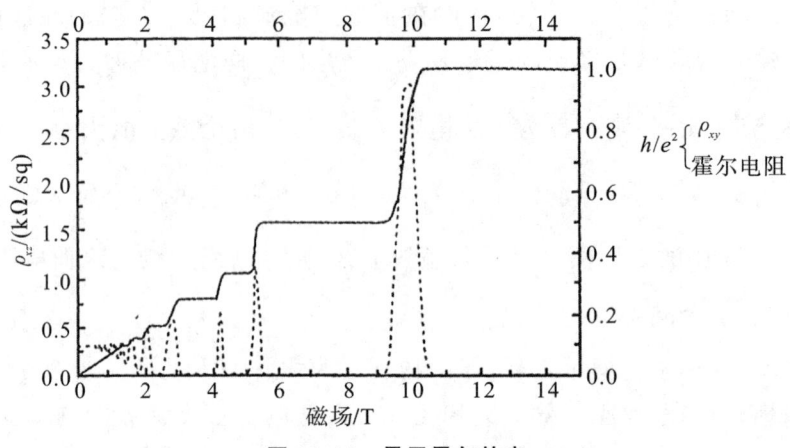

图 11-15 量子霍尔效应

随着磁场磁感应强度 B 的增强，霍尔电阻 ρ_{xy} 表现为一系列的平台。高质量的二维电子气叫作"霍尔电导"的量 ρ_{xx}，霍尔电导 ρ_{xx} 呈现出了量子化，平台的值非常好地近似于整数乘以一个新奇的"量子电导单位"——霍尔电导系数 $G_Q = \dfrac{e^2}{h}$（式中 e 是电子电荷，h 为普朗克常数）。这种效应称为整数量子霍尔效应。[15]

量子霍尔效应是过去三十多年凝聚态物理研究中最重要的成就之一。1982年，美国物理学家崔琦等人在高磁场和更低的温度条件下发现，随着磁场增强，在 $v = 1/3$，$1/5$，$1/7$ 等处，霍尔电阻 $\rho_{xy} = \dfrac{U_+}{I_+} = \dfrac{h}{ve^2}$ 出现了台阶式的变化。这种现象称为分数量子霍尔效应。量子霍尔效应一般被看作整数量子霍尔效应和分数量子霍尔效应的统称。美国物理学家劳夫林认为，由于极少量杂质的出现，整数 v 个朗道能级被占据，这导致电场与电子密度的比值 B/ρ 为 h/ev，从而导致霍尔电阻出现台阶。他还指出，由于那些分数占有数处，电子形成了一种新的稳定流体，正是这些电子中的排斥作用导致了分数量子霍尔效应。

在统一科学中，由单元系统在多级连串发射过程中表现出的形态变化规律就可以直接演绎出量子霍尔效应。在一维正向质向量坐标系 $\vec{X}_+$ 内部 $(\vec{N}_+, \vec{n}_+, \vec{E}_+, \vec{E}_{\neq +}, \vec{\varepsilon}_+)$ 五维分质向量空间的 $(\vec{C}_{N_+}, \vec{n}_+, \vec{E}_+, \vec{C}_{E_{\neq +}}, \vec{C}_{\varepsilon_+})$ 截面上，各个分质向量坐标轴与各自的分质变量坐标轴同向，可以用其分质变量来表示。如果能量 E_+ 的显性因子为磁场的磁感应强度 B，而霍尔电阻 ρ_{xy} 是 n_+ 个异质单元乔装打扮的形式 $\rho_{xy} = \lambda n_+$，表征导体的电子群体自旋方向的有序性，其量纲常用 $\dfrac{h}{e^2}$ 表示，那么，图 11-15 中的霍尔电阻 $\rho_{xy} \sim$ 磁感应强度 B 曲线就在本质上与图 11-5 上部单元系统多级连串吸收发射的 $n_+ \sim E_+$ 关系曲线是一样的。图 11-15 中的霍尔电阻变化率 $\dfrac{d\rho_{xy}}{dB} \sim$ 磁感应强度 B 曲线也在本质上与图 11-5 中下部的异质单元数变化率 r_+ ～能量 E_+ 的关系曲线是一样的。

量子霍尔效应的发现反映了位于磁场中的导体的电子在多级连串吸收发射过程中的形态阶跃变化概况。所以，霍尔电导也可以表现出一个个抛物线分立的微分曲线，其分立的量子化取值的基本量子单位就是 $G_Q = \dfrac{e^2}{h}$。但是，霍尔电导 ρ_{xx} 实质上并非所谓的纵向电阻 ρ_{xx}，而是单位磁感应强度 B 内霍尔电阻 ρ_{xy} 的变化率，即 $\rho_{xx} = \dfrac{\mathrm{d}\rho_{xy}}{\mathrm{d}B}$（其量纲常用 $\dfrac{\mathrm{k}\Omega}{\mathrm{sq}}$ 表示）。

三、物理学的连续相变

在物理学中，物质连续经历几个形态的变化过程称为连续相变。基于热力学的相变理论把相变分为一级相变和更高阶的相变。如果发生相变时系统的热力学势函数连续，但其一阶导数不连续，则称为一阶相变。一阶相变的特点是势函数代表的物理性质连续变化，但是其一阶导数代表的物理性质在相变点发生突变。像凝固就属于一级相变，它相对比较简单，而且只涉及两相共存（就像在 0 ℃ 时的液态和固态的冰那样），在平衡时两相是各自分开的。如果相变时势函数及其一阶导数都连续，则称为二阶相变。二阶相变的特点是势函数及其一阶导数代表的物理性质在相变时都连续变化，不会出现间断现象。二阶相变和更高阶的相变又叫连续相变，比如在铁磁的居里点或氦的 λ 点，相变时没有潜热或性质不连续的其他标志，一些相不易察觉地变成另一些相，且不与之共存。[16]

连续相变涉及某种对称性质的有无，只能通过突变发生，而不能像晶核那样从旧相中逐渐地长大。从本质上讲，连续相变的图像是动态的。在大于晶格常数或原子尺度的范围，有大量各种尺寸的花斑或涨落存在，它们就是形成比热尖峰和导致光散射反常增强的物理自由度。同时，相变前后整个系统始终是宏观均匀的，不会出现两相共存的界面。不同级别的相变其临界点是完全不一样的，如氦将首先在 4.2 K 液化，然后在 2.1 K 变为超流体。

在统一科学中，由单元系统在多级连串发射过程表现的形态变化规律也可以直接演绎出物质形态的连续相变。在一维正向质向量坐标系 $\vec{X}_+$ 内部 $(\vec{N}_+, \vec{n}_+, \vec{E}_+, \vec{E}_{\neq +}, \vec{\varepsilon}_+)$ 五维分质向量空间的 $(\vec{C}_{N_+}, \vec{n}_+, \vec{E}_+, \vec{C}_{E_{\neq +}}, \vec{C}_{\varepsilon_+})$ 截面上，各个分质向量坐标轴与各自的分质变量坐标轴同向，可以用其分质变量来表示。随着能量 E_+ 的增大，物质形态在连续相变的变化过程中所生成的一个个特殊相就是单元系统在多级连串发射过程中表现的一条多级 n_+ ～E_+ 形态变化 S 形关系曲线的串联。

其实，物理学中有许许多多物质形态涉及多级连串发射，而且许多物质形态的多级连串发射都表现为离散型的量子现象,这在量子物理学中俯拾皆是。例如,随着激发能功率的增大,从普通灯光转变为激光,再从激光转变为脉冲光,又从脉冲光转变为荥光。又如,在导体长度小于电子平均自由程的介观尺度下,电子在导体中的输运过程中,电导随导体宽度的变化会出现多级连串的电导量子化台阶。[17]在此,以若干实例来进一步说明物质形态的多级连串发射。

(一)黑体辐射

黑体是能够全部吸收各种波长的辐射的物体。当黑体发出辐射时,辐射的能量在各种波长上的分布有一定的规律。黑体辐射是最早发现与经典物理学相矛盾的实验现象之一。用经典电磁理论,假定黑体辐射是由黑体中带电粒子振动所发出的,通过经典热力学和统计力学理论计算所得到的黑体辐射随波长的分布曲线和实验所得的曲线明显相矛盾。1900年,普朗克在深入分析实验数据和经典理论计算方法的基础上,指出在经典理论范围内,无论如何都解决不了这个矛盾。但是,如果假定黑体中带电粒子以频率 ν 做简谐振动时,能量 E_+ 只能取一个最小单位 $h\nu$ 的整数倍 n,即

$$E_+ = nh\nu \tag{11-64}$$

式中,整数 $n=0,1,2,\cdots$;普朗克常数 $h=6.625\times10^{-27}$ 尔格·秒。这样,就可以计算得到和实验一致的结果。[18]

普朗克假设:一个谐振子的能量是由一些为数完全确定的、有限而又相等的部分组成的。普朗克的这一假定与经典物理是不相容的,称为振子能量量子化假定。在经典物理学中,对一个体系所能采取的物理量数值可以任意连续变化,其最小值并不受任何限制。对于谐振子来说,在经典物理学中,其能量由振幅决定,振幅可以连续变化并取任何数值,能量也可以连续变化并取任何数值,没有量子化限制。但是,频率为 ν 的谐振子其能量不是连续变化的,而只能以 $h\nu$ 的整数倍 n 变化,欲使其能量改变 $h\nu$ 的几分之几是不可能的。普朗克黑体辐射公式为

$$\rho(\nu) = \frac{8\pi h\nu^3}{c^3} \frac{1}{e^{h\nu/kT} - 1} \tag{11-65}$$

普朗克研究黑体辐射提出的能量量子化概念,第一次冲破了经典物理的束缚,开辟了旧量子论发展的时代。在量子力学中,物理量只能以确定的大小一份一份地进行变化,具体有多大要根据体系所处的状态而定。这种物理量只能取某些分离数值的特征,因而被称作量子化。量子化是指能量具有量子化的特性,主要是指其发生光电效应时所表现出来的像粒子一样的能量包是间隔的而不是连续的,所以能量是一份一份的。如果有一束能量经过一个空间,人们就会发现能量分布是"有,无,有,无,有,无……"这样变化的,粒子之间的空隙不存在能量。

量子化是微观体系基本的运动规律之一。后来发现的许多微观现象,都是以能量甚至其他物理量(如角动量)不能连续变化为特征的。虽然不一定都按某个单位的整数

倍 n_+ 变化,但都是物理量的不连续变化,因而都称为量子化,其变化的最小份额也都称为量子。

在一维正向质向量坐标系 $\vec{X}_+$ 内部 $(\vec{N}_+,\vec{n}_+,\vec{E}_+,\vec{E}_{\neq+},\vec{\varepsilon}_+)$ 五维分质向量空间的 $(\vec{C}_{N_+},\vec{n}_+,\vec{E}_+,\vec{C}_{E_{\neq+}},\vec{C}_{\varepsilon_+})$ 截面上,各个分质向量坐标轴与各自的分质变量坐标轴同向,可以用其分质变量来表示。单元系统在多级连串吸收发射过程中的能量为(11-47)式 $E_+=E_{+1}+E_{+2}+\cdots+E_{+k}$,如果在每一级吸收发射中,单元系统都完成了远离平衡态的形态变化,而且各级平衡态相邻两级的能阈差值彼此相等,这样(11-47)式就可以用(11-50)式 $E_+=E_{\neq+1}+E_{\neq+2}+\cdots+E_{\neq+k}$ 表达。如果假定黑体中带电粒子以频率 ν 做简谐振动时,能量 E_+ 的显性因子为频率 ν,则当各级平衡态相邻两级阶梯的能量差值取单色光的光子能量,即 $\Delta E_{\neq+i}=h\nu$ 时,代入(11-53)式 $E_+=C_{E_{\neq+1}}+C_{E_{\neq+2}}+\cdots+C_{E_{\neq+k}}$ 就可以得到(11-64)式 $E_+=nh\nu$。如此,就可演绎出普朗克假设:一个谐振子的能量是由一些为数完全确定的、有限而又相等的部分组成。

由于某一级的平衡态总是与某一级的能量范围相对应,因而多级平衡态中的各个能级也就表现为离散的、量子化的。这里能量量子化即表示能量不能任意连续变化,只能取某些分立的数值,如果用图形来表示即为阶梯状的,如图11-5所示的 $E_+\sim n_+$ 变化曲线。

在统一科学中,把能元 $\varepsilon_+=C_{\varepsilon_+}$ 取为温度 T_+ 这一特殊的显性因子表示的 $C_{\varepsilon_+}=kT_+$(k 为玻尔兹曼常量,T_+ 为绝对温度),由(11-58)式 $n_+^0=\dfrac{C_{N_+}}{\mathrm{e}^{-(C_{E_{\neq+}}-E_+)/C_{\varepsilon_+}}-1}$ 就可以演绎出统计物理学中的玻色—爱因斯坦分布函数(11-59)式 $n_+^0=\dfrac{C_{N_+}}{A\mathrm{e}^{E_+/kT_+}-1}$,其中 $A=\mathrm{e}^{-C_{E_{\neq+}}/kT_+}$。如果取 $E_+=nh\nu$,$C_{E_{\neq+}}=0$,即 $A=1$,则(11-59)式为 $n_+^0=\dfrac{C_{N_+}}{\mathrm{e}^{E_+/kT_+}-1}$。如果再对相邻能级($\nu+\mathrm{d}\nu$)频率范围的辐射能量密度的相关系数进行规定,就可以直接得到普朗克黑体辐射公式(11-65)式 $\rho(\nu)=\dfrac{8\pi h\nu^3}{c^3}\dfrac{1}{\mathrm{e}^{h\nu/kT_+}-1}$。

当 $\nu\to 0$,即在长波区域有时,$\mathrm{e}^{h\nu/kT_+}=1+\dfrac{h\nu}{kT_+}+\cdots$ 时,$\mathrm{e}^{h\nu/kT_+}-1\approx\dfrac{h\nu}{kT_+}$,(11-65)式成为

$$\rho(\nu,T_+)=\dfrac{8\pi\nu^2}{c^3}kT_+ \tag{11-66}$$

当 $\nu\to\infty$,即在短波区域有 $\mathrm{e}^{h\nu/kT_+}\approx\mathrm{e}^{h\nu/kT_+}$ 时,(11-65)式成为

$$\rho(\nu,T_+)=\dfrac{8\pi h\nu^3}{c^3}\mathrm{e}^{-h\nu/kT_+} \tag{11-67}$$

这与在 $C_{E_{\neq+}}-E_+\gg kT_+$ 的准平衡和等温条件下,(11-60)式 $n_+^0=\dfrac{C_{N_+}}{A}\mathrm{e}^{-E_+/kT_+}$ 成

为统计物理中麦克斯韦—玻色分布函数一样,(11-67)式就是统计物理中经典的麦克斯韦—玻色分布函数。

(二)原子光谱

原子光谱是20世纪早期惊动科学家的用经典理论无法解释的实验现象。在原子光谱实验中发现,一旦达到截止电位,不管人们怎样改变光的强度也不会有电流流动,增加光的强度所增加的是光子的数量,而不是光波的振幅。原子的电子运动状态发生变化时,发射或吸收的有特定频率的电磁频谱的分布是不连续的,而是一条条分立的谱线。因此,人们把由原子中的电子在能量变化时所发射或吸收的一系列波长的光所组成的光谱称为原子光谱。原子吸收光源中部分波长的光形成吸收光谱,为暗淡条纹;发射光子时则形成发射光谱,为明亮彩色条纹。两种光谱都不是连续的,且吸收光谱条纹可与发射光谱一一对应。每一种原子的光谱都不同,遂称为特征光谱。

根据英籍新西兰物理学家卢瑟福用 σ 质点散射所证实的原子模型,原子是由电子绕核运动构成的。如果按照经典电磁理论,电子做加速运动便发射电磁波,则原子光谱是由电子绕核运动(有加速度)发射出的电磁波,原子中的电子不断发射电磁波,其能量就要逐渐减少,原子便不能稳定存在,最终电子会掉到原子核中去。同时,电子能量逐渐变化,其转动频率也逐渐变化,发射出来的电磁波频率应该是连续分布的,这些显然都和实验事实不符。

为了解释原子光谱,1913年,丹麦物理学家玻尔在普朗克量子论和爱因斯坦光子学说的基础上,提出了原子结构玻尔理论。他假定原子中电子绕核做圆周轨道运动能稳定存在,在一定轨道上运动的电子有一定的能量,称为一种定态。定态的能量只能取某些分立数值,由量子化条件决定

$$M_+ = n\frac{h}{2\pi} \tag{11-68}$$

式中,M_+ 为轨道角动量;$n=1,2,\cdots$。

原子由一种定态(E_m)变化到另一种定态(E_n)的过程中,发射($E_m > E_n$)或吸收($E_n > E_m$)电磁波,其频率由下式决定

$$h\nu = |E_n - E_m| \tag{11-69}$$

利用这些假定,可以很好地说明原子光谱是一些分立线状光谱。发射谱是一些明亮的细线,吸收谱是一些暗线。原子的发射谱线与吸收谱线位置精确重合。不同原子的光谱各不相同,氢原子光谱最为简单,其他原子光谱较为复杂,最复杂的是铁原子光谱。计算得到氢原子的能级及光谱线频率和实验符合得非常好。用色散率和分辨率较大的摄谱仪拍摄的原子光谱还显示光谱线有精细结构和超精细结构,所有这些原子光谱的特征反映了原子内部电子运动的规律性。

德国物理学家索末菲推广了上述理论,假定原子中的电子不仅做圆周运动,而且像

行星绕太阳那样可做椭圆运动。他给出了更普遍的量子化条件,说明了更多的事实。但是旧量子论是在经典物理的基础上勉强地加进一些和经典物理不相容的假定(量子化条件等),它本身就存在着不能自圆其说的内在矛盾,因此最终要为量子力学所取代。

量子力学是阐明原子光谱的基本理论。原子按其内部运动状态的不同,可以处于不同的定态。每一定态具有一定的能量,它主要包括原子体系内部运动的动能、核与电子间的相互作用能以及电子间的相互作用能。能量最低的态叫作基态,能量高于基态的叫作激发态,它们构成原子的各能级(见原子能级)。高能量激发态可以跃迁到较低能态而发射光子;反之,较低能态可以吸收光子跃迁到较高激发态,发射或吸收光子的各频率构成发射谱或吸收谱。量子力学理论可以计算出原子能级跃迁时发射或吸收的光谱线位置和光谱线强度。

其实,由统一科学的同向连串发射理论可以更深刻地解释原子光谱。在一维正向质向量坐标系 $\vec{X}_+$ 内部 $(\vec{N}_+, \vec{n}_+, \vec{E}_+, \vec{E}_{\neq +}, \vec{\varepsilon}_+)$ 五维分质向量空间的 $(\vec{C}_{N+}, \vec{n}_+, \vec{E}_+, \vec{C}_{E_{\neq +}}, \vec{C}_{\varepsilon_+})$ 截面上,各个分质向量坐标轴与各自的分质变量坐标轴同向,可以用其分质变量来表示。单元系统在多级连串吸收发射过程中的能量为(11-47)式 $E_+ = E_{+1} + E_{+2} + \cdots + E_k$。由于多级连串吸收发射过程某一级的形态总是与其能量阈变化相对应的,因而单元系统经历的多级形态可用多个能级(11-53)式 $E_+ = C_{E_{\neq +1}} + C_{E_{\neq +2}} + \cdots + C_{E_{\neq +k}}$ 表达,即多个分立的能级可通过一系列能量的离散的量子化的变相点来表现。本质单元在各级离散平衡态的分布函数图表现为不连续的谱线图,分立的谱线就是一些基本粒子的量子效应的表现。

原子光谱中某一谱线的产生是与原子中电子在某一对特定能级之间的跃迁相联系的。当原子或离子的运动状态发生变化时,发射或吸收有特定频率的电磁波谱,就会形成原子光谱。原子光谱的覆盖范围很宽,从射频段一直延伸到 X 射线频段,通常原子光谱是指红外、可见、紫外区域的谱。

在原子光谱理论上常假设原子能级是无限窄的,由能级间跃迁而产生的辐射是单色的。但是,由于原子处在某能级上有一定寿命,又受多普勒效应和其他微观粒子的干扰等,实际观察到的谱线却具有一定的宽度,甚至发生移位。谱线轮廓就是指原子所发射的光谱线强度按照频率(或波长)分布的形状,并用来描述光谱线的能量随波长的相对分布。谱线轮廓是用谱线的总强度与电位的关系曲线来表示的。谱强度-电位曲线就是特殊的微分电子电路得到的微分谱图。所以,人们所看到的微分谱图都是一个尖峰接一个尖峰的分析结果,而不连续分立的谱线图实质上就是微分谱图的截图,如图11-16所示。

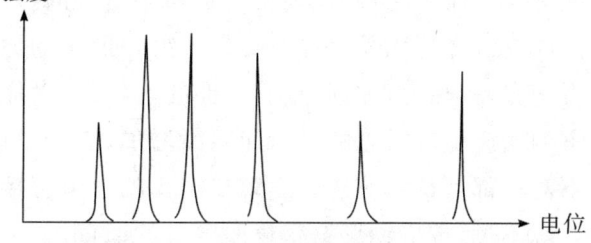

图 11-16　原子光谱的谱强度-电位曲线

四、其他显性因子表现的多级连串发射

（一）时　间

统一科学在第八章第四节"线性系统的基本显性因子之内涵"中破天荒地建立了时间的新概念，指出了时光总是朝着一个方向流逝的原因是在一维正向质向量坐标系 $\vec{X}_+$ 上认知事物的使然。像热力学箭头、心理学箭头、宇宙学箭头等一往直前单向地前进，实际上都是时间 $\Delta \vec{t}_+$ 这一质向量的矢量表现。如果在一维正向质向量坐标系 $\vec{X}_+$ 内部的多维分质向量坐标系设立了能量 $\vec{E}_+$ 坐标轴，在省却质向量关于方向规定的情况下，人们就可以通过能量 E_+ 的显性因子时间 t_+ 来刻画事物形态。

在一维正向质向量坐标系 $\vec{X}_+$ 内部 $(\vec{N}_+, \vec{n}_+, \vec{E}_+, \vec{E}_{\neq+}, \vec{\varepsilon}_+)$ 五维分质向量空间的 $(\vec{C}_{N+}, \vec{n}_+, \vec{E}_+, \vec{C}_{E_{\neq+}}, \vec{C}_{\varepsilon_+})$ 截面上，各个分质向量坐标轴与各自的分质变量坐标轴同向，可以用其分质变量来表示。如果以时间 t_+ 作为能量 E_+ 的显性因子，那么在不同的失衡阶段描述动力系统的形态变化时，时间 t_+ 必然有不同的表现形式。这就是说，时间 t_+ 的定义域包括处于基态为零的值、准平衡态线性的数域、近平衡态非线性的数域和远离平衡态转折的数域，它遵从序数律永远向"增大"的方向前进。

只有在统一科学里人们才能彻底明白，在描述动力系统形态经历基态→准平衡态→近平衡态→远离平衡态→新的平衡态的转化过程时，时间 t_+ 也是从线性变成非线性的，过了变相点后且还要由非线性再变成线性。不过，只要动力系统形态变化一旦超出准平衡态的范围，时间 t_+ 这一质变量在人们的理性认知体系中就不再是线性的了，时间 t_+ 将产生弯曲。例如，在20世纪初，相对论就揭示了时间 t_+ 的非线性，从而深刻地改变了人们对时间 t_+ 线性变化规律的理解。

讨论至此，人们对于时间 t_+ 这个能量 E_+ 的显性因子就可以有更明确的认识，可以明白动力系统形态变化在时间上所具有的不可逆性都与时间前进的方向有关。时间 t_+ 被用于描述不同的动力系统形态变化时，在不同领域还可以被赋予不同的名称。在生物学中，时间 t_+ 是指寿命，生物体从出生直至死亡所经历的生存过程所持续的时间就称为寿命。在热力学领域，时间 t_+ 称为热力学时间。在化学反应中，某一形态的原子或分子经历化学过程而转化为另一形态的原子或分子，反应的过渡态多为非线性的失衡态，其热力学时间是非线性的，但又可以描述不可逆过程。热力学第二定律断言宇宙的熵会随着时光的流逝而不断增加，表示了时间前进的唯一方向。所有其他的时间不对称都可认为是热力学第二定律的一个直接反映。

不过，按事物形态变化而定义的时间 t_+ 是一个很难把握的质参量，它涵盖了各个学科的"时间"。每一个人或每一个生物体的寿命有长有短，每一个化学反应反应物转

变成生成物的时间也完全不一样。这些同类的事物形态转化的时间就很难比较,更不用说与其他类的事物形态转化的时间进行比较了。为了有个统一的评判依据,从远古开始,人们在描述事物形态的存在和变化时,就几乎一致地应用了直线且连续的天文时间作为认识事物形态存在与变化的质参量。但是,就在人们自觉不自觉地取定天文时间 t_+ 作为能量 E_+ 的显性因子时,许多人还是没有真正明白不同天体的天文时间还是有差异的。

在历史上,人们选择的天文时间是与"地心说""日心说"和"宇宙中心说"相对应的。在宇宙大爆炸理论为人们所接受以后,如今用于描述动力系统形态变化的时间 t_+ 就是宇宙时间。在一维正向时间坐标系 $\vec{T}_+$ 上的宇宙时间具有单向线性流动的特点,而被称为绝对时间。但是,人们在一般计量中还是经常使用年、季、月、日等天文时间。这些天文时间都只是宇宙时间 Δt_+ 的一小段,不仅在一般计量中十分方便,而且具有一个相对明确的概念。例如,对于任何普通人来说,人们都可以非常清楚地区分昨天、今天和明天。实际上,在一维正向宇宙时间坐标系 $\vec{T}_+$ 上,如果以太阳年(地球围绕太阳旋转一周所需要的时间)为计量单位,用多年的时间来描述动力系统的形态变化,这就是动力系统形态的多级连串变化;如果以太阳日(地球自转一周所需的时间)为计量单位,用多日的时间来描述动力系统的形态变化,这也是动力系统形态的多级连串变化。

当动力系统穿越多个层次实现了多级形态的连串变化时,时间 t_+ 的延续性就不仅是波澜起伏的,而且还可以看作离散的。美国哥伦比亚大学的李政道教授在20世纪70年代对于时间 t_+ 长期被看作连续的、线性的形态变量的概念就产生过质疑,为了使量子力学得到一种几何解释,他曾经提出这样的问题:[19]

(1)时间可以是一个分立的参变量(时间分立表述)吗?

(2)时间可以是分立的,且可作为一个真实的动力学变量吗?

其实,在一维时间坐标系 $\vec{T}$ 中,动力系统在远离平衡态和多级辐射过程中,这两种可能性在动力系统形态多级连串变化的不同阶段都能够被实现。在上述的天文时间中,年、季、月、日等都可以作为分立的参变量。在相对论场论中,时间分立则表述为分立的空间-时间结构。在对应的分立力学中,时间除了成为分立的以外,还被当作真实的动力学变量。而在量子力学中,时间是有量子起伏的,在量子水平上作为描述运动连续性的时间,这个概念本身已失去了意义。

由此可见,时间 t_+ 作为能量 E_+ 的显性因子与一维正向质向量坐标系 $\vec{X}_+$ 同向,生物时间、热力学时间、天文时间等都是时间 t_+ 在不同领域的表现形式。在动力系统形态多级变化的不同阶段,可以给出动力系统形态变化的能量因子函数关系式,动力系统只要一超出准平衡态,在近平衡态或远离平衡态就只能表现为非线性的形态变化,而时间在动力系统多级连串的形态变化过程中还可以像能级一样表现为分立的层级。

(二)位　移

统一科学在第八章第四节"线性系统的基本显性因子之内涵"中建立了空间的新概

念,并指出了位移的直线连续性也是在一维正向质向量坐标系 $\vec{X}_+$ 上认知事物的使然。如果在一维正向质向量坐标系 $\vec{X}_+$ 内部的多维分质向量坐标系设立了能量 $\vec{E}_+$ 坐标轴,在省却质向量方向规定的情况下,人们从特定的空间广延性出发,可以通过能量 E_+ 的显性因子位移 l_+ 来刻画单元系统形态。

当某一事物从平衡态经过准平衡态、近平衡态、远离平衡态而达到新的平衡态时,空间位移这个显性因子也要反映该事物从发生到终结的历程,因而一般具体事物形态的空间位移都是有限的。当事物完成了由一个形态向另一个形态转变后,以位移变量为空间属性特征变化的事物,也往往要穿越多个层次经历诸如……物体、分子、原子、质子、电子……分立空间的逐级变化。所以,具体物质形态的特定位移空间是有限的、多样的。

在一维正向空间坐标系 $\vec{L}_+$ 上的宇宙空间具有单向线性移动的特点,称为绝对空间。但是,人们在日常计量中还是经常使用物体、分子、原子等物质的线度作为长度单位。虽然这些长度单位只是宇宙空间 Δl_+ 的一小段,但在计量中直观方便,而且具有一个相对明确的概念,如日上三竿,几步开外,相隔不到一箭远,比头发丝还细……实际上,在一维正向空间坐标系 $\vec{L}_+$ 上,如果以实物的大小为计量单位,用数个实物的长度来描述单元系统的空间位移,这也是单元系统形态的多级连串变化。

参考文献

[1]陈禹,钟佳桂.系统科学与方法概论[M].北京:中国人民大学出版社,2006:65.
[2]中国科学院化学学部,国家自然科学基金委化学科学部.展望21世纪的化学[M].北京:化学工业出版社,2000:16.
[3]恩格斯.自然辩证法[M].北京:人民出版社,1971:269.
[4]埃里克·詹奇.自组织的宇宙观[M].曾国屏,等,译.北京:中国社会科学出版社,1992:36-49.
[5]沈小峰,胡岗,姜璐.耗散结构论[M].上海:上海人民出版社,1987:36-106.
[6]钱学森.系统科学、思维科学与人体科学[J].自然杂志,1981,4(1):3-9.
[7]金红光,林汝谋.能的综合梯级利用与燃气轮机总能系统[M].北京:科学出版社,2008:1-83.
[8]陈仁烈.统计物理引论[M].2版.北京:人民教育出版社,1963:246-268.
[9]曹烈兆.宏观量子现象和它的应用[J].物理,1978,7(4):198-202.
[10]李惕碚.实验的数学处理[M].北京:科学出版社,1980:12-13.
[11]阚伟,刘宇辉,朱明远.物理化学理论与应用研究[M].北京:中国水利水电出版社,2014:73.
[12]DOUGLAS J F.Evolutionary biology[M].Sunderland:Sinauer Associates,1986:15.
[13]布莱恩·阿瑟.技术的本质[M].曹东溟,王健,译.杭州:浙江人民出版社,2014:214-229.
[14]安特罗波夫.理论电化学[M].吴仲达,朱耀斌,吴万伟,译.北京:高等教育出版社,1982:407-423.
[15]GORDON F.21世纪新物理学[M].秦克诚,译.北京:科学出版社,2013:295-297.
[16]于渌,郝柏林.相变和临界现象[M].北京:科学出版社,1984:64-91.
[17]任敏,陈培毅.介观系统中的电导量子化[J].微纳电子技术,2005,42(2):49-54.
[18]高崇寿,谢柏青.今日物理[M].北京:高等教育出版社,2004:19-21.
[19]李政道,李梧龄.时间可以是一个分立的动力学变量吗[J].自然杂志,1983,6(5):5-7.
[20]于学刚.狭义相对论和量子理论一元化表述[M].北京:科学出版社,2012:72.

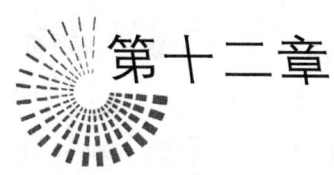

第十二章

多元平行与并发论

第一节 多元系统的同向并行与并发理论

在一维正向质向量坐标系 $\vec{X}_+$ 上，多元系统的子系统协同变化也有其形态变化规律。通过不同领域同向平行发射的范例，人们可以加深对多元系统协同作用的认识。同向平行发射是多元系统各个子系统的同构发射，用各自失衡态的形态转化基元规律可以描述各子系统平行的转化关系，其整体就是多元系统平行发射的形态变化规律。

一、多元系统的协同作用

迄今为止，统一科学在一维正向质向量坐标系 $\vec{X}_+$ 的 $(\vec{X}_+)$ 空间所构建的理论体系有两个共同点：一是研究对象都是均质的单元系统，二是单元系统的形态变化方向都是恒定单一的。

在一维正向质向量坐标系 $\vec{X}_+$ 的 $(\vec{X}_+)$ 空间中，单元系统任何一个确定的形态 $\vec{A}_+$ 可以用一个常质向量 $\vec{a}_+$ 表示，单元系统另一个确定的形态 $\vec{B}_+$ 可以用另一个常质向量 $\vec{b}_+$ 表示。单元系统从形态 $\vec{A}$ 向形态 $\vec{B}$ 的变化就是在一维正向质向量坐标系 $\vec{X}_+$ 上的某一区间 $[\vec{x}_{A_+}, \vec{x}_{B_+}]$ 的运动过程，也就是从一维正向质向量坐标系 $\vec{X}_+$ 空间的一个点 $\vec{a}_+$ 到另一个点 $\vec{b}_+$ 的正向变化，其经历的 $\langle \vec{B}_+ | \vec{A}_+ \rangle$ 运动轨道就是单元系统形态变化规律所留下的变化轨迹。

在一维正向质向量坐标系 $\vec{X}_+$ 上，如果 $\langle \vec{B}_+ | \vec{A}_+ \rangle$ 为单元系统从一平衡态到最紧邻的另一平衡态转化的基元过程 $\vec{e}_+ = \vec{B}_+ - \vec{A}_+$，则一维正向质向量坐标系 $\vec{X}_+$ 与一维正向单位质向量 $\vec{e}_+$ 具有相同的变化方向，在省却质向量关于方向的规定时，一维正向单

位质向量 $\vec{e}_+$ 可规定为一维正向单位质变量 e_+，单元系统变化的形态在一维正向质向量坐标系 $\vec{X}_+$ 的 $(\vec{X}_+)$ 空间就可用质变量 x_+ 表示。

在一维正向质向量坐标系 $\vec{X}_+$ 的 $(\vec{X}_+)$ 空间中，单元系统从平衡态 $\vec{A}_+$ 连续变化到某一失衡态 $\vec{x}_+$，其 $\langle \vec{x}_+ | \vec{A}_+ \rangle$ 形态变化规律可以用质向量变化量 $\Delta \vec{x}_+ = \vec{x}_+ - \vec{x}_{A_+}$ 表示。然而，$\Delta \vec{x}_+ = \vec{x}_+ - \vec{x}_{A_+}$ 所表示的形态变化规律有可能是从平衡态到准平衡态的线性变化，有可能是从平衡态到近平衡态的非线性变化，也有可能是从平衡态到远离平衡态突变的非线性变化，还有可能是从平衡态 $\vec{A}_+$ 到另一平衡态 $\vec{B}_+$ 基元过程的 $\langle \vec{B}_+ | \vec{A}_+ \rangle$ 转化（即 $\Delta \vec{x}_+ = \vec{e}_+$），甚至还可能是从一种平衡态向另一种平衡态转化后继续进行多级形态的连串转化（即 $\Delta \vec{x}_+ > \vec{e}_+$）。

在一维正向质向量坐标系 $\vec{X}_+$ 上，以质向量变化量 $\Delta \vec{x}_+$ 表征单元系统形态的单向变化是难以表征单元系统在形态变化中各种形态参量的关系以及单元系统的形态变化规律的，因此利用质向量 $\vec{X}$ 可以分解为 m 个独立的分质向量 $\vec{X}_1, \vec{X}_2, \cdots, \vec{X}_m$ 的特性，在一维正向质向量坐标系 $\vec{X}_+$ 内部打开 m 维分质向量空间 $(\vec{X}_{+1}, \vec{X}_{+2}, \cdots, \vec{X}_{+m})$，这样，人们就可以用 m 个特殊规定的分质向量 $\vec{X}_{+1}, \vec{X}_{+2}, \cdots, \vec{X}_{+m}$ 的内在关系及其特征来刻画单元系统在不同失衡情况下的形态变化规律。

正如通过在一维正向质向量坐标系 $\vec{X}_+$ 内部的多维分质向量空间可以揭示一维正向单位质向量 $\vec{e}_+$ 所表达的单元系统形态转化基元规律一样，单元系统在一维正向质向量坐标系 $\vec{X}_+$ 中 $[\vec{x}_{A_+}, \vec{x}_{B_+}]$ 区间的 $\langle \vec{B}_+ | \vec{A}_+ \rangle$ 的形态变化规律，可以通过其内部的多维分质向量空间的分质向量函数关系来表征。因此，统一科学不仅可以获得单元系统从一种平衡态向另一种平衡态转化的基元规律和转化到中间过程（准平衡态、近平衡态、远离平衡态）的变化规律，而且可以得到单元系统在完成了从一种平衡态向另一种平衡态的一级转化后，继续进行新一级乃至 k 级形态转化的规律。

不过，现实世界中的绝大多数事物都不是纯粹均质的单元系统，处在基态的系统往往都是包含着多种基质的单元，其形态转化就是多元系统同向的形态转化。多元系统同向的形态转化就是包含多种基质的单元系统平行地进行形态变化，这样，在一维正向质向量坐标系 $\vec{X}_+$ 的 $[\vec{x}_{A_+}, \vec{x}_{B_+}]$ 区间中发生的形态转化，就是多元系统的一级或多级形态变化。所以，在一维正向质向量坐标系 $\vec{X}_+$ 的 $[\vec{x}_{A_+}, \vec{x}_{B_+}]$ 区间中，不仅要在其内部多维分质向量空间中揭示单元系统形态转化基元规律及其多级连串的形态变化规律，而且要揭示多元系统同向的一级或多级形态变化规律。

单元系统的单向多级形态变化属于简单系统稍为复杂的行为范畴，而多元系统的同向形态变化属于复杂系统简单的行为范畴。复杂系统的行为范畴可能存在简单的形态变化，而简单的行为也可能导致复杂。因而"浑沌"显得高深莫测且极为复杂，但它形成和产生的机理可以是极其简单的，只需要某种非线性作用的不断重复便能构造出一些复杂行为来。譬如,制作千层饼时,大师傅不断交替进行拉伸和折叠动作可以构造出一种浑沌,就连复杂得令人叹为观止的白蚁巢穴,也不过是成千上万只白蚁不断重复同一个简单动作的结果。

在一维正向质向量坐标系 $\vec{X}_+$ 上,多元系统的子系统必然要发生同一方向平行(同为吸收发射或自发发射)的形态变化。这种同向平行的形态变化是多元系统的子系统的协同作用,无论原子、分子、植物、动物以至人类社会等各种多元系统,都具有这种协同作用。

在一维正向质向量坐标系 $\vec{X}_+$ 上,多元系统子系统形态的协同变化可以由一组分质向量来描述。但是,不同子系统的单元性质和数量以及本质与异质分野的阈值都可能是不同的,所以在同样环境作用下,其同向形态变化的失衡程度是不相同的。当多元系统逐渐接近于发生显著质变的临界点时,质变阈值大的形态参量的数目就会越来越少,有时甚至只有一个或少数几个形态参量。这些为数不多的失衡度低的形态参量完全确定了多元系统的宏观行为并表征多元系统的有序化程度,所以称为序参量。那些为数众多的失衡度高的形态参量就是由序参量支配的。其实,这一结论是协同学的基本原理,可称为支配原理。序参量随环境作用大小而变化所遵从的非线性方程则称为序参量的演化方程,这是协同学的基本方程。协同学的主要内容就是用演化方程来研究协同系统的各种非平衡态和不稳定性(又称非平衡相变)。[1]

协同学是德国理论物理学家哈肯于1977年建立的。与热力学相反,协同学主要研究的是事物在发生相变的转折点附近支配子系统协同作用的一般性原理,因而这一理论所揭示的是多元系统的子系统单元相互作用导致有序和组织的突变规律。哈肯指出,系统从均匀的热力学状态变为有序状态时,"系统的各部分之间互相协作,结果使整个系统形成一些微观个体层次不存在的新的结构和特征"。

协同学与耗散结构论有很多共同之处,它们都是讨论在吸收发射条件下的远离平衡态的非线性区内系统的演化和突变的规律。耗散结构论中提出的许多概念和原理在协同学中也存在,但是,协同学研究的多元系统的子系统种类繁多、性质各异,很难像耗散结构论讨论化学反应过程那样提出一个关于如何建立微分方程的统一方法。用协同学分析实际问题,不像耗散结构论那样需要采用宏观的系统演化方法,而是直接采用随机层次的主方程,在建立方程时考虑系统微观的作用机制,利用概率守恒写出随机微分方程,然后对方程的随机变量进行平均,得到系统的宏观方程后再进行求解。由于随机层次上的方程建立方式不同,而且求解难易与适于解决问题的范围各不一样,因而到目前为止,协同学还只是处于发展过程之中。

从某种意义上来讲,协同学是耗散结构论的突破与推广。协同学指明:一个系统从无序向有序转化,不一定非得处于远离平衡态不可,有序结构不一定在远离平衡态的情况下才会产生。在一定的条件下,对于由大量子系统构成的多元系统,子系统之间通过非线性的相互作用就能够产生协同现象和相干效应,多元系统在宏观上就能够产生时间结构、空间结构、时空结构,形成具有一定性能的自组织系统,并表现出新的有序状态。

协同学以现代科学理论为基础,同时又采用了普适性很强的统计学和动力学考查相结合的方法,通过分析类比来描述各种系统和运动现象中从无序到有序转变的共同规律。协同学认为,各种系统千差万别,如激光中的原子和光子,生物系统中的动物和植物,社会系统中的工厂、农村、团体和个人,它们的性质完全不同,但是从无序向有序转变的机制是类似的甚至是相同的,遵循着共同的规律。协同学揭示了支配生物界和非生物界结构与性能的自组织形成过程的某些普遍原理,系统内单元整齐一致的协同作用就是自组织作用的别称。

其实,研究多元系统各个子系统的协同作用并不是始于哈肯创立的协同学。2000多年前,中国的《易·系辞上》就有"二人同心,其利断金;同心之言,其臭如兰"之语。儒家在《礼记·中庸》里秉持了"万物并育而不相害,道并行而不相悖"的原则,提出"和而不同""各美其美"等协同观点。《淮南子》则说"气聚一方,流而为风","风"即"气"在天地间的流动,也就是气团中的各个单元在相同方向的平行流动。

二、同向平行发射的范例

在环境作用下,多元系统各个子系统可以同时发生两个或两个以上方向平行(同为吸收发射或自发发射)的形态变化。二元平行系统在同向发射条件下的形态变化只是多元平行系统在同向发射条件下的形态变化的简单情形。多元平行系统的子系统的同向发射,在各种失衡情况下的形态变化规律形式多种多样,难以一一列举。在此,只能以自然科学和社会科学以及人们日常生活中的典型情况来具体阐述。

(一)化学领域

化学反应是化学的灵魂。在化学中,"并行反应"是指在同一体系中同时发生的两个或两个以上的化学反应。化学中存在着许多形态同向平行变化的实例,如在血红蛋白与氧结合的过程中,首先一个氧分子与血红蛋白四个亚基中的一个结合,与氧结合之后的珠蛋白结构发生变化,造成整个血红蛋白结构的变化,这种变化使得第二个氧分子相比于第一个氧分子更容易寻找到血红蛋白的另一个亚基并与之结合,而它的结合会进一步促进第三个氧分子的结合,以此类推直到构成血红蛋白的四个亚基分别与四个氧分子结合。而在组织内释放氧的过程也是这样,一个氧分子的离去会刺激另一个的离去,直到完全释放所有的氧分子,这种有趣的现象就称为协同效应。

化学中的分解反应是人们熟悉的最简单的同向平行反应。在平行发射条件下,单元系统的形态变化不仅可以"一分为二"地分解成两种简单的单质或化合物,也可以分解成两种以上的单质或化合物。[2]

对于一种化合物在特定条件下分解成两种较为简单的单质或化合物的反应,可以用一般化学式表示为

$$A_+ \longrightarrow B_+ + C_+ \tag{12-1}$$

当反应物 A_+ 生成 B_+ 和 C_+ 两种产物时,一般都有一种产物是主产物,而另一种产物是副产物,即

$$A_+ \begin{cases} \xrightarrow{k_1\, E_{a1}} P & \text{产物} \\ \xrightarrow{k_2\, E_{a2}} S & \text{副产物} \end{cases}$$

当反应物 A_+ 生成三种产物时,一般也都有一种产物是主产物,而另两种产物是副产物,即

$$A_+ \begin{cases} \xrightarrow{k_1\, E_{a1}} P & \text{产物} \\ \xrightarrow{k_2\, E_{a2}} S_1 & \text{副产物} \\ \xrightarrow{k_3\, E_{a3}} S_2 & \text{副产物} \end{cases}$$

例如,在放射化学中,质子的放射性是放射性现象的一种。处于激发态的 $^{53}_{27}Co^m$ 能自发地放射出质子,其衰变方式是按下列形式进行的:

$$^{53}_{27}Co^m \begin{cases} \longrightarrow {}^{52}_{26}Fe + p \\ \longrightarrow {}^{53}_{26}Fe + e^+ + \nu \end{cases}$$

在这一平行反应中,总的终端产物有五种;但是这两个平行进行的放射有 1.5% 的衰变生成了 $^{52}_{26}Fe$ 等,而 98.5% 的衰变生成了 $^{53}_{26}Fe$ 等。显然,$^{53}_{26}Fe$ 等就是衰变的主产物。

在吸收发射条件下,化学中的分解反应有许多具体的实例。[3]

(1)在通电的情况下,水会分解成氢气和氧气:

$$2H_2O \xrightarrow{\text{通电}} 2H_2 + O_2$$

(2)氯酸钾加热分解成氯化钾和氧气等(二氧化锰为催化剂):

$$2KClO_3 \xrightarrow[\text{加热}]{MnO_2} 2KCl + 3O_2 \uparrow$$

(3)高锰酸钾可以加热分解成锰酸钾、二氧化锰和氧气:

$$2KMnO_4 \xrightarrow{\text{加热}} K_2MnO_4 + MnO_2 + O_2 \uparrow$$

(4)碳酸加热分解:

$$H_2CO_3 \xrightarrow{\text{加热}} H_2O + CO \uparrow$$

(5)臭氧在环境中分解:

$$O_3 = O_2 + O$$

(6)氟氯化碳类物质分解:

$$CFCl_3 = CFCl_2 + Cl$$

单一反应物通过加热方式分解,分解反应还可以使反应物吸收发射而分解成不同形态的产物。

(1)分解成两种单质的分解反应,如气态氢化物(碘化氢、硫化氢、氨气和甲烷)的分解,卤化银(氯化银、溴化银)的分解和电解(水、熔融的氯化钠、熔融的氯化镁、熔融的氧化铝)。

(2)分解成两种化合物的分解反应,如不稳定盐类的分解(碳酸钙的高温分解、氯化铵受热分解和硫化铵的低温分解),不稳定弱碱的分解(氢氧化铝受热分解、氢氧化铁受热分解、氢氧化银见光分解、一水合氨的分解和氢氧化镁受热分解),不稳定弱酸(碳酸、亚硫酸、硅酸和原硅酸)的分解,含结晶水的盐类的脱水(胆矾受热脱水和十水碳酸钠的风化)。

(3)分解成一种单质和一种化合物的分解反应,如不太稳定的盐类的分解(氯酸钾的催化分解和硝酸钾受热分解),不稳定酸(次氯酸)的分解,过氧化氢的分解(受热分解和催化分解),氧化铜高温分解。

(4)分解成三种产物的分解反应,可以分成三类:

①不稳定盐类的分解。碳酸的酸式强碱盐(碳酸氢钠、碳酸氢钙),亚硫酸的酸式强碱盐(亚硫酸氢钠、亚硫酸氢钡),铵盐(碳酸铵、碳酸氢铵、亚硫酸铵、亚硫酸氢铵和硝酸铵),高锰酸钾及硝酸盐(硝酸铜和硝酸银)。

②硝酸的分解。受热分解,见光分解。

③电解水溶液。电解饱和食盐水、电解硫酸铜溶液及电解硝酸银溶液。

此外,还有一些单一反应物通过分解反应,其产物可以达到三种以上。像醋酸在高温时的分解反应,其终端产物有四种,反应就是按下列形式进行的:

$$CH_3COOH \longrightarrow \begin{cases} CH_4 + CO_2 \\ CH_2 = CO + H_2O \end{cases}$$

多种反应物形成数个平行反应的例子更是大量存在于有机化学之中,像甲烷的裂解、丁烷的裂解、十六烷的均裂、有机物的分解反应等。而甲苯的硝化反应有邻位、对位、间位三种产物,即邻位硝基甲苯、间位硝基甲苯、对位硝基甲苯;苯酚的硝化反应也可以得到邻位、对位、间位三种硝基苯酚。

(二)工业领域

在工业领域中,同向平行发射的物品在形态上往往表现为集束的形式。例如,烟囱是许多工厂不可缺少的工程项目,但是对于单筒混凝土烟囱来讲,烟囱内筒接触烟气容易产生腐蚀,并严重影响烟囱的使用寿命,而且多台烟气发生炉共用一根烟囱时,烟囱的检修会影响到整个系统的运行,因此,产生了集束式烟囱。集束式烟囱又称套筒式烟囱、多管式烟囱、筒中筒烟囱,其由钢筋混凝土外筒、铜内筒、钢结构平台、附属设施等部分组成。

把多元平行系统的同向发射用于产品的开发就可产生并行工程的概念。1988年，美国国家防御分析研究所完整地提出了并行工程方法。这种"集成地、并行地设计产品及其相关过程（包括制造过程和支持过程）的系统方法"要求产品开发人员在一开始就考虑产品整个生命周期中从概念形成到产品报废的所有因素，包括质量、成本、进度计划和用户要求。

并行工程的目标是为了提高质量、降低成本、缩短产品开发周期和产品上市时间。其特征是并行交叉与尽早开始工作，强调产品设计与工艺过程设计、生产技术准备、采购、生产等种种活动并行交叉进行，并强调人们要学会在信息不完备的情况下就开始工作。并行工程的具体做法是：在产品开发初期，组织多种职能协同工作的项目组，使有关人员从一开始就获得对新产品需求的要求和信息，积极研究涉及本部门的工作业务，并将所需要求提供给设计人员，使许多问题在开发早期就得到解决，从而保证了设计的质量，避免了大量的返工浪费。

实际上，并行工程强调人要面向整个过程或产品对象。它特别强调设计人员在设计时不仅要考虑设计，而且要考虑这种设计的工艺性、可制造性、可生产性、可维修性等。工艺部门的人也要同样考虑其他过程，设计某个部件时要考虑与其他部件之间的配合。所以，整个开发工作均着眼于整个过程和产品目标。此外，并行工程还强调系统集成与整体优化，它并不完全追求单个部门、局部过程和单个部件的最优，而是追求全局优化，追求产品整体的竞争能力。对产品而言，这种竞争能力就是由产品的TQCS综合指标——交货期（time）、质量（quality）、价格（cost）和服务（service）决定的。在不同情况下，侧重点不同。在现阶段，交货期可能是关键因素，有时是质量，有时是价格，有时是它们中的几个综合指标。对每一个产品而言，企业都对它有一个竞争目标的合理定位，因此，并行工程应该围绕这个目标来进行整个产品的开发活动。只要达到整体优化和全局目标，并不追求每个部门的工作最优，对整个工作的评价是根据整体优化结果来评价的。

（三）电力领域

在电力部门，集束导线的全称为集束架空绝缘电缆，其在制造时是用绝缘材料连接筋将多根（一般为4根）绝缘电缆紧凑地连接在一起。这是低压架空绝缘电缆的一种，既具有电力电缆线路的优点，又克服了架空线路的缺点。集束导线在改造过程中，它不占用线路走廊，且线路结构简单，能通过狭窄街巷，告别了复杂交错的原始架空线路，减少了树线矛盾，与树木接近时，无须大量砍伐树木或剪枝，较小空间即能满足要求，有效地保护了城市绿化。同时在改造中，金具种类及使用数量也大大减少，使施工和维护运行更为方便，提高了工作人员的工作效率。集束电缆网的整体结构是由将各单根导线集束捆扎成的各主干和分枝共同构成不可分割的多干多枝的树干结构。其单根导线是由已按照布线图弯制成形的半成品构成的，每个主干或分枝只设有一根地线，并整体设置屏蔽层和外护套。这种结构具有使用方便、整体配线结构轻便、配线准确的优点,还具有低噪音、低衰减、抗振动性好和屏蔽效果好的特性。

(四)材料领域

在材料学中,同向平行发射存在着许多具体的实例。例如,把两种不同阻燃剂一起使用,阻燃效果大于两种阻燃剂单独使用效果之和,就可以说这两种阻燃剂一起使用有了协同效应。下面的分子场理论可以更清晰地表明铁磁材料的协同效应。

铁磁现象虽然发现很早,然而这些现象的本质原因和规律,还是在20世纪初才开始被人们认识的。法国物理学家外斯在1907年系统地提出了铁磁性的唯象理论,他认为:铁磁物质的原子内部存在很强的分子场 H_m,其内部有未填满的电子壳层,即材料有自发磁化强度 M_S,分子场与铁磁体的磁化强度成正比,即 $H_m=\lambda M_S$。原子磁矩取同向平行排列时能量最低,自发磁化强度 $M_S \neq 0$,从而具有铁磁性。在分子场的作用下,原子磁矩趋于同向平行排列,即自发磁化至饱和,称为自发磁化;铁磁体的自发磁化分成若干个小区域(这种自发磁化至饱和的小区域称为磁畴),由各区域(磁畴)的磁化方向各不相同,其磁性彼此相互抵消,因此大块铁磁体对外不显示磁性。[4]

根据自发磁化的过程和理论以及顺磁和铁磁的原子磁矩排列不同,可以解释许多铁磁特性。以温度对铁磁性的影响为例,原子磁矩是平行排列的,当温度升高时,原子间距加大,降低了交换作用,同时热运动不断破坏原子磁矩的规则取向,故自发磁化强度 M_S 下降。直到温度高于居里点,以致完全破坏了原子磁矩的规则取向,自发磁矩就不存在了,材料由铁磁性变为顺磁性。同样,可以解释磁晶各向异性、磁致伸缩等。由于铁磁性和亚铁磁性材料的磁化率与磁化强度远大于顺磁性物质,因此铁磁性材料具有十分有用的强磁性,对现代技术和工业具有重要的作用。

(五)信息领域

在信息学中,把多元系统的同向平行发射用于计算机的计算处理上可以产生并行处理的概念。并行处理是计算机系统中能同时执行两个或更多个处理机的一种计算方法。处理机可同时工作于同一程序的不同方面。并行处理的主要目的是节省大型和复杂问题的解决时间。为了使用并行处理,首先需要对程序进行并行化处理,也就是说将工作各部分分配到不同处理机中。主要问题是并行是一个相互依靠性问题,而不能自动实现。此外,并行也不能保证加速。但是,一个在 m 个处理机上执行程序的速度可能会是在单一处理机上执行的速度的 m 倍。

云计算是在并行计算之后产生的概念,由并行计算发展而来,两者在很多方面有着共性。并行机的出现是人们不满足于 CPU 摩尔定律的增长速度,希望把多个计算机并联起来,从而获得更快的计算速度。并行计算是指协同地使用多种计算资源来快速解决大型且复杂的计算问题的过程。这种协同方法克服了单个计算机上存在的存储器限制,使用多个"廉价"计算资源取代大型计算机。由于计算机的并行化是一种简单的实现高速计算的方法,其应用已相当的成功,当代信息社会由此进入了云计算时代。

(六)天文领域

在天文领域,虽然像平行宇宙或平行世界这样的概念在现实世界还难以证实,但是同向平行发射在宇宙中确实存在着。中子星由超新星爆炸形成,是由中子键合在一起形成的。中子有比较强的磁矩,中子的自旋是1/2。中子星就像一个激光器,中子自旋主要是同向平行排列,并形成球体。由于组成中子星的大部分中子自旋平行,磁矩方向相同,因此中子星不仅有强大的磁场,而且中子星的自转速度非常快。中子星强大磁场的形成和中子星自转速度这样快的原因就是中子自旋同向平行的机制。

在20世纪中叶,人们对于太阳能和其他恒星能源问题有了较为深刻的认识。当恒星的中心区域温度升高到700万～800万摄氏度时,就会发生4个氢原子核聚变为1个氦原子核的热核反应过程,产生2个正电子,并且释放出巨大能量。热核反应式为

$$4{}_1^1H \xrightarrow{高温} {}_2^4He + 2e^+ + E(辐射能)$$

(七)管理领域

在管理学中,协同效应这个词几乎成了一个专用词。企业在生产、营销、管理的不同环节、不同阶段和不同方面共同利用同一资源而产生的整体效应称为协同效应。协同效应是指并购后竞争力增强,促使净现金流量超过两家公司预期现金流量之和,或者合并后公司业绩比两个公司独立存在时的预期业绩高。并购产生的协同效应包括经营协同效应和财务协同效应。

协同效应主要源于以下三个方面:

(1)范围经济。并购者与目标公司核心能力的交互延伸。

(2)规模经济。合并后产品单位成本随着采购、生产、营销等规模的扩大而下降。

(3)流程或业务、结构的优化或重组。减少重复的岗位、重复的设备、厂房等而产生的节省。

虽然协同效应存在着巨大的不确定性,但是可以从资源角度、竞争角度和整合角度来实现协同效应。

(八)社会领域

在一个社会中,往往有不同的社会政治力量(包括阶级、阶层、政党、集团乃至民族、国家等)存在。但是,在一定的历史条件下,为了实现一定的共同目标,在某些共同利益的基础上,这些不同的社会政治力量可以组成政治联盟。这种一定社会政治力量的联合就是多元平行系统,所以又称为统一战线。

在一些党派组织的社会活动中,为了使其成员的行为指向与组织既定的目标高度保持一致,组织纪律一般都要求"志同道合"的成员齐心合力、步调一致,不许叛逆。这就是多元系统同向并行发射的要求。

在企业的生产经营活动或事业单位的公益服务活动中,为了实现其一步步地向前发展的目标和计划指标,其管理者也都会要求员工"万众一心""众志成城""心往一处想,劲往一处使"以不断取得进步。这也是多元平行系统同向并行发射的要求。

(九)其他领域

在生活中,人们经常可以看到这样的情形:炮仗燃爆时形成的抛物线集束绽放的火焰图,田径场上一组运动员正在跑道上进行百米竞赛,一组运动员在各自泳道进行游泳比赛,一排仪仗队员以整齐的队列齐步走……为了保障道路畅通,道路划分为机动车道、非机动车道和人行道,机动车、非机动车、行人实行分道通行,各行其道就成为道路交通通行规则中的一个基本原则。因此,各行其道的平行车流或几匹骏马并驾齐驱等才能够成为同时发生而又彼此都不会相互影响的事件。这些常见的实例,都是多元系统中的众多的各子系统(组元)平行地发射所发生的协同一致的形态变化。

人们在毛细管电泳中也发现了协同效应。用18-冠-6-四羧酸和α-环糊精组成的混合手性添加剂,在分离度远大于使用单独手性添加剂的情况下,力格化合物在不同比例的混合固定液上的相对保留值($α$)是正协同效应的向上弯曲的曲线或负协同效应的向下弯曲的曲线。[5]

实际上,同向平行发射这种减少系统内部"反动分子"的内耗抵消作用,以吸收环境最少的能量来实现系统整体形态的较快变化,是符合协同学原理的。这类"多管齐下"同时发生的事件虽然彼此不会相互影响,但从整个系统来看,又往往存在着"1+1>2"的协同效应。

三、多元平行系统形态的同向变化规律

综上所述,在环境的作用下,如果由 m 个子系统(组元)发生方向相互平行一致的形态变化,这样的多元平行系统就称为平行系统。平行系统形态变化的特点是母系统中各个子系统(组元)平行地、完全正相关地进行形态变化。像"万箭齐发"或"万炮齐轰"就是用来形容组成多元系统中的各个子系统同向平行地发生形态变化。

与多元系统同向平行发射对应的就是多元系统同向平行分布,如在军事上把小型炸弹集束组装到集束弹架上就构成一组称为集束炸弹的航空炸弹。在形态上,多元系统同向平行分布形态往往表现为异分同构现象。同构本是数学上的概念,是在数学对象之间定义的一类映射,它能揭示出在这些对象的性质或者操作之间存在的关系。如果两个数学结构之间存在同构映射,那么这两个结构是同构的。统一科学借用"同构"

这个词主要是用以描述两个或多个事物之间的结构相似关系。从表面上看,这些事物的性质是不同的,但其结构又是相同的或相似的。例如,两个人的长相可能相似而具备了形体上的同构关系,但是他们在某个方面的能力就可能相差甚远而具有了素质的异质关系。再如,任何一支排球队都具有竞技上的同构关系,但是这六个球员的素质就使得整个队伍的能力各有不同。

任何事物只要具有相同的或者说是相类似的系统结构就叫作事物的同构性。在认知活动和现实生活以及艺术作品中到处都有异质同构的现象。例如,数学中的同构数是指会出现在它的平方的右边的数,如 $5×5＝25,6×6＝36,76×76＝5776$,那么 5、6、76 都是同构数。文学中的每一首诗词都具有结构和韵律的同构性,而每一首诗词的具体词语和字句又都是不同的。在语义学上,句子的语义位框架模式与句法位谐配模式之间具有结构平行的同构关系,句子的语义内容由相应的句法形式来体现。美学和心理学认为,在外部事物的存在形式、人的视知觉组织活动和人的情感以及视觉艺术形式之间有一种对应关系,一旦这几种不同领域的"力"的作用模式达到结构上的一致时,就有可能激起审美经验,这就是"异质同构"。

异质同构的例子不胜枚举,像人体照片就是三维人体在平面表现的二维模型,沙盘模型就是某区域的地貌按其空间形态的大小以一定比例做出的物理模型。一般来说,模型就是原型客体的同态系统,模型的建立要根据所研究的事物形态的各个组成元素的关系作为构型标准。人们只有认知不同事物所具有的相同的系统结构,才能在此同构基础上建立模型。模型并不需要与原型在外部形态、特征、质料、结构和功能上一一相似,但是必须仿照事物所要研究的某种特定问题和目的,与原型客体在某些特定质向量或显性因子上有逼真的相似性。

由于事物形态的内在关系是不以人的意志为转移的,不仅其自身的排序是固有的,而且其排序相互之间的关系也是不变的。这些序列之间的相互关系在某一个质向量空间就表现为一定的角度,通过平移变换、旋转变换、伸缩变换、反演变换、线性变换、双线性或分式线性变换等变换(映射)到另一个质向量空间,也保持角度不变。所以,事物形态变化规律与分布规律是恒定不变的,跟人们认知坐标系的选择无关,这种客观的不变规律也就是人们认知事物要择取的静态模型与动态模型。

静态模型是原型事物形态的一种同构性系统,在相同的条件下,同一事物形态的分布规律必然一模一样。在一维正向质向量坐标系 $\vec{X}_+$ 的空间中,多元系统同向的分布规律反映了多元系统围绕平衡态的所有质向量点的平行分布状况。同向平行分布就是多元系统的各个不同特质的子系统在一维质向量空间中的同构分布。

动态模型是原型事物形态变化过程的同态性表述,在相同的条件下,同一事物形态的变化规律也必然一模一样。像神经网络模型就具有大规模并行、分布式存储和处理、自组织、自适应和自学能力,特别适合处理需要同时考虑许多因素和条件的、信息不精确或模糊的问题。

在此还要指出,统一科学不只是描述某一个系统具体是什么特定系统,由哪些物质单元组成,而且还要描述一般系统的变化方式和行为方式。因此,要描述一个平行系统,就要寻找和选择一组形态参量来表述平行系统的元素之间相互关系的特性。在一维正向质向量坐标系 $\vec{X}_+$ 的 $(\vec{X}_+)$ 空间中,一维质向量坐标轴变化方向与单位质向量 $\vec{e}_+$ 的方向一致,作为其所表征的单元系统形态参量和函数关系也都与单位质向量 $\vec{e}_+$ 的方向一致,所以都可以用标量来表示。

在一维正向质向量坐标系 $\vec{X}_+$ 的 $(\vec{X}_+)$ 空间中,单元系统形态变化规律反映的是单元系统的各个同质的单元从始态到终态所形成的质向量点的变化序列。同向平行发射就是多元系统的各个不同特质的子系统在一维正向质向量坐标系 $\vec{X}_+$ 的 $(\vec{X}_+)$ 空间中的同构发射,各个子系统在从某一平衡态向另一种性质不同的平衡态的变化过程中始终保持着平行的转化关系,所以每一个子系统都可以用单元系统形态转化基元规律的标准模式来描述,其整体也就是多元系统平行发射的形态变化规律。因此,通过多元平行系统单向的一级或多级形态变化规律的探索,统一科学也就进一步展开了向多样性和复杂性递进的画卷。

第二节 二元系统同向发射形态变化规律

在一维正向质向量坐标系 $\vec{X}_+$ 的空间中考察事物形态的变化,如果不是局限于单元系统形态转化的基元过程,而是扩展到二元系统形态平行转化的基元过程,则可以揭示二元系统同向发射的异质形态变化规律。二元系统的两个子系统在平行竞争过程中,其不同失衡态的形态量"较量"会出现不同的情形。

一、二元系统同向平行发射的异质形态变化规律

在一定环境的作用下,一个二元系统的两个子系统可以同时发生方向相互平行(同为吸收发射或自发发射)的形态变化。如果二元系统由一个平衡态 A_+ 始发,两个子系统同向平行发射终结态为 B_+ 和 C_+ 两种形态,这种二元系统两个子系统的平行变化过程用符号表示就是

$$A_+ \begin{array}{c} \longrightarrow B_+ \\ \longrightarrow C_+ \end{array} \qquad (12-2)$$

在一维正向质向量坐标系 $\vec{X}_+$ 中,单元系统从平衡态(基态)$\vec{A}_+$ 起始到终结态(平衡态)$\vec{B}_+$ 的 $\langle \vec{B}_+ | \vec{A}_+ \rangle$ 形态变化,可以用基元过程的一维正向单位质向量 $\vec{e}_+$ 表示,单元

系统从平衡态（基态）$\vec{A}_+$ 起始到终结态（平衡态）$\vec{C}_+$ 的 $\langle \vec{C}_+|\vec{A}_+\rangle$ 形态变化，也可以用基元过程的一维正向单位质向量 $\vec{e}_+$ 表示，所以一个同质的单元系统在完成了从一平衡态向终结态为性质相异的两个平衡态的转化，可以把始发态的单元系统分割为两个子系统，这两个子系统就组成了二元系统。二元系统的两个子系统发生同向并行发射就称为二元平行系统的形态变化。

在一维正向质向量坐标系 $\vec{X}_+$ 的 $(\vec{X}_+)$ 空间中：二元系统中的子系统发生 $\langle \vec{B}_+|\vec{A}_+\rangle$ 吸收发射后，平衡态 $\vec{B}_+$ 可以用质向量 $\vec{b}_+$ 表示；而二元系统中的子系统发生 $\langle \vec{C}_+|\vec{A}_+\rangle$ 吸收发射后，平衡态 $\vec{C}_+$ 可以用质向量 $\vec{c}_+$ 表示。

在二维向量坐标系空间中，两个向量 $\vec{b}$、$\vec{c}$ 的内积为 (4-27) 式 $\vec{b}\cdot\vec{c}=|\vec{b}||\vec{c}|\cdot\cos\langle\vec{b},\vec{c}\rangle$。向量 $\vec{b}$ 和向量 $\vec{c}$ 的交角 $\langle\vec{b},\vec{c}\rangle=0$ 时，$\cos\langle\vec{b},\vec{c}\rangle=1$，表明向量 $\vec{b}$ 和向量 $\vec{c}$ 平行。$\cos\langle\vec{b},\vec{c}\rangle=1$ 是两个向量 $\vec{b}$、$\vec{c}$ 相互平行（共线）的充要条件。在同向平行发射中，$\cos\langle\vec{b},\vec{c}\rangle=1$，因而在 $\vec{b}//\vec{c}$ 的条件下，(4-27) 式向量 $\vec{b}$ 和向量 $\vec{c}$ 的内积成为

$$\vec{b}\cdot\vec{c}=|\vec{b}||\vec{c}| \tag{12-3}$$

由此可见，如果 $X=\vec{X}_1\cdot\vec{X}_2$，则 $\vec{X}_1$ 和 $\vec{X}_2$ 为向量 $\vec{X}$ 的分向量，且当 $\vec{X}_1$ 和 $\vec{X}_2$ 这两个分向量的交角为零（$\langle\vec{X}_1,\vec{X}_2\rangle=0$）时，$\cos\langle\vec{X}_1,\vec{X}_2\rangle=1$。从向量 $\vec{X}$ 的层面来看，$\vec{X}_1$ 和 $\vec{X}_2$ 就是共线的向量。

在一维正向质向量坐标系 $\vec{X}_+$ 内部 $(\vec{N}_+,\vec{n}_+,\vec{E}_+,\vec{E}_{\neq+},\vec{\varepsilon}_+)$ 五维分质向量空间的 $(\vec{C}_{N_+},\vec{n}_+,\vec{E}_+,\vec{C}_{E_{\neq+}},\vec{C}_{\varepsilon_+})$ 截面上，各个分质向量与各自的分质变量坐标轴同向，可以用其分质变量坐标轴来表示。如果一个单元系统的总体单元数为 $N_+=C_{N_+}$，其所处的平衡态被设定为基态 A_+，此系综的基态即为 $(N_+,0,0,0,0)$。系综在环境的作用下获得了能量 E_+，就会产生吸收发射。如果其中有 n_{B_+} 个异质单元数跃迁到能量较高的平衡态 B_+，其中有 n_{C_+} 个异质单元数同向平行跃迁到另一个能量较高的平衡态 C_+，则形态 B_+ 和形态 C_+ 是两个子系统吸收发射的两种终结形态。平衡态 B_+ 的可能形态数为 N_{B_+}，平衡态 C_+ 的可能形态数为 N_{C_+}，这样，二元系统可以依 N_{B_+} 和 N_{C_+} 把总体单元数 N_+ 划分为两个子系统的单元数，即 $N_+=N_{B_+}+N_{C_+}=C_{N_+}$。

在同一环境与吸收发射条件下，(12-1) 式 $A_+\longrightarrow B_++C_+$ 中的两个子系统平行地进行 $\langle\vec{B}_+|\vec{A}_+\rangle$ 和 $\langle\vec{C}_+|\vec{A}_+\rangle$ 形态转化的过程可以看作二元系统的形态转化过程，所以 (12-1) 式还可以用符号表达为

			A_+	B_+	C_+
A_+	$\xrightarrow{k_1}$	B_+	$E_+=0$	N_+	0	0
A_+	$\xrightarrow{k_2}$	C_+	$E_+=E_+$	$n_{A_+}^0$	n_{B_+}	n_{C_+}

其中，$N_+=N_{B_+}+N_{C_+}=C_{N_+}$，$n_+=n_{B_+}+n_{C_+}$。

如果在一维正向质向量坐标系 $\vec{X}_+$ 内部打开由信息 $\vec{P}_+$ 和熵 $\vec{S}_+$ 这两个分质向量构成的 $(\vec{P}_+,\vec{S}_+)$ 二维分质向量空间，二元平行系统同向吸收发射，其形态变化信息 $\vec{P}_+$ 用(12-3)式表示就是

$$P_+ = \vec{P}_{B_+} \cdot \vec{P}_{C_+} = |\vec{P}_{B_+}||\vec{P}_{C_+}| \tag{12-4}$$

式中，内积符号 P_+ 代表二元平行系统吸收发射的形态转化信息。

(12-4)式表明了二元系统平行发射的基本原理：在同向平行发射条件下，二元系统整体形态的转化信息是各个子系统平行地进行形态转化的信息之乘积。

在一维正向质向量坐标系 $\vec{X}_+$ 内部打开 $(\vec{P}_+,\vec{S}_+)$ 二维分质向量空间，各个分质向量与各自的分质变量坐标轴同向，可以用其分质变量坐标轴来表示。如果 $\langle B_+|A_+\rangle$ 的形态转化基元过程可以用一维正向单位质向量 $\vec{e}_+$ 表示，也就可以用单元系统形态转化基元规律(5-35)式 $P_+ = \dfrac{1}{1+e^{\pm s_+}}$ 来刻画；如果 $\langle C_+|A_+\rangle$ 的形态转化基元过程也可以用一维正向单位质向量 $\vec{e}_+$ 表示，也就可以用单元系统形态转化基元规律(5-35)式 $P_+ = \dfrac{1}{1+e^{\pm s_+}}$ 来刻画。所以，二元平行系统在同向发射过程中的形态变化可以用 (P_+,S_+) 二维分质向量空间中的 $P_+ \sim S_+$ 关系曲线反映，如图 12-1 表示。

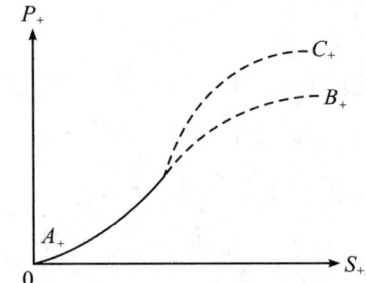

图 12-1　二元平行系统的 $P_+ \sim S_+$ 关系曲线

如果在一维正向质向量坐标系 $\vec{X}_+$ 内部打开 $(\vec{P}_+,\vec{E}_+,\vec{E}_{\neq +},\vec{\varepsilon}_+)$ 四维分质向量空间，各个分质向量与各自的分质变量坐标轴同向，可以用其分质变量坐标轴来表示。在吸收发射条件下，子系统 B_+ 在 $\langle B_+|A_+\rangle$ 基元转化过程的形态变化规律可以用熵信息函数表示为

$$P_{B_+} = \dfrac{n_{B_+}}{N_{B_+}} = \dfrac{1}{1+\exp(E_{\neq B_+}-E_+)/\varepsilon_{B_+}} \tag{12-5}$$

在吸收发射条件下，子系统 C_+ 在 $\langle C_+|A_+\rangle$ 基元转化过程的形态变化规律可以用熵信息函数表示为

$$P_{C_+} = \dfrac{n_{C_+}}{N_{C_+}} = \dfrac{1}{1+\exp(E_{\neq C_+}-E_+)/\varepsilon_{C_+}} \tag{12-6}$$

把 B_+ 和 C_+ 两个子系统吸收发射的形态转化熵信息函数(12-5)式和(12-6)式代入(12-4)式 $P_+ = |\vec{P}_{B_+}||\vec{P}_{C_+}|$，就可以得到整个二元平行系统发生同向平行吸收发射的形态变化信息

$$P_+ = \frac{n_{B_+}}{N_{B_+}} \cdot \frac{n_{C_+}}{N_{C_+}}$$

$$= \frac{1}{1+\exp(E_{\neq B_+}-E_+)/\varepsilon_{B_+}} \cdot \frac{1}{1+\exp(E_{\neq C_+}-E_+)/\varepsilon_{C_+}} \tag{12-7}$$

在(12-7)式中，B_+ 和 C_+ 两个子系统是在同一环境条件下平行地由同一平衡态 A_+ 始发进行形态转化的，在远离平衡态条件下，两个子系统的形态变化规律都服从单元系统形态转化基元规律。

在一维正向质向量坐标系 $\vec{X}_+$ 内部的 $(\vec{P}_+, \vec{E}_+, \vec{E}_{+\neq}, \vec{\varepsilon}_+)$ 四维分质向量空间中，B_+ 和 C_+ 两个子系统在形态转化过程中的环境条件是相同的，所以其各自的能量与二元系统的能量都是一样的，为 E_+。不过，子系统 B_+ 和子系统 C_+ 的能阈 $E_{\neq B_+}$ 和 $E_{\neq C_+}$ 是不一样的，B_+ 和 C_+ 两个子系统的总体单元数 N_{B_+} 和 N_{C_+} 也可能不一样，B_+ 和 C_+ 两个子系统的能元 ε_{B_+} 和 ε_{C_+} 也可能不一样，所以平行发射过程中 B_+ 和 C_+ 两个子系统的异质单元数 n_{B_+} 和 n_{C_+} 也完全有可能不一样。

由于两个同向平行发射子系统的质向量 $\vec{b}_+$ 和 $\vec{c}_+$ 共线，即 $\vec{b}_+ // \vec{c}_+$，因此两个质向量 $\vec{b}_+$ 和 $\vec{c}_+$ ($\vec{c}_+ \neq 0$) 存在实数 k，使得

$$k = \frac{\vec{b}_+}{\vec{c}_+} \tag{12-8}$$

在二元平行系统之中，两个子系统平行地进行着形态变化。从整体观来看，两个子系统形态变化过程就是竞争过程，也就是二元平行系统的两个子系统在形态转化过程中的形态量变化情况的"较量"。如果竞争过程以两个子系统的信息进行比较，则只要把子系统 B_+ 和子系统 C_+ 在同向平行吸收发射的信息 $\vec{P}_{B_+}$ 和 $\vec{P}_{C_+}$ 代入(12-8)式进行比较即可，实数 k 就是两个子系统平行地进行形态转化的比较信息 P_{B_+/C_+}。显然，比较信息 P_{B_+/C_+} 就是 B_+ 和 C_+ 两个子系统平行进行形态转化的信息之比

$$P_{B_+/C_+} = \frac{\vec{P}_{B_+}}{\vec{P}_{C_+}} \tag{12-9}$$

比较信息 P_{B_+/C_+} 还可以成为判定竞争过程孰强孰弱的依据。

进一步把二元平行系统的子系统 B_+ 和子系统 C_+ 在吸收发射条件下的形态转化熵信息函数代入(12-9)式 $P_{B_+/C_+} = \dfrac{\vec{P}_{B_+}}{\vec{P}_{C_+}}$，就可以得到整个二元系统发生同向平行吸收发射形态转化的比较信息

$$P_{B_+/C_+} = \frac{n_{B_+}}{N_{B_+}} : \frac{n_{C_+}}{N_{C_+}}$$

$$= \frac{1}{1+\exp(E_{\neq B_+}-E_+)/\varepsilon_{B_+}} : \frac{1}{1+\exp(E_{\neq C_+}-E_+)/\varepsilon_{C_+}}$$

$$= \frac{1+\exp(E_{\neq C_+}-E_+)/\varepsilon_{C_+}}{1+\exp(E_{\neq B_+}-E_+)/\varepsilon_{B_+}} \tag{12-10}$$

比较信息 $P_{B_+/C_+} = \dfrac{n_{B_+}}{n_{C_+}} \dfrac{N_{C_+}}{N_{B_+}}$ 可以通过(12-10)式的函数关系来进行判别,(12-10)式也可变换成为两个子系统异质单元数 n_{B_+} 和 n_{C_+} 的比较

$$\frac{n_{B_+}}{n_{C_+}} = \frac{N_{B_+}[1+\exp^{(E_{\neq C_+}-E_+)/\varepsilon_{C_+}}]}{N_{C_+}[1+\exp^{(E_{\neq B_+}-E_+)/\varepsilon_{B_+}}]} \tag{12-11}$$

上式表明,在同一环境条件下,二元系统的能量 E_+ 相同。两个子系统由同一平衡态 A_+ 同时发生两个方向平行的形态转化,其终结形态中异质单元数 n_{B_+} 和 n_{C_+} 的数量与起始形态的总体单元数 N_{B_+} 和 N_{C_+} 有关,与两个子系统形态变化的能阈和能元也都有关。两个子系统的总体单元数 N_{B_+} 和 N_{C_+} 及其形态变化不同的能阈或能元决定着终结形态中异质单元数 n_{B_+} 和 n_{C_+} 的数量。在总体单元数 N_{B_+} 和 N_{C_+} 相差很大或者两个子系统形态变化的能阈或能元相差很大的条件下,终结形态中异质单元数 n_{B_+} 和 n_{C_+} 的数量也可能相差较大。这样竞争的结果:终结形态中异质单元数占优势的子系统形态变化就可以称为是平行发射的主要子系统的形态变化,而其余的称为平行发射的副(或支)子系统的形态变化。

在不同的平衡态,二元平行系统的 B_+ 和 C_+ 两个子系统平行进行吸收发射的形态转化可能出现以下几种情形:

(1)若子系统 $\langle B_+|A_+\rangle$ 转化为形态 B_+ 已经达到了远离平衡态,而另一子系统 $\langle C_+|A_+\rangle$ 转化为形态 C_+ 只处在近平衡态,即满足 $E_{\neq C_+}-E_+ \gg \varepsilon_{C_+}$ 的条件。把子系统 C_+ 在近平衡态的形态变化规律(5-90)式 $P_{C_+}=e^{-S_{C_+}}$ 和(4-76)式 $S_{C_+}=\dfrac{E_{\neq C_+}-E_+}{\varepsilon_{C_+}}$ 代入(12-4)式 $P_+=|\vec{P}_{B_+}||\vec{P}_{C_+}|$,二元平行系统的形态变化规律可以简化为

$$\begin{aligned} P_+ &= \frac{n_{B_+}}{N_{B_+}} \frac{n_{C_+}}{N_{C_+}} \\ &= \frac{\exp-(E_{\neq C_+}-E_+)/\varepsilon_{C_+}}{1+\exp(E_{\neq B_+}-E_+)/\varepsilon_{B_+}} \end{aligned} \tag{12-12}$$

同样,把子系统 C_+ 在近平衡态的形态变化规律代入(12-9)式 $P_{B_+/C_+}=\dfrac{\vec{P}_{B_+}}{\vec{P}_{C_+}}$,可以得到

$$\frac{n_{B_+}}{n_{C_+}} = \frac{N_{B_+}\exp(E_{\neq C_+}-E_+)/\varepsilon_{C_+}}{N_{C_+}[1+\exp(E_{\neq B_+}-E_+)/\varepsilon_{B_+}]} \tag{12-13}$$

(2)若子系统 $\langle B_+|A_+\rangle$ 转化为形态 B_+ 已经达到了远离平衡态,而另一子系统 $\langle C_+|A_+\rangle$ 转化为形态 C_+ 只在准平衡态进行,即满足 $E_{\neq C_+}-E_+ \ggg \varepsilon_{C_+}$ 的条件。把子系统 C_+ 在吸收发射和准平衡态条件下的形态变化规律(5-96)式 $P_{C_+}=-e^{-S_{C_+}} \cdot S_{C_+} + C_{P_1} + C_{S_1} e^{-S_{C_+}} = aS_{C_+}+b$ 和(4-76)式 $S_{C_+}=\dfrac{E_{\neq C_+}-E_+}{\varepsilon_{C_+}}$ 代入(12-4)式 $P_+=$

$|\vec{P}_{B_+}||\vec{P}_{C_+}|$,二元平行系统的形态转化规律可以简化为

$$P_+ = \frac{n_{B_+}}{N_{B_+}}\frac{n_{C_+}}{N_{C_+}}$$
$$= \frac{1}{1+\exp(E_{\neq B_+}-E_+)/\varepsilon_{B_+}}(K_{C_+}E_+ + \zeta_{C_+}) \tag{12-14}$$

式中,$K_{C_+} = \dfrac{\mathrm{e}^{-C_{S_1}}}{\varepsilon_{C_+}}$;$\zeta_{C_+} = \left(-\dfrac{E_{\neq C_+}}{\varepsilon_{C_+}} + C_{S_1}\right)\mathrm{e}^{-C_{S_1}} + C_{P_1}$。

同样,把子系统 C_+ 在吸收发射和准平衡态条件下的形态变化规律代入(12-9)式 $P_{B_+/C_+} = \dfrac{\vec{P}_{B_+}}{\vec{P}_{C_+}}$,可以得到

$$\frac{n_{B_+}}{n_{C_+}} = \frac{N_{B_+}(K_{C_+}E_+ + \zeta_{C_+})}{N_{C_+}[1+\exp(E_{\neq B_+}-E_+)/\varepsilon_{B_+}]} \tag{12-15}$$

(3)若子系统 $\langle B_+|A_+\rangle$ 转化为形态 B_+ 只在近平衡态进行,即满足 $E_{\neq B_+} - E_+ \gg \varepsilon_{B_+}$ 的条件;而另一子系统 $\langle C_+|A_+\rangle$ 转化为形态 C_+ 也只在近平衡态进行,即满足 $E_{\neq C_+} - E_+ \gg \varepsilon_{C_+}$ 的条件。把子系统 B_+ 和子系统 C_+ 在近平衡态的形态变化规律(5-90)式 $P_{B_+} = \mathrm{e}^{-S_{B_+}}$ 和 $P_{C_+} = \mathrm{e}^{-S_{C_+}}$ 与(4-76)式 $S_{B_+} = \dfrac{E_{\neq B_+} - E_+}{\varepsilon_{B_+}}$ 和 $S_{C_+} = \dfrac{E_{\neq C_+} - E_+}{\varepsilon_{C_+}}$ 分别代入(12-4)式 $P_+ = |\vec{P}_{B_+}||\vec{P}_{C_+}|$,整个二元平行系统的形态转化规律可以简化为

$$P_+ = \frac{n_{B_+}}{N_{B_+}}\frac{n_{C_+}}{N_{C_+}}$$
$$= \exp-(E_{\neq B_+}-E_+)/\varepsilon_{B_+}\exp-(E_{\neq C_+}-E_+)/\varepsilon_{+C}$$
$$= \exp-(E_{\neq B_+}/\varepsilon_{B_+} + E_{\neq C_+}/\varepsilon_{C_+})\exp(1/\varepsilon_{B_+}+1/\varepsilon_{C_+})E_+$$
$$= C\exp(\kappa_{B_+}+\kappa_{C_+})E_+ \tag{12-16}$$

式中,$C = -\left(\dfrac{E_{\neq B_+}}{\varepsilon_{B_+}} + \dfrac{E_{\neq C_+}}{\varepsilon_{C_+}}\right)$;$\kappa_{B_+} = \dfrac{1}{\varepsilon_{B_+}}$;$\kappa_{C_+} = \dfrac{1}{\varepsilon_{C_+}}$。

同样,把子系统 B_+ 和子系统 C_+ 在近平衡态的形态变化规律分别代入(12-9)式 $P_{B_+/C_+} = \dfrac{\vec{P}_{B_+}}{\vec{P}_{C_+}}$,可以得到

$$\frac{n_{B_+}}{n_{C_+}} = \frac{N_{B_+}\exp(E_{\neq C_+}-E_+)/\varepsilon_{C_+}}{N_{C_+}\exp(E_{\neq B_+}-E_+)/\varepsilon_{B_+}}$$
$$= \frac{N_{B_+}\mathrm{e}^{\kappa_{C_+}E_{\neq C_+}}\mathrm{e}^{\kappa_{B_+}E_+}}{N_{C_+}\mathrm{e}^{\kappa_{B_+}E_{\neq B_+}}\mathrm{e}^{\kappa_{C_+}E_+}} \tag{12-17}$$

(4)若子系统 $\langle B_+|A_+\rangle$ 转化为形态 B_+ 只在近平衡态进行,即满足 $E_{\neq B_+} - E_+ \gg \varepsilon_{B_+}$ 的条件,而另一子系统 $\langle C_+|A_+\rangle$ 转化为形态 C_+ 在准平衡态进行,即满足 $E_{\neq C_+} - E_+ \gg \varepsilon_{C_+}$ 的条件。把子系统 B_+ 在近平衡态的形态变化规律(5-90)式 $P_{B_+} = \mathrm{e}^{-S_{B_+}}$ 和 $P_{C_+} = \mathrm{e}^{-S_{C_+}}$ 与

子系统 C_+ 在吸收发射和准平衡态条件下的形态变化规律(5-96)式 $P_{C_+} = -e^{-C_{S_1}} S_{C_+} + C_{P_1} + C_{S_1} e^{-C_{S_1}} = aS_{C_+} + b$ 和 (4-76) 式 $S_{C_+} = \dfrac{E_{\neq C_+} - E_+}{\varepsilon_{C_+}}$ 分别代入 (12-4) 式 $P_+ = |\vec{P}_{B_+}||\vec{P}_{C_+}|$,二元平行系统的形态转化规律可以简化为

$$\begin{aligned}P_+ &= \frac{n_{B_+}}{N_{B_+}} \frac{n_{C_+}}{N_{C_+}} \\ &= \exp^{-(E_{\neq B_+} - E_+)/\varepsilon_{B_+}} (K_{C_+} E_+ + \zeta_{C_+}) \\ &= \exp^{-\kappa_{B_+} E_{\neq B_+}} e^{\kappa_{B_+} E_+} (K_{C_+} E_+ + \zeta_{C_+}) \end{aligned} \quad (12\text{-}18)$$

同样,把子系统 B_+ 在近平衡态的形态变化规律和子系统 C_+ 在准平衡态的形态变化规律分别代入 (12-9) 式 $P_{B_+/C_+} = \dfrac{\vec{P}_{B_+}}{\vec{P}_{C_+}}$,可以得到

$$\begin{aligned}\frac{n_{B_+}}{n_{C_+}} &= \frac{N_{B_+} \exp^{-(E_{\neq B_+} - E_+)/\varepsilon_{B_+}}}{N_{C_+}(K_{C_+} E_+ + \zeta_{C_+})} \\ &= \frac{N_{B_+} e^{-\kappa_{B_+} E_{\neq B_+}} e^{\kappa_{B_+} E_+}}{N_{C_+}(K_{C_+} E_+ + \zeta_{C_+})} \end{aligned} \quad (12\text{-}19)$$

(5) 若子系统 $\langle B_+ | A_+ \rangle$ 转化为形态 B_+ 只在准平衡态进行,即满足 $E_{\neq B_+} - E_+ \gg \varepsilon_{B_+}$ 的条件,而另一子系统 $\langle C_+ | A_+ \rangle$ 转化为形态 C_+ 也只在准平衡态进行,即满足 $E_{\neq C_+} - E_+ \gg \varepsilon_{C_+}$ 的条件。把子系统 B_+ 和子系统 C_+ 在准平衡态的形态变化规律 (5-96) 式 $P_{B_+} = aS_{B_+} + b$ 和 $P_{C_+} = a'S_{C_+} + b'$ 与 (4-76) 式 $S_{B_+} = \dfrac{E_{\neq B_+} - E_+}{\varepsilon_{B_+}}$ 和 $S_{C_+} = \dfrac{E_{\neq C_+} - E_+}{\varepsilon_{C_+}}$ 分别代入 (12-4) 式 $P_+ = |\vec{P}_{B_+}||\vec{P}_{C_+}|$,二元平行系统的形态转化规律可以简化为

$$\begin{aligned}P_+ &= \frac{n_{B_+}}{N_{B_+}} \frac{n_{C_+}}{N_{C_+}} \\ &= (K_{B_+} E_+ + \tau_{B_+})(K_{C_+} E_+ + \zeta_{C_+}) \\ &= K_{B_+} K_{C_+} E_+^2 + (K_{B_+} \zeta_{C_+} + K_{C_+} \zeta_{B_+}) E_+ + \zeta_{B_+} \zeta_{C_+} \\ &= \alpha E_+^2 + \beta E_+ + \gamma \end{aligned} \quad (12\text{-}20)$$

式中,$\alpha = K_{B_+} K_{C_+}$;$\beta = K_{B_+} \zeta_{C_+} + K_{C_+} \zeta_{B_+}$;$\gamma = \zeta_{B_+} \zeta_{C_+}$;$K_{B_+} = \dfrac{e^{-C_{S_1}}}{\varepsilon_{B_+}}$;$\zeta_{B_+} = \left(-\dfrac{E_{\neq B_+}}{\varepsilon_{B_+}} + C_{S_1}\right) e^{-C_{S_1}} + C_{P_1}$;$K_{C_+} = \dfrac{e^{-C_{S_1}}}{\varepsilon_{C_+}}$;$\zeta_{C_+} = \left(-\dfrac{E_{\neq C_+}}{\varepsilon_{C_+}} + C_{S_1}\right) e^{-C_{S_1}} + C_{P_1}$。

同样,把子系统 B_+ 和子系统 C_+ 在准平衡态的形态变化规律分别代入 (12-9) 式 $P_{B_+/C_+} = \dfrac{\vec{P}_{B_+}}{\vec{P}_{C_+}}$,可以得到

$$\frac{n_{B_+}}{n_{C_+}} = \frac{N_{B_+}(K_{B_+} E_+ + \zeta_{B_+})}{N_{C_+}(K_{C_+} E_+ + \zeta_{C_+})} \quad (12\text{-}21)$$

这里还要注意,在用(12-10)式 $P_{B_+/C_+}=\dfrac{n_{B_+}}{N_{B_+}}:\dfrac{n_{C_+}}{N_{C_+}}=\dfrac{1+\exp(E_{\neq C_+}-E_+)/\varepsilon_{C_+}}{1+\exp(E_{\neq B_+}-E_+)/\varepsilon_{B_+}}$ 的比较信息来判别子系统的竞争孰强孰弱时,虽然还不是很方便,但是在一定的条件下还是可以得到明确的判别公式。例如,在子系统 $\langle B_+|A_+\rangle$ 和子系统 $\langle C_+|A_+\rangle$ 的形态变化均在近平衡态时,由(12-17)式可以得到

$$\begin{aligned}P_{B_+/C_+}&=\frac{n_{B_+}N_{C_+}}{n_{C_+}N_{B_+}}\\&=\frac{e^{\kappa_{C_+}E_{\neq C_+}}e^{\kappa_{B_+}E_+}}{e^{\kappa_{B_+}E_{\neq B_+}}e^{\kappa_{C_+}E_+}}\\&=e^{-(\kappa_{B_+}E_{\neq B_+}-\kappa_{C_+}E_{\neq C_+})}e^{(\kappa_{B_+}-\kappa_{C_+})E_+}\end{aligned} \quad (12\text{-}22)$$

在 $\varepsilon_+=\varepsilon_{B_+}=\varepsilon_{C_+}$ 的条件下,(12-22)式又可以写成

$$\begin{aligned}P_{B_+/C_+}&=e^{-(\kappa_{B_+}E_{\neq B_+}-\kappa_{C_+}E_{\neq C_+})}e^{(\kappa_{B_+}-\kappa_{C_+})E_+}\\&=e^{-\kappa_+(E_{\neq B_+}-E_{\neq C_+})}\end{aligned}$$

上述二元平行系统的子系统在各种失衡条件下的平行的形态转化规律具有普遍适用的意义,如果用能量 E_+ 的显性因子 θ_+ 代替,还可以得到更多表现形式的二元平行系统的形态转化规律和 B_+ 与 C_+ 两个子系统的比较信息 P_{B_+/C_+}。

二、二元平行系统自发发射的异质形态变化规律

在一维正向质向量坐标系 $\vec{X}_+$ 内部 $(\vec{N}_+,\vec{n}_+,\vec{E}_+,\vec{E}_{\neq+},\vec{\varepsilon}_+)$ 五维分质向量空间的 $(\vec{C}_{N_+},\vec{n}_+,\vec{E}_+,\vec{C}_{E_{\neq+}},\vec{C}_{\varepsilon_+})$ 截面上,各个分质向量与各自的分质变量坐标轴同向,可以用其分质变量坐标轴来表示。如果一个单元系统的总体单元数为 $N_+=C_{N_+}$,其所处的平衡态被设定为基态 A_+,此系综的基态即为 $(N_+,0,0,0,0)$。在与环境的相互作用下,如果系综向环境释放的能量为 $-E_+$,就会产生自发发射。自发发射后,单元系统反转到能量较低的平衡态 B_+ 的异质单元数为 n_{B_+},而 N_{B_+} 为平衡态 B_+ 的可能形态数;自发发射后,单元系统反转到另一个能量较低的平衡态 C_+ 的异质单元数为 n_{C_+},而 N_{C_+} 为平衡态 C_+ 的可能形态数。形态 B_+ 和形态 C_+ 是两个子系统自发发射的两种终结形态。二元系统可以依 N_{B_+} 和 N_{C_+} 把总体单元数 N_+ 划分为两个子系统,即 $N_+=N_{B_+}+N_{C_+}=C_{N_+}$。

在(12-1)式 $A_+\longrightarrow B_++C_+$ 中,在同一环境与自发发射条件下,B_+ 和 C_+ 两个子系统平行地进行 $\langle B_+|A_+\rangle$ 和 $\langle C_+|A_+\rangle$ 形态转化的过程可以看作二元系统的形态转化过程。

如果在一维正向质向量坐标系 $\vec{X}_+$ 内部打开由信息 $\vec{P}_+$ 和熵 $\vec{S}_+$ 这两个分质向量构成的 $(\vec{P}_+,\vec{S}_+)$ 二维分质向量空间,二元平行系统同向自发发射,其形态变化信息用

(12-3)式表示就是

$$P_+ = \vec{P}_{B_+} \cdot \vec{P}_{C_+} = |\vec{P}_{B_+}||\vec{P}_{C_+}| \tag{12-23}$$

式中,内积符号 P_+ 代表二元平行系统自发发射的形态转化信息。

(12-23)式也表明了二元系统平行发射的基本原理:在同向平行发射条件下,二元系统整体形态的转化信息是各个子系统平行地进行形态转化的信息之乘积。

二元平行系统的两个子系统由一种平衡态同向平行地自发发射为两种形态的情形与二元平行系统的两个子系统由一种平衡态同向平行地吸收发射为两种形态的情形完全类似。因此,只要把二元平行系统的两个子系统同向平行吸收发射在各种平衡态的变化规律改变符号,就可以得到二元平行系统的两个子系统同向平行自发发射在各种平衡态的变化规律;把二元平行系统发生同向平行吸收发射形态转化的比较信息改变符号,也可以得到二元平行系统同向平行自发发射形态转化的比较信息。

如果在一维正向质向量坐标系 $\vec{X}_+$ 内部打开 $(\vec{P}_+, \vec{E}_+, \vec{E}_{\neq +}, \vec{\varepsilon}_+)$ 四维分质向量空间,各个分质向量与各自的分质变量坐标轴同向,可以用其分质变量坐标轴来表示。在自发发射条件下,子系统在 $\langle B_+|A_+\rangle$ 基元转化过程转化为形态 B_+ 的规律就可用熵信息函数表示为

$$P_{B_+} = \frac{n_{B_+}}{N_{B_+}} = \frac{1}{1+\exp-(E_{\neq B_+} - E_+)/\varepsilon_{B_+}} \tag{12-24}$$

而子系统在 $\langle C_+|A_+\rangle$ 基元转化过程转化为形态 C_+ 的规律也可用熵信息函数表示为

$$P_{C_+} = \frac{n_C}{N_C} = \frac{1}{1+\exp-(E_{\neq C_+} - E_+)/\varepsilon_{C_+}} \tag{12-25}$$

把 B_+ 和 C_+ 两个子系统自发发射的形态转化熵信息函数(12-24)式和(12-25)式代入(12-23)式 $P_+ = |\vec{P}_{B_+}||\vec{P}_{C_+}|$,就可以得到整个二元平行系统同时发生同向平行自发发射的形态转化信息为

$$P_+ = \frac{n_{B_+}}{N_{B_+}} \frac{n_{C_+}}{N_{C_+}}$$
$$= \frac{1}{1+\exp-[(E_{\neq B_+} - E_+)/\varepsilon_{B_+}]} \frac{1}{1+\exp-[(E_{\neq C_+} - E_+)/\varepsilon_{C_+}]} \tag{12-26}$$

式中,P_+ 表示自发发射条件下系统的形态转化信息,其余符号的意义与吸收发射条件下系统形态转化信息的公式的标注一样。

在一维正向质向量坐标系 $\vec{X}_+$ 内部的 $(\vec{P}_+, \vec{E}_+, \vec{E}_{\neq +}, \vec{\varepsilon}_+)$ 四维分质向量空间中,B_+ 和 C_+ 两个子系统在形态转化过程中的环境条件是相同的,所以其各自的能量与二元系统的能量都是一样的,为 E_+。不过,子系统 B_+ 和子系统 C_+ 的能阈 $E_{\neq B_+}$ 和 $E_{\neq C_+}$ 是不一样的,B_+ 和 C_+ 两个子系统的总体单元数 N_{B_+} 和 N_{C_+} 也可能不一样,B_+ 和 C_+

两个子系统的能元 ε_{B_+} 和 ε_{C_+} 也可能不一样，所以平行发射过程中 B_+ 和 C_+ 两个子系统的异质单元数 n_{B_+} 和 n_{C_+} 也完全有可能不一样。

在二元平行系统之中，两个子系统平行地进行着形态变化，两个子系统的形态变化过程就是竞争过程。如果竞争过程以两个子系统的信息进行比较，只要把 B_+ 和 C_+ 两个子系统在同向平行自发发射的信息 $\vec{P}_{B_+}$ 和信息 $\vec{P}_{C_+}$ 进行比较，两个子系统平行地进行同向平行自发发射形态转化的比较信息就是

$$P_{B_+/C_+}=\frac{\vec{P}_{B_+}}{\vec{P}_{C_+}} \tag{12-27}$$

比较信息 P_{B_+/C_+} 也可以成为判定竞争过程孰强孰弱的依据。

把二元平行系统两个子系统在自发发射条件下的形态转化信息函数(12-24)式和(12-25)式代入(12-27)式 $P_{B_+/C_+}=\dfrac{\vec{P}_{B_+}}{\vec{P}_{C_+}}$，得到的比较信息为

$$\begin{aligned}P_{B_+/C_+}&=\frac{n_{B_+}}{N_{B_+}}:\frac{n_{C_+}}{N_{C_+}}\\&=\frac{1}{1+\exp-(E_{\neq B_+}-E_+)/\varepsilon_{B_+}}:\frac{1}{1+\exp-(E_{\neq C_+}-E_+)/\varepsilon_{C_+}}\\&=\frac{1+\exp-(E_{\neq C_+}-E_+)/\varepsilon_{C_+}}{1+\exp-(E_{\neq B_+}-E_+)/\varepsilon_{B_+}}\end{aligned} \tag{12-28}$$

比较信息 $P_{B_+/C_+}=\dfrac{n_{B_+}N_{C_+}}{n_{C_+}N_{B_+}}$ 也可以变换成 B_+ 和 C_+ 两个子系统的异质单元数 n_{B_+} 和 n_{C_+} 的比较

$$\frac{n_{B_+}}{n_{C_+}}=\frac{N_{B_+}[1+\exp-(E_{\neq C_+}-E_+)/\varepsilon_{C_+}]}{N_{C_+}[1+\exp-(E_{\neq B_+}-E_+)/\varepsilon_{B_+}]} \tag{12-29}$$

上式表明，二元系统在同一环境条件下的能量 E_+ 是相同的；两个子系统由同一平衡态 A_+ 同时发生两个方向平行的形态转化，其终结态中异质单元数 n_{B_+} 和 n_{C_+} 的数量与起始态的总体单元数 N_{B_+} 和 N_{C_+} 有关，与每个子系统形态变化的能阈和能元也都有关。不同子系统的总体单元数 N_{B_+} 和 N_{C_+} 及其形态变化不同的能阈或能元决定着终结态中异质单元数 n_{B_+} 和 n_{C_+} 的数量。在总体单元数 N_{B_+} 和 N_{C_+} 相差很大或者两个子系统形态变化的能阈或能元相差很大的条件下，终结态中异质单元数 n_{B_+} 和 n_{C_+} 的数量也可能相差较大。这样竞争的结果：终结态中异质单元数占优势的子系统形态变化一般就可以称为是平行发射的主要子系统的形态变化，其余的则称为平行发射的副（或支）子系统的形态变化。

在不同的平衡态，二元平行系统的两个子系统平行进行自发发射的形态转化还可能出现以下几种情形：

(1)若子系统 $\langle B_+|A_+\rangle$ 转化为形态 B_+ 已经达到了远离平衡态，而另一子系统

$\langle C_+ | A_+ \rangle$ 转化为形态 C_+ 只处在近平衡态,即满足 $E_{\neq C_+} - E_+ \gg \varepsilon_{C_+}$ 的条件。把子系统 C_+ 在自发发射和近平衡态的形态变化规律(5-91)式 $P_{C_+} = e^{S_{C_+}}$ 和(4-76)式 $S_{C_+} = \dfrac{E_{\neq C_+} - E_+}{\varepsilon_{C_+}}$ 代入(12-23)式 $P_+ = |\vec{P}_{B_+}||\vec{P}_{C_+}|$,二元平行系统的形态变化规律可以简化为

$$P_+ = \frac{n_{B_+}}{N_{B_+}} \frac{n_{C_+}}{N_{C_+}}$$

$$= \frac{\exp(E_{\neq C_+} - E_+)/\varepsilon_{C_+}}{1 + \exp-(E_{\neq B_+} - E_+)/\varepsilon_{B_+}} \tag{12-30}$$

同样,把子系统 C_+ 在自发发射和近平衡态的形态变化规律代入(12-27)式 $P_{B_-/C_-} = \dfrac{\vec{P}_{B_+}}{\vec{P}_{C_+}}$,可以得到

$$\frac{n_{B_+}}{n_{C_+}} = \frac{N_{B_+} \exp-(E_{\neq C_+} - E_+)/\varepsilon_{C_+}}{N_{C_+}[1 + \exp-(E_{\neq B_+} - E_+)/\varepsilon_{B_+}]} \tag{12-31}$$

(2)若子系统 $\langle B_+ | A_+ \rangle$ 转化为形态 B_+ 已经达到了远离平衡态,而另一子系统 $\langle C_+ | A_+ \rangle$ 转化为形态 C_+ 只在准平衡态进行,即满足 $E_{\neq C_+} - E_+ \gg \varepsilon_{C_+}$ 的条件。把子系统 C_+ 在自发发射和准平衡态条件下的形态变化规律(5-100)式 $P_{C_+} = e^{C_{S_+}} S_{C_+} + C_{P_+} - C_{S_1} e^{C_{S_+}} = a' S_{C_+} + b'$ 和(4-76)式 $S_{C_+} = \dfrac{E_{\neq C_+} - E_+}{\varepsilon_{C_+}}$ 代入(12-23)式 $P_+ = |\vec{P}_{B_+}||\vec{P}_{C_+}|$,二元平行系统的形态转化规律可以简化为

$$P_+ = \frac{n_{B_+}}{N_{B_+}} \frac{n_{C_+}}{N_{C_+}}$$

$$= \frac{1}{1 + \exp-[(E_{\neq B_+} - E_+)/\varepsilon_{B_+}]} (K'_{C_+} E_+ + \zeta'_{C_+}) \tag{12-32}$$

式中,$K'_{C_+} = -\dfrac{\exp^{C_{S_+}}}{\varepsilon_{C_+}}$;$\zeta'_{C_+} = \left(\dfrac{E_{\neq C_+}}{\varepsilon_{C_+}} - C_{S_+}\right) e^{C_{S_+}} + C_{P_+}$。

同样,把子系统 C_+ 在自发发射和准平衡态条件下的形态变化规律代入(12-27)式 $P_{B_+/C_+} = \dfrac{\vec{P}_{B_+}}{\vec{P}_{C_+}}$,可以得到

$$\frac{n_{B_+}}{n_{C_+}} = \frac{N_{B_+}(K'_{C_+} E_+ + \zeta'_{C_+})}{N_{C_+}[1 + e^{-(E_{\neq B_+} - E_+)/\varepsilon_{B_+}}]} \tag{12-33}$$

(3)若子系统 $\langle B_+ | A_+ \rangle$ 转化为形态 B_+ 只在近平衡态进行,即满足 $E_{\neq B_+} - E_+ \gg \varepsilon_{B_+}$ 的条件,而另一子系统 $\langle C_+ | A_+ \rangle$ 转化为形态 C_+ 也只在近平衡态进行,即满足 $E_{\neq C_+} - E_+ \gg \varepsilon_{C_+}$ 的条件。把子系统 B_+ 和子系统 C_+ 在自发发射和近平衡态的形态变化规

律(5-91)式 $P_{B_+}=e^{S_{B_+}}$ 和 $P_{C_+}=e^{S_{C_+}}$ 与(4-76)式 $S_{B_+}=\dfrac{E_{\neq B_+}-E_+}{\varepsilon_{B_+}}$ 和 $S_{C_+}=\dfrac{E_{\neq C_+}-E_+}{\varepsilon_{C_+}}$ 分别代入(12-23)式 $P_+=|\vec{P}_{B_+}||\vec{P}_{C_+}|$，整个二元平行系统的形态转化规律可以简化为

$$P_+ = \dfrac{n_{B_+}}{N_{B_+}}\dfrac{n_{C_+}}{N_{C_+}}$$
$$= e^{[(E_{\neq B_+}-E_+)/\varepsilon_{B_+}]} e^{[(E_{\neq C_+}-E_+)/\varepsilon_{C_+}]}$$
$$= e^{[E_{\neq B_+}/\varepsilon_{B_+}+E_{\neq C_+}/\varepsilon_{C_+}]} e^{-(1/\varepsilon_{B_+}+1/\varepsilon_{C_+})E_+}$$
$$= C' e^{-(\kappa_{B_+}+\kappa_{C_+})E_+} \qquad (12\text{-}34)$$

式中，$C'=\left(\dfrac{E_{\neq B_+}}{\varepsilon_{B_+}}+\dfrac{E_{\neq C_+}}{\varepsilon_{C_+}}\right)$；$\kappa_{B_+}=\dfrac{1}{\varepsilon_{B_+}}$；$\kappa_{C_+}=\dfrac{1}{\varepsilon_{C_+}}$。

同样，把子系统 B_+ 和子系统 C_+ 在自发发射和近平衡态的形态变化规律分别代入(12-27)式 $P_{B_+/C_+}=\dfrac{\vec{P}_{B_+}}{\vec{P}_{C_+}}$，可以得到

$$\dfrac{n_B}{n_C} = \dfrac{N_{B_+}\exp{-[(E_{\neq C_+}-E_+)/\varepsilon_{C_+}]}}{N_{C_+}\exp{-[(E_{\neq B_+}-E_+)/\varepsilon_{B_+}]}}$$
$$= \dfrac{N_{B_+}\exp\kappa_{B_+}E_{\neq B_+}\exp\kappa_{C_+}E_+}{N_{C_+}\exp\kappa_{C_+}E_{\neq C_+}\exp\kappa_{B_+}E_+} \qquad (12\text{-}35)$$

(4) 若子系统 $\langle B_+|A_+\rangle$ 转化为形态 B_+ 只在近平衡态进行，即满足 $E_{\neq B_+}-E_+\gg\varepsilon_{B_+}$ 的条件，而另一子系统 $\langle C_+|A_+\rangle$ 转化为形态 C_+ 在准平衡态进行，即满足 $E_{\neq C_+}-E_+\gg\varepsilon_{C_+}$ 的条件。把子系统 B_+ 在自发发射和近平衡态的形态变化规律(5-91)式 $P_{B_+}=e^{S_{B_+}}$ 和(4-76)式 $S_{B_+}=\dfrac{E_{\neq B_+}-E_+}{\varepsilon_{B_+}}$ 与子系统 C_+ 在自发发射和准平衡态的形态变化规律(5-100)式 $P_{C_+}=e^{C_{S_1}}S_{C_+}+C_{P_1}-C_{S_1}e^{C_{S_1}}=a'S_{C_+}+b'$ 和(4-76)式 $S_{C_+}=\dfrac{E_{\neq C_+}-E_+}{\varepsilon_{C_+}}$ 分别代入(12-23)式 $P_+=|\vec{P}_{B_+}||\vec{P}_{C_+}|$，二元平行系统的形态转化规律可简化为

$$P_+ = \dfrac{n_{B_+}}{N_{B_+}}\dfrac{n_{C_+}}{N_{C_+}}$$
$$= e^{[(E_{\neq B_+}-E_+)/\varepsilon_{B_+}]}(K'_{C_+}E_+ + \zeta'_{C_+})$$
$$= e^{\kappa_{B_+}E_{\neq B_+}} e^{-\kappa_{B_+}E_+}(K'_{C_+}E_+ + \zeta'_{C_+}) \qquad (12\text{-}36)$$

同样，把子系统 B_+ 在自发发射和近平衡态条件下的形态变化规律与子系统 C_+ 在自发发射和准平衡态条件下的形态变化规律分别代入(12-27)式 $P_{B_+/C_+}=\dfrac{\vec{P}_{B_+}}{\vec{P}_{C_+}}$，可以得到

$$\dfrac{n_{B_+}}{n_{C_+}} = \dfrac{N_{B_+}e^{[(E_{\neq B_+}-E_+)/\varepsilon_{B_+}]}}{N_{C_+}(K'_{C_+}E_+ + \zeta'_{C_+})}$$

$$= \frac{N_{B_+} \mathrm{e}^{\kappa_{B_+} E_{\neq B_+}} \mathrm{e}^{-\kappa_{B_+} E_+}}{N_{C_+}(K'_{C_+} E_+ + \zeta'_{C_+})} \tag{12-37}$$

(5)若子系统$\langle B_+|A_+\rangle$转化为形态B_+只在准平衡态进行,即满足$E_{\neq B_+}-E_+\ggg \varepsilon_{B_+}$的条件,而另一子系统$\langle C_+|A_+\rangle$转化为形态$C_+$也只在准平衡态进行,即满足$E_{\neq C_+}-E_+\ggg \varepsilon_{C_+}$的条件。把子系统$B_+$和子系统$C_+$在准平衡态的形态变化规律(5-100)式$P_{B_+}=aS_{B_+}+b$和$P_{C_+}=a'S_{C_+}+b'$与(4-76)式$S_{B_+}=\frac{E_{\neq B_+}-E_+}{\varepsilon_{B_+}}$和$S_{C_+}=\frac{E_{\neq C_+}-E_+}{\varepsilon_{C_+}}$分别代入(12-23)式$P_+=|\vec{P}_{B_+}||\vec{P}_{C_+}|$,二元平行系统的形态转化规律可以简化为

$$P_+ = \frac{n_{B_+}}{N_{B_+}}\frac{n_{C_+}}{N_{C_+}}$$
$$= (K'_{B_+} E_+ + \tau'_{B_+})(K'_{C_+} E_+ + \zeta'_{C_+})$$
$$= K'_{B_+} K'_{C_+} E_+^2 + (K'_{B_+}\zeta'_{C_+} + K'_{C_+}\zeta'_{B_+})E_+ + \zeta'_{B_+}\zeta'_{C_+}$$
$$= \alpha' E_+^2 + \beta' E_+ + \gamma' \tag{12-38}$$

式中,$\alpha'=K'_{B_+}K'_{C_+}$,$\beta'=K'_{B_+}\zeta'_{C_+}+K'_{C_+}\zeta'_{B_+}$;$\gamma'=\zeta'_{B_+}\zeta'_{C_+}$;$K'_{B_+}=-\frac{\mathrm{e}^{C_{S_1}}}{\varepsilon_{B_+}}$;$\zeta'_{B_+}=\left(\frac{E_{\neq B_+}}{\varepsilon_{B_+}}-C_{S_1}\right)\mathrm{e}^{C_{S_1}}+C_{P_1}$;$K'_{C_+}=-\frac{\mathrm{e}^{C_{S_1}}}{\varepsilon_{C_+}}$;$\zeta'_{C_+}=\left(\frac{E_{\neq C_+}}{\varepsilon_{C_+}}-C_{S_1}\right)\mathrm{e}^{C_{S_1}}+C_{P_1}$。

同样,把子系统B_+和子系统C_+在自发发射和准平衡态的形态变化规律分别代入(12-27)式$P_{B_+/C_+}=\frac{\vec{P}_{B_+}}{\vec{P}_{C_+}}$,可以得到

$$\frac{n_{B_+}}{n_{C_+}} = \frac{N_{B_+}(K'_{B_+}E_+ + \zeta'_{B_+})}{N_{C_+}(K'_{C_+}E_+ + \zeta'_{C_+})} \tag{12-39}$$

这里要注意,在用(12-28)式$P_{B_+/C_+}=\frac{n_{B_+}}{N_{B_+}}:\frac{n_{C_+}}{N_{C_+}}=\frac{1+\exp-(E_{\neq C_+}-E_+)/\varepsilon_{C_+}}{1+\exp-(E_{\neq B_+}-E_+)/\varepsilon_{B_+}}$的比较信息来判别子系统的竞争孰强孰弱时,虽然还不是很方便,但是在一定的条件下还是可以得到明确的判别公式。例如,在子系统$\langle B_+|A_+\rangle$和子系统$\langle C_+|A_+\rangle$的形态变化均处于近平衡态时,在$\varepsilon_+=\varepsilon_{B_+}=\varepsilon_{C_+}$的条件下,由(12-27)式和(12-35)式得$P_{B_+/C_+}=\frac{n_{B_+}N_{C_+}}{n_{C_+}N_{B_+}}=\frac{\mathrm{e}^{\kappa_{B_+}E_{\neq B_+}}\mathrm{e}^{\kappa_{C_+}E_+}}{\mathrm{e}^{\kappa_{C_+}E_{\neq C_+}}\mathrm{e}^{\kappa_{B_+}E_+}}$,取对数后可以得到

$$\Delta E_+ = E_{B_+} - E_{C_+} = (E_{\neq B_+} - E_{\neq C_+}) - \varepsilon_+ \ln \frac{n_{B_+} N_{C_+}}{n_{C_+} N_{B_+}} \tag{12-40}$$

上述二元平行系统的子系统在各种失衡条件下的平行的形态转化规律具有普遍适用的意义。如果用能量E_+的显性因子θ_+来代替,还可以得到更多表现形式的二元平行系统的形态转化规律和B_+与C_+两个子系统的比较信息P_{B_+/C_+}。

第三节 二元系统同向发射形态分布规律

在一维正向质向量坐标系 $\vec{X}_+$ 空间中考察事物形态的分布,如果不是局限于单元系统形态转化的基元过程,而是扩展到二元系统形态平行转化的基元过程,则可以揭示二元系统同向平行发射的本质形态分布规律。二元系统的两个子系统在形态分布竞争过程中,其不同失衡态的形态量的"较量"会出现不同的情形。

一维正向质向量坐标系 $\vec{X}_+$ 是以质向量为度量基准建立起来的坐标系,其空间中的任一个定点就对应着单元系统的一个平衡态,像平衡态 $\vec{A}_+$ 可以用常质向量 $\vec{a}_+$ 表示,平衡态 $\vec{B}_+$ 可以用常质向量 $\vec{b}_+$ 表示。

在一维正向质向量坐标系 $\vec{X}_+$ 中,如果单元系统从平衡态(基态)$\vec{A}_+$ 起始到平衡态 $\vec{B}_+$ 的形态发生单向连续变化 $\langle \vec{B}_+ | \vec{A}_+ \rangle$,质向量 $\vec{x}_+$ 在 $[\vec{x}_{A_+}, \vec{x}_{B_+}]$ 区间发生的变化 $\Delta \vec{x}_+ = \vec{x}_{B_+} - \vec{x}_{A_+}$ 所表示的就是单元系统形态变化规律。当 $\vec{x}_{A_+}=0$ 时,$\Delta \vec{x}_+ = \vec{x}_{B_+}$,在此条件下,$\Delta \vec{x}_+$ 就表示一维正向质向量坐标系 $\vec{X}_+$ 空间中的单元系统异质形态变化规律。与单元系统异质形态变化规律伴生的单元系统本质形态保守规律就是 $\Delta \vec{x}_+^0 = \vec{x}_{B_+}^0 - \vec{x}_{A_+}^0$。当 $\vec{x}_{A_+}^0 = 0$ 时,$\Delta \vec{x}_+^0 = \vec{x}_{B_+}^0$,在此条件下,$\Delta \vec{x}_+^0$ 就表示一维正向质向量坐标系 $\vec{X}_+$ 空间中的单元系统本质形态分布规律。

在一定环境的作用下,一个二元系统的两个子系统可以同时发生方向相互平行(同为吸收发射或自发发射)的形态变化。如果一个二元系统的两个子系统发生同向平行发射的形态转化过程,则这样的二元系统就称为二元平行系统。在一维正向质向量坐标系 $\vec{X}_+$ 上,如果二元平行系统发生从平衡态(基态)$\vec{A}_+$ 起始到平衡态 $\vec{B}_+$ 的形态单向连续变化 $\langle \vec{B}_+ | \vec{A}_+ \rangle$,质向量 $\vec{x}_+$ 在 $[\vec{x}_{A_+}, \vec{x}_{B_+}]$ 区间发生的变化 $\Delta \vec{x}_+ = \vec{x}_{B_+} - \vec{x}_{A_+}$ 所表示的也就是二元平行系统形态变化规律。$[\vec{x}_{A_+}, \vec{x}_{B_+}]$ 中的一个动点 $\vec{x}_+$ 对应着变动的二元平行系统的一个形态。实际上,$\Delta \vec{x}_+ = \vec{x}_{B_+} - \vec{x}_{A_+}$ 所表示的就是二元平行系统的异质形态变化规律,而二元平行系统的本质形态分布规律就是 $\Delta \vec{x}_+^0 = \vec{x}_{B_+}^0 - \vec{x}_{A_+}^0$。

在一维正向质向量坐标系 $\vec{X}_+$ 的($\vec{X}_+$)空间中,二元平行系统异质形态的变化均为正向变化,即 $\Delta \vec{x}_+ \geqslant 0$;二元平行系统本质形态的分布也均为正向变化,即 $\Delta \vec{x}_+^0 \geqslant 0$。不过,在 $\vec{x}_{A_+} \rightarrow \vec{x}_{B_+}$ 的过程中,以异质质向量变化量 $\Delta \vec{x}_+$ 来表征二元平行系统异质形态的单向变化规律 $\Delta \vec{x}_+ = \vec{x}_{B_+} - \vec{x}_{A_+}$ 或以本质质向量变化量 $\Delta \vec{x}_+^0$ 来表征二元平行系统本质形态的单向分布规律 $\Delta \vec{x}_+^0 = \vec{x}_{B_+}^0 - \vec{x}_{A_+}^0$,都是难以表征二元平行系统在形态变化中各种

形态参量的关系以及整个二元平行系统的形态变化规律或形态分布规律的。因此,必须打开一维正向质向量坐标系$\vec{X}_+$内部的多维分质向量空间$(\vec{X}_{+1},\vec{X}_{+2},\cdots,\vec{X}_{+m})$,才能通过多维分质向量之间的关系来反映二元平行系统异质形态变化规律或二元平行系统本质形态分布规律。

如果二元平行系统由两个子系统$\vec{x}_+$和$\vec{y}_+$组成,当二元平行系统发生形态变化时,其异质形态变化规律或本质形态分布规律可以由两个子系统的质向量的相互关系共同决定。不失一般性,二元平行系统的子系统x_+和另一子系统y_+是可以互换的。但是,只有打开一维正向质向量坐标系$\vec{X}_+$内部的多维分质向量空间$(\vec{X}_{+1},\vec{X}_{+2},\cdots,\vec{X}_{+m})$,才能通过二元平行系统两个子系统的分质向量的关系来反映二元平行系统异质形态变化规律或二元平行系统本质形态分布规律。

例如,在一维正向质向量坐标系$\vec{X}_+$内部打开由异质信息$\vec{P}_+$和熵$\vec{S}_+$这两个质向量构成的$(\vec{P}_+,\vec{S}_+)$二维分质向量空间,各个分质向量与各自的分质变量坐标轴同向,可以用其分质变量坐标轴来表示。二元平行系统的异质形态变化规律可以用熵信息变化函数$P_+(S_x,S_y)$表示,而二元平行系统的本质形态分布规律也可以用熵信息分布函数$P_+^0(S_x,S_y)$表示。二元平行系统的熵信息分布函数$P_+^0(S_x,S_y)$也称为本质信息分布函数,为熵S_x和熵S_y的联合分布函数。$p_+^0(S_x,S_y)$则称为二元平行系统的联合分布密度函数

由于本质信息分布函数满足$P_+^0(S)\geqslant 0$,因此二元平行系统的本质信息分布函数$P_+^0(S_x,S_y)\geqslant 0$,即二元平行系统的熵联合分布函数$P_+^0(S_x,S_y)$对熵$S_x$和熵$S_y$都是非负的。

与单元系统相类似,如果二元平行系统两个子系统的熵S_x和熵S_y的联合分布函数$P_+^0(S_x,S_y)$可以表示为[6]

$$P_+^0(S_x,S_y)=\int_{-\infty}^{S_x}\int_{-\infty}^{S_y}p_+^0(S_x,S_y)\mathrm{d}S_x\mathrm{d}S_y \tag{12-41}$$

其中$p_+^0(S_x,S_y)\geqslant 0$,则称熵$S\equiv(S_x,S_y)$是二元连续型的质变量。

对于二元连续型质变量的熵S_x和熵S_y,二元平行系统的联合分布密度函数为

$$\begin{aligned}p_+^0(S_x,S_y)&\equiv\frac{\partial P_+^{02}(S_x,S_y)}{\partial S_x\partial S_y}\\ &=\lim_{\substack{\Delta S_x\to 0\\ \Delta S_y\to 0}}\frac{P_+^0(S_x<S\leqslant S_x+\Delta S_x,S_y<S\leqslant S_y+\Delta S_y)}{\Delta S_x\Delta S_y}\\ &(-\infty<S_x<\infty)(-\infty<S_y<\infty)\end{aligned} \tag{12-42}$$

即

$$P_+^0(S_x<S\leqslant S_x+\mathrm{d}S_x,S_y<S<S_y+\mathrm{d}S_y)=p_+^0(S_x,S_y)\mathrm{d}S_x\mathrm{d}S_y$$

二元平行系统的本质信息分布函数满足归一化条件

$$P_+^0(S_x, S_y) = \int_{-\infty}^{+\infty}\int_{-\infty}^{+\infty} p_+^0(S_x, S_y)\mathrm{d}S_x\mathrm{d}S_y = 1 \qquad (12\text{-}43)$$

虽然仅知道二元平行系统熵 S_x 和熵 S_y 的分布还不能知道 $P_0(S_x,S_y)$ 的联合分布,然而在同向平行发射的条件下,二元平行系统同向平行吸收发射的转化信息是两个子系统平行地进行形态转化的信息之乘积,即(12-4)式 $P_+ = \vec{P}_{B_+} \cdot \vec{P}_{C_+} = |\vec{P}_{B_+}||\vec{P}_{C_+}|$,二元平行系统同向平行自发发射的转化信息是两个子系统平行地进行形态转化的信息之乘积,即(12-23)式 $P_+ = \vec{P}_{B_+} \cdot \vec{P}_{C_+} = |\vec{P}_{B_+}||\vec{P}_{C_+}|$。因此,两个子系统在同向平行发射的条件下,二元平行系统熵 S_x 和熵 S_y 的本质联合分布信息可以用(12-3)式 $\vec{b} \cdot \vec{c} = |\vec{b}||\vec{c}|$ 表示为

$$P_+^0 = P_x^0 P_y^0 \qquad (12\text{-}44)$$

或

$$P_+^0(S_x, S_y) = P_+^0(S_x) P_+^0(S_y) \qquad (12\text{-}45)$$

这样,二元平行系统熵 S_x 和熵 S_y 的联合分布函数(12-41)式就可以表述为

$$\begin{aligned} P_+^0(S_x, S_y) &= \int_{-\infty}^{S_x}\int_{-\infty}^{S_y} p_+^0(S_x, S_y)\mathrm{d}S_x\mathrm{d}S_y \\ &= \int_{-\infty}^{S_x}\int_{-\infty}^{S_y} p_+^0(S_x) p_+^0(S_y)\mathrm{d}S_x\mathrm{d}S_y \\ &= \int_{-\infty}^{S_x} p_+^0(S_x)\mathrm{d}S_x \int_{-\infty}^{S_y} p_+^0(S_y)\mathrm{d}S_y \\ &= P_+^0(S_x) P_+^0(S_y) \end{aligned} \qquad (12\text{-}46)$$

上式对于一切熵 S_x 和熵 S_y 皆成立,所以二元平行系统的联合分布密度函数为独立平行的两个子系统分布密度函数的乘积

$$p_+^0(S_x, S_y) = p_+^0(S_x) p_+^0(S_y) \qquad (12\text{-}47)$$

可见,如果熵 S_x 和熵 S_y 都是连续型的质变量,熵 S_x 和熵 S_y 独立的充分必要条件是(12-47)式 $p_+^0(S_x,S_y) = p_+^0(S_x) p_+^0(S_y)$ 或(12-45)式 $P_+^0(S_x,S_y) = P_+^0(S_x) \cdot P_+^0(S_y)$。对于二元平行系统同向发射的情形或两个单元系统由一种平衡态始发同向平行自发发射终结为两种平衡态的情形,二元平行系统形态的本质信息是两个子系统平行地进行形态转化的本质信息之乘积。

其实,在忽略质变量有关质的规定的条件下,连续型的自变量成为连续随机变量。如果将二元平行系统同向发射的形态变化作为一个事件,两个子系统平行地进行的形态变化就是两个独立事件。在省却信息 $\vec{P}_+$ 这一基本质向量的性质和取向规定后,P_+ 就称为概率。所以,由(12-9)式 $P_{B_+/C_+} = \dfrac{\vec{P}_{B_+}}{\vec{P}_{C_+}}$ 就可以演绎出概率论的一条基本定理:在一事件发生的条件下另一事件发生的概率就是条件概率。[7]

如果二元平行系统的两个子系统同向发射的形态变化为事件 A_+ 和事件 B_+,且

B_+ 不是不可能事件,那么 $P_{A_+/B_+} = \dfrac{P_{A_+}}{P_{B_+}}$ 就是条件概率,表示事件 A_+ 在另外一个事件 B_+ 已经发生条件下的发生概率,并可以记为 $P(A_+/B_+) = \dfrac{P(A_+B_+)}{P(B_+)}$。

如果事件 B_+ 的概率 $P_+(B_+) > 0$,那么 $Q_+(A_+) = P(A_+/B_+)$ 在所有事件 A_+ 上所定义的函数 Q_+ 就是概率测度。如果 $P_+(B_+) = 0$,则 $P_+(A_+/B_+)$ 没有定义。一般地,$P_+(A_+/B_+) \neq P_+(A_+)$,而且它满足非负性、规范性和可列可加性三个条件。

在一维正向质向量坐标系 $\vec{X}_+$ 的 $(\vec{X}_+)$ 空间中,单位质向量 $\vec{e}_+$ 所表示的是异质单元系统在形态转化基元过程的变化规律,与单位质向量 $\vec{e}_+$ 对应的本质单位质向量 $\vec{e}^{\,0}_+$ 所表示的是本质单元系统在形态转化基元过程的分布规律。对于本质单元形态分布基元规律,可以在一维正向质向量坐标系 $\vec{X}_+$ 内部的 $(\vec{P}^{\,0}_+, \vec{S})$ 二维分质向量空间中,用远离平衡态的熵本质信息分布密度函数刻画。因此,在省却关于分质向量方向规定和自发发射条件下,把熵 S_x 的本质信息分布密度函数 $p^0_+(S_x) = -\dfrac{e^{-S_x}}{(1+e^{-S_x})^2}$ 和熵 S_y 的本质信息分布密度函数 $p^0_+(S_y) = -\dfrac{e^{-S_y}}{(1+e^{-S_y})^2}$ 代入 (12-47) 式 $p^0_+(S_x, S_y) = p^0_+(S_x) \cdot p^0_+(S_y)$ 后,就可以得到二元平行系统发生同向自发发射的本质信息分布密度函数

$$p^0_+(S_x, S_y) = \left[-\dfrac{e^{-S_x}}{(1+e^{-S_x})^2}\right]\left[-\dfrac{e^{-S_y}}{(1+e^{-S_y})^2}\right]$$
$$= \dfrac{e^{-(S_x+S_y)}}{(1+e^{-S_x})^2(1+e^{-S_y})^2} \tag{12-48}$$

此式就是二元系统同向自发发射的本质形态分布规律。

同理,在一维正向质向量坐标系 $\vec{X}_+$ 的 $(\vec{X}_+)$ 空间中,本质单位质向量 $\vec{e}^{\,0}_+$ 所表示的是本质单元系统在形态转化基元过程的分布规律,可以用其内部 $(\vec{P}^{\,0}_+, \vec{S})$ 二维分质向量空间中远离平衡态的熵本质信息分布函数刻画。在省却分质向量关于方向的规定和自发发射条件下,把熵 S_x 的本质信息函数 $P^0_+(S_x) = \dfrac{1}{1+e^{S_x}}$ 和熵 S_y 的本质信息函数 $P^0_+(S_y) = \dfrac{1}{1+e^{S_y}}$ 代入 (12-45) 式 $P^0_+(S_x, S_y) = P^0_+(S_x) P^0_+(S_y)$,就可以得到二元系统发生同向自发发射的本质信息分布函数

$$P^0_+(S_x, S_y) = \dfrac{1}{1+e^{S_x}} \dfrac{1}{1+e^{S_y}} \tag{12-49}$$

此式也就是二元系统同向自发发射的本质形态分布规律。

在一维正向质向量坐标系 $\vec{X}_+$ 内部 $(\vec{P}^{\,0}_+, \vec{E}, \vec{E}_{\neq}, \vec{\varepsilon})$ 四维分质向量空间的 $(\vec{P}^{\,0}_+, \vec{E}, \vec{C}_{E_{\neq}}, \vec{C}_{\varepsilon})$ 截面上,各个分质向量与各自的分质变量坐标轴同向,可以用其分质变量坐标轴来表示。在能阈 $E_{\neq} = C_{E_{\neq}} = \mu$ 与能元 $\varepsilon = C_{\varepsilon} = \sigma$ 为质常量的条件下,本质信息分布

密度函数就是带参量的逻辑斯蒂分布的概率密度函数（7-285）式 $p_+^0 = -\dfrac{e^{(\mu-E)/\sigma}}{\sigma[1+e^{(\mu-E)/\sigma}]^2}$。代入(12-47)式 $p_+^0(S_x,S_y)=p_+^0(S_x)p_+^0(S_y)$后，就可以得到二元系统发生同向自发发射的本质信息分布密度函数为

$$p_+^0(E_x,E_y)=p_+^0(E_x)p_+^0(E_y)$$
$$=\left[-\dfrac{e^{-(E_x-\mu_x)/\sigma_x}}{\sigma_x[1+e^{-(E_x-\mu_x)/\sigma_x}]^2}\right]\left[-\dfrac{e^{-(E_y-\mu_y)/\sigma_y}}{\sigma_y[1+e^{-(E_y-\mu_y)/\sigma_y}]^2}\right]$$
$$=\dfrac{1}{\sigma_x\sigma_y}\dfrac{e^{-(E_x-\mu_x)/\sigma_x-(E_y-\mu_y)/\sigma_y}}{[1+e^{-(E_x-\mu_x)/\sigma_x}]^2[1+e^{-(E_y-\mu_y)/\sigma_y}]^2} \quad (12\text{-}50)$$

在一维正向质向量坐标系 $\vec{X}_+$ 内部 $(\vec{P}_+^0,\vec{E},\vec{E}_{\neq},\vec{\varepsilon})$ 四维分质向量空间的 $(\vec{P}_+^0,\vec{E},\vec{C}_{E_{\neq}},\vec{C}_{\varepsilon})$ 截面上，各个分质向量与各自的分质变量坐标轴同向，可以用其分质变量坐标轴来表示。在能阈 $E_{\neq}=C_{E_{\neq}}=\mu$ 与能元 $\varepsilon=C_{\varepsilon}=\sigma$ 为质常量的条件下，本质信息分布函数就是带参量的逻辑斯蒂分布函数（7-280）式 $P_+^0=\dfrac{1}{1+e^{(\mu-E)/\sigma}}$，把两个子系统的逻辑斯蒂分布函数代入(12-44)式 $P_+^0=P_x^0 P_y^0$，就可以得到整个二元系统发生同向自发发射的本质信息分布函数

$$P_+^0(E_x,E_y)=\dfrac{1}{1+e^{(\mu_x-E_x)/\sigma_x}}\dfrac{1}{1+e^{(\mu_y-E_y)/\sigma_y}} \quad (12\text{-}51)$$

此式就是二元系统同向自发发射的本质信息分布规律。

(12-49)式 $P_+^0(S_x,S_y)=\dfrac{1}{1+e^{S_x}}\dfrac{1}{1+e^{S_y}}$ 是在一维正向质向量坐标系 $\vec{X}_+$ 内部的 $(\vec{P}_+,\vec{S})$ 二维分质向量空间中反映二元系统同向发射的本质形态分布规律，两个子系统在相同的方向上从一种平衡态向另一种平衡态转化的基元过程所表现的都是在远离平衡态的本质形态分布规律。由于两个子系统平行地进行形态变化，就像在平行的跑道上进行赛跑的竞争过程，因此两个子系统的本质信息分布函数是平行的。

如果二元平行系统中的某一个子系统只是在近平衡态或准平衡态变化，则其本质形态分布信息函数就可以用相应的指数函数或线性函数代替。如此，二元平行系统同向发射的本质形态分布规律就有不同的形式。在此，根据两个子系统本质形态在不同平衡态平行地分布可能出现的情形进行讨论。

（1）若子系统 x 的本质形态分布已经达到了远离平衡态，而另一子系统 y 的本质形态分布只在近平衡态进行。用子系统 y 在近平衡态的熵本质信息分布密度函数(7-38)式 $p_+^0(S_y)=-e^{-S_y}$ 取代(12-48)式 $p_+^0(S_x,S_y)=\left[-\dfrac{e^{-S_x}}{(1+e^{-S_x})^2}\right]\left[-\dfrac{e^{-S_y}}{(1+e^{-S_y})^2}\right]$ 中的 $p_+^0(S_y)=-\dfrac{e^{-S_y}}{(1+e^{-S_y})^2}$，那么二元平行系统的本质信息分布密度函数为

$$p_+^0(S_x,S_y)=\dfrac{e^{-(S_x+S_y)}}{(1+e^{-S_x})^2} \quad (12\text{-}52)$$

用子系统 y 在近平衡态的熵本质信息分布函数(7-37)式 $P_+^0(S_y)=\mathrm{e}^{-S_y}$ 取代(12-49)式 $P_+^0(S_x,S_y)=\dfrac{1}{1+\mathrm{e}^{S_x}}\dfrac{1}{1+\mathrm{e}^{S_y}}$ 中的 $P_+^0(S_y)=\dfrac{1}{1+\mathrm{e}^{S_y}}$,那么二元平行系统的本质信息分布函数可以简化为

$$P_+^0(S_x,S_y)=\frac{1}{1+\mathrm{e}^{S_x}}\mathrm{e}^{-S_y} \tag{12-53}$$

在一维正向质向量坐标系 $\vec{X}_+$ 内部 $(\vec{P}_+^0,\vec{E},\vec{E}_{\neq},\vec{\varepsilon})$ 四维分质向量空间的 $(\vec{P}_+^0,\vec{E},\vec{C}_{E_{\neq}},\vec{C}_{\varepsilon})$ 截面上,各个分质向量与各自的分质变量坐标轴同向,可以用其分质变量坐标轴来表示。在能阈 $E_{\neq}=C_{E_{\neq}}=\mu$ 与能元 $\varepsilon=C_{\varepsilon}=\sigma$ 为质常量的条件下,在近平衡态的本质信息分布密度函数(7-291)式 $p_+^0=\dfrac{1}{\varepsilon_+}\mathrm{e}^{-(E_{\neq+}-E_+)/\varepsilon_+}$ 也可以表示为 $p_+^0=\dfrac{1}{\sigma_+}\mathrm{e}^{-(\mu_+-E_+)/\sigma_+}$。把子系统 y 在近平衡态的本质信息分布密度函数代入(12-50)式 $p_+^0(E_x,E_y)=p_+^0(E_x)p_+^0(E_y)$,就可以得到二元平行系统的本质信息分布密度函数

$$\begin{aligned}p_+^0(E_x,E_y)&=p_+^0(E_x)p_+^0(E_y)\\&=\left[-\frac{\mathrm{e}^{-(E_x-\mu_x)/\sigma_x}}{\sigma_x[1+\mathrm{e}^{-(E_x-\mu_x)/\sigma_x}]^2}\right]\left[\frac{\mathrm{e}^{-(E_y-\mu_y)/\sigma_y}}{\sigma_y}\right]\\&=\frac{1}{\sigma_x\sigma_y}\frac{\mathrm{e}^{-(E_x-\mu_x)/\sigma_x-(E_y-\mu_y)/\sigma_y}}{[1+\mathrm{e}^{-(E_x-\mu_x)/\sigma_x}]^2}\end{aligned} \tag{12-54}$$

在能阈 $E_{\neq}=C_{E_{\neq}}=\mu$ 与能元 $\varepsilon=C_{\varepsilon}=\sigma$ 为质常量的条件下,在近平衡态的本质信息分布函数为(7-292)式 $P_+^0=\mathrm{e}^{-(\mu_+-E_+)/\sigma_+}$。把子系统 y 在近平衡态的本质信息分布函数代入(12-51)式 $P_+^0(E_x,E_y)=\dfrac{1}{1+\mathrm{e}^{-(\mu_x-E_x)/\sigma_x}}\dfrac{1}{1+\mathrm{e}^{-(\mu_y-E_y)/\sigma_y}}$,就可以得到二元平行系统的本质信息分布函数

$$\begin{aligned}P_+^0(E_x,E_y)&=P_+^0(E_x)P_+^0(E_y)\\&=\frac{\mathrm{e}^{-(\mu_y-E_y)/\sigma_y}}{1+\mathrm{e}^{-(\mu_x-E_x)/\sigma_x}}\end{aligned} \tag{12-55}$$

如果忽略能量 E、能阈 $E_{\neq}$、能元 ε 和本质信息 P_+^0 及其本质信息分布密度 p_+^0 这些质变量有关质的规定,令自变量 $x\equiv E_x$,$y\equiv E_y$,常量 $\mu_x\equiv C_{E_{\neq x}}$,$\mu_y\equiv C_{E_{\neq y}}$,$\sigma_x\equiv C_{\varepsilon x}$ 和 $\sigma_y\equiv C_{\varepsilon y}$,那么 y 子系统在近平衡态(即 $\mu_y-y\gg\sigma_y$)的条件下,由二元平行系统的本质信息分布密度函数(12-54)式就可以演绎出数理统计学中带参量的二元平行系统的概率密度函数

$$\begin{aligned}p_+^0(x,y)&=p_+^0(x)p_+^0(y)\\&=\frac{1}{\sigma_x\sigma_y}\frac{\mathrm{e}^{-(x-\mu_x)/\sigma_x-(y-\mu_y)/\sigma_y}}{[1+\mathrm{e}^{-(x-\mu_x)/\sigma_x}]^2}\end{aligned} \tag{12-56}$$

同样,由二元平行系统的本质信息分布函数(12-55)式也可以演绎出数理统计学中

带参量的二元平行系统的分布函数

$$P_+^0(x,y) = \frac{e^{-(\mu_y-y)/\sigma_y}}{1+e^{-(\mu_x-x)/\sigma_x}} \tag{12-57}$$

(2)若子系统 x 的形态转化已经达到远离平衡态,而另一子系统 y 的形态变化只在准平衡态进行。用 y 子系统在准平衡态的本质信息分布密度函数(7-49)式 $p_+^0(S_y) = a_y$ 取代(12-48)式 $p_+^0(S_x,S_y) = \left[-\frac{e^{-S_x}}{(1+e^{-S_x})^2}\right]\left[-\frac{e^{-S_y}}{(1+e^{-S_y})^2}\right]$ 中的 $p_+^0(S_y) = -\frac{e^{-S_y}}{(1+e^{-S_y})^2}$,那么二元平行系统的本质信息分布密度函数为

$$p_+^0(S_x,S_y) = -\frac{e^{-S_x}}{(1+e^{-S_x})^2}a_y \tag{12-58}$$

用 y 子系统在准平衡态变化的形态存在规律的熵信息分布函数(7-47)式 $P_+^0(S_y) = a_y S_y + b_y$ 取代(12-49)式 $P_+^0(S_x,S_y) = \frac{1}{1+e^{S_x}}\frac{1}{1+e^{S_y}}$ 中的 $P_+^0(S_y) = \frac{1}{1+e^{+S_y}}$,那么二元平行系统的本质信息分布函数可以简化为

$$P_+^0(S_x,S_y) = \frac{a_y S_y + b_y}{1+e^{S_x}} \tag{12-59}$$

在一维正向质向量坐标系 $\vec{X}_+$ 内部 $(\vec{P}_+^0, \vec{E}, \vec{E}_{\neq}, \vec{\varepsilon})$ 四维分质向量空间的 $(\vec{P}_+^0, \vec{E}, \vec{C}_{E_\neq}, \vec{C}_\varepsilon)$ 截面上,各个分质向量与各自的分质变量坐标轴同向,可以用其分质变量坐标轴来表示。在能阈 $E_{\neq} = C_{E_\neq} = \mu$ 与能元 $\varepsilon = C_\varepsilon = \sigma$ 为质常量的条件下,在准平衡态自发发射条件下的本质信息分布密度函数为(7-305)式 $p_+^0 = \kappa_+ a'$。把子系统 y 在准平衡态的本质信息分布密度函数代入(12-50)式 $p_+^0(E_x,E_y) = p_+^0(E_x)p_+^0(E_y)$,就可得到二元平行系统的本质信息分布密度函数

$$\begin{aligned}p_+^0(E_x,E_y) &= p_+^0(E_x)p_+^0(E_y)\\ &= \left[-\frac{e^{-(E_x-\mu_x)/\sigma_x}}{\sigma_x[1+e^{-(E_x-\mu_x)/\sigma_x}]^2}\right]\kappa_y a_y'\\ &= -\frac{\kappa_x \kappa_y a_y' e^{-\kappa_x(E_x-\mu_x)}}{[1+e^{-\kappa_x(E_x-\mu_x)}]^2} \quad (\kappa_x = \frac{1}{\sigma_x})\end{aligned} \tag{12-60}$$

在同样的条件下,把子系统 y 在准平衡态的本质信息分布函数(7-304)式 $P_+^0 = 1 - a'\kappa_+(\mu_+ - E_+) - b'$ 代入(12-51)式 $P_+^0(E_x,E_y) = \frac{1}{1+e^{(\mu_x-E_x)/\sigma_x}}\frac{1}{1+e^{(\mu_y-E_y)/\sigma_y}}$,就可以得到二元平行系统的本质信息分布函数

$$P_+^0(E_x,E_y) = \frac{a_y'\kappa_y E_y + 1 - a_y'\mu_y\kappa_y - b_y'}{1+e^{-(\mu_x-E_x)/\sigma_x}} \tag{12-61}$$

如果忽略所有质变量关于质的规定,令自变量 $x \equiv E_x$, $y \equiv E_y$ 和 $\lambda_+ \equiv \kappa_+$,那么,$y$ 子系统在准平衡态(即 $\mu_y - y \gg \sigma_y$)的条件下,由本质信息分布密度函数(12-60)式

$$p_+^0(E_x,E_y)=-\frac{\kappa_x\kappa_y a_y' e^{-\kappa_x(E_x-\mu_x)}}{[1+e^{-\kappa_x(E_x-\mu_x)}]^2}$$ 就可以演绎出数理统计学中带参量的二元平行系统的概率密度函数

$$p_+^0(x,y)=-\frac{\lambda_x\lambda_y a_y' e^{-\lambda_x(x-\mu_x)}}{[1+e^{-\lambda_x(x-\mu_x)}]^2} \tag{12-62}$$

在上述同样的条件下，由本质信息分布函数（12-61）式 $P_+^0(E_x,E_y)=\dfrac{a_y'\kappa_y E_y+1-a_y'\mu_y\kappa_y-b_y'}{1+e^{-(\mu_x-E_x)/\sigma_x}}$，也可以演绎出数理统计学中带参量的二元平行系统的本质信息分布函数

$$P_+^0(x,y)=\frac{a_y'\lambda_y y+1-a_y'\mu_y\lambda_y-b_y'}{1+e^{-\lambda_x(\mu_x-x)}} \tag{12-63}$$

（3）若子系统 x 的形态变化只达到近平衡态，即满足 $E_{\neq x}-E_x\gg\varepsilon_x$ 的条件，而另一子系统 y 的形态变化也只在近平衡态进行，即满足 $E_{\neq y}-E_y\gg\varepsilon_y$ 的条件。在省却分质向量关于方向的规定时，用 x 子系统和 y 子系统在近平衡态的本质信息分布密度函数（7-38）式 $p_+^0(S_x)=-e^{-S_x}$ 和 $p_+^0(S_y)=-e^{-S_y}$ 分别取代（12-48）式 $p_+^0(S_x,S_y)=\left[-\dfrac{e^{-S_x}}{(1+e^{-S_x})^2}\right]\left[-\dfrac{e^{-S_y}}{(1+e^{-S_y})^2}\right]$ 中的 $p_+^0(S_x)=-\dfrac{e^{-S_x}}{(1+e^{-S_x})^2}$ 和 $p_+^0(S_y)=-\dfrac{e^{-S_y}}{(1+e^{-S_y})^2}$，那么二元平行系统的本质信息分布密度函数为

$$p_+^0(S_x,S_y)=e^{-S_x}e^{-S_y}=e^{-(S_x+S_y)} \tag{12-64}$$

在同样的条件下，用子系统 x 和子系统 y 在近平衡态的熵本质信息分布函数（7-37）式 $P_+^0(S_x)=e^{-S_x}$ 和 $P_+^0(S_y)=e^{-S_y}$ 分别取代（12-49）式 $P_+^0(S_x,S_y)=\dfrac{1}{1+e^{S_x}}\cdot\dfrac{1}{1+e^{S_y}}$ 中的 $P_+^0(S_x)=\dfrac{1}{1+e^{S_x}}$ 和 $P_+^0(S_y)=\dfrac{1}{1+e^{S_y}}$，那么二元平行系统的本质信息分布函数可以简化为

$$P_+^0(S_x,S_y)=e^{S_x}e^{S_y}=e^{S_x+S_y} \tag{12-65}$$

在一维正向质向量坐标系 $\vec{X}_+$ 内部 $(\vec{P}_+^0,\vec{E},\vec{E}_{\neq},\vec{\varepsilon})$ 四维分质向量空间的 $(\vec{P}_+^0,\vec{E},\vec{C}_{E_{\neq}},\vec{C}_{\varepsilon})$ 截面上，各个分质向量与各自的分质变量坐标轴同向，可以用其分质变量坐标轴来表示。在能阈 $E_{\neq}=C_{E_{\neq}}=\mu$ 与能元 $\varepsilon=C_\varepsilon=\sigma$ 为质常量的条件下，把子系统 x 在近平衡态的本质信息分布密度函数（7-296）式 $p_+^0(E_x)=\dfrac{1}{\sigma_x}e^{(\mu_x-E_x)/\sigma_x}$ 和子系统 y 在近平衡态的本质信息分布密度函数（7-296）式 $p_+^0(E_y)=\dfrac{1}{\sigma_y}e^{(\mu_y-E_y)/\sigma_y}$ 代入（12-50）式 $p_+^0(E_x,E_y)=p_+^0(E_x)p_+^0(E_y)$，就可以得到二元平行系统的本质信息分布密度函数

$$\begin{aligned}p_+^0(E_x,E_y)&=\frac{1}{\sigma_x\sigma_y}e^{(\mu_x-E_x)/\sigma_x}e^{(\mu_y-E_y)/\sigma_y}\\&=\kappa_x\kappa_y e^{\kappa_x(\mu_x-E_x)+\kappa_y(\mu_y-E_y)}\end{aligned} \tag{12-66}$$

在同样的条件下,把子系统 x 和子系统 y 在近平衡态的熵本质信息分布函数(7-282)式 $P_+^0(E_x)=\mathrm{e}^{-(\mu_x-E_x)/\sigma_x}$ 和 $P_+^0(E_y)=\mathrm{e}^{-(\mu_y-E_y)/\sigma_y}$ 代入(12-51)式 $P_+^0(E_x,E_y)=\dfrac{1}{1+\mathrm{e}^{(\mu_x-E_x)/\sigma_x}}\dfrac{1}{1+\mathrm{e}^{(\mu_y-E_y)/\sigma_y}}$,就可以得到二元平行系统的本质信息分布函数

$$P_+(E_x,E_y)=\mathrm{e}^{-(\mu_x-E_x)/\sigma_x}\mathrm{e}^{-(\mu_y-E_y)/\sigma_y}$$
$$=\mathrm{e}^{-\kappa_x(\mu_x-E_x)-\kappa_y(\mu_y-E_y)} \tag{12-67}$$

如果忽略所有质变量关于质的规定,令自变量 $x\equiv E_x$,$y\equiv E_y$ 和 $\lambda_+\equiv\kappa_+$,那么子系统 x 和子系统 y 在近平衡态(即 $\mu_x-x\gg\sigma_x$ 和 $\mu_y-y\gg\sigma_y$)的条件下,由本质信息分布密度函数(12-66)式 $p_+^0(E_x,E_y)=\kappa_x\kappa_y\mathrm{e}^{\kappa_x(\mu_x-E_x)+\kappa_y(\mu_y-E_y)}$ 就可以演绎出数理统计学中带参量的二元平行系统的概率密度函数

$$p_+^0(x,y)=\lambda_x\lambda_y\mathrm{e}^{(\lambda_x\mu_x+\lambda_y\mu_y)}\mathrm{e}^{-(\lambda_x x+\lambda_y y)} \tag{12-68}$$

在上述同样的条件下,由本质信息分布函数(12-67)式 $P_+^0(E_x,E_y)=\mathrm{e}^{-\kappa_x(\mu_x-E_x)-\kappa_y(\mu_y-E_y)}$,也可以演绎出数理统计学中带参量的二元平行系统的分布函数

$$P_+^0(x,y)=\mathrm{e}^{-(\lambda_x\mu_x+\lambda_y\mu_y)}\mathrm{e}^{+(\lambda_x x+\lambda_y y)} \tag{12-69}$$

(4)若子系统 x 的形态变化是在近平衡态,即满足 $E_{\neq x}-E_x\gg\varepsilon_x$ 的条件,而另一子系统 y 的形态变化只是在准平衡态进行,即满足 $E_{\neq y}-E_y\gg\varepsilon_y$ 的条件。在省却分质向量关于方向的规定时,用 x 子系统在近平衡态的本质信息分布密度函数(7-38)式 $p_+^0(S_x)=-\mathrm{e}^{-S_x}$ 和 y 子系统在准平衡态的本质信息分布密度函数(7-44)式 $p_+^0(S_y)=a_y$ 分别取代(12-48)式 $p_+^0(S_x,S_y)=\left[-\dfrac{\mathrm{e}^{-S_x}}{(1+\mathrm{e}^{-S_x})^2}\right]\left[-\dfrac{\mathrm{e}^{-S_y}}{(1+\mathrm{e}^{-S_y})^2}\right]$ 中的 $p_+^0(S_x)=-\dfrac{\mathrm{e}^{-S_x}}{(1+\mathrm{e}^{-S_x})^2}$ 和 $p_+^0(S_y)=-\dfrac{\mathrm{e}^{-S_y}}{(1+\mathrm{e}^{-S_y})^2}$,那么二元平行系统的本质信息分布密度函数为

$$p_+^0(S_x,S_y)=-a_y\mathrm{e}^{-S_x} \tag{12-70}$$

用 x 子系统在近平衡态的熵本质信息分布函数(7-37)式 $P_+^0(S_x)=\mathrm{e}^{-S_x}$ 取代(12-49)式 $P_+^0(S_x,S_y)=\dfrac{1}{1+\mathrm{e}^{S_x}}\dfrac{1}{1+\mathrm{e}^{S_y}}$ 中的 $P_0(S_x)=\dfrac{1}{1+\mathrm{e}^{S_x}}$,用 y 子系统在准平衡态的熵本质信息分布函数(7-42)式 $P_+^0(S_y)=a_yS_y+b_y$ 取代(12-49)式 $P_+^0(S_x,S_y)=\dfrac{1}{1+\mathrm{e}^{S_x}}\cdot\dfrac{1}{1+\mathrm{e}^{S_y}}$ 中的 $P_+^0(S_y)=\dfrac{1}{1+\mathrm{e}^{S_y}}$,那么二元平行系统的本质信息分布函数可以简化为

$$P_+^0(S_x,S_y)=\mathrm{e}^{-S_x}(a_yS_y+b_y) \tag{12-71}$$

在一维正向质向量坐标系 $\vec{X}_+$ 内部 $(\vec{P}_+^0,\vec{E},\vec{E}_{\neq},\vec{\varepsilon})$ 四维分质向量空间的 $(\vec{P}_+^0,\vec{E},\vec{C}_{E_{\neq}},\vec{C}_{\varepsilon})$ 截面上,各个分质向量与各自的分质变量坐标轴同向,可用其分质变量坐标轴来表示。在能阈 $E_{\neq}=C_{E_{\neq}}=\mu$ 与能元 $\varepsilon=C_\varepsilon=\sigma$ 为质常量的条件下,把子系统 x 在近

平衡态的本质信息分布密度函数(7-296)式 $p_+^0(E_x)=\frac{1}{\sigma_x}e^{(\mu_x-E_x)/\sigma_x}$ 和子系统 y 在准平衡态的本质信息分布密度函数(7-295)式 $p_+^0(E_y)=\kappa_y a_y'$ 代入(12-50)式 $p_+^0(E_x,E_y)=p_+^0(E_x)p_+^0(E_y)$，就可得到二元平行系统的本质信息分布密度函数

$$p_+^0(E_x,E_y)=\kappa_x\kappa_y a_y' e^{(\mu_x-E_x)/\sigma_x} \tag{12-72}$$

在同样的条件下，把子系统 x 在近平衡态的熵本质信息分布函数(7-292)式 $P_+^0(E_x)=e^{-(\mu_x-E_x)/\sigma_x}$ 和子系统 y 在准平衡态的熵本质信息分布函数(7-304)式 $P_+^0(E_y)=1-a_y'\kappa_y(\mu_y-E_y)-b_y'$ 代入(12-51)式 $P_+^0(E_x,E_y)=\frac{1}{1+e^{(\mu_x-E_x)/\sigma_x}}\frac{1}{1+e^{(\mu_y-E_y)/\sigma_y}}$，就可以得到二元平行系统的本质信息分布函数

$$P_+^0(E_x,E_y)=e^{-(\mu_x-E_x)/\sigma_x}(1-a_y'\kappa_y\mu_y-b_y'+a_y'\kappa_y E_y) \tag{12-73}$$

如果忽略所有质变量关于质的规定，令自变量 $x\equiv E_x$，$y\equiv E_y$ 和 $\lambda_+\equiv\kappa_+$，那么子系统 x 在近平衡态（即 $\mu_x-x\gg\sigma_x$）和子系统 y 在准平衡态（即 $\mu_y-y\gg\sigma_y$）的条件下，由本质信息分布密度函数(12-72)式 $p_+^0(E_x,E_y)=\kappa_x k_y a_y' e^{(\mu_x-E_x)/\sigma_x}$ 就可以演绎出数理统计学中带参量的二元平行系统的概率密度函数

$$\begin{aligned}p_+^0(x,y)&=\lambda_x\lambda_y a_y' e^{\lambda_x(\mu_x-x)}\\&=Ae^{-\lambda_x x}\end{aligned} \tag{12-74}$$

式中，$A=\lambda_x\lambda_y a_y' e^{\lambda_x\mu_x}$。

在上述同样条件下，由本质信息分布函数(12-73)式 $P_+^0(E_x,E_y)=e^{-(\mu_x-E_x)/\sigma_x}(1-a_y'\kappa_y\mu_y-b_y'+a_y'\kappa_y E_y)$，也可以演绎出数理统计学中带参量的二元平行系统的分布函数

$$P_+^0(x,y)=e^{-\lambda_x(\mu_x-x)}(1-a_y'\lambda_y\mu_y-b_y'+a_y'\lambda_y y) \tag{12-75}$$

(5)若子系统 x 的形态变化只达到准平衡态，即满足 $E_{\neq x}-E_x\gg\varepsilon_x$ 的条件，另一子系统 y 的形态变化也只在准平衡态进行，即满足 $E_{\neq y}-E_y\gg\varepsilon_y$ 的条件。在省却分质向量关于方向的规定时，用 x 子系统和 y 子系统在准平衡态的本质信息分布密度函数(7-44)式 $p_+^0(S_x)=a_x$ 和 $p_+^0(S_y)=a_y$ 分别取代(12-48)式 $p_+^0(S_x,S_y)=\left[-\frac{e^{-S_x}}{(1+e^{-S_x})^2}\right]\left[-\frac{e^{-S_y}}{(1+e^{-S_y})^2}\right]$ 中的 $p_+^0(S_x)=-\frac{e^{-S_x}}{(1+e^{-S_x})^2}$ 和 $p_+^0(S_y)=-\frac{e^{-S_y}}{(1+e^{-S_y})^2}$，那么二元平行系统的本质信息分布密度函数为

$$p_+^0(S_x,S_y)=a_x a_y \tag{12-76}$$

在同样的条件下，用子系统 x 和子系统 y 在准平衡态的熵本质信息分布函数(7-42)式 $P_+^0(S_x)=a_x S_x+b_x$ 和 $P_+^0(S_y)=a_y S_y+b_y$ 分别取代(12-49)式 $P_+^0(S_x,S_y)=\frac{1}{1+e^{S_x}}\frac{1}{1+e^{S_y}}$ 中的 $P_+^0(S_x)=\frac{1}{1+e^{S_x}}$ 和 $P_+^0(S_y)=\frac{1}{1+e^{S_y}}$，那么二元平行系统的本质信息分布函数可以简化为

$$P_+^0(S_x,S_y)=a_xa_yS_xS_y+a_xb_yS_x+a_yb_xS_y+b_xb_y \qquad (12\text{-}77)$$

在一维正向质向量坐标系 $\vec{X}_+$ 内部 $(\vec{P}_+^0,\vec{E},\vec{E}_{\neq},\vec{\varepsilon})$ 四维分质向量空间的 $(\vec{P}_+^0,\vec{E},\vec{C}_{E_{\neq}},\vec{C}_\varepsilon)$ 截面上,各个分质向量与各自的分质变量坐标轴同向,可以用其分质变量坐标轴来表示。在能阈 $E_{\neq}=C_{E_{\neq}}=\mu$ 与能元 $\varepsilon=C_\varepsilon=\sigma$ 为质常量的条件下,把子系统 x 在准平衡态的本质信息分布密度函数(7-285)式 $p_+^0(E_x)=\kappa_x a_x'$ 和子系统 y 在准平衡态的本质信息分布密度函数(7-285)式 $p_+^0(E_y)=\kappa_y a_y'$ 代入(12-50)式 $p_+^0(E_x,E_y)=p_+^0(E_x)p_+^0(E_y)$,就可得到二元平行系统的本质信息分布密度函数为

$$p_+^0(E_x,E_y)=p_+^0(E_x)p_+^0(E_y)=\kappa_x\kappa_y a_x'a_y' \qquad (12\text{-}78)$$

在同样的条件下,把子系统 x 和子系统 y 在准平衡态的熵本质信息分布函数(7-294)式 $P_+^0(E_x)=1-a_x'\kappa_x(\mu_x-E_x)-b_x'$ 和 $P_+^0(E_y)=1-a_y'\kappa_y(\mu_y-E_y)-b_y'$ 代入(12-51)式 $P_+^0(E_x,E_y)=\dfrac{1}{1+e^{(\mu_x-E_x)/\sigma_x}}\dfrac{1}{1+e^{(\mu_y-E_y)/\sigma_y}}$,就可以得到二元平行系统的本质信息分布函数

$$P_+^0(E_x,E_y)=[1-a_x'\kappa_x(\mu_x-E_x)-b_x'][1-a_y'\kappa_y(\mu_y-E_y)-b_y'] \qquad (12\text{-}79)$$

如果忽略所有质变量关于质的规定,令自变量 $x\equiv E_x$,$y\equiv E_y$ 和 $\lambda_+\equiv\kappa_+$,那么子系统 x 和子系统 y 在准平衡态(即 $\mu_x-x\gg\sigma_x$ 和 $\mu_y-y\gg\sigma_y$)的条件下,由本质信息分布密度函数(12-78)式 $p_+^0(E_x,E_y)=\kappa_x\kappa_y a_x'a_y'$ 就可以演绎出数理统计学中带参量的二元平行系统的概率密度函数

$$p_+^0(x,y)=\lambda_x\lambda_y a_x'a_y' \qquad (12\text{-}80)$$

在上述同样的条件下,由本质信息分布函数(12-79)式 $P_+^0(E_x,E_y)=[1-a_x'\kappa_x\cdot(\mu_x-E_x)-b_x'][1-a_y'\kappa_y(\mu_y-E_y)-b_y']$,也可以演绎出数理统计学中带参量的二元平行系统的分布函数

$$P_+^0(x,y)=[1-a_x'\lambda_x(\mu_x-x)-b_x'][1-a_y'\lambda_y(\mu_y-y)-b_y'] \qquad (12\text{-}81)$$

第四节　多元系统同向发射形态变化规律

在一维正向质向量坐标系 $\vec{X}_+$ 的 $(\vec{X}_+)$ 空间中考察事物形态的变化,如果不是局限于单元系统形态转化的基元过程,而是扩展到多元系统形态平行转化的基元过程,则可以揭示多元系统同向发射的异质形态变化规律。多元系统的多个子系统在平行竞争过程中,其不同失衡态的形态量"较量"会出现不同的情形。

一、多元系统同向平行吸收发射的情形

在一定环境的作用下,一个单元系统在完成了从一平衡态(基态)$\vec{A}_+$ 向终结态为性

质相异的两个平衡态 $\vec{B}_+$ 和 $\vec{C}_+$ 的形态转化后,可以把始发态的单元系统分割为同质的两个子系统,这两个子系统就组成了二元平行系统。二元系统的两个子系统同向平行的形态转化就成为二元平行系统在基元过程的同向发射。不过,一个单元系统的形态转化不仅存在二元子系统的同向平行发射,而且存在多元子系统的同向平行发射。二元子系统的同向平行发射只是多元子系统同向平行发射的最简单情形。

如果一个多元系统由多个子系统(组元)组成,在一定环境的作用下,多元系统中的各个子系统(组元)发生方向相互平行一致的形态变化,这样的平行系统就称为多元平行系统。如果一个多元系统由 m 个同向并行发射的子系统组成,就称为 m 元平行系统。

在一维正向质向量坐标系 $\vec{X}_+$ 的 $(\vec{X}_+)$ 空间中,m 元系统的始发态为 A_{+0},子系统 $x_1,x_2,\cdots,x_m$ 分别发生吸收发射后终结态为 $A_{+1},A_{+2},\cdots,A_{+m}$,那么 m 元平行系统的形态变化过程可以用符号表示如下

$$A_{+0}(x_1) \longrightarrow A_{+1}(x_1)$$
$$A_{+0}(x_2) \longrightarrow A_{+2}(x_2)$$
$$\vdots \quad\quad\quad (12\text{-}82)$$
$$A_{+0}(x_m) \longrightarrow A_{+m}(x_m)$$

或

$$A_{+0}(x_1,x_2,\cdots,x_m) \begin{cases} \to A_{+1}(x_1) \\ \to A_{+2}(x_2) \\ \vdots \\ \to A_{+m}(x_m) \end{cases} \quad (12\text{-}83)$$

这里,$x_1,x_2,\cdots,x_m$ 分别表示第 1 子系统的组分,第 2 子系统的组分……第 m 子系统的组分。A_{+0} 表示始发态,$A_{+1},A_{+2},\cdots,A_{+m}$ 分别表示终结态。

在二维向量坐标系空间中,两个平行向量 $\vec{b}$、$\vec{c}$ 的内积为(12-3)式 $\vec{b} \cdot \vec{c} = |\vec{b}||\vec{c}|$。在 m 维向量坐标系空间中,如果向量 $\vec{X} = \vec{X}_1 \cdot \vec{X}_2 \cdot \cdots \cdot \vec{X}_m$,则 $\vec{X}_1,\vec{X}_2,\cdots,\vec{X}_m$ 为向量 $\vec{X}$ 的分向量。若 $\vec{X}_1,\vec{X}_2,\cdots,\vec{X}_m$ 这 m 个分向量彼此的交角为零,则从向量 $\vec{X}$ 的层面来看,它们就都是共线的向量。

在一维正向质向量坐标系 $\vec{X}_+$ 内部由信息 $\vec{P}_+$ 和熵 $\vec{S}_+$ 这两个分质向量构成的 $(\vec{P}_+,\vec{S}_+)$ 二维分质向量空间中,多元平行系统的形态 $\vec{x}_+$ 可以用信息 $\vec{P}_+$ 和熵 $\vec{S}_+$ 这两个独立的分质向量表示,即 $\vec{x}(\vec{P}_+,\vec{S}_+)$。但是,对于多元平行系统的信息 $\vec{P}_+$,在 $\vec{a}//\vec{b}$ (即 $\langle\vec{a},\vec{b}\rangle = 0, \cos\langle\vec{a},\vec{b}\rangle = 1$)的条件下,向量 $\vec{a}$ 和向量 $\vec{b}$ 的内积为(4-31)式 $\vec{a} \cdot \vec{b} = |\vec{a}||\vec{b}|$,如果以正号表示吸收发射,负号表示自发发射,那么 m 元平行系统的子系统同向平行发射的形态信息就可以用 m 个子系统的信息表示为

$$P_+ = (\pm\vec{P}_{+1}) \cdot (\pm\vec{P}_{+2}) \cdot \cdots \cdot (\pm\vec{P}_{+m})$$
$$= |\vec{P}_{+1}||\vec{P}_{+2}|\cdots|\vec{P}_{+m}|$$

$$= P_{+1} \cdot P_{+2} \cdot \cdots \cdot P_{+m} \tag{12-84}$$

此式表明,在同一独立平行发射的条件下,多元系统整体形态的变化信息是各个独立的子系统平行地进行形态变化的信息之乘积。

由于 m 元平行系统每个子系统所进行的形态变化过程代表着一个事件的发生,因此 m 个子系统在同一环境条件下同向平行地进行形态变化的过程就是 m 个独立事件。如果忽略信息这一质向量关于性质和指向的规定,就可以赋予其"概率"这一小名,那么统一科学关于多元系统及其平行独立的子系统的形态变化信息就可以演绎到概率论中,也就可以表述为独立事件的概率相乘律:互相独立事件同时发生的概率等于各种事件概率之乘积。[8]

在多元平行系统中,如果 m 个子系统中有 a 个子系统是全同的子系统 A,它们在同一环境条件下平行地进行 $A_{+0}(x_i) \to A_{+1}(x_i)$ 的形态转化的表现是一样的,这就存在 a 个一样的 A 事件,那么(12-84)式 $P_+ = (\pm \vec{P}_{+1}) \cdot (\pm \vec{P}_{+2}) \cdot \cdots \cdot (\pm \vec{P}_{+m}) = |\vec{P}_{+1}||\vec{P}_{+2}|\cdots|\vec{P}_{+m}| = P_{+1} \cdot P_{+2} \cdot \cdots \cdot P_{+m}$ 就可以写成

$$P_+ = |\vec{P}_{+1}||\vec{P}_{+2}|\cdots|\vec{P}_{+m}|$$
$$= P_{+1} \cdot P_{+2} \cdot \cdots \cdot P_{+(m-a)} \cdot P_{+A}^a \tag{12-85}$$

在此式中,$P_{+1}, P_{+2}, \cdots, P_{+(m-a)}$ 各代表一个子系统一级的形态变化信息,a 称为子系统形态变化的级数,而 P_{+A}^a 代表 a 个子系统形态变化的信息,正号表示吸收发射,负号则表示自发发射。

在 m 元平行系统中,如果 m 个子系统中有 a 个子系统是全同的子系统 A,b 个子系统是全同的子系统 B……k 个子系统是全同的子系统 K,则它们在同一环境条件下平行地进行形态转化的表达式可写成

$$aA + bB + \cdots + kK \longrightarrow gG + hH + \cdots + lL \tag{12-86}$$

上式左边代表始发态,右边代表终结态。

由于多元平行系统与其内部的多维子系统的形态变化指向一致,如果忽略了分质向量关于指向的规定,这些分质向量就成为质变量。如此,满足(12-86)式的 m 元平行系统的形态变化信息就可以写成

$$P_+ = P_{+A}^a \cdot P_{+B}^b \cdot \cdots \cdot P_{+K}^k \tag{12-87}$$

这里,A 的级数为 a,B 的级数为 b,$\cdots$,K 的级数为 k。

在一维正向质向量坐标系 $\vec{X}$ 上,多元平行系统中的各个子系统各自平行地进行形态变化,每个子系统的形态变化中都存在着形态完全转化的可能,也存在着未实现形态完全转化的可能。如果某一子系统实现了从一种平衡态向另一种平衡态转化的基元过程,那就必须用远离平衡态的单元系统形态转化基元规律来刻画。如果一个 m 元平行系统中有 a 个子系统实现了从一种平衡态向另一种平衡态转化的基元过程,那这 a 个子系统就必须用远离平衡态的单元系统形态转化基元规律来刻画。如果一个 m

元平行系统中的某一个子系统只是在近平衡态或准平衡态变化，那这个子系统的形态变化可以用近平衡态或准平衡态相应的单元系统形态变化规律的指数函数或线性函数来描述。在此，就讨论几种典型的情形。

(一) 远离平衡态

在一维正向质向量坐标系 $\vec{X}_+$ 内部的 $(\vec{P}_+,\vec{S}_+)$ 四维分质向量空间中，各个分质向量与各自的分质变量坐标轴同向，可以用其分质变量坐标轴来表示。如果一个多元平行系统由 m 个平行发射的子系统组成，且 m 元平行系统中的每一个子系统在各自的形态变化中都做吸收发射并完成了从一种平衡态向另一种平衡态转化的基元过程，那么把单元系统形态转化基元规律代入(12-84)式 $P_+=|\vec{P}_{+1}||\vec{P}_{+2}|\cdots|\vec{P}_{+m}|=P_{+1}\cdot P_{+2}\cdot\cdots\cdot P_{+m}$，就有

$$P_+=\frac{1}{1+e^{S_{+1}}}\frac{1}{1+e^{S_{+2}}}\cdots\frac{1}{1+e^{S_{+m}}} \tag{12-88}$$

这就是以信息与熵的关系来表达的吸收发射条件下 m 元平行系统形态变化规律。

同理，在一维正向质向量坐标系 $\vec{X}_+$ 内部的 $(\vec{P}_+,\vec{E}_+,\vec{E}_{\neq +},\vec{\varepsilon}_+)$ 四维分质向量空间中，各个分质向量与各自的分质变量坐标轴同向，可以用其分质变量坐标轴来表示。如果 m 元平行系统中的每一个子系统在各自的形态变化中都做吸收发射并完成了形态转化，那么把单元系统形态转化基元规律代入(12-84)式 $P_+=|\vec{P}_{+1}||\vec{P}_{+2}|\cdots|\vec{P}_{+m}|=P_{+1}\cdot P_{+2}\cdot\cdots\cdot P_{+m}$，就有

$$P_+=\frac{1}{1+e^{(E_{\neq +1}-E_+)/\varepsilon_{+1}}}\frac{1}{1+e^{(E_{\neq +2}-E_+)/\varepsilon_{+2}}}\cdots\frac{1}{1+e^{(E_{\neq +m}-E_+)/\varepsilon_{+m}}} \tag{12-89}$$

这也是在吸收发射条件下的 m 元平行系统形态变化规律。

(二) 近平衡态

在一维正向质向量坐标系 $\vec{X}_+$ 内部的 $(\vec{P}_+,\vec{S}_+)$ 二维分质向量空间中，各个分质向量与各自的分质变量坐标轴同向，可以用其分质变量坐标轴来表示。如果 m 元平行系统中的各子系统的形态变化均满足近平衡态吸收发射的条件，则(12-88)式 $P_+=\frac{1}{1+e^{S_{+1}}}\cdot\frac{1}{1+e^{S_{+2}}}\cdots\frac{1}{1+e^{S_{+m}}}$ 可以简化为

$$P_+=\prod_{i=1}^{m}e^{-S_{+i}} \tag{12-90}$$

对(12-84)式 $P_+=P_{+1}\cdot P_{+2}\cdot\cdots\cdot P_{+m}$ 和(12-90)式 $P_+=\prod_{i=1}^{m}e^{-S_{+i}}$ 取对数，由(5-94)式 $S(P_+)=-\ln P_+$，就有

$$\begin{aligned}S_+ &= -\ln P_+ \\ &= -\ln(P_{+1} \cdot P_{+2} \cdot \cdots \cdot P_{+m}) \\ &= -\ln P_{+1} - \ln P_{+2} - \cdots - \ln P_{+m} \\ &= S_{+1} + S_{+2} + \cdots + S_{+m}\end{aligned} \tag{12-91}$$

这就是吸收发射条件下在近平衡态的多元平行系统形态变化规律。

在一维正向质向量坐标系 $\vec{X}_+$ 内部的 $(\vec{P}_+,\vec{E}_+,\vec{E}_{\neq+},\vec{\varepsilon}_+)$ 四维分质向量空间中,各个分质向量与各自的分质变量坐标轴同向,可以用其分质变量坐标轴来表示。如果 m 元平行系统中的各子系统形态变化均满足近平衡态吸收发射的条件,则(12-88)式 $P_+ = \dfrac{1}{1+e^{S_{+1}}} \dfrac{1}{1+e^{S_{+2}}} \cdots \dfrac{1}{1+e^{S_{+m}}}$ 可以简化为

$$P_+ = \prod_{i=1}^{m} e^{-(E_{\neq +i}-E_{+i})/\varepsilon_{+i}} \tag{12-92}$$

对(12-92)式取对数,就有

$$\begin{aligned}\ln P_+ &= \ln(P_{+1} \cdot P_{+2} \cdot \cdots \cdot P_{+m}) \\ &= \ln P_{+1} + \ln P_{+2} + \cdots + \ln P_{+m} \\ &= -\left(\frac{E_{\neq +1}-E_{+1}}{\varepsilon_{+1}} + \frac{E_{\neq +2}-E_{+2}}{\varepsilon_{+2}} + \cdots + \frac{E_{\neq +m}-E_{+m}}{\varepsilon_{+m}}\right)\end{aligned} \tag{12-93}$$

在一维正向质向量坐标系 $\vec{X}_+$ 内部 $(\vec{N}_+,\vec{n}_+,\vec{E}_+,\vec{E}_{\neq+},\vec{\varepsilon}_+)$ 五维分质向量空间中的 $(\vec{C}_{N_+},\vec{n}_+,\vec{E}_+,\vec{C}_{E_{\neq+}},\vec{C}_{\varepsilon_+})$ 截面上,各个分质向量与各自的分质变量坐标轴同向,可以用其分质变量坐标轴来表示。m 元平行系统的各子系统的能量是一样的,即 $E_+ = E_{+1} = E_{+2} = \cdots = E_{+m}$。把 $N_+ = C_{N_+}$,$E_{\neq +} = C_{E_{\neq +}}$,$\varepsilon_+ = C_{\varepsilon_+}$ 和(4-72)式 $P_+ = \dfrac{n_+}{C_{N_+}}$ 代入(12-92)式 $P_+ = \prod\limits_{i=1}^{m} e^{-(E_{\neq +i}-E_{+i})/\varepsilon_{+i}}$,就可以得到

$$n_+ = C_{N_+} \prod_{i=1}^{m} e^{-(C_{E_{\neq +i}}-E_{+i})/C_{\varepsilon_{+i}}} \tag{12-94}$$

对上式取对数,就有

$$\begin{aligned}\ln n_+ &= \ln(n_{+1} \cdot n_{+2} \cdot \cdots \cdot n_{+m}) \\ &= \ln n_{+1} + \ln n_{+2} + \cdots + \ln n_{+m} \\ &= -\left(\frac{C_{E_{\neq +1}}-E_{+1}}{C_{\varepsilon_{+1}}} + \frac{C_{E_{\neq +2}}-E_{+2}}{C_{\varepsilon_{+2}}} + \cdots + \frac{C_{E_{\neq +m}}-E_{+m}}{C_{\varepsilon_{+m}}}\right) + \ln C_{N_+} \\ &= \ln C_{N_+} - (C_{\xi_{+1}} + C_{\xi_{+2}} + \cdots + C_{\xi_{+m}}) + (\kappa_{+1} + \kappa_{+2} + \cdots + \kappa_{+m})E_+ \\ &= A_+ + \kappa_+ E_+\end{aligned} \tag{12-95}$$

式中,$\kappa_+ = (\kappa_{+1} + \kappa_{+2} + \cdots + \kappa_{+m})$;$A_+ = \ln C_{N_+} - (C_{\xi_{+1}} + C_{\xi_{+2}} + \cdots + C_{\xi_{+m}})$。

再对(12-95)式求能量 E_+ 的导数,可以得到

$$\frac{\mathrm{d}n_+}{\mathrm{d}E_+} = n_+(\kappa_{+1} + \kappa_{+2} + \cdots + \kappa_{+m}) = \kappa_+ n_+ \tag{12-96}$$

在定容的条件下,(12-96)式两边同除于一体积因子 V_+,就有

$$dC_+ = \kappa_+ C_+ dE_+ \tag{12-97}$$

式中,$C_+ = \dfrac{n_+}{V_+}$ 为单位体积的异质单元数,称为浓度。

特别地,如果能量 E_+ 的显性因子 θ_+ 用时间 t_+ 代替,$E_+ = F_N t_+$(F_N 为常数),而常数 $k = \kappa_+ F_N$ 为反应速率常数,那么(12-96)式就成为

$$\frac{dn_+}{dt_+} = \kappa_+ F_N n_+ = k n_+ \tag{12-98}$$

这样,(12-97)式 $dC_+ = \kappa_+ C_+ dE_+$ 还可以变换为

$$r_+ = \frac{dC_+}{dt_+} = \kappa_+ F_N C_+ = k C_+ \tag{12-99}$$

r_+ 即为反应速率。

因此,对于多元平行系统在吸收发射和各种失衡条件下的独立平行的形态变化规律,如果用能量 E_+ 的显性因子 θ_+ 代替,就可以得到多元平行系统发生同向平行吸收发射形态变化的各种各样的表达式。

(三)准平衡态

在一维正向质向量坐标系 $\vec{X}_+$ 内部的 $(\vec{P}_+, \vec{E}_+, \vec{E}_{\neq +}, \vec{\varepsilon}_+)$ 四维分质向量空间中,各个分质向量与各自的分质变量坐标轴同向,可以用其分质变量坐标轴来表示。如果 m 元平行系统中的各子系统形态变化均满足准平衡态吸收发射的条件,$(E_{\neq +i} - E_+) \gg \varepsilon_{+i}$,且 $E_+ = E_{+1} = E_{+2} = \cdots = E_{+m}$,则(12-92)式 $P_+ = \prod\limits_{i=1}^{m} \dfrac{1}{1 + e^{(E_{\neq +i} - E_+)/\varepsilon_{+i}}}$ 还可以再进一步简化,这样 m 元平行系统形态变化规律为

$$\begin{aligned} P_+ &= \prod_{i=1}^{m} (\alpha_i + \beta_i E_+) \\ &= (\alpha_{+1} + \beta_{+1} E_+)(\alpha_{+2} + \beta_{+2} E_+) \cdots (\alpha_{+m} + \beta_{+m} E_+) \end{aligned} \tag{12-100}$$

(四)混合失衡态

多元平行系统中不同组元的子系统并不一定是同样大小的,在同样的吸收发射条件下,有些组元的子系统可能满足近平衡态条件或准平衡态条件,而其他组元的子系统可能并不同时满足该条件,因此,多元平行系统的形态变化规律就可能存在多种多样的近似表达式。

在一维正向质向量坐标系 $\vec{X}_+$ 内部的 $(\vec{P}_+, \vec{E}_+, \vec{E}_{\neq +}, \vec{\varepsilon}_+)$ 四维分质向量空间中,各个分质向量与各自的分质变量坐标轴同向,可以用其分质变量坐标轴来表示。对于 m 元平行系统在吸收发射情形下,如果 $(m-l)$ 个组元满足了 $(E_{\neq +j} - E_+) \gg \varepsilon_{+j}$ 的条件,则(12-84)式 $P_+ = P_{+1} \cdot P_{+2} \cdot \cdots \cdot P_{+m}$ 可以表述为

$$P_+ = \prod_{j=1}^{m-l} e^{-(E_{\neq+j}-E_+)/\varepsilon_{+j}} \prod_{i=1}^{l} \frac{1}{1+e^{(E_{\neq+i}-E_+)/\varepsilon_{+i}}} \qquad (12\text{-}101)$$

$$(i \neq j, i=1,2,\cdots,l, j=1,2,\cdots,m-l)$$

同理,对于 m 元平行系统,在吸收发射情形下,如果 $(m-l)$ 个组元满足了 $(E_{\neq+j}-E_+) \gg \varepsilon_{+j}$ 的条件,则(12-84)式 $P_+ = P_{+1} \cdot P_{+2} \cdot \cdots \cdot P_{+m}$ 可表述为

$$P_+ = \prod_{j=1}^{g} (\alpha_{+j}+\beta_{+j}E_+) \prod_{i=1}^{l} \frac{1}{1+e^{(E_{\neq+i}-E_+)/\varepsilon_{+i}}} \qquad (12\text{-}102)$$

$$(i \neq j, i=1,2,\cdots,l, j=1,2,\cdots,m-l)$$

一般地,对于 m 元平行系统,在吸收发射情形下,如果有 l 个组元满足 $(E_{\neq+j}-E_+) \gg \varepsilon_{+j}$ 的近平衡条件,有 g 个组元满足 $(E_{\neq+h}-E_+) \gg \varepsilon_{+h}$ 的准平衡条件,则整个多元系统形态变化规律为

$$P_+ = \left[\prod_{h=1}^{g}(\alpha_{+h}+\beta_{+h}E_+)\right]\left[\prod_{j=1}^{m-g} e^{-(E_{\neq+j}-E_+)/\varepsilon_{+j}}\right]\prod_{i=1}^{m-g-l} \frac{1}{1+e^{(E_{\neq+i}-E_+)/\varepsilon_{+i}}} \qquad (12\text{-}103)$$

二、多元平行系统同向自发发射的情形

在多元平行系统中,各个子系统是各自平行独立地进行形态变化,每个子系统的形态变化中都存在着形态完全转化的可能,也存在着未实现形态完全转化的可能。不过,任何一个子系统在形态变化过程中,不同的失衡态必须用不同发射条件的形态变化规律来刻画。在此,讨论不同失衡态和自发发射条件下多元平行系统的形态变化规律。

(一)远离平衡态

在一维正向质向量坐标系 $\vec{X}_+$ 内部的 $(\vec{P}_+,\vec{S}_+)$ 二维分质向量空间中,各个分质向量与各自的分质变量坐标轴同向,可以用其分质变量坐标轴来表示。如果一个多元平行系统由 m 个平行发射的子系统组成,且 m 元平行系统中的每一个子系统在各自的形态变化中都做自发发射并完成了从一种平衡态向另一种平衡态转化的基元过程,那么把自发发射条件下的单元系统形态转化基元规律 $P_{+i} = \frac{1}{1+e^{-S_{+i}}}$ 代入(12-84)式 $P_+ = |\vec{P}_{+1}||\vec{P}_{+2}|\cdots|\vec{P}_{+m}| = P_{+1} \cdot P_{+2} \cdot \cdots \cdot P_{+m}$,就有

$$P_+ = P_{+1} \cdot P_{+2} \cdot \cdots \cdot P_{+m}$$
$$= \frac{1}{1+e^{-S_{+1}}} \frac{1}{1+e^{-S_{+2}}} \cdots \frac{1}{1+e^{-S_{+m}}} \qquad (12\text{-}104)$$

这就是以信息与熵的关系来表达的自发发射条件下 m 元平行系统的形态变化规律。

同理,在一维正向质向量坐标系 $\vec{X}_+$ 内部的 $(\vec{P}_+,\vec{E}_+,\vec{E}_{\neq+},\vec{\varepsilon}_+)$ 四维分质向量空间中,各个分质向量与各自的分质变量坐标轴同向,可以用其分质变量坐标轴来表示。如

果 m 元平行系统中的每一个子系统在各自的形态变化中都做自发发射并完成了形态转化,那么把单元系统形态转化基元规律 $P_{+i}=\dfrac{1}{1+e^{-(E_{\neq i}-E_+)/\varepsilon_{+i}}}$ 代入(12-84)式 $P_+=|\vec{P}_{+1}||\vec{P}_{+2}|\cdots|\vec{P}_{+m}|=P_{+1}\cdot P_{+2}\cdots P_{+m}$,就可以得到在自发发射条件下的 m 元平行系统形态变化规律

$$P_+ = \dfrac{1}{1+e^{-(E_{\neq+1}-E_+)/\varepsilon_{+1}}}\dfrac{1}{1+e^{-(E_{\neq+2}-E_+)/\varepsilon_{+2}}}\cdots\dfrac{1}{1+e^{-(E_{\neq+m}-E_+)/\varepsilon_{+m}}}$$

$$= \prod_{i=1}^{m} \dfrac{1}{1+e^{-(E_{\neq+i}-E_+)/\varepsilon_{+i}}} \tag{12-105}$$

(二)近平衡态

在一维正向质向量坐标系 $\vec{X}_+$ 内部的 $(\vec{P}_+,\vec{S}_+)$ 二维分质向量空间中,各个分质向量与各自的分质变量坐标轴同向,可以用其分质变量坐标轴来表示。如果 m 元平行系统中的各子系统的形态变化均满足近平衡态自发发射的条件,则(12-104)式 $P_+=\dfrac{1}{1+e^{-S_{+1}}}\cdot\dfrac{1}{1+e^{-S_{+2}}}\cdots\dfrac{1}{1+e^{-S_{+m}}}$ 可以简化为

$$P_+ = \prod_{i=1}^{m} e^{S_{+i}} \tag{12-106}$$

对(12-84)式 $P_+=P_{+1}\cdot P_{+2}\cdots P_{+m}$ 和(12-106)式 $P_+=\prod_{i=1}^{m}e^{S_{+i}}$ 取对数,由(5-94)式 $S(P_+)-\ln P_+$,就有

$$\begin{aligned}S &= \ln P_+ \\ &= \ln(P_{+1}\cdot P_{+2}\cdots P_{+m}) \\ &= \ln P_{+1}+\ln P_{+2}+\cdots+\ln P_{+m} \\ &= S_{+1}+S_{+2}+\cdots+S_{+m}\end{aligned} \tag{12-107}$$

这就是自发发射条件下在近平衡态的多元平行系统形态变化规律。

在一维正向质向量坐标系 $\vec{X}_+$ 内部的 $(\vec{P}_+,\vec{E}_+,\vec{E}_{\neq+},\vec{\varepsilon}_+)$ 四维分质向量空间中,各个分质向量与各自的分质变量坐标轴同向,可以用其分质变量坐标轴来表示。如果 m 元平行系统中的各子系统的形态变化均满足近平衡态自发发射的条件,则(12-105)式 $P_+=\dfrac{1}{1+e^{-(E_{\neq+1}-E_+)/\varepsilon_{+1}}}\dfrac{1}{1+e^{-(E_{\neq+2}-E_+)/\varepsilon_{+2}}}\cdots\dfrac{1}{1+e^{-(E_{\neq+m}-E_+)/\varepsilon_{+m}}}$ 可以简化为

$$P_+ = \prod_{i=1}^{m} e^{(E_{\neq+i}-E_{+i})/\varepsilon_{+i}} \tag{12-108}$$

对(12-108)式取对数,就有

$$\begin{aligned}\ln P_+ &= \ln(P_{+1}\cdot P_{+2}\cdots P_{+m}) \\ &= \ln P_{+1}+\ln P_{+2}+\cdots+\ln P_{+m}\end{aligned}$$

$$= \frac{E_{\neq+1}-E_{+1}}{\varepsilon_{+1}} + \frac{E_{\neq+2}-E_{+2}}{\varepsilon_{+2}} + \cdots + \frac{E_{\neq+m}-E_{+m}}{\varepsilon_{+m}} \tag{12-109}$$

在一维正向质向量坐标系 $\vec{X}_+$ 内部 $(\vec{N}_+, \vec{n}_+, \vec{E}_+, \vec{E}_{\neq+}, \vec{\varepsilon}_+)$ 五维分质向量空间的 $(\vec{C}_{N_+}, \vec{n}_+, \vec{E}_+, \vec{C}_{E_{\neq+}}, \vec{C}_{\varepsilon_+})$ 截面上,各个分质向量与各自的分质变量坐标轴同向,可以用其分质变量坐标轴来表示。m 元平行系统的各子系统的能量是一样的,即 $E_+ = E_{+1} = E_{+2} = \cdots = E_{+m}$。把 $N_+ = C_{N_+}, E_{\neq+} = C_{E_{\neq+}}, \varepsilon_+ = C_{\varepsilon_+}$ 和 (4-71)式 $P = \dfrac{n}{C_N}$ 代入 (12-108)式 $P_+ = \prod_{i=1}^{m} \mathrm{e}^{(E_{\neq+i}-E_{+i})/\varepsilon_{+i}}$,就可得到

$$n_+ = C_{N_+} \prod_{i=1}^{m} \mathrm{e}^{(C_{E_{\neq+i}}-E_{+i})/C_{\varepsilon_{+i}}} \tag{12-110}$$

对上式取对数,就有

$$\begin{aligned}\ln n_+ &= \ln(n_{+1} \cdot n_{+2} \cdots n_{+m}) \\ &= \ln n_{+1} + \ln n_{+2} + \cdots + \ln n_{+m} \\ &= \frac{C_{E_{\neq+1}}-E_{+1}}{C_{\varepsilon_{+1}}} + \frac{C_{E_{\neq+2}}-E_{+2}}{C_{\varepsilon_{+2}}} + \cdots + \frac{C_{E_{\neq+m}}-E_{+m}}{C_{\varepsilon_{+m}}} + \ln C_{N_+} \\ &= \ln C_{N_+} + C_{\xi_{\neq+1}} + C_{\xi_{\neq+2}} + \cdots + C_{\xi_{\neq+m}} - (\kappa_{+1}+\kappa_{+2}+\cdots+\kappa_{+m})E_+ \\ &= B_+ - \kappa_+ E_+ \end{aligned} \tag{12-111}$$

式中,$\kappa_+ = \kappa_{+1}+\kappa_{+2}+\cdots+\kappa_{+m}$;$B_+ = \ln C_{N_+} + C_{\xi_{\neq+1}} + C_{\xi_{\neq+2}} + \cdots + C_{\xi_{\neq+m}}$。

再对(12-111)式求导,可得

$$\frac{\mathrm{d}n_+}{\mathrm{d}E_+} = -n_+(\kappa_{+1}+\kappa_{+2}+\cdots+\kappa_{+m}) = -\kappa_+ n_+ \tag{12-112}$$

在定容的条件下,(12-112)式两边同除于一体积因子 V_+,就有

$$\mathrm{d}C_+ = -\kappa_+ C_+ \mathrm{d}E_+ \tag{12-113}$$

这里,$C_+ = \dfrac{n_+}{V_+}$ 为单位体积的异质单元数,称为浓度。

特别地,如果能量 E_+ 的显性因子 θ_+ 用时间 t_+ 代替,$E_+ = F_N t_+$(F_N 为常数),而常数 $k = \kappa_+ F_N$ 为反应速率常数,那么(12-112)式 $\dfrac{\mathrm{d}n_+}{\mathrm{d}E_+} = -\kappa_+ n_+$ 就成为

$$\frac{\mathrm{d}n_+}{\mathrm{d}t_+} = -\kappa_+ F_N n_+ = -k n_+ \tag{12-114}$$

这样,(12-112)式 $\dfrac{\mathrm{d}n_+}{\mathrm{d}E_+} = -\kappa_+ n_+$ 还可以变换为

$$r_+ = \frac{\mathrm{d}C_+}{\mathrm{d}t_+} = -\kappa_+ F_N C_+ = -k C_+ \tag{12-115}$$

r_+ 即为反应速率。

因此,对于多元平行系统在自发发射和各种失衡条件下的独立平行的形态变化规

律,如果用能量 E_+ 的显性因子 θ_+ 代替,就可以得到多元平行系统发生同向平行吸收发射形态变化的各种各样的表达式。

(三)准平衡态

在一维正向质向量坐标系 $\vec{X}_+$ 内部的 $(\vec{P}_+, \vec{E}_+, \vec{E}_{\neq+}, \vec{\varepsilon}_+)$ 四维分质向量空间中,各个分质向量与各自的分质变量坐标轴同向,可以用其分质变量坐标轴来表示。如果 m 元平行系统中的各子系统的形态变化均满足准平衡态自发发射的条件,$(E_{\neq+i}-E_+)\gg\varepsilon_{+i}$,且 $E_+=E_{+1}=E_{+2}=\cdots=E_{+m}$,则(12-105)式 $P_+=\prod_{i=1}^{m}\dfrac{1}{1+\mathrm{e}^{-(E_{\neq+i}-E_+)/\varepsilon_{+i}}}$ 还可以再进一步简化,这样 m 元平行系统的形态变化规律为

$$P_+=\prod_{i=1}^{m}(-1)(\alpha_i+\beta_i E_+)$$
$$=(-1)^m(\alpha_{+1}+\beta_{+1}E_+)(\alpha_{+2}+\beta_{+2}E_+)\cdots(\alpha_{+m}+\beta_{+m}E_+) \quad (12\text{-}116)$$

(四)混合失衡态

多元平行系统中不同组元的子系统并不一定是同样大小的,在同样的自发发射条件下,有些组元的子系统可能满足近平衡态条件或准平衡态条件,而其他组元的子系统可能并不同时满足该条件,这样多元平行系统的形态变化规律就可能存在多种多样的近似表达式。

在一维正向质向量坐标系 $\vec{X}_+$ 内部的 $(\vec{P}_+, \vec{E}_+, \vec{E}_{\neq+}, \vec{\varepsilon}_+)$ 四维分质向量空间中,各个分质向量与各自的分质变量坐标轴同向,可以用其分质变量坐标轴来表示。对于 m 元平行系统,在自发发射情形下,如果 $(m-l)$ 个组元满足了 $(E_{\neq+j}-E_+)\gg\varepsilon_{+j}$ 的条件,则(12-84)式 $P_+=|\vec{P}_{+1}||\vec{P}_{+2}|\cdots|\vec{P}_{+m}|=P_{+1}\cdot P_{+2}\cdots\cdot P_{+m}$ 可以表述为

$$P_+=\prod_{j=1}^{m-l}\mathrm{e}^{(E_{\neq+j}-E_+)/\varepsilon_{+j}}\prod_{i=1}^{l}\dfrac{1}{1+\mathrm{e}^{-(E_{\neq+i}-E_+)/\varepsilon_{+i}}} \quad (12\text{-}117)$$
$$(i\neq j,i=1,2,\cdots,l,j=1,2,\cdots,m-l)$$

同理,对于 m 元平行系统在自发发射情形下,如果 $(m-l)$ 个组元满足 $(E_{\neq+j}-E_+)\gg\varepsilon_{+j}$ 的条件,则(12-84)式 $P_+=P_{+1}\cdot P_{+2}\cdots\cdot P_{+m}$ 可表述为

$$P_+=\prod_{j=1}^{g}-(\alpha_{+j}+\beta_{+j}E_+)\prod_{i=1}^{l}\dfrac{1}{1+\mathrm{e}^{-(E_{\neq+i}-E_+)/\varepsilon_{+i}}} \quad (12\text{-}118)$$
$$(i\neq j,i=1,2,\cdots,l,j=1,2,\cdots,m-l)$$

一般地,对于 m 元平行系统,在自发发射情形下,如果有 l 个组元满足 $E_{\neq+j}-E_+\gg\varepsilon_{+j}$ 的近平衡条件,有 g 个组元满足 $E_{\neq+h}-E_+\gg\varepsilon_{+h}$ 的准平衡条件,则整个多元系统的形态变化规律为

$$P_+ = \left[\prod_{h=1}^{g}(-1)(\alpha_{+h}+\beta_{+h}E_+)\right]\left[\prod_{j=1}^{m-g}e^{(E_{\neq+j}-E_+)/\varepsilon_{+j}}\right]\prod_{i=1}^{m-g-l}\frac{1}{1+e^{-(E_{\neq+i}-E_+)/\varepsilon_{+i}}}$$

(12-119)

三、多元平行系统同向发射规律的分析

为了进一步揭示多元平行系统及其子系统形态变化规律的内涵,可以在一维正向质向量坐标系 $\vec{X}_+$ 内部打开 $(\vec{P}_+,\vec{S}_+)$ 二维分质向量空间,在省却分质向量关于方向的规定时,多元平行系统异质形态变化规律在平衡态附近的信息熵函数可以用(5-94)式 $S(P_+)=\mp\ln P_+$ 表示。这一信息与熵的函数关系表明,多元平行系统在近平衡态的形态变化中的每一个异质信息 P_+ 就对应着一个熵 S_+,也对应着一种过渡形态。

以二元平行系统为例,若一个二元平行系统由两个平行发射的子系统 α 和 β 组成,在一维正向质向量坐标系 $\vec{X}_+$ 内部的 $(\vec{P}_+,\vec{S}_+)$ 二维分质向量空间中,各个分质向量与各自的分质变量坐标轴同向,可以用其分质变量坐标轴来表示。在吸收发射条件下,二元平行系统的信息与子系统 α 和子系统 β 的信息关系为(12-4)式 $P_+=\vec{P}_{B+}\cdot\vec{P}_{C+}=|\vec{P}_{B+}||\vec{P}_{C+}|$。在自发发射条件下,二元平行系统的信息与子系统 α 和子系统 β 的信息关系为(12-23)式 $P_+=\vec{P}_{B+}\cdot\vec{P}_{C+}=|\vec{P}_{B+}||\vec{P}_{C+}|$。因此,综合表达的二元平行系统的同向发射规律,即为

$$P_+=\vec{P}_{B+}\cdot\vec{P}_{C+}=|\vec{P}_{B+}||\vec{P}_{C+}|$$ (12-120)

把(12-120)式代入(5-94)式 $S(P_+)=\mp\ln P_+$,就有

$$\begin{aligned}S &= \mp\ln P_+ \\ &= \mp\ln(P_{B+}P_{C+}) \\ &= \mp\ln P_{B+}\mp\ln P_{C+} \\ &= \mp S_{B+}\mp S_{C+}\end{aligned}$$ (12-121)

此即表明:二元平行系统的熵是两个同向变化的子系统熵的加和。

同理,如果一个多元平行系统由 m 个平行发射的子系统组成,在一维正向质向量坐标系 $\vec{X}_+$ 内部的 $(\vec{P}_+,\vec{S}_+)$ 二维分质向量空间中,各个分质向量与各自的分质变量坐标轴同向,可以用其分质变量坐标轴来表示。把多元平行系统中各组元的形态变化信息所遵循的(12-84)式 $P_+=P_{+1}\cdot P_{+2}\cdots\cdot P_{+m}$ 代入近平衡态的(5-94)式 $S(P_+)=\mp\ln P_+$,就有

$$\begin{aligned}S &= \mp\ln P_+ \\ &= \mp\ln(P_{+1}\cdot P_{+2}\cdots\cdot P_{+m}) \\ &= \mp\ln P_{+1}\mp\ln P_{+2}\mp\cdots\mp\ln P_{+m} \\ &= \mp S_{+1}\mp S_{+2}\mp\cdots\mp S_{+m}\end{aligned}$$ (12-122)

此即表明:多元平行系统形态变化的熵是各个同向变化的子系统的熵的加和。

如果一个多元平行系统由 m 个平行发射的子系统组成,且表现为(12-86)式 $aA+bB+\cdots+kK \longrightarrow gG+hH+\cdots+lL$ 的形态变化。在一维正向质向量坐标系 $\vec{X}_+$ 内部 $(\vec{N}_+,\vec{n}_+,\vec{E}_+,\vec{E}_{\neq +},\vec{\varepsilon}_+)$ 五维分质向量空间的 $(\vec{C}_{N_+},\vec{n}_+,\vec{E}_+,\vec{C}_{E_{\neq +}},\vec{C}_{\varepsilon_+})$ 截面上,各个分质向量与各自的分质变量坐标轴同向,可以用其分质变量坐标轴来表示。对于这样的多元平行系统,多元平行系统的能量与各子系统的能量是一样的,各个平行发射的子系统在形态变化过程中的异质单元数变化为

$$n_+ = (n_{A_+}^a + n_{B_+}^b + \cdots + n_{K_+}^k)$$
$$= \left[\frac{C_{N_{A_+}}}{1+e^{\pm(C_{E_{\neq +}}-E_+)/C_{\varepsilon_+}}}\right]^a + \left[\frac{C_{N_{B_+}}}{1+e^{\pm(C_{E_{\neq +}}-E_+)/C_{\varepsilon_+}}}\right]^b + \cdots + \left[\frac{C_{N_{K_+}}}{1+e^{\pm(C_{E_{\neq +}}-E_+)/C_{\varepsilon_+}}}\right]^k \quad (12-123)$$

其中特别规定 $\varepsilon_+ = C_{\varepsilon_+} = C_{\varepsilon_{A_+}} = C_{\varepsilon_{B_+}} = \cdots = C_{\varepsilon_{K_+}}$。

特别地,在多元系统中,如果 m 个子系统各自的级数 $a,b,\cdots,k$ 全都为 1,那么由(12-123)式就有

$$n_+ = n_{+1} + n_{+2} + \cdots + n_{+m} \quad (12-124)$$

而多元平行系统在同向发射过程中能量的变化为

$$E_+ = \left[E_{\neq A_+} \pm C_{\varepsilon_{A_+}} \ln \frac{n_{A_+}^a}{(C_{N_{A_+}} - n_{a_+})^a}\right] + \left[E_{\neq B_+} \pm C_{\varepsilon_{B_+}} \ln \frac{n_{A_+}^b}{(C_{N_{B_+}} - n_{B_+b})^b}\right] + \cdots +$$
$$\left[E_{\neq K_+} \pm C_{\varepsilon_{K_+}} \ln \frac{n_{K_+}^k}{(C_{N_{K_+}} - n_{K_+})^k}\right] = (E_{\neq A_+} + E_{\neq B_+} + \cdots + E_{\neq K_+}) \pm$$
$$C_{\varepsilon_+} \ln \frac{n_{A_+}^a \cdot n_{B_+}^b \cdot \cdots \cdot n_{K_+}^k}{(C_{N_{A_+}} - n_{A_+})^a \cdot (C_{N_{B_+}} - n_{B_+})^b \cdot \cdots \cdot (C_{N_{K_+}} - n_{K_+})^k} \quad (12-125)$$

四、同向发射过程子系统的竞争与实例分析

在多元平行系统同向发射的形态变化过程中,虽然多元平行系统的子系统平行地进行形态变化,但是彼此之间还可以看作存在竞争关系。这就像在平行的跑道上赛跑一样,每个运动员到达终点的时间往往是不一样的。在多元平行系统形态变化过程中,$A_{+0}(x_1,x_2,\cdots x_m)$ 既可以生成 $A_{+1}(x_1)$,又可以生成 $A_{+2}(x_2)$,还可能生成 $A_{+m}(x_m)$ 和其他的产物。在多元平行系统形态变化后,不论其最终生成何种产物,一般都有一种子系统在同向发射中形成主要的产物,而其他的子系统在同向发射的形态变化后形成副产物或支产物。

多元平行系统的子系统在同向发射的形态变化过程中,其竞争关系可以通过比较信息来判别子系统在竞争中的势力孰强孰弱。在吸收发射条件下,i 子系统与 j 子系统两两之间比较信息的关系可以通过(12-10)式 $P_{B_+/C_+} = \frac{n_{B_+}}{N_{B_+}} : \frac{n_{C_+}}{N_{C_+}} = \frac{1+\exp(E_{\neq C_+} - E_+)/\varepsilon_{C_+}}{1+\exp(E_{\neq B_+} - E_+)/\varepsilon_{B_+}}$ 来表达。在自发发射的条件下,i 子系统与 j 子系统两两之间

比较信息的关系也可以通过(12-28)式 $P_{B_+/C_+} = \dfrac{n_{B_+}}{N_{B_+}} : \dfrac{n_{C_+}}{N_{C_+}} = \dfrac{1+\exp^{-(E_{\neq C_+} - E_+)/\varepsilon_{C_+}}}{1+\exp^{-(E_{\neq B_+} - E_+)/\varepsilon_{B_+}}}$ 来判别。但是，以此比较信息来判别子系统在竞争中的势力孰强孰弱不是很方便。

不过，只要掌握了 i 子系统与 j 子系统是在偏离平衡态多远的区间变化的条件，也还是可以得到比较明确的多元平行系统比较信息的判别公式。例如，当子系统 $\langle i|A_{+0}\rangle$ 和子系统 $\langle j|A_{+0}\rangle$ 的形态变化均发生在近平衡态时，就像推导(12-40)式 ΔE_+ = $(E_{\neq B_+} - E_{\neq C_+}) - \varepsilon_+ \ln \dfrac{n_{B_+} N_{C_+}}{n_{C_+} N_{B_+}}$ 那样，可以得到同向自发发射的形态转化是否可以进行的判别表达式。

在对多元平行系统中任意几个子系统的同向发射形态变化信息进行比较时，在相同的环境条件下，每个子系统形态转化的程度显然与总体单元数 N_+、能阈 $E_{+\neq}$ 和能元 ε_+ 都有直接的关系。对于吸收发射来讲，当能量 E_+ 相同时，总体单元数 N_+、能阈 $E_{+\neq}$ 和能元 ε_+ 越小，越容易实现形态转化或偏离始发平衡态越远。如果两个子系统的级数不同，在同向平行发射的形态变化中，情况就相对复杂。

在多元平行系统中，起主要作用的是偏离平衡态最远的那些子系统的形态变化。在社会现实生活中，这类事例不可胜数。例如，一个群体中出类拔萃的领导或先进模范的思想行为往往可以引领并代表着整个群体的进步状态。在科学技术中，首次出现的科学发现和技术发明也代表着那个时期的科技水平。这种子系统失衡度不一的情况反映在多元平行系统的形态变化规律上，各个子系统的形态变化函数对于多元平行系统就存在主次关系。

如果忽略质向量关于性质和指向的规定，并把形态参量都用变量 x 表示，那么各个子系统不同失衡度下形态变化规律的主次关系就是

$$\sum_{j=1}^{k}\prod_{i=1}^{j}\dfrac{1}{[1+\mathrm{e}^{\pm x}]} > \dfrac{1}{1+\mathrm{e}^{\pm x}} > \mathrm{e}^{\mp x} > x^k > x \tag{12-126}$$

因此，多元平行系统的形态变化规律必然接近于那些起高级形态变化的子系统的变化规律。例如，如果某个二元平行系统形态的异质信息变化规律是 $P_+ = \mathrm{e}^x x$，那么二元平行系统形态变化的异质信息 P_+ 主要是由其中的一个子系统在近平衡态的形态变化函数 e^x 决定的，其 $P_+ \sim x$ 关系曲线图自然就接近于指数曲线。

可见，这里所谓的"接近"指的就是多元平行系统的整体形态变化规律并不完全等同于其中的某个主因子的形态变化规律，由于其他低级因子的共同作用，多元平行系统的整体形态变化规律将接近于主因子的形态变化规律。由于多元平行系统与主因子的形态变化规律仍存在一定差异，因此在许多场合下，人们看到的许多多元平行系统形态变化规律并不是标准的事物形态转化基元规律及其在不同失衡条件下的近似表达式，致偏的原因就在于有其他非主因子的子系统形态变化规律的共同作用。

多元平行系统同向发射形态变化规律是多元平行系统并发理论的支柱，这一理论

在现实世界可以找到无数的应用实例。在此,就以人们熟悉的电学为例。在电学中,如果各元件"首首相接,尾尾相连"并列地连在电源之间,则电路就是并联电路。并联电路的连接方式是若干两端电路元件共同跨接在一对节点之间,即各元件"首首相接,尾尾相连"并列地连在电路两节点之间,如图12-2所示。[9]

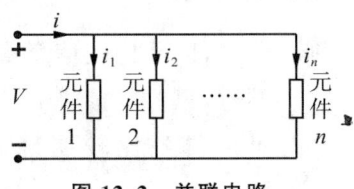

图 12-2 并联电路

并联电路的特点是:干路的电流在分支处分成几部分,分别流过几个支路中的各个元件。在并联电路中,从电源正极流出的电流在分支处要分为几路,每一路都有电流流过,因此即使某一支路断开,另一支路仍会与干路构成通路。由此可见,在并联电路中,各个支路之间互不牵连,电流流过各个支路是并行的协同关系。

当电流流经并联电路时,各支路处在同向平行自发发射的状态下。由于电流是流动的电荷,显性因子为单元的点电荷 $\theta_\varepsilon = q_\varepsilon$,因此可以像(8-29)式 $Q_+ = n_+ q_\varepsilon$ 一样在(12-124)式 $n_+ = n_{+1} + n_{+2} + \cdots + n_{+m}$ 等式两边同乘于 q_ε,这样得到的 n_+ 个异质单元的电荷就表现为电量 Q_+,而(12-124)式 $n_+ = n_{+1} + n_{+2} + \cdots + n_{+m}$ 就成为

$$Q_+ = Q_{+1} + Q_{+2} + \cdots + Q_{+m} \tag{12-127}$$

把(12-127)式对时间 t_+ 求导,由(8-65)式 $\mathrm{d}Q_+ = I_+ \mathrm{d}t_+$ 可以得到

$$I_+ = I_{+1} + I_{+2} + \cdots + I_{+m} \tag{12-128}$$

此即表明,流过每一组件的电流 I_x 不会受其他组件影响,它会根据组件的电阻 R_x 而有所不同,$I_x = \dfrac{U_x}{R_x}$;而流入组合端点的电流等于流过各个元件的电流之和,即总电流等于各支路电流之和。

此外,电阻器的并联电路还有这样的特点:

(1)所有电阻(或其他电子组件)组合的输入端和输出端两端的电压 V 都是相同的,即各支路的电压等于总电压

$$U = U_1 = U_2 = \cdots = U_k \tag{12-129}$$

(2)当并联的电路元件是线性的电阻元件时(图 12-3),整个并联组合等效于一个电阻元件,这个等效电阻元件的电导称为并联组合的等效电导,其倒数称为等效电阻。等效电导等于各并联电阻支路的电导之和

$$\frac{1}{R} = \frac{I}{U} = \frac{1}{R_1} + \frac{1}{R_2} + \cdots + \frac{1}{R_k} \tag{12-130}$$

式中,k 为并联的电路数。

由多元平行系统同向发射的形态变化规律也可以演绎出统计物理学的配分函数。在统计物理学的近独立系统的(准)经典统计中,分子内部的形态变化可以看作分子内部的振动、分子内部的转动、电子的运动和核的运动这四种平行的运动。分子的配合函数为

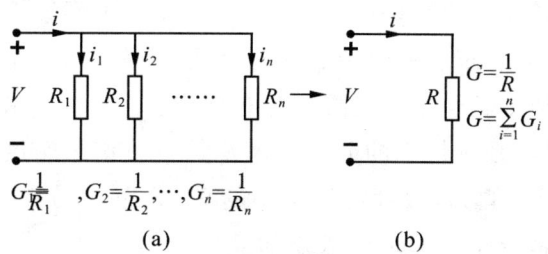

图 12-3 并联组合的等效电导

$$P_{in} = P_V \cdot P_r \cdot P_e \cdot P_n \tag{12-131}$$

式中，$P_V = \sum_V e^{-\beta E_{v,v}}$，$P_r = \sum_r e^{-\beta E_{r,r}}$，$P_e = \sum_e e^{-\beta E_{e,e}}$，$P_n = \sum_n e^{-\beta E_{n,n}}$ 分别为分子振动、转动、电子及核的配合函数。

显然，这四种平行运动的配合函数就是同向发射近平衡态的多元平行系统形态变化信息。在一维正向质向量坐标系 $\vec{X}_+$ 内部 $(\vec{P}_+,\vec{E}_+,\vec{E}_{+\neq},\vec{\varepsilon}_+)$ 四维分质向量空间的 $(\vec{P}_+,\vec{E}_+,\vec{C}_{E_+},\vec{C}_{\varepsilon_+})$ 截面上，在省却分质向量关于方向的规定时，由(12-84)式 $P_+ = P_{+1} \cdot P_{+2} \cdots P_{+m}$ 即可得到分子内部的振动、分子内部的转动、电子的运动、核的运动这四种平行运动的形态变化信息，即(12-131)式。分子内部形态变化的运动能量可以看作分子内部振动、转动、电子、核四种平行运动的能量，即振动能 E_V、转动能 E_r、电子的基态能 E_e 和核的基态能 E_n 这四个近似独立量之和

$$E_{in} = E_V + E_r + E_e + E_n \tag{12-132}$$

如果人们考察的不是整个多元平行系统及其各子系统的形态变化，而是整个多元平行系统及其各子系统存在形态的分布情况，那么多元平行系统的形态分布规律的表现形式也必定是多种多样的，其中起主要作用的是偏离平衡态最近的那些子系统的形态。这种子系统失衡度不一的情况反映在多元平行系统形态分布规律上，各个子系统的形态分布函数对于多元平行系统也存在主次关系。

如果忽略质向量有关性质和指向的规定，并把形态参量都用变量 x 表示，那么各个子系统不同失衡度下形态分布函数的主次关系就是

$$x > x^k > e^{\pm x} > \frac{1}{1+e^{\pm x}} > \sum_{j=1}^{k} \prod_{i=1}^{j} \frac{1}{1+e^{\pm x}} \tag{12-133}$$

在现实生活中，这类多元平行系统的各个子系统失衡度不同的事例比比皆是。例如，一个由许多块长短不同的木板箍成的木桶就是一个多元平行系统，而每一块木板都是多元平行系统中的子系统，取质参量 x 代表木板长度，就可以演绎出人们熟悉的所谓"木桶原理"（又称"短板理论"）：一个由许多块长短不同的木板箍成的木桶，决定其盛水量的并非是最长的那块木板或全部木板长度的平均值，而是其中最短的那块木板。要想提高木桶的盛水量，就要下功夫加长最短的那块木板的长度，因为其中控制着整个木桶盛水量的就是称为"限制因素"的那块最短的木板。

"短板效应"虽然是人们生活中的经验,并且已经应用于经济学或管理学等诸多领域,但是"木桶原理"蕴含着统一科学中的深刻道理,因为多元平行系统的形态分布规律必然接近于那些失衡最小的子系统的形态分布规律。

同理,许多多元平行系统形态的分布规律及其本质信息密度函数也都不是正态分布的,而是偏态分布的。例如,数理统计学中的 χ^2 分布、t 分布、F 分布、威尔布分布、伽玛分布、贝塔分布、幂分布等都是偏态分布。

在不同的条件下,多元平行系统的形态分布规律必将呈现无数的形式。不过,人们只要依照多元平行系统的组成及其与环境的作用状况进行分析,也可以用数理统计学中已经归纳出来的一些经典分布函数的形式来逼近和表征多元系统复杂的形态分布函数。

第五节 动力学平行反应与质量作用定律

由同向平行发射的多元系统形态变化规律可以演绎出化学动力学中多元系统在平行反应过程表现出的不同情形的形态变化规律。从近平衡态同向平行发射的多元系统形态变化规律可以演绎出化学动力学中的质量作用定律,也可以对不同级数的化学反应所表现的规律进行具体分析,还可以对多元平行系统中子系统的竞争有更深刻的理解。

一、化学动力学中平行反应的形态转化规律

在一维正向质向量坐标系 $\vec{X}_+$ 内部 $(\vec{N}_+, \vec{n}_+, \vec{E}_+, \vec{E}_{\neq +}, \vec{\varepsilon}_+)$ 五维分质向量空间的 $(\vec{C}_{N_+}, \vec{n}_+, \vec{E}_+, \vec{C}_{E_{\neq +}}, \vec{C}_{\varepsilon_+})$ 截面上,各个分质向量与各自的分质变量坐标轴同向,可以用其分质变量坐标轴来表示。当多元平行系统的能量 E_+ 通过万能的显性因子 θ_+ 表现为特殊的时间因子 t_+ 时,人们所考察的多元平行系统形态变化的过程就成了动力学系统的形态变化过程。

在化学领域,人类从原子或分子的特定视角所研究的就是物质形态的转化,而研究以时间 t_+ 为质变量的化学反应就是化学动力学。在化学动力学中,处于平衡态的多元平行系统发生的形态变化就是化学反应。处于起始态 $(t_+ = 0)$ 的各个子系统称为反应物,而处于终结态的各个子系统就称为生成物或产物。

在相同的环境条件下,一组反应物同时进行指向一致平行发射的形态转化就叫作平行反应。在化学动力学中,平行反应是指反应系统中有相同反应物的几个不同基元的化学反应。平行反应的特征是:反应物完全相同并能同时平行独立地进行两个或两个以上的不同反应,且反应产物不相同或者不全相同的一类反应。在平行反应中,反应

物 A_+ 既可以生成反应产物 B_+，又可以生成反应产物 C_+，还可能生成其他的反应产物，所以平行反应又称骈枝反应或竞争反应。[10]

平行反应的实例很多。从平行反应的定义来看，常见的平行反应包括了一种化合物在特定条件下分解成两种或两种以上较简单的单质或化合物的分解反应。分解反应就是多元平行系统在同向发射条件下的形态转化，是单元系统在平行发射条件下形态转化的简单情形。平行反应包括如下几种不同的情形。

(一)单分子反应构成的两个平行反应

以单分子反应构成的两个平行反应实例为引导，可以拓展到一般情形。下面以乙醇的同向平行发射为例，来看化学动力学所推导的经验公式与统一科学同向平行发射过程的形态变化规律的一致性。

在适当的环境条件下，乙醇可以同时进行如下两种反应：

$$\begin{cases} C_2H_5OH \xrightarrow{k_1} C_2H_4 + H_2O \\ C_2H_5OH \xrightarrow{k_2} CH_3CHO + H_2 \end{cases} \tag{12-134}$$

按上面表述的二元平行系统的同向形态变化，乙醇所进行的这两种平行反应可以用形态符号表达为

$$\begin{cases} A_+ \xrightarrow{k_1} B_+ \\ A_+ \xrightarrow{k_2} C_+ \end{cases} \quad \begin{matrix} & A_+ & B_+ & C_+ \\ t_+ = 0 & N_+ & 0 & 0 \\ t_+ = t_+ & n_{A_+}^0 & n_{B_+} & n_{C_+} \end{matrix} \tag{12-135}$$

显然，在起始态 $t_+ = 0$ 时，二元平行系统的乙醇分子总数为总体单元数 $N_+ = n_{A_+}^0 = C_{N_+}$。二元平行系统的两种反应进行到 $t_+ = t_+$ 时，乙醇分子的本质单元数为 $n_{A_+}^0$，乙烷分子(异质单元)数为 n_{B_+}，乙醛分子(异质单元)数为 n_{C_+}，它们共同满足

$$n_{A_+}^0 + n_{B_+} + n_{C_+} = N_+$$

在近平衡态，两个平行反应的形态变化方程为

$$\begin{cases} \dfrac{dn_{A_+}^0}{dt_+} = -(k_1 + k_2) n_{A_+}^0 \\ \dfrac{dn_{B_+}}{dt_+} = k_1 n_{A_+}^0 \end{cases} \tag{12-136}$$

由(12-136)式积分且应用起始条件，就可以得到在平行反应过程中的本质单元数变化规律

$$n_{A_+}^0 = C_{N_+} e^{-(k_1+k_2)t_+} \tag{12-137}$$

将 $n_{A_+}^0$ 值代入(12-136)式，积分后即得到反应产物 B_+ 的单元数

$$n_{B_+} = \frac{k_1 C_{N_+}}{k_1 + k_2}[1 - e^{-(k_1+k_2)t_+}] \tag{12-138}$$

由 $n_{A_+}^0$ 与 n_{B_+}，还可以很自然地得到反应产物 C_+ 的单元数

$$n_{C_+} = \frac{k_2 C_{N_+}}{k_1+k_2}[1-e^{-(k_1+k_2)t_+}] \quad (12\text{-}139)$$

在定容的条件下 ($V_+ = C_{V_+}$)，每种形态中的单元数可以用浓度表示，如 $[A_+] = \frac{n_{A_+}^0}{V_+}$，$[B_+] = \frac{n_{B_+}}{V_+}$，$[C_+] = \frac{n_{C_+}}{V_+}$。由 (12-137) 式、(12-138) 式和 (12-139) 式可绘出浓度与时间的关系曲线图，其形状如图 12-4 所示。

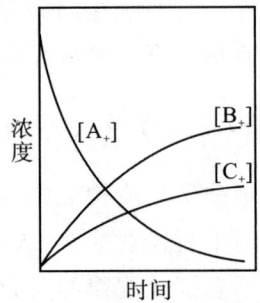

图 12-4 平行反应的反应物和产物浓度与时间关系曲线

图 12-4 表明了两个单分子反应构成的平行反应的动力学规律。从图中可以看出，在定容条件下，反应物 A 浓度 $[A_+] = \frac{n_{A_+}^0}{V_+}$ 的下降服从以 $k_A = k_1 + k_2$ 为速率系数的一级反应动力学规律，而产物 B_+ 的浓度 $[B_+] = \frac{n_{B_+}}{V_+}$ 和产物 C_+ 的浓度 $[C_+] = \frac{n_{C_+}}{V_+}$ 随时间增加，并始终保持反应速率系数之比的平行关系。通常，称 k_A 为该平行反应的表观速率系数。

在化学动力学中，像这类平行反应的典型例子还可以举出很多。在此再看一例：有机氯杀虫剂 DDT 在以元素铁为电子源的还原环境中，既会发生加氢脱氯反应而形成 DDD，同时也会发生脱卤化氢反应而形成 DDE。[11]

$$\text{DDT} + e^- \xrightarrow{H^+} \text{DDD} + \text{Cl}^-$$

$$\text{DDT} + e^- \longrightarrow \text{DDE} + \text{Cl}^- + H^+$$

在环境中，电子源、H^+ 以及 Cl^- 的含量比 DDT 及其衍生物更丰富而稳定，所以上述反应都可处理为假一级反应。令 DDT 的初始浓度为 $[\text{DDT}]_0$，经 t_+ 时间后消耗量为 x_+，所以 $[\text{DDT}]_{t_+} = [\text{DDT}]_0 - x_+$。DDD 的生成反应速率方程为

$$\frac{d[\text{DDD}]}{dt_+} = k_1([\text{DDT}]_0 - x_+) \quad (12\text{-}140)$$

DDE 的生成反应速率方程为

$$\frac{d[\text{DDE}]}{dt_+} = k_2([\text{DDT}]_0 - x_+) \quad (12\text{-}141)$$

两式合并，可得 DDT 的降解速率方程

$$\frac{-d[\text{DDT}]}{dt_+} = \frac{dx}{dt_+} = (k_1+k_2)([\text{DDT}]_0 - x_+) \quad (12\text{-}142)$$

由 (12-142) 式积分的结果，可得到 DDT 浓度随时间 t_+ 变化的函数

$$\int_0^{x_+} \frac{1}{[\text{DDT}]_0 - x_+} dx_+ = \int_0^{t_+} (k_1+k_2) dt_+$$

$$\ln[\text{DDT}]_{t_+} = -(k_1+k_2)t_+ + \ln[\text{DDT}]_0$$
$$[\text{DDT}]_{t_+} = [\text{DDT}]_0 e^{-(k_1+k_2)t_+} \tag{12-143}$$

以及 DDT 随时间 t_+ 之消耗量

$$x_+ = [\text{DDT}]_0 [1 - e^{-(k_1+k_2)t_+}]$$

将 x_+ 分别代回(12-140)式及(12-141)式,得

$$\frac{\mathrm{d}[\text{DDD}]}{\mathrm{d}t_+} = k_1 [\text{DDT}]_0 e^{-(k_1+k_2)t_+}$$

$$\frac{\mathrm{d}[\text{DDE}]}{\mathrm{d}t_+} = k_2 [\text{DDT}]_0 e^{-(k_1+k_2)t_+}$$

移项积分 $\int_0^{[\text{DDD}]_{t_+}} \frac{\mathrm{d}[\text{DDD}]}{[\text{DDT}]_0} = \int_0^{t_+} k_1 e^{-(k_1+k_2)t_+} \mathrm{d}t_+$, $\int_0^{[\text{DDE}]_{t_+}} \frac{\mathrm{d}[\text{DDE}]}{[\text{DDT}]_0} = \int_0^{t_+} k_2 e^{-(k_1+k_2)t_+} \mathrm{d}t_+$,

分别求出 DDD 及 DDE 浓度随时间 t_+ 变化的函数

$$[\text{DDD}]_{t_+} = \frac{k_1}{k_1+k_2}[\text{DDT}]_0 [1-e^{-(k_1+k_2)t_+}] \tag{12-144}$$

$$[\text{DDE}]_{t_+} = \frac{k_2}{k_1+k_2}[\text{DDT}]_0 [1-e^{-(k_1+k_2)t_+}] \tag{12-145}$$

将 DDT 浓度变化的数据代入(12-145)式即可求得 k_1+k_2,再配合(12-144)式或(12-145)式之一就可以分别求得 k_1 及 k_2。

化学动力学中的平行反应方程式推导时基于反应物与反应产物都是在近平衡态的假设,且联立(12-135)式和(12-136)式或(12-140)式~(12-142)式微分方程时已默认反应物剩余本质单元数的减少与反应产物(异质单元数)的增加是直接相关的,所以联立(12-135)式和(12-136)式或(12-140)式~(12-142)式微分方程得到的反应物(本质单元数)的变化规律和产物(异质单元数)的变化规律都是指数函数。

在统一科学中,以二元平行系统同向发射形态变化规律来看,在近平衡态和自发发射条件下,反应起始阶段与反应物剩余本质单元信息相对应的异质单元变化信息是(12-34)式 $P_+ = C' e^{-(\kappa_{B_+}+\kappa_{C_+})E_+}$。在能阈 $E_{\neq +} = C_{E_{\neq}}$ 足够小或能元 $\varepsilon_+ = C_{\varepsilon_+}$ 足够大的前提下,$C' \approx 1$,异质单元变化信息为 $P_+ = e^{-(\kappa_{B_+}+\kappa_{C_+})E_+}$。特别地,在化学动力学中取能量 E_+ 的显性因子为 t_+,即 $E_+ = F_N t_+$,$k = \kappa_+ F_N$,则异质单元变化信息就是 $P_+ = e^{-(\kappa_{B_+}+\kappa_{C_+})F_N t_+} = e^{-(k_{B_+}+k_{C_+})t_+}$,而反应物剩余本质单元信息为

$$\begin{aligned} P_+^0 &= 1 - P_+ \\ &= 1 - e^{-(\kappa_{B_+}+\kappa_{C_+})F_N t_+} \\ &= 1 - e^{-(k_{B_+}+k_{C_+})t_+} \end{aligned} \tag{12-146}$$

其实,在反应终结阶段,对反应物来讲已经进入了远离平衡态,而对反应产物来讲则是由近平衡态逐渐地趋于平衡态,其异质单元变化信息为 $P_+ = 1 - e^{-(k_{B_+}+k_{C_+})t_+}$,而反应物剩余本质单元信息为 $P_+^0 = 1 - P_+ = e^{-(k_{B_+}+k_{C_+})t_+}$。

在上述两个二元平行系统的平行反应实例中,其异质形态生成信息都是 $P_+ = \dfrac{n_{B_+} + n_{C_+}}{C_{N_+}}$。在第一例中,把(12-138)式和(12-139)式代入可以得到(12-146)式。在第二例中,把反应物有机氯杀虫剂 DDT 转化为 DDD 及 DDE 的信息代入也可以得到(12-146)式 $P_+^0 = 1 - e^{-(\kappa_{B_+} + \kappa_{C_+})t_+}$。

可见,上述演绎得到的就是化学动力学中平行反应的反应物本质单元数的变化规律(12-137)式和产物异质单元数的变化规律(12-139)式或反应物剩余本质单元信息(12-146)式 $P_+^0 = 1 - e^{-(k_{B_+} + k_{C_+})t_+}$。

(二)两个单分子反应构成的平行反应

如果二元平行系统中的两个子系统在各自的形态转化过程中不发生相互作用,这种在同一环境条件下平行地进行形态变化的过程可以用符号表示为

$$\begin{cases} A_+ \xrightarrow{k_1} C_+ \\ B_+ \xrightarrow{k_2} D_+ \end{cases} \tag{12-147}$$

在一维正向质向量坐标系 $\vec{X}_+$ 内部 $(\vec{N}_+, \vec{n}_+, \vec{E}_+, \vec{E}_{\neq +}, \vec{\varepsilon}_+)$ 五维分质向量空间的 $(\vec{C}_{N_+}, \vec{n}_+, \vec{E}_+, \vec{C}_{E_{\neq +}}, \vec{C}_{\varepsilon_+})$ 截面上,各个分质向量与各自的分质变量坐标轴同向,可以用其分质变量坐标轴来表示。用 N_{A_+}、N_{B_+} 分别表示子系统 A_+ 组元和子系统 B_+ 组元在形态转化前的总体单元数,用 $n_{A_+}^0$、$n_{B_+}^0$ 分别表示在能量为 E_+ 时子系统 A_+ 组元和子系统 B_+ 组元的本质单元数,用 n_{C_+}、n_{D_+} 分别表示在能量为 E_+ 时已转化为新形态的异质单元数。在近平衡态,这两个子系统平行吸收发射的形态变化规律用(5-6)式 $\mathrm{d}n_+ = n_+ \kappa_{n_+} \mathrm{d}E_+$ 的方程表示即为

$$\begin{cases} \dfrac{\mathrm{d}n_{C_+}}{\mathrm{d}E_+} = \kappa_{+1} n_{C_+} \\ \dfrac{\mathrm{d}n_{D_+}}{\mathrm{d}E_+} = \kappa_{+2} n_{D_+} \end{cases} \tag{12-148}$$

对上两式积分,并应用起始条件就可以得到

$$\begin{cases} n_{C_+} = N_{A_+} \mathrm{e}^{\kappa_{+1} E_+} \\ n_{D_+} = N_{B_+} \mathrm{e}^{\kappa_{+2} E_+} \end{cases} \tag{12-149}$$

上式表明,二元平行系统中的两个子系统在各自形态转化的过程中是独立进行的。由于环境条件相同,因此两个子系统的能量与整个系统的能量 E_+ 都一样。这个能量 E_+ 的数值可由(12-149)式得到

$$E_+ = \dfrac{\ln n_{C_+} - \ln N_{A_+}}{\kappa_{+1}} = \dfrac{\ln n_{D_+} - \ln N_{B_+}}{\kappa_{+2}} \tag{12-150}$$

上式虽是对子系统而言,但整个系统的能量也与其一样,因而二元平行系统的能量

表达式可以改为

$$E_+ = \frac{\ln(n_{C_+}/N_{A_+}) + \ln(n_{D_+}/N_{B_+})}{\kappa_{+1} + \kappa_{+2}}$$

$$= \frac{1}{\kappa_{+1} + \kappa_{+2}} \ln \frac{n_{C_+} n_{D_+}}{N_{A_+} N_{B_+}} \tag{12-151}$$

在近平衡态，二元平行系统的形态变化规律就是

$$\frac{n_+}{N_+} = \frac{n_{C_+} n_{D_+}}{N_{A_+} N_{B_+}} = e^{(\kappa_{+1} + \kappa_{+2})E_+} \tag{12-152}$$

如果取 $P_+ = \frac{n_+}{N_+}$, $P_{+1} = \frac{n_{C_+}}{N_{A_+}}$, $P_{+2} = \frac{n_{D_+}}{N_{B_+}}$，就有

$$P_+ = P_{+1} P_{+2} \tag{12-153}$$

上式是两个子系统形态转化独立平行进行的充要条件。由此也进一步验证了，如果二元系统中的两个子系统在同一环境条件下独立而平行地进行形态转化，那么整个二元平行系统的形态变化信息就等于各子系统的形态变化信息之积。

虽然(12-152)式 $\frac{n_+}{N_+} = \frac{n_{C_+} n_{D_+}}{N_{A_+} N_{B_+}} = e^{(\kappa_{+1} + \kappa_{+2})E_+}$ 是由近平衡态下二元平行系统的两个子系统的吸收发射的形态变化规律得到的，但是其所揭示的 $P_+ = P_{+1} P_{+2}$ 这个定理有普适的意义。一般地，在二元平行系统中，如果两个子系统在同一环境条件下平行地进行形态变化的过程是在不同失衡条件下完成的，那么把各子系统在不同平衡态的形态变化规律代入(12-9)式 $P_{B_+/C_+} = \frac{\vec{P}_{B_+}}{\vec{P}_{C_+}}$ 或(12-153)式 $P_+ = P_{+1} P_{+2}$，就可以重现二元平行系统在不同失衡条件下同向吸收发射的形态变化规律。

(三)双分子反应构成的平行反应

在化学动力学中，平行反应也可以由两个双分子反应构成。例如，氯苯再氯化的化学反应，可同时在氯苯的对位和邻位发生取代反应，反应的结果可以得到对位与邻位二氯苯两种产物。

$$C_6H_5Cl + Cl_2 \longrightarrow \begin{array}{l} C_6H_4Cl_2(\text{对位}) + HCl \\ C_6H_4Cl_2(\text{邻位}) + HCl \end{array} \tag{12-154}$$

上述的氯苯和氯气为双分子，氯苯和氯气再氯化的化学反应写为一般的双分子反应就是

$$A + B \longrightarrow C + D \tag{12-155}$$

在一维正向质向量坐标系 $\vec{X}_+$ 内部 $(\vec{N}_+, \vec{n}_+, \vec{E}_+, \vec{E}_{\neq +}, \vec{\epsilon}_+)$ 五维分质向量空间的 $(\vec{C}_{N_+}, \vec{n}_+, \vec{E}_+, \vec{C}_{E_{\neq +}}, \vec{C}_{\epsilon_+})$ 截面上，各个分质向量与各自的分质变量坐标轴同向，可以用其分质变量坐标轴来表示。如果令 $N_+ = C_{N_+}$ 表示基态中的总体单元数，N_{A_+} 表示起始

态(反应开始时)中 A_+ 的总体单元数,N_{B_+} 表示起始态中 B_+ 的总体单元数,即 $N_+ = N_{A_+} + N_{B_+} = C_{N_+}$,此时没有反应产物存在。取能量 E_+ 的显性因子为时间 t_+,即 $E_+ = F_N t_+$。经过时间 t_+ 后,生成物 C_+ 的异质单元数为 n_{C_+},生成物 D_+ 的异质单元数为 n_{D_+},此时,A_+ 和 B_+ 剩余的本质单元数分别为 $(N_{A_+} - n_{C_+} - n_{D_+})$ 和 $(N_{B_+} - n_{C_+} - n_{D_+})$。

在近平衡态和吸收发射条件下,双分子平行系统的两个反应物的形态变化规律用方程表示就是

$$\frac{dn_{C_+}}{dt_+} = k_{+1}(N_{A_+} - n_{C_+} - n_{D_+})(N_{B_+} - n_{C_+} - n_{D_+}) \tag{12-156}$$

$$\frac{dn_{D_+}}{dt_+} = k_{+2}(N_{A_+} - n_{C_+} - n_{D_+})(N_{B_+} - n_{C_+} - n_{D_+}) \tag{12-157}$$

由于反应物 A_+ 和反应物 B_+ 在近平衡态与吸收发射条件下的形态变化是平行进行的,因此双分子反应形态变化过程的总变化率等于两个平行反应过程的变化率之和。为此,把上两式相加得到

$$\frac{d(n_{C_+} + n_{D_+})}{dt_+} = (k_{+1} + k_{+2})(N_{A_+} - n_{C_+} - n_{D_+})(N_{B_+} - n_{C_+} - n_{D_+})$$

移项积分,就有

$$\frac{1}{N_{A_+} - N_{B_+}} \ln \frac{N_{B_+}(N_{A_+} - n_{C_+} - n_{D_+})}{N_{A_+}(N_{B_+} - n_{C_+} - n_{D_+})} = (k_{+1} + k_{+2})t_+ \tag{12-158}$$

或

$$\frac{N_{B_+}(N_{A_+} - n_{C_+} - n_{D_+})}{N_{A_+}(N_{B_+} - n_{C_+} - n_{D_+})} = e^{(N_{A_+} - N_{B_+})(k_{+1} + k_{+2})t_+} = e^{k_+ t_+} \tag{12-159}$$

式中,$k_+ = (N_{A_+} - N_{B_+})(k_{+1} + k_{+2})$。

特别地,如果双分子反应只生成一种产物,其一般的表达式为

$$A_+ + B_+ \longrightarrow C_+ \tag{12-160}$$

这样,(12-158)式 $\frac{1}{N_{A_+} - N_{B_+}} \ln \frac{N_{B_+}(N_{A_+} - n_{C_+} - n_{D_+})}{N_{A_+}(N_{B_+} - n_{C_+} - n_{D_+})} = (k_{+1} + k_{+2})t_+$ 就成为

$$\frac{1}{N_{A_+} - N_{B_+}} \ln \frac{N_{B_+}(N_{A_+} - n_{C_+})}{N_{A_+}(N_{B_+} - n_{C_+})} = (k_{+1} + k_{+2})t_+ \tag{12-161}$$

对于像前面列举的一个单分子反应构成的两个平行反应与两个单分子反应构成的平行反应和双分子反应构成的平行反应,在研究平行发射的形态变化时,必须同时测定两种终结形态的单元数,即产物 1 和产物 2 的量。

二、化学动力学中质量作用定律的演绎

(一)质量作用定律

在化学动力学中,质量作用定律是一条重要的基础性规律。质量作用定律表述为:

基元反应的反应速率与各反应物浓度的乘积成正比,其中各反应物的浓度的幂的指数即为化学反应方程式中该反应物化学计量数的绝对值。

然而,1867年挪威化学家古德贝格和瓦格发现的质量作用定律只是一个经验规律,至今也还没有从理论机理上得到解释。19世纪中叶,化学家从大量的实验结果得到这样的经验,增加反应物浓度能够使反应速率加快。由此,他们总结出了化学反应速率与反应物浓度间的关系——质量作用定律。这个由实验数据确立的速率公式虽然是唯象的、经验性的,却有着重要的作用。不过,后来人们发现,质量作用定律只适用于那些简单的一步完成的化学反应——基元反应,这是因为只有基元反应的方程式才能体现反应物分子直接作用的关系。[12]

在化学动力学中,基元反应是反应物分子在碰撞中一步直接转化为生成物分子的反应。基元反应的速率公式可以表示成如下的有关物质浓度的方次的乘积

$$r_+ = k[A]^\alpha [B]^\beta [C]^\gamma \cdots \tag{12-162}$$

在上面的化学反应速率方程式中,各反应物有关物质浓度的方次之和,称为反应的级数 η。

$$\eta = \alpha + \beta + \gamma + \cdots \tag{12-163}$$

式中,α、β 和 γ 称为对物质 A、B 和 C 的级数。

具有简单级数的化学反应不一定是简单反应,反应级数与反应分子数是两个完全不同的概念。对总反应而言,反应级数是实验结果,既可以是零、正整数、分数,也可以是负数;即使对于同一反应,反应级数因实验条件、数据处理方式不同而有所变化。然而,反应分子数不同,它是对微观分子反应而言的,是必然存在的,其数值只能是1、2或3。表观反应的速率是其中各个反应物分子独立进行平行基元反应的宏观的、综合的表达式,反映的是各基元反应速率的综合平均结果。

事实上,化学动力学的基元反应并不是统一科学的单元系统形态转化的基元过程,而往往是一组反应物在相同的环境条件下同时进行平行发射的形态转化。也就是说,基元反应往往不代表真正意义上的"基元"过程,而一般是包括了若干个子系统的平行反应。

在第九章第三节"时间为显性因子的形态变化规律"中,已经论述了化学动力学的基元反应及其规律。基元反应速率对浓度的依赖性服从质量作用定律,即一级反应就是反应速率只与反应物浓度的一次方成比例的反应。在近平衡态和自发发射条件下,通过单元系统形态转化基元规律就可直接演绎出单分子反应 $\langle B_+ | A_+ \rangle$ 所服从的一级动力学规律。

在一维正向质向量坐标系 $\vec{X}_+$ 内部 $(\vec{N}_+, \vec{n}_+, \vec{E}_+, \vec{E}_{\neq +}, \vec{\varepsilon}_+)$ 五维分质向量空间的 $(\vec{C}_{N_+}, \vec{n}_+, \vec{E}_+, \vec{C}_{E_{\neq +}}, \vec{C}_{\varepsilon_+})$ 截面上,各个分质向量与各自的分质变量坐标轴同向,可以用其分质变量坐标轴来表示。在定容 (V_+) 和用时间 t_+ 作为能量 E_+ 显性因子的条件下,

把 $C_+ = C_{+1}C_{+2}\cdots C_{+m}$ 代入(12-99)式 $r_+ = \dfrac{dC_+}{dt_+} = KC_+$，可得到在近平衡态吸收发射的多元平行系统形态变化规律 $r_+ = \dfrac{d}{dt_+}(C_{+1} \cdot C_{+2} \cdot \cdots \cdot C_{+m}) = k(C_{+1} \cdot C_{+2} \cdot \cdots \cdot C_{+m})$；把 $C_+ = C_{+1}C_{+2}\cdots C_{+m}$ 代入(12-115)式 $r_+ = \dfrac{dC_+}{dt_+} = -RC_+$，也可得到近平衡态自发发射的多元平行系统形态变化规律 $r_+ = \dfrac{d}{dt_+}(C_{+1} \cdot C_{+2} \cdot \cdots \cdot C_{+m}) = -k(C_{+1}, C_{+2}, \cdots, C_{+m})$。

在多元平行系统中，如果把处于起始态的 m 种物质称为反应物，把处于终结态的 m 种物质称为生成物（产物），那么，$C_{+i} = \dfrac{n_{+i}}{V_+} = [x_i]$ 称为 x_i 组分的浓度，r_+ 就称为反应速率，而 k 称为反应的速率常数。在 m 种反应物中，如果有 α 个 A 物质、β 个 B 物质、γ 个 C 物质，则同类物质的浓度乘积用该物质浓度的方次表示，这样由 $r_+ = k(C_{+1}, C_{+2}, \cdots, C_{+m})$ 就可以得到(12-162)式 $r_+ = k[A]^\alpha [B]^\beta [C]^\gamma \cdots$。

通过(12-162)式，很容易理解反应速率常数 k 不随各组元的异质单元数而改变。当能元取为 $\varepsilon_+ = C_{\varepsilon_+} = RT_+$ 时，还可以看到阿累尼乌斯的速率常数是温度的函数，即(9-2)式 $k = Ae^{-E_+/RT_+}$。

由于 $\dfrac{d\ln k}{dT_+} = \dfrac{E_+}{RT_+^2}$，移项积分，就有

$$\ln \dfrac{k_1}{k_2} = \dfrac{E_+}{R}\left(\dfrac{T_{+2} - T_{+1}}{T_{+2} T_{+1}}\right) \tag{12-164}$$

因此，提高温度就可以提高反应速率常数。

可见，从多元平行系统在近平衡态同向发射的形态变化规律出发，统一科学可以直接演绎出化学动力学中关于基元反应的质量作用定律。由于质量作用定律只是反映了多元平行系统在近平衡态同向发射的形态变化规律，因此质量作用定律用于基元反应中是有条件限制的。质量作用定律中的反应物浓度不能过大，因为在高浓度（或高压力）的情况下，反应速率与浓度的关系常常会偏离近平衡态的条件。在实验条件下，反应速率由化学过程决定。如果在基元反应进行的过程中，某些物理过程（如碰撞、传能等）起决定作用，那么反应速率与浓度的关系也会偏离质量作用定律。

（二）多分子反应

在化学动力学中，有许多反应是双分子反应、三分子反应等多分子反应，这些多分子作为全同的子系统可以组成不同级数的化学平行反应。例如，双分子反应是二级反应，其反应速率方程式反映了同时发生两个全同分子在同向平行发射形态变化过程的宏观表现，因此，有必要具体分析不同级数的化学反应所表现的规律。

1. 二级反应

二级反应是化学动力学中最为常见的一类反应。例如,乙烯、丙烯、异丁烯的二聚作用,乙酸乙酯皂化,碘化氢、甲醛的热分解反应等都是常见的二级反应。二级反应的通式可以写成

$$2A \longrightarrow P + \cdots \tag{12-165}$$

或

$$A + B \longrightarrow P + \cdots \tag{12-166}$$

(1) 对于第一个反应及 A 与 B 浓度相同的第二个反应,反应的速率可以写成

$$r_+ = \frac{d[A]}{dt_+} = -k_2[A]^2 \tag{12-167}$$

式中,二级反应的反应速率常数标记为 k_2。

在处理反应速率涉及多个组分浓度的动力学问题时,常常引入单位体积反应系统中的反应进度 $x_+ = [n_+] = \frac{n_+}{V_+}$ 作为共同变量(x_+ 具有物质的量浓度的单位)。例如,对任一反应物或产物 B,当 $t_+ = 0$ 时,其浓度为 $[B]_0$,t_+ 时刻浓度为 $[B]$,且 $[B] = [B]_0 + V_B \cdot x_+$。可见 x_+ 的引入更一般化地表明了反应进程,避免了因各组分浓度改变值不同要引入多个变量的麻烦。

在 $t_+ = 0$ 时,$[A]_0 = \left(\frac{n_+^0}{V_+}\right)_0 = a_+$($a_+$ 为 A 的初始浓度);在 $t_+ = t_+$ 时,$[A] = \left(\frac{n_+^0}{V_+}\right) = a_+ - x_+$,代入(12-167)式 $r_+ = \frac{d[A]}{dt_+} = -k_2[A]^2$,就有

$$\frac{dx_+}{dt_+} = k_2(a_+ - x_+)^2$$

这一速率方程(微分方程)中只有两个变量 x_+ 与 t_+,处理起来会方便许多。对上式进行定积分,得

$$\frac{1}{a_+ - x_+} = k_2 t_+ + \alpha \quad (\alpha \text{ 为常数})$$

对上式进行不定积分,得

$$\frac{x_+}{a_+(a_+ - x_+)} = k_2 t_+ \tag{12-168}$$

二级反应具有如下的特征:

① 对二级反应来说,以 $\frac{1}{a_+ - x_+}$ 对 t_+ 作图,应为一条直线,斜率为 k_2。

② 二级反应的半衰期为 $t_{1/2} = \frac{1}{k_2 a_+}$,与初始浓度有关。

③ 二级反应的速率常数 $k_2 = \frac{1}{t_+} \frac{x_+}{a_+(a_+ - x_+)}$ 的单位可以用 $mol^{-1} \cdot dm^3 \cdot s^{-1}$ 或

$mol^{-1} \cdot dm^3 \cdot min^{-1}$ 表示,其数值和使用的物质的浓度有关,计算时应注意不同单位之间的换算。

(2)对于(12-166)式 A+B⟶P+⋯ 的第二个反应,如果 A,B 的初始浓度不相同,在 $t_+ = 0$ 时,$[A]_0 = \left(\dfrac{n_{a_+}}{V_+}\right)_0 = a_+$($a_+$ 为 A 的初始浓度),$[B]_0 = \left(\dfrac{n_{b_+}}{V_+}\right)_0 = b_+$($b_+$ 为 B 的初始浓度),在 $t_+ = t_+$ 时,$[A] = \left(\dfrac{n_{a_+}}{V_+}\right) = a_+ - x_+$,$[B] = \left(\dfrac{n_{b_+}}{V_+}\right) = b_+ - x_+$,则反应的速率方程可以写成

$$r_+ = -k_2[A][B] \tag{12-169}$$

或

$$\frac{dx_+}{dt_+} = -k_2(a_+ - x_+)(b_+ - x_+) \tag{12-170}$$

此即表明二级反应的反应速率与两种物质浓度的乘积成正比。

对上式移项积分,得

$$\int \frac{dx_+}{(a_+ - x_+)(b_+ - x_+)} = -\int k_2 dt_+$$

由待定系数法得

$$\frac{1}{(a_+ - x_+)(b_+ - x_+)} = \frac{1}{a_+ - b_+}\left(\frac{1}{a_+ - x_+} - \frac{1}{b_+ - x_+}\right)$$

对(12-170)式 $\dfrac{dx_+}{dt_+} = -k_2(a_+ - x_+)(b_+ - x_+)$ 进行不定积分,得

$$\frac{1}{a_+ - b_+}\ln\frac{a_+ - x_+}{b_+ - x_+} = k_2 t_+ + 常数$$

对(12-170)式 $\dfrac{dx_+}{dt_+} = -k_2(a_+ - x_+)(b_+ - x_+)$ 进行定积分,得

$$\frac{1}{a_+ - b_+}\ln\frac{b_+(a_+ - x_+)}{a_+(b_+ - x_+)} = k_2 t_+ \tag{12-171}$$

由上式可以看出,对于 A 与 B 的初始浓度不相同的二级反应,k_2 的单位不变,而且以适当的方式作图(以 $\dfrac{1}{a_+ - b_+}\ln\dfrac{a_+ - x_+}{b_+ - x_+}$ 对 t_+ 作图),都可以得到一条直线,但半衰期对 A 与 B 而言是不一样的。

对于二级反应,因为速率常数的数值和使用的物质的浓度有关,具体计算时应注意单位的换算。对于气体的反应,浓度 C 的单位可以用 $mol \cdot dm^{-3}$ 或 $mol \cdot m^{-3}$ 表示,也可以用某种气体的分压 $P_A = \dfrac{n_+}{V_+}RT_+$ 表示。

设有一气体反应为

$$2A \longrightarrow P$$

$$t_+ = 0 \qquad a_+ \qquad 0$$
$$t_+ = t_+ \qquad a_+ - 2x_+ \qquad x_+$$

产物 P 的生成速率

$$\frac{dx_+}{dt_+} = k_2 (a_+ - 2x_+)^2 \tag{12-172}$$

把 $[A] = a_+ - 2x_+$ 和 $\dfrac{d[A]}{dt_+} = -2\dfrac{dx_+}{dt_+}$ 代入上式,就有

$$-\frac{1}{2}\frac{d[A]}{dt_+} = k_2 [A]^2 \tag{12-173}$$

k_2 为以浓度为单位的速率常数。由于气体的浓度也可以用分压来表示,即 $[A] = \dfrac{P_A}{RT_+}$,而 $\dfrac{d[A]}{dt_+} = \dfrac{1}{RT_+}\dfrac{dP_A}{dt_+}$,代入上式,就有

$$-\frac{1}{2RT_+}\frac{dP_A}{dt_+} = k_2 P_A^2 \left(\frac{1}{RT_+}\right)^2 \tag{12-174}$$

或

$$-\frac{1}{2}\frac{dP_A}{dt_+} = k_2 P_A^2 \left(\frac{1}{RT_+}\right) = k_P P_A^2 \tag{12-175}$$

式中,k_P 是以 A 的分压表示浓度的反应的速率常数,两者的关系为 $k_2 \dfrac{1}{RT_+} = k_P$。

2. 三级反应

三级反应的通式可以写成

$$3A \longrightarrow P + \cdots \tag{12-176}$$
$$2A + B \longrightarrow P + \cdots \tag{12-177}$$
$$A + B + C \longrightarrow P + \cdots \tag{12-178}$$

反应速率和浓度的三次方成正比者称为三级反应,可以分为下列几种情况进行讨论。

(1) 如各反应物的起始浓度同为 a_+,反应的速率方程为

$$\frac{dx_+}{dt_+} = k_3 (a_+ - x_+)^3 \tag{12-179}$$

其中,三级反应的反应速率常数标记为 k_3。移项进行不定积分

$$\frac{1}{2(a_+ - x_+)^2} = k_3 + \beta \quad (\beta \text{ 为常数})$$

再移项进行定积分,就有

$$\frac{1}{2}\left[\frac{1}{(a_+ - x_+)^2} - \frac{1}{a_+^2}\right] = k_3 t_+ \tag{12-180}$$

反应的半衰期为

$$t_{1/2}=\frac{3}{2k_3 a_+^2} \tag{12-181}$$

速率常数和使用的浓度的单位有关。

(2) 如果各反应物的起始浓度不同，即 $a_+\neq b_+\neq c_+$，则有

$$\frac{\mathrm{d}x_+}{\mathrm{d}t_+}=k_3(a_+-x_+)^2(c_+-x_+) \tag{12-182}$$

进行积分后可得

$$\frac{1}{(c_+-a_+)^2}\left[\ln\frac{(a_+-x_+)c_+}{(c_+-x_+)a_+}+\frac{x_+(c_+-a_+)}{a_+(c_+-a_+)}\right]=k_3 t_+ \tag{12-183}$$

对于三级反应的其他情况，可以根据实际情况计算得到其速率公式的积分形式。

3. 零级反应和准级反应

(1) 零级反应

反应速率方程与反应物质浓度无关者称为零级反应。零级反应的动力学方程为

$$r_+=-\frac{\mathrm{d}[A]}{\mathrm{d}t_+}=k_0 \tag{12-184}$$

或

$$\frac{\mathrm{d}x_+}{\mathrm{d}t_+}=k_0 \tag{12-185}$$

其中，零级反应的反应速率常数标记为 k_0。对上式进行积分后可得

$$x_+=k_0 t_+ \tag{12-186}$$

式中，x_+ 为反应物的浓度的消耗量或 t_+ 时刻产物的浓度。

如果反应物的起始浓度为 a_+，当 $x_+=\dfrac{a_+}{2}$ 时，反应的半衰期为

$$t_{1/2}=\frac{a_+}{2k_0} \tag{12-187}$$

化学反应的总级数为零级的反应并不多，已知的零级反应中最多的是表面催化反应。例如，氨在金属上的分解

$$2NH_3 \xrightarrow{W\text{ 催化剂}} N_2+3H_2$$

因为只有吸附在 W 催化剂表面上的 NH_3 才能发生如上的反应，如果 NH_3 在 W 上的吸附已达饱和状态，再增加氨气相的浓度不会增加氮气在催化剂表面上的浓度，所以反应速率和气相 NH_3 的浓度无关，这就表现为零级反应。

(2) 准级反应

在二级反应 $A+B\longrightarrow D$ 中，其反应动力学方程为 $r_+=-k_2[A][B]$。当一个物质的初始浓度比另一个物质的初始浓度超出好多时，这样的反应可称为准一级反应或准

级反应。如[A]≪[B],在反应过程中,前一种物质[B]的初始浓度在反应过程中变化很小可视为常数,则有

$$r_+ = -k_2[A][B] \approx -k'[A] \tag{12-188}$$

同样,如果[A]≫[B],在反应过程中,前一种物质[A]的初始浓度在反应过程中变化很小可以视为常数,则有

$$r_+ = -k_2[A][B] \approx -k''[B] \tag{12-189}$$

化学反应动力学方程都是根据大量实验数据确定的,若化学反应的速率方程可以写成有关物质浓度的方次的乘积,即(12-162)式 $r_+ = k[A]^\alpha[B]^\beta[C]^\gamma\cdots$ 的形式,那么即使是复杂反应,有些反应也可以简化成这样的形式。在化工生产中,就常常采用这样的形式作为经验式用于化工生产中。

综上所述,确定化学反应动力学方程的关键是确定反应的级数,确定反应级数一般是采用积分法、微分法、半衰期法、改变浓度法等方法来测定。

三、多元平行系统同向发射过程的竞争反应

在化学动力学中,对于由一种反应物生成两种产物的平行反应,如果将两个形态转化过程的变化率方程式相除,则它们有一个共同的表达式

$$\frac{dn_{+1}/dt_+}{dn_{+2}/dt_+} = \frac{k_1}{k_2} \tag{12-190}$$

当环境条件一定时,比值$\frac{k_1}{k_2}$是一个常数。也就是说,在平行反应中,两个形态转化过程的变化率之比等于终结态的异质单元数(产物量)之比,生成物中形态1和形态2的异质单元数的比值也是一定的。

$$\frac{n_{+1}}{n_{+2}} = \frac{k_1}{k_2} \tag{12-191}$$

对于由一种反应物生成三种产物的平行反应,两两比较其反应速率常数及其产物量,也一样存在上述比值为恒量的关系。因此,平行反应中各个反应的反应速率常数之比等于其产物量之比。

由此可见,在平行反应中,反应物消耗的速率或产物在混合物中所占的比率主要取决于速率最大的一步。如果所求得的k_1和k_2相差很大,则反应速率大的一般称为主反应,而其余的称为副反应或支反应。人们如果希望能更多地获得某一种形态的产物,就可以设法改变"所包含的不同反应速率之比值$\frac{k_1}{k_2}$"或者"不同反应的产物量之比值",使主反应的速率常数远远大于副反应的速率常数,以利于更多地得到所期望的产物。

对于(12-2)式那样的由一个单分子反应构成的两个平行反应,反应物A既可以生成B,也可以生成C。由于速率常数是温度的函数,并代表着平行反应的选择性,因此

人们若要得到 B 物质，就必须在不同的温度下进行实验，求出 $\dfrac{k_1}{k_2}$ 的比值，比值越大，越有利于 B 的生成。如果 $E_{\neq B} > E_{\neq C}$，宜用较高的反应温度；如果 $E_{\neq B} < E_{\neq C}$，宜用较低的反应温度。出现最大值时所处的温度，就是最适宜的温度。

通过改变环境条件（如温度），就可以改变 $\dfrac{k_1}{k_2}$ 的比值。例如，化学中甲苯的氯化，可以直接在苯环上取代，也可以在甲基上取代，两个反应可以平行地进行。实验表明，在低温下（30～50 ℃）使用 $FeCl_3$ 作为催化剂主要是在苯环上取代，而在高温下（120～130 ℃）并用光激发，则主要是在甲基上取代。

不过，改变速率常数的方法除了调节温度外，另一种办法是可以通过选择适当的催化剂来降低活化能 E_a。不过，活化能 E_a 实质上就是能阈 $E_{\neq}$，即 $E_a = E_{\neq}$。对于上述的一种反应物生成三种产物的平行反应，降低活化能 $E_{\neq 1}$ 和增大速率常数 k_1，或提高催化剂的选择性以改变 $\dfrac{k_1}{k_2}$ 的比值，如此反应对主要产品 P 的选择性同样会大大提高。对于反应都是一级的平行反应（如有机反应中的硝化或氯化反应），如果设 $E_{\neq 3} > E_{\neq 1} > E_{\neq 2}$，比较反应(1)和反应(2)，则高温对生成 P 有利，比较反应(1)和反应(3)，则低温对生成 P 有利，这时就需要寻找一个最有利于主产物 P 生成的中间温度。同样，采取求极值的方法，可以得出中间温度应满足如下的公式

$$T_+ = \dfrac{E_{\neq 3} - E_{\neq 2}}{R\ln\left(\dfrac{E_{\neq 3} - E_{\neq 1}}{E_{\neq 1} - E_{\neq 2}}\dfrac{A_3}{A_2}\right)} \tag{12-192}$$

如果两个平行反应的级数不相同，情况就会复杂一些。例如，在定容的条件下，两个平行反应的速率公式为

$$r_{+1} = kC_A C_B, \quad r_{+2} = k'C_B^2$$

则

$$\dfrac{r_{+1}}{r_{+2}} = \dfrac{k}{k'}\dfrac{C_A}{C_B} \tag{12-193}$$

如果反应(1)的产物是需要的，遵循(12-169)式 $r_+ = -k_2[A][B]$，为了得到更多的反应(1)的产物，应尽量抑制反应(2)的产物，即 C_A 要控制得高些，C_B 以较低为宜，这样就有 $r_+ = -k_2[A][B] \approx -k'[A]$。可见，要提高平行反应的选择率，就有一个选择合适反应温度的问题。

通过上述平行反应的讨论可以看出，平行反应具有以下特点：

(1) 在反应的任何时刻，反应产物的浓度（或产量）之比等于平行反应的速率系数之比，速率系数较大的反应，其产量必定较大。

(2) 总反应的速率系数（或称表观速率系数）是各平行反应速率系数的总和，所以，由反应产物的相对含量和总反应的速率系数，可以求得个别反应的速率系数。

(3)在平行反应中,某一个反应的速率系数比其他反应的速率系数大很多时,总反应速率取决于该反应。通常,称此反应为主反应,其他为副反应。人们往往要通过寻找选择性强的催化剂或控制温度来加大速率系数的差别,以提高主反应的产率和产量。

实际上,化学动力学的平行反应只是统一科学平行系统同向发射的形态变化过程的一类特殊情形。在一维正向质向量坐标系 $\vec{X}_+$ 内部 $(\vec{N}_+, \vec{n}_+, \vec{E}_+, \vec{E}_{\neq +}, \vec{\varepsilon}_+)$ 五维分质向量空间的 $(\vec{C}_{N_+}, \vec{n}_+, \vec{E}_+, \vec{C}_{E_{\neq +}}, \vec{C}_{\varepsilon_+})$ 截面上,各个分质向量与各自的分质变量坐标轴同向,可以用其分质变量坐标轴来表示。取 t_+ 为能量 E_+ 的显性因子,即 $E_+ = F_N t_+$,这样平行反应的形态变化规律就可以用变化率方程式表示。像两个单分子反应构成的平行反应所得到的(12-169)式 $r_+ = -k_2[A][B] \approx -k'[A]$ 等公式都可拓展到其他学科的一般情形。以同向平行发射形态变化过程的本义来看(12-185)式 $\dfrac{\mathrm{d}x_+}{\mathrm{d}t_+} = k_0$,还可以对多元平行系统中子系统的竞争有更深刻的理解。

通过(12-190)式 $\dfrac{\mathrm{d}n_{+1}/\mathrm{d}t_+}{\mathrm{d}n_{+2}/\mathrm{d}t_+} = \dfrac{k_1}{k_2}$ 的关系,两个单分子反应的关系为 $\dfrac{\ln n_{c_+} - \ln N_{a_+}}{\kappa_1} = \dfrac{\ln n_{d_+} - \ln N_{b_+}}{\kappa_2}$,如此就可以得到

$$\frac{\kappa_1}{\kappa_2} = \frac{\ln n_{c_+} - \ln N_{a_+}}{\ln n_{d_+} - \ln N_{b_+}} = \frac{\ln \dfrac{n_{c_+}}{N_{a_+}}}{\ln \dfrac{n_{d_+}}{N_{b_+}}} \tag{12-194}$$

如果设 $\kappa = \kappa_1/\kappa_2$,$\tau_+ = N_{a_+}/N_{b_+}^\lambda$,则

$$n_{c_+} = \tau_+ n_{d_+}^\lambda \tag{12-195}$$

这个方程意味着某一形态上的异质单元数 n_{c_+} 可以用另一形态上的异质单元数 n_{d_+} 的幂函数表示。这个简单的幂函数方程既是联系二元平行系统的两个子系统形态变化规律的方程,也是表明二元平行系统中两个子系统在同一环境条件下的竞争方程。

二元平行系统的竞争方程是一个可以广泛用于各个学科领域的一般规律,特别是在形态学、生物化学、生理学和系统发育学中得到广泛应用。譬如,在生物学中,生活在同样自然环境中的两个种群 A_+ 和 B_+,其种群密度的变化就要用竞争方程来描述。

在二元平行系统的竞争方程中,如果能量 E_+ 的显性因子取为时间 t_+,那么二元平行系统的竞争方程还可以演绎出瑞士生物学家克雷伯提出的异速生长方程("克雷伯定律")。把反应速率微分式代入(12-190)式 $\dfrac{\mathrm{d}n_{+1}/\mathrm{d}t_+}{\mathrm{d}n_{+2}/\mathrm{d}t_+} = \dfrac{k_1}{k_2}$ 和(12-191)式 $\dfrac{n_{+1}}{n_{+2}} = \dfrac{k_1}{k_2}$,就有

$$\kappa = \frac{\kappa_1}{\kappa_2} = \frac{k_1}{k_2} = \frac{\dfrac{\mathrm{d}n_{c_+}}{\mathrm{d}t_+} \dfrac{1}{n_{c_+}}}{\dfrac{\mathrm{d}n_{d_+}}{\mathrm{d}t_+} \dfrac{1}{n_{d_+}}} \tag{12-196}$$

(12-196)式说明了在只考虑n_{c_+}和n_{d_+}的情况下,各组成部分的相对生长率(即以原有大小的百分率来计算的增长)始终或在异速生长方程适用的生命周期中维持固定的比例。把(12-196)式中的κ称作相对生长率,显然异速生长方程是这个函数的一个解,它表明变量n_{c_+}的相对增长与n_{d_+}的相对增长的比率是一个常数。一般地,任何连续的相对生长可以用下式表达

$$\kappa(n_{c_+}, n_{d_+}) = F \tag{12-197}$$

式中,F为有关变数的某个不定函数。最简单的假设是F等于一个常数κ,这就自然地引出异速生长原理,也就很简单地得出了异速生长的关系。通过(12-197)式$\kappa(n_{c_+}, n_{d_+}) = F$也可以演绎出形态发生学的重要论断:某一器官的线度或重量n_{c_+}大体上是另一器官的异速生长函数或生物体总线度或总重量n_{d_+}的异速生长函数。

如果把(12-196)式改写成

$$\frac{\mathrm{d}n_{c_+}}{\mathrm{d}t_+} = \kappa \frac{n_{c_+}}{n_{d_+}} \frac{\mathrm{d}n_{d_+}}{\mathrm{d}t_+} \tag{12-198}$$

就可以进一步阐明这种令人颇为惊讶的关系(因为生长过程非常复杂,初看起来,各组成部分的生长似乎不大可能由这样简单的一个代数方程来支配)。根据这个方程,还可以解释生物体中分配过程的结果。设整个生物体为n_{d_+},那么(12-198)式说明器官n_{c_+}在生物体新陈代谢产生的总体增长$\frac{\mathrm{d}n_{d_+}}{\mathrm{d}t_+}$中占一份额,其数值正比于它与整体原有大小的比值$\frac{n_{c_+}}{n_{d_+}}$。$\kappa$是分配系数,表示器官占有它那一份额的能力。如果$\kappa_1 > \kappa_2$,即$n_{c_+}$的生长强度大于$n_{d_+}$,即$\kappa = \frac{\kappa_1}{\lambda_2} > 1$,那么这个器官比别的部分占有更大的份额,因而它比别的部分生长得快,或者说它是正异速生长。反之,如果$\kappa_1 < \kappa_2$,即$\kappa < 1$,那么这个器官生长得比较慢,或者说它以负异速生长。

与此相似,异速生长方程也适用于生物体中的生物化学变化和生理功能。例如,在多种动物中,如果以生长发育中的同种动物或亲缘动物为对照,其基础代谢的增长与体重有关,$\kappa = 2/3$。这就是说,基础代谢一般是体重的面函数。人们也发现,许多不同体重的动物的代谢率与表面积成正比,这就是德国生物学家鲁布纳所提出的代谢表面积定律的起源。不过,在某些例子中,基础代谢并不完全是体重的面函数,如昆虫幼体和蜗牛,$\kappa = 1$,即基础代谢与它本身的体重成正比。

虽然异速生长方程充其量不过是一个简化了的近似方程,然而它又不仅仅是数据作图的一个简便方法。尽管它有简化这一特征和数学上的一些缺点,异速生长原理仍不失为对生理过程的依赖性、组织性和协调性的一种表述。正是因为各过程是协调一致的,有机体才保持着生命和处于稳态。许多过程都遵守简单的异速生长原理,这一事实表明它是关于过程协调性的一般规律。例如,在社会学中,异速生长方程表现为意大

利经济学家帕累托提出的国内收入分配定律。只是在(12-195)式 $n_{c_+}=\tau_+ n_{d_+}^\lambda$ 这个式子中，n_{c_+} 为个人得到某种收入的数目，n_{d_+} 为总收入数，τ_+ 和 λ 为常数，其解释与上面相似，即以国民收入代替"生物总体的增长"，以个人的经济能力代替"分配常数"。

必须指出，如果系统中的各单元之间有相互作用，即 $\kappa_{j\neq i}\neq 0$，情况就变得复杂起来，这样，所得到的是一些方程组，如意大利数学家与物理学家沃尔特拉所研究的种间竞争。沃尔特拉方程有一个有趣的结论，两个物体为同一资源而竞争，在某种程度上比捕食—被食关系（即一个物种部分地被另一物种所歼灭的关系）更具有毁灭性。竞争最终导致生长能力较小的物种的灭绝，而捕食—被食关系只不过使物种数目围绕一个中间值周期性地上下波动。这些关系已在生物群落系统中得到说明，但完全可以说，这些关系也有着社会学的含义。推而广之，对于一个系统而言，引入组成部分之间竞争的概念似乎是自相矛盾的，然而这两个明显矛盾的陈述都是系统的本质，任何整体都是以它的要素之间的竞争为基础的，而且以"部分之间的斗争"为先决条件。部分之间的竞争是简单的物理—化学系统以及生命有机体和社会体中的一般组织原理。

上述关于平行系统同向发射过程的竞争关系论述以化学动力学的平行反应为切入点，转而讨论了生物学和形态发生学的异速生长原理。在一般情况下，多元平行系统在形态变化过程中，由于各个子系统总体单元数、能阈和能元的差异，使得整个多元平行系统变化规律的近似表达式五花八门。在同样的环境条件下，同一个多元平行系统中：有的子系统可能已经完成了多级形态转化，有的子系统可能还处于准平衡态或近平衡态而保留原有形态的基质，由此又形成了非全同多元平行系统的形态变化特点。

不过，正如在演绎质量作用定律的准级反应时所看到的，如果子系统 A_+ 和子系统 B_+ 在进行二元平行反应时，$[A_+]\ll[B_+]$，在反应过程中 $[B_+]$ 的浓度变化很小而视为不变，这样就有 $r_+=-k_2[A_+][B_+]\approx-k'[A_+]$。依照同样的道理，如果多元平行系统中各个子系统的形态变化平行地进行，则在多元平行系统形态变化中起主要作用的必然是那些在其定义域内能够完成多级连串相变的子系统，其次是那些只完成一级相变的子系统，再次是那些只完成近平衡态变化的子系统，最后才是那些只进行准平衡态变化的子系统。

参考文献

[1] 李士勇,田新华.非线性科学与复杂性科学[M].哈尔滨:哈尔滨工业大学出版社,2006:41-42.
[2] 人民教育出版社化学室.化学[M].2版.北京:人民教育出版社,1985:28-30.
[3] 颜泽贤,范冬萍,张华夏.系统科学导论——复杂性探索[M].北京:人民出版社,2006:83.
[4] 陆栋,蒋平,徐至中.固体物理学[M].上海:上海科学技术出版社,2003:323-326.
[5] KUHN R,HOFFSTERRER-KUHN S.[J].Chromatographia,1992,34(9/10):505-512.
[6] 李惕碚.实验的数学处理[M].北京:科学出版社,1980:16-17.
[7] 复旦大学数学系.概率论与数理统计[M].2版.上海:上海科学技术出版社,1961:16-17.
[8] 李贤平.概率论基础[M].2版.北京:高等教育出版社,1997:65-73.

[9] D.哈里德,R.瑞斯尼克.物理学:第2卷,第1册[M].北京:科学出版社,1978:161-174.

[10] 傅献彩,陈瑞华.物理化学:下册[M].3版.北京:人民教育出版社,1980:198-200.

[11] LARSON R A,WEBER E J.Reaction mechanisms in environmental organic chemistry[M].Boca Raton:CRC Press,Inc,1994:178.

[12] 武汉大学分析化学教研室.化学分析:上册[M].北京:人民教育出版社,1975:30-35.

统一科学

——融基础学科于一体（下）

庄世坚 著

厦门大学出版社

图书在版编目(CIP)数据

统一科学:融基础学科于一体/庄世坚著. —厦门:厦门大学出版社,2018.3
ISBN 978-7-5615-6808-8

Ⅰ.①统… Ⅱ.①庄… Ⅲ.①学科学 Ⅳ.①G301

中国版本图书馆 CIP 数据核字(2017)第 305061 号

出 版 人	郑文礼
责任编辑	郑 丹　李峰伟
封面设计	李嘉彬
技术编辑	许克华

出版发行	厦门大学出版社
社　　址	厦门市软件园二期望海路 39 号
邮政编码	361008
总 编 办	0592-2182177　0592-2181406(传真)
营销中心	0592-2184458　0592-2181365
网　　址	http://www.xmupress.com
邮　　箱	xmupress@126.com
印　　刷	厦门集大印刷厂

开本	787mm×1092mm　1/16
印张	101.75
插页	4
字数	2108 千字
版次	2018 年 3 月第 1 版
印次	2018 年 3 月第 1 次印刷
定价	598.00 元(上下册)

本书如有印装质量问题请直接寄承印厂调换

厦门大学出版社
微信二维码

厦门大学出版社
微博二维码

目录（下册）

二仪篇　二仪空间与逆反规律

第十三章　反向太极与阴阳论 ……………………………………………… 801
　第一节　二仪世界与一元系统的认知理论 ………………………………… 801
　第二节　一元系统的反向运动与可逆运动 ………………………………… 811
　第三节　反向可逆一元系统及其变化动向 ………………………………… 825
　第四节　反向可逆一元系统形态变化规律 ………………………………… 838
　第五节　一元系统对峙反应及其变化规律 ………………………………… 853

第十四章　反向可逆与均衡论 ……………………………………………… 867
　第一节　二仪中的反向可逆系统与均衡理论 ……………………………… 867
　第二节　一元系统在不同失衡态的变化规律 ……………………………… 878
　第三节　一元系统在不同失衡态的分布规律 ……………………………… 892
　第四节　一元系统形态变化规律的坐标变换 ……………………………… 907
　第五节　一元系统在五维形态空间中的关系 ……………………………… 919

第十五章　均衡反向与守恒论 ……………………………………………… 935
　第一节　质向量守恒及分质向量转化规律 ………………………………… 935
　第二节　二仪世界的能量守恒与转化规律 ………………………………… 947
　第三节　一元系统质向量守恒与转化规律 ………………………………… 966
　第四节　一元系统内在关系与相对论推演 ………………………………… 980
　第五节　一元系统的均衡形态与不均衡态 ………………………………… 998

第十六章　简谐振动与振动论 ……………………………………………… 1008
　第一节　广泛的振动现象与简谐振动规律 ………………………………… 1008
　第二节　简谐振动性质与特定的谐振规律 ………………………………… 1020
　第三节　阻尼振动的形态变化规律及应用 ………………………………… 1036
　第四节　生发振动的形态变化规律及应用 ………………………………… 1046

| 第五节 | 受迫振动的形态变化规律及应用 | 1055 |

第十七章 振动合成与波动论 ········· 1070
第一节	相同方向的简谐振动合成规律	1070
第二节	行波的简谐波及其反向波函数	1085
第三节	不同波的叠加现象与内在机制	1098
第四节	振动能量的辐射与德布罗意波	1111
第五节	无线通信载波与调制技术开发	1126

四象篇　四象平面与正交规律

第十八章 二维平面与映射论 ········· 1139
第一节	二维二仪坐标与四象世界	1139
第二节	二元向量对应的复数关系	1151
第三节	复数运算与共轭复数内涵	1164
第四节	复平面保角映射及其变换	1177
第五节	二元系统变化规律的构成	1190

第十九章 垂向叠加与太极图 ········· 1207
第一节	圆形与方形结构及方圆论	1207
第二节	简谐振动的垂向合成规律	1219
第三节	非简谐系统螺旋运动规律	1232
第四节	极坐标本质与黄金数天机	1244
第五节	不同失衡律与太极图真谛	1257

八卦篇　八卦空间与复合规律

第二十章 三维二仪与立体论 ········· 1279
第一节	晶体结构与三维点阵理论	1279
第二节	三维仿射坐标与八卦空间	1290
第三节	三元系统形态与基元规律	1303
第四节	三元均衡系统的谐振规律	1316
第五节	三元系统的不同失衡规律	1331

第二十一章　流体模型与结构论 ·········· 1349
第一节　气体迁移与扩散模型 ·········· 1349
第二节　不同水体的水质模型 ·········· 1363
第三节　物质形态与系统结构 ·········· 1375
第四节　结构分析与性能表达 ·········· 1387
第五节　组织对称与稳态平衡 ·········· 1398

六十四卦篇　多维空间与杂交规律

第二十二章　多元系统与信息论 ·········· 1415
第一节　多维向量坐标系及其空间 ·········· 1415
第二节　多元向量矩阵的关系法则 ·········· 1428
第三节　多元向量的各种变换关系 ·········· 1444
第四节　信息论与分布函数的演绎 ·········· 1458
第五节　多元系统形态的变化规律 ·········· 1473

第二十三章　复杂系统与模型论 ·········· 1487
第一节　复杂系统的集成理论 ·········· 1487
第二节　复杂系统的模型构建 ·········· 1498
第三节　复杂系统的统计分析 ·········· 1510
第四节　模型分类与模型识别 ·········· 1524
第五节　复杂轨线与浑沌机制 ·········· 1536

第二十四章　科学一统与道器论 ·········· 1554
第一节　统一科学与基础科学 ·········· 1554
第二节　统一科学与应用技术 ·········· 1566
第三节　道理应用与技术发明 ·········· 1578
第四节　器用合道与产品开发 ·········· 1589
第五节　行道之福与生态文明 ·········· 1600

二仪篇

二仪空间与逆反规律

- 第十三章　反向太极与阴阳论
- 第十四章　反向可逆与均衡论
- 第十五章　均衡反向与守恒论
- 第十六章　简谐振动与振动论
- 第十七章　振动合成与波动论

道通为一

——庄子

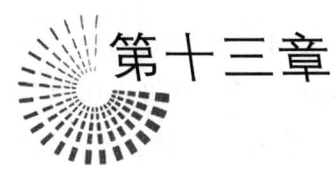

第十三章

反向太极与阴阳论

第一节 二仪世界与一元系统的认知理论

回顾太极世界的阴阳之道，单元系统形态的性质存在极性差异，即可分出阴阳；而在二仪世界，事物形态对立的性质方称为阴阳。对立统一规律是宇宙的根本规律。二仪篇的使命就是要以二仪世界的阴阳观揭示事物异质形态的逆向变化规律与本质形态的二极背反分布规律，并使之在不同领域的演绎中系统化和理论化。

一、太极世界的阴阳之道

人们要探索真理，就要建立理性的认知体系，因为只有在理性认知体系的空间中，才能理性地认知事物形态的变化规律或分布规律并建立相关的理论体系。在太极篇中，统一科学通过"无极生太极"开辟了太极世界。为了在太极世界中定质、定量、定向地认知事物形态及其变化规律或分布规律，首先就要建立最简易的一维正向质向量坐标系 $\vec{X}_+$。在一维正向质向量坐标系 $\vec{X}_+$ 及其内部的 $(\vec{X}_{+1},\vec{X}_{+2},\cdots,\vec{X}_{+m})m$ 维分质向量空间中，以一维正向单位质向量 $\vec{e}_+$ 作为度量基准，人们就可以理性地认知事物形态的内在关系，并依其规律建立起相关的理论。

一维正向质向量坐标系 $\vec{X}_+$ 奠定了统一科学大厦的基础。在一维正向质向量坐标系 $\vec{X}_+$ 的 $(\vec{X}_+)$ 空间中，每一个单元系统形态都对应着特定的一维正向质向量坐标轴上的一个点或一个质向量；任何一个单元系统从起始态（基态）$\vec{A}_+$ 到终结态 $\vec{B}_+$ 的形态变化 $\langle \vec{B}_+ | \vec{A}_+ \rangle$，都可以用坐标轴上 $[\vec{x}_{A_+},\vec{x}_{B_+}]$ 区间的质向量变化量 $\Delta \vec{x}_+$ 表示。$\overrightarrow{A_+B_+} = \Delta \vec{x}_+ = \vec{x}_{B_+} - \vec{x}_{B_+}$ 就是太极世界里所要定质、定量、定向表示的单元系统形态变化规律。

如果人们只是考察单元系统形态的性质和取向，那么一维正向质向量坐标系 $\vec{X}_+$

可以用定质的仿射坐标系来取代,即《周易》中所称的"太极"。如果人们考察的单元系统形态的性质可以隐匿或抽象为一般,那么一维正向质向量坐标系 $\vec{X}_+$ 就可以用数学中定量、定向的一维正向向量坐标系 $\vec{X}_+$ 来取代,这样,每一个单元系统形态经"粗粒化"后就对应着一维正向向量坐标系 $\vec{X}_+$ 上的一元单位向量或一条有指向的基线段;而不是所谓各向同性的质点。

单元系统从此形态 $\vec{A}_+$ 向彼形态 $\vec{B}_+$ 变化则对应着一维正向向量坐标系 $\vec{X}_+$ 上 $[\vec{x}_{A_+},\vec{x}_{B_+}]$ 区间的一个有向线段 $\overrightarrow{A_+B_+}=\Delta\vec{x}_+$。如果人们考察的单元系统形态的性质和取向都可以隐匿,一维正向质向量坐标系 $\vec{X}_+$ 还可以用数学中定量的数轴来取代。这样,每一个单元系统形态就对应着数轴上的一个点或一个数;单元系统从此形态 A_+ 向彼形态 B_+ 变化则对应着数轴上一定区间的一个线段 $\Delta x_+=A_+B_+$,这就是数学所要定量表示的数量关系。

在太极世界里,人们是以变易的世界观来认知单元系统形态,把单元系统形态变化规律作为认知对象的,所以人们所认识的事物形态均处于普遍联系和不断运动变化之中,人们眼中的太极世界也必然是一个生生不息、永恒发展的单向变化的世界。不过,在一维正向质向量坐标系 $\vec{X}_+$ 的 $(\vec{X}_+)$ 空间中描述单元系统形态的变化,人们只能得到与一维正向质向量坐标系 $\vec{X}_+$ 相互重合的、大小有界的一个动态序列,也只能用一个质向量变化量 $\Delta\vec{x}_+$ 笼统表示。例如,在一维正向质向量坐标系 $\vec{X}_+$ 上被取为度量基准的单位质向量 $\vec{e}_+$,可以表达单元系统从一个平衡态到另一个平衡态基元过程的形态变化量,人们却难以用质向量变化量 $\Delta\vec{x}_+$ 来分辨单元系统形态转化基元过程的变化规律。

为了揭示单元系统形态的变化规律,人们必须在一维正向质向量坐标系 $\vec{X}_+$ 打开其内部的多维分质向量空间,每一个分质向量构成认知体系的一个维度坐标轴,就可以定质、定量、定向地刻画单元系统形态。这样,单元系统从此形态向彼形态变化的规律,就可以通过多维分质向量空间中一定区间的不同分质向量之间的内在关系来表示。例如,总体单元数 $\vec{N}_+$、异质单元数 $\vec{n}_+$、能量 $\vec{E}_+$、能阈 $\vec{E}_{\neq+}$ 和能元 $\vec{\varepsilon}_+$ 五个质向量或信息 $\vec{P}_+$ 和熵 $\vec{S}_+$ 两个质向量都可以作为一维正向质向量坐标系 $\vec{X}_+$ 内部的分质向量坐标轴,通过 $\vec{N}_+$、$\vec{n}_+$、$\vec{E}_+$、$\vec{E}_{\neq+}$、$\vec{\varepsilon}_+$ 五个分质向量或 $\vec{P}_+$、$\vec{S}_+$ 两个分质向量的关系式就可以揭示单元系统形态转化基元规律。在一维正向质向量坐标系 $\vec{X}_+$ 与不同坐标系变换下的质向量空间中,可以得到单元系统形态转化基元规律及其不同失衡态的近似规律的一般形式,还可以演绎出各个具体学科不同的特殊事物的形态变化规律。

在统一科学中,由一维正向质向量坐标系 $\vec{X}_+$ 的无限增长极开辟的太极是认知事物形态定向变化的空间,因而由参照点(零向量 $\vec{0}$)射出的单一指向的太极世界是正向变化的一维质向量空间 $(\vec{X}_+)$,这决定了其内部多维分质向量坐标系空间也是正向展开的质向量空间。在一维正向质向量坐标系 $\vec{X}_+$ 及其内部的多维分质向量空间中,任何单元系统的形态变化都是具有一定性质、大小和指向的形态发生了变易。在一维正向质向量坐标系 $\vec{X}_+$ 上,单元系统形态变化规律的轨迹是一有向线段。在一维正向质向量坐标系 $\vec{X}_+$ 内部的二维分质向量空间,单元系统形态变化规律的轨迹就是以始发态为起点和终结态为终点的曲线;而在一维正向质向量坐标系 $\vec{X}_+$ 内部的多维分质向量空间,单元系统形态变化规律的轨迹则是多维曲面或超几何体。

在一维正向质向量坐标系 $\vec{X}_+$ 的 $(\vec{X}_+)$ 空间中,不同的单元系统形态的表现就是不同的点或不同的质向量。人们可以根据一维正向质向量坐标系 $\vec{X}_+$ 的 $(\vec{X}_+)$ 空间极性的差异而分出"阴阳",以此作为度量基准也就可以认知所观察的单元系统的阴阳走势和变易动态。在人们考察单元系统生成或消亡的形态变化时,不论是出于突出单元系统质的考虑,还是出于研究的方便考虑,都只要考虑单元系统矛盾双方中一方的单向运动即可。所谓的阴阳变化也就是在统一科学太极篇所论述的单元系统在太极世界中两点间的形态变化所表现出的差异。

在太极世界中,单元系统任何两个不同的形态所表现的差异都可称为阴阳,单元系统从一形态向另一形态的变化就是在阴与阳的两个相对形态之间进行定向的运动。单元系统形态在阳极或阴极上变化的始发态和终结态被确定为一阴一阳,在一维正向质向量坐标系 $\vec{X}_+$ 空间上就表现为两个点。在吸收发射时,单元系统的形态变化是在阳极上由阳性较弱的"阴"向着阳性较强的"阳"变化,阴是始点,阳是终点。在自发发射时,单元系统的形态变化是在阴极上由阳性较强的"阳"向着阳性较弱的"阴"变化,阳是始点,阴是终点。吸收发射是顺着阳性太极(简称阳极)的单向运动,而自发发射是顺着阴性太极(简称阴极)的单向运动。单元系统形态的多级连串变化或单元系统在不同形态之间转化过程中的变化等,也都是在"太极"指引下的单元系统多个形态的单向变化,这是变易世界观的使然。

在一维正向质向量坐标系 $\vec{X}_+$ 及其内部的多维分质向量空间中,以一维正向单位质向量 $\vec{e}_+$ 来观察、比较和认知单元系统形态变化基元过程的不同形态,运动就是绝对的而静止是相对的。不论是从一平衡态到另一平衡态的单元系统形态转化基元规律,还是从一平衡态到另一失衡态转化过程中(准平衡态、近平衡态和远离平衡态)的单元系统形态变化规律,或是连串发射过程与平行发射过程的单元系统形态变化规律,所反映的都是单元系统形态变易的一般关系,它们在多维分质向量空间所描绘的轨迹是以其所在的一维正向质向量坐标系 $\vec{X}_+$ 的指向为前提的。因此,用这样变化的、运动的眼光来观察世界中的客观事物,整个世界的事物形态必然是处于永恒运动变化之中的,所形成的对事物形态的一般认识就必然是变易的世界观。

总之,统一科学在一维正向质向量坐标系 $\vec{X}_+$ 太极世界中认知各种条件下的系统形态变化规律,都是在变易世界观指导下建立起来的系统生成或消亡的数理模型。例如,在一维正向质向量坐标系 $\vec{X}_+$ 内部的 $(\vec{P}_+,\vec{S}_+)$ 二维分质向量空间中,单元系统形态转化基元规律就是以单元系统某一个平衡态为出发点和另一个平衡态为归宿点,以联系这两个平衡态变化的变相点为中心,来考察单元系统由一种形态向另一种形态转化的阴阳之道。多元系统平行发射的形态变化规律也是揭示了多元平行系统由一种形态向另一种形态变化的阴阳之道。

二、二仪世界的阴阳观

几千年来,古今中外的人们根据哲学的思辨普遍性的特征形成了考察事物形态的世界观,并在哲学上形成了两种根本对立的观点:一种是变易的世界观,另一种就是不易的世界观。变易的世界观在哲学中发展成为辩证法的基本观点,而不易的世界观在哲学中发展成为形而上学的基本观点。在哲学上,辩证法的世界观与形而上学的世界观就形成了相互对垒的两大阵营。[1]

形而上学的世界观以不易的世界观来考察事物,认为世界是由一些间断的、孤立的失态和物态所构成,事物的一个形态与另一形态之间出现的突跃变化的鸿沟是不可逾越的,因而世界到处是"量子化"的、严格分层的或支离破碎的。按照形而上学的观点来看世界,静止就是事物的存在方式,世界中的各种事物是各自孤立的、静止不变的东西和现象;世界是没有矛盾的,是不会发展变化的,有变化也只是事物数量的增减或场所的变更,而且这种变化纯粹是外力推动的结果。

形而上学的不易世界观以"就事论事"或"就物论物"的方式来认识世界和观察具体事物,"一是一,二是二",非此即彼,是非分明。在形而上学不易世界观的指导下,人们只要从某一事物的性质入手,不断地深入分析事物的某一个别的运动形式或一系列互相关联和互相转化的运动形式,就可以或深或浅地形成对各种事物形态的现象与分布规律的知识,进而将这些知识单元按一定的逻辑组成学科,学科又组成学科群。正所谓"一事一世界"或"一物一世界"。现在已经形成而且还在不断增多的学科,可以说在相当程度上都是形而上学世界观指导下的产物,其大多问题一般都是静态的,中心问题是分类,基本的研究方法是定义上位概念和下位概念。在这些分立的学科中,事物往往就被看作永恒的原型或永恒的思想的反映。

在科学史上,形而上学的不易世界观对于人们认识具体事物与分析其存在形态确实发挥了积极作用,人们通过对事物形态进行考察和分析获得了无数的反映客观事实和变化规律的知识。因为人们要考察一个对象,总是要先分析该对象的基质及其在平衡态附近的一系列性质,随着分析的方法逐渐在科学中占了上风,形而上学的不易世界观也就在近代科学史上占据了相当高的地位。

辩证法的世界观以变易的世界观来考察事物,世界上的一切事物形态都是普遍联系和永恒运动变化着的,世界的发展也是其自身所固有的各种矛盾发展的结果,一切事物的内部矛盾运动推动着其整体形态的不断变化和发展。运动变化是事物的存在方式,是事物的根本属性,运动是绝对的而静止是相对的。每个处于平衡态的事物都只是变化中相对稳定的中继点,既是向上一级形态转化的起始点,又是下一级形态转化的终极点。整个世界的所有事物的变化就在各个平衡点发生了联系,而各个相对平衡的、静止的、孤立的形态只是整个复杂世界网络上的一个个纽结。按照辩证法这种普遍联系和发展的观点来看世界,事物可以由一种形态向另一种形态转化,各种形态联系起来就构成了世界丰富多彩的有机联系的组织,像自然界存在的网络都是自然界自组织的产物。

统一科学在太极世界里,为了认识事物从一种平衡态向另一种平衡态变化的规律,把事物彼此不同的两种形态作为"一阴一阳"两个点而联系起来,从而揭示了关于世界上万事万物形态转化的基元规律。其实,这就是采取"变易原则"来认知事物形态,是用阴阳变易的辩证法观点来观察和联系事物的形态序列。依照辩证法的变易世界观,人们所看到的事物就是遵循"变易"原则的联系形态。

不同的观点和看法决定着人们观察问题的不同世界观,也决定着人们认知和处理问题的方法论。毛泽东曾经用通俗而精辟的说法来阐述人们关于世界的基本观点:"一点论是从古以来就有的,两点论也是从古以来就有的,这就是形而上学跟辩证法。"[2]

可见,当人们就事论事或就物论物来观察世界上的事物形态时,通过"粒化"的抽象把事物形态看成孤立的一个点,就是形而上学;形而上学是不易的认知方法或存在方式的认知方法,是孤立地、机械地、静止地看问题的方法。而通过对比或比较等方式把两种事物形态联系起来看就是两个点,就是辩证法;辩证法不仅是变易的认知方法,而且还是矛盾式的认知方法,是全面地、联系地、变化地看问题的方法。

形而上学的不易世界观与辩证法的变易世界观是相互对立的,但是又都能在《周易》中找到思想根源。"一点论"就是《周易》的不易(在太极中表现为定点或参照点),"两点论"则是《周易》的阴阳变易(在太极中表现为由起点向终点的变化之道)。《周易》的变易原则和不易原则就代表着变易世界观和不易世界观。

作为哲学中两大阵营的辩证法的世界观与形而上学的世界观,在各自的观察面里都能拿出世界上无数的事例来表明自己世界观的正确性,但是它们又都无法说服对方或征服对方,所以自古以来这种对立抗衡的局面就长期存在着。变易与不易这两种世界观以动和静两种不同的思辨准则作为认知世界的度量基准。如果以其他的思辨准则作为认知世界的度量基准,也就会有其他的世界观。

其实,以性质截然相反的定质基准作为认知世界的质变量坐标轴,还会产生像中国古代的阴阳论或现代版的矛盾论那样的世界观。例如,先秦哲学家老子秉持二点论来看事物,产生了诸如长短、高下、美丑、难易、有无、前后、祸福、刚柔、损益、强弱、大小、生死、智愚、胜败、巧拙、轻重、进退、攻守、荣辱等一系列矛盾的范畴,就会认为不同的事物形态都是相对的、比较的概念,这些矛盾都是对立统一的,任何一方面都不能孤立存在,而是相互依存、互为前提。天下如果没有"美",就不会有"丑";没有"善",就不会有

"恶"。纯朴之世,人们不知有丑恶,也不知有美善,一切皆顺其自然,行当行之道而不认为是美或善,纯粹发乎本性而已。

老子在《道德经》第二章有言:"天下皆知美之为美,斯恶矣;皆知善之为善,斯不善矣!"紧接着,老子又认为"有无相生,难易相成,长短相形,高下相倾,音声相和,前后相随"。这就是说,有和无是在相互对立中得以产生,难和易是在相互对应中得以形成,长和短是在相互比较中得以显现,高和下是在相互依赖中得以存在,音和声是在相互应和中得以区分,先和后是在相互对比中得以出现。这些都是事物矛盾的两个方面,它们的关系是相互对立、相互依存、相反相成,一有俱有,一无俱无。美与丑、善与恶之相因亦如此,"崇高"与"渺小"是对立的两极:"崇高"表征真善美,"渺小"意味假恶丑。

张载说过:"有象斯有对,对必反其为。"王充也说过:"阳极反阴,阴极反阳。"任何事物形态都可以分出阴阳两个对立面,所以人们研究的是"对象",而不是"单象"。可见,老子早就把阴阳的观念发挥得淋漓尽致,而《周易》的创造者通过对自然现象的系统观察,不仅认识到宇宙变易的本质,而且认识到宇宙中的一切事物都包括了相互对立、相互排斥的阴阳两个方面,一阴一阳是宇宙中一切事物所具有的共性。宇宙中一切事物都是由一阴一阳两个相互对立的方面构成的统一体,如分离力与整合力、离心力与向心力。

不过,相互对立的阴阳是在性质截然相反的双向的坐标轴构成的二仪世界产生的阴阳观,这与一维正向质向量坐标系 $\vec{X}_+$ 的太极世界中根据空间极性的相对差异而产生的阴阳观是不一样的。对于宇宙中的两种事物或两种阴阳形态来说,都存在着相反和相成两种关系:相反,即相互对立;相成,即相互联系。阴阳相反两方面的对立"相推"是事物运动变化的根据,而对立的阴阳消长就是本质的异化。

阴阳互根为相交对待体,阴中有阳,阳中有阴。天地万物断无个体单独存在之理,无独必有偶,有偶必有合。合就是相互联系,是阴阳两种力量相互渗透、相反相成的关系,也就是阴阳互补的概念。阴阳、乾坤等对立体不是相互渗透感应,就是相互消息推移,只有一方而没有另一方是不可能的。像中医看病采用的阴阳、虚实等二分法就是掌握了二仪辩证法。中医认为人体和宇宙万物一样充满"阴阳"对立统一关系,所以用"阴阳"来阐释人体组织结构、生理功能、病理变化、疾病的诊断辨证、治疗原则、药物的性能等。

东方的阴阳与西方的对偶是相通的。西方文艺复兴时就有了对偶的观念,且对近代数学和理论物理产生了巨大的影响。近代科学的重大成就之一就是认识到反粒子或者由其构成的反物质的存在,如反质子、反中子等。反物质概念是英国物理学家狄拉克1931年首次提出的,是物质在自然界可能存在的对偶形态。反物质是由反粒子组成的物质,反粒子的质量、自旋、寿命等特性与组成普通物质的粒子相同,但是电荷等值异号,磁矩方向相反。像"负能空穴"就是正电子,而不是质子。科学家们推测,也许存在一个由超对称的对偶粒子组成的世界,"反世界"那里物质的状态与我们现在所处的

"正"世界物态应当一一对应,统称为反物质态。[3]

为了确认基本粒子存在一种全新的状态——反粒子,1932年,美国物理学家安德森在实验中证实了负电子的对偶——正电子的存在。1955年和1956年,反质子和反中子分别在实验室中被发现。近来,通过望远镜观察雷暴的科学家们已经发现了从地球上爆炸升空的反物质云。2011年5月初,中美两国科学家合作发现了迄今最重的反物质粒子——反氦-4。欧洲核子研究中心的多国科学家对一种称作反质子氦的半物质、半反物质原子使用了激光光谱学的新方法,其结果与同样精度测量的质子质量一致,证实物质与反物质是对称的。[4]

物理学家认为,自然法则遵守一种称作CPT的基本对称,反物质是正常物质的"镜像"状态。假设宇宙中的所有物质由反物质替代,左和右就会反转,仿佛镜像一样,时间的流动也会逆转,这种"反世界"将与真实的物质世界难以分辨。反物质原子应当与物质原子的质量完全相同。如果两种具有相反电荷的常规物质粒子正好具有相同的质量,当正物质与反物质相遇时,双方就会相互湮灭抵消并发生爆炸,最后释放出高能光子或伽马射线并释放能量,能量释放率要远高于氢弹爆炸。粒子加速器对撞实验的痕迹就能解释这一过程。相反的过程也存在,高能光子可转化为一对正反粒子。

其实,人们只要以两个反向的一维单向质向量坐标系共同作为认知事物的度量基准,整个世界就充满着阴阳对立的矛盾,也就会产生对立统一的世界观。老子之所以非常重视对立面的统一,主张差异中见统一,就因为他是以这种世界观深刻地认识了事物间"相反相成",矛盾双方可以相互作用、相互转化。在事物的对立统一中,他指出"祸兮福之所倚,福兮祸之所伏""正复为奇,善复为妖",他把事物都含有向相反方向转化的普遍规律概括为"反者道之动"的命题。

老子关于"反动"的本义是"反其道而行之",其实质就是事物形态的反向运动。例如,吸收发射的反向运动就是自发发射,自发发射的反向运动就是吸收发射;本质单元数减少是对异质单元数减少的反动,异质单元数增加则是对本质单元数增加的反动。

在自然界中,相反的东西是自然存在的,自然界的万物都表现为阴阳两极之间的相互作用,任何一组对立面都是能动地相互联系在一起的。阴阳相互依存、相互渗透,阴中有阳、阳中有阴。事物形态的单向运动被称为正向运动(正动),其逆向的变化就称为反向运动(反动)。"一阴一阳之谓道",把由阴之阳两点称为正动,就一定会有由阳之阴两点的反动;反之亦然。天道既进行正向的运动,又进行反向的运动,这是不以人的意志为转移的。所以,《易传·说卦》曰:"立天之道曰阴与阳,立地之道曰柔与刚,立人之道曰仁与义。"

在社会上相反的东西也是不可或缺的。逆向而行,风景殊自不同。然而,在人类社会的发展中,"反动"这一中性词的科学内涵早已悄然发生了变化。把"反动"用于历史学上,其是指与社会发展方向相悖的思想、言论与行为;而用于政治学中,则是指反抗统治集团的政治言论、政治人物或集团以及政治行为,因而在维护政权的法理中,反动常常是与邪恶或罪恶等同的。历史上,就有过许多这样的事例。像19世纪初,启蒙时代的"进步"信仰成了工业时代的普遍社会观念。由于受法兰西启蒙思想中直线性的进步主义历史观的影响,进步成了一些文人和激进主义者追求的最高价值,任何人敢对"进步"稍有疑惑,都被斥为"保守"和"反动"。为了回避"反动"的贬义,近代以来许多国家的社会活动"反动"派往往就改用"革命""革新""变革""维新"或"变法"等褒义词来取代"反动"。

实际上,任何事物都包含着矛盾。客观事物的平衡态或和谐社会的稳定态都既有正动的一面,又有反动的一面。在一般情况下,不允许"反动"的世界就是一个单向线性变化的世界,其变化往往导致一个荒唐可笑的世界。人的日常生活中的行动就是一个很好的例子。如果所有的人都站在船的同一边,世界上所有的人都向一个地方行动,公路上的车都向同一个方向行驶,所有的人都众口一词说同样的话,而没有任何"倒行逆施"的行为或言论,那所有这些"同人"步调一致一往直前的结局是可想而知的。

《庄子·秋水》中有言:"知东西之相反,而不可以相无。"古希腊哲学家赫拉克利特也说过:"对立带来益处;差异生成最美和谐;万物皆在斗争中应运而生。"在科学领域,事物形态的正动和反动不仅必须放在同等重要的位置上进行考察,而且这一相对的矛盾运动还不可回避地必须放在二仪世界中一起考虑。任何系统中的子系统之间存在相互关联作用时,子系统之间的连接方式及组成结构对系统运动的结果影响很大。客观世界到处都存在着子系统之间反向连接和反向运动的系统。正动与反动相互对抗的竞争结果就是阴阳相克,这种相互对立的矛盾双方在反向运动中又共同形成了对立统一体。

三、对立统一规律

事物形态同时发生正动和反动,就会出现反向并发发射过程或者反向并合发射过程。反向并发发射过程可以用宋朝哲学家朱熹提出的"一分为二"的思想来描述其形态变化,而反向并合发射过程可以用明代哲学家方以智提出的"合二而一"的概念来表明其形态变化。事物形态出现反向并发的"一分为二"形态变化和反向并合的"合二而一"形态变化,是单元系统阴阳两个形态同时发生了正动和反动的相对运动,是在某一平衡态附近发生的双向逆反运动。单元系统一阴一阳相互对立的两个方面相互排斥,是推动单元系统发展变化的根本动力。图13-1所示为美国物理学家费曼用形象化的方法表示戴森级数的图形,图中的正负电子的对撞就是"合二而一"的形态变化,而虚光子生成夸克和反夸克则是"一分为二"的形态变化。

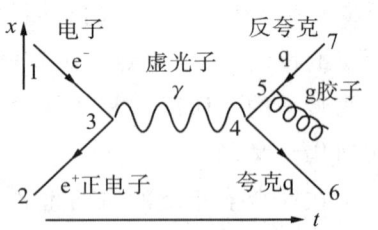

图13-1 电子对湮灭和夸克对生成

中性的、稳定的一种事物形态变成性质截然相反的阴阳两种形态就是阴阳反向运动"一分为二"的分解产物。这是由单元系统的一种形态变成彼此对立的两种形态的过程,在形态空间就是一点变成对称的两点的过程。世界上广泛存在着单元系统形态一分为二的变化事例,这是单元系统由一个相对平衡的形态分解成为两个异质形态的运动。例如,物理学中一些物质在力场的作用下产生能级的分裂就是由平衡态向高能态跃迁和向低能态回转同时进行的实例;化学中一些物质发生分解反应,中性的分子或原子分解成为阴阳离子也是这类单元系统产生一分为二形态变化的例子,像萃取、分离、富集等过程往往都伴随着反向发射的产生。社会生活中也存在着大量的单元系统经由反向并发发射过程产生一分为二形态变化的事例,像才力相当、各有千秋的伙伴因志趣不同而分道扬镳,一个家庭因离婚产生的两个单身男女,社会分化为雇主与雇工所产生的剥削与被剥削的矛盾等。

世界上也存在着无数的单元系统的两种形态合二而一的事例,这是由相对独立的单元系统的两个形态合并成为一个新的形态。像阴电和阳电构成闪电,冷气团和暖气团遭遇形成锋面雨,以电子导电为主的 n 型半导体和以空穴导电为主的 p 型半导体结合后在交界面处形成一个具有特殊导电性能的 PN 结,还有化学中的化合反应,生活中的冰炭同炉、水火相容或针锋对麦芒等都是合二而一的过程。

在社会中,单身男女结婚组建家庭、敌对阶级化敌为友或对立集团矛盾的调和走向和谐的过程也都是事物形态发生合二而一的反向并合事例,如此等等,不胜枚举。许多性质截然相反的阴阳两种事物合并成为中性的、稳定的事物就是这类阴阳反向运动合二而一的合成产物。这是事物由彼此对立的两种形态变成一种形态的过程,在一维质向量坐标系空间中就是由对称的两点变成一点的过程。

《易·系辞下》说:"天地因蕴,万物化醇。男女构精,万物化生。《易》曰'三人行则损一人,一人行则得其友'。言致一也。"这句话的意思就是天地阴阳二气的亲密交合,万物得以浓醇化育;男女精血交构,万物得以化生。说的是阴阳之间的"致一",也就是达到一致,从哲学上讲就是合二而一达致的同一性。

平衡态附近的双向逆反运动是"易有太极,是生二仪"的过程。二仪是由正向太极(阳极)和负向太极(阴极)组合在一起的一维二仪阴阳坐标系,是相对于参照系的两个相反太极共同构成的阴阳两个世界。阴阳二仪如图 13-2 所示,无极就是图中的原点,标识为 0。

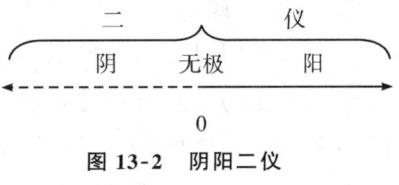

图 13-2 阴阳二仪

如果在一维二仪阴阳坐标系的基础上还考虑其数量和取向的度量,那么定质、定量、定向的太极就是一维正向质向量坐标系 $\vec{X}_+$ 或一维负向质向量坐标系 $\vec{X}_-$,而两个反向无端点的一维单向质向量坐标轴就共同构成了一维双向质向量坐标系 $\overleftrightarrow{X}$,这就是图 13-2 所示的二仪。有了反向变易的一维双向质向量坐标系 $\overleftrightarrow{X}$ 作为认知二仪世界的坐标系，不仅阴阳、矛盾等定质概念可以标识为"- -"和"—"或"-"和"+"，而且可以用代数上的正质向量和负质向量或几何上的正向线段和负向线段表示。例如，"时中立极"就是以现时为中心（原点），以未来与过去为反向的太极；在选择了时间 $\vec{T}$ 作为质向量以后，时间轴就是以时间为质因子的反向射线构成的一维双向质向量坐标轴 $\overset{\leftrightarrow}{T}$。

"无极生太极"是人们的认知从"无"迈向"有"的第一步，太极世界是人们认知单元系统形态变化的一维正向质向量坐标系 $\vec{X}_+$ 的 $(\vec{X}_+)$ 空间，但不是唯一的理性认知空间。当人们要更全面深刻地认知单元系统形态的分布或变化时，就要在太极这个维度最少的认知体系基础上扩充认知体系的维度及其空间。因此，"太极生二仪"，进入比最简易的太极世界稍为复杂的二仪世界，将考察单元系统形态的正向变化规律拓展到研究一元系统形态的双向变化规律，这是提高人的认识能力的必然途径。

《吕氏春秋·大乐》篇有言："太一出两仪，两仪出阴阳。阴阳变化，一上一下，合而成章。"宋代理学家周敦颐在《太极图说》进一步阐明："分阴分阳，两仪立焉。""一动一静，各一其性而言之也，以象观之谓一阴一阳。若非一之，则其一体而运，非相，非非相。为以一之，故得互为其根，成就两仪。两仪立，阳变阴合，化中偏正，万象成焉。"

在二仪世界里，人们自然会形成像阴阳论或矛盾论那样的"二仪"认识论。在这样矛盾辩证式的认识论引领下，事物"一分为二"反向并发的形态变化和"合二而一"反向并合的形态变化，就是单元系统以某一平衡态为中心发生两个子系统反向的形态变化，这是"二仪"认识论所看到的单元系统形态可逆变化的两种典型。另外，人们还可以看到单元系统相对稳定的对立统一体存在形态，这是两个反向子系统的阴阳本质单元"势均力敌"，整个单元系统在某一平衡态为中心的一定区间形成了对称均衡的分布形态。

在对立统一体中，"分庭抗礼"的阴阳成分相反相成、相互制衡，从而达到对立面统一"和谐"的平衡态。在现实世界中，生成的事物都具有一定的自我保持能力（或称维生能力），就是说它们已经成为对立统一体。只有对立统一体的基本结构、特性和行为模式保持不变，人们才有可能辨识这类处于暂时平衡、相对静止的事物形态。正因为有了对立统一体，人们在观察事物时往往就以其均衡态作为研究或考察事物存在或变化的中心点，并由此归纳形成了"不易"的原则。

如果人们以"一点论"的"不易"观点来考察事物的形态，就是把世界中的事物都看作相反相成的对立统一体，处于孤立的静止形态的事物都是内部自相矛盾、相互协调的阴阳平衡态。这样，人们所看到的世界必然是由一些彼此孤立的、静止不变的、间断的孤立系统形态所构成，这些稳定的离散的事物形态之间相互隔着不可逾越的鸿沟，事物形态即使有变化，也只是围绕着其中心形态呈现轻微的涨落，而且这种量变的原因还不在事物的内部而是在事物的外部。所以，人们根据各种事物静止的平衡形态的观察结果归纳形成的世界观就是形而上学的不易的世界观，所建立的理论就是阴阳不易理论。

不易世界观与变易世界观之所以相互对立，就在于其考察事物的核心点和研究问题的出发点与归宿点不同。不易世界观所看到的核心点是事物某一个静止的平衡态，而不是像变易世界观所看到的核心点是事物两个异质形态分野的变质点。不易世界观是把认知世界的坐标原点直接建立在事物的平衡态上,以这个平衡态附近的任何一个形态作为研究问题的出发点且以平衡态附近反向的另一个形态作为研究问题的归宿点。不易世界观把事物看成是阴阳的对立统一,也是人们认识事物形态一种积极的不可缺少的基本观点。在不易世界观或形而上学世界观的引领下,人们所认识的世界就可进入对立统一的新境界。

如果在建立一维正向质向量坐标系 $\vec{X}_+$ 的正向太极的基础上,也建立一维负向质向量坐标系 $\vec{X}_-$ 的反向太极,那就可以同时打开两个反向的太极世界,即"太极生二仪"。也就是说,一维正向质向量坐标系 $\vec{X}_+$ 与一维负向量坐标系 $\vec{X}_-$ 可以构成一维双向质向量坐标系 $\overleftrightarrow{X}$。在一维双向质向量坐标系 $\overleftrightarrow{X}$ 的认知空间中,二仪世界是运用"二分法"开辟的新的认知空间,是极性相反的两条一维单向质向量坐标系的合并。

二仪世界所形成的阴阳变易世界观或形而上学的不易世界观都是太极世界里变易世界观的拓展。辩证法的世界观又是形而上学的世界观的基础。可见,统一科学可以从根本上弥合形而上学不易世界观与辩证法变易世界观思想分歧的鸿沟。统一科学在以定质、定量、定向的质向量语言来论述其世界观时,只要扬弃《周易》的世界观和方法论,用反向的质向量来观察、比较和认知二仪世界中的单元系统形态,就可以实现古老科学与现代科学超越时空的接轨和贯通。统一科学并不是要采取经典学科的形而上学世界观来认识事物,在彼此隔绝的不同领域一再重复地去发现同一原理。恰恰相反,统一科学在二仪世界里还是要像在太极世界里一样,在一维双向质向量坐标系 $\overleftrightarrow{X}$ 内部打开多维分质向量空间,把单元系统在阳极或阴极上由此态到彼态的形态变化经历的各个过渡态联系起来,通过各个质向量内在关系所形成的序列来揭示单元系统形态阴阳相生或阴阳相克的变化规律,进而认识单元系统形态的存在规律或分布规律。在此基础上,还可以深入不同的学科领域进行自觉的演绎。

可见,在"二仪篇"中,只要综合运用变易世界观和不易世界观来看世界,就可以在一维二仪质向量坐标系 $\overleftrightarrow{X}$ 中获得对一元系统形态变化规律与分布规律全面而深刻的新认知,还可以使人们对一元系统形态的认识不断地从静态深入动态,从结构深入过程,从存在深入演化,从而建立起相关的理论体系。

第二节 一元系统的反向运动与可逆运动

在一维二仪质向量坐标系 $\overleftrightarrow{X}$ 的二仪空间中,一元系统在吸收发射条件下由阴之阳的形态变化与在自发发射条件下由阳之阴的形态变化可以反向地进行。一元系统可逆运动的形态变化规律表现为两个逆向的单元系统形态转化基元规律的组合,这也就是对立统一规律在质向量语境中的展现。

一、二仪世界的反向运动

在建立理性认知坐标系时,必须规定坐标轴的单位作为度量基准。如果规定一维正向单位质向量为 $\vec{e}_+$,与一维正向单位质向量 $\vec{e}_+$ 同向的一维单向质向量坐标轴就叫作一维正向质向量坐标系,用 $\vec{X}_+$ 表示;与一维负向单位质向量 $\vec{e}_-$ 同向但与一维正向单位质向量 $\vec{e}_+$ 反向的一维单向质向量坐标轴就叫作一维负向质向量坐标系,用 $\vec{X}_-$ 表示。显然,一维双向质向量坐标系 $\overleftrightarrow{X}$ 的构成单位就是一维双向单位质向量 $\overleftrightarrow{e}$。然而,一维双向单位质向量 $\overleftrightarrow{e}$ 是双向的质向量,其运算法则与一般单向的向量运算法则存在诸多的不同。

不过,一维双向质向量坐标系 $\overleftrightarrow{X}$ 是由一维正向质向量坐标系 $\vec{X}_+$ 与一维负向质向量坐标系 $\vec{X}_-$ 构成,其正半轴的构成单位为一维正向单位质向量为 $\vec{e}_+$,其负半轴的构成单位为一维负向单位质向量 $\vec{e}_-$。一维正向单位质向量 $\vec{e}_+$ 与一维负向单位质向量 $\vec{e}_-$ 的交角 $\langle \vec{e}_+, \vec{e}_- \rangle = \pi, \cos\langle \vec{e}_+, \vec{e}_- \rangle = -1$,表明一维正向单位质向量 $\vec{e}_+$ 与一维负向单位质向量 $\vec{e}_-$ 反向平行,即 $\vec{e}_- \equiv \overleftarrow{e}_+ \equiv -\vec{e}_+$,它们共线构成反向的一维双向单位质向量 $\overleftrightarrow{e}$。同理,正半轴的质向量 $\vec{X}_+$ 和负半轴的质向量 $\vec{X}_-$ 的交角 $\langle \vec{X}_+, \vec{X}_- \rangle = \pi, \cos\langle \vec{X}_+, \vec{X}_- \rangle = -1$,表明一维单向质向量坐标轴 $\vec{X}_+$ 和一维单向质向量坐标轴 $\vec{X}_-$ 反向平行,即 $\vec{X}_- \equiv \overleftarrow{X}_+ \equiv -\vec{X}_+$,它们共线构成反向的一维双向质向量坐标系 $\overleftrightarrow{X}$。

可见,利用 $\vec{e}_- \equiv \overleftarrow{e}_+ \equiv -\vec{e}_+$ 的关系,一维负向单位质向量 $\vec{e}_-$ 可以用标负号的一维正向单位质向量 $\vec{e}_+$ 表现;利用 $\vec{X}_- \equiv \overleftarrow{X}_+ \equiv -\vec{X}_+$ 的关系,一维负向质向量坐标轴 $\vec{X}_-$ 可以用标负号的一维正向质向量坐标轴 $\vec{X}_+$ 表出;也就是说,一维负向质向量坐标轴 $\vec{X}_-$ 可以表达为标负号的一维正向质向量坐标轴 $\vec{X}_+$,即 $-\vec{X}_+$;这样,一维双向质向量坐标系 $\overleftrightarrow{X}$ 就可以统一用一维正向单位质向量为 $\vec{e}_+$ 为度量基准,其双向的坐标轴就可以用单向一维二仪质向量坐标轴 $\vec{X}$ 表达,如图 13-3 所示。

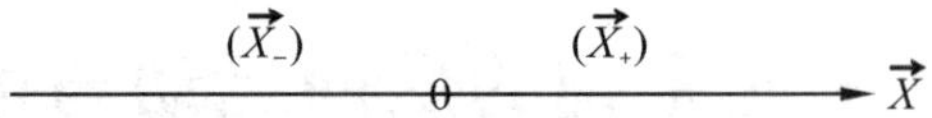

$$\xrightarrow[\quad(\vec{X}_-)\quad 0 \quad(\vec{X}_+)\quad]{\vec{X}}$$

图 13-3 一维二仪质向量坐标系 $\vec{X}$ 及其 $(\vec{X}_-)(\vec{X}_+)$ 空间

由正向太极 $\vec{X}_+$ 和负向太极 $\vec{X}_-$ 共同组成的一维双向质向量坐标系 $\overleftrightarrow{X}$ 可以表达为一维二仪质向量坐标系 $\vec{X}$,所以一维双向质向量坐标系 $\overleftrightarrow{X}$ 也称为一维二仪质向量坐标系 $\vec{X}$,其极性反向的阴阳两界认知空间就称为二仪,在一维二仪质向量坐标系 $\vec{X}$ 空间

中,有一半正向的质向量空间是与一维正向单位质向量$\vec{e}_+$同向的质向量空间,另一半负向的质向量空间是与一维正向单位质向量$\vec{e}_+$反向的质向量空间。一维正向质向量坐标系$\vec{X}_+$与一维正向单位质向量$\vec{e}_+$方向一致,$|\vec{e}_+|\equiv 1$。在省却质向量关于指向的规定时,一维正向质向量坐标系$\vec{X}_+$可用一维正向质变量坐标系X_+表示,与一维正向单位质向量$\vec{e}_+$同向的质向量空间中的质向量$\vec{x}_+$都可以转化为质变量x_+。一维负向质向量坐标系$\vec{X}_-$与一维正向单位质向量$\vec{e}_+$方向相反,规定$|\vec{e}_-|=-|\vec{e}_+|=-1$。在省却质向量关于指向的规定时,一维负向质向量坐标系$\vec{X}_-$可用一维负向质变量坐标系X_-表示,与一维正向单位质向量$\vec{e}_+$反向的质向量空间中的质向量$\vec{x}_-$也都可转化为质变量x_-或$x\in(-\infty,0]$。正向太极相空间的定义域为$x\in(0,+\infty]$,负向太极相空间的定义域为$x\in(-\infty,0]$,一维二仪质向量坐标系$\vec{X}$的二仪相空间的定义域为$x\in(-\infty,+\infty)$。

在省却质向量关于指向的规定时,以一维正向单位质向量$\vec{e}_+$的模$|\vec{e}_+|\equiv 1$为正实数域的单位,一维负向单位质向量$\vec{e}_-$的模$|\vec{e}_-|=-|\vec{e}_+|=-1$超出了正实数域,因而称之为负实数域的单位。在一维二仪质向量坐标系$\vec{X}$的二仪空间中,一维正向单位质向量$\vec{e}_+$与一维负向单位质向量$\vec{e}_-$存在的关系为

$$|\vec{e}_-|=-|\vec{e}_+|=-1=i^2 \tag{13-1}$$
$$|\vec{e}_+|=-|\vec{e}_-|=1=i^4 \tag{13-2}$$

一维负向单位质向量的模$|\vec{e}_-|=-1=i^2$与一维正向单位质向量的模$|\vec{e}_+|=1=i^4$相差一个负号,所以是负实数域的单位。一维负向单位质向量$i^2=-1$超出了正实数域,i就是(4-18)式中$\vec{z}=x+yi$的虚数单位,i与任何实数y结合为虚数yi。

为了在一维二仪质向量坐标系$\vec{X}$的二仪空间中建立一元系统形态变化规律与分布规律的相关理论,必须把在一维正向质向量坐标系$\vec{X}_+$中形成的太极世界观扩展到一维二仪质向量坐标系$\vec{X}$,并形成相应的二仪世界观。

在一维二仪质向量坐标系$\vec{X}$的二仪世界中,任何一元系统在一定条件下都可以取得相对的平衡和暂时的稳定,这种稳定的平衡态可以用一个定点或常质向量表示。在一维二仪质向量坐标系$\vec{X}$的正向半轴$\vec{X}_+$的质向量空间中,单元系统的某一个平衡态可表示为常质向量$\vec{a}_1$。在一维二仪质向量坐标系$\vec{X}$的负向半轴$\vec{X}_-$的质向量空间中,单元系统的某一平衡态可表示为常质向量$\vec{a}_2$或$-\vec{a}_2$。一旦环境条件改变,单元系统相对平衡的形态就要改变。

当单元系统由此形态向彼形态变化时,变化过程既可能处在正向太极$\vec{X}_+$的某一区间,也可能处在负向太极$\vec{X}_-$的某一区间,还可能处在跨越正向太极$\vec{X}_+$和负向太极$\vec{X}_-$的某一区间。对于前两种情形,变化过程还是隶属于单元系统在太极世界的形态变化,可用一维单向质向量坐标系太极空间中的单元系统形态变化规律来描述;但是,

对于第三种情形,就必须建立起一维二仪质向量坐标系 $\vec{X}$,才能在二仪空间中形成一元系统形态变化与分布的相关理论。

在环境作用下,一元系统吸收发射向着相对于基态的阳性异质形态方向运动,称作正向运动;在环境作用下,一元系统自发发射向着相对于基态的阴性异质形态方向运动,称作负向运动。在环境作用下,如果正向运动与负向运动同时发生,就会出现一元系统"一分为二"或"合二而一"两种反向并发的形态变化情形。

(一)一分为二的反向并发

在一维二仪质向量坐标系 $\vec{X}$ 中,如果一元系统在环境的作用下发生了一分为二反向并发的形态变化,由于始发态是中性的平衡态,可设定为基态,在质向量空间就是原点,其质向量为零向量 $\vec{0}$。一元系统反向并发后,其中一部分单元(子系统)发生吸收发射,从基态 $\vec{0}$ 正向跃升到较高能级的形态 $\vec{A}_+$,正向子系统进行着 $\langle \vec{A}_+ | \vec{0} \rangle$ 的形态转化;形态 $\vec{A}_+$ 相对于中性的平衡态 $\vec{0}$ 就是阳性的,在质向量空间表示为 $\vec{a}_1$。一元系统的另一部分单元(子系统)发生负向的自发发射,从基态 $\vec{0}$ 反转到较低能级的形态 $\vec{B}_-$,负向子系统进行着 $\langle \vec{B}_- | \vec{0} \rangle$ 的形态转化;形态 $\vec{B}_-$ 相对于中性的平衡态 $\vec{0}$ 是阴性的,在质向量空间表示为 $\vec{a}_2$。

在一维二仪质向量坐标系 $\vec{X}$ 中,一元系统发生一分为二的形态变化过程是由某一平衡态同时发生正向的吸收发射与负向的自发发射的形态变化过程。一元系统一分为二的反向并发可看作由吸收发射正向变化的子系统和自发发射负向变化的子系统组成,其形态变化用符号表示就是 $\vec{B}_- \xleftarrow{} \vec{0} \xrightarrow{} \vec{A}_+$,在省却质向量关于指向的规定时,即为 $a_2 \xleftarrow{0} a_1$。

子系统 $\langle \vec{A}_+ | \vec{0} \rangle$ 和子系统 $\langle \vec{B}_- | \vec{0} \rangle$ 的形态变化是反向(背向)的。如果子系统 $\langle \vec{A}_+ | \vec{0} \rangle$ 的形态变化与一维正向单位质向量 $\vec{e}_+$ 的指向是一致的,那么子系统 $\langle \vec{B}_- | \vec{0} \rangle$ 的形态变化与一维正向单位质向量 $\vec{e}_+$ 的指向就是相反的。正向变化(正动)的子系统或反向变化(反动)的子系统对于一元系统形态的变化贡献是反向的,整个一元系统的形态变化必须包括两个对立面。

在一维二仪质向量坐标系 $\vec{X}$ 中,正向变化的子系统因吸收发射发生的形态变化所留下的形态变动轨迹是一条与一维正向单位质向量 $\vec{e}_+$ 方向相同的射线,负向变化的子系统因自发发射发生的形态变化所留下的形态变动轨迹则是一条与一维正向单位质向量 $\vec{e}_+$ 方向相反的射线。

一元系统在一分为二反向并发的 $a_2 \xleftarrow{0} a_1$ 过程中,实质上是正向子系统的吸收发射与负向子系统的自发发射共同作用。$\vec{a}_1$ 和 $\vec{a}_2$ 这两个质向量方向相反,交角为 π,所以 $\cos<\vec{a}_1, \vec{a}_2>=\cos\pi=-1$。在一维二仪质向量坐标系 $\vec{X}$ 的正向半轴 $\vec{X}_+$ 的质向量空间中,质向量 $\vec{a}_1$ 与一维正向质向量 $\vec{e}_+$ 具有相同的方向,即 $\cos\langle\vec{a}_1,\vec{e}_+\rangle=\cos0°=1$,质向量 $\vec{a}_1$ 可以看作与冠以正号的一维正向单位质向量 $\vec{e}_+$ 具有相同的方向;而在一维二仪质向量坐标系 $\vec{X}$ 的负向半轴 $\vec{X}_-$ 的质向量空间中,质向量 $\vec{a}_2$ 与一维正向单位质向量 $\vec{e}_+$ 具有相反的方向,即 $\cos\langle\vec{a}_2,\vec{e}_+\rangle=\cos\pi=-1$,质向量 $\vec{a}_2$ 可以看作与冠以负号的一维负向单位质向量 $\vec{e}_-$ 具有相同的方向。

在一维二仪质向量坐标系 $\vec{X}$ 中,一元系统一分为二的反向(背向)并发形态变化规律遵循向量的加法运算规则,利用 $\vec{e}_-=-\vec{e}_+$ 的关系,可以表示为

$$\begin{aligned}\vec{a} &= \vec{a}_1+\vec{a}_2\\&= a_1\vec{e}_++a_2\vec{e}_-\\&= a_1\vec{e}_+-a_2\vec{e}_+\\&= \vec{a}_1-\vec{a}_2\end{aligned} \tag{13-3}$$

由(13-3)式可见,一个向量加上另一个反向的向量(负向量)就是两个向量的减法。(13-3)式也可以看作两个向量之差,即向量减法的表达式。其实,向量减法是向量加法的逆运算,是向量加法法则的反向拓展。由(4-11)式 $\vec{a}-\vec{b}=\vec{a}+(-\vec{b})$ 也可得到,一个向量减去另一个向量,等于加上那个向量的负向量,即 $\vec{a}_1-\vec{a}_2=\vec{a}_1+(-\vec{a}_2)$。

在(13-3)式 $\vec{a}=\vec{a}_1+\vec{a}_2$ 中,如果一元系统的质向量 $\vec{a}$ 与吸收发射正向变化子系统的质向量 $\vec{a}_1$ 一样,都与一维正向单位质向量 $\vec{e}_+$ 具有相同的方向,那么,在 $\vec{a}>0$ 时,一元系统一分为二的反向并发形态变化规律(13-3)式可以看作一元系统在一维二仪质向量坐标系 $\vec{X}$ 空间表现出的吸收发射形态变化规律;在 $\vec{a}<0$ 时,一元系统一分为二的反向并发形态变化规律(13-3)式也可以看作一元系统在一维二仪质向量坐标系 $\vec{X}$ 空间表现出的自发发射形态变化规律。

在一维二仪质向量坐标系 $\vec{X}$ 中,一维正向单位质向量 $\vec{e}_+$ 与一维负向单位质向量 $\vec{e}_-$ 的关系是 $\vec{e}_-=-\vec{e}_+$ 和(13-1)式 $|\vec{e}_-|=-|\vec{e}_+|=-1$ 以及(13-2)式 $|\vec{e}_+|=-|\vec{e}_-|=1$。如果将一维正向单位质向量 $\vec{e}_+$ 平移成为跨越 $\left[-\dfrac{1}{2},\dfrac{1}{2}\right]$ 区间的一维二仪单位质向量 $\vec{e}$,一维二仪单位质向量 $\vec{e}$ 的模就是 $|\vec{e}|\equiv\dfrac{|\vec{e}_+|-|\vec{e}_-|}{2}=1$,一维二仪单元质向量 $\vec{e}$ 的取向规定与一维二仪质向量坐标系 $\vec{X}$ 一致。所以,一维二仪质向量坐标系 $\vec{X}$ 的单位质向量也可以规定为一维二仪单位质向量 $\vec{e}$。如此,(13-3)式 $\vec{a}=a_1\vec{e}_+-a_2\vec{e}_+$ 就可以用标量的形式表示为

$$a=a_1-a_2 \tag{13-4}$$

进而一元系统在一维二仪质向量坐标系 $\vec{X}$ 空间的形态变化规律也可以用质变量的代数形式表示。

(二)合二而一的反向并合

既然一元系统在适当的环境作用下可以发生一分为二的形态转化,那么一元系统在适当的环境作用下也可能发生与一分为二相反的形态转化过程。但是,在环境的作用下,处在一维二仪质向量坐标系 $\vec{X}$ 的负半轴 $\vec{X}_-$ 的质向量空间中的子系统可以发生正向的吸收发射,由相对于中性平衡态呈阴性的异质形态 $\vec{B}_-$ 向中性的平衡态 $\vec{0}$ 跃迁,进行着子系统 $\langle \vec{0} | \vec{B}_- \rangle$ 的形态转化;而处于一维二仪质向量坐标系 $\vec{X}$ 的正半轴 $\vec{X}_+$ 的质向量空间中的另一子系统可以发生负向的自发发射,由相对于中性平衡态呈阳性的异质形态 $\vec{A}_+$ 反转到中性的平衡态 $\vec{0}$,进行着子系统 $\langle \vec{0} | \vec{A}_+ \rangle$ 的形态转化。这种由两个平衡态或其附近的形态同时发生的吸收发射与自发发射的形态转化过程,就是一元系统形态发生阴阳反向复合的合二而一过程。

由于在反向(相向)并合前两个子系统分别处于相对于中性平衡态呈阳性的异质形态 $\vec{A}_+$ 和相对于中性平衡态呈阴性的异质形态 $\vec{B}_-$,而一元系统变化的终结态就是中性的平衡态 $\vec{0}$,且在一维二仪质向量坐标系 $\vec{X}$ 中取为原点,因此那个中性平衡态就是零向量 $\vec{0}$。

一元系统在反向并合过程中,处在较高能级的 $\vec{A}_+$ 形态的子系统发生自发发射反转到较低能级的平衡态 $\vec{0}$,完成了 $\langle \vec{0} | \vec{A}_+ \rangle$ 的形态转化;始发形态 $\vec{A}_+$ 相对于中性的平衡态 $\vec{0}$ 就是阳性的,在一维二仪质向量坐标系 $\vec{X}$ 二仪空间的向量为 $\vec{a}_1$。处在较低能级的形态 $\vec{B}_-$ 的子系统发生吸收发射跃升到相对 $\vec{B}_-$ 较高能级的形态的平衡态 $\vec{0}$,完成了 $\langle \vec{0} | \vec{B}_- \rangle$ 的形态转化;始发形态 $\vec{B}_-$ 相对于中性的平衡态 $\vec{0}$ 则是阴性的,在一维二仪质向量坐标系 $\vec{X}$ 空间的向量为 $\vec{a}_2$。

在一维二仪质向量坐标系 $\vec{X}$ 的正半轴 $\vec{X}_+$ 的 $(\vec{X}_+)$ 质向量空间中,一元系统进行的合二而一反向并合所产生的终结态异质单元相对于始发的静止平衡态 $\vec{0}$ 都是异质单元,正向变化(正动)子系统或反向变化(反动)子系统的任何异动相对于单向的太极都是同向的运动。

一元系统形态合二而一的过程是由某两个平衡态同时发生负向的吸收发射与正向的自发发射的形态转化过程。反向并合的一元系统形态是由正向变化子系统的吸收发射和负向变化子系统的自发发射组成,其形态变化用符号表示就是 $\vec{B}_- \rightarrow \vec{0} \leftarrow \vec{A}_+$ 或 $\vec{a}_2 \rightarrow 0 \leftarrow \vec{a}_1$。

子系统 $\langle \vec{0} | \vec{A}_+ \rangle$ 和子系统 $\langle \vec{0} | \vec{B}_- \rangle$ 的形态变化是反向(相向)的。如果子系统 $\langle \vec{0} | \vec{A}_+ \rangle$ 的形态变化与一维正向单位质向量 $\vec{e}_+$ 的指向是相反的,那么子系统 $\langle \vec{0} | \vec{B}_- \rangle$ 的形态变化与一维正向单位质向量 $\vec{e}_+$ 的指向就是一致的。正向变化(正动)或反向变化

（反动）对于一元系统形态的变化贡献是反向的，整个一元系统的形态变化也必须包括两个对立面。

在一维二仪质向量坐标系 $\vec{X}$ 的负半轴 $\vec{X}_-$ 的 $(\vec{X}_-)$ 质向量空间中，子系统 $\langle \vec{0}|\vec{B}_-\rangle$ 的吸收发射与阴性太极 $\vec{X}_-$ 的负向相反，但是 $\vec{B}_- \rightarrow \vec{0}$ 的吸收发射在一维二仪质向量坐标系 $\vec{X}$ 的二仪空间中所留下的形态变动轨迹是一条与一维正向单位质向量 $\vec{e}_+$ 具有相同的方向的射线。在一维二仪质向量坐标系 $\vec{X}$ 的阳性（正向）太极 $\vec{X}_+$ 上，虽然子系统 $\langle \vec{0}|\vec{A}_+\rangle$ 的自发发射与阳性太极 $\vec{X}_+$ 的正向相反，但是 $\langle \vec{0}|\vec{A}_+\rangle$ 的自发发射在太极单向的一维质向量空间中所留下的形态变动轨迹则是一条与一维正向单位质向量 $\vec{e}_+$ 具有相反方向的射线，如图 13-4 所示。

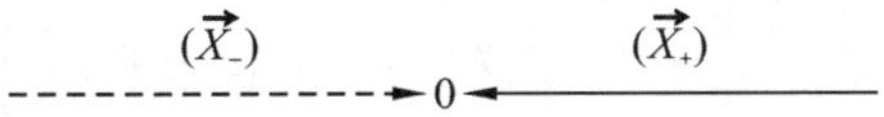

图 13-4 反向射线形成的二仪空间

$\vec{a}_2 \rightarrow 0 \leftarrow \vec{a}_1$ 合二而一的反向并合过程，是一元系统的正向子系统的吸收发射与负向子系统的自发发射共同作用的结果。$\vec{a}_1$ 和 $\vec{a}_2$ 这两个质向量方向相反，交角为 π，所以 $\cos\langle \vec{a}_1, \vec{a}_2\rangle = \cos\pi = -1$。在正向太极 $\vec{X}_+$ 的质向量空间中，质向量 $\vec{a}_1$ 与一维正向单位质向量 $\vec{e}_+$ 具有相反的方向，即 $\cos\langle \vec{a}_1, \vec{e}\rangle = \cos\pi = -1$，质向量 $\vec{a}_1$ 可以看作与冠以负号的一维负向单位质向量 $\vec{e}_-$ 具有相同的方向；而在负向太极 $\vec{X}_-$ 的质向量空间中，质向量 $\vec{a}_2$ 与一维正向单位质向量 $\vec{e}_+$ 具有相同的方向，即 $\cos\langle \vec{a}_2, \vec{e}_+\rangle = \cos 0° = 1$，所以质向量 $\vec{a}_2$ 可以看作与冠以正号的一维正向单位质向量 $\vec{e}_+$ 具有相同的方向。

一元系统合二而一反向（相向）并合形态变化规律遵循向量的加法运算规则，利用 $\vec{e}_- = -\vec{e}_+$ 的关系，可以表示为

$$\begin{aligned}\vec{a} &= \vec{a}_1 + \vec{a}_2 \\ &= a_1\vec{e}_- + a_2\vec{e}_+ \\ &= -a_1\vec{e}_+ + a_2\vec{e}_+ \\ &= -\vec{a}_1 + \vec{a}_2\end{aligned} \tag{13-5}$$

由此可见，一个向量加上另一个反向的向量（负向量）就是两个向量的减法。因此，(13-5)式也可以看作是两个向量之差，即向量减法的表达式。向量减法是向量加法的逆运算，一个向量减去另一个向量等于加上那个向量的负向量，即 $-\vec{a}_1 + \vec{a}_2 = (-\vec{a}_1) + \vec{a}_2$。

在(13-5)式中，一元系统的质向量 $\vec{a}$ 与自发发射负向变化子系统的质向量 $\vec{a}_2$ 一样，都是与一维正向单位质向量 $\vec{e}_+$ 具有相反的方向。在 $\vec{a} < 0$ 时，一元系统合二而一的反向并合形态变化规律(13-5)式又可以看作一元系统在一维二仪质向量坐标系 $\vec{X}$ 空间表现出的自发发射形态变化规律；在 $\vec{a} > 0$ 时，一元系统合二而一的反向并合形态变

化规律(13-5)式也可以看作一元系统在一维二仪质向量坐标系 $\vec{X}$ 空间表现出的吸收发射形态变化规律。

一维二仪质向量坐标系 $\vec{X}$ 的单位质向量也可以规定为一维二仪单位质向量 $\vec{e}$。但是,一维二仪单位质向量 $\vec{e}$ 可从平移为一维正向单位质向量 $\vec{e}_+$,并以此作为一维二仪质向量坐标系的度量基准。如此(13-5)式 $\vec{a} = -a_1\vec{e}_+ + a_2\vec{e}_+$ 可以用标量的形式表示为

$$a = a_2 - a_1 \tag{13-6}$$

进而一元系统在一维二仪质向量坐标系 $\vec{X}$ 空间的形态变化规律也可以用质变量的代数形式表示。

综上所述,由一维正向质向量坐标轴 $\vec{X}_+$ 和一维负向质向量坐标轴 $\vec{X}_-$ 共线构成反向的一维二仪质向量坐标系 $\vec{X}$。一维二仪质向量坐标系 $\vec{X}$ 的单位质向量可以为一维正向单位质向量 $\vec{e}_+$,也可以为跨越 $\left[-\dfrac{1}{2}, \dfrac{1}{2}\right]$ 区间的一维二仪单位质向量 $\vec{e}$,它的模就是 $|\vec{e}| \equiv \dfrac{|\vec{e}_+| - |\vec{e}_-|}{2} = 1$。一维二仪单位质向量 $\vec{e}$ 与一维正向单位质向量 $\vec{e}_+$ 可以相互平移得到。

在一维正向质向量坐标系 $\vec{X}_+$ 中,通过坐标轴的平移,一维正向质向量坐标系 $\vec{X}_+$ 可以变换成为一维二仪质向量坐标系 $\vec{X}$。显然,同一个单元系统的某个形态在一维正向质向量坐标系 $\vec{X}_+$ 中的表达符号与在平移后的一维二仪质向量坐标系 $\vec{X}$ 中的表达符号必须用 $\vec{x}_+$ 和 $\vec{x}$ 两个不同的质向量表示。为了便于分辨在不同坐标系的单元系统形态,就把在一维正向质向量坐标系 $\vec{X}_+$ 中的单元系统形态仍称为单元系统形态,而把在一维二仪质向量坐标系 $\vec{X}$ 中的单元系统形态称为一元系统形态。

二、一元系统的可逆运动

一元系统反向并发的"一分为二"形态变化与一元系统反向并合的"合二而一"的形态变化,都是以某一平衡态为中心发生的形态反向运动变化。如果反向并发与反向并合这两个过程为可逆过程,则单元系统形态转化基元规律及其引出的各种关系式在正向变化和反向变化过程中就可以用同一模型来表示。像一元系统一分为二的反向并发形态变化规律(13-3)式 $\vec{a} = \vec{a}_1 - \vec{a}_2$ 和一元系统合二而一的反向并合形态变化规律(13-5)式 $-\vec{a} = \vec{a}_1 - \vec{a}_2$ 的表达式是一样的,可见,一元系统一分为二的反向并发与合二而一的反向并合可以统称为反向可逆发射。

在一维二仪质向量坐标系 $\vec{X}$ 的($\vec{X}$)空间中,一元系统一分为二的反向并发用符号 $\vec{B}_- \longleftarrow \vec{0} \longrightarrow \vec{A}_+$ 表示;始发态的质向量就是零向量 $\vec{0}$,正向变化终结态的质向量为 $\vec{a}_1$,

负向变化终结态的质向量为 $\vec{a}_2$。一元系统合二而一的反向并合用符号 $\vec{B}_- \longrightarrow \vec{0} \longleftarrow \vec{A}_+$ 表示；正向变化始发态的质向量为 $\vec{a}_2$，负向变化始发态的质向量为 $\vec{a}_1$，终结态的质向量就是零向量 $\vec{0}$。

不论是在一分为二的反向并发 $\vec{B}_- \longleftarrow \vec{0} \longrightarrow \vec{A}_+$ 中，还是在合二而一的反向并合 $\vec{B}_- \longrightarrow \vec{0} \longleftarrow \vec{A}_+$ 中，质向量 $\vec{a}_1$ 和质向量 $\vec{a}_2$ 在一维二仪质向量坐标系 $(\vec{X})$ 的空间中都是共线的。两个向量共线与两个向量平行是等价的，两个共线的向量 $\vec{a}_1$ 和 $\vec{a}_2$ 就是 $\vec{a}_1 // \vec{a}_2$。正如(4-6)式 $\vec{a} = \lambda \vec{b}$ 所表述的，存在实数 λ 使得

$$\vec{a}_1 = \lambda \vec{a}_2 \tag{13-7}$$

式中，$\vec{a}_2 \neq 0$。

由于质向量 $\vec{a}_1$ 和质向量 $\vec{a}_2$ 在质向量空间都是共线的自由向量，在省却质向量关于指向的规定时，质向量 $\vec{a}_1$ 和质向量 $\vec{a}_2$ 在吸收发射和自发发射的反向变化过程中可以统一用符号

$$a_1 \xleftarrow{\quad 0 \quad} a_2 \tag{13-8}$$

表示。因此，吸收发射和自发发射的反向变化过程又称为反向可逆发射过程。如果用吸收发射的形态参量 $\vec{a}_+$ 和自发发射的形态参量 $\vec{a}_-$ 来取代质向量 $\vec{a}_1$ 和质向量 $\vec{a}_2$，则在省却质向量关于指向的规定时，(13-8)式就可以改写为

$$a_- \xleftarrow{\quad 0 \quad} a_+ \tag{13-9}$$

在一维二仪质向量坐标系 $\vec{X}$ 的 $(\vec{X})$ 空间中，一元系统一分为二的反向并发与合二而一的反向并合都涉及同时性的问题，始发态与终结态涉及时间性的问题。但是，质向量 $\vec{a}_1$ 和质向量 $\vec{a}_2$ 在二仪空间都是共线的自由质向量，与时间没有必然的关系，实际上一分为二的反向并发与合二而一的反向并合就是反向的二级连串发射过程，其特点是两个子系统在反向的二级连串发射过程中可以越过平衡态的变相点（零向量 $\vec{0}$）在反向太极上继续原来取向太极的发射。因此，反向的二级连串发射过程符合向量的加法运算规则，并可以用(13-3)式 $\vec{a} = \vec{a}_1 - \vec{a}_2$ 或(13-5)式 $\vec{a} = \vec{a}_2 - \vec{a}_1$ 表示反向可逆变化过程的任一形态。在一维二仪质向量坐标系 $\vec{X}$ 的 $(\vec{X})$ 空间中，$\vec{a}_+$ 和 $\vec{a}_-$ 是反向的向量，可以用方向相反而性质一样的质向量表示。既然方向相反且性质一样，那 $\vec{a}_+$ 和 $\vec{a}_-$ 的比较就是数量的比较，所以这样的"较量"又可以用标量的代数形式来表示。

由正向半轴 $\vec{X}_+$ 和负向半轴 $\vec{X}_-$ 组成的一维二仪质向量坐标系 $\vec{X}$ 开辟了反向并行子系统形态变化的 $(\vec{X})$ 空间。在此一维二仪质向量坐标系 $\vec{X}$ 的 $(\vec{X})$ 空间中，子系统吸收发射和子系统自发发射的反向变化是独立进行的，它们的形态变化符合向量的加法运算规则。由 $\vec{a} = \vec{a}_1 + \vec{a}_2$ 得到的(13-3)式 $\vec{a} = \vec{a}_1 - \vec{a}_2$ 反映了正向变化的子系统的质向量 $\vec{a}_1$ 和反向变化的子系统的质向量 $-\vec{a}_2$ 加和是相互抵消的相减关系；由 $\vec{a} = \vec{a}_1 + \vec{a}_2$ 得到的(13-5)式 $\vec{a} = \vec{a}_2 - \vec{a}_1$ 则反映了反向变化的子系统的质向量 $-\vec{a}_2$ 和正向变化的子系统的质向量 $\vec{a}_1$ 加和也是相互抵消的相减关系。这种关系反映了一元系统形态的

变化$a_1 \longleftrightarrow a_2$都是子系统在反向可逆发射过程对峙和抗衡的结果。

在一维二仪质向量坐标系$\vec{X}$的$(\vec{X})$空间中,如果一元系统反向可逆的形态变化用(13-3)式来表示其子系统的反向平行关系,那么一元系统的质向量$\vec{a}$与吸收发射的质向量$\vec{a}_+$是与一维正向单位质向量$\vec{e}_+$同向的质向量(可用加正号的标量表示),而自发发射的质向量$\vec{a}_-$是与一维正向单位质向量$\vec{e}_+$反向的质向量(可用加负号的标量表示)。当一元系统反向可逆的质向量$\vec{a}=\vec{a}_+-\vec{a}_-$为正数时,表明质向量$\vec{a}_+$和质向量$\vec{a}_-$这对矛盾的主要方面是$\vec{a}_+$,吸收发射子系统的形态处于强势,一元系统形态的综合表现必将显露出偏于正向的子系统的形态特征,起主要作用的是吸收发射的形态变化。

在一维二仪质向量坐标系$\vec{X}$的$(\vec{X})$空间中,如果一元系统在反向可逆形态变化用(13-5)式来表示其子系统的反向平行关系,那么一元系统的质向量$\vec{a}$与自发发射的质向量$\vec{a}_-$是与一维正向单位质向量$\vec{e}_+$反向的质向量(可用加负号的标量表示),而吸收发射的质向量$\vec{a}_+$是与一维正向单位质向量$\vec{e}_+$同向的质向量(可用加正号的标量表示)。当一元系统反向可逆的质向量$\vec{a}=\vec{a}_--\vec{a}_+$为正数时,表明质向量$\vec{a}_+$和质向量$\vec{a}_-$这对矛盾的主要方面是$\vec{a}_-$,自发发射子系统的形态处于强势,一元系统形态的综合表现必将显露出偏于负向的子系统的形态特征,起主要作用的是自发发射的形态变化。

如果一元系统是由两种性质互异的子系统组成,这两种性质各异的子系统在二仪世界就代表着一阴一阳两种性质相反的形态,并可以称作1-1型一元系统。例如,子系统A由k个同质单元组成,其质向量为$\vec{a}_+=k\vec{e}$,就有k个直径为单位质向量$\vec{e}$的圆球沿一维质向量坐标系$\vec{X}$方向排列成一行直线。子系统B由k个与子系统A异质的同质单元组成,其质向量为$\vec{a}_-=-k\vec{e}$,就有k个直径为单位质向量$\vec{e}$的圆球沿单位质向量$\vec{e}$相反的方向排列成一行直线。这两种基质互异的子系统A和B就组成1-1型一元系统。

1-1型一元系统中的A和B两个子系统在发生反向发射时,如果一个子系统的形态变化是在正向上进行,则另一个子系统的形态变化就是在逆向(负向)上进行。在正向和逆向上都能进行的反向形态变化过程称为对峙形态变化过程,也称为反向可逆形态变化过程。

1-1型一元系统在形态可逆转化过程中,子系统A由自身形态向子系统B的形态转化,而子系统B也由自身形态向子系统A的形态转化。这种相互矛盾、相互对峙的形态转化情形用符号表示就是(13-9)式的$a_- \xleftrightarrow{0} a_+$,也可以突出两个反向过程而用符号表示为

$$A \rightleftharpoons B \tag{13-10}$$

对于(13-10)式$A \rightleftharpoons B$这样的1-1型一元系统反向可逆的形态变化:如果子系统A为均质系统,则可以规定$A \longrightarrow B$(即$\langle B|A \rangle$)的吸收发射过程为正向一级的形态变化;如果子系统B为均质系统,$B \longrightarrow A$(即$\langle A|B \rangle$)的自发发射过程也就是逆向一级的

形态变化。因此,1-1 型一元系统的反向可逆的形态变化可以称为 1-1 型对峙形态变化。

1-1 型一元系统在反向可逆形态变化过程中,子系统由阴之阳发生吸收发射(或自发发射)的正向变化不可能同时发生该系统由阳之阴吸收发射(或自发发射)的负向变化。也就是说,一个子系统发生吸收发射正向变化的同时只能发生另一子系统自发发射的负向变化。

在彼此对峙的子系统 A 和子系统 B 在反向可逆的形态变化中,1-1 型一元系统的质向量为一个子系统在吸收发射条件下的质向量与另一子系统在自发发射条件下的质向量之差。反向可逆变化过程正向变化的质向量与反向变化的质向量相互抵消的相减关系,可以用(13-3)式 $\vec{a}=\vec{a}_1-\vec{a}_2$ 或(13-5)式 $\vec{a}=\vec{a}_2-\vec{a}_1$ 表示。

如果用 $\vec{a}_+$ 表示与正向太极 $\vec{X}_+$ 同向的质向量,用 $\vec{a}_-$ 表示与负向太极 $\vec{X}_-$ 同向的质向量,则两个质向量之差就是反向可逆一元系统的质向量 $\vec{a}$。这样,(13-3)式 $\vec{a}=\vec{a}_1-\vec{a}_2$ 和(13-5)式 $\vec{a}=\vec{a}_2-\vec{a}_1$ 可以统一表示为

$$\vec{a}=\vec{a}_++\vec{a}_-=\vec{a}_+-\vec{a}_- \tag{13-11}$$

(13-11)式表征的质向量 $\vec{a}_+$ 和质向量 $\vec{a}_-$ 的反向平行关系,也是质向量 $\vec{a}_+$ 和质向量 $\vec{a}_-$ 在一维二仪质向量坐标系 $\vec{X}$ 的 $(\vec{X})$ 空间中的表现形式。

正向太极 $\vec{X}_+$ 的质向量 $\vec{a}_+$ 是与一维正向单位质向量 $\vec{e}_+$ 同向的质向量,而负向太极 $\vec{X}_-$ 的一维负向单位质向量 $\vec{e}_-\equiv\vec{e}=-\vec{e}_+$ 是与一维正向单位质向量 $\vec{e}_+$ 反向的向量,这样负向太极的质向量 $\vec{a}_-$ 也是与一维正向单位质向量 $\vec{e}_+$ 反向的向量,所以反向可逆一元系统的质向量 $\vec{a}$ 可以由(13-11)式 $\vec{a}=\vec{a}_++\vec{a}_-$ 写成

$$\vec{a}=a_+\vec{e}_++a_-\vec{e}_-=a_+\vec{e}_+-a_-\vec{e}_+ \tag{13-12}$$

反向可逆一元系统的质向量 $\vec{a}$ 由正向太极 $\vec{X}_+$ 的质向量 $\vec{a}_+$ 和负向太极 $\vec{X}_-$ 的质向量 $\vec{a}_-$ 表达,实质上是表明任何一个一元系统的形态都可以表达为一维正向单位质向量 $\vec{e}_+$ 和一维负向单位质向量 $\vec{e}_-$ 两个"基元态"(或基本态)的叠加态。一维正向单位质向量 $\vec{e}_+$ 和一维负向单位质向量 $\vec{e}_-$ 的两个"基元态"是两个"纯本征态",由两个"纯本征态"可以构成无限多的叠加态。[5]

以自旋量子态为例,在量子力学中一般用希尔伯特空间来表示量子态,粒子的自旋只有"上↑"和"下↓"两个基本量子态,用自旋"上"的基态代表一维正向单位质向量 $\vec{e}_+$,用自旋"下"的基态代表一维负向单位质向量 $\vec{e}_-$,这样所有的自旋叠加态都可以表示成这两个基态的线性叠加,即

$$|\text{叠加态}\rangle=a_+|\text{上}\rangle+a_-|\text{下}\rangle$$

式中,狄拉克的 bra 符号 $|\rangle$ 表示希尔伯特空间的向量,即"量子态"。

同理,在杨氏双缝实验中,电子或光子位置的叠加态可以写成

$$双缝态 = a_+ \times 缝1 + a_- \times 缝2$$

薛定谔理想实验中的猫,也可以写成叠加态的形式

$$猫态 = a_+ \times 活猫 + a_- \times 死猫$$

中国古代的"阴阳说"用"━"表示"纯阳本征态",用"━━"表示"纯阴本征态",任何事物形态的爻象也可以写成叠加态的形式

$$爻象 = a_+ |━\rangle + a_- |━━\rangle$$

可见,中国古代所谓的阴差阳错用理论物理学的时髦语言来表达就是量子纠缠,《周易》通过八卦重叠而成的六十四卦图也可以通过元胞自动机(以黑白格子为元胞的模型)来表达。

在此,再反观 1-1 型一元系统在形态可逆转化过程的形态变化。上述(13-10)式 $A \rightleftharpoons B$ 一般是设定 A 形态和 B 形态都为平衡态,$A \longrightarrow B$ 的吸收发射过程的形态变化用与正向太极 $\vec{X}_+$ 同向的质向量 $\vec{a}_+$ 表示,$B \longrightarrow A$ 的自发发射过程的形态变化用与负向太极 $\vec{X}_-$ 同向的质向量 $\vec{a}_-$ 表示。当一元系统在 $[\vec{a}, \vec{b}]$ 区间中反向可逆地在平衡态 $\vec{a}$ 和平衡态 $\vec{b}$ 中连续变化时,子系统由 $A \longrightarrow B$ 过程的异质形态变化规律就是 $\Delta \vec{x}_+ = \vec{b} - \vec{a}$,而与其伴生的本质形态分布规律就是 $\Delta \vec{x}_{+0} = \vec{b}_0 - \vec{a}_0$;子系统 $A \longleftarrow B$ 过程的异质形态变化规律就是 $\Delta \vec{x}_- = \vec{a} - \vec{b}$,而与其伴生的本质形态分布规律就是 $\Delta \vec{x}_{-0} = \vec{a}_0 - \vec{b}_0$。

如果 A 形态和 B 形态都处在动态,那么 $A \longrightarrow B$ 吸收发射过程的形态变化就要用与正向太极 $\vec{X}_+$ 同向的质向量变化量 $\Delta \vec{x}_+$ 表示,$B \longrightarrow A$ 自发发射过程的形态变化也就要用与负向太极 $\vec{X}_-$ 同向的质向量变化量 $\Delta \vec{x}_-$ 表示,其中

$$\Delta \vec{x}_+ = \vec{x}_B - \vec{x}_A \tag{13-13}$$

$$\Delta \vec{x}_- = \vec{x}_A - \vec{x}_B \tag{13-14}$$

而

$$\Delta \vec{x} = \Delta \vec{x}_+ + \Delta \vec{x}_- = \Delta x_+ \vec{e}_+ + \Delta x_- \vec{e}_- = \Delta x_+ \vec{e}_+ - \Delta x_- \vec{e}_+ \tag{13-15}$$

用上式可以简单而笼统地表示反向可逆一元系统的吸收发射形态变化规律或反向可逆一元系统的自发发射形态变化规律,但是在一维二仪质向量坐标系 $\vec{X}$ 上也难以识别一元系统的形态变化。不过,在反向的正向太极 $\vec{X}_+$ 和反向太极 $\vec{X}_-$ 内部打开的多维分质向量空间中,表征一元系统质向量的方向与一维正向单位质向量 $\vec{e}_+$ 是一致的,因此可以在一维二仪质向量坐标系 $\vec{X}$ 的内部的二维及二维以上的分质向量空间中来认识反向可逆发射过程中的一元系统形态变化规律。但是,在省却质向量关于方向的规定时,$\Delta \vec{x}_+$ 可以用正向太极上 $\Delta \vec{x}_+$ 的分质变量变化量 Δx_+ 直接代入(13-15)式,而 $\Delta \vec{x}_-$ 用负向太极上的分质变量变化量 Δx_- 代入(13-15)式时就必须注意到正负号的变化。

例如,在一维二仪质向量坐标系 $\vec{X}$ 的内部打开 $(\vec{N}, \vec{n}, \vec{E}, \vec{E}_{\neq}, \vec{\varepsilon})$ 五维分质向量空间,在反向可逆变化过程中如果以异质单元数 $\vec{n}$ 作为考察一元系统形态变化的分质向

量,即 $\vec{x}=\vec{n}$,$\vec{n}_+$ 为吸收发射产生的异质单元数,即 $\Delta\vec{x}_+=\vec{n}_+$,$\vec{n}_-$ 为自发发射产生的异质单元数,即 $\Delta\vec{x}_-=\vec{n}_-$,那么,在反向可逆形态变化中一元系统呈现的异质单元数就是

$$\vec{n}=\vec{n}_++\vec{n}_-=\vec{n}_+-\vec{n}_- \tag{13-16}$$

(13-16)式表征的分质向量 $\vec{n}_+$ 和分质向量 $\vec{n}_-$ 的反向平行关系,是分质向量 $\vec{n}_+$ 和分质向量 $\vec{n}_-$ 在一维二仪质向量坐标系 $\vec{X}$ 的 $(\vec{X})$ 空间中的表现形式。由于任何一个一元系统的形态都可以表达为一维正向单位质向量 $\vec{e}_+$ 和一维负向单位质向量 $\vec{e}_-$ 两个"基元态"的叠加态,因此一元系统的异质单元数 $\vec{n}$ 不仅可以表达为吸收发射产生的异质单元数 $\vec{n}_+$ 与自发发射产生的异质单元数 $\vec{n}_-$ 的加和,也可以表达为一维正向单位质向量 $\vec{e}_+$ 和一维负向单位质向量 $\vec{e}_-$ 这两个"基元态"构成的叠加态

$$\vec{n}=\vec{n}_++\vec{n}_-=n_+\vec{e}_++n_-\vec{e}_-=n_+\vec{e}_+-n_-\vec{e}_+$$

在一维二仪质向量坐标系 $\vec{X}$ 内部 $(\vec{N},\vec{n},\vec{E},\vec{E}_{\neq},\vec{\varepsilon})$ 五维分质向量空间的 $(\vec{C}_N,\vec{n},\vec{E},\vec{C}_{E_{\neq}},\vec{C}_{\varepsilon})$ 截面上,各个分质向量坐标轴与各自的分质变量坐标轴同向,可以用其分质变量来表示。例如,取一维正向单位质向量 $\vec{e}_+$ 为度量基准,上式中 $\vec{n}=n\vec{e}_+$,所以上式还可以用标量的形式表示为

$$n=n_+-n_- \tag{13-17}$$

把正向太极 $\vec{X}_+$ 上做吸收发射产生的异质单元数 n_+ 和负向太极 $\vec{X}_-$ 上做自发发射产生的异质单元数 n_- 代入(13-17)式 $n=n_+-n_-$,就可以得到反向可逆一元系统的异质单元数 n。

(13-16)式 $\vec{n}=\vec{n}_++\vec{n}_-$ 也可以用来判定反向可逆一元系统的形态变化方向。当 $\vec{n}>0$ 时,表示 $\vec{n}_+>\vec{n}_-$,即在正向的吸收发射过程中产生的异质单元数 $\vec{n}_+$ 多于在负向的自发发射过程中产生的异质单元数 $\vec{n}_-$,因此反向可逆一元系统的形态变化方向是偏向于吸收发射的形态变化。当 $\vec{n}<0$ 时,表示 $\vec{n}_+<\vec{n}_-$,即在正向的吸收发射过程中产生的异质单元数 $\vec{n}_+$ 少于在负向的自发发射过程中产生的异质单元数 $\vec{n}_-$,因此反向可逆一元系统的形态变化方向是偏向于自发发射的形态变化。

对(13-16)式 $\vec{n}=\vec{n}_++\vec{n}_-$ 进行求导,可以得到其微分形式为

$$\vec{r}=\frac{d\vec{n}}{d\vec{E}}=\frac{d\vec{n}_+}{d\vec{E}}+\frac{d\vec{n}_-}{d\vec{E}}$$

在省却分质向量关于方向的规定时,

$$r=\frac{dn}{dE}=\frac{dn_+}{dE}-\frac{dn_-}{dE} \tag{13-18}$$

此式表明,一元系统形态转化过程总的形态转化率等于正向形态变化率与逆向形态变化率之和。当一元系统形态转化率等于零时,即 $r=\frac{dn}{dE}=0$,正向形态变化率与逆向形态变化率数值相等,方向相反。

如果把近平衡态下吸收发射与自发发射的异质单元数变化率函数(6-301)式 $r_+ = \pm \frac{C_{N_+}}{C_{\varepsilon_+}} e^{\mp(C_{E_e}-E)/C_{\varepsilon_+}}$ 在同一个坐标系来描绘,就可以得到正向形态变化率和逆向形态变化率对能量的关系曲线,如图13-5所示。通过 $r = \frac{\mathrm{d}n}{\mathrm{d}E}$ 的取值,就可以判断正向变化与反向变化孰强孰弱,也就可以为判别一元系统形态的变化方向建立相应的判别式。

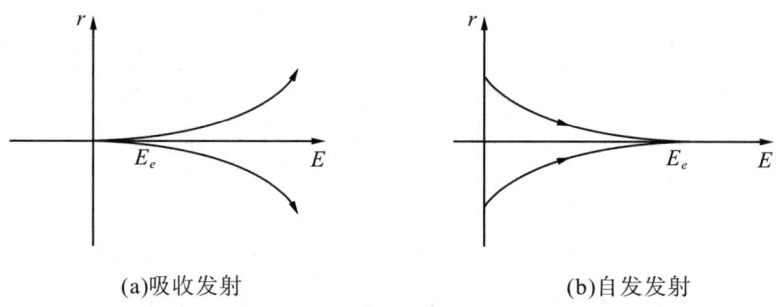

(a)吸收发射　　　　　　　　　　(b)自发发射

图 13-5　近平衡态正向变化率和逆向变化率对能量的关系曲线

由图13-5可见,一元系统在反向可逆的形态变化中,阳性子系统与阴性子系统各以对方子系统为环境,阴阳相互作用的结果是阴性子系统从阳性子系统获得能量而产生吸收发射运动,阳性子系统向阴性子系统输出能量而产生自发发射运动,如此构成一元系统内部的阴阳反向并合运动,但是一元系统原来阴阳对立的结构形态消失了,并合的结果是在阴阳形态的中间形成一个中和的终结态——均匀的平衡态,均匀的平衡态(即均衡态)的能量就以 E_e 表示。

在一维二仪质向量坐标系 $\vec{X}$ 内部打开 $(\vec{P},\vec{S})$ 二维分质向量空间,用信息熵变率函数 $\vec{s}(\vec{P})$ 作为考察一元系统在反向可逆变化过程中形态变化的特征量。一元系统的信息熵变化率为

$$\vec{s} = \vec{s}_+ + \vec{s}_-$$

由于一元系统的信息熵变化率 $\vec{s}$ 与正向信息熵变化率 $\vec{s}_+$ 和负向信息熵变化率具有同向的单位质向量 $\vec{e}$,因此可用标量表示

$$s = s_+ - s_- \tag{13-19}$$

(5-68)式 $s(P_+) = \frac{1}{P_+(P_+-1)} = -\frac{1}{P_+ P_+^0}$ 表明,等式右边是个小于或等于零的非正数。所以,对于吸收发射条件下子系统形态的变化,信息熵变化率为

$$s_+ = \frac{\mathrm{d}S}{\mathrm{d}P_+} \leqslant 0 \tag{13-20}$$

同样,(5-69)式 $s(P_+) = \frac{1}{P_+(1-P_+)} = \frac{1}{P_+ P_+^0}$ 表明,等式右边是个大于或等于零的非负数。所以,对于自发发射条件下子系统形态的变化,信息熵变化率为

$$s_- = \frac{dS}{dP_+} \geq 0 \qquad (13-21)$$

通过一元系统信息熵变率的值，就可以判定其反向可逆形态的变化方向。当信息熵变化率 s 为负时，一元系统的形态变化起主要作用的是子系统吸收发射的形态变化；当信息熵变化率 s 为正时，一元系统的形态变化起主要作用的是子系统自发发射的形态变化；如果一元系统信息熵变化率的值为零，表明一元系统处于平衡态。

在一维二仪质向量坐标系 $\vec{X}$ 内部 $(\vec{N},\vec{n},\vec{S})$ 三维分质向量空间的 $(\vec{C}_{N_+},\vec{n},\vec{S})$ 截面上，熵变化率函数 $\vec{s}(\vec{n})$ 可以作为考察一元系统在反向可逆变化过程中形态变化的特征量。在省却质向量关于方向的规定时，(13-20)式 $s_+ = \frac{dS}{dP_+} \leq 0$ 和 (13-21)式 $s_- = \frac{dS}{dP_+} \geq 0$ 可以分别改写成

$$s_+(n) = \frac{dS}{dn} \leq 0 \qquad (13-22)$$

$$s_-(n) = \frac{dS}{dn} \geq 0 \qquad (13-23)$$

这样，一元系统的熵变化率为

$$s(n) = s_+(n) - s_-(n) \qquad (13-24)$$

此式就给出了一元系统形态的变化方向是否平衡的判别式。

通过一元系统熵变化率的值，可以判定其反向可逆形态的变化方向。当熵变化率 $s(n)$ 为负时，一元系统的形态变化起主要作用的是子系统吸收发射的形态变化，一元系统的熵必定要不可逆地减少，直到最小值，整个过程以达到平衡态为结束标志。当熵变化率 $s(n)$ 为正时，一元系统的形态变化起主要作用的是子系统自发发射的形态变化，一元系统的熵必定要持续地增大，直到最大值，整个过程以达到平衡态为结束标志。如果一元系统信息熵变化率 $s(n)$ 的值为零，一元系统就是处于平衡态的孤立系统。孤立系统内一切过程全部可逆，所以一元系统的熵保持不变。

孤立系统的熵增原理就是一元系统的熵变化率 s 为正时的变化机理，孤立系统内部的一切实际过程都朝着使系统熵增大的方向进行，所以可以作为热力学第二定律的一种表述。熵增原理可推广到封闭绝热系统，即封闭绝热系统的熵只增不减。例如，当人们把一个冷的物体与一个热的物体相接触时，这两个物体就要交换热量，热量总是由高温物体单向地、不可逆地流向低温物体，直到两者具有相同的温度为止。一元系统的形态在宏观上终将变成一个完全均匀的平衡态。[6]

第三节　反向可逆一元系统及其变化动向

一元系统两个子系统的反向可逆形态变化过程是个竞争过程。通过

两个子系统独立进行吸收发射与自发发射的不同失衡态的较量,可以掌握反向可逆一元系统形态变化的特征,而且可以根据反向可逆一元系统的形态转化率与总态势来判定正向变化与反向变化孰强孰弱,还可以演绎出定性预测化学平衡点的平衡移动原理。

一、反向可逆形态变化过程的较量

在一维二仪质向量坐标系 $\vec{X}$ 的 $(\vec{X})$ 空间里,一元系统在 $\vec{a}_- \longleftarrow 0 \longrightarrow \vec{a}_+$ 反向并发过程发生的"一分为二"的形态变化和在 $\vec{a}_- \longrightarrow 0 \longleftarrow \vec{a}_+$ 反向并合过程发生的"合二而一"的形态变化都可以用反向可逆形态变化的符号 $\vec{a}_- \longleftrightarrow \vec{a}_+$ 表示。在一维二仪质向量坐标系 $\vec{X}$ 的 $(\vec{X})$ 空间中,质向量 $\vec{a}_-$ 和质向量 $\vec{a}_+$ 是共线的,而两向量共线与两向量平行又是等价的,因此不论是一分为二的反向并发还是合二而一的反向并合都是反向的平行发射过程。反向可逆一元系统的形态变化不仅可以作为反向的二级连串发射过程,而且可以作为反向的平行发射过程。反向可逆一元系统的形态变化就是两个子系统连串发射与平行发射的复合。

在一维二仪质向量坐标系 $\vec{X}$ 的内部打开其 $(\vec{N}, \vec{n}, \vec{E}, \vec{E}_{\neq}, \vec{\varepsilon})$ 五维分质向量空间,通过一元系统反向连串发射的形态转化率(13-18)式 $r = \dfrac{\mathrm{d}n}{\mathrm{d}E} = \dfrac{\mathrm{d}n_+}{\mathrm{d}E} - \dfrac{\mathrm{d}n_-}{\mathrm{d}E}$ 的取值就可以判断正向变化与反向变化孰强孰弱。在一维二仪质向量坐标系 $\vec{X}$ 的内部打开其 $(\vec{P}, \vec{S})$ 二维分质向量空间,通过一元系统反向平行发射过程的信息也可以判断正向变化与反向变化孰强孰弱。

一元系统在反向可逆形态变化过程中,子系统 A 与子系统 B 相互对峙的形态转化情形可以用(13-10)式的符号 $A \rightleftharpoons B$ 统一表示。在 $A \longrightarrow B$ 的吸收发射和 $B \longrightarrow A$ 的自发发射的反向平行发射过程中,正向子系统的形态变化与反向子系统的形态变化都是独立进行的。在环境作用下,每个子系统在单向的形态变化过程中,形态转化可以进行到底,也可以进行到偏离平衡的过渡态,其形态转化程度取决于环境的作用,而与其他的子系统没有关系。

在同一平行发射的条件下,反向可逆一元系统的两个子系统平行地进行反向的形态转化的信息之乘积,就是反向可逆一元系统反向平行发射整体形态的变化信息,即

$$P = P_+ P_- \tag{13-25}$$

反向可逆一元系统的形态变化过程是一分为二的反向并发与合二而一的反向并合的反向平行发射过程。反向可逆一元系统的形态变化必然有一个子系统处于吸收发射,另一个子系统处于自发发射。一元系统反向可逆的形态变化信息 $\vec{P}$ 就是子系统 $P_- \longrightarrow P_+$ 的正向变化信息 $\vec{P}_+$ 和子系统 $P_- \longleftarrow P_+$ 的反向变化信息 $\vec{P}_-$ 的乘积。

在第五章第三节"信息与熵表达的内在关系及性质"中已经讨论了,本质信息 $\vec{P}$。

与异质信息 $\vec{P}$ 存在着互补关系。在单元系统形态转化过程中,本质单元从基态跃迁到目标形态成为异质单元,空穴单元也就同时从目标形态跃迁到基态。吸收发射条件下的 $\vec{P}_+$ 与自发发射条件下的 $\vec{P}_-^0$ 函数关系是一样的,在吸收发射条件下的 $\vec{P}_+^0$ 与自发发射条件下的 $\vec{P}_-$ 函数关系也是一样的。

把上述两种表述联系起来,并用一维二仪质向量坐标系 $\vec{X}$ 中的同一个基元过程的单位质向量 $\vec{e}$ 作为度量基准,省却了分质向量关于方向的规定,在 $(\vec{P},\vec{S})$ 二维分质向量空间就可以得出这样的等式

$$P = P_+ P_- = P_+^0 P_-^0 \tag{13-26}$$

即反向可逆一元系统形态的变化信息 P 是两个子系统平行地进行反向的形态转化的信息之乘积 $P_+ P_-$,也是同一环境条件下本质单元子系统与空穴单元子系统平行进行同向的形态转化的信息之乘积 $P_+^0 P_-^0$。

在第五章第四节"信息与熵表达的变化率及其性质"中论述了,熵信息变率函数 $p(S)$ 为熵信息变化函数 $P(S)$ 与熵信息分布函数 $P^0(S)$ 的乘积,即存在着(5-84)式 $p_+ = \mp P_+(1-P_+) = \mp P_+ P_+^0$ 的关系。如果把这一关系式代入一维二仪质向量坐标系 $\vec{X}$ 中的(13-26)式 $P = P_+ P_- = P_+^0 P_-^0$,就有

$$P = P_+ P_- = P_+^0 P_-^0 = \mp p \tag{13-27}$$

因而,熵信息变率函数反映的是反向可逆一元系统形态转化过程中阴阳成分的竞争信息,也就是反向可逆一元系统在反向平行发射过程的形态转化信息。

在一维二仪质向量坐标系 $\vec{X}$ 内部打开其 $(\vec{P},\vec{S})$ 二维分质向量空间,在省却分质向量关于方向的规定时,子系统的形态转化信息 P_+ 要满足 $0 \leq P_+ \leq 1$ 的条件,子系统的形态转化信息 P_- 也要满足 $0 \leq P_- \leq 1$ 的条件,因此吸收发射条件下正向子系统的形态变化信息 P_+ 和自发发射条件下负向子系统的形态变化信息 P_- 都是非负的实数。然而,在吸收发射条件下的熵信息变率函数 p 却是负数,对 p 开平方在实数范围内是不可能的。为此,必须把数的范围进一步扩充到复数,所得到的二次方根为 $\sqrt{-p} = \pm\sqrt{p}\,\mathrm{i}$,其模数才能对应两个子系统平行地进行反向形态转化的信息 P_+ 和 P_-。其实,反向形态转化的信息 P_+ 和 P_- 就是一元系统的共轭信息函数 P 和 $\overline{P}$。这对复变函数具有和谐的共轭的内在关系,即

$$P = \mp p = P\overline{P} = |\vec{P}|^2 \tag{13-28}$$

或

$$\rho = \sqrt{P\overline{P}} = |\vec{P}| \tag{13-29}$$

式中,正数 ρ 叫作 $\vec{P}$ 的模,记作 $|\vec{P}|$。

在一维二仪质向量坐标系 $\vec{X}$ 的正向太极 $\vec{X}_+$ 内部打开 $(\vec{P}_+,\vec{S}_+)$ 二维分质向量空间,单元系统形态转化基元规律在吸收发射条件下为 $P_+ = \dfrac{1}{1+\mathrm{e}^{S_+}}$,并可以通过坐标轴

平移变换为 $P_+ = \frac{1}{2}\left(1 - \tanh\frac{S}{2}\right)$；在一维二仪质向量坐标系 $\vec{X}$ 的负向太极 $\vec{X}_-$ 内部打开 $(\vec{P}_-, \vec{S}_-)$ 二维分质向量空间，单元系统形态转化基元规律在自发发射条件下为 $P_- = \frac{1}{1+e^{-S_-}}$，也可以通过坐标轴平移变换为 $P_- = \frac{1}{2}\left(1 + \tanh\frac{S}{2}\right)$。代入(13-27)式 $P = P_+ P_- = \mp p$ 可得

$$P = P_+ P_-$$
$$= \frac{1}{4}\left(1 - \tanh^2\frac{S}{2}\right)$$
$$= \frac{1}{4}\text{sech}^2\frac{S}{2} = \mp p \tag{13-30}$$

将上式再代入(13-29)式 $\rho = \sqrt{P\vec{P}} = |\vec{P}|$，即可搞清楚熵信息变率函数 p 与模 ρ 的关系。

可见，反向可逆一元系统的信息为两个反向平行子系统信息的内积。如果每个子系统在形态变化过程中的信息代表着一个事件的发生，则一元系统的两个子系统在同一环境条件反向地进行平行发射过程的信息就是两个互相独立事件同时发生。用概率论的语言来表述就是，两个互相独立事件同时发生的概率就等于两个事件概率之乘积。

在一维二仪质向量坐标系 $\vec{X}$ 的正向太极 $\vec{X}_+$ 与反向太极 $\vec{X}_-$ 内部可以分别打开其 $(\vec{P}_+, \vec{S}_+)$ 和 $(\vec{P}_-, \vec{S}_-)$ 二维分质向量空间，也可以分别打开其 $(\vec{P}_+, \vec{E}_+, \vec{E}_{\neq +}, \vec{\varepsilon}_+)$ 和 $(\vec{P}_-, \vec{E}_-, \vec{E}_{\neq -}, \vec{\varepsilon}_-)$ 四维分质向量空间，在省却分质向量关于方向的规定时，子系统 $A \longrightarrow B$ 吸收发射条件下的熵信息函数为

$$P_+ = \frac{n_+}{N_+} = \frac{1}{1+e^{S_+}} = \frac{1}{1+e^{(E_{\neq +} - E_+)/\varepsilon_+}} \tag{13-31}$$

子系统 $B \longrightarrow A$ 自发发射条件下的熵信息函数为

$$P_- = \frac{n_-}{N_-} = \frac{1}{1+e^{-S_-}} = \frac{1}{1+e^{-(E_{\neq -} - E_-)/\varepsilon_-}} \tag{13-32}$$

把两个子系统吸收发射的形态转化熵信息函数代入(13-25)式 $P = P_+ P_-$，就可得到一元系统同时发生反向平行发射的形态转化信息

$$P = \frac{n_+}{N_+}\frac{n_-}{N_-}$$
$$= \frac{1}{1+e^{S_+}}\frac{1}{1+e^{-S_-}}$$
$$= \frac{1}{1+e^{(E_{\neq +}-E_+)/\varepsilon_+}}\frac{1}{1+e^{-(E_{\neq -}-E_-)/\varepsilon_-}} \tag{13-33}$$

在反向可逆一元系统的形态转化过程中，两个子系统是在同一环境条件下彼此以对方为目标形态从相反的方向发生形态转化。如果以整体观来看一元系统之中的两个

子系统反向平行进行的形态变化,则这两个子系统反向的形态变化过程也是个竞争过程。竞争过程的比较信息为两个子系统平行地进行形态转化的信息之商

$$P_{\div} = \frac{P_+}{P_-} \tag{13-34}$$

所以,比较信息 $P_{\div}$ 可以成为判定竞争过程孰强孰弱的依据。

在一维二仪质向量坐标系 $\vec{X}$ 内部的 $(\vec{P},\vec{S})$ 二维分质向量空间或 $(\vec{P},\vec{E},\vec{E}_{\neq},\vec{\varepsilon})$ 四维分质向量空间中,把各子系统的形态转化熵信息函数代入(13-34)式,就可以得到反向可逆一元系统发生反向平行发射形态转化的比较信息

$$P_{\div} = \frac{n_+}{N_+} : \frac{n_-}{N_-} = \frac{n_+ N_-}{n_- N_+}$$

$$= \frac{1}{1+e^{S_+}} : \frac{1}{1+e^{-S_-}} = \frac{1+e^{S_-}}{1+e^{S_+}}$$

$$= \frac{1}{1+e^{(E_{\neq +}-E_+)/\varepsilon_+}} : \frac{1}{1+e^{-(E_{\neq -}-E_-)/\varepsilon_-}} = \frac{1+e^{-(E_{\neq -}-E_-)/\varepsilon_-}}{1+e^{(E_{\neq +}-E_+)/\varepsilon_+}} \tag{13-35}$$

比较信息 $P_{\div}$ 可以通过(13-25)式 $P = P_+ P_-$ 的函数关系来进行判别,或者(13-35)式可以变换成为两个子系统异质单元数 n_+ 和 n_- 的比较

$$\frac{n_+}{n_-} = \frac{N_+[1+e^{-(E_{\neq -}-E_-)/\varepsilon_-}]}{N_-[1+e^{(E_{\neq +}-E_+)/\varepsilon_+}]} \tag{13-36}$$

在此,一维二仪质向量坐标系 $\vec{X}$ 内部的 $(\vec{P},\vec{S})$ 二维分质向量空间可以转化为 $(\vec{P},\vec{E},\vec{E}_{\neq},\vec{\varepsilon})$ 四维分质向量空间,也可以转化为 $(\vec{N},\vec{n},\vec{E},\vec{E}_{\neq},\vec{\varepsilon})$ 五维分质向量空间。然而,反向可逆一元系统的两个子系统在独立进行吸收发射与自发发射的形态转化时,其偏离平衡态的程度可能出现以下几种不同情形。

(1)若 $A \longrightarrow B$ 在吸收发射条件下,子系统由形态 A 转化为形态 B 已经达到远离平衡态,而 $B \longrightarrow A$ 在自发发射条件下,子系统由形态 B 转化为形态 A 只在近平衡态进行,即满足 $E_{\neq -} - E_- \gg \varepsilon_-$ 的条件。把自发发射条件下子系统在近平衡态 $B \longrightarrow A$ 的形态变化规律代入(13-25)式 $P = P_+ P_-$,那么反向可逆一元系统的形态变化规律可以简化为

$$P = \frac{n_+}{N_+} \frac{n_-}{N_-} = \frac{1}{1+e^{S_+}} e^{S_-} = \frac{e^{(E_{\neq -}-E_-)/\varepsilon_-}}{1+e^{(E_{\neq +}-E_+)/\varepsilon_+}} \tag{13-37}$$

同样,把自发发射条件下子系统 $B \longrightarrow A$ 在近平衡态的形态变化规律代入(13-34)式 $P_{\div} = \frac{P_+}{P_-}$,可以得到

$$\frac{n_+}{n_-} = \frac{N_+ e^{(E_{\neq -}-E_-)/\varepsilon_-}}{N_-[1+e^{(E_{\neq +}-E_+)/\varepsilon_+}]} \tag{13-38}$$

(2)若 $A \longrightarrow B$ 在吸收发射条件下,子系统由形态 A 转化为形态 B 只在近平衡态进行,即满足 $E_{\neq +} - E_+ \gg \varepsilon_+$ 的条件,而 $B \longrightarrow A$ 在自发发射条件下,子系统由形态 B

转化为形态 A 已经达到远离平衡态。把吸收发射条件下子系统在近平衡态的形态变化规律代入(13-25)式 $P=P_+P_-$,那么反向可逆一元系统的形态变化规律可以简化为

$$P=\frac{n_+}{N_+}\frac{n_-}{N_-}=\frac{1}{1+e^{-S_-}}e^{-S_+}=\frac{e^{-(E_{\neq+}-E_+)/\varepsilon_+}}{1+e^{-(E_{\neq-}-E_-)/\varepsilon_-}} \quad (13\text{-}39)$$

同样,把吸收发射条件下子系统在近平衡态的形态变化规律代入(13-34)式 $P_\div=\frac{P_+}{P_-}$,可以得到

$$\frac{n_+}{n_-}=\frac{N_+e^{-(E_{\neq-}-E_-)/\varepsilon_-}}{N_-[1+e^{-(E_{\neq+}-E_+)/\varepsilon_+}]} \quad (13\text{-}40)$$

(3)若 $A\longrightarrow B$ 在吸收发射条件下,子系统由形态 A 转化为形态 B 已经达到远离平衡态,而 $B\longrightarrow A$ 在自发发射条件下,另一子系统由形态 B 转化为形态 A 满足 $E_{\neq-}-E_-\gg\varepsilon_-$ 的条件,即只在准平衡态进行。把自发发射条件下子系统在准平衡态的形态变化规律(5-100)式代入(13-25)式 $P=P_+P_-$,则反向可逆一元系统的形态变化规律可以简化为

$$\begin{aligned}P&=\frac{n_+}{N_+}\frac{n_-}{N_-}\\&=\frac{1}{1+e^{S_+}}(e^{C_{S_1}}S_-+C_{P_1}-C_{S_1}e^{+C_{S_1}})\\&=\frac{K'_-E_-+\zeta'_-}{1+e^{(E_{\neq+}-E_+)/\varepsilon_+}}\end{aligned} \quad (13\text{-}41)$$

式中,$K'_-=-\dfrac{e^{C_{S_1}}}{\varepsilon_-}$;$\zeta'_-=\left(\dfrac{E_{\neq-}}{\varepsilon_-}-C_{S_1}\right)e^{C_{S_1}}+C_{P_1}$。

同样,把自发发射条件下子系统在准平衡态的形态变化规律(5-100)式代入(13-34)式 $P_\div=\dfrac{P_+}{P_-}$,可以得到

$$\frac{n_+}{n_-}=\frac{N_+}{N_-[1+e^{(E_{\neq+}-E_+)/\varepsilon_+}](K'_-E_-+\zeta'_-)} \quad (13\text{-}42)$$

(4)若 $A\longrightarrow B$ 在吸收发射条件下,子系统由形态 A 转化为形态 B 只在准平衡态进行,即满足 $E_{\neq+}-E_+\gg\varepsilon_+$ 的条件,而 $B\longrightarrow A$ 在自发发射条件下,子系统由形态 B 转化为形态 A 已经达到远离平衡态。把吸收发射条件下子系统在准平衡态的形态变化规律(5-96)式 $P_+=-e^{-C_{S_1}}S+C_{P_1}+C_{S_1}e^{-C_{S_1}}$ 代入(13-25)式 $P=P_+P_-$,那么反向可逆一元系统的形态变化规律可以简化为

$$\begin{aligned}P&=\frac{n_+}{N_+}\frac{n_-}{N_-}\\&=\frac{1}{1+e^{-S_-}}(-e^{-C_{S_1}}S+C_{P_1}+C_{S_1}e^{-C_{S_1}})\end{aligned}$$

$$= \frac{K_+ E_+ + \zeta_+}{1+\mathrm{e}^{-(E_{\neq -}-E_-)/\varepsilon_-}} \tag{13-43}$$

式中，$K_+ = \dfrac{\mathrm{e}^{-C_{S_1}}}{\varepsilon_+}$；$\zeta_+ = (-\dfrac{E_{\neq +}}{\varepsilon_+}+C_{S_1})\mathrm{e}^{-C_{S_1}}+C_{P_1}$。

同样，把吸收发射条件下子系统在准平衡态的形态变化规律(5-96) $P_+ = -\mathrm{e}^{-C_{S_1}} S +C_{P_1}+C_{S_1}\mathrm{e}^{-C_{S_1}}$ 式代入(13-34)式 $P_{\div} = \dfrac{P_+}{P_-}$，可以得到

$$\frac{n_+}{n_-} = \frac{N_+(K_+ E_+ + \zeta_+)}{N_-}[1+\mathrm{e}^{-(E_{\neq -}-E_-)/\varepsilon_-}] \tag{13-44}$$

式中，$K_+ = \dfrac{1}{\varepsilon_+ \mathrm{e}^{S_1}}$；$\zeta_+ = \dfrac{\varepsilon_+(S_1+P_{+1}\mathrm{e}^{S_1})-E_{\neq +}}{\varepsilon_+ \mathrm{e}^{S_1}}$。

(5) 若 $A \longrightarrow B$ 在吸收发射条件下，子系统由形态 A 转化为形态 B 只在近平衡态进行，即满足 $E_{\neq +}-E_+ \gg \varepsilon_+$ 的条件，而 $B \longrightarrow A$ 在自发发射条件下，另一子系统由形态 B 转化为形态 A 也只在近平衡态进行，即满足 $E_{\neq -}-E_- \gg \varepsilon_-$ 的条件。把两个子系统在近平衡态的形态变化规律分别代入(13-25)式 $P=P_+ P_-$，那么反向可逆一元系统的形态变化规律可简化为

$$\begin{aligned}
P &= \frac{n_+}{N_+}\frac{n_-}{N_-} \\
&= \mathrm{e}^{-S_+}\mathrm{e}^{S_-} \\
&= \mathrm{e}^{-(E_{\neq +}-E_+)/\varepsilon_+}\mathrm{e}^{(E_{\neq -}-E_+)/\varepsilon_-} \\
&= \mathrm{e}^{-(E_{\neq +}/\varepsilon_+ - E_{\neq -}/\varepsilon_-)}\mathrm{e}^{(1/\varepsilon_+ - 1/\varepsilon_-)E_+} \\
&= C\mathrm{e}^{(\kappa_+ - \kappa_-)E_+}
\end{aligned} \tag{13-45}$$

式中，$C=-\left(\dfrac{E_{\neq +}}{\varepsilon_+}-\dfrac{E_{\neq -}}{\varepsilon_-}\right)$；$\kappa_+ = \dfrac{1}{\varepsilon_+}$；$\kappa_- = \dfrac{1}{\varepsilon_-}$。

同样，把两个子系统在近平衡态吸收发射条件下 $A \longrightarrow B$ 和在自发发射条件下 $B \longrightarrow A$ 的形态变化规律代入(13-34)式 $P_{\div} = \dfrac{P_+}{P_-}$，可以得到

$$\begin{aligned}
\frac{n_+}{n_-} &= \frac{N_+ \mathrm{e}^{-(E_{\neq -}-E_-)/\varepsilon_-}}{N_- \mathrm{e}^{(E_{\neq +}-E_+)/\varepsilon_+}} \\
&= \frac{N_+ \mathrm{e}^{\kappa_+ E_+}\mathrm{e}^{\kappa_- E_-}}{N_- \mathrm{e}^{E_{\neq +}/\varepsilon_+}\mathrm{e}^{E_{\neq -}/\varepsilon_-}} \\
&= \frac{N_+ \mathrm{e}^{(\kappa_+ E_+ + \kappa_- E_-)}}{N_- \mathrm{e}^{(\kappa_+ E_{\neq +} + \kappa_- E_{\neq -})}}
\end{aligned} \tag{13-46}$$

式中，$\kappa_+ = \dfrac{1}{\varepsilon_+}$；$\kappa_- = \dfrac{1}{\varepsilon_-}$。

(6) 若 $A \longrightarrow B$ 在吸收发射条件下，子系统由形态 A 转化为形态 B 只在近平衡态进行，即满足 $E_{\neq +}-E_+ \gg \varepsilon_+$ 的条件，而 $B \longrightarrow A$ 在自发发射条件下，另一子系统由形

态 B 转化为形态 A 在准平衡态进行,即满足 $E_{\neq-}-E_{-}\gg\varepsilon_{-}$ 的条件。把吸收发射条件下子系统在近平衡态的形态变化规律和在自发发射条件下子系统在准平衡态的形态变化规律分别代入(13-25)式 $P=P_{+}P_{-}$,那么反向可逆一元系统的形态变化规律可以简化为

$$\begin{aligned}P&=\frac{n_{+}}{N_{+}}\frac{n_{-}}{N_{-}}\\&=\mathrm{e}^{-S_{+}}(\mathrm{e}^{C_{S_{1}}}S_{-}+C_{P_{1}}-C_{S_{1}}\mathrm{e}^{C_{S_{1}}})\\&=\mathrm{e}^{-(E_{\neq+}-E_{+})/\varepsilon_{+}}(K'_{-}E_{-}+\zeta'_{-})\\&=\mathrm{e}^{-\kappa_{+}E_{\neq+}}\mathrm{e}^{\kappa_{+}E}(K'_{-}E_{-}+\zeta'_{-})\end{aligned} \tag{13-47}$$

式中,$\kappa_{+}=\dfrac{1}{\varepsilon_{+}}$;$K'_{-}=-\dfrac{\mathrm{e}^{C_{S_{1}}}}{\varepsilon_{-}}$;$\zeta'_{-}=\left(\dfrac{E_{\neq-}}{\varepsilon_{-}}-C_{S_{1}}\right)\mathrm{e}^{C_{S_{1}}}+C_{P_{1}}$。

同样,把 $A\longrightarrow B$ 在吸收发射条件下子系统在近平衡态的形态变化规律和 $B\longrightarrow A$ 在自发发射条件下子系统在准平衡态的形态变化规律分别代入(13-34)式 $P_{\div}=\dfrac{P_{+}}{P_{-}}$,可以得到

$$\begin{aligned}\frac{n_{+}}{n_{-}}&=\frac{N_{+}\mathrm{e}^{-(E_{\neq+}-E_{+})/\varepsilon_{+}}}{N_{-}(K'_{-}E_{-}+\zeta'_{-})}\\&=\frac{N_{+}\mathrm{e}^{-\kappa_{+}E_{\neq+}}\mathrm{e}^{\kappa_{+}E_{+}}}{N_{-}(K'_{-}E_{-}+\zeta'_{-})}\end{aligned} \tag{13-48}$$

(7)若 $A\longrightarrow B$ 在吸收发射条件下,子系统由形态 A 转化为形态 B 只在准平衡态进行,即满足 $E_{\neq+}-E_{+}\gg\varepsilon_{+}$ 的条件,而 $B\longrightarrow A$ 在自发发射条件下,另一子系统由形态 B 转化为形态 A 在近平衡态进行,即满足 $E_{\neq-}-E_{-}\gg\varepsilon_{-}$ 的条件。把吸收发射条件下子系统在准平衡态的形态变化规律和在自发发射条件下另一子系统在近平衡态的形态变化规律分别代入(13-25)式 $P=P_{+}P_{-}$,那么反向可逆一元系统的形态变化规律可以简化为

$$\begin{aligned}P&=\frac{n_{+}}{N_{+}}\frac{n_{-}}{N_{-}}\\&=(-\mathrm{e}^{-C_{S_{1}}}S_{+}+C_{P_{1}}+C_{S_{1}}\mathrm{e}^{-C_{S_{1}}})\mathrm{e}^{-S_{-}}\\&=(K_{+}E_{+}+\zeta_{+})\mathrm{e}^{-(E_{\neq-}-E_{-})/\varepsilon_{-}}\\&=(K_{+}E_{+}+\zeta_{+})\mathrm{e}^{-\kappa_{-}E_{\neq-}}\mathrm{e}^{\kappa_{-}E_{-}}\end{aligned} \tag{13-49}$$

式中,$K_{+}=\dfrac{\mathrm{e}^{-C_{S_{1}}}}{\varepsilon_{+}}$;$\zeta_{+}=\left(-\dfrac{E_{\neq+}}{\varepsilon_{+}}+C_{S_{1}}\right)\mathrm{e}^{-C_{S_{1}}}+C_{P_{1}}$;$\kappa_{-}=\dfrac{1}{\varepsilon_{-}}$。

同样,把 $A\longrightarrow B$ 在吸收发射条件下子系统在准平衡态的形态变化规律和 $B\longrightarrow A$ 在自发发射条件下另一子系统在近平衡态的形态变化规律分别代入(13-34)式 $P_{\div}=\dfrac{P_{+}}{P_{-}}$,可以得到

$$\frac{n_+}{n_-} = \frac{N_+(K_+E_+ + \zeta_+)}{N_- e^{(E_{\neq -} - E_-)/\varepsilon_-}}$$

$$= \frac{N_+(K_+E_+ + \zeta_+)}{N_- e^{\kappa_- E_{\neq -}} e^{-\kappa_- E_-}} \tag{13-50}$$

(8) 若 $A \longrightarrow B$ 在吸收发射条件下，子系统由形态 A 转化为形态 B 只在准平衡态进行，即满足 $E_{\neq +} - E_+ \gg \varepsilon_+$ 的条件，而 $B \longrightarrow A$ 在自发发射条件下，另一子系统由形态 B 转化为形态 A 也只在准平衡态进行，即满足 $E_{\neq -} - E_- \gg \varepsilon_-$ 的条件。把吸收发射条件下和自发发射条件下两个子系统在准平衡态的形态变化规律分别代入 (13-25) 式 $P = P_+ P_-$，那么反向可逆一元系统的形态变化规律可以简化为

$$P = \frac{n_+}{N_+} \frac{n_-}{N_-}$$

$$= (e^{-C_{S_1}} S_+ + C_{P_1} + C_{S_1} e^{-C_{S_1}})(e^{C_{S_1}} S_- + C_{P_1} - C_{S_1} e^{C_{S_1}})$$

$$= (K_+ E_+ + \zeta_+)(K'_- E_- + \zeta'_-)$$

$$= K_+ K'_- E_+ E_- + K_+ \zeta'_- E_+ + K'_- \zeta_+ E_- + \zeta_+ \zeta'_- \tag{13-51}$$

式中，$K_+ = \dfrac{e^{-C_{S_1}}}{\varepsilon_+}$；$\zeta_+ = \left(-\dfrac{E_{\neq +}}{\varepsilon_+} + C_{S_1}\right) e^{-C_{S_1}} + C_{P_1}$；$K'_- = -\dfrac{e^{C_{S_1}}}{\varepsilon_-}$；$\zeta'_- = \left(\dfrac{E_{\neq -}}{\varepsilon_-} - C_{S_1}\right) e^{C_{S_1}} + C_{P_1}$。

同样，把 $A \longrightarrow B$ 在吸收发射条件下子系统在准平衡态的形态变化规律和 $B \longrightarrow A$ 在自发发射条件下另一子系统在准平衡态的形态变化规律分别代入 (13-34) 式 $P_\div = \dfrac{P_+}{P_-}$，可以得到

$$\frac{n_+}{n_-} = \frac{N_+(K_+ E_+ + \zeta_+)}{N_-(K'_- E_- + \zeta'_-)} \tag{13-52}$$

用 (13-35) 式 $P_\div = \dfrac{n_+ N_-}{n_- N_+} = \dfrac{1 + e^{-(E_{\neq -} - E_-)/\varepsilon_-}}{1 + e^{(E_{\neq +} - E_+)/\varepsilon_+}}$ 的比较信息来判别子系统的竞争孰强孰弱时并不方便，但是在一定的条件下还是可以得到明确的判别公式。例如，在两个子系统均处于近平衡态时，由 (13-46) 式 $\dfrac{n_+}{n_-} = \dfrac{N_+ e^{-(E_{\neq -} - E_-)/\varepsilon_-}}{N_- e^{(E_{\neq +} - E_+)/\varepsilon_+}} = \dfrac{N_+ e^{(\kappa_+ E_+ + \kappa_- E_-)}}{N_- e^{(\kappa_+ E_{\neq +} + \kappa_- E_{\neq -})}}$ 可以得到

$$P_\div = \frac{n_+ N_-}{n_- N_+}$$

$$= \frac{e^{-(E_{\neq -} - E_-)/\varepsilon_-}}{e^{(E_{\neq +} - E_+)/\varepsilon_+}}$$

$$= e^{-\kappa_+ E_{\neq +} + \kappa_+ E_+ - \kappa_- E_{\neq -} + \kappa_- E_-} \tag{13-53}$$

对 (13-53) 式两边取对数，可以得到

$$\kappa_+ E_+ + \kappa_- E_- = \kappa_+ E_{\neq+} + \kappa_- E_{\neq-} + \ln\frac{n_+ N_-}{n_- N_+} \qquad (13\text{-}54)$$

在一维二仪质向量坐标系 $\vec{X}$ 内部的 $(\vec{N},\vec{n},\vec{E},\vec{E_{\neq}},\vec{\varepsilon})$ 五维分质向量空间中,一元系统的形态是通过分质向量 $\vec{N}$、$\vec{n}$、$\vec{E}$、$\vec{E_{\neq}}$、$\vec{\varepsilon}$ 来表达的。由于 1-1 型一元系统是由两个反向的子系统所构成,因此表征一元系统形态的质向量就是两个子系统在反向平行发射时质向量的加和。例如,能量 $\vec{E}=\vec{E_+}+\vec{E_-}$,能阈 $\vec{E_{\neq}}=\vec{E_{\neq+}}+\vec{E_{\neq-}}$。在省却分质向量关于方向的规定时,如果以同一个能元 ε 来评价两个子系统的形态变化,取 $\varepsilon = \varepsilon_+ = \varepsilon_-$,那么(13-54)式就成为

$$\begin{aligned}E &= E_+ + E_- \\ &= E_{\neq+} + E_{\neq-} + \varepsilon\ln\frac{n_+ N_-}{n_- N_+} \\ &= E_{\neq} + \varepsilon\ln P \div \end{aligned} \qquad (13\text{-}55)$$

当 $E>0$ 时,反向可逆一元系统向环境释放能量,$A \longrightarrow B$ 的正向转化过程可以自发进行。

当 $E<0$ 时,反向可逆一元系统必须从环境吸收能量,$A \longrightarrow B$ 的正向转化过程才能进行,否则一元系统将朝着 $B \longrightarrow A$ 的反向转化过程进行。

当 $E=0$ 时,反向可逆一元系统与环境没有能量交换,$A \longrightarrow B$ 的正向转化与 $B \longrightarrow A$ 的反向转化势均力敌,处于平衡态。

其实,在各种失衡条件下,上述这些 1-1 型一元系统中的子系统反向独立平行的形态转化规律具有普遍适用的意义。如果用显性因子 θ 代替能量 E,还可以得到反向可逆一元系统的两个子系统同时发生反向平行发射的形态变化规律更多的表现形式。

二、反向可逆形态变化的特征

在一维正向质向量坐标系 $\vec{X_+}$ 的太极空间中,单元系统形态转化历程是从一平衡态起始,经过开始段的线性变化→加速段的非线性变化→转折段的突变→减速段的非线性变化→终结段的线性变化的过程,最终才达到终结的另一平衡态。在单元系统形态变化过程经历开始、加速、转折、减速到终结的五个阶段,任何一个阶段的形态变化都是相对于起始的平衡态而言的。单元系统从平衡态到非平衡的量变,再到远离平衡态的突变,最后又通过量变达到新的平衡态,体现了本质成分与异质成分阴阳对比的共同特征是从一方绝对优势到相对优势,再到势均力敌,然后逆转为相对弱势,最终到绝对弱势。在单元系统吸收发射 A_+(阴)$\longrightarrow B_+$(阳)或自发发射 A_+(阴)$\longleftarrow B_+$(阳)的单向运动中,人们关注的是单元系统形态的不对称的变化,平衡态 A_+(阴)和平衡态 B_+(阳)是基元过程形态变化的两个极端。

在一维二仪质向量坐标系 $\vec{X}$ 的 $(\vec{X})$ 空间中,人们观察 1-1 型一元系统反向可逆的

形态变化规律以正向变化子系统的形态信息和反向变化子系统的形态信息相互抵消、相互抗衡的形态为中心,反向可逆的形态变化都是相对于这一势均力敌的中点而言的。1-1型一元系统在A_-(阴)$\xleftrightarrow{0}B_+$(阳)或A_-(阴)$\rightleftharpoons B_+$(阳)的反向可逆双向变化中,子系统A_-(阴)和子系统B_+(阳)是被放在同等的地位来考察其竞争过程的势力强弱关系的。1-1型一元系统的反向可逆形态变化规律体现了吸收发射的子系统与自发发射的子系统的阴阳成分相互竞争、相互抵消的相减关系,这种对称或对立的关系在其形态内部空间也得以保持。二仪空间的中点就是变相点,代表吸收发射的子系统与自发发射的子系统相反相成,在变相点达到了最为有序的对立统一形态。在二仪空间中,偏离变相点的正向形态表示阴阳成分对比偏向了"阳相"的程度,而偏离变相点的逆向形态表示阴阳成分对比偏向了"阴相"的程度。

对于1-1型一元系统的反向可逆形态变化,处在正向形态变化过程的子系统与处在负向形态变化过程的子系统其始发的基态可以是独立的。但是,由不同的条件始发的子系统一旦共同构成了反向可逆形态变化的1-1型一元系统,无论子系统在形态变化过程如何变化,最终的结果都可以建立同一的动态平衡。这里所说的动态平衡就是指在一定条件下处在反向可逆的形态变化中,正向形态变化率等于逆向形态变化率,1-1型一元系统中两个子系统变动的异质单元数或保守的本质单元数保持不变的形态。

1-1型一元系统的反向可逆形态变化具有以下几个主要的特征:

(1)反向可逆一元系统的形态变化不能朝着单一方向完全彻底地进行形态转化。无论环境能量有多大,正向始发的子系统的吸收发射或者逆向始发的子系统的自发发射都不可能100%地转化为其对立的子系统形态,否则,就称其为单元系统在太极世界单向的形态变化。

(2)反向可逆一元系统的形态变化一定是同一环境条件下能实现"一分为二"和"合二而一"互相转换的反向可逆形态变化。例如,二氧化硫与氧气在催化剂和加热的条件下,生成三氧化硫;而三氧化硫在同样的条件下可以分解为二氧化硫和氧气。

(3)反向可逆一元系统形态变化总的形态转化率等于正向形态变化率与逆向形态变化率之差。在一维二仪质向量坐标系$\vec{X}$内部$(\vec{N},\vec{n},\vec{E},\vec{E}_{\neq},\vec{\epsilon})$五维分质向量空间的$(\vec{C}_N,\vec{n},\vec{E},\vec{C}_{E_{\neq}},\vec{C}_{\epsilon})$截面上,反向可逆一元系统的形态转化率为$\dfrac{\mathrm{d}\vec{n}}{\mathrm{d}\vec{E}}=\dfrac{\mathrm{d}\vec{n}_+}{\mathrm{d}\vec{E}}+\dfrac{\mathrm{d}\vec{n}_-}{\mathrm{d}\vec{E}}$;反向可逆形态变化达到平衡时,总的形态转化率等于零,即$\dfrac{\mathrm{d}\vec{n}}{\mathrm{d}\vec{E}}=0$。

(4)反向可逆一元系统形态变化所达到的终结平衡态从表观上看为静态,实际上是一种动态平衡,即处于平衡态时,反向可逆形态变化并没有停止,而是正向形态变化率与逆向形态变化率相等罢了。在一维二仪质向量坐标系$\vec{X}$内部$(\vec{N},\vec{n},\vec{E},\vec{E}_{\neq},\vec{\epsilon})$五维分质向量空间的$(\vec{C}_N,\vec{n},\vec{E},\vec{C}_{E_{\neq}},\vec{C}_{\epsilon})$截面上,$\dfrac{\mathrm{d}\vec{n}_+}{\mathrm{d}\vec{E}}=\dfrac{\mathrm{d}\vec{n}_-}{\mathrm{d}\vec{E}}$。

(5)正向形态变化率与逆向形态变化率系数之比等于平衡常数 $K_e = \dfrac{\kappa_+}{\kappa_-}$。达到平衡态时的正向形态变化率与逆向形态变化率相等,所以达到平衡态后反向可逆一元系统中各子系统的形态变化率比值保持恒定。

(6)反向可逆一元系统的形态平衡是有条件的。当影响平衡的某一个环境条件(如温度、压强、浓度)改变时,原有的平衡态就会被破坏,直至在新的环境条件下建立新的平衡态。

根据 1-1 型一元系统反向可逆形态变化的这几个特征,不仅可以判断反向可逆形态变化平衡与否,而且可以判断平衡移动的方向。在一维二仪质向量坐标系 $\vec{X}$ 内部 $(\vec{N},\vec{n},\vec{E},\vec{E}_{\neq},\vec{\varepsilon})$ 五维分质向量空间的 $(\vec{C}_N,\vec{n},\vec{E},\vec{C}_{E_{\neq}},\vec{C}_{\varepsilon})$ 截面上,通过 1-1 型一元系统形态转化率 $\dfrac{d\vec{n}}{dE} = \dfrac{d\vec{n}_+}{dE} + \dfrac{d\vec{n}_-}{dE}$ 的值,就可以判断在反向可逆形态变化的斗争中正向子系统与负向子系统孰强孰弱。反向可逆一元系统平衡移动的根本原因是 $\dfrac{d\vec{n}_+}{dE} \neq \dfrac{d\vec{n}_-}{dE}$。当 $\dfrac{d\vec{n}_+}{dE} > \dfrac{d\vec{n}_-}{dE}$ 时,平衡向正向的形态变化方向移动;当 $\dfrac{d\vec{n}_+}{dE} < \dfrac{d\vec{n}_-}{dE}$ 时,平衡向负向的形态变化方向移动。[7]

由此就可以演绎出法国化学家勒沙特列提出的判断平衡移动方向的平衡移动原理:当反向可逆系统(物系)达到平衡时,如果改变影响平衡的任何一个条件,平衡必然向着这种变更削弱或解除的方向移动。比如,在化学可逆反应中,当增加反应物的浓度时,平衡要向正反应方向移动,平衡的移动使得增加的反应物浓度又会逐步减少;但是这种减弱不可能消除增加反应物浓度对这种反应物本身的影响,与旧的平衡体系中这种反应物的浓度相比而言,还是增加了。

认识 1-1 型一元系统反向可逆形态变化的特征后,可以对《易·系辞上》中所说的"刚柔相推而生变化"与现实世界的事物形态变化有更深刻的理解。所谓的刚柔相推,即一阴一阳相互对立和相互排斥。如果 1-1 型一元系统两个子系统相互排斥的作用大于相互结合的作用,一元系统就要解体,解体后的部分又会在外界环境物质、能量、信息的作用下产生新的单元系统。如果 1-1 型一元系统两个子系统相互排斥的作用等于相互结合的作用,反向可逆一元系统就能与外界环境达到平衡而存在,一元系统还具有更低的能量。如果 1-1 型一元系统各组成部分相互排斥的作用小于相互结合的作用,那么反向可逆一元系吸引力大于排斥力,反向可逆一元系统总的作用力就是吸引的。

认识 1-1 型一元系统反向可逆形态变化的特征后,还可以深切地玩味牛顿在其《自然哲学之数学原理》序言中所说的话:"我希望我们能通过机械规律的相同原理来得到其他自然现象的解释;许多理由使我怀疑它们都依靠某些物质微粒的力量,一些未知的原因。它们以未知的力相互推动联系成规则的形态或相互对抗。"[8]

在此,可以晶体原子间吸引和排斥两个部分的相互作用为例,来阐明结合力的特点。固体原子间的相互作用随原子间距发生变化:间距大时,吸引力起主要作用;间距小时,排斥力起主要作用。原子间的相互作用是短程作用,当原子间距 $l \to \infty$(实际上只要超过 $10 \sim 15$ Å)时,相互作用势能为零;当晶体原子处在平衡位置时,单元系统具有更低的能量,此时库仑吸引力和近邻原子的排斥力相抵消;当原子间距小于晶体原子的平衡间距时,排斥作用迅速增加到 ∞。

三、反向可逆形态变化的总态势

在一维二仪质向量坐标系 $\vec{X}$ 内部 $(\vec{N}, \vec{n}, \vec{E}, \vec{E}_{\neq}, \vec{\varepsilon})$ 五维分质向量空间的 $(\vec{C}_N, \vec{n}, \vec{E}, \vec{C}_{E_{\neq}}, \vec{C}_{\varepsilon})$ 截面上,还可以用能量变化率——势 $\left(\dfrac{\mathrm{d}\vec{E}}{\mathrm{d}\vec{n}}\right)$ 作为考察一元系统在反向可逆变化过程中形态变化的特征量。在省却分质向量关于方向的规定时,把 $S=\dfrac{C_{E_{\neq}}-E}{C_{\varepsilon}}$ 分别代入(13-22)式 $s_+(n)=\dfrac{\mathrm{d}S}{\mathrm{d}n} \leqslant 0$ 和(13-23)式 $s_-(n)=\dfrac{\mathrm{d}S}{\mathrm{d}n} \geqslant 0$,由 $\dfrac{\mathrm{d}S}{\mathrm{d}n}=\dfrac{\mathrm{d}\left(\dfrac{C_{E_{\neq}}-E}{C_{\varepsilon}}\right)}{\mathrm{d}n}=\dfrac{\mathrm{d}(-E)}{C_{\varepsilon}\mathrm{d}n} \leqslant 0$ 可以得到正向子系统的势

$$\mu_+ = \frac{\mathrm{d}E}{\mathrm{d}n} \geqslant 0 \tag{13-56}$$

由 $\dfrac{\mathrm{d}S}{\mathrm{d}n}=\dfrac{\mathrm{d}\left(\dfrac{C_{E_{\neq}}-E}{C_{\varepsilon}}\right)}{\mathrm{d}n}=\dfrac{\mathrm{d}(-E)}{C_{\varepsilon}\mathrm{d}n} \geqslant 0$ 也可以得到负向子系统的势

$$\mu_- = \frac{\mathrm{d}E}{\mathrm{d}n} \leqslant 0 \tag{13-57}$$

反向可逆一元系统形态变化率 $r=\dfrac{\mathrm{d}n}{\mathrm{d}E}$ 的倒数为该系统的势 $\mu=\dfrac{\mathrm{d}E}{\mathrm{d}n}$。1-1 型一元系统反向可逆形态变化的总态势等于正向子系统的势与负向子系统的势之差,即

$$\mu = \mu_+ - \mu_- \tag{13-58}$$

通过反向可逆一元系统形态变化的总态势的值,可以判断正向变化与反向变化孰强孰弱。所以,(13-58)式可以作为反向可逆一元系统形态的变化方向与是否平衡的判别式。

当 1-1 型一元系统反向可逆形态变化的总态势 μ 为正时,一元系统形态变化起主要作用的是正向子系统吸收发射的形态变化,如果这一态势不变,反向可逆一元系统的能量必定要持续地增大,直到最大值,整个过程以达到平衡态为结束标志。当总态势 μ 为负时,反向可逆一元系统的形态变化起主要作用的是负向子系统自发发射的形态变

化,如果这一态势不变,反向可逆一元系统的能量必定要不可逆地减少,直到最小值,整个过程以达到平衡态为结束标志。当两个子系统反向可逆形态变化达到平衡时,反向可逆一元系统的总态势 μ 的值为零,即 $\mu=\mu_+-\mu_-=0$,反向可逆一元系统就是处于平衡态的孤立系统。在孤立系内一切过程全部可逆,所以处于平衡态的单元系统能量守恒。

特别地,在热力学和统计力学中,能量 E 是以吉布斯自由能 G 的特殊形式给出的,自由能 G 关于物质粒子数 n 的微商称为化学势 μ。

$$\mu=\frac{dG}{dn} \tag{13-59}$$

式中,n 为粒子的摩尔数。化学势 μ 表示物质成分变化对能量变化的影响,描述了物质系统发生交换时的"粒子的可获得性"。单个粒子的热力学状态可以用吉布斯自由能 G 除以粒子数 n 的化学势 $\mu=\frac{dG}{dn}$ 来描述,这就代表着在一个系统内加入一个额外粒子所需要的能量。

化学势也可以理解为物质逃逸趋势的度量,物质的变化总是朝向化学势低的方向变化的。通过化学势也能理解在化学平衡中,如果分子具有很大的浓度或很高的内能,则能够高效地参与化学反应,由此又可以从机理上进一步解释勒沙特列原理。

第四节 反向可逆一元系统形态变化规律

反向可逆一元系统包括不同的子系统类型。通过反向可逆系统的分质变量之间的内在关系,可以解决不同类型的反向可逆一元系统形态变化的方向和限度问题。通过两个反向子系统形态变化规律的叠加,并用权重数来反映子系统反向可逆变化的占比,就可以揭示不同类型的反向可逆一元系统的形态变化规律。

一、反向可逆一元系统形态的变化类型

对于一个孤立系统 A 和另一个孤立系统 B,它们各自处于平衡态,彼此是独立的。但是,当孤立系统 A 和孤立系统 B 共同组成一个反向的一元系统 $A \rightleftharpoons B$ 时,系统 A 和系统 B 就是作为反向一元系统的子系统。在此,子系统 A 的单元和子系统 B 的单元必然是异质的,否则就没必要称其为 A 和 B。如果子系统 A 与子系统 B 是反向可逆的,则此反向可逆一元系统就是 1-1 型反向可逆一元系统。

两个性质相反的子系统 A 与子系统 B 构成 1-1 型反向可逆一元系统,并在二仪世

界中进行着反向可逆的形态变化。然而,现实中的反向可逆一元系统往往不是纯粹的 1-1 型反向可逆一元系统,子系统 A 的单元或子系统 B 的单元可能不是同质的单元系统,子系统往往可能包含两种或两种以上的基质单元。因此,只要有一个子系统存在非同质的单元,反向可逆一元系统就不是 1-1 型反向可逆一元系统。

子系统 A 与子系统 B 在 $A \rightleftharpoons B$ 反向可逆的变化过程中,如果处在 $A \longrightarrow B$ 正向变化的子系统 A 有 2 种基质单元 A' 并行地进行着形态变化,而处在 $A \longleftarrow B$ 负向变化的子系统 B 只有 1 种基质单元进行着形态变化,这样,子系统 A 就可以看作由孙系统 $2A'$ 所组成,那么反向可逆一元系统就称为 2-1 型反向可逆一元系统。2-1 型反向可逆一元系统的形态变化就是 2 种同质组元的正向形态变化和 1 种同质组元的负向形态变化,可用 $2A' \longleftrightarrow B$ 表示。

在 $A \rightleftharpoons B$ 反向可逆变化过程中,如果处在 $A \longrightarrow B$ 正向变化的子系统 A 只有 1 种基质单元进行着形态变化,而处在 $A \longleftarrow B$ 负向变化的子系统 B 有 2 种基质单元并行地进行着形态变化,这样,子系统 B 就可以看作由孙系统 $2B'$ 所组成,那么反向可逆一元系统就称为 1-2 型反向可逆一元系统。1-2 型反向可逆一元系统形态变化就是 1 种同质组元的正向形态变化和 2 种同质组元的负向形态变化,可以用 $A \longleftrightarrow 2B'$ 表示。

在 $A \rightleftharpoons B$ 反向可逆变化过程中,如果处在 $A \longrightarrow B$ 正向变化的子系统 A 有 m 种基质单元并行地进行着形态变化,而处在 $A \longleftarrow B$ 负向变化的子系统 B 只有 1 种基质单元进行着形态变化,这样,子系统 A 就可以看作由孙系统 mA' 所组成,反向可逆一元系统称为 m-1 型反向可逆一元系统。m-1 型反向可逆一元系统形态变化就是 m 种同质组元的正向形态变化和 1 种同质组元的负向形态变化,可以用 $mA' \longleftrightarrow B$ 表示。

在 $A \rightleftharpoons B$ 反向可逆变化过程中,如果处在 $A \longrightarrow B$ 正向变化的子系统 A 只有 1 种基质单元进行着形态变化,而处在 $A \longleftarrow B$ 负向变化的子系统 B 有 l 种基质单元并行地进行着形态变化,这样,子系统 B 就可以看作由孙系统 lB' 所组成,那么反向可逆一元系统就称为 1-l 型反向可逆一元系统。1-l 型反向可逆一元系统形态变化就是 1 种同质组元的正向形态变化和 l 种同质组元的负向形态变化,可以用 $A \longleftrightarrow lB'$ 表示。

在 $A \rightleftharpoons B$ 反向可逆变化过程中,如果处在 $A \longrightarrow B$ 正向变化的子系统 A 有 m 种基质单元并行地进行着形态变化,而处在 $A \longleftarrow B$ 负向变化的子系统 B 也有 l 种基质单元进行着形态变化,这样,子系统 A 就可以看作由孙系统 mA' 所组成,子系统 B 就可以看作由孙系统 lB' 所组成,反向可逆一元系统就称为 m-l 型反向可逆一元系统。m-l 型反向可逆一元系统的形态变化就是 m 种基质组元的正向形态变化和 l 种基质组元的负向形态变化,可以表述为

$$mA' \longleftrightarrow lB' \tag{13-60}$$

在上述所讨论的子系统 A 与子系统 B 反向可逆变化过程中,至少有一个子系统存

在着 2 种或 2 种以上同质单元并行地进行单向的形态变化。

在 $A \rightleftharpoons B$ 反向可逆变化过程中,如果处在 $A \longrightarrow B$ 正向变化的子系统 A 由 2 种不同的基质单元(A_1+A_2)构成,且并行地进行着形态变化,而处在 $A \longleftarrow B$ 负向变化的子系统 B 只有 1 种基质单元进行着一元形态变化,这样,子系统 A 就可以看作分成了 2 个异质的孙系统(A_1+A_2),那么反向可逆一元系统也称为 2-1 型反向可逆一元系统。2-1 型反向可逆一元系统的形态变化就是 2 种异质组元的正向形态变化和 1 种同质组元的负向形态变化,可以用 $A_1+A_2 \longleftrightarrow B$ 表示。

在 $A \rightleftharpoons B$ 反向可逆变化过程中,如果处在 $A \longrightarrow B$ 的正向变化的子系统 A 只有 1 种基质单元进行着形态变化,而处在 $A \longleftarrow B$ 负向变化的子系统 B 由 2 种不同的基质单元(B_1+B_2)构成,且并行地进行着形态变化,这样,子系统 B 就可以看作分成了 2 种异质的孙系统(B_1+B_2),那么反向可逆一元系统也称为 1-2 型反向可逆一元系统。1-2 型反向可逆一元系统的形态变化就是 1 种同质组元的正向形态变化和 2 种异质组元的负向形态变化,可以用 $A \longleftrightarrow B_1+B_2$ 表示。

在 $A \rightleftharpoons B$ 反向可逆变化过程中,如果处在 $A \longrightarrow B$ 正向变化的子系统 A 由 m 种不同的基质单元 $A_1,A_2,\cdots,A_m$ 构成,且并行地进行着 m 元形态变化,而处在 $A \longleftarrow B$ 负向变化的子系统 B 只有 1 种基质单元发生形态变化,这样子系统 A 就可以看作分成了 m 个异质的孙系统($A_1+A_2+\cdots+A_m$),那么反向可逆一元系统也称为 m-1 型反向可逆一元系统。m-1 型反向可逆一元系统的形态变化就是 m 种异质组元的正向形态变化和 1 种同质组元的负向形态变化,可以用 $A_1+A_2+\cdots+A_m \longleftrightarrow B$ 表示。

在 $A \rightleftharpoons B$ 反向可逆变化过程中,如果处在 $A \longrightarrow B$ 正向变化的子系统 A 只有 1 种基质单元发生形态变化,而处在 $A \longleftarrow B$ 负向变化的子系统 B 由 l 种不同的基质单元 $B_1,B_2,\cdots,B_l$ 构成,且并行地进行着 l 元形态变化,这样,子系统 B 就可以看作分成了 l 个异质的孙系统($B_1+B_2+\cdots+B_l$),那么反向可逆一元系统也称为 1-l 型反向可逆一元系统。1-l 型反向可逆一元系统形态变化就是 1 种同质组元的正向形态变化和 l 种异质组元的负向形态变化,可以用 $A \longleftrightarrow B_1+B_2+\cdots+B_l$ 表示。

在 $A \rightleftharpoons B$ 反向可逆变化过程中,如果处在 $A \longrightarrow B$ 正向变化的子系统 A 由 m 种不同的基质单元 $A_1,A_2,\cdots,A_m$ 构成,且并行地进行着 m 元形态变化,而处在 $A \longleftarrow B$ 就负向变化的子系统 B 由 l 种不同的基质单元 $B_1,B_2,\cdots,B_l$ 构成,且并行地进行着 l 元形态变化,这样子系统 A 就可以看作分成了 m 种异质的孙系统($A_1+A_2+\cdots+A_m$),子系统 B 就可以看作分成了 l 种异质的孙系统($B_1+B_2+\cdots+B_l$),那么反向可逆一元系统也称为 m-l 型反向可逆一元系统。m-l 型反向可逆一元系统的形态变化就是 m 种异质组元的正向形态变化和 l 种异质组元的负向形态变化,可以表述为

$$A_1+A_2+\cdots+A_m \longleftrightarrow B_1+B_2+\cdots+B_l$$

一般地,在 $A \rightleftharpoons B$ 反向可逆变化过程中,如果正向变化的子系统由不同的基质 $A,B,\cdots,K$ 构成,在正向变化过程中,不仅 $A,B,\cdots,K$ 并行地进行着形态变化,而且

A 基质有 a 个同质的单元也并行地进行着 a 元形态变化，B 基质有 b 个同质的单元也并行地进行着 b 元形态变化……K 基质有 k 个同质的单元也并行地进行着 k 元形态变化。同理，如果负向变化的子系统由不同的基质 $G,H,\cdots,L$ 构成，在负向变化过程中不仅 $G,H,\cdots,L$ 并行地进行着形态变化，而且 G 基质有 g 个同质的单元也并行地进行着 g 元形态变化，H 基质有 h 个同质的单元也并行地进行着 h 元形态变化，L 基质有 l 个同质的单元也并行地进行着 l 元形态变化，那么，这些同质的多组元和异质的多组元在自发发射过程相互作用的结果是使两个子系统进行逆向形态变化。这类包含多元同质孙系统与多元异质孙系统的两个子系统所发生的反向可逆形态变化，可表述为

$$aA+bB+\cdots+kK \longleftrightarrow gG+hH+\cdots+lL \tag{13-61}$$

或者

$$aA+bB+\cdots+kK \rightleftharpoons gG+hH+\cdots+lL \tag{13-62}$$

显然，含有孙系统的两个子系统的反向可逆一元系统比 1-1 型反向可逆一元系统的形态变化情况更为复杂，其变化规律包括了两个子系统的多个同质孙系统与多个多元异质孙系统形态变化规律的多重叠加。在进行 $A \rightleftharpoons B$ 反向可逆的变化过程中，子系统 A 或子系统 B 的单元数量的消长一般也是不对等的。所以，多元子系统的形态变化规律是相当复杂的。不过，对于 $aA+bB+\cdots+kK \rightleftharpoons gG+hH+\cdots+lL$ 这样的多元子系统发生的可逆形态变化，依然可以判别其形态的变化方向。

二、反向可逆一元系统形态的变化方向

一维正向质向量坐标系 $\vec{X}_+$ 开辟了单向变化的太极空间，而一维二仪质向量坐标系 $\vec{X}$ 开辟了双向变化的二仪空间。一维二仪质向量坐标系 $\vec{X}$ 是由正向太极 $\vec{X}_+$ 和负向太极 $\vec{X}_-$ 共同组成的极性反向的一维质向量坐标系，反向可逆一元系统 $\vec{a}_- \longleftrightarrow \vec{a}_+$ 是由正向变化的子系统 $\vec{a}_+$ 和负向变化的子系统 $\vec{a}_-$ 所构成。在一维二仪质向量坐标系 $\vec{X}$ 的 $(\vec{X})$ 空间中，反向可逆一元系统中的两个子系统的形态可用方向相反的两个质向量来表达。

在由正向太极 $\vec{X}_+$ 与反向太极 $\vec{X}_-$ 共同组成的一维二仪质向量坐标系 $\vec{X}$ 中，反向可逆一元系统在 $A \longleftrightarrow B$ 反向可逆形态变化过程中，必然有一个子系统处于吸收发射，另一个子系统处于自发发射；把吸收发射子系统的形态变化规律与自发发射子系统的形态变化规律相互叠加，就可以得到反向可逆一元系统形态在变化过程中的规律，而其经历的运动轨道就是该系统形态变化规律所留下的变化轨迹。

极性相反的二仪空间是由正向的太极空间和负向的太极空间组成的。在由一维正向质向量坐标轴 $\vec{X}_+$ 和一维负向质向量坐标轴 $\vec{X}_-$ 共同组成的极性反向的一维质向量坐标系 $\vec{X}$ 上，当反向可逆一元系统在 $[\vec{a},\vec{b}]$ 区间中的平衡态 $\vec{a}$ 和平衡态 $\vec{b}$ 中连续变化

时,子系统在 $A \longrightarrow B$ 过程的异质形态变化规律就是 $\Delta\vec{x}_+ = \vec{b} - \vec{a}$,而与其伴生的本质形态分布规律就是 $\Delta\vec{x}_+^0 = \vec{b}^0 - \vec{a}^0$;子系统在 $A \longleftarrow B$ 过程的异质形态变化规律就是 $\Delta\vec{x}_- = \Delta\vec{x}_+ = \vec{a} - \vec{b}$,而与其伴生的本质形态分布规律就是 $\Delta\vec{x}_-^0 = \Delta\vec{x}_+^0 = \vec{a}^0 - \vec{b}^0$。因此,在 $A \longleftrightarrow B$ 反向可逆的形态变化过程中,反向可逆一元系统形态变化规律就可以表示为

$$\Delta\vec{x} = \Delta\vec{x}_+ + \Delta\vec{x}_- \\ = \Delta\vec{x}_+ + \Delta\vec{x}_+ \qquad (13\text{-}63)$$

由于 $[\vec{a},\vec{b}]$ 区间可能处在正向太极 $\vec{X}_+$ 的某一区间,也可能处在负向太极 $\vec{X}_-$ 的某一区间,还可能处在跨越正向太极 $\vec{X}_+$ 和负向太极 $\vec{X}_-$ 的某个二仪区间,因此,当反向可逆一元系统发生 $A \longleftrightarrow B$ 形态变化时,就是在平衡态 $\vec{a}$ 和平衡态 $\vec{b}$ 构成的 $[\vec{a},\vec{b}]$ 区间进行反向可逆的阴阳形态变化。

如果反向可逆一元系统从此形态 $\vec{a}$ 向彼形态 $\vec{b}$ 的变化区间 $[\vec{a},\vec{b}]$ 是处在正向太极 $\vec{X}_+$ 或负向太极 $\vec{X}_-$ 的某一区间,用(13-63)式 $\Delta\vec{x} = \Delta\vec{x}_+ + \Delta\vec{x}_-$ 的质向量变化量表示形态变化规律,就是吸收发射的形态变化规律与自发发射的形态变化规律的叠加。虽然用(13-63)式来表征反向可逆一元系统形态的变化规律时,人们无法分辨 $A \longrightarrow B$ 的吸收发射过程或 $B \longrightarrow A$ 的自发发射过程究竟是经历了什么阶段,但是,不论是 $A \longrightarrow B$ 的吸收发射过程还是 $B \longrightarrow A$ 的自发发射过程,两个单元子系统形态的转化或变化都是在某一太极空间进行单向运动。因此,只要在一维正向质向量坐标系 $\vec{X}_+$ 内部打开 m 维分质向量的认知空间,人们就可以用 m 个特殊规定的分质向量 $\vec{X}_1, \vec{X}_2, \cdots, \vec{X}_m$ 的内在关系与各种特征来共同刻画反向可逆一元系统形态在失衡情况下的变化规律。

如果反向可逆一元系统从此形态 $\vec{a}$ 向彼形态 $\vec{b}$ 的变化区间 $[\vec{a},\vec{b}]$ 是跨越正向太极 $\vec{X}_+$ 和负向太极 $\vec{X}_-$ 的二仪区间,反向可逆一元系统形态变化就是在一维质向量坐标系 $\vec{X}$ 上由阴之阳或由阳之阴的反向可逆运动过程。由于正向太极 $\vec{X}_+$ 和负向太极 $\vec{X}_-$ 是反向的一维单向质向量坐标轴的空间,因此在一维二仪质向量坐标系 $\vec{X}$ 上的反向可逆一元系统形态都包含着阴阳矛盾,其形态变化必然是反向可逆的形态变化。

虽然在极性反向的一维二仪质向量坐标系 $\vec{X}$ 上,可以用(13-63)式 $\Delta\vec{x} = \Delta\vec{x}_+ + \Delta\vec{x}_-$ 来表征反向可逆一元系统的形态变化规律,但是人们还是无法分辨 $A \longrightarrow B$ 的吸收发射过程或 $B \longrightarrow A$ 的自发发射过程究竟是从平衡态到准平衡态的线性变化,或是从平衡态到近平衡态的非线性变化,还是从平衡态到远离平衡态突变的非线性变化,甚至可能是从一平衡态到多级平衡态的连发变化或从一平衡态到多组元平衡态的并发变化。因此,必须在一维二仪质向量坐标系 $\vec{X}$ 内部打开 m 维分质向量的认知空间,这样人们才可以用 m 个特殊规定的分质向量 $\vec{X}_1, \vec{X}_2, \cdots, \vec{X}_m$ 的内在关系与各种特征来共同刻画两个反向子系统形态在不同失衡情况下的变化规律。

其实,如果 $[\vec{a},\vec{b}]$ 区间是处在正向太极 $\vec{X}_+$ 的某一区间或处在负向太极 $\vec{X}_-$ 的某一

区间,通过平移坐标就可以使$[\vec{a},\vec{b}]$处在跨越正向太极$\vec{X}_+$和负向太极$\vec{X}_-$的某个二仪区间。在第六章第二节"变相点附近的形态转化基元规律"中已经论述了,在一维正向质向量坐标轴$\vec{X}_+$上可以用一维正向单位质向量$\vec{e}_+$表示基元过程的形态变化量,而在一维正向质向量坐标轴$\vec{X}_+$内部的$(\vec{P}_+,\vec{S})$二维分质向量空间中,在省却分质向量关于方向的规定时,一维正向单位质向量$\vec{e}_+$所表达的单元系统形态转化基元规律可用熵信息函数(5-36)式 $P_+ = \dfrac{1}{1+e^{\pm s}}$ 或信息熵函数(5-45)式 $S = \pm \ln \dfrac{1-P_+}{P_+} = \pm \ln \dfrac{P_+^0}{P_+} = \pm \ln \dfrac{P_{+0}}{P_+}$ 表示。通过坐标平移,一维正向质向量坐标轴$\vec{X}_+$可以变换为一维二仪质向量坐标系$\vec{X}$。在一维二仪质向量坐标系$\vec{X}$内部的$(\vec{P},\vec{S})$二维分质向量空间中,在省却分质向量关于方向的规定时,一维正向单位质向量$\vec{e}_+$所表达的单元系统形态转化基元规律就可以用熵信息函数(5-52)式 $P = \mp \dfrac{1}{2}\tanh \dfrac{S}{2}$ 表达或信息熵函数(5-53)式 $S = \mp 2\mathrm{arctanh}2P = \mp \ln \dfrac{1+2P}{1-2P}$ 表示。

在极性反向的一维二仪质向量坐标系$\vec{X}$上的$[\vec{x}_-,\vec{x}_+]$二仪区间里,反向可逆一元系统进行着$\vec{x}_- \longleftrightarrow \vec{x}_+$的阴阳变化,正向的子系统吸收发射的形态变化量$\Delta \vec{x}_+$与负向的子系统自发发射的形态变化量$\Delta \vec{x}_-$相互叠加就是反向可逆一元系统形态变化规律,即(13-63)式 $\Delta \vec{x} = \Delta \vec{x}_+ + \Delta \vec{x}_-$,通过(13-63)式就可以判断反向可逆一元系统的形态变化方向。

当$\Delta \vec{x}_+ > \Delta \vec{x}_-$时,表明正向子系统的形态变化$\Delta \vec{x}_+$为矛盾的主要方面,反向可逆一元系统的形态变化朝着正向进行。当$\Delta \vec{x}_+ = \Delta \vec{x}_-$时,表明反向可逆一元系统的形态变化只是在变相点附近的涨落。当$\Delta \vec{x}_+ < \Delta \vec{x}_-$时,表明负向子系统的形态变化$\Delta \vec{x}_-$为矛盾的主要方面,反向可逆一元系统的形态变化朝着负向进行;如果要使反向可逆一元系统的形态变化朝着正向进行,那环境对系统的激励作用就要增加。在此还要指出,当正向子系统的形态变化$\Delta \vec{x}_+$与负向子系统的形态变化$\Delta \vec{x}_-$达到矛盾的均衡时,(13-63)式 $\Delta \vec{x} = \Delta \vec{x}_+ + \Delta \vec{x}_-$ 成为 $\Delta \vec{x}_+ = \Delta \vec{x}_-$,此即宇称守恒规律。

然而,在一维二仪质向量坐标系$\vec{X}$的正向太极$\vec{X}_+$和负向太极$\vec{X}_-$里进行反向可逆一元系统的形态变化方向判别还是过于抽象。为此,在一维二仪质向量坐标系$\vec{X}$打开其内部的$(\vec{N},\vec{n},\vec{E},\vec{E}_{\neq},\vec{\varepsilon})$五维分质向量空间,各个分质向量与各自的分质变量坐标轴同向,可以用其分质变量坐标轴来表示,通过分质变量之间的内在关系就可以比较直观地判断反向可逆一元系统形态的变化方向。例如,取异质单元数n作为表征形态变化函数的因变量,把正向变化的异质单元数Δn_+与负向变化的异质单元数Δn_-代入(13-63)式 $\Delta \vec{x} = \Delta \vec{x}_+ + \Delta \vec{x}_-$,反向可逆一元系统在反向可逆形态变化过程中的异质单元数变化量为

$$\Delta n = \Delta n_+ - \Delta n_-$$
$$= (n_A^a + n_B^b + \cdots + n_K^k) - (n_G^g + n_H^h + \cdots + n_L^l) \tag{13-64}$$

由于在$(\vec{N}, \vec{n}, \vec{E}, \vec{E}_{\neq}, \vec{\varepsilon})$五维分质向量形态空间中反向可逆一元系统的各个子系统都遵循单元系统形态转化基元规律,因此取异质单元数为显函数的表达式(5-29)式

$n_+ = \dfrac{N_+}{1+e^{\pm(E_{\neq +}-E_+)/\varepsilon_+}}$,代入(13-64)式就有

$$\Delta n = (n_A^a + n_B^b + \cdots + n_K^k) - (n_G^g + n_H^h + \cdots + n_L^l)$$
$$= \left[\frac{N_A}{1+e^{(E_{\neq A}-E)/\varepsilon}}\right]^a + \left[\frac{N_B}{1+e^{(E_{\neq B}-E)/\varepsilon}}\right]^b + \cdots - \left[\frac{N_K}{1+e^{(E_{\neq K}-E)/\varepsilon}}\right]^k - \left[\frac{N_G}{1+e^{(E_{\neq G}-E)/\varepsilon}}\right]^g -$$
$$\left[\frac{N_H}{1+e^{(E_{\neq H}-E)/\varepsilon}}\right]^h - \left[\frac{N_L}{1+e^{(E_{\neq L}-E)/\varepsilon}}\right]^l$$

而这一过程中,反向可逆一元系统的能量变化为

$$\Delta E = \left[E_{\neq A} + \varepsilon \ln \frac{n_A^a}{(N_A-n_A)^a}\right] + \left[E_{\neq B} + \varepsilon \ln \frac{n_A^b}{(N_B-n_b)^B}\right] + \cdots +$$
$$\left[E_{\neq K} + \varepsilon \ln \frac{n_K^k}{(N_K-n_K)^k}\right] - \left[E_{\neq G} + \varepsilon \ln \frac{n_G^g}{(N_G-n_G)^g}\right] -$$
$$\left[E_{\neq H} + \varepsilon \ln \frac{n_H^h}{(N_H-n_H)^h}\right] - \cdots - \left[E_{\neq L} + \varepsilon \ln \frac{n_L^l}{(N_L-n_L)^l}\right]$$
$$= (E_{\neq A} + E_{\neq B} + \cdots + E_{\neq K}) - (E_{\neq G} + E_{\neq H} + \cdots + E_{\neq L}) +$$
$$\varepsilon \ln \frac{n_A^a n_B^b \cdots n_K^k (N_G-n_G)^g (N_H-n_H)^h \cdots (N_L-n_L)^l}{n_G^g n_H^h \cdots n_L^l (N_A-n_A)^a (N_B-n_B)^b \cdots (N_K-n_K)^k} \tag{13-65}$$

通过(13-65)式,就可以一般地判定反向可逆一元系统在反向可逆形态变化过程的变化方向:

(1)当$\Delta E > 0$时,反向可逆一元系统向环境释放能量,表示反向可逆一元系统形态变化朝着正向转化的过程可以自发地进行。

(2)当$\Delta E = 0$时,反向可逆一元系统与环境没有能量交换,处于均衡态。

(3)当$\Delta E < 0$时,反向可逆一元系统必须从环境得到能量,通过吸收发射才能使形态变化朝着正向的方向进行。

在一定的环境条件(如温度、压力、浓度等)下,当正反两个方向的形态变化率相等时,反向可逆一元系统就达到了平衡状态。因此,上述的三条判据就可以解决不同类型的反向可逆一元系统形态变化的方向和限度问题。

现实世界中有许多形态变化的情形就属于多元子系统的反向可逆形态变化,大多数均相系统的形态变化都是可逆的。多元子系统的反向可逆形态变化不只朝着终结态的方向进行,处在终结态的多元子系统也会朝着起始态的方向变化。任何反向可逆一元系统的形态变化(如化学动力学中的大多数化学反应)都可以同时朝着正反两个方向进行形态变化。当形态变化顺利进行时,起始态本质单元数逐渐变少导致正向的形态

变化率亦渐渐变小，同时终结态的异质单元数渐渐变多，导致逆向的形态变化率亦渐渐变大，直到达成平衡为止。

反向可逆一元系统形态变化的事例可以说俯拾皆是。例如，当人们把一个充满气体分子的容器的活门打开时，由于气体分子密度不均匀，气体由稠密处向稀疏处扩散，最终就会充满整个容器。同样，当人们把一滴墨水滴入水中时，墨水就会逐渐散开，直到达到均匀分布为止。这种高浓度的气体或液体与低浓度的气体或液体混合组成一个系统，其混合过程就是一个高能级的形态与一个低能级的形态相互作用产生一个中间平衡态的可逆过程。再如，物理学中反物质与正物质相遇时能相互吸引和碰撞，通过碰撞会立即湮灭。还有像半导体物理学中电子与空穴的复合过程，化学中物质产生化合的过程等都是反向可逆一元系统内部两个反向子系统的相互作用由非平衡态逐渐趋向于平衡态的弛豫过程。

三、反向可逆一元系统形态的变化规律

在一维二仪质向量坐标系 $\vec{X}$ 的正向太极 $\vec{X}_+$ 和负向太极 $\vec{X}_-$ 的二仪空间中，仅仅通过正向太极 $\vec{X}_+$ 的质向量变化量和负向太极 $\vec{X}_-$ 的质向量变化量的相互抵消或减弱的关系，是难以认知反向可逆一元系统的形态变化规律的。为了深刻认识反向可逆一元系统在反向可逆过程的形态变化规律，必须在一维二仪质向量坐标系 $\vec{X}$ 内部打开多维的分质向量空间。通过正向太极 $\vec{X}_+$ 空间中一个子系统在吸收发射条件下的形态变化规律与负向太极 $\vec{X}_-$ 空间中另一子系统在自发发射条件下的形态变化规律的反向叠加，就可以揭示反向可逆一元系统的叠加态在反向可逆过程的形态变化规律。

例如，在一维二仪质向量坐标系 $\vec{X}$ 内部可以打开由总体单元数 $\vec{N}$、异质单元数 $\vec{n}$、能量 $\vec{E}$、能阈 $\vec{E}_{\neq}$ 和能元 $\vec{\varepsilon}$ 这五个分质向量作为分质向量坐标轴撑起的空间 $(\vec{N}, \vec{n}, \vec{E}, \vec{E}_{\neq}, \vec{\varepsilon})$，也可以打开由信息 $\vec{P}$ 和熵 $\vec{S}$ 这两个分质向量作为分质向量坐标轴撑起的空间 $(\vec{P}, \vec{S})$。在一维二仪质向量坐标系 $\vec{X}$ 内部不同维数的分质向量空间中，分质向量之间存在的内在关系反映的就是反向可逆一元系统形态变化规律的函数表达形式。

在一维二仪质向量坐标系 $\vec{X}$ 内部打开 $(\vec{N}, \vec{n}, \vec{E}, \vec{E}_{\neq}, \vec{\varepsilon})$ 五维分质向量空间，对于 (13-9)式 $a_- \xleftrightarrow{0} a_+$ 所表示的反向可逆一元系统的形态转化，如果用异质单元数 $\vec{n}$ 这一质向量作为反向可逆形态变化规律的显函数来表达，在省却质向量关于方向规定的情况下，(13-9)式 $a_- \xleftrightarrow{0} a_+$ 可以具体地表达为

$$n_- \longleftrightarrow n_+ \tag{13-66}$$

在反向可逆变化过程中，反向可逆一元系统的异质单元数满足(13-16)式 $\vec{n} = \vec{n}_+ + \vec{n}_-$ 或(13-17)式 $n = n_+ - n_-$ 的叠加关系。

如果反向可逆一元系统进行正向变化的子系统的总体单元数为 $\vec{N}_+$，而进行负向变化的子系统的总体单元数为 $\vec{N}_-$，那么反向可逆一元系统的总体单元数为 $\vec{N}$。它们之间的叠加关系符合

$$\vec{N} = \vec{N}_+ + \vec{N}_- \tag{13-67}$$

(13-16)式 $\vec{n} = \vec{n}_+ + \vec{n}_-$ 等式两边同除于总体单元数 $\vec{N}$，有

$$\frac{\vec{n}}{\vec{N}} = \frac{\vec{n}_+}{\vec{N}} + \frac{\vec{n}_-}{\vec{N}}$$

由于 $\vec{P} = \frac{\vec{n}}{\vec{N}}$，因此上式可以写作

$$\vec{P} = \frac{\vec{N}_+}{\vec{N}} \frac{\vec{n}_+}{\vec{N}_+} + \frac{\vec{N}_-}{\vec{N}} \frac{\vec{n}_-}{\vec{N}_-} = \alpha_+ \vec{P}_+ + \alpha_- \vec{P}_- = \vec{P}'_+ + \vec{P}'_- \tag{13-68}$$

式中，$\alpha_+ \left(= \frac{\vec{N}_+}{\vec{N}} \right)$ 和 $\alpha_- \left(= \frac{\vec{N}_-}{\vec{N}} \right)$ 分别为正向变化子系统和负向变化子系统在反向可逆一元系统中的权重数，而 $\vec{P}_+ \left(= \frac{\vec{n}_+}{\vec{N}_+} \right)$ 和 $\vec{P}_- \left(= \frac{\vec{n}_-}{\vec{N}_-} \right)$ 分别为正向变化的形态转化信息和负向变化的形态转化信息。

特别地，在正向变化的子系统总体单元数 $\vec{N}_+$ 与负向变化的子系统总体单元数 $\vec{N}_-$ 相等的情况下，由于 $\vec{N}_+ = \vec{N}_-$ 和 $\vec{N} = \vec{N}_+ + \vec{N}_-$，可以得到 $\vec{N}_+ = \vec{N}_- = \vec{N}/2$。正向变化子系统和负向变化子系统在反向可逆一元系统中的权重数相等，即 $\alpha_+ = \alpha_- = \frac{1}{2}$，所以，在这样的条件下

$$\begin{aligned}
\vec{P} &= \alpha_+ \vec{P}_+ + \alpha_- \vec{P}_- \\
&= \frac{1}{2}(\vec{P}_+ + \vec{P}_-) \\
&= \frac{1}{2}(P_+ \vec{e}_+ + P_- \vec{e}_-) \\
&= \frac{1}{2}(P_+ - P_-) \vec{e}_+
\end{aligned} \tag{13-69}$$

在省却分质向量关于方向的规定时，上式就是

$$\begin{aligned}
P &= \alpha_+ P_+ - \alpha_- P_- \\
&= \frac{1}{2}(P_+ - P_-)
\end{aligned} \tag{13-70}$$

在一维二仪质向量坐标系 $\vec{X}$ 内部打开 $(\vec{N}, \vec{n}, \vec{E}, \vec{E}_\neq, \vec{\varepsilon})$ 五维分质向量空间，在省却分质向量关于方向规定的条件下，把一元系统形态基元转化过程的起始平衡态和终结平衡态用狄拉克符号标记为 $\left| -\frac{1}{2} \right\rangle$ 和 $\left| +\frac{1}{2} \right\rangle$，(13-70)式就是一元系统形态转化基元

过程所有过渡态的信息,即

$$P = P_+ \left| +\frac{1}{2} \right\rangle + P_- \left| -\frac{1}{2} \right\rangle \tag{13-71}$$

在计算信息科学中,上式的信息 P 就对应着一个量子比特,即

$$|量子比特\rangle = P_- \left| -\frac{1}{2} \right\rangle + P_+ \left| +\frac{1}{2} \right\rangle \tag{13-72}$$

量子比特的物理载体是任何两态的量子系统,如两能级的原子、自旋为 1/2 的粒子、具有两个偏振方向的光子等。一旦用量子态来表示信息,便实现了信息的量子化。对量子信息的处理其实是对量子态的操纵,信息的处理和传输等一系列过程必须遵从量子力学原理。[9]

(13-71)式中的信息 P 或(13-72)式中的量子比特又可以演绎出量子物理学中的一个粒子的叠加态。在量子物理学中,电子自旋角动量是量子化的,可看作二维复数空间的向量。无论人们从哪个角度来观察自旋,都只能得到两个数值中的一个:1/2 或 −1/2,也就是所谓的"上"或"下"。人们将自旋的"上"或"下"两种状态叫作自旋的本征态。大多数时候,电子就处于两种状态并存的叠加态中。[10]

(13-71)式中的 P_- 和 P_+ 是满足 $|P_-|^2+|P_+|^2=1$ 的任意复数的,它们对应于两个定态在叠加态中所占的比例系数。两个比例系数的平方($|P_-|^2$ 或 $|P_+|^2$)分别代表测量时所测得电子的状态,这样的状态就是每个定态的概率。因此,电子自旋角动量的运算规律可以被归类为旋量,也就是说,旋量在某种意义上可以看成是"向量的平方根"。由于一个二维向量空间中的向量可以与一个复数相对应,因此人们还可以从复数的平方根来理解这个向量的平方根。一个复数可以用它的绝对值大小(模)及辐角来表示,如果要求这个复数的平方根,可将其模值求平方根并用复数的辐角减半得到。

如果在一维正向质向量坐标系 $\vec{X}_+$ 内部打开($\vec{N}_+,\vec{n}_+,\vec{E}_+,\vec{E}_{+\neq},\vec{\varepsilon}_+$)五维分质向量空间,通过一维二仪质向量坐标系 $\vec{X}$ 的平移变换,在省却分质向量关于方向规定的条件下,把一元系统形态基元转化过程的起始平衡态和终结平衡态用狄拉克符号标记为 $|0\rangle$ 和 $|1\rangle$,那么(13-68)式 $\vec{P}=\alpha_+\vec{P}_++\alpha_-\vec{P}_-$ 就是一元系统形态转化基元过程过渡态的信息,即

$$P = \alpha|0\rangle + \beta|1\rangle \tag{13-73}$$

上式的信息 P 在计算信息科学中也就对应着一个量子比特,即

$$|量子比特\rangle = \alpha|0\rangle + \beta|1\rangle \tag{13-74}$$

在量子物理学中,量子计算是通过叠加原理和量子纠缠等次原子粒子的特性来实现对数据的编码和操纵。(13-73)式中的信息 P_+ 或(13-74)式中的量子比特也同样可以演绎量子物理学中的一个粒子的叠加态。量子计算中的一个量子比特可以对应于量

子物理中的一个粒子的叠加态。这里的 α、β 是满足 $|\alpha|^2+|\beta|^2=1$ 的任意复数,它们对应于两个定态在叠加态中所占的比例系数。当 $\alpha=0$ 或者 $\beta=0$ 时,叠加态就简化成两个定态 $|0\rangle$ 和 $|1\rangle$。两个比例系数的平方($|\alpha|^2$ 或 $|\beta|^2$)分别代表测量时,测得粒子的状态是每个定态的概率。[11]

其实,由(4-7)式 $\vec{a}=\lambda\vec{b}$ 可知,如果向量空间中任意两个向量 $\vec{x}$ 和 $\vec{y}$ 平行,就存在实数 λ,使得 $\vec{x}=\lambda\vec{y}$。因此,由 $\vec{P'}_+=\alpha_+\vec{P}_+$ 与 $\vec{P'}_-=\alpha_-\vec{P}_-$ 可知,质向量 $\vec{P'}_+$ 和质向量 $\vec{P}_+$ 存在线性相关,质向量 $\vec{P'}_-$ 和质向量 $\vec{P}_-$ 也存在线性相关。在(13-68)式 $\vec{P}=\alpha_+\vec{P}_+ +\alpha_-\vec{P}_-$ 中,信息 $\vec{P}$ 本身是一质向量,且质向量 $\vec{P'}_+$ 和质向量 $\vec{P}_-$ 都与信息 $\vec{P}$ 平行,则(13-68)式 $\vec{P}=\alpha_+\vec{P}_+ +\alpha_-\vec{P}_-$ 还可以表示为

$$\begin{aligned}\vec{P} &= \alpha_+ P_+ \vec{e}_+ + \alpha_- P_- \vec{e}_- \\ &= \alpha_+ P_+ \vec{e}_+ - \alpha_- P_- \vec{e}_+\end{aligned} \tag{13-75}$$

当反向可逆一元系统的信息 $\vec{P}$ 也以一维正向单位质向量 $\vec{e}_+$ 为单位质向量时,(13-68)式 $\vec{P}=\alpha_+\vec{P}_+ +\alpha_-\vec{P}_-$ 就可以用标量的形式表示,即

$$\begin{aligned}P &= \alpha_+ P_+ - \alpha_- P_- \\ &= P'_+ - P'_-\end{aligned} \tag{13-76}$$

此式表明,反向可逆一元系统的信息为正向变化子系统的信息和负向变化子系统的信息的叠加。反向可逆一元系统在正向变化和负向变化的形态变化中孰强孰弱的信息取决于正向变化子系统的权重数及其信息和负向变化子系统的权重数及其信息的对比。

在一维二仪质向量坐标系 $\vec{X}$ 内部的 $(\vec{P},\vec{E},\vec{E}_{\neq},\vec{\varepsilon})$ 四维分质向量空间中,将(13-68)式 $\vec{P}=\alpha_+\vec{P}_+ +\alpha_-\vec{P}_-$ 对 $\vec{E}$ 求导,可以得到

$$\begin{aligned}\frac{\mathrm{d}\vec{P}}{\mathrm{d}\vec{E}} &= \frac{\mathrm{d}}{\mathrm{d}\vec{E}}(\alpha_+\vec{P}_+ +\alpha_-\vec{P}_-) \\ &= \alpha_+\frac{\mathrm{d}\vec{P}_+}{\mathrm{d}\vec{E}}+\alpha_-\frac{\mathrm{d}\vec{P}_-}{\mathrm{d}\vec{E}}\end{aligned} \tag{13-77}$$

在省却分质向量关于方向的规定时,用标量的形式表示为

$$\frac{\mathrm{d}P}{\mathrm{d}E}=\alpha_+\frac{\mathrm{d}P_+}{\mathrm{d}E}-\alpha_-\frac{\mathrm{d}P_-}{\mathrm{d}E} \tag{13-78}$$

在正向变化的子系统总体单元数 $\vec{N}_+$ 与负向变化的子系统总体单元数 $\vec{N}_-$ 相等的情况下,将(13-69)式 $\vec{P}=\frac{1}{2}(\vec{P}_+ +\vec{P}_-)$ 对 $\vec{E}$ 求导,也可得到

$$\frac{\mathrm{d}\vec{P}}{\mathrm{d}\vec{E}}=\frac{1}{2}\left(\frac{\mathrm{d}\vec{P}_+}{\mathrm{d}\vec{E}}+\frac{\mathrm{d}\vec{P}_-}{\mathrm{d}\vec{E}}\right) \tag{13-79}$$

在省却分质向量关于方向的规定时,用标量的形式表示为

$$\frac{\mathrm{d}P}{\mathrm{d}E} = \frac{1}{2}\left(\frac{\mathrm{d}P_+}{\mathrm{d}E} - \frac{\mathrm{d}P_-}{\mathrm{d}E}\right) \tag{13-80}$$

在一维二仪质向量坐标系内部的 $(\vec{N},\vec{n},\vec{E},\vec{E}_{\neq},\vec{\varepsilon})$ 五维分质向量空间中，对（13-16）式 $\vec{n} = \vec{n}_+ + \vec{n}_-$ 求 $\vec{E}$ 的导数，也可以得到

$$\frac{\mathrm{d}\vec{n}}{\mathrm{d}\vec{E}} = \frac{\mathrm{d}\vec{n}_+}{\mathrm{d}\vec{E}} + \frac{\mathrm{d}\vec{n}_-}{\mathrm{d}\vec{E}}$$

$$= \vec{N}_+ \frac{\mathrm{d}\vec{P}_+}{\mathrm{d}\vec{E}} + \vec{N}_- \frac{\mathrm{d}\vec{P}_-}{\mathrm{d}\vec{E}} \tag{13-81}$$

在省却分质向量关于方向的规定时，用标量的形式表示为

$$\frac{\mathrm{d}n}{\mathrm{d}E} = \frac{\mathrm{d}n_+}{\mathrm{d}E} - \frac{\mathrm{d}n_-}{\mathrm{d}E}$$

$$= N_+ \frac{\mathrm{d}P_+}{\mathrm{d}E} - N_- \frac{\mathrm{d}P_-}{\mathrm{d}E} \tag{13-82}$$

式中，$\frac{\mathrm{d}n}{\mathrm{d}E}$ 表示反向可逆一元系统异质单元数的变化率；$\frac{\mathrm{d}n_+}{\mathrm{d}E}$ 表示正向异质单元数的变化率；$\frac{\mathrm{d}n_-}{\mathrm{d}E}$ 表示负向异质单元数的变化率。（13-82）式表明：在反向可逆形态变化过程中，反向可逆一元系统异质单元数的变化率等于正向异质单元数变化率与负向异质单元数变化率之差。

由此可见，正向变化子系统和负向变化子系统在反向可逆一元系统中的权重数就代表着不同基质组元的份额，所以权重数不同的反向可逆一元系统就是一定量的正向形态变化的异质组元和一定量的负向形态变化的异质组元构成的反向可逆形态变化的一元系统。对于一般的反向可逆一元系统的形态变化，实际上都可以用权重数不同的反向可逆一元系统或权重数相同的反向可逆一元系统来认识其反向可逆的变化规律。

在一维二仪质向量坐标系 $\vec{X}$ 内部的 $(\vec{N},\vec{n},\vec{E},\vec{E}_{\neq},\vec{\varepsilon})$ 五维分质向量空间中，如果子系统 A 和子系统 B 在形成反向可逆一元系统 $A \rightleftharpoons B$ 之前，子系统 A 的总体单元数为 $\vec{N}_a$，子系统 B 的总体单元数为 $\vec{N}_b$；在形成反向可逆一元系统 $A \rightleftharpoons B$ 之后，反向可逆一元系统的总体单元数为 $\vec{N} = \vec{N}_a + \vec{N}_b$，则两个子系统的总体单元数也就是反向形态转化的起始态的总体单元数。

在反向可逆一元系统形态变化过程中，当能量为 $\vec{E}$ 时，反向可逆一元系统产生的异质单元数为 $\vec{n}$，子系统 A 产生的异质单元数为 $\vec{n}_b$，$(\vec{N}_a - \vec{n}_b)$ 就代表在能量为 $\vec{E}$ 时形态 A 分布的本质单元数；子系统 B 产生的异质单元数为 $\vec{n}_a$，$(\vec{N}_b - \vec{n}_a)$ 就代表在能量为 $\vec{E}$ 时形态 B 分布的本质单元数。

在反向可逆一元系统的 $A \rightleftharpoons B$ 反向对峙中，$A \longrightarrow B$ 的正向形态变化与 $B \longrightarrow A$ 的逆向形态变化既互相制约又互相竞争，还互相补充，在这一动态变化中，单一方向

上的形态变化一般都难以达到稳定的平衡态,任一方向的形态变化一般都只是在近平衡态进行,因而下面所揭示的反向可逆一元系统的形态变化规律就以近平衡态为切入点。

在一维二仪质向量坐标系 $\vec{X}$ 内部的 $(\vec{N},\vec{n},\vec{E},\vec{E_{\neq}},\vec{\varepsilon})$ 五维分质向量空间中,各个分质向量与各自的分质变量坐标轴同向,可以用其分质变量坐标轴来表示。在 $A \longrightarrow B$ 的正向形态变化过程中,当能量为 E 时,正向变化产生的形态 B 的异质单元数 n_b 遵循近平衡态的单元系统形态转化基元规律,(9-31)式 $\dfrac{\mathrm{d}n_+}{\mathrm{d}E_+}=-\kappa n_+$ 表现为 $\dfrac{\mathrm{d}n_b}{\mathrm{d}E}=\kappa_+(N_a-n_b)$,常数 κ_+ 表示正向变化率。与此同时,在负向变化中的形态 A 分布的本质单元数 (N_a-n_b) 也遵循近平衡态的单元系统形态转化基元规律,即(9-31)式 $\dfrac{\mathrm{d}n_+}{\mathrm{d}E_+}=+\kappa n_+$ 表现为 $\dfrac{\mathrm{d}(N_a-n_b)}{\mathrm{d}E}=-\kappa_+(N_a-n_b)$。所以,反向可逆一元系统的正向异质单元数变化率为

$$-\frac{\mathrm{d}(N_a-n_b)}{\mathrm{d}E}=\frac{\mathrm{d}n_b}{\mathrm{d}E}=\kappa_+(N_a-n_b) \tag{13-83}$$

在 $B \longrightarrow A$ 的逆向形态变化过程中,当能量为 E 时,负向变化中的形态 B 分布的本质单元数 (N_b+n_a) 遵循近平衡态的单元系统形态转化基元规律,即(9-31)式 $\dfrac{\mathrm{d}n_+}{\mathrm{d}E_+}=-\kappa n_+$ 表现为 $\dfrac{\mathrm{d}(N_b+n_a)}{\mathrm{d}E}=-\kappa_-(N_b+n_a)$,$\kappa_-$ 表示负向变化率。与此同时,在正向变化中产生的形态 A 的异质单元数 n_a 也遵循近平衡态的单元系统形态转化基元规律,即(9-31)式 $\dfrac{\mathrm{d}n_+}{\mathrm{d}E_+}=+\kappa n_+$ 表现为 $\dfrac{\mathrm{d}n_a}{\mathrm{d}E}=\kappa_-(N_b+n_a)$。所以,反向可逆一元系统的负向异质单元数变化率为

$$-\frac{\mathrm{d}(N_b+n_a)}{\mathrm{d}E}=\frac{\mathrm{d}n_a}{\mathrm{d}E}=\kappa_-(N_b+n_a) \tag{13-84}$$

在反向可逆一元系统形态的变化过程中,总的异质单元数转化率等于正向的异质单元数变化率与逆向的异质单元数变化率之差。为此,把正向的异质单元数变化率和逆向的异质单元数变化率代入(13-82)式 $\dfrac{\mathrm{d}n}{\mathrm{d}E}=\dfrac{\mathrm{d}n_+}{\mathrm{d}E}-\dfrac{\mathrm{d}n_-}{\mathrm{d}E}$,得到反向可逆一元系统异质单元数转化率的微分形式为

$$\begin{aligned}\frac{\mathrm{d}n}{\mathrm{d}E}&=\frac{\mathrm{d}n_+}{\mathrm{d}E}-\frac{\mathrm{d}n_-}{\mathrm{d}E}\\&=\frac{\mathrm{d}n_b}{\mathrm{d}E}-\frac{\mathrm{d}n_a}{\mathrm{d}E}\\&=\kappa_+(N_a-n_b)-\kappa_-(N_b+n_a)\end{aligned} \tag{13-85}$$

此式表明，在 $A \longrightarrow B$ 的过程中，形态 A 保留的本质单元数(N_a-n_b)随着正向形态变化的进行逐渐减少，而随着逆向形态变化的进行逐渐增加。在 $B \longrightarrow A$ 的过程中，形态 B 保留的本质单元数(N_b-n_a)则随着逆向形态变化的进行逐渐减少，而随着正向形态变化的进行逐渐增加。在反向可逆一元系统形态转化过程中，正向的异质单元数变化率和逆向的异质单元数变化率对能量的关系曲线如图 13-5 所示。

由此可见，反向可逆一元系统在形态变化中，正向变化的子系统与负向变化的子系统各以对方子系统为环境，两个子系统相互作用的结果是负向子系统从正向子系统获得能量而产生吸收发射运动，正向子系统向负向子系统输出能量而产生自发发射运动。如此构成反向可逆一元系统总体的反向并合运动，整个反向可逆一元系统原来阴阳对立的结构形态消失了，并合的结果是在阴阳形态的中间形成一个中和的终结态——均匀的平衡态。

对于反向可逆一元系统的形态变化，可以用变化过程中的异质单元数 n' 作为共同变量。例如，对任一形态 B 的本质单元数，在能量 E 为零时，其本质单元数为 N_b；在变化过程中能量 E 不为零，形态 B 的本质单元数为 $(N_b+n_a)=N_b+n'$。可见，引入 n' 可以避免正向子系统和负向子系统在形态变化过程因异质单元数的改变要用多个变量来表述的麻烦。(13-85)式中只有两个变量 n' 与 E，处理起来会方便许多，形态变化率 $-\dfrac{\mathrm{d}(N_b+n_a)}{\mathrm{d}E}=\kappa_-(N_b+n_a)$ 相应地就可以写为

$$-\frac{\mathrm{d}n'}{\mathrm{d}E}=\kappa_-(N_b+n') \tag{13-86}$$

因此，反向可逆一元系统在形态变化中的异质单元数变化率为

$$\begin{aligned}\frac{\mathrm{d}n'}{\mathrm{d}E}&=\kappa_{+1}(N_a-n')-\kappa_{-1}(N_b+n')\\&=\kappa_{+1}N_a-\kappa_{-1}N_b-(\kappa_{+1}+\kappa_{-1})n'\end{aligned} \tag{13-87}$$

分离变量积分可得

$$\ln\left[\frac{\kappa_{+1}N_a-\kappa_{-1}N_b}{\kappa_{+1}N_a-\kappa_{-1}N_b-(\kappa_{+1}+\kappa_{-1})n'}\right]=(\kappa_{+1}+\kappa_{-1})E \tag{13-88}$$

这就是反向可逆一元系统形态转化方程的积分形式。

由于正向子系统形态变化与逆向子系统形态变化达到平衡时，$\dfrac{\mathrm{d}n'}{\mathrm{d}E}=0$，且在平衡时，起始态中已发生转化为终结态的异质单元数为 n_e，因此有

$$\kappa_{+1}(N_a-n')=\kappa_{-1}(N_b+n') \tag{13-89}$$

或

$$\frac{N_b+n'_e}{N_a-n'_e}=\frac{\kappa_{+1}}{\kappa_{-1}}=K_e \tag{13-90}$$

式中，$K_e=\dfrac{\kappa_{+1}}{\kappa_{-1}}$ 称为平衡常数，其数值大小可以反映反向可逆一元系统在形态变化

过程本质单元转化程度的大小。K_e 值越大,转化程度进行得越完全,终结态的转化率越高;反之则越低。

将(13-90)式代入(13-87)式 $\dfrac{dn'}{dE} = \kappa_{+1}(N_a - n') - \kappa_{-1}(N_b + n')$,得

$$\dfrac{dn'}{dE} = \kappa_{+1}(N_a - n') - \kappa_{+1}\dfrac{N_a - n'_e}{N_b + n'_e}(N_b + n') \qquad (13\text{-}91)$$

对上式移项积分,可以得到仅涉及异质单元数 n' 的方程

$$\ln(n' - N_a + n'_e) = -\dfrac{N_a}{n'_e}\kappa_{+1}E + \ln n'_e \qquad (13\text{-}92)$$

上式就是正向形态转化与逆向形态转化都是一级的反向可逆一元系统的形态变化方程式。

若形态 B 的总体单元数为零,$N_b = 0$,(13-86)式 $-\dfrac{dn'}{dE} = \kappa_-(N_b + n')$ 成为

$$-\dfrac{dn'}{dE} = \kappa_- n' \qquad (13\text{-}93)$$

令异质单元数 n' 对能量的一次微商为回复力 $F_- \equiv \dfrac{dn'}{dE}$,(13-93)式就可以表述为

$$F_- = \dfrac{dn'}{dE} = -\kappa_- n' \qquad (13\text{-}94)$$

对于反向可逆一元系统 $A \rightleftharpoons B$ 的形态转化,在形态 B 的总体单元数为零($N_b = 0$)的情况下,对反向可逆一元系统形态转化率的微分形式 $\dfrac{dn}{dE} = \kappa_+(N_a - n_b) - \kappa_- n_a$ 进行积分,可得到其积分形式为

$$\ln\left(\dfrac{N_a}{N_a - \dfrac{\kappa_{+1} + \kappa_{-1}}{\kappa_{+1}}n_a}\right) = (\kappa_{+1} + \kappa_{-1})E \qquad (13\text{-}95)$$

或

$$\ln\left(\dfrac{n_e}{n_e - n_a}\right) = (\kappa_{+1} + \kappa_{-1})E \qquad (13\text{-}96)$$

引入平衡常数 $K_e = \dfrac{\kappa_{+1}}{\kappa_{-1}} = \dfrac{1}{\Lambda_e}$,(13-95)式又可改成以下的形式

$$\ln\left[\dfrac{N_a}{N_a - (1 + \Lambda_e)n_a}\right] = (\kappa_{+1} + \kappa_{-1})E \qquad (13\text{-}97)$$

其实,对于反向可逆一元系统的形态变化,(13-16)式 $\vec{n} = \vec{n}_+ + \vec{n}_-$ 中的正向异质单元数 $\vec{n}_+$ 和逆向异质单元数 $\vec{n}_-$ 是共线的质向量,即 $\vec{n}_+ // \vec{n}_-$,符合(4-7)式 $\vec{a} = \lambda \vec{b}$,即 $\vec{n}_+ = \lambda \vec{n}_-$。在正向形态转化与逆向形态转化达到平衡时,也依然存在这一关系。在省却分质向量关于方向的规定时,令 $n_+ = n_e$ 和 $n_- = N_a - n_e$,就有

$$n_e = \lambda(N_a - n_e) \tag{13-98}$$

式中,平衡常数可设定为 $\lambda = \dfrac{\kappa_+}{\kappa_-} = K_e$。

在定容条件下,平衡常数还可以用浓度表示为

$$\begin{aligned} K_e &= \frac{n_e/V}{(N_a - n_e)/V} \\ &= \frac{C_e}{C_a - C_e} \end{aligned} \tag{13-99}$$

第五节　一元系统对峙反应及其变化规律

反向可逆一元系统包括了两个不同类型的反向子系统,反向可逆的变化过程就是不同类型的对峙反应。以化学中的对峙反应来讨论两个不同类型子系统的反向可逆形态变化规律,统一科学可以分别演绎出反向可逆一元系统的1-1型对峙反应、1-2型与2-1型对峙反应、2-2型对峙反应和$(m+l)\text{-}(p+q)$型对峙反应的形态变化规律。

一、1-1型反向可逆一元系统的对峙反应

在科学中,生命科学是最复杂、最耐人寻味的学科,而生命科学的基础就是化学。化学是现代科学领域的中心学科,是在原子层次上研究物质的组成、结构、性质与变化规律的自然学科。化学运动是介于物理运动与生物运动之间的运动形式,大多是物质形态发生根本转变的一类运动。化学运动就是化学变化,是与化学反应紧密联系在一起的。化学变化通过化学反应来实现其质变,这是反应物在一定条件下发生相互作用而生成新的化合物或单质物质的过程。

化学反应(也称化学作用)是指一种或多种物质改变化学组成、性质和特征而成为与原来不相同的另一种或多种物质的变化。各种各样的化学反应都是通过吸引和排斥相互作用的矛盾运动,促使反应物发生破裂、瓦解与建立生成物新结构的过程。绝大多数化学反应都有一定程度的可逆,即可以同时向两个相反的反应方向进行,只有极少数的化学反应被认为只能单向进行。[12]

化学反应包含正向反应(指反应物向生成物方向进行)和逆向反应(指生成物向反应物方向进行)两种反应形式,可以表述为

$$\text{反应物系统} \rightleftharpoons \text{生成物系统} \tag{13-100}$$

绝大多数的化学反应都是一元系统的子系统反向可逆形态变化,而且又都是由一

系列基元反应组成的复杂反应。在化学动力学看来,基元反应才能代表真正发生的动力学过程。构成复杂反应的基元反应序列千变万化,但是大都包括平行反应、对峙反应和连续反应三种基本类型中的一种、两种甚至所有三种。对峙反应就是基元反应中的一类基本反应。

对峙反应是指在正方向与负方向上都能进行的可逆反应,这是一类重要的复合反应。对峙反应是反向的平行反应与反向的连续反应,实质上就是统一科学反向可逆一元系统的形态变化。如果反向可逆一元系统是由两种性质互异的子系统 A 和 B 组成,则在 $A \rightleftharpoons B$ 的反向可逆形态变化中,$A \longrightarrow B$ 的吸收发射过程规定为正向,子系统 A 在 $A \longrightarrow B$ 的正向变化过程中只进行一级反应;$B \longrightarrow A$ 的自发发射过程规定为负向,子系统 B 在 $A \longleftarrow B$ 的负向变化过程中也只进行一级反应。所以,1-1 型可逆反应称为 1-1 型反向可逆一元系统的对峙反应。[13]

反向可逆一元系统在 $A \rightleftharpoons B$ 反向可逆变化过程中,正向变化的子系统 A 如果再分成 m 种同质的孙系统 A',那么 $mA' \longrightarrow B$ 的 m-1 型吸收发射过程就是 m 种组元 A' 的正向形态变化。同理,负向变化的子系统 B 如果再分成 l 种同质的孙系统 B',那么 $lB' \longrightarrow A$ 的 l-1 型自发发射过程就是 l 种组元的负向形态变化。在化学反应中,这 m 种同质的孙系统 A' 具有平行的关系,体现在正向反应中就是 m 元的反应物;l 种同质的孙系统 B' 也具有平行的关系,体现在负向反应中就是 l 元的产物。这样,$A \rightleftharpoons B$ 反向可逆变化过程可表述为 $mA' \longleftrightarrow lB'$。对于 m 和 l 的不同取值,$mA' \longleftrightarrow lB'$ 可以衍生出各种不同类型的对峙反应。

任何化学反应都是可逆反应,化学反应是物质形态之间相互转变的可逆过程。在化学反应过程中,不论是吸热反应还是放热反应,正向反应和负向反应同时并存(不可逆反应是指一定条件下,几乎只向一定方向进行的化学反应),只是反应速率不同,因而所表现的结果也不同。任何化学反应物是不可能完全转化为生成物(产物)的,因为反应物、产物及反应物与产物之间的吸引和排斥的相互作用在形态转化过渡中必将达到一个动态平衡。

统一科学既然可以把化学这一基础学科收入囊中,就应当演绎出化学中不同类型的对峙反应。为了便于理解和把握化学中反向可逆一元系统的形态变化规律,在一维二仪质向量坐标系 $\vec{X}$ 内部的 $(\vec{N}, \vec{n}, \vec{E}, \vec{E}_{\neq}, \vec{\varepsilon})$ 五维分质向量空间中,省却了分质向量关于方向的规定,就可以把化学反应中的基本质向量或其显性因子代入(13-65)式

$$\Delta E = (E_{\neq A} + E_{\neq B} + \cdots + E_{\neq K}) - (E_{\neq G} + E_{\neq H} + \cdots + E_{\neq L}) +$$
$$\varepsilon \ln \frac{n_A^a n_B^b \cdots n_K^k (N_G - n_G)^g (N_H - n_H)^h \cdots (N_L - n_L)^l}{n_G^g n_H^h \cdots n_L^l (N_A - n_A)^a (N_B - n_B)^a \cdots (N_K - n_K)^k}。$$

在一维二仪质向量坐标系 $\vec{X}$ 内部 $(\vec{N}, \vec{n}, \vec{E}, \vec{E}_{\neq}, \vec{\varepsilon})$ 五维分质向量空间的 $(\vec{C}_N, \vec{n}, \vec{E}, \vec{C}_{E_{\neq}}, \vec{C}_\varepsilon)$ 截面上,在省却分质向量关于方向的规定时,用时间 t 作为能量 E 的显性因子 θ,即 $E = F_N t$。在定容(V 已知)的条件下,本质单元数 $N = C_N$ 和异质单元数 n 可以

用浓度作为质参量。这样，子系统 A 和子系统 B 的初始浓度分别为 $[A]_0 = \left(\dfrac{N_a}{V}\right) = a$，$[B]_0 = \left(\dfrac{N_b}{V}\right) = b$。在 t 时刻，子系统 A 和子系统 B 的浓度分别为 $[A] = \left(\dfrac{n_a}{V}\right) = a - x$，$[B] = \left(\dfrac{n_b}{V}\right) = b + x$。在此，以反向可逆形态变化过程中的异质单元数 n' 作为共同变量，$x = \dfrac{n'}{V}$ 就是为避免因各组分浓度改变值不同要引入多个变量的麻烦而引入的表明反应进程的共同变量（x 具有物质量的浓度单位），如此，就可以直接演绎出化学中不同类型的对峙反应。

对于 1-1 型对峙反应 $A \rightleftharpoons B$，在定容条件下，把 A 的初始浓度 $[A]_0 = a$ 和 B 的初始浓度 $[B]_0 = b$ 以及 t 时刻 A 的浓度 $[A] = a - x$ 和 B 的浓度 $[B] = b + x$ 代入（13-88）式 $\ln\left[\dfrac{\kappa_{+1} N_a - \kappa_{-1} N_b}{\kappa_{+1} N_a - \kappa_{-1} N_b - (\kappa_{+1} + \kappa_{-1}) n'}\right] = (\kappa_{+1} + \kappa_{-1}) E$，就可以演绎出 1-1 型对峙反应的化学动力学方程

$$\ln\left[\dfrac{\kappa_{+1} a - \kappa_{-1} b}{\kappa_{+1} a - \kappa_{-1} b - (\kappa_{+1} + \kappa_{-1}) x}\right] = (\kappa_{+1} + \kappa_{-1}) t \tag{13-101}$$

当 $t \to \infty$ 时，各物质的浓度达到它们的平衡值。借助于平衡条件，由（13-92）式 $\ln(n' - N_a + n'_e) = -\dfrac{N_a}{n'_e} \kappa_{+1} E + \ln n'_e$ 也可以得到仅涉及一种物质浓度的动力学方程

$$\ln(x - a + x_e) = -\dfrac{a}{x_e} \kappa_{+1} t + \ln x_e \tag{13-102}$$

由（13-95）式 $\ln\left(\dfrac{N_a}{N_a - \dfrac{\kappa_{+1} + \kappa_{-1}}{\kappa_{+1}} n_a}\right) = (\kappa_{+1} + \kappa_{-1}) E$ 可以得到，在 B 的初始浓度为零，即 $[B]_0 = b = 0$ 时，1-1 型对峙反应的动力学方程积分形式为

$$\ln\left(\dfrac{a}{a - \dfrac{\kappa_{+1} + \kappa_{-1}}{\kappa_{+1}} x}\right) = (\kappa_{+1} + \kappa_{-1}) t \tag{13-103}$$

上式还可以写成

$$\ln\left(\dfrac{a}{a - (1 + \Lambda_e) x}\right) = (\kappa_{+1} + \kappa_{-1}) t \tag{13-104}$$

式中，对峙反应的平衡常数 $K_e = \dfrac{\kappa_{+1}}{\kappa_{-1}} = \dfrac{1}{\Lambda_e}$ 可以通过实验测定。

在上述演绎过程中，不论是正向反应速率还是逆向反应速率对浓度的依赖性都被看作服从质量作用定律（即速率与反应物浓度成正比 $\dfrac{d[A]}{dt} = -\kappa[A]$），其实这是正向反应与逆向反应都遵循近平衡态反向可逆一元系统形态变化规律的综合平均结果。

(13-93)式 $-\dfrac{dn'}{dE}=\kappa_- n'$ 就是质量作用定律的本质所在,质量作用定律反映的物质浓度与时间的指数关系是没有定上限的,反向可逆一元系统的环境资源是无限的。

对于 1-1 型对峙反应,反向可逆一元系统之中的两个子系统反向进行的形态变化的比较信息一样可以用(13-34)式 $P_{\div}=\dfrac{P_+}{P_-}$ 的比较信息作为判定竞争过程孰强孰弱的依据。在近平衡态时,通过(13-55)式 $E=(E_{\neq +}+E_{\neq -})+\varepsilon\ln\dfrac{n_+N_-}{n_-N_+}$ 所得到的两个子系统发生反向发射形态转化的比较信息也可以成为正反应与逆反应进行方向或平衡的判据。

通过上面的 1-1 型反向可逆系统形态变化的基本规律,可以看到化学动力学中的对峙反应就是反向可逆一元系统形态转化的特殊形式。对峙反应是同时存在的两种物质形态转化过程的竞争,其反应规律的表现形式与单元系统形态转化基元规律必然不一样,它反映的是正向反应的单元系统形态转化基元规律与逆向反应的单元系统形态转化基元规律的反向抗衡的叠加规律。

1-1 型反向可逆一元系统形态变化是最简单的反向可逆形态变化,子系统 A 和子系统 B 都作为均质的单元系统。属于这类 1-1 型对峙反应的实例有很多,如分子内部重排和异构化等反应。

$$\begin{array}{c} C_6H_5-CH \\ \| \\ HC-CH \end{array} \rightleftharpoons \begin{array}{c} C_6H_5-CH \\ \| \\ HC-CN \end{array}$$

二、1-2 型与 2-1 型反向可逆一元系统的对峙反应

(一)两个相同的反应物结合产生一种产物的情况

在 $A\rightleftharpoons B$ 的反向可逆形态变化中,如果处在 $A\longrightarrow B$ 正向变化的子系统 A 只有 1 种基质单元进行着形态变化,而处在 $A\longleftarrow B$ 负向变化的子系统 B 有 2 种基质单元 B' 并行地进行着形态变化,那么 $A\longrightarrow 2B'$ 的吸收发射过程就是 1 种同质组元发生正向形态变化,而 $A\longleftarrow 2B'$ 的自发发射过程就是 2 种同质组元发生负向形态变化。1-2 型反向可逆一元系统的形态变化在化学动力学中是 1-2 型可逆反应,或称为 1-2 型对峙反应。这类 1-2 型可逆形态变化情形用符号表示就是

$$A\rightleftharpoons 2B' \tag{13-105}$$

同理,在 $A\rightleftharpoons B$ 的反向可逆形态变化中,如果处在 $A\longrightarrow B$ 正向变化的子系统 A 有 2 种基质单元 A' 并行地进行着形态变化,而处在 $A\longleftarrow B$ 负向变化的子系统 B 只有 1 种基质单元进行着形态变化,那么 $2A'\longrightarrow B$ 的吸收发射过程就是 2 种同质组元发生

正向形态变化,而 $2A' \longleftarrow B$ 的自发发射过程就是 1 种同质组元发生负向形态变化。2-1 型反向可逆一元系统的形态变化在化学动力学中是 2-1 型可逆反应,或称为 2-1 型对峙反应。这类 2-1 型可逆形态变化情形用符号表示就是

$$2A' \longleftrightarrow B \tag{13-106}$$

1-2 型可逆反应可以用化学中共轭酸碱体系(共轭酸碱对)的酸碱平衡为例来表达。在分析化学中,凡是能给出质子(H^+)的物质就是酸(A),能接受质子的物质就是碱(B)。酸(A)或碱基(B)是由同一物质的离解生成时,在设定的 pH 下建立以下共轭酸碱体系的离解平衡[14]

$$A \rightleftharpoons B + H^+ \tag{13-107}$$

如果析出 H^+ 后的离解率为 α,则有

$$pH = pK_a + \ln\frac{\alpha}{1-\alpha} \tag{13-108}$$

因此,生成酸(A)而保持一定的 pH 所必需的 OH^- 量(n_{OH^-})为

$$n_{OH^-} = A\alpha \tag{13-109}$$

此外,为生成碱基(B)时可加入 n_{H^+} 的 H^+,以保持一定的 pH

$$n_{H^+} = B\beta \tag{13-110}$$

α 和 β 如图 13-6 所示为 $pH \sim pK_a$ 的函数。

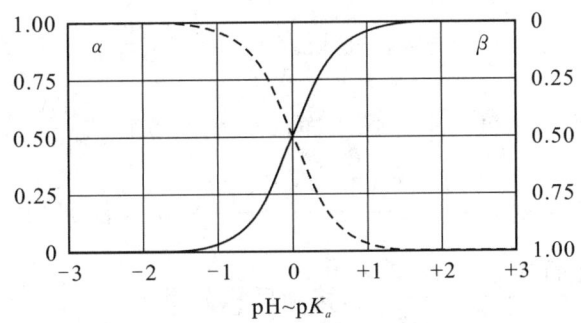

图 13-6 共轭酸碱对酸碱平衡的酸碱离子化曲线

其实,图 13-6 所示的酸碱离子化曲线就是图 5-5S 形曲线的翻版。(13-108)式写成 $pH - pK_a = \ln\frac{\alpha}{1-\alpha}$ 后,就与自发发射条件下的(5-45)式 $S = \ln\frac{P_+}{1-P_+}$ 一样。由此,还可以看出 $pH \sim pK_a$ 就是特别规定的熵 S,而共轭酸碱体系的离解率 α 就是自发发射条件下特别规定的异质信息 P_+。

2-1 型对峙反应与 1-2 型对峙反应只是方向不同,因此下面仅讨论 2-1 型对峙反应。为了得到 $A \longrightarrow B$ 正向变化过程的形态变化规律和 $A \longleftarrow B$ 的负向变化过程的形态变化规律,可以像推导 1-1 型对峙反应那样,在一维二仪质向量坐标系 $\vec{X}$ 内部($\vec{N}$, $\vec{n}$, $\vec{E}$, $\vec{E}_{\neq}$, $\vec{\varepsilon}$)五维分质向量空间的($\vec{C}_N$, $\vec{n}$, $\vec{E}$, $\vec{C}_{E_{\neq}}$, $\vec{C}_{\varepsilon}$)截面上,先省却分质向量关于方向的规定,然后用能量 E 的显性因子时间 t 来表现 $E = F_N t$;在定容(V 已知)的条件下,

再以浓度作为本质单元数 $N=C_N$ 和异质单元数 n 的质参量，这样，就可以演绎出化学动力学方程。

在化学动力学中，2-1 型反向可逆一元系统的形态变化就是正向反应为二级而负向反应为一级的 2-1 型可逆反应。在定容条件下，把 A 的初始浓度 $[A]_0=a$ 和 B 的初始浓度 $[B]_0=b$ 及 t 时刻 A 的浓度 $[A]$ 和 B 的浓度 $[B]$ 代入（13-83）式 $-\dfrac{\mathrm{d}(N_a-n_b)}{\mathrm{d}E}=\dfrac{\mathrm{d}n_b}{\mathrm{d}E}=\kappa_+(N_a-n_b)$，就有正向反应速率方程式 $\dfrac{-\mathrm{d}[A]}{\mathrm{d}t}=\dfrac{\mathrm{d}[B]}{\mathrm{d}t}=\kappa_{+1}[A]^2$。把初始浓度 $[A]_0=a$ 和 $[B]_0=b$ 及 t 时刻的浓度 $[A]$ 和 $[B]$ 代入（13-84）式 $\dfrac{-\mathrm{d}(N_b+n_a)}{\mathrm{d}t}=\dfrac{\mathrm{d}n_a}{\mathrm{d}t}=\kappa_{-1}(N_b+n_a)$，就有负向反应速率方程式 $\dfrac{-\mathrm{d}[B]}{\mathrm{d}t}=\dfrac{\mathrm{d}[A]}{\mathrm{d}t}=\kappa_{-1}[B]$。

如果经过时间 t 后，反应物消耗 x 摩尔，同时也生成产物 $x/2$ 摩尔，则 $[A]=[A]_0-x$，且 $[B]=\dfrac{x}{2}$，而 $-\mathrm{d}[A]=\mathrm{d}x$。正向速率方程式可改写为 $\dfrac{\mathrm{d}x}{\mathrm{d}t}=\kappa_{+1}([A]_0-x)^2$；逆向反应速率方程式可改写为 $\dfrac{-\mathrm{d}x}{\mathrm{d}t}=\kappa_{-1}\dfrac{x}{2}$。合并正向反应速率和逆向反应速率得到 2-1 型可逆反应的净反应速率为

$$\frac{\mathrm{d}x}{\mathrm{d}t}=\kappa_{+1}([A]_0-x)^2-\kappa_{-1}\frac{x}{2} \tag{13-111}$$

同样，令平衡时产物浓度为 C_e，代入净反应速率方程式 $\dfrac{\mathrm{d}x}{\mathrm{d}t}=k_{+1}([A]_0-2C_e)^2-k_{-1}C_e=0$，就可以求得 $\kappa_{-1}=\dfrac{k_1([A]_0-2C_e)^2}{C_e}$。将 κ_{-1} 代回（13-111）式，得到 $\dfrac{\mathrm{d}x}{\mathrm{d}t}=k_{+1}([A]_0-x)^2-\dfrac{k_{+1}([A]_0-2C_e)^2}{C_e}\dfrac{x}{2}$，移项后积分得

$$\int_0^{[A]_0-[A]_t}\frac{1}{(2C_e-x)([A]_0^2-2C_ex)}\mathrm{d}x=\int_0^t\frac{\kappa_{+1}}{2C_e}\mathrm{d}t$$

由此得到两个相同的反应物分子结合产生一种产物的动力学方程为

$$\ln\frac{2C_e([A]_0-[A]_t)-[A]_0^2}{[A]_0-[A]_t-2C_e}=\frac{[A]_0^2-4C_e^2}{2C_e}\kappa_{+1}t+\ln\frac{[A]_0^2}{2C_e} \tag{13-112}$$

（二）两个不同的反应物结合产生一种产物的情形

在 $A\rightleftharpoons B$ 的反向可逆形态变化中，如果处在 $A\longrightarrow B$ 正向变化的子系统 A 有 2 种不同性质的孙系统 A' 和 A'' 并行地进行着形态变化，而处在 $A\longleftarrow B$ 负向变化的子系统 B 只有 1 种同质的单元子系统进行着形态变化；那么 $A'+A''\longrightarrow B$ 的吸收发射过程就是 2 种异质组元发生正向形态变化，而 $A'+A''\longleftarrow B$ 的自发发射过程就是 1 种同

质组元发生负向形态变化。2-1 型反向可逆一元系统形态变化情形用符号表示就是

$$A'+A'' \longleftrightarrow B \tag{13-113}$$

为了突出不同性质的孙系统 A' 和 A''，可以重新冠名。将上式 A' 和 A'' 以及 B 对应的符号进行变换，即令 $A'\equiv A$ 和 $A''\equiv B$ 以及 $B\equiv C$，就可得到两个不同的反应物分子结合产生一种产物的一般表达式

$$A+B \longleftrightarrow C \tag{13-114}$$

在定容条件下，设 A 的初始浓度 $[A]_0=a$ 和 B 的初始浓度 $[B]_0=b$ 及 C 的初始浓度 $[C]_0=c$；在 t 时刻，A 的浓度为 $[A]$ 和 B 的浓度为 $[B]$ 及 C 的浓度为 $[C]$。把这些参量分别代入正向反应速率方程式 $\dfrac{\mathrm{d}(N_a-n)}{\mathrm{d}t}=\dfrac{\mathrm{d}(N_b-n)}{\mathrm{d}t}=\dfrac{\mathrm{d}(N_c+n)}{\mathrm{d}t}=\kappa_{+1}(N_a-n)\cdot(N_b-n)$ 和负向反应速率方程式 $-\dfrac{\mathrm{d}(N_a-n)}{\mathrm{d}t}=-\dfrac{\mathrm{d}(N_b-n)}{\mathrm{d}t}=-\dfrac{\mathrm{d}(N_c+n)}{\mathrm{d}t}=\kappa_{-1}(N_c+n)$，就有 $\dfrac{-\mathrm{d}[A]}{\mathrm{d}t}=\dfrac{-\mathrm{d}[B]}{\mathrm{d}t}=\dfrac{\mathrm{d}[C]}{\mathrm{d}t}=\kappa_{+1}[A][B]$ 和 $\dfrac{-\mathrm{d}[C]}{\mathrm{d}t}=\dfrac{\mathrm{d}[A]}{\mathrm{d}t}=\dfrac{\mathrm{d}[B]}{\mathrm{d}t}=\kappa_{-1}[C]$。经时间 t 后，反应物分别消耗 x 摩尔，同时也生成产物 x 摩尔，则 $-\mathrm{d}[A]=-\mathrm{d}[B]=\mathrm{d}x$，$[A]=[A]_0-x$，$[B]=[B]_0-x$，而 $[C]=x$。正向速率方程式可改写为 $\dfrac{\mathrm{d}x}{\mathrm{d}t}=\kappa_{+1}([A]_0-x)([B]_0-x)$，逆向反应速率方程式也可改写为 $\dfrac{-\mathrm{d}x}{\mathrm{d}t}=\kappa_{-1}x$。合并正向反应速率和逆向反应速率得到 2-1 型可逆反应的净反应速率为

$$\frac{\mathrm{d}x}{\mathrm{d}t}=\kappa_{+1}([A]_0-x)([B]_0-x)-\kappa_{-1}x \tag{13-115}$$

令平衡时产物浓度为 C_e，代入净反应速率方程式

$$\frac{\mathrm{d}x}{\mathrm{d}t}=\kappa_{+1}([A]_0-C_e)([B]_0-C_e)-\kappa_{-1}C_e=0$$

就可求得 $\kappa_{-1}=\dfrac{\kappa_{+1}([A]_0-C_e)([B]_0-C_e)}{C_e}$。将 κ_{-1} 代回（13-115）式得

$$\frac{\mathrm{d}x}{\mathrm{d}t}=\kappa_{+1}([A]_0-x)([B]_0-x)-\frac{\kappa_{+1}([A]_0-C_e)([B]_0-C_e)}{C_e}x$$

移项后积分得

$$\int_0^{[A]_0-[A]_t}\frac{1}{(C_e-x)([A]_0[B]_0-C_e x)}\mathrm{d}x=\int_0^t\frac{\kappa_{+1}}{C_e}\mathrm{d}t$$

由此得到两种不同的反应物分子结合产生一种产物的动力学方程为

$$\ln\frac{C_e([A]_0-[A]_t)-[A]_0[B]_0}{[A]_0-[A]_t-C_e}=\frac{[A]_0[B]_0-C_e^2}{C_e}\kappa_{+1}t+\ln\frac{[A]_0[B]_0}{C_e} \tag{13-116}$$

同样，对于 $A \longleftrightarrow B$ 对峙反应，1-2 型对峙反应与 2-1 型对峙反应只是方向不同，

在此不另外讨论。[15]

不过,必须指出,(13-106)式 $A' \longleftrightarrow B$ 和(13-113)式 $A'+A'' \longleftrightarrow B$ 的 2-1 型对峙反应并不局限于化学动力学,也适用于物理过程。如果 A 和 B 代表两种不同的物质,这种巨正则系综的两相相互分布的运动现象,就叫作扩散。像气体分子扩散是有方向性的,由纯净物向混合物扩散,由高浓度向低浓度扩散,即由自由度小向自由度大扩散。

三、2-2 型反向可逆一元系统的对峙反应

(一)两个相同的分子反应产生两种产物的情形

在 $A \rightleftharpoons B$ 的反向可逆一元系统形态变化中,如果正向变化的子系统 A 可以再分成 2 种同质的孙系统 $2A'$,那么 $2A' \longrightarrow B$ 的吸收发射过程就是 2 种同质组元的正向形态变化;如果负向可逆系统中的子系统 B 也可以再分成 2 种异质的孙系统 B' 和 B'',那么 $B'+B'' \longrightarrow A$ 的自发发射过程就是 2 种异质组元的逆向形态变化。

2-2 型反向可逆一元系统形态变化情形用符号表示就是

$$2A' \longleftrightarrow B'+B'' \qquad (13\text{-}117)$$

为了突出不同性质的孙系统 A' 以及 B' 和 B'',也可以重新冠名。将上式 A' 和 B' 以及 B'' 对应的符号进行变换,即令 $A'\equiv A$ 和 $B'\equiv B$ 以及 $B''\equiv C$,就可以得到化学动力学中两个相同的分子反应产生两种产物的一般表达式。这种 2-2 型反向可逆一元系统形态转化情形用符号表示就是

$$2A \longleftrightarrow B+C \qquad (13\text{-}118)$$

在定容条件下,A 的初始浓度 $[A]_0=a$ 和 B 的初始浓度 $[B]_0=b$ 及 C 的初始浓度 $[C]_0=c$。经时间 t 后,反应物消耗 x 摩尔,同时产物也各生成 $x/2$ 摩尔。所以,A 的浓度 $[A]=a-x$,B 的浓度 $[B]=x/2$,C 的浓度 $[C]=x/2$。

正向反应速率方程式为 $\dfrac{-\mathrm{d}[A]}{\mathrm{d}t}=\kappa_{+1}[A]^2$。由于 B 和 C 皆由 A 产生,比例为 1:1,整个反应期间两者浓度相等,因此逆向反应速率方程式为 $\dfrac{-\mathrm{d}[B]}{\mathrm{d}t}=\dfrac{-\mathrm{d}[C]}{\mathrm{d}t}=\kappa_{-1}[B][C]=\kappa_{-1}[B]^2$。把 $-\mathrm{d}[A]=\mathrm{d}x$ 和 $[A]=a-x=[A]_0-x$ 代入正向反应速率方程式,则 $\dfrac{\mathrm{d}x}{\mathrm{d}t}=\kappa_{+1}([A]_0-x)^2$,而负向反应速率方程式为 $\dfrac{-\mathrm{d}x}{\mathrm{d}t}=\kappa_{-1}\left(\dfrac{x}{2}\right)^2$,合并正向反应速率和逆向反应速率得到 2-2 型可逆反应的净反应速率为

$$\frac{\mathrm{d}x}{\mathrm{d}t}=\kappa_{+1}([A]_0-x)^2-\kappa_{-1}\left(\frac{x}{2}\right)^2 \qquad (13\text{-}119)$$

令平衡时产物浓度为 C_e，代入净反应速率方程式，由 $\dfrac{dx}{dt} = \kappa_{+1}([A]_0 - 2C_e)^2 - \kappa_{-1} C_e^2 = 0$ 就可求得 $\kappa_{-1} = \dfrac{\kappa_{+1}([A]_0 - 2C_e)^2}{C_e^2}$。将 κ_{-1} 代回(13-119)式，得

$$\frac{dx}{dt} = \kappa_{+1}([A]_0 - x)^2 - \frac{\kappa_{+1}([A]_0 - 2C_e)^2}{C_e^2}\left(\frac{x}{2}\right)^2$$

移项后积分得

$$\int_0^{[A]_0 - [A]_t} \frac{1}{[A]_0(2C_e - x)[[A]_0(2C_e + x) - 4C_e x]} dx = \int_0^t \frac{\kappa_{+1}}{4C_e^2} dt$$

由此得到两个相同的分子反应产生两种产物的动力学方程为

$$\ln \frac{2C_e([A]_0 - 2[A]_t) - [A]_0([A]_0 - [A]_t)}{[A]_0 - [A]_t - 2C_e} = \frac{[A]_0([A]_0 - 2C_e)}{C_e}\kappa_{+1} t + \ln[A]_0 \tag{13-120}$$

（二）两个不同的反应物产生两种产物的情形

在 $A \rightleftharpoons B$ 的反向可逆一元系统的形态变化中，如果正向变化的子系统 A 可以再分成 2 种不同性质的孙系统 A' 和 A''，而负向变化的子系统 B 也可以再分成 2 种异质的孙系统 B' 和 B''，那么 $A' + A'' \longrightarrow B$ 的吸收发射过程就是 2 种异质组元发生正向形态变化，而 $A \longleftarrow B' + B''$ 的自发发射过程就是 2 种异质组元发生负向形态变化。这种 2-2 型反向可逆一元系统形态变化情形用符号表示就是

$$A' + A'' \longleftrightarrow B' + B'' \tag{13-121}$$

为了突出不同性质的孙系统 A' 和 A'' 以及孙系统 B' 和 B''，也可以重新冠名。将上式 A' 和 A'' 以及 B' 和 B'' 对应的符号进行变换，即令 $A' \equiv A$ 和 $A'' \equiv B$ 以及 $B' \equiv C$ 和 $B'' \equiv D$，就可以得到化学动力学中两种不同的反应物（分子）产生两种产物的一般表达式。这种 2-2 型反向可逆一元系统的形态转化情形用符号表示就是

$$A + B \longleftrightarrow C + D \tag{13-122}$$

在定容条件下，A 的初始浓度 $[A]_0 = a$，B 的初始浓度 $[B]_0 = b$，C 的初始浓度 $[C]_0 = c$，D 的初始浓度 $[D]_0 = d$。经 t 时间后，反应物的消耗各为 x 摩尔，同时产物也各生成 x 摩尔。所以，A 的浓度 $[A] = [A]_0 - x$，B 的浓度 $[B] = [B]_0 - x$，C 的浓度 $[C] = x$，D 的浓度 $[D] = x$，而 $-d[A] = -d[B] = dx$。

这样，正向反应速率方程式为 $\dfrac{-d[A]}{dt} = \dfrac{-d[B]}{dt} = \kappa_{+1}[A][B]$，产物 C、D 皆由反应以 $1:1$ 的比例生成，整个反应期间两者浓度相等，所以逆向反应速率方程式为 $\dfrac{-d[C]}{dt} = \dfrac{-d[D]}{dt} = \kappa_{-1}[C][D] = \kappa_{-1}[C]^2$。

如果以表明反应进程的共同变量 $x = \dfrac{n}{V}$ 来表示，正向反应速率方程式就是 $\dfrac{dx}{dt} =$

$\kappa_{+1}([A]_0-x)([B]_0-x)$,而负向反应速率方程式为 $\frac{-\mathrm{d}x}{\mathrm{d}t}=\kappa_{-1}x^2$,合并正向反应速率和逆向反应速率得到 2-2 型可逆反应的净反应速率为

$$\frac{\mathrm{d}x}{\mathrm{d}t}=\kappa_{+1}([A]_0-x)([B]_0-x)-\kappa_{-1}x^2 \tag{13-123}$$

令反应达到平衡时的产物浓度为 C_e,代入净反应速率方程式,由 $\frac{\mathrm{d}x}{\mathrm{d}t}=\kappa_{+1}([A]_0-C_e)([B]_0-C_e)-\kappa_{-1}C_e^2=0$ 就可求得

$$\kappa_{-1}=\frac{\kappa_{+1}([A]_0-C_e)([B]_0-C_e)}{C_e^2} \tag{13-124}$$

将 κ_{-1} 代回(13-123)式,得到可逆反应速率方程式为

$$\frac{\mathrm{d}x}{\mathrm{d}t}=\kappa_{+1}([A]_0-x)([B]_0-x)-\frac{\kappa_{+1}([A]_0-C_e)([B]_0-C_e)}{C_e^2}x^2$$

移项后积分得

$$\int_0^{[A]_0-[A]_t}\frac{1}{(C_e-x)\{[A]_0[[B]_0(C_e+x)-C_ex]\}-[B]_0C_ex}\mathrm{d}x=\int_0^t\frac{\kappa_{+1}}{C_e^2}\mathrm{d}t$$

由此得到两个不同的分子反应产生两种产物的动力学方程为

$$\ln\frac{C_e[[A]_0([A]_0-[A]_t)-[A]_t[B]_0]-[A]_0[B]_0([A]_0-[A]_t)}{[A]_0-[A]_t-C_e}$$
$$=\frac{2[A]_0[B]_0-C_e([A]_0+[B]_0)}{C_e}\kappa_{+1}t+\ln([A]_0[B]_0) \tag{13-125}$$

对于这类 2-2 型的可逆反应,有机化学中有许多例子。例如,醋酸和乙醇的酯化就是这类反应的一个典型例子,其反应方程式为

$$\mathrm{CH_3COOH}+\mathrm{C_2H_5OH}\underset{k_{-1}}{\overset{k_{+1}}{\rightleftharpoons}}\mathrm{CH_3COOC_2H_5}+\mathrm{H_2O} \tag{13-126}$$

$t=0$ 时, a a x x

$t=t$ 时, $a-x$ $a-x$ x x

式中,假定 A 的初始浓度 $[A]_0=a$;B 的初始浓度 $[B]_0=a$;x 为 t 时 C 或 D 的浓度。

正向反应速率:$\left(\frac{\mathrm{d}x}{\mathrm{d}t}\right)_f=\kappa_{+1}(a-x)^2$

负向反应速率:$-\left(\frac{\mathrm{d}x}{\mathrm{d}t}\right)_b=k_{-1}x^2$

未达到平衡前,自左向右的净反应速率为

$$\frac{\mathrm{d}x}{\mathrm{d}t}=\kappa_{+1}(a-x)^2-\kappa_{-1}x^2 \tag{13-127}$$

把平衡常数 $K=\frac{\kappa_{+1}}{\kappa_{-1}}$,即 $\kappa_{-1}=\frac{\kappa_{+1}}{K}$,代入上式就可得到

$$\frac{dx}{dt} = \kappa_{+1}(a-x)^2 - \frac{\kappa_{+1}}{K}x^2 \tag{13-128}$$

如果乙醇、醋酸的平衡常数可知（人们在 25 ℃时,已经通过实验测得 $K=4$）,代入后移项积分

$$\int_0^x \frac{dx}{[(a-x)^2 - x^2/4]} = \int_0^t \kappa_{+1} dt$$

就可以得到

$$\kappa_{+1} = \frac{2.303}{at} \lg \frac{2a-x}{2a-3x} \tag{13-129}$$

$$\kappa_{-1} = \frac{\kappa_{+1}}{4} = \frac{2.303}{4at} \lg \frac{2a-x}{2a-3x} \tag{13-130}$$

在 25 ℃时,测出不同时刻 t 的酯的浓度 x,即可算出 κ_{+1}。所得 κ_{+1} 接近于一个常数,表明上述酯化反应为 2-2 型可逆反应。

四、$(m+l)$-$(p+q)$ 型反向可逆一元系统的对峙反应

（一）两种相同的反应物和另一种反应物产生两个相同产物的情形

上述 1-1 型和 2-1 型以及 2-2 型可逆反应的动力学方程是化学动力学中较为简单的几种典型的对峙反应。对于 3-1 型、3-2 型和 3-3 型以及三个以上反应物的对峙反应的动力学方程虽然也可以如此推导,但是情况会变得相当复杂,甚至极为困难。

在此论述两个相同的反应物（分子）和一个不同的反应物（分子）反应产生两个相同产物的 3-2 型对峙反应情形,就直接以在烟道或空气中一氧化氮被氧气氧化的真实反应为例,来说明三个以上反应物的对峙反应是一个相当复杂的对峙反应。

在 290 ℃以下,烟道或空气中的一氧化氮被氧气氧化的氧化反应式为

$$2NO + O_2 \longrightarrow 2NO_2 \tag{13-131}$$

这一正向反应是单纯地朝生成 NO_2 的方向进行,其正向反应速率表现为三级动力学模式

$$\frac{-d[NO]}{dt} = \frac{d[NO_2]}{dt} = \kappa_{+1}[NO]^2[O_2] \tag{13-132}$$

但是,在温度更高的情况下,NO_2 分解为一氧化氮和氧气,即

$$2NO_2 \longrightarrow 2NO + O_2 \tag{13-133}$$

就变得非常显著。这是一氧化氮被氧气氧化的氧化反应的逆向反应,其负向反应速率表现为二级动力学模式

$$\frac{-d[NO_2]}{dt} = \frac{d[NO]}{dt} = \kappa_{-1}[NO_2]^2 \tag{13-134}$$

因此,烟道中氮氧化物的变化属于 3-2 型对峙反应,用符号表示就是
$$2NO + O_2 \rightleftharpoons 2NO_2 \tag{13-135}$$

假设经过一段时间后,反应消耗掉 x 摩尔的 NO,与此同时消耗掉 $x/2$ 摩尔的 O_2,并有 x 摩尔的 NO_2 产生。这时正向反应速率为

$$\frac{-d[NO]}{dt} = \frac{d[NO_2]}{dt} = \kappa_{+1}([NO]_0 - x)^2 ([O_2]_0 - \frac{x}{2})$$

而负向反应速率为

$$\frac{-d[NO_2]}{dt} = \frac{d[NO]}{dt} = \kappa_{-1} x^2$$

合并正向反应速率和逆向反应速率得到整个可逆反应的净反应速率为

$$\frac{dx}{dt} = \kappa_{+1}([NO]_0 - x)^2 ([O_2]_0 - \frac{x}{2}) - \kappa_{-1} x^2 \tag{13-136}$$

上式有两个常数,必须消去一个才能积分。

当反应达成平衡时,净反应速率等于 0。为此,令 C_e 为平衡时所消耗的 NO 量,代入上式得到

$$\kappa_{-1} = \frac{\kappa_{+1}([NO]_0 - C_e)^2 \left([O_2]_0 - \dfrac{C_e}{2}\right)}{C_e^2} \tag{13-137}$$

再代回(13-128)式 $\dfrac{dx}{dt} = \kappa_{+1}(a-x)^2 - \dfrac{\kappa_{+1}}{K} x^2$,得到

$$\frac{dx}{dt} = \kappa_{+1}([NO]_0 - x)^2 \left([O_2]_0 - \frac{x}{2}\right) - \frac{\kappa_{+1}([NO]_0 - C_e)^2 \left([O_2]_0 - \dfrac{C_e}{2}\right)}{C_e^2} x^2$$

移项后就可以积分,得

$$\int \frac{1}{(C_e - x)\{[NO]_0^2 [2[O_2]_0 (C_e + x) - C_e x] + C_e^2 x^2 - 4[NO]_0 [O_2]_0 C_e x\}} dx$$
$$= \int \frac{\kappa_{+1}}{2 C_e^2} dt$$

上式的积分结果为

$$\frac{2[2C_e^3 - [NO]_0([NO]_0 + 4[O_2]_0) C_e + 2[NO]_0^2 [O_2]_0] \tan^{-1}\left\{\dfrac{2 C_e^2 x + [NO]_0[2[NO]_0[O_2]_0 - ([NO]_0 + 4[O_2]_0) C_e]}{\sqrt{-[NO]_0^2(2[O_2]_0 - C_e)[2[NO]_0^2[O_2]_0 - ([NO]_0 + 8[O_2]_0)[NO]_0 C_e + 8[O_2]_0 C_e^2]}}\right\}}{\sqrt{-[NO]_0^2(2[O_2]_0 - C_e)[2[NO]_0^2[O_2]_0 - ([NO]_0 + 8[O_2]_0)[NO]_0 C_e + 8[O_2]_0 C_e^2]}} +$$
$$\ln \frac{[2[O_2]_0(C_e + x) - C_e x][NO]_0^2 - 4[NO]_0[O_2]_0 C_e x + C_e^2 x^2}{(x - C_e)^2} \Bigg|_0^{[NO]_0 - [NO]_t}$$
$$= \frac{(C_e - [NO]_0)[C_e^2 + [NO]_0(C_e - 4[O_2]_0)]}{C_e} \kappa_{+1} t \Big|_0^t \tag{13-138}$$

由此可见,3-2 型对峙反应的动力学方程及其解是如此复杂。

(二) m 种相同的反应物和 l 种相同的反应物产生 p 种相同产物和 q 种相同产物的情形

通过上述 3-2 型的对峙反应可以看出，三种以上反应物的反向可逆一元系统的形态变化规律是相当复杂的。迄今为止，对于三种以上反应物的多元系统的可逆形态变化，人们虽然已经展开了不少研究，但是由于事物组分的多样性及其相关形态变化规律的复杂性，大部分多元系统的可逆形态变化规律还只能停留在定性的探讨阶段，远远未能进入统一科学的理论范畴。

例如，在比较复杂的生态系统中，物种之间按食物关系不是组成一个简单的链环，而是组成复杂得多的一个网，这就是生态学研究中的食物网或按食物关系组织的生物网。当用单元系统形态转化基元规律的微分式 $X_{n+1}=AX_n(1-X_n)$ 刻画某个物种的密度变化规律时，这个公式是单变量的。但是，对处于食物网中的多个物种来说，单变量的假定将偏离实际情况很远，误差之大会掩盖一切有用的信息。由于食物网可以看作生态系统中的管道网，生态系统的总能量和各种具体的营养物质在管道网中流动，因而描述管道网的数学模型必然是描述各链环的单元系统形态转化基元规律及其在不同失衡条件下的组合，涉及多个变量和多个参数。

包含多种同质孙系统与多种异质孙系统的两个子系统所发生的反向可逆反应是化学动力学中普遍存在的对峙反应，其反应方程虽然也可以像上述三元以下的对峙反应动力学方程那样推导，但是所得到的动力学方程由于太过复杂，应用甚为困难。不过，由于化学平衡常数就是反向平行发射形态变化过程的比较信息，通过化学平衡常数与反应物和产物的平衡浓度之间的关系式，也可以对这类包含多种同质孙系统与多种异质孙系统的两个子系统所发生的反向可逆反应规律和方向有所了解。

对于 m 个相同的反应物(分子)和 l 个相同的反应物(分子)产生 p 个相同产物和 q 个相同产物的 $(m+l)$-$(p+q)$ 型可逆反应

$$mA + lB \rightleftharpoons pC + qD \qquad (13\text{-}139)$$

在一定温度下达到平衡时，化学平衡常数与反应物和产物的平衡浓度之间的关系为

$$K_e = \frac{\kappa_{+1}}{\kappa_{-1}} = \frac{[C]^p [D]^q}{[A]^m [B]^l} \qquad (13\text{-}140)$$

其实，$(m+l)$-$(p+q)$ 型对峙反应也只是包含多种同质孙系统与多种异质孙系统的两个子系统所发生的反向可逆反应的特定情形。对于 (13-62) 式 $aA + bB + \cdots + kK \rightleftharpoons gG + hH + \cdots + lL$ 这样的包含多种同质孙系统与多种异质孙系统的两个子系统所发生的反向可逆形态变化，(13-140) 式还可以推广到更一般的情形

$$K_e = \frac{\kappa_{+1}}{\kappa_{-1}} = \frac{[G]^g [H]^h \cdots [L]^l}{[A]^a [B]^b \cdots [K]^k} \qquad (13\text{-}141)$$

虽然不同的子系统达到平衡所需的时间各不相同,但是平衡后整个一元系统中各物质的数量均不改变。在平衡态,反应混合物中各组分的质量分数(反应物和产物的浓度)保持一定。

在第九章第五节"位势为显性因子的形态变化规律"中已经看到,电化学也成功地应用了上述的结论来处理可逆电池的反应方向及其衍生的一些问题,只是在应用中把能量以电动势的形式给出。利用上述反向可逆一元系统形态转化的平衡规律,完全可以解释清楚电化学极化的氢过电位现象,也可以演绎出能斯特(Nernst)方程式和可逆电池的电极电势并解释膜电势的机理。

可见,只要认真分析所研究的包含多种同质孙系统与多种异质孙系统的两个子系统的构成关系,就可以通过单元系统形态转化基元规律的集成关系得到反映包含多种同质孙系统与多种异质孙系统的两个子系统所发生的复杂反向可逆形态变化的规律。

参考文献

[1] 江家齐.辩证法和形而上学[M].广州:广东人民出版社,1981:3-16.

[2] 毛泽东.毛泽东选集[M].北京:人民出版社,1977:320.

[3] 刘树勇,邱克,姚润丰.不可思议的反物质[M].石家庄:河北科学技术出版社,2003:52-98.

[4] 赵峥.爱因斯坦与相对论[M].上海:上海教育出版社,2015:71-75.

[5] 张天蓉.世纪幽灵:走近量子纠缠[M].北京:中国科学技术大学出版社,2013:48-52.

[6] 武汉大学分析化学教研室.化学分析:上册[M].北京:人民教育出版社,1975:30-35.

[7] 傅献彩,陈瑞华.物理化学:上册[M].3版.北京:人民教育出版社,1980:341-349.

[8] 牛顿.自然哲学之数学原理[M].王克迪,译.北京:北京大学出版社,2006:序言.

[9] 陈宗海,董道毅,张陈斌.量子控制导论[M].北京:中国科学技术大学出版社,2005:2.

[10] 张天蓉.电子,电子!谁来拯救摩尔定律?[M].北京:清华大学出版社,2014:105-106.

[11] 张天蓉.世纪幽灵:走近量子纠缠[M].北京:中国科学技术大学出版社,2013:86.

[12] 阚伟,刘宇辉,朱明远.物理化学理论与应用研究[M].北京:中国水利水电出版社,2014:36-38.

[13] 傅献彩,陈瑞华.物理化学:下册[M].3版.北京:人民教育出版社,1980:196-198.

[14] 藤昭,相泽益男,井上彻.电化学测定方法[M].陈震,姚建年,译.北京:北京大学出版社,1995:418.

[15] 印永嘉,李大珍.物理化学简明教程:下册[M].北京:人民教育出版社,1980:239-240.

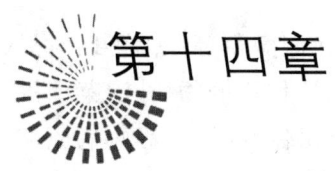

第十四章

反向可逆与均衡论

第一节　二仪中的反向可逆系统与均衡理论

任何事物都存在着既对立又统一的阴阳两面，阴阳相生相胜或相反相成。阴阳抗衡与对立统一的"阴阳中和"构成了中华传统文化的均衡思想与中庸之道的基础。正反两种力量的对立消长是一切事物成长和变化的规律。反向可逆一元系统在弛豫过程终结态可以达到对称互补的完全均衡态，在不同的领域则可表现出均衡和谐与中和之美。

一、阴阳抗衡与对立统一

世界上任何事物都存在着既对立又统一的阴阳两个面，其形态变化都可看作阴与阳矛盾斗争的过程。中国古人很早就认识到阴与阳是无所不在、无时不有的，存在于任何事物的形态转化之中。因此，《周易》通过立象把阴与阳两种形态称为阴爻与阳爻，以此代表事物对立的两种基元。阴阳思维甚至主张世界的根本不是任何实体，而只是对立互构并因此不断生发的元关系。此所谓"天地盈虚，与时消息"，"一阴一阳，盖言天地之化不已也，道也。一阴一阳，其生生乎"。

在中国古代，阴阳矛盾不相上下、互相抗衡而被叫作"颉颃"。到了近代，由"颉颃"转化出"颉颃作用"一词，意为对抗作用或抗衡作用。此后，"颉颃"又约定俗成地演化成为"拮抗"一词。现在，"拮抗作用"已经成为表达对抗、抗衡的专用术语。所谓的"拮抗作用"就是对抗作用，是指一种物质的作用被另一种物质所阻抑的现象。具体来讲，多个因子联合作用时，一种因子能抑制或影响另一种因子起作用，就是拮抗的意思。

拮抗作用的事例很多，如药物之间的阻抑作用，两种或两种以上的药物同时使用时导致药物效用的减弱或消失。合用的抗生素之间其作用相互抵消或减弱，胰岛素和高血糖素对血糖浓度水平的作用以及扩血管药和缩血管药的作用，它们之间都是拮抗作用。代谢物之间的阻抑作用也是拮抗作用。一种微生物通过代谢竞争等原因可以对另一种微生物产生抑制。例如,生防菌能够产生对病原菌具有拮抗作用的物质;泡菜中的乳酸能够抑制细菌的生长;几丁质酶、抗生素、细菌毒素等能够限制、控制或影响病原菌的生存或活动,甚至杀死病原菌,通常在培养皿中看到的抑菌圈就是抗菌物质作用的表现。

在动物机体内,肌肉或生理过程之间在作用上相互对抗以及不同反射活动之间的相互对抗关系也是拮抗作用,如肢体的屈肌与伸肌反射,吞咽反射与吸气反射等。它们相互之间表现对抗性,当伸肌反射进行时,屈肌反射必然受到抑制,同样吞咽反射与吸气反射也不能同时进行,一个兴奋而另一个必然抑制。这是这些反射弧的中枢部分建立了固定的交互抑制的拮抗关系的结果。类似人体中作用相反、彼此制约、相互调节的拮抗肌的作用,人的精神活动也存在精神拮抗作用,表现为当一种心理出现时,常常有另一种与之相反的心理出现。

中国古代道家的思想最善于把看似互不相容的东西融合在一个体系当中。老子曰:"万物负阴而抱阳,冲气以为和。""万物负阴而抱阳"就表明万物都是由两种性质相反的对立面构成的。正负、清浊、大小、长短、内外、动静、疾徐、哀乐、刚柔、迟速、高下、出入、周疏等,都是相反相济的阴阳矛盾。

阴阳概念是古代的,也是现代的。阴阳形态的反向变化和它的消长规律是普遍存在的。任何系统都包含着矛盾。没有一门学科研究的对象是单方面的,而不研究它的反面。例如,没有单独研究热,而不涉及冷的。科学思想承认事物的作用和反作用两方面是同时存在的,实质上科学也是遵循着阴阳理论和矛盾分析法来分析和解决问题的,只不过西方科学没有明确地讲出来或归纳出来而已。[1]

不论是一阴一阳的对抗作用还是拮抗作用,阴阳形态的逆向变化都是互相对立、针锋相对的竞争关系。任何事物都存在着既对立又统一的阴阳两个方面,阴阳相生相胜或相反相成,正反两种力量的对立消长是一切事物成长和变化的规律。按照玻尔的格言,"相反即互补",而他领导的哥本哈根学派认为"存在的相反形式终究会统一成为一个实体,这就是互补原理"。互补原理的精髓就在于,在一个概念体系中允许存在着矛盾,存在着不相容之处。

事物形态的变化有正向必有反向,正反两个方向的运动共同组成一个对立统一的运动形态。因此,天地万物断无个体单独存在之理,无独必有偶,有偶必有合。人们日常看到的无数的对立统一体,其实都是处于反向平行发射过程中的复合系统的运动形态。像现代企业的分拆与并购、扩张与收缩都是扬长避短的逆向操作。

但是,在许多领域或场合下,反向对峙的阴阳双方往往要一决高下,偏向于一隅。阴盛阳衰或阳盛阴衰的发展趋势必然要求一方有绝对的压倒优势,"不是东风压倒西风,就是西风压倒东风"。这种非对称或非对等的两极分化的发展结果就是加深矛盾,使矛盾双方中的某一方凸显成为矛盾的主要方面。像孙中山先生所说的"世界潮流,浩浩荡荡,顺之者昌,逆之者亡"也就是这个意思。

不过,在许多领域或场合下,反向对峙的阴阳双方也往往会出现"阴阳和顺"的现象,像人们的性情可以进入不冷不热、不愠不火、不疾不厉、不狂不躁的境界。这种不相上下、半斤八两的势均力敌情形是性质相对或相反的矛盾双方的互相限制或妥协共存,是反向可逆一元系统中两个针锋相对的子系统的势力相当,其对立的结果才能达到人们所称道的对立统一的中和形态。所以,若要使包含阴阳两种对立面的对立统一体得以维持,就不能使阴阳的成分向某一个极端发展变化,也就是说不能激化矛盾,而是应该存异求同、调和矛盾。调和矛盾,就是要弱化阴阳的对立,其弱化的标准就是向中间形态靠拢。

对立统一是哲学的基本范畴,也是统一科学的基本概念。这是人们在认识事物一分为二的反向并发形态变化或合二而一的反向并合形态变化过程中出现的一个概念。一分为二的反向并发形态变化是对立统一体分裂破解的发展过程,而合二而一的反向并合形态变化是对立统一体和合的收敛过程。不论是一分为二的并发过程还是合二而一的并合过程,反向可逆一元系统的两个子系统都是作为相反相成的阴阳双方,其各自的形态变化既是相互对立的又是相互牵制的。阴中有阳,阳中有阴,如影随形,不离不弃。但是,中介和矛盾对立面不是同一哲学层次的概念,如果一定要突出中介,那么两级和中介又构成矛盾,仍然是一分为二。[2]

在统一科学的认知体系中,由正向太极 $\vec{X}_+$ 与反向太极 $\vec{X}_-$ 组成的一维二仪质向量坐标系 $\vec{X}$ 的 $(\vec{X})$ 空间,是性质截然相反的阴阳两界的认知空间。在一维二仪质向量坐标系 $\vec{X}$ 的 $(\vec{X})$ 空间中,反向可逆一元系统的两个子系统是作为敌对势力在相反方向上抗衡的。阴阳两种矛盾力量相互消长与相互渗透的关系所构成的阴阳之道就是反向可逆一元系统的形态变化规律。在反向平行发射中,反向可逆一元系统的阳性子系统与阴性子系统各以对方为环境,阴阳相互作用的结果是阴性子系统从阳性子系统获得能量而产生吸收发射运动,阳性子系统向阴性子系统输出能量而产生自发发射运动。

反向可逆一元系统的形态变化是两个子系统反向平行发射的综合反映。反向可逆一元系统的形态变化规律反映的就是对立统一体的产生或消亡过程的运动规律。如果反向可逆一元系统两个子系统的失衡程度存在较大的差异,则失衡度最大的子系统的形态变化往往是一骑绝尘或转瞬即逝,给人们的认知印象(就像流星那样)一般是偶发甚至是无法观测的;而失衡度最小的子系统的形态变化就似乎是平衡的、稳定的,给人们的认知印象一般是静止不变的。在这种强烈的反差之下,两个子系统的反向变化是很不对称的,在反向可逆一元系统中起决定作用的必然是失衡度最大的一方。

其实,通过多元系统的子系统在同向平行发射表现出的各种形态变化规律可以看到:如果子系统失衡程度相差太大,多元系统的子系统的形态变化规律就基本上会表现出比较远离平衡态的子系统的形态变化规律的特征。也就是说,多元平行系统的整体形态变化规律将接近于主因子的形态变化规律。例如,夏季在洋面上生成的台风,其形态变化都要经历从小到大的发展过程和登陆后由强变弱的衰竭过程,而原来在海域和陆域上空的大气没有那么明显的形态变化,这两个平行运动的气态子系统一旦叠加在一起,最能表现整体平行系统形态变化的自然是台风的形态变化。因此,在这一期间人们所关注的焦点必然是作为矛盾主要方面的台风运动。

一分为二的反向并发形态变化规律反映了反向可逆一元系统从一平衡态同时向两个对立的形态运动所形成的过渡态按某些变量的大小进行排序;合二而一的反向并合形态变化规律则反映了反向可逆一元系统从两个对立的形态同时向一平衡态运动所形成的过渡态按某些变量的大小进行排序。

在二仪空间中,反向平行一元系统可以发生一分为二的反向并发 $A \longleftarrow 0 \longrightarrow B$,又可以发生合二而一的反向并合 $A \longrightarrow 0 \longleftarrow B$。正向变化的子系统和负向变化的子系统构成相对的反向可逆一元系统,并在 $A \longrightarrow B$ 与 $B \longrightarrow A$ 双向逆反运动中产生阴阳对抗的作用。反向可逆一元系统在 $A \rightleftharpoons B$ 吸收发射和自发发射的反向对峙的相对运动过程中,$A \longrightarrow B$ 的正向形态变化与 $B \longrightarrow A$ 的负向形态变化是互相对立、互相竞争和互相补充的关系。$A \longrightarrow B$ 与 $B \longrightarrow A$ 的对抗作用共同构成反向可逆一元系统的形态变化。

反向可逆一元系统同时发生正动的形态变化和反动的形态变化是双向逆反运动的普遍现象。在反向可逆一元系统反向对峙的形态变化过程中,如果正向变化子系统和负向变化子系统势均力敌,且在反向可逆变化后出现了"均衡"形态,就称之为均衡态。处在均衡态的反向可逆一元系统称为反向均衡一元系统。反向均衡系统是典型的对立统一体,像双原子分子就可看作一种反向均衡系统的模型。

二、均衡思想与中庸之道

反向均衡系统的形态在不同的时空和领域中早有不同的名称。在中华传统文化中,反向均衡系统形态就称为"阴阳中和"。中国早在上古文化里便已萌芽了和谐的观念。先民在长期实践中发现,一切事物的运动和发展都有一定的规律,所以办理任何事情都必须掌握分寸。只有根据事物的客观规律而做到适当的程度,才能达到最佳的预期效果,这个适当的程度就叫作"中"。所以,中国人围绕着反向可逆系统的均衡态早就产生了阴阳和谐与对立统一等中和均衡的思想,并成为中庸之道的基础。

阴阳和顺是《周易》尚和思想精髓的表现。《乾·彖传》称,"乾道变化,各正性命,保和大和,乃'利贞'。收出庶物,万国咸宁"。乾道变化就是一阴一阳对立统一规律的变化。一阴一阳对立统一规律的变化,才使得万物皆得其生命和性质而生生不息,而"万国咸宁"。"大和"也叫"太和",是阴阳两个对立体的均衡,是矛盾双方处于和谐统一的状态。在这种圆融和谐的状态下,宇宙万象可以得到稳定的发展,所以说"乃'利贞'"。人的修养如果能达"致中和"的境界,就会产生"天地位焉,万物育焉"的神秘效果。[3]

《周易》不仅以二分法把阴阳视为二体,而且在爻位的关系中,特别强调阴阳相应、相交、相合。像泰卦之所以是个吉利的卦,原因就在于泰卦的卦象为上坤下乾,六爻不仅都阴阳相应,而且阻阳相交。《易·系辞上》提出"中位"(人立中),"天地设位,而易行乎其中","乾坤成列,而易立乎其中";"仰观、俯察""近取诸身,远取诸物""上交、下交"都是以"中"为本位。《中庸》也特别注重"中和"。北宋哲学家程颐说"不偏之谓中,不易之谓和"。为此,儒家讲中庸,道家讲中道,佛家讲中观,中医讲调中。

可见,"中"是一种自在未发的不偏状态,是天地万物的本原;"和"是一种因时而发的合宜状态。把人放在"形而上之道"和"形而下之器","繁"和"简"之间的中位,作为处理繁、简、道、器的"枢机",是中国传统思想的一大特色。如果人的内在能维持不偏不倚的"中",外在又能事事合于"和",最终就可以达到阴阳平衡的"中和"境界。

其实,反向均衡系统的形态在中国还是社会管理追求的"中和"的代名词。尧、舜、禹都把"允执厥中"作为世代相传的治国方法,要求实事求是地坚持中道来治理国家。春秋时期《国语》里就提出"和实生物、同则不继"的观念,《尚书》里也提出了"协和万邦"的观念。孔子在全面继承中道的基础上,将"保和大和""致中和"的思想发展成中庸之道,以托古的方式把虞舜的治国方法概括总结为"执其两端,用其中于民"。孔子的嫡孙子思又将孔子阐述的中庸之道著述为《中庸》,将中道思想提到宇宙观的高度。《礼记·中庸》曰:"不偏之谓中,不易之谓庸,中者,天下之正道;庸者,天下之定理。""中也者,天下之大本也,和也者,天下之达道也。致中和,天地位焉,万物育焉。"

《中庸》的中庸之道贯彻于儒家关于个人修养与社会治理的理论之中,并在儒家经典著作中得到进一步发挥。《礼记·大学》曰:"古之欲明明德于天下者,先治其国;欲治其国者,先齐其家;欲齐其家者,先修其身;欲修其身者,先正其心;欲正其心者,先诚其意;欲诚其意者,先致其知;致知在格物。格物而后知至;知至而后意诚;意诚而后心正;心正而后身修;身修而后家齐;家齐而后国治;国治而后天下平。"说的就是只要大家都按照中庸之道去格物、意诚、正心、修身、齐家、治国,那么天下就能太平、大同与和谐。

中庸处于阴阳两个对立面的中间,不阴又不阳的平衡态就是阴阳两个对立面的分界线。以中庸为中心,认知事物时就可以定阴阳、分是非、现矛盾……中庸就是任何一类事物保持其性质和特征的核心。中国不同时期的圣贤和儒、墨、道、法、兵等主要思想学派都对中庸与和谐思想进行了大量而深刻的阐发,中庸之道在中国历史上大行其道,成就了中华传统的"和合文化"。例如,"中庸之为德,其至矣乎!民鲜久矣。"(《论语·雍也》)"不得中道而与之,必也狂狷乎。狂者进取,狷者有所不为也。"(《孟子·尽心下》)"君子戒慎乎其所不睹,恐惧乎其所不闻。莫现乎隐,莫显乎微,故君子慎其独也。"(《礼记》)

随着中庸与和谐逐渐成为中华价值观的一个核心概念,人们还把尚中作为中庸的逻辑起点,把时中看作中庸的内在本质,把中正当作中庸的规范原则,把中和视为中庸的理想目标。人们认为做事不偏不倚、无过无不及的态度是最高的道德行为标准,处理问题执两用中、不走极端是人们处世接物的高明艺术。由此,做人做事都要力求居于中正之道,不偏不倚,不随流俗,不因毁誉而左右动摇。如果人们能恰到好处地把握度,就叫作"执中";偏离了这个度,就是失中。用适中的方法办事能符合实际而收到最佳的效果,且用"执中"的方法处理人事是最公平合理的,所以"中"体现的就是中正或公正的意思。当人们把"执中"的方法从实践经验升华为理论时,就叫作"中道"。循着中道,人们的人生态度就可以坦直而温和、宽容而严厉、刚威而不虐、简慢而不傲,在紧张时懂得放松,浮躁中能够淡定,功利里敢于超脱,负重上知道放下,也就可以达致和谐。如果人们在满足欲望与节制之间做到平衡,就是智慧;做到对张扬和隐忍的合理把握,特别是能够做到内心的和谐,就步入了人生的又一重境界。人类社会若能坚守中庸,也就可以实现民胞物与、天人合一。

此外,"和而不同"也是中庸之道的题中之意。虽然《论语》并未对"和而不同"做出解释,但是"和"并不是没有矛盾,而是矛盾双方相互关系处在特殊的形态,是矛盾双方相互排斥和相互作用使事物实现了某种和谐,即老子所说的"冲气以为和"。这里,"冲气"并不是一种气体,而是指统一物内部对立面之间的相互排斥、相互斗争、涌摇激荡、对立统一的平衡机制,"冲气"不过是对此种机制的形象化表述;"以为和"的"和"是说对立面的涌摇激荡或纠偏补弊作为一种斗争机制作用于事物而达到了对立面之间某种程度的协调、和谐、融合或混沌。

随着和而不同的中庸之道在中国盛行,融入了中华民族文化,中庸之道不仅为万民所接受,并且国人逐渐形成了思维定式,各个阶层最重视的都是恒久不已的刚健中正,以中为大,贵和尚中。例如,上古的洛书的九个数字符号以五居中,中国的皇帝就被称为九五之尊,并以大中至正而自居,皇朝也就是中央政府。要想统领四夷,就必须"居天下之中"。又如,五行当中水、火、木、金、土分别对应着五方的北、南、西、东、中,所以居中的土地位最高,泱泱中国在古时候就被当作世界的中心。因此,至今在中国的礼仪中座位尊卑的排列仍然延续着这种居中为尊的传统思想。

几千年来,中庸之道已占据了中华文化的核心地位,《周易》阐扬的"保合太和"理想原则也已成为"仁义礼智信"等具有鲜明特色的中国传统和合文化的基调。由中庸思维与和合文化观念所演绎出来的就是中华民族的行为模式和国民特征以及人生哲学的基本理念。传统的和谐思想就体现了中正、中和、均衡、和合、协调的特征与宽容、平和、会通、综合、整体、融摄的主张,太和则是最高的和谐。

由于中庸之道以"中"为评判一切的依据,因此中国人看事情就不像西方人那样颇有"是非感",以非此即彼的态度简单处事,而不顾及过程与间隔等中间地带。持"中"而"致和",中的作用是达到和。"礼之用,和为贵,先王之道,斯为美","和为贵"作为调和社会矛盾和解决对立冲突的思想武器,必然得到统治者的认同、欢迎和运用。为了维护皇权和国家的稳定,中国历代皇帝都一直崇尚着"保和利贞"的和谐之道与中立不倚之强的中庸之道。中庸之道为调和阴阳对立的矛盾,引导人们识大体维护社会稳定和谐确实发挥了积极作用,并成为中国传统文化的重要命题。历代执政者为了政权和社会稳固,用各种方式让儒教深入人心,让人们认同:居庙堂之高者,当思以中庸之道而牧民,以示政治智慧。处江湖之远者,亦应以中庸之道而蹈矩,彰显民德之厚。上下中庸,天下达道。因此,即令当代的执政者也在努力通过宏观调控等制衡手段来治理社会,并通过中华文化的中和理念来建立和谐社会。

和谐是中国传统文化追求的最高境界和最终目标,也是被各家各派所认同的普遍原则。中国传统文化提倡"和也者,天下之达道也",强调人的感情和欲望都应合乎分寸,收放恰宜,不走极端,这样社会才会和睦、安定。提倡"以和为贵",强调人与人之间要仁爱包容、友善相待,国家之间要和平共处,避免战争与暴力。提倡"和而不同""有容乃大",而非整齐划一,强调社会应和谐以共生共长,不同以相辅相成,承认差异,尊重不同。儒释道三大思想体系尽管在具体观念上有差异,但是都将"天人合一"看作处理人与自然关系的基本准则与至高境界,强调人与自然的和谐是发展的基本条件。

可见,和谐思想表现在中国政治、文化、社会和生活的各个方面。中华文化的精髓就是和谐或"兼和",自然和则美,生命和则康,社会和则安,国家和则强。"兼和"的目的是达到事物对立面的统一与平衡,恰到好处地促使新事物的创成。"兼和"以对立统一为实质,在承认差异性即肯定事物多种内外矛盾客观存在的前提下,进一步追求事物内外矛盾之间的动态平衡和复杂多样事物之间的统一与融合。

但是,在此必须指出,中庸之道在社会变革中往往会成为时代前进的阻力。在中国封建社会中,中国人以"泱泱大国舍我其谁"的态度而自居。正是这种夜郎自大、目空一切、以自我为中心的态度,中国从宋朝以后就忽视了科技的研究和发展,不思进取而满足于现状,以致在世界的发展中落伍。在科学创新上,中庸之道无形中也成为许多人"不敢越雷池半步"的思想桎梏,羁绊了他们去大胆探索事物形态变化规律,阻碍了他们自觉应用规律去创造满足人们需求的新事物。

三、均衡和谐与中和之美

为了深入认识事物均衡和谐与中和之美,为了从本质上深刻地认识均衡态的反向可逆系统,为了定质、定量、定向地揭示反向可逆一元系统在 $A \rightleftharpoons B$ 反向对峙中的形态变化规律,统一科学应当在一维二仪质向量坐标系 $\vec{X}$ 空间里建立相关的均衡理论。

在一维二仪质向量坐标系 $\vec{X}$ 内部打开其多维分质向量空间,在二仪空间中正向子系统与负向子系统的形态变化规律共同构成了反向可逆一元系统的形态变化规律。把两个子系统 $A \longrightarrow B$ 与 $B \longrightarrow A$ 的形态变化规律进行叠加,就可以得到反向可逆一元系统在 $A \rightleftharpoons B$ 反向对峙中的形态变化规律。

例如,在一维二仪质向量坐标系 $\vec{X}$ 内部打开 $(\vec{N}, \vec{n}, \vec{E}, \vec{E} \neq, \vec{\varepsilon})$ 五维分质向量空间,反向可逆一元系统在 $A \rightleftharpoons B$ 过程的反向发射就是两个基元过程的反向运动。反向可逆一元系统的形态变化规律,包括吸收发射子系统的总体单元数和自发发射子系统的总体单元数不等($\vec{N}_+ \neq \vec{N}_-$,即权重数不等 $\alpha_+ \neq \alpha_-$)的情形,也包括吸收发射子系统和自发发射子系统的能阈不等($\vec{E}_{\neq+} \neq \vec{E}_{\neq-}$)的情形,还包括吸收发射子系统和自发发射子系统的能元不等($\vec{\varepsilon}_+ \neq \vec{\varepsilon}_-$)的情形。

不过,在一维二仪质向量坐标系 $\vec{X}$ 内部的 $(\vec{N},\vec{n},\vec{E},\vec{E}_{\neq},\vec{\varepsilon})$ 五维分质向量空间中,省却了分质向量关于取向的规定,反向可逆一元系统在二仪空间中也会出现吸收发射子系统和自发发射子系统的总体单元数相等($N_+ = N_-$,即权重数相等)且正向和逆向的形态转化能阈相等及其能元也相等的特殊情形。在这样的特殊条件下,正向变化子系统的势为 $\mu_+ = \dfrac{dE_+}{dn_+}$,负向变化子系统的势为 $\mu_- = \dfrac{dE_-}{dn_-}$,反向可逆一元系统中的两个平行的子系统势均力敌就是 $\mu_+ \approx \mu_-$。

人们在考察反向可逆一元系统形态变化动向时,可以用两个反向平行发射的子系统的异质单元数变化率大小为判据。如果正向变化的异质单元数变化率大于负向变化的异质单元数变化率,反向可逆一元系统形态就朝着正向变化;反之,则朝着负向进行。例如,任何化学反应都可看作反向可逆一元系统的对峙反应,都可以向正负两个方向进行。如果有的反应速率 $r_+ \gg r_-$,平衡位置接近产物一方,这种反应就被认为可以进行到底。

其实,人们所要讨论的反向可逆一元系统的对峙反应,大都是正向与负向反应速率相差不是太大的反应。因为异质单元数变化率 $r = \dfrac{dn}{dE}$ 为势 $\mu = \dfrac{dE}{dn}$ 的倒数,异质单元数变化率 $r = \dfrac{dn}{dE}$ 又与反应速率正相关,如果反向平行发射的子系统势均力敌,其形态失衡程度就相等,正向变化的异质单元数变化率与负向变化的异质单元数变化率也就相等,即 $\dfrac{dn_+}{dE} = \dfrac{dn_-}{dE}$。此时,反向可逆一元系统形态成为一个完全均匀的平衡态,这样的系统也就是处在均衡态的反向可逆一元系统。

均衡态的反向可逆一元系统跨越了一维二仪质向量坐标系 $\vec{X}$ 空间的 $[\vec{a}_-,\vec{a}_+]$ 区间。如果中性的均衡态就是 $[\vec{a}_-,\vec{a}_+]$ 区间中心点的形态,那么 $\vec{a}_-$ 和 $\vec{a}_+$ 这两种形态就是具有阴性(-)与阳性(+)两个对立面的极端形态。均衡态的反向可逆一元系统所经历的 $\vec{a}_- \xleftrightarrow{0} \vec{a}_+$ 三种形态的变化可看作围绕均衡态 $\vec{0}$ 为中心而进行的一阴一阳的形态变化。均衡态的反向可逆一元系统在 $[\vec{a}_-,\vec{a}_+]$ 区间的形态变化,包括了子系统在正向太极 $\langle \vec{a}_+ | \vec{0} \rangle$ 做吸收发射的形态变化,也包括了子系统在负向太极 $\langle \vec{0} | \vec{a}_- \rangle$ 做自发发射的形态变化。$\vec{a}_-,\vec{0},\vec{a}_+$ 构成了一个对立统一体三个典型的形态,在省却了质向量关于定性和取向的规定后,$\vec{a}_-,\vec{0},\vec{a}_+$ 这三种形态就可以表示为 -1,0,1 三个数字符号。例如,道教的早期经典《太平经》指明,凡事皆可一分为三,"天、地、人本同一元气,分为

三体",三者同心即合,即可成就万物。

对立统一体的 $\vec{a}_-,\vec{0},\vec{a}_+$ 三种形态表现为数字 $-1,0,1$,在正负相反的两个方向上,通过其自我的相互作用与反复作用,就可以使数的系统由零与正数的非负数系统发展到包括负数的系统。在空间形式上,均衡态的反向可逆一元系统也可以由有向线段发展到贯穿零与正负数空间的数轴,即由"无极生太极"进一步发展到"太极生两仪"。

对立统一体的 $\vec{a}_-,\vec{0},\vec{a}_+$ 三种形态,除了可以用数学中的 $-1,0,1$ 三个数字符号表示外,也可以用其他符号表示,如在逻辑电路中这三种形态就用"与、或、非"这三个文字符号来表示。如果这三种形态与事物形态联系起来,处于不同形态的同一物质也就变成了不同的物质。例如,介子是由夸克和反夸克组成的,介子是处于 0 态的物质,而夸克和反夸克就是处于 1 态与 -1 态的物质。在傅里叶分析中,其成分部分地以正量($+1$)和负量(-1)方式相互抵消。又如,正电子 e^+ 是电子 e^- 的反粒子,两者除带有相反电荷外,其他性质(自旋、质量)都相同。当一个正电子 e^+ 和一个负电子 e^- 碰撞或相互作用时,这一对粒子湮灭就会形成中性的光子 γ,其湮灭过程可表示为 $e^+ + e^- \rightleftharpoons n\gamma$。[4]

反向可逆形态变化的特征之一就是反向可逆一元系统形态转化过程总的形态转化率等于正向异质单元数变化率与负向异质单元数变化率之差。两个势不两立的子系统在经历反向可逆的形态变化后两败俱伤,其终结形态是阴阳对立的成分消失或抵消了,从而达到中和(或近于中和)的团结和睦的均匀平衡态。图 13-5 就形象地表现了正向异质单元数变化率和负向异质单元数变化率对能量的关系曲线。

不过,反向可逆一元系统在反向可逆变化中所出现的均衡态,还可以分为稳定均衡和不稳定均衡。如果均衡系统受到外部的干扰而离开均衡点,经过一段时间的变动又回到原来的均衡位置,这种均衡称为稳定均衡;否则,称为不稳定均衡。

反向可逆一元系统在阴阳反向对峙的相对过程是从非平衡态向平衡态运动的过程,许多学科领域称之为弛豫过程。一个宏观平衡系统由于周围环境的变化或受到外界的作用而变为非平衡状态,这个失衡系统再从非平衡态过渡到新的平衡态的过程就称为弛豫过程。弛豫过程就是失衡系统能量最小化的过程,同时使失衡系统达到相对的平衡。

在物理学中,弛豫过程是多体系统中的物质分子由于相互作用而交换能量最后达到稳定分布的过程。弛豫过程的宏观规律取决于多体系统中的物质分子相互作用的性质。因此,研究弛豫现象是获得这些相互作用信息的最有效途径之一。像原子核从激化的状态回复到平衡排列状态的过程就叫弛豫过程,它所需的时间叫弛豫时间。弛豫时间有两种,即自旋—点阵(或纵向弛豫时间)和自旋—自旋(或横向弛豫时间)。弛豫振荡的产生机理可以定性地解释为当粒子反转数 Δn 达到并稍超过阈值时,开始产生激光。受激辐射使粒子反转数 Δn 下降,当 Δn 下降到阈值时,激光脉冲达到峰值。Δn 小于阈值,增益小于损耗,所以光子数减少。但是,随着光泵的增加,Δn 又重新增加,再次达到阈值时,又产生第二个尖峰脉冲。在整个光泵时间内,这种过程反复产生,形成一尖峰脉冲序列。若增加光泵的输入能量,则尖峰脉冲的个数增加,尖峰脉冲之间的时间间隔变短。

在化学上,化学平衡的位置取决于反向可逆一元系统所处的条件(温度,压力等),当反应速率快于混合速率时,可通过瞬时完成的扰动(温度跃变、压力跃变等)使系统内各种物质浓度偏离新条件下的平衡浓度。以此为时间的起点,可研究趋近新的平衡态的动力学过程及其规律。这种避开了反应物的混合,研究由平衡至新平衡的过程速率的方法称为弛豫法。热动平衡是因为不同系统间的热量传递趋于温度相等而最终导致的动态平衡。比如,原子核从激化的状态回复到平衡排列状态的过程,又比如汽缸中的气体从突然被压缩到放出热量趋于稳定的过程。弛豫过程一般遵循指数变化规律,其时间常数就是弛豫时间,也就是达到热动平衡所需的时间。像理想气体是忽略气体分子相互作用的气体,其弛豫时间为零。

实际上,有机体的生命也是反向可逆一元系统能量最小化的弛豫过程,但同时又能使反向可逆一元系统达到相对的平衡。所以,有机体的显著特点是低温、低压、低能耗、低速,而且能达到高效、高灵敏度。像人们传统的健身,就是通过调形、调息、调心的弛豫过程来达到身心和谐的动态平衡。而中医哲学的最高境界是"天人合一",就是要通过人与自然的和谐来接近于至善。

对于实际工程系统而言,人们最关心的问题是一个控制系统当其模型参数发生大幅度变化或其结构发生变化时能否仍保持渐近稳定,这叫稳定鲁棒性。如果控制系统在其特性或参数的标称值处是渐近稳定的,并且对标称值的一个邻域内的每一种情况,它也是渐近稳定的,则称此系统是结构渐近稳定的。

通过弛豫过程,反向可逆一元系统在终结形态达到了一阴一阳、一刚一柔、相反相成、对称互补的完全均衡态,这种中和的团结和睦的均匀平衡态的主要特征是均衡对称、协调融通、次第有序、多样统一,这种阴阳对称与刚柔调和的和谐状态不仅可以表现出耗散结构的中和之美,而且可以构成稳定均衡的宇宙万物。对此,《序卦传》说:"恒,久也。"所谓恒久,是说对立面处于某种中和的状态,在一定的条件下可以保持它的相对稳定性。

和谐均衡的内涵就是阴阳对立统一,相反相成,既不太过又无不及,双方适中而又中和,体现阴阳调谐与天人合一,这是阴阳交变的最高目标。只要正负太极两边对立面的阴阳成分相对均衡,反向可逆一元系统形态就能以其即有的特性长期稳定地存在。反向可逆一元系统的阴阳成分越接近于平衡态,对称性就越高,对称性越高也就具有越高的稳定性。像和谐社会并不是没有冲突的社会,而是不同社会群体的利益都能在公平的制度框架内得到合理表达、竞争和保障的社会。实际上,在不同的学科中都可以列举出对立统一体中和均衡的无数范例。

在国际政治上,和平是国际社会的一种平衡态。维持地区的战略平衡就是维持地区的稳定与和平。然而,战略平衡是一种制衡机制,需要看力量的组合。不同国家之间的多边以及双边关系可以造就一个相对平衡的多极体系。任何一个占据着支配地位的超级大国都会构想建立一个单极的世界,并且会以干涉主义和单边主义的态势充当世界警察而为所欲为。但是,随着多边战略和国际合作的推进,多极化的国际新秩序就可日渐形成,各国将以一种比较民主的方式来决定国际事务。由于国际政治多极格局冲淡了对任何一个国家独大的担忧,更有利于权力的战略平衡,多极世界和平发展的体系才有可能形成。

在认知领域,认知如同其他自然、社会现象一样,是按照一定方式自然而然地组织起来的。认知体系内部有一种最大限度保持自身一致性和协调性的倾向,是一个趋于有序化和组织化的过程。如果认知系统出现不平衡或不一致时,就会出现认知无序和无组织状态,就会产生不愉快等心理压力,驱使认知主体设法恢复和获得认知平衡。认知过程是无序与有序、无组织状态与有组织状态的不断交替的过程。

在运筹学中,博弈是在遵守一定的"游戏规则"的前提下具有竞争或对抗性的行为。在博弈中,自己行动的好坏取决于对方怎么行动,这样的问题就是博弈问题。实际上,博弈更多的是利益冲突,但是在不能合作的非合作博弈中有一种"纳什均衡",这就是博弈各方达到这样的一个稳定的状态:当其他人都不改变策略时,此时的策略是最好的。

在现代经济学中,均衡和均衡分析方法得到了广泛的运用和发展。均衡是指经济体系中变动着的各种力量处于平衡,变动的净趋向为零的状态。均衡的最一般意义指经济事物中有关的变量在一定条件的相互作用下所达到的相对静止的状态。在供求论中,均衡指需求和供给两种相反力量处于一致或平衡的状态,使买卖双方都满意并愿意接受和保持下去的状态——一种不再变动或没有必要再变动的状态。微观经济学的一般均衡理论认为,整个经济体系处于均衡状态时,所有消费品和生产要素的价格将有一个确定的均衡值,它们的产出和供给将有一个确定的均衡量。在"完全竞争"的均衡条件下,出售一切生产要素的总收入和出售一切消费品的总收入必将相等。该理论的实质是说明资本主义经济可以处于稳定的均衡状态。在资本主义经济中,消费者可以获得最大效用,企业家可以获得最大利润,生产要素的所有者可以得到最大报酬。

在现代经济运行中,金融占有特殊的重要地位。金融,就是资金融通,它反映的是货币供求的矛盾运动。在金融领域,货币供求的矛盾运动必须达到"纳什均衡",任何货币供求参与方擅自改变策略都不会比现在的策略更好,因此宏观经济的运行可以达到比较稳固的平衡。金融危机一旦发生,必然严重影响宏观经济的平稳运转。而金融危机在本质上又是货币供求严重失衡的一种表现,是货币供求矛盾被激化的必然结果。要维护金融的安全与稳定,就必须力求实现货币供求均衡。因此,均衡分析的数理模型在经济学研究中应用很广。

在建筑学中,庄严、正式的建筑物结构往往设计得具有很高的对称性,中轴对称就能给人以稳定、庄重的感觉。在传统医学、药学、方剂学中,对称协调原理得到了广泛运用。在园林布局、气功、武术、书法、美术和音律中,对立面之间的阴阳谐调也都有巧妙的表现和运用。在电信领域,均衡是指对信道特性的均衡,即接收端的均衡器产生与信道相反的特性,用来抵消因信道的时变多径传播特性引起的码间干扰。

其实,上述各领域反向可逆单元系统在反向可逆变化中所出现的均衡,就是均衡态。阴阳平衡的事物都是稳定的对称的对立统一体,因此必须进一步揭示均衡反向一元系统的形态变化规律及其分布规律,才能对事物所蕴含的对称本质有科学全面的认识。

第二节 一元系统在不同失衡态的变化规律

在二仪空间中,通过在吸收发射条件下的正向子系统形态变化规律与在自发发射条件下的负向子系统形态变化规律的反向叠加,可以揭示反向可逆一元系统的形态变化规律。在不同的失衡态,反向可逆一元系统的形态变化规律具有不同的形式,在近平衡态的(均衡反向)一元系统形态变化规律可以演绎出双曲余弦函数等双曲函数。

一、远离平衡态

向量空间的直和能构造更大的向量空间[5],二仪向量空间可以看作正向太极空间和负向太极空间的直和,所以一元系统在不同失衡态的变化规律也可以看作两个反向发射的单元系统形态变化规律的加和。

在一维二仪质向量坐标系 $\vec{X}$ 上,一维二仪单元质向量 $\vec{e}$ 表现为发端于负向太极 $\vec{X}_-$ 上的 $|\vec{A}|=-1/2$ 点而终结于正向太极 $\vec{X}_+$ 上的 $|\vec{B}|=1/2$ 点的一段 $-1/2 \to 1/2$ 的单向直线。通过坐标平移,一维二仪单位质向量 $\vec{e}$ 可以变换为一维正向单位质向量 $\vec{e}_+$,一维二仪质向量坐标系 $\vec{X}$ 就可以用一维正向单位质向量 $\vec{e}_+$ 来度量。但是,在一维二仪质向量坐标系 $\vec{X}$ 上的一维正向单位质向量 $\vec{e}_+$ 无法反映一元系统从起始态 $\vec{A}$ 到终结态 $\vec{B}$ 形态变化基元过程的特征。为此,必须在一维正向质向量坐标系 $\vec{X}$ 内部打开二维或二维以上的分质向量空间,这样,就可以在一维二仪质向量坐标系 $\vec{X}$ 极性反向的二仪空间内部探讨反向可逆一元系统的形态变化规律。

在一维二仪质向量坐标系 $\vec{X}$ 内部打开 $(\vec{P},\vec{S})$ 二维分质向量空间,对于子系统 A 和子系统 B 构成的反向可逆一元系统,在 $A \rightleftharpoons B$ 彼此对峙的反向可逆发射过程中表现出的形态变化规律可以用(13-68)式 $\vec{P}=\vec{P}'_+ + \vec{P}'_-$ 的叠加态形式来表示。(13-68)式中的质向量 $\vec{P}'_+$ 和质向量 $\vec{P}'_-$ 反向平行,记作 $\vec{P}'_- \xleftarrow{0} \vec{P}'_+$。质向量 $\vec{P}'_+$ 和质向量 $\vec{P}'_-$ 就是正向子系统和负向子系统在一维二仪质向量坐标系 $\vec{X}$ 的 $(\vec{X})$ 空间中的表现形态。

(13-68)式 $\vec{P}=\alpha_+\vec{P}_+ +\alpha_-\vec{P}_-$ 给出的反向可逆一元系统形态转化信息表明：在正向太极 $\vec{X}_+$ 和负向太极 $\vec{X}_-$ 共同组成的极性反向的一维二仪质向量坐标系 $\vec{X}$ 中，反向可逆一元系统的形态变化信息等于吸收发射子系统的权重数 α_+ 及其信息 $\vec{P}_+$ 和自发发射子系统的权重数 α_- 及其信息 $\vec{P}_-$ 的加和。不过，如果无法给出吸收发射子系统和自发发射子系统在反向可逆一元系统中的权重数 α_+ 和 α_- 及其形态转化信息 $\vec{P}_+$ 和 $\vec{P}_-$ 的具体关系式，仅仅给出反向可逆一元系统形态变化信息的一般形式，人们还是难以认识反向可逆一元系统在反向发射过程的形态变化规律，甚至很可能用"薛定谔猫"来解释量子态的"信息"幽灵。[6]

然而，既然在一维二仪质向量坐标系 $\vec{X}$ 内部打开 $(\vec{P},\vec{S})$ 二维分质向量空间，就可以用熵信息函数 $\vec{P}(\vec{S})$ 来表示反向可逆一元系统的形态变化规律，并界定正向的信息向量 $\vec{P}'_+$ 和负向的信息向量 $\vec{P}'_-$ 相互抵消或减弱的关系。由于信息向量 $\vec{P}'_+$ 或 $\vec{P}_+$ 与正向太极 $\vec{X}_+$ 的一维正向单位质向量 $\vec{e}_+$ 同向，信息向量 $\vec{P}'_-$ 或 $\vec{P}_-$ 与负向太极 $\vec{X}_-$ 的一维负向单位质向量 $\vec{e}_-$ 同向，因此只要反向可逆一元系统的信息也以一维正向单位质向量 $\vec{e}_+$ 为单位质向量，其就可以在省却分质向量关于方向规定的条件下用 (13-71)式 $P=P'_+-P'_-$ 的标量形式来表示。在远离平衡态的条件下，把信息 P 与熵 S 的关系式 (5-36)式 $P_\pm=\dfrac{1}{1+e^{\pm s}}$ 代入 (13-71)式 $P=P'_+-P'_-$，所得到的反向可逆一元系统的形态变化规律为

$$\begin{aligned}P&=P'_+-P'_-\\&=\alpha_+P_+-\alpha_-P_-\\&=\alpha_+\frac{1}{1+e^{+s}}-\alpha_-\frac{1}{1+e^{-s}}\end{aligned} \quad (14\text{-}1)$$

式中，α_+ 和 α_- 为吸收发射子系统和自发发射子系统在反向可逆一元系统中的权重数，它们符合归一化条件 $\alpha_+ +\alpha_- =1$；熵 S 的定义域为 $(-\infty,+\infty)$；而吸收发射的形态转化信息 P_+ 和自发发射的形态转化信息 P_- 的取值都是在 [0,1] 区间，由于 $P_+\in[0,1]$ 和 $P_-\in[0,1]$，因此 $P\in[0,1]$。

在一维二仪质向量坐标系 $\vec{X}$ 内部的 $(\vec{P},\vec{S})$ 二维分质向量空间中，在省却分质向量关于方向的规定时，正向子系统的变化信息随着熵的增加表现为反 S 形曲线，负向子系统的变化信息随着熵的增加表现为 S 形曲线。在反向可逆一元系统中，正向子系统形态变化信息 P'_+ 与负向形态变化信息 P'_- 是相减的关系，它们对熵 S 的形态分布关系曲线，可以用图 14-1 中横轴上下的两条反 S 形曲线表示。

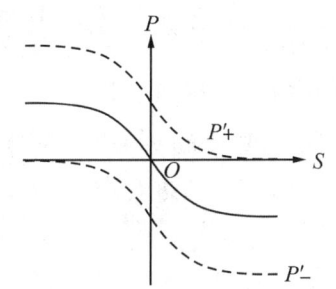

图 14-1　一元系统及其反向可逆子系统的 $P\sim S$ 关系曲线

如果吸收发射子系统的总体单元数 N_+ 与自发发射子系统的总体单元数 N_- 相等,即 $N_+ = N_- = \dfrac{N}{2}$,则吸收发射子系统和自发发射子系统在反向可逆一元系统中的权重数就相等,即 $\alpha_+ = \alpha_- = \dfrac{1}{2}$。在这样的特殊条件下,反向可逆一元系统成为均衡反向一元系统,简称一元系统。由(13-69)式 $\vec{P} = \dfrac{1}{2}(\vec{P}_+ - \vec{P}_-)$ 可以给出(均衡反向)一元系统的形态变化规律。在远离平衡态和省却质向量方向规定的情形下,把单元系统形态转化基元规律(5-36)式 $P_+ = \dfrac{1}{1+e^{\pm s}}$ 代入(13-70)式 $P = \dfrac{1}{2}(P_+ - P_-)$,可以得到一元系统异质形态变化规律

$$P = \frac{1}{2}(P_+ - P_-)$$
$$= \frac{1}{2}\left(\frac{1}{1+e^{+s}} - \frac{1}{1+e^{-s}}\right) \tag{14-2}$$

由(14-2)式 $P = \dfrac{1}{2}\left(\dfrac{1}{1+e^{+s}} - \dfrac{1}{1+e^{-s}}\right)$ 所表达的一元系统异质形态变化规律还可以改写成双曲正切函数的形式

$$P = \frac{1}{2}\left(\frac{1}{1+e^{+s}} - \frac{1}{1+e^{-s}}\right)$$
$$= \frac{1}{2}\left(\frac{e^{-S/2}}{e^{S/2}+e^{-S/2}} - \frac{e^{S/2}}{e^{S/2}+e^{-S/2}}\right)$$
$$= -\frac{1}{2}\left(\frac{e^{S/2}-e^{-S/2}}{e^{S/2}+e^{-S/2}}\right)$$
$$= -\frac{1}{2}\tanh\frac{S}{2} \quad S \in (-\infty, +\infty) \tag{14-3}$$

(14-3)式的函数形式与吸收发射条件下的(5-50)式 $P = -\dfrac{1}{2}\tanh\dfrac{S}{2}$ 或(6-138)式 $P = -\dfrac{1}{2}\tanh\dfrac{S}{2}$ 是一样的,其 $P \sim S$ 关系曲线就是图14-1中经过原点的反S形的双曲正切函数。由图可见,两个子系统异质信息随着熵的增加的变化轨迹的反向加和,反映的就是一元系统的异质信息与熵的关系曲线。

对(14-3)式进行微分,可以得到一元系统的形态转化信息变化率函数为

$$p = \frac{d}{dS}\left(-\frac{1}{2}\tanh\frac{S}{2}\right)$$
$$= -\frac{1}{4}\operatorname{sech}^2\frac{S}{2} \quad S \in (-\infty, +\infty) \tag{14-4}$$

上式的函数形式与吸收发射条件下的(5-65)式 $p=-\frac{1}{4}\text{sech}^2\frac{S}{2}$ 或(6-139)式 $p=-\frac{1}{4}\text{sech}^2\frac{S}{2}$ 也是一样的。一元系统的异质信息密度函数为偶函数,其 $p\sim S$ 关系曲线是关于 p 轴对称的钟形曲线,如图14-2所示。

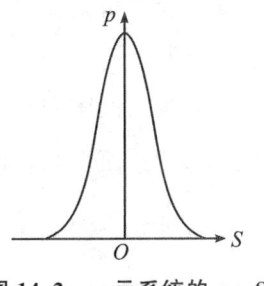

图14-2 一元系统的 $p\sim S$ 关系曲线

同样,在一维二仪质向量坐标系 $\vec{X}$ 内部的 $(\vec{N},\vec{n},\vec{E},\vec{E_{\ne}},\vec{\varepsilon})$ 五维分质向量空间中,各个分质向量与各自的分质变量坐标轴同向,可以用其分质变量坐标轴来表示。把正向太极 $\vec{X}_+$ 上做吸收发射产生的异质单元数 n_+ 和负向太极 $\vec{X}_-$ 上做自发发射产生的异质单元数 n_-,用单元系统形态转化基元规律(5-29)式 $n_+=\frac{N_+}{1+e^{\pm(E_{\ne+}-E_+)/\varepsilon_+}}$ 代入(13-17)式 $n=n_+-n_-$,就可得到异质单元数 n 为因变量的一元系统形态变化规律

$$\begin{aligned}n&=n_+-n_-\\&=\frac{N_+}{1+e^{+(E_{\ne+}-E_+)/\varepsilon_+}}-\frac{N_+}{1+e^{-(E_{\ne+}-E_+)/\varepsilon_+}}\\&=\frac{N_+}{2}\left(1-\tanh\frac{E_{\ne+}-E_+}{2\varepsilon_+}\right)-\frac{N_+}{2}\left(1+\tanh\frac{E_{\ne+}-E_+}{2\varepsilon_+}\right)\\&=-\frac{N_+}{2}\tanh\frac{E_{\ne+}-E_+}{2\varepsilon_+}\end{aligned} \quad (14\text{-}5)$$

当总体单元数 N、能阈 $E_{\ne}$ 和能元 ε 保持为常量,在一维二仪质向量坐标系 $\vec{X}$ 内部的 $(\vec{N},\vec{n},\vec{E},\vec{E_{\ne}},\vec{\varepsilon})$ 五维分质向量空间的 $(\vec{C_N},\vec{n},\vec{E},\vec{C_{E_{\ne}}},\vec{C_\varepsilon})$ 截面上,在分省却质向量关于方向的规定的情况下,(14-5)式就成为

$$\begin{aligned}n&=n_+-n_-\\&=\frac{C_{N+}}{1+e^{+(C_{E_{\ne+}}-E_+)/C_{\varepsilon+}}}-\frac{C_{N+}}{1+e^{-(C_{E_{\ne+}}-E_+)/C_{\varepsilon+}}}\\&=\frac{C_{N+}}{2}\left(1-\tanh\frac{C_{E_{\ne+}}-E_+}{2C_{\varepsilon+}}\right)-\frac{C_{N+}}{2}\left(1+\tanh\frac{C_{E_{\ne+}}-E_+}{2C_{\varepsilon+}}\right)\\&=-\frac{C_{N+}}{2}\tanh\frac{C_{E_{\ne+}}-E_+}{2C_{\varepsilon+}} \quad (14\text{-}6)\end{aligned}$$

由于正向的异质单元数 n_+ 和负向的异质单元数 n_- 作为能量 E 的因变量都可以在纵坐标表示,正向的异质单元数 n_+ 对能量 E 的 $n_+\sim E$ 关系曲线和负向的异质单元数 n_- 对能量 E 的 $n_-\sim E$ 关系曲线,形象地反映了一元系统形态变化规律,如图14-3所示。可见,一元系统形态变化的反S形曲线和S形曲线就分布在二

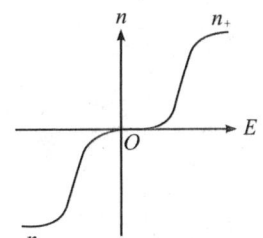

图14-3 一元系统及其反向可逆子系统的 $n\sim E$ 关系曲线

维分质变量直角坐标系 EOn 的横轴之上,它们是关于原点对称的曲线。在此,能量的定义域就要由 $[0,+2E_{\neq+})$ 或 $(-2E_{\neq+},0]$ 扩充到 $(-2E_{\neq+},+2E_{\neq+})$。

在一维二仪质向量坐标系 $\vec{X}$ 内部 $(\vec{N},\vec{n},\vec{E},\vec{E_{\neq}},\vec{\varepsilon})$ 五维分质向量空间的 $(\vec{C_N},\vec{n},\vec{E},\vec{C_{E_{\neq}}},\vec{C_\varepsilon})$ 截面上,省却了分质向量关于取向的规定,对(14-6)式求 E 的导数,令正向的异质单元数一次变化率为 $r_+ = \dfrac{\mathrm{d}n_+}{\mathrm{d}E}$,负向的异质单元数一次变化率为 $r_- = \dfrac{\mathrm{d}n_-}{\mathrm{d}E}$,那么一元系统的异质单元数变化率为

$$r = r_+ - r_- = \frac{\mathrm{d}n}{\mathrm{d}E} = \frac{\mathrm{d}n_+}{\mathrm{d}E} - \frac{\mathrm{d}n_-}{\mathrm{d}E}$$
$$= \frac{\mathrm{e}^{+(C_{E_{\neq+}}-E)/C_{\varepsilon_+}}}{C_{\varepsilon_+}[1+\mathrm{e}^{+(C_{E_{\neq+}}-E)/C_{\varepsilon_+}}]^2} - \frac{\mathrm{e}^{-(C_{E_{\neq-}}-E)/C_{\varepsilon_-}}}{C_{\varepsilon_-}[1+\mathrm{e}^{-(C_{E_{\neq-}}-E)/C_{\varepsilon_-}}]^2} \tag{14-7}$$

一元系统及其反向可逆子系统的 $r \sim E$ 关系曲线如图 14-4 所示。

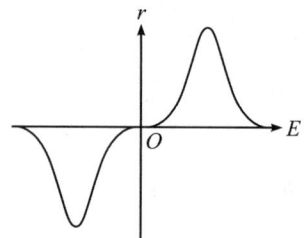

图 14-4 一元系统及其反向可逆子系统的 $r \sim E$ 关系曲线

在一维二仪质向量坐标系 $\vec{X}$ 内部的 $(\vec{N},\vec{n},\vec{E},\vec{E_{\neq}},\vec{\varepsilon})$ 五维分质向量空间中,省却了分质向量关于方向的规定,如果正向子系统与负向子系统的总体单元数相等 $(N_+ = N_- = \dfrac{N}{2})$、能阈相等 $(E_{\neq+} = E_{\neq-} = 0)$ 和能元相等 $(\varepsilon_+ = \varepsilon_- = \varepsilon)$,在此情况下,一元系统形态变化规律(14-5)式 $n = \dfrac{N_+}{1+\mathrm{e}^{+(E_{\neq+}-E_+)/\varepsilon_+}} - \dfrac{N_+}{1+\mathrm{e}^{-(E_{\neq+}-E_+)/\varepsilon_+}} = -\dfrac{N_+}{2}\tanh\dfrac{E_{\neq+}-E_+}{2\varepsilon_+}$ 成为

$$n = \frac{N}{2}\left(\frac{1}{1+\mathrm{e}^{-E/\varepsilon}} - \frac{1}{1+\mathrm{e}^{+E/\varepsilon}}\right)$$
$$= \frac{N}{2}\tanh\frac{E}{2\varepsilon} \tag{14-8}$$

(14-6)式 $n = -\dfrac{C_{N_+}}{2}\tanh\dfrac{C_{E_{\neq+}}-E}{2C_{\varepsilon_+}}$ 在此特定条件下也成为

$$n = \frac{C_N}{2}\left(\frac{1}{1+\mathrm{e}^{-E/C_\varepsilon}} - \frac{1}{1+\mathrm{e}^{+E/C_\varepsilon}}\right)$$
$$= \frac{C_N}{4}\left[\left(1-\tanh\frac{-E}{2C_\varepsilon}\right) - \left(1+\tanh\frac{-E}{2C_\varepsilon}\right)\right]$$

$$= \frac{C_N}{2}\tanh\frac{E}{2C_\varepsilon} \tag{14-9}$$

其 $n\sim E$ 关系曲线如图 14-5 所示。

对(14-9)式求 E 的导数,则一元系统在此特定条件下的异质单元数变化率为

$$r = \frac{\mathrm{d}}{\mathrm{d}E}\left(\frac{C_N}{2}\tanh\frac{E}{2C_\varepsilon}\right)$$
$$= \frac{C_N}{4C_\varepsilon}\mathrm{sech}^2\frac{E}{2C_\varepsilon} \tag{14-10}$$

一元系统的 $r\sim E$ 关系曲线如图 14-6 所示。

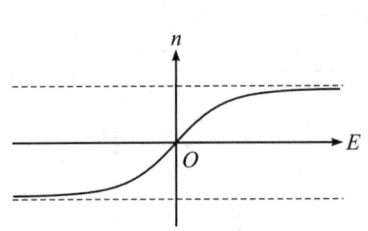
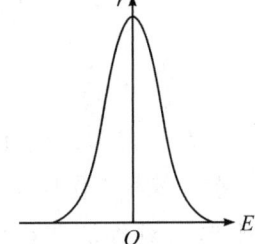

图 14-5　一元系统的 $n\sim E$ 关系曲线　　　图 14-6　一元系统的 $r\sim E$ 关系曲线

二、近平衡态

在一维二仪质向量坐标系 $\vec{X}$ 内部的 $(\vec{P},\vec{S})$ 二维分质向量空间中,可以用熵信息函数 $\vec{P}(\vec{S})$ 来表示反向可逆一元系统不同失衡态的变化规律,并界定正向的信息向量 $\vec{P}'_+$ 和负向的信息向量 $\vec{P}'_-$ 相互抵消或减弱的关系。在一维二仪质向量坐标系 $\vec{X}$ 正向太极 $\vec{X}_+$ 和负向太极 $\vec{X}_-$ 内部的 $(\vec{P},\vec{S})$ 二维分质向量空间中,各个分质向量与各自的分质变量坐标轴同向,可以用其分质变量坐标轴来表示。在近平衡态吸收发射条件下,熵 $S_+\to+\infty$,即 $\mathrm{e}^{s_+}\gg 1$,$\mathrm{e}^{s_+}\approx(1+\mathrm{e}^{s_+})$;而在近平衡态自发发射条件下,熵 $S_-\to-\infty$,即 $\mathrm{e}^{-s_-}\gg 1$,$\mathrm{e}^{-s_-}\approx(1+\mathrm{e}^{-s_-})$,所以,近平衡态单元系统形态变化规律可以用指数函数来表示。

在(13-68)式 $\vec{P}=\alpha_+\vec{P}_++\alpha_-\vec{P}_-$ 中,由于信息向量 $\vec{P}'_+$ 或 $\vec{P}_+$ 与正向太极 $\vec{X}_+$ 的一维正向单位质向量 $\vec{e}_+$ 同向,信息向量 $\vec{P}'_-$ 或 $\vec{P}_-$ 与负向太极 $\vec{X}_-$ 的一维负向单位质向量 $\vec{e}_-$ 同向,因此只要反向可逆一元系统的信息也以一维正向单位质向量 $\vec{e}_+$ 为单位质向量,就可以用(13-71)式 $P=P'_+-P'_-$ 的标量形式来表示。把熵信息函数(5-92)式 $P_\pm(S)=\mathrm{e}^{\mp s}$ 代入(13-71)式 $P=P'_+-P'_-$,所得到的近平衡态反向可逆一元系统形态变化规律为

$$P=P'_+-P'_-$$

$$=\alpha_+ P_+ - \alpha_- P_-$$
$$=\alpha_+ e^{-S} - \alpha_- e^{+S} \tag{14-11}$$

式中，α_+ 和 α_- 为正向变化子系统和负向变化子系统在反向可逆一元系统中的权重数，它们符合归一化条件 $\alpha_+ + \alpha_- = 1$；熵 S 的定义域为 $(-\infty, +\infty)$；正向变化的形态转化信息 P_+ 和负向变化的形态转化信息 P_- 的取值都是在 $[0,1]$ 区间，由于 $P_+ \in [0,1]$ 和 $P_- \in [0,1]$，因此 $P \in [0,1]$。

对(14-11)式进行微分，可以得到近平衡态反向可逆一元系统的信息变化率函数为

$$p = \frac{d}{dS}(\alpha_+ P_+ - \alpha_- P_-)$$
$$= \frac{d}{dS}(\alpha_+ e^{-S} - \alpha_- e^{+S})$$
$$= -\alpha_+ e^{-S} - \alpha_- e^{+S} \tag{14-12}$$

反向可逆一元系统在形态变化中，正向形态变化信息 P'_+ 与逆向形态变化信息 P'_- 对熵 S 的关系曲线是关于原点对称的曲线，如图14-7所示。在吸收发射条件下，近平衡态的指数函数 $P_+ = e^{-S}$ 形态变化曲线(实线)与反J形形态变化曲线(虚线)在 $S \to +\infty$ 处是重合的；在自发发射条件下，近平衡态的指数函数 $P_- = e^{+S}$ 形态变化曲线(实线)与J形形态变化曲线(虚线)在 $S \to -\infty$ 处也是重合的。

如果正向变化子系统的权重数 α_+ 和负向变化子系统的权重数 α_- 相等（$\alpha_+ = \alpha_- = \frac{1}{2}$），则反

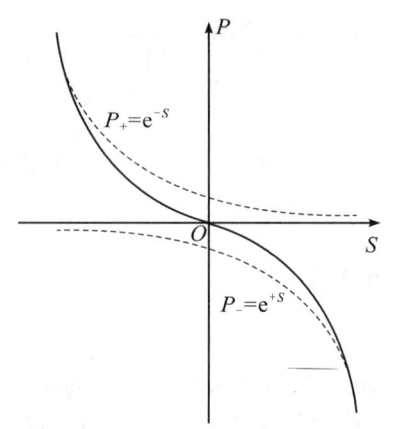

图14-7 近平衡态一元系统及其反向可逆子系统的 $P \sim S$ 关系曲线

向可逆一元系统成为(均衡反向)一元系统。由(14-11)式就可以得到近平衡态的一元系统形态变化规律为

$$P = \alpha_+ e^{-S} - \alpha_- e^{+S}$$
$$= \frac{1}{2}(e^{-S} - e^{+S}) \tag{14-13}$$

上式所表达的近平衡态的一元系统异质形态变化规律，就是正向太极 $\vec{X}_+$ 上吸收发射条件下近平衡态的形态变化规律 $P_+ = e^{-S}$ 与负向太极 $\vec{X}_-$ 上自发发射条件下近平衡态的形态变化规律 $P_- = e^{+S}$ 差值的算术平均。但是，上式还可以改写成双曲正弦函数的形式

$$P = -\frac{1}{2}(e^{+S} - e^{-S})$$
$$= -\sinh S \tag{14-14}$$

可见，一元系统在近平衡态的形态变化规律为双曲正弦函数，双曲正弦函数为正向太极 $\vec{X}_+$ 上吸收发射条件下近平衡态的形态变化规律 $P_+=e^{-S}$ 与负向太极 $\vec{X}_-$ 上自发发射条件下近平衡态的形态变化规律 $P_-=e^{+S}$ 差值的算术平均。

在近平衡态的一元系统形态变化规律 $P \sim S$ 关系曲线如图 14-7 所示。由图 14-7 可见，双曲正弦函数为反对称函数，其函数曲线是吸收发射条件下近平衡态的反 J 形形态变化曲线与自发发射条件下近平衡态的 J 形形态变化曲线组合而成的 ∞ 形实线。在 $S \to -\infty$ 的区域，吸收发射的形态变化信息 $P_+=e^{-S}$ 在 $P=-\sinh S$ 所占的权重越来越大；而在 $S \to +\infty$ 的区域，自发发射的形态变化信息 $P_-=e^{+S}$ 在 $P=-\sinh S$ 所占的权重也越来越大。

对 (14-14) 式进行微分，可以得到近平衡态的一元系统形态转化信息变化率函数为

$$p = \frac{d}{dS}\left[\frac{1}{2}(e^{-S}-e^{+S})\right]$$
$$= -\frac{1}{2}(e^{-S}+e^{+S}) \qquad (14-15)$$

上式也可以改写成双曲余弦函数的形式

$$p = -\frac{1}{2}(e^{-S}+e^{+S})$$
$$= -\cosh S \qquad (14-16)$$

这就表明，在近平衡态的一元系统形态转化信息变化率与熵的函数关系可用双曲余弦函数表示。双曲余弦函数是正向太极 $\vec{X}_+$ 上吸收发射条件下近平衡态的形态变化规律 $P_+=e^{-S}$ 与负向太极 $\vec{X}_-$ 上自发发射条件下近平衡态的形态变化规律 $P_-=e^{+S}$ 的算术平均。

在近平衡态的一元系统形态变化规律 $p \sim S$ 关系曲线如图 14-8 所示。由图 14-8 可见，双曲余弦函数是对称函数，其函数曲线是开口向下关于 p 轴对称的反悬链线。双曲余弦函数曲线是吸收发射条件下近平衡态的反 J 形形态变化曲线与自发发射条件下近平衡态的 J 形形态变化曲线的平均组合。

由图 14-8 可见，在吸收发射条件下，近平衡态的指数函数 $P_+=e^{-S}$ 的形态变化曲线与双曲余弦函数 $p=-\cosh S$ 的形态变化曲线在 $S \to +\infty$

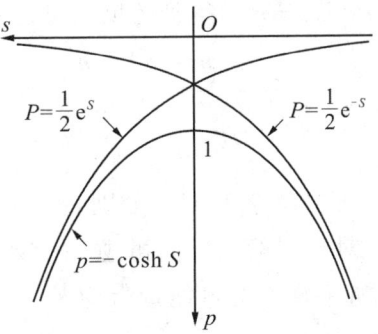

图 14-8 近平衡态一元系统及其反向可逆子系统的 $p \sim S$ 关系曲线

处是重合的；在自发发射条件下，近平衡态的指数函数 $P_-=e^{+S}$ 的形态变化曲线与双曲余弦函数 $p=-\cosh S$ 的形态变化曲线在 $S \to -\infty$ 处也是重合的。在 $S \to +\infty$ 的区域，自发发射的形态变化信息 $P_-=e^{+S}$ 在 $p=-\cosh S$ 所占的权重越来越大；而在 $S \to$

$-\infty$ 的区域,吸收发射的形态变化信息 $P_+ = e^{-S}$ 在 $p = -\cosh S$ 所占的权重也越来越大。

同理,在一维二仪质向量坐标系 $\vec{X}$ 内部打开 $(\vec{N},\vec{n},\vec{E},\vec{E}_{\neq},\vec{\varepsilon})$ 五维分质向量空间,由于各个分质向量与各自的分质变量坐标轴同向,可以用其分质变量坐标轴来表示。在近平衡态条件下,把正向变化的异质单元数 n_+ 和负向变化的异质单元数 n_-,即(6-291)式 $n_+ = N_+ e^{\mp(E_{\neq\pm}-E_\pm)/\varepsilon_\pm}$ 代入(13-17)式 $n = n_+ - n_-$,就可得到反向可逆一元系统异质单元数 n 的变化规律

$$n = n_+ - n_- = N_+ e^{-(E_{\neq+}-E_+)/\varepsilon_+} - N_- e^{-(E_{\neq-}-E_-)/\varepsilon_-} \tag{14-17}$$

如果正向太极上的子系统与负向太极上的子系统总体单元数 N_+ 和总体单元数 N_- 相等($N_+ = N_- = \dfrac{N}{2}$),能阈 $E_{\neq+}$ 和能阈 $E_{\neq-}$ 相等($E_{\neq} = E_{\neq+} = E_{\neq-}$),且能元 ε_+ 和能元 ε_- 相等($\varepsilon = \varepsilon_+ = \varepsilon_-$),反向可逆一元系统成为(均衡反向)一元系统。近平衡态的一元系统形态变化规律可以由(14-17)式改写成双曲正弦函数的表达式

$$n = -N\sinh\left(\frac{E_{\neq} - E}{\varepsilon}\right) \tag{14-18}$$

特别地,当能阈 $E_{\neq} = E_{\neq+} = E_{\neq-} = 0$ 时,上式成为

$$n = N\sinh\frac{E}{\varepsilon} \tag{14-19}$$

在一维二仪质向量坐标系 $\vec{X}$ 内部 $(\vec{N},\vec{n},\vec{E},\vec{E}_{\neq},\vec{\varepsilon})$ 五维分质向量空间的 $(\vec{C}_N,\vec{n},\vec{E},\vec{C}_{E_{\neq}},\vec{C}_\varepsilon)$ 截面上,各个分质向量坐标轴与各自的分质变量坐标轴同向,可以用其分质变量来表示。在近平衡态条件下,把(6-296)式 $n_+ = C_{N_+} e^{\mp(C_{E_\pm}-E_+)/C_\varepsilon}$ 代入(13-17)式 $n = n_+ - n_-$,得到的反向可逆一元系统异质单元数形态变化规律为

$$n = n_+ - n_- = C_{N_+} e^{-(C_{E_+}-E_+)/C_\varepsilon} - C_{N_-} e^{+(C_{E_-}-E_-)/C_\varepsilon} = C_{N_+} e^{-C_{E_+}/C_\varepsilon} e^{E_+/C_\varepsilon} - C_{N_-} e^{C_{E_-}/C_\varepsilon} e^{-E_-/C_\varepsilon} \tag{14-20}$$

式中,C_{N_+} 和 C_{N_-} 分别表示正向子系统和负向子系统的总体单元数。

对于一般的反向可逆一元系统在平衡态附近的形态变化,如果平衡态的能量为 E_e,近平衡态的过能量为

$$E_\eta = E - E_e \tag{14-21}$$

如果用正向子系统的异质单元数变化率常数 $B_+ = C_{N_+} e^{-C_{E_+}/C_\varepsilon}$ 和负向子系统的异质单元数变化率常数 $B_- = C_{N_-} e^{C_{E_-}/C_\varepsilon}$ 表示的话,那么(14-20)式 $n = C_{N_+} e^{-C_{E_+}/C_\varepsilon} \cdot e^{+E_+/C_\varepsilon} - C_{N_-} e^{+C_{E_-}/C_\varepsilon} e^{-E_-/C_\varepsilon}$ 可以改写为

$$n = C_{N_+} e^{-C_{E_+}/C_\varepsilon} e^{+E_+/C_\varepsilon} - C_{N_-} e^{+C_{E_-}/C_\varepsilon} e^{-E_-/C_\varepsilon} = B_+ e^{-E_\eta/C_\varepsilon} - B_- e^{-E_\eta/C_\varepsilon} \tag{14-22}$$

用(14-22)式作图,即可得到图 14-9。

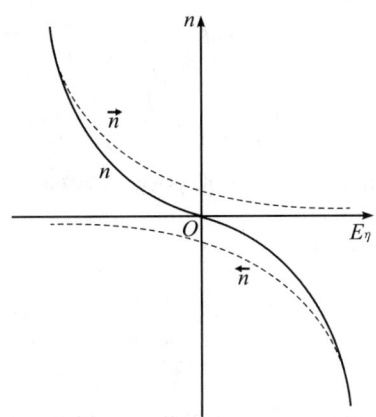

图 14-9　近平衡态一元系统及其反向可逆子系统的 $n \sim E$ 关系曲线

对(14-22)式微分,可以得到近平衡态反向可逆一元系统的异质单元数变化率为

$$\frac{\mathrm{d}n}{\mathrm{d}E} = \frac{1}{C_{\varepsilon_+}} C_{N_+} \mathrm{e}^{-C_{E_{\neq_+}}/C_{\varepsilon_+}} \mathrm{e}^{+E/C_{\varepsilon_+}} + \frac{1}{C_{\varepsilon_-}} C_{N_-} \mathrm{e}^{+C_{E_{\neq_-}}/C_{\varepsilon_-}} \mathrm{e}^{-E/C_{\varepsilon_-}}$$

$$= \frac{B_+}{C_{\varepsilon_+}} \mathrm{e}^{-E_\eta/C_{\varepsilon_+}} + \frac{B_-}{C_{\varepsilon_-}} \mathrm{e}^{-E_\eta/C_{\varepsilon_-}} \tag{14-23}$$

如果正向变化子系统的异质单元数变化率常数 B_+ 和负向变化子系统的异质单元数变化率常数 B_- 相等($B = B_+ = B_-$),能阈 $C_{E_{\neq_+}}$ 和能阈 $C_{E_{\neq_-}}$ 相等($C_{E_\neq} = C_{E_{\neq_+}} = C_{E_{\neq_-}}$),且能元 C_{ε_+} 和能元 C_{ε_-} 相等($C_\varepsilon = C_{\varepsilon_+} = C_{\varepsilon_-}$),在此情况下,反向可逆一元系统成为(均衡反向)一元系统。由(14-22)式 $n = B_+ \mathrm{e}^{-E_\eta/C_{\varepsilon_+}} - B_- \mathrm{e}^{-E_\eta/C_{\varepsilon_-}}$ 可得近平衡态的一元系统形态变化规律

$$n = B_+ \mathrm{e}^{-E_\eta/C_{\varepsilon_+}} - B_- \mathrm{e}^{-E_\eta/C_{\varepsilon_-}}$$

$$= B[\mathrm{e}^{-E/C_\varepsilon} - \mathrm{e}^{+E/C_\varepsilon}]$$

$$= -\frac{C_N}{2}(\mathrm{e}^{+(C_{E_\neq}-E)/C_\varepsilon} - \mathrm{e}^{-(C_{E_\neq}-E)/C_\varepsilon})$$

$$= -C_N \sinh\left(\frac{C_{E_\neq} - E}{C_\varepsilon}\right) \tag{14-24}$$

$n \sim E$ 关系曲线为图 14-9 中关于原点对称的双曲正弦函数。

在近变相点区间,当能阈 $C_{E_\neq} = C_{E_{\neq_+}} = C_{E_{\neq_-}} = 0$ 时,上式成为

$$n = C_N \sinh \frac{E}{C_\varepsilon} \tag{14-25}$$

在相同情况下,对(14-24)式求 E 的导数,就有

$$r = \frac{\mathrm{d}}{\mathrm{d}E}\left[-C_N \sinh\left(\frac{C_{E_\neq} - E}{C_\varepsilon}\right)\right]$$

$$= \frac{C_N}{C_\varepsilon} \cosh\left(\frac{C_{E_\neq} - E}{C_\varepsilon}\right) \tag{14-26}$$

对(14-25)式求 E 的导数,则有

$$r = \frac{\mathrm{d}}{\mathrm{d}E}\left(C_N \sinh \frac{E}{C_\varepsilon}\right)$$
$$= \frac{C_N}{C_\varepsilon} \cosh \frac{E}{C_\varepsilon} \tag{14-27}$$

图 14-10 关于 r 轴对称的 $r \sim E$ 关系曲线就是双曲余弦函数曲线。

三、准平衡态

在由正向太极 $\vec{X}_+$ 与负向太极 $\vec{X}_-$ 共同组成的极性反向的一维二仪质向量坐标系 $\vec{X}$ 中,分别打开正向太极 $\vec{X}_+$ 与负向太极 $\vec{X}_-$ 内部的 $(\vec{P},\vec{S})$ 二维分质向量空间,就可以用熵信息函数 $\vec{P}(\vec{S})$ 来表示反向可逆一元系

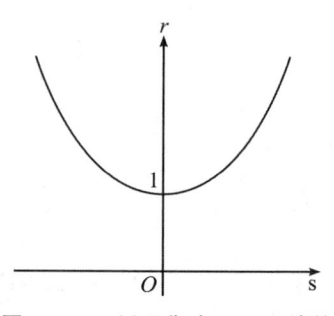

图 14-10 近平衡态一元系统的 $r \sim E$ 关系曲线

统不同失衡态的变化规律,并界定正向的信息向量 $\vec{P'}_+$ 和负向的信息向量 $\vec{P'}_-$ 相互抵消或减弱的关系。

在熵信息函数(13-68)式 $\vec{P}=\alpha_+\vec{P}_+ + \alpha_-\vec{P}_-$ 中,由于信息向量 $\vec{P'}_+$ 或 $\vec{P}_+$ 与正向太极 $\vec{X}_+$ 的一维正向单位质向量 $\vec{e}_+$ 同向,信息向量 $\vec{P'}_-$ 或 $\vec{P}_-$ 与负向太极 $\vec{X}_-$ 的一维负向单位质向量 $\vec{e}_-$ 同向,因此只要反向可逆一元系统的信息也以一维正向单位质向量 $\vec{e}_+$ 为单位质向量,就可以用(13-71)式 $P = P'_+ - P'_-$ 的标量形式来表示。

在吸收发射条件下,准平衡态的熵信息函数为(5-96)式 $P_+ = aS + b$;正向的熵 $S \to +\infty$,异化信息 $P_+ \to 0$。在自发发射条件下,准平衡态的熵信息函数为(5-100)式 $P_+ = a'S + b'$;负向的熵 $S \to -\infty$,异化信息 $P_+ \to 0$。所以,准平衡态反向可逆一元系统形态变化规律可以用直线函数来表示。把熵信息函数的关系式代入(13-71)式 $P = P'_+ - P'_-$,就可以得到准平衡态的反向可逆一元系统的形态变化规律。

$$P = P'_+ - P'_-$$
$$= \alpha_+ P_+ - \alpha_- P_-$$
$$= \alpha_+(a_+ S_+ + b_+) - \alpha_-(a_- S_- + b_-) \tag{14-28}$$

式中,$a_+ = a, b_+ = b, a_- = a', b_- = b'$,都是常量;$\alpha_+$ 和 α_- 为吸收发射子系统和自发发射子系统在反向可逆一元系统中的权重数,它们符合归一化条件 $\alpha_+ + \alpha_- = 1$;熵 S_+ 和熵 S_- 的定义域为 $(-\infty,+\infty)$;吸收发射的形态转化信息 P_+ 和自发发射的形态转化信息 P_- 的取值都在 $[0,1]$ 区间,由于正向的异化信息 $P_+ \to 0$ 和负向的异化信息 $P_- \to 0$,因此反向可逆一元系统的异化信息 $P \in [0,1]$。

对(14-28)式微分,可以得到准平衡态反向可逆一元系统的熵信息变化率函数为

$$p = \frac{d}{dS}(\alpha_+ P_+ - \alpha_- P_-)$$
$$= \frac{d}{dS}[\alpha_+(a_+ S_+ + b_+) - \alpha_-(a_- S_- + b_-)]$$
$$= \alpha_+ a_+ - \alpha_- a_- \qquad (14\text{-}29)$$

式中，$a_+ = -e^{-C_{S_1}}$；$a_- = e^{+C_{S_1}}$。

正向形态变化信息 P'_+ 与负向形态变化信息 P'_- 对熵 S 的关系曲线都是直线，$P \sim S$ 关系曲线是在第Ⅱ象限和第Ⅳ象限对称于原点的两段直线，如图 14-11 所示。其实，从图 14-7 就可以看出：在吸收发射条件下准平衡态的线性函数为 (5-96) 式 $P_+ = a_+ S_+ + b_+$，其形态变化曲线（实线）与近平衡态的反 J 形形态变化曲线（虚线）在 $S \to +\infty$ 处是重合的；在自发发射条件下准平衡态的线性函数为 (5-100) 式 $P_+ = a_- S_- + b_-$，其形态变化曲线（实线）与近平衡态的 J 形形态变化曲线（虚线）在 $S \to -\infty$ 处也是重合的。

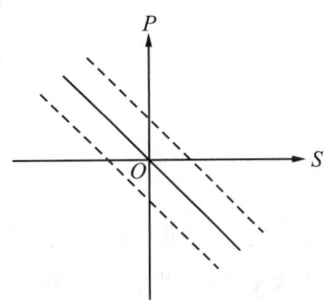

图 14-11 准平衡态一元系统及其反向可逆子系统的 $P \sim S$ 关系曲线

如果正向变化子系统的权重数 α_+ 和负向变化子系统的权重数 α_- 相等（$\alpha_+ = \alpha_- = \frac{1}{2}$），反向可逆一元系统成为（均衡反向）一元系统。由 (14-28) 式就可以得到在准平衡态条件下一元系统的形态变化规律

$$P = \frac{1}{2}[(a_+ S_+ + b_+) - (a_- S_- + b_-)] \qquad (14\text{-}30)$$

式中，$a_+ = -e^{-C_{S_1}}$；$b_+ = C_{P_1} + C_{S_1} e^{-C_{S_1}}$；$a_- = e^{+C_{S_1}}$；$b_- = C_{P_1} - C_{S_1} e^{+C_{S_1}}$。

在准平衡态，(14-30) 式的函数形式都是线性函数。当吸收发射子系统的熵 $S_+ \to +\infty$ 时，$a_+ \to 0$，$b_+ \to C_{P_-}$，$P_+ \to C_{P_+}$；C_{P_+} 为准平衡态上取熵 S_1 接近于无穷大，而异化信息 P 为零时的 (P_1, S_1) 点；当自发发射子系统的熵 $S_- \to -\infty$ 时，$a_- \to 0$，$b_- \to C_{P_-}$，$P_- \to C_{P_-}$。而在吸收发射子系统的熵 S_+ 与自发发射子系统的熵 S_- 趋近于相等（$S = S_+ = S_-$）的条件下，一元系统的 $b_+ = b_-$，$a_+ \to -1$，$a_- \to 1$，因此在准平衡态一元系统的形态变化规律可以改写为

$$P = \frac{1}{2}(P_+ - P_-) = \frac{1}{2}(a_+ - a_-)S = -S \qquad (14\text{-}31)$$

在准平衡态，一元系统的形态变化规律 $P \sim S$ 关系曲线如图 14-11 所示，其 $P \sim S$ 关系曲线为图 14-11 中穿过原点的一条反对称直线。由图 14-11 可见，准平衡态的一元系统形态变化函数曲线是吸收发射条件下近平衡态的反 J 形形态变化曲线在逼近平衡态的那一段直线与自发发射条件下近平衡态的 J 形形态变化曲线在逼近平衡态的那

一段直线的组合。这就表明,在准平衡态条件下的一元系统熵信息函数可以用线性函数表示。

在准平衡态,(14-29)式中的 $\alpha_+ = \alpha_- = \frac{1}{2}$,$a_+ \to -1$,$a_- \to 1$,一元系统熵信息变化率函数就成为

$$p = \frac{1}{2}(a_+ - a_-) = -1 \tag{14-32}$$

对(14-31)式 $P = -S$ 进行求导,也可以得到处于准平衡态的一元系统熵信息变化率函数为

$$p = \frac{\mathrm{d}}{\mathrm{d}S}(-S) = -1 \tag{14-33}$$

这就表明,在准平衡态的一元系统熵信息变化率函数是等于常数的线性函数,其 $p \sim S$ 关系曲线为图 14-12 所示的直线,这是一条关于 p 轴对称的直线。

同理,在一维二仪质向量坐标系 $\vec{X}$ 内部打开($\vec{N}$,$\vec{n}$,$\vec{E}$,$\vec{E}_{\neq}$,$\vec{\varepsilon}$)五维分质向量空间,由于各个分质向量与各自的分质变量坐标轴同向,可以用其分质变量坐标轴来表示。在准平衡态条件下,把正向变化的异质单元数

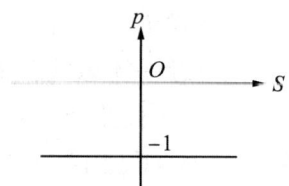

图 14-12 准平衡态一元系统的 $p \sim S$ 关系曲线

n_+ 和负向变化的异质单元数 n_-,即把(6-303)式 $n_+ = aN_+ \dfrac{E_{+\neq} - E_+}{\varepsilon_+} + bN_+$ 和(6-308)式 $n_+ = a'N_+ \dfrac{E_{+\neq} - E_+}{\varepsilon_+} + b'N_+$ 代入(13-17)式 $n = n_+ - n_-$,令 $a = a_+$,$b = b_+$,$a' = a_-$,$b' = b$,也可以得到反向可逆一元系统的异质单元数 n 的变化规律

$$\begin{aligned} n &= n_+ - n_- \\ &= a_+ N_+ \frac{E_{\neq +} - E}{\varepsilon_+} + b_+ N_+ - a_- N_- \frac{E_{\neq -} - E}{\varepsilon_-} - b_- N_- \\ &= -\left(\frac{a_+ N_+}{\varepsilon_+} - \frac{a_- N_-}{\varepsilon_-}\right) E + \frac{a_+ N_+ E_{\neq +}}{\varepsilon_+} + b_+ N_+ - \frac{a_- N_- E_{\neq -}}{\varepsilon_-} - b_- N_- \end{aligned} \tag{14-34}$$

如果正向变化子系统与负向变化子系统的总体单元数 N_+ 和总体单元数 N_- 相等($N_+ = N_- = \dfrac{N}{2}$),能阈 $E_{\neq +}$ 和能阈 $E_{\neq -}$ 相等($E_{\neq} = E_{\neq +} = E_{\neq -}$),且能元 ε_+ 和能元 ε_- 相等($\varepsilon = \varepsilon_+ = \varepsilon_-$),则反向可逆一元系统成为(均衡反向)一元系统。由于 $a_+ = 1$,$a_- = -1$,$b_+ = b_-$,(14-34)式可以表达为

$$n = a_+ N_+ \frac{E_{\neq +} - E}{\varepsilon_+} + b_+ N_+ - a_- N_- \frac{E_{\neq -} - E}{\varepsilon_-} - b_- N_-$$

$$= -\frac{N}{2\varepsilon}(a_+ - a_-)E + \frac{NE_{\neq}}{2\varepsilon}(a_+ - a_-) + N(b_+ - b_-)$$

$$= -N\frac{E_{\neq} - E}{\varepsilon} \tag{14-35}$$

当能阈 $E_{\neq} = E_{\neq +} = E_{\neq -} = 0$ 时,上式成为

$$n = \frac{NE}{\varepsilon} \tag{14-36}$$

在一维二仪质向量坐标系 $\vec{X}$ 内部 $(\vec{N}, \vec{n}, \vec{E}, \vec{E_{\neq}}, \vec{\varepsilon})$ 五维分质向量空间的 $(\vec{C_N}, \vec{n}, \vec{E}, \vec{C_{E_{\neq}}}, \vec{C_\varepsilon})$ 截面上,各个分质向量坐标轴与各自的分质变量坐标轴同向,可以用其分质变量来表示。在准平衡态条件下,一元系统的异质单元数 n 的变化规律为

$$n = -C_N \frac{C_{E_{\neq}} - E}{C_\varepsilon} = \alpha E - \beta \tag{14-37}$$

式中,$\alpha = \frac{C_N}{C_\varepsilon}; \beta = -\frac{C_N C_{E_{\neq}}}{C_\varepsilon}$。

当能阈 $C_{E_{\neq}} = C_{E_{\neq +}} = C_{E_{\neq -}} = 0$ 时,上式成为

$$n = \frac{C_N E}{C_\varepsilon} = \alpha E \tag{14-38}$$

用(14-38)式作图,即可得到如图 14-13 所示的 $n \sim E$ 关系曲线,这是一条经过原点的直线。

对(14-37)式求 E 的导数,可以得到准平衡态一元系统的异质单元数变化率为

$$r = \frac{dn}{dE} = \frac{C_N}{C_\varepsilon} = \alpha \tag{14-39}$$

图 14-14 所示的关于 r 轴对称的 $r \sim E$ 关系曲线也是一条直线。

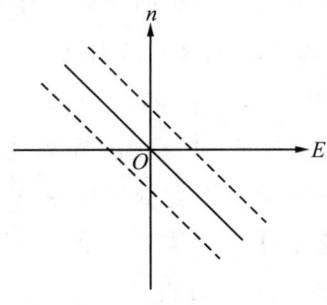

图 14-13 准平衡态一元系统及其反向可逆子系统的 $n \sim E$ 关系曲线

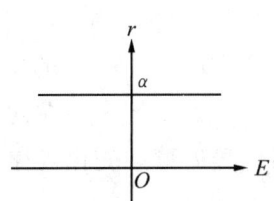

图 14-14 准平衡态一元系统的 $r \sim E$ 关系曲线

第三节 一元系统在不同失衡态的分布规律

利用单元系统异质形态变化规律与单元系统本质形态分布规律的互补关系,可以揭示反向可逆一元系统的形态分布规律。均衡反向一元系统在远离平衡态、近平衡态和准平衡态的形态分布规律具有不同形式,既可用本质信息分布函数及其分布密度函数表示,也可用本质单元数分布函数及其分布密度函数表示。

一、一元系统本质形态分布规律

太极世界是人们以"易"为思辨准则建立的最简易的单向变化认知空间。一维正向质向量坐标系 $\vec{X}_+$ 是人们以一维正向单位质向量 $\vec{e}_+$ 为度量基准建立的一维单向质向量坐标系空间,单元系统某一确定的形态就对应着此空间中的一个定常的质向量 $\vec{a}_+$ 或一维正向质向量坐标系 $\vec{X}_+$ 上的一个定点。由于表征单元系统确定形态的常质向量 $\vec{a}_+$ 与一维正向质向量坐标系 $\vec{X}_+$ 的一维正向单位质向量 $\vec{e}_+$ 具有相同的方向,单元系统形态可以用一个质常量 a_+ 表示,甚至在省却关于质的规定的情况下还可以用数学上的一个正实数或数轴上的一个点表示。

当单元系统形态连续变化时,其形态变化量可以用一维正向质向量坐标系 $\vec{X}_+$ 上一定区间 $[\vec{a}_+,\vec{b}_+]$ 的质向量变化量 $\Delta\vec{x}_+ = \vec{b}_+ - \vec{a}_+$ 表示,$\Delta\vec{x}_+$ 在一维正向质向量坐标系 $\vec{X}_+$ 上为一有向线段。如果单元系统形态变化的方向与一维正向质向量坐标系 $\vec{X}_+$ 的一维正向单位质向量 $\vec{e}_+$ 的方向相同,单元系统形态的变化又可以用质变量变化量 Δx_+(标量)表示,则一维正向质变量坐标系 X_+ 空间中的 $\Delta x_+ = x_{b_+} - x_{a_+}$ 就表示在区间 $[\vec{a}_+,\vec{b}_+]$(或 $[a_+,b_+]$)的单元系统形态发生 $x_{a_+} \to x_{b_+}$ 单向变化的异质变化规律。当 $x_{a_+}=0$ 时,$\Delta x_+ = x_{b_+}$,在此条件下,Δx_+ 就表示一维正向质变量坐标系 X_+ 空间中的单元系统异质形态变化规律。与单元系统异质形态变化规律伴生的单元系统本质形态分布规律就是 $\Delta x_+^0 = x_{b_+}^0 - x_{a_+}^0$。当 $x_{a_+}^0=0$ 时,$\Delta x_+^0 = x_{b_+}^0$,在此条件下,Δx_+^0 就表示一维正向质变量坐标系 X_+ 空间中的单元系统本质形态分布规律。

不过,在一维正向质变量坐标系 X_+ 的太极空间中,由于 Δx_+ 所表达的单元系统异质形态变化规律 $\Delta x_+ = x_{b_+} - x_{a_+}$ 或 Δx_+^0 所表示的单元系统本质形态分布规律 $\Delta x_+^0 = x_{b_+}^0 - x_{a_+}^0$ 的特征无法分辨,无法反映单元系统异质形态变化规律或单元系统本质形态分布规律的内在关系,因此必须在一维正向质变量坐标系 X_+ 中打开其内部的多维分质向量空间,通过太极世界内部的分质向量之间的关系就可以反映单元系统异质形态变化规律或单元系统本质形态分布规律。

在一维正向质向量坐标系 $\vec{X}_+$ 的($\vec{X}_+$)空间中,表征单元系统形态的质向量 $\vec{x}_+$ 与一维正向质向量坐标系 $\vec{X}_+$ 的一维正向单位质向量 $\vec{e}_+$ 具有相同的方向,质向量 $\vec{x}_+$ 可以用质变量 x_+ 表示。在一维正向质向量坐标系 $\vec{X}_+$ 内部打开其 ($\vec{P}_+,\vec{S}_+$) 二维分质向量空间,信息 $\vec{P}_+$ 和熵 $\vec{S}_+$ 作为一维正向质向量 $\vec{x}_+$ 的两个独立的分质向量,也都与一维正向单位质向量 $\vec{e}_+$ 具有相同的方向,也就可以用质变量 P_+ 和 S_+ 表示。信息 P_+ 和熵 S_+ 这两个质变量作为一维正向质变量 x_+ 的一组分质变量,它们之间的关系式反映的就是一维正向质变量坐标系 X_+ 空间内部分质变量之间存在的内在关系。例如,单元系统形态转化基元规律 $P_+ = \dfrac{1}{1+\mathrm{e}^{\pm s}}$ 和单元系统形态分布基元规律 $P_+^0 = \dfrac{1}{1+\mathrm{e}^{\mp s}}$,两者表现为互补的关系,这样,人们就可以在一维正向质变量坐标系 X_+ 的 (P_+,S_+) 二维分质变量空间中直观地认识单元系统形态变化的空间轨迹,并认识单元系统形态变化规律与单元系统形态分布规律的特征。

在一维正向质向量坐标系 $\vec{X}_+$ 内部打开其 ($\vec{P}_+,\vec{S}$) 二维分质向量空间,各个分质向量与各自的分质变量坐标轴同向,可以用其分质变量坐标轴来表示。单元系统形态转化基元规律在吸收发射条件下的表达式为 $P_+ = \dfrac{1}{1+\mathrm{e}^{s}}$,并可以变换为 $P = \dfrac{1}{2}\left(1-\tanh\dfrac{S}{2}\right)$;单元系统形态转化基元规律在自发发射条件下的表达式为 $P_+ = \dfrac{1}{1+\mathrm{e}^{-s}}$,并可以变换为 $P = \dfrac{1}{2}\left(1+\tanh\dfrac{S}{2}\right)$。$P_+(S)$ 的值域为非负的 $[0,1]$,熵 S 的定义域为 $(-\infty,+\infty)$,其形态关系曲线就处在 OP_+S 坐标系的上半部空间,且轨迹在形态空间中是关于 P_+ 轴对称的曲线。其实,这是以平衡态 $x_{a_+}(P_+,S)=0(0,0)$ 为起始态,以远离平衡的 $x_+(P_+,S)$ 为终结态,在一维正向质变量坐标系 X_+ 的太极空间得到的单元系统形态转化基元规律,反映的是单元系统从某一个平衡态到远离平衡态的单向变化规律,表现了单元系统形态从平衡态向另一个平衡态转化异质形态从无到有的生成规律,"无"与"有"只是代表着基元过程本质和异质两种不同质的形态。

"一阴一阳之谓道。"在一维正向质变量坐标系 X_+ 的太极空间中,阴阳概念代表的是两种不同的平衡态。若以太极的世界观来看单元系统形态的阴阳变化,以中性的平衡态 $x_{a_+}(P_+,S)=0(0,0)$ 作为参照系,可以得到:如果吸收发射时中性的平衡态是被相对地作为阴态,则单元系统形态的变化就是从阴态到阳态的变化;如果自发发射时中性的平衡态是被相对地作为阳态,则单元系统形态的变化就是从阳态到阴态的变化。

如果规定一对性质截然相反的定质基准作为认知世界的正向太极坐标轴和负向太极坐标轴,则极性相反的两条太极坐标轴相对于中心(即无极的、中性的平衡态)就是一维双向太极坐标轴的相反部分,这是具有阴性(−)与阳性(+)的两个方面。如果规定一对性质和指向截然相反的质向量作为认知世界的正向太极坐标轴和负向太极坐标轴,则所形成的一维正向质向量坐标系$\vec{X}_+$与一维负向质向量坐标系$\vec{X}_-$就可以共同构造出一维双向质向量坐标系$\overleftrightarrow{X}$。

在一维正向质向量坐标系$\vec{X}_+$太极空间上,单元系统形态变化的基元过程只是单元系统形态从无到有的正向变化过程。然而,在正向太极$\vec{X}_+$与负向太极$\vec{X}_-$组成的一维双向质向量坐标系$\overleftrightarrow{X}$二仪空间里,一元系统形态变化可能同时有两个基元过程并行。

在一维双向质向量坐标系$\overleftrightarrow{X}$二仪空间中,一元系统可以在某一平衡态附近进行反向可逆的形态变化。在环境的作用下,有些一元系统可以由某一平衡态同时发生正向吸收发射与负向自发发射的形态变化,即一元系统形态发生一分为二的反向并发。反之,在环境的扰动下,有些一元系统也可以由两个平衡态同时发生正向吸收发射与负向自发发射的形态变化,即一元系统形态发生合二而一的反向并合。这种相对稳定存在的形态随着环境的作用或扰动而发生的双向涨落形态变化,事实上是与分布在该平衡态附近的阴阳两种形态紧密联系的,因而在考察一元系统实际存在形态的过程中,一般要把阴性的平衡态、阳性的平衡态和中性的平衡态三种形态联系起来。

在一维双向质向量坐标系$\overleftrightarrow{X}$二仪空间中,反向可逆一元系统发生的形态变化可以看作一元系统的两个子系统的反向竞争。相对于中性的平衡态,分布在二仪空间中的两种形态都被看作一阴一阳。一元系统形态一分为二的反向并发过程 $a_- \longleftarrow 0 \longrightarrow a_+$ 是由中性的平衡态分裂成为一阴一阳两种形态的过程,一元系统形态合二而一的反向并发过程 $a_- \longrightarrow \longleftarrow a_+$ 是由一阴一阳两种形态合并成为中性的平衡态的过程。

一维双向质向量坐标系$\overleftrightarrow{X}$的二仪空间是性质截然相反的相空间。反向可逆一元系统在二仪空间中围绕着正向太极$\vec{X}_+$与负向太极$\vec{X}_-$的变相点反向地进行着 $x_- \longleftrightarrow x_+$ 阴阳交变,正向太极$\vec{X}_+$上的子系统质向量变化为 $\Delta\vec{x}_+ = \vec{x}_+ - \vec{x}_-$,负向太极$\vec{X}_-$上的子系统质向量变化为 $\Delta\vec{x}_- = \vec{x}_- - \vec{x}_+$。反向可逆一元系统在 $x_- \longleftrightarrow x_+$ 的反向可逆发射过程中的质向量变化量为 $\Delta\vec{x}$,这是在正向太极$\vec{X}_+$上的正向子系统质向量变化量 $\Delta\vec{x}_+$ 与在负向太极$\vec{X}_-$上的负向子系统质向量变化量 $\Delta\vec{x}_-$ 两个质向量的叠加,即(13-63)式 $\Delta\vec{x} = \Delta\vec{x}_+ + \Delta\vec{x}_-$。

如果反向可逆一元系统的 $A \rightleftharpoons B$ 形态变化是在一维双向质向量坐标系$\overleftrightarrow{X}$跨越正向太极$\vec{X}_+$与负向太极$\vec{X}_-$的$[\vec{a}_-, \vec{b}_+]$区间中进行,$A \longrightarrow B$ 用向量$\vec{a}_-$表示,$B \longrightarrow A$ 向量$\vec{b}_+$表示,那么,$A \rightleftharpoons B$ 反向可逆的形态变化过程如图14-15所示,且可以表示为 $\vec{a}_- \longleftrightarrow \vec{b}_+$。

一维双向质向量坐标系$\overleftrightarrow{X}$是以一维二仪单位质向量$\vec{e}$为度量基准的,一维二仪单位质向量$\vec{e}$通过平移变换可以成为一维正向单位质向量$\vec{e}_+$。一维二仪质向量坐标系$\overleftrightarrow{X}$就是以一维正向单位质向量$\vec{e}_+$作为度量基准。通过打开一维二仪质向量坐标系$\overleftrightarrow{X}$内部的多维分质向量空间,在省却分质向量关于方向的规定时,任何一个作为自变量的分质变量都可以在$(-\infty,+\infty)$取值,而作为因变量的分质变量x就必须满足$x_+\geqslant 0$和$x_-\geqslant 0$。

反向可逆一元系统在$A \longleftrightarrow B$的反向变化过程中,必然有一个子系统处于正向变化,另一个子系统处于负向变化,正向子系统的形态变化规律$\Delta\vec{x}_+=\vec{b}_+-\vec{a}_-$与负向子系统的形态变化规律$\Delta\vec{x}_-=\vec{a}_--\vec{b}_+$是符合向量的加法运算规则的。反向可逆一元系统的异质

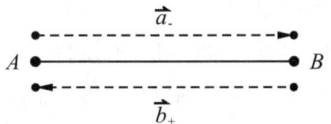

图 14-15 反向可逆形态变化过程

形态变化规律也就是正向太极$\vec{X}_+$上的正向子系统质向量变化量$\Delta\vec{x}_+=\vec{b}_+-\vec{a}_-$与负向太极$\vec{X}_-$上的负向子系统质向量变化量$\Delta\vec{x}_-=\vec{a}_--\vec{b}_+$两个向量的叠加。

在一维二仪质向量坐标系$\vec{X}$二仪空间的$[\vec{a}_-,\vec{b}_+]$区间中,把正向子系统的形态变化规律$\Delta\vec{x}_+=\vec{b}_+-\vec{a}_-$与负向子系统的形态变化规律$\Delta\vec{x}_-=\vec{a}_--\vec{b}_+$相互叠加,就可以得到反向可逆一元系统在形态变化过程的异质形态变化规律(13-63)式$\Delta\vec{x}=\Delta\vec{x}_++\Delta\vec{x}_-$。这反映了正向子系统的质向量变化量$\Delta\vec{x}_+$和负向子系统的质向量变化量$\Delta\vec{x}_-$加和是相互抵消的相减关系。

在一维二仪质向量坐标系$\vec{X}$的二仪空间中,正向太极$\vec{X}_+$上的正向子系统质向量变化量$\Delta\vec{x}_+$与负向太极$\vec{X}_-$上的负向子系统质向量变化量$\Delta\vec{x}_-$显然是方向相反且又共线的两个对立质向量。在正向变化的子系统与反向变化的子系统势均力敌的情况下,反向可逆一元系统成为均衡反向一元系统。对于一元系统来讲,正向子系统的质向量变化量$\Delta\vec{x}_+$与负向子系统的质向量变化量$\Delta\vec{x}_-$是性质相对、方向相反、模数相等的两个对立的质向量,即$\Delta\vec{x}_+$和$\Delta\vec{x}_-$值相等,代入(13-63)式$\Delta\vec{x}=\Delta\vec{x}_++\Delta\vec{x}_-$就有两个质向量的和为零向量,即

$$\Delta\vec{x}=\Delta\vec{x}_++\Delta\vec{x}_-=\Delta\vec{x}_+-\Delta\vec{x}_+=\vec{0} \tag{14-40}$$

上式表明,正向子系统的质向量变化量$\Delta\vec{x}_+$与负向子系统的质向量变化量$\Delta\vec{x}_-$就是方向相反且又共线的两个对称的质向量。在一维二仪质向量坐标系$\vec{X}$的二仪空间中,处于均衡态的 1-1 型反向可逆一元系统的质向量变化量$\Delta\vec{x}=\vec{0}$为零向量,或者说$\Delta\vec{x}=\vec{0}$为零向量的 1-1 型反向可逆一元系统称为均衡反向一元系统,简称一元系统。

当正向子系统的质向量变化量$\Delta\vec{x}_+$与负向子系统的质向量变化量$\Delta\vec{x}_-$达到均衡($\Delta\vec{x}_+=\Delta\vec{x}_-$),即反向可逆一元系统的形态变化达到均衡时,一元系统的质向量变化量$\Delta\vec{x}$为零向量,因而从表观上,一元系统可以看作处在平衡态的孤立系统。然而,正向子系统的质向量变化量$\Delta\vec{x}_+$与负向子系统的质向量变化量$\Delta\vec{x}_-$可以反映两个反向子系统在不同失衡态的形态变化过程。正向子系统的质向量变化量$\Delta\vec{x}_+$以分质向量的函数表达时反映的是正向子系统的形态变化规律,负向子系统的质向量变化量$\Delta\vec{x}_-$以分质向量的函数表达时反映的是负向子系统的形态变化规律,而两个反向子系统在某一失衡态变化过程的质向量函数的叠加反映的就是一元系统的形态变化规律。

不过,在一维二仪质向量坐标系 $\vec{X}$ 的正向太极 $\vec{X}_+$ 与负向太极 $\vec{X}_-$ 上,对于反向可逆一元系统在二仪空间发生的反向可逆形态变化,人们是无法分辨 $A \longrightarrow B$ 的吸收发射过程或 $B \longrightarrow A$ 的自发发射过程究竟是从平衡态到准平衡态的线性变化,或是从平衡态到近平衡态的非线性变化,还是从平衡态到远离平衡态突变的非线性变化,甚至可能是从一平衡态到多级平衡态的连发变化或从一平衡态到多组元平衡态的并发变化。为了认知两个子系统在反向发射过程中所蕴含的单元系统形态变化规律,就要在一维质向量坐标系 $\vec{X}$ 内部打开 m 维分质向量空间 $(\vec{X}_1, \vec{X}_2, \cdots, \vec{X}_m)$。例如,在一维二仪质向量坐标系 $\vec{X}$ 上打开其内部的 $(\vec{P}, \vec{S})$ 二维分质向量空间,反向可逆一元系统的质向量变化量 $\Delta \vec{x}$ 可以用信息 $\vec{P}$ 和熵 $\vec{S}$ 作为独立的分质向量来表现,其分质向量变化量 $\Delta \vec{x}$ 就是 $\Delta \vec{x}(\vec{P}, \vec{S})$。在省却分质向量关于方向的规定时,反向发射的形态变化以熵 S 为自变量时,$S \in (-\infty, +\infty)$,因变量信息 P 必须满足 $P_+ > 0$ 和 $P_- > 0$。

这样,在一维二仪质向量坐标系 $\vec{X}$ 上发生的形态变化,就可以用 $(\vec{P}, \vec{S})$ 二维分质向量空间中的信息熵函数或熵信息函数来表示。对于 A 形态和 B 形态彼此对峙的 $A \Longleftrightarrow B$ 反向可逆发射过程,通过一个子系统在吸收发射条件下的形态变化规律与另一子系统在自发发射条件下的形态变化规律的反向叠加,也可以用(13-68)式 $\vec{P} = \alpha_+ \vec{P}_+ - \alpha_- \vec{P}_-$ 来表示反向可逆一元系统表现的形态变化规律。

然而,在一维二仪质向量坐标系 $\vec{X}$ 的二仪空间中,由于反向可逆一元系统的异质形态与本质形态存在互补关系,因而反向可逆一元系统本质形态分布规律也就是正向太极 $\vec{X}_+$ 不变的质向量 $\Delta \vec{x}_+^0$ 与负向太极 $\vec{X}_-$ 不变的质向量 $\Delta \vec{x}_-^0$ 这两个质向量的叠加,即

$$\begin{aligned}\Delta \vec{x}^0 &= \Delta \vec{x}_+^0 + \Delta \vec{x}_-^0 \\ &= \Delta \vec{x}_+^0 - \Delta \overleftarrow{x}_-^0 \end{aligned} \tag{14-41}$$

在一维正向质向量坐标系 $\vec{X}_+$ 的太极空间中,单元系统形态变化的都是正向变化的,所以单元系统异质形态变化规律 $x_+ > 0$ 和单元系统本质形态分布规律 $x_+^0 > 0$。在一维二仪质向量坐标系 $\vec{X}$ 二仪空间内部发生子系统反向发射的形态变化,反向可逆一元系统的异质形态变化规律 $\Delta \vec{x} = \Delta \vec{x}_+ + \Delta \vec{x}_-$ 或反向可逆一元系统的本质形态分布规律 $\Delta \vec{x}^0 = \Delta \vec{x}_+^0 + \Delta \vec{x}_-^0$ 要满足 $\Delta \vec{x} > 0$ 和 $\Delta \vec{x}^0 > 0$ 的条件,这就必然要求 $\Delta \vec{x}_+ \geqslant 0$ 和 $\Delta \vec{x}_- \geqslant 0$ 或 $\Delta \vec{x}_+^0 \geqslant 0$ 和 $\Delta \vec{x}_-^0 \geqslant 0$ 的条件得以满足。

在第五章第三节"信息与熵表达的内在关系及性质"的讨论中,已经论述了单元系统形态的转化信息与尚未转化信息是互补的。吸收发射条件下的 $P_+(S)$ 或 $P_+^0(S)$ 与自发发射条件下的 $P_+^0(S)$ 或 $P_{+0}(S)$ 函数关系是一样的,在自发发射条件下的 $P_+(S)$ 或 $P_+^0(S)$ 与吸收发射条件下的 $P_+^0(S)$ 或 $P_{+0}(S)$ 函数关系也是一样的,因此,可以很方便地利用这种关系去分析反向可逆一元系统的本质形态分布规律。

在第十三章第五节"一元系统对峙反应及其变化规律"中,也阐述了反向可逆一元

系统在彼此对峙的 $A \rightleftharpoons B$ 发射过程的形态变化规律。反向可逆一元系统在$(\vec{P},\vec{S})$二维分质向量空间或$(N,n,E,E_{\neq},\varepsilon)$五维分质向量空间中的不同失衡态的形态变化规律表现为不同的形式。由于单元系统异质形态变化规律与单元系统本质形态分布规律表现为互补的关系,反向可逆一元系统在彼此对峙的 $A \rightleftharpoons B$ 发射过程中也同时有反向可逆一元系统的本质形态分布规律,因而有必要在一维二仪质向量坐标系$\vec{X}$内部的$(\vec{P}^0,\vec{S})$二维分质向量空间或$(\vec{N},\vec{n}^0,\vec{E},\vec{E}_{\neq},\varepsilon)$五维分质向量空间中,深入探讨一元系统在远离平衡态、近平衡态和准平衡态的本质形态分布规律。

二、一元系统在不同失衡态的本质形态分布函数

在一维二仪质向量坐标系$\vec{X}$的空间中,一元系统处于正向太极和负向太极的任何两个不同形态都是相对的形态,都可以用"一阴一阳"或爻符(**- -**与**—**)来指代。因此,阴与阳、**- -**与**—**、正与负、高与低等都可抽象为统计学中的两个点,都属于二点分布范畴。

在一维正向质向量坐标系$\vec{X}_+$太极空间中,省却了质向量关于性质和方向的规定,单元系统的任何两个不同形态作为相对形态,都可以用数符(0与1)表示。二点分布是认知世界里最简单的一种统计分布,也是联系最为松散的"0-1"分布。

如果离散型随机变量 X 取两个值 0,1,且有概率分布
$$P_+(X=1)=P_+, P_+(X=0)=P_+^0=1-P_+$$
则称 X 服从二点分布。[7]

在第五章第三节"信息与熵的内在关系及性质"中已经论述了,在一维正向质向量坐标系$\vec{X}_+$内部的$(\vec{P}_+,\vec{S})$二维分质向量空间中,单元系统的异质信息$\vec{P}_+$与本质信息$\vec{P}_+^0$是单元系统形影不离、相反相成的两个形态参量。因此,在一维正向质向量坐标系$\vec{X}_+$内部的$(\vec{P}_+,\vec{S})$二维分质向量空间中,如果把相对的两个形态分别用"一阴一阳"两个点来指代,那么这两个点作为对立统一体是由$\vec{P}_++\vec{P}_+^0=1$维系的。"一阴""一阳"相对的两个点,其各自的形态参量——熵 S 也是相对的。这在概率论中又可以看作事件 S 的逆事件 $\bar{S}$,如果用数符 1 与 0 来表示事件 S 的逆事件 $\bar{S}$,那么利用$\vec{P}_+$与$\vec{P}_+^0$的互补关系,也可以演绎出概率论的一条推论:事件 S 的逆事件 $\bar{S}$ 的概率为 $P_+(S)=1-P_+^0(S)$。这就演绎出了数理统计学中的二点分布。

不过,在一维二仪质向量坐标系$\vec{X}$的空间中,一元系统本质单元分布于正向太极和负向太极的形态往往是多个(甚至是无穷多个)的。在不同的失衡态,一元系统本质形态的分布规律是不同的。

(一)远离平衡态

二仪向量空间可以看作正向太极空间和负向太极空间的直和,一元系统在不同失

衡态的分布规律也可以看作两个反向发射的单元系统形态分布规律的加和。在一维二仪质向量坐标系 $\vec{X}$ 中,打开其内部的 $(\vec{P}^0, \vec{S})$ 二维分质向量空间,反向可逆一元系统的本质形态分布规律就可以在 $(\vec{P}^0, \vec{S})$ 二维分质向量空间中进行探讨。

在一维二仪质向量坐标系 $\vec{X}$ 内部打开 $(\vec{P}, \vec{S})$ 二维分质向量空间,对于子系统 A 和子系统 B 彼此对峙的 $A \rightleftharpoons B$ 反向可逆发射过程,反向可逆一元系统表现的形态变化规律可以用 (13-68) 式 $\vec{P} = \alpha_+ \vec{P}_+ - \alpha_- \vec{P}_-$ 来表示。由于分质向量 $\vec{P}'_+$ 或 $\vec{P}_+$ 与正向太极 $\vec{X}_+$ 的一维正向单位质向量 $\vec{e}_+$ 同向,分质向量 $\vec{P}'_-$ 或 $\vec{P}_-$ 与负向太极 $\vec{X}_-$ 的一维负向单位质向量 $\vec{e}_-$ 同向,因此只要反向可逆一元系统的信息也以一维正向单位质向量 $\vec{e}_+$ 为单位质向量,就可以用 (13-71) 式 $P = P'_+ - P'_-$ 的标量形式来表示。在远离平衡态和省却分质向量关于方向规定的条件下,把 (5-36) 式 $P_\pm = \dfrac{1}{1+e^{\pm s}}$ 代入 (13-68) 式 $\vec{P} = \alpha_+ \vec{P}_+ - \alpha_- \vec{P}_-$,就可以得到反向可逆一元系统的形态变化规律,即 (14-1) 式 $P = \alpha_+ \dfrac{1}{1+e^{+s}} - \alpha_- \dfrac{1}{1+e^{-s}}$。如果正向变化子系统的权重数 α_+ 和负向变化子系统的权重数 α_- 相等 $\left(\alpha_+ = \alpha_- = \dfrac{1}{2}\right)$,则一元系统的异质形态变化规律为 (14-2) 式 $P = \dfrac{1}{2}\left(\dfrac{1}{1+e^{+s}} - \dfrac{1}{1+e^{-s}}\right)$。在同样的发射条件下,利用 (7-8) 式 $P^0(S) = -P(S)$,代入 (13-70) 式 $P = \dfrac{1}{2}(P_+ - P_-)$,就可以直接得到一元系统本质形态分布规律为

$$P^0(S) = -P(S)$$
$$= \dfrac{1}{2}\left(\dfrac{1}{1+e^{-s}} - \dfrac{1}{1+e^{+s}}\right) \tag{14-42}$$

在一维二仪质向量坐标系 $\vec{X}$ 的空间中,正向子系统的分布信息随着熵的增加表现为 S 形曲线,负向子系统的分布信息随着熵的增加表现为反 S 形曲线。在反向可逆一元系统中,正向子系统形态分布信息 P'^0_+ 与逆向形态分布信息 P'^0_- 是相减的关系,它们对熵 S 的形态分布关系曲线,可以用图 14-16 中横轴上下的两条 S 形曲线表示。

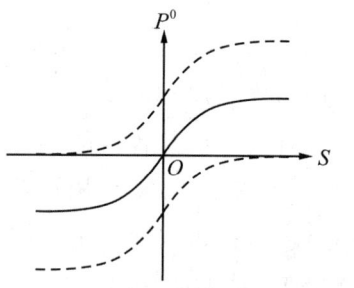

图 14-16 一元系统及其反向可逆子系统的 $P^0 \sim S$ 关系曲线

在上述正向子系统和负向子系统的 α_+ 和 α_- 相等 $\left(\alpha_+ = \alpha_- = \dfrac{1}{2}\right)$ 的条件下,如果正向子系统和负向子系统的 S_+ 和 S_- 相等 $(S = S_+ = S_-)$ 的条件也得到满足,反向可逆一元系统成为均衡反向一元系统。由 (14-42) 式 $P^0(S) = \dfrac{1}{2}\left(\dfrac{1}{1+e^{-s}} - \dfrac{1}{1+e^{+s}}\right)$ 就可以得到一元系统本质形

态分布规律

$$P^0 = \frac{1}{2}\left(\frac{1}{1+e^{-S}} - \frac{1}{1+e^{+S}}\right)$$
$$= \frac{1}{2}\left(\frac{e^{+S/2}}{e^{+S/2}+e^{-S/2}} - \frac{e^{-S/2}}{e^{+S/2}+e^{-S/2}}\right)$$
$$= \frac{1}{2}\left(\frac{e^{+S/2}-e^{-S/2}}{e^{+S/2}+e^{-S/2}}\right)$$
$$= \frac{1}{2}\tanh\frac{S}{2} \tag{14-43}$$

(14-43)式的函数形式与吸收发射条件下(7-4)式 $P^0 = \frac{1}{2}\tanh\frac{S}{2}$ 是一样的, 其 $P^0 \sim S$ 关系曲线是图 14-16 中经过原点的 S 形双曲正切函数曲线。可见, 两个子系统分布信息随着熵的增加的分布轨迹的反向加和, 反映的是一元系统本质信息与熵的分布关系曲线。

对(14-43)式微分, 也可以得到一元系统本质形态分布信息密度函数为

$$p^0 = \frac{d}{dS}\left(\frac{1}{2}\tanh\frac{S}{2}\right)$$
$$= \frac{1}{4}\operatorname{sech}^2\frac{S}{2} \tag{14-44}$$

(14-44)式的函数形式与吸收发射条件下(7-18)式 $p^0 = \frac{1}{4}\operatorname{sech}^2\frac{S}{2}$ 也是一样的。所以, 一元系统本质信息密度函数为偶函数, $p^0 \sim S$ 分布关系曲线如图 14-17 所示, 是关于 p^0 轴对称的钟形曲线。

同理, 打开一维二仪质向量坐标系 $\vec{X}$ 内部的 $(\vec{N}, \vec{n}, \vec{E},$ $\vec{E}_{\neq}, \vec{\varepsilon})$ 五维分质向量空间, 各个分质向量与各自的分质变量坐标轴同向, 可以用其分质变量坐标轴来表示。对于子系统 A 和子系统 B 彼此对峙的 $A \rightleftharpoons B$ 反向可逆发射过程, 在远

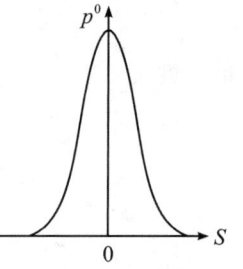

图 14-17　一元系统的 $p^0 \sim S$ 分布关系曲线

离平衡态和省却分质向量关于方向规定的条件下, 把(5-29)式 $n_+ = \dfrac{N_+}{1+e^{\pm(E_{\neq +}-E_+)/\varepsilon_+}}$ 代入(13-17)式 $n = n_+ - n_-$, 即可得到反向可逆一元系统异质单元数变化规律为(14-5)式 $n = \dfrac{N_+}{1+e^{+(E_{\neq +}-E_+)/\varepsilon_+}} - \dfrac{N_-}{1+e^{-(E_{\neq -}-E_-)/\varepsilon_-}}$。在同样的发射条件下, 利用(5-43)式 $P^0_+(S) = P_+(-S)$ 可以直接得到反向可逆一元系统的本质单元数分布规律为

$$n^0 = n^0_+ - n^0_-$$
$$= \frac{N^0_+}{1+e^{-(E_{\neq +}-E_+)/\varepsilon_+}} - \frac{N^0_-}{1+e^{+(E_{\neq -}-E_-)/\varepsilon_-}}$$

$$= \frac{N_+^0}{2}\left(1+\tanh\frac{E_{\neq +}-E_+}{2\varepsilon_+}\right) - \frac{N_-^0}{2}\left(1-\tanh\frac{E_{\neq -}-E_-}{2\varepsilon_-}\right) \tag{14-45}$$

在一维二仪质向量坐标系 $\vec{X}$ 内部的 $(\vec{N^0},\vec{n^0},\vec{E},\vec{E}_{\neq},\vec{\varepsilon})$ 五维分质向量空间中，省却了分质向量关于方向的规定，如果正向子系统与负向子系统的总体单元数相等（$N_+^0 = N_-^0 = \frac{N^0}{2}$）、能阈相等（$E_{\neq +} = E_{\neq -} = 0$）和能元相等（$\varepsilon_+ = \varepsilon_- = \varepsilon$），在此情况下，反向可逆一元系统成为均衡反向一元系统，(14-45)式就成为

$$n^0 = \frac{N_+^0}{1+e^{-(E_{\neq +}-E_+)/\varepsilon_+}} - \frac{N_-^0}{1+e^{+(E_{\neq -}-E_-)/\varepsilon_-}}$$

$$= \frac{N^0}{4}\left(1-\tanh\frac{E}{2\varepsilon}\right) - \frac{N^0}{4}\left(1+\tanh\frac{E}{2\varepsilon}\right)$$

$$= -\frac{N^0}{2}\tanh\frac{E}{2\varepsilon} \tag{14-46}$$

在一维二仪质向量坐标系 $\vec{X}$ 内部的 $(\vec{N^0},\vec{n^0},\vec{E},\vec{E}_{\neq},\vec{\varepsilon})$ 五维分质向量空间的 $(\vec{C}_{N^0},\vec{n^0},\vec{E},\vec{C}_{E_{\neq}},\vec{C}_\varepsilon)$ 截面上，省却了分质向量关于方向的规定，(14-46)式成为

$$n^0 = -\frac{C_{N^0}}{2}\tanh\frac{E}{2C_\varepsilon} \tag{14-47}$$

其 $n^0 \sim E$ 关系曲线如图 14-18 所示。

对(14-47)式 $n^0 = -\frac{C_{N^0}}{2}\tanh\frac{E}{2C_\varepsilon}$ 求 E 的导数，也可以得到一元系统的本质单元数分布密度为

$$r^0 = \frac{d}{dE}\left(-\frac{C_{N^0}}{2}\tanh\frac{E}{2C_\varepsilon}\right)$$

$$= -\frac{C_{N^0}}{4C_\varepsilon}\operatorname{sech}^2\frac{E}{2C_\varepsilon} \tag{14-48}$$

$r^0 \sim E$ 关系曲线如图 14-19 所示。

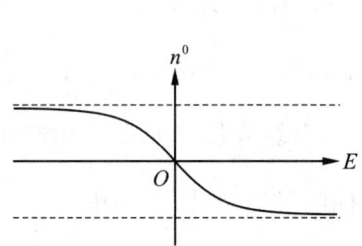

图 14-18　一元系统的 $n^0 \sim E$ 关系曲线

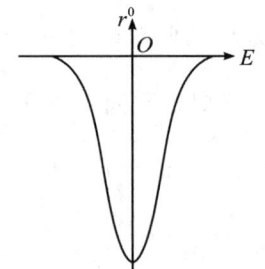

图 14-19　一元系统的 $r^0 \sim E$ 关系曲线

(二)近平衡态

在一维二仪质向量坐标系 $\vec{X}$ 内部的 $(\vec{P},\vec{S})$ 二维分质向量空间中，各个分质向量与各自的分质变量坐标轴同向，可以用分其质变量坐标轴来表示。在(13-68)式 $\vec{P}=\alpha_+\vec{P}_+ +\alpha_-\vec{P}_-$ 中，由于分质向量 $\vec{P'}$ 或 $\vec{P}_+$ 与正向太极 $\vec{X}_+$ 的一维正向单位质向量 $\vec{e}_+$ 同向，分质向量 $\vec{P'}$ 或 $\vec{P}_-$ 与负向太极 $\vec{X}_-$ 的一维负向单位质向量 $\vec{e}_-$ 同向，因此只要反向可逆一元系统的信息也以一维正向单位质向量 $\vec{e}_+$ 为单位质向量，就可以用(13-71)式 $P=P'_+-P'_-$ 的标量形式来表示。在近平衡态和省却分质向量关于方向规定的条件下，把(5-92)式 $P_\pm=e^{\mp S}$ 代入(13-71)式 $P=P'_+-P'_-$，所得到的反向可逆一元系统形态变化规律，即(14-11)式 $P=P'_+-P'_-=\alpha_+e^{-S}-\alpha_-e^{+S}$。如果正向变化子系统的权重数 α_+ 和负向变化子系统的权重数 α_- 相等 $(\alpha_+=\alpha_-=\frac{1}{2})$，(14-11)式成为(14-13)式 $P=\frac{1}{2}(e^{-S}-e^{+S})$。

在同样的发射条件下，利用(7-8)式 $P^0(S)=-P(S)$ 就可以直接得到在近平衡态的一元系统本质形态分布规律为

$$P^0(S)=-P(S)\\=\frac{1}{2}(e^{+S}-e^{+S}) \quad (14\text{-}49)$$

如果吸收发射的熵 S_+ 和自发发射的熵 S_- 也相等 $(S=S_+=S_-)$，在近平衡态的一元系统本质信息分布规律为

$$P^0=\frac{e^{+S}-e^{-S}}{2}\\=\sinh S \quad (14\text{-}50)$$

这就表明，在平衡态附近的一元系统本质信息与熵的函数关系可以用双曲正弦函数表示。由于 $P\in[0,1]$，因此 $P^0\in[0,1]$，而 S 的变化区间为 $(-\infty,+\infty)$。这一函数是关于原点对称的奇函数，其 $P^0\sim S$ 函数关系曲线为图 14-20 中实线所示的双曲正弦函数曲线。

对(14-50)式微分，也可以得到在近平衡态的一元系统本质信息分布密度函数为

$$p^0=\frac{d(\sinh S)}{dS}=\cosh S \quad (14\text{-}51)$$

式中，$|S|\in(\xi_{\neq},\infty)$。这一函数是对称函数，其 $p^0\sim S$ 关系曲线是关于 p^0 轴对称的悬链线，即图 14-21 所示的开口向下的双曲余弦函数曲线。

同理，在一维二仪质向量坐标系 $\vec{X}$ 内部打开 $(\vec{N^0},\vec{n^0},\vec{E},\vec{E}_{\neq},\vec{\varepsilon})$ 五维分质向量空间，各个分质向量与各自的分质变量坐标轴同向，可以用其分质变量坐标轴来表示。在

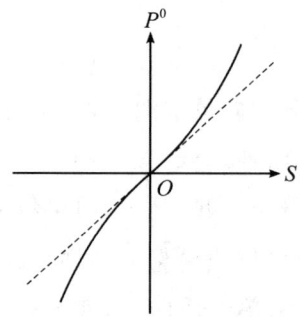
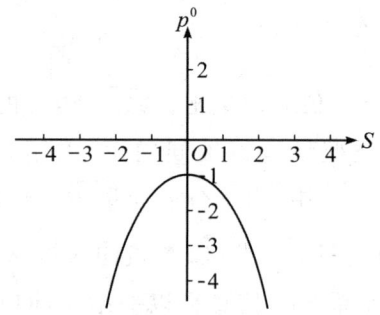

图 14-20　近平衡态一元系统的 $P^0 \sim S$ 关系曲线　　图 14-21　近平衡态一元系统的 $p^0 \sim S$ 关系曲线

近平衡态条件下,反向可逆一元系统的本质形态分布规律可以用本质单元数 n^0 为显函数来表示。把(6-291)式 $n_\pm = N_\pm \mathrm{e}^{\mp(E_{\neq\pm}-E_\pm)/\varepsilon_\pm}$ 代入(13-17)式 $n = n_+ - n_-$,即可得到近平衡态的反向可逆一元系统异质单元数变化规律为(14-17)式 $n = N_+ \mathrm{e}^{-(E_{\neq+}-E_+)/\varepsilon_+} - N_- \mathrm{e}^{-(E_{\neq-}-E_-)/\varepsilon_-}$。利用(7-8)式 $P^0(S) = -P(S)$ 和本质信息 $P^0 = \dfrac{n^0}{N^0}$ 和熵 $S = \dfrac{E_{\neq} - E}{\varepsilon}$ 的关系,就可以直接得到上述同样规定条件下的反向可逆一元系统的本质单元数分布规律

$$n^0 = n^0_+ - n^0_-$$
$$= N^0_+ \mathrm{e}^{+(E_{\neq+}-E_+)/\varepsilon_+} - N^0_- \mathrm{e}^{-(E_{\neq-}-E_-)/\varepsilon_-} \tag{14-52}$$

在一维二仪质向量坐标系 $\vec{X}$ 内部的 $(\vec{N^0}, \vec{n^0}, \vec{E}, \vec{E_{\neq}}, \vec{\varepsilon})$ 五维分质向量空间的 $(\vec{C}_{N^0}, \vec{n^0}, \vec{E}, \vec{C}_{E_{\neq}}, \vec{C}_{\varepsilon})$ 截面上,各个分质向量坐标轴与各自的分质变量坐标轴同向,可以用其分质变量来表示。在近平衡态,(14-52)式 $n^0 = N^0_+ \mathrm{e}^{+(E_{\neq+}-E_+)/\varepsilon_+} - N^0_- \mathrm{e}^{-(E_{\neq-}-E_-)/\varepsilon_-}$ 成为

$$n^0 = C_{N^0_+} \mathrm{e}^{+(C_{E_{\neq+}}-E_+)/C_{\varepsilon_+}} - C_{N^0_-} \mathrm{e}^{-(C_{E_{\neq-}}-E_-)/C_{\varepsilon_-}}$$
$$= C_{N^0} \sinh\left(\dfrac{C_{E_{\neq}} - E}{C_{\varepsilon}}\right) \tag{14-53}$$

式中,$E = E_+ = E_-$;$\dfrac{C_{N^0}}{2} = C_{N^0_+} = C_{N^0_-}$。

在同一环境下,反向可逆一元系统内部两个子系统的能量相等,依此式作图,就可得到反向可逆一元系统内部的两个子系统在近平衡态的本质单元数 n^0 对能量 E 的关系曲线,如图 14-22 所示。

对(14-53)式进行本质单元数 n^0 对能量 E 的微分,还可以得到近平衡态反向可逆一元系统的本质单元数分布密度函数为

$$r^0 = \dfrac{\mathrm{d}}{\mathrm{d}E}\left[C_{N^0} \sinh\left(\dfrac{C_{E_{\neq}} - E}{C_{\varepsilon}}\right)\right]$$
$$= \dfrac{C_{N^0}}{C_{\varepsilon}} \cosh\left(\dfrac{C_{E_{\neq}} - E}{C_{\varepsilon}}\right) \tag{14-54}$$

在近变相点区间，如果正向变化子系统与负向变化子系统的本质总体单元数 $C_{N_+^0}$ 和本质总体单元数 $C_{N_-^0}$ 相等（$\dfrac{C_{N^0}}{2} = C_{N_+^0} = C_{N_-^0}$），能阈 $C_{E_{\neq+}}$ 和能阈 $C_{E_{\neq-}}$ 相等（$C_{E_\neq} = C_{E_{\neq+}} = C_{E_{\neq-}} = 0$），能元 $C_{\varepsilon+}$ 和能元 $C_{\varepsilon-}$ 相等（$C_\varepsilon = C_{\varepsilon+} = C_{\varepsilon-}$），在此情况下，反向可逆一元系统成为均衡反向一元系统，(14-53)式 $n^0 = C_{N_+^0}\,\mathrm{e}^{+(C_{E_{\neq+}}-E_+)/C_\varepsilon} - C_{N_-^0}\cdot \mathrm{e}^{-(C_{E_{\neq-}}-E_-)/C_\varepsilon}$ 成为

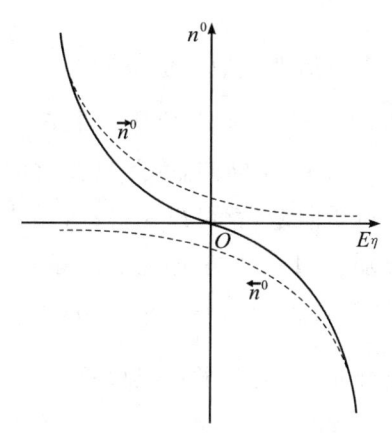

图 14-22　近平衡态一元系统及其反向可逆子系统的 $n^0 \sim E$ 关系曲线

$$n^0 = \dfrac{C_{N^0}}{2}(\mathrm{e}^{-E/C_\varepsilon} - \mathrm{e}^{+E/C_\varepsilon})$$

$$= -C_{N^0}\sinh\dfrac{E}{C_\varepsilon} \qquad (14\text{-}55)$$

$n^0 \sim E$ 关系曲线是关于原点对称的双曲正弦函数曲线，如图 14-23 中的实线所示。

在相同情况下，对(14-55)式求本质单元数 n^0 对能量 E 的导数，又可以得到近平衡态的一元系统本质单元数分布密度为

$$r^0 = \dfrac{\mathrm{d}}{\mathrm{d}E}\left(-C_{N^0}\sinh\dfrac{E}{C_\varepsilon}\right)$$

$$= -\dfrac{C_{N^0}}{C_\varepsilon}\cosh\dfrac{E}{C_\varepsilon} \qquad (14\text{-}56)$$

式中，$E \in (-C_{E_\neq}, +C_{E_\neq})$。$r^0 \sim E$ 关系曲线如图 14-24 所示，这是关于 r^0 轴对称的开口向下的双曲余弦函数曲线。

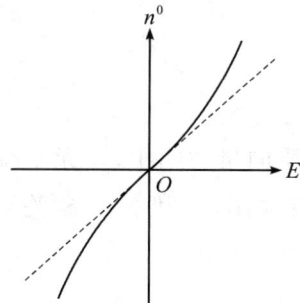

图 14-23　近平衡态一元系统的 $n^0 \sim E$ 关系曲线

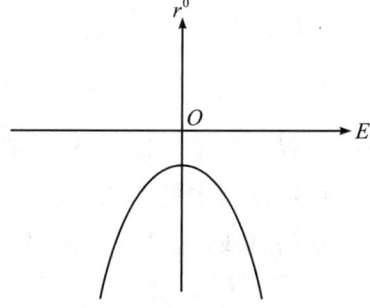

图 14-24　近平衡态一元系统的 $r^0 \sim E$ 关系曲线

（三）准平衡态

在一维二仪质向量坐标系 $\vec{X}$ 中，分别打开正向太极 $\vec{X}_+$ 与负向太极 $\vec{X}_-$ 内部的 $(\vec{P},\vec{S})$ 二维分质向量空间，就可以用熵信息函数 $\vec{P}(\vec{S})$ 来表示反向可逆一元系统不同失衡态的变化规律，并界定正向的信息向量 $\vec{P}_+'$ 和负向的信息向量 $\vec{P}_-'$ 相互抵消或减弱

的关系。

在熵信息函数(13-68)式 $\vec{P}=\alpha_+\vec{P}_+ + \alpha_-\vec{P}_-$ 中,由于分质向量 $\vec{P}'_+$ 或 $\vec{P}_+$ 与正向太极 $\vec{X}_+$ 的一维正向单位质向量 $\vec{e}_+$ 同向,分质向量 $\vec{P}'_-$ 或 $\vec{P}_-$ 与负向太极 $\vec{X}_-$ 的一维负向单位质向量 $\vec{e}_-$ 同向,因此只要反向可逆一元系统的信息也以一维正向单位质向量 $\vec{e}_+$ 为单位质向量,就可以用(13-71)式 $P=P'_+ - P'_-$ 的标量形式来表示。在准平衡态和省却分质向量关于方向规定的条件下,反向可逆一元系统的异质形态变化规律可以用(14-28)式 $P=\alpha_+(a_+ S_+ + b_+) - \alpha_-(a_- S_- + b_-)$ 的直线函数表示。如果正向子系统权重数 α_+ 和负向子系统权重数 α_- 相等 $\left(\alpha_+=\alpha_-=\frac{1}{2}\right)$,(14-28)式成为(14-30)式 $P=\frac{1}{2}[(a_+ S_+ + b_+)-(a_- S_- + b_-)]$。如果吸收发射的熵 S_+ 和自发发射的熵 S_- 也相等 $(S=S_+=S_-)$,反向可逆一元系统成为均衡反向一元系统。在准平衡态条件下,一元系统的异质形态变化规律为(14-31)式 $P=-S$。

在同样的发射条件下,利用(7-8)式 $P^0(S)=-P(S)$,可得到用本质信息与熵的线性函数表示的一元系统的本质形态分布规律

$$P^0 = S \tag{14-57}$$

在一维二仪质向量坐标系 $\vec{X}$ 内部的 $(\vec{P},\vec{S})$ 二维分质向量空间中,一元系统在准平衡态的可逆发射中的 $P^0 \sim S$ 关系曲线如图 14-25 所示,在熵 $S_+ \to +\infty$ 时,$P^0_+ \to \frac{1}{2}$,在 $S_- \to -\infty$ 时,$P^0_- \to -\frac{1}{2}$。这两段平行于 S 轴的直线也是关于原点对称的。

对(14-57)式微分,也可以得到在准平衡态条件下的一元系统本质信息分布密度函数为

$$p^0 = \frac{dP^0}{dS} = 1 \tag{14-58}$$

在一维二仪质向量坐标系 $\vec{X}$ 内部的 $(\vec{P},\vec{S})$ 二维分质向量空间中,一元系统在准平衡态的反向可逆发射中的本质信息分布密度函数也是直线函数,其 $p^0 \sim S$ 关系曲线为图 14-26 所示的直线,这是关于 p^0 轴对称的直线。

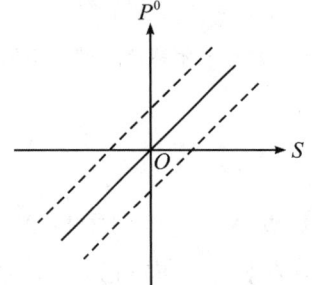

图 14-25 准平衡态一元系统及其反向可逆子系统的 $P^0 \sim S$ 关系曲线

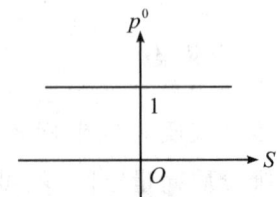

图 14-26 准平衡态一元系统的 $p^0 \sim S$ 关系曲线

同理,在一维二仪质向量坐标系 $\vec{X}$ 内部打开 $(\vec{N^0},\vec{n^0},\vec{E},\vec{E_{\neq}},\vec{\varepsilon})$ 五维分质向量空间,各个分质向量与各自的分质变量坐标轴同向,可以用其分质变量坐标轴来表示。在准平衡态条件下,反向可逆一元系统的本质形态分布规律可以用本质单元数 n^0 的显函数来表示。把(6-303)式 $n_+ = aN_+ \dfrac{E_{\neq +} - E_+}{\varepsilon_+} + bN_+$ 和(6-308)式 $n_+ = a'N_+ \dfrac{E_{\neq +} - E_+}{\varepsilon_+} + b'N_+$ 代入(13-17)式 $n = n_+ - n_-$,即可得到准平衡态的反向可逆一元系统异质单元数变化规律为(14-34)式 $n = a_+ N_+ \dfrac{E_{\neq +} - E}{\varepsilon_+} + b_+ N_+ - a_- N_- \dfrac{E_{\neq -} - E}{\varepsilon_-} - b_- N_-$。利用(7-8)式 $P^0(S) = -P(S)$ 和本质信息 $P^0 = \dfrac{n^0}{N^0}$ 以及熵 $S = \dfrac{E_{\neq} - E}{\varepsilon}$ 的关系,可以直接得到上述同样规定条件下的反向可逆一元系统的本质单元数分布规律

$$\begin{aligned}n^0 &= n_+^0 - n_-^0 \\ &= -N_+^0 a_+ \dfrac{E_{\neq +} - E_+}{\varepsilon_+} - N_+^0 b_+ + N_-^0 a_- \dfrac{E_{\neq -} - E_-}{\varepsilon_-} + N_-^0 b_- \end{aligned} \quad (14-59)$$

在一维二仪质向量坐标系 $\vec{X}$ 内部 $(\vec{N^0},\vec{n^0},\vec{E},\vec{E_{\neq}},\vec{\varepsilon})$ 五维分质向量空间的 $(\vec{C_{N^0}},\vec{n^0},\vec{E},\vec{C_{E_{\neq}}},\vec{C_{\varepsilon}})$ 截面上,各个分质向量坐标轴与各自的分质变量坐标轴同向,可用其分质变量来表示。在准平衡态,(14-59)式 $n^0 = -N_+^0 a_+ \dfrac{E_{\neq +} - E_+}{\varepsilon_+} - N_+^0 b_+ + N_-^0 a_- \cdot \dfrac{E_{\neq -} - E_-}{\varepsilon_-} + N_-^0 b_-$ 成为

$$n^0 = -C_{N_+^0} a_+ \dfrac{C_{E_{\neq +}} - E_+}{C_{\varepsilon_+}} - C_{N_+^0} b_+ + C_{N_-^0} a_- \dfrac{C_{E_{\neq -}} - E_-}{C_{\varepsilon_-}} + C_{N_-^0} b_- \quad (14-60)$$

这就是准平衡态条件下反向可逆一元系统的本质单元数 n^0 的分布规律。

用(14-60)式作图,可以得到反向可逆一元系统内部的两个子系统在准平衡态的本质单元数 n^0 对能量 E 的关系曲线,如图14-27所示。$n^0 \sim E$ 关系曲线是一条经过原点的直线,如图14-27中的实线所示。

对(14-60)式求本质单元数 n^0 对能量 E 的微分,还可以得到准平衡态条件下反向可逆一元系统的本质单元数分布密度函数为

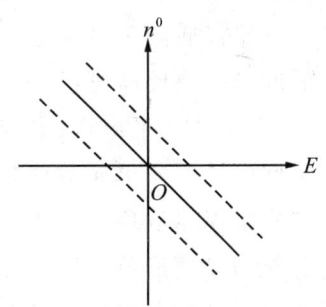

图14-27 准平衡态一元系统及其反向可逆子系统的 $n^0 \sim E$ 关系曲线

$$r^0 = \dfrac{C_{N_+^0} a_+}{C_{\varepsilon_+}} - \dfrac{C_{N_-^0} a_-}{C_{\varepsilon_-}} \quad (14-61)$$

此即表明,本质单元数分布密度为一常数。

如果正向变化子系统与负向变化子系统的本质总体单元数 $C_{N_+^0}$ 和本质总体单元数

C_{N^0} 相等($\frac{C_{N^0}}{2} = C_{N_+^0} = C_{N_-^0}$),能阈 $C_{E_{\neq +}}$ 和能阈 $C_{E_{\neq -}}$ 相等且为零($C_{E_\neq} = C_{E_{\neq +}} = C_{E_{\neq -}} = 0$),能元 C_{ε_+} 和能元 C_{ε_-} 相等($C_\varepsilon = C_{\varepsilon_+} = C_{\varepsilon_-}$),在此情况下,反向可逆一元系统成为均衡反向一元系统,(14-60)式成为

$$n^0 = \frac{C_{N^0}}{2C_\varepsilon}(a_+ - a_-)E + \frac{C_{N^0}}{2}(b_- - b_+) \tag{14-62}$$

在相同情况下,对(14-62)式求本质单元数 n^0 对能量 E 的导数,又可以得到准平衡态的一元系统本质单元数分布密度为

$$r^0 = \frac{C_{N^0}}{2C_\varepsilon}(a_+ - a_-) \tag{14-63}$$

图 14-28 所示的关于 r^0 轴对称的 $r^0 \sim E$ 关系曲线也是一条直线。

由此可见,在一维二仪质向量坐标系 $\vec{X}$ 的二仪空间中,准平衡态的一元系统本质形态分布规律反映的是子系统 A(阴)与子系统 B(阳)各自在极其贴近于平衡态的线性分布规律所共同构成的一元系统本质形态分布规律。

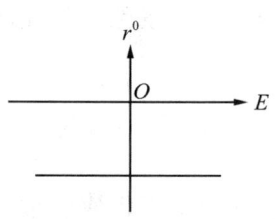

图 14-28 准平衡态一元系统的 $r^0 \sim E$ 关系曲线

综上所述,在一维二仪质向量坐标系 $\vec{X}$ 的二仪空间中,处在远离平衡态或近平衡态或准平衡态的正向变化的子系统 A(阴)与负向变化的子系统 B(阳),都表征了反向可逆一元系统的对立统一关系。正向变化的子系统和负向变化的子系统偏离平衡态的非线性分布规律从反向构成了反向可逆一元系统的本质形态分布规律。反向可逆一元系统的本质形态分布规律反映了反向可逆一元系统围绕一平衡态在不同环境条件下各种过渡态的分布,其本质形态分布轨迹都是关于原点对称的阴阳平衡之道。

在一维二仪质向量坐标系 $\vec{X}$ 的二仪空间中,如果人们的观察点集中在某一个平衡点(态)附近来反映反向可逆一元系统形态的分布状况,人们就会因此形成"一点论"的世界观,而不是从一平衡点(态)到另一平衡点(态)变化的"两点论"的世界观。所以,通过思想模型中的本质单元数分布函数或本质信息分布函数可以对反向可逆一元系统的本质形态分布规律从理性上进行认识,但是如果辅以像对称性分析等其他手段就能帮助人们更深刻或更形象地认识和掌握这些规律。通过分布函数的演绎与组合,还可以建立一整套关于反向可逆一元系统和均衡反向一元系统形态分布与成分、结构和功能的理论体系。

第四节 一元系统形态变化规律的坐标变换

在一维二仪质向量坐标系 $\vec{X}$ 的二仪世界里,正向太极和负向太极同在,吸收发射与自发发射共存。通过某些质向量坐标轴的平移变换、旋转变换等坐标变换,在远离平衡态、近平衡态和准平衡态,可以得到反向可逆一元系统异质形态变化规律与本质形态分布规律不同的表现形式。

一、平移变换

坐标变换是指采用一定的数学方法将一种坐标系的坐标变换为另一种坐标系的坐标的过程。任何系统的形态变化规律经过坐标变换后并没有改变,也不可能改变,但是其函数或图像可以化难为易或化繁为简。例如,上帝是否左撇子就与坐标系的选定息息相关。在一维正向质向量坐标系 $\vec{X}_+$ 中,上帝就是左撇子,而一维正向质向量坐标系 $\vec{X}_+$ 平移成为一维二仪质向量坐标系 $\vec{X}$ 后,上帝就不是左撇子。

在一维二仪质向量坐标系 $\vec{X}$ 的二仪世界中,反向可逆一元系统的形态变化可以用质向量变化量 $\Delta \vec{x}$ 表示,正向子系统形态变化可以用质向量变化量 $\Delta \vec{x}_+$ 表示,其负向变化子系统形态变化可以用质向量变化量 $\Delta \vec{x}_-$($\Delta \vec{x}_+$ 或 $-\Delta \vec{x}_+$)表示。由于质向量变化量 $\Delta \vec{x}_+$ 与正向太极 $\vec{X}_+$ 的一维正向单位质向量 $\vec{e}_+$ 同向,质向量变化量 $\Delta \vec{x}_-$ 与负向太极 $\vec{X}_-$ 的一维负向单位质向量 $\vec{e}_-$ 同向,因此只要反向可逆一元系统的质向量变化量 $\Delta \vec{x}$ 也以一维正向单位质向量 $\vec{e}_+$ 为单位质向量,(13-63)式 $\Delta \vec{x} = \Delta \vec{x}_+ + \Delta \vec{x}_-$ 就可以用标量的形式表示为

$$\Delta \vec{x} = \Delta \vec{x}_+ + \Delta \vec{x}_-$$
$$\Delta \vec{x} \vec{e}_+ = \Delta x_+ \vec{e}_+ + \Delta x_-(-\vec{e}_+)$$

去掉公共因子 $\vec{e}_+$,反向可逆一元系统在形态变化过程中表现出的变化规律就是

$$\begin{aligned}\Delta x &= \Delta x_+ - \Delta x_- \\ &= \Delta x_+ + i^2 \Delta x_-\end{aligned} \quad (14\text{-}64)$$

上式中,正向子系统的质向量变化量 $\Delta \vec{x}_+$ 和负向子系统的质向量变化量 $\Delta \vec{x}_-$ 都是独立的质向量。当正向的质向量变化量 $\Delta \vec{x}_+$ 与正向太极 $\vec{X}_+$ 方向上的一维正向单位质向量 $\vec{e}_+$ 方向一致时,负向的质向量变化量 $\Delta \vec{x}_-$ 就与负向太极 $\vec{X}_-$ 方向上的一维负向单位质向量 $\vec{e}_- = -\vec{e}_+$ 方向一致。

在一维二仪质向量坐标系 $\vec{X}$ 的二仪空间中,如果用 $\Delta \vec{x}_+$ 表征正向子系统 $\vec{a} \longrightarrow \vec{b}$

的形态变化,用 $\Delta \vec{x}_-$ 表征负向子系统 $\vec{a} \longleftarrow \vec{b}$ 的形态变化,那么 $\vec{a} \longleftrightarrow \vec{b}$ 表征的就是反向可逆一元系统的形态变化。如果形态 $\vec{a}$ 分布在正向太极 $\vec{X}_+$,表示为 $\vec{a}_+$,形态 $\vec{b}$ 分布在负向太极 $\vec{X}_-$,表示为 $\vec{b}_-$,那么反向可逆一元系统在一维二仪质向量坐标系 $\vec{X}$ 的二仪空间中的形态变化就是 $a_- \longleftrightarrow b_+$。$a_- \longleftrightarrow b_+$ 双向的几何轨迹表现为围绕原点与一维二仪质向量坐标系 $\vec{X}$ 在 $[a_-,b_+]$ 二仪区间重合的一段。

在一维二仪质向量坐标系 $\vec{X}$ 内部打开 $(\vec{P},\vec{S})$ 二维分质向量空间,对于反向可逆一元系统在 A 形态与 B 形态彼此对峙的 $A \rightleftharpoons B$ 形态变化过程,反向可逆一元系统的异质形态变化规律可以用(13-68)式 $\vec{P}=\alpha_+\vec{P}_++\alpha_-\vec{P}_-$ 来表示,即反向可逆一元系统的形态变化信息等于正向变化子系统的权重数及其信息和负向变化子系统的权重数及其信息的加和。在第本章第二节"一元系统在不同失衡态的变化规律"中,通过把不同失衡条件下的吸收发射变化信息 P_+ 和自发发射变化信息 P_- 代入(13-70)式 $P=\frac{1}{2}(P_+-P_-)$,就可以得到反向可逆一元系统在不同失衡条件下的异质形态变化规律。

在不同失衡条件下,反向可逆一元系统的异质形态变化规律或本质形态分布规律的函数形式是与其所在的坐标系相对应的。在一维二仪质向量坐标系 $\vec{X}$ 内部的 $(\vec{P},\vec{S})$ 二维分质向量空间中,把不同失衡条件下的正向子系统变化信息 P_+ 和负向子系统变化信息 P_- 代入(13-70)式 $P=\frac{1}{2}(P_+-P_-)$,熵信息函数中因变量异质信息的取值范围为 $P_+\in[0,1]$ 和 $P_-\in[0,1]$,把不同失衡条件下的正向子系统本质信息 P_+^0 和负向子系统本质信息 P_-^0 代入(13-70)式 $P=\frac{1}{2}(P_+-P_-)$,熵信息函数中因变量本质信息的取值范围为 $P_+^0\in[0,1]$ 和 $P_-^0\in[0,1]$,而自变量熵 S 的取值范围为 $S\in(-\infty,+\infty)$。因此,熵信息函数的关系曲线是关于原点对称的。

上述的均衡反向一元系统在不同失衡条件下的异质形态变化规律,是在一维二仪质向量坐标系 $\vec{X}$ 内部的 $(\vec{P},\vec{S})$ 二维分质向量空间的表现形式。然而,在一维正向质向量坐标系 $\vec{X}_+$ 内部的 $(\vec{P},\vec{S})$ 二维分质向量空间中,通过 $\vec{P}\equiv\vec{P}_+-\frac{1}{2}$ 的坐标平移变换,单元系统形态转化基元规律的表现形式就是(5-52)式 $P=\mp\frac{1}{2}\tanh\frac{S}{2}$。因此,一维正向质向量坐标系 $\vec{X}_+$ 中吸收发射条件下的(5-50)式或(6-138)式 $P=-\frac{1}{2}\tanh\frac{S}{2}$ 与一维二仪质向量坐标系 $\vec{X}$ 中的(14-3)式 $P=-\frac{1}{2}\tanh\frac{S}{2}$ 是一样的;一维正向质向量坐标系 $\vec{X}_+$ 中的(7-4)式 $P^0=\frac{1}{2}\tanh\frac{S}{2}$ 与一维二仪质向量坐标系 $\vec{X}$ 中的(14-43)式 $P^0=$

$\frac{1}{2}\tanh\frac{S}{2}$ 也是一样的。

在一维二仪质向量坐标系 $\vec{X}$ 内部的 $(\vec{P},\vec{S})$ 二维分质向量空间中,第Ⅳ卦限与第Ⅱ卦限是两个截然相反的(少阴与少阳)相空间,第Ⅲ卦限与第Ⅰ卦限也是两个截然相反的(太阴与太阳)相空间,原点 O 正好是阴阳两相的变相点。在吸收发射条件下,反向可逆一元系统从一个形态向另一个截然相反的对立形态的变化,可以用起始点在第Ⅳ卦限的 $(+\infty,-\frac{1}{2})$ 而终结点在第Ⅱ卦限的 $(-\infty,+\frac{1}{2})$ 两个点之间的形态变化来表示。在自发发射条件下,反向可逆一元系统从一个形态向另一个截然相反的对立形态的变化,也可以用起始点在第Ⅲ卦限的 $(-\infty,-\frac{1}{2})$ 而终结点在第Ⅰ卦限的 $(+\infty,+\frac{1}{2})$ 两个点之间的形态变化来表示。

在一维二仪质向量坐标系 $\vec{X}$ 内部打开 $(\vec{P},\vec{S})$ 二维分质向量空间,坐标系的原点 O 是最有序的变相(变态)点。由于 $P\in[-\frac{1}{2},+\frac{1}{2}]$ 和 $S\in(-\infty,+\infty)$,反向可逆一元系统的正向子系统与负向子系统的形态变化是在同一个空间范围,对立形态的相互转化都可以利用质向量之间的反向叠加来揭示反向可逆一元系统经历"一阴一阳"形态变化的内在关系。既是以平衡态为出发点来揭示均衡反向一元系统在不同失衡态的形态变化规律,也是以变相点为中心点来揭示均衡反向一元系统在不同变相点附近的形态变化规律。因此,把不同失衡条件下的正向子系统变化信息 P_+ 和负向子系统变化信息 P_- 代入(13-70)式 $P=\frac{1}{2}(P_+-P_-)$,可以得到一元系统在不同失衡条件下的异质形态变化规律。利用(7-8)式 $P^0(S)=-P(S)$,也可以得到一元系统在不同失衡条件下的本质形态分布规律。

(一)远离平衡态

1. 一元系统的异质形态变化规律

在一维二仪质向量坐标系 $\vec{X}$ 内部打开 $(\vec{P},\vec{S})$ 二维分质向量空间,各个分质向量与各自的分质变量坐标轴同向,可以用其分质变量坐标轴来表示。如果正向子系统和负向子系统的 α_+ 和 α_- 相等($\alpha_+=\alpha_-=\frac{1}{2}$),$S_+$ 和 S_- 也相等($S=S_+=S_-$),则反向可逆一元系统成为均衡反向一元系统。在远离平衡态条件下,把吸收发射过程的异质信息(6-138)式 $P=-\frac{1}{2}\tanh\frac{S}{2}$ 和自发发射过程的异质信息(6-143)式 $P=\frac{1}{2}\tanh\frac{S}{2}$ 代入(13-70)式 $P=\frac{1}{2}(P_+-P_-)$,就有

$$P = \frac{1}{2}(P_+ - P_-)$$
$$= \frac{1}{2}\left[\left(-\frac{1}{2}\tanh\frac{S}{2}\right) - \left(\frac{1}{2}\tanh\frac{S}{2}\right)\right]$$
$$= -\frac{1}{2}\tanh\frac{S}{2} \tag{14-65}$$

(14-65)式与(14-3)式 $P = -\frac{1}{2}\tanh\frac{S}{2}$ 的函数形式是一样的,其 $P \sim S$ 关系曲线也都是经过原点的反 S 形的双曲正切函数曲线。由图 14-1 可见,两个子系统信息随着熵的增加的变化轨迹的反向加和,反映的就是一元系统的异质信息 P 与熵 S 的关系曲线。

对(14-65)式微分,可以得到在远离平衡态条件下的一元系统形态转化信息变化率函数为

$$p = -\frac{1}{2}\frac{\mathrm{d}}{\mathrm{d}S}\left(\tanh\frac{S}{2}\right)$$
$$= -\frac{1}{4}\mathrm{sech}^2\frac{S}{2} \tag{14-66}$$

(14-66)式与(14-4)式 $p = -\frac{1}{4}\mathrm{sech}^2\frac{S}{2}$ 的函数形式也是一样的,其 $p \sim S$ 关系曲线也是关于 p 轴对称的钟形曲线。由图 14-2 可见,两个子系统信息变化率随着熵的增加的变化轨迹的反向加和,反映的就是一元系统的异质信息变化率 p 与熵 S 的关系曲线。

2. 一元系统的本质形态分布规律

在一维二仪质向量坐标系 $\vec{X}$ 内部打开 $(\vec{P}, \vec{S})$ 二维分质向量空间,各个分质向量与各自的分质变量坐标轴同向,可以用其分质变量坐标轴来表示。如果正向子系统和负向子系统的 α_+ 和 α_- 相等($\alpha_+ = \alpha_- = \frac{1}{2}$),$S_+$ 和 S_- 也相等($S = S_+ = S_-$),则反向可逆一元系统成为均衡反向一元系统。在远离平衡态条件下,一元系统的异质形态变化规律为 $P = -\frac{1}{2}\tanh\frac{S}{2}$。利用(7-8)式 $P^0(S) = -P(S)$,就可直接得到一元系统的本质形态分布规律为

$$P^0 = \frac{1}{2}\tanh\frac{S}{2} \tag{14-67}$$

对(14-67)式微分,可以得到一元系统的本质形态分布信息密度函数为

$$p^0 = \frac{\mathrm{d}}{\mathrm{d}S}\left(\frac{1}{2}\tanh\frac{S}{2}\right)$$

$$= \frac{1}{4}\text{sech}^2 \frac{S}{2} \qquad (14\text{-}68)$$

把(14-67)式 $P^0 = \frac{1}{2}\tanh\frac{S}{2}$ 与(14-43)式 $P^0 = \frac{1}{2}\tanh\frac{S}{2}$ 相比较可以看出，它们的函数形式都是一样的，其 $P^0 \sim S$ 关系曲线也是一样的，都是经过原点的 S 形的双曲正切函数曲线。把(14-68)式 $p^0 = \frac{1}{4}\text{sech}^2\frac{S}{2}$ 与(14-44)式 $p^0 = \frac{1}{4}\text{sech}^2\frac{S}{2}$ 相比较可以看出，其 $p^0 \sim S$ 分布关系曲线也是一样的，都是关于 p^0 轴对称的钟形曲线。因此，由图 14-16 可见，两个子系统分布信息随着熵的增加的分布轨迹的反向加和，反映的就是一元系统的本质信息 P^0 与熵 S 的分布关系曲线。由图 14-17 可见，两个子系统本质信息密度随着熵的增加的分布轨迹的反向加和，反映的就是一元系统的本质信息密度 p^0 与熵 S 的关系曲线。

(二)近平衡态

1. 一元系统的异质形态变化规律

在一维二仪质向量坐标系 $\vec{X}$ 内部打开 $(\vec{P},\vec{S})$ 二维分质向量空间，各个分质向量与各自的分质变量坐标轴同向，可以用其分质变量坐标轴来表示。如果正向子系统和负向子系统的 α_+ 和 α_- 相等($\alpha_+ = \alpha_- = \frac{1}{2}$)，$S_+$ 和 S_- 也相等($S = S_+ = S_-$)，则反向可逆一元系统成为均衡反向一元系统。在近平衡态的条件下，把吸收发射过程的异质信息(6-154)式 $P = -\sinh S$ 和自发发射过程的异质信息(6-162)式 $P = \sinh S$ 代入(13-70)式 $P = \frac{1}{2}(P_+ - P_-)$，就可以得到在近平衡态条件下的一元系统异质形态信息变化规律

$$\begin{aligned}P &= \frac{1}{2}(P_+ - P_-) \\ &= \frac{1}{2}[(-\sinh S)-(\sinh S)] \\ &= -\sinh S\end{aligned} \qquad (14\text{-}69)$$

对(14-69)式微分，可以得到在近平衡态条件下的一元系统异质信息变化率函数为

$$p = \frac{\text{d}}{\text{d}S}(-\sinh S) = -\cosh S \qquad (14\text{-}70)$$

把(14-69)式 $P = -\sinh S$ 与(14-14)式 $P = -\sinh S$ 相比较可以看出，它们的函数形式都一样，其 $P \sim S$ 关系曲线也是一样的，都是经过原点的 ∽ 形的双曲正弦函数曲线。把(14-70)式 $p = -\cosh S$ 与(14-16)式 $p = -\cosh S$ 相比较可以看出，它们的函数形式也都一样，其 $p \sim S$ 关系曲线都是关于 p 轴对称的开口向下的双曲余弦曲线。因

此,由图 14-7 可见,两个子系统信息随着熵的增加的变化轨迹的反向加和,反映的就是一元系统的异质信息 P 与熵 S 的关系曲线。由图 14-8 可见,两个子系统信息变化率随着熵的增加的变化轨迹的反向加和,反映的就是一元系统的异质信息变化率 p 与熵 S 的关系曲线。

2. 一元系统的本质形态分布规律

在一维二仪质向量坐标系 $\vec{X}$ 内部打开 $(\vec{P},\vec{S})$ 二维分质向量空间,各个分质向量与各自的分质变量坐标轴同向,可以用其分质变量坐标轴来表示。如果正向子系统和负向子系统的 α_+ 和 α_- 相等($\alpha_+=\alpha_-=\dfrac{1}{2}$),$S_+$ 和 S_- 也相等($S=S_+=S_-$),则反向可逆一元系统成为均衡反向一元系统。在近平衡态的条件下,一元系统的异质形态变化规律为(14-69)式 $P=-\sinh S$。利用(7-8)式 $P^0(S)=-P(S)$,就可以直接得到在近平衡态条件下一元系统的本质形态分布规律为

$$P^0=\sinh S \tag{14-71}$$

对(14-71)式微分,可以得到在近平衡态条件下一元系统的本质形态分布信息密度函数为

$$p^0=\cosh S \tag{14-72}$$

把(14-71)式 $P^0=\sinh S$ 与(14-50)式 $P^0=\sinh S$ 相比较可以看出,它们的函数形式都是一样的,其 $P^0\sim S$ 关系曲线也都是经过原点的 S 形的双曲正弦函数曲线。把(14-72)式 $p^0=\cosh S$ 与(14-51)式 $p^0=\cosh S$ 相比较可以看出,其 $p^0\sim S$ 分布关系曲线也都是关于 p^0 轴对称的开口向下的双曲余弦函数曲线。因此,由图 14-20 可见,两个子系统分布信息随着熵的增加的分布轨迹的反向加和,反映的是一元系统的本质信息 P^0 与熵 S 的分布关系曲线。由图 14-21 可见,两个子系统本质信息密度随着熵的增加的分布轨迹的反向加和,反映的是一元系统的本质信息密度 p^0 与熵 S 的关系曲线。

(三)准平衡态

1. 一元系统的异质形态变化规律

在一维二仪质向量坐标系 $\vec{X}$ 内部打开 $(\vec{P},\vec{S})$ 二维分质向量空间,各个分质向量与各自的分质变量坐标轴同向,可以用其分质变量坐标轴来表示。如果正向子系统和负向子系统的 α_+ 和 α_- 相等($\alpha_+=\alpha_-=\dfrac{1}{2}$),$S_+$ 和 S_- 也相等($S=S_+=S_-$),则反向可逆一元系统成为均衡反向一元系统。在准平衡态的条件下,把吸收发射过程的异质信息(6-171)式 $P=-S$ 和自发发射过程的异质信息(6-172)式 $P=S$ 代入(13-70)式 $P=\dfrac{1}{2}(P_+-P_-)$,就可以得到一元系统在准平衡态条件下的异质形态信息变化规律

$$P=\frac{1}{2}(P_+-P_-)=\frac{1}{2}(-S-S)=-S \qquad (14\text{-}73)$$

对(14-73)式微分,可以得到在准平衡态条件下一元系统的异质信息变化率函数为

$$p=\frac{\mathrm{d}(-S)}{\mathrm{d}S}=-1 \qquad (14\text{-}74)$$

把(14-73)式 $P=-S$ 与(14-31)式 $P=-S$ 相比较可以看出,它们的函数形式都是线性函数,(14-73)式是以变相点为中心点来揭示一元系统在准变相点区间的形态变化规律,而(14-31)式是以平衡态为出发点来揭示在准平衡态一元系统的形态变化规律,$P\sim S$ 关系曲线都是在第Ⅱ象限和第Ⅳ象限经过原点的一条直线。把(14-74)式 $p=-1$ 与(14-33)式 $p=-1$ 相比较可以看出,它们的函数形式都是等于常数的线性函数,其 $p\sim S$ 关系曲线也都是一样的,都是关于 p 轴对称的直线。

2. 一元系统的本质形态分布规律

在一维二仪质向量坐标系 $\vec{X}$ 内部打开 $(\vec{P},\vec{S})$ 二维分质向量空间,各个分质向量与各自的分质变量坐标轴同向,可以用其分质变量坐标轴来表示。如果正向子系统和负向子系统的 α_+ 和 α_- 相等($\alpha_+=\alpha_-=\frac{1}{2}$),$S_+$ 和 S_- 也相等($S=S_+=S_-$),则反向可逆一元系统成为均衡反向一元系统。在准平衡态条件下,一元系统的异质形态变化规律为(14-73)式 $P=-S$。利用(7-8)式 $P^0(S)=-P(S)$,就可以直接得到在准平衡态条件下的一元系统本质形态分布规律为

$$P^0=S \qquad (14\text{-}75)$$

对(14-75)式微分,可以得到在准平衡态条件下一元系统的本质形态分布信息密度函数为

$$p^0=1 \qquad (14\text{-}76)$$

把(14-75)式 $P^0=S$ 与(14-57)式 $P^0=S$ 相比较可以看出,它们的函数形式都是一样的,其 $P^0\sim S$ 关系曲线也是一样的,都是经过原点的直线。把(14-76)式 $p^0=1$ 与(14-58)式 $p^0=1$ 相比较可以看出,其 $p^0\sim S$ 分布关系曲线也是一样的,都是关于 p^0 轴对称的平行于横轴的直线。

二、旋转变换

人们都是在一定的认知体系中理性地认识事物及其形态变化的。选择一定的认知坐标系,就是选择一定的认知视角。虽然事物形态变化规律或分布规律是与认知坐标系的选择无关的客观规律,但是选择不同的认知体系,事物形态变化规律或分布规律的表现形式还是不同的。

在任何维度的向量坐标系中,自由向量不仅可以做平移变换,而且可以做旋转变

换。如图 6-22 中的向量 $\vec{z}$ 绕原点逆时针转一个角度 φ 就由点 $\vec{z}$ 得到点 $\vec{w}$,向量逆时针旋转角度为 φ 的变换是通过(6-199)式 $\vec{w}=\mathrm{e}^{\mathrm{i}\varphi}\vec{z}$ 变换的。因此,反向可逆一元系统的质向量变化量 $\Delta\vec{x}$ 通过坐标的旋转变换,其在一维二仪质向量空间中的几何表示就不再与一维二仪质向量坐标系 $\vec{X}$ 重合。

经过坐标 $w=\mathrm{e}^{\mathrm{i}\frac{\pi}{2}}z=\mathrm{i}z$ 的逆时针旋转变换,反向可逆一元系统变化的质向量空间就由重合于一维二仪质向量坐标系 $\vec{X}$ 变成垂直于一维二仪质向量坐标系 $\vec{X}\mathrm{i}$。因此,在一维二仪质向量坐标系 $\vec{X}$ 的二仪空间中,反向可逆一元系统的质向量 $\Delta\vec{x}$ 的几何表示就与一维二仪质向量坐标系 $\vec{X}$ 垂直,其质向量变化空间也就由实数表达的一维二仪质向量坐标系 $\vec{X}$ 的二仪空间变成了以虚数 i 为标示的一维二仪质向量坐标系 $\vec{X}\mathrm{i}$ 的二仪空间。在此逆时针旋转变换后的质向量空间中,反向可逆一元系统形态变化规律的向量表达形式已然不同,但是其表达的反向可逆一元系统的质向量之间的内在关系并没有改变。不过,在以虚数表达的一维二仪质向量坐标系 $\vec{X}\mathrm{i}$ 的二仪空间中,通过反向可逆一元系统的质向量变化 $\Delta\vec{x}\mathrm{i}$ 来认知反向可逆一元系统的形态变化规律还是困难的,还是要在一维二仪质向量坐标系 $\vec{X}\mathrm{i}$ 内部打开二维或多维的分质向量空间,才能表征反向可逆一元系统在不同失衡态的形态变化规律。

(一)远离平衡态

1. 一元系统的异质形态变化规律

在第十三章第四节"反向可逆一元系统形态变化规律"中,反向可逆一元系统的不同失衡变化规律大都是在一维二仪质向量坐标系 $\vec{X}$ 内部的 $(\vec{P},\vec{S})$ 二维分质向量空间或 $(\vec{N},\vec{n},\vec{E},\vec{E}_{\neq},\vec{\varepsilon})$ 五维分质向量空间进行讨论的。在信息 $\vec{P}$ 和熵 $\vec{S}$ 这两个分质向量所构成的直角坐标系 $\vec{O}\vec{P}\vec{S}$ 中,二维直角坐标系 $\vec{O}\vec{P}\vec{S}$ 绕原点逆时针旋转了 $\varphi=\dfrac{\pi}{2}$,$(\vec{P},\vec{S})$ 二维分质向量空间经过垂直旋转变换后就成为 $(\vec{P}_{\perp},\vec{S}_{\perp})$ 二维分质向量空间;常质向量 $\vec{a}$ 依(6-188)式 $w=\mathrm{e}^{\mathrm{i}\frac{\pi}{2}}z=\mathrm{i}z$ 的旋转变换就成为 $\vec{a}\mathrm{i}$,而信息 $\vec{P}$ 和熵 $\vec{S}$ 在信息 $\vec{P}$ 坐标轴和熵 $\vec{S}$ 坐标轴的投影依(6-213)式 $\vec{x}'=\mathrm{i}\vec{x}$ 和 $\vec{y}'=\mathrm{i}\vec{y}$ 就分别是 $\vec{P}'=\vec{P}\mathrm{i}$ 和 $\vec{S}'=\vec{S}\mathrm{i}$。像(13-70)式 $P=\dfrac{1}{2}(P_{+}-P_{-})$ 也就成为

$$P\mathrm{i}=\dfrac{1}{2}(P_{+}\mathrm{i}-P_{-}\mathrm{i}) \tag{14-77}$$

在坐标系垂直旋转变换后的一维二仪质向量坐标系 $\vec{X}$ 内部的 $(\vec{P}_{\perp},\vec{S}_{\perp})$ 二维分质向量空间中,各个分质向量与各自的分质变量坐标轴同向,可以用其分质变量坐标轴来表示。在远离平衡态的条件下,如果吸收发射的子系统的总体单元数 N_{+} 与自发发射的子系统的总体单元数 N_{-} 相等($N_{+}=N_{-}=\dfrac{N}{2}$),把 $P_{+}\mathrm{i}=\dfrac{1}{1+\mathrm{e}^{+s_{+}\mathrm{i}}}$ 和 $P_{-}\mathrm{i}=\dfrac{1}{1+\mathrm{e}^{-s_{-}\mathrm{i}}}$

代入(14-77)式 $Pi=\frac{1}{2}(P_{+i}-P_{-i})$，所得到的反向可逆一元系统形态变化规律为

$$Pi=\frac{1}{2}\left(\frac{1}{1+e^{S_{+i}}}-\frac{1}{1+e^{-S_{-i}}}\right) \tag{14-78}$$

在吸收发射的熵 S_+ 和自发发射的熵 S_- 相等的特别情况下，即 $S=S_+=S_-$，反向可逆一元系统成为均衡反向一元系统，(14-78)式就化为一元系统形态转化基元规律

$$Pi=\frac{1}{2}\left(\frac{1}{1+e^{Si}}-\frac{1}{1+e^{-Si}}\right)$$

$$=\frac{1}{2}\frac{e^{-\frac{S}{2}i}-e^{\frac{S}{2}i}}{e^{\frac{S}{2}i}+e^{-\frac{S}{2}i}}$$

$$=-\frac{1}{2}\tanh Si=-\frac{i}{2}\tan\frac{S}{2} \tag{14-79}$$

可见，在一维二仪质向量坐标系 $\vec{X}i$ 内部的 $(\vec{P}_\perp,\vec{S}_\perp)$ 二维分质向量空间中，一元系统形态转化基元规律可以用熵信息函数表示为

$$P=-\frac{1}{2}\tan\frac{S}{2} \tag{14-80}$$

上式的函数形式与吸收发射条件下的(6-216)式 $P=-\frac{1}{2}\tan\frac{S}{2}$ 是一样的，其 $P\sim S$ 关系曲线是经过原点的 ∽ 形负正切函数曲线，如图 6-24 所示。两个子系统异质信息随着熵的增加的变化轨迹的反向加和，反映的就是一元系统的异质信息与熵的关系曲线。

对(14-80)式微分，可以得到一元系统的异质信息变化率函数为

$$p=-\frac{1}{2}\frac{d}{dS}\left(\tan\frac{S}{2}\right)$$

$$=-\frac{1}{4}\sec^2\frac{S}{2} \tag{14-81}$$

上式的 $p\sim S$ 曲线是关于 p 轴对称的负正割函数曲线，如图 6-25 所示。

可见，在一维二仪质向量坐标系 $\vec{X}i$ 内部的 $(\vec{P}_\perp,\vec{S}_\perp)$ 二维分质向量空间中，一元系统在远离平衡态的异质形态变化规律表现为正切函数，这一奇函数的 $P\sim S$ 关系曲线是关于原点对称的函数曲线。其异质信息变化率函数表现为正割函数的平方，这一偶函数的 $p\sim S$ 关系曲线是关于 p 轴对称的函数曲线。

2. 一元系统的本质形态分布规律

在一维二仪质向量坐标系 $\vec{X}i$ 内部的 $(\vec{P}_\perp,\vec{S}_\perp)$ 二维分质向量空间中，各个分质向量与各自的分质变量坐标轴同向，可以用其分质变量坐标轴来表示。在远离平衡态条件下，如果正向子系统和负向子系统的 α_+ 和 α_- 相等（$\alpha_+=\alpha_-=\frac{1}{2}$），反向可逆一元系

统的形态变化规律为(14-78)式 $P_i = \frac{1}{2}\left(\frac{1}{1+e^{+s_{+i}}} - \frac{1}{1+e^{-s_{-i}}}\right)$。利用(5-42)式 $P_+(S) = P_+^0(-S)$ 和(5-43)式 $P_+^0(S) = P_+(-S)$,可以得到反向可逆一元系统本质形态分布规律为

$$P^0_i = \frac{1}{2}\left(\frac{1}{1+e^{-S_{+i}}} - \frac{1}{1+e^{+S_{-i}}}\right) \tag{14-82}$$

如果正向子系统和负向子系统的 α_+ 和 α_- 相等($\alpha_+ = \alpha_- = \frac{1}{2}$),$S_+$ 和 S_- 也相等($S = S_+ = S_-$),则反向可逆一元系统成为均衡反向一元系统。在远离平衡态条件下,一元系统的异质形态变化规律为(14-80)式 $P = -\frac{1}{2}\tan\frac{S}{2}$。利用(7-8)式 $P^0(S) = -P(S)$,就可以直接得到一元系统本质形态信息分布规律为

$$P^0 = \frac{1}{2}\tan\frac{S}{2} \tag{14-83}$$

上式 $P^0 \sim S$ 曲线是经过原点的反 ∞ 形正切函数曲线,如图6-27所示。

对(14-83)式微分,可以得到一元系统的本质形态分布信息密度函数为

$$\begin{aligned} p^0 &= \frac{\mathrm{d}}{\mathrm{d}S}\left(\frac{1}{2}\tan\frac{S}{2}\right) \\ &= \frac{1}{4}\sec^2\frac{S}{2} \end{aligned} \tag{14-84}$$

上式的 $p^0 \sim S$ 曲线是关于 p^0 轴对称的正割函数曲线,如图6-28所示。

可见,在一维二仪质向量坐标系 $\vec{X}_i$ 内部的 $(\vec{P}_\perp, \vec{S}_\perp)$ 二维分质向量空间中,在远离平衡态一元系统的本质信息分布规律表现为正切函数,这一奇函数的 $P^0 \sim S$ 关系曲线是关于原点对称的函数曲线。其本质信息分布密度函数表现为正割函数的平方,这一偶函数的 $p^0 \sim S$ 关系曲线是关于 p^0 轴对称的函数曲线。

(二)近平衡态

1. 一元系统的异质形态变化规律

在一维二仪质向量坐标系 $\vec{X}_i$ 内部的 $(\vec{P}_\perp, \vec{S}_\perp)$ 二维分质向量空间中,各个分质向量与各自的分质变量坐标轴同向,可以用其分质变量坐标轴来表示。当反向可逆一元系统的形态变化符合正向子系统的总体单元数 N_+ 与负向子系统的总体单元数 N_- 相等($N_+ = N_- = \frac{N}{2}$)与熵 S_+ 和熵 S_- 相等($S_+ = S_- = S$)的特定条件时,反向可逆一元系统成为均衡反向一元系统。把近平衡态的熵信息函数(5-92)式 $P_\pm = e^{\mp s}$ 代入(14-77)式 $P_i = \frac{1}{2}(P_{+i} - P_{-i})$,就有

$$P\mathrm{i} = \frac{1}{2}(\mathrm{e}^{-S\mathrm{i}} - \mathrm{e}^{+S\mathrm{i}}) \tag{14-85}$$

近平衡态的一元系统形态变化规律用熵信息函数表示就是

$$P = \frac{1}{2\mathrm{i}}(\mathrm{e}^{-S\mathrm{i}} - \mathrm{e}^{S\mathrm{i}}) = -\sin S \tag{14-86}$$

上式 $P \sim S$ 曲线是经过原点的反∽形负正弦函数曲线,如图 6-30 所示。

对(14-86)式微分,得到近平衡态条件下的一元系统异质信息变化率函数为

$$p = \frac{\mathrm{d}(-\sin S)}{\mathrm{d}S} = -\cos S \tag{14-87}$$

上式的 $p \sim S$ 曲线是关于 p 轴对称的负余弦函数曲线,如图 6-31 所示。

可见,在一维二仪质向量坐标系 $\vec{X}\mathrm{i}$ 内部的 $(\vec{P}_\perp, \vec{S}_\perp)$ 二维分质向量空间中,在近平衡态一元系统的熵信息函数表现为正弦函数,这一奇函数的 $P \sim S$ 关系曲线是关于原点对称的正弦函数曲线。在近平衡态一元系统的异质信息变化率函数表现为余弦函数,这一偶函数的 $p \sim S$ 关系曲线是关于 p 轴对称的余弦函数曲线。

2. 一元系统的本质形态分布规律

在一维二仪质向量坐标系 $\vec{X}\mathrm{i}$ 内部的 $(\vec{P}_\perp, \vec{S}_\perp)$ 二维分质向量空间中,各个分质向量与各自的分质变量坐标轴同向,可以用其分质变量坐标轴来表示。在近平衡态条件下,如果正向子系统和负向子系统的 α_+ 和 α_- 相等($\alpha_+ = \alpha_- = \frac{1}{2}$),当反向可逆一元系统的形态变化符合正向子系统的总体单元数 N_+ 与负向子系统的总体单元数 N_- 相等($N_+ = N_- = \frac{N}{2}$)与熵 S_+ 和熵 S_- 相等($S_+ = S_- = S$)的特定条件时,反向可逆一元系统成为均衡反向一元系统。在近平衡态条件下,一元系统的形态变化规律为(14-86)式 $P = -\sin S$。利用(7-8)式 $P^0(S) = -P(S)$,就可以直接得到一元系统的本质信息分布规律为

$$P^0 = \sin S \tag{14-88}$$

上式 $P^0 \sim S$ 曲线是经过原点的∽形正弦函数曲线,如图 6-33 所示。

对(14-88)式微分,得到近平衡态条件下的一元系统本质信息分布密度函数为

$$p^0 = \frac{\mathrm{d}(\sin S)}{\mathrm{d}S} = \cos S \tag{14-89}$$

上式的 $p^0 \sim S$ 曲线是关于 p^0 轴对称的余弦函数曲线,如图 6-34 所示。

可见,在一维二仪质向量坐标系 $\vec{X}\mathrm{i}$ 内部的 $(\vec{P}_\perp, \vec{S}_\perp)$ 二维分质向量空间中,在远离平衡态一元系统的本质信息分布规律表现为正弦函数,这一奇函数的 $P^0 \sim S$ 关系曲线是关于原点对称的函数曲线。其本质信息分布密度函数表现为余弦函数,这一偶函数的 $p^0 \sim S$ 关系曲线是关于 p^0 轴对称的函数曲线。

(三)准平衡态

1. 一元系统的异质形态变化规律

在一维二仪质向量坐标系 $\vec{X}i$ 内部的 $(\vec{P}_\perp, \vec{S}_\perp)$ 二维分质向量空间中,各个分质向量与各自的分质变量坐标轴同向,可以用其分质变量坐标轴来表示。如果正向子系统和负向子系统的 α_+ 和 α_- 相等 $(\alpha_+ = \alpha_- = \frac{1}{2})$,当反向可逆一元系统的形态变化符合正向子系统的总体单元数 N_+ 与负向子系统的总体单元数 N_- 相等 $(N_+ = N_- = \frac{N}{2})$ 与熵 S_+ 和熵 S_- 相等 $(S_+ = S_- = S)$ 的特定条件时,反向可逆一元系统成为均衡反向一元系统。在准平衡态,一元系统的 $b_+ = b_-$, $a_+ \to -1$, $a_- \to 1$,把准平衡态正向变化子系统的熵信息函数 $P_+ = a_+ S + b_+$ 和准均衡态负向变化子系统的熵信息函数 $P_- = a_- S + b_-$ 代入 (14-77) 式 $Pi = \frac{1}{2}(P_+ i - P_- i)$,就有

$$Pi = \frac{1}{2}(P_+ i - P_- i) = \frac{1}{2}(a_+ - a_-)Si = -Si \qquad (14-90)$$

所以,在准平衡态条件下一元系统的形态变化规律可以用熵信息函数表示为

$$P = -S \qquad (14-91)$$

上式 $P \sim S$ 曲线是经过原点的直线,如图 6-36 所示。

对 (14-91) 式微分,可以得到准平衡态条件下的一元系统的异质信息变化率函数为

$$p = \frac{d}{dS}(-S) = -1 \qquad (14-92)$$

上式的 $p \sim S$ 曲线是关于 p 轴对称的直线,如图 6-31 所示。

可见,在一维二仪质向量坐标系 $\vec{X}i$ 内部的 $(\vec{P}_\perp, \vec{S}_\perp)$ 二维分质向量空间中,在准平衡态一元系统的异质信息变化率函数表现为直线函数,这一偶函数的 $p \sim S$ 关系曲线是关于 p 轴对称的直线。

2. 一元系统的本质形态分布规律

在一维二仪质向量坐标系 $\vec{X}i$ 内部的 $(\vec{P}_\perp, \vec{S}_\perp)$ 二维分质向量空间中,各个分质向量与各自的分质变量坐标轴同向,可以用其分质变量坐标轴来表示。在近平衡态的条件下,如果正向子系统和负向子系统的 α_+ 和 α_- 相等 $(\alpha_+ = \alpha_- = \frac{1}{2})$,当反向可逆一元系统的形态变化符合正向子系统的总体单元数 N_+ 与负向子系统的总体单元数 N_- 相等 $(N_+ = N_- = \frac{N}{2})$ 与熵 S_+ 和熵 S_- 相等 $(S_+ = S_- = S)$ 的特定条件时,反向可逆一元系统成为均衡反向一元系统。在准平衡态,一元系统的形态变化规律为 (14-91) 式 $P = $

$-S$，利用(7-8)式 $P^0(S)=-P(S)$，就可以直接得到一元系统的本质信息分布规律为

$$P^0 = S \tag{14-93}$$

上式 $P^0 \sim S$ 曲线是经过原点的直线，如图 6-40 所示。

对(14-93)式微分，可以得到准平衡态条件下一元系统的本质信息分布密度函数为

$$p^0 = \frac{d(S)}{dS} = 1 \tag{14-94}$$

上式的 $p^0 \sim S$ 曲线是关于 p^0 轴对称的直线，如图 6-41 所示。

可见，在一维二仪质向量坐标系 $\vec{X}i$ 内部的 $(\vec{P}_\perp, \vec{S}_\perp)$ 二维分质向量空间中，在准平衡态一元系统的本质信息分布规律表现为线性函数，这一奇函数的 $P^0 \sim S$ 关系曲线是关于原点对称的函数曲线。其本质信息分布密度函数表现为常数，这一偶函数的 $p^0 \sim S$ 关系曲线是关于 p^0 轴对称的函数曲线。

第五节　一元系统在五维形态空间中的关系

在一维二仪质向量坐标系 $\vec{X}$ 内部打开 $(\vec{N}, \vec{n}, \vec{E}, \vec{E}_{\neq}, \vec{\varepsilon})$ 五维分质向量空间，回顾反向可逆系统在不同失衡态的异质形态变化规律与本质形态分布规律，可以对一元系统在远离平衡态、近平衡态和准平衡态的形态变化规律与本质形态分布规律有较深刻的认识；通过质向量坐标轴的平移或旋转变换，还可以得到其相应的表达式。

一、一元系统在不同失衡态的变化规律

在一维二仪质向量坐标系 $\vec{X}$ 的二仪空间中，正向变化的子系统和负向变化的子系统构成反向可逆一元系统。反向可逆一元系统在 $A \rightleftharpoons B$ 的发射过程中是经历一个相互竞争的反向可逆过程，也是正向子系统 $A \longrightarrow B$ 变化过程和负向子系统 $A \longleftarrow B$ 变化过程的反向叠加。

在一维二仪质向量坐标系 $\vec{X}$ 二仪空间的 $[\vec{a}, \vec{b}]$ 区间里，正向变化子系统的形态变化规律为 $\Delta \vec{x}_+ = \vec{b} - \vec{a}$，负向变化子系统的形态变化规律为 $\Delta \vec{x}_- = \Delta \vec{x}_+ = \vec{a} - \vec{b}$。正向变化子系统的质向量变化量 $\Delta \vec{x}_+$ 和负向变化子系统的质向量变化量 $\Delta \vec{x}_-$ 在反向可逆的形态变化过程中表现的是相互抵消、相互抗衡的相减关系，符合向量的加法运算规则。反向可逆一元系统的形态变化规律也就是正向子系统的质向量变化量 $\Delta \vec{x}_+ = \vec{b}_+ - \vec{a}_-$ 与负向子系统的质向量变化量 $\Delta \vec{x}_- = \vec{a}_- - \vec{b}_+$ 两个向量的叠加，即(13-63)式 $\Delta \vec{x} = \Delta \vec{x}_+ + \Delta \vec{x}_-$，而其经历的运动轨道就是反向可逆一元系统叠加态变化规律所留下的变化轨迹。

一维二仪质向量坐标系 $\vec{X}$ 的二仪世界由正向太极 $\vec{X}_+$ 和负向太极 $\vec{X}_-$ 所构成。在一维二仪质向量坐标系 $\vec{X}$ 内部打开 $(\vec{P},\vec{S})$ 的分质向量空间，正向子系统的质向量变化量 $\Delta\vec{x}_+$ 成为 $\Delta\vec{x}_+(\vec{P},\vec{S})$，负向子系统的质向量变化量 $\Delta\vec{x}_-$ 成为 $\Delta\vec{x}_-(\vec{P},\vec{S})$。反向可逆一元系统的子系统在对峙发射过程中表现出的形态变化规律可以用信息 $\vec{P}$ 和熵 $\vec{S}$ 之间存在的内在关系来表示，以信息 $\vec{P}$ 和熵 $\vec{S}$ 之间的熵信息函数或信息熵函数就可以表示反向可逆一元系统在不同失衡态的形态变化规律。

以熵信息函数或信息熵函数描述反向可逆一元系统形态变化规律的表达形式十分简洁。然而，信息 $\vec{P}$ 和熵 $\vec{S}$ 这两个基础质向量作为刻画反向可逆一元系统形态变化规律的参量，其本身所表征的意义又比较一般而抽象，对于信息和熵这两个参量的内涵，许多人必然觉得比较难以理解。不过，总体单元数 $\vec{N}$、异质单元数 $\vec{n}$、能量 $\vec{E}$、能阈 $\vec{E}_{\neq}$ 和能元 $\vec{\varepsilon}$ 这五个质向量是比信息 $\vec{P}$ 和熵 $\vec{S}$ 这两个质向量更特殊的质向量。通过总体单元数 $\vec{N}$、异质单元数 $\vec{n}$、能量 $\vec{E}$、能阈 $\vec{E}_{\neq}$ 和能元 $\vec{\varepsilon}$ 五个质向量之间的内在关系所揭示的反向可逆一元系统形态变化规律，就必然比信息 $\vec{P}$ 和熵 $\vec{S}$ 之间的内在关系更为具体。

在一维二仪质向量坐标系 $\vec{X}$ 内部打开 $(\vec{N},\vec{n},\vec{E},\vec{E}_{\neq},\vec{\varepsilon})$ 五维分质向量空间，反向可逆一元系统正向子系统的质向量变化量 $\Delta\vec{x}_+$ 成为 $\Delta\vec{x}_+(\vec{N},\vec{n},\vec{E},\vec{E}_{\neq},\vec{\varepsilon})$，反向可逆一元系统负向子系统的质向量变化量 $\Delta\vec{x}_-$ 成为 $\Delta\vec{x}_-(\vec{N},\vec{n},\vec{E},\vec{E}_{\neq},\vec{\varepsilon})$。总体单元数 $\vec{N}$、异质单元数 $\vec{n}$、能量 $\vec{E}$、能阈 $\vec{E}_{\neq}$ 和能元 $\vec{\varepsilon}$ 这五个质向量作为一维二仪质向量坐标系 $\vec{X}$ 内部的分质向量，反向可逆一元系统的两个子系统在 $A \rightleftharpoons B$ 对峙发射过程中表现的形态变化规律就可以用总体单元数 $\vec{N}$、异质单元数 $\vec{n}$、能量 $\vec{E}$、能阈 $\vec{E}_{\neq}$ 和能元 $\vec{\varepsilon}$ 这五个分质向量之间存在的内在关系来表示。

在一维二仪质向量坐标系 $\vec{X}$ 内部的 $(\vec{N},\vec{n},\vec{E},\vec{E}_{\neq},\vec{\varepsilon})$ 五维分质向量空间中，省却了分质向量关于方向的规定，反向可逆一元系统形态变化规律可以用总体单元数 N、异质单元数 n、能量 E、能阈 $E_{\neq}$ 和能元 ε 这五个分质变量之间的函数关系表示。只要选定总体单元数 $\vec{N}$、异质单元数 $\vec{n}$、能量 $\vec{E}$、能阈 $\vec{E}_{\neq}$ 和能元 $\vec{\varepsilon}$ 这五个分质向量中的一个为因变量，它和自变量之间的显函数关系就可表示反向可逆一元系统在不同失衡态的形态变化规律。因此，把(5-29)式 $n_+ = \dfrac{N_+}{1+\mathrm{e}^{\pm(E_{\neq+}-E_+)/\varepsilon_+}}$ 代入(13-17)式 $n = n_+ - n_-$，得到的(14-5)式 $n = \dfrac{N_+}{1+\mathrm{e}^{+(E_{\neq+}-E_+)/\varepsilon_+}} - \dfrac{N_+}{1+\mathrm{e}^{-(E_{\neq+}-E_+)/\varepsilon_+}}$ 就是在远离平衡态条件下反向可逆一元系统的形态变化规律。在近平衡态，反向可逆一元系统的形态变化规律可以用(14-17)式 $n = N_+ \mathrm{e}^{-(E_{\neq+}-E_+)/\varepsilon_+} - N_- \mathrm{e}^{-(E_{\neq-}-E_-)/\varepsilon_-}$ 来表达。在准平衡态，反向可逆一元系统的形态变化规律可以用(14-34)式 $n = -\left(\dfrac{a_+ N_+}{\varepsilon_+} - \dfrac{a_- N_-}{\varepsilon_-}\right)E + \dfrac{a_+ N_+ E_{\neq+}}{\varepsilon_+} +$

$b_+N_+ - \dfrac{a_-N_-E_{\neq-}}{\varepsilon_-} - b_-N_-$ 来表达。

在一维二仪质向量坐标系 $\vec{X}$ 中打开其内部的 $(\vec{N^0},\vec{n^0},\vec{E},\vec{E_{\neq}},\vec{\varepsilon})$ 五维分质向量空间,省却了分质向量关于方向的规定,那么:在远离平衡态,反向可逆一元系统的本质形态分布规律为(14-45)式 $n^0 = \dfrac{N_+^0}{1+e^{-(E_{\neq+}-E_+)/\varepsilon_+}} - \dfrac{N_-^0}{1+e^{+(E_{\neq-}-E_-)/\varepsilon_-}}$;在近平衡态,反向可逆一元系统的本质形态分布规律为(14-52)式 $n^0 = N_+^0 e^{+(E_{\neq+}-E_+)/\varepsilon_+} - N_-^0 e^{-(E_{\neq-}-E_-)/\varepsilon_-}$;在准平衡态,反向可逆一元系统的本质形态分布规律为(14-59)式 $n^0 = -N_+^0 a_+ \cdot \dfrac{E_{\neq+}-E_+}{\varepsilon_+} - N_+^0 b_+ + N_-^0 a_- \dfrac{E_{\neq-}-E_-}{\varepsilon_-} + N_-^0 b_-$。

单元系统形态转化基元过程的变化规律与分布规律是固有的,但是在不同维度的质向量坐标系中各个质向量之间的关系式不同,所以单元系统形态转化基元规律的表现形式也就不同。例如,在第六章第一节"坐标平移下基元规律的不同形式"中,在一维正向质向量坐标系 $\vec{X}_+$ 内部的 $(\vec{N}_+,\vec{n}_+,\vec{E}_+,\vec{E}_{\neq+},\vec{\varepsilon}_+)$ 五维分质向量空间里,单元系统形态转化基元规律通过坐标的平移变换可以演绎出一百三十多种表达形式;在一维正向质向量坐标系 $\vec{X}_+^0$ 内部的 $(\vec{N}_+^0,\vec{n}_+^0,\vec{E}_+,\vec{E}_{\neq+},\vec{\varepsilon}_+)$ 五维分质向量空间中,通过坐标的平移变换,正向子系统和负向子系统的形态分布规律也都可以演绎出一百三十多种特殊的表达形式,反向可逆一元系统的形态分布规律就可以由此来组合。

在一维二仪质向量坐标系 $\vec{X}$ 内部的 $(\vec{N},\vec{n},\vec{E},\vec{E}_{\neq},\vec{\varepsilon})$ 五维分质向量空间中,可以得到不同失衡条件下的一元系统异质形态变化规律,也可以得到不同失衡条件下的一元系统本质形态分布规律。如果像第五章第五节"单元系统不同失衡态的变化规律"中论述平衡态附近基元规律分段及其简化形式那样,把坐标平移后的反向可逆一元系统的形态变化规律用不同失衡态的各种相应表达式代替,还可得到更多不同的表达式。

如果思辨单元系统形态变化或分布的质向量数量太多,其间的关系就很复杂,其几何轨迹往往是一种任何人都无法想象的抽象的图形,人们是很难在多维质向量空间中去认识单元系统形态的变化规律与分布规律的。然而,在人们的认知过程中,如果多维质向量坐标系中的某一质向量坐标轴退缩为坐标系空间中的一个点,就减少了多维质向量坐标系的一个维度。在减少了一个维度的多维质向量坐标系空间中,单元系统在这一维度的特质就成为潜质,也就可以让这一维度的质向量保持为常质向量。

对于一维二仪质向量坐标系 $\vec{X}$ 内部的 $(\vec{N},\vec{n},\vec{E},\vec{E}_{\neq},\vec{\varepsilon})$ 五维分质向量坐标系,可采取坐标轴平移方式从五维分质向量空间截取部分的形态空间,使某些分质向量成为常分质向量。在多维分质向量坐标系空间所截取的部分空间中,坐标系的参照点已经发生平移,但是在较低维度的分质向量坐标系空间中可以降低多个分质向量关系的复杂程度,这样就能简化人们对于多维分质向量坐标系空间中的一元系统规律性的认识。

在一维二仪质向量坐标系 $\vec{X}$ 内部多维分质向量空间中,通过坐标的平移变换使某些分质向量成为常分质向量,反向可逆一元系统的形态变化规律就可以从多个分质向量的表现形式变成较少分质向量的表现形式。因此,在坐标系平移变换下,反向可逆一元系统形态的变化规律与分布规律可以用各种特殊形式进行刻画,这就为人们认识特殊条件下的反向可逆一元系统形态变化规律与分布规律提供了平台。

在一维二仪质向量坐标系 $\vec{X}$ 内部 $(\vec{N},\vec{n},\vec{E},\vec{E}_{\neq},\vec{\varepsilon})$ 五维分质向量空间的 $(\vec{C}_N,\vec{n},\vec{E},\vec{C}_{E_{\neq}},\vec{C}_{\varepsilon})$ 截面上,总体单元数 $\vec{N}$、能阈 $\vec{E}_{\neq}$ 和能元 $\vec{\varepsilon}$ 保持为常分质向量,就意味着这三种特质在人们思辨事物形态的认知过程中成为潜质。由于考察反向可逆一元系统形态的坐标系参照点已经移动到 $(\vec{C}_N,0,0,\vec{C}_{E_{\neq}},\vec{C}_{\varepsilon})$,因此 $(\vec{C}_N,\vec{n},\vec{E},\vec{C}_{E_{\neq}},\vec{C}_{\varepsilon})$ 截面就成为考察反向可逆一元系统的异质单元数 $\vec{n}$ 与能量 $\vec{E}$ 的变化空间。在正向变化的子系统与反向变化的子系统势均力敌的情况下,反向可逆一元系统成为均衡反向一元系统。在 $(\vec{N},\vec{n},\vec{E},\vec{E}_{\neq},\vec{\varepsilon})$ 分质向量空间及其 $(\vec{C}_N,\vec{n},\vec{E},\vec{C}_{E_{\neq}},\vec{C}_{\varepsilon})$ 截面上,就可以认识一元系统的异质单元数和能量的内在关系。

二、一元系统在不同失衡态的规律

一维二仪质向量坐标系 $\vec{X}$ 是由正向太极 $\vec{X}_+$ 和负向太极 $\vec{X}_-$ 反向构成的二仪世界。在一维二仪质向量坐标系 $\vec{X}$ 内部打开 $(\vec{P},\vec{S})$ 二维分质向量空间,其 $(\vec{P},\vec{S})$ 空间对称于原点,因此以信息 $\vec{P}$ 和熵 $\vec{S}$ 之间的熵信息函数或信息熵函数就可以表示一元系统在平衡态附近的形态变化规律。例如,在省却分质向量关于方向规定和远离平衡态的条件下,一元系统形态转化基元规律的熵信息函数表现形式就是双曲正切函数,即(14-65)式 $P=-\frac{1}{2}\tanh\frac{S}{2}$。

同理,在一维二仪质向量坐标系 $\vec{X}$ 内部打开 $(\vec{N},\vec{n},\vec{E},\vec{E}_{\neq},\vec{\varepsilon})$ 五维分质向量空间,正向子系统的质向量变化量 $\Delta\vec{x}_+$ 成为 $\Delta\vec{x}_+(\vec{N},\vec{n},\vec{E},\vec{E}_{\neq},\vec{\varepsilon})$,负向子系统的质向量变化量 $\Delta\vec{x}_-$ 成为 $\Delta\vec{x}_-(\vec{N},\vec{n},\vec{E},\vec{E}_{\neq},\vec{\varepsilon})$。在省却分质向量关于方向的规定时,一元系统形态转化基元规律可以用总体单元数 N、异质单元数 n、能量 E、能阈 $E_{\neq}$ 和能元 ε 这五个分质变量之间的函数关系表示。选定总体单元数 N、异质单元数 n、能量 E、能阈 $E_{\neq}$ 和能元 ε 这五个分质变量中的一个为因变量,它和自变量之间的显函数关系就可以表示在平衡态附近的一元系统形态变化规律。

在一维二仪质向量坐标系 $\vec{X}$ 内部打开 $(\vec{N},\vec{n},\vec{E},\vec{E}_{\neq},\vec{\varepsilon})$ 五维分质向量空间,各个分质向量坐标轴与各自的分质变量坐标轴同向,可以用其分质变量来表示。利用异质信息 $P=\frac{n}{N}$ 和熵 $S=\frac{E_{\neq}-E}{\varepsilon}$ 的关系,在远离平衡态条件下,由(14-65)式 $P=-\frac{1}{2}\tanh\frac{S}{2}$ 可以得到 $n=-\frac{N}{2}\tanh\frac{E_{\neq}-E}{2\varepsilon}$,且由于能阈就在坐标的原点,$E_{\neq}=E_{\neq+}=E_{\neq-}=0$,

因此一元系统形态转化基元规律为(14-8)式 $n=\dfrac{N}{2}\tanh\dfrac{E}{2\varepsilon}$。在近平衡态条件下,由(14-14)式 $P=-\sinh S$ 可以得到(14-18)式 $n=-N\sinh\left(\dfrac{E_{\neq}-E}{\varepsilon}\right)$,且由于能阈就在坐标的原点,$E_{\neq}=0$,因此一元系统形态变化规律为(14-19)式 $n=N\sinh\dfrac{E}{\varepsilon}$。在准平衡态条件下,由(14-31)式 $P=-S$ 可以得到(14-35)式 $n=-N\dfrac{E_{\neq}-E}{\varepsilon}$,且由于能阈就在坐标的原点,$E_{\neq}=0$,因此一元系统形态变化规律为(14-36)式 $n=N\dfrac{E}{\varepsilon}$。

在一维二仪质向量坐标系 $\vec{X}$ 内部的 $(\vec{N},\vec{n},\vec{E},\vec{E_{\neq}},\vec{\varepsilon})$ 五维分质向量空间中,当总体单元数 $\vec{N}$、能阈 $\vec{E_{\neq}}$ 和能元 $\vec{\varepsilon}$ 保持为常质向量时,$(\vec{N},\vec{n},\vec{E},\vec{E_{\neq}},\vec{\varepsilon})$ 五维分质向量空间就以 $(\vec{C_N},\vec{n},\vec{E},\vec{C_{E_{\neq}}},\vec{C_{\varepsilon}})$ 截面成为异质单元数 $\vec{n}$ 与能量 $\vec{E}$ 的变化空间。在省却分质向量关于方向规定的条件下,远离平衡态的一元系统形态转化基元规律为 $n=-\dfrac{C_{N+}}{2}\cdot\tanh\dfrac{C_{E_{\neq}}-E}{2C_{\varepsilon}}$,由于能阈就在坐标的原点,$C_{E_{\neq}}=0$,因此一元系统形态转化基元规律为(14-9)式 $n=\dfrac{C_N}{2}\tanh\dfrac{E}{2C_{\varepsilon}}$。近平衡态的一元系统形态转化基元规律为(14-24)式 $n=-C_N\sinh\left(\dfrac{C_{E_{\neq}}-E}{C_{\varepsilon}}\right)$,由于能阈就在坐标的原点,$C_{E_{\neq}}=0$,因此一元系统形态转化基元规律为(14-25)式 $n=C_N\sinh\dfrac{E}{C_{\varepsilon}}$。准平衡态的一元系统形态转化基元规律为(14-37)式 $n=-C_N\dfrac{C_{E_{\neq}}-E}{C_{\varepsilon}}=\alpha E-\beta$,由于能阈就在坐标的原点,$C_{E_{\neq}}=0$,因此一元系统形态转化基元规律为(14-38)式 $n=\dfrac{C_N E}{C_{\varepsilon}}=\alpha E$。

在一维二仪质向量坐标系 $\vec{X}$ 内部 $(\vec{N^0},\vec{n^0},\vec{E},\vec{E_{\neq}},\vec{\varepsilon})$ 五维分质向量空间的 $(\vec{C_{N^0}},\vec{n^0},\vec{E},\vec{C_{E_{\neq}}},\vec{C_{\varepsilon}})$ 截面中,各个分质向量与各自的分质变量坐标轴同向,可以用其分质变量坐标轴来表示。在远离平衡态,一元系统本质形态分布规律为(14-47)式 $n^0=-\dfrac{C_{N^0}}{2}\tanh\dfrac{E}{2C_{\varepsilon}}$;在近平衡态,一元系统本质形态分布规律为(14-55)式 $n^0=-C_{N^0}\sinh\dfrac{E}{C_{\varepsilon}}$;在准平衡态,一元系统本质形态分布规律为(14-62)式 $n^0=\dfrac{C_{N^0}}{2C_{\varepsilon}}(a_+-a_-)E+\dfrac{C_{N^0}}{2}(b_--b_+)$。

三、$(\vec{N}_\perp, \vec{n}_\perp, \vec{E}_\perp, \vec{E}_{\perp\neq}, \vec{\varepsilon}_\perp)$ 分质向量空间

在一维二仪质向量坐标系 $\vec{X}$ 内部打开经逆时针旋转 $\frac{\pi}{2}$ 变换的 $(\vec{P}_\perp, \vec{S}_\perp)$ 二维分质向量空间，正向子系统的质向量变化量 $\Delta \vec{x}_+$ 成为 $\Delta \vec{x}_+(\vec{Pi}, \vec{Si})$，负向子系统的质向量变化量 $\Delta \vec{x}_-$ 成为 $\Delta \vec{x}_-(\vec{Pi}, \vec{Si})$。二维分质向量空间 $(\vec{P}_\perp, \vec{S}_\perp)$ 是关于原点的，因此以信息 $\vec{Pi}$ 和熵 $\vec{Si}$ 之间的熵信息函数或信息熵函数就可以表示在平衡态附近的一元系统形态变化规律。例如，通过坐标系旋转，一维二仪质向量坐标系 $\vec{X}$ 内部的 $(\vec{P}, \vec{S})$ 二维分质向量空间可以变换为虚数表示的 $(\vec{P}_\perp, \vec{S}_\perp)$ 分质向量空间，远离平衡态的一元系统形态转化基元规律的熵信息函数表现形式就变成了正切函数，即 (14-80) 式 $P = -\frac{1}{2}\tan\frac{S}{2}$。

同理，在一维二仪质向量坐标系 $\vec{X}$ 内部打开经逆时针旋转 $\frac{\pi}{2}$ 变换的 $(\vec{N}_\perp, \vec{n}_\perp, \vec{E}_\perp, \vec{E}_{\perp\neq}, \vec{\varepsilon}_\perp)$ 五维分质向量空间，正向子系统的质向量变化量 $\Delta \vec{x}_+$ 成为 $\Delta \vec{x}_+(\vec{Ni}, \vec{ni}, \vec{Ei}, \vec{E}_{\neq i}, \vec{\varepsilon i})$，负向子系统的质向量变化量 $\Delta \vec{x}_-$ 成为 $\Delta \vec{x}_-(\vec{Ni}, \vec{ni}, \vec{Ei}, \vec{E}_{\neq i}, \vec{\varepsilon i})$。选定总体单元数 $\vec{Ni}$、异质单元数 $\vec{ni}$、能量 $\vec{Ei}$、能阈 $\vec{E}_{\neq i}$ 和能元 $\vec{\varepsilon i}$ 这五个分质向量中的一个为因变量，它和自变量之间的显函数关系就可以表示在平衡态附近的一元系统形态变化规律。

在一维二仪质向量坐标系 $\vec{X}$ 内部打开经旋转 $\frac{\pi}{2}$ 变换的 $(\vec{N}_\perp, \vec{n}_\perp, \vec{E}_\perp, \vec{E}_{\perp\neq}, \vec{\varepsilon}_\perp)$ 五维分质向量空间，各个分质向量坐标轴与各自的分质变量坐标轴同向，可以用其分质变量来表示。利用异质信息 $P=\frac{n}{N}$ 和熵 $S=\frac{E_{\neq}-E}{\varepsilon}$ 的关系，一元系统形态转化基元规律就可以用异质单元数 ni 的正切函数表达为

$$ni = -\frac{Ni}{2}\tanh\frac{E_{\neq i}-Ei}{2\varepsilon i} \tag{14-95}$$

即

$$n = -\frac{N}{2}\tan\frac{E_{\neq}-E}{2\varepsilon} \tag{14-96}$$

在一维二仪质向量坐标系 $\vec{X}$ 内部的 $(\vec{N}_\perp, \vec{n}_\perp, \vec{E}_\perp, \vec{E}_{\perp\neq}, \vec{\varepsilon}_\perp)$ 五维分质向量空间中，当总体单元数 $\vec{N}$、能阈 $\vec{E}_{\neq}$ 和能元 $\vec{\varepsilon}$ 保持为常分质向量时，$(\vec{N}_\perp, \vec{n}_\perp, \vec{E}_\perp, \vec{E}_{\perp\neq}, \vec{\varepsilon}_\perp)$ 五维分质向量空间就以 $(\vec{C}_{Ni}, \vec{ni}, \vec{Ei}, \vec{C}_{E_{\neq i}}, \vec{C}_{\varepsilon i})$ 截面成为异质单元数 $\vec{ni}$ 与能量 $\vec{Ei}$ 的变化空间。在远离平衡态和省却分质向量关于方向规定的条件下，一元系统形态转化基元规律为

$$n\mathrm{i}=-\frac{C_{N\mathrm{i}}}{2\mathrm{i}}\tan\frac{C_{E\neq\mathrm{i}}-E\mathrm{i}}{2C_{\varepsilon\mathrm{i}}} \tag{14-97}$$

一元系统形态转化基元规律可表达为异质单元数变化率函数

$$r=\frac{\mathrm{d}n\mathrm{i}}{\mathrm{d}E\mathrm{i}}=\frac{C_{N\mathrm{i}}}{4C_{\varepsilon\mathrm{i}}}\mathrm{sech}^2\frac{E\mathrm{i}}{2C_{\varepsilon\mathrm{i}}} \tag{14-98}$$

在一维二仪质向量坐标系 $\vec{X}$ 内部的 $(\vec{N}_\perp,\vec{n}_\perp,\vec{E}_\perp,\vec{E}_{\neq\perp},\vec{\varepsilon}_\perp)$ 五维分质向量空间中,在近平衡态和省却分质向量关于方向规定的条件下,一元系统形态变化规律可以用异质单元数 $n\mathrm{i}$ 的正弦函数表达为

$$n=-N\sin\frac{E_{\neq}-E}{\varepsilon} \tag{14-99}$$

在一维二仪质向量坐标系 $\vec{X}$ 内部 $(\vec{N}_\perp,\vec{n}_\perp,\vec{E}_\perp,\vec{E}_{\neq\perp},\vec{\varepsilon}_\perp)$ 五维分质向量空间的 $(\vec{C}_{N\perp},\vec{n}_\perp,\vec{E}_\perp,\vec{C}_{E_{\neq\perp}},\vec{C}_{\varepsilon\perp})$ 截面上,在近平衡态和省却分质向量关于方向规定的条件下,一元系统形态变化规律还可以用异质单元数 $\vec{n}$ 的正弦函数表达,即

$$n=-C_N\sin\left(\frac{C_{E_{\neq}}-E}{C_\varepsilon}\right) \tag{14-100}$$

在一维二仪质向量坐标系 $\vec{X}$ 内部的 $(\vec{N}_\perp,\vec{n}_\perp,\vec{E}_\perp,\vec{E}_{\perp\neq},\vec{\varepsilon}_\perp)$ 五维分质向量空间中,在准平衡态和省却分质向量关于方向规定的条件下,一元系统形态变化规律可以用异质单元数 $n\mathrm{i}$ 的线性函数表示为

$$n=-N\frac{E_{\neq}-E}{\varepsilon} \tag{14-101}$$

当总体单元数 $\vec{N}$、能阈 $\vec{E}_{\neq}$ 和能元 $\vec{\varepsilon}$ 保持为常分质量时,在一维二仪质向量坐标系 $\vec{X}$ 内部 $(\vec{N}_\perp,\vec{n}_\perp,\vec{E}_\perp,\vec{E}_{\perp\neq},\vec{\varepsilon}_\perp)$ 五维分质向量空间的 $(\vec{C}_{\perp N},\vec{n}_\perp,\vec{E}_\perp,\vec{C}_{\perp E_{\neq}},\vec{C}_{\perp\varepsilon})$ 截面上,在准平衡态和省却分质向量关于方向规定的条件下,一元系统形态变化规律也还可以用异质单元数 $n\mathrm{i}$ 的线性函数表示为

$$n\mathrm{i}=-C_{N\mathrm{i}}\frac{C_{E_{\neq\mathrm{i}}}-E\mathrm{i}}{C_{\varepsilon\mathrm{i}}} \tag{14-102}$$

可见,在一维二仪质向量坐标系 $\vec{X}$ 内部的 $(\vec{N},\vec{n},\vec{E},\vec{E}_{\neq},\vec{\varepsilon})$ 五维分质向量空间中,处在远离平衡态的一元系统形态转化基元规律用双曲正切函数表示;在一维二仪质向量坐标系 $\vec{X}$ 内部的 $(\vec{N}_\perp,\vec{n}_\perp,\vec{E}_\perp,\vec{E}_{\neq\perp},\vec{\varepsilon}_\perp)$ 五维分质向量空间中,处在远离平衡态的一元系统形态转化基元规律用正切函数表示,它们虽然形式不同,但是表达的内容本质上是一样的。处在近平衡态或准平衡态的一元系统,其形态变化规律在 $(\vec{N},\vec{n},\vec{E},\vec{E}_{\neq},\vec{\varepsilon})$ 五维分质向量空间与 $(\vec{N}_\perp,\vec{n}_\perp,\vec{E}_\perp,\vec{E}_{\perp\neq},\vec{\varepsilon}_\perp)$ 五维分质向量空间也是函数形式不同,但是所表达形态变化规律的本质内容也是一样的。坐标系原点 $\vec{O}$ 都是最有序的变态(变相)点。在二仪空间中正向子系统与负向子系统对立形态的相互转化都可以利用质向量之间的反向叠加来揭示反向可逆一元系统经历"一阴一阳"形态变化的内在关系。

但是,对于一元系统来讲,其正向子系统和负向子系统在变化过程中恰好就在变态(变相)点为中心点时达到势均力敌的均衡,因而在一维二仪质向量坐标系 $\vec{X}$ 的原点 $\vec{O}$ 所描述的均衡反向一元系统形态就没有任何变化。

四、应用实例

在一维二仪质向量坐标系 $\vec{X}$ 内部 $(\vec{N},\vec{n},\vec{E},\vec{E}_{\neq},\vec{\varepsilon})$ 五维分质向量空间的 $(\vec{C}_N,\vec{n},\vec{E},\vec{C}_{E_{\neq}},\vec{C}_{\varepsilon})$ 截面上,各个分质向量坐标轴与各自的分质变量坐标轴同向,可以用其分质变量来表示。在近平衡态条件下,反向可逆一元系统的异质单元数变化规律为(14-20)式 $n=C_{N_+}\mathrm{e}^{-C_{E_{\neq}}/C_{\varepsilon}}\mathrm{e}^{+E/C_{\varepsilon}}-C_{N_-}\mathrm{e}^{+C_{E_{\neq}}/C_{\varepsilon}}\mathrm{e}^{-E/C_{\varepsilon}}$。若平衡态的能量为 E_e,近平衡态的过能量为(14-21)式 $E_\eta = E - E_e$。如果以能量 E 的显性因子 θ 来表现,即 $E = C_F\theta$,过能量为 $E_\eta = C_F\theta_\eta$,而异质单元数 n 与某一特定因子 y_ε 可以共同组成特定的质参量 y(即 $y = ny_\varepsilon$),这样,反向可逆一元系统的异质单元数变化规律就可以用含有异质单元数变化率常数的(14-22)式 $n = B_+\mathrm{e}^{-E_\eta/C_\varepsilon} - B_-\mathrm{e}^{-E_\eta/C_\varepsilon}$ 表达为

$$y = y_\varepsilon(B_+\mathrm{e}^{-E_\eta/C_\varepsilon} - B_-\mathrm{e}^{-E_\eta/C_\varepsilon})$$
$$= y_\varepsilon(B_+\mathrm{e}^{-C_F\theta_\eta/C_\varepsilon} - B_-\mathrm{e}^{-C_F\theta_\eta/C_\varepsilon}) \tag{14-103}$$

式中,正向子系统的异质单元数变化率常数为 $B_+ = C_{N_+}\mathrm{e}^{-E_{\neq}/C_\varepsilon}$;负向子系统的异质单元数变化率常数为 $B_- = C_{N_-}\mathrm{e}^{-E_{\neq}/C_\varepsilon}$;特定因子 y_ε 和系数 C_F、C_N、C_ε 均为常量。

因此,在二维特定因子的 (θ,y) 平面上,(14-103)式表示的质参量 y 与显性因子 θ_η 的函数关系就是反向可逆一元系统在近平衡态的形态变化规律。(14-103)式不是以抽象的能量和异质单元数的函数关系来表示反向可逆一元系统在近平衡态的形态变化规律的,而是以特定的质参量 y 与显性因子 θ_η 的函数关系来表示反向可逆一元系统在近平衡态的形态变化规律的。因此只要明确规定质参量 y 与显性因子 θ_η 的具体特性,一元系统形态变化规律就可以在不同的领域中纵横驰骋。兹举四个应用实例。

(一)约瑟夫森效应

在超导电子学中,当两块金属被一层绝缘介质隔开,介质层的厚度在几十至几百埃时,电子就能穿越势垒运动,加上电压就形成隧道电流,这就是隧道效应。如果这两块金属换成超导体,则产生超导体的正常电子隧道效应,此即约瑟夫效应。由于 SIS 结(约瑟夫森结或超导隧道结)中的绝缘层非常薄,只有 1 nm,而超导电子的相干长度约为 10^{-6} m,因而 SIS 结两侧超导体波函数就会产生耦合,呈现超导电流的量子干涉现象。[8]

1962 年,英国物理学家约瑟夫森就此做了精辟的理论分析,预言库珀电子对也会有隧道穿透效应。在约瑟夫森结两边超导体波函数的耦合如图 14-29 所示。超薄绝缘

层两侧超导体波函数分别为 $\Psi_1=\sqrt{\rho_1}\,\mathrm{e}^{\mathrm{i}\varphi_1}$ 和 $\Psi_2=\sqrt{\rho_2}\,\mathrm{e}^{\mathrm{i}\varphi_2}$，其中 ρ_1 和 ρ_2 分别是超导体 S_1 和 S_2 中库珀电子对的密度，φ_1 和 φ_2 是结两边波函数的相位。[9]

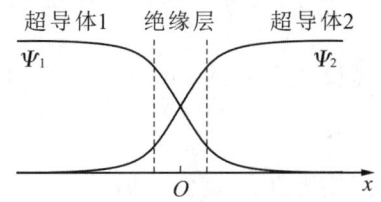

图 14-29　约瑟夫森结两边超导体波函数的耦合

后来，还有人从超导性微观理论出发，导出流过约瑟夫森结的最大电流密度为

$$j_{so}=\frac{\pi\Delta T}{2eR_{NN}}\tanh\frac{\Delta T}{2k_BT} \tag{14-104}$$

式中，R_{NN} 是约瑟夫森结两边金属都在正常态时约瑟夫森结的每单位面积的电阻。

依照约瑟夫森的预言，夹在超导体之间的极薄绝缘层能让超导电流通过而不显现电阻，其允许通过 S_1 和 S_2 的最大电流密度为 j_{so}。随后，有关约瑟夫森隧道结电流—电压特性的实验就证实了约瑟夫森的预言，如图 14-30 所示。假定由一理想电流源对隧道结供应电流，只要 j_{so} 不超过临界电流密度，隧道结两端就不会有电压降，如图中的沿纵轴的线段 a。在这一段有电流而没有电压降，这就体现了超导。

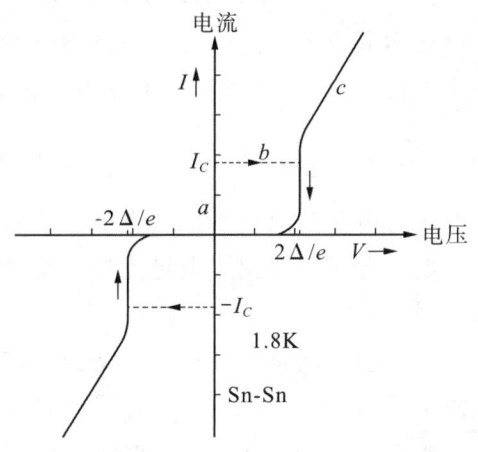

图 14-30　约瑟夫森隧道结的电流—电压特性曲线

其实，在第十四章第二节"一元系统在不同失衡态的变化规律"中已经给出了在远离平衡态以异质单元数 n 为因变量的一元系统形态变化规律为(14-9)式 $n=\frac{C_N}{2}\tanh\frac{E}{2C_\varepsilon}$。如果异质单元数 n 特定为电子数，电子的电荷 $e=q_e$，单位时间通过约瑟夫森隧道结的电荷量就是电流密度 j_{so}，即 $j_{so}=\mathrm{d}q/\mathrm{d}=n\mathrm{d}q_e/\mathrm{d}t$。再令 $C_\varepsilon=k_BT$，$C_N\dfrac{\mathrm{d}q_e}{\mathrm{d}t}=\dfrac{\pi\Delta T}{eR_{NN}}$，$E=\Delta T$，由(14-9)式 $n=\dfrac{C_N}{2}\tanh\dfrac{E}{2C_\varepsilon}$ 就可以直接演绎出(14-104)式。

同样，图 14-30 是图 14-3 在约瑟夫森结两边超导体波函数耦合的特殊表现。这两个图的曲线形状是一样的，但是 $n\sim E$ 关系曲线是代表一般的异质单元数 n 对能量 E 的关系曲线，而 $I\sim V$ 关系曲线是代表特殊的电流 I 对电压 V 的关系曲线。

(二)氧化还原电极在平衡电位反应的机理

在第九章第五节"位势为显性因子的形态变化规律"中，讨论了电化学氧化还原的电极反应可以用(9-129)式"氧化态$+n\mathrm{e}\longrightarrow$还原态"的通式表示。通过近平衡态下过电位变化规律的演绎,得到了塔菲尔的经验公式(9-124)式 $\eta=a+b\ln i_+$,式中常数 a 是电流密度等于 1 A/cm² 时的过电位值,塔菲尔系数 b 的数值是 $\dfrac{RT}{\alpha F}$,过电位 η 归之于电化学极化 $\eta=\varphi-\varphi_{不可逆}$。

虽然塔菲尔经验公式揭示了电化学极化超电势与电流密度的关系,但是并没有表明氧化还原电极在平衡电位反应的真正机理。由于在平衡电位下任何电极(固相)和溶液(液相)的界面上都同时进行氧化和还原两个相反的过程,可以把电极反应在平衡电位的氧化还原过程看作一个反向可逆一元系统在变相点附近的反应,因此,可以在一维二仪质向量坐标系内部 $(\vec{N},\vec{n},\vec{E},\vec{E}_{\neq},\vec{\varepsilon})$ 五维分质向量空间的 $(\vec{C}_N,\vec{n},\vec{E},\vec{C}_{E_\neq},\vec{C}_\varepsilon)$ 截面上,从反向可逆一元系统的均衡理论演绎出塔菲尔经验公式。[10]

电化学氧化还原的电极反应发生时,在平衡电位的氧化过程和还原过程是以相同的速率进行的,反应速率常数可以用活化能 $E_\neq$ 表示为

$$k=A\exp\left(\dfrac{-E_\neq}{RT}\right) \tag{14-105}$$

对于有电子和离子参加的电极反应来说,反应速率与电极的电位有关,这是因为表面的带电状况可以改变放电过程的活化能。电极表面的反应自由能变化和电位具有如下的关系:

还原反应的活化能 $\quad E_{\neq+}=E^0_{\neq+}+\alpha nF\varphi \tag{14-106}$

氧化反应的活化能 $\quad E_{\neq-}=E^0_{\neq-}-(1-\alpha)nF\varphi \tag{14-107}$

式中,φ 为电极电位,即从平衡电位起进行阴极极化移动的电位;$E^0_{\neq+}$ 和 $E^0_{\neq-}$ 表示电极电位为零时的还原过程和氧化过程的活化能。

根据法拉第定律,电流与所消耗掉的反应物的数量之间存在着当量的关系,即将单位时间单位面积上所消耗掉的反应物的克当量乘上法拉第常数,就得到电流密度。电流就是整个电极的面积与其所消耗掉的反应物的克当量及法拉第常数的乘积,即

$$I=nFr=nFkC_*=nFAC_*\exp\left(\dfrac{-E_\neq}{RT}\right) \tag{14-108}$$

式中,r 为反应速率;C_* 为电极表面层中反应物的浓度;k 为速率常数。

由于氧化反应和还原反应同时在电极和溶液的界面上进行,而氧化还原作用的活化能又不同,把(14-106)式 $E_{\neq+}=E^0_{\neq+}+\alpha nF\varphi$ 和(14-107)式 $E_{\neq-}=E^0_{\neq-}-(1-\alpha)\cdot nF\varphi$ 代入(14-105)式 $k=A\exp\left(\dfrac{-E_\neq}{RT}\right)$,并改成用电流表示的形式,则有

还原电流 $\quad i_-=nFAC_O\exp\left(\dfrac{-E^0_{\neq+}}{RT}\right)\exp\left(\dfrac{-\alpha nF}{RT}\varphi\right) \tag{14-109}$

氧化电流 $\quad i_+=nFAC_R\exp\left(\dfrac{-E^0_{\neq-}}{RT}\right)\exp\left[\dfrac{(1-\alpha)nF}{RT}\varphi\right] \tag{14-110}$

式中,C_O 和 C_R 分别表示氧化反应和还原反应的电极表面浓度。

对于反向可逆一元系统在电极和溶液的界面上进行的氧化还原过程,以电位 φ 为能量 E 的显性因子 θ,以 FA 为特定因子 y_ε,异质单元数 n 与特定因子 FA 以及电极表面浓度就共同组成电流 i。这样,由(14-103)式 $y=y_\varepsilon(B_+\mathrm{e}^{-C_F\theta_t/C_{t_+}}-B_-\mathrm{e}^{-C_F\theta_t/C_{t_-}})$ 就可以直接演绎出电化学氧化还原的电极反应的总电流

$$I = -(i_- - i_+)$$
$$= -nFAC_O\exp\left(\frac{-E^0_{\neq +}}{RT}\right)\exp\left(\frac{-\alpha nF}{RT}\varphi\right)+nFAC_R\exp\left(\frac{-E^0_{\neq -}}{RT}\right)\exp\left[\frac{(1-\alpha)nF}{RT}\varphi\right] \quad (14\text{-}111)$$

如果用各自的速率常数和表示的话,上式还可以写成

$$i=\frac{I}{A}=-nF\left\{-C_O k_-\exp\left(\frac{-\alpha nF}{RT}\eta\right)+C_R k_+\exp\left[\frac{(1-\alpha)nF}{RT}\eta\right]\right\} \quad (14\text{-}112)$$

式中,i 为单位面积的电流,即电流密度;$\eta=\varphi-\varphi_0$ 为过电位;φ_0 为平衡电位。用(14-112)式作图,即可得到图 14-31。

由图 14-31 可见,在电极(固相)和溶液(液相)的界面上同时进行氧化和还原的两个相反过程,就是一个反向可逆一元系统在变相点的反应。当 $I=0$,即 $i_+=i_-$ 时,在平衡电位下有过电位 $\eta=0$,此时的电位是变相点的平衡电位 φ_0,而电流

$$i_+ = i_- = i_0 \quad (14\text{-}113)$$

i_0 叫作交换电流密度。

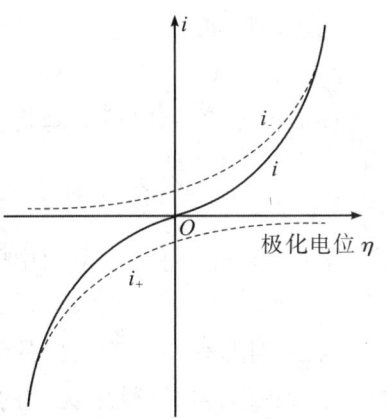

图 14-31 电极反应的电流密度和氧化电流及还原电流

用交换电流密度 i_0 代入(14-112)式后,电化学氧化还原的电极反应的总电流表达式变得更加简单。当不存在电极界面的物质移动影响时,又可以得到巴特勒-福尔默(Butler-Volmer)方程式

$$i=i_0\left\{-\exp\left(\frac{-\alpha nF}{RT}\eta\right)+\exp\left[\frac{(1-\alpha)nF}{RT}\eta\right]\right\} \quad (14\text{-}114)$$

把(14-114)式经过整理,还可以得到奈斯特方程式

$$\varphi_0 = \frac{RT}{nF}\ln\frac{k_-}{k_+}+\frac{RT}{nF}\ln\frac{C_O^0}{C_R^0} \quad (14\text{-}115)$$
$$= E^0 + \frac{RT}{nF}\ln\frac{C_O^0}{C_R^0}$$

式中,C_O^0 和 C_R^0 分别表示变相点平衡时氧化体和还原体的电极表面浓度;式中第一项和反应物质浓度无关,是一常数 E^0。

但是,当电极电位偏离变相点平衡电位时,在远离变相点两端(正偏离或者负偏离)的近平衡态,式中括号内总有一项可以忽略不计。当氧化电流 $i_+>0$ 时,若过电位 $\eta\rightarrow$

$+\infty$,略去(14-114)式第一项后得到

$$i = i_0 \exp\left[\frac{(1-\alpha)nF}{RT}\eta\right] \tag{14-116}$$

取 $a = -\frac{RT}{(1-\alpha)nF}\ln i_0, b = \frac{2.3RT}{(1-\alpha)nF}$,不仅可以演绎得到塔菲尔的经验公式(9-124)式 $\eta = a + b\ln i_+$,而且可以清楚地揭示这两个常数的内涵。

当还原电流 $i_- < 0$ 时,若过电位 $\eta \to -\infty$,略去(14-114)式第二项后得到

$$i = -i_0 \exp\left(\frac{-\alpha nF}{RT}\eta\right) \tag{14-117}$$

取 $a = -\frac{RT}{\alpha nF}\ln i_0, b = \frac{2.3RT}{\alpha nF}$,也可以演绎得到塔菲尔的经验公式(9-124)式 $\eta = a + b\ln i_+$,并使两个常数的意义得以明了。

总之,对于反向可逆一元系统在电极和溶液的界面上进行的氧化还原过程,只要把 (14-20)式 $n = C_{N_+} e^{-C_{E_+}/C_+} e^{+E_+/C_+} - C_{N_-} e^{+C_{E_-}/C_+} e^{-E_-/C_+}$ 中能量 E 的显性因子 θ 和异质单元数 n 特殊化,就可以演绎得到电化学氧化还原的电极反应的相关方程式。

(三)两个水团叠置时水文要素的变化规律

在海洋学中,每一个水团中的分子由于存在着混合运动,其混合的结果必然使相邻水层的特性趋于均匀,从而形成匀和层。在匀和层中,由于风所引起的涡动混合作用或对流混合作用,使得匀和层内的温度、盐度、密度等水文要素不随深度而变。匀和层的分子可以看作各向同性的无序的平衡态。因此,每一个水团都是水文特性均匀的水分子的集合体,都可以看作孤立系统。

但是,当两个性质不同的水团叠置时,在两个匀和层接触的边界上,两个水团互以对方为环境,水分子就会同时受两个匀和层特性的影响而产生偏离平衡态的混合,混合的结果将使水文要素的梯度增大,这两个匀和层界面处在垂直方向上就会出现水文要素急剧变化(梯度很大)的水层,称为跃层。

在跃层的上下,两个匀和层就是两个不同性质的形态(相),跃层中的水分子在涡动或对流混合交流中就会产生偏离平衡态的运动从而形成梯度。对于某一水文要素而言,一个水团发生吸收发射,另一个水团就发生自发发射,如一个水团的温度或盐度或密度较高,就会通过水分子的自发发射而使另一个水团的水分子发生吸收发射。

从宏观上看,两个性质不同的匀和层的混合结果必然使水层的特性趋于均匀,也就是能级较高的水团的能量和物质(如温度、盐度、密度)流向能级较低的水团,而能级较低的水团的能量和物质(如温度、盐度、密度)趋向能级较高的水团。因此,当两个性质不同的水团叠置在一起时,其合二而一的反向并合过程就构成了一个反向可逆系统的形态变化。在一维二仪质向量坐标系 $\vec{X}$ 内部$(\vec{N}, \vec{n}, \vec{E}, \vec{E}_{\neq}, \vec{\varepsilon})$ 五维分质向量空间的 $(\vec{C}_N, \vec{n}, \vec{E}, \vec{C}_{E_{\neq}}, \vec{C}_{\varepsilon})$ 截面上,从反向可逆一元系统的均衡理论也就可以演绎出两个质不

同的水团叠置在一起时两个均和层混合所形成的跃层的形态变化规律。

在一维二仪质向量坐标系 $\vec{X}$ 内部 $(\vec{N},\vec{n},\vec{E},\vec{E_{\neq}},\vec{\varepsilon})$ 五维分质向量空间的 $(\vec{C_N},\vec{n},\vec{E},\vec{C_{E_\neq}},\vec{C_\varepsilon})$ 截面上，各个分质向量坐标轴与各自的分质变量坐标轴同向，可以用其分质变量来表示。由于能级较高的水团的能量和物质（如温度、盐度、密度）会流向能级较低的水团，而能级较低的水团的能量和物质（如温度、盐度、密度）趋向能级较高的水团，在近平衡态条件下，能级较高的水团流向跃层的异质单元数为 $n_+ = C_{N_+} e^{-(C_{E_\neq}-E)/C_\varepsilon}$，能级较低的水团流向跃层的异质单元数为 $n_- = C_{N_-} e^{-(C_{E_\neq}-E)/C_\varepsilon}$。在两个均和层混合所形成的跃层上，(14-20)式 $n = C_{N_+} e^{-C_{E_\neq}/C_\varepsilon} e^{+E_+/C_\varepsilon} - C_{N_-} e^{+C_{E_\neq}/C_\varepsilon} e^{-E_-/C_\varepsilon}$ 就是反向可逆一元系统的形态变化规律。

不论是能级较高的水团还是能级较低的水团偏离两个均和层（平衡态）混合所形成的跃层（变相点），在变相点两端（正偏离或者负偏离）的近变相点，(14-20)式中括号内总有一项可以忽略不计。当能级较高的水团较为强势时，其形态变化规律就表现为正向子系统的异质单元数 $n_+ = C_{N_+} e^{-(C_{E_\neq}-E)/C_\varepsilon}$，水团呈现正向旋转的漩涡。当能级较低的水团较为强势时，其形态变化规律就表现为负向子系统的异质单元数 $n_- = C_{N_-} \cdot e^{+(C_{E_\neq}-E)/C_\varepsilon}$，水团呈现负向旋转的漩涡。

如果将水文要素（如温度、盐度、密度）作为特定因子 y_ε，异质单元数 n 与其就可以共同组成特定的质参量 y，而跃层的特征值（如深度、强度、厚度）可以作为能量 E 的显性因子 θ，这样就可以用(14-103)式 $y = y_\varepsilon (B_+ \cdot e^{-C_F \theta_y/C_\varepsilon} - B_- e^{C_F \theta_y/C_\varepsilon})$ 来揭示两个均和层混合所形成的跃层的形态变化规律，由此描绘出来的 $y \sim \theta$ 关系曲线就是如图 14-32 所示的形态变化曲线。

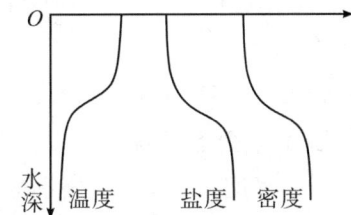

图 14-32　水文要素—跃层特征值关系曲线

（四）半导体 PN 结

在半导体物理学中，本征半导体是一种完全没有杂质和缺陷的理想半导体材料。但是，在实际的半导体材料中，总是或多或少存在有杂质和缺陷，且半导体的导电能力很灵敏地受杂质所支配。对于施主杂质占优势的半导体材料，称为 n 型半导体；对于受主杂质占优势的半导体材料，称为 p 型半导体。

取两块具有不同内部特性的 p 型和 n 型半导体材料，把它们连接在一起，在交界处就可以形成内电场的薄层——PN 结，如图 14-33 所示。若掺有不同种类或不同数量的杂质是锗（或硅），在 PN 结上边界的一边是 p 型锗（或硅），边界的另一边就是 n 型锗（或硅）。[11]

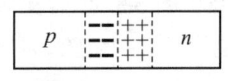

图 14-33　半导体 PN 结

在 PN 结的 n 型一边有可以运动的自由电子，还有使总电荷平衡的固定的施主位，在 PN 结的 p 型的一边有自由空穴运动着，并有等量的受主位使电荷平衡。n 型半导

体材料的费米能级 E_{fn} 在本征费米能级 E_i 之上,p 型半导体材料的费米能级 E_{fp} 在本征费米能级 E_i 之下。

p 型和 n 型两种半导体材料接触以后,由于势垒的形成,使得费米能级随着能带的弯曲而发生相对移动,存在着电子和空穴两种载流子的浓度梯度。当 n 型材料中的一些电子到达边界时,它们并不像在自由表面上那样被反射回去,而是可以一直进入电子比较少的 p 型材料中。但是,这个扩散过程不会一直进行下去,因为当 n 型的一边失去电子后净的正电荷就要增加,直到最后建立起一个电压以阻止电子扩散到 p 型一边去。同样,p 型材料中的正载流子能扩散通过结进入 n 型材料中,当它们这样做时,在 p 型材料一边留下了过量的负电荷。在平衡条件下,n 区和 p 区的费米能级达到同一水平 E_f,净扩散电流必定等于零。这是由电场造成的,因为所建立的电场要把载流子拉回 p 型材料。[12]

由于 PN 结交界处两侧带电层的存在,使电流由 n 区到 p 区容易,而由 p 区到 n 区困难,从而形成了半导体 PN 结的单向导电特性。不过,上述的两种扩散过程是同时进行的,这两个过程都使 n 型材料带正电,使 p 型材料带负电。由于半导体材料的有限的电导率,从 p 的一边到 n 的一边电势的变化只在靠近边界比较窄的区域内发生,在每块材料的主体部分中,电势仍然是均匀的。如果设 x 轴在垂直于边界表面的方向上,那么电势将随着 x 而变化,如图 14-34(b)所示。

用 n_i 表示本征载流子密度,n_n^0 和 p_n^0 分别表示平衡态情况下 n 区的电子密度和空穴密度,n_p^0 和 p_p^0 分别表示 p 区中的电子密度和空穴密度,当 n 区和 p 区达到平衡后,两区域中的多数载流子密度可表示为

$$n_n^0 = n_i e^{(E_f - E_{in})/kT} \quad (14-118)$$

和

$$p_p^0 = n_i e^{(E_{ip} - E_f)/kT} \quad (14-119)$$

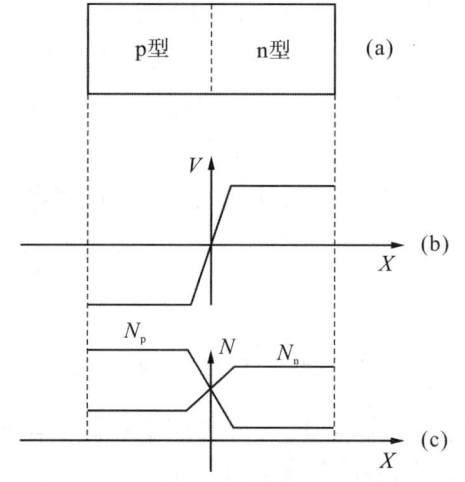

图 14-34 在未加偏压的 PN 结上的电势和载流子密度

在图 14-3(c)中画出了所期望的 n 载流子密度 $N_n = n_n^0$ 和 p 载流子密度 $N_p = p_p^0$ 的变化。在离 PN 结较远的地方,载流子密度 N_p 和 N_n 应当正好等于人们期望的同样温度下两块材料各自的平衡密度。由于 PN 结处的电势梯度,正载流子必须爬过一电势高坡(势垒)才能到达 n 型材料的一边,这意味着在平衡条件下,n 型材料中的正载流子比 p 型材料中的少。回忆一下统计力学的定律,预期两边的 p 型载流子数目的比由下面的方程给出

$$\frac{N_p(\text{n边})}{N_p(\text{p边})}=e^{-q_p\frac{V}{kT}} \tag{14-120}$$

对 n 型载流子密度有完全相同的方程式

$$\frac{N_n(\text{n边})}{N_n(\text{p边})}=e^{-q_n\frac{V}{kT}} \tag{14-121}$$

假如上两式给出同样的电势差 V 的数值，N_pN_n 乘积无论在 p 的一边还是在 n 的一边必定相同(记住 $q_n=-q_p=-e$)，这一乘积只依赖温度和晶体的隙能。假定晶体的两边都处于同样的温度，则这两个方程式的电势差具有同一数值。因此，方程式(14-120)和(14-121)指数的分子中乘积就是使电荷通过 PN 结电势差(势垒高度)所需的能量，即

$$eV=q_pV=E_{ip}-E_{in} \tag{14-122}$$

假如在两种材料内各自的平衡密度为已知，那就可以启用上面两个方程式的任何一个来决定给两边的电势差。

由(14-118)式 $n_n^0=n_i e^{(E_f-E_i)/kT}$ 可以得到

$$E_f-E_{in}=kT\ln\frac{n_n^0}{n_i} \tag{14-123}$$

由(14-119)式 $p_p^0=n_i e^{(E_{ip}-E_f)/kT}$ 也可以得到

$$E_{ip}-E_f=kT\ln\frac{p_p^0}{n_i} \tag{14-124}$$

将以上两式相加，得到 $E_{ip}-E_{in}$，再代入(14-122)式 $eV=q_pV=E_{ip}-E_{in}$，得到电势差

$$V=\frac{kT}{e}\ln\frac{n_n^0 p_p^0}{n_i^2} \tag{14-125}$$

在杂质饱和电离情况下，$n_n^0=N_d$，$p_p^0=N_a$，因此，上式可改写成

$$V=\frac{kT}{e}\ln\frac{N_d N_a}{n_i^2} \tag{14-126}$$

由此可见，达到平衡后的势垒高度 eV，正好补偿了 n 区和 p 区接触前的费米能级之差($E_{ip}-E_{in}$)。掺杂浓度越高和禁带宽度越大的材料，n 区和 p 区接触前的费米能级之差则越大，PN 结的接触电势差 V_0 就越大。在平衡态情况下，在 PN 结的势垒区及其两侧，费米能级达到了同一高度，这时，各处的载流子密度之间满足玻尔兹曼分布规律。

其实，从反向可逆一元系统的均衡理论就可以演绎出 p 型和 n 型两种不同性质的半导体材料放在一起时 PN 结所形成的势垒区及其两侧的形态变化规律。在一维二仪质向量坐标系 $\vec{X}$ 内部 ($\vec{N},\vec{n},\vec{E},\vec{E}_{\neq},\vec{\varepsilon}$) 五维分质向量空间的 ($\vec{C}_N,\vec{n},\vec{E},\vec{C}_{E_{\neq}},\vec{C}_\varepsilon$) 截面上，省却了分质向量的方向规定后，已经给出了在远离平衡态以异质单元数 n 为因变量的一元系统形态变化规律为(14-9)式 $n=\frac{C_N}{2}\tanh\frac{E}{2C_\varepsilon}$。在一维二仪分质向量坐标系

$\vec{X}$ 内部 $(\vec{N^0},\vec{n},\vec{E},\vec{E}_{\neq},\vec{\varepsilon})$ 五维分质向量空间的 $(\vec{C}_{N^0},\vec{n},\vec{E},\vec{C}_{E_{\neq}},\vec{C}_{\varepsilon})$ 截面上,省却了分质向量的方向规定后,也已经给出了在远离平衡态以本质单元数 n_0 为因变量的一元系统形态分布规律为(14-47)式 $n^0 = -\dfrac{C_{N^0}}{2}\tanh\dfrac{E}{2C_\varepsilon}$。如果异质单元数 n 在定容后为电子密度 n_n^0,本质单元数 n_0 在定容后为空穴密度 p_n^0,当 n 区和 p 区达到平衡后,在 PN 结所形成的势垒区及其两侧的电子密度和空穴密度的变化曲线就如图 14-34(b)所示,这与图 14-29 是类似的。

参考文献

[1] 毛泽东.矛盾论[M]//毛泽东选集:第 1 卷.北京:人民出版社,1991:295.
[2] 苗东升.系统科学精要[M].2 版.北京:中国人民大学出版社,2006:44-46.
[3] 王章陵.周易思辨哲学:上册[M].台北:台湾顶渊文化事业有限公司,2005:251-272.
[4] 威切曼.量子物理学[M]//SI 版.伯克利物理学教程:第 4 卷.潘笃武,译.北京:机械工业出版社,2016:134.
[5] 陈宗海,董道毅,张陈斌.量子控制导论[M].合肥:中国科学技术大学出版社,2005:69-71.
[6] 张天蓉.世纪幽灵:走近量子纠缠[M].合肥:中国科学技术大学出版社,2013:48-53.
[7] 陈良钧,朱庆棠.随机过程及应用[M].北京:高等教育出版社,2003:9-10.
[8] 章立源.超越自由:神奇的超导体[M].北京:科学出版社,2016:81-90.
[9] 陆栋,蒋平,徐至中.固体物理学[M].上海:上海科学技术出版社,2003:377-379.
[10] 藤昭,相泽益男,井上彻.电化学测定方法[M].陈震,姚建年,译.北京:北京大学出版社,1995:136-140.
[11] 邓志杰,郑安生.半导体材料[M].北京:化学工业出版社,2004:166-169.
[12] 刘文明.半导体物理学[M].长春:吉林人民出版社,1982:349-364.

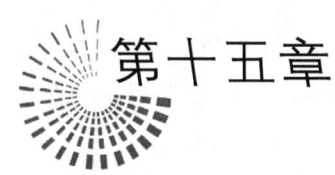

第十五章

均衡反向与守恒论

第一节 质向量守恒及分质向量转化规律

孤立系统的平衡态是守恒的常态,可以用质向量守恒规律来表示。在一维二仪质向量坐标系 $\vec{X}$ 内部的分质向量空间中,孤立的一元系统不同特质彼此可以互相转化;一元系统质向量守恒规律及其多维分质向量空间的子系统形态转化规律可以有不同的表述。基于换能效应的启迪,还可以为演绎出经典的能量守恒与转化定律奠定思想基础。

一、质向量守恒规律

早在两千多年前,老子就说过:"知和曰常,知常曰明。"三国时期魏国玄学家王弼对此注解为:"物以和为常,故知和则得常也。不檄不昧,不温不凉,此常也。"在统一科学中,人们可以看到,所谓"常"的本质就是某种可观测的质向量保持不变——守恒;通过对各种常道——守恒定律的深刻认识,人们就可以知和。

系统具有确定的形态就表明该系统处于一种静止的、不变的平衡态,但是这种平衡严格地说只是相对的平衡,系统内部的每一个单元并非相互不关联,而是都在做杂乱无章的无序的运动,只是人们无法判断任何一个单元在下一时刻或下一个位置的运动形态,因而这种微观的混沌态在宏观上就只能看作平衡态,系统的混沌平衡态在认知坐标系中就可以看作与环境互不相关的孤立系统。

处于混沌平衡态的孤立系统不胜枚举,而且充满着魅力,一直吸引着人们不断地探索孤立系统内部的混沌态。人们想方设法进入孤立系统的黑箱之中,并用各种方式试图把黑箱变成白箱或灰箱。迄今,人们已经总结和发现了孤立系统的诸多守恒定律和有关孤立系统混沌现象的许多特点,并把混沌运动的存在看作孤立系统局部不稳定性的来源。

守恒定律的表现形式为孤立系统某个物理量在运动过程成为守恒量。虽然通过孤立系统的守恒定律人们无法断定孤立系统内部某种形态变化是否一定会发生,也无法描述系统形态变化过程的全部细节,但是它可以判断某个变化是否可能发生,以及一旦发生变化,系统初始形态和终了形态之间应满足的关系。所以,长期以来在对物质运动基本规律的探索过程中,守恒定律的研究占了重要的地位,而且已经成为人们认识普遍规律的基础。只要孤立系统的某种性质的可观测量遵循守恒定律,不论环境如何变化或演进,孤立系统的常道是不会改变的。[1]

在构成论自然观指导下,一切科学的基本定律都可表达成为量的守恒定律。虽然在科学发展史上人们所发现的不同质的孤立系统及其遵从的守恒定律,只是从不同学科的角度对孤立系统进行旁敲侧击而获致的经验定律,但是,迄今物理学者还从未找到任何违背孤立系统的质参量守恒定律的证据,因而把像质能守恒、动量守恒、角动量守恒、电荷守恒、色荷守恒、弱同位旋守恒、概率密度守恒、CPT 对称性(综合电荷、宇称和时间共轭)、洛伦兹对称性等称为绝对定律。

1756 年,俄国科学家罗蒙诺索夫最早发现了质量守恒定律。法国化学家拉瓦锡通过大量的定量试验和定量分析验证了原子论,并阐明了物质不灭定律:化学反应前后物质整体的质量不变。参与反应的物质即使各自的质量发生变化,但它们整体的质量总和保持不变。

其实,一个理性认知空间中的一个点用于描述给定认知空间中的一种特别对象,是对实体物质粗粒化的抽象结果,所以理性认知空间中的一个点就是一个孤立系统。统一科学为了定质、定量、定向地获得对孤立系统及其守恒定律的理性认知,必须以一定的单位质向量为度量基准来建立一定维度的质向量坐标系。在第八章第二节"线性系统的独立性原理及其理论"中已经阐明,一维正向质向量坐标系 $\vec{X}_+$ 可以开辟一个太极世界,一维正向质向量坐标系 $\vec{X}_+$ 上的一个定点就对应着一个孤立系统确定的平衡态,可以用常质向量 $\vec{a}_+$ 表示。特别地,在一维正向质向量坐标系 $\vec{X}_+$ 的原点上,$\vec{a}_+ = \vec{0}$。在一维正向质向量坐标系 $\vec{X}_+$ 内部的 m 维分质向量空间$(\vec{X}_{+1}, \vec{X}_{+2}, \cdots, \vec{X}_{+m})$中,$m$ 元系统的一个确定的平衡态(定态)就是 m 维分质向量空间$(\vec{X}_{+1}, \vec{X}_{+2}, \cdots, \vec{X}_{+m})$中的一个定点 $\vec{a}_+$,也可以用 m 个相互独立的常质向量 $\vec{a}_{+1}, \vec{a}_{+2}, \cdots, \vec{a}_{+m}$ 表示。

在由正向太极 $\vec{X}_+$ 和反向太极 $\vec{X}_-$ 共同组成的极性反向的一维二仪质向量坐标系 $\vec{X}$ 中,均衡反向一元系统就是一个孤立系统。在一维二仪质向量坐标系 $\vec{X}$ 的二仪空间中,任何一个孤立系统的确定形态对应的质向量只能是单一而恒定的常质向量 $\vec{a}$,或者说,质向量守恒$(\vec{x} = \vec{a})$或质向量变化量为零$(\Delta \vec{x} = \vec{0})$。在一维二仪质向量坐标系 $\vec{X}$ 中,孤立系统的运动轨迹就是一个稳定的不动的孤点。

如果在一维二仪质向量坐标系 $\vec{X}$ 的内部没有打开 m 维分质向量空间$(\vec{X}_1, \vec{X}_2, \cdots, \vec{X}_m)$,人们就无法进一步将质向量 $\vec{x}$ 分解成其他形式,只能认为 $\vec{x}$ 这一质向量是唯一决定系统形态的质向量。但是，仅仅依赖一个质向量 $\vec{x}$ 来认知一元系统形态是非常笼统和抽象的，如果能用 m 维分质向量 $\vec{X}_1,\vec{X}_2,\cdots,\vec{X}_m$ 来认知一元系统的形态及其变化，人们就可以获得比较特殊的具体的认识。

如果在一维二仪质向量坐标系 $\vec{X}$ 的内部打开 $(\vec{X}_1,\vec{X}_2,\cdots,\vec{X}_m)$ m 维分质向量空间，m 维分质向量空间 $(\vec{X}_1,\vec{X}_2,\cdots,\vec{X}_m)$ 是比一维二仪质向量坐标系 $\vec{X}$ 的空间低一级的认知空间，那么一个孤立系统所具有的确定平衡态既是一维二仪质向量坐标系 $\vec{X}$ 上的一个定点，也是 m 维分质向量坐标系中的一个定点，那就可以用常质向量 $\vec{a}(\vec{a}_1,\vec{a}_2,\cdots,\vec{a}_m)$ 表示。所以，在一维二仪质向量坐标系 $\vec{X}$ 的内部打开 m 维分质向量空间 $(\vec{X}_1,\vec{X}_2,\cdots,\vec{X}_m)$，就可以用 m 个不同的分质向量坐标轴 $\vec{X}_1,\vec{X}_2,\cdots,\vec{X}_m$ 为度量基准来认知孤立系统内部形态的变化关系。

在一维二仪质向量坐标系 $\vec{X}$ 内部打开的 m 维分质向量直角坐标系 $O\vec{X}_1\vec{X}_2\cdots\vec{X}_m$ 中，m 维分质向量坐标系的每一条分质向量坐标轴正交。在一维二仪质向量坐标系 $\vec{X}$ 上的某一个常质向量 $\vec{a}$ 在 m 个分质向量 $\vec{X}_1,\vec{X}_2,\cdots,\vec{X}_m$ 为坐标轴张成的 m 维分质向量坐标系的每一条分质向量坐标轴上就分别是常分质向量 $\vec{a}_1,\vec{a}_2,\cdots,\vec{a}_m$。根据向量空间的运算法则，常质向量 $\vec{a}$ 与定常的分质向量 $\vec{a}_1,\vec{a}_2,\cdots,\vec{a}_m$ 的关系可以用 (4-5) 式 $\vec{a}=\vec{a}_1+\vec{a}_2+\cdots\vec{a}_m$ 表示，此式所表示的就是孤立系统在一维二仪质向量坐标系 $\vec{X}$ 的 $(\vec{X})$ 空间中与在 m 维分质向量空间 $(\vec{X}_1,\vec{X}_2,\cdots,\vec{X}_m)$ 中的关系。

在一维二仪质向量坐标系 $\vec{X}$ 的 $(\vec{X})$ 空间中，一元系统的均衡态表现为稳定的不动的孤点，$\vec{x}=\vec{a}$，这一均衡态在 m 维分质向量空间 $(\vec{X}_1,\vec{X}_2,\cdots,\vec{X}_m)$ 中的轨迹就是在 m 维分质向量坐标轴 $\vec{X}_1,\vec{X}_2,\cdots,\vec{X}_m$ 上的投影 $(\vec{a}_1,\vec{a}_2,\cdots,\vec{a}_m)$。因此，利用质向量在不同维度分质向量空间的投影，就可以认识"不可分解的"孤立系统是否具有不同的分质向量。

例如，在一维二仪质向量坐标系 $\vec{X}$ 内部打开五维分质向量坐标系 $O\vec{X}_1\vec{X}_2\cdots\vec{X}_5$，五维分质向量坐标系 $O\vec{X}_1\vec{X}_2\cdots\vec{X}_5$ 由五条分质向量坐标轴 $\vec{X}_1,\vec{X}_2,\cdots,\vec{X}_5$ 构成。为了赋予每一条坐标轴明确的分质向量意义，可以取 $\vec{X}_1=\vec{N},\vec{X}_2=\vec{n},\vec{X}_3=\vec{E},\vec{X}_4=\vec{E}_{\neq},\vec{X}_5=\vec{\varepsilon}$，$m$ 维分质向量坐标轴就是五维分质向量坐标轴 $\vec{N},\vec{n},\vec{E},\vec{E}_{\neq},\vec{\varepsilon}$，这就在一维二仪质向量坐标系 $\vec{X}$ 内部打开了五维分质向量空间 $(\vec{N},\vec{n},\vec{E},\vec{E}_{\neq},\vec{\varepsilon})$。如果在一维二仪质向量坐标系 $\vec{X}$ 中表征一元系统形态的某一质向量是常质向量 $\vec{a}$，则其在 $(\vec{N},\vec{n},\vec{E},\vec{E}_{\neq},\vec{\varepsilon})$ 五维分质向量空间中也都是常分质向量，即 $\vec{C}_N,\vec{C}_n,\vec{C}_E,\vec{C}_{E_{\neq}},\vec{C}_{\varepsilon}$，这是一维二仪质向量坐标系 $\vec{X}$ 上的常质向量 $\vec{a}$ 在 $\vec{N},\vec{n},\vec{E},\vec{E}_{\neq},\vec{\varepsilon}$ 五维分质向量坐标轴上的投影。这就表明，在一维二仪质向量坐标系 $\vec{X}$ 内部的 $(\vec{N},\vec{n},\vec{E},\vec{E}_{\neq},\vec{\varepsilon})$ 五维分质向量空间中，孤立系统的五个分质向量在 $\vec{N},\vec{n},\vec{E},\vec{E}_{\neq},\vec{\varepsilon}$ 坐标轴上都取为常分质向量 $\vec{C}_N,\vec{C}_n,\vec{C}_E,\vec{C}_{E_{\neq}},\vec{C}_{\varepsilon}$。

由此,还可以得到孤立系统(均衡反向一元系统)在一维二仪质向量坐标系 $\vec{X}$ 内部的 $(\vec{N},\vec{n},\vec{E},\vec{E_{\neq}},\vec{\varepsilon})$ 五维分质向量空间中的质向量守恒规律

$$\vec{a}=\vec{C}_N+\vec{C}_n+\vec{C}_E+\vec{C}_{E_{\neq}}+\vec{C}_{\varepsilon} \tag{15-1}$$

其实,在一维二仪质向量坐标系 $\vec{X}$ 的二仪空间中,均衡反向一元系统的变化规律就是一个对称的规律,而且对于每一个对称的规律都有一条守恒定律与之对应。在一维二仪质向量坐标系 $\vec{X}$ 内部的 $(\vec{N},\vec{n},\vec{E},\vec{E_{\neq}},\vec{\varepsilon})$ 五维分质向量空间中,各个分质向量坐标轴与各自的分质变量坐标轴同向,可以用其分质变量来表示。因此,在总体单元数 N、异质单元数 n、能量 E、能阈 $E_{\neq}$ 和能元 ε 分质变量坐标轴的二仪空间上,一元系统的定态可以各自用分质变量守恒规律来表示,即可分别表述成以下五个守恒规律。

(一)总体单元数守恒规律

在一维总体单元数分质变量坐标轴 N 上,$N=C_N$ 表示一元系统的总体单元数为常量。此即表明,一元系统的平衡态具有完全确定的单元总数且在人们的认知全过程永恒不变。

(二)异质单元数守恒规律

在一维异质单元数分质变量坐标轴 n 上,$n=C_n$ 表示异质单元数为常量。此即表明,一元系统在形态异化到某一过渡态时就在这个形态上保持一定量的异质单元,这个稳定的异质单元数在人们的认知全过程守恒。

(三)能量守恒规律

在一维能量分质变量坐标轴 E 上,$E=C_E$ 表示能量为常量。此即表明,一元系统在形态变化到某一过渡态上就在这个形态上保持恒定的能量,即一元系统在其定态上能量守恒,$E=C_E$ 即能量守恒规律。

(四)能阈守恒规律

在一维能阈分质变量坐标轴 $E_{\neq}$ 上,$E_{\neq}=C_{E_{\neq}}$ 表示能阈为常量。此即表明,一元系统从某一平衡态向另一平衡态转化具有确定的目标形态,因而作为区分一元系统的两种平衡态的能量阈限也就确定了。

(五)能元守恒规律

在一维能元分质变量坐标轴 ε 上,$\varepsilon=C_{\varepsilon}$ 表示能元为常量。此即表明,作为计量一元系统能量大小的单位已经确定,而这个能元在人们的认知过程中作为计量标准始终保持恒定。

由此可见,处于平衡态的一元系统在一维二仪质变量坐标系 X 中是恒定不变的质常量 a。在总体单元数 N、异质单元数 n、能量 E、能阈 $E_{\neq}$ 和能元 ε 作为坐标轴建立的五维分质变量坐标系的 $(N,n,E,E_{\neq},\varepsilon)$ 空间中,所谓的质变量守恒规律就是指一元系统形态的总体单元数 N、异质单元数 n、能量 E、能阈 $E_{\neq}$ 和能元 ε 都分别具有恒定性,这五个分质变量都分别取为质常量 C_N、C_n、C_E、$C_{E_{\neq}}$ 和 C_{ε}。

由于总体单元数 $N=C_N$,异质单元数 $n=C_n$,能量 $E=C_E$,能阈 $E_{\neq}=C_{E_{\neq}}$ 和能元 $\varepsilon=C_{\varepsilon}$ 这五个独立的分质变量守恒规律各自都是"消极的"保守性的规律,它们只是表征处在平衡态的一元系统在其分质变量坐标轴上的恒定规律,因而人们以某一个分质变量作为度量基准来认识一元系统确定形态的规律,就可以把它们看作与生俱来的、固有的,既不会被创生,又不会被消灭。

但是,如果把总体单元数 $N=C_N$,异质单元数 $n=C_n$,能量 $E=C_E$,能阈 $E_{\neq}=C_{E_{\neq}}$ 和能元 $\varepsilon=C_{\varepsilon}$ 这五个分质变量守恒规律综合起来,整个情形就不是"消极"的了。当一元系统处于 $(\vec{N},\vec{n},\vec{E},\vec{E_{\neq}},\vec{\varepsilon})$ 五维分质变量空间中的某一确定点时,处在平衡态的一元系统就是一个总体单元数 N 确定的系综或孤立系统,即 $N=C_N$。由于系综中每一个全同单元所具有的能量就是能元 $\varepsilon=C_{\varepsilon}$,因而由(4-5)式 $\vec{a}=\vec{a}_1+\vec{a}_2+\cdots+\vec{a}_m$ 可得系综的原性能 E^0 为 N 个全同单元能量 ε 的总和,即(6-393)式 $E_+^0=N_+\varepsilon_+^0$。所以,N 个单元在平衡态共同拥有的原性能 E^0 就是能元 ε 的 N 倍,系综的原性能就是 N 个全同能元 ε 的总和 $E_+^0=C_N C_{\varepsilon}$。

尽管分质变量守恒规律是所谓的"消极的"保守性的规律,但是一个守恒定律常是宇宙中某种基本对称性的结果,每一个分质变量守恒规律都可以演绎出无穷鲜活的实例。例如,日常生活中所看到的,一潭死水或化学反应系统中反应物的浓度不变就遵循总体单元数守恒规律;生态系统中两族共存的生物数量不变、经济系统中供应和需求不变以及天上掉下来的陨石成分不变等,也遵循着异质单元数守恒规律。

事实上,质变量守恒定律是保守性规律与轨道的细节无关,而与不变性有密切联系。欧几里得空间的均匀性和各向同性可以用平移不变性和转动不变性两个原理来表述,它们也就意味着两个基本的守恒原理——动量守恒原理和角动量守恒原理。[2]

物理定律对空间平移是对称的,如果与量子力学的原则相结合,结果就意味着动量是守恒的。在量子力学中,物理定律对时间平移是对称的,这就意味着能量是守恒的。由于对每一个对称性都存在着一条守恒定律与之对应,因而关于空间转动一定角度后的不变性是与角动量守恒定律相对应的,关于相位关联的守恒定律则与电荷守恒定律相对应。[3]

二、分质向量转化规律

在一维二仪质向量坐标系 $\vec{X}$ 的正向太极 $\vec{X}_+$ 与负向太极 $\vec{X}_-$ 构成的二仪空间里,

在一定区间内变动的一个点对应着一元系统所具有的一系列可能的形态,可以用不确定的质向量 $\vec{x}$ 表示。在一维二仪质向量坐标系 $\vec{X}$ 内部的 $(\vec{X}_1, \vec{X}_2, \cdots, \vec{X}_m)$ 分质向量空间中,一元系统在一定的相空间内所具有的不确定形态既是一维二仪质向量坐标系 $\vec{X}$ 上的动点,也是 m 维分质向量坐标系中的动点。一个在 $(\vec{X}_1, \vec{X}_2, \cdots, \vec{X}_m)$ 分质向量空间内变动的点对应着相空间内无数的不确定形态,在此相空间中,m 元系统所具有的变化形态可用 m 个相互独立的分质向量 $\vec{x}_1, \vec{x}_2, \cdots, \vec{x}_m$ 表示,也可以表示为 $\vec{x}(\vec{x}_1, \vec{x}_2, \cdots, \vec{x}_m)$。

在一维二仪质向量坐标系 $\vec{X}$ 内部打开的 m 维分质向量直角坐标系 $O\vec{X}_1\vec{X}_2\cdots\vec{X}_m$ 中,每一坐标轴相互之间都存在正交的关系。在一维二仪质向量坐标系 $\vec{X}$ 上,一元系统的平衡态可用常质向量 $\vec{a}$ 表示;但是,在一维二仪质向量坐标系 $\vec{X}$ 内部的 m 维分质向量坐标系 $O\vec{X}_1\vec{X}_2\cdots\vec{X}_m$ 的 m 个分质向量坐标轴 $\vec{X}_1, \vec{X}_2, \cdots, \vec{X}_m$ 上,一元系统的平衡态可以是变动的质向量 $\vec{x}_1, \vec{x}_2, \cdots, \vec{x}_m$。不过,在每一个 $\vec{X}_1, \vec{X}_2, \cdots, \vec{X}_m$ 分质向量坐标轴上的变质向量 $\vec{x}_1, \vec{x}_2, \cdots, \vec{x}_m$ 与一维质向量坐标系 $\vec{X}$ 上的常质向量 $\vec{a}$ 存在这样的关系

$$\vec{a} = \vec{x}_1 + \vec{x}_2 + \cdots + \vec{x}_m \tag{15-2}$$

此即表明,在一维二仪质向量坐标系 $\vec{X}$ 上的常质向量 $\vec{a}$,通过投影可以分解为 m 维分质向量坐标轴 $\vec{X}_1, \vec{X}_2, \cdots, \vec{X}_m$ 上的 m 个分质向量。例如,在人的躯体中,手的运动或手指的运动都是一个包括很多关节的系统的运动,整个手的运动输出是所有这些关节的输出的矢量和。[4]

但是,一维二仪质向量坐标系 $\vec{X}$ 与其内部 m 维分质向量坐标系的 m 个坐标轴存在的交角可以是无数个,满足(15-2)式 $\vec{a} = \vec{x}_1 + \vec{x}_2 + \cdots + \vec{x}_m$ 的解也就有无穷多个。(15-2)式的左边为常质向量 $\vec{a}$,这就意味着人们所考察的一元系统形态处于一种稳定不变的平衡态;而(15-2)式右边为一组分质向量 $\vec{x}_1, \vec{x}_2, \cdots, \vec{x}_m$ 之和,说明 m 个分质向量 $\vec{x}_1, \vec{x}_2, \cdots, \vec{x}_m$ 彼此是相关的。因此,处于平衡态的一元系统在宏观上是不变的,而其内部的 m 个子系统形态可以在低一级的 m 维分质向量空间 $(\vec{x}_1, \vec{x}_2, \cdots, \vec{x}_m)$ 中变化。

其实,在 m 维分质向量坐标轴 $\vec{X}_1, \vec{X}_2, \cdots, \vec{X}_m$ 张开的 m 维分质向量空间 $(\vec{X}_1, \vec{X}_2, \cdots, \vec{X}_m)$ 中,只要赋予每一条分质向量坐标轴 $\vec{X}_1, \vec{X}_2, \cdots, \vec{X}_m$ 确定的特质的意义,(15-2)式 $\vec{a} = \vec{x}_1 + \vec{x}_2 + \cdots + \vec{x}_m$ 就是质向量守恒和分质向量转化规律。此式表明,守恒是一元系统形态在外部上表现的不变性,而一元系统内部的形态可以处在永恒的运动变化和相互作用之中。

由于一元系统的某个确定形态可以通过不同形式的具体形态来表现,因此整个一元系统不变的外表下可以蕴含着一个运动的关联的世界。这就是说,一个处于平衡态的一元系统尽管其质向量不变,但是在人们考察的低一级的 m 维分质向量为坐标轴张开的分质向量空间中各个分质向量都是变质向量,不仅可以展示不同形式的形态,而且可以由一种形式的形态转化为另一种形式的形态。

在一维二仪质向量坐标系 $\vec{X}$ 内部的 $(\vec{X}_1,\vec{X}_2,\cdots,\vec{X}_m)m$ 维分质向量空间中,如果不能把一元系统的常质向量 $\vec{a}$ 分解为不同形式的分质向量 $\vec{x}_1,\vec{x}_2,\cdots,\vec{x}_m$ 的总和,那就不能说在一元系统的内部可以发生其他形式的分质向量的相互转化。或者说,如果不能在一元系统的内部区分一种形态和另一种形态的分质向量,各个分质向量的相互转化就不可能被觉察到。如果不能把不同的质向量表示为一元系统的不同分质向量的相互独立的函数,那么就绝不能依据一元系统质向量的改变来单值地确定这一或那一形式的质向量在一元系统内发生了什么样的改变,从而质向量守恒和转化规律也就不可能被应用。

(15-2)式 $\vec{a}=\vec{x}_1+\vec{x}_2+\cdots+\vec{x}_m$ 还表明,如果一元系统内部可以分成 m 个子系统,则决定一元系统形态的常质向量 $\vec{a}$ 又是取决于 m 个独立的分质向量 $\vec{x}_1,\vec{x}_2,\cdots,\vec{x}_m$。因此,如果给出这一个子系统或那一个子系统的分质向量并不能区分出一元系统的一个确定形态,而且也不能决定子系统形态在人们考察过程中发生变化的方向。在这种意义上,质向量守恒规律是"消极的"保守性的规律。

在一维二仪质向量坐标系 $\vec{X}$ 中的一元系统保守性的质向量守恒规律,可以用低一级分质向量空间的子系统的不同形式的指导性分质向量转化规律来代替。把质向量守恒规律分成保守性的规律和指导性的规律,这种分法对于理论可以有很大的意义。指导性的规律($\vec{x}\neq\vec{a}$ 或 $\vec{x}\neq\vec{C}$)既能决定子系统在人们考察过程中通过的那些形态的顺序,也就能够决定子系统形态变化的方向和强度。

在一维二仪质向量坐标系 $\vec{X}$ 内部的 m 维分质向量坐标系 $O\vec{X}_1\vec{X}_2\cdots\vec{X}_m$ 中,只要赋予每一条 $\vec{X}_1,\vec{X}_2,\cdots,\vec{X}_m$ 坐标轴确定的特质意义,那么(15-2)式 $\vec{a}=\vec{x}_1+\vec{x}_2+\cdots+\vec{x}_m$ 就是具有特定内涵的质向量守恒与分质向量转化规律。(15-2)式 $\vec{a}=\vec{x}_1+\vec{x}_2+\cdots+\vec{x}_m$ 表明,一元系统内部一切分质向量的总和保持为恒量。例如,正向太极 $\vec{X}_+$ 与负向太极 $\vec{X}_-$ 可以看作一维二仪质向量坐标系 $\vec{X}$ 内部的两个分质向量坐标轴,一维二仪质向量坐标系 $\vec{X}$ 上的常质向量 $\vec{a}$ 就可以看作正向太极 $\vec{X}_+$ 中的分质向量 $\vec{x}_+$ 和负向太极 $\vec{X}_-$ 中的分质向量 $\vec{x}_-$ 的加和,即

$$\vec{a}=\vec{x}_++\vec{x}_- \tag{15-3}$$

上式左边的常质向量 $\vec{a}$ 表明,一元系统处于一维二仪质向量坐标系 $\vec{X}$ 的某一平衡态;而右边正向太极 $\vec{X}_+$ 上的分质向量 $\vec{x}_+$ 与负向太极 $\vec{X}_-$ 上的分质向量 $\vec{x}_-$ 都是可变的分质向量,这就表明,一元系统内部两个子系统的各个分质向量是相互关联的,彼此之间是可以互相转化的。

质向量守恒与分质向量转化规律还可以有下面几种不同的表述。

(1)分质向量既不创生也不消失,而只能从一种形式转化为另一种形式。

质向量守恒与分质向量转化规律表明,某种分质向量的减少(或增加)必然和另一些分质向量的增加(或减少)相伴随。同时,在不同的分质向量改变量之间存在着严格

的确定关系。如果人们在周围的世界中,只觉察到一种分质向量的减量 $\Delta \vec{x}_1$ 和另一种分质向量的增量 $\Delta \vec{x}_2$(而其他的分质向量保持不变),那么就可以断言发生了一种分质向量到另一种分质向量的转化。对于相反的过程,当发生第一种分质向量的增量和对应的第二种分质向量的减量时,这一比值也保持不变。在此,比值 $\dfrac{\Delta \vec{x}_1}{\Delta \vec{x}_2}=k$ 对于 $\Delta \vec{x}_1$ 的不同值也保持为恒量。

质向量守恒与分质向量转化规律并不因为所选择的参照系不同而有所变化。如果把全部刻画一元系统形态的分质向量区分为两大类,一类为输入分质向量,另一类为输出分质向量,在不改变一元系统内部结构的前提下,改变输入就可对应地改变输出,即在一定的范围内,表征一元系统形态的各种不同分质向量之间可以相互决定、相互制约、相互促进,而不用去追究一元系统的内部结构。这一分质向量相对独立性原理,也就揭示了一元系统中各种运动形式之间分质向量相互转换的机制。

(2)当一种分质向量转化为另一种分质向量时,在它们的改变量之间永远存在着确定的比例关系。

如果一元系统的质向量守恒,其质向量 $\vec{x}=\vec{C}$ 就对应着质向量总的改变量为零($\Delta \vec{x}=0$),则(15-2)式 $\vec{a}=\vec{x}_1+\vec{x}_2+\cdots+\vec{x}_m$ 的质向量守恒与分质向量转化规律又可以表示为

$$\Delta \vec{x}_1 + \Delta \vec{x}_2 + \cdots + \Delta \vec{x}_m = 0 \tag{15-4}$$

或

$$\sum_{i=1}^{i=m} \Delta \vec{x}_i = 0 \tag{15-5}$$

如果每一维度的分质向量变化量 $\Delta \vec{x}_1, \Delta \vec{x}_2, \cdots, \Delta \vec{x}_m$ 可以彼此独立地被确定,则不同分质向量的测量单位之间的比例关系用实验确定是可能的。这就意味着,$\Delta \vec{x}_1$ 应该是按一元系统的一个分质向量的变化来测定的,$\Delta \vec{x}_2$ 是按另一个分质向量的变化来测定的,余类推。也就是说,不同的分质向量 $\vec{x}_1, \vec{x}_2, \cdots, \vec{x}_m$ 是一元系统的不同分质向量的函数。显然,只有在这种情况下,才能够按照一元系统分质向量的变化来单值地确定每一种形态的分质向量发生了什么变化。而这里 $\vec{x}_1, \vec{x}_2, \cdots, \vec{x}_m$ 的确定量值,只有对于一元系统才能得到。

(3)在一元系统中,一切分质向量的总和在人们考察过程中保持恒定,只有通过从环境向一元系统输入或从一元系统向环境输出某些物质或能量及其信息或熵,一元系统的质向量才会发生改变。

如果在一元系统与周围环境之间没有这样的物质或能量(信息或熵)的交换,则一元系统内部可能发生从一种形式向另一种形式的分质向量转化,而且不同的分质向量的变化量之间存在着严格的比例关系。在这种表述下,人们假设有可能确定所给的一元系统是否为孤立系统。这就意味着,研究一元系统中进行的形态变化过程,人们就完

全有可能确定所观察到的一种质向量的变化是由于物质或能量(信息或熵)从环境流入或向环境输出而发生的,还是由于一元系统中发生了分质向量的转化。在很多情况下,这样的可能性是存在的或是有相当理由被假设为存在的。

质向量守恒与分质向量转化规律的表述是指导性的,只适用于每一种分质向量 $\vec{x}_1,\vec{x}_2,\cdots,\vec{x}_m,\cdots$ 都可以单值地和彼此独立地被测定出来的一元系统。在这种情况下,一元系统总的质向量可以写成各种分质向量的总和,即

$$\vec{a}=\vec{x}_1+\vec{x}_2+\cdots+\vec{x}_m+\cdots \tag{15-6}$$

如果一元系统是孤立系统,按照质向量守恒规律则孤立系统总的分质向量在整个进程中将不改变。

但是,一元系统总的质向量写成若干分质向量单项之和的形式,而其中每一项又代表某种确定的分质向量,这并不是永远可能的。这样的分解通常和所考虑的这种或那种理想化的程度联系着。如果对于某个一元系统尝试着把总的质向量写成(15-6)式,则一般 $\vec{x}_1,\vec{x}_2,\cdots,\vec{x}_m,\cdots$ 各项会依赖于一些相同的分质向量。所以,一元系统总的质向量一般只能表达为有限项的分质向量之和,即(15-2)式 $\vec{a}=\vec{x}_1+\vec{x}_2+\cdots+\vec{x}_m$。

由此可见,在一维二仪质向量坐标系 $\vec{X}$ 内部的 $(\vec{X}_1,\vec{X}_2,\cdots,\vec{X}_m)m$ 维分质向量空间中,一元系统的质向量守恒规律可以用低一级分质向量空间的子系统的不同形式的分质向量转化规律来代替。

只要明确赋予每一个 $\vec{X}_1,\vec{X}_2,\cdots,\vec{X}_m$ 坐标轴特质的意义,(15-2)式 $\vec{a}=\vec{x}_1+\vec{x}_2+\cdots+\vec{x}_m$ 就是质向量守恒与分质向量转化规律。例如,在一维二仪质向量坐标系 $\vec{X}$ 内部的 $\vec{O}\vec{N}\vec{n}\vec{E}\vec{E}_{\neq}\vec{\varepsilon}$ 五维分质向量坐标系中,总体单元数 $\vec{N}$、异质单元数 $\vec{n}$、能量 $\vec{E}$、能阈 $\vec{E}_{\neq}$ 和能元 $\vec{\varepsilon}$ 是彼此独立的分质向量坐标轴。处于平衡态的一元系统在一维二仪质向量坐标系 $\vec{X}$ 表现为稳定不动的孤点,且可以用常质向量 $\vec{x}=\vec{C}$ 表示;在 $(\vec{N},\vec{n},\vec{E},\vec{E}_{\neq},\vec{\varepsilon})$ 五维分质向量空间中,一元系统的平衡态是通过特定的分质向量 $\vec{N},\vec{n},\vec{E},\vec{E}_{\neq},\vec{\varepsilon}$ 来表达的,且用各坐标轴上的常分质向量 $\vec{C}_N,\vec{C}_n,\vec{C}_E,\vec{C}_{E_{\neq}}$ 和 $\vec{C}_{\varepsilon}$ 表示。因此,(15-2)式 $\vec{a}=\vec{x}_1+\vec{x}_2+\cdots+\vec{x}_m$ 就成为(15-1)式 $\vec{a}=\vec{C}_N+\vec{C}_n+\vec{C}_E+\vec{C}_{E_{\neq}}+\vec{C}_{\varepsilon}$。

在每一条独立的总体单元数 $\vec{N}$、异质单元数 $\vec{n}$、能量 $\vec{E}$、能阈 $\vec{E}_{\neq}$ 和能元 $\vec{\varepsilon}$ 五维分质向量坐标轴的内部,还可以开辟更深层次的多维支质向量空间。如果在这五个分质向量坐标轴内部都分别打开 k 维支质向量空间,各个分质向量坐标轴与各自的支质变量坐标轴同向,可以用其支质变量来表示,那么,常分质向量 $\vec{C}_N,\vec{C}_n,\vec{C}_E,\vec{C}_{E_{\neq}}$ 和 $\vec{C}_{\varepsilon}$ 还可以表示为

$$C_N=N_1+N_2+\cdots+N_k \tag{15-7}$$

$$C_n=n_1+n_2+\cdots+n_k \tag{15-8}$$

$$C_E=E_1+E_2+\cdots+E_k \tag{15-9}$$

$$C_{E_{\neq}}=E_{\neq 1}+E_{\neq 2}+\cdots+E_{\neq k} \tag{15-10}$$

$$C_\epsilon = \epsilon_1 + \epsilon_2 + \cdots + \epsilon_k \tag{15-11}$$

可见,一维质向量空间的质向量守恒规律可以表述为低一级的多维分质向量空间的形态转化规律,一元系统在某一级形态空间中守恒的质向量在低一级质向量空间中可以表现为不同形式的分质向量之和。因此,由质向量守恒规律与分质向量转化规律就可以演绎出以往许多学科所揭示的一些具体和特殊质参量的守恒定律,并可以清楚地给出每个演绎规律应占有的地位及其逻辑关系。

三、换能效应及其启迪

孤立的一元系统遵循质向量守恒与分质向量转化规律,只要通过某一个特定的质向量守恒与分质向量转化规律的讨论,就可以触类旁通。例如,在一维二仪质向量坐标系 $\vec{X}$ 内部打开 $(\vec{N}, \vec{n}, \vec{E}, \vec{E}_{\neq}, \vec{\epsilon})$ 五维分质向量空间,能量 $\vec{E}$ 是 $\vec{O} \vec{N} \vec{n} \vec{E} \vec{E}_{\neq} \vec{\epsilon}$ 五维分质向量坐标系的一个分质向量坐标轴。在能量 $\vec{E}$ 分质向量坐标轴上,如果能量 $\vec{E}$ 满足 $\vec{E} = \vec{C}_E$ 的条件,就意味着人们已经得到了熟悉的能量守恒规律。如果在能量 $\vec{E}$ 这一分质向量坐标轴内部再打开更低一级的 k 维支质向量坐标系 $\vec{O} \vec{E}_1 \vec{E}_2 \cdots \vec{E}_k$,对于能量 $\vec{E}$ 坐标轴上的一个定点 $\vec{C}_E$,在 $\vec{O} \vec{E}_1 \vec{E}_2 \cdots \vec{E}_k$ 的各个支质向量坐标轴的取值分别是 $\vec{E}_1, \vec{E}_2, \cdots, \vec{E}_k$,那么,在省却支质向量关于方向的规定时,通过(15-9)式 $C_E = E_1 + E_2 + \cdots + E_k$ 的论述就可以得到能量守恒与转化规律。例如,当能量守恒与转化规律表达为引力能、电磁能、强核能和弱核能四种形式的能量守恒与转化规律时,(15-9)式 $C_E = E_1 + E_2 + \cdots + E_k$ 就应当写成 $C_E = E_{引} + E_{电磁} + E_{强} + E_{弱}$。

(15-9)式 $C_E = E_1 + E_2 + \cdots + E_k$ 的能量守恒与转化规律是(15-2)式 $\vec{a} = \vec{x}_1 + \vec{x}_2 + \cdots + \vec{x}_m$ 的质向量守恒与分质向量转化规律的特殊形式。由于(15-2)式可以表示为(15-4)式 $\Delta \vec{x}_1 + \Delta \vec{x}_2 + \cdots + \Delta \vec{x}_m = 0$,因此尽管各种形式各种特质的"能量"彼此转化是具有方向性的,但是在省却支质向量关于方向的规定时,(15-9)式 $C_E = E_1 + E_2 + \cdots + E_k$ 也可以表述为

$$\Delta E = \Delta E_1 + \Delta E_2 + \cdots + \Delta E_k = 0 \tag{15-12}$$

这是能量守恒与转化规律的另一种表达形式。这种关系表明,保守性的能量守恒规律 $\Delta E = 0$ 可以用指导性的能量转化规律来表现。

(15-9)式 $C_E = E_1 + E_2 + \cdots + E_k$ 中的项数 k 是 k 维支质向量坐标系 $\vec{O} \vec{E}_1 \vec{E}_2 \cdots \vec{E}_k$ 的特定能量的数量。当 $k=1$ 时,(15-9)式 $C_E = E_1 + E_2 + \cdots + E_k$ 就是 $E = C_E$,也可以表示为 $\Delta E = 0$。当 $k=2$ 时,(15-9)式 $C_E = E_1 + E_2 + \cdots + E_k$ 可以表示为 $C_E = E_1 + E_2$ 或 $\Delta E_1 = -\Delta E_2$,此式表现为两个子系统的能量改变量是反向的又是互补的。当 $k>2$ 时,(15-9)式 $C_E = E_1 + E_2 + \cdots + E_k$ 和(15-12)式 $\Delta E = \Delta E_1 + \Delta E_2 + \cdots + \Delta E_k = 0$ 就是一般的表达式,其中,所有的能量项 E_i 又可依其内部的质参量或子系统所处的平

衡态而表现出各种特定的形式。(15-9)式 $C_E=E_1+E_2+\cdots+E_k$ 所表示的也是所谓的换能效应。

在自然界中,能量是物质所具有的基本物理属性之一,是物质运动的统一量度。任何物质系统都具有不同的能量形式,可以从一种形式转换成另一种形式,在转换和传递的过程中,能量不会消失,也不能创造。这在一维二仪质向量坐标系 $\vec{X}$ 中就可以成为能量守恒与转化规律的经典表述。[4]

可见,在总体单元数 $\vec{N}$、异质单元数 $\vec{n}$、能量 $\vec{E}$、能阈 $\vec{E}_{\neq}$ 和能元 $\vec{\varepsilon}$ 这五个分质向量的守恒与转化规律中,在省却支质向量关于方向的规定时,(15-9)式 $C_E=E_1+E_2+\cdots+E_k$ 的能量守恒与转化规律只是其中的一个分质向量守恒规律。虽然能量守恒与转化定律在历史上是作为经验资料的某种哲学概括而被提出的,并在许多学科中以不同的形式曾经为人们所揭示,但是在19世纪这一自然界普遍的基本定律是作为人类科学的三大发现之一。从宇宙天体到原子核内部,只要有能量转化就一定服从能量守恒规律。所以,在科学技术史上,能量守恒与转化规律一直引起人们密切的关注。人们无法用更一般的理论来推导它的由来,却对它广为宣传,使它在一切科学领域中取得了无与伦比的地位。

其实,(15-9)式 $C_E=E_1+E_2+\cdots+E_k$ 表明,由能量 E 再分出若干个特定形式的能量,这些特定形式的能量之间是可以互相转换的。例如,空气受热膨胀做功,这是热能和机械能之间的换能效应。化学反应中的放热(或吸热)现象,是化学能与热能之间的换能效应。压电陶瓷受力可以产生电压,加电压可以产生机械运动,这是电能与机械能之间的换能效应。化学电源的工作过程是化学能转变为电能,电解工业的工作过程又是电能转变为化学能,这是电能与化学能之间的换能效应。

换能效应是人类利用能量转化规律而解放生产力的基本理论武器。把一定的换能效应物化成相应的专业技术,就可以制造各种换能装备和生产工具。例如,利用气体膨胀做功可以制造蒸汽机,利用化学反应可以制造电池,利用电磁感应现象可以制造发电机和电动机,利用电磁波发射和接收可以制造无线电收发报机等。

一百多年来,人们已经使换能效应这样的理论问题与人类生产和生活的现实比较紧密地联系起来。人们利用不同种类的换能装备就可以把自然界一定形态的能量提取出来供社会生产和各方面的需求使用,而利用能量转化规律解放的社会生产力就能满足人们日益增长的物质需求。因此,人们一提及能量就必然要追溯其来源,能源问题也自然成为人类生存和发展的永恒主题之一。

能量与能源确实关系密切,但它们是不同的概念:能量是物质运动的量度,表明物质做功的能力,不同形态的能量(如机械能、化学能、核能等)产生不同形式的运动,各种能量之间可进行转换;能源是可供获取能量的自然资源,也就是被开采出来的能量资源。能源是可以直接或经转换提供人类所需的光、热、动力等任一形式能量的载能体资源。或者说,能源是一种呈多种形式的且可以相互转换的能量的源泉,是自然界中能为人类提供某种形式能量的物质资源。[6]

能源是人类取得能量的来源,它包括已开采出来可供使用的自然资源和经过加工或转换的能量的来源。能源使用的实质是能量形式的转化过程,包括同种能量的转化和不同种能量的转化,也包括能量的直接转化和间接转化。能源按其本身的性质可分为两类:①含能体能源(又称为载体能源),其本身就是可以提供能量的物质,如石油、煤、天然气、氢等,它们可以直接储存,因此便于运输和传输。②过程性能源,是指由可提供能量的物质的运动所产生的能源,如水能、风能、潮汐能、电能等,其特点是无法直接储存。

其实,在一维二仪质向量坐标系 $\vec{X}$ 内部的 $(\vec{N},\vec{n},\vec{E},\vec{E}_{\neq},\vec{\varepsilon})$ 五维分质向量空间中,含能体能源的物质取得一定的量以后,其总体单元数也就取定 $(\vec{N}=\vec{C}_N)$;含能体能源的物质可以提供的能量是与其总体单元数相对应的,所以一定量的含能体能源的物质可以提供的能量是确定的常量 $(\vec{E}=\vec{C}_E)$,这部分能量的利用遵循着(15-9)式 $C_E=E_1+E_2+\cdots+E_k$ 的能量守恒与转化规律。

世界上的物质都处在运动变化之中,过程性能源的物质是在运动中产生能源。过程性能源的物质产生的能量也比比皆是,而且遵循着能量守恒与转化规律。不过,还有许多提供能量的物质本身就包括了含能体能源和过程性能源。例如,化学作为人类认识自然、创造新物质、探索新应用的科学领域,在为人类提供丰富的能源和品种繁多的材料等方面发挥了巨大的作用。

物质发生化学反应时所释放的能量就是化学能。化学能是指化合物的能量,这是一种很隐蔽的能量,它不能直接用来做功,只有在发生化学变化时才释放出来,变成热能或者其他形式的能量。像物质燃烧时放出的光和热、化学电池放出的电、炸药爆炸以及人吃的食物在体内发生化学变化时所放出的能量,都属于化学能。根据能量守恒与转化定律,这种能量的变化与反应中热能的变化是大小相等、符号相反的,参加反应的化合物中各原子重新排列而产生新的化合物时,将促使化学能的变化,产生放热或吸热效应。为了大规模生产化学品,就要根据典型的化学工艺和设备中出现的一些具有共同属性的工程问题,形成化学反应工程。化学反应工程一般还可以分成四个子过程:反应、分相、传递和流动。

上述关于能量守恒与转化规律的讨论,综合表达了在一维二仪质向量坐标系 $\vec{X}$ 内部的 $(\vec{N},\vec{n},\vec{E},\vec{E}_{\neq},\vec{\varepsilon})$ 五维分质向量空间中保守性的能量守恒规律与低一级形态空间指导性的能量转化规律。通过换能效应的认识,就可以从能量的视角对质向量守恒定律的抽象理论做出比较具体的诠释。通过换能效应的认识,人们已经发现有些特定的能量形式与一些能量因子存在着必然的联系。因此,中国就有物理学家指出,"看来,'热'与'时间'存在我们尚不清楚的深刻的本质联系"。[7]

实际上,换能效应还给了人们深刻的启迪。在科学史上,质向量守恒定律及其相互转换机制虽然早已为人们借助不同的经验定律所披露,但是,在换能效应的启迪下,人们在许多学科中也已经认识到守恒定律比运动方程更为基本,因为它表述了自然界的一些普遍法则,支配着自然界的所有过程,制约着不同领域的运动方程。例如,物质不灭定律和质量守恒定律是自然界一切事物形态变化(如化学)所遵循的基本定律,这些定律表明,尽管自然界的物质可以从一种形式转化为另一种形式,然而在整个变化中物质都是存在的且其质量也是不变的。

不过,在统一科学中,总体单元数 $\vec{N}$ 只是一维二仪质向量坐标系 $\vec{X}$ 内部的 $(\vec{N},\vec{n},\vec{E},\vec{E}_{\neq},\vec{\varepsilon})$ 五维分质向量空间中的一个分质向量,由于在总体单元数 $\vec{N}$ 这一分质向量坐标轴内部还可以打开更低一级的 m 维支质向量,由此也就可以轻而易举地演绎出物质不灭定律和质量守恒定律。

其实,质向量守恒规律与转化规律在不同的学科都可以有具体的表达形式,而且许多特定的质向量守恒规律与转化规律已经成为人们认知世界的理论工具。因此,这里讨论的一维二仪质向量坐标系 $\vec{X}$ 空间中的质向量守恒规律及其多维分质向量空间中的子系统形态转化规律,已经为下面所要演绎的经典的能量守恒与转化定律奠定了必要的思想基础。

第二节　二仪世界的能量守恒与转化规律

在二仪世界中,均衡反向一元系统为孤立系统。通过单一形式、两种形式、三种形式和多种形式的能量及其显性因子守恒规律,可以自然而然地演绎出一系列特定能量及其显性因子的守恒与转化定律,这些特定能量及其显性因子的守恒与转化定律都是物理学等学科中人们熟悉的经典规律。

一、单一形式的能量及其显性因子守恒规律

在一维二仪质向量坐标系 $\vec{X}$ 内部的 $(\vec{N},\vec{n},\vec{E},\vec{E}_{\neq},\vec{\varepsilon})$ 五维分质向量空间中,当一元系统只表现出一种能量形式,在省却分质向量的方向规定时,能量守恒规律就是保守性的 $E=C_E$ 或 $\Delta E=0$,其微分式为

$$dE=0 \tag{15-13}$$

上式只是表现了能量的单一形式,无所谓不同形式的能量转化。这种保守性的能量守恒规律表明,一元系统与外界环境没有任何能量交流。但是,深入研究一元系统内部的各种因素,一元系统内部的能量变化还是可以用特定的显性因子 θ 来表现的。

(一)不同能量因子在准平衡条件的表现形式

当一元系统内部的能量 E 以某一特殊的显性因子 θ 来表现时,在准平衡态条件下,把(6-386)式 $E_+ = F_+\theta_+$ 代入(15-13)式 $dE=0$ 可以得到

$$dE = d(F\theta) = Fd\theta + \theta dF = 0 \tag{15-14}$$

由于广义力 F 作为常量始终不变,因此上式可以简化为

$$dE = Fd\theta = 0 \tag{15-15}$$

在不同的学科中,力 F 和显性因子 θ 往往以一些特殊的形式出现,由(15-15)式也就可以演绎出一些具体的关系式。

(1)在力学上,一元系统作为研究对象就是物体。如果能量 E 的显性因子 θ 表现为位移 r,F 被定义为力,当位移 Δl 只是在准平衡态条件下变化时,那么位能守恒定律的表达式可以表示为

$$Fdl = 0 \tag{15-16}$$

或

$$E = Fl = C \tag{15-17}$$

满足上式的有如下几种情形:

①$F=0$,$dl=0$。此情形表明,物体不受外力作用或所受的合外力等于零($F=0$),并且没有发生位移($dl=0$),物体将保持原来静止的状态。

②$F=0$,$dl\neq 0$。此情形表明,物体不受外力作用或所受的合外力等于零($F=0$),但是有位移($dl=0$),物体将保持原来匀速运动的状态。

③$F\neq 0$,$dl=0$。此情形表明,物体虽受外力的作用($F\neq 0$),但又没有产生位移($dl=0$),从而物体的整体能量也未改变。这是非惯性系的情形。

在力学中,一个系统各物体(或质点)间的相互作用力称为内力,而系统外部各因素的作用力称为外力。相对于地面静止的或者做匀速直线运动的参考系称为惯性系,而相对于地面做变速运动的参考系称为非惯性系。所以,上述①和②是惯性系的情形,而③是非惯性系的情形。

(2)在分子物理学中,一元系统作为研究对象是处于平衡态的理想气体,在温度保持恒定时,此平衡态为热平衡态,其中分子本身的体积和分子间的作用力都可以忽略不计。在一元系统内部,理想气体的分子在准平衡态条件下运动,往往要表现出体积 V 的变化,即能量 E 的显性因子 $\theta \equiv V$,这样(6-386)式 $E_+ = F_+\theta_+$ 中的力 F_+ 就是压力 p,即 $F_+ \equiv p$。所以,(6-386)式成为 $E = pV$,代入(15-13)式 $dE=0$,就有

$$dE = d(pV) = 0$$

其积分式为

$$pV = C \tag{15-18}$$

在平衡热力学中,当一定量的理想气体分子组成一元系统时,一元系统中的气体分

子在准平衡态条件下的运动可以表现出温度 T 的变化,即能量 E 的显性因子 $\theta \equiv T$,这样(6-386)式 $E_+ = F_+ \theta_+$ 中的力 F 就是定量的气体分子 n 与常数 R 的乘积,即 $F \equiv nR$。所以,(6-386)式 $E_+ = \mu_+ n_+ = F_+ \theta_+$ 成为 $E = nRT$,代入(15-13)式 $dE = 0$,就有

$$dE = d(nRT) = 0$$

其积分式为

$$nRT = C \tag{15-19}$$

式中,常量 R 为理想气体常数。

(3)在电磁学中,一元系统作为研究对象就是具有一定电荷量的物体。在一元系统内部,如果在准平衡态条件下运动而具有电荷 $\theta_\varepsilon = q$ 的异质单元数为 n,由(6-389)式 $\theta_+ = \dfrac{d\theta_+}{dn_+} n_+ = \theta_\varepsilon n_+$ 得到电荷量 Q 的变化即为 $Q = nq$。电势 $\mu = \dfrac{dE}{dn} = U$ 是把一个单位点电荷从静电场中的某一点 A 移到坐标参考点的势能差。通过(6-386)式 $E_+ = \mu_+ n_+ = F_+ \theta_+$ 的关系式,把电势 U 与电荷量 Q 代入(15-13)式 $dE = 0$,就有

$$dE = d(UQ) = UdQ + QdU = 0 \tag{15-20}$$

其积分式为

$$UQ = C \tag{15-21}$$

在均匀电势场中,U 为常量,(15-20)式就可以表示为

$$UdQ = 0 \tag{15-22}$$

满足上式的有如下几种情形:

①$U = 0, dQ = 0$。此种情形表明,物体在所处的电势为零的场中($U = 0$),没有电荷的变化($dQ = 0$),因而也就无所谓物体电能的变化。

②$U \neq 0, dQ = 0$。此种情形表明,物体在一定的电势场中($U \neq 0$),没有电荷量的变化($dQ = 0$),物体的电能守恒。

③$Q \neq 0, dU = 0$。此种情形表明,具有一定电荷量的物体($Q \neq 0$)在恒定的均匀电势场中($dU = 0$),能量可以保持不变。

电荷量 Q 是一元系统内部具有电荷质 $\theta_\varepsilon = q$ 的异质单元数为 n 在准平衡态条件下运动表现的性能,如果一元系统内部的 n 个异质单元数在准平衡态条件下还表现出时间 t 的质,那么电荷量 Q 可以表示为 $Q = \beta t$,其中系数可定义为电流量 $\beta \equiv I = \left(\dfrac{dQ}{dt}\right)_0$,这样

$$Q = It \tag{15-23}$$

所以

$$dQ = I\,dt \tag{15-24}$$

代入 $dQ = 0$ 式,则

$$I\,dt = 0 \tag{15-25}$$

如果一元系统为一闭合电路系统,闭合电路系统内部可以有电流流通,在流通的这段时间内,$dt \neq 0$,但是闭合电路系统对外环境并没有电流的流入或流出,即 $I=0$。

在上述 $Q \neq 0, dU=0$ 的情形下,如果电势还可分解为电流 I 和电阻 R 两个独立因子,即 $U=IR$,代入 $dU=0$ 式中,就可以得到

$$U = IR = C \tag{15-26}$$

(4) 在流体力学中,如果一元系统内部的全同单元在运动中表现出流速 u 和流管截面积 S 的变化,则在准平衡态条件下,能量 E 的显性因子 $\theta = uS$。这种单一能量含有两个显性因子的表达式为

$$E = kuS \tag{15-27}$$

代入(15-13)式 $dE = 0$,就有

$$dE = d(kuS) = 0 \tag{15-28}$$

其积分式为

$$kuS = C \tag{15-29}$$

在 k 不变的情况下,(15-28)式为 $kd(uS)=0$,$d(uS)=0$ 的积分式为

$$uS = C' \tag{15-30}$$

此式即为流体的连续原理:在同一流管中,对不可压缩的流体来说,流体的流速与流管的截面积的乘积是一恒量。

(二) 不同能量因子在次准平衡条件的表现形式

在平衡态附近,在省却分质向量的方向规定和能量 E 的显性因子 $\theta \to 0$ 的条件下,由(6-396)式可得能量 E 的泰勒级数展开式为

$$\begin{aligned} E &= E^0 + \left(\frac{dE}{d\theta}\right)_0 \theta + \left(\frac{d^2 E}{d\theta^2}\right)_0 \theta^2 + \cdots \\ &= E^0 + \Delta E_1 + \Delta E_2 + \cdots \\ &= E_i^0 + F\theta + G\theta^2 + \cdots \end{aligned} \tag{15-31}$$

式中,常量 $F = \left(\dfrac{dE}{d\theta}\right)_0$ 称为力,这是能量 E 对显性因子 θ 在平衡态的微商;常量 $G = \left(\dfrac{d^2 E}{d\theta^2}\right)_0$ 称为力 F 对显性因子 θ 的变化率或能量 E 对显性因子 θ 在平衡态的二次微商。

当一元系统所处的形态为次准平衡态时,式中所含显性因子 θ 的二次项对于系统能量 E 的贡献,是不可忽略的;但是,θ 的二次项以上的高次项对于一元系统能量 E 的贡献还是可以忽略的,即

$$\begin{aligned} E &= E^0 + \left(\frac{dE}{d\theta}\right)_0 \theta + \left(\frac{d^2 E}{d\theta^2}\right)_0 \theta^2 \\ &= E^0 + \Delta E_1 + \Delta E_2 \end{aligned}$$

$$= E_i^0 + F\theta + G\theta^2 \tag{15-32}$$

次准平衡态时,能量 E 的变化量就是

$$\Delta E_2 = G\theta^2 = \frac{1}{2}G'\theta^2 \tag{15-33}$$

式中,$G = \frac{1}{2}G'$。这就表明,在次准平衡态下,一元系统表现为能量 E 的显性因子 θ 的二次(抛物)函数。

当一元系统内部的能量变化是在次准平衡态条件下进行时,把(15-33)式 $\Delta E_2 = \frac{1}{2}G'\theta^2$ 代入(15-13)式 $dE = 0$ 就有

$$dE = d\left(\frac{1}{2}G'\theta^2\right) = G'\theta d\theta + \frac{1}{2}\theta^2 dG' = 0 \tag{15-34}$$

在 G' 不变时($dG' = 0$),上式就变成

$$dE = G'\theta d\theta \tag{15-35}$$

(1) 在力学上,一元系统作为研究对象就是物体。如果物体内部的单元在次准平衡态条件下运动,能量 E 的显性因子 θ 为物体运动的速度 u,G' 就表现为物体的质量。

在次准平衡态条件下,物体的能量 E 的变化量定义为动能

$$\Delta E = \frac{1}{2}mu^2 \tag{15-36}$$

代入(15-13)式 $dE = 0$ 就有

$$dE = d\left(\frac{1}{2}mu^2\right) = mu du + \frac{1}{2}u dm = 0 \tag{15-37}$$

在质量不变的情况下,上式可用(15-35)式 $dE = G'\theta d\theta$ 来表示,即

$$mu du = 0 \tag{15-38}$$

满足上式的有以下几种情形:

① $m \neq 0, u = 0, du = 0$。此种情形表明,具有一定质量的物体($m \neq 0$),如果处于静止状态($u = 0$),并一直保持这样的静止状态($du = 0$),则物体的能量不会发生变化($dE = 0$)。

② $m \neq 0, \vec{u} = 0, du \neq 0$。这种情形表明,具有一定质量的物体($m \neq 0$),如果物体做变速运动($d\vec{u} \neq 0$),又能保持静止状态($u = 0$),那么在这种非惯性系的情形下物体的能量也不会改变($dE = 0$)。

③ $m \neq 0, u \neq 0, du = 0$。这种情形表明,具有一定质量的物体($m \neq 0$),如果物体以恒定的速度运动($u \neq 0, du = 0$),则这种匀速运动的物体的总体能量也不会改变($dE = 0$)。

对于质量为零($m = 0$)的物质,也有几种情形符合上式,但是已超出力学的范畴。

综上所述,可以得到牛顿第一定律:在惯性系中如果物体不受力或所受合外力等于零,物体将保持静止或匀速运动状态;而在非惯性系中,物体受外力作用也可以保持静止状态或变速运动的物体也可以保持静止状态。

在(15-38)式中，如果令
$$M = mu \tag{15-39}$$
并称之为动量，那么(15-38)式还可改写为
$$mu\,du = u\,d(mu) = u\,dM = 0 \tag{15-40}$$
满足上式的也有以下几种情形：

① $u=0, dM=d(mu)=0$。此种情形表明，在动量 M 不变($dM=0$)的条件下，静止物体($u=0$)的能量不会改变。

② $u\neq 0, dM=d(mu)=0$。此种情形表明，在动量不变($dM=0$)的条件下，匀速运动($du\neq 0$)的物体的能量不会改变。

③ $u=0, dM=d(mu)\neq 0$。此种情形表明，在动量变化($dM\neq 0$)的条件下，在非惯性系中的静止物体($u=0$)的能量也可以保持不变。

在前两种情形中，$d(mu)=0$，其积分形式为
$$M = mu = C \tag{15-41}$$
当一元系统内部可以分解成 k 个子系统时，内力不影响子系统集体的总动量，所以
$$m_1 u_1 + m_2 u_2 + \cdots + m_k u_k = C \tag{15-42}$$
此式就是动量守恒定律的表达式。

由此可见，当一元系统为惯性系时，其总动量不变，即动量守恒；而当一元系统为非惯性系时，其动量却不守恒。

(2) 在转动理论中，一元系统作为研究对象也是物体。物体在发生次准平衡态变化时，会表现出转动属性。以能量 E 的显性因子 θ 为角速度 ω，r 为转动半径，$J=mr^2$ 为动量，这样，物体的能量 E 的变化量就是转动能，即
$$\Delta E = \frac{1}{2}mr^2\omega^2 = \frac{1}{2}J\omega^2 \tag{15-43}$$
代入(15-13)式 $dE=0$ 就有
$$dE = d\left(\frac{1}{2}J\omega^2\right) = J\omega\,d\omega + \frac{1}{2}\omega^2\,dJ = 0 \tag{15-44}$$
在动量不变($dJ=0$)的情况下，上式可以写成
$$J\omega\,d\omega = \omega\,d(J\omega) = 0 \tag{15-45}$$
此式也可分成三种情形来讨论：

① $\omega=0, d(J\omega)=0$。此种情形表明，物体不转动($\omega=0$)且动量矩不变($d(J\omega)=0$)的条件下，物体的能量也不改变。

② $\omega\neq 0, d(J\omega)=0$。此种情形表明，物体匀速转动($\omega\neq 0$)但动量矩不变($d(J\omega)=0$)的条件下，物体的能量守恒。

③ $\omega=0, d(J\omega)\neq 0$。此种情形表明，静止物体($\omega=0$)作为非惯性系，在动量矩改

变 $s(J\omega) \neq 0$ 的条件下，物体的能量可以保持不变。

在前两种情形中，$d(J\omega)=0$，其积分形式为

$$J\omega = C \tag{15-46}$$

当一元系统内部可以分解为 k 个子系统时，各子系统间可能存在相互作用力，但是产生的内力矩却不能改变整个系统的动量矩，即

$$J_1\omega_1 + J_2\omega_2 + \cdots + J_k\omega_k = C \tag{15-47}$$

这就是动量矩守恒定律的表达式。

由此可见，当一元系统为惯性系时，其动量矩守恒；而当一元系统为非惯性系时，其动量矩却不守恒。

二、两种形式的能量及其显性因子守恒规律

当一元系统可以分为两个子系统 A_1 和 A_2 时，一元系统 A_0 就是由两个子系统 A_1 和 A_2 组成的复合系统。两个子系统 A_1 和 A_2 分别表现出两种特定的能量 E_1 和 E_2，这样 (15-9) 式 $C_E = E_1 + E_2 + \cdots + E_k$ 的能量守恒与转化规律取前两项，其一般的表达式就是

$$C_E = E_1 + E_2 \tag{15-48}$$

如果一元系统内部的两个子系统 A_1 和 A_2 各自隔离地处于平衡态，在某一时刻让它们接触，两个子系统 A_1 和 A_2 各自所包含的总体单元数 N_1 和 N_2 以及其他质向量固定不变，但是它们之间可以交换能量 E。在两个子系统 A_1 和 A_2 的相互作用过程中，虽然子系统 A_1 和 A_2 的能量 E_1 和 E_2 不是常量，但整个一元系统 A_0 的能量 E 总是常量 C_E。如果 A_1 和 A_2 的能量变化分别用 ΔE_1 和 ΔE_2 表示，则 (15-48) 式又可以一般地表现为

$$\Delta E_1 + \Delta E_2 = 0 \tag{15-49}$$

其微分式为

$$dE = dE_1 + dE_2 = 0 \tag{15-50}$$

上两式还可以分别写成

$$\Delta E_1 = -\Delta E_2 \tag{15-51}$$

$$dE_1 = -dE_2 \tag{15-52}$$

这就表明，在一维二仪质向量坐标系 $\vec{X}$ 内部由正向太极 $\vec{X}_+$ 和负向太极 $\vec{X}_-$ 构成的反射对称二仪空间中，一元系统内某一子系统的能量增量必定是另一子系统的能量减量，它们大小相等、方向相反，两个子系统的能量变化 ΔE_1 和 ΔE_2 是互补的。

一元系统内部的两个子系统抽象为两个质点，就是经典力学里的"二体问题"。例如，物理学中任何一个机械的能量都取决于物体系各组成部分的质量及速度的动能与物体系各组成部分的坐标及其彼此之间相互作用的特点的势能。发生在这种物体系中

的过程,被认为是动能向势能的转化或是势能向动能的反向转化,而这两种形态的能量之和(称为机械能)则在没有外界影响时保持恒定,即

$$E_{机械}=E_K+E_P=C_E \tag{15-53}$$

由上式就可以直接演绎出机械能守恒定律:如果一系统的所有外力和非保守内力都不做功,则系统总的机械能保持不变。例如,在只有重力和弹力做功的物体系内,动能和势能可以互相转化。[7]

(15-53)式还可以写成能量转化规律或换能效应最简单的表达式

$$\Delta E_K + \Delta E_P = 0$$

或

$$\Delta E_K = -\Delta E_P \tag{15-54}$$

虽然两个子系统往往存在着总体单元数 N_1 和 N_2 等因素的差异,两个子系统的能量变化也不一定处在同样的失衡态,甚至其失衡程度还可能出现很大的差异,但是,由于一元系统可以把其总能量 E 分成两个子系统的两种不同形式的能量 E_1 和 E_2,因而在下面讨论两个子系统能量增减变化时,将列举一些人们比较熟悉的对象来进行演绎,而对于失衡程度较大的能量变化只给出其一般表达式,不再用具体的质参量进行举例说明。

(一)两个子系统同处在准平衡态的能量变化形式

当两个子系统 A_1 和 A_2 的能量变化都表现为准平衡态的变化时,可以通过能量 E 的显性因子 θ 来表现,把(6-386)式 $E_+ = F_+ \theta_+$ 代入(15-51)式 $\Delta E_1 = -\Delta E_2$ 就可以得到

$$\Delta(F_1 \theta_1) = -\Delta(F_2 \theta_2) \tag{15-55}$$

如果两个子系统 A_1 和 A_2 在相互作用中 F 不变,只有能量 E 的显性因子 θ 的变化 $\Delta\theta$,则上式可以写为

$$F_1 \Delta\theta_1 = -F_2 \Delta\theta_2 \tag{15-56}$$

由向量的数乘可知,当显性向量因子 $\vec{\theta}$ 是非零向量时,可以用 $\vec{e}$ 表示与 $\vec{\theta}$ 同方向的单位质向量,即 $\vec{\theta}=|\vec{\theta}|\vec{e}$。这样,(15-55)式就成为

$$\Delta(F_1 |\vec{\theta}_1| \vec{e}_1) = -\Delta(F_2 |\vec{\theta}_2| \vec{e}_2) \tag{15-57}$$

两个子系统 A_1 和 A_2 的单位质向量大小相等、方向相反,即 $\vec{e}_1=-\vec{e}_2$。由向量数乘的交换律,(15-57)式又可以写成

$$\Delta(\vec{F}_1 |\vec{\theta}_1|) = \Delta(\vec{F}_2 |\vec{\theta}_2|) \tag{15-58}$$

在准平衡态下,人们要么赋予力以向量的概念,要么赋予显性向量因子 $\vec{\theta}$ 以向量的概念,而不同的显性因子 θ 可表现出不同形式的性能,在省却质向量关于方向的规定时,就会出现如下常见的形式。

1. 位能转化规律与牛顿第三定律

在力学中,如果一元系统内部可以分为两个子系统,当能量 E 的显性因子 θ 的变化量 $\Delta\theta$ 为位移 Δl,即 $\Delta\theta=\Delta l$ 时,F 表现为力学中的相互作用力,(15-56)式 $F_1\Delta\theta_1=-F_2\Delta\theta_2$ 就是

$$F_1\Delta l_1=-F_2\Delta l_2 \tag{15-59}$$

这是位能与位能转化的表达式,也是两个力矩相平衡的杠杆原理。

当(15-59)式中的 $\Delta l_1=\Delta l_2$ 时,由(15-56)式 $F_1\Delta\theta_1=-F_2\Delta\theta_2$ 可得

$$F_1=-F_2 \tag{15-60}$$

该式就是牛顿第三定律的表达式。此式表明,当子系统 A_1 以力 F_1 作用在另一子系统 A_2 上时,A_2 必定同时以力 F_2 反作用于 A_1,作用力等于反作用力,F_1 与 F_2 在一条直线上,大小相等、方向相反。

2. 质能与位能转化规律

如果一元系统可以分为两个子系统 A_1 和 A_2,其中子系统 A_1 的能量 E_1 的显性因子 θ_1 为位移 l_1,即 $\theta_1=l_1$;而子系统 A_1 的异质单元数为 n_1,若异质表现为质量,每一个异质单元的质量元 m_ε 为常量,$n_1 m_\varepsilon=m_1$;子系统 A_1 的势 μ_1 也是常量,由(6-386)式 $E_+=\mu_+ n_+=F_+\theta_+$ 就有

$$F_1 l_1=\left(\frac{\mu_1}{m_\varepsilon}\right)m_1=g_1 m_1 \tag{15-61}$$

式中,g_1 为常数。由此得到子系统 A_1 和子系统 A_2 的力分别为

$$F_1=\frac{g_1 m_1}{l_1} \tag{15-62}$$

$$F_2=\frac{g_2 m_2}{l_2} \tag{15-63}$$

由于两个子系统 A_1 和 A_2 相互作用时位移相等($l=l_1=l_2$),而方向相反(某一子系统作用方向为正向,另一子系统作用方向为负向),在同一条线上共同表现出的相互作用力就是万有引力的表达式

$$\begin{aligned}F&=F_1\cdot F_2\\&=-\frac{g_1 m_1}{l_1}\frac{g_2 m_2}{l_2}\\&=-G\frac{m_1 m_2}{r^2}\end{aligned} \tag{15-64}$$

式中,$G=g_1 g_2$;位移取 $r=l_1=l_2$。

3. 电磁库仑作用力

与万有引力类似,如果一元系统中的两个子系统 A_1 和 A_2 都共同表现出能量 E 的显性因子位移 l 和电荷量 Q 这两种形式的变化,则子系统 A_1 和子系统 A_2 的电库仑

力分别为

$$F_1 = \frac{k_1 Q_1}{l_1} \tag{15-65}$$

$$F_2 = \frac{k_2 Q_2}{l_2} \tag{15-66}$$

把这两个子系统抽象为点电荷(荷载电性的质点),其相互作用的动力学问题即"二体问题",这两个点电荷表现的相互作用力就是

$$\begin{aligned} F_Q &= F_1 \cdot F_2 \\ &= -\frac{k_1 Q_1}{l_1}\frac{k_2 Q_2}{l_2} \\ &= -K_Q \frac{Q_1 Q_2}{r^2} \end{aligned} \tag{15-67}$$

如此演绎得到的就是1785年库仑通过实验发现的真空中静止的两点电荷间作用力的规律,式中 $r = l_1 = l_2$, $K_Q = k_1 k_2$。因此,库仑定律可表述为:自然界中任何两个带电物体都以一定的力相互作用,这个力的大小与两个物体所带的电荷成正比,与它们之间的距离成反比。[9]

同理,如果一元系统中的两个子系统 A_1 和 A_2 共同表现出能量 E 的显性因子位移 l 和磁荷量 μ 这两种形式的变化,则子系统 A_1 和子系统 A_2 的磁的库仑力分别为

$$F_1 = \frac{k_{\mu_1} \mu_1}{l_1} \tag{15-68}$$

$$F_2 = \frac{k_{\mu_2} \mu_2}{l_2} \tag{15-69}$$

把这两个子系统抽象为点磁荷(荷载磁性的质点),其相互作用的动力学问题即"二体问题",这两个点磁荷表现的相互作用力就是

$$\begin{aligned} F_\mu &= F_1 \cdot F_2 \\ &= -\frac{k_{\mu_1} \mu_1}{l_1}\frac{k_{\mu_2} \mu_2}{l_2} \\ &= -K_\mu \frac{\mu_1 \mu_2}{r^2} \end{aligned} \tag{15-70}$$

这也就演绎出磁的库仑作用力表达式,式中 $r = l_1 = l_2$, $K_\mu = k_{\mu_1} k_{\mu_2}$。

4. 波义耳定律与理想气体状态方程

如果一元系统可以分为两个子系统,其中子系统 A_1 的能量 E_1 的显性因子 θ_1 的变化量 $\Delta\theta_1$ 为体积 V_1,即 $\Delta\theta_1 = V_1$;而子系统 A_2 的能量 E_2 的显性因子 θ_2 的变化量 $\Delta\theta_2$ 为体积 V_2,即 $\Delta\theta_2 = V_2$,代入(15-56)式 $F_1\Delta\theta_1 = -F_2\Delta\theta_2$ 就有

$$F_1 V_1 = -F_2 V_2 \tag{15-71}$$

令 $F \equiv p$,则(15-71)式还可以写成

$$p_1V_1 = -p_2V_2 \tag{15-72}$$

此式表明,一定量的气体在其他条件(如温度)保持不变时,它的压力与体积成反比。这个规律在历史上就称为波义耳定律。

如果一元系可以分为两个子系统,其中的子系统 A_1 的能量 E_1 的显性因子 θ_1 的变化量 $\Delta\theta_1$ 为体积 ΔV,即 $\Delta\theta_1 = \Delta V$;而子系统 A_2 的能量 E_2 的显性因子 θ_2 的变化量 $\Delta\theta_2$ 为温度 ΔT,即 $\Delta\theta_2 = \Delta T$,代入(15-56)式 $F_1\Delta\theta_1 = -F_2\Delta\theta_2$ 就有

$$p\Delta V = nR\Delta T \tag{15-73}$$

式中,$F_1 \equiv p$;$F_2 \equiv -nR$。如果体积变化 ΔV 和温度变化 ΔT 都以原点为基始,那么(15-73)式就是理想气体状态方程,并可以表示为

$$pV = nRT \tag{15-74}$$

处于平衡态的理想气体(一元系统)的状态是由气体物质的量 n、压强 p、体积 V 和温度 T 这四个变量来刻画的,理想气体状态方程是表达这几个量之间关系的方程式。

可见,如果两个子系统 A_1 和 A_2 都在准平衡态下发生能量变化,并通过其显性因子 θ 来表现,则由(15-56)式 $F_1\Delta\theta_1 = -F_2\Delta\theta_2$ 就可以演绎出各种各样的经典定律,只是在不同的学科要赋予 F 和 θ 不同的内涵。

(二)子系统分别处在准平衡态与次准平衡态的能量变化形式

当子系统 A_1 的能量变化表现为准平衡态的变化,并可通过能量 E_1 的显性因子 θ_1 来表现,另一子系统 A_2 的能量变化表现为次准平衡态的变化,也可以通过能量 E_2 的显性因子 θ_2 来表现时,把(6-386)式 $E_+ = F_+\theta_+$ 和(15-33)式 $\Delta E_2 = G\theta^2 = \frac{1}{2}G'\theta^2$ 代入(15-55)式 $\Delta(F_1\theta_1) = -\Delta(F_2\theta_2)$,就可以得到

$$\Delta(F_1\theta_1) = -\frac{1}{2}\Delta(G_2'\theta_2^2) \tag{15-75}$$

如果两个子系统 A_1 和 A_2 在相互作用中,只有显性因子 θ 的变化量 $\Delta\theta$,则上式可写为

$$F_1\Delta\theta_1 = -\frac{1}{2}G_2'\Delta\theta_2^2 \tag{15-76}$$

(三)子系统同处在次准平衡态的能量变化形式

当两个子系统 A_1 和 A_2 的能量变化都表现为次准平衡态的变化,并可以通过能量 E 的显性因子 θ 来表现时,把(15-33)式 $\Delta E = \frac{1}{2}G'\theta^2$ 代入(15-51)式 $\Delta E_1 = -\Delta E_2$ 就可以得到

$$\frac{1}{2}G_1'\theta_1^2 = -\frac{1}{2}G_2'\theta_2^2 \tag{15-77}$$

（四）子系统分别处在准平衡态与近平衡态的能量变化形式

当子系统 A_1 的能量变化表现为准平衡态的变化，并可以通过能量 E 的显性因子 θ 来表现，而另一子系统 A_2 的能量变化表现为近平衡态的变化，也可以通过能量 E 的显性因子 θ 来表现时，把 $E_1=F_1\theta_1$ 和 $\Delta E_2=\varepsilon\ln\dfrac{\theta_2}{\Theta_2}$ 代入 (15-51) 式 $\Delta E_1=-\Delta E_2$，就可以得到

$$F_1\theta_1=-\varepsilon_2\ln\dfrac{\theta_2}{\Theta_2} \tag{15-78}$$

这是一个一般的表达式。根据具体对象的特质变化，可以列举出大量的范例，但这里不拟再展开。对于下面的两个子系统处于不同失衡态的各种形式也不再举例讨论。

（五）子系统分别处在准平衡态与远离平衡态的能量变化形式

当子系统 A_1 的能量变化表现为准平衡态的变化，并可以通过能量 E 的显性因子 θ 来表现，而另一子系统 A_2 的能量变化表现为远离平衡态的变化，也可以通过能量 E 的显性因子 θ 来表现时，把 $E_1=F_1\theta_1$ 和 $\Delta E_2=\varepsilon\ln\dfrac{\theta_2}{\Theta_2-\theta_2}$ 代入 (15-51) 式 $\Delta E_1=-\Delta E_2$ 就可以得到

$$F_1\theta_1=-\varepsilon_2\ln\dfrac{\theta_2}{\Theta_2-\theta_2} \tag{15-79}$$

（六）子系统分别处在次准平衡态与近平衡态的能量变化形式

当子系统 A_1 的能量变化表现为次准平衡态的变化，并可以通过能量 E 的显性因子 θ 来表现，而另一子系统 A_2 的能量变化表现为近平衡态的变化，也可以通过能量 E 的显性因子 θ 来表现时，把 $\Delta E_1=\dfrac{1}{2}G\theta_1^2$ 和 $\Delta E_2=\varepsilon\ln\dfrac{\theta_2}{\Theta_2}$ 代入 (15-51) 式 $\Delta E_1=-\Delta E_2$ 就可以得到

$$\dfrac{1}{2}G_1\theta_1^2=-\varepsilon_2\ln\dfrac{\theta_2}{\Theta_2} \tag{15-80}$$

（七）子系统分别处在次准平衡态与非平衡相变的能量变化形式

当子系统 A_1 的能量变化表现为次准平衡态的变化，并可以通过能量 E 的显性因子 θ 来表现，而另一子系统 A_2 的能量变化表现为远离平衡态的变化，也可以通过能量 E 的显性因子 θ 来表现时，把 $\Delta E_2=\dfrac{1}{2}G\theta^2$ 和 $\Delta E_2=\varepsilon\ln\dfrac{\theta_2}{\Theta_2-\theta_2}$ 代入 (15-51) 式 $\Delta E_1=-\Delta E_2$ 就可以得到

$$\frac{1}{2}G_1\theta_1^2 = -\varepsilon_2 \ln \frac{\theta_2}{\Theta_2-\theta} \tag{15-81}$$

（八）子系统同处在近平衡态的能量变化形式

当两个子系统 A_1 和 A_2 的能量变化都表现为近平衡态的变化，并可通过能量 E 的显性因子 θ 来表现时，把近平衡态的能量变化量 $\Delta E = \varepsilon \ln \frac{\theta}{\Theta}$ 代入(15-51)式 $\Delta E_1 = -\Delta E_2$ 就可以得到

$$\varepsilon_1 \ln \frac{\theta_1}{\Theta_1} = -\varepsilon_2 \ln \frac{\theta_2}{\Theta_2} \tag{15-82}$$

（九）子系统分别处在近平衡态与远离平衡态的能量变化形式

当子系统 A_1 的能量变化表现为近平衡态的变化，并可以通过能量 E 的显性因子 θ 来表现，而另一子系统 A_2 的能量变化表现为远离平衡态的变化，也可以通过能量 E 的显性因子 θ 来表现时，把 $\Delta E = \varepsilon \ln \frac{\theta}{\Theta}$ 和 $\Delta E_2 = \varepsilon \ln \frac{\theta_2}{\Theta_2-\theta_2}$ 代入(15-51)式 $\Delta E_1 = -\Delta E_2$ 就可以得到

$$\varepsilon_1 \ln \frac{\theta_1}{\Theta_1} = -\varepsilon_2 \ln \frac{\theta_2}{\Theta_2-\theta_2} \tag{15-83}$$

（十）子系统同处在远离平衡态的能量变化形式

当子系统 A_1 和 A_2 的能量变化都表现为远离平衡态的变化，并可以通过能量 E 的显性因子 θ 来表现时，把 $\Delta E = \varepsilon \ln \frac{\theta}{\Theta-\theta}$ 代入(15-51)式 $\Delta E_1 = -\Delta E_2$ 就可以得到

$$\varepsilon_1 \ln \frac{\theta_1}{\Theta_1-\theta_1} = -\varepsilon_2 \ln \frac{\theta_2}{\Theta_2-\theta_2} \tag{15-84}$$

三、三种形式的能量及其显性因子守恒规律

当一元系统内部可以分为三个子系统 A_1、A_2 和 A_3 时，一元系统 A_0 就是由三个子系统 A_1、A_2 和 A_3 组成的复合系统。若三个子系统 A_1、A_2 和 A_3 分别表现出三种能量形式 E_1、E_2 和 E_3，则(15-9)式 $C_E = E_1 + E_2 + \cdots + E_k$ 的能量守恒与转化规律取前三项，其一般表达式就是

$$C_E = E_1 + E_2 + E_3 \tag{15-85}$$

如果一元系统内部的三个子系统 A_1、A_2 和 A_3 各自隔离地处于平衡态，一旦让它们接触时，三个子系统 A_1、A_2 和 A_3 各自所包含的总体单元数等其他形态参量固定不

变,但它们之间可以交换能量。在三个子系统 A_1、A_2 和 A_3 的相互作用过程中,子系统 A_1、A_2 和 A_3 的能量 E_1、E_2 和 E_3 虽不是常量,但是一元系统 A_0 的总能量 E 是常量。如果三个子系统 A_1、A_2 和 A_3 的能量变化量分别用 ΔE_1、ΔE_2 和 ΔE_3 表示,(15-12)式 $\Delta E = \Delta E_1 + \Delta E_2 + \cdots + \Delta E_k = 0$ 就可以特别地表达为

$$\Delta E = \Delta E_1 + \Delta E_2 + \Delta E_3 = 0 \tag{15-86}$$

其微分式为

$$dE = dE_1 + dE_2 + dE_3 = 0 \tag{15-87}$$

由于一元系统内部的三个子系统 A_1、A_2 和 A_3 各自所包含的总体单元数及其他质参量的差异,三个子系统 A_1、A_2 和 A_3 的能量变化就不一定处在同样的失衡态,甚至其失衡程度也可能出现很大的差异。

如果一元系统内部的三个子系统是物体,又成为经典力学里的"三体问题"。以前,三体问题是很令人费解的。1767 年,欧拉只找到了共线周期轨道;1772 年,拉格朗日发现了一些周期解;牛顿虽提出过天体运动的摄动理论,对于三体问题却没有能力完全破解。现在,人们对三体问题也不能精确求解,只研究了几种特殊情况的三体问题。但是,在此通过把一元系统的总能量 E 分成三个子系统所具有的三种不同形式的能量 E_1、E_2 和 E_3,就可得到三个子系统能量增减变化时三体问题的答案。在此,仅列举一些人们比较熟悉的对象来进行演绎。

(1)在流体力学中,一元系统作为研究对象是处于平衡态的理想流体。理想流体在运动中往往可以通过能量 E 的显性因子——速度 u、高度 h 和体积 V 表现出动能、位能和体积能三种能量形式的变化,即理想流体的能量为

$$E = \frac{1}{2}mu^2 + mgh + pV \tag{15-88}$$

代入(15-87)式 $dE = dE_1 + dE_2 + dE_3 = 0$,就有

$$dE = d\left(\frac{1}{2}mu^2 + mgh + pV\right) = 0 \tag{15-89}$$

方程两边同除于体积 V,则

$$\frac{dE}{V} = d\left(\frac{1}{2}\frac{m}{V}u^2 + \frac{m}{V}gh + p\right)$$

$$= d\left(\frac{1}{2}\rho u^2 + \rho gh + p\right) = 0$$

式中,$\rho = \frac{m}{V}$ 为密度。其积分式为

$$\frac{1}{2}\rho u^2 + \rho gh + P = C \tag{15-90}$$

此即"流体力学之父"伯努利 1738 年发现的伯努利方程。

(2)在热力学中,一元系统作为研究对象是处于平衡态的热力学系统。在热力学系

统内部的变化中,可以通过子系统能量 E 的不同形式表现出热、功和其他能量的变化,其能量表达式就是

$$E=E_\text{热}+E_W+E_\text{其他} \tag{15-91}$$

如果热力学系统获得热能为 Q,对外做功为 $-W$,代入上式就有

$$Q=(E_\text{热}-E_\text{其他})+W \tag{15-92}$$

此即热力学第一定律的表达式,是包括热现象在内的能量守恒定律。

类似于前面含两种能量形式的能量守恒规律,只要依据子系统的失衡程度,就可以组合出含三种能量形式的诸多能量守恒规律的表现形式,这里就不深入论述其具体的表达式。

四、多种形式的能量及其显性因子守恒规律

当一元系统 A_0 内部分为 m 个子系统 $A_1,A_2,\cdots,A_m$ 时,一元系统 A_0 就是由 m 个子系统 $A_1,A_2,\cdots,A_m$ 组成的复合系统。m 个子系统 $A_1,A_2,\cdots,A_m$ 的能量分别为 $E_1,E_2,\cdots,E_m$,(15-9)式 $C_E=E_1+E_2+\cdots+E_k$ 的能量守恒与转化规律就是(15-12)式 $\Delta E=\Delta E_1+\Delta E_2+\cdots+\Delta E_k=0$。$m$ 个子系统的能量可以是同样形式,也可以是部分相同的形式,还可以是 m 种不同的形式。

如果一元系统内部的 m 个子系统是物体,就是天体力学和一般力学所涉猎的 m 体问题或"多体问题"。多体问题是一个十分复杂的理论问题,也是一种特殊的质点系统动力学,它研究 m 个质点相互之间在万有引力作用下的运动规律,对其中每个质点的质量和初始位置、初始速度都不加任何限制。当 $m=3$ 时,即成为三体问题。

对于 $m>3$ 的多体问题,无法求出分析解。但是,当 m 个子系统 $A_1,A_2,\cdots,A_m$ 各自的能量都表现为准平衡态变化时,就可通过能量 E 的显性因子 θ 来表现,把 $E=F\theta$ 代入(15-12)式 $\Delta E=\Delta E_1+\Delta E_2+\cdots+\Delta E_k=0$ 可得到

$$\Delta(F_1\theta_1)+\Delta(F_2\theta_2)+\cdots+\Delta(F_m\theta_m)=0 \tag{15-93}$$

如果 m 个子系统 $A_1,A_2,\cdots,A_m$ 在相互作用中 F 不变,只有能量 E 的显性因子 θ 表现出变化量 $\Delta\theta$,则上式可以写为

$$F_1\Delta(\theta_1)+F_2\Delta(\theta_2)+\cdots+F_m\Delta(\theta_m)=0 \tag{15-94}$$

如果 m 个子系统的 $F=F_1=F_2=\cdots=F_m$,上式还可以写成

$$\Delta(\theta_1)+\Delta(\theta_2)+\cdots+\Delta(\theta_m)=0 \tag{15-95}$$

$$\theta_1+\theta_2+\cdots+\theta_m=C \tag{15-96}$$

在这样的前提下,在一维二仪质向量坐标系 $\vec{X}$ 内部的 m 维分质向量空间中,就可以得到能量 E 的显性因子 θ 的守恒与转化规律,此即表明一元系统内部一切显性因子的总和保持为恒量。例如,动量守恒定律的表达式(15-42)式 $m_1u_1+m_2u_2+\cdots+m_ku_k=C$ 和动量矩守恒定律的表达式(15-47)式 $J_1\omega_1+J_2\omega_2+\cdots+J_k\omega_k=C$。

当 m 个子系统 $A_1, A_2, \cdots, A_m$ 各自的能量变化表现为不同失衡态的变化,并可以通过能量 E 的显性因子 θ 来表现时,就要把相应失衡态的表达式代入(15-12)式 $\Delta E = \Delta E_1 + \Delta E_2 + \cdots + \Delta E_k = 0$,这样,任何一个一元系统都可以把其总能量 E 分成 m 个子系统所具有的 m 种不同形式的能量 $E_1, E_2, \cdots, E_m$ 的情形,而且子系统的数量 m 可以趋于无穷。

下面讨论 m 个子系统能量及其显性因子 θ 增减变化时多体问题的情况,仅列举若干比较经典的定律来进行演绎。

(一)基尔霍夫定律和欧姆定律

在电学中,当能量 E 的显性因子 θ 的变化量 $\Delta\theta$ 为电量 ΔQ,即 $\Delta\theta = \Delta Q$ 时,由(15-96)式所得到的就是电荷守恒定律的表达式

$$Q_1 + Q_2 + \cdots + Q_m = Q^0 = C \tag{15-97}$$

又如,当一元系统是出 m 个电路组成,能量 E 的显性因子 θ 的变化量 $\Delta\theta$ 为电流量 ΔI,即 $\Delta\theta = \Delta I$ 时,由(15-96)式 $\theta_1 + \theta_2 + \cdots + \theta_m = C$ 得到的就是电流量守恒定律的表达式

$$I = I_1 + I_2 + \cdots + I_m = C \tag{15-98}$$

如果电路中有 k 个节点,则

$$I_1 + I_2 + \cdots + I_k = I' + I'' + \cdots + I^{(k)} \tag{15-99}$$

此式表明,在闭合电路中流入节点的电流总和等于由节点流出的电流总和。如果规定流入节点的电流为负,由节点流出的电流为正,则回路中任意节点处电流的代数和等于零,此即德国物理学家基尔霍夫提出的基尔霍夫第一定律。

当电路中有 i 个电动势 Ξ,j 个电阻时,上式用积分式表示就是

$$\sum U = \sum_i \Xi = \sum_j IR = C \tag{15-100}$$

此式表明,回路中电动势的代数和等于各电阻上电压降的代数和,此即基尔霍夫第二定律。

在上式中如果 I 为稳恒电流,上式就可以写成 $I\sum R = \sum \varepsilon$,即

$$I = \frac{\sum \varepsilon}{\sum R} \tag{15-101}$$

此式表明,闭合电路中的电流等于电源的电动势与总电阻之比,此即德国物理学家欧姆提出的闭合电路的欧姆定律。

(二)安培环路定律

在电学中,如果一元系统的能量 E 的显性因子 θ 不仅表现电荷的特质 q,而且表现出速度 u 和磁场场强 B 及位移 l 的特质,即

$$E = quBl \tag{15-102}$$

代入(15-13)式 dE=0,就有

$$dE = d(quBl) = 0 \tag{15-103}$$

在 q、u 和 B 均不变的情况下,(15-103)式成为

$$dE = quB\,dl = Bl^2\,dI = 0 \tag{15-104}$$

如果环形闭合电路为孤立系统,整个环路的能量就是每个单元(子系统)的积分。如此,其积分式就是法国物理学家安培1826年总结出来的真空中电流元之间作用力的安培环路定律[9]

$$E = \oint_l \vec{B} \cdot \vec{dl} = \oint_l quB\,dl = \mu_0 I = \mu_0 \sum_{i=1}^n I_i \tag{15-105}$$

(三)电场的高斯定律

由统一科学得到力的一般定义为(6-387)式 $F_+ = \dfrac{dE_+}{d\theta_+}$,如果把能量 E 的显性因子 θ 乘之于电荷的电量 q,那么 $F_q = \dfrac{dE}{d\theta} = q\dfrac{dE}{dq}$ 就是电磁学中的电场力。因此,能量 E 关于电荷 q 的微商就称为电场强度

$$E_q = \frac{F_q}{q} = \frac{dE}{dq} \tag{15-106}$$

而电场力为

$$F_q = qE_q \tag{15-107}$$

如此,也就可以得到场强叠加原理:点电荷系的电场中某点的场强等于各个点电荷单独存在时该点的场强的向量和

$$\vec{E}_q = \vec{E}_{q_1} + \vec{E}_{q_2} + \cdots + \vec{E}_{q_k} \tag{15-108}$$

当各点的电场强弱不同时,各点的场强大小也是不同的。电场中某点场强 E_q 的大小可以通过电场中某点上垂直于场强 E_q 的单位面积的电力线数来表示,即

$$E_q = \frac{dN}{dS} \tag{15-109}$$

式中,dS 为面积元。

通过 dS 面的场强通量为

$$d\Phi_e = E_q\,dS\cos\varphi \tag{15-110}$$

通过整个 S 面的场强通量为

$$\Phi_e = \int_S d\Phi_e = \int_S E_q \cos\varphi\,dS \tag{15-111}$$

如果曲面 S 是封闭曲面,则

$$\Phi_e = \oint_S \vec{E}_q \cdot \vec{dS} = \oint_S E_q \cos\varphi\,dS \tag{15-112}$$

电场线开始于正电荷,终止于负电荷。计算穿过某给定封闭曲面的电场线数量(即电通量),可以得知包含在这封闭曲面内的总电荷。因此,德国数学家、物理学家高斯发现了电场高斯定理:通过任一封闭曲面的电场强度通量,等于该面所包围的所有电荷的代数和除以 ε_0,即

$$\Phi_e = \oint_S \vec{E}_q \cdot d\vec{S} = \frac{q}{\varepsilon_0} = \frac{1}{\varepsilon_0} \sum_{i=1}^k q_i \tag{15-113}$$

式中,ε_0 为真空的介电常数。

在均匀各向同性介质中,电磁场量与介质特性量的关系为电位移矢量 $\vec{D} = \varepsilon \vec{E}$,而 $\varepsilon = \varepsilon_0 \varepsilon_r$,$\varepsilon_r$ 为相对介电常数。由(15-113)式还可以得到一般情况下的高斯定理为:通过任一封闭曲面的电通量等于该面所包围的自由电荷的代数和,即

$$\oint_S \vec{D} \cdot d\vec{S} = Q_0 = \sum_{i=1}^k (Q_0)_i \tag{15-114}$$

电场高斯定律描述了电场与空间中电荷分布的关系,将自由电荷和束缚电荷的总和确定为高斯定律所需要的总电荷。在一般情况下,电场可以是自由电荷的电场,也可以是变化磁场激发的感应电场,而感应电场是涡旋场,它的电位移线是闭合的,对封闭曲面的通量无贡献。任何闭合曲面的电位移通量只与该闭合曲面内的自由电荷有关,反映了变化的磁场所产生的电场总是涡旋状的。

(四)磁场的高斯定律

在电磁学中,如果把一电荷的电量为 q、速度为 u 的正电荷射出,由力的一般定义式 $F = \dfrac{dE}{d\theta}$,将能量 E 的显性因子乘之于运动电荷的电量 q 和速度 u,可得电磁学中运动电荷所受的磁力

$$F_{qu} = \frac{dE}{d\theta} = qu \, \frac{dE}{d(qu)} \tag{15-115}$$

在此,能量 E 关于运动电荷 qu 的微商就称为磁场强度或磁感强度,即

$$B = \frac{F_{qu}}{qu} = \frac{dE}{d(qu)} \tag{15-116}$$

(15-116)式中磁感强度 B 和磁场力 F_{qu} 都是向量。如果运动电荷 qu 沿着垂直于 B 的方向运动,这时所受的磁力最大,因此可以用最大的磁力 F_{qu} 的大小来定义磁感强度 B 的大小,即

$$B = \frac{F_{qu}}{qu} \tag{15-117}$$

如果有侧向的力作用在这个运动电荷上,则磁场力为洛伦兹力,即

$$\vec{F} = q\vec{u} \times \vec{B} \tag{15-118}$$

按照向量外积的法则,这个磁偏转力 $\vec{F}$ 的大小为

$$F = quB\sin\varphi \qquad (15\text{-}119)$$

式中，φ 为 $\vec{u}$ 与 $\vec{B}$ 之间的夹角。

在磁场中，当各点的磁场强弱不同时，各点的磁感强度的大小也是不同的。磁场中某点磁感强度 $\vec{B}$ 的大小可以通过磁场中某点上垂直于磁感强度 $\vec{B}$ 的单位面积的磁力线数目（磁力线密度）来表示，即

$$B = \frac{\mathrm{d}N}{\mathrm{d}S} \qquad (15\text{-}120)$$

式中，$\mathrm{d}S$ 为面积元。

通过磁场中某一曲面的磁力线叫作通过此曲面的磁通量，用 Φ_m 表示。通过 $\mathrm{d}S$ 面的磁通量为

$$\mathrm{d}\Phi_m = B\,\mathrm{d}S\cos\varphi \qquad (15\text{-}121)$$

通过整个 S 面的磁通量为

$$\Phi_m = \oint_S \vec{B} \cdot \mathrm{d}\vec{S} = \oint_S B\cos\varphi\,\mathrm{d}S \qquad (15\text{-}122)$$

如果曲面 S 是封闭曲面，则

$$\oint_S \vec{B} \cdot \mathrm{d}\vec{S} = \oint_S B\cos\varphi\,\mathrm{d}S = 0 \qquad (15\text{-}123)$$

磁场线没有初始点，也没有终止点。磁场线会形成循环或延伸至无穷远。换句话说，进入任何区域的磁场线，必须从那区域离开。没有孤立磁荷，通过任意封闭曲面的磁通量等于零，或者，磁场是一个无源场。所以，磁场中的高斯定理为：通过任一封闭曲面的磁通量必等于零。

磁场中的高斯定律是表述磁单极子实际上并不存在的严格形式，这一定律描述了磁场的性质。任何形式产生的磁场都是涡旋场，磁力线都是闭合的。磁场可以由传导电流激发，也可以由变化电场的位移电流所激发，它们的磁场都是涡旋场，磁感应线都是闭合线，对封闭曲面的通量无贡献。磁场的散度为零，说明磁场是无源场。

（五）法拉第电磁感应定律

磁场的高斯定律是以"场"而不是以"力"作为研究对象的，它通过一定面积的磁通量来描述磁场的性质。但是，如果磁感应强度通量 Φ_m 处在变化之中，则可以将磁通量的变化率表达为感生电动势

$$\zeta = -\frac{\mathrm{d}\Phi_m}{\mathrm{d}t} \qquad (15\text{-}124)$$

如果有一电荷 q 做圆周运动，则其电动势就是

$$\zeta = \int_l \vec{E}_q \cdot \mathrm{d}\vec{l} \qquad (15\text{-}125)$$

将上两式联系起来，就得到法拉第电磁感应定律

$$\int_l \vec{E}_q \cdot \vec{dl} = -\frac{d\Phi_m}{dt} \tag{15-126}$$

法拉第电磁感应定律描述了时变磁场怎样感应出电场,描述了传导电流和变化的电场激发磁场的规律。变化的磁场产生涡旋电场,即电场的旋度;或者说,变化的磁场总与电场相伴。

(六)麦克斯韦—安培定律

在电磁学里,安培环路定律为(15-105)式 $E = \oint_l \vec{B} \cdot \vec{dl} = \mu_0 I$。但是,在一般情况下,不仅要用电流来建立磁场,而且要用变化的电场来建立磁场。为此,麦克斯韦为真空中的安培环路定律加了修正项,推广为

$$E = \oint_l \vec{B} \cdot \vec{dl} = \mu_0 \varepsilon_0 \frac{d\Phi_E}{dt} + \mu_0 I \tag{15-127}$$

上式称为麦克斯韦—安培定律。这一定律阐明了全电流与磁场的关系,说明磁场可以用两种方法生成:一种是靠传导电流(原本的安培定律),另一种是靠时变电场,或称位移电流(麦克斯韦修正项)。麦克斯韦—安培定律描述了变化的磁场激发电场的规律,揭示了变化的电场产生涡旋磁场,即磁场的旋度;或者说,变化的电场总与磁场相伴。

将自由电流、束缚电流和电极化电流总合为总电流,麦克斯韦—安培定律就是全电流定律。麦克斯韦修正项意味着时变电场(位移电流)可以生成涡旋磁场,而由于法拉第电磁感应定律,时变磁场又可以生成涡旋电场。这样,两个方程在理论上允许自我维持的电磁波传播于空间。可见,变化的电场和变化的磁场彼此不是孤立的,它们永远密切地联系在一起,相互激发,组成一个统一的电磁场的整体。

第三节 一元系统质向量守恒与转化规律

在一维二仪质向量坐标系 $\vec{X}$ 的空间中,均衡反向一元系统的质向量守恒与转化规律就是宇称守恒规律,在不同失衡态可以得到一元系统形态变化规律的各种特殊表达式,经过坐标轴平移或旋转,其内在关系并没有改变。在认识自然界四种基本相互作用力的基础上,可以对其内涵进行分析,进而可以评判物理学追求统一科学的第二进路的前途。

一、一元系统的宇称守恒规律

在一维二仪质向量坐标系 $\vec{X}$ 的 $(\vec{X})$ 空间的 $[\vec{a},\vec{b}]$ 区间中,一元系统正向变化的子

系统 A 和负向变化的子系统 B 构成反向可逆系统,其中有一个子系统处于吸收发射,另一个子系统处于自发发射,其对峙反向的形态变化可以表示为 $A \rightleftharpoons B$。如果 $\vec{a} \longrightarrow \vec{b}$ 代表吸收发射条件下正向子系统 A 的形态变化,$\Delta\vec{x}_+ = \vec{b} - \vec{a}$ 表现的就是从 $\vec{a}$ 点到 $\vec{b}$ 点变化历程的质向量变化状况。如果 $\vec{a} \longleftarrow \vec{b}$ 代表自发发射条件下负向子系统 B 的形态变化,$\Delta\vec{x}_- = \vec{a} - \vec{b}$ 表现的就是从 $\vec{b}$ 点到 $\vec{a}$ 点变化历程的质向量变化状况。

一维二仪质向量坐标系 $\vec{X}$ 上跨越坐标系原点 $\vec{0}$ 的特定区间可以表示为 $[a_-, b_+]$。反向可逆一元系统在 $a_- \longleftrightarrow b_+$ 反向对峙的形态变化过程中,其质向量变化情况是正向太极的质向量变化量 $\Delta\vec{x}_+ = \vec{b}_+ - \vec{a}_-$ 与负向太极的质向量变化量 $\Delta\vec{x}_- = \vec{a}_- - \vec{b}_+$ 两个质向量变化量的叠加,即(13-63)式 $\Delta\vec{x} = \Delta\vec{x}_+ + \Delta\vec{x}_-$。

正向太极的质向量变化量 $\Delta\vec{x}_+$ 与负向太极的质向量变化量 $\Delta\vec{x}_-$ 是方向相反且又共线的两个对立质向量,如果它们的模相等,那正向子系统的质向量变化量 $\Delta\vec{x}_+$ 与负向子系统的质向量变化量 $\Delta\vec{x}_-$ 就达到势均力敌、阴阳完全均衡的平衡态,即反向可逆一元系统的质向量变化量为 $\Delta\vec{x} = \vec{0}$,或 $\Delta\vec{x} = \Delta\vec{x}_+ + \Delta\vec{x}_- = \vec{0}$。反向可逆一元系统处在这样阴阳对立的均衡形态,就是处在一维二仪质向量坐标系 $\vec{X}$ 的原点 $\vec{0}$ 上,其正向子系统的形态变化 $\Delta\vec{x}_+$ 与负向子系统的形态变化 $\Delta\vec{x}_-$ 达到阴阳对等的均衡,这样的反向可逆一元系统成为均衡反向一元系统。均衡反向一元系统在特定的环境条件下,在反向可逆变化中达到了一种介稳形态。

在一维二仪质向量坐标系 $\vec{X}$ 的 $(\vec{X})$ 空间中,均衡反向一元系统的均衡态就是一元系统 A_0 的平衡态,可用一个常质向量 $\vec{a}$ 或一维二仪质向量坐标系 $\vec{X}$ 上的某一定点 $\vec{C}(\vec{x} = \vec{a})$ 表示。通过坐标平移变换,也可以使正向太极 $\vec{X}_+$ 或负向太极 $\vec{X}_-$ 上某一定点 $\vec{C}(\vec{x} = \vec{a})$ 变换为一维二仪质向量坐标系 $\vec{X}$ 的原点 $\vec{0}(\vec{x} = \vec{0})$。反之,通过坐标平移变换,也可以使一维二仪质向量坐标系 $\vec{X}$ 的原点 $\vec{0}$ 变换为正向太极 $\vec{X}_+$ 或负向太极 $\vec{X}_-$ 的某一定点 $\vec{C}(\vec{x} = \vec{a})$。对于一维二仪质向量坐标系 $\vec{X}$ 上的 $[\vec{a}, \vec{b}]$ 区间,$\Delta\vec{x} = \vec{b} - \vec{a}$ 为一常质向量。若 $[\vec{a}, \vec{b}]$ 跨越正向太极 $\vec{X}_+$ 和负向太极 $\vec{X}_-$ 的二仪区间,$[\vec{a}, \vec{b}]$ 可写成 $[a_-, b_+]$,常质向量 $\Delta\vec{x} = \vec{b}_+ - \vec{a}_-$ 也不会因为坐标系平移变换而改变。

在一维二仪质向量坐标系 $\vec{X}$ 的正向太极 $\vec{X}_+$ 和负向太极 $\vec{X}_-$ 中,任何一个一元系统 A_0 的内部都可以分成两个子系统 A_1 和 A_2,一元系统是包含两个子系统的反向可逆系统。在一维二仪质向量坐标系 $\vec{X}$ 的正向太极 $\vec{X}_+$ 上,子系统 A_1 的形态可用分质向量表示为 $\vec{x}_+$;在一维二仪质向量坐标系 $\vec{X}$ 的负向太极 $\vec{X}_-$ 上,子系统 A_2 的形态可用分质向量表示为 $\vec{x}_-$。

一维二仪质向量坐标系 $\vec{X}$ 的 $(\vec{X})$ 空间是由正向太极 $\vec{X}_+$ 和负向太极 $\vec{X}_-$ 共同构成的性质截然相反的反射对称的宇称空间,一维二仪质向量坐标系 $\vec{X}$ 中的原点 $\vec{0}$ 是正向太极 $\vec{X}_+$ 和负向太极 $\vec{X}_-$ 的变相点,一元系统处在一维二仪质向量坐标系 $\vec{X}$ 原点 $\vec{0}$ 上,就是处在特定的平衡态 $\vec{a}=\vec{0}$。当 $\vec{a}=\vec{0}$ 时，(15-3)式 $\vec{a}=\vec{x}_++\vec{x}_-$ 成为[10]

$$\vec{x}_+=-\vec{x}_- \tag{15-128}$$

式中，$x_+\in[0,\infty)$；$x_-\in[0,\infty)$。

显然，一维二仪质向量坐标系 $\vec{X}$ 的正向太极 $\vec{X}_+$ 和负向太极 $\vec{X}_-$ 本身就符合(15-128)式，即

$$\vec{X}_+=-\vec{X}_- \tag{15-129}$$

在一维二仪质向量坐标系 $\vec{X}$ 的 $(\vec{X})$ 空间中，均衡反向一元系统是在环境的相互作用下达到均衡，其内部的两个子系统 A_1 和 A_2 在反向可逆变化中也达到动态均衡。两个子系统 A_1 和 A_2 的动态均衡表示各子系统的形态可以处在变化中的某种失衡态，它们的质向量变化量是反向对称的，又是互补的。如果子系统 A_1 在一维二仪质向量坐标系 $\vec{X}$ 的正向太极 $\vec{X}_+$ 上的分质向量变化量为 $\Delta\vec{x}_+$，子系统 A_2 在一维二仪质向量坐标系 $\vec{X}$ 的负向太极 $\vec{X}_-$ 上的分质向量变化量为 $\Delta\vec{x}_-$，当正向子系统的形态变化 $\Delta\vec{x}_+$ 与负向子系统的形态变化 $\Delta\vec{x}_-$ 达到矛盾的均衡时，一元系统的质向量守恒与转化规律就是宇称守恒规律，即

$$\Delta\vec{x}_+=-\Delta\vec{x}_- \tag{15-130}$$

或

$$\Delta\vec{x}_++\Delta\vec{x}_-=\vec{0} \tag{15-131}$$

以一元系统在一维二仪质向量坐标系 $\vec{X}$ 的质向量守恒与转化规律一般表达式来认知特殊事物，人们必然莫衷一是。为此，必须在一维二仪质向量坐标系 $\vec{X}$ 内部的正向太极 $\vec{X}_+$ 和负向太极 $\vec{X}_-$ 上，打开其内部以 m 个分质向量 $\vec{X}_1,\vec{X}_2,\cdots,\vec{X}_m$ 作为坐标轴的坐标系空间。

在正向太极 $\vec{X}_+$ 内部的 $(\vec{X}_1,\vec{X}_2,\cdots,\vec{X}_m)m$ 维分质向量空间中，如果一元系统从平衡态 $\vec{a}(\vec{a}_1,\vec{a}_2,\cdots,\vec{a}_m)$ 进入失衡的不确定形态 $\vec{x}(\vec{x}_1,\vec{x}_2,\cdots,\vec{x}_m)$，从 $\vec{a}$ 点向 $\vec{x}$ 点的形态变化历程为 $\vec{a}\longrightarrow\vec{x}$，其分质向量变化量可以用 $\Delta\vec{x}=\vec{x}(\vec{x}_1,\vec{x}_2,\cdots,\vec{x}_m)-\vec{a}(\vec{a}_1,\vec{a}_2,\cdots,\vec{a}_m)$ 表示。当确定的平衡态 $\vec{a}$ 处在坐标系原点，即 $\vec{a}=\vec{0}$ 时，$[\vec{0},\vec{x}]$ 区间的分质向量变化量就是 $\Delta\vec{x}=\vec{x}(\vec{x}_1,\vec{x}_2,\cdots,\vec{x}_m)$。

在负向太极 $\vec{X}_-$ 内部的 $(\overleftarrow{X}_1,\overleftarrow{X}_2,\cdots,\overleftarrow{X}_m)m$ 维分质向量空间中，如果一元系统从平衡态 $\overleftarrow{a}(\overleftarrow{a}_1,\overleftarrow{a}_2,\cdots,\overleftarrow{a}_m)$ 进入失衡的不确定形态 $\overleftarrow{x}(\overleftarrow{x}_1,\overleftarrow{x}_2,\cdots,\overleftarrow{x}_m)$，从 $\overleftarrow{a}$ 点向 $\overleftarrow{x}$ 点的形态变化历程为 $\overleftarrow{a}\longrightarrow\overleftarrow{x}$，其分质向量变化量可以用 $\Delta\overleftarrow{x}=-\vec{x}(\vec{x}_1,\vec{x}_2,\cdots,\vec{x}_m)+\vec{a}(\vec{a}_1,\vec{a}_2,\cdots,\vec{a}_m)$ 来表示。当确定的平衡态 $\overleftarrow{a}$ 处在坐标系原点，即 $\overleftarrow{a}=\vec{0}$ 时，$[\vec{0},-\vec{x}]$ 区间的分质向量变化量就是 $\Delta\overleftarrow{x}=-\vec{x}(\vec{x}_1,\vec{x}_2,\cdots,\vec{x}_m)$。

一维二仪质向量坐标系 $\vec{X}$ 的原点 $\vec{0}$ 是一个特定的阴阳平衡点，也是其正向太极 $\vec{X}_+$ 与负向太极 $\vec{X}_-$ 的变相点。在一维二仪质向量坐标系 $\vec{X}$ 的原点 $\vec{0}$ 上，一元系统静

止般地存在着;但是在其正向太极 $\vec{X}_+$ 与负向太极 $\vec{X}_-$ 的 $[x_-,x_+]$ 二仪区间中,一元系统形态是围绕着变相点进行着反向可逆的阴阳变化,其经历的一阴一阳的 $x_- \longleftrightarrow x_+$ 两种形态变化也可以看作 $x_- \xrightarrow{0} x_+$ 三种形态的变化。因此,在一维二仪质向量坐标系 $\vec{X}$ 的正向太极 $\vec{X}_+$ 与负向太极 $\vec{X}_-$ 中,一元系统的几何表现就是在 $[x_-,x_+]$ 二仪区间内围绕变相点涨落与一维二仪质向量坐标系 $\vec{X}$ 重合的一段直线。

对一维二仪质向量坐标系 $\vec{X}$ 进行 $w=e^{i\frac{\pi}{2}}z=iz$ 的旋转变换,一维二仪质向量坐标系 $\vec{X}$ 就变成与之垂直的一维二仪质向量坐标系 $\vec{X}i$。一维二仪质向量坐标系 $\vec{X}$ 的正向太极 $\vec{X}_+$ 与负向太极 $\vec{X}_-$ 上的 $[x_-,x_+]$ 二仪区间也变成了 $[x_-i,x_+i]$ 的二仪虚区间。一元系统的形态变化在 $[x_-i,x_+i]$ 二仪虚区间的几何表示,是由重合于实数的一维二仪质向量坐标系 $\vec{X}$ 的一段直线变成垂直于虚数的一维二仪质向量坐标系 $\vec{X}i$ 的一段直线。显然,垂直于一维二仪质向量坐标轴 $\vec{X}$ 的直线要比重合于一维二仪质向量坐标轴 $\vec{X}$ 的直线更容易分辨和认知。

在一维二仪质向量坐标系 $\vec{X}i$ 的正向太极 $\vec{X}_+i$ 与负向太极 $\vec{X}_-i$ 中,如果一元系统的质向量变化量 $\Delta\vec{x}i=\Delta\vec{x}_+i+\Delta\vec{x}_-i$ 为正虚数向量,这是正向子系统的分质向量变化量 $\Delta\vec{x}_+i$ 大于负向子系统的分质向量变化量 $\Delta\vec{x}_-i$,一元系统的形态变化规律就是以吸收发射为主的生发规律。如果一元系统的质向量变化量 $\Delta\vec{x}i=\Delta\vec{x}_-i-\Delta\vec{x}_+i$ 为负虚数向量,这是负向变化过程的分质向量 $\Delta\vec{x}_-i$ 大于正向变化过程的分质向量 $\Delta\vec{x}_+i$,一元系统形态变化规律就是以自发发射为主的阻尼规律。如果一元系统的质向量变化量为零向量($\Delta\vec{x}i=\vec{x}_-i-\vec{x}_+i=\vec{0}$)时,这是正向变化过程的分质向量 $\Delta\vec{x}_+i$ 等于负向变化过程的分质向量 $\Delta\vec{x}_-i$,一元系统形态变化规律就是一元系统的正向子系统与负向子系统达到阴阳和谐的宇称守恒规律。

太极世界中的零质向量或常质向量所反映的是一元系统处在静止不变的平衡态,而二仪世界中的零质向量或常质向量反映的是两个反向子系统在动态变化中相互抵消使整个一元系统所达到的稳定均衡态。均衡反向一元系统是其内部由势均力敌的两个反向的子系统构成的一类特殊的孤立系统。均衡反向一元系统内部的两个子系统都是相对于对方开放的子系统且相互之间存在着联系和作用,只是在正向太极 $\vec{X}_+$ 与负向太极 $\vec{X}_-$ 进行反向可逆变化中,两个反向子系统的形态变化量相加为零,并且在一维二仪质向量坐标系 $\vec{X}$ 形成阴阳均衡的定点。

在一维二仪质向量坐标系 $\vec{X}i$ 的正向太极 $\vec{X}_+$ 上从 $\vec{a}_1$ 点向 $\vec{x}_1$ 点的形态变化历程表现的是 $\vec{a}_1 \longrightarrow \vec{x}_1$ 两点的质向量变化,可以用质向量变化量 $\Delta\vec{x}_1=\vec{x}_1-\vec{a}_1$ 表示。在一维二仪质向量坐标系 $\vec{X}$ 的负向太极 $\vec{X}_-$ 上从 $\vec{a}_2$ 点向 $\vec{x}_2$ 点的形态变化历程所表现的是 $\vec{a}_2 \longrightarrow \vec{x}_2$ 两点的质向量变化,可以用质向量变化量 $\Delta\vec{x}_2=\vec{x}_2-\vec{a}_2$ 表示。当 $\vec{a}_1=\vec{0}$ 时, $[\vec{0},\vec{x}_1]$ 区间的质向量变化量就是 $\Delta\vec{x}_1=\vec{x}_1$;当 $\vec{a}_2=\vec{0}$ 时, $[\vec{0},\vec{x}_2]$ 区间的质向量变化

量就是 $\Delta\vec{x}_2=\vec{x}_2$。当 $\vec{a}_1=\vec{0}$ 且 $\vec{a}_2=\vec{0}$ 时，$\Delta\vec{x}_1$ 就是正向太极 $\vec{X}_+$ 上的质向量变化量 $\Delta\vec{x}_+$，而 $\Delta\vec{x}_2$ 就是负向太极 $\vec{X}_-$ 上的质向量变化量 $\Delta\vec{x}_-$。不过，以(15-128)式 $\vec{x}_+=-\vec{x}_-$ 或(15-130)式 $\Delta\vec{x}_+=-\Delta\vec{x}_-$ 来表示均衡反向一元系统内部两个反向子系统的宇称守恒规律，人们还是只能获得宏观的笼统的模糊概念，而无法掌握两个反向子系统所蕴含的形态变化规律与形态分布规律。

为了揭示一元系统及其两个反向子系统的形态变化规律与形态分布规律，必须在一维二仪质向量坐标系 $\vec{X}$ 内部打开其 $(\vec{X}_1,\vec{X}_2,\cdots,\vec{X}_m)$ m 维分质向量空间，这样一元系统形态就不仅可以用一维质向量 $\vec{x}$ 表示，而且可以用 m 个分质向量 $\vec{x}_1,\vec{x}_2,\cdots,\vec{x}_m$ 表示，即 $\vec{x}(\vec{x}_1,\vec{x}_2,\cdots,\vec{x}_m)$。由此，只要确定 m 个分质向量之间的关系，就可以获得不同形式的一元系统异质形态变化规律与一元系统本质形态分布规律，就能够深入了解两个反向子系统存在的内在关系及其相互之间的转化关系。

二、一元系统的不同失衡态变化规律

要在一维二仪质向量坐标系 $\vec{X}$ 中揭示一元系统的形态变化规律，就要在一维二仪质向量坐标系 $\vec{X}$ 内部打开多维分质向量空间。例如，在一维二仪质向量坐标系 $\vec{X}$ 内部打开二维分质向量空间 $(\vec{P},\vec{S})$，一维质向量 $\vec{x}$ 就可以分解为两个分质向量，取 $\vec{x}_1=\vec{P}$，$\vec{x}_2=\vec{S}$，一元系统的形态就可以用 $\vec{x}(\vec{P},\vec{S})$ 来描述。在一维二仪质向量坐标系 $\vec{X}$ 中，一元系统在反向可逆变化中表现的形态变化规律，可以通过正向子系统 A_1 在吸收发射条件下的形态变化规律与负向子系统 A_2 在自发发射条件下的形态变化规律的反向叠加来获得。

一维二仪质向量坐标系 $\vec{X}$ 以一维正向单位质向量 $\vec{e}_+$ 为度量基准，一维正向单位质向量 $\vec{e}_+$ 表达的是在正向太极单元系统形态转化基元过程的质向量变化量。在 $(\vec{P}_+,\vec{S}_+)$ 二维分质向量空间的一元系统形态变化信息 P_+ 与其在 $(\vec{P},\vec{S})$ 二维分质向量空间的形态变化信息 P 的关系为 $P_+=P+\frac{1}{2}$。在一维二仪质向量坐标系 $\vec{X}$ 内部的 $(\vec{P},\vec{S})$ 二维分质向量空间中，省却了分质向量关于方向的规定，远离平衡态的一元系统形态变化规律(14-65)式 $P=-\frac{1}{2}\tanh\frac{S}{2}$ 反映了一元系统的正向子系统与负向子系统在远离平衡态的反向叠加结果。近平衡态的一元系统形态变化规律(14-69)式 $P=-\sinh S$ 反映了一元系统的正向子系统与负向子系统在近平衡态的反向叠加结果。准平衡态的一元系统形态变化规律(14-73)式 $P=-S$ 反映了一元系统的正向子系统与负向子系统在准平衡态反向叠加的结果。

在一维二仪质向量坐标 $\vec{X}i$ 中以单位质向量 $\vec{e}_{+i}$ 为基准，也可以在一维二仪质向量

坐标系 $\vec{X}i$ 中揭示单元系统形态转化基元过程的形态变化规律。在一维二仪质向量坐标系 $\vec{X}$ 内部打开($\vec{P}_\perp$,$\vec{S}_\perp$)二维分质向量空间,各个分质向量与各自的质变量坐标轴同向,可以用其分质变量坐标轴来表示。远离平衡态的一元系统形态变化规律(14-80)式 $P=-\frac{1}{2}\tan S$ 反映了一元系统的正向子系统与负向子系统在远离平衡态的反向叠加结果。近平衡态的一元系统形态变化规律(14-86)式 $P=-\sin S$ 反映了一元系统的正向子系统与负向子系统在近平衡态的反向叠加结果。准平衡态的一元系统形态变化规律(14-91)式 $P=-S$ 反映了一元系统的正向子系统与负向子系统在准平衡态的反向叠加结果。

同理,如果在一维二仪质向量坐标系 $\vec{X}$ 中以一维正向单位质向量 $\vec{e}_+$ 为度量基准,在一维二仪质向量坐标系 $\vec{X}$ 内部也可以打开总体单元数 $\vec{N}$、异质单元数 $\vec{n}$、能量 $\vec{E}$、能阈 $\vec{E}_{\neq}$ 和能元 $\vec{\varepsilon}$ 这五维分质向量坐标轴张开的 ($\vec{N}$,$\vec{n}$,$\vec{E}$,$\vec{E}_{\neq}$,$\vec{\varepsilon}$) 空间,一元系统在反向可逆变化中表现出的形态变化规律,就可以通过一个子系统在吸收发射条件下的形态变化规律与另一子系统在自发发射条件下的形态变化规律的反向叠加来获得。

如果在一维二仪质向量坐标系 $\vec{X}i$ 中以一维正向单位质向量 $\vec{e}i$ 为度量基准,在一维二仪质向量坐标系 $\vec{X}i$ 内部打开总体单元数 $\vec{N}$、异质单元数 $\vec{n}$、能量 $\vec{E}$、能阈 $\vec{E}_{\neq}$ 和能元 $\vec{\varepsilon}$ 这五维分质向量坐标轴张开的 ($\vec{N}_\perp$,$\vec{n}_\perp$,$\vec{E}_\perp$,$\vec{E}_{\perp\neq}$,$\vec{\varepsilon}_\perp$) 空间,一元系统在反向可逆变化中表现出的形态变化规律,也可以通过一个子系统在吸收发射条件下的形态变化规律与另一子系统在自发发射条件下的形态变化规律的反向叠加来获得。

在一维二仪质向量坐标系 $\vec{X}$ 的原点上,一元系统是包含一阴一阳的两种形态彼此对峙的 $x_- \longleftrightarrow x_+$ 反向可逆发射过程的孤立系统。由于一元系统内部子系统的吸收发射形态变化规律 $\Delta\vec{x}_+ = \vec{x}_+ - \vec{x}_-$ 与另一子系统的自发发射形态变化规律 $\Delta\vec{x}_- = \vec{x}_- - \vec{x}_+$ 达到了宇称守恒($\Delta\vec{x}_+ = -\Delta\vec{x}_-$),因此把两个子系统在不同发射条件下的形态变化规律代入等式两边,所得到的结果也就是一元系统及其两个反向子系统在反向可逆变化中表现出的形态变化规律。一元系统作为孤立系统,其整体形态必然是平衡态,在一维二仪质向量坐标系 $\vec{X}$ 的 ($\vec{X}$) 空间则只是一个定点。但是,均衡反向一元系统内部的两个反向子系统在一维二仪质向量坐标系 $\vec{X}$ 的正向太极 $\vec{X}_+$ 与负向太极 $\vec{X}_-$ 上依然可以表现出其形态变化规律。

因为在一维二仪质向量坐标系 $\vec{X}$ 内部可以打开低一级的 m 维分质向量空间 ($\vec{X}_1$,$\vec{X}_2$,…,$\vec{X}_m$),所以一元系统质向量守恒规律就可以用低一级分质向量空间不同形式的分质向量转化规律来代替。如果一维二仪质向量坐标系 $\vec{X}$ 内部的 m 维分质向量坐标轴 $\vec{X}_1$,$\vec{X}_2$,…,$\vec{X}_m$ 都代之以显性分质向量因子 $\vec{\theta}_1$,$\vec{\theta}_2$,…,$\vec{\theta}_m$,那么一元系统的质向量守恒规律还可以用低一级分质向量空间不同形式的显性质分向量因子转化规律来代替。但是,一维二仪质向量坐标系 $\vec{X}$ 内部的 m 个子系统可能存在这种现象:一个子系统的分质向量变化量 $\Delta\vec{x}_1$ 很强地依赖于显性分质向量因子 $\vec{\theta}_1$,却很弱地依赖于其他分质向量因子 $\vec{\theta}_2,\vec{\theta}_3,\cdots,\vec{\theta}_m$,另一子系统的分质向量变化量 $\Delta\vec{x}_2$ 决定于显性分质向量因子 $\vec{\theta}_2$ 而很弱地依赖于分质向量因子 $\vec{\theta}_1,\vec{\theta}_3,\cdots,\vec{\theta}_m$,余类推。例如,如果一元系统包括了一种理想气体和一个在气体中转动着的固体,那么忽略了物体在加热时的膨胀,就可以假设转动物体的能量不依赖于温度,而气体的内能决定于它的温度等。

在上述情况下,可以对子系统进行理想化,即假设 $\Delta\vec{x}_1$ 只是 $\vec{\theta}_1$ 的函数,$\Delta\vec{x}_1 = f(\vec{\theta}_1)$,$\Delta\vec{x}_2$ 只是 $\vec{\theta}_2$ 的函数,$\Delta\vec{x}_2 = f(\vec{\theta}_2)$,余类推,这样,在省却分质向量关于方向的规定时,(15-4)式 $\Delta\vec{x}_1 + \Delta\vec{x}_2 + \cdots + \Delta\vec{x}_m = 0$ 成为

$$\Delta x_1 + \Delta x_2 + \cdots + \Delta x_m = f(\theta_1) + f(\theta_2) + \cdots + f(\theta_m) = 0 \quad (15\text{-}132)$$

即一元系统总的质变量可以在令人满意的近似下写成不同子系统显性因子函数的总和的形式。

在 m 个分质向量作为坐标轴所建立的 m 维分质向量坐标系中,一元系统内部第 i 个子系统的分质向量 $\vec{x}_i$ 变化量 $\Delta\vec{x}_i$ 作为显性分向量因子 $\vec{\theta}_i$ 的函数,即 $\Delta\vec{x}_i = f(\vec{\theta}_i)$,其函数形式是由该子系统失衡状况决定的。在平衡态附近,在显性分向量因子 $\vec{\theta}_i \to 0$ 和省却分质向量关于方向规定的条件下,x_i 可按泰勒级数展开为(6-396)式 $x_i = x_i^0 + \left(\frac{\partial x_i}{\partial \theta_j}\right)_0 \theta_j + \left(\frac{\partial^2 x_i}{\partial \theta_j^2}\right)_0 \theta_j^2 + \cdots$。在准平衡态,(6-396)式成为(6-397)式 $x_i = x_i^0 + \left(\frac{\partial x_i}{\partial \theta_j}\right)_0 \theta_j = x_i^0 + F\theta_j$,其分质变量 x_i 变化量则是(6-398)式 $\Delta x_i = F\theta_j$。在次准平衡态,(6-396)式成为(6-399)式 $x_i = x_i^0 + \left(\frac{\partial x_i}{\partial \theta_j}\right)_0 \theta_j + \left(\frac{\partial^2 x_i}{\partial \theta_j^2}\right)_0 \theta_j^2 = x_i^0 + F\theta_j + G\theta_j^2$,其分质变量 x_i 的变化量则是(6-401)式 $x_i^2 = \Delta x_i^2 = x_i - x_i^0 - x_i^1 = G\theta_j^2$。可见,泰勒级数展开式在准平衡态和次准平衡态可以用前面若干项来表示,但是在近平衡态和远离平衡态,由泰勒级数展开式得到的"拖泥带水"的函数形式就相当复杂。

如果一元系统内部第 i 个子系统的分质变量变化量 Δx_i 可作为显性因子 θ_i 的函数 $\Delta x_i = f(\theta_i)$,则只要把各个子系统的分质变量变化量 Δx_i 的 θ_i 函数 $\Delta x_i = f(\theta_i)$ 依其失衡表达式代入(15-12)式 $\Delta E = \Delta E_1 + \Delta E_2 + \cdots + \Delta E_k = 0$ 中,就可得到一元系统内部各个子系统的函数关系。m 个子系统在远离平衡态、近平衡态、准平衡态存在的形态变化规律是固有的,人们出于认知方便所进行的平移、旋转等各种变换只能改变其形态变化规律的表现形式,而没有改变其形态量的内在关系。但是,通过万能的显性因子 θ 可以演绎出具体事物特殊而又实在的函数关系。

例如,在一维二仪质向量坐标系 $\vec{X}$ 内部的 $(\vec{N},\vec{n},\vec{E},\vec{E}_{\neq},\vec{\epsilon})$ 五维分质向量空间中,如果一元系统处在平衡态,则这一系综的总体单元数为确定的常分质向量 $(\vec{N} = \vec{C}_N)$,在省却了分质向量关于方向的规定时,由 N 个性质相同的单元构成全同单元系统,其中每一个同质单元的显性因子 θ_ϵ 以其特质 m_ϵ^0 来表现,因而称为质元。考虑在平衡态中本质单元各向同性,由(4-5)式 $\vec{a} = \vec{a}_1 + \vec{a}_2 + \cdots + \vec{a}_m$ 可以得到系综的静质量 M^0 为

N 个全同单元静质量 m_ε^0 的总和,即 $M^0 = Nm_\varepsilon^0 = C_N m_\varepsilon^0$。所以,$N$ 个总体单元数在平衡态共同拥有的静质量总量 M^0 就是质元 m_ε^0 的 N 倍,系综的静质量 M^0 就是 N 个全同质元 m_ε^0 的数量总和,因此系综的质量守恒。

在一维二仪质向量坐标系 $\vec{X}$ 内部的 $(\vec{N}, \vec{n}, \vec{E}, \vec{E}_{\neq}, \vec{\varepsilon})$ 五维分质向量空间中,在准平衡态时,某一子系统 n 个单元共同具有某一方面特殊的异质性能 ε_j,可以通过其单元显性因子 θ_ε 来表现,则这一子系统所拥有的能量就是(6-392)式 $E_+ = n_+ \varepsilon_+ = n_+(F_\varepsilon \theta_\varepsilon) = F_\varepsilon \theta_+$。(6-389)式 $\theta_+ = \dfrac{\mathrm{d}\theta_+}{\mathrm{d}n_+} n_+ = \theta_\varepsilon n_+$ 进一步表明,n 个单元共同显现的因子 θ 也是拥有 θ_ε 这一特征规定性的单元的数量加和。显性因子 θ 包含了异质单元数 n,这个自然数反映了一元系统中的异质单元数 n 是一个个变化的,而一元系统显性因子 θ 也表现为单元显性因子 θ_ε 的整数倍。只要在(6-389)式 $\theta_+ = \theta_\varepsilon n_+$ 中赋予单元显性因子 θ_ε 一定的规定性,就可以演绎出不同事物的特殊性或显性因子的守恒与转化规律。

三、四种基本相互作用力的内涵分析

在科学领域中,能量守恒与转化规律的地位无与伦比,但是人们无法用更一般的理论来推导能量守恒规律的由来,也就难以用能量守恒与转化规律来演绎。为此,德国生物物理学家亥姆霍兹转而探索力的守恒原理,试图找到一个解析式来表达力、热、电、化学等各种运动间的统一性,并在 1847 年宣称一切科学都可以归结到力学。基于物理学中最初是从对力学运动规律的研究发展起来的事实,物理学被认为是一门解释物质及作用于其间的力从而理解自然现象的科学。爱因斯坦也认为物理学是以发明质量、力和惯性系而开端的。因此,今天的物理学仍然大体上沿袭着牛顿所开创的研究途径来寻找统一的力或统一的相互作用,几乎所有基本的物理理论都可以称作某种力学。

确实,当人们思考宇宙的时候,必然想知道物质世界是由什么构成的,又是什么力量把不同的物质维系形成从微小的基本粒子到巨大星系的宇宙。自然界所有的物质之间都存在相互作用,相互作用都可以用力来描述。物质间的相互作用力是看不见的,而物质的存在又是靠相互作用力来维系的。在近代物理中,关于力的定义就是物体对物体的作用,力是使物体运动状态发生变化的东西,是改变物体运动状态的外因。两物体间通过不同的形式发生相互作用而产生的力,称为作用力。作用力都是成对出现的,有力就有施力物质和受力物质;一对相互作用力是同时产生和同时消失的。因此,探究自然界物质间统一的基本相互作用力,就成为物理学追求科学统一的第二条进路。

在一维二仪质向量坐标系 $\vec{X}$ 的 $(\vec{X})$ 空间中,一元系统 A_0 可以分成两个子系统 A_1 和 A_2。处于平衡态的一元系统 A_0 具有确定的能量 $E = C_E$,两个子系统 A_1 和 A_2 的能量可表达为 E_1 和 E_2。(15-48)式 $C_E = E_1 + E_2$ 就是一元系统及其两个子系统的能量守恒与转化规律,对其取某一显性因子 θ 的微商,就可以得到一元系统及其子系统的

作用力表达式

$$\frac{dC_E}{d\theta} = \frac{d}{d\theta}E_1 + \frac{d}{d\theta}E_2 = F_1 + F_2 = 0 \tag{15-133}$$

显然,上式就是在一维二仪质向量坐标系 $\vec{X}$ 内部反射对称二仪空间中的(15-60)式 $F_1 = -F_2$。两个子系统的相互作用力大小相等、方向相反,作用在两个不同的子系统上,且作用在同一直线上。但是,对于不同特定形式的能量 E,其表达形式还是不同的。如果一元系统内部的两个子系统是相互关联的物体,两个物体的相互作用就是经典力学里的"二体问题"。人们经过一百多年对"二体问题"的探索和概括,把宇宙中决定不同物质结构和变化过程的物质间的相互作用力分成四种基本类型,即引力、电磁力、弱核力和强核力。

(一)四种基本相互作用力

1. 引 力

17 世纪初,开普勒认为研究两个物体因彼此相互作用而产生的运动是个很重要的天文问题,由此提出了"天体运动三大定律",而最终又促使牛顿通过严格的演绎发现,自然界的任何物体之间都有相互吸引力,力的大小与各个物体的质量成正比例,与它们之间的距离的平方成反比,此即万有引力定律。如果用 m_1、m_2 表示两个物体(或质点)的质量,r 表示它们间的距离,负号表示引力的表现作用只有吸引,那么物体间相互吸引力为(15-64)式 $F = -G\dfrac{m_1 m_2}{r^2}$,$G$ 称为万有引力常数。

自然界中的任何物体都有质量,引力是任意两个物体间与其质量乘积相关的吸引力,是指具有质量的物体之间加速靠近的趋势引力。按照作用距离的长短不同,引力是一种长程有效作用力,其作用距离为无限远。一般物体的质量 m_1 和 m_2 都很小,两个物体之间的引力是很小的,但是在超距上仍然具有吸引力的作用。

如果两个物体的质量 m_1 和 m_2 都很大,像天体的质量都极其巨大,两个天体的质量乘积就更大,巨大的引力就能使庞然大物绕太阳转动,引力就成了支配天体运动的唯一的力,因而引力是天体有序地形成和演化的决定因素。

如果两个物体的质量 m_1 和 m_2 都很小,像微观粒子的质量极小,两个微观粒子之间的引力就极其微弱。在原子尺度上,引力是由于两个粒子交换"引力子"导致的。在微观世界,引力相互作用的强度特别小,因此研究粒子间的作用或粒子运动时,引力一般略去不计。

2. 电磁力

当人们的研究进入原子尺度(0.1 nm)时发现,所有的物质都是由不同的原子构成的,而原子是由不同的原子核与电子构成的,带负电的电子与带正电的原子核(由质子与中子构成)经由电磁作用紧密地结合在一起。一切带电的物质或具有磁矩的物质之间都会发生电磁相互作用力。1785年,法国物理学家库仑发现,电磁相互作用力作用于电子等所有带电荷的粒子之间,其物理特性是正负电荷的对偶存在形成两极和磁性,表现为同性相斥与异性相吸。电磁力随距离减小的规律与万有引力相似。当两个荷电的子系统 A_1 和 A_2 相互作用时,位移相等 $r=r_1=r_2$,方向相反,在同一条线上共同表现出的静电相互作用力是(15-67)式 $F_Q = -K_Q \dfrac{Q_1 Q_2}{r^2}$;而两个荷磁的子系统同处在同一条线上共同表现出的磁的库仑作用力为(15-70)式 $F_\mu = -K_\mu \dfrac{\mu_1 \mu_2}{r^2}$。

物质的电荷反映物质感受电磁作用的能力,同时是电场的源。在真空中,点电荷之间的力为 $F_Q = -K_Q \dfrac{Q_1 Q_2}{r^2}$,因而场强

$$E' = K_Q \frac{Q_1}{r^2} \tag{15-134}$$

而在介电常数 ε 的介质中,场强为

$$E' = K_Q \frac{Q_1}{\varepsilon r^2} \tag{15-135}$$

除了带电荷的物质之外,变化的电磁场本身就是电磁场的一种源,即"动电产生磁场"或"动磁产生电场"。电场和磁场是电磁场这个统一体的两个侧面。电子、质子、中子等粒子只要带有磁矩,就能够产生磁场,就要用量子化的电磁场来描述,而场力是即使不接触也会发生的力。所以,电磁相互作用力是伴生的电力与磁力的加和,即

$$\begin{aligned} F_{电磁} &= F_Q + F_\mu \mathrm{i} \\ &= -K_Q \frac{Q_1 Q_2}{r^2} - K_\mu \frac{\mu_1 \mu_2}{r^2} \mathrm{i} \end{aligned} \tag{15-136}$$

电磁相互作用是一种相当强的作用力,在宇宙的四个基本作用力中居于第二位。电磁力由光子传递,这也是一种长程力,其作用范围远大于单一原子的边界,可在宏观尺度的距离中起作用而表现为宏观现象。不过,电磁力影响的力程却不是无限远,只作用于原子或者分子范围内。此外,几乎在任何地方,正电荷与负电荷都相互平衡。

3. 弱核力

1896年,法国物理学家贝克勒尔在 β 衰变中发现了弱相互作用力。在微观世界中,粒子间的相互作用是通过碰撞实现的。大部分粒子在一段时间后都会通过弱相互作用引起原子核的放射性衰变,称为 β 衰变。β 衰变是由 W 玻色子的作用引起的。当中子与电子中微子发生碰撞后,中子改变方向,并释放 W 玻色子后变成质子。同样,电子和中微子也改变方向,吸收该 W 玻色子的中微子变为电子。因为传递弱力的 W 玻色子具有正或负的电荷,所以引起了这种反应。[11] 在"中子→质子""中微子→电子"这两个过程中,粒子的电荷都发生了变化。在碰撞中,寿命在 10^{-10} s 以上的不稳定粒子

在衰变过程中发生了弱相互作用,这种力就是弱相互作用力,简称弱力。弱核力左右了部分放射性物质的衰变形态,是造成 β 衰变一类的衰变的力。

弱力是自然界四个基本作用力中第二弱的力,其强度比电磁力及强力弱好几个数量级,而比引力强得多。弱力由有质量的希格斯粒子来传递。电和磁的长程作用是宏观的大尺度现象,弱力处于微观的亚原子尺度,作用距离很短(比强力更短),表现出短程力的特点。由于弱相互作用是由 W 玻色子及 Z 玻色子的交换(即发射及吸收)所引起的,它是一种非接触力,而 Z 玻色子及 W 玻色子又比质子或中子重得多,所以弱相互作用的作用距离非常短。但是,弱相互作用改变了原子核中质子的数量,而这又依次改变了该原子核所属的原子的化学性质。

4. 强核力

原子由带负电的电子、带正电的质子和中性的中子3个基本成分组成。质子和中子位于原子核内,而电子以相当大的半径围绕原子核旋转并由此给出原子的大小,而最终给出物质的形状。为了解释原子核中的质子没有因电磁力互相排斥而聚集在一起,科学家认为在原子核内存在着连接质子和中子等核子的强相互作用力,简称强力。

参与强相互作用的粒子(如质子、中子、π 介子、奇异粒子和一系列共振态的粒子等)统称为强子,强子是由夸克构成的。强力是夸克之间的相互作用力,由胶子传递,它把原子内的中子和带正电荷的质子束缚在一个原子核内,并将原子核中的质子和中子中的夸克束缚在一起。[12] 原子核内起维系作用的核子间的核力就是强力,它抵抗了质子间的电磁力产生的强大排斥力,把强子紧紧黏合为原子核。强力是目前所知四种宇宙间基本作用力中最强的作用力。

强力不像引力和电磁力那样是长程力而是短程力,它作用的力程比弱相互作用的力程长,约等于原子核中核子间的距离。强力的表现形式也不同,在有效距离内,距离越大力越大;在远距离时,强力为零;当原子核之间的距离小于 2×10^{-15} m 时,强力开始生效,表现为一股巨大的斥力;但是当两者进一步接近时,达到 0.8×10^{-15} m 后,强力就会转化为吸引力,这种吸引力可以将原子核内部的各个结构牢牢结合在一起。

综上所述,四种基本相互作用的作用强度、作用范围、传递子、显性因子和作用粒子是不同的。四种基本相互作用的属性见表 15-1。

表 15-1 四种基本相互作用的属性

	电磁力	引力	弱力	强力
强度	1/137	10^{-39}	10^{-13}	1
范围(m)			$<10^{-17}$	$<10^{-15}$
传递子	光子	引力子	W^+、W^-、Z^0	胶子
荷(显性因子)	电荷	质量	弱荷	色荷
作用粒子	强子、轻子、光子	所有粒子	强子、轻子	强子

(二) 四种基本相互作用力的内涵分析

1. 关于引力相互作用力的分析

在现代物理学中,万有引力定律是自然科学中最受公认的理论之一,可至今没有人给出关于万有引力的物理机制的正确说明。其实,统一科学在讨论两种显性因子形式的能量守恒规律时,引力的实质作为一元系统转化基元规律的特殊演绎结果是可以自然得到的。

在一维二仪质向量坐标系 $\vec{X}$ 中,一元系统在准平衡态其能量 E 的显性因子 $\theta_j \to 0$,(6-398)式 $x_i = x_i^0 + F\theta_j + G\theta_j^2 + \cdots$ 中包含 θ_j 的一次项及其以上的高次项对于系统质变量 x_i 的贡献极小,可以忽略不计。在次准平衡态,一元系统的能量 E 的显性因子 θ_j 相应有所增大,在 (6-398) 式的级数展开式中所含 θ_j 的二次项对于一元系统质变量 x_i 的贡献不可忽略,而 θ_j 的二次项以上的高次项对于一元系统质变量 x_i 的贡献还是可以忽略的。在 (6-398) 式中,$x_i^1 = \left(\dfrac{\partial x_i}{\partial \theta_j}\right)_0 \theta_j = F\theta_j$ 代表着第 i 子系统的单元在准平衡态下的平行作用。当显性因子 θ 为距离 r 时,一个子系统在准平衡态下的质能与位能转化规律为 $F_1 = \dfrac{g_1 m_1}{r_1}$,另一个子系统在准平衡态下的质能与位能转化规律为 $F_2 = \dfrac{g_2 m_2}{r_2}$,两个子系统同处在准平衡态下的相互作用力就是万有引力 (15-64) 式 $F = F_1 F_2 = -G\dfrac{m_1 m_2}{r^2}$。

在准平衡态下,子系统的能量是子系统内的单元的平行作用能,因而尽管平行作用能的因子力的强度在子系统间的相互作用中表现是微弱的,但是长程的,发生作用的距离可以延伸到非常远的距离。引力作用是由引力子所传递的最弱的力,但在宇宙的远距离、大质量尺度上是强有力的一种力,支配着宇宙的形成和演化。

2. 关于电磁相互作用力的分析

在本章第二节"二仪世界的能量守恒与转化规律"中已经指出,若一元系统的两个子系统 A_1 和 A_2 在准平衡态下都共同表现出显性因子位移 r 和电荷量 Q 这两种形式的变化,即 $F_1 = \dfrac{k_1 Q_1}{r_1}$ 和 $F_2 = \dfrac{k_2 Q_2}{r_2}$,所得到两个子系统在准平衡态下的相互作用力就是电磁库仑作用力 (15-67) 式 $F_Q = -K_Q \dfrac{Q_1 Q_2}{r^2}$。若一元系统的两个子系统 A_1 和 A_2 在准平衡态下都共同表现出显性因子位移 r 和磁荷量 μ 这两种形式的变化,即 $F_1 = \dfrac{k_{\mu_1} \mu_1}{r_1}$ 和 $F_2 = \dfrac{k_{\mu_2} \mu_2}{r_2}$,所得到两个子系统在准平衡态下的相互作用力就是磁的库仑作用力(15-70)式 $F_\mu = -K_\mu \dfrac{\mu_1 \mu_2}{r^2}$。

在准平衡态下,子系统内的单元的平行作用使得电磁的库仑力和万有引力具有形式统一的表达式。但是,万有引力在准平衡态下子系统的能量是子系统内的单元的平行作用能的加和,而电磁相互作用是通过电磁场进行的,电磁场是具有无穷多自由度的对象。在量子层次,电磁场的一些现象不能用电场矢量(电场强度)和磁场矢量(磁感应强度)描写,而需要用电磁势来描写。通过电磁势的变换不仅可以描写电磁场,而且可以给出电磁相互作用力如此之强的解释。

3. 关于弱相互作用力的分析

杨—米尔斯理论中,认为力的传递是靠基本粒子交换"中间玻色子"来实现的。弱力是中子及其他粒子在远离平衡态的衰变过程中出现的,只能在一维正向质向量坐标系 $\vec{X}_+$ 上用单元系统形态转化基元规律来描述,因此弱力作用(有别于其他三种基本相互作用)是宇称不守恒的。弱力仅作用于具有顺时针自旋的粒子,是一元系统内的单元(已揭示为中间玻色子 W^+、W^- 和 Z^0)之间两两相互作用显示出来的力。弱力在原子核中起作用,并为最终控制原子而与电磁力相竞争。当弱力和电磁力比强力还占优势时,就会形成大量的各种不稳定的放射性核。只参与电磁和弱相互作用的粒子称为轻子。

4. 关于强相互作用力的分析

强子本质上是交换介子,每一个强子都可进一步分割为夸克,它们通过交换胶子来维持相互作用力。强力(强核力)是由胶子携带并仅在原子核内夸克之间起作用的短程力,即将夸克胶结在一起的色力,它使原子核保持为一个整体。强力是比次准平衡态更偏离平衡态时表现的一种基本作用力。如果子系统达到次次准平衡态,(6-398)式 $x_i = x_i^0 + F\theta_j + G\theta_j^2 + \cdots$ 的级数展开式中所含 θ_j 的三次项对于系统质变量 x_i 的贡献是不可忽略的。两个子系统 x_i^3 的相互作用可能就与距离的 6 次方成反比,而与夸克属性的 6 次方成正比。可以推断,其相互作用力的强度最大而发生作用的距离最小。当强力比弱力和电磁力占优势时,就会把原子核的质子和中子聚在一起,形成一个稳定的整体。

在亚微观的核领域中,强力描述质子、中子等强子间的作用,是理解微观世界基本组成成分以及它们之间相互作用运动规律的关键。但是,目前量子场论和色动量子力学关于强相互作用的描述还局限在经验和半经验的唯象理论中,人们对强相互作用的具体表达式并不清楚,只是通过实验所总结出来的唯象理论来分析强相互作用的性质。

(三)关于科学统一进路的可达性分析

科学的发展使人们认识到,自然界存在着一条物质结构的层次链条:……总星系、银河系、太阳系、地球、三态物质、原子、原子核、强子、轻子、夸克……整个宇宙就是由这些不同层次的物质实体构成的复杂的世界。人们在还原论思想引领下跨越了一个个物质实体的层次去追逐物质的本原,人们认识到了物质世界是由不同的基本粒子组成的,夸克就是目前人们所认识的物质结构的最低层次。

当人们在认识和思考宇宙时,必然想知道自然界万物奥妙无穷与千变万化的物理现象是怎么形成的,是什么力量在维系着这样复杂的世界。因此,人们在探究自然界的构成与物质间的存在时,自然要探索不同物质实体之间存在的相互联系与相互作用,从而认识到千变万化的大自然是由引力、电磁力、弱核力(决定衰变的力)和强核力(将原子核束缚在一起的力)四种基本相互作用力主宰的。为了统一描述自然界四种基本相互作用力,全球理论物理学家孜孜以求且前仆后继。

在四种相互作用力中,力的作用不仅仅体现在改变物体运动状态的层面上。虽然引力和电磁力可以只通过改变物体的运动状态来理解,但是强力和弱力还有其他的作用,比如可以改变粒子的种类。引力和电磁力是远程力,其大小随着距离的增大而"与距离平方成反比"地减小;强相互作用和弱相互作用则是局限于核子内部的近程力,在核外它们以指数迅速下降。[13] 不过,四种相互作用力主要取决于传递相互作用的量子特性,被交换粒子的质量取决于力的作用范围,只有交换无质量粒子的力才是长程的。物理学家们认为,引力、电磁力和强力都是由无质量的传播量子传播的,但强力传播不远是夸克禁闭的原因;对于弱力为近程力则普遍认为弱力的传播量子具有较大的质量。由于正负电荷相互吸引,正负电荷相互抵消,在较大尺度上电磁力将被屏蔽,因此宏观物体表现为电中性的,虽然在微观尺度上引力极为微弱,但决定宇宙间宏观结构的是引力。[14]

1915年,爱因斯坦创立的广义相对论论证了引力的本质是时空几何在物质影响下的弯曲,然而,广义相对论却无法与量子力学统一起来。虽然在20世纪初人们就建立了量子场论,但是把引力加进统一理论一直是整个统一场论的难题,因而宇宙起源与演化等问题一直未能解决。20世纪60年代提出的电弱统一模型认为,当粒子之间的距离小于10^{-17} m时,弱相互作用和电磁相互作用本来属于具有同一种对称性的统一相互作用,这种相互作用通过传递四种体现这种对称性的静止质量为0的规范玻色子来实现。电弱统一理论的成功促进了把强相互作用和电弱相互作用统一起来的大统一理论的探索研究。20世纪70年代以来,国际上出现了许多种大统一理论,各有不同的特点。理论物理学家用四维时空协变的基本粒子标准模型描述了强力、弱力和电磁力三种基本相互作用力,对称支配相互作用的SU(5)大统一理论还给出了质子可以衰变的预言,但是标准模型也没有把引力统一进来,迄今没有得到实验的判定性检验的支持。因此,人们又通过关于超对称性理论的研究试图建立超对称大统一理论或超引力理论,不过还是没有得到实验的有力支持。

可见,现有的万物之理并不是运动本原的终极之梦,大统一理论尚未实现对构造宇宙的四种基本相互作用力的统一解释,而作为物质本原的最低层次的同一夸克却可以分出三种"颜色"。由此,有必要反思统一科学的第一条进路和第二条进路的可达性。

对第一条进路而言,即使人们突破了夸克的物质结构层次或找到新的更低层次的粒子,是否就可以说找到了物质本原就以此统一自然界?对第二条进路而言,如果建立了物质之间基本相互作用力的统一理论模型,能否说找到了世界运动的本原就能实现科学统一?显然,指望下落不明的暗物质和谜一样的暗能量来自圆其说是遥遥无期的。

其实,科学所要面对的不啻世界1的统一,还包括世界2和世界3的统一。客观世界无限的物质结构层次是不能涵盖精神世界或理论世界的结构层次的。虽然自然界所有的物质之间都存在相互作用,相互作用都可以用改变物体运动状态的力来描述,相互作用力把不同的物质维系形成从微小的基本粒子到巨大星系的宇宙,但是,物质世界的四种基本相互作用力也无法囊括精神世界或理论世界的各种特定的"力"。近半个世纪以来,基础物理学没有重大发现而陷入困惑的事实告诉人们,局限于物理时空中进行内部描述就有可能"误入藕花深处";穷究某一特定的物质结构层次的粒子或粒子间相互作用力的模型,是不可能实现贯穿于世界1、世界2和世界3的科学大统一的。

在理性认识中,任何真实的物质实在反而是"不真实的"。为了建立科学理论,对物质都要进行简化和抽象,即把一个体积和线度有限的物体抽象为一个没有大小的质点。为了简化研究,也常常要忽略物质的内部结构,而且如果忽略了物质的内部结构,就可不考虑物质内部的相互作用。[15]只有超然物外把物质实体抽象为质点系才能与其他所有的事物一样都抽象为一般的系统。把事物形态粒化后,质点系作为一般系统,在平衡态可以视为理想的系综;而在非平衡态,质点之间就有相互作用,开放系统中的质点在相互作用下就成为绑在一维弦两端的夸克。当它们以不同方式振动时,就对应于自然界的不同粒子(电子、光子……包括引力子)。[16]

整个宇宙是一个无所不包的系统,人们认识宇宙却不可能也没有必要同时全面认识整个宇宙的各个方面,而只要根据所要解决的问题的需要,从宇宙中划出某个局部,即把某个层次上或若干个层次中的一些事物从其所处的宇宙中孤立出来,而单独作为一个系统(质点系)来认知。不过,人们所要认知的系统绝不是某个质点的个体行为,而是整个系统的集团行为。如果任意事物形态的变化能够通过多粒子系统变化行为的普遍规律来表达,人们就可以实现认知上的统一。统一科学的第三条进路就是要揭示存在着支配多粒子系统行为的普遍规律,而不是系统内部的实际结构,根据多粒子集团整体行为的一般规律和外部特征就可以描述单元系统形态变化规律与分布规律。

第四节 一元系统内在关系与相对论推演

借助泰勒级数,可以得到在二仪空间变相点附近的一元系统异质形态变化规律或本质形态分布规律的不同函数形式。把一元系统在二仪空间近变相点区间的异质信息变化率 p_ξ 改名为"相对论因子",就能自然地演绎出相对论的基础公式。据此，还可以对动尺缩短、同时相对性、质量亏损等相对论效应进行分析。

一、一元系统在近变相点区间的失衡规律

一元系统的均衡态是指一个反向可逆一元系统内部反向对立的两个子系统达到的一种势均力敌的稳定状态。一元系统的均衡态在一维二仪质向量坐标系 $\vec{X}$ 上就是一个定点，并且可以用一个常质向量 $\vec{a}$ 表示。通过坐标系的平移，常质向量 $\vec{a}$ 还可以变换为零向量 $\vec{0}$。但是，在一维二仪质向量坐标系 $\vec{X}$ 的正向太极 $\vec{X}_+$ 和负向太极 $\vec{X}_-$ 上，一元系统的两个子系统在一阴一阳彼此对峙的 $x_- \longleftrightarrow x_+$ 反向可逆发射过程中，在二仪空间的表现就不是一个定点而是一个线段。如果在一维二仪质向量坐标系 $\vec{X}$ 的正向太极 $\vec{X}_+$ 和负向太极 $\vec{X}_-$ 上打开多维的分质向量空间，就可以在一定的区间表现出一元系统异质形态变化规律和本质形态分布规律。

（一）$(\vec{P},\vec{S})$ 分质向量空间中的异质形态变化规律

在一维二仪质向量坐标系 $\vec{X}$ 内部打开 $(\vec{P},\vec{S})$ 二维分质向量空间，各个分质向量与各自的分质变量坐标轴同向，可用其分质变量坐标轴来表示。(14-15)式 $P=-\sinh S$ 反映了处在近平衡态的一元系统形态变化规律，(14-16)式 $p=-\cosh S$ 反映了在近平衡态的一元系统形态转化信息变化率。这是一元系统的正向子系统与负向子系统在近变相点反向叠加的结果。

(14-15)式 $P=-\sinh S$ 把近平衡态正向子系统的吸收发射过程与负向子系统自发发射过程的形态变化规律以统一的熵信息变化函数来表示，其自变量的取值为 $S \in (-\infty,+\infty)$，因变量的取值为 $P \in \left(-\dfrac{1}{2},\dfrac{1}{2}\right)$。显然，在准平衡态和远离变相点的区间 $|S| \to \infty$，双曲正弦函数 $P=-\sinh S$ 与近平衡态的指数函数 $P_+=\mathrm{e}^{-S}$ 或 $P_-=\mathrm{e}^{+S}$ 的某一支很贴近；在离开平衡态甚远和接近熵为零 $(S \to 0)$ 的近平衡态区间，双曲正弦函数 $P=-\sinh S$ 就是近平衡态的指数函数 $P_+=\mathrm{e}^{-S}$ 与 $P_-=\mathrm{e}^{+S}$ 的反向叠加。

如果人们把关注近平衡态一元系统形态变化规律的眼光偏向近平衡态的熵接近于零 $(S \to 0)$ 的区间，熵信息函数(14-15)式 $P=-\sinh S$ 中的双曲正弦函数可以用泰勒展开式表示为

$$\sinh S = S + \frac{S^3}{3!} + \frac{S^5}{5!} + \cdots \tag{15-137}$$

同样，近平衡态一元系统形态转化信息变化率函数(14-16)式 $p=-\cosh S$ 中的双曲余弦函数也可以用泰勒展开式表示为

$$\cosh S = 1 + \frac{S^2}{2!} + \frac{S^4}{4!} + \cdots \tag{15-138}$$

对于准变相点的区间,把双曲正弦函数的泰勒级数展开的近似表达式(15-137)式右边取第一项,由(14-15)式 $P=-\sinh S$ 所得到的就是一元系统在此区间的熵信息函数

$$P=-S \tag{15-139}$$

此式为线性函数。一次函数是关于原点对称的奇函数,其 $P\sim S$ 关系曲线为图 15-1 所示的直线(虚线)。在准变相点区间,取双曲余弦函数的泰勒级数展开的近似表达式(15-138)式右边第一项,由(14-16)式 $p=-\cosh S$ 所得到的就是在此区间的一元系统形态转化信息变化率函数

$$p=-1 \tag{15-140}$$

对于次准变相点的区间,把双曲正弦函数的泰勒级数展开的近似表达式(15-137)式右边取前两项,由(14-15)式 $P=-\sinh S$ 所得到的就是在此区间的一元系统熵信息函数

$$P=-S-\frac{S^3}{3!} \tag{15-141}$$

在次准变相点的区间,把双曲余弦函数的泰勒级数展开的近似表达式(15-138)式取右边的前两项,由(14-16)式 $p=-\cosh S$ 所得到的就是在此区间的一元系统形态转化信息变化率函数

$$p=-1-\frac{S^2}{2!} \tag{15-142}$$

此式为二次函数。二次函数是关于 S 轴对称的偶函数,其 $p\sim S$ 关系曲线为图 15-2 所示的抛物线。

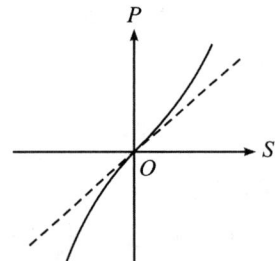

图 15-1 近变相点与准变相点的一元系统 $P\sim S$ 关系曲线

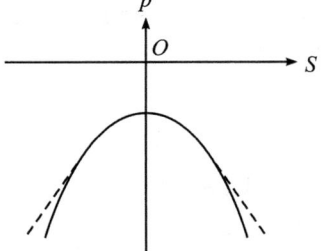

图 15-2 次准变相点的一元系统 $p\sim S$ 关系曲线

可见,在熵接近于零($S\to 0$)的次准变相点区间和准变相点区间,一元系统形态变化熵信息函数及其变化率函数可以分别用二次(抛物线)函数和线性函数表示。

其实,在熵接近于零($S\to 0$)的近变相点区间,还有其他的函数也可以代替一元系统形态变化信息函数及其变化率函数。例如,省却了质变量关于质的规定,把反正弦函数及其微分函数展开成泰勒级数,并分别与双曲正弦函数和双曲余弦函数的泰勒展开式比较,即

$$\begin{cases} \sinh x = x + \dfrac{x^3}{3!} + \dfrac{x^5}{5!} + \dfrac{x^7}{7!} + \cdots \\ \arcsin x = x + \dfrac{1}{2}\dfrac{x^3}{3} + \dfrac{1\times 3}{2\times 4\times 5}x^5 + \dfrac{1\times 3\times 5}{2\times 4\times 6\times 7}x^7 + \cdots \end{cases} \tag{15-143}$$

$$\begin{cases} \cosh x = 1 + \dfrac{x^2}{2!} + \dfrac{x^4}{4!} + \dfrac{x^6}{6!} + \cdots \\ \dfrac{1}{\sqrt{1-x^2}} = 1 + \dfrac{1}{2}x^2 + \dfrac{1\times 3}{2\times 4}x^5 + \dfrac{1\times 3\times 5}{2\times 4\times 6}x^6 + \cdots \end{cases} \tag{15-144}$$

由此可见,第一对函数的级数前两项完全一样,当 x 较小时,略去 x 的高次项,两个函数是可以互相代替的。同理,在第二对函数的级数展开式中,级数的前两项也完全一样,当 x 较小时,略去 x 的高次项,两个函数也是可以互换的。

所以,在熵接近于零($S\to 0$)的近变相点区间,一元系统形态的信息函数及其信息变化率函数还可以表示为

$$P = -\arcsin S \qquad |S| \leqslant 1 \tag{15-145}$$

$$p = -\frac{1}{\sqrt{1-S^2}} \qquad -1 \leqslant S < 1 \tag{15-146}$$

$P\sim S$ 与 $p\sim S$ 的关系曲线如图 15-3 和图 15-4 所示。由图可见,反正弦函数 $P = -\arcsin S$ 的图形与双曲正弦函数的图形(图 15-1)类同,函数 $p = -\dfrac{1}{\sqrt{1-S^2}}$ 的图形与双曲余弦函数的图形(图 15-2)类同。

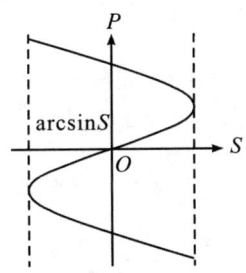

图 15-3 近变相点的一元系统 $P\sim S$ 关系曲线

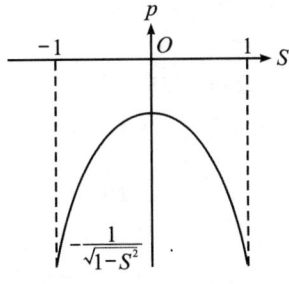

图 15-4 近变相点的一元系统 $p\sim S$ 关系曲线

此外,在熵接近于零($S\to 0$)的近变相点区间,利用(7-8)式 $P^0(S) = -P(S)$ 的关系,还可以由(15-145)式 $P = -\arcsin S$ 直接得到一元系统的本质形态分布熵信息函数

$$P^0 = \arcsin S \tag{15-147}$$

利用(15-146)式 $p = -\dfrac{1}{\sqrt{1-S^2}}$ 和(7-8)式 $P^0(S) = -P(S)$ 的关系,也可以得到一元系统的形态分布密度函数为

$$p^0 = \frac{1}{\sqrt{1-S^2}} \tag{15-148}$$

对于准变相点区间,利用(7-8)式 $P^0(S)=-P(S)$ 的关系,也可以由(15-139)式 $P=-S$ 得到一元系统的本质形态分布熵信息函数

$$P^0=S \tag{15-149}$$

这就表明,一元系统在二仪空间的可逆发射过程中,熵接近于零($S\to 0$)的准变相点区间的本质单元存量信息函数可以用直线方程表示。这一函数的 $P^0\sim S$ 关系曲线为图 15-5 中的直线(虚线),这是关于原点对称的一次奇函数。

在次准变相点的区间,利用(15-141)式 $P=-S-\dfrac{S^3}{3!}$ 和(7-8)式 $P^0(S)=-P(S)$ 的关系,可以得到一元系统本质形态分布密度函数为

$$p^0=1+\dfrac{S^2}{2} \tag{15-150}$$

这就表明,一元系统在二仪空间的可逆发射过程中,熵接近于零($S\to 0$)的次准变相点区间的本质单元存量信息函数可以用抛物线方程表示。这一函数的 $p^0\sim S$ 关系曲线为图 15-6 中的抛物线(虚线),本质形态分布密度函数曲线是关于 p^0 轴对称的偶函数。

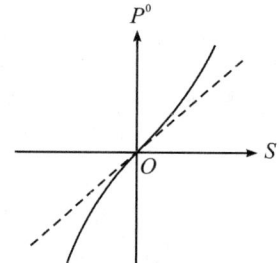

图 15-5 近变相点与准变相点的一元系统 $P^0\sim S$ 关系曲线

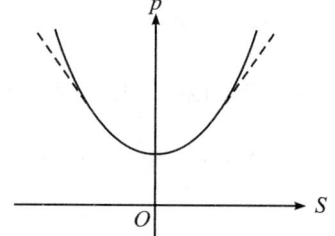

图 15-6 次准变相点的一元系统 $p^0\sim S$ 关系曲线

由此可见,一元系统在二仪空间的可逆发射的形态转化过程中,虽然熵 S 的定义域为 $(-\infty,+\infty)$,但是在熵接近于零($S\to 0$)的近变相点区间,熵 S 的定义域非常地接近于零,即熵充分地小。因此,在熵趋近于零($S\to 0$)时,可以用(15-146)式 $p=-\dfrac{1}{\sqrt{1-S^2}}$ 作为(14-16)式 $p=-\cosh S$ 双曲余弦函数的近似表达式。在次准变相点的区间,这一取代反映的就是一元系统在二仪空间的可逆发射过程中在熵接近于零($S\to 0$)的近变相点区间的形态变化规律,可以用(15-141)式 $P=-S-\dfrac{S^3}{3!}$ 作为双曲正弦函数 $P=-\sinh S$ 泰勒级数展开的近似表达式。如果再省却自变量和因变量关于质的规定,那么像 $\dot{x}=-\alpha x-\beta x^3$ 这样的一阶方程就是经典动力学描述简谐运动的方程,它在现代科学描述动态系统和自组织现象中有着广泛的应用。

(二)在 $(\vec{N}, \vec{n}, \vec{E}, \vec{E}_{\neq}, \vec{\varepsilon})$ 空间中的异质形态变化规律

为了揭示一元系统在二仪空间的近变相点区间的形态变化规律,就要在一维二仪质向量坐标系 $\vec{X}$ 的内部打开 $(\vec{N}, \vec{n}, \vec{E}, \vec{E}_{\neq}, \vec{\varepsilon})$ 五维分质向量空间。在人们的认知过程中,通过设定某些思辨事物的特质成为潜质,使这些质向量成为常质向量,还可以从 $(\vec{N}, \vec{n}, \vec{E}, \vec{E}_{\neq}, \vec{\varepsilon})$ 五维分质向量空间截取较低维度的形态空间。

当总体单元数 $\vec{N}$、能阈 $\vec{E}_{\neq}$ 和能元 $\vec{\varepsilon}$ 保持为常分质向量,即 $\vec{N} = \vec{C}_N$, $\vec{E}_{\neq} = \vec{C}_{E_{\neq}}$ 和 $\vec{\varepsilon} = \vec{C}_{\varepsilon}$ 时,在一维二仪质向量坐标系 $\vec{X}$ 内部 $(\vec{N}, \vec{n}, \vec{E}, \vec{E}_{\neq}, \vec{\varepsilon})$ 五维分质向量空间的 $(\vec{C}_N, \vec{n}, \vec{E}, \vec{C}_{E_{\neq}}, \vec{C}_{\varepsilon})$ 截面上,省却了分质向量关于方向的规定,在二仪空间的近变相点(熵 $S \to 0$)区间,一元反向系统在可逆发射过程的形态变化规律可以用异质单元数 n 为显函数来表示。

把信息 $P = \dfrac{n}{C_N}$ 和熵 $S = \dfrac{C_{E_{\neq}} - E}{C_{\varepsilon}}$ 代入(15-139)式 $P = -S$,在二仪空间熵接近于零 $(S \to 0)$ 的准变相点区间,就可以得到以异质单元数 n 和能量 E 表示的一元系统异质形态变化规律

$$n = -C_N \left(\dfrac{C_{E_{\neq}} - E}{C_{\varepsilon}} \right) = \dfrac{C_N}{C_{\varepsilon}} E - \dfrac{C_N C_{E_{\neq}}}{C_{\varepsilon}} = \kappa C_N E \qquad (15\text{-}151)$$

式中,变相点即为坐标原点 $E_{\neq} = C_{E_{\neq}} = 0$; $\kappa = \dfrac{1}{C_{\varepsilon}}$。

把信息 $P = \dfrac{n}{C_N}$ 和熵 $S = \dfrac{C_{E_{\neq}} - E}{C_{\varepsilon}}$ 代入(15-145)式 $P = -\arcsin S$,在二仪空间熵接近于零 $(S \to 0)$ 的近变相点区间,也可以得到以异质单元数 n 和能量 E 表示的一元系统异质形态变化规律

$$\begin{aligned} n &= -C_N \arcsin\left(\dfrac{C_{E_{\neq}} - E}{C_{\varepsilon}} \right) \\ &= C_N \arcsin(\kappa E) \end{aligned} \qquad (15\text{-}152)$$

式中,变相点即为坐标原点 $E_{\neq} = C_{E_{\neq}} = 0$; $\kappa = \dfrac{1}{C_{\varepsilon}}$。

可见,在准变相点区间的一元系统异质形态变化规律是一个线性函数,其 $n \sim E$ 关系曲线图形为直线,如图 15-7 所示。图 15-7 所示的 $n \sim E$ 关系曲线为一斜率为 κC_N、截距为 0 的直线。在近变相点区间的一元系统异质形态变化规律是一个反双曲正弦函数,其 $n \sim E$ 关系曲线图形为对称于原点的曲线,如图 15-8 所示。

如果把信息 $P = \dfrac{n}{C_N}$ 和熵 $S = \dfrac{C_{E_{\neq}} - E}{C_{\varepsilon}}$ 代入(15-142)式 $p = -1 - \dfrac{S^2}{2!}$,在二仪空间熵接近于零 $(S \to 0)$ 的次准变相点区间,还可以得到以异质单元数 n 对能量 E 的变化率 r

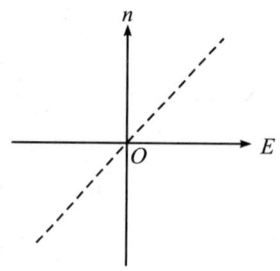
图15-7 准变相点的一元系统 $n\sim E$ 关系曲线

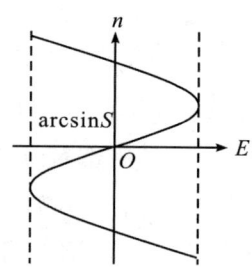
图15-8 近变相点的一元系统 $n\sim E$ 关系曲线

$=\dfrac{\mathrm{d}n}{\mathrm{d}E}$ 表示的一元系统异质形态变化规律

$$r=\frac{\mathrm{d}n}{\mathrm{d}E}=\frac{C_N}{C_\varepsilon}\left[1+\frac{1}{2}\left(\frac{C_{E_{\neq}}-E}{C_\varepsilon}\right)^2\right] \tag{15-153}$$

在此式中,变相点即为坐标原点 $E_{\neq}=C_{E_{\neq}}=0$,所以上式可以写成

$$r=\frac{C_N}{C_\varepsilon}\left[1+\frac{1}{2}\left(\frac{E}{C_\varepsilon}\right)^2\right]=\kappa C_N\left(1+\frac{1}{2}\xi^2\right) \tag{15-154}$$

在二仪空间的次准变相点区间的一元系统异质形态变化规律可以用 $r\sim E$ 关系曲线表示。在 $r\sim E$ 二维直角坐标系中,以(15-154)式描绘 $r\sim E$ 曲线,这一抛物线函数曲线是关于 r 轴对称的二次曲线,且分布在横轴 E 之上,如图15-9的实线所示。

把信息 $P=\dfrac{n}{C_N}$ 和熵 $S=\dfrac{C_{E_{\neq}}-E}{C_\varepsilon}$ 代入熵接近于零($S\to 0$)的近变相点区间的形态变化信息函数(15-146)式 $p=-\dfrac{1}{\sqrt{1-S^2}}$ 中,也一样可以得到异质单元数变化率

$$r=\frac{\mathrm{d}n}{\mathrm{d}E}=\frac{C_N}{C_\varepsilon\sqrt{1-\left(\dfrac{C_{E_{\neq}}-E}{C_\varepsilon}\right)^2}} \tag{15-155}$$

由于变相点即为坐标原点 $E_{\neq}=C_{E_{\neq}}=0$,因此上式也可以写成

$$r=\frac{C_N}{C_\varepsilon\sqrt{1-\left(\dfrac{E}{C_\varepsilon}\right)^2}}=\frac{C_N}{\sqrt{C_\varepsilon^2-E^2}} \tag{15-156}$$

在二仪空间的近变相点区间的一元系统异质形态变化规律可以用 $r\sim E$ 关系曲线表示。在 $r\sim E$ 二维直角坐标系中,以(15-156)式描绘 $r\sim E$ 曲线,这一 $r\sim E$ 曲线也是关于 r 轴对称的二次曲线,且分布在 $r\sim E$ 二维直角坐标系的 E 横轴之上,如图15-9 的虚线所示。

在一维二仪质向量坐标系 $\vec{X}$ 内部的 $(\vec{N},\vec{n},\vec{E},\vec{E_{\neq}},\vec{\varepsilon})$ 五维分质向量空间中,$(\vec{N},\vec{n},\vec{E},\vec{E_{\neq}},\vec{\varepsilon})$ 五维分质向量中的每一个分质向量坐标轴就是一维分质向量空间。像能量 $\vec{E}$ 这个一维二仪质向量坐标系 $\vec{X}$ 内部的分质向量坐标轴,就可以形成一个维度的分

质向量空间。由于一元系统的能量 $\vec{E}$ 又可以用 m 个独立的特殊性能 $\{\vec{E}_1,\vec{E}_2,\cdots,\vec{E}_m\}$ 来代表一元系统能量 $\vec{E}$ 的 m 种特质的规定性 $\vec{E}\{\vec{E}_1,\vec{E}_2,\cdots,\vec{E}_m\}$，因而由一元系统能量 $\vec{E}$ 的分质向量 $\{\vec{E}_1,\vec{E}_2,\cdots,\vec{E}_m\}$ 还可以构成 m 维特殊性能的正交坐标系，这一认知坐标系构造出来的性能空间就是 m 维特殊性能空间。

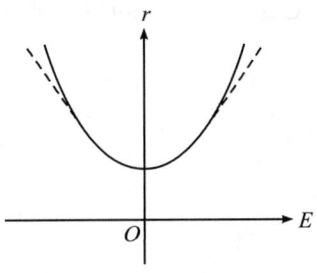

图 15-9 近变相点一元系统的 $r\sim E$ 关系曲线

在一维二仪质向量坐标系 $\vec{X}$ 内部 $(\vec{N},\vec{n},\vec{E},\vec{E}_{\neq},\vec{\varepsilon})$ 五维分质向量空间的 $(\vec{C}_N,\vec{n},\vec{E},\vec{C}_{E_{\neq}},\vec{C}_{\varepsilon})$ 截面上，带有常分质向量的 $\vec{n}\sim\vec{E}$ 关系式可以反映一元系统异质形态变化规律。但是，如果一元系统同时具有 m 种特殊性能的 $\{\vec{E}_1,\vec{E}_2,\cdots,\vec{E}_m\}$，在能量 $\vec{E}$ 这一维度的坐标轴内部就构成了 m 维正交特殊性能的坐标系，一元系统能量的变化量是由其 m 个独立的特殊性能决定的，即 (6-379) 式 $\vec{E}=\vec{E}_1\times\vec{E}_2\times\cdots\times\vec{E}_m$。

如果人们只要突出能量 $\vec{E}$ 某一方面的特殊性能 $\vec{E}_j$（$\cdot\vec{E}\equiv\vec{E}_j$），其他方面的特殊性能作为潜能因子就是常质向量，这样 (6-379) 式可以写成 (6-382) 式 $\vec{E}=\vec{C}_E\times\cdot\vec{E}$，其中 $\cdot\vec{E}$ 为显性能，$\vec{C}_E$ 为一元系统的潜性能。显性能 $\cdot\vec{E}$ 本身还可以作为显性因子 $\vec{\theta}$ 的线性函数。省却了分质向量关于方向的规定，即 (6-386) 式 $E_+=F_+\theta_+$，θ_+ 为能量 E_+ 的显性因子，F_+ 为广义力。由 (6-386) 式 $E_+=F_+\theta_+$（或 $E=F\theta$）可见，在力 F 不变的条件下，能量 E_+ 的显性因子 θ_+ 可以用作人们研究事物某一方面的特质的思辨准则。任何系统具有的显性特殊性能 $\cdot\vec{E}$ 都可以通过其特殊的显性因子 θ 来表示，质参量是由一般迈向特殊、由抽象走向具体的关键量。

在一维二仪质向量坐标系 $\vec{X}$ 内部 $(\vec{N},\vec{n},\vec{E},\vec{E}_{\neq},\vec{\varepsilon})$ 五维分质向量空间的 $(\vec{C}_N,\vec{n},\vec{E},\vec{C}_{E_{\neq}},\vec{C}_{\varepsilon})$ 截面上，省却了分质向量关于方向的规定，把标量形式的 (6-386) 式 $E_+=F_+\theta_+$ 代入 (15-151) 式 $n=\dfrac{C_N}{C_\varepsilon}E$ 或 (15-152) 式 $n=C_N\arcsin\dfrac{E}{C_\varepsilon}$，可以得到在近变相点区间以异质单元数 n 为显函数表示的一元系统异质形态变化规律

$$n=\dfrac{C_N}{C_\varepsilon}F\theta=\kappa C_N F\theta \tag{15-157}$$

或

$$n=C_N\arcsin\left(\dfrac{F\theta}{C_\varepsilon}\right)=C_N\arcsin(\kappa F\theta) \tag{15-158}$$

同理，在一维二仪质向量坐标系 $\vec{X}$ 内部 $(\vec{N},\vec{n},\vec{E},\vec{E}_{\neq},\vec{\varepsilon})$ 五维分质向量空间的 $(\vec{C}_N,\vec{n},\vec{E},\vec{C}_{E_{\neq}},\vec{C}_{\varepsilon})$ 截面上，省却了分质向量关于方向的规定，把标量形式的 (6-386) 式 $E_+=F_+\theta_+$ 代入 (15-154) 式 $r=\dfrac{C_N}{C_\varepsilon}\left[1+\dfrac{1}{2}\left(\dfrac{E}{C_\varepsilon}\right)^2\right]$ 或 (15-156) 式 $r=\dfrac{C_N}{\sqrt{C_\varepsilon^2-E^2}}$，可以得

到在近变相点区间以异质单元数变化率为显函数表示的一元系统异质形态变化规律

$$r = \frac{C_N}{C_\varepsilon}\left[1 + \frac{1}{2}\left(\frac{F\theta}{C_\varepsilon}\right)^2\right]$$

$$= \kappa C_N\left(1 + \frac{1}{2}\kappa^2 F^2 \theta^2\right) \tag{15-159}$$

或

$$r = \frac{C_N}{\sqrt{C_\varepsilon^2 - F^2\theta^2}} \tag{15-160}$$

式中,能量 E 的显性因子 θ 的定义域为 $(-\infty,+\infty)$。

(三)在 $(\vec{N}^0,\vec{n}^0,\vec{E},\vec{E}_{\neq},\vec{\varepsilon})$ 空间中的本质形态分布规律

为了揭示一元系统在二仪空间的近变相点区间的本质形态分布规律,就要在一维二仪质向量坐标系 $\vec{X}$ 的内部打开 $(\vec{N}^0,\vec{n}^0,\vec{E},\vec{E}_{\neq},\vec{\varepsilon})$ 五维分质向量空间。当总体单元数 $\vec{N}^0$、能阈 $\vec{E}_{\neq}$ 和能元 $\vec{\varepsilon}$ 保持为常质向量,即 $\vec{N}^0=\vec{C}_{N^0}$,$\vec{E}_{\neq}=\vec{C}_{E_{\neq}}$ 和 $\vec{\varepsilon}=\vec{C}_\varepsilon$ 时,在一维二仪质向量坐标系 $\vec{X}$ 内部 $(\vec{N}^0,\vec{n}^0,\vec{E},\vec{E}_{\neq},\vec{\varepsilon})$ 五维分质向量空间的 $(\vec{C}_{N^0},\vec{n}^0,\vec{E},\vec{C}_{E_{\neq}},\vec{C}_\varepsilon)$ 截面上,省却了分质向量关于方向的规定,在二仪空间的近变相点(熵 $S\rightarrow 0$)区间,在可逆发射过程的一元系统本质形态分布规律就可以用本质单元数 n^0 为显函数来表示。

把本质信息 $P^0 = \frac{n^0}{C_{N^0}}$ 和熵 $S = \frac{C_{E_{\neq}} - E}{C_\varepsilon}$ 代入(15-147)式 $P^0 = \arcsin S$,就得到在熵接近于零($S\rightarrow 0$)的近变相点区间以本质单元数 n^0 为显函数表示的一元系统本质形态分布规律

$$n^0 = C_{N^0}\arcsin\frac{C_{E_{\neq}} - E}{C_\varepsilon} \tag{15-161}$$

在此式中,变相点即为坐标原点 $E_0 = 0$,所以上式也可以写成

$$n^0 = -C_{N^0}\arcsin\frac{E}{C_\varepsilon}$$

$$= -C_{N^0}\arcsin(\kappa E) \tag{15-162}$$

把本质信息 $P^0 = \frac{n^0}{C_{N^0}}$ 和熵 $S = \frac{C_{E_{\neq}} - E}{C_\varepsilon}$ 代入(15-149)式 $P^0 = S$,就得到在准变相点区间以本质单元数 n^0 为显函数表示的一元系统本质形态分布规律

$$n^0 = C_{N^0}\frac{C_{E_{\neq}} - E}{C_\varepsilon} \tag{15-163}$$

在此式中,变相点即为坐标原点 $E_{\neq} = 0$,所以上式可以写成

$$n^0 = -C_{N^0}\frac{E}{C_\varepsilon} = -\kappa C_{N^0} E \tag{15-164}$$

可见，在近变相点区间的一元系统本质形态分布规律是一个反双曲正弦函数，其 $n^0 \sim E$ 关系曲线图形为对称于原点的曲线，如图 15-10 所示。在准变相点区间的一元系统本质形态分布规律是一个线性函数，其 $n^0 \sim E$ 关系曲线图形为直线，如图 15-11 所示。

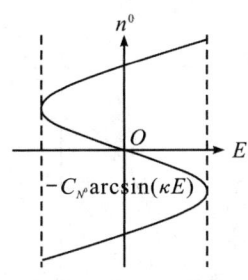

图 15-10 近变相点的一元系统 $n^0 \sim E$ 关系曲线

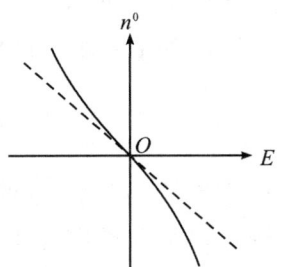

图 15-11 准变相点的一元系统 $n^0 \sim E$ 关系曲线

如果把信息 $P^0 = \dfrac{n^0}{C_{N^0}}$ 和熵 $S = \dfrac{C_{E_{\neq}} - E}{C_\varepsilon}$ 代入 (15-150) 式 $p^0 = 1 + \dfrac{S^2}{2}$，在二仪空间熵接近于零 ($S \to 0$) 的次准变相点区间，还可以得到以本质单元分布密度率 $r^0 = \dfrac{\mathrm{d}n^0}{\mathrm{d}E}$ 表示的一元系统本质形态分布规律

$$r^0 = \frac{\mathrm{d}n^0}{\mathrm{d}E} = -\frac{C_{N^0}}{C_\varepsilon}\left[1 + \frac{1}{2}\left(\frac{C_{E_{\neq}} - E}{C_\varepsilon}\right)^2\right] \tag{15-165}$$

在此式中，变相点即为坐标原点 $E_{\neq} = C_{E_{\neq}} = 0$，所以上式可以写成

$$r^0 = -\frac{C_{N^0}}{C_\varepsilon}\left[1 + \frac{1}{2}\left(\frac{E}{C_\varepsilon}\right)^2\right]$$

$$= -\kappa C_{N^0}\left(1 + \frac{1}{2}\xi^2\right) \tag{15-166}$$

把本质信息 $P^0 = \dfrac{n^0}{C_{N^0}}$ 和熵 $S = \dfrac{C_{E_{\neq}} - E}{C_\varepsilon}$ 代入 (15-148) 式 $p^0 = \dfrac{1}{\sqrt{1 - S^2}}$，还可以得到在近变相点区间以本质单元分布密度表示的一元系统本质形态分布规律

$$r^0 = -\frac{C_{N^0}}{C_\varepsilon}\frac{1}{\sqrt{1 - \left(\dfrac{C_{E_{\neq}} - E}{C_\varepsilon}\right)^2}} \tag{15-167}$$

在此式中，变相点即为坐标原点 $E_{\neq} = C_{E_{\neq}} = 0$，所以上式也可以写成

$$r^0 = -\frac{C_{N^0}}{C_\varepsilon}\frac{1}{\sqrt{1 - \left(\dfrac{E}{C_\varepsilon}\right)^2}} = -\frac{C_{N^0}}{\sqrt{C_\varepsilon^2 - E^2}} \tag{15-168}$$

在二仪空间的次准变相点区间，一元系统本质形态分布规律可以用 $r^0 \sim E$ 关系曲

线表示。在 $r^0 \sim E$ 二维直角坐标系中,以(15-166)式 $r^0 = -\kappa C_{N^\circ}(1+\frac{1}{2}\xi^2)$ 描绘 $r^0 \sim E$ 曲线,这一抛物线函数曲线是关于 r^0 轴对称的二次曲线,且分布在横轴 E 之下,如图 15-12 中的实线所示。

在二仪空间的近变相点区间,一元系统本质形态分布规律可以用 $r^0 \sim E$ 关系曲线表示。在 $r^0 \sim E$ 二维直角坐标系中,以(15-168)式 $r^0 = -\dfrac{C_{N^\circ}}{\sqrt{C_\varepsilon^2 - E^2}}$ 描绘 $r^0 \sim E$ 曲线,这一 $r^0 \sim E$ 曲线也是关于 r^0 轴对称的二次曲线,且分布在 $r^0 \sim E$ 二维直角坐标系的 E 横轴之下,如图 15-12 中的虚线所示。

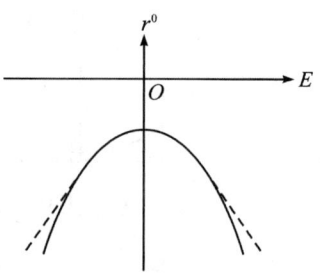

图 15-12 近变相点的一元系统 $r^0 \sim E$ 关系曲线

在一维二仪质向量坐标系 $\vec{X}$ 内部 $(\vec{N}, \vec{n}, \vec{E}, \vec{E}_{\neq}, \vec{\varepsilon})$ 五维分质向量空间的 $(\vec{C}_N, \vec{n}, \vec{E}, \vec{C}_{E_{\neq}}, \vec{C}_\varepsilon)$ 截面上,省却了分质向量关于方向的规定,把标量形式的(6-386)式 $E_+ = F_+ \theta_+$ 代入(15-164)式 $n^0 = -C_{N^\circ}\dfrac{E}{C_\varepsilon} = -\kappa C_{N^\circ} E$ 或(15-162)式 $n^0 = -C_{N^\circ}\arcsin(\kappa E)$,就可以得到在近变相点区间以异质单元数 n^0 为显函数表示的一元系统本质形态分布规律

$$n^0 = -C_{N^\circ}\dfrac{F\theta}{C_\varepsilon} = -\kappa C_{N^\circ} F\theta \tag{15-169}$$

或

$$n^0 = -C_{N^\circ}\arcsin(\kappa F\theta) \tag{15-170}$$

同理,在一维二仪质向量坐标系 $\vec{X}$ 内部 $(\vec{N}, \vec{n}, \vec{E}, \vec{E}_{\neq}, \vec{\varepsilon})$ 五维分质向量空间的 $(\vec{C}_N, \vec{n}, \vec{E}, \vec{C}_{E_{\neq}}, \vec{C}_\varepsilon)$ 截面上,省却了分质向量关于方向的规定,把标量形式的(6-386)式 $E_+ = F_+ \theta_+$ 代入(15-166)式 $r^0 = -\dfrac{C_{N^\circ}}{C_\varepsilon}\left[1+\dfrac{1}{2}\left(\dfrac{E}{C_\varepsilon}\right)^2\right]$ 或(15-168)式 $r^0 = -\dfrac{C_{N^\circ}}{\sqrt{C_\varepsilon^2 - E^2}}$,就可以得到在近变相点区间以本质单元密度 r^0 为显函数表示的一元系统本质形态分布规律

$$\begin{aligned} r^0 &= -\dfrac{C_{N^\circ}}{C_\varepsilon}\left[1+\dfrac{1}{2}\left(\dfrac{F\theta}{C_\varepsilon}\right)^2\right] \\ &= -\kappa C_{N^\circ}(1+\dfrac{1}{2}\kappa^2 F^2\theta^2) \end{aligned} \tag{15-171}$$

或

$$r^0 = -\dfrac{C_{N^\circ}}{\sqrt{C_\varepsilon^2 - (F\theta)^2}} \tag{15-172}$$

式中,能量 E 的显性因子 θ 的定义域为 $(-\infty, +\infty)$。

二、近变相点一元系统规律演绎的相对论

在一维二仪质向量坐标系 $\vec{X}$ 内部 $(\vec{P},\vec{E},\vec{E}_{\neq},\vec{\varepsilon})$ 四维分质向量空间的 $(\vec{P},\vec{E},\vec{C}_{E_{\neq}},\vec{C}_{\varepsilon})$ 截面上,各个分质向量与各自的分质变量坐标轴同向,可用其分质变量坐标轴来表示。把 $P=\dfrac{n}{C_N}$ 代入(15-158)式 $n=C_N\arcsin(\kappa F\theta)$,即可得到在二仪空间近变相点区间的一元系统异质形态变化规律

$$P=\arcsin(\kappa F\theta) \tag{15-173}$$

把 $P=\dfrac{n}{C_N}$ 代入(15-160)式 $r=\dfrac{C_N}{\sqrt{C_\varepsilon^2-(F\theta)^2}}$,即可得到在二仪空间的近变相点区间以信息变化率 p_E 表达的一元系统异质形态变化规律

$$p_E=\dfrac{\mathrm{d}P}{\mathrm{d}E}=\dfrac{1}{\sqrt{C_\varepsilon^2-F^2\theta^2}} \tag{15-174}$$

如果一元系统为惯性系,能量 E 的显性因子为运动速度,即 $\theta=u$,$E=F\theta=F_u u$,规定能元常数为 $C_\varepsilon=F_u c$,c 为光速,那么上式以异质信息变化率 p_E 为显函数表示的在二仪空间的一元系统异质形态变化规律就是

$$\begin{aligned}p_E&=\dfrac{1}{\sqrt{F_u^2 c^2-F_u^2 u^2}}\\&=\dfrac{1}{F_u c\sqrt{1-(u/c)^2}}\\&=\dfrac{1}{C_\varepsilon\sqrt{1-\beta^2}}\end{aligned} \tag{15-175}$$

式中,$\beta=\dfrac{u}{c}$。

如果异质信息变化率 p_ξ 是异质信息 P 对能商 $\xi=\dfrac{E}{C_\varepsilon}$ 的微商,即

$$p_\xi=\dfrac{\mathrm{d}P}{\mathrm{d}\xi}=\dfrac{C_\varepsilon\mathrm{d}n}{C_N\mathrm{d}E} \tag{15-176}$$

那么,(15-175)式 $p_E=\dfrac{1}{C_\varepsilon\sqrt{1-\beta^2}}$ 就成为

$$p_\xi=\dfrac{1}{\sqrt{1-\beta^2}} \tag{15-177}$$

其实,在二仪空间的近变相点区间的信息变化率 p_E 也可以另辟蹊径得到。在近变相点区间,近平衡态一元系统的异质单元数 n 变化规律可用(14-25)式 $n=C_N\cdot$

$\sinh\left(\dfrac{E}{C_\varepsilon}\right)$ 表示。为了使复数 $a=x+y\mathrm{i}$ 与物理时空相联系,取 $x=ct,y=r$。如果 c 表示光速,t 为时间,r 为一维空间距离坐标,则 $H(ct,r\mathrm{i})$ 构成二维复平面。双曲复数的实部为时间轴,虚部为空间轴。取时间 t 为正定的,如此,复数 $a=x+y\mathrm{i}$ 及其共轭复数可以写成

$$a=ct+r\mathrm{i} \tag{15-178}$$

$$a^*=ct-r\mathrm{i} \tag{15-179}$$

双曲复数的模

$$R=|a_m|=\sqrt{|a^*a|}=\sqrt{|c^2t^2-r^2|} \tag{15-180}$$

在双曲复平面的类时区,设 a 双曲复数相对于实轴 ct 的辐角为

$$\varphi=\operatorname{arctanh}\frac{r}{ct} \tag{15-181}$$

式中,$r=R\sinh\varphi$;$ct=R\cosh\varphi$。

双曲复数式 $a=x+y\mathrm{i}$ 可写成双曲函数和双曲指数形式

$$a=R(\cosh\varphi+\mathrm{i}\sinh\varphi)=R\mathrm{e}^{\mathrm{i}\varphi} \tag{15-182}$$

其中包括如下的双曲欧拉方程

$$\mathrm{e}^{\mathrm{i}\varphi}=\sum_{n=0}^{\infty}\frac{(\mathrm{i}\varphi)^n}{n!}=\cosh\varphi+\mathrm{i}\sinh\varphi \tag{15-183}$$

$$\cosh\varphi=\frac{\mathrm{e}^{\mathrm{i}\varphi}+\mathrm{e}^{-\mathrm{i}\varphi}}{2}=1+\frac{\varphi^2}{2!}+\frac{\varphi^4}{4!}+\cdots \tag{15-184}$$

$$\sinh\varphi=\frac{\mathrm{e}^{\mathrm{i}\varphi}-\mathrm{e}^{-\mathrm{i}\varphi}}{2\mathrm{i}}=\varphi+\frac{\varphi^3}{3!}+\frac{\varphi^6}{6!}+\cdots \tag{15-185}$$

当 $R=1$ 时,就有

$$\cosh^2\varphi-\sinh^2\varphi=c^2t^2-r^2=1 \tag{15-186}$$

这是与 $c^2t^2-r^2=\pm 1$ 中的正号相对应的双曲线方程。

规定双曲复数的加法为实部与虚部分别相加,构成新的双曲复数的实部和虚部

$$a_1+a_2=(ct_1+r_1\mathrm{i})+(ct_2+r_2\mathrm{i})=c(t_1+t_2)+(r_1+r_2)\mathrm{i} \tag{15-187}$$

同理,规定双曲复数的乘法规则是按多项式的交叉积运算

$$a_1\cdot a_2=(ct_1+r_1\mathrm{i})\cdot(ct_2+r_2\mathrm{i})=(c^2t_1t_2-r_1r_2)+c(t_1r_2+t_2r_1)\mathrm{i} \tag{15-188}$$

由(15-181)式 $\varphi=\operatorname{arctanh}\dfrac{r}{ct}$,令 $r=ut$,满足 $u<c$,有

$$\tanh\varphi=\frac{u}{c} \tag{15-189}$$

取两坐标系 $H(ct',r'\mathrm{i})$ 与 $H(ct,r\mathrm{i})$,相互间做映射变换,令 $H(ct,r\mathrm{i})$ 中的单位双曲复数

$$a_m=\cosh\varphi+\mathrm{i}\sinh\varphi \tag{15-190}$$

作为(15-183)式 $e^{i\varphi}=\cos\varphi+i\sinh\varphi$ 的特例,满足映射关系式
$$a'=a_m \cdot a \tag{15-191}$$
将 a' 和 a_m 分别代入(15-178)式 $a=ct+ri$,得
$$ct'=ct\cosh\varphi+r\sinh\varphi \tag{15-192}$$
$$r'=ct\sinh\varphi+r\cosh\varphi \tag{15-193}$$
由(15-186)式 $\cosh^2\varphi-\sinh^2\varphi=c^2t^2-r^2=1$ 和(15-189)式 $\tanh\varphi=\dfrac{u}{c}$ 导出
$$\alpha=\cosh\varphi=\frac{1}{\sqrt{1-\left(\dfrac{u}{c}\right)^2}} \tag{15-194}$$

此式称为洛伦兹变换,也可称为相对论因子。[17]

可见,在二仪空间近变相点区间,把一元系统异质信息变化率 p_ξ 改名为"相对论因子"α,而 $\beta=\dfrac{u}{c}$,那么统一科学就很自然地演绎出了相对论的基础公式。20世纪初,爱因斯坦就是选定了"相对论因子"$p_\xi=\dfrac{1}{\sqrt{1-\beta^2}}$,并创立了相对论来解释这一函数的深刻内涵的。

相对论是关于时空和引力的基本理论,主要由爱因斯坦创立,依其研究对象的不同可分为狭义相对论和广义相对论。[18]狭义相对论以相对性原理和真空光速不变原理为基础,通过洛伦兹变换描述高速运动物体的时空变换关系,阐明了光的性质。广义相对论则把匀速直线运动的参照系(惯性系)推广到具有加速度的参照系中(非惯性系),并在等效原理的假设下广泛应用于引力场中,解释了引力。

相对论的基本假设是相对性原理,即物理定律在所有惯性系中都相同,与参照系的选择无关。对任何运动的描述,都是相对于某个参考系而言的;然而,对于不同的坐标参考系,物理定律是对称的,在伽利略变换下保持不变。爱因斯坦认为这一原理与牛顿力学一样,均把惯性系放在一个特殊的位置上,他把经典力学中"引力质量和惯性质量相等"的事实推广到"惯性力与引力等效",这就是广义相对论的"等效原理"。由此,他认识到万有引力是时空弯曲的表现,并指出引力会导致光线的弯曲,且可以通过日全食前后星光的偏析进行验证,还给出了光线偏析的估计值。

相对论颠覆了人类对宇宙和自然的"常识性"观念,提出了"时间和空间的相对性""四维时空""弯曲空间"等全新的概念。在现代物理中,相对论已经得到确证和应用。然而,统一科学不仅可以洞悉相对论基础公式的本质,而且可以演绎出相对论关于空间和时间的相对性和其他的相对论效应,兹讨论如下。

(一)动尺缩短

如果一把静尺(含有 $N=C_N$ 个长度元 l_ε)沿着一维二仪质向量坐标轴 $\vec{X}$ 方向放

置,在坐标系中这一静尺的固有长度为 $l_0=x_2-x_1$。由(8-21)式 $l_+=n_+l_\epsilon$ 得到静尺的固有长度可以表述为 $l_0=Nx_\epsilon=C_Nl_\epsilon$。但是,如果这一把沿着 $\vec{X}$ 方向横放的标准尺,以速度 u 相对于 $\sum$ 系运动,那么,一个惯性系中的静尺在另一个惯性系看来则是动尺。

在一维二仪质向量坐标系 $\vec{X}$ 内部 $(\vec{P},\vec{E},\vec{E}_{\neq},\vec{\epsilon})$ 四维分质向量空间的 $(\vec{P},\vec{E},\vec{C}_{E_{\neq}},\vec{C}_{\epsilon})$ 截面上,各个分质向量与各自的分质变量坐标轴同向,可以用其分质变量坐标轴来表示。在二仪空间的近变相点区间,可逆发射过程的一元系统异质形态变化规律可以用异质信息变化率 p_ξ 表示,即(15-177)式 $p_\xi=\dfrac{1}{\sqrt{1-\beta^2}}$。

如果把一元系统单元的直径元 l_ϵ 乘(15-176)式 $p_\xi=\dfrac{\mathrm{d}P}{\mathrm{d}\xi}=\dfrac{C_\epsilon\mathrm{d}n}{C_N\mathrm{d}E}$ 中的异质单元数 n 和总体单元数 C_N,令 $l^0=C_Nl_\epsilon$ 为静尺的固有长度,就有

$$p_\xi=\frac{C_\epsilon\mathrm{d}n}{C_N\mathrm{d}E}=\frac{C_\epsilon\mathrm{d}(nl_\epsilon)}{C_Nl_\epsilon\mathrm{d}E}=\frac{C_\epsilon\mathrm{d}l}{l^0\mathrm{d}E} \tag{15-195}$$

能元 C_ϵ 是最小的能量单位,一元系统发生一个单元直径元 l_ϵ 的位移,相应的能量变化 $\mathrm{d}E$ 就等于一个能元 C_ϵ,即 $\mathrm{d}E=C_\epsilon$,代入上式就有

$$\frac{\mathrm{d}l}{l^0}=\frac{1}{\sqrt{1-\beta^2}} \tag{15-196}$$

如此,就可以直接得到洛伦兹收缩公式

$$\Delta l=\frac{l^0}{\sqrt{1-\beta^2}} \tag{15-197}$$

可见,以同一坐标系测定,动尺的长度比静尺要短,这就是动尺的缩短,它是一个常规经验之外的结果。但是,相对论认为:在任何一个惯性系中,实验者都必须按照同样的原则来制造自己的参考系中为静止的标准米尺,并用它来刻度自己系中的坐标。动尺收缩只是一种时空效应,运动的原子不会真的变扁,电荷的分布也不会发生变化。

(二)同时的相对性

如果不管事件的具体内容而只关心事件发生的时间和地点,那就可以利用时空坐标来表示某一事件。如果参照系 $\sum$ 做匀速直线运动,这一参照系就是惯性参照系。对于两惯性系 $\sum$ 和 $\sum'$,$\sum'$ 是相对于 $\sum$ 的,$t'_2-t'_1=t_2-t_1$,所以,时间具有绝对性。

如果参照系 $\sum$ 沿着 $\vec{X}$ 轴正方向做低速(速度为 u)直线运动,这一参照系本质上还是惯性参照系,$t'_2-t'_1\approx t_2-t_1$。因此,伽利略变换及由它引申出的速度变换关系都被认为是时空性质的自然体现。伽利略变换或时间的绝对性在低速下近似成立。

在相对论前的物理学中,时间是绝对的,它与参考系的运动无关。正因为牛顿力学在实践上的成功,人们接受了时间绝对性的概念。然而,如果参照系 $\sum$ 做加速直线运动(速度为 u),这一参照系本质上就是非惯性参照系,其异质信息变化率 $p_\xi = \dfrac{1}{\sqrt{1-\beta^2}}$ 不可忽视。在 $\sum$ 系中,不论在任何瞬时其坐标原点 O 都是 $x=0$;但是在 $\sum'$ 系看来,$\sum$ 系坐标原点 O 瞬时 t' 的坐标是 $x'=-ut'$,即 $x'+ut'=0$。在同一空间点上 x 和 $x'+ut'$ 同时为零,由(15-197)式 $\Delta l = l_0/\sqrt{1-\beta^2}$ 即可得到

$$x = \frac{x'+ut'}{\sqrt{1-\beta^2}} \tag{15-198}$$

同理,考虑 $\sum'$ 系的坐标原点 O',也可以得到

$$x' = \frac{x-ut}{\sqrt{1-\beta^2}} \tag{15-199}$$

把(15-199)式代入(15-198)式 $x = \dfrac{x'+ut'}{\sqrt{1-\beta^2}}$ 可以得到 $t'_1 = \dfrac{t_1 - \dfrac{u}{c^2}x_1}{\sqrt{1-\beta^2}}$ 和 $t'_2 = \dfrac{t_2 - \dfrac{u}{c^2}x_2}{\sqrt{1-\beta^2}}$。如果事件1和事件2在 $\sum$ 中是同时的,则 $t_1 = t_2$,那么,两式相减就直接得到洛仑兹变换

$$t'_2 - t'_1 = \frac{(t_2-t_1) - \dfrac{u}{c^2}(x_2-x_1)}{\sqrt{1-\beta^2}} = \frac{\dfrac{u}{c^2}(x_1-x_2)}{\sqrt{1-\beta^2}} \tag{15-200}$$

$$\Delta t' = t'_2 - t'_1 = \frac{t_2-t_1}{\sqrt{1-\beta^2}} = p_\xi \Delta t \tag{15-201}$$

(15-201)式表明,在对于发生事件的地点做相对运动的坐标系中所量得的时间间隔,比由静止坐标系中所量得的时间间隔延长了,这就是运动钟延缓的相对论效应——同时的相对性。

按光速不变原理,时空性质应由惯性系间的洛仑兹变换来体现。按照洛仑兹变换,时间是与参考系有关的,而不是绝对的。洛仑兹变换与时间绝对性的概念是冲突的。从 $\sum$ 系看是同时发生的两个事件,在 $\sum'$ 看来就可能不同时,两者发生的时间有先有后;反之亦然。可见,在不同的参照系中时间的流逝是不同的,这就是同时的相对性。同时的相对性是光速不变原理的直接后果,是相对性时空性质的最基本的特征。因此,从一元系统在二仪空间的近变相点区间所表现的异质信息变化率,就可以重新认识时间与空间及同时的相对性。

(三)质量亏损

在第八章第三节"线性系统的质量内涵与质能关系"的论述中,曾经讨论过当系综处在形态空间的原点上时,一元系统的质量就是在线性非平衡区间的动质量 m,因此可以直接演绎出著名的质能关系式(8-20)式 $E_+ = m_+ c^2$。但是,当一元系统形态变化一超出准平衡态时,质能变化关系就是非线性关系了。

其实,在二仪空间的近变相点区间的一元系统异质形态变化规律就是异质信息变化率 $p_\xi = \dfrac{1}{\sqrt{1-\beta^2}}$。如果把系统单元的质量元 m_ε 乘(15-176)式 $p_\xi = \dfrac{\mathrm{d}P}{\mathrm{d}\xi} = \dfrac{C_\varepsilon \mathrm{d}n}{C_N \mathrm{d}E}$ 中的异质单元数 n 和总体单元数 C_N,且令 $m_0 = C_N m_\varepsilon$ 为一元系统运动速度为零时平衡态的质量(即静质量),即

$$p_\xi = \frac{C_\varepsilon \mathrm{d}n}{C_N \mathrm{d}E} = \frac{C_\varepsilon \mathrm{d}(nm_\varepsilon)}{C_N m_\varepsilon \mathrm{d}E} = \frac{C_\varepsilon \mathrm{d}m}{m_0 \mathrm{d}E} \tag{15-202}$$

能元 C_ε 是一元系统发生一个单元质量元 m_ε 的变化,相应的能量变化 $\mathrm{d}E$ 等于最小的能量单位——能元 C_ε,即 $\mathrm{d}E = C_\varepsilon$,代入上式就有

$$\frac{\mathrm{d}m}{m_0} = \frac{1}{\sqrt{1-\beta^2}} \tag{15-203}$$

令式中 $\mathrm{d}m = m$ 为系统运动速度 u 对应的质量(即动质量),m_0 是一元系统运动速度为零时平衡态的质量(即静质量),则(15-203)式就可以演绎出洛伦兹在1904年给出的质量公式

$$m = \frac{m_0}{\sqrt{1 - \dfrac{u^2}{c^2}}} \tag{15-204}$$

如果一元系统是物体,则物体的质量就与其运动变化速度 u 有关。质量随物体运动的速度增加而增加,当运动速度趋近光速时,动质量会趋于无穷大。此式表明,不可能有任何方法,把一个静质量不为零的物体加速到光速;光子不可能有静质量,否则动质量会趋于无穷大。电子和正电子都有静质量,而光子的静质量确实是零。

但是,通常物体的运动变化速度 u 比光速 c 小得多,m 和 m_0 相差极小,因此质量往往被近似地看作一个不变量。当物体运动变化时,随着偏离平衡态异质单元数 n 的增大,作为静止质量有效部分的存量本质单元数 n^0 就减少,因而就会出现所谓的"质量亏损"现象。例如,原子核的质量与它所含各核子分散存在时的总质量之差,就是质量亏损,其单位为原子质量单位。

由于一元系统在二仪空间的异质信息变化率就是相对论基础公式中的相对系数,因此相对系数(异质信息变化率)的数值越大,质量亏损也越大。不过,在 $u \to c$ 的过程中,如果 u 达到 c 时,则有

$$p_\xi = \frac{1}{\sqrt{1-1}} = \infty \tag{15-205}$$

显然,爱因斯坦的相对论只适用于近变相点区间,而物体在达到光速 c 就不能用 (15-204)式 $m = \dfrac{m_0}{\sqrt{1-(u/c)^2}}$ 来表征。

另外,一元系统在二仪空间的异质信息变化率可展开为

$$p_\xi = \frac{1}{\sqrt{1-\dfrac{u^2}{c^2}}} = 1 + \frac{1}{2}\left(\frac{u}{c}\right)^2 + \frac{1\times 3}{2\times 4}\left(\frac{u}{c}\right)^4 + \frac{1\times 3\times 5}{2\times 4\times 6}\left(\frac{u}{c}\right)^6 + \cdots \tag{15-206}$$

在 $u \ll c$ 时,人们可以根据物体的运动速度 u 与光速 c 的差距程度来确定此级数的保留项。u 比 c 小得越多,保留项就越少。当 $\dfrac{u}{c} \to 0$ 时,级数取前两项,代入(15-204)式 $m = \dfrac{m_0}{\sqrt{1-(u/c)^2}}$ 就有

$$m = m_0\left[1 + \frac{1}{2}\left(\frac{u}{c}\right)^2\right] \tag{15-207}$$

再代入质能关系式(9-20)式 $E_+ = m_+ c^2$,就有牛顿力学的动能表达式

$$\begin{aligned} E &= mc^2 \\ &= m_0\left[1 + \frac{1}{2}\left(\frac{u}{c}\right)^2\right]c^2 \\ &= m_0 c^2 + \frac{1}{2}m_0 u^2 \end{aligned} \tag{15-208}$$

可见,动能表达式只是相对论动能在 $u \ll c$ 时的近似表示。[19]

静止质量和能量之间转化的可能性被爱因斯坦看成是相对论的最有意义的贡献。虽然作为经典物理学基础的经典力学不适用于高速运动的物体和微观领域,但是在以地心为参照系的认知体系中,一元系统在二仪空间中的形态变化的总体单元数及其本质单元数的存量都可以通过经典力学的静质量和动质量来表现。因此,能量与质量的相互联系不仅在高能物理中适用,而且在经典力学中也一样适用。质量的改变 Δm 必然伴随着能量的改变($\Delta E = \Delta m c^2$),反之亦然。

类似地,由在二仪空间的可逆发射过程的一元系统异质形态变化规律还可以演绎出许多物理学中的相对论效应。可见,20世纪初引发物理学革命的相对论在统一科学中就这么简捷地被演绎了!实际上,在物理学以外所有一元系统在二仪空间的可逆发射过程的近变相点区间都存在这种相对论效应。只要人们从本质上了解在二仪空间的近变相点区间可逆发射过程的一元系统形态变化规律,就能够对相对论的历史地位重新进行科学的评估。

第五节 一元系统的均衡形态与不均衡态

在一维二仪质向量坐标系 $\vec{X}$ 内部的多维分质向量空间中，一元系统可以表现出不同形式的异质形态变化规律和本质形态分布规律。通过在一维二仪质向量坐标系 $\vec{X}$ 的正向太极 $\vec{X}_+$ 和负向太极 $\vec{X}_-$ 镜像认知体系的阐析，还可以直接演绎出均衡反向一元系统与非均衡反向一元系统的宇称守恒定律与宇称不守恒原理。

一、均衡反向一元系统的异质形态变化规律

一维二仪质向量坐标系 $\vec{X}$ 是由正向太极 $\vec{X}_+$ 和负向太极 $\vec{X}_-$ 共同构成的性质截然相反的二仪空间，一元系统在二仪空间中围绕着正向太极 $\vec{X}_+$ 和负向太极 $\vec{X}_-$ 的变相点进行着 $x_- \longleftrightarrow x_+$ 的阴阳变化，正向子系统发生的质向量变化为 $\Delta \vec{x}_+ = \vec{x}_+ - \vec{x}_-$，负向子系统发生的质向量变化为 $\Delta \vec{x}_- = \vec{x}_- - \vec{x}_+$。在 $x_- \longleftrightarrow x_+$ 的反向可逆发射过程中，一元系统的质向量变化量为 $\Delta \vec{x}$，这是正向变动的质向量 $\Delta \vec{x}_+$ 与负向变动的质向量 $\Delta \vec{x}_-$ 两个质向量的叠加，即（13-63）式 $\Delta \vec{x} = \Delta \vec{x}_+ + \Delta \vec{x}_-$。

在一维正向质向量坐标系 $\vec{X}_+$ 的太极空间中考察单元系统形态变化，其形态变化都是方向恒定且与一维正向单位质向量 $\vec{e}_+$ 同向，即 $x_+ \geq 0$，所以在一维正向质向量坐标系 $\vec{X}_+$ 的太极空间留下的变动轨迹都是一条 $0 \longrightarrow x_+$ 的单向直线。但是，在一维二仪质向量坐标系 $\vec{X}$ 的二仪空间中考察一元系统形态变化，其形态变化则取决于正向子系统与负向子系统在反向发射过程中孰强孰弱，且在一维二仪质向量坐标系 $\vec{X}$ 的二仪空间中留下的变动轨迹也各不相同。

当一元系统的两个子系统在反向发射过程中形态变化达到均衡时，反向可逆一元系统成为均衡反向一元系统。由于正向子系统吸收发射的形态变化 $\Delta \vec{x}_+$ 与负向子系统自发发射的形态变化 $\Delta \vec{x}_-$ 达到均衡，$\Delta \vec{x}_+ = -\Delta \vec{x}_-$，即均衡反向一元系统的质向量变化量 $\Delta \vec{x}$ 为零向量($\vec{0}$)。这犹如拔河比赛中两边力量均等时整体的表现是僵持不动的，所以均衡反向一元系统在表观上可以看作处在平衡态的静止不变的孤立系统，其在一维二仪质向量坐标系 $\vec{X}$ 的二仪空间上留下的变动轨迹为一个定点，而且就停驻在坐标系的原点上。

如果反向可逆一元系统的两个子系统在反向发射过程中形态变化并未达到均衡，当正向子系统吸收发射的形态变化 $\Delta \vec{x}_+$ 大于负向子系统自发发射的形态变化 $\Delta \vec{x}_-$，即 $\Delta \vec{x}_+ > -\Delta \vec{x}_-$ 或 $\Delta \vec{x} = \Delta \vec{x}_+ + \Delta \vec{x}_- > 0$ 时，反向可逆一元系统必然表现出偏向于正向子

系统吸收发射的形态变化特征。这犹如拔河比赛中正向的一方力量大于负向的一方而使整体向正向移动,在表观上整个反向可逆一元系统可以看作处在生长发展(吸收发射)过程的生发系统,其在一维二仪质向量坐标系 $\vec{X}$ 的二仪空间上所留下的变动轨迹为一段反向绷紧直线的正向运动。

如果反向可逆一元系统的两个子系统在反向发射过程中形态变化并未达到均衡,当负向子系统自发发射的形态变化 $\Delta\vec{x}_-$ 大于正向子系统吸收发射的形态变化 $\Delta\vec{x}_+$,即 $-\Delta\vec{x}_->\Delta\vec{x}_+$ 或 $\Delta\vec{x}=\Delta\vec{x}_++\Delta\vec{x}_-<0$ 时,反向可逆一元系统必然表现出偏向于负向子系统自发发射的形态变化特征。这犹如拔河比赛中负向的一方力量大于正向的一方而使整体向负向移动,在表观上整个反向一元可逆系统可以看作处在黏性收缩(自发发射)过程的阻尼系统,其在一维二仪质向量坐标系 $\vec{X}$ 的二仪空间上所留下的变动轨迹为一段反向绷紧直线的负向运动。

为了深究上述三种情形,揭示均衡反向一元系统及其两个子系统在可逆发射过程中蕴含的形态变化规律,必须打开一维二仪质向量坐标系 $\vec{X}$ 内部的 m 维分质向量空间 $(\vec{X}_1,\vec{X}_2,\cdots,\vec{X}_m)$,才能展现隐蔽在正向太极 $\vec{X}_+$ 和负向太极 $\vec{X}_-$ 二仪空间中的均衡形态与非均衡形态的诸多规律。

在一维二仪质向量坐标系 $\vec{X}$ 内部打开 $(\vec{P},\vec{S})$ 二维分质向量空间,一元系统形态变化规律就可以在 $(\vec{P},\vec{S})$ 二维分质向量空间中进行探讨。例如,在省却分质向量关于方向的规定时,以信息 P 为因变量的熵信息函数表达的就是在 (P,S) 分质变量空间表现的一元系统形态转化基元规律,因而可以用标量表示,且 $P\in\left[-\frac{1}{2},+\frac{1}{2}\right]$ 和 $S\in(-\infty,+\infty)$。

在一维二仪质向量坐标系 $\vec{X}$ 内部的 $(\vec{P},\vec{S})$ 二维分质向量空间中,一元系统的质向量变化量 $\Delta\vec{x}$ 可以用信息 $\vec{P}$ 和熵 $\vec{S}$ 作为独立的分质向量来表现,其质向量变化量 $\Delta\vec{x}$ 就是 $\Delta\vec{x}(\vec{P},\vec{S})$。这样,一元系统在一维二仪质向量坐标系 $\vec{X}$ 上发生的形态变化规律,就可用 $(\vec{P},\vec{S})$ 二维分质向量空间中的信息熵函数或熵信息函数来表示,其变动轨迹在 $(\vec{P},\vec{S})$ 二维分质向量空间中都是关于原点对称的曲线。

显然,垂直于 $\vec{X}$ 轴的直线段比之于平行于 $\vec{X}$ 轴的直线段就更容易辨识。在一维二仪质向量坐标系 $\vec{X}$ 内部打开 $(\vec{P}_\perp,\vec{S}_\perp)$ 二维分质向量空间,一元系统的变化区间就可以变换到 $\vec{OP}$ i $\vec{S}$ i 二维分质向量坐标系的 $(\vec{P}_\perp,\vec{S}_\perp)$ 空间中,也就可以在此区间中探讨一元系统的形态变化规律。在一维二仪质向量坐标系 $\vec{X}$ 内部打开其 $(\vec{N},\vec{n},\vec{E},\vec{E}_{\neq},\vec{\varepsilon})$ 五维分质向量空间,那也可以用 $\vec{N},\vec{n},\vec{E},\vec{E}_{\neq},\vec{\varepsilon}$ 作为一维质向量变化量 $\Delta\vec{x}$ 的分质向量来表现,其质向量变化量为 $\Delta\vec{x}(\vec{N},\vec{n},\vec{E},\vec{E}_{\neq},\vec{\varepsilon})$。这样,在一维二仪质向量坐标系 $\vec{X}$ 上发生的一元系统形态变化,就可以用 $(\vec{N},\vec{n},\vec{E},\vec{E}_{\neq},\vec{\varepsilon})$ 五维分质向量空间中的函数来表示。当 $\vec{N},\vec{E}_{\neq}$ 和 $\vec{\varepsilon}$ 表现为常分质向量时,在一维二仪质向量坐标系 $\vec{X}$ 内部 $(\vec{N},\vec{n},\vec{E},\vec{E}_{\neq},\vec{\varepsilon})$ 分质向量空间的 $(\vec{C}_N,\vec{n},\vec{E},\vec{C}_{E_{\neq}},\vec{C}_{\varepsilon})$ 截面上,也可以用异质单元数 $\vec{n}$ 与能量

$\vec{E}$ 的函数来反映一元系统异质形态变化规律。

一维二仪质向量坐标系 $\vec{X}$ 的二仪空间及其内部多维分质向量空间包括了一元系统形态变化的正负区间,所以一元系统在反向发射过程所表现的形态变化规律是与对称性紧紧相连的。在一维二仪质向量坐标系 $\vec{X}$ 内部 $(\vec{N},\vec{n},\vec{E},\vec{E}_{\neq},\vec{\varepsilon})$ 五维分质向量空间的 $(\vec{C}_N,\vec{n},\vec{E},\vec{C}_{E_{\neq}},\vec{C}_{\varepsilon})$ 截面上,在省却分质向量关于方向的规定时,能量 E 的定义域为 $(-E_{\neq},+E_{\neq})$。如果以某一特性 θ 作为能量 E 的显性因子,θ 的定义域就是 $(-\infty,+\infty)$。在这一特性的二仪空间中,一元系统形态就具有反演对称性。例如,在近变相点区间以异质单元数变化率为显函数表示的一元系统形态变化规律为(15-159)式 $r = \kappa C_N (1 + \frac{1}{2}\kappa^2 F^2 \theta^2)$,即使人们颠倒了显性因子 θ 的方向(即用 $-\theta$ 来取代 θ),异质单元数变化率的函数方程仍然是一样的。

特别地,如果以时间 t 作为能量 E 的显性因子,t 的定义域就是 $(-\infty,+\infty)$。在时间 t 的二仪空间中,人们颠倒了时间的方向(即用 $-t$ 来取代时间坐标 t),质参量的函数方程也不会改变,因此人们认为时间 t 具有反演对称性。例如,牛顿定律

$$F = m \frac{d^2 x}{dt^2} \tag{15-209}$$

将时间 t 换成 $-t$,显然 $F = m \dfrac{d^2 x}{d(-t)^2}$ 与 $F = m \dfrac{d^2 x}{dt^2}$ 有相同的规律。

实际上,几乎所有的物理学基础理论(包括经典力学、电气力学、量子力学、广义相对论等)都与时间 t 反转有关。在某些理想的物理过程(如自由落体)中,牛顿定律、哈密顿方程、麦克斯韦方程、爱因斯坦广义相对论、狄拉克方程、薛定谔方程等经典物理学定律也都具有时间反演对称性,它们在时间的任何方向上使用都显得一样,而且也确实在宏观世界中通过了检验。

不过,人们在对时间的认识上长期以来一直存在着"时间不对称"与"时间对称"两种截然不同的观点。其实,处于一维正向质向量坐标系 $\vec{X}_+$ 中的单元系统是非保守系统,其宏观过程不具有时间反演对称性,因而依据人们对时间的直观概念就会得到"时间不对称"的观点,即过去与未来不同,时光是不可倒流的,时间之箭永远只有一个朝向,"逝者如斯",老人不能变年轻,打碎的花瓶无法复原,过去与未来的界限泾渭分明等。但是,处在一维二仪质向量坐标系 $\vec{X}$ 的二仪空间中的均衡反向一元系统是保守系统,保守系统就具有时间反演不变性,因而"时间对称"指的是过去与未来的特性没有任何差异,即时间是可以反转的。比如,一对光子碰撞产生一个电子和一个正电子,而正负电子相遇则同样产生一对光子,这两个过程都符合基本物理学定律,在时间上是对称的。如果用摄像机拍下其中一个过程然后播放,观看者将不能判断录像带是在正向还是逆向播放,时间没有了方向。

二、均衡反向一元系统的本质形态分布规律

在一维二仪质向量坐标系 $\vec{X}$ 的正向太极 $\vec{X}_+$ 和负向太极 $\vec{X}_-$ 中，反向可逆一元系统异质形态变化与本质形态分布是一个问题的两个方面。一元系统的两个子系统既有变异的成分又有保本的成分，既有 Δx，就有 Δx^0，一元系统异质形态变化规律与一元系统本质形态分布规律是相互伴生的。在一维二仪质向量坐标系 $\vec{X}$ 跨越原点的 $[x_-,x_+]$ 非特定二仪区间内，一元系统在 $x_- \longleftrightarrow x_+$ 反向发射过程中的质向量变化量为 (13-63)式 $\Delta \vec{x} = \Delta \vec{x}_+ + \Delta \vec{x}_-$；而一元系统在 $x_- \longleftrightarrow x_+$ 反向发射过程中的质向量不变量则是 (14-41)式 $\Delta \vec{x}^0 = \Delta \vec{x}_+^0 + \Delta \vec{x}_-^0$，(14-41)式也就是一元系统本质形态分布规律的一般表达式。

既然一元系统异质形态变化规律与一元系统本质形态分布规律是相互伴生的，那么只要在一维二仪质向量坐标系 $\vec{X}$ 上打开其内部的多维分质向量空间，就可以从动态或静态两个不同的方面来反映一定区间内的所有形态依一定秩序排列的序列，在揭示一元系统异质形态变化规律的同时也就可以揭示一元系统本质形态分布规律。例如，在第五章第三节"信息与熵表达的内在关系及性质"中已经论述，在一维二仪质向量坐标系 $\vec{X}$ 内部的 $(\vec{P},\vec{S})$ 二维分质向量空间中，在省却分质向量关于方向的规定时，异质信息 P 与本质信息 P^0 是一元系统在 (P,S) 二维空间中形影不离、相反相成的两个形态参量，利用 $P^0(S) = P(\overline{S}) = P(-S)$ 的互补关系就可以由一元系统异质形态变化规律得到一元系统本质形态分布规律。由于 (7-8)式 $P^0(S) = -P(S)$ 是维系一元系统的异质信息 P 与本质信息 P^0 的关系式，只要揭示一元系统异质形态变化规律，也就可以揭示一元系统本质形态分布规律。所以，一元系统本质形态分布规律可以用本质信息熵分布函数表示。

一元系统在没有形态变化时，其宏观表现就是静止的、不变的平衡态。不过，在环境的作用下，一元系统的平衡态就要发生失衡变化。在一维二仪质向量坐标系 $\vec{X}$ 内部的 $(\vec{P},\vec{S})$ 二维分质向量空间中，在省却分质向量关于方向的规定时，一元系统形态所发生的失衡变化可以通过异质信息 P 或本质信息 P^0 随着熵 S 的变化而发生变化来表现。本质信息 P^0 是一元系统形态尚未变化的保留信息，是反映一元系统本质形态分布状况的信息。本质信息分布函数 $P^0(S)$ 也可简称为分布函数。

如果一维二仪质向量坐标系 $\vec{X}$ 以一维正向单位质向量 $\vec{e}_+$ 为度量基准，那么在一维二仪质向量坐标系 $\vec{X}$ 上打开其内部的 $(\vec{P}_+,\vec{S})$ 二维分质向量空间，本质信息 $\vec{P}^0$ 作为因变量与单位质向量 $\vec{e}_+$ 同向，可以用标量 P^0 表示。把 P^0 代入 (14-41)式 $\Delta \vec{x}^0 = \Delta \vec{x}_+^0 + \Delta \vec{x}_-^0$，就可以得到

$$\Delta P^0 = \Delta P_+^0 + \Delta P_-^0 \tag{15-210}$$

P_+^0 的定义域是 $[0,1]$，P_-^0 的定义域是 $[0,1]$，而熵 S 的定义域为 $(-\infty,+\infty)$，其轨迹在形态空间中都是关于 P^0 轴对称的曲线。如果确定了一元系统在一维二仪质向量坐标系 $\vec{X}$ 的二仪区间中，那么非特定区间 $[x_-,x_+]$ 就成为特定区间 $[a_-,b_+]$，这样，(15-210)式就成为 $P^0(a\leqslant S\leqslant b)=P^0(S=b)-P^0(S=a)$。

在远离均衡态和省却分质向量关于方向的规定的条件下，一元系统异质形态变化规律为(14-2)式 $P=\dfrac{1}{2}\left(\dfrac{1}{1+e^{+s}}-\dfrac{1}{1+e^{-s}}\right)$。利用异质信息 P 与分布信息 P^0 的互补关系(7-8)式 $P^0(S)=-P(S)$，可以得到一元系统的本质形态分布规律为(14-42)式 $P^0(S)=\dfrac{1}{2}\left(\dfrac{1}{1+e^{-s}}-\dfrac{1}{1+e^{+s}}\right)$。

在一维二仪质向量坐标系 $\vec{X}$ 内部打开 $(\vec{P^0},\vec{S})$ 二维分质向量空间，一元系统的形态变化规律就可以在 $(\vec{P^0},\vec{S})$ 二维分质向量空间中进行探讨。在省却分质向量关于方向的规定时，把本质信息 P^0 代入(15-128)式 $\vec{x}_+=-\vec{x}_-$ 或(15-130)式 $\Delta\vec{x}_+=-\Delta\vec{x}_-$，所得到的两个子系统本质信息的关系就是

$$P_+^0=-P_-^0 \tag{15-211}$$

对(15-211)式求熵 S 导数，得到的是

$$\dfrac{dP_+^0}{dS}=-\dfrac{dP_-^0}{dS} \tag{15-212}$$

其倒数就是

$$\dfrac{dS}{dP_+^0}=-\dfrac{dS}{dP_-^0} \tag{15-213}$$

如果一元系统为均衡反向一元系统，则一维二仪单位质向量 $\vec{e}$ 在 $(\vec{P^0},\vec{S})$ 二维分质向量空间的变化区间为 $P^0\in\left[-\dfrac{1}{2},+\dfrac{1}{2}\right]$ 和 $S\in(-\infty,+\infty)$。在近变相点区间，均衡反向一元系统的异质形态变化规律就是(14-15)式 $P=-\sinh S$。利用均衡反向一元系统的异质信息 P 与分布信息 P^0 的互补关系(7-8)式 $P^0(S)=-P(S)$，得到的均衡反向一元系统的本质信息分布规律为(14-49)式 $P^0(S)=\sinh S$。在准变相点区间，均衡反向一元系统的异质形态变化规律可以用线性函数(14-30)式 $P=-S$ 表示，利用(7-8)式 $P^0(S)=-P(S)$，得到的均衡反向一元系统的本质形态分布规律为(15-149)式 $P^0=S$。

一元系统在形态变化过程中既有变异的单元又有保本的单元，一元系统形态是在某一环境条件下的本质单元数与异质单元数相互联系与相互斗争的宏观表现，异质单元数的变化表现了一元系统形态变易的一面，而本质单元数的变化体现了一元系统形态留守的一面。因此，也可以在一维二仪质向量坐标系 $\vec{X}$ 上打开其内部的 $(\vec{N},\vec{n},\vec{E},\vec{E_{\neq}},\vec{\varepsilon})$ 五维分质向量空间，省却了分质向量关于方向的规定，以异质单元数 n 为显函数，就可以反映均衡反向一元系统的异质形态变化规律，以本质单元数 n^0 为显函数，也

可以反映均衡反向一元系统的本质形态变化规律。

如果一维二仪质向量坐标系 $\vec{X}$ 以一维二仪单位质向量 $\vec{e}$ 为度量基准,在一维二仪质向量坐标系 $\vec{X}$ 内部 $(\vec{N},\vec{n},\vec{E},\vec{E}_{\neq},\vec{\varepsilon})$ 五维分质向量空间的 $(\vec{C}_N,\vec{n},\vec{E},\vec{C}_{E\neq},\vec{C}_\varepsilon)$ 截面上,省却了分质向量关于方向的规定,由势 $\mu=\dfrac{dE}{dn}$ 也可以得到反映均衡反向一元系统的本质形态变化规律

即
$$\mu_+=-\mu_-$$

$$\frac{dE}{dn_+^0}=-\frac{dE}{dn_-^0} \tag{15-214}$$

此式两边的分母若同乘以系统单元的显性因子 θ_ε,由(6-389)式 $\theta_+=\theta_\varepsilon n_+$,(15-214)式可以写成(6-387)式 $F_+=\dfrac{dE_+}{d\theta_+}$ 的形式,即(15-60)式 $F_+=-F_-$。如此的演绎,又得到了牛顿第三运动定律。(15-214)式中的负号表示作用力 F_+ 和反作用力 F_- 方向相反,各自作用在对方,这在力学的反冲运动等场合可以得到实际应用。

由于均衡反向一元系统就处在一维二仪质向量坐标系 $\vec{X}$ 内部的二维分质向量坐标系 $\overrightarrow{OP^0S}$ 的原点上,如果均衡反向一元系统停驻在变相点附近的准变相点区间或近变相点区间,人们还是难以认识均衡反向一元系统在二仪空间中不同失衡条件下的本质形态分布规律。不过,只要对一维二仪质向量坐标系 $\vec{X}$ 进行 $w=e^{i\frac{\pi}{2}}z=iz$ 的旋转变换,反向变化的二仪空间就可以变成与一维二仪质向量坐标系 $\vec{X}$ 垂直的一维二仪质向量坐标系 $\vec{X}i$。这样,在一维二仪质向量坐标系 $\vec{X}i$ 内部的 $(\vec{P}_\perp,\vec{S}_\perp)$ 二维分质向量空间中,均衡反向一元系统远离平衡态的本质形态分布规律就是(14-83)式 $P^0=\dfrac{1}{2}\tan\dfrac{S}{2}$,均衡反向一元系统近平衡态的本质形态分布规律就是(14-88)式 $P^0=\sin S$,均衡反向一元系统准平衡态的本质形态分布规律就是(14-93)式 $P^0=S$。

三、宇称守恒定律与宇称不守恒原理

宇宙中的事物形态普遍存在着对称的现象。在物理学中,对称性具有更为深刻的含义,指的是物理规律在某种变换下的不变性。时间和空间的变化,都不会改变物理规律的形式和结果。所以,不变性原理通常又是与守恒定律联系在一起的,如动量守恒定律是物理定律在空间平移下的不变性的体现,能量守恒定律与时间平移不变性相联系,角动量守恒定律是物理定律空间旋转对称性的体现等。

为了描述这种与二仪空间反演对称性相联系的物理量,人们引入了"宇称"的概念,把宇宙中"左右对称"或"左右交换"的事物形态叫作宇称。简单地说,宇称就是一种二仪空间的左右对称。"左右交换不变"或者"镜像与原物对称"就是"宇称不变性"。[20]

由于事物形态变化规律的左右对称是人们的普遍认识,因此在相当长的一段时间内,人们认为宇称一定是守恒的;所有自然规律在镜像反演下都保持不变,都存在宇称对称性。宇称对称性是指"镜像处理后的现象也遵循与外界一样的物质定律"。所以,自然定律在镜像反射后会维持不变也被人们称为宇称守恒定律。引力、电磁力和强相互作用力都遵守这条定律。像牛顿运动定律、麦克斯韦方程组和薛定谔方程都具有空间反演不变性。

值得一提的是,1864年,麦克斯韦把宏观的电磁相互作用总结为一组经典电磁学的基础方程,这组自洽、优美和简洁的方程是由电场的高斯定律、磁场的高斯定律、法拉第电磁感应定律和麦克斯韦—安培定律所构成。麦克斯韦方程组描述了电场、磁场与电荷密度、电流密度之间的关系,揭示了电场与磁场相互转化中产生的对称性优美,保证了电荷的局域守恒性,而且它们是通过电磁力行为中的固有的对称性达到这一点的。人们观察到的在电和磁之间的相互联系是由局域对称性产生的,所以现代科学中伟大的麦克斯韦方程组包含着深刻的对称性,而其洛伦兹对称性孕育了爱因斯坦的狭义相对论。

在粒子物理学中,宇称是内禀宇称的简称,是表征粒子或粒子组成的系统在空间反射下变换性质的物理量。因为连续两空间反演(镜像反射)就等于其本身,在空间反射变换下,粒子的场量只改变一个相因子,这个相因子就称为该粒子的宇称,所以,表征粒子运动特性的宇称同能量、动量等连续变化的物理量不同,它是描述粒子在空间反演下变换性质的相乘性量子数,记为P。微观粒子的状态用波函数Ψ描写,即表示波函数的数值随坐标而变化。宇称只能取两个分立的值($+1$或-1),也就是说波函数在镜像对称时有两种可能:第一种情形宇称为正($+1$),第二种情形宇称为负(-1),对于一个多粒子系统来说,此系统的总宇称为各该系统粒子的宇称之乘积。

有些亚原子粒子可以称为"奇粒子",另一些亚原子粒子可以称为"偶粒子",因为它们所能结合成的粒子或分裂成的粒子正好与奇数和偶数相加时的情况相同。当两个整数都是偶数或者都是奇数时,就说这两个整数具有"相同的奇偶性(宇称)";如果一个是奇数,一个是偶数,它们就具有"不同的奇偶性(宇称)"。这样一来,当有些亚原子粒子的行为像是奇数,有些像是偶数,并且奇数和偶数的相加法则永远不被破坏时,那就是"宇称守恒"了。

有了以上概念后,根据左右对称性就可以引申出宇称守恒定律:由许多粒子组成的系统,不论经过相互作用发生什么变化(包括可能会使粒子数发生变化),它的总宇称保持不变。如果原来为正,相互作用后仍为正;如果原来为负,相互作用后仍为负。可见,宇称守恒定律是关于微观多粒子系统的形态变化规律具有左右对称性的定律,即微观多粒子系统在发生某种变化过程(如核反应、基本粒子的产生和衰变等)前的总宇称(其值为$+1$或-1)必须等于变化过程后的总宇称。其物理意义是,多粒子系统和它的"镜像粒子"系统都遵从同样的运动变化规律。

在微观世界里，基本粒子有三个基本的对称方式：①粒子和反粒子互相对称，即定律对于粒子和反粒子是相同的，这被称为电荷（C）对称；②空间反射对称，即同一种粒子之间互为镜像，它们的运动规律是相同的，这叫宇称（P）；③时间反演对称，即如果人们颠倒粒子的运动方向，粒子的运动是相同的，这被称为时间（T）对称。也就是说，如果用反粒子代替粒子、把左换成右以及颠倒时间的流向，那么变换后的物理过程仍遵循同样的物理定律。因此，时间、宇称和电荷守恒定律被认为是支撑现代物理学的基础之一。

世界上存在着无数的均衡反向一元系统，像由正极和负极组成的磁铁、电池等。只要一元系统成为均衡反向一元系统，两个子系统形态变化就遵循宇称守恒定律。宇称守恒定律对于许多情况都是正确的，且与许多实验结果相符合，像强相互作用和电磁相互作用就是如此。强相互作用比其他三种基本作用有更大的对称性，在强相互作用中遵从的守恒定律最多。因此，宇称守恒定律被认定是一条万物通用的定律。

时间、宇称和电荷作为一个整体被认为应该守恒。然而，1956年，物理学家李政道和杨振宁根据对过去所有实验事实的分析首先从理论上指出，在基本粒子弱相互作用的领域内宇称并不守恒，并且实验很快就证明他们关于宇称不守恒的说法是对的。这就是说，有些亚原子粒子的行为在弱相互作用过程中是不对称的。因此，宇称不守恒定律是指在弱相互作用中互为镜像的物质的运动不对称。

宇称不守恒原理的影响是深远的，它彻底改变了人类对于对称性的认识，促成了此后几十年物理学界对对称性的关注。其实，"弱相互作用中宇称不守恒"定律的道理很简单。对称性反映不同物质形态在运动中的共性，而对称性的破坏才使得它们显示出各自的特性。世界从本质上被证明了是不完美的、有缺陷的。对称性的破坏是事物不断发展进化与变得丰富多彩的原因，也是事物阴阳失调的表现。

在统一科学中，一维二仪质向量坐标系 $\vec{X}$ 的正向太极 $\vec{X}_+$ 和负向太极 $\vec{X}_-$ 是左右对称的坐标系，均衡反向一元系统的两个子系统形态在正向太极 $\vec{X}_+$ 和负向太极 $\vec{X}_-$ 上是镜像对称的，镜像反射等同于把所有空间轴反转。也就是说，在镜中看实验，跟把实验设备转成镜像方向后看实验，两者的实验结果是一样的。均衡反向一元系统的两个子系统形态在正向太极 $\vec{X}_+$ 和负向太极 $\vec{X}_-$ 上的变化规律在镜像反演下保持不变。一个粒子的镜像与其本身性质完全相同。其实，在一维二仪质向量坐标系 $\vec{X}$ 内部的 m 维分质向量空间（$\vec{X}_1, \vec{X}_2, \cdots, \vec{X}_m$）中，均衡反向一元系统的两个子系统表现的形态变化规律都是宇称守恒定律的具体形式。

不过，一元系统的两个子系统的形态在反向发射过程中往往未能达成均衡。在正向子系统吸收发射的形态变化 $\Delta\vec{x}_+$ 大于负向子系统自发发射的形态变化 $\Delta\vec{x}_-$ 时，$\Delta\vec{x} = \Delta\vec{x}_+ - \Delta\vec{x}_- > 0$，非均衡反向一元系统表现出偏向于正向子系统吸收发射的形态变化特征，因而称之为生发系统。在负向子系统自发发射的形态变化 $\Delta\vec{x}_-$ 大于正向子系统吸收发射的形态变化 $\Delta\vec{x}_+$ 时，$\Delta\vec{x}=\Delta\vec{x}_+-\Delta\vec{x}_-<0$，非均衡反向一元系统表现出偏向于负向子系统自发发射的形态变化特征，因而称之为阻尼系统。

非均衡反向一元系统的两个子系统在反向发射过程中，必然像"顶牛"那样力量大的一方且战且进，力量小的一方且战且退。当非均衡反向一元系统在一维二仪质向量坐标系 $\vec{X}$ 表现为正向移动时，$\Delta\vec{x}$ 犹如在正向太极 $\vec{X}_+$ 上进行吸收发射的直线正向运动。当非均衡反向一元系统在一维二仪质向量坐标系 $\vec{X}$ 表现为负向移动时，$\Delta\vec{x}$ 犹如在负向太极 $\vec{X}_-$ 上进行自发发射的直线负向运动。

但是，仅仅以这样的一个质向量的变化来认识非均衡反向一元系统，人们还是无从认识其在二仪世界的异质形态变化规律和本质形态分布规律。为了认知非均衡反向一元系统及其两个子系统在反向发射过程中所蕴含的形态变化规律，也要打开正向太极 $\vec{X}_+$ 和负向太极 $\vec{X}_-$ 内部的 m 维分质向量空间 $(\vec{X}_1,\vec{X}_2,\cdots,\vec{X}_m)$。

在一维二仪质向量坐标系 $\vec{X}$ 中，打开其内部的 $(\vec{P},\vec{S})$ 二维分质向量空间，一元系统的质向量变化量 $\Delta\vec{x}$ 可以用信息 $\vec{P}$ 和熵 $\vec{S}$ 的变化量 $\Delta\vec{x}(\vec{P},\vec{S})$ 来表现，这样，一元系统在正向太极 $\vec{X}_+$ 和负向太极 $\vec{X}_-$ 上发生的形态变化，就可以用 $(\vec{P},\vec{S})$ 二维分质向量空间中的信息熵函数或熵信息函数来表示。如果直接用信息 $\vec{P}$ 作为一元系统形态变化函数的因变量，(13-68)式 $\vec{P}=\alpha_+\vec{P}_++\alpha_-\vec{P}_-$ 事实上就已经给出了一元系统形态变化信息的一般形式。

在一维二仪质向量坐标系 $\vec{X}$ 中，打开其内部的 $(\vec{N},\vec{n},\vec{E},\vec{E}_{\neq},\vec{\varepsilon})$ 五维分质向量空间，一元系统的质向量变化量 $\Delta\vec{x}$ 可以用 $\vec{N},\vec{n},\vec{E},\vec{E}_{\neq},\vec{\varepsilon}$ 作为独立的分质向量来表现，其质向量变化量 $\Delta\vec{x}$ 就是 $\Delta x(\vec{N},\vec{n},\vec{E},\vec{E}_{\neq},\vec{\varepsilon})$，这样，一元系统发生的形态变化就可以用 $(\vec{N},\vec{n},\vec{E},\vec{E}_{\neq},\vec{\varepsilon})$ 五维分质向量空间中的函数来表示。

可见，不论一元系统是均衡反向一元系统还是非均衡反向一元系统，宇称守恒定律或宇称不守恒原理都可以用熵信息函数或信息熵函数来表示，也可以用 $(\vec{N},\vec{n},\vec{E},\vec{E}_{\neq},\vec{\varepsilon})$ 五维分质向量空间中的函数来表示。

在一维二仪质向量坐标系 $\vec{X}$ 的二仪空间中，一元系统异质形态的变化与本质形态的分布是一个问题的两个方面。一元系统的两个子系统在 $\Delta x=0$ 时是均衡的，在 $\Delta x^0=0$ 时也是均衡的；一元系统的两个子系统在 $\Delta x\geqslant 0$ 时是非均衡的，在 $\Delta x^0\geqslant 0$ 时也是非均衡的。一元系统的异质形态变化规律及其本质形态分布规律可以演绎宇称守恒定律，非均衡反向一元系统的异质形态变化规律及其本质形态分布规律也可以演绎宇称不守恒规律。例如，在粒子世界中，粒子的本质是电磁相互作用，粒子与粒子或粒子与物质间同样存在相互作用。然而，如果粒子系统是非均衡反向一元系统，其物理规律的对称性就全部破碎，在正物质宇宙环境下也许正是这种粒子的相互作用影响差异使得粒子能量运动状态发生改变而导致宇称不守恒。

参考文献

[1]高崇寿,谢柏青.今日物理[M].北京:高等教育出版社,2004:125-126.

[2]费恩曼,莱顿,桑兹.费恩曼物理学讲义:第1卷[M].新千年版.郑永令,华宏鸣,吴子仪,等译.上海:上海科学技术出版社,2013:541.

[3]维纳.控制论[M].郝季仁,译.北京:北京大学出版社,2007:5.

[4]钱显毅,钱显忠,钱爱玲.应用物理学[M].北京:中国水利水电出版社,2012:34.

[5]李喜先.科学[M].贵阳:贵州人民出版社,2013:133.

[6]赵峥.爱因斯坦与相对论[M].上海:上海教育出版社,2015:233.

[7]杨维纮.力学[M].2版.北京:中国科学技术出版社,2004:188-197.

[8]沈熙宁.电磁场与电磁波[M].北京:科学出版社,2006:43-44.

[9]费恩曼,莱顿,桑兹.费恩曼物理学讲义:第2卷[M].李江芳,王子辅,钟万蘅,译.上海:上海科学技术出版社,2005:162-163.

[10]费恩曼,莱顿,桑兹.费恩曼物理学讲义:第3卷[M].潘笃武,李洪芳,译.上海:上海科学技术出版社,2005:254-263.

[11]大栗博司.强力与弱力:破解宇宙深层的隐匿魔法[M].逸宁,译.北京:人民邮电出版社,2016:208.

[12]香山科学会议.科学前沿与未来:第10集[M].北京:中国环境科学出版社,2006:56-77.

[13]张天蓉.爱因斯坦与万物之理[M].北京:清华大学出版社,2016:201-202.

[14]李新洲,徐建军.现代数学及其应用[M].上海:上海科学技术出版社,2006:73.

[15]陈方培.时空与物质:物理学的基本概念和基本规律[M].北京:科学出版社,2014:14.

[16]曹天元.上帝掷骰子吗?量子物理史话[M].北京:北京联合出版公司,2013:337-338.

[17]赵峥.爱因斯坦与相对论[M].上海:上海教育出版社,2015:49-52.

[18]爱因斯坦.相对论[M].曹天华,译.北京:新世界出版社,2014:1-169.

[19]张天蓉.上帝如何设计世界:爱因斯坦的困惑[M].北京:清华大学出版社,2015:204.

[20]程檀生.现代量子力学教程[M].北京:北京大学出版社,2006:91-101.

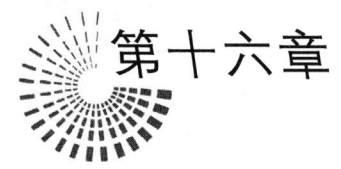

第十六章

简谐振动与振动论

第一节 广泛的振动现象与简谐振动规律

振动是世界上最常见的现象,是事物存在的一种基本形态。古今中外虽然对振动的规律性做过探索,并从机械的周期振动获得了简谐振动的经验公式。但是,通过在二仪空间揭示均衡反向一元系统内部的两个子系统的反向逆动规律,就可以演绎出简谐振动规律,并可认清振动的实质就是描述某个形态量在平衡态附近的反复变化。

一、广泛存在的振动现象

振动是自然界最常见的现象之一,大至宇宙,小至夸克,无不存在着振动。在客观世界中,振动、振荡或脉动现象比比皆是。人类就生活在振动的世界里。人们手握电钻打孔时,手臂就会振动。地面上行驶的汽车、拖拉机蒸汽机活塞的往复运动、担物行走时扁担的颤动、钟摆的摆动、在微风中树梢的摇摆、天空中的飞机机翼的颤振、宇宙飞船在运行中都不停地在振动,水上浮标的浮动、建筑结构和桥梁以及水坝在风或地震载荷的干扰下也会发生振动。

在物理学界,人们归纳了在力学领域存在的振动现象后认为,振动是指一个系统的物理量在其平均值(或平衡值)附近来回变动的物理现象。[1]物体(或物体的一部分)围绕它的平衡位置在其附近所做的周期性的往复运动,就叫作机械振动,如钟摆的来回摆动、弹簧的自由振动、活塞的往复运动、动物的发声、机器的振动、船体的摇摆、原子的振动等。从力学的观点来看,如果质点所受的力和质点离开平衡位置的距离成正比时,该质点都将发生振动,但是除了这个力外,也还可能受其他力的作用,所以振动类型多种多样。

物理世界不仅在力学领域存在广泛的振动现象,而且在声学、电磁学、光学、原子物理学领域也存在类似的振动现象。电脉冲、脉冲电流、交流电以及变幻莫测的光波的振动和波动,早已被人们所认识。人们在家中,只要录音机、洗衣机、电冰箱的压缩机一旦启动,振动就始终伴随。浩瀚的宇宙中,也有电磁波在不停地发射与传播,电磁系统的振动已经是通信、广播、电视、雷达等工作的基础。

转而考察化学世界,一样可以发现化学振荡现象。1958年,苏联化学家贝洛索夫在铈离子催化下做柠檬酸的溴酸氧化反应,此后他又用铈离子做催化剂使丙二酸被溴酸氧化。当参加反应的物质浓度控制在接近平衡态的比例时,在均匀边界条件下,生成物均匀地混合分布在整个容器内,呈现出对称性最强的无序态。但是只要适当控制某些反应物和生成物的浓度而使反应条件远离平衡态,上面的两个反应就都会呈现化学振荡。前者容器内混合物的颜色周期性地在黄色和无色中变换,而后一反应介质会时而变红,时而变蓝。颜色的变化对应于离子浓度的变化。这种介质浓度比例像钟摆一样做规则的周期性变化的行为,被称作化学振荡或"化学钟"。这一反应还发现了容器中不同部位各种成分浓度呈现出宏观的有规律的空间周期分布和各成分浓度在时间和空间上做周期性变化的化学波。[2]

如今,人们已经在至少12种系统中发现了化学振荡。产生化学振荡的基本条件是自催化或互催化作用,这种作用会导致非线性行为。在现代生物化学中,这样的例子很多。像核酸产生蛋白质,而蛋白质又反过来促使核酸的形成,因为这里存在着一个包含蛋白质和核酸的互催化环。还有一种叫作轮烷的自组织分子,可以作为分子开关在两种稳定态之间来回振动,将来可能成为分子计算机的开关。在分子理论中,原子间通过共价键相互之间建立起固定的(相对稳定的)振荡(疏密)运动,事实上这也是振动在分子结构上的表现。

在生物学界,所有动物体中从细胞核的层次开始直至动物整体都有振动现象。心脏的跳动,脉搏的起伏,肺脏的摆动,肢体的行走,肌肉的收缩,耳膜和声带的振动,呼吸中枢周期性地发放冲动、化学脉冲、神经脉冲、电脉冲,胃的容受性舒张、紧张性收缩和蠕动以及脑电的波动等都是动物的短周期振动。而动物体温的节律性起伏、机体随昼夜的变化呈现出周期性收缩与膨胀,鸟类生殖器官季节性的发展和萎缩,秋季移栖之前的换羽和春秋两季移栖之前体内脂肪的储存,许多动物(如北极熊)周期性的冬眠,以及动物的生长和灭亡等又是动物的长周期振动。动物体的群体或物种所表现出的振荡大都是一种时间周期振动。例如,在20世纪初,亚德里亚海的渔民观察到了鱼群数的周期变化,这种振动是由捕鱼动物和被捕鱼之间的相互作用引起的。如果捕鱼动物吃掉了过多的被捕的鱼,被捕鱼的数目便会减少,捕鱼动物由于得不到足够的食物也要减少;反过来,被捕鱼的数目增加,引起了捕鱼动物数目增长,从而又出现了群体的循环变化。

与动物体相类似,植物体也是振动体。在植物体中,从细胞层次开始直到整个植株都有呼吸作用和光呼吸,这些呼吸过程无疑都是振动过程。植物为适应昼夜的变化而进行调节所显示出来的和谐的振动节律到处可见,除了花开花落的周期变化以外,植物的枝叶、花朵也都显示出令人费解的振动节奏。

深入观察动植物的基本组成单位——细胞,也可以看到细胞是一个小小的振动体。各种细胞活动与细胞在一天的不同时间里所具有的蛋白质有关,所以细胞的机能也具有一定的节律周期,即具有一定的振动周期。即使把单细胞机体的细胞核去掉,原生质剩下的部分也还保留着应有的节律——振动节奏,这就是存在于细胞中的生物钟。

再深入"微观"世界,一样可以发现分子、原子等基本粒子甚至所有的波场都以各自不同的频率跳动着。分子在振动和能级跃迁中膨胀着、收缩着,原子依其固有频率在不停地振荡,电子在绕原子核做旋转运动。在目前人类所发现的300多种基本粒子中,其"基态"粒子有各自的寿命,有自旋和相互作用,包括寿命极短的共振态粒子也有其生命过程(有的只有 10^{-23} s)、内部结构和运动变化规律。由于粒子的振动性才形成千姿百态的粒子波,而波场的波动又反过来证明波源是振动的。像氮原子在氨分子中振动23 870 100次所需的时间,还使得计时标准有了新的定义。

微观粒子的振动是旋转运动的表现形式,宏观物体的旋转运动也是振动的表现形式。例如,圆周运动是人们最常见的一种曲线运动,电动机上的皮带轮、机器上的飞轮的转动,它们上面的各个点(中心点除外)都在做半径不同的圆周运动。物体这种周而复始的圆周运动或旋转运动都是振动的形式。

如果物质的质点依一定的序列在平面上做旋涡运动,这种面旋也是振动的表现形态。其实,振动还可以表现为周期性运动的体旋形态。每一个旋转体都存在其相对稳定的旋转形态,即旋转周期、旋转方式与姿态、旋转幅度和不同半径上的旋转速度。例如,陀螺是人们所熟悉的一种器物,从儿童玩具到高科技领域,都有它的身影。凡是可围绕一轴转动,而此轴又可以围绕另一相交轴转动的刚体都是陀螺。当陀螺受力旋转时,顶点着地,各个方向离心力总和达到平衡,因此陀螺能暂时用轴端站立,保持平衡现象。然而,陀螺转子的高速旋转是周期性的,只受到地球引力的持续作用。周期性的进动和章动组合产生体旋的动力,构成了陀螺运动的体旋运动方式。

放眼宇宙,一样可以看到所有的天体都是振动的。太阳的升落、月亮的圆缺以及气候的周期性变化早就为人们所认识。在宇宙的天体运动层面,星球围绕某一中心体的旋转,每个星球受到星系或星系以外的外力影响,几乎所有的星球都是按椭圆轨道运动的。像太阳系的太阳不停地做自旋运动,有周期性的自转——由黑子活动变化而表现出的太阳年,同时又有绕银心的大周期转动。而地球等行星除自旋外,还存在绕太阳的公转,月球有自转也有绕地旋转。在恒星发育的每个阶段,也都有旋转、热核反应、膨胀、坍缩等周期性的运动。这些天体存在的自旋和公转现象,其本质就是体旋运动。所以,包括均匀分布在空中的光子受到环境的垂直作用所形成的光环或光球也都是旋转体。

地球在发育演化过程中有天文期和地质期。起初,形成地球的天文物质在各种作用力的驱使下发生分异,形成核幔壳以及水圈、大气圈等圈层构造,既有自转周期的变化、地磁游动、地幔对流、大陆漂移、板块运动、地壳的均衡代偿和演化,又有造山运动、火山爆发、岩浆活动、变质作用、元素聚散沉浮、各种矿产的形成等。所有这些变化都是有规律的周期发展变化过程或阶段发展变化过程。在地球的岩石圈,矿物体也是振动体。地质学家发现,有些岩石断面出现明显的周期性的花纹图案,反映着不同成分的矿物密度在空间位置上的周期变化。进一步研究发现,这种周期变化并非来源于外界条件的周期变化,而纯粹是岩石系统内部的物理、化学过程的结果。

在地球发育史上,全球气候的冷暖交替、有机物的形成、生命的诞生、生物的进化、物种的发育发展和丰富、生物的新陈代谢、繁衍生息等,不仅有生命形成及其演化以至产生人类的这样的大周期,而且有每个物种的演进和生物个体生命运动的中周期与小周期以及生物体内的组织、细胞等更小的周期运动、脉动等。

近几十年来,人们运用较先进的仪器观测也得到同样的结论。照亮万物的太阳与人们的心脏相似,也存在搏动现象,太阳表面每 160 min 跳动一次,距地球远近的差距为 10 km,每过 11 年,太阳的表面就一定会出现剧烈的爆炸。同太阳一样,所有的恒星和天体都以某种方式或多或少地向外辐射某种能量,如一切天体都向所有天体辐射出引力波。像月球由于近地点的不同引起的潮汐运动就是一种引力波的运动,人们在沙滩上都可以清楚地看出,不论是涨潮还是退潮,这种引力波的运动都伴随着难以胜数的波浪的涨落。这些由天体辐射出来的振动波场正好说明一切天体都是振动的,而由天体与天体系统的自相似性又可推断整个宇观世界也都是振动的。爱因斯坦在 1917 年就证实了,宇宙在其发展过程中,总体上是在做膨胀—收缩的脉动性周期振动,而且这样的脉动性的膨胀—收缩式的周期循环永恒地存在和运动着。

既然一切事物都能够发生振动,事物就不仅以振动的形态存在,而且事物从一种形态向另一种形态转化过程的各个阶段也都能够发生振动,表现在其形态变化曲线上就必然不是光滑的曲线,而是波浪式的锯齿般的曲线。因此,通过实验得到的事物形态变化规律关系曲线往往都是非光滑的齿状曲线。像电化学的极谱曲线是用仪器精确反映单元系统形态突变的典型实验曲线,在这种极谱波图中,单元系统由一种形态向另一种形态的转化就表现为极谱阶跃。然而,由实验仪器记录的这种形态变化曲线并不是理想的 S 形理论曲线,而的确是处处充满锯齿振动的 S 形非光滑的曲线,如图 10-11 所示。

不仅在电化学领域,而是在其他任何一种领域之中,只要能够精确记录单元系统发生异质形态变化过程的异质单元数与能量的关系曲线,又没有人为地滤波,所得到的结果往往都是与极谱阶跃一样地充满锯齿噪声的 S 形实验曲线。例如,无线电中噪声的一个来源是导体中电子的无规则热运动。当线路中有个直流或交流电压时,它所产生的电流和时间的关系平均说来是一根光滑的曲线,但是在实际上这曲线是参差不齐的,像一个不规则的锯子。这是由于导体中的许多自由电子虽大体上是按着外加电压的方向运动的,可是在这个有规则的运动上还附加有电子的无规则的热运动,这样就产生了一个涨落电流。线路电流的平均值是外加电压所产生的电流,在没有外加电压时,热运动产生的涨落电流还是存在的,只不过它的平均值为零。

客观实在的事物形态在发生变化的过程中必然要经历局部的振动,抽象成为单元系统形态后在连续变化的精微处依然会显示出对宏观形态量的偏离。但这种偏离主要是由于系统中的实际单元并不是理想的、点状的、无任何特质的、抽象的单元,而是具有一定大小、形状或特质的单元,这些实在的具体单元在系统中存在着相互作用。在环境的作用下,系统中所有的实际单元不可能绝对协同、完全一致地处在同一激发态,多少有所涨落,因而在事物形态变化曲线上到处都将充满锯齿状的波线,构成了所谓的"背景噪声",并且在临界点附近涨落还可能会受环境影响而被放大,使得系统的形态发生质的转变。

上述的振动现象说明世界的各个层次及其事物形态的变化过程都存在着振动:场振动,基本粒子振动,原子核振动,分子振动,细胞核振动,细胞振动,器官振动,动植物群体振动,星系振动,宇宙振动等。宇宙的物质(大到宇宙本身,小到基本粒子)都在做有规律的振动,周期运动、往复运动、循环运动、阶段运动、波动、转动、脉动等规则的振动是客观存在的运动形式,而且大多数物质都能以多种多样的方式自由地振动。

可见,振动无所不在,无时不有。振动是描述事物形态的某个形态量在平衡态附近的反复变化,是事物存在的一种基本形式。

二、简谐振动规律的探幽

既然振动是事物存在的一种基本形式,人类的理性自觉就必然要去探索其中的规律性。其实,事物在某一平衡态附近的振动,就是中国人早就涉猎的阴阳分合矛盾运动。《易经》中所谓"刚柔相摩,八卦相荡"描述的就是振动。所谓"一气之中,二端既肇,摩之荡之,而变化无穷""阴阳二殊,故以异而相感"也都是对振动的刻画。

中国古人还认为,事物形态的振动规律乃是阴阳之道。对此,美国物理学家卡普拉有过一段精辟的描述:"'道'的基本特征是永不止息的运动的循环性,自然界中一切演化,包括物理世界以及心理的和社会领域的演化,都表现着循环的图像。中国人引进极性相反的阴和阳,给这一循环思想一个明确的结构,用两极规定变化的循环;阳极生阴,阴极生阳。在中国人看来,'道'的一切显示,一般都由这两个原极的相互作用生成。许多自然的和生命的现象都具有相反的两极形相。它们不属于不同的类,而是属于单一整体的极端。这对于西方人来说是很难理解的,但是,理解这点是重要的。没有什么事物只是阴或只是阳。一切自然现象都是两极之间的一个连续振荡的显示,一切转化都逐渐并且在一个完整的过程中发生。自然秩序是阴和阳之间的动态平衡过程。"[3]

任何两种不同的事物形态都代表着两极,事物形态变化必然经历从一极向另一极过渡的不同中介态。但是，一切差异都可在中间阶段融合，一切对立都经过亦此亦彼的中间环节或中介范畴而互相过渡、转换或移植。否则，仅仅关注事物形态矛盾的对立或统一这两极，事物形态的矛盾运动就会陷入非此即彼的两极对立和两元对立，就不能完整地认识事物形态的总体变化和逻辑体系总体运动的全过程。然而，许多自然现象确实都是两极之间的一个连续振荡的显示。因此，在弦理论中，处于两极之间中介态的每一种粒子都可以看作一根弦，一个振动着穿越空间飞始的极小的一维实体，而所有的不同种类的基本粒子对应着弦的不同振动模式。

事物在振动过程中表现的规律性常常与周期运动相关，所以人们研究事物振动的规律性就是从研究周期运动开始的。在考察事物形态的振动变化过程中，人们还把事物形态的振动分为周期振动和非周期振动。每隔一固定的时间 T，事物形态就完全重复一次的规则振动被称为周期振动，如潮涨潮落、月圆月缺、花开花落、河流浊而复清和单摆运动、交通灯的变换以及交流电中电流强度周期性的变化等，这些周而复始的现象都是周期性变化的振动过程。另一种振动是无规则的，没有确定的时间周期，因而被称为非周期振动或随机振动，如股票市场的涨落、气候的变化、人脑的电波、地震的发生、火光的跳跃、烟一股股地冒等，这些不均匀、不规则的振荡现象都是随机变化的振动过程。

微观系统、宏观系统和宇观系统中的每一层次都存在着大量的周期运动，也存在着大量的随机运动，而且还存在着大量的两种混杂的振动。例如，交通噪声就既有汽车气缸运转和轮胎摩擦的周期振动，也有司机操作与路况的随机振动；载波技术则是把弱的非周期信号加载到波幅固定的高频载波上。多粒子体系的化学运动也存在极为复杂的相互作用，其振动现象也比较复杂，既有均相振动又有非均相振动，既有周期振动又有非周期振动。

一般说来，有规则的周期振动是比较好把握的，也是容易进行定量描述的；而随机振动就比较难把握，也难以做出准确的定量描述。例如，某些社会震荡就带有明显的随机性（像动乱与治理、战争与和平、社会革命和社会安定等），人们在预言和描述这些现象时是很难进行定量的，因而往往只能当"事后诸葛亮"。

对于有规则的周期运动，人们早就有了较为广泛和深刻的了解。《易·系辞》中提及，"日往则月来，月往则日来""日月运行，一寒一暑""寒往则暑来，暑经则寒来，寒暑相推而岁成矣"。在近代科学产生之前，古人早已观察到了冬去春来，果树"大、小年"，生物钟，共振，虫口增减等周期现象。古人在太阳升落、月亮盈亏、群星运行的周而复始的观察中，得到了日、月、年的概念。正因为人们对于周期运动有了深刻的了解，中国才有二十四节气、农家谚语等；而渔民之所以能在浩瀚的海洋里捕到鱼，也是因为掌握了诸如鱼汛、产卵期等鱼类活动的周期。如今，人类利用自然、改造自然的能力极大增强，且有了原子钟和无线电通信等，也同样受益于周期运动的研究。这说明周期振动是有其固有规律的，并已为人们的经验所揭示。

在西方，人们较系统地研究周期运动是从机械振动开始的。三百多年前，牛顿首先提出用微分方程和变分原理来描述自然世界中这种反复循环的周期变化规律。在此基础上，人们进一步研究了振动，描述了物质运动状态的物理量在某一数值附近做周期性的变化。例如，在交流电路中电流和电压随时间做周期性的变化；在交变电磁场中，电场和磁场的强度随时间做周期性的变化；等等。

此后，人们还认识了周期性地作用于物体上某一点的力将造成周期性变化的形变，它将以一定的速度在物体上逐点传播，促使物体上的所有点都振动起来。当物体的各个点一个接一个地振动起来，就会形成行波；而由两列性质相同但方向相反的行波所引起的媒质的特殊的振动状态则称为驻波；像管、弦、膜、板的振动都属于驻波振动，这是一种波的叠加现象。

当物质处在某个相对稳定的能量环境（相对稳定的磁场、引力场，包括各种能量辐射作用场或者是常说的相对稳定的温度、压力环境）中，便自然形成具有自身结构特有的简谐振动形态。简谐振动（简称谐振）只与物质振动的频率和相位有关，而与幅度或强度无关。周期性运动的谐振是可以进行能量传导的，所以能量的传播与波动形态密切相关并不是偶然的现象，而是物质的简谐振动必然产生的结果。

人们已然发现，虽然各个不同领域中的振动现象各具特色，但是有着共同的规律可循，因此有可能建立一个统一的理论来进行研究。在牛顿力学里，人们通过研究归纳出像弹簧振子、单摆、复摆等由弹性力或准弹性力所引起的简谐振动的运动方程，揭示了最简单、最基本的周期性一维机械振动的变化规律，即简谐振动的运动规律可以用正弦（或余弦）函数表示

$$y = A\sin(\omega t + \delta) \tag{16-1}$$

式中，y 为物体相对于平衡位置的位移。振幅 A 为做简谐振动的物体离开平衡位置的最大位移；角频率 ω 表示物体在 2π s 时间内所做的完全振动的次数；初相位 δ 为 $t=0$ 时的相位。当初相位 $\delta=0$ 时，还可以得到

$$P = \frac{y}{A} = \sin\omega t \tag{16-2}$$

简谐振动的运动方程反映了物理量随时间做正弦变化的过程，反映了物理量在某个恒定值附近的反复变化，代表了事物形成周期性的、稳定的涨落运动的规律。因此，挂在弹簧上的一个具有质量的物体的振动、在电路中电荷的来回振动、正在产生声波的音叉的振动、电子在原子中产生光波的类似振动、在养料供给和细菌产生的毒素共同作用下菌落的繁殖和生长等现象都可以用简谐振动的运动规律描述。

但是，像一个太阳日中的正规半日潮的潮汐运动往往是通过余弦函数来表现其运动规律的，其变化曲线如图16-1所示。

通过经验公式推导得到的这个振动规律，自然而然地将人们对事物的认识引导到可预测性及可逆性的观念上。不过，在物理学史上，这样的观念被相当多的人无限制地

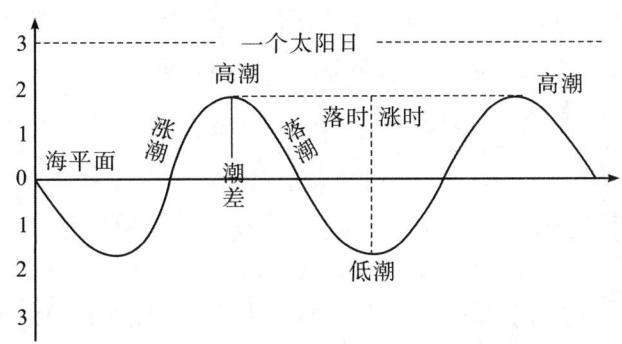

图 16-1　正规半日潮的潮汐运动规律

发展,从而使人们产生了这样一种信念:我们的世界是决定性的、可预测的和可逆的。因此,法国天文学家拉普拉斯早在两百多年前就说过:"如果有一个智慧之神,在某个给定的时刻,能够辨识出赋予大自然以生机的全部的力和组成自然之万物的个别的位置,如果这个智慧之神具有足够深邃的睿智而能分析所有这些数据,那么他将把宇宙中最微小的原子和最庞大物体的运动都同样地包括在一个公式之中。对于他来说,没有什么东西将是不确定的,未来就如同过去那样是完全显著无遗的。"按照拉普拉斯的这一表述,世界现在的形态是它们以前形态发展的必然结果,同时又是以后形态的形成原因。牛顿系统的过去和将来可以从其当前的形态唯一地推断出来。

在现实世界中,尽管人们对于从现在可以确定未来一切的决定论有着偏爱和深信,但是人们又不得不面对大量事物的不可预测的、浑沌的、随机的、无序的变化,这也使得人们在对世界究竟是决定论的还是概率论的这个问题上产生了困惑,因为包括现有的各个学科都难以为此找到真正的答案。

综上可见,就处于稳定平衡的任何一个系统的微小位移来说,如果没有摩擦力,它的运动就是简谐振动。任何一个稍微偏离平衡态的稳定系统都可以看成是谐振子。[4] 只要某一个无阻尼系统在其稳定平衡点附近做自由振动,人们便可以用谐振子模型来描述它。简谐振动是最简单、最基本的振动。任何振动都可视为若干个简谐振动的合成,因此研究简谐振动是研究一切复杂振动的基础。[5] 不过,通过大量的特殊的振动实例归纳得到的简谐振动运动方程,虽然能正确地反映简谐振动这类运动的规律,但是这一规律适用的十分严格的和精确的范围及其包含的本质无法在其自身理论的基础上得以说明。

三、简谐振动规律的演绎

统一科学既然要用"统一铁蹄"踏平所有的学科,必然要通过单元系统形态转化基元规律演绎出简谐振动的规律。在一维二仪质向量坐标系 $\vec{X}$ 上,正向太极 $\vec{X}_+$ 和负向太极 $\vec{X}_-$ 的变相点是一维二仪质向量坐标系 $\vec{X}$ 中的原点 $\vec{0}$,处在原点 $\vec{0}$ 的均衡反向一元系统就是处在变相点上的。在一维二仪质向量坐标系 $\vec{X}$ 内部的正向太极 $\vec{X}_+$ 和负向太极 $\vec{X}_-$ 上，一元系统的子系统 A 与子系统 B 相互对峙的形态转化过程可以用(13-9)式 $a_- \xleftrightarrow{0} a_+$ 的符号表示，也可以用(13-10)式 $A \rightleftharpoons B$ 的符号表示。

均衡反向一元系统在一维二仪质向量坐标系 $\vec{X}$ 原点上的质向量变化量 $\Delta \vec{x}$ 为零向量（$\vec{0}$），其正向的子系统 A 吸收发射的形态变化 $\Delta \vec{x}_+$ 与负向的子系统 B 自发发射的形态变化 $\Delta \vec{x}_-$ 达到阴阳对等的均衡。如果以 $\Delta \vec{x}_+ = -\Delta \vec{x}_-$ 来表示均衡反向一元系统内部两个反向子系统的形态变化，人们就只能笼统地认识两个子系统在双向往复的直线运动过程中保持着阴阳平衡，而无法掌握整个均衡反向一元系统及其内部两个子系统的阴阳变化规律。但是，在一维二仪质向量坐标系 $\vec{X}$ 中打开其内部的多维分质向量空间，把两个子系统在不同失衡情况下的特殊形态变化规律代入 $\Delta \vec{x}_+ = -\Delta \vec{x}_-$ 等式两边，就可以揭示均衡反向一元系统及其两个反向子系统的形态变化规律与形态分布规律。

如果正向子系统吸收发射的形态变化 $\Delta \vec{x}_+$ 与负向子系统自发发射的形态变化 $\Delta \vec{x}_-$ 都是基元过程的形态变化，则一维二仪质向量坐标系 $\vec{X}$ 的正向太极 $\vec{X}_+$ 和负向太极 $\vec{X}_-$ 就共同以一维正向单位质向量 $\vec{e}_+$ 为度量基准。这样，两个子系统不论是 $x_- \rightarrow x_+$ 的正向变化或是 $x_- \leftarrow x_+$ 的反向变化，其在基元过程的形态变化都依然遵循着单元系统形态转化基元规律。

在一维二仪质向量坐标系 $\vec{X}$ 的内部打开 $(\vec{P}, \vec{S})$ 二维分质向量空间，一维质向量 $\vec{x}$ 可以用信息 $\vec{P}$ 和熵 $\vec{S}$ 作为分质向量来表现，其质向量 $\vec{x}$ 就成为 $\vec{x}(\vec{P}, \vec{S})$。在正向太极 $\vec{X}_+$ 中，$\vec{P}_+$ 可以取吸收发射条件下子系统形态变化的熵信息函数；在负向太极 $\vec{X}_-$ 中，$\vec{P}_-$ 可以取自发发射条件下子系统形态变化的熵信息函数，均衡反向一元系统的形态变化规律就是正向的熵信息函数与负向的熵信息函数的叠加。

在一维二仪质向量坐标系 $\vec{X}$ 内部的 $(\vec{P}, \vec{S})$ 二维分质向量空间中，在省却分质向量关于方向的规定时，通过正向的熵信息函数与负向的熵信息函数的叠加或正向的信息熵函数与负向的信息熵函数的叠加可以反映一元系统形态变化规律。(14-15)式 $P = -\sinh S$ 就反映了一元系统处在近平衡态的吸收发射过程的形态变化规律与自发发射过程的形态变化规律叠加的平均结果，这是从平衡态 $(0, +\infty)$ 出发在平衡态近旁把吸收发射过程的形态变化规律 $P_+ = e^{-S}$ 与从平衡态 $(0, -\infty)$ 出发在平衡态近旁自发发射过程的形态变化规律 $P_- = e^{+S}$ 组合成的双曲正弦函数。

在此必须指出，在一维二仪质向量坐标系 $\vec{X}$ 的正向太极 $\vec{X}_+$ 和负向太极 $\vec{X}_-$ 上，一元系统中的 A 和 B 两个子系统发生的反向可逆形态变化过程可以看作反向的二级连串发射过程，所以一元系统中的 A 和 B 两个子系统一分为二的反向并发 $a_2 \xleftrightarrow{0} a_1$ 只是在反向的二级连串发射过程中由平衡态的变相点始发的一种特定情况，而一元系统中的 A 和 B 两个子系统合二而一 $a_2 \rightarrow 0 \leftarrow a_1$ 的反向并合也只是在反向的二级连串发射过程中由远离变相点的区间端点始发的一种特定情况。质向量 $\vec{a}_1$ 和质向量 $\vec{a}_2$ 在二仪空间作为共线的自由质向量,与时间没有必然关系,一元系统的子系统 A 与子系统 B 在 $a_- \xleftrightarrow{0} a_+$ 相互对峙的形态转化过程表现出来的一元系统的形态变化规律则是符合一般情形的规律。

其实,一元系统中的 A 和 B 两个子系统在 $a_- \xleftrightarrow{0} a_+$ 相互对峙的形态转化过程中,往往还会出现这样一类情形,即一个子系统在正向进行的形态变化与另一个子系统在负向进行的形态变化是交替进行的。也就是说,一元系统在正向太极 $\vec{X}_+$ 和负向太极 $\vec{X}_-$ 上是以围绕平衡态的变相点循环往复地发生振动的,因此简谐振动系统的形态变化规律必然与均衡反向一元系统及其两个反向子系统的形态变化规律一致。

例如,近平衡态的变化区间是在平衡态附近且尚未达到变相点的区间,因此双曲正弦函数 $P = -\sinh S$ 所揭示的形态变化规律就是一元系统在近平衡态所表现的简谐振动规律。据此,就可以深刻认识简谐振动系统就是均衡反向一元系统,也可以认识振动现象无所不在、无时不有的原因,还可以认识简谐振动系统这一对立统一体不过是其内部的两个子系统吸收发射作用与自发发射作用达到了动态均衡。

如果对一维二仪质向量坐标系 $\vec{X}$ 进行 $w = e^{i\frac{\pi}{2}}z = iz$ 的逆时针旋转变换,一维二仪质向量坐标系 $\vec{X}$ 就变成了与之垂直的一维二仪质向量坐标系 $\vec{X}i$。第十四章第四节"一元系统形态变化规律的坐标变换"中已指出,在一维二仪质向量坐标系 $\vec{X}i$ 内部打开 $(\vec{P}_\perp, \vec{S}_\perp)$ 二维分质向量空间,省却分质向量关于方向的规定,一元系统的形态变化规律如果以熵信息函数来表现,在近平衡态就是(14-86)式 $P = -\sin S$,负正弦函数所揭示的形态变化规律就是一元系统在近平衡态所表现的简谐振动规律。

由此可见,一元系统作为对立统一体,不论是在实数的一维二仪质向量坐标系 $\vec{X}$ 上还是在虚数的一维二仪质向量坐标系 $\vec{X}i$ 上,正向太极的质向量变化量 $\Delta \vec{x}_+$ 与负向太极的质向量变化量 $\Delta \vec{x}_-$ 的叠加在二仪区间的几何表示都表现为可伸缩变化的一段直线。简谐振动的形态变化规律本质上是一元系统中子系统吸收发射的正向形态变化和另一子系统自发发射的负向形态变化两个反向发射基本过程的复合。在一维二仪质向量坐标系 $\vec{X}$ 内部的 $(\vec{P}, \vec{S})$ 二维分质向量空间中,一元系统的简谐振动形态变化规律就是负双曲正弦函数 $P = -\sinh S$。在一维二仪质向量坐标系 $\vec{X}i$ 的正向太极 $\vec{X}_+i$ 和负向太极 $\vec{X}_-i$ 内部的 $(\vec{P}_\perp, \vec{S}_\perp)$ 二维分质向量空间中,一元系统的简谐振动形态变化规律就是负正弦函数 $P = -\sin S$。

上述关于简谐振动的论述是在一维二仪质向量坐标系 $\vec{X}$ 内部的 $(\vec{P}, \vec{S})$ 二维分质向量空间或一维二仪质向量坐标系 $\vec{X}i$ 内部的 $(\vec{P}_\perp, \vec{S}_\perp)$ 二维分质向量空间的认知结果,反映了一元系统内部的正向变化子系统与反向变化子系统不断进行反向的形态变化。如果人们是在一维二仪质向量坐标系 $\vec{X}$ 内部的 $(\vec{N}, \vec{n}, \vec{E}, \vec{E}_{\neq}, \vec{\varepsilon})$ 五维分质向量空间或一维二仪质向量坐标系 $\vec{X}i$ 内部的 $(\vec{N}_\perp, \vec{n}_\perp, \vec{E}_\perp, \vec{E}_{\neq \perp}, \vec{\varepsilon}_\perp)$ 五维分质向量空间中认知简谐振动的,那么简谐振动所反映的也是一元系统中的子系统吸收发射的正向形态变化和另一子系统自发发射的负向形态变化两个反向发射基本过程的复合。

以往,经典学科所揭示的关于异质单元数 $\vec{n}$ 与能量 $\vec{E}$ 之间存在的振动规律,大多是在一维二仪质向量坐标系 $\vec{X}i$ 内部 $(\vec{N}_\perp, \vec{n}_\perp, \vec{E}_\perp, \vec{E}_{\neq\perp}, \vec{\varepsilon}_\perp)$ 五维分质向量空间的 $(\vec{C}_{N_\perp}, \vec{n}_\perp, \vec{E}_\perp, \vec{C}_{E_{\neq\perp}}, \vec{C}_{\varepsilon_\perp})$ 截面上得到的。为此,把一维二仪质向量坐标系 $\vec{X}i$ 内部的 $(\vec{P}_\perp, \vec{S}_\perp)$ 二维分质向量空间转换到 $(\vec{N}_\perp, \vec{n}_\perp, \vec{E}_\perp, \vec{E}_{\neq\perp}, \vec{\varepsilon}_\perp)$ 五维分质向量空间,就可以由一元系统的简谐振动形态变化规律逐步演绎出经典学科中各种事物形态的振动规律。

譬如,在一维二仪质向量坐标系 $\vec{X}i$ 内部的 $(\vec{N}_\perp, \vec{n}_\perp, \vec{E}_\perp, \vec{E}_{\neq\perp}, \vec{\varepsilon}_\perp)$ 五维分质向量空间中,可以直接演绎出经典学科中关于简谐振动系统形态的变化规律。在简谐振动系统中,异质单元数 $\vec{n}$ 就称作振动单元数,其简谐振动形态变化规律表现为负正弦函数。由于各个分质向量坐标轴与各自的分质变量坐标轴同向,可以用其质变量来表示,因此把信息 $P=\dfrac{n}{N}$ 和熵 $S=\dfrac{E_{\neq}-E}{\varepsilon}$ 代入 (14-86) 式 $P=-\sin S$,就有

$$\dfrac{n}{N}=-\sin\dfrac{E_{\neq}-E}{\varepsilon}$$
$$=-\sin(\xi_{\neq}-\xi)$$
$$=-\sin(\xi_{\neq}-\kappa E) \tag{16-3}$$

式中,熵 $S=\xi_{\neq}-\xi=\xi_{\neq}-\kappa E$;能商阈 $\xi_{\neq}=\kappa E_{\neq}$;形态变化率 $\kappa=\dfrac{1}{\varepsilon}$。

如此,还可以得到振动单元数 n 为因变量的函数表达式

$$n=-N\sin\left(\dfrac{E_{\neq}-E}{\varepsilon}\right)$$
$$=-N\sin\kappa(E_{\neq}-E)$$
$$=N\sin(\kappa E-\xi_{\neq}) \tag{16-4}$$

式中,$N\in[0,+N]$;$n\in[0,+N]$;$E\in(-\infty,+\infty)$;$E_{\neq}\in(-\infty,+\infty)$;$\varepsilon\in(-\infty,+\infty)$;$\xi_{\neq}\in\left[-\dfrac{\pi}{2},+\dfrac{\pi}{2}\right]$。

(16-4) 式 $n=N\sin(\kappa E-\xi_{\neq})$ 是在一维二仪质向量坐标系 $\vec{X}i$ 内部的 $(\vec{N}_\perp, \vec{n}_\perp, \vec{E}_\perp, \vec{E}_{\neq\perp}, \vec{\varepsilon}_\perp)$ 五维分质向量空间中一元系统在近平衡态的形态变化规律,也是统一科学反映简谐振动规律的一般表达式。任何一元系统的形态变化规律,凡是满足 (16-4) 式 $n=N\sin(\kappa E-\xi_{\neq})$ 的运动都称为简谐振动。

在 (16-4) 式 $n=N\sin(\kappa E-\xi_{\neq})$ 中,能商阈 $\xi_{\neq}$ 是由能阈 $E_{\neq}$ 和能元 ε 共同决定的质参量,这是谐振系统能量 $E=0$ 时本征态的熵。

如果能商阈 $\xi_{\neq}=\dfrac{\pi}{2}$,那么 (16-4) 式 $n=N\sin(\kappa E-\xi_{\neq})$ 就可改写成

$$n = N\sin(\kappa E - \xi_{\neq})$$
$$= N\sin\left(\kappa E - \frac{\pi}{2}\right)$$
$$= -N\cos\kappa E \tag{16-5}$$

如果能商阈 $\xi_{\neq} = -\frac{\pi}{2}$，那么(16-4)式 $n = N\sin(\kappa E - \xi_{\neq})$ 就可改写成

$$n = N\sin(\kappa E - \xi_{\neq})$$
$$= N\sin\left(\kappa E + \frac{\pi}{2}\right)$$
$$= N\cos\kappa E \tag{16-6}$$

可见，对任何能商阈 $\xi_{\neq}$，余弦函数与正弦函数都存在这样的关系

$$\cos\xi_{\neq} = \sin\left(\xi_{\neq} + \frac{\pi}{2}\right) \tag{16-7}$$

即正弦函数与余弦函数的能商阈 $\xi_{\neq}$ 相差 $\frac{\pi}{2}$。所以，简谐振动系统形态变化规律不仅可以用(16-4)式 $n = N\sin(\kappa E - \xi_{\neq})$ 的正弦函数表达，也可以用(16-5)式 $n = -N\cos\kappa E$ 或(16-6)式 $n = N\cos\kappa E$ 的余弦函数表达。

在一维二仪质向量坐标系 $\vec{X}i$ 的二仪空间中，人们既可以用正弦函数来表示简谐振动系统的形态变化规律，也可以用余弦函数来表示简谐振动系统的形态变化规律，两者只是能商阈 $\xi_{\neq}$ 相差 $\frac{\pi}{2}$。

不过，如果令能商阈 $\delta \equiv -\xi_{\neq}$，$\delta$ 是偏离坐标原点的初相位，那么反映简谐振动规律的正弦函数(16-4)式 $n = N\sin(\kappa E - \xi_{\neq})$ 还可以变换成

$$n = N\sin(\kappa E + \delta) \tag{16-8}$$

如果令能商阈 $\delta \equiv \frac{\pi}{2} - \xi_{\neq}$，利用(16-7)式 $\cos\xi_{\neq} = \sin\left(\xi_{\neq} + \frac{\pi}{2}\right)$，就有

$$n = N\cos(\kappa E + \delta) \tag{16-9}$$

在统一科学中，谐振子就是简谐振动系统。由于谐振子是在一维二仪质向量坐标系 $\vec{X}i$ 的二仪空间中的线性的限度内发生准平衡态的振动，因此运动的频率与振动的振幅无关；多个策动力的效应可以线性叠加；谐振子运动方程是线性的，它的解遵从叠加原理。一元系统的形态变化量 $\Delta \vec{x}$ 经过 $w = e^{i\frac{\pi}{2}}z = iz$ 的旋转变换，其几何表示就与一维二仪质向量坐标系 $\vec{X}$ 垂直。当能商阈 $\xi_{\neq} = \frac{\pi}{2}$ 时，一元系统的形态变化量 $\Delta \vec{x}$ 在一维二仪质向量坐标系 $\vec{X}$ 空间中的几何表示就要绕原点旋转 $\frac{\pi}{2}$。因此，在一维二仪质向量坐标系 $\vec{X}i$ 的二仪空间中，一元系统在近平衡态的形态变化规律可以用(16-9)式 $n = N\cos(\kappa E + \delta)$ 的余弦函数来表达简谐振动规律。

第二节　简谐振动性质与特定的谐振规律

在二仪空间中,一元系统的阴阳两个子系统的均衡反向逆动就是简谐振动系统,简谐振动具有一系列的基本性质,其形态参量之间也有内在的关系。简谐振动系统的形态变化规律可以用正弦函数或余弦函数的形式来表现。通过万能的显性因子和特定的质变量,还可以演绎出机械振动、电磁振荡等经典的简谐振动规律。

一、简谐振动的基本性质

在一维二仪质向量坐标系 $\vec{X}$ 的正向太极 $\vec{X}_+$ 和负向太极 $\vec{X}_-$ 的 $[x_-,x_+]$ 区间内,一元系统内部的阴阳两个子系统进行着 $x_- \longleftrightarrow x_+$ 反向可逆的吸收发射和自发发射。反向运动与竞争的两个子系统以对方为环境而相互作用,两个子系统所经历的一阴一阳彼此对峙的反向形态变化的几何轨迹,就是围绕正向太极 $\vec{X}_+$ 和负向太极 $\vec{X}_-$ 的变相点为中心双向往复的一段直线。因此,一元系统内部两个子系统的形态在二仪空间中的反向可逆变动就称为简谐振动。凡是发生简谐振动的系统就称为简谐振动系统或谐振系统,并遵循简谐振动规律。

在一维二仪质向量坐标系 $\vec{X}i$ 内部的 $(\vec{N}_\perp,\vec{n}_\perp,\vec{E}_\perp,\vec{E}_{\neq\perp},\vec{\varepsilon}_\perp)$ 五维分质向量空间中,一元系统的简谐振动规律可以用正弦函数或余弦函数的形式来表现。由于正弦函数和余弦函数可以定义其他的三角函数,因此利用三角函数之间一系列的关系和性质,不仅可以展现简谐振动规律的不同表现形式,还可以对简谐振动系统的形态参量之间的内在关系有更深刻的认识。

(一)周能、回旋率与能频

在一维二仪质向量坐标系 $\vec{X}i$ 内部的 $(\vec{N}_\perp,\vec{n}_\perp,\vec{E}_\perp,\vec{E}_{\neq\perp},\vec{\varepsilon}_\perp)$ 五维分质向量空间中,在省却分质向量关于方向的规定时,一元系统在近平衡态发生简谐振动的形态变化规律可以用(16-9)式 $n=N\cos(\kappa E+\delta)$ 的余弦函数来表达。一元系统的阴阳两个子系统在相互竞争中所表现的形态量的重复变化可以用异质单元数的正弦函数来表达,所以反映某一形态量周而复始变化的正弦函数并不具有单射函数意义上的反函数。

如果把谐振系统做一次周而复始完全振动所需的能量称为振动的周能,并以 Ξ 表示,则谐振系统在任一振动能态 E 表现的异质单元数就应与谐振系统在振动能态 $E+\Xi$ 的异质单元数完全相同,即

$$n = N\cos(\kappa E + \delta)$$
$$= N\cos[\kappa(E+\Xi)+\delta] \quad (16\text{-}10)$$

由此推得周能

$$\Xi = \frac{2\pi}{\kappa} = 2\pi\varepsilon \quad (16\text{-}11)$$

周能的倒数称为回旋率,它表示在单位能量内谐振系统所做的完全振动的回数。回旋率的单位是每单位能量振动一周,称为赫兹。如果用 Λ 表示回旋率,则

$$\Lambda = \frac{1}{\Xi} = \frac{\kappa}{2\pi} \quad (16\text{-}12)$$

或

$$\kappa = 2\pi\Lambda \quad (16\text{-}13)$$

谐振系统的形态变化率 κ 等于 Λ 的 2π 倍,在简谐振动中又称谐振系统的形态变化率为能频。用能频 κ 往往比用回旋率 Λ 来得方便,所以 κ 是很重要的形态参量。

由(16-11)式 $\Xi = \frac{2\pi}{\kappa} = 2\pi\varepsilon$ 和(16-13)式 $\kappa = 2\pi\Lambda$ 还可以将简谐振动的表达式(16-9)式 $n = N\cos(\kappa E + \delta)$ 写成下列两种形式

$$n = N\cos\left(\frac{2\pi}{\Xi}E + \delta\right) \quad (16\text{-}14)$$

$$n = N\cos(2\pi\Lambda E + \delta) \quad (16\text{-}15)$$

在一维二仪质向量坐标系 $\vec{X}\mathrm{i}$ 内部的 $(\vec{N}_\perp, \vec{n}_\perp, \vec{E}_\perp, \vec{E}_{\neq\perp}, \vec{\varepsilon}_\perp)$ 五维分质向量空间中,如果某一个分质向量为常质向量,那么人们就可以在四维分质向量空间中具体地认识简谐振动规律。由于谐振系统的形态变化率 κ 是由能元 ε 所确定的,在简谐振动过程中,如果谐振系统的能元 ε 保持不变($\varepsilon = C_\varepsilon$),能频 κ 就是由谐振系统本身的性质($\varepsilon = C_\varepsilon$)所决定的量;而周能和回旋率是由 κ 所决定的,也是由谐振系统本身性质($\varepsilon = C_\varepsilon$)所决定的量。谐振系统在相对条件下都是固定不变的孤立系统,因而在一维二仪质向量坐标系 $\vec{X}\mathrm{i}$ 的 $(\vec{N}_\perp, \vec{n}_\perp, \vec{E}_\perp, \vec{E}_{\neq\perp}, \vec{\varepsilon}_\perp)$ 五维分质向量空间中,由谐振系统本身性质所决定的回旋率或能频往往称为固有回旋率或固有能频。

(二)振动单元数与初相位

在一维二仪质向量坐标系 $\vec{X}\mathrm{i}$ 内部的 $(\vec{P}_\perp, \vec{S}_\perp)$ 二维分质向量空间中,在省却分质向量关于方向的规定时,谐振系统的简谐振动规律以熵信息函数表示就是负正弦函数 $P = -\sin S$。由于信息的绝对值不可能大于1,因此正弦函数的绝对值也不可能大于1。

同理,在一维二仪质向量坐标系 $\vec{X}\mathrm{i}$ 内部的 $(\vec{N}_\perp, \vec{n}_\perp, \vec{E}_\perp, \vec{E}_{\neq\perp}, \vec{\varepsilon}_\perp)$ 五维分质向量空间中,在省却分质向量关于方向的规定时,由(16-14)式或(16-15)式可见,在简谐振动过程中离开平衡态参与振动的异质单元数 n 不可能大于谐振系统的总体单元数 N,

这说明谐振系统的总体单元数 N 是谐振系统在振动过程中离开平衡态参与振动的异质单元数 n 最大可能取值的单元数。异质单元数 n 就称为振动单元数,所以总体单元数 N 就是最大的振动单元数。

在一维二仪质向量坐标系 $\vec{X}i$ 内部的 $(\vec{N}_\perp,\vec{n}_\perp,\vec{E}_\perp,\vec{E}_{\neq\perp},\vec{\varepsilon}_\perp)$ 五维分质向量空间中,在省却分质向量关于方向的规定时,如果总体单元数为分质常量 $N=C_N$,能元也为分质常量 $\varepsilon=C_\varepsilon$,那么具有固有回旋率 $\Lambda(\Lambda=\frac{1}{2\pi C_\varepsilon})$ 或固有能频 $\kappa(\kappa=C_\kappa=\frac{1}{C_\varepsilon})$ 的简谐振动规律就是在 $(C_{\perp N},n_\perp,E_\perp,E_{\neq\perp},C_{\perp\varepsilon})$ 五维分质变量空间中的简谐振动规律。如此,(16-9)式 $n=N\cos(\kappa E+\delta)$ 的振动单元数 n 的变化规律就成为

$$n = N\cos(\kappa E+\delta)$$
$$= C_N\cos(C_\kappa E+\delta) \tag{16-16}$$

式中,能元为分质常量 $\kappa=C_\kappa=\frac{1}{C_\varepsilon}$;能频也是分质常量 $\kappa=C_\kappa$;能阈 $E_\neq$ 为分质变量;初相位也是分质变量 $\delta\equiv\frac{\pi}{2}-\frac{E_\neq}{C_\varepsilon}$。

以振动单元数 n 为显函数的简谐振动规律用 $n\sim E$ 关系曲线表示,就如图 16-2 所示。这一振幅固定和能频固定的余弦函数曲线由于初相角是变量,因而其曲线族整体就像是波动的波浪。

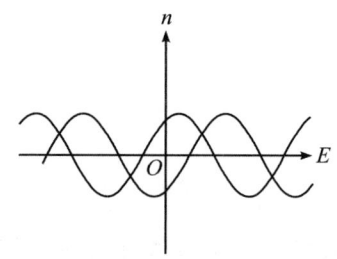

图 16-2 简谐振动的 $n\sim E$ 关系曲线

在一维二仪质向量坐标系 $\vec{X}i$ 内部的 $(\vec{N}_\perp,\vec{n}_\perp,\vec{E}_\perp,\vec{E}_{\neq\perp},\vec{\varepsilon}_\perp)$ 五维分质向量空间中,如果总体单元数 $\vec{N}$、能阈 $\vec{E}_\neq$ 和能元 $\vec{\varepsilon}$ 保持不变,那么在一维二仪质向量坐标系 $\vec{X}i$ 内部 $(\vec{N}_\perp,\vec{n}_\perp,\vec{E}_\perp,\vec{E}_{\neq\perp},\vec{\varepsilon}_\perp)$ 五维分质向量空间的 $(\vec{C}_{N\perp},\vec{n}_\perp,\vec{E}_\perp,\vec{C}_{E\neq\perp},\vec{C}_{\varepsilon\perp})$ 截面上,在省却分质向量关于方向的规定时,简谐振动系统的变化规律以振动单元数 n 为显函数就有

$$n = N\cos(\kappa E+\delta)$$
$$= C_N\cos(C_\kappa E+C_\delta) \tag{16-17}$$

式中,$N=C_N$;$\kappa=C_\kappa=\frac{1}{C_\varepsilon}$;$\delta=C_\delta$。

对(16-17)式求导,振动单元数变化率的变化规律为

$$n' = \frac{\mathrm{d}n}{\mathrm{d}E}$$
$$= -C_N C_\kappa \sin(C_\kappa E+C_\delta) \tag{16-18}$$

振动单元数二次变化率的变化规律为

$$n'' = \frac{d^2 n}{dE^2}$$
$$= -C_N C_\kappa^2 \cos(C_\kappa E + C_\delta)$$
$$= -C_\kappa^2 n$$
$$= -kn \tag{16-19}$$

其中
$$C_\kappa^2 = \kappa^2 = k \tag{16-20}$$

(16-19)式表明,谐振系统的振动单元数二次变化率与谐振系统偏离平衡态的振动单元数成正比,方向与振动单元数的增加方向相反,并总是指向平衡态。可见,谐振系统的振动单元数 n 及其一次变化率 n'、二次变化率 n'' 都取决于能量 E。

令谐振系统的变动力为振动单元数 n 的二次变化率 n''
$$F_+ = n'' = \frac{d^2 n}{dE^2} \tag{16-21}$$

而令谐振系统的回复力为
$$F_- = -C_\kappa^2 n = -\kappa^2 n = -kn \tag{16-22}$$

式中负号表示与变动力的变化方向相反。

如果谐振系统包含了变动力和回复力,这两个力都可以由某一个具体规定的力提供,也可以由合力提供,还可以由分力提供,但是它们必然大小相等、方向相反、相互制衡。由于谐振系统的平衡力为零,即整个谐振系统的合力为零,因此谐振系统内正向的变动力 $F_+ = n'' = \frac{d^2 n}{dE^2}$ 与负向的回复力 $F_- = -\kappa^2 n = -kn$ 必然保持平衡,即
$$F_+ = F_- \tag{16-23}$$

把(16-21)式 $F_+ = \frac{d^2 n}{dE^2}$ 和(16-22)式 $F_- = -\kappa^2 n$ 代入(16-23)式,所得到的等式就是简谐振动规律的微分方程通式
$$\frac{d^2 n}{dE^2} + \kappa^2 n = 0 \tag{16-24}$$

式中,n 为谐振系统偏离平衡态的振动单元数;$\kappa = C_\kappa = \frac{1}{C_\varepsilon}$ 为谐振系统的形态变化率(能频)。

如此,就演绎出关于简谐振动的一种定义:任何系统的形态变化规律凡是具有 $\frac{d^2 n}{dE^2} + \kappa^2 n = 0$ 的微分方程形式,该系统就是简谐振动系统,其形态变化就是简谐振动。

对谐振系统的振动单元数 n、振动单元数 n 的一次变化率 n' 和二次变化率 n'' 进行分析,还可以对其相关的参量有新的认识。

当简谐振动处于起始态时,谐振系统的能量为零($E = 0$)。在这样的初始条件下,

振动单元数 n 的初值为 n_0,振动单元数 n 的一次变化率的初值为 n_0'、二次变化率的初值为 n_0''。

由(16-17)式 $n = C_N \cos(C_\kappa E + C_\delta)$ 可得
$$n_0 = C_N \cos C_\delta \tag{16-25}$$

由(16-18)式 $n' = -C_N C_\kappa \sin(C_\kappa E + C_\delta)$ 可得
$$n_0' = -C_N C_\kappa \sin C_\delta \tag{16-26}$$

从上两式即可求得谐振系统的总体单元数
$$N = C_N$$
$$= \sqrt{n_0^2 + \frac{n_0'^2}{C_\kappa^2}}$$
$$= \sqrt{n_0^2 + C_\varepsilon^2 n_0'^2} \tag{16-27}$$

由(16-25)式 $n_0 = C_N \cos C_\delta$ 和(16-26)式 $n_0' = -C_N C_\kappa \sin C_\delta$ 还可以得到
$$\tan C_\delta = -\frac{n_0'}{C_\kappa n_0} = -\frac{C_\varepsilon n_0'}{n_0} \tag{16-28}$$

通过(16-28)式就可以得到谐振系统的初相位
$$C_\delta = \arctan\left(-\frac{n_0'}{C_\kappa n_0}\right)$$
$$= \arctan\left(-\frac{C_\varepsilon n_0'}{n_0}\right) \tag{16-29}$$

可见,谐振系统最大振动单元数(振幅)N 和初相位 $\delta = C_\delta$ 都取决于振动起始态的振动单元数的初值 n_0 及其变化率的初值 n_0'。起始态的振动单元数的初值 n_0 及其变化率的初值 n_0' 都有确定的值,谐振系统的总体单元数 N 就有确定值 $N = C_N$,初相位 δ 也有确定值 $\delta = C_\delta$。总体单元数 N 和初相位 δ 是反映简谐振动规律的重要质参量。

在实际问题中,人们常常要比较两个总体单元数 N 相同的谐振系统的振动单元数是否一致(是否同时达到极大或是否同时为零,等等),这时起决定作用的就是两者的初相位 δ 的差异。研究两个谐振系统叠加的结果时(如波的干涉现象),起决定作用的也是两者的初相位 δ 的差异。

二、以特定质参量表现的简谐振动规律

在一维二仪质向量坐标系 $\vec{X}i$ 内部 $(\vec{N}_\perp, \vec{n}_\perp, \vec{E}_\perp, \vec{E}_{\neq \perp}, \vec{\varepsilon}_\perp)$ 五维分质向量空间的 $(\vec{C}_{N_\perp}, \vec{n}_\perp, \vec{E}_\perp, \vec{C}_{E_{\neq \perp}}, \vec{C}_{\varepsilon_\perp})$ 截面上,各个分质向量坐标轴与各自的分质变量坐标轴同向,可以用其分质变量来表示。一元系统在近平衡态发生简谐振动而被称为简谐振动系统,简称谐振系统。谐振系统的变化规律以振动单元数 n 为显函数,其一般表达式就是余弦函数(16-17)式 $n = C_N \cos(C_\kappa E + C_\delta)$。

如果人们要考察某一谐振系统的某一方面特质,就要把能量 E 的显性因子 θ 作为特质,而其他方面的特质只能作为潜性能。为此,把 $E=F\theta$ 代入(16-17)式 $n=C_N\cdot\cos(C_\kappa E+C_\delta)$,就可以得到谐振系统以显性因子 θ 表达的简谐振动规律

$$n=C_N\cos(C_\kappa F\theta+C_\delta) \tag{16-30}$$

谐振系统在振动过程的质变化是通过 n 个参与振动的异质单元来表现的。这 n 个振动单元都具备了显性因子 θ_ε,只要让 n 个振动单元都穿上显性因子 θ_ε 的外衣,就可以表现出整个谐振系统某一方面特质的变化。为此,把显性因子 θ_ε 乘以 $n=C_N\cdot\cos(C_\kappa F\theta+C_\delta)$,即 $n\theta_\varepsilon=C_N\theta_\varepsilon\cos(C_\kappa F\theta+C_\delta)$。再令质参量 $\gamma=n\theta_\varepsilon$,$\Gamma=C_N\theta_\varepsilon$,这样,具有各种特质的谐振系统的形态变化规律都可以用显性因子 θ 和质变量 y 的余弦函数来表现,其通式为

$$\gamma=\Gamma\cos(C_\kappa F\theta+C_\delta) \tag{16-31}$$

在不同的学科中,显性因子 θ 和质变量 y 都有不同的特质表达式,其谐振系统形态变化规律也就适用于特定的对象。下面就来演绎经典的机械振动和电磁振荡的简谐振动规律。

(一)机械振动

空间和时间是人们思辨事物形态存在和变化的两个显性因子,具体的事物一般都具有空间和时间的特质。凡是具有空间和时间特质的简谐振动系统,都可以用空间和时间的质参量来描述,如此就可以把事物所具有的空间中的往复性和时间上的周期性联系起来。

在(16-31)式 $\gamma=\Gamma\cos(C_\kappa F\theta+C_\delta)$ 中,谐振系统形态变化规律中能量 E 的显性因子 θ 为时间 t,$E=F_N t$;而振动单元数 n 与空间的长度因子 l_ε 共同组成的质变量为相对于平衡位置的位移 $y(y=nl_\varepsilon)$,这样得到的谐振系统形态的变化规律就是[6]

$$\begin{aligned}y &=A\cos(C_\kappa F_N t+C_\delta)\\&=A\cos(\omega t+\delta)\end{aligned} \tag{16-32}$$

式中,常数 $A(A=C_N l_\varepsilon)$ 是谐振系统离开平衡位置的最大位移,称为振幅,这是描述振动强弱的形态量;常数 $\omega(\omega=C_\kappa F_N)$ 表示谐振系统在 2π s 时间内所做的完全振动的次数,称为角频率;常数 $\delta(\delta=C_\delta)$ 是 $t=0$ 时的相位,称为初相位。

在简谐振动过程中,振幅、角频率和初相位都是不变的,而位移 y 随着时间 t 的改变而改变。实际上,(16-32)式只是谐振系统形态变化基本规律(16-17)式 $n=C_N\cdot\cos(C_\kappa E+C_\delta)$ 的特殊形式或(16-31)式 $\gamma=\Gamma\cos(C_\kappa F\theta+C_\delta)$ 的具体形式。如此轻而易举地演绎得到的动力学方程(16-1)式 $y=A\cos(\omega t+\delta)$,也就是物理学中的机械振动规律。

当振动单元的长度因子 l_ε 在人们的视觉范围内,谐振系统一般就以物体的形式出现,而物体在与偏离平衡位置的位移 y 大小成正比并且总指向平衡位置的回复力的作

用下的振动就是机械振动。机械振动表现的最大特点是物理空间的往复性或者说是时间上的周期性。

谐振系统是个封闭保守的孤立系统。在简谐振动过程中,谐振系统不受外力的作用,没有能量损失引至阻尼情况的发生,且作用的内力只有弹性力而没有耗散力。或者说,在机械振动过程中,谐振系统(物体)总的机械能 $E_{机械}$ 保持不变,但其动能和势能可以相互转换,谐振系统(物体)的能量变化遵循 $E_{机械}=E_{动}+E_{势}=$ 恒量。

谐振系统做无阻尼简谐振动时,存在着两种振动形式:一种振动形式是无阻尼的自由振动,这是谐振系统只受回复力的作用,没有任何阻力,又不对外做功,所以谐振系统没有能量的输出或输入,其总能量守恒,振幅大小就保持不变;另外一种振动形式是受迫等幅振动,这是振动系统在振动的过程中有能量的输出(损耗),但是振动系统又从外界吸收了能量,正好补偿了在振动过程中所输出(损耗)的能量,这种无阻尼运动并不是不受阻力,而是阻力与动力平衡了,因而振动系统的能量和振幅也都保持不变。

在 t 时刻,由谐振系统的位移对时间求导,就可以得到简谐振动过程的速度

$$u=\frac{\mathrm{d}y}{\mathrm{d}t}=-A\omega\sin(\omega t+\delta) \tag{16-33}$$

简谐振动过程的加速度为

$$\begin{aligned}a&=\frac{\mathrm{d}^2 y}{\mathrm{d}t^2}\\&=-A\omega^2\cos(\omega t+\delta)\\&=-\omega^2 y\end{aligned} \tag{16-34}$$

此式表明,谐振系统在简谐振动过程中的加速度跟物体偏离平衡位置的位移大小成正比,方向与位移的方向相反,并总指向平衡位置。

由(16-34)式得到谐振系统的动力学微分方程式为

$$\frac{\mathrm{d}^2 y}{\mathrm{d}t^2}+\omega^2 y=0 \tag{16-35}$$

式中,y 为谐振系统偏离平衡位置的位移;ω 为谐振系统做简谐振动的角频率。

(16-32)式 $y=A\cos(\omega t+\delta)$ 是谐振系统的机械振动微分方程(16-35)式的解,振幅 A 和初相位 δ 是由谐振系统做机械振动的初始条件决定的。

由(16-32)式和(16-33)式可以解出谐振系统做机械振动的速度

$$u=\pm\omega\sqrt{A^2-y^2} \tag{16-36}$$

(16-36)式表明,谐振系统位于平衡位置($y=0$)时,速度有极大值 $u_{max}=\pm\omega A$;而谐振系统偏离平衡位置的位移最大($y_{max}=\pm A$)时,速度有极小值 $u_{min}=0$。由(16-36)式还可以看出,做机械振动的谐振系统对应于每一个 y 值,都有正向或负向两种可能的运动方向。而由(16-34)式 $a=-\omega^2 y$ 可知,加速度与位移 y 成正比且方向相反。谐振系统在通过平衡位置时加速度最小 $a_{min}=0$;谐振系统的位移最大时,加速度有极大

值 $a_{\max}=-\omega^2 A$。

另外,速度的相位超前位移 $\frac{\pi}{2}$,而加速度与位移反相。由于谐振系统的形态变化率 $\kappa=C_\kappa$ 与回复力系数 k 的关系为 $C_\kappa^2=\kappa^2=k$,在(16-31)式 $\gamma=\Gamma\cos(C_\kappa F\theta+C_\delta)$ 中,如果令 $\frac{1}{F_N}=\sqrt{m}$,则角频率

$$\omega=C_\kappa F_N=\sqrt{k}\,F_N=\sqrt{\frac{k}{m}} \tag{16-37}$$

通过变换,可以得到

$$\frac{1}{C_\kappa F_N}=\sqrt{\frac{m}{k}} \tag{16-38}$$

在机械振动中,m 就称为谐振系统的质量。

机械振动具有周期性质,所以谐振系统所发生的位移 y 不能随着时间 t 无限制地增大(这点和直线运动不同)。质点 m 原处于平衡位置,并朝 X 轴正向运动,那么经过一段时间后,质点又回到原来的位置,并朝 X 轴的反向运动。

由此可见,机械振动规律(16-32)式 $y=A\cos(\omega t+\delta)$ 中的几个重要参量,不过是在简谐振动规律(16-31)式 $\gamma=\Gamma\cos(C_\kappa F\theta+C_\delta)$ 中赋予那些质常量的特殊术语。在此,有必要再深化认识这些形态参量。

(1)振幅。

振幅 A 是用来描述机械振动的谐振系统在空间所做的简谐振动离开平衡位置的最大位移 $y_{\max}$,反映了简谐振动的强弱($E=\frac{1}{2}kA^2$)。振幅 A 给出了谐振系统做简谐振动的运动范围为 $[-A,A]$,其大小由初始条件所决定,由(16-36)式 $u=\pm\omega\sqrt{A^2-y^2}$ 即可得到

$$\begin{aligned}A&=\sqrt{y_0^2+\left(\frac{u_0}{\omega}\right)^2}\\&=\sqrt{y_0^2+\frac{m}{k}u_0^2}\\&=\sqrt{y_0^2+m\frac{u_0^2}{\kappa^2}}\\&=\sqrt{y_0^2+m\varepsilon^2 u_0^2}\end{aligned} \tag{16-39}$$

(2)周期。

周期是做机械振动的谐振系统完成一次完全振动所需要的时间,用 T 表示。周期是振动状态重复出现的时间间隔,即每经历一个周期振动状态(指振动物体的位移和速度)就完全重复一次;而在一个周期内,振动状态则是不重复地不断变化的。

周期 T 是描述做机械振动的谐振系统完成一次全振动所需的时间。与(16-14)式 $n = N\cos(\frac{2\pi}{\Xi}E + \delta)$ 相比较,周期 T 是周能 Ξ 的显性因子,$\Xi = F_N T$ 是描述振动快慢的物理量。由(16-11)式 $\Xi = \frac{2\pi}{C_\kappa} = 2\pi C_\varepsilon$ 可得

$$T = \frac{2\pi}{C_\kappa F_N} = \frac{2\pi C_\varepsilon}{F_N} \tag{16-40}$$

式中,$\frac{C_\varepsilon}{F_N}$ 的能元和功率因数均为谐振系统的形态参量,因而振动周期 T 由做机械振动的谐振系统本身的因素决定,叫作固有周期。

如果把(16-38)式 $\frac{1}{C_\kappa F_N} = \sqrt{\frac{m}{k}}$ 代入(16-40)式,就可以演绎出任何机械振动在做简谐运动时都具有的共同周期

$$T = 2\pi\sqrt{\frac{m}{k}} \tag{16-41}$$

式中,m 为谐振系统的质量;k 为回复力系数。

(3)频率、圆频率和固有圆频率。

由谐振系统做机械振动的振动周期 T 还可以得到描述简谐振动规律的若干重要形态参量。

频率是做机械振动的谐振系统在单位时间内完成的完全振动的次数,用符号 ν 表示(或经常以 f 出现)。频率与周期互为倒数,即

$$\nu = \frac{1}{T} \tag{16-42}$$

这也是描述振动快慢的物理量。

如果单位时间为 2π s,而 2π 是与圆相关的常数,所以谐振系统在 2π s 内所完成的完全振动的次数就称为圆频率,用 ω 表示,即

$$\omega = 2\pi\nu = \frac{2\pi}{T} \tag{16-43}$$

圆频率是旋转矢量旋转的角速度,所以又称为角频率,两者的单位相同。由(16-37)式 $\omega = C_\kappa F_N = \sqrt{k}F_N = \sqrt{\frac{k}{m}}$ 可知,谐振系统的圆频率由谐振系统本身的分质常量所决定,因而也称为固有圆频率。

(4)相位和初相位。

对于给定的做机械振动的物体,在已知振幅 A 和圆频率 ω 的前提下,由简谐振动的位移(16-32)式 $y = A\cos(\omega t + \delta)$ 和简谐振动的速度(16-33)式 $u = -A\omega\sin(\omega t + \delta)$ 可见,做机械振动的谐振系统形态变化规律仅由 $\varphi = (\omega t + \delta)$ 这个物理量来决定,φ 这

个变量就叫作相位。

这样,用相位 φ 来表示简谐振动的位移就是
$$y = A\cos\varphi \tag{16-44}$$

用相位 φ 来表示简谐振动的速度就是
$$u = -A\omega\sin\varphi \tag{16-45}$$

对于做机械振动的谐振系统振动开始计时的时刻,即 $t=0$ 时刻的相位,$\varphi=(\omega t+\delta)=\delta$,用 φ_0 表示,称为初相位或初相。由于 $\varphi_0=\delta$,因而可以用 δ 表示。初相 φ_0 的值由初始条件决定,即
$$\tan\delta \equiv \tan\varphi_0 = -\frac{u_0}{\omega y_0} \tag{16-46}$$

初相位 δ 的实质是能商阈 $\delta \equiv \frac{\pi}{2}-\xi_{\neq}$,如果谐振系统的能阈 $E_{\neq}$ 和能元 ε 不变,初相位 δ 也就固定。所以,知道了初相位 δ 的值,初始时刻的振动状态 (y_0, u_0) 即被唯一地确定
$$\begin{cases} y_0 = A\cos\delta \\ u_0 = -\omega A\sin\delta \end{cases} \tag{16-47}$$

在了解了机械振动的规律表达式中参量的内涵以后,对于做机械振动的谐振系统的运动微分方程(16-35)式 $\frac{d^2 y}{dt^2}+\omega^2 y=0$ 在一些更具体的机械运动中表现出的特殊形式就很好理解。

1. 弹簧振子

如果做机械振动的谐振系统为弹簧振子,(16-35)式 $\frac{d^2 y}{dt^2}+\omega^2 y=0$ 的运动微分方程中的 y 为振子偏离平衡位置的位移,而圆频率为 $\omega=\sqrt{\frac{k}{m}}$。在简谐振动过程中,弹簧振子的机械能包括了

动能
$$E_K = \frac{1}{2}mu^2 = \frac{1}{2}kA^2\sin^2(\omega t+\delta) \tag{16-48}$$

势能
$$E_P = \frac{1}{2}ky^2 = \frac{1}{2}kA^2\cos^2(\omega t+\delta) \tag{16-49}$$

在上两式中,可以看出动能有极大值时,振动势能一定为极小值。但是,动能和势能在相互转换中始终遵循总机械能守恒,即(15-53)式 $E_{机械}=E_K+E_P=C_E$,所以
$$C_E = E_K+E_P = \frac{1}{2}kA^2 = \frac{1}{2}m\omega^2 A^2 \tag{16-50}$$

在一个周期内,动能和势能的平均值为

$$\overline{E_K} = \overline{E_P} = \frac{1}{2}E = \frac{1}{4}kA^2 \tag{16-51}$$

可见，弹簧振子的周期 $T = 2\pi\sqrt{\dfrac{m}{k}}$ 与振幅无关，由振子质量 m 和弹簧的劲度 k 决定。竖直放置的弹簧振子的振动也是简谐运动，周期公式是 $T = 2\pi\sqrt{\dfrac{m}{k}}$。在水平方向上振动的弹簧振子的回复力是弹簧的弹力，在竖直方向上振动的弹簧振子的回复力是弹簧弹力和重力的合力。

2. 单 摆

在引力作用下做机械振动的谐振系统叫作摆。如图16-3所示。如果摆可以近似地看成一个吊在无重量的线上的质点，这样的摆就称为数学摆。数学摆单摆的运动微分方程为 $\dfrac{d^2\varphi}{dt^2} + \omega^2\varphi = 0$，式中 φ 是摆球偏离平衡位置的角位移，而圆频率 $\omega = \sqrt{\dfrac{g}{l}}$。

单摆振动的回复力是重力的切向分力，但不能说成是重力和拉力的合力。在平衡位置振子所受回复力是零，其合力是向心力，指向悬点，不为零。当单摆的摆角很小（φ 小于 5°）时，单摆的周期 $T = 2\pi\sqrt{\dfrac{l}{g}}$，与摆球质量 m、振幅 A 都无关，其中 l 为摆长，表示从悬点到摆球质心的距离，如图16-4所示。

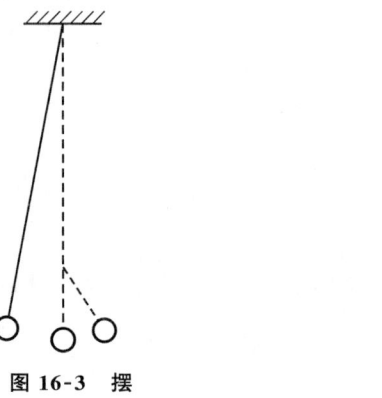

图 16-3 摆

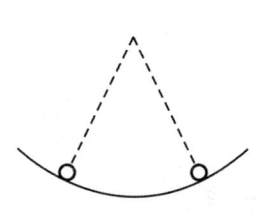

图 16-4 单摆振动

小球在光滑圆弧上的往复滚动，和单摆完全等同，只要摆角足够小，这个振动就是简谐振动，这时周期公式中的 l 应该是圆弧半径 R 和小球半径 r 的差。

3. 圆周运动

单摆在摆角足够小时所产生的振动被看作简谐运动。从小球在光滑圆弧上的往复滚动与其完全等同的事实来看，其中又有必然的道理。单摆是部分的圆周运动。一个做匀速圆周运动的物体在任意一条直径上的投影所做的运动即为简谐振动：R 是匀速圆周运动的半径，也是简谐振动的振幅 A；ω 是匀速圆周运动的角速度，也叫作简谐振动的圆频率;δ 是 $t=0$ 时匀速圆周运动的物体偏离该直径的角度(逆时针为正方向),叫作简谐振动的初相位。

为此,把(16-32)式 $y=A\cos(\omega t+\delta)$ 中的振幅 A 代之以匀速圆周运动的半径 R,则简谐振动的位移

$$y=R\cos(\omega t+\delta) \tag{16-52}$$

简谐振动的速度

$$u=-R\omega\sin(\omega t+\delta) \tag{16-53}$$

简谐振动的加速度

$$a=-R\omega^2\cos(\omega t+\delta) \tag{16-54}$$

由此可以看到,简谐运动与圆周运动是紧紧联系在一起的,这也是反映简谐振动规律的三角函数在数学中被称为圆函数的原因。三角函数作为圆函数是角的函数,不仅在物理学中是常用的工具,而且在研究三角形和建模周期现象以及其他应用中也都是很重要的函数,其原因就在于这些周期现象和表现形式反映的都是简谐振动。

由于简谐运动与圆周运动的关系,人们已经利用了参考圆或旋转矢量的方法来直观地表示简谐振动。简谐振动的振幅 A 是旋转矢量的模,固有角频率 ω 是旋转矢量逆时针匀速转动的角速度,相位$(\omega t+\delta)$是旋转矢量与 X 轴的夹角,旋转矢量端点在 X 轴上的投影表示简谐振动的位移,由位移和速度方向就可以很方便地判断相位的范围,即

$$\begin{cases} y>0,u<0 & \text{Ⅰ象限} \\ y<0,u<0 & \text{Ⅱ象限} \\ y<0,u>0 & \text{Ⅲ象限} \\ y>0,u>0 & \text{Ⅳ象限} \end{cases}$$

但是,旋转矢量本身不是简谐振动,而是旋转矢量在 x 轴上的投影点在做简谐振动。因此,旋转矢量只是一种工具,一种借以使 $A,\omega,(\omega t+\delta)$ 开象化的几何工具。简谐振动的矢量图如图 16-5 所示。

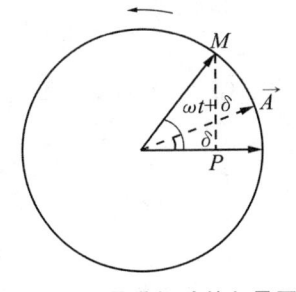

图 16-5 简谐振动的矢量图

综上所述,在机械振动中,能量 E 的显性因子 θ 用时间 t 来表现$(E=F_N t)$,而空间的长度因子 l_ε 与振动单元数 n 一起组成相对于平衡位置的位移 $y(y=nl_\varepsilon)$,以此质变量来反映机械振动中质点偏离平衡位置的位移往复变化的周期性。如果把振动质点的速度、压强和密度作为质变量,一样可以得到这些质变量在简谐振动中的周期性变化的规律。但是,振动系统的运动如果是在弹性力或准弹性力作用下产生简谐振动,那就只在机械振动范围内有效,在其他领域中就不成立。对于其他的无阻尼的自由振动,其具体的质变量是不同的。任何描述谐振系统形态的质变量随时间按余弦函数规律做周期性变化的过程都是不同形式的简谐运动。

(二)电磁振荡

在不含有电阻而只有电容 C 和自感 L 的最简单电路(理想的 LC 振荡电路)产生振荡电流的过程中,电容器是储存电荷以及伴随而来的静电势能的器件,其电容 C 为加于电容器极板上的电荷量 Q 除以该电荷所产生的电势差 $C = \dfrac{Q}{V_c}$。电容器极板上的电荷通过线圈的电流以及跟电荷和电流相联系的电场和磁场都发生周期性的变化,且不断地相互转换着。这种电荷和电流或电场和磁场能量都随时间做周期性的交互变化的现象就是简谐振动在交流电路中的表现,叫作电磁振荡。电磁振荡是质变量不同于机械振动的一类比较典型的简谐振动。

在(16-31)式 $\gamma = \Gamma \cos(C_\kappa F \theta + C_\delta)$ 中,如果能量 E 的显性因子 θ 为时间 t($E = F_N t$),而振动单元数 n 与点电荷 q_ε 共同组成的质变量为电量 Q($Q = n q_\varepsilon$),这样,人们就可以直接演绎出电磁振荡偏离平衡态的电荷变化规律

$$Q = Q_m \cos(\kappa F_N t + C_\delta)$$
$$= Q_m \cos(\omega t + \delta) \qquad (16\text{-}55)$$

对电荷 Q 求导,还可以得到电流的变化规律为

$$I = \frac{dQ}{dt} = -Q_m \omega \sin(\omega t + \delta) \qquad (16\text{-}56)$$

其中,常数 Q_m($Q_m = Q_{\max} = C_N q_\varepsilon$)是做简谐振动的系统偏离平衡态的最大电荷数,这是描述电磁振荡强弱的质参量。

为了求得(16-55)式和(16-56)式中的常数圆频率 ω 和初相位 δ 在理想的 LC 振荡电路中的具体形式,必须深入分析 LC 回路的周期和频率与电容器的电容 C 和线圈的自感系数 L 的关系。

在(16-55)式 $Q = Q_m \cos(\omega t + \delta)$ 和(16-56)式 $I = -Q_m \omega \sin(\omega t + \delta)$ 中,如果初相位为零($\delta = 0$);那么,在 $t = 0$ 时,$Q = Q_m$ 和 $I = 0$。经过自感 L 的电压降 $U_L = L \dfrac{dI}{dt} = L \dfrac{d^2 Q}{dt^2}$,经过电容 C 的电压降 $U_C = \dfrac{Q}{C}$,则 $U_L = U_C$,即

$$L \frac{d^2 Q}{dt^2} + \frac{Q}{C} = 0 \qquad (16\text{-}57)$$

因为 $\dfrac{dQ}{dt} = I$,而 $\dfrac{d^2 Q}{dt^2} = \dfrac{dI}{dt} = \dfrac{dI}{dQ} \dfrac{dQ}{dt} = I \dfrac{dI}{dQ}$,因此上式变成

$$LI \, dI + \frac{Q}{C} dQ = 0$$

积分,可得

$$\frac{1}{2} L I^2 + \frac{Q^2}{2C} = c_1$$

把初始条件代入,就有 $c_1 = \dfrac{Q_m^2}{2C}$,再由上式解出

$$I = \pm \frac{1}{\sqrt{LC}}\sqrt{Q_m^2 - Q^2} \tag{16-58}$$

分离变数并积分,得

$$\sin^{-1}\frac{Q}{Q_m} = \pm \frac{t}{\sqrt{LC}} + c_2$$

再代入初始条件,得 $c_2 = \dfrac{\pi}{2}$。于是

$$\sin^{-1}\frac{Q}{Q_m} = \pm \frac{t}{\sqrt{LC}} + \frac{\pi}{2}$$

或

$$Q = Q_m \cos\frac{t}{\sqrt{LC}} \tag{16-59}$$

所以,电磁振荡中电荷 Q 的圆频率

$$\omega = \frac{1}{\sqrt{LC}} \tag{16-60}$$

代入(16-43)式 $\omega = 2\pi\nu = \dfrac{2\pi}{T}$,则

$$\omega = \frac{1}{\sqrt{LC}} = \frac{2\pi}{T} \tag{16-61}$$

因此,得到电磁振荡的周期为

$$T = 2\pi\sqrt{LC} \tag{16-62}$$

电磁振荡的周期是电磁振荡完成一次周期性变化所需的时间。

由(16-42)式 $\nu = \dfrac{1}{T}$ 频率与周期互为倒数的关系,还可以得到电磁振荡的频率

$$f \equiv \nu = \frac{1}{2\pi\sqrt{LC}} \tag{16-63}$$

即频率是 1 s 完成周期性变化的次数。

如此得到的就是以振幅 Q_0、周期 $T = 2\pi\sqrt{LC}$ 和频率 $f = \dfrac{1}{2\pi\sqrt{LC}}$ 来反映电磁振荡中电荷 Q 的简谐振动的,即(16-59)式 $Q = Q_m\cos\dfrac{t}{\sqrt{LC}}$。对(16-59)式 $Q = Q_m\cos\dfrac{t}{\sqrt{LC}}$ 求导,可以得到电流

$$I = -\frac{Q_m}{\sqrt{LC}}\sin\frac{t}{\sqrt{LC}} = I_m\sin\frac{t}{\sqrt{LC}} \tag{16-64}$$

其振幅为 $I_m = -\dfrac{Q_m}{\sqrt{LC}}$，而周期 $T = 2\pi\sqrt{LC}$ 或频率振荡 $f = \dfrac{1}{2\pi\sqrt{LC}}$。这种大小和方向都做周期性变化的电流就叫作振荡电流。能够产生振荡电流的电子电路就称为"振荡电路"。

在振荡电路中，电流（或电压）在最大值和最小值之间周期性重复变化。按正弦变化的振荡电流（电压）即交变电流（电压）。在移去外加电动势后，电路能依靠本身储存的能量而发生振荡称"固有（或自由）振荡"。自由振荡的周期和频率叫作振荡电路的固有周期和固有频率，简称振荡电路的周期和频率。固有周期和固有频率由振荡电路本身的特点所决定。在振荡电路中，如果没有能量的损耗，则振荡电流的振幅 I_m 将不变，如图 16-6 所示，叫作无阻尼振荡（或等幅振荡）。理想的 LC 振荡电路只考虑电感、电容的作用，而忽略各种能量损耗，就是无阻尼振荡。LC 回路的周期和频率与电容器的电容 C 和线圈的自感系数 L 有关，电容或电感增加时，周期变长，频率变低；电容或电感减小时，周期变短，频率变高。

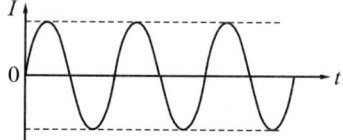

图 16-6　振荡电路的无阻尼振荡

可见，(16-55)式 $Q = Q_m\cos(\omega t + \delta)$ 只是简谐振动基本规律(16-17)式 $n = C_N \cdot \cos(C_\kappa E + C_\delta)$ 的特殊形式。在电磁振荡过程中，振幅、角频率和初相位都是不变的，而电荷一直随着时间在改变。由于产生电磁振荡的振荡电路是一个均衡反向一元系统，电与磁可以说是一体两面，随时间变化的电场在周围空间会产生磁场，而随时间变动的磁场在周围空间会产生电场。变化的电场和变化的磁场的相互激发和转化构成了一个不可分离的统一的场，这就是电磁场。[7]

LC 振荡电路在电磁振荡过程中必然遵循总能量守恒的变化规律：即电场能与磁场能之和为恒量 $E^0 = E_{电场} + E_{磁场} = $ 恒量。因此，电场能与磁场能交替转化：①变化的磁场产生电场。均匀变化的磁场将产生恒定的电场，周期性变化的磁场将产生同频率周期性变化的电场。②变化的电场产生磁场。均匀变化的电场将产生恒定的磁场。周期性变化的电场将产生同频率周期性变化的磁场。

对于电磁振荡的电场场强变化的情形，可以把简谐振动的(16-17)式 $n = C_N \cdot \cos(C_\kappa E + C_\delta)$ 两边同乘以电场参量 e_ε。能量 E 用显性因子时间 t 来表现（$E = F_N t$），$\Theta(\Theta = ne_\varepsilon)$ 是电磁振荡的磁场场强，而最大磁场场强为 $\Theta_m(\Theta_m = C_N e_\varepsilon)$，这样，电磁振荡的电场场强变化规律就是

$$\Theta = \Theta_m \cos(\omega t + \delta) \tag{16-65}$$

对于磁场场强变化的情形，也可以像电磁振荡的电场场强一样把简谐振动的(16-17)式 $n = C_N\cos(C_\kappa E + C_\delta)$ 两边同乘以磁场参量 h_ε。能量 E 用显性因子时间 t 来表现（$E = F_N t$），$H(H = nh_\varepsilon)$ 是电磁振荡的磁场场强，而最大磁场场强为 $H_m(H_m = C_N h_\varepsilon)$，这样，电磁振荡的磁场场强变化规律就是

$$H = H_m \cos(\omega t + \delta) \qquad (16\text{-}66)$$

在交变电磁场中,如果初相位为零($\delta=0$),电场和磁场的强度均随时间做余弦变化,即 $\Theta = \Theta_m \cos\omega t$ 和 $H = H_m \cos\omega t$,那么人们所要考虑的就是电流和电压大小的波动性和时间上的周期性。电流和电压变化规律以及电场能和磁场能变化规律的图像如图 16-7 所示。

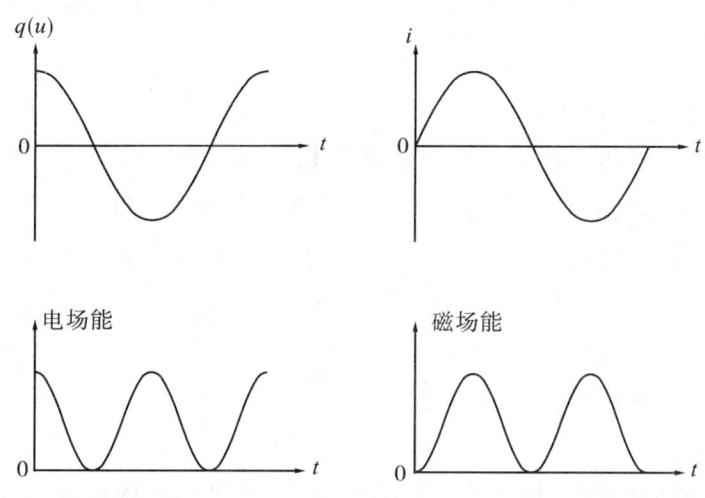

图 16-7 交变电磁场中的电流和电压以及电场能和磁场能的变化规律

在电磁振荡变化过程中,放电完毕状态和充电完毕状态是两个特殊状态。当电场能向磁场能转化完毕,磁场能最大与电场能最小就是放电完毕状态;当磁场能向电场能转化完毕,电场能最大与磁场能最小就是充电完毕状态。如果把电磁振荡与单摆进行对比,电源给电容器充电就相当于把摆球从平衡位置拉到最高点,作为振动的初始条件。电场能相当于重力势能,磁场能相当于动能,放电过程是把电场能转化为磁场能($q\downarrow \to i\uparrow$),相当于摆球从最高点摆至最低点,重力势能转化为动能。充电过程是把磁场能转化为电场能($q\uparrow \to i\downarrow$),相当于摆球从最低点摆至最高点,动能转化为重力势能。

LC 谐振电路产生的电磁振荡奠定了无线电理论的基础。在电磁波理论中,简谐振动方程的频率高低就是回旋速率快慢的概念,振幅就是回旋半径的概念,波速就是运动速度的概念,而繁复程度也就是复合波的概念。除此之外,人们发现像晶体或陶瓷谐振体或者更复杂的厚膜谐振电路器件一样具有相应的谐振特性。特别是,通信中的简谐信号也是无阻尼的自由振动,因此描述谐振系统状态的信号量是随时间按余弦规律做周期性变化的,其简谐振动方程为 $\Omega = \Omega_m \cos(\omega t + \delta)$,其中 Ω 为信号强度,Ω_m 为信号幅值,ω 为圆频率,δ 为初相位。

综上所述,机械振动和电磁振荡的简谐振动规律只是谐振系统两种典型的简谐振动基本规律的表现形式,而简谐振动又只是世界上存在着广泛的周期性运动的一类典型的回旋运动。通过上面的讨论,可以更深入地认识简谐振动规律及其基本性质,均衡反向一元系统是满足输入的单元(物质)或能量与输出的单元(物质)或能量相等的耗散结构,因此耗散结构是以简谐振动的形式存在的谐振体。简谐振动规律应用于各种收支平衡的耗散系统或做周期性变化的谐振系统有不同的形式。

第三节　阻尼振动的形态变化规律及应用

通过阻尼振动微分方程得到欠阻尼、过阻尼、临界阻尼三种不同振动形态的解,可以揭示谐振系统在能量损耗等环境阻尼作用下使简谐振动的振幅逐渐减小的阻尼振动规律。通过阻尼振动的周能,还可以认识两个相邻阻尼振动的比例系数。以典型的阻尼机械振动和阻尼电磁振荡为例,可以演绎得到阻尼振动规律的特殊表现形式。

一、阻尼振动的规律

在一维二仪质向量坐标系 $\vec{X}$ 的 $(\vec{X})$ 空间中,反向可逆一元系统的反向可逆变化达到均衡形态时,就称其为均衡反向一元系统。均衡反向一元系统介稳的均衡形态,是吸收发射子系统在正向变化过程的形态变化量 $\Delta\vec{x}_+$ 与自发发射子系统在负向变化过程的形态变化量 $\Delta\vec{x}_-$ 阴阳对等 $\Delta\vec{x}_+ = -\Delta\vec{x}_-$,阴阳对立成分围绕正向太极 $\vec{X}_+$ 和负向太极 $\vec{X}_-$ 的变相点相互竞争、此起彼落达到势均力敌的阴阳动态平衡,所以均衡反向一元系统的质向量为零向量($\Delta\vec{x} = \Delta\vec{x}_+ + \Delta\vec{x}_- = 0$),在一维二仪质向量坐标系 $\vec{X}$ 上只能看作处在平衡态的孤立系统。

通过坐标平移变换,可以使得处在一维二仪质向量坐标系 $\vec{X}$ 原点 $\vec{0}$ 上的均衡反向一元系统变成处在正向太极 $\vec{X}_+$ 或负向太极 $\vec{X}_-$ 某一点 $\vec{A}$ 上;反之,也可以使处在正向太极 $\vec{X}_+$ 或负向太极 $\vec{X}_-$ 某一点 $\vec{A}$ 上的均衡反向一元系统变成处在一维二仪质向量坐标系 $\vec{X}$ 原点 $\vec{0}$ 上。

如果在一维二仪质向量坐标系 $\vec{X}$ 的正向太极 $\vec{X}_+$ 和负向太极 $\vec{X}_-$ 内部打开多维分质向量空间,均衡反向一元系统的两个子系统在近平衡态的反向发射过程中,其分质向量的形态变化规律就是以双曲余弦函数形式表达的简谐振动规律。如果在一维二仪质向量坐标系 $\vec{X}i$ 的正向太极 $\vec{X}_{+}i$ 和负向太极 $\vec{X}_{-}i$ 内部分别打开多维分质向量空间,两个子系统在近平衡态的反向发射过程中,其分质向量的形态变化规律就是以余弦函数形式表达的简谐振动规律。

均衡反向一元系统中的正向子系统与负向子系统就像在一个完全孤立的封闭腔体内进行反向可逆的交变,而且这种和谐均衡的简谐运动是在没有能量损失和物质损耗引至阻尼的情况下发生的自由振动。产生简谐振动的均衡反向一元系统是收支动态平衡的耗散系统,输入其中的物质或能量与其中输出的物质或能量完全相等,均衡反向一元系统的变动力与回复力也达到了平衡。因此,在一维二仪质向量坐标系 $\vec{X}$ 的 $(\vec{X})$ 空间中,只要均衡反向一元系统内外环境条件不变,对立统一的简谐振动就将永远继续下去。

但是,任何系统都是与环境紧紧相连的,只要均衡反向一元系统的内环境或外环境的条件有所改变,维系吸收发射子系统在正向变化过程的形态变化量 $\Delta\vec{x}_+$ 与自发发射子系统在负向变化过程的形态变化量 $\Delta\vec{x}_-$ 的阴阳动态平衡就要被破坏,维持均衡反向一元系统做简谐振动的变动力和回复力也必然要失衡,均衡反向一元系统就不可能再继续做简谐振动,也就不称其为谐振系统。

在此,就要探索反向可逆一元系统在能量损耗等环境阻尼作用下的形态变化规律。

(一)阻尼振动及其规律

在一维二仪质向量坐标系 $\vec{X}$ 的 $(\vec{X})$ 空间中,一元系统的两个阴阳子系统在 $x_- \longleftrightarrow x_+$ 的反向可逆发射过程中相互抗衡,如果负向变化过程的质向量 $\Delta\vec{x}_-$ 大于正向变化过程的质向量 $\Delta\vec{x}_+$,那反向可逆一元系统的质向量变化量 $\Delta\vec{x}$ 为负向量,整个反向可逆一元系统形态变化的综合表现必然呈现偏于负向子系统的形态特征,反向可逆一元系统的形态变化规律就是以自发发射为主的阻尼振动规律。

在一维二仪质向量坐标系 $\vec{X}i$ 的正向太极 $\vec{X}_+i$ 和负向太极 $\vec{X}_-i$ 内部打开的多维分质向量空间中,若作为因变量的分质向量不是关于原点对称的,那反向可逆一元系统所呈现的形态变化规律也就不是具有余弦函数形式的简谐振动规律。由于对立统一的反向可逆一元系统偏于负向变化的自发发射,维持反向可逆一元系统做振动的变动力小于回复力,反向可逆一元系统的振动就会逐渐衰减而最终达到静止态。回复力可以看作阻力,整个反向可逆一元系统形态的综合表现也就是偏于负向子系统的阻尼变化特征,所以这类振动就叫作阻尼振动。

例如,在一维二仪质向量坐标系 $\vec{X}i$ 内部 $(\vec{N}_\perp,\vec{n}_\perp,\vec{E}_\perp,\vec{E}_{\neq\perp},\vec{\varepsilon}_\perp)$ 五维分质向量空间的 $(\vec{C}_{N_\perp},\vec{n}_\perp,\vec{E}_\perp,\vec{C}_{E_{\neq\perp}},\vec{C}_{\varepsilon_\perp})$ 截面上,当负向变化子系统的能量或物质(异质单元数)大于正向变化子系统的能量或物质(异质单元数)时,维持反向可逆一元系统做振动的变动力就小于回复力,这样的系统称为阻尼振动系统,阻尼振动系统的形态变化规律就是以自发发射为主的阻尼振动规律。

振动系统的外环境一般都是由具体的特殊形态的物质所构成,在与振动系统的相互联系和相互作用中总是要对系统的振动产生一定阻力(如摩擦力)的影响。绝对理想的简谐振动实际上是不存在的,除非因外环境消耗的能量或物质及时得到完全的补偿,否则,即使理想的简谐振动系统也必定在不断的振动传递过程中发生相变或频变,就会出现因克服阻力做功而使变动力减小和能量衰减,即在振动过程中发生能量不断地转换或耗散。

作为收支平衡的简谐振动系统,一旦输入系统的能量或物质(异质单元数)与输出系统的能量或物质(异质单元数)不平衡,那么原来维持简谐振动的能量或物质的收支也就不平衡。当输出的能量或物质大于输入的能量或物质时,就相当于封闭的"谐振腔体"发生了泄漏,振动系统对环境辐射了能量或物质,孤立系统就变成了开放系统。因此,随着维持反向可逆一元系统振动的能量或物质(异质单元数)的减少,振动系统每一次参与往复振动的总体单元数都会少于上一次参与振动的总体单元数,振幅就会不断减小而最后逐渐达到零。阻尼振动是振动系统因能量或物质输出大于输入而使振幅随能量或物质减小的振动。

振动系统所受的阻力是比较复杂的,像滑动面之间(有润滑或无润滑)的摩擦力及周围介质(空气、水等)的阻力、材料内部的损耗等都称为阻尼。反向可逆一元系统无法保证正向子系统和负向子系统各自都是同质单元或者不能满足总体单元数、能阈和能元对等的条件,往往都是产生阻力的原因。

在一维二仪质向量坐标系 $\vec{X}i$ 内部 $(\vec{N}_\perp, \vec{n}_\perp, \vec{E}_\perp, \vec{E}_{\neq\perp}, \vec{\varepsilon}_\perp)$ 五维分质向量空间的 $(\vec{C}_{N_\perp}, \vec{n}_\perp, \vec{E}_\perp, \vec{C}_{E_{\neq\perp}}, \vec{C}_{\varepsilon_\perp})$ 截面上,在省却分质向量关于方向的规定时,反向可逆一元系统的振动在近平衡态所遭遇的阻力 ζ_- 可以认为是与振动单元数的变化率 $n' = \dfrac{\mathrm{d}n}{\mathrm{d}E}$ 成正比的,即

$$\zeta_- = -\tau_- n' = -\tau_- \dfrac{\mathrm{d}n}{\mathrm{d}E} \tag{16-67}$$

式中,τ_- 为阻力系数,负号表示阻力与振动单元数变化率的方向相反。

在阻尼振动的情形下,由于环境存在阻力,振动系统所受的合外力不仅有原来内在的弹性回复力,而且还有阻力 $\zeta_- = -\tau_- \dfrac{\mathrm{d}n}{\mathrm{d}E}$。此外,由于内在回复力与阻力方向一致,且都与变动力的变化方向相反,因此阻力 ζ_- 可以看作外在的回复力。

在阻尼振动过程中,振动系统的内在回复力 $F_- = -\kappa_-^2 n = -k_- n$ 与外在回复力(阻力)$\zeta_- = -\tau_- \dfrac{\mathrm{d}n}{\mathrm{d}E}$ 之和,必然与变动力 $F_+ = \dfrac{\mathrm{d}^2 n}{\mathrm{d}E^2}$ 达到平衡,即回复力与变动力平衡。所以,在阻尼振动过程中,变动力与同时作用于振动系统的内在回复力和阻力之和大小相等、方向相反,并在同一条直线上相互作用,即

$$F_+ = F_- + \zeta_-$$

这样,简谐振动微分方程(16-24)式 $\dfrac{\mathrm{d}^2 n}{\mathrm{d}E^2} + \kappa^2 n = 0$ 就应改写成

$$\dfrac{\mathrm{d}^2 n}{\mathrm{d}E^2} = -\kappa_-^2 n - \tau_- \dfrac{\mathrm{d}n}{\mathrm{d}E} \tag{16-68}$$

或

$$\frac{d^2 n}{dE^2} + 2\beta \frac{dn}{dE} + \kappa_-^2 n = 0 \tag{16-69}$$

式中，κ_- 为阻尼振动的固有形态变化率；在振动系统能元 $\varepsilon = C_\varepsilon$ 给定的情况下，$\kappa = C_\kappa = 1/C_\varepsilon$，而 κ_- 也是一个常量；$\tau_- = 2\beta$，β 为阻尼因数或衰减常数，它与系统本身的性质以及环境媒质的性质都有关系。对于一个给定的阻尼系统来说，它的振动是由阻力因数 β 决定的。

阻尼振动微分方程 (16-69) 式 $\frac{d^2 n}{dE^2} + 2\beta \frac{dn}{dE} + \kappa_-^2 n = 0$ 是一个常系数齐次线性微分方程，此式左边的意义是阻尼振动系统所包含的变动力与内在回复力和阻力相互制衡，对阻尼振动系统之外的合力为零（通过右边的 0 来表现）。这也就是阻尼振动系统还可以看作孤立系统的原因。

对于一个阻尼振动系统，由于阻尼因数 β 的大小不同，振动停止的方式、速率也是不同的。下面就讨论三种典型的阻尼振动。

(二) 三种典型的阻尼振动

由 (16-69) 式 $\frac{d^2 n}{dE^2} + 2\beta \frac{dn}{dE} + \kappa_-^2 n = 0$ 可以得到三种不同振动形态的解，根据阻尼使振动停止的效果不同，阻尼振动可以分为三种典型状况：欠阻尼（亚临界阻尼或弱阻尼）、过阻尼（超临界阻尼或强阻尼）和临界阻尼。

(1) 欠阻尼。当阻力较小（阻尼因数较小），即 $\beta < \kappa$ 时，外在回复力（阻力）小于内在回复力。由 (16-69) 式 $\frac{d^2 n}{dE^2} + 2\beta \frac{dn}{dE} + \kappa_-^2 n = 0$ 这一常系数齐次线性微分方程，可以解出振动单元数[8]

$$\begin{aligned} n &= N_- \cos(\kappa E + \delta) \\ &= C_N e^{-\beta E} \cos(\kappa E + \delta) \\ &= C_N e^{-\beta E} \cos\varphi \end{aligned} \tag{16-70}$$

式中，阻尼振动系统形态变化率 $\kappa = C_\kappa = \sqrt{\kappa_-^2 - \beta^2}$；阻尼振动中的总体单元数 $N_- = C_N e^{-\beta E}$；阻尼振动系统总体单元数 $N = C_N = \sqrt{n_0^2 + \left(\frac{n_0' \beta n_0}{\kappa_-^2}\right)^2}$；初相位 $\delta = C_\delta = \tan^{-1} \frac{n_0' \beta n_0}{\kappa_-^2}$。

(16-70) 式 $n = C_N e^{-\beta E} \cos(\kappa E + \delta)$ 包括了两项因子：① $N_- = C_N e^{-\beta E}$ 表示的是振动中随着能量的增加而衰减的总体单元数；② $\cos(\kappa E + \delta)$ 表示的振动单元数是以 $\kappa = C_\kappa$ 为形态变化率的循环性变化。因此，$C_N e^{-\beta E} \cos(\kappa E + \delta)$ 表示参与振动的异质单元数随着能量做循环性衰减的阻尼振动。特别地，当 $E = 0$ 时，$n = N_- \cos C_\delta = C_N \cos \delta$。

阻尼振动是振动系统在近平衡态的形态变化中包含了单向的自发发射和双向的简谐振动这两个独立平行的形态变化。阻尼振动规律就是近平衡态自发发射的负指数函数与简谐振动余弦函数的乘积，$n=C_N\mathrm{e}^{-\beta E}\cos(\kappa E+\delta)=N'\mathrm{e}^{-\beta E}$，这种以振动形式表现的负指数运动规律反映的是近平衡态的形态变化与简谐振动的同向平行自发发射的规律，两个独立变化的过程表现出来的综合结果就像近平衡态自发发射的负指数函数附载在总体单元数恒定的余弦函数之上。近平衡态自发发射的负指数函数中的总体单元数 N' 在阻尼振动系统中并不是常量，而是 $N'=N\cos(\kappa E+\delta)$，因此，阻尼振动的总体单元数 $N_-=C_N\mathrm{e}^{-\beta E}$ 是随着振动系统的能量 E 的变化而在一定的范围内渐次变小的变量。根据(16-70)式画出的振动曲线如图16-8所示。

如果在阻尼振动中的阻尼不够大，人们把不足以阻止振动越过平衡位置的阻尼，称为欠阻尼，此时振动系统将做振幅逐渐减小的周期性阻尼振动。由于振动系统的运动被不断阻碍，因此振幅不断衰减，并且振动周期也是越来越长，积累了较大的能量后，振动终将停止。

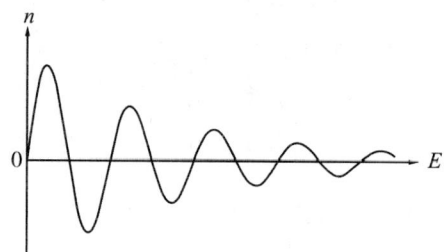

图16-8　阻尼振动曲线

特别地，当阻尼振动中的阻力极小，即 $C_N\mathrm{e}^{-\beta E}\to 1$ 时，(16-70)式中含阻尼因数 β 的负指数函数可以忽略不计，这样的阻尼振动就可以看作无阻力的简谐振动。可见，所谓的理想的简谐振动，就是在阻尼振动中阻力可以忽略的无阻尼自由振动。

(2)过阻尼。当阻尼振动中的阻力很大，阻力大于回复力，阻尼系数很大，近平衡态自发发射的负指数函数以绝对优势压倒简谐振动余弦函数时，(16-69)式 $\dfrac{\mathrm{d}^2 n}{\mathrm{d}E^2}+2\beta\dfrac{\mathrm{d}n}{\mathrm{d}E}+\kappa_-^2 n=0$ 这一常系数齐次线性微分方程的解为

$$n=C_1\mathrm{e}^{-(\beta-\sqrt{\beta^2-\kappa_-^2})E}+C_2\mathrm{e}^{-(\beta-\sqrt{\beta^2-\kappa_-^2})E} \tag{16-71}$$

式中，C_1、C_2 是由初始条件决定的常数。

(16-71)式表明，过阻尼的振动方程是余弦函数与负指数函数的积。如果阻尼振动中存在着很大的阻力，$\beta>\kappa_-$，使得振动系统维持振动的能量或物质大量地耗散，随着消耗的能量大幅增加，参与振动的总体单元数迅速减小，最后趋近于零。在这种条件下，振动系统的运动不是循环性的，即振动系统不发生振动，或者说振动系统甚至连一次振动都来不及完成就已停止在平衡态。这种运动状态称为过阻尼状态，其振动曲线如图16-9所示。

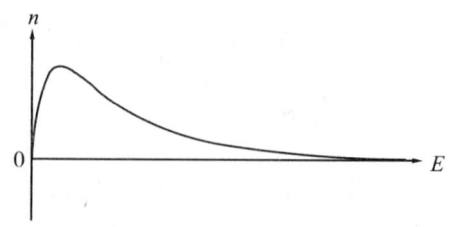

图16-9　过阻尼振动曲线

可见，所谓过阻尼是说明阻尼太大，振动根本无法越过平衡位置，只能以非重复的运动形式缓慢地向平衡位置移动。因为阻尼过大，

阻碍了振动向平衡位置的移动,导致这种阻尼振动的停止也很缓慢,此时也就没有振幅和周期一说了。

(3)临界阻尼。如果阻尼振动中阻力的影响介于欠阻尼和过阻尼之间,且 $\beta \approx \kappa_-$,阻力等于回复力,则(16-69)式 $\dfrac{\mathrm{d}^2 n}{\mathrm{d}E^2} + 2\beta \dfrac{\mathrm{d}n}{\mathrm{d}E} + \kappa_-^2 n = 0$ 这一常系数齐次线性微分方程的解为正比例函数与指数函数的积,即

$$n = (C_1 + C_2)\mathrm{e}^{-\beta E} \qquad (16\text{-}72)$$

式中,C_1、C_2 是由初始条件决定的常数。

对于 $\beta = \kappa_-$ 的情形,阻尼振动方程的这个解表示了这种运动也不是循环性的,因此也不发生振动。由于阻尼振动中阻力比过阻尼状态的阻力小,因此将振动系统拉离平衡态后会很快回到平衡态并且停下来。这种状态叫作临界阻尼状态,此时临界振动系统刚能不做循环性振动而最快地回到平衡态,其振动曲线如图16-10所示。

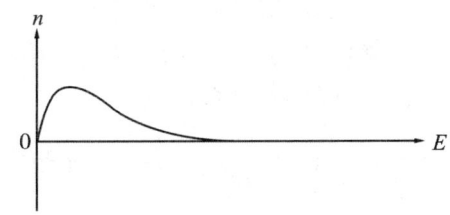

图 16-10　临界阻尼振动曲线

在上述三种不同运动状态的解之中,欠阻尼的阻力较小(阻尼因数较小)的情形在现实世界中似乎比较常见。这是因为这样的阻尼振动存在着一个振幅逐渐衰减的过程,而且外环境的介质不同,其阻尼因数 β 的大小也不同,振幅逐渐衰减的历程也不同。

欠阻尼和过阻尼这两种阻尼振动要使振动回到平衡位置所需能量都较大。在实际问题中,人们常常改变阻尼的大小,从而控制阻尼系统的振动情况。如果希望在一定的能量区间内,阻尼振动系统近似地做简谐振动,则应使阻尼充分小。当阻尼取一个特定的值时,振动会很快地靠近平衡位置,但又不越过平衡位置。这种振动的振动曲线似乎和过阻尼很像,但是它们的振动方程完全不一样。过阻尼的振动方程是余弦函数与负指数函数的积,而临界阻尼的振动方程是正比例函数与负指数函数的积。三种阻尼振动中,以临界阻尼回到平衡位置所需能量最小,其阻尼小于过阻尼,而大于欠阻尼。所以,如果不希望振动系统往返振动或在各种需要尽快停止振动的地方,应尽力地调节其振动的频率,使阻尼充分大,当其达到临界阻尼状态,就可以最大限度地消除振动的影响回到平衡点。

(三)阻尼振动的周能

与简谐振动的情况相似,人们把连续两次经过平衡态或最大的总体单元数的能量间隔叫作阻尼振动的周能 Ξ_-(虽然严格说来,阻尼振动并不是周期性的,因为某些运动状态并不是每隔一定能量就重复出现一次的,而是已经出现后,就再也不发生了)。把 $\kappa = \sqrt{\kappa_-^2 - \beta^2}$ 代入(16-11)式 $\Xi = \dfrac{2\pi}{\kappa}$,则阻尼振动的周能为

$$\Xi_- = \frac{2\pi}{\kappa} = \frac{2\pi}{\sqrt{\kappa_-^2 - \beta^2}} \qquad (16\text{-}73)$$

因此,阻尼振动的周能 Ξ_- 大于无阻尼振动的周能 Ξ。这一点是不难理解的,因为在阻力的作用下,阻尼振动系统做一次完全振动所需的能量增加了。

为了深入认识阻尼振动系统总体单元数的变化情形,可以对相隔能量等于周能 Ξ_- 的两个相邻的振动进行总体单元数的比较。如果 j 为第 j 个振动周期,N_j 为第 j 个振动周期的总体单元数,那么比值就是

$$\Phi_- = \Phi_{-j} = \frac{N_{j-1}}{N_j} = \frac{C_N \mathrm{e}^{-\beta[E+(j-1)\Xi]}}{C_N \mathrm{e}^{-\beta(E+j\Xi)}} = \mathrm{e}^{\beta\Xi} \qquad (16\text{-}74)$$

式中,$j = 1,2,3,\cdots; N = C_N$。

显然,相邻的两个阻尼振动在阻尼因数 β 和周能 Ξ 保持恒定时,任何两个相邻振动的总体单元数是保持一定比例的,阻尼振动的这一比值就是 $\Phi_- = \Phi_{-j}$。比例系数 Φ_- 取决于阻尼因数 β 和周能 Ξ,阻尼振动系统的周能 $\Xi = \frac{2\pi}{\kappa} = 2\pi\varepsilon$ 由能元 ε 所确定。一般地,阻尼振动系统的能元 $\varepsilon = C_\varepsilon$ 和均匀阻尼介质的阻尼因数 β 是确定的,因而 Φ_- 是常数。

在第 j 个振动周期,阻尼振动系统已经经历了 j 次振动,且每一次振动都是独立进行的,所以第 j 个振动周期的比例系数 Φ_-^j 为 j 个相邻阻尼振动比例系数 Φ_{-j} 的乘积,即

$$\begin{aligned}\Phi_-^j &= \Phi_{-1}\Phi_{-2}\cdots\Phi_{-j} \\ &= \frac{N}{N_1}\frac{N_1}{N_2}\cdots\frac{N_{j-2}}{N_{j-1}}\frac{N_{j-1}}{N_j} \\ &= \frac{N}{N_j} \\ &= \mathrm{e}^{j\beta\Xi}\end{aligned} \qquad (16\text{-}75)$$

可见,第 j 个振动周期的比例系数 Φ_-^j 为振动系统基态的总体单元数 N 和第 j 个振动周期的总体单元数 N_j 的比值,这样也就得到

$$N_j = N\mathrm{e}^{-j\beta\Xi} \qquad (16\text{-}76)$$

Φ_- 的自然对数称为对数减缩,以符号 Ψ_- 表示,即

$$\Psi_- = \ln\Phi_- = \ln\mathrm{e}^{\beta\Xi_-} = \beta\Xi_- \qquad (16\text{-}77)$$

在阻尼比非常小且相继两个振幅的衰减不太显著的情况下,为了提高精度可以测量相隔几周的振幅衰减量来计算周能 Ξ_-。对数减缩 Ψ_- 和周能 Ξ_- 都是可以由实验测得的,因此可以由实验决定阻尼因数 β 的值。

通过上述阻尼振动的讨论可以看到,理想的简谐振动是振动系统在与环境的相互作用中实现了动态平衡。当实际环境介质的阻力作用增加了振动系统的回复力,维持振动系统做振动的变动力小于回复力时,振动系统的振动就是阻尼振动。

二、阻尼振动的应用

在客观世界中,人们是难以找到永恒不变的收支平衡的耗散系统的,而阻尼振动是十分常见的一种运动形式。但是,上述关于阻尼振动系统的形态变化规律和基本性质的论述都是对于一般的阻尼振动而言的,为了演绎得到不同学科中阻尼振动形态变化规律的特殊表现形式,就要把各种不同的显性因子或特殊的质参量代入阻尼振动规律的表达式之中。

阻尼振动的特定情形非常普遍,除了阻尼机械振动和阻尼电磁振荡以外,像放射性物质在向环境辐射射线过程中的原子衰变也是阻尼振动。下面还是以最典型的阻尼机械振动和阻尼电磁振荡为例。

(一)阻尼机械振动

对于机械振动的特定情形,由于外界环境的摩擦和介质阻力总是存在的,不论是弹簧振子还是单摆等各种机械振动,在振动过程中总要不断地克服外界环境的阻力做功,因此必然要消耗能量,振幅就会逐渐减小,经过一段时间,振动就将完全停下来。

阻尼振动系统的能量耗减方式有两种:一种是由于摩擦阻力的作用使阻尼振动系统的能量逐渐转化为热运动的能量。例如,单摆在摆动过程中,振幅的减小或单摆停止摆动就是由于阻力的作用使摆的机械能转化为空气的内能,所产生的是摩擦阻尼。另一种是阻尼振动系统引起周围环境介质的振动,把阻尼振动系统的能量输送给外环境,外环境获得这些振动的能量后就以波的形式向四周传递这部分能量,这种阻尼是辐射阻尼。例如,琴弦发出声音不仅因为有空气的阻力要消耗能量,同时也因为以波的形式辐射而减少能量,最后琴弦会停止张弛振动,非周期地回到平衡位置。音叉也是如此。

不过,要揭示阻尼机械振动系统形态的变化规律,只要在(16-69)式 $\frac{d^2 n}{dE^2}+2\beta\frac{dn}{dE}+\kappa^2 n=0$ 中以时间 t 作为能量 E 的显性因子 $\theta(E=F_N t)$,以振动单元数 n 与空间的长度因子 l_ε 共同组成的质参量作为相对于平衡位置的位移 $y(y=nl_\varepsilon)$,这样,就可以得到阻尼机械振动的微分方程

$$\frac{d^2 y}{dt^2}+2\beta'\frac{dy}{dt}+\omega_0^2 y=0 \qquad (16-78)$$

式中,$\omega_0=F_N\kappa_-$;$\beta'=F_N\beta$。

在阻力较小的情况下,即 $\beta'^2<\omega_0^2$ 时,(16-78)式的解为

$$y=A e^{-\beta' t}\cos(\omega t+\delta) \qquad (16-79)$$

式中,角频率 $\omega=\sqrt{\omega_0^2-\beta'^2}$;振幅 A 和初相位 δ 是由起始条件决定的常数。阻尼机械振动不是简谐振动,但是在阻尼很小时,在一段不太长的时间看不出振幅有明显的减

小,可以近似地看作无阻尼的简谐振动,其周期为 $T=\dfrac{2\pi}{\omega}=\dfrac{2\pi}{\sqrt{\omega_0^2-\beta'^2}}$。对于具有一定阻尼的振动系统,有阻尼时的振动周期要比无阻尼时的大。而在阻尼很大时,振动周期可以看作极大,阻尼振动系统回到平衡位置就非常缓慢,甚至来不及完成一次振动就停止了。

上述的机械系统发生阻尼振动时所提到的两种能量减少的方式,实际上只是阻尼振动系统的能量辐射到外环境的相对不同的情形。像单摆在摆动过程中,阻尼振动系统克服摩擦阻力使摆的机械能逐渐转化为热运动的能量是振动系统辐射(消耗)了一部分的能量到环境中转化为空气的内能,剩下的那一部分能量不足以维持原来的振动,因而振幅减小并最终停下来。在这种情形下,阻尼振动系统本质单元与环境媒质单元的能阈、能元往往相差较大,所以阻尼也相对较大,振动总体单元数(振幅)衰减也较快。

对于阻尼振动系统在振动过程中引起的周围环境介质的振动,如果阻尼振动系统本质单元与环境媒质单元的能阈和能元相差很小,导致阻尼也相对很小,那么振动就可以使阻尼振动系统的能量以波的形式向周围环境发出。只要维持阻尼振动系统振动的能量足以补偿阻尼振动系统对环境辐射而减少的能量,振动就会持续下去;而环境获得阻尼振动系统辐射的能量后,也将以波的形式传导这部分能量。

不过,因为阻尼大小不同而使机械系统发生阻尼振动时,外环境能量减少的两种方式实际上是伴生的。在环境介质的阻尼较大时,机械振动系统在克服摩擦阻力,尽管消耗了大部分的能量转化为环境介质的内能,但还是有一部分机械振动能辐射为机械波的能量。在环境介质的阻尼较小时,机械振动系统大部分的能量转化为环境介质机械波的能量,但是环境介质的弹性波在传动过程也还是要克服一定的阻力,消耗一部分的能量,所以波动也不可能无限地传动。

(二)阻尼电磁振荡

对于电磁振荡的特定情形,不含电阻而只有电容 C 和自感 L 的理想的 LC 振荡电路在移去外加电动势后,LC 振荡电路能依靠本身储存的能量而发生自由振荡。这种振荡电路中没有能量损耗的无阻尼振荡,实际上是只考虑了电感、电容的作用,而忽略了各种能量的损耗。

然而,任何振荡电路中都是存在着电阻 R 的 LCR 电路,电磁振荡就是阻尼振荡,变动力必须一部分与回复力抗衡,另一部分用于克服电阻的阻力。在振荡过程中要克服电阻的阻力做功,就必然存在能量的损耗。因此,实际的电磁振荡都是阻尼电磁振荡。阻尼电磁振荡的振幅会随着时间的延续而逐渐减小,经过一段时间后,减幅振荡就会完全停下来。

在一个包含电阻 R、电感 L 与电容 C 的单回路 LCR 电路中,对于这类有阻尼的电磁振荡系统的形态变化规律,也可以在(16-69)式 $\dfrac{d^2 n}{dE^2}+2\beta\dfrac{dn}{dE}+\kappa^2 n=0$ 中以时间 t 作

为能量 E 的显性因子 θ，即 $E=F_N t$，而以振动单元数 n 与点电荷 q_ε 共同组成质参量为相对于平衡态的电量(总电荷) $Q=nq_\varepsilon$，这样，就可以得到有阻尼的 LC 振荡系统的阻尼电磁振荡微分方程

$$L\frac{d^2 Q}{dt^2}+R\frac{dQ}{dt}+\frac{1}{C}Q=0$$

或

$$\frac{d^2 Q}{dt^2}+\frac{R}{L}\frac{dQ}{dt}+\frac{1}{LC}Q=0 \tag{16-80}$$

式中，$\frac{1}{LC}=\sqrt{F_N\kappa_-}$；$\frac{R}{L}=2F_N\beta$。此式中的 $\frac{R}{L}$ 正好起着阻尼常数的作用，所以这种电路中电容器极板上的电量以及电压将进行指数式的阻尼振荡。

如果 LCR 振荡电路中电阻 R 相当小，并以电容器具有最大电荷时为初始条件，(16-80)式 LCR 振荡微分方程的解就是

$$Q=Q_m e^{-\frac{R}{2L}}\cos(\omega' t+\delta) \tag{16-81}$$

其中

$$\omega'=\sqrt{\frac{1}{LC}-\left(\frac{R}{2L}\right)^2} \tag{16-82}$$

(16-81)式是描写电荷 Q 的振幅按指数形式减小的余弦函数，表明电荷 Q 的振幅随着时间的延续而逐渐减小，经过一段时间，减幅振荡就会完全停下来；而在(16-82)式中电阻的存在将使振荡频率减小，只有当 $R\to 0$ 时，这两个方程才能简化为简谐电磁振荡。

如果对 LCR 振荡电路中的电荷 Q 对时间 t 进行求导，(16-81)式 $Q=Q_m e^{-\frac{R}{2L}}\cdot\cos(\omega' t+\delta)$ 就成为

$$\begin{aligned}I&=\frac{dQ}{dt}\\&=Q_m\omega'\frac{R}{2L}e^{-Rt/2L}\sin(\omega' t+\delta)\\&=I_m e^{-Rt/2L}\sin(\omega' t+\delta)\end{aligned} \tag{16-83}$$

其中

$$I_m=Q_m\omega'\frac{R}{2L} \tag{16-84}$$

(16-83)式为阻尼电磁振荡的电流强度的变化规律，这是描写振荡电流 I 的振幅随时间按指数形式减小的正弦函数，其 $I\sim t$ 关系曲线叫作阻尼振荡(或叫减幅振荡)曲线，如图 16-11 所示。

可见，任何 LCR 振荡电路中总存在能量损耗，使振荡电流 I 的振幅随时间而逐渐减小。但是，如果用

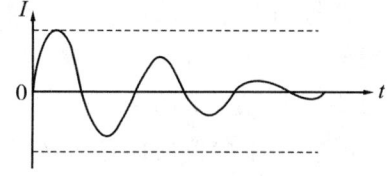

图 16-11 阻尼电磁振荡曲线

振荡器周期性地给振荡电路补充能量,以维持电流(或电压)的振幅恒定,就可以保持等幅振荡,这就类似于受迫振动。

第四节 生发振动的形态变化规律及应用

通过生发振动微分方程得到余生发、过生发和临界生发三种不同振动形态的解,可以揭示谐振系统在能量增益等环境生发作用下使简谐振动的振幅逐渐增大的生发振动规律。通过生发振动的周能,可以认识两个相邻生发振动的比例系数;代之以不同的显性因子或质参量,还可以演绎得到生发振动规律的特殊表现形式。

一、生发振动的规律

世界上一切事物都处在一定的环境之中,事物在与环境联系并受到环境的扰动、作用与影响下却往往可以相对稳定地存在着,并在一定的环境之中达到相对平衡的形态。处在平衡态的事物,其整体要在与环境的相互作用和相互影响中达到相互抵消的稳定的平衡态。如果与环境相互联系的事物受到环境的扰动、作用和影响而失去平衡,其形态就要产生变化而成为非平衡态。

在一维二仪质向量坐标系 $\vec{X}$ 的 $(\vec{X})$ 空间中,正向太极 $\vec{X}_+$ 和负向太极 $\vec{X}_-$ 为认识反向可逆一元系统的两个子系统的动态平衡提供了平台。反向可逆一元系统与外界环境达到了相对的平衡,就可以看作与环境不再发生关系的均衡反向一元系统。均衡反向一元系统的整体保持着一种"静者恒静"的稳恒形态,整个系统与外部环境相互作用的合力(大小、方向)为零,在一维二仪质向量坐标系 $\vec{X}$ 的 $(\vec{X})$ 空间中表现为孤立系统,其形态在一维二仪质向量坐标系 $\vec{X}$ 上就表现为一个常质向量 $\vec{a}$ 或一个定点。然而,处在非平衡态的反向可逆一元系统就必须用一个质向量 $\vec{x}$ 或一个动点表示。

但是,由于环境的作用和影响,可以使均衡反向一元系统内部正向变化的子系统与负向变化的子系统不停地进行着对抗运动,表现出一定的涨落运动,并保持着一种"动者恒动"的动态平衡。在一维二仪质向量坐标系 $\vec{X}$ 的正向太极 $\vec{X}_+$ 和负向太极 $\vec{X}_-$ 上,均衡反向一元系统的动态平衡就表现为两个子系统在均衡态附近围绕着变相点发生一定幅度的反向可逆变动,两个子系统在某一均衡态附近的涨落表明彼此势均力敌才能够进行此起彼伏的循环运动。

在一维二仪质向量坐标系 $\vec{X}i$ 的内部打开 $(\vec{N}_\perp, \vec{n}_\perp, \vec{E}_\perp, \vec{E}_{\neq\perp}, \vec{\varepsilon}_\perp)$ 五维分质向量空间,反向可逆一元系统两个子系统的异质单元数在某一均衡态附近的涨落或循环运动叫作振动、振荡、脉动或波动,这是一种极为普遍的运动形式。振动的本质是反向可逆一元系统两个子系统的异质单元数相对于以均衡态为中心的起伏性,是对称要素围绕平衡态交替出现的,这种动态对称循环变化的表现形式是千姿百态的。所以,每个反向可逆一元系统都具有振动的能力,而且大多数反向可逆一元系统都能以多种多样的方式自由地振动。在一维二仪质向量坐标系 $\vec{X}i$ 内部 $(\vec{N}_\perp,\vec{n}_\perp,\vec{E}_\perp,\vec{E}_{\neq\perp},\vec{\epsilon}_\perp)$ 五维分质向量空间的 $(\vec{C}_{N_\perp},\vec{n}_\perp,\vec{E}_\perp,\vec{C}_{E_{\neq\perp}},\vec{C}_{\epsilon_\perp})$ 截面上,省却了分质向量关于取向的规定,均衡反向一元系统就表现为一个循环往复简谐振动的动点,其形态变化规律就是简谐振动规律。

在一维二仪质向量坐标系 $\vec{X}$ 的二仪世界中,均衡反向一元系统达到的介稳均衡形态,是吸收发射子系统在正向变化过程的形态变化量 $\Delta\vec{x}_+$ 与自发发射子系统在负向变化过程的形态变化量 $\Delta\vec{x}_-$ 阴阳对等 $(\Delta\vec{x}_+=\Delta\vec{x}_-)$,阴阳对立成分围绕正向太极 $\vec{X}_+$ 和负向太极 $\vec{X}_-$ 的变相点相互竞争,此起彼落达到势均力敌的阴阳动态平衡,所以均衡反向一元系统内部的正向子系统与负向子系统进行反向可逆的自由交变就会产生简谐振动,产生简谐振动的均衡反向一元系统是收支动态平衡的耗散系统,输入其中的物质或能量与其中输出的物质或能量完全相等,一元系统的变动力与回复力也达到平衡。因此,只要均衡反向一元系统内外环境条件不变,在一维二仪质向量坐标系 $\vec{X}$ 的 $(\vec{X})$ 空间上对立统一的简谐振动将永远继续下去。

然而,任何系统都是与环境紧密联系的,只要均衡反向一元系统的内环境或外环境的条件有所改变,维系吸收发射子系统在正向变化过程的质向量变化量 $\Delta\vec{x}_+$ 与自发发射子系统在负向变化过程的质向量变化量 $\Delta\vec{x}_-$ 的阴阳动态平衡就要被破坏,维持均衡反向一元系统做简谐振动的变动力和回复力也必然要失衡,反向可逆一元系统就不可能再继续做简谐振动。

在一维二仪质向量坐标系 $\vec{X}$ 的 $(\vec{X})$ 空间中,反向可逆一元系统在 $x_- \longleftrightarrow x_+$ 相互抗衡的反向可逆发射过程中,如果正向变化过程的质向量变化量 $\Delta\vec{x}_+$ 大于负向变化过程的质向量变化量 $\Delta\vec{x}_-$,那么反向可逆一元系统的质向量变化量 $\Delta\vec{x}$ 为正向量,反向可逆一元系统形态变化的综合表现必然呈现偏于正向子系统的形态特征,反向可逆一元系统的形态变化规律就是以吸收发射为主的生发振动规律。

(一)生发振动微分方程

在一维二仪质向量坐标系 $\vec{X}i$ 内部打开多维分质向量空间,若作为因变量的分质向量不是关于原点对称的,那反向可逆一元系统所呈现的形态变化规律也就不是具有余弦函数形式的简谐振动规律。由于对立统一的反向可逆一元系统偏于正向变化的吸收发射,维持一元系统做振动的变动力大于回复力,一元系统的振动就会逐渐增大而持续发散。变动力可以看作生发力,整个反向可逆一元系统形态的综合表现也就是偏于正向子系统的生发变化特征,因而这类振动就叫作生发振动。生发振动是与上述的阻尼振动相反的另一类非简谐振动。

例如,在一维二仪质向量坐标系 $\vec{X}i$ 内部 $(\vec{N}_\perp,\vec{n}_\perp,\vec{E}_\perp,\vec{E}_{\neq\perp},\vec{\varepsilon}_\perp)$ 五维分质向量空间的 $(\vec{C}_{N_\perp},\vec{n}_\perp,\vec{E}_\perp,\vec{C}_{E_{\neq\perp}},\vec{C}_\varepsilon)$ 截面上,当正向变化子系统的能量或物质(异质单元数)大于负向变化子系统的能量或物质(异质单元数)时,维持反向可逆一元系统做振动的变动力就大于回复力,这样的生发振动系统的形态变化规律就是以吸收发射为主的生发振动规律。

与振动系统相互联系和相互作用的环境都是由具体的特殊形态的物质构成的,只要维系环境与振动系统平衡的条件一改变,环境总是要对简谐振动系统的振动产生一定变动力的影响。在环境变动力的持续作用下,简谐振动系统必定在不断的振动传递过程中发生相变或频变,就会出现因环境的激励而使变动力增大、能量增强。

作为收支平衡的简谐振动系统,如果输入系统的能量或物质(异质单元数)与输出系统的能量或物质(异质单元数)不平衡,那么原来维持简谐振动的能量或物质的收支也就不平衡。当输入的能量或物质大于输出的能量或物质时,就相当于封闭的"谐振腔体"像气球一样被吹大,环境对振动系统注入了能量或物质,孤立系统就变成了开放系统。因此,随着维持系统振动的能量或物质的增强,振动系统每一次参与往复振动的总体单元数都会多于上一次参与振动的总体单元数,振幅就会逐渐不断地增大。生发振动就是振动系统因能量或物质输入大于输出而使振幅随能量或物质增大的振动。

由于环境介质的动力(负阻力)作用减少了振动系统的回复力,这样振动系统的生发振动又可以看作负阻尼振动。振动系统在能量增益等环境激发作用下所得到的动力是相当复杂的,然而通过谐振系统在能量增益等环境生发作用下简谐振动规律的修正,就可以得到生发振动系统形态变化规律。

在一维二仪质向量坐标系 $\vec{X}i$ 的正向太极 $\vec{X}_{+}i$ 和负向太极 $\vec{X}_{-}i$ 内部 $(\vec{N}_\perp,\vec{n}_\perp,\vec{E}_\perp,\vec{E}_{\neq\perp},\vec{\varepsilon}_\perp)$ 五维分质向量空间的 $(\vec{C}_{N_\perp},\vec{n}_\perp,\vec{E}_\perp,\vec{C}_{\perp E_\neq},\vec{C}_{\perp\varepsilon})$ 截面上,在省却分质向量关于方向的规定时,反向可逆一元系统的生发振动在近平衡态可以认为是内在的弹性回复力和外在的动力构成的变动力与振动单元数的变化率 $n'=\dfrac{\mathrm{d}n}{\mathrm{d}E}$ 成正比,即

$$\zeta_+ = \tau_+ n' = \tau_+ \frac{\mathrm{d}n}{\mathrm{d}E} \tag{16-85}$$

式中,τ_+ 为动力系数,正号表示动力与振动单元数变化率的方向相同。

在生发振动过程中,振动系统的内在弹性回复力 $F_+ = -\kappa_+^2 n = -k_+ n$ 与外在动力 $\zeta_+ = \tau_+ \dfrac{\mathrm{d}n}{\mathrm{d}E}$ 之和的变动力,必然与阻力 $F_- = \dfrac{\mathrm{d}^2 n}{\mathrm{d}E^2}$ 达到平衡,即变动力与阻力平衡。所以,生发振动时阻力 F_- 与同时作用于振动系统的内在回复力 F_+ 和变动力 ζ_+ 之和大小相等、方向相反,并在同一条直线上相互作用,即

$$F_- = F_+ + \zeta_+ \tag{16-86}$$

这样,简谐振动微分方程(16-24)式 $\dfrac{d^2 n}{dE^2}+\kappa^2 n=0$ 就应改写成

$$\dfrac{d^2 n}{dE^2}=-\kappa_+^2 n+\tau_+\dfrac{dn}{dE} \quad (16-87)$$

或

$$\dfrac{d^2 n}{dE^2}+2\alpha\dfrac{dn}{dE}+\kappa_+^2 n=0 \quad (16-88)$$

式中,κ_+ 为生发振动系统的固有形态变化率,有别于简谐振动的形态变化率 κ;在振动系统能元 $\varepsilon=C_\varepsilon$ 给定的情况下,$\kappa=C_\kappa=1/C_\varepsilon$,而 κ_+ 也是一个常量($\kappa_+=C_\kappa$);$\tau_+=2\alpha$,α 为生发因数,它与振动系统本身的性质以及环境媒质的性质都有关系。对于一个给定的生发系统来说,它的振动是由生发因数 α 决定的。

生发振动微分方程(16-88)式是一个常系数齐次线性微分方程,方程左边的意义是生发振动系统所包含的变动力与阻力相互制衡,对生发振动系统之外的合力为零(通过右边的 0 来表现)。这也就是生发振动系统依然可以看作孤立系统的原因。

对于一个生发振动系统,由于生发因数 α 的大小不同,生发振动出现的方式、速率也是不同的。

(二)三种生发振动

由(16-88)式 $\dfrac{d^2 n}{dE^2}+2\alpha\dfrac{dn}{dE}+\kappa_+^2 n=0$ 可以得到类似于阻尼振动分析的三种不同振动形态的解,即根据生发动力使振动出现的效果不同,生发振动被分为三种:余生发(亚临界生发或弱生发)、过生发(超临界生发或强生发)和临界生发。

(1)余生发。当动力较小(生发系数 α 较小),即 $\alpha<\kappa_+$ 时,变动力大于回复力。由(16-88)式 $\dfrac{d^2 n}{dE^2}+2\alpha\dfrac{dn}{dE}+\kappa_+^2 n=0$ 这一常系数齐次线性微分方程,可以解出生发振动的单元数为

$$\begin{aligned} n &= N_+\cos(\kappa E+\delta) \\ &= C_N e^{+\alpha E}\cos(\kappa E+\delta) \\ &= C_N e^{+\alpha E}\cos\varphi \end{aligned} \quad (16-89)$$

式中,生发振动系统形态变化率 $\kappa=C_\kappa=\sqrt{\kappa_+^2-\alpha^2}$;生发振动中的总体单元数 $N_+=C_N e^{+\alpha E}$;生发振动系统总体单元数 $N=C_N=\sqrt{n_0^2+\left(\dfrac{n_0'\alpha n_0}{\kappa_+^2}\right)^2}$;初相位 $\delta=C_\delta=\tan^{-1}\dfrac{n_0'\alpha n_0}{\kappa_+^2}$。

(16-89)式包括两项因子:$N_+=C_N e^{+\alpha E}$ 表示的是振动中随着能量的增加而增大的总体单元数,$\cos(\kappa E+\delta)$ 表示的振动单元数是以 $\kappa=C_\kappa$ 为形态变化率的循环性变化,

因此 $C_N e^{+aE}\cos(\kappa E+\delta)$ 表示参与振动的单元数随着能量做循环性增大的生发振动。特别地，当 $E=0$ 时，$n_0=N_+\cos C_\delta=C_N\cos\delta$。

生发振动是指振动系统在近平衡态的形态变化中包含着单向的吸收发射和双向的简谐振动两个独立平行的形态变化。生发振动规律就是近平衡态吸收发射的指数函数与简谐振动余弦函数的乘积，$n=C_N e^{+aE}\cos(\kappa E+\delta)=N'e^{+aE}$，这种以振动形式表现的指数运动规律反映的是近平衡态的形态变化与简谐振动的同向平行吸收发射的规律，两个独立变化的过程表现出来的综合结果就像近平衡态吸收发射的指数函数附载在总体单元数恒定的余弦函数之上。近平衡态吸收发射的指数函数中的总体单元数 N' 在生发振动系统中并不是常量，而是 $N'=N\cos(\kappa E+\delta)$。因此，生发振动的总体单元数 $N_+=C_N e^{+aE}$ 是随着振动系统的能量 E 的变化而在一定的范围内随着振动而渐次变大的变量。根据(16-89)式画出的振动曲线如图 16-12 所示。

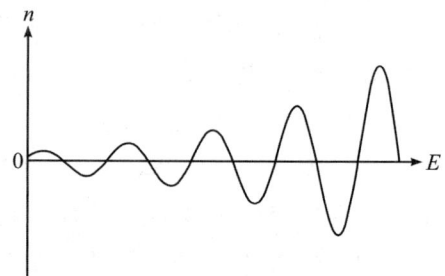

图 16-12　生发振动曲线

由此可见，当实际环境介质的动力作用减少了振动系统的回复力，维持振动系统做振动的变动力大于回复力时，振动系统的振动就是生发振动。当输入振动系统的能量或物质大于输出振动系统的能量或物质时，振动系统从环境吸收的能量或物质大于向环境辐射的能量或物质，这样振动系统就要以振动的形式做吸收发射。

在生发振动中，如果振动系统发育充分尚有盈余，变动力不仅使得振动得以发生而且还足以激励振动不断增强，就称为余生发，此时振动系将做振幅逐渐增大的周期性生发振动。由于振动系统的运动被不断增强，振幅增大，同时振动周期越来越短，当振动系统积累了较大的能量后，振动发散。

特别地，如果环境的变动力极小，即 $C_N e^{+aE}\to 1$ 时，(16-89)式 $n=C_N e^{+aE}\cos\varphi$ 中含生发因数 α 的指数函数可以忽略不计，这样的振动才可以看作简谐振动。所谓的理想的简谐振动，也就是在外环境的动力可以忽略条件下的自由振动。

(2) 过生发。当环境的变动力很大，变动力大于回复力，生发系数 α 很大，近平衡态吸收发射的指数函数以绝对优势压倒简谐振动余弦函数时，(16-88)式 $\dfrac{d^2 n}{dE^2}+2\alpha\dfrac{dn}{dE}+\kappa_+^2 n=0$ 这一常系数齐次线性微分方程的解为

$$n=C_1 e^{+(\alpha-\sqrt{\alpha^2-\kappa_+^2})E}+C_2 e^{+(\alpha-\sqrt{\beta^2-\kappa_+^2})E} \tag{16-90}$$

式中，C_1、C_2 是由初始条件决定的常数。

(16-90)式表明，过生发的振动方程是余弦函数与指数函数的积。如果环境存在着很大的动力，$\alpha>\kappa_+$，使得振动系统维持振动的能量或物质大量地增多，随着施予振动系统的能量大幅增加，参与振动的总体单元数迅速增加，并趋近于无穷大。在这种条件

下，振动系统的运动不是循环性的，即振动系统不发生振动，或者说振动系统甚至连一次振动都来不及完成就已经处在发散态。这种运动状态可与过阻尼状态对应而称为过生发状态，其形态变化基本上是以指数增长的方式迅即发散的。过生发的振动曲线如图 16-13 所示。

可见，所谓的过生发，说明变动力太大，振动一下子就越过平衡位置，无法以重复的运动形式回复到平衡位置。因为变动力过大，促使振动超越了平衡位置，这样也就没有振幅和周期可说了。

（3）临界生发。如果变动力的影响介于余生发和过生发之间，且 $\alpha \approx \kappa_+$，变动力等于回复力，则（16-88）式 $\dfrac{d^2 n}{dE^2} + 2\alpha \dfrac{dn}{dE} + \kappa_+^2 n = 0$ 这一常系数齐次线性微分方程的解为

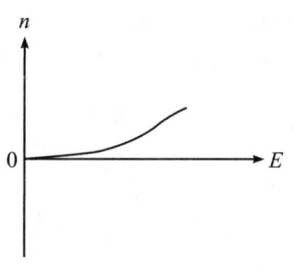

图 16-13　过生发振动曲线

$$n = (C_1 + C_2) e^{\alpha E} \tag{16-91}$$

式中，C_1、C_2 是由初始条件决定的常数。

临界生发的振动方程是正比例函数与指数函数的积。对于 $\alpha = \kappa_+$ 的情形，这个解表示了这种运动也不是循环性的，因此也不发生振动。由于变动力比过生发状态的变动力大，因此振动系统拉离平衡态后会很快离开平衡态并且一去不复返。这种状态叫作临界生发状态，此时振动系统刚能不做循环性振动而最快地离开平衡态，其振动曲线如图 16-14 所示。

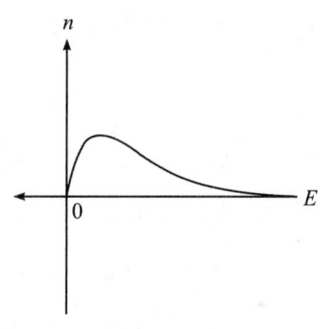

图 16-14　临界生发振动曲线

在这三种不同运动状态的解当中，第一种动力较小（生发因数较小）的余生发情形在现实世界中是最为常见的。因为这样的生发振动存在着一个振幅逐渐放大的过程，而且由于环境介质的不同其生发因数 α 的大小不同，振幅逐渐增大的历程也不同。过生发和临界生发这两种生发振动要使振动超越平衡位置所需能量都相对很小。

在实际问题中，人们常常改变动力的大小，从而控制振动系统的振动情况。如果希望在一定的能量区间内，振动系统近似地做简谐振动，则应使动力充分小。当动力取一个特定的值时，振动会很快地靠近平衡位置，但又不越过平衡位置。这种振动的振动曲线似乎和过生发很像，但它们的振动方程完全不一样。过生发的振动方程是余弦函数与指数函数的积，而临界生发的振动方程是正比例函数与指数函数的积。三种生发振动中，以临界生发回到平衡位置所需能量最小，其生发小于过生发，而大于余生发。所以，如果希望振动系统往返振动或在各种需要尽快进入振动的地方，都要调节其变动力，才能围绕平衡点实现振动。

(三) 生发振动的周能

对于生发振动,随着维持系统振动的能量或物质的增多,振动系统每一次参与往复振动的总体单元数都会大于上一次参与振动的总体单元数,振幅就会逐渐增大。因此,也可以把连续两次经过平衡态或最大的总体单元数的能量间隔叫作生发振动的周能 Ξ_+(虽然严格说来,生发振动并不是周期性的,因为某些运动状态并不是每隔一定能量就重复出现一次的,而是已经出现后就再也不发生了)。同样,把 $\kappa=\sqrt{\kappa_+^2+\alpha^2}$ 代入 (16-11)式 $\Xi=\dfrac{2\pi}{\kappa}$,则生发振动的周能为

$$\Xi_+=\frac{2\pi}{\kappa}=\frac{2\pi}{\sqrt{\kappa_+^2+\alpha^2}} \tag{16-92}$$

因此,生发振动的周能 Ξ_+ 小于自由振动的周能 Ξ。这一点也是不难理解的,因为在动力的作用下,振动系统做一次完全振动所需的能量减少了。

为了表明生发振动总体单元数的变化情形,也可以对相隔周能等于 Ξ_+ 的两个相邻的振动进行总体单元数的比较。如果 j 为第 j 个振动周期,N_j 为第 j 个振动周期的总体单元数,那么相隔能量等于周能 Ξ_+ 的两个相邻振动的总体单元数的比值就是

$$\Phi_+=\Phi_{+j}=\frac{N_{j-1}}{N_j}=\frac{C_N e^{a[E+(j-1)\Xi]}}{C_N e^{a(E+j\Xi)}}=e^{-a\Xi} \tag{16-93}$$

式中,$j=1,2,3,\cdots$。显然,相邻的两个生发振动在生发因数 α 和周能 Ξ 保持恒定时,任何两个相邻振动的总体单元数是保持一定比例的,生发振动的这一比值就是 $\Phi_+=\Phi_{+j}$。比例系数 Φ_+ 取决于生发因数 α 和周能 Ξ_+,振动系统的周能 $\Xi=\dfrac{2\pi}{\kappa}=2\pi\varepsilon$ 是由 ε 确定的。一般情况下,振动系统的能元 $\varepsilon=C_\varepsilon$ 和均匀生发介质的生发因数 α 都是确定的,因而 Φ_+ 是常数。

在第 j 个振动周期,生发振动已经经历了 j 次振动,且每一次振动都是独立进行的,所以第 j 个振动周期的比例系数 Φ_+^j 为 j 个相邻生发振动比例系数 Φ_{+j} 的乘积,即

$$\begin{aligned}\Phi_+^j&=\Phi_{+1}\Phi_{+2}\cdots\Phi_{+j}\\&=\frac{N}{N_1}\frac{N_1}{N_2}\cdots\frac{N_{j-2}}{N_{j-1}}\frac{N_{j-1}}{N_j}\\&=\frac{N}{N_j}=e^{-ja\Xi}\end{aligned} \tag{16-94}$$

可见,第 j 个振动周期的比例系数 Φ_+^j 为振动系统基态的总体单元数 N 和第 j 个振动周期的总体单元数 N_j 的比值,这样也就得到

$$N_j=N e^{+ja\Xi} \tag{16-95}$$

Φ_+ 的自然对数称为对数加强,以符号 Ψ_+ 表示,即

$$\Psi_+=\ln\Phi_+=\ln e^{-a\Xi_+}=-a\Xi_+ \tag{16-96}$$

在生发比非常小且相继两个振幅的增大不太显著的情况下,为了提高精度可以测量相隔几周的振幅增大量来计算周能Ξ_+。对数加强Ψ_+和周能Ξ_+都是可以由实验测得的,因此可以由实验决定生发因数α的值。

二、生发振动的应用

任何事物都是与环境相互关联和相互作用的。事物在与环境的相互作用中,其形态完全可能存在着局部振动,而其整体的宏观表现可以保持一种相对稳定的动态平衡,反映在一维二仪质向量坐标系$\vec{X}$内部的多维分质向量空间中,一元系统的形态参量往往围绕着平均值涨落,并在一定精度上等于其平均值。对于反向可逆一元系统,只要进出系统的能量或物质相等,就可以称其为均衡反向一元系统,两个子系统在一阴一阳彼此对峙的$x_- \longleftrightarrow x_+$反向可逆发射过程中也就可以处于稳定的涨落状态。如果用控制论中的术语来表达,反向可逆一元系统运行过程中受环境因素的影响而引起系统特性或参数的摄动,又能维持其他某些性能的特性,就称这种稳定均衡的能力为鲁棒性。

然而,在一维二仪质向量坐标系$\vec{X}$内部的多维分质向量空间中,反映具有鲁棒性的一元系统形态变化的质向量,只能是围绕某个理论值上下振动。这也表明,在通常情况下表征反向可逆一元系统形态的各种质向量总是在很大的精确程度上等于它们的平均值。但是,离开平均值的偏差不管多么小,总是存在的(在有的情况下这个偏差是相当显著的),这种偏差就是这些量围绕平均值的涨落。这种围绕平均值的涨落是具有统计平均值的宏观量的涨落,也就是不确定性原理(最初也被翻译为"测不准原理")得以产生的基础。

现实中处于相对静止、相对平衡的事物往往会因为其所处的环境的变化而失去静态平衡。不过,有些环境对事物的作用和影响是朝着一定的方向持续增强或持续减弱的,原来处在相对静止、相对平衡的均衡反向一元系统就会因此而失去平衡,并朝着一定的方向持续变动。像生发振动就是由于维持反向可逆一元系统做振动的变动力大于回复力,使得对立统一的一元系统的振动逐渐增大并偏于正向变化而持续发散。阻尼振动则是由于维持反向可逆一元系统做振动的变动力小于回复力,使得对立统一的一元系统的振动逐渐衰减并偏于负向变化而持续衰减。

一元系统的振动为单自由度系统的线性振动,包括简谐振动、阻尼振动、生发振动和受迫振动。线性振动系统适用叠加原理。非线性振动是弹性回复力与振动单元数不成正比或阻尼力(或变动力)不与振动单元数的变化率$n' = \dfrac{\mathrm{d}n}{\mathrm{d}E}$成正比的系统的振动。线性振动和非线性振动的区别是:对于前者,振动的振幅与频率完全无关;而对于后者,对应于给定的振动频率,系统的振动一般只有一个振幅,或者至多只有一组离散的振幅,同时系统也只能有一组离散的振动频率。

生发振动和阻尼振动一样,也是十分常见的一种运动形式。生发振动是振动系统在能量增益等环境激发作用下,获得了比阻力还要大的变动力而产生的振动。(16-88)式 $\frac{d^2 n}{dE^2} + 2\alpha \frac{dn}{dE} + \kappa_+^2 n = 0$ 给出了生发振动系统形态变化的一般规律,求解(16-88)式的微分方程也可以得到余生发、过生发和临界生发三种不同振动形态的解。

生发振动系统和阻尼振动系统一样,也属于线性振动系统。在控制论中,维纳认为线性振动系统具有若干很特殊的性质,使得它的振动具有若干特征。在这些特征中,有一个特征是,当线性振动系统在振动时,它总能够(如果没有其他同时的独立振动)按以下形式振动的[9]

$$A\sin(Bt+C)e^{Dt} \tag{16-97}$$

周期性非正弦振动的存在,常常表明至少对于人们观察的变量来说是非线性系统的。在某些场合,选择新的独立变量后可以使系统再成为线性的,不过这种场合很少。

其实,控制论中提到的线性振动系统所遵循的(16-97)式 $A\sin(Bt+C)e^{Dt}$ 的振动规律就是生发振动系统在余生发情形下所遵循的(16-89)式 $n = C_N e^{+\alpha E}\cos\varphi$ 的振动规律,其中 $A = C_N$,$Bt+C = \varphi + \frac{\pi}{2}$,$Dt = \alpha$。

上述关于生发振动系统的形态变化规律和基本性质的论述都是对于一般的生发振动而言的。为了演绎得到不同学科中不同事物的生发振动形态变化规律的特殊表现形式,就要把各种不同的显性因子或特殊的质参量代入生发振动规律的表达式之中。例如,以时间 t 作为能量 E 的显性因子,生发振动系统就是动力系统,其在平衡态附近的振动规律就是突出了时间要素来考察。

在(16-88)式 $\frac{d^2 n}{dE^2} + 2\alpha \frac{dn}{dE} + \kappa_+^2 n = 0$ 的微分方程中,振动单元数 n 的二次变化率 n'' 为简谐振动系统的变动力 $F_+ = n'' = \frac{d^2 n}{dE^2}$。只要以时间 t 作为能量 E 的显性因子 $\theta(E = F_N t)$,把振动单元数 n 与空间的长度因子 l_ε 共同组成的质参量作为相对于平衡位置的位移 $y(y = n l_\varepsilon)$,这样,就可以得到生发机械振动的微分方程

$$\frac{d^2 y}{dt^2} + 2\alpha' \frac{dy}{dt} + \omega_0^2 y = 0 \tag{16-98}$$

式中,$\omega_0 = F_N \kappa_+$;$\alpha' = F_N \alpha$。

在动力较小的情况下,即 $\alpha'^2 < \omega_0^2$ 时,(16-98)式的解为

$$y = A e^{\alpha' t} \cos(\omega t + \delta) \tag{16-99}$$

式中,角频率 $\omega = \sqrt{\omega_0^2 - \alpha'^2}$;振幅 A 和初相位 δ 是由初始条件决定的常数。

其实,(16-98)式 $\frac{d^2 y}{dt^2} + 2\alpha' \frac{dy}{dt} + \omega_0^2 y = 0$ 的生发机械振动微分方程并非特指机械振动,而是生发振动系统形态变化规律以时间和空间的函数关系来表达。

生发振动是统一科学演绎出来的与阻尼振动对应的一种振动,这类振动现象在自然界也是比比皆是。例如,宇宙科学研究认为,宇宙是在一次剧烈的大爆炸后产生的,促使这次大爆炸产生的根本原因之一便是生发振动。当宇宙还处于混沌的奇点时,里面早就开始产生微弱的振荡;渐渐地,振荡的频率越来越高、越来越强,并引起了生发振动;接着,生发振动在共振和膨胀的共同作用下,产生了一声惊天动地的轰然巨响,宇宙在瞬间急剧膨胀、扩张;然后,就产生了日月星辰;再然后,便有了地球和地球上的生物……所有生物的生长也都是生发振动的表现。

生发振动不仅创造了宏观的宇宙,而且产生了微观物质世界。从电磁波谱看,微观世界中的原子核、电子、光子等物质运动的能量都是以波动的形式传递的。例如,受激电磁振荡就是生发振动的表现;微波行波管中的慢电磁波或压电半导体内的超声波,环境的作用使这些波不仅不减弱,而且还增强。其他实例在此就不一一列举了。

第五节 受迫振动的形态变化规律及应用

通过受迫振动方程及其解的论述,可以对受迫振动系统在循环性策动力的作用下所遵循的受迫振动规律及其性质有深入的认识。用特定的显性因子和质参量可以得到受迫振动形态变化规律的特殊表现形式,由此,就可以对受迫振动(包括受迫机械振动、受迫电磁振荡和受迫阻尼摆)、非简谐振子和共振的现象与机理进行阐释。

一、受迫振动的规律

在一维二仪质向量坐标系 $\vec{X}$ 内部的多维分质向量空间中,简谐振动是均衡反向一元系统的变动力和回复力达到平衡的一种运动形态。在没有能量损失和物质损耗引至阻尼的理想情况下,当均衡反向一元系统在环境作用下偏离平衡态以后,均衡反向一元系统的子系统就开始不再需要外力作用的无阻尼振动,这种不在外力作用下的无阻尼振动就是自由振动。自由振动是均衡反向一元系统的变动力与回复力达到平衡的简谐振动,只要环境条件不变,均衡反向一元系统的简谐振动将永远自由地振动下去。

但是,绝对理想的自由振动在现实中是不存在的。任何系统都是与环境紧紧相连的,环境在与系统的相互联系和相互作用中总是要对系统的振动产生一定阻力(如摩擦力)的影响,振动系统就会出现因克服阻力做功而使变动力减小和能量衰减。为了补偿阻尼振动消耗的能量或物质,外环境就要不断地对振动系统进行循环作用。在外来环境循环性驱动力的持续作用下,振动系统就可以按外来回旋率产生振动,振动系统所发生的振动称为受迫振动。

如果将两个能够振动的系统联系起来,它们当中的一个系统发生振动后,将强迫另一个系统也发生振动。以自身的振动带动其他系统的振动,这个振动系统就叫作振源,被带动的振动系统就是受迫振动系统。受迫振动系统是以振源作为环境,并依靠振源的变动力和回复力来维持系统的振动。例如,当不甚平衡的发动机工作时,发动机作为振源就会把其振动传给发动机的基座,于是发动机的基座将产生受迫振动。

在受迫振动的情况下,振源的外力 F 称为强迫力,它必须与受迫振动系统阻尼振动的合力平衡。受迫振动系统的阻尼振动的合力包括简谐振动的变动力 F_+ 与回复力 F_- 及其振动中的阻力 ζ_-。振源的外力与受迫振动系统的合力大小相等、方向相反,作用在同一条直线,即

$$F = F_+ - F_- - \zeta_- \tag{16-100}$$

因此,振源的外力(强迫力)要消耗一部分能量来维持受迫振动系统的振动,还要消耗一部分能量来克服受迫振动系统振动中的阻力。强迫力 F 对于受迫振动系统来讲就是进入运动的"第一推动力"。当强迫力不存在时,$F_+ = F_- + \zeta_-$ 式就是阻尼振动的运动方程;再进一步,如果阻力 ζ_- 也不存在时,$F_+ = F_- + \zeta_-$ 式又成为简谐振动的运动方程 $F_+ = F_-$。

振源的策动力(强迫力)可以是非循环性外力。例如,在一个平静的水面上投入一块石头,进入水面的石头以非循环性的冲力作用在弹性介质水体之上,就会带动与石头接触的水分子一起向下运动,而作为弹性介质向下运动的水分子的动能转化成偏离原平衡位置的势能,由于形变邻近的质点将对它产生弹性力的作用,使之回到平衡位置从而又具有了回复力,因此水分子就会在平衡位置附近产生上下振动。由于入水的石头作为单向运动的振源,受迫振动的水分子可以带动邻近的水分子也离开平衡位置发生振动,并使其周围的水分子也一个接一个地产生振动及形态变化;当弹性介质的一部分产生振动时,介质各部分之间的弹性联系又使振动不会局限在这一部分,而将由近及远地在介质中传播出去,从而在水面上产生表面波。不过,弹性介质都是具有阻尼作用的,所以从一个点源发散出的弹性波在水面上扩展到一定范围就消失了,这样的振动也是"昙花一现"的。

然而,振源也可以是循环性外策力,由此受迫振动系统产生的受迫振动就将源源不断地接受振源的循环性作用。如果振源的循环性强迫力(策动力)是简谐振动,那么输入系统的能量或物质与输出系统的能量或物质就收支平衡,受迫振动系统就相当于均衡反向一元系统,其振动也就是简谐振动,并可以用余弦函数表示其循环性外策力

$$F = H\cos\sigma E \tag{16-101}$$

式中,H 称为力幅,为强迫力的最大值;σ 为强迫力能频(策动频率)。

在一维二仪质向量坐标系 $\vec{X}i$ 的正向太极 $\vec{X}_+i$ 和负向太极 $\vec{X}_-i$ 内部 $(\vec{N}_\perp, \vec{n}_\perp, \vec{E}_\perp, \vec{E}_{\neq\perp}, \vec{\varepsilon}_\perp)$ 五维分质向量空间的 $(\vec{C}_{N_\perp}, \vec{n}_\perp, \vec{E}_\perp, \vec{C}_{E_\perp}, \vec{C}_{\varepsilon_\perp})$ 截面上,在省却分质向量的方向规定时,当负向变化子系统的能量或物质(异质单元数)大于正向变化子系统的

能量或物质（异质单元数）时，维持反向可逆系统做振动的变动力就小于回复力。不过，在振源的循环性外力的作用下，维持反向可逆系统做振动的变动力可以等于回复力。为此，就要在阻尼振动的基础上进一步推导受迫振动系统所引起的受迫振动形态变化规律。

（一）受迫振动方程及其解

任何一个阻尼振动系统在未受到强迫力的作用时，其变动力要与回复力和阻力平衡，即按(16-69)式 $\frac{d^2n}{dE^2}+2\beta\frac{dn}{dE}+\kappa_-^2 n=0$ 发生阻尼振动。但是，在振源对受迫振动系统施加了强迫力以后，受迫振动系统在做阻尼振动时其合力还要与强迫力实现平衡。因此，受迫振动系统是有外策力作用的简谐振动系统，受迫振动的振动方程为(16-100)式 $F=F_+-F_--\zeta_-$，即

$$\frac{d^2n}{dE^2}+2\beta\frac{dn}{dE}+\kappa_-^2 n=h\cos(\sigma E) \tag{16-102}$$

式中，$h=\zeta H$，ζ 为外力因数，以使 h 与方程左边量纲相等；σ 为强迫力能频；β 为阻尼因数；κ_- 为做简谐振动时的形态变化率，即固有能频，它仅由振动系统的能元 ε 所决定。

微分方程(16-102)式的解为

$$n=Ne^{-\beta E}\cos(\kappa_- E+\delta)+N\cos(\sigma E+\delta') \tag{16-103}$$

可见，振动是由两部分合成起来的。第一部分 $Ne^{-\beta E}\cos(\kappa_- E+\delta)$ 就是阻尼振动的形态变化规律，其能频为固有能频 κ_-，在振源充分大的能量下，阻尼振动的作用可以忽略不计。因此，受迫振动系统在振源强迫力作用下，开始时振动情况很复杂，但能量增大到一定程度后即达到稳定的振动状态，如图 16-15 所示。第二部分为振动的总体单元数为 N 的简谐振动，表示能频与循环性外力的能频 σ 相同的循环性振动，也就是说达到稳定状态后，受迫振动可以表示为 $n=N\cos(\sigma E+\delta')$，这时，受迫振动具有确定的总体单元数 N，且具有和振源强迫力相同的能频 σ，并和强迫力 $F=H\cos\sigma E$ 间有一确定的相位差 δ'。

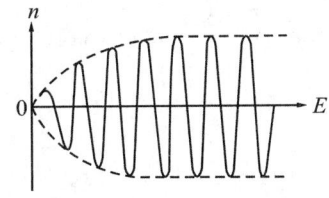

图 16-15 受迫振动曲线

从能量的观点看，在每一周能内，外力所做的功正好等于克服阻力所做的功，因此受迫振动的总体单元数 N 既不增大又不减小，而具有稳定的值。稳定以后，受迫振动的总体单元数为

$$N=\frac{h}{\sqrt{(\kappa_-^2-\sigma^2)^2+4\beta^2\sigma^2}} \tag{16-104}$$

与强迫力之间的相位差为

$$\delta' = \tan^{-1}\frac{-2\beta\sigma}{\kappa_-^2 - \sigma^2} \tag{16-105}$$

(16-104)式和(16-105)式可以由 $n = N\cos(\sigma E + \delta')$ 代入(16-102)式 $\frac{d^2 n}{dE^2} + 2\beta\frac{dn}{dE} + \kappa_-^2 n = h\cos\sigma E$ 而得到，这时

$$\frac{dn}{dE} = -N\sigma\sin(\sigma E + \delta') \tag{16-106}$$

$$\frac{d^2 n}{dE^2} = -N\sigma^2\cos(\sigma E + \delta') \tag{16-107}$$

将上两式代入(16-102)式 $\frac{d^2 n}{dE^2} + 2\beta\frac{dn}{dE} + \kappa_-^2 n = h\cos\sigma E$，就有

$$-N\sigma^2\cos(\sigma E + \delta') = -\kappa_-^2 N\cos(\sigma E + \delta') + 2\beta N\sigma\sin(\sigma E + \delta') + h\cos\sigma E$$

将三角函数展开后得到

$$-N\sigma^2[\cos(\sigma E)\cos\delta' - \sin(\sigma E)\sin\delta']$$
$$= -\kappa_-^2 N[\cos(\sigma E)\cos\delta' - \sin(\sigma E)\sin\delta'] + 2\beta N\sigma[\sin(\sigma E)\cos\delta' + \cos(\sigma E)\sin\delta'] + h\cos(\sigma E)$$

因为上面的等式在能量 E 取任何值时都成立，所以等式两边 $\cos(\sigma E)$ 和 $\sin(\sigma E)$ 的系数应分别相等，结果得到

$$N(\kappa_-^2 - \sigma^2)\cos\delta' - 2\beta N\sigma\sin\delta' = h \tag{16-108}$$

$$N(\kappa_-^2 - \sigma^2)\sin\delta' + 2\beta N\sigma\cos\delta' = 0 \tag{16-109}$$

由(16-103)式 $n = Ne^{-\beta E}\cos(\kappa_- E + \delta) + N\cos(\sigma E + \delta')$ 即可得到(16-105)式 $\delta' = \tan^{-1}\frac{-2\beta\sigma}{\kappa_-^2 - \sigma^2}$，将(16-108)式和(16-109)式平方后相加得

$$N^2[(\kappa_-^2 - \sigma^2)^2 + 4\beta^2\sigma^2] = h^2 \tag{16-110}$$

因而得到(16-104)式 $N = \frac{h}{\sqrt{(\kappa_-^2 - \sigma^2)^2 + 4\beta^2\sigma^2}}$。

由(16-104)式和(16-105)式可以看到，总体单元数 N 与相位完全由强迫力的大小 h 和强迫力能频 σ、系统的固有能频 κ_- 以及阻尼因数 β 的大小所决定，而与一开始时的运动状态完全无关。它们不像简谐振动情形那样，总体单元数 N 与初相位 δ 是由初始条件决定的。

（二）稳定受迫振动的振幅

从(16-104)式 $N = \frac{h}{\sqrt{(\kappa_-^2 - \sigma^2)^2 + 4\beta^2\sigma^2}}$ 可见，受迫振动系统的总体单元数 N 与振源强迫力能频 σ 密切有关。下面来讨论几种特殊情况。

(1) 当振源强迫力能频 σ 比固有能频 κ_- 大得多时，$\sigma \gg \kappa_-$，在（16-104）式 $N = \dfrac{h}{\sqrt{(\kappa_-^2 - \sigma^2)^2 + 4\beta^2 \sigma^2}}$ 中 $(\kappa_-^2 - \sigma^2)^2$ 项近似地等于 σ^4，而因为 β 不大，$4\beta^2 \sigma^2$ 项与 σ^4 项相比可以忽略不计，由此得到

$$N \approx \frac{h}{\sigma^2} \approx 0 \tag{16-111}$$

即受迫振动的总体单元数 N 很小。

(2) 当振源强迫力能频 σ 比固有能频 κ_- 小得多时，$\sigma \ll \kappa_-$，从（16-104）式 $N = \dfrac{h}{\sqrt{(\kappa_-^2 - \sigma^2)^2 + 4\beta^2 \sigma^2}}$ 得到

$$N \approx \frac{h}{\kappa_-^2} \approx \frac{\alpha H}{\kappa_-^2} = \frac{H}{K} \tag{16-112}$$

这时，振动的总体单元数 N 就相当于一不变的力 H 加在受迫振动系统上所引起的单元数的变化量，其中 $K = \dfrac{\kappa_-^2}{\alpha}$。

(3) 当振源强迫力能频 σ 接近于固有能频 κ_- 时，$\sigma \approx \kappa_-$，由（16-104）式 $N = \dfrac{h}{\sqrt{(\kappa_-^2 - \sigma^2)^2 + 4\beta^2 \sigma^2}}$ 得到

$$N \approx \frac{h}{2\beta \sigma} \tag{16-113}$$

可见，阻尼因数 β 的大小对振动的总体单元数 N 的大小起着相当决定的作用，当 β 不大时，振动的总体单元数 N 可以很大。因此，当振源强迫力能频 σ 接近于固有能频 κ_- 时，振动的总体单元数 N 会急剧增大。

(4) 用微分求极值的方法可以证明，当振源强迫力能频 σ 等于 $\sqrt{\kappa_-^2 - 2\beta^2}$ 时，振动的总体单元数 N 达极大值，这种在外来循环性力作用下总体单元数 N 达到极大的现象称为共振。[10]

共振是指两个振动频率相同（或极为接近）的系统，当一个系统发生振动时，引起另一个系统振动的现象。发生共振时的能频称为共振能频，并以 $\sum$ 表示，即

$$\sum = \sqrt{\kappa_-^2 - 2\beta^2} \tag{16-114}$$

共振能频 $\sum$ 由系统本身的性质和阻力所决定。共振时的总体单元数为

$$N_r = \frac{h}{2\beta \sqrt{\kappa_-^2 - \beta^2}} = \frac{h}{2\beta \sum} \tag{16-115}$$

由此可见，阻尼因数 β 越小，共振时的能频 $\sum$ 就越接近于固有能频 κ_-，且共振时的总体单元数 N_r 也越大。在阻力趋近于零，即阻尼因数 β 趋近于零时，共振时的总体

单元数 N, 应趋近于无限大, 而共振的能频 Σ 趋近于固有能频 κ_-。

稳定状态下受迫振动的总体单元数 N 的大小与强迫力能频 σ、阻尼因数 β 有关, 这种关系可以清楚地用图 16-16 表示出来。由图可以看出, 不同的 β 值对应不同曲线, β 较大对应的总体单元数 N 值较小, 图中 κ_- 为受迫振动系统的固有能频。阻力的作用在共振区域附近特别突出。在 σ 很小和 σ 很大时, 阻力实际上就不起什么作用了, 这一点从前面的公式也可以清楚看出。

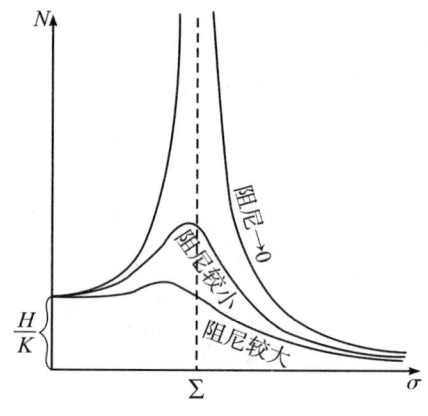

图 16-16　不同阻尼下的共振

在有强迫力作用时, 上述几种特殊情形具有很大的重要性, 当人们要增加强迫力的作用而使振动的总体单元数 N 很大时, 就应使强迫力的能频 σ 和振动系统的共振能频 Σ 相接近; 当人们要削弱强迫力的作用而使总体单元数 N 很小时, 就要使强迫力能频 σ 和振动系统的共振能频 Σ 尽量离得远些; 而在强迫力能频 σ 与共振能频 Σ 接近时, 就应减小阻尼或加大阻尼以达到加强振动或减弱振动的目的。

(三) 稳定受迫振动与强迫力之间的相位差

在受迫振动公式中, 阻尼因数 β 一般表示受迫振动对激励振动的相位移, 所以 β 的数值既与阻尼有关, 也与固有能频 κ_- 和强迫力能频 σ 之比 $\dfrac{\sigma}{\kappa_-}$ 有关。

由 (16-105) 式 $\delta' = \tan^{-1}\dfrac{-2\beta\sigma}{\kappa_-^2 - \sigma^2}$ 可见, 受迫振动与强迫力之间的相位差 δ' 与强迫力能频 σ 有密切的关系, 这一关系可以使人们进一步了解受迫振动时的能量转换情况。由此式可知, $\tan\delta'$ 与 $(\kappa_-^2 - \sigma^2)$ 符号相反。

由 (16-108) 式和 (16-109) 式可以得到

$$N\cos\delta' = \frac{h(\kappa_-^2 - \sigma^2)}{(\kappa_-^2 - \sigma^2)^2 + 4\beta^2\sigma^2} \tag{16-116}$$

可见, $\cos\delta'$ 与 $(\kappa_-^2 - \sigma^2)$ 的符号相同。因此, $\tan\delta'$ 与 $\cos\delta'$ 异号, 是在第三象限和第四象限 $(0 \geqslant \delta' > -\pi)$, 即振动的相位落后于强迫力的相位。

相位差 δ' 与强迫力能频 σ 的关系如图 16-17 所示, 图中曲线 1 属于小的 β 值, 曲线 2 则属于大的 β 值。

在简谐振动的情形下, 因为强迫力能频 $\sigma = \sqrt{\kappa_-^2 - 2\beta^2}$, 将其代入 (16-105) 式 $\delta' = \tan^{-1}\dfrac{-2\beta\sigma}{\kappa_-^2 - \sigma^2}$ 可得共振时的相位差为

$$\tan\delta'_r = -\frac{\sqrt{\kappa^2 - 2\beta^2}}{\beta} \quad (16\text{-}117)$$

当阻尼因数 β 很小时,即所谓锐共振的情形下,上式近似地变为

$$\tan\delta'_r = -\frac{\kappa}{\beta} \quad (16\text{-}118)$$

当阻尼因数 $\beta \to 0$ 时,则共振时的相位差 $\delta'_r \to -\frac{\pi}{2}$。此时,(16-106)式 $\frac{dn}{dE} = -N\sigma\sin(\sigma E + \delta')$ 的振动单元数变化率为

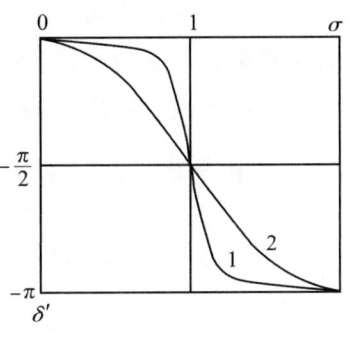

图 16-17 受迫振动与强迫力之间的相位差

$$\begin{aligned} q_r &= -N\sigma\sin(\sigma E + \delta') \\ &= -N\sigma\sin(\sigma E - \frac{\pi}{2}) \\ &= N\sigma\cos(\sigma E) \end{aligned} \quad (16\text{-}119)$$

即振动单元数变化率与强迫力的相位相同。因此,强迫力的方向永远与振动单元数变化的方向相同,即强迫力永远做正功。在这种情况下,强迫力做的功最大,输入的能量最大,振动的总体单元数具有最大的值,克服阻力所做的功也最大。如果相位差 δ' 不接近于 $-\frac{\pi}{2}$,则强迫力有时做正功,有时做负功,输入的能量较小,振动的总体单元数不大,克服阻力所做的功也较小。

由此可见,受迫振动的总体单元数之所以与强迫力能频 σ 密切相关,就是因为强迫力对振动系统所做的功与其能频 σ 密切有关;而在共振区域附近,总体单元数之所以剧烈增大,就是因为这时强迫力做的功在剧烈增大。

二、受迫振动的应用

上述关于受迫振动系统形态变化规律和基本性质的论述都是从统一科学的理论推演得到的。不过,只要把异质单元数 n 用不同学科中的具体不同的事物所具有不同的质参量来表达,用特定的显性因子 θ 取代一般的能量 E,即 $E = F\theta$,就可以得到受迫振动系统形态变化规律的各种特殊表现形式。如此,就可以对人们生活和生产中常见的受迫振动包括共振的现象与机理进行阐释。在此,就举若干实例。

(一)受迫振动

在一维二仪质向量坐标系 $\vec{X}i$ 内部 $(\vec{N}_\perp, \vec{n}_\perp, \vec{E}_\perp, \vec{E}_{\neq\perp}, \vec{\varepsilon}_\perp)$ 五维分质向量空间的 $(\vec{C}_{N_\perp}, \vec{n}_\perp, \vec{E}_\perp, \vec{C}_{E_{\neq\perp}}, \vec{C}_{\varepsilon_\perp})$ 截面上,各个分质向量与各自的分质变量坐标轴同向,可以用

其分质变量坐标轴来表示。由于振动系统在振动过程的形态变化是通过 n 个参与振动的异质单元来表现的,因此只要让 n 个振动单元都穿上显性因子 θ_ε 的外衣,就可以表现出振动系统的特质变化。为此,把单元显性因子 θ_ε 乘以振动单元数 n 可得质参量 $\gamma = n\theta_\varepsilon$,再用能量 E 的显性因子 θ——时间 t 来表现,$E = F_N t$,代入(16-102)式 $\dfrac{d^2 n}{dE^2} + 2\beta \dfrac{dn}{dE} + \kappa_-^2 n = h\cos(\sigma E)$,就有

$$\frac{d^2 \gamma}{dt^2} + 2\beta F_N \frac{d\gamma}{dt} + \kappa_-^2 F_N^2 \gamma = F_N^2 \theta_\varepsilon h \cos(\sigma F_N t) \tag{16-120}$$

把 $\gamma = n\theta_\varepsilon$ 和 $E = F_N t$ 代入(16-103)式 $n = N e^{-\beta E}\cos(\kappa_- E + \delta) + N\cos(\sigma E + \delta')$,且令 $\Gamma = n\theta_\varepsilon$,就有

$$\gamma = \Gamma e^{-\beta F_N t}\cos(\kappa_- F_N t + \delta) + \Gamma\cos(\sigma F_N t + \delta') \tag{16-121}$$

这样,具有各种特质的受迫振动系统的形态变化规律就可以用显性因子时间 t 和质变量 γ 的周期函数来表现。

1. 受迫机械振动随时间变化

对于机械振动的特定情形,受迫振动就是机械系统在振源的激励作用下产生的振动。对于受迫机械振动的规律,可以用振动单元数 n 与空间的长度因子 l_ε 共同组成的质参量作为相对于平衡位置的位移 y ($y = n l_\varepsilon$),以位移 y 作为 γ 的一种特定形式,以能量 E 的显性因子 θ——时间 t 作为自变量,那么由(16-120)式 $\dfrac{d^2 \gamma}{dt^2} + 2\beta F_N \dfrac{d\gamma}{dt} + \kappa_-^2 F_N^2 \gamma = F_N^2 \theta_\varepsilon h \cos(\sigma F_N t)$ 就可以得到机械系统受谐激励作用时受迫振动的微分方程

$$\frac{d^2 y}{dt^2} + 2\beta' \frac{dy}{dt} + \omega_0^2 y = H\cos(\omega t) \tag{16-122}$$

式中,$H = F_N^2 \theta_\varepsilon h$;$\omega_0 = \kappa_- F_N$;$\omega = \sigma F_N$;$\beta' = \beta F_N$。

上式的解为

$$y = A e^{-\beta' t}\cos(\omega t + \delta) + A\cos(\omega t + \delta') \tag{16-123}$$

右边第一部分为阻尼振动,振幅 A 和角频率 ω 取决于初始条件和激励;第二部分为简谐运动。

机械系统的受迫振动达到稳定状态时,其振动的频率与驱动力频率相同,而与机械系统的固有频率无关。例如,扬声器纸盆的振动,录音机耳机中膜片的振动都受到外来驱动力的持续作用,振动频率都与驱动力的频率有关,而与其自身的固有频率无关。

在稳定状态时,机械受迫系统振动的振幅为

$$A = \frac{h}{\sqrt{(\omega_0^2 - \omega^2)^2 + 4\beta^2 \omega^2}} \tag{16-124}$$

其初相位为

$$\delta' = \tan^{-1} \frac{-2\beta\omega}{\omega_0^2 - \omega^2} \tag{16-125}$$

机械系统做受迫振动的振幅 A 保持不变,它的大小不仅和驱动力的大小 h,还与驱动力的频率 ω 以及做振动的机械系统自身的固有频率 ω_0 有关。做受迫振动的机械系统一方面要克服阻力做功输出能量,另一方面要从驱动力的做功中输入能量。当从驱动力输入系统的能量等于机械系统克服阻力做功输出的能量时,机械系统的能量达到动态平衡,其总量保持不变,因而振幅也保持不变,即做等幅振动。

当周期性驱动力的频率和机械系统的固有频率相等时,振幅达到最大,即共振。共振时,共振角频率

$$\omega_r = \sqrt{\omega_0^2 - 2\beta^2} \tag{16-126}$$

共振时的振幅为

$$A_r = \frac{h}{2\beta\sqrt{\omega_m^2 - \beta^2}} \tag{16-127}$$

总的说来,阻尼因数 β 越大,受迫振动的振幅越小,特别是在共振峰附近,阻尼抑制受迫振动的效果相当明显。

2. 受迫电磁振荡

在一个包含电阻 R、电感 L 与电容 C 的 LCR 电路中,如果电路为外加的交变电压所策动,如含有一以余弦函数变化着的电动势 $\varepsilon = \varepsilon_m \cos\omega''t$,那么 LCR 电路的电磁振荡就是受迫电磁振荡。

要演绎受迫电磁振荡的形态变化规律,一样可以用能量 E 的显性因子 θ——时间 t 作为自变量($E = F_N t$),而振动单元数 n 与点电荷 q_ε 共同组成的质参量为电量(总电荷)Q($Q = nq_\varepsilon$)作为因变量,这样,由(16-120)式 $\frac{d^2\gamma}{dt^2} + 2\beta F_N \frac{d\gamma}{dt} + \kappa_-^2 F_N^2 \gamma = F_N^2 \theta_\varepsilon h \cdot \cos(\sigma F_N t)$ 就可以直接演绎出受迫电磁振荡的微分方程为

$$\frac{d^2 Q}{dt^2} + \frac{R}{L}\frac{dQ}{dt} + \frac{1}{LC}Q = \frac{\varepsilon_m}{L}\cos\omega''t \tag{16-128}$$

此式的解为电荷 Q 的变化规律

$$Q = \frac{\varepsilon_m}{G}\sin(\omega''t - \varphi) \tag{16-129}$$

其中

$$G = \sqrt{\left(\omega''L - \frac{1}{C}\right)^2 + R^2\omega''^2} \tag{16-130}$$

"驱动力"和所引起的"响应"之间的相角由下式给出,即

$$\varphi = \cos^{-1}\frac{R\omega''}{G} \tag{16-131}$$

由(16-129)式 $Q=\dfrac{\varepsilon_m}{G}\sin(\omega''t-\varphi)$ 求导数,还可以得到

$$I=\frac{\mathrm{d}Q}{\mathrm{d}t}=\frac{\omega''\varepsilon_m}{G}\cos(\omega''t-\varphi) \tag{16-132}$$

其振幅为

$$I_m=\frac{\omega''\varepsilon_m}{G}=\frac{\varepsilon_m}{\sqrt{\left(\omega''L-\dfrac{1}{\omega''C}\right)^2+R^2}} \tag{16-133}$$

3. 受迫阻尼摆

对于阻尼摆的特定情形,受迫振动也是机械系统在振源的激励作用下产生的振动。若能量 E 的显性因子 θ 为时间 t($E=F_N t$),振动单元数 n 与空间的长度因子 φ_ε 共同组成的质参量为相对于平衡位置的偏转角 φ($\varphi=n\varphi_\varepsilon$),由(16-120)式 $\dfrac{\mathrm{d}^2\gamma}{\mathrm{d}t^2}+2\beta F_N\dfrac{\mathrm{d}\gamma}{\mathrm{d}t}+\kappa_-^2 F_N^2\gamma=F_N^2\theta_\varepsilon h\cos(\sigma F_N t)$ 就可以直接演绎出阻尼摆的微分方程为

$$\frac{\mathrm{d}^2\varphi}{\mathrm{d}t^2}+2\beta F_N\frac{\mathrm{d}\varphi}{\mathrm{d}t}+\kappa_-^2 F_N^2\varphi=\varphi_\varepsilon F_N^2 h\cos(\sigma F_N t) \tag{16-134}$$

以角频率常数 ω 表示机械振动系统在 2π s 时间内所做的完全振动的次数,即 $\omega=\kappa_- F_N$,规定阻尼常数 $\beta'=\beta F_N$,上式可以改写成

$$\frac{\mathrm{d}^2\varphi}{\mathrm{d}t^2}+2\beta'\frac{\mathrm{d}\varphi}{\mathrm{d}t}+\omega^2\varphi=\varphi_\varepsilon F_N^2 h\cos(\sigma F_N t) \tag{16-135}$$

如果 $r=2\beta'$,常数 $A=\varphi_\varepsilon F_N^2 h$ 表示振幅,$h=\tau H$(τ 为外力因数),若强迫力能频 σ 也是固有能频 κ_-,即圆频率常数 $\omega=\sigma F_N$,那么,上式可以表示为

$$\frac{\mathrm{d}^2\varphi}{\mathrm{d}t^2}+r\frac{\mathrm{d}\varphi}{\mathrm{d}t}+\omega^2\varphi=A\cos\omega t \tag{16-136}$$

由于单摆 $\omega=\sqrt{\dfrac{g}{l}}$,当单摆的偏转角摆角 φ 很小时,$\sin\varphi=\dfrac{\varphi}{l}$,所以(16-136)式还可以表示为

$$\frac{\mathrm{d}^2\varphi}{\mathrm{d}t^2}+r\frac{\mathrm{d}\varphi}{\mathrm{d}t}+g\sin\varphi=A\cos(\omega t) \tag{16-137}$$

式中,g 为重力加速度,$A\cos(\omega t)$ 是幅值为 A、圆频率为 ω 的周期驱动外力矩。

(16-137)式是受周期力驱动的阻尼摆的运动方程。由于周期性外在回复力 $g\sin\varphi$ 的存在,阻尼摆就是受到了典型的周期力的激励。对于直线系统,可把周期激励分解为许多谐激励之和,各谐激励的响应叠加起来就是总响应。但是,(16-137)式是一个非线性运动方程。当固定阻尼的外力频率 ω 时,逐渐增大幅值 A 就会发现:一旦 A 超过某个阈值时,摆的运动就由周期性变为一种似乎很混乱的非周期性。特别是当 $\varphi=\pi$ 时(即摆处在一种不稳定平衡状态),整个摆的运动存在着对初始条件的敏感依赖性,这种

非周期性运动就是一种混沌运动。人们认为,这就是可能出现"蝴蝶效应"式的混沌现象的缘由。

(二)非简谐振子

任何一个真实的物质系统通常都能以许多不同的方式进行振动。阻尼振动、生发振动和受迫振动(包括受迫机械振动、受迫电磁振荡和受迫阻尼摆)都只是非简谐振动相对简单的典型情形而已,世界上还存在着十分广泛的非简谐振动或随机振动现象。例如,湍流形成时的流体、非线性光学器件、电荷密度波、Josephson 结、三体问题、波与粒子相互作用的等离子体、高能粒子加速器、生态学竞争模型、受刺激的心脏、地球磁场的反向运动、广义相对论中的宇宙学模型、化学反应系统、人的脑电图、模拟人脑工作的神经网络系统、股票价格的波动……

非简谐振动具有许多不规则的复杂情形,所以非简谐振动现象举不胜举,这一现象掩蔽下的规律要比简谐振动的规律复杂得多。就以物理学中最经典的弹簧谐振子来说,简谐振动的动力学微分方程为(16-35)式 $\frac{d^2 y}{dt^2}+\omega^2 y=0$,而圆频率为 $\omega=\sqrt{\frac{k}{m}}$,所以弹簧上所系质量的无阻尼自由振动方程为

$$F=m\frac{d^2 y}{dt^2}=-ky \tag{16-138}$$

这个方程只有当弹簧对任一伸长量或缩短量都遵从线性关系,即遵从胡克定律时才成立。可是,没有一个真实的弹簧是完全如此的。许多弹簧产生相等的伸长量和缩短量时,所需要的力的大小是略有差异的。这种不对称的最简单的情形,可用 F 正比于 y^2 的项来表达。[11]

此外,还有另一种情况,即弹簧对正位移和负位移倒是对称的,但是不严格地正比于 y。这种对称效应的最简单的情形,可由 F 正比于 y^3 的项来描述。那么,这些情况下的形态变化规律就可以写成

非线性、不对称 $\qquad m\frac{d^2 y}{dt^2}+ky+\alpha y^2=0 \tag{16-139}$

非线性、对称 $\qquad m\frac{d^2 y}{dt^2}+ky+\beta y^3=0 \tag{16-140}$

对于上述任何一个方程试用 $y=A\cos\omega_0 t$ 形式的解是行不通的,这样的运动是不能描述为具有某个单一频率 ω_0 的简谐振动。取而代之的就是非简谐的振子,其形态变化仍是周期性的。假定无阻尼时,某个给定的运动状态会在相等的时间间隔 $T=\frac{2\pi}{\omega_0}$ 内重复出现,但是需要用 ω_0 的一组无限多的简谐振动来代替 $y=A\cos\omega_0 t$ 描述形态变化,也就是说要使 y 的形式变为

$$y = \sum_{n=1}^{\infty} A_n \cos(n\omega_0 t - \delta_n) \tag{16-141}$$

才会满足上述的微分方程。

同样,如果阻力 ζ_- 不是随着移动速率 $u = \dfrac{dy}{dt}$ 变化的,而是随着 u^2 或 u^3 而变化,这样的情形也使得阻尼振动的形态变化规律不可能再有那种简洁的解析形式了。

其实,对于其他受迫振动的特定情形,都可以根据其特定的显性因子赋予受迫振动形态变化的一般规律以特别的意义而直接演绎出相应的受迫振动规律。例如,当色散介质中只有一种原子,并且每个原子内只有一个电子能发生强迫振动时,振动着的电子具有电偶极矩

$$\mu = ey \tag{16-142}$$

式中,e 为电子的电荷;y 为电子离开平衡位置的距离。若单位体积中有 N 个原子,则单位体积内的平均电偶极矩应等于

$$\Theta = N\mu = Ney \tag{16-143}$$

如果能量 E 的显性因子 θ 为时间 t($E = F_N t$),强迫力为光波的电场强度 $E = E_0 \sin\omega t$,而准弹性力(即回复力)为 $-fy$,阻尼力为 $-g\dfrac{dy}{dt}$,由(16-120)式 $\dfrac{d^2\gamma}{dt^2} + 2\beta F_N \cdot \dfrac{d\gamma}{dt} + \kappa_-^2 F_N^2 \gamma = F_N^2 \theta_\varepsilon h \cos(\sigma F_N t)$ 就可以直接演绎出做强迫振动的电子的运动方程式

$$m\frac{d^2 y}{dt^2} + g\frac{dy}{dt} + fy = eE = eE_0 \sin(\omega t) \tag{16-144}$$

引入衰减系数 $\eta = \dfrac{g}{m}$ 及电子的固有频率 $\omega_0 = \sqrt{\dfrac{f}{m}}$,使(16-144)式变成如下形式

$$\frac{d^2 y}{dt^2} = \frac{e}{m} E_0 - \omega_0^2 y - \eta \frac{dy}{dt}$$

如果不考虑衰减,即 $\eta = 0$,则上式可简化为

$$\frac{d^2 y}{dt^2} + \omega_0^2 y = \frac{e}{m} E_0 \sin(\omega t) \tag{16-145}$$

这一微分方程的解为

$$y = \frac{e}{m(\omega_0^2 - \omega^2)} E_0 \sin(\omega t) \tag{16-146}$$

代入(16-143)式 $\Theta = N\mu = Ney$ 得到

$$\Theta = N \frac{e}{m} E_0 \frac{\sin(\omega t)}{\omega_0^2 - \omega^2} \tag{16-147}$$

由此演绎得到的描述受迫共振的微分方程的解就是柯西分布公式。在光谱学中,柯西分布描述了被共振或者其他机制加宽的谱线形状。在考虑电子衰减振动时,即 $\gamma \neq 0$,其演绎过程与上述过程类同。

(三)共 振

关于受迫振动系统形态变化规律的论述中曾多次提到共振。在策动机构与振动系统之间相互作用为最大的情况下,去掉振源的策动作用时,受迫振动系统所产生的受迫振动现象叫作共振。这是一种宇宙间普遍存在和频繁出现的自然现象之一,所以共振现象很早就为古人所观测和记载。

人及其他的生物都是宇宙间的物质,共振普遍存在于这些生命中。人除了呼吸、心跳、血液循环等都有其固有频率外,人的大脑进行思维活动时产生的脑电波也会发生共振现象。人们喉咙间发出的每个颤动,都是因为与空气产生了共振,才形成了一个个音节,构成一句句语言,才能使人们能够用这些语言来表达人们的情感,进行社会交往与沟通。像中国的《乾·文言》的"同声相应,同气相求"事实上就披露了相同的声音(频率)可以互相响应,这种共鸣与共振的自然现象是符合声学共振原理的。许多动物身上也存在着其他一些形式的共振现象。夏天树上蝉儿的"知了"声,秋夜蟋蟀的鸣叫声等无一不是借用摩擦身体的某一部位与空气产生共鸣而发声。飞禽走兽们也能巧妙地运用共振来发出各种叫声,传递不同信息。可以这么说,如果没有共振,天地间的生机将会消失,整个世界将会变得死寂荒凉!

宇宙诞生初期的化学元素,可以说是通过共振合成产生的。有一些粒子微小到简直无法想象,但它们可以在共振的作用之下,在 100 万亿分之一秒的瞬间互相结合起来,于是新的化学元素便产生了。因为宇宙中这些粒子的生成与共振有着如此密切的关系,所以粒子物理学家经常把粒子称为"共振体"。[12]

在核物理文献中,有着说不清的核共振实例,其中,核磁共振就是一个典型的例子,其共振过程是性能像个小磁体的原子核,能在磁场中翻转。这是由量子现象决定的,即原子磁体相对于磁场的方向只能具有几个分立的可能取向。例如,质子只有两个可能的取向,如果把一个取向粗略地比喻为普通指南针的指北取向,那么另一个取向便是与此相反的。在这两种取向之间有着确定的能量差,它相当于把核磁体从一位置移至另一位置时,反抗磁力所做的功。这个能量差与质子所在的磁场强度成正比。此时,如果有刚好具备这份能量的光子路过这里,它就能把质子从一个取向转至另一取向。要实现这一点,可以注入频率恰好的电磁辐射,或者使用一个恒定的射频而去改变外加磁场的强度来获得共振信号。核磁共振已经在医学中广泛应用。

大量的证据表明,原子在发射的过程中,表现得像个振子一样发射出它们的特征频率,但是这一特征频率如果与其他原子在吸收过程中自由振动的固有频率一样就会成为光锐调谐的振子。如果进行辐射的原子,实际上处于相互孤立的情况下(如低压气体中的原子),那么它的光谱便是由一些分立的、很窄的谱线组成的,即辐射的能量聚集在某些特定的波长上。

自由振动的固有频率约是发生共振吸收的频率。在可见光的情形里,这频率是如此之高，以致不可能测量，但是人们能够用特征波长来描述发射和吸收。像德国物理学家夫琅和费在平行光单缝衍射研究中发现的谱线就是典型的光共振。紫外线是太阳发出的一种射线，如果大举入侵地球，人类及各种生物将可能无法生存。所幸大气层中的臭氧层借助了共振，阻止了紫外线的长驱直入。当紫外线经过大气层时，臭氧层的振动频率恰恰能与紫外线产生共振，这种振动吸收了大部分的紫外线。所以，共振能使大气中的臭氧层变得如防晒油一样，保证人类不至于被射线伤害。

在天体运动中有大量共振（也叫"可公度性"）现象。如月球自转频率与其绕地球的公转频率是1∶1共振，地球上的人一般只能看到月球的一面，这种共振是稳定的。共振还能使地球维持在适当的温度，给地球生命创造出一个冷热适宜的生存环境。虽然经过臭氧层的围堵和拦截，大部分紫外线被吸收了，但是仍有少部分紫外线能够成功地逃逸出来，到达地球表面，这部分紫外线经过地球的吸收，能量减少后变为红外线，再扩散回大气中。而红外线的热量又恰好能和二氧化碳产生共振，然后滞留在大气层中，使之保有一定温度，让万物在温暖和煦的环境中孕育成长。就连人们熟知的光合作用，也与共振有关——叶绿素与某些可见光共振，才能吸收阳光，产生氧气与养分。没有共振，植物便不能生长，食物链就会被彻底摧毁。

人们认识了共振的规律后就开发了共振的技术。共振技术普遍应用于机械、化学、力学、电磁学、光学及原子物理学、工程技术等几乎所有的科技领域，如音响设备中扬声器纸盆的振动、各种弦乐器中音腔在共鸣箱中的振动等利用了"力学共振"，电磁波的接收和发射利用了"电磁共振"，激光的产生利用了"光学共振"，医疗技术中则有已经非常普及的"核磁共振"等。在21世纪开始的正在蓬勃发展的信息技术、基因科学、纳米材料、航天高科学技术的浪潮中，更是大量运用到了共振技术。

另外，共振也会产生危害。共振可以使大桥、房屋以及其他的建筑物瞬间倒塌，印度尼西亚喀拉喀拉火山爆发时甚至将半个岛屿都掀掉了。共振也可以危及人类的心脏，使心脏血管破裂；与振动源十分接近的操作人员，只要振动源的频率与人体有关部位的固有频率一致，就会对人体健康产生危害。

但是，人们只要使外力的频率与物体的固有频率不同，就可以避免共振产生的危害。比如，大队人马过桥时由厚重整齐的步伐改变为散乱的脚步行走。又如，建筑师只要在大厅的特定部位设计穿孔板共鸣吸收器或槽式共鸣吸收器，就可以减少或消除共振。再如，不同工业产品如抽排油烟机，过去的产品设计大都采用两台电动机各带动一个排气扇，但由于这两台电动机很难保证转速相同，极易发生拍振，而且噪声也大，后来，人们在抽排油烟机产品设计中，只采用一台电动机，就避免了拍振的出现。

参考文献

[1] 李惠彬.振动理论与工程应用[M].北京:北京理工大学出版社,2006:1.
[2] 冯端,冯少彤.溯源探幽:熵的世界[M].北京:科学出版社,2005:146-150.

[3] CAPRA F.The turning point[M].New York:Bantam Books,1982:35.

[4] 基特尔,奈特,鲁德尔曼.力学[M]SI版.伯克利物理学教程:第1卷,2版.陈秉乾,等译.北京:机械工业出版社,2016:188.

[5] 钱显毅,钱显忠,钱爱玲.应用物理学[M].北京:中国水利水电出版社,2012:239.

[6] 弗伦奇.振动与波[M].徐绪笃,译.北京:人民教育出版社,1981:4.

[7] 沈熙宁.电磁场与电磁波[M].北京:科学出版社,2006:267.

[8] 费恩曼,莱顿,桑兹.费恩曼物理学讲义:第1卷[M].新千年版.郑永令,华宏鸣,吴子仪,等,译.上海:上海科学技术出版社,2013:244-246.

[9] 维纳.控制论[M].郝季仁,译.北京:北京大学出版社,2007:92.

[10] 杨维纮.力学[M].2版.北京:中国科学技术出版社,2004:366-371.

[11] 毛骏健,顾牡.大学物理学[M].2版.北京:高等教育出版社,2013:128-130.

[12] 王乃仙.共振创造世界[N].光明日报,2012-7-10(12).

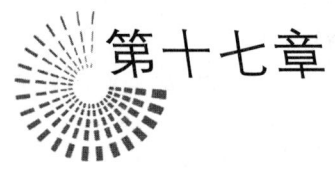

第十七章

振动合成与波动论

第一节 相同方向的简谐振动合成规律

振动的合成是振动系统中各个分振动的叠加。同方向的简谐振动的合成,可以用分振动的振动单元数的代数和来表示简谐振动合成的振动单元数。因此,通过不同的方法可以得到:同向同频的简谐振动合成规律、同向不同频的简谐振动合成规律和拍振动规律以及相同振动方向的多个谐振动合成规律等。

一、同方向简谐振动的合成

苏联物理学家米格达尔说过:"作为对决心献身科学研究事业的人们的鉴赏,大自然将在你的眼前敞开隐藏于自己深处的奥秘,展现出自己奇妙的匀称、和谐一致的结构,展示出无与伦比的瑰丽——用各式各样的现象组成一幅统一的壮丽的宇宙图画。"[1]建立统一科学理论体系的主要目的之一就是要揭开蒙蔽在自然图画上的纱巾,而在一维二仪质向量坐标系 $\vec{X}$ 的($\vec{X}$)空间中统一科学所要揭示的许多美妙的大自然构图就源自于简谐振动。

振动是反向可逆一元系统存在的基本形式,每个反向可逆一元系统都具有振动的能力。在一维二仪质向量坐标系 $\vec{X}$ 的正向太极 $\vec{X}_+$ 和负向太极 $\vec{X}_-$ 上,反向可逆一元系统交替进行反向发射就可以产生振动。或者说,反向可逆一元系统的形态围绕平衡态为中心的循环变化都可称为振动。

反向可逆一元系统的两个子系统在反向发射过程中形态变化达到均衡时,反向可逆一元系统就成为均衡反向一元系统。反向可逆一元系统的两个子系统在反向发射过程中,其形态变化既有可能形成稳定均衡,也有可能形成不稳定均衡。如果受到外部环境的干扰而离开均衡点,经过一段变动又回到原来的均衡位置,这种均衡称为稳定均衡；否则，就称为不稳定均衡。

　　稳定性是任何系统重要的维生机制，稳定性愈强，意味着该系统的维生能力愈强。只有满足稳定性要求的系统，才能正常运转并发挥性能。达到稳定均衡的均衡反向一元系统是具有鲁棒性的事物，它具有一定的维持确定性能的能力。处在不稳定均衡的反向可逆一元系统只能是作为具有不确定形态的事物，不论是生发系统还是阻尼系统，其所具有的性能也都是不确定的。

　　在一维二仪质向量坐标系 $\vec{X}$ 上，均衡反向一元系统的质向量变化量 $\Delta\vec{x}$ 为零向量，所以均衡反向一元系统可以看作处在平衡态的孤立系统，并在一维二仪质向量坐标系 $\vec{X}$ 上表现为一个定点 $\vec{x}=\vec{C}$。但是，在一维二仪质向量坐标系 $\vec{X}$ 内部的多维分质向量空间中，均衡反向一元系统的两个子系统则是简谐振动系统，它们以简谐振动的形式在"完全孤立的封闭的腔体内"进行反向可逆的交替变化。不过，均衡反向一元系统并非是绝对意义上的孤立系统，实际上它并不是处在完全孤立的封闭的腔体内，而是与环境紧密相连的变动力与回复力相等的简谐振动系统。

　　均衡反向一元系统与外界环境的相互作用达到平衡或没有受到外界环境的作用时就会保持稳定的平衡态；而均衡反向一元系统在环境的作用下打破了原有的相互平衡，其原有的平衡态必然发生变化。环境作用的方式或力度不同，均衡反向一元系统形态的改变方式或程度也不一样，均衡反向一元系统形态也将呈现不同的变化规律。均衡反向一元系统的两个子系统在做简谐振动的过程中，与之联系的环境（如弹性介质）一般也要随之产生相应的振动。

　　在振动过程中均衡反向一元系统在能量损耗等环境阻尼作用下将使简谐振动的振幅逐渐减小，而称其为阻尼振动。不过，阻尼振动系统的能量的减小并不都是因"阻力"引起的。就机械振动而言，一种是因摩擦阻力生热，使振动系统的机械能减小，转化为内能，这种阻尼叫摩擦阻尼；另一种是振动系统引起周围质点的振动，使振动系统的能量逐渐向四周辐射出去，变为波的能量，这种阻尼叫辐射阻尼。

　　在一维二仪质向量坐标系 $\vec{X}$ 的 $(\vec{X})$ 空间中，如果同时存在两个定点 $\vec{x}_1=\vec{C}_1$ 和 $\vec{x}_2=\vec{C}_2$，这就代表着在一维二仪质向量坐标系 $\vec{X}$ 上有两个均衡反向一元系统并存。这两个共存的均衡反向一元系统的两个子系统各自在做简谐振动时，与之联系的环境必然也要随之产生相应的振动。在一维二仪质向量坐标系 $\vec{X}$ 的 $(\vec{X})$ 空间中，如果以两个均衡反向一元系统（两个定点）为振源环境，两个均衡反向一元系统附近的各个点就都是受迫振动系统，因而二仪空间中的任何一点必然同时受到来自两个振源的简谐振动的辐射作用，处在该点的一元系统形态变化规律就是来自振源环境——两个均衡反向一元系统的简谐振动的叠加。

　　在一维二仪质向量坐标系 $\vec{X}$ 上打开其内部的 $(\vec{P},\vec{S})$ 二维分质向量空间或 $(\vec{N},\vec{n},\vec{E},\vec{E}_{\neq},\vec{\varepsilon})$ 五维分质向量空间，每个均衡反向一元系统内部的两个子系统的简谐振动所辐射出去的能量都可以引起环境空间某一点的受迫振动系统的响应。环境空间中某一点的受迫振动系统作为线性振动系统,它的振动是其所接受的不同振源的振动的相互叠加,而且这些振动的合成必须遵循向量运算的加法法则。

有许多方法可以使受迫振动系统按照环境的强迫力进行受迫振动。如果某一受迫振动系统受到环境强迫力(外来循环性力)的作用,这一系统就将产生受迫振动。如果迫使系统产生振动的强迫力有两个振源,那么这一受迫振动系统就会同时参与两个受迫振动。例如,悬挂在颠簸船舱中的钟摆,两列声波同时传入人耳等。但是,在两个振源或更多振源强迫力的多重作用下,受迫振动系统的形态变化必须把传入系统的各种振动联系起来,由此就产生了振动的合成。

由于环境可以从不同的方向以不同的方式作用于受迫振动系统,因此受迫振动系统的形态变化规律取决于环境的作用方向和方式。某一个受迫振动系统原有的形态改变后,其形态是否向着某一个方向继续改变,则取决于环境是否在这一新形态点上继续加大(或减小)作用力度。在一维二仪质向量坐标系 $\vec{X}$ 内部的 $(\vec{N}, \vec{n}, \vec{E}, \vec{E}_{\neq}, \vec{\varepsilon})$ 五维分质向量空间中,两个不同振动的振动频率、振动方向和振动相位必然有所不同。一般地说,振动频率、振动方向和振动相位都不相同的几种振动叠加时,情形是很复杂的。然而,如果振动的方向相同,振动的合成就可以在一维二仪质向量坐标系 $\vec{X}$ 的同向太极空间中进行,这种情形就相对简单。

一个简谐振动系统是环境与系统的相互作用达到物质和能量收支平衡的耗散系统。在第十六章第二节"简谐振动性质与特定的谐振规律"中已经指出,简谐振动系统是正向的变动力 $F_+ = \dfrac{d^2 n}{dE^2}$ 与负向的回复力 $F_- = -\kappa^2 n$ 保持平衡的系统。在一维二仪质向量坐标系 $\vec{X}i$ 内部 $(\vec{N}_\perp, \vec{n}_\perp, \vec{E}_\perp, \vec{E}_{\neq\perp}, \vec{\varepsilon}_\perp)$ 五维分质向量空间的 $(\vec{C}_{N\perp}, \vec{n}_\perp, \vec{E}_\perp, \vec{C}_{E\neq\perp}, \vec{C}_{\varepsilon\perp})$ 截面上,在省却分质向量关于方向的规定时,简谐振动系统的形态变化规律就可以表述为(16-9)式 $n = N\cos(\kappa E + \delta)$。

当迫使系统产生振动的强迫力有两个振源,且它们各自迫使系统产生振动的强迫力都在做简谐振动时,在无阻尼的情况下,受迫振动系统就会产生简谐振动,其振动方程分别为

$$n_1 = N_1\cos(\kappa_1 E + \delta_1) \tag{17-1}$$

$$n_2 = N_2\cos(\kappa_2 E + \delta_2) \tag{17-2}$$

由于振动单元数二次变化率就是其变动力,而且简谐振动系统的变动力与回复力相等,因此两个简谐振动系统的简谐振动可以分别表达为

$$F_{+1} = \dfrac{d^2 n_1}{dE^2} = -N_1 \kappa_1^2 \cos(\kappa_1 E + \delta_1) = -\kappa_1^2 n_1 = F_{-1} \tag{17-3}$$

$$F_{+2} = \dfrac{d^2 n_2}{dE^2} = -N_2 \kappa_2^2 \cos(\kappa_2 E + \delta_2) = -\kappa_2^2 n_2 = F_{-2} \tag{17-4}$$

既然每一个简谐振动都可以用异质单元数的函数式来表达,那么振动的合成就是

振动系统中代表各个分振动的异质单元数的向量叠加。每一个简谐振动也可以用力的函数式来表达,这样振动的合成就是振动系统中代表各个分振动的力的叠加。因此,简谐振动的合成也可以用变动力和回复力的合成来表现,但是在形态叠加中都必须遵循向量的加和规则。

在一维二仪质向量坐标系 $\vec{X}$ 上,如果两个简谐振动是在同一方向进行合成,那么两个简谐振动的变动力的合力就等于两个变动力之和,两个简谐振动的回复力的合力也等于两个回复力之和,合力的方向都与两个分力的方向相同。在同一方向上,两个简谐振动合成的振动单元数 n 就等于两个分振动的振动单元数 n_1 与 n_2 的代数和,即

$$n = n_1 + n_2 \tag{17-5}$$

但是,由(17-3)式 $F_{+1} = -N_1\kappa_1^2\cos(\kappa_1 E + \delta_1) = -\kappa_1^2 n_1 = F_{-1}$ 和(17-4)式 $F_{+2} = -N_2\kappa_2^2\cos(\kappa_2 E + \delta_2) = -\kappa_2^2 n_2 = F_{-2}$ 可以看到,在一维二仪质向量坐标系 $\vec{X}i$ 内部的 $(\vec{N}_\perp, \vec{n}_\perp, \vec{E}_\perp, \vec{E}_{\neq\perp}, \vec{\varepsilon}_\perp)$ 五维分质向量空间中,在省却分质向量关于方向的规定时,变动力和回复力的大小涉及总体单元数 N 以及振动单元数(即异质单元数)n、能量 E、形态变化率 $\kappa = \dfrac{1}{\varepsilon}$ 和初相位 δ。因此,每一个振动系统的变动力或回复力都是由总体单元数 N、异质单元数 n、能量 E、能元 ε 和能阈 $E_{\neq}$ 这五个分质变量唯一确定的。

由于(16-9)式 $n = N\cos(\kappa E + \delta)$ 中的振动系统的形态变化率 $\kappa = \dfrac{1}{\varepsilon}$ 是由能元 ε 确定的,而初相位 δ 是由能阈 $E_{\neq}$ 和能元 ε 确定的,因此在简谐振动的合成中,即使在同样的能量 E 和同样的形态变化率 $\kappa = \dfrac{1}{\varepsilon}$ (即能元 ε)的情况下,还必须考虑初相位 δ 这一因素的影响,因为在此条件下初相位的差异反映的就是不同能阈的差异。可见,除了振动方向决定着简谐振动合成的形态叠加的相关度,每个简谐振动的能频 κ 和初相位 δ 对于简谐振动的合成也至关重要。

二、同向同频的简谐振动合成规律

在每个简谐振动的过程中,如果振动系统的能元保持不变($\varepsilon = C_\varepsilon$),其能频就保持不变($\kappa = 1/C_\varepsilon$),这就成为振动系统本身固有的性质。对于两个简谐振动,如果同方向的分振动的能频完全一样,即

$$\kappa = \kappa_1 = \kappa_2 \tag{17-6}$$

那么,同振动方向、同能频而不同初相位的简谐振动合成就可以通过不同的方法获得。

(一)力的向量叠加法

简谐振动涉及变动力和回复力,因而用力的向量叠加法就有

$$\vec{F} = \vec{F}_1 + \vec{F}_2$$

不过,两个同方向的力合成时,可以省却质向量关于方向的规定,而用标量表示,即

$$F = F_{+1} + F_{+2}$$
$$= \frac{d^2 n_1}{dE^2} + \frac{d^2 n_2}{dE^2}$$
$$= -\kappa_1^2 n_1 - \kappa_2^2 n_2$$
$$= F_{-1} + F_{-2} \tag{17-7}$$

如果同方向的分振动能频完全一样,把(17-6)式 $\kappa = \kappa_1 = \kappa_2$ 代入(17-7)式,得

$$F = \frac{d^2 n_1}{dE^2} + \frac{d^2 n_2}{dE^2}$$
$$= -\kappa_1^2 n_1 - \kappa_2^2 n_2$$
$$= -\kappa^2 (n_1 + n_2) \tag{17-8}$$

再把(17-5)式 $n = n_1 + n_2$ 代入,就有

$$F = \frac{d^2 n}{dE^2} = -\kappa^2 n \tag{17-9}$$

其积分形式为

$$n = N \cos(\kappa E + \delta) \tag{17-10}$$

可见,同方向、同能频的两个简谐振动合成后,仍然是一个简谐振动。然而,由于两个简谐振动的初相位一般是不同的,因此其合成只能按平行四边形法则进行,如图17-1所示。

通过向量分析,可以得到相同振动方向、相同能频的简谐振动合成的总体单元数和初相位为

$$N = \sqrt{N_1^2 + N_2^2 + 2N_1 N_2 \cos(\delta_2 - \delta_1)} \tag{17-11}$$

$$\tan\delta = \frac{N_1 \sin\delta_1 + N_2 \sin\delta_2}{N_1 \cos\delta_1 + N_2 \cos\delta_2} \tag{17-12}$$

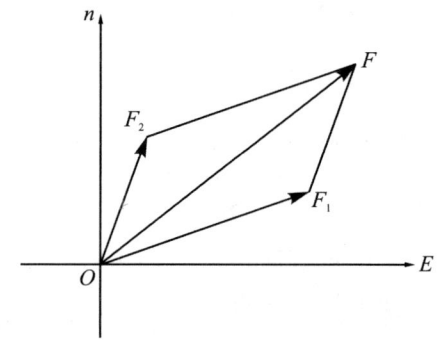

图 17-1　同方向、同能频两个简谐振动的合成

特别地,当两个简谐振动的初相位一样($\delta_1 = \delta_2$)时,

$$N = N_1 + N_2 \tag{17-13}$$

(二)复数法

由于简谐函数和复指数函数之间存在着对应关系,可以用复指数函数来表示简谐函数,因而做简谐函数的线性运算(加、减、乘、微分、积分)时,可以用复指数函数进行线性运算。不论复指数函数的实部还是虚部都可以用来描写简谐振动,习惯上都选用复数的实部(即余弦函数)进行运算后,从计算的最后结果取相应的实部即为所求。

由于(17-1)式 $n_1=N_1\cos(\kappa_1 E+\delta_1)$ 和(17-2)式 $n_2=N_2\cos(\kappa_2 E+\delta_2)$ 的复数形式分别为 $n_1=N_1\mathrm{e}^{\mathrm{i}(\kappa_1 E+\delta_1)}$ 和 $n_2=N_2\mathrm{e}^{\mathrm{i}(\kappa_2 E+\delta_2)}$，把(17-6)式 $\kappa=\kappa_1=\kappa_2$ 代入，因此当两个简谐振动是同方向合成时，方程可用复数表示为

$$\begin{aligned} n &= n_1+n_2 \\ &= N_1\mathrm{e}^{\mathrm{i}(\kappa_1 E+\delta_1)}+N_2\mathrm{e}^{\mathrm{i}(\kappa_2 E+\delta_2)} \\ &= N_1\mathrm{e}^{\mathrm{i}(\kappa E+\delta_1)}+N_2\mathrm{e}^{\mathrm{i}(\kappa E+\delta_2)} \end{aligned} \tag{17-14}$$

从中提出公因子 $\mathrm{e}^{\mathrm{i}(\kappa E+\delta_1)}$，于是有

$$n=\mathrm{e}^{\mathrm{i}(\kappa E+\delta_1)}[N_1+N_2\mathrm{e}^{\mathrm{i}(\delta_2-\delta_1)}] \tag{17-15}$$

由于 $\mathrm{e}^{\mathrm{i}\varphi}$ 只是一个进行 φ 角正旋转的表示，因此上式方括号内的两项之和就意味着长度为 N_2 的向量是以 $(\delta_2-\delta_1)$ 的交角跟长度为 N_1 的向量相加的。前面的因子 $\mathrm{e}^{\mathrm{i}(\kappa E+\delta_1)}$ 则告诉人们，这整个图形被转到了图 17-1 中 $\overrightarrow{OF}$ 的方位。可见，采用复指数函数的形式可以很直接地得到同样的结果。复数表示的是对应关系，不是相等关系。用复数表示的优越之处还有求导和积分都很方便。

(三) 解析法

把(17-1)式 $n_1=N_1\cos(\kappa_1 E+\delta_1)$，(17-2)式 $n_2=N_2\cos(\kappa_2 E+\delta_2)$ 和(17-6)式 $\kappa=\kappa_1=\kappa_2$ 代入(17-5)式 $n=n_1+n_2$，则

$$\begin{aligned} n &= n_1+n_2 \\ &= N_1\cos(\kappa E+\delta_1)+N_2\cos(\kappa E+\delta_2) \end{aligned} \tag{17-16}$$

利用和角公式 $\cos(\alpha\pm\beta)=\cos\alpha\cos\beta\mp\sin\alpha\sin\beta$ 将上式展开，就有

$$\begin{aligned} n &= N_1\cos(\kappa E)\cos\delta_1-N_1\sin(\kappa E)\sin\delta_1+N_2\cos(\kappa E)\cos\delta_2-N_2\sin(\kappa E)\sin\delta_2 \\ &= (N_1\cos\delta_1+N_2\cos\delta_2)\cos(\kappa E)-(N_1\sin\delta_1+N_2\sin\delta_2)\sin(\kappa E) \end{aligned}$$

令

$$N_1\cos\delta_1+N_2\cos\delta_2=N\cos\delta \tag{17-17}$$

$$N_1\sin\delta_1+N_2\sin\delta_2=N\sin\delta \tag{17-18}$$

代入上式，得

$$\begin{aligned} n &= N\cos(\kappa E)\cos\delta-N\sin(\kappa E)\sin\delta \\ &= N\cos(\kappa E+\delta) \end{aligned} \tag{17-19}$$

式中，N 可以从(17-17)式的平方与(17-18)式的平方相加后再开方得到

$$N=\sqrt{N_1^2+N_2^2+2N_1N_2\cos(\delta_2-\delta_1)} \tag{17-20}$$

将(17-17)式与(17-18)式相除，还可以得到

$$\tan\delta=\frac{N_1\sin\delta_1+N_2\sin\delta_2}{N_1\cos\delta_1+N_2\cos\delta_2} \tag{17-21}$$

从(17-19)式 $n=N\cos(\kappa E+\delta)$ 可以看出，同方向且同能频的两个简谐振动合成后，仍然是一个简谐振动，而且能频不变。合成的振动相当于总体单元数随能量逐渐变

化的简谐振动。

从(17-20)式可以看出,合振动的总体单元数 N 和两个分振动的初相位差($\delta_2-\delta_1$)有关。下面再进一步说明合振动产生加强或减弱的条件:

(1)当初相位差 $\Delta\delta=\delta_2-\delta_1=2k\pi$(式中 k 为零或任意整数)时,$\cos(\delta_2-\delta_1)=1$,由(17-20)式则可得到

$$N=\sqrt{N_1^2+N_2^2+2N_1N_2}=N_1+N_2 \tag{17-22}$$

即当两个分振动的初相位差为 π 的偶数倍(同相)时,合振动的总体单元数等于两个分振动的总体单元数之和,这是振动系统总体单元数 N 可能达到的最大值。

(2)当初相位差 $\Delta\delta=\delta_2-\delta_1=(2k+1)\pi$(式中 k 为零或任意整数)时,$\cos(\delta_2-\delta_1)=-1$,由(17-20)式则可得到

$$N=\sqrt{N_1^2+N_2^2-2N_1N_2}=|N_1-N_2| \tag{17-23}$$

即当分振动的初相位差为 π 的奇数倍(反相)时,合振动的总体单元数等于两个分振动的总体单元数之差的绝对值,这是振动系统总体单元数 N 可能达到的最小值。特别地,如果 $N_1=N_2$,则 $N=0$,就是说在这种条件下振动合成的结果将使振动系统处于静止状态。

(3)当初相位差 $2k\pi<\delta_2-\delta_1<(2k+1)\pi$(式中 k 为零或任意整数)时,合振动的总体单元数 N 在 0 和 (N_1+N_2) 之间,即 $0<N<N_1+N_2$。

一般说来,两个同方向且同能频的简谐振动合成,其总体单元数和初相位已不能再简化了。但是,如果两个同方向的简谐振动不仅能频完全一样($\kappa=\kappa_1=\kappa_2$),而且各自的总体单元数也完全一样($N=N_1=N_2$),只是两个初相位不一样($\delta_1\neq\delta_2$),即初相位差 $\Delta\delta=\delta_2-\delta_1\neq 0$。在此情况下,(17-5)式 $n=n_1+n_2$ 为

$$\begin{aligned}n&=n_1+n_2\\&=N\cos(\kappa E+\delta_1)+N\cos(\kappa E+\delta_2)\\&=2N\cos\frac{\Delta\delta}{2}\cos\left(\kappa E+\frac{\delta_1+\delta_2}{2}\right)\end{aligned} \tag{17-24}$$

这样的合振动依然是一个简谐振动,其总体单元数为 $2N\cos\dfrac{\Delta\delta}{2}$。

(四)同向且同频的谐振动合成的实例

上述关于两个简谐振动合成的形态变化规律是在一维二仪质向量坐标系 $\vec{X}i$ 内部的 $(\vec{N}_\perp,\vec{n}_\perp,\vec{E}_\perp,\vec{E}_{\neq\perp},\vec{\varepsilon}_\perp)$ 五维分质向量空间中演绎而来的一般表达式。在省却分质向量关于方向的规定时,由于简谐振动系统在振动过程的形态变化是通过 n 个参与振动的异质单元来表现的,由(6-389)式 $\theta_+=\theta_\varepsilon n_+$ 可得质参量 $\gamma=n\theta_\varepsilon$。如果能量 E 用其显性因子 θ 来表现,由(6-386)式 $E_+=F_+\theta_+$ 就可以进一步演绎得到物理学中人们熟悉的一些具体事物特定的形态变化规律。

在一维正向质向量坐标系 $\vec{X}_+$ 内部 $(\vec{N}_+,\vec{n}_+,\vec{E}_+,\vec{E}_{\neq +},\vec{\varepsilon}_+)$ 五维分质向量空间中的 $(\vec{C}_{N_+},\vec{n}_+,\vec{E}_+,\vec{C}_{E_{\neq +}},\vec{C}_{\varepsilon_+})$ 截面上，各个分质向量与各自的分质变量坐标轴同向，可以用其分质变量坐标轴来表示。如果能量 E 的显性因子 θ 为时间 $t(E=F_N t)$，而振动单元数 n 与空间的长度因子 l_ε 共同组成的质参量——位移（长度）$y(y=nl_\varepsilon)$，若某一受迫振动系统（质点）同时参与两个同频率且在同一条直线上（同方向）的简谐运动，把 $E=F_N t$ 和 $y=nl_\varepsilon$ 代入（17-1）式 $n_1=N_1\cos(\kappa_1 E+\delta_1)$ 和（17-2）式 $n_2=N_2\cos(\kappa_2 E+\delta_2)$ 得到

$$nl_\varepsilon=N_1 l_\varepsilon \cos(\kappa_1 F_N t+\delta_1)$$
$$nl_\varepsilon=N_2 l_\varepsilon \cos(\kappa_2 F_N t+\delta_2)$$

由于能频相同（$\kappa=\kappa_1=\kappa_2$），令 $A=C_N l_\varepsilon$ 为振幅，$\omega=\kappa F_N$ 为频率，δ 为初相位，则这两个简谐振动方程可表述为

$$y_1=A_1\cos(\omega_1 t+\delta_1) \tag{17-25}$$
$$y_2=A_2\cos(\omega_2 t+\delta_2) \tag{17-26}$$

这两个同方向、同频率的简谐振动的合振动的位移为

$$y=y_1+y_2$$

其表达式可以直接用上述同振动方向且同能频简谐振动的合成规律并赋予时空的意义即可演绎得到。下面通过不同的方法可以验证，所得到的结果与此是完全一致的。

1. 解析法

$$\begin{aligned}y &= y_1+y_2\\ &= A_1\cos(\omega_1 t+\delta_1)+A_2\cos(\omega_2 t+\delta_2)\\ &= A_1\cos(\omega t)\cos\delta_1 - A_1\sin(\omega t)\sin\delta_1 + A_2\cos(\omega t)\cos\delta_2 - A_2\sin(\omega t)\sin\delta_2\\ &= (A_1\cos\delta_1+A_2\cos\delta_2)\cos(\omega t)-(A_1\sin\delta_1+A_2\sin\delta_2)\sin(\omega t)\end{aligned} \tag{17-27}$$

令 $A\sin\delta=A_1\sin\delta_1+A_2\sin\delta_2$，$A\cos\delta=A_1\cos\delta_1+A_2\cos\delta_2$，上式成为

$$\begin{aligned}y &= A\cos\delta\cos(\omega t)-A\sin\delta\sin(\omega t)\\ &= A\cos(\omega t+\delta)\end{aligned} \tag{17-28}$$

2. 旋转矢量法

如果两个谐振系统的振幅 $\vec{A}_1$ 和振幅 $\vec{A}_2$ 的大小保持不变，且以共同的角速度 ω 旋转，它们的相对位置不变，即夹角 $(\delta_2-\delta_1)$ 保持不变，所以合振动的振幅 $\vec{A}$ 大小不变，也以角速度 ω 绕原点 O 做逆时针旋转。因此，两个谐振系统的合成振动也是简谐运动。振动合成的振幅向量如图17-2所示。

由于简谐振动的位移方程（16-32）式 $y=A\cdot\cos(\omega t+\delta)$ 中的相位 $\varphi=(\omega t+\delta)$，因此简谐振动方

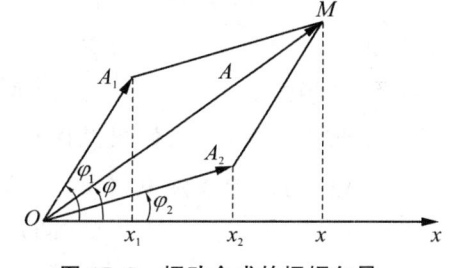

图 17-2 振动合成的振幅向量

程可以表达为(16-44)式 $y=A\cos\varphi$。

对于振幅 $\vec{A}_1$ 的谐振系统：$x_1=A_1\cos\varphi_1$，$y_1=A_1\sin\varphi_1$。

对于振幅 $\vec{A}_2$ 的谐振系统：$x_2=A_2\cos\varphi_2$，$y_2=A_2\sin\varphi_2$。

$$x=x_1+x_2=A_1\cos\varphi_1+A_2\cos\varphi_2 \tag{17-29}$$

$$y=y_1+y_2=A_1\sin\varphi_1+A_2\sin\varphi_2 \tag{17-30}$$

这样，两个谐振系统的合振幅为

$$\begin{aligned}A&=\sqrt{x^2+y^2}\\&=\sqrt{A_1^2+A_2^2+2A_1A_2\cos(\varphi_2-\varphi_1)}\end{aligned} \tag{17-31}$$

两个谐振系统的相位为

$$\varphi=\arctan\frac{A_1\sin\varphi_1+A_2\sin\varphi_2}{A_1\cos\varphi_1+A_2\cos\varphi_2} \tag{17-32}$$

其实，上述关于同方向且同能频的谐振动合成的结论就是波的干涉的基础知识，所以也必然适用于电磁波及其光波的合成及干涉。

三、同向不同频的简谐振动合成规律

每一个简谐振动的能频 $\kappa=1/C_\varepsilon$ 是由度量振动系统的能元 $\varepsilon=C_\varepsilon$ 决定的。对于两个谐振系统，如果分振动的能频不一样（$\kappa_1\neq\kappa_2$），当两个分振动的叠加以同方向的力合成时（$F=F_1+F_2$），其中，$F_1=\dfrac{\mathrm{d}^2n_1}{\mathrm{d}E^2}=-\kappa_1^2n_1$，$F_2=\dfrac{\mathrm{d}^2n_2}{\mathrm{d}E^2}=-\kappa_2^2n_2$。这样，同振动方向且不同能频的简谐振动合成的变动力与回复力平衡的方程就是

$$\frac{\mathrm{d}^2n_1}{\mathrm{d}E^2}+\frac{\mathrm{d}^2n_2}{\mathrm{d}E^2}=-\kappa_1^2n_1-\kappa_2^2n_2 \tag{17-33}$$

或

$$N_1\kappa_1^2\cos(\kappa_1E+\delta_1)+N_2\kappa_2^2\cos(\kappa_2E+\delta_2)=\kappa_1^2n_1+\kappa_2^2n_2 \tag{17-34}$$

而同振动方向且不同能频的简谐振动合成的合振动单元数方程为

$$\begin{aligned}n&=n_1+n_2\\&=N_1\cos(\kappa_1E+\delta_1)+N_2\cos(\kappa_2E+\delta_2)\end{aligned} \tag{17-35}$$

可见，在同样的能量下，相同振动方向且不同能频的简谐振动的合成规律与初相位息息相关。为此，有必要再深入讨论总体单元数相等和初相位相等条件下同振动方向而不同能频的简谐振动合成规律的一些情形。

在两个分振动中，如果总体单元数相等（$N_1=N_2=N$），初相位也相等（$\delta_1=\delta_2=\delta$），在这样的特殊条件下将(17-16)式展开，就有

$$\begin{aligned}n&=N\cos(\kappa_1E+\delta)+N\cos(\kappa_2E+\delta)\\&=N\cos(\kappa_1E)\cos\delta-N\sin(\kappa_1E)\sin\delta+N\cos(\kappa_2E)\cos\delta-N\sin(\kappa_2E)\sin\delta\end{aligned}$$

再利用三角函数的和差与积的关系，上式就可以写作

$$n = 2N\cos\left(\frac{\kappa_2-\kappa_1}{2}E\right)\cos\left(\frac{\kappa_2+\kappa_1}{2}E+\delta\right) \tag{17-36}$$

从合成振动方程可以看出，振动单元数是循环变化的，所以合成后的振动仍与原来的振动方向相同，但是振动已不再是简谐振动了。

对于两个分振动，如果能频 κ_1 和 κ_2 都比较大，但两者之差 $\kappa_2-\kappa_1$ 又比较小，即 $(\kappa_2-\kappa_1) \ll (\kappa_2+\kappa_1)$，由于振动单元数是两个余弦函数的乘积，余弦函数 $\cos\left(\frac{\kappa_2+\kappa_1}{2}E+\delta\right)$ 随能量变化而大幅地变化，另一个余弦函数 $\cos\left(\frac{\kappa_2-\kappa_1}{2}E\right)$ 却随能量变化而小幅地变化，因此可以近似地将合振动看成是总体单元数 $\left|2N\cos\frac{\kappa_2-\kappa_1}{2}E\right|$ 随能量 E 做微小变化的具有平均能频 $\bar{\kappa}=\frac{\kappa_2+\kappa_1}{2}$ 的准简谐振动，这样合振动的振动单元数随着能量的变化就具有循环性。这种两个能频都较大但是两者能频又相差很小的同向简谐运动合成时，合振动的振动单元数就会出现时而增加时而减少的现象，称为"拍"或"拍振动"，如图 17-3 所示。

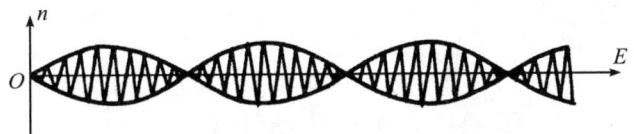

图 17-3　拍

拍振动是两个同方向不同能频（但能频很接近）的简谐振动合成后所形成的一种总体单元数时大时小的振动现象。在此，还可以明显地看出拍振动有两个周能：基本的振动周能及拍周能。

对于振动方向相同而能频不同的两个简谐振动的合成，还有一个重要情况就是具有能频为整数比的两个简谐振动的合成。显然，合振动将是循环性的。如果假定一个振动周能是 3 个能量单位，而另一个是 7 个能量单位，那么合振动经过 21 个能量单位就会重复，这种振动合成的情形如图 17-4 所示。

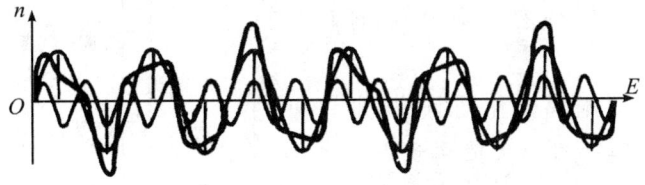

图 17-4　同向不同能频的简谐振动合成

对于上述总体单元数相等和初相位相等条件下同振动方向而不同能频的简谐振动合成，如果能量 E 的显性因子 θ 为时间 $t(E=F_N t)$，而振动单元数 n 与空间的长度因

子 l_ε 共同组成的质参量为位移 $y(y=nl_\varepsilon)$，那么在物理时空中认识这样的合振动就比较容易理解。

例如，某一受迫振动系统（质点）同时参与了两个不同频率但同方向的简谐振动，只要把 $E=F_N t$ 和 $y=nl_\varepsilon$ 代入(17-1)式和(17-2)式，就可以得到 $nl_\varepsilon = N_1 l_\varepsilon \cos(\kappa_1 F_N t + \delta_1)$ 和 $nl_\varepsilon = N_2 l_\varepsilon \cos(\kappa_2 F_N t + \delta_2)$。如果令 $A = C_N l_\varepsilon$ 为振幅，$\omega = \kappa F_N$ 为频率，δ 为初相位，则这两个振动方向相同而能频不同（$\kappa_1 \neq \kappa_2$）的简谐振动方程为 $y_1 = A_1 \cos(\omega_1 t + \delta_1)$ 和 $y_2 = A_2 \cos(\omega_2 t + \delta_2)$，其简谐振动合成的合振动位移方程为

$$y = y_1 + y_2 = A_1 \cos(\omega_1 t + \delta_1) + A_2 \cos(\omega_2 t + \delta_2)$$

由于相位差 $\Delta\varphi = (\omega_2 - \omega_1)t + (\delta_2 - \delta_1)$ 随时间而变化，因此合振动的位移也必然要随时间而变化，这样的振动就不是简谐振动。

对于两个振幅相同（$A_1 = A_2 = A_0$），初相位相同且为零（$\delta_1 = \delta_2 = 0$），但是两个振动的能频 κ_1 和 κ_2 都很大而两者之差 $\kappa_2 - \kappa_1$ 很小的情形，即 $(\kappa_2 - \kappa_1) \ll (\kappa_2 + \kappa_1)$ 或 $\nu_1 + \nu_2 \gg |\nu_1 - \nu_2|$，此时两个简谐振动的位移为

$$y_1 = A_1 \cos(\omega_1 t) = A_0 \cos(2\pi\nu_1 t) \tag{17-37}$$

$$y_2 = A_2 \cos(\omega_2 t) = A_0 \cos(2\pi\nu_2 t) \tag{17-38}$$

两个简谐振动的合位移为

$$\begin{aligned} y &= y_1 + y_2 \\ &= A_0 \cos(\omega_1 t) + A_0 \cos(\omega_2 t) \\ &= A_0 \cos(2\pi\nu_1 t) + A_0 \cos(2\pi\nu_2 t) \\ &= 2A_0 \cos\left(2\pi \frac{\nu_2 - \nu_1}{2} t\right) \cos\left(2\pi \frac{\nu_2 + \nu_1}{2} t\right) \end{aligned} \tag{17-39}$$

由于 $2A_0 \cos\left(2\pi \frac{\nu_2 - \nu_1}{2} t\right)$ 随时间变化比 $2A_0 \cos\left(2\pi \frac{\nu_2 + \nu_1}{2} t\right)$ 要缓慢得多，因此可以近似地将合振动看成是振幅按 $\left|2A_0 \cos\left(2\pi \frac{\nu_2 - \nu_1}{2} t\right)\right|$ 缓慢变化的频率为 $\frac{\nu_2 + \nu_1}{2}$ 的"准周期运动"。这种两个频率都较大但两者频差很小的同方向简谐运动合成时，所产生的合振幅时而加强时而减弱的现象称为拍频率（简称拍频），如图 17-5(c)所示。

拍频是指拍振动振幅变化的频率，即每秒钟内振幅从一个最小值通过最大值再到下一个最小值的次数。拍频等于两个分振动频率之差

$$\nu_b = |\nu_2 - \nu_1| \tag{17-40}$$

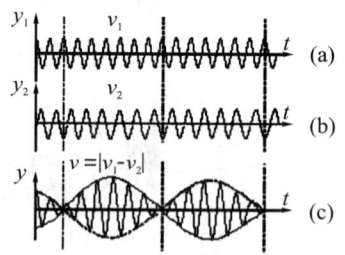

图 17-5 两个简谐振动耦合的拍振动

合成后振动频率是两个分振动频率的平均值,即 $\frac{\nu_2+\nu_1}{2}$;合振幅变化的周期为 $T=\frac{1}{|\nu_2-\nu_1|}$;振动的最大振幅与最小振幅分别等于两个振动振幅之和与差。图 17-5(c) 中振幅的包络线就是按照拍频而振动的。

虽然上述得到的拍振动都是振动基础知识,但是对于拍频振动若采用旋转矢量法就可以得到较好的理解。假设 $\nu_2>\nu_1$,所以振幅 $\vec{A}_2$ 比振幅 $\vec{A}_1$ 转动得快,当振幅 $\vec{A}_2$ 转到与振幅 $\vec{A}_1$ 反方向位置时,合振幅最小;当振幅 $\vec{A}_2$ 转到与振幅 $\vec{A}_1$ 同方向位置时,合振幅最大,并且这种变化是周期性的。

拍频振动的典型实例可以取声学中由两个频率相接近的声音合成的一个低频变幅的声音。人耳能区分的拍频为每秒 6~8 次,超过这个限度人耳就不能区分了。其他常见的拍现象有:钟声明显的忽强忽弱变化和发电机开动时的磁铁哼噜声等。如果电机的工作频率为 50 Hz,而电机(或机组)某一部分结构给一振动频率接近 50 Hz 的调制信号时,电机将产生拍频振动。电机拍频振动是一种特殊的振动,不是一种剧烈的振动,在三相异步电机振动诊断中常碰到,其现象表现为拍频振动激起空气的声音明显地一会儿高、一会儿低。

此外,在受迫振动中,当激励函数频率与振动系统频率接近时,也可以观察到拍的现象。例如,在适当的外环境作用下,振动系统将出现分频现象,响应频率为外作用频率 ω(基频)的 n 分之一,即 $\frac{\omega}{n}$,如二分频 $\left(\frac{\omega}{2}\right)$、三分频 $\left(\frac{\omega}{3}\right)$ 等。动力学把分频现象又称为次谐波现象,这是反映非直线系统的一种奇异特性。

四、多个谐振动合成规律与傅里叶分析

某一振动系统受到两个振源的强迫力作用就会参与两个受迫振动。如果两个振源迫使系统产生振动的强迫力均做简谐振动,在无阻尼的情况下受迫振动系统也将参与两个简谐振动。但是,某一振动系统受到多个振源的强迫力作用就会参与多个受迫振动。在多个振源强迫力的多重作用下,受迫振动系统的形态变化必然要把传入系统的各种振动联系起来,因此就会产生多个振动的合成。

对于相同振动方向的多个简谐振动的合成规律,上述关于在一维二仪质向量坐标系 $\vec{X}$ 的 $(\vec{X})$ 空间中同时存在着两个同振动方向且同能频的简谐振动合成规律和两个同振动方向不同能频的简谐振动合成规律,是可以推广到任意多个同振动方向的简谐振动合成的。

在一维二仪质向量坐标系 $\vec{X}$ 的 $(\vec{X})$ 空间中,如果同时存在着 k 个定点($\vec{x}_1=\vec{C}_1$, $\vec{x}_2=\vec{C}_2,\cdots,\vec{x}_{k-1}=\vec{C}_{k-1}$ 和 $\vec{x}_k=\vec{C}_k$),这就代表着有 k 个均衡反向一元系统并存。在一

维二仪质向量坐标系 $\vec{X}$ 的($\vec{X}$)空间中的任何一点,必然同时受到来自 k 个均衡反向一元系统内部的简谐振动的辐射作用,因而 k 个均衡反向一元系统附近的环境作为一个受迫振动系统,其形态变化规律就是来自 k 个振源的简谐振动的叠加。

(一)同向同振幅不同能频的简谐振动的合成

省却了质向量关于取向的规定时,对于 k 个方向一致且能频完全一样($\kappa=\kappa_1=\kappa_2=\cdots=\kappa_k$)的 k 个简谐振动的合成,当第 i 个简谐振动方程为 $n_i=N_i\cos(\kappa E+\delta_i)$ 时,k 个简谐振动的合成情形就是

$$n=\sum_{i=1}^{k}n_i=\sum_{i=1}^{k}N_i\cos(\kappa E+\delta_i)$$

如果 k 个简谐振动的总体单元数完全一样($N_0=N_1=N_2=\cdots=N_k$),而只是初相位不一样($\delta_1\neq\delta_2\neq\cdots\neq\delta_k$),假定每一个简谐振动的初相位与下一个简谐振动的初相位相差 $\Delta\delta=\delta_{(i=1)}-\delta_i\neq 0$,按照两个简谐振动的向量合成的方法,很容易得到在上述条件下的多个简谐振动合成的规律为 $n=N\cos(\kappa E+\delta)$。这一个合振动方程是类似于(17-24)式 $n=2N\cos\dfrac{\Delta\delta}{2}\cos\left(\kappa E+\dfrac{\delta_1+\delta_2}{2}\right)$ 的一个简谐振动方程,其向量图中的分向量却构成了一个(不完整)正多边形的各个相继边。这样,通过其几何关系就可以得到合振动的异质单元数为

$$n=N_0\frac{\sin\left(\dfrac{k\Delta\delta}{2}\right)}{\sin\left(\dfrac{\Delta\delta}{2}\right)}\cos\left[\kappa E+\frac{(k-1)\Delta\delta}{2}\right]$$

$$=N\cos\left[\kappa E+\frac{(k-1)\Delta\delta}{2}\right] \tag{17-41}$$

其中,合振动的总体单元数为

$$N=N_0\frac{\sin\left(\dfrac{k\Delta\delta}{2}\right)}{\sin\left(\dfrac{\Delta\delta}{2}\right)} \tag{17-42}$$

例如,在光学中,光栅是一种能从一束光中获得很多个初相位差相等的相同光扰动的光学器件。(17-41)式 $n=N\cos\left[\kappa E+\dfrac{(k-1)\Delta\delta}{2}\right]$ 就是分析衍射光栅性能的基本方程。

(二)同向不同振幅不同能频的简谐振动的合成

省却了质向量关于取向的规定时,对于 k 个方向一致但是能频不一样($\kappa\neq\kappa_1\neq\kappa_2\neq\cdots\neq\kappa_k$)且总体单元数也不一样($N_0\neq N_1\neq N_2\neq\cdots\neq N_k$)的 k 个简谐振动的合

成,当第 i 个简谐振动方程为 $n_i = N_i\cos(\kappa_i E + \delta_i)$ 时,k 个简谐振动的合成情形就可以形成无穷多个不同的情形。反过来,这也提示人们是否存在一些复杂函数可以表达为 k 个简谐振动的合成。事实上,1777 年,欧拉在研究天文学时就发现,某些函数可以通过余弦函数之和来表达。

1807 年,法国物理学家傅里叶在研究热传导问题时也得到一个"惊人的事实":在有限的区间上,由任一图形定义的任何函数都可以分解为单纯的正弦函数与余弦函数之和。或者说,任何函数都可以表达为一系列不同频率的简谐振动(即简单的三角函数)的叠加,即

$$f(x) = \frac{a_0}{2} + \sum_{k=1}^{\infty}[a_k\cos(kx) + b_k\sin(kx)] \qquad (17\text{-}43)$$

式中,级数中各个系数 $a_k = \frac{1}{\pi}\int_0^{2\pi} f(x)\cos(kx)\mathrm{d}x$,$b_k = \frac{1}{\pi}\int_0^{2\pi} f(x)\sin(kx)\mathrm{d}x$ 表示成为任何函数与一已知的权函数(余弦函数和正弦函数)乘积的平均值,a_k 和 b_k 表示任何函数(信号)在不同频率的谱幅值大小,即自变量是不同的频率,因变量是该频率所对应的简谐振动的幅度。

由于三角级数的平均值可以用级数中各个项的平均值表示出来,因此傅里叶大胆地断言:"任意"函数(实际上是在有限区间上只有有限个间断点的函数)都可以展成三角级数,并且列举大量函数和运用图形来说明函数的三角级数展开的普遍性。[2]

傅里叶的发现表达了一个重要的意思,任何一个函数(信号)除了可以用通常的意义表达为因变量(信号强度)$f(x)$ 关于自变量 x 的函数,还可以把信号"展开"成不同频率的简单三角函数的叠加,这就相当于把它看作定义在所有频率所组成的空间(称为频域空间)上的另一个函数。这两种看起来样子截然不同的函数分别定义在时域与频域上,是以不同的方式描述着同一个函数(信号),所以可以通过傅里叶变换把函数(信号)彻底打乱之后再以面目全非的方式复述出来。经过傅里叶变换,一切信息都原封不动地保留下来。但是,一个在时域或空域上看起来很复杂的信号(如一段声音或者一幅图像),在频域上的表达通常就会很简单。

傅里叶的发现也揭示了各种无规则的振动(波)都可以用不同频率的简谐振动(波)叠加。例如,声音包括响度、音调和音品三个要素,如果仅讨论音调和音品的关系,那么日常生活中几乎每一个声音(如乐音)都由一系列的谐波振荡构成,称为复合音(简称复音),如图 17-6 所示。对应于复音的是像音叉这样的极少数物体发出的纯音(只有每一个频率的简谐振动)。在每一个复音的所有谐波振荡中,频率最小而振幅最大的那个纯音称为基音,它的频率叫基本频率(简称基频)。复音中基音以外的声音叫泛音。基音频率相同的不同乐器所发出的泛音是不同的,

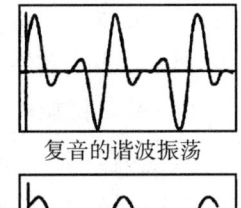

图 17-6　复音与纯音的简谐振荡

人们由此区别不同乐器所发出的乐音。基音决定音调,泛音决定音色(即音品),两者构成的复音决定音调高低和声音是否优美。通常认为,泛音越多越优美。某个复音中基音以外的一系列泛音的波长依次构成基音波长的 $1/2,1/3,1/4,\cdots$ 这个体现乐音和谐优美的级数,其第一项之后的每一项都是相邻两项的调和数。像古希腊毕达哥拉斯学派中的数学家阿尔希塔斯创立的调和数就是因其乐音的和谐优美而得名的。

可见,从不同的角度去认识、分析信号有助于了解信号的本质特征。信号 $f(t)$ 最初是以时间(空间)的形式来表达的。除了时间以外,频率是一种表示信号特征最重要的方式,是函数(信号)的物理本质之一。傅里叶变换建立了函数(信号)时域与频域之间的关系,是时域和频域之间的一对一映射,它以单个变量(时间或频率)的函数表示信号。频率的表示方法是建立在傅里叶分析基础之上的,傅里叶分析是一种全局的变换,要么完全在时间域,要么完全在频率域。[3]

其实,从本质上看傅里叶变换无非是研究如何利用简单的初等的函数近似表达复杂函数的方法和手段。傅里叶级数中的 $a_k\cos(kx)+b_k\sin(kx)$ 为余弦函数与正弦函数的加和,这是简谐振动函数 $n_i=N_i\cos(\kappa_i E+\delta_i)$ 和 $n_i'=N_i\sin(\kappa_i E+\delta_i)$ 省却了质向量关于性质与取向的规定,把能频、能量和初相位改用频率或随机变量表示,简谐振动函数的幅值(总体单元数)改用权值系数表示。由于一个复指数函数 $\exp i(\kappa E+\delta)$ 可分解为 $\cos(\kappa E+\delta)+i\sin(\kappa E+\delta)$,反之 $n_i=N_i\cos(\kappa_i E+\delta_i)$ 和 $n_i'=N_i\sin(\kappa_i E+\delta_i)$ 可以作为实数部分和虚数部分合并为一个复指数函数。所以,(17-43)式 $f(x)=\dfrac{a_0}{2}+\sum_{k=1}^{\infty}[a_k\cos(kx)+b_k\sin(kx)]$ 也可以写成指数展开式

$$f(x)=\sum_{k=-\infty}^{\infty}C_k\exp i(\kappa_i E+\delta_i) \tag{17-44}$$

式中,$C_k=\dfrac{1}{2L}\int_{-L}^{L}f(x)\mathrm{e}^{-ik\omega_0 x}\mathrm{d}x$;$\exp i(\kappa E+\delta)=\dfrac{n}{N}=P$ 就是近平衡态的单元系统形态转化基元规律。通过傅里叶变换,$f(x)$ 可以用频谱函数表达,这样就可以清楚地了解 $f(x)$ 的指数展开式中哪些频率是起主要作用的。由此也可以解释,20 世纪初吉布斯建立统计力学所采用的方法就是把一个复杂的、较大的偶然事件的概率分解成由许多比较局部的偶然事件(概率已知)构成的无限序列。[4]

在一维二仪质向量坐标系 $\vec{X}$ 内部 $(\vec{N},\vec{n},\vec{E},\vec{E}_{\ne},\vec{\varepsilon})$ 五维分质向量空间的 $(\vec{C}_N,\vec{n},\vec{E},\vec{C}_{E_{\ne}},\vec{C}_{\varepsilon})$ 截面上,确定的能元 ε 可以用确定的能频 κ 或确定的频率 ω 表达,一定频率的近平衡态的单元系统形态转化基元规律可以用一个简谐振动的复指数函数 $n=N\exp i(\kappa E+\delta)$ 或三角函数的形式来表达。但是,在一维质向量坐标系 $\vec{X}$ 内部的 $(\vec{N},\vec{n},\vec{E},\vec{E}_{\ne},\vec{\varepsilon})$ 五维分质向量空间中,可变的能元 ε 就要用可变的能频 κ 或可变的频率 ω 表达。因此,就像微分学中某一个函数曲线可以用许多切线无限逼近一样,任何函数(信号)也就可以展开成一个由许多不同频率的近平衡态的单元系统形态转化基元规

律(即简谐振动函数 $n=N\exp i(\kappa E+\delta)$)构成的无限序列。由于频率测量具有精度高、量程广、传递迅速、方法简便等优点,它在所有物理量中首屈一指,既是探测浩瀚宇宙的"望远镜",又是揭开微观世界奥秘的"显微镜";[5]再加上不同频率的近平衡态的单元系统形态转化基元规律都可以用三角函数的形式来表达,因此根据傅里叶的断言就可以看出:所有的一元系统形态变化规律都可以用近平衡态的单元系统形态转化基元规律的复合形式来表达。

第二节　行波的简谐波及其反向波函数

简谐波是简谐振动在空间传播的波,通过简谐振动规律可演绎出简谐波的波函数。行波在介质中传播时是沿恒定方向推进的波,由波函数可以推演出正向行波和反向行波传播的简谐波的波动规律。在不同的环境介质中,行波还会产生反射和折射现象。行波在没任何吸收的介质中就是孤立波,它是一元系统形态转化基元规律的反映。

一、简谐波的波函数

在第十六章第五节"受迫振动的形态变化规律及应用"中已经阐明,任何系统都是与环境紧紧相连的,一个均衡反向一元系统要从平衡态进入振动状态必须靠环境的作用。反之,一个振动系统作用于环境后,将强迫环境也发生振动,这时环境就成为受迫振动系统。以自身的振动带动其他系统的振动,这个振动系统就叫作振源;而被振源带动的振动系统就是受迫振动系统。

受迫振动系统在接受振源循环性强迫振动的外来作用时就会发生受迫振动。在振源强迫力 $F=H\cos(\sigma E)$ 的作用下,以振源的周围环境作为受迫振动系统所产生的受迫振动取决于受迫振动系统中阻尼振动的变动力及其回复力和阻力。当阻力不存在时,受迫振动系统的单元所产生的振动就是简谐振动。在阻力较小的情况下,受迫振动系统的单元就会做阻尼振动,其效果就是把振源的振动传播出去。

对于任何一个振源而言,与振源相联系的环境中的任何一个质点都可以作为一个受迫振动系统。不过,环境(往往占有相当大的空间)不论大小如何,其质点往往是无数的;而每一个质点作为一个受迫振动系统,其组成单元所产生的振动与振源必然存在空间位置或相位等差距。因此,除了紧邻振源的受迫振动系统的单元所产生的振动是振源直接作用产生的,其他环境中的每一个受迫振动系统的单元所产生的受迫振动都不是振源直接作用产生的,而是由同在环境中紧邻的受迫振动系统的单元产生的振动的间接作用引起的。

实际的环境介质往往是紧密相连的。紧邻振源的单元既接受振源的受迫振动，又可以作为其周围介质的振源而迫使其相邻的单元也依次地产生受迫振动，并由近及远地传播出去。环境介质的每一个单元的受迫振动，是通过环境介质的传导并依靠振源循环性的变动力和回复力来维持系统振动的。环境介质的单元既接受周围环境介质传导的振动而受迫振动，又可以作为其周围介质的振源而迫使其相邻的单元也依次地产生受迫振动，并由近及远地传播出去。环境介质如此连串地传播振动的过程就称作波动或波，波具有"连续"变化的量。

波的产生除了必须有产生振动的振源外，还要有能够传播这种振动的介质。由无穷多个质点通过相互之间弹性力组合在一起的连续的环境介质称为弹性介质。弹性介质中的一个质点在其平衡位置附近振动时，由于介质中弹性力的作用引起周围质点的振动，周围质点的振动又引起邻接的外围质点以及更外围质点的振动。这样，振动就以一定的速度由近及远地向各个方向传播出去。[6]例如，弹性介质中任意质点离开平衡位置时，由于其形态变化，邻近的质点将对它产生弹性力的作用，使之回到平衡位置。因此，这个质点就会在平衡位置附近振动起来。同时，这个质点也将给邻近的质点以弹性力的作用，使邻近的质点也离开平衡位置振动。这样，当弹性介质的一部分产生振动时，由于介质各部分之间的弹性联系，振动不会局限在这一部分，而将由近及远地在介质中传播出去，形成弹性波。

振动是一种重要而普遍的物质运动形式，振动在环境中的传播形成波动，因而波动也是一种重要而普遍的物质运动形式。任何一个联系弹性介质的初始振动的物质都毫无例外地存在着不同的波动现象，可以说，自然界就是波的世界。例如，绳子上传播的波、空气中传播的声波、水面上传播的波等，它们都是机械振动在弹性媒质中的传播形成的，这类波称为机械波，机械波在人们日常生活中随处可以感受到。

不过，波动并不限于机械波，无线电波或光波等也是物质的一种波动形式，这类波是交替产生的变化电场和变化磁场在空间由近及远地传播，通称为电磁波。无线电波（包括长波、中波、短波、超短波和微波）、红外线、可见光、紫外线、X射线、γ射线、宇宙射线等都是电磁波。旋转、热辐射、高能辐射的激励所产生的连锁反应以及吸收或反射或转换分解等则是不同类型的波。

一般来说，任何在空间中传播的扰动都称为波，波动是振动形态在介质或场中的运动过程。波动涉及大量粒子之间的相互作用。依据波动传递所需要的介质来划分，波可以分为机械波和电磁波。从运动学上来讲，机械波和电磁波的形式是一样的，具有波的共性。但是，从动力学角度上来看，两者有本质上的区别，机械波是用弹性介质的方程来描述的，而电磁波是用电场和磁场的梯度函数来描述的。

振源对于受迫振动系统的扰动形式是任意的。如果作为"第一推动力"的振源产生的强迫力是非循环性外力，引起的波动就会在环境介质的阻尼作用下而产生"昙花一现"的脉波；脉波的波源只对介质做一短暂的扰动，介质中的质点在短暂振动后，随即静止于原位置。然而,如果振源产生的强迫力是循环性外力,在环境介质中引起的波动就会源源不断地持续产生周期波,周期波的波源对介质做连续有规律的振动。大部分的波只能在介质中传播,如声波等机械波。但是,有些波的传播则不需要介质,在真空中也能传播,如电磁波和引力波。

每一个均衡反向一元系统并不是绝对意义上的孤立系统,它不是处在完全孤立的封闭的腔体中,而是与环境紧密相连的变动力与回复力相等的简谐振动系统。在均衡反向一元系统做简谐振动的过程中,与之联系的环境(如弹性介质)也要随之产生相应的振动。振动系统引起周围质点的振动,就会使振动系统的能量逐渐向四周辐射出去,而变为波的能量。在波传播时,介质中的各质点都在平衡位置附近振动,由振动相位相同的各点连成的曲面称为波前,也称波阵面。

因此,在均匀和无吸收的介质中,当波源作为简谐振动系统在做简谐振动的过程中,与之联系的环境(如弹性介质)随之产生的相应的振动传播过程就有简谐波。环境介质各点传播的是简谐振动,这是阻力不存在时受迫振动系统所产生的简谐波动。简谐波是一种最基本和最常见的波,像平面传播时,若介质中体元均按余弦(或正弦)规律运动,就叫作平面简谐波。因此,可以通过简谐振动规律来进行简谐波波动规律的演绎。

在一维二仪质向量坐标系 $\vec{X}i$ 内部的 $(\vec{N}_\perp, \vec{n}_\perp, \vec{E}_\perp, \vec{E}_{\neq\perp}, \vec{\varepsilon}_\perp)$ 五维分质向量空间中,各个分质向量与各自的分质变量坐标轴同向,可以用其分质变量坐标轴来表示。均衡反向一元系统的两个子系统在近平衡态形态变化规律的复合,就是(16-9)式 $n = N\cos(\kappa E + \delta)$。如果能元 ε 保持为常量($\varepsilon = C_\varepsilon$),由 κ($\kappa = \dfrac{1}{C_\varepsilon}$)所决定的回旋率就是固有回旋率,那么在一维二仪质向量坐标系 $\vec{X}i$ 内部 $(\vec{N}_\perp, \vec{n}_\perp, \vec{E}_\perp, \vec{E}_{\neq\perp}, \vec{\varepsilon}_\perp)$ 五维分质向量空间的 $(\vec{N}_\perp, \vec{n}_\perp, \vec{E}_\perp, \vec{E}_{\neq\perp}, \vec{C}_\varepsilon)$ 四维分质向量空间中,省却了分质向量关于取向的规定,简谐振动规律就是具有固有回旋率或固有能频的简谐振动规律 $n = N\cos(C_\kappa E + \delta)$。如果总体单元数 N 和能元 ε 都保持为常量($N = C_N$ 和 $\varepsilon = C_\varepsilon$),在一维二仪质向量坐标系 $\vec{X}i$ 内部 $(\vec{N}_\perp, \vec{n}_\perp, \vec{E}_\perp, \vec{E}_{\neq\perp}, \vec{\varepsilon}_\perp)$ 五维分质向量空间的 $(\vec{C}_N, \vec{n}_\perp, \vec{E}_\perp, \vec{E}_{\neq\perp}, \vec{C}_\varepsilon)$ 三维分质向量空间中,省却了分质向量关于取向的规定,振动单元数变化规律就成为

$$n = C_N \cos(C_\kappa E + \delta) \tag{17-45}$$

式中,初相位 δ 是由能阈 $E_\neq$ 和能元 ε 共同决定的质参量;而在能元 $\varepsilon = C_\varepsilon$ 为质常量而能阈 $E_\neq$ 为质变量时,初相位 δ 也是质变量。

既然(17-45)式 $n = C_N \cos(C_\kappa E + \delta)$ 的初相位是质变量,其变化区间为 $[0, 2\pi]$,振动单元数 n 的变化规律就可以用 $n(E, \delta)$ 三维空间的关系曲线表示,或者用振幅固定和能频固定的余弦函数曲线表示,如图 17-7 所示。在图 17-7 中,由于初相位 δ 是变量,圆点是一个动点,余弦函数曲线随

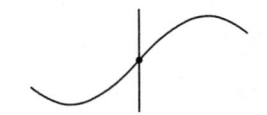

图 17-7 余弦函数曲线随初相位变化的波动

着初相位 δ 的变化整体就是波动,可见(17-45)式就是描述简谐波波动规律的基本方程。

不过,在一维二仪质向量坐标系 $\vec{X}i$ 内部 $(\vec{N}_\perp, \vec{n}_\perp, \vec{E}_\perp, \vec{E}_{\neq\perp}, \vec{\varepsilon}_\perp)$ 五维分质向量空间的 $(\vec{C}_{N_\perp}, \vec{n}_\perp, \vec{E}_\perp, \vec{E}_{\neq\perp}, \vec{C}_{\varepsilon_\perp})$ 三维分质向量空间中进行波动的描述还是令人费解。在省却分质向量关于方向的规定时,如果能量 E 的显性因子 θ 用时间 t 来表现 ($E=F_N t$),而以振动单元数 n 与空间的长度因子 l_ε 共同组成的质参量为相对于平衡位置的位移 $y(y=nl_\varepsilon)$,在这样的时间和空间中,(17-45)式 $n=C_N\cos(C_\kappa E+\delta)$ 就可以写成

$$nl_\varepsilon = C_N l_\varepsilon \cos(\kappa F_N t + \delta)$$

波动是受迫振动系统中各个振动单元的集体表现,而各个振动单元(质点)在同一时刻的振动位移是不同的。描述波线上每一质点在每一时刻的位移的函数 $y=f(t)$ 称为波函数或波动方程。因此,令振幅 $A=C_N l_\varepsilon$,频率 $\omega=C_\kappa F_N$,上式就成为在时空中描述简谐波的波函数

$$y = A\cos(\omega t + \delta) \tag{17-46}$$

其实,上述的波动方程本质上就是(16-1)式 $y=A\cos(\omega t+\delta)$ 或(17-25)式 $y_1=A_1\cos(\omega_1 t+\delta_1)$ 与(17-26)式 $y_2=A_2\cos(\omega_2 t+\delta_2)$。

二、正向行波的传播

振源的振动与环境波动的关系就像发电机与电动机的关系,振源的振动是波动的成因,波动是振源的振动在介质中的传播。机械波的形成过程是因为每个质点的振动都会带动周围质点的振动,从而使振动在介质中传播开来。波动中每个质点只在其平衡位置附近振动,质点并未随波迁移,传播的不是物质本身而只是振动的形式和能量。

波是振动在空间的传播,是振动状态的传播。波在介质中自由传播时,介质的各质点在空间各点上都将引起振动。波在一定时空的介质中传播,将保持其原有振动的特性(频率、波长、振幅、振动方向等)。如果振源周围的环境是空间无限的且单元完全相同没有任何吸收的介质,那么波动系统的介质单元在传播振源振动的连串过程就会一往直前,形成长度无限的波列。这种振动状态或振动能量在介质单元中传播时沿恒定方向不断地向前推进的波,就称为行进波或前进波,简称行波。

行波在均匀的无向性的介质中传递时,按介质中质点振动方向和波传播方向间的关系,可分为横波和纵波两种。纵波的特点是介质的振动方向与波的传播方向在同一直线上,而纵波的外形特征是具有"稀疏"和"稠密"的区域,像空气中传播的声波和地震波中的P波。横波的特点是介质的振动方向与波的传播方向垂直,而横波的外形特征是具有凸起的波峰和凹下的波谷,如电磁波和地震波中的S波。

不同的介质所传播的波的能力是不同的。固体中既能传播横波又能传播纵波,液体和气体中只能传播纵波。如果波在非均质介质中传递时,介质振动的行为就不是只

有横向与纵向两种,亦存在着像表面波或海浪这种类型的振动。譬如,雷利波的振动方式为椭圆形。

波在与介质内部某些微观结构发生相互作用时,波的能量就会被吸收并引起波的衰减,而这个相互作用也同时导致色散。色散(或频散)是相速度因频率ω(或波长λ)与振幅不同而发生的现象,实质上是因为介质并不是由匀质单元构成的。如果介质不单纯,其能元ε就会不同,并引起色散。所以,除了真空外,没有一种介质对任何波长的波是完全透明的。所有的物质都是对某些范围内的波透明,而对另一些范围内的波不透明。

不同波长的波的折射率是不同的,波的色散由介质的特性决定,因此常把介质分为色散的或非色散的。介质会导致波的色散的一个原因是它的尺寸有限,这种色散叫位形色散。例如,在尺寸比波长大得多的固体块内,弹性波的相速度是常数,可是对于沿直径同波长可比拟的棒面传播的弹性波,同样材料的棒便是色散的了。介质会导致波的色散的另一个原因在于它的内部的微观结构。有的介质不论其形状如何,对于某些频率范围的某些种类的波总是色散的。例如,有些介质内部的带电粒子(如电子),受入射可见光的电场激励而振动,从而反作用于这个光,导致它的色散。正由于水的色散性,雨后才有可能映出彩虹。

单一频率的波的传播速度是它的相速度。实际存在的波不是单频的,如果介质对这个波又是色散的,那么传播中的波由于各不同频率的成分运动快慢不一致,会出现"扩散"。但是,假若这个波是由一群频率差别不大的简谐波组成,这时在相当长的传播过程中总的波仍将维持为一个整体,以一个固定的速度运行。这个特殊的波群称为波包,这个速度称为群速度。与相速度不同,群速度的值比波包的中心相速度要小,两者的差值与中心相速度随波长而变化的平均率成正比。群速度是波包的能量传播速度,也是波包所表达信号的传播速度。

由于作为受迫振动系统的环境介质的单元存在着空间分布的差异和特质阻尼等因素,振源振动的能量在环境介质中的传播波就存在着传播速率和方向上的差异以及能量的损失,因此波动一般不会将振动传递到环境的无限端点,传播过程的波列都是长度有限的。

波传播的只是受迫振动系统的振动形式和振动能量,介质中的质点并不随波迁移。如果环境介质是一维空间中的直线系统,波动就是一维简谐波的线性传递,像行波在介质中传播时就是在一维二仪质向量坐标系$\vec{X}$的$(\vec{X})$空间中沿恒定方向不断地向前推进的波。在一维二仪质向量坐标系$\vec{X}$的$(\vec{X})$空间中传递的简谐波,每一质点都以它的平衡位置为中心做简谐运动,后一质点的振动总是落后于带动它的前一质点的振动。波动的图像是首尾相接连串的简谐振动曲线,虽然这与多级连串发射过程的形态变化曲线在首尾相接的形式上有相似之处,但是其本质是不一样的。

波动是振动能量的传播,从相邻的环境(振源)接受能量,又作为过渡振源把能量传递给相邻的环境。在理想介质的波动过程中没有能量的损失,波动可以是长度无限的波列;在环境介质中传播的波存在着能量的损失,波动只能是长度有限的波列,但是波源均无须持续地加大能量。而在多级连串吸收发射过程中,受迫振动系统必须从环境接受越来越高的能量,才可能在完成一级跃迁后,以更高的能量不断地向更高的一级又一级的能级发射异质单元。

如果人们是以空间与时间的视角来认识某一列行波的,那么可以在一维二仪质向量坐标系 $\vec{X}i$ 内部打开 $(\vec{N}_\perp, \vec{n}_\perp, \vec{E}_\perp, \vec{E}_{\neq\perp}, \vec{\varepsilon}_\perp)$ 五维分质向量空间。在省却分质向量关于方向的规定时,取能量 E 的显性因子 θ 为时间 t,质参量 x 为距离振源的距离和质参量 y 为偏离坐标系原点的位移,这样就可以在该时空中认识某一列行波中每一质点在每一时刻位移的波动方程 $y=f(x,t)$。在此,x 与波的前进方向一致,而 y 与 x 的方向垂直,x 与 y 又构成了一个 XY 平面。如果省却了分质向量关于性质和取向的规定,波动方程也被人们称为波函数。波函数可以看作希尔伯特空间中的一个向量,任何一个沿某一方向运动的函数形状都可以认为是一个波。因此,任何一列行波都可以称为一维平面波,其形状可以用 XY 平面上的曲线 $y=f(x)$ 描述。

例如,最简单的一维简谐波是线性的无界弦自由振动。弹性波在简谐振动的情况下,介质中的每一个质点都是谐振子,偏离平衡态的位移 y 变化遵循(16-1)式的余弦函数 $y=A\cos(\omega t+\delta)$ 的规律。在初相位为零 $(\delta=0)$ 的条件下,位于坐标原点的点振动遵循简谐振动方程 $y=A\cos(\omega t)$,位移 y 只是时间 t 这一个自变量的函数。

在环境介质中,波的传播速度总是有限的。在考虑行波(如弦的振动)时,简谐波在单位时间内振动向外传播的距离,即波的行进速度为 u,波速大小由介质决定,行波在 t 时间内传播的距离就是 x。两个相邻的在振动过程中对平衡位置的位移总是相等的质点间的距离叫波长 λ,在一个周期内波传播的距离等于波长。如果一维平面波曲线沿着 $\vec{X}$ 轴以 u_x 的速率做正向(向右)运动,不难看出,在省却分质向量的方向规定时,这样的波函数应该满足如下方程:$y=f(x-u_xt)$。

由于沿形变传播方向传播到距离振源(原点) x 处的振动要落后振源一段时间 Δt,$\Delta t=\dfrac{x}{u_x}$,体现在相位上就是落后 $\Delta\delta=\omega\Delta t$。因此,在离开原点距离 x 处的质点在时刻 t 的位移等于振源在 $(t-\dfrac{x}{u_x})$ 的位移,此时此处的位移的振动方程可以表达为

$$y = A\cos(\omega t-\Delta\delta)\\= A\cos\left[\omega\left(t-\dfrac{x}{u_x}\right)\right] \quad (17\text{-}47)$$

此式就是沿 X 轴正方向传播的简谐波的波动方程。

对于单一频率的波,相速度就是同位相面的移动速度——波速。如果行波是沿着 X 轴正方向以恒定速率 u_x 传播,此即一种转换手段,它是把固定位置处的位移随时间

的变化关系,转换成了任何一个指定时刻的位移随着位置的相应的变化关系。如果把波形分布重复所经过的距离称为波长 λ,那么波速 u_x 就是频率 ν(或 f)和波长 λ 的乘积

$$u_x = \nu\lambda \tag{17-48}$$

波速 u_x 也可以表示为波长 λ 和周期 T 的比值

$$u_x = \frac{\lambda}{T} \tag{17-49}$$

此式就是波的传播速度与波长和质点振动周期的关系式。

波的频率 ν 由波源决定,在任何介质中频率不变,其圆频率为

$$\omega = \frac{2\pi}{T} = 2\pi\nu \tag{17-50}$$

由上述几个关系式还可以得到

$$\omega\frac{x}{u_x} = 2\pi\frac{x}{\lambda}$$

即

$$\omega\lambda = 2\pi u_x \tag{17-51}$$

此式表明,在同样的传播速率 u_x 下,波长和圆频率成反比。

因而(17-47)式 $y = A\cos\left[\omega\left(t - \frac{x}{u_x}\right)\right]$ 还可以写成

$$y = A\cos\left[2\pi\left(\frac{t}{T} - \frac{x}{\lambda}\right)\right] \tag{17-52}$$

或

$$\begin{aligned}y &= A\cos\left[2\pi\left(\nu t - \frac{x}{\lambda}\right)\right] \\ &= A\cos(\omega t - kx) \\ &= A\cos(\omega t - \vec{k}\cdot\vec{r})\end{aligned} \tag{17-53}$$

式中,$k = 2\pi/\lambda$ 是波数;若 $\vec{k} = (2\pi/\lambda)\vec{e}_X = k\vec{e}_X$ 代表波的前进方向,$\vec{e}_X$ 是沿波传播方向的单位向量,$\vec{r}$ 是位置向量,则 $(\omega t - \vec{k}\cdot\vec{r})$ 称为波的相位。

可见,在时空变换下波的相位具有不变性,即波的相位是标量。各个质点的位移既是质点的平衡位置的坐标 x 的函数,又是时间 t 的函数。这就是距原点为任何距离 x 的一切点的波函数。

当空间位移 x 为恒量时,$x = C_x$,波函数 $y = A\cos\left[\omega\left(t - \frac{x}{u_x}\right)\right]$ 变为

$$\begin{aligned}y(t) &= A\cos\left[\omega\left(t - \frac{C_x}{u_x}\right)\right] \\ &= A\cos\left(\omega t - 2\pi\frac{C_x}{\lambda}\right)\end{aligned} \tag{17-54}$$

上式表达了距离坐标原点为 C_x 处的质点的振动规律，$\left(-2\pi\dfrac{C_x}{\lambda}\right)$ 是它的初相位。C_x 的取值不同，相应的振动的初相位就不同。

当时间 t 为恒定的时刻，即 $t=C_t$ 时，波函数变为

$$y(x)=A\cos\left[\omega\left(C_t-\dfrac{x}{u_x}\right)\right]$$

$$=A\cos\left(\omega C_t-\dfrac{2\pi}{\lambda}x\right) \tag{17-55}$$

即波动与时间无关，在同样的介质中波长是恒定的，在某一瞬时质点偏离平衡位置的距离 y 仅为 x 的函数。因此，一维简谐波可以看作空间位移 x 的函数，它给出了该瞬时的波射线上各个质点相对于平衡位置的位移分布情况，即表示某一瞬时的波形（集体定格）。

在通常的环境介质中，简谐波的相速度是一个常数。不论什么颜色的光在真空中的相速总是恒量（$u_x=c$），等于 2.99792458×10^8 m/s，$\lambda=ct_0$，$\omega=ck$，$\lambda\nu=c$，$\omega\lambda=2\pi c$。所以，当电力系统超高压输电线路发生故障时，才能够应用行波测距技术实现精确的故障定位。

一般地，波动方程主要描述自然界（特别是声学、电磁学、流体力学等领域）中的各种波动现象，如声波、水波和电磁波或光波。通常线性的波动方程具有行波解，空间位移 x 和时间 t 不是各自独立的变量，而是以它们的线性组合作为变量，波方程就表示波射线上所有质点在各个不同时刻的位移情况。形象地说，在这个波动方程中包括了无数个不同时刻的波形，随着时间 t 的增加，波的表达式就描述了波形的传播。总之，波动方程反映了波的时间和空间的双重周期性，随着时间推移，波形向前传播。

如果用复指数函数形式来表示行波的波动方程，在考虑初相位 δ 以后，沿任意方向单向传播的一维平面波的波函数就是

$$y(x,t)=A\mathrm{e}^{-\mathrm{i}(\omega t+\delta-x/u_x)} \tag{17-56}$$

如果相位为 $\varphi=\omega\left(t-\dfrac{r}{c}\right)$，用向量 $\vec{k}$（$\vec{k}=k\vec{e}_X$，$\vec{e}_X$ 为单位向量）代表波的前进方向，$k=\dfrac{\omega}{u_x}=\dfrac{2\pi}{\lambda}=\left|\dfrac{\partial\varphi}{\partial x}\right|$ 为相位随距离的变化率，上式可以写成

$$y(x,t)=A\mathrm{e}^{-\mathrm{i}(\omega t+\delta-\vec{k}\cdot\vec{x})}$$

$$=A\mathrm{e}^{-\mathrm{i}(\omega t-kx+\delta)}$$

$$=A\mathrm{e}^{-\mathrm{i}\omega t}\mathrm{e}^{\mathrm{i}(kx-\delta)} \tag{17-57}$$

可见，波函数 $y(x,t)=A\cos(\omega t-kx+\delta)$ 是其复指数函数的实部，即

$$y(x,t)=A\cos(\omega t-kx+\delta)$$

$$=R_e[A\mathrm{e}^{-\mathrm{i}(\omega t-kx+\delta)}] \tag{17-58}$$

波函数在 t 时刻和某点 d 的振动完全由该点的振幅和初相所决定。因此，平面波

场中任一点 d 的复振幅

$$y(d) = A(d)\mathrm{e}^{-\mathrm{i}\varphi(d)} = A(d)\mathrm{e}^{\mathrm{i}(kx-\delta)}$$

沿 x 方向传播的一维平面波的复振幅为

$$y(d) = A\mathrm{e}^{\mathrm{i}(kx-\delta)} \tag{17-59}$$

复振幅是一个复量,其模量表示波场中某点的振幅,其辐角表示该点初相位的负值。同频率波函数的复振幅包含了振幅和相位两个空间分布,因而可以用它来描写单色光波场等。

对(17-53)式 $y = A\cos(\omega t - kx)$ 求导,得到

$$y' = \frac{\mathrm{d}y}{\mathrm{d}t} = A\omega\sin(kx-\omega t) \tag{17-60}$$

赋予上式质参量 $\dfrac{\mathrm{d}y}{\mathrm{d}t}$ 和 $A\omega$ 特殊的意义,如振动单元数 n 与波场中某点的磁感应元 B_ε 或电场元 Ξ_ε 共同组成的质变量为磁感应强度 $B(B=nB_\varepsilon)$ 或电场强度 $\Xi(\Xi=n\Xi_\varepsilon)$,就可以得到电磁行波的磁感应强度 B 和电场强度 Ξ 的具体表现形式[7]

$$\begin{cases} B = B_m \sin(kx-\omega t) \\ \Xi = \Xi_m \sin(kx-\omega t) \end{cases} \tag{17-61}$$

式中,最大磁感应强度为 $B_m = A\omega$;最大电场强度为 $\Xi_m = A\omega$。

三、反向行波的传播

上述关于一维简谐波函数是在初相位为零($\delta=0$)的条件下,行波 $y=A\cos(\omega t)$ 顺着一维二仪质向量坐标系 $\vec{X}$ 正向太极 $\vec{X}_+$ 的方向进行,所以,沿 X 轴正方向传播的简谐波的波动方程用(17-47)式 $y = A\cos\left[\omega\left(t-\dfrac{x}{u_x}\right)\right]$ 表达,位移 y 是时间 t 和波的行进距离 x 的函数。事实上,(17-47)式 $y = A\cos\left[\omega\left(t-\dfrac{x}{u_x}\right)\right]$ 也反映了波的行进方向。如果波沿着正向太极 $\vec{X}_+$ 的正向(向右)运动,那么坐标 x 的值要带负号;如果波是沿着正向太极 $\vec{X}_+$ 的反向(向左)运动,即满足方程 $y=f(x+ut)$,在余弦的宗量中 x 的值则带正号。

$$y = A\cos\left[\omega\left(t-\frac{x}{u_x}\right)\right] \qquad\qquad y = A\cos\left[\omega\left(t+\frac{x}{u_x}\right)\right]$$
$$\text{顺着轴} \qquad\qquad\qquad\qquad \text{逆着轴}$$

所以,只要改变相位的符号,就可以得到顺着负向太极 $\vec{X}_-$ 的方向运动的一维简谐波函数

$$y(x,t) = A\cos\left[\omega\left(t+\frac{x}{u_x}\right)\right]$$

$$= A\cos\left[2\pi\left(\frac{t}{T}+\frac{x}{\lambda}\right)\right]$$

$$= A\cos\left[2\pi\left(\nu t+\frac{x}{\lambda}\right)\right] \tag{17-62}$$

其他的表述与上述情形类似,不再复述。

对于等于周期整数倍的任意时间的波,因为余弦函数是偶函数,所以负号可以去掉,由此(17-62)式变为

$$y=A\cos\left(\omega\frac{x}{u_x}\right)=A\cos\left(2\pi\frac{x}{u_xT}\right)=A\cos\left(2\pi\frac{x}{\lambda}\right) \tag{17-63}$$

式中,波长 $\lambda=u_xT$。

如果用复指数函数来表示行波的波动方程,在考虑初相位 δ 以后,沿着正向太极 $\vec{X}_+$ 的反向(向左)传播的波函数就是

$$\overline{y}(x,t)=A\mathrm{e}^{-\mathrm{i}(\omega t+\delta+x/u_x)} \tag{17-64}$$

或

$$\overline{y}(x,t)=A\mathrm{e}^{-\mathrm{i}(\omega t+\delta+\vec{k}\cdot\vec{x})}$$
$$=A\mathrm{e}^{-\mathrm{i}(\omega t+kx+\delta)}$$
$$=A\mathrm{e}^{-\mathrm{i}\omega t}\mathrm{e}^{-\mathrm{i}(kx+\delta)} \tag{17-65}$$

(17-65)式与沿着正向太极 $\vec{X}_+$ 的正向(向右)传播的波函数(17-57)式 $y(x,t)=A\mathrm{e}^{-\mathrm{i}(\omega t+\delta-\vec{k}\cdot\vec{x})}$ 表达的波函数在复指数的分项上相差一个符号,所以 $y(x,t)$ 与 $\overline{y}(x,t)$ 就是共轭复指数。

如果初相位 $\delta=0$,(17-57)式 $y(x,t)=A\mathrm{e}^{-\mathrm{i}(\omega t+\delta-\vec{k}\cdot\vec{x})}$ 的波函数用复指数函数表示就是 $y(x,t)=A\mathrm{e}^{-2\pi\mathrm{i}(t/T-\vec{k}\cdot\vec{x}/\lambda)}$;而其共轭复指数为

$$\overline{y}(x,t)=A\mathrm{e}^{-2\pi\mathrm{i}(t/T+\vec{k}\cdot\vec{x}/\lambda)} \tag{17-66}$$

四、波的反射和折射

认识了正向行波和反向行波的传播后,还必须考虑传播介质的作用。在波动过程中,与波源相对的环境是作为受迫振动系统。由于弹性介质中质点间存在着相互作用的弹性力,某一质点因受到扰动或外力的作用而离开平衡位置后,弹性回复力使该质点发生振动,从而引起周围质点的位移和振动,于是振动就在弹性介质中传播,并伴随有能量的传递。

波在波动过程中,在振动所到之处应力和应变就会发生变化,从而产生应力波。弹性波是扰动或外力作用引起的应力和应变在弹性介质中传递的形式。如果环境介质没有吸收能量,就能够把波源的能量传递到无穷远处。但是,一般的环境介质都有一定的阻尼作用,在波的实际传播过程中环境介质都会消耗一定的能量,从而使波的强度减

弱，减弱的程度要依具体环境介质吸收能量的能力而定。

波在不同的环境介质中传播时，波的频率（或周期）就是波源的频率（或周期）。在不同的介质中，波的频率（或周期）是相同的，但是波速是不相同的。同一频率的波在不同的介质传播时，其波长也随介质的不同而不同。由于不同的环境介质存在着物质结构和密度等性质上的差异，波传播到两种环境介质的分界面，就要从一种环境介质射向另一种环境介质。波在两种环境介质的界面上，往往会有一部分波从界面上返回到原来的环境介质形成反射波，另一部分波则越过界面进入另一种环境介质形成折射波。前一现象叫作波的反射，后一现象叫作波的折射。波的反射和折射现象是波动的特征。

（一）波的入射和反射

如果在一种介质中传播的波是简谐波，则其简谐振动时的振动单元数变化规律为 (16-9)式 $n=N\cos(\kappa E+\delta)$，振动单元数变化率的变化规律为 $n'=\dfrac{\mathrm{d}n}{\mathrm{d}E}=-N\kappa\sin(\kappa E+\delta)$。在机械振动的情形下，由于相位 $\varphi=(\omega t+\delta)$，位移(16-32)式 $y=A\cos(\omega t+\delta)$ 成为(16-46)式 $y=A\cos\varphi$，而速度(16-33)式 $u=-A\omega\sin(\omega t+\delta)$ 成为(16-47)式 $u=-A\omega\sin\varphi$。

如果入射波和反射波是在同一环境介质中，则其波速、波幅和频率都是一样的，所以有

$$\begin{cases} u_入=u_反 \\ -A\omega\sin(\omega t+\delta)_入=-A\omega\sin(\omega t+\delta)_反 \end{cases} \tag{17-67}$$

即

$$\sin(\omega t+\delta)_入=\sin(\omega t+\delta)_反 \tag{17-68}$$
$$\sin\varphi_入=\sin\varphi_反 \tag{17-69}$$
$$\varphi_入=\varphi_反 \tag{17-70}$$

式中，$\varphi_入=(\omega t+\delta)_入$ 称为入射角；$\varphi_反=(\omega t+\delta)_反$ 称为反射角。

由此，就可以演绎得到波的反射定律：反射的波列、入射的波列和法线都在同一个平面内，反射的波列、入射的波列分居法线两侧，反射角等于入射角。

（二）波的折射与全反射

如果波由一种介质进入另一种介质，其频率（或周期）是相同的，但波速是不同的。若传播的波是简谐波，在机械振动的情形下，波速为 $u=\dfrac{\mathrm{d}y}{\mathrm{d}t}=-A\omega\sin(\omega t+\delta)$。由于入射波和折射波是在两种介质中，波幅和频率一样，波速不一样，因此入射波的波速与折射波的波速之比为

$$\dfrac{u_1}{u_2}=\dfrac{-A\omega\sin(\omega t+\delta)_入}{-A\omega\sin(\omega t+\delta)_折}$$

$$= \frac{\sin(\omega t+\delta)_入}{\sin(\omega t+\delta)_折}$$

$$= \frac{\sin\varphi_入}{\sin\varphi_折}$$

$$= \frac{n_入}{n_折} \tag{17-71}$$

式中，$\varphi_入=(\omega t+\delta)_入$ 称为入射角；$\varphi_折=(\omega t+\delta)_折$ 称为折射角；$n_入$ 为入射介质的折射率；$n_折$ 为折射介质的折射率。

波在传播过程中，当波由波密（即波在其中传播速度较小的）环境介质射向波疏（即波在其中传播速度较大的）环境介质时，折射角大于入射角。当入射角增大到某一数值时，折射角将达到 90°，这时在波疏环境介质中将不出现折射波线。只要入射角大于上述数值时，均不再存在折射现象，波全部被反射回原环境介质，这就是全反射。所以，产生波的全反射的条件是：波必须由波密环境介质射向波疏环境介质，入射角必须大于临界角，临界角是折射角为 90°时对应的入射角。这就是说，只有波线从波密环境介质进入波疏环境介质且入射角大于临界角时，才会发生波的全反射。

其实，如果沿着正向太极 $\vec{X}_+$ 的正向（向右）运动的行波发生全反射，行波的波动方程就要由（17-47）式 $y=A\cos\left[\omega\left(t-\dfrac{x}{u_x}\right)\right]$ 变为（17-62）式 $y=A\cos\left[\omega\left(t+\dfrac{x}{u_x}\right)\right]$。不过，任何一列行波的波动方程描述的是一个一维平面波的线性传递过程。如果这个一维平面波在 XY 平面上，一般取距离振源的距离 x 与波的前进方向一致，而偏离坐标系原点的位移 y 与 x 的方向垂直。由于偏离坐标系原点的位移 y 都是在波幅的有限范围内变化的，而行波在介质中传播时就是在一维空间中沿恒定方向不断地向前推进，在理想介质中波动还可以是长度无限的波列；即使是有限长度的波列与波幅的长度相比也往往呈现出数量级的差异，因此一维平面波的传播在几何上可以粗略地用一条射线表示。

五、孤立波现象与基元规律的本质

波是振动在空间介质的传播。如果振源周围的环境是空间无限的均匀的没有任何吸收的介质，那么波动系统的介质单元在没有任何吸收的介质中向单方向自由行进的行波就是孤立波。孤立波分布在空间的一个小区域中，具有像粒子一样的波结构，其波动形状呈孤立波形不随时间演变而发生变化。因此，孤立波在传播时可以保持匀速运动且波形和方向不变。如果有两列孤立波相遇时，它们并不满足叠加原理，则分开后它们仍然保持各自原速继续传播。显然，这种性质与粒子十分相似，所以人们把这种具有粒子特征的孤立波也称为孤立子。[8]

孤立波奇特的自然现象是英国科学家罗素在 1834 年观察到的，其形态如图 17-8

所示。当一艘快速行驶的船沿着狭窄的河道行走,突然停下来时,船头就会出现一圆形平滑、轮廓分明的巨大孤立波峰一往直前,经久不息,行进中形状和速度保持不变。罗素遂将这种奇特的波包称为孤立波,并在其后半生专门从事孤立波的研究。他用大水槽模拟运河,模拟当时情形给水以适当的推动,就再现了他所发现的孤立波。

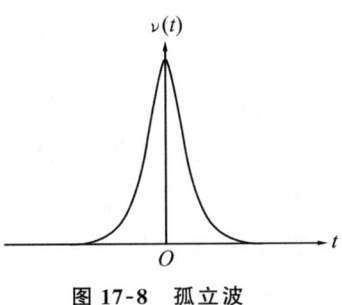

图 17-8 孤立波

罗素认为孤立波应是流体运动的一个稳定解,但他并没有给出严格的证明。直到 1895 年,荷兰数学家科特维格与他的学生从数学上导出浅水波 KdV 方程,并给出了一个类似于罗素孤立波的解析解,孤立波的存在才得到普遍承认。通常 KdV 方程写成如下形式

$$\frac{\partial u}{\partial t}-6u\frac{\partial u}{\partial x}+\frac{\partial^3 u}{\partial x^3}=0 \tag{17-72}$$

由于非线性方程不满足解的叠加原理,有人就认为孤立波是不稳定的;也有人认为虽然单个孤立波在行进中非常稳定,但是在孤立波相互碰撞时就可能被撞得四分五裂,稳定波包将不复存在。1955 年,物理学家费米、帕斯塔和乌拉姆提出了 FPU(float point unit)浮点运算单元问题试图发现孤立波解,却未能如愿。20 世纪 60—70 年代,人们通过计算机对孤立波进行研究和开展浅水波实验观测,结果表明两个孤立波碰撞后仍保持各自原来的形状和速度,与物质粒子的弹性碰撞一样遵守动量守恒和能量守恒,并且孤立波还具有质量特征,甚至在外力作用下其运动服从牛顿第二定律。因此,人们认为完全可以把孤立波当作粒子看待。1965 年起,这种具有粒子特性的孤立波就被人们称为孤立子,简称孤子。

从物理本质上讲,孤立子是由非线性场所激发的能量不弥散的形态上稳定的准粒子。这种准粒子不仅像原子或分子而且更像基本粒子,具有一切粒子所具有的特性。这表现在:

(1)孤立子具有能量、质量、动量、电荷、自旋等特征,而且遵循一般的自然规律,如能量守恒、动量守恒和质量守恒定律。

(2)孤立子有的像光子、电子、质子那样,稳定而不衰变;有的像中子、π 介子、μ 子那样可以衰变,具有衰变性不稳定性。

(3)和基本粒子都存在其反粒子一样,孤立子也都存在其相应的反孤立子,且无损耗传播。

(4)对应于运动方程的种种对称性,孤立子也存在相应的守恒定律,如动量守恒、能量守恒、"粒子数"守恒等。

孤立子的高度稳定性和粒子性引起了人们对孤立子的极大兴趣。为了求 KdV 方程的行波解,人们设定 $u(x,t)=f(\xi),\xi=x-x_0-vt$,代入(17-72)式,再利用 KdV 方程和薛定谔方程之间存在的密切联系,就可以得到 KdV 方程的解为[8]

$$u(x,t) = -\frac{v}{2}\text{sech}^2\left[\frac{\sqrt{v}}{2}(x-x_0-vt)\right] \qquad (17\text{-}73)$$

由这一双曲正割函数表现的波函数可见,孤立子的时空变化规律就是以一元系统的异质单元数变化率表现的一元系统形态转化基元规律。孤立子不仅具有粒子性,也具有波动性,存在于一切可以出现的介质中。虽然人们曾经归纳了孤立波有四种类型:波包型、凹陷型、扭结型和反扭结型,但是所谓的波包型和凹陷型的孤立波就是以均衡反向一元系统的异质单元数变化率(双曲正割函数)表现的吸收发射和自发发射条件下的一元系统形态转化基元规律,而扭结型和反扭结型的孤立波就是以均衡反向一元系统的异质单元数(双曲正切函数)表现的吸收发射和自发发射条件下的一元系统形态转化基元规律。

人们通过更深入地对孤立子的研究发现,孤立波并不是自然界的孤立现象,而是相干结构在形态上普遍存在于自然界的现象,体现了拟序结构的最纯粹的形式。像没有耗散与色散的非线性波,经过有限时间很快瓦解。然而,当存在色散且与非线性效应达到一定的平衡时,便产生了在时间和空间上都稳定的、陡峭而光滑的孤立波。[10]

如今,由纯数学导出的孤立子已经在流体物理、固体物理、等离子体物理和光学实验中被证实,而且还被实际应用于粒子物理、固体物理、天文学、流体力学、统计力学、材料科学、气象学、海洋学、分子生物学以及各种非线性物理问题中。例如,光纤通信中传输信息的低强度光脉冲,由于色散变形不仅信息传输量低、质量差,而且须在线路上每隔一定距离加设波形重复器,花费很大。20世纪70年代,人们从理论上发现光孤子就是能在光纤中传播的长时间保持形态、幅度和速度不变的光脉冲,为此人们就利用光孤子特性来实现超长距离、超大容量和不畸变的光通信,以期大大提高信息传输量并保证信息传输的保真性。目前,光孤子理论这一成果已进入实用阶段。

第三节 不同波的叠加现象与内在机制

同向同频的波叠加后就会产生波的干涉现象,反向同频的波叠加后会形成驻波现象,同向不同频的波叠加后会形成拍的现象,而波在不同的环境介质中传播时还会产生衍射现象。通过不同的方法可以得到合成波的波动方程式,且可以用定态波的简谐振动合成规律阐释所有这些现象的内部机制。行波和所有的物质都具有波粒二象性。

一、同向同频的波的叠加

振源在振动过程中把能量辐射到环境之中,环境在振源的强迫作用下产生受迫振动。环境作为受迫振动系统,一方面产生受迫振动,另一方面还会产生振动的传播而形成波。随着波在介质中的传播,介质中的各质点都会在各自的平衡态附近振动,能量也从介质的一部分传到另一部分,这就是波动。波动过程是传递能量的过程,其传递的是波源所辐射的能量,因此波源振动产生的辐射就是波的辐射。

虽然各种类型的波的特性各自不同,但是波动都具有如下共同的特征和规律:

(1)波动具有一定的传播速度,并且伴随着振动能量的传播。

(2)波动具有时空周期性。如果固定空间的一点来看,振动随时间的变化具有时间周期性;如果固定一个时刻来看,空间各点的振动分布也具有空间周期性。

(3)波动具有可入性和可叠加性。可入性是指在空间同一区域可以同时经历两个或两个以上的波,因而波是可以叠加的。

如果在定质上把沿恒定方向传播的振动形态称为波,在定量上把波列的长短对应振动能量的大小,在定向上把行波传播的方向取为波的前进方向,那么任何一列简谐波都可以看作一个质向量。因此,从不同振源定向发出的几列波在空间相遇时,就必然要遵循态叠加原理。系统形态可以用向量表达,态叠加原理就是向量叠加原理;而描述波的向量叠加原理就是波的叠加原理。波的叠加原理指出,几列波在相遇点的合振动是各个波独自在该点所引起的振动的向量叠加。[11]

在波动过程中,波的形态变化规律遵循波的独立传播定律。各波源所激发的波可以在同一介质中独立地传播,它们相遇后再分开,各个波将保持各自原有的特性(频率、波长、振幅、周相、振动方向等)不变,就好像其他波不存在一样而继续传播,相互之间没有影响,互不干扰,其传播情况与未遭遇时相同,波形和行进速度也不会因为曾经重叠而发生变化。

在一维二仪质向量坐标系内部($\vec{N}_\perp,\vec{n}_\perp,\vec{E}_\perp,\vec{E}_{\neq\perp},\vec{\varepsilon}_\perp$)五维分质向量空间的($\vec{C}_{N_\perp},\vec{n}_\perp,\vec{E}_\perp,\vec{C}_{E_{\neq\perp}},\vec{C}_{\varepsilon_\perp}$)截面上,省却了分质向量关于方向的规定时,如果能量E的显性因子θ为时间$t(E=F_N t)$,而振动单元数n与空间的长度因子l_ε共同组成相对于平衡位置的位移$y(y=nl_\varepsilon)$,那么受迫振动系统(质点)就可以用时间和空间(长度)的质参量来刻画波动的波函数。受迫振动系统能够产生简谐振动的波就是简谐波。如果受迫振动系统在形态空间某点的单元同时参与两个在同一条直线上的简谐振动,那么这两个同方向的简谐波的叠加就可以直接用代数法或复数法或振幅矢量法得到简谐振动合成的规律。

在波的叠加中,最引人注目的是波的干涉现象:频率相同的两列波叠加,使某些区域的振动加强,某些区域的振动减弱,并且振动加强和振动减弱的区域互相间隔,这种特有的现象就叫作波的干涉。一切波都能发生干涉,包括水波、声波、光波等。在一定的维度空间中,不同的波列叠加所形成的图样叫波的干涉图样。[12]

两列波产生干涉的条件是:

(1)频率必须相同。如果两列波的频率不同,相互叠加时波上各个质点的振幅是随时间而变化的,不存在振动总是加强或减弱的区域,因而不能产生稳定的干涉现象,不能形成干涉图样。

(2) 振动方向相同。如果振动方向相互垂直是不会产生干涉的。

(3) 相位相同或相位差恒定。如果相位差不恒定就会发生不稳定干涉。

满足上述三个条件的两个波源称为相干波源。

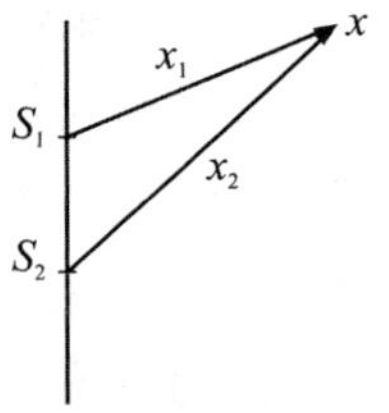

如果有两个频率相同的波源 S_1、S_2(图 17-9),振幅分别为 A_1、A_2,初相位分别为 δ_1、δ_2,其简谐振动表达式为

$$y_1(S_1,t)=A_1\cos(\omega t+\delta_1) \quad (17-74)$$

$$y_2(S_2,t)=A_2\cos(\omega t+\delta_2) \quad (17-75)$$

图 17-9 波源 S_1、S_2 产生的两列波

两列频率相同的波传播到 x 点引起振动的波动方程为

$$y_1(x,t)=A_1\cos(\omega t+\delta_1-2\pi x_1/\lambda) \quad (17-76)$$

$$y_2(x,t)=A_2\cos(\omega t+\delta_2-2\pi x_2/\lambda) \quad (17-77)$$

在 x 点的合成振动为两列波分振动的合成,即

$$\begin{aligned}y&=y_1+y_2\\&=A_1\cos(\omega t+\delta_1-2\pi x_1/\lambda)+A_2\cos(\omega t+\delta_2-2\pi x_2/\lambda)\\&=A\cos(\omega t+\Delta\delta)\end{aligned} \quad (17-78)$$

如果两列波的波峰(或波谷)同时抵达同一点 x,称两列波在该点同相。如果两列波之一的波峰与另一波的波谷同时抵达同一地点,称两列波在该点反相。在波的传播过程中,介质中质点的振动频率相同,但步调不一致,在波的传播方向上相距 $\Delta x/\lambda=n(n=0,1,2,\cdots)$ 的两个质点振动步调一致,为同相点;在波的传播方向上相距 $2\Delta x/\lambda=n(n=1,3,5,\cdots)$ 的两个质点振动步调相反,为反相点。

如图 17-9 所示的波源 S_1、S_2 产生的两列波在同一介质中传播,介质中各质点同时参与两个波源 S_1、S_2 引起的振动。介质中的 x 点距离两个波源 S_1、S_2 的距离分别是 x_1 和 x_2,介质中质点的振动为这两个振动的向量和。如果 S_1、S_2 是同步振动,那么它们对 x 引起的振动的步调差别完全由距离差 $\Delta x=x_1-x_2$ 决定。当 $\Delta x/\lambda=n(n=0,1,2,\cdots)$,即距离差为波长的整数倍时,两个波源 S_1、S_2 在 x 点引起的振动的步调一致,为同相振动,叠加结果是两个数值之和,即振动加强,是强点。当 $2\Delta x/\lambda=n(n=1,3,5,\cdots)$,即距离差为半波长的奇数倍时,两个振源在 x 点引起的振动的步调相反,为反相振动,叠加结果是两个数值之差,即振动减弱,是弱点。由此看来,强点与弱点只与位置有关,而不随时间变化。也正是因为强点与弱点不随时间变化,人们才能观察到所形成的干涉图样。

频率相同是两列波产生稳定干涉的必要条件,不同频率的波就不能产生干涉现象。波的干涉现象可以用波的叠加原理来解释,但是波的干涉只是波的叠加中的特例,是指能形成稳定的图样:某些质点的振动始终加强,某些质点的振动始终减弱,且加强点与减弱点是相互间隔的。任何不同频率的两列波相遇都可以叠加,不过这只是一般的叠加现象,虽然有振动加强点与振动减弱点,但是这些点是不固定的,而且是随时间变化的,看不到稳定的干涉图样,也就不是波的干涉。所以,只有相同频率的波在相遇区域内才能发生干涉现象。

应用三角关系或复指数函数都可以得到 x 点的合振动的方程式,在此,通过复指数函数表达的合振动方程式的讨论就可见一斑。

两列行波的波动方程相应的复指数函数表示为

$$y_1(x,t) = A_1 e^{-i(\omega t + \delta_1 - x_1/u_x)} \tag{17-79}$$

$$y_2(x,t) = A_2 e^{-i(\omega t + \delta_2 - x_2/u_x)} \tag{17-80}$$

简谐函数和复指数函数之间存在着对应关系,可用复指数函数来表示简谐函数。简谐波函数的线性运算可用复指数函数来表示波函数,并通过复数运算后,从计算的最后结果取相应的实部即为所求。由叠加原理,x 点的总波动方程为

$$y(x,t) = [A_1 e^{-i(\delta_1 - x_1/u_x)} + A_2 e^{-i(\delta_2 - x_2/u_x)}] e^{-i\omega t} \tag{17-81}$$

复振幅为

$$y_x = A_1 e^{-i(\delta_1 - x_1/u_x)} + A_2 e^{-i(\delta_2 - x_2/u_x)} \tag{17-82}$$

复振幅是一个复量,包含了人们所关心的振幅和相位两个空间分布。其模量表示波场中某点的振幅,辐角表示该点初相位的负值。

两列行波在相遇点 x 的 t 时刻振动叠加强度为

$$\begin{aligned}
I &= A^2 \\
&= y_1 \cdot y_2 \\
&= A_1^2 + A_2^2 + A_1 A_2 [e^{-i(\omega t + \delta_1 - x_1/u_x)} + e^{-i(\omega t + \delta_2 - x_2/u_x)}]
\end{aligned} \tag{17-83}$$

这一方程由两列行波的振幅和初相位以及波速所决定。

令两列行波在波场中相遇点 x 的相位

$$\begin{aligned}
\varphi &= \left(\frac{x_2}{u_x} - \delta_2\right) - \left(\frac{x_1}{u_x} - \delta_1\right) \\
&= \frac{x_2 - x_1}{u_x} - (\delta_2 - \delta_1)
\end{aligned} \tag{17-84}$$

则两列行波的振动叠加强度为

$$\begin{aligned}
I &= A_1^2 + A_2^2 + A_1 A_2 (e^{i\varphi} + e^{-i\varphi}) \\
&= A_1^2 + A_2^2 + 2 A_1 A_2 \cos\varphi \\
&= I_1 + I_2 + 2\sqrt{I_1 I_2} \cos\varphi
\end{aligned} \tag{17-85}$$

由图 17-10 可见,相干波源在 x 点的叠加强度不等于 $I_1 + I_2$,还要包括第三项 $2\sqrt{I_1 I_2} \cos\varphi$。相干叠加的总强度取决于第三项 $2\sqrt{I_1 I_2} \cos\varphi$,因而称之为干涉项。

对于两列波合成的波动方程,还可以进行如下的深入分析:

(1)如果初相位 δ 在观察时间内不是定值,而是随时间

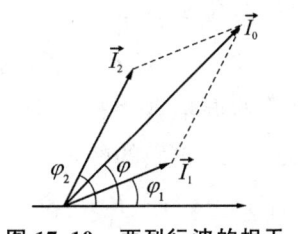

图 17-10 两列行波的相干

改变的,那么 $I=A_1^2+A_2^2=I_1+I_2$ 是两列波的强度简单相加,没有干涉现象。例如,对两个独立的普通光源发出的光,在叠加时将不会产生干涉。即使这两束光源的频率相同,由于原子发光的机理决定了它们的初相位是随机变化的,因此两个光源的 $\delta_2-\delta_1$ 将不确定,没有固定的相位差,这样的两束光波的叠加称为非相干叠加,总的光强的平均值为各束光源的光强平均值之和 $\overline{I}(x)=\overline{I}_1+\overline{I}_2$。

(2)由于 $\varphi=\dfrac{x_2-x_1}{u_x}-(\delta_2-\delta_1)$,如果 x_2-x_1 一定,$\Delta\delta=\delta_2-\delta_1$ 也一定,即 φ 在观察时间内不随时间改变,有固定的相位差,则有

$$I=A_1^2+A_2^2+2A_1A_2\cos\varphi$$
$$=I_1+I_2+2\sqrt{I_1 I_2}\cos\varphi$$
$$\neq I_1+I_2 \qquad (17-86)$$

此时就会出现干涉现象,这时总的波强大于两列波的强度 $(\overline{I}_1+\overline{I}_2)$。$2A_1A_2\cos\varphi$ 被称为干涉项。对于确定的点 d,波的强度为确定值。对不同的点,φ 不同,I 也不同,有强弱分布,产生干涉现象。这里产生干涉的条件是非常苛刻的,缺一不可,包括:①两列波的频率 ω(或波长)相同;②叠加点处两列波存在固定的相位差 $\Delta\delta$;③在叠加点存在相互平行的振动分量。

特别地,如若 $I_1=I_2\approx I_0$,(17-85)式就成为 $I=2I_0+2I_0\cos\varphi$,则

$$I=4I_0\cos^2\dfrac{\varphi}{2} \qquad (17-87)$$

光的干涉现象是波做相干叠加的典型实例。两束频率相同的单色光源存在相互平行的振动分量,只要初相位恒定,就能够形成相干光源。人们把两束或两束以上的光波在一定条件下叠加,在重叠区域形成的稳定的、不均匀的光强分布的现象称为光的干涉。所以,"黑暗"可以认为是由两种干涉光波构成的,光可以是"黑暗"的一部分。

在历史上,光的干涉还曾作为光的波动性的重要例证。例如,设两束光源初相位相同,即 $\delta_2-\delta_1=0$,因而 $\varphi=\dfrac{x_2-x_1}{u_x}=\dfrac{\Delta x}{u_x}$,$\Delta x$ 为两束光源至 P 点的光程差。所以,光程差 Δx 一定,φ 就一定,光强分布也就确定了。由于光程差 Δx 为常数的方程所描述的是具有相同光强的点,而方程的曲线在空间中是以 S_1、S_2 为焦点的旋转双曲面,用屏幕观察,将屏幕置于 S_1、S_2 连线上,干涉条纹为同心圆;将屏幕置于 S_1、S_2 中垂线上,干涉条纹为直条纹。

(3)干涉的种类还包括相长干涉和相消干涉。两列波重叠时,合成波的振幅大于成分波的振幅者为相长干涉。如果两束波刚好同相干涉,即 $\varphi=2k\pi(k=0,\pm1,\pm2,\cdots)$,$\cos\varphi=1$,它们的峰值和谷值会分别重合与叠加,就会产生最大的振幅 $I=A_1^2+A_2^2+2A_1A_2=(I_1+I_2)^2$,称为完全相长干涉(干涉极大),如图 17-11 所示。两束波重叠时,合成波的振幅小于成分波的振幅者称为相消干涉。如果两束波刚好反相干涉,即 $\varphi=$

$(2k+1)\pi(k=0,\pm1,\pm2,\cdots)$，$\cos\varphi=-1$，一个波的峰值与一个波的谷值相互重合，就会产生最小的振幅 $I=A_1^2+A_2^2-2A_1A_2=(I_1-I_2)^2$，称为完全相消干涉（干涉极小），如图 17-12 所示。

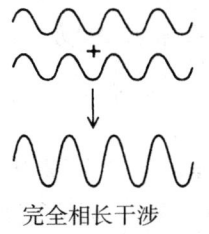

图 17-11　完全相长干涉

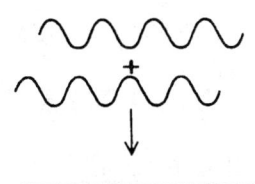

图 17-12　完全相消干涉

（4）如果两列波 y_1、y_2 相互垂直，则合成的波动向量为 $y=y_1+y_2$。同时，波的总强度 $|y|^2=|y_1|^2+|y_2|^2$，即为两列波的强度简单相加（$I=I_1+I_2$），没有干涉现象。

（5）如果两列波不平行，可将其中一个正交分解为和另一个平行、垂直的分量，再进行叠加，则垂直的分量作为背底，不参与干涉。

二、反向同频的波的叠加

在波的干涉现象中，有一种特殊的干涉现象，那就是驻波。驻波是振动频率、振幅和传播速度均相同且振动方向一致而传播方向相反的两列波叠加后（可看成是行波在两端反射）形成的波。由于两列波叠加后波形并不向前推进，空间各处的介质点或形态量只在原位置附近做振动，波停驻不前，而没有行波的感觉，因此被称为驻波。

一列向左传播的行波和一列向右传播的行波的叠加可以表示为

$$y(x,t)=f(x+u_xt)+g(x-u_xt) \tag{17-88}$$

所以，驻波的波动方程必须按上面形式的组合给出。驻波取决于初始条件和边界条件，没有明显的波源。对于任何一个驻波都可以用近平衡态的单元系统形态转化基元规律的复指数函数叠加为傅里叶级数。

设振幅相同、初相位为零、传播方向相反的两列行波的波动方程分别为

$$y_1(x,t)=A\cos\left[\omega\left(t-\frac{x}{u_x}\right)\right] \tag{17-89}$$

$$y_2(x,t)=A\cos\left[\omega\left(t+\frac{x}{u_x}\right)\right] \tag{17-90}$$

在两列行波相遇处，各点的位移为两列波各自引起的位移的合成，即

$$\begin{aligned}y&=y_1+y_2\\&=A\cos\omega\left[\left(t-\frac{x}{u_x}\right)\right]+A\cos\left[\omega\left(t+\frac{x}{u_x}\right)\right]\end{aligned} \tag{17-91}$$

应用三角关系，上式可以化为驻波方程

$$y = 2A\cos(\omega t)\cos\frac{\omega x}{u_x}$$
$$= 2A\cos(\omega t)\cos\frac{2\pi x}{\lambda} \tag{17-92}$$

在驻波中,各处介质的质点或物理量以不同的振幅振动,各点都在做振幅为 $\left|2A\cos\frac{2\pi x}{\lambda}\right|$、圆频率为 ω 的简谐振动。振幅最大处称为波腹;振幅为零的点称为波节,波节两侧的振动相位相反,看上去静止不动。相邻两个波节或波腹之间的距离都是半个波长。驻波的波面包含一系列的波腹和波节,腹节相间,波腹处的波面的高低虽然有周期性变化,但是此断面的水平位置是固定的,波节的位置也是固定的,驻波的形状不传播。这一特征就是波模的基本特征。

驻波在空间各点振动的相位处处相等,而行波在空间各点振动的相位处处不相等。在行波中能量随波的传播而不断向前传递,其平均能流密度不为零;驻波不传递能量,平均能流密度等于零,其能量是恒定的,能量只能在波节与波腹间来回运行。两个具有相同波长和振幅但反向运动着的波的叠加,就似乎是与驻波完全等效的。例如,在声学中就可以用振幅和频率相同但是传播方向相反的两列声波来形成驻波以消除噪声。

驻波是一种重要的振动过程。像弹性波在有限大小的物体内传播,会产生各式各样的驻波。用打击或其他方法能够在每一个刚体杆或液体柱或气体柱中激发弹性纵波,纵波也可以发生在薄片、薄板、薄膜或三维具有相同数量级的物体中,像各种乐器,包括弦乐器、管乐器和打击乐器,都是由于产生驻波而发声的。

此外,定态物质波也是一种驻波。有关的物质场理论认为,宇宙中的物质都是由场及其振动构成的。物质的场分为电磁场和引力场两大类,两者具有统一性。电磁场包括电场和磁场,当它们振动时,发生相互转换并形成电磁波,它以光速传播而不能静止,称为行波。电磁场及其振动可用麦克斯韦方程组和波动方程来描述。所有的基本粒子是由物质场(包含电磁场)的振动形成的驻波,各种基本粒子的存在方式,就是物质场驻波不同的振动模式。求解物质场的驻波方程,可以得到一系列的解,这些解对应于各种不同的基本粒子。

三、同向不同频的波的叠加

在一维二仪质向量坐标系 $\vec{X}$i 内部 $(\vec{N}_\perp, \vec{n}_\perp, \vec{E}_\perp, \vec{E}_{\neq\perp}, \vec{\varepsilon}_\perp)$ 五维分质向量空间的 $(\vec{C}_{N_\perp}, \vec{n}_\perp, \vec{E}_\perp, \vec{C}_{E_{\neq\perp}}, \vec{C}_{\varepsilon_\perp})$ 截面上,在省却分质向量关于方向的规定时,能量 E 的显性因子 θ 为时间 $t(E=F_N t)$,而振动单元数 n 与空间的长度因子 l_ε 共同组成的质参量——偏离平衡态的位移 $y(y=nl_\varepsilon)$,那么振动方向相同、传播方向相同但频率不同的两列波的波动方程为

$$y_1(x,t)=A_1\cos\left(\omega_1 t+\delta_1-\frac{x_1}{u_x}\right) \tag{17-93}$$

$$y_2(x,t)=A_2\cos\left(\omega_2 t+\delta_2-\frac{x_2}{u_x}\right) \tag{17-94}$$

对于相同方向的位移 $\vec{y}_1$ 和 $\vec{y}_2$ 来讲,合振动的位移为 $\vec{y}=\vec{y}_1+\vec{y}_2$,用标量表示就是 $y=y_1+y_2$

$$=A_1\cos\left(\omega_1 t+\delta_1-\frac{x_1}{u_x}\right)+A_2\cos\left(\omega_2 t+\delta_2-\frac{x_2}{u_x}\right) \tag{17-95}$$

在振幅相同($A_0=A_1=A_2$)和初相为零($\delta_1=\delta_2=0$)的条件下,合位移可以表示为

$$y=2A_0\cos\frac{(\omega_1+\omega_2)t-\frac{1}{u_x}(x_1+x_2)}{2}\cos\frac{(\omega_1-\omega_2)t-\frac{1}{u_x}(x_1-x_2)}{2} \tag{17-96}$$

如果第一列波的圆频率 ω_1 与第二列波的圆频率 ω_2 相差较小,即在 $|\omega_1-\omega_2|\ll\omega_1+\omega_2$ 时,振动近似于具有恒定振幅和角频率$\left(\overline{\omega}=\frac{\omega_1+\omega_2}{2}\right)$,其振幅相当于频率为 $\overline{\omega}$ 的波的振幅随时间 t 的变化,即

$$I=4A_0^2\cos\left(\overline{\omega}-\frac{\overline{x}}{u_x}\right)$$

$$=2A_0^2\left[1+\cos 2\left(\overline{\omega}t-\frac{\overline{x}}{u_x}\right)\right] \tag{17-97}$$

由图 17-13 可见,同方向不同频率的定态波叠加可以形成非定态的波。如果两个波源的频率略有差别,其波叠加的净结果就是出现一个强度缓慢脉动的振动。但是,同方向不同频率的波叠加也会形成拍,拍频为 $2\overline{\omega}$,强度分布随时间和空间变化。

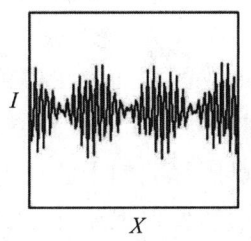

图 17-13 同向不同频的定态波叠加形成非定态波

拍的现象在自然界时常可以遇到,如声学中频率相近的两个发声体(音叉、瑟弦等),同时发声时就可以听到"嗡""嗡"……的时强时弱的拍音,这就是两列声波叠加形成的。

人们在掌握了同方向不同频率简谐振动的合成以及拍频振动的规律后,就可以自觉地遵循同方向不同频率的波的叠加规律。例如,在声学中可以用音叉的振动来校准乐器,利用拍的规律测量超声波的频率;在光学中可以用沿同一直线上的简谐振动的合成来说明干涉现象;在无线电技术中,可以用来测定无线电波频率以及调制,像外差式收音机的电振动也要利用拍的原理。

由一组频率相近的行波叠加组合还可以形成所谓的"波包"。这是由于各频率不相等但又很相近,使叠加的结果在一定的区域内相互加强,其他区域均相互抵消,形成一

个波包。但是,由于"波包"在行进过程中不稳定且会发散,因而没有被量子物理界所接受。

此外,任一非简谐波也都可以分为周期性的波和非周期性的波,可以看成是一维空间中一系列同方向不同频率的谐波的叠加。因此,对于非简谐波可以进行傅里叶分析,即谐波分析,图 17-14 所示为非简谐波的傅里叶分解示意图。

图 17-14 中 a 和 b 分别是振幅为 A、$A/3$,频率为 ν、3ν 的简谐函数的曲线。将两个波形叠加起来,就成为图 17-14 所示的 c 波形。不难看出,这个波形已经比较接近于一个矩形波了。如果在此基础上再叠加一系列振幅适当,频率为 5ν、7ν……的简谐波,结果就会更好地趋于一个矩形波。以上情况也可以反过来说,一个矩形波可以分解成一系列频率为 ν、3ν、5ν、7ν……的简谐波。

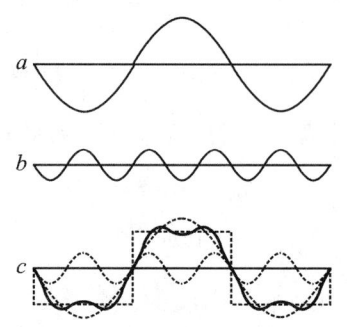

图 17-14 非简谐波的傅里叶分解示意

这个特例反映了一个普遍规律,即任何一个周期性的函数都可以分解成一系列频率成整数倍的简谐函数。反过来,任何一个频率较低(设为 $\nu=\nu_0$)的简谐波与一个频率较高(设为 $\nu=k\nu_0$)的简谐波叠加,其叠加波形的波将具有低频的波长、波高和高频的波动频率。

四、波的衍射及其叠加本质

上述的两列波在相遇区域内叠加的波动方程描述了波在均匀各向同性弹性介质(如弹性固体或没有管道限制的空气)中的传播规律,而且用定态波的简谐振动合成规律可以阐释波的干涉现象的内部机制。但是,波在不同的环境介质中传播时除了会产生折射和反射现象外,在一种介质传播的波遭遇另一种介质且其实体或结构上的洞隙的尺寸与波长相当,还会发生衍射现象。

波的衍射现象是波动的特征之一。波在传播过程中遇到障碍物时,其传播方向就要发生改变,通过散射能够绕过障碍物的边缘继续前进,这种绕射现象就是波的衍射。衍射是波在两种介质的界面上产生的反射波、折射波和直射波叠加的结果。

如果采用单一频率的平行波,则衍射后将产生干涉结果。相干波在空间某处相遇后,因相位不同,相互之间会产生干涉作用,就会引起相互加强或减弱的物理现象。无论是机械波还是电磁波都会产生衍射现象,而且都服从相同的规律。例如,光是一种电磁波,单色平行光衍射后就会产生干涉。除了相干波(点光源发出的波)会产生衍射之外,光栅也会产生衍射。衍射的结果是产生明暗相间的衍射花纹,代表着衍射方向(角度)和强度。如果光源发出的垂直入射光是白光,就形成光栅光谱。光栅光谱中除中央零级近似为一条白色亮线外,其他各级亮线都排列成连续的光谱带。

谱线是在均匀且连续的光谱上明亮或黑暗的线条,起因于光子在一个狭窄的频率范围内比附近的其他频率超过或缺乏。谱线通常是量子系统(通常是原子,但有时会是分子或原子核)和单一光子交互作用产生的,是由原子、离子和分子的分立能级之间的跃迁形成的。如果 E_1 和 E_2 是某个系统的两个分立能级,且 $E_2 > E_1$,则当系统从 E_2 向 E_1 跃迁时,就会发射出频率为

$$\nu = \frac{E_2 - E_1}{h} \tag{17-98}$$

的辐射;反之,当系统从 E_1 向 E_2 跃迁时,也会吸收频率为 ν 的辐射。如果发射过程比吸收过程占优势,就会产生发射谱线;反之,则会产生吸收谱线。

当光子的能量确实与系统内能级上的一个变化符合时(在原子的情况,通常是电子改变轨道),光子被吸收。然后,它将再自发地发射,可能是与原来相同的频率或是阶段式的,但是光子发射的总能量将会与当初吸收的能量相同,而新光子的方向不会与原来的光子方向有任何的关联。

当发射连续光谱的光通过有选择吸收的介质,再通过分光仪时,就可以表现出某些波段的光或某些波长的光被吸收,形成吸收光谱。但是,不是所有的发射光谱系都有相应的吸收光谱。固体和液体一般在比较宽的波段内有选择地吸收,而稀薄的原子气体的吸收波段很窄。

根据气体、光源和观测者三者的几何关系,观测者看见的光谱将会是吸收谱线或发射谱线。如果气体位于光源和观测者之间,在这个频率上光的强度将会减弱,而再发射出来的光子绝大多数会与原来光子的方向不同,因此观测者看见的将是吸收谱线。如果观测者看着气体,但是不在光源的方向上,这时观测者将只会在狭窄的频率上看见再发射出来的光子,因此观测者看见的是发射谱线。光谱线也取决于气体的物理状态,因此它们被广泛地用在恒星和其他天体的化学成分和物理状态的辨识,而且不可能使用其他的方法完成这种工作。

电磁波与物质相互作用时,物质形态会发生变化,并伴随着发射能量和吸收能量的现象。吸收谱线和发射谱线与原子有着特定的关系,因此可以很容易地分辨出光线穿越过介质(通常都是气体)的化学成分,像氦、铊、铈等一些元素都是透过谱线发现的。除了原子—光子的交互作用外,其他的机制也可以产生谱线。物理交互作用(分子、单独的粒子等)所产生的光子在频率上有广泛的分布,可以跨越从无线电波到 γ 射线的所有能观测的电磁波频谱。

事实上,对物质发射光谱和吸收光谱的研究已成为研究物质结构的重要手段之一。根据衍射花纹可以反过来推测光源和光栅的情况。为了使光能产生明显的偏向,必须使"光栅间隔"具有与光的波长相同的数量级。如果晶体中的原子排列是有规则的,那么晶体就可以当作 X 射线的三维衍射光栅。X 射线波长的数量级是 10^{-8}cm,这与固体中的原子间距大致相同,由此,就产生了最早的 X 射线衍射。在 X 射线一定的情况下,

根据衍射的花样可以分析晶体的性质,但是必须事先建立 X 射线衍射的方向和强度与晶体结构之间的对应关系。

人们利用衍射光谱,还开发了具有发展前景的光谱成像技术,这是同时利用衍射光学元件色散和成像性能的一种光谱成像技术。通过光谱成像技术研制成的衍射成像光谱仪具有高光通量、高信噪比、体积小、重量轻、坚固耐用、价格低廉,便于实现小型化和轻量化等优点,并在诸多领域有着广泛的应用。

不过,任何谱线都不是无限窄的,总有一定的宽度。这种宽度一部分是由于观测仪器的分辨本领总是有限的引起的,另一部分则是天体辐射本身所具有的。谱线致宽的原因很多,大体可以分成两类:一类是由于形成谱线的微观体系的能级本身不是无限窄的,而是有一定的宽度。有一定宽度的能级产生的谱线必然具有一定的宽度,这种宽度称为谱线的自然宽度,这种效应称为辐射阻尼。另一类是由叠加造成的,因为人们观测到的辐射是各个发射或吸收体系辐射的叠加。一般说来,各个发射体系或吸收体系所处的运动状态以及与周围物质的相互作用状态各不相同,它们所发射或吸收的频率也各不相同,这就引起谱线的致宽。像由于波源和接收器存在相对运动所引起的热动多普勒效应可以使谱线变宽,碰撞阻尼、统计加宽、自转、膨胀、湍动等也都可以通过叠加效应使谱线变宽。

五、波粒二象性

波是振动在空间介质中的传播,具有"连续"变化的量。但是,行波如果是在没有任何吸收的介质中单方向自由行进的,这样的波动系统就是孤立波。孤立子原本是波,但具有粒子的特性。人们曾确信,孤立子和物质粒子之间一定存在某种必然联系,并预料孤立子必将在基本粒子研究中起到独特的作用。但是,由于只有在孤立子解非线性微分方程中才能找到,而非线性微分方程没有一般解法,因此孤立子解很难找到。

其实,具有像粒子一样的波结构的物质并不囿于孤立子。早在两千多年前,中国的墨子和古希腊的欧几里得就提出光是以直线行进的,所以至今大多数人称光波为光线或光束。[13]在 17 世纪,人们通过揭示反射定律和折射定律获得了对光的直线传播性的认识,并逐渐形成了几何光学。牛顿认为,光是由微小粒子组成的,并用粒子理论很自然地解释了反射现象和透镜的折射现象以及通过三棱镜将阳光分解为彩虹。荷兰的天文学家和物理学家惠更斯曾经对几何光学进行过系统的研究,并提出关于光的波动理论。他认为,光是一种机械波;光波是一种靠物质载体来传播的纵向波,传播它的物质载体是"以太";波面上的各点本身就是引起媒质振动的波源。因此,他解释了光波如何形成波前直线传播,证明了光的反射定律和折射定律,且较好地解释了光的衍射、双折射现象和"牛顿环"实验。

既然一维平面波的传播在几何上可以粗略地用一条射线表示,那么人们只要撇开作为电磁波的光的波动本性而仅以光的直线传播性质为基础,研究光在透明介质中的传播问题,就可以形成几何光学。在几何光学中,光是用一条表示光的传播方向的几何线来代表的,并称之为光线。几何光学的理论基础是由实际观测和直接实验得到的几个基本定律构成,这几个基本原理的要点分别是:

(1)光的直线传播定律。在均匀介质中,光沿着直线传播,即在均匀介质中,光线为一直线。

(2)光的独立传播定律。自不同方向或由不同物体发出的光线的相交,对每一光线的独立传播不产生影响。

(3)光的反射和折射定律。当光线由一介质进入另一介质时,光线在两个介质的分界面上被分为反射光线和折射光线。对于这两条光线的行进方向,可分别由反射定律和折射定律来表述。

长期以来,光的微粒说和波动说一直存在着争论,争论反而使人们对于光的本性的认识逐渐地明朗起来。其实,由统一科学直接演绎得到的(17-71)式 $\frac{u_1}{u_2} = \frac{\sin\varphi_入}{\sin\varphi_折} = \frac{n_入}{n_折}$ 就是荷兰数学家兼物理学家斯涅耳发现的光的折射定律。显然,这比用惠更斯原理的推导来得深刻。在频率和时间都一样的情况下,入射介质和折射介质的初相位δ往往不一样,因而介质的折射率是由其自身的能阈和能元决定的。例如,光进入棱镜时的折射服从(17-71)式,白光通过棱镜后便分成了不同的颜色,红色的光波在玻璃中的速度要比蓝色光波的大些;由于速度的变化,折射角便随颜色而变化。[14]

然而,光波只是行波的一类,行波的波动性在振动理论中已得到阐述。与波源紧密联系的环境介质就是受迫振动系统,由于弹性介质中的振动单元之间存在着相互作用的弹性力,在振动所到之处,应力和应变就会发生变化,从而产生应力波,因此,波是振动在弹性介质中传播,弹性波是扰动或外力作用引起的应力和应变在弹性介质中传递的形式。

作为受迫振动系统,没有体积、没有结构、没有性能的"点"才是理想的振动单元,而现实世界中即使是纯物质也都是由有结构、有特质的单元组成,这些单元在空间上的分布使之具有了结构和性能上的差异,也就是在较低一级的层次上,每一单元的能阈是不一样的。对于由混合物组成的系统,混合在一起的不同物质其能阈也是不一样的。在外环境一定能量的作用下,能阈低的物质吸收能量后率先发射,而能阈高的物质作为系统内能阈低的物质的环境反过来又形成一定的抑制作用。如果能阈低的物质先期振动,那么其周边能阈高的物质在接受能阈低的物质振动传导后也将受迫振动,并且还将把振动再传导给能阈低的物质。在这一循环往复、此起彼伏的振动过程中,能阈不同的物质单元的运动就存在着初相位上的差别。

但是,行波的粒子性并不是孤立波的专利,孤立子也是一种行波。人们只要以行波的直线传播性质为基础,把行波粗略地用一条射线表示,就可以形成关于行波的几何学说。相应地，也可以得到行波的直线传播定律、行波的独立传播定律、行波的反射和折射定律等。例如，光是一种人们熟悉的电磁波，光和物质波一样是一种行波，而且已经有几何光学及其相关的定律为人们所掌握。

爱因斯坦在引入光子概念时，早就提出了反映光子粒子性的能量 E、动量 $\vec{p}$ 与反映其波动的圆频率 ω、波数 $\vec{k}$ 有如下的关系

$$E = h\nu = \hbar\omega \tag{17-99}$$

$$\vec{p} = \frac{E}{c}\vec{e} = \frac{h}{\lambda}\vec{e} = \hbar\vec{k} \tag{17-100}$$

式中，$\hbar = \dfrac{h}{2\pi}$，h 为普朗克常数；$\vec{e}$ 为一维单位向量。波数 $\vec{k}$、波长 λ 和一维单位向量 $\vec{e}$ 满足关系 $\vec{k} = \dfrac{2\pi}{\lambda}\vec{e}$。如果知道等式 $\vec{k} = \dfrac{2\pi}{\lambda}\vec{e}$ 右边的波动参数，便可用（17-100）式求得它左边的量所反映的粒子特性。

其实，所有的行波都同时具有波的性质和微粒的性质，即具有波粒二象性。物质粒子原本是粒子，但是具有波的特性。波动和粒子两者原本似乎风马牛不相及，但所有的物质都具有共同的属性——波粒二象性。从量子力学的观点看，粒子（或电磁波）都具有波粒二象性，波矢反映了波动性，粒子性可用动量表示。波矢与动量之间只相差一个常数因子，因此波矢空间有时也称为动量空间。[15]

在一维二仪质向量坐标系 $\vec{X}$i 内部（$\vec{N}_\perp, \vec{n}_\perp, \vec{E}_\perp, \vec{E}_{\neq\perp}, \vec{\varepsilon}_\perp$）五维分质向量空间的（$\vec{C}_{N_\perp}, \vec{n}_\perp, \vec{E}_\perp, \vec{C}_{E_{\neq\perp}}, \vec{C}_{\varepsilon_\perp}$）截面上，在省却分质向量关于方向的规定时，简谐振动系统的形态变化规律可以表述为（16-9）式 $n = N\cos(\kappa E + \delta)$。同一方向上两个简谐振动合成的振动单元数 n 就等于两个分振动的振动单元数 n_1 与 n_2 的代数和，即（17-5）式 $n = n_1 + n_2$。同方向两个简谐振动合成时，可用复数表示为（17-14）式 $n = N_1 e^{i(\kappa_1 E + \delta_1)} + N_2 e^{i(\kappa_2 E + \delta_2)}$。

在一维二仪质向量坐标系 $\vec{X}$i 内部（$\vec{P}_\perp, \vec{E}_\perp, \vec{E}_{\neq\perp}, \vec{\varepsilon}_\perp$）四维分质向量空间的（$\vec{P}_\perp, \vec{E}_\perp, \vec{C}_{E_{\neq\perp}}, \vec{C}_{\varepsilon_\perp}$）截面上，在省却分质向量关于方向的规定时，简谐振动系统的形态变化规律可以表述为 $P = \cos(\kappa E + \delta)$。在同一方向上，两个简谐振动合成的振动信息 P 等于两个分振动的振动信息 P_1 与 P_2 的代数和，即

$$P = P_1 + P_2 \tag{17-101}$$

与简谐振动系统联系的环境所产生的振动传播过程为简谐波。任何一列简谐波都可以看作一个质向量，从不同振源定向发出的几列波在空间相遇时，（17-99）式 $E = h\nu$ 就是描述波的向量叠加的叠加原理。波的叠加原理指出，几列波在相遇点的合振动是各个波独自在该点所引起的振动的向量叠加合成波的波动方程式。

不过，（17-101）式还有更一般的意义。当一个事件可以按几种不同的方式发生时，该事件的概率振幅等于各种方式分别考虑时的概率振幅之和。如果完成一个实验，此

实验能够确定实际上发生的是哪一种方式的话,则该事件的概率等于按各个不同方式发生的概率之和,此时干涉出现:$P=P_1+P_2, P=|P_1+P_2|^2$。例如,在量子领域,由于纠缠态和叠加态的存在,对量子态的测量会导致关联量子态的塌缩,量子不可克隆定理使得任意未知量子态无法精确复制,同时,环境也易影响量子系统使其发生消相干。

因此,物理学已经放弃了去准确预言在给定的环境下会发生的事情,人们不知道怎样去预言在给定的环境下会发生的事件,唯一可以预言的是种种事件的概率。

第四节　振动能量的辐射与德布罗意波

振源的振动向环境辐射能量并转变为波的能量。任何物质都具有一定的机械能,其辐射到环境就产生机械波。发生电磁振荡的物体发射电磁波的能量有热辐射和发光两种形式。一切物质粒子都同时具备波的特质和粒子的特质而展现波粒二象性。简谐振动系统是以量子的形式向外辐射能量的。统一科学能够对各种波给予统一的解释。

一、振动能量的辐射

简谐振动是无阻尼振动,这是被假设在完全孤立的封闭的"腔体"内发生的自由振动。实际上,只要均衡反向一元系统达到收支动态平衡,这样的均衡反向一元系统就是简谐振动系统,简谐振动系统形态的阴阳交变就是简谐振动。均衡反向一元系统又可以看作输入系统的物质或能量与系统输出的物质或能量完全相等的耗散系统,也可以看作消耗系统内环境的能量或物质并向外环境辐射能量或物质而出现动态平衡的耗散系统。收支均衡的耗散系统不是与环境没有能量或物质的交换,而是这样的耗散系统稳定地维持在某一水平,因而收支均衡的耗散系统内部正向子系统与负向子系统形态所进行的简谐振动都是稳恒的自由振动。

但是,在实际环境中,人们最常见的都是非均衡的振动系统,其正向子系统与负向子系统形态的阴阳交变就是阻尼振动或生发振动。对于阻尼振动系统来讲,耗减能量的方式有两种:第一种是由于外环境阻力(如摩擦力)的影响,振动系统在振动过程中要不断地消耗能量以克服阻力。第二种是振动系统作为振源引起周围环境介质的振动,使振动系统的能量辐射给外环境,外环境获得这些振动的能量后就以波的形式向四周传递这部分能量。对于生发振动系统来讲,耗减能量的方式有三种:第一种是振动系统在振动过程中要不断地消耗能量以克服外环境阻力。第二种是作为振源维持周围环境介质的波动也要不断地消耗能量。第三种是振动系统还要消耗一部分的能量使振动系统得以生发扩展。阻尼振动和生发振动是振动系统把能量辐射到阻尼大小不同的环境中产生的两种典型的非均衡振动。

对于阻尼振动系统而言,由(16-72)式 $n=C_N e^{-\beta E}\cos(\kappa E+\delta)$ 可见,阻尼振动规律就是近平衡态自发发射的负指数函数与简谐振动余弦函数的乘积,综合反映了同向平行的两种运动。对于生发振动系统而言,由(16-91)式 $n=C_N e^{+\alpha E}\cos(\kappa E+\delta)$ 可见,生发振动规律是近平衡态吸收发射的指数函数与简谐振动余弦函数的乘积,也综合反映了同向平行的两种运动。

任何在平衡态附近做振动的系统,都会引起周围介质质点的振动。振动系统必定具有某个平均能量,既然它在振动就会辐射能量。振动系统的振动使系统的能量逐渐向环境辐射出去并变为波的能量,辐射是振动系统的能量向环境的传递。环境介质中的各个质点在传播波的任一瞬时,都处于不同的运动状态之中。当环境介质具有了它在正常静止状态下所没有的能量时,这些能量就来自于形变的势能和运动的动能。这些能量就是贮藏在振动中的能量,称为储能。

在波动过程中,波源的振动通过弹性介质传播出去,介质中的各质点都在各自的平衡位置附近振动。介质中振动的质点具有动能,同时介质因形变而具有势能。因此,波动过程也是传递能量的过程。既然每一个振动系统都会辐射能量到环境之中,那么策动的振源自身能量越大,可能产生的辐射效果就越明显。对于环境这一受迫振动系统来讲,阻尼越小,接受振源能量辐射的效应就越明显。

为了对简谐振动系统辐射到环境的能量及其简谐波的规律有较深入的认识,可以把在时间和空间中传播的简谐波作为研究的切入点。为此,在一维二仪质向量坐标系 $\vec{X}$ 内部打开 $(\vec{N}_\perp, \vec{n}_\perp, \vec{E}_\perp, \vec{E}_{\neq\perp}, \vec{\varepsilon}_\perp)$ 五维分质向量空间,如果总体单元数 $\vec{N}$、能阈 $\vec{E}_\neq$ 和能元 $\vec{\varepsilon}$ 这三个分质向量都保持为常质向量,在 $(\vec{C}_{N_\perp}, \vec{n}_\perp, \vec{E}_\perp, \vec{C}_{E_{\neq\perp}}, \vec{C}_{\varepsilon_\perp})$ 截面上,省却分质向量关于方向的规定时,能量 E 的显性因子 θ 为时间 $t(E=F_N t)$,而振动单元数 n 与空间的长度因子 l_ε 共同组成质参量位移 $y(y=nl_\varepsilon)$,那么环境这一受迫振动系统的波动就可转换为在时间与空间构成的 $t\sim y$ 二维平面上的波动。

例如,物体是占有一定空间的物质,如果物体在一定时空中处在简谐振动状态,简谐振动过程中的机械能就包括运动的动能(16-50)式 $E_K=\frac{1}{2}mu^2=\frac{1}{2}kA^2\sin^2(\omega t+\delta)$ 和形变的势能(16-51)式 $E_P=\frac{1}{2}ky^2=\frac{1}{2}kA^2\cos^2(\omega t+\delta)$。如果交变的动能和势能在此起彼伏的相互转换中把能量辐射到外环境的同时又获得内环境能量的补充,就能始终遵循着总机械能守恒,即(15-55)式 $E_{机械}=E_K+E_P=C_E$,所以

$$C_E=E_K+E_P=\frac{1}{2}kA^2=\frac{1}{2}m\omega^2 A^2=2m\pi^2 A^2\nu^2 \tag{17-102}$$

式中,u 为振动速度,ν 为振动频率。动能和势能在一个周期内辐射到环境的能量平均值都是 $\overline{E_K}=\overline{E_P}=\frac{1}{2}E=\frac{1}{4}kA^2$。

简谐振动系统作为无阻尼振动系统也会向外环境辐射能量,显然无阻尼的环境作为受迫振动系统必然完全接受简谐振动的辐射而产生简谐波。简谐振动系统向外环境辐射的能量是维持环境介质产生波动的能源,简谐振动系统的能量越高,辐射到环境的能量也越大,环境介质中简谐波的能量也越大。

如果简谐波是在密度为 ρ 的弹性介质中传播,考虑介质中的一个体积元 $\mathrm{d}V$,其质量为 $\mathrm{d}m=\rho\mathrm{d}V$。当简谐波传播到这个体积元时,其振动动能为

$$\mathrm{d}W_{\mathrm{K}}=\frac{1}{2}\mathrm{d}(mu^2) \tag{17-103}$$

根据(17-47)式 $y=A\cos\left[\omega\left(t-\dfrac{x}{u_x}\right)\right]$,就有

$$u=\frac{\partial y}{\partial t}=-A\omega\sin\left[\omega\left(t-\frac{x}{u_x}\right)\right] \tag{17-104}$$

所以

$$\mathrm{d}W_{\mathrm{K}}=\frac{1}{2}(\rho\mathrm{d}V)A^2\omega^2\sin^2\left[\omega\left(t-\frac{x}{u_x}\right)\right] \tag{17-105}$$

同时,体积元因发生弹性形变而具有弹性势能,此弹性势能为

$$\mathrm{d}W_{\mathrm{P}}=\frac{1}{2}(\rho\mathrm{d}V)A^2\omega^2\sin^2\left[\omega\left(t-\frac{x}{u_x}\right)\right] \tag{17-106}$$

体积元的总能量为其动能和势能之和,即 $\mathrm{d}W=\mathrm{d}W_{\mathrm{K}}+\mathrm{d}W_{\mathrm{P}}$,所以

$$\mathrm{d}W=(\rho\mathrm{d}V)A^2\omega^2\sin^2\left[\omega\left(t-\frac{x}{u_x}\right)\right] \tag{17-107}$$

(17-102)式 $C_{\mathrm{E}}=E_{\mathrm{K}}+E_{\mathrm{P}}$ 和(17-107)式表明,简谐振动的能量与波动的能量有显著的不同。在单一的简谐振动系统中,动能和势能互相转换,动能达到最大时,势能为零;势能达到最大时,动能为零,简谐振动系统的总机械能守恒。在波动的情况下,由(17-105)式和(17-106)式可以看出,任意时刻体积元的动能和势能都相等,而且同时达到最大,也同时为零,体积元的总能量随时间做周期性的变化。这就说明了,在波动过程中,随着振动在介质中的传播,能量也从介质的一部分传到另一部分,所以波动是能量传播的一种形式。

由(17-107)式可以得到单位体积介质中的波动能量

$$w=\frac{\mathrm{d}W}{\mathrm{d}V}=\rho A^2\omega^2\sin^2\left[\omega\left(t-\frac{x}{u_x}\right)\right] \tag{17-108}$$

式中,w 为波的能量密度。能量密度在一个周期内的平均值叫作平均能量密度 $\overline{w}$。因为 $\sin^2\left[\omega\left(t-\dfrac{x}{u_x}\right)\right]$ 在一个周期内的平均值为 $\dfrac{1}{2}$,所以

$$\overline{w}=\frac{1}{2}\rho A^2\omega^2 \tag{17-109}$$

由以上各式可知,波的能量与振幅平方和介质密度都成正比。

其实，(17-102)式 $C_E = \frac{1}{2}m\omega^2 A^2 = 2m\pi^2 A^2 \nu^2$ 表明，任何物质都占有一定的空间和时间，都具有一定的机械能，其简谐振动的总能量 C_E 既与振幅 A 的平方成正比，也与频率 ν 的平方成正比。

对于占有空间很大的物质——宏观物体来讲，其自身的空间尺度很大，围绕平衡位置振动的空间位移 y 及其振幅 A 一般也很大；振动中空间位移 y 及其振幅 A 最能反映其变化特征，因而在(17-102)式中对总能量 C_E 起决定作用的是振幅 A。$C_E = \frac{1}{2}kA^2$ 表明，对于给定的宏观物体，简谐振动的总能量 C_E 与振幅 A 的平方成正比，即物体由空间位置的变化辐射到环境的能量只取决于振幅。

然而，对于占有空间很小的物质——微观粒子来讲，其自身的空间尺度很小，围绕平衡位置振动的空间位移 y 及其振幅 A 一般也很小；振动的空间位移 y 及其振幅 A 并不能反映其变化特征，而是频率 ν 可以反映振动的快慢，因而在(17-102)式 $C_E = 2m\pi^2 A^2 \nu^2$ 中对总能量 C_E 起决定作用的是频率 ν。

宏观物体不仅占有较大的空间，而且质量 m 一般都比较大。由 $\omega^2 = \frac{k}{m} = 4\pi^2 \nu^2$ 可见，宏观物体振动时频率 ν 很小，空间位置 y 的变化很大，而变化速度 u 却很小。宏观物体(像弹簧振子)在振动过程中必然要迫使周围的环境介质也随之受迫振动，宏观物体作为振源产生的是机械振动，所以机械振动在介质中的传播过程就叫作机械波。机械波产生的条件有两个：一是要有做机械振动的物体作为波源；二是要有能够传播机械振动的介质。但是，已经形成的波与波源无关，在波源停止振动时仍会继续传播，直到机械能耗尽后停止。机械波的能量就是宏观物体在机械振动中向环境介质所辐射的能量。机械波的频率(或周期)取决于波源的频率(或周期)，因 $\nu = \frac{1}{T}$，所以宏观物体振动的频率低(或周期长)，机械波波动时也是频率低(或周期长)。

宏观物体的质量 m 都相当大，通过 $\lambda = \frac{h}{mu_x}$ 可见，其特征波长比人们可观察的限度要小很多，可能发生波动性质的尺度在日常生活经验范围之外，所以在日常生活中人们大都观察不到物体的波动性，而看到的是物体的能量 E 和动量 p 所展现的粒子性。由此也说明了，有机械波必有机械振动，有机械振动不一定有机械波。

匀速直线运动可以看作质量较大和做空间位移的宏观物体振动的极端情形。匀速直线运动的辐射只是物体位置变化而产生的辐射，是速度 u 恒定情况下的一种辐射，这种辐射是由于位移的变化而引起的，其辐射能也就是一维空间匀速直线运动的物质的动能。在匀速直线运动的辐射中，一种速度 u 对应着一种辐射能 E。当位移速度 $u = \frac{dy}{dt} = 0$ 时，这种辐射能 $E = 0$。像行波这类线性的无界弦自由振动只与空间位移有关而与时间无关,可看作位移 y 的一维简谐波函数。

当物体被加热时,原子核周围的电偶极子(两个异号点电荷组成的系统)就要发生电磁振荡,在振动过程中,振荡电偶极子也要迫使周围的环境介质随之受迫振动。作为振源,电偶极子的电磁振荡在介质中的传播过程就叫作电磁波。当一电荷发生振荡以后,这一振荡电荷就会辐射能量,它就损失了永远不能收回的若干能量,此能量不断地向越来越远的地方散失,但是系统辐射的能量并不减少。例如,任意一个受激天线都会辐射能量,为了说明能量守恒,必须认为沿着通往天线的导线有功率传输着。这就是说,对驱动电路来说,天线的作用像一个电阻或一个会"损失"能量的场所。

任意一个物体发射电磁波的能量,不外乎有两种辐射形式:

第一种形式的辐射称为热辐射或温度辐射。物体在发射辐射过程中不改变内能,只要通过加热来维持物体的温度,辐射就可以持续不断地进行下去。热辐射的光谱是连续光谱,不同波长的能量随波长连续改变。任何物体(固体、液体,甚至相当厚的气体)都能够发射热辐射。温度低的物体以电磁波的形式散发不可见的红外线辐射。加热到 500 ℃ 左右,物体变得炽热,开始辐射一部分暗红的可见光,但是大多数热辐射仍然是红外线。随着加热温度的进一步提高,波长较短的辐射丰富起来,大约在 1500 ℃ 时开始发出白光,其中还有相当多的紫外光。当物体变得像太阳的表面一样热时,就可以量度部分黑体光谱(黑体是指能在任何温度下全部吸收任何波长辐射的物体)。

第二种形式的辐射称为"发光"。物体在发射辐射过程中不能仅维持其温度来使辐射继续下去,还要依靠其他一些激发过程来获得能量才能维持辐射。不过,维持发光的来源可以是多种多样的。

电偶极子做电磁振荡时无法静止,可以看作没有质量和空间位移的微观物质振动的极端情形。场的振动就是波,电磁波是电磁场的一种运动形态。变化的电磁场在空间的传播形成了电磁波,也常称为电波。电磁波的频率(或周期)也取决于波源的频率(或周期),因为 $\nu = \dfrac{1}{T}$,所以振荡电偶极子振动的频率高(或周期短),电磁波也是频率高(或周期短)。各种电磁波在真空中的传播速度相等,称为光速 $c(c = 2.98 \times 10^8 \text{ m/s})$,且没有静质量。频率不同的电磁波其波长不同,频率高的波长比较短,频率低的波长比较长。各种电磁波的频率(或波长)范围不同,它们的性质也有很大的差别。

随着振源振动而产生受迫振动的环境介质就是场物质,场从源点向外运动,其运动形式就称为波。场物质在传播振动的过程中会发生形变,所波及的场的大小可以看作振幅。因此,波所包含的能量(或这样的场所具有的能量效应)与场的平方成正比。例如,电场内有某种电荷或振子,那么让电场作用于其上时将使其产生运动。如果这是一个线性振子,则由作用在电荷上的电场产生的加速度、速度和位移与场成正比。因此,在电荷中出现动能与场的平方成正比,人们约定场所能传递给场物质的能量与场的平方成正比。这就意味着,当人们远离振源时,振源所提供的能量减少了。事实上,它与距离的平方成正比。当一个电荷发生振荡以后,它就向环境辐射了永远不能收回的能量,此能量不断地向越来越远的地方传播,并不减少。

二、德布罗意波

在兼具空间因子和时间因子的变速运动中,谐振系统在向环境辐射能量时,其所具有的机械能就会辐射机械波,而其所具有的电磁能就会辐射电磁波。为此,法国物理学家德布罗意创造性地对(17-99)式 $E=h\nu=\hbar\omega$ 和(17-100)式 $\vec{p}=\dfrac{E}{c}\vec{e}=\dfrac{h}{\lambda}\vec{e}=\hbar\vec{k}$ 进行逆思考,并于1923年大胆地提出了物质波的假设:实物粒子与光相似,一切物质粒子都具有波粒二象性,即认为一切宏观粒子都具有与本身能量相对应的波动频率或波长。他指出:一个质量为 m 以速度 u 做匀速运动的实物粒子一方面可以用能量 E 和动量 p 对物质进行粒子性的描述,另一方面可以用频率 ν 和波长 λ 对物质进行波动性的描述。因此,任何作为谐振系统的物质都满足德布罗意关系式[16]

$$\omega = \frac{E}{\hbar} \tag{17-110}$$

$$\vec{k} = \frac{\vec{p}}{\hbar} \tag{17-111}$$

通过上两式右边的粒子参数 E 和 $\vec{p}$ 便可以由 $E=h\nu=\hbar\omega$ 和 $\vec{p}=\dfrac{E}{c}\vec{e}=\hbar\vec{k}$ 这组关系求得该粒子所具有的波动性。(17-99)式与(17-100)式和(17-110)式与(17-111)式这两组关系通过普朗克常数 h 连接,$(E,\vec{p}) \xleftrightarrow{\hbar} (\omega,\vec{k})$ 可以形象地表示波动性与粒子性的统一关系,这是运动学与波动学的统一,而不是粒子性与波动性的两分。

在德布罗意提出物质波以后,人们曾经对它提出过各种各样的解释。德国物理学家玻恩从德布罗意的统计意义出发,认为物质波(又称德布罗意波)乃是一种几率波,是刻画粒子在空间中某点某时刻可能出现的几率。物质波在某一地方的强度跟在该处找到它所代表的粒子的几率成正比,几率(概率)的大小受波动规律的支配。

在量子力学中,薛定谔从经典的哈密顿方程出发,构造一个体系的新函数 Ψ 代入,然后再引用德布罗意关系式和变分法,最后求出了波动方程及其解答。当空间分布函数 Ψ 和电子的电荷相乘时,就代表了电荷在空间中的实际分布。人们认为几率密度函数 p^0 与德布罗意波的波函数平方 Ψ^2 成正比

$$p^0 = |\Psi|^2 = \Psi\overline{\Psi} \tag{17-112}$$

式中,波函数 Ψ 是描述粒子量子状态的波动方程,是粒子在它所处的环境中所具有的性质,代表的是一种随机或概率。如果用来描述几率波的波函数 $\Psi=\Psi(\vec{r})$ 相当于经典波的位移的一个量,就称之为几率幅。

在几率幅描述中,$|\Psi(\vec{r})|^2 dV$ 表示在 $\vec{r}$ 点处的体积元中找到该粒子的几率,或者说是粒子取坐标 $\vec{r}$ 的几率。量子力学描述世界的方法就是给每个可能发生的事件一个振幅,而且如果此事件涉及接受一个粒子,那么就给出在不同位置与不同时间找到该粒子的振幅。于是,找到该粒子的概率 P 就正比于概率振幅 Ψ 绝对值的平方,即 $P \propto |\Psi|^2$。一般地讲,在不同场所与不同时刻找到粒子的振幅是随着位置和时间而变化的,所以发现粒子的相对概率是作为位置与时间的函数。

自由粒子的波函数表示波在时间和空间上是无限延展的。对于一个自由粒子的波而言,可以用平面单色波函数 $\Psi = A e^{2\pi i(\frac{t}{T}-\frac{x}{\lambda})}$ 来表示自由粒子的波函数。由于自由粒子不受力,动量不变,与其相联系的波长也不变,自由粒子的波是单色波,因而利用德布罗意给出的粒子性和波动性的关系,并注意到 p 的方向代表自由粒子波的方向,就可以得到自由粒子波函数的另一种表示式

$$\Psi = A e^{\frac{i}{\hbar}(\vec{p} \cdot \vec{x} - Et)} \tag{17-113}$$

式中,令 $=\hbar/2\pi = p\lambda/2\pi$;波矢 $\vec{k} = (2\pi/\lambda)\vec{e}_k = k\vec{e}_k$,$\vec{e}_k$ 是波的传播方向上的单位向量,$\vec{k}$ 的大小为波数 $k(2\pi/\lambda)$,意为 2π 长度上出现的全波数目。

在一种经典的极限情况下,振幅在空间与时间中像 $e^{i(\omega t - \vec{k} \cdot \vec{r})}$ 那样呈正弦式变化,这样的振幅按照确定的频率 ω 和波数 k 变化。结果表明,这种特殊的情况可认为就是有一个粒子的情况,它的能量 E 为已知,并且 E 与频率之间的关系符合(17-99)式 $E = \hbar\omega$;粒子的动量 $\vec{p}$ 也是已知的,它与波矢 $\vec{k}$ 之间的关系符合(17-100)式 $\vec{p} = \hbar\vec{k}$。在一处找到粒子的概率幅度可按(17-113)式 $\Psi = A e^{\frac{i}{\hbar}(\vec{p} \cdot \vec{x} - Et)}$ 随空间和时间而变化。

如此,粒子的概念就受到了限制,其位置和动量就是不确定的了。如果一个粒子的位置知道得比较清楚,那么找到它的概率必定限制在一定的区域内,令其长度为 Δx,在此区域之外概率为零。由于这个概率是某个振幅的绝对值的平方,如果绝对值的平方为零,则振幅也零,于是就有一个长度为 Δx 的波列,此波列的长度就对应该粒子的动量。因此,对一个短的波列,人们不可能定义唯一的波长,这样的波列没有一个确定的波长。由于波列的长度是有限的,相应地在波数上存在着不确定性,于是在动量上也就存在着不确定性。

其实,应用统一科学关于反向波函数的理论,可以直接演绎出关于物质波的波函数。在一维正向质向量坐标系 $\vec{X}_+$ 内部的 $(\vec{P}_+, \vec{S})$ 二维分质向量空间中,熵信息变率函数具有(5-84)式 $p_+(S) = \mp P_+(S) P_+^0(S)$ 的性质。通过坐标平移,在一维二仪质向量坐标系 $\vec{X}$ 内部的 $(\vec{P}, \vec{S})$ 二维分质变量空间中,这一性质不变,即 $p(S) = \mp P(S) P^0(S)$。在一维二仪质向量坐标系 $\vec{X}i$ 内部 $(\vec{N}_\perp, \vec{n}_\perp, \vec{E}_\perp, \vec{E}_{\neq\perp}, \vec{\varepsilon}_\perp)$ 五维分质向量空间的 $(\vec{C}_{N_\perp}, \vec{n}_\perp, \vec{E}_\perp, \vec{C}_{E_{\neq\perp}}, \vec{C}_{\varepsilon_\perp})$ 截面上,省却了分质向量关于取向的规定,把 $S = \dfrac{C_{E_\neq} - E}{C_\varepsilon}$ 代入 $p(S) = \mp P(S) P^0(S)$,异质信息变化率与异质信息的关系就是

$$p(E) = \mp P(E) P^0(E) \tag{17-114}$$

异质信息与本质信息是互补的,所以本质信息密度(几率密度)与本质信息(几率,也叫概率振幅)的关系就是

$$p^0(E) = \pm P(E)P^0(E) \tag{17-115}$$

取能量 E 的显性因子 θ 为时间 t,质参量 x 为距离振源的距离和质参量 y 为偏离坐标系原点的位移,如果波函数(概率振幅)用复数表示,沿着正向太极 $\vec{X}_+$ 的正向(向右)传播的波函数为 $y(x,t) = A\mathrm{e}^{-2\pi\mathrm{i}(\frac{t}{T}-\frac{x}{\lambda})}$,沿着正向太极 $\vec{X}_+$ 的反向(向左)传播的波函数为 $\overline{y}(x,t) = A\mathrm{e}^{-2\pi\mathrm{i}(\frac{t}{T}+\frac{x}{\lambda})}$。两列反向行波在相遇点 x 的 t 时刻振动叠加强度为 $I = y(x,t)\overline{y}(x,t)$。

进一步,令 $P(x,t) = y(x,t)/A = \Psi(x,t)$,$\overline{P}(x,t) = \overline{y}(x,t)/A = \overline{\Psi}(x,t)$,在给定的时间 t 内和一定空间间隔 (x,y) 中发现一个粒子的几率称为几率密度函数 $p^0(x,t)$。在吸收发射条件下,把 $P(x,t) = y(x,t)/A = \Psi(x,t)$ 和 $\overline{P}(x,t) = \overline{y}(x,t)/A = \overline{\Psi}(x,t)$ 代入(17-115)式 $p^0(E) = P(E)P^0(E)$,就有

$$\begin{aligned} p^0(x,t) &= P(x,t)P^0(x,t) \\ &= \Psi(x,t)\overline{\Psi}(x,t) \\ &= |\Psi(x,t)|^2 \end{aligned} \tag{17-116}$$

如此,就演绎出了量子力学的波函数。可见,几率密度函数 p^0 实质上就是本质信息 P^0 的变化率,也就是两列反向行波在相遇点 x 的 t 时刻振动叠加强度。如果有大量的粒子,那么某处的几率密度函数 $p^0 = |\Psi|^2 = \Psi\overline{\Psi}$ 就与此处发现一个粒子的几率成正比。$\Psi\overline{\Psi}$ 可以解释为粒子的密度,某处粒子的密度对应着波场中某点的振动强度。

不过,在一维二仪质向量坐标系 $\vec{X}$ 的 $(\vec{X})$ 空间的任意处只能有一个几率,几率不会在某处突变,也不能无限增大;波函数 Ψ 是一个空间分布函数,必须为有限的单值,处处连续,且满足归一化条件:$\int \Psi\overline{\Psi}\mathrm{d}\tau = 1$。因此,在量子力学中,两个波函数叠加并不形成新的波函数,而态的叠加将导致在叠加态下测量结果的不确定性。[17]

德布罗意波是波粒一体的真实物质的波动。微观物质所占的空间小,而且质量 m 一般都很小,其质量和尺度决定了它们的行为与人们所习惯的物体运动图景相差甚远。微观粒子振动时空间位置的变化很小,变化速度却很大。微观粒子在振动过程中会迫使周围的环境介质随之受迫振动,因此定域的粒子和连续介质都具有波动性。

微观粒子作为均衡反向一元系统,其简谐振动辐射的能量在介质中的传播过程就是德布罗意波。德布罗意波的能量是微观物质在简谐振动中向环境介质所辐射的能量。德布罗意波的统计解释是微观粒子在某处邻近出现的概率与该处波的强度成正比。从德布罗意公式很容易算出运动粒子的波长。德布罗意波的频率(或周期)取决于波源的频率(或周期),因为 $\nu = \dfrac{1}{T}$,所以微观物质振动的频率高(或周期短),德布罗意波波动时也是频率高(或周期短)。当德布罗意波在不同的介质中传播时,它在各介质

中的频率（或周期）也是相同的。

由此可见，波粒二象性是指某物质同时具备波的特质和粒子的特质。任何物质的简谐振动向环境辐射的能量以及产生的辐射波，主要取决于物质本身的时空特性。物质在运动中，空间位置的变化可以产生辐射，即匀速直线运动的辐射。像行波这样的简谐波做匀速直线运动时，在空间上是一维的，而没有速度的变化在时间上就是零维的。物质在运动中，时间周期的变化也可以产生辐射，即频率变化的辐射。简谐波的变化在时间上是一维的线，而在空间上是零维的点，像电磁波就是由一个点发射的射线。对于纯空间位置的变化而产生匀速直线运动的辐射，人们一般用粒子性来描述这种一往无前的运动，而无波动性可言。对于纯时间周期的变化而产生频率变化的辐射，人们一般用波动性来描述这种阴阳交变的振动，而无粒子性可言。因此，微观粒子和宏观物体所具有的粒子性和波动性还是有较大差异的。

然而，当宏观物体的机械振动辐射能量到环境引起弹性介质的机械波时，虽然空间变化是辐射的主要因子，但是时间变化也是辐射的因子，一般情况下还是应该考虑其贡献。同理，当微观粒子的简谐振动辐射能量到环境就会引起德布罗意波，虽然时间变化是辐射的主要因子，但是空间变化也是辐射的因子，一般情况下还是应该考虑其贡献。

机械波是周期性的振动在媒质内的传播，电磁波是周期变化的电磁场的传播，德布罗意物质波既不是机械波，也不是电磁波。不论是宏观物体还是微观粒子都占有一定的三维空间，它们在振动中又拥有一维的时间。因此，兼具空间和时间因子的变速运动所产生的辐射就要考察其粒子和波动的二象性。

下面在 $t \sim x$ 平面上，通过兼具空间因子和时间因子的一般物质在简谐振动中所表现的波粒二象性来认知其辐射波的规律与内涵，进而又可以深化对简谐振动极端情形的认识。

在一维二仪质向量坐标系 $\vec{X}i$ 内部 $(\vec{N}_\perp, \vec{n}_\perp, \vec{E}_\perp, \vec{E}_{\neq\perp}, \vec{\varepsilon}_\perp)$ 五维分质向量空间的 $(\vec{C}_{N_\perp}, \vec{n}_\perp, \vec{E}_\perp, \vec{C}_{E_{\neq\perp}}, \vec{C}_{\varepsilon_\perp})$ 截面上，在省却分质向量关于方向的规定时，如果谐振系统为 N 个全同的单元组成，每个单元的能量（能元）ε 是等同的，那么谐振系统的能量就是能元 ε 的 N 倍，即 $E=N\varepsilon=C_E$。因此，全同单元系统做简谐振动时，对环境辐射的能量 E 取决于谐振系统的总体单元数 N 和能元 ε。在谐振系统总体单元数 N 已经确定的情况下，即 $N=C_N$，谐振系统对环境的辐射能量就由谐振系统中单元的能量——能元 $\varepsilon=C_\varepsilon$ 来决定。

在没有空间位移而只有纯时间周期变化的简谐振动（如电偶极子的振动）中，谐振系统的辐射也就没有速度或加速度可言。由于振动单元的周能 Ξ 与形态变化率（能频）κ 成反比，而与振动频率 ν 成正比，即 $\Xi=\dfrac{2\pi}{\kappa}=2\pi\varepsilon=2\pi h\nu=h\omega$ 和 $\varepsilon=\dfrac{1}{\kappa}$，因此可以认为谐振系统对环境的辐射能量 E 取决于系统做一次完全振动所需的能量——周能 Ξ。周能越大，辐射的效应就越强；振动频率越大，辐射的效应也越强。由于每个能元 ε

$=h\nu$ 都用同一个频率 ν 来描述，谐振系统中各个全同单元的振动快慢都可以用频率 ν 来描述，谐振系统的能量就是 $E=N\varepsilon=C_N C_\varepsilon=C_N h\nu$，因而是单一能量的辐射。

但是，在兼具空间因子和时间因子的变速运动中，简谐振动所产生的辐射必须兼顾各个单元的振动频率和空间位移及其速度或加速度。静止质量为 m_0 的谐振系统做变速直线运动时，其速度为 $u=\dfrac{dy}{dt}$，加速度为 $a=\dfrac{du}{dt}$，在不考虑相对论效应时，谐振系统的动能变化为[18]

$$dE=W=Fdy=(m_0 a)dy=m_0 au\,dt \tag{17-117}$$

即在 Δt 时段内，不考虑相对论效应时，谐振系统的动能变化为

$$\Delta E^0 = m_0 ua\Delta t \tag{17-118}$$

在考虑相对论效应时，谐振系统的能量为 $E=mc^2=\dfrac{m_0 c^2}{\sqrt{1-(u/c)^2}}$[19]，谐振系统的动能变化为

$$\begin{aligned}dE &= Fdy \\ &= \dfrac{d(mu)}{dt}dy \\ &= \dfrac{m\,du+u\,dm}{dt}dy\end{aligned} \tag{17-119}$$

在相对论中，由（15-204）式 $m=\dfrac{m_0}{\sqrt{1-(u/c)^2}}$，令 $\sin\alpha=\beta=\dfrac{u}{c}$，$\alpha\in\left[0,\dfrac{\pi}{2}\right)$ 时，则 $\cos\alpha=\sqrt{1-(u/c)^2}$，(17-119)式可以化为

$$\begin{aligned}dE &= \dfrac{m\,du+u\,dm}{dt}dy \\ &= m_0 \dfrac{a}{\cos^3\alpha}u\,dt\end{aligned} \tag{17-120}$$

即在 Δt 时段内，考虑相对论效应时，谐振系统的动能变化为

$$\Delta E' = m_0 ua\Delta t \dfrac{1}{\cos^3\alpha} \tag{17-121}$$

在速度 u 不等于零时，动能增量 $|\Delta E'|$ 总是大于 $|\Delta E^0|$。由于 $|\Delta E'|>|\Delta E^0|$，因此变速直线运动存在辐射。根据能量守恒原理，变速直线运动在 Δt 时段内辐射的总能量为

$$\begin{aligned}\Delta E &= \Delta E' - \Delta E^0 \\ &= m_0 ua\Delta t \dfrac{1}{\cos^3\alpha} - m_0 ua\Delta t \\ &= m_0 ua\Delta t \left(\dfrac{1}{\cos^3\alpha}-1\right)\end{aligned} \tag{17-122}$$

谐振系统做加速直线运动时，能量 ΔE 取正值，谐振系统向环境辐射能量。

根据量子力学主要创始人海森堡提出的不确定性原理的关系式 $\Delta E \Delta t \geqslant \dfrac{h}{4\pi}$，还可以得到一个不含时间的辐射公式

$$\Delta E \geqslant \sqrt{\dfrac{m_0 u a h}{4\pi}\left(\dfrac{1}{\cos^3\alpha}-1\right)} \tag{17-123}$$

式中，h 为普朗克常数。

谐振系统的辐射能是由动能转化而来的，最小质量 m_0 的动能 $\dfrac{1}{2}m_0 u^2$ 应该大于等于它的辐射能，即

$$\dfrac{1}{2}m_0 u^2 \geqslant \Delta E \geqslant \sqrt{\dfrac{m_0 u a h}{4\pi}\left(\dfrac{1}{\cos^3\alpha}-1\right)} \tag{17-124}$$

由上式可以得出最小质量 m_0 的条件

$$m_0 \geqslant \dfrac{ha}{\pi u^3}\left(\dfrac{1}{\cos^3\alpha}-1\right) \tag{17-125}$$

把(17-125)式代入(17-124)式，可以得到一个不含质量和时间的辐射公式

$$\Delta E \geqslant \dfrac{ha}{2\pi u}\left(\dfrac{1}{\cos^3\alpha}-1\right) \tag{17-126}$$

谐振系统向外辐射能量时，总是以尽可能小的份数辐射。在微观领域中，某些形态量的变化是以最小的单位跳跃式进行的，而不是连续的，这个最小的基本单位叫作量子。因此，微观世界里充满了离散的量子，自然界从根本上看是颗粒状的，而不是平滑的。

谐振系统做变速直线运动时，当速度为 u 和加速度为 a 时，谐振系统的辐射能为

$$E=\dfrac{ha}{2\pi u}\left(\dfrac{1}{\cos^3\alpha}-1\right) \tag{17-127}$$

由于简谐振动位移和时间的关系为(16-32)式 $y=A\cos(\omega t+\delta)$，在初相位取为零时，$y=A\cos(\omega t)$，其简谐振动的速度为

$$u=\dfrac{\mathrm{d}y}{\mathrm{d}t}=-A\omega\sin(\omega t) \tag{17-128}$$

而简谐振动的加速度为

$$a=\dfrac{\mathrm{d}u}{\mathrm{d}t}=-A\omega^2\cos(\omega t) \tag{17-129}$$

把(17-128)式和(17-129)式代入变速直线运动的辐射公式(17-127)式 $E=\dfrac{ha}{2\pi u}\cdot\left(\dfrac{1}{\cos^3\alpha}-1\right)$ 后，有

$$E = \frac{ha}{2\pi u}\left(\frac{1}{\cos^3\alpha} - 1\right)$$

$$= \frac{ha}{2\pi u}\left[\frac{1}{\left(1-\dfrac{u^2}{c^2}\right)^{3/2}} - 1\right]$$

$$= \frac{h[-A\omega^2\cos(\omega t)]}{-2\pi A\omega\sin(\omega t)}\left[\frac{1}{\left\{1-\dfrac{[-A\omega\sin(\omega t)]^2}{c^2}\right\}^{3/2}} - 1\right] \quad (17\text{-}130)$$

式中,ω 为辐射频率;$\sin\alpha = \beta = \dfrac{u}{c}$,$\alpha \in \left[0, \dfrac{\pi}{2}\right)$;$A\omega$ 为简谐振动的最大速度。令 $A\omega = \rho c$($0 < \rho < 1$)时,上式可以写为

$$E = \frac{h\omega}{2\pi}\left\{\left[\frac{1}{1-\rho^2\sin^2(\omega t)}\right]^{3/2} - 1\right\}\mathrm{ctan}(\omega t) \quad (17\text{-}131)$$

这一函数的周期为 π。由上式可见,在一个周期内辐射能量 E 的最小值为零,而辐射能的最大值无法确定。对(17-131)式求导后有

$$\frac{\mathrm{d}E}{\mathrm{d}t} = \frac{h\omega^2}{2\pi}\{\csc^2(\omega t) - 3\rho^2\sin(\omega t)\cos(\omega t)\mathrm{ctan}(\omega t)[1-\rho^2\sin^2(\omega t)]^{-5/2} -$$

$$\csc^2(\omega t)[1-\rho^2\sin^2(\omega t)]^{-3/2}\} \quad (17\text{-}132)$$

由此就可以确定辐射能的变化率,即在 Δt 时间内,辐射能量 ΔE 为

$$\Delta E = \frac{h\omega^2}{2\pi}\{\csc^2(\omega t) - 3\rho^2\sin(\omega t)\cos(\omega t)\mathrm{ctan}(\omega t)[1-\rho^2\sin^2(\omega t)]^{-5/2} -$$

$$\csc^2\omega t(1-\rho^2\sin^2\omega t)^{-3/2}\}\Delta t \quad (17\text{-}133)$$

应用海森堡不确定性原理的关系式 $\Delta E \Delta t \geqslant \dfrac{h}{4\pi}$,取最短时间 $\Delta t = h/(4\pi\Delta E)$,代入上式后有

$$\Delta E^2 = \frac{h^2\omega^2}{8\pi^2}\{\csc^2(\omega t) - 3\rho^2\sin(\omega t)\cos(\omega t)\mathrm{ctan}(\omega t)[1-\rho^2\sin^2(\omega t)]^{-5/2} -$$

$$\csc^2(\omega t)[1-\rho^2\sin^2(\omega t)]^{-3/2}\} \quad (17\text{-}134)$$

此函数的周期为 π,画出 ΔE^2 与 ωt 的关系图如图 17-15 所示。

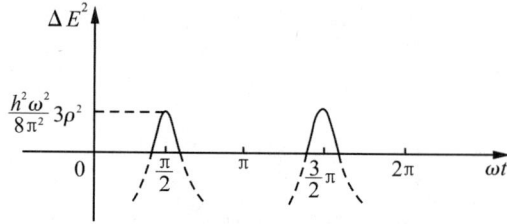

图 17-15 谐振系统的 ΔE^2 与 ωt 的关系

可以看出,函数 ΔE^2 在 $\omega t = k\pi + \pi/2$($k = 0, 1, 2, 3, \cdots$)时出现跳变,并取得最大值

$\Delta E^2=3\rho^2 h^2\omega^2/(8\pi^2)$。当 ν 为振动频率,简谐振动的最大速度取 u,辐射能量只能取正值时,单元的能量(能元)最大值为

$$E_{\max}=\sqrt{\frac{3}{2}}\rho\frac{h\omega}{2\pi}=\sqrt{\frac{3}{2}}\frac{h\omega}{2\pi}\frac{u}{c}=\sqrt{\frac{3}{2}}h\nu\frac{u}{c} \tag{17-135}$$

在兼具时空因子的变速运动中,各个单元的振动频率和空间位移及其速度是存在差异的,在某一时空点上系统的单元的行为并非全同。因此,在最大的能元附近还有其他较小的能元出现。由非全同单元组成的简谐系统振动时辐射并不是单一能量的辐射,它具有一定的能带宽。简谐振动的辐射能量 E 与 ωt 的关系图如图 17-16 所示。

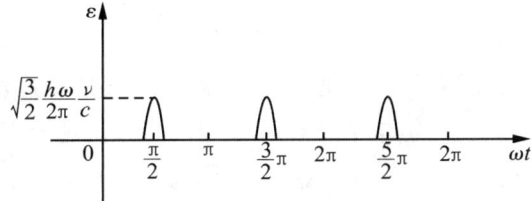

图 17-16 简谐振动的辐射能量 E 与 ωt 的关系

当 $\omega t=k\pi+\pi/2(k=0,1,2,3,\cdots)$ 时,简谐振动发生跳变辐射,这时辐射能量尽可能最小,其加速度 $a=-A\omega^2\cos(\omega t)$ 最大,速度 $u=-A\omega\sin(\omega t)$ 最小。因此,简谐振动是在加速度最大与速度最小时,以跳变的不连续的形式,一份一份地向外辐射能量。加速度最大、速度最小点在一个振动周期 2π 内出现两次,相位差为 π(反相)。在此两点辐射的能量 E,相位也会相差 π(反相)。因此,简谐振动在一个振动周期内会向外辐射出两份反相的能量,每份能量中含有大小不等的各种单元,其能带宽为 $0\sim\varepsilon_{\max}$,即 $0\sim\sqrt{\frac{3}{2}}\frac{h\omega}{2\pi}\frac{u}{c}$。

虽然简谐振动向外辐射能量时,跳变周期为 π,它是振动周期的一半,但是由于相邻两次跳变辐射的能量反相,而同相位的单元出现的周期才是辐射周期,同相位单元出现的频率才是辐射频率,因此,简谐振动的辐射周期等于振动周期,辐射频率等于振动频率。

可以看出,谐振系统做简谐振动时,向外辐射的最大能元与振动频率和振动速度都成正比。当振动速度远远小于光速时,辐射能量很小。这也正是有些机械振动虽然频率很高,但辐射效应还是不明显的缘由。在通常情况下,变速直线运动的辐射能很小,不容易观察。当速度接近光速时,辐射能迅速增大,辐射效应较为明显。

在变速直线运动的辐射中,一种加速度 a 对应一种辐射能 E。变速直线运动的辐射是加速度 a 恒定情况下的一种辐射,这种辐射是由于速度的变化引起的。当加速度 $a=\dfrac{\mathrm{d}u}{\mathrm{d}t}=0$ 时,这种辐射能 $E=0$,这时,变速直线运动就退化到一维线性空间变化的匀速直线运动,匀速直线运动的辐射只是物质位置变化而产生的辐射。

在以往物理的经典理论中,由于没有严格区分,只有在纯时间周期变化的简谐振动中,辐射能量 E 才仅与频率 ν 有关(即 $\varepsilon=h\omega/(2\pi)=h\nu$),与振动速度无关,并且是单一能量的辐射,因此,产生了一定的混淆。通过上述的推演就可以明确,在兼具空间和时间因子的变速运动中,简谐振动的辐射并不是单一能量的辐射,在一份能量中有大小不等的各种单元,其中最大能元为 $E_{\max}=\sqrt{\dfrac{3}{2}}\dfrac{h\omega}{2\pi}\dfrac{u}{c}=\sqrt{\dfrac{3}{2}}h\nu\dfrac{u}{c}$。

令 $\varepsilon\leqslant E_{\max}$ 时,即 $\dfrac{h\omega}{2\pi}\leqslant\sqrt{\dfrac{3}{2}}\dfrac{h\omega}{2\pi}\dfrac{u}{c}$,可以求出满足经典理论的速度值 $u\geqslant\sqrt{\dfrac{2}{3}}c=0.8165c$。可见,当简谐振动的振动速度 $u\geqslant 2.45\times 10^8$ m/s 时,简谐振动的辐射能量才可以取经典理论值 $E=h\omega/(2\pi)=h\nu$。一般来说,人们能观察到的辐射(如微观粒子的振动等),大多来自振动速度接近于光速的简谐振动。当振动速度接近光速时,辐射能量中必然含有 $\varepsilon=h\nu$ 的光子。其实,在 $\varepsilon=h\nu$ 的光子附近,还有其他能量的微观粒子。

微观粒子的简谐振动一般都具备了频率 ν 很高、速度 u 接近光速 c 的条件。辐射的能量取决于频率,还要考虑速度。当简谐振动的频率很高、速度接近光速时,向外辐射的能量很大。例如,对自由中子而言,有理由认为中子做简谐振动时,在速度很大的某瞬时,向外辐射的能量转化成实物粒子电子 $e(\varepsilon=m_ec^2)$ 和反中微子 $\bar{\nu}_e(\varepsilon=36.83\text{ eV})$。这样,就可以把中子的衰变($^1_0\text{n}\rightarrow{^1_1\text{p}}+{^0_{-1}\text{e}}+\bar{\nu}_e$)看成是中子做简谐振动时向外辐射出电子 $^0_{-1}\text{e}$ 和反中微子 $\bar{\nu}_e$,辐射后的中子 ^1_0n 变成了质子 ^1_1p。把中子的衰变看成是中子做简谐振动的辐射时,衰变问题就转换成了辐射问题,因而就可以利用辐射公式研究中子的衰变了。

在兼具时空因子的变速运动中,简谐振动系统的振动既有粒子性又有波动性,德布罗意方程(17-99)式 $E=h\nu=h\omega$ 和(17-100)式 $\vec{p}=\dfrac{h}{\lambda}\vec{e}=h\vec{k}$ 给出了粒子性和波动性的联系。其实,对于匀速运动是只有空间位移,没有时间周期的变化,才能用动量 $p=mu$ 对其进行纯粒子性的表述;而对于只有时间周期的变化,没有空间位移,也才能用 $E=h\nu$ 对其进行纯波动性的表述。德布罗意的研究对象是实物粒子,都是占有一定空间并以一定的时间周期运动的,既有粒子性又有波动性。微观粒子的这种"似粒""似波"双重性已经得到像美国物理学家戴维逊—革末的电子衍射实验的支持。因此,在微观粒子的振动速度接近于光速的情形下,德布罗意方程 $p=\dfrac{h}{\lambda}$ 就应该改写为

$$\lambda=\frac{h}{mu}=\frac{h}{m_0u}\sqrt{1-\frac{u^2}{c_2}} \qquad (17\text{-}136)$$

式中,m_0 为静止质量;m 为动质量。

尽管在微观粒子频率很高与振动速度 u 接近光速 c 时还考虑了相对论效应 $\left(m=\dfrac{m_0}{\sqrt{1-(u/c)^2}}=\dfrac{m_0}{\cos\alpha}\right)$,但还是难以从本质上来认识机械波、电磁波、德布罗意波等

辐射波的内涵,统一揭示兼具空间和时间因子的变速运动系统在简谐振动中的辐射规律。

在兼具空间和时间因子的变速运动中,谐振系统振动的动能为

$$E = \frac{1}{2}mu^2$$

$$= \frac{1}{2}\frac{m_0}{\cos\alpha}u^2$$

$$= \frac{1}{2}\frac{m_0}{\cos\alpha}(c\sin\alpha)^2 \tag{17-137}$$

简谐振动向外辐射能量时,一部分粒子性的机械能就转化成波动性的光能辐射而出,机械能和辐射能存在一定的数学关系。例如,对中子的简谐振动而言,在一个振动周期内只能辐射出一个实物粒子为电子($\varepsilon = h\nu = m_e c^2$),机械能和辐射能的关系为

$$E = h\nu \frac{1}{\cos^3\alpha} = m_e c^2 \frac{1}{\cos^3\alpha} \tag{17-138}$$

式中,m_e 为中子简谐振动辐射出的电子的静止质量。在(17-137)式中,用中子的静质量 m_n 替代一般物质的静止质量 m_0,再代入(17-138)式,就有

$$m_e c^2 \frac{1}{\cos^3\alpha} = \frac{1}{2}\frac{m_n}{\cos\alpha}(c\sin\alpha)^2 \tag{17-139}$$

因此,可以得到中子与电子的质量比

$$\frac{m_n}{m_e} = \frac{2}{\cos^2\alpha \ \sin^2\alpha} \tag{17-140}$$

在简谐振动中物体的位置、速度和加速度都在不停地变化着。在一个周期内简谐振动的平均动能决定了辐射到环境中能量的大小,因而只有位置、速度和加速度三者同时高速变化时,辐射效应才最明显。

由 $P = \dfrac{y}{A} = \cos 2\pi\left(\nu t \mp \dfrac{x}{\lambda}\right)$ 可见,只有一维空间位移而没有时间周期变化的简谐振动或只有一维时间周期而没有空间位置变化的简谐振动,形态变化信息就是简谐波函数,这是最简单的(单色)波函数。这种波动也是由波函数来描述的,在经典的波函数中信息 P 是单一的空间(或时间)变量的函数,因变量 P 和唯一的自变量具有确切的关系和物理含义。

实物粒子或物体占有三维(或二维)空间和一维的时间,其形态变化信息 P(或存在的道理)是多个不同方向(或频率)简谐振动合成的结果,必须由共轭振动函数(一般是复函数)来确定。由于构成具体粒子或物体的多重振动的关系复杂,不仅自变量多个,甚至难以取值,而且共轭的振动函数本身是复合函数,因此这种波函数不对应确切的物理含义。例如,在某处粒子分布的几率(形态变化信息)与该处德布罗意波的振幅平方成正比。波函数的振幅是常数,粒子是等几率分布的,人们可能在空间中任意地方等几

率地观测到粒子。

由此可见,尽管经典力学的机械波和量子力学的德布罗意波描述状态的"语言"不同,但是统一科学可以为人们提供用确定性观点来观察世界和认识世界的途径,统一科学能够给予各种波以统一的本质的解释。

第五节　无线通信载波与调制技术开发

一元系统振动的合成规律可以演绎出波的叠加工作原理,并可应用于无线通信载波技术的开发。无线通信载波技术把原始的微弱的缓变信号加载到一定频率的高频载波上,经过调制后,导体中电流强弱的改变会产生无线电波。根据所控制的信号参量的不同,调制技术可以分为调幅、调频和调相三种。

一、振动与波的叠加原理的应用

在一维二仪质向量坐标系 $\vec{X}$ 的正向太极 $\vec{X}_+$ 和负向太极 $\vec{X}_-$ 内部的多维分质向量空间中,上述关于均衡反向一元系统形态变化规律的讨论似乎凌空蹈虚,但是只要把一维二仪质向量坐标系 $\vec{X}$ 的正向太极 $\vec{X}_+$ 和负向太极 $\vec{X}_-$ 内部的多维分质向量坐标轴具体化或使其显性因子特殊化,就能够生动地反映均衡反向一元系统在平静表观下两个反向子系统针锋相对的形态变化规律。

在一维二仪质向量坐标系 $\vec{X}$ 的正向太极 $\vec{X}_+$ 和负向太极 $\vec{X}_-$ 中,任何一个具体的事物都可以看作均衡反向一元系统,都可以用特殊的显性因子 θ 作为质参量来表示其形态变化规律。通过各种特殊形式的质参量守恒与转化规律可以自然而然地演绎出不同学科已经发现的均衡反向一元系统形态变化规律,可以揭示历史上人们在不同领域所获得的基本规律或经验定律缘何是守恒的或者是对称的内在机制。

统一科学扬弃了在科学的漫漫探索之道上获得的理论成果与经验成果,明晰地揭示了任何稳定存在的事物都可以在一维二仪质向量坐标系 $\vec{X}$ 上用一个反向可逆一元系统或一个定点表示,如果反向可逆一元系统内部两个性质相反的子系统在吸收发射和自发发射的反向发射中实现了动态平衡,两个势均力敌的子系统的互相作用就会使之成为一个均衡反向一元系统。

在一维二仪质向量坐标系 $\vec{X}$ 的正向太极 $\vec{X}_+$ 和负向太极 $\vec{X}_-$ 的二仪空间中,如果反向可逆一元系统的质向量变化量 $\Delta \vec{x}$ 为正质向量,这时正向变化过程的质向量 $\Delta \vec{x}_+$ 大于负向变化过程的质向量 $\Delta \vec{x}_-$,那反向可逆一元系统的形态变化规律就是以吸收发射为主的生发规律。如果反向可逆一元系统的质向量变化量 $\Delta \vec{x}$ 为负质向量,这时负向变化过程的质向量 $\Delta\vec{x}_-$ 大于正向变化过程的质向量 $\Delta\vec{x}_+$，那反向可逆一元系统的形态变化规律就是以自发发射为主的阻尼规律。

把正向变化子系统 A 的质向量 $\Delta\vec{x}_+ = \vec{b} - \vec{a}$ 和负向变化子系统 B 的质向量 $\Delta\vec{x}_- = \vec{a} - \vec{b}$ 相乘，可以得到反向可逆一元系统的质向量为反向平行质向量的内积。根据向量运算规则，由两个平行向量做内积就可以判断平行向量是同向还是异向：内积为正就是同向平行，内积为负就是异向平行。在一维二仪质向量坐标系 $\vec{X}$ 的 $(\vec{X})$ 空间中，反向可逆一元系统进行着双向变化，子系统 $\vec{x}_- \longrightarrow \vec{x}_+$ 的正向变化和子系统 $\vec{x}_- \longleftarrow \vec{x}_+$ 的反向变化是平行共线的变化关系，即 $\lambda = \dfrac{\Delta\vec{x}_+}{\Delta\vec{x}_-}$（$\lambda$ 为实数）。

一维二仪质向量坐标系 $\vec{X}$ 上跨越坐标原点 $\vec{0}$ 的非特定二仪区间可以表示为 $[x_-, x_+]$。反向可逆一元系统在 $x_- \xleftrightarrow{0} x_+$ 的反向发射过程中，正向变化子系统与反向变化子系统的相互竞争关系始终保持，正向太极的质向量变化量为 $\Delta\vec{x}_+ = \vec{x}_+ - \vec{x}_-$，负向太极的质向量变化量为 $\Delta\vec{x}_- = \vec{x}_- - \vec{x}_+$。反向可逆一元系统的质向量变化量用质向量 $\Delta\vec{x}$ 表示就是正向太极变动的质向量 $\Delta\vec{x}_+$ 与负向太极变动的质向量 $\Delta\vec{x}_-$ 两个质向量的叠加，即（13-63）式 $\Delta\vec{x} = \Delta\vec{x}_+ + \Delta\vec{x}_-$。

在一维二仪质向量坐标系 $\vec{X}$ 内部打开低一级的 m 维分质向量空间 $(\vec{X}_1, \vec{X}_2, \cdots, \vec{X}_m)$，如果 m 维分质向量坐标轴都用显性向量因子 $\vec{\theta}_1, \vec{\theta}_2, \cdots, \vec{\theta}_m$ 来表达，吸收发射子系统的分质向量变化量 $\Delta\vec{x}_+$ 与自发发射子系统的分质向量变化量 $\Delta\vec{x}_-$ 也就可以用 m 个显性向量因子 $\vec{\theta}_1, \vec{\theta}_2, \cdots, \vec{\theta}_m$ 的变化量来表达。普适的显性向量因子 $\vec{\theta}_i$ 就像一个"路由器"，为不同失衡条件下的一元系统形态变化规律由一般走向特殊铺平了道路，统一科学由此就可以开拓理论演绎的一片新天地。

为了描述反向可逆一元系统的异质形态变化规律或本质形态分布规律，就要在一维二仪质向量坐标系 $\vec{X}$ 上打开其内部多维分质向量空间 $(\vec{X}_1, \vec{X}_2, \cdots, \vec{X}_m)$。虽然均衡反向一元系统的两个子系统的反向变化规律很容易因为均等而被隐蔽，但是在多维分质向量空间中就可以显山露水，特别是对一维二仪质向量坐标系 $\vec{X}$ 进行垂向转置后就会更为突显。

例如，在一维二仪质向量坐标系 $\vec{X}i$ 上打开其内部 $(\vec{P}_\perp, \vec{S}_\perp)$ 二维分质向量空间或 $(\vec{N}_\perp, \vec{n}_\perp, \vec{E}_\perp, \vec{E}_{\neq\perp}, \vec{\varepsilon}_\perp)$ 五维分质向量空间，如果两个反向可逆的子系统在近平衡态的形态变化达至均衡，均衡反向一元系统的两个子系统围绕着某一变相点发生一定幅度的反向可逆变动，所得到的均衡反向一元系统的简谐振动规律就是余弦函数。如果反向可逆一元系统的两个子系统不均衡，两个子系统在变相点附近涨落或循环运动，则可以得到生发振动规律或阻尼振动规律。

反向可逆一元系统的两个子系统在某一变相点附近的涨落或循环运动形成振动，振动系统与周围环境是相互联系和相互作用的，振动系统在振动过程中就会把振动及其能量辐射到环境中,环境介质作为受迫振动系统就会以波的形态把振源的振动传播出去。无阻尼的环境介质完全接受做简谐振动振源的辐射就会产生简谐波。

不同的环境介质一般都是由具体的特殊形态的物质构成的,在与振动系统的相互联系和相互作用中总是要对振动系统的振动产生一定阻力,就会出现因克服阻力做功而使变动力减小和能量衰减以及振幅逐渐减小,使振动过程成为阻尼振动;而环境介质在传播振动的过程中也会因为能量被吸收损耗而使波的强度逐渐衰减。不过,阻尼振动系统也会因为辐射阻尼引起能量的减小,所以阻尼振动系统传播波的过程也是一个波的强度逐渐衰减的过程。例如,人们在一个平静的水面上投入一块石头,就会在水面上看到渐次开去的圆形表面波,如图 17-17 所示。但是,由于作为弹性介质的水体在受到石头冲击时会形成阻尼振动,因此水面传播波的过程是一个波的强度逐渐衰减的过程。

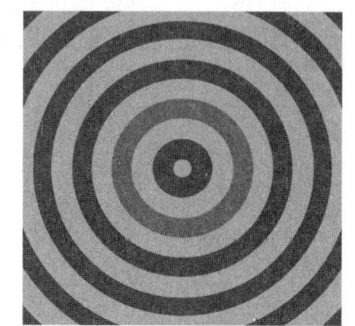

图 17-17 水面传播的圆形表面波

波是沿着恒定方向在环境介质中独立地前进的,从不同振源定向发出的几列波在空间相遇时要遵循向量叠加原则,如此就会出现波的干涉以及驻波和拍等现象,在不同的环境介质和不同方向还会有反射、折射、衍射等现象。

在一维二仪质向量坐标系 $\vec{X}$ 的二仪空间中,反向可逆一元系统形态有着极其丰富的现象,这些现象都可用反向可逆一元系统异质形态变化规律或本质形态分布规律得以解释。不过,正如英国艺术评论家与作家库克在 20 世纪初所指出的:"法则表达的是已有的知识。法则是对事件次序的记录。在条件相同的情况下,我们认为同样的事件会发生是正确的。但是,例外给我们以未来发展的希望。法则是对一组核心关系的陈述,而关系是会发生偏差的。在核心关系发生变化的时候,偏差就具有方向性,否则,偏差就形成公式的组成部分。如果,而且在我们发现并说明了某条法则,也就是在例外之中占有主导地位的次序,我们一定会进一步发现偏差,其中的法则就是可以发现的。"[20]

统一科学揭示的反向可逆一元系统的异质形态变化规律或本质形态分布规律并不仅仅是用于阐释世界的理由,而且可以能动地形成应用技术,为人类的社会生活和生产等服务。例如,从某一个振源传出的波的波强度是随着距点源距离的增加而衰减的,属于无后效波,可以用来搭载信号。所以,人们可以清晰地通过声波和电磁波来互相交流。现就以无线电技术与信息的电磁传播为范例,来比较详细地说明统一科学揭示的反向可逆一元系统振动规律不仅可以演绎出波的叠加工作原理,而且可以形成载波技术。人们只要自觉地利用叠加在其他运动上的波,就可以改变人类社会的生活。

二、无线通信载波与调制技术开发

信息如同物质和能量一样,是人类赖以生存和发展的基础资源之一。信息可以是语音、文字、符号、音乐、图像等。信息作为一种重要的资源和财富,影响着社会的运转,使人们社会生活的范围得以扩大而节奏得以加快。人类社会需要进行信息的相互交流,社会越进步,相互交流信息越多。在不同的时代,通信都是人们参与社会活动和相互交流信息的基本手段。通信系统是人类社会相互交流信息的工具。

从远古至今,人类通信的历史延续了上万年,古代曾经以击鼓鸣金、文字、信标、信鸽、旗语、烽火、驿站等作为主要的通信方式。随着社会生产力、科学技术的发展和社会的进步,通信技术逐步发展,信息传递的工具也在变革。19世纪,人们开始了用电信号传送信息;1837年,美国人莫尔斯发明了人工电报装置,1876年,美国发明家贝尔发明出电话装置;1887年,德国物理学家赫兹宣布了产生和接收到电磁波的消息;1889年,美国发明家特斯拉发明了无线输电方法;1901年,意大利无线电工程师马可尼成功地实现了横跨大西洋的无线电通信;从此,传输电信号的通信方式得以广泛应用和迅速发展。

一百多年来,通信技术手段的变革大大地加快了信息的传递速度,扩大了信息的传递范围,使人类的通信方式产生了质的飞跃。电信业务从固定电话、电报、传真等传统业务领域拓展到了卫星通信,蜂窝移动通信等领域,模拟通信向数字通信和无线移动通信过渡,计算机互联网与通信网络技术不断融合与相互促进,现代通信网以其宏大的规模、广泛的覆盖以及强大的渗透性,深刻地影响到社会、经济、政治、军事、科技、文化和人民生活的方方面面,成为国民经济的先导性和基础性信息平台,并取得了令人惊叹的辉煌成就。

通信作为信息科学的一个重要领域,不仅与人类的社会活动、个人生活与科学活动密切相关,而且也有其独立的技术理论体系。在通信系统的发展过程中产生了很多理论,如信息论、调制理论、检测理论、编码理论等,也发展了多种多样的通信手段,如有线通信、无线通信、卫星通信、移动通信等。尤其是20世纪的后20年,通信技术得到了飞速发展,使通信技术、计算机技术和微电子技术相结合形成了新的学科——信息学科。

通信的目的是为了完成信息的传输和交换。通信是有效地传递信息的手段,就是把信号从一个地方传送到另一个地方,将信息从发送器传送到接收器。任何一个通信系统都是从一个称为信源的时空点向另一个称为信宿的目的点传送信息的。在通信领域,信源是消息的来源,是消息的产生者或接收者。消息是通信系统要传送的对象,是信息的表现形式,它由信源产生,如语音、图像、文字或某些物理参数等。信号是消息的载体,消息是靠信号来传递的。信号一般为某种形式(如电信号、无线电、光)的电磁能。

在通信领域中,发展最快和应用最广的就是以无线电波为载体的通信。无线通信是利用电磁波信号可以在自由空间中传播的特性进行信息交换的一种通信方式,主要包括微波通信和卫星通信。无线电波是指从长波波段,经过中波波段、短波波段到微波波段的各种电磁波。无线通信就是选取一定频率范围的电磁波作为载体,把信号放在这载体波上通过天线发射出去,接收端选择载体波频率的电磁波,加以放大,从中提取信号。[21]

无线通信技术是通过无线电波传播信号的技术,其最基本的工作原理就是利用了振动的合成规律和波的叠加开发了载波技术,而导体中电流强弱的改变会产生无线电波。通过波的独立传播定律,人们知道了从不同振源发出的几列波在空间中相遇时,各个波将保持各自原有的特性(频率、波长、振幅、振动方向等)不变而继续传播。但是,当几列波同时传播到同一空间时,空间各点的单元必然同时参与每一列波在该点的振动。由于各列波的振幅、频率和初相位不同,再加上从不同的方向传播到同一点时,环境空间中的受迫振动系统的形态变化必然有多种多样的干涉形式。

辐射是振源振动的能量向环境系统的传递,任何在平衡态附近做振动的振源,都会向外环境辐射能量。既然每一个振源都会辐射能量到环境之中,那么振源自身的能量越大,辐射的效果就越明显。对于辐射阻尼很小的外环境,接受振源辐射的效应也越明显,由此而产生的波动效果也越明显。

在理想的 LC 振荡闭合电路中可以发生无阻尼电磁振荡,但是在这被假设为完全孤立的封闭"腔体"内发生的简谐振动是没有能量辐射的,因而必须开放振荡电路。在实际开放的振荡电路中,只要发生电磁振荡就会有电磁波发送出来。电磁波是由振荡电路(振源)产生的受迫振动向环境介质传播的过程;在向周围空间传播时,变化电场和变化磁场所具有的能量也随着一同传播。开放的振荡电路发送电磁波的过程就是向外环境辐射能量的过程。振源的振动频率越高,向外环境辐射的能量就越大;而对于同样阻尼的环境产生受迫振动后,波动传播的范围就越广。所以,要使电磁波有效地发送到周围空间,就必须通过开放振荡电路(由天线和地线组成)等方式来实现。

(一)载波技术

电磁波能在广大的媒质空间以光速或接近光速传播,是传递信息的理想载体。人们发送电磁波的目的就是要传递语言、声音、文字、图像、符号等信号。但是,作为表示信息的原始的信号,其能量往往是微弱的,信号的频率也不高,因此传播的范围极其有限。幸好,人们在一维二仪质向量坐标系 $\vec{X}$ 上认识了相同方向振动的合成规律和不同振幅、不同频率或不同初相的各种波的合成规律后,就可以能动地运用波的叠加原理,使得信号波承载在其他的波之上而一起发送。

在第十六章第三节"阻尼振动的形态变化规律及应用"中已经论述了,阻尼振动规律(16-70)式 $n = C_N e^{-\beta E} \cos(\kappa E + \delta)$ 就是同向平行自发发射的近平衡态形态变化负指数信息函数与简谐振动余弦信息函数的乘积。如果平行发射的两个子系统参与振动的异质单元数相差过大,反向可逆一元系统的形态变化基本上就取决于振动单元数较小的子系统的形态变化。如果这种同向平行发射的阻尼振动是能量微弱的信号(可以是规则的周期性振动,也可以是无规则的非周期性振动)与能量强大的载波简谐振动的合成,那么就可以利用波的叠加规律来实现载波传输信息。这种通过电磁波的信息搭载技术就叫作载波技术。[22]

载波技术的主要方法就是把表示信息的原始的微弱的缓变信号加载到一定频率的高频载波上,使载波的频率、幅度或相位发生相应的变化(称为"调制")。由于经过调制后的无线电波信号中包含有原始信号的信息,通过空间传播到达收信端后,电波引起的电磁场变化又会在导体中产生电流。经过解调和滤波等一系列过程后,可以使原信号从电流变化中提取出来,信息得以恢复。例如,传统的无线电通信的载波电话通信是把低频话音信号(人的话音信号频率是在 $100\sim7500$ Hz)叠加到高频的载波上,使载波的幅度随着话音信号幅度的变化而变化。无线电波沿地球表面传播的叫地波,从空中传播的叫天波。天波是靠高空的电离层反射来传输的,因此又叫反射波。在远距离接收端只要用适当的解调装置就可以把原信号不失真地恢复出来,从而达到通信传递信息的目的。

电磁波在媒质空间的传播是波和媒质相互作用的过程。载波作为信号传输发射的"载体"电波,在没有加载普通信号时,载波的频率一般要远远高于所要传输信号的频率,高频信号的波幅是固定的,加载之后波幅就会随着普通信号的变化而变化。由于电磁波频率越低,向环境空间的发射能力越差,而通过调制就能把低频的信号和高频的载波混合在一块,使得低频信号的频率变高而得以发射。

由于波速 u 为频率 ν 和波长 λ 的乘积($u=\nu\lambda$),在同样的传播速度下,波长和频率成反比。作为高频率的载波,必然是波长较短。因此,在无线通信中,长波(LW)靠地波传播,主要用于楼宇内的无线报警、无线安防和业余电台;中波(MW)广播主要靠地波传播,也伴有部分天波,在地区广播通信中广为使用;短波(SW)(高频 HF)靠天波传播,用作全球性的国际通信媒介;超短波(甚高频 VHF)不仅适合城市高保真短距离广播和航空导航通信,也适合国际通信传送信号;微波则应用于太空和人造卫星通信等领域。

(二)调制方式

对于两个初相位相同且为零($\delta_1=\delta_2=0$)的简谐振动 $y_1=A_1\cos(\omega_1 t)$ 和 $y_2=A_2\cos(\omega_2 t)$,若振幅相同($A_1=A_2=A_0$),角频率 ω_1 和 ω_2 不同,其合位移可用(17-39)式 $y=A_0\cos(\omega_1 t)+A_0\cos(\omega_2 t)=2A_0\cos\left(\dfrac{\omega_2-\omega_1}{2}t\right)\cos\left(\dfrac{\omega_2+\omega_1}{2}t\right)$ 表达。如果引入一个"平均"角频率 $\omega_{平均}=(\omega_1+\omega_2)/2$ 和一个"调制"角频率 $\omega_{调制}=(\omega_1-\omega_2)/2$,它们的和及差分别为[21]

$$\omega_1 = \omega_{平均} + \omega_{调制} \tag{17-141}$$

$$\omega_2 = \omega_{平均} - \omega_{调制} \tag{17-142}$$

那么,(17-39)式可以改为

$$\begin{aligned} y &= A_0\cos(\omega_1 t) + A_0\cos(\omega_2 t) \\ &= A_0\cos(\omega_{平均}t + \omega_{调制}t) + A_0\cos(\omega_{平均}t - \omega_{调制}t) \\ &= 2A_0\cos(\omega_{调制}t)\cos(\omega_{平均}t) \\ &= A_{调制}(t)\cos(\omega_{平均}t) \end{aligned} \tag{17-143}$$

其中

$$A_{调制}(t) = 2A_0\cos(\omega_{调制}t) \tag{17-144}$$

由此可见,可以把(17-143)式和(17-144)式看成是代表一种角频率为 $\omega_{平均}$、振幅为 $A_{调制}$ 的振动,而这里的 $A_{调制}$ 不是一个常数,而是按照(17-144)式随时间而变化的。当 ω_1 和 ω_2 的大小可相比拟时,以(17-143)式和(17-144)式的形式来写出叠加式(17-39)式是十分有用的。这时,调制频率比平均频率要小得多,即 $\omega_1 \approx \omega_2$ 和 $\omega_{调制} \ll \omega_{平均}$。在这样的情况下,调制振幅 $A_{调制}(t)$ 在 $\cos(\omega_{平均}t)$ 的几次所谓"快"振动内,只是稍许有些变化。因此,(17-143)式对应于一个频率为 $\omega_{平均}$ 的"准谐振动"。当然,如果 $A_{调制}$ 确实是一个常数,就代表一个角频率为 $\omega_{平均}$ 的严格的简谐振动。那时 $\omega_{平均} = \omega_1 = \omega_2$,因为只有 $\omega_{调制}$ 为零,$A_{调制}$ 才为常数。如果 ω_1 和 ω_2 只稍微有些不同,那么角频率分别为 ω_1 和 ω_2 的这样两个振动的叠加就称为"准谐振动"或"准单色的振动",其振动频率为 $\omega_{平均}$,其振幅有一个缓慢的变化。

在通信领域中,调制是指用一个信息转换的电信号(调制波也称原信号)以某种方式去控制另一个电振荡(载波)的某个参量,从而产生已调制信号的过程。对应于信号的幅值、频率和相位中三个要素,根据所控制的信号参量的不同,调制可以分为调幅、调频和调相三种。

(1)调幅(用 AM 表示)是将一个高频简谐信号(载波信号)与调制信号相乘,使载波的信号振幅随着调制信号的大小变化而变化的调制方式,即用载波频率在基本载波频率基础上的变化来反映信号。调幅的目的是为了便于缓变信号的放大和传送,然后再通过解调从放大的调制波中取出有用的信号。经过调幅的电波叫调幅波,调幅波是一个载波幅度跟随调制音频幅度变化而变化的调制方式。幅度调制的特点是载波的频率始终保持不变,它的振幅却是变化的,其幅度变化曲线与要传递的低频信号是相似的。在接收端去掉载波只看包络,这个包络就代表了要传递的信息,其振幅变化曲线称之为包络线,如图 17-18 所示。调幅波的振幅大小,由调制信号的强度决定。调幅过程就

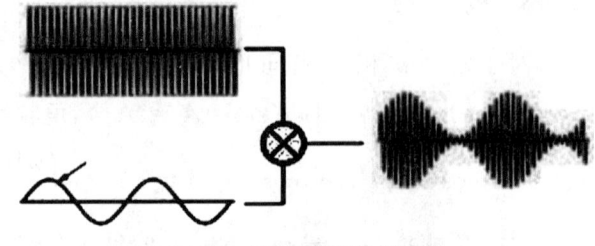

图 17-18 调幅波及其包络线

相当于频谱"搬移"过程。

(17-143)式给出了调幅振动的形式。当振动信号是调幅信号时,设载波频率为 ν_c、调制频率为 ν_i,则调幅后的信号 $y(t)$ 可用下式表示

$$y(t)=A[1+b\cos(2\pi\nu_i t)]\sin(2\pi\nu_c t+\delta) \qquad (17\text{-}145)$$

式中,b 为调制因数,它取决于故障性质和程度;δ 为初相位。

上述调幅信号在频域中的表示为

$$y(\nu)=\frac{A}{2}\delta(\nu-\nu_c)+\frac{Ab}{4}\delta(\nu-\nu_c-\nu_i)+\frac{Ab}{4}(\nu-\nu_c+\nu_i) \qquad (17\text{-}146)$$

可见,发射端所输出的波是由频率为 ν_c 的规则波(载波)和两个新频率的波的三列波叠加在一起的。两个新频率中,一个是载频加上调频,另一个是载频减去调频。调幅信号的频谱如图 17-19(a)所示。

当调制信号是一个多频率成分的信号 $h(t)$ 时,调制后的振动信号为

$$y(t)=A[1+h(t)]\sin(2\pi\nu_c t+\delta) \qquad (17\text{-}147)$$

如果设定调制系统是线性的,则 $h(t)$ 的每一个频率都将产生一对边带,从而形成一个边带族,其频谱如图 17-19(b)所示。

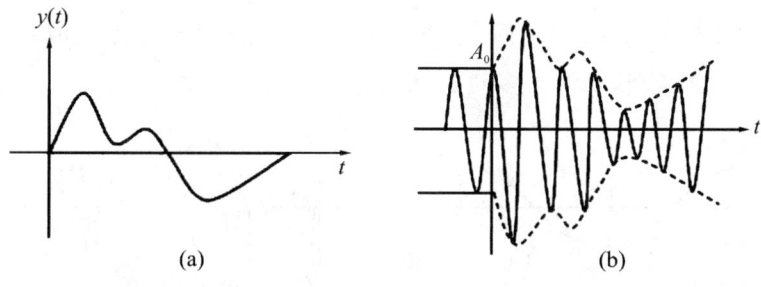

图 17-19 调幅信号的频谱与边带族频谱

(2)调频(用 FM 表示)是使载波的瞬时频率随着调制信号的大小而改变,但幅度保持不变的调制方式,即用载波的振幅变化来反映信号。因为电路的频率与电感和电容的组合有关,通过改变电路的电感或电容,就可以改变电路频率。经过调制就得到了一个频率随着调制信号变化而变化的已调信号,称之为"调频信号"。已调波频率变化的周期由调制信号的频率决定。调频的时候,相位不一定变化。经过调频的波叫调频波。调频波的波形就像是个被压缩得不均匀的弹簧。调频的特点是频宽窄,对于阻碍物的穿透能力弱,但是传输距离长。

在频率调制技术中,调制体的振幅同样对频率调制起关键作用,调制体振幅影响着载波频率调制后变化的深度。假如调制信号的振幅是 0,就不会出现任何调制,因此载波的频率变化同样受调制体振幅大小变化的影响。当调制信号的幅度为零时,调频波的频率称为中心频率 ω_0。当用一个完整的调制信号(即调制信号的幅度做正负变化)对高频载波进行调频时,调频波的频率就围绕着 ω_0 而随调制电压线性地改变。当调制

信号向正的方向增大时,调频波的频率就高于中心频率;当调制信号向着负的方向变化时,调频波的频率就低于中心频率。

可见,调制信号的幅度越大,频率的偏移也越大,调频波以其频率的变化代表着调制信号的特征。调频技术在声音合成方面是最有效的合成技术之一。载波频率、调制体频率以及调制数值大小是影响 FM 合成理论的重要因素。

当振动信号为调频信号时,设调制信号为 $\cos(2\pi\nu_i t)$,则频率调制的信号可用下式来描述

$$y(t) = A\sin(2\pi\nu_c t) + \frac{\Delta\nu_m}{\nu_i}\cos(2\pi\nu_i t + \delta) \tag{17-148}$$

式中,$\Delta\nu_m \cos 2\pi\nu_i t$ 为频率偏差;$\Delta\nu_m$ 为最大频率偏差;δ 为初相位。

调频振动信号的频谱函数为

$$y(t) = \frac{A}{2}\left\{J_0 \frac{\Delta\nu_m}{\nu_i}\zeta(\nu - \nu_c) + \sum_{n=1}^{\infty} J_m \frac{\Delta\nu_m}{\nu_i}[\zeta(\nu - \nu_c - n\nu_i) + (-1)^n \zeta(\nu - \nu_i + n\nu_i)]\right\} \tag{17-149}$$

式中,$J_n(\Delta\nu/\nu)_i$ 为第一类 n 次贝塞尔系数。

由上式可知,调频的振动信号包含有无限多个频率分量,并以载波频率 ν_c 为中心,以调制频率 ν_i 为间隔,形成无限多对的调制边带,如图 17-20 所示。

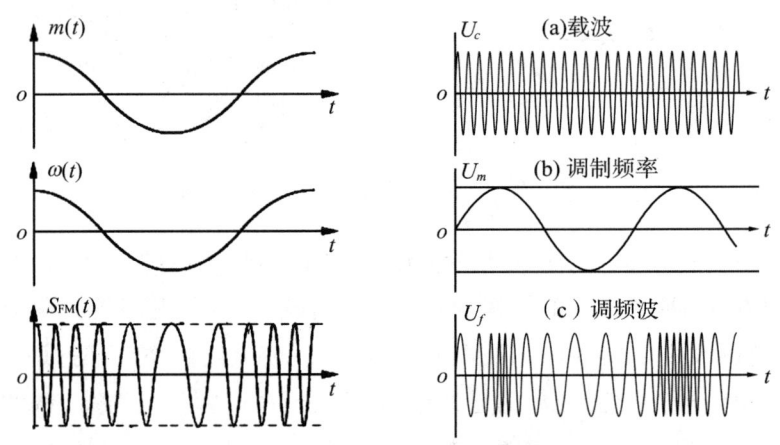

图 17-20 调频振动的多对调制边带

(3)调相(用 PM 表示)是利用原始信号控制载波信号的相位调制方式,使载波相位随调制信号而改变,即用载波的相位变化来反映信号。相位调制是载波的振幅 A 和角频率 ω_c 保持不变,瞬时相位偏移随调制信号 $m(t)$ 成比例变化的调制。此时,瞬时相位偏移可表示为

$$\varphi(t) = K_{PM} m(t) \tag{17-150}$$

式中,K_{PM} 称为相移常数。

相位调制信号的时域表达式为

$$s_{PM}(t)=A\cos[\omega_c t+K_{PM}m(t)] \qquad (17-151)$$

设调制信号单频余弦信号

$$m(t)=A_m\cos(\omega_m t) \qquad (17-152)$$

当它对载波进行调制时，由（17-151）式 $s_{PM}(t)=A\cos[\omega_c t+K_{PM}m(t)]$ 可得调相信号为

$$\begin{aligned}s_{PM}(t)&=A\cos[\omega_c t+K_{PM}A_m\cos(\omega_m t)]\\&=A\cos[\omega_c t+\beta_{PM}\cos(\omega_m t)]\end{aligned} \qquad (17-153)$$

式中，$\beta_{PM}=K_{PM}A_m$ 称为调相指数。

调相的同时，频率也一定会变化，PM 信号的时域波形如图 17-21 所示。调相与调频的机理是一样的，所以调相振动信号的频谱图上也存在无限多个边带。

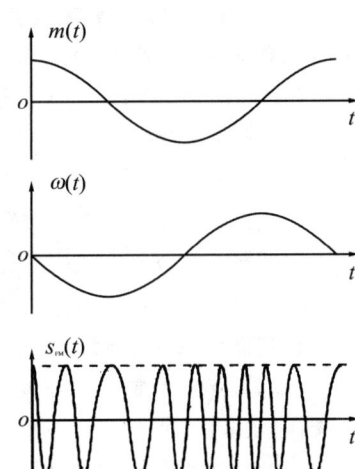

图 17-21　调相振动信号的频谱

上述这三种调制方式的实质都是对原始信号（要传送的调制信号）进行频谱搬移，将低频率信号的频谱搬移到所需要的较高频带上，从而满足信号传输的需要。当调制的信息为模拟信号时，即为模拟调制；当调制的信息为数字信号时，即为数字调制。在数字调制的情况下，载波被调制为脉冲状态，根据其波形数量，还可以分为二进制和多进制。对于二进制调制，一个载波脉冲携带 1 位信息；对于 M 进制调制，一个载波脉冲携带 $\log_2 M$ 位信息，即多进制提高了频谱的利用率。

利用载波技术可以实现"频分复用"，即在同一条线路上利用各种不同频率的高频载波来"载送"多路信号，使它们在同一条线路上同时传送而互不干扰，信号传到对方后再进行还原和各路分离。一代接一代的移动通信系统是集成多功能的宽带移动通信系统，就是利用多载波调制技术和多载波基站来实现移动通信网络的多路通信，可以在不同的固定的无线平台和跨越不同的频带的网络中提供无线服务，可以在任何地方用宽带接入互联网（包括卫星通信和平流层通信），并能够提供定位定时、数据采集、远程控制等综合功能。

总之，将不同的信号调制为不同的载波频率，在接收端接收到了载有信号的电磁波后，使用不同频率特性的滤波器就可以接收所需要的信号，这样就实现了通信。无线电通信是应用载波技术进行无线通信传输的典型。无线通信技术的特点是传输电磁波频率比较高且能减少实物吸收，因而才能成为广播、通信和网络行业的主要手段。

参考文献

[1]米格达尔.科学家成功之路[M].祁小贞,译.北京:电子工业出版社,1986:266.

[2]傅里叶.热的解析理论:导读[M].桂质亮,译.北京:北京大学出版社,2008:8.

[3]杨帮华,李昕,杨磊,等.模式识别技术及其应用[M].北京:科学出版社,2016:40-43.

[4]维纳.控制论[M].郝季仁,译.北京:科学出版社,1962:45-60.

[5]楼望和.标准尺,万能尺:漫谈频率[J].自然杂志,1981,4(5):339-342.

[6]钱显毅,钱显忠,钱爱玲.应用物理学[M].北京:中国水利水电出版社,2012:246.

[7]哈里德,瑞斯尼克.物理学:第2卷,第1册[M].北京:科学出版社,1978:388.

[8]李新洲,徐建军.现代数学及其应用[M].上海:上海科学技术出版社,2006:137-146.

[9]孙义燧.非线性科学若干前沿问题[M].北京:中国科学技术大学出版社,2009:59-123.

[10]魏诺.非线性科学基础与应用[M].北京:科学出版社,2004:238-251.

[11]杨维纮.力学[M].2版.北京:中国科学技术大学出版社,2004:391-399.

[12]费恩曼,莱顿,桑兹.费恩曼物理学讲义:第1卷[M].新千年版.郑永令,华宏鸣,吴子仪,等译.上海:上海科学技术出版社,2013:285-293.

[13]母国光,战元令.光学[M].北京:人民教育出版社,1978:1-2.

[14]弗伦奇.振动与波[M].徐绪笃,译.北京:人民教育出版社,1981:236.

[15]张天蓉.电子,电子!谁来拯救摩尔定律[M].北京:清华大学出版社,2014:61.

[16]程檀生.现代量子力学教程[M].北京:北京大学出版社,2006:15-16.

[17]费恩曼,莱顿,桑兹.费恩曼物理学讲义:第3卷[M].潘笃武,李洪芳,译.上海:上海科学技术出版社,2005:13-14.

[18]曾民勇.各向异性谐振子的能级简并[J].福建师范大学学报(自然科学版),1986(1):37-44.

[19]基特尔,奈特,鲁德尔曼.力学[M]SI版//伯克利物理学教程:第1卷,2版.陈秉乾,等译.北京:机械工业出版社,2016:338.

[20]库克.生命的曲线[M].周秋麟,陈品健,戴聪腾,译.长春:吉林人民出版社.2000:550-551.

[21]高崇寿,谢柏青.今日物理[M].北京:高等教育出版社,2004:165-169.

[22]熊皓.电磁波传播与空间环境[M].北京:电子工业出版社,2004:21-22.

[23]克劳福德.波动学[M]//SI版.伯克利物理学教程:第3卷.卢鹤绂,译.北京:机械工业出版社,2016:24-27.

四象篇

四象平面与正交规律

- 第十八章 二维平面与映射论
- 第十九章 垂向叠加与太极图

宇宙之间，一理而已

——朱熹

第十八章

二维平面与映射论

第一节 二维二仪坐标与四象世界

扩充一维质向量坐标系的维度就可进入二维二仪质向量坐标系 $\vec{X}\vec{Y}$ 的四象世界,并为描述二元系统的阴阳变化提供平台。二维二仪质向量坐标系 $\vec{X}\vec{Y}$ 可定质、定向、定量地刻画二元系统受到非平行作用的形态变化规律;而二维笛卡尔直角坐标系 OXY 只是一种特殊类型的仿射平面坐标系,是以平面的点集和有序实数来表达二元系统形态的。

一、质向量坐标系维度的进阶

建立不同的理性认知体系,就开启了由不同质向量坐标轴撑起的认知空间,而不同的认知空间决定着人们的世界观,也决定着人们认知事物形态的广度和深度。"无极生太极"是从混沌迈向理性认知的第一步,作为太极的一维仿射坐标系具有定质、定量与定向的度量基准,因而可以建立最基本的一维正向质向量坐标系 $\vec{X}_+$。

在一维正向质向量坐标系 $\vec{X}_+$ 的 $(\vec{X}_+)$ 空间中,一个单元系统的确定形态对应着一个定点 $\vec{A}_+$。当单元系统从此形态 $\vec{A}_+$ 向彼形态 $\vec{B}_+$ 变化时,就是经历了一维正向质向量坐标系 $\vec{X}_+$ 上 $\vec{A}_+$ 点到 $\vec{B}_+$ 点的一个有向直线段,其 $\langle \vec{B}_+ | \vec{A}_+ \rangle$ 的形态变化规律就对应着在 $[\vec{A}_+, \vec{B}_+]$ 区间的质向量变化量 $\Delta \vec{x} = \vec{x}_{B_+} - \vec{x}_{A_+}$。如果 $\vec{A}_+$ 点就在原点,$[\vec{A}_+, \vec{B}_+]$ 区间的质向量变化量为一元正向单位质向量 $\Delta \vec{x} = \vec{e}_+$,那么一元正向单位质向量 $\vec{e}_+$ 就对应着单元系统形态转化基元过程。虽然人们难以分辨基元过程的形态转化规律,但只要在一维正向质向量坐标系 $\vec{X}_+$ 内部打开 m 维分质向量空间,单元系统从此形态向彼形态的变化是通过一定区间的各个分质向量内在关系来表示其形态变化序列的,如此就可以揭示单元系统形态转化基元规律,也可以得到单元系统形态变化规律在

准平衡态、近平衡态、远离平衡态和多级连串形态变化以及多元并发形态变化所表现的不同形式。

例如,在一维正向质向量坐标系 $\vec{X}_+$ 中打开其内部的 $(\vec{P}_+,\vec{S}_+)$ 二维分质向量空间,在省却分质向量关于方向的规定时,信息 P_+ 和熵 S_+ 这两个分质变量的关系式就可以反映单元系统形态变化规律。在一维正向质向量坐标系 $\vec{X}_+$ 中打开其内部的 $(\vec{N}_+,\vec{n}_+,\vec{E}_+,\vec{E}_{+\neq},\vec{\varepsilon}_+)$ 五维分质向量空间,在省却分质向量关于方向的规定时,总体单元数 N_+、异质单元数 n_+、能量 E_+、能阈 $E_{+\neq}$ 和能元 ε_+ 这五个分质变量的关系式也可以反映单元系统形态变化规律。

既然理性认知体系可以建立一维正向质向量坐标系 $\vec{X}_+$ 的认知坐标系,也就可以建立一维负向质向量坐标系 $\vec{X}_-$;可以建立正向太极 $\vec{X}_+$,也就可以建立负向太极 $\vec{X}_-$。如此,由正向太极(阳极)$\vec{X}_+$ 与负向太极(阴极)$\vec{X}_-$ 可以共同组成二仪 $\vec{X}$,由一维正向质向量坐标系 $\vec{X}_+$ 与一维负向质向量坐标系 $\vec{X}_-$ 也可以共同组成一维二仪质向量坐标系 $\vec{X}$。

进入比一维正向质向量坐标系 $\vec{X}_+$ 稍为复杂的一维二仪质向量坐标系 $\vec{X}$ 的二仪世界,是人的认识能力提高的必然。在二仪世界里,人们所形成的阴阳变易世界观或形而上学的不易世界观都是太极世界里变易世界观的拓展。在由正向太极 $\vec{X}_+$ 和负向太极 $\vec{X}_-$ 共同构成的性质截然相反的一维二仪质向量坐标系 $\vec{X}$ 的二仪空间中,一元系统形态是否发生变化就要用阴阳二仪作为度量准则。在一维二仪质向量坐标系 $\vec{X}$ 的二仪空间中,一元系统形态的变化无非就是质向量(包括性质、数量和指向)的变化,一元系统从此形态向彼形态的变化不仅可以在正向太极 $\vec{X}_+$ 的空间单向变化,而且可以在负向太极 $\vec{X}_-$ 的空间单向变化,还可以在跨越一维二仪质向量坐标系 $\vec{X}$ 的二仪空间双向变化。

如果一维二仪质向量坐标系 $\vec{X}$ 的一维二仪单位质向量 $\vec{e}$ 是以变相点为中心、两种性质相反的阴阳为两翼的质向量,则用 $\vec{e}$ 就可以度量具阴阳属性的一元系统形态。一元系统是最简单的单元系统,在自然界中和人们的认知过程中广泛存在着,任何具有一种基质的系统都称为一元系统。例如,物理学中两相共存的现象有固液共存、液气共存和固气共存等,这些两相共存的形态只要构成系统的基质没有变化就是一元系统,两相共存的形态就是一元系统的两种形态。

一元系统的两种不同形态可以用阳爻"—"和阴爻"– –"来代表,但是要定质、定量、定向地度量一元系统的形态就要借助于一维正向单位质向量 $\vec{e}_+$ 或一维负向单位质向量 $\vec{e}_-$ 这两个"基元态"。任何一元系统形态的变化(包括性质、大小和指向的变化)都是其质向量的变化,一元系统从此形态向彼形态的变化对应着一个变质向量。在一维二仪质向量坐标系的二仪空间中,人们可以理性地揭示反向可逆一元系统的形态变化规律。

要在一维二仪质向量坐标系 $\vec{X}$ 的二仪空间中认识一元系统从此形态向彼形态变

化过程的规律,就要在一维二仪质向量坐标系 $\vec{X}$ 打开其内部的多维分质向量空间,通过揭示各个分质向量的内在关系,就可以得到一元系统不同失衡态的异质形态变化规律或本质形态分布规律。不论是从一个平衡态到另一个平衡态,还是从一个平衡态到另一个失衡态(准平衡态、近平衡态和远离平衡态),还是在多级连串发射或同向并行发射过程中,一元系统的异质形态变化规律或本质形态分布规律在不同的二仪区间都有各自不同的表现形式。

在一维二仪质向量坐标系 $\vec{X}$ 的二仪空间中,当反向可逆一元系统同时受到来自环境的两个反方向的作用时,这个一元系统就将参与两个不同方向的形态变化而产生振动。简谐振动是反映振动现象中的一种理想的自由振动类型,其规律就是表示均衡反向一元系统的形态变化规律。阻尼振动、生发振动和受迫振动作为非简谐振动的类型,虽然其复杂程度较简谐振动高,但是其形态变化规律并不是太复杂。在一定的情形下,人们确实可以找到大量的各式各样的例证来表述简谐振动系统形态变化规律的正确性和一元系统发生阻尼振动、生发振动以及受迫振动的形态变化规律的普遍性。

在一维正向质向量坐标系 $\vec{X}_+$ 的太极空间 ($\vec{X}_+$) 里,人们可以认识一个单元系统单向发射的形态变化规律。在一维二仪质向量坐标系 $\vec{X}$ 的二仪空间 ($\vec{X}$) 里,人们不仅可以认识一元系统单向发射的形态变化规律,而且可以认识一元系统反向反射的形态变化规律,可以认识在一维二仪质向量坐标系 $\vec{X}$ 二仪空间的同一点,一元系统同时参与环境多个相同方向作用或不同方向作用的形态变化规律的叠加规律。

不过,一维正向质向量坐标系 $\vec{X}_+$ 的太极空间 ($\vec{X}_+$) 只能描述单元系统受到单向作用的形态变化规律,一维二仪质向量坐标系 $\vec{X}$ 的二仪空间 ($\vec{X}$) 也只能描述一元系统受到反向平行作用的形态变化规律。但是,一个系统如果同时受到环境两个非平行方向的作用,就要同时参与两个非平行方向的形态变化,一维正向质向量坐标系 $\vec{X}_+$ 的太极空间 ($\vec{X}_+$) 或一维二仪质向量坐标系 $\vec{X}$ 的二仪空间 ($\vec{X}$) 的所有规律都无法反映一个系统在环境两个非平行方向作用下的形态变化规律。一元系统只是由单一元素构成的简单系统,而世界上的大多数事物都不是一元系统而是多元系统。二元系统是最简单的多元系统,像生物学中细胞含有两组染色体的个体就叫作二倍体,几乎全部的高等动物和一半以上的高等植物都是二倍体。二倍体亦可称二元体,即二元系统。

可见,客观世界的事物形态变化并不都是简单规则的或和谐完美的。在更多的情形下,事物都是多元系统,其形态变化也是错综复杂的。因此,必须在一维二仪质向量坐标系 $\vec{X}$ 及其二仪空间基础上,进一步扩充质向量坐标系的维度及其空间,只有进入二维二仪质向量坐标系 $\vec{X}\vec{Y}$ 的四象世界,才能认识二元系统形态及其变化规律与分布规律。

二、二仪生四象与五行说

建立比一维二仪质向量坐标系 $\vec{X}$ 的二仪世界更广阔的认知体系是人们认识能力

提高的必然要求,且自古以来在人们认识事物的过程中早已被自觉或不自觉地运用。数千年前,《周易》就把性质相反的事物形态用阳爻和阴爻两种独立的类别符号"—"和"--"来代表。阳爻—和阴爻--开辟了二仪空间,为认知二元系统的形态变化提供了平台,人们也产生了阴阳论或矛盾论那样的二仪世界观。然而,"二仪生四象",由一对阳爻阴爻和另一对阳爻阴爻通过重爻的方式,即阳爻、阴爻之中的两爻上下重叠与两两组合,就可得到4个二爻象:⚌、⚏、⚎、⚍,称之为四象。四象空间为认知二元系统的形态变化提供了平台,人们因此产生四象的世界观。

四象的两相重爻对应着阳爻与阴爻的相乘,把阳爻与阴爻两两相乘,一共有 $2^2=4$ 个爻象,4个爻象在平面上是相互垂直的。如果用符号 x 代表阳爻,符号 y 代表阴爻,则有

$$(x+y)^2 = (x+y)(x+y) = x^2 + xy + yx + y^2$$

在代数学中,把 xy 和 yx 看成相等,所以才有 $(x+y)^2 = x^2+2xy+y^2$。但是,在《周易》中,阳爻和阴爻的次序是不可以交换的(即 $xy \neq yx$),四象的排列符合二项式定理,而形成的四象类别又与一般代数运算具有重要的区别。可见,四象是由阳爻和阴爻两种符号组合而成的,卦象的先后次序包含着重要的阴阳分类信息。

正如一对性质截然相反的正向太极 $\vec{X}_+$ 和负向太极 $\vec{X}_-$ 可以共同构成一维二仪质向量坐标系 $\vec{X}$(即二维太极坐标系),并张开二仪空间;两对性质截然相反的正向太极 $\vec{X}_+$ 和负向太极 $\vec{X}_-$ 以及正向太极 $\vec{Y}_+$ 和负向太极 $\vec{Y}_-$ 也可以共同构成二维二仪质向量坐标系 $\vec{X}\vec{Y}$(即四维太极坐标系),并张开四象空间。4个彼此独立的太极可以共同组成一个相互垂直的四维太极坐标系——二维四向太极坐标系,这一认知坐标系包括了两个正向太极(正向太极 $\vec{X}_+$ 和正向太极 $\vec{Y}_+$)和两个负向太极(负向太极 $\vec{X}_-$ 和负向太极 $\vec{Y}_-$)。以两组独立的正向太极和负向太极建立二维二仪质向量坐标系 $\vec{X}\vec{Y}$,也就把人们所要认知的世界分成了性质各异的4个类别——四象。所以,四象是由两个正交的一维二仪质向量坐标轴构成的坐标系所开辟的4个卦象的质向量空间,如图18-1所示。

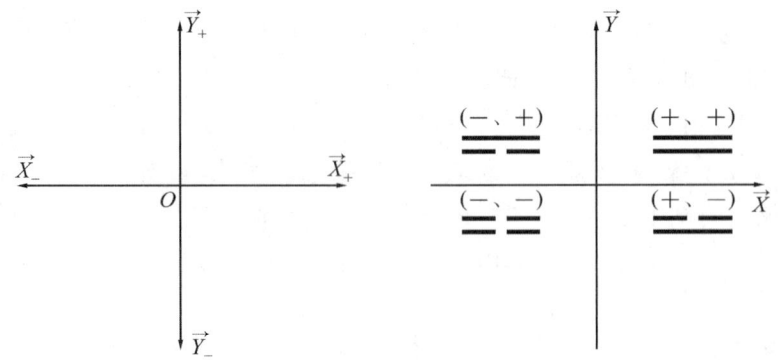

图 18-1　二维二仪质向量坐标系及其四象空间

任何事物形态只要同时具有两种毫不相关(不是正相关,也不是负相关)的基质,就

必然处在二维二仪质向量坐标系$\vec{X}\vec{Y}$的四象世界中。一维二仪质向量坐标轴是性质相反的一对阴阳太极,另一个一维二仪质向量坐标轴也是性质相反的一对阴阳太极,由此构成的四维太极质向量坐标系是以两对性质相反的阴阳太极来看世界的,所以二维二仪质向量坐标系$\vec{X}\vec{Y}$四象中的事物就是兼有两种基质的二元系统。

例如,中国古代是把一维二仪"时间"(特质)坐标轴称为"宇",另一个一维二仪"空间"(特质)坐标轴称为"宙",在由"时间"和"空间"这两对性质相反的坐标轴建立的二维二仪时空坐标系中,所张开的四象就定义为"宇宙",即"四方上下曰宇,古往今来曰宙,以喻天地"。又如,中国古人认为"食色,性也",这是以"食"为特定的一维二仪特质坐标轴,以"色"为特定的另一个一维二仪特质坐标轴,建立认知人的本性的二维二仪特质坐标系。再如,美与丑这一对性质相反的阴阳太极可以构成一维二仪特质坐标轴,两对美与丑构成的两个独立的一维二仪美丑坐标轴可以共同建立一个二维二仪审美坐标系,并开辟了两对美丑的四个象域:两全其美、一美一丑、一丑一美、两全其丑。

在二维二仪特质坐标系张开的四象空间中,任何事物形态的变化都表现为两对阴阳成分的消长。正如《淮南子·原道训》所言:"约而能张,幽而能明,弱而能强,柔而能刚,横四维而含阴阳,纮宇宙而章三光。"中国上古先民通过仰观天象、俯察地理而得到的"天圆地方"宇宙全景图,其实就是一张由四象世界张开的时空图景。所谓的"天圆"是日月等天体都是在四象平面的一个闭合圆周内进行周而复始运动的,所谓的"地方"就是根据地平线是直的来推测地是方的。因此,自古以来人们询问"某物或某人在什么地方"或"某事在什么地方发生",就是在人们共同认定的四象平面中来认识事物形态的。

四象包括了世界上所有性质分异为四个类别的事物形态,因而人们围绕不同的自然现象的四种分类就可以产生相应的世界观和相应的四象理论。孟子曰:"恻隐之心,仁之端也;羞恶之心,义之端也;辞让之心,礼之端也;是非之心,智之端也。人之有是四端也,犹其有四体也。"恻隐之心、羞恶之心、辞让之心和是非之心构成了仁、义、礼、智四端,这四端就是评价人品的四个独立特行的太极。宋代邵雍所著的《皇极经世》一书,通过对自然物象的研究提出了自然现象的四元体系模式,如日月星辰、东南西北、春夏秋冬、暑寒昼夜、水火土石、风雨露雪、性情形体。这是以四个方向的特质坐标轴建立四维太极坐标系,因而事物在此二维二仪质向量坐标系的四象中还有一套变化的对应关系。其实,把世界一分为四的四分法是共通的。古希腊以来,西方哲人提出了金银铜铁时代;文艺复兴以来,人们把人类文化分为少年、青年、中年、老年四个阶段,就是蚕的生活史也可以分出卵、蚕、蛹、蛾四个阶段;佛教中,印度人把一个世界的成立、持续、破坏的过程分为成、住、坏、空四时期,称为四劫。

不过,在西周晚期,人们又把二维二仪质向量坐标系的原点(土)与金木水火四象都作为独立的元素,因而产生了水火木金土"五行说",并成为中国古代的一种物质观。五行说认为,宇宙万物都由金木水火土五种基本物质的运行和变化所构成。其实,五行是阴阳的细化,两对阴阳(水和火,木和金)加一个中土就是五行。像《系辞》早就提出一阴一阳"五位相得而各有合"。中医则以五行为纽带,以五行与五脏的配属为核心,将器官(五官)、形体(五体)、情志(五志)、声音(五声)以及方位(五方)、季节(五时)、颜色(五色)、味道(五味)、生化(五化)等纳入二维二仪质向量坐标系的原点与四象中,以此来说明人与自然的统一性以及人本身的整体性。

五行学说认为,五行之间存在着生、克、乘、侮的关系,如五脏中每一脏都具有生我、我生、克我、我克的生理联系。五行相生相克是两种不同的作用趋向,起促进作用的是生,含抑制作用的是克。相生即相互资生和相互助长的传变过程。五行相生的次序是:木生火,火生土,土生金,金生水,水生木。相生关系又可称为母子关系,如木生火,也就是木为火之母,火则为木之子。相克即相互克制和相互约束的传变过程。五行的相克次序为:木克土,土克水,水克火,火克金,金克木。相生相克是密不可分的,没有生,事物就无法发生和生长;而没有克,事物无所约束就无法维持正常的协调关系。只有保持相生相克的动态平衡,才能使事物正常发生与发展。五行的相生相克关系可以解释一个有机整体各要素之间的平行作用的协同或拮抗联系,而五行的相乘相侮则可以用来表示事物多种要素之间相互激励的共振或多重独立作用的相互抵消。如果五行相生相克太过或不及,就会破坏正常的生克关系,而出现相乘或相侮的情况。相乘就是五行中的某一行对被克的一行克制太过。比如,木过于亢盛,而金又不能正常地克制木时,木就会过度地克土,使土更虚,这就是木乘土。相侮就是五行中的某一行本身太过,使克它的一行无法制约它,反而被它所克制,所以又被称为反克或反侮。比如,在正常情况下水克火,但当水太少或火过盛时,水不但不能克火,反而会被火烧干,即火反克或反侮水。

可见,两次运用《周易》的"二分法",将一维二仪特质坐标轴拓展为两个一维二仪特质坐标轴垂直而成的二维二仪特质坐标系,这样就自然出现中国古代的"四象"或"五行"的分类方法。

三、二维二仪质向量坐标系

一个太极坐标轴是以一种特质及其取向来分辨事物形态的认知坐标系,以四个独立的太极坐标轴就可以建立一个四维太极坐标系;不过四个独立的太极如果两两互为反向,四维太极坐标系就成为二维二仪定质、定向坐标系。一个质向量坐标轴是定质、定量、定向度量事物形态的认知坐标系,以四个独立和二极背反的质向量坐标轴就可以建立一个二维二仪质向量坐标系。

如果二维二仪质向量坐标系是由相互独立的一维二仪质向量坐标轴 $\vec{X}$ 和一维二仪质向量坐标轴 $\vec{Y}$ 所架构,$\vec{X}$ 轴和 $\vec{Y}$ 轴各自代表一个模为无穷大的质向量,则它们的关系符合向量的外积 $\vec{X}\vec{Y}=\vec{X}\times\vec{Y}$,即二维二仪质向量坐标系 $\vec{X}\vec{Y}$ 是一维二仪质向量坐标轴 $\vec{X}$ 和一维二仪质向量坐标轴 $\vec{Y}$ 的外积。其中,向量 $\vec{X}\vec{Y}=\vec{X}\times\vec{Y}$ 的方向是垂直于 $\vec{X}$ 和 $\vec{Y}$ 所在的平面且使 $\vec{X}$、$\vec{Y}$ 和 $\vec{X}\vec{Y}$ 形成一个右手系(即右手的四指从 $\vec{X}$ 沿小于 π 的转

角转向 $\vec{Y}$ 时,竖起的大拇指指向就是 $\vec{X}\vec{Y}$ 的方向)。$|\vec{X}\times\vec{Y}|$ 等于以 $\vec{X}$ 和 $\vec{Y}$ 为边的平行四边形的面积。

其实,如果令 $\vec{X}\vec{Y}\equiv\vec{Z}$,二维二仪质向量坐标系 $\vec{X}\vec{Y}$ 就与一维二仪质向量坐标轴 $\vec{X}$ 和一维二仪质向量坐标轴 $\vec{Y}$ 构成一个三维质向量坐标系 $\vec{X}\vec{Y}\vec{Z}$。二维二仪质向量坐标系 $\vec{X}\vec{Y}$ 上任一确定点的取值 a_{XY},就对应二元系统的一个确定形态,也就是二元四棱锥体的一个截面,而二维二元常质向量 $\vec{a}_{XY}$ 的模 $|\vec{a}_{XY}|$ 就是截面的面积,为 $|\vec{a}_X\times\vec{a}_Y|$。这是一个以 $\vec{a}_X$ 与 $\vec{a}_Y$ 为边的矩形,而方向又与此矩形垂直,如图 18-2 所示。

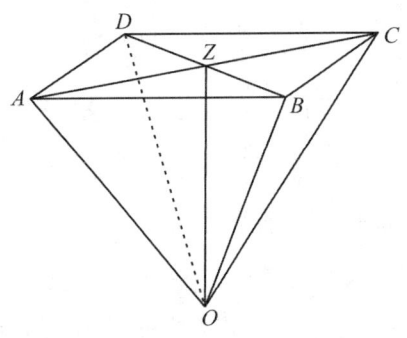

图 18-2 二元系统定态与二元四棱锥体的对应关系

在二维二仪质向量坐标系 $\vec{X}\vec{Y}$ 中,二维二元单位质向量为 $\vec{e}_{XY}$,而一维二仪质向量坐标轴 $\vec{X}$ 的一维二仪单位质向量为 $\vec{e}_X$,一维二仪质向量坐标轴 $\vec{Y}$ 的一维二仪单位质向量为 $\vec{e}_Y$。如果规定一维二仪单位质向量 $\vec{e}_X\equiv\vec{i}$ 和一维二仪单位质向量 $\vec{e}_Y\equiv\vec{j}$,那么,它们的关系也符合向量的外积

$$\begin{aligned}\vec{e}_{XY}&=\vec{e}_X\times\vec{e}_Y\\&=\vec{i}\times\vec{j}\end{aligned} \quad (18\text{-}1)$$

二维二元单位质向量 $\vec{e}_{XY}$ 也称为双重数,表示定向平面的面积是一维二仪单位质向量 $\vec{e}_X$ 和一维二仪单位质向量 $\vec{e}_Y$ 两边的乘积,如图 18-3 所示。

由于一维二仪单位质向量 $\vec{e}_X\equiv\vec{i}(|\vec{e}_X|=1)$ 和一维二仪单位质向量 $\vec{e}_Y\equiv\vec{j}(|\vec{e}_Y|=1)$ 满足正交关系 $\vec{e}_X\perp\vec{e}_Y$,它们的内积为[1]

$$\delta_{XY}=\vec{e}_X\cdot\vec{e}_Y=\langle\vec{i}\,|\,\vec{j}\rangle \quad (18\text{-}2)$$

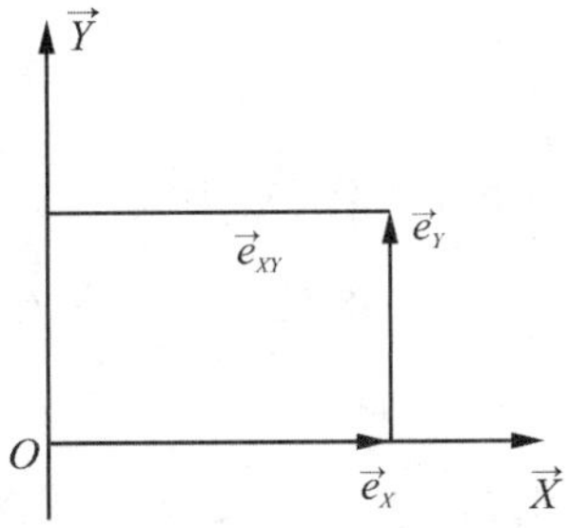

图 18-3 二维二元单位质向量 $\vec{e}_{XY}$ 的几何表示

由此还可以获得关于一维二仪单位质向量的乘法规则

$$\begin{cases}\vec{e}_X^{\,2}\vec{e}_Y^{\,2}=1\\ \vec{e}_X\times\vec{e}_Y=-\vec{e}_Y\times=\vec{e}_X\end{cases} \quad (18\text{-}3)$$

利用结合律计算一维二仪单位质向量的平方 $(\vec{e}_X\times\vec{e}_Y)^2=\vec{e}_X^{\,2}\times\vec{e}_Y^{\,2}=-1$,一维二仪单位质向量的乘积 $\vec{e}_X\times\vec{e}_Y$ 的平方是负的。$\vec{e}_X\times\vec{e}_Y$ 就是二维二元单位质向量为 $\vec{e}_{XY}$,这一度量基准是撑起二维二仪质向量坐标系 $\vec{X}\vec{Y}$ 的基本架构。

二维二仪质向量坐标系 $\vec{X}\vec{Y}$ 上所有点的取值 $\vec{x}_{XY}$,就对应两个极性相反且发散的四棱锥,坐标原点是两个阴阳锥体的对顶点。如果顺着二维二仪质向量坐标系 $\vec{X}\vec{Y}$ 的轴线看(图 18-2),所能看到的就是由相互垂直的一维二仪质向量坐标轴 $\vec{X}$ 和一维二仪质向量坐标轴 $\vec{Y}$ 所架构的二维二仪质向量坐标系 $\vec{X}\vec{Y}$ 及其 $(\vec{X}\vec{Y})$ 平面空间;相互垂直的一维单向质向量坐标轴分别为$\vec{X}_+$、$\vec{X}_-$、$\vec{Y}_+$和$\vec{Y}_-$,其中$\vec{X}_+$与$\vec{Y}_+$两个质向量坐标轴为正向太极,而$\vec{X}_-$与$\vec{Y}_-$两个质向量坐标轴为负向太极。$\vec{X}_+$与$\vec{X}_-$的交角$\langle\vec{X}_+,\vec{X}_-\rangle=\pi$,$\cos\langle\vec{X}_+,\vec{X}_-\rangle=-1$;$\vec{X}_+$与$\vec{X}_-$反向平行,即$\vec{X}_+=-\vec{X}_-$,它们共线构成同轴反向的一维二仪质向量坐标轴$\vec{X}(\vec{X}=\vec{X}_++\vec{X}_-)$。$\vec{Y}_+$和$\vec{Y}_-$的交角$\langle\vec{Y}_+,\vec{Y}_-\rangle=\pi$,$\cos\langle\vec{Y}_+,\vec{Y}_-\rangle=-1$;$\vec{Y}_+$和$\vec{Y}_-$反向平行,即$\vec{Y}_+=-\vec{Y}_-$,它们也共线构成同轴反向的一维二仪质向量坐标轴$\vec{Y}(\vec{Y}=\vec{Y}_++\vec{Y}_-)$。由极性相反的一维二仪质向量坐标轴$\vec{X}$和极性相反的一维二仪质向量坐标轴$\vec{Y}$正交构成二维二仪质向量坐标系$\vec{X}\vec{Y}$,即四个方向的太极$\vec{X}_+$、$\vec{X}_-$、$\vec{Y}_+$和$\vec{Y}_-$共同构成的四维太极质向量坐标系就是二维二仪质向量坐标系$\vec{X}\vec{Y}$。二维二仪质向量坐标系$\vec{X}\vec{Y}$也就开辟了共面的四象场空间$(\vec{X}\vec{Y})$。

在相互垂直的四个方向的太极$\vec{X}_+$、$\vec{X}_-$、$\vec{Y}_+$和$\vec{Y}_-$共同构成的二维二仪质向量坐标系$\vec{X}\vec{Y}$中,除了坐标轴以外,每两个相邻的太极坐标轴之间就形成一个卦象,且每一个卦象都是以两条坐标轴为界限的,所以称为象限。$\vec{X}_+$和$\vec{Y}_+$两个一维正向质向量坐标轴都是正值,它们之间的质向量场可以定义为第一象限,并标记为$++$,处在这一象限的事物形态必然兼具$\vec{X}_+$和$\vec{Y}_+$两个一维正向质向量坐标轴的质。一维正向质向量坐标轴$\vec{Y}_+$是正值而一维负向质向量坐标轴$\vec{X}_-$是负值,它们之间的质向量场可以定义为第二象限,并标记为$+-$,处在这一象限的事物形态必然兼具$\vec{Y}_+$和$\vec{X}_-$两个一维单向质向量坐标轴的质。$\vec{X}_-$和$\vec{Y}_-$两个一维负向质向量坐标轴都是负值,它们之间的质向量场可以定义为第三象限,并标记为$--$,处在这一象限的事物形态必然兼具$\vec{X}_-$和$\vec{Y}_-$两个一维负向质向量坐标轴的质。一维负向质向量坐标轴$\vec{Y}_-$是负值而一维正向质向量坐标轴$\vec{X}_+$坐标是正值,它们之间的质向量场可以定义为第四象限,并标记为$-+$,处在这一象限的事物形态必然兼具$\vec{Y}_-$和$\vec{X}_+$两个一维单向质向量坐标轴的质。这里,象限的编号按照逆时针方向,从象限一编到象限四,依照惯例,象限的编号往往用罗马数字Ⅰ、Ⅱ、Ⅲ、Ⅳ表示。

可见,如果规定两对性质截然相反的独立的一维二仪单位质向量$\vec{e}_X$和$\vec{e}_Y$作为认知事物形态的度量基准,就可以建立由两个相互垂直的一维二仪质向量坐标轴构成的二维二仪质向量坐标系$\vec{X}\vec{Y}$。由于每两个相邻的一维单向质向量坐标轴之间就形成一个卦象,因此二维二仪质向量坐标系$\vec{X}\vec{Y}$中有四个卦象——四象。在由四个不同的一维单向质向量坐标轴共同组成的四象质向量场空间中,人们对事物形态的认识就会产生四象的世界观,并把事物形态分成性质各异的四类。

二维二仪质向量坐标系$\vec{X}\vec{Y}$是由两个相互独立、相互垂直的一维二仪质向量坐标轴$\vec{X}$和一维二仪质向量坐标轴$\vec{Y}$所构成。二维二仪质向量坐标系$\vec{X}\vec{Y}$打开的质向量场就是由$\vec{X}_+$、$\vec{X}_-$、$\vec{Y}_+$和$\vec{Y}_-$构成的四象质向量场。这样,四象质向量场又可以用$\vec{X}$和

$\vec{Y}$ 构成的二维质向量平面 ($\vec{X}\vec{Y}$) 来表示;某一个确定的二元系统形态可以用一个二维常质向量 $\vec{a}_{XY}$ 表示,也可以用代表 $\vec{a}_{XY}$ 的矩形的四个顶角点 A、B、C、D 的点阵表示;$\vec{a}_{XY}$ 的大小可以用 $\vec{a}_X$ 与 $\vec{a}_Y$ 为边的矩形表示,$\vec{a}_{XY}$ 的方向则垂直于该矩形。以 $\vec{a}_X$ 与 $\vec{a}_Y$ 为边的矩形的对角线满足 (4-3) 式 $\vec{a}_{X+Y} = \vec{a}_X + \vec{a}_Y$ 的关系,因而在几何上,一维常质向量 $\vec{a}_{X+Y}$ 就是二维常质向量 $\vec{a}_{XY}$ 的垂足,如图 18-4 所示。

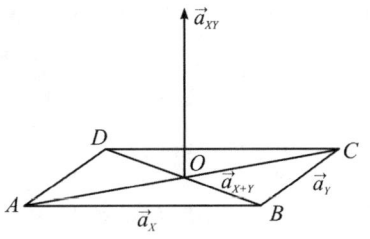

图 18-4　二维常质向量 $\vec{a}_{XY}$ 的几何表示

任何一个二元系统确定的形态都对应着一个二维二元常质向量 $\vec{a}_{XY}$,也对应着一个一维二元常质向量 $\vec{a}_{X+Y}$。就像圆的面积(二维)与圆的直径(一维)存在既定的关系一样,二维二元常质向量 $\vec{a}_{XY}$ 与一维二元常质向量 $\vec{a}_{X+Y}$ 存在⊥形的映射关系,而任何一个确定的一维二元质向量 $\vec{a}_{X+Y}$ 又可以用其相邻的质向量坐标轴的投影 $\vec{a}_X$ 与 $\vec{a}_Y$ 来表示,即一维二元常质向量 $\vec{a}_{X+Y}$ 可以写成 $\vec{a}_{X+Y}(\vec{a}_X, \vec{a}_Y)$。由于一维二元常质向量 $\vec{a}_{X+Y}$ 与其在两个相互垂直的一维二仪质向量坐标轴的投影 $\vec{a}_X$ 和 $\vec{a}_Y$ 组成直角三角形的关系,因此二维二元常质向量 $\vec{a}_{XY}$ 与 $\vec{a}_{X+Y}$ 及其分质向量 $\vec{a}_X$ 和 $\vec{a}_Y$ 也存在如影随形的对应关系。

在二维二仪质向量坐标系 $\vec{X}\vec{Y}$ 的质向量场中,任何一个一维二元常质向量 $\vec{a}_{X+Y}$ 都可用起点在原点 $\vec{O}$、终点为 $(\vec{a}_X, \vec{a}_Y)$ 的常质向量 $\vec{a}_{X+Y}$ 来表示。坐标质向量 $\vec{a}_X$ 称为一维二元常质向量 $\vec{a}_{X+Y}$ 在 $\vec{X}$ 方向的直角分质向量或分量,坐标质向量 $\vec{a}_Y$ 称为一维二元常质向量 $\vec{a}_{X+Y}$ 在 $\vec{Y}$ 方向的直角分质向量或分量。任何一个确定的事物形态经过粗粒化抽象以后,都可以作为质向量场中的一个定点,并可以用一个二维二元常质向量 $\vec{a}_{X+Y}$ 来刻画,也可用一个复数来描写。所有的二元系统形态构成二维二仪质向量坐标系 $\vec{X}\vec{Y}$ 的质向量场。场是"特定数值的各处的集合",是充满全空间的,没有不可入性。场可以脱离事物形态而独立存在,独立运动、传播和演化。场的基态就是坐标系的原点,即物理上的真空。[2]

在一维二仪质向量坐标系 $\vec{X}$ 的场空间中,任何一个可变的二元系统形态都可以用一个一维一元质向量 $\vec{x}$ 表示,并对应着二仪空间的一个点;而在二维二仪质向量坐标系 $\vec{X}\vec{Y}$ 的场空间中,任何一个可变的二元系统形态也都可以用一个二维二元质向量 $\vec{z}_{XY}$ 表示,并对应着四象空间的一个矩形。任何一个二元系统形态都可以看作受到 $\vec{X}$ 和 $\vec{Y}$ 两个垂直方向的作用,并将同时参与两个垂直方向的形态变化;二维二元质向量 $\vec{z}_{XY}$ 可以通过一维二元质向量 $\vec{z}_{X+Y}$ 来表达,也可以通过分质向量 $\vec{z}_X$ 和分质向量 $\vec{z}_Y$ 来显现,因而任何一个二元系统形态都可以用二维二元质向量 $\vec{z}_{XY}$ 或一维二元质向量 $\vec{z}_{X+Y}$ 及其两个分质向量 $\vec{z}_X$ 与 $\vec{z}_Y$ 来表示。

由于一维二元质向量 $\vec{z}_{X+Y}$ 可以分解为独立的两个分质向量 $\vec{z}_X$ 与 $\vec{z}_Y$,即 (4-3) 式 $\vec{z}_{X+Y} = \vec{z}_X + \vec{z}_Y$,因此,任何一个一维二元质向量 $\vec{z}_{X+Y}$ 都可以用相互垂直的分质向量 $\vec{z}_X$

与分质向量 $\vec{z}_Y$ 之和来表示,点 $\vec{z}_{X+Y}$ 可以由一组质向量 $(\vec{z}_X,\vec{z}_Y)$ 或 $\vec{z}(\vec{z}_X,\vec{z}_Y)$ 表示。例如,在二维二仪质向量坐标系 $\vec{X}\vec{Y}$ 内部的 $(\vec{P},\vec{S})$ 二维分质向量空间中,以信息 $\vec{P}_{X+Y}$ 为因变量,信息 $\vec{P}_{X+Y}$ 可以由相互独立的两个分质向量 $\vec{P}_X$ 和 $\vec{P}_Y$ 来表达,即 $\vec{P}_{X+Y}(\vec{P}_X, \vec{P}_Y)$ 或 $\vec{P}_{X+Y}=\vec{P}_X+\vec{P}_Y$。

四、二维笛卡尔直角坐标系

在二维二仪质向量坐标系 $\vec{X}\vec{Y}$ 中,每一维度的二仪质向量坐标轴都是由正向太极和负向太极所构成。由于 $\vec{X}_+=-\vec{X}_-$ 是与一维二仪单位质向量 $\vec{e}_X$ 同质且同向,因此 $\vec{X}_+$ 可以用标量 X_+ 来表示,$\vec{X}_-$ 可以用标量 X_- 来表示。同理,由于 $\vec{Y}_+=-\vec{Y}_-$ 是与一维二仪单位质向量 $\vec{e}_Y$ 同质且同向,因此 $\vec{Y}_+$ 可以用标量 Y_+ 来表示,$\vec{Y}_-$ 可以用标量 Y_- 来表示。

但是,在相互垂直的四个太极 $\vec{X}_+$、$\vec{X}_-$、$\vec{Y}_+$ 和 $\vec{Y}_-$ 构成的四元质向量坐标系中,如果省却了质向量坐标轴关于性质和方向的规定,一维二仪质向量坐标系 $\vec{X}$ 正向的单位质向量 $\vec{e}_{X_+}$ 就是数轴正实数域的单位,即 $|\vec{e}_{X_+}|=1$;其负向的单位质向量 $\vec{e}_{X_-}$ 就是数轴负实数域的单位,即 $|\vec{e}_{X_-}|=1$。同样,一维二仪质向量坐标系 $\vec{Y}$ 正向的单位质向量 $\vec{e}_{Y_+}$ 就是数轴正实数域的单位,即 $|\vec{e}_{Y_+}|=1$;负向的单位质向量 $\vec{e}_{Y_-}$ 就是数轴负实数域的单位,即 $|\vec{e}_{Y_-}|=1$。这样,一维二仪质向量坐标系 $\vec{X}$ 就都蜕变为数轴,一维二仪质向量坐标系 $\vec{X}$ 和一维二仪质向量坐标系 $\vec{Y}$ 都可以用定义域为 $(-\infty,+\infty)$ 的实数轴 X 和 Y 来表示。如此,二维二仪质向量坐标系 $\vec{X}\vec{Y}$ 就成为二维笛卡尔直角坐标系 XY,定质、定量、定向的二维质向量场 $(\vec{X}\vec{Y})$ 也就降格为定量的数学空间 (XY)。因此,在一维正向质向量坐标系 $\vec{X}_+$ 的太极世界 $(\vec{X}_+)$ 中,相空间的定义域为 $x\in[0,+\infty)$;在一维二仪质向量坐标系 $\vec{X}$ 的二仪世界 $(\vec{X})$ 中,相空间的定义域拓展为 $x\in(-\infty,+\infty)$;而在二维二仪质向量坐标系 $\vec{X}\vec{Y}$ 的四象空间 $(\vec{X}\vec{Y})$ 中,相空间的定义域就拓展为 $x\in(-\infty,+\infty)$ 和 $y\in(-\infty,+\infty)$。

在数学上,对于由 X_+、X_-、Y_+ 和 Y_- 四个实数轴构成的直角坐标系可以直接用二维笛卡尔直角坐标系 XY 来表示。二维笛卡尔直角坐标系 XY 通常由两个互相垂直的坐标轴设定,分别称为 X 轴和 Y 轴;两个坐标轴的相交点,称为原点,通常标记为 O,既有"零"的意思,又是英语"origin"的首字母。二维笛卡尔直角坐标系的每一个坐标轴都指向一个特定的方向,坐标轴 X 的直线称为 X 线,坐标轴 Y 的直线称为 Y 线。在 X 线的以原点 O 为共同点的两条半线中,那一条半线的点的坐标为正值的就是数轴 X_+,而那一条半线的点的坐标为负值的就是数轴 X_-。在 Y 线的以原点 O 为共同点的两条半线中,那一条半线的点的坐标是正值的就是数轴 Y_+,而那一条半线的点的坐标为负

值的就是数轴 Y_-。X 和 Y 这两条不同线的坐标轴，决定了一个平面，称为 XY 平面或 OXY 平面，又称为笛卡尔平面。

通常，坐标轴 X 和坐标轴 Y 只要互相垂直，其指向何方对于分析问题是没有影响的。但是，人们习惯性地选择这样的取向：正值的 X_+ 轴被水平摆放，称为横轴，通常指向右方；正值的 Y_+ 轴被竖直摆放而称为纵轴，通常指向上方。这种右手取向称为正值取向或标准取向。两个坐标轴这样的位置关系，称为二维的右手坐标系或右手系。如果把这个右手系画在一张透明纸片上，则在平面内无论怎样旋转它，所得到的坐标系都叫作右手系；但如果把纸片翻转，其背面看到的坐标系则称为"左手系"。这和照镜子时左右对调的性质有关。

为了知道坐标轴的任何一点离原点 O 的距离，失去定质意义的单位质向量可以刻画单位数值于坐标轴。所以，从原点 O 开始往坐标轴所指的方向，每隔一个单位长度就刻画数值于坐标轴。这数值是刻画的次数，也是离原点 O 的正值整数距离。同样，背着坐标轴所指的方向，也可以刻画出离原点 O 的负值整数距离。称 X 轴刻画的数值为 X 坐标，又称横坐标；称 Y 轴刻画的数值为 Y 坐标，又称纵坐标。

建立二维笛卡尔直角坐标系 OXY 后，可以使平面上的每一个点 Q 和一对有序的实数 x、y 之间建立一一对应关系。点 Q 在平面的位置可以用直角坐标来独特表达。只要从点 Q 画一条垂直于 X 轴的直线，从这条直线与 X 轴的相交点，就可以找到点 Q 在 X 轴上的坐标为数 x。同样，可以找到点 Q 在 Y 轴上的坐标为数 y。这样，也就可以得到点 Q 的直角坐标，即 $Q(x,y)$。如果每一对数值 x、y 都对应一个确定的值 z，则称 z 是 x、y 的二元函数，记作 $z=f(x,y)$。

二维笛卡尔直角坐标系是人们理性认知二元系统形态的一种思辨准则。不论互相垂直的两个坐标轴指向何方和计量单位如何，对于二元系统形态的内在规律是没有影响的；将坐标轴经过平移变换或者做任何角度的旋转变换，二元系统形态的取向与大小仍旧会保持不变。但是，平面上点的坐标与平面上所导入的坐标系有关，平面上同一点对于不同的坐标系 OXY 和 $O'X'Y'$ 会有不同的坐标 x、y 和 x'、y'。

(一) 坐标系的平移

如果有原点不同而坐标轴的方向相同的 OXY 和 $O'X'Y'$ 两个坐标系，设坐标系 OXY 为旧系，坐标系 $O'X'Y'$ 为新系，且新系是由旧系经过坐标轴的平移变换得到的。点 O' 在旧系下的坐标设为 a、b，在新系下的坐标为 0、0；平面上任意点 Q 在旧系下的指标为 x、y，在新系下的指标为 x'、y'，如图 18-5 所示。

由图 18-5 可见，点 Q 在坐标轴 X 上的坐标为数 x，在坐标轴 X' 上的坐标为数 x'；点 Q 在坐标轴 Y 上的坐标为数 y，在坐标轴 Y' 上的坐标为数 y'。

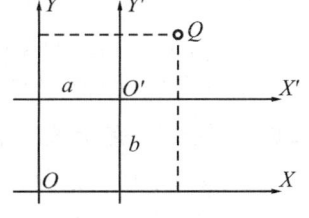

图 18-5　二维笛卡尔直角坐标系的平移

这样,在坐标轴平移下用新系的坐标表示旧系的坐标的公式就是

$$\begin{cases} x = x' + a \\ y = y' + b \end{cases} \tag{18-4}$$

将上式移项,也可以得到在坐标轴的平移下用旧系坐标表示新系坐标的公式

$$\begin{cases} x' = x - a \\ y' = y - b \end{cases} \tag{18-5}$$

(二)坐标系的旋转

由于坐标系的参照系决定了人们的世界观,因此在讨论坐标系旋转时理解参照系是相当重要的。从向量的观点来看,人们可以保持坐标轴固定来旋转向量 $\vec{z}$,如图 6-22 所示。

向量 $\vec{z}$ 在平面中的旧坐标为 (x, y),向量 $\vec{z}$ 关于原点旋转了 φ 度角后在新平面中的新坐标为 (x', y'),向量 $\vec{z}(x, y)$ 的大小等同于向量 $\vec{z}(x', y')$ 的大小。

$$\begin{pmatrix} x' \\ y' \end{pmatrix} = \begin{pmatrix} \cos\varphi & -\sin\varphi \\ \sin\varphi & \cos\varphi \end{pmatrix} \begin{pmatrix} x \\ y \end{pmatrix} \tag{18-6}$$

$$\begin{cases} x' = x\cos\varphi - y\sin\varphi \\ y' = x\sin\varphi + y\cos\varphi \end{cases} \tag{18-7}$$

从另一个观点来看,人们也可以保持向量固定来旋转坐标系,如图 18-6 所示。旧坐标平面或轴关于原点顺时针旋转了 φ 度角后,在新平面中的坐标将旋转 φ 度角到新坐标。在这种情况下,同一个向量如果在旧平面中的坐标是 (x, y),在新平面中的坐标就是 (x', y'),则

$$\begin{pmatrix} x' \\ y' \end{pmatrix} = \begin{pmatrix} \cos\varphi & \sin\varphi \\ -\sin\varphi & \cos\varphi \end{pmatrix} \begin{pmatrix} x \\ y \end{pmatrix} \tag{18-8}$$

$$\begin{cases} x' = x\cos\varphi + y\sin\varphi \\ y' = -x\sin\varphi + y\cos\varphi \end{cases} \tag{18-9}$$

可见,二元系统形态的质向量表达跟坐标的选择无关,质向量对平移与转动的对称性表明了质向量的不变性。不过,在省却了质向量坐标轴关于质的规定情况下,由于二维笛卡尔直角坐标系 OXY 的坐标轴 X 和坐标轴 Y 都是数轴,它们的取值都在实数域,所以坐标轴 X 和坐标轴 Y 就很容易在共有的实数域内混乱而完全丧失质向量坐标轴作为度量基准的定质。

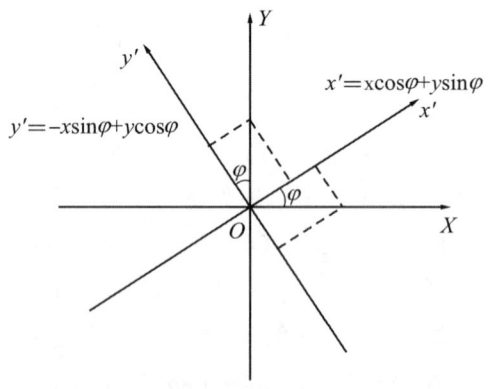

图 18-6 二维笛卡尔直角坐标系的旋转

第二节 二元向量对应的复数关系

点阵排成平面的集合就叫作平面系统。为了认识平面系统形态,应当先行认识平面格子与点阵结构。在省却了质向量坐标轴关于性质和指向的规定并对一维二仪质变量坐标轴 Y 进行旋转变换后,二维二仪质向量坐标系 $\vec{X}\vec{Y}$ 可以转置为复数坐标系,一维二元质向量就可以用复数表达。在复平面(XYi)中,每一个二元系统形态对应着一个复数。

一、平面格子与点阵结构

事物的具体形态是无穷无尽的,但是经过粗粒化后,具有两种性质的事物形态都可以抽象为二元系统形态,并且可以用共面的质点依其排序的阵列——点阵形成的某个集合——"平面格子"来表示二元系统形态(即平面系统形态)。

为了认识平面系统的形态,在此就以晶体内部点阵结构在空间排列上所具有的周期性作为切入点。如果一组同质的粒子以一组直径相同的圆球来代表,那每一行的密置列就是由一组同质粒子排列成一条直线。将互相平行并共面的密置列紧密靠拢,就成为密置层。这是沿平面空间无限伸展的等径圆球最密堆积唯一的排列方式。[3]

由密置层中抽象出相应的点阵,是一个在平面空间无限伸展的平面点阵或二维点阵。分布在一个平面上的各个点称为平面点阵或二维点阵,能抽出平面点阵来的结构叫作二维点阵结构。平面点阵中必然存在一个基本平面单元,而这个基本平面单元必须包括两个独立而互不平行的一维单位质向量 $\vec{e}_\alpha$ 与一维单位质向量 $\vec{e}_\beta$(e_α 与 e_β 是两个方向上的基本周期),这两个相交的一维单位质向量 $\vec{e}_\alpha$ 与一维单位质向量 $\vec{e}_\beta$ 就是表示二维平面单元内所有质向量的一组基准质向量——基底,如图18-7(a)所示。由于构成平面单元的一维单位质向量 $\vec{e}_\alpha$ 与一维单位质向量 $\vec{e}_\beta$ 及其交角都是规则的,因此如果沿着 $\vec{e}_\alpha$ 与 $\vec{e}_\beta$ 的方向将点阵点用直线连接起来,就构成一个平面网络,这个网络就称为平面格子或二维格子,平行线的交点称为节点,如图18-7(b)所示。

由图18-7(c)可见,平面点阵被划分为无数并置的平行四边形,平行四边形都存在着2条"相交向量",2个格矢 $\vec{a}$、$\vec{b}$ 就是表示平面内所有向量的一组基底量 $\vec{e}_\alpha$ 与 $\vec{e}_\beta$。平面格子(或平面点阵)可以用小的平行四边形不断重复排列得到。二维点阵结构是由元素单元聚合而成的组织化的平面结构。所以,只要知道了平行四边形的情况,就等于知道了点阵的情况。每一个平面格子或点阵代表着一个平面单元的形态。[4]

对于一个平面单元 $ABCD$ 而言,如果以 A 为原点,选 $AB=e_\alpha$,$AC=e_\beta$,则不共线的 $\vec{e}_\alpha$ 与 $\vec{e}_\beta$ 称为基矢,也就是一维单位质向量 $\vec{e}_\alpha$ 和一维单位质向量 $\vec{e}_\beta$。假设整个点阵

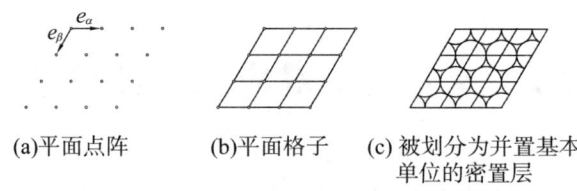

(a)平面点阵　　(b)平面格子　　(c)被划分为并置基本单位的密置层

图 18-7　平面点阵、平面格子与密置层

无限大，λ_1、λ_2 为任意整数，可以发现平面格子(点阵)沿基矢 $\vec{e}_\alpha$ 与 $\vec{e}_\beta$ 的方向平移 $\lambda_1 \vec{e}_\alpha + \lambda_2 \vec{e}_\beta$ 距离后，仍保持与原来的情况一样(即复原)。平面点阵的这种性质被称为平移不变性。

由实体结构(如晶体)中抽象出来的点阵是由结构中客观的周期性决定的。但是，将点阵划分为格子或单位的方式则是相对的，重复单元的 $\vec{e}_\alpha$ 与 $\vec{e}_\beta$ 选择方式有很多。例如，图 18-8(a)所示的平面点阵中，既可以选择平行四边形 ABCD 为重复单元，也可以选择平行四边形 EFGH 或 KLMN 等为重复单元，相应的基矢为 $\vec{e}_\alpha = a$，$\vec{e}_\beta = b$，$\vec{e}'_\alpha = a'$，$\vec{e}'_\beta = b'$，$\vec{e}''_\alpha = a''$，$\vec{e}''_\beta = b''$ 等。按照所选择的基矢方向，把平面点阵中的点子用直线连接起来，即得到相应的平面格子。基矢不同时形成的平面格子，如图 18-8(b)、图 18-8(c) 和图 18-8(d)所示。

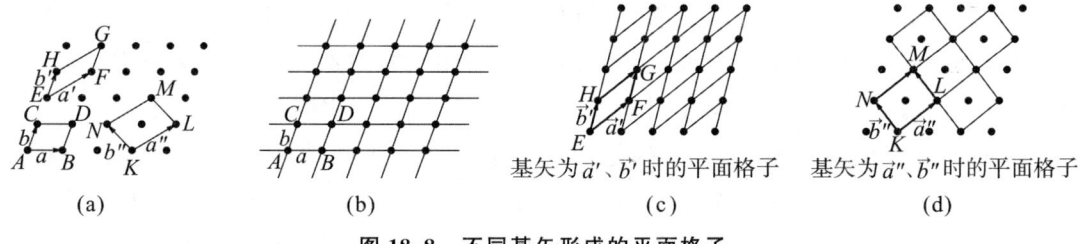

(a)　　　　(b)　　　　基矢为 $\vec{a}'$、$\vec{b}'$ 时的平面格子 (c)　　　　基矢为 $\vec{a}''$、$\vec{b}''$ 时的平面格子 (d)

图 18-8　不同基矢形成的平面格子

图 18-8(d)的基矢为 $\vec{e}''_\alpha$、$\vec{e}''_\beta$，其平行四边形是包含两个点阵点的复单位或称带心单位或带心格子单位。由于基矢 $\vec{e}''_\alpha$ 与 $\vec{e}''_\beta$ 互相垂直，因此选取带心的矩形单位比较方便。一般在划分平面格子时应尽量选取具有较规则形状的较小的平行四边形单位，这样的单位称作正当单位，这样的格子称为正当格子。根据点阵对称性的高低，可将平面点阵的平面格子划分为包括四种形状的五种元格形式，即正方格子、六方格子、矩形格子、带心矩形格子和一般平行四边形格子，如图 18-9 所示，其中四类格子的基矢的模用 a 与 b 表示。[5]

将平面格子平行地放回到密置层中去，就可以将密置层结构截分为并置的包含相同结构内容的基本单位。基本单位就是周期性重复着的结构基元。基本平面单位的大小和形状反映了两个基矢 $\vec{e}_\alpha$ 与 $\vec{e}_\beta$ 基本周期的大小和取向，而基本单位又包括了结构基元的内容，所以密置层的两个结构要素从它的基本单位就可以明显地反映出来。由于带心的矩形单位 $\vec{e}''_\alpha$、$\vec{e}''_\beta$ 互相垂直，在选作基矢时可以与二维二仪质向量坐标系 $\vec{X}$ $\vec{Y}$

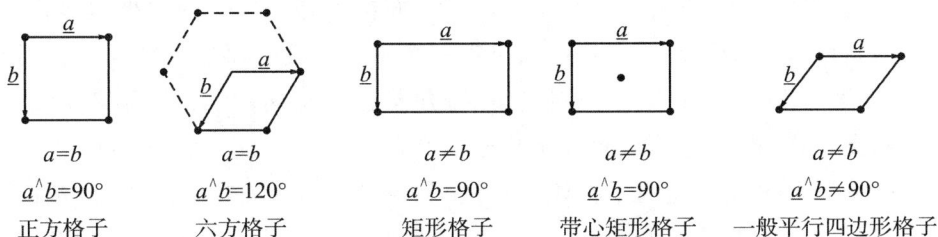

图 18-9 平面格子划分的五种元格形式

的坐标轴 $\vec{X}$ 和坐标轴 $\vec{Y}$ 相平行,基矢 $\vec{e}''_\alpha$ 标示为分单位质向量 $\vec{e}''_{\alpha X}$ 与 $\vec{e}''_{\alpha Y}$,基矢 $\vec{e}''_\beta$ 标示为分单位质向量 $\vec{e}''_{\beta X}$ 与 $\vec{e}''_{\beta Y}$。以平面格子的 2 个格矢为一维二仪单位质向量 $\vec{a}=\vec{e}_\alpha$ 与 $\vec{b}=\vec{e}_\beta$ (a、b 是 2 个方向上的基本周期),将格矢 $\vec{a}$、$\vec{b}$ 沿着其 $\vec{e}_\alpha$ 与 $\vec{e}_\beta$ 方向延伸,可以形成 2 条不共线的相交于原点的一维二仪质向量坐标轴,如此就可以建立二维二仪质向量仿射坐标系 $\vec{\alpha\beta}$。

二维二仪质向量坐标系 $\vec{X}\vec{Y}$ 是一类特定的二维二仪质向量仿射坐标系。在二维二仪质向量坐标系 $\vec{X}\vec{Y}$ 的四象空间中,每一个被划定的平面点阵都包括一定数量的平面格子,被划定的平面点阵是与平面点阵对应的平移群,可表示为质向量的线性组合,即

$$\vec{C}=\vec{A}+\vec{B}=\lambda_1\vec{e}_\alpha+\lambda_2\vec{e}_\beta=\lambda_1(\vec{e}_{\alpha X}+\vec{e}_{\alpha Y})+\lambda_2(\vec{e}_{\beta X}+\vec{e}_{\beta Y}) \tag{18-10}$$

式中,λ_1 和 λ_2 为数量;质向量 $\vec{C}$ 为质向量 $\vec{A}$ 和质向量 $\vec{B}$ 的线性组合;质向量 $\vec{A}$ 为单位质向量 $\vec{e}_\alpha$ 的数乘,即 $\vec{A}=\lambda\vec{e}_\alpha=(\lambda\vec{e}_{\alpha X},\lambda\vec{e}_{\alpha Y})$;质向量 $\vec{B}$ 为单位质向量 $\vec{e}_\beta$ 的数乘,即 $\vec{B}=\lambda\vec{b}=(\lambda\vec{e}_{\beta X},\lambda\vec{e}_{\beta Y})$,也就是说质向量 $\vec{C}$ 可经质向量 $\vec{A}$ 和质向量 $\vec{B}$ 表出。

每一个平面格子包含着不共线的两个要素——基矢 $\vec{e}_\alpha$ 与基矢 $\vec{e}_\beta$,每一个平面格子的邻边就是基矢 $\vec{e}_\alpha$ 与基矢 $\vec{e}_\beta$。由向量的外积(4-49)式 $\vec{c}=\vec{a}\times\vec{b}$ 可以知道,基矢 $\vec{e}_\alpha$ 与基矢 $\vec{e}_\beta$ 的外积的大小为基矢 $\vec{e}_\alpha$ 与基矢 $\vec{e}_\beta$ 的大小同它们之间夹角的正弦的乘积,即 $|\vec{e}_\alpha\times\vec{e}_\beta|=|\vec{e}_\alpha||\vec{e}_\beta|\sin\langle\vec{e}_\alpha,\vec{e}_\beta\rangle$,当 $\langle\vec{e}_\alpha,\vec{e}_\beta\rangle=\frac{\pi}{2}$ 时,$|\vec{e}_\alpha\times\vec{e}_\beta|=|\vec{e}_\alpha||\vec{e}_\beta|$。

一个平面格子的基矢 $\vec{e}_\alpha$ 与基矢 $\vec{e}_\beta$ 的外积可以代表这一平面单元的平衡态,所以被划定的平面点阵所代表的二元系统形态可以表示为

$$\vec{A}\times\vec{B}=|\vec{A}||\vec{B}|\sin\langle\vec{A},\vec{B}\rangle=\lambda_1\lambda_2|\vec{e}_\alpha||\vec{e}_\beta|\sin\langle\vec{e}_\alpha,\vec{e}_\beta\rangle \tag{18-11}$$

当 $\langle\vec{e}_\alpha,\vec{e}_\beta\rangle=\frac{\pi}{2}$ 时,$\vec{A}\times\vec{B}=|\vec{A}||\vec{B}|=\lambda_1\lambda_2|\vec{e}_\alpha||\vec{e}_\beta|$,$|\vec{e}_\alpha\times\vec{e}_\beta|=|\vec{e}_\alpha||\vec{e}_\beta|$。

由此可见,平面点阵是由事物实体中抽象出来的一组同质粒子,每一个点阵点代表着一个粒子的平衡态,每一个平面格子代表着一个平面单元的平衡态,每一个被划定的平面点阵代表着一个平面点阵的平衡态。在无限伸展的平面空间中,可以将平面点阵的平面格子划分为正方格子、六方格子、矩形格子(又分为简单格子和带心格子)和一般平行四边形格子四种形状。在这四种类型中,平面格子的两边不是两条相交的直线,就

是两条平行的直线,它们的大小和取向决定着平面格子基本单位的大小和形状。所以,两条相交的直线或两条平行的直线可以决定一个平面。在二维二仪质向量仿射坐标系$\vec{\alpha\beta}$中,一个平面点阵中的基矢$\vec{e}_\alpha$与基矢$\vec{e}_\beta$的方向各不相同,基矢$\vec{e}_\alpha$与$\vec{e}_\beta$决定着平面格子的形状和大小,也决定着平面点阵的分布形态。

由于两个质向量加法适用平行四边形法则$\vec{c}=\vec{a}+\vec{b}$,基矢$\vec{e}_\alpha$与基矢$\vec{e}_\beta$的向量和为一个平面格子对角线的单位向量$\vec{e}_{\alpha+\beta}=\vec{e}_\alpha+\vec{e}_\beta$,即这一个平面格子对角线终点的向量就代表着该平面格子的形态。如果基矢$\vec{e}_\alpha$由两个单位分质向量$\vec{e}_{\alpha X}$和$\vec{e}_{\alpha Y}$组成$\vec{e}_\alpha(\vec{e}_{\alpha X},\vec{e}_{\alpha Y})$,即$\vec{e}_\alpha=\vec{e}_{\alpha X}+\vec{e}_{\alpha Y}$;而基矢$\vec{e}_\beta$由两个单位分质向量$\vec{e}_{\beta X}$和$\vec{e}_{\beta Y}$组成$\vec{e}_\beta(\vec{e}_{\beta X},\vec{e}_{\beta Y})$,即$\vec{e}_\beta=\vec{e}_{\beta X}+\vec{e}_{\beta Y}$,那么两个非零的单位质向量的向量之和为

$$\vec{e}_{\alpha+\beta}=\vec{e}_\alpha+\vec{e}_\beta=(\vec{e}_{\alpha X}+\vec{e}_{\alpha Y})+(\vec{e}_{\beta X}+\vec{e}_{\beta Y}) \tag{18-12}$$

一般能够稳定存在的事物实体结构都是中性的粒子结构,所以一组同质的粒子排列而成的一个平面点阵都是确定的。但是,一个平面点阵可以因为受到环境的作用而产生变化,也可以因为排列的粒子有极性而产生变化,从而引起这一平面点阵及其平面格子所代表的二元系统形态的变化。当平面点阵所代表的二元系统形态发生变化时,必然在不共线的基矢$\vec{e}_\alpha$与基矢$\vec{e}_\beta$的两个方向上发生异动。

在二维二仪质向量仿射坐标系平面中,每一个平面格子都有不共线的相邻的两个边,这两个边在二维二仪质向量仿射坐标系的平面空间中就是两个相交的质向量;当两个边的交点为二维二仪质向量仿射坐标系的原点时,其一边可用一个一维二仪单位质向量$\vec{e}_\alpha$表示,另一边可用一个一维二仪单位质向量$\vec{e}_\beta$表示。

以平面格子相邻的两个基矢$\vec{e}_\alpha$与基矢$\vec{e}_\beta$为基础,由基矢$\vec{e}_\alpha$与基矢$\vec{e}_\beta$无限延伸就是两条不共线的一维二仪质向量坐标轴$\vec{\alpha}$和一维二仪质向量坐标轴$\vec{\beta}$。由一维正向质向量坐标轴$\vec{\alpha}_+$和一维正向质向量坐标轴$\vec{\beta}_+$反向延伸就各自成为一维二仪质向量坐标轴$\vec{\alpha}$和一维二仪质向量坐标轴$\vec{\beta}$,由一维二仪质向量坐标轴$\vec{\alpha}$和一维二仪质向量坐标轴$\vec{\beta}$构造的仿射坐标系就是二维二仪质向量仿射坐标系$\vec{\alpha\beta}$。如果这两条一维二仪质向量坐标轴相互垂直,那么所建立的二维二仪质向量仿射坐标系$\vec{\alpha\beta}$就是二维二仪质向量直角坐标系$\vec{X}\vec{Y}$;如果这两条一维二仪质向量坐标轴相互不垂直,那么所建立的二维二仪质向量仿射坐标系$\vec{\alpha\beta}$就不是二维二仪质向量直角坐标系$\vec{X}\vec{Y}$。

在二维二仪质向量仿射坐标系$\vec{\alpha\beta}$的平面中,任何一个确定的二元系统形态都可以用一个确定的点阵表示或用一组有序数对表示。在平面空间中,基本单位是周期性重复着的结构基元,基本单位中包括了结构基元的内容。只要基矢$\vec{e}_\alpha$与基矢$\vec{e}_\beta$为不共线的一维二仪单位质向量,就可以构造一个平面格子。根据相交向量的交角,可以分为垂直向量和不垂直向量。当两个基矢$\vec{e}_\alpha$与$\vec{e}_\beta$互相垂直时,其构造的平面格子为矩形格子和正方格子,正方格子对称性最高,矩形格子次之。当两个一维二仪单位质向量$\vec{e}_\alpha$与$\vec{e}_\beta$互相不垂直时,其构造的平面格子只能是平行四边形格子或六方格子,而以平行四边形格子最为普遍。以对称性高、面积小、含点阵点少的单位为平面正当格子,则

正方格子就是平面正当格子。

平行四边形和六方格子的基矢$\vec{e}_\alpha$与基矢$\vec{e}_\beta$相互不垂直,以这两个互不垂直的一维二仪单位质向量形成的二维二元单位质向量$\vec{e}_{\alpha\beta}$为基准,就可以建立二维二仪质向量仿射坐标系$\vec{\alpha}\vec{\beta}$;矩形格子和正方格子的基矢$\vec{e}_\alpha$与基矢$\vec{e}_\beta$相互垂直,以这两个互相垂直的一维二仪单位质向量形成的二维二元单位质向量$\vec{e}_{\alpha\beta}$为基准,就可以建立二维二仪质向量直角坐标系。由于正方格子就是平面正当格子,基矢$\vec{e}_\alpha=\vec{e}_X$与基矢$\vec{e}_\beta=\vec{e}_Y$,不仅互相垂直而且大小一样,即$|\vec{e}_X|=|\vec{e}_Y|=1$,因此可以用作二维二仪质向量坐标系$\vec{X}\vec{Y}$的$\vec{X}$轴和$\vec{Y}$轴的单位质向量。而平面正当格子就是二维二元单位质向量$\vec{e}_{XY}$,以此为基准就可以建立二维二仪质向量直角坐标系$\vec{X}\vec{Y}$。与平面正当格子相对应,二维二仪质向量坐标系$\vec{X}\vec{Y}$还可称为二维正当坐标系。

虽然二维二仪质向量仿射坐标系$\vec{\alpha}\vec{\beta}$的基矢$\vec{e}_\alpha$与基矢$\vec{e}_\beta$不一定正交,但是非正交的基矢$\vec{e}_\alpha$和基矢$\vec{e}_\beta$与正交的基矢$\vec{e}_X$和基矢$\vec{e}_Y$存在对应的关系,所以二维二仪质向量仿射坐标系$\vec{\alpha}\vec{\beta}$都可以投射到二维二仪质向量直角坐标系$\vec{X}\vec{Y}$或二维笛卡尔直角坐标系XY。一般地,人们都是在二维正当坐标系中研究二元系统形态的,即考察二元系统的形态就是考察平面系统的形态。

建立了二维二仪质向量坐标系$\vec{X}\vec{Y}$或二维笛卡尔直角坐标系OXY,也就开辟了二维正当坐标系的四象平面空间。由于四个太极坐标轴的极点均在无限远处,因此二维二仪质向量直角坐标系$\vec{X}\vec{Y}$的$(\vec{X}\vec{Y})$空间亦是无远弗届、无限延展的平面,用π表示就如图18-10所示。

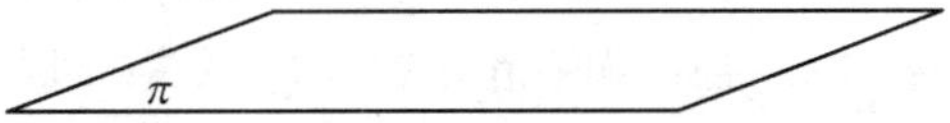

图18-10 二维二仪质向量直角坐标系$\vec{X}\vec{Y}$的无限延展平面

关于平面,两千多年前,数学家就发现平面π是一个绝对平坦且无限延展的理想模型,无大小与厚薄之分,而且具有六条公理。通过这些关于平面的公理及其重要推论,就可以获致平面的基本性质。例如,从平面上任何三个不共线的有序点O、I、J出发,这有序三点组称为系的基。以$\vec{OI}$为X轴的基,以$\vec{OJ}$为Y轴的基,X轴上的基(O,I)决定一直线坐标系,Y轴上的基(O,J)决定一直线坐标系,用一有序数对就可以确定平面上任一点的坐标,如图18-11所示的P点坐标为(x,y)。

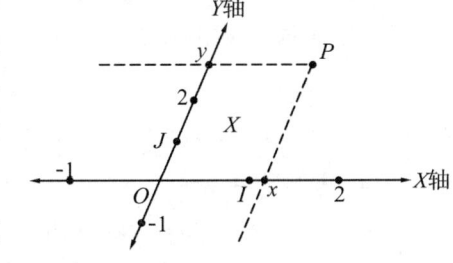

图18-11 平面上任一点的坐标

由于平面内点集和在平面坐标系中有序实数对之间一一对应,因此能够用描述一个点集内点的坐标关系来精确地描述这个点集。二维二仪质向量坐标系$\vec{X}\vec{Y}$或二维笛卡尔直角坐标系OXY只是一种特殊类型的仿射平面坐标系。仿射平面坐标系具有其他坐标系所没有的优点,比如人们在其中能比较不同线段的长度。

所有的仿射平面坐标系的基(O,I,J)都是从具体事物形态抽象而来的。基矢$\vec{e}_\alpha$可以作为一维二仪质向量坐标轴$\vec{\alpha}$上的基(O,I)，基矢$\vec{e}_\beta$可以作为一维二仪质向量坐标轴$\vec{\beta}$上的基(O,J)。反之，如果一维二仪质向量坐标轴$\vec{\alpha}$上的基(O,I)是一维二仪单位质向量，即$\vec{e}_I=\vec{e}_\alpha$，一维二仪质向量坐标轴$\vec{\beta}$上的基(O,J)是一维二仪单位质向量，即$\vec{e}_J=\vec{e}_\beta$，那么这个平面仿射坐标系$\vec{\alpha}\vec{\beta}$就是二维二仪质向量仿射坐标系$\vec{\alpha}\vec{\beta}$。两条相交的直线或两条平行线可以决定一个平面，平面中不共线的两个一维二仪质向量就可以决定平面仿射坐标系中的二元系统形态。

二、二元质向量与复数的对应关系

在二维二仪质向量仿射坐标系$\vec{\alpha}\vec{\beta}$上，一个受到来自环境作用的二元系统，可以看作受到一维二仪质向量坐标轴$\vec{\alpha}$与一维二仪质向量坐标轴$\vec{\beta}$两个不同方向上的作用，并参与了一维二仪质向量坐标轴$\vec{\alpha}$与一维二仪质向量$\vec{\beta}$方向上的形态变化。因此，任何一个二元系统形态都可以用一个二元质向量来表达。

二元质向量与平面几何存在着一定的对应关系，用二元质向量可以表示平面几何问题中涉及的点、直线和平面，通过向量运算所遵循的关系法则，也可以研究点、直线和平面之间的位置关系以及它们之间的距离和夹角等问题，这样就可以把二元质向量的运算结果"翻译"成相应的几何意义（回归几何问题）。

虽然二维二仪质向量仿射坐标系$\vec{\alpha}\vec{\beta}$的坐标轴$\vec{\alpha}$与坐标轴$\vec{\beta}$可能并不垂直，但是可以投射到在二维二仪质向量坐标系$\vec{X}\vec{Y}$中相互垂直的坐标轴$\vec{X}$和坐标轴$\vec{Y}$上。二维二仪质向量坐标系$\vec{X}\vec{Y}$的四象空间是由两个相互独立、相互垂直的单位质向量$\vec{e}_X$和$\vec{e}_Y$作为度量基准形成的一个质向量场。在二维二仪质向量坐标系$\vec{X}\vec{Y}$的四象空间中，任何一个二元系统都具有一维二仪质向量坐标轴$\vec{X}$和一维二仪质向量坐标轴$\vec{Y}$两种不同的质，在一维二仪质向量坐标轴$\vec{X}$的子系统可以看作具有一种特质的单元系统，在一维二仪质向量坐标轴$\vec{Y}$的子系统也可以看作具有另一种特质的单元系统。

在二维二仪质向量坐标系$\vec{X}\vec{Y}$中，每一个二元系统的确定形态对应着其空间变化域的一个二维二元常质向量$\vec{a}_{XY}$或一个定形的平面。与二维二元常质向量$\vec{a}_{XY}=\vec{a}_{XY}\cdot\vec{e}_{XY}$对应，每一个定形的平面由一定量的平面正当格子组成。这就像四千多年前源于中国的围棋，黑白双方对弈后是以各自在棋盘上圈定的定形平面（$\vec{a}_{XY}$）所包含的"平面正当格子"（$\vec{e}_{XY}$）的多少（$\vec{a}_{XY}$）来确定输赢的。

以坐标原点$\vec{O}$为起点和$\vec{A}$为终点，平面格子的对角连线$\vec{OA}$就是一维二元常质向量$\vec{a}_{X+Y}$，并可代表二维二元常质向量$\vec{a}_{XY}$。一维二元常质向量$\vec{a}_{X+Y}$可以通过垂直方向上的$\vec{X}$轴和$\vec{Y}$轴的分质向量来显现，并表示为二元常质向量$\vec{a}(\vec{a}_x,\vec{a}_y)$，或写成$\vec{a}=$

$(\vec{a}_x, \vec{a}_y)$，$\vec{a}_X$ 称为在 $\vec{X}$ 轴上的分质向量，$\vec{a}_Y$ 称为在 $\vec{Y}$ 轴上的分质向量。如果 $\vec{e}_X \equiv i$ 和 $\vec{e}_Y \equiv j$ 分别为 $\vec{X}$ 轴和 $\vec{Y}$ 轴的单位质向量，而 $\vec{X}$ 轴和 $\vec{Y}$ 轴的分质向量为 $\vec{a}_X \equiv a_X \vec{e}_X \equiv a_X i$ 和 $\vec{a}_Y \equiv a_Y \vec{e}_Y \equiv a_Y j$，那么，一维二元常质向量 $\vec{a}_{X+Y}$ 与两个一维分质向量的关系可以表示为

$$\begin{aligned}\vec{a}_{X+Y} &= \vec{a}_X + \vec{a}_Y \\ &= a_X \vec{e}_X + a_Y \vec{e}_Y \\ &= a_X i + a_Y j \end{aligned} \tag{18-13}$$

可见，二维空间的二元质向量是利用两个互相正交的一维二仪单位质向量来描述的。

在二维二仪质向量仿射坐标系 $\vec{\alpha\beta}$ 的平面中，任何一个二元系统受到来自环境的作用，其形态变化就对应着一个共面流场的变化，并可用二元质向量 $\vec{z}_{\alpha\beta}$ 表示。二维二仪质向量仿射坐标系 $\vec{\alpha\beta}$ 可以投射到二维二仪质向量坐标系 $\vec{X}\vec{Y}$ 上，所以二元系统的形态变化可以用二维二仪质向量坐标系 $\vec{X}\vec{Y}$ 四象空间中的二元质向量 $\vec{z}_{XY}$ 表示。任何一个二元系统形态在其空间变化域中表现的二元质向量 $\vec{z}_{XY}$ 都可以通过一维二元质向量 $\vec{z}_{X+Y}$ 及其 $\vec{X}$ 轴和 $\vec{Y}$ 轴上的分质向量 $\vec{z}_X$ 和分质向量 $\vec{z}_Y$ 来显现，并在二维二仪质向量坐标系 $\vec{X}\vec{Y}$ 的四象空间中表示为 $\vec{z}(\vec{z}_X, \vec{z}_Y)$，或写成 $\vec{z} = (\vec{z}_X, \vec{z}_Y)$。$\vec{z}_X$ 称为在 $\vec{X}$ 轴向上的分质向量，$\vec{z}_Y$ 称为在 $\vec{Y}$ 轴向上的分质向量，它们分别表现了分单位质向量 $\vec{e}_X$ 和分单位质向量 $\vec{e}_Y$ 的特征。

在二维二仪质向量坐标系 $\vec{X}\vec{Y}$ 的四象空间中，二元系统形态变化所对应的流场可以表示为 $\vec{M}(x,y)$。在规定了其在一维二仪质向量坐标轴 $\vec{X}$ 和一维二仪质向量坐标轴 $\vec{Y}$ 的分质向量 $\vec{z}_X \equiv x\vec{e}_X \equiv xi$ 与 $\vec{z}_Y \equiv y\vec{e}_Y \equiv yj$ 后，由 (4-3) 式 $\vec{z} = \vec{z}_X + \vec{z}_Y$，就可以把一维二元质向量 $\vec{z}_{X+Y}$ 与其分质向量的关系表示为

$$\begin{aligned}\vec{z}_{X+Y} &= \vec{z}_X + \vec{z}_Y \\ &= x\vec{e}_X + y\vec{e}_Y \\ &= xi + yj \end{aligned} \tag{18-14}$$

一维二元质向量 $\vec{z}_{X+Y}$ 的向径大小为

$$|\vec{z}_{X+Y}| = \rho = \sqrt{x^2 + y^2} \tag{18-15}$$

$$z_{X+Y}^2 = x^2 + y^2 \tag{18-16}$$

(18-11) 式表明，二元系统的表现形态在二维二仪质向量空间域中可由相互垂直的两个一维二仪质向量坐标轴方向上的分质向量来表达。或者说，平面上的任意一个一维二元质向量 $\vec{z}_{X+Y}$ 都可以表示成两个一维二仪单位质向量——$\vec{X}$ 方向的单位质向量 $\vec{e}_X \equiv i$ 和 $\vec{Y}$ 方向的单位质向量 $\vec{e}_Y \equiv j$ 的线性组合。

此外，一维二元质向量 $\vec{z}_{X+Y}$ 的向径由其坐标位置来表示，所以在一定场合 $|\vec{z}_{X+Y}|$ 也称为位置向量 $\vec{r}$，即

$$\vec{r} = xi + yj \tag{18-17}$$

在二维二仪质向量坐标系$\vec{X}\vec{Y}$的四象空间中,一个二元系统受到来自环境的不同方向的多重作用就要在不同的方向产生形态变化。来自环境不同方向的作用有可能是大量的甚至是无穷无尽的,而要同时考虑二元系统在不同方向的各种形态一般都比较困难,但是若把表达二元系统不同形态的二维二元质向量$\vec{z}_{XY}$通过二维二仪质向量坐标系$\vec{X}\vec{Y}$的一维二元质向量$\vec{z}_{X+Y}$来反映,就可得到二元系统形态的综合认识。

在二维二仪质向量坐标系$\vec{X}\vec{Y}$的四象空间中,二元系统的两个不同形态就表现为两个不同的平面格子。如果第一个平面格子的位置向量为$\vec{r}_1 = x_1 i + y_1 j$,第二个平面格子的位置向量为$\vec{r}_2 = x_2 i + y_2 j$,从第一种形态$\vec{Z}_1$变化到第二种形态$\vec{Z}_2$就可以表达为

$$\overrightarrow{z_1 z_2} = \vec{r}_2 - \vec{r}_1$$
$$= (x_2 i + y_2 j) - (x_1 i + y_1 j)$$
$$= (x_2 - x_1) i + (y_2 - y_1) j \tag{18-18}$$

两个格子对角线终点$\vec{z}_1(\vec{z}_{1X}, \vec{z}_{1Y})$与$\vec{z}_2(\vec{z}_{2X}, \vec{z}_{2Y})$的距离就是$\overrightarrow{z_1 z_2}$的模,即

$$|\overrightarrow{z_1 z_2}| = \sqrt{(x_2 - x_1)^2 + (y_2 - y_1)^2} \tag{18-19}$$

在二维二仪质向量坐标系$\vec{X}\vec{Y}$中,每条一维二仪质向量坐标轴内部都可以打开五维分质向量空间$(\vec{N}, \vec{n}, \vec{E}, \vec{E}_{\neq}, \vec{\varepsilon})$。例如,二元系统形态可以用异质单元数$\vec{n}_{XY}$这一特殊规定的二元分质向量表示,且可以由一维二元质向量$\vec{n}_{X+Y}$及其相互垂直的两个一元分质向量$\vec{n}_X$和$\vec{n}_Y$来表达,所以

$$\vec{n}_{X+Y} = \vec{n}_X + \vec{n}_Y \tag{18-20}$$

在一维二仪质向量坐标系$\vec{X}$空间中,两个平行的质向量的加和满足向量的加法法则,也就是同向的质向量加和可以省却指向而表示成质变量的加和。如果对一维二仪质向量坐标轴进行省却关于特质和指向规定的处理,单位质向量变为模$|\vec{e}_X| \equiv 1$,一维二仪质向量坐标轴$\vec{X}$就成为一维二仪数量坐标轴X。这样,一元系统在一维二仪质向量坐标轴$\vec{X}$的二仪空间中的质向量特征就会被人们所忽略,与单位质向量$\vec{e}_X$方向一致的质向量被省略为正数的标量,而与单位质向量$\vec{e}_X$方向相反的质向量也被省略为负数的标量。正数的标量和负数的标量在以$|\vec{e}_X| \equiv 1$为基准的形态空间中又被定义为实数,因而在一定区间变化的质向量$\vec{x}$就只能以实数域中的实数x来表示,在数轴上的运算也符合交换律、结合律、分配律等。

在二维二仪质向量坐标系$\vec{X}\vec{Y}$中,在省却质向量坐标轴关于特质和指向规定的条件下,一维二仪质向量坐标轴$\vec{X}$正向的单位质向量成为数轴正实数域的单位,即$|\vec{e}_{X_+}| \equiv 1$;其负向的单位质向量就是数轴负实数域的单位,即$|\vec{e}_{X_-}| \equiv -1$。同样,一维二仪质向量坐标轴$\vec{Y}$正向的单位质向量成为数轴正实数域的单位,即$|\vec{e}_{Y_+}| \equiv 1$;其负向的单位质向量就是数轴负实数域的单位,即$|\vec{e}_{Y_-}| \equiv -1$。这样,正向太极$\vec{X}_+$与负向

太极$\vec{X}_-$构成的一维二仪质向量坐标轴$\vec{X}$可以用定义域为$(-\infty,+\infty)$的实数轴X来表示,正向太极$\vec{Y}_+$与负向太极$\vec{Y}_-$构成的一维二仪质向量坐标轴$\vec{Y}$也可以用定义域为$(-\infty,+\infty)$的实数轴Y来表示。如此,一维二仪质向量坐标轴$\vec{X}$就蜕变为数轴X,一维二仪质向量坐标轴$\vec{Y}$就蜕变为数轴Y,二维二仪质向量坐标系$\vec{X}\vec{Y}$也成为二维笛卡尔直角坐标系XY,定质、定量、定向的物理空间也就降格为定量的数学空间。

但是,被降格的二维笛卡尔直角坐标系XY作为定量的数学空间,其一维二仪数量坐标轴X和一维二仪数量坐标轴Y都只是定义域为$(-\infty,+\infty)$的实数轴。在二维笛卡尔直角坐标系XY的数量空间或几何空间中,除了二元系统形态的数量关系可以被认识外,具有定质、定量、定向特征的二元系统形态是无法表征的;借助向量分析方法和向量运算法则所认识的二元系统形态变化规律或分布规律在二维数学空间往往也无法认知其定质或定向的关系。

不过,为了使一维二仪向量坐标轴$\vec{X}$与一维二仪向量坐标轴$\vec{Y}$相互甄别,把一维二仪向量坐标轴$\vec{Y}$经过$w=e^{i\frac{\pi}{2}}z=iz$的旋转变换和省却指向规定后就可以将实数轴Y变成虚数轴Yi。由于一维二仪质向量坐标轴$\vec{X}$与一维二仪质向量坐标轴$\vec{Y}$是相互垂直的,因此一维二仪质向量坐标轴$\vec{X}$在省却了关于特质和指向规定以后可以用实数域X来表示,一维二仪质向量坐标轴Yi在省却了关于特质和指向规定以后可以用虚数域Yi来表示。如此,二维二仪质向量坐标系$\vec{X}\vec{Y}$在省却了坐标轴关于特质和指向的规定并对一维二仪实数轴Y进行旋转变换以后,就称其为由一维二仪实数轴X和一维二仪虚数轴Yi正交构成的二维数轴直角坐标系XYi。

以X轴为横坐标,横轴上的点对应所有实数,称为实轴;以Yi轴为纵坐标,纵轴上的点(原点除外)对应所有纯虚数,故称虚轴。一维二仪实数轴X和一维二仪虚数轴Yi这两条正交的一维二仪坐标轴构成了共面的定量、定向二维空间,称为XYi平面,如图18-12所示。

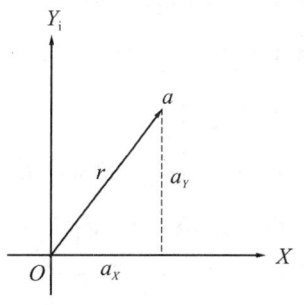

图18-12 XYi平面及其向量

在省却质向量坐标轴关于质的规定情况下,一维二仪质向量坐标轴成为一维二仪向量坐标轴,任何一个确定的二元系统形态都可以用二维二仪向量坐标系$\vec{X}\vec{Y}$中的一个二维二元常向量$\vec{a}_{XY}$及其一维二元常向量$\vec{a}_{X+Y}$表示。在二维二仪向量直角坐标系$\vec{X}\vec{Y}$的四象空间中,一维二元常向量$\vec{a}_{X+Y}$包括了两个独立的分向量$\vec{a}_X$与$\vec{a}_Y$,可以记作$\vec{a}_{X+Y}=(\vec{a}_X,\vec{a}_Y)$。在二维二仪向量坐标系$\vec{X}\vec{Y}$中,一维二仪质向量坐标轴$\vec{X}$与一维二仪质向量坐标轴$\vec{Y}$相互垂直,$\vec{Y}$轴可以看作由$\vec{X}$轴经过$w=e^{i\frac{\pi}{2}}z=iz$的旋转变换而成的,因此可以记作$\vec{Y}i$轴,二维二仪向量坐标系$\vec{X}\vec{Y}$也可以称作二维二仪向量直角坐标系$\vec{X}\vec{Y}i$。如果$\vec{e}_X$为$\vec{X}$轴(横坐标)的单位向量,$\vec{e}_Y$为$\vec{Y}i$轴(纵坐标)的单位向量,那么一维二元常向量$\vec{a}_{X+Y}$的两个分向量$\vec{a}_X$、$\vec{a}_Y$即为

$$\vec{a}_X \equiv |a_X|\vec{e}_X = a_X \vec{e}_X \tag{18-21}$$

$$\vec{a}_Y \equiv |a_Y|\vec{e}_Y = a_Y \vec{e}_Y \tag{18-22}$$

进一步,规定两个坐标轴的单位向量的大小为

$$|\vec{e}_X| \equiv |\vec{e}_1| = 1 \tag{18-23}$$

$$|\vec{e}_Y| \equiv |\vec{e}_\perp| = i \tag{18-24}$$

(18-21)式成为 $\vec{a}_X = a_X \vec{e}_X = a_X \vec{1}$,(18-22)式成为 $\vec{a}_Y = a_Y \vec{e}_Y = a_Y \vec{i}$。

如此,一维二元常向量 $\vec{a}_{X+Y}$ 就可以表示为

$$\vec{a}_{X+Y} = a_X \vec{e}_1 + a_Y \vec{e}_\perp = a_X \vec{1} + a_Y \vec{i} \tag{18-25}$$

在省却向量坐标轴关于指向的规定后,一维二仪向量坐标轴 $\vec{X}$ 成为数轴 X,一维二仪向量坐标轴 $\vec{Y}$ 成为虚数轴 Yi,(18-25)式又可以表述为

$$a_{X+Y} = a_X e_1 + a_Y e_\perp = a_X + a_Y i \tag{18-26}$$

式中,实数 $a_X \in (-\infty, +\infty)$,$a_Y \in (-\infty, +\infty)$,$a_Y$ 与虚数单位 i 结合的数 $a_Y i$ 称为虚数。实数与虚数组成的复合数就称为复数,也可称为双曲复数。

在二维二仪向量直角坐标系 $\vec{X}\vec{Y}i$ 中,任何一个二元系统形态都可以用(18-26)式 $a_{X+Y} = a_X + a_Y i$ 的复数来表示。这样,$\vec{X}_+$ 太极的单位向量 $|\vec{e}_{X_+}| \equiv 1$ 是正实数域的单位,其上的任何一个向量都可以用一正实数 a_{X_+} 表示;$\vec{X}_-$ 太极的单位向量 $|\vec{e}_{X_-}| \equiv -1$ 是负实数域的单位,其上的任何一个向量可以用一负实数 a_{X_-} ($a_{X_-} = -a_{X_+}$) 表示;$\vec{Y}_+$ 太极的单位向量 $\vec{e}_\perp \equiv i$ 是正虚数域的单位,其上的任何一个向量可以用一正虚数 $a_{Y_+} i$ 表示;$\vec{Y}_-$ 太极的单位向量 $\vec{e}_\perp \equiv -i$ 是负虚数域的单位,其上的任何一个向量可以用一负虚数 $a_{Y_-} i$ ($a_{Y_-} i = -a_{Y_+} i$) 表示。二维二元常向量 $\vec{a}_{XY}$ 在 $\vec{X}$ 轴上的投影称为复数 $\vec{X}$ 轴的实部,记作 $a_X = \text{Re}\,a$;$\vec{X}$ 轴称为实轴,即 Re 轴。二维二元常向量 $\vec{a}_{XY}$ 在 $\vec{Y}$ 轴上的投影称为复数 $\vec{a}$ 的虚部,记作 $a_Y = \text{Im}\,a$;$\vec{Y}i$ 轴称为虚轴 i,即 Im 轴。因此,二维二仪向量直角坐标系 $\vec{X}\vec{Y}i$ 也就是复数坐标系 XYi,其共面的二维直角坐标系 XYi 四象空间也就是复数平面,简称复平面,又叫高斯平面。

建立复坐标系 XYi 后,复数 $a_{X+Y} = a_X + a_Y i$ 的实部是横坐标而虚部是纵坐标。全体复数 $a_{X+Y} = a_X + a_Y i$ ($a_X, a_Y \in \mathbf{R}$) 与复平面内的点 $a(a_X, a_Y)$ 就形成了一一对应的关系,而点 $a_{X+Y}(a_X, a_Y)$ 又与复平面的向量 $\vec{oa}$ 构成一一对应关系。复数集 ($a_X + a_Y i, a_X, a_Y \in \mathbf{R}$) 与复平面的以 O 为起点、以 $\vec{a}_{X+Y}$ 为终点的向量集 $\{\vec{oa}\}$ 也形成一一对应关系。因此,复数可以看作在复平面中的二维向量。像复数 $a_{X+Y} = a_X + a_Y i$ 可以说成点 $a_{X+Y}(a_X, a_Y)$ 或向量 $\vec{oa}$。点 $a_{X+Y}(a_X, a_Y)$、向量 $\vec{oa}$ 是复数 $a_{XY} = a_X + a_Y i$ 的另外两种表示形式,它们都是复数 $a_{X+Y} = a_X + a_Y i$ 的几何表示,如图 18-12 所示。

相等的向量对应的是同一个复数,而复平面内与向量 $\vec{oa}$ 相等的向量有无穷多个,所以复数集不能与复平面上所有的向量形成一一对应关系。复数集只能与复平面上以

原点为起点的向量集合构成一一对应关系。在复平面内，以原点为起点和点 $a_{X+Y}(a_X, a_Y)$ 为终点的向量 $\vec{oa}$，由点 $a_{X+Y}(a_X, a_Y)$ 唯一确定。当 $a_Y=0$ 时，不存在虚数项，点 $a_{X+Y}(a_X, a_Y)$ 处在 $\vec{X}_+$ 与 $\vec{X}_-$ 所形成的一维二仪实数轴 X 上；当 $a_X=0$ 时，不存在实数项，点 $a_{X+Y}(a_X, a_Y)$ 处在 $\vec{Y}_+$ 和 $\vec{Y}_-$ 所形成的一维二仪虚数轴 Yi 上，任何虚数都不过是虚数轴 Yi 上的点。

在复坐标系 XYi 上，在一定范围变化的复数可以用复变数的形式 $z(x,y)$ 来表示。如果复变数为 z_{X+Y}，在实轴上投影的变化域的实变数为 x，在虚轴上投影的变化域的虚变数为 yi，那么复变数的形式就是

$$z_{X+Y}=x+yi \quad (x,y\in \mathbf{R}) \tag{18-27}$$

复变数 z_{X+Y} 可以在一个复数集合上取值，x 和 y 也都可以在其变化域中取值。此式表明，在省却了质向量坐标轴关于质的规定的情况下，数学中的复变数 $z_{X+Y}=x+yi$ 实质上就是二维二仪质向量坐标系 $\vec{X}\vec{Y}$ 四象空间中的质向量，而实变数 x 和虚变数 yi 则分别是一维二仪质向量坐标系 $\vec{X}\vec{Y}$ 四象空间中的质向量，即 $\vec{x}=x$，$\vec{y}=yi$。

在复坐标系 XYi 中，任何一个变化的二元系统形态都可以用复平面（XYi）的一个复变数 $z_{X+Y}=x+yi$ 来表示，它的实部是横坐标 x，而虚部是纵坐标 y，即任何一个一维二元向量 $\vec{z}_{X+Y}$ 都可由复平面的一个动点 $z(x,y)$ 来表示。复平面（XYi）则与全体复数 $z_{X+Y}=x+yi$ 建立了一一对应的关系。

此外，既然人们可以保持坐标轴固定来旋转向量，那么复数 $z=z_{X+Y}$ 就可以通过旋转 φ 角度来变换。旋转变换还可以用矩阵来表示。如果 U 代表酉矩阵（"酉"字就代表正交归一的意思），那么 $U(1)$ 就是由 1×1 的所有酉矩阵构成。维数为 1 的矩阵只有一个元素。如果矩阵的元素就只有一个复数 z，酉矩阵就是将复数 z 的模限制为 1。$U(1)$ 群的元素包括模为 1 的所有复数，可以表示为 $u=e^{i\varphi}$。尽管复数 u 的模为 1，但幅角 φ 可以任意变化，所以 $U(1)$ 是由复数平面上所有长度为 1 的向量绕着原点转动形成单位圆构成的一维复数空间的旋转群，如图 18-13(b) 所示。[6]

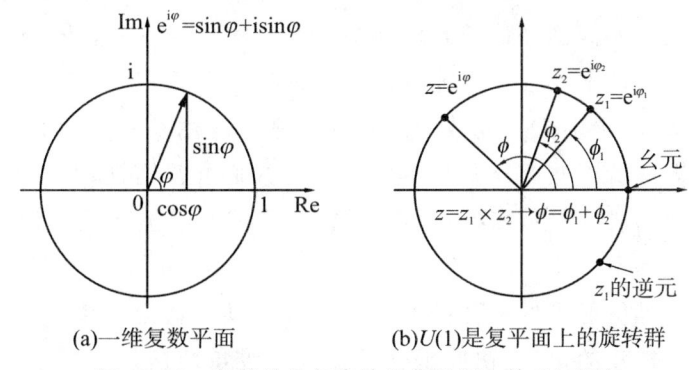

(a) 一维复数平面　　(b) $U(1)$ 是复平面上的旋转群

图 18-13　复数的几何表达及复平面上的 $U(1)$ 群

因此，只要通过 $w=e^{i\varphi}z$ 对 z 乘以 $e^{-i\varphi}$，就可以得到旋转后的复数

$$\begin{aligned}
\mathrm{e}^{-\mathrm{i}\varphi}z &= (\cos\varphi - \mathrm{i}\sin\varphi)(x+\mathrm{i}y) \\
&= (x\cos\varphi + \mathrm{i}y\cos\varphi - \mathrm{i}x\sin\varphi + y\sin\varphi) \\
&= (x\cos\varphi + y\sin\varphi) + \mathrm{i}(-x\sin\varphi + y\cos\varphi) \\
&= x' + \mathrm{i}y'
\end{aligned} \tag{18-28}$$

可见，上式就是（18-9）式 $\begin{cases} x' = x\cos\varphi + y\sin\varphi \\ y' = -x\sin\varphi + y\cos\varphi \end{cases}$ 的统一表达式。（18-9）式是在省却了质向量坐标轴关于特质和指向规定的情况下得到的，因此任何一个质向量在二维笛卡尔直角坐标系 XY 中已经没有定质和定向的意义，只能成为数学意义上的点，其横坐标 x 和纵坐标 y 都是实数，在人们不知其物理意义的情况下就很容易混淆。（18-27）式 $z_{X+Y} = x + y\mathrm{i}$ 虽然也是在省却了质向量坐标轴关于质的规定情况下得到的，但是实数轴 X 和虚数轴 $Y\mathrm{i}$ 分别代表不同的一维二仪向量坐标轴，且任何一个向量在复平面中可以保留着向量的定向、定量特征。

在16世纪，就连负数都在遭受着强烈怀疑的历史背景下，意大利米兰学者卡尔达诺首次发现了虚数，虽然他觉得虚数很有意思，却因为没有认识复数就是向量的本质，且找不到任何实际用途或几何意义而长时间地饱受非议。所以，在虚数被发现的很长时间里，人们一直没有找到对它的解释，只能承认它是与实数相对的想象的虚数。1797年，丹麦科学院的测量员韦赛尔对虚数做出较为合理的解释，他用 $+1$ 表示正向单位，-1 表示反向单位，$\sqrt{-1} = \mathrm{i}$ 表示侧向单位，避免了对虚数的暧昧态度，并承认虚数有与正数、负数同等存在的权利。[7] 在许多数学家的不懈努力下，特别是在韦塞尔、法国的会计师阿尔刚和高斯等人给出复数的几何表示后，数学家才终于相信复数演算同化于平面上点的一种演算体系，复数域数学与笛卡尔平面几何具有等价性。到了18世纪，瑞士数学家欧拉发现了虚数与 π 和 e 这样的常数之间的关系，在数学领域游荡了200年的虚数这一幽灵才显现出"不虚"的面目。19世纪，在数学物理中和傅里叶分析中同时产生了复分析，在解决素数理论的难题中，复数又扮演了主要角色。[8]

如今，虚数的概念和复数理论已逐渐为人们所接受，并在物理世界及技术领域得到了广泛的应用。虽然人们已经认识到没有虚数，就得不到一个能体现物理世界现实的答案；没有复数，现代技术几乎不可能存在，但是人们花了250年的时间也只是使虚数得到了一般的承认，对于虚数与复数所能发挥的重大作用及其蕴含的本质，可以说人们还是知其然而不知其所以然。这些现实主要还是人们并没有认识到用反向的实数轴和反向的虚数轴正交构成的复数坐标系 $XY\mathrm{i}$ 的背景，因此必然无法认识二元系统形态在四象世界中的复数关系。

几何平面是二维仿射坐标系开辟的理性认知空间。如果二维仿射坐标系是由两条一维特质坐标轴所构建的，二维仿射坐标系就是二维特质仿射坐标系，其平面就是二维特质空间。如果二维仿射坐标系是由两条一维数轴所构建的，二维仿射坐标系就是二维数值仿射坐标系，其平面就是二维数值空间。如果二维仿射坐标系是由两条一维向量坐标轴所构建的,二维仿射坐标系就是二维向量仿射坐标系,其平面就是二维向量空间。如果二维仿射坐标系是由两条一维二仪质向量坐标轴所构建的,二维仿射坐标系就是二维二仪质向量仿射坐标系,其平面就是二维二仪质向量空间。

如果一维二仪质向量坐标轴省却了关于特质与指向的规定,一维二仪质向量坐标轴 $\vec{X}$ 就成为数轴 X,单位质向量 $\vec{e}_X$ 变为数轴正实数域的单位,即 $|\vec{e}_X|\equiv 1$;一维二仪质向量坐标轴二仪 $\vec{Y}$ 也成为数轴 Y,单位质向量同样变为数轴正实数域的单位,即 $|\vec{e}_Y|\equiv 1$。这样,一维二仪质向量坐标轴 $\vec{X}$ 和一维二仪质向量坐标轴 $\vec{Y}$ 都可以用定义域为 $(-\infty,+\infty)$ 的实数轴 X 和实数轴 Y 来表示。二维二仪质向量坐标系 $\vec{X}\vec{Y}$ 就降格为定量的二维笛卡尔直角坐标系 XY,一维二元质向量 $\vec{z}_{X+Y}$ 也才可以用变量 z_{X+Y} 或动点 $z=(x,y)$ 表示。

实数轴 Y 经过 $w=e^{i\frac{\pi}{2}}z=iz$ 的旋转变换,可以将实数轴 Y 变成虚数轴 Yi。实数轴 X 的基准单位保持为 $e_X\equiv 1$,而实数轴 Y 的基准单位标示为 $e_Y\equiv i$,因此实数轴 X 和虚数轴 Yi 可以相互甄别,并构成可以定量、定向的复数坐标系 XYi。复数坐标系是以 X 轴为横坐标和 Yi 轴为纵坐标建立的二维数轴直角坐标系 XYi,其实数轴 X 可用实数域表示,而与之相互垂直的虚数轴 Yi 要用虚数域表示,其四象空间则称为复平面。

在二维二仪向量坐标系 $\vec{X}\vec{Y}$ 的四象空间中,任何一个二元系统的确定形态可以用二维二元常向量 $\vec{a}_{XY}$ 或其平面格子对角线的一维二元向量 $\vec{a}_{X+Y}$ 以及代表 $\vec{a}_{XY}$ 的平面格子的四个顶角节点的点阵——矩阵来表示。在复平面中,一维二元常向量 $\vec{a}_{X+Y}$ 可以用一个复数 $a_{X+Y}=a_X+a_Yi$ 来表达。复数 $a_{X+Y}=a_X+a_Yi$ 与复平面内的点 $a(a_X,a_Y)$ 形成了一一对应的关系,而点 $a(a_X,a_Y)$ 又与复平面的向量 $\vec{OA}$ 构成一一对应关系。因此,在复数域中,任何一个二元系统的确定形态有四种表达形式:

$$a_X+a_Yi \longleftrightarrow (a_X,a_Y) \longleftrightarrow \begin{pmatrix} a_X & a_Y \\ -a_Y & a_X \end{pmatrix} \longleftrightarrow \vec{OA} \tag{18-29}$$

在二维二仪向量坐标系 $\vec{X}\vec{Y}$ 上,一个二元系统形态在每一维坐标轴上形成的向量可以组成一个向量序列,二元系统形态就可以由两个垂直的一维二仪向量坐标轴上的两个向量序列相乘来表达。按照矩阵的运算规则,如果向量 $\vec{A}$ 为由 2 个数(a_X 和 a_Y)组成的列向量,即 $\vec{A}=\begin{bmatrix} a_X \\ a_Y \end{bmatrix}$;向量 $\vec{B}$ 为由 2 个数(b_X 和 b_Y)组成的行向量,即 $\vec{B}=[b_X, b_Y]$,由列向量 $\vec{A}$ 与行向量 $\vec{B}$ 相乘的结果得 C,C 为 2 阶正方矩阵,用公式表示就是

$$\vec{C}=\vec{A}\cdot\vec{B}=\begin{bmatrix} a_Xb_X & a_Xb_Y \\ a_Yb_X & a_Yb_Y \end{bmatrix} \tag{18-30}$$

如果脚标含 X 的 a_X 和 b_X 都由阳爻——代表,脚标含 Y 的 a_Y 和 b_Y 都由阴爻- -代表,则两个向量序列点积形成的矩阵及其四个矩阵元就是图 2-8 或图 18-1 的四象图。

一维二元常质向量 $\vec{a}_{X+Y}$ 可称为两个一维分质向量 $\vec{a}_X$ 和 $\vec{a}_Y$ 的叠加态,即(18-13)

式 $\vec{a}_{X+Y}=\vec{a}_X+\vec{a}_Y=a_X\vec{e}_X+a_Y\vec{e}_Y$ 所表达的二元系统形态是由坐标轴 $\vec{X}$ 和坐标轴 $\vec{Y}$ 的单位质向量 $\vec{e}_X$ 和 $\vec{e}_Y$ 的线性叠加。在物理学中,上述的二元系统形态具有实在的并不"诡异"的意义,因为任何一个二元系统形态都可以看作 $\vec{e}_X$ 和 $\vec{e}_Y$ 两个本征态的线性叠加。例如,一个微观粒子的量子态可以使用两个不同的自旋基态("上↑"和"下↓")来表述其 $\vec{e}_X$ 和 $\vec{e}_Y$ 两个本征态,这样微观粒子所有的自旋叠加态都可以表示成这两个基态的线性叠加,即 $|叠加态\rangle=a_X|上\rangle+a_Y|下\rangle$。[9]

当一个粒子处于本征态时,其测量结果又是确定的,那么该本征态就称为定态,而两个本征态的叠加态就可以表现出量子力学既包括定态(基态)$\vec{e}_X$ 又包括定态(基态)$\vec{e}_Y$ 的特征。如果有两个粒子 A 和 B,它们分别都有两种定态 0 和 1(即 A_1,A_0 和 B_1,B_0),它们的单粒子定态可以组成四种双粒子定态,即

$$A_1B_1, A_1B_0, A_0B_1, A_0B_0$$

类似于一个粒子的情形,上述这四种定态还可以线性组合成许多混合叠加态;而这些叠加态还可以分成两大类,纠缠态和非纠缠态。如果一个双粒子叠加态不能写成各自粒子状态的(张量)乘积的话,就是纠缠态。如果一个双粒子叠加态可以写成各自粒子状态的(张量)乘积的话,就是非纠缠态。在量子力学中,不能表示成直积形式的态称为纠缠态。量子纠缠指的是两个或多个量子系统之间存在非定域、非经典的强关联,纠缠态之间的关联不能被经典地解释。

第三节 复数运算与共轭复数内涵

在复坐标系 XYi 中,通过两个复数的分析可以总结出复数运算的法则。在复平面上,总可以找到一对共轭复数;而通过正方格子与矩形格子对称点的关系分析,可以认识共轭复数的性质。通过认知共轭的概念,可以深入了解复平面中共轭系统的复数关系及共轭复数的内涵,还可以理解共轭信息函数与波函数的关系。

一、复数运算的法则

任何事物形态的规律性都是有道可循的。在二维二仪质向量坐标系 $\vec{X}\vec{Y}$ 的四象空间中,任何一个二元系统形态的特质或指向或数量发生变化就表明其形态已然变化。例如,在物理学中质点做变速直线运动时,其速度是大小不断变化的质向量;做匀速曲线运动时,其速度是方向不断变化的质向量;做变速曲线运动时,其速度则是大小和方向都在不断变化的质向量。所以,只有深入认识质向量内涵,才可以准确地把握二元系

统形态的变化规律。

在省却质向量关于特质规定的条件下,质向量坐标轴成为一般意义的向量坐标轴;二维二仪质向量坐标系$\vec{X}\vec{Y}$可用二维二仪向量坐标系$\vec{X}\vec{Y}$来表示,也可用变换后的复坐标系XYi来指代;四象空间中的任何一个二元系统形态可以用一个二维二元向量$\vec{z}_{XY}$或其平面格子对角线的一维二元向量$\vec{z}_{X+Y}$来表达,一维二元向量$\vec{z}_{X+Y}$还可以用复平面(XYi)的复数$z_{X+Y}=z_X+z_Yi$来表达。令$x=z_X,y=z_Y$,一维二元向量$\vec{z}_{X+Y}$即为(18-27)式$z_{X+Y}=x+yi$,而其变量表达形式为$z(x,yi)$。所以,复数是以定量、定向的方式来表现二维向量空间中二元系统形态"向量"的。

当二元系统形态发生变化时,其在复平面上的动点(x,yi)就表现为在一定的范围内变化的轨迹$(x,y\in\mathbf{R})$,这样的复数称为复变数z_{X+Y}。由于二维二仪向量坐标系$\vec{X}\vec{Y}$的四象空间与复平面(XYi)建立了一一对应的关系,一维二元质向量$\vec{z}_{X+Y}$也与复数$z_{X+Y}=x+yi$建立了一一对应的关系,因此可以在复平面(XYi)中用复数来表述二维二仪向量坐标系$\vec{X}\vec{Y}$四象空间中的向量,复数z_{X+Y}可以看作在复平面(XYi)的二维向量。

在二维二仪向量坐标系$\vec{X}\vec{Y}$的四象空间中,如果一个二元系统具有确定的形态(1)和确定的形态(2),形态(1)和形态(2)对应两个不同的平面格子,这两个平面格子的位置向量$\vec{a}_{1(X+Y)}$和$\vec{a}_{2(X+Y)}$就记作两个点$\vec{a}_1(\vec{a}_{1X},\vec{a}_{1Y})$和$\vec{a}_2(\vec{a}_{2X},\vec{a}_{2Y})$。在复平面$(XYi)$中,二元系统的形态(1)和形态(2)所对应的两个平面格子的位置向量就记作

$$a_{1(X+Y)}=a_{1X}+a_{1Y}i$$
$$a_{2(X+Y)}=a_{2X}+a_{2Y}i$$

所以,两个向量之间存在的内在关系可以在复平面(XYi)中通过复数的关系式得以表达。

在二维二仪向量坐标系$\vec{X}\vec{Y}$的四象空间中,二元系统的形态变化遵循向量空间的运算法则,二元系统从此形态$\vec{a}_{1XY}$向彼形态$\vec{a}_{2XY}$的变化可以用两个向量之差来表现二元系统两个形态之间的变化关系。在复平面(XYi)中,也可以用复数来表示二元系统从形态(1)到形态(2)的变化

$$\begin{aligned}\Delta a_{X+Y}&=a_{2(X+Y)}-a_{1(X+Y)}\\&=(a_{2X}-a_{1X})e_1+(a_{2Y}-a_{1Y})e_\perp\\&=(a_{2X}-a_{1X})+(a_{2Y}-a_{1Y})i\end{aligned} \quad (18\text{-}31)$$

一般地,二元系统形态在一定范围内的变化可以用二维二元向量$\vec{z}_{XY}$或一维二元向量$\vec{z}_{X+Y}$表示。如果二元系统有(1)和(2)两个形态,形态(1)就记作$\vec{z}_1(\vec{z}_{1X},\vec{z}_{1Y})$或$z_{1(X+Y)}=z_{1X}+z_{1Y}i$,形态(2)就记作$\vec{z}_2(\vec{z}_{2X},\vec{z}_{2Y})$或$z_{2(X+Y)}=z_{2X}+z_{2Y}i$。当二元系统从形态(1)向形态(2)变化时,其在复平面(XYi)用复数表示就是

$$\Delta z_{X+Y}=z_{2(X+Y)}-z_{1(X+Y)}$$

$$= (z_{2X} - z_{1X})e_1 + (z_{2Y} - z_{1Y})e_\perp$$
$$= (z_{2X} - z_{1X}) + (z_{2Y} - z_{1Y})i \tag{18-32}$$

(18-31)式也可以换另一个角度来理解。既然任何一个一维二元向量 $\vec{z}_{X+Y}$ 都可以用两个相互垂直的分向量 $\vec{z}_X$ 和 $\vec{z}_Y$ 组成 $\vec{z}(\vec{z}_X, \vec{z}_Y)$，且一维二元向量 $\vec{z}_{X+Y}$ 为两个相互垂直的分向量之和 $\vec{z}_{X+Y} = \vec{z}_X + \vec{z}_Y$，所以，二元系统形态(1)的向量 $\vec{z}_1(\vec{z}_{1X}, \vec{z}_{1Y})$ 可以用复数 $z_{1(X+Y)} = z_{1X} + z_{1Y}i$ 表示，二元系统形态(2)的向量 $\vec{z}_2(\vec{z}_{2X}, \vec{z}_{2Y})$ 也可以用复数 $z_{2(X+Y)} = z_{2X} + z_{2Y}i$ 表示。这样，当二元系统从形态(1)向着形态(2)变化时，其在复平面(XYi)中的综合表现就可以用其在实数轴的投影之差和在虚数轴的投影之差的加和来表示。

既然可以用复平面(XYi)的复数来表述二维二仪向量坐标系 $\vec{X}\vec{Y}$ 四象空间中的向量，那基于二元系统形态的空间对称性总结出来的一系列向量关系法则，在复平面(XYi)也就有对应的关系法则。

在复平面(XYi)中，令 $z = z_{X+Y}$，具有坐标(x,y)的一个点 z 与原点 O 联结的线段形成向量 $\vec{oz}$，如图18-14所示。复数 z_{X+Y} 代表着从 O 到点(x,y)的位置向量或向径 $\vec{r}$，其长度为复数 $z_{X+Y} = x + yi$ 的模或绝对值，所以正数 ρ 就叫作复数 z_{X+Y} 或向径 $\vec{r}$ 的模，即(18-15)式 $\rho = |\vec{r}| = \sqrt{x^2 + y^2}$。

在二维二仪向量坐标系 $\vec{X}\vec{Y}$ 的四象空间中，$\vec{z}_1$ 和 $\vec{z}_2$ 两个向量也可以转化为复平面(XYi)的 z_1 和 z_2 两个复数，代入(18-32)式可以得出两个复数和、差与模之间的三角不等式，即

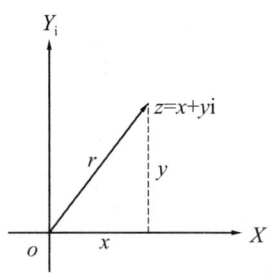

图 18-14 复平面(XYi)中的复数

$$|x| \leqslant |z|, \quad |y| \leqslant |z|, \quad |z| \leqslant |x| + |y| \tag{18-33}$$
$$|z_1 + z_2| \leqslant |z_1| + |z_2| \tag{18-34}$$
$$||z_1| - |z_2|| \leqslant |z_1 - z_2| \tag{18-35}$$

点 z_1 与点 z_2 的距离为

$$d(z_1, z_2) = |z_1 - z_2| = \sqrt{(x_1 - x_2)^2 + (y_1 - y_2)^2} \tag{18-36}$$

在复平面(XYi)中，两个复数 $z_1 = x_1 + y_1i$ 和 $z_2 = x_2 + y_2i$ 的和、差、积、商分别为

$$z_1 \pm z_2 = (x_1 \pm x_2) + (y_1 \pm y_2)i \tag{18-37}$$
$$z_1 z_2 = (x_1 x_2 - y_1 y_2) + (x_1 y_2 + x_2 y_1)i \tag{18-38}$$
$$\frac{z_1}{z_2} = \frac{x_1 x_2 + y_1 y_2}{x_2^2 + y_2^2} + \frac{x_2 y_1 - x_1 y_2}{x_2^2 + y_2^2}i \quad (z_2 \neq 0) \tag{18-39}$$

复数除了有代数的表达形式外，还有极坐标形式、指数形式和三角形式。

(一)极坐标形式

正向实轴上的实数 x（向量 $\vec{x}$）到非零复数 $z = x + yi$ 所对应的向量 $\vec{oz}$ 间的夹角

$\langle \vec{z}, \vec{x} \rangle = \varphi$ 称为复数 z 的辐角,记作 $\arg z$,所以,

$$\tan(\arg z) = \tan\varphi = \frac{y}{x} \quad (x \neq 0) \tag{18-40}$$

任一非零复数有无穷多个辐角,复数的幅角 $\arg z$ 不能唯一确定。如果 φ_0 是其中一个幅角,则 $\varphi = \varphi_0 + 2k\pi (k=0,\pm 1,\pm 2,\cdots)$ 也是其幅角,把属于 $(-\pi, +\pi]$ 的幅角称为主幅角,记为 $\arg z$。幅角 φ 与主幅角 $\arg z$ 存在下述的关系

$$\varphi = \arg z = \arg z + 2k\pi \quad (k=0,\pm 1,\pm 2,\cdots) \tag{18-41}$$

对于 x、y 的不同取值,$\arg z$ 主幅角为

$$\arg z = \begin{cases} \arctan \dfrac{y}{x} & x > 0 \\ \dfrac{\pi}{2} & x=0, y>0 \\ \arctan \dfrac{y}{x} + \pi & x<0, y \geqslant 0 \\ \arctan \dfrac{y}{x} - \pi & x<0, y<0 \\ -\dfrac{\pi}{2} & x=0, y<0 \end{cases} \tag{18-42}$$

复数"零"的幅角无定义,其模为零。

在复平面 (XYi) 中,x、y 的取值为

$$x = \sqrt{x^2 + y^2} \cos\langle \vec{z}, \vec{x} \rangle \tag{18-43}$$

$$y = \sqrt{x^2 + y^2} \cos\langle \vec{z}, \vec{y} \rangle \tag{18-44}$$

由 (18-15) 式 $\rho = \sqrt{x^2 + y^2}$ 和 $\langle \vec{z}, \vec{x} \rangle = \varphi$ 的关系,就可以用极坐标 ρ、φ 代替直角坐标 x 和 y 来表示复数 z,即

$$\begin{cases} x = \rho\cos\varphi \\ y = \rho\sin\varphi \end{cases} \tag{18-45}$$

由此可以得出

$$\varphi = \arctan\left(\frac{y}{x}\right) \tag{18-46}$$

把 (18-45) 式代入 (18-27) 式 $z_{X+Y} = x + y\mathrm{i}$,复数 z_{X+Y} 还可以表示为三角式(也称为极形式)

$$z_{X+Y} = x + \mathrm{i}y = \rho(\cos\varphi + \mathrm{i}\sin\varphi) \tag{18-47}$$

如果有两个复数 $z_1 = z_{1(X+Y)}$ 和 $z_2 = z_{2(X+Y)}$,写成极形式就是

$$z_1 = \rho_1(\cos\varphi_1 + \mathrm{i}\sin\varphi_1), z_2 = \rho_2(\cos\varphi_2 + \mathrm{i}\sin\varphi_2) \tag{18-48}$$

则

$$z_1 z_2 = \rho_1 \rho_2 (\cos\varphi_1 + \mathrm{i}\sin\varphi_1)(\cos\varphi_2 + \mathrm{i}\sin\varphi_2)$$

$$=\rho_1\rho_2[\cos(\varphi_1+\varphi_2)+\mathrm{i}\sin(\varphi_1+\varphi_2)] \tag{18-49}$$

$$\frac{z_1}{z_2}=\frac{\rho_1}{\rho_2}[\cos(\varphi_1-\varphi_2)+\mathrm{i}\sin(\varphi_1-\varphi_2)] \tag{18-50}$$

如果 n 是整数,就有复数 z 的乘方为

$$z^n=[\rho(\cos\varphi+\mathrm{i}\sin\varphi)]^n$$
$$=\rho^n(\cos n\varphi+\mathrm{i}\sin n\varphi) \tag{18-51}$$

这就是棣莫弗公式,利用这个公式可以求得复数的根。例如,如果 n 是正整数,则

$$z^{\frac{1}{n}}=[\rho(\cos\varphi+\mathrm{i}\sin\varphi)]^{\frac{1}{n}}$$
$$=\rho^{\frac{1}{n}}\left[\cos\left(\frac{\varphi+2k\pi}{n}\right)+\mathrm{i}\sin\left(\frac{\varphi+2k\pi}{n}\right)\right] \quad (k=0,1,\cdots,n-1) \tag{18-52}$$

(18-47)式和(18-52)式称为欧拉公式,欧拉公式表明了三角函数可以扩展到任意正数和负数值,甚至是复数值。

(二)指数形式

利用欧拉公式,还可以得到任一个复数 $z=\rho(\cos\varphi+\mathrm{i}\sin\varphi)$ 的指数函数表示形式

$$z=\rho(\cos\varphi+\mathrm{i}\sin\varphi)$$
$$=\rho\left[\left(1-\frac{\varphi^2}{2!}+\frac{\varphi^4}{4!}-\cdots\right)+\mathrm{i}\left(\varphi-\frac{\varphi^3}{3!}+\frac{\varphi^5}{5!}-\cdots\right)\right]$$
$$=\rho\left(1+\mathrm{i}\varphi-\frac{\varphi^2}{2!}-\mathrm{i}\frac{\varphi^3}{3!}+\frac{\varphi^4}{4!}+\mathrm{i}\frac{\varphi^5}{5!}-\cdots\right)$$
$$=\rho\left(1+\mathrm{i}\varphi+\frac{(\mathrm{i}\varphi)^2}{2!}+\frac{(\mathrm{i}\varphi)^3}{3!}+\frac{(\mathrm{i}\varphi)^4}{4!}+\frac{(\mathrm{i}\varphi)^5}{5!}+\cdots\right)$$
$$=\rho\mathrm{e}^{\mathrm{i}\varphi} \tag{18-53}$$

可见,复数 z 可以用(18-53)式极坐标形式的指数函数表示,欧拉公式揭示了三角函数与指数函数间的联系。当 $\rho=1$ 时,上式成为

$$\mathrm{e}^{\mathrm{i}\varphi}=\cos\varphi+\mathrm{i}\sin\varphi \tag{18-54}$$

也称为欧拉公式。

这样,复数 $z=z_{X+Y}$ 的三种表示法的关系为

$$z=x+\mathrm{i}y=\rho(\cos\varphi+\mathrm{i}\sin\varphi)=\rho\mathrm{e}^{\mathrm{i}\varphi} \tag{18-55}$$

利用复数的指数形式做乘法和除法运算往往特别方便。例如,有两个复数 z_1 和 z_2,则

$$z_1z_2=\rho_1\mathrm{e}^{\mathrm{i}\varphi_1}\cdot\rho_2\mathrm{e}^{\mathrm{i}\varphi_2}=\rho_1\rho_2\mathrm{e}^{\mathrm{i}(\varphi_1+\varphi_2)} \tag{18-56}$$

$$\frac{z_1}{z_2}=\frac{\rho_1\mathrm{e}^{\mathrm{i}\varphi_1}}{\rho_2\mathrm{e}^{\mathrm{i}\varphi_2}}=\frac{\rho_1}{\rho_2}\mathrm{e}^{\mathrm{i}(\varphi_1-\varphi_2)} \tag{18-57}$$

以复数形式表达的向量除法,所除的商的角度是两个向量的夹角,而模是两个向量的模相除(类似棣莫弗定理),由此可以断定

$$|z_1 \cdot z_2| = |z_1| \cdot |z_2| \tag{18-58}$$

$$\left|\frac{z_1}{z_2}\right| = \frac{|z_1|}{|z_2|} \quad (|z_2| \neq 0) \tag{18-59}$$

$$\arg z_1 z_2 = \arg z_1 + \arg z_2 \tag{18-60}$$

$$\arg \frac{z_1}{z_2} = \arg z_1 - \arg z_2 \tag{18-61}$$

这就是说，两个复数的乘积的模等于它们的模的乘积，两个复数的商的模等于它们的模的商；两个复数的乘积的幅角等于它们的幅角之和，两个复数的商的幅角等于它们的幅角之差。复数的模就是向量的模，是与实数轴 X 的单位向量 $\vec{e}_1$ 方向一致的向量，所以表现为正数的标量。

对于非零复数 $z = \rho e^{i\varphi}$，非零复数 z 的整数次幂为

$$\begin{aligned}z^n &= \rho^n e^{in\varphi} \\ &= \rho^n(\cos n\varphi + i\sin n\varphi)\end{aligned} \tag{18-62}$$

在(18-62)式中，实部 $\rho^n \cos n\varphi = (x^2+y^2)^{\frac{n}{2}} \cos n\left(\arctan\frac{y}{x}\right)$ 为 x 和 y 的函数，虚部 $\rho^n \sin n\varphi = (x^2+y^2)^{\frac{n}{2}} \sin n\left(\arctan\frac{y}{x}\right)$ 也为 x 和 y 的函数；等式左边 z^n 是复数 z 的函数。当 $\rho = 1$ 时，则得到棣莫弗公式

$$e^{in\varphi} = (\cos\varphi + i\sin\varphi)^n = \cos n\varphi + i\sin n\varphi \tag{18-63}$$

特别地，当复数 z 的辐角 $\varphi = \frac{\pi}{2}$ 时，由欧拉公式 $e^{i\varphi} = \cos\varphi + i\sin\varphi$ 可得到(6-205)式 $i = e^{i\frac{\pi}{2}} = \sqrt{-1}$。再利用棣莫弗公式，还可得到(6-206)式 $i^2 = e^{i\pi} = -1$，(6-207)式 $i^3 = e^{i\frac{3\pi}{2}} = -i$ 和(6-208)式 $i^4 = e^{i2\pi} = 1$。

在复平面(XYi)中，对于复变数 $z = z_{X+Y}$ 的指数函数，可以表达为

$$w = e^z \tag{18-64}$$

把(18-55)式 $z = x + iy = \rho(\cos\varphi + i\sin\varphi) = \rho e^{i\varphi}$ 代入，就得到

$$w = e^z = e^{x+iy} = e^x(\cos y + i\sin y) \tag{18-65}$$

对于非零复数 z 的整数次根式 $\sqrt[n]{z}$，可以表达为

$$\begin{aligned}z^{\frac{1}{n}} &= \sqrt[n]{\rho}\, e^{i\frac{\varphi+2k\pi}{n}} \\ &= \rho^{\frac{1}{n}}\left[\cos\left(\frac{\varphi+2k\pi}{n}\right) + i\sin\left(\frac{\varphi+2k\pi}{n}\right)\right] \quad (k=0,1,\cdots,n-1)\end{aligned} \tag{18-66}$$

对于给定的 $\sqrt[n]{z}$ 可以取 n 个不同的值，它们沿着中心在原点、半径为 $\sqrt[n]{\rho}$ 的圆周而等距地分布着。

二、共轭复数的性质

在复平面(XYi)上，任何一个点 $z(x,y)$ 都可以用复数形式 $z_{X+Y} = x + iy$ 或极坐标

形式 $z_{X+Y}=\rho(\cos\varphi+\mathrm{i}\sin\varphi)$ 或指数形式 $z_{X+Y}=\rho\mathrm{e}^{\mathrm{i}\varphi}$ 表示,其中 $(x,y\in\mathbf{R})$,即 x、y 都在实数域。如果点 $P(x,y)$ 的 x、y 都被限定在正实数域 $(x\geqslant0,y\geqslant0)$,即点 $P(x,y)$ 处在正向太极 $\vec{X}_+$ 和正向太极 $\vec{Y}_+$ 构成的第一象限,点 $P(x,y)$ 的复数表示形式为 (18-27)式 $z_{X+Y}=x+y\mathrm{i}$。

在由 $\vec{X}_+$、$\vec{X}_-$、$\vec{Y}_+$ 和 $\vec{Y}_-$ 构成的复平面 $(XY\mathrm{i})$ 上的四个象限上,存在着与点 $P(x,y)$ 对称的几个点,如图 18-15 所示。

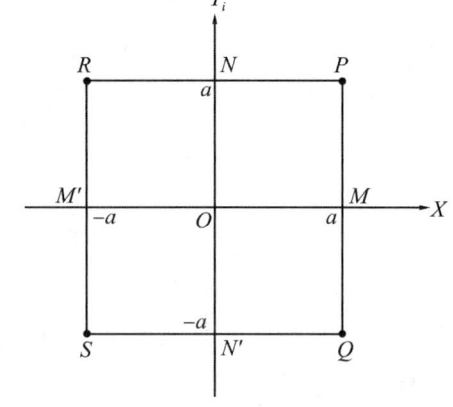

图 18-15 复平面 $(XY\mathrm{i})$ 上的对称点

(1)点 $R(-x,y)$ 是与点 $P(x,y)$ 关于 $\vec{Y}_+$ 轴对称的点,其复数表示为

$$z_{X+Y}=-x+y\mathrm{i} \quad (x\leqslant0,y\geqslant0) \tag{18-67}$$

(2)点 $Q(x,-y)$ 是与点 $P(x,y)$ 关于 $\vec{X}_+$ 轴对称的点,其复数表示为

$$z_{X+Y}=x-y\mathrm{i} \quad (x\geqslant0,y\leqslant0) \tag{18-68}$$

(3)点 $S(-x,-y)$ 是与点 $P(x,y)$ 关于原点对称的点,其复数表示为

$$z_{X+Y}=-x-y\mathrm{i} \quad (x\leqslant0,y\leqslant0) \tag{18-69}$$

如果这四个对称点为定点,它们所代表的就是固定大小的正方格子或矩形格子的顶点。这四个对称点中只要有一个点为动点,矩形格子(含正方格子)的形状和大小就要随之而变动。但是,这四个点中只要关于 $\vec{X}$ 轴对称的两个点为动点,它们所代表的就是可变的两条直线。在这四个对称点当中,点 $P(x,y)$ 与点 $Q(x,-y)$ 是关于正实轴 $\vec{X}_+$ 对称的点,表现在复数上就是实数相同、虚数相反。在数学上,人们就把实数相同而虚数相反的复数称为共轭复数。

在二维二仪向量坐标系 $\vec{X}\vec{Y}$ 四象空间中,向量 $\vec{x}$ 和向量 $\vec{y}$ 的夹角为 $\dfrac{\pi}{2}$,而向量 $\vec{y}$ 和向量 $\vec{x}$ 的夹角为 $-\dfrac{\pi}{2}$。在复平面 $(XY\mathrm{i})$ 中,实数 x 和虚数 $y\mathrm{i}$ 的夹角 $<x,y\mathrm{i}>$ 为 $\dfrac{\pi}{2}$,而虚数 $y\mathrm{i}$ 和实数 x 的夹角 $<y\mathrm{i},x>$ 为 $-\dfrac{\pi}{2}$。利用 $\sin<\vec{a}_1,\vec{a}_2>=-\sin<\vec{a}_2,\vec{a}_1>$ 的关系,即可得到(18-68)式 $z_{X+Y}=x-y\mathrm{i}$。为了有别于(18-24)式 $z_{X+Y}=x+\mathrm{i}y$,(18-68)式 $z_{X+Y}=x-y\mathrm{i}$ 的共轭复数可以表示为

$$\bar{z}=\bar{z}_{X+Y}=x-y\mathrm{i} \tag{18-70}$$

由于点 $P(x,y)$ 与点 $Q(x,-y)$ 关于正实轴对称,因此 z_{X+Y} 与 $\bar{z}_{X+Y}$ 的复数实部相等,虚部互为相反数,它们互为共轭复数;这在复平面 $(XY\mathrm{i})$ 是两条关于正实轴对称的有向线段,其中 x、y 是正实数域中的变量 $(x,y\in\mathbf{R})$,而 i 称为虚单位。当共轭复数的实部取定值 $x=a$ 时,所有的复数 z_{X+Y} 与其共轭复数 $\bar{z}_{X+Y}$ 在复平面 $(XY\mathrm{i})$ 是一条关于

Y_i轴(虚轴)平行的直线;当共轭复数的虚部取定值 $y=a$ 时,所有的复数 z_{X+Y} 与其共轭复数 $\bar{z}_{X+Y}$ 在复平面(XY_i)就是两条关于 X 轴(实轴)对称的平行线,如图 18-16 所示。

复数 z_{X+Y} 与其共轭复数 $\bar{z}_{X+Y}$ 还存在这样的关系

$$x=\mathrm{Re}z=\frac{1}{2}(z_{X+Y}+\bar{z}_{X+Y}) \tag{18-71}$$

$$y=\mathrm{Im}z=\frac{1}{2\mathrm{i}}(z_{X+Y}-\bar{z}_{X+Y}) \tag{18-72}$$

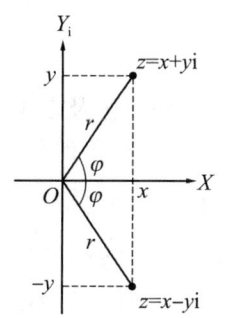

图 18-16 复数及其共轭复数的几何表示

复数 z_{X+Y} 在其变化域,一对共轭复数的乘积为

$$z_{X+Y}\bar{z}_{X+Y}=|z_{X+Y}|^2=(x+y\mathrm{i})(x-y\mathrm{i})=x^2+y^2=r^2 \tag{18-73}$$

复数的复共轭(常简称共轭)是对虚部变号的运算,将复数理解为复平面,则复共轭无非是对实轴的反射。当 $y=0$ 时,即实轴上的点关于实轴本身对称,也就是说当且仅当 z_{X+Y} 为实数,$z_{X+Y}=\bar{z}_{X+Y}$。例如,5 和 -5 也是互为共轭复数。当 $x=0$,虚部不等于 0(即 $y\neq0$)时,$y\mathrm{i}$ 与 $-y\mathrm{i}$ 互为共轭虚数。可见,共轭虚数 $\bar{z}_{X+Y}$ 是共轭复数的特殊情形。

共轭复数具有如下的性质:

(1)互为共轭的两个复数在复平面(XY_i)上的对应点关于实轴对称。

(2) $$|z|=|\bar{z}|=\sqrt{x^2+y^2}=\sqrt{z\bar{z}} \tag{18-74}$$

(3) $$z\bar{z}=|z|^2=|\bar{z}|^2=x^2+y^2 \tag{18-75}$$

(4) $$\overline{z_1+z_2+\cdots+z_n}=\bar{z}_1+\bar{z}_2+\cdots+\bar{z}_n \tag{18-76}$$

(5) $$\overline{z_1z_2\cdots z_n}=\bar{z}_1\bar{z}_2\cdots\bar{z}_n \tag{18-77}$$

(6) $$\overline{\left(\frac{z_1}{z_2}\right)}=\frac{\bar{z}_1}{\bar{z}_2} \qquad (\bar{z}_2\neq0) \tag{18-78}$$

(7) $$z\in\mathbf{R}\Leftrightarrow z=\bar{z} \tag{18-79}$$

(8) 非零复数 z 为纯虚数 $\Leftrightarrow z=-\bar{z} \tag{18-80}$

(9)若 z 是实系数方程 $a_nx^n+a_{n-1}x^{n-1}+\cdots+a_1x+a_0=0$ 的根,则 $\bar{z}$ 也是方程的根。换言之,如果复平面(XY_i)上的函数 φ 能表示为实系数幂级数,则有

$$\varphi(\bar{z})=\overline{\varphi(z)} \tag{18-81}$$

(10)一个复数用三角函数或指数函数表示即为(18-55)式

$$z=x+\mathrm{i}y=\rho(\cos\varphi+\mathrm{i}\sin\varphi)=\rho\mathrm{e}^{\mathrm{i}\varphi}$$

而其共轭复数为

$$\bar{z}=x-\mathrm{i}y=\rho(\cos\varphi-\mathrm{i}\sin\varphi)=\rho\mathrm{e}^{-\mathrm{i}\varphi} \tag{18-82}$$

代入(18-74)式 $|z|=|\bar{z}|=\sqrt{x^2+y^2}=\sqrt{z\bar{z}}$,就有

$$|z|=|\bar{z}|=\rho \tag{18-83}$$

代入(18-75)式 $z\bar{z}=|z|^2=|\bar{z}|^2=x^2+y^2$,就有

$$|z|^2 = |\bar{z}|^2 = \overline{zz} = (\rho\cos\varphi)^2 + (\rho\sin\varphi)^2 = \rho^2 \qquad (18\text{-}84)$$

三、共轭概念及其内涵的认知

在探索复数蕴含的理论内涵时，必须对共轭的概念及共轭系统的表现形态进行深入的认识。在复坐标系 XYi 的复平面 (XYi) 四象空间中，人们基于对二元系统形态的理性认知，把实部相等、虚部互为相反的一对复数称为共轭复数。在这一对复数中被人们称为"共轭"的是指相等的实部，而"共轭"这一概念却是源于人们在生动而具体的现实中对均衡反向系统形态的深刻理解。

所谓"轭"，是牛车行驶时套在两头牛背上用于拉车的人字形的架子。共同连通的轭使两头牛具有了共轭关系，它所体现的向前的力量就相当于一对共轭复数共同的实部。并驾齐驱的两头牛使车的左右两轮平衡，牛腿的交替迈步行走也就相当于一对共轭复数互为相反的虚部。因此，车与牛一体共生，表现了前后默契、节奏快慢和谐的共轭关系。如果共轭关系调控不当，就会翻车或偏离前进方向。

推而广之，具有共轭关系的事物就称为共轭系统，它们广泛地存在于自然界和人类社会之中。像轿夫扛轿子时，每个轿夫亦步亦趋就是共轭系统的形态变化。人在行走时，左脚右脚交替地迈出，在游泳时手脚一下一下地划动和踢水，也是共轭系统的形态变化。在体育运动中，单人或多人的划船或踩自行车，也是共轭系统形态变化的表现。木匠在锯木头时，一上一下或一左一右的往返拉锯也是共轭系统形态变化的表现。动物也是如此，包括两匹马组成的两驾马车，就是共轭系统形态变化的表现。所谓的"狼狈为奸"也是共轭系统的形态变化。鸟在飞的过程中扑打着翅膀，其上下振动的翅膀是在做简谐振动，而向前的运动是在做直线运动，所以鸟在空中克服重力的飞翔还是共轭系统的形态变化。

在化学中，含共轭键结的分子体系也称为共轭体系，这类共轭化合物是指双键和单键相间的一类化合物。在这类化合物的共轭体系中，由于相邻的 p 轨道电子云互相发生作用，双键电子可以在整个分子平面内自由流动，使键的 π 电子云扩展到整个体系并使之分布趋于平均化，因此就称其为电子离域或离域键。电子离域降低了体系本身的能量，键长平均化，所形成的化合物趋于稳定，这种现象称作共轭效应，也称作离域效应。

共轭效应是由共轭分子引起的电子位移现象，共轭分子是一种由 σ 键和 π 键交替连接起来的不饱和分子。共轭效应通常有下列几种：

(1) 正常共轭效应（又称 π-π 共轭），是指两个以上双键或叁键以单键相联结时所发生的 π 电子的离位作用。

(2) 多电子共轭效应（又称 p-π 共轭），这是在简单的多电子共轭体系中，Z 为一个带有 p 电子对（或称 n 电子）的原子或基团。

(3)超共轭效应(又称σ-π共轭),它是由一个烷基的C—H键的σ键电子与相邻的π键电子互相重叠而产生的一种共轭现象。

(4)同共轭效应(又称p轨道与p轨道的σ型重叠),是指β碳原子上的C—H键与邻近的π键间的相互作用。

(5)d-p共轭(又称d轨道接受共轭),是指一个原子的p轨道与另一个原子的d轨道重叠而产生的一种共轭现象。

这些共轭分子体系产生的共轭效应,使化合物趋于稳定的过程就相当于一对共轭复数共同的实部,而其极性交替地出现的极性效果则相当于一对共轭复数互为相反的虚部。

在其他学科中,还可以列举出大量的具有共轭关系的系统。像农业上的农作也要按共轭的方式轮耕轮作。在机械运动中,对于齿轮传动来讲,两个齿轮只要齿距一致,无论其大小差距如何,也无论其向哪个方向旋转,它们除了旋转周期和力距不同外,其契合关系并不会改变。这种契合关系也就是共轭关系,并构成了齿轮旋转简谐振动的基础。

从力学观点来看振动,其产生的原因有内因和外因,内因是系统本身的结构特性(指的是质量和弹性),外因是外部因素对系统的激励(如初位移、冲击、干扰力等)。因此,任何具有质量和弹性的系统,一旦受到外部的激励就会产生振动而成为振动系统。像弹簧振子、单摆、复摆等物体在受到外部的激励而做机械振动时,在振动系统进入与环境没有能量和物质交换的状态时,振动系统本身的结构特性在振动中要遵循能量守恒规律、总体单元数守恒规律等,这样的理想振动就表现为简谐振动。

由此可见,共轭分子体系极性交替地出现的极性效果是简谐振动的表现,人、马、牛等动物脚(或手)交替的运动也是在前进的垂直方向上保持平衡的简谐振动,所有的共轭系统在形态变化过程中都存在着保持平衡的简谐振动。所有的定向变化中的均衡反向系统必然是共轭系统,共轭是指对立统一体的矛盾双方既协同共生又相反相成,既优势互补又阴阳相济。只要阴阳双方势均力敌,这种和谐共生对立统一的局面就将长期维持,因而具有阴阳交变共轭关系的对立统一体在形态变化中处处体现着动态平衡。

共轭系统在形态变化中所表现的均衡振动可以通过共轭复数的内在关系来认识。共轭系统定向的形态变化就是一对共轭复数共同实部的展现,而保持对立平衡的简谐振动则是一对共轭复数互为相反虚部的亮相。复数的实质是二元系统形态在复平面(XYi)中表现的二维向量,两个二元系统形态之间存在的内在关系可通过两个向量的运算法则来表现,也可通过两个复数的关系法则来表现。在复平面(XYi)中,两个共轭复数的关系式是符合两个向量之间的运算法则的。

在省却质向量坐标轴关于质的规定情况下,二维二仪质向量坐标系$\vec{X}\vec{Y}$成为二维二仪向量坐标系$\vec{X}\vec{Y}$,经过变换成为复坐标系XYi后,在复平面(XYi)的四象空间中就可以认识共轭复数的关系。但是,正因为省却了质向量关于特质的规定,许多学科中的共轭信息函数都被表述成了数学函数。像能量 E 的显性因子 θ ——位移 x 被抽象为随机变量 x 后，人们往往就忽略或无从探究共轭信息函数 $\psi(x)$ 和 $\bar{\psi}(x)$ 与复变函数的复共轭关系及其形态意义。因此，要在复平面（XYi）中刻画各种共轭系统异质形态变化规律或本质形态分布规律，还是要赋予复坐标系的坐标轴特殊的质的规定。在此，就以量子力学的波函数为例，来示范二维二元波函数的演绎过程。

在第十五章第四节"均衡反向系统内在关系与相对论"中，已经阐明了一维二仪质向量坐标系 $\vec{X}$ 是正向太极 $\vec{X}_+$ 和负向太极 $\vec{X}_-$ 构成的二仪世界。在一维二仪质向量坐标系 $\vec{X}$ 跨越二仪的 $[\vec{x}_-,\vec{x}_+]$ 区间里，均衡反向一元系统形态变化量 $\Delta\vec{x}=\Delta\vec{x}_++\Delta\vec{x}_-$ 就是表示一维二仪质向量坐标系 $\vec{X}$ 二仪空间中的一元系统形态变化规律。由于均衡反向一元系统形态变化规律的向量表达跟坐标的选择无关，经过 $w=e^{i\frac{\pi}{2}}z=iz$ 的旋转变换，均衡反向一元系统形态变化空间就由重合于一维二仪质向量坐标轴 $\vec{X}$（实轴）变成与之垂直的一维二仪质向量坐标轴 $\vec{X}$i（虚轴），其形态变化空间就变成了虚空间。因此，均衡反向一元系统形态变化量 $\Delta\vec{x}=\Delta\vec{x}_++\Delta\vec{x}_-$ 也就变成用虚数表示的 $\Delta\vec{x}i=\vec{x}_+i+\vec{x}_-i$。

在一维二仪质向量坐标系 $\vec{X}$ 的（$\vec{X}$）空间中，如果均衡反向一元系统的形态变化量 $\Delta\vec{x}=0$，则 $\vec{x}_+=\vec{x}_-$，或 $x_+=-x_-$，即 x_+ 和 x_- 互为相反数，均衡反向一元系统形态变化基本规律就是简谐振动规律。同理，在一维二仪质向量坐标系 $\vec{X}$i 的（$\vec{X}$i）空间中，如果均衡反向一元系统的形态变化量 $\Delta\vec{x}i=0$，则 $\vec{x}_+i=\vec{x}i_-$ 或 $x_+i=-x_-i$，即 x_+ 和 x_- 互为相反的纯虚数。如果令 $z=x_+i$ 和 $\bar{z}=x_-i=-x_+i$，那么均衡反向一元系统的简谐振动规律就是实部为零而虚部互为相反数的一对共轭虚数，这是共轭复数的特殊情形。复数的复共轭是对虚部变号的运算，其围绕原点 O 简谐振动的轨迹就是在一维二仪坐标轴 $\vec{X}$i（虚轴）的 $[x_-i,x_+i]$ 或 $[-x_+i,x_+i]$ 区间与之重合的直线段。

一般地，在由 $\vec{X}_+$、$\vec{X}_-$、$\vec{Y}_+$ 和 $\vec{Y}_-$ 构成的复平面（XYi）中，共轭复数 $z=x+y$i 与 $\bar{z}=x-y$i 的实部相等而虚部相反。实轴（横轴）上的点对应所有实数，虚轴（纵轴）上的点（原点除外）对应所有纯虚数。复数 $z=x+y$i 代表点 $z(x,y$i$)$，共轭复数 $\bar{z}=x-y$i 代表点 $\bar{z}(x,-y$i$)$。点 $z(x,y$i$)$ 与点 $\bar{z}(x,-y$i$)$ 本质上都只是一个向量。如果令 $z=z_{X+Y}$，复数 z_{X+Y} 代表着图 18-16 中从 O 到点 (x,y) 的位置向量或向径 $\vec{r}$，其长度称为复数 $z_{X+Y}=x+y$i 的模或绝对值，所以正数 ρ 就叫作复数 z_{X+Y} 或向径 $\vec{r}$ 的模，即（18-15）式 $\rho=|\vec{r}|=\sqrt{x^2+y^2}$。令 $\bar{z}=\bar{z}_{X+Y}$，共轭复数 $\bar{z}_{X+Y}$ 代表着图 18-16 中从 O 到点 $(x,-y)$ 的位置向量或向径 $\vec{r}$。z_{X+Y} 与 $\bar{z}_{X+Y}$ 这一对共轭复数的内积为（18-73）式 $z_{X+Y}\bar{z}_{X+Y}=|z_{X+Y}|^2=(x+y\mathrm{i})(x-y\mathrm{i})=x^2+y^2=r^2$，显然这是一个圆的方程。

由图 18-16 可见，由于 x 的定义域为 $x\in(-\infty,+\infty)$，均衡反向一元系统的简谐振动规律就不会囿于一维二仪坐标轴 $\vec{Y}$i（虚轴）的 $[-y\mathrm{i},y\mathrm{i}]$ 空间之中，而可以在 $x\neq0$ 的整个复平面（XYi）上围绕点 x 做简谐振动。在复平面（XYi）中围绕点 x 的简谐振动就是共轭系统在垂直于一维实轴 X 方向上的简谐振动规律,而共轭系统所共之轭实际上就是共轭复数的 x,复共轭无非是对实轴的反射。因此,所有的复数 z_{X+Y} 与其共轭复数 $\bar{z}_{X+Y}$ 在复平面（$XY\mathrm{i}$）中就是两条关于 $\vec{X}$ 轴（实轴）对称的平行线。

在(18-73)式 $z_{X+Y}\bar{z}_{X+Y}=|z_{X+Y}|^2=(x+y\mathrm{i})(x-y\mathrm{i})=x^2+y^2$ 中,赋予复数 z_{X+Y} 与共轭复数 $\bar{z}_{X+Y}$ 信息的特质,$z_{X+Y}\equiv\Psi$,$\bar{z}_{X+Y}\equiv\overline{\Psi}$,这样就有

$$\Psi\overline{\Psi}=|\Psi|^2=(x+y\mathrm{i})(x-y\mathrm{i})=x^2+y^2=r^2=\rho^2 \tag{18-85}$$

二维二元波函数也就可以表示为

$$\psi(x,y)=\mathrm{e}^{-\mathrm{j}k_x x}\mathrm{e}^{-\mathrm{j}k_y y}=\mathrm{e}^{-\mathrm{j}(k_x x+k_y y)}=\mathrm{e}^{-\mathrm{j}\vec{k}\cdot\vec{r}} \tag{18-86}$$

式中,$\vec{k}=k_x a_x+k_y a_y=a_n k$ 为波矢量;$\vec{r}=xa_x+ya_y$ 为矢径。

如果共轭复数的虚部取了确定的一个值 $y=a$,而实部 x 在其定义域取离散的变量,那么所有的复数 z 与其共轭复数 $\bar{z}$ 在复平面（$XY\mathrm{i}$）就是两条关于 $\vec{X}$ 轴（实轴）对称的平行的点线,而把两条直线的点交互顺序相连就是一条波线。一个环境系统的波动就是一个波列,波列在空间自由传播时都具有方向性。

两条平行的直线可以决定一个平面。行波是振动方向与波的传播方向垂直的波,可以看作共轭系统在复平面的行进与振动,波沿着 $\vec{X}$（实轴）方向的传播可以用一对共轭复数共同的实部来表达,而沿着 $\vec{Y}\mathrm{i}$（虚轴）的上下振动可以用一对共轭复数共同的虚部来表达,因此行波往往以共轭复数的形式来表现。由(18-71)式 $x=\mathrm{Re}z=\frac{1}{2}(z_{X+Y}+\bar{z}_{X+Y})$ 又可以理解每一列波就是 $\vec{X}$ 轴上的一个向量的缘故,因而波的叠加符合向量的加法规则。

如果把一维二仪质向量坐标轴 $\vec{X}$ 特别规定为熵 $\vec{S}$,把另一个一维二仪质向量坐标轴 $\vec{Y}$ 特别规定为信息 $\vec{P}$,那么特定的复数坐标系 $SP\mathrm{i}$ 就张开了描述二元系统形态变化的复平面。

作为质向量,信息 $\vec{P}$ 本身是异质单元数 $\vec{n}$ 与总体单元数 $\vec{N}$ 之比,即(4-71)式 $\vec{P}=\frac{\vec{n}}{\vec{N}}$,因而单元系统形态的信息 $\vec{P}$ 可以用质向量函数 $\vec{P}(\vec{N},\vec{n})$ 表示。在省却质向量关于方向的规定时,共轭复数 z_{XY} 与 $\bar{z}_{XY}$ 可以用共轭信息 P 和 $\overline{P}$ 表示,共轭信息也可以用共轭信息函数 $P(N,n)$ 和 $\overline{P}(N,n)$ 表示,这是一对共轭复变函数。如果把(4-75)式 $S=\frac{E_{\neq}-E}{\varepsilon}$ 或 $S=\xi_{\neq}-\kappa E$ 代入共轭信息函数 P 和 $\overline{P}$ 之中,可以得到以能量、能阈和能元表示的共轭信息函数,即 $P\left(\frac{E_{\neq}-E}{\varepsilon}\right)$ 和 $\overline{P}\left(\frac{E_{\neq}-E}{\varepsilon}\right)$ 或 $P(\xi_{\neq}-\kappa E)$ 和 $\overline{P}(\xi_{\neq}-\kappa E)$。在能阈和能元为常量（即 $E_{\neq}=C_{E_{\neq}}$,$\varepsilon=C_{\varepsilon}$）的情况下,共轭信息函数就只以能量 E 为自变量,即共轭信息函数可以表示为 $P(E)$ 和 $\overline{P}(E)$。

要理解共轭信息函数 $P(E)$ 和 $\overline{P}(E)$,可以在二维二仪质向量坐标系 $\vec{X}\vec{Y}$ 的质向量

坐标轴内部的$(\vec{P},\vec{E},\vec{E}_{\neq},\vec{\varepsilon})$四维分质向量空间的$(\vec{P},\vec{E},\vec{C}_{E_{\neq}},\vec{C}_{\varepsilon})$的截面上,通过一个由子系统$\alpha$和子系统$\beta$组成的孤立系统$A^0$的分析来认识,也就可以在低一级的形态空间中来深入分析每个子系统的形态变化规律。

在省却分质向量关于方向的规定时,用E_α表示子系统α的能量,E_β表示子系统β的能量,E^0表示孤立系统A^0的能量。如果二元系统内部的两个子系统相互作用之前各自隔离地处于平衡态,则一旦让它们开始接触并产生能量的交流,在交流过程中两个子系统的其他形态量不变,而E_α和E_β就不再是常数,但孤立系统的能量E^0仍是常数,即

$$E_\alpha + E_\beta = E^0 \tag{18-87}$$

或

$$\Delta E_\alpha + \Delta E_\beta = 0 \tag{18-88}$$

上面两式就是由子系统α和子系统β组成的均衡反向系统的能量守恒与转化规律的一般表达式,任何两种特殊能态或其衍生的能量显性因子的守恒与转化都符合上述规律。

对于这种动态平衡的孤立系统,如果要得到某个特定的非平衡态(取值为某一能量E而不是E^0)下的形态转化信息$P(E)$,一样可以由$P(E)=\dfrac{n}{N}=\dfrac{n(E)}{C_N}$给出。式中的$C_N=N=N(E^0)=N^0$是整个孤立系统$A^0$的总体单元数(或可实现形态数),这是一个与能量$E$无关的常数;而$n(E)$为孤立系统在能量为$E$时产生的异质单元数(或可实现形态数),它包含独立的两个因子,即子系统α已转化的异质单元数$n_\alpha(E)$和子系统β已转化的异质单元数$n_\beta(E^0-E)$,即

$$n(E) = n_\alpha(E) n_\beta(E^0 - E) \tag{18-89}$$

于是,整个孤立系统的形态转化信息可以表示为

$$\begin{aligned}P(E) &= \frac{n_\alpha(E) n_\beta(E^0-E)}{C_N} \\ &= C n_\alpha(E) n_\beta(E^0-E)\end{aligned} \tag{18-90}$$

式中,常数$C=\dfrac{1}{C_N}=\dfrac{1}{N(E^0)}=\dfrac{1}{N_\alpha N_\beta}$。

把$E^0-E=E'$代入(18-89)式$n(E)=n_\alpha(E)n_\beta(E^0-E)$,就有

$$n(E) = n_\alpha(E) n_\beta(E') \tag{18-91}$$

把上式再代入(18-90)式$P(E)=Cn_\alpha(E)n_\beta(E^0-E)$,就可得到

$$\begin{aligned}P(E) &= C n_\alpha(E) n_\beta(E') \\ &= \frac{n_\alpha(E)}{N_\alpha} \frac{n_\beta(E')}{N_\beta} \\ &= P_\alpha(E') P_\beta(E')\end{aligned} \tag{18-92}$$

由于 $E=E^0$ 时,
$$P(E^0)=P_\alpha(E^0)P_\beta(E^0-E^0)$$
$$=P_\alpha(E^0)P_\beta(0)$$
$$=1$$

而 $E=0$ 时,
$$P(0)=P_\alpha(0)P_\beta(E^0)=0$$

可见,P_α 与 P_β 是一对共轭信息函数,即
$$P_\alpha(E)P_\beta(E)=P(E)\overline{P}(E) \tag{18-93}$$

具有共轭关系的 α 和 β 两个子系统共同组成共轭系统,并以共轭信息函数来表现共轭系统的形态变化规律。

在省却分质向量关于方向的规定时,如果能量 E 的显性因子 θ 为位移 x,即(6-386)式 $E_+=F_+\theta_+$ 为 $E=F_N x$。令 $P\equiv\Psi$,$\overline{P}\equiv\overline{\Psi}$,在同样的约束条件下,共轭信息函数可以用自变量 x 来表示 $\Psi(x)$ 和 $\overline{\Psi}(x)$。例如,在量子力学中,波函数 $\Psi(x)$ 和波函数 $\overline{\Psi}(x)$ 互为共轭信息函数。但是,在描述微观粒子组成的系统时,每一个微观粒子运行轨道的空间坐标 x 都是随机变量,其概率密度函数并不是粒子的波函数 $\Psi(x)$,而是其模数的平方

$$p(x)=|\Psi(x)\overline{\Psi}(x)|=|\Psi(x)|^2 \tag{18-94}$$

在二维二仪向量坐标系 $\vec{X}\vec{Y}$ 的四象空间中,二元系统形态在一定范围内的变化可以用二维二元向量 $\vec{z}_{XY}$ 或一维二元向量 $\vec{z}_{X+Y}$ 表示。二元系统从此形态 $\vec{a}_{1XY}$ 向彼形态 $\vec{a}_{2XY}$ 的变化可以用两个向量之差来表现二元系统两个形态之间的变化关系。在复平面 (XYi) 中,可以用(18-31)式 $\Delta a_{X+Y}=a_{2(X+Y)}-a_{1(X+Y)}=(a_{2X}-a_{1X})+(a_{2Y}-a_{1Y})i$ 的复数来表示二元系统从形态(1)到形态(2)的变化。

如果二元系统有(1)和(2)两个形态,形态(1)就记作 $\vec{z}_1(\vec{z}_{1X},\vec{z}_{1Y})$ 或 $\vec{z}_{1(X+Y)}=z_{1X}+z_{1Y}i$,形态(2)就记作 $\vec{z}_2(\vec{z}_{2X},\vec{z}_{2Y})$ 或 $\vec{z}_{2(X+Y)}=z_{2X}+z_{2Y}i$。当二元系统从形态(1)向形态(2)变化时,其在复平面 (XYi) 就可以用(18-32)式 $\Delta z_{X+Y}=z_{2(X+Y)}-z_{1(X+Y)}=(z_{2X}-z_{1X})+(z_{2Y}-z_{1Y})i$ 表示。

在复平面 (XYi) 中,令 $z=z_{X+Y}$,具有坐标 (x,y) 的一个点 z 与原点 O 联结的线段形成向量 $\vec{oz}$,如图 18-14 所示。复数 z_{X+Y} 代表着从 O 到点 (x,y) 的位置向量或向径 $\vec{r}$,其长度称为复数 $z_{X+Y}=x+yi$ 的模或绝对值,所以正数 ρ 就叫作复数 z_{X+Y} 或向径 $\vec{r}$ 的模,即(18-15)式 $\rho=|\vec{r}|=\sqrt{x^2+y^2}$。

第四节 复平面保角映射及其变换

二维二仪向量仿射坐标系 $\vec{\alpha}\vec{\beta}$ 可以转换为二维二仪向量直角坐标系

$\vec{X}\vec{Y}$或二维笛卡尔直角坐标系 XY 或复数坐标系 XYi。二元系统形态变化规律可以通过复变函数来表述。复变函数在不同认知坐标系的同构向量空间都可以实现保角变换。通过复平面保角映射和平面的几何变换,可以对二元系统形态变化规律的客观性加深认识。

一、复变函数及其性质

由一维二仪向量坐标轴 $\vec{\alpha}$ 和一维二仪向量坐标轴 $\vec{\beta}$ 可以建立二维二仪向量仿射坐标系 $\vec{\alpha}\vec{\beta}$。一维二仪向量坐标轴 $\vec{\alpha}$ 的一维二仪单位质向量(基矢) $\vec{e}_\alpha$ 与一维二仪向量坐标轴 $\vec{\beta}$ 的一维二仪单位质向量(基矢) $\vec{e}_\beta$ 并不共线,它们却是二维二仪向量仿射坐标系 $\vec{\alpha}\vec{\beta}$ 认知二元系统形态的度量基准。二维二仪向量仿射坐标系 $\vec{\alpha}\vec{\beta}$ 是定向、定量认知二元系统形态的理性坐标系,任何一个二元系统的确定形态都可以用一个平面格子的二元常向量表示,也可以由基矢 $\vec{e}_\alpha$ 方向上和基矢 $\vec{e}_\beta$ 方向上的两个相交的分向量或由两条相交的有向线段来表示。

在二维二仪向量仿射坐标系 $\vec{\alpha}\vec{\beta}$ 的平面中,当二元系统形态发生变化时,平面格子必然在基矢 $\vec{e}_\alpha$ 和基矢 $\vec{e}_\beta$ 的两个方向发生变化,因此就不能像在一维二仪向量坐标系 $\vec{X}$ 中那样仅仅考虑一元系统平行于单位质向量 $\vec{e}_X$ 的形态变化。二元系统形态变化必然在一维二仪向量坐标轴 $\vec{\alpha}$ 和一维二仪向量坐标轴 $\vec{\beta}$ 的两个轴向上都表现出一定的变异。

在二维二仪向量仿射坐标系 $\vec{\alpha}\vec{\beta}$ 的平面中,二元系统的两个确定形态可以用两个平面格子或两个二元常向量表示。当二元系统变化的起始态和终结态确定时,二元系统的形态变化可以用一条从起点指向终点且具有确定长度的有向直线表示,这一条有向直线与坐标轴还具有确定的交角,也可根据三角形法则用起点与终点的向量减法来表示。

在二维二仪向量仿射坐标系 $\vec{\alpha}\vec{\beta}$ 的平面中,如果有两条有向直线,就代表有两个二元系统的形态同时发生变化。如果这两条有向直线在平面空间中相互不平行也不正交,那么这两条有向直线必然在平面中的某一点上相交,且形成一定的角度,这两条具有一定交角的有向直线反映的是二元系统的两个形态变化存在一定的相关关系。当二元系统的两个形态发生定向变化时,其存在的相关关系也是既定的。所以,二元系统的两个形态发生变化时,在平面中两条有向直线的长度就会发生变化,但是其相交的角度是恒定的,或者说是保角的。

二维二仪向量仿射坐标系 $\vec{\alpha}\vec{\beta}$ 由一维二仪向量坐标轴 $\vec{\alpha}$ 和一维二仪向量坐标轴 $\vec{\beta}$ 所构造,如果这两条一维二仪向量坐标轴相互垂直,所建立的二维二仪向量仿射坐标系 $\vec{\alpha}\vec{\beta}$ 就是二维二仪向量直角坐标系 $\vec{X}\vec{Y}$;如果这两条一维二仪向量坐标轴相互不垂直,所建立的二维二仪向量仿射坐标系 $\vec{\alpha}\vec{\beta}$ 就不是二维二仪向量直角坐标系 $\vec{X}\vec{Y}$。

在向量运算法则的论述中，向量分析大都以二维向量空间的两个不动点（即常向量 $\vec{a}$ 和常向量 $\vec{b}$）来阐述。两个常向量在二维向量空间的运算法则同样适用于多个常向量（即两个以上的不动点）。在二维向量空间中，一个常向量本身是一个不动点，一个不动点代表着二元系统的一个平衡态；两个或多个不动点就代表着二元系统的两个或多个平衡态，如果把这些不动点联系起来形成某个集合，这些点的集合就是二元系统一组离散的平衡态。如果某个二元系统的形态发生变化，就会在二维向量空间中的一定区间范围内形成一系列的动点，二元系统形态变化历程所经历的点阵就组成一个序列，这个序列就在二维向量空间中形成一道轨迹。

在二维向量空间中，如果二元系统处于失衡的变化之中，每一个二元系统的非平衡态就可以用一个动点代表，也可以用其中的一个向量 $\vec{x}$ 表示；二元系统形态所经历的历程中，向量 $\vec{x}$ 的大小和方向或其中之一不断地发生变化，因而称其为变向量。一个变向量 $\vec{x}$ 就代表着二元系统的一类动态行为。

在二维向量空间的一定区间内，一个动点所对应的变向量 $\vec{x}$ 必然遵循向量运算法则。分析二元系统的动态行为，同样可以通过二元系统所遍历的向量空间区间内的点所遵循的向量运算法则来进行。因此，要在二维向量空间中分析二元系统形态变化规律，可以通过二元系统形态所经历过程的一系列的点的轨迹或向量函数来进行。

在解析几何中，向量空间是一个基本而又重要的概念，它是由一定维度的向量坐标系所决定的，由作为度量基准的向量坐标轴所张开。如果用两个向量作为度量基准，就有二维向量坐标轴，用两个独立的向量坐标轴就可以建立二维向量直角坐标系。在二维向量空间中，包括向量加和的平行四边形法则等向量运算法则都同样成立，其他关系（包括与其各坐标分向量之间的关系）也都与上述的情形类同。二维二仪向量直角坐标系 $\vec{X}\vec{Y}$ 可以映射到复数坐标系 XYi，二元系统的动态行为符合向量运算法则，其形态变化规律也可通过复变函数来表述。

在二维向量空间中，任一向量 $\vec{r}$ 可以在直线 a 上进行向量分解[10]，即

$$\vec{r}=\vec{r}_{//}+\vec{r}_{\perp} \tag{18-95}$$

取向量 $\vec{r}'=\vec{r}_{//}-\vec{r}_{\perp}$，如图 18-17 所示。其中，$\vec{r}_{//}$ 和 $\vec{r}_{\perp}$ 满足(4-57)式 $\vec{a}_{//}=(\vec{a}\cdot\vec{b})\cdot\dfrac{\vec{b}}{|\vec{b}|^2}=(\vec{a}\cdot\vec{b})\cdot\vec{b}^{-1}$ 和(4-58)式 $\vec{a}_{\perp}=\vec{a}-\vec{a}_{//}=(\vec{a}\times\vec{b})\vec{b}^{-1}$，即

$$\vec{r}_{//}=(\vec{r}\cdot\vec{a})\vec{a}^{-1},\vec{r}_{\perp}=(\vec{r}\times\vec{a})\vec{a}^{-1} \tag{18-96}$$

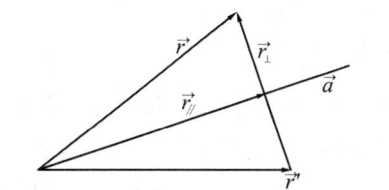

图 18-17 向量 $\vec{r}$ 在直线 a 上的分解

如把 $\vec{r}'$ 看作 $\vec{r}$ 的像，由(4-57)式 $\vec{a}_{//}=(\vec{a}\cdot\vec{b})\cdot\dfrac{\vec{b}}{|\vec{b}|^2}=(\vec{a}\cdot\vec{b})\vec{b}^{-1}$ 和(4-58)式 $\vec{a}_{\perp}=\vec{a}-\vec{a}_{//}=(\vec{a}\times\vec{b})\cdot$

$\vec{b}^{-1}$ 以及(4-51)式 $\vec{a}\times\vec{b}=\frac{1}{2}(\vec{a}\times\vec{b}-\vec{b}\times\vec{a})$，$\vec{r}$ 和 $\vec{r}'$ 可以建立映射关系，即

$$\begin{aligned}\vec{r}' &= (\vec{r}\cdot\vec{a})\vec{a}^{-1}-(\vec{r}\times\vec{a})\vec{a}^{-1}\\ &=(\vec{r}\cdot\vec{a}-\vec{r}\times\vec{a})\vec{a}^{-1}\\ &=(\vec{a}\cdot\vec{r}+\vec{a}\times\vec{r})\vec{a}^{-1}\\ &=\vec{a}\vec{r}\vec{a}^{-1}\end{aligned} \tag{18-97}$$

或

$$\begin{aligned}\vec{r}' &= (2\vec{a}\cdot\vec{r}-\vec{r}\cdot\vec{a})\vec{a}^{-1}\\ &=2\frac{\vec{a}\cdot\vec{r}}{\vec{a}^2}\vec{a}-\vec{r}\end{aligned} \tag{18-98}$$

对于二次映射，考虑先向 a 投影分解再向 b 投影分解，即

$$\vec{r}\longrightarrow\vec{r}'=\vec{a}\vec{r}\vec{a}^{-1}\longrightarrow\vec{r}''=\vec{b}\vec{r}'\vec{b}^{-1}=\vec{b}(\vec{a}\vec{r}\vec{a}^{-1})\vec{b}^{-1}=(\vec{b}\vec{a})\vec{r}\,(\vec{b}\vec{a})^{-1} \tag{18-99}$$

向量分解和映射关系具有普适性。映射关系还可通过集合论来认识。在集合论中，满足一定条件的若干个(有限或无限，离散或连续)对象的全体称为一个集合。如果 A 是一个非空集合，那么笛卡尔积 $A\times A$ 的任一子集 G 称为 A 上的一个关系。设 A 与 B 都是非空集合，若存在一个对应关系或法则，使得对于 A 中的每一个元素 x，均有 B 中一个唯一的元素 y 与之对应，则称这是一个从 A 到 B 的映射 f，记作

$$f:A\to B, x\to y=f(x) \tag{18-100}$$

式中，A 称为映射 f 的定义域；f 为笛卡尔积 $A\times B$ 的子集且满足 $(x,y)\in f$。[11]

可见，映射是指一个集合到另一个集合的一种确定的对应关系，这是通常的函数(数集到数集的映射)概念的推广。通常把 $(x,y)\in f$ 改写为 $y=f(x)$。变换、函数、各种运算、泛函、算符等都可视为映射。

在 m 维向量直角坐标系中，设 V 为 m 维向量的集合，如果集合 V 非空，且集合 V 对于加法及乘数两种运算封闭，那么就称集合 V 为向量空间。不过，坐标系经过一定的几何变换，将引起人们认知尺度的改变，从而使得人们对向量空间中的向量及其函数关系的看法也要发生改变。如果给两个向量空间 V 和 W 同一个 F 场，并设定由 V 到 W 的线性变换或线性映射，由 V 到 W 的映射都有的共同点就是它们保持总和及标量商数。这个集合包含所有由 V 到 W 的线性映像，以 $L(V,W)$ 来描述，也是一个 F 场里的向量空间。当 V 及 W 被确定后，线性映射可以用矩阵来表达。一个在 F 场的向量空间加上线性映像就可以构成一个范畴，即交换范畴。

同构是一对一的线性映射。如果在两个向量空间 V 和 W 之间存在同构，就称这两个空间为同构，即这两个空间根本上是相同的。在域 F 上的两个向量空间 V 与 V'，如果存在一个双射 $\Phi:V\to V'$ 并且 $\Phi(a\mu b v)=a\Phi(\mu)b\Phi(v)$，$a,b\in F,\mu,v\in V$，这样 V 与 V' 便是同构。线性映射是向量的同构，所以任一维度的向量坐标系对应的向量空间中的区间向量一确定，向量坐标系在线性空间中经过包括旋转、缩放、切变、反射以及正投

影的线性变换,其区间向量的本质还是不变。尽管二维二仪向量仿射坐标系 $\vec{\alpha}\vec{\beta}$ 可以因为度量基准的不同,而使人们获得不同的认知结果,但是二元系统形态的变化规律是其内在关系的体现,这种固有的内在关系是不以人们的意志为转移的,所以二元系统形态在不同认知坐标系的同构向量空间都可以实现保角映射。

在二维二仪向量仿射坐标系 $\vec{\alpha}\vec{\beta}$ 中,二维向量直角坐标系 $\vec{X}\vec{Y}$ 是一类常用的坐标系,它可以转换为二维笛卡尔直角坐标系 XY,也可以转换为复数坐标系 XYi。在复数坐标系 XYi 中,复数运算的法则与向量运算的法则一样,通过两个复数的关系法则就可以描述二元系统形态变化规律。所以,在二维向量直角坐标系 $\vec{X}\vec{Y}$ 四象空间中,二元系统形态的变化可以用复数坐标系 XYi 中的复变数 z_{X+Y} 来描述,其形态变化规律也就可以通过复变数 z_{X+Y} 的函数关系来表述。

一般地,复变数 z_{X+Y} 可以在一个复数集合上取值,如果 z_{X+Y} 每取一个值,对应于变数 w 的一个或多个值,则称 w 为复变数 $z=z_{X+Y}$ 的函数,记作 $w=f(z)$。[12]

在二维向量直角坐标系 $\vec{X}\vec{Y}$ 的四象空间中,二元系统形态变化规律可以用一维二元向量函数 $\vec{z}(x,y)$ 表示。一维二元向量函数 $\vec{z}(x,y)$ 定义了一个二维向量场,因为一个区域内的每一点都联系着一个一维二元向量 $\vec{z}_{X+Y}$。在二维向量场中,对应于标量 u 和 v 的每一个值都联系着一个一维二元向量 $\vec{z}_{X+Y}$,则称一维二元向量 $\vec{z}_{X+Y}$ 为 u 和 v 的函数,记作 $\vec{z}(u,v)$。在复平面(XYi)中,一维二元向量函数 $\vec{z}(u,v)$ 用复变函数表示为

$$w=f(z)=u+iv \tag{18-101}$$

而标量 u 和 v 又可以是 x 和 y 的实函数,即空间中的每一点 (x,y) 对应着一个一维二元向量 $\vec{z}$,因此向量函数 $\vec{z}(u,v)$ 是 (x,y) 的函数,用复变函数表示即为

$$w=f(z)=u(x,y)+iv(x,y) \tag{18-102}$$

这就是说,对于在一个复数集合中取值的每一个复变数 z_{X+Y},都能按照一定的规律有复数值 $w=u+iv$ 和它对应,则 w 是独立复变数 z_{X+Y} 的一个函数。

类似地,$u(x,y)$ 和 $v(x,y)$ 也都定义了一个二维标量场,因为一个区域内的每一点都联系着一个二维标量。用复变函数来表达,把 w 当作复变数 z_{X+Y} 的函数来研究的工作就是要转化为去研究 x 和 y 的两个实函数 u 和 v 的工作。对于每一个复变数 z_{X+Y} 的值,变数 w 可能有几个不同的值和它对应。如果每一个 z_{X+Y} 的值只是对应着 w 的一个值,则此函数是单值的,否则函数是多值的。

二维向量场中的向量函数的极限、连续和导数,服从类似于对一维向量空间的标量函数已经讨论过的那些规则。复变函数作为复平面的二元函数有许多性质也与一维向量空间的一元实变函数是类同的,像一个复变函数的极限和连续的定义就类似于一个实变数的那些定义。因而,可以利用将实变数函数的定义加以推广来定义对应的复变函数。凡是对实函数 $f(z)$ 存在级数展开式的情况,都可以在级数中以 z 代替 x 来作为定义。例如,复变数 z 的指数函数 e^z 展开为级数就是

$$e^z = 1 + z + \frac{z^2}{2!} + \frac{z^3}{3!} + \cdots$$

而复变数 z 的正弦函数和余弦函数分别为

$$\sin z = z - \frac{z^3}{3!} + \frac{z^5}{5!} - \frac{z^7}{7!} + \cdots$$

$$\cos z = 1 - \frac{z^2}{2!} + \frac{z^4}{4!} - \frac{z^6}{6!} + \cdots$$

由此还可以证明其他关系。

复变函数 $w = f(z) = u(x,y) + \mathrm{i}v(x,y)$ 在区域 **C** 内解析的必要条件是 u 和 v 满足

$$\frac{\partial u}{\partial x} = \frac{\partial v}{\partial y}, \frac{\partial u}{\partial y} = -\frac{\partial v}{\partial x} \tag{18-103}$$

这一关系式就是柯西—黎曼方程。如果上式中的偏导数是在区域 **C** 内连续的,则这些方程也是 $f(z)$ 在区域 **C** 内解析的充分条件。

如果 u 和 v 对 x 和 y 的二阶偏导数存在且连续,利用上式求导可得

$$\Delta u = \frac{\partial^2 u}{\partial x^2} + \frac{\partial^2 u}{\partial y^2} = 0, \Delta v = \frac{\partial^2 v}{\partial x^2} + \frac{\partial^2 v}{\partial y^2} = 0 \tag{18-104}$$

所以,该函数的实部和虚部都满足二维拉普拉斯方程,而满足拉普拉斯方程的函数称为调和函数。

复变函数 $f(z)$ 在区域 **C** 内解析,就满足柯西—黎曼条件,那么 $F(z) = \int_{z_0}^{z} f(\zeta) \mathrm{d}\zeta$ 作为函数 $f(z)$ 的一个原函数也是解析的,这一定积分可以通过不定积分得到。对于连接向量 $\vec{z}_1$ 和 $\vec{z}_2$ 的某一路径

$$\int_{z_1}^{z_2} f(z) \mathrm{d}z = F(z_2) - F(z_1)$$

上式就相当于说 $\int_{z_1}^{z_2} f(z) \mathrm{d}z$ 有一个与连接 $\vec{z}_1$ 和 $\vec{z}_2$ 路径无关的值。

由此,还可以扩充到复闭路的情形。设 C 为一简单闭曲线,如果 $f(z)$ 在由 C 围成的区域内以及在 C 上是解析的,则有

$$\int_C f(z) \mathrm{d}z = \oint_C f(z) \mathrm{d}z = 0 \tag{18-105}$$

这就是柯西定理,其中第二个积分强调了 C 是简单闭曲线这个事实,进一步表明了向量的运算与路径无关。

二、复平面的保角映射

基于上述复变函数的保角变换性质,就可以对各种复变函数的内在关系形成一整

套的理论。在此,重点讨论二元系统在复平面中发生两个形态变化时的保角映射(即保角变换)。

映射在不同的领域有不同的名称,但其本质是一样的。例如,解析几何的基本方法就是利用坐标系建立点与有序数组(即坐标)之间的一一对应关系(映射),从而使得曲线(曲面)与方程之间建立确定的对应关系,这样就把点与点之间的几何关系问题化归为它们的坐标间的代数关系问题,然后通过代数运算和推理求出问题的解,最后为这个解做出几何解释,即返回成为所求几何问题的解答。[13]

在一维正向质向量坐标系 $\vec{X}_+$ 内部打开 $(\vec{P}_+,\vec{S}_+)$ 二维分质向量空间或 $(\vec{N}_+,\vec{n}_+,\vec{E}_+,\vec{E}_{+\neq},\vec{\varepsilon}_+)$ 五维分质向量空间,就是把一维正向质向量坐标系 $\vec{X}_+$ 空间上的形态点映射到其内部多维分质向量空间的形态点。在一维二仪质向量坐标系 $\vec{X}$ 内部打开 m 维分质向量空间 $(\vec{X}_1,\vec{X}_2,\cdots,\vec{X}_m)$,也是把一维二仪质向量坐标系 $\vec{X}$ 空间的形态点映射到其内部多维分质向量空间的形态点。在一维正向质向量坐标系 $\vec{X}_+$ 或一维二仪质向量坐标系 $\vec{X}$ 的某一区间,一元系统形态变化规律只能用起始形态的质向量与终了形态的质向量的差值 $\Delta\vec{x}_+$ 或 $\Delta\vec{x}$ 表示,这在一维质向量坐标轴的线性空间是无法分辨其过程的差异的。但是,在一维质向量坐标轴映射的 m 维分质向量空间中,不仅可以用 m 个分质向量 $\vec{x}_{+1},\vec{x}_{+2},\cdots,\vec{x}_{+m}$ 或 $\vec{x}_1,\vec{x}_2,\cdots,\vec{x}_m$ 构成的向量函数关系来表示一元系统形态变化规律,而且可以分辨其动态行为变化过程的差异。

由于二维向量仿射坐标系 $\vec{\alpha}\vec{\beta}$ 可以转换为复数坐标系 XYi,因此二元系统形态变化可以用复变函数 $w=f(z)$ 来描述。从几何角度来看,一个复变函数 $w=f(z)$ 可以解释为从 z 平面到 w 平面之间的一个变换,这就相当于将二元系统形态在二维向量空间上一定区域的变化轨迹变成了复平面上的另一个区域的变化轨迹。为了从几何角度来认识复变函数,在此结合复变数 z 的指数函数来讨论复变函数的保角映射。

指数函数(18-64)式 $w=e^z$ 为复变数 z 的函数,这个复变函数的反函数是对数函数
$$z=\ln w \tag{18-106}$$

在复坐标系 XYi 中,z 即为 z_{X+Y},表示为复数 $z_{X+Y}=x+yi$;而 w 又可以用极坐标系 $\rho\varphi$ 的参量表示
$$w=\rho e^{\varphi i} \tag{18-107}$$

因此,(18-65)式 $w=e^z=e^{x+iy}$ 可以用以下两个公式代替
$$\rho=e^x,\varphi=y \tag{18-108}$$

从上式可以看到,二维笛卡尔直角坐标系 XY 平面(z 平面)上的直线 $x=C_x$ 就对应于极坐标系 $\rho\varphi$ 上的圆周 $\rho=C$,而二维笛卡尔直角坐标系 XY 平面(z 平面)上的直线 $y=C_y$ 就对应于极坐标系 $\rho\varphi$ 上的半直线 $\varphi=C'$,如图 18-18 与图 18-19 所示。

在 z 平面上取包含在实轴与直线 $y=2\pi$ 之间的带形:$0\leqslant y<2\pi$,利用函数(18-64)式 $w=e^z$,可以把这个带形映射成整个 w 平面。

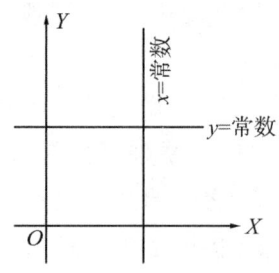
图 18-18　二维笛卡尔直角坐标系上的直线

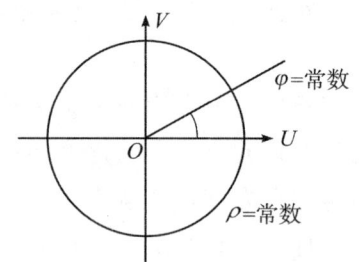
图 18-19　极坐标系上的直线

将二元系统形态在一个平面（如 z 平面）上变化所占的区域变换为在另一个平面（如 w 平面）上变化所占的区域称为映射。从一个平面映射到另一个平面，是从不同的视角来考察二元系统形态变化的内在关系。如果二元系统形态变化的内在关系因为人们的观点不同而改变，那么二元系统形态变化的内在关系就是不可知的；而如果二元系统形态变化的内在关系是固有的、不以人的意志为转移的，那么二元系统形态变化的内在关系是可知的。

任何一个二元系统形态都是由一定量的基本平面单元所构成的，而每一个基本平面单元的平面格子又包括了相交的两个边，这两个边的交角就是平面格子的内在关系，所以只有当平面格子相交的两个边的交角保持不变时，二元系统形态的映射才是可知的。

由于解析函数 $w=f(z)=u(x,y)+iv(x,y)$ 定义了一个变换 $u=u(x,y)$ 和 $v=v(x,y)$，这就建立了 (UV) 与 (XY) 平面上的点之间的一个对应关系。假定在此变换下，(XY) 平面上的点 (x_0,y_0) 被映入 (UV) 平面上的点 (u_0,v_0)（图 18-20），而曲线 C_1 与 C_2 [相交于 (x_0,y_0)] 分别被映入曲线 C_1' 与 C_2' [相交于 (u_0,v_0)]，如果这个变换使得 C_1 与 C_2 在 (x_0,y_0) 点的夹角在大小和指向两个方面都等于 C_1' 与 C_2' 在 (u_0,v_0) 点的夹角，则此变换或映射称为在 (x_0,y_0) 是保角的。一个面积上的连续地、一一对应地且角度保持不变（等角）但不一定保持指向地映射到另一个面积上，就称为保角映射。可见，$w=f(z)$ 就是保角变换的一般公式。[14]

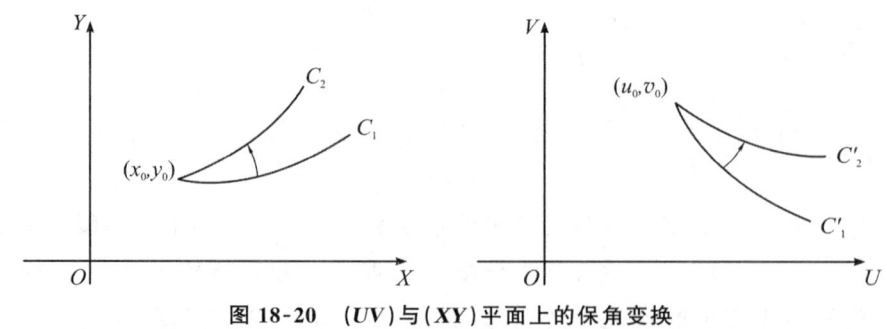
图 18-20　(UV) 与 (XY) 平面上的保角变换

因此，保角映射可以定义为：设 $f(z)$ 是区域 C 到 D 的双射（既是单射又是满射），且在区域 C 内的每一点都具有保角性质,则称 $f(z)$ 是区域 R 到 D 的保角映射,也称为保角变换或者共形映射。如果对于区域 C 内任意一点,存在一个邻域使 $f(z)$ 在这个邻域内映射是保角的,则称 $f(z)$ 是 C 内的局部保角映射。

如果 $f(z)$ 在区域 C 内是解析的,且 $f'(z) \neq 0$,则在区域 C 内所有点处映射 $w = f(z)$ 是保角的。每一个由解析函数 $w = f(z)$ 构成的映射,在所有使这个函数的导函数不等于零的点都是保角的。例如,指数函数 $w = e^z$ 在任意有限点均有 $(e^z)' \neq 0$,因而它在 C 平面上是保角的。

保角映射除了角度不变性以外,还有伸缩率不变性。例如,区域 C 中的一个三角形与区域 D 中的一个三角形对应角相等,则对应边的比等于同一个常数。圆就是伸缩率为 1 的等角螺旋,其角度为 90°。如果映射在 z_0 点具有保角性和伸缩率不变性,则称 $w = f(z)$ 在 z_0 点处是第一类保角映射(保形映射)。仅保持角度的绝对值不变而旋转方向相反的映射称为第二类保角映射。[15]

采取保角变换 $w = f(z)$ 可以将二元系统形态在 z 平面上所占的区域变为在 w 平面所占的区域。通过保角变换可以将非圆边界映射为圆边界,使得问题得以简化。在线性变换之下,圆周仍然变成圆周,一切圆周所组成的二元系统形态在这个变换下是不变的;而一对互相对称的点变成对于映射成的圆周的一对互相对称的点。不过,曲线之间的夹角在映射中必须使大小和方向都保持不变。例如,把上半 z 平面保角映射为单位圆 $|w| < C$,把点 $z = a (\mathrm{Im}\, a > 0)$ 映射为点 $w = 0$ 的分式线性映射为 $w = \mathrm{e}^{\mathrm{i}\varphi} \dfrac{z - a}{z - \bar{a}}$,其中点 $\bar{a}$ 为点 a 的对称点,如图 18-21 表示。

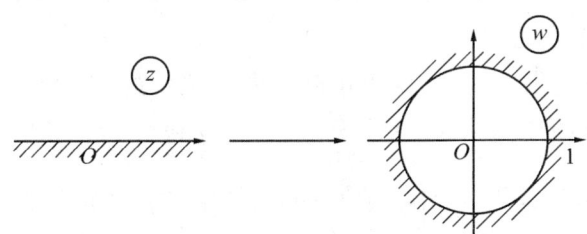

图 18-21 z 平面与 w 平面上的线性映射

假设将 z 平面上的有限区域或者无限区域 S 映射为 w 平面的单位圆内的区域 Σ,并且将 z 平面上的区域 S 的边界 l 映射为单位圆 γ,由于 w 平面上的任一点可以表示为 $w = \rho \mathrm{e}^{\mathrm{i}\varphi} = \rho(\cos\varphi + \mathrm{i}\sin\varphi)$,根据保角变换公式 $w = f(z)$,则 z 平面任意一点也可以通过 ρ 和 φ 表示,ρ 和 φ 是点 w 的极坐标,因此,ρ 和 φ 又称为曲线坐标。

设曲线坐标 ρ,即 $\varphi = C$ 与坐标轴 X 夹 α 角,如果 $\vec{A}$ 为 z 平面上的任一向量,设 $\vec{A}$ 与曲线坐标 ρ 夹 β 角,设 A_x 和 A_y 分别表示向量 $\vec{A}$ 在坐标轴 X 和坐标轴 Y 的投影,A_ρ 和 A_φ 表示在 $\rho = C$ 和 $\varphi = C$ 上的投影,则

$$A_x + \mathrm{i}A_y = A\cos(\alpha + \beta) + \mathrm{i}A\sin(\alpha + \beta) = A\mathrm{e}^{\mathrm{i}(\alpha + \beta)} \tag{18-109}$$

$$A_\rho + iA_\varphi = A\cos\beta + iA\sin\beta = Ae^{i\beta} = Ae^{i(\alpha+\beta)}e^{-i\alpha} = (A_x + iA_y)e^{-i\alpha} \quad (18\text{-}110)$$

上式的几何意义为,将向量 $\vec{A}$ 绕 z 点顺时针方向转动 α 角后,其在二维笛卡尔直角坐标系 OXY 的位置,相当于 $\vec{A}$ 在曲线坐标系 (ρ,φ) 中的位置,如图 18-22 所示。

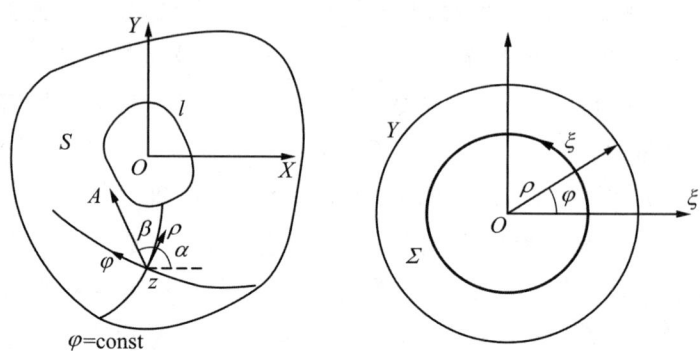

图 18-22 向量 $\vec{A}$ 在二维笛卡尔直角坐标系与曲线坐标系的投影

如果用 u_ρ 和 u_φ 分别表示曲线坐标下的位移向量分量,则

$$u_\rho + iu_\varphi = (u_x + iu_y)e^{-i\alpha} \quad (18\text{-}111)$$

由此可见,基本平面格子相交的两个边的交角是固有的,且是二元系统形态变化的内在关系。二元系统的形态变化过程是二元系统在形态空间的一种排序,也是基本平面格子在形态空间的一种排序。在二元系统形态的任何一个映射中,基本平面单元自身的内在关系是不变的,所以二元系统形态在变化过程中的排序规律及其内在关系也是不变的。二元系统形态的内在关系与坐标的选择无关,如二元系统形态变化规律的向量表达既可以在二维笛卡尔直角坐标系的平面上表达,也可以在极坐标的平面上表达,还可以在复平面上表达。

在二元系统形态变化过程中,表征其形态内在关系的基本平面格子相交的两个边的交角保持不变,通过平移变换($w = z + b$)、旋转变换($w = e^{i\varphi}z$)、伸缩变换($w = az$)、反演变换($w = \frac{1}{z}$)、线性变换($w = az + b$)、双线性或分式线性变换$\left(w = \frac{az+b}{cz+d}\right)$等各种变换(映射)到另一个坐标系的平面空间也保持角度不变,因而初等函数在其单值性区域都是保角变换。

三、平面的几何变换

在二维二仪向量仿射坐标系 $\vec{\alpha}\vec{\beta}$ 平面中,二元系统形态变化历程所形成的序列就是其形态变化规律,并且具有确定的一条轨线。如果二元系统形态变化的起始形态一样,而终了形态不一样,那么在二维二仪向量仿射坐标系 $\vec{\alpha}\vec{\beta}$ 平面中就构成同一起点而不同终点的两条轨线,这两条相交于起点的轨线就有一定的交角。当一个理性认知体系变换到另一个理性认知体系时,二元系统由同一形态变化到两个不同形态所构成的确定序列之间的关系均保持角度不变,因而二元系统形态的变化规律与分布规律是恒定不变的,同一个函数方程在不同仿射坐标系中的图形是仿射等价的。

其实,变换通常是指一种具有特别意义的映射,映射就是一种简单的规则——接受输入与产生输出。从一个理性认知体系到另一个理性认知体系的变换,虽然不会改变系统形态变化的规律性,但是会使系统形态序列之间存在的确定关系的表达式发生相应的变化。像数学中的变换就有很多类别,如坐标变换、正交变换、仿射变换、射影变换、几何变换等。不过,变换的类别并不是互斥的,也不存在一定的"次序"或"层次"使得某一类比另一类多或少一些限制。

由于几何变换的本质是将像素点的坐标通过某一种函数关系映射到另外的位置,因此几何变换不同于坐标变换。坐标变换中变化的是坐标系,几何对象(点,几何图形)并不改变;而几何变换则是几何对象的变化。对几何图形的每一种特定变化来说,图形的有些性质会改变,有些性质不改变。例如,在图形做压缩时,距离、夹角、面积等都要改变,但是直线依然还是直线,线段间的平行性仍保持,简单比也不改变;在图形做翻转时,距离、夹角、面积等都没有改变,但是位置和定向要改变。[16]在此,有必要对各种几何变换中最为常用的各类几何对象的图形与性质有所认识。

(一)线性变换

在数学的一般意义上,把从 a 到 b 的映射 F 记作 $F(a)=b$。如果满足 $F(a+b)=F(a)+F(b)$ 以及 $F(ka)=kF(a)$,那么映射 $F(a)$ 就是线性的。如果映射 F 保持了基本运算:加法和数乘,那么就可以称该映射为线性的。在这种情况下,将两个向量相加然后再进行变换得到的结果和先分别进行变换,再将变换后的向量相加得到的结果相同。同样,将一个向量数乘再进行变换和先进行变换再数乘的结果也是一样的。

这个线性变换的定义有两条重要的引理:

(1)映射 $F(a)=aM$,当 M 为任意方阵时,映射为线性变换是因为

$$F(a+b)=(a+b)M=aM+bM=F(a)+F(b) \qquad (18\text{-}112)$$

$$F(ka)=(ka)M=k(aM)=kF(a) \qquad (18\text{-}113)$$

(2)零向量的任意线性变换的结果仍然是零向量。如果 $F(\mathbf{0})=a, a\neq \mathbf{0}$,那么 F 不可能是线性变换。因为 $F(k\mathbf{0})=a$,但是 $F(k\mathbf{0})\neq kF(\mathbf{0})$,所以线性变换不会导致平移(原点位置上不会变化)。

线性变换是最常用的几何变换,包括旋转、缩放、切变、反射以及正投影。在二维空间中,线性变换可用 2×2 的变换矩阵表示如下。

1. 旋转变换

旋转变换是由一个图形改变为另一个图形,在改变过程中原图上所有的点都绕一个固定的点同向转动同一个角度。绕原点旋转 φ 度角的变换公式是(18-7)式 $x'=x\cos\varphi - y\sin\varphi$ 与 $y'=x\sin\varphi + y\cos\varphi$,用矩阵表示就是(18-6)式

$$\begin{pmatrix} x' \\ y' \end{pmatrix} = \begin{pmatrix} \cos\varphi & -\sin\varphi \\ \sin\varphi & \cos\varphi \end{pmatrix} \begin{pmatrix} x \\ y \end{pmatrix}$$

2. 缩放变换

缩放公式为 $x' = s_x x$ 与 $y' = s_y y$，用矩阵表示为

$$\begin{pmatrix} x' \\ y' \end{pmatrix} = \begin{pmatrix} s_x & 0 \\ 0 & s_y \end{pmatrix} \begin{pmatrix} x \\ y \end{pmatrix} \tag{18-114}$$

3. 切变变换

切变变换有两种可能的形式：

(1)平行于 X 轴的切变为 $x' = x + ky$ 与 $y' = y$，矩阵表示为

$$\begin{pmatrix} x' \\ y' \end{pmatrix} = \begin{pmatrix} 1 & k \\ 0 & 1 \end{pmatrix} \begin{pmatrix} x \\ y \end{pmatrix} \tag{18-115}$$

(2)平行于 Y 轴的切变为 $x' = x$ 与 $y' = y + kx$，矩阵表示为

$$\begin{pmatrix} x' \\ y' \end{pmatrix} = \begin{pmatrix} 1 & 0 \\ k & 1 \end{pmatrix} \begin{pmatrix} x \\ y \end{pmatrix} \tag{18-116}$$

4. 反射变换

为了沿着经过原点的直线反射向量，假设 (u_x, u_y) 为直线方向的单位质向量，则变换矩阵为

$$\begin{pmatrix} x' \\ y' \end{pmatrix} = \begin{pmatrix} 2u_x^2 - 1 & 2u_x u_y \\ 2u_x u_y & 2u_y^2 - 1 \end{pmatrix} \begin{pmatrix} x \\ y \end{pmatrix} \tag{18-117}$$

不经过原点的直线的反射是仿射变换，而不是线性变换。

5. 正投影

为了将向量正投影到一条经过原点的直线，假设 (u_x, u_y) 是直线方向的单位质向量，则变换矩阵为

$$\begin{pmatrix} x' \\ y' \end{pmatrix} = \begin{pmatrix} u_x^2 & u_x u_y \\ u_x u_y & u_y^2 \end{pmatrix} \begin{pmatrix} x \\ y \end{pmatrix} \tag{18-118}$$

同反射一样，正投影到一条不经过原点的直线的变换是仿射变换，而不是线性变换。

(二)仿射变换

仿射变换是指线性变换后接着平移。仿射变换的集合是线性变换的超集，任何线性变换都是仿射变换，但不是所有仿射变换都是线性变换。因此，仿射变换的复合也是仿射变换。对于平面的一个可逆变换，如果把共线点组变为共线点组，则称为平面的一个仿射变换。同素性、结合性、平行性和单比是决定仿射变换的特征性质。[17]

仿射变换决定的向量变换具有线性性质，所以保距变换一定是仿射变换。任何具有形式 $v'=vM+b$ 的变换都是仿射变换。为了表示仿射变换，需要使用齐次坐标，即用三向量 $(x,y,1)$ 来表示两向量。按照这种方法，就可以用矩阵乘法表示变换。例如，将 $x'=x+t_x, y'=y+t_y$ 变为

$$\begin{pmatrix} x' \\ y' \\ 1 \end{pmatrix} = \begin{pmatrix} 1 & 0 & t_x \\ 0 & 1 & t_y \\ 0 & 0 & 1 \end{pmatrix} \begin{pmatrix} x \\ y \\ 1 \end{pmatrix} \tag{18-119}$$

在矩阵中增加一列与一行，除右下角的元素为 1 外，其他部分填充为 0，通过这种方法，所有的线性变换都可以转换为仿射变换。例如，上面的旋转矩阵变为

$$\begin{pmatrix} \cos\theta & -\sin\theta & 0 \\ \sin\theta & \cos\theta & 0 \\ 0 & 0 & 1 \end{pmatrix} \tag{18-120}$$

通过这种方法，使用与前面一样的矩阵乘积，就可以将各种变换无缝地集成到一起。当使用仿射变换时，齐次坐标向量 w 保持不变，这样可以把它当作为 1。但是，在透视投影中并不是如此。

（三）可逆变换

可逆线性变换也称满秩线性变换的一种特殊的线性变换。用矩阵表示线性变换的一个主要动力就是可以很容易地进行组合变换以及逆变换。组合可以通过矩阵乘法来完成。如果 A 与 B 是两个线性变换，那么对向量 $\vec{x}$ 先进行 A 变换，然后进行 B 变换的过程为

$$B(\overrightarrow{Ax})=(BA)\vec{x} \tag{18-121}$$

换句话说，先 A 后 B 变换的组合等同于两个矩阵乘积的变换。需要注意的是，先 A 后 B 表示为 BA 而不是 AB。

A^{-1} 表示 A 的逆变换。逆变换是能够通过两个矩阵相乘将两个变换组合在一起，这样的能力就使得可以通过逆矩阵进行变换。如果存在一个逆变换可以"撤销"原变换，那么该变换是可逆的。换句话说，如果存在逆变换 G，使得 $G[F(a)]=a$，对于任意 a，映射 $F(a)$ 是可逆的。因为任意线性变换都能表达为矩阵，所以求逆变换等价于求矩阵的逆。如果矩阵是奇异的，则变换不可逆；可逆矩阵的行列式不为 0。

变换矩阵并不都是可逆的，但通常都可以进行直观的解释。一个仿射变换就是一个线性变换加上平移，可以用相反的量"撤销"平移部分。正投影永远是不可逆的，所以除了投影以外其他变换都能"撤销"。当二元系统形态被投影时，某一维有用的信息被抛弃了，而这些信息是不可能恢复的。因此，所有基本变换除了投影外都是可逆变换。

（四）等角变换

等角变换是指变换前后两向量夹角的大小和方向都不改变的几何变换。只有平移、

旋转和均匀缩放是等角变换。等角变换将会保持比例不变,镜像并不是等角变换,因为尽管两个向量夹角的大小不变,但夹角的方向改变了。所有等角变换都是仿射和可逆的。

(五)正交变换

正交变换是保持图形形状和大小不变的几何变换。正交变换的基本思想是坐标轴保持互相垂直,而且不进行缩放变换。正交矩阵的行列式为 1 或者 -1,所有正交矩阵都是仿射和可逆的。

平移、旋转和镜像是仅有的正交变换,长度、角度、面积和体积都保持不变。尽管如此,但因为镜像变换被认为是正交变换,所以必须注意角度、面积和体积的准确定义。

(六)刚体变换

刚体变换是只改变物体的位置和方向而不改变形状的变换。平移和旋转是仅有的刚体变换,镜像并不被认为是刚体变换。刚体变换也被称作正规变换,所有刚体变换都是正交、等角、可逆和仿射的,某些刚体变换旋转矩阵的行列式为 1。

还有其他类型的变换,但是其他类型的变换都可以看作常用的几类变换的组合变换或逆变换。

第五节 二元系统变化规律的构成

在二维二仪质向量仿射坐标系 $\vec{\alpha\beta}$ 中,二维二元单位质向量 $\vec{e}_{\alpha\beta}$ 映射到二维二仪质向量直角坐标系 $\vec{XY}$ 中就是 $\vec{e}_{XY}$。一维二元单位质向量 $\vec{e}_{X+Y}$ 可由一元系统形态转化基元规律进行垂向叠加来表征,这样就可以初步揭示二元系统形态转化基元规律并展示其几何轨迹。在此,还可以破解量子力学中不确定性原理和普朗克常数以及零点能所隐含的谜团。

一、二维二元单位质向量演绎的不确定性原理

在一维单向质向量坐标系 $\vec{X}_+$ 太极空间中,一元单向系统对应射线系统。在一维质向量坐标系 $\vec{X}$ 二仪空间中,一元系统对应直线系统。在二维二仪质向量仿射坐标系 $\vec{\alpha\beta}$ 平面空间中,二元系统对应平面系统。为了揭示二元系统形态变化规律和分布规律,必须深入分析平面系统形态的平衡态和失衡态所对应的质向量及其几何图形。

在二维二仪质向量仿射坐标系 $\vec{\alpha\beta}$ 中,一个二元系统的平衡态对应一个二维二元常质向量 $\vec{a}_{\alpha\beta}$ 或一个定形的平面。如果一个二元系统从某一个平衡态变化到另一个平衡态,就表现为从一个平面变化到另一个平面,且可以用二维二仪质向量场中的二维二

元常质向量变化量 $\Delta \vec{a}_{\alpha\beta}=\vec{a}_{\alpha\beta 2}-\vec{a}_{\alpha\beta 1}$ 表示。如果一个二元系统从某一个非平衡态变化到另一个非平衡态,就表现为从一个非定形的平面到另一个非定形的平面的变化,且可以用二维二仪质向量场中的二维二元质向量 $\vec{z}_{\alpha\beta}$ 的变化量 $\Delta \vec{z}_{\alpha\beta}$ 表示。当二维二元质向量 $\vec{z}_{\alpha\beta}$ 的变化量 $\Delta \vec{z}_{\alpha\beta}$ 为二维二元单位质向量 $\vec{e}_{\alpha\beta}$ 时,二维二元单位质向量 $\vec{e}_{\alpha\beta}$ 就可以表征二元系统形态转化基元规律。

二维二仪质向量仿射坐标系 $\vec{\alpha}\vec{\beta}$ 可以映射到二维二仪质向量坐标系 $\vec{X}\vec{Y}$。二维二仪质向量坐标系 $\vec{X}\vec{Y}$ 是由两个相互垂直的一维二仪质向量坐标轴 $\vec{X}$ 和一维二仪质向量坐标轴 $\vec{Y}$ 所架构的。在二维二仪质向量坐标系 $\vec{X}\vec{Y}$ 中,任何一个二元系统的平衡态可以用一个二维二元常质向量 $\vec{a}_{XY}$ 或平面格子以及平面格子对角线的一维二元常质向量 $\vec{a}_{X+Y}$ 来表达。任何一个二元系统形态可用一个二维二元质向量 $\vec{z}_{XY}$ 或其平面格子对角线的一维二元质向量 $\vec{z}_{X+Y}$ 来表达,$\vec{z}_{XY}$ 又可以通过一维二元质向量 $\vec{z}_{X+Y}$ 来表达;$\vec{z}_{X+Y}$ 可以看作 $\vec{X}$ 坐标轴和 $\vec{Y}$ 坐标轴上的两个分质向量 $\vec{z}_X$ 与 $\vec{z}_Y$ 的加和,即 $\vec{z}_{X+Y}=\vec{z}_X+\vec{z}_Y$。而一维二元质向量 $\vec{z}_{X+Y}$ 只要规定其特质就可以代表各种特定的事物形态。

在二维二仪质向量仿射坐标系 $\vec{\alpha}\vec{\beta}$ 中,基矢 $\vec{e}_\alpha$ 为一维二仪单位质向量,投射到二维二仪质向量坐标系 $\vec{X}\vec{Y}$ 的坐标轴 $\vec{X}$ 和坐标轴 $\vec{Y}$ 上,就用两个分单位质向量 $\vec{e}_{\alpha X}$ 与 $\vec{e}_{\alpha Y}$ 来表示,且一维二仪单位质向量 $\vec{e}_\alpha$ 与两个相互垂直的分单位质向量 $\vec{e}_{\alpha X}$ 与 $\vec{e}_{\alpha Y}$ 存在着直角三角形关系

$$\vec{e}_\alpha=\vec{e}_{\alpha X}+\vec{e}_{\alpha Y} \qquad (18-122)$$

同样,基矢 $\vec{e}_\beta$ 为一维二仪单位质向量,投射到二维二仪质向量直角坐标系 $\vec{X}\vec{Y}$ 的坐标轴 $\vec{X}$ 和坐标轴 $\vec{Y}$ 上,就用两个分单位质向量 $\vec{e}_{\beta X}$ 与 $\vec{e}_{\beta Y}$ 来表示,且一维二仪单位质向量 $\vec{e}_\beta$ 与两个相互垂直的分单位质向量 $\vec{e}_{\beta X}$ 与 $\vec{e}_{\beta Y}$ 存在着直角三角形关系

$$\vec{e}_\beta=\vec{e}_{\beta X}+\vec{e}_{\beta Y} \qquad (18-123)$$

在二维二仪质向量仿射坐标系 $\vec{\alpha}\vec{\beta}$ 中,一个二元系统的确定的平衡态不仅可以用一个二维二元常质向量 $\vec{a}_{\alpha\beta}$ 表示,而且可以用一个平面点阵表示。一个二元系统最小的平面点阵为一个平面格子,所以,一个二元系统形态经"粗粒化"后就由 N 个(基矢 $\vec{e}_\alpha$ 与基矢 $\vec{e}_\beta$ 为边的)平面格子或二维二元单位质量 $\vec{e}_{\alpha\beta}$ 所代表,而不能当作数学上无限小的点或牛顿力学中各向性的质点。虽然平行四边形格子或六方格子的基矢 $\vec{e}_\alpha$ 与 $\vec{e}_\beta$ 相互不垂直,却可以投射到二维二仪质向量直角坐标系 $\vec{X}\vec{Y}$ 的坐标轴 $\vec{X}$ 和坐标轴 $\vec{Y}$ 上,即一维二仪单位质向量 $\vec{e}_\alpha$ 的分单位质向量可以表示为 $\vec{e}_{\alpha X}$ 与 $\vec{e}_{\alpha Y}$,一维二仪单位质向量 $\vec{e}_\beta$ 的分单位质向量可以表示为 $\vec{e}_{\beta X}$ 与 $\vec{e}_{\beta Y}$。由(18-12)式 $\vec{e}_{\alpha+\beta}=\vec{e}_\alpha+\vec{e}_\beta=(\vec{e}_{\alpha X}+\vec{e}_{\alpha Y})+(\vec{e}_{\beta X}+\vec{e}_{\beta Y})$,$\vec{e}_\alpha$ 与 $\vec{e}_\beta$ 两个单位质向量之和可以在二维二仪质向量直角坐标系 $\vec{X}\vec{Y}$ 的 $\vec{X}$ 坐标轴和 $\vec{Y}$ 坐标轴先行加和,即 $(\vec{e}_{\alpha X}+\vec{e}_{\alpha Y})$ 和 $(\vec{e}_{\beta X}+\vec{e}_{\beta Y})$,再按三角形法则进行 $\vec{e}_\alpha+\vec{e}_\beta$ 加和。

在二维二仪质向量仿射坐标系 $\vec{\alpha}\vec{\beta}$ 中,一个平面格子邻边的单位质向量 $\vec{e}_\alpha$ 与单位

质向量 $\vec{e}_\beta$ 的向量和为

$$\vec{e}_\gamma = \vec{e}_\alpha + \vec{e}_\beta \tag{18-124}$$

即这一个平面格子对角线终点的质向量就代表着该平面格子的形态。一维二仪单位质向量 $\vec{e}_\alpha$ 由两个分单位质向量 $\vec{e}_{\alpha X}$ 和 $\vec{e}_{\alpha Y}$ 组成，即 $\vec{e}_\alpha(\vec{e}_{\alpha X}, \vec{e}_{\alpha Y})$ 或 $\vec{e}_\alpha = \vec{e}_{\alpha X} + \vec{e}_{\alpha Y}$；一维二仪单位质向量 $\vec{e}_\beta$ 由两个分单位质向量 $\vec{e}_{\beta X}$ 和 $\vec{e}_{\beta Y}$ 组成，即 $\vec{e}_\beta(\vec{e}_{\beta X}, \vec{e}_{\beta Y})$ 或 $\vec{e}_\beta = \vec{e}_{\beta X} + \vec{e}_{\beta Y}$，那么这一个平面格子的形态可表达为

$$\begin{aligned}\vec{e}_\gamma &= \vec{e}_\alpha + \vec{e}_\beta \\ &= (\vec{e}_{\alpha X} + \vec{e}_{\alpha Y}) + (\vec{e}_{\beta X} + \vec{e}_{\beta Y})\end{aligned} \tag{18-125}$$

在二维二仪质向量仿射坐标系 $\vec{\alpha\beta}$ 中，任何一个二元系统形态发生变化时，表征其形态变化的二维二元质向量 $\vec{z}_{\alpha\beta}$ 的变化量 $\Delta\vec{z}_{\alpha\beta}$ 投射到二维二仪质向量坐标系 $\vec{X}\vec{Y}$（或二维笛卡尔直角坐标系 XY 或复坐标系 $XY\mathrm{i}$）的平面就是 $\Delta\vec{z}_{XY}$。二元系统形态变化规律可以通过平面中不共线的二维二元质向量的变化量 $\Delta\vec{z}_{\alpha\beta}$ 或 $\Delta\vec{z}_{XY}$ 来表现，据此人们就能够在平面认知体系中揭示二元系统形态变化规律。

在二维二仪质向量坐标系 $\vec{X}\vec{Y}$ 中，二元系统形态的变化可以直接用二维二元质向量变化量 $\Delta\vec{z}_{XY}$ 表达。二维二元质向量变化量 $\Delta\vec{z}_{XY}$ 符合向量的外积

$$\Delta\vec{z}_{XY} = \Delta\vec{z}_X \times \Delta\vec{z}_Y \tag{18-126}$$

由 (4-50) 式 $|\vec{a}\times\vec{b}| = |\vec{a}||\vec{b}|\sin<\vec{a},\vec{b}>$ 可以得到，$\Delta\vec{z}_{XY}$ 的模在数值上等于 $\vec{X}$ 坐标轴上的形态变化量 $\Delta\vec{z}_X$ 与 $\vec{Y}$ 坐标轴上的形态变化量 $\Delta\vec{z}_Y$ 为两条边的平行四边形的面积

$$|\Delta\vec{z}_{XY}| = |\Delta\vec{z}_X \times \Delta\vec{z}_Y| \tag{18-127}$$

如果二维二元质向量变化量 $\Delta\vec{z}_{XY}$ 等于二维二元单位质向量 $\vec{e}_{XY}$，把二维二元单位质向量 $\vec{e}_{XY}$ 与一维二仪质向量坐标轴 $\vec{X}$ 的一维二仪单位质向量 $\vec{e}_X$ 和一维二仪质向量坐标轴 $\vec{Y}$ 的一维二仪单位质向量 $\vec{e}_Y$ 代入 (18-126) 式 $\Delta\vec{z}_{XY} = \Delta\vec{z}_X \times \Delta\vec{z}_Y$，就可以得到一维二仪单位质向量 $\vec{e}_X$ 与一维二仪单位质向量 $\vec{e}_Y$ 的外积为二维二元单位质向量

$$\begin{aligned}\vec{e}_{XY} &= \vec{e}_X \times \vec{e}_Y \\ &= \mathrm{i}\times j\end{aligned} \tag{18-128}$$

式中，$\mathrm{i}\equiv\vec{e}_X$ 和 $j\equiv\vec{e}_Y$ 不仅是二维二元单位质向量 $\vec{e}_{XY}$ 的基本单元，也是撑起二维二仪质向量坐标系 $\vec{X}\vec{Y}$ 架构的 $\vec{X}$ 轴和 $\vec{Y}$ 轴的单位质向量。

由于 $<\vec{e}_X,\vec{e}_Y> = \dfrac{\pi}{2}$，由 (4-50) 式 $|\vec{a}\times\vec{b}| = |\vec{a}||\vec{b}|\sin<\vec{a},\vec{b}>$ 可以得到，二维二元单位质向量 $\vec{e}_{XY}$ 的模 $|\vec{e}_{XY}|$ 在数值上等于一维二仪单位质向量 $\vec{e}_X$ 和一维二仪单位质向量 $\vec{e}_Y$ 为两条边的矩形面积

$$|\vec{e}_{XY}| = |\vec{e}_X \times \vec{e}_Y| = |\vec{e}_X||\vec{e}_Y| \tag{18-129}$$

其实，有了上式就可以破解量子力学中的基本假设——不确定性原理所隐含的谜

团。在统一科学理论体系中,曾经多次提及不确定性原理,其关系式为

$$\Delta x \Delta q \geqslant \frac{h}{4\pi} \tag{18-130}$$

此式表明,微观粒子的位置与动量不可同时确定,它反映了微观客体的普遍特征,即一个微观粒子的某些成对的物理量不可能同时具有确定的数值或不可能同时量度到任意的精确度。类似的不确定关系也存在于能量与时间的关系式

$$\Delta E \Delta t \geqslant \frac{h}{4\pi} \tag{18-131}$$

此式中能量与时间中的一个量越确定,另一个量就越不确定。

海森堡于1927年提出的不确定性原理来源于物质的波粒二象性,这是从粒子的波动性引出来的类波系统的内禀性质,并通过一些像确定原子磁矩的实验论证得到了不确定关系式 $\Delta E \Delta t \geqslant \frac{h}{4\pi}$。因此,他从操作的角度认为:能量的准确测定如何,只有靠相应的对时间的测不准量才能得到。对于 $\Delta x \Delta q \geqslant \frac{h}{4\pi}$ 而言,则位置测定得越准确,动量的测定就越不准确;反之亦然。在量子力学中,只有在实验里能够观察到的物理量才具有物理意义,才可以用理论描述其物理行为。一个电子只能以一定的不确定性处于某一位置,同时也只能以一定的不确定性限制在最小的范围内,但不能等于零。所以,不确定性原理最初翻译成中文也就被称为"测不准原理"。

近百年来,人们对海森堡通过测量行为扰动系统得到的不确定性原理的关系式 $\Delta E \Delta t \geqslant \frac{h}{4\pi}$ 深信不疑,而未曾穷究其理论本质。[18] 事实上,把(18-129)式 $|\vec{e}_{XY}| = |\vec{e}_X||\vec{e}_Y|$ 写成标量的形式,就有 $e_{XY} = e_X e_Y$,如此,二维二元单位质向量 $\vec{e}_{XY}$ 就成为 e_{XY},X 轴和 Y 轴的一维二仪单位质向量 $\vec{e}_X$ 与一维二仪单位质向量 $\vec{e}_Y$ 也就成为 e_X 与 e_Y。以 e_{XY} 作为最小重复单元的平面格子面积,其两边就是 e_X 与 e_Y。平面格子面积一确定,e_X 与 e_Y 两边只能此消彼长。由此可见,不确定性原理实质上是二维二仪单位质向量 $\vec{e}_{XY}$ 使然,与测量行为对于微观系统的影响无关。对于具有两种特质的宏观系统亦然。

正如在一维正向质向量坐标系 $\vec{X}_+$ 内部 $(\vec{N}_+, \vec{n}_+, \vec{E}_+, \vec{E}_{\neq +}, \vec{\varepsilon}_+)$ 五维分质向量空间的 $(\vec{C}_{N_+}, \vec{n}_+, \vec{E}_+, \vec{C}_{E_{\neq +}}, \vec{C}_{\varepsilon_+})$ 截面上,当单元系统形态发生变化时,其构性能满足(8-13)式 $\Delta E_+ \geqslant \varepsilon_+$。在二维二仪质向量坐标系 $\vec{X}\vec{Y}$ 中,打开坐标轴 $\vec{X}$ 和坐标轴 $\vec{Y}$ 内部 $(\vec{N}, \vec{n}, \vec{E}, \vec{E}_{\neq}, \vec{\varepsilon})$ 五维分质向量空间的 $(\vec{C}_N, \vec{n}, \vec{E}, \vec{C}_{E_{\neq}}, \vec{C}_\varepsilon)$ 截面,并省却分质向量关于方向的规定,如果以二元系统的能量变化 ΔE_{XY} 为研究对象,那么 e_{XY} 就是二维能元 $C_\varepsilon = \varepsilon_{XY}$,即 $e_{XY} = \varepsilon_{XY} = C_\varepsilon$。当二元系统形态发生变化时,其构性能也必然满足

$$\Delta E_{XY} = \Delta E_X \Delta E_Y \geqslant \varepsilon_{XY} \tag{18-132}$$

上述二元系统的能量在 $\vec{X}$ 轴和 $\vec{Y}$ 轴上表现的变化,既可以用构功能 ΔE 表达,也可以用显性因子的变化量 $\Delta\theta$ 表达。例如,设若 $\Delta E_X = \Delta E$,$\Delta E_Y = k_N \Delta t$,代入(18-132)式 $\Delta E_{XY} = \Delta E_X \Delta E_Y \geqslant \varepsilon_{XY}$ 就可得到

$$\Delta E_X \Delta E_Y = \Delta E \cdot k_N \Delta t \geqslant \varepsilon_{XY} \tag{18-133}$$

令常量 $\dfrac{h}{4\pi} = \dfrac{\varepsilon_{XY}}{k_N}$,那么由上式就可以演绎得到不确定性原理的关系式 $\Delta e \Delta t \geqslant \dfrac{h}{4\pi}$。显然,常数

$$h = \frac{4\pi \varepsilon_{XY}}{k_N} \tag{18-134}$$

称为普朗克常数,这就是二元系统的能量在 $\vec{X}$ 轴和 $\vec{Y}$ 轴上表现的构功能 ΔE 与时间 Δt 乘积的平面格子。

又如,在二维二仪质向量坐标系 $\vec{X}\vec{Y}$ 中,打开坐标轴 $\vec{X}$ 和坐标轴 $\vec{Y}$ 内部($\vec{N}$,$\vec{n}$,$\vec{E}$,$\vec{E_{\neq}}$,$\vec{\varepsilon}$)五维分质向量空间的($\vec{C_N}$,$\vec{n}$,$\vec{E}$,$\vec{C_{E_{\neq}}}$,$\vec{C_{\varepsilon}}$)截面,当一个二元系统形态具有位置 x 和动量 q 这两个特性时,就可用两个质向量 $\vec{x}$ 和 $\vec{q}$ 表示。在省却质向量关于方向规定的情况下,设 $\Delta E_X = k_F \Delta x$,$\Delta E_Y = k_\varepsilon \Delta q$,代入(18-132)式 $\Delta E_{XY} = \Delta E_X \Delta E_Y \geqslant \varepsilon_{XY}$ 就可以得到

$$\Delta E_X \Delta E_Y = k_F \Delta x \cdot k_\varepsilon \Delta q \geqslant \varepsilon_{XY} \tag{18-135}$$

令常量 $\dfrac{h}{4\pi} = \dfrac{\varepsilon_{XY}}{k_F k_\varepsilon}$,那么由上式也可以演绎得到不确定性原理的关系式

$$\Delta x \Delta q \geqslant \frac{h}{4\pi} \tag{18-136}$$

其中,普朗克常数为

$$h = \frac{4\pi \varepsilon_{XY}}{k_F k_\varepsilon} \tag{18-137}$$

在此,位置 $\vec{x}$ 和动量 $\vec{q}$ 遵循 $\vec{x} \times \vec{q} \neq \vec{q} \times \vec{x}$ 的乘法规则。位置 $|\vec{x}|$ 和动量 $|\vec{q}|$ 作为平面格子的两边,要把位置 $|\vec{x}|$ 测得非常精确,那么动量 $|\vec{q}|$ 就会变得非常大;反之,要把动量 $|\vec{q}|$ 测得非常精确,那么位置 $|\vec{x}|$ 就会变得非常大。所以,位置 $\vec{x}$ 和动量 $\vec{q}$ 就像电与磁一样是一对共轭量。

其实,每一个二元系统在二维空间中都有两个自由度。在空间和时间两个维度构成的时空上,人们可以把具有两个自由度的二元系统看作振子,每一个振子都有其本身的位置和动量。振子是不会停下来的,因为如果停了就会具有明确的位置和动量。每个振子又必须具有某种最低限度的所谓"零点振动"及一个零点能,零点能的存在就是对(18-132)式 $\Delta E_{XY} = \Delta E_X \Delta E_Y \geqslant \varepsilon_{XY}$ 最好的说明。可见,量子力学基本原理或基本假设所包含的波粒二象性和不确定关系以及零点能并不是没有几何空间相对应,统一科学通过二维二元单位质向量所对应的最小单元平面格子就能给出令人信服的诠释。

二、不同情形的二元系统形态变化规律

虽然二维二仪质向量仿射坐标系 $\vec{\alpha}\vec{\beta}$ 的一维二仪质向量坐标轴 $\vec{\alpha}$ 与一维二仪质向量坐标轴 $\vec{\beta}$ 不共线也可能不垂直,但是可以投射到二维二仪质向量坐标系 $\vec{X}\vec{Y}$(或二维笛卡尔直角坐标系 XY 或复坐标系 XYi)。在二维二仪质向量坐标系 $\vec{X}\vec{Y}$ 中,任何一个二元系统形态都可用一个二维二元质向量 $\vec{z}_{XY}$ 表示,也可以通过一维二元质向量 $\vec{z}_{X+Y}$ 来表达,且可以看作 $\vec{X}$ 坐标轴和 $\vec{Y}$ 坐标轴上的两个分质向量 $\vec{z}_X$ 与 $\vec{z}_Y$ 的加和,即 $\vec{z}_{X+Y} = \vec{z}_X + \vec{z}_Y$。

在二维二仪质向量坐标系 $\vec{X}\vec{Y}$ 四象空间中,二元系统的形态变化既可以用二维二元质向量变化量 $\Delta\vec{z}_{XY}$ 表达,又可以通过一维二元质向量变化量 $\Delta\vec{z}_{X+Y}$ 来表达。既然一维二元维质向量 $\vec{z}_{X+Y}$ 可以投射到二维二仪质向量直角坐标系 $\vec{X}\vec{Y}$ 的坐标轴 $\vec{X}$ 和坐标轴 $\vec{Y}$ 上,那么当二元系统发生形态变化时,表征二元系统形态的一维二元质向量 $\vec{z}_{X+Y}$ 在 $\vec{X}$ 坐标轴上的分质向量 $\vec{z}_X$ 的变化量为 $\Delta\vec{z}_X \equiv \Delta\vec{x}$,表征二元系统形态的一维二元质向量 $\vec{z}_{X+Y}$ 在 $\vec{Y}$ 轴上的分质向量 $\vec{z}_Y$ 的变化量为 $\Delta\vec{z}_Y \equiv \Delta\vec{y}$。这样,一维二元质向量变化量 $\Delta\vec{z}_{X+Y}$ 可以看作坐标轴 $\vec{X}$ 上的分质向量 $\vec{z}_X$ 的变化量 $\Delta\vec{z}_X$ 与坐标轴 $\vec{Y}$ 上的分质向量 $\vec{z}_Y$ 的变化量 $\Delta\vec{z}_Y$ 之和。

在省却了质向量坐标轴 $\vec{X}$ 和质向量坐标轴 $\vec{Y}$ 关于质的规定后,(18-14)式 $\vec{z}_{X+Y} = \vec{z}_X + \vec{z}_Y = x\vec{e}_x + y\vec{e}_y$ 所表明的二元系统形态变化规律,就是坐标轴 $\vec{X}$ 和坐标轴 $\vec{Y}$ 上的一元子系统形态变化规律的复合规律

$$\Delta\vec{z}_{X+Y} = \Delta\vec{z}_X + \Delta\vec{z}_Y$$
$$= \Delta\vec{x} + \Delta\vec{y} \tag{18-138}$$

一维二元质向量变化量 $\Delta\vec{z}_{X+Y}$ 的大小也可以通过下式来表达

$$|\Delta\vec{z}_{X+Y}|^2 = |\Delta\vec{x}|^2 + |\Delta\vec{y}|^2 \tag{18-139}$$

如果令 $I_{X+Y} = |\Delta\vec{z}_{X+Y}|^2$,$I_X = |\Delta\vec{x}|^2$,$I_Y = |\Delta\vec{y}|^2$,上式即为

$$I_{X+Y} = I_X + I_Y \tag{18-140}$$

如果一维二元质向量 $\vec{z}_{X+Y}$ 的变化量 $\Delta\vec{z}_{X+Y}$ 就等于一维二元单位质向量 $\vec{e}_{X+Y}$,把一维二元单位质向量 $\vec{e}_{X+Y}$ 与一维二仪质向量坐标轴 $\vec{X}$ 的单位质向量 $\vec{e}_X$ 和一维二仪质向量坐标轴 $\vec{Y}$ 的单位质向量 $\vec{e}_Y$ 代入(18-138)式 $\Delta\vec{z}_{X+Y} = \Delta\vec{z}_X + \Delta\vec{z}_Y$,就可以得到

$$\vec{e}_{X+Y} = \vec{e}_X + \vec{e}_Y \tag{18-141}$$

可见,在二维二仪质向量坐标系 $\vec{X}\vec{Y}$ 四象空间中,二维二元单位质向量 $\vec{e}_{XY}$ 与一维二元单位质向量 $\vec{e}_{X+Y}$ 定义域虽不相同,却都可以作为二元系统形态转化基元过程的度量基准。由于一维单位质向量 $\vec{e}_X$ 代表一维二仪质向量坐标系 $\vec{X}$ 空间中的一元系统形

态转化基元规律,一维单位质向量$\vec{e}_Y$代表一维二仪质向量坐标系$\vec{Y}$空间中的一元系统形态转化基元规律,因此,在二维质向量坐标系$\vec{X}\vec{Y}$四象空间中,二维二元单位质向量$\vec{e}_{XY}$所表示的平面正当单位的基准格子就是二元系统经历一个基元过程的形态转化基元规律。

不过,不论是二维二元单位质向量$\vec{e}_{XY}$还是一维二元单位质向量$\vec{e}_{X+Y}$,都无法具体表示二元系统形态变化规律的内在关系。为此,必须打开一维二仪质向量坐标轴内部的多维分质向量空间,才能用子系统形态变化规律的合成规律来刻画二元系统形态转化基元规律。

在二维二仪质向量坐标系$\vec{X}\vec{Y}$中,二元系统在相互垂直的坐标轴$\vec{X}$和坐标轴$\vec{Y}$上的两个子系统的形态变化量$\Delta\vec{z}_X$和$\Delta\vec{z}_Y$取决于各自的失衡程度。如果二元系统的形态变化量$\Delta\vec{z}_{X+Y}$经历了一个由起始点的平衡态到终结点的平衡态的基元过程,即$\Delta\vec{z}_{X+Y}=\vec{e}_{X+Y}$,那么二元系统形态转化基元过程中的失衡态就包括了起始点附近的准平衡态、近平衡态、跨越变相点的远离平衡态和终结点附近的近平衡态及准平衡态。二元系统在不同失衡态的形态变化量$\Delta\vec{z}_{X+Y}$可以用坐标轴$\vec{X}$的子系统和坐标轴$\vec{Y}$的子系统在不同失衡态的形态变化量$\Delta\vec{z}_X$和$\Delta\vec{z}_Y$合成而得。

在二维二仪质向量坐标系$\vec{X}\vec{Y}$中,把二元系统形态在一定范围内变化的质向量联系起来,其形态序列就是二元系统形态所经历各个质向量的集合,也就是二元系统形态的变化规律。虽然二元系统形态的变化规律可以用形态变化量$\Delta\vec{z}_{XY}$或$\Delta\vec{z}_{X+Y}$来表达,但是具有一般意义的形态变化量的$\Delta\vec{z}_{XY}$或$\Delta\vec{z}_{X+Y}$是无法具体表达其失衡情况的。为此,必须在一维二仪质向量坐标轴$\vec{X}$和一维二仪质向量坐标轴$\vec{Y}$内部打开其多维的分质向量空间,子系统在坐标轴$\vec{X}$上的形态变化量$\Delta\vec{z}_X$就可通过其内部多维分质向量空间的形态变化规律来展现,子系统在坐标轴$\vec{Y}$上的形态变化量$\Delta\vec{z}_Y$也可通过其内部多维分质向量空间的形态变化规律来展现;而坐标轴$\vec{X}$上子系统形态变化规律与坐标轴$\vec{Y}$上子系统形态变化规律的合成规律就是二元系统形态变化规律$\Delta\vec{z}_{X+Y}$。

在二维二仪质向量坐标系$\vec{X}\vec{Y}$中,如果二元系统处于平衡态,则在$\vec{X}$轴处在平衡态的子系统的形态变化量$\Delta\vec{z}_X=0$,在$\vec{Y}$轴处在平衡态的子系统的形态变化量$\Delta\vec{z}_Y=0$。两个处于平衡态的子系统作为均衡反向一元系统,它们各自都可以进行跨越变相点的简谐振动,二元系统形态守恒规律就可以用圆或椭圆方程表示,其变化轨迹也就是圆或椭圆。

如果二元系统处于失衡态,在$\vec{X}$轴的子系统和$\vec{Y}$轴的子系统也处在失衡态,其形态变化量都不为零,它们各自都进行跨越变相点的非简谐振动,二元系统形态变化规律就是$\vec{X}$轴的子系统的非简谐振动规律与$\vec{Y}$轴的子系统的非简谐振动规律的向量和$\Delta\vec{z}_{X+Y}=\Delta\vec{z}_X+\Delta\vec{z}_Y$。两个子系统在互相垂直的$\vec{X}$轴和$\vec{Y}$轴上的形态变化规律可同为准平衡态,也可同为近平衡态,还可同为远离平衡态,因此二元系统形态变化规律就有不同的表现形式。当然,同为一种失衡态的两个子系统只要其失衡度存在细微差异,就会表现在互相垂直的 $\vec{X}$ 轴和 $\vec{Y}$ 轴上的形态变化规律上,也会在二元系统形态变化规律的表达式中得以表现。

在二维二仪质向量坐标系 $\vec{X}\vec{Y}$ 中,两个子系统在互相垂直的 $\vec{X}$ 轴和 $\vec{Y}$ 轴上的形态变化规律可以同为一种平衡态或同为一种失衡态,也可以是各不相同的平衡态或失衡态。在每个轴向上子系统形态变化规律的形式取决于子系统在此轴向上的失衡程度,因此二元系统在不同失衡态的形态变化规律及其变化轨迹必然有多种多样的表现形式。

对于二元系统在互相垂直的 $\vec{X}$ 轴和 $\vec{Y}$ 轴上所具有的不同失衡态,可以列举出如下的组合情形:

(1)一个维度处在远离平衡态而另一维度处在近平衡态的情形。
(2)一个维度处在远离平衡态而另一维度处在准平衡态的情形。
(3)一个维度处在远离平衡态而另一维度处在平衡态的情形。
(4)一个维度处在近平衡态而另一维度处在准平衡态的情形。
(5)一个维度处在近平衡态而另一维度处在平衡态的情形。
(6)一个维度处在准平衡态而另一维度处在平衡态的情形。

在每一个一维二仪质向量坐标轴内部打开其多维的分质向量空间,每一个子系统的形态变化规律才能得以体现。不过,在每一个一维二仪质向量坐标轴内部,可以打开 $(\vec{P},\vec{S})$ 二维分质向量空间或 $(\vec{P},\vec{\xi},\vec{\xi}_{\neq})$ 三维分质向量空间或 $(\vec{P},\vec{E},\vec{E}_{\neq},\vec{\varepsilon})$ 四维分质向量空间或 $(\vec{N},\vec{n},\vec{E},\vec{E}_{\neq},\vec{\varepsilon})$ 五维分质向量空间等不同的多维分质向量空间,所以在同样的失衡态下,每一个子系统的形态变化规律的具体表达式是不同的。如果多维分质向量空间中的某些分质向量为常质向量,在同样的失衡态下,每一个子系统的形态变化规律的具体表达式也是不同的;如果多维分质向量空间中的某些分质向量以显性因子来表达,在同样的失衡态下,每一个子系统的形态变化规律的具体表达式更是不同。因此,在不同的失衡态下,二元系统的形态变化规律具有无数的表达式。

为了真正认识用两个子系统形态变化规律的合成规律来刻画的二元系统形态变化规律,必须在二维二仪质向量坐标系 $\vec{X}\vec{Y}$ 中打开坐标轴 $\vec{X}$ 和坐标轴 $\vec{Y}$ 内部的多维分质向量空间。在此,以二元系统的子系统在互相垂直的坐标轴 $\vec{X}$ 和坐标轴 $\vec{Y}$ 上的形态变化规律同为远离平衡态的形态转化基元规律为例,来推演二元系统形态转化基元规律。

在二维二仪质向量坐标系 $\vec{X}\vec{Y}$ 四象空间中,如果二元系统形态变化量 $\Delta\vec{z}_{X+Y}$ 为一维二元单位质向量 $\vec{e}_{X+Y}$,在 $\vec{X}$ 轴上的形态变化量 $\Delta\vec{z}_X$ 为一维一元单位质向量 $\vec{e}_X$,在 $\vec{Y}$ 轴上的形态变化量 $\Delta\vec{z}_Y$ 为一维一元单位质向量 $\vec{e}_Y$,打开一维二仪质向量坐标轴 $\vec{X}$ 和 $\vec{Y}$ 内部的 $(\vec{P},\vec{S})$ 二维分质向量空间,在二元系统形态转化基元过程中,以信息 $\vec{P}$ 为形态变化的因变量,如果设定信息变化量为 $\Delta\vec{P}_{X+Y}=\vec{P}_{X+Y}$,在 $\vec{X}$ 轴上的信息变化量为

$\Delta \vec{P}_X = \vec{P}_X$,在 $\vec{Y}$ 轴上的信息变化量为 $\Delta \vec{P}_Y = \vec{P}_Y$,那么二元系统的信息变化量 $\Delta \vec{P}_{X+Y}$ 就是其在 $\vec{X}$ 轴的信息变化量 $\Delta \vec{P}_X$ 和在 $\vec{Y}$ 轴的信息变化量 $\Delta \vec{P}_Y$ 之和($\Delta \vec{P}_{X+Y} = \Delta \vec{P}_X + \Delta \vec{P}_Y$),则

$$\vec{P}_{X+Y} = \vec{P}_X + \vec{P}_Y \tag{18-142}$$

在省却分质向量关于取向规定的条件下,远离变相点的一元系统形态转化基元规律可以用熵信息函数(6-147)式 $P = \mp \frac{1}{2}\tanh \frac{S}{2}$ 来表达,这样,二元系统的子系统在 $\vec{X}$ 轴和 $\vec{Y}$ 轴上远离变相点的形态转化基元规律分别为

$$P_X = \mp \frac{1}{2}\tanh \frac{S_X}{2} \tag{18-143}$$

$$P_Y = \mp \frac{1}{2}\tanh \frac{S_Y}{2} \tag{18-144}$$

把二元系统的子系统在 $\vec{X}$ 轴和 $\vec{Y}$ 轴上远离变相点的形态转化基元规律代入(18-142)式 $\vec{P}_{X+Y} = \vec{P}_X + \vec{P}_Y$,在二维二仪质向量坐标系 $\vec{X}\vec{Y}$ 内部的 $(\vec{P}, \vec{S})$ 二维分质向量空间中,远离变相点的二元系统形态转化基元规律可以用一维二元信息变化量表示为

$$\begin{aligned} P_{X+Y} &= P_X + P_Y \\ &= \mp \frac{1}{2}\left(\tanh \frac{S_X}{2} + \tanh \frac{S_Y}{2}\right) \end{aligned} \tag{18-145}$$

远离变相点的二元系统形态转化基元规律也可以表达为

$$\begin{aligned} P_{X+Y}^2 &= P_X^2 + P_Y^2 \\ &= \frac{1}{4}\left(\tanh^2 \frac{S_X}{2} + \tanh^2 \frac{S_Y}{2}\right) \end{aligned} \tag{18-146}$$

远离变相点的二元系统在形态转化过程中,信息变化量就是一维二元信息向量的模,即

$$\begin{aligned} |\vec{P}_{X+Y}| &= \sqrt{P_X^2 + P_Y^2} \\ &= \frac{1}{2}\sqrt{\tanh^2 \frac{S_X}{2} + \tanh^2 \frac{S_Y}{2}} \end{aligned} \tag{18-147}$$

在二维二仪质向量坐标系 $\vec{X}\vec{Y}$ 内部的 $(\vec{P}, \vec{S})$ 二维分质向量空间中,(18-145)式、(18-146)式和(18-147)式都是以信息熵函数来表达一维二元信息变化量 $\Delta \vec{P}_{X+Y}$ 的二元系统形态转化基元规律,式中熵 S_X 和 S_Y 的定义域都是 $(-\infty, +\infty)$,而信息 P_X 和 P_Y 的定义域都是 $\left[-\frac{1}{2}, +\frac{1}{2}\right]$。

在二维二仪质向量坐标系 $\vec{X}\vec{Y}$ 的四象空间中,当熵 S_X 和 S_Y 都取值 $-\infty$ 时,一维二元信息变化量 P_{X+Y} 的空间坐标为 $\left(-\frac{1}{2}, -\frac{1}{2}\right)$;第 Ⅰ 象限的 Z 点 $\left(+\frac{1}{2}, +\frac{1}{2}\right)$ 是表

征具有 $\vec{X}$ 轴和 $\vec{Y}$ 轴正向性质的二元系统的极端形态。当熵 S_X 和 S_Y 都取值 $+\infty$ 时，一维二元信息变化量 P_{X+Y} 的空间坐标为 $\left(+\dfrac{1}{2}, +\dfrac{1}{2}\right)$；第Ⅲ象限的 Z' 点 $\left(-\dfrac{1}{2}, -\dfrac{1}{2}\right)$ 是表征具有 $\vec{X}$ 轴和 $\vec{Y}$ 轴负向性质的二元系统的极端形态。当熵 S_X 和 S_Y 都取值为 0 时，一维二元信息变化量 P_{X+Y} 的空间坐标为原点 $(0,0)$；坐标系的原点 $(0,0)$ 是两个性质完全相反的二元系统形态的变相点。

可见，在二维二仪质向量坐标系 $\vec{X}\vec{Y}$ 四象空间中，以信息 $\vec{P}$ 为因变量，二元系统形态可以由一维二元信息变化量 P_{X+Y} 来表示，二元系统形态转化基元规律也可以用熵信息函数(18-145)式、(18-146)式和(18-147)式来表达。二元系统形态转化基元过程是以坐标系的原点为变相点，以第Ⅰ卦限的 Z 点 $\left(+\dfrac{1}{2}, +\dfrac{1}{2}\right)$ 和第Ⅲ卦限的 Z' 点 $\left(-\dfrac{1}{2}, -\dfrac{1}{2}\right)$ 为起始点和终结点的运动变化历程。起始点和终结点都是最为远离变相点的平衡点，变相点则是最为远离平衡点阴阳两界的交会点。二元系统形态转化基元过程是由极端的平衡态失衡而进入准平衡态（远离变相点）再到近平衡态（近变相点），跨越变相点后又到准变相点（远离平衡态）再到近平衡点（近平衡态）而趋衡到准平衡态（远离变相点）并终结于平衡态。

同样，在二维二仪质向量坐标系 $\vec{X}\vec{Y}$ 四象空间中，打开一维二仪质向量坐标轴 $\vec{X}$ 和一维二仪质向量坐标轴 $\vec{Y}$ 内部的 $(\vec{P}, \vec{S})$ 二维分质向量空间，在二元系统形态转化基元过程中，以熵 $\vec{S}$ 为形态变化的因变量，如果设定一维二元熵变化量为 $\Delta \vec{S}_{X+Y} = \vec{S}_{X+Y}$，在 $\vec{X}$ 轴上的熵变化量为 $\Delta \vec{S}_X = \vec{S}_X$，在 $\vec{Y}$ 轴上的熵变化量为 $\Delta \vec{S}_Y = \vec{S}_Y$，那么二元系统的熵变化量 $\Delta \vec{S}_{X+Y}$ 就是其在 $\vec{X}$ 轴的熵变化量 $\Delta \vec{S}_X$ 和在 $\vec{Y}$ 轴的熵变化量 $\Delta \vec{S}_Y$ 之和，即 $\Delta \vec{S}_{X+Y} = \Delta \vec{S}_X + \Delta \vec{S}_Y$，则

$$\vec{S}_{X+Y} = \vec{S}_X + \vec{S}_Y \tag{18-148}$$

在省却质向量关于取向规定的条件下，远离变相点的一元系统形态转化基元规律可以用信息熵函数(5-53)式 $S = \mp \ln \dfrac{1+2P}{1-2P}$ 来表达，这样，二元系统的子系统在 $\vec{X}$ 轴和 $\vec{Y}$ 轴上远离变相点的形态转化基元规律分别为

$$S_X = \mp \ln \dfrac{1+2P_X}{1-2P_X} \tag{18-149}$$

$$S_Y = \mp \ln \dfrac{1+2P_Y}{1-2P_Y} \tag{18-150}$$

在二维二仪质向量坐标系 $\vec{X}\vec{Y}$ 内部的 $(\vec{P}, \vec{S})$ 二维分质向量空间中，把二元系统的子系统在 $\vec{X}$ 轴和 $\vec{Y}$ 轴上远离变相点的形态转化基元规律代入(18-148)式 $\vec{S}_{X+Y} = \vec{S}_X + \vec{S}_Y$，在省却分质向量关于取向规定的条件下，远离变相点的二元系统形态转化基元

规律也可以用一维二元熵变化量表示为

$$S_{X+Y} = S_X + S_Y$$
$$= \mp \left(\ln \frac{1+2P_X}{1-2P_X} + \ln \frac{1+2P_Y}{1-2P_Y} \right)$$
$$= \mp \ln \frac{(1+2P_X)(1+2P_Y)}{(1-2P_X)(1-2P_Y)} \tag{18-151}$$

三、二元系统形态转化基元规律的几何表示

在二维二仪质向量坐标系 $\vec{X}\vec{Y}$ 四象空间中，二元系统在不同失衡态的形态变化量 $\Delta \vec{z}_{X+Y}$ 可以用坐标轴 $\vec{X}$ 的子系统和坐标轴 $\vec{Y}$ 的子系统在不同失衡态的形态变化量 $\Delta \vec{z}_X$ 和 $\Delta \vec{z}_Y$ 合成而得。二元系统在远离变相点的形态转化基元规律也可以用几何图形来表现。不过，就像向量加法的三角形法则只是表达两个相加的向量而没有表达其和向量一样，(18-145)式 $P_{X+Y} = \mp \frac{1}{2} \left(\tanh \frac{S_X}{2} + \tanh \frac{S_Y}{2} \right)$ 等式的右项只能在一维二仪质向量坐标轴 $\vec{X}$ 和一维二仪质向量坐标轴 $\vec{Y}$ 内部的 $(\vec{P}, \vec{S})$ 二维分质向量空间独立地表示每一个子系统的质向量变化量。

在二维二仪质向量坐标系 $\vec{X}\vec{Y}$ 四象空间中，打开一维二仪质向量坐标轴 $\vec{X}$ 和一维二仪质向量坐标轴 $\vec{Y}$ 内部的 $(\vec{P}, \vec{S})$ 二维分质向量空间，在二元系统形态转化基元过程中，二元系统的一维二元信息变化量 $\Delta \vec{P}_{X+Y}$ 可以投射到一维二仪质向量坐标轴 $\vec{X}$ 和一维二仪质向量坐标轴 $\vec{Y}$ 上。在省却分质向量关于方向的规定和吸收发射条件下，一维二仪质向量坐标轴 $\vec{X}$ 上的一元子系统形态转化基元规律可以用熵信息函数 $P_X = -\frac{1}{2} \cdot \tanh \frac{S_X}{2}$ 表示，其 $P_X \sim S_X$ 关系曲线为反 S 形曲线（图 18-23）；而一维二仪质向量坐标轴 $\vec{Y}$ 上的一元系统形态转化基元规律可以用熵信息函数 $P_Y = -\frac{1}{2} \tanh \frac{S_Y}{2}$ 表示，由于 $\vec{Y}$ 轴与 $\vec{X}$ 轴相差 90°，其 $P_Y \sim S_Y$ 关系曲线为反 ∽ 形曲线（图 18-24）。

同理，在省却质向量关于方向的规定和自发发射条件下，一维二仪质向量坐标轴 $\vec{X}$ 上的一元系统形态转化基元规律可以用熵信息函数 $P_X = \frac{1}{2} \tanh \frac{S_X}{2}$ 表示，其 $P_X \sim S_X$ 关系曲线为 S 形曲线（图 18-25）；而一维二仪质向量坐标轴 $\vec{Y}$ 上的一元系统形态转化基元规律可以用熵信息函数 $P_Y = \frac{1}{2} \tanh \frac{S_Y}{2}$ 表示，由于 $\vec{Y}$ 轴与 $\vec{X}$ 轴相差 90°，其 $P_Y \sim S_Y$ 关系曲线为 ∽ 形曲线（图 18-26）。

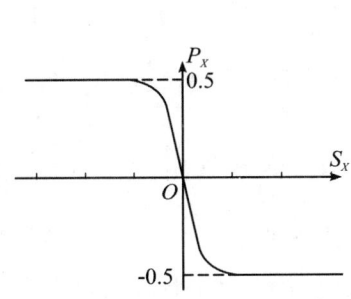

图 18-23　吸收发射的 $P_X \sim S_X$ 曲线

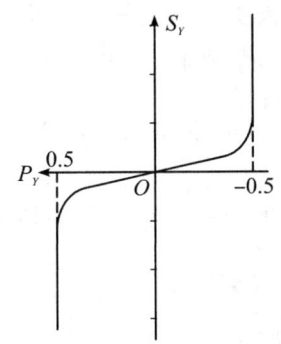

图 18-24　吸收发射的 $P_Y \sim S_Y$ 曲线

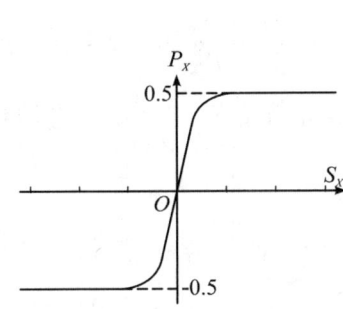

图 18-25　自发发射的 $P_X \sim S_X$ 曲线

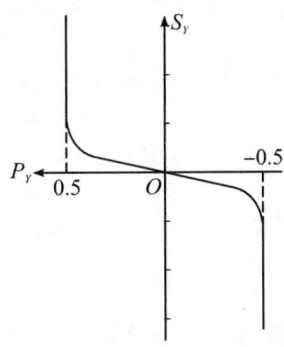

图 18-26　自发发射的 $P_Y \sim S_Y$ 曲线

如果把互为直角排列的图 18-23 的熵信息函数曲线和图 18-24 的信息熵函数曲线合并成一个图形,这样反 S 形曲线和反∽形曲线组合形成的图形就是形如头向左张开双翼双脚飞翔的鹳鸟,如图 18-27 所示。如果把相互独立的图 18-25 的熵信息函数曲线和图 18-26 的信息熵函数曲线合并成一个图形,这样 S 形曲线和∽形曲线组合形成的图形就是形如头向右张开双翼双脚飞翔的鹳鸟,这与约 7 000 年前中国浙江河姆渡文化中的右旋阳鸟非常相似,如图 18-28 所示。

图 18-27　吸收发射的 $P_X \sim S_X$ 曲线
　　　　　与 $P_Y \sim S_Y$ 曲线叠加

图 18-28　自发发射的 $P_X \sim S_X$ 曲线
　　　　　与 $P_Y \sim S_Y$ 曲线叠加

同样,在二维二仪质向量坐标系 $\vec{X}\vec{Y}$ 四象空间中,打开一维二仪质向量坐标轴 $\vec{X}$ 和一维二仪质向量坐标轴 $\vec{Y}$ 内部的 $(\vec{P},\vec{S})$ 二维分质向量空间,在二元系统形态转化基元过程中,二元系统的一维二元熵变化量 $\Delta \vec{S}_{X+Y}$ 可以投射到一维二仪质向量坐标轴 $\vec{X}$

和一维二仪质向量坐标轴 $\vec{Y}$ 上。在省却分质向量关于方向规定和吸收发射条件下，一维二仪质向量坐标轴 $\vec{X}$ 上的一元系统形态转化基元规律可以用信息熵函数 $S_X = -\ln\dfrac{1+2P_X}{1-2P_X}$ 表示，其 $S_X \sim P_X$ 关系曲线为正切函数型反∽形曲线；而一维二仪质向量坐标轴 $\vec{Y}$ 上的一元系统形态转化基元规律可以用信息熵函数 $S_Y = -\ln\dfrac{1+2P_Y}{1-2P_Y}$ 表示，由于 $\vec{Y}$ 轴与 $\vec{X}$ 轴相差 90°，其 $S_Y \sim P_Y$ 关系曲线为反 S 形曲线。如果把熵信息函数曲线和信息熵函数曲线合并成一个图形，这样反∽形曲线和反 S 形曲线组合形成的图形就如图 18-27 所示。

在省却质向量关于方向规定和自发发射条件下，一维二仪质向量坐标轴 $\vec{X}$ 上的一元系统形态转化基元规律可以用信息熵函数 $S_X = \ln\dfrac{1+2P_X}{1-2P_X}$ 表示，其 $S_X \sim P_X$ 关系曲线为正切函数型∽形曲线；一维二仪质向量坐标轴 $\vec{Y}$ 上的一元系统形态转化基元规律可以用信息熵函数 $S_Y = \ln\dfrac{1+2P_Y}{1-2P_Y}$ 表示，由于 $\vec{Y}$ 轴与 $\vec{X}$ 轴相差 90°，其 $S_Y \sim P_Y$ 关系曲线为 S 形曲线。如果把熵信息函数曲线和信息熵函数曲线合并成一个图形，这样∽形曲线和 S 形曲线组合形成的图形就如图 18-28 所示。

在一维二仪质向量坐标轴 $\vec{X}$ 和一维二仪质向量坐标轴 $\vec{Y}$ 内部的 $(\vec{P},\vec{S})$ 二维分质向量空间中，省却了分质向量坐标轴关于特质与取向的规定，这些反 S 形曲线、S 形曲线的 $P \sim S$ 关系曲线和反∽形曲线、∽形曲线的 $S \sim P$ 关系曲线的内在关系是固有的、不变的，在不同的变化区间其曲线变化率是恒定的，整条关系曲线也是固定的。正因为任何一元系统形态转化基元过程都服从同样的一元系统形态转化基元规律，所以其 $P \sim S$ 和 $S \sim P$ 的关系曲线都是一样的。

在许多情况下，人们把分质向量坐标轴的特质与取向都隐匿了，而突出表现 $P \sim S$ 关系曲线的反 S 形曲线、S 形曲线和 $S \sim P$ 关系曲线的反∽形曲线、∽形曲线，因此人们才隐约感觉到在宇宙中充满的反 S 形曲线、S 形曲线、反∽形曲线和∽形曲线就是一元系统形态转化基元规律，从而把这些随处可见的曲线作为科学的密码来破译。但是，由于省却了分质向量坐标轴关于特质与取向的规定，也就丢失了分质向量的含义及其关系的"魂魄"，因此所得到的形态变化曲线的"形骸"只能"立象"却不能"尽意"。虽然这些"失魂落魄"的几何线条可以记录和表达一元系统形态转化的轨迹，然而如果没有辅助用数理语言予以理性表达，也就只能成为幽隐幽现的密码，而留给人们玄而又玄的神秘感。例如，中国太极图中，有的是 S 形曲线而有的却是反 S 形曲线；日本的"巴"（Tonoye）也是如此；而韩国国旗中心图案则是∽形曲线。

其实，在二维二仪质向量坐标系 $\vec{X}\vec{Y}$ 四象空间中，打开坐标轴 $\vec{X}$ 和坐标轴 $\vec{Y}$ 内部的 $(\vec{P},\vec{S})$ 二维分质向量空间，只是获致远离变相点的一元系统形态转化基元规律的一个途径。在坐标轴 $\vec{X}$ 和坐标轴 $\vec{Y}$ 内部也可以打开 $(\vec{N},\vec{n},\vec{E},\vec{E}_{\neq},\vec{\varepsilon})$ 五维分质向量空间或 $(\vec{P},\vec{E},\vec{E}_{\neq},\vec{\varepsilon})$ 四维分质向量空间或 $(\vec{P},\vec{\xi},\vec{\xi}_{\neq})$ 三维分质向量空间,从而得到远离变相点的一元系统形态转化基元规律的不同分质向量的函数表达式。

通过坐标轴的平移,还可以得到较低维度分质向量空间的一元系统形态转化基元规律简化形式,然而这种降低维数后远离变相点的一元系统形态转化基元规律的函数表达式都是带有常参量的,而常参量的个数及其取值的大小对于远离变相点的一元系统形态转化基元规律还是起作用的,表现在空间的轨迹也是有着明显差异的。在二维二仪质向量坐标系 $\vec{X}\vec{Y}$ 的坐标轴 $\vec{X}$ 和坐标轴 $\vec{Y}$ 内部 $(\vec{N},\vec{n},\vec{E},\vec{E}_{\neq},\vec{\varepsilon})$ 五维分质向量空间的 $(\vec{C}_N,\vec{n},\vec{E},\vec{C}_{E_{\neq}},\vec{C}_{\varepsilon})$ 截面上或 $(\vec{P},\vec{E},\vec{E}_{\neq},\vec{\varepsilon})$ 四维分质向量空间的 $(\vec{P},\vec{E},\vec{C}_{E_{\neq}},\vec{C}_{\varepsilon})$ 截面上,省却了分质向量关于取向的规定,远离变相点的一元系统形态转化基元规律的 $n\sim E$ 关系曲线或 $P\sim E$ 关系曲线或 $E\sim n$ 关系曲线或 $E\sim P$ 关系曲线,虽然都是反 S 形曲线或 S 形曲线或反 ∽ 形曲线或 ∽ 形曲线,但是由于常参量取值的不同,这些曲线的突跃特征可能十分明显,也可能极其隐晦。

例如,在二维二仪质向量坐标系 $\vec{X}\vec{Y}$ 的坐标轴 $\vec{X}$ 和 $\vec{Y}$ 内部 $(\vec{P},\vec{E},\vec{E}_{\neq},\vec{\varepsilon})$ 四维分质向量空间的 $(\vec{P},\vec{E},\vec{C}_{E_{\neq}},\vec{C}_{\varepsilon})$ 截面上,省却了分质向量坐标轴关于取向的规定,$P=\mp\dfrac{1}{2}\cdot\tanh\dfrac{E_{\neq}-E}{2\varepsilon}$ 成为 $P=\mp\dfrac{1}{2}\tanh\dfrac{C_{E_{\neq}}-E}{2C_{\varepsilon}}$。能阈 $C_{E_{\neq}}$ 是决定 $P\sim E$ 关系曲线重心的位置参量,设 $C_{E_{\neq}}=E=0$,$P\sim E$ 关系曲线重心的位置就在 E 轴的原点处,双曲正切函数曲线关于原点对称。对于吸收发射过程,当 $E\to-\infty$ 时,$P\to+\dfrac{1}{2}$;当 $E\to+\infty$ 时,$P\to-\dfrac{1}{2}$,如图 18-29 所示。对于自发发射过程,当 $E\to-\infty$ 时,$P\to-\dfrac{1}{2}$,当 $E\to+\infty$ 时,$P\to+\dfrac{1}{2}$,如图 18-30 所示。

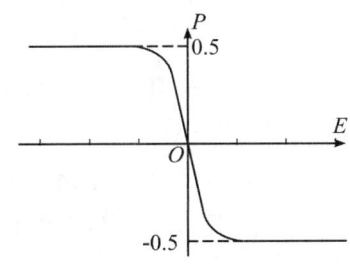

图 18-29 吸收发射的 $P\sim E$ 曲线

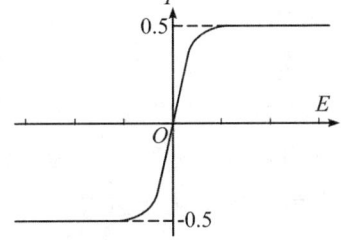

图 18-30 自发发射的 $P\sim E$ 曲线

能元 C_{ε} 是决定 $P\sim E$ 关系曲线曲率的尺度参量。在 $C_{\varepsilon}\to 0$ 的极限下,$E\to-\infty$ 到 $E\to+\infty$ 必然是以突变的方式"突然"完成的,其形态转化基元规律通过信息 P 表现为"台阶函数";在吸收发射条件下,$P\sim E$ 关系曲线的反 S 形曲线突跃形成了一蹴而就的

⌐形直角折线图,如图 18-31 所示;在自发发射条件下,$P\sim E$ 关系曲线的 S 形曲线突跃形成了⌐形的直角折线图,如图 18-32 所示。

图 18-31　吸收发射的 $P\sim E$ 阶跃曲线　　　图 18-32　自发发射的 $P\sim E$ 阶跃曲线

相应地,在 $C_\varepsilon \to 0$ 的极限下,从 $P \to -\dfrac{1}{2}$ 到 $P \to +\dfrac{1}{2}$ 的过程,能量 E 似乎没有变化,其形态转化基元规律表现为"倒台阶函数";在吸收发射条件下,$E\sim P$ 关系曲线的反⌒形曲线突跃形成了 ⌐⌐ 形的直角折线图,如图 18-33 所示;在自发发射条件下,$E\sim P$ 关系曲线的⌒形曲线突跃形成了 ⌐⌐ 形的直角折线图,如图 18-34 所示。

图 18-33　吸收发射的 $E\sim P$ 阶跃曲线　　　图 18-34　自发发射的 $E\sim P$ 阶跃曲线

可见,在二维二仪质向量坐标系 $\vec{X}\vec{Y}$ 的一维二仪质向量坐标轴 $\vec{X}$ 和一维二仪质向量坐标轴 $\vec{Y}$ 内部 $(\vec{N},\vec{n},\vec{E},\vec{E_{\neq}},\vec{\varepsilon})$ 五维分质向量空间的 $(\vec{C_N},\vec{n},\vec{E},\vec{C_{E_{\neq}}},\vec{C_\varepsilon})$ 截面上或 $(\vec{P},\vec{E},\vec{E_{\neq}},\vec{\varepsilon})$ 四维分质向量空间的 $(\vec{P},\vec{E},\vec{C_{E_{\neq}}},\vec{C_\varepsilon})$ 截面上,省却了分质向量关于方向的规定,如果能元 $C_\varepsilon \to 0$,在吸收发射条件下,$n\sim E$ 关系曲线或 $P\sim E$ 关系曲线为⌐形的折线,$E\sim n$ 关系曲线或 $E\sim P$ 关系曲线为 ⌐⌐ 形的折线;在自发发射条件下,$n\sim E$ 关系曲线或 $P\sim E$ 关系曲线为⌐形的折线,$E\sim n$ 关系曲线或 $E\sim P$ 关系曲线为 ⌐⌐ 形的折线。所以,二元系统形态转化基元规律在二维二仪质向量坐标系 $\vec{X}\vec{Y}$ 的几何表现,以 $\vec{X}$ 轴与 $\vec{Y}$ 轴内部的折线表示,在吸收发射条件下就是反 S 形折线⌐和反⌒形折线 ⌐⌐ 的组合,得到的就是互为直角排列的形如左旋的卍;在自发发射条件下就是 S 形折线⌐和⌒形折线 ⌐⌐ 的组合,得到的就是互为直角排列的形如右旋的卐。

其实,卐和卍在《易经》中早就出现,称谓"万化""万法",即天地万物运化形成之本,并一直被作为中华文化智慧符号之一,所以历代圣人则之。卐和卍这对符号作为古代的一种咒符、护符或宗教标志,是所有符号中历史最悠久、流传最广的符号。但是,对卐和卍符号的来源,人们见解颇多,至今仍莫衷一是。

中国人认为,"卍"字左旋表示字臂和太阳运动的方向一致,表征万物赋予生命的太阳,说明了万物的起源,四季的更替;其梵文为 S'rivatsalaksana(室利鞡蹉洛刹囊),意为"吉祥之所集"或"吉祥海云相",也就是呈现在大海云天之间的吉祥象征。印度人则认为,"卐"就是上古传到古印度的盘古 Buddha 负图,它被画在佛祖如来的胸部,为释迦牟尼三十二相之一,所以被佛教徒认为是"瑞相",用作"万得吉祥"的标志,象征吉祥、光明、神圣和美好或通泰、富足。此外,"卍"字也被设定为罗盘的方向和其他内容。

武则天长寿二年(693年)制定卍字读"万"。但是,其用在苯教上的标志是右旋"卐",唐《一切经音义》卷二十一谓"应以右旋为准"。卐的(当代)发音是"福",表示吉祥,厚德。古代的婆罗门教、佛教、耆那教等宗教都曾使用卐与卍符号,中国的道教以此作为神力的标志。除中国外,在人类文化史上"卍"作为符号也由来已久,覆盖区域广泛,在世界各地都有发现。"卍"在古印度、波斯、希腊、埃及、特洛伊等国的历史上均出现过;印度人称为 Swastika,撒克逊人称为 fylfot,希腊人称为 gammadion,英国人称为 filfot,德国人称为 Hakenkreuz。在现代,德国纳粹党希特勒在为德国国家社会主义党设计党旗时,把斜 45°角的"卐"符号作为纳粹党的党徽和第三帝国国旗的标志。

卐与卍符号的使用范围极为广泛,使用频率极高。然而,就是《易经》也根本无法解释卐与卍哪一个是吸收发射条件下或是自发发射条件下的系统形态转化符号,也没有表明其所代表的 $n\sim E$ 或 $E\sim n$ 变量之间的关系,或 $P\sim E$ 或 $E\sim P$ 变量之间的关系,因此卐与卍经常被互用。

事实上,只要满足能元 $\varepsilon\to 0$ 的条件,物质世界和日常生活中无穷无尽的事物形态转化都是以突变的方式完成的,这些"突然"变性或变相的实例反映在人们的精神世界,必然形成相应的关于⌐折线和¬折线与⌊折线和⌋折线的理论,对于急于改变现状或想一蹴而就的人们自然要以此作为其思想体系的根据地。像道教的悟道或佛教的悟空都是在瞬间完成大彻大悟的超越,道教信徒们所希冀的就是能得道升天,佛教信善则认为可以通过涅槃超脱生死的境界,就像⌐折线一样,实现从人间(此态)向天堂(彼态)的跃迁。其他宗教也有类似的茅塞顿开、心性洞明的事例,像基督教信众认为,灵魂升天是一蹴而就的。伊斯兰教因其先知穆罕默德传教从麦加来到耶路撒冷,一日夜间曾踩在一块圣石飞上九重天,接受天启,黎明重返麦加,因而成了伊斯兰教中有名的"夜行和登霄"的神话。不过,许多宗教又把这些直角折线的符号与生命轮回和法轮常转的道理联系起来。像佛教认为,大多数人的一生都集善恶于一体,也就是既有平时行善⌋的一面又有平时作恶⌐的另一面。从人间(此态)向天堂(彼态)的跃迁⌊与平时积善成德⌋是分不开的,而从人间(此态)向地狱(彼态)的陷落⌐也是与平时作恶多端⌐分不开的。芸芸众生只要多行善举⌋死后就可以涅槃重生⌊,生命是可以轮回重生的,即卐;作恶多端⌐的人死后将迅即打入地狱⌐,即卍。

由此可见,在二维二仪质向量坐标系 $\vec{X}\vec{Y}$ 及其 $\vec{X}$ 轴和 $\vec{Y}$ 轴内部的多维分质向量空间的截面中,统一科学才能够深刻地认识神秘的符号卐与卍所蕴含的吸收发射过程与自发发射过程的一元系统形态转化规律。不过,若只是在 $\vec{X}$ 轴和 $\vec{Y}$ 轴上独立地表示每一个子系统的质向量变化量,统一科学也只是揭示了 $\vec{X}$ 轴和 $\vec{Y}$ 轴内部所蕴藏的远离变相点的一元系统形态转化基元规律,只能赋予卐与卍的符号物理意义而已。

在二维二仪质向量坐标系$\vec{X}\vec{Y}$内部的$(\vec{P},\vec{S})$二维分质向量空间中,省却了分质向量关于取向的规定,通过一维二元单位质向量$\vec{e}_{x+y}$的(18-145)式的熵信息函数和(18-151)式的信息熵函数就可表达二元系统形态转化基元规律。但是,如果只是在$\vec{X}$轴和$\vec{Y}$轴上独立地表示每个一元子系统的质向量变化量,那么所得到的几何图形并不能真正表达二元系统形态转化基元规律的几何轨迹。为此,统一科学还必须深入探讨二元系统在平衡态、准平衡态和近平衡态以及远离平衡态的整体变化轨迹。

参考文献

[1] 费恩曼,莱顿,桑兹.费恩曼物理学讲义:第3卷[M].潘笃武,李洪芳,译.上海:上海科学技术出版社,2005:103-104.

[2] 高崇寿,谢柏青.今日物理[M].北京:高等教育出版社,2004:118-120.

[3] 谢有畅,邵美成.结构化学:下册[M].北京:人民教育出版社,1979:1-5.

[4] 费恩曼,莱顿,桑兹.费恩曼物理学讲义:第2卷[M].李江芳,王子辅,钟万蘅,译.上海:上海科学技术出版社,2005:405-412.

[5] 陆栋,蒋平,徐至中.固体物理学[M].上海:上海科学技术出版社,2003:212-213.

[6] 张天蓉.爱因斯坦与万物之理[M].北京:清华大学出版社,2016:125-132.

[7] 栾玉广.系统自然观[M].北京:科学出版社,2003:70-71.

[8] 斯蒂恩,今日数学[M].马继芳,译.上海:上海科学技术出版社,1982:6.

[9] 张天蓉.世纪幽灵:走近量子纠缠[M].合肥:中国科学技术大学出版社,2013:48-52.

[10] 于学刚.狭义相对论和量子理论一元化表述[M].北京:科学出版社,2012:257.

[11] 李新洲,徐建军.现代数学及其应用[M].上海:上海科学技术出版社,2006:2-7.

[12] 吴炯圻,林培榕.数学思想方法[M].厦门:厦门大学出版社,2001:269.

[13] 钟玉泉.复变函数论[M].3版.北京:高等教育出版社,2004:28-31.

[14] 普里瓦洛夫.复变函数引论[M].闵嗣鹤,等,译.北京:高等教育出版社,1956:94-101.

[15] 周希朗.电磁理论中的应用数学基础[M].南京:东南大学出版社,2006:265.

[16] 尤承业.解析几何[M].北京:北京大学出版社,2004:175-185.

[17] 李建华.射影几何入门[M].北京:科学出版社,2011:25.

[18] 威切曼.量子物理学[M]//SI版.伯克利物理学教程:第4卷.潘笃武,译.北京:机械工业出版社,2016:15-16.

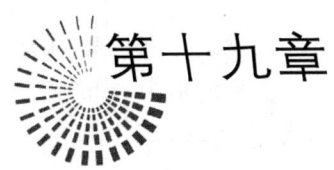

第十九章

垂向叠加与太极图

第一节　圆形与方形结构及方圆论

人们关于平面中圆形知识的深化和方形性质的认识经历了漫长的历史过程,关于圆形之圆融与方形之方正的结构及方圆与规矩的关系的求索也是经久不衰的。但是,在二维二仪质向量坐标系 $\vec{X}\vec{Y}$ 平面中,通过均衡反向一元系统简谐振动规律的垂向叠加,就可以演绎并展示出圆形与方形的本质及其内在关系。

一、圆形与方形及方圆关系的认知

(一)关于平面中圆形知识的概述

圆形是物体非常普遍的一种形状,又是一个看似简单却很奇妙的几何形状。在自然界中,存在着无数的圆形物体或运动轨迹为圆形的物体,也存在着无数的椭圆形物体或运动轨迹为椭圆形的物体,为此,人类必然对"圆"给予充分的关注。

早在有记载的历史之前,人类就已经对圆有了一定的认识。18 000 年前的山顶洞人曾经在兽牙、砾石和石珠上钻孔,那些孔有的就很圆。后来到了陶器时代,许多陶器都是圆的,圆的陶器是将泥土放在一个转盘上制成的。当人们开始纺线,又制出了圆形的石纺锤或陶纺锤。古代人还发现,搬运圆的木头时滚着走比较省劲。后来,他们在搬运重物的时候,就把几段圆木垫在大树或大石头下面滚着走,这样当然比扛着走省劲得多。大约在 6 000 年前,美索不达米亚人造出了世界上第一个轮子——圆的木盘。在4 000 多年前,人们将圆的木盘固定在木架下,这就成了最初的车子。

古代人最早是从太阳以及阴历十五的月亮得到圆的概念的。人们在生活和生产中大量地接触圆,渐而就会做圆,却不一定就懂得圆的性质。在西方,古埃及人认为圆是神赐给人的神圣图形,古希腊人认为圆形是最完美、最对称的图形。像毕达哥拉斯就有句名言:"一切平面图形中最美的是圆形。"柏拉图认为,正圆是行星的轨道。亚里士多德则把位移运动分为直线运动和圆周运动两大类。直线运动有起点和终点,不是永恒的,所以是不完美的运动。在一个有限的球形的宇宙中,直线运动必然会走到尽头,而只有周而复始的圆周运动才是连续的、永恒的、不朽的。圆周运动是平面运动,做圆周运动的物体不会朝向或偏离自己的自然位置。因此,圆周运动是比直线运动更完善、更完美的匀速运动,人们据此就可以做出关于天界与地界的区分。

在东方,庄子在两千多年前就说过"和之以天倪",指出和谐是协调矛盾的对立双方,具有自然无为的特性。人们早已认同,和谐是自然界所固有的物质运动的节奏韵律的协调一致美,是日月运转、云行雨施、不舍昼夜的天地之大美。和谐是一个动态的范畴而不是一个凝固、僵化的范畴。和谐的发展与进步状态就是圆融与均衡的状态,而这种自然均衡的和谐正是一切事物永恒繁衍的根源。

基于圆形具备了内蕴和谐简单、表述形式简洁、体系自洽完备和结构显著对称的特色,墨子在2 500多年前就理性地给圆下了一个定义:圆,一中同长也。意思是说:圆有一个中心(圆心),圆心到圆周的长都相等。此后100年,欧几里得对圆这一特殊的数学框架也有了定义:圆是平面中到一个定点距离为定值的所有点的集合。这个给定的点称为圆的圆心,作为定值的距离称为圆的半径。当一条线段绕着它的一个端点在平面内旋转一周时,它的另一个端点的轨迹就是一个圆。这一圆规画圆的过程就是圆周运动,而画出的轨迹就是圆形,即轨道的每一点都与其他点相同。

因为圆的线条明快、简练、均匀、对称,所以人们对圆的外在美一直有着亲切的情感。意大利文艺复兴时期的诗人但丁赞美:"圆是最美的图形。"不过,直到1665年,牛顿通过推导离心力公式才认识了一个物体在等于某一圆周运动的离心力作用下是沿直线运动的,并从圆周运动推出平方反比关系。然而,牛顿当时并没有明确圆周运动的力学特性,他所得到的圆周运动规律还是物理意义含混不清的数学关系。幸好,与牛顿生活在同一时代的英国博物学家胡克把圆周运动看成是平面上位置的不平衡状态,第一个论述了圆周运动是有某种力(即"向心力")持续地作用于做圆周运动的物体,破坏它的直线运动,使之保持闭合路径。

由此,人们认识了圆周运动是粒子和天体存在自旋和公转的本质,也是旋涡或涡旋等面旋存在的动力。像钟摆这类单摆所做的周而复始的运动则是部分的圆周运动,体现的是圆周运动的特点。有了圆周运动的初步知识,英国发明家瓦特在工业革命时期就发明了带有齿轮和拉杆的机械联动装置,使蒸汽机可以把活塞的往返直线运动转变为轮轴的圆周旋转运动。因此,圆周运动与直线运动的转换也才得以在生产实践上广泛应用。

后来,随着人们关于圆的认识的深入,物体(质点)运动轨迹为圆周的运动都被称为圆周运动。旋转运动的物体(质点)在做圆周运动时,总是在不断重复中运行,这种简单的行为就是简单的周期运动。做圆周运动的物体（质点）有很多，转动物体上轴线以外的各质点都是绕着轴做圆周运动的。例如，皮带轮、飞轮、电机转子、离心水泵叶片上各部分运动都是圆周运动，圆锥摆摆球的运动、马戏团演员在一个水平面上的飞车走壁、翻山车的运动等也都是圆周运动。所以，圆周运动是处于周期性变换和交变的基本运动状态，掌握圆周运动规律等有关知识是研究物体（质点）转动的基础。

千百年来，人类利用圆这个完美概念不断地改善自己的生活，自然促使人们对圆的研究不是停留在感性的欣赏，而是要用物理方式来展现圆或用技术方式来应用圆，进而还要用抽象的数学方式来描述圆。所以，自古以来，中外科学家对于圆的性质一直从不同的角度进行深入研究，而且在幼儿园、小学、中学和大学的教科书中都不同程度地展示了人类关于"圆"所获得的诸多知识。

作为二维平面一条闭合的、最简单的曲线，圆将平面分为两个部分，即圆的内部和圆的外部。圆，既可以指作为边界的曲线（这时也称为圆周），也可以指这条曲线以及它内部的部分的总和（这时也称为圆盘）。圆的直径和半径都有无数条。圆是轴对称图形，每条直径 d 所在的直线是圆的对称轴。在同圆或等圆中，直径 d 是半径 r 的 2 倍，即 $d=2r$；半径 r 是直径 d 的二分之一，即 $r=\dfrac{d}{2}$。圆的半径或直径决定圆的大小，圆心决定圆的位置。

围成圆周的曲线长度叫作圆的周长。圆的周长与直径的比值叫作圆周率。圆的周长除以直径的商是一个固定的数，把它叫作圆周率，它是一个无限不循环小数（无理数），用字母 π 表示。计算时，通常取它的近似值，π≈3.14。直径 d 所对的圆周角是直角。90°的圆周角所对的弦是直径 d。一条弧所对的圆周角是圆心角的二分之一。圆所占平面的大小叫作圆的面积，常用字母 $S=\pi r^2$ 表示。在所有的图形中，圆形以最短的周长圈入最大的空间。绝对虚空作为一个圆，内含无数个圆。[1]

（二）关于平面中方形性质的认识

在人类不断深化有关圆的知识过程中，人们也早就以不同的方式来认识矩形。在很古老的时代，天象、气象、物象与先民的日常生活关系密切，人们在观物取象中逐渐认识了一些事物的形态，在取象比类中也认识了一些最基本的几何图形，像古埃及人很早就懂得用十进计数法来计算矩形、三角形、梯形和圆形的面积。自有记载的历史以来，在所有不同的文化中，正方形作为一种标志，象征着稳固坚实的土地、陆地、田野、地面；但是，从根本上说，正方形就象征着物质存在的"四方"根基。

矩形，又称长方形，是最基本的几何图形之一。早在公元前 5000 年，古代中国人就开始采用矩形梁。中国古建筑的平面以长方形为最普遍，一座长方形建筑，在平面上都有两种尺度，即它的宽与深，其中，长边为宽，短边为深，如一栋三间北房，它的东西方向为宽，南北方向为深。单体建筑则是由最基本的矩形单元——"间"所组成。

正方形是矩形中特殊的一种类型,兼有长方形或等边形的特点。正方形的物体比比皆是,而人们基于正方形所具备的形式简单和结构对称的特色,又在生活和生产活动中广为应用。在空间方位上,正方形的四方、四隅与中央可以形成九宫。九宫的中央(为五)不偏不倚,中国人认为居中为大,而有"九五至尊"之说。所以,中国人在任何情况下都要尽可能居中,不仅把自己的国家称为中国,而且城市的取形大多都以正方形为主。从西周开始,城市就被建成正方形,四面城墙每面都是3个城门,3条道路通过城门,东西南北都是这样,四周有一条护城河包围全城。后人不愿意违背西周时期先人规定的制度,于是世代相传。在人们的心目中,如果是建设城池,必然首选正方形的方式。上至皇城,下至州城、府城、县城、镇城等,没有不遵照这个制度的。年代久了,方形城池的习惯逐步成为建城的章法。

自古以来,中外科学家从不同的角度对方形物体不断地进行深入研究,才逐渐获得关于正方形的知识并认识其性质。公元前5世纪,毕达哥拉斯学派就证明了正方形的对角线长度与边长长度的比例是$\sqrt{2}$,这是无法表示为两个自然数公比的。

在平面几何学中,正方形是正四边形,是正多边形的一种,是特殊的矩形、菱形、对称四边形、平行四边形。正方形具有以下性质:

(1)边。正方形两组对边分别平行,4条边都相等,相邻边互相垂直。正方形的周长是它的边长的4倍。如果正方形的边长为整数,其面积就是一个完全平方数。

(2)内角。正方形的每个内角都是直角,即90°。

(3)对角线。正方形对角线互相垂直,对角线相等且互相平分,每条对角线平分一组对角。

(4)对称性。正方形是一种高度对称的平面图形,它关于两条对角线的交点中心对称。它的对称轴有4条,分别是对边中点的连线以及两条对角线。保持正方形不变的变换有8种,包括全等变换,以正方形中心为中心,角度为90°、180°和270°的旋转及关于4条对称轴的反射。这8个变换组成了一个二面体群,记作D_4。

(5)共性。正方形具有平行四边形、菱形、矩形的一切性质。

(6)特质。正方形的一条对角线把正方形分成两个全等的等腰直角三角形,对角线与边的夹角是45°;正方形的两条对角线把正方形分成4个全等的等腰直角三角形。

(7)方形与圆。在正方形里面画一个最大的圆,该圆的面积约是正方形面积的78.5%;作为圆内接四边形,正方形外接圆面积大约是正方形面积的157%。

(8)方形与矩形。正方形是特殊的长方形。正方形的面积是其边长的平方。在周长固定时,正方形面积一定大于其他非正方形的四边形的面积。

此外,人们还认识到,如果同一平面内的4个点在同一个圆上,则称这4个点共圆,即"四点共圆"。如果圆内接四边形为正方形,除了对角互补和外角等于内对角外,圆形和方形还存在内在关系。

(三)圆融与方正及其规矩的关系

圆形和方形都是最基本的平面几何图形,所以人类心智初开就开始了对自然界中圆形与方形及其关系的探讨。例如,中国的先民注意到,太阳总是东出西入地运行着,从而认为天是圆的;根据地平线是直的,又推测地是方的。战国后期楚国辞赋作家宋玉在其《大言赋》就说:"圆天为盖,方地为舆。"即"天圆如张盖,地方如棋局"。因此,中国商代以前的先人就已经建立了四方的空间方位概念,并产生了"地形为方"的"地方"文化。[2]

在地方文化中,远古时的燧人就懂得将直挺的桦木加横木成为十字架立在首领门前作为望柱来表示目标或标识。其实,这种称为"华表"的东西就是大地坐标系的原点。后来,华表上的横木有了指向或加挂羽毛,大地坐标系就不仅有原点,而且还有了极轴。这一坐标系也就成为一种观天测地的仪器,人们通过观测其所指风向就可以识别"春分、夏至、秋分、冬至"四季,加上"立春、立夏、立秋、立冬"四隅,这八节就可以定明历纪。商周时期,由华表发明了以日影长度之差等分节气、测定方位,并以此来测恒星,就可以观测恒星年的周期。在地理方位上,四方、四隅与中央形成了九宫,把华表立于整个大地(泱泱中国)的九宫(九州)的中央,就可称为"中华"。如果观察华表立柱的日影每天在九宫的运动轨迹,人们就可以看到日影在九宫表的圆圈内画出一个"S"形;太阳照到的地方亮,用白色表示;太阳照不到的地方暗,用黑色表示,由此形成的天圆地方运化之表就是自然天成的太极图,如图 19-1 所示。[3]

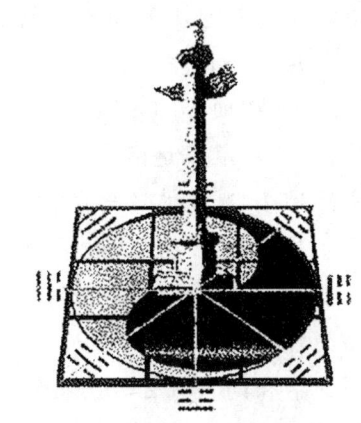

图 19-1 华表立柱与自然天成的太极图

由于"天圆地方"成了东方人认识天地万物的基础,因此外圆内方和外方内圆就被用来分别代表天笼罩地和地包裹天的状态。东方民族对于方与圆的辩证思维普遍认同,甚至熔铸在铜钱上来表现和传承。所以,铜钱的形状外圆内方,既显现天圆地方,又表示天大于地。几千年来,人们还以外在完美圆融的圆形代表大美与和谐,以内在方正的四方形代表正直与刚毅,像中国工农红军成立时第一支部队就称为红四军。

关于圆融的圆形与方正的方形之间关系的探索与认识,还可以在《孟子·离娄上》"不以规矩,不能成方圆"这句中国古语中得到体现。早在公元前 15 世纪的中国甲骨文中,就有"规"和"矩"两字。"规"和"矩"最初是指木匠用来画线的两种专用工具,也就是至今很多行业和工种都还在使用的"圆规"和"直尺"。如果没有规和矩,就无法制作出圆形和方形的物品。圆形和方形的物品的制作都有赖于规矩,所以圆与方是内在关联的。

此外，中国古人还从阴阳协调的思辨去寻找方与圆的内在联系。《淮南子·汜论训》指出，"和谐，阴阳调""阴阳相接，乃能生和"。就矛盾运动过程的两种基本状态而言，和谐是对立面的统一状态的表现，即丰富多彩、错综复杂的现象世界，万物纷然陈杂但又不是处在彼此孤立、互不关联状态；它们以多种形式互相联系、互相渗透、互相转化，多中有一，乱中有序，纷繁中见协调，差异中见统一。它除了表现为整体内部诸要素之间的对称性外，还包括整体有机性、比例协调性和结构合理性、运动发展的规律性、物质系统之间的相似性等内容。

虽然西方人在研究圆形和方形的关系以及圆周运动与直线运动的关系上相对落后于中国，但是西方人也一直以不同的理性方式来诠释方圆的关系。化圆为方就是历史上近两千年内尺规作图的三大重要问题之一，当圆与方的面积或者周长相等时，两者就合二为一。例如，欧洲医学奠基人希波克拉底的半月形和古希腊哲学家阿基米德皮刀匠形就是这类有名的问题，这也是教堂这样的神圣场所采用的一个亮点。在数学上，对于可以用规矩作图方式做出的实数还被人们称为规矩数或可造数。

由于正方形内切圆面积与正方形除去其内切圆后剩下的部分（4个角）面积比为 $\pi a^2:[(2a)^2-\pi a^2]\approx 78:22$，因此1897年意大利经济学家帕累托提出了一个重要的少数概念：事物琐碎的多数与重要的少数比适合80:20。这也就是现代人所称的"二八定律"。二八定律是诸多现象的统计规律，也是78:22的近似原理。世界上许多事物确实都是按78:22这样的比率存在的。比如空气中，氮气占78%，氧气及其他气体占22%。在任何事物中，最重要的、起决定性作用的事物只占其中一小部分，约20%；其余80%的事物尽管是多数，却是次要的、非决定性的。例如，20%的顾客占据了80%的商品销售额；20%的发话人占据了80%的电话费；有10 000个字和词的字典，人们常常使用的字和词只有2 000来个等。因此，78:22的比率在20世纪初甚至被人们总结为"宇宙大法则"。

然而，在相当长的历史时期，东方人和西方人都没有弄清楚圆形物体与圆周运动的本质，没有真正认识规矩与方圆的内在关系。虽然"没有规矩，不成方圆"迄今一直作为大众语言传承，但是圆形（圆）和正方形（方）经常是被视为对立的或辩证的概念。或许，如今有许多人似乎认为已经完全掌握了圆形和方形的性质及其关系，已经认识了圆周运动的规律，但是这些人只要认真反思一下方与圆所具有的奇妙匀称的结构究竟有何关系，思考一下庄子说的"何谓和之以天倪？曰：是不是，然不然"，人们就会发现，对宇宙中完美的圆形结构和圆周运动以及方形中对立双方互入其内、相互贯穿的均衡和谐还是了解得很不够。正如爱因斯坦所言："这会使任何一个勤于思考的人感到谦卑和无限敬畏。"

其实，圆周运动周而复始的动态与规矩方正和谐对称的静态是自然界客观存在的现象，也是方与圆的内在关系的表现。这就像许多轮生植物的花朵（山茱萸科的头状四照花）是4花瓣对称规矩的排列，而这种生长形态与圆盘的扩展形态本质上都是一样的。

二、圆形和方形内在关系的探秘

法国哲学家科学家庞加莱指出:"科学家研究自然并不是因为它有用处;他研究它是因为他喜欢它,他之所以喜欢它,是因为它是美的。如果自然不美,它就不值得了解;如果自然不值得了解,生命也就不值得活着……这里所说的美……意指那种比较深奥的美,这种美来自各部分的和谐秩序,并且纯粹的理智能够把握它。"[4]

圆形是最为完美和谐匀称的平面几何图形,方形是最具典型对称意义的平面正当格子。但是,要真正认识圆形之圆融与方形之方正的结构和性质及其匀称的内在关系,还必须在二维理性认知坐标系的平面空间中进行探索。

在二维二仪质向量仿射坐标系 $\vec{\alpha}\vec{\beta}$ 中,虽然一维二仪质向量坐标轴 $\vec{\alpha}$ 与一维二仪质向量坐标轴 $\vec{\beta}$ 不共线也可能不垂直,却可以投射到二维二仪质向量坐标系 $\vec{X}\vec{Y}$(或二维笛卡尔直角坐标系 XY 或复坐标系 XYi)相互垂直的坐标轴 $\vec{X}$ 和坐标轴 $\vec{Y}$ 上。统一科学既然在二维二仪质向量坐标系 $\vec{X}\vec{Y}$ 四象空间中可以刻画二元系统形态的变化规律和分布规律,也就可以揭示出圆形与方形的本质及其内在关系。

在二维二仪质向量坐标系 $\vec{X}\vec{Y}$ 四象空间中,如果二元系统形态没有发生任何变化,就是处于平衡态,可以用一个二维二元常质向量 $\vec{a}_{XY}$ 或一个定形的平面表示。二维二元常质向量 $\vec{a}_{XY}$ 也可以表示为 $\vec{z}_{XY}=\vec{C}$ 或 $\Delta\vec{z}_{XY}=0$,其在 $\vec{X}$ 坐标轴和 $\vec{Y}$ 坐标轴上的分质向量也都保持为常质向量,即 $\vec{z}_X=\vec{C}_X$ 和 $\vec{z}_Y=\vec{C}_Y$ 或 $\Delta\vec{z}_X=0$ 和 $\Delta\vec{z}_Y=0$。特别地,如果 $\vec{z}_{XY}=0$,二元系统的平衡态就是处在二维二仪质向量坐标系 $\vec{X}\vec{Y}$ 的原点。

在跨越一维二仪质向量坐标轴 $\vec{X}$ 原点的 $[x_-,x_+]$ 空间中,正向变化的子系统和负向变化的子系统在相互竞争过程中构成了反向可逆一元系统。反向可逆一元系统的正向变化子系统和负向变化子系统在二仪空间的双向对峙变化中呈现相互抵消的相减关系。如果这两个子系统势均力敌,其形态变化量 $\Delta\vec{x}=\vec{0}$,反向可逆一元系统就是均衡反向一元系统。均衡反向一元系统形态变化量为正向太极变动的质向量 $\Delta\vec{x}_+$ 与负向太极变动的质向量 $\Delta\vec{x}_-$ 的叠加,即(13-63)式 $\Delta\vec{x}=\Delta\vec{x}_++\Delta\vec{x}_-$。由于 $\Delta\vec{x}=\vec{0}$,在一维二仪质向量坐标系 $\vec{X}$ 上,均衡反向一元系统可以看作达致动态平衡。

在跨越一维二仪质向量坐标轴 $\vec{Y}$ 原点的 $[y_-,y_+]$ 区间里,均衡反向一元系统形态变化量为正向太极变动的质向量 $\Delta\vec{y}_+$ 与负向太极变动的质向量 $\Delta\vec{y}_-$ 的叠加,即 $\Delta\vec{y}=\Delta\vec{y}_++\Delta\vec{y}_-$。由于 $\Delta\vec{y}=\vec{0}$,在一维二仪质向量坐标轴 $\vec{Y}$ 上,均衡反向一元系统可看作达致动态平衡。

在二维二仪质向量坐标系 $\vec{X}\vec{Y}$ 四象空间中,如果二元系统形态发生变化,可以用一个二维二元质向量 $\vec{z}_{XY}$ 的变化量 $\Delta\vec{z}_{XY}$ 或变化的平面格子来表示;二元系统发生的形态变化也可以通过一维二元质向量 $\vec{z}_{X+Y}$ 的变化量 $\Delta\vec{z}_{X+Y}$ 来表达,且可以把 $\Delta\vec{z}_{X+Y}$ 投射到

相互垂直的坐标轴 $\vec{X}$ 和坐标轴 $\vec{Y}$ 上。一维二元质向量变化量 $\Delta \vec{z}_{X+Y}$ 可看作 $\Delta \vec{z}_X(\Delta \vec{x})$ 与 $\Delta \vec{z}_Y(\Delta \vec{y})$ 两个分质向量变化量的加和,即(18-138)式 $\Delta \vec{z}_{X+Y} = \Delta \vec{z}_X + \Delta \vec{z}_Y$ (或 $\Delta \vec{z}_{X+Y} = \Delta \vec{x} + \Delta \vec{y}$)。

在二维二仪质向量坐标系 $\vec{X}\vec{Y}$ 四象空间中,如果满足了 $\Delta \vec{x} = 0$ 与 $\Delta \vec{y} = 0$ 的条件,就有 $\Delta \vec{z}_{X+Y} = \Delta \vec{x} + \Delta \vec{y} = 0$,这样二元系统形态就是一个定态,并可以用一个一维二元常质向量 $\vec{a}_{X+Y}$ 表示。

在一维二仪质向量坐标轴 $\vec{X}$ 的 $[x_-, x_+]$ 空间或一维二仪质向量坐标轴 $\vec{Y}$ 的 $[y_-, y_+]$ 区间里,如果反向可逆一元系统跨越了一维二仪质向量坐标系的变相点,且在准变相点的二仪空间反向可逆地进行阴阳变化,其形态变化规律实质上就是振动规律,因此循环性变化的反向可逆一元系统就是振动系统。如果反向可逆一元系统为均衡反向一元系统,其形态变化量就可以满足 $\Delta \vec{x} = \vec{0}$ 与 $\Delta \vec{y} = \vec{0}$,从而 $\Delta \vec{z}_{X+Y} = \Delta \vec{x} + \Delta \vec{y} = \vec{0}$。

因此,$\Delta \vec{z}_{X+Y} = \vec{0}$ 可看作二元系统形态围绕二维二仪质向量坐标系 $\vec{X}\vec{Y}$ 的原点进行反向可逆的阴阳变化,二元系统就是均衡反向二元系统;均衡反向二元系统围绕中心点所进行的反向可逆运动就是简谐振动。$\Delta \vec{z}_X = \vec{0}$ 和 $\Delta \vec{z}_Y = \vec{0}$ 也可看作在 $\vec{X}$ 轴和 $\vec{Y}$ 轴上的二元系统子系统分别跨越了一维二仪质向量坐标轴的变相点而反向可逆地进行阴阳变化。在这样的条件下,二元系统的子系统也都是均衡反向一元系统,其所发生的自由往复的阴阳变化就是理想的无阻尼振动或自由振动。

在省却质向量坐标轴关于性质和指向规定以及坐标轴转置的情况下,二维二仪质向量坐标系 $\vec{X}\vec{Y}$ 可以映射成复坐标系 XYi。在第十八章第三节"复数运算与共轭复数内涵"中已经指出,在复坐标系 XYi 的平面中,图 18-15 存在着 4 个相互对称的 4 点:①点 $P(x,y)$,$(x \geq 0, y \geq 0)$;②点 $R(-x,y)$,$(x \leq 0, y \geq 0)$;③点 $S(-x,-y)$,$(x \leq 0, y \leq 0)$;④点 $Q(x,-y)$,$(x \geq 0, y \leq 0)$。在复平面中,$P(x,y)$、$R(-x,y)$、$S(-x,-y)$、$Q(x,-y)$ 这 4 个点连起来就是中规中矩的正方形。

在复平面中,点 $z(x,y)$ 与点 $z(x,-y)$ 是关于 X_+ 轴(正实轴)对称的点,点 $z(-x,y)$ 与点 $z(-x,-y)$ 是关于 X_- 轴(负实轴)对称的点,它们表现在复数上就是一对实数相同、虚数相反的共轭复数,即 $z = x+yi$ 与 $\bar{z} = x-yi$。点 $z(x,y)$ 与点 $z(-x,-y)$ 是关于原点 O 对称的点,点 $z(x,y)$ 与点 $z(-x,y)$ 是关于 Yi_+ 轴(正虚实轴)对称的点,点 $z(-x,-y)$ 与点 $z(x,-y)$ 是关于 Yi_- 轴(负虚实轴)对称的点,它们表现在复数上就是一对虚数相同、实数相反的反轭复数,即 $z = x+yi$ 与 $\bar{z} = -x+yi$。

由第十八章第四节"复平面保角映射及其变换"可知,均衡反向一元系统在一维二仪质向量坐标轴 $\vec{X}$ 上的形态变化规律表现为简谐振动规律,在一维二仪质向量坐标轴 $\vec{Yi}$ 上的形态变化规律也表现为简谐振动规律,那么二元系统在复平面 XYi 的形态变化规律就是均衡反向子系统在 X 坐标轴上的简谐振动规律和均衡反向子系统在 Yi 坐标轴上的简谐振动规律的合成。在复坐标系 XYi 的平面中,一个二元系统同时受到环境在相互垂直的两个方向上的作用,就会在两个相互垂直的方向上发生简谐振动。或者说,在复平面上简谐振动所涉及的范围就包括 $z(x,y)$、$z(-x,y)$、$z(-x,-y)$、$z(x,-y)$ 这 4 个点连起来的正方形。

共轭复数 $z=x+yi$ 与 $\bar{z}=x-yi$ 的实部相等,虚部相反。x 的定义域为 $x\in(-\infty,+\infty)$,均衡反向一元系统的简谐振动规律不必囿于一维二仪坐标轴的虚轴的 $[-yi,yi]$ 空间之中,而可以在 $x\neq 0$ 的整个复平面 (XYi) 上围绕点 x 做简谐振动。因此,在复平面上围绕点 x 的简谐振动就是共轭系统垂直于一维二仪坐标轴的实轴的运动规律。

反轭复数 $z=x+yi$ 与 $\bar{z}=-x+yi$ 的实部相反、虚部相等。y 的定义域为 $y\in(-\infty,+\infty)$,均衡反向一元系统的简谐振动规律不必囿于一维二仪坐标轴的实轴的 $[-x,x]$ 空间之中,而可以在 $y\neq 0$ 的整个复平面 (XYi) 上围绕点 yi 做简谐振动。因此,在复平面 (XYi) 上围绕点 yi 的简谐振动就是共轭系统垂直于一维二仪坐标轴的虚轴的运动规律。

简谐振动是没有能量损失和物质损耗引至阻尼的情况下发生的自由振动,而实际的环境介质作为受迫振动系统依次产生的受迫振动就是波动。一个环境系统的波动就是一个波列,波列在空间自由传播时都具有方向性。共轭系统在复坐标系 XYi 平面的行进与振动的波列可以看作行波。行波沿着 X 轴(实轴)方向的传播可以用一对共轭复数 $z=x+yi$ 与 $\bar{z}=x-yi$ 共同的实部 x 来表达,而沿着 Yi 轴(虚轴)的上下振动可以用一对共轭复数相反的虚部(即 $+yi$ 与 $-yi$)来表达;该行波在波动过程中点 $(x,+yi)$ 与点 $(x,-yi)$ 保持关于 X 轴对称。另外,行波沿着 Yi 轴(虚轴)方向的传播也可以用一对具有共同虚部 $+yi$ 的复数来表达,$y\in(-\infty,+\infty)$;而沿着 X 轴(实轴)的左右振动可以用这一对复数的相反实部(即 $+x$ 与 $-x$)来表达;该行波在波动过程中点 (x,yi) 与点 $(-x,yi)$ 保持关于 X 轴对称,$y\in(-\infty,+\infty)$。

从不同振源定向发出的几列波在空间相遇时,各个波列都将保持其各自原有的特性而继续传播。当几列波同时传播到同一空间时,空间各点的单元必然同时参与每列波在该点的振动。当空间中的某一点受到来自垂直方向的波列的同时作用时,它将同时参与垂直方向的两列波在该点的振动。在两个不同方向的振动合成规律中,每一个不同方向的分振动本身可以分解为坐标轴的振动。不同方向的振动合成可以先把分振动映射到坐标轴,在每一个坐标轴进行同向合成以后再构成整个系统的合成规律。

行波是振动方向与波的传播方向垂直的波。当两列传播方向垂直的行波遭遇时,一个行波的振动方向就与另一行波的传播方向一致。纵波是振动方向与波的传播方向在同一直线上的波。当两列传播方向垂直的纵波相遇时,两列纵波的振动方向与传播方向仍然保持垂直。由于波动具有可入性和可叠加性,在平面空间的同一区域可以同时经历两个或两个以上的波,而且可以叠加。因此,当波源在理想均匀的无吸收、无阻尼的介质中做简谐运动时,在平面介质中就形成带状的简谐波。

为了揭示不同行波在平面空间中的叠加规律,可以在二维二仪质向量坐标系 $\vec{X}\vec{Y}$

中打开 $\vec{X}$ 轴和 $\vec{Y}$ 轴内部的 $(\vec{N},\vec{n},\vec{E},\vec{E}_{\neq},\vec{\varepsilon})$ 五维分质向量空间。当 $\vec{N}=\vec{C}_N$，$\vec{E}_{\neq}=\vec{C}_{E_{\neq}}$ 和 $\vec{\varepsilon}=\vec{C}_\varepsilon$ 时，在 $(\vec{N},\vec{n},\vec{E},\vec{E}_{\neq},\vec{\varepsilon})$ 五维分质向量空间的 $(\vec{C}_N,\vec{n},\vec{E},\vec{C}_{E_{\neq}},\vec{C}_\varepsilon)$ 截面上，在省却分质向量关于方向的规定时，如果能量 E 的显性因子 θ 为时间 t，即 $E=F_N t$；振动单元数 n 与长度因子 l_ε 共同组成的质参量为相对于原点的距离，振动单元数 n 与长度因子 l_ε 共同组成的质参量为相对于平衡位置的位移 $y(y=nl_\varepsilon)$，A 为振幅 $(A=C_N l_\varepsilon)$，ω 为频率，δ 为初相位。这样，在时间 t 和 x 与 y 组成的质变量空间中就可认识行波行进中每一质点在每一时刻位移的波动方程 $y=f(x,t)$。

当有一个顺着 $\vec{X}$ 轴正向传播的行波 $\vec{u}_x$ 时，离开原点距离为 x 的点的简谐波的波动方程为(17-47)式 $y=A\cos\omega\left(t-\dfrac{x}{u_x}\right)$；而另一个顺着 $\vec{Y}$ 轴正向传播的行波 $\vec{u}_y$，离开原点距离为 y 的点的简谐波的波动方程为 $x=A\cos\omega\left(t-\dfrac{y}{u_y}\right)$。为了使顺着 $\vec{X}$ 轴传播的行波与顺着 $\vec{Y}$ 轴传播的行波相互甄别，经过 $w=e^{i\frac{\pi}{2}}z=iz$ 的旋转变换把 $\vec{Y}$ 轴变成垂直于 $\vec{X}$ 轴的 Yi 轴，则

$$x=A\cos\left[\omega\left(t-\dfrac{y}{u_y}\right)+\dfrac{\pi}{2}\right]$$
$$=A\sin\left[\omega\left(t-\dfrac{y}{u_y}\right)\right] \tag{19-1}$$

做简谐振动的子系统称为谐振子，二元系统形态变化规律为来自垂直方向的两个谐振子的简谐振动规律的合成，其一维二元波动向量 $\vec{u}_{x+y}$ 为垂直方向分质向量 $\vec{u}_x$ 和 $\vec{u}_y$ 的向量叠加 $\vec{u}_{x+y}=\vec{u}_x+\vec{u}_y$。当两列行波 $\vec{u}_x$ 和 $\vec{u}_y$ 在空间中的某一点相遇时，受到两列行波作用的质点将同时参与垂直方向的两列行波在该点的简谐振动。波在平面空间的叠加区域上，各点发生的总的振动就是各单元单独存在时振动的合成。如果环境介质是二元系统，介质传播的波动就是平面波，其波的总强度为

$$|\vec{u}_{x+y}|^2=|\vec{u}_x|^2+|\vec{u}_y|^2 \tag{19-2}$$

即两列波的强度简单相加 $I=I_1+I_2$。也就是说，同时受到两列波作用的点的振幅就是两列波的振幅的相加，没有干涉现象。

如果两列行波 $\vec{u}_x$ 和 $\vec{u}_y$ 的简谐波的振动频率、振幅和传播速度均相同，把垂直方向的波动方程(17-47)式 $y=A\cos\omega\left(t-\dfrac{x}{u_x}\right)$ 与(19-1)式 $x=A\sin\left[\omega\left(t-\dfrac{y}{u_y}\right)\right]$ 代入(19-2)式，就可以在二维笛卡尔直角坐标系 XY 得到二维波动方程

$$x^2+y^2=A^2 \tag{19-3}$$

这就是圆的方程，其轨迹就是人们非常熟悉的圆。

其实，在第十八章第三节"复数运算与共轭复数内涵"中已经得到，(18-73)式 $z_{X+Y}\cdot\bar{z}_{X+Y}=(x+yi)(x-yi)=x^2+y^2=r^2$ 为 z_{X+Y} 与 $\bar{z}_{X+Y}$ 这对共轭复数的内积，可见在复平面(XYi)上图 18-15 所示的点 $P(x,y)$、点 $R(-x,y)$、点 $S(-x,-y)$ 与点 $Q(x,$

$-y$)构成的正方格子是(19-3)式圆方程的决定因素。

在二维二仪质向量坐标系$\vec{X}\vec{Y}$四象空间中，如果一个二元系统同时受到环境在相互垂直的两个方向上的作用，就会在相互垂直的两个方向上发生简谐振动，其合成结果就会使得二元系统形成一个二维均衡态。如果这样的二元系统是物质实体，那就会成为物质与能量保持恒定的耗散结构，从而呈现规整的几何图形。由于这样的耗散系统内外环境中物质与能量的输入与输出完全相等，达到了收支平衡的稳定态，因此又等价于孤立系统。世界上任何事物都处在有机的联系之中，在一定条件下都可以取得相对的平衡和暂时的稳定，一旦环境条件发生改变，原来的相对平衡形态就要发生改变。绝对意义上的孤立系统是不存在的，所谓孤立系统的稳定平衡态也都是相对的。

将二维向量直角坐标系$\vec{X}\vec{Y}$映射为复坐标系XYi，如果在相互垂直的X方向和Yi方向上有两列行波α_x和α_y，若其简谐波的振动频率、振幅和传播速度均相同，当它们在空间某一点（可设为复坐标的原点）相遇时，这两个完全一样的简谐振动的叠加就是复平面上正方形的四个顶点的交替表现，而且这四个对称的动点就形成了圆周运动的轨迹。所以，在复坐标系XYi的平面中，均衡反向子系统在一维二仪坐标轴Yi上的简谐振动就是共轭虚数的交替表现，均衡反向子系统在一维二仪坐标轴X上的简谐振动则是正负实数的交替表现。二元系统形态在复平面的正方形四个顶点之间规规矩矩地交替变化，展现在人们面前的就是圆周运动轨迹形成的圆融均衡的圆！

在二维二仪质向量坐标系$\vec{X}\vec{Y}$中打开一维二仪质向量坐标轴$\vec{X}$和一维二仪质向量坐标轴$\vec{Y}$内部的$(\vec{N},\vec{n},\vec{E},\vec{E}_{\neq},\vec{\varepsilon})$五维分质向量空间，如果能元相同、能阈相同，当两个简谐振动的频率也相同时，二元系统在垂直方向发生的两个简谐振动的合成振动就将产生圆周运动。运动轨迹为圆的物体就是在两个维度上整体保持阴阳平衡的孤立系统。

如果参与振动合成的两个简谐振动系统的振动变化率相同、总体单元数相等（即$\vec{N}_x=\vec{N}_y$）且初相位差为$\delta=\pm\dfrac{\pi}{2}$时，两个简谐振动合成结果的轨迹就是二元系统的圆周运动。圆周运动是两个完全一样的简谐振动在垂直方向的复合达到了阴阳协同交变的和谐平衡。只要有两个完全相同的简谐振动在垂直方向并存，就会转化为圆周的运动，由此就可以揭示两个简谐振动在垂直方向上的规矩变化与圆周运动的内在关系以及圆的结构稳定性。

实质上，圆周运动就是垂直方向的简谐振动的初相位差δ发生了连续变化。在两个简谐振动变化率和总体单元数都相同的情况下，当初相位差δ增大时，二元系统的运动轨迹表现为向右转动的圆，当初相位δ减小时，二元系统的运动轨迹表现为向左转动的圆。当总体单元数持续增大时，圆的形状表现为向外持续扩展的圆盘；当总体单元数持续减小时，圆的形状表现为向内不断收缩的圆盘，由此就可以解释自然界所有产生圆或椭圆运动现象的本质机理，也可以用简谐波的垂向合成来解释其绝大多数形体缘何都是旋转的圆形物体。

例如，早晨人们面对冉冉升起的旭日，发现随着太阳高度角的增大，这一轮红日的直径是在不断缩小的，这是随着太阳与观察者距离的增加，在二维二仪质向量坐标系$\vec{X}\vec{Y}$四象空间中参与垂直方向上两个完全相同的简谐振动的总体单元数持续减少的结果。而傍晚人们面对徐徐落下的夕阳，发现随着太阳高度角的减少，这一轮红日的直径却是在不断扩大的，这是随着太阳与观察者距离的缩短，在二维二仪质向量坐标系$\vec{X}\vec{Y}$四象空间中参与垂直方向上两个完全相同的简谐振动的总体单元数持续增多的结果。又如，在日常生活中用一细管把一滴墨水滴在一张白纸上，在渗透力的作用下墨水滴就会在白纸平面上持续地扩展，扩展的墨水斑迹在二维笛卡尔直角坐标系中就是一个直径$D=2R$或半径R逐渐增长的圆盘，这是在二维二仪质向量坐标系$\vec{X}\vec{Y}$四象空间中参与垂直方向上两个完全相同的简谐振动的总体单元数持续增多的结果。

此外还要指出，在19世纪60年代，麦克斯韦提出变化的电场等效于"位移电流"，变化的磁场产生"涡旋电场"，涡旋电场有载流子就有"涡旋电流"。位移电流的图形如图19-2所示，涡旋电流的图形如图19-3所示。事实上，在二维向量场中，只要是有源场其散度不为0，其图形就如图19-2所示；只要是有旋场其旋度不为0，其图形就如图19-3所示。这两个图给人们提供了方与圆的直观印象。[5]

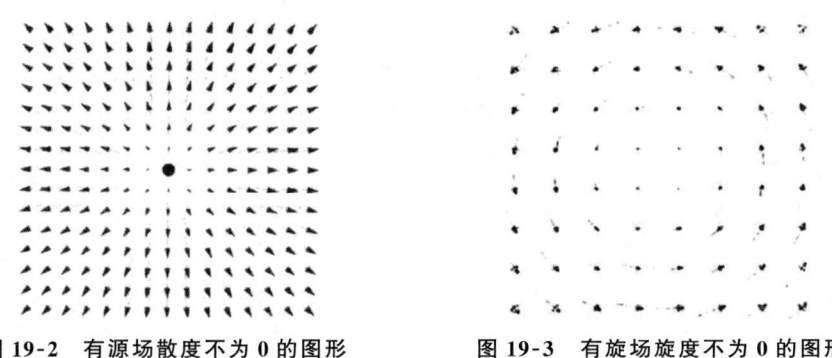

图19-2　有源场散度不为0的图形　　　　图19-3　有旋场旋度不为0的图形

可见，在二维二仪质向量坐标系$\vec{X}\vec{Y}$的$(\vec{N},\vec{n},\vec{E},\vec{E}_{\neq},\vec{\varepsilon})$五维分质向量空间中，如果互相垂直的坐标轴$\vec{X}$和坐标轴$\vec{Y}$上发生简谐振动变化率相同且初相位差$\delta=\pm\dfrac{\pi}{2}$的两个简谐振动，只要它们具有相等的总体单元数（即$\vec{N}_1=\vec{N}_2$），那么两个谐振系统所形成的合振动的变化轨迹就是圆。圆是二维平面中的均衡态，而决定这种均衡态的垂直方向上的简谐振动是最理想的无阻尼的简单而和谐的振动。但是，在坐标轴$\vec{X}$和坐标轴$\vec{Y}$内部都可以打开多维的分质向量空间，只要这些分质向量存在差异，坐标轴$\vec{X}$和坐标轴$\vec{Y}$上的两个简谐振动就会存在不同的情况，所以它们在同一个二维二仪质向量坐标系$\vec{X}\vec{Y}$四象空间的合成规律就有多种形式。

第二节　简谐振动的垂向合成规律

如果均衡反向二元系统的垂向子系统的简谐振动存在差异，其叠加的简谐振动规律就会有多种形式的合成规律。简谐振动垂向合成的振动规律的运动轨迹由两个垂向子系统的简谐振动变化率、总体单元数和初相位差确定，由此，可以演绎得到经典动力学和量子力学中的一些实物的形态变化规律，并可通过波函数实现粒性和波性的统一。

一、垂直方向相同变化率的谐振合成规律

在二维二仪质向量仿射坐标系 $\vec{\alpha}\vec{\beta}$ 中，一维二仪质向量坐标轴 $\vec{\alpha}$ 与一维二仪质向量坐标轴 $\vec{\beta}$ 不共线也可能不垂直，但是可以投射到二维二仪质向量坐标系 $\vec{X}\vec{Y}$ 相互垂直的坐标轴 $\vec{X}$ 和坐标轴 $\vec{Y}$ 上。在由一维二仪质向量坐标轴 $\vec{X}$ 和一维二仪质向量坐标轴 $\vec{Y}$ 构成的二维二仪质向量坐标系 $\vec{X}\vec{Y}$ 四象空间中，任何一个二元系统形态都可以用一个二维二元常质向量 $\vec{a}_{XY}$ 或一个平面格子表示，也可以用这一平面格子对角线的一维二元常质向量 $\vec{a}_{X+Y}$ 表示。

在省却质向量坐标轴关于性质和指向规定的情况下，一维二仪质向量坐标轴 $\vec{X}$ 成为实数轴 X，一维二仪质向量坐标轴 $\vec{Y}$ 成为实数轴 Y，二维二仪质向量坐标系 $\vec{X}\vec{Y}$ 也成为二维笛卡尔直角坐标系 XY。在二维笛卡尔直角坐标系 XY 的平面上，任何一个二元系统形态都可以用平面格子对角线终点的坐标 (x,y) 来指代。

对一维二仪质向量坐标轴 $\vec{X}$ 或一维二仪质向量坐标轴 $\vec{Y}$ 进行平移或旋转变换，可以使二元系统的动态平衡规律表现得更为凸显或清晰。在省却质向量坐标轴关于性质和指向的规定以后，为了使实数轴 X 和实数轴 Y 相互甄别，经过 $w=e^{i\frac{\pi}{2}}z=iz$ 的旋转变换把实数轴 Y 变成虚数轴 Yi，如此得到的就是由反向的实数轴 X 和反向的虚数轴 Yi 正交构成的二维二仪复数坐标系 XYi。在这一复数坐标系 XYi 的复平面中，任何一个二元系统形态都可以用一个平面格子对角线终点的坐标点 z 或 $z(x,y)$ 表示或由一个复数 $z=x+yi$ 表示。因此，任何一个二元系统形态既可以用二维二仪质向量坐标系 $\vec{X}\vec{Y}$ 空间的一个一维二元质向量 $\vec{z}_{X+Y}$ 来定质、定量、定向地表现，也可以用复平面中的一个复数 $z=x+yi$ 来定量、定向地表现，还可用二维笛卡尔直角坐标系 XY 中平面格子对角线终点的坐标 $z(x,y)$ 来定量地表现。

在二维二仪质向量坐标系 $\vec{X}\vec{Y}$ 四象空间中，当一个二元系统受到环境作用时，它就会发生相应的形态变化，其一维二元质向量变化量 $\Delta\vec{z}_{X+Y}$ 体现在一维二仪质向量坐标

1219

轴 $\vec{X}$ 和一维二仪质向量坐标轴 $\vec{Y}$ 上就是两个子系统的一维一元质向量变化量 $\Delta \vec{z}_X$ 和 $\Delta \vec{z}_Y$，所以二元系统形态变化规律可以通过两个分质向量的加和来表示，即 $\vec{z}_{X+Y} = \vec{z}_X + \vec{z}_Y$。

当一个二元系统同时受到环境两个垂直方向的作用时，它就参与了两个垂直方向的形态变化。如果两个垂直方向的子系统都是均衡反向一元系统，这两个子系统在受到环境的作用后就会在一维二仪质向量坐标轴 $\vec{X}$ 和一维二仪质向量坐标轴 $\vec{Y}$ 两个垂直方向上分别做简谐振动，因此二元系统形态的综合变化就是两个子系统简谐振动在 $\vec{X}$ 轴和 $\vec{Y}$ 轴的合成振动，二元系统形态变化规律也就是其在两个垂直方向简谐振动的合成规律。

在二维二仪质向量坐标系 $\vec{X}\vec{Y}$（或二维笛卡尔直角坐标系 XY 或复坐标系 XYi）中，二元系统在各个方向上都存在着发生简谐振动的可能。如果二元系统发生的简谐振动投射到垂直的坐标轴 $\vec{X}$ 和坐标轴 $\vec{Y}$ 上，在这两个垂直方向坐标轴上的子系统形态也要发生简谐振动，且满足 $\Delta \vec{x} = 0$ 与 $\Delta \vec{y} = 0$，其合成结果依然满足 $\Delta \vec{z}_{X+Y} = \Delta \vec{x} + \Delta \vec{y} = 0$。但是，在二维二仪质向量坐标系 $\vec{X}\vec{Y}$ 四象空间中，二元系统在垂直的坐标轴 $\vec{X}$ 和坐标轴 $\vec{Y}$ 上的子系统发生简谐振动时，其形态参量不同，所合成的动态平衡规律也就具有不同的形式。

在二维二仪质向量坐标系 $\vec{X}\vec{Y}$ 四象空间中，如果互相垂直的一维二仪质向量坐标轴 $\vec{X}$ 和一维二仪质向量坐标轴 $\vec{Y}$ 都共同以一维二仪单位质向量 $\vec{e}$ 为度量基准，打开一维二仪质向量坐标轴 $\vec{X}$ 和一维二仪质向量坐标轴 $\vec{Y}$ 内部的 $(\vec{N}, \vec{n}, \vec{E}, \vec{E}_{\neq}, \vec{\varepsilon})$ 五维分质向量空间，在跨越一维二仪质向量坐标轴 $\vec{X}$ 变相点的 $[x_-, x_+]$ 区间里，以 $\vec{n}$ 为因变量，在省却分质向量坐标轴关于取向规定和对坐标轴 $\vec{X}$ 与坐标轴 $\vec{Y}$ 进行垂向转置的情况下，一维二仪单位质向量 e 成为 ei，均衡反向一元系统的振动单元数的简谐振动规律为 $n_X = N_X \cos(\kappa_X E + \delta_X)$，在跨越一维二仪质向量坐标轴 $\vec{Y}$ 变相点的 $[y_-, y_+]$ 区间里，均衡反向一元系统的振动单元数的简谐振动规律为 $n_Y = N_Y \cos(\kappa_Y E + \delta_Y)$。而在一维二仪质向量坐标轴 $\vec{X}$ 和一维二仪质向量坐标轴 $\vec{Y}$ 内部 $(\vec{N}, \vec{n}, \vec{E}, \vec{E}_{\neq}, \vec{\varepsilon})$ 五维分质向量空间的 $(\vec{C}_N, \vec{n}, \vec{E}, \vec{C}_E, \vec{C}_\varepsilon)$ 截面上，在上述条件下，二元系统两个子系统的振动单元数的简谐振动规律可分别表示为 $n_X = C_{NX} \cos(C_{\kappa X} E + C_{\delta X})$ 和 $n_Y = C_{NY} \cos(C_{\kappa Y} E + C_{\delta Y})$。

在省却了质向量坐标轴关于性质和取向规定的情况下，二维二仪质向量坐标系 $\vec{X}\vec{Y}$ 就成为二维笛卡尔直角坐标系 XY。如果二元系统的两个子系统分别在二维笛卡尔直角坐标系 XY 互相垂直的 X 轴和 Y 轴内部的 $(N, n, E, E_{\neq}, \varepsilon)$ 五维分质变量空间进行简谐振动，在 X 轴和 Y 轴各自的方向上，其变动力与回复力是平衡的，即为偏微分方程

$$\frac{\partial^2 n_X}{\partial E^2} = -\kappa_X^2 n_X \tag{19-4}$$

$$\frac{\partial^2 n_Y}{\partial E^2}=-\kappa_Y^2 n_Y \tag{19-5}$$

对于任意的 E 值,二元系统在该形态下对应 X 轴和 Y 轴的异质单元数为(n_X, n_Y)。E 改变时,二元系统的形态也随之改变。虽然垂直方向的两个子系统的振动单元数 n_x 与 n_y 彼此互不相关,但也要发生相应的变化。二元系统形态的综合变化即是两个子系统简谐振动的合成振动,把上两式平衡力统一起来,就有偏微分方程

$$\frac{\partial^2 n_X}{\partial E^2}+\frac{\partial^2 n_Y}{\partial E^2}=-\kappa_X^2 n_X-\kappa_Y^2 n_Y \tag{19-6}$$

如果这两个简谐振动分别在二维笛卡尔直角坐标系 XY 的 X 轴和 Y 轴上内部 $(N,n,E,E_{\neq},\varepsilon)$ 五维分质变量空间的 $(C_N,n,E,C_E,C_\varepsilon)$ 截面上进行,那么它们在各自的方向上的变动力与回复力是平衡的。由于只有两个变量,因此(19-4)式和(19-5)式相应地用微分方程表示为

$$\frac{\mathrm{d}^2 n_X}{\mathrm{d} E^2}=-\kappa_X^2 n_X \tag{19-7}$$

$$\frac{\mathrm{d}^2 n_Y}{\mathrm{d} E^2}=-\kappa_Y^2 n_Y \tag{19-8}$$

两个子系统简谐振动的合成作为平衡力统一以后,就有微分方程

$$\frac{\mathrm{d}^2 n_X}{\mathrm{d} E^2}+\frac{\mathrm{d}^2 n_Y}{\mathrm{d} E^2}=-\kappa_X^2 n_X-\kappa_Y^2 n_Y \tag{19-9}$$

特别地,当(19-6)式 $\frac{\partial^2 n_X}{\partial E^2}+\frac{\partial^2 n_Y}{\partial E^2}=-\kappa_X^2 n_X-\kappa_Y^2 n_Y$ 的等式右边为零,即二元系统的回复力为零时,两个垂直方向的变动力也为零,即

$$\frac{\partial^2 n_X}{\partial E^2}+\frac{\partial^2 n_Y}{\partial E^2}=0 \tag{19-10}$$

数学上把省却了质向量坐标轴的性质和取向规定的(19-10)式的偏微分方程

$$\Delta u \equiv \frac{\partial^2 u}{\partial x^2}+\frac{\partial^2 u}{\partial y^2}=0 \tag{19-11}$$

叫作拉普拉斯方程,又名调和方程或位势方程。拉普拉斯方程的解就称为调和函数,此函数在方程成立的区域内是解析的。

拉普拉斯方程还常常简写成

$$\nabla^2 u=0 \tag{19-12}$$

或

$$\mathrm{div\,grad}\, u=0 \tag{19-13}$$

式中,偏微分算子 ∇^2 称为拉普拉斯算子;div 表示矢量场的散度(结果是一个标量场);grad 表示标量场的梯度(结果是一个矢量场)。

数学上把省却了质向量坐标轴的性质和取向规定的(19-6)式的偏微分方程叫作泊

松方程,即

$$\frac{\partial^2 u}{\partial x^2}+\frac{\partial^2 u}{\partial y^2}=f(x,y) \tag{19-14}$$

可见,在省却了质向量关于性质与指向规定的情况下,对于二元系统在垂直的 X 轴和 Y 轴上简谐振动的合成,就是数学上的二维拉普拉斯方程。当(19-6)式 $\frac{\partial^2 n_X}{\partial E^2}+\frac{\partial^2 n_Y}{\partial E^2}=-\kappa_X^2 n_X-\kappa_Y^2 n_Y$ 的等式右边不为零,即二元系统的回复力不为零时,两个垂直方向的变动力若与二元系统的回复力保持平衡,这时(19-6)式 $\frac{\partial^2 n_X}{\partial E^2}+\frac{\partial^2 n_Y}{\partial E^2}=-\kappa_X^2 n_X-\kappa_Y^2 n_Y$ 就可以看作泊松方程。为了弄明白两个简谐振动的合成振动性质,需要从这两个简谐振动的泊松方程中消去能量 E,并且求出方程 $f(n_X,n_Y)=0$ 的解。

在二维二仪质向量坐标系 $\vec{X}\vec{Y}$ 的坐标轴 $\vec{X}$ 与坐标轴 $\vec{Y}$ 内部打开 $(\vec{N}_\perp,\vec{n}_\perp,\vec{E}_\perp,\vec{E}_{\neq\perp},\vec{\varepsilon}_\perp)$ 五维分质向量空间,坐标轴 $\vec{X}$ 与坐标轴 $\vec{Y}$ 已进行了垂向转置,一维二仪单位质向量 $\vec{e}$ 成为 $\vec{e}i$。省却关于分质向量坐标轴的取向规定,把上述两个简谐振动方程改写为 $(P_\perp,E_\perp,E_{\neq\perp},\varepsilon_\perp)$ 四维分质变量空间的形式

$$P_X=\frac{n_X}{N_X}$$
$$=\cos(\kappa E+\delta_{X0})$$
$$=\cos(\kappa E)\cos\delta_{X0}-\sin(\kappa E)\sin\delta_{X0} \tag{19-15}$$
$$P_Y=\frac{n_Y}{N_Y}$$
$$=\cos(\kappa E+\delta_{Y0})$$
$$=\cos(\kappa E)\cos\delta_{Y0}-\sin(\kappa E)\sin\delta_{Y0} \tag{19-16}$$

将(19-15)式乘以 $\cos\delta_{Y0}$,(19-16)式乘以 $\cos\delta_{X0}$,然后相减得

$$\frac{n_X}{N_X}\cos\delta_{Y0}-\frac{n_Y}{N_Y}\cos\delta_{X0}=\sin(\kappa E)\sin(\delta_{Y0}-\delta_{X0}) \tag{19-17}$$

将(19-15)式乘以 $\sin\delta_{Y0}$,(19-16)式乘以 $\sin\delta_{X0}$,然后相减得

$$\frac{n_X}{N_X}\sin\delta_{Y0}-\frac{n_Y}{N_Y}\sin\delta_{X0}=\cos(\kappa E)\sin(\delta_{Y0}-\delta_{X0}) \tag{19-18}$$

将(19-17)式和(19-18)式平方后相加,得到的就是垂直方向相同变化率的简谐振动的合成振动规律

$$P_X^2+P_Y^2-2P_XP_Y\cos(\delta_{Y0}-\delta_{X0})$$
$$=\frac{n_X^2}{N_X^2}+\frac{n_Y^2}{N_Y^2}-\frac{2n_Xn_Y}{N_XN_Y}\cos(\delta_{Y0}-\delta_{X0})$$
$$=\sin^2(\delta_{Y0}-\delta_{X0}) \tag{19-19}$$

这是一个椭圆方程,其形状由 X 轴上子系统的总体单元数 N_X 和 Y 轴上子系统的总体单元数 N_Y 及其初相位差 $\delta=\delta_{Y0}-\delta_{X0}$ 确定。如果改变初相位差,则椭圆将改变自己的形状。下面讨论几种特殊的情况。[6]

(1)当初相位差为零,即 $\delta=0$ 时,两个简谐振动的初相位相同,$\delta_{Y0}=\delta_{X0}$。由(19-19)式可以得到

$$\frac{n_X}{N_X}=\frac{n_Y}{N_Y}$$

即

$$n_Y=\frac{N_Y}{N_X}n_X \qquad (19\text{-}20)$$

(19-20)式就是在垂直的 X 轴和 Y 轴上两个简谐振动合成的二元系统形态变化规律,其轨迹是线偏振,这条直线通过坐标原点,斜率为这两个简谐振动的总体单元数之比 $K=\frac{N_Y}{N_X}$,如图 19-4 所示。

(2)当初相位差为 180°,即 $\delta=\pi$ 时,两个简谐振动的初相位相反,$\delta_{Y0}=-\delta_{X0}$。由(19-19)式可以得到

$$\frac{n_Y}{n_X}=-\frac{N_Y}{N_X}$$

即

$$n_Y=-\frac{N_Y}{N_X}n_X \qquad (19\text{-}21)$$

(19-21)式也是在垂直的 X 轴和 Y 轴上两个简谐振动合成的二元系统形态变化规律,其轨迹是一条直线,这条直线也通过坐标原点,斜率为这两个振动的单元数之比 $K=-\frac{N_Y}{N_X}$,如图 19-5 所示。

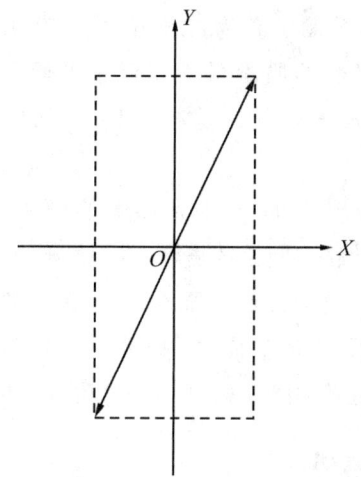

图 19-4 初相位差为 0 的线偏振轨迹

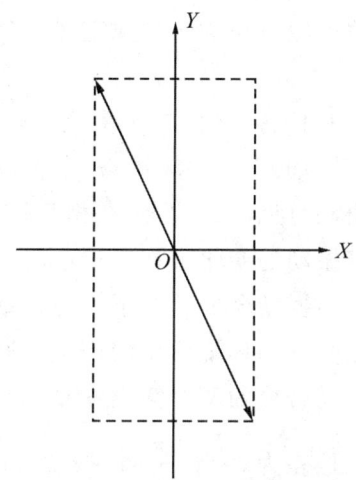

图 19-5 初相位差为 180°的线偏振轨迹

(3)当初相位差为 90°,即 $\delta=\dfrac{\pi}{2}$ 时,两个简谐振动初相位垂直,$\delta_{Y0}=\delta_{X0}+\dfrac{\pi}{2}$,由(19-19)式可知

$$P_X^2+P_Y^2=\dfrac{n_X^2}{N_X^2}+\dfrac{n_Y^2}{N_Y^2}=1 \tag{19-22}$$

其实,由 $\cos\varphi=\sin\left(\varphi+\dfrac{\pi}{2}\right)$ 可以把(19-15)式 $\dfrac{n_X}{N_X}=\cos(\kappa E+\delta_{X0})$ 改写成 $\dfrac{n_X}{N_X}=\sin(\kappa E+\delta_{Y0})$,而(19-16)式 $\dfrac{n_Y}{N_Y}=\cos(\kappa E+\delta_{Y0})$,把两个方程两边平方后求和也可以得到(19-22)式。

此即表明,二元系统形态变化轨迹是以坐标轴为主轴的椭圆偏振,如图 19-6 所示。椭圆上的箭头表示二元系统的运动方向,这是因为 y 方向的振动相位比 x 方向超前 $\dfrac{\pi}{2}$,当振动单元数在 x 方向达到最大单元数时,在 y 方向上的振动单元数正通过原点向负方向运动,因此振动单元数沿椭圆轨道运动的方向是顺时针的,或者说是右旋的。

(4)当两个振动的初相位差为 $-90°$,即 $\delta=-\dfrac{\pi}{2}=\dfrac{3\pi}{2}$ 时,两个简谐振动的初相位垂直,$\delta_{Y0}=\delta_{X0}-\dfrac{\pi}{2}$,在垂直的 X 轴和 Y 轴上两个简谐振动合成的二元系统形态变化规律也是(19-22)式。这时二元系统形态变化的轨迹仍是以坐标轴为主轴的椭圆偏振,但是二元系统的振动单元数沿椭圆轨道运动的方向是逆时针的,或者说是左旋的(逆椭圆),如图 19-7 所示。

特别地,如果两个垂直的简谐振动的变化率相同且总体单元数相等(即 $N_X=N_Y$),(19-22)式就变成

$$n_X^2+n_Y^2=N^2 \tag{19-23}$$

这样,二元系统的形态变化轨迹就由椭圆偏振变为圆偏振,如图 19-8 所示。在省却质向量关于性质和方向的规定时,二维二仪质向量坐标系 $\vec{X}\vec{Y}$ 变为二维笛卡尔直角坐标系 XY。当振动单元数 n 与空间的长度因子 l_ε 共同组成的质参量为相对于平衡位置的位移 x 和位移 y 时,二元系统形态就要以 (x,y) 的形式来表述。这样,(19-23)式 $n_X^2+n_Y^2=N^2$ 就成为(19-3)式 $x^2+y^2=A^2$。

由此可见,二元系统在相互垂直的 X 轴和 Y 轴两个方向上受到环境的作用,当两个简谐振动的变化率相差很小时,其合成将产生椭圆偏振或圆偏振等不同轨迹的运动。如果参与振动合成的两个简谐振动的总体单元数不一样,二元系统在相互垂直的两个方向上受到的环境作用将产生椭圆偏振。椭圆可以看作圆在某方向上的拉伸,只有在参与振动合成的两个简谐振动的变化率和总体单元数都相等(即 $\kappa_X=\kappa_Y$ 和 $N_X=N_Y$)且初相位差为 $\delta=\pm\dfrac{\pi}{2}$ 时,振动合成的结果才是圆周运动。

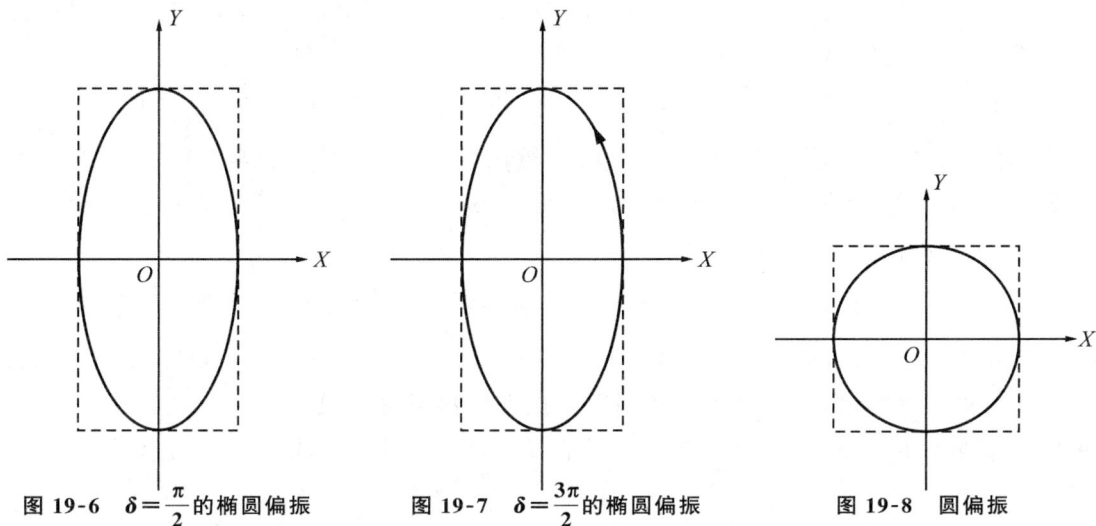

图 19-6　$\delta=\dfrac{\pi}{2}$ 的椭圆偏振　　　图 19-7　$\delta=\dfrac{3\pi}{2}$ 的椭圆偏振　　　图 19-8　圆偏振

上述几种情况都是典型的情况,这些不同形式的简谐振动合成规律在二维二仪质向量坐标系 $\vec{X}\,\vec{Y}$ 四象空间中的表现都是闭合曲线或振动范围有限的直线。在一般情况下,若初相位差在减小($\delta\neq\dfrac{\pi}{2}$),椭圆或圆就向左转动;若初相位差在增大($\delta\neq\dfrac{\pi}{2}$),椭圆或圆就向右转动。二元系统的形状又随着总体单元数的缩小或增大而缩小或增大。

二、垂直方向不同变化率的谐振合成规律

在二维二仪质向量坐标系 $\vec{X}\,\vec{Y}$ 四象空间中,当一个二元系统同时受到环境两个垂直方向的作用时,它将参与两个垂直方向的形态变化。如果在坐标轴 $\vec{X}$ 和坐标轴 $\vec{Y}$ 两个垂直方向上的子系统都是均衡反向一元系统,整个二元系统形态的综合变化就是两个子系统的振动变化量 $\Delta\vec{u}_X$ 和 $\Delta\vec{u}_Y$ 的加和,即合振动的向量和为 $\Delta\vec{u}_{X+Y}=\Delta\vec{u}_X+\Delta\vec{u}_Y$,振动强度满足 $|\Delta\vec{u}_{X+Y}|^2=|\Delta\vec{u}_X|^2+|\Delta\vec{u}_Y|^2$。如果令 $I=|\Delta\vec{u}_{X+Y}|^2$,$I_X=|\Delta\vec{u}_x|^2$,$I_Y=|\Delta\vec{u}_y|^2$,即 $I=I_X+I_Y$,如图 19-9 所示。

如果坐标轴 $\vec{X}$ 和坐标轴 $\vec{Y}$ 两个垂直方向上的子系统都是均衡反向一元系统,这两个子系统在环境的作用下就会在坐标轴 $\vec{X}$ 和坐标轴 $\vec{Y}$ 两个垂直方向上分别做简谐振动;如果这两个子系统的简谐振动变化率不同,整个二元系统的综合变化就是坐标轴 $\vec{X}$ 和坐标轴 $\vec{Y}$ 两个垂直方向上的不同变化率的简谐振动的合成,该二元系统形态变化规律反映的就是其在坐标轴 $\vec{X}$ 和坐标轴 $\vec{Y}$ 两个垂直方向上简谐振动 $\vec{u}_X$ 和 $\vec{u}_Y$ 的合成规律。

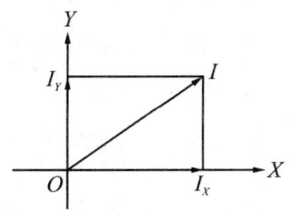

图 19-9　垂直方向两个谐振子的合成

对于一维二仪质向量坐标轴 $\vec{X}$ 和一维二仪质向量坐标轴 $\vec{Y}$ 上两个方向互相垂直且变化率不相同的简谐振动的合成,打开一维二仪质向量坐标轴 $\vec{X}$ 和一维二仪质向量坐标轴 $\vec{Y}$ 内部的 $(\vec{N},\vec{n},\vec{E},\vec{E}_{\neq},\vec{\varepsilon})$ 五维分质向量空间,在省却分质向量坐标轴关于取向规定和对坐标轴 $\vec{X}$ 与坐标轴 $\vec{Y}$ 进行垂向转置的情况下,一维二仪单位质向量 $\vec{e}$ 成为 ei,其振动单元数的简谐振动规律可以表示为 $n_X = N_X \cos(\kappa_1 E + \delta_{X0})$ 和 $n_Y = N_Y \cdot \cos(\kappa_2 E + \delta_{Y0})$。

如果这两个简谐振动分别在互相垂直的坐标轴 $\vec{X}$ 与坐标轴 $\vec{Y}$ 内部 $(\vec{N},\vec{n},\vec{E},\vec{E}_{\neq},\vec{\varepsilon})$ 五维分质向量空间的 $(\vec{C}_N,\vec{n},\vec{E},\vec{C}_{E_{\neq}},\vec{C}_{\varepsilon})$ 截面上进行,那么它们在各自方向上的变动力与回复力是平衡的,其振动单元数的简谐振动规律可分别表示为 $n_X = C_{N_X} \cos(C_{\kappa_{1X}} E + C_{\delta_X})$ 和 $n_Y = C_{N_Y} \cos(C_{\kappa_{2Y}} E + C_{\delta_Y})$。由于只有两个变量,因此用微分方程表示即为(19-7)式 $\dfrac{d^2 n_X}{dE^2} = -\kappa_X^2 n_X$ 和(19-8)式 $\dfrac{d^2 n_Y}{dE^2} = -\kappa_Y^2 n_Y$。对于任意的 E 值,二元系统在该形态下对应 X 轴和 Y 轴的异质单元数为 (n_X, n_Y)。E 改变时,二元系统形态也随之改变。垂直方向的振动单元数 n_X 与 n_Y 虽然彼此互不相关,但是也要发生相应的变化。

二元系统的简谐振动规律为两个子系统简谐振动的合成,经过简单的变换可以得到一个对于坐标轴来说转动了一个角度的椭圆微分方程,即(19-19)式 $\dfrac{n_X^2}{N_X^2} + \dfrac{n_Y^2}{N_Y^2} - \dfrac{2 n_X n_Y}{N_X N_Y} \cos(\delta_{Y0} - \delta_{X0}) = \sin^2(\delta_{Y0} - \delta_{X0})$。因此,二元系统形态变化的运动轨迹为椭圆方程。

在二维二仪质向量坐标系 $\vec{X}\vec{Y}$ 四象空间中,在坐标轴 $\vec{X}$ 和坐标轴 $\vec{Y}$ 上分振动存在差异的两个子系统的合振动比较复杂,合成的轨道与变化率之比和两者的初相位都有关系。如果两个分振动有不同的变化率,则可以分两种情况来讨论。

(一)两个分振动的变化率相差很小

如果两个分振动的变化率 κ_X 和 κ_Y 相差很小,可以近似地把两个简谐振动的合成看成是相同变化率的简谐运动合成,但是它们的初相位之差是随着能量缓慢变化的。于是,合振动的轨迹将由直线变为椭圆,又由椭圆变为直线,并循环地改变下去。其典型的情况已经在上面垂直方向相同变化率的合成振动规律中讨论过,如图 19-10 所示。

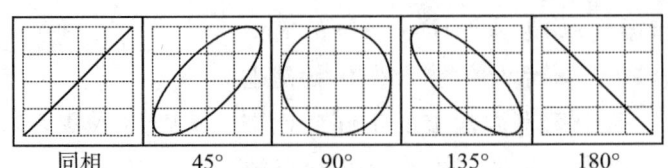

图 19-10 两个变化率相差很小的分振动合成偏振轨迹

（二）两个分振动的变化率相差较大且两个变化率之比为有理数

如果两个分振动的变化率 κ_X 和 κ_Y 相差较大，也就是两个分振动的能元相差较大，由于初相位是由变化率和能阈共同决定的，因此合成振动规律相当复杂。不过，当两个变化率之比为有理数时，合成振动的运动轨迹却具有稳定而封闭的图形，称为李萨如图形，如图 19-11 所示。

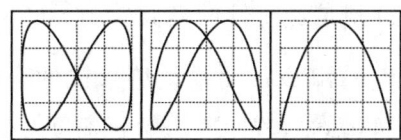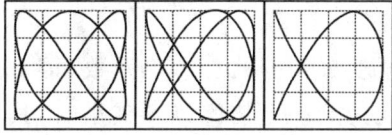

图 19-11　李萨如图形

李萨如图形的具体形状取决于两个互相垂直简谐运动的变化率之比和初相位，并且该图形坐标轴的切点之比与变化率之比相等。用此方法可以测量某一未知振动的变化率与相互垂直方向的两个简谐运动的初相位差。

由于两个相互垂直的振动合成具有上述规律，因此对于一般不平行或不垂直的任意两个振动，就可以将其中一个振动正交分解为和另一个振动分别平行与垂直的分量，再进行叠加。

三、两个垂向简谐振动的合成实例

通过上述合成振动的方程就能认识并揭示自然界中许多圆周运动或椭圆运动令人迷惑现象的本质。原来人们既熟悉又陌生的圆周运动向心力就是两个垂直方向的简谐振动合成的回复力，而离心力就是两个垂直方向的简谐振动合成的变动力。做匀速圆周运动的物体，其向心力等于合力，向心力的方向始终与速度方向垂直，并指向圆心；向心力只改变速度的方向，不改变速度的大小，因此物体的动能保持不变，向心力不做功，但动量不断改变。

在自然界和现实生活中，可以找到许多在两个垂直方向上发生简谐振动的合成实例。在经典物理学中，每一个真实的物质系统通常都能以许多不同的方式进行振动，因此，把均衡反向系统在二维二仪质向量坐标系 $\vec{X}\vec{Y}$ 的垂直方向上发生简谐振动的合成规律进行演绎，就可以得到经典动力学和量子力学中的一些二元系统形态变化规律。

一个二元系统同时受到环境在相互垂直的两个方向上的作用，它就将参与两个垂直方向的形态变化。在二维二仪质向量坐标系 $\vec{X}\vec{Y}$ 四象空间中，如果坐标轴 $\vec{X}$ 和坐标轴 $\vec{Y}$ 两个垂直方向上的子系统都是均衡反向一元系统，它们就会在两个相互垂直的方向上发生简谐振动。

打开二维二仪质向量坐标系 $\vec{X}\vec{Y}$ 的坐标轴 $\vec{X}$ 和坐标轴 $\vec{Y}$ 内部的 $(\vec{N},\vec{n},\vec{E},\vec{E_{\neq}},\vec{\varepsilon})$

五维分质向量空间,在省却质向量关于方向的规定时,如果在垂直方向上发生的两个简谐振动变化率相同且初相位差为 $\frac{\pi}{2}$,那么整个二元系统所形成的合振动轨迹就是顺时针的椭圆轨道。特别地,如果两个简谐振动有相等的总体单元数(即 $N_1=N_2$),那么二元系统所形成的合振动轨迹就由椭圆变为圆。当初相位 δ 增大时,其运动轨迹表现为向外持续扩展的圆盘。如果在垂直方向上发生的两个简谐振动变化率相同且初相位差为 $-\frac{\pi}{2}$,那么整个二元系统所形成的合振动轨迹则是逆时针的椭圆轨道。特别地,如果两个简谐振动有相等的总体单元数(即 $N_1=N_2$),那么二元系统所形成的合振动轨迹也由椭圆变为圆。当初相位 δ 减小时,其运动轨迹表现为向内不断收缩的圆盘。

由此可见,在二维二仪质向量坐标系 $\vec{X}\vec{Y}$ 内部多维的分质向量空间中,通过二元系统的子系统在垂直的坐标轴 $\vec{X}$ 和坐标轴 $\vec{Y}$ 上发生简谐振动的合成规律,可以得到二元系统在平衡态的简谐振动规律的椭圆方程表达式。在两个垂直的简谐振动的变化率相同且总体单元数相等的特定条件下,二元系统在平衡态的简谐振动规律的轨迹才是圆。如果振动单元数 n 与空间的长度因子 l_ε 组成的质参量为相对于平衡位置的位移 x 和位移 y,那么二元系统在平衡态的简谐振动规律就可以用(19-3)式 $x^2+y^2=A^2$ 的圆方程来表述。

经典动力学考察的是物体在时间和空间中的变化,其中许多物体在时空中的变化规律就是两个垂直方向上发生简谐振动的合成规律,且可以用上述的统一科学理论进行演绎。

在二维二仪质向量坐标系 $\vec{X}\vec{Y}$ 的坐标轴 $\vec{X}$ 和坐标轴 $\vec{Y}$ 内部 $(\vec{N},\vec{n},\vec{E},\vec{E}_{\neq},\vec{\varepsilon})$ 五维分质向量空间的 $(\vec{C}_N,\vec{n},\vec{E},\vec{C}_{E_{\neq}},\vec{C}_\varepsilon)$ 截面上,在省却分质向量关于方向的规定,并对坐标轴 $\vec{X}$ 与坐标轴 $\vec{Y}$ 进行垂向转置,取能量 E 的显性因子 θ 为时间 t,即 $E=F_Nt$,而振动单元数 n 与空间的长度因子 l_ε 共同组成的质参量为相对于平衡位置的位移 $x(x=n_Xl_\varepsilon)$ 和位移 $y(y=n_Yl_\varepsilon)$,$A(A=C_Nl_\varepsilon)$ 为振幅,ω 为频率,δ 为初相位,这样,对于互相垂直的 X 轴和 Y 轴上两个变化率不相同的简谐振动的合成,其振动单元数的简谐振动规律分别表示为 $x=A_X\cos(\omega_Xt+\delta_X)$ 和 $y=A_Y\cos(\omega_Yt+\delta_Y)$。

如果两个子系统分别在互相垂直的 X 轴和 Y 轴上进行简谐振动,产生简谐振动的子系统就称为谐振子。谐振子在每一个坐标轴上的变动力与弹性回复力是平衡的,谐振子的无阻尼自由振动方程就是简谐振动方程,可以用微分方程表示为

$$m\frac{\mathrm{d}^2x}{\mathrm{d}t^2}=-k_Xx \tag{19-24}$$

$$m\frac{\mathrm{d}^2y}{\mathrm{d}t^2}=-k_Yy \tag{19-25}$$

式中,m 为谐振子的质量;$\omega_X=\sqrt{\dfrac{k_X}{m}}$,$\omega_Y=\sqrt{\dfrac{k_Y}{m}}$。

要考察各向异性谐振子的运动学特征,可以把二元系统看作同时参与 X 轴和 Y 轴两个方向的振动。如此,只要从(19-24)式和(19-25)式中消去 t,就可以得到各向异性谐振子的合成振动方程为

$$\frac{x^2}{A_X^2}+\frac{y^2}{A_Y^2}-\frac{xy}{A_X A_Y}\cos(\omega_Y-\omega_X)=\sin^2(\omega_Y-\omega_X) \tag{19-26}$$

一般情况下,两个互相垂直且频率不同的简谐振动合成的结果,其轨迹是一条既不封闭也不稳定的曲线。当且仅当 ω_X/ω_Y 为有理数时,这两个简谐振动的合成才呈现出周期性,即 $\omega_X/\omega_Y=p/q$ 若为不可约正整数,则周数为

$$\tau=2\pi p/\omega_X=2\pi q/\omega_Y \tag{19-27}$$

在一个振动周期中,如果 X 轴上的简谐振动来回振荡 p 次,而 Y 轴上的简谐振动来回振荡 q 次,各向异性谐振子的运动轨迹在二维二仪质变量坐标系 XY 中就是一条稳定的封闭曲线,即李萨如图。

由此可见,如果 ω_X/ω_Y 为有理数,反映在经典力学上即为各向异性谐振子的周期性,同时也反映了各向异性谐振子的某种对称性,正是这种对称性促使了它的能级简并。例如,微观粒子只有在频率整数倍位置上的运动,其轨迹才是稳定的,要用能级或量子数来描述。

经典动力学从能量的形式来看时空变化,必然要涉及势能和动能,且要遵循能量守恒规律。因此,各向异性的二维谐振子振动合成的能量 E 要包括在垂直方向上分振动的势能和动能。在 X 轴和 Y 轴上,能量 E 分别为

$$E_X=\frac{p_X^2}{2m}+\frac{1}{2}m\omega_X^2 x^2 \tag{19-28}$$

$$E_Y=\frac{p_Y^2}{2m}+\frac{1}{2}m\omega_Y^2 y^2 \tag{19-29}$$

这样,二元系统的总能量就是

$$\begin{aligned} E &= E_X+E_Y \\ &= \frac{p_X^2}{2m}+\frac{1}{2}m\omega_X^2 x^2+\frac{p_Y^2}{2m}+\frac{1}{2}m\omega_Y^2 y^2 \end{aligned} \tag{19-30}$$

如果二元系统的总能量用一符号 $\hat{H}$ 表示,其表达式就是

$$\hat{H}=\frac{p_X^2}{2m}+\frac{p_Y^2}{2m}+\frac{1}{2}m\omega_X^2 x^2+\frac{1}{2}m\omega_Y^2 y^2 \tag{19-31}$$

即

$$\hat{H}=E \tag{19-32}$$

式中,$\hat{H}$ 称为哈密顿量;m 为谐振子的质量;ω_X 与 ω_Y 分别为谐振子沿 X 轴和 Y 轴振动的圆频率。

这样,(19-28)式和(19-29)式就还可以表示为

$$\hat{H}_X = \frac{p_X^2}{2m} + \frac{1}{2}m\omega_X^2 x^2 \tag{19-33}$$

$$\hat{H}_Y = \frac{p_Y^2}{2m} + \frac{1}{2}m\omega_Y^2 y^2 \tag{19-34}$$

由二元系统的哈密顿方程，也可以得到其与相关分量的关系

$$\dot{x} = \frac{\partial \hat{H}}{\partial p_X} = \frac{p_X}{m} \tag{19-35}$$

$$\dot{y} = \frac{\partial \hat{H}}{\partial p_Y} = \frac{p_Y}{m} \tag{19-36}$$

$$\dot{p}_X = -\frac{\partial \hat{H}}{\partial x} = -m\omega_X^2 x \tag{19-37}$$

$$\dot{p}_Y = -\frac{\partial \hat{H}}{\partial y} = -m\omega_Y^2 y \tag{19-38}$$

由此可以解得

$$x = A_X \cos[\omega_X(t-t_{X0})] = A_X \cos(\omega_X t + \delta_X) \tag{19-39}$$

$$y = A_Y \cos[\omega_y(t-t_{Y0})] = A_Y \cos(\omega_Y t + \delta_Y) \tag{19-40}$$

$$p_X = -m\omega_X A_X \sin[\omega_X(t-t_{X0})] = -m\omega_X A_X \sin(\omega_X t + \delta_X) \tag{19-41}$$

$$p_Y = -m\omega_Y A_Y \sin[\omega_Y(t-t_{Y0})] = -m\omega_Y A_Y \sin(\omega_Y t + \delta_Y) \tag{19-42}$$

此外，还可以进一步推导出谐振子的角动量等参量。

在经典动力学中，谐振系统在任何时刻都具有确定的位置与动量，这些物理量可以按照牛顿运动定律进行决定性的演化。通过哈密顿方程所得到的简谐振动的变化规律说明，谐振系统在形态变化的全过程都遵循能量守恒规律，在每一个过渡态也都严格遵循能量守恒规律，而每一个过渡态可以通过信息 P 的不同取值来表现。因此，把(19-32)式 $\hat{H} = E$ 两边同乘以谐振系统的形态变化信息 P，就有

$$\hat{H}P = EP \tag{19-43}$$

二元系统形态的信息 P 既代表异质形态变化信息，在一定的时空中就被随机地看作概率，也就似乎具有不确定的位置与动量。其实，异质形态变化信息可以表达为波函数，波函数就能够确切地描述微观粒子的运动状态，赋予波函数一定的物理意义后，就可以把微观粒子的粒子性和波动性两种对立的性质统一起来，这样，人们也就可以进入微观领域，开辟量子力学的新天地。

例如，(18-94)式 $p(x) = |\Psi(x)\overline{\Psi}(x)| = |\Psi(x)|^2$ 为微观粒子的概率密度函数，其由共轭复函数 Ψ 和 $\overline{\Psi}$ 组成，Ψ 和 $\overline{\Psi}$ 是在发射过程中平行进行的共轭函数，在复平面就是代表实部相同的两个函数。由于复平面对应着二维笛卡尔直角坐标系 XY 的平面，因此 Ψ 和 $\overline{\Psi}$ 也可以写成 Ψ_X 和 Ψ_Y，即

$$P = \Psi_X \Psi_Y \tag{19-44}$$

代入(19-43)式 $\hat{H}P = EP$，就可得到

$$\hat{H}\Psi\overline{\Psi} = E\Psi\overline{\Psi} \tag{19-45}$$

或

$$\hat{H}\Psi_X\Psi_Y = E\Psi_X\Psi_Y \tag{19-46}$$

特别地，在量子力学中对应的哈密顿算符 $\hat{H}$ 形式为

$$\hat{H} = -\frac{\lambda^2}{2m}\nabla^2 + V(r) \tag{19-47}$$

对于一个具有确定能量的量子态，可以把

$$\hat{H}\Psi = E\Psi \tag{19-48}$$

称为本征值方程。本征函数 Ψ 称为波函数，本征值 E 是系统的总能量。这可以诠释为，假若将哈密顿算符作用于波函数 Ψ 时，得到的结果与同样波函数 Ψ 成正比，则波函数 Ψ 处于定态，比例常数 E 是量子态 Ψ 的能量。在这里，Ψ 标记设定的波函数和其对应的量子态。

通过求解哈密顿本征值方程，可以得到微观粒子的能量为

$$E_{n_X,n_Y} = \left(n_X + \frac{1}{2}\right)\hbar\omega_X + \left(n_Y + \frac{1}{2}\right)\hbar\omega_Y \tag{19-49}$$

其波函数为

$$\Psi_{n_X,n_Y}(x,y) = H_{n_X}(\delta_X x) H_{n_Y}(\delta_Y y) \tag{19-50}$$

式中，在 X 轴和 Y 轴上的波函数分别为

$$\Psi_{n_X}(\delta_X x) = N_X\left(-\frac{1}{2}\delta_X^2 x^2\right) H_X(\delta_X x), \delta_X = \sqrt{\frac{m\omega_X}{\hbar}}, n_X = 0,1,2,\cdots \tag{19-51}$$

$$\Psi_{n_Y}(\delta_Y y) = N_Y\left(-\frac{1}{2}\delta_Y^2 y^2\right) H_Y(\delta_Y y), \delta_Y = \sqrt{\frac{m\omega_Y}{\hbar}}, n_Y = 0,1,2,\cdots \tag{19-52}$$

由于二元系统在从一个形态向另一个形态转化的过程中，每一个过渡态都对应着一个能量值，能级 E_{n_X,n_Y} 所对应的量子状态只有一个，即 $\Psi_{n_X,n_Y}(x,y)$ 态，因此可以用 (n_X,n_Y) 表示这个能态。由(19-49)式 $E_{n_X,n_Y} = \left(n_X + \frac{1}{2}\right)\hbar\omega_X + \left(n_Y + \frac{1}{2}\right)\hbar\omega_Y$ 可知，当 ω_X、ω_Y 满足一定关系时，能级 E_{n_X,n_Y} 有可能出现简并。

假设存在另一组态 (n_X',n_Y')，其能量 $E_{n_X',n_Y'}$ 与 E_{n_X,n_Y} 相等，即

$$(n_X'-n_X)\omega_X + (n_Y'-n_Y)\omega_Y = 0 \tag{19-53}$$

如果令 $\beta = \omega_X/\omega_Y$，就会出现如下的几种情况：

(1) 当 β 为有理数时，ω_X/ω_Y 可以表示为

$$\omega_X/\omega_Y = p/q$$

式中，p、q 为不可约正整数，代入(19-53)式得

$$\frac{n_X'-n_X}{n_Y'-n_Y} = -\frac{\omega_Y}{\omega_X} = -\frac{q}{p} \tag{19-54}$$

式中，n_X、n_X'、n_Y、n_Y' 的取值均可取为 $0,1,2,\cdots$。

不过，要使(19-54)式成立就会出现 3 种可能情形：① $n_X'>n_X$，$n_Y'<n_Y$；② $n_X'<n_X$，$n_Y'>n_Y$；③ $n_X'=n_X$，$n_Y'=n_Y$。对于这 3 种情况，当 $\beta=\omega_X/\omega_Y$ 为有理数时，(n_X',n_Y') 的可能组态个数共有

$$f=\frac{n_Y}{p}+\frac{n_X}{q}+1 \tag{19-55}$$

它们均满足(19-53)式 $(n_X'-n_X)\omega_X+(n_Y'-n_Y)\omega_Y=0$ 和(19-54)式 $\dfrac{n_X'-n_X}{n_Y'-n_Y}=-\dfrac{\omega_Y}{\omega_X}=-\dfrac{q}{p}$，能量均为 E_{n_x,n_y}，此能级的简并度就是 f。可见，二维各向异性谐振子的能级简并与参量 ω_X/ω_Y 有关。

(2)当 β 为无理数时，要使(19-53)式 $(n_X'-n_X)\omega_X+(n_Y'-n_Y)\omega_Y=0$ 成立，就必然要求 $n_X'-n_X=0$，即 $n_X'=n_X$，由此还可以得到 $n_Y'=n_Y$。这就说明，当 ω_X/ω_Y 为无理数时，不可能存在另一组态 (n_X',n_Y') 使其能量也为 E_{n_x,n_y}，即能量是非简并的。

如果系统振动的圆频率相等，则二维各向同性谐振子的哈密顿算符为

$$\hat{H}=-\frac{\hbar^2}{2m}\left(\frac{\partial^2}{\partial x^2}+\frac{\partial^2}{\partial y^2}\right)+\frac{1}{2}m\omega^2(x^2+y^2) \tag{19-56}$$

式中，m 为谐振子的质量；ω 为常量；$\hbar=\dfrac{h}{2\pi}$。显然 $\hat{H}$ 在空间反演算符 $\hat{P}$ 作用下不变，即有 $[\hat{H},\hat{P}]=0$，因此二维谐振子宇称守恒。

第三节 非简谐系统螺旋运动规律

螺旋结构是平面物质普遍存在的形态，而螺旋流场运动是二元系统形态变化的基本方式。在二维二仪质向量坐标系 $\overrightarrow{XY}$ 中，通过垂向相同变化率的两个阻尼振动规律或生发振动规律的合成，可以得到在近平衡态的二元非简谐振动系统形态变化规律，这也就是二元系统螺旋运动的变化规律。

一、螺旋形态与螺旋运动

在现实世界中，螺旋状的物体或螺旋运动可以说是俯仰可见。跳出人类生活的地球，放眼太空，河外太空星系中有许多称得上是最大的螺旋状物体，如距地球 0.3 亿光年的 M51 星系。人们普遍认为，天地初开之时，炽热的气体由大爆炸产生，再分散至各个大小不同的涡流，内含无数的星体。为此，古希腊哲学家留基伯和他的学生德谟克利

特早就创立了"涡旋说"：由无限多的原子在虚空中做无规则的猛烈运动，并发生互相碰撞，于是原子形成涡旋运动，结果较大的土原子沉积到中心而形成大地；较小的水原子飘在大地上；微小的空气原子和火原子飞扬在大地以外，形成干热的天体。

涡旋有时也称旋涡，是指一种半径很小的圆柱在静止流体中旋转引起周围流体做圆周运动的流动现象。确实，在宇宙中，80%的星系都具有螺旋结构。旋涡星系是由大量气体、尘埃和又热又亮的恒星所形成且有旋臂结构的扁平状星系。星系盘是扁平的，伴随着星际物质、年轻的第一星族恒星和疏散星团，共同绕着球核旋转。旋涡星系都具有单独形式的、联合形式的、弥漫形式的、集中形式的以及其他形式的大小螺旋结构，其中心有球核的结构，被周围的星系盘环绕着，它们都有大小、范围和边缘。旋涡星系在星系盘内延展的旋臂就像对数螺线，如图 19-12 所示。

图 19-12　旋涡星系

银河系的螺旋结构特征人们早有所知，太阳系诸行星的螺旋结构分布情况人们就更为清楚。太阳系形成以太阳为中心的旋涡本身就是一条对数螺线。人们已经发现太阳系诸行星的螺旋结构分布规律具有如下的指数形式

$$P = e^{\pm 0.54n} \tag{19-57}$$

式中，P 为天文单位；n 为正整数。

在时空分布上，水星年（水星绕行太阳一周）等于地球年的 88 天，而冥王星的 1 年是地球年的 248 倍；太阳与水星的距离加上水星与金星的距离等于金星和地球的距离。太阳系的螺旋结构也影响着地球的质量分布，人们经过推算发现，地球密度的分布规律呈指数规律

$$\rho_n = 5.5 e^{\pm 0.325n} (\text{g/cm}^3) \tag{19-58}$$

而太阳系诸行星的速度分布则遵循如下的指数规律

$$V_{pn} = e^{\pm \alpha \theta n} \quad (n \text{ 为正整数}) \tag{19-59}$$

人们通过进一步的研究已经发现，太阳系（包括太阳、诸行星）、行星系（包括诸行星及其卫星）、卫星系（包括卫星的光环）的引力场、磁力场、张力场、光环、尘际物质、水圈及气圈、辐射圈、等离子圈等分布结构及运动结构也都共同遵循如下的指数规律

$$n_i = N_{0i} e^{\pm \alpha \theta n} \tag{19-60}$$

式中，n_i 代表诸量、诸场；N_{0i} 为诸量的起始值或平均值；α 为常数；θ 为螺旋开张角度；n 为正整数。

对数螺线的单臂螺旋是最简单也是宇宙中存在最多的一种式样，像地球系就是一个单臂螺旋，其大卫星只有一个月亮。根据现代科学观测，月球运行速度对地球所形成的离心力稍稍大于两大球体之间的引力，因此它的运行轨迹是一个以地心为中心稍稍向外扩展的螺旋线，月球是在渐渐地远离地球。

在天文学中,黑洞是现代科学家最感兴趣的物理难题。科学家早就知道,在黑洞的时空中,巨大的引力使光子能存在于稳定的周期性轨道上。一些黑洞有着复杂的内部结构,使光子、粒子乃至行星得以围绕黑洞中心物质密集的奇点做轨道运行。在某些黑洞的中心,在适当条件下会出现一个再度显现时空结构的区域。如果一个带电且旋转的黑洞足够大,其内部区域被两个视界遮蔽,就能够削弱"视界"另一边的潮汐力。"视界"是指黑洞的边界,一旦到达这里,任何物体甚至是光线都无法逃脱黑洞的引力。黑洞中的"柯西视界"恢复时空维度的区域与整个外部宇宙隔绝,就可能存在粒子甚至行星。这些物体没有被一股脑地吸入黑洞,而是设法存留下来,从做轨道运行的光子和黑洞中心奇点的能量中获取光和热。在星系核中的特大质量黑洞里的这个不被外界发现的适宜生命存在的地方,可能就是先进的外星文明安全生活的地方。黑洞的资料显示了如图 19-13 所示的螺旋。

图 19-13 黑洞的螺旋

回眸人类生活的地球,它始终在自转和公转,自转时地球上运动的物体要受到"科里奥利力"的附加作用,而科氏力又与地球的大气系统和海洋系统密切相关。大气场中的物质各向机会均等,空气快速流动时,在相互垂直方向上同时存在正反的振动,常常就会产生旋涡现象,而称为澡盆旋涡。因此,大气中存在着气体分子的旋涡运动,这样的运动一直延伸到大气的边缘。科氏力使北半球的水平气旋呈逆时针旋转,南半球的水平气旋呈顺时针旋转。

海洋和气候之间是通过海气界面交换热量的,海水温度升高是形成热带风暴的直接原因。能量不断通过水气交换在进行传递,37 ℃以上的海水向大气提供了充沛的水蒸气,传送的热量会造成表面气压和环流的震荡,只等待合适的风暴来。低级气旋进入温暖的海域后,一路盘旋吸收暖湿气流,"收罗"环境的能量,发育成高级的气旋,风力加大,并以螺线的形式扩大其势力范围。低气压(热带气旋、温带气旋等)是向外发散的螺旋涡流,其外观就像对数螺线。热带风暴是热带气旋的一种,其中心风力为 63~87 km/h;这种强劲的风力夹带着暴风雨是所有自然灾害中最具破坏力的,每年有数十个气旋性涡旋从海洋横扫至内陆地区,过后留下的都是一片狼藉。

在海洋中,海面风力和热盐等的作用会使海水从某一海域向另一海域流动,形成首尾相接的独立的环流系统或流旋。在海洋平面流场上,还有一类很常见的向内汇聚的螺旋水流,这种中心向下的运动就叫漩涡。由于地球自转的科氏力,在北半球水流漩涡是朝顺时针方向的,南半球是逆时针旋转的,像百慕大三角洲地区的漩涡和"俄勒冈漩涡"现象都是闻名的。漩涡作为一种洋流紊乱现象,本质上是因为涨潮的振动与落潮的振动相互作用产生的大尺度向内汇聚的涡旋。漩涡有流环、流环式中尺度涡和大洋中尺度涡,漩涡越寒冷,中心越低。在悉尼海岸附近就出现一个直径约 200 km 的中尺度巨大漩涡,居然导致海平面降低将近 1 m,甚至主要的洋流也因此受到影响。例如,2011 年 3 月 11 日在日本本州岛仙台港以东 130 km 处海域发生里氏 8.8 级强震,地震引发的海啸也形成了漩涡,如图 19-14 所示。

图 19-14　日本地震引发海啸形成的漩涡

由此可见,涡旋除了气旋外还有漩涡等,涡旋对人类的潜在影响很大,是造成厄尔尼诺反常气候的原因之一。此外,人类活动产生的温室气体排放不仅使地球大气温度升高,而且使海水温度升高。联合国政府间气候变化专门委员会(intergovernmental panel on climate change,IPCC)的第四次评估报告表明,从 20 世纪中期至今观测的大部分温度上升,有超过 90% 的可能性与人类活动产生的温室气体排放有关。越来越多的证据也表明,温室效应直接导致气候变化,进而引发极端气候事件。

不仅自然界的湍流、台风、飓风、热带气旋、化学过程等存在着螺旋结构,而且现实生活中螺旋状体或螺旋运动的实例也随处可见。例如,人的头顶上的头发一般是向四周倒伏的,但许多毛发的倾斜方向是一致的,毛流在头顶中间可形成一个中心向外、周围头发呈涡旋状的排列,俗称发旋。有的人发旋呈顺时针状,有的人发旋呈逆时针状,有的人甚至有几个发旋。除人以外,长毛动物的身上总长着许多毛旋。毛旋是动物进化中保留下来的,反映动物体毛的生长,如牛身上的毛旋既多又明显。

生物体内常常表现为螺旋状的结构。例如,珊瑚海岸中生长着一种海蠕虫,其软韧的腮部极像一朵盛开的螺旋状的花朵;属于人耳的一部分的耳窝是人体内出现的螺旋形状;而海螺则是最为常见的最为清晰地展现螺旋结构的生物体,图 19-15 所示为鹦鹉螺的图片;植物在生长过程中也有不少呈现出螺旋结构,像图 19-16 所示就是生长在云南省高黎贡山的一种蕨类植物。

根据上述不同尺度的物体所产生的螺旋运动或所具有的螺旋结构,可以在二维平面勾勒出如图 19-17 所示的螺旋线来。螺旋线是从螺旋结构抽象得到的,螺旋结构是平面物质普遍存在的形态,而螺旋运动则是二元系统形态变化的基本方式。在图 19-17 所示的平面图形中,螺旋线是相对完美和谐的不闭合几何图形。螺旋线可以

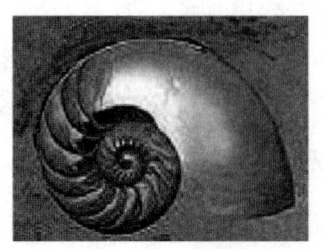
图 19-15 鹦鹉螺

图 19-16 蕨类植物

是开放的,也可以是收缩的。开放的螺旋线表达的是事物形态变化的发展方向,收缩的螺旋线表达的是事物形态变化的收敛方向。所以,事物的运动既有螺旋上升也有螺旋下降,这是人们认知的哲理。

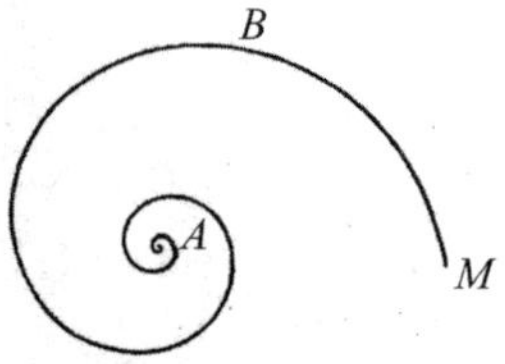

图 19-17 螺旋线

不过,要从本质上认识螺旋线渐次收放的螺旋结构,要用模型来刻画事物螺旋运动的升降关系,就必须建立二维理性认知坐标系,才能揭示二元系统形态的螺旋变化规律与螺旋分布规律。

二、二维空间的阻尼振动与生发振动

二维二仪质向量仿射坐标系 $\vec{\alpha}\vec{\beta}$ 可以映射到二维二仪质向量坐标系 $\vec{X}\vec{Y}$(或二维二仪笛卡尔直角坐标系 XY 或复坐标系),因此在二维二仪质向量坐标系 $\vec{X}\vec{Y}$ 四象空间中,通过互相垂直的一维二仪质向量坐标轴 $\vec{X}$ 和一维二仪质向量坐标轴 $\vec{Y}$ 上两个子系统质向量变化量的加和,即 $\Delta\vec{z}_{X+Y}=\Delta\vec{z}_X+\Delta\vec{z}_Y$,就可以得到表征二元系统形态变化的一维二元质向量变化量 $\Delta\vec{z}_{X+Y}$。

在二维二仪质向量坐标系 $\vec{X}\vec{Y}$ 四象空间的一定区域中,一个二元系统作为均衡反向系统可以发生简谐振动,这一简谐振动系统又可以看作在坐标轴 $\vec{X}$ 和坐标轴 $\vec{Y}$ 上参与了两个垂直方向的简谐振动。在互相垂直的一维二仪质向量坐标轴 $\vec{X}$ 和一维二仪质向量坐标轴 $\vec{Y}$ 内部分别打开 $(\vec{N},\vec{n},\vec{E},\vec{E}_{\neq},\vec{\varepsilon})$ 五维分质向量空间,在省却分质向量坐标轴关于取向规定和对坐标轴 $\vec{X}$ 和坐标轴 $\vec{Y}$ 进行垂向转置的情况下,把(19-15)式 $\dfrac{n_X}{N_X}=\cos(\kappa E+\delta_{X0})$ 和(19-16)式 $\dfrac{n_Y}{N_Y}=\cos(\kappa E+\delta_{Y0})$ 两个方程两边平方后求和,当初相位差为 $\delta=\dfrac{\pi}{2}$ 时,可以直接得到相同变化率的两个简谐振动在垂直方向的合成简谐振动规律为(19-22)式 $P_X^2+P_Y^2=\dfrac{n_X^2}{N_X^2}+\dfrac{n_Y^2}{N_Y^2}=1$,且其椭圆轨道运动的方向是顺时针的。同理,可以得到初相位差 $\delta=-\dfrac{\pi}{2}=\dfrac{3\pi}{2}$ 时,垂直方向上相同变化率的两个简谐振动合成规律也是$\frac{n_X^2}{N_X^2}+\frac{n_Y^2}{N_Y^2}=1$，只不过椭圆轨道运动的方向是逆时针的。但是，如果在互相垂直的一维二仪质向量坐标轴$\vec{X}$和一维二仪质向量坐标轴$\vec{Y}$的二仪空间中发生非简谐振动，在垂直方向上非简谐振动规律的合成规律就是二元系统的非自由振动规律。

（一）阻尼振动

任何一个二元系统产生非简谐振动，就是该二元系统克服其环境的阻尼作用达到了在一定条件下系统能量或物质的收支动态平衡。因而，只要环境条件一发生变化，环境的阻尼作用也必然发生变化，二元系统就不可能维持其原有能量和物质水平上的振动，不可能维持它的振幅不变，而只能像减幅摆那样发生阻尼振动或受迫振动。

在二维二仪质向量坐标系$\vec{X}\vec{Y}$中，当环境对于二元系统的阻尼持续增加，或者二元系统向环境发射的能量逐渐减小时，在相互垂直的两个方向上做简谐振动的二元系统在阻尼振动情形下就会使得变动力小于回复力或离心力小于向心力，二元系统在相互垂直的两个方向上所做的简谐振动就会因阻力占据优势而形成阻尼振动。

在二维二仪质向量坐标系$\vec{X}\vec{Y}$的坐标轴$\vec{X}$与坐标轴$\vec{Y}$内部$(N,\vec{n},E,\vec{E}_{\neq},\vec{\varepsilon})$五维分质向量空间的$(\vec{C}_N,\vec{n},\vec{E},\vec{C}_{E_{\neq}},\vec{C}_{\varepsilon})$截面上，以$\vec{n}$为因变量，在省却了质向量关于方向的规定后，阻尼振动规律可以用微分方程(16-68)式$\frac{\mathrm{d}^2n}{\mathrm{d}E^2}=-\kappa_-^2 n-\tau\frac{\mathrm{d}n}{\mathrm{d}E}$表示，内在回复力$F_-=-\kappa_-^2 n=-k_- n$与外在回复力$\zeta'=-\gamma\frac{\mathrm{d}n}{\mathrm{d}E}$之和与变动力$F_+=\frac{\mathrm{d}^2n}{\mathrm{d}E^2}$达到平衡。在$\gamma=2\beta$（$\beta$为阻尼因数）的规定下，(16-68)式就变成(16-69)式$\frac{\mathrm{d}^2n}{\mathrm{d}E^2}+2\beta\frac{\mathrm{d}n}{\mathrm{d}E}+\kappa_-^2 n=0$。

在对坐标轴$\vec{X}$与坐标轴$\vec{Y}$进行垂向转置的情况下，由(16-69)式$\frac{\mathrm{d}^2n}{\mathrm{d}E^2}+2\beta\frac{\mathrm{d}n}{\mathrm{d}E}+\kappa_-^2 n=0$解出的阻尼振动规律为(16-70)式$n=N_-\cos(C_\kappa E+C_\delta)$或$n=C_N\mathrm{e}^{-\beta E}\cos(C_\kappa E+C_\delta)$。阻尼振动中的总体单元数$N_-=C_N\mathrm{e}^{-\beta E}$，$C_N\mathrm{e}^{-\beta E}$表示的是振动中随着能量的增加而衰减的总体单元数，$\cos(C_\kappa E+C_\delta)$表示的振动单元数是以$\kappa$为形态变化率的循环性变化，$C_N\mathrm{e}^{-\beta E}\cos(C_\kappa E+C_\delta)$表示参与振动的单元数随着能量做循环性衰减的阻尼振动。阻尼振动规律就是近平衡态自发发射的负指数函数与简谐振动余弦函数的乘积，这种以振动形式表现的负指数运动规律反映的是近平衡态的形态变化与简谐振动的同向平行自发发射的规律，两个独立变化的过程表现出来的综合结果就像近平衡态自发发射的负指数函数附载在总体单元数恒定的余弦函数之上。$n=N_-\cos(C_\kappa E+C_\delta)$中的总体单元数$N_-$在实际的阻尼振动系统中并不是常量，而是随着系统的能量变化而在一定的范围内随着振动而渐次变小的变量。

当初相位差 $\delta=\delta_Y-\delta_X=\dfrac{\pi}{2}$ 时,在相互垂直的 X 轴和 Y 轴两个方向上进行分振动的阻尼振动规律就是近平衡态自发发射的负指数函数与余弦函数的乘积。如果在垂直方向上的两个分振动的变化率相等,由(16-70)式 $n=C_N \mathrm{e}^{-\beta E}\cos(C_\kappa E+C_\delta)=C_N \mathrm{e}^{-\beta E}\cdot\cos\varphi$,垂直方向分振动的阻尼振动规律就可以表示为

$$\begin{aligned}n_X &= C_{N_X}\mathrm{e}^{-\beta E}\cos(\kappa E+C_{\delta_X})\\ &= C_{N_X}\mathrm{e}^{-\beta E}\sin(\kappa E+C_{\delta_Y})\\ &= C_{N_X}\mathrm{e}^{-\beta E}\cos\varphi_X\end{aligned} \tag{19-61}$$

$$\begin{aligned}n_Y &= C_{N_Y}\mathrm{e}^{-\beta E}\cos(\kappa E+C_{\delta_Y})\\ &= C_{N_Y}\mathrm{e}^{-\beta E}\sin(\kappa E+C_{\delta_X})\\ &= C_{N_Y}\mathrm{e}^{-\beta E}\sin\varphi_X\end{aligned} \tag{19-62}$$

或者以信息的形式来表示,则有

$$\begin{aligned}P_X &= \mathrm{e}^{-\beta E}\cos(\kappa E+C_{\delta_X})\\ &= \mathrm{e}^{-\beta E}\sin(\kappa E+C_{\delta_Y})\\ &= \mathrm{e}^{-\beta E}\cos\varphi_X\end{aligned} \tag{19-63}$$

$$\begin{aligned}P_Y &= \mathrm{e}^{-\beta E}\cos(\kappa E+C_{\delta_Y})\\ &= \mathrm{e}^{-\beta E}\sin(\kappa E+C_{\delta_X})\\ &= \mathrm{e}^{-\beta E}\sin\varphi_X\end{aligned} \tag{19-64}$$

此两式表明了阻尼振动规律就是近平衡态自发发射的负指数函数与余弦函数的乘积。把(19-61)式 $n_X=C_{N_X}\mathrm{e}^{-\beta E}\cos\varphi_X$ 与(19-62)式 $n_Y=C_{N_Y}\mathrm{e}^{-\beta E}\sin\varphi_X$ 平方后加和,就得到垂直方向相同变化率的两个阻尼振动的合成规律

$$\left(\dfrac{n_X}{C_{N_X}\mathrm{e}^{-\beta E}}\right)^2+\left(\dfrac{n_Y}{C_{N_Y}\mathrm{e}^{-\beta E}}\right)^2=\cos^2\varphi_X+\sin^2\varphi_X=1 \tag{19-65}$$

这一椭圆方程表示,长半轴和短半轴分别代表垂直方向的两个阻尼振动子系统的总体单元数 N_X 和 N_Y,它们都不是常量而是随着能量的增加而呈负指数减小的变量。这就是说,在有阻尼影响且两个分振动的变化率相等的条件下,其合成的结果就会将椭圆运动的轨迹变成振幅按负指数函数变化而缩小的椭圆螺线运动轨迹。

在二维二仪质向量坐标系 $\vec{X}\vec{Y}$ 内部 $(\vec{P},\vec{E},\vec{E}_{\neq},\vec{\varepsilon})$ 四维分质向量空间的 $(\vec{P},\vec{E},\vec{C}_{E_{\neq}},\vec{C}_{\varepsilon})$ 截面上,以 $\vec{P}$ 为因变量,省却了分质向量关于方向的规定,把(19-63)式 $P_X=\mathrm{e}^{-\beta E}\cos\varphi_X$ 与(19-64)式 $P_Y=\mathrm{e}^{-\beta E}\sin\varphi_X$ 平方后加和,就得到

$$P_X^2+P_Y^2=\mathrm{e}^{-2\beta E}(\cos^2\varphi_X+\sin^2\varphi_X)=\mathrm{e}^{-2\beta E} \tag{19-66}$$

如此就有

$$P_{X+Y}=\sqrt{P_X^2+P_Y^2}=\mathrm{e}^{-\beta E} \tag{19-67}$$

此式表明,在二维二仪质向量坐标系 $\vec{X}\vec{Y}$ 四象空间中,两个阻尼振动子系统分别在

互相垂直的坐标轴 $\vec{X}$ 和坐标轴 $\vec{Y}$ 内部 $(\vec{P},\vec{E},\vec{E}_{\neq},\vec{\varepsilon})$ 四维分质向量空间的 $(\vec{P},\vec{E},\vec{C}_{E_{\neq}},\vec{C}_{\varepsilon})$ 截面上进行阻尼振动,二元系统阻尼振动的形态变化规律可以用平面格子对角线终点的一维二元信息 P_{X+Y} 表示。在近平衡态,一维二元信息 P_{X+Y} 表现为能量 E 的负指数函数。

在二维二仪质向量坐标系 $\vec{X}\vec{Y}$ 内部 $(\vec{N},\vec{n},\vec{E},\vec{E}_{\neq},\vec{\varepsilon})$ 五维分质向量空间的 $(\vec{C}_N,\vec{n},\vec{E},\vec{C}_{E_{\neq}},\vec{C}_{\varepsilon})$ 截面上,省却了分质向量关于取向的规定,如果二元系统的两个子系统在 X 轴和 Y 轴垂向上的阻尼振动不仅变化率相等($\kappa_X=\kappa_Y$)而且总体单元数也相等($N_X=N_Y=C_N$),(19-66)式 $P_X^2+P_Y^2=e^{-2\beta E}$ 就可以表示为

$$n_X^2+n_Y^2=(C_N e^{-\beta E})^2$$

或

$$n_{X+Y}=\sqrt{n_X^2+n_Y^2}=C_N e^{-\beta E} \tag{19-68}$$

实际的环境介质都是具有一定的阻尼作用的。实际环境介质的阻力作用的存在增加了二元系统的回复力,维持二元系统做振动的回复力就要大于变动力。但是,向心力大于离心力就会迫使二元系统改变原来的运动轨迹,二元系统的运动幅度就要向心(向内)汇聚退缩以取得新的平衡。在这一过程中,每一个分振动参与振动的总体单元数都按负指数规律变化而减少。只要在运动过程中向心力小于离心力的条件没有改变,阻尼振动系统运动轨道向心(向内)汇聚退缩的过程将持续进行,因而在二维二仪质向量坐标系 $\vec{X}\vec{Y}$ 四象空间的阻尼振动系统变动轨迹就表现为向内旋集的对数螺线。这是一条无止境的螺线,它永远向着极点绕转,越绕转越靠近极点,但又永远不能到达极点,如图 19-18 所示。

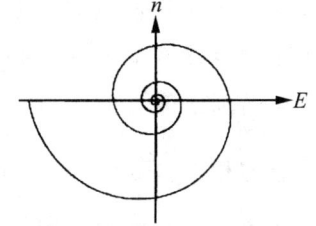

图 19-18　向内旋集的对数螺线

（二）生发振动

任何系统都是与环境紧密联系的。当实际环境把其他形式的能量连续供给系统,输入系统的能量持续增大,使维持系统做振动的变动力大于回复力时,均衡反向系统也不可能再继续做简谐振动,由此产生的变动力占据优势而形成的非简谐振动就是生发振动。

在二维二仪质向量坐标系 $\vec{X}\vec{Y}$ 中,当环境输入二元系统的能量持续增大,或者二元系统从环境吸收的能量逐渐增加时,在相互垂直的坐标轴 $\vec{X}$ 和坐标轴 $\vec{Y}$ 两个方向上做简谐振动的二元系统在生发振动的情形下,就会使得变动力(对生命体而言,可称为生发力)大于回复力或离心力大于向心力,二元系统在相互垂直的坐标轴 $\vec{X}$ 和坐标轴 $\vec{Y}$ 两个方向上所做的简谐振动都受到环境的动力作用也就成为生发振动或负阻尼振动。

在二维二仪质向量坐标系 $\vec{X}\vec{Y}$ 的坐标轴 $\vec{X}$ 和坐标轴 $\vec{Y}$ 内部 $(\vec{N},\vec{n},\vec{E},\vec{E}_{\neq},\vec{\varepsilon})$ 五维

分质向量空间的 $(\vec{C}_N, \vec{n}, \vec{E}, \vec{C}_{E_{\neq}}, \vec{C}_{\varepsilon})$ 截面上,以 $\vec{n}$ 为因变量,在省却分质向量关于方向的规定后,生发振动规律可把阻尼振动微分方程(16-69)式 $\frac{d^2 n}{dE^2}+2\beta\frac{dn}{dE}+\kappa_-^2 n=0$ 中的阻尼因数 β 变为负数,或把阻尼因数 β 改写为 $\alpha \equiv \beta_+$,$\beta_+ < 0$ 为负阻尼因数(生发因数)。生发振动就是负阻尼振动,在 α 为生发因数的规定下,生发振动形态变化规律就可以用微分方程(16-88)式 $\frac{d^2 n}{dE^2}+2\alpha\frac{dn}{dE}+\kappa_+^2 n=0$ 表示。

在生发系数 α 较小时,由(16-88)式 $\frac{d^2 n}{dE^2}+2\alpha\frac{dn}{dE}+\kappa_+^2 n=0$ 解出的生发振动规律为(16-89)式 $n = N_+ \cos(C_\kappa E + C_\delta)$ 或 $n = C_N e^{+\alpha E}\cos(C_\kappa E + C_\delta)$。生发振动中的总体单元数 $N_+ = C_N e^{+\alpha E}$,$C_N e^{+\alpha E}$ 表示的是振动中随着能量的增加而增大的总体单元数,$\cos(C_\kappa E + C_\delta)$ 表示的振动单元数是以 κ 为形态变化率的循环性变化,$C_N e^{+\alpha E}\cos(C_\kappa E + C_\delta)$ 表示参与振动的单元数随着能量做循环性增大的生发振动。生发振动规律就是近平衡态吸收发射的指数函数与简谐振动余弦函数的乘积,这种以振动形式表现的指数运动规律反映的是近平衡态吸收发射的形态变化规律与简谐振动的同向平行吸收发射规律,两个独立变化的过程表现出来的综合结果就像近平衡态吸收发射的指数函数附载在总体单元数恒定的余弦函数之上。$n = N_+ \cos(C_\kappa E + C_\delta)$ 中的总体单元数 N_+ 在实际的生发振动系统中并不是常量,而是随着系统的能量变化而在一定的范围内随着振动而渐次变大的变量。

当初相位差 $\delta = C_\delta = \frac{\pi}{2}$ 时,在相互垂直的 X 轴和 Y 轴两个方向上进行分振动的生发振动规律就是近平衡态吸收发射的指数函数与余弦函数的乘积。如果在垂直方向上的两个分振动的变化率相等,由(16-89)式 $n = C_N e^{+\alpha E}\cos(C_\kappa E + C_\delta) = C_N e^{+\alpha E}\cos\varphi$,垂直方向分振动的生发振动规律就可以在二维二仪质向量坐标系 $\vec{X}\vec{Y}$ 的坐标轴 $\vec{X}$ 和坐标轴 $\vec{Y}$ 内部 $(\vec{N},\vec{n},\vec{E},\vec{E}_{\neq},\vec{\varepsilon})$ 五维分质向量空间的 $(\vec{C}_N,\vec{n},\vec{E},\vec{C}_{E_{\neq}},\vec{C}_\varepsilon)$ 截面上表示为

$$n_X = C_{N_X} e^{+\beta E}\cos(\kappa E + C_{\delta_X})$$
$$= C_{N_X} e^{+\beta E}\sin(\kappa E + C_{\delta_Y})$$
$$= C_{N_X} e^{+\beta E}\cos\varphi_X \tag{19-69}$$
$$n_Y = C_{N_Y} e^{+\beta E}\cos(\kappa E + C_{\delta_Y})$$
$$= C_{N_Y} e^{+\beta E}\sin(\kappa E + C_{\delta_X})$$
$$= C_{N_Y} e^{+\beta E}\sin\varphi_Y \tag{19-70}$$

或者以信息的形式来表示,则有

$$P_X = e^{+\beta E}\cos(\kappa E + C_{\delta_X})$$
$$= e^{+\beta E}\sin(\kappa E + C_{\delta_Y})$$
$$= e^{+\beta E}\cos\varphi_X \tag{19-71}$$

$$P_Y = e^{+\beta E}\sin(\kappa E+C_{\delta_X})$$
$$= e^{+\beta E}\cos(\kappa E+C_{\delta_Y})$$
$$= e^{+\beta E}\sin\varphi_X \qquad (19-72)$$

此两式表明了生发振动规律就是近平衡态吸收发射的指数函数与余弦函数的乘积。

把(19-69)式 $n_X=C_{N_X}e^{+\beta E}\cos\varphi_X$ 与(19-70)式 $n_Y=C_{N_Y}e^{+\beta E}\sin\varphi_Y$ 平方后加和，就得到垂直方向相同变化率的两个生发振动的合成规律

$$\left(\frac{n_X}{C_{N_X}e^{+\beta E}}\right)^2+\left(\frac{n_Y}{C_{N_Y}e^{+\beta E}}\right)^2=\cos^2\varphi_X+\sin^2\varphi_Y=1 \qquad (19-73)$$

这一椭圆方程表示，长半轴和短半轴就分别代表垂直方向的两个生发振动子系统的总体单元数 N_X 和 N_Y，它们都不是常量而是随着能量的增加而呈指数增大的变量。这就是说，在有动力影响且两个垂向分振动的变化率相等的条件下，其合成的结果就会将椭圆运动的轨迹变成振幅按指数函数变化而增大的椭圆螺线运动轨迹。

在二维二仪质向量坐标系 $\vec{X}\vec{Y}$ 内部 $(\vec{P},\vec{E},\vec{E}_{\ne},\vec{\varepsilon})$ 四维分质向量空间的 $(\vec{P},\vec{E},\vec{C}_{E_{\ne}},\vec{C}_{\varepsilon})$ 截面上，以信息 $\vec{P}$ 为因变量，省却了分质向量关于方向的规定，把(19-71)式 $P_X=e^{+\beta E}\cos\varphi_X$ 与(19-72)式 $P_Y=e^{+\beta E}\sin\varphi_X$ 平方后加和，就得到

$$P_X^2+P_Y^2=e^{+2\beta E}(\cos^2\varphi_X+\sin^2\varphi_Y)$$
$$=e^{+2\beta E} \qquad (19-74)$$

如此就有

$$P_{X+Y}=\sqrt{P_X^2+P_Y^2}=e^{+\beta E} \qquad (19-75)$$

此式表明，在二维二仪质向量坐标系 $\vec{X}\vec{Y}$ 四象空间中，两个生发振动子系统分别在互相垂直的坐标轴 $\vec{X}$ 和坐标轴 $\vec{Y}$ 内部 $(\vec{P},\vec{E},\vec{E}_{\ne},\vec{\varepsilon})$ 四维分质向量空间的 $(\vec{P},\vec{E},\vec{C}_{E_{\ne}},\vec{C}_{\varepsilon})$ 截面上进行生发振动，二元系统阻尼振动的形态变化规律可以用平面格子对角线终点的一维二元信息 P_{X+Y} 表示。在近平衡态，一维二元信息 P_{X+Y} 表现为能量 E 的正指数函数。

特别地，如果二元系统的两个子系统在垂向上的生发振动不仅变化率相等（$\kappa_X=\kappa_Y$）而且总体单元数也相等（$N_X=N_Y=C_N$），那么(19-75)式 $P_{X+Y}=e^{+\beta E}$ 在二维二仪质向量坐标系 $\vec{X}\vec{Y}$ 内部 $(\vec{N},\vec{n},\vec{E},\vec{E}_{\ne},\vec{\varepsilon})$ 五维分质向量空间的 $(\vec{C}_N,\vec{n},\vec{E},\vec{C}_{E_{\ne}},\vec{C}_{\varepsilon})$ 截面上就可以表示为

$$n_X^2+n_Y^2=(C_N e^{+\beta E})^2$$

或

$$n_{X+Y}=\sqrt{n_X^2+n_Y^2}=C_N e^{+\beta E} \qquad (19-76)$$

当环境对于二元系统的作用不断增大时，增加了二元系统的变动力，维持二元系统做振动的变动力就要大于回复力。但是，离心力大于向心力就会迫使二元系统改变原来的运动轨迹，二元系统的运动幅度就要离心（向外）发散扩张以取得新的平衡。在这

一过程中,每一个分振动参与振动的总体单元数都按指数规律变化而增加。在负阻尼的情况下,只要运动过程中离心力大于向心力的条件没有改变,生发振动系统运动幅度离心(向外)发散扩张的过程将持续进行,因而生发振动系统在二维二仪质向量坐标系$\vec{X}\vec{Y}$四象空间的变动轨迹就是向外发散的对数螺线。这是一根无止境的螺线,它一离开极点就开始发散,并逐渐远离极点且永远不能到达终点,如图19-19所示。

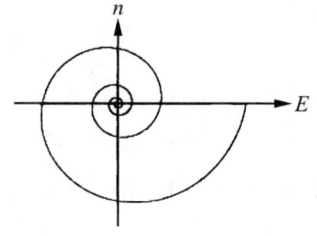

图 19-19　向外发散的对数螺线

三、近平衡态的非简谐系统螺旋运动规律

在二维二仪质向量坐标系$\vec{X}\vec{Y}$内部$(\vec{N},\vec{n},\vec{E},\vec{E}_{\neq},\vec{\varepsilon})$五维分质向量空间的$(\vec{C}_N,\vec{n},\vec{E},\vec{C}_{E_{\neq}},\vec{C}_{\varepsilon})$截面上,省却了分质向量关于方向的规定,在变化率相等$(\kappa_X=\kappa_Y)$且总体单元数也相等$(N_X=N_Y=C_N)$的条件下,两个垂向的生发振动或阻尼振动的合成规律就是二元非简谐振动系统在近平衡态的螺旋运动规律,可以统一表达为

$$n_{X+Y}=\sqrt{n_X^2+n_Y^2}=C_N e^{\pm\beta E} \tag{19-77}$$

式中,指数中的符号"+"代表生发振动,其轨迹是向外发散的对数螺线;符号"-"代表阻尼振动,其轨迹是向内会聚的对数螺线。

在二维二仪质向量坐标系$\vec{X}\vec{Y}$内部$(\vec{P},\vec{E},\vec{E}_{\neq},\vec{\varepsilon})$四维分质向量空间的$(\vec{P},\vec{E},\vec{C}_{E_{\neq}},\vec{C}_{\varepsilon})$截面上,省却了分质向量关于方向的规定,(19-77)式还可以用一维二元信息P_{X+Y}为因变量来表示

$$P_{X+Y}^2=P_X^2+P_Y^2=e^{\pm 2\beta E} \tag{19-78}$$

在近平衡态,二元系统形态变化规律也可以表达为

$$\begin{aligned}P_{X+Y}&=\sqrt{P_X^2+P_Y^2}\\&=e^{\pm\beta E}\\&=e^{\pm S}\end{aligned} \tag{19-79}$$

此即表明,二元系统的生发振动或阻尼振动的信息P_{X+Y}为坐标轴$\vec{X}$和坐标轴$\vec{Y}$两个垂向的分振动信息$\vec{P}_X$和$\vec{P}_Y$的向量和,而熵$S=\beta E$。

由于振动信息$\vec{P}_{X+Y}$由坐标轴$\vec{X}$和坐标轴$\vec{Y}$两个相互垂直的分振动信息$\vec{P}_X$和$\vec{P}_Y$组成,其自乘$\vec{P}_{X+Y}\vec{P}_{X+Y}=|\vec{P}_{X+Y}|^2=P_{X+Y}^2=(\vec{P}_X+\vec{P}_Y)(\vec{P}_X+\vec{P}_Y)=P_X^2+P_Y^2$,即(19-78)式$P_{X+Y}^2=P_X^2+P_Y^2=e^{\pm 2\beta E}$,因此,在二维二仪质向量坐标系$\vec{X}\vec{Y}$内部的多维分质向量空间中,近平衡态二元系统形态变化规律表现为指数形式。坐标轴$\vec{X}$和坐标轴$\vec{Y}$两个垂向的生发振动(或阻尼振动)的合成规律表现为指数函数,这是生发振动系统(或阻尼振动系统)的形态变化包含着单向的吸收发射(或自发发射)和双向的简谐振动两个

独立平行的形态变化。

通过这个演绎自然得到的规律——"自然律"可见,在吸收发射条件下,二元系统朝着熵减的方向体现着生发的力量;在自发发射条件下,二元系统朝着熵增的方向体现着衰变的力量。由于生发力显示了二元系统按照"自然律"有序化过程促进自身的动态发展(如生命体的细胞繁殖),因此像广阔无垠、生机盎然的草原可以让人感到欣欣向荣的有序和生机;而衰落力显示了二元系统按照"自然律"无序化过程自身逐渐衰落的崩溃过程,因此像荒僻不毛、浩瀚无际的大漠可以让人感到肃穆苍茫的无序和死寂。

如果取 $\varphi=\varphi_X$,那么(19-71)式 $P_X=\mathrm{e}^{+\beta E}\cos(\kappa E+C_{\delta_x})=\mathrm{e}^{+\beta E}\cos\varphi_X$ 和(19-63)式 $P_X=\mathrm{e}^{-\beta E}\cos(\kappa E+C_{\delta_x})=\mathrm{e}^{-\beta E}\cos\varphi_X$ 也可以写成

$$P_X=\mathrm{e}^{\pm\beta E}\cos(\kappa E+C_{\delta_x})=\mathrm{e}^{\pm\beta E}\cos\varphi \tag{19-80}$$

由(19-72)式 $P_Y=\mathrm{e}^{+\beta E}\sin(\kappa E+C_{\delta_x})=\mathrm{e}^{+\beta E}\sin\varphi_X$ 和(19-64)式 $P_Y=\mathrm{e}^{-\beta E}\sin(\kappa E+C_{\delta_x})=\mathrm{e}^{-\beta E}\sin\varphi_X$,也可以得到

$$P_Y=\mathrm{e}^{\pm\beta E}\sin(\kappa E+C_{\delta_x})=\mathrm{e}^{\pm\beta E}\sin\varphi \tag{19-81}$$

其实,在二维二仪质向量坐标系 $\vec{X}\vec{Y}$ 内部的 $(\vec{P},\vec{S})$ 二维分质向量空间中,分振动信息 $\vec{P}_X$ 就是一维二元信息 $P_{X+Y}=\sqrt{P_X^2+P_Y^2}$ 在一维二仪质向量坐标轴 $\vec{X}$ 上的投影,即

$$P_X=P_{X+Y}\cos\varphi \tag{19-82}$$

分振动信息 $\vec{P}_Y$ 就是一维二元信息 $P_{X+Y}=\sqrt{P_X^2+P_Y^2}$ 在一维二仪质向量坐标轴 $\vec{Y}$ 上的投影,即

$$P_Y=P_{X+Y}\sin\varphi \tag{19-83}$$

在坐标轴 $\vec{X}$ 上的分振动信息 $\vec{P}_X$ 和在坐标轴 $\vec{Y}$ 上的分振动信息 $\vec{P}_Y$ 相互垂直,其夹角为 $<\vec{P}_X,\vec{P}_Y>=\frac{\pi}{2}$。一维二元振动信息 $\vec{P}_{X+Y}$ 与 $\vec{X}$ 轴上的分振动信息 $\vec{P}_X$ 的夹角记作 $\varphi_X=<\vec{P}_{X+Y},\vec{P}_X>$,一维二元振动信息 $\vec{P}_{X+Y}$ 与 $\vec{Y}$ 轴上的分振动信息 $\vec{P}_Y$ 的夹角记作 $\varphi_Y=<\vec{P}_{X+Y},\vec{P}_Y>$,$\cos\varphi_X=\cos<\vec{P}_{X+Y},\vec{P}_X>$ 和 $\cos\varphi_Y=\cos<\vec{P}_{X+Y},\vec{P}_Y>$ 就称为一维二元振动信息 $\vec{P}_{X+Y}$ 的方向余弦。

把(19-82)式 $P_X=P_{X+Y}\cos\varphi$ 除以(19-83)式 $P_Y=P_{X+Y}\sin\varphi$,得到

$$\frac{P_X}{P_Y}==\cot\varphi \tag{19-84}$$

由此,还可以变换为

$$\varphi=\mathrm{arccot}\frac{P_X}{P_Y}=\mathrm{artan}\frac{P_Y}{P_X} \tag{19-85}$$

或

$$\varphi=\mathrm{arccot}\frac{n_X}{n_Y}=\mathrm{arctan}\frac{n_Y}{n_X} \tag{19-86}$$

综上所述,平面螺旋状物体以静态的形式存在,而二维螺旋运动则以动态的形式运

动。平面中的螺旋状物体或二维螺旋运动都可以与非简谐振动建立联系,在二维二仪质向量坐标系中揭示的非简谐振动系统的垂向合成规律就是二元系统螺旋运动规律,这也是在近平衡态的二元非简谐振动系统形态变化规律。

第四节 极坐标本质与黄金数天机

在近平衡态的二元非简谐振动系统形态变化规律可以表达为极坐标中的螺旋运动规律。通过揭示奇特的黄金分割数所深藏的天机,就可以破解黄金数 Φ_- 和 Φ_+ 的各种性质。事物都是以最优的阻尼振动或最优的生发振动的方式进行自然选择的,所以在现实世界的不同领域处处都蕴含着黄金数的密码并显露出黄金数的神奇魅力。

一、极坐标中的螺旋运动规律

在二维二仪质向量坐标系 $\vec{X}\vec{Y}$ 四象空间中,二元系统形态变化规律可以用二维二元质向量变化量 $\Delta\vec{z}_{XY}$ 来表示,也可以通过一维二元质向量 $\Delta\vec{z}_{X+Y}$ 来表达,且可以用坐标轴 $\vec{X}$ 和坐标轴 $\vec{Y}$ 上子系统的形态变化量的加和 $\Delta\vec{z}_{X+Y} = \Delta\vec{x} + \Delta\vec{y}$ 来表达。如果打开二维二仪质向量坐标系 $\vec{X}\vec{Y}$ 的坐标轴 $\vec{X}$ 和坐标轴 $\vec{Y}$ 内部的 $(\vec{P},\vec{S})$ 二维分质向量空间,一维二元信息 $\vec{P}_{X+Y}$ 就可由相互独立的两个分质向量 $\vec{P}_X$ 和 $\vec{P}_Y$ 来表达,即 $\vec{P}_{X+Y} = \vec{P}_X + \vec{P}_Y$;一维二元熵 $\vec{S}_{X+Y}$ 也可以由相互独立的两个分质向量 $\vec{S}_X$ 和 $\vec{S}_Y$ 来表达,即 $\vec{S}_{X+Y} = \vec{S}_X + \vec{S}_Y$。

通过垂向的坐标轴 $\vec{X}$ 和坐标轴 $\vec{Y}$ 生发振动或阻尼振动的振动信息 $\vec{P}_X$ 和 $\vec{P}_Y$ 的分质向量的合成,得到二元非简谐振动系统的振动信息 $\vec{P}$ 的模与两个分振动信息 $\vec{P}_X,\vec{P}_Y$ 的关系满足(19-79)式 $P_{X+Y} = \sqrt{P_X^2 + P_Y^2} = e^{\pm\beta E}$,这就是二元系统在坐标轴 $\vec{X}$ 和坐标轴 $\vec{Y}$ 上的两个子系统的生发振动规律或阻尼振动规律的合成表达形式。一维二元信息 $\vec{P}_{X+Y}$ 在坐标轴 $\vec{X}$ 上的投影为(19-80)式 $P_X = e^{\pm\beta E}\cos(\kappa E + C_{\delta_x}) = e^{\pm\beta E}\cos\varphi$,代表着坐标轴 $\vec{X}$ 上的生发振动规律或阻尼振动规律;一维二元信息 $\vec{P}_{X+Y}$ 在坐标轴 $\vec{Y}$ 上的投影为(19-81)式 $P_Y = e^{\pm\beta E}\sin(\kappa E + C_{\delta_x}) = e^{\pm\beta E}\sin\varphi$,代表着坐标轴 $\vec{Y}$ 上的生发振动规律或阻尼振动规律。

二元非简谐振动系统的振动信息 P_{X+Y} 是以自然数为底的指数函数 $P_{X+Y} = e^{\pm\beta E}$,因此二元非简谐振动系统形态变化规律就是在近平衡态的螺旋运动规律。但是,在推演这一"自然律"的过程中,对于其形态参量及其常数所隐含的奥秘还需要进一步探索。

在二维二仪质向量坐标系$\vec{X}\vec{Y}$的坐标轴$\vec{X}$和坐标轴$\vec{Y}$内部$(\vec{N},\vec{n},\vec{E},\vec{E}_{\ne},\vec{\varepsilon})$五维分质向量空间的$(\vec{C}_N,\vec{n},\vec{E},\vec{C}_{E_\ne},\vec{C}_\varepsilon)$截面上，以振动单元数$\vec{n}$为因变量，在省却分质向量关于方向的规定时，在近平衡态的二元非简谐振动系统螺旋运动规律可以用(19-77)式$n_{X+Y}=\sqrt{n_X^2+n_Y^2}=C_N\mathrm{e}^{\pm\beta E}$表示，其中，振动单元数$n_{X+Y}$作为能量$E$的函数，而总体单元数$C_N$和$\beta$都是常数。

在吸收发射条件下且当$E_{\ne+}=C_{E_{\ne+}}=0$时，$C_+^0=\mathrm{e}^{-\kappa C_{E_{\ne+}}}=1$，(9-17)式$P_+=C_\pm^0\cdot\mathrm{e}^{\pm\kappa E_+}$成为

$$n_+=C_{N_+}\mathrm{e}^{+\kappa E_+}=C_{N_+}\mathrm{e}^{+\xi_+} \tag{19-87}$$

将上式与(19-77)式$n_{X+Y}=C_N\mathrm{e}^{\pm\beta E}$比较可见，$n_+=n_{X+Y}$，$\kappa=\beta=1/C_\varepsilon$。

由共线向量定理(4-6)式$\vec{a}=\lambda\vec{b}$可知，能商$\vec{\xi}_+$作为质向量，只要与另一个质向量$\vec{\varphi}$存在共线关系，就有

$$\vec{\xi}=B\vec{\varphi} \quad (\varphi\geqslant 0) \tag{19-88}$$

式中，B为常数，$B\in(-\infty,+\infty)$。可见，质向量$\vec{\varphi}$可作为能商$\vec{\xi}$的显性因子。在省却分质向量关于方向的规定时，(19-88)式$\vec{\xi}=B\vec{\varphi}$又可以写作

$$\xi=B\varphi \quad (\varphi\geqslant 0) \tag{19-89}$$

因此，在二维二仪质向量坐标系$\vec{X}\vec{Y}$的坐标轴$\vec{X}$和坐标轴$\vec{Y}$内部$(\vec{N},\vec{n},\vec{E},\vec{E}_{\ne},\vec{\varepsilon})$五维分质向量空间的$(\vec{C}_N,\vec{n},\vec{E},\vec{C}_{E_\ne},\vec{C}_\varepsilon)$截面上，省却了分质向量关于方向的规定，在近平衡态的二元非简谐振动系统变化规律(19-77)式$n_{X+Y}=C_N\mathrm{e}^{\pm\beta E}$可以用$\varphi$的函数$f(\varphi)$来表达，即

$$n_{X+Y}=C_N\mathrm{e}^{\pm B\varphi} \quad (\varphi\geqslant 0) \tag{19-90}$$

如果上式两边都乘于线元l_ε，且令$\rho\equiv nl_\varepsilon$，$\rho_0\equiv C_Nl_\varepsilon$，那么，二维二仪质变量坐标系$XY$内部$(N,n,E,E_\ne,\varepsilon)$五维分质变量空间的$(C_N,n,E,C_{E_\ne},C_\varepsilon)$截面就变换为$(\rho_0,\rho,\varphi,B)$的分质变量平面，在近平衡态的二元非简谐振动系统变化规律就是

$$\rho=\rho_0\mathrm{e}^{\pm B\varphi} \quad (\varphi\geqslant 0) \tag{19-91}$$

式中，ρ_0表现为确定的长度，(ρ_0,ρ,φ,B)平面也就是(ρ,φ)平面。

如果把质变量ρ称为极径，质变量φ称为极角，建立的$\rho\varphi$坐标系就是如图19-20所示的极坐标系。极坐标系$\rho\varphi$是由极点O和极轴(自O引一射线$\overrightarrow{OA}$)组成。在极坐标系$\rho\varphi$中，极径$\rho>0$，极角$0\leqslant\varphi<2\pi$，极点为参照点(其极径$\rho=0$)。当极角$\varphi=0$时，极径$\rho=\rho_0$。

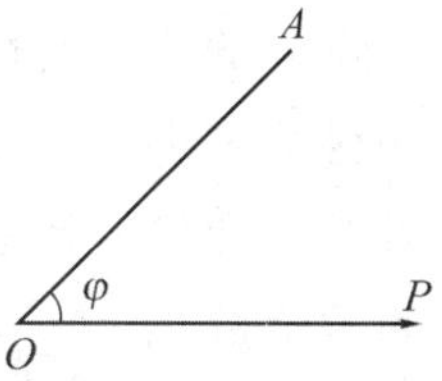

图 19-20 极坐标系

因此，(19-91)式$\rho=\rho_0\mathrm{e}^{\pm B\varphi}$可以看作在极坐标系中用极方程$\rho=\rho(\varphi)$表示的在近平衡态的二元非简谐振动系统螺旋运动规律。

不过，在(19-91)式$\rho=\rho_0\mathrm{e}^{\pm B\varphi}$中，除了极径$\rho_0$为确定的长度外，指数项还有常数

B。由(19-89)式 $\xi=B\varphi$ 可知,在极角 $\varphi=1$ 时,能商 $\xi=B$。对于(19-86)式 $\varphi=\text{arccot}\dfrac{n_X}{n_Y}=\text{arctan}\dfrac{n_Y}{n_X}$ 而言,当极角 $\varphi=\varphi_X=1$ 时,$\dfrac{n_X}{n_Y}$ 就有确定的比值。反之,当 $\dfrac{n_X}{n_Y}$ 或 $\dfrac{n_Y}{n_X}$ 有确定的比值时,$\tan\dfrac{n_Y}{n_X}$ 与 $\text{arctan}\dfrac{n_Y}{n_X}$ 或 $\cot\dfrac{n_X}{n_Y}$ 与 $\text{arccot}\dfrac{n_X}{n_Y}$ 就有确定的值。为此,把 τ 称为定角

$$\tau=\dfrac{n_Y}{n_X} \tag{19-92}$$

在极坐标中,定角 τ 名为"倾斜度",其定义域为 $(0,\pi)$。

如果令

$$B\equiv\text{arccot}\,\tau \tag{19-93}$$

那么,$B=\text{arccot}\,\tau$ 描绘的 $B\sim\tau$ 曲线为一反 S 形曲线,如图 19-21 所示。

把(19-93)式 $B\equiv\text{arccot}\,\tau$ 代回(19-91)式 $\rho=\rho_0 e^{\pm B\varphi}$,其极坐标方程就是

$$\rho=\rho_0 e^{\pm(\text{arccot}\,\tau)\varphi} \tag{19-94}$$

由此就可以绘制在近平衡态的二元非简谐振动系统螺旋运动规律曲线。由于这一条 $\rho\sim\varphi$ 螺旋曲线在每个点 P 的切向量都与某定点 O 至此点 P 所成的向量 $\overrightarrow{OP}$ 夹成一定角 τ,

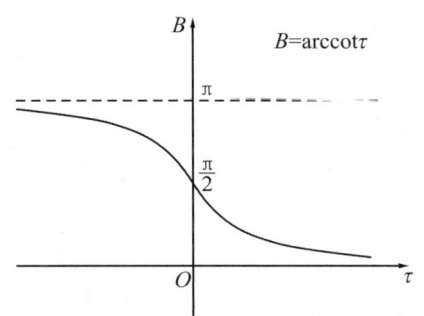

图 19-21 二元非简谐振动系统的 $B\sim\tau$ 曲线

且这一定角不是直角,因此这一螺旋曲线称为等角螺线(或定倾曲线),O 点称为它的极点。

等角螺线又称作对数螺线。早在 2 000 多年以前,阿基米德就对螺旋线进行了研究。1638 年,笛卡尔首先描述了对数螺旋线,并列出了螺旋线的解析式。后来,瑞士数学家伯努利重新研究了等角螺线,并发现了等角螺线的许多特性,如等角螺线是自我相似的,即对数螺线经放大后可与原图完全相同;经过各种适当的变换之后所得的曲线仍是全等的等角螺线,等角螺线的渐屈线和垂足线都是对数螺线;从原点到对数螺线的任意点上的长度有限,但由那点出发沿对数螺线走到原点需绕原点转无限次等。但是,这些科学家都没有认识到等角螺线的本质就是二维平面中的指数曲线,因此他们可以探索等角螺线的诸多特性,却未能发现在等角螺线中起等角作用的常数 B 就隐含着神奇的黄金数!

其实,发现经验世界中深密而恒常的东西,并找到它们与自己关联的各种模式是人们探索外部世界与认识人自身的内在动力。人类起源新假说就认为,有某些非常精确的法则和自然参数在支配着宇宙的演化,生命也不例外,宇宙的平衡就取决于这些参数和同样极端精确的常数,而人类已渐渐发现了这些精确的常数。为此,有必要深入探索常数 B 在等角螺线中起等角作用的机制。

二、破解黄金分割数的天机

在二维二仪质向量坐标系 $\vec{X}\,\vec{Y}$ 内部 $(\vec{N},\vec{n},\vec{E},\vec{E}_{\neq},\vec{\varepsilon})$ 五维分质向量空间的 $(\vec{C}_N,\vec{n},\vec{E},\vec{C}_{E_{\neq}},\vec{C}_{\varepsilon})$ 截面上,省却了分质向量关于方向的规定,(19-77)式 $n_{X+Y}=\sqrt{n_X^2+n_Y^2}=C_N\mathrm{e}^{\pm\beta E}$ 可以表达在近平衡态的二元非简谐振动系统螺旋运动规律。在极坐标系 $\rho\varphi$ 中,(19-94)式 $\rho=\rho_0\mathrm{e}^{\pm(\mathrm{arccot}\tau)\varphi}$ 可以表示在近平衡态的二元非简谐振动系统螺旋运动规律,(19-94)式中的 τ 为一恒定常数。通过(19-92)式 $\tau=\dfrac{n_Y}{n_X}$ 可知,τ 这一个确定值是坐标轴 $\vec{Y}$ 的振动单元数 n_Y 和坐标轴 $\vec{X}$ 的振动单元数 n_X 的比值。

在极坐标系 $\rho\varphi$ 中,在近平衡态的二元非简谐振动系统螺旋运动规律由(19-94)式 $\rho=\rho_0\mathrm{e}^{\pm(\mathrm{arccot}\tau)\varphi}$ 刻画的几何曲线就是等角螺线。等角螺线是螺线与极坐标中极点 O 引出的射线相交成一个定角 τ,定角 τ 与坐标轴 $\vec{X}$ 的振动单元数 n_X 和坐标轴 $\vec{Y}$ 的振动单元数 n_Y 的关系就是 $\tau=\dfrac{n_Y}{n_X}$。

为了揭示定角 τ 的数值,有必要进一步深入探究阻尼振动和生发振动的底蕴。由于任何两个相邻的生发振动的总体单元数的比值可以用(16-94)式 $\Phi_+=\Phi_{+j}=\dfrac{N_{j-1}}{N_j}=\mathrm{e}^{-\alpha\Xi}$ 给出,任何两个相邻的阻尼振动的总体单元数的比值也可以用(16-74)式 $\Phi_-=\Phi_{-j}=\dfrac{N_{j-1}}{N_j}=\mathrm{e}^{\beta\Xi}$ 给出,在此有必要统一相同系数的符号,令 $\gamma=\alpha=\beta$,生发振动或阻尼振动的总体单元数的比值就可以表示为

$$\Phi=\Phi_{\pm j}=\frac{N_{j-1}}{N_j}=\frac{C_N\mathrm{e}^{\pm\gamma[E+(j-1)\Xi]}}{C_N\mathrm{e}^{\pm\gamma(E+j\Xi)}}=\mathrm{e}^{\mp\gamma\Xi} \tag{19-95}$$

如果振动系统在第 j 次振动中的比例系数为 Φ^j,那么各次振动的比例系数形成的序列就是

$$1,\Phi,\Phi^2,\Phi^3,\cdots,\Phi^{j-1},\Phi^j,\cdots \tag{19-96}$$

如果这一 Φ 级数满足"两个连续项之和等于下一个项"的条件,即

$$\Phi^j+\Phi^{j+1}=\Phi^{j+2} \tag{19-97}$$

上式两边同除以 Φ^j,就有

$$1+\Phi=\Phi^2 \tag{19-98}$$

解这个一元二次方程,可以得到两个根

$$\Phi_+=\frac{1+\sqrt{5}}{2}=+1.618\,033\,988\,749\,889\,484\,82\cdots \tag{19-99}$$

$$\Phi_-=\frac{1-\sqrt{5}}{2}=-0.618\,033\,9\,887\,498\,894\,848\,2\cdots \tag{19-100}$$

在此,Φ 的数值的正负号分别代表着生发振动和阻尼振动。其实,Φ 的数值就是公元前 4 世纪古希腊雅典学派的第三大算学家欧多克索斯所提出的黄金分割数,因而把这两个根称为黄金分割率或简称黄金数。正数解 Φ_+ 就表示生发振动的黄金分割率或黄金数,而负数解 Φ_- 则表示阻尼振动的黄金分割率或黄金数。

黄金分割数是非循环的无理数,如 Φ_+ 前面的 64 位为
1.618 033 988 749 894 848 204 586 834 365 638 117 720 309 179 805 762 862 135 448 622…

通过解方程 $1+\Phi=\Phi^2$ 得到的这一对根 Φ_+ 和 Φ_-,也就是千百年来一直困惑并吸引人们的神奇的黄金数。黄金数具有许许多多的奇妙之处,像 Φ_+ 和 Φ_- 这一对根的乘积等于 -1,即

$$\Phi_+ \Phi_- = \frac{1+\sqrt{5}}{2} \frac{1-\sqrt{5}}{2} = -1 \tag{19-101}$$

Φ_+ 的倒数与 Φ_+ 以及 Φ_- 的倒数与 Φ_- 还存在着这样的关系

$$\frac{1}{\Phi_+} = \frac{2}{\sqrt{5}+1} = \frac{2}{\sqrt{5}+1} \frac{\sqrt{5}-1}{\sqrt{5}-1} = \frac{\sqrt{5}-1}{2} = \frac{\sqrt{5}+1}{2} - 1 = \Phi_+ - 1$$

$$\frac{1}{\Phi_-} = \frac{2}{1-\sqrt{5}} = \frac{2}{1-\sqrt{5}} \frac{1+\sqrt{5}}{1+\sqrt{5}} = -\frac{1+\sqrt{5}}{2} = \frac{1-\sqrt{5}}{2} - 1 = \Phi_- - 1$$

即 1.618 的倒数是 0.618,恰为 1.618$-$1;而 $-$0.618 的倒数是 $-$1.618,恰为 $-$0.618$-$1,所以,这两个数的小数部分是完全相同的。

综合起来,如果 Φ 的倒数用 $\frac{1}{\Phi}=\Phi^{-1}$ 表示,那么 Φ^{-1} 为 Φ 自身减 1,即

$$\frac{1}{\Phi} = \Phi^{-1} = \Phi - 1 \tag{19-102}$$

由于 Φ 可以展开成为无穷嵌套的自相似表达式,即

$$\Phi = 1 + \frac{1}{\Phi}$$

$$= 1 + \cfrac{1}{1+\cfrac{1}{\Phi}}$$

$$\vdots$$

$$= 1 + \cfrac{1}{1+\cfrac{1}{1+\cfrac{1}{1+\cdots}}}$$

因此，黄金数也可以用连分数表示为

$$\Phi = 1 + \cfrac{1}{1 + \cfrac{1}{1 + \cfrac{1}{1 + \cfrac{1}{1 + \cdots}}}} = [1;1,1,1,1,\cdots] \qquad (19\text{-}103)$$

由(19-98)式 $1+\Phi=\Phi^2$，可以得到

$$\Phi = \sqrt{1+\Phi} \qquad (19\text{-}104)$$

就上式在平方根内反复迭代，又可以得到用平方根表示的公式

$$\Phi = \sqrt{1+\sqrt{1+\sqrt{1+\sqrt{1+\cdots}}}} \qquad (19\text{-}105)$$

Φ 的倒数用 Φ^{-1} 表示，则 Φ^{-j} 就代表着在阻尼振动或生发振动过程中每一个周期的振动所形成的第 j 个振动周期的总体单元数和振动系统原始的总体单元数的比值；其形成的序列类同于(19-96)式 $1,\Phi^{-1},\Phi^{-2},\Phi^{-3},\cdots,\Phi^{-(j-1)},\Phi^{-j},\cdots$。由此就引出了一个耐人寻味的现象：如果 Φ 的幂为奇数，则与之相关的正负幂的差值为整数；如果 Φ 的幂为偶数，则与之相关的正负幂的和值为整数。例如

$$\Phi^3 - \Phi^{-3} = (1+2\Phi) - (-3+2\Phi) = 4$$
$$\Phi^4 + \Phi^{-3} = (2+3\Phi) + (5-3\Phi) = 7$$
$$\Phi^5 - \Phi^{-5} = (3+5\Phi) - (-8+5\Phi) = 11$$

这样又可以形成一个相加级数。令这一级数的第一项为1，第二项为3，这些整数数字组成的级数就是两个连续项之和等于下一个项

$$1,3,4,7,11,18,29,47,\cdots$$

在(19-103)式 $\Phi=[1;1,1,1,1,\cdots]$ 中，取不同的级数可以得到不同精度的近似值，如

$\Phi_+ \approx 1$

$\Phi_+ \approx 1+1/1 = 2/1 = 2$

$\Phi_+ \approx 1+1/(1+1/1) = 3/2 = 1.5$

$\Phi_+ \approx 1+1/[1+1/(1+1)] = 5/3 = 1.666\,667$

$\Phi_+ \approx 1+1/\{1+1/[1+(1+1)]\} = 8/5 = 1.6$

$\Phi_+ \approx 1+1/\{1+1/\{1+[1+(1+1)]\}\} = 13/8 = 1.625$

$\Phi_+ \approx 1+1/\{1+1/\{1+\{1+[1+(1+1)]\}\}\} = 21/13 = 1.615\,385$

$\Phi_+ \approx 1+1/\{1+1/\{1+\{1+\{1+[1+(1+1)]\}\}\}\} = 34/21 = 1.619\,048$

$\Phi_+ \approx 1+1/\{1+1/\{1+\{1+\{1+\{1+[1+(1+1)]\}\}\}\}\} = 55/34 = 1.617\,647$

$\Phi_+ \approx 1+1/\{1+1/\{1+\{1+\{1+\{1+\{1+[1+(1+1)]\}\}\}\}\}\} = 89/55 = 1.618\,182\cdots$

以上分数的分子和分母形成了一个奇异数字的数列

$$1,2,3,5,8,13,21,34,55,89,144,233,\cdots \qquad (19\text{-}106)$$

这是欧洲人所知的第一个数列,被称为"斐波那契数列"。[7]

斐波那契数 F_k(k 代表斐波那契数列的位数)从第三位起,每位数都是前两位数之和。这一数列前一数字与后一数字两数间的比值为有理数,随着数字的增大,2/3,3/5,5/8,8/13,13/21,…越来越接近一固定常数 0.618 033 988 749 894 848 2…,即 $\lim_{k \to \infty} \frac{F_{k-1}}{F_k} = \Phi_-$。这一数列后一数字与前一数字两数间的比值 2/1,3/2,5/3,8/5,13/8,…,则趋近于另一固定常数 1.618 033 988 749 894 848 2…,即 $\lim_{k \to \infty} \frac{F_k}{F_{k+1}} = \Phi_+$。

斐波那契数列具有一系列奇妙的性质,如 $F_k^2 + (-1)^k = F_{k-1} F_{k+1}$,$\frac{\pi}{4} = \sum_{k=1}^{\infty} \arctan \frac{1}{F_{2k+1}}$。斐波那契数列中的任一数字如与数列的后两个数字相比,其值趋近于 2.618;如与前两个数字相比,其值则趋近于 0.382,而 0.382=(1-0.618)。所以,计算斐波那契数列成了计算黄金分割的最简单方法。斐波那契数列除了能反映生发振动和阻尼振动黄金分割的两个基本比值 0.618 和 0.382 以外,还存在着下列两组比值,即

(1)0.191,0.382,0.5,0.618,0.809。

(2)1,1.382,1.5,1.618,2,2.382,2.618。

斐波那契数列也称为 Φ 级数,这是一种相加级数,它使得自然数以任何数为基数的对数、高斯对数及其倒数都可以用简单的加法进行运算。当今股市中的艾略特波浪理论也是以斐波那契数列为基础的。

如果取一条线段 a,并设 a 是单位长度,把线段 a 分割为 b 和 $(a-b)$ 两部分,使其中一部分 b 与全长 a 之比等于另一部分 $(a-b)$ 与这部分 b 之比,即

$$\Phi_+ = \frac{a}{b} = \frac{b}{a-b} \tag{19-107}$$

比值 Φ_+ 就是十分有趣的黄金分割率 1.618,这样的分割称为黄金分割,也就被欧多克索斯称为中外比。

在图 19-22 中,按线段 a 和线段 b 构成长方形,矩形的长短边的比例就是黄金数。由于按这样的比例设计的造型十分美丽,因此长短边以黄金分割率为比例的矩形就称为"黄金矩形"。如果一个等腰三角形的顶角是 36°,而 $\sin 18° = \cos 72° = \frac{1}{2\Phi}$,那么它的高与底线的比等于黄金数,这样的三角形称为"黄金三角形"。一个十边形的边为 1,弧的半径则为黄金分割率。如果把生发振动和阻尼振动黄金分割的基本比值 0.381 966 =(1-0.618 034)乘于 360°,所得到的 137°30′27.951″=137.035 999 11 又可以称为"黄金角"。所以,毕达哥拉斯学派的学者认为黄金数是一种幽藏于神明的天机。

利用线段上的两个黄金分割点,可做出正五角星和正五边形。五角星的顶角是 36°,如此可得出黄金分割的数值为 $2\sin 18°$。在图 19-23 所示的五角星"套娃"中可以找到的所有线段之间的长度关系都是符合黄金分割比 τ 的。正五边形对角线连满后出现

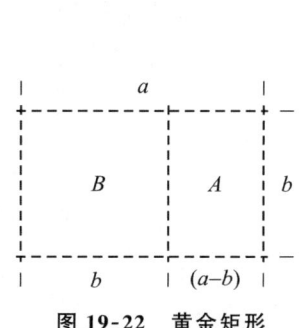
图 19-22 黄金矩形

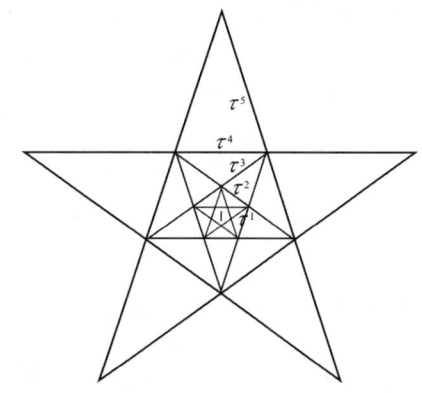
图 19-23 五角星"套娃"

的所有三角形,都是黄金分割三角形。由此还可以十等分、五等分圆周。黄金分割三角形还有一个特殊性,所有的三角形都可以用 4 个与其本身全等的三角形来生成与其本身相似的三角形,但黄金分割三角形是唯一可用 5 个而不是 4 个与其本身全等的三角形来生成与其本身相似的三角形。此外,在勾三股四弦五的直角三角形中,如果最小的角为 θ,则 $\tan\left[\dfrac{1}{4}(90°+\theta)\right]=\varPhi$。[8]

在一个黄金矩形中,如果切掉一个边长为原短边的正方形,剩下的小矩形仍然是黄金矩形,其长宽比还是黄金数。依次继续切割,就会得到越来越小的黄金矩形。而以一个顶点为圆心,矩形的较短边为半径作一个 1/4 圆,交较长边于一点,过这个点作一条直线垂直于较长边,这时生成的新矩形(不是那个正方形)仍然是一个黄金矩形,这个操作可以无限重复,从而产生无数个黄金矩形。

如果用边长为 1 的正方形做反向操作,加上一个同样的正方形,就可以得到一个新的较大的长方形。假如不断地在长边上添加正方形,新产生的长边就会遵循斐波那契数列,最终就会得到一个黄金矩形。在矩形上加一个正方形的过程中,加上去的正方形并不改变矩形的形状,而只是改变矩形大小和方向的附加部分,附加部分每次按同一比例增大尺寸,从而得到了一个均匀生长的黄金矩形模式。

黄金矩形表明它的内部包含着无穷无尽的正方形。因此,黄金矩形可以用上述的方法无限切割下去,得到一个个越来越小的黄金矩形。如果把这些正方形的对角用弧线连接起来,就会形成一条螺旋曲线。这种方式无限地进行下去,那一系列正方形的对角弧线按顺序联结,得到的几何螺线称为"黄金螺线"——对数螺线。连续的点把黄金矩形分成许多由对数螺线连在一起的区域,并按照对数螺线逐渐接近于一个不可到达的极限点。黄金矩形与对数螺线如图 19-24 所示。

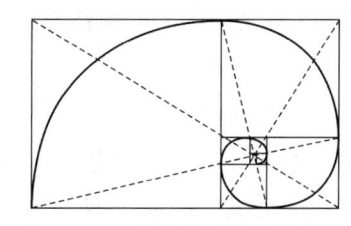
图 19-24 黄金矩形与对数螺线

对数螺线的臂的距离以几何级数递增。对数螺线是自我相似的,这就是说,对数螺线经放大后与原图完全相同。对数螺线的渐屈线和渐伸线仍是对数螺线,极点在对数螺线各点的切线仍是对数螺线等。在图 19-24 中,由于任何一条线段都是线元 l_ε 与振动单元数 n 的乘积,取 $a=n_X l_\varepsilon$ 为黄金矩形的长边,$b=n_Y l_\varepsilon$ 为黄金矩形的短边,把黄金矩形的长边 a 除以黄金矩形的短边 b,可以得到

$$\frac{a}{b}=\frac{n_Y}{n_X}$$

上式的左边是(19-107)式 $\Phi_+ = \frac{a}{b} = \frac{b}{a-b}$ 的中外比,右边是(19-92)式 $\tau = \frac{n_Y}{n_X}$,两者一联系,也就把定角 τ 与黄金分割数 Φ 联系起来了

$$\tau = \frac{n_Y}{n_X} = \frac{a}{b} = \Phi_+ = -\Phi_-^{-1} = 1.618\ 033 \tag{19-108}$$

$\Phi_+ = \frac{1+\sqrt{5}}{2}$ 和 $\Phi_- = \frac{1-\sqrt{5}}{2}$ 分别代表着生发振动和阻尼振动的黄金分割数。可见,黄金分割点就是二元系统在坐标轴 $\vec{X}$ 上的振动单元数与在坐标轴 $\vec{Y}$ 上的振动单元数保持恒定比值的均衡点,对数螺线与极坐标中极点引出的射线相交为定角 τ 的确定值也就是黄金分割数。黄金矩形与对数螺线(比例螺线)存在着本质的联系,斐波那契数列和对数螺线都与黄金分割数有着内在的关系。

当二元非简谐振动系统满足了(19-77)式 $n_{X+Y}=C_N \mathrm{e}^{\pm \beta E}$ 或(19-90)式 $n_{X+Y}=C_N \mathrm{e}^{\pm B\varphi}$ 的关系,在近平衡态的二元非简谐振动系统形态变化规律就遵循指数形式的"自然律"。通过上述分析过程,把黄金分割数 Φ 代入(19-93)式 $B \equiv \mathrm{arccot}\tau$,就可以确认指数项常数 B 的确定值。转换到极坐标系 $\rho\varphi$,(19-94)式 $\rho=\rho_0 \mathrm{e}^{\pm(\mathrm{arccot}\tau)\varphi}$ 也就泄露了黄金分割数幽藏在二元非简谐振动系统螺旋运动规律中的天机。

虽然黄金分割数 Φ 是人类很早就着手研究的一个神奇的比例数,但是由于前人一直游离在阻尼振动和生发振动的朴素本质之外,因而也就无法认识两个相邻振动周期总体单元数的比例存在一个定值,可以使阻尼振动或生发振动以最优配置的方式进行。在此,统一科学揭示了阻尼振动和生发振动的内涵以及黄金分割率与对数螺线的内在关系后,就能在更高层次上来认识自然现象的真实本质。

三、黄金数在不同领域的表现

事物生长或发展的自然选择一般都是按寻求最经济的投入产出方向进行的。在事物形态所产生的各种奇异现象中,隐含着极其大量的以最优的阻尼振动或最优的生发振动的方式进行的自然选择,其结果就是在现实世界的不同领域处处都蕴含着黄金数的密码并显露出黄金数的神奇魅力。所以,生物的螺旋形态实例可谓多如恒河沙数。[9]

在生物(植物、动物和微生物)的生长发育过程与环境的相互作用及其自身内部的

竞争中,最经济的能源与物质的利用方式是二元子系统以最优的生发振动方式进行自然选择。构成生命的 DNA、人体骨骼、贝类、植物、兽角等生物种类都遵循黄金分割的生发振动规律,其生物器官、个体形态和运动行为的自然选择结果必然会出现二维空间的螺旋曲线,而表现出生物世界无与伦比的统一之美。

譬如,在植物界,所有的陆生植物都要生长叶子,从植物茎部的生长点长出来的形状呈薄而平的叶子形成尽可能大的表面,并从周围环境获取空气和光线。直接接触空气和阳光的入射光的叶子,获取生长物质和能量的表面积越大,植物就越快生长。为了保证最低程度的重叠,叶子在茎上的排列顺序(称为叶序)必须是排列成单个螺线序列。因此,尽管叶子千姿百态、形态随种而异,但大多数高等植物的叶子在茎向都是螺旋排列不断轮生,而且是极有规律地按斐波契数列增长。如果从一嫩枝的顶端向下看,就会看到上下层中相邻的两片叶子相互分离的夹角是按照黄金分割角 137°30′28″ 的规律排列的。

植物学家经过计算表明,按黄金角的角度排列,叶子的采光和通风都是最佳的。叶子排布的这个理想夹角叠生率最小,暴露量最大,是最合理的自然选择,表现在叶序上就形成螺旋排列。不仅叶子如此,大多数植物的种子发育成形、茎干上幼芽分布、枝条的生长和花瓣的排列,也都是符合这个规律的。植物的花瓣、萼片、果实的数目以及其他方面的特征,都非常吻合斐波那契数列。植物的花朵一般是 3 朵或 5 朵;常见的花瓣数有 2 枚(海棠花)、3 枚(鸢尾花、百合花、兰花、延龄草)、5 枚(梅、桃、李、樱花、杏、苹果、梨等蔷薇科)和 8 枚(飞燕草、大波斯菊)及 13 枚(瓜叶菊、雏菊、金盏草);落叶松松塔的鳞片为 5 片、8 片或 13 片且形成螺线;矢菊花瓣的曲线系列是 21 枚和 34 枚,雏菊的花瓣有的是 34 枚、55 枚或 89 枚;宝塔花菜自中心点开始呈现螺旋状排列,所有的小菜花都会绕着这个生成螺线进行排列,这种现象与斐波那契螺旋线相吻合,如图 19-25 所示。

图 19-25 花瓣吻合斐波那契数列的花

植物的相继原基之间的夹角为黄金角,其生长过程都以螺旋态势增进,像花椰菜、菠萝、雏菊、松果的螺旋纹与菊的种子排列都呈等角螺线,都是符合斐波那契螺旋线的自相似物体。向日葵的管状小花、果花、葵籽和外缘花瓣都与斐波那契数有关,向日葵盘上有两族交错的黄金螺线,如图 19-26 所示。在向日葵花盘上,小花的螺线数一般是 34 条和 55 条或 55 条和 89 条,精制的头状花序是 89 条和 144 条。

图 19-26　向日葵盘上的黄金螺线

在动物界,动物生长从细胞到整体都是螺旋式组合。生命体的生长都在二维平面留下了生发振动的轨迹,可以说生物都生活在各种"生命曲线"中,其生命运行轨迹都是螺旋式的生命曲线。许多贝壳都很接近等角螺线的形状,因为生活在壳内的动物在成长过程中通过新陈代谢均匀地加大吸收环境的能量,这增加的生发力部分就会打破原有的变动力与回复力的平衡而使动物得以长大。图 19-27 所示的鹦鹉螺曲线就是对数螺线,其每个半径和后一个半径的比都是黄金比例。[10]

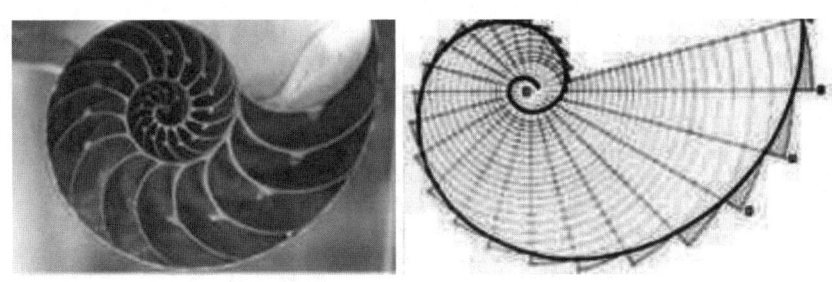

图 19-27　鹦鹉螺曲线与对数螺线

此外,许多生物体的器官,如水螅刺细胞中的刺丝、轮虫类的轮盘、蝶蛾类的虹吸式口器、鲨鱼类肠中的螺旋瓣、高等动物的内耳迷路等都呈现螺旋状。象鼻和一些动物的角与毛等角质体上都有活变的等角螺旋轨迹,动物犄角的生长定式遵循着黄金分割率。甲壳的软体动物身上也发现了黄金螺线,蜘蛛网的构造也与对数螺线相似。许多动物的运动行为都是螺旋式前进的。例如,趋光鱼类围着光源巡游,鹰以对数螺线的方式接近它们的猎物,蜜蜂寻找蜜源时的飞舞和原生动物纤毛虫、鞭毛虫及动物精子的运动。复眼昆虫以对数螺线的方式接近光源,如堆排蛾的瞬间飞行方向与灯火保持固定角度是黄金角 137°30′28″,这一最有效的飞行路线就是等角螺线,也是"飞蛾扑火"的原因。此外,蝴蝶身长与双翅展开后的长度也都接近 0.618。

人类是动物界的一类,人体的头顶有螺线(人称"旋儿"),手掌脚掌和手指脚趾皆有螺纹(人称为"斗")。人类的演化和人体从胚胎、婴儿、孩童到成年的正常发育规律遵循着黄金分割率。人体结构中有 18 个"黄金点",像人的脐部以下部分长度与人体高度之比为0.618∶1,肚脐上下的比值是0.618;心脏中心位于胸腔的黄金分割点上;眼睛位置在脸长的黄金分割点上;咽喉位于肚脐与头顶长度的0.618处;整个脊柱的0.618是胸与腰的分界处,也就是第12胸椎处;从肩关节至中指指尖的0.618是肘关节,从肘关节至中指指尖的0.618为腕关节,从膝关节至足尖的0.618是踝关节。人的膝盖是肚脐到脚跟的黄金分割点,下肢与全身长之比和臀宽与躯干长之比都符合黄金分割率;人的中指骨和中指掌骨的长度为斐波那契数;人类的消化道总长的0.618是小肠的长度,营养物质的消化吸收就在小肠进行;正常人体水分含量约占体重的0.618倍等。

健康的人体存在着黄金分割率的和谐比例关系是完美的,而人体的和谐与自然环境的和谐又是"同声相应"、相似默契的。从人的生活环境来看,人的正常体温为37 ℃,其与0.618的乘积为22.8 ℃。科学家们已发现,当外界环境温度为22~24 ℃(22.8 ℃左右)时,人体的新陈代谢、生理节奏和生理机能都处于最佳状态。此外,人在精神愉快时,脑电波频率下限是8 Hz,而上限是12.9 Hz,上下限的比值率接近于0.618。

对时间而言,一年的0.618大约在7月底或8月初,这个时候人体血液中淋巴细胞最多,能生成大量的抵抗各种微生物的淋巴因子,此时人的免疫力最强,极少患病。一天中气温最低的时间是凌晨2时而气温最高是在下午14时,它们之间的黄金分割点为9.4,因而上午9~10时的气温是一天中最适宜的,这时人的头脑最清楚,办事效率最高。

对空间而言,地球表面的纬度范围是0~90°,对其进行黄金分割,则34.38°~55.62°正是地球的黄金地带。无论从平均气温、年日照时数、年降水量、相对湿度等方面都是具备适于人类生活的最佳地区。说来也巧,这一地区几乎囊括了世界上所有的发达国家。

黄金比率也广泛地存在于艺术界中,0.618这个比值曾被古希腊美学家柏拉图誉为"黄金分割值",是一个最和谐也是合乎美学的比率。毕达哥拉斯学派就用这一比率与音乐相联系,作曲家经常将高潮或音程及节奏的转折点安排在全曲的黄金分割点。从"米洛的维纳斯"、"雅典娜"女神、"海姑娘"阿曼达等一些雕像中都可以找到"黄金分割值"的几何比例布局,这都是在雕塑设计中将黄金分割最佳比例的信息传递给人的大脑。达·芬奇的名画《蒙娜丽莎》之所以成为美的标准,是因为她的脸符合黄金矩形的长宽之比,如图19-28所示。此外,在中国方块字的书法上,"黄金律"的中宫就在左上部,把结字的重心置于此位便可收到感觉美观的效果。[11]

古代中东地区和中世纪的西方建筑中也广泛应用黄金分割以达到美的境界,如古希腊的帕特农神庙、古埃及的金字塔、巴黎圣母院、伦敦的圣保罗教堂、突尼斯的凯鲁万清真寺、印度的泰姬陵、北京故宫、法国埃菲尔铁塔等,都有与0.618有关的数据。举世闻名的完美建筑——古希腊帕特农神庙高和宽的比是0.618,如图19-29所示。建筑师们发现按这样的比例来设计殿堂和廊柱间的比例,殿堂更加雄伟和美丽;按这样的比例去设计别墅,别墅将更加舒适和漂亮。就连一扇门窗,如果设计为黄金矩形都会显得更加协调和令人赏心悦目,所以建筑物和大多数门窗的宽长之比都是0.618。

图 19-28　名画《蒙娜丽莎》

图 19-29　古希腊的帕特农神庙

黄金分割也是摄影构图中最神圣的观念。黄金分割率在摄影上主要适用于画面长宽比的确定（如 135 相机的底片幅面 24 mm×36 mm 就是由黄金比得来的）、地平线位置的选择、光影色调的分配、画面空间的分割以及画面视觉中心的确立。摄影构图运用的三分法（又称井字形分割法）也是黄金分割点和黄金分割线的演变。

面对黄金分割率广泛地应用于绘画、雕塑、音乐、建筑、摄影等艺术领域的事实，德国生物学家海克尔有感而发："自然界的美与伟大是无穷无尽的宝藏，它向每一个有眼睛和有审美观的人贡献出源源不断的绝妙赠品。直接鉴赏每一个个别的赠品固然值得，固然令人心旷神怡，要是能认识其意义及其与自然界其他部分的联系，那么价值则更高。"[12] 其实，黄金分割率所包含的生发振动内在合理性的外在表现就是"美"。所以，黄金分割率在实际生活中的应用也非常广泛，舞台上的报幕员并不是站在舞台的正中央，而是偏在台上一侧，以站在舞台长度的黄金分割点的位置最美观，声音传播也最好。家具设计与室内装饰以及服装款式等造型，也都大量采用黄金分割率。

大自然的物质在环境介质中运动，系统和环境都是由具体的物质所构成，一般都难以达到理想的简谐振动。因而，在宇宙中不同的层次都可以看到一维、二维和三维的阻尼振动和生发振动。在特定的环境中，非简谐振动系统所做的阻尼振动或生发振动一般都要朝着耗散系统的物质与能量最小和吸收利用环境的物质与能量最大的方向进行。但是，由于非简谐振动系统内外夹杂的其他因素的扰动和作用，在不同维度空间的阻尼振动和生发振动并不处处表现黄金分割率所代表的最优最合理的方向，而是出现含有噪声的黄金分割率附近的振动形式。例如，在生命存在和发育过程中所形成的许多比例关系接近 0.618 的关节点是生物在生长和进化中适者生存与自然选择积淀的必然结果，并在初胚细胞向整体生命的螺旋增长过程中显现这种固定的遗传基因生命信息。人体在进化中保留的各种神奇的黄金数（包括鼻翼宽与口角间距之比等）都只是近似的黄金数，其中存在的"模糊特性"就是反映了受种族、地域、个体差异和遗传的制约使之有一个允许变化的幅度。

生物经历一代代的进化或退化过程也可看作是生物体生发振动或阻尼振动的过程。生物体的世代更替可以看作这个振动过程的一个周期，在每一种生物体的生存形

态信息 $P=\mathrm{e}^{\pm\beta E}\cos(\kappa E+\delta)$ 中,阻尼系数 β 可以平行地分解成先天的因子 β_1 和后天的因子 β_2,因此非简谐振动系统的形态信息可以包括先天的信息 P_1 和后天的信息 P_2,即 $P=\mathrm{e}^{\pm\beta E}=\mathrm{e}^{\pm\beta_1 E}\mathrm{e}^{\pm\beta_2 E}=P_1 P_2$。

在世代遗传中,黄金分割率是生发振动中阻尼因素与能元竞争的最和谐结果,生物体必然要把它作为主要的"遗传密码"传递给下一代。基因图谱就是各种生物信息的排序。但是,每一代生物也会把其生长期的内在信息和被环境修改的信息作为后天的信息传递给下一代。同样,生物个体的失衡经历也可以传递给它的后代。因此,现在人们越来越清楚地发现,除了父母的基因,父母的生活经历也会影响孩子的基因构成。环境因素(如饮食或压力)也一样能对生物造成影响,且这种影响会在基因排序不发生任何改变的情况下传递给后代。

此外,令人匪夷所思的是黄金角 137.035 999 11 的倒数竟然还是物理学中的一个重要常数——精细结构常数,这一表示电子运动速度和光速的比值的常数就对应着等角螺旋的对应角度。如果以精细结构常数乘以水的沸点 373.15 K,结果就是宇宙微波背景辐射温度 2.723 007 K。此外,电子和质子耦合常数也反映了两个不同等角螺旋尺度间的联系角度。

讨论至此,统一科学已经自然而然地演绎出神奇的黄金分割数的朴素本质,并轻而易举地解答了不同时代的科学家和数学家为此苦苦思索的难题。在近平衡态的二元非平衡振动系统螺旋运动规律囊括了黄金数这一常数,黄金数 $\varPhi_-$ 和 $\varPhi_+$ 所具有的各种奇特而有用的性质被生发振动和阻尼振动的"自然律"逻辑所蕴含。对数螺线是存在于自然界中最为普遍的螺线,其他的螺线也都与对数螺线有一定的关系。由此也就可以让人们看到,科学美是自然和谐之美的映射,"科学本身并不全是枯燥的公式,而是有着潜在的美和无穷的趣味"[13]。

第五节 不同失衡律与太极图真谛

二元系统在不同的失衡态有不同的变化规律。通过二元系统在准平衡态与近平衡态的形态变化规律的论述可以看到,只要选择合适的坐标系,二元系统形态变化规律就有简洁易懂的表现形式。远离平衡态的二元系统形态转化基元规律可由二维伊辛模型描绘的考纽螺线来表达,其在圆形域上的表现就是中国千古传奇的太极图的真谛。

一、准平衡态的二元系统形态变化规律

二维二仪质向量坐标系 $\vec{a}\vec{b}$ 可以映射到二维二仪质向量坐标系 $\vec{X}\vec{Y}$。在省却质向量

坐标轴关于性质和指向规定的情况下，二维二仪质向量坐标系$\vec{X}\vec{Y}$可简化成为二维笛卡尔直角坐标系 XY，二维笛卡尔直角坐标系 XY 还可以变换为复坐标系 XYi 或极坐标系 $\rho\varphi$。

在二维二仪质向量坐标系 $\vec{X}\vec{Y}$ 中，如果二元系统的形态变化量 $\Delta\vec{z}_{XY}$ 及其在相互垂直的坐标轴 $\vec{X}$ 和坐标轴 $\vec{Y}$ 上的两个子系统的形态变化量 $\Delta\vec{z}_X$ 和 $\Delta\vec{z}_Y$ 都在准平衡态范围，那么在准平衡态的二元系统形态变化量 $\Delta\vec{z}_{XY}$ 就可以用坐标轴 $\vec{X}$ 的子系统和坐标轴 $\vec{Y}$ 的子系统在准平衡态的形态变化量 $\Delta\vec{z}_X$ 和 $\Delta\vec{z}_Y$ 的外积得到。

为了得到在准平衡态的二元系统形态变化规律，必须在二维二仪质向量坐标系 $\vec{X}\vec{Y}$ 中打开坐标轴 $\vec{X}$ 和坐标轴 $\vec{Y}$ 内部的多维分质向量空间。例如，在二维二仪质向量坐标系 $\vec{X}\vec{Y}$ 中打开坐标轴 $\vec{X}$ 和坐标轴 $\vec{Y}$ 内部的 $(\vec{P},\vec{S})$ 二维分质向量空间，子系统在坐标轴 $\vec{X}$ 内部的 $(\vec{P},\vec{S})$ 二维分质向量空间的准平衡态变化规律与子系统在坐标轴 $\vec{Y}$ 内部的 $(\vec{P},\vec{S})$ 二维分质向量空间的准平衡态变化规律的合成规律就是在准平衡态的二元系统形态变化规律。以二维二元质向量 $\vec{e}_{XY}$ 为单位质向量，以信息 $\vec{P}$ 为形态变化的因变量，信息变化量 $\Delta\vec{P}_{XY}$ 在坐标轴 $\vec{X}$ 上的信息变化分量为 $\Delta\vec{P}_X$，在坐标轴 $\vec{Y}$ 上的信息变化分量为 $\Delta\vec{P}_Y$；二元系统信息变化量 $\Delta\vec{P}_{XY}=\vec{P}_{XY}$ 是其在坐标轴 $\vec{X}$ 的信息变化量 $\Delta\vec{P}_X=\vec{P}_X$ 与在坐标轴 $\vec{Y}$ 的信息变化量 $\Delta\vec{P}_Y=\vec{P}_Y$ 之外积，由(18-124)式 $\Delta\vec{z}_{XY}=\Delta\vec{z}_X\times\Delta\vec{z}_Y$ 就可以得到

$$\vec{P}_{XY}=\vec{P}_X\times\vec{P}_Y \tag{19-109}$$

由(18-125)式 $|\Delta\vec{z}_{XY}|=|\Delta\vec{z}_X\times\Delta\vec{z}_Y|$ 也可以得到二元系统信息变化量 $\vec{P}_{XY}$ 的大小为

$$|\vec{P}_{XY}|=|\vec{P}_X\times\vec{P}_Y| \tag{19-110}$$

即 $\vec{P}_{XY}$ 的模在数值上等于坐标轴 $\vec{X}$ 上的信息变化量 $\vec{P}_X$ 与坐标轴 $\vec{Y}$ 上的信息变化量 $\vec{P}_Y$ 为两条边的平行四边形的面积。

由于坐标轴 $\vec{X}$ 和坐标轴 $\vec{Y}$ 相互垂直，$\vec{P}_X$ 与 $\vec{P}_Y$ 也相互独立，因此在省却分质向量关于方向规定的情况下，(19-110)式可以写成

$$P_{XY}=P_X P_Y \tag{19-111}$$

在二维二仪质向量坐标系 $\vec{X}\vec{Y}$ 中打开坐标轴 $\vec{X}$ 和坐标轴 $\vec{Y}$ 内部的 $(\vec{N},\vec{n},\vec{E},\vec{E}_{\neq},\vec{\varepsilon})$ 五维分质向量空间，在省却分质向量坐标轴关于指向规定的情况下，(19-111)式还可以改写成

$$\frac{n_{XY}}{N_{XY}}=\frac{n_X}{N_X}\frac{n_Y}{N_Y} \tag{19-112}$$

或

$$\frac{n_{XY}}{N_{XY}}N_X N_Y=n_X n_Y \tag{19-113}$$

把(19-112)式 $\frac{n_{XY}}{N_{XY}}=\frac{n_X}{N_X}\frac{n_Y}{N_Y}$ 中的总体单元数和异质单元数都乘以长度元 l_ε，且令

$A=\dfrac{n_{XY}}{N_{XY}}N_XN_Yl_\varepsilon^2$，而 $x=n_Xl_\varepsilon$ 和 $y=n_Yl_\varepsilon$，这样(19-113)式就可以在二维笛卡尔直角坐标系 XY 中表示面积这一特质的变化

$$A=xy \qquad (19\text{-}114)$$

此式是矩形面积的表达式，所反映的就是在准平衡态的二元系统形态变化规律，这是二元系统在坐标轴 $\vec{X}$ 上的形态变化规律和坐标轴 $\vec{Y}$ 上的形态变化规律综合呈现的形态。当 $x=y$ 时，上式就是正方形面积的表达式。

可见，二元系统在准平衡态的变化都是贴近平衡态的直线运动形式。子系统在坐标轴 $\vec{X}$ 内部的 $(\vec{N},\vec{n},\vec{E},\vec{E}_{\neq},\vec{\varepsilon})$ 五维分质向量空间的准平衡态变化规律与子系统在坐标轴 $\vec{Y}$ 内部的 $(\vec{N},\vec{n},\vec{E},\vec{E}_{\neq},\vec{\varepsilon})$ 五维分质向量空间的准平衡态变化规律的交互作用的综合规律就是在准平衡态的二元系统形态变化规律。环境只要给予二元系统微小的作用（能量补充），直线运动就能稳定持续。因此，二元系统中要素间的相互作用都是线性的可叠加的，满足准平衡态的线性变化规律。

其实，事物形态变化规律或分布规律都是其内在关系的体现，这种内在关系在不同的坐标系的认知空间里是不变的、固有的。但是，选用合适的坐标系往往可以使事物形态变化规律或分布规律的表达形式变得简单，并易于人们的认识和理解。例如，二元系统形态变化规律的不变性可以在二维二仪质向量坐标系 $\vec{X}\vec{Y}$ 或二维笛卡尔直角坐标系 XY 的空间中表现，也可以在极坐标系 $\rho\varphi$ 的平面中表达，还可以在复坐标系 $XY\mathrm{i}$ 的复平面中通过复变函数的保角映射来阐明。

在省却质向量坐标轴关于性质和指向规定的情况下，二维二仪质向量坐标系 $\vec{X}\vec{Y}$ 内部的 $(\vec{P},\vec{S})$ 二维分质向量空间可以用复坐标系 $XY\mathrm{i}$ 中的 (w,z) 平面来指代。以一维二元单位质向量 $\vec{e}_{X+Y}$ 为基准，指定 $w=P_{X+Y}$，$z=x+y\mathrm{i}=S_{X+Y}=S_X+S_Y\mathrm{i}$，近平衡态的二元系统形态变化规律(19-79)式 $P_{X+Y}=\mathrm{e}^{\pm\beta E}=\mathrm{e}^{\pm S}$ 可以用(18-65)式 $w=\mathrm{e}^z=\mathrm{e}^x(\cos y+\mathrm{i}\sin y)$ 的指数函数来表示，且 $x\in(-\infty,+\infty)$，$y\in(-\infty,+\infty)$。再考虑(18-104)式 $\varphi=y$，一维二元振动信息 P_{X+Y} 在坐标轴 $\vec{X}$ 上的分量(19-80)式 $P_X=\mathrm{e}^{\pm\beta E}\cdot\cos(\kappa E+C_{\delta_x})=\mathrm{e}^{\pm\beta E}\cos\varphi$ 就成为 $w_X=\mathrm{e}^z\cos y$，这就是生发振动或阻尼振动在坐标轴 $\vec{X}$ 上的分振动规律；而一维二元振动信息 P_{X+Y} 在坐标轴 $\vec{Y}$ 上的分向量为 $w_Y=\mathrm{e}^z\sin y$，这也就是生发振动或阻尼振动在坐标轴 $\vec{Y}$ 上的分振动规律。

在复坐标系 $XY\mathrm{i}$ 平面中，如果二元系统处在准平衡态，其在坐标轴 $\vec{X}$ 的子系统和在坐标轴 $\vec{Y}$ 的子系统也都处在准平衡态，那么在准平衡态的二元系统形态变化规律就无须以近平衡态的形态变化规律(18-65)式 $w=\mathrm{e}^z=\mathrm{e}^{x+\mathrm{i}y}$ 的指数函数来表示。二元系统在坐标轴 $\vec{X}$ 上的子系统处在准平衡态，就意味着 $x\to0$，即 x 为接近于零的无穷小量，$\mathrm{e}^x\approx x$。同样，二元系统在坐标轴 $\vec{Y}$ 上的子系统处在准平衡态，相应地 $y\to0$，即 y 也为接近于零的无穷小量，$\mathrm{e}^y\approx y$。不过，二元系统在准平衡态极为接近于平衡态，形

态参量是接近于零的无穷小量,但毕竟还是变量,只是近平衡态的二元系统形态变化规律的指数函数可用线性函数取代。因此,在复坐标系 $XY\text{i}$ 的 (x,y) 定义域里,在准平衡态,(18-65) $w=\text{e}^z=\text{e}^{x+\text{i}y}$ 式就可以写成

$$w=\text{e}^z=\text{e}^x\text{e}^{\text{i}y}=xy\text{i} \tag{19-115}$$

其实,在复变函数的保角映射中,复坐标系 $XY\text{i}$ 的 (x,y) 形式可以转换成极坐标系 $\rho\varphi$ 的 (ρ,φ) 形式。只要以 $y=\varphi$ 和 $\delta=\dfrac{x}{y}=\cot\varphi$ 来取代,则 $\text{e}^{\text{i}y}=(\cos y+\text{i}\sin y)$ 就成为

$$\text{e}^{\text{i}y}=\text{e}^{\text{i}\varphi}=\cos\varphi+\text{i}\sin\varphi \tag{19-116}$$

(18-108)式 $\rho=\text{e}^x$ 也可以转换成极坐标系 $\rho\varphi$ 的 (ρ,φ) 形式

$$\rho=\text{e}^x=\text{e}^{\frac{x}{y}y}=\text{e}^{(\cot\varphi)\varphi}=\text{e}^{\delta\varphi} \tag{19-117}$$

在近平衡态,二元系统形态变化规律的复数 z 的指数函数(18-65)式 $w=\text{e}^z=\text{e}^{x+\text{i}y}$ 就可以表示成为

$$w=\text{e}^{x+\text{i}y}=\text{e}^x(\cos y+\text{i}\sin y)=\rho\text{e}^{\text{i}\varphi} \tag{19-118}$$

二元系统在坐标轴 $\vec{X}$ 上的子系统处在准平衡态,x 为接近于零的无穷小量,即 $x\to 0$。二元系统在坐标轴 $\vec{Y}$ 上的子系统也处在准平衡态,y 也是接近于零的无穷小量,即 $y\to 0$。特别地,如果两个无穷小量不一样大,若 y 比 x 大,而且能够保证它们的比值接近于零,即 $\dfrac{x}{y}=\delta\to 0$,这就表明 Y 轴上的子系统比 X 轴上的子系统失衡度大,斜率与 X 轴相交的角度几乎等于零。由于(19-117)式 $\rho=\text{e}^x=\text{e}^{\frac{x}{y}y}=\text{e}^{(\cot\varphi)\varphi}=\text{e}^{\delta\varphi}$,二元系统在坐标轴 $\vec{X}$ 上的子系统的 $x(x=S_X)$ 也可以表达为相位 φ 的线性函数。

当比值 $\dfrac{x}{y}=\delta$ 接近于零而不是接近于 1 时,在 $\delta\varphi\to 0$ 的条件下,就有

$$\text{e}^{\delta\varphi}\approx\delta\varphi \tag{19-119}$$

代入(19-117)式 $\rho=\text{e}^x=\text{e}^{\frac{x}{y}y}=\text{e}^{\delta\varphi}$,可以得到

$$\rho=\delta\varphi \tag{19-120}$$

由此演绎得到的二元系统形态变化规律就是阿基米德螺线方程。所以,在极坐标的平面空间中,阿基米德螺线方程所画出来的叠加向量图是一系列直径缓慢放大(或收缩)的半圆弧所衔接起来的阿基米德螺线。这表达了二元系统的两个子系统虽然同处于准平衡态,但是在失衡度上又有所差异或者一个子系统处于准平衡态而另一个子系统处于近平衡态形成的形态变化规律曲线,如图 19-30 所示。

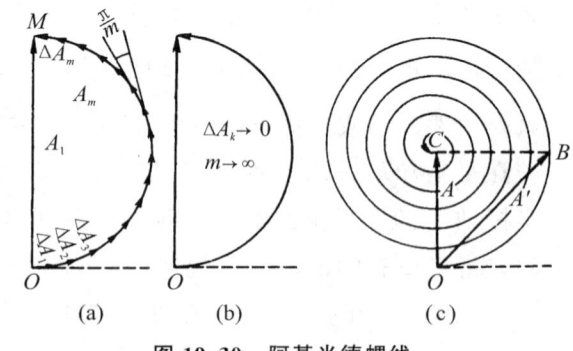

图 19-30 阿基米德螺线

$\frac{x}{y} = \delta \to 0$ 表明，斜率与 X 轴的交角保持的角度几乎为零，也就是几乎保持了水平。因此，阿基米德螺线又称为水平螺线。阿基米德螺线呈水平螺线形，虽然曲线的各点都在同一个平面上，但离中心的距离各不相同。

阿基米德螺线并不是抽象的臆想。阿基米德螺线以极坐标的 (ρ,φ) 形式表述时，可以看作一动点以常速 u 沿一射线运动，而这一射线又以定角速度 ω 绕极点转动。这时 $\delta = \frac{u}{\omega}$，该动点的运动方程为 $\rho = \delta\varphi$，其所描成的运动轨迹即为阿基米德螺线。在光学中，菲涅耳圆孔衍射中就可以出现阿基米德螺线这类现象，如图 19-31 所示。在海洋生物界中，许多生物的螺旋结构也呈现阿基米德螺线，图 19-32 所示的是微型有孔虫的剖面。

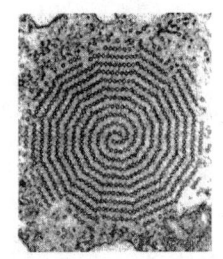
图 19-31　圆孔衍射中的阿基米德螺线

图 19-32　微型有孔虫的剖面

二、近平衡态的二元系统形态变化规律

在二维二仪质向量坐标系 $\vec{X}\vec{Y}$ 中，二元系统的失衡态可以用一个二维二元常质向量 $\vec{z}_{XY}$ 或平面格子以及平面格子对角线的一维二元常质向量 $\vec{z}_{X+Y}$ 来表达，平面格子对角线的终点表示为 $\vec{z}(x,y)$。二元系统在不同失衡态的形态变化量 $\Delta\vec{z}_{X+Y}$ 可以用坐标轴 $\vec{X}$ 的子系统和坐标轴 $\vec{Y}$ 的子系统在不同失衡态的形态变化量 $\Delta\vec{z}_X$ 和 $\Delta\vec{z}_Y$ 合成得到，而二元系统的两个子系统在相互垂直的坐标轴 $\vec{X}$ 和坐标轴 $\vec{Y}$ 上的形态变化量 $\Delta\vec{z}_X$ 和 $\Delta\vec{z}_Y$ 取决于各自的失衡程度。

为了寻求二元系统形态变化量 $\Delta\vec{z}_{X+Y}$ 所隐含的在不同失衡态的变化规律，可以打开坐标轴 $\vec{X}$ 和坐标轴 $\vec{Y}$ 内部的 $(\vec{P},\vec{S})$ 二维分质向量空间。在省却质向量坐标轴关于性质和指向规定的情况下，二维二仪质向量坐标系 $\vec{X}\vec{Y}$ 内部的 $(\vec{P},\vec{S})$ 二维分质向量空间就可以用复坐标系 XYi 中的 (w,z) 平面来指代。

在复坐标系 XYi 的复平面里，近平衡态的二元系统形态变化规律可以用复数 z 的指数函数(18-65)式 $w = e^z = e^{x+iy} = e^x(\cos y + i\sin y)$ 表示，其中，z 以其复数形式表现为 $z = x + yi$，而 $e^{iy} = \cos y + i\sin y$。

通过复变函数的保角映射，复坐标系 XYi 的 (x,y) 形式可以转换成极坐标系 $\rho\varphi$ 的 (ρ,φ) 形式，(18-65)式 $w=e^z=e^{x+iy}$ 可以用(19-118)式 $w=e^x(\cos y+i\sin y)=\rho e^{i\varphi}$ 表示。例如，复变函数 $w=\rho e^{i\varphi}$ 在物理学中被当作宏观波函数 $\Psi=\Psi_0 e^{i\varphi}$ 时，式中 Ψ_0 就是模 ρ，而 φ 就是相角（相位）。Ψ_0 和 Ψ 是两个独立的"序参量"，而序就是规律，所以这两个序参量就是在复平面上描述近平衡态的二元系统形态变化规律的变量。[14]

在复坐标系 XYi 中，近平衡态的二元系统形态变化规律也可以用复数 z 的对数函数(18-106)式 $z=\ln w$ 表示，其极坐标系 $\rho\varphi$ 的 (ρ,φ) 形式即为 $z=\ln w=\ln(\rho e^{i\varphi})=\ln\rho+i\varphi$。可见，$z$ 可用复数形式 $w=u+iv$ 来表现。在复变函数的保角映射中，极坐标系 $\rho\varphi$ 的 (ρ,φ) 形式也可转换成二维笛卡尔直角坐标系 XY 的 (x,y) 形式。不过，函数 $\ln w$ 要表示成为 $u(x,y)+iv(x,y)$ 的形式，其中 u 和 v 就必须是实的。这只要把(19-118)式 $w=\rho e^{i\varphi}$ 代入，即

$$\begin{aligned}z&=\ln w\\&=\ln(\rho e^{i\varphi})\\&=\ln\rho+i\varphi\\&=\ln\sqrt{x^2+y^2}+i\tan^{-1}\frac{y}{x}\end{aligned} \quad (19\text{-}121)$$

于是

$$u=\frac{1}{2}\ln(x^2+y^2),\ v=\tan^{-1}\frac{y}{x} \quad (19\text{-}122)$$

在二维二仪质向量坐标系 $\vec{X}\vec{Y}$ 内部的 $(\vec{P},\vec{S})$ 二维分质向量空间，在省却分质向量坐标轴关于性质和指向规定的情况下，如果 $w=P_{X+Y}, z=S_{X+Y}, \rho=|\vec{P}_{X+Y}|, x=P_X, y=P_Y$，那么(19-121)式对应的表达式就是

$$\begin{aligned}S_{X+Y}&=\ln P_{X+Y}\\&=\frac{1}{2}\ln(P_X^2+P_Y^2)+i\tan^{-1}\frac{P_Y}{P_X}\end{aligned} \quad (19\text{-}123)$$

在此，P_{X+Y} 是自变量而 S_{X+Y} 是因变量，由实部 $u(x,y)=\ln\rho=\frac{1}{2}\ln(P_X^2+P_Y^2)$ 可得(19-79)式 $P_{X+Y}=\sqrt{P_X^2+P_Y^2}$，而由虚部 $v(x,y)=\varphi=\tan^{-1}\frac{P_Y}{P_X}$ 又可以得到 $\frac{y}{x}=\frac{P_Y}{P_X}=\tan\varphi$ 或 $\frac{x}{y}=\frac{P_X}{P_Y}=\cot\varphi$。如此，就可再现(19-84)式 $\frac{P_X}{P_Y}=\cot\varphi$。

可见，在二维二仪质向量坐标系 $\vec{X}\vec{Y}$ 内部的 $(\vec{P},\vec{S})$ 二维分质向量空间中，在省却分质向量坐标轴关于性质和指向规定的情况下，在复坐标系 XYi 的复平面里，极坐标系 $\rho\varphi$ 中的近平衡态的二元系统形态变化规律才可以表述为(19-121)式 $z=\ln(\rho e^{i\varphi})$。

当 $|w|=|\rho e^{i\varphi}|<1$ 时，对 $w,w^2,w^3,\cdots$ 进行加和，就有

$$\sum_{k=1}^{\infty} w^k = \sum_{k=1}^{\infty} (\rho e^{i\varphi})^k = \frac{1}{1-\rho e^{i\varphi}} = \frac{1}{1-w} \tag{19-124}$$

由于 $w = P_{X+Y}$，且 $|z| = |\vec{P}_{X+Y}| < 1$，把(19-118)式 $w = \rho e^{i\varphi}$ 代入上式，就有

$$\sum_{k=1}^{\infty} P_{X+Y}^k = \sum_{k=1}^{\infty} (\rho e^{i\varphi})^k = \frac{1}{1-\rho e^{i\varphi}} = \frac{1}{1-P_{X+Y}} \tag{19-125}$$

黄金数 $\Phi_+ = \frac{P_Y}{P_X} = \alpha$ 是恒定的，$\varphi = \tan^{-1}\Phi_+$ 的角度也是恒定的。把常数 $\frac{x}{y} = \frac{P_X}{P_Y}$ $= \cot\Phi_+^{-1} = \frac{1}{\alpha} = k$ 和 $\varphi = y$ 代入(19-117)式 $\rho = e^x = e^{\frac{x}{y}y} = e^{\delta\varphi}$ 中，就有

$$\rho = e^x = e^{(\cot\varphi)\varphi} = e^{k\varphi} = e^{k\tan^{-1}\Phi_+} \tag{19-126}$$

因此，如果一个复变数 $z = x + y\mathrm{i}$ 在复平面上取定值 $z = a + b\mathrm{i}$，其中 $x = a$，$y = b$ ($a, b \neq 0$) 分别对应着黄金矩形的长边和短边的长度，即有 $\Phi_+ = \frac{y}{x} = \frac{b}{a}$，那么

$$\tan(\arg z) = \tan\varphi = \frac{a}{b} = \Phi_+^{-1} = \Phi_+ - 1 = -\Phi_- \tag{19-127}$$

即 $\arg z = \arctan(\Phi_+ - 1) = -\arctan(\Phi_-)$ 为定角。如此，(19-125)式 $\sum_{k=1}^{\infty} P_{X+Y}^k = \frac{1}{1-\rho e^{i\varphi}} = \frac{1}{1-P_{X+Y}}$ 就是

$$\sum_{k=1}^{\infty} P_{X+Y}^k = \frac{1}{1-P_{X+Y}} = \frac{1}{P_{0(X+Y)}} = e^{\mathrm{i}\arctan(-\Phi_-)} = e^{\mathrm{i}\operatorname{arccot}\Phi_+} \tag{19-128}$$

连接 $P_{X+Y}, P_{X+Y^2}, P_{X+Y^3}, \cdots$ 的曲线是一条等角螺线。所以，在极坐标系 $\rho\varphi$ 的平面中，近平衡态二元系统形态变化规律表现的几何轨迹就是对数螺线，由此就可以认识对数螺线的内涵。

三、远离平衡态的二元系统形态变化规律

在二维二仪质向量坐标系 $\vec{X}\vec{Y}$ 四象空间中，表达二元系统形态转化基元过程的单位质向量 $\vec{e}_{XY}$ 为二维二元单位质向量，单位质向量 $\vec{e}_{X+Y}$ 是穿越二维二仪质向量坐标系 $\vec{X}\vec{Y}$ 的第Ⅰ象限和第Ⅲ象限的一维二元单位质向量，其中，一维二元单位质向量 $\vec{e}_{X+Y}$ 在坐标轴 $\vec{X}$ 和坐标轴 $\vec{Y}$ 上的投影就是单位分质向量 $\vec{e}_X$ 和 $\vec{e}_Y$。

在二维二仪质向量坐标系 $\vec{X}\vec{Y}$ 内部的 $(\vec{P}, \vec{S})$ 二维分质向量空间中，二维二元信息 $\vec{P}_{XY}$ 可以由两个分质向量 $\vec{P}_X$ 和 $\vec{P}_Y$ 的外积来表达，二维二元熵 $\vec{S}_{XY}$ 也可以由两个分质向量 $\vec{S}_X$ 和 $\vec{S}_Y$ 的外积来表达。对于二维二元单位质向量 $\vec{e}_{XY}$ 所表达的二元系统形态转化基元过程，以信息 $\vec{P}$ 为二元系统形态变化的因变量，二维二元信息变化量 $\Delta\vec{P}_{XY}$ 就是

远离平衡态的二元系统形态转化基元规律。对于一维二元单位质向量 $\vec{e}_{X+Y}$ 所表达的二元系统形态转化基元过程，一维二元信息变化量 $\Delta \vec{P}_{X+Y}$ 也就是远离平衡态的二元系统形态转化基元规律。

在第十八章第五节"二元系统形态规律性初探"中，通过二元系统的子系统在坐标轴 $\vec{X}$ 轴和坐标轴 $\vec{Y}$ 上远离平衡态的形态转化基元规律的加和得到了(18-145)式 $P_{X+Y} = \mp \frac{1}{2}\left(\tanh \frac{S_X}{2} + \tanh \frac{S_Y}{2}\right)$。但是，这一表达式并没有表达跨越变相点的远离平衡态二元系统形态转化和向量的最终结果，所以其几何表示还只是分立的 $P_X \sim S_X$ 关系曲线与 $P_Y \sim S_Y$ 关系曲线的集合。在"二维正当坐标系"上，既然二维二元单位质向量 $\vec{e}_{XY}$ 在坐标轴 $\vec{X}$ 上的分量 $\vec{e}_X$ 和坐标轴 $\vec{Y}$ 上的分量 $\vec{e}_Y$ 只是二元系统形态转化基元过程在坐标轴 $\vec{X}$ 和坐标轴 $\vec{Y}$ 上的投影，而 $\vec{P}_X$ 和 $\vec{P}_Y$ 是二维二元信息变化量 $\vec{P}_{XY}$ 在坐标轴 $\vec{X}$ 和坐标轴 $\vec{Y}$ 上的投影。$\vec{P}_X = \mp \frac{1}{2}\tanh \frac{\vec{S}_X}{2}$ 与 $\vec{P}_Y = \mp \frac{1}{2}\tanh \frac{\vec{S}_Y}{2}$ 又分别代表二元系统的子系统在坐标轴 $\vec{X}$ 和坐标轴 $\vec{Y}$ 上远离变相点的形态转化基元规律，所以在二维二仪质向量坐标系 $\vec{X}\vec{Y}$ 上远离变相点也远离平衡态的二元系统形态转化基元规律可以表示为

$$\vec{P}_{XY} = \mp \frac{1}{2}\tanh \frac{\vec{S}_{XY}}{2} \tag{19-129}$$

在省却质向量坐标轴关于指向规定的情况下，二维二仪质向量坐标系 $\vec{X}\vec{Y}$ 成为二维二仪质变量坐标系 XY，(19-129)式也就可以用(6-147)式的标量形式表达为

$$P_{XY} = \mp \frac{1}{2}\tanh \frac{S_{XY}}{2} \tag{19-130}$$

在二维二仪质向量坐标系 $\vec{X}\vec{Y}$ 四象空间中，二元系统的形态变化可以通过平面格子的变化来表达，也可以通过平面格子的对角线来表达。因此，二元系统形态的变化信息可以通过 $\vec{P}_{XY}$ 来表达，也可以通过 $\vec{P}_{X+Y}$ 来表达。同样，二元系统的熵可以通过 $\vec{S}_{XY}$ 来表达，也可通过 $\vec{S}_{X+Y}$ 来表达。信息 $\vec{P}_{X+Y}$ 满足向量加和的三角形法则，即(18-142)式 $\vec{P}_{X+Y} = \vec{P}_X + \vec{P}_Y$。$\vec{S}_X$ 和 $\vec{S}_Y$ 是熵变化量 $\vec{P}_{X+Y}$ 在坐标轴 $\vec{X}$ 和坐标轴 $\vec{Y}$ 上的投影；熵 $\vec{S}_{X+Y}$ 满足向量加和的三角形法则，即(18-148)式 $\vec{S}_{X+Y} = \vec{S}_X + \vec{S}_Y$。如此，在省却分质向量的指向规定时，远离变相点也远离平衡态的二元系统形态转化基元规律也可以表示为

$$P_{X+Y} = \mp \frac{1}{2}\tanh \frac{S_{X+Y}}{2} \tag{19-131}$$

可见，远离变相点也远离平衡态的二元系统形态转化基元规律与一元系统远离变相点形态转化基元规律的表达式类似，都可以用双曲正切函数来表示。双曲正切函数实质上是刻画阴阳协同和阴阳拮抗对比的信息变化，是吸收发射由阴之阳的指数律与自发发射由阳之阴的指数律相互竞争、协同作用的综合。

在省却质变量坐标轴关于质的规定的情况下,二维二仪质变量坐标系$\vec{X}\vec{Y}$可以变换为二维笛卡尔直角坐标系XY,且还可以进一步转换为复坐标系XYi,二维二仪质变量坐标系XY内部的(P,S)二维分质变量空间也可以用复坐标系XYi的(w,z)复平面来指代。取$w=P_{X+Y}, z=S_{X+Y}$,远离变相点也远离平衡态的二元系统形态转化基元规律$P_{X+Y}=\mp\frac{1}{2}\tanh\frac{S_{X+Y}}{2}$也就可以用复变函数表示为

$$w=\mp\frac{1}{2}\tanh\frac{z}{2}=\mp\frac{1}{2}\frac{e^z-e^{-z}}{e^z+e^{-z}} \tag{19-132}$$

(19-132)式表达的远离变相点也远离平衡态的二元系统形态转化基元规律由近平衡态吸收发射的指数函数$w_+=e^z$与近平衡态自发发射的指数函数$w_-=e^{-z}$复合而成,它们所描绘的远离变相点的二元系统形态转化曲线就是吸收发射由阴之阳的对数螺线与自发发射由阳之阴的对数螺线的复合曲线。这是$w_+=e^z$和$w_-=e^{-z}$一阴一阳相反相成的对立统一过程,如此演绎得到的二元系统形态转化基元规律就是二维笛卡尔直角坐标系的伊辛模型。

伊辛模型是物理学中解释相变(质变)现象的统计模型。[15]在建立相变理论时,物理学家曾经动用了多种数学手段。最早的伊辛模型是为了解释铁磁相变而提出的。这一模型把晶格的每个格点i的磁矩σ_i取向上($\sigma_i=+1$)或向下($\sigma_i=-1$)2种状态,一个具体的微观状态σ就是指定每个格点上σ_i是$+1$或-1。N个格点的每个σ_i都可以独立地取2种状态,一共有2^N种状态。对于晶格上任何一个具体的分配方式,能量

$$E(\sigma)=\pm J\sum_{(ij)}\sigma_i\sigma_j \tag{19-133}$$

式中,J为磁矩间的相互作用强度;"$-$"表示两个相邻的磁矩平行;"$+$"表示两个相邻的磁矩反平行;(i,j)表示对一切最近邻求和。把2^N种状态的贡献都加起来,就得到统计配分函数

$$Z=\sum_{(\sigma)}e^{\pm E(\sigma)/kT} \tag{19-134}$$

这一模型虽然简单,求解却极为困难。物理学家经历了曲折的历程,虽然已经得到伊辛模型的400多种解法,但是几乎每个统计模型都是一个数学难题,其中,最简单的一个就是把伊辛模型变换成一个粒子在晶格上的无规行走问题。粒子的无规行走可以看作布朗粒子的随机行走。在m维空间中,随机行走的粒子在空间中的每一点都代表着一个形态。如果粒子离开原点的平均距离为$\langle\vec{r}\rangle$,那么平均距离的平方就等于它在各个坐标轴上投影的平方之和,这样

$$r^2=x_1^2+x_2^2+\cdots+x_N^2 \tag{19-135}$$

式中,x_i为$\vec{r}$在第i个坐标轴上的投影。而$\vec{r}$的模就是

$$|\vec{r}|=\sqrt{x_1^2+x_2^2+\cdots+x_N^2} \tag{19-136}$$

对于无规行走,各个轴上的机会均等,取平均后有

$$\langle \vec{r}^2 \rangle = \langle x_1^2 \rangle + \langle x_2^2 \rangle + \cdots + \langle x_N^2 \rangle = N \langle x_1^2 \rangle \tag{19-137}$$

由于各个坐标轴上的平均值$\langle x_i^2 \rangle$彼此相等，因此可以只计算其中一个，如$\langle x_1^2 \rangle$。将N次对X_i轴的投影累加起来，得到

$$x_i = a \sum_{k=1}^{N} \cos\varphi_k \tag{19-138}$$

式中，φ_k为第k步行走的方向和X_i轴之间的夹角；a为每次向任意方向行走相等的距离，可以取作距离$\vec{r}$的模。

其实，二维笛卡尔直角坐标系XY的伊辛模型是在省却质变量坐标轴关于性质和指向规定的情况下得到的，如果赋予无规行走的粒子所在的m维空间及其相应变量的特质规定，那么二维笛卡尔直角坐标系XY可以还原为二维二仪质变量坐标系PS。以P表示粒子在形态空间的位置信息，无规行走的粒子在形态空间中的每一点都是一个信息P_i，粒子离开原点的平均距离$\langle \overline{r} \rangle$就是平均信息$\langle \overline{P} \rangle$。由(19-135)式$r^2 = x_1^2 + x_2^2 + \cdots + x_N^2$可得，信息$P$的平方等于它在各个坐标轴上投影的平方之和，即

$$P^2 = P_1^2 + P_2^2 + \cdots + P_N^2 \tag{19-139}$$

式中，P_i为信息P在第i个坐标轴上的投影。而信息P的模就是

$$|P| = \sqrt{P_1^2 + P_2^2 + \cdots + P_N^2} \tag{19-140}$$

将N个对P_i轴的投影累加起来，得到

$$P_i = |P| \sum_{k=1}^{N} \cos\varphi_k \tag{19-141}$$

式中，φ_k为粒子第k步行走方向和P_i轴之间的夹角。由于粒子的无规行走可以在空间的任一点出现，因此(19-132)式中φ_k的确定并非易事。

当$N=1$时，(19-139)式为$P^2 = P_1^2 = P_X^2$。粒子从某一点出发，跨一步到相邻点的形态变化信息为

$$\begin{aligned} P &= \tanh \frac{J}{kT} \\ &= \tanh S \\ &= \frac{e^S - e^{-S}}{e^S + e^{-S}} \end{aligned} \tag{19-142}$$

式中，令$kT = \varepsilon$，$J = E$，$\frac{J}{kT} = S$，此式即为一维二仪质变量坐标系X内部的(P, S)二维分质变量空间的伊辛模型。

当$N=2$时，(19-139)式为$P^2 = P_1^2 + P_2^2 = P_X^2 + P_Y^2$和(19-140)式为$|P| = \sqrt{P_X^2 + P_Y^2}$，而(19-141)式为$P_X = P_1 = |P|\cos\varphi$和$P_Y = P_2 = |P|\sin\varphi$。由于平面中的所有面元与坐标轴$P_X$或坐标轴$P_Y$上的投影有关，每一个面元与坐标轴$\vec{X}$或坐标

轴 Y 上的夹角取决于其在平面上的半径 r 和模 $|\vec{P}|=\sqrt{P_X^2+P_Y^2}$，模 $|\vec{P}|$ 又与 r 相关。因此，信息 P 在坐标轴 X 的投影长度 P_X 要用积分方程表示为

$$P_X=\int_0^r \cos\frac{\pi r^2}{2}\mathrm{d}r \qquad (19\text{-}143)$$

信息 P 在坐标轴 Y 上的投影长度 P_Y 也要用积分方程表示为

$$P_Y=\int_0^r \sin\frac{\pi r^2}{2}\mathrm{d}r \qquad (19\text{-}144)$$

$P_X(r)$ 和 $P_Y(r)$ 所定义的积分就是菲涅耳积分。$P_X(r)$ 和 $P_Y(r)$ 是 r 的奇函数，又是整函数。

菲涅耳积分可以用误差函数来表示，通常由 r 值计算 P_X、P_Y 值可以查菲涅耳积分表。在省却质向量坐标轴关于指向规定的情况下，二维二仪质变量坐标系 XY 内部的 (P,S) 二维分质变量空间中的信息 P 的模可以由 (P_X,P_Y) 值通过 $|P|=\sqrt{P_X^2+P_Y^2}$ 直接表示出来。按 P_X、P_Y 两个菲涅耳积分精确地绘制二维笛卡尔直角坐标系 XY 平面中信息 P 的模，所得到的几何曲线就是如图 19-33 所示的对称于坐标系原点（变相点）的考纽螺线。由于其形状与羊角相似，因此又称为羊角螺线。

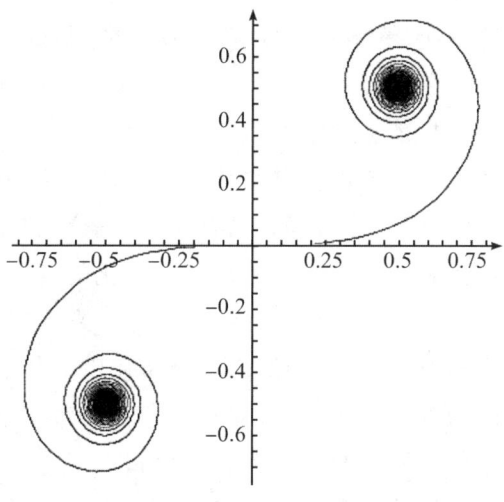

图 19-33　考纽螺线

在图 19-33 中可以看到，考纽螺线是由叠加许多无限小的向量组成，这些向量所构成的角度是以曲线长度的平方关系增加的。[16] 考纽螺线是关于二维笛卡尔直角坐标系 XY 原点对称的阻尼螺线与生发螺线的运动变化轨迹所构成。螺线的上半部分就在二维笛卡尔直角坐标系 XY 的第Ⅰ象限，螺线的下半部分就在二维笛卡尔直角坐标系 XY 的第Ⅲ象限。在二维笛卡尔直角坐标系 XY 中，上半部分的螺线最终收敛于 $\left(+\dfrac{1}{2},+\dfrac{1}{2}\right)$ 的 Z 点，而下半部分的螺线最终收敛于 $\left(-\dfrac{1}{2},-\dfrac{1}{2}\right)$ 的 Z' 点。Z 点与 Z' 点代表截然相反的对立的两种形态。可见，考纽螺线就是定义域在二维笛卡尔直角坐标系 XY 的 (P,S) 平面上的双曲正切函数曲线，也就是远离平衡态二元系统形态转化基元规律的轨迹。

不过，对于二维伊辛模型的函数及其变化曲线的刻画是可以回避菲涅耳积分的，因为在复坐标系 XYi 中远离变相点的二元系统形态转化基元规律可以用（19-132）式 $w=\mp\dfrac{1}{2}\tanh\dfrac{z}{2}=\mp\dfrac{1}{2}\dfrac{\mathrm{e}^z-\mathrm{e}^{-z}}{\mathrm{e}^z+\mathrm{e}^{-z}}$ 的复变函数表示，此式所描绘的函数变化曲线的几何轨迹

为生发螺线与阻尼螺线共同构成的考纽螺线,且对称于复坐标系 XYi 的原点。

由图 19-33 可见,只要将生发螺线的原点平移到 $\left(-\frac{1}{2},-\frac{1}{2}\right)$ 的 Z' 点,生发螺线就与考纽螺线下半部分的螺线完全一样,生发螺部分线的平衡点(始发点)就在考纽螺线下半部分螺线收敛的 Z' 点 $\left(-\frac{1}{2},-\frac{1}{2}\right)$。同样,将阻尼螺线的原点平移到 $\left(+\frac{1}{2},+\frac{1}{2}\right)$ 的 Z 点,阻尼螺线就与考纽螺线上半部分的螺线完全一样,阻尼螺线的平衡点(终结点)就在考纽螺线上半部分螺线收敛的 Z 点 $\left(+\frac{1}{2},+\frac{1}{2}\right)$。因此,二元系统从一平衡态向另一平衡态的形态转化基元规律的空间轨迹就是考纽螺线,考纽螺线是由生发螺线的对数螺线(等角螺线)和阻尼螺线的对数螺线(等角螺线)反向对接而成的。

在复坐标系 XYi 中,复平面上的任何一点都是代表二元系统的一个形态,如果以 Z 点与 Z' 点作为二元系统形态转化始发的平衡态和终结的平衡态,那么连接这两点的考纽螺线上任一点也就是所谓的过渡态。所有的过渡态所包含的 Z 点的信息与 Z' 点的信息是不一样的,只有在考纽螺线的中点 0,Z 点与 Z' 点的信息才刚好完全相等,该点代表的就是二元系统形态转化的变相点。

当人们以考纽螺线的中点 0 来看二元系统的形态分布时,紧紧围绕变相点的为准变相形态,准变相形态就分布在以变相点为中心的两边线性区域内;在变相点附近分布的为近变相形态,近变相形态就分布在以变相点为中心的两边非线性区域内;在变相点以外区域分布的称为远离变相点形态,远离变相点形态就分布在靠近两个端点的区域。二元系统形态由平衡态的始发点到生发螺线又到变相点再到阻尼螺线而达到平衡态的归宿点的转化基元过程,可以投影在 X 轴和 Y 轴构成的 XY 平面,这是关于变相点对称的双螺旋线的动态转化。

当人们以考纽螺线的某一端点(Z 点或 Z' 点)为起点来看二元系统形态的变化时,Z 点或 Z' 点代表的是二元系统所处的平衡态,紧紧靠着平衡态(Z 点或 Z' 点)的形态为准平衡态,这些准平衡态紧靠 Z 点或 Z' 点平衡态的运动轨迹为阿基米德螺线。由于准平衡态与 Z 点或 Z' 点的平衡态靠得如此之近,在考纽螺线中甚至很难分辨。靠近平衡态(Z 点或 Z' 点)的形态为近平衡态,近平衡态就是平衡态(Z 点或 Z' 点)附近的非线性区内的运动轨迹。远离平衡态(Z 点或 Z' 点)的形态为远离平衡态,远离平衡态分布在靠近变相点的区域内。

在复变函数的保角映射中,一个面积可以连续地一一对应地且角度保持不变地映射到另一个面积上,所以保角映射也称为保角变换或者共形映射。$w=f(z)$ 所代表的向量沿着某一向量(如 Z')的平移变换是保角的,而 $w=f(-z)$ 所代表的向量沿着某一向量(如 Z)的平移变换也是保角的,如果这个角度恒定地取为黄金数,曲线的曲率就确定为黄金角。这样,考纽螺线的上半部分就是在生发振动的变相点上振荡生成的等角螺线,考纽螺线的下半部分就是阻尼振动的变相点上振荡生成的等角螺线。考纽螺线由处在不同相空间的反向的上半部分对数螺线和下半部分对数螺线构成,对数螺线的臂的距离以几何级数递增。如果把考纽螺线上半部分的 Z 点和下半部分的 Z' 点都平移到二维笛卡尔直角坐标系的原点,这样,考纽螺线上半部分和下半部分就变换为以坐标原点为中心的两个方向相反的对数螺线。

不过,二元系统在准平衡态的运动轨迹为阿基米德螺线,二元系统在近平衡态的运动轨迹为对数螺线,它们的空间表现是逐渐发散的生发螺线和逐渐汇聚的阻尼螺线,而且都是将复坐标系 XYi 的 (x,y) 形式转换成极坐标系 $\rho\varphi$ 的 (ρ,φ) 的形式才得到的。复变函数通过保角变换还可以将非圆边界映射为圆边界,复平面 $z(x,y)$ 上的点都可以变换到圆形域 $w(\rho,\varphi)$。例如,二维笛卡尔直角坐标 XY 中方正的图形可以转化成圆坐标的圆融图形,坐标轴上的点被映射到圆的边界,而复平面 $z(x,y)$ 上的点则映射到圆 $w(\rho,\varphi)$ 的内部。所以,复平面 $z(x,y)$ 上的考纽螺线也可以变换到圆形域 $w(\rho,\varphi)$。

在复变函数保角映射中,可以得到近平衡态的二元系统形态变化规律 $\rho = e^x = e^{\frac{x}{y}y} = e^{k\varphi}$ 和 $\varphi = y$。而要把考纽螺线从复平面 $z(x,y)$ 映射到圆形域 $w(\rho,\varphi)$ 上,序参量就要通过分式线性变换从 $z(x,y)$ 变为 $w(\rho,\varphi)$。为此,把 $z = \rho = e^x = e^{\frac{x}{y}y} = e^{k\varphi}$ (式中常数 $k = \frac{x}{y} = \frac{P_1}{P_2} = \cot\Phi_+^{-1}$),$\varphi = y$ 代入分式线性变换公式之中,即

$$w = \frac{z+1}{z-1} \tag{19-145}$$

(19-145)式具有分式线性映射的保圆性、保交比不变性、保对称性等性质,于是

$$w = \frac{z-1}{z+1} = \frac{e^{k\varphi}-1}{e^{k\varphi}+1} = \frac{e^{k\frac{\varphi}{2}}-e^{-k\frac{\varphi}{2}}}{e^{k\frac{\varphi}{2}}+e^{-k\frac{\varphi}{2}}} = \tanh\left(k\frac{\varphi}{2}\right) = \rho \tag{19-146}$$

复平面上半 z 平面可以通过分式线性映射 $w = Re^{i\theta}\frac{z-a}{z-\bar{a}}$,保角映射为单位圆 $|w| < R$;而下半 z 平面也可以通过分式线性映射,保角映射为单位圆 $|w| < R$。在复平面中,指数函数 $w = e^z$ 会将平行于实轴的直线映射为过原点的一条射线,而将平行于虚轴的直线映射为一个圆。如果 L 是复平面中的一条直线且不平行于实数轴或虚数轴,那么指数函数 $w = e^z$ 会将这条直线映射到以 0 为中心的对数螺线,这样,虚轴映射为单位圆,而与虚轴呈一定夹角的过原点射线映射为一对数螺线,所有过原点的射线映射为过实轴上 1 和 0 点的一族对数螺线。

通过保角变换可以将复平面非圆边界映射为圆边界,把复平面 $z(x,y)$ 上的点都变换到圆形域 $w(\rho,\varphi)$。由于复平面一对互相对称的点可以映射成圆周的一对互相对称的点,因此复平面 $z(x,y)$ 上的实轴(X 轴)的负半轴和正半轴上各点可以保角映射到圆的边界。$z(x,0)$ 上的点从负半轴的 $-\infty$ 运动到正半轴的 $+\infty$ 时,$w(\rho,\varphi)$ 的点以逆时针方向运动回到同一点。如果一维二仪变量坐标轴 X 的正半轴用白色表示,负半

轴用黑色表示,即以图2-6所示的黑白各半的"双节棍"来表现反向射线;当复平面$z(x,y)$上的点被映到圆$w(\rho,\varphi)$的内部时,在圆形域中正半轴部分仍用白色而负半轴部分仍用黑色表示,那么图2-6线状的阴阳二仪相空间就变换为图2-7圆形的黑白对开的阴阳二仪相空间。同理,在垂直方向也可以把一维二仪变量坐标轴线性的阴阳相空间也变换为二维二仪圆形的阴阳相空间。把由两个相互垂直的一维二仪变量坐标轴线性的阴阳相空间组成的四象都变换为二维二仪变量坐标轴圆形的阴阳相空间,那么图2-8所示的二维笛卡尔直角坐标中方正的图形就可以转化成如图2-9所示的圆坐标中圆融的分类饼图。基于这样的对称性,可以把复平面(第Ⅰ象限)的正数统称为阳,其对应的部分用圆形域的白色表示;而把复平面(第Ⅲ象限)的负数统称为阴,其对应的部分用圆形域的黑色表示。

曲线之间的夹角在保角映射中必须使大小和方向都保持不变。因此,复平面$z(x,y)$上的考纽螺线保角映射到二维圆形极坐标系的圆形域$w(\rho,\varphi)$上,考纽螺线上半部分的等角螺线和下半部分的等角螺线在同一个单位圆的阴阳相空间就形成了相抱的阴阳鱼骨骼。代表二元系统形态转化基元规律的始发平衡态和终结平衡态就是考纽螺线上半部分螺线和下半部分螺线的汇聚点,在白区的Z点为黑色等角螺线的汇聚点,在黑区的Z'点为白色等角螺线的汇聚点,而这些螺线在准平衡态是如此密集,以致Z点与Z'点的位置看起来就俨然是阳鱼的白眼和阴鱼的黑眼。考纽螺线上半部分螺线和下半部分螺线的结合点是二维笛卡尔直角坐标的原点,这一变相点在二维的圆形域$w(\rho,\varphi)$却表现为起止于圆周贯穿于圆心的S形逻辑斯蒂曲线。在同一个单位圆关于原点对称的S形曲形将相空间分野为阴阳,由此形成的生发螺线和阻尼螺线就像在不同的相空间相抱的阳鱼和阴鱼,如图19-34所示。

图19-34　含考纽螺线的太极图

显而易见,如此演绎得到的圆形域$w(\rho,\varphi)$上所表现的考纽螺线图就是中国千古传奇的太极图！太极图的真谛就是在圆形坐标系表现二维伊辛模型所描绘的考纽螺线,描述了二元系统形态变化的阴阳消长过程,反映的就是二元系统形态转化基元规律的内在关系。

四、太极图的推演及其天机的解密

太极是《易经》中的重要概念,最早见于《庄子》,时隔一千多年又冠名于形状酷似阴阳两鱼互抱在一起的阴阳图而称为"太极图"。太极图无比之玄妙,被称为中华第一图,古今中外不知有多少人为之倾倒。在中国,从孔庙大成殿梁柱,到楼观台、三茅宫、白云观的标记物；从道士的道袍，到算命先生的卦摊；从中医、气功、武术及中国传统文化的书刊封面、会徽会标，太极图无不跃居其上。1988年的二维强关联电子系统国际讨论会、2002年的世界系统科学大会的会标以及香港凤凰卫视的台标……也都融入了太极图的理念。

中国千古传奇的太极图传到国外后，发挥了东方文化和哲学的重要影响作用。日本把太极图称为"巴"（ともえ），略有形变的巴纹被用作许多神社的纹饰和家族的族徽。韩国国旗的中心图案就是太极图，而四周的乾卦、坤卦、坎卦、离卦分别代表天、地、水、火。在早先年代，太极图还是全体高丽人顶礼膜拜的红剑门的核心。新加坡、韩国、安哥拉的空军机徽也都有太极图的图案。丹麦物理学家玻尔于1927年建立了互补原理，他于1936年到中国看到太极图后如获至宝，回国后就把太极图作为他的族徽勋章的中心标记。

理所当然，古今中外的人们对太极图的起源都趋之若鹜。但是，关于太极图这一谜团的内涵与象征意义的解释众说纷纭。许多人认为广义的太极图（从它发现并描述了某种普遍的宇宙物质运动原理与结构的意义上说）是一种普遍的宇宙物质运动模型，是体现阴阳互补原理自洽性的最准确的表现形式。"太极理论家们……从'太极图'发现了一种普遍的宇宙物质运动的原理与结构。""人们从各个领域中都发现了这种太极S运动结构的存在，与其说是从各个自然科学领域对'太极图'的破译，不如说是'太极图'所提出的阴阳对立互补的物质运动规律与结构在各个自然科学领域中得到的广泛证实。"[17]

自古以来，人们探索的太极图画法千差万别，可是所有的文献都没有给出太极图究竟是怎么画出来的。流传至今的"标准的"太极图众口相传是五代宋初的陈抟所画。近年来，有人通过用极坐标确定平面上点的位置的方法准确地画出"标准的"太极图来。但是，太极图上的极坐标与现代极坐标还是有些不同点。况且，极坐标是牛顿在17世纪才提出来的，古老的太极图在画法上不可能早就应用了极坐标。最近还有人基于勾股定理用初等函数给出S分界线的数学方程，并给定了鱼眼位置的坐标，但所构之图与标准的太极图还是有偏差的。[18]

其实，陈抟所画的太极图并不是凭空臆想的，而是在《周易》认识论和方法论基础上的发挥。虽然陈抟进行易学研习比北宋的邵雍托伏羲之名创造"伏羲先天图"早了约100年，但他是在悟出了伏羲画卦的真旨后才对八卦和六十四卦卦象进行排序的。太极图的出现表明，易卦符号系统的逻辑起源已经为这些先哲所掌握。

易卦符号逻辑系统是完备的自洽的理论。"无字天书"八卦是没有历史语言痕迹的符号系统，先天八卦的卦象依次为：乾、兑、离、震、巽、坎、艮、坤，即八卦的乾、兑、离、震是向左旋转，巽、坎、艮、坤是向右旋转，这与∽形曲线的笔顺是一致的，透露的就是单元系统形态转化基元规律的天机。所以，《易经》把∽形曲线的笔顺总结为"天道左旋,地道右旋"的∽形规则。采取八卦相连法,八卦就成为一个八卦小圆图,如图19-35所示。

八卦小圆图拉直就是图2-20所示的八卦小横图,其中,黑格和白格是表现事物形态的阴爻和阳爻之象。八卦的阴爻和阳爻是在四象基础上二分出来的,像坎卦在第三层级是阴爻,归属到第二层级就只有一半的成分;离卦在第三层级是阳爻,归属到第二层级也只有一半的成分,这样,图19-36所示的柱状图就是图2-20阴阳成分的累计图像。

图 19-35　八卦小圆图

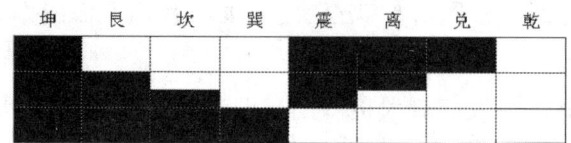

图 19-36　八卦小横图的阴阳成分累计图

图19-36的八卦小横图中分后,拗转并依逆时针方向排列右半圈和左半圈各卦,所得到八卦小圆图如图19-37所示。与图19-38的太极图相比较,就可看出图19-37以折线形式已勾勒出太极图的雏形。

图 19-37　小横图中分拗转的八卦小圆图

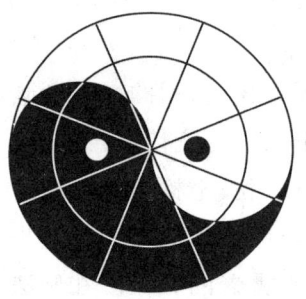

图 19-38　太极图

先天六十四卦图是八卦图的细化。六十四卦次序圆图依照"天道左旋,地道右旋"的∽形规则以圆图的形式表现了事物异质形态转化信息与事物本质尚未转化信息逐级对比的轨迹,乾卦→复卦四宫三十二卦左半圈是向逆时针方向旋转的,姤卦→坤卦四宫三十二卦右半圈是向顺时针方向旋转的。如果伏羲六十四卦次序横图(图2-20)"中分"后自上而下拗转,左半边依逆时针方向排列右半圈各卦,右半边依顺时针方向排列左半圈各卦,所得到的六十四卦圆图如图19-39所示。在此圆形图中,最外层分为黑白(阴阳)两半,次外圈上半圈为阳、下半圈是阴……最里层左半圈和右半圈都是阴阳相间。

在六十四卦大横图(图2-20)中,黑格和白格是表现事物形态的阴爻和阳爻之象,六十四卦大横图各个层级的阴爻和阳爻是按二分法形成的。在第三层级的阴爻，如果归属到第二层级就只有一半的成分；在第四层级的阴爻，如果归属到第三层级就只有一半的成分，而归属到第二层级就只有四分之一的成分；在第五层级的阴爻，如果归属到第四层级就只有一半的成分，归属到第三层级就只有四分之一的成分，而归属到第二层级就只有八分之一的成分；在第六层级的阴爻，如果归属到第五层级就只有一半的成分，归属到第四层级就只有四分之一的成分，归属到第三层级就只有八分之一的成分，而归属到第二层级就只有十六分之一的成分。对于不同层级的阳爻，在纵向的成分分配，亦然。如果按照其阴阳成分先行相对集中，图 19-40 所示的柱状图就是图 2-20 阴阳成分的累计图像。

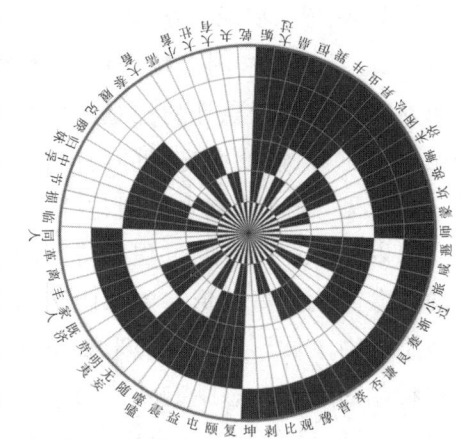

图 19-39　六十四卦圆图

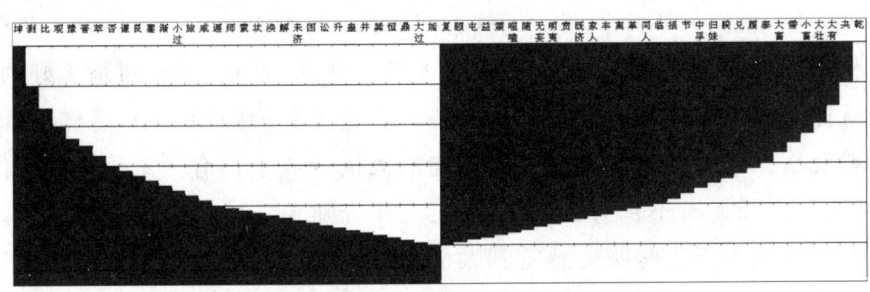

图 19-40　六十四卦大横图的阴阳成分累计图

如果图 19-40 的六十四卦"大横图"中分后自上而下拗转，左半边依逆时针方向排列右半圈各卦，右半边依顺时针方向排列左半圈各卦，所得到的六十四卦圆图如图 19-41 所示。与图 19-42 太极图相比较，图 19-41 的六十四卦分类圆图已基本显露了太极图的形态。

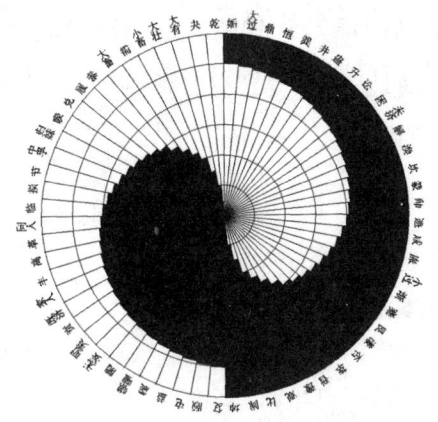

图 19-41　中分拗转的六十四卦圆图

图 19-42　太极图

如果进一步无限次地（$n \to \infty$）反复运用二分法对事物进行分类，可以得到无限细分的 2^n 卦直方横图。按照此方法对"2^n 卦直方横图"按照其阴阳成分先行相对集中，再对其阴阳成分累计的柱状图中分后，进行自上而下拗转，所得到的 2^n 卦次序圆图就是黑白对称、连续而光滑的阴阳鱼互抱曲线的太极图，如图19-42所示。

可见，通过伏羲先天图与《周易》提供的二分法就可自然地推演画出太极图。这一立象以"逼近真理"的过程所得到的太极图是事物形态变化过程所有卦象的集合，卦象的消息变化是事物形态内部阴阳的消长。太极图中阴阳鱼的反S形（或S形）交界线反映了事物本质形态与异质形态交互变化的轨迹。太极图中以反S形（或S形）曲线为运动特征的阴阳动态平衡轨线隐含着事物形态转化基元过程极为深刻的道理。

不过，对于上述首次揭示的太极图画法没有必要陶醉，与陈抟所画的太极图相比较还缺少了点睛之笔——鱼眼的位置。然而，在统一科学里，远离平衡态的二元系统形态转化基元规律可以用二维伊辛模型的函数来描述，其形态变化曲线——考纽螺线在圆形域上的表现就是阳鱼与阴鱼互抱在一起的太极图，其起止点也就是鱼眼的位置。太极图所包藏的天机就是它给出了宇宙各层次事物形态转化历程的元道理。

在中国古代，人们并不认识圆形域的考纽螺线，也不知道几千年后笛卡尔会提出直角坐标系或牛顿会提出极坐标，但是中国古人却早就认为圆满的东西是美好的，所以在认知伊始就把认知世界的累累硕果都一一装入美轮美奂的圆图之中，这样，被圆圈圈定的事物形态就从无边无际的无极或有始无终的太极变成了具有一定研究范围的事物形态，可大可小的圆圈无所不包，其边界就界定了研究对象整体是个有限的二元系统。不同历史时期的中国人都已朦胧地感觉到太极图圆圈内的S形曲线与宇宙物质运动模型存在着一定的关系，但是人们没有认识太极图的实质也就无法阐释S形曲线及其曲率的底蕴，尽管陈抟画的太极图标注了鱼眼也无人能够说明，只有统一科学揭示的含考纽螺线的太极图，才能使太极图所隐含的阴阳之道的深刻内涵大白于天下。

在圆形域 $w(\rho,\varphi)$ 上，考纽螺线上半部分的等角螺线和下半部分的等角螺线在同一个单位圆的阴阳相空间表现为自古以来令人倾倒的太极图，意味着太极图只是表现二元系统形态转化基元规律的一种空间几何。这也印证了背景独立性原理，即自然律的表达形式不能再假定空间有任何固定的几何，人们可以完全确定自然定律，而不需要对空间几何做任何先验的假定。[19]

参考文献

[1] 卡伦·L.弗伦奇.通往天堂的入口[M].北京:中国友谊出版公司,2016:30-53.

[2] 张杰.中国古代空间文化溯源[M].北京:清华大学出版社,2012:5-9.

[3] 天豪.万物由来[M].济南:山东人民出版社,2012:48-57.

[4] 彭加勒.科学与方法[M].李醒民,译.北京:商务印书馆,2010:12.

[5] 张天蓉.上帝如何设计世界[M].北京:清华大学出版社,2015:11-16.

[6]克劳福德.波动学[M]//SI版.伯克利物理学教程:第3卷.卢鹤绂,等,译.北京:机械工业出版社,2016:322-331.

[7]吴振奎.斐波那契数列欣赏[M].哈尔滨:哈尔滨工业大学出版社,2012:113-175.

[8]陈雪,黎渝.奥妙无穷的黄金分割[M].北京:人民邮电出版社,2016:59.

[9]达西·汤普森.生长和形态[M].袁丽琴,译.上海:上海科学技术出版社,2003:192-224.

[10]特奥多·安德列·库克.生命的曲线[M].周秋麟,陈品健,戴聪腾,译.长春:吉林人民出版社,2000:72-99.

[11]潘建辉,李玲.数学文化与欣赏[M].北京:北京理工大学出版社,2012:167-176.

[12]海克尔.宇宙之谜[M].袁志英,译.上海:上海人民出版社,1974:324-325.

[13]周培源.语丝·科学美[J].现代物理知识,1992(5):41-42.

[14]普里瓦洛夫.复变函数引论[M].闵嗣鹤,等,译.北京:高等教育出版社,1956:94-104.

[15]于渌,郝柏林.相变和临界现象[M].北京:科学出版社,1984:92-111.

[16]费恩曼,莱顿,桑兹.费恩曼物理学讲义:第1卷[M].新千年版.郑永令,华宏鸣,吴子仪,等,译.上海:上海科学技术出版社,2013:302-303.

[17]束景南.中华太极图与太极文化[M].苏州:苏州大学出版社,1994:134-185.

[18]陈克恭,马如云.太极图的数学表达[N].人民日报,2016-10-17(16).

[19]斯莫林.物理学的困惑[M].李泳,译.长沙:湖南科学技术出版社,2009:78.

八卦篇

八卦空间与复合规律

- 第二十章　三维二仪与立体论
- 第二十一章　流体模型与结构论

吾道一以贯之

—— 孔子

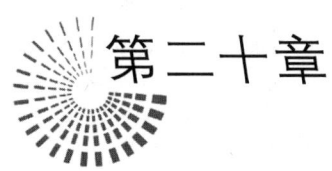

第二十章

三维二仪与立体论

第一节　晶体结构与三维点阵理论

晶体结构是在三维空间上伸展的点阵结构，其中的质点（原子或离子或分子）组成一定形式的晶格或点阵。晶体内部结构都具有明显的空间排列上的周期性，三维格子的重复单元（正当晶胞）可根据正当单元的形状划分为 7 个类型和 14 种布拉维格子。通过晶格结构的启迪，人们可以深入认识三维质参量坐标系。

一、晶体与点阵

人们要理性地认识宇宙中的奥秘，不能停留在一维正向质向量坐标系的太极世界或一维质向量坐标系的二仪空间，也不能固守于二维二仪质向量坐标系的四象平面，而要循序渐进地进入人们最为"熟悉"的三维立体空间。现实世界的三维物体是人们最早最直接认识的对象，其具体形态是无穷无尽的。但是，要认知三维物体的本质及其形态变化规律，就必须对缤纷多彩、形态各异的三维物体进行粗粒化抽象，这样三维物体就可以用共体的一系列质点依其排序的阵列形成的某个集合——"三维立体"来表示。

在三维立体的认知空间中，像固态物质这类认识对象都是由一定数量的具有特质的元素按一定的顺序连接构成的立体结构。人们只有从物质结构（特别是固态物质结构）入手，通过粗粒化把具体的物质形态抽象为立体系统的结构模型，才能获得关于三元系统形态内在关系与规律性的认识。

自然界存在的固态物质可分为晶体、准晶体和非晶体三大类。晶体与非晶体的最本质差别在于组成晶体的原子、离子、分子等质点在空间的排列具有周期性，表现为既有长程取向有序又有平移对称性，是一种高度长程有序的结构。非晶体的这些质点除了相互毗邻外，基本上无规则地堆积在一起，可以看成具有一定的短程序。而准晶体中组成质点的排列也呈有序结构,只是不具有周期性或平移对称性,而是同时具有长程准周期平移序与晶体学不允许的长程取向序。[1]

各种晶体由于其组分和微观结构不同,不仅在外形上各不相同,而且在性质和形态上往往也有很大的差异。尽管如此,不同晶体之间仍存在着某些共同的特征,主要表现在:①自范性;②晶面角守恒定律;③解理性;④各向异性;⑤对称性;⑥最低内能与固定熔点;⑦晶体内部结构的对称要素。

晶体结构是决定固态金属物理、化学和力学性能的基本因素之一。不同物质的内部原子或离子或分子的排列方式是丰富多样、各不相同的,无机物与有机物都有各自的特点,金属与离子化合物也有很大差别。但是,晶体有一个共同的基本点,就是它们内部结构都具有明显的空间排列上的周期性。现代科学应用 X 射线研究晶体内部结构的大量实验证明,一切晶体在结构上不同于非晶体(以及液体、气体)的最本质特征,就是组成晶体的微粒(离子、原子、分子等)在三维空间中有规则的排列,具有结构的周期性。

在晶体内部结构中,如果每一个微粒用一个点代表,则原子或离子或分子经过粗粒化抽象后成为质点,有规则地在三维空间呈周期性重复排列,并组成一定形式的晶格或点阵,占有质点的那些点叫作晶格的节点。晶格或点阵在外形上呈现为一定形状的几何多面体,并表现为均匀的各向异性。对晶体来说,所谓规则的排列首先反映在所有的晶体都具有与点阵相对应的最基本的周期性;质点(原子、离子、分子)的规则排列还反映在不同的晶体中,它们具有各不相同的对称元素或对称元素系,有的晶体对称性高,有的晶体对称性低。根据晶格节点上质点的种类以及晶格内质点间的作用力的不同,可以把晶体分为四种基本类型:离子晶体、原子晶体、分子晶体及金属晶体。此外,还有它们之间的中间过渡类型,如层状晶体及链状晶体。[2]

以晶体中的质点或其集合为基点,在三维空间中三个不共面的方向上进行排列,就会各自按一定的点阵周期不断重复出现。这种按一定的方式不断重复排列的性质,就称为晶体结构的周期性。晶体的一些宏观规律性反映了它微观结构中具有长程序的三维空间点阵形式。晶体之所以不同于一般具有短程序的非晶态固体和液体而成为各向异性体,与晶体结构的周期性有关。为了描写晶体结构的周期性,可以用一系列的点在三维空间的排列来模拟晶体内部的结构;这些点可以代表晶体内质点(原子、离子、分子)的重心,它们按一定的规则排列而得到的几何图形就是空间点阵。若用内禀几何与点阵的性质来探讨晶体结构的理论,则称为点阵理论。

点阵是一组按连接其中任何两点的向量进行平移后而能复原的点的重复排列。各点分布在同一直线上的点阵称为直线点阵,分布在同一平面中的点阵称为平面点阵,而分布在三维空间中的空间点阵称为三维点阵。晶体结构是在三维空间上伸展的点阵结构,三维点阵也称为立体结构,如图 20-1(a)所示。[3]

三维点阵可以分解为各组平行的直线点阵或平面点阵,并可以划分成并置的平行六面体单位。如果用三维平行线把这些点连接起来,就构成一个空间网络,这个网络称为三维格子或空间格子,如图 20-1(b)所示。从图中可以看出,整个三维格子就是一个小六面体 ABCD 不断重复排列的结果。如果在格子内任选一格点 A 为原点,向另外任一格点做向量,此向量就叫格矢。选 $AB=\vec{a}$,$AC=\vec{b}$,$AD=\vec{c}$,$\vec{a}$、$\vec{b}$、$\vec{c}$ 为三维格子三个独立而互不平行的一维二仪单位向量 $\vec{e}_\alpha$、$\vec{e}_\beta$ 与 $\vec{e}_\gamma$,这是三维格子三个方向上的基本周期,这三个相交的格矢 $\vec{e}_\alpha$、$\vec{e}_\beta$ 与 $\vec{e}_\gamma$ 就是表示三维格子内所有向量的一组基准向量——基底。

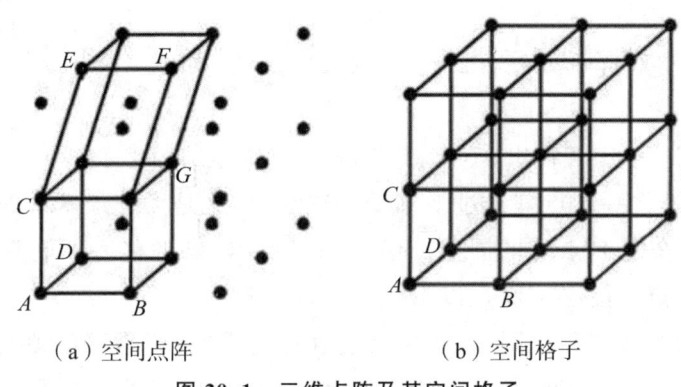

(a) 空间点阵　　　　　　　　(b) 空间格子

图 20-1　三维点阵及其空间格子

格矢的特点也称作平移周期性或平移对称性。在三维点阵中,重复单元的选择并不是唯一的。对格子内任一格矢,都可以找出一组基矢 $\vec{a}$、$\vec{b}$、$\vec{c}$。其特点是:①由它们沿各基矢平移所包围的空间(平行六面体)体积相等;②所包围的空间内不再有格点;③通过平移操作,此空间可覆盖整个晶体,既没有重复,也没有遗漏。如图 20-1(a)所示的空间点阵,也可选择六面体 CEFG 为重复单元,相应的基矢为 $\vec{a}'$、$\vec{b}'$、$\vec{c}'$ 等,所得到的三维格子的形式也不相同。

晶体内部质点排列的具体形式一般称为晶格,不同的晶体内部质点排列称为具有不同的晶格结构。在结晶学中选择重复单元时,除了要考虑晶体结构的周期性外,还要反映晶体的内禀对称性。晶体外形的对称取决于晶体内部结构的对称,两者是相互联系、彼此统一的。晶体的理想外形或其结构都是对称图像,而且这类图像都能经过不改变其中任何两点间距离的操作后复原。人们把这样的操作称为对称操作,平移、旋转、反映和倒反都是对称操作。能使一个图像复原的全部不等同操作形成一个对称操作群。晶体的格矢做整体平移后,与原来的晶格重合,即沿格矢 $\vec{a}$(或 $\vec{b}$ 或 $\vec{c}$)的方向平移 $k_1\vec{a}+k_2\vec{b}+k_3\vec{c}$(其中 k_1、k_2、k_3 为整数)距离后,仍保持与原来的情况一样,此式就是与空间点阵相应的平移群。

按照三维点阵的平行六面体单位,可以划分晶体结构的单位。根据晶体的对称性,由一组格矢所决定的平行六面体所围起来的最小重复单元就叫作原胞(或初基单胞)。将晶体结构截分为一个个包含等同内容的基本单位时,当然是选择一个小立方体(即小立方格子)为重复单元最为方便,因为立方体的格矢大小相等,即格矢间的夹角为 90°。

原胞代表的是几何形状、体积的最小重复单元，不具有物理内涵，而基元则有物理内涵。在研究晶体的物理性质时，通常选取体积最小的原胞，这样选取的原胞称为固体物理学原胞。

原胞往往不能反映晶体的对称性，因而必须选择能反映晶体对称性的重复单元，这种重复单元就叫晶胞或非初基单胞。晶胞一般不是最小的重复单元，其体积（面积）可以是原胞的数倍。能反映晶体对称性的最小重复单元叫维格纳-赛茨原胞，它是按以下方法选取的：最近邻或次近邻两两格点间连线的垂直平分面（三维）或垂直平分线（二维）所围成的原胞，如图 20-2 所示。

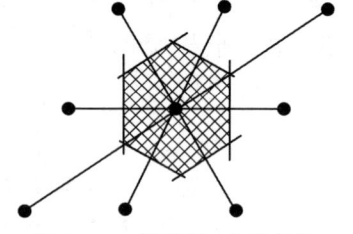

图 20-2　维格纳-赛茨原胞

通过以上的讨论可以看出，三维点阵是认识晶体结构基本特征的关键之一。点阵经过平移后能够复原，这是点阵最基本的性质，它反映了点阵的周期性，格矢就是点阵的周期。任意一组点，如果平移后不能复原，就不能称为点阵。所以，作为点阵就必须满足以下两个条件：

（1）点阵中的点数必须无限多，否则就会存在边界问题，平移后无法复原。

（2）点阵中的每一个点必须处于相同的环境中，而且在平移的方向上周期相同，否则平移后无法复原。

点阵与晶体三维点阵或三维格子都是一些几何概念，点阵中的点在空间的排列以及在空间的划分也是数学问题。只有让点阵中的点代表晶体中的质点（原子、离子或分子）的重心后，点阵与晶体之间才存在对应关系。晶体中的质点在空间中是有规则地按一定周期重复排列的，把这些质点用直线连接起来就形成晶格结构，格点就是质点的位置。三维格子即晶体内部结构在三维空间呈平移对称的几何图形。点阵与晶体的对应关系见表 20-1。

表 20-1　点阵与晶体的对应关系

三维点阵	抽象	点阵中的质点	重复单元	格矢	平面点阵	直线点阵	无限大小
晶体	具体	基元（质点的重心）	晶胞	晶格常数	晶面	晶棱或晶列	有限大小

二、晶系和布拉维格子

用三维点阵可以方便而又清楚地说明晶体的微观结构在宏观中所表现出的面角守恒、有理指数等定律以及 X 射线衍射的几何关系。不过，严格说来，晶体并不是点阵结构，因为晶体并不是无限大的，晶体外形是有限图形，其对称是宏观的有限图形的对称，其宏观对称性是与平移、旋转、反映和倒反有关并能在宏观上反映出来的对称性。但是，晶体中的原子在 1 mm³ 体积内有 $10^{18} \sim 10^{19}$ 个，在 1 mm 的距离内有 10^6 个。一般晶体的线度都是超过 1 mm 的，所以微观看来晶体可近似为无限大，即可近似地认为晶体是点阵结构,其对称属于微观的无限图形的对称。此外,实际晶体中还存在杂质、位错、缺陷、热运动等,因此用点阵来描述晶体只是一种较好的近似。

晶体外形的对称取决于晶体内部结构的对称,但是空间点阵在晶体结构中又有一种在晶体外形上不可能有的对称操作——平移操作,因而晶体内部结构除了具有外形上可能出现的那些对称要素外,还出现了像平移轴、螺旋轴等特有的对称要素。

(一)平移轴

平移轴为一条直线,当图形沿着有向直线移动一定距离时,可以使相等部分重合。晶体结构沿着三维格子中的任意一条行(列)移动一个或若干个节点间距,可以使每一质点与其相同的质点重合。因此,三维格子中的任一行或任一列就是代表平移对称的平移轴,三维格子即为晶体内部结构在三维空间呈平移对称规律的几何图形。

(二)螺旋轴

螺旋轴为晶体结构中的一条假想直线,当构造围绕有向直线旋转一定角度,并向上平移一定距离后,结构中的每一质点都与其相同的质点重合,整个结构自相重合。

螺旋轴的国际符号一般写成 k_s,k 为轴次,s 为小于 k 的自然数。与对称轴的情况一样,k 只能取 1、2、3、4、6,相应的最小基转角 $\alpha=360°$、$180°$、$120°$、$90°$、$60°$。如果沿着螺旋轴方向的节点间距标记为 T,则质点平移的距离应为 $t=\dfrac{sT}{k}$。如 2_1,2 为轴次(2 次螺旋轴),最小基转角 $\alpha=180°$,平移距离 $t=\dfrac{T}{2}$。

螺旋轴根据其轴次和平移距离可以分为 2_1、3_1、3_2、4_1、4_2、4_3、6_1、6_2、6_3、6_4、6_5 共 11 种。对于一次轴,由于不存在小于 k 的 s 值,因此它实际上只是一简单的一次对称轴,而对称轴则可视为移距为零的同轴次的螺旋轴。

n 次对称轴的基本旋转操作为旋转 $\dfrac{2\pi}{n}$,因此晶体能在外形和宏观中反映出来的轴对称性也只限于这些轴次。

在二维平面上,布拉维晶格的两晶轴 a_1、a_2 及其夹角 φ 构成 5 种类型的晶格。

(1)斜晶格:任意晶轴 a_1 和 a_2 只有在旋转 π 或 2π 时才能保持不变。

(2)正方形晶格:$|a_1|=|a_2|$,$\varphi=\dfrac{\pi}{2}$。

(3)六角形晶格:$|a_1|=|a_2|$,$\varphi=\dfrac{2\pi}{3}$。

(4)矩形晶格:$|a_1|\neq|a_2|$,$\varphi=\dfrac{\pi}{2}$。

(5)有心矩形晶格:$|a_1|\neq|a_2|$,$\varphi=\dfrac{\pi}{2}$,矩形晶格中心有一晶格点。

对于具有三维点阵结构的晶体来说，三维格子的重复单元（即平行六面体，称为晶胞）可用 3 个边长 $a、b、c$（$\vec{a}=a\vec{i};\vec{b}=b\vec{j};\vec{c}=c\vec{k}$）以及对称轴 $\vec{a}、\vec{b}、\vec{c}$ 之间的夹角 $\alpha、\beta、\gamma$ 来表示，如图 20-3 所示。

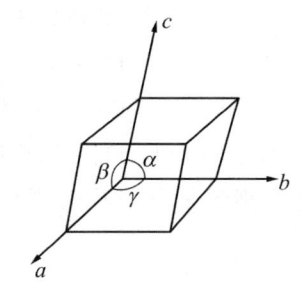

图 20-3　晶体的对称轴和它们的夹角

晶体的晶格是可以经由平移或其他对称操作后，仍然可以得到自己本身。一种典型的对称操作是绕着通过晶格点的轴做旋转，称为一重、二重、三重、四重及六重对称，分别是旋转 $2\pi、\pi、\dfrac{2\pi}{3}、\dfrac{\pi}{2}、\dfrac{\pi}{3}$，其中以布拉维晶格较常使用。

三维点阵划分成一个个并置的平行六面体单位后，如果点阵中各点都位于各平行六面体的顶点处，则原始格子的节点只分布在平行六面体的 8 个顶角上。每个平行六面体有 8 个顶角，因此有 8 个节点。由于每个顶角上的节点不是某一个平行六面体所独有的，而是 8 个平行六面体所共有，因此每个原始格子实际上只有 $8\times\dfrac{1}{8}=1$ 个节点。原始格子只包括 1 个节点，所以称为简单格子；平行六面体单位只摊到 1 个点，就称为素单位。

平行六面体单位也可在面上或体内带心。底心格子的节点，除了分布在 8 个顶角外，还分布在一对平行面中心上。面中心的节点为 2 个六面体所共有，因此每个底心格子实际上只包括 $8\times\dfrac{1}{8}+2\times\dfrac{1}{2}=2$ 个节点。体心格子的节点，除了分布在 8 个顶角外，在六面体的中心还有 1 个格点，因此每个体心格子实际上只包括 $8\times\dfrac{1}{8}+1=2$ 个节点。面心格子的节点，除了分布在 8 个顶角外，在每个面中心还有 1 个节点，因此每个面心格子实际上只包括 $8\times\dfrac{1}{8}+6\times\dfrac{1}{2}=4$ 个节点。包括 2 个以上节点的格子称为复式格子；平行六面体单位摊到 1 个以上的点，就称为复单位。

根据边长和夹角的不同，三维格子的重复单元可根据正当单元的形状划分为 7 个类型。在三维格子的重复单元中，即相当于结晶学中的正当晶胞，$\vec{a}、\vec{b}、\vec{c}$ 和 $\alpha、\beta、\gamma$ 是确定晶胞形状和大小的参数（称为晶胞参数），所以相应的正当晶胞也有 7 个类型。由于晶胞是晶体的重复单元，因此它最能代表晶体的基本性质。一般情况下，$\vec{a}、\vec{b}、\vec{c}$ 的方向就是晶轴的方向，$\vec{a}、\vec{b}、\vec{c}$ 的大小就是晶轴上的周期，即晶格常数。所以，晶胞形状的不同可以作为晶胞分类的根据。对应于 7 个不同类型的晶胞，就可以把晶体划分为七大晶系，分别为三斜晶系、单斜晶系、正交晶系、四方晶系、立方晶系、三方晶系和六方晶系。

在 7 个晶系中，属于同一晶系的三维格子因为重复单元所包括的点子（节点）不同，又可以分为一种或几种类型。1849 年，法国物理学家布拉维就是根据晶体的宏观对称性及其与空间点阵共存和互相制约的关系推导出 14 种空间点阵，它们的晶轴关系即晶轴的单位长度及夹角(即单胞参量 $\vec{a}$、$\vec{b}$、$\vec{c}$ 和 α、β、γ)间的关系,分别属于立方、四方、三方、六方、正交、单斜、三斜共 7 个晶系。7 个晶系中共有 14 种重复单元,通常称为 14 种布拉维格子,即简单立方、体心立方、面心立方、简单三方、简单六方、简单四方、体心四方、简单正交、底心正交、体心正交、面心正交、简单单斜、底心单斜、简单三斜格子。布拉维格子代表晶体基元在空间周期排列的重复特征,这种微观的平移对称性可引起宏观上的其他对称性,包括转动、镜面、反演点对称性。在 14 种布拉维格子中,按每个格子所包含的节点数目,又可分为原始格子(P)、底心格子(C)、体心格子(I)和面心格子(F)4 种。在这些有心的点阵中,晶胞分别有 2 个或 4 个阵点,见表 20-2。[4]

表 20-2 14 种布拉维格子

	原始(P)	底心(C)	体心(I)	面心(F)
三斜	◆			
单斜	◆	◆		
正交	◆	◆	◆	◆
四方	◆		◆	
六方	◆			
三方	◆			
立方	◆		◆	◆

与晶体宏观性质、理想外形对称元素系相对应的描述晶体宏观对称性的类型,还可以归结为32种空间点群。与晶体微观对称元素系对应的描述晶体微观对称性的类型,也可以归结为230个空间群。七大晶系与布拉维格子及空间点群的关系见表20-3。

表 20-3　七大晶系与布拉维格子及空间点群的关系

晶　系	布拉维格子	点　群
三斜晶系	简单三斜	C_1,C_i
单斜晶系	简单单斜、底心单斜	C_2,C_s,C_{2h}
正交晶系	简单正交、底心正交、体心正交、面心正交	D_2,C_{2v},D_{2h}
三方晶系	三方	C_3,C_{3i},D_3,C_{3v},D_{3d}
四方晶系	简单四方、体心四方	C_4,C_{4h},D_4,C_{4v},D_{4h},S_4,D_{2d}
六方晶系	六方	C_6,C_{6h},D_6,C_{3v},D_{6h},C_{3h},D_{2h}
立方晶系	简单立方、体心立方、面心立方	T,T_h,T_d,O,O_h

由此可见,对称性高的晶体,晶胞的规则性强。表20-3中的立方晶系的对称性最高,其晶胞是立方体,晶胞3个边长相等($a=b=c$)并互相垂直($\alpha=\beta=\gamma=90°$);三斜晶系的对称性最低($a\neq b\neq c$,$\alpha\neq\beta\neq\gamma\neq90°$);在四方晶系中,晶胞的2个边等长并正交;在正交晶系中,3个边皆不等长;在六方晶系中,2个边等长($a=b\neq c$),它们的夹角$\gamma=120°$;在三方晶系的菱面体晶胞中,3个边等长,3个夹角相等,但无正交关系(三方晶系中也可取六方点阵的晶胞);在单斜晶系中,3个边不等长,3个夹角中有2个是90°。

通过立方晶胞4个体对角线方向上各有1个三重轴,这4个三重轴称为立方晶系的特征对称元素,立方晶系称为高级晶系。表20-2中的六方晶系、四方晶系、三方晶系的共同特点是,它们都有1个高次轴,且至少有2个晶轴单位长度是相等的,称为中级晶系。表20-2中的另外3个晶系的特征对称元素不包括高次轴,且晶胞的3个边长均不相等,称为低级晶系。

三、晶格结构与三维质参量坐标系

自然界存在的晶体是由质点(原子、离子、分子等)按一定的规则在三维空间呈周期性重复排列,并组成一定形式的晶格或点阵,且在外形上表现为一定形状的几何多面体。把质点用直线连接起来就形成在三维空间上伸展的点阵结构——晶格结构。由于三维点阵可以划分成并置的平行六面体单位,三维格子的重复单元可根据正当单元的形状划分为7个类型和14种布拉维格子,因此晶格结构展示了晶体结构内部都具有明显的空间排列上的周期性。

所谓结构的周期性,是指同一种质点在空间排列上每隔一定距离重复出现。换句话说，在任一方向排在一直线上的相邻两个质点之间的距离都相等，这个距离称为周期。由于质点之间都存在相互作用的空间距离，因此就具有了"空间距离"的特质。把质点用直线连接起来并在空间延展为一条具有无限长度的直线，所形成的直线就是一维"空间距离"坐标系。二维点阵在空间延展为一个具有无限面积的平面，就构成了二维"空间距离"坐标系。在质点所组成的有规则的空间点阵中，过一点在不同方向取三根连接各点的直线作为三个坐标轴，就构成了三维"空间距离"坐标系。若用三组平行于坐标轴的直线将所有的点连接起来，则将空间点阵划成所谓空间格子，空间格子的最小单位是一个平行六面体，所以，每一个自然晶体的晶体结构都是三维"空间距离"坐标系的自然"标架"。

现实世界的绝大多数物质实体不可能像晶体那样在内部结构上都具有明显的空间排列上的周期性，基本上是无规则地堆积在一起的。但是，物质实体内部的各种元素都是以一定质点群体的结构形式存在的，质点之间都存在相互作用的空间距离，自然界实在的物质形态都占有一定的实体空间。所以，在三维"空间距离"坐标系中，在主体意识中最能够直接反映实物形态特征的就是所谓"大小"的质参量。任何实物形态（包括人们的眼睛看到的具体物质形态以及没有看到的全部物质形态）的大小都可用"空间距离"作为度量基准来认知。

如果三维"空间距离"坐标系的坐标轴是以人眼观察的分辨距离为度量基准，根据客观物质与坐标轴单位"距离"尺度的差异情况，可以把实体的客观物质进行分级，大于或近于人眼分辨率线度的各种物质称为宏观世界，小于人眼分辨率线度的各种物质称为微观世界。通过望远镜或显微镜等可以在宏观世界和微观世界延展"空间距离"的度量基准，人们观察到的物质形态因此而丰富，这些观察对象在三个维度上都具有"空间距离"的特质而被称为立体系统。例如，在自然界中，人们观察到的物质形态和人们熟悉的立体实物就是在三个维度上都具有"空间距离"的特质，占有三维"空间距离"坐标系一定空间的物质形体形成了人的视觉立体感，因而人们称之为客观物体或物体，如图20-4所示。

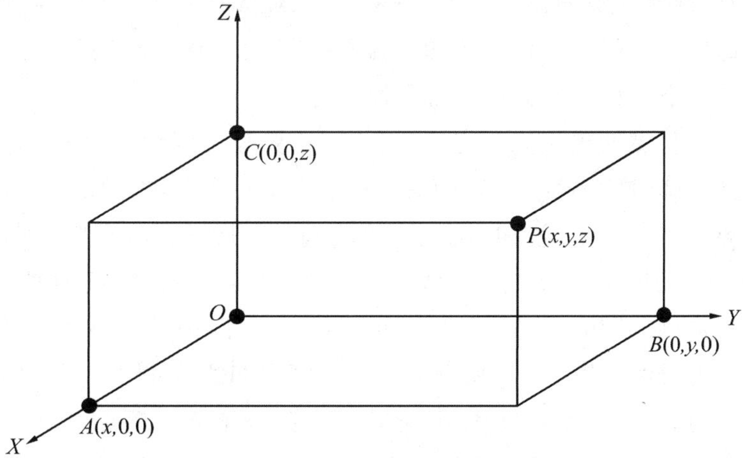

图20-4 三维空间中的立体

在人们的理性认知中，不论物质实体的尺度如何，都可以通过粗粒化而抽象为粒子。在定质的认知坐标系中，每个粒子都是一个质点，质点与质点之间相互作用达到平衡后所形成的"空间距离"

就是这些质点共有的特质。一个质点不等同于另一个质点，就是说它们在三维"空间距离"坐标系的空间中都有特定的位置。在一定的环境条件下，一定数量的质点可以在一定的空间范围内集聚和相互作用。集聚就是质点相互之间建立了联系，这些相互联系的质点群就形成了系统。

由于系统是一定数量的粒子（质点）集聚和相互作用，不论是长程力还是短程力，粒子之间必然保持着一定作用力程的间隔——"空间距离"，否则这样由粒子群体构成的系统又可以当作一个粒子了。不过，如果由粒子群体构成的系统具有"空间距离"的特质，系统的表象反映在主体意识中就是具有"大小"特征的实体物质。

粒子群不同的集合状态（也叫集态或聚集态）是与一定的环境条件相对应的，粒子群的聚集方式就是系统的结构，而其外在的表象就是形态。对于一个粒子群体而言，同质的粒子可能集中分布也可能分散分布，不同质的粒子亦然，这些集聚的粒子就会因为不同的分布密度和不同的聚集方式而形成不同的物质形态。建立理性认知的坐标系，有了"空间距离"坐标轴就可以对粒子群系统的占有空间距离的特质进行刻画。

在由三个"空间距离"坐标轴构成的三维"空间距离"坐标系空间中，人们只能从粒子群体占有的体积大小来认识各种各样实体物质的形态。像人们最常见的物质分子或原子群体的聚集状态就称为气态、液态和固态（即物质三态），由于其形态表象占有了三维空间的一定体积，因此这些具有一定特质的粒子（即原子或分子）相互聚集而构成的实物又称为固体、液体和气体。

微观世界中不同层次、不同特质的粒子可以冠名为分子、原子、电子、中子或质子等。如果微观粒子（分子、原子、离子、电子）之间存在很强的相互作用，微观粒子之间的"空间距离"就很小，由大量紧密的粒子所组成的系统形态就是凝聚态。除了晶体、非晶体、准晶体等固体物质外，稠密气体、液体以及介于液体与固体之间的各种凝聚态物质都属于凝聚态。低温下的超流态、超导态、超固态、玻色-爱因斯坦凝聚态、磁介质中的铁磁态、反铁磁态等，也都是凝聚态。

物质的聚集态是与环境条件（主要是温度和压力）密切相关的结构形态。当环境温度下降时物质变冷，原子或分子锁定于一个基本有序的结构形态，此时呈固态。当环境温度增加时，分子和原子运动增加了平均能量，粒子之间分离的距离进一步增大，结果就造成物质的膨胀，进而导致物质结构的改变。像高温时，分子和原子的不规则运动就会加剧，并相互交错滑动变换位置，但它们仍松散地结合在一起，此时物质呈现液态。温度继续上升，分子和原子就能克服它们之间的引力而自由移动。当它们碰巧靠得很近时，就会发生相互作用，导致原子和分子互相跳动反弹，此时物质表现为气态。当温度升得更高时，分子碰撞产生的能量最终把分子分裂成原子，并撞击电子使其从原子中分离出来，产生离子。在极高的温度下，原子核结合得如此紧密，在碰撞中它们会受到强大的内部核力的影响，从而发生核反应。

事实上，组成物体的微观粒子都具有量子特征，当在一定的外界条件和内因作用下

（如极低温、高压或高密度等条件下），所有粒子彼此相互结对，"凝聚"到单一的状态上，形成高度有序、长程相干状态，往往会表现出宏观量子效应。因为在这种高度有序的状态中，所有粒子的行为几乎完全相同。这时大量粒子的整体运动，就和其中一个粒子运动一样。由于一个粒子的运动是量子化的。则这些大量粒子的运动就可表现出宏观量子效应来。因此，粒子的"凝聚"在这里起着重要作用。[5]

因此，要认识具有一定特质的粒子群体所构成的物质形态，就不能仅仅以"空间距离"作为认知坐标轴的质参量，还必须将温度或压力等质参量作为认知坐标轴的质参量，才能刻画系统除了聚集态以外的其他形态特征。像牛顿就是以距离、数量和温度为三个质参量坐标轴来建立三维质参量坐标系的，因而能够在其建立的近代物理学理论中既描述了物体的大小，又刻画了物质的数量，还阐明了环境的温度。又如，电场和磁场的方向是相互垂直的，电磁波是由电场和磁场的大小变化所引起的，电磁波的传播方向与电场和磁场的方向是相互垂直的，所以必须建立三维质向量坐标系才能刻画电磁波的变化规律。

必须指出，在一维"空间距离"坐标轴内部可以打开三维分"空间距离"坐标系的立体空间来拓展长、宽、高的距离内涵。在三维分"空间距离"坐标系中，人们就可以审视和标示物质粒子（质点）占有的空间位置所构成的形态。然而，一维"空间距离"坐标轴只是特定的质参量坐标轴，它还可以与其他特定的一维质参量坐标轴共同构成不同维度的质参量坐标系。例如，在三维分"空间距离"坐标系的基础上加上所谓的第四维度——时间维度，就建立了三个距离坐标轴与一个时间坐标轴共同构成的四维时间-空间坐标系。由三个空间距离坐标轴和一个时间间隔坐标轴构成的时空坐标系是一个具有最小维数的认知宇宙万物的二维质参量（空间与时间）坐标系，据此就可以刻画所有物质实体形态的时空属性。

客观物质存在于自然界，人们要在主体意识中理性地认识自然界各种物质实体的本质属性及其内在关系，就要规定若干思辨的度量基准，就必须建立起理性认知的坐标系。虽然不同的理性认知坐标系空间是可以变换的，但是在不同的理性认知坐标系空间中，人们就具有不同的世界观和认知能力。例如，对晶体来说，傅里叶变换是将通常的坐标空间变换成波矢空间；原来坐标空间中的晶格，则变换成了波矢空间中的倒格子。[6]因此，只有正确地选择适当的度量基准作为坐标轴，才能建立合理反映客观事物和自然现象本质特征的理性认知坐标系。只有在一定维度的质参量坐标系空间中，人们才能够深入研究事物形态及其内部结构，才能够按照事物形态的质参量关系建立描述系统阴阳变化的相关模型。

建立三维质参量坐标系是描述客观事物形态存在规律或变化规律的基础。只要规定三个质参量坐标轴的度量基准，就可以建立一个三维质参量坐标系。因此，要认识具有三种特质的粒子群体构成的三元系统形态及其变化规律，就要开显理性认知的三个质参量之维，建立一个由三个质参量坐标轴构成的三个维度的质参量坐标系。像霍尔三维结构就是在由时间维、逻辑维和知识维 3 个维度的坐标轴组成的三维坐标系空间中分析系统工程活动结构的。

当然,三维质参量坐标系不一定就非有一个维度是特定的"空间距离"坐标轴。海森堡指出:世界不应被划分为不同类别的物体,而应划分成不同类别的联系……世界呈现为许多事件的复杂组合,其中存在着各种联系的变化、重叠或联合,从而确定整体的结构。[7] 如果三个维度的质参量坐标轴都是可以定质、定量、定向刻画事物形态的质向量,那么在 3 个一维二仪质向量坐标轴构成的三维二仪质向量坐标系中,可以把每一个考察对象的形态符号化,并用一个质向量或一个三维格子或代表三维格子 8 个顶角节点的点阵——矩阵来表达三元系统的形态。因此,人们要定质、定量、定向地认识三元系统的形态及其规律性,就要对三维二仪质向量坐标系本身有深刻的了解。

第二节 三维仿射坐标与八卦空间

自然晶体的晶轴自然构成三维向量仿射坐标系。以简单立方格子(空间正当格子)的 3 个格矢作为单位质向量 $\vec{e}_\alpha$、$\vec{e}_\beta$ 与 $\vec{e}_\gamma$,可以建立起三维二仪质向量坐标系 $\vec{X}\vec{Y}\vec{Z}$ 并张开其八卦空间。选择不同的度量基准作为坐标轴,所建立的三维仿射坐标系也就不同;在不同的八卦空间中,所获得的关于三元系统形态的认知结果及其视图也是不同的。

一、三维向量仿射坐标系

原子、离子、分子等粒子经过抽象后都可以看作质点,不同的质点在三维空间以不同的规则排列方式可以组成不同的晶体结构。晶体中的质点是规则排列(长程序)的,而非晶体中的质点是无规则地堆积在一起(短程序)的,不同的规则排列方式是导致各种各样晶体存在结构、性能和形态上差别的重要因素。

根据对晶体的面角测量数据进行晶体投影、理想形态的绘制等,人们确定了晶体中不同旋转对称轴的对称性,也总结出了晶体的对称定律。晶体结构中的对称要素对晶体的性质和形态起着决定的作用。因此,晶体学就发展出与不同晶胞相对应的 7 个晶系、14 种点阵形式,与晶体宏观性质和理想外形对称元素系相对应的 32 个点群以及与晶体微观对称元素系相对应的 230 个空间群等概念来。

在晶体结构的 7 个晶系中,晶体的三维格子只有 14 种布拉维格子,晶格可以看成是点阵上的质点所构成的点群集合。对于一个确定的三维点阵,可以按选择的向量将它划分成很多平行六面体(晶胞),每个平行六面体叫一个单位,并以对称性高、体积小、含点阵点少的单位为其正当格子。晶格就是由这些三维格子周期性地无限延伸而成的。空间正当格子只有 7 种形状（对应于 7 个晶系）和 14 种形式。

因为晶体结构不论是分为 7 个晶系还是 14 种晶格，都是由密置层中抽象出来的在立体空间无限伸展的三维点阵，在点阵分布中必然可以找到三维格子及其 3 个独立而互不平行的格矢 $\vec{a}、\vec{b}、\vec{c}$。所有规则的三维格子都是平行六面体，都存在着 3 条"相交向量"。3 个格矢 $\vec{a}、\vec{b}、\vec{c}$ 就是表示立体单元内所有向量的一组基底量 $\vec{e}_\alpha、\vec{e}_\beta$ 与 $\vec{e}_\gamma$。

每一个三维格子代表着一个立体单元的形态。每一个三维格子的立体单元（即平行六面体）可以用图 20-3 所示的 3 个独立而互不平行的边长 $a、b、c$ 和格矢 $\vec{a}、\vec{b}、\vec{c}$ 之间的夹角 $\alpha、\beta、\gamma$ 来表示。以空间正当格子的 3 个格矢为单位向量 $\vec{a}=\vec{e}_\alpha、\vec{b}=\vec{e}_\beta$ 与 $\vec{c}=\vec{e}_\gamma$（$a、b、c$ 是 3 个方向上的基本周期），将格矢 $\vec{a}、\vec{b}、\vec{c}$ 沿着其 $\vec{e}_\alpha、\vec{e}_\beta$ 与 $\vec{e}_\gamma$ 方向延伸，可以形成 3 条不共面的相交于原点的向量坐标轴，就可以建立三维向量仿射坐标系 $\vec{A}\vec{B}\vec{\Gamma}$。

可见，空间中的一个定点 O 连同 3 个单位向量 $\vec{e}_\alpha、\vec{e}_\beta$ 与 $\vec{e}_\gamma$ 的全体叫作空间的一个仿射标架，记作 $|O;\vec{e}_\alpha,\vec{e}_\beta,\vec{e}_\gamma|$。$O$ 称为坐标的原点，而向量 $\vec{e}_\alpha、\vec{e}_\beta、\vec{e}_\gamma$ 都叫作坐标向量，如图 20-5 所示。如果 $\vec{e}_\alpha、\vec{e}_\beta、\vec{e}_\gamma$ 3 个向量都是单位向量，那么标架 $|O;\vec{e}_\alpha,\vec{e}_\beta,\vec{e}_\gamma|$ 就称为笛卡尔标架。两两互相垂直的标架叫作笛卡尔直角标架。

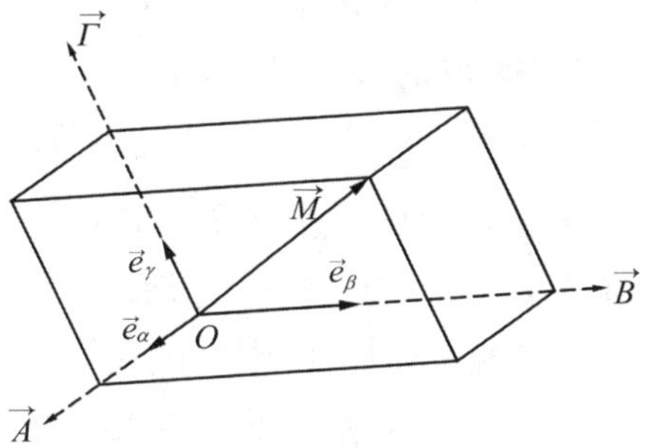

图 20-5　三维仿射标架与坐标向量

当空间取定标架 $|O;\vec{e}_\alpha,\vec{e}_\beta,\vec{e}_\gamma|$ 后，空间全体向量的集合或者全体点的集合与全体有序三数组 $x、y、z$ 的集合具有一一对应的关系，这种一一对应的关系就叫作空间向量或点的一个坐标系。此时，向量或点关于标架 $|O;\vec{e}_\alpha,\vec{e}_\beta,\vec{e}_\gamma|$ 的坐标，也称为该向量或点关于由这标架所确定的坐标系的坐标。标架是空间坐标系的向量化。

在任何晶体中，人们可以根据三维点阵的基矢 $\vec{a}、\vec{b}、\vec{c}$ 来取晶轴系。由于 3 个格矢 $\vec{a}、\vec{b}、\vec{c}$ 不共面，对于三维向量仿射坐标系 $\vec{A}\vec{B}\vec{\Gamma}$ 空间中的任一向量 $\vec{M}$，存在唯一的有序实数组 $a、b、c$，使得

$$\vec{M}=\vec{a}+\vec{b}+\vec{c}=a\vec{e}_\alpha+b\vec{e}_\beta+c\vec{e}_\gamma \tag{20-1}$$

上式称为三维向量空间的向量基本定理，其中都隐含着 $a+b+c\neq 1$。

由此还可以得到如下推论：设 $O、A、B、C$ 是不共面的 4 个点，对于空间任一点 D，都存在唯一的有序实数组 $x、y、z$，使得

$$\vec{OD}=x\vec{OA}+y\vec{OB}+z\vec{OC} \tag{20-2}$$

在省却向量坐标轴关于指向的规定时，如果三维向量仿射坐标系 $\vec{A}\vec{B}\vec{\Gamma}$ 3 条坐标轴上的单位向量 $\vec{e}_\alpha、\vec{e}_\beta$ 与 $\vec{e}_\gamma$ 的大小相等，这个三维向量仿射坐标系 $\vec{A}\vec{B}\vec{\Gamma}$ 就是三维笛卡尔坐标系 $AB\Gamma$。当 $\vec{a}、\vec{b}、\vec{c}$ 之间的夹角 $\alpha=\beta=\gamma=90°$ 时，这一三维笛卡尔坐标系 $AB\Gamma$ 就是三维笛卡尔直角坐标系 XYZ。三维笛卡尔直角坐标系 XYZ 是一种特殊类型的仿射

立体坐标系,它是以三维的点集和有序实数来精确刻画三元系统的形态。

为了理性地认识三元系统的形态分布规律与变化规律,必须建立起三维向量仿射坐标系$\vec{A}\vec{B}\vec{\Gamma}$。如果以一维二仪向量坐标轴$\vec{A}$、一维二仪向量坐标轴$\vec{B}$和一维二仪向量坐标轴$\vec{\Gamma}$作为认知三元系统形态的度量基准,所建立的三维向量仿射坐标系$\vec{A}\vec{B}\vec{\Gamma}$就是三维二仪向量仿射坐标系。在三维二仪向量仿射坐标系$\vec{A}\vec{B}\vec{\Gamma}$中,三元系统的子系统的取向是与三维二仪向量仿射坐标系$\vec{A}\vec{B}\vec{\Gamma}$的坐标轴相对应的。在三维二仪向量仿射坐标系$\vec{A}\vec{B}\vec{\Gamma}$空间中,一个三元系统如果同时受到3个不共面方向的环境作用,必然同时参与3个非共面方向的形态变化。

在三维二仪向量仿射坐标系$\vec{A}\vec{B}\vec{\Gamma}$的空间中,任何一个确定的三元系统形态都可以用空间中一个确定的三元向量或一个三维点阵构成的平行六面体来表示。每一个平行六面体的每一条边是一条有向直线——格矢,只要3个格矢$\vec{a}$、$\vec{b}$、$\vec{c}$为不共线的单位向量$\vec{e}_\alpha$、$\vec{e}_\beta$与$\vec{e}_\gamma$,就可以构造一个平行六面体。根据相交向量的交角,可以分为垂直向量和不垂直向量。当平行六面体的3个格矢$\vec{a}$、$\vec{b}$、$\vec{c}$互相垂直时,其构造的平行六面体为立方格子或四方格子或正交格子。由于简单立方格子对称性最高,四方格子次之,正交格子又次之,而又以对称性高、体积小、含点阵点少的单位为空间正当格子,因此简单立方格子就是空间正当格子。[8]

由于立方格子的3个格矢$\vec{a}$、$\vec{b}$、$\vec{c}$相互垂直,且大小相等,因此以此作为单位向量$\vec{e}_\alpha$、$\vec{e}_\beta$与$\vec{e}_\gamma$,就可以建立三维二仪向量直角坐标系$\vec{X}\vec{Y}\vec{Z}$。与空间正当格子相对应,三维二仪向量直角坐标系$\vec{X}\vec{Y}\vec{Z}$也可称为"三维正当坐标系",它具有其他坐标系所没有的优点。像一般的平行六面体的3个格矢$\vec{a}$、$\vec{b}$、$\vec{c}$可以相互不垂直,但都可以投射到三维二仪向量直角坐标系$\vec{X}\vec{Y}\vec{Z}$的3个坐标轴上。为此,三维二仪向量仿射坐标系$\vec{A}\vec{B}\vec{\Gamma}$也可以映射转换为三维二仪向量直角坐标系$\vec{X}\vec{Y}\vec{Z}$。

在三维二仪向量直角坐标系$\vec{X}\vec{Y}\vec{Z}$中,一维二仪向量坐标轴$\vec{X}$、一维二仪向量坐标轴$\vec{Y}$和一维二仪向量坐标轴$\vec{Z}$相互独立,且各自代表一个模为无穷大的向量,它们的关系符合向量的外积$\vec{X}\vec{Y}\vec{Z}=\vec{X}\times\vec{Y}\times\vec{Z}$。三维二仪向量直角坐标系$\vec{X}\vec{Y}\vec{Z}$开辟了8个卦象的认知空间,在此八卦世界里,人们对事物形态的认识由"四象生八卦",自然就会产生八卦的世界观,必然要把事物形态分成性质各异的8类。

例如,在三维二仪向量直角坐标系$\vec{X}\vec{Y}\vec{Z}$中,每一个被划定为研究对象的晶体都包括一定数量的晶胞,被划定的晶体是与晶胞对应的平移群,所以可以表示为(20-2)式的线性组合

$$\vec{D} = \vec{A} + \vec{B} + \vec{C}$$
$$= \lambda_1 \vec{e}_\alpha + \lambda_2 \vec{e}_\beta + \lambda_3 \vec{e}_\gamma$$
$$= \lambda_1(\vec{e}_{\alpha X} + \vec{e}_{\alpha Y} + \vec{e}_{\alpha Z}) + \lambda_2(\vec{e}_{\beta X} + \vec{e}_{\beta Y} + \vec{e}_{\beta Z}) + \lambda_3(\vec{e}_{\gamma X} + \vec{e}_{\gamma Y} + \vec{e}_{\gamma Z}) \quad (20\text{-}3)$$

式中,λ_1、λ_2和λ_3是数量;向量$\vec{D}$是向量$\vec{A}$、向量$\vec{B}$和向量$\vec{C}$的线性组合;向量$\vec{A}$

为单位向量 $\vec{e}_\alpha$ 的数乘,即 $\vec{A}=\lambda_1\vec{e}_\alpha=(\lambda_1\vec{e}_{\alpha X},\lambda_1\vec{e}_{\alpha Y},\lambda_1\vec{e}_{\alpha Z})$;向量 $\vec{B}$ 为单位向量 $\vec{e}_\beta$ 的数乘,即 $\vec{B}=\lambda_2\vec{e}_\beta=(\lambda_2\vec{e}_{\beta X},\lambda_2\vec{e}_{\beta Y},\lambda_2\vec{e}_{\beta Z})$;向量 $\vec{C}$ 为单位向量 $\vec{e}_\gamma$ 的数乘,即 $\vec{C}=\lambda_3\vec{e}_\gamma=(\lambda_3\vec{e}_{\gamma X},\lambda_3\vec{e}_{\gamma Y},\lambda_3\vec{e}_{\gamma Z})$。也就是说,$\vec{D}$ 表达的形态是向量 $\vec{A}$、向量 $\vec{B}$ 和向量 $\vec{C}$ 的叠加态,可以经 $\vec{A}$、$\vec{B}$ 和 $\vec{C}$ 表出。

可见,一维向量仿射坐标系的太极射线——→为一元系统形态的单向变化提供了一往直前的空间,一维二仪向量仿射坐标系的直线轨道←——→为一元系统形态的双向变化提供了可逆穿梭的通道,二维二仪向量仿射坐标系的四象平面⊕为二元系统形态的纵横变化提供了驰骋捭阖的场地,三维二仪向量仿射坐标系 $\vec{A}\vec{B}\vec{\Gamma}$ 的八卦空间为三元系统形态的立体变化提供了自由舒卷的世界。在不同的三维参量坐标系空间中,描述三元系统形态的几何形状有多种方式,譬如可以用平面图形(如八卦图)也可以用立体图形来表达 3 个维度的内涵。三维正当坐标系 $\overset{k}{\underset{i}{\vec{j}}}$ 的八卦空间是人们日常所见的最熟悉的物体存在与运动的立体空间,也是人们研究三元系统形态分布规律和变化规律最为常见的空间。

二、三维二仪质向量坐标系

如果人们规定的坐标轴是可以定质、定量和定向的质向量,那么对于三维二仪质向量坐标系就要规定单位质向量 $\vec{e}_X$、$\vec{e}_Y$ 和 $\vec{e}_Z$ 作为认知三元系统的度量基准。与 $\vec{e}_X$ 同向的坐标轴为 $\vec{X}_+$,与 $\vec{e}_X$ 反向的坐标轴为 $\vec{X}_-$;与 $\vec{e}_Y$ 同向的坐标轴为 $\vec{Y}_+$,与 $\vec{e}_Y$ 反向的坐标轴为 $\vec{Y}_-$;与 $\vec{e}_Z$ 同向的坐标轴为 $\vec{Z}_+$,与 $\vec{e}_Z$ 反向的坐标轴为 $\vec{Z}_-$,那么,相互垂直的 6 个方向的一维单向质向量坐标轴分别为 $\vec{X}_+$、$\vec{X}_-$、$\vec{Y}_+$、$\vec{Y}_-$、$\vec{Z}_+$ 和 $\vec{Z}_-$,其中 $\vec{X}_+$、$\vec{Y}_+$ 与 $\vec{Z}_+$ 3 个坐标轴为一维正向质向量坐标轴,而 $\vec{X}_-$、$\vec{Y}_-$ 与 $\vec{Z}_-$ 3 个坐标轴为一维负向质向量坐标轴。$\vec{X}_+$ 与 $\vec{X}_-$ 的交角 $\langle\vec{X}_+,\vec{X}_-\rangle=\pi$,$\cos\langle\vec{X}_+,\vec{X}_-\rangle=-1$;$\vec{X}_+$ 与 $\vec{X}_-$ 反向平行,即 $\vec{X}_+=-\vec{X}_-$,它们共线构成反向的一维二仪质向量坐标轴 $\vec{X}(\vec{X}=\vec{X}_++\vec{X}_-)$。$\vec{Y}_+$ 与 $\vec{Y}_-$ 的交角 $\langle\vec{Y}_+,\vec{Y}_-\rangle=\pi$,$\cos\langle\vec{Y}_+,\vec{Y}_-\rangle=-1$;$\vec{Y}_+$ 与 $\vec{Y}_-$ 反向平行,即 $\vec{Y}_+=-\vec{Y}_-$,它们也共线构成反向的一维二仪质向量坐标轴 $\vec{Y}(\vec{Y}=\vec{Y}_++\vec{Y}_-)$。$\vec{Z}_+$ 与 $\vec{Z}_-$ 的交角 $\langle\vec{Z}_+,\vec{Z}_-\rangle=\pi$,$\cos\langle\vec{Z}_+,\vec{Z}_-\rangle=-1$;$\vec{Z}_+$ 与 $\vec{Z}_-$ 反向平行,即 $\vec{Z}_+=-\vec{Z}_-$,它们也共线构成反向的一维二仪质向量坐标轴 $\vec{Z}(\vec{Z}=\vec{Z}_++\vec{Z}_-)$。

如此得到的相互垂直的 6 个方向的一维单向质向量坐标轴 $\vec{X}_+$、$\vec{X}_-$、$\vec{Y}_+$、$\vec{Y}_-$、$\vec{Z}_+$ 和 $\vec{Z}_-$,就是一维二仪质向量坐标轴 $\vec{X}$、一维二仪质向量坐标轴 $\vec{Y}$ 和一维二仪质向量坐标轴 $\vec{Z}$,它们彼此独立共同构成三维二仪质向量坐标系 $\vec{X}\vec{Y}\vec{Z}$。如果把 $\vec{X}$ 轴和 $\vec{Y}$ 轴配置在水平面上,$\vec{X}$ 轴为前后的坐标轴,$\vec{Y}$ 轴为左右的坐标轴;$\vec{Z}$ 轴为上下的纵坐标轴,那

么极性相反的 $\vec{X}$ 轴、$\vec{Y}$ 轴和 $\vec{Z}$ 轴这 3 条正交的坐标轴相交于原点,并张开了三维二仪质向量坐标系 $\vec{X}\vec{Y}\vec{Z}$ 的立体空间,如图 20-6 所示。

三维二仪质向量坐标系 $\vec{X}\vec{Y}\vec{Z}$ 中的 $\vec{X}$ 轴和 $\vec{Y}$ 轴构成 $\vec{X}\vec{Y}$ 平面,$\vec{Y}$ 轴和 $\vec{Z}$ 轴构成 $\vec{Y}\vec{Z}$ 平面,$\vec{Z}$ 轴和 $\vec{X}$ 轴构成 $\vec{Z}\vec{X}$ 平面。用互成正交的这 3 个平面为坐标平面,3 个坐标平面的交线作为坐标轴,可以得到图 20-7。3 个坐标平面将三维空间分成了 8 个部分,称为卦限。在三维二仪质向量坐标系中,每 3 条相邻的一维单向质向量坐标轴 $\vec{X}_+$、$\vec{X}_-$、$\vec{Y}_+$、$\vec{Y}_-$、$\vec{Z}_+$ 和 $\vec{Z}_-$ 之间就形成一个卦象,且每一个卦象都以 3 条坐标轴为界限,所以又称为象限。$\vec{X}\vec{Y}$ 平面以上的 4 个象限的编号,依照惯例按逆时针方向用罗马数字命为 Ⅰ、Ⅱ、Ⅲ、Ⅳ 卦限;同样 $\vec{X}\vec{Y}$ 平面以下的 4 个象限的编号,依照惯例按逆时针方向用罗马数字命为 Ⅴ、Ⅵ、Ⅶ、Ⅷ 卦限。

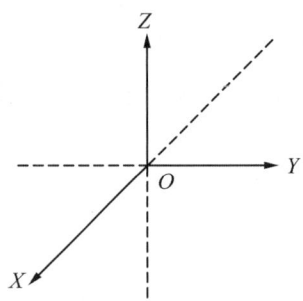
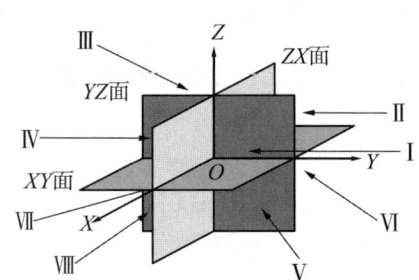

图 20-6　三维二仪质向量坐标系及其立体空间　　图 20-7　互成正交的 3 个坐标平面

由于一维二仪质向量坐标轴 $\vec{X}$ 是性质相反的一对阴阳太极,一维二仪质向量坐标轴 $\vec{Y}$ 也是性质相反的一对阴阳太极,一维二仪质向量坐标轴 $\vec{Z}$ 还是性质相反的一对阴阳太极,由此构成的六维质向量坐标系是以 3 对性质相反的思辨准则来看世界的,因此三维二仪质向量坐标系 $\vec{X}\vec{Y}\vec{Z}$ 中的立体系统就是兼有 $\vec{X}$ 轴、$\vec{Y}$ 轴和 $\vec{Z}$ 轴 3 种性质的三元系统。任何事物形态只要具有 3 种性质,就可以看作处在三维二仪质向量坐标系 $\vec{X}\vec{Y}\vec{Z}$ 的八卦空间中的三元系统。

三维二仪质向量坐标系 $\vec{X}\vec{Y}\vec{Z}$ 是由相互独立的一维二仪质向量坐标轴 $\vec{X}$ 和一维二仪质向量坐标轴 $\vec{Y}$ 以及一维二仪质向量坐标轴 $\vec{Z}$ 所架构的,$\vec{X}$ 轴和 $\vec{Y}$ 轴及 $\vec{Z}$ 轴各自代表一个模为无穷大的质向量,它们的关系符合向量的外积。因此,在三维二仪质向量坐标系 $\vec{X}\vec{Y}\vec{Z}$ 八卦空间中,任何一个三元系统的确定形态都对应着八卦空间的一个三维三元常质向量 $\vec{a}_{XYZ}$。任何一个三维三元常质向量 $\vec{a}_{XYZ}$ 都可以用 $\vec{X}$ 轴、$\vec{Y}$ 轴和 $\vec{Z}$ 轴的 3 个分质向量 $\vec{a}_X$、$\vec{a}_Y$ 与 $\vec{a}_Z$ 的三重积(外积)来表示,即

$$\vec{a}_{XYZ}=\vec{a}_X\times\vec{a}_Y\times\vec{a}_Z \tag{20-4}$$

三维三元常质向量 $\vec{a}_{XYZ}$ 的模等于以 $\vec{a}_X$、$\vec{a}_Y$ 与 $\vec{a}_Z$ 为边的平行六面体(三维格子)既定的体积,即

$$|\vec{a}_{XYZ}|=|\vec{a}_X||\vec{a}_Y||\vec{a}_Z| \tag{20-5}$$

一个三维三元常质向量 $\vec{a}_{XYZ}$ 与一个平行六面体建立了一一对应的关系,平行六面体也与其对角线的一维三元常质向量 $\vec{a}_{X+Y+Z}$ 建立了一一对应的关系,所以一个三元系统的确定形态又可以用一维三元常质向量 $\vec{a}_{X+Y+Z}$ 表示,一维三元常质向量 $\vec{a}_{X+Y+Z}$ 端点 $\vec{M}$ 的坐标为 $\vec{a}(\vec{a}_X,\vec{a}_Y,\vec{a}_Z)$,$\vec{a}_X$、$\vec{a}_Y$ 与 $\vec{a}_Z$ 分别为点 $\vec{M}$ 的横坐标、纵坐标和竖坐标,如图 20-8 所示。

一维三元常质向量 $\vec{a}_{X+Y+Z}$ 与 3 个相互垂直的分质向量 $\vec{a}_X$、$\vec{a}_Y$、$\vec{a}_Z$ 组成直角三角形的关系。在规定了一维二仪质向量坐标轴 $\vec{X}$、一维二仪质向量坐标轴 $\vec{Y}$ 和一维二仪质向量坐标轴 $\vec{Z}$ 各自以 $[0,1]$ 区间的单位质向量 $\vec{e}_X$、$\vec{e}_Y$ 和 $\vec{e}_Z$ 作为基准以后,一维三元常质向量 $\vec{a}_{X+Y+Z}$ 与其 3 个维度分质向量的关系可以表示为

$$\vec{a}_{X+Y+Z}=\vec{a}_X+\vec{a}_Y+\vec{a}_Z \\ =a_X\vec{e}_X+a_Y\vec{e}_Y+a_Z\vec{e}_Z \tag{20-6}$$

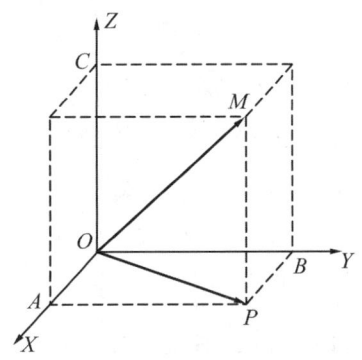

图 20-8　三维三元常质向量 $\vec{a}_{XYZ}$ 与平行六面体的对应关系

因此,一维三元常质向量 $\vec{a}_{X+Y+Z}$ 可称为 3 个一维分质向量 $\vec{a}_X$、$\vec{a}_Y$、$\vec{a}_Z$ 的叠加态,即(20-6)式所表达的三元系统形态是坐标轴 $\vec{X}$、坐标轴 $\vec{Y}$ 和坐标轴 $\vec{Z}$ 的单位质向量 $\vec{e}_X$、$\vec{e}_Y$ 和 $\vec{e}_Z$ 的线性叠加。

在三维二仪质向量坐标系 $\vec{X}\vec{Y}\vec{Z}$ 八卦空间中,任何一个三元系统形态在受到环境作用时,都可以看作受到 $\vec{X}$、$\vec{Y}$ 和 $\vec{Z}$ 3 个垂直方向的作用,并同时参与了 $\vec{X}$ 轴、$\vec{Y}$ 轴和 $\vec{Z}$ 轴 3 个垂直方向的形态变化。任何一个三元系统的变化形态都对应着八卦空间的一个三维三元质向量 $\vec{u}_{XYZ}$ 或一个一维三元质向量 $\vec{u}_{X+Y+Z}$。一维三元质向量 $\vec{u}_{X+Y+Z}$ 可表示为起点在坐标系原点且终点坐标为 $\vec{u}(\vec{u}_X,\vec{u}_Y,\vec{u}_Z)$ 的一条有向直线。

在三维二仪质向量坐标系 $\vec{X}\vec{Y}\vec{Z}$ 中,任何一个三维三元质向量 $\vec{u}_{XYZ}$ 都可以用 $\vec{X}$ 轴、$\vec{Y}$ 轴和 $\vec{Z}$ 轴的 3 个分质向量 $\vec{u}_X$、$\vec{u}_Y$ 和 $\vec{u}_Z$ 的外积来表示

$$\vec{u}_{XYZ}=\vec{u}_X\times\vec{u}_Y\times\vec{u}_Z \tag{20-7}$$

三维三元质向量 $\vec{u}_{XYZ}$ 的模等于以 $\vec{X}$ 和 $\vec{Y}$ 及 $\vec{Z}$ 为边的平行六面体(三维格子)变动的体积,即

$$|\vec{u}_{XYZ}|=|\vec{u}_X||\vec{u}_Y||\vec{u}_Z| \tag{20-8}$$

在三维二仪质向量坐标系 $\vec{X}\vec{Y}\vec{Z}$ 中,一维三元质向量 $\vec{u}_{X+Y+Z}$ 都可以分解为 $\vec{X}$ 轴、$\vec{Y}$ 轴和 $\vec{Z}$ 轴上的 3 个分质向量 $\vec{u}_X$、$\vec{u}_Y$ 和 $\vec{u}_Z$。因而,任何一个一维三元质向量 $\vec{u}_{X+Y+Z}$ 可以用其相互垂直的 3 个维度分质向量 $\vec{u}_X$、$\vec{u}_Y$ 和 $\vec{u}_Z$ 之和来表示,即

$$\vec{u}_{X+Y+Z}=\vec{u}_X+\vec{u}_Y+\vec{u}_Z=u_X\vec{e}_X+u_Y\vec{e}_Y+u_Z\vec{e}_Z \tag{20-9}$$

可见,三维空间的一维三元质向量是利用 3 个互相正交的单位质向量来描写的。

如果取三维二仪质向量坐标系 $\vec{X}\vec{Y}\vec{Z}$ 八卦空间中的第一卦限作为三维正向质向量

坐标系$\vec{X}_+、\vec{Y}_+、\vec{Z}_+$，三元系统单位质向量在一维正向质向量坐标轴$\vec{X}_+$、一维正向质向量坐标轴$\vec{Y}_+$和一维正向质向量坐标轴$\vec{Z}_+$上的分量就要取一维正向单位质向量$\vec{e}_{X_+}、\vec{e}_{Y_+}$和$\vec{e}_{Z_+}$。设定$\vec{i}\equiv\vec{e}_{X_+},\vec{j}\equiv\vec{e}_{Y_+},\vec{k}\equiv\vec{e}_{Z_+}$，三重向量$\vec{e}_{X_+Y_+Z_+}=\vec{i}\times\vec{j}\times\vec{k}$称为三重数，也是撑起三维正向质向量坐标系$\vec{X}_+、\vec{Y}_+、\vec{Z}_+$架构的三元单位质向量。$\vec{i}\times\vec{j}\times\vec{k}$可以用图20-9表示。

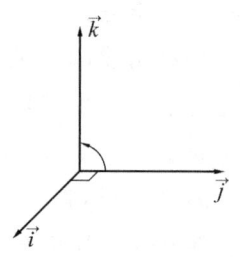

图20-9 三元单位质向量的标架

由(4-50)式$|\vec{a}\times\vec{b}|=|\vec{a}||\vec{b}|\sin<\vec{a},\vec{b}>$还可以得到，三维三元单位质向量$\vec{e}_{X_+Y_+Z_+}$的模在数值上等于以$\vec{X}$轴的一维正向单位质向量$\vec{e}_{X_+}$、$\vec{Y}$轴的一维正向单位质向量$\vec{e}_{Y_+}$和$\vec{Z}$轴的一维正向单位质向量$\vec{e}_{Z_+}$为3条边的平行六面体元的体积

$$|\vec{e}_{X_+Y_+Z_+}|=|\vec{e}_{X_+}\times\vec{e}_{Y_+}\times\vec{e}_{Z_+}|$$
$$=|\vec{e}_{X_+}||\vec{e}_{Y_+}||\vec{e}_{Z_+}|$$
$$=|\vec{i}||\vec{j}||\vec{k}| \quad (20-10)$$

式中，$|\vec{e}_{X_+}|=|\vec{i}|\in 1,|\vec{e}_{Y_+}|=|\vec{j}|\in 1,|\vec{e}_{Z_+}|=|\vec{k}|\in 1$。

一维正向单位质向量$\vec{e}_{X_+}\equiv\vec{i}(|\vec{e}_{X_+}|=1)$和一维正向单位质向量$\vec{e}_{Y_+}\equiv\vec{j}(|\vec{e}_{Y_+}|=1)$及一维正向单位质向量$\vec{e}_{Z_+}\equiv\vec{k}(|\vec{e}_{Z_+}|=1)$都相互满足正交关系，它们的内积为[8]

$$\delta_{XY}=\vec{e}_{X_+}\cdot\vec{e}_{Y_+} \quad (20-11)$$
$$\delta_{YZ}=\vec{e}_{Y_+}\cdot\vec{e}_{Z_+} \quad (20-12)$$
$$\delta_{ZX}=\vec{e}_{Z_+}\cdot\vec{e}_{X_+} \quad (20-13)$$

三维三元单位质向量$\vec{e}_{X_+Y_+Z_+}$具有这样的性质：$(\vec{e}_{X_+}\vec{e}_{Y_+}\vec{e}_{Z_+})^2=-1,(\vec{e}_{X_+}\vec{e}_{Y_+}\vec{e}_{Z_+})^*=-\vec{e}_{Z_+}\vec{e}_{Y_+}\vec{e}_{X_+}$与虚单位$i(i^2=-1,i^*=-i)$的性质相同，所以令

$$(\vec{e}_{X_+}\times\vec{e}_{Y_+})\cdot\vec{e}_{Z_+}=\vec{e}_{X_+Y_+Z_+}=\vec{e}_{X_+}\vec{e}_{Y_+}\vec{e}_{Z_+}=i \quad (20-14)$$

由此可以导出

$$\vec{e}_{X_+}\vec{e}_{Y_+}=\vec{e}_{X_+}\vec{e}_{Y_+}=i\vec{e}_Z \quad (20-15)$$
$$\vec{e}_{Y_+}\vec{e}_{Z_+}=i\vec{e}_{X_+} \quad (20-16)$$
$$\vec{e}_{Z_+}\vec{e}_{X_+}=i\vec{e}_{Y_+} \quad (20-17)$$

如果设定$\vec{i}\equiv\vec{e}_{X_+},\vec{j}\equiv\vec{e}_{Y_+},\vec{k}\equiv\vec{e}_{Z_+}$，$\vec{i},\vec{j},\vec{k}$满足(4-55)式$\vec{i}\times\vec{j}=-\vec{j}\times\vec{i}=\vec{k},\vec{j}\times\vec{k}=-\vec{k}\times\vec{j}=\vec{i}$和$\vec{k}\times\vec{i}=-\vec{i}\times\vec{k}=\vec{j}$，那么$\vec{e}_{X_+Y_+Z_+}、\vec{e}_{X_+}、\vec{e}_{Y_+}$和$\vec{e}_{Z_+}$作为正向的单位质向量，它们的模虽然在数值上都等于1，但是三维三元单位质向量$\vec{e}_{X_+Y_+Z_+}$与一维正向单位质向量$\vec{e}_{X_+}$、一维正向单位质向量$\vec{e}_{Y_+}$和一维正向单位质向量$\vec{e}_{Z_+}$是维度不同的单位质向量，三维三元单位质向量$\vec{e}_{X_+Y_+Z_+}$的模是表示三维正当单位的一个基准立方体，而$\vec{e}_{X_+}、\vec{e}_{Y_+}$和$\vec{e}_{Z_+}$的模各自只代表一维正当单位的一个线段。

三、三维笛卡尔直角坐标系

在三维二仪质向量坐标系 $\vec{X}\vec{Y}\vec{Z}$ 中，每一维度的二仪坐标轴都是由反向太极所构成的，且代表着截然相反的两种特质。$\vec{X}_+ = -\vec{X}_-$ 与单位质向量 $\vec{e}_X$ 同向，所以 $\vec{X}_+$ 可以用质标量 X_+ 来表示，$\vec{X}_-$ 可以用质标量 X_- 来表示。$\vec{Y}_+ = -\vec{Y}_-$ 与单位质向量 $\vec{e}_Y$ 同向，所以 $\vec{Y}_+$ 可以用质标量 Y_+ 来表示，$\vec{Y}_-$ 可以用质标量 Y_- 来表示。同理，$\vec{Z}_+ = -\vec{Z}_-$ 与单位质向量 $\vec{e}_Z$ 同向，所以 $\vec{Z}_+$ 可以用质标量 Z_+ 来表示，$\vec{Z}_-$ 可以用质标量 Z_- 来表示。

在由相互垂直的 6 个方向的一维单向质向量坐标轴 $\vec{X}_+$、$\vec{X}_-$、$\vec{Y}_+$、$\vec{Y}_-$、$\vec{Z}_+$ 和 $\vec{Z}_-$ 构成的三维二仪质向量坐标系 $\vec{X}\vec{Y}\vec{Z}$ 中，如果省却了质向量坐标轴关于性质和指向的规定，一维二仪质向量坐标轴 $\vec{X}$ 正向的单位质向量就是数轴正实数域的单位，即 $\vec{e}_{X_+} \equiv 1$；其负向的单位质向量就是数轴负实数域的单位，即 $\vec{e}_{X_-} \equiv -1$。一维二仪质向量坐标轴 $\vec{Y}$ 正向的单位质向量就是数轴正实数域的单位，即 $\vec{e}_{Y_+} \equiv 1$；负向的单位质向量就是数轴负实数域的单位，即 $\vec{e}_{Y_-} \equiv -1$。同样，一维二仪质向量坐标轴 $\vec{Z}$ 正向的单位质向量就是数轴正实数域的单位，即 $\vec{e}_{Z_+} \equiv 1$；负向的单位质向量就是数轴负实数域的单位，即 $\vec{e}_{Z_-} \equiv -1$。

在省却了质向量坐标轴关于性质和指向规定的情况下，一维二仪质向量坐标轴全都蜕变为数轴，$\vec{X}_+$ 与 $\vec{X}_-$ 构成的一维二仪质向量坐标轴 $\vec{X}$ 和 $\vec{Y}_+$ 与 $\vec{Y}_-$ 构成的一维二仪质向量坐标轴 $\vec{Y}$ 以及 $\vec{Z}_+$ 和 $\vec{Z}_-$ 构成的一维二仪质向量坐标轴 $\vec{Z}$ 都可以用定义域为 $(-\infty, +\infty)$ 的实数轴 X、Y 和 Z 来表示。如此，三维二仪质向量坐标系 $\vec{X}\vec{Y}\vec{Z}$ 就成为三维笛卡尔直角坐标系 XYZ，定质、定量、定向的八卦质向量空间也就降格为定量的八卦数值空间，而其定义域为 $x \in (-\infty, +\infty)$，$y \in (-\infty, +\infty)$ 和 $z \in (-\infty, +\infty)$。

三维笛卡尔直角坐标系 XYZ 开辟了 8 个卦限空间，每一卦限都不同程度地包含了其相邻坐标轴的成分，只有坐标原点是中性的。三维笛卡尔直角坐标系 XYZ 的八卦空间还可以理解为"前后—上下—左右"的相空间，即 X 表示左右空间，Y 表示上下空间，Z 表示前后空间。如果三维笛卡尔直角坐标系 XYZ 的每个维度的坐标轴都被赋予"距离空间"的特质，那么在其中的三元系统就是具有立体性的物体，但是相对于观察者的视觉立体感来说，其视点并没有绝对的前后、左右、上下。不过，以长、宽、高的三维"距离空间"坐标轴来度量三元系统，其坐标系的八卦空间就属于非欧几里得几何的数学空间。

三维笛卡尔直角坐标系 XYZ 的 X 轴、Y 轴与 Z 轴相互垂直，且正交于原点 O，所以三维笛卡尔直角坐标系 XYZ 又可写为 $OXYZ$；其所标注的 X 轴、Y 轴与 Z 轴的方向为正轴,如图20-8所示。其实,三维笛卡尔直角坐标系 XYZ 可以看作在二维笛卡尔直角坐标系 XY 的基础上根据右手定则增加第三个维度的坐标轴 Z。

在三维笛卡尔直角坐标系 XYZ 中,一个点 M 在八卦空间的位置可用直角坐标 (x,y,z) 来表达。只要从点 M 画一条垂直于 X 轴的直线,从这条直线与 X 轴的相交点 A,可以找到点 M 在 X 轴上的坐标为数 x。同样,可以找到点 M 在 Y 轴上的相交点 B 的坐标为数 y,也可以找到点 M 在 Z 轴上的相交点 C 的坐标为数 z。这样,通过点 M 在 3 条坐标轴上的投影就可得到点 M 的直角坐标 (x,y,z),x、y、z 分别称为点 M 的横坐标、纵坐标和竖坐标,记作 $M(x,y,z)$。三维笛卡尔直角坐标系 XYZ 八卦空间中的每一个点 M 与一组有序的实数 x、y、z 建立了一一对应的关系,这样的一组数 (x,y,z) 就叫点 M 的坐标,如图20-10所示。[9]

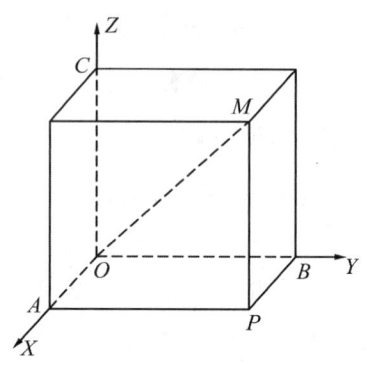

图 20-10 三维笛卡尔直角坐标系八卦空间中的点及其坐标

在三维笛卡尔直角坐标系 XYZ 八卦空间中,任何一点 M 都可以用坐标来表达其位置。相应地,空间中任一点的坐标 $M(x,y,z)$ 等于该点到 3 个坐标平面的有向距离,为

$$d=\sqrt{x^2+y^2+z^2} \tag{20-18}$$

空间中两点 $M_1(x_1,y_1,z_1)$ 和 $M_2(x_2,y_2,z_2)$ 之间的距离就是

$$d=\sqrt{(x_2-x_1)^2+(y_2-y_1)^2+(z_2-z_1)^2} \tag{20-19}$$

三元系统形态变化规律都是固有的,不以人的意志为转移。在不同的三维仿射坐标系空间中,不论 3 个坐标轴是否互相垂直、指向何方和计量单位如何,对于分析三元系统的形态变化规律或分布规律是没有根本影响的;将坐标轴经过平移、旋转等变换也不会影响三元系统形态的取向与大小及其规律性。但是,空间中点的坐标是与其所导入的坐标系有关的,在表达形式上也就会有所不同。

在三维笛卡尔直角坐标系八卦空间中,任何一个三元系统的平衡态可以用一个平行六面体或其对角线表示,对角线端点的坐标为 (a_X,a_Y,a_Z)。如果三元系统形态处在变化之中,那么表征三元系统形态的平行六面体对角线端点就会在形态空间中以连续的轨迹来表现。如果三维笛卡尔直角坐标系 XYZ 与在三维笛卡尔直角坐标系 $X'Y'Z'$ 存在平移关系,那么表征三元系统形态的平行六面体对角线端点在八卦空间中就会有不同的坐标 x、y、z 和 x'、y'、z'。

为此,讨论三维笛卡尔直角坐标系的平移与旋转两种情形。

(一) 轴的平移

如果有原点不同而坐标轴的方向相同的三维笛卡尔直角坐标系 XYZ 和三维笛卡

尔直角坐标系 $X'Y'Z'$，设三维笛卡尔直角坐标系 XYZ 为旧系，三维笛卡尔直角坐标系 $X'Y'Z'$ 为新系，且新系是由旧系经过坐标轴的平移变换得到的。原点 O 在旧系下的坐标设为 a、b、c，在新系下的坐标为 0、0、0；八卦空间中任意点 M 在旧系下的指标为 x、y、z，在新系下的指标为 x'、y'、z'。

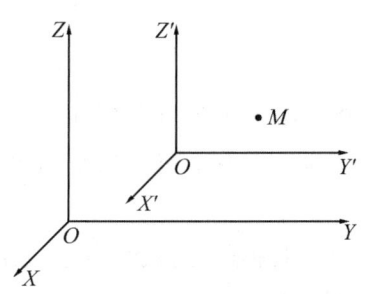

图 20-11　三维笛卡尔直角坐标系的平移

由图 20-11 可见，点 M 在 X 轴上的坐标为数 x，在 X' 轴上的坐标为数 x'；在 Y 轴上的坐标为数 y，在 Y' 轴上的坐标为数 y'；在 Z 轴上的坐标为数 z，在 Z' 轴上的坐标为数 z'，这样，在坐标轴的平移下用新系的坐标表示旧系的坐标的公式就是

$$\begin{cases} x = x' + a \\ y = y' + b \\ z = z' + c \end{cases} \tag{20-20}$$

将上式移项也可以得到在坐标轴的平移下用旧系坐标表示新系坐标的公式

$$\begin{cases} x' = x - a \\ y' = y - b \\ z' = z - c \end{cases} \tag{20-21}$$

（二）轴的旋转

设在三维笛卡尔直角坐标系 XYZ 中，原点 O 不动，坐标轴旋转可得一新的三维笛卡尔直角坐标系 $X'Y'Z'$，如图 20-12 所示。

X' 轴与 X 轴、Y 轴、Z 轴的正向夹角分别为 α_1、β_1、γ_1，Y' 轴与 X 轴、Y 轴、Z 轴的正向夹角分别为 α_2、β_2、γ_2，Z' 轴与 X 轴、Y 轴、Z 轴的正向夹角分别为 α_3、β_3、γ_3。如果点 M 在旧坐标系 XYZ 与新坐标系 $X'Y'Z'$ 下的坐标分别为 (x,y,z) 与 (x',y',z')，则相应的旋转变换为

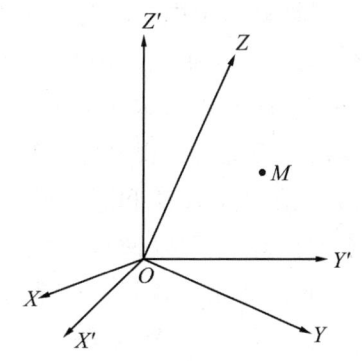

图 20-12　三维笛卡尔直角坐标系的旋转

$$\begin{cases} x = x'\cos\alpha_1 + y'\cos\alpha_2 + z'\cos\alpha_3 \\ y = x'\cos\beta_1 + y'\cos\beta_2 + z'\cos\beta_3 \\ z = x'\cos\gamma_1 + y'\cos\gamma_2 + z'\cos\gamma_3 \end{cases} \tag{20-22}$$

或

$$\begin{cases} x' = x\cos\alpha_1 + y\cos\beta_1 + z\cos\gamma_1 \\ y' = x\cos\alpha_2 + y\cos\beta_2 + z\cos\gamma_2 \\ z' = x\cos\alpha_3 + y\cos\beta_3 + z\cos\gamma_3 \end{cases} \quad (20\text{-}23)$$

在三维笛卡尔直角坐标系 XYZ 的空间中，坐标的旋转是通过3个欧拉角 α、β、γ 来定义的。在右手笛卡尔坐标中的主动旋转矩阵可表达为

$$M[\alpha,\beta,\gamma] = R_z(\alpha)R_z(\beta)R_z(\gamma) \quad (20\text{-}24)$$

进行乘法运算，就可以生成矩阵

$$M[\alpha,\beta,\gamma] = \begin{pmatrix} \cos\alpha\cos\gamma - \cos\beta\sin\alpha\sin\gamma & -\cos\beta\cos\gamma\sin\alpha - \cos\alpha\sin\gamma & \sin\alpha\sin\beta \\ \cos\gamma\sin\alpha + \cos\alpha\cos\beta\sin\gamma & \cos\alpha\cos\beta\cos\lambda - \sin\alpha\sin\gamma & -\cos\alpha\sin\beta \\ \sin\beta\sin\gamma & \cos\gamma\sin\beta & \cos\beta \end{pmatrix}$$

$(20\text{-}25)$

在几何和线性代数中，旋转是描述刚体围绕一个固定点的运动在平面或空间中的变换。旋转不同于没有固定点的平移和翻转变换的形体的反射。旋转和其他的变换是等距的，保证任何两点之间的距离在变换之后是不变的。可见，通过不同形式的坐标变换，人们认知三元系统形态变化规律往往更为清晰和简洁。

四、不同形式的三维仿射坐标系

（一）三维质直角坐标系与八卦图

在《周易》中，中国先人是用阳爻—和阴爻--2个爻象作为二仪来认知性质相反的事物形态的。四象则是由两对阳爻和阴爻通过二重爻的方式（即阳爻和阴爻之中的两爻上下重叠）两两组合来表示的。两相重爻对应着阳爻与阴爻的相乘，一共有 $2^2 = 4$ 个，所以在平面上可以得到相互独立的4个二爻象——四象。

八卦是由3对阳爻和阴爻通过三重爻的方式两两组合，也就是把阳爻与阴爻2次相乘，或把四象再乘以两仪，就共有 $2^3 = 8$ 个卦象，即在平面上可以得出8个三爻卦——八卦。如果用符号 x 代表阳爻—，符号 y 代表阴爻--，则有

$$\begin{aligned}(x+y)^3 &= (x+y)(x+y)(x+y) \\ &= (x^2 + xy + yx + y^2)(x+y) \\ &= x^3 + x^2y + xyx + xy^2 + yx^2 + yxy + y^2x + y^3 \end{aligned} \quad (20\text{-}26)$$

此二项式所展开的各项就是八卦：乾☰（x^3）、兑☱（x^2y）、离☲（xyx）、震☳（xy^2）、巽☴（yx^2）、坎☵（yxy）、艮☶（y^2x）、坤☷（y^3）。

在代数学中，把 x^2y 和 xyx 与 yx^2 看成相等，把 xy^2 和 yxy 与 y^2x 也都看成相等。但是，在易学中，八卦由阳爻和阴爻两种符号组合而成，卦象的先后次序包含着重要的分类信息，阳爻和阴爻的次序是不可交换的，$x^2y \neq xyx \neq yx^2$，$xy \neq yx$，$xy^2 \neq$

$yxy \neq y^2x$。因此,不可交换性是八卦与一般代数运算的重要区别,八卦的排列是符合二项式定理的。

中国上古的先人是靠着洞察世象来感悟天韵的,在八卦世界中认知事物就被描述为"有两种神(指阴阳两神)混生,经天营地,孔乎莫知其所极,滔乎莫知且所止息。于是乃别为阴阳,离为八极,刚柔相成,万物乃形"(《淮南子·精神训》)。虽然易学以玄虚的语言来表述 8 个卦象,但是中国上古时期出现的先天八卦图(图 2-1)是中国古人创造的在平面圆形域上表达事物形态类属的三维坐标系,即把 3 条一维二仪质坐标轴隐去,而凸显其空间卦象的不同类别。

由于阳爻和阴爻是独立的,两相重爻对应着阳爻与阴爻的相乘,而三次重爻对应着阳爻与阴爻的 2 次相乘,因此产生的 8 个爻象是在太极认知空间基础上 3 次运用《周易》的"二分法"所开辟的定质认知空间,这是生成论在相空间适用区域迈出的第三步。可见,先天八卦图是中国古人创造的在平面上定质表达的圆坐标系的 8 个卦象。

任何理性认知体系都是由不同的坐标轴所构成。如果规定 1 对性质截然相反的太极作为认知事物形态的基准,就可以建立一维二仪质坐标系,就会产生阴阳论的二仪世界观。如果规定 2 对性质截然相反的太极作为认知事物形态的基准,就可以建立二维二仪质坐标系,就会产生四象的世界观。如果规定 3 对性质截然相反的太极作为认知事物形态的基准,相互独立的 3 条一维二仪质坐标轴就可以建立三维二仪质坐标系,如此拓展的认知体系也就是"四象生八卦",因此可以产生八卦的世界观。

如果规定 3 对性质截然相反的质向量坐标轴作为认知事物形态的基准,相互独立的 3 条一维二仪质向量坐标轴就可以建立三维二仪质向量坐标系 $\vec{X}\vec{Y}\vec{Z}$。在三维二仪质向量坐标系 $\vec{X}\vec{Y}\vec{Z}$ 八卦空间中,三元系统形态在每一维度的坐标轴上形成一个质向量序列,三元系统形态就是由 3 个垂直的一维二仪质向量坐标轴上的 3 个质向量序列相乘。例如,在晶体的三维点阵结构中,受到弹性束缚的一个原子在环境作用下就会产生 3 个不同方向的形态变化,晶体中的这一个原子就可以看作三维二仪质向量坐标系 $\vec{X}\vec{Y}\vec{Z}$ 八卦空间中的一个三元系统。

在省却质向量坐标轴关于性质和方向的规定时,三维二仪质向量坐标系 $\vec{X}\vec{Y}\vec{Z}$ 成为三维笛卡尔直角坐标系 XYZ。三维笛卡尔直角坐标系 XYZ 的 X 轴的负半轴和正半轴分别对应八卦下爻的阴阳两爻,Y 轴的负半轴和正半轴分别对应八卦中爻的阴阳两爻,Z 轴的负半轴和正半轴分别对应八卦上爻的阴阳两爻,那么八卦在三维笛卡尔直角坐标系 XYZ 立体空间的方位就可以用六面正方体的 8 个角来表示,如图 20-13 所示。[10]

三维笛卡尔直角坐标系 XYZ 中立体的 8 个卦限(图 20-13)可以映射为圆坐标系中平面的八卦图(图 2-1)。反之,先天八卦图的 8 个爻象也可以映射成为三维笛卡尔直角坐标系 XYZ 空间的 8 个卦象。

"无字天书"八卦图是没有历史语言痕迹的符号系统,8 个离散的卦象代表的是三元系统从一个平衡态向另一个平衡态转化的8个阶段,所以其卦序自然要与连续的太极图一致。太极图表征的是二元系统形态转化基元规律,在八卦图上的S形曲线就表现为"天道左旋,地道右旋"的S型规则。先天八卦的卦序数与二进制数的数序是一致的,如果按这一次序把八卦用平滑曲线连接起来,则有图20-14。这一曲线流形反映了三维笛卡尔直角坐标系XYZ中的卦序也必然要遵循与太极图的S形曲线同样的S型规则。在三维笛卡尔直角坐标系XYZ中,以右手定则来决定空间中任一坐标轴的正旋转方向,再按逆时针方向规定卦限的序号时,正好隐含着这一内在关系。

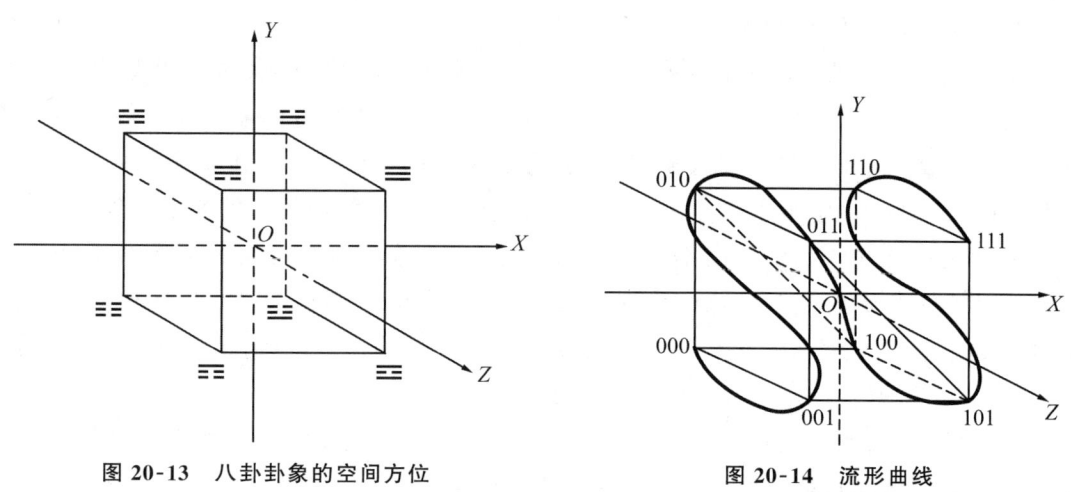

图 20-13　八卦卦象的空间方位　　　　图 20-14　流形曲线

如果把图 2-12 所示的先天八卦图中的卦象隐掉,所保留的分界线就可以成为平面三维坐标系。如果在 8 个方向上标上数字 0,1,…,7,就可以得到图 20-15 所示的三维基元向量"标架"。以图 20-15 中的 8 个基元分别表示 0,1,…,7 这 8 个方向和基元向量长度,像样本 x_1 就可以表示为 $x_1=006666$,这种结构方法在句法模式识别中常用到。[11]

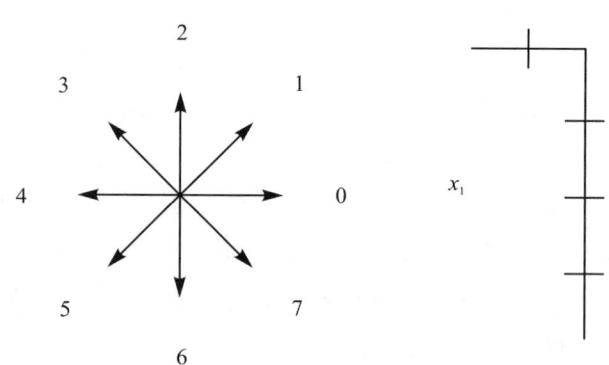

图 20-15　三维基元向量"标架"及其结构方法的样本

(二)球坐标系与其他仿射坐标系

三维笛卡尔直角坐标系 XYZ 只是三维二仪仿射坐标系之一。三维二仪仿射坐标系是在二维二仪仿射坐标系的基础上根据右手定则增加 Z 轴而形成的。三维二仪仿射坐标系是其他三维坐标系的基础,不能对其重新定义的原因就在于其中隐含的右手定则是与太极图的 S 型规则一致的,所以右手坐标系又称为标准坐标系或正值坐标系。

相交于原点的 3 条不共面的坐标轴可以构成各种各样的仿射坐标系。3 条坐标轴上度量单位相等的仿射坐标系被称为空间笛卡尔坐标系,其包括空间笛卡尔直角坐标系和空间笛卡尔斜角坐标系,而空间笛卡尔直角坐标系就是三维笛卡尔直角坐标系。

三维向量仿射坐标系开辟了理性认知客观物体形态及其变化规律的空间。三维二仪仿射坐标系隶属于三维理性认知坐标系。三维理性认知坐标系的坐标轴可以是定质的特质坐标轴,也可以是定量的数量坐标轴(数轴),也可以是定量、定向的向量坐标轴,还可以是定质、定量、定向的质向量坐标轴。坐标轴的度量基准不同,对同一个三元系统形态的观察方式或角度不同,所获得的结果及其视图也是不同的。

二维极坐标系可扩展到三维空间中,形成圆柱坐标系或球形坐标系。圆柱面坐标系与二维极坐标类似,但是增加了从所要确定的点到 XY 平面的距离值,即三维点的圆柱坐标可以通过该点与圆柱面坐标系原点连线在 XY 平面上的投影长度和该投影与 X 轴夹角以及该点垂直于 XY 平面的 Z 值来确定。球面坐标也类似于二维极坐标,在确定某点时,应分别指定该点与当前坐标系原点的距离,两者连线在 XY 平面上的投影与 X 轴的角度以及两者连线与 XY 平面的角度。

第三节 三元系统形态与基元规律

在不同的三维仿射坐标系中,三元系统形态有相应的参量和立体格子。三元系统形态的变化可用两个形态参量的差值来表示。在三维二仪质向量坐标系 $\vec{X}\vec{Y}\vec{Z}$ 中打开其坐标轴内部的多维空间,可以揭示三元系统形态转化基元规律,用双曲正切函数表示的三维伊辛模型的几何轨迹还可演绎出中国古代神奇的"伏羲八卦太极图"。

一、三元系统形态的不同表达

(一)质向量表达的三元系统形态

任何一个理性认知坐标系都是人们规定了一定的度量基准而形成的认知体系。在任何维度的质向量坐标系中,事物形态都可以用一个质向量表达。在三维二仪质向量仿射坐标系 $\vec{A}\vec{B}\vec{\Gamma}$ 中,任何一个事物都可以看作一个三元系统,任何一个三元系统形态都与一个三元质向量建立了一一对应的关系。三元系统形态经"粗粒化"后就由一个

（基矢$\vec{e}_\alpha$和基矢$\vec{e}_\beta$及基矢$\vec{e}_\gamma$为边的）最小的三维格子或三维二仪单位质向量所代表，而三维格子的最小单位是一个平行六面体，并不是所谓数学上的无限小的点，也不是所谓各向同性的质点。

在三维二仪质向量仿射坐标系$\vec{A}\vec{B}\vec{\Gamma}$空间中，"粗粒化"后的三元系统形态对应一个立体晶胞（三元基向量）；当一个三元系统受到来自环境的作用时，可以看作受到一维二仪质向量坐标轴$\vec{A}$与一维二仪质向量坐标轴$\vec{B}$及一维二仪质向量坐标轴$\vec{\Gamma}$ 3个不共面方向上的作用，并同时参与了坐标轴$\vec{A}$与坐标轴$\vec{B}$及坐标轴$\vec{\Gamma}$方向上的形态变化。

三维二仪质向量仿射坐标系$\vec{A}\vec{B}\vec{\Gamma}$的$\vec{A}$轴与$\vec{B}$轴及$\vec{\Gamma}$轴不共线也可能不垂直，但是可以投射到三维二仪质向量坐标系$\vec{X}\vec{Y}\vec{Z}$相互垂直的$\vec{X}$轴和$\vec{Y}$轴及$\vec{Z}$轴上。在三维二仪质向量坐标系$\vec{X}\vec{Y}\vec{Z}$八卦空间中，任何一个三元系统都具有3种不同的质，任何一个三元系统都可以看作由$\vec{X}$轴和$\vec{Y}$轴及$\vec{Z}$轴3个方向的子系统所构成。

在三维二仪质向量坐标系$\vec{X}\vec{Y}\vec{Z}$八卦空间中，任何一个三元系统具有的确定形态可以用一个三维三元常质向量$\vec{a}_{XYZ}$或一维三元常质向量$\vec{a}_{X+Y+Z}$及其质向量端点$\vec{A}$（定点）来表达。在几何上，三维三元常质向量$\vec{a}_{X+Y+Z}$为一定形的立方格子，而每一个定形的立方格子是由一定量的空间正当格子组成的。一维三元常质向量$\vec{a}_{X+Y+Z}$是以原点O为起点和$\vec{A}$为终点的连线$\overrightarrow{OA}$。如果原点O可以省略不写，就用一维三元常质向量$\vec{a}_{X+Y+Z}$表示$\overrightarrow{OA}$。三维三元常质向量$\vec{a}_{XYZ}$可以通过相互垂直的$\vec{X}$轴、$\vec{Y}$轴及$\vec{Z}$轴上的分质向量$\vec{a}_X$、$\vec{a}_Y$、$\vec{a}_Z$来显现，并表示为三元常质向量$\vec{a}(\vec{a}_X,\vec{a}_Y,\vec{a}_Z)$或$\vec{a}=(\vec{a}_X,\vec{a}_Y,\vec{a}_Z)$，$\vec{a}_X$称为在$\vec{X}$轴轴向上的分质向量，$\vec{a}_Y$称为在$\vec{Y}$轴轴向上的分质向量，$\vec{a}_Z$称为在$\vec{Z}$轴轴向上的分质向量。一维三元常质向量$\vec{a}_{X+Y+Z}$与其三维分质向量$\vec{a}_X$、$\vec{a}_Y$、$\vec{a}_Z$的关系可以用(20-6)式$\vec{a}_{X+Y+Z}=\vec{a}_X+\vec{a}_Y+\vec{a}_Z$表示。

在三维二仪质向量坐标系$\vec{X}\vec{Y}\vec{Z}$八卦空间中，任何一个三元系统的非平衡态都可以用一个三维三元质向量$\vec{u}_{XYZ}$或一个一维三元质向量$\vec{u}_{X+Y+Z}$及其质向量终点$\vec{M}$（动点）来表达。在几何上，三维三元质向量$\vec{u}_{XYZ}$是非定形的立方格子，一维三元质向量$\vec{u}_{X+Y+Z}$是以原点O为起点和$\vec{M}$为终点的连线$\overrightarrow{OM}$。如果原点O可以省略不写，就用一维三元质向量$\vec{u}_{X+Y+Z}$表示$\overrightarrow{OM}$。八卦空间中的每一个动点$\vec{M}$与一个一维三元质向量$\vec{u}_{X+Y+Z}$建立了一一对应关系。

任何一个三元系统形态在其空间变化域中表现的三维三元质向量$\vec{u}_{XYZ}$都可以通过相互垂直的$\vec{X}$轴、$\vec{Y}$轴及$\vec{Z}$轴上的分质向量$\vec{u}_X$、$\vec{u}_Y$和$\vec{u}_Z$来显现，并表示为$\vec{u}(\vec{u}_X,\vec{u}_Y,\vec{u}_Z)$或$\vec{u}=(\vec{u}_X,\vec{u}_Y,\vec{u}_Z)$。$\vec{u}_X$称为在$\vec{X}$轴上的分质向量，$\vec{u}_Y$称为在$\vec{Y}$轴上的分质向量，$\vec{u}_Z$称为在$\vec{Z}$轴上的分质向量。一维三元质向量$\vec{u}_{X+Y+Z}$与其三维分质向量的关系可以由(20-9)式$\vec{u}_{X+Y+Z}=\vec{u}_X+\vec{u}_Y+\vec{u}_Z$表示。

在省却了$\vec{X}$轴和$\vec{Y}$轴及$\vec{Z}$轴关于质的规定后，(20-9)式$\vec{u}_{X+Y+Z}=\vec{u}_X+\vec{u}_Y+\vec{u}_Z$还

可以表示为
$$u^2_{X+Y+z}=x^2+y^2+z^2 \tag{20-27}$$

此式表明，三元系统在其空间变化域中表现的向量是其3个相互垂直的坐标轴方向上的分向量的综合。

三维二仪质向量仿射坐标系 $\vec{A}\vec{B}\vec{\Gamma}$ 可以投射到三维二仪质向量坐标系 $\vec{X}\vec{Y}\vec{Z}$ 上，如果打开 $\vec{X}$ 轴和 $\vec{Y}$ 轴及 $\vec{Z}$ 轴内部的 $(\vec{N},\vec{n},\vec{E},\vec{E}_{\neq},\vec{\varepsilon})$ 五维分质向量空间，对于处在变化中的三元系统形态，以异质单元数 $\vec{n}$ 为因变量，这一特殊规定的质向量就可以由3个分质向量 $\vec{n}_X$、$\vec{n}_Y$ 和 $\vec{n}_Z$ 来表达。像三元系统的异质单元数 $\vec{n}_{XYZ}$ 用3个分质向量表示即为 $\vec{n}(\vec{n}_X,\vec{n}_Y,\vec{n}_Z)$，3个分质向量 $\vec{n}_X$、$\vec{n}_Y$ 和 $\vec{n}_Z$ 是相互垂直的；而一维三元质向量 $\vec{n}_{X+Y+z}$ 可以表示为
$$\vec{n}_{X+Y+z}=\vec{n}_X+\vec{n}_Y+\vec{n}_Z \tag{20-28}$$

（二）向量表达的三元系统形态

在许多情况下，人们要一般地表达质向量的关系就必须舍弃质向量关于质的规定，这样，理性认知坐标系就只能用向量坐标轴来建立一定维度的向量坐标系。在省却质向量坐标轴关于质的规定的条件下，三维二仪质向量坐标系 $\vec{X}\vec{Y}\vec{Z}$ 成为三维二仪向量坐标系 $\vec{X}\vec{Y}\vec{Z}$，任何一个三元系统的确定形态就用三维二仪向量坐标系 $\vec{X}\vec{Y}\vec{Z}$ 八卦空间中一个三维三元常向量 $\vec{a}_{XYZ}$ 或一维三元常向量 $\vec{a}_{X+Y+z}$ 来表示，也可以表示为 $\vec{a}(\vec{a}_X,\vec{a}_Y,\vec{a}_Z)$ 或 $\vec{a}=(\vec{a}_X,\vec{a}_Y,\vec{a}_Z)$。任何一个变动的三元系统形态也就用三维二仪向量坐标系 $\vec{X}\vec{Y}\vec{Z}$ 八卦空间中一个三维三元向量 $\vec{u}_{XYZ}$ 或一维三元向量 $\vec{u}_{X+Y+z}$ 来表示，也可以表示为 $\vec{u}(\vec{u}_X,\vec{u}_Y,\vec{u}_Z)$ 或 $\vec{u}=(\vec{u}_X,\vec{u}_Y,\vec{u}_Z)$。

在三维二仪向量坐标系 $\vec{X}\vec{Y}\vec{Z}$ 八卦空间中，不同的三元系统形态的关系可以运用向量空间的运算法则。例如，三元系统具有确定的形态（1）和确定的形态（2），形态（1）可以用常向量 $\vec{a}$ 来表示，形态（2）可以用常向量 $\vec{b}$ 来表示，常向量 $\vec{a}$ 和常向量 $\vec{b}$ 的运算就遵循向量运算法则。

（三）数量表达的三元系统形态

在某些情况下，人们不仅要舍弃质向量关于性质的规定，而且要舍弃质向量关于指向的规定，这样的理性认知坐标系就只能用数量作为坐标轴来建立一定维度的数值坐标系。在省却质向量坐标轴关于性质和指向规定的条件下，一维正向质向量坐标系 $\vec{X}_+$ 的单位质向量 $\vec{e}_{X_+}$ 成为数轴正实数域的单位，即 $|\vec{e}_{X_+}|\equiv 1$，一维正向质向量坐标系 $\vec{X}_+$ 就成为一维正实数轴 X_+。在一维正实数轴 X_+ 中，单元系统形态可以用自然数、正整数或正实数以不同的精度来表示其数量；由于单元系统形态量的单向变化与数的正号规定性相一致，这种对单元系统形态量抽象的初步成果与人们对于数的初始认识

必然是一致的。

在省却质向量坐标轴关于性质和指向规定的条件下,一维二仪质向量坐标轴$\vec{X}$的正向单位质向量成为数轴正实数域的单位,即$|\vec{e}_{X_+}|\equiv 1$;一维二仪质向量坐标轴$\vec{X}$成为一维(正负)实数轴X。在一维正实数轴X_+与一维负实数轴X_-组成的一维(正负)实数轴X中,一元系统(直线系统)形态量的反向变化不仅可以用正数表示,而且可以用负数表示,这是以正号和负号的规定性来表示一元系统(直线系统)形态变化的方向,而以数的大小来反映一元系统(直线系统)形态的量;正实数$x\in X$与负实数$x\in -X$组成的实数$x\in X$,并称之为一元数。

在三维二仪质向量坐标系$\vec{X}\vec{Y}\vec{Z}$中,在省却质向量坐标轴关于性质和指向规定的条件下,一维二仪质向量坐标轴$\vec{X}$的正向单位质向量成为数轴正实数域的单位,即$|\vec{e}_{X_+}|\equiv 1$,一维二仪质向量坐标轴$\vec{Y}$的正向单位质向量成为数轴正实数域的单位,即$|\vec{e}_{Y_+}|\equiv 1$,一维二仪质向量坐标轴$\vec{Z}$的正向单位质向量成为数轴正实数域的单位,即$|\vec{e}_{Z_+}|\equiv 1$,这样,一维二仪质向量坐标轴就全蜕变为数轴,$\vec{X}_+$与$\vec{X}_-$构成的一维二仪质向量坐标轴$\vec{X}$,$\vec{Y}_+$与$\vec{Y}_-$构成的一维二仪质向量坐标轴$\vec{Y}$和$\vec{Z}_+$与$\vec{Z}_-$构成的一维二仪质向量坐标轴$\vec{Z}$都可以用定义域为$(-\infty,+\infty)$的实数轴X、Y和Z来表示。如此,三维二仪质向量坐标系$\vec{X}\vec{Y}\vec{Z}$成为三维笛卡尔直角坐标系XYZ,定质、定量、定向的物理空间也就降格为定量的数学空间。

在三维笛卡尔直角坐标系XYZ的数学空间中,任何一个三元系统的形态可以由立体格子对角线的端点来表示,这一端点作为定点可以用三元常量$a(a_X,a_Y,a_Z)$表示,这一端点作为动点可以用三元变量$u(x,y,z)$表示。不过,在三维笛卡尔直角坐标系XYZ的数学空间中,三元系统形态除了数量关系可以被人们所认识,其他有关三元系统形态的性质或指向特征难以被人们所认识。

(四)三元数表达的三元系统形态

既然复数作为二元数可以在复平面定量、定向地表达二元系统形态,人们自然就会想到建立一个三维空间数系,并参照复数提出形如$a_X+a_Y\mathrm{i}+a_Z\mathrm{j}$的三元数(也称为三元复数)。事实上,19世纪英国数学家哈密顿根据二维空间存在复数的启示,就提出了三维空间是否也有一种类似于复数那样的三元数,并且设想能否找到一种空间数系,其中每一个三元数对应着三维空间中的一个点。[12]

为了证实三元数是否存在,人们建立了由一个一维二仪实数坐标轴和两个一维二仪虚数坐标轴组成的三维二仪直角坐标系。在三维二仪直角坐标系空间中,每个三元系统形态就用一个三元数来表示,空间内的任何一个几何点表示一个三元数。三元数是参照复数而设计的,一维二仪实数坐标轴以实数1为度量基准,另外两个一维二仪虚数坐标轴分别以虚数单位i、j作为度量基准,这样,三元数可以用一个字母a_{X+Y+Z}来表

示，每个三元数都是 1 和 i、j 的线性组合，其代数形式为

$$a_{X+Y+Z}=a_X+a_Y\mathrm{i}+a_Z\mathrm{j} \quad (a_X,a_Y,a_Z\in \mathbf{R}) \qquad (20\text{-}29)$$

因此，每一个三元数 a_{X+Y+Z} 都可以看作一个实数 a_X 和两个虚数 $a_Y\mathrm{i}+a_Z\mathrm{j}$ 之和或一个复数 $a_X+a_Y\mathrm{i}$ 和一个虚数 $a_Z\mathrm{j}$ 之和。像电子绕核在三维"距离空间"坐标系中的运动用三元数表示就是 $w=x+y\mathrm{i}+z\mathrm{j}$。

全体三元数构成的集合叫作三元数集，用字母 A 来表示。三元数集 A 与三元数空间内的所有点一一对应，三元数空间就简称数空间，其中，实数对应实轴上的点，复数 $a_{X+Y}=a_X+a_Y\mathrm{i}$ 对应复平面内点 $z(x,y)$，三元数 $a_{X+Y+Z}=a_X+a_Y\mathrm{i}+a_Z\mathrm{j}$ 则与三元数空间内的点 $a(a_X,a_Y,a_Z)$ 对应。

人们提出三元数的初衷是要像复数作为二元数那样来定量、定向地表示三元向量，三元数是在默认向量 $\vec{u}$ 与其在 $\vec{X}$ 轴上的分向量 $\vec{u}_X$ 方向一致时，取了 $|\vec{e}_X|\equiv 1$；但是这一规定所包含的方向性的前提往往被人们所忽视。在数形合一的约定中，人们很容易忽视三元数表征的三元向量本质，因而在数学上就把三元数定义为一个具有加减法、数乘运算的数。这样，在三数平方和定理上就使三元数出现了定义上的问题，而在定义三元数的乘法时也遇到了一些不可逾越的障碍，诸如：乘法不能满足"模律"$|z_1z_2|^2=|z_1|^2|z_2|^2$ 和普通运算定律（如交换律和结合律等）无法确定 ij 与 ji 的关系和取值。因此，人们经过努力后只能认为三元数不存在。

在数学上，三元数 $a_{X+Y+Z}=a_X+a_Y\mathrm{i}+a_Z\mathrm{j}$ 只是被看作一个定量地表示三元系统的形态量，而实质上三元数分别规定了 $\vec{X}$ 轴、$\vec{Y}$ 轴和 $\vec{Z}$ 轴的单位向量 $\vec{e}_X\equiv 1,\vec{e}_Y\equiv \mathrm{i}$ 和 $\vec{e}_Z\equiv \mathrm{j}$，因此三元数可以通过 a_X、a_Y、a_Z 来表示其在三维向量直角坐标系 $\vec{X}\vec{Y}\vec{Z}$ 中 $\vec{X}$ 轴、$\vec{Y}$ 轴和 $\vec{Z}$ 轴 3 个方向的分量，并通过实数轴 $\vec{e}_X\equiv 1$ 和纵虚数轴 $\vec{e}_Y\equiv \mathrm{i}$ 以及立虚数轴 $\vec{e}_Z\equiv \mathrm{j}$ 这些单位向量来表示其在三维向量直角坐标系 $\vec{X}\vec{Y}\vec{Z}$ 中的 $\vec{X}$ 轴、$\vec{Y}$ 轴和 $\vec{Z}$ 轴 3 个方向。可见，在三维二仪数量坐标系中，三元数是有量值和方向的量，也可以像复数那样定量、定向地表征每一个三元系统形态，只是必须注意三元数在单位向量的规定上 $\vec{e}_X\equiv 1,\vec{e}_Y\equiv \mathrm{i}$ 和 $\vec{e}_Z\equiv \mathrm{j}$ 与三维正向质向量坐标系 $\vec{X}\vec{Y}\vec{Z}$ 空间中所规定的一维正向单位质向量 $\vec{e}_{X_+}\equiv \mathrm{i},\vec{e}_{Y_+}\equiv \mathrm{j},\vec{e}_{Z_+}\equiv k$ 是存在差异的。

既然两个三元向量之间存在的内在关系可以通过两个向量之间的向量运算法则来表现，那么两个三元向量之间的向量运算法则也就可以通过三元数的关系式得以表达。与共轭复数类似，三元数也存在着共轭三元数，这可定义为关于复平面对称的两个平面。三元数的许多规则与三元空间向量和四元数的性质类似，在此就不再展开。[13]

二、三元系统形态的变化

在一定维度的质向量坐标系中，每一个质向量坐标轴都是以某一个单位质向量为

基准来度量事物形态的,任何一个事物形态在任何一个维度质向量坐标系空间中都是一个点,都可以用一个质向量来表示。

在三维二仪质向量仿射坐标系 $\vec{A}\vec{B}\vec{\varGamma}$ 中,任何一个三元系统形态的变化可以看作从空间的一个点到另一个点的变化,而两个点的质向量变化量可以反映其形态变化。三维二仪质向量仿射坐标系 $\vec{A}\vec{B}\vec{\varGamma}$ 可以映射到由3个相互垂直的 $\vec{X}$ 轴、$\vec{Y}$ 轴和 $\vec{Z}$ 轴所架构的三维二仪质向量坐标系 $\vec{X}\vec{Y}\vec{Z}$ 上。在三维二仪质向量坐标系 $\vec{X}\vec{Y}\vec{Z}$ 中,任何一个三元系统形态的变化也可以用八卦空间中两个点的质向量变化量来表达。

在三维二仪质向量坐标系 $\vec{X}\vec{Y}\vec{Z}$ 八卦空间中,三元系统形态变化量为三维三元质向量 $\Delta\vec{u}_{XYZ}$,$\Delta\vec{u}_{XYZ}$ 在 $\vec{X}$ 轴、$\vec{Y}$ 轴和 $\vec{Z}$ 轴上的形态变化量为 $\Delta\vec{u}_X \equiv \Delta\vec{x}$,$\Delta\vec{u}_Y \equiv \Delta\vec{y}$,$\Delta\vec{u}_Z \equiv \Delta\vec{z}$,符合向量的外积,即

$$\Delta\vec{u}_{XYZ} = \Delta\vec{u}_X \times \Delta\vec{u}_Y \times \Delta\vec{u}_Z$$
$$= \Delta\vec{x} \times \Delta\vec{y} \times \Delta\vec{z} \tag{20-30}$$

三维二仪质向量坐标系 $\vec{X}\vec{Y}\vec{Z}$ 本身也可以看作二维二仪质向量坐标系 $\vec{X}\vec{Y}$ 与 $\vec{Z}$ 轴的外积,所以 $\Delta\vec{u}_{XYZ}$ 还可以看作 $\Delta\vec{u}_{XY} \equiv \Delta\vec{u}_X \times \Delta\vec{u}_Y$ 与 $\vec{Z}$ 轴上的形态变化量 $\Delta\vec{u}_Z \equiv \Delta\vec{z}$ 的外积

$$\Delta\vec{u}_{XYZ} = \Delta\vec{u}_{XY} \times \Delta\vec{u}_Z \tag{20-31}$$

在省却了质向量坐标轴关于质的规定的情况下,$\Delta\vec{u}_{XY} \equiv \Delta\vec{x} \times \Delta\vec{y}$,(20-31)式也就成为

$$\Delta\vec{u}_{XYZ} = \Delta\vec{u}_{XY} \times \Delta\vec{u}_Z$$
$$= \Delta\vec{x} \times \Delta\vec{y} \times \Delta\vec{z} \tag{20-32}$$

由(4-50)式 $|\vec{a}\times\vec{b}| = |\vec{a}||\vec{b}|\sin<\vec{a},\vec{b}>$ 可以得到,$\Delta\vec{u}_{XYZ}$ 的模在数值上等于以 $\vec{X}$ 轴上的形态变化量 $\Delta\vec{u}_X$、$\vec{Y}$ 轴上的形态变化量 $\Delta\vec{u}_Y$ 和 $\vec{Z}$ 轴上的形态变化量 $\Delta\vec{u}_Z$ 为3条边的平行立方体的体积

$$|\Delta\vec{u}_{XYZ}| = |\Delta\vec{u}_X||\Delta\vec{u}_Y||\Delta\vec{u}_Z|$$
$$= |\Delta\vec{x}||\Delta\vec{y}||\Delta\vec{z}| \tag{20-33}$$

在三维二仪质向量坐标系 $\vec{X}\vec{Y}\vec{Z}$ 八卦空间中,如果三元系统形态变化量 $\Delta\vec{u}_{XYZ}$ 为三维三元单位质向量 $\vec{e}_{XYZ}$,那么一维二仪向量坐标轴 $\vec{X}$ 上的形态变化量 $\Delta\vec{u}_X$ 为一维二仪单位质向量 $\vec{e}_X$,一维二仪质向量坐标轴 $\vec{Y}$ 上的形态变化量 $\Delta\vec{u}_Y$ 为一维二仪单位质向量 $\vec{e}_Y$,一维二仪质向量坐标轴 $\vec{Z}$ 上的形态变化量 $\Delta\vec{u}_Z$ 为一维二仪单位质向量 $\vec{e}_Z$,它们的关系符合向量的外积

$$\vec{e}_{XYZ} = \vec{e}_X \times \vec{e}_Y \times \vec{e}_Z$$
$$= \vec{e}_{XY} \times \vec{e}_Z \tag{20-34}$$

由(4-50)式 $|\vec{a}\times\vec{b}| = |\vec{a}||\vec{b}|\sin<\vec{a},\vec{b}>$ 也可以得到,$\vec{e}_{XYZ}$ 的模 $|\vec{e}_{XYZ}|$ 在数值上等于以 $\vec{X}$ 轴上的一维二仪单位质向量 $\vec{e}_X$ 的模 $|\vec{e}_X|$、$\vec{Y}$ 轴上的一维二仪单位质向量 $\vec{e}_Y$ 的

模 $|\vec{e}_Y|$ 和 $\vec{Z}$ 轴上的一维二仪单位质向量 $\vec{e}_z$ 的模 $|\vec{e}_z|$ 为 3 条边的平行立方体的体积

$$|\vec{e}_{XYZ}| = |\vec{e}_X| |\vec{e}_Y| |\vec{e}_z| \tag{20-35}$$

例如,在理想简单媒质填充的无界空间,省却了质向量坐标轴关于质的规定,三维三元向量波函数可以由三维笛卡尔直角坐标系下的标量亥姆霍兹方程 $\nabla^2 \Psi + k_0^2 \Psi = 0$ 求解得到其标量函数 Ψ。采用分离变量法求解,三维三元波函数可表示为

$$\Psi(x,y,z) = e^{-jk_x x} e^{-jk_y y} e^{-jk_z z} = e^{-j(k_x x + k_y y + k_z z)} = e^{-j\vec{k} \cdot \vec{r}}$$

式中 $\vec{k} = k_x a_x + k_y a_y + k_z a_z = a_n k$ 为波矢量或传播矢量;$\vec{r} = x a_x + y a_y + z a_z$ 为矢径。这表明,标量函数 Ψ 代表空间中沿 a_n 向传播的平面波。[14]

此外,与第十八章第五节"二元系统形态规律性初探"破解量子力学中不确定性原理和普朗克常数隐含的谜团类似,由(20-35)式 $|\vec{e}_{XYZ}| = |\vec{e}_X| |\vec{e}_Y| |\vec{e}_z|$ 也可以建立三维空间的不确定性原理或测不准原理。

在三维二仪质向量坐标系 $\vec{X}\vec{Y}\vec{Z}$ 八卦空间中,三元系统形态变化量也可以表达为一维三元质向量 $\Delta \vec{u}_{X+Y+Z}$,它可以投射到相互垂直的 $\vec{X}$ 轴、$\vec{Y}$ 轴和 $\vec{Z}$ 轴上。通过 $\vec{X}$ 轴上的形态变化量 $\Delta \vec{u}_X$、$\vec{Y}$ 轴上的形态变化量 $\Delta \vec{u}_Y$ 和 $\vec{Z}$ 轴上的形态变化量 $\Delta \vec{u}_Z$ 的加和就可以表达三元系统形态变化规律。

省却了三元系统在其变化域中表现的形态变化量关于质的规定,三元系统形态变化量 $\Delta \vec{u}_{X+Y+Z}$ 在 $\vec{X}$ 轴、$\vec{Y}$ 轴和 $\vec{Z}$ 轴上的分向量分别为 $\Delta \vec{u}_X \equiv \Delta \vec{x}, \Delta \vec{u}_Y \equiv \Delta \vec{y}, \Delta \vec{u}_Z \equiv \Delta \vec{z}$,那么三元系统形态变化量就是在 $\vec{X}$ 轴、$\vec{Y}$ 轴和 $\vec{Z}$ 轴 3 个坐标轴上的子系统的形态变化量的加和

$$\begin{aligned}\Delta \vec{u}_{X+Y+Z} &= \Delta \vec{u}_X + \Delta \vec{u}_Y + \Delta \vec{u}_Z \\ &= \Delta \vec{x} + \Delta \vec{y} + \Delta \vec{z}\end{aligned} \tag{20-36}$$

进一步省却了三元系统在其变化域中表现的形态变化量关于方向的规定,如果把变化前 P_1 点的三元系统形态写成 $u_1 = u(x,y,z)$,变化后 P_2 点的三元系统形态写成 $u_2 = u(x+\Delta x, y+\Delta y, z+\Delta z)$,在 $\vec{X}$ 轴、$\vec{Y}$ 轴和 $\vec{Z}$ 轴上的分量分别为 $\Delta u_X \equiv \Delta x, \Delta u_Y \equiv \Delta y, \Delta u_Z \equiv \Delta z$,三元系统形态变化量 Δu_{X+Y+Z} 及其在平面 OXZ 与平面 OYZ 的投影如图 20-16 所示。

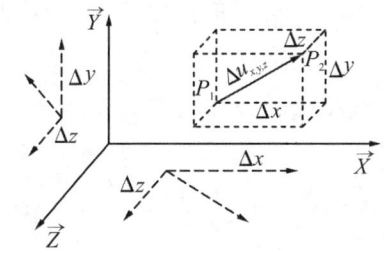

图 20-16 三元系统形态变化量及其在平面 OXZ 与平面 OYZ 的投影

三元系统形态变化量 $\Delta \vec{u}_{X+Y+Z}$ 还可以表达为

$$|\Delta \vec{u}_{X+Y+Z}|^2 = |\Delta \vec{x}|^2 + |\Delta \vec{y}|^2 + |\Delta \vec{z}|^2 \tag{20-37}$$

如果令 $I_{XYZ} = |\Delta \vec{u}_{X+Y+Z}|^2, I_X = |\Delta \vec{x}|^2, I_Y = |\Delta \vec{y}|^2, I_Z = |\Delta \vec{z}|^2$,上式即为

$$I_{XYZ} = I_X + I_Y + I_Z \tag{20-38}$$

在三维二仪质向量坐标系 $\vec{X}\vec{Y}\vec{Z}$ 中,如果三元系统形态变化量 $\Delta \vec{u}_{X+Y+Z}$ 为一维三

元单位质向量$\vec{e}_{X+Y+Z}$,三元系统就是经历了一个基元过程的形态转化。因此,一维二仪向量坐标轴$\vec{X}$上的形态变化量$\Delta\vec{u}_X$为一维二仪单位质向量为$\vec{e}_X$、一维二仪质向量坐标轴$\vec{Y}$上的形态变化量$\Delta\vec{u}_Y$为一维二仪单位质向量$\vec{e}_Y$,一维二仪向量坐标轴$\vec{Z}$上的形态变化量$\Delta\vec{u}_Z$为一维二仪单位质向量$\vec{e}_Z$,每一个维度坐标轴上的子系统所经历的也是一个形态转化基元过程。把三元系统单位质向量$\vec{e}_{X+Y+Z}$与$\vec{X}$轴的单位质向量$\vec{e}_X$和$\vec{Y}$轴的单位质向量$\vec{e}_Y$及$\vec{Z}$轴的单位质向量$\vec{e}_Z$代入(20-36)式$\Delta\vec{u}_{X+Y+Z}=\Delta\vec{u}_X+\Delta\vec{u}_Y+\Delta\vec{u}_Z$,也可以得到

$$\vec{e}_{X+Y+Z}=\vec{e}_X+\vec{e}_Y+\vec{e}_Z=\vec{e}_{XY}+\vec{e}_Z \tag{20-39}$$

在三维二仪质向量坐标系$\vec{X}\vec{Y}\vec{Z}$中,三元系统经历了一个形态转化基元过程,$\vec{X}$轴和$\vec{Y}$轴及$\vec{Z}$轴上的子系统也各自经历了一个形态转化基元过程。$\vec{X}$轴、$\vec{Y}$轴和$\vec{Z}$轴上的子系统的形态转化变相点都是坐标系的原点,它们的形态变化规律都符合在远离变相点的一元系统形态转化基元规律,(20-39)式表达的就是三元系统形态转化基元规律。

例如,在三维二仪质向量坐标系$\vec{X}\vec{Y}\vec{Z}$内部$(\vec{N},\vec{n},\vec{E},\vec{E}_{\neq},\vec{\varepsilon})$五维分质向量空间的$(\vec{C}_N,\vec{n},\vec{E},\vec{C}_{E_{\neq}},\vec{C}_{\varepsilon})$截面上,三元系统的异质单元数变化量$\Delta\vec{n}_{X+Y+Z}$由$\vec{X}$轴、$\vec{Y}$轴和$\vec{Z}$轴上的3个子系统的异质单元数变化量$\Delta\vec{n}_X$、$\Delta\vec{n}_Y$和$\Delta\vec{n}_Z$所构成,即

$$\Delta\vec{n}_{X+Y+Z}=\Delta\vec{n}_X+\Delta\vec{n}_Y+\Delta\vec{n}_Z$$
$$=\Delta\vec{n}_{XY}+\Delta\vec{n}_Z \tag{20-40}$$

三元系统的异质单元数变化量也可以通过下式来表达

$$|\Delta\vec{n}_{X+Y+Z}|^2=|\Delta\vec{n}_X|^2+|\Delta\vec{n}_Y|^2+|\Delta\vec{n}_Z|^2 \tag{20-41}$$

特别地,如果在$\vec{X}$轴、$\vec{Y}$轴和$\vec{Z}$轴上的各个子系统形态变化的起点都是坐标系的原点(即$\vec{n}_{X1}=\vec{0},\vec{n}_{Y1}=\vec{0},\vec{n}_{Z1}=\vec{0}$),那么三元系统的异质单元数变化量为

$$\Delta\vec{n}_{X+Y+Z}=\vec{n}_{X+Y+Z},\Delta\vec{n}_X=\vec{n}_X,\Delta\vec{n}_Y=\vec{n}_Y,\Delta\vec{n}_Z=\vec{n}_Z \tag{20-42}$$

代入(20-40)式$\Delta\vec{n}_{X+Y+Z}=\Delta\vec{n}_X+\Delta\vec{n}_Y+\Delta\vec{n}_Z$,得

$$\vec{n}_{X+Y+Z}=\vec{n}_X+\vec{n}_Y+\vec{n}_Z \tag{20-43}$$

代入(20-41)式$|\Delta\vec{n}_{X+Y+Z}|^2=|\Delta\vec{n}_X|^2+|\Delta\vec{n}_Y|^2+|\Delta\vec{n}_Z|^2$,得

$$n_{X+Y+Z}^2=n_X^2+n_Y^2+n_Z^2 \tag{20-44}$$

三、三元系统形态转化基元规律

在三维二仪质向量坐标系$\vec{X}\vec{Y}\vec{Z}$中打开$\vec{X}$轴和$\vec{Y}$轴及$\vec{Z}$轴内部的多维分质向量空间,把因变量及其质向量函数代入(20-39)式$\vec{e}_{X+Y+Z}=\vec{e}_X+\vec{e}_Y+\vec{e}_Z$,就可得到三维二仪向量坐标系$\vec{X}\vec{Y}\vec{Z}$中的三元系统形态转化基元规律。例如,在三维二仪质向量坐标

系 $\vec{X}\vec{Y}\vec{Z}$ 中打开 $\vec{X}$ 轴和 $\vec{Y}$ 轴及 $\vec{Z}$ 轴内部的 $(\vec{P},\vec{S})$ 二维分质向量空间,如果以信息 $\vec{P}_{X+Y+Z}$ 为因变量,信息 $\vec{P}_{X+Y+Z}$ 投射在 $\vec{X}$ 轴成为 $\vec{P}_X$,信息 $\vec{P}_{X+Y+Z}$ 投射在 $\vec{Y}$ 轴成为 $\vec{P}_Y$,信息 $\vec{P}_{X+Y+Z}$ 投射在 $\vec{Z}$ 轴成为 $\vec{P}_Z$,这样,三元系统形态可以用信息 $\vec{P}_{X+Y+Z}$ 来表达。如果三元系统的信息变化量 $\Delta\vec{P}_{X+Y+Z}=\vec{P}_{X+Y+Z}$,$\vec{P}_X$ 轴、$\vec{P}_Y$ 轴和 $\vec{P}_Z$ 轴上的 3 个子系统的信息变化量为 $\Delta\vec{P}_X=\vec{P}_X$,$\Delta\vec{P}_Y=\vec{P}_Y$ 和 $\Delta\vec{P}_Z=\vec{P}_Z$,那么

$$\vec{P}_{X+Y+Z}=\vec{P}_X+\vec{P}_Y+\vec{P}_Z \tag{20-45}$$

其变化量也可以通过下式来表达

$$P^2_{X+Y+Z}=P^2_X+P^2_Y+P^2_Z \tag{20-46}$$

由于在远离变相点和远离平衡态的一元系统形态转化基元规律可以用熵信息函数 (6-147)式 $P=\mp\frac{1}{2}\tanh\frac{S}{2}$ 来表达,因此 $\vec{P}_X$ 轴、$\vec{P}_Y$ 轴和 $\vec{P}_Z$ 轴上各个子系统远离变相点和远离平衡态的形态转化基元规律为

$$\vec{P}_X=\mp\frac{1}{2}\tanh\frac{\vec{S}_X}{2} \tag{20-47}$$

$$\vec{P}_Y=\mp\frac{1}{2}\tanh\frac{\vec{S}_Y}{2} \tag{20-48}$$

$$\vec{P}_Z=\mp\frac{1}{2}\tanh\frac{\vec{S}_Z}{2} \tag{20-49}$$

把 $\vec{P}_X$ 轴、$\vec{P}_Y$ 轴和 $\vec{P}_Z$ 轴上各个子系统远离变相点和远离平衡态的形态转化基元规律代入(20-45)式 $\vec{P}_{X+Y+Z}=\vec{P}_X+\vec{P}_Y+\vec{P}_Z$,这样,在三维二仪质向量坐标系 $\vec{X}\vec{Y}\vec{Z}$ 内部 $(\vec{P},\vec{S})$ 二维分质向量空间里,在吸收发射和远离变相点条件下的三元系统形态转化基元规律可用熵信息函数表示为

$$\begin{aligned}\vec{P}_{X+Y+Z}&=\vec{P}_X+\vec{P}_Y+\vec{P}_Z\\&=-\frac{1}{2}\left(\tanh\frac{\vec{S}_X}{2}+\tanh\frac{\vec{S}_Y}{2}+\tanh\frac{\vec{S}_Z}{2}\right)\end{aligned} \tag{20-50}$$

在三维二仪质向量坐标系 $\vec{X}\vec{Y}\vec{Z}$ 内部的 $(\vec{P},\vec{S})$ 二维分质向量空间里,在自发发射和远离变相点条件下的三元系统形态转化基元规律可以用熵信息函数表示为

$$\begin{aligned}\vec{P}_{X+Y+Z}&=\vec{P}_X+\vec{P}_Y+\vec{P}_Z\\&=\frac{1}{2}\left(\tanh\frac{\vec{S}_X}{2}+\tanh\frac{\vec{S}_Y}{2}+\tanh\frac{\vec{S}_Z}{2}\right)\end{aligned} \tag{20-51}$$

上述两式远离变相点的三元系统形态转化基元规律可以统一表达为

$$\begin{aligned}\vec{P}_{X+Y+Z}&=\vec{P}_X+\vec{P}_Y+\vec{P}_Z\\&=\mp\frac{1}{2}\left(\tanh\frac{\vec{S}_X}{2}+\tanh\frac{\vec{S}_Y}{2}+\tanh\frac{\vec{S}_Z}{2}\right)\end{aligned} \tag{20-52}$$

远离变相点的三元系统形态转化基元规律也可以通过(20-46)式 $P^2_{X+Y+Z}=P^2_X+$

$P_Y^2 + P_Z^2$ 来表达

$$P_{X+Y+Z}^2 = P_X^2 + P_Y^2 + P_Z^2$$
$$= \frac{1}{4}\left(\tanh^2 \frac{S_X}{2} + \tanh^2 \frac{S_Y}{2} + \tanh^2 \frac{S_Z}{2}\right) \tag{20-53}$$

三元系统形态变化的信息量大小就是它的模

$$|P_{X+Y+Z}| = \sqrt{P_X^2 + P_Y^2 + P_Z^2}$$
$$= \frac{1}{2}\sqrt{\tanh^2 \frac{S_X}{2} + \tanh^2 \frac{S_Y}{2} + \tanh^2 \frac{S_Z}{2}} \tag{20-54}$$

(20-52)式、(20-53)式和(20-54)式都是以熵信息函数来表达的三元系统形态转化基元规律，这些式中熵 S_X、S_Y 和 S_Z 的定义域都是 $(-\infty, +\infty)$，而信息 P_X、P_Y 和 P_Z 的定义域都是 $\left[-\frac{1}{2}, +\frac{1}{2}\right]$。

在三维二仪质向量坐标系 $\vec{X}\vec{Y}\vec{Z}$ 内部的 $(\vec{P}, \vec{S})$ 二维分质向量空间中，以信息 $\vec{P}_{X+Y+Z}$ 为因变量，每一个三元系统形态在 $\vec{P}_X$ 轴、$\vec{P}_Y$ 轴和 $\vec{P}_Z$ 轴上的投影都与三元系统的所有体元有关。每一个体元与 $\vec{P}_X$ 轴或 $\vec{P}_Y$ 轴或 $\vec{P}_Z$ 轴的夹角取决于这一体元在空间中的立体半径 r 和模 $|P_{X+Y+Z}| = \sqrt{P_X^2 + P_Y^2 + P_Z^2}$，而模 $|P_{X+Y+Z}|$ 又与立体半径 r 相关，因此 $\vec{P}_X$、$\vec{P}_Y$ 和 $\vec{P}_Z$ 都要用菲涅耳积分方程来表示。按 $\vec{P}_X$、$\vec{P}_Y$ 和 $\vec{P}_Z$ 三个菲涅耳积分精确地绘制三维二仪向量坐标系 $\vec{X}\vec{Y}\vec{Z}$ 内部的 $(\vec{P}, \vec{S})$ 二维分质向量空间中的三元系统的信息变化量 $\vec{P}_{X+Y+Z}$，所得到的就是三元系统形态转化基元过程关于坐标系原点 $(0,0,0)$ 对称的双螺旋体的动态转化。

在三维二仪质向量坐标系 $\vec{X}\vec{Y}\vec{Z}$ 内部的 $(\vec{P}, \vec{S})$ 二维分质向量空间中，在省却质向量关于方向的规定时：当熵 S_X、S_Y 和 S_Z 都取值 $-\infty$ 时，P_X、P_Y 和 P_Z 的空间坐标为 $\left(-\frac{1}{2}, -\frac{1}{2}, -\frac{1}{2}\right)$；当熵 S_X、S_Y 和 S_Z 都取值 $+\infty$ 时，P_X、P_Y 和 P_Z 的空间坐标为 $\left(+\frac{1}{2}, +\frac{1}{2}, +\frac{1}{2}\right)$；当熵 S_X、S_Y 和 S_Z 都取值为 0 时，P_X、P_Y 和 P_Z 的空间坐标为原点 $(0,0,0)$。在三维二仪质向量坐标系 $\vec{X}\vec{Y}\vec{Z}$ 八卦空间中，第 Ⅰ 卦限的 Z 点 $\left(+\frac{1}{2}, +\frac{1}{2}, +\frac{1}{2}\right)$ 是表征具有 $\vec{P}_X$ 轴、$\vec{P}_Y$ 轴和 $\vec{P}_Z$ 轴正向性质的三元系统的平衡态，第 Ⅶ 卦限的 Z' 点 $\left(-\frac{1}{2}, -\frac{1}{2}, -\frac{1}{2}\right)$ 是表征具有 $\vec{P}_X$ 轴、$\vec{P}_Y$ 轴和 $\vec{P}_Z$ 轴负向性质的三元系统的平衡态，坐标系的原点 $(0,0,0)$ 则是两个性质完全相反的三元系统形态的变相点。

在三维二仪质向量坐标系 $\vec{X}\vec{Y}\vec{Z}$ 上，既然一维三元单位质向量 $\vec{e}_{X+Y+Z}$ 在 $\vec{X}$ 轴上的投影为 $\vec{e}_X$，$\vec{P}_X = \mp\frac{1}{2}\tanh\frac{S_X}{2}$ 代表 $\vec{P}_X$ 轴上的子系统在远离变相点的形态转化基元规

律,一维三元单位质向量 $\vec{e}_{X+Y+Z}$ 在 $\vec{Y}$ 轴上的投影为 $\vec{e}_Y$,$\vec{P}_Y = \mp\frac{1}{2}\tanh\frac{\vec{S}_Y}{2}$ 代表 $\vec{P}_Y$ 轴上的子系统在远离变相点的形态转化基元规律,一维三元单位质向量 $\vec{e}_{X+Y+Z}$ 在 $\vec{Z}$ 轴上的投影为 $\vec{e}_Z$,$\vec{P}_Z = \mp\frac{1}{2}\tanh\frac{\vec{S}_Z}{2}$ 代表 $\vec{P}_Z$ 轴上的子系统在远离变相点的形态转化基元规律,所以,在穿越三维二仪质向量坐标系 $\vec{X}\vec{Y}\vec{Z}$ 原点和第Ⅰ象限与第Ⅶ象限的一维二仪质向量坐标轴上,与一维三元单位质向量 $\vec{e}_{X+Y+Z}$ 对应的信息为 $\vec{P}_{X+Y+Z}$,远离变相点的三元系统形态转化基元规律可表示为

$$\vec{P}_{X+Y+Z} = \mp\frac{1}{2}\tanh\frac{\vec{S}_{X+Y+Z}}{2}$$
$$= \mp\frac{1}{2}\tanh\frac{\vec{S}_X + \vec{S}_Y + \vec{S}_Z}{2} \tag{20-55}$$

在省却了质向量坐标轴关于性质和指向规定的情况下,三维二仪质向量坐标系 $\vec{X}\vec{Y}\vec{Z}$ 成为三维笛卡尔直角坐标系 XYZ。在三维笛卡尔直角坐标系 XYZ 八卦空间中,远离变相点的三元系统形态转化基元规律实际上就是用双曲正切函数来表示的三维伊辛模型。

现代科学已经告诉人们,伊辛模型是一大类相变现象的代表,其理论和实际意义早就远远超出了它的提出者当年的认识。不过,伊辛模型虽然能相当好地描述各向异性很强的磁性晶体(如反铁磁体镝铝石榴石),但是在理论物理学中三维伊辛模型至今仍然是一块人们啃不动的"硬骨头"。[15]然而,统一科学揭示了远离变相点的三元系统形态转化基元规律后,也就可以演绎出三维伊辛模型。

在三维二仪质向量坐标系 $\vec{X}\vec{Y}\vec{Z}$ 内部的 $(\vec{P},\vec{S})$ 二维分质向量空间中,(20-55)式 $\vec{P}_{X+Y+Z} = \mp\frac{1}{2}\tanh\frac{\vec{S}_{X+Y+Z}}{2}$ 是以熵 $\vec{S}_{X+Y+Z}$ 为自变量的熵信息函数,熵 $\vec{S}_{X+Y+Z}$ 可由三个分质向量 $\vec{S}_X$、$\vec{S}_Y$ 和 $\vec{S}_Z$ 来表达,即 $\vec{S}_{X+Y+Z} = \vec{S}_X + \vec{S}_Y + \vec{S}_Z$。在省却质向量坐标轴关于性质和指向规定的情况下,令 $w = P_{X+Y+Z}$,$u = S_{X+Y+Z}$,三维二仪质向量坐标系 $\vec{X}\vec{Y}\vec{Z}$ 的 $(\vec{P},\vec{S})$ 二维分质向量空间就可以用三维笛卡尔直角坐标系 XYZ 中的 (w,u) 数量空间来指代,这样,远离变相点的三元系统形态转化基元规律(20-55)式 $\vec{P}_{X+Y+Z} = \mp\frac{1}{2}\tanh\frac{\vec{S}_{X+Y+Z}}{2}$ 就可以表示为

$$w = \mp\frac{1}{2}\tanh\frac{u}{2} = \mp\frac{1}{2}\frac{e^u - e^{-u}}{e^u + e^{-u}} \tag{20-56}$$

(20-56)式的三元系统形态转化基元规律是由近平衡态吸收发射的指数函数 $w_+ = e^u$ 与近平衡态自发发射的指数函数 $w_- = e^{-u}$ 复合而成的。在近平衡态,三元系统在每一维度上的形态均按指数函数的规律变化。可见,远离变相点的三元系统形态转化

基元过程就是 $w_+ = e^u$ 和 $w_- = e^{-u}$ 一阴一阳、相反相成的对立统一过程，它们相互竞争、协同作用所描绘的关于变相点对称的形态转化几何图形，就是吸收发射由阴之阳的生发螺旋体到自发发射由阳之阴的阻尼螺旋体的复合双螺旋体。在吸收发射条件下，三元系统由平衡态失衡而进入准平衡态再到近平衡态又到远离平衡态，这一历程的空间表现就是逐渐发散的生发螺旋体。对外扩散的螺旋体的运动过程表现为扩散、辐射、分裂、分离、升腾、爆炸等，因而呈现膨胀、上升、成长、生发的态势。在自发发射条件下，三元系统由远离平衡态趋衡而进入近平衡态再到准平衡态最终到达平衡态，这一历程的空间表现就是逐渐汇聚的阻尼螺旋体。对内旋集的螺旋体的运动过程表现为凝聚、收缩、聚合、吸收、吸引等，因而呈现收缩、下降、衰变、消亡的趋势。

在三维二仪质向量坐标系 $\vec{X}\vec{Y}\vec{Z}$ 八卦空间中，三维质向量与立体几何存在着一定的对应关系，任何一个定点都代表一个三元系统的平衡态。如果以 M 点 $\left(+\frac{1}{2},+\frac{1}{2},+\frac{1}{2}\right)$ 与 M' 点 $\left(-\frac{1}{2},-\frac{1}{2},-\frac{1}{2}\right)$ 作为两种典型的对立的平衡态，那么均衡反向三元系统的形态表现就是圆球体，且可以看作是一个点。

但是，非均衡反向三元系统形态变化量 $\Delta \vec{u}_{X+Y+Z} \neq 0$。如果在互相垂直的一维二仪质向量坐标轴 $\vec{X}$ 和一维二仪质向量坐标轴 $\vec{Y}$ 二仪空间中发生的非简谐振动是生发振动，在吸收发射条件下，生发螺旋体就在三维笛卡尔坐标系的第Ⅶ象限，生发螺旋体发源于 $\left(-\frac{1}{2},-\frac{1}{2},-\frac{1}{2}\right)$ 的 M' 点。如果在互相垂直的一维二仪质向量坐标轴 $\vec{X}$ 和一维二仪质向量坐标轴 $\vec{Y}$ 二仪空间中发生的非简谐振动是阻尼振动，在自发发射条件下，三元系统所形成的阻尼螺旋体就在三维笛卡尔坐标系的第Ⅰ象限，阻尼螺旋体最终收敛于 $\left(+\frac{1}{2},+\frac{1}{2},+\frac{1}{2}\right)$ 的 M 点。

自然界中普遍存在的各种各样的螺旋体，都可以归结为向内塌缩的螺旋体或向外膨胀的螺旋体。像中子星、黑洞等类型的天体是超级密度塌缩螺旋体，展示的旋集的螺旋轨迹都是向心趋势。太阳演化到能量耗尽时会塌缩成白矮星，黑洞就是几经缩胀之后在不断塌缩螺旋运动中形成的，并且会义无反顾地塌缩下去，体积越塌越小，最后小到无。不时出现的超新星爆发，则是膨胀螺旋体。在银河系中，星云银河系中心磁场的扰动波高速扩展，其扩展速度可达每秒 1 000 km 左右，这就带动了附近星云中的物质分布呈对外扩散的螺旋体。

在三维二仪质向量坐标系 $\vec{X}\vec{Y}\vec{Z}$ 内部的 $(\vec{P},\vec{S})$ 二维分质向量空间中，以信息变化量 $\vec{P}_{X+Y+Z}$ 表达三元系统形态转化基元规律，在省却质向量坐标轴关于指向规定的情况下，三元系统形态转化基元过程的几何表现就是由核心在第Ⅰ卦限的 M 点 $\left(+\frac{1}{2},+\frac{1}{2},+\frac{1}{2}\right)$ 的阻尼螺旋体与核心在第Ⅶ卦限的 M' 点 $\left(-\frac{1}{2},-\frac{1}{2},-\frac{1}{2}\right)$ 的生发螺旋体关于变相点的对称转化过程。三元系统的表现形态就是一个偏离始发点或趋向归宿点非线性快速膨大（或缩小）的螺旋体。

三维伊辛模型所描绘的三元系统形态由生发螺旋体到阻尼螺旋体转化的基元过程，可以投影在 $\vec{X}$ 轴和 $\vec{Y}$ 轴构成的 $\vec{X}\vec{Y}$ 平面，也可以投影在 $\vec{Y}$ 轴和 $\vec{Z}$ 轴构成的 $\vec{Y}\vec{Z}$ 平面，还可以投影在 $\vec{Z}$ 轴和 $\vec{X}$ 轴构成的 $\vec{Z}\vec{X}$ 平面，所得到的都是如图 19-31 所示的关于变相点对称的考纽螺线。

由于三维伊辛模型在 $\vec{X}\vec{Y}$ 平面的投影或在 $\vec{Y}\vec{Z}$ 平面的投影以及在 $\vec{Z}\vec{X}$ 平面的投影都是二维伊辛模型，因此二维伊辛模型所刻画的考纽螺线在二维圆形极坐标系的圆形域 $w(\rho,\varphi)$ 上所得到的都是如图 19-32 所示的太极图，而三维笛卡尔直角坐标系 XYZ 中立体的八卦空间（图 20-12）也可以映射为圆坐标系平面的八卦图（图 2-1）。因此，远离变相点的三元系统形态转化基元规律在平面上可以用图 2-1 的先天八卦图与图 19-32 的太极图套合为一个图来表示，如图 20-17 所示。

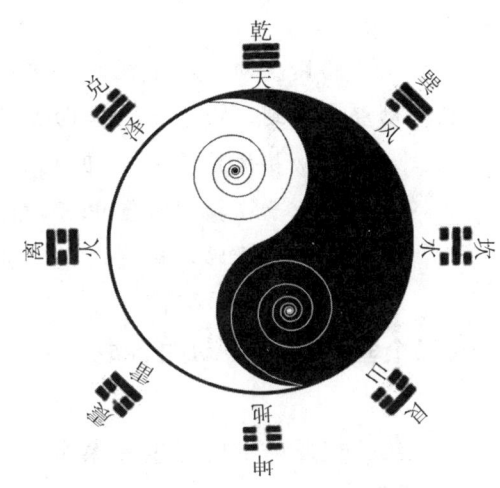

图 20-17　伏羲八卦太极图

在古往今来的流传中，太极图通常都与伏羲氏在 6 500 多年前制作的八卦图相搭配。但是，人们并没有完全读懂太极图或其周边八卦符号的本义，因此太极图中的阴阳鱼或左右分立或上下缠绕，周边八卦的卦象则因《周易》提及"乾在上，坤在下"而定格。人们对于眼前的太极图及其周边先天八卦的思想动机确实难以考证。然而，图 20-17 中间的太极图表示了三元系统从一个平衡态向另一个平衡态转化，其外围的八卦表示了三元系统的形态转化是在三维的八卦空间中进行的。可见，中国古代神奇的"伏羲八卦太极图"就是三元系统形态转化基元规律在平面上的几何表现。

图 20-17 中间的太极图的阴阳鱼形象地描述了二元系统两个子系统形态的阴阳消长过程。但是，二元系统两个子系统形态的阴阳消长也可能是互动的相互影响的过程。例如，旋涡星系的中心都有球核的结构，被周围的星系盘环绕着。如果有两颗中子星或两个黑洞，它们各自在绕着质心做旋涡运动的同时，两个质心会因为引力波损失而逐渐靠拢，在临近并合直至撞到一起引发剧烈爆炸的并合过程所留下的收缩轨迹如图 20-18 所示，实际上这就是图 19-34 太极图的阴阳鱼相互吸引的并合过程。因此，在爱因斯坦提出引力波概念 100 周年后的

图 20-18　双星绕转系统的收缩轨迹

2016年,科学家们宣布探测到了引力波信号的存在;翌年,多国科学家直接探测到来自双中子星合并的引力波并同时"看到"其发出的电磁信号。这就表明,在非球对称的物质分布情况下,双星绕转系统是最能显著释放出引力波与黑洞融合的恒星系统。

第四节 三元均衡系统的谐振规律

均衡反向三元系统的简谐振动规律可以由三个垂向子系统的简谐振动叠加得到。由于三个垂向上的子系统的简谐振动存在变化率、总体单元数和初相位差的差异,因此三元系统的简谐振动规律一般为椭球方程。三元谐振子在物理时空中遵循能量守恒规律且可能出现能级简并,其场强符合平方反比定律。

一、三个垂向简谐振动的合成

三维二仪质向量仿射坐标系$\vec{A}\vec{B}\vec{\Gamma}$可以映射到三维二仪质向量坐标系$\vec{X}\vec{Y}\vec{Z}$。三维二仪质向量坐标系$\vec{X}\vec{Y}\vec{Z}$是由三个相互垂直的一维二仪质向量坐标轴$\vec{X}$和一维二仪质向量坐标轴$\vec{Y}$及一维二仪质向量坐标轴$\vec{Z}$所架构的三维正当坐标系。

在三维二仪质向量坐标系$\vec{X}\vec{Y}\vec{Z}$八卦空间中,如果三元系统形态没有发生任何变化,就是处于平衡态,并可用三维三元常质向量$\vec{a}_{XYZ}$或一维三元常质向量$\vec{a}_{X+Y+Z}$表示。如果三元系统形态发生变化,就是处于非平衡态,可以用三维三元质向量$\vec{u}_{XYZ}$或一维三元质向量$\vec{u}_{X+Y+Z}$表示。

在三维二仪质向量坐标系$\vec{X}\vec{Y}\vec{Z}$八卦空间中,处于平衡态的三元系统的常质向量$\vec{a}_{XYZ}$也可以表示为$\vec{u}_{XYZ}=\vec{C}$,即$\Delta\vec{u}_{XYZ}=0$。处于平衡态的三元系统的常质向量$\vec{a}_{XYZ}$投射到相互垂直的$\vec{X}$轴和$\vec{Y}$轴及$\vec{Z}$轴上,它们的分质向量也都保持为常质向量,即$\vec{u}_X=\vec{C}_X,\vec{u}_Y=\vec{C}_Y$和$\vec{u}_Z=\vec{C}_Z$或$\Delta\vec{u}_X=0,\Delta\vec{u}_Y=0$和$\Delta\vec{u}_Z=0$。特别地,如果$\vec{a}_{XYZ}=0$,三元系统的平衡态就处在三维二仪质向量坐标系$\vec{X}\vec{Y}\vec{Z}$的原点;三元系统的常质向量$\vec{a}_{XYZ}=0$投射到相互垂直的$\vec{X}$轴和$\vec{Y}$轴及$\vec{Z}$轴上,它们的分质向量也都为零,即$\vec{a}_X=0,\vec{a}_Y=0$和$\vec{a}_Z=0$。

在三维二仪质向量坐标系$\vec{X}\vec{Y}\vec{Z}$中,在跨越一维二仪质向量坐标轴$\vec{X}$原点的$[x_-,x_+]$区间里,三元系统形态变化量为正向太极变动的质向量$\Delta\vec{x}_+$与负向太极变动的质向量$\Delta\vec{x}_-$两个质向量的叠加,即(13-63)式 $\Delta\vec{x}=\Delta\vec{x}_++\Delta\vec{x}_-$;当$\Delta\vec{x}=\vec{0}$时,$\vec{X}$轴上均衡反向子系统达致动态平衡。在跨越一维二仪质向量坐标轴$\vec{Y}$原点的$[y_-,y_+]$区间里，三元系统形态变化量为正向太极变动的质向量 $\Delta\vec{y}_+$ 与负向太极变动的质向量 $\Delta\vec{y}_-$ 两个质向量的叠加，即(13-63)式 $\Delta\vec{y}=\Delta\vec{y}_++\Delta\vec{y}_-$。当 $\Delta\vec{y}=\vec{0}$ 时，$\vec{Y}$ 轴上均衡反向子系统达致动态平衡。在跨越一维二仪质向量坐标轴 $\vec{Z}$ 原点的 $[z_-,z_+]$ 区间里，三元系统形态变化量为正向太极变动的质向量 $\Delta\vec{z}_+$ 与负向太极变动的质向量 $\Delta\vec{z}_-$ 两个质向量的叠加，即(13-63)式 $\Delta\vec{z}=\Delta\vec{z}_++\Delta\vec{z}_-$。当 $\Delta\vec{z}=\vec{0}$ 时，$\vec{Z}$ 轴上均衡反向子系统达致动态平衡。如此，三元系统就是均衡反向系统，其形态变化量 $\Delta\vec{u}_{X+Y+Z}=0$。

如果三元系统就是均衡反向系统，则 $\Delta\vec{u}_{X+Y+Z}=0$ 可以看作三元系统围绕三维二仪质向量坐标系 $\vec{X}\vec{Y}\vec{Z}$ 的原点进行反向可逆的阴阳变化，$\Delta\vec{u}_X=0$，$\Delta\vec{u}_Y=0$ 和 $\Delta\vec{u}_Z=0$ 也可以看作在 $\vec{X}$ 轴和 $\vec{Y}$ 轴及 $\vec{Z}$ 轴上的三元系统子系统分别跨越了一维二仪质向量坐标轴的变相点而反向可逆地进行阴阳变化。在这样的条件下，三元系统的子系统都是均衡反向一元系统。均衡反向系统围绕中心点所进行的反向可逆运动就是简谐振动，自由往复的阴阳变化规律就是简谐振动规律。

如果均衡反向三元系统是三维二仪质向量坐标系 $\vec{X}\vec{Y}\vec{Z}$ 八卦空间中的简谐振动系统，在相互垂直的 $\vec{X}$ 轴和 $\vec{Y}$ 轴及 $\vec{Z}$ 轴上，各个子系统也是简谐振动系统。简谐振动是一种动态平衡，三元谐振系统的形态变化满足 $\Delta\vec{x}=0$ 与 $\Delta\vec{y}=0$ 及 $\Delta\vec{z}=0$，代入(20-36)式 $\Delta\vec{u}_{X+Y+Z}=\Delta\vec{x}+\Delta\vec{y}+\Delta\vec{z}$，其合成结果就是

$$\Delta\vec{u}_{X+Y+Z}=\Delta\vec{x}+\Delta\vec{y}+\Delta\vec{z}=0 \tag{20-57}$$

可见，在三维二仪向量坐标系 $\vec{X}\vec{Y}\vec{Z}$ 八卦空间中，三元系统同时参与了互相垂直的 $\vec{X}$ 轴和 $\vec{Y}$ 轴及 $\vec{Z}$ 轴方向上的简谐振动，在跨越 $\vec{X}$ 轴变相点的区间上进行阴阳变化的形态变化量为 $\Delta\vec{x}_+=\Delta\vec{x}_-$，在跨越 $\vec{Y}$ 轴变相点的区间上进行阴阳变化的形态变化量为 $\Delta\vec{y}_+=\Delta\vec{y}_-$ 和在跨越 $\vec{Z}$ 轴变相点的区间上进行阴阳变化的形态变化量为 $\Delta\vec{z}_+=\Delta\vec{z}_-$。但是，均衡反向三元系统发生简谐振动时，如果以其在 $\vec{X}$ 轴和 $\vec{Y}$ 轴及 $\vec{Z}$ 轴上的简谐振动规律 $\Delta\vec{x}=0$ 与 $\Delta\vec{y}=0$ 及 $\Delta\vec{z}=0$ 来表述还是不可理解的。为此，必须在三维二仪质向量坐标系 $\vec{X}\vec{Y}\vec{Z}$ 中分别打开 $\vec{X}$ 轴和 $\vec{Y}$ 轴及 $\vec{Z}$ 轴内部的多维分质向量空间，通过均衡反向三元系统在 $\vec{X}$ 轴和 $\vec{Y}$ 轴及 $\vec{Z}$ 轴上子系统简谐振动规律的叠加，来获得三元均衡反向系统在三维二仪质向量坐标系 $\vec{X}\vec{Y}\vec{Z}$ 八卦空间的简谐振动规律。

例如，在三维二仪质向量坐标系 $\vec{X}\vec{Y}\vec{Z}$ 中分别打开 $\vec{X}$ 轴和 $\vec{Y}$ 轴及 $\vec{Z}$ 轴内部的 $(\vec{N},\vec{n},\vec{E},\vec{E}_{\neq},\vec{\varepsilon})$ 五维分质向量空间，如果相互垂直的 $\vec{X}$ 轴和 $\vec{Y}$ 轴及 $\vec{Z}$ 轴都进行垂向转置，且都以其正向的单位质向量为基准，以振动单元数 $\vec{n}$ 为因变量，那么 $\vec{X}$ 轴和 $\vec{Y}$ 轴及 $\vec{Z}$ 轴三个垂直方向上的简谐振动规律就可以分别表示为 $\vec{n}_X=\vec{N}_X\cos(\kappa_X\vec{E}+\delta_X)$，$\vec{n}_Y=\vec{N}_Y\cos(\kappa_Y\vec{E}+\delta_Y)$ 和 $\vec{n}_Z=\vec{N}_Z\cos(\kappa_Z\vec{E}+\delta_Z)$。在三维二仪质向量坐标系 $\vec{X}\vec{Y}\vec{Z}$ 的 $\vec{X}$ 轴和 $\vec{Y}$ 轴及 $\vec{Z}$ 轴内部的 $(\vec{N},\vec{n},\vec{E},\vec{E}_{\neq},\vec{\varepsilon})$ 五维分质向量空间的 $(\vec{C}_N,\vec{n},\vec{E},\vec{C}_{E_{\neq}},\vec{C}_{\varepsilon})$ 截面上，相互垂直的 $\vec{X}$ 轴和 $\vec{Y}$ 轴及 $\vec{Z}$ 轴都进行垂向转置，其振动单元数的简谐振动规律也

就可以分别表示为 $\vec{n}_X = C_{N_X} \cos(C_{\kappa_X}\vec{E} + C_{\delta_X})$，$\vec{n}_Y = C_{N_Y} \cos(C_{\kappa_Y}\vec{E} + C_{\delta_Y})$，$\vec{n}_Z = C_{N_Z}$ $\cdot \cos(C_{\kappa_Z}\vec{E} + C_{\delta_Z})$。

在省却了质向量坐标轴关于指向的规定时，三维二仪质向量坐标系 $\vec{X}\vec{Y}\vec{Z}$ 就成为三维二仪质变量坐标系 XYZ。在三维二仪质变量坐标系 XYZ 中，如果三元系统的三个子系统分别在互相垂直的 X 轴和 Y 轴及 Z 轴内部的 $(N,n,E,E_{\neq},\varepsilon)$ 五维分质变量空间中进行简谐振动，就可以用总体单元数 N、异质单元数 n、能量 E、能阈 $E_{\neq}$ 和能元 ε 这五个分质变量之间的关系式来表述简谐振动规律。三个简谐振动各自的变动力与回复力是平衡的，可以分别表示为偏微分方程

$$\frac{\partial^2 n_X}{\partial E_X^2} = -\kappa_X^2 n_X \tag{20-58}$$

$$\frac{\partial^2 n_Y}{\partial E_Y^2} = -\kappa_Y^2 n_Y \tag{20-59}$$

$$\frac{\partial^2 n_Z}{\partial E_Z^2} = -\kappa_Z^2 n_Z \tag{20-60}$$

在任意 E 值，三元系统在该形态下对应 X 轴和 Y 轴及 Z 轴的异质单元数为 n_X、n_Y 与 n_Z。E 改变时，三元系统的形态也随之改变，n_X、n_Y 与 n_Z 也要发生相应的变化。三元系统的简谐振动是三个子系统简谐振动的合成振动，把(20-58)式、(20-59)式和(20-60)式的平衡力统一起来，就有偏微分方程

$$\frac{\partial^2 n_X}{\partial E_X^2} + \frac{\partial^2 n_Y}{\partial E_Y^2} + \frac{\partial^2 n_Z}{\partial E_Z^2} = -\kappa_X^2 n_X - \kappa_Y^2 n_Y - \kappa_Z^2 n_Z \tag{20-61}$$

在省却了质变量坐标轴关于质的规定的情况下，上式即为三维笛卡尔直角坐标系 XYZ 中的泊松方程

$$\frac{\partial^2 u}{\partial x^2} + \frac{\partial^2 u}{\partial y^2} + \frac{\partial^2 u}{\partial z^2} = f(x,y,z) \tag{20-62}$$

在三维二仪质向量坐标系 $\vec{X}\vec{Y}\vec{Z}$ 的 $\vec{X}$ 轴和 $\vec{Y}$ 轴及 $\vec{Z}$ 轴内部的 $(\vec{N},\vec{n},\vec{E},\vec{E}_{\neq},\vec{\varepsilon})$ 五维分质向量空间 $(\vec{C}_N,\vec{n},\vec{E},\vec{C}_{E_{\neq}},\vec{C}_{\varepsilon})$ 截面上，在省却分质向量关于方向的规定时，三个轴向上的子系统的简谐振动规律相应地可以用微分方程表示为

$$\frac{d^2 n_X}{dE_X^2} = -\kappa_X^2 n_X \tag{20-63}$$

$$\frac{d^2 n_Y}{dE_Y^2} = -\kappa_Y^2 n_Y \tag{20-64}$$

$$\frac{d^2 n_Z}{dE_Z^2} = -\kappa_Z^2 n_Z \tag{20-65}$$

三元系统形态的动态平衡是三个垂直方向的子系统简谐振动的合成振动，如果把(20-63)式、(20-64)式和(20-65)式的平衡力统一起来考量，那么(20-61)式 $\frac{\partial^2 n_X}{\partial E_X^2} +$

$$\frac{\partial^2 n_Y}{\partial E_Y^2}+\frac{\partial^2 n_Z}{\partial E_Z^2}=-\kappa_X^2 n_X-\kappa_Y^2 n_Y-\kappa_Z^2 n_Z \text{ 就应该表达为微分方程}$$

$$\frac{\mathrm{d}^2 n_X}{\mathrm{d} E_{Xx}^2}+\frac{\mathrm{d}^2 n_Y}{\mathrm{d} E_Y^2}+\frac{\mathrm{d}^2 n_Z}{\mathrm{d} E_Z^2}=-\kappa_X^2 n_X-\kappa_Y^2 n_Y-\kappa_Z^2 n_Z \tag{20-66}$$

特别地,当(20-61)式 $\frac{\partial^2 n_X}{\partial E_X^2}+\frac{\partial^2 n_Y}{\partial E_Y^2}+\frac{\partial^2 n_Z}{\partial E_Z^2}=-\kappa_X^2 n_X-\kappa_Y^2 n_Y-\kappa_Z^2 n_Z$ 等式右边为零,即三元系统的回复力为零时,三个垂直方向的变动力也为零

$$\frac{\partial^2 n_X}{\partial E_X^2}+\frac{\partial^2 n_Y}{\partial E_Y^2}+\frac{\partial^2 n_Z}{\partial E_Z^2}=0 \tag{20-67}$$

这一偏微分方程就是三维拉普拉斯方程。拉普拉斯方程的解称为调和函数,函数在拉普拉斯方程成立的区域内是解析的。

在省却了质变量坐标轴关于质的规定的情况下,三维二仪质变量坐标系 XYZ 成为三维笛卡尔直角坐标系 XYZ,在此,三维调和方程也称为三维位势方程,表达式为

$$\Delta u_{X+Y+Z}\equiv \frac{\partial^2 u}{\partial x^2}+\frac{\partial^2 u}{\partial y^2}+\frac{\partial^2 u}{\partial z^2}=0 \tag{20-68}$$

拉普拉斯方程也常简写作 $\nabla^2 u_{X+Y+Z}=0$ 或 $\mathrm{div\,grad}\,u_{X+Y+Z}=0$,其中 div 表示向量场的散度(结果是一个标量场),∇ 或 grad 表示标量场的梯度(结果是一个向量场)。三维拉普拉斯方程 $\nabla^2 u_{X+Y+Z}=\Delta u_{X+Y+Z}$ 在三维直角坐标系中扩展为

$$\Delta u_{X+Y+Z}=\left(\frac{\partial u}{\partial x},\frac{\partial u}{\partial y},\frac{\partial u}{\partial z}\right) \tag{20-69}$$

虽然 Δu_{X+Y+Z} 使用坐标表达,但结果在正交变换下还是不变的。

不过,为了求出 X 轴和 Y 轴及 Z 轴三个简谐振动的合成振动的泊松方程(20-62)式 $\frac{\partial^2 u}{\partial x^2}+\frac{\partial^2 u}{\partial y^2}+\frac{\partial^2 u}{\partial z^2}=f(x,y,z)$,还须把 X 轴和 Y 轴及 Z 轴进行垂向转置,将 $n_X=N_X\cos(\kappa_X E+\delta_X)$,$n_Y=N_Y\cos(\kappa_Y E+\delta_Y)$ 和 $n_Z=N_Z\cos(\kappa_Z E+\delta_Z)$ 三个简谐振动方程代入泊松方程并消去能量 E,才能求出 $f(n_X,n_Y,n_Z)=0$。

为此,把这三个简谐振动方程改写为

$$P_X=\frac{n_X}{N_X}=\cos(\kappa_X E+\delta_X)=\cos(\kappa_X E)\cos\delta_X-\sin(\kappa_X E)\sin\delta_X \tag{20-70}$$

$$P_Y=\frac{n_Y}{N_Y}=\cos(\kappa_Y E+\delta_Y)=\cos(\kappa_Y E)\cos\delta_Y-\sin(\kappa_Y E)\sin\delta_Y \tag{20-71}$$

$$P_Z=\frac{n_Z}{N_Z}=\cos(\kappa_Z E+\delta_Z)=\cos(\kappa_Z E)\cos\delta_Z-\sin(\kappa_Z E)\sin\delta_Z \tag{20-72}$$

三元系统可以在相互垂直的 X 轴和 Y 轴及 Z 轴上一起发生简谐振动,但是 X 轴和 Y 轴及 Z 轴上的三个分振动的变化率 κ_X、κ_Y 和 κ_Z 可以各不一样或总体单元数 N_X、N_Y 和 N_Z 可以各不一样。因此,由 X 轴和 Y 轴及 Z 轴上不一样的简谐振动合成的三元系统简谐振动规律就相当复杂,其在三维形态空间中的运动轨道也必然是复杂的。

二、三元简谐系统的椭球方程

在三维二仪质变量坐标系 XYZ 八卦空间中,均衡反向三元系统就是一个三元简谐振动系统,在相互垂直的 X 轴和 Y 轴及 Z 轴上的各个子系统也是简谐振动系统。简谐振动系统的均衡态是一个动态平衡。通过在 X 轴和 Y 轴及 Z 轴的变相点上各个谐振子的简谐振动规律的垂向合成,就可以得到三元简谐振动系统的动态平衡规律。当然,在 X 轴和 Y 轴及 Z 轴上各个子系统可以同为简谐振动系统,但是各自发生简谐振动时还可能存在变化率、总体单元数和初相位差的差异。不过,利用两角的和与差公式、反三角函数等不同方法可以推导出两个互相垂直且变化率(能频)κ 相同的二维简谐振动合成的轨迹方程,以此为基础还可以推导出三个互相垂直且变化率(能频)κ 相同的简谐振动合成振动规律,其合成振动的轨迹为椭球,该椭球的形状和取向由 X 轴和 Y 轴及 Z 轴三个方向分振动的变化率、总体单元数和初相位决定。如果三元系统在相互垂直的 X 轴和 Y 轴及 Z 轴上三个分振动变化率 κ_X、κ_Y 和 κ_Z 相差很小且总体单元数 N_X、N_Y 和 N_Z 各不一样,还可以近似地把 X 轴和 Y 轴及 Z 轴三个方向上简谐振动的合成看成是同变化率的简谐振动的合成,其垂向合成振动的轨迹就呈现近似于椭球的规整的几何图形。

在三维二仪质变量坐标系 XYZ 中,将 X 轴和 Y 轴及 Z 轴进行垂向转置后,X 轴和 Y 轴及 Z 轴内部的 $(N,n,E,E_{\neq},\varepsilon)$ 五维分质变量空间与 (P,S) 二维分质变量空间存在必然的联系,因此三个互相垂直的 X 轴和 Y 轴及 Z 轴上的简谐振动方程(20-70)式~(20-72)式可以表述为

$$P_X = \frac{n_X}{N_X} = \cos(\kappa_X E + \delta_X) = \cos S_X \qquad (20\text{-}73)$$

$$P_Y = \frac{n_Y}{N_Y} = \cos(\kappa_Y E + \delta_Y) = \cos S_Y \qquad (20\text{-}74)$$

$$P_Z = \frac{n_Z}{N_Z} = \cos(\kappa_Z E + \delta_Z) = \cos S_Z \qquad (20\text{-}75)$$

把上面三式平方后加和,就可以得到 X 轴和 Y 轴及 Z 轴上相同变化率的三个简谐振动的合成规律为椭球运动方程

$$\begin{aligned}
&\left(\frac{n_X}{N_X}\right)^2 + \left(\frac{n_Y}{N_Y}\right)^2 + \left(\frac{n_Z}{N_Z}\right)^2 \\
&= \cos^2(\kappa_X E + \delta_X) + \cos^2(\kappa_Y E + \delta_Y) + \cos^2(\kappa_Z E + \delta_Z) \\
&= \cos^2 S_X + \cos^2 S_Y + \cos^2 S_Z \\
&= 1
\end{aligned} \qquad (20\text{-}76)$$

这一椭球方程表示三元系统在与环境的作用达到均衡时,其形态是以椭球的运动

形态而稳定存在的。在 X 轴和 Y 轴及 Z 轴三个垂直方向上发生简谐振动的子系统总体单元数是变量,当三个轴向的总体单元数 N_X、N_Y 和 N_Z 持续增大时,椭球表现为体积不断地膨大,当三个轴向的总体单元数 N_X、N_Y 和 N_Z 持续减小时,椭球表现为体积不断地缩小。

不过,如果在 X 轴和 Y 轴及 Z 轴上做简谐振动的子系统总体单元数为常量,$N_X = C_{N_X}$,$N_Y = C_{N_Y}$ 和 $N_Z = C_{N_Z}$ 分别代表椭球三个方向的半轴,椭球就有确定的大小。如果在(20-76)式中引入长度元 l_ε,令 $x = n_X l_\varepsilon, y = n_Y l_\varepsilon, z = n_Z l_\varepsilon, a = C_{N_X} l_\varepsilon, b = C_{N_Y} l_\varepsilon, c = C_{N_Z} l_\varepsilon$,还可以得到椭球面的标准方程

$$\frac{x^2}{a^2} + \frac{y^2}{b^2} + \frac{z^2}{c^2} = 1 \tag{20-77}$$

这一方程所表示的椭球面的对称轴为 X 轴和 Y 轴及 Z 轴,顶点为 $A_1(a,0,0)$、$A_2(-a,0,0)$、$B_1(0,b,0)$、$B_2(0,-b,0)$、$C_1(0,0,c)$、$C_2(0,0,-c)$,半轴为 a、b、c。椭球面所围的立体称为椭球体,如图 20-19 所示。

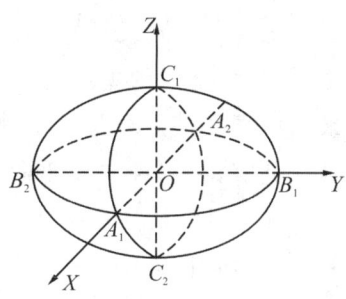

图 20-19　椭球体

在三维二仪质变量坐标系 XYZ 中,如果三元系统在 X 轴和 Y 轴及 Z 轴上的子系统的总体单元数 N_X、N_Y 和 N_Z 完全一样且为变量,即 $N_X = N_Y = N_Z = N$,则(20-76)式所表现的三个简谐振动的合成振动规律所代表的圆球半径也就是变量。在 N 持续增大时,其运动轨迹表现为体积向外持续膨胀的圆球体;在 N 持续减小时,其运动轨迹表现为体积向内不断塌缩的圆球体。

在三维二仪质变量坐标系 XYZ 中,如果三元系统在 X 轴和 Y 轴及 Z 轴上的子系统的总体单元数相等且为常量 C_N,即 $N_X = N_Y = N_Z = C_N$,(20-76)式所表现的三个简谐振动的合成振动规律所代表的圆球半径就是常量

$$n_{X+Y+Z}^2 = n_X^2 + n_Y^2 + n_Z^2 = C_N^2 \tag{20-78}$$

或

$$n_{X+Y+Z} = \sqrt{(n_X^2 + n_Y^2 + n_Z^2)} = C_N \tag{20-79}$$

这一圆球方程表明,当环境与三元系统的作用达到一种均衡状态,三元系统在 X 轴和 Y 轴及 Z 轴的总体单元数相等的情况下,三个简谐振动的合成振动规律表现为圆球运动形态。

如果简谐振动在 X 轴和 Y 轴及 Z 轴上垂直方向的总体单元数相等且为常量 C_N,在引入长度元 l_ε 后,把(20-78)式 $n_{X+Y+Z}^2 = n_X^2 + n_Y^2 + n_Z^2 = C_N^2$ 两边乘于长度元 l_ε 平方,得到的形态变化规律就是球心在原点的球面方程,即

$$r^2 = x^2 + y^2 + z^2 \tag{20-80}$$

式中,$x = n_X l_\varepsilon, y = n_Y l_\varepsilon, z = n_Z l_\varepsilon, r = C_N l_\varepsilon$。在这一圆球体方程中,半径 r 为常量,即圆球有确定的大小。所以,任何一个圆球体都有确定的直径或半径,其值大小不同,

球的大小也不同。圆球的表面积 $A=4\pi r^2$，则球的表面积等于其大圆面积的四倍，而圆球的体积公式为 $V=\dfrac{4}{3}\pi r^3$，如图 20-20 所示。

把 (20-79) 式 $n_{X+Y+Z}=\sqrt{(n_X^2+n_Y^2+n_Z^2)}$ 两边乘于长度元 l_e，得到的方程就是以半径 r 这一质参量表达的球体方程

$$r=\sqrt{x^2+y^2+z^2} \quad (20\text{-}81)$$

或

$$\vec{r}=x\vec{i}+y\vec{j}+z\vec{k} \quad (20\text{-}82)$$

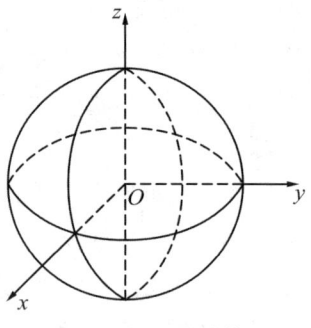

图 20-20　圆球体

可见，三元系统在三维二仪"空间距离"质向量坐标系 $\vec{X}\vec{Y}\vec{Z}$ 的物理空间中，圆球体是 $\vec{X}$ 轴和 $\vec{Y}$ 轴及 $\vec{Z}$ 轴上的子系统取得动态平衡的综合表现形式。因此，在自然界中的物质，从太空中的星球到微观世界中的分子、原子等粒子，在空间建立了立体结构时，它最后的真实形象总是以一种最稳定的圆球或准球体（椭球体）的空间结构存在。

其实，在三维二仪质向量仿射坐标系 $\vec{A}\vec{B}\vec{\Gamma}$ 的空间中，表征三元系统形态的质向量 $\vec{u}$ 不仅可以映射到三维二仪质变量坐标系 XYZ，而且可以映射到三维笛卡尔直角坐标系 XYZ 并用直角坐标 (x,y,z) 来规定，还可以映射到正交曲线坐标系并用曲线坐标 (w_1,w_2,w_3) 来规定。在数学里，球坐标系 $R\Theta\Phi$ 是三维正交曲线坐标系的一种，是一种利用球坐标 (r,θ,φ) 表示一个点 M 在三维空间的位置的三维正交坐标系。球坐标以坐标原点为参考点，由方位角、仰角和距离构成，如图 20-21 所示。

要把表达三元系统形态的三维笛卡尔直角坐标系的 (x,y,z) 形式变换为球极坐标系的 (r,θ,φ) 形式，只要在一个球体的中心 O 上建立一个三维笛卡尔直角坐标系 XYZ，其坐标原点与球心重合。r 是 M 点到球心 O 的距离，其取值范围是 $0\leqslant r<+\infty$；θ 是 M 点所在的球半径 r 与 Z 轴正向间的夹角，称为天顶角，其取值范围是 $0\leqslant\theta\leqslant\pi$；$r$ 与 Z 轴正向重合时，$\theta=0$，Z 轴为 θ 角的始边，顺时针方向的 θ 为正；M 点和 Z 轴构成的平面 MZ（经平面）与 XY 平面（赤道平面）有一交线与 X 间的交角即为 φ，φ 角的始边是正向的 X 轴，该交线与 X 轴正向重合是 $\varphi=0$；平面 MZ 绕 Z 轴方向（由天顶向下看）旋转时，φ 角为正；φ 角的取值范围是 $0\leqslant\varphi<2\pi$，如图 20-22 所示。

球坐标系 $R\Theta\Phi$ 空间中的任一点 M 的位置由 (r,θ,φ) 三个坐标唯一确定，因此三元系统形态在球坐标系 $R\Theta\Phi$ 的坐标 (r,θ,φ) 与在三维笛卡尔直角坐标系 XYZ 的坐标 (x,y,z) 的转换关系为

$$x=r\sin\theta\cos\varphi, y=r\sin\theta\sin\varphi, z=r\cos\theta \quad (20\text{-}83)$$

反之，三元系统形态在三维笛卡尔直角坐标系 XYZ 的坐标 (x,y,z) 与在球坐标系 $R\Theta\Phi$ 的坐标 (r,θ,φ) 的转换关系为

$$r^2=x^2+y^2+z^2, \theta=\arccos\dfrac{z}{r}, \varphi=\arctan\dfrac{y}{x} \quad (20\text{-}84)$$

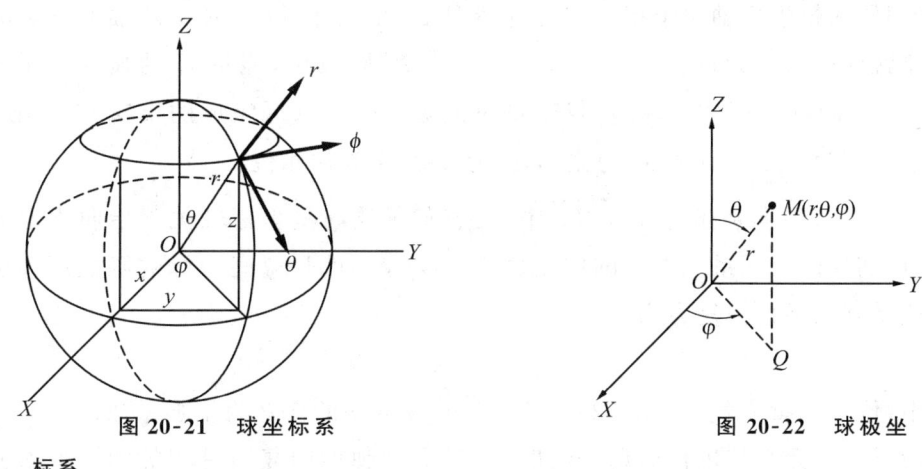

图 20-21 球坐标系　　　　图 20-22 球极坐标系

在球坐标系 $R\Theta\Phi$ 的 (R,Θ,Φ) 空间中,当距离 r、仰角 θ 或方位角 φ 分别为常数时,可以表示如下的特殊曲面:

(1) r 为常数,即以原点为球心的球面。
(2) θ 为常数,即以原点为顶点、Z 轴为轴的圆锥面。
(3) φ 为常数,即为过 Z 轴的半平面。

对于球形空间或有球形边界的空间以及对称于点的三元系统,用球坐标系来表述可以带来极大的方便。例如,描述与分析拥有球状对称性质的物理问题的坐标系自然是球坐标系。像一个具有质量或电荷的圆球形位势场,在球坐标系里可以成功地使用分离变量法求得拉普拉斯方程与亥姆霍兹方程的解。这两种偏微分方程式在角部分的解答,都呈球谐函数的形式。最为简单的是,一个圆球的三维笛卡尔直角坐标方程式为 (20-80) 式 $r^2 = x^2 + y^2 + z^2$,在球坐标系 $R\Theta\Phi$ 中可以简易地表示为

$$\rho = C \tag{20-85}$$

不过,球坐标系与其他坐标系的变换需要用到特别的方程式。

三、三元谐振子的能量守恒与场强

(一)三元谐振子在物理时空中的变化规律

在三维二仪质向量坐标系 $\vec{X}\vec{Y}\vec{Z}$ 内部的 $(\vec{N},\vec{n},\vec{E},\vec{E_{\neq}},\vec{\varepsilon})$ 五维分质向量空间的 $(\vec{C_N},\vec{n},\vec{E},\vec{C_{E_{\neq}}},\vec{C_{\varepsilon}})$ 截面上,均衡反向三元系统进行简谐振动时其变动力与回复力是平衡的,在相互垂直的 $\vec{X}$ 轴和 $\vec{Y}$ 轴及 $\vec{Z}$ 轴上其变动力与回复力也是平衡的。基于经典动力学的考虑,简谐振动是质点受到和它位移成比例的回复力 $\vec{F}(x,y,z)$ 作用下所发生的振动,因而简谐振动一般要将时间和空间的变化作为能量 $\vec{E}$ 的显性因子来考虑。

当均衡反向三元系统参与了互相垂直的 $\vec{X}$ 轴和 $\vec{Y}$ 轴及 $\vec{Z}$ 轴三个方向上的简谐振

动,在省却质向量坐标轴关于指向规定的情况下,在 X 轴和 Y 轴及 Z 轴上发生的简谐振动规律就要以(16-32)式 $y=A\cos(\omega t+\delta)$ 来表达,其中,能量 E 的显性因子 θ 为时间 t,即 $E=F_N t$,而振动单元数 n 与空间的长度因子 l_e 共同组成的质参量为相对于平衡位置的位移为 $x(x=nl_e)$,A 为振幅,ω 为频率,δ 为初相位。

在三维二仪质向量坐标系 $\vec{X}\vec{Y}\vec{Z}$ 中,在省却了质向量坐标轴关于指向规定的情况下,改变均衡反向三元系统形态的回复力 $\vec{F}(x,y,z)$ 就是空间坐标的函数。均衡反向三元系统受到的弹性回复力为

$$\vec{F}=-k\vec{r} \tag{20-86}$$

式中,位置向量 $\vec{r}$ 就是(20-82)式 $\vec{r}=x\vec{i}+y\vec{j}+z\vec{k}$ 的 $\vec{r}$;k 为倔强系数。

均衡反向三元系统进行简谐振动时,变动力与弹性回复力是相等的。由牛顿第二定律可以得到其运动微分方程,用流数表示即为

$$m\ddot{\vec{r}}=m\frac{\mathrm{d}^2\vec{r}}{\mathrm{d}t^2}-k\vec{r} \tag{20-87}$$

或

$$m\left(\frac{\partial^2 x}{\partial t^2}+\frac{\partial^2 y}{\partial t^2}+\frac{\partial^2 z}{\partial t^2}\right)=-k(x+y+z) \tag{20-88}$$

上式是均衡反向三元系统以 X 轴和 Y 轴及 Z 轴方向上的位移和时间来表达的简谐振动规律。在相互垂直的 X 轴和 Y 轴及 Z 轴上,均衡反向三元系统进行简谐振动时的分量式为

$$m\ddot{x}=m\frac{\mathrm{d}^2 x}{\mathrm{d}t^2}-k_X x \tag{20-89}$$

$$m\ddot{y}=m\frac{\mathrm{d}^2 y}{\mathrm{d}t^2}-k_Y y \tag{20-90}$$

$$m\ddot{z}=m\frac{\mathrm{d}^2 z}{\mathrm{d}t^2}-k_Z z \tag{20-91}$$

在 $\vec{X}$ 轴上,谐振子的经典动力学方程为 $m\frac{\mathrm{d}^2 x}{\mathrm{d}t^2}=-k_X x$;在 $\vec{Y}$ 轴上,谐振子的经典动力学方程为 $m\frac{\mathrm{d}^2 y}{\mathrm{d}t^2}=-k_Y y$;而在 $\vec{Z}$ 轴上,谐振子的经典动力学方程为 $m\frac{\mathrm{d}^2 z}{\mathrm{d}t^2}=-k_Z z$,其中,$m$ 为谐振子的质量,k_X 的意义是 k 在 $\vec{X}$ 轴上的投影,即沿着 $\vec{X}$ 轴每单位位移相位的弧度数,k_Y 和 k_Z 具有相同的意义。[16] 谐振子在 X 轴和 Y 轴及 Z 轴上的位移规律为

$$x=A_X\cos(\omega_X t+\delta_X) \tag{20-92}$$

$$y=A_Y\cos(\omega_Y t+\delta_Y) \tag{20-93}$$

$$z=A_Z\cos(\omega_Z t+\delta_Z) \tag{20-94}$$

而 $\omega_X=\sqrt{\dfrac{k_X}{m}}$, $\omega_Y=\sqrt{\dfrac{k_Y}{m}}$ 和 $\omega_Z=\sqrt{\dfrac{k_Z}{m}}$。

由 $m\dfrac{\mathrm{d}^2 x}{\mathrm{d}t^2}=-k_X x$，$m\dfrac{\mathrm{d}^2 y}{\mathrm{d}t^2}=-k_Y y$ 和 $m\dfrac{\mathrm{d}^2 z}{\mathrm{d}t^2}=-k_Z z$，消去 t 可以得到 X 轴和 Y 轴及 Z 轴上各向异性谐振子的运动轨道方程。由于 X 轴和 Y 轴及 Z 轴各个分量方程的形式完全相同，因此只要解出其中一个方程的解，另外两个方程的解就可以比较得出。

为此，解第一个方程，由于 $\omega_X^2=\dfrac{k_X}{m}$，代入 $m\dfrac{\mathrm{d}^2 x}{\mathrm{d}t^2}=-k_X x$ 就有

$$\dfrac{\mathrm{d}^2 x}{\mathrm{d}t^2}+\omega_X^2 x=0 \tag{20-95}$$

其本征方程的解为

$$x=c_1 \mathrm{e}^{\mathrm{i}(\omega_X t)}+c_2 \mathrm{e}^{-\mathrm{i}(\omega_X t)}$$

又因为

$$\mathrm{e}^{\mathrm{i}(\omega_X t)}=\cos(\omega_X t)+\mathrm{i}\sin(\omega_X t),\ \mathrm{e}^{-\mathrm{i}(\omega_X t)}=\cos(\omega_X t)-\mathrm{i}\sin(\omega_X t)$$

所以

$$\begin{aligned}x&=c_1\cos(\omega_X t)+c_1\mathrm{i}\sin(\omega_X t)+c_2\cos(\omega_X t)-c_2\mathrm{i}\sin(\omega_X t)\\&=(c_1+c_2)\cos(\omega_X t)+(c_1-c_2)\mathrm{i}\sin(\omega_X t)\\&=A_1\cos(\omega_X t)+B_1\sin(\omega_X t)\end{aligned} \tag{20-96}$$

式中，A_1 和 B_1 为积分常数，取决于质点运动的初始条件。在 $t=0$ 时，把位移 x_0 和速度 $\dot{x}_0$ 代入上式以及它的微分方程式，就有 $A_1=x_0$；再对 x 式求导，还可以得到 $B_1=\dfrac{\dot{x}_0}{\omega_X}$。

如果令 $A_1=A_X\cos\delta_X$，$B_1=-A_X\sin\delta_X$，则 (20-96) 式成为

$$x=A_X\cos\delta_X\cos(\omega_X t)-A_X\sin\delta_X\sin(\omega_X t) \tag{20-97}$$

上述的谐振子的位移规律是以 X 轴为例，在 Y 轴和 Z 轴上同理可得。如果再利用两角和的三角函数，可以得到 X 轴和 Y 轴及 Z 轴上各向异性谐振子的位移变化规律都遵循余弦函数

$$x=A_X\cos(\omega_X t+\delta_X) \tag{20-98}$$
$$y=A_Y\cos(\omega_Y t+\delta_Y) \tag{20-99}$$
$$z=A_Z\cos(\omega_Z t+\delta_Z) \tag{20-100}$$

(20-98)式、(20-99)式和(20-100)式中的六个积分常数 A_X、A_Y、A_Z、δ_X、δ_Y、δ_Z 均由初始条件 $(x_0,y_0,z_0;\dot{x}_0,\dot{y}_0,\dot{z}_0)$ 决定。这三个方程的解中含有三个特征量：

(1) 振幅 $A(A_X,A_Y,A_Z)$ 表示离开平衡位置的最大位移，它决定了质点的运动范围。以振幅 A_X 为例，当 $t=0$ 时，$A_1=A_X\cos\delta=x_0$，$B_1=-A_X\sin\delta=\dfrac{\dot{x}_0}{\omega_X}$，$A_X=$

$$\sqrt{A_1^2+B_1^2}=\sqrt{x_0^2+\frac{\dot{x}_0^2}{\omega_X^2}}$$。同理，可得振幅 A_Y 和 A_Z。

(2) 初位相 $\delta(\delta_X,\delta_Y,\delta_Z)$ 表示质点初始状态的位相，δ_X、δ_Y 和 δ_Z 均决定于质点运动的初始条件。

(3) 固有频率 $\omega(\omega_X,\omega_Y,\omega_Z)$ 是简谐振动的主要参量。ω_X、ω_Y 与 ω_Z 分别为谐振子沿 X 轴、Y 轴和 Z 轴振动的圆频率。以 $\omega_X=\sqrt{\frac{k_X}{m}}$ 来看，它取决于谐振子的质量和倔强系数 k_X。总的说来，ω 是由谐振系统的子系统的性质决定的，反映了简谐振动系统的内部结构。

如果将 X 轴上的位移 x 对时间 t 求导，可以得到速度 $\dot{x}$；再通过积分，还可以得到

$$\frac{1}{2}m\dot{x}^2+\frac{1}{2}kx^2=C（常数） \tag{20-101}$$

此即表明，三元简谐振动系统在 X 轴上所做的简谐振动，其动能 $\frac{1}{2}m\dot{x}^2$ 与弹性势能 $\frac{1}{2}kx^2$ 之和为常数（能量守恒）。

经典动力学所考察的是质点在时间和空间中的变化。从能量的形式来看，时空变化往往要涉及势能和动能，且要遵循能量守恒规律。在 X 轴和 Y 轴及 Z 轴方向上，各向异性谐振子振动合成的能量 E 要包括在垂直方向上各个分振动的势能和动能。在三维笛卡尔直角坐标系 XYZ 中，在 X 轴和 Y 轴及 Z 轴上的谐振子的能量分别为

$$E_X=\frac{p_X^2}{2m}+\frac{1}{2}m\omega_X^2x^2 \tag{20-102}$$

$$E_Y=\frac{p_Y^2}{2m}+\frac{1}{2}m\omega_Y^2y^2 \tag{20-103}$$

$$E_Z=\frac{p_Z^2}{2m}+\frac{1}{2}m\omega_Z^2z^2 \tag{20-104}$$

因此，整个三元简谐振动系统的总能量

$$\begin{aligned}E_{X+Y+Z}&=E_X+E_Y+E_Z\\&=\frac{p_X^2}{2m}+\frac{1}{2}m\omega_X^2x^2+\frac{p_Y^2}{2m}+\frac{1}{2}m\omega_Y^2y^2+\frac{p_Z^2}{2m}+\frac{1}{2}m\omega_Z^2z^2\end{aligned} \tag{20-105}$$

如果上面等式的能量用一符号 $\hat{H}$ 表示，即 $\hat{H}=E$，其表达式就是

$$\begin{aligned}\hat{H}_{X+Y+Z}&=\frac{p_X^2}{2m}+\frac{1}{2}m\omega_X^2x^2+\frac{p_Y^2}{2m}+\frac{1}{2}m\omega_Y^2y^2+\frac{p_Z^2}{2m}+\frac{1}{2}m\omega_Z^2z^2\\&=\hat{H}_X+\hat{H}_Y+\hat{H}_Z\end{aligned} \tag{20-106}$$

式中，$\hat{H}$ 称为哈密顿量。

正如(19-28)式 $E_X=\frac{p_X^2}{2m}+\frac{1}{2}m\omega_X^2x^2$ 可以用(19-33)式 $\hat{H}_X=\frac{p_X^2}{2m}+\frac{1}{2}m\omega_X^2x^2$ 表示，

(19-29)式 $E_Y=\dfrac{p_Y^2}{2m}+\dfrac{1}{2}m\omega_Y^2 y^2$ 可以用(19-34)式 $\hat{H}_Y=\dfrac{p_Y^2}{2m}+\dfrac{1}{2}m\omega_Y^2 y^2$ 表示,(20-104)式中的 $E_Z=\dfrac{p_Z^2}{2m}+\dfrac{1}{2}m\omega_Z^2 z^2$ 也可以表示为

$$\hat{H}_Z=\dfrac{p_Z^2}{2m}+\dfrac{1}{2}m\omega_Z^2 z^2 \qquad (20\text{-}107)$$

由三元系统的哈密顿方程,不仅可以得到(19-35)式 $\dot{x}=\dfrac{\partial \hat{H}}{\partial p_X}=\dfrac{p_X}{m}$ 和(19-36)式 $\dot{y}=\dfrac{\partial \hat{H}}{\partial p_Y}=\dfrac{p_Y}{m}$ 及其分量(19-37)式 $\dot{p}_X=-\dfrac{\partial \hat{H}}{\partial x}=-m\omega_X^2 x$ 与(19-38)式 $\dot{p}_Y=-\dfrac{\partial \hat{H}}{\partial y}=-m\omega_Y^2 y$,还可以得到

$$\dot{z}=\dfrac{\partial \hat{H}}{\partial p_Z}=\dfrac{p_Z}{m} \qquad (20\text{-}108)$$

$$\dot{p}_Z=-\dfrac{\partial \hat{H}}{\partial z}=-m\omega_Z^2 z \qquad (20\text{-}109)$$

对于 X 轴和 Y 轴及 Z 轴方向上各向异性的谐振子,三元简谐振动系统的简谐振动是三个互相垂直且频率不同的简谐振动合成的结果,一般情况下其轨道是一个既不封闭,也不稳定的曲面。当且仅当 $\omega_X:\omega_Y:\omega_Z$ 为有理数时,这三个互相垂直谐振子的简谐振动合成才呈现出周期性,即 $\omega_X:\omega_Y:\omega_Z=p:q:s$ 为不可约正整数,则其周数为

$$\tau=2\pi p/\omega_X=2\pi q/\omega_Y=2\pi s/\omega_Z \qquad (20\text{-}110)$$

在一个周期中,X 轴上的简谐振动来回振荡 p 次,Y 轴上的简谐振动来回振荡 q 次,而 Z 轴上的简谐振动来回振荡 s 次。这时,X 轴和 Y 轴及 Z 轴上各向异性谐振子的运动轨迹是一个稳定的闭合曲面。由于 $\omega_X:\omega_Y:\omega_Z$ 为有理数,反映在运动学上即为 X 轴和 Y 轴及 Z 轴上各向异性谐振子的周期性,同时也反映了三维各向异性谐振子的某种对称性,正是这种对称性导致了谐振子的能级简并。例如,在量子力学领域,(19-47)式 $\hat{H}\Psi=E\Psi$ 对于三维的情形一样成立。求解哈密顿本征值方程,就可以得到谐振子的能量及波函数表示式。

在三维二仪质向量坐标系 $\vec{X}\vec{Y}\vec{Z}$ 八卦空间中,在省却质向量坐标轴关于指向规定的情况下,各向异性谐振子的能级 E_{n_x,n_y,n_z} 所对应的量子状态只有一个,且可以用空间位置的波函数 $\Psi_{n_x,n_y,n_z}(x,y,z)$ 来表示。由三元简谐振动系统哈密顿量的本征值方程,可以求出其本征值函数为

$$\Psi_{n_x,n_y,n_z}(x,y,z)=\Psi_{n_x}(\delta_X x)\Psi_{n_y}(\delta_Y y)\Psi_{n_z}(\delta_Z z) \qquad (20\text{-}111)$$

上式在 X 轴和 Y 轴及 Z 轴上的波函数可分别表示为

$$\Psi_{n_x}(\delta_X x)=N_X\exp\left(-\dfrac{1}{2}\delta_X^2 x^2\right)H_X(\delta_X x),\delta_X=\sqrt{\dfrac{m\omega_X}{\hbar}},n_X=0,1,2,\cdots \qquad (20\text{-}112)$$

$$\Psi_{n_Y}(\delta_Y y) = N_Y \exp\left(-\frac{1}{2}\delta_Y^2 y^2\right) H_Y(\delta_Y y), \delta_Y = \sqrt{\frac{m\omega_Y}{\hbar}}, n_Y = 0,1,2,\cdots \quad (20\text{-}113)$$

$$\Psi_{n_Z}(\delta_Z z) = N_Z \exp\left(-\frac{1}{2}\delta_Z^2 z^2\right) H_Z(\delta_Z z), \delta_Z = \sqrt{\frac{m\omega_Z}{\hbar}}, n_Z = 0,1,2,\cdots \quad (20\text{-}114)$$

式中,$\hbar = \dfrac{h}{2\pi}$。

由三元谐振子哈密顿量的本征值方程,也可以求出其哈密顿量的本征值为

$$E_{n_X,n_Y,n_Z} = \left(n_X + \frac{1}{2}\right)\hbar\omega_X + \left(n_Y + \frac{1}{2}\right)\hbar\omega_Y + \left(n_Z + \frac{1}{2}\right)\hbar\omega_Z \quad (20\text{-}115)$$

式中,$\hbar = \dfrac{h}{2\pi}$。

可见,$\Psi_{n_X,n_Y,n_Z}(x,y,z)$这个能态也可用 X 轴和 Y 轴及 Z 轴上的异质单元数 n_X、n_Y 和 n_Z 表示。但是,当频率 $\omega_X:\omega_Y:\omega_Z$ 满足一定关系时,能级 E_{n_X,n_Y,n_Z} 就有可能出现简并。在此,设 X 轴和 Y 轴及 Z 轴上的异质单元数存在另一组态 n_X'、n_Y'、n_Z',其能量 $E_{n_X',n_Y',n_Z'}$ 与 E_{n_X,n_Y,n_Z} 相等,即

$$\left(n_X' + \frac{1}{2}\right)\hbar\omega_X + \left(n_Y' + \frac{1}{2}\right)\hbar\omega_Y + \left(n_Z' + \frac{1}{2}\right)\hbar\omega_Z$$
$$= \left(n_X + \frac{1}{2}\right)\hbar\omega_X + \left(n_Y + \frac{1}{2}\right)\hbar\omega_Y + \left(n_Z + \frac{1}{2}\right)\hbar\omega_Z \quad (20\text{-}116)$$

即

$$(n_X' - n_X)\omega_X + (n_Y' - n_Y)\omega_Y + (n_Z' - n_Z)\omega_Z = 0 \quad (20\text{-}117)$$

如果令 $\beta = \omega_X/\omega_Y, \gamma = \omega_Y/\omega_Z$,可便于对如下各种情形下的能级简并进行讨论。

1. $\omega_Z = 0$ 的情况

当 $\omega_Z = 0$ 时,(20-117)式简化为

$$(n_X' - n_X)\omega_X + (n_Y' - n_Y)\omega_Y = 0 \quad (20\text{-}118)$$

对于这种情形,三维谐振子能级简并与二维谐振子能级简并讨论完全相同,在此就不再赘述。需要注意的是,$\omega_Z = 0$ 时,三元谐振子并非转化为二维谐振子,而是三元谐振子哈密顿量转化为

$$\hat{H}_{(X,Y,Z)} = \frac{p_X^2}{2m} + \frac{p_Y^2}{2m} + \frac{p_Z^2}{2m} + \frac{1}{2}m\omega_X^2 x^2 + \frac{1}{2}m\omega_Y^2 y^2 \quad (20\text{-}119)$$

此式与二维各向异性谐振子哈密顿量比较,相差一项 $\dfrac{p_Z^2}{2m}$,即此时三元谐振子在 Z 轴方向只有动能部分,不存在势能的作用。

2. $\omega_Z \neq 0$ 的情形

当 $\omega_Z \neq 0$ 时,(20-117)式 $(n_X' - n_X)\omega_X + (n_Y' - n_Y)\omega_Y + (n_Z' - n_Z)\omega_Z = 0$ 变为

$$[(n_X'\beta + n_Y') - (n_X\beta + n_Y)]\omega_Y + (n_Z' - n_Z)\omega_Z = 0 \quad (20\text{-}120)$$

(1)当$(n'_X\beta+n'_Y)-(n_X\beta+n_Y)=0$时,可得$n'_X=n_X$,$n'_Y=n_Y$,$n'_Z=n_Z$。在这种情况下只有一组能态,即能级$E_{n_x,n_y,n_z}$所对应的量子状态只有一个,即$(n_X,n_Y,n_Z)$态。

(2)当$(n'_X\beta+n'_Y)-(n_X\beta+n_Y)\neq 0$时,(20-120)式化简为

$$\frac{n'_Z-n_Z}{(n'_X\beta+n'_Y)-(n_X\beta+n_Y)}=-\frac{\omega_Y}{\omega_Z}=-\gamma \tag{20-121}$$

当γ为有理数时,$\gamma=\omega_Y/\omega_Z$可以表示为$\gamma=q/p$,式中q和p为不可约正整数。代入(20-121)式得

$$\frac{n'_Z-n_Z}{(n'_X\beta+n'_Y)-(n_X\beta+n_Y)}=-\frac{\omega_Y}{\omega_X}=-\frac{q}{p} \tag{20-122}$$

由于$(n_X,n'_X,n_Y,n'_Y,n_Z,n'_Z)$的取值均可为$0,1,2,\cdots$,因此要使(20-118)式$(n'_X-n_X)\omega_X+(n'_Y-n_Y)\omega_Y=0$成立还存在$n'_Z<n_Z$和$n'_Z>n_Z$两种可能的情形,进行具体分析就可得到不同参数取不同值的可能组态。

总之,当$\gamma=\omega_Y/\omega_Z$为有理数且$n'_Z>n_Z$时,(n'_X,n'_Y,n'_Z)的可能组态个数有$f=\left[\dfrac{n_Y+n_\beta}{n}\right]+\left[\dfrac{n_Y-n_\beta}{n}\right]+1$。

当γ为无理数时,必须使$n'_X\beta+n'_Y=n_X\beta+n_Y$,$n'_Z=n_Z$,(20-117)式$(n'_X-n_X)\omega_X+(n'_Y-n_Y)\omega_Y+(n'_Z-n_Z)\omega_Z=0$才能成立,即

$$(n'_X-n_X)\beta+n'_Y-n_Y=0 \tag{20-123}$$

在这种情况下,三维各向异性谐振子的能级简并情况讨论同二维各向异性谐振子的能级简并一样。γ为无理数时,当$\beta=\omega_X/\omega_Y$为有理数时,可能的简并度为$f=\left[\dfrac{n_Y}{p}\right]+\left[\dfrac{n_Y}{q}\right]+1$;当$\beta=\omega_X/\omega_Y$为无理数时,此时能级是非简并的。此外,各向同性谐振子的哈密顿算符$\hat{H}$为

$$\begin{aligned}\hat{H}_{XYZ}&=-\frac{\hbar}{2m}\left(\frac{\partial^2}{\partial x^2}+\frac{\partial^2}{\partial y^2}+\frac{\partial^2}{\partial z^2}\right)+\frac{1}{2}f(x^2+y^2+z^2)\\&=\left(-\frac{\hbar^2}{2m}\frac{\partial^2}{\partial x^2}+\frac{1}{2}fx^2\right)+\left(-\frac{\hbar^2}{2m}\frac{\partial^2}{\partial y^2}+\frac{1}{2}fy^2\right)+\left(-\frac{\hbar^2}{2m}\frac{\partial^2}{\partial z^2}+\frac{1}{2}fz^2\right)\\&=\hat{H}_X+\hat{H}_Y+\hat{H}_Z\end{aligned} \tag{20-124}$$

这里空间反演算符把x、y、z均变为相反的符号。显然$\hat{H}$仍是不变的,同样有$(\hat{H},\hat{P})=0$。例如,在质量为m的单原子组成的晶体中,每个原子都可以看作在所有其他原子组成的球对称势场$V(x)=\dfrac{1}{2}fr^2$中振动,式中$r^2=x^2+y^2+z^2$。

在三维笛卡尔直角坐标系XYZ中,三元简谐振动系统的波函数为

$$\Psi_{n_xn_yn_z}(x,y,z)\propto H_{n_x}(\delta_X)H_{n_y}(\delta_Y)H_{n_z}(\delta_Z) \tag{20-125}$$

所以,也一样有确定的宇称。三元简谐振动系统的宇称奇偶性取决于$(-1)^{n_x+n_y+n_z}=(-1)^n$,其中,$n=n_X+n_Y+n_Z$为主量子数,这里能量的简并度为$\dfrac{(n+1)(n+2)}{2}$。同

样,(20-125)式也是 $\hat{P}$ 的本征函数。

(20-124)式表明 $\hat{H}$ 为三个独立谐振子哈密顿算符 $\hat{H}_X$、$\hat{H}_Y$、$\hat{H}_Z$ 之和,所以三元谐振动系统的能量为三个独立谐振子的能级之和

$$\varepsilon = (v_X + \frac{1}{2})h\nu_X + (v_Y + \frac{1}{2})h\nu_y + (v_Z + \frac{1}{2})h\nu_Z$$
$$= (\nu_X + \nu_Y + \nu_Z + \frac{3}{2})h\nu \tag{20-126}$$

式中,$\nu_X = \nu_Y = \nu_Z = \nu = \frac{1}{2\pi}\sqrt{\frac{f}{m}}$ 为经典基频。

(二)三元谐振子的场强与平方反比定律

在物理学中,万有引力定律是指自然界中任何两个物体都是相互吸引的,引力的大小与两物体的质量的乘积成正比,与两个物体间的距离的平方成反比。自从牛顿沿着离心力—向心力—重力—万有引力的演化路径在1687年提出万有引力定律后,它作为自然界最普遍的定律之一,在人类认识自然的历史上树立了一座里程碑,并在经典力学和天体物理中广泛应用。万有引力定律所遵循的平方反比定律一直被当作大自然造物的秘诀之一。

其实,符合平方反比律的自然规律还有不少:静电力和磁力也符合平方反比定律,还有诸如光线、辐射、声音的传播,也符合平方反比定律。后来,人们逐渐认识到平方反比定律与三维空间有关。在各向同性的三维空间中的任何一种点源,其传播都服从平方反比定律,这是由空间几何性质决定的。在三维欧几里得空间中,有某种球对称的(或者是点)辐射源,在一定的时间间隔内所发射出的能量是一定的,这份能量向各个方向传播,不同时间到达不同大小的球面,当距离 r 呈线性增加时,球面面积 $4\pi r^2$ 却是以平方规律增长的。同样一份能量,所需要分配到的面积越来越大。这也就是场强的平方反比定律。比如说,假设距离为1时,场强为1;当距离变成2时,同样的能量需要覆盖原来4倍的面积,因而使强度变成了1/4,下降到原来的1/4,如图20-23所示。从现代的矢量分析及场论的观点来看,在 n 维欧氏空间中场强的变化与 r^{n-1} 成反比。当 $n=3$ 时,便可简化成平方反比定律。[17]

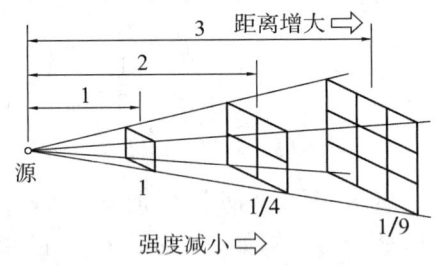

图 20-23 点源的传播服从平方反比律

当一个三元系统处在三维二仪质向量坐标系 $\vec{X}\vec{Y}\vec{Z}$ 的原点,在省却质向量坐标轴关于指向规定的情况下,如果三元系统的子系统在相互垂直的三个维度(设为 $\vec{X}$ 轴、$\vec{Y}$ 轴和 $\vec{Z}$ 轴)处在简谐振动状态,且每个子系统发生简谐振动时总体单元数 N 为相等的变量,$N = N_X = N_Y = N_Y$,而异质单元数 n_X、n_Y 和 n_Y 也为变量,那么这三个相互垂直

维度上子系统的形态变化叠加在一起,三元系统所呈现的形态就表现为一个圆球,在圆球表面的场强符合平方反比定律。因此,任何球对称的质点作为辐射源,其场强必然符合平方反比定律。

第五节　三元系统的不同失衡规律

三元系统在三个垂直维度上的子系统的平衡或失衡情况可以相同也可以不同。若在三个垂直维度上的子系统具有相同的简谐振动或失衡态,则其形态变化规律的轨迹为经典的几何图形;若在三个垂直维度上的子系统具有不同的简谐振动或失衡态,则其形态变化规律的轨迹就多种多样。由此,还可探秘波粒二象性和弦论的本质。

一、三个垂直维度具有相同失衡态的合成规律

在三维二仪质向量坐标系 $\vec{X}\vec{Y}\vec{Z}$ 中,当一个三元系统形态发生变化时,表征三元系统形态变化量的三维三元质向量变化量 $\Delta\vec{u}_{XYZ}$ 或一维三元质向量变化量 $\Delta\vec{u}_{X+Y+Z}$ 是无法具体表示三元系统形态变化规律的。在一维二仪质向量坐标轴 $\vec{X}$ 上的子系统形态变化量可用一维一元质向量变化量 $\Delta\vec{u}_X$ 表示,在一维二仪质向量坐标轴 $\vec{Y}$ 上的子系统形态变化量可用一维一元质向量变化量 $\Delta\vec{u}_Y$ 表示,在一维二仪质向量坐标轴 $\vec{Z}$ 上的子系统形态变化量可用一维一元质向量变化量 $\Delta\vec{u}_Z$ 表示,但是它们都无法具体表示子系统形态变化规律。所以,必须在相互垂直的 $\vec{X}$ 轴和 $\vec{Y}$ 轴及 $\vec{Z}$ 轴上打开其内部特定的多维分质向量空间,通过三元系统在 $\vec{X}$ 轴和 $\vec{Y}$ 轴及 $\vec{Z}$ 轴上的各个子系统具体的形态变化规律的复合才可以刻画三元系统形态变化规律。

然而,在三维二仪质向量坐标系 $\vec{X}\vec{Y}\vec{Z}$ 中,三元系统在 $\vec{X}$ 轴和 $\vec{Y}$ 轴及 $\vec{Z}$ 轴上的子系统的平衡情况或失衡情况可以相同也可以各不相同,在一维二仪质向量坐标轴的各个子系统形态变化规律由其平衡情况或失衡情况所决定,因此三元系统形态变化规律必然存在多种各样的合成规律的形式。如果 $\vec{X}$ 轴和 $\vec{Y}$ 轴及 $\vec{Z}$ 轴上的子系统具有相同的平衡情况或失衡情况,那就有同为均衡态的简谐振动、同为远离平衡态的形态转化、同为近平衡态的形态变化或同为准平衡态的形态变化等多种情形,还有同为多级连串形态变化或同为并行形态变化的各种情形。在此,就以三元系统在 $\vec{X}$ 轴和 $\vec{Y}$ 轴及 $\vec{Z}$ 轴上的子系统具有相同失衡态的典型情形来认识三元系统形态变化规律。

(一)远离平衡态的三元系统形态变化规律

在第二十章第三节"三元系统形态与基元规律"中已经讨论了三元系统在任意点任

意方向上出现失衡的情况,反映在 $\vec{X}$ 轴和 $\vec{Y}$ 轴及 $\vec{Z}$ 轴上其形态分量也会表现出失衡的情况。如果三元系统形态变化量 $\Delta \vec{u}_{XYZ}$ 为三维三元单位质向量 $\vec{e}_{XYZ}$,$\Delta \vec{u}_X$ 为一维二仪单位质向量为 $\vec{e}_X$,$\Delta \vec{u}_Y$ 为一维二仪单位质向量 $\vec{e}_Y$,$\Delta \vec{u}_Z$ 为一维二仪单位质向量 $\vec{e}_Z$,三元系统形态变化量 $\Delta \vec{u}_{XYZ}$ 符合向量的外积(20-30)式 $\Delta \vec{u}_{XYZ} = \Delta \vec{u}_X \times \Delta \vec{u}_Y \times \Delta \vec{u}_Z$,(20-34)式 $\vec{e}_{XYZ} = \vec{e}_X \times \vec{e}_Y \times \vec{e}_Z$ 就是三元系统形态转化基元过程的变化量。在省却质向量关于方向规定的条件下,(20-33)式 $|\Delta \vec{u}_{XYZ}| = |\Delta \vec{u}_X||\Delta \vec{u}_Y||\Delta \vec{u}_Z|$ 和(20-35)式 $|\vec{e}_{XYZ}| = |\vec{e}_X||\vec{e}_Y||\vec{e}_Z|$ 分别成为

$$\Delta u_{XYZ} = \Delta u_X \Delta u_Y \Delta u_Z \tag{20-127}$$

$$e_{XYZ} = e_X e_Y e_Z \tag{20-128}$$

三元系统形态转化基元过程的变化量也可以表达为一维三元单位质向量 $\vec{e}_{X+Y+Z}$,通过 $\vec{X}$ 轴上一维二仪单位质向量 $\vec{e}_X$、$\vec{Y}$ 轴上一维二仪单位质向量 $\vec{e}_Y$ 和 $\vec{Z}$ 轴上一维二仪单位质向量 $\vec{e}_Z$ 的加和就可以表达三元系统形态转化基元规律。这样,远离变相点的三元系统形态转化基元规律可以在三维二仪质向量坐标系 $\vec{X}\vec{Y}\vec{Z}$ 内部的 $(\vec{P}, \vec{S})$ 二维分质向量空间中用(20-55)式 $\vec{P}_{X+Y+Z} = \mp \frac{1}{2}\tanh\frac{\vec{S}_{X+Y+Z}}{2}$ 表示。

但是,若要揭示远离平衡态的三元系统形态转化基元规律,就要把三元系统的平衡态作为三维二仪质向量坐标系 $\vec{X}\vec{Y}\vec{Z}$ 的原点,再打开 $\vec{X}$ 轴和 $\vec{Y}$ 轴及 $\vec{Z}$ 轴正半轴内部的 $(\vec{P}_+, \vec{E}_+, \vec{E}_{+\neq}, \vec{\epsilon}_+)$ 四维分质向量空间,三元系统的信息 $\vec{P}_+$ 由三个分质向量 $\vec{P}_{X_+}$、$\vec{P}_{Y_+}$ 和 $\vec{P}_{Z_+}$ 所构成,且可表示为 $\vec{P}_+(\vec{P}_{X_+}, \vec{P}_{Y_+}, \vec{P}_{Z_+})$。

三元系统的异质信息 $\vec{P}_+$ 与 $\vec{P}_{X_+}$、$\vec{P}_{Y_+}$ 和 $\vec{P}_{Z_+}$ 的外积关系为

$$\vec{P}_+ = \vec{P}_{X_+} \times \vec{P}_{Y_+} \times \vec{P}_{Z_+} \tag{20-129}$$

在省却分质向量关于方向规定的条件下,上式成为

$$P_+ = P_{X_+} P_{Y_+} P_{Z_+} \tag{20-130}$$

三元系统的形态变化量也可以用异质信息变化率表达为

$$\vec{p}_+ = \vec{p}_{X_+} \times \vec{p}_{Y_+} \times \vec{p}_{Z_+} \tag{20-131}$$

在省却分质向量关于方向规定的条件下,上式成为

$$p_+ = p_{X_+} p_{Y_+} p_{Z_+} \tag{20-132}$$

在三维正向质向量坐标系 $\vec{X}_+\vec{Y}_+\vec{Z}_+$ 内部的 $(\vec{P}_+, \vec{E}_+, \vec{E}_{+\neq}, \vec{\epsilon}_+)$ 四维分质向量空间的 $(\vec{P}_+, \vec{E}_+, \vec{C}_{E_{+\neq}}, \vec{C}_{\epsilon_+})$ 平面上,如果三元系统形态变化量 $\Delta \vec{u}_{XYZ}$ 为三维三元单位质向量 $\vec{e}_{X_+Y_+Z_+}$,$\Delta \vec{u}_X$ 为一维正向单位质向量为 $\vec{e}_{X_+}$,$\Delta \vec{u}_Y$ 为一维正向单位质向量 $\vec{e}_{Y_+}$,$\Delta \vec{u}_Z$ 为一维正向单位质向量 $\vec{e}_{Z_+}$。在省却分质向量关于方向规定的条件下,把 $\vec{X}_+$ 轴、$\vec{Y}_+$ 轴和 $\vec{Z}_+$ 轴上的一元子系统形态转化基元规律(5-25)式 $P_+ = \frac{1}{1+e^{\pm(C_{E_+} - E_+)/C_{\epsilon_+}}}$ 代入(20-130)式 $P_+ = P_{X_+} P_{Y_+} P_{Z_+}$,即可得到三元系统的异质信息函数为

$$P_+ = \frac{1}{1+\exp\mp\left(\frac{E_{X_+}-C_{E_{\neq X_+}}}{C_{\varepsilon_{X_+}}}\right)} \frac{1}{1+\exp\mp\left(\frac{E_{Y_+}-C_{E_{\neq Y_+}}}{C_{\varepsilon_{Y_+}}}\right)} \frac{1}{1+\exp\mp\left(\frac{E_{Z_+}-C_{E_{\neq Z_+}}}{C_{\varepsilon_{Z_+}}}\right)}$$
(20-133)

同样,在省却质向量关于方向规定的条件下,把 $\vec{X}_+$ 轴、$\vec{Y}_+$ 轴和 $\vec{Z}_+$ 轴上的一元子系统形态转化基元规律的异质信息变化率(5-89)式 $p_+(E,C_{E_\neq},C_\varepsilon) = \mp\frac{e^{\mp(E-C_{E_\neq})/C_\varepsilon}}{C_\varepsilon[1+e^{\mp(E-C_{E_\neq})/C_\varepsilon}]^2}$ 代入(20-132)式 $p_+ = p_{X_+} p_{Y_+} p_{Z_+}$,也可以得到三元系统的异质信息变化率函数为

$$p_+(E,C_{E_\neq},C_\varepsilon) = \mp\frac{\exp\mp(E_X-C_{E_{\neq X}})/C_{\varepsilon_X}}{C_{\varepsilon_X}[1+\exp\mp(E_X-C_{E_{\neq X}})/C_{\varepsilon_X}]^2} \frac{\exp\mp(E_Y-C_{E_{\neq Y}})/C_{\varepsilon_Y}}{C_{\varepsilon_Y}[1+\exp\mp(E_Y-C_{E_{\neq Y}})/C_{\varepsilon_Y}]^2} \cdot$$
$$\frac{\exp\mp(E_Z-C_{E_{\neq Z}})/C_{\varepsilon_Z}}{C_{\varepsilon_Z}[1+\exp\mp(E_Z-C_{E_{\neq Z}})/C_{\varepsilon_X}]^2}$$
(20-134)

同理,在三维正向质向量坐标系 $\vec{X}_+\vec{Y}_+\vec{Z}_+$ 中打开 $\vec{X}_+$ 轴、$\vec{Y}_+$ 轴和 $\vec{Z}_+$ 轴内部($\vec{P}_+^0$, $\vec{E}$, $\vec{E}_\neq$, $\vec{\varepsilon}$)四维分质向量空间,三元系统形态可用本质信息表达

$$\vec{P}_+^0 = \vec{P}_{X_+}^0 \times \vec{P}_{Y_+}^0 \times \vec{P}_{Z_+}^0$$
(20-135)

在省却分质向量关于方向规定的条件下,上式成为

$$P_+^0 = P_{X_+}^0 P_{Y_+}^0 P_{Z_+}^0$$
(20-136)

三元系统的形态也可以用本质信息分布密度函数表达

$$\vec{p}_+^0 = \vec{p}_{X_+}^0 \times \vec{p}_{Y_+}^0 \times \vec{p}_{Z_+}^0$$
(20-137)

在省却分质向量关于方向规定的条件下,上式成为

$$p_+^0 = p_{X_+}^0 p_{Y_+}^0 p_{Z_+}^0$$
(20-138)

在三维正向质向量坐标系 $\vec{X}_+\vec{Y}_+\vec{Z}_+$ 内部($\vec{P}_+^0$, $\vec{E}$, $\vec{E}_{+\neq}$, $\vec{\varepsilon}_+$)四维分质向量空间的 ($\vec{P}_+^0$, $\vec{E}_+$, $\vec{C}_{E_{+\neq}}$, $\vec{C}_{\varepsilon_+}$)平面上,在省却分质向量关于方向规定的条件下,把 $\vec{X}_+$ 轴、$\vec{Y}_+$ 轴和 $\vec{Z}_+$ 轴上的子系统形态分布基元规律(7-280)式 $P_+^0 = \frac{1}{1+e^{-(E_+-C_{E_{+\neq}})/C_{\varepsilon_+}}}$ 代入(20-136)式 $P_+^0 = P_{X_+}^0 P_{Y_+}^0 P_{Z_+}^0$,即可得到三元系统本质信息分布函数为

$$P_+^0(E_+,C_{E_{\neq+}},C_{\varepsilon_+}) = \frac{1}{1+\exp\left(\frac{C_{E_\neq X_+}-E_{X_+}}{C_{\varepsilon_{X_+}}}\right)} \frac{1}{1+\exp\left(\frac{C_{E_\neq Y_+}-E_{Y_+}}{C_{\varepsilon_{Y_+}}}\right)} \cdot$$
$$\frac{1}{1+\exp-\left(\frac{C_{E_{\neq Z_+}}-E_{Z_+}}{C_{\varepsilon_{Z_+}}}\right)}$$
(20-139)

同样,在省却分质向量关于方向规定的条件下,把 $\vec{X}_+$ 轴、$\vec{Y}_+$ 轴和 $\vec{Z}_+$ 轴上的子系统形态分布基元规律的本质信息分布密度函数(7-285)式 $p_+^0(E,C_{E_\neq},C_\varepsilon) =$

$-\dfrac{\mathrm{e}^{-(E-C_{E_{\ne}})/C_{\varepsilon}}}{C_{\varepsilon}[1+\mathrm{e}^{-(E-C_{E_{\ne}})/C_{\varepsilon}}]^2}$ 代入(20-138)式 $p_+^0=p_{X+}^0 p_{Y+}^0 p_{Z+}^0$，也可以得到三元系统本质信息分布密度函数为

$$p_+^0(E,C_{E_{\ne}},C_{\varepsilon})=-\dfrac{\exp-(C_{E_{\ne x}}-E_X)/C_{\varepsilon_X}}{C_{\varepsilon_X}[1+\exp-(C_{E_{\ne x}}-E_X)/C_{\varepsilon_X}]^2}\dfrac{\exp-(C_{E_{\ne y}}-E_Y)/C_{\varepsilon_Y}}{C_{\varepsilon_Y}[1+\exp-(C_{E_{\ne y}}-E_Y)/C_{\varepsilon_Y}]^2}\cdot$$

$$\dfrac{\exp-(C_{E_{\ne z}}-E_Z)/C_{\varepsilon_Z}}{C_{\varepsilon_Z}[1+\exp(C_{E_{\ne z}}-E_Z)/C_{\varepsilon_Z}]^2} \tag{20-140}$$

可见，通过打开三维正向质向量坐标系 $\vec{X}_+\vec{Y}_+\vec{Z}_+$ 内部的多维空间，由 $\vec{X}_+$ 轴、$\vec{Y}_+$ 轴和 $\vec{Z}_+$ 轴上的子系统在远离平衡态的形态转化基元规律的外积，就可以揭示三元系统在远离平衡态的形态转化基元规律。

(二)近平衡态的三元系统形态变化规律

在三维二仪质向量坐标系 $\vec{X}\vec{Y}\vec{Z}$ 中，三元系统在平衡态附近必然保持一部分定点动态平衡的本质特征，同时也表现一部分动点非平衡变化的异质特征。作为均衡反向三元系统可以发生简谐振动，且可以看作在 $\vec{X}$ 轴和 $\vec{Y}$ 轴及 $\vec{Z}$ 轴上的子系统参与了三个垂直方向的简谐振动。一个三元系统在近平衡态发生非简谐振动，其形态变化规律也可以看作 $\vec{X}$ 轴和 $\vec{Y}$ 轴及 $\vec{Z}$ 轴三个垂直方向上的子系统的非简谐振动规律的合成。在此，就以三维阻尼振动规律或三维生发振动规律来表达近平衡态的三元系统形态变化规律。

1. 三维阻尼振动规律

在三维二仪质向量坐标系 $\vec{X}\vec{Y}\vec{Z}$ 中，打开 $\vec{X}$ 轴和 $\vec{Y}$ 轴及 $\vec{Z}$ 轴内部的 $(\vec{N},\vec{n},\vec{E},\vec{E}_{\ne},\vec{\varepsilon})$ 五维分质向量空间，如果三元振动系统受到环境的阻力作用而成为阻尼振动，在相互垂直的 $\vec{X}$ 轴和 $\vec{Y}$ 轴及 $\vec{Z}$ 轴三个方向上也会表现出因为环境的阻力作用而增加各个子系统的回复力，维持系统做振动的变动力就会小于回复力或离心力小于向心力。环境阻力作用的存在增加了三元系统的回复力，维持三元系统做振动的回复力大于变动力或向心力大于离心力，作用的结果都会迫使三元系统改变原来的运动轨迹，其运动特征就要向心汇聚退缩以取得新的平衡。

如果一维二仪质向量坐标轴 $\vec{X}$、一维二仪质向量坐标轴 $\vec{Y}$ 和一维二仪质向量坐标轴 $\vec{Z}$ 经过垂向转置后都共同以一维一元单位质向量 $\vec{ei}$ 为基准。在环境阻尼持续增加的过程中，$\vec{X}$ 轴和 $\vec{Y}$ 轴及 $\vec{Z}$ 轴上每一个分振动参与振动的总体单元数都按负指数规律变化而减少。在省却质向量关于指向规定和坐标轴垂向转置的情况下，每一个坐标轴上分振动的阻尼振动规律就是近平衡态自发发射的负指数函数与平衡态的余弦函数的乘积 $N\mathrm{e}^{-\beta E}\cos(\kappa E+\delta_0)$，其参与振动的总体单元数按负指数函数变化而减少。由于向心力大于离心力，其作用的结果也要迫使一元系统改变原来的运动轨迹向心转移以取

得新的平衡。

在三维二仪质向量坐标系 $\vec{X}\vec{Y}\vec{Z}$ 的 $\vec{X}$ 轴和 $\vec{Y}$ 轴及 $\vec{Z}$ 轴内部的 $(\vec{N},\vec{n},\vec{E},\vec{E}_{\neq},\vec{\varepsilon})$ 五维分质向量空间 $(\vec{C}_N,\vec{n},\vec{E},\vec{C}_{E_{\neq}},\vec{C}_{\varepsilon})$ 截面上,在省却分质向量关于指向规定和坐标轴垂向转置的情况下,当初相位差 $\delta_1=\delta_{Y0}-\delta_{X0}=\dfrac{\pi}{2}$，$\delta_2=\delta_{Z0}-\delta_{Y0}=\dfrac{\pi}{2}$ 和 $\delta_3=\delta_{X0}-\delta_{Z0}=\dfrac{\pi}{2}$ 时,在垂直方向上子系统进行分振动的阻尼振动规律都是 $N\mathrm{e}^{-\beta E}\cos(\kappa E+\delta_0)$。如果相互垂直的 X 轴和 Y 轴及 Z 轴上子系统分振动的变化率相等,由(16-70)式 $n=C_N\mathrm{e}^{-\beta E}\cos(\kappa E+C_\delta)$ 就可得到三个垂向分振动的阻尼振动规律为

$$n_X=C_{N_X}\mathrm{e}^{-\beta E}\cos(\kappa E+C_{\delta_X}) \tag{20-141}$$

$$n_Y=C_{N_Y}\mathrm{e}^{-\beta E}\cos(\kappa E+C_{\delta_Y}) \tag{20-142}$$

$$n_Z=C_{N_Z}\mathrm{e}^{-\beta E}\cos(\kappa E+C_{\delta_Z}) \tag{20-143}$$

如果以振动信息 P 的形式来表示,则有

$$P_X=\frac{n_X}{C_{N_X}}=\mathrm{e}^{-\beta E}\cos(\kappa E+C_{\delta_X}) \tag{20-144}$$

$$P_Y=\frac{n_Y}{C_{N_Y}}=\mathrm{e}^{-\beta E}\cos(\kappa E+C_{\delta_Y}) \tag{20-145}$$

$$P_Z=\frac{n_Z}{C_{N_Z}}=\mathrm{e}^{-\beta E}\cos(\kappa E+C_{\delta_Z}) \tag{20-146}$$

把上面三式平方后加和,由(20-37)式 $|\Delta\vec{u}_{X+Y+Z}|^2=|\Delta\vec{x}|^2+|\Delta\vec{y}|^2+|\Delta\vec{z}|^2$ 就可以得到垂直方向相同变化率的三个阻尼振动的合成规律

$$\left(\frac{n_X}{C_{N_X}\mathrm{e}^{-\beta E}}\right)^2+\left(\frac{n_Y}{C_{N_Y}\mathrm{e}^{-\beta E}}\right)^2+\left(\frac{n_Z}{C_{N_Z}\mathrm{e}^{-\beta E}}\right)^2=\cos^2(\kappa E+C_{\delta_X})+\cos^2(\kappa E+C_{\delta_Y})+$$
$$\cos^2(\kappa E+C_{\delta_Z})=1 \tag{20-147}$$

这一椭球方程表示长半轴和短半轴分别代表阻尼振动在 X 轴和 Y 轴及 Z 轴三个垂直方向上的总体单元数 $N_X=C_{N_X}\mathrm{e}^{-\beta E}$，$N_Y=C_{N_Y}\mathrm{e}^{-\beta E}$ 和 $N_Z=C_{N_Z}\mathrm{e}^{-\beta E}$，它们都不是常量而是随着能量的增加而呈指数减小的变量。这就是说,在有阻力影响且 X 轴和 Y 轴及 Z 轴三个垂向分振动的变化率相等的条件下,三个阻尼振动的合成振动规律表现为振幅按指数函数变化而减少的椭球螺线运动轨迹。

由此可见,如果三元系统处在回复力大于变动力或向心力大于离心力的情况下,三元系统的运动幅度就要向心(向内)退缩以取得新的平衡。只要在运动过程中向心力大于离心力的条件没有改变,三元系统运动幅度向心(向内)退缩的过程也将持续进行,因而其运动轨迹就表现为向心旋集的螺旋体。

如果去除了阻力的影响,在 X 轴和 Y 轴及 Z 轴三个垂向上的阻尼振动都变为简谐振动,三元系统的合成振动规律所表现的就是动态平衡的椭球体的运动轨迹。但是,如果在 X 轴和 Y 轴及 Z 轴上的分振动的变化率相差很小,其三个阻尼振动的合成规律将

由椭球体的运动轨迹变成振幅接近于按负指数函数变化而缩小的椭球螺旋体运动轨迹。

2. 三维生发振动规律

在三维二仪质向量坐标系 $\vec{X}\,\vec{Y}\,\vec{Z}$ 中,打开 $\vec{X}$ 轴和 $\vec{Y}$ 轴及 $\vec{Z}$ 轴内部的 $(\vec{N},\vec{n},\vec{E},\vec{E}_{\neq},\vec{\varepsilon})$ 五维分质向量空间,如果三元系统受到环境的动力作用而成为生发振动,在相互垂直的 $\vec{X}$ 轴和 $\vec{Y}$ 轴及 $\vec{Z}$ 轴三个方向上也会表现出因为环境的动力作用而增加各个子系统的变动力,维持三元系统做振动的变动力就会大于回复力或离心力大于向心力。当环境输入三元系统的能量增大,使三元系统做振动的变动力大于回复力时,由于离心力大于向心力,其作用的结果就会迫使三元系统改变原来的运动轨迹,其运动特征就要离心发散扩张以取得新的平衡。

如果一维二仪质向量坐标轴 $\vec{X}$、一维二仪质向量坐标轴 $\vec{Y}$ 和一维二仪质向量坐标轴 $\vec{Z}$ 经过垂向转置都共同以一维一元单位质向量 $\vec{\varepsilon}\vec{i}$ 为基准。在生发振动持续进行的过程中,$\vec{X}$ 轴和 $\vec{Y}$ 轴及 $\vec{Z}$ 轴上每一个分振动参与振动的总体单元数都按指数规律变化而增加。在省却质向量关于指向规定和坐标轴垂向转置的情况下,每一个坐标轴上分振动的生发振动规律就是近平衡态吸收发射的指数函数与平衡态的余弦函数的乘积,即 $Ne^{\beta E}\cos(\kappa E+\delta_0)$,其参与振动的总体单元数按指数函数变化而增加。由于离心力大于向心力,其作用的结果也要迫使三元系统改变原来的运动轨迹向外转移以取得新的平衡。

在三维二仪质向量坐标系 $\vec{X}\,\vec{Y}\,\vec{Z}$ 的 $\vec{X}$ 轴和 $\vec{Y}$ 轴及 $\vec{Z}$ 轴内部的 $(\vec{N},\vec{n},\vec{E},\vec{E}_{\neq},\vec{\varepsilon})$ 五维分质向量空间 $(\vec{C}_N,\vec{n},\vec{E},\vec{C}_{E_{\neq}},\vec{C}_{\varepsilon})$ 截面上,在省却分质向量关于指向规定和坐标轴垂向转置的情况下,当初相位差 $\delta_1=\delta_{Y0}-\delta_{X0}=\dfrac{\pi}{2}$,$\delta_2=\delta_{Z0}-\delta_{Y0}=\dfrac{\pi}{2}$ 和 $\delta_3=\delta_{X0}-\delta_{Z0}=\dfrac{\pi}{2}$ 时,在垂直方向进行分振动的生发振动规律都是 $Ne^{\beta E}\cos(\kappa E+\delta_0)$。如果相互垂直的 X 轴和 Y 轴及 Z 轴上子系统分振动的变化率相等,由(16-89)式 $n=C_N e^{+\beta E}\cos(\kappa E+C_\delta)$ 就可以得到 X 轴和 Y 轴及 Z 轴三个垂直方向分振动的生发振动规律为

$$n_X=C_{N_x}e^{+\beta E}\cos(\kappa E+C_{\delta_x}) \tag{20-148}$$

$$n_Y=C_{N_Y}e^{+\beta E}\cos(\kappa E+C_{\delta_Y}) \tag{20-149}$$

$$n_Z=C_{N_z}e^{+\beta E}\cos(\kappa E+C_{\delta_z}) \tag{20-150}$$

如果以振动信息 P 的形式来表示,则有

$$P_X=\dfrac{n_X}{C_{N_x}}=e^{+\beta E}\cos(\kappa E+C_{\delta_x}) \tag{20-151}$$

$$P_Y=\dfrac{n_Y}{C_{N_Y}}=e^{+\beta E}\cos(\kappa E+C_{\delta_Y}) \tag{20-152}$$

$$P_Z = \frac{n_Z}{C_{N_Z}} = e^{+\beta E} \cos(\kappa E + C_{\delta_Z}) \tag{20-153}$$

把上面三式平方后加和，由（20-37）式 $|\Delta \vec{u}_{X+Y+Z}|^2 = |\Delta \vec{x}|^2 + |\Delta \vec{y}|^2 + |\Delta \vec{z}|^2$ 就可以得到垂直方向相同变化率的三个生发振动的合成规律

$$\left(\frac{n_X}{C_{N_x} e^{+\beta E}}\right)^2 + \left(\frac{n_Y}{C_{N_Y} e^{+\beta E}}\right)^2 + \left(\frac{n_Z}{C_{N_z} e^{+\beta E}}\right)^2 = \cos^2(\kappa E + C_{\delta_X}) + \cos^2(\kappa E + C_{\delta_Y}) + \cos^2(\kappa E + C_{\delta_Z}) = 1 \tag{20-154}$$

这一椭球方程表示长半轴和短半轴分别代表生发振动在 X 轴和 Y 轴及 Z 轴三个垂直方向的总体单元数 $N_X = C_{N_x} e^{+\beta E}$，$N_Y = C_{N_Y} e^{+\beta E}$ 和 $N_Z = C_{N_z} e^{+\beta E}$，它们都不是常量而是随着能量的增加而呈指数增大的变量。这就是说，在有动力影响且 X 轴和 Y 轴及 Z 轴三个垂向分振动的变化率相等的条件下，三个生发振动的合成振动规律表现为振幅按指数函数变化而增大的椭球螺线运动轨迹。

由此可见，如果三元系统处在变动力大于回复力或离心力大于向心力的情况下，三元系统的运动幅度就要离心（向外）扩张以取得新的平衡。只要在运动过程中，离心力大于向心力的条件没有改变，三元系统运动幅度离心（向外）扩张的过程也将持续进行，因而其轨迹就表现为离心扩散的螺旋体。

如果去除了动力的影响，在 X 轴和 Y 轴及 Z 轴三个垂直方向上的生发振动就变为简谐振动，三元系统的合成振动规律所表现的就是动态平衡的椭球体的运动轨迹。但是，如果在 X 轴和 Y 轴及 Z 轴上的分振动变化率相差很小，其三个生发振动的合成规律将由椭球体的运动轨迹变成振幅接近于按指数函数变化而增大的椭球螺旋体运动轨迹。

3. 三维非简谐振动规律

在三维二仪质向量坐标系 $\vec{X}\vec{Y}\vec{Z}$ 的 $\vec{X}$ 轴和 $\vec{Y}$ 轴及 $\vec{Z}$ 轴内部的 $(\vec{N}, \vec{n}, \vec{E}, \vec{E}_{\neq}, \vec{\varepsilon})$ 五维分质向量空间 $(\vec{C}_N, \vec{n}, \vec{E}, \vec{C}_{E_{\neq}}, \vec{C}_{\varepsilon})$ 截面上，在省却分质向量关于指向规定的情况下，X 轴和 Y 轴及 Z 轴经过转置，在三个垂直方向上的生发振动规律（20-151）式、（20-152）式和（20-153）式和阻尼振动规律（20-144）式、（20-145）式和（20-146）式可以统一表示为

$$P_X = \frac{n_X}{C_{N_x}} = e^{\pm \beta E} \cos(\kappa E + C_{\delta_X}) \tag{20-155}$$

$$P_Y = \frac{n_Y}{C_{N_Y}} = e^{\pm \beta E} \cos(\kappa E + C_{\delta_Y}) \tag{20-156}$$

$$P_Z = \frac{n_Z}{C_{N_z}} = e^{\pm \beta E} \cos(\kappa E + C_{\delta_Z}) \tag{20-157}$$

如果 X 轴和 Y 轴及 Z 轴三个垂直方向上的分振动不仅变化率相等而且总体单元数也相等（$C_{N_x} = C_{N_Y} = C_{N_z} = C_N$），则通过三元系统在相互垂直的 X 轴和 Y 轴及 Z 轴

上子系统所做简谐振动的合成,也可以得到三元系统在近平衡态的生发振动和阻尼振动运动方程的综合表达式为

$$n_X^2 + n_Y^2 + n_Z^2 = (C_N e^{\pm \beta E})^2 \tag{20-158}$$

$$n_{X+Y+Z} = \sqrt{n_X^2 + n_Y^2 + n_Z^2} = C_N e^{\pm \beta E} \tag{20-159}$$

(20-158)式可以转化为

$$P_X^2 + P_Y^2 + P_Z^2 = (e^{\pm S})^2 \tag{20-160}$$

(20-159)式也可以转化为

$$P_{X+Y+Z} = \sqrt{P_X^2 + P_Y^2 + P_Z^2} = e^{\pm S} \tag{20-161}$$

此式表明,在三维二仪质向量坐标系 $\vec{X}\vec{Y}\vec{Z}$ 内部的 $(\vec{P},\vec{S})$ 二维分质向量空间中,在相互垂直的 $\vec{X}$ 轴和 $\vec{Y}$ 轴及 $\vec{Z}$ 轴上三个生发振动子系统或阻尼振动子系统合成为一个综合的三元系统,其整体形态的一维三元信息变化规律就是近平衡态的熵信息函数——指数函数。

把(20-161)式代入(20-155)式、(20-156)式和(20-157)式,则有

$$P_X = e^{\pm \beta E}\cos S_X = e^{\pm S}\cos S_X = |P_{X+Y+Z}|\cos S_X \tag{20-162}$$

$$P_Y = e^{\pm \beta E}\cos S_Y = e^{\pm S}\cos S_Y = |P_{X+Y+Z}|\cos S_Y \tag{20-163}$$

$$P_Z = e^{\pm \beta E}\cos S_Z = e^{\pm S}\cos S_Z = |P_{X+Y+Z}|\cos S_Z \tag{20-164}$$

这三个公式表明了,在 X 轴和 Y 轴及 Z 轴三个垂直方向上的振动信息分量 P_X、P_Y 和 P_Z 就是三元系统的一维三元信息 P_{X+Y+Z} 的坐标。因此,在近平衡态三元系统的非简谐振动方程可以一般地用一维三元信息表示为(20-161)式 $P_{X+Y+Z} = \sqrt{P_X^2 + P_Y^2 + P_Z^2} = e^{\pm S}$。

可见,近平衡态的事物形态转化基元规律不仅适用于一元系统与二元系统,也同样适用于三元系统。近平衡态的三元系统非简谐振动方程(20-161)式 $P_{X+Y+Z} = e^{\pm S}$ 就是近平衡态三元系统形态变化规律。

如果用 $<\vec{A},\vec{B}>$ 来表示两个向量 $\vec{A}$ 和 $\vec{B}$ 的夹角,那么在 $\vec{X}$ 轴和 $\vec{Y}$ 轴及 $\vec{Z}$ 轴三个垂直方向上的振动信息分向量 $\vec{P}_X$、$\vec{P}_Y$ 和 $\vec{P}_Z$ 彼此垂直或正交,其夹角分别为 $<\vec{P}_X,\vec{P}_Y> = \frac{\pi}{2}$,$<\vec{P}_Y,\vec{P}_Z> = \frac{\pi}{2}$ 和 $<\vec{P}_Z,\vec{P}_X> = \frac{\pi}{2}$。振动信息向量 $\vec{P}$ 与其分向量 $\vec{P}_X$ 的夹角记作 $S_X = <\vec{P},\vec{P}_X>$,振动信息向量 $\vec{P}$ 与其分向量 $\vec{P}_Y$ 的夹角记作 $S_Y = <\vec{P},\vec{P}_Y>$,振动信息向量 $\vec{P}$ 与其分向量 $\vec{P}_Z$ 的夹角记作 $S_Z = <\vec{P},\vec{P}_Z>$;而 $\cos S_X = \cos<\vec{P},\vec{P}_X>$,$\cos S_Y = \cos<\vec{P},\vec{P}_Y>$ 和 $\cos S_Z = \cos<\vec{P},\vec{P}_Z>$ 称为 $\vec{P}$ 的方向余弦。在此,S_X、S_Y 和 S_Z 是熵 $\vec{S}$ 在 $\vec{X}$ 轴和 $\vec{Y}$ 轴及 $\vec{Z}$ 轴三个垂直方向上的分向量。

一维三元熵 $\vec{S}_{X+Y+Z}$ 由 $\vec{S}_X$、$\vec{S}_Y$ 和 $\vec{S}_Z$ 三个一维一元分质向量所构成,且可以表示为

$$\vec{S}_{X+Y+Z} = \vec{S}_X + \vec{S}_Y + \vec{S}_Z \tag{20-165}$$

$$S_{X+Y+Z}^2 = S_X^2 + S_Y^2 + S_Z^2 \tag{20-166}$$

$$S_{X+Y+Z} = \sqrt{S_X^2 + S_Y^2 + S_Z^2} \qquad (20\text{-}167)$$

把(20-165)式 $\vec{S}_{X+Y+Z} = \vec{S}_X + \vec{S}_Y + \vec{S}_Z$ 代入(20-161)式 $P_{X+Y+Z} = e^{\pm S}$,则

$$\begin{aligned}P_{X+Y+Z} &= e^{\pm S_{X+Y+Z}} \\ &= e^{\pm(S_X+S_Y+S_Z)} \\ &= e^{\pm S_X} e^{\pm S_Y} e^{\pm S_Z} \\ &= P_X P_Y P_Z \end{aligned} \qquad (20\text{-}168)$$

由此可见,在上述条件下,三维三元信息就是一维三元信息,即 $P_X P_Y P_Z = P_{X+Y+Z}$。在三维二仪向量坐标系 $\vec{X}\vec{Y}\vec{Z}$ 中,在每一维度上近平衡态的三元系统变化规律均为指数函数。三维三元系统信息 P_{XYZ} 或一维三元信息 P_{X+Y+Z} 的变化量是 $\vec{X}$ 轴和 $\vec{Y}$ 轴及 $\vec{Z}$ 轴各个维度信息变化量的乘积,每一维度的信息变化是相互独立的。

(三)准平衡态的三元系统形态变化规律

在三维二仪质向量坐标系 $\vec{X}\vec{Y}\vec{Z}$ 中,$\vec{X}$ 轴和 $\vec{Y}$ 轴及 $\vec{Z}$ 轴都以一维二仪单位质向量 $\vec{e}$ 为基准。打开 $\vec{X}$ 轴和 $\vec{Y}$ 轴及 $\vec{Z}$ 轴内部的 $(\vec{P},\vec{S})$ 二维分质向量空间,在省却分质向量关于指向规定和坐标轴垂向转置的情况下,近平衡态的三元系统形态变化规律可用一维三元熵 S_{X+Y+Z} 的指数函数(20-168)式 $P_{X+Y+Z} = e^{\pm S_{X+Y+Z}} = P_X P_Y P_Z$ 来表示。但是,如果三元系统在 $\vec{X}$ 轴和 $\vec{Y}$ 轴及 $\vec{Z}$ 轴上的子系统的形态变化都处在准平衡态,三元系统形态变化规律就不能再以近平衡态指数函数与平衡态的余弦函数的乘积 $Ne^{\pm\beta E}\cos(\kappa E+\delta)$ 来表示。

在三维二仪质向量坐标系 $\vec{X}\vec{Y}\vec{Z}$ 八卦空间中,三元系统在准平衡态的形态变化特征必然更多地保持动态平衡的稳定特征,同时也会表现出少部分非平衡变化的异动特征。例如,在三维二仪"距离空间"坐标系 $\vec{X}\vec{Y}\vec{Z}$ 中,三元系统的形态变化就是一个刚偏离始发的圆球体而体积向外持续膨胀的圆球体或即将达致归宿的圆球体而体积向内不断塌缩的圆球体。这类实例在自然界和现实生活中不胜枚举。像氢弹在空中起爆就会形成一个体积向外持续膨胀的火球。又如,小孩用一细管均匀吹气鼓起肥皂泡或水泡从较低的水层上升到水面,膨大的肥皂泡或水泡就是一个直径线性增长的圆球体。

在省却了质向量关于性质和指向的规定后,三维二仪质向量坐标系 $\vec{X}\vec{Y}\vec{Z}$ 成为三维笛卡尔直角坐标系 XYZ,还可以转换成球坐标系 $R\Theta\Phi$,所以在准平衡态的三元系统形态变化规律及其渐次膨大(或缩小)的球体就有不同的表达方式。但是,三元系统的准平衡态变化如果仅仅表现非平衡变化的异动特征,而没有表现均衡反向动态平衡的稳定特征,那么三元系统的准平衡态变化就是单向变化,在三维笛卡尔直角坐标系 XYZ 的表现就是变化着的矩形台柱。

对于三元系统表现为准平衡态的单向变化规律的揭示,显然不能仅以 $Ne^{\pm\beta E} \cdot \cos(\kappa E+\delta)$ 中的近平衡态指数函数简化为准平衡态的线性函数来表示,而要另辟蹊径。

在三维二仪质向量坐标系 $\vec{X}\,\vec{Y}\,\vec{Z}$ 中,打开 $\vec{X}$ 轴和 $\vec{Y}$ 轴及 $\vec{Z}$ 轴内部的 $(\vec{P},\vec{S})$ 二维分质向量空间,在准平衡态熵 $\vec{S}$ 为接近于零的无穷小量。在省却分质向量关于指向规定的情况下,(20-168)式 $P_{X+Y+Z}=e^{\pm S_{X+Y+Z}}$ 中的 $e^{\pm S_{X+Y+Z}}\approx \pm S_{X+Y+Z}$,而 $P_X P_Y P_Z=e^{\pm S_X}\cdot e^{\pm S_Y}e^{\pm S_Z}\approx(\pm S_X)(\pm S_Y)(\pm S_Z)$,所以,准平衡态的三元系统形态变化规律可表述为

$$P_{X+Y+Z}=\pm S_{X+Y+Z}$$
$$=\pm S_X S_Y S_Z$$
$$=P_X P_Y P_Z \tag{20-169}$$

因而,准平衡态的三元系统在 $\vec{X}$ 轴和 $\vec{Y}$ 轴及 $\vec{Z}$ 轴上的信息分量为

$$P_X=\pm S_X \tag{20-170}$$
$$P_Y=\pm S_Y \tag{20-171}$$
$$P_Z=\pm S_Z \tag{20-172}$$

在三维二仪质向量坐标系 $\vec{X}\,\vec{Y}\,\vec{Z}$ 内部的 $(\vec{P},\vec{S})$ 二维分质向量空间中,一维三元信息 $\vec{P}_{X+Y+Z}$ 与 $\vec{P}_X$、$\vec{P}_Y$ 和 $\vec{P}_Z$ 的关系为(20-45)式 $\vec{P}_{X+Y+Z}=\vec{P}_X+\vec{P}_Y+\vec{P}_Z$,而一维三元信息 $\vec{P}_{X+Y+Z}$ 的模表达式为

$$|\vec{P}_{X+Y+Z}|=\sqrt{\vec{P}_X^2+\vec{P}_Y^2+\vec{P}_Z^2} \tag{20-173}$$

把(20-170)式 $P_X=\pm S_X$、(20-171)式 $P_Y=\pm S_Y$、(20-172)式 $P_Z=\pm S_Z$ 和(20-166)式 $S_{X+Y+Z}^2=S_X^2+S_Y^2+S_Z^2$ 代入(20-46)式 $P_{X+Y+Z}^2=P_X^2+P_Y^2+P_Z^2$,就有

$$P_{X+Y+Z}^2=P_X^2+P_Y^2+P_Z^2$$
$$=S_X^2+S_Y^2+S_Z^2$$
$$=S_{X+Y+Z}^2 \tag{20-174}$$

上述公式是三元系统在三维二仪质向量坐标系 $\vec{X}\,\vec{Y}\,\vec{Z}$ 中相互垂直的 $\vec{X}$ 轴和 $\vec{Y}$ 轴及 $\vec{Z}$ 轴上均为准平衡态的形态变化规律。特别地,当(20-174)式的信息 P_{X+Y+Z} 和熵 S_{X+Y+Z} 为定值时,也就是环境与系统的作用达到均衡时,(20-174)式的信息 P_{X+Y+Z} 和熵 S_{X+Y+Z} 是常质向量,即

$$P_{X+Y+Z}^2=S_{X+Y+Z}^2=C_{X+Y+Z} \tag{20-175}$$

在三维二仪质向量坐标系 $\vec{X}\,\vec{Y}\,\vec{Z}$ 中,如果打开 $\vec{X}$ 轴和 $\vec{Y}$ 轴及 $\vec{Z}$ 轴内部的 $(\vec{N},\vec{n},\vec{E},\vec{E}_{\neq},\vec{\varepsilon})$ 五维分质向量空间,表征三元系统形态的总体单元数 $\vec{N}$、异质单元数 $\vec{n}$、能量 $\vec{E}$、能阈 $\vec{E}_{\neq}$ 和能元 $\vec{\varepsilon}$ 都可以由其 $\vec{X}$ 轴和 $\vec{Y}$ 轴及 $\vec{Z}$ 轴上的分质向量组成。例如,三元系统的异质单元数 $\vec{n}_{X+Y+Z}$ 由 $\vec{n}_X$、$\vec{n}_Y$ 和 $\vec{n}_Z$ 组成,可由(20-28)式 $\vec{n}_{X+Y+Z}=\vec{n}_X+\vec{n}_Y+\vec{n}_Z$ 表示,其大小还可以表示为

$$|\vec{n}_{X+Y+Z}|=\sqrt{\vec{n}_X^2+\vec{n}_Y^2+\vec{n}_Z^2} \tag{20-176}$$

如果三元系统的子系统在垂直的 $\vec{X}$ 轴和 $\vec{Y}$ 轴及 $\vec{Z}$ 轴上的形态变化都处在准平衡

态,以异质单元数 $\vec{n}$ 为因变量,由于 $\vec{n}_X$、$\vec{n}_Y$ 和 $\vec{n}_Z$ 为相互独立的分质向量,且 $\vec{n}_X \to 0$, $\vec{n}_Y \to 0$ 和 $\vec{n}_Z \to 0$,则 $\vec{n} \to 0$,所以在准平衡态三维三元异质单元数 $\vec{n}_{XYZ}$ 可用外积表示为

$$\vec{n}_{XYZ} = \vec{n}_X \times \vec{n}_Y \times \vec{n}_Z \qquad (20\text{-}177)$$

在省却质向量关于指向规定的情况下,三维二仪质向量坐标系 $\vec{X}\vec{Y}\vec{Z}$ 成为三维二仪质变量坐标系 XYZ,(20-177)式成为

$$n_{XYZ} = n_X n_Y n_Z \qquad (20\text{-}178)$$

而一维三元异质单元数 $\vec{n}_{X+Y+Z}$ 及其分量 $\vec{n}_X$、$\vec{n}_Y$ 和 $\vec{n}_Z$ 就成为 n_{X+Y+Z} 及其分量 n_X、n_Y 和 n_Z,(20-28)式 $\vec{n}_{X+Y+Z} = \vec{n}_X + \vec{n}_Y + \vec{n}_Z$ 就可以表示为

$$n_{X+Y+Z}^2 = n_X^2 + n_Y^2 + n_Z^2 \qquad (20\text{-}179)$$

其大小为

$$|n_{X+Y+Z}| = \sqrt{n_X^2 + n_Y^2 + n_Z^2} \qquad (20\text{-}180)$$

令 $x = n_X l_\epsilon, y = n_Y l_\epsilon, z = n_Z l_\epsilon, r = |n_{X+Y+Z}| l_\epsilon$,可以得到

$$r^2 = x^2 + y^2 + z^2 \qquad (20\text{-}181)$$

$$r = \sqrt{x^2 + y^2 + z^2} \qquad (20\text{-}182)$$

$$V = xyz \qquad (20\text{-}183)$$

在三维笛卡尔直角坐标系 XYZ 中,X 轴和 Y 轴及 Z 轴上的定义域为 $(-\infty < x < +\infty)$,$(-\infty < y < +\infty)$ 和 $(-\infty < z < +\infty)$。如果 x、y 和 z 分别具有确定的值 a、b 和 c,(20-183)式 $V = xyz$ 所反映的三元系统形态变化规律成为三元系统形态分布规律 $V = abc$,所呈现的形态就是由一定量的空间正当格子构成的直棱柱或直平行六面体的立体体积表达式,如图 20-24 所示。

图 20-24　直棱柱

在三维笛卡尔直角坐标系 XYZ 的 X 轴和 Y 轴及 Z 轴上,如果 x、y 和 z 不是定量而是变量,那么(20-183)式 $V = xyz$ 所反映的三元系统在 X 轴和 Y 轴及 Z 轴上子系统在准平衡态的空间位置变化规律就是三元系统体积的变化规律。

空间位移或空间距离的三维性是三元系统的体积伸张的三维性,即一物和他物的位置关系上的三维性,它是指通过形态空间的任何一点都可以引出三条互相垂直的直线。通俗地说,任何物体都具有长度、宽度和高度的广延性,都可以在三维笛卡尔直角坐标系或三维空间距离坐标系表现出形体。离开了物和物的位置关系,空间位移或空间距离的三维性就无从理解。如果 x、y 和 z 从小到大,则其形态是不断增大的六面体;如果 x、y 和 z 从大到小,则其形态是不断缩小的六面体。如果其中两个维度(设为 x 和 y)以相同的速率同步增大或缩小,而另一维度(设为 z)以较快的速率增大,在三维笛卡尔直角坐标系 XYZ 中三元系统形态变化规律的表现就是变化着的矩形台柱。

二、三个垂直维度具有不同失衡态的合成规律

在三维二仪质向量坐标系$\vec{X}\vec{Y}\vec{Z}$中,三元系统在$\vec{X}$轴和$\vec{Y}$轴及$\vec{Z}$轴上的子系统的平衡情况或失衡情况可以各不相同。例如,三元系统在$\vec{X}$轴和$\vec{Y}$轴及$\vec{Z}$轴上的子系统具有不同的平衡态或失衡态,它们的组合情形包括:①两个维度处在准平衡态与一个维度处在近平衡态;②两个维度处在准平衡态变化与一个维度处在远离平衡态;③两个维度处在准平衡态与一个维度处在简谐振动;④两个维度处在近平衡态与一个维度处在准平衡态;⑤两个维度处在近平衡态与一个维度处在远离平衡态;⑥两个维度处在近平衡态与一个维度处在简谐振动;⑦两个维度处在远离平衡态与一个维度处在准平衡态;⑧两个维度处在远离平衡态与一个维度处在近平衡态;⑨两个维度处在远离平衡态与一个维度处在简谐振动;⑩两个维度处在简谐振动与一个维度处在准平衡态;⑪两个维度处在简谐振动与一个维度处在近平衡态;⑫两个维度处在简谐振动与一个维度处在远离平衡态;⑬一个维度处在准平衡态、一个维度处在近平衡态与一个维度处在远离平衡态;⑭一个维度处在准平衡态、一个维度处在近平衡态与一个维度处在简谐振动;⑮一个维度处在准平衡态、一个维度处在远离平衡态与一个维度处在简谐振动;⑯一个维度处在近平衡态、一个维度处在远离平衡态与一个维度处在简谐振动。

在三维二仪质向量坐标系$\vec{X}\vec{Y}\vec{Z}$中,三元系统在$\vec{X}$轴和$\vec{Y}$轴及$\vec{Z}$轴上的子系统的失衡情况或平衡情况各不相同,通过互相垂直的$\vec{X}$轴和$\vec{Y}$轴及$\vec{Z}$轴方向上各个子系统形态变化规律的加和而得到的三元系统形态变化规律就必然多种多样。在此不一一讨论,兹以在$\vec{X}$轴和$\vec{Y}$轴及$\vec{Z}$轴上的子系统具有不同的平衡或失衡的典型情形作为范例,来认识这类情形下的三元系统形态变化规律。

(一)二维为近平衡态与一维为准平衡态的三元系统形态变化规律

在三维二仪质向量坐标系$\vec{X}\vec{Y}\vec{Z}$中,如果三元系统在其中两个维度(设为$\vec{X}$轴和$\vec{Y}$轴)的子系统的形态变化处在近平衡态,而在另一个维度(设为$\vec{Z}$轴)的子系统的形态变化处在准平衡态单向的变化之中,在垂直的$\vec{X}$轴和$\vec{Y}$轴及$\vec{Z}$轴内部的($\vec{N},\vec{n},\vec{E},\vec{E_{\neq}},\vec{\varepsilon}$)五维分质向量空间($\vec{C_N},\vec{n},\vec{E},\vec{C_{E_{\neq}}},\vec{C_\varepsilon}$)截面上,$\vec{X}$轴和$\vec{Y}$轴上的子系统在近平衡态的异质单元数变化规律为指数函数,而$\vec{Z}$轴上的子系统在准平衡态的异质单元数变化规律为线性函数。

在省却质向量坐标轴关于指向规定的情况下,X轴和Y轴的子系统在近平衡态的异质单元数变化规律为(6-296)式 $n_+ = C_{N_+} e^{\mp(C_{E_{\neq+}}-E_+)/C_{\varepsilon_+}}$。而$Z$轴的子系统在吸收发射条件下准平衡态的异质单元数变化规律为(6-313)式 $n_+ = aC_{N_+}\dfrac{C_{E_{\neq+}}-E_+}{C_{\varepsilon_+}} + bC_{N_+}$,

在自发发射条件下准平衡态的异质单元数变化规律为(6-317)式 $n_+ = a'C_{N_+} \cdot \frac{C_{E_{\neq +}} - E_+}{C_{\varepsilon_+}} + b'C_{N_+}$。把不同坐标轴上的子系统形态变化规律代入(20-28)式 $\vec{n}_{X+Y+Z} = \vec{n}_X + \vec{n}_Y + \vec{n}_Z$，在吸收发射条件下，三元系统的异质单元数变化规律可以表示为

$$n_{X+Y+Z} = n_X + n_Y + n_Z$$
$$= C_{N_X} e^{-(C_{E_{\neq x}} - E_X)/C_{\varepsilon_x}} + C_{N_Y} e^{-(C_{E_{\neq y}} - E_Y)/C_{\varepsilon_y}} + a_Z \frac{C_{E_{\neq z}} - E_Z}{C_{\varepsilon_z}} + b_Z C_{N_Z} \quad (20\text{-}184)$$

在自发发射条件下，三元系统的异质单元数变化规律可以表示为

$$n_{X+Y+Z} = n_X + n_Y + n_Z$$
$$= C_{N_X} e^{(C_{E_{\neq x}} - E_X)/C_{\varepsilon_x}} + C_{N_Y} e^{(C_{E_{\neq y}} - E_Y)/C_{\varepsilon_y}} + a'_Z \frac{C_{E_{\neq z}} - E_Z}{C_{\varepsilon_z}} + b'_Z C_{N_Z} \quad (20\text{-}185)$$

在省却了质向量坐标轴关于性质和指向规定的情况下，三维二仪质向量坐标系 $\vec{X}\vec{Y}\vec{Z}$ 就成为三维笛卡尔直角坐标系 XYZ。在 X 轴和 Y 轴构成的二维笛卡尔直角坐标系 XY 平面上，以笛卡尔坐标的 (x,y) 形式表达的二元子系统形态变化规律 Δu_{XY} 可以转换成以极坐标的 (ρ,φ) 形式来表达；而 Z 轴就通过平面极坐标系的坐标原点且垂直于极坐标平面。因此，三元系统形态变化规律可以用二元子系统形态变化规律的极坐标表达式和 Z 轴上的表达式来组合。

三元系统在 X 轴和 Y 轴上的子系统处在近平衡态，就是三元系统在 XY 平面上的二元子系统做阻尼振动或生发振动。二元子系统形态变化规律如果用极坐标 $w(\rho,\varphi)$ 的形式来表示就是(19-94)式 $\rho = \rho_0 e^{\pm(\text{arccot}\tau)\varphi}$，其在二维平面所形成的形态变化曲线就是图19-24所示的等角螺线。而三元系统在 Z 轴上的子系统处在准平衡态就是在发生螺旋运动的 (ρ,φ) 平面的垂直方向上做直线运动，其异质单元数变化规律还是用 $\Delta u_Z = z$ 表示。

三元系统形态变化规律是三个维度坐标轴上的子系统变化规律的综合，由(20-27)式 $u^2_{X+Y+Z} = x^2 + y^2 + z^2$ 可以得到二维为近平衡态与一维为准平衡态的三元系统形态变化规律为

$$u^2_{X+Y+Z} = x^2 + y^2 + z^2$$
$$= \rho^2 + z^2 \quad (20\text{-}186)$$
$$= \rho_0^2 e^{\pm 2(\text{arccot}\tau)\varphi} + z^2$$

在极坐标系 $P\Phi$ 的 (ρ,φ) 平面上，二元子系统的形态变化以等角螺线水平展开或收缩（由正负号所决定）；而在与之垂直的 Z 坐标轴上的一元子系统形态变化规律又是直线函数的形式。由于等角螺线就像一条围绕固定点或中心点不断向外卷绕的手表发条一样的水平螺线，这一水平螺线与立轴的准平衡态变化叠加在一起，其合成形态的轨迹就像等角螺线的中心被沿着与平面垂直的方向拉起。在 Z 轴上的直线运动是单向的，其与等角螺线合成的形态就是顶点 A 在原点的单圆锥形螺线，这是从锥顶 A（水平螺线形的中心）到锥底（水平螺线形的外延曲线）围绕锥体逐渐盘旋的立体螺线，如图20-25所示。

等角螺线与直线运动合成的圆锥形立体螺线在自然界中比比皆是。在动物界,蝙蝠从高处往下飞,就是按这样的圆锥形立体螺线路径飞行的。许多海螺的自然形态就是在空间上呈现这样的立体螺旋体,像大轮螺、梯螺、笋螺,笔螺顶部所呈现的就是圆锥形立体螺线形态。在建筑风格上,底格里斯河畔的萨迈拉大清真寺的萨迈拉螺旋金字塔就是在造型上采用了圆锥形立体螺线形态,如图20-26所示。

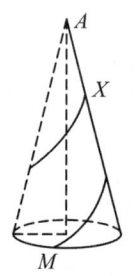

图20-25 圆锥形螺线

图20-26 萨迈拉螺旋金字塔

(二)二维为简谐振动与一维为近平衡态的三元系统形态变化规律

在三维二仪质向量坐标系$\vec{X}\,\vec{Y}\,\vec{Z}$中,如果三元系统在其中两个维度(设为$\vec{X}$轴和$\vec{Y}$轴)组成的$(\vec{X}\,\vec{Y})$平面上的子系统处在简谐振动,而在另一个维度(设为$\vec{Z}$轴)的子系统处在近平衡态的变化之中,三元系统形态变化规律可以表示成为$(\vec{X}\,\vec{Y})$平面上二元子系统形态变化规律与$\vec{Z}$轴上一元子系统形态变化规律的组合。

在三维二仪质向量坐标系$\vec{X}\,\vec{Y}\,\vec{Z}$的$\vec{X}$轴和$\vec{Y}$轴及$\vec{Z}$轴内部的$(\vec{P},\vec{S})$二维分质向量空间中,一维三元信息$\vec{P}_{X+Y+Z}$可以由三个分质向量$\vec{P}_X$、$\vec{P}_Y$和$\vec{P}_Z$相加所构成,所以把$\vec{X}$轴和$\vec{Y}$轴上的简谐振动函数$\vec{P}_X=\pm\cos\vec{S}_X$和$\vec{P}_Y=\pm\cos\vec{S}_Y$以及$\vec{Z}$轴上近平衡态的指数函数$\vec{P}_Z=\mathrm{e}^{\pm\vec{S}_Z}$代入$\vec{P}_{X+Y+Z}=\vec{P}_X+\vec{P}_Y+\vec{P}_Z$,即可得到二维为简谐振动与一维为近平衡态的三元系统形态变化规律

$$\vec{P}_{X+Y+Z}=\pm\cos\vec{S}_X\pm\cos\vec{S}_Y+\mathrm{e}^{\pm\vec{S}_Z} \qquad (20\text{-}187)$$

在省却质向量坐标轴关于指向规定的情况下,即可得到二维为简谐振动与一维为近平衡态的三元系统形态变化规律

$$P_{X+Y+z}=\pm\cos S_X\pm\cos S_Y+\mathrm{e}^{\pm S_z} \qquad (20\text{-}188)$$

在三维二仪质向量坐标系$\vec{X}\,\vec{Y}\,\vec{Z}$中,转置$\vec{X}$轴和$\vec{Y}$轴成为$\vec{X}i$轴和$\vec{Y}i$轴,在$\vec{X}i$轴和$\vec{Y}i$轴内部的$(\vec{N}_\perp,\vec{n}_\perp,\vec{E}_\perp,\vec{E}_{\neq\perp},\vec{\varepsilon})$五维分质向量空间中,在省却分质向量关于方向的规定时,如果三元系统在Xi轴和Yi轴上的子系统处在简谐振动,二元子系统的形态变化规律就是椭圆方程(19-22)式 $P_X^2+P_Y^2=\dfrac{n_X^2}{N_X^2}+\dfrac{n_Y^2}{N_Y^2}=1$,那么,在总体单元数相等$(N=N_X=N_Y)$的条件下,二元子系统形态变化规律可用圆方程(19-23)式 $n_X^2+n_Y^2=N^2$ 表示。这就是说,二元子系统的形态变化以椭圆或圆的形态水平展开(或收缩)。

另外，在 $\vec{Z}$ 轴内部的 $(\vec{N},\vec{n},\vec{E},\vec{E}_{\neq},\vec{\varepsilon})$ 五维分质向量空间中，在省却质向量关于方向的规定时，三元系统在 Z 轴上的子系统处在近平衡态的变化，在 Z 轴上的一元子系统形态变化规律为指数方程。在与 (XY) 平面垂直的维度 (Z 轴) 上，一元子系统形态的变化是以近平衡态的指数规律变化的。因此，三元系统形态变化规律可以表示成为 (XY) 平面二元子系统椭圆或圆的形态变化规律和 Z 轴一元子系统近平衡态指数变化规律的组合。

如果三元系统在 Xi 轴和 Yi 轴上的子系统处在简谐振动，且每个子系统在发生简谐振动时总体单元数恒定，即 $N_X=C_{N_X}$，$N_Y=C_{N_Y}$，而异质单元数 n_X 和 n_Y 为变量，三元系统在 Z 轴上的子系统处在近平衡态的变化，即 n_Z 为变量，那么，三元系统在 Z 轴上的子系统处在近平衡态的指数函数形式的形态变化就会与 Xi 轴和 Yi 轴上二元子系统简谐振动的椭圆或圆的形态变化叠加在一起，而表现为圆柱螺旋线。这三个相互垂直维度上子系统的形态变化叠加在一起，三元系统所呈现的形态就像椭圆或圆的中心被沿着与平面垂直的方向逐渐拉起的椭圆柱螺旋线或圆柱形螺旋线。

当三元系统在 Z 轴上的子系统处在近平衡态的单向变化停止，即 $n_Z=C_{N_Z}$ 为常量时，三元系统所呈现的形态就是一个尺寸确定的椭圆柱螺旋线或圆柱形螺旋线，这种圆柱形螺线是画有直线的平面围绕正圆柱上形成的曲线，如图 20-27 所示。

自然界中有无数的呈圆柱形螺旋的物体与运动轨迹。一个停在圆柱表面某一点的蜘蛛要捕食落在圆柱表面另一点的一只苍蝇，选择的最佳路径便是圆柱形螺线。图 20-28 所示的是脱氧核糖核酸 (DNA) 的双圆柱螺旋结构。图 20-29 所示的攀缘植物是圆柱形螺旋的形态，有的朝左攀缘（金银花），有的朝右攀缘（紫薇科黄钟花属植物）。生活中圆柱形螺旋的物体也不胜枚举，像人们设计的旋梯就是台阶连续围绕中心支撑柱旋转的；枪膛来复线也是圆柱形螺旋，其作用是使子弹在向前运动中朝着一定的方向转动。如果等角螺线与极坐标中极点引出的射线相交成为黄金角，植物在向上生长的过程中其花瓣、萼片、果实的数目以及其他方面的特征就会与斐波那契数列相吻合。

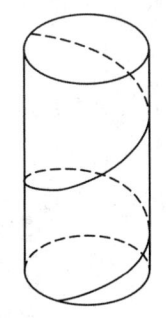

图 20-27　圆柱形螺线

图 20-28　DNA 双螺旋结构

图 20-29　攀缘植物螺旋

（三）二维为简谐振动与一维为准平衡态的三元系统形态变化规律

在三维二仪质向量坐标系 $\vec{X}\vec{Y}\vec{Z}$ 中，在 $\vec{X}$ 轴和 $\vec{Y}$ 轴及 $\vec{Z}$ 轴内部的 $(\vec{P},\vec{S})$ 二维分质

向量空间中,一维三元信息 $\vec{P}_{X+Y+Z}$ 可以由三个分质向量 $\vec{P}_X$、$\vec{P}_Y$ 和 $\vec{P}_Z$ 相加所构成,即(20-45)式 $\vec{P}_{X+Y+Z}=\vec{P}_X+\vec{P}_Y+\vec{P}_Z$。如果三元系统的子系统在其中相互垂直的两个维度(设为 $\vec{X}$ 轴和 $\vec{Y}$ 轴)组成的 $(\vec{X}\vec{Y})$ 平面处在简谐振动的状态,而另一个子系统在另一个维度(设为 $\vec{Z}$ 轴)的形态处在准平衡态单向的变化之中,把 $\vec{X}$ 轴和 $\vec{Y}$ 轴上谐振子的简谐振动规律 $\vec{P}_X=\pm\cos\vec{S}_X$ 和 $\vec{P}_Y=\pm\cos\vec{S}_Y$ 以及 $\vec{Z}$ 轴正半轴上子系统在准平衡态的线性变化规律 $\vec{P}_Z=\vec{S}_Z$ 代入(20-45)式 $\vec{P}_{X+Y+Z}=\vec{P}_X+\vec{P}_Y+\vec{P}_Z$,得到

$$\vec{P}_{X+Y+Z}=\pm\cos\vec{S}_X+\pm\cos\vec{S}_Y+\vec{S}_Z \tag{20-189}$$

在省却质向量坐标轴关于指向规定的情况下,三维二仪质向量坐标系 $\vec{X}\vec{Y}\vec{Z}$ 成为三维二仪质变量坐标系 XYZ,(20-189)式就成为

$$P_{X+Y+Z}=\pm\cos S_X+\pm\cos S_Y+S_Z \tag{20-190}$$

在三维二仪质向量坐标系 $\vec{X}\vec{Y}\vec{Z}$ 中,转置 $\vec{X}$ 轴和 $\vec{Y}$ 轴成为 $\vec{X}$i 轴和 $\vec{Y}$i 轴,在 $\vec{X}$i 轴和 $\vec{Y}$i 轴内部的 $(\vec{N}_\perp,\vec{n}_\perp,\vec{E}_\perp,\vec{E}_{\neq\perp},\vec{\varepsilon}_\perp)$ 五维分质向量空间中,在省却分质向量关于方向的规定时,如果三元系统在 Xi 轴和 Yi 轴上的子系统处在简谐振动,二元子系统形态变化规律就是椭圆方程(19-22)式 $P_X^2+P_Y^2=\dfrac{n_X^2}{N_X^2}+\dfrac{n_Y^2}{N_Y^2}=1$,那么,在总体单元数 N 相等 $(N=N_X=N_Y)$ 的条件下,二元子系统形态变化规律可用圆方程(19-23)式 $n_X^2+n_Y^2=N^2$ 表示。这就是说,二元子系统形态变化以椭圆或圆的形态水平展开(或收缩)。另外,在 $\vec{Z}$ 轴内部的 $(\vec{N},\vec{n},\vec{E},\vec{E}_{\neq},\vec{\varepsilon})$ 五维分质向量空间中,在省却分质向量关于方向的规定时,三元系统在 Z 轴上的子系统处在准平衡态的单向变化,在 Z 轴上一元子系统的形态变化规律为线性方程。在与 (XY) 平面垂直的维度 $(Z$ 轴)上,一元子系统形态的变化是以准平衡态的单向射线变化的。因此,三元系统形态变化规律可以表示成为 (XY) 平面二元子系统椭圆或圆的形态变化规律和 Z 轴一元子系统单向射线形态变化规律的组合。不过,三个相互垂直维度上子系统形态变化的叠加还有几种情形。

1. 二元子系统简谐振动的总体单元数恒定

如果三元系统在 X 轴和 Y 轴上的子系统处在简谐振动,且每个子系统在发生简谐振动时总体单元数 N 恒定,即 $N_X=C_{N_X}$,$N_Y=C_{N_Y}$,而异质单元数 n_X 和 n_Y 为变量,三元系统在 Z 轴上的子系统处在准平衡态的单向变化,即 n_Z 为变量,那么,这三个相互垂直维度上子系统的形态变化叠加在一起,三元系统所呈现的形态就像椭圆或圆的中心被沿着与平面垂直的方向逐渐拉起的圆柱体。例如,龙卷风的生长或龙吸水的运动等。

当三元系统在 Z 轴上的子系统处在准平衡态的单向变化停止,异质单元数 n_Z 为常量,即 $n_Z=C_{N_Z}$ 时,这样,三元系统所呈现的形态就是一个尺寸确定的圆柱体,如图 20-30 所示。

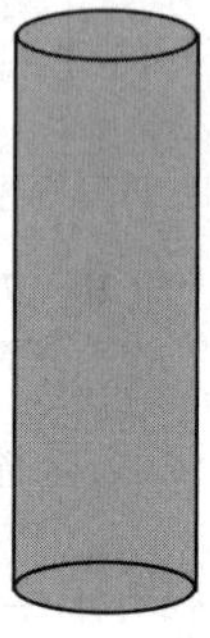

图 20-30 圆柱体

2. 二元子系统简谐振动的总体单元数不定

如果三元系统在 X 轴和 Y 轴上的子系统处在简谐振动,且每个子系统在发生简谐振动时总体单元数 N 为变量,即 $N_X \neq C_{N_X}$,$N_Y \neq C_{N_Y}$,而异质单元数 n_X 和 n_Y 也为变量,三元系统的二元子系统在 (XY) 平面发生椭圆或圆的旋转运动。三元系统在 Z 轴上的子系统处在准平衡态的单向变化,即 n_Z 为变量,那么,这三个相互垂直维度上子系统的形态变化叠加在一起,三元系统所呈现的形态就会像转动的圆的中心被沿着与平面垂直的轴向逐渐拉起的半球体,如图 20-31 所示。

当三元系统在 Z 轴上的子系统处在准平衡态的单向变化停止,即 $n_Z = C_{N_Z}$ 为常量时,X 轴和 Y 轴上处在简谐振动的子系统的总体单元数 N 不再变化,即 $N_X = C_{N_X}$,$N_Y = C_{N_Y}$,三元系统所呈现的形态就是一个尺寸确定的半椭球体或半球体。

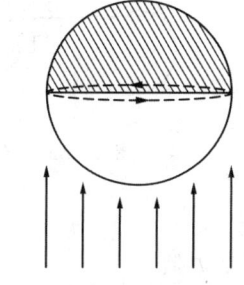

图 20-31　沿轴向被拉起来的半球体

三元系统的二元子系统发生简谐振动而另一个一元子系统发生单向线性变化时,其形态变化所呈现的运行轨迹就是一个沿轴向前进的旋转的半球体。其实,三元系统在三维二仪"空间距离"质向量坐标系 $\vec{X}\vec{Y}\vec{Z}$ 的物理空间中,一个受力作用的物质粒子(从夸克、电子、光子、原子到星球)的运动轨迹,一方面半球顶部要沿着受力的单一方向移动,另一方面要在与平动直线垂直的方向上自旋,这就构成了半球体的旋转运动,其尾涡形成粒子云。不过,这从另一侧面也表达了波粒二象性的机理,粒子沿单向直线的平动显现的是粒子性,而粒子自旋在二维平面做简谐振动的圆周运动显现的是波动性。

如果让这个沿轴向前进的旋转的圆锥体投影到二维平面,就会呈现为一个弓弦样的半圆形;半圆形的底是做简谐振动的圆周运动的投影,看起来就像一根一维振动的弦。因此,运动中的物质粒子在平面上看起来并不是点,而是像两端固定的振动的弦跟着弓顶的点平动。像理论物理学的弦论就不把自然界的基本单元(电子、光子、中微子和夸克)当作点状粒子,而是当作很小段的线状的振动的弦。

在三维二仪质向量坐标系 $\vec{X}\vec{Y}\vec{Z}$ 中,如果有两个性质相反的物质粒子相互作用,异性相吸使得两个物质粒子彼此靠近。如果这两个异性物质粒子自旋相反,反向旋转的一对球体在相互吸引过程中表现出来的形变就会像是一个沙漏洞口被拉长了,如图 20-32 所示。

有意思的是,还可以把异性相吸的两个物质粒子与爱因斯坦和他的助手罗森在 1935 年推导时空模型得到的"爱因斯坦-罗森桥"联系起来。爱因斯坦-罗森桥是宇宙中可能存在的连接两个不同时空

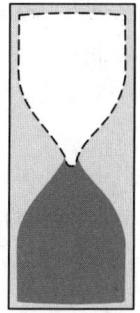

图 20-32　两异性粒子在相吸中呈现为沙漏洞口被拉长的形变

的狭窄隧道,称为虫洞,如图20-33所示。理论上,虫洞是连接白洞和黑洞的多维空间隧道,是无处不在但转瞬即逝的。[18]因此,两个异性粒子的相吸过程都可以用虫洞作为模型来表达,如图20-34所示。

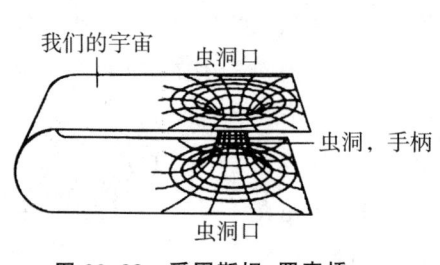

图 20-33　爱因斯坦-罗森桥

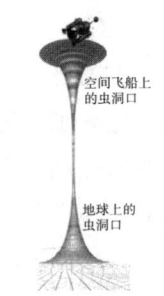

图 20-34　虫洞模型

参考文献

[1] 陆栋,蒋平,徐至中.固体物理学[M].上海:上海科学技术出版社,2003:1-16.

[2] 刘文明.半导体物理学[M].长春:吉林人民出版社,1982:1-40.

[3] 何福城,朱正和.结构化学[M].北京:人民教育出版社,1979:201-203.

[4] 费恩曼,莱顿,桑兹.费恩曼物理学讲义:第2卷[M].李江芳,王子辅,钟万蘅,译.上海:上海科学技术出版社,2005:412-413.

[5] 庞小峰.宏观量子效应[J].自然杂志,1982,5(4):254-255.

[6] 张天蓉.电子,电子！谁来拯救摩尔定律[M].北京:清华大学出版社,2014:60-61.

[7] HEISENBERG W.Physics and philosophy[M].New York:Harper Torchbooks,1958:107.

[8] 王矜奉.固体物理教程[M].8版.济南:山东大学出版社,2013:20-77.

[9] 杨维纮.力学[M].2版.北京:中国科学技术出版社,2004:26-27.

[10] 徐道一.周易科学观[M].北京:地震出版社,1992:132.

[11] 杨帮华,李昕,杨磊,等.模式识别技术及其应用[M].北京:科学出版社,2016:13.

[12] 斯蒂恩.今日数学[M].马继芳,译.上海:上海科学技术出版社,1982:374-377.

[13] 于学刚.狭义相对论和量子理论一元化表述[M].北京:科学出版社,2012:257-261.

[14] 周希朗.电磁理论中的应用数学基础[M].南京:东南大学出版社,2006:246.

[15] 于渌,郝柏林.相变和临界现象[M].北京:科学出版社,1984:97-100.

[16] 克劳福德.波动学[M]//SI版.伯克利物理学教程:第3卷.卢鹤绂,译.北京:机械工业出版社,2016:272.

[17] 张天蓉.上帝如何设计世界[M].北京:清华大学出版社,2015:36-39.

[18] 赵峥.爱因斯坦与相对论[M].上海:上海教育出版社,2015:218-224.

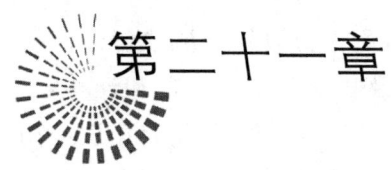

第二十一章

流体模型与结构论

第一节　气体迁移与扩散模型

为了认识物质气团的运动规律，人们建立了一些常用的大气扩散与迁移模型。统一科学关于三元系统的异质信息变化函数可以演绎出污染物气团的扩散模型与迁移模型，包括无界空间点源扩散模式和瞬时点源的烟团扩散模型，也包括有界空间的高架连续点源扩散模式和瞬时点源的烟团扩散模型，还包括箱式浓度场模型等。

一、常用的大气扩散与迁移模型

如果三维二仪质参量坐标系的三个维度质参量坐标轴都特别规定为"空间距离"坐标轴，那么在三维"空间距离"坐标系中，按一定的组合形式和关系形成的物质颗粒系统是可以进行自由扩散或迁移的三元系统，其变动不息的非平衡结构就称为流体。流体是能流动的物质颗粒系统，其鲜明的特征是具有流动性。流体的物质颗粒（单元）按一定的组合形式和关系所形成的变动不息的非平衡结构就是动态结构；动态结构中三维点阵并置的平行六面体单位已经变形，物质颗粒（单元）在三维立体空间中的定位方向和空间距离是可变的，其物质颗粒（单元）的数量在失衡条件下也是可变的。

在自然界和人们的日常生活及生产活动中随时随地都可遇到流体，像气体（气态物体）和液体（液态物体）就是最常见的两种由物质分子组成的流体。气体和液体的主要差别在于它们的压缩性不同，气体很容易压缩，而液体几乎不能压缩。[1]

通常，流体由大量的物质分子组成，而分子间都存在比分子本身尺度大得多的间隙，且每个分子都不停地在运动。从微观角度看，流体的形态量在空间分布上是不连续的；但从宏观上描述流体运动的形态量是大量分子的统计平均值，在此情况下，人们就可以近似地把气体和液体当成无数的质点组成的连续的光滑的理想流体。[2]

流体本身存在着静止状态和运动状态，根据物质守恒原理可以建立流体静态的质量模型和流体动态的质量模型。流体的运动变化主要涉及物质分子的扩散和迁移，扩散是气体和液体中质点运动的基本方式。流体中的质点（某些物质分子）由自由度小向自由度大的方向的定向迁移运动就是扩散，扩散被认为是物质通过分子运动而自发实现的输运过程。在此，就应用统一科学关于三元系统形态变化规律的理论来演绎气体中污染物分子的扩散和迁移模型。

人类生活在空气之中，气象变化和空气质量变化都与人的生活密切相关。空气是指地球大气层中的气体混合。大气运动就是某种物质的气团向周围环境大气的扩散运动。大气运动十分复杂，因而常有"天有不测风云"之说。但是，大气运动总可以用平均运动和叠加在平均运动上的湍流运动来表示。平均运动表示某一物质气团整体运动的速率和方向的运动，而湍流运动则是当某一物质气团随平均运动一起移动时，使某一物质气团弥散和稀释的一种运动。例如，烟团扩散就是指将一定量物质在很短时间内排入大气后的扩散。烟团被风吹离其源后，由于湍流涨落的作用，将沿其中心膨胀扩散。尺度比烟团小得多的涨落引起烟团缓慢膨胀，而尺度比烟团大得多的涨落将烟团整体转移而不扩散，尺度与烟团相当的湍流涨落将引起烟团迅速扩散稀释。随烟团的膨胀，对其作用的湍流亦越多，扩散速率即增大。

大气的流动通常是湍流运动，自然界流体的流动几乎都具有这种不规则的特征；而大气的平均运动只具有相对的意义，即在一定的时空尺度意义上的大气运动的平均状态。大气湍流的尺度是连续变化的，总有小于或接近于烟团尺度的湍流运动在起扩散作用。在指定点上的风，总是可以分离为平均运动和叠加在这个平均运动上的湍流。

大气湍流运动取决于三个因素：①由于伸入气流内部的障碍物的机械扰动，即动力效应引起的；②由于地球表面的热力学特性不均匀和加热或冷却的不均匀性所导致的温度结构的时空变化，即热力效应引起的；③由于大气本身的不均匀运动引起的风场涨落。

如果气体与周围环境大气没有温差，那么湍流运动的扩散动力就是浓度差，某一物质气团在环境大气中的运动就可以用平均运动和叠加在平均运动上的湍流运动来表示其传输和分散的过程。如果气体与周围环境大气存在温差，那么扩散动力既有浓度差又有热动力，某一物质气团会由于浓度差而在无限大空间的环境大气内扩散，也会由于浮力而向上升腾。根据理想气体方程，温差会造成一定的压力差，所以究竟是浓度差还是温差导致扩散的作用增强，就要视具体情况而定。

空气的成分不是固定的，随着高度的改变或气压的改变，空气的组成比例也会改变。烟、尘、雾、蒸气、气溶胶和有味物质对自然界的空气成分也会造成一定范围的影响，从而产生对空气的环境污染。空气成分的变化可以用空气质量来表达，人们建立气体扩散模型与迁移模型的目的就是要认识环境空气质量的变化规律。

某一污染物质的气团排放后在大气环境中的运动过程，可以用平均运动和叠加在平均运动上的湍流运动来表示污染物传输和分散的过程。污染源排放过程产生的污染物和大气运动都是影响环境空气质量的主要因素。如果比空气重的气体称为重气，那么根据污染源排放所形成的气云的物理性质的不同，可以将描述气云扩散的模型分为非重气云模型和重气云模型两种。有些大气运动决定着空气中污染物移动的路径，而另一些大气运动则决定着污染物的稀释程度。[3]

气态污染物在环境空气中的扩散和输送主要是由大气运动决定的。研究大气扩散和输送过程，对了解污染物从污染源排出后在大气中的散布过程以及推算污染物的浓度分布具有决定性意义。研究大气扩散过程一般是在理论方法的基础上再采用实验方法。理论方法是为了准确地预报空气质量，对空气污染进行模拟而建立的空气运动变化模型。实验方法则是对给定的污染源，测定污染物浓度分布，并找出浓度分布随时间、空间和气象条件变化的关系。实验方法包括示踪剂浓度测量法、光学廓线法、"标记粒子"轨迹法、风洞模拟法等。

大气扩散模型是用以处理气态污染物在空气中（主要是边界层内）输送和扩散问题的物理模型和数学模型。大气扩散模型描述大气扩散和烟羽的化学物理过程，主要运用数学方程式来计算不同位置的气体分子浓度。由于影响气态污染物在气体介质扩散过程的气象条件、地形、下垫面状况及污染本身的复杂性，基于现有的理论，还不能找到一个适用于各种条件的大气扩散模型来描述所有这些复杂条件下的污染物浓度分布。

人们要认识和描述空气质量的变化规律，就必须建立气体扩散模型与迁移模型，而建立任何模型的前提是必须建立认知坐标系。选择适当的质参量坐标轴建立坐标系，关乎模型变量能否正确地反映气体分子系统形态的基本特征和流体现象流体的变化规律。确定质参量坐标系所包括的坐标轴维数与具体的质参量，可以使模型分为零维、一维、二维、三维……而坐标系的质参量坐标轴是否含有时间变量，又可以将模型分为动态模型和稳态模型。

从物质迁移扩散和反应动力学性质上看，还可以将模型分为迁移、扩散、对流模型以及化学反应和生物净化等转化模型等。在大气动力学中，根据经典力学的牛顿运动定律（特别是牛顿第二运动定律），就可以推导出单位质量气块（气团）的大气运动方程。根据质量守恒定律，把大气看作具可压缩性的连续介质，就可以推导出大气连续方程。根据热力学第一定律，也可以得出热流量方程。如果大气在运动过程中不与外界交换热量，还可以得出绝热过程的状态方程和决定湿空气气块中的水汽含量变化的水汽方程。这套方程组构成了描写大气运动和状态变化（包括水的相变）的基本方程组，是研究大气的一切运动和现象的基础。求出方程组的解，就能反映特定大气运动的基本状态，同时也清楚地反映了大气运动状态演变的物理过程。根据动力方程组，还可以导出大气动力学中几个常用的方程，如涡度方程、铅直涡度方程、位势涡度方程、散度方程、平衡方程等。

但是，大气动力学的任务首先是区分不同类型的大气运动的主要因子和次要因子，然后针对不同情况，将大气动力方程组做合乎实际的简化。人们建立气体扩散模型与迁移模型，通常是把认知坐标系的原点固定于地面上，这样的认知坐标系就是地球物理系统，实质上就是三维"空间距离"坐标系。在三维"空间距离"坐标系空间中，任何一个气团都是一个三元系统，空间的每一点都有一组三分量的地球物理参数值代表气团分子的分布形态。有了气团参量值分布的三维结构，人们就可以进行气团分子的浓度及其混合、扩散和迁移等行为的规律性描述。

在空气污染气象学中，人们已经建立的大气扩散与迁移模型有不少，主要包括箱式模型、高斯模型、拉格朗日-欧拉模型、计算流体动力学（computational fluid dynamics，CFD）模型、气溶胶动力学模型等。从简单的箱式模型到复杂的流体动力学模型，这些不同的大气扩散模型都存在要按照不同的流体及其所处的具体环境来确定大气扩散模型在不同环境中的适用性、应用尺度、环境复杂性、浓度参数化等问题。不过，在已经建立的大气扩散与迁移模型中，大多数都是源于大气点源扩散与迁移模型。因此，大气点源扩散与迁移模型是空气污染气象学理论的基础。

点源扩散模型是一种非重气扩散模型。由烟囱、放散管、通风口等排放的污染物气团，均可视其为点源。点源源强与污染物的物理化学性质、扩散方式、释放点的地理环境等有关。而可以从理论上演绎的扩散参数在具体环境介质的影响下往往改变其本真，因而人们一般采取实测法或经验法来获得。

建立点源扩散模型一般基于如下的假定：

（1）扩散过程中污染物是保守的单相系统，而下垫面是平坦、开阔、性质均匀的，即从排放源地到接受地之间没有损失，也不发生转化，地面对污染物起完全反射作用。或者说，在扩散过程中污染物的量是守恒的，即污染物和空气无相对运动，源强是连续均匀的。

（2）平均流场是均匀的、稳定的，要求平均风和湍流不随空间位置而变化，不考虑风场的切变；扩散在同一温度层结中发生，在整个空间中平均风速和风向在时间上无显著变化，气流均匀稳定。

（3）比起平均风速的平流输送作用，在顺风向或逆风向的扩散速率可以忽略不计，所以，在此方向只考虑污染物的迁移，而不考虑扩散引起的污染物分布涨落。

大量的实验和理论研究证明，在地球物理三维"距离空间"坐标系空间中，某一点源排放的污染物气团在无限大的大气环境内扩散，在均匀平稳的大气条件和下垫面开阔平坦的地区，当扩散的污染物分子密度的变化达到稳定状态时，平均浓度分布和湍流脉动速度呈中心高、外缘低的异质信息变化率函数。特别是对于连续源的平均烟流，其污染物分子的浓度变化是遵循三元系统形态转化基元过程的自发发射条件下的异质信息变化函数曲线的。因此，统一科学关于三元系统的异质信息变化函数可以成为演绎不同环境条件下大气扩散与迁移模型的切入点，并为发展湍流动力学和颗粒材料运动学的综合理论奠定了基础。通过异质信息变化函数，就可以演绎出有关气体在环境空气中的迁移与扩散过程中的空气质量变化规律,也可以从理论上演绎得到在不同环境条件下的大气扩散与迁移模型及其扩散参数。

二、统一科学演绎的大气扩散与迁移模型

在三维正向质向量坐标系 $\vec{X}_+\vec{Y}_+\vec{Z}_+$ 内部 $(\vec{N}_+,\vec{n}_+,\vec{E}_+,\vec{E}_{\neq+},\vec{\varepsilon}_+)$ 五维分质向量空间的 $(\vec{C}_{N_+},\vec{n}_+,\vec{E}_+,\vec{C}_{E_{\neq+}},\vec{C}_{\varepsilon_+})$ 截面上,能量 $\vec{E}_+$ 在互相垂直的 $\vec{X}_+$ 轴和 $\vec{Y}_+$ 轴及 $\vec{Z}_+$ 轴上的分质向量为 $\vec{E}_{X_+}$、$\vec{E}_{Y_+}$ 和 $\vec{E}_{Z_+}$,异质单元数 $\vec{n}_+$ 在互相垂直的 $\vec{X}_+$ 轴和 $\vec{Y}_+$ 轴及 $\vec{Z}_+$ 轴上的分质向量为 $\vec{n}_{X_+}$、$\vec{n}_{Y_+}$ 和 $\vec{n}_{Z_+}$。三元系统的能量 $\vec{E}_{X_+Y_+Z_+}$ 可表达为 $\vec{E}_{X_+Y_+Z_+}(\vec{E}_{X_+},\vec{E}_{Y_+},\vec{E}_{Z_+})$,三元系统的异质单元数 $\vec{n}_+$ 也可以表达为 $\vec{n}_{X_+Y_+Z_+}(\vec{n}_{X_+},\vec{n}_{Y_+},\vec{n}_{Z_+})$。能量 $\vec{E}_+$ 与异质单元数 $\vec{n}_+$ 存在着函数关系,它们之间的函数关系可表达为 $\vec{E}_{X_+Y_+Z_+}=f(\vec{n}_{X_+},\vec{n}_{Y_+},\vec{n}_{Z_+})$ 或 $\vec{n}_{X_+Y_+Z_+}=f(\vec{E}_{X_+},\vec{E}_{Y_+},\vec{E}_{Z_+})$。

如果能量 $\vec{E}_+$ 的显性因子 $\vec{\theta}_+$ 为空间距离 $\vec{l}_+$,即 $\vec{E}_+=F_N\vec{l}_+$;空间距离 $\vec{l}_{X_+Y_+Z_+}$ 在互相垂直的 $\vec{X}_+$ 轴和 $\vec{Y}_+$ 轴及 $\vec{Z}_+$ 轴上的分质向量为 $\vec{l}_{X_+}$、$\vec{l}_{Y_+}$ 和 $\vec{l}_{Z_+}$,三元系统的空间距离 $\vec{l}_{X_+Y_+Z_+}$ 可以表达为 $\vec{l}_{X_+Y_+Z_+}(\vec{l}_{X_+},\vec{l}_{Y_+},\vec{l}_{Z_+})$。在省却分质向量坐标轴关于指向规定的情况下,$l_{X_+}=x$,$l_{Y_+}=y$ 和 $l_{Z_+}=z$。三元系统的空间距离 $l_{X_+Y_+Z_+}$ 也可以表达为 $l_{X_+Y_+Z_+}(x,y,z)$。三元系统的异质单元数 $n_{X_+Y_+Z_+}$ 与三元系统空间距离的函数关系就是 $n_{X_+Y_+Z_+}=f(x,y,z)$。因此,在规定"空间距离"这一特质为质向量的质参量的条件下,三维正向质向量坐标系 $\vec{X}_+\vec{Y}_+\vec{Z}_+$ 成为三维"空间距离"坐标系 $X_+Y_+Z_+$。

在定容 V 的条件下,三元系统的异质单元浓度

$$C_{X_+Y_+Z_+}=\frac{n_{X_+Y_+Z_+}}{V} \tag{21-1}$$

三元系统总体单元数为常量 $N_{X_+Y_+Z_+}=C_{N_{X_+Y_+Z_+}}$,总体单元浓度 $C_{N_+}=\dfrac{Q}{V}$ 也是常量,令 $Q=C_{N_{X_+Y_+Z_+}}$,上式可写成

$$\begin{aligned}C_{X_+Y_+Z_+}&=\frac{n_{X_+Y_+Z_+}}{C_{N_{X_+Y_+Z_+}}}\frac{Q}{V}\\&=P_{X_+Y_+Z_+}C_{N_+}\\&=C_{N_+}P_+(x,y,z)\\&=C_{N_+}P_+(x)P_+(y)P_+(z)\\&=C(x,y,z)\end{aligned} \tag{21-2}$$

在三维"空间距离"坐标系 $X_+Y_+Z_+$ 中,点源排放在一定的时间间隔内所排放的污染物质量是一定的,污染物分子向各个方向扩散,不同时间到达不同大小的球面,而形

成污染气团。三元系统的异质单元浓度 $C_{X_+Y_+Z_+}$ 既取决于总体单元浓度 $C_{N_+} = \dfrac{Q}{V}$,也取决于三元系统异质信息分布函数 $P_+(x,y,z) = P_+(x)P_+(y)P_+(z)$。如果污染物分子的扩散过程是在三维"空间距离"坐标系 $X_+Y_+Z_+$ 的 $(X_+Y_+Z_+)$ 球对称空间中自由进行的,则污染物分子的扩散就可以分解为沿着 X_+ 轴、Y_+ 轴和 Z_+ 轴三个方向同步进行。但是,在有风条件下,污染物分子的扩散就不再是各向均匀的,污染气团在下风向拉长变成圆锥状的烟流。不过,污染物分子浓度 $C_{X_+Y_+Z_+}$ 还是 X_+ 轴、Y_+ 轴和 Z_+ 轴三个方向的空间距离函数,即(21-2)式 $C_{X_+Y_+Z_+} = C(x,y,z)$。

在三维正向质向量坐标系 $\vec{X}_+\vec{Y}_+\vec{Z}_+$ 内部的 $(\vec{P}_+,\vec{E}_+,\vec{E}_{\neq +},\vec{\varepsilon}_+)$ 四维分质向量空间的 $(\vec{P}_+,\vec{E}_+,\vec{C}_{E_{\neq +}},\vec{C}_{\varepsilon_+})$ 平面上,在省却分质向量关于方向的规定时,(20-133)式 $P_+ = \dfrac{1}{1+\mathrm{e}^{\mp(E_{X_+}-C_{E_{\neq +}})/C_{\varepsilon_+}}} \dfrac{1}{1+\mathrm{e}^{\mp(E_{Y_+}-C_{E_{\neq +}})/C_{\varepsilon_+}}} \dfrac{1}{1+\mathrm{e}^{\mp(E_{Z_+}-C_{E_{\neq +}})/C_{\varepsilon_+}}}$ 为三元系统的异质信息函数。如果分别以位移 x、位移 y、位移 z 为能量 E_{X_+}、能量 E_{Y_+}、能量 E_{Z_+} 的显性因子,$(x \geqslant 0, y \geqslant 0, z \geqslant 0)$,则 $E_{X_+} = F_{X_+} x$,$E_{Y_+} = F_{Y_+} y$,$E_{Z_+} = F_{Z_+} z$,其对应的能阈 $C_{E_{\neq +}}$ 和能元 C_{ε_+} 的显性因子也以位置因子 μ 和尺度因子表示,即 $C_{E_{\neq X_+}} = F\mu_{X_+}$,$C_{E_{\neq Y_+}} = F\mu_{Y_+}$,$C_{E_{\neq Z_+}} = F\mu_{Z_+}$ 和 $C_{\varepsilon X_+} = F\sigma_{X_+}$,$C_{\varepsilon Y_+} = F\sigma_{Y_+}$,$C_{\varepsilon Z_+} = F\sigma_{Z_+}$,那么在自发发射条件下,三维"空间距离"质参量坐标系 $X_+Y_+Z_+$ 中的三元系统异质信息变化函数就成为

$$P_+(x,y,z) = P_+(x)P_+(y)P_+(z)$$
$$= \dfrac{1}{1+\exp\left(\dfrac{x-\mu_{X_+}}{\sigma_{X_+}}\right)} \dfrac{1}{1+\exp\left(\dfrac{y-\mu_{Y_+}}{\sigma_{Y_+}}\right)} \dfrac{1}{1+\exp\left(\dfrac{z-\mu_{Z_+}}{\sigma_{Z_+}}\right)} \tag{21-3}$$

在三维"空间距离"坐标系 $X_+Y_+Z_+$ 中,要由上式演绎出无界空间和有界空间的气体扩散与迁移模型,必然是能够刻画某一污染物气团在排入环境空气后的迁移扩散过程的污染物浓度分布。因此,就要在三维地球物理坐标系中建立起污染物气团的扩散与迁移模型。[4]

(一)无界空间点源扩散模型

要在三维地球物理坐标系的空间中表示污染物在传输和分散过程的变化规律,就要建立三维正向质向量坐标系 $\vec{X}_+\vec{Y}_+\vec{Z}_+$。在省却质向量关于方向规定的条件下,规定"空间距离"这一特质为质参量,对于无界点源的烟流扩散,可以建立三维"空间距离"直角坐标系 $X_+Y_+Z_+$,如图21-1所示。

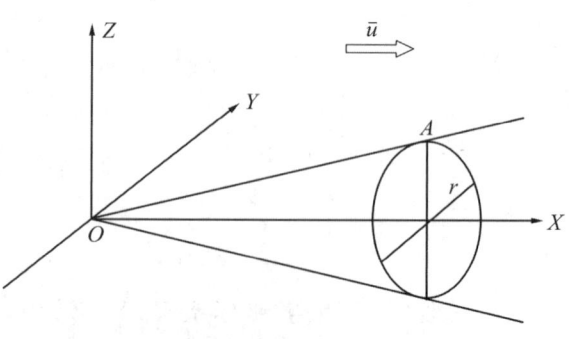

图 21-1 无界点源的烟流扩散模型

在三维"空间距离"直角坐标系 $X_+Y_+Z_+$ 中,如果取烟流中心的源点为坐标系的原点,X_+ 轴为平均风向(指下风方向);Y_+ 轴在水平面上垂直于 X_+ 轴,正向在 X_+ 轴的左侧;Z_+ 轴垂直于水平面 X_+OY_+,向上为正向,即为右手坐标系,那么对于地面点源,烟流中心与 X_+ 轴重合;对于高架点源,烟流中心在 X_+OY_+ 面的投影为 X_+ 轴。

对连续地面点源所排放的污染物来讲,源强的总体单元数为常量,即 $N_{X_+Y_+Z_+} = C_{N_{X_+Y_+Z_+}} = Q$。如果在 X_+ 轴方向上污染物只有迁移运动,污染物迁移的路程长度为 x,每单位时间随风迁移的距离就是平均风速 $\bar{u}$,则污染物气团在无界空间扩散后,某一点定容 V 的污染物源强 Q 可以用污染物源强的浓度 C_{N_+}($C_{N_+} = \dfrac{Q}{V}$)表示。X_+ 轴方向上的任意截面 A 就是 Y_+OZ_+ 平面。根据质量守恒和连续性原理,在 X_+ 轴方向上污染物随风迁移只是相当于坐标原点在 X_+ 轴上平移了 x,在 X_+ 轴方向上每单位时间通过任意截面 A 的污染物的源强为 Q,设距离源点 x 处截面 A 的半径是 r,如果单位时间通过的空气量为 $\bar{u}\pi r^2$,则截面 A 上任意一点的污染物浓度为

$$C(x) = \frac{Q}{\pi \bar{u} r^2} \tag{21-4}$$

若任意截面 A 为椭圆形,长半轴为 α 和短半轴为 β,单位时间通过的空气量为 $\bar{u}\pi\alpha\beta$,则烟流截面 A 上任一点的污染物浓度为

$$C(x) = \frac{Q}{\pi \bar{u} \alpha \beta} \tag{21-5}$$

在 Y_+OZ_+ 平面上的污染物只有扩散而没有迁移,所以椭圆形截面 A 的长半轴 α 可设为 Y_+ 轴方向的扩散参数 σ_{Y_+}(以尺度因子表示),椭圆形截面 A 的短半轴 β 可设为 Z_+ 轴方向的扩散参数 σ_{Z_+}(以尺度因子表示),这样,源强为 Q 的连续地面点源在距离源点 x 处任一烟流截面的污染物浓度就是

$$C(x) = \frac{Q}{\pi \bar{u} \sigma_{Y_+} \sigma_{Z_+}} \tag{21-6}$$

式中,扩散参数 σ_{Y_+} 和 σ_{Z_+} 也就是在 Y_+ 轴和 Z_+ 轴方向上扩散的污染物浓度分布的标准差,表征大气边界层内湍流扩散的强弱。

由于(21-3)式 $P_+(x,y,z) = \dfrac{1}{1+\exp\left(\dfrac{x-\mu_{X_+}}{\sigma_{X_+}}\right)} \dfrac{1}{1+\exp\left(\dfrac{y-\mu_{Y_+}}{\sigma_{Y_+}}\right)} \dfrac{1}{1+\exp\left(\dfrac{z-\mu_{Z_+}}{\sigma_{Z_+}}\right)}$

为自发发射条件下的三元系异质信息变化函数,在 X_+ 轴向上的污染物只有迁移运动而没有扩散,X_+ 轴向上的子系统的异质信息变化函数 $P_+(x) = 1$。因此,连续地面点源在无限空间下风向任意点的平均浓度就是

$$C(x,y,z) = C_{N_+} P_+(x,y,z)$$
$$= \frac{Q}{V} P_+(x) P_+(y) P_+(z)$$

$$= \frac{Q}{\pi \bar{u} \sigma_{X_+} \sigma_{Z_+}} \frac{1}{1+\exp\left(\frac{y-\mu_{Y_+}}{\sigma_{Y_+}}\right)} \frac{1}{1+\exp\left(\frac{z-\mu_{Z_+}}{\sigma_{Z_+}}\right)} \tag{21-7}$$

上式在 Y_+ 轴和 Z_+ 轴方向上都是以单元系统形态转化基元规律来反映污染源排放过程中产生的污染物浓度变化规律,但是污染物在 Y_+ 轴和 Z_+ 轴方向的扩散过程只是大气的物理运动过程,并不涉及污染物远离平衡态的形态转化,所以(21-7)式在 Y_+ 轴和 Z_+ 轴方向上子系统的异质信息变化函数可以用近平衡态的形式表示

$$C(x,y,z) = \frac{Q}{\pi \bar{u} \sigma_{X_+} \sigma_{Z_+}} \exp\left[-\left(\frac{y-\mu_{Y_+}}{\sigma_{Y_+}}\right) - \left(\frac{z-\mu_{Z_+}}{\sigma_{Z_+}}\right)\right] \tag{21-8}$$

在大气湍流强度近似均匀的情况下,烟流截面上的污染物浓度是不均匀的,污染物浓度变化曲线相对于烟羽轴是对称的。

对(21-8)式右侧的指数部分进行近似变换,令

$$\frac{y-\mu_{Y_+}}{\sigma_{Y_+}} \approx \frac{y^2}{2\sigma_{Y_+}^2}, \quad \frac{z-\mu_{Z_+}}{\sigma_{Z_+}} \approx \frac{z^2}{2\sigma_{Z_+}^2} \tag{21-9}$$

(21-8)式就成为

$$C(x,y,z) = \frac{Q}{\pi \bar{u} \sigma_{Y_+} \sigma_{Z_+}} \exp\left(-\frac{y^2}{2\sigma_{Y_+}^2} - \frac{z^2}{2\sigma_{Z_+}^2}\right) \tag{21-10}$$

此式就是经典的连续点源的高斯模式。

比较(21-10)式和(21-8)式可见,连续点源的高斯模式与连续地面点源在无限空间某点的平均浓度非常相似,但是在指数部分有所差异。差异的原因就在于高斯扩散模型是在污染物浓度符合正态分布的前提下推导的,由正态分布的假设得到下风向任意点污染物平均浓度 $C(x,y,z) = C(x)e^{-ay^2}e^{-bz^2}$,再进一步推导自然得到(21-10)式。在三维"空间距离"坐标系 $X_+Y_+Z_+$ 空间的 Y_+OZ_+ 平面中(在 Y_+ 轴和 Z_+ 轴上),人为臆造的正态分布虽然可以表现出"两头小,中间大"的特征,但是其根据的前提不真;而上述演绎的污染物浓度变化函数(21-8)式,才是符合三元系统信息函数的机理性连续点源模型。

(二)瞬时点源烟团模型

大部分的点源扩散模型是基于烟羽在稳定条件下垂直和水平方向的扩散,但是对于在无界空间的瞬时点源烟团模型,污染物气团在三维"空间距离"直角坐标系 $X_+Y_+Z_+$ 的 X_+ 轴、Y_+ 轴和 Z_+ 轴方向都是扩散,因而该坐标系的原点就要取在随风漂移的"烟团"中心。

污染物源强为 Q 的污染物气团在无界空间扩散后,某一点定容 V 的污染物源强 Q 可以用污染物浓度 C ($C = \frac{Q}{V}$) 表示。如果污染物气团的体积为一椭球体 V,每单位时间

通过椭球体 V 的空气量为 $V=\dfrac{4}{3}\pi\alpha\beta\gamma$，椭球体在 X_+ 轴、Y_+ 轴和 Z_+ 轴三个维度的半轴长度分别为 α、β 和 γ。如果在 X_+ 轴、Y_+ 轴和 Z_+ 轴方向上的扩散参数 σ_{X_+}、σ_{Y_+} 和 σ_{Z_+} 都以尺度因子表示，那么椭球体的三个半轴长度 α、β 和 γ 就分别是 X_+ 轴、Y_+ 轴和 Z_+ 轴方向上的扩散参数，也就是在 X_+ 轴、Y_+ 轴和 Z_+ 轴方向上扩散的污染物浓度分布的标准差。

(21-3)式 $P_+(x,y,z)=\dfrac{1}{1+\exp\left(\dfrac{x-\mu_{X_+}}{\sigma_{X_+}}\right)}\dfrac{1}{1+\exp\left(\dfrac{y-\mu_{Y_+}}{\sigma_{Y_+}}\right)}\dfrac{1}{1+\exp\left(\dfrac{z-\mu_{Z_+}}{\sigma_{Z_+}}\right)}$ 为自发发射条件下的三元系统异质信息变化函数，根据质量守恒和连续性原理，源强为 Q 的点源烟团在无界空间任意点的污染物的平均浓度就是

$$C(x,y,z)=\dfrac{Q}{V}P_+(x,y,z)$$
$$=\dfrac{Q}{V}P_+(x)P_+(y)P_+(z)$$
$$=\dfrac{3Q}{4\pi\bar{u}\sigma_{X_+}\sigma_{Y_+}\sigma_{Z_+}}\dfrac{1}{1+\exp\dfrac{x-\mu_{X_+}}{\sigma_{X_+}}}\dfrac{1}{1+\exp\dfrac{y-\mu_{Y_+}}{\sigma_{Y_+}}}\dfrac{1}{1+\exp\dfrac{z-\mu_{Z_+}}{\sigma_{Z_+}}} \quad (21\text{-}11)$$

由于污染物分子（异质单元数 n_+）在 X_+ 轴、Y_+ 轴和 Z_+ 轴方向上的扩散过程只是烟团的物理运动过程，并不涉及污染物远离平衡态的形态转化，因此(21-11)式在 X_+ 轴、Y_+ 轴和 Z_+ 轴方向上子系统的异质信息变化函数可以用近平衡态的简化形式表示

$$C(x,y,z)=\dfrac{3Q}{4\pi\bar{u}\sigma_{X_+}\sigma_{Y_+}\sigma_{Z_+}}\exp\left[-\left(\dfrac{x-\mu_{X_+}}{\sigma_{X_+}}\right)-\left(\dfrac{y-\mu_{Y_+}}{\sigma_{Y_+}}\right)-\left(\dfrac{z-\mu_{Z_+}}{\sigma_{Z_+}}\right)\right] \quad (21\text{-}12)$$

同样，在大气湍流强度近似均匀的情况下，瞬时源的烟团截面上的浓度是不均匀的，但是浓度变化曲线相对于烟团轴是对称的。

如果对(21-12)式右侧的指数部分进行近似变换，令

$$\dfrac{x-\mu_{X_+}}{\sigma_{X_+}}\approx\dfrac{x^2}{2\sigma_{X_+}^2},\ \dfrac{y-\mu_{Y_+}}{\sigma_{Y_+}}\approx\dfrac{y^2}{2\sigma_{Y_+}^2},\ \dfrac{z-\mu_{Z_+}}{\sigma_{Z_+}}\approx\dfrac{z^2}{2\sigma_{Z_+}^2} \quad (21\text{-}13)$$

(21-12)式就成为经典的高斯烟团模型

$$C(x,y,z)=\dfrac{Q}{(2\pi)^{3/2}\sigma_{X_+}\sigma_{Y_+}\sigma_{Z_+}}\exp\left[-\dfrac{1}{2}\left(\dfrac{x^2}{\sigma_{X_+}^2}+\dfrac{y^2}{\sigma_{Y_+}^2}+\dfrac{z^2}{\sigma_{Z_+}^2}\right)\right] \quad (21\text{-}14)$$

如果以瞬时点源发生的起点为坐标系原点，X_+ 轴与平均风向平行，假设气体云内空间上的分布为高斯分布，则处于下风向的地面的烟羽或烟团分布浓度为

$$C(x,y,z)=\dfrac{Q}{(2\pi)^{3/2}\sigma_{X_+}\sigma_{Y_+}\sigma_{Z_+}}\exp\left\{-\dfrac{1}{2}\left[\dfrac{(x-\bar{u}t)^2}{\sigma_{X_+}^2}+\dfrac{y^2}{\sigma_{Y_+}^2}+\dfrac{z^2}{\sigma_{Z_+}^2}\right]\right\} \quad (21\text{-}15)$$

式中，Q 为源强；$\bar{u}$ 为平均风速。

瞬时源烟团扩散模型与高斯烟团模型一比较，虽然非常相似，但是在指数部分不尽

相同。其实,在大气湍流强度近似均匀的情况下,两个烟团扩散模型差异的根本原因,也就是高斯烟团模型是基于在气体云内空间上的分布为正态分布的假设下产生的。

(三)有界空间点源扩散模式

要在地球物理坐标系的空间中表示污染物在传输和分散过程的变化规律,就要建立三维正向质向量坐标系 $\vec{X}_+\vec{Y}_+\vec{Z}_+$。在省却质向量关于方向的规定且规定质参量为"空间距离"时,对于有界空间的点源,关键是考虑地面对扩散的影响。最简单的情形是假设地面对污染物没有吸收作用或吸附作用,对扩散的影响犹如镜面那样是一个完全反射面,对污染物起着全反射的作用。如图 21-2 所示建立三维"空间距离"直角坐标系 $X_+Y_+Z_+$,按照全反射原理就可用像源法来处理这类问题。

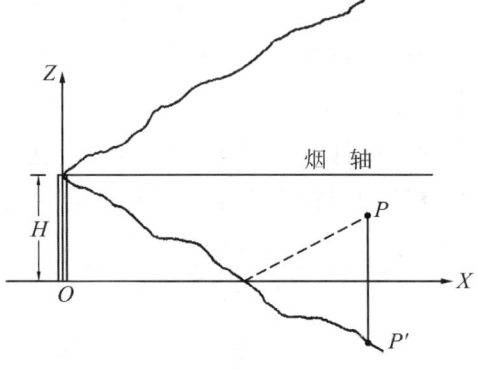

图 21-2 高架连续点源扩散示意

1. 高架连续点源扩散模型

对于有界的高架点源,以源点在地面的铅直投影点为三维"空间距离"坐标系 $X_+Y_+Z_+$ 的原点。用来模拟气体连续扩散的是烟羽模型,烟羽模型又称烟流模型或高架连续点源扩散模型,适用于连续源的扩散,即连续源或泄放时间大于或等于扩散时间的扩散。高架连续点源的扩散问题,必须考虑到地面对扩散的影响。把 P 点的污染物浓度看成是两部分之和:一部分是不存在地面影响情况下,P 点所具有的污染物浓度;另一部分是由于地面反射作用所增加的污染物浓度,相当于实源在地面下的 $-H$ 位置处的像源在 P 点所造成的污染物浓度。

先看实源的贡献:P 点在以实源排放点 H(H 为有效源高:烟囱高度 H + 烟流抬升高度 ΔH)为原点的坐标系(无限空间)中的铅直坐标(距烟流中心线的铅直距离)为 $z-H$。当不考虑地面影响时,按(21-8)式计算,它在 P 点所造成的污染物浓度为

$$C_1(x,y,z)=\frac{Q}{\pi \bar{u}\sigma_{Y_+}\sigma_{Z_+}}\exp\left[-\left(\frac{y-\mu_{Y_+}}{\sigma_{Y_+}}\right)-\left(\frac{z-H-\mu_{Z_+}}{\sigma_{Z_+}}\right)\right] \quad (21\text{-}16)$$

再看像源的贡献:P 点在以像源排放点 $-H$(负的有效源高处)为原点的坐标系(无限空间)中的铅直坐标(距像源产生的烟流中心线的铅直距离)为 $z+H$。按(21-8)式计算,它在 P 点所产生的污染物浓度为

$$C_2(x,y,z)=\frac{Q}{\pi \bar{u}\sigma_{Y_+}\sigma_{Z_+}}\exp\left[-\left(\frac{y-\mu_{Y_+}}{\sigma_{Y_+}}\right)-\left(\frac{z+H-\mu_{Z_+}}{\sigma_{Z_+}}\right)\right] \quad (21\text{-}17)$$

P 点的实际污染物浓度应为实源和像源作用之和 $C=C_1+C_2$,即

$$C(x,y,z,H)=\frac{Q}{\pi\bar{u}\sigma_{Y_+}\sigma_{Z_+}}\exp\left(-\frac{y-\mu_{Y_+}}{\sigma_{Y_+}}\right)\left[\exp\left(-\frac{z-H-\mu_{Z_+}}{\sigma_{Z_+}}\right)+\exp\left(-\frac{z+H-\mu_{Z_+}}{\sigma_{Z_+}}\right)\right]$$
(21-18)

上式为高架连续点源扩散模型，由这一普适模型可以求出下风向任一点的污染物浓度。

基于这一模型，还可得到不同条件下变形的污染物浓度模型。

(1) 如果是地面源 $H=0$，(21-18)式无反射项，像源的贡献为零，则污染物浓度的扩散模式为

$$C(x,y,z,0)=\frac{Q}{\pi\bar{u}\sigma_{Y_+}\sigma_{Z_+}}\exp\left[-\left(\frac{y-\mu_{Y_+}}{\sigma_{Y_+}}\right)-\left(\frac{z-\mu_{Z_+}}{\sigma_{Z_+}}\right)\right] \qquad (21-19)$$

其浓度恰好是无界情况的两倍。在全反射条件下，本应扩散到地面以下的污染物对称地反射到上半部，所以浓度应当加倍。

(2) 如果 $z=0$，则对应于高架连续点源作用下，地面处的污染物浓度为

$$C(x,y,0,H)=\frac{Q}{\pi\bar{u}\sigma_{Y_+}\sigma_{Z_+}}\exp\left(-\frac{y-\mu_{Y_+}}{\sigma_{Y_+}}\right)\left[\exp\left(\frac{H+\mu_{Z_+}}{\sigma_{Z_+}}\right)+\exp\left(-\frac{H-\mu_{Z_+}}{\sigma_{Z_+}}\right)\right]$$
(21-20)

图 21-3 所示是对应于上式的地面浓度示意图。在污染源附近地面浓度接近于零，然后逐渐增高，在某个距离上达到最大值，再缓慢减小。在 y 方向上，污染物浓度按远离平衡态变化中异质单元数变化率函数向两边减小。

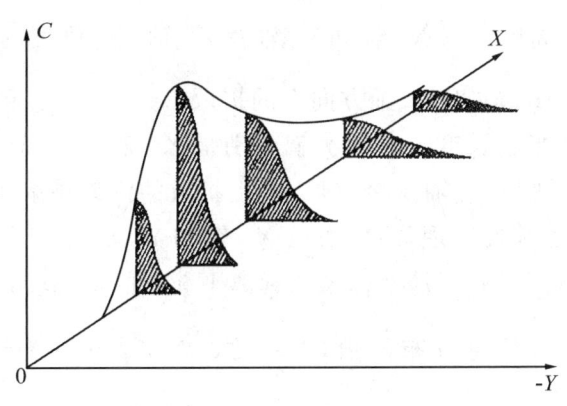

图 21-3　高架连续点源作用下的地面浓度

(3) 如果 $z=0$ 且地面源 $H=0$，由(21-19)式就有污染物浓度

$$C(x,y,0,0)=\frac{Q}{\pi\bar{u}\sigma_{Y_+}\sigma_{Z_+}}\exp\left[-\left(\frac{y-\mu_{Y_+}}{\sigma_{Y_+}}\right)+\left(\frac{\mu_{Z_+}}{\sigma_{Z_+}}\right)\right] \qquad (21-21)$$

(4) 如果 $z=0$ 且 $y=0$，则对应于点源作用下正风向轴线上（X_+轴），地面处的污染物浓度为

$$C(x,0,0,H)=\frac{Q}{\pi\bar{u}\sigma_{Y_+}\sigma_{Z_+}}\exp\left(\frac{\mu_{Y_+}}{\sigma_{Z_+}}\right)\left[\exp\left(\frac{H+\mu_{Z_+}}{\sigma_{Z_+}}\right)+\exp\left(-\frac{H-\mu_{Z_+}}{\sigma_{Z_+}}\right)\right] \qquad (21-22)$$

及

$$C(x,0,0,0) = \frac{Q}{\pi \bar{u} \sigma_{Y_+} \sigma_{Z_+}} \exp\left(\frac{\mu_{Y_+}}{\sigma_{Y_+}}\right) 2\exp\left(\frac{\mu_{Z_+}}{\sigma_{Z_+}}\right) \tag{21-23}$$

利用(21-22)式或(21-23)式计算极值,令 $\frac{\partial C}{\partial x} = 0$(注意 σ_{Y_+}、σ_{Z_+} 都是 x 的函数)。最简单的情形是假设 $\frac{\sigma_{Y_+}}{\sigma_{Z_+}}$ = 常数,地面浓度最大值

$$C_m = \frac{Q}{\pi \bar{u} \sigma_{Y_+} \sigma_{Z_+}} \exp\frac{1}{\sigma_{Z_+}} \tag{21-24}$$

可见,在某一距离 x_m 处,轴线浓度达最大值 C_m。x_m 和 C_m 是实际空气污染研究中的两个重要指标。

在此还要指出,如果像(21-9)式那样对指数部分进行近似变换,高架连续点源扩散模型就是正态分布的表现形式。

2. 瞬时点源的有界烟团扩散模型

虽然大部分的点源扩散模型只考虑污染物的扩散和平流,但是对于在无界空间的瞬时点源烟团模型,污染物气团在 X_+ 轴和 Y_+ 轴及 Z_+ 轴方向都是扩散,因而以随风漂移的"烟团"中心就要取在三维空间距离直角坐标系 $X_+Y_+Z_+$ 的原点。

污染物气团在无界空间扩散后,某一点定容 V 的污染物源强 Q 就可以用污染物浓度 $C_{X_+Y_+Z_+}$ 表示。如果污染物气团为一任意椭球体 V,每单位时间通过任意椭球体 V 的空气量为 $V = \frac{4}{3}\pi\alpha\beta\gamma$,椭球体在 X_+ 轴和 Y_+ 轴及 Z_+ 轴三个维度的半轴长度分别为 α、β 和 γ。如果在 X_+ 轴和 Y_+ 轴及 Z_+ 轴方向上的扩散参数 σ_{X_+}、σ_{Y_+} 和 σ_{Z_+} 都以尺度因子表示,那么椭球体的三个半轴长度 α、β 和 γ 就分别是 X_+ 轴和 Y_+ 轴及 Z_+ 轴方向上的扩散参数,也就是在 X_+ 轴和 Y_+ 轴及 Z_+ 轴方向上扩散的污染物浓度分布的标准差。

根据质量守恒和连续性原理,污染物在 X_+ 轴和 Y_+ 轴及 Z_+ 轴方向上的扩散过程只是烟团的物理运动过程,并不涉及污染物远离平衡态的形态转化。所以,由自发发射条件下的三元系统本质信息分布函数(21-3)式 $P_+(x,y,z) = \frac{1}{1+\exp\left(\frac{x-\mu_{X_+}}{\sigma_{X_+}}\right)} \cdot \frac{1}{1+\exp\left(\frac{y-\mu_{Y_+}}{\sigma_{Y_+}}\right)} \frac{1}{1+\exp\left(\frac{z-\mu_{Z_+}}{\sigma_{Z_+}}\right)}$,就可以得到源强为 Q 的点源烟团在无界空间任意点的污染物的平均浓度,即(21-12)式 $C(x,y,z) = \frac{3Q}{4\pi\bar{u}\sigma_{X_+}\sigma_{Y_+}\sigma_{Z_+}} \cdot \exp\left[-\left(\frac{x-\mu_{X_+}}{\sigma_{X_+}}\right) - \left(\frac{y-\mu_{Y_+}}{\sigma_{Y_+}}\right) - \left(\frac{z-\mu_{Z_+}}{\sigma_{Z_+}}\right)\right]$。

但是,在以实源排放点 H(H 为有效源高:烟囱高度 H + 烟流抬升高度 ΔH)为原

点的坐标系(无限空间)中,铅直坐标(距烟流中心线的铅直距离)为 $z-H$。按(21-12)式计算,它在 P 点所造成的污染物浓度就是

$$C_1(x,y,z,t)=\frac{3Q}{4\pi\overline{u}\sigma_{X_+}\sigma_{Y_+}\sigma_{Z_+}}\exp\left[-\left(\frac{x-ut-\mu_{X_+}}{\sigma_{X_+}}\right)-\left(\frac{y-\mu_{Y_+}}{\sigma_{Y_+}}\right)-\left(\frac{z-H-\mu_{Z_+}}{\sigma_{Z_+}}\right)\right]$$
(21-25)

如果加上像源的贡献:P 点在以像源排放点 $-H$(负的有效源高处)为原点的坐标系(无限空间)中的铅直坐标(距像源产生的烟流中心线的铅直距离)为 $z+H$。按(21-12)式计算,它在 P 点的污染物浓度为

$$C_2(x,y,z,t)=\frac{3Q}{4\pi\overline{u}\sigma_{X_+}\sigma_{Y_+}\sigma_{Z_+}}\exp\left[-\left(\frac{x-ut-\mu_{X_+}}{\sigma_{X_+}}\right)-\left(\frac{y-\mu_{Y_+}}{\sigma_{Y_+}}\right)-\left(\frac{z+H-\mu_{Z_+}}{\sigma_{Z_+}}\right)\right]$$
(21-26)

P 点的实际污染物浓度应为实源和像源作用之和 $C=C_1+C_2$,即

$$C(x,y,z,t)=\frac{3Qt}{4\pi\sigma_{X_+}\sigma_{Y_+}\sigma_{Z_+}}\exp\left[-\left(\frac{x-ut-\mu_{X_+}}{\sigma_{X_+}}\right)-\left(\frac{y-\mu_{Y_+}}{\sigma_{Y_+}}\right)\right]\cdot\\ \left[\exp\left(-\frac{z-H-\mu_{Z_+}}{\sigma_{Z_+}}\right)+\exp\left(-\frac{z+H-\mu_{Z_+}}{\sigma_{Z_+}}\right)\right]$$
(21-27)

式中,$C(x,y,z,t)$ 表示瞬时源及在空间坐标(原点在源底)中某点 (x,y,z) 在时刻 t 时造成的瞬时浓度,此式考虑地面为全反射;浓度标准差 σ_{Y_+} 和 σ_{Z_+} 为表征湍流强度的直接参数。

可见,描述烟团扩散的扩散参数与描述烟羽扩散的扩散参数是不同的,烟羽扩散参数是距离的函数;而烟团扩散参数既是时间的函数,也是距离的函数。烟团模型适用于污染物的短时间泄漏的扩散,即泄放时间相对于扩散时间比较短的情形,如突发性泄放等。

源的性质、源和受体的高度以及非均匀下垫面决定使用不同的方程,当混合高度较低时要考虑地球表面和边界层湍流反射的影响,烟羽的逻辑斯蒂分布应当在较大的尺度上修正。烟羽迁移扩散模型中本身的一些局限可近似地将其作为一系列烟团排放来克服,烟团允许风速变化。每个烟团根据扩散方程扩散,源的全部贡献通过每个烟团关于时间的积分和每个烟团在受体位置的贡献叠加来计算。由于非均匀下垫面的基本特征是干、热、粗,其复杂性导致非均匀下垫面条件下的风场、温度场以及大气污染物的浓度场变得非常复杂。为了计算污染物在非均匀下垫面下风向的浓度,还经常要使用复合源烟羽。

目前,人们使用最多的污染物浓度大气扩散模型是高斯扩散模型。在应用高斯模型预测污染物浓度或环境质量时,人们一般都坚信在理想条件下某一点源排放的物质气团在无限大的大气环境内扩散,其物质分子的浓度分布是遵循"中心高,外缘低"的正态分布的。应用高斯扩散模型的效果取决于扩散参数的确定,可是人们对于模型中的

扩散参数的内涵并不了解,因而都是靠实验方法来确定扩散参数的。人们对于根据扩散模型计算结果与实测结果的误差一般都归咎于大气的均匀条件和复杂下垫面的粗糙等影响因素,基本上没有人对于理想条件下大气扩散的物质分子浓度分布是否遵循正态分布产生过怀疑。

统一科学揭示了三元系统远离平衡态的异质单元数变化率函数曲线与数理统计学正态分布的概率密度函数曲线一样,都呈现出"两头小,中间大"的对称性质。然而,正态分布的概率密度函数只是人为臆造出来的,这个与带参量的逻辑斯蒂分布概率密度函数是一个近似的统计模型。因此,在大气扩散理论中探讨大气流动及污染物扩散的机理和规律时必须正本清源。对于在无界空间和有界空间中所得到的地面连续点源的烟羽扩散模型和瞬时点源烟团模型,都不宜再用高斯扩散模型及其变形的模型,而应当用近平衡态的事物形态转化基元规律来演绎获得与高斯模型同等条件下的烟流模型或烟团模型,而且应当从能元的本质来自觉地认识扩散参数。

(四) 箱式浓度场模型

箱式模型是最简单的大气污染物浓度扩散模型。箱式模型的基础是质量守恒,是把不同平衡态的物质分子群体相互联系、相互作用而趋向于同一个平衡态的变化过程放在一个箱子里来观测,混合过程是污染物分子向箱子里面排放且经过物理变化的过程。

在三维空间距离直角坐标系 $X_+Y_+Z_+$ 中,如果气态物质分子混合充分并且浓度均匀,就可作为箱子处理。如果气态物质分子在 X_+ 轴和 Y_+ 轴及 Z_+ 轴方向扩散的距离分别是 x、y 和 z,箱体的体积就是

$$V = xyz \tag{21-28}$$

根据质量守恒原理,源强为 Q 的点源在无界空间任意点的污染物平均浓度为 (21-11) 式 $C(x,y,z) = \dfrac{Q}{V} P_+(x) P_+(y) P_+(z)$。但是,在 X_+ 轴和 Y_+ 轴及 Z_+ 轴方向上的扩散过程只是污染物分子物理运动的充分混合过程,并不涉及污染物远离平衡态的形态转化,也不必关心污染物分子趋向于同一个平衡态的变化过程,而只要择定污染物最终的平衡态。因此,在不考虑水平扩散和垂直扩散时,三元系统在 X_+ 轴和 Y_+ 轴及 Z_+ 轴方向上的子系统的本质信息分布函数就应取 $P_+(x)=1$、$P_+(y)=1$ 和 $P_+(z)=1$,这样,(21-11)式 $C(x,y,z) = \dfrac{Q}{V} P_+(x) P_+(y) P_+(z)$ 就只能表示为

$$C(x,y,z) = \frac{Q}{V} = \frac{Q}{xyz} \tag{21-29}$$

如果 X_+ 轴方向为顺风方向,平均风速为 $\bar{u}$,在时间 t,气态物质分子随风迁移的距离就是 $x = \bar{u}t$。在任何下风 x 横截面处,设污染物浓度为矩形分布 $A = yz$;这里的矩

形分布是指在某些空间范围内场是均匀的,而在其他地方为零。所以,在有风的情况下,(21-29)式成为

$$C(x,y,z)=\frac{Q}{\bar{u}tyz}=\frac{Q}{\bar{u}tA} \tag{21-30}$$

在日常生活过程或生产过程中,人们所遇到的大气污染、液体渗漏、氧气罐泄漏等现象,都存在物质分子密度的浓度梯度,而简单的箱式模型只是人们在三维空间距离直角坐标系 $X_+Y_+Z_+$ 中划定的一个均匀浓度场。所以,在箱子内部没有也无法明确定义,不必考虑箱子内部的物质浓度或温度梯度变化,忽略了传质、热传递、热对流和热辐射。对于较长的平均期及在较大的范围内,只要瞬时物质粒子所形成的短期变化是平缓的,就可以作为箱子来处理。

箱式模型的一个优点是简化的气象学箱式模型可以包括更多详细的化学反应模式和详细的气溶胶动力学处理,这样可以更好地表达大气中粒子的化学物理性质。然而,输入初始条件后,在没有提供当地污染物浓度任何信息的情况下,箱式模型可以模拟箱子内污染物的形成。因为它们不适合模拟局部环境的粒子浓度,在局部环境下浓度和粒子动力学受风场和排放的局部变化影响很大。

第二节 不同水体的水质模型

为了描述环境污染物在水体中的迁移、扩散和转化运动规律,人们构建了一些常用的水质模型。应用统一科学关于三元系统形态变化规律的异质信息变化函数,可以自觉地从理论上演绎出河流水体的水质模型(混合稀释模型与河流的生化自净和氧垂曲线模型)、湖泊(水库)的水质模型(完全混合扩散模型和混合衰减模型)等。

一、常用的水体质量模型概述

流体是由无数离散态的物质颗粒所构成,它们彼此冲来撞去是不连续的。但是,如果流体足够致密就可以成为一连续体,并且不含有离子化的组成或内部空隙。连续的流体是非离散的动态结构,所有涉及的场也是可微的。理想流体是绝对不可压缩的、光滑的、完全没有黏滞性的流体,其动态结构中三维点阵并置的平行六面体单位是不确定的。流体中的应力状态使相邻部分之间产生相互作用力和公共面斜交,因此流体就处于失衡态,而且会产生运动。[5]

流体的运动变化主要涉及物质颗粒的扩散和迁移。人们要认识流体物质颗粒发生的物理、化学、生物和生态学诸方面的相互关系和变化规律,就必须建立起描述关于流

体迁移与扩散的运动模型。流体力学是研究流体现象以及相关力学行为的学科,不仅研究流体在静止状态下的质量模型,而且研究流体在运动状态的模型,包括水体中的污染物质分子的扩散和迁移模型。

水体是流体的一个大类。地球上的各类水体都存在于地球表面,水体是地面水、地下水和海洋的总称。水体不仅仅指无数水分子形成的巨系统,还包括混于水中的物质(溶解物、悬浮物、水生生物、底泥等),它们共同构成一个完整的生态系统。地球上的各类水体有其自身的形态特征及环境条件,影响着水中化学物质的组成。水中化学物质的种类或数量不同,水质就不相同。水体的自净能力不同,也使得各类水体的水质状况各具特点。进入水体的污染物一旦造成了该水体中某些物质(特别是对生物有毒性的物质或造成水体水质恶化的物质)超过了水体的本底值或水体的自净能力,而使得该水体部分或全部失去了它的功能或用途,水污染就发生了。

进入水体中的污染物可以分为两大类:保守物质和非保守物质。保守物质进入水体以后,随着水流的运动而不断变换所处的空间位置,还由于分散作用不断向周围扩散而降低其初始浓度,但它不会因此而改变总量。非保守物质进入水体以后,除了随着水流流动而改变位置,并不断扩散而降低浓度外,还因非保守物质自身的衰减而加速浓度的下降。非保守物质的衰减有两种方式:一是由其自身的运动变化规律决定的;二是在水体因素的作用下,由于化学的或生物的反应而导致物质总量的不断衰减,如可以生化降解的有机物在水体中的微生物作用下的氧化分解过程。

水体中无数的水分子与混于水中的物质分子之间都存在一定的作用距离,任何水体必然占有地球表面一定维度的距离空间,所以人们可以在"空间距离"坐标系中来认知。人们要建立可用于描述环境污染物在水体中的迁移、扩散和转化运动规律的水质模型,就要把模拟、评价和预测水质的"空间距离"坐标系建立在地球上,因此,人们所要认知的不同水体的水质系统就是地球物理系统,也就是三维"空间距离"坐标系。在三维"空间距离"坐标系空间中,任何一个水体的水质系统都可看作一个三元系统,空间中的每一点都有一组三分量的地球物理参数值代表水体的水质系统分子的分布形态。有了水质参量值分布的三维结构,人们就可以进行水体的水质浓度及其混合、扩散和迁移等行为的规律性描述。

在地球表面的各类水体都是有界的。然而,不同类型的水体与地表的关系存在着较大的差异:巨大的海洋可近似地看作无界的水体,而近岸海域的海水就必须看作有界的水体;湖泊(水库)的地表水不仅是有界的水体,在水深较浅的情况下还可近似地看作二维距离空间的地表水;河流的地表水虽然也是三维有界的水体,但是河道的截面相对于其长度往往尺度相差若干数量级,加上河道弯弯曲曲,所以一般都可近似地在一维"空间距离"坐标系中来认知。[6]

地球上的各类水体有其自身的形态特征及环境条件,影响着水中污染物质的组成与数量不同,并决定着水质的优劣。为了从理论上认知水体及其水质的运动变化规律,必须建立考察水体及其水质变化模型的坐标系。建立任何模型的前提是必须选择适当维度的质参量坐标轴来建立刻画认知对象形态的坐标系。除了要把三维"空间距离"坐标系建立在地球上以外,还要有能够刻画水质的质参量坐标轴。

反映不同水体基本特征和水质变化规律的实体水质模型包括坐标轴的维数与质参量。根据坐标轴的维数,可以分为零维、一维、二维、三维……质参量坐标系。如果质参量坐标系含有"空间距离"变量坐标轴,在由"空间距离"坐标轴与水质参量坐标轴共同构成的质参量坐标系中,任何水体的具有特定数量和特定性质的水分子与污染物分子的浓度及其混合、扩散、迁移等行为,就可以通过水质模型进行规律性的描述。如果质参量坐标系含有时间变量坐标轴,在此质参量坐标系中建立的模型就是动态模型;通过研究物质分子在空间定向迁移的动力学过程,可以得到物质分子群体存在梯度的扩散动力学规律。从物质迁移扩散和反应动力学性质上看,还可以将动态模型分为迁移、扩散、对流模型以及化学反应、生物净化等转化模型。

污染物质进入水体后在与水分子相混合的运动过程中存在两种运动形式:一种是由于水流的推动而产生的沿着水流前进方向的迁移运动,称为推流或平流;另一种是由于污染物质在水中浓度的差异而形成的污染物从高浓度处向低浓度处的扩散。但是,水体的自净过程十分复杂,它包括了物理过程(如稀释、扩散、挥发、沉淀等)、化学和物理化学过程(如氧化、还原、吸附、凝聚、中和等反应)、生物和生物化学过程(如微生物对有机物的分解代谢和不同生物群体的相互作用等),这几种过程互相交织在一起,可以使进入水体的污染物质发生迁移、扩散和转化,并使水体的水质得到自净而改善。

二、统一科学演绎的不同水体水质模型

在三维正向质向量坐标系 $\vec{X}_+\vec{Y}_+\vec{Z}_+$ 内部 $(\vec{N}_+,\vec{n}_+,\vec{E}_+,\vec{E}_{\neq+},\vec{\varepsilon}_+)$ 五维分质向量空间的 $(\vec{C}_N,\vec{n}_+,\vec{E}_+,\vec{C}_{E_{\neq+}},\vec{C}_{\varepsilon_+})$ 截面上,能量 $\vec{E}_+$ 与异质单元数 $\vec{n}_+$ 存在着函数关系。能量 $\vec{E}_+$ 在互相垂直的 $\vec{X}_+$ 轴和 $\vec{Y}_+$ 轴及 $\vec{Z}_+$ 轴上的分质向量为 $\vec{E}_{X_+}$、$\vec{E}_{Y_+}$ 和 $\vec{E}_{Z_+}$,异质单元数 $\vec{n}_+$ 在互相垂直的 $\vec{X}_+$ 轴和 $\vec{Y}_+$ 轴及 $\vec{Z}_+$ 轴上的分质向量为 $\vec{n}_{X_+}$、$\vec{n}_{Y_+}$ 和 $\vec{n}_{Z_+}$,所以,三元系统的能量 $\vec{E}_{X_+Y_+Z_+}$ 可以表达为 $\vec{E}_{X_+Y_+Z_+}(\vec{E}_{X_+},\vec{E}_{Y_+},\vec{E}_{Z_+})$,三元系统的异质单元数 $\vec{n}_+$ 也可以表达为 $\vec{n}_{X_+Y_+Z_+}(\vec{n}_{X_+},\vec{n}_{Y_+},\vec{n}_{Z_+})$;而它们之间的函数关系可以表达为 $\vec{E}_{X_+Y_+Z_+}=f(\vec{n}_{X_+},\vec{n}_{Y_+},\vec{n}_{Z_+})$ 或 $\vec{n}_{X_+Y_+Z_+}=f(\vec{E}_{X_+},\vec{E}_{Y_+},\vec{E}_{Z_+})$。

如果能量 $\vec{E}_+$ 的显性因子 $\vec{\theta}_+$ 为"空间距离"$\vec{l}_+$,即 $\vec{E}_+=F_N\vec{l}_+$,那么,"空间距离"$\vec{l}_{X_+Y_+Z_+}$ 在互相垂直的 $\vec{X}_+$ 轴和 $\vec{Y}_+$ 轴及 $\vec{Z}_+$ 轴上的分质向量为 $\vec{l}_{X_+}$、$\vec{l}_{Y_+}$ 和 $\vec{l}_{Z_+}$,三元系统的"空间距离"$\vec{l}_{X_+Y_+Z_+}$ 可以表达为 $\vec{l}_{X_+Y_+Z_+}(\vec{l}_{X_+},\vec{l}_{Y_+},\vec{l}_{Z_+})$。在省却分质向量坐标轴关于指向规定的情况下,$l_{X_+}=x$,$l_{Y_+}=y$ 和 $l_{Z_+}=z$,位移 x、y、z ($x\geq 0, y\geq 0, z\geq 0$) 分别为

能量 E_{X_+}、E_{Y_+}、E_{Z_+} 的显性因子。三元系统的"空间距离"$l_{X_+Y_+Z_+}$ 也可以表达为 $l_{X_+Y_+Z_+}(x,y,z)$。三元系统的异质单元数 n_+ 与三元系统"空间距离"的函数关系就是 $n_{X_+Y_+Z_+}=f(x,y,z)$。

在三维"空间距离"坐标系 $X_+Y_+Z_+$ 中,定容 V 条件下三元系统异质单元浓度为(21-1)式 $C_{X_+Y_+Z_+}=\dfrac{n_{X_+Y_+Z_+}}{V}$。此式分子和分母同乘于总体单元数 $C_{N_{X_+Y_+Z_+}}=N_{X_+Y_+Z_+}=Q$,就有(21-2)式 $C_{X_+Y_+Z_+}=P_{X_+Y_+Z_+}C_N=C_{N_+}P_+(x)P_+(y)P_+(z)=C(x,y,z)$。可见,三元系统的异质单元浓度 $C_{X_+Y_+Z_+}$ 既取决于总体单元浓度 $C_{N_+}=\dfrac{Q}{V}$,也取决于三元系统异质信息分布函数 $P_+(x,y,z)=P_+(x)P_+(y)P_+(z)$。如果扩散组分物质分子的扩散过程是在三维"空间距离"坐标系 $X_+Y_+Z_+$ 的 $(X_+Y_+Z_+)$ 空间中自由进行,扩散组分物质分子的扩散就可以分解为沿着 X_+ 轴、Y_+ 轴和 Z_+ 轴三个方向进行。这样,扩散组分物质分子浓度 $C_{X_+Y_+Z_+}$ 就是 X_+ 轴、Y_+ 轴和 Z_+ 轴三个方向的"空间距离"函数 $C_{X_+Y_+Z_+}=C(x,y,z)$。

在三维"空间距离"坐标系 $X_+Y_+Z_+$ 中,在省却分质向量关于方向的规定和自发发射条件下,(21-3)式 $P_+(x,y,z)=\dfrac{1}{1+\exp\left(\dfrac{x-\mu_{X_+}}{\sigma_{X_+}}\right)}\dfrac{1}{1+\exp\left(\dfrac{y-\mu_{Y_+}}{\sigma_{Y_+}}\right)}\dfrac{1}{1+\exp\left(\dfrac{z-\mu_{Z_+}}{\sigma_{Z_+}}\right)}$

为三元系统的异质信息变化函数。要刻画一定量的某一物质分子排入水体后在迁移扩散过程的浓度分布与扩散,把(21-3)式代入(21-2)式 $C_{X_+Y_+Z_+}=C(x,y,z)$ 中,就可以建立起该物质分子的稳定扩散与迁移模型。

但是,如果要考察扩散组分物质分子的不稳定扩散,三维"空间距离"坐标系 $X_+Y_+Z_+$ 就要拓展到由时间 t 和 X_+ 轴、Y_+ 轴与 Z_+ 轴构成的四维质参量坐标系,这样,扩散组分物质分子浓度 C 就是

$$C=C(x,y,z,t),\dfrac{\partial C}{\partial t}\neq 0 \tag{21-31}$$

在此四维质参量坐标系空间中所得到的菲克第二定律表达式为

$$\dfrac{\partial C}{\partial t}=D\left(\dfrac{\partial^2 C}{\partial x^2}+\dfrac{\partial^2 C}{\partial y^2}+\dfrac{\partial^2 C}{\partial z^2}\right) \tag{21-32}$$

菲克第二定律还可以表达为

$$\dfrac{\partial C}{\partial t}=D\nabla^2 C \tag{21-33}$$

如果扩散常数 D 不是常数,则菲克第二定律表达为

$$\dfrac{\partial C}{\partial t}=\nabla(D\nabla C) \tag{21-34}$$

其中一个重要的例子就是,当 C 处于稳定态时,即扩散组分物质分子浓度不会因

时间而变动,所以方程的左边等于零。在 D 不变及一维"空间距离"坐标系中,扩散组分物质分子浓度会随位置 x 做线性变动。在二维或多维"空间距离"坐标系中,只要

$$\nabla^2 C = 0 \tag{21-35}$$

该方程就是拉普拉斯方程,数学家将此方程的解叫作调和函数。

在三维地球物理坐标系中,不同的地面水系的水体(河流、湖泊、沼泽、水库)有的可以看作无界空间,有的可以看作有界空间。在有界的水体空间中,有的水体深度只是水面广度的尺度上的一个零头,因而大多数的湖泊(水库)可以用二维地球物理坐标系来测度;在有界的水体空间中,有的水体深度和宽度也只是其长度的尺度上的一个零头,因而大多数河流可以用一维地球物理坐标系来测度。在不同的地球物理坐标系中,有的水体变化方向只有迁移,而有的水体变化方向只有扩散,还有的水体变化是兼而有之。

统一科学要在三维"空间距离"坐标系 $X_+Y_+Z_+$ 中演绎地面水系水体水质模型,必然是能够刻画某一污染物在排入地面水系水体后在迁移扩散过程的污染物浓度分布。因此,要建立排入不同地面水系水体的污染物的扩散与迁移模式,不仅要考虑污染源浓度 C_N,而且要根据自然界具体水体运动的不同特点来决定不同轴向的异质信息变化函数的表现形式。

(一)河流水体的水质模型

河流是地面水系的主体,它与大气、土壤(或岩石圈)紧密相连,又与人类的生活和生产直接相关。河流不仅是人类社会主要的供给水源,也是人类活动频繁的场所。与湖泊、海洋等其他水体相比,河流的水量和水质随季节的变化较大,水体更新期短,水质随枯水期和丰水期的不断交替,更新也快。河流被污染的机会多,几乎各种污染源中的污染物通过各种途径都可以进入河流并向下游汇集。不过,河流的水质易于发生污染,但也比较容易稀释扩散和自净恢复。

对于废水排入河流水体的污染物来讲,可以分为连续点源和瞬时点源排放,点源位置取为坐标的原点。在考察河流水体的水质变化时,往往不考虑水流侧向上的扩散作用,而只考虑污染物顺着河道方向上的推流迁移和紊流扩散的稀释作用。推流迁移是指污染物在水流作用下产生的迁移作用,其作用只改变水流中污染物的位置,而不能降低污染物的浓度。污染物在河流水体中的扩散作用包含三个方面的内容:分子扩散、湍流扩散和弥散。在确定污染物的扩散作用时,必须假定污染物质点的动力学特性与水的质点一致。这一假设对于多数溶解污染物或呈胶体状污染物质是可以满足的。因此,只要沿着水流方向设定一维"空间距离"坐标系 $\vec{X}_+$,就可以建立一维河流水质模型来刻画在一维水体中的污染物浓度变化规律。

在此,先考虑污染物为保守物质,并特别规定:在河流水流方向上推流和扩散的路程长度为 x,源点 O 的定容 V 的总体污染物分子数 $N_+ = C_{N_+} = Q$ 可以用污染源源强

的浓度 C_0 ($C_0 = \dfrac{Q}{V}$) 表示，在 x 点处定容 V 的污染物分子数 n_+ 可以用污染物浓度 $C(x)$ ($C(x) = \dfrac{n_+}{V}$) 表示。在一维"空间距离"坐标轴 $\vec{X}_+$ 方向每单位时间推流的路程长度 x 为河流流速 u，污染物的推流量为 Q_1 ($Q_1 = uC_1$)，污染物的扩散量为 Q_2。

在一维"空间距离"坐标系 $\vec{X}_+$ 中，只要考虑单元系统在 X_+ 轴方向上自发发射条件下的异质信息变化函数，即 $P_+(x) = \dfrac{1}{1 + e^{-(\mu_{x_\cdot} - x)/\sigma_{x_\cdot}}}$。由于在 X_+ 轴方向保守性的污染物只有迁移运动和扩散分布的物理运动过程，并不涉及污染物远离平衡态的形态转化，因此单元系统在 X_+ 轴方向上的本质信息分布函数可以用近平衡态的简化形式 $P_+(x) = e^{(\mu_{x_\cdot} - x)/\sigma_{x_\cdot}}$ 表示。

将其应用于河流水体中的污染物在推流和扩散作用下的浓度变化，推流和扩散后某一点的污染物浓度就是

$$C(x) = C_0 P_+(x)$$
$$= \dfrac{Q}{V} e^{(\mu_{x_\cdot} - x)/\sigma_{x_\cdot}} \tag{21-36}$$

推流和扩散后某一点的污染物浓度的变化率为

$$\dfrac{dC(x)}{dx} = -\dfrac{Q}{V\sigma_{X_+}} e^{(\mu_{x_\cdot} - x)/\sigma_{x_\cdot}}$$
$$= -\dfrac{C(x)}{\sigma_{X_+}} \tag{21-37}$$

式中，σ_{X_+} 为扩散参数，其本真也受实际环境影响，与河流的弯曲程度、河床底部粗糙程度、水源等因素有关。

1. 混合稀释模型

废水中的污染物排入河流水体后，由于推流和扩散的稀释作用会使污染物逐渐与河水相混合，污染物在河流水体中得到稀释和扩散后，其浓度逐渐降低，因此混合稀释被认为起着重要的"自净作用"。

推流运动的解析模型可以用污染物的推流量来表示

$$Q_1 = uC(x) \tag{21-38}$$

式中，Q_1 为污染物的推流量；u 为河流的流速；$C(x)$ 为推流和扩散后某一点的污染物浓度。

将 (21-37) 式 $\dfrac{dC(x)}{dx} = -\dfrac{C(x)}{\sigma_{X_+}}$ 代入污染物的推流量 $Q_1 = uC(x)$，就可以演绎出污染物扩散运动的解析模型

$$Q_2 = -\dfrac{\sigma_{X_+} u \, dC(x)}{dx}$$

$$= -k \frac{dC(x)}{dx} \tag{21-39}$$

式中，x 为扩散路程长度；$\frac{dC(x)}{dx}$ 为单位长度上浓度的变化值，即浓度梯度，由于 x 值增大时 $C(x)$ 值相应减小，因此 $\frac{dC(x)}{dx}$ 为负值。k 为表征流动水体中污染物浓度扩散的速率系数，它与河流的流速 u 和扩散参数 σ_{X_+} 等因素有关；由 $k=u\sigma_{X_+}$ 就可从理论上来认识水质模型扩散参数的本质，而不必只是由实测数据对公式参数进行经验或模拟估值。

由(21-38)式 $Q_1=uC(x)$ 可见，河流的流速越快，单位时间内通过单位面积输送的污染物质数量(污染物质推流量)越多。而由(21-39)式 $Q_2=-\frac{\sigma_{X_+}udC(x)}{dx}$ 可见，污染物质的扩散量主要取决于水体中污染物质的浓度差和河流的流速 u 及水体的扩散参数 σ_{X_+}。推流和扩散是两种同时存在又相互影响的运动形式，其综合作用的结果是污染物浓度由排放口至水体下游逐渐减低，即发生了稀释。

在水体的稀释过程中，废水排入水体后并不能与全部河水完全混合。影响混合的因素很多，主要有废水流量与河水流量的比值，比值越大，达到完全混合所需的时间就越长，或者说必须通过较长的距离，才能使废水与整个河流断面上的河水达到完全均匀的混合。显然，在没有达到完全混合的河道断面上，只有一部分河水参与了对废水的稀释。参与混合稀释的河水流量与河水总流量之比 α，称为混合系数。

$$\alpha = \frac{Q_1}{Q} \tag{21-40}$$

式中，Q_1 为参与混合的河水流量；Q 为河水总流量，$Q_1 \leqslant Q$。在达到了完全混合的河流断面及其下游断面上，混合系数 $\alpha=1$，而从废水排放口到完全混合断面的这段距离内，$\alpha<1$。

废水被河水稀释的程度常用稀释倍数 η 表示，它是参与混合的河水流量 Q_1 与废水流量 q 之和与 q 的比值

$$\eta = \frac{Q_1+q}{q} = \frac{\alpha Q+q}{q} \tag{21-41}$$

考虑了稀释作用后，计算断面上污染物浓度可用下式求出

$$C = \frac{C_1 q + C_2 \alpha Q}{\alpha Q + q} \tag{21-42}$$

式中，C_1 为废水中污染物浓度；C_2 为废水排放前河水中该污染物浓度。当废水排放前河水中该污染物浓度为零时，(21-42)式可以简化为

$$C = \frac{C_1 q}{\alpha Q + q} = \frac{C_1}{\eta} \tag{21-43}$$

2. 河流的生化自净和氧垂曲线模型[7]

河水的化学成分受到降水、地形、地质、水生生物、水流补给源等多方面因素的控制,河水及其污染物的化学成分复杂多样,沿程变化及时间变化强烈。如果排入河流水体的废水是有机污染物,河水中的有机污染物浓度在随河水向下游流动过程中在多种机理的作用下会自然降低。对于有机污染物在河流中的自净过程,有可能是由于稀释、扩散、絮凝沉降、沉淀等物理净化,也有可能是由于氧化—还原、酸碱中和、沉淀—溶解、分解—化合、吸附—解吸、凝聚—胶溶等化学净化,还有可能是由于在微生物的作用下有机污染物转化为低级有机物和简单无机物的生物净化以及细菌自然死亡的自然净化等。实际上,河流的物理、化学和微生物等自净作用因素常常是相互交织在一起的,有机污染物的自净过程就是受污染河流的水质变化的过程。

有机污染物进入水体后,在微生物作用下逐渐氧化分解为无机物质,从而使有机污染物浓度减少的过程就是水体的生化自净作用。生化自净作用需要消耗水中的溶解氧,所消耗的氧如果得不到及时补充,生化自净过程就要停止,水体水质就要恶化。因此,生化自净过程实际上包括了氧的消耗(耗氧)和氧的补充(复氧)两方面的作用。氧的消耗过程主要取决于排入水体的有机污染物、氨氮及废水中无机性还原物质的数量。氧的补充和恢复一般有以下两个途径:①大气中的氧向着含氧不足(低于饱和溶解氧)的水体扩散,使水体中的溶解氧增加;②水生植物在阳光照射下进行光合作用放出氧气。

水体中有机污染物的种类繁多,不同污染物的毒性和危害也各不相同,不能仅用水体中某一种或几种有机污染物的浓度大小来评价水体的污染程度。在天然河流中,对于有机污染物的自净过程,好氧生物降解起主要作用,生化过程中消耗的溶解氧,可从大气及水生植物的光合作用中得到及时补充。在这一过程中,要消耗水中的溶解氧,当其浓度降低后,大气中的氧可以通过气水界面向水体中扩散进行补充,微生物也在分解有机污染物的过程中不断增殖,促使好氧分解过程不断进行,直至污染物完全被分解,水体得以净化为止。

为了刻画有机污染物在自净过程中的变化规律,可以将有机污染物的自净衰减过程简化为仅由好氧微生物参加的生化降解反应,取时间 t 作为能量 E_+ 的显性因子,$E_+ = F_N t, t \geqslant 0$),建立有机污染物浓度 C 随时间 t 的衰减变化模型,就可以反映有机污染物在河流水体中的浓度变化。

一般地,耗氧有机物的污染最具普遍性。在建立有机物质的水质模型中,可采用溶解氧 DO(dissolved oxygen)和生化需氧量 BOD(biochemical oxygen demand)这两个综合水质指标来反映水体受有机物质污染的水平,河流水体中的 DO 和 BOD 值随时间的衰减变化规律可以反映河流水体中有机污染物在生化自净过程中的变化规律。

在演绎河流水体中的污染物在推流和扩散作用下的浓度变化时,以河流水流方向上推流和扩散的路程长度 x 作为能量 E_+ 的显性因子,可以用(21-36)式 $C(x)=\frac{Q}{V}\mathrm{e}^{(\mu_{X_+}-x)/\sigma_{X_+}}$ 来表达推流和扩散后某一点的污染物浓度。在一维"空间距离"坐标轴 X_+ 方向上,每单位时间推流的路程长度 x 为河流流速 u,在推流的路程长度 x 处所经历的时间就是 $t=\frac{x}{u}$。如果时间 t 作为能量 E_+ 的显性因子,即 $E_+=F_N t$,那么推流和扩散后某一时刻 t 的污染物浓度就可以通过(21-36)式 $C(x)=\frac{Q}{V}\mathrm{e}^{(\mu_{X_+}-x)/\sigma_{X_+}}$ 变换为

$$C(t)=\frac{Q}{V}\exp(\mu_{X_+}-ut)/\sigma_{X_+}$$
$$=\frac{Q}{V}\exp(\mu_{X_+}/\sigma_{X_+})\exp[(-u/\sigma_{X_+})\cdot t]$$
$$=C'_N \mathrm{e}^{-k_1 t} \tag{21-44}$$

式中,$C'_N=\frac{Q}{V}\exp(\mu_{X_+}/\sigma_{X_+})$;$k_1=\frac{u}{\sigma_{X_+}}$。

由(21-44)式也可以得到任一时间 t 的污染物浓度变化率的一级反应动力学方程

$$\frac{\mathrm{d}C}{\mathrm{d}t}=-k_1 C'_N \mathrm{e}^{-k_1 t}=-k_1 C \tag{21-45}$$

如果采用生化需氧量 BOD 这样的综合水质指标来反映水体受有机物质污染的水平,水体的 BOD 值随时间 t 的衰减变化规律就可以用来反映水体中有机污染物的生化自净过程。如果不考虑硝化作用、底泥的分解和水生植物的光合作用、有机物的沉降作用等,而将有机污染物的自净衰减过程简化为仅由好氧微生物参加的生化降解反应。用 L 表征水体中任一时间 t 的 BOD 浓度,将 k_1 定义为耗氧速率系数或自净系数,并且认为这种反应符合一级反应动力学,那么由(21-45)式 $\frac{\mathrm{d}C}{\mathrm{d}t}=-k_1 C$ 即可演绎得到受污河段 BOD 浓度衰减模型

$$\frac{\mathrm{d}L}{\mathrm{d}t}=-k_1 L \tag{21-46}$$

在受污点完全混合的假定下,求解上式,可以得到受污河段 BOD 浓度方程的解析解

$$L=L_0 \mathrm{e}^{-k_1 t} \tag{21-47}$$

直接利用上式,即可求出充分混合河段任一断面的 BOD 浓度

$$L_0=\frac{L_P Q_P+L_h Q_h}{Q_P+Q_h} \tag{21-48}$$

式中,L_P 为所排废水中的 BOD,L 为从受污点流经 t 时间后的 BOD;t 为衰减时间。

对河水中的溶解氧(DO)而言,可以认为只有 BOD 衰减反应消耗河水中的溶解氧,水中溶解氧减少速率与 BOD 衰减速率相同。溶解氧的消耗,使河水处于亏氧状态(即溶解氧含量低于饱和溶解氧的状态),这时河流将从水面上的大气中获得氧气,此即复

氧过程。复氧速率与水中亏氧的程度成正比。如果定义亏氧量 $D=O_S-O_x$，其中 O_S 和 O_x 分别为水体可达到的饱和溶解氧浓度和实际溶解氧浓度，那么由(21-45)式 $\dfrac{dC}{dt}=-k_1C$ 就可以演绎得到

$$\frac{dO_{x,2}}{dt}=k_2 D \tag{21-49}$$

式中，k_2 为复氧系数；$O_{x,2}$ 为复氧量；t 为复氧时间。

废水排入水体后，耗氧和复氧是同时进行的。因此，受污河水中溶解氧的变化速率应为复氧速率和耗氧速率的代数和，即

$$\frac{dO_x}{dt}=k_2 D-k_1 L \tag{21-50}$$

由于 $\dfrac{dO_x}{dt}=-\dfrac{d(O_S-O_x)}{dt}=-\dfrac{dD}{dt}$，因此(21-50)式可以改写为

$$\frac{dD}{dt}=k_1 L-k_2 D \tag{21-51}$$

图 21-4 给出了河流接受有机物污染后，从受污点至下游各断面的累积耗氧量曲线、累积复氧量曲线和亏氧变化曲线(称之为氧垂曲线)。受污染前，河水中的溶解氧几乎饱和，亏氧接近于零。在受到污染后，开始时河水中的有机物大量增加，好氧分解剧烈，耗氧速率超过复氧速率，河水中的溶解氧下降，亏氧量增加。随着有机物因分解而减少，耗氧速率逐渐减慢，终于等于复氧速率，河水中的溶解氧达到最低点(相当于图 21-4 中氧垂曲线的最缺氧点)。接着，耗氧速率低于复氧速率，河水溶解氧逐渐回升。最后，河水溶解氧恢复或接近饱和状态。当有机物污染程度超过河流的自净能力时，河流将出现无氧河段，这时开始厌氧分解，河水出现黑色，产生臭气，河流的氧垂曲线发生中断现象。

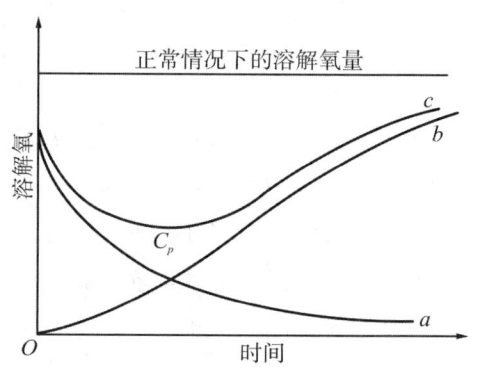

图 21-4　累积耗氧量曲线(a)、累积复氧量曲线(b)和氧垂曲线(c)

假设废水排入河流后，河水与废水在受污点达到完全混合，受污河段的 BOD 和 DO 在整个河流断面上都是均匀分布的，求解(21-51)式，即可得到受污河段的亏氧方程或称氧垂曲线方程

$$D=\frac{k_1 L_0}{k_2-k_1}[\exp(-k_1 t)-\exp(-k_2 t)]+D_0\exp(-k_2 t) \tag{21-52}$$

式中，D_0 为受污点混合水的起始亏氧量，$D_0=\dfrac{D_P Q_P+D_h Q_h}{Q_P+Q_h}$；$D$ 为从受污点流经 t 时间后的亏氧量；L_0 为受污点混合水的起始 BOD。

利用(21-52)式，可以求出受污点下游任一断面河水的亏氧量。在该方程式中，如

果令 $\dfrac{dD}{dt}=0$，可以得到

$$t_{\neq}=\dfrac{1}{k_2-k_1}\ln\left[\dfrac{k_2}{k_1}\left(1-\dfrac{D_0}{L_0}\dfrac{k_2-k_1}{k_1}\right)\right] \quad (21\text{-}53)$$

式中，$t_{\neq}$ 为受污点至氧垂曲线最缺氧点（称为临界点）的流经时间。再根据河水流速，即可求得受污点至临界点的距离 $x_{\neq}$（称为临界距离）。

（二）湖泊（水库）的水质模型

湖泊是被陆地围着的大片地面水体，而水库多是由河道筑坝而成的人工湖泊。与河流相比，通常湖泊（水库）水流迟缓，更新期比河流长得多，这有利于悬浮物的沉降和降低浑浊度，但水流不易混合。湖泊水体较深，就容易出现水质成分分布的不均一性，尤其深水湖或容量大的湖泊更为显著。湖泊（水库）规模的大小不仅影响其水量调节性能，而且也影响水质的污染与自净。环境空气的温度改变也会引起水温改变，而水温的变化会造成湖水密度的不同。

引起湖泊污染的污染物种类繁多，而且污染负荷往往比较集中，这对于相对静止和稳定的湖水来说，可能会引起局部严重污染的状况，如富营养化污染、重金属污染物在底泥和水生生物中的积累、底泥的厌氧分解等。由于不同水深处接受阳光辐照量和溶氧浓度的不同，可在湖泊中形成几个不同的生物活性层（最重要的是透光层、沿岸层与湖底层）。水生生物因素对湖水氧平衡、富营养化污染进程等的影响较河流大。受热条件好、矿化度小的湖泊中生物活动繁盛，往往成为水质动态变化的最重要因素之一；而对大湖或矿化度高的湖泊，生物作用减弱甚至消失。

湖泊水流速度小，水体容量大及深度较深，水流的混合作用及大气的复氧作用较弱，因而湖泊受到污染后，自净恢复的速度缓慢，污染持续期较长，一些难分解、易积累的有机污染物和重金属可长时间存在于湖泊中，使受污染湖泊的恢复治理十分困难。在建立反映湖泊（水库）污染与自净规律的水质模型时，必须充分考虑这些特征。

统一科学要演绎的废水排入湖泊（水库）水体中的扩散模型，必然是在三维地球物理坐标系的有界空间中，才能刻画某一废水的污染物排入湖泊（水库）后在水体环境中扩散过程的污染物浓度变化。因此，在确定污染物的扩散作用时，必须假定污染物质点的动力学特性与水的质点一致。

不过，湖泊（水库）的地表水在水深较浅的情况下，可不考虑地表水在纵向上的扩散作用，而只考虑污染物顺着水平方向上的推流和紊流扩散的稀释作用。因此，对于自发发射条件下的三元系统异质信息变化函数（21-3）式 $P_+(x,y,z)=\dfrac{1}{1+\exp\left(\dfrac{x-\mu_{X_+}}{\sigma_{X_+}}\right)}\cdot$

$\dfrac{1}{1+\exp\left(\dfrac{y-\mu_{Y_+}}{\sigma_{Y_+}}\right)}\dfrac{1}{1+\exp\left(\dfrac{z-\mu_{Z_+}}{\sigma_{Z_+}}\right)}$，就不必考虑 Z_+ 轴分量 $P_+(z)$ 的作用。只要沿着水

面方向设定二维"空间距离"坐标系 X_+Y_+，就可以建立表征湖泊（水库）污染与自净规律的二维水质模型。这样，污染物在湖泊（水库）水体中任意点的浓度变化规律就是

$$C(x,y) = \frac{Q}{V} P_+(x,y)$$

$$= \frac{Q}{V} P_+(x) P_+(y)$$

$$= \frac{Q}{V} \frac{1}{1+\exp\left(\frac{x-\mu_{X_+}}{\sigma_{X_+}}\right)} \frac{1}{1+\exp\left(\frac{y-\mu_{Y_+}}{\sigma_{Y_+}}\right)} \qquad (21\text{-}54)$$

上式在 X_+ 轴和 Y_+ 轴方向上的子系统都是以单元系统形态转化基元规律来反映污染源排放过程产生的污染物形态转化一般规律的，如果污染物在 X_+ 轴和 Y_+ 轴方向的扩散只是保守性的物理运动过程，就不涉及污染物远离平衡态的形态转化，那么（21-54）式在 X_+ 轴和 Y_+ 轴方向上子系统的异质信息变化函数可以用近平衡态的简化形式表示

$$C(x,y) = \frac{Q}{V} \exp\left[-\left(\frac{x-\mu_{X_+}}{\sigma_{X_+}}\right) - \left(\frac{y-\mu_{Y_+}}{\sigma_{Y_+}}\right)\right] \qquad (21\text{-}55)$$

因此，在二维"空间距离"坐标系 X_+Y_+ 中就可以演绎出湖泊（水库）的地表水在水深较浅的情况下的水质模型，这是流体扩散与迁移模型中的一般模型。按照不同的水体及其所处的具体环境，还可以建立不同的废水水团的扩散与迁移模型。

1. 完全混合扩散模型

持久性污染物进入湖泊或水库后，同水体发生混合扩散可以达到稀释净化的目的。对于小型的湖泊或水库，当进入湖库的河流流量和排入的废水量一定且浓度分布均匀时，可以写出如下物料平衡方程式

$$V \frac{dC}{dt} = (W_0 + C_P Q_P) - Q_h C \qquad (21\text{-}56)$$

或

$$\frac{dC}{dt} + \frac{Q_h}{V} C = \frac{W_0 + C_P Q_P}{V} \qquad (21\text{-}57)$$

式中，C 为湖泊或水库中污染物的浓度；t 为废水排入混合时间；V 为湖泊或水库的有效容积；W_0 为河流带入的污染物量；C_P 为废水的浓度；Q_P 为废水排放量；Q_h 为排出湖泊或水库的河水流量或排入湖泊或水库的总水量。

设 $t=0$ 时，湖泊中该污染物浓度为 C_h，求解（21-56）式可得

$$C = \frac{W_0 + C_P Q_P}{Q_h} + \left(C_h - \frac{W_0 + C_P Q_P}{Q_h}\right) \exp\left(-\frac{Q_h}{V} t\right) \qquad (21\text{-}58)$$

当 $t \to \infty$ 时，则可求得达到平衡时污染物的浓度为

$$C_\infty = \frac{W_0 + C_P Q_P}{Q_h} \qquad (21\text{-}59)$$

据此可以估算出废水排放到湖泊或水库后的污染影响。但是,这种完全混合的假设不能用于水流速度很小的大湖,因为大湖的湖水稳定,废水在流入过程中可形成相当厚且相当大的近岸环流污水场。

2. 混合衰减模型

非持久性污染物进入湖泊或水库后,既有混合稀释作用,又有生物、化学、物理因素的共同作用而使水体得以自净。

对于小型湖泊或水库,可以采用完全混合衰减模型计算排入废水 t 时间后的湖库的污染物浓度 C,即

$$C=\frac{W_0+C_PQ_P}{VK_h}+\left(C_h-\frac{W_0+C_PQ_P}{VK_h}\right)\exp(-K_ht) \qquad (21\text{-}60)$$

式中,$K_h=\dfrac{Q_h}{V}+k_1$。

当 $t\to\infty$ 时,达平衡时的湖库的污染物浓度为

$$C_\infty=\frac{W_0+C_PQ_P}{VK_h} \qquad (21\text{-}61)$$

对于无风的大湖泊,可以采用推流衰减模式计算距排污口 r 处的湖面的污染物浓度 C_r,即

$$C_r=C_P\exp\left(-\frac{k_1\varphi H}{2Q_P}r^2\right)+C_h \qquad (21\text{-}62)$$

式中,φ 为废水入湖的扩散角度,平直岸边排放时 $\varphi=\pi$,湖中心排放时 $\varphi=2\pi$;H 为废水的扩散深度;C_h 为湖水中污染物的现状浓度。

上述的河流和湖泊(水库)是主要的地面水水体,地表水还包括海洋和地下水。海洋具有巨大的环境容量,废水向外海迁移和扩散,在海洋中混合稀释到一定程度,污染物对海洋的水质影响可以忽略不计。但是,在近岸海域特别是河流与海洋汇合处的河口区,地质、水文、气象条件(风向、风速、气温等)的差异悬殊,底栖生物、浮游生物及底质的状况也各异,两种水体相遇后往往会产生复杂的水流混合湍动与分层,流速、流向、水深、盐度等因素经常发生变化。地下水是储存于包气带以下地层空隙(包括岩石孔隙、裂隙和溶洞)之中的水,地下水流系统虽然像地表上的河流湖泊一样却难以用肉眼观察,而且水质的具体影响因子和影响程度五花八门。因此,近岸海域和地下水排污的自净规律错综复杂,很难建立起普适的理论模型。

第三节　物质形态与系统结构

三元系统的单元存在着性质、数量和取向上的差异,它们"聚集"在一

起就会成为组织化的组态与立体结构,像一定量的具有"空间距离"特质的粒子群体就可以在定域内构成物体。如果粒子群体中的单元存在着性质和取向上的差异,它们在组织成三元系统的立体结构时就会出现同分异构和异分同构的现象。

一、三元系统的组态与立体结构

上述关于三元系统形态转化基元规律、三元均衡系统的谐振规律、三元系统的不同失衡规律和大气迁移与扩散模型以及不同水体的水质模型都是对三元系统的外部描述,是以三元系统与环境的相互作用来描述三元系统形态变化规律的。但是,科学研究仅仅跳出系统来看系统是不够的,许多情形下往往需要人们对三元系统进行内部描述,通过深入分析三元系统的结构,以结构构件——元素(以形态量代表)之间的相互作用来描述整个系统的行为和性能。

在三维二仪质向量仿射坐标系 $\vec{A}\vec{B}\vec{\Gamma}$ 空间中,任何一个事物都是一个三元系统。每一个三元系统是由一群具有三种性质的单元"聚集"而成的一个群体,其确定的形态可以用三维形态空间中的一个三维三元质向量或一个立体结构表示。每一个三元系统可以看作由三种不同性质的一维子系统的单元群体所构成。

对于二维二仪质向量仿射坐标系 $\vec{\alpha}\vec{\beta}$ 空间中的二元系统而言,二元系统的单元在性质、数量和取向上存在着差异,单元群体"聚集"在一起就会成为组织化的平面结构,而且不同的二维点阵结构存在对称性与性能的差异。同样。在三维二仪质向量仿射坐标系 $\vec{A}\vec{B}\vec{\Gamma}$ 空间中,三元系统中的单元也存在着性质、数量和取向上的差异,三元系统的单元群体"聚集"在一起也会成为组织化的立体结构,其不同的三维点阵结构也必然存在着对称性与性能的差异。

三元系统"聚集"的单元群体紧密联系,以不同的组织形式构成对称性不同的特殊结构。但是,结构的有序性是三元系统所具有的共同特征。三元系统的结构从自缔合到自组织,无不与形态空间的有序性相关。这种有序性包含很多内容,有的表现为单元群体对称性高、结构单元重复性高,但也有许多单元并无对称性和重复性,仅仅在于结构单元间相对位置以及各自取向一定。总之,三元系统存在结构有序性的关键就在于各单元在形态空间上的定位方向是不一样的。

如果三元系统的各个单元按一定的组合形式和关系形成相对稳定的平衡结构,所形成的结构就是静态结构。静态结构中三维点阵并置的平行六面体单位是确定的,各个单元在三维空间中的定位方向是确定的、不可省却的,其单元的数量和性质也是确定的。如果三元系统的各个单元按一定的组合形式和关系形成变动不息的非平衡结构,所形成的结构就是动态结构。动态结构中三维点阵并置的平行六面体单位已然破坏,各个单元在形态空间中的定位方向、空间距离及其单元的数量都是可变的,甚至三元系统的性能也是可变的。

在第二十章第五节"三元系统的不同失衡规律"中,推导了远离平衡态的三元系统形态转化基元规律及其他失衡态的三元系统形态变化规律,这是三元系统的动态结构在不同失衡条件下有序度变化的表达形式。如果三维二仪质向量坐标系 $\vec{X}\ \vec{Y}\ \vec{Z}$ 的三个质向量坐标轴都特别规定为"空间距离"坐标轴,具有一定空间尺度和物性的三元系统单元也就可以特别地规定为物质分子;当物质分子系统内部的各分子按一定的组合形式和关系形成变动不息的非平衡结构,所形成的非平衡结构就是流体结构。上述关于流体(气体和水体)中的某些物质分子的扩散和迁移规律,就是物质分子系统内部的各分子按一定序列的组合形式和关系形成变化的非平衡结构。

但是,在三维"空间距离"坐标系空间中,如果物质分子系统内部的各分子按一定的组合形式和关系形成相对稳定的平衡结构,所形成的定域内的平衡结构就是固体结构。为了从三元系统形态分布基元规律演绎出在定域内形成平衡结构的物质分子系统内部的各分子的组合形式与内在关系,有必要把视角深入三维二仪质向量坐标系 $\vec{X}\ \vec{Y}\ \vec{Z}$ 内部的 $(\vec{N},\vec{n}^0,\vec{E},\vec{E}_{\neq},\vec{\varepsilon})$ 五维分质向量空间之中。

在三维二仪质向量坐标系 $\vec{X}\ \vec{Y}\ \vec{Z}$ 内部 $(\vec{N},\vec{n}^0,\vec{E},\vec{E}_{\neq},\vec{\varepsilon})$ 五维分质向量空间的 $(\vec{C}_N,\vec{n}^0,\vec{E},\vec{C}_{E_{\neq}},\vec{C}_{\varepsilon})$ 截面上,每一个三元系统的能量 $\vec{E}$ 与本质单元数 $\vec{n}^0$ 均存在着对应的函数关系。能量 $\vec{E}$ 在互相垂直的 $\vec{X}$ 轴和 $\vec{Y}$ 轴及 $\vec{Z}$ 轴上的分质向量为 $\vec{E}_X$、$\vec{E}_Y$ 和 $\vec{E}_Z$,本质单元数 $\vec{n}^0$ 在互相垂直的 $\vec{X}$ 轴和 $\vec{Y}$ 轴及 $\vec{Z}$ 轴上的分质向量为 $\vec{n}^0_X$、$\vec{n}^0_Y$ 和 $\vec{n}^0_Z$。三元系统的能量 $\vec{E}_{XYZ}$ 可以表达为 $\vec{E}_{XYZ}(\vec{E}_X,\vec{E}_Y,\vec{E}_Z)$,三元系统的本质单元数 $\vec{n}^0$ 也可以表达为 $\vec{n}^0_{XYZ}(\vec{n}^0_X,\vec{n}^0_Y,\vec{n}^0_Z)$,它们之间的函数关系可以表达为 $\vec{E}_{XYZ}=f(\vec{n}^0_X,\vec{n}^0_Y,\vec{n}^0_Z)$ 或 $\vec{n}^0_{XYZ}=f(\vec{E}_X,\vec{E}_Y,\vec{E}_Z)$。

在三维二仪质向量坐标系 $\vec{X}\ \vec{Y}\ \vec{Z}$ 空间中,如果三元系统有 k 个子系统,这 k 个子系统也就有 k 组三维分质向量。在三维二仪质向量坐标系 $\vec{X}\ \vec{Y}\ \vec{Z}$ 内部 $(\vec{N},\vec{n}^0,\vec{E},\vec{E}_{\neq},\vec{\varepsilon})$ 五维分质向量空间的 $(\vec{C}_N,\vec{n}^0,\vec{E},\vec{C}_{E_{\neq}},\vec{C}_{\varepsilon})$ 截面上,三元系统的 k 个子系统中均有各自的本质单元,k 个子系统彼此之间存在着相互作用并形成三元系统的一个组态

$$\sum_{i=1}^{k}\vec{n}^0_{iXYZ}=\vec{n}^0_{1XYZ}+\vec{n}^0_{2XYZ}+\cdots+\vec{n}^0_{kXYZ} \qquad (21\text{-}63)$$

$$\sum_{i=1}^{k}\vec{E}_{iXYZ}=\vec{E}_{1XYZ}+\vec{E}_{2XYZ}+\cdots+\vec{E}_{kXYZ} \qquad (21\text{-}64)$$

三元系统同一个组态的能量 $\sum_{i=1}^{k}\vec{E}_{iXYZ}$ 与本质单元数 $\sum_{i=1}^{k}\vec{n}^0_{iXYZ}$ 存在着对应的函数关系。这就是说,如果三元系统的 k 个子系统有确定的形态,$\sum_{i=1}^{k}\vec{n}^0_{iXYZ}$ 及其 $\vec{n}^0_{1XYZ},\vec{n}^0_{2XYZ},\cdots,\vec{n}^0_{kXYZ}$ 就是常分质向量,$\sum_{i=1}^{k}\vec{E}_{iXYZ}$ 及其 $\vec{E}_{1XYZ},\vec{E}_{2XYZ},\cdots,\vec{E}_{kXYZ}$ 也是常分质向量,定常的

$\sum_{i=1}^{k}\vec{n}_{iXYZ}^{0}$ 与 $\sum_{i=1}^{k}\vec{E}_{iXYZ}$ 也就存在着对应的关系。如果一个三元系统由 k 个子系统组合而成，每一个子系统 $\vec{n}_{1XYZ}^{0},\vec{n}_{2XYZ}^{0},\cdots,\vec{n}_{kXYZ}^{0}$ 或 $\vec{E}_{1XYZ},\vec{E}_{2XYZ},\cdots,\vec{E}_{kXYZ}$ 的取向一般都各不相同，在向量代数上遵循向量的加和法则，而在形态空间上就形成结构。

三元系统的本质单元数 $\sum_{i=1}^{k}\vec{n}_{iXYZ}^{0}$ 及其 k 个子系统的本质单元数 $\vec{n}_{1XYZ}^{0},\vec{n}_{2XYZ}^{0},\cdots,\vec{n}_{kXYZ}^{0}$ 可乘以单元显性因子 θ_ε 以具体的质参量来表示；三元系统的能量 $\sum_{i=1}^{k}\vec{E}_{iXYZ}$ 及其 k 个子系统的能量 $\vec{E}_{1XYZ},\vec{E}_{2XYZ},\cdots,\vec{E}_{kXYZ}$ 也可以用其显性因子 θ 来表示，从而表现三元系统整体组态的特质，这样，三元系统某一个组态的质参量与其特质也就存在着对应的关系。如果单元显性因子 θ_ε 特指单元的直径元 $\theta_\varepsilon=l_\varepsilon$，三元系统本质单元数 $\sum_{i=1}^{k}\vec{n}_{iXYZ}^{0}$ 及其 $\vec{n}_{1XYZ}^{0},\vec{n}_{2XYZ}^{0},\cdots,\vec{n}_{kXYZ}^{0}$ 就可用"空间距离" $\sum_{i=1}^{k}\vec{l}_{iXYZ}$ 及其 $\vec{l}_{1XYZ},\vec{l}_{2XYZ},\cdots,\vec{l}_{kXYZ}$ 表示。

在三维"空间距离"坐标系的特定空间中，三元系统中各单元之间表现的是"空间距离"的特质。如果三元系统中各单元为物质粒子，一定量的物质粒子具有"空间距离"的特质就构成物体。物质粒子（原子、离子、分子等）的"质"可以千差万别，但是它们正因为都具有了三维"空间距离"的特质才被称之为"物"。物质粒子之间的"空间距离"使得整个三元系统表现出物性，并在三维"空间距离"坐标系的形态空间中占据定域的实体空间。

几千年来，人类是以构成论自然观来认知自然万物的。像古希腊的德谟克利特和留基伯想象物质是由不可再分割的粒子——"原子"构成，并认为不同物质由不同的"原子"构成。实质上，这是在三维"空间距离"坐标系的空间中认识物质粒子的结构形态。因此，"原子论"思想一直深刻地影响着人们关于物质结构的世界观。

现代科学通过物质结构分析已经揭示了118种化学元素的每个原子都有一个带正电的原子核，它占原子体积很小的一部分，却包含着绝大部分原子的质量，环绕核心的是质量非常轻的带有负电的电子云。一个原子中的电子数量从1到100左右，与原子核中的荷电粒子数或质子数相同，并决定原子怎样结合在一起形成分子。原子核中的荷电粒子（中子）增加了原子核的质量，而不影响电子数量，所以几乎不影响原子与其他原子的连接方式，即原子的化学特性。原子最外层电子的排列规则决定着原子如何与其他原子结合并形成物质。

有的物质分子的结构很简单，只是由两个原子构成，如氧气分子。有机化合物分子中只有少数简单的分子具有二维平面的形象，而大多数有机分子都具有三维立体的形象，如饱和碳 sp^3 杂化为正四面体结构。有许多有机分子的结构很复杂，原子相互重叠和键接，且由成千上万个原子构成，如蛋白质和脱氧核糖核酸。这些复杂分子的严密结构是影响这些分子相互作用的重要因素。

在三维"空间距离"坐标系的特定空间中，自然界存在的晶体都是由物质粒子（原子、离子、分子等）按一定的规则呈周期性重复排列的，并组成一定形式的晶格或点阵。晶体的最小单位是空间单位格子，空间单位格子经过3个方向的平移生成空间格子。三维点阵格子的重复单元存在着7个类型和14种布拉维格子，由这些不同的平行六面体单位并置构成的晶体在外形上就表现为一定形状的几何多面体。所以，晶体的外在形态是由其内在结构决定的。

运用点阵的概念可以将晶体结构看作由点阵与结构元素所构成，同一种单质元素组成的晶体称为单质晶体，不同种单质元素组成的晶体称为化合物晶体。晶体的空间格子将晶体截分为一个个结构单元内容（组成粒子、粒子的排布、粒子间的作用力等）完全等同的基本单位——晶胞。晶胞的内容包括了质向量的3个要素：在定性上反映了周期性重复的结构单元的性质，在定量上反映了周期性重复的晶胞的大小，在定向上反映了周期性重复的晶胞的形式。

单质晶体的性质不仅取决于组成单元的原子结构，而且与单质分子结构和晶体结构的有序性有密切联系。单元的性质、数量及其在形态空间上的定位方向是不一样的，单元成为组织化的单质晶体的结构对称性和重复性是不同的，因而单质晶体的性质（尤其是物理性质）在很大程度上是由晶体的立体结构决定的，如图21-5所示。

由于每一种特质的单元群体集成一个子系统，不同特质的子系统也存在着单元数量和取向上的差异，因此构成不同的化合物晶体。化合物晶体的晶胞结构和单质晶体的晶胞结构往往不一样，晶胞中的那些原子、分子及其在晶胞中的分布位置以及化学键都有差别。通过晶胞内容的要素分析，可以把化合物晶体分为氯化钠结构、氯化铯结构、立方硫化锌结构、六方硫化锌结构、砷化镍结构、碘化镉结构、萤石结构、反萤石结构、金红石结构、钙钛矿结构和三氧化铼结构。这些晶体结构相关的晶格结构、晶系和示意图见表21-1。

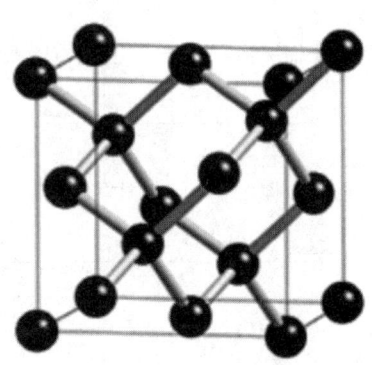

图21-5 晶体的立体结构

表21-1 晶体结构相关的晶格结构、晶系和示意图

名　称	代　号	晶格结构	晶　系	示意图
氯化钠结构	B1型	面心立方晶格	立方晶系	
氯化铯结构	B2型	体心立方晶格	立方晶系	

续表

名 称	代 号	晶格结构	晶 系	示意图
立方硫化锌结构	B3 型		立方晶系	
六方硫化锌结构	B4 型	简单六方晶格	六方晶系	
砷化镍结构	B8 型		六方晶系	
碘化镉结构	C6 型		三方晶系	
萤石结构	C1 型	面心立方晶格	立方晶系	
反萤石结构	C2 型		立方晶系	
金红石结构	C4 型	简单四方晶格	四方晶系	
钙钛矿结构	$E2_1$ 型		立方晶系	
三氧化铼结构	DO_9		立方晶系	

晶胞的形状、大小与空间格子的平行六面体单位相同，晶体可看作无数个晶胞有规则地堆积而成，晶体整齐、规则的宏观形貌与内部结构存在着必然的关系。例如，食盐、石英、明矾等分别具有立方体、六角柱体和八面体的几何外形，这是晶体内微粒的排布具有空间点阵结构在晶体外形上的表现。在自然界中，造型美观的水晶常呈晶簇产出，

这也是晶体呈棱柱状并带六边形锥的（碘化镉）结构使然。

自然界的绝大多数物质实体（包括液体和气体等）不可能像晶体那样，在内部结构上都具有明显的空间排列上的周期性；非晶体中的粒子是无规则地堆积在一起的，不存在规则排列的空间点阵结构。但是，物质实体内的各种单元基本上也是以一定的粒子群体结构形式存在的。对于具有固定几何外形和一定结构的固态物体与没有固定几何外形和一定结构的物体，粒子间都存在相互作用的距离空间。所以，客观实在的物质系统都具有"空间距离"的特质，都占有一定的实体空间。

在由三个"空间距离"坐标轴构建的三维质向量坐标系空间中，固态物体不一定就是有序结构，也可能是无序结构。除了固态物体的物质形态外，还有液态和气态等不同的物质形态，这些物质形态可以是由一定数量的具有特质的单元按一定的空间距离和取向顺序连接构成的有序结构，也可以是由一定数量的具有特质的单元按不同的空间距离和取向构成的无序结构。

在自然界中，有序结构只有两类：一类是像晶体内部出现的在分子水平上定义的有序结构，具有明显的空间距离排列上的周期性，可以在孤立环境中和平衡条件下维持其有序，不需要与外界环境交换能量和物质。这一类有序结构又称为平衡结构，因为它可在平衡条件下形成和维持。另一类有序结构是在非平衡条件下的开放系统中呈现的时空有序性，需要与外界环境进行物质和能量的交换才能维持。这类有序结构的形成和维持需要能量的耗散，因而被普里高津称为"耗散结构"。像生物体中的有序就是属于第二类有序结构的典型。

对于内部结构是无序的物质系统而言，在适宜的环境下无序结构可以转变为有序结构。一个系统的内部由无序自动变为有序，即自发地使其中大量单元按一定的规律运动的现象叫自组织现象。生命过程就是生物体持续进行的自组织过程。在自然界中，人们常常可以观察到许多自发形成的宏观有序结构现象。像天空中的云也常形成宏观的有序结构，呈现出整齐的鱼鳞状排列的云称为鱼鳞天，呈现整齐的带状间隔排列的云则称为云街，鱼鳞天和云街都是典型的自组织现象，也都是在开放系统中自组织形象形成的有序结构。由于开放系统在无生命自然界和有生命自然界中能形成丰富多彩的结构，因此哈肯在《协同学：大自然构成的奥秘》一书的前言指出："自然界，尤其是动物界和植物界，常以其形态的繁多，结构的精致，以及结构中各组成部分极其巧妙的协作，而使我们惊叹不止。如今，科学日益关注这些结构究竟是怎样产生的，是什么力量在起作用的问题。"

二、同分异构与异分同构的系统

在一定维度的质向量坐标系空间中，任何一个系统（不啻三元系统）的确定形态都可以用一个常质向量表达。任何一个系统都是由一定量的单元组合在一起，这些单元只要在性质、数量和取向上存在差异,就可以构成组织化的结构。所谓结构也就是系统内部各单元(或子系统)按一定的组合形式、时空排列和比例关系形成的结合方式。

"结构"的观点是俄国化学家布特列洛夫于19世纪60年代第一个提出的。他认为,物质成分的每一分子是内在联系的统一整体,其中的各个原子是相互密切联系、互相依赖和互相制约的,分子的这种内在联系就叫作化学结构。[8]分子的化学结构就是分子内部诸原子之间通过价键的相互作用而结成的原子之间的组合方式。实质上,这就是在三维"空间距离"坐标系的形态空间中,以分子为特定的研究对象,研究分子的组成单元——原子间的相互联系与相互作用。

其实,在客观世界、精神世界和理论世界的各个层面都存在着各种结构。任何一个层面的结构范畴都反映了系统内部的单元(或子系统)如何联系起来成为一个"整体",系统的结构就是系统诸单元(或子系统)之间相互联系与相互作用的总和,它构成了系统内部相对稳定的组织形式和结合方式,即组织整体。例如,原子核结构是质子和中子之间依靠强相互作用和电磁相互作用而形成的结合方式。原子结构是电子和原子核之间相互关系和相互作用而形成的组织形式。可见,万事万物都存在着结构问题。讲人口,有人口结构;讲人才,有人才结构;讲知识,有知识结构;讲生态,有生态结构;讲经济,有经济结构;讲社会,有国家结构等。比较复杂的系统是多重结构的复合体,如在经济结构中,就包含需求结构、产业结构、城乡和区域结构、要素投入结构等。

结构如此多种多样,人们难免寻思它们究竟是如何产生的。因此,阐明结构是怎样自发形成的和结构是怎样自行组织起来的,也就成为科学的一个任务,为此科学家长期以来致力于研讨结构的组织。像三元系统的结构既可以分为简单结构和复杂结构,又可以分为内部结构和外部结构。三元系统的内部结构是指该系统内部的各个单元之间形成各种各样的相互联系、相互作用、相互制约的特殊方式与组织关系,从而使它们在空间上形成稳定的结构,在数量上保持合理的配位和比例关系,在组织上形成相互驱动的方式,在活动上相互协调和适应,在形状上呈网络交叉,在性质上和谐统一。三元系统的外部结构是指该系统与其周围环境之间发生相互联系、相互作用和相互制约的方式与关系,从而使它在空间上形成一种同时态的稳定的结构。

然而,只要三元系统中一定数量的单元存在着成分性质和作用取向上的差异,其单元组织成结构时就必然会出现同分异构和异分同构的现象。例如,在三维"空间距离"坐标系空间中,晶体中就有同质多晶和类质同晶,这表明并非所有化学组成不同的晶体都有不相同的立体结构,而完全相同的化学组成的晶体也可出现不同的立体结构。

分子结构都是由一定数量的具有特质的单元按一定的顺序键接构成立体结构,因而人们一般都从结构式、构型参数、构象和对称性等不同方面来进行结构分析,研究分子构造、构型和构象的关系。结构式表示分子中原子的连接次序,构型参数指分子中各个键的键长和键角等,对称性则是研究分子立体构型的对称性。在分子结构分析中,必然会遇到同分异构和异分同构这两类现象。

同分异构与异分同构在不同的领域都存在，人们在生活和生产中就要面对无数的同分异构与异分同构现象和问题。例如，一个厨师要用相同的肉和菜烹调出不同的佳肴，一个工厂经常要用相同的原料来制造不同造型和功用的产品，一个军事指挥家也经常要以相同的兵力来排布不同的阵法。因此有必要在此深入讨论。

（一）同分异构

"同构"本是数学上的概念，是在数学对象之间定义的一类映射，它能揭示出在这些对象的性质或者操作之间所存在的关系。如果两个数学结构之间存在同构映射，那么这两个结构就是同构的。

统一科学用"同分异构"一词所描述的是由相同成分或相同特质的单元组成不同结构的系统，所以同分异构也叫同质异构。在认知上，"同分异构"就是用同样的组分通过组合的变化，构成多种不同的结构形式。对于有着既定性质和数量的单元组成的结构形式，在这些单元打破原有的结构形式重组形成新的结构形式，也称为同分异构。由同质的单元按不同的结构组织起来的系统就是同分异构体，同分异构体可以具有不同的性能。像每一个汉字都具有同样的笔画，但是汉字书法要使人看了产生美感的性能，就要在笔画结构上注意参差有致、比例得当、点划呼应、重心平稳、疏密匀称等。

在化学中，同分异构现象广泛存在于有机化合物中。化合物具有相同分子式，但具有不同结构的现象，就叫作同分异构现象；具有相同分子式而结构不同的化合物互为同分异构体。同分异构体是指分子的组成和分子量完全相同而分子中原子的排列不同的物质。同分异构体也可以叫作同素异形体，是指同一种元素形成的不同单质。由于同分异构体的结构不同，其结构对称性也就不同，因而其物理性质和化学性质以及稳定性等也就不同。例如，金刚石和石墨是碳的同素异形体，它们的物理性质不同，金刚石具有每个碳原子与其最近的4个碳原子形成正四面体（键角109.5°）的原子晶体，其结构对称因而很坚硬；石墨每个碳原子与其最近的3个碳原子成键，每6个碳原子形成一个正六边形（键角60°）的层状晶体，其结构的对称性比金刚石差得远，因而显得很软。又如，乙醚和乙醇的化学式都是C_2H_6O，物理性质和化学性质却不相同；同碳原子数的醛和酮的化学式一样，物理性质和化学性质也不相同。

在分子结构分析中，人们不仅要描述分子中各原子和基团在空间的相对位置即分子的几何形象，而且要分析相同的原子和基团相互结合成不同的分子结构。分子结构就是指分子的构造、构型和构象，因此就要从构造、构型和构象3个层次来描述分子的同分异构。

（1）构造。构造指分子中原子的互相联结顺序和方式，即指具有一定分子式的分子中各原子的成键顺序和键性。具有相同的分子式而分子中原子或基团相互连接的顺序和方式不同，则称为构造异体，构造异体包括碳链异构、官能团异构、官能团位置异构和互变异构。例如，有机物是烃的衍生物，它们之中含有不相同的官能团（羟基、醛基、羧基、酮基、酯基、酚羟基等），由于不同的官能团的化学性质不同，由此构造的有机物的化学性质就不相同。

(2)构型。构型指具有一定构造的分子中各个原子在空间的排列状况。构型异构体是分子的构型相同而分子中各原子和基团在空间的相对位置不同。由于分子中各个原子或基团间特有的固定空间排列方式不同,就会使分子呈现出不同的特定的立体结构,因此构型也叫作分子的空间结构。构型是由化学键决定的化学结构,一般都比较稳定。构型的种类众多,最常见的构型是结构异构、立体异构和序列异构。构型异构体包括几何异构(又称顺反异构)和旋光异构(Z)(E)。

(3)构象。构象是指在一定的条件下,一个分子中由于某一个原子(基团)绕 C—C 单键(σ键)的自由旋转而产生的分子中各原子(或原子团)在空间的、不同的、暂时性的、易变的空间结构排布形象。一个分子只要它有可自由旋转的单键,就有无数个不同的构象异构存在,极限构象有顺叠、顺错、反错、反叠等。在顺叠构象中,两个碳上连接的氯原子和氢原子之间相距最近,产生强排斥作用,内能最高,属于该分子最不稳定的构象。在反叠构象中,氯原子和氢原子之间相距最远,相互之间的排斥力最小,内能最低,是该分子最稳定的构象。顺错构象和反错构象的稳定性介于这两种构象之间,它们的稳定性次序为:反叠>顺错>反错>顺叠。由于单键旋转需要的能量很低,构象异构体很难分离。不同的构象之间可以相互转变,但是分子的各种构象异构体并不是平均分布的,在各种构象形式中总是以其势能最低最稳定的构象为主要的存在形式即为优势构象,如果偏离优势构象就会产生扭转张力。

构型和构象都是表述分子的立体模样或空间形象的概念,是分子中各原子和基团在空间的相对位置,是分子结构体现的一种表面现象,即分子的形象。但是,两者不能并列。构象比构型更为精细,单键旋转使分子的构象改变了,原子间的排列次序并没有改变,所以构型没有改变。构型是原子的空间分布,构象是由于分子中单键可以旋转且键角有一定的柔性,所以有相同构造和构型的分子可以有不同的形态。一般地讲,分子的构型是不能通过单键的旋转而改变的,必须通过化学键的断裂和形成才能改变分子的构型。构型和构象异构体写成平面式,都是构造相同。

(二)异分同构

用"异分同构"一词所描述的是由不同成分的单元组成相同结构的系统。异分同构也叫作异质同构。如果一个系统的两个或多个构成单元的成分(或性质)不同,但只要系统结构是相同或相似就可称为"异质同构";或者说,由不同成分(或性质)的元素组成相同的结构,就是异分同构。例如,两个人的长相可能相似而具备了形体上的同构关系,但是他们在某个方面的能力就可能相差甚远而具有了个人素质的异质关系。

同分异构与异分同构在不同的领域都存在,都是人们日常生活和生产以及认知活动中的普遍现象。世界上一切事物都具有相同的或者说是相类似的结构就叫作事物的同构性。例如,数学中的同构数是指这样的一组数,它出现在平方数的右边,像 $5\times5=25,6\times6=36,76\times76=5776$,那么 5、6、76 都是同构数。在文学中,每一首律诗或相同词牌的词都具有结构和韵律的同构性,而每一首诗词的具体词语和字句又各不相同。

在语义学上,句子的语义位框架模式与句法位谐配模式之间具有结构平行的同构关系,句子的语义内容则由相应的句法形式来体现。在体育中,任何一支排球队都具有竞技上的同构关系,但是这6个球员的素质就使得整个队伍的能力各有不同。在晶体中,有同质多晶和类质同晶,但并非所有化学组成不同的晶体都有不相同的结构,而化学组成完全相同的晶体也可以出现不同的结构。

异质同构的例子还可以用生物学中染色体所含的等位基因来说明。在19世纪50年代,奥地利生物学家孟德尔提出了遗传因子的概念;此后生物学家证明,遗传因子就位于细胞核内的染色体上。1909年,"基因"这一名词代替了遗传因子。基因就是指存在于细胞内有自体繁殖能力的遗传单位,是保留生物体某一个部分具有自己特定个性的最小单位,这个单位如不遭到破坏,生命在传种接代中就能保持遗传信息,这就像儿女必定保留着父母的某种相似性那样。现代遗传学的研究表明,基因是具有特定的核苷酸顺序的核酸(主要为脱氧核糖核酸)分子中的一个片断,是储存特定遗传信息的功能单位。脱氧核糖核酸的生物分子由6种化学成分组成:脱氧核糖、磷酸和4种碱基(腺嘌呤A、鸟嘌呤G、胸腺嘧啶T和胞嘧啶C)。

分子生物学指出,决定生物体遗传特性的基因的基本组成是核糖核酸(RNA)和脱氧核糖核酸(DNA)。不论是DNA还是RNA,其功能的发挥都与结构密切相关。构成生命密码的核酸是由许多单核苷酸相互连接而成的多核苷酸链。单核苷酸由碱基、戊糖、磷酸3部分组成。RNA含D-核糖,DNA含D-2-脱氧核糖。RNA和DNA两种结构都由磷酸基和糖碱基组成,两种结构的磷酸基都不变,但是在糖碱基中一个有氧,而另一个脱掉了氧。RNA和DNA两类核酸就好像是一对父母,在父系和母系身上分别可接4种碱基:RNA含有腺嘌呤A、鸟嘌呤G、胞嘧啶C、尿嘧啶U;DNA含有腺嘌呤A、鸟嘌呤G、胞嘧啶C,但不含尿嘧啶U而含胸腺嘧啶T。两种糖还可接出8种物质来。

上述的谱系是由父系4子和母系4子构成的"家族",呈现的形态为一分为二、二分为四……由于核糖核酸不属于人体基因原料,人们对此就没有更多的研究。

1953年,美国科学家沃森和英国生物学家克里克阐明,DNA分子在细胞核内的染色体上由两条相互盘绕方向相反的链组成双重螺旋结构,这两条链是两条多核苷酸环绕同一长轴扭转而成的;而每一条链的骨架是一列糖和磷酸基,都是由单一成分首尾相接纵向排列而成的,这种单一成分被称为碱基(因为这些化合物溶于水中能形成碱性溶液)。碱基有腺嘌呤A、胸腺嘧啶T、鸟嘌呤G和胞嘧啶C 4种,分别简写为A、T、G、C,它们的排列组合构成了基因,如图21-6所示。

碱基的氢键配对形成的DNA双螺旋的

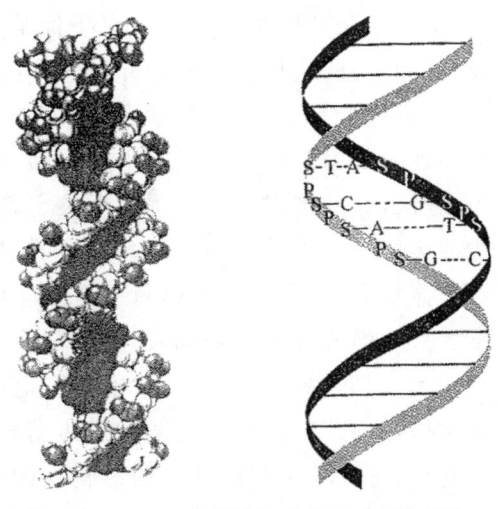

图21-6 DNA分子链组成的双重螺旋结构

解聚、复制、再聚合，所构成的3个核苷酸的序列决定了氨基酸的编码，也是基因重组技术的基础。每连续3个碱基组成的一组就是蛋白质的一个给定构件（即氨基酸的编码）。从空间结构来看，一个基因在分子结构中表现为DNA大分子中某一段碱基的排列，排列不同便是遗传信息不同，不同碱基排列的片断就是基因。碱基排列如果发生改变，基因就发生了突变，即产出新的等位基因。细胞分裂时，基因就被复制，同一个基因传达到分裂为2个的子细胞中。复制时从负到正、从正到负，形成2个同样的基因。每3个DNA和RNA能决定一种遗传密码，8种碱基每次取3个，重复组合只有64种。十分有趣的是，8种碱基及其组合与中国古代的八卦的结构及生成的六十四卦是一一对应的。

生物原生质细胞的细胞核里都有染色体，染色体上都有脱氧核糖核酸（DNA），核糖核酸上都有基因。每一类生物原生质细胞的细胞核里都储存着一张生命密码的"软片"，"软片"上就有许多决定生物物种的基因。各种生物的染色体在数量、大小和形态上都是稳定的。在蛋白质合成过程中，是以信使核糖核酸（mRNA）的碱基次序确定氨基酸的排列次序的。mRNA每3个相邻的核苷酸组成一组，规定一种氨基酸，并把这样3个核苷酸的排列次序称为三联体密码。从4种碱基中任取3个碱基排列成的三联体共有64种（即64个遗传密码），对应着20种氨基酸。

每个人类细胞的细胞核都有一条DNA，人的全部遗传信息就存储于受精卵细胞核内染色体的DNA中；人的46个染色体在产生生殖细胞的过程中会配成对，而成为23对。人的精子与卵子的染色体都是经过减数分裂的，只有23个。精子和卵子结合，两个细胞核结合成为一个细胞核，两组染色体成为一组染色体。这意味着染色体的数目恢复到体细胞的数目，意味着父本和母本双方染色体组合完成，一个新生命由此而诞生。

人的染色体是23对，父本和母本染色体随机结合的可能数目是2^{23}，即超过800万个组合，而在23个染色体中所含的等位基因估计在万对以上。不同对的等位基因彼此可以重新组合，形成多样的基因型。一对等位基因（A与a）形成3种基因型，即AA、Aa和aa，2对等位基因是9种，3对等位基因是27种，为3^n次方，这样，1万多对基因能形成多少类型的遗传基因和变异基因确实难以计数。

染色体上的基因总重量只不过占体重的几十亿万分之一，但自然界正是凭借着如此神妙的基因及其结构上的千差万别，塑造出当今地球上60多亿各不相同的男女。每个人所特有的基因在很大程度上决定着他的高矮、胖瘦、面貌、性格，主宰着人体代谢和传种接代以及人的生老病死。人类的遗传基因决定了人的性格、智商、体型、潜质和某些人体疾病，它存在于人体每一个细胞内的脱氧核糖核酸分子。脱氧核糖核酸螺旋体上的氨基酸成分各不相同，当人出现病态时往往就是其氨基酸成分改变了或基团受到破坏了。哪怕只有一个基因"走邪"，也可能引起一系列的连锁反应，变异的基因不再忠实执行把前辈特征传给后辈的遗传密码指令，并种下酶系统缺乏，制造出不合格蛋白质的祸根，导致人体代谢紊乱并影响人体健康，还会传给子孙后代的遗传性疾病。目前人们已经知道，人类有4 900多种疾病有程度不同的基因异常遗传背景。

第四节　结构分析与性能表达

从单元与系统结构和环境与系统性能的关系，可以认识系统的性能取决于系统各单元的"元性能"和相加的"原性能"以及系统结构产生的"构性能"。系统存在同构同性、异构异性、异构同性和同构异性的现象，但是通过系统的结构分析和功能模拟，人们就可以自觉地开发（仿生）技术来发明相关的器物。

一、系统结构与性能的关系

三元系统内部的各个构成单元之间只要有一定的关联，就会按一定的序列和取向排列组成具有一定对称性的结构，其整体对外的表现也就成为具有一定形态的事物。任何三元系统的结构都是在一定的环境条件下形成的，都具有相对的稳定性，并以一定的形态来表现。三元系统内在的结构都是通过系统外部的形态来表达的，在不同的环境条件下，三元系统的同一个结构还可以表现出不同的形态。

其实，任何一个客体存在的充分必要条件就是这个客体能够在所有作用于此客体的力场之下，具有结构的稳定性。以物质系统为例，其形态千差万别不可穷尽，而各种各样的物质形态都只是不同物质结构的表象。在不同的环境条件下，具有相同结构的同一个物质系统可能表现出不同的形态。像细菌的基本结构是由细胞膜、细胞质、细胞核三部分组成，但是在适宜的生长条件下细菌有球形、杆形和螺旋形三种基本形态，在不利的环境中或菌龄较老时，细菌还会出现不规则的梨形、气球状或丝状。这就说明，在特定环境条件下，细菌所呈现的结构差异会以不同的形态表现出来。

搞清楚三元系统内在结构与外在形态存在的关系是科学认知的必然要求。不仅自然界的物质系统具有具体的三维结构与形态，任何三元系统都具有具体的结构与形态。各种各样的三元系统形态不过是三元系统结构的表象，因此人们必然要通过三元系统整体形态笼统的外表来了解其内部深藏的复杂精细的结构信息，从而掌握三元系统的内在结构与外在形态所存在的关系。

要认识三元系统的外在形态与内在结构的关系，一般就要进行结构分析。结构分析法是人们为了认识三元系统"整体"形态而采用的认识其各种单元构成的方法，该法在各个领域已经得到了普遍的应用。像物理学的一个永恒主题就是寻找各种有序性、对称性和对称破缺、守恒律或不变性，所以物理学很早就已经开始自觉或不自觉地应用结构分析法来认识自然界物体的固有结构及其与形态美的高度契合。

采用结构分析法来认识物质内在结构与系统外在形态的关系时，必须致力于研究物质系统内部的单元在形态空间中的有序性。分子生物学的基因组学是采用结构分析法来认识物质系统构成和单元在空间中有序性的典型范例。其中,DNA 的序列分析就是用白箱法进行生物基因复杂系统的结构分析。碱基序列代表着特定 DNA 片段的结构,所以 DNA 的结构(序列)分析必须对腺嘌呤 A、胸腺嘧啶 T、胞嘧啶 C 与鸟嘌呤 G 的排列方式进行测序,通过基因测序就可以形成该生物的基因图谱,由此就可以知道所研究的生物群体的遗传背景。

其实,结构分析只是人们为了认识系统的形态而采用的认识系统内在结构构成的一种方法,而在一定维度的质向量坐标系的认知空间中,任何一个系统的形态都可以用相应的一个质向量来表达。质向量是刻画系统的性质、数量的大小和变化取向的质参量,像能量及其特定的显性因子就是可以度量系统形态的质向量。所以,系统内部结构与系统外部形态的关系可以通过系统结构与系统能量的关系来表达。人们要定质、定量、定向地认识系统形态的特质,就要以这一特别规定的"性能"向量(质向量)为坐标轴来建立认知坐标系。

例如,在三维二仪质向量坐标系 $\vec{X}\vec{Y}\vec{Z}$ 内部 $(\vec{N},\vec{n}^0,\vec{E},\vec{E}_{\neq},\vec{\varepsilon})$ 五维分质向量空间的 $(\vec{C}_N,\vec{n}^0,\vec{E},\vec{C}_{E_{\neq}},\vec{C}_{\varepsilon})$ 截面上,如果三元系统有 k 个子系统,k 个子系统彼此之间存在着相互作用并形成三元系统的一个组态,且在形态空间上形成结构;k 个子系统的构成关系就可以通过 $\vec{n}^0_{1XYZ},\vec{n}^0_{2XYZ},\cdots,\vec{n}^0_{kXYZ}$ 的加和 $\sum_{i=1}^{k}\vec{n}^0_{iXYZ}$ 来反映,而三元系统形态可以通过其性能的总量——能量 $\sum_{i=1}^{k}\vec{E}_{iXYZ}$ 来表达。三元系统各子系统的本质单元数 $\sum_{i=1}^{k}\vec{n}^0_{iXYZ}$ 与三元系统整体的能量 $\sum_{i=1}^{k}\vec{E}_{iXYZ}$ 存在着对应的函数关系。这就是说,三元系统的结构与性能存在对应的关系。三元系统的性能是其形态的一种表现形式,却又是由其内部各单元(或子系统)的组织结构决定的。

在三维"空间距离"坐标系的特定空间中,如果三元系统中各单元为物质粒子,物质系统中各单元(或子系统)的结构与系统整体性能存在的对应关系就是物质结构与物质性质的关系。物质结构与物质性质或性能的关系是许多学科的中心问题,如物质结构与物理性质、化学结构与化学性质、生物结构与生物性状、大气结构与天气气候等都是物理学、化学、生物学和气象学所要研究的基本内容。

在远古时代,人类对物质结构与性能的辩证关系就有一种朴素而直观的认识,人们认为物质的"功能是由形状决定的"。古希腊哲学家所说的原子也不例外,卢克莱修就认为:蜜汁引起愉快味觉的功能是由于它们的原子形状圆滑,那些苦和辣的东西是由于它们的原子形状弯曲,金刚石之所以坚硬也是因为它的原子具有"枝杈式"的形状。

在近代,人们也认为物质内部的分子结构决定了分子的性质。所以,结构化学把研究原子、分子和晶体的微观结构,原子和分子的运动规律以及其物质的结构与各种物理、化学性能的关系作为其主要任务。在进行物质结构与物质性能的关系分析过程中,人们认识到化学反应的本质就是原子或分子之间化学键的形成、断裂或变化。通过研究化学键的性质、化学变化规律和分子的空间构型,人们就可以认识化学变化的内因,也可以了解外因对物质内部结构和性质的影响,还可以预示物质形态的变化规律。

根据物质结构和物质性能的关系可以产生认识物质形态的"结构-性能"分析法,并成为结构分析法中认识物质形态的通用手段。"结构-性能"分析法认为:元素、层次和维度对系统的性能产生影响是以结构为中介的。结构指系统维度之间,层次之间,元素之间,维度、层次和单元之间相互作用的方式,也可称为机制。

在用"结构-性能"分析法认识物质形态时,人们既可以用结构分析法来认识物质系统构成和单元在空间中的有序性,也可以用性能分析法来认识物质结构和物质性能关系。在认识物质结构和物质性能的关系时,要从物质系统与元素、结构、环境的关系来进行分析,也就是要分析物质系统及其维度、层次、单元在物质系统与环境中的能力、行为、作用和地位。所以,结构-性能分析法还包括"维度-性能"分析、"层次-性能"分析、"单元-性能"分析、"环境-性能"分析等方法。

"维度-性能"分析法认为:系统是由不同的维度构成的,不同的维度不仅在系统中的能力、行为、作用和地位不同,而且它们构成的是系统的不同侧面,形成了相对独立的认识视角。

"层次-性能"分析法认为:系统是由单元构成的,不同的单元构成不同的层次和维度,并造成了系统性能的差别。不同的层次在系统中的能力、行为、影响和地位不同,而同一维度中不同层次的能力、行为、作用和地位也是不同的。

"单元-性能"分析法认为:系统由单元构成,构成系统的单元不同,系统就不同,系统的性能也不同。对系统性能的分析,首先必须研究单元对系统性能的影响。在做单元-性能分析中,主要应考虑的是单元的质和量,因为它们决定了系统性能的差别。单元的数量不同,对系统性能的影响也不同。例如,O_2和O_3的元素都是氧原子O,但数量不同,其化学性质就有显著差别。单元的质量不同,同样会影响系统的性能;系统性能是整体效应,每一个单元都处于系统的特定位置,发挥着特定的性能。个别单元的性能差异直接影响到整体效应,从而影响到系统的性能。

"环境-性能"分析法认为:系统的性能是系统与环境相互作用的结果,环境的改变必定引起系统性能的改变,或者影响系统性能的发挥。一方面是性能适应环境,一个系统的性能必须适应该系统所处的环境的变化,这样才能使系统的性能得到发挥,另一方面是环境选择性能,由于系统往往存在多种性能,随着环境的变化,系统的性能也随着变化,在环境选择性能的过程中必然淘汰那些不适应环境的性能。因此,在分析系统的性能时,必须注意系统与外界环境的相互联系和相互作用。

不过,由于结构-性能分析法是依据单元与性能、结构与性能之间的关系来研究物质系统性能的,因此这种分析法只能用于已知物质系统的单元和结构。在系统的单元和结构未知的情况下,人们就要采用黑箱方法来探索物质系统。所谓"黑箱",亦称为

"黑盒子"或"闭盒",它是指一个系统的内部结构因某些条件的限制还不太清楚,人们无法从外部或无法打开直接探察其内部结构的奥秘,只能通过外部观测和试验去认识系统的内在结构与整体性能的关系。

黑箱方法是通过外部观测、试验、探索而找出黑箱的输入和输出关系,由此来研究系统的整体性能(或特性),并推断其内部结构。用黑箱方法认识系统,就是要人为地对黑箱系统施加作用(即输入),并观察和记录其输出,这样,观察者与黑箱就构成了一个耦合系统,观察者便可以通过输入给黑箱的信息和黑箱输出的信息的综合分析来推断黑箱系统的性能。

实际上,黑箱方法只是结构分析的一种补充。在能够了解系统内部单元和结构的情况下,人们都力图用白箱方法进行性能分析或结构分析。所谓"白箱",就是一个系统的内部结构可以直接观测的系统。在能够部分了解系统内部单元和结构的情况下,人们也都力图用灰箱方法进行性能分析或结构分析。所谓"灰箱",就是一个系统的内部结构可以部分直接观测的系统。

二、结构分析与性能的分类

任何系统的各种单元都不是任意堆积在一起的,而是相互影响、相互作用的,并且在一定的定域空间内形成"结构"。三元系统的诸单元之间都有各自的排列组合方式,每一个三元系统所具有的独特结构都是由一定数量的具有特质的单元按一定的顺序键接而成的。三元系统的不同结构对应着不同的形态,而形成结构的前提,是必须存在具备某种性质、界限相对分明的两个或两个以上的单元。

任何具有结构的系统都有其相应的性能。不同特质的单元以不同的规则方式排列可以组成不同的系统结构,而不同的系统结构也就具有不同的形态和性能。系统的性能是由其内部所有组成结构的单元及其与外部环境联系所表现出来的性质共同决定的,不同的单元和组织结构会产生不同的系统性能。性能是系统形态表现的特性和能力,性能对系统结构又有反作用。不同特质的单元和系统结构会产生不同的性能,任何系统只要存在着单元和结构就具有其相应的性能。

由于系统组成的结构不同,其对称性、稳定性等性质都可能存在着较大的差异,从而使得系统的形态、性能也可能存在着较大的差异。通过物质结构分析可知,当一个原子的电子转移到另一个原子时,或者当一些电子被共用时,原子之间便形成了化学键。但是,形成哪种化学键取决于原子排列的状态,可能是杂乱无章地混合在一起,还有可能是排列成有相同数量原子和结构的分子,或有可能是排成对称的重复排列的晶体矩阵。像晶体矩阵可以是很规则的组成和结构,也可能是不规则的。

物质系统的组成粒子和结构存在微小的不同,都可能导致物质性能的极大差异。原子的电子排列方式决定着原子间可以发生哪种反应和发生反应所需要的能量或反应过程中可以释放出多少能量。分子的几何形象对于分子的化学性质及物理性质的影响，有时是非常惊人的，如碳原子本身，可以彼此结合形成不同的同素异形体，如无定形碳、石墨、金刚石和近来发现的足球烯，由于具有不同的几何形象，因此具有完全不同的性质，它们的外观分别为黑色粉末至块状、暗灰色片状、无色透明和黄色的晶体。

物质结构由一定量的特质单元构成，每一个单元就是具备特质的元素。比原子低一层次的电子排列方式的不同决定着诸多的原子形态与性质，不同原子的排序与构型又可以组成无数的分子，不同的分子结构还可以组成无数的物质材料，整个物质世界可以看作由无数种物质材料构成。这些物质材料的强度、形状、密度、韧性、结构、颜色等特征大不相同，其性能在不同环境条件下也往往大相径庭。

最典型的形态构成实例是合成物质。人们只要将两个或两个以上的物质作为元素合而为一就可以人为地合成物质。像合成塑料、合成纤维、合成橡胶等合成材料就是人为地把不同物质经化学方法或聚合作用加工而成的材料，所以又称人造材料。不过，人为地合成物质与其他形态构成一样，目的都在于让合成物质产生符合人们需要的特质和功能。

但是，在系统形态构成中所形成的任何结构都不是把系统的诸单元机械地相加，也不是各种因素的简单堆砌和凑合，而是按照各部分之间的有机联系合理地形成系统内部各种单元之间相对稳定的排列顺序、分布状态与结合方式。系统形态构成往往要在形态分析的基础上进行，这就是说，对系统形态整体构成的认识必须建立在对各个单元（个体）或子系统（小集体）之间的有机联系有清楚了解的基础上。

为此，人们必须通过系统表象对其系统结构进行深入的剖析。只有掌握系统结构分析技术，才能了解系统的构成单元及其特性，才能了解各个单元之间的相互关系和相互作用方式，才可能理清系统形态组成单元之间的内在关系及其整体聚集的构成关系，进而才能根据单元的聚集形式或分布状况来定性、定量、定向地认识系统结构形态的本质差异。

系统结构分析在确定系统的构成单元时一般是通过还原性的经典结构分析来实现的。把系统整体分解为它的各个部分，也就是把系统作为孤立系统分成各个单元或子系统，在孤立状态下对各个部分进行详细的研究，然后逆着分解的方向把各个部分复合起来还原为整体，从而达到认识系统的构成单元的目的。应该肯定，这种还原性的经典结构分析有合理之处，它可以彻底查明组成系统的单元，即分清孤立系统的各单元子系统。然而，这种分析的重点不是从系统各个部分的相互作用来认识系统整体，而是把系统整体分解为恰当的部分来加以彻底研究。正如普里高津在《从存在到演化》一文中所说：这种方法只是基于一种"现实世界简单性"的观念，即"要了解宇宙，就只需要了解构成宇宙的砖瓦——基本粒子；懂得了生物大分子、核酸、蛋白质，就可以理解生命，这曾是生物科学的基本信条。总之，一旦了解了组成整体的小单元的性质，就算掌握了整体"。

系统结构分析的另一个方向就是要确定系统结构内在单元之间的构成关系。对于由多个结构单元集成的系统来说，系统的性能既取决于系统内部各单元的原性能，又取决于这些单元相互联系的顺序、关系所产生的结构。因此，系统的性能可以分为三个层次：基本层次是单元（单质元素）的"元性能"，即系统中各孤立部分单元的性能；其次是各部分单元相加的性能，称为"原性能"或"加性能"；再就是由系统各部分的各单元按一定顺序组合形成的结构所产生的性能，可以称为"构性能"。[9]

结构与性能紧密联系又不可分割。系统的构性能正是从系统的结构中产生的，这种构性能的出现是由于各单元原性能的叠加、拮抗或相互作用，或者会使系统的原性能扩大，或者会使系统的原性能缩小，或者会使系统具有原性能中所不存在的新性能。[10]系统的整体性能是其原性能与构性能之和。当整体分解为各个部分时，整体的结构就被破坏，构性能也随之消失；在许多情况下也不可能逆着分解的方向把部分再复合成为整体，这样系统的整体性能往往被误认为就是原性能之和。

例如，在军事上，中国古代作战是非常讲究阵法即作战队形的。所谓的"布阵"就是形成构性能，布阵得法就能充分发挥军队的战斗力，进而克敌制胜。在企业管理上，一个企业的效能取决于每个人员的素质、每一设备的元功能和按一定的方式组织起来的这些人员与设备的构性能。在教学上，一所学校的教学作用取决于教师的水平与合理的调配教学力量。在生活上，一根竹子具有漂浮在水面的元性能，但是五六根竹子并在一起构成竹排所具有的性能就不只是五六根竹子元功能加和的原性能；一双筷子的性能也不只是两只筷子性能的加和。不过，几只木船连在一起抵御波浪颠簸的性能增强了，但是抵抗失火的性能下降了。

构性能只存在于系统整体状态中，不存在于系统内的单元之中，正像人的整体生命力在孤立的人手或人脚中无法找到一样，生命力只存在于人体系统的有机运动之中。意识作为人脑对于大脑内外表象的觉察就是一种构性能，调控人体功能的经络也是一种构性能。构性能以元性能为基础，但又不等于元性能加和的和性能。构性能相当于有序单元组成的系统的性能附加量，其存在使系统的整体性能大于（或小于）各部分相加的性能之和。由于系统各部分的单元只要按一定顺序组合形成结构就会产生构性能，因而认识系统内在结构的构成关系是结构分析的重要方法。

物质的结构与性能存在这样的关系，一方面结构决定性能，另一方面性能对结构又具有相对的独立性。不过，在物质内部单元之间的相互联系中，单元的性能与系统结构的作用完全被包含于系统的性能之中，因此可以撇开系统内部的复杂结构和单元而用整个系统的性能代表系统的形态。

系统的整体性要求人们采用系统法或其他整体的综合方法来考察系统的行为，但是孤立系统中的子系统在适当的条件下还是可以表现出其特有性能的。也就是说，这些子系统包含着性能的相对独立性，子系统的各种性能之间存在着必然联系，可以形成一个相对独立的性能系统。因此，人们可以根据系统的结构特征，在适当的条件下用结构-性能分析法来剖析孤立系统,探索其复杂性与形态变化规律。

在分析各种系统的具体构成之前,如果把系统分层次,划分为具体的、简单的子系统来认识,子系统的运动规律或分布规律就不复杂。特别是结构不同的系统,只要最上层(或若干层次化为单层次)层次结构相同,单元的性能也相同,就可以实现相同的性能,哪怕性能相同的单元具有完全不同的内部结构与性质,这样,整个系统就可以用单层次的子系统运动规律来反映其形态变化了。根据这种集成思想,只要能了解系统的整体结构形式,就能用各子系统在不同规模、发射方向与失衡条件下所表现的子系统形态转化基元规律来集成整个系统的异质形态变化规律或本质形态分布规律。

为了解析结构与性能的关系,科学家必须解析结构并了解其组成与性能的关系,所以结构-性能分析法成为结构分析的主要方法。结构-性能分析法认为:系统的性能是系统与环境相互作用的结果,环境的改变必定要引起系统性能的改变,或者影响系统性能的发挥。环境-性能分析法就是根据系统与环境相互关系的原理,分析环境变化对系统性能的影响。例如,性能完全相同的电视机放到山区,其接收性能就远比平原城市差。

结构-性能分析法是人们根据结构和性能的辩证关系来认识事物的方法。这种方法作为认识复杂世界的手段,在化学中非常自然地得到应用。化学的研究对象是物质的组成、结构、性质及其变化规律,物质的化学结构不同,就会引起其性质上的差异。某一结构必反映某一性质,从结构可以推论性质的不同;反过来,某一性质必然也反映一定的结构,从性质的差异可以推论出结构的不同。

研究物质组成与结构和性能的关系,研究物质转化的规律和控制手段,是现代化学研究的主要内容。现代物质结构分析方法利用性能来测定结构,根据结构来推测性能,已然成为确定物质结构、化学活性和化学反应机理研究的重要手段。物质结构与性质分析实验在化学领域中使用极为普遍,并广泛应用于科学技术和国民经济各领域。例如,X射线衍射、电子衍射、红外光谱和核磁共振就是利用显微技术、电化学技术等比较直观地确定高分子微观结构和性质的方法。

总之,单元、结构、环境三者共同决定系统的性能。人们如果弄清了系统的结构,也就认识到了系统的集成本质。当人们需要某种系统性能时,就可以建构一个结构来获得这种性能。但是,性能是功能的基础而不是功能,性能是系统形态的定性表达却不是定量表达性能的能量。设计或组建具有特定功能的系统,必须选择具有必要性能的单元、选择最佳的结构方案和选择或创造适当的环境条件。

20世纪兴起的系统性的综合结构分析,不是根据系统各部分的性能来推论整体的结构,而是在尽可能不破坏系统整体的条件下直接认识内在结构,是在各部分的相互作用继续存在的情况下对系统的内在结构进行分析;它强调整体性原则、有序性原则和动态性原则,从而更符合结构与性能的辩证关系原理,更符合构性能的本性,可以避免用原性能代替构性能的失误。根据结构决定性能的原理,化学家和生物学家们正在努力设计自然界中所没有的理想的物质结构或生物结构，以便取得更加符合人类需要的种种功能。

三、结构模拟与功能的发明

深入进行系统结构与系统性能的分析，就会出现包括同构同性、异构异性、异构同性、同构异性等不同方面的大量实例。像20世纪30年代出现的相似理论的基本观点就是同构同性，它通过对事物进行内在结构模拟的数理总结认为，结构相同或相似的事物的性能是相同或相似的，而相同或相似的事物总是可以相互模拟的。

在系统的异构同性方面，也普遍存在着不同的结构具有相同性能的情况。对于人们希冀的一定性能，系统的结构绝不是唯一的。不同系统的结构也可以实现相同的性能，这就是人们经常提及的"条条道路通罗马"或"不管白猫黑猫，抓到老鼠的就是好猫"的情形。以计时为例，在人类历史上从古代的日晷到近现代的机械手表、石英电子手表，器物的结构虽然不同，但同样都具有计时的性能。中国古时候发明的算盘与现代的电子计算机以及人的大脑，结构完全不同，却都可以完成相同的计算功能。再如，一个建筑物中的室内电灯可以是结构不同的白炽灯或LED灯等，但其性能是相同的，都是为了室内照明。

一种性能可以由多种系统结构来实现，这可能是有多个系统结构不同的要素处于性能相同的地方起着相同的作用。人们认识了系统的异构同性，也就可以有效利用之。例如，在实现把煤炭中的化学能转变为机械能的路径上，可以采用蒸汽机、汽轮机等不同的结构。要将无线电波和电能变换为图像声音，既可以用电子管电视机，也可以用晶体管电视机，还可以用集成电器电视机，尽管它们的元件和电路结构都各不相同。在社会领域，要实现同一种社会制度的功能，也可以采用不同的政体结构。

与系统的异构同性相对应的是同构异性现象，这是指两个或多个相同或相似的系统结构具有相异的性能。例如，相同的螺丝钉在机器中用于不同位置，性能完全可以不同。这是由于同一种结构可以发挥多种不同的性能，同一系统可以有多个相同结构的要素处于不同的性能位置上，发挥着不同的作用。

由此可见，系统的结构与性能不仅是相关的，而且是有区别的。结构和性能具有对立性和差别性。结构指向单元的构成方式，性能则指向系统与环境的相互关系，它们所揭示的内容是不同的。结构与性能的区别可以通过"同构异性"和"同性异构"表现出来，这些现象说明"同构"未必"同性"，"同性"也未必"同构"。在系统的结构和性能的关系中既然存在着异构同性与同构异性，那就必然出现不同系统的结构的复杂程度往往大相径庭，而其性能的功效可能是"事半功倍"，也可能是"事倍功半"。因此，如何在殊途同归的岔路口因势利导，就成为如何寻求最优的结构和应用最适宜的组分来实现某些性能的最大化的问题。

虽然任何物质都有具体的结构并有其相应的客观性能,但是当主体把物质的性能与关乎人们的生计和利益联系起来,物质的性能之于人们就必然显现出利与害的两面性,而只有有利于人们的物质的性能才能称为物质的功能。尽管物质系统能给人们提供什么样的功能取决于它的性能,但是人们认识物质系统的结构与性能的关系来发明器物或设计控制系统,主要目的还是要最大限度地获得所期望的物质的功能。像人们在剖析晶体的结构时,绝不只是为了识别晶体中不同的粒子群体的构建,而是为了根据晶体的结构特征来认识晶体的性能,进而获得有关物质结构与性质的一般关系。人们只有认识物质结构与性能的关系,才能够能动地模拟并构造物质系统的形态,使之发挥人们期望的最大功能。

为了实现结构最优化设计或资源配置的优化,人们不仅要通过设计构成事物形态和开发其相应的功能,而且往往要设计多种模型来模拟同一系统的功能并从中选择出系统的最优结构。例如,人们要设计和制造一部新的机器,它的基本知识就是机器的构造和运行的知识。人们可以参考实际存在的系统,吸取其结构与性能关系的知识,在头脑中分析综合改造为新的概念系统,再根据这一概念系统中结构与性能的关系,制造出具有这一结构的物质系统。根据结构与性能的关系,这一物质系统就可以实现设计者、发明者预想的功能。

为了获得人们所期望的物质的功能,在认识物质结构与性能的关系以后,必然要能动地模拟物质的结构。自古以来,人类产生了"功能是由形状决定的"直观认识后,就形成了"结构决定功能"的命题。为了得到具有某种功能的工具,自然要去模拟有关物体的形状,并产生直观结构模拟的方法。例如,模仿鱼刺,制成了骨针、石针、竹针、金属针;模仿动物角,制成了原始剑、铜剑、铁剑;模拟人们张开的双腿,制成了丈量土地的弓(形状如 A);模仿动物的爪子,制成了现代起重机的挂钩;模仿鸭的蹼,制成了船桨;模仿动物的鳞甲来作为屋顶的瓦楞;由苍耳属植物获取灵感发明了尼龙搭扣;模仿荷叶,制造了防水衣服;学习蝴蝶上的鳞片,制作了变色衣服……

直观的结构模拟与"结构决定功能"这个命题有关,并能从整体上把握事物的结构与功能,因此有强大的生命力,直到今天还为人们广泛应用。例如,中国古代的土木工匠祖师鲁班模仿植物锋利的叶沿而发明了锯条。现代设计师为了建造强度大和稳定性好的桥,便模仿羽毛草和禾本科植物长叶子的卷曲筒形;为了获得较大的耐压功能,便模仿蛋壳、乌龟壳和贝壳的弯曲表面来建造大厅的拱形房顶;为使高楼中的每个房间都能得到充足的阳光照射,便模仿车前草叶片的螺旋排列来设计螺旋状大厦等。

不过,"形状"只是物质在三维"空间距离"坐标系的物理空间中表现的形象,它隐含着结构,但终究不等于结构。金刚石之坚固,石墨之软滑,并不是组成它们的碳原子形状不同,而在于碳原子之间的键合方式不同。然而,仅仅从形状上来把握事物的整体还是结构模糊的整体,事物的许多性能仍得不到合理的说明,从而也就无法移植到产品和工具上去,所以直观结构模拟远不能满足人类的需要。

为此,人们通过不同事物的结构分析实现了从直观结构模拟到内在结构的模拟。人们早在"庖丁解牛"之类的实践中就把整体分解为各种要素,并领悟到这些要素的排列与联结方式才是整体性能的决定者。事物的性能主要取决于结构性能,就像拱形桥的结构在抗压上强于平板桥。为了获得具有某种性能的工具,人们就去模仿有关事物内部各种要素的排列顺序和结合方式,这就是内在结构模拟。例如,1799年发明的"伏打电堆",就是电鱼发电器官内在结构的模拟:电堆中用纸板隔开的铜板和锌板是模拟电鱼中的盘形细胞——电板;电鱼中的盘形细胞成千上万排列成柱状阵列,电堆中的铜板、锌板也轮番迭置成堆;电鱼中的盘形细胞浸润在细胞外的胶质中,电堆中的铜板和锌板则浸在盐溶液中。

自然界是人类各种技术思想、工程原理及重大发明的源泉。自然界存在着无数的自组织系统,最典型的自组织系统是生物机体。种类繁多的生物在大自然中生活了亿万年,在它们为生存而斗争的长期进化过程中形成的极其精确和完善的机制,使它们获得了与大自然相适应的能力,从而得到生存和发展。自然界形形色色的生物都有着各自奇异的本领。生物具有的精巧结构和完美功能比迄今任何人工制造的机械都优越得多,人们在技术上遇到的某些难题,生物界早在地球上人类出现之前就曾出现,而且在进化过程中就已解决了。

生物最基本的特征就是生物的自我更新和自我复制,它们与外界的联系是密不可分的。生物从环境中获得物质和能量,才能进行生长和繁殖;生物从环境中接受信息,不断地调整和综合,才能适应和进化。长期的进化过程使生物获得结构和功能的统一,局部与整体的协调与统一。

人类是生物界的一个类群,通过劳动运用聪明才智和灵巧的双手制造工具,从而在自然界中获得了更大的自由。人类无与伦比的能力和智慧远远超过生物界的所有类群,人类的智慧不仅可以观察和认识世界,而且在了解了自然界不同的结构可以产生不同的功能后,也就自然产生了向生物界学习的意识和模仿生物系统的仿生技术。即使对生物系统的结构和性质还一知半解,人类就能运用独有的思维和设计能力来模仿生物体的结构、功能和工作原理,通过创造性的劳动来发明性能优越的仪器、装置和机器。

仿生学就是研究生物系统的结构、特质、功能、能量转换、信息控制等各种优异的特征,把它们应用到技术系统,改善已有的技术工程设备,并创造出新的工艺过程、建筑构型、自动化装置等技术系统的综合性科学。仿生学问世以后,人们在向自然界学习的进程中,模仿生物结构进行发明创造也从直观结构模拟转到内在结构模拟。仿生学标志着人类自觉地把内在结构模拟的重点放在生物模拟方面,是要在工程上实现并有效地应用生物功能,为人类提供最可靠、最灵活、最高效、最经济的接近于生物系统的技术系统,为人类造福。

仿生学的研究内容是极其丰富多彩的,因为生物界本身就包含着成千上万的种类,它们具有各种优异的结构和功能供各行业来研究。例如,鱼儿在水中有自由来去的本领，人们不仅模仿鱼类的形体造船，以木桨仿鳍，而且还把海豚的体形（游泳时能使身体表面不产生紊流）和充气的鱼鳔（作为鱼的沉浮系统）应用到潜艇设计原理上，模仿海豚皮肤结构构造了"海豚皮游泳衣"。鸟儿展翅可在空中自由飞翔，四百多年前意大利人达·芬奇和他的助手通过研究鸟的身体结构并认真观察鸟类的飞行而设计和制造了世界上第一架人造飞行器——扑翼机；此后人们经过长期反复的实践，终于在1903年发明了飞机，实现了人类飞上天空的梦想，而且还从蜻蜓翅膀翼眼消除颤振得到启发而解决了飞机因气体动力学产生颤振现象的难题。讨厌的苍蝇是细菌的传播者，可是苍蝇的楫翅（又叫平衡棒）是"天然导航仪"，人们模仿它制成了"振动陀螺仪"，这种仪器目前已经应用在火箭和高速飞机上，实现了自动驾驶。苍蝇的眼睛是一种"复眼"，由3 000多只小眼组成，人们模仿它用几百或者几千块小透镜整齐排列组合制成了一种新型光学元件——"蝇眼透镜"，用它做镜头一次就能照出千百张相同的相片。仿生学家仿照水母耳朵的结构和功能，设计了水母耳风暴预测仪，相当精确地模拟了水母感受次声波的器官，能提前15小时对风暴做出预报。凡此种种，不胜枚举。

仿生学研究的主要方法首先是通过对生物原型的研究，得到一个生物模型；其次是将生物模型通过数学分析使其内在的联系抽象化转变成为数学模型；最后由数学模型创造出可在工程技术上进行实验的实物模型。仿生学把生物看成是一个能与内外环境进行联系和控制的复杂系统。仿生学的任务就是研究复杂系统内各部分之间的相互关系以及整个系统的行为和状态，通过研究生物体与外界刺激（输入信息）之间的定量关系（即着重于数量关系的统一性），再进行模拟。为达到此目的，采用任何局部的方法都不能获得满意的效果，因此仿生学研究的基本方法必须着重于系统的整体性。

仿生技术是模仿生物结构来开发特有功能的技术，是人工他组织系统设计思想的重要来源，而符合不同失衡态的事物形态转化基元规律是设计和操作人工他组织系统最根本的原则。人们应用仿生技术，仿照生物机体的自组织原理设计和研制了许多器物，取得了科学和工程技术的大量成果。如今风靡全球的人工智能实际上就是仿生学的高端成果。虽然目前人们对于复杂系统的结构与性能的关系及其形态变化规律还在认识之中，但是在经济社会发展的强大需求推动下，一旦人类认识了某一生物的结构原理或运行机制，就迟早都会仿制出某种类似物，为人们提供特定的服务。

可见，系统仿真是对实际系统的一种模仿活动，是对实际系统的一种抽象的、本质的描述。通过直观结构模拟或内在结构模拟只是"结构-性能"分析法的一个方面，而"结构-性能"分析法的另一方面就是性能模拟或称为功能模拟。仿照自然界的自组织系统（原型）建造人工系统时，可以使用与原型相同的构筑材料和结构方案，也可以使用完全不同的构筑材料和结构方案，只要获得与原型系统相同或相近的性能即可，这就是所谓的性能模拟法。性能模拟法作为"结构-性能"分析法的另一方面，也是性能分析法的重要内容。性能分析法是认识物质结构和性能的基础，可以产生有关的科学理论。

第五节　组织对称与稳态平衡

三元系统的各个组成单元之间按一定的序列可以组成具有一定对称性的结构，其对称性包括形体的几何对称性和形态的规律对称性。对于不同类型的晶体和晶体内部结构的空间群等对称要素进行研究，可以深入认识三元系统组织结构的对称性。对称性高低决定着事物形态的稳定性，对称度越低越容易产生对称性破缺。

一、几何对称性与规律对称性

环顾大千世界，对称的物体比比皆是，对称无时不有、无处不在。对称是每个人几乎司空见惯的现象，铢两悉称的对称现象遍布于自然界中。对称是指事物相对而又相称，或相仿或相等。对称表达的是事物具有的一种冗余性，是指事物以某种中介进行变换时出现的不变性，是一种不改变事物相对于外在世界的行为的操作。从数学的角度看，对称意味着几何图形在某种变换下保持不变。这就是说，某事物能经受一系列变换——旋转、折叠、反射、在时间中移动，并在所有这些改变之后，看上去仍保持不变。因而，凡是对称的形象、符号或实物经过空间平移、旋转的数学变换就可恢复到原来的样子。

对称性是自然界最普遍的特性，是人们在观察和认识自然过程中所产生的一种重要观念。人们把系统从一个形态变到另一个形态的过程叫作变换。如果一系统在某一变换下不改变，则该系统就具有该变换所对应的对称性，这样的操作就叫作这个系统的对称操作。[11]

世界上各种事物的对称性表现在两个方面：一是物体形状或几何形体的对称性；二是事物形态变化规律或分布规律的对称性。如果系统内部的各单元（或子系统）按不同的规则方式排列形成均衡的平衡结构，这种静态结构所形成的对称性就是几何结构形体的对称性。如果系统内部的各单元（或子系统）按一定的组合形式和关系形成变动的非平衡结构，这种动态结构所形成的对称性就是规律的对称性。

（一）几何对称性

在一定维度的质向量坐标系空间中，对于一个由多个单元（或子系统）组合在一起的系统，由于单元存在着性质、数量和取向上的差异，系统在组织化过程中就会形成不同的结构。在三维"空间距离"坐标系中，三元系统的单元所组成的结构就是几何结构，所以通过对称性可以生发出空间格子。从夸克的配置到星系的排布，对称的物体就是在某种变换下具有不变性的一种三元系统结构，对称的物体可以被分割成形状和大小相同的几部分，或者是物体关于边界和中心的类似重复。像三维动画（又称 3D 动画）技术模拟真实物体的方式，就是由计算机三维制作软件制作出来的三元系统立体动画图形。无论三维动画的软硬件模拟技术的精确性如何，其平行、透视和倾斜三种形式的三维旋转都是基于变换时出现的不变性。

几何对称性是分界线或中央平面两侧各部分在大小、形状和相对位置的对应性。每一种几何对称性都和某种特定的变换相联系，各种各样的对称性的差别也就集中反映在与之相联系的各种变换上。因此，可以根据几何结构的空间分布或变换所涉及的对象以及变换的性质，将几何对称性分为不同的类型，包括左右对称、镜像对称（或反射对称）、平移对称、旋转对称等。不同类型的几何对称性表现在不同的物体中，出现最多的对称模式是左右对称的对称模式。

几何对称性的具体模式多种多样，其运算却可以在抽象的数学空间里完成，而几何对称性的对称度则千差万别。在二维"空间距离"坐标系的几何空间中，圆形、正方形、长方形等规则图形都具有几何对称性。但是，圆形是最对称的，正方形比长方形更加对称，而不规则的四边形是不对称的。在三维"空间距离"坐标系的几何空间中，圆球体、正方体、长方体等规则图形也都具有几何对称性。但是，圆球体才是对称度最高的对称模式，而且这种对称度还随着曲率的增大而增大。这是因为球形对称是三维空间中系统在各个方向都取得平衡的一种表象，像天体就是呈球形对称。相比之下，正方体比长方体更加对称，而不规则的六面体是不对称的。

通过几何对称性，优美性可以与物理世界的运作方式极为复杂地联系在一起。建筑中处处可见几何对称性，庄严、正式的建筑物往往设计得具有很高的对称性，其特别注意的是左右对称。自古以来，许多宫殿、庙宇、教堂、纪念塔、剧院、城门，都表现出很严格的左右对称性，给人们以严肃、庄重的感觉。人们沿着北京天坛的台阶拾级而上，一定会感受到一种和谐平衡的美感；这座沿着道路中轴对称的建筑展现了令人折服的庄严与肃穆，这是反射对称。任何一个刚体都具有平移对称性，北京颐和园内沿着湖岸的画廊就可以看作平移对称。希腊雅典的帕台农神庙无论是从前方还是侧面看都是对称的，它的柱子呈周期分布，体现了一种平移对称。奥林匹亚宙斯神庙的西门的三角楣上的雕塑，它的外轮廓（或者用数学的语言来说就是闭包）呈现出反射对称性，并且中线两边的人数相等。印度阿格拉的泰姬陵除了整体上是沿中心线对称外，局部上也遵循了对称美的原则。巴黎圣母院北边墙面上的巨大的五彩华丽的玫瑰窗，有着令人叹为观止的旋转对称。

生命体也处处表现几何对称性，人和所有生物都具有对称的外形，这些生命体都呈左右对称。人体外形可以看作有一个平面等分人体为左右两半，而呈镜像对称（或反射对称）。植物中的花卉因为对称而给人们留下美感，人们在春暖花开的时节所看到的争妍斗丽的百花大都是对称的。比如，冬乌头是旋转对称的，大丽花除了旋转对称还带有更多的对称,还有一些花存在由内而外、层次鲜明的多重对称的叠加而让花朵更加艳丽。

近代物理发现,由亚原子微粒组成的反物质就是物质的镜像,这些反物质是由带正电的电子和带负电的原子核的反原子所组成。反物质是与物质镜像(或反射)对称的电荷性质、自旋方向相反的反质子、反电子及反中子所组成。在粒子物理学中,对称性决定了相互作用。

许多事物的构型来自于多种几何对称的组合,而且是从平移、旋转和比例变换产生出和谐有序的形体。例如,五角星的旋转对称、四季的更换对称等属于时空对称。在舞蹈艺术中,对于庄重的古典群舞,常设计有大量左右对称,甚至旋转对称的场面。建于848—852年的伊朗沙马拉清真寺,其中的塔楼是把垂直平移和水平面上的旋转以及比例变换结合了起来。法国沙特尔大教堂,在塔楼以下的部分是反射对称的;在局部上也有许多的对称,像中间的窗子是旋转对称的。鹦鹉螺的壳则是旋转与比例变换的完美结合。

(二)规律对称性

事物形态是千变万化的,对称性是变化中的不变性。无论什么样的对称现象,都是与把两种不同情况加以比较分不开的。在数学上,如果对一个几何图形进行某种操作,而图形保持不变,那么图形对这种操作是对称的。将两种情况间通过确定的规则对应起来的关系,称为从一种情况到另一种情况的变换。对称性能够通过数学上的变换群给以确切的定量描述。但是,物理学家推广了关于"对称性"的一般概念,对称性的运算不仅可在抽象的数学空间里完成,而且可以在普通的空间里完成。对称不一定只是表现在物体的外表几何形态上,也可表现于某种内在的自然规律中。许多物理定律的表述都呈对称形式,像牛顿第三定律中"作用力对于反作用力,它们大小相等、方向相反,两者对称"。[12]

物理学中的对称性可以概括为:如果某一现象或系统在某一变换下不改变,则说该现象或系统具有该变换所对应的对称性。或者说,如果某种变换能够保持系统的拉格朗日量不变,从而保持物理规律不变的话,就说系统对此变换是对称的。既然每一种对称性都和某种特定的变换相联系,那么对称性的千差万别也就集中反映在与之相联系的各种变换上,因此寻求基础对称性归结为研究不改变基础物理作业量的变化。人们可以根据变换所涉及的对象以及变换来对对称性进行分类,像物理对称性就有时空对称性和内禀对称性两种。那些和对称性息息相关的其他多种运算,不仅适用于粒子、粒子组,而且因为粒子的性质是不可分割地与它们相互之间的反应联系在一起的,所以对称性也适用于它们的相互作用,即与这些粒子有关的过程相联系。认识对称可以确定一个力的所有性质。

在物理学中,对称之美表征着自然界一切物质和过程的对应方面,诸如现象上的相同、形态上的对映、性质上的一致、结构上的重复、规律性的不变等；对称之美还表征着自然界的物质和过程之间存在着的某些共同点或相似性。在物理学中，对称性与守恒定律占据着重要的地位，许多守恒定律都源自宇宙结构中的对称性。通过对系统所具有的对称性进行分析，可以得到系统相应的守恒量。所以，物理对称性指的是系统的拉格朗日量或者哈密顿量在某种变换下的不变性，这些变换一般可分为连续变换、分立变换和对于内禀参量的变换。每一种变换下的不变性都对应一种守恒律，意味着存在某种不可观测量。像物理定律的旋转对称性表现为空间各方向对物理定律等价，没有哪一个方向具有特别优越的地位。物理定律的平移对称性表现在空间各位置对物理定律等价，没有哪一个位置具有特别优越的地位。例如，在地球、月球、火星、河外星系……进行实验，得出的引力定律（万有引力定律、广义相对论）相同。

不同表象之间的变换是幺正变换（一种不改变体系任何物理结论的变换），事物形态变化定律在任意坐标变换下都是不变的。正如温伯格所说："自然定律的对称说的是，当我们改变观察自然现象的角度时，我们看到的自然定律不会改变。""对称性在自然界里最重要的不在于事物的对称，而是定律的对称。"[13]

1918年，德国女数学家诺特证明了一个重要定理：对称对应守恒，如果运动规律在某一个变换下具有不变性，必然相应存在一条守恒定律。诺特定理在承认物理系统的运动方程可由哈密顿最小作用量原理导出的前提下，揭示了对称性和守恒律间的对应关系。每一个能够保持拉格朗日量不变的连续群的生成元，都对应一个物理中的守恒量。按照诺特定理，直线运动产生的对称相当于动量守恒，即运动规律对空间原点选择的平移不变性对应动量守恒定律，意味着空间的绝对位置不可观测；转动的对称性相当于角动量守恒，即运动规律对空间转动的不变性对应角动量守恒定律，意味着空间的绝对方向不可观测；而时间的对称性相当于能量守恒，即运动规律对时间原点选择的平移不变性对应能量守恒定律，意味着时间的原点不可观测。[14]

物理定律的一种时空对称性对应地存在着一条守恒定律，任何对称性原理同时也是一个简单性原理。动量守恒定律、能量守恒定律、角动量守恒定律都是由于系统的时空对称性引起的，这说明物质运动与时间空间的对称性有着密切的联系，并且这三个普遍的守恒定律的确立为后来认识普遍运动规律提供了线索和启示。守恒定律的表现形式为一个孤立系统的某形态量在变化过程中不随时间而改变。守恒定律比运动方程更为基本，因为它表述了自然界的一些普遍法则，支配着自然界的所有过程，制约着不同领域的运动方程。因为物理学理论要揭示物质体系的运动规律，这些规律经常是某些对称性的体现，所以任何一个现代物理学家都是以探索自然界的内在和谐、描述自然界固有的运动规律及其内蕴的高度对称性为其科学创造的宗旨。

既然客观自然界是对称和谐的，那么物理学理论的表述形式必须具有明显的对称特色。不过，事物形态变化定律在任意坐标变换下都是不变的，当然不是囿于物理学。例如，在社会科学中，人们把"法律面前人人平等"作为法律的一种对称性，在法律面前的平等或对称性,不需要也不会要求人们具有相同的环境。

科学理论体系按照美的规律来建造,自洽性和相对完备性是构造科学理论体系的有效工具。物理学的美学标准就是指其前提简单、表述形式简洁、结构体系自洽而完备,并具有显著的对称特色等。在爱因斯坦看来,既然一个科学理论是自然的或者是完备的,那么这个理论在逻辑上应该是自洽的和相对封闭的知识体系,理论的各个基本概念或基本观点之间不应当存在着无法消除的矛盾,并且这个理论应当没有神秘色彩和极少任意性。探索自然界的对称与和谐是科学研究中"无穷的毅力和耐心的"源泉,要是不相信我们的理论构造能够掌握实在,要是不相信我们世界的内在和谐,那就不可能有科学。

其实,不同的事物形态变化规律之所以产生守恒性,是因为事物形态内部的结构存在着对称性。近代科学表明,自然界的所有重要的规律均与某种对称性有关,像引力定律就是旋转对称的,所以地球不会是三角或四角的形状。事物形态的对称性与事物形态变化规律各式各样,名目繁多,有时空对称、反射对称(或镜像对称)、平移对称、旋转对称、电磁对称、人造物对称、全息对称等。宇宙中"左右对称"的事物叫作宇称,而量子力学把镜像变换也叫作宇称。但是,事物形态变化规律有很多,不是每一个规律对每一个变换都保持不变。无论是几何形体的对称性还是物理规律的对称性,都是与把两种不同的情况相比较分不开的。

对称性支配相互作用,指所有自然界中物质的相互作用都具有某种特殊的对称性,即"规范对称性"。物理学就是通过研究物质形态的对称性,从理论上来探索自然界未知的物质结构、相互作用和物质运动基本规律的。每一个事物形态的变化过程都与一组守恒量有关,这些守恒量的存在对于了解系统的物理状态和性质十分重要。在经典力学中,像能量、动量、角动量、电荷等守恒量就是在运动过程中不随时间变化的量,一个力学系统的对称性就是它的运动规律的不变性。在微观世界中,除了有经典对应的守恒量以外,还有同位旋、奇异数、粲数、底数、顶数、轻子数、重子数、P宇称、C宇称、G宇称、CP宇称等无经典对应的守恒量,粒子的对称性质表现为它们反应中的守恒律。像电荷守恒定律就是与量子力学相关联的守恒律。

具有对称性的事物即使在形态变化中也保持着某些不变性与守恒性,即平衡性。可见,对称联系平衡,平衡必有对称。事物任何一种的平衡态都意味着其具有一定的对称性。实现平衡最重要的条件是需要找到矛盾因素并让它们达到一定的对称性。事物形态越接近于平衡态,对称性就越高;平衡态具有最高的对称度,准平衡态的对称度次之,近平衡态的对称度又次之,而远离平衡态的对称度最差。

二、晶体内部结构的对称要素

科学是以揭示事物形态的固有规律为理性认知的宗旨,在探索自然界各种事物形态的关系中可以发现其基本构件的内在和谐,并且可以建立理想标准的理论模型来反映。世界上的事物普遍存在着对称现象。事物内在结构只要具有一定的对称性,就具有一定的守恒性,其外在形态也就具有一定的稳定性。对称和守恒及稳定是密切关联的概念。任何事物的形态都含有不同程度的结构对称性,在一定的环境条件下,这些事物都将保持其形态的相对稳定及其性质的暂时守恒。但是,各种事物内在结构的对称性各有不同,要深入认识事物结构对称性的决定因素,就必须分析系统内部的各单元按不同规则方式排列所形成的均衡结构的对称性。

在三维"空间距离"坐标系的特定空间中,如果三元系统中各单元为物质粒子,一定量的物质粒子之间的空间距离使得三元系统形态表现出物性,并占据形态空间定域的实体空间而构成物体。固体是物体中的一大类型,也是自然界中人们既熟悉而又陌生的认识对象。

存在于自然界的固体是由大量的粒子(原子、离子或分子)聚集构成的,粒子间吸引和排斥相等时形成稳定的化学键,从而在最低能量状态下规则地排列并成为平衡态。通常单个粒子大都是不稳定的,它们都有力图获得稳定结构的趋势。像原子相互接近时,在趋稳推动力的驱使下,就可能发生化学反应而结合成分子。分子中相邻原子与原子之间相互结合的这种强烈作用力称为化学键。组成固体的内部结构的粒子有多种多样的排列方式,表现为规则的或不规则的几何外形。由于固体的本质区别并不在于外形,而在于其内部结构的规律性,因此有一些固体(如岩盐、石英等)虽然具有规则的几何外形,却不能反映其内部结构的本质。

固体包括晶体和非晶体。组成晶体的粒子在空间的排列都是周期性的、有规则的,称之为长程有序;而非晶体内部的分布规律则是长程无序。晶体是由一定量的物质粒子按一定的顺序键接构成并可以在真空中保持的平衡结构。晶体因内部结构而具有明显的空间排列上的周期性,晶体中每一个基本结构单元都是呈周期性重复排列的晶胞,将一个个晶胞前、后、上、下、左、右并置起来就得到整个晶体结构。因此,借助于对晶体内部结构的对称要素的研究成果,就可以对事物结构对称性的决定因素有更清晰的认识。

(一)不同类型的晶体

晶体外形的对称与晶体内部结构的对称既相互联系又相互区别。除了外形表现之外,晶体的对称性更多地是由其内在的物质粒子(原子、离子或分子)的构造决定的。不同的晶体都是稳定的固态物质,其不同的原子、离子、分子等质点之间结合力的本质不同,就会以不同的空间排列方式组成不同的晶体结构。虽然晶体中粒子间的强烈相互作用——结合力是导致各种晶体存在微观结构、性能和形态上差别的重要因素,但是晶体结构在平行于任何一个对称要素有无穷多的和它相同的对称要素,反映在宏观性质上,不同的晶体就具有不同的性质和不同的形态。根据物质粒子键接的不同结合力,化学键包括离子键、共价键、金属键三种主要类型,粒子间不同的结合力形成不同类型的晶体。[15]

1. 离子键与离子晶体

某些化学元素由于其电子组态的不同,倾向于形成离子。电负性较小的原子失去电子而成为正离子,电负性较小的原子获得电子而成为负离子。正离子与负离子之间相互吸引又相互排斥,当吸引和排斥相等时则形成稳定的离子键。离子化合物中存在的化学结合是以正负离子之间静电作用力为基础的离子键。

离子结合而成的晶体称为离子晶体。对于没有方向性和饱和性的离子晶体而言,质点间堆积符合球体的最紧密堆积原理。但是,离子晶体中没有密堆积结构。离子晶体的物理性质与晶格能大小是密切联系的。晶格能与离子的电价成正比,与离子键长成反比。离子键较强,离子晶体有较高的熔点。矿物一般为离子晶体。

2. 共价键与共价晶体

两个或多个原子共同使用它们的外层电子,在理想情况下达到电子饱和的状态,由此组成比较稳定的化学结构叫作共价键。晶体结构对称性来自于电子结构的对称性,从而共价键有方向性,所以每个分子具有一定的几何构型。非金属元素原子通过共价键可以形成共价键晶体。实际晶体中的共价键是原子间通过共用电子对所形成的相互作用,可以用键型四面体来表征,但是质点间堆积不符合最紧密堆积原理。共价键具有方向性和饱和性,在共价键晶体中原子的配位数一般都比较小,而共价键的结合力又比离子键的结合力强,因此共价晶体的硬度和熔点一般都比离子晶体的高。

3. 金属键与金属晶体

金属键是一种相当强的化学键,主要在金属中存在。金属键由自由电子与排列成晶格状的金属离子之间的静电吸引力组合而成。金属键一般较离子键或共价键长并且弱,这是为了降低电子的能量。由于电子的自由运动,金属键没有固定的方向,因而是非极性键。金属原子通过金属键结合而成金属晶体,金属晶体具有导电、导热性能好等特点。金属性能是特定结构的外在反映。

金属晶体有 A1 型(面心立方最密堆积)、A2 型(体心立方最密堆积)、A3 型(六方最密堆积)型三种典型的晶体结构。在这三种结构中,每个原子为很多相同的原子所包围,从而配位数很高。与 A1 和 A3 型相应的各为立方和六方最密排列,与 A2 型相应的是立方体心密排。在上述密排结构中存在两种间隙位置,即四面体间隙和八面体间隙。除了上述三种常见的晶体结构外,金属元素还有其他几种结构,如正交结构(镓、铀)、四方结构(铟、钯)、菱面体结构(钾、锑、铋)等。

既然晶体可看作由大量的粒子聚集所构成,那就可以用内聚能或电离能或晶格能来描述粒子间的结合力。把晶体中一个原子移到无穷远处,使之成为自由原子所需的能量,就称为内聚能。电离能是把电子移到无穷远处所需的能量,可见内聚能不同于电离能。对分子晶体而言,内聚能不到电离能的1%,所以晶体内原子的电子云分布(与自由原子相比)不会有很大的畸变。与电离能大小差别不大的是晶格能。晶格能是针对离子晶体而言的,这是把离子晶体中一个离子移到无穷远处,使之成为自由离子所需的能量。

从气态、液态或非晶态过渡到晶体时都要放热;反之,从晶态转变为非晶态、液态或气态时都要吸热。实验表明:在相同的热力学条件下,与同种化学成分的气体、液体或非晶体相比,晶体的内能最小。与具有相同化学成分的晶体与非晶体相比,晶体是稳定的,非晶体是不稳定的,后者有自发转变为晶体的趋势。[16]

各种晶体由于其组分和结构不同,不仅在外形上各不相同,而且在性质和形态上往往也有很大的差异。尽管如此,在不同晶体之间仍存在着某些共同的特征,主要表现在自范性、晶面角守恒定律、解理性、各向异性、对称性、最低内能、固定熔点等几个方面。例如,每一种晶体都具有固定的熔点,当加热晶体到某一特定的温度时,晶体开始熔化,且在熔化过程中保持温度不变,直至晶体全部熔化后,温度才又开始上升。

(二)晶体的空间群

晶体外形是有限图形,其对称是宏观的有限图形的对称,通过晶体的结构分析可以了解晶体内部构成的复杂性和空间有序性。在研究晶体内部结构的对称性时,都要把晶体结构看作无限图形来对待,其对称属于微观的无限图形的对称。晶体的最小单位是空间单位格子。晶体质点具有周期性的排列组成空间有规则的空间格子,而有些操作可以不改变空间的单位格子。

晶体外形的对称取决于晶体内部结构的对称。通过对晶体内部结构的"对称性"进行深入认识,可以认识晶体结构中的对称要素之于晶体的性质和形态的决定作用,并可以产生空间群的概念。群用来描述变换,变换用来描述对称。为了描写变换的结构性质,数学家和物理学家发明了一种称为"群论"的语言,群论是描述对称的一种最好的语言。[17]有了这种语言,在空间群的基础上,人们就可以给出"对称性"的定义。

任何一个晶体都对应其中一个空间群,它们的许多物理性质均可由它们从属的空间群来确定。在二维(平面)空间中,晶体有230种不变空间格子的空间群。例如,圆的等距群是无穷的,并且包含了正方形的有限等距群,而后者又包含了长方形的等距群。但是,它们都包含着一个保持物体形状或模式不变的等距群。有的等距群是由相对于中线的反射生成的二阶群,还有的是一个由旋转构成的有限群。如果假设物体延伸到无穷远处,那么就有一个无穷的平移变换群作用在其上,并且保持模式不变。

有一些非平凡的等距作用在物体上,这样的等距全体构成了一个群,并把物体分成了相同的几个部分。同样地,称一个物体是非对称的,即不存在非平凡等距作用在其上。给了两个物体 A 与 B,如果 A 的等距群包含了 B 的等距群,那么就说 A 比 B 更加的对称,即 A 的对称度大于 B 的对称度。

对称图形是能够经过一种以上（包括不动动作）不改变图形中任何两点间距离的动作后能够复原的图形，这种能使对称图形复原的动作，称为对称动作；对称动作所据以进行的几何元素（点、线、面等）称为对称元素。对称图形都能经过不改变其中任何两点间距离的操作后复原，所以把这样的操作称为对称操作，平移、旋转、反映和倒反都是对称操作。能使一个图形复原的全部不等同操作，形成一个对称操作群。晶体外形不变单位格子对称群共有32种。

无机界的晶体是由原子、分子等微小单元堆积而成的，按照晶体学中平移对称性的要求，无机晶体中是不存在5次、7次对称的。然而，5次对称在生命世界中似乎特别博得造物主的钟爱，5个瓣的花在开花植物中特别普遍，如果将5次对称稍作推广，变成5分叉，则动物中如虎的梅花蹄和人类的手脚也都是5分叉的。[18]

三、稳定性比较与对称性破缺

事物在一定的外界条件下都会取得某种相对平衡的形态，而且在外界环境扰动下大多数事物形态也只是在平衡态附近围绕着平衡态轻微涨落，因而人们看到的事物往往是保持一定的基质而未发生根本变化的形态，这些守恒的、稳定的事物形态也就是人们认识世界的关节点。但是，稳定的事物形态导致相当多的人一直陶醉于自然界的和谐与完美之中，他们几乎一致认为，世界上的事物形态俨然都是时间与空间高度对称性的产物，世界的基本定律也都是决定性的和可逆的。

其实，守恒与对称是两个等价的概念，反映了客观世界的某种共同本质。所谓对称，是指事物或运动以一定的中介进行某种变换时所保持的不变性。在三维"距离空间"坐标系中，由大量不同性质的实体粒子构成的物质系统，其结构形式所具有的诸多不同排列方式是与物质结构的稳定性、层次性、相对性、可变性等诸多特性息息相关的。虽然物质的对称结构是否完整并不是对称性高低的决定因素，但是物质单元组合方式的关键在于对称性，物质内部分子结构的稳定性可以通过分子的对称性来表征。分子的对称性是结构的反映，各元素原子排列的规则性越强，分子的对称性就越高，也就具有越高的稳定性。

元素周期律的基础是各元素原子基态核外电子排布的周期性，其原子半径越小，周期越小，对称性越高，稳定性也越高；而对于同一周期来讲，也是对称性越高，稳定性也越高；核外电子布得越满，对称性越高，稳定性也越高。像原子核外布满了电子就成为稳定的惰性气体，半满结构的原子也比其他未满结构的原子稳定，因此才有钻穿效应而"颠倒"的轨道充填次序。

有些分子的结构特别对称，它们的化学性质也特别稳定，在一般条件下（常温、常压）与大多数试剂（如强酸、强碱、强氧化剂、强还原剂、金属钠等）都不起反应，或反应速度极慢。例如，正烷烃及其卤代衍生物的结构非常对称，是化学性质非常稳定且极难被分解、不可燃、无毒的物质,因而被广泛应用于工业及日常生活用品中,如发泡剂、灭火剂、冷冻剂、冰箱、汽车、空调用雪种、清洗剂、喷雾剂等;而像四氯化碳、全氯氟烃(CFC)、甲基氯仿、氯氟碳化合物(CFCs)、哈龙(halon)、溴甲烷以及含氢氯氟烃等绝大部分消耗臭氧层的物质(ODS),在破坏臭氧层的化学过程中自身不消耗,而是在大气层中逐年积累。

又如,二氧化碳的空间结构为同一直线的 8 电子稳定结构,所以人们在工业生产中就利用这种分子结构的稳定性把二氧化碳作为电弧焊的保护气体。在自然界中,二氧化碳却是吸热性强的温室气体。二氧化碳主要是动植物的呼吸和化石燃料的燃烧产生的。自工业革命以来,人类向大气中排入的二氧化碳、氯氟烃、甲烷等温室气体逐年增加,大气的温室效应也随之增强,已引起全球气候变暖等一系列严重问题。因此,认识二氧化碳结构的对称性具有十分现实的意义。

可见,对称性高低决定着事物形态的守恒性。对称性对应守恒性就意味着对称性越高的事物具有越高的稳定性。对称性和稳定性是一种共生的关系,系统的结构对称性越高,其稳定性也越高。对于不同的物质形态来讲,凝聚态物质虽然是对称破缺的产物,但其对称性高于气态物质;液体分子处于完全无序的状态,处处均匀且各向同性;而气体分子处于运动不已的无序状态,稳定性最差。在凝聚态物质中,晶体是平移对称破缺的产物,其分子有序地排列形成整齐的结构,对称性高于液体。固体是最稳定的形态,而固体中的晶体是对称性与稳定性最高的形态,所以晶体世界是最能表明对称性与稳定性关系的领域。

显然,在一维正向质向量坐标系的太极空间中,一元单向太极系统没有对称性可言。在一维二仪质向量坐标系的宇称空间中,一元系统在镜像对称的条件下可以取得暂时的平衡,却是对称性最差的系统。在二维二仪质向量坐标系的四象空间中,二元系统具有较大的对称性,在对称的条件下可以取得相对的平衡。在三维二仪质向量坐标系的八卦空间中,三元系统具有更高的对称性,在对称的条件下可以取得更稳定的平衡。而在多维二仪质向量坐标系的空间中,多元系统具有越多的对称性,在各种元素势均力敌时可以取得更稳定的平衡。任何系统得到了更高程度的对称性,其平衡态也就越稳固。

在理想系综之中,经过"粗粒化"的本质单元被认为是曲率趋于无穷大的奇点。这些各向同性、至小无内的"点"彼此之间是没有联系的、无序的、独立的、间断的,所有这些点的集合是一个对称度最高的点集。因而,处于平衡态的系综作为孤立系统是无穷多元的系统,具有最完全的对称性。例如,化学的热力学状态被当作一种热力学平衡态时,就是处处温度相等、浓度相等、化学势相等、压力相等,各处都处在平权的形态,没有一点比其他点更优越,是一种最为对称的平衡态。

不过,人们在日常生活中经常可以看到许多事物形态的对称不可能是尽善尽美或完美无缺的,这是其中的某些部分对称性改变所致。例如,人体总的来说是左右镜像对称的,可是这种对称远远不是完全的。每个人左右手的粗细不一样,一只眼睛比另一只眼睛更大或更圆,耳垂的形状也不同,最明显的就是每个人只有一个心脏,通常都在胸部靠左的位置(当然也有极少数人的心脏在右侧)。

在无机界中,晶体中的原子围绕其平衡位置做微小振动,是晶体原子的一种最基本的运动方式。决定晶体结构的内在因素有它的化学组成、质点的相对大小、配位数、离子极化等,影响晶体结构的外在因素有压力、温度等。质点排列的周期性和规则性使得晶体中的势场也具有严格的周期性。但是,质点在三维空间的排列所遵循的严格周期性是一种仅在绝对零度才可能出现的理想状况,因而通常把这种质点严格按照空间点阵排列的晶体称为理想晶体。晶体所处的温度高于绝对零度,其质点排列总会或多或少地偏离理想晶体中的周期性、规则性排列,即实际晶体中存在着各种尺度上的结构不完整性。通常把晶体点阵结构中周期性势场的畸变称为晶体的结构缺陷。

可见,现实世界中人们看到的物质形态都是具有一定结构和性能的物质,而"一定的"结构和性能说明系统与环境的相互作用已实现了暂时的平衡,这一物质结构就是系统单元的点群具有了明确的对称性和稳定性所形成的构型。但是,各式各样的事物平衡态都具有一定的对称性,也就对应着相应的稳定性和守恒性。不同的事物形态的对称度是不一样的,即使是同一类型的对称也有对称程度的高低。

事物形态随着结构对称度的上升,其相对稳定度也将增大;事物形态随着结构对称度的下降,其相对稳定度也将减少。事物内在结构的对称度越低,其形态的稳定性也越低,或者说其抗干扰的鲁棒性越低。事物所处的环境一般都存在着不同的扰动因素。如果事物维持其某些性能不变的结构稳健性较差,那么在环境扰动作用持续增大的情况下,事物的对称性一旦遭到破坏就是所谓的对称性破缺,也就表现为事物形态打破了原来的平衡而产生整体形态的失衡。

虽然大千世界中处处可见对称的现象,但是不对称的现象也举目皆是。对称与不对称的和谐交汇,创造了五彩缤纷的世界。然而,对称性破缺是事物差异性的表现,任何实际的事物都必然存在着各种可能性之间的对称被打破,从而形成世界新的格局或新的结构。在同样的环境作用下,对称度越低的物质形态越容易产生对称性破缺。

对称性破缺是典型的柏拉图理念,人们在实验室看到的实在性不过是更深更美的实在性(体现着理论所有对称性的那些方程的实在性)的不完全反映。在外力作用下,事物内在结构势均力敌的各种对称元素一旦破缺,事物形态的整体和谐与平衡就必然改变。像一个正方形具有8个对称元素,变成长方形就只剩下4个了,这种对称性的降低或"丢失"就是破缺。类似地,一个小磁体没有外场或高温时可以指向任意方向,具备旋转对称,决定磁体内铁原子和磁场的方程关于空间方向是完全对称的。然而,假如磁铁冷却到770℃以下,它将自发产生指向某个特殊方向的磁场,从而打破不同方向间的对称。在外场中,它也指向外磁场方向,旋转对称性就破缺了。

事物的平衡态包括静态平衡与动态平衡,对称性破缺反映了事物平衡形态的失衡。

孤立系统的几何对称性一般用于描述静态平衡,而开放系统的规律对称性一般用于描述动态平衡。世界上事物形态千变万化,是通过其结构对称性破缺来反映事物形态运动演化特点的。在对称性破缺和演化中,每一个对称度都对应着一定的事物形态。或者说,在事物形态变化过程和分布序列中,每一个过渡态都对应着一定的对称性。事物形态的变化规律可以通过对称性的演化序列来表现。

物理学的重要任务之一是揭示宇宙中事物所具有的各种类型的对称性和对称性破缺。物理学的对称性是指一个系统的一组不变性,而对称性破缺是指一个多体系统的基态或相对论量子场论的真空态所具有的对称性比定义这个体系的拉格朗日量或哈密顿量所具有的对称性小的情形。像自发对称破缺的机制可以发生在自然的粒子之间的对称性中。当破缺发生在规范原理下产生自然力的那些对称性时,会使那些力表现不同的性质,力也就这样区分开了,它们可以有不同的作用范围和强度。对称破缺前,所有4种基本力都有无穷的作用范围;但对称破缺后,强力和弱力的范围就变成核内的有限范围。[19]

物质的相变也是一种对称性破缺。苏联物理学家朗道认为,所谓发生相变就是对称性发生突变。朗道的对称破缺相变理论指出,不同的相之所以有差别,就是因为它们具有不同的对称性,相变不过是系统对称性发生转变的过程。依据对称性的状况以及对称性被打破的位置及方式对物质的相态进行分类的方法称为"朗道范式"。当一个对称系统进入非对称态时,就发生了自发对称性破缺。据此,系统的连续平移对称性在低温下就会发生自发对称性破缺,从而形成一定的晶体结构或者超流液体态。

在环境的作用和自发发射条件下,事物的平衡态对称破缺后倾向于形成更为对称的平衡态;旧平衡态失衡的最终结果往往都是建立一个新的更为稳定的平衡态(化学物理中稳定的状态,能量最低的状态)。拿化学上的例子说,反应物算是平衡的稳态,而化学反应则是打破平衡,新的生成物是新的平衡态,其中,打破化学平衡所需要的能量称为活化能。

但是,在环境的作用和吸收发射条件下,一种事物的形态对称破缺后可以形成更不对称的平衡形态;旧平衡态失衡的结果可以建立一个新的较稳定的平衡态——耗散结构。耗散结构是必须通过与环境不断地交换能量和物质才能长时期维持其结构综观稳定的自组织。[20]

生命、细胞和多细胞有机体等有序复杂结构就是具有自养、自组装、自修复、可降解特性的耗散结构,是一种形式性质而非物质性质,是物质组织的结果而非物质自身固有的某种东西。耗散结构是在特定环境下能够生存和成活的自组织系统,以不同形式出现的"新陈代谢"是活系统的自组织条件。例如,一个动物与其环境进行不断的物质和能量交换,它以环境的食物(低熵物质)为主,并排泄出废物(高熵物质),从而产生和保持自己的有序结构。一个生态系统靠阳光和矿物质繁衍兴旺,阳光和矿物质通过植物及其叶绿素转化为有机物,有机物又通过动物、细菌、腐食菌类等中间媒质转化回矿物质和热量。虽然这些矿物质以及氧、水、二氧化碳之类的物质可以循环再生,但相当大部分的太阳能耗散了,不能再利用了。

人体在进行运动和呼吸等各项生命活动过程中都要消耗能量,如物质代谢的合成反应、肌肉收缩、腺体分泌等。人体所需要的能量主要是由动物性和植物性食物中所含的糖类物质分解产生的。在这些食物所含的营养素中,碳水化合物、脂肪和蛋白质经体内氧化就可释放能量。人的生命就是以令人讶异的多样而精致的方式对无生命的物质成分进行组织整合所生成的,组织整合产生了生命这种高级复杂性。

考察一个集合或群体,如果存在一种作用能够使其中的要素或组分的相互关系从无序演变为有序,即在系统中建立秩序,或者维持既存的秩序,或者从较低的有序演变为较高的有序,就称这种作用为组织力,称这一演变过程为整合组分的组织过程。自组织是通过低层次客体的局域的相互作用而形成的高层次的结构、功能有序模式的不由外部特定干预和内部控制者指令的自发过程,在组织过程中,如果系统不同组分在地位和作用上没有发生对称性破缺,由此而整体涌现的有序的系统称为自组织系统。[21]

一个系统能够从它的环境中产生出来,乃是环境大系统对称破缺的结果。一切系统都必须在一定的外部环境中生长、运行、演变,环境对系统的生成、存续、演化起着一种特殊的组织作用。不过,自组织与他组织又是一对矛盾,它们相互依存又相互制约,相互规定又相互否定。自组织也会出现对称性破缺,像人体在生长发育阶段"产能营养素"的能泵供给的"热源质"与其消耗就是不协调、不对称的,这种自身的对称性破缺也就是阴阳失调。

综上所述,大千世界琳琅满目的事物形态是同时显现出不同类型的对称性,这些对称性互相交织在一起,在演化过程中不断有对称性发生破缺,同时往往又显现出新的对称性来。对称性和对称性破缺在自然科学中起着非常重要的作用。所以,理论物理学家周光召多次指出:"对称性和对称破缺是世界统一性和多样性的根源。"[22]

参考文献

[1]钱显毅,钱显忠,钱爱玲.应用物理学[M].北京:中国水利水电出版社,2012:71.
[2]刘竹青,等.流体力学[M].北京:中国水利水电出版社,2012:1-21.
[3]布拉特.灾(剧)变论的哲学与数学基础[M].萧欣忠,译.北京:晓园出版社,1992:26.
[4]李宗恺,潘云仙,孙润桥.空气污染气象学原理及应用[M].北京:气象出版社,1985:222-230.
[5]兰姆.理论流体动力学:上册[M].游镇雄,牛家玉,译.北京:科学出版社,1990:1.
[6]施瓦茨.SPARROW地表水水质模型理论与应用指南[M].吴文俊,译.北京:中国环境科学出版社,2012:55-65.
[7]《中国大百科全书·环境科学》编委会.中国大百科全书:环境科学[M].北京:中国大百科全书出版社,2002:355-356.
[8]颜泽贤,范冬萍,张华夏.系统科学导论:复杂性探索[M].北京:人民出版社,2006:75.
[9]罗长海.结构与功能的理论和方法[J].大自然探索,1985(4):149-154.

[10]苗东升.系统科学精要[M].2版.北京:中国人民大学出版社,2006:27-29.
[11]杨维纮.力学[M].2版.北京:中国科学技术出版社,2004:217-222.
[12]张天蓉.爱因斯坦与万物之理[M].北京:清华大学出版社,2016:116.
[13]S.温伯格.终极理论之梦[M].2版.李泳,译.长沙:湖南科学技术出版社,2007:157.
[14]高崇寿,谢柏青.今日物理[M].北京:高等教育出版社,2004:123-127.
[15]陆栋,蒋平,徐至中.固体物理学[M].上海:上海科学技术出版社,2003:36-51.
[16]梁昌洪.话说对称[M].北京:科学出版社,2010:144.
[17]刘文明.半导体物理学[M].长春:吉林人民出版社,1982:402-461.
[18]翁羽翔.美丽是可以表述的[J].物理,2005,34(4):254-261.
[19]斯莫林.物理学的困惑[M].李泳,译.长沙:湖南科学技术出版社,2009:58.
[20]埃里克·詹奇.自组织的宇宙观[M].曾国屏,等,译.北京:中国社会科学出版社,1992:36.
[21]苗东升.复杂性科学研究[M].北京:中国书籍出版社,2015:135-149.
[22]香山科学会议.科学前沿与未来:第10集[M].北京:中国环境科学出版社,2006:66-68.

六十四卦篇

多维空间与杂交规律

- 第二十二章　多元系统与信息论
- 第二十三章　复杂系统与模型论
- 第二十四章　科学一统与道器论

万物与我为一

—— 庄子

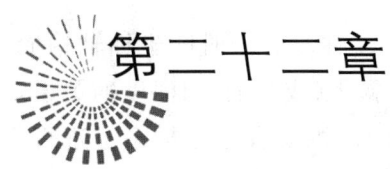

第二十二章

多元系统与信息论

第一节 多维向量坐标系及其空间

在四维质向量仿射坐标系中，事物就是四元系统。四元系统形态可以类似复数和三元数那样用四元数定量、定向地表达。在六维二仪质向量坐标系的六十四卦空间中，可以描述两个三元系统的相互作用及其形态变化规律。在多维二仪质向量坐标系中，人们也就可以认知多元系统形态的变化规律与分布规律。

一、四维质向量仿射坐标系

要理性地认识任何事物形态，首先必须建立理性认知坐标系。在由一个或数个质向量坐标轴构成的一定维度的质向量坐标系中，每一个质向量坐标轴都是辨识事物形态的度量准则。每一个质向量坐标轴都是以某一个定质、定量、定向的准则来度量事物形态的，任何一个事物形态在不同维度质向量坐标系中都可以用一个质向量来表示。不仅在一维质向量坐标系的空间中如此，而且在二维质向量坐标系的空间中也如此，在三维质向量坐标系的空间中还是如此。

随着人们设定的质向量坐标系的质向量坐标轴的增多和质向量空间的扩展，许多事物形态及其变化规律或分布规律仅用三维二仪质向量来表达是不够的；而要拓展三维二仪质向量仿射坐标系的认知空间，必然优先考虑建立四维二仪质向量仿射坐标系。

如果有一维二仪质向量坐标轴 $\vec{A}$、一维二仪质向量坐标轴 $\vec{B}$、一维二仪质向量坐标轴 $\vec{\Gamma}$ 和一维二仪质向量坐标轴 $\vec{H}$，这四个不共体的一维二仪质向量坐标轴相交于原点就可以构成四维二仪质向量仿射坐标系 $\vec{A}\vec{B}\vec{\Gamma}\vec{H}$。在四维二仪质向量仿射坐标系 $\vec{A}\vec{B}\vec{\Gamma}\vec{H}$ 空间中，任何一个事物都称为四元系统，其形态可以用四维质向量来表达，而其形态变化规律或分布规律可以用四维质向量的函数来表示。例如，要研究一个立体实物的体积膨胀（或收缩）速率，就要在由三个"空间距离"坐标轴与一个时间坐标轴构成的四维时空坐标系上进行；而要研究一个立体实物的体积膨胀（或收缩）与温度的关系，就要在由三个"空间距离"坐标轴与一个温度坐标轴构成的四维质参量坐标系上进行。像物理学中研究质点的运动时，就是在三维的距离空间与一维的时间空间共同组成的四维时空空间来讨论物体运动变化的。中国传统文化曾经把规范社会的坐标系用四维质参量坐标轴来度量，所以有"礼义廉耻，国之四维""四维不张，国乃灭亡"之说。

四维二仪质向量仿射坐标系 $\vec{A}\vec{B}\vec{\Gamma}\vec{H}$ 的四条质向量坐标轴不一定正交，但是可以投射到由相互垂直的 $\vec{X}$ 轴、$\vec{Y}$ 轴和 $\vec{Z}$ 轴及 $\vec{W}$ 轴构成的四维二仪质向量坐标系 $\vec{X}\vec{Y}\vec{Z}\vec{W}$ 上。在四维二仪质向量坐标系 $\vec{X}\vec{Y}\vec{Z}\vec{W}$ 十六卦空间中，任何一个四元系统形态都可以用一个四维质向量来表达。四元系统不同形态之间的关系可以用质向量函数关系表示，但在几何上要表达四元系统不同形态之间的关系是困难的。不过，四元系统形态的几何非直观性只是其抽象的一个缘由，省却了质向量关于性质和指向的规定才是其抽象的主要因素。所以，广义相对论就认为：三维空间和一维时间构成四维时空连续统，物理事件由四维时空连续统中的点表示，四维时空连续统的几何性质由四维黎曼几何描述。

其实，四维二仪质向量坐标系 $\vec{X}\vec{Y}\vec{Z}\vec{W}$ 可以看作三维二仪质向量坐标系 $\vec{X}\vec{Y}\vec{Z}$ 与一维二仪质向量坐标轴 $\vec{W}$ 的外积 $\vec{X}\vec{Y}\vec{Z}\times\vec{W}$。在省却质向量坐标轴关于性质和指向规定的条件下，一维二仪质向量坐标轴 $\vec{W}$ 就成为一条数轴 W，而三维二仪质向量坐标系 $\vec{X}\vec{Y}\vec{Z}$ 也就成为三维笛卡尔直角坐标系 XYZ，外积 $\vec{X}\vec{Y}\vec{Z}\times\vec{W}$ 也可以看作数轴 W 的线性阴阳空间与三维笛卡尔直角坐标系 XYZ 的八个卦象的两两相互作用。在几何上，三元系统形态可以用如图 20-3 所示的平行六面体表示。四元系统形态虽然无法用四维超立方体表示，其在八个卦限上的投影相当于在三维笛卡尔直角坐标系 XYZ 八卦空间中的平行六面体受到来自数轴 W 的射线的作用，如图 22-1 所示。

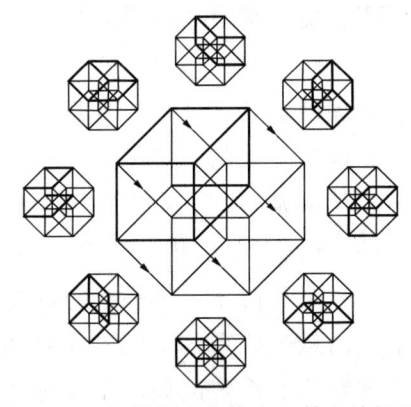

图 22-1　四维超立方体在八卦上的投影

在省却质向量坐标轴关于质的规定的条件下，四维二仪质向量坐标系 $\vec{X}\vec{Y}\vec{Z}\vec{W}$ 就是一般意义上的四维二仪向量坐标系 $\vec{X}\vec{Y}\vec{Z}\vec{W}$。在四维二仪向量坐标系 $\vec{X}\vec{Y}\vec{Z}\vec{W}$ 中，四元系统形态可用一个四维向量来定量、定向地表达。为了类似复数和三元数那样在数量坐标系中定量、定向地表达四元系统形态，英国数学家哈密顿在放弃复数域中某些性质后于 1843 年提出了四元数的概念与表示法。[1]

在由一个实轴和三个相互独立的虚轴构成的四维直角坐标系中，任何一个四元系统形态都对应着"超现实"认知体系空间中的一个四元数。四元数是由实数 1 和另外三

个虚数单位 i、j、k 作为分量的单位组成,每个四元数都是 1 和 i、j、k 的线性组合,即

$$q = a + xi + yj + zk \tag{22-1}$$

这样,每个四元数 $q = a + xi + yj + zk$ 都可看作标量 a 和向量 $xi + yj + zk$ 之和,其中,x、y、z 是实数,i、j、k 是虚数,$i^2 = j^2 = k^2 = -1$,$ij = k$,$jk = i$,$ki = j$。

四元数是最简单的超复数,它与复数一样是默认了向量 $\vec{q}$ 与其 $\vec{X}$ 轴上的分向量 $\vec{q}_X$ 方向一致,即 $|\vec{e}_X| \equiv 1$。如果说复数可以看作在复平面中的二维向量,那么四元数也可以看作四维代数空间中的四维向量。四元数提供了在三维代数空间中旋转与指向的另一种表示方式。把坐标为 (x, y, z) 的一点转到三维空间中的某一点,总能把它写成运算 $(xi + yj + zk) \to q(xi + yj + zk)q^{-1}$,其中 q 是一个适当的四元数。[2]

不过,只要对抽象的四元数赋予特质的规定,人们就会感受到事物的具体实在。例如,在四维时空坐标系中,四元数的三个数可以描述"距离空间"坐标轴上的位置,而第四个数就表示事件发生时间坐标轴上的时刻。在四维时空世界中,物理空间的度规张量和曲率也可以通过引力场方程由物质的能量-动量张量来决定。因此,四元数在电动力学、广义相对论、计算机图形学、控制理论、信号处理和轨道力学中都获得了广泛的应用。像在太空船的姿态控制系统中,经常用四元数来下达指令,并用于太空船当前姿态的测距。

其实,四元数可以看作实数和向量的一种更加一般的形式,也就可以看作不同阶张量的混搭。张量是广义的"数量"概念,是标量、向量和矩阵概念的推广。张量本身是不以坐标系的选取而变化的,任何普遍性规律都应当采用张量的形式。[3]张量是一个可用来表示在一些向量、标量和其他张量之间的线性关系的多线性函数。标量就是 0 阶张量,向量就是 1 阶张量。在三维二仪质向量坐标系空间中,0 阶张量是一个标量,用一个数 a 表示;1 阶张量是一个向量,用 3 个分向量 $\vec{a}_1$、$\vec{a}_2$ 和 $\vec{a}_3$ 表示。在四维二仪质向量坐标系空间中,0 阶张量是一个标量,用一个数 a 表示;1 阶张量是一个向量,用 4 个分向量 $\vec{a}_1$、$\vec{a}_2$、$\vec{a}_3$ 和 $\vec{a}_4$ 表示。

四元数是 1 个标量和 3 个分向量 $\vec{a}_1$、$\vec{a}_2$ 和 $\vec{a}_3$ 的线性,因而四元数可用来取代张量表示。然而,人们迄今也只是认同四元数是复数的不可交换延伸,没有真正认识到四元数就是省却了关于特质与指向规定的四元质向量。例如,在物理学的引力规范场理论中,局部时空标架的四维正交坐标轴的四个单位质向量(向量基)可以用 $\vec{e}_1 = \vec{e}_X$,$\vec{e}_2 = \vec{e}_Y$,$\vec{e}_3 = \vec{e}_Z$ 和 $\vec{e}_4 = \vec{e}_t$ 表示,一个四元系统形态就可写为[4]

$$\vec{a} = a_X \vec{e}_X + a_Y \vec{e}_Y + a_Z \vec{e}_Z + a_t \vec{e}_t \tag{22-2}$$

在由四个相互垂直的一维二仪质向量坐标轴构建的四维二仪质向量坐标系中,四个质向量坐标轴各自都独立地代表一种性质的思辨准则,它们各自以单位质向量 $\vec{e}_1$、$\vec{e}_2$、$\vec{e}_3$ 和 $\vec{e}_4$ 作为基准。在四维二仪质向量坐标系空间中,四元系统形态 $\vec{a}$ 在四个相互垂直的一维二仪质向量坐标轴上表现为四个质向量 $\vec{a}_1$、$\vec{a}_2$、$\vec{a}_3$、$\vec{a}_4$,即 $\vec{a}(\vec{a}_1, \vec{a}_2, \vec{a}_3, \vec{a}_4)$。四元系统形态同时表现了 $\vec{e}_1$、$\vec{e}_2$、$\vec{e}_3$ 和 $\vec{e}_4$ 四个单位质向量的特征,任何一个四元质向量

$\vec{a}$ 都可用起点在原点的质向量来表示。四元质向量的本质是向量,所以向量代数所具有的性质四元质向量都兼备。

由一维空间距离坐标轴和其他特定的一维二仪质向量坐标轴可以构建一个二维"空间距离-特定质向量"坐标系。在物理学中,人们所进行的具有固定几何外形和一定结构的固态物质与没有固定几何外形和一定结构的物体形态变化规律的研究,大都是在二维"空间距离-特定质向量"坐标系空间中进行的。在一维空间距离坐标轴内部可以打开三维"体积"坐标系,三维"体积"坐标轴与其他特定质向量坐标轴构成四维质向量坐标系,像三维"体积"坐标轴与时间坐标轴就写成"时空连续统"。三维物体形态表现出来的与其他特定质向量的关系,就是特定的四元系统形态及其变化规律。像物体在一点上的张力状态既可以用张量表示,也可以用四元数表示,其根本就是四元质向量。

二、六维二仪质向量坐标系

虽然三维二仪质向量坐标系 $\vec{X}\vec{Y}\vec{Z}$ 可以描述一个三元系统的形态及其变化规律,四维二仪质向量坐标系 $\vec{X}\vec{Y}\vec{Z}\vec{W}$ 也可以描述一个四元系统的形态及其变化规律,但是当涉及诸如两个三元系统或四元系统的相互作用及其形态变化规律时,三维二仪质向量坐标系 $\vec{X}\vec{Y}\vec{Z}$ 或四维二仪质向量坐标系 $\vec{X}\vec{Y}\vec{Z}\vec{W}$ 就不足以为其研究空间。例如,不考虑三维物体的其他特质,一个物体在三维"空间距离"坐标系 $\vec{X}\vec{Y}\vec{Z}$ 的8个卦限中的形态就各不相同,两个物体的相互作用不仅要考虑一个平行六面体受到的来自一条射线的作用,而且要考虑一个平行六面体的8个形态同时与另一个平行六面体的8个形态的相互作用。显然,两个三元系统的相互作用已成为六元系统的不同形态,因此对于六元系统的形态及其变化规律必须扩展到六维二仪质向量仿射坐标系的空间中来描述。

六维二仪质向量仿射坐标系是由6个不同的一维二仪质向量坐标轴相交于原点构成的。虽然六维二仪质向量仿射坐标系的6条质向量坐标轴不一定正交,但是可以投射到由相互垂直的6条质向量坐标轴构成的六维二仪质向量坐标系 $\vec{X_1}\vec{X_2}\vec{X_3}\vec{X_4}\vec{X_5}\vec{X_6}$ 上。六维二仪质向量坐标系 $\vec{X_1}\vec{X_2}\vec{X_3}\vec{X_4}\vec{X_5}\vec{X_6}$ 可以看作一个三维二仪质向量坐标系 $\vec{X_1}\vec{Y_1}\vec{Z_1}$ 与另一个三维二仪质向量坐标系 $\vec{X_2}\vec{Y_2}\vec{Z_2}$ 的外积,即 $\vec{X_1}\vec{Y_1}\vec{Z_1} \times \vec{X_2}\vec{Y_2}\vec{Z_2} = \vec{X_1}\vec{X_2}\vec{X_3}\vec{X_4}\vec{X_5}\vec{X_6}$。

六维二仪质向量坐标系 $\vec{X_1}\vec{X_2}\vec{X_3}\vec{X_4}\vec{X_5}\vec{X_6}$ 开辟了64个卦象空间,在此任何一个事物形态都是一个六元系统形态,任何一个确定的六元系统形态都可以用一个六元常质向量 $\vec{a}(\vec{a_1},\vec{a_2},\vec{a_3},\vec{a_4},\vec{a_5},\vec{a_6})$ 来表达;而在64个卦象空间一定范围内发生变化的任何一个六元系统形态也都可以用一个六元质向量 $\vec{u}(\vec{u_1},\vec{u_2},\vec{u_3},\vec{u_4},\vec{u_5},\vec{u_6})$ 来表示。

在六维二仪质向量坐标系 $\vec{X_1}\vec{X_2}\vec{X_3}\vec{X_4}\vec{X_5}\vec{X_6}$ 六十四卦空间中,虽然无法用几何手段表达六元系统形态,然而,在省却质向量坐标轴关于性质和指向规定的条件下,三维

二仪质向量坐标系 $\vec{X_1}\vec{Y_1}\vec{Z_1}$ 与三维二仪质向量坐标系 $\vec{X_2}\vec{Y_2}\vec{Z_2}$ 的外积 $\vec{X_1}\vec{Y_1}\vec{Z_1} \times \vec{X_2}\vec{Y_2}\vec{Z_2} = \vec{X_1}\vec{X_2}\vec{X_3}\vec{X_4}\vec{X_5}\vec{X_6}$ 可以看作一个三维笛卡尔直角坐标系 $X_1Y_1Z_1$ 与另一个三维笛卡尔直角坐标系 $X_2Y_+Z_+$ 的 8 个卦象两两相互作用形成六维笛卡尔直角坐标系 $X_1Y_1Z_1X_2Y_+Z_+$。在三维笛卡尔直角坐标系 XYZ 的 8 个卦限中，任何一个三元系统形态都可以用一个三维坐标点 $u(x,y,z)$ 表示；两个三元系统形态相乘就是 $u_1(x_1,y_1,z_1)$ 与 $u_2(x_2,y_2,z_2)$ 相乘，这就相当于在一个三维笛卡尔直角坐标系 $X_1Y_1Z_1$ 的八卦空间中的一个平行六面体的 8 个顶角点的形态（卦象）与另一个三维笛卡尔直角坐标系 $X_2Y_+Z_+$ 的八卦空间中的一个平行六面体的 8 个顶角点的形态（卦象）发生相互作用。

其实，三维笛卡尔直角坐标系 $X_1Y_1Z_1$ 的 8 个卦象在中国古老的《周易》中称为经卦，每一对经卦可以定质地表达一个三元系统的 8 种可能形态之一。但是，如果两个三元系统相互作用，其可能出现的形态就是两个三爻卦相乘的所有形态。通过两对独立的经卦与经卦相乘，可以得到 64($2^6=64$) 个卦象来定质地表达 64 种可能的形态。

如果用符号 x 代表阳爻（—），用符号 y 代表阴爻（--），则有
$$(x^3+x^2y+xyx+xy^2+yx^2+yxy+y^2x+y^3)^2$$
$$=x^6+6x^5y+15x^4y^2+20x^3y^3+15x^2y^4+6xy^5+y^6$$

上式 7 项系数之和为
$$1+6+15+20+15+6+1=64$$

共计 64 项，对应六十四卦。可见，易图的数学结构是完美的，六十四卦的排列也是符合二项式定理的。

六十四卦是由一对经卦和另一对经卦通过重卦的方式，即八卦之中的二卦上下重叠、两两组合来表示的。但是，上八卦与下八卦相重必须同时规定好顺序，才能组成六十四卦；否则，阳爻和阴爻 6 次相乘 $(x+y)^6=(x+y)(x+y)(x+y)(x+y)(x+y)(x+y)$ 产生的爻象次序不可交换，那么产生的卦象将是巨大的数目。如果把六十四卦按阳爻和阴爻数目排列，这六十四卦所包含的 384 爻可以列成一个钟形分布，如图 22-2 所示。再与统计分布的信息分布密度函数曲线比较，六十四卦按阴爻（阳爻）的个数排列为直方图就能得到离散的钟形分布曲线。[5]

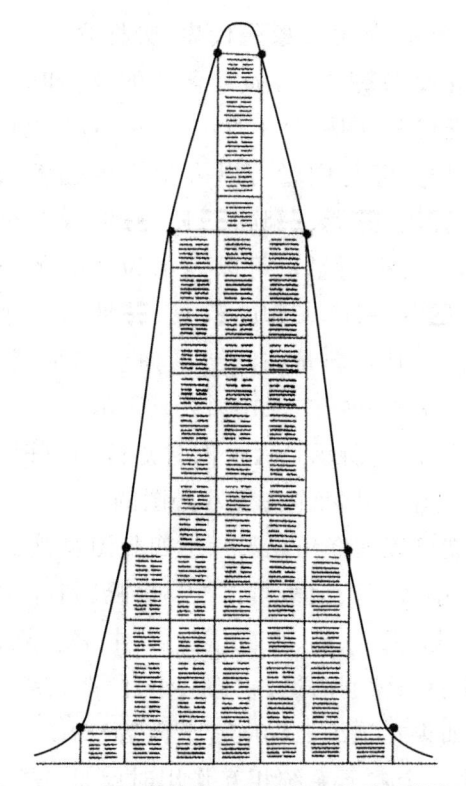

图 22-2　六十四卦按阴爻（阳爻）个数排列的直方图

在省却质向量坐标轴关于质的规定的条件下,任何一个三元系统在三维二仪向量坐标系$\vec{X}\vec{Y}\vec{Z}$上的三个维度上都有不同的分向量,每一个三元系统形态都可以形成一个拥有8个分向量的向量序列。当两个三元系统相互作用时,就是两个向量序列相乘。按照矩阵的运算规则,如果$\vec{A}$为8个数组成的列向量,$\vec{B}$为8个数组成的行向量,即

$$\vec{A}=\begin{pmatrix}a_1\\a_2\\\vdots\\a_8\end{pmatrix} \tag{22-3}$$

$$\vec{B}=(b_1,b_2,\cdots,b_8) \tag{22-4}$$

$\vec{A}$与$\vec{B}$相乘的结果得$\vec{C}$,$\vec{C}$就是8阶方矩阵;由列向量和行向量这两个八元向量相乘形成64个矩阵元,用公式表示就是

$$\vec{C}=\vec{A}\times\vec{B}=\begin{pmatrix}a_1b_1 & a_1b_2 & \cdots & a_1b_8\\a_2b_1 & a_2b_2 & \cdots & a_2b_8\\\vdots & \vdots & & \vdots\\a_8b_1 & a_8b_2 & \cdots & a_8b_8\end{pmatrix} \tag{22-5}$$

如果脚标含1的a_1和b_1都由爻象☰代表,脚标含2的a_2和b_2都由爻象☱代表,脚标含3的a_3和b_3都由爻象☲代表,脚标含4的a_4和b_4都由爻象☳代表,脚标含5的a_5和b_5都由爻象☴代表,脚标含6的a_6和b_6都由爻象☵代表,脚标含7的a_7和b_7都由爻象☶代表,脚标含8的a_8和b_8都由爻象☷代表,这样八元行向量可以表示为由☰乾、☱兑、☲离、☳震、☴巽、☵坎、☶艮、☷坤这8个元素组成,八元列向量也可以表示为由☰乾、☱兑、☲离、☳震、☴巽、☵坎、☶艮、☷坤这8个元素组成。八卦行向量与八卦列向量相乘,就可以得出8次正方矩阵,如图22-3所示。

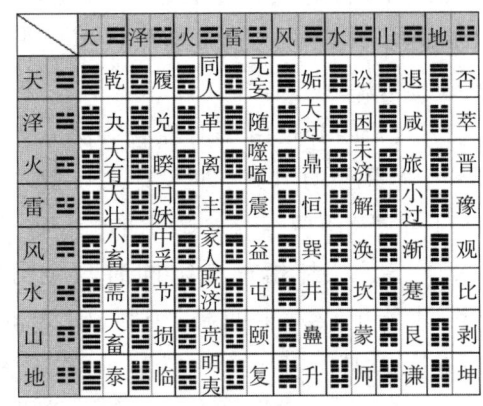

图22-3 六十四卦矩阵

图22-3所示是六十四卦矩阵,矩阵元就是64个爻象。由两个先天八卦图的8个爻象两两相乘就可以演绎出先天六十四卦图及其卦象,每个卦象又可分别取名为:乾、夬、大有、大壮、小畜、需、大畜、泰、履、兑、睽、归妹、中孚、节、损、临、同人、革、离、丰、家人、既济、贲、明夷、无妄、随、噬嗑、震、益、屯、颐、复、姤、大过、鼎、恒、巽、井、蛊、升、讼、困、未济、解、涣、坎、蒙、师、遁、咸、旅、小过、渐、蹇、艮、谦、否、萃、晋、豫、观、比、剥、坤。

如果在三维二仪向量坐标系$\vec{X}\vec{Y}\vec{Z}$上是以每一个平面的四象来形成一个向量序列的,当3个二元系统相互作用时就是3个向量序列相乘,$4^3=64$,即用3个四象组合而

成的六爻卦也共有64个。六十四卦可以看作四象相重而成,四象相重是指一个六爻卦由四象三次组合成的。在三维二仪向量坐标系$\vec{X}\vec{Y}\vec{Z}$中,上述产生的64个卦象在立体上相互垂直。图22-4列出了64个卦象在三维空间的先天排列。[6]

因此,要描述两个三元系统相互作用的形态及其规律,就要有能够展示标准差异形态的64个卦象,这就需要建立六维二仪质向量坐标系。《周易》通过八卦重叠而成为六十四卦,六

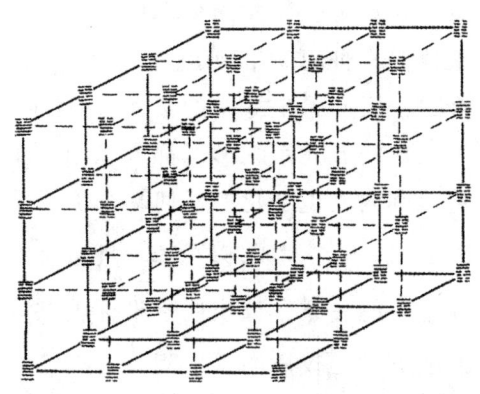

图22-4　64个卦象在三维空间的先天排列

十四卦图就是在平面上表示事物形态的六维二仪质参量坐标系。可见,只要建立六维二仪质向量坐标系,任何两个三元系统相互作用时形成的各个确定形态都可以用64个不同的常质向量表示。在六维二仪质向量坐标系六十四卦空间一定范围内,任何两个三元系统相互作用时形成的各个变动的形态也都可以用64个不同的质向量来表示。

例如,在量子物理学中,一个粒子的叠加态本身有自旋"上"或自旋"下"两种自旋本征态,即$|叠加态\rangle = a_X|上\rangle + a_Y|下\rangle$。对于三粒子纠缠系统来说,具有两种自旋本征态的3个粒子间的纠缠关联必然大大加强。在三粒子纠缠态中,符合GHZ定理规则1的有8种约定表,所有可能存在的约定表有64种。其实这些约定表就是3个二元系统相互作用时(3个二仪向量序列相乘)产生的如图22-4所示的64个卦象。[7]

然而,六维二仪质向量坐标系的六十四卦空间也只能描述两个相互作用的三元系统形态及其变化规律,对于其他的多元系统形态及其变化规律,要囿于上述的六维二仪质向量坐标系中来展示其各个方面的形态就存在着难以克服的困难。为此,必须另辟蹊径。

三、多维质向量坐标系

建立了四维二仪质向量坐标系$\vec{X}\vec{Y}\vec{Z}\vec{W}$,就可以用一个四元质向量来表达四元系统形态。在省却质向量坐标轴关于质的规定的条件下,四元系统形态可以用一个四元向量或四元数来定量、定向地表达。按照英国数学家格拉夫斯发现的"模法则",复数和四元数还可推广至八元数(超复数)、十六元数、三十二元数乃至2^n元数;但是,这样的数系实质上还都是忽视了多元质向量关于质的规定。

其实,在不同维度的质向量坐标系空间中,任何一个事物形态都可以用一个质向量来表达。如果一个四维二仪质向量坐标系不足以表达事物形态5个方面的特质,理所当然就要考虑由5个相互垂直的一维二仪质向量坐标轴来构建五维二仪质向量坐标

系。在五维二仪质向量坐标系中，5个相互垂直的一维二仪质向量坐标轴各自都独立地代表一种思辨准则，它们各自以单位质向量 $\vec{e}_1$、$\vec{e}_2$、$\vec{e}_3$、$\vec{e}_4$ 和 $\vec{e}_5$ 作为度量基准。在五维二仪质向量坐标系的空间中，任何一个事物形态都是一个五元系统形态，而且任何一个确定的五元系统形态都可以用一个五元常质向量 $\vec{a}$ 或 $\vec{a}(\vec{a}_1,\vec{a}_2,\cdots,\vec{a}_5)$ 来表达，在一定范围内发生变化的任何一个五元系统形态也都可以用一个五元质向量 $\vec{x}(\vec{x}_1,\vec{x}_2,\cdots,\vec{x}_5)$ 来表示。例如，以总体单元数 $\vec{N}$、异质单元数 $\vec{n}$、能量 $\vec{E}$、能阈 $\vec{E}_{\ne}$ 和能元 $\vec{\varepsilon}$ 为5个相互垂直的一维二仪质向量坐标轴共同建立五维二仪质向量坐标系 $\vec{O}\vec{N}\vec{n}\vec{E}\vec{E}_{\ne}\vec{\varepsilon}$，在其开辟的五维二仪质向量空间 $(\vec{N},\vec{n},\vec{E},\vec{E}_{\ne},\vec{\varepsilon})$ 中，任何一个五元系统形态关于总体单元数 $\vec{N}$、异质单元数 $\vec{n}$、能量 $\vec{E}$、能阈 $\vec{E}_{\ne}$ 和能元 $\vec{\varepsilon}$ 的属性特征都可以用一个五元质向量 $\vec{x}(\vec{N},\vec{n},\vec{E},\vec{E}_{\ne},\vec{\varepsilon})$ 来表示。

在更多的情形下，不论是四维二仪质向量坐标系或是五维二仪质向量坐标系，都不足以表达事物形态更多的属性特征。为此，在认知事物形态及其变化规律时，必须依据所研究的事物属性和研究目的来择定不同维度的质向量坐标轴，由多个相互垂直的一维二仪质向量坐标轴来构建多维二仪质向量坐标系。例如，弦理论是在26维时空参量坐标系中表述，超弦理论是在10维时空参量坐标系中表述，M理论是在11维时空参量坐标系中表述。再如，人类强大的嗅觉和味觉系统，赐予了人们区分10万多种味道的能力，人们如果要逐一地进行分辨，就要建立10万多个维度的质参量坐标系。

又如，当今的社会正处在一个思想活跃和文化多元、多样、多变的信息时代，个性表达已从一种声音到"百家争鸣"，从千人一面到丰富多元。要评价不同人的人生和指导人们前进的方向，就要在人们的心中安装一个评价指标坐标系，这一评价指标坐标系就要包括每个人的经历、社会阅历、素质、人生观、价值观等不同维度的评价指标。在这多维的人生评价指标坐标系中，每个人为人处世的形态空间定位是不同的。但是，人们只要把这些做事准则、行为规范、生活秩序等不同维度的坐标轴放在心里，就能把握个人的人生，从而保障生命列车沿着自己寻求的轨迹安全顺利地到达期望的终点站。

其实，凡是要用人类思维去认识多种不同现象的地方，由复杂的或想象的对象组成的集合，都可以分解成多维的属性类别或特质子集再进行处理。这些具有某些共同特征的集合就是"类"的概念，就是以共同性质贯穿于具体特殊的事物而使其成为成员的一个"抽象的构造品"。因此，要认知任何一个事物形态的多方面特质及其组成单元的数量变化及变化动向，就要建立多维质向量仿射坐标系。

在多维质向量仿射坐标系中，任何一个事物形态就是一个多元系统形态。人们经常遇到的事物绝大多数都是含有多种特质的多元系统，而单元系统或二元系统或三元系统只是属于某一特殊类型的理想化的简单系统。多元系统广泛存在于现实世界和各个不同的学科领域之中，多元系统的表现形态绝大多数是复杂现象。例如，任何一个天气系统都是含有温、压、湿、风、降水及其他要素的多元系统，天气系统所表现的气候形态都是变化多端的复杂现象。

长期以来，人们根据对多元系统形态的不同认知，已经总结了多元系统具有如下的共同特性。

（一）多样性

多元系统由多个不同基质的子系统组成，每一个子系统都含有某种基质的一定数量的单元并呈现一定的表现形态，因而多元系统的表现形态具有多样性。多元系统的多样性在于它的实际表现具有多种多样的差异性。例如，一个生态系统中的生物多样性就是该系统多种异质子系统的表现形态。一个多元系统所包括的子系统可能为数并不多，却可以表现出多种多样的形态。例如，雪花有各种各样的形式，而雪花中的每个单元不是冰就是汽；围棋可以形成多样化的棋局，千变万化的围棋盘上的每个格点不是黑子就是白子；大型团体操可以有多种造型，但表演中的每个人穿的衣服只是几种颜色中的一种，每个人的动作也只是导演规定的几种之一（不是站起来就是蹲下去）；色彩纷呈的世界也只是三原色的搭配结果。

（二）主邻性

在环境作用下，多元系统内部的各个单元就会产生相互作用，而且这种作用主要取决于各单元与其相邻的其他单元的作用。例如，围棋中白子的四个邻居若是黑子，则白子就要被吃掉；大型团体操中的每个人只认识周围几个人，导演规定他们的动作变化只和周围几个邻居动作有联系；雪花中的水汽是否冻结变成冰，主要由该水汽的几个邻居状况（冰或汽）决定。1852年出现的"四色猜想问题"（即画在纸上的每张地图只用四种颜色就能使具有边界的国家染有不同的颜色）也是主邻性的表现。

（三）整体性

多元系统中各个单元的局部相互作用，整体上可以显示出多种多样的形态与性能。多元系统中那些相互联系的单元赋予系统的性能总和以整体性，使得系统具有一定的结构特征。多元系统所表现的行为也不是各单元行为的简单叠加，而是所有单元之间相互作用的综合结果，整个多元系统就像是由各单元有目的地、协同地组织起来的一个集成体。多元系统的整体性是各个单元构成一个整体时才具有的构性能，这种构性能是各单元之间相互联系的整体性能，绝不是孤立单元的性能所能包括的性能或任何一个组成部分所具有的性能。像一堆钟的零件不等于一台钟，水泥、钢筋、砖头也不等于一幢建筑物。

（四）鲁棒性

鲁棒性是一个系统即使面临内部结构或外部环境的改变，也能够维持其性能的能力。多元系统在受到外力的冲击或扰动以后,往往能够保持结构和性能的稳定;或者在外部力量的推动下,多元系统偏离了正常状态,而当这个外力的冲击或扰动去掉以后,它能够自行恢复到原来的状态的能力,就是多元系统的鲁棒性。比如说,一个人身体很健康一般就不容易得病,虽然环境里各种恶劣因素都有,但是他可以保持健康,这就是鲁棒性。有些人有时候得了一点病,恢复得很快,说明他的身体好,鲁棒性就很高。

多元系统多特质、多变量、多性能、多层次的相互作用及其所受的环境作用常常是多重、多向或随机的,其构成元素或子系统的数目往往是庞大的,结构关系复杂,牵涉因素众多,所以多元系统的行为特征往往通过光怪陆离的复杂现象来表现。

在多维质向量仿射坐标系中,任何一个多元系统形态都可以用一个态向量$|\phi\rangle$来表示,态向量$|\phi\rangle$是代表多元系统形态的一种抽象符号。多元系统的其他形态可以用别的"标记"的态向量来表示,例如$|\varphi\rangle$。其实,多元系统的态向量$|\phi\rangle$可以看作一维多元质向量,且可以通过垂直方向坐标轴上的分质向量来表示。每一个维度的分质向量代表一个基础态(本征态),m元系统的态向量$|\phi\rangle$就是由m个基础态(即$|1\rangle,|2\rangle,|3\rangle,\cdots,|m\rangle$)构成的组态,它们具有如下的性质:[8]

(1)对于同一类的多元系统,这些不同维度的坐标轴是完全分开独立的,所有的基础态都是十分独特的(正交的)。正交的意思是指对于任意两个基础态$|i\rangle$和$|j\rangle$,表示一个已知处在态$|i\rangle$的多元系统同时又处在态$|j\rangle$的振幅$\langle i|j\rangle$等于零——当然除非$|i\rangle$和$|j\rangle$代表同一个态,将此符号表示为

$$\langle i|j\rangle = \delta_{ij} \tag{22-6}$$

必须记住,若i与j不等,则$\delta_{ij}=0$;若i与j相等,则$\delta_{ij}=1$。

(2)这些维度的基础态$|i\rangle$集合必定是一个完全集,所以任何态都能用它们描述出来,即能够完整地描述特定的事物。这就是说,任何维度的态向量$|\phi\rangle$都可以由给定的所有振幅$\langle i|j\rangle$完整地描述出来,$\langle i|j\rangle$就是处在态$|\phi\rangle$的多元系统也会在态$|j\rangle$找到的振幅。事实上,态向量$|\phi\rangle$等于各基础态乘上一个系数后的和,这系数就是既处在态$|\phi\rangle$又处在态$|i\rangle$的振幅,即

$$|\phi\rangle = \sum_i \langle\phi|i\rangle\langle i|\phi\rangle \tag{22-7}$$

(3)不同的基础态组之间还可以转换。如果考虑任何两个态$|\phi\rangle$和$|\varphi\rangle$,那么多元系统处在态$|\phi\rangle$也同时处在态$|\varphi\rangle$的振幅,可以先将态$|\phi\rangle$投影到各基础态上,然后再将每个基础态投影到态$|\varphi\rangle$上而求得。上述情形可以写成如下形式

$$\langle \phi | \varphi \rangle = \sum_i \langle \phi | i \rangle \langle i | \varphi \rangle \qquad (22-8)$$

式中，求和是对整个基础态 $|i\rangle$ 的集进行的。

因此，多元系统形态变化规律可以用上述的符号写成代数方程。例如，任何一个多元系统形态 $|\phi\rangle$ 都可以由基础态的线性组合来构成，这个基本规律就可以写成

$$|\phi\rangle = \sum_i C_i | i \rangle \qquad (22-9)$$

式中，C_i 是一组普通的（复）数——振幅 $C_i = \langle i | \phi \rangle$——而 $|1\rangle, |2\rangle, |3\rangle \cdots$ 代表在某个基或表象中的基础态。

例如，取某个物理状态并对它做些变动——如转动或等候一段时间 Δt，则得到不同的态。这就是说，"对一个状态进行一次操作产生了一个新的态"，人们可以用一个方程式来表示同一概念

$$|\phi\rangle = \widehat{A} | \varphi \rangle \qquad (22-10)$$

对于态的一次操作产生另一个态。算符 $\widehat{A}$ 代表某个特定的操作，当这一操作作用于任一态，譬如态 $|\varphi\rangle$ 上，它产生某个其他的态 $|\phi\rangle$。

人们规定了 $|\phi\rangle = \widehat{A}|\varphi\rangle$ 的意义是，如果用 $\langle i|$ 乘以 $|\phi\rangle = \widehat{A}|\varphi\rangle$，并将 $|\phi\rangle$ 按 $|\varphi\rangle = \sum_i C_i | i \rangle$ 展开，则得到

$$\langle i | \phi \rangle = \sum_j \langle i | \widehat{A} | j \rangle \langle j | \varphi \rangle \qquad (22-11)$$

态 $|j\rangle$ 取自和 $|i\rangle$ 相同的一组，这是一个代数式。数 $\langle i|\phi\rangle$ 给出了在态 $|\phi\rangle$ 中找到的每个基础态的量，它是以 $|\varphi\rangle$ 在各个基础态中出现的振幅 $\langle j|\varphi\rangle$ 的线性叠加表示的。

为了获得对多元系统形态的真知，人们必须确定多个维度的质向量坐标轴并建立认知坐标系。度量多元系统形态所需要的一维二仪质向量坐标轴数目，叫作多元系统形态的自由度。迄今为止，人类已揭示的各种事物形态变化规律和分布规律大都畸形地集中在低维度质向量坐标系空间中，还很少问津高维度质向量坐标系空间中的事物形态变化规律和分布规律。不过，只要抓住多元系统的质向量的本质与关系，就可以认识多元系统形态变化规律和分布规律。

如果选择以 m 种质向量作为认知事物形态的坐标轴，那么人们就可以由 m 个质向量坐标轴来构建 m 维质向量仿射坐标系。在 m 维质向量仿射坐标系的形态空间中，任何一个事物形态都可以看作一个 m 元系统，任何一个 m 元系统同时受到来自环境的 m 个不同方向作用，它就要参与 m 个不同方向的形态变化。一个 m 元系统也可以看作由 m 种相异的单质元素共同构成的系统，这里 m 一般是大于1的自然数，因此 m 元系统也就是多元系统。

以 m 个相互独立的一维二仪质向量坐标轴 $\vec{X}_1, \vec{X}_2, \cdots, \vec{X}_m$ 建立的 m 维二仪质向

量仿射坐标系就是 m 维二仪质向量坐标系 $\vec{X}_1\vec{X}_2\cdots\vec{X}_m$。在 m 维二仪质向量坐标系 $\vec{X}_1\vec{X}_2\cdots\vec{X}_m$ 的 $(\vec{X}_1,\vec{X}_2,\cdots,\vec{X}_m)$ 空间中，任何一个 m 元系统的确定形态都可以用一个 m 维 m 元常质向量 $\vec{A}=\vec{a}_{X_1X_2\cdots X_m}$ 表示。

任何一个 m 维 m 元常质向量 $\vec{A}$ 在 m 个相互垂直的坐标轴上的投影为 m 个相互独立的分质向量 $\vec{a}_{X_1}=\vec{a}_1,\vec{a}_{X_2}=\vec{a}_2,\cdots,\vec{a}_{X_m}=\vec{a}_m$，所以 m 维 m 元常质向量 $\vec{A}$ 可以用 m 个相互垂直的 $\vec{X}_1,\vec{X}_2,\cdots,\vec{X}_m$ 分质向量坐标轴上的投影为 m 个相互独立的分质向量 $\vec{a}_1,\vec{a}_2,\cdots,\vec{a}_m$ 的 m 重积（外积）表示

$$\begin{aligned}\vec{a}_{X_1X_2\cdots X_m}&=\vec{a}_{X_1}\times\vec{a}_{X_2}\times\cdots\times\vec{a}_{X_m}\\&=\vec{a}_1\times\vec{a}_2\times\cdots\times\vec{a}_m\end{aligned} \quad (22\text{-}12)$$

m 维 m 元常质向量 $\vec{a}_{X_1X_2\cdots X_m}=\vec{a}_{12\cdots m}$ 的模等于以 $\vec{a}_1,\vec{a}_2,\cdots,\vec{a}_m$ 为边的 m 维超格子，即

$$\begin{aligned}|\vec{a}_{X_1X_2\cdots X_m}|&=|\vec{a}_{X_1}||\vec{a}_{X_2}|\cdots|\vec{a}_{X_m}|\\&=|\vec{a}_1||\vec{a}_2|\cdots|\vec{a}_m|\end{aligned} \quad (22\text{-}13)$$

一个 m 维 m 元常质向量 $\vec{a}_{12\cdots m}$ 与一个 m 维超格子建立了一一对应的关系，m 维超格子也与其"对角线"的一维 m 元常质向量 $\vec{a}_{X_1+X_2+\cdots+X_m}$ 建立了一一对应的关系，所以一个 m 元系统的确定形态可以用一维 m 元常质向量 $\vec{a}_{X_1+X_2+\cdots+X_m}$ 表示。表征 m 元系统形态的一维 m 元常质向量 $\vec{a}_{X_1+X_2+\cdots+X_m}$ 就是 m 个子系统的分质向量 $\vec{a}_1,\vec{a}_2,\cdots,\vec{a}_m$ 之和，即一维 m 元常质向量 $\vec{a}_{X_1+X_2+\cdots+X_m}$ 被表示成基向量 $\vec{e}_1,\vec{e}_2,\cdots,\vec{e}_{m-1}$ 和 $\vec{e}_m$ 的线性变换，因此一维 m 元常质向量 $\vec{a}_{X_1+X_2+\cdots+X_m}$ 所表征的形态称为 m 个一维分质向量 $\vec{a}_1,\vec{a}_2,\cdots,\vec{a}_m$ 的叠加态或 $\vec{e}_1,\vec{e}_2,\cdots,\vec{e}_{m-1}$ 和 $\vec{e}_m$ 基础态（本征态）的线性叠加

$$\begin{aligned}\vec{a}_{X_1+X_2+\cdots+X_m}&=\vec{a}_1+\vec{a}_2+\cdots+\vec{a}_m\\&=a_1\vec{e}_1+a_2\vec{e}_2+\cdots+a_m\vec{e}_m\end{aligned} \quad (22\text{-}14)$$

m 个子系统的分质向量 $\vec{a}_1,\vec{a}_2,\cdots,\vec{a}_m$ 都是有特质、量值和方向的量。一维 m 元常质向量 $\vec{a}_{X_1+X_2+\cdots+X_m}$ 的量值大小可以用其模的符号来表示

$$|\vec{a}_{X_1+X_2+\cdots+X_m}|=\sqrt{a_1^2+a_2^2+\cdots+a_m^2} \quad (22\text{-}15)$$

在由 m 个相互垂直的一维二仪质向量坐标轴构建的 m 维质向量坐标系 $\vec{X}_1\vec{X}_2\cdots\vec{X}_m$ 中，每一个一维二仪质向量坐标轴都独立地代表一种质向量的度量基准，它们各自以单位质向量（或称为基向量）$\vec{e}_1,\vec{e}_2,\cdots,\vec{e}_{m-1}$ 和 $\vec{e}_m$ 作为度量基准。m 维质向量坐标系 $\vec{X}_1\vec{X}_2\cdots\vec{X}_m$ 的 m 个一维二仪质向量坐标轴可以用任意 m 个基向量定义，当然这 m 个基向量必须线性无关（相互独立）。

如果在某个一维二仪质向量坐标轴上的投影是一个单位，而在其他一维二仪坐标轴上的投影是 0，这样的质向量就称为在指定轴方向上的单位质向量。如果 m 元质向量的分质向量全为零，就称其为 m 维零质向量，用 $\vec{0}$ 表示。零质向量 $\vec{0}$ 是 m 维质向量空间的原点，它是一个非常特殊的没有性质、方向、量值的质向量。

在 m 维质向量坐标系 $\vec{X}_1\vec{X}_2\cdots\vec{X}_m$ 的 $(\vec{X}_1,\vec{X}_2,\cdots,\vec{X}_m)$ 空间中，如果 m 元系统存在两个确定的平衡态，其中一个平衡态可以用常质向量 $\vec{A}(\vec{a}_1,\vec{a}_2,\cdots,\vec{a}_m)$ 表示，另一个平衡态就可以用常质向量 $\vec{B}(\vec{b}_1,\vec{b}_2,\cdots,\vec{b}_m)$ 表示。m 元系统从起始平衡态（基态）$\vec{A}$ 到终结平衡态 $\vec{B}$ 的形态变化可以用 $\vec{A}\to\vec{B}$ 区间范围内变化的质向量按一定的内在关系排序形成序列。

在 m 维质向量坐标系 $\vec{X}_1\vec{X}_2\cdots\vec{X}_m$ 中，任何一个 m 元系统的变动形态都可以用一个 m 维 m 元质向量 $\vec{Z}_{X_1X_2\cdots X_m}$ 表示。任何一个 m 维 m 元质向量 $\vec{Z}_{X_1X_2\cdots X_m}$ 在 m 个相互垂直的一维二仪坐标轴上的投影为 m 个相互独立的分质向量 $\vec{z}_{X_1}=\vec{z}_1, \vec{z}_{X_2}=\vec{z}_2,\cdots,\vec{z}_{X_m}=\vec{z}_m$，所以 m 维 m 元质向量 $\vec{Z}_{X_1X_2\cdots X_m}$ 可以用 m 个相互垂直的一维二仪分质向量坐标轴 $\vec{X}_1,\vec{X}_2,\cdots,\vec{X}_m$ 上的投影为 m 个相互独立的分质向量 $\vec{z}_1,\vec{z}_2,\cdots,\vec{z}_m$ 的 m 重积（外积）表示

$$\begin{aligned}\vec{z}_{X_1X_2\cdots X_m} &= \vec{z}_{X_1}\times\vec{z}_{X_2}\times\cdots\times\vec{z}_{X_m}\\ &= \vec{z}_1\times\vec{z}_2\times\cdots\times\vec{z}_m\end{aligned} \quad (22\text{-}16)$$

m 维 m 元质向量 $\vec{Z}_{X_1X_2\cdots X_m}$ 的模等于以 $\vec{z}_1,\vec{z}_2,\cdots,\vec{z}_m$ 为边的 m 维超格子，即

$$\begin{aligned}|\vec{z}_{X_1X_2\cdots X_m}| &= |\vec{z}_{X_1}||\vec{z}_{X_2}|\cdots|\vec{z}_{X_m}|\\ &= |\vec{z}_1||\vec{z}_2|\cdots|\vec{z}_m|\end{aligned} \quad (22\text{-}17)$$

一个 m 维 m 元质向量 $\vec{Z}_{X_1X_2\cdots X_m}$ 与一个 m 维超格子建立了一一对应的关系，m 维超格子也与其"对角线"的一维 m 元质向量 $\vec{z}_{X_1+X_2+\cdots+X_m}$ 建立了一一对应的关系，所以一个 m 元系统的平衡态又可以用一维 m 元质向量 $\vec{z}_{X_1+X_2+\cdots+X_m}$ 表示。一维 m 元质向量 $\vec{z}_{X_1+X_2+\cdots+X_m}$ 还可以分解为相互垂直的 m 个子系统的分质向量 $\vec{z}_1,\vec{z}_2,\cdots,\vec{z}_m$ 之和，即

$$\begin{aligned}\vec{z}_{X_1+X_2+\cdots+X_m} &= \vec{z}_1+\vec{z}_2+\cdots+\vec{z}_m\\ &= z_1\vec{e}_1+z_2\vec{e}_2+\cdots+z_m\vec{e}_m\end{aligned} \quad (22\text{-}18)$$

m 个子系统的分质向量 $\vec{z}_1,\vec{z}_2,\cdots,\vec{z}_m$ 都是有特质、量值和方向的量。一维 m 元常质向量 $\vec{z}_{X_1+X_2+\cdots+X_m}$ 的量值大小可以用其模的符号来表示

$$|\vec{z}_{X_1+X_2+\cdots+X_m}| = \sqrt{z_{X_1}^2+z_{X_2}^2+\cdots+z_{X_m}^2} = \sqrt{z_1^2+z_2^2+\cdots+z_m^2} \quad (22\text{-}19)$$

在 m 维质向量坐标系 $\vec{X}_1\vec{X}_2\cdots\vec{X}_m$ 的 $[\vec{A},\vec{B}]$ 区间中，任何一个 m 元系统形态可以用动点 $\vec{z}$ 表示，$\vec{z}\in(\vec{z}_A,\vec{z}_B)$，$m$ 元质向量的变化量 $\Delta\vec{z}=\vec{z}-\vec{z}_A$ 表示 m 元系统的形态变化规律。如果进行坐标系平移变换，把 m 维质向量坐标系原点 $\vec{O}$ 变换到 $\vec{A}(\vec{a}_1,\vec{a}_2,\cdots,\vec{a}_m)$，取 $\vec{O}\equiv\vec{A}(\vec{a}_1,\vec{a}_2,\cdots,\vec{a}_m)$，这样质向量变化量 $\Delta\vec{z}=\vec{z}$，就可以用 $\vec{z}$ 表示 m 元系统形态的变化规律。

m 元系统形态也可以用张量表示，而且张量对于描述性质随方向而变的 m 元系统形态特别有用。[9] 一个 m 元系统形态不仅可以用 m 维 m 元质向量 $\vec{Z}_{X_1X_2\cdots X_m}$ 表示，也可以用一维 m 元质向量 $\vec{z}_{X_1+X_2+\cdots+X_m}$ 表示，又可以分解为相互垂直的 m 个子系统的分质

向量 $\vec{z}_1, \vec{z}_2, \cdots, \vec{z}_m$ 之和,还可以在任一个新的坐标系中表达为 m 个子系统的分质向量的线性组合。例如,态叠加原理之于一个量子系统,既能呈现分立谱态 Ψ_k,也可能具有叠加态

$$\Psi = \sum a_k \Psi_k \tag{22-20}$$

在几何上,质向量可以被解释成一系列与坐标轴平行的位移,质向量的每个坐标都表明了平行于相应坐标轴的有向位移。虽然大于三维的 m 维质向量仿射坐标系空间难以用几何图形来表示,但只要借鉴中国上古的八卦图在平面上表现立体空间的手法,还是可以巧妙地在平面上形象地反映 m 维质向量坐标系空间中的 m 元系统形态。例如,气象学就是用平面的风玫瑰图来表示 16 种风向频率在图 3-6 所示的四维空间 16 个卦限中的大小,并用中心圆来表示静风频率。[10]

如果 m 元系统中的子系统不是独立的而是相互关联的,人们在这种情形下就不能用孤立的分解方法去研究 m 元系统。因为 m 元系统一经拆开,就不再是那个 m 元系统了。在大多数情况下,人们无法从 m 元系统中分析出每一单元组分来单独研究其形态变化规律。即使在一定条件下人们能够分离出某一单元组分,由于已脱离原有相互作用的复杂的多元系统,再进行单元组分的研究有时就会显得毫无意义。比方说,用解剖方法研究人体就有很大的局限性,因为解剖获得的只是个别已停止活动的器官的知识,而不是活生生的人体系统特性的知识。

然而,在 m 维二仪质向量坐标系 $\vec{X}_1 \vec{X}_2 \cdots \vec{X}_m$ 的 $(\vec{X}_1, \vec{X}_2, \cdots, \vec{X}_m)$ 空间中,如果 m 元系统中的子系统相互存在着关联,则各个子系统之间就会相互作用和相互制约;每一个子系统形态的分布或变化就会影响 m 元系统形态的分布规律或变化规律,但是它们都能以 m 元质向量函数来表达。例如,儿童的身高和体重都可以单独作为评价儿童生长形态的质向量坐标轴,由于这两个质向量具有一定的相关性,因此随着儿童年龄的增长,儿童的身高、体重也都会随着变化。

第二节 多元向量矩阵的关系法则

在 m 维向量坐标系的空间中,两个 m 元向量的正交关系可以用矩阵表达,矩阵运算所遵循的法则与向量运算的法则类同。两个 m 元向量的运算或矩阵的运算主要有:加法、减法、数乘、方向余弦、内积、外积、线性组合(线性相关与线性无关)、位置向量、中心化与标准化等。矩阵运算还包括矩阵转置、对称矩阵、矩阵的秩和矩阵函数。

一、多元向量正交关系的矩阵表达

在二维二仪向量坐标系 $\vec{X}\vec{Y}$ 四象空间中，任何一个二元系统具有的确定形态可以用二维二元常向量 $\vec{a}_{XY}$ 或其平面格子对角线的一维二元向量 $\vec{a}_{X+Y}$ 以及代表 $\vec{a}_{XY}$ 的平面格子的4个顶角节点的点阵——2阶矩阵来表示。在三维二仪质向量坐标系 $\vec{X}\vec{Y}\vec{Z}$ 八卦空间中，任何一个三元系统具有的确定形态都可以用三维三元常质向量 $\vec{a}_{XYZ}$ 或一维三元常质向量 $\vec{a}_{X+Y+Z}$ 以及代表 $\vec{a}_{XYZ}$ 的三维格子（平行六面体）的8个顶角节点的点阵——8阶矩阵来表示。每一个三元系统形态都可以形成一个有8个分质向量的向量序列。2个三元系统相互作用，就是2个质向量序列相乘。按照矩阵的运算规则，如果 $\vec{A}$ 为8个数组成的列向量，$\vec{B}$ 为8个数组成的行向量，$\vec{A}$ 与 $\vec{B}$ 相乘的结果得 $\vec{C}$，$\vec{C}$ 就是由列向量和行向量这2个八元向量相乘形成的8阶正方矩阵，共有64个矩阵元。

同理，在 m 维二仪质向量仿射坐标系的空间中，任何一个 m 元系统形态都与一个质向量建立了对应的关系。m 维二仪质向量仿射坐标系的坐标轴可以不正交，但是可以映射到相互正交的坐标轴所架构的 m 维二仪质向量坐标系 $\vec{X}_1\vec{X}_2\cdots\vec{X}_m$。在 m 维二仪质向量坐标系 $\vec{X}_1\vec{X}_2\cdots\vec{X}_m$ 的 $(\vec{X}_1,\vec{X}_2,\cdots,\vec{X}_m)$ 空间中，任何一个 m 元系统具有的确定形态可以用一个 m 维 m 元常质向量 $\vec{a}_{X_1X_2\cdots X_m}$ 或一维 m 元常质向量 $\vec{a}_{X_1+X_2+\cdots+X_m}$ 以及代表 $\vec{a}_{X_1X_2\cdots X_m}$ 的 m 维超格子的 2^m 个顶角节点的点阵——2^m 阶矩阵来表示。符号 $\vec{a}_{X_1+X_2+\cdots+X_m}$ 表示起点在原点 O、终点在 $\vec{a}_{X_1+X_2+\cdots+X_m}$ 的一个质向量。由于 m 元系统形态同时表现了 m 个质向量坐标轴上单位质向量 $\vec{e}_1,\vec{e}_2,\cdots,\vec{e}_{m-1}$ 和 $\vec{e}_m$ 的形态特征，因此可用 m 元质向量 $\vec{A}(\vec{a}_1,\vec{a}_2,\cdots,\vec{a}_m)$ 表示，$\vec{a}_1,\vec{a}_2,\cdots,\vec{a}_m$ 称为 m 元常质向量 $\vec{a}_{X_1+X_2+\cdots+X_m}$ 在 m 维质向量坐标轴 $\vec{X}_1,\vec{X}_2,\cdots,\vec{X}_m$ 上的分质向量。

在省却 m 维二仪质向量坐标轴关于质的特别规定后，m 维二仪质向量坐标系 $\vec{X}_1\vec{X}_2\cdots\vec{X}_m$ 成为一般意义的 m 维二仪向量坐标系 $\vec{X}_1\vec{X}_2\cdots\vec{X}_m$。在 m 维二仪向量坐标系 $\vec{X}_1\vec{X}_2\cdots\vec{X}_m$ 中，如果 m 个相互垂直的分向量 $\vec{a}_1,\vec{a}_2,\cdots,\vec{a}_{m-1},\vec{a}_m$ 组成同一个方向的向量 $\vec{A}$，通常写成一行（称为行向量）

$$\vec{A}=(\vec{a}_1,\vec{a}_2,\cdots,\vec{a}_m) \tag{22-21}$$

如果 m 个相互垂直的分向量 $\vec{a}_1,\vec{a}_2,\cdots,\vec{a}_{m-1},\vec{a}_m$ 组成另一个方向的向量 $\vec{A}$，通常写成一列（称为列向量）

$$\vec{A}=\begin{pmatrix}\vec{a}_1\\\vec{a}_2\\\vdots\\\vec{a}_m\end{pmatrix} \tag{22-22}$$

在省却 m 维质向量坐标轴关于特质和取向的规定后，m 维质向量坐标系 $\vec{X}_1\vec{X}_2\cdots\vec{X}_m$

成为 m 维笛卡尔直角坐标系 $X_1X_2\cdots X_m$。不过,在 m 维笛卡尔直角坐标系空间中,任何一个位置的数据就是向量的坐标值,也就是矢量数据。矢量(向量)数据一般通过记录坐标的方式来表示各离散点坐标的有序集合,矢量数据在电子计算机中是以矢量结构存储的内部数据。矢量数据结构是一种最常见的图形数据结构,主要用于表示图形元素几何数据之间及其与属性数据之间的相互关系。在矢量数据结构中,点数据可直接用坐标值描述,线数据可用均匀或不均匀间隔的顺序坐标链来描述,面状数据(或多边形数据)可用边界线来描述。

任何一个向量数据的标量也可以用方向数据表示,[11] 所以可以用一个下标变量 a_i 来表示一维一元分向量的标量。但是,当两个向量并存时,矩阵中的元素 a_{ij} 作为两个下标变量表示的是二维二元分向量的标量(二向数量)。当有三个向量并存时,还可以用三个下标变量 a_{ijk} 作为元素来表示三维三元分向量的标量(三向数量)。可见,在矩阵中,含下标的标量虽然省却了向量的指向,但实际上隐含的方向是用位置来指代的。矩阵是表示和研究线性变换的一种简单方式,还是一个让使用者得以进行某些数学运算的数字或变量的矩形数阵或网格。矩阵通常用大括号或两大组围绕着数字或变量数阵的平行双线来表示。

当两个 m 元系统相互作用时,如果其中一个 m 元系统在某一方向的形态 $\vec{A}$ 可以通过一个具有 m 维分向量的行向量的标量来表达,另一个 m 元系统在另一方向的形态 $\vec{B}$ 也可以通过一个具有 m 维分向量的列向量的标量来表达,那么两个 m 元系统形态之间的相互关系就是两个 m 维向量序列相乘。m 个数组成的列向量 $\vec{A}$ 与 m 个数组成的行向量 $\vec{B}$ 可以省略指向的标注,$\vec{A}$ 与 $\vec{B}$ 相乘的结果得 $\vec{C}$,显然,$\vec{C}$ 就是 m 阶正方矩阵,由列向量 $\vec{A}$ 和行向量 $\vec{B}$ 这两个 m 元向量相乘形成 m^2 个矩阵元,这就是通过矩阵的运算规则得到两个 m 元系统相互作用过程中所有可能出现的形态。可见,通过两个 m 元系统形态的相互作用可以形成 m^2 维质向量坐标系中的矩阵理论。

在数学史上,矩阵的概念是英国数学家凯莱在 19 世纪首先提出的,指纵横排列的二维数量表格。一般的矩阵是由 $m\times n$ 个数组成的一个 m 行 n 列的矩形表格,并用大写字母 $A,B,C,\cdots$ 表示。组成矩阵的每一个数都称为矩阵的元素,通常用小写字母 $a_{ij},b_{kl},c_{pq},\cdots$ 表示矩阵的元素,其中下标 i、j、k、l、p、q 都是正整数,它们表示该元素在矩阵中的位置。比如[12]

$$A = \begin{pmatrix} a_{11} & a_{12} & \cdots & a_{1n} \\ a_{21} & a_{22} & \cdots & a_{2n} \\ \vdots & \vdots & & \vdots \\ a_{m1} & a_{m2} & \cdots & a_{mn} \end{pmatrix} = (a_{ij})_{m\times n} \qquad (22\text{-}23)$$

表示一个 $m\times n$ 矩阵,下标 i、j 表示元素 a_{ij} 位于该矩阵的第 i 行、第 j 列。

特别地,由 m 个分向量组成的列向量(也称为 m 维列向量)就是一个 $m\times 1$ 矩阵,即

$$A = \begin{pmatrix} a_1 \\ a_2 \\ \vdots \\ a_m \end{pmatrix} \tag{22-24}$$

而由 n 个分向量组成的行向量(也称为 n 维行向量)就是一个 $1 \times n$ 矩阵

$$B = (b_1, b_2, \cdots, b_n) \tag{22-25}$$

当一个矩阵的行数 m 与列数 n 相等时,该矩阵称为 m 阶方阵。对于方阵,从左上角到右下角的连线,称为主对角线;而从左下角到右上角的连线,称为副对角线。

元素全为零的矩阵称为零矩阵。n 阶方阵的所有元素都是零,也称为零矩阵,记为 O_n。

$$O_n = \begin{pmatrix} 0 & 0 & \cdots & 0 \\ 0 & 0 & \cdots & 0 \\ \vdots & \vdots & & \vdots \\ 0 & 0 & \cdots & 0 \end{pmatrix} \tag{22-26}$$

如果一个 n 阶方阵的主对角线上的元素都是 1,而其余元素都是零,则称为单位矩阵,记为 E_n。

$$E_n = \begin{pmatrix} 1 & 0 & \cdots & 0 \\ 0 & 1 & \cdots & 0 \\ \vdots & \vdots & & \vdots \\ 0 & 0 & \cdots & 1 \end{pmatrix} \tag{22-27}$$

如果一个 n 阶方阵的主对角线上(下)方的元素都是零,则称为下(上)三角矩阵。例如,n 阶下三角矩阵为

$$A = \begin{pmatrix} a_{11} & 0 & \cdots & 0 \\ a_{21} & a_{22} & \cdots & 0 \\ \vdots & \vdots & & \vdots \\ a_{n1} & a_{n2} & \cdots & a_{nn} \end{pmatrix} \tag{22-28}$$

m 阶上三角矩阵为

$$B = \begin{pmatrix} b_{11} & b_{12} & \cdots & b_{1m} \\ 0 & b_{22} & \cdots & b_{2m} \\ \vdots & \vdots & & \vdots \\ 0 & 0 & \cdots & b_{mm} \end{pmatrix} \tag{22-29}$$

对于 n 阶方阵 A 而言,两个下标相等的元素称为主对角线上的元素或对角元素。除对角元素外,其余元素均为 0 的方阵称为对角矩阵。

人们常用 $M_{m \times n}(F)$ 表示数域 F 上的 $m \times n$ 矩阵构成的集合,而用 $M_{i \times n}(F)$ 或者 $M_i(F)$ 表示数域 F 上的 n 阶方阵构成的集合。

二、多元向量和矩阵的运算法则

在 m 维向量坐标系 $\vec{X}_1\vec{X}_2\cdots\vec{X}_m$ 中,如果 m 元系统具有确定的形态(1)和确定的形态(2),那么形态(1)可用 m 元向量 $\vec{A}$ 来表示,形态(2)可用 m 元向量 $\vec{B}$ 来表示。如果 m 元向量 $\vec{A}$ 由 m 个相互独立的分向量 $\vec{a}_1,\vec{a}_2,\cdots,\vec{a}_m$ 组成,即 $\vec{A}=\vec{a}_{X_1+X_2+\cdots+X_m}=\vec{a}_1+\vec{a}_2+\cdots+\vec{a}_m$;$m$ 元向量 $\vec{B}$ 由相互独立的 m 个分向量 $\vec{b}_1,\vec{b}_2,\cdots,\vec{b}_m$ 组成,即 $\vec{B}=\vec{b}_{X_1+X_2+\cdots+X_m}=\vec{b}_1+\vec{b}_2+\cdots+\vec{b}_m$,那么两个 m 元向量之间的关系就要遵循第四章第二节"向量空间中的运算法则"中的一般法则。

既然 m 元系统形态两个方向的样本数据可以用行向量或列向量表示,那么,它们之间相互作用过程的形态变化关系就可以通过矩阵的运算规则得到。在向量运算的一般法则之下,两个 m 元向量的运算或两个矩阵的运算主要有加法、减法、内积、外积、线性相关与线性无关等,在此,择要介绍。

(一) 加 法

1. m 元向量的加法

如果一个 m 元向量 $\vec{A}$ 由 m 个相互独立的分向量 $\vec{a}_1,\vec{a}_2,\cdots,\vec{a}_m$ 组成,即 $\vec{A}=\vec{a}_{X_1+X_2+\cdots+X_m}=\vec{a}_1+\vec{a}_2+\cdots+\vec{a}_m$;另一个 m 元向量 $\vec{B}$ 由 m 个相互独立的分向量 $\vec{b}_1,\vec{b}_2,\cdots,\vec{b}_m$ 组成,即 $\vec{B}=\vec{b}_{X_1+X_2+\cdots+X_m}=\vec{b}_1+\vec{b}_2+\cdots+\vec{b}_m$,其加和就是以 m 元分向量的和做和的 m 元分向量。

$$\begin{aligned}\vec{C} &= \vec{A}+\vec{B} \\ &= (\vec{a}_1+\vec{a}_2+\cdots+\vec{a}_m)+(\vec{b}_1+\vec{b}_2+\cdots+\vec{b}_m) \\ &= (\vec{a}_1+\vec{b}_1)+(\vec{a}_2+\vec{b}_2)+\cdots+(\vec{a}_m+\vec{b}_m)\end{aligned} \quad (22\text{-}30)$$

显然,m 元向量加法满足交换律

$$\begin{aligned}\vec{A}+\vec{B} &= (\vec{a}_1+\vec{b}_1)+(\vec{a}_2+\vec{b}_2)+\cdots+(\vec{a}_m+\vec{b}_m) \\ &= (\vec{b}_1+\vec{a}_1)+(\vec{b}_2+\vec{a}_2)+\cdots+(\vec{b}_m+\vec{a}_m) \\ &= (\vec{b}_1+\vec{b}_2+\cdots+\vec{b}_m)+(\vec{a}_1+\vec{a}_2+\cdots+\vec{a}_m) \\ &= \vec{B}+\vec{A}\end{aligned} \quad (22\text{-}31)$$

m 元向量加法也满足结合律

$$\begin{aligned}\vec{A}+(\vec{B}+\vec{C}) &= \vec{a}_1+(\vec{b}_1+\vec{c}_1)+\vec{a}_2+(\vec{b}_2+\vec{c}_2)+\cdots+\vec{a}_m+(\vec{b}_m+\vec{c}_m) \\ &= (\vec{a}_1+\vec{a}_2+\cdots+\vec{a}_m)+(\vec{b}_1+\vec{b}_2+\cdots+\vec{b}_m)+(\vec{c}_1+\vec{c}_2+\cdots+\vec{c}_m) \\ &= (\vec{a}_1+\vec{b}_1)+\vec{c}_1+(\vec{a}_2+\vec{b}_2)+\vec{c}_2+\cdots+(\vec{a}_m+\vec{b}_m)+\vec{c}_m \\ &= (\vec{A}+\vec{B})+\vec{C}\end{aligned} \quad (22\text{-}32)$$

2. 矩阵的加法

如果 $A=(a_{ij}), B=(b_{ij})$ 是两个同型矩阵（即它们具有相同的行数和列数），$A+B$ 的元素为 A 和 B 对应元素的和，即

$$A+B=(a_{ij}+b_{ij}) \tag{22-33}$$

比如说，$A, B \in M_{m \times n}(F)$，则定义它们的和 $A+B$ 仍为与它们同型的矩阵，即 $A+B \in M_{m \times n}(F)$。

如果存在可逆矩阵 P 与 Q 使得 $B=PAQ$，则称两个同型矩阵 A 和 B 是等价的。换句话说，如果一个矩阵可以由另一个矩阵经过初等变换得到，则两个矩阵等价。矩阵的等价关系满足：

(1)反身性，即任何元素均与自身等价。
(2)对称性，即若 A 与 B 等价，则 B 与 A 也等价。
(3)传递性，即若 A 与 B 等价，B 与 C 等价，则 A 与 C 等价。

由于矩阵的加法运算归结为其元素的加法运算，因此矩阵的加法满足下列运算律：

(1)交换律，$A+B=B+A$。
(2)结合律，$A+(B+C)=(A+B)+C$。

（二）减　法

1. m 元向量的减法

在 m 维向量坐标系 $X_1X_2 \cdots X_m$ 中，m 元向量可用两个端点相连接的有方向的线段来表示，且可用两个斜体大写字母 $\overrightarrow{AB}$ 表示起点为 A 和终点为 B 的 m 元向量。m 维向量空间的任意向量 $\overrightarrow{AB}$ 可以用发自原点的两个 m 元向量的差来表示 $\overrightarrow{AB} = -\overrightarrow{OA} + \overrightarrow{OB}$，相应地 $\overrightarrow{BA} = \overrightarrow{OA} - \overrightarrow{OB}$，这相当于 A 点运动回原点 O，再运动到终点 B。

由于 m 元向量是有方向的量，因此方向相反，量值相等的两个 m 元向量互为负向量。m 元向量为 $\overrightarrow{A}(\vec{a}_1, \vec{a}_2, \cdots, \vec{a}_m)$，负 m 元向量为 $-\overrightarrow{A}(-\vec{a}_1, -\vec{a}_2, \cdots, -\vec{a}_m)$。如果 $\overrightarrow{AB}$ 和 $\overrightarrow{BA}$ 互为负向量，即

$$\overrightarrow{AB} = -\overrightarrow{BA} \tag{22-34}$$

如果一个 m 元向量 $\overrightarrow{A}$ 由 m 个相互独立的分向量 $\vec{a}_1, \vec{a}_2, \cdots, \vec{a}_m$ 组成，即 $\overrightarrow{A} = \vec{a}_{X_1+X_2+\cdots+X_m} = \vec{a}_1 + \vec{a}_2 + \cdots + \vec{a}_m$；另一个 m 元向量 $\overrightarrow{B}$ 由 m 个相互独立的分向量 $\vec{b}_1, \vec{b}_2, \cdots, \vec{b}_m$ 组成，即 $\overrightarrow{B} = \vec{b}_{X_1+X_2+\cdots+X_m} = \vec{b}_1 + \vec{b}_2 + \cdots + \vec{b}_m$，两个 m 元向量 $\overrightarrow{A}$ 和 $\overrightarrow{B}$ 的减法就是以 m 元分向量的差做差 m 元分向量，即

$$\begin{aligned}\overrightarrow{C} &= \overrightarrow{A} - \overrightarrow{B} \\ &= (\vec{a}_1 + \vec{a}_2 + \cdots + \vec{a}_m) - (\vec{b}_1 + \vec{b}_2 + \cdots + \vec{b}_m) \\ &= (\vec{a}_1 - \vec{b}_1) + (\vec{a}_2 - \vec{b}_2) + \cdots + (\vec{a}_m - \vec{b}_m)\end{aligned} \tag{22-35}$$

2. 矩阵的减法

矩阵的减法运算是加法的逆运算，而且也归结为其元素的加法的逆运算。所以，给定矩阵 $\boldsymbol{A}=(a_{ij})$，其负矩阵即为 $-\boldsymbol{A}=(-a_{ij})$，这样同型矩阵 $\boldsymbol{A}$、$\boldsymbol{B}$ 的减法就是 $\boldsymbol{A}-\boldsymbol{B}=\boldsymbol{A}+(-\boldsymbol{B})$，在引入负矩阵 $-\boldsymbol{A}$ 以后，矩阵的减法依然满足交换律和结合律，而且还满足下列运算律：

(1) 存在零元，$\boldsymbol{A}+0=0+\boldsymbol{A}$。

(2) 存在负元，$\boldsymbol{A}+(-\boldsymbol{A})=(-\boldsymbol{A})+\boldsymbol{A}=0$。

(三) 数　乘

1. m 元向量的数乘

如果一个 m 元向量 $\vec{A}$ 由 m 个相互独立的分向量 $\vec{a}_1,\vec{a}_2,\cdots,\vec{a}_m$ 组成，即 $\vec{A}=\vec{a}_{X_1+X_2+\cdots+X_m}=\vec{a}_1+\vec{a}_2+\cdots+\vec{a}_m$，另一个 m 元向量 $\vec{B}$ 由 m 个相互独立的分向量 $\vec{b}_1,\vec{b}_2,\cdots,\vec{b}_m$ 组成，即 $\vec{B}=\vec{b}_{X_1+X_2+\cdots+X_m}=\vec{b}_1+\vec{b}_2+\cdots+\vec{b}_m$，且两个向量 $\vec{A}(\vec{a}_1,\vec{a}_2,\cdots\vec{a}_m)$ 和 $\vec{B}(\vec{b}_1,\vec{b}_2,\cdots,\vec{b}_m)$ 对应的分向量都相等，即

$$\vec{a}_i=\vec{b}_i \quad (i=1,2,\cdots,m)$$

则量值相等、方向相同的两个 m 元向量是相同的向量，即 $\vec{A}=\vec{B}$。

可见，相同的两个 m 元向量相加，量值加倍而方向不变。由此，就可以引出 m 元向量的数量乘积（简称数乘）

$$\vec{A}+\vec{A}=2\vec{A}=\vec{A}\times 2$$

相应地，设 $\lambda\in F$ 为一个数，m 元向量的数乘为

$$\lambda\vec{A}=(\lambda\vec{a}_1,\lambda\vec{a}_2,\cdots,\lambda\vec{a}_m) \tag{22-36}$$

数乘把向量量值放大，却不改变向量方向。方向相同的向量是同向向量，同向向量在多维向量空间中共线，且位于同一射线上。由此可推出

$$0\vec{A}=0 \tag{22-37}$$

$$(-1)\vec{A}=-\vec{A} \tag{22-38}$$

$$\lambda\vec{0}=0 \tag{22-39}$$

2. 数与矩阵的乘法

设 $\lambda\in F$ 为一个数，$\boldsymbol{A}=(a_{ij})\in M_{m\times n}(F)$，则定义 λ 与 $\boldsymbol{A}$ 的乘积 $\lambda\boldsymbol{A}$ 仍为 $M_{m\times n}(F)$ 中的一个矩阵，$\lambda\boldsymbol{A}$ 中的元素就是用数 λ 乘 $\boldsymbol{A}$ 中对应的元素，即 $\lambda\boldsymbol{A}=(\lambda a_{ij})$。由负矩阵 $-\boldsymbol{A}$ 可以得到 $(-1)\boldsymbol{A}=-\boldsymbol{A}$，而数与矩阵的乘法满足下列运算律

$$1\boldsymbol{A}=\boldsymbol{A} \tag{22-40}$$

$$\lambda(\boldsymbol{A}+\boldsymbol{B})=\lambda\boldsymbol{A}+\lambda\boldsymbol{B} \tag{22-41}$$

$$(\lambda+\mu)\boldsymbol{A}=\lambda\boldsymbol{A}+\mu\boldsymbol{A} \tag{22-42}$$

$$(\lambda\mu)\boldsymbol{A} = \lambda(\mu\boldsymbol{A}) = \mu(\lambda\boldsymbol{A}) \tag{22-43}$$

上述这些向量或矩阵之间的基本运算都是线性运算,在 m 元向量空间中这些运算并没有反映向量的度量性质(如长度、夹角等),为此必须引入 m 元向量度量的相关概念。

(四)方向余弦

1. m 元向量的方向余弦

设 m 元向量 $\vec{A}$ 由 m 个相互独立的分向量 $\vec{a}_1, \vec{a}_2, \cdots, \vec{a}_m$ 组成,即 $\vec{A} = \vec{a}_{X_1+X_2+\cdots+X_m} = \vec{a}_1 + \vec{a}_2 + \cdots + \vec{a}_m$,在 m 维向量坐标系 $\vec{X}_1 \vec{X}_2 \cdots \vec{X}_m$ 中,m 元向量 $\vec{A}$ 与某一坐标轴的夹角余弦值可以用 m 元向量在该坐标轴上的投影与 m 元向量长度的比来表示。其方向余弦为

$$\cos<a_1, a> = \frac{a_1}{\sqrt{a_1^2 + a_2^2 + \cdots + a_m^2}}, \cos<a_2, a> = \frac{a_2}{\sqrt{a_1^2 + a_2^2 + \cdots + a_m^2}}, \cdots,$$
$$\cos<a_m, a> = \frac{a_m}{\sqrt{a_1^2 + a_2^2 + \cdots + a_m^2}} \tag{22-44}$$

式中两个向量的夹角余弦值是标量。

如果一个 m 元向量 $\vec{A}$ 由 m 个相互独立的分向量 $\vec{a}_1, \vec{a}_2, \cdots, \vec{a}_m$ 组成,即 $\vec{A} = \vec{a}_{X_1+X_2+\cdots+X_m} = \vec{a}_1 + \vec{a}_2 + \cdots + \vec{a}_m$ 另一个 m 元向量 $\vec{B}$ 由 m 个相互独立的分向量 $\vec{b}_1, \vec{b}_2, \cdots, \vec{b}_m$ 组成,即 $\vec{B} = \vec{b}_{X_1+X_2+\cdots+X_m} = \vec{b}_1 + \vec{b}_2 + \cdots + \vec{b}_m$,则 m 元向量 $\vec{A}$ 和 m 元向量 $\vec{B}$ 的夹角余弦为

$$\cos<\vec{A}, \vec{B}> = \frac{(\vec{A}, \vec{B})}{|\vec{A}||\vec{B}|} \tag{22-45}$$

而 $<\vec{A}, \vec{B}>$ 就表示两个非零 m 元向量 $\vec{A}$ 和 $\vec{B}$ 的夹角,其值为

$$<\vec{A}, \vec{B}> = \cos^{-1}\frac{(\vec{A}, \vec{B})}{|\vec{A}||\vec{B}|} \quad 0 \leqslant <\vec{A}, \vec{B}> \leqslant \pi \tag{22-46}$$

在 m 维向量坐标系 $\vec{X}_1 \vec{X}_2 \cdots \vec{X}_m$ 的 $(X_1, X_2, \cdots, X_m)$ 空间中,m 元向量 $\vec{A}$ 的方向用该向量和 m 个坐标轴的夹角或反余弦来表示。m 元向量 $\vec{A}$ 和 m 维坐标轴有 m 个夹角,有 m 个余弦值,所以 m 元向量和坐标轴的夹角余弦值是 m 维向量,简称余弦值向量。

由于 $\cos<\vec{A}, \vec{B}> \leqslant 1$,因此由(22-45)式可得柯西-布涅柯夫斯基不等式

$$\left|\frac{(\vec{A}, \vec{B})}{|\vec{A}||\vec{B}|}\right| \leqslant 1 \tag{22-47}$$

即对于任意的 m 元向量 $\vec{A}$、$\vec{B}$,有

$$|(\vec{A}, \vec{B})| \leqslant |\vec{A}||\vec{B}| \tag{22-48}$$

当且仅当 $\vec{A}$、$\vec{B}$ 线性相关时等号才成立。

根据柯西-布涅柯夫斯基不等式,还可得到三角形不等式

$$|\vec{A}+\vec{B}|^2 = (\vec{A}+\vec{B},\vec{A}+\vec{B}) = (\vec{A},\vec{A}) + 2(\vec{A},\vec{B}) + (\vec{B},\vec{B})$$
$$\leq |\vec{A}|^2 + 2|\vec{A}||\vec{B}| + |\vec{B}|^2 = (|A|+|B|)^2 \tag{22-49}$$

即

$$|\vec{A}+\vec{B}| \leq |\vec{A}|+|\vec{B}| \tag{22-50}$$

2. 矩阵的方向余弦

矩阵的方向余弦作为矩阵函数,在明了矩阵运算的基础上就容易得到如(22-45)式 $\cos<\vec{A},\vec{B}> = \dfrac{(\vec{A},\vec{B})}{|\vec{A}||\vec{B}|}$ 的计算式。

(五) 内 积

1. m 元向量的内积

如果一个 m 元向量 $\vec{A}$ 由 m 个相互独立的分向量 $\vec{a}_1, \vec{a}_2, \cdots, \vec{a}_m$ 组成,即 $\vec{A} = \vec{a}_{X_1+X_2+\cdots+X_m} = \vec{a}_1 + \vec{a}_2 + \cdots + \vec{a}_m$;另一个 m 元向量 $\vec{B}$ 由 m 个相互独立的分向量 $\vec{b}_1, \vec{b}_2, \cdots, \vec{b}_m$ 组成,即 $\vec{B} = \vec{b}_{X_1+X_2+\cdots+X_m} = \vec{b}_1 + \vec{b}_2 + \cdots + \vec{b}_m$,那么 m 元向量 $\vec{A}$ 和 m 元向量 $\vec{B}$ 的内积(数量积或纯量积)为

$$\vec{A} \cdot \vec{B} = |\vec{A}||\vec{B}|\cos<\vec{A},\vec{B}>$$
$$= (\vec{a}_1 + \vec{a}_2 + \cdots + \vec{a}_m) \cdot (\vec{b}_1 + \vec{b}_2 + \cdots + \vec{b}_m)$$
$$= a_1 b_1 + a_2 b_2 + \cdots + a_m b_m \tag{22-51}$$

m 元向量 $\vec{A}$ 不仅与 m 元向量 $\vec{B}$ 方向一致,而且与单位质向量 $\vec{e}_1$ 也方向一致,内积的结果没有表现向量的方向特征而表现为正数的标量。可见,内积就是对应分向量的积做积的分向量。m 元向量的内积有明显的代数性质,m 元向量的长度与夹角等度量性质都可以通过 m 元向量的内积来表示。

m 元向量 $\vec{A}$ 和 m 元向量 $\vec{B}$ 正交的充分必要条件是方向余弦为零,即

$$\cos<\vec{A},\vec{B}> = \dfrac{a_1 b_1 + a_2 b_2 + \cdots + a_m b_m}{\sqrt{a_1^2 + a_2^2 + \cdots + a_m^2}\sqrt{b_1^2 + b_2^2 + \cdots + b_m^2}} = 0 \tag{22-52}$$

如果 m 元向量 $\vec{A}$ 和 m 元向量 $\vec{B}$ 的内积为零,即

$$\vec{A} \cdot \vec{B} = a_1 b_1 + a_2 b_2 + \cdots + a_m b_m = 0 \tag{22-53}$$

则向量 $\vec{A}$ 和向量 $\vec{B}$ 称为正交或垂直,其夹角为 $\dfrac{\pi}{2}$,记为 $\vec{A} \perp \vec{B}$。只有零向量才与自己正交,所以各向同性的零向量没法表现方向上的差异。

若干个 m 元向量的内积具有以下的性质:

(1)交换律。

$$\vec{A}\cdot\vec{B}=a_1b_1+a_2b_2+\cdots+a_mb_m=\vec{B}\cdot\vec{A} \qquad (22\text{-}54)$$

(2)结合律。

$$\vec{A}\cdot\vec{B}\cdot\vec{C}=(\vec{A}\cdot\vec{B})\cdot\vec{C}=\vec{A}\cdot(\vec{B}\cdot\vec{C}) \qquad (22\text{-}55)$$

$$(k\vec{A}\cdot\vec{B})=k(\vec{A}\cdot\vec{B}) \qquad (22\text{-}56)$$

(3)分配律。

$$\vec{A}\cdot(\vec{B}+\vec{C})=\vec{A}\cdot\vec{B}+\vec{A}\cdot\vec{C} \qquad (22\text{-}57)$$

把 $|\vec{A}|=\sqrt{a_1^2+a_2^2+\cdots+a_m^2}$ 和 $|\vec{B}|=\sqrt{b_1^2+b_2^2+\cdots+b_m^2}$ 及(22-51)式 $\vec{A}\cdot\vec{B}=a_1b_1+a_2b_2+\cdots+a_mb_m$ 代入(22-48)式 $|(\vec{A},\vec{B})|\leqslant|\vec{A}||\vec{B}|$，就有

$$|a_1b_1+a_2b_2+\cdots+a_mb_m|\leqslant\sqrt{a_1^2+a_2^2+\cdots+a_m^2}\sqrt{b_1^2+b_2^2+\cdots+b_m^2} \qquad (22\text{-}58)$$

所以，$(\vec{A}\cdot\vec{A})\geqslant 0$，当且仅当 $\vec{A}=0$ 时 $(\vec{A}\cdot\vec{A})=0$。

m 元向量 $\vec{A}$ 的模为非负实数 $\sqrt{(\vec{A},\vec{A})}$，记为 $|\vec{A}|$。显然，m 元向量的模都是正数，只有零向量的模才是零。m 元向量的模符合 $|k\vec{A}|=|k||\vec{A}|$，模为 1 与 m 元向量 $\vec{A}$ 同向的向量称为单位质向量(即基向量)，记为 $\vec{e}$。

$$\vec{e}=\frac{1}{|\vec{A}|}\vec{A} \qquad (22\text{-}59)$$

当向量 $\vec{A}$ 和向量 $\vec{B}$ 正交时，其内积为零。把 $\vec{A}\cdot\vec{B}=0$ 代入(20-49)式 $|\vec{A}+\vec{B}|^2\leqslant|\vec{A}|^2+2|\vec{A}||\vec{B}|+|\vec{B}|^2$，得到的就是欧几里得空间的勾股定理

$$|\vec{A}+\vec{B}|^2=|\vec{A}|^2+|\vec{B}|^2 \qquad (22\text{-}60)$$

推广到 m 元向量的情形，即如果 m 个向量 $\vec{a}_1,\vec{a}_2,\cdots,\vec{a}_m$ 两两正交，那么

$$|\vec{a}_1+\vec{a}_2+\cdots+\vec{a}_m|^2=|\vec{a}_1|^2+|\vec{a}_2|^2+\cdots+|\vec{a}_m|^2 \qquad (22\text{-}61)$$

2. 矩阵的内积

m 元向量可以看成矩阵的特殊情形，m 元行向量就是 $1\times m$ 矩阵，m 元列向量就是 $m\times 1$ 矩阵。所以，m 元向量 $\vec{A}$ 和 m 元向量 $\vec{B}$ 的内积也就是分向量 $\vec{a}_1,\vec{a}_2,\cdots,\vec{a}_m$ 与分向量 $\vec{b}_1,\vec{b}_2,\cdots,\vec{b}_m$ 的内积，内积的结果就是 m 阶方阵

$$\begin{pmatrix} a_1b_1 & a_1b_2 & \cdots & a_1b_m \\ a_2b_1 & a_2b_2 & \cdots & a_2b_m \\ \vdots & \vdots & & \vdots \\ a_mb_1 & a_mb_2 & \cdots & a_mb_m \end{pmatrix} \qquad (22\text{-}62)$$

(六)外　积

1. m 元向量的外积

两个 m 元向量 $\vec{A}$ 与 $\vec{B}$ 的外积(叉乘或向量积)是向量 $\vec{C}=\vec{A}\times\vec{B}$，$\vec{A}\times\vec{B}$ 的大小为两个向量 $\vec{A}$ 与 $\vec{B}$ 的大小同它们之间夹角的正弦的乘积。向量 $\vec{C}=\vec{A}\times\vec{B}$ 的方向垂直

于 $\vec{A}$ 与 $\vec{B}$ 所在的平面且使 $\vec{A}$、$\vec{B}$ 和 $\vec{C}$ 形成一个右手系,用符号表示为

$$\vec{A} \times \vec{B} = |\vec{A}||\vec{B}|\sin<\vec{A},\vec{B}>\vec{e}_C \qquad <\vec{A},\vec{B}>\in[0,\pi] \tag{22-63}$$

式中,$\vec{e}_C$ 是个表示 $\vec{C} = \vec{A} \times \vec{B}$ 方向的单位向量。

如果 $\vec{A} = \vec{B}$ 或 $\vec{A}$ 平行于 $\vec{B}$,则 $\sin<\vec{A},\vec{B}>=0$,并且 $\vec{A} \times \vec{B} = 0$。

如果 $\vec{A}$ 为由 m 个分向量组成的列向量 $\vec{A} = \begin{pmatrix} a_1 \\ a_2 \\ \vdots \\ a_m \end{pmatrix}$,$\vec{B}$ 为由 m 个分向量组成的行向量 $\vec{B} = (b_1, b_2, \cdots, b_m)$,那么其外积为 $\vec{C}$,用矩阵表示就是(22-62)式

$$\vec{C} = \vec{A} \times \vec{B} = \begin{pmatrix} a_1 b_1 & a_1 b_2 & \cdots & a_1 b_m \\ a_2 b_1 & a_2 b_2 & \cdots & a_2 b_m \\ \vdots & \vdots & & \vdots \\ a_m b_1 & a_m b_2 & \cdots & a_m b_m \end{pmatrix} \text{。}$$

外积的积是 $m \times m$ 矩阵,不再是 m 维向量坐标系空间中的向量,外积没有逆运算。

2. 矩阵的乘法

设 $A = (a_{ij})$ 为 $m \times n$ 矩阵,$B = (b_{ij})$ 为 $n \times l$ 矩阵,则矩阵 A 可以左乘矩阵 B(注意:矩阵 A 的列数等于矩阵 B 的行数),所得的积为一个 $m \times l$ 矩阵 C,即 $AB = C$;其中 $C = (c_{ij})$,并且

$$c_{ij} = a_{i1}b_{1j} + a_{i2}b_{2j} + \cdots + a_{in}b_{nj} = \sum_{k=1}^{n} a_{ik}b_{kj} \tag{22-64}$$

矩阵的乘法满足下列运算律:

(1)结合律,$A^k A^l = A^{k+l}$。
(2)左分配律,$A(B+C) = AB + AC$。
(3)右分配律,$(A+B)C = AC + BC$。
(4)数与矩阵乘法的结合律,$(\lambda A)B = \lambda(AB) = A(\lambda B)$。
(5)单位元的存在性,$E_m A_{m \times n} = A_{m \times n}$,$A_{m \times n} E_n = A_{m \times n}$。

如果 A 为 n 阶方阵,则对任意正整数 k 定义:$A^k = \underbrace{AA\cdots A}_{k}$,并规定 $A^0 = E$;由于矩阵乘法满足结合律,就有 $A^k A^l = A^{k+l}$ 和 $(A^k)^l = A^{kl}$。

矩阵的乘法与通常数的乘法有很大区别,特别应该注意的是:

(1)矩阵乘法不满足交换律。一般来讲,即使 AB 有意义,BA 也未必有意义;倘使 AB 和 BA 都有意义,两者也未必相等。正是由于这个原因,$(A+B)^2 \neq A^2 + 2AB + B^2$,$(AB)^k \neq A^k B^k$。

(2)两个非零矩阵的乘积可能是零矩阵。这就是说 $AB = 0$,不一定能推出 $A = 0$ 或者 $B = 0$。

(3)消去律不成立。如果 $AB=AC$ 并且 $A\neq 0$,不一定有 $B=C$。

(七)线性组合

1. m 元向量的线性组合

在多个向量之间,成比例的关系表现为线性组合。如果对于 m 元向量 $\vec{B}$,有 m 个数 $k_1,k_2,\cdots,k_m$(它们不一定不全为零),使得

$$\vec{B}=k_1\vec{a}_1+k_2\vec{a}_2+\cdots+k_m\vec{a}_m \tag{22-65}$$

则说 $\vec{B}$ 可由 $\vec{a}_1,\vec{a}_2,\cdots,\vec{a}_m$ 来线性表出。如果 $\vec{B}=(\vec{b}_1,\vec{b}_2,\cdots,\vec{b}_n)$,$\vec{a}_i=(\vec{a}_{i1},\vec{a}_{i2},\cdots,\vec{a}_{in})$,则 $\vec{B}$ 是 $\vec{a}_1,\vec{a}_2,\cdots,\vec{a}_m$ 的线性组合意味着方程组

$$\begin{gathered}a_{11}x_1+a_{21}x_2+\cdots+a_{m1}x_m=b_1\\a_{12}x_1+a_{22}x_2+\cdots+a_{m2}x_m=b_2\\\vdots\\a_{1n}x_1+a_{2n}x_2+\cdots+a_{mn}x_m=b_n\end{gathered} \tag{22-66}$$

有解 $x_1=k_1,x_2=k_2,\cdots,x_m=k_m$。

因此,向量组 $\vec{a}_1,\vec{a}_2,\cdots,\vec{a}_m$ 线性相关的充要条件是其中某一向量是其余诸向量的线性组合。

如果向量组 $\vec{a}_1,\vec{a}_2,\cdots,\vec{a}_m$ 中每一个向量都可以由 $\vec{b}_1,\vec{b}_2,\cdots,\vec{b}_s$ 来线性表出,而每一个 $\vec{b}_j$ 又都可以由向量组 $\vec{c}_1,\vec{c}_2,\cdots,\vec{c}_t$ 来线性表出,则每一个 $\vec{a}_i$ 都可以由向量组 $\vec{c}_1,\vec{c}_2,\cdots,\vec{c}_t$ 来线性表出。例如,(22-14)式 $\vec{A}=a_1\vec{e}_1+a_2\vec{e}_2+\cdots+a_m\vec{e}_m$ 的任意一个 m 元向量 $\vec{A}=(\vec{a}_1,\vec{a}_2,\cdots,\vec{a}_m)$ 都是向量组

$$\begin{cases}\vec{e}_1=(1,0,\cdots,0)\\\vec{e}_2=(0,1,\cdots,0)\\\quad\vdots\\\vec{e}_m=(0,0,\cdots,1)\end{cases} \tag{22-67}$$

的一个线性组合。

以单位向量 $\vec{e}_1,\vec{e}_2,\cdots,\vec{e}_{m-1},\vec{e}_m$ 为行可以构建一个单位矩阵 $E_n=\begin{pmatrix}1&0&\cdots&0\\0&1&\cdots&0\\\vdots&\vdots&&\vdots\\0&0&\cdots&1\end{pmatrix}_{n\times n}$,用系数矩阵(22-23)式 $A=\begin{pmatrix}a_{11}&a_{12}&\cdots&a_{1n}\\a_{21}&a_{22}&\cdots&a_{2n}\\\vdots&\vdots&&\vdots\\a_{m1}&a_{m2}&\cdots&a_{mn}\end{pmatrix}$ 乘以该矩阵,所得到的就是(22-14)式 $\vec{A}=a_1\vec{e}_1+a_2\vec{e}_2+\cdots+a_m\vec{e}_m$。在此,$m$ 元向量 $\vec{A}$ 被表示成基向量 $\vec{e}_1,\vec{e}_2,\cdots,\vec{e}_{m-1}$ 和 $\vec{e}_m$ 的线性变换。

如果把矩阵的行解释为坐标系的基向量,那么乘以该矩阵就相当于执行了一次坐

标转换。如果 $aM=b$，那就可以说，M 将 a 转换到 b。可见，矩阵并不神秘，它只是用一种紧凑的方式来表达坐标转换所需的数学运算。术语"转换"和"乘法"是等价的。进一步，用线性代数操作矩阵，是一种进行简单转换或导出更复杂转换的简便方法。

2. m 元向量的线性相关

对 m 元向量 $\vec{a}_1,\vec{a}_2,\cdots,\vec{a}_m$ 来说，有 m 个不全为零的数 $k_1,k_2,\cdots,k_m$，使

$$k_1\vec{a}_1+k_2\vec{a}_2+\cdots+k_m\vec{a}_m=\vec{0} \tag{22-68}$$

成立，则称向量 $\vec{a}_1,\vec{a}_2,\cdots,\vec{a}_m$ 线性相关，否则称 $\vec{a}_1,\vec{a}_2,\cdots,\vec{a}_m$ 线性无关。这就是说，如果向量组 $\vec{a}_1,\vec{a}_2,\cdots,\vec{a}_m$ 中有一向量可以经其余的向量线性表出，那么称向量组 $\vec{a}_1,\vec{a}_2,\cdots,\vec{a}_m$ 线性相关。

如果 $\vec{a}_i=(\vec{a}_{i1},\vec{a}_{i2},\cdots,\vec{a}_{in})$，那么，(22-68)式就蕴含着下列的 n 个等式

$$a_{11}k_1+a_{21}k_2+\cdots+a_{m1}k_m=0$$
$$a_{12}k_1+a_{22}k_2+\cdots+a_{m2}k_m=0$$
$$\vdots$$
$$a_{1n}k_1+a_{2n}k_2+\cdots+a_{mn}k_m=0$$

这就意味着方程组

$$\begin{cases}a_{11}x_1+a_{21}x_2+\cdots+a_{m1}x_m=0\\a_{12}x_1+a_{22}x_2+\cdots+a_{m2}x_m=0\\\quad\vdots\\a_{1n}x_1+a_{2n}x_2+\cdots+a_{mn}x_m=0\end{cases} \tag{22-69}$$

有一个不全为零的解 $x_1=k_1,x_2=k_2,\cdots,x_m=k_m$。

零向量可以被任意一个向量组线性表出，所以任意一个包含零向量的向量组之比线性相关。此外，如果把方向余弦与线性相关联系起来，令 $k_1=\cos\alpha=\dfrac{a_1}{|\vec{A}|}$，$k_2=\cos\beta=\dfrac{a_2}{|\vec{A}|}$，$\cdots$，$k_m=\cos\lambda=\dfrac{a_m}{|\vec{A}|}$，那么通过比较每个分向量和 m 元向量 $\vec{A}$ 的模的夹角偏差程度也可以得知 m 元向量 $\vec{A}$ 和分向量的相关程度。

3. m 元向量的线性无关

如果对于 m 元向量 $\vec{a}_1,\vec{a}_2,\cdots,\vec{a}_m$，找不到一组不全为零的数，使(22-68)式 $k_1\vec{a}_1+k_2\vec{a}_2+\cdots+k_m\vec{a}_m=\vec{0}$ 满足，则称向量组 $\vec{a}_1,\vec{a}_2,\cdots,\vec{a}_m$ 线性无关。这意味着，若 $\vec{a}_1,\vec{a}_2,\cdots,\vec{a}_m$ 线性无关，且 $k_1\vec{a}_1+k_2\vec{a}_2+\cdots+k_m\vec{a}_m=\vec{0}$，则必有 $k_1=k_2=\cdots=k_m=0$。这就是说，$\vec{a}_1,\vec{a}_2,\cdots,\vec{a}_m$ 线性无关的充要条件是齐次线性方程组(22-69)式只有唯一的零解，即 $x_1=x_2=\cdots=x_m=0$。或者说，如果一向量组线性无关，那么它的任何一个非空的部分也线性无关。

（八）位置向量

在三维以上的高维向量空间中，m 元向量无法像低维向量那样用几何方法形象地表现，但 m 元系统形态在 m 维向量坐标系空间的变化历程可以用向量表达为 $\vec{x}(\vec{x}_1, \vec{x}_2, \cdots, \vec{x}_m)$。在 m 维向量坐标系空间中，从 O 到点 $(\vec{x}_1, \vec{x}_2, \cdots, \vec{x}_m)$ 的位置向量或向径 $\vec{r}$ 写成一维 m 元向量就是

$$\vec{r} = \vec{x}_{1+2+\cdots+m} = \vec{x}_1 + \vec{x}_2 + \cdots + \vec{x}_m \tag{22-70}$$

空间任一点的坐标等于该点到 m 个坐标平面的有向距离，其大小是

$$r = |\vec{r}| = \sqrt{x_1^2 + x_2^2 + \cdots + x_m^2} \tag{22-71}$$

如果点 $A(x_1, x_2, \cdots, x_m)$ 的位置向量为 $\vec{r}_1 = \vec{x}_1 + \vec{x}_2 + \cdots + \vec{x}_m$，点 $B(x_1', x_2', \cdots, x_m')$ 的位置向量为 $\vec{r}_2 = \vec{x}_1' + \vec{x}_2' + \cdots + \vec{x}_m'$，从点 $A(x_1, x_2, \cdots, x_m)$ 到点 $B(x_1', x_2', \cdots, x_m')$ 的向量为

$$\begin{aligned}
\overrightarrow{AB} &= \vec{r}_2 - \vec{r}_1 \\
&= (\vec{x}_1' + \vec{x}_2' + \cdots + \vec{x}_m') - (\vec{x}_1 + \vec{x}_2 + \cdots + \vec{x}_m) \\
&= \Delta\vec{x}_1 + \Delta\vec{x}_2 + \cdots + \Delta\vec{x}_m \\
&= \Delta\vec{x}_{1+2+\cdots+m}
\end{aligned} \tag{22-72}$$

空间中 $A(x_1, x_2, \cdots, x_m)$ 与 $B(x_1', x_2', \cdots, x_m')$ 两点的距离就是 $\overrightarrow{AB}$ 的大小

$$\begin{aligned}
|\overrightarrow{AB}| &= |\vec{A} - \vec{B}| \\
&= \sqrt{(x_1' - x_1)^2 + (x_2' - x_2)^2 + \cdots + (x_m' - x_m)^2}
\end{aligned} \tag{22-73}$$

（九）中心化与标准化

m 元向量的中心化处理是指 m 元向量平移变换，该变换可以使 m 元向量的均值变为 0，而这样的变换既不改变位置向量之间的相互位置，也不改变 m 元向量间的相关性；但是平移变换后，常常有许多技术上的便利。

m 元向量的标准化可以表示为

$$\vec{x}_{ii} = \frac{\vec{x}_i}{|\vec{x}_i|} \tag{22-74}$$

式中，$|\vec{x}_i|$ 为 m 元向量的模（或商高指数），等于各分向量的平方和的算术根。如果把 m 元向量的模 $|\vec{x}_i|$ 理解为"向量和"或"几何和"，则标准化可以被理解为多维的百分比。

在省却向量关于方向的规定时，m 元向量成为 m 元方向数据。如果将数理统计方法用于 m 元方向数据的研究，则可以构成方向数据统计分析的理论[13]。

如果 m 元方向数据集的均值为

$$\bar{x} = \frac{1}{m} \sum_{i=1}^{m} \vec{x}_i \quad (j = 1, 2, \cdots, m) \tag{22-75}$$

那么方向数据的中心化是指数据集中的各项数据减去数据集的均值

$$x_{ij}^* = x_{ij} - \bar{x}_j \quad (i=1,2,\cdots,k; j=1,2,\cdots,m) \tag{22-76}$$

方向数据的标准化处理是指对方向数据同时进行中心化-压缩处理。方向数据的标准化是指中心化之后的方向数据再除以方向数据集的标准差,即方向数据集中的各项方向数据减去方向数据集的均值再除以方向数据集的标准差。

(十)矩阵及其运算

1. 矩阵转置

设(22-23)式 $\boldsymbol{A}=(a_{ij})_{m\times n}$ 为 $m\times n$ 矩阵,而 $\boldsymbol{A}$ 的转置为一个 $n\times m$ 矩阵,并用 $\boldsymbol{A}^{\mathrm{T}}$ 表示 $\boldsymbol{A}$ 的转置,即

$$\boldsymbol{A}^{\mathrm{T}} = \begin{pmatrix} a_{11} & a_{21} & \cdots & a_{m1} \\ a_{21} & a_{22} & \cdots & a_{m2} \\ \vdots & \vdots & & \vdots \\ a_{1m} & a_{2m} & \cdots & a_{mn} \end{pmatrix} \tag{22-77}$$

矩阵的转置运算满足下列运算律:

(1) $(\boldsymbol{A}^{\mathrm{T}})^{T}=\boldsymbol{A}$。

(2) $(\boldsymbol{A}+\boldsymbol{B})^{\mathrm{T}}=\boldsymbol{A}^{\mathrm{T}}+\boldsymbol{B}^{\mathrm{T}}$。

(3) $(\lambda\boldsymbol{A})^{\mathrm{T}}=\lambda\boldsymbol{A}^{\mathrm{T}}$;

(4) $(\boldsymbol{AB})^{\mathrm{T}}=\boldsymbol{A}^{\mathrm{T}}\boldsymbol{B}^{\mathrm{T}}$。

2. 对称矩阵

n 阶方阵 $\boldsymbol{A}$ 如果满足 $\boldsymbol{A}^{\mathrm{T}}=\boldsymbol{A}$ 的条件,则称 $\boldsymbol{A}$ 为对称矩阵;如果满足 $\boldsymbol{A}^{\mathrm{T}}=-\boldsymbol{A}$ 的条件,则称 $\boldsymbol{A}$ 为反对称矩阵。如果设 $\boldsymbol{A}=(a_{ij})$,则 $\boldsymbol{A}$ 为对称矩阵,当且仅当 $a_{ij}=a_{ji}$ 对任意的 $i,j=1,2,\cdots,n$ 成立;$\boldsymbol{A}$ 为反对称矩阵,当且仅当 $a_{ij}=-a_{ji}$ 对任意的 $i,j=1,2,\cdots,n$ 成立,从而,反对称矩阵对角线上的元素必为零。

对称矩阵具有如下性质:

(1)对于任意 $m\times n$ 矩阵 $\boldsymbol{A}$,$\boldsymbol{A}^{\mathrm{T}}\boldsymbol{A}$ 为 n 阶对称矩阵;而 $\boldsymbol{A}\boldsymbol{A}^{\mathrm{T}}$ 为 m 阶对称矩阵。

(2)两个同阶(反)对称矩阵的和仍为(反)对称矩阵。

(3)如果两个同阶(反)对称矩阵 $\boldsymbol{A}$、$\boldsymbol{B}$ 可以交换,即 $\boldsymbol{AB}=\boldsymbol{BA}$,则它们的乘积 $\boldsymbol{AB}$ 必为对称矩阵,即 $(\boldsymbol{AB})^{\mathrm{T}}=\boldsymbol{AB}$。

3. 矩阵的秩

在矩阵 $\boldsymbol{A}=(a_{ij})_{m\times n}$ 中,任取 k 行 k 列,位于这 k 行列交叉位置上的元素按原矩阵 $\boldsymbol{A}$ 中的相对位置排成一个 k 阶子矩阵,此子矩阵的行列式称为矩阵 $\boldsymbol{A}$ 的一个 k 阶子式。

设 $\vec{A}$ 是一个 m 元向量,定义 $\vec{A}$ 的极大无关组中向量的个数为 $\vec{A}$ 的秩。或者说,矩阵 $\vec{A}$ 的所有不为零的子式的最高阶数称为矩阵 $\boldsymbol{A}$ 的秩,记为 $r(\boldsymbol{A})$ 或 $\mathrm{rank}\,\boldsymbol{A}$。矩阵 $\boldsymbol{A}$ 的秩等于 r 当且仅当(至少)存在一个 r 阶子式不等于 0,且所有阶数超过 r 的子式都等

于 0。因此,特别规定零矩阵的秩为零,即矩阵 $\boldsymbol{A}=0$ 当且仅当 $r(\boldsymbol{A})=0$。显然, $r(\boldsymbol{A}_{m\times n})\leqslant\min\{m,n\}$。当 $r(\boldsymbol{A})=m$ 时,矩阵是行满秩的;当 $r(\boldsymbol{A})=n$ 时,矩阵是列满秩的。n 阶可逆矩阵的秩为 n,通常又将可逆矩阵称为满秩矩阵,$\det\boldsymbol{A}\neq 0$;不满秩矩阵就是奇异矩阵,$\det\boldsymbol{A}=0$。所有的非奇异矩阵都可以看成是结构稳定的,因为与某个非奇异矩阵充分靠近的矩阵不改变其非奇异性。而每一个奇异矩阵可被某个非奇异矩阵以任意的精度逼近,因而是结构不稳定的。

矩阵的秩是反映矩阵固有特性的一个重要概念。在 $\boldsymbol{A}$ 是矩阵的情况下,$\boldsymbol{A}^{-1}$ 存在的充要条件是 $\boldsymbol{A}$ 是方阵,且 $\boldsymbol{A}$ 满秩,组成矩阵 $\boldsymbol{A}$ 的 m 元向量之间线性无关。当且仅当两个同型矩阵具有相同的秩时,这两个同型矩阵等价。矩阵 $\boldsymbol{A}$ 的转置 $\boldsymbol{A}^{\mathrm{T}}$ 的秩与 $\boldsymbol{A}$ 的秩是一样的。

4. 矩阵函数

在复变函数论中,指数函数的幂级数 $\mathrm{e}^z=\sum_{m=0}^{\infty}\dfrac{z^m}{m!}$ 在整个复平面上都是收敛的。由拉格朗日-西勒维斯特定理,可以像复函数论那样利用方阵幂级数来定义矩阵函数,方阵幂级数也是收敛的,这样指数函数的矩阵函数就是

$$\mathrm{e}^{\boldsymbol{A}}=\sum_{m=0}^{\infty}\frac{\boldsymbol{A}^m}{m!} \tag{22-78}$$

若 m 阶方阵的特征值为 $\lambda_1,\lambda_2,\cdots,\lambda_m$,则 $\mathrm{e}^{\boldsymbol{A}}$ 的特征值为 $\mathrm{e}^{\lambda_1},\mathrm{e}^{\lambda_2},\cdots,\mathrm{e}^{\lambda_m}$。

矩阵函数 $\mathrm{e}^{\boldsymbol{A}}$ 的性质为

如果 $\boldsymbol{AB}=\boldsymbol{BA}$,则

(1) $$\mathrm{e}^{\boldsymbol{A}}\mathrm{e}^{\boldsymbol{B}}=\mathrm{e}^{\boldsymbol{A}+\boldsymbol{B}} \tag{22-79}$$

(2) $$(\mathrm{e}^{\boldsymbol{A}})^{-1}=\mathrm{e}^{-\boldsymbol{A}} \tag{22-80}$$

(3) $$\det\mathrm{e}^{\boldsymbol{A}}=\mathrm{e}^{\mathrm{tr}\boldsymbol{A}} \tag{22-81}$$

(4) $$\mathrm{e}^{\mathrm{i}\boldsymbol{A}}=\cos\boldsymbol{A}+\mathrm{i}\sin\boldsymbol{A} \tag{22-82}$$

(5) $$\sin\boldsymbol{A}=\frac{1}{2\mathrm{i}}(\mathrm{e}^{\mathrm{i}\boldsymbol{A}}-\mathrm{e}^{-\mathrm{i}\boldsymbol{A}}) \tag{22-83}$$

(6) $$\cos\boldsymbol{A}=\frac{1}{2}(\mathrm{e}^{\mathrm{i}\boldsymbol{A}}+\mathrm{e}^{-\mathrm{i}\boldsymbol{A}}) \tag{22-84}$$

(7) $$\tan\boldsymbol{A}=\frac{\mathrm{e}^{\mathrm{i}\boldsymbol{A}}-\mathrm{e}^{-\mathrm{i}\boldsymbol{A}}}{\mathrm{e}^{\mathrm{i}\boldsymbol{A}}+\mathrm{e}^{-\mathrm{i}\boldsymbol{A}}}\frac{1}{\mathrm{i}} \tag{22-85}$$

(8) $$\sinh\boldsymbol{A}=\frac{1}{2}(\mathrm{e}^{\boldsymbol{A}}-\mathrm{e}^{-\boldsymbol{A}}) \tag{22-86}$$

(9) $$\cosh\boldsymbol{A}=\frac{1}{2}(\mathrm{e}^{\boldsymbol{A}}+\mathrm{e}^{-\boldsymbol{A}}) \tag{22-87}$$

(10) $$\tanh\boldsymbol{A}=\frac{\mathrm{e}^{\boldsymbol{A}}-\mathrm{e}^{-\boldsymbol{A}}}{\mathrm{e}^{\boldsymbol{A}}+\mathrm{e}^{-\boldsymbol{A}}} \tag{22-88}$$

第三节　多元向量的各种变换关系

变换、函数、映射等术语都是通过确定的规则将两个 m 元系统形态相互之间的关系对应起来。m 元向量的线性变换满足可加性和均匀性这两个条件,并保持 m 元向量加法和 m 元向量数乘的运算。线性变换用矩阵来表示就与基有关。在 m 维向量坐标系空间中,非线性变换包括缩放、投影、旋转、镜像、切变等变换和这些变换的组合。

一、线性变换

在数学上,通过确定的规则将两个 m 元系统形态相互之间的关系对应起来,称为从一种形态到另一种形态的变换。在 m 维向量坐标系的空间里,向量函数的因变量与自变量的对应关系就称为变换。在数学的不同领域,变换、函数、映射和对应通常都是同一个意思。不论是叫作变换,还是称为函数,其类别并不是互斥的,也不存在一定的次序或层次使得某一类比另一类多一些或少一些限制。在最一般的意义上,变换、函数或映射就是一种接受输入与产生输出的简单规则,代表某种输入量与输出量之间的关系、变换、运算、方程或其他的操作。

维纳指出:"一个理想的法则,应当能够反映所讨论的系统在其具体环境变化时仍然保持同一的那种性质。在最简单的情形下,这是指施于系统的变换集保持不变的性质。这样,就产生变换、变换群和不变量的概念。""系统的变换表示一种变化,这时系统的每个元变为另一个元。假定我们用一个变换群对规定某个量的各个元做变换。如果群中任何一个变换对所有这些元施行变换后,这个量保持不变,我们就叫这个量是一个群不变量。"[14]

映射也是变换的类似术语。例如,把从 a 到 b 的映射记作

$$F(a)=b \tag{22-89}$$

或者,如果自变量为 $\vec{x}$,因变量为 $\vec{y}$,变换就记为

$$T\vec{x}=\vec{y} \tag{22-90}$$

通常变换又写成 $\vec{x}T=\vec{y}$ 的形式,并称因变量 $\vec{y}$ 为自变量 $\vec{x}$ 的象,而自变量 $\vec{x}$ 称为因变量 $\vec{y}$ 的前身或操作的对象。可见,不仅函数、映射、对应和变换可以有不同的术语,算符 f、F 和 T 也可以有不同的形式。

不过,在 m 维二仪质向量坐标系 $\vec{X}_1\vec{X}_2\cdots\vec{X}_m$ 的 $(\vec{X}_1,\vec{X}_2,\cdots,\vec{X}_m)$ 空间中,m 元系统形态变化规律或分布规律必然要以 m 元质向量函数来表达。省却了 m 元质向量函数关于质的规定,也就成为 m 元向量函数。所以,要揭示 m 元系统形态变化规律或分

布规律,就必须理清 m 元向量在不同空间的各种变换关系。

在线性空间中,同类形态之间的联系反映为线性空间的映射。线性映射(也叫作线性算子)是向量的同态,或是在给定的域上的向量空间所构成的范畴中的态射。线性映射就是向量的线性变换,就是线性向量函数,也就是联系同一域上两个向量的线性函数。

线性变换是在两个向量空间之间的函数。设有两个非空集 A 与 B,集 A 到集 B 的一个变换就是指定一个法则,它使 A 中的任一元素 $\vec{a}$ 都能与 B 中一个确定的元素 $\vec{b}$ 相对应。如果变换 T 使 $\vec{a} \in A$ 与 $\vec{b} \in B$ 对应,则记为 $\vec{b} = T(\vec{a})$。$\vec{b}$ 称为 $\vec{a}$ 在线性变换 T 下的象,而 $\vec{a}$ 称为 $\vec{b}$ 在线性变换下的原象。A 称为线性变换 T 的原集,象的全体称为象集,记作 $T(A)$,即 $T(A) = \{\vec{b} = T(\vec{a}) | \vec{a} \in A\}$。显然,把 L 中一切向量都变成零向量的变换是线性的,这个变换叫作零变换。把一切向量都变成它自己的变换也是线性的,这个变换叫作单位变换。

设在线性空间 L 中定义了一个 m 元向量函数 T,使对 L 中任何一个 m 元向量 $\vec{x}$,有 L 中一个 m 元向量 $\vec{y}$ 和它对应,记为 $\vec{y} = \vec{x}T$,并且对于任何 $\vec{x}, \vec{y} \in L$ 与数域 K 中任意数 $a, b \in K$ 来说

$$(a\vec{x} + b\vec{y})T = a(\vec{x}T) + b(\vec{y}T) \tag{22-91}$$

可见,在满足可加性和均匀性这两个条件时,称 T 为一个线性变换或线性算子。线性变换就是线性的向量函数。换言之,如果映射 F 保持了向量加法和向量数乘的运算规则(包括变换与变换的加法、变换与数的乘法、变换与变换的乘法、变换的复合等线性的规则),那么就可以称该映射为线性的。对于线性空间 L 中一个确定的 m 元常向量 $\vec{a}$ 和另一个 m 元常向量 $\vec{b}$,如果满足 $F(\vec{a}+\vec{b}) = F(\vec{a}) + F(\vec{b})$ 以及 $F(k\vec{a}) = kF(\vec{a})$,那么映射 $F(\vec{a})$ 就是线性的。

在这种情况下,将两个 m 元向量相加再进行变换,得到的结果与先分别进行变换,再将变换后的向量相加得到的结果相同。同样,将一个 m 元向量先进行数乘再变换和先进行变换再数乘的结果也是一样的。只要能确定 L 的底经过变换 T 后的象,L 中任何一个 m 元向量经过变换 T 后的象就能确定。由此线性变换可得到两条重要的引理:

(1)映射 $F(\vec{a}) = \vec{a}\mathbf{M}$。当 $\mathbf{M}$ 为任意方阵时,说映射是一个线性变换,这是因为

$$\begin{aligned} F(a+b) &= (a+b)\mathbf{M} \\ &= a\mathbf{M} + b\mathbf{M} \\ &= F(a) + F(b) \end{aligned} \tag{22-92}$$

$$\begin{aligned} F(ka) &= (ka)\mathbf{M} \\ &= k(a\mathbf{M}) \\ &= kF(a) \end{aligned} \tag{22-93}$$

(2)零向量的任意线性变换的结果仍然是零向量。如果 $F(\vec{0}) = a, a \neq 0$,那么 F 不可能是线性变换。因为 $F(k\vec{0}) = a$,但是 $F(k\vec{0}) \neq kF(\vec{0})$,因此线性变换不会导致平移

(原点位置上不会变化)。

对于线性空间 L 中的线性变换,保持 m 元向量加法和 m 元向量数乘的运算。

(一) 变换与变换的加法

如果已给线性空间 L 的两个线性变换和,对于任何一个 m 元向量 $\vec{x} \in L$,可以得到两个 m 元向量 $\vec{x}T_1 \in L$ 和 $\vec{x}T_2 \in L$,则称使

$$\vec{x}T = \vec{x}T_1 + \vec{x}T_2 \tag{22-94}$$

的变换 T 为 T_1 与 T_2 之和,记为 $T = T_1 + T_2$。

(二) 变换与数的乘法

如果 a 是复数域 K 中的任一数,则把 L 中每一个元素 $\vec{x}$ 都变为 $a(\vec{x}T_1)$ 的变换 T_2 称为用 a 乘 T_1 的积,即如果

$$\vec{x}T_2 = a(\vec{x}T_1) \tag{22-95}$$

则称 T_2 为 a 与 T_1 之积,记为 $T_2 = aT_1$。

显然,aT_1 也是线性变换,且有

$$a_1(a_2 T) = (a_1 a_2) T \tag{22-96}$$

$$1 \cdot T = T \tag{22-97}$$

$$(a_1 + a_2) T = a_1 T + a_2 T \tag{22-98}$$

$$a(T_1 + T_2) = aT_1 + aT_2 \tag{22-99}$$

线性空间 L 中的所有线性变换构成一个新的线性空间。

(三) 变换与变换的乘法

如果对 $\vec{x} \in L$ 施行变换 T_1 得 $\vec{x}T_1$,再将结果施行变换 T_2 得 $(\vec{x}T_1)T_2$,则把 m 元向量 $\vec{x}$ 变为 m 元向量 $(\vec{x}T_1)T_2$ 的变换 T,也就是由

$$\vec{x}T = (\vec{x}T_1)T_2 \tag{22-100}$$

所定义的 T,称为变换 T_1 与 T_2 之积,记为 $T = T_1 T_2$。

由于变换是线性的,而空间 L 中的任何一个 m 元向量均可由底中的向量唯一线性表示,因此只要能确定 L 的底经过变换 T 后的象,则 L 中任何一个 m 元向量经过变换 T 后的象就能确定,这样就可以具体地确定一个线性变换 T。

设 m 元向量 $\vec{x}_1, \vec{x}_2, \cdots, \vec{x}_m$ 为 L 的一个底,T 为一线性变换,经过变换 T 后的象 $\vec{y}_1 = \vec{x}_1 T, \vec{y}_2 = \vec{x}_2 T, \cdots, \vec{y}_m = \vec{x}_m T$ 仍为 L 中的 m 元向量,因而它们可以表示为底中的线性组合

$$\begin{cases} \vec{y}_1 = \vec{x}_1 T = a_{11}\vec{x}_1 + a_{12}\vec{x}_2 + \cdots + a_{1m}\vec{x}_m \\ \vec{y}_2 = \vec{x}_2 T = a_{21}\vec{x}_1 + a_{22}\vec{x}_2 + \cdots + a_{2m}\vec{x}_m \\ \quad \vdots \\ \vec{y}_m = \vec{x}_m T = a_{m1}\vec{x}_1 + a_{m2}\vec{x}_2 + \cdots + a_{mm}\vec{x}_{mm} \end{cases} \tag{22-101}$$

这就叫作由 $\vec{x}_1,\vec{x}_2,\cdots,\vec{x}_m$ 到 $\vec{y}_1,\vec{y}_2,\cdots,\vec{y}_m$ 的一个线性变换。右边诸 $\vec{x}_1,\vec{x}_2,\cdots,\vec{x}_m$ 的系数构成一矩阵，即(22-23)式 $A=(a_{ij})_{m\times n}$，称为变换 T 在底 $\vec{x}_1,\vec{x}_2,\cdots,\vec{x}_m$ 中的矩阵。所以，当 $\vec{x}=(\vec{x}_1,\vec{x}_2,\cdots,\vec{x}_m)$ 和 $\vec{y}=(\vec{y}_1,\vec{y}_2,\cdots,\vec{y}_m)$ 时，其线性变换的矩阵形式为

$$\vec{y}=A\vec{x} \tag{22-102}$$

在有限维线性空间 L 中，底确定为 $\vec{x}_1,\vec{x}_2,\cdots,\vec{x}_m$ 以后，线性变换 T 就可以由唯一的矩阵 A 来表示，而且从任一矩阵 A 也可以求出唯一的 T。在给定底以后，线性变换 T 与 m 阶方阵就一一对应了。

不仅如此，设 T' 在同一底中的矩阵为

$$B=\begin{pmatrix} b_{11} & b_{12} & \cdots & b_{1m} \\ b_{21} & b_{22} & \cdots & b_{2m} \\ \vdots & \vdots & & \vdots \\ b_{m1} & b_{m2} & \cdots & b_{mm} \end{pmatrix}$$

则 T 和 T' 相等的充要条件是 $A=B$，并且 $T+T'$ 的矩阵就是 $A+B$。

如果以 C 表示变换 TT' 的矩阵，则 $C=AB$。也就是说，两个变换的乘积等于其矩阵的乘积。

在线性空间 L 中，从基 $\vec{x}_1,\vec{x}_2,\cdots,\vec{x}_m$ 到另一个基 $\vec{y}_1,\vec{y}_2,\cdots,\vec{y}_m$ 的演化矩阵为 $P=(p_{ij})$，L 中线性变换 T 在 $\vec{x}_1,\vec{x}_2,\cdots,\vec{x}_m$ 和 $\vec{y}_1,\vec{y}_2,\cdots,\vec{y}_m$ 两组基下的矩阵依次为 A 及 B，则

$$B=PAP^{-1} \tag{22-103}$$

PAP^{-1} 称为与 A 相似的矩阵，两个基之间的过渡矩阵 P 就是相似变换矩阵。相似是矩阵的等价关系。所以，如果变换 T 对于基 $\vec{x}_1,\vec{x}_2,\cdots,\vec{x}_m$ 而言有矩阵 A，对于基 $\vec{y}_1,\vec{y}_2,\cdots,\vec{y}_m$ 而言有矩阵 B，则矩阵 B 与 A 相似的矩阵的关系式 $B=PAP^{-1}$ 成立。

一个单一的线性变换可以由很多矩阵表示，这是因为矩阵的元素的值依赖于选择的基。在给定有限维的情况下，如果基已经选择好了，则任意线性变换都可以用矩阵表示为易于计算的一致形式。线性变换的复合对应于矩阵乘法，而线性变换的加法则对应于矩阵加法，线性变换与标量的乘法对应于矩阵与标量的乘法。

如果已经有一个函数型的线性变换 $T(x)$，那么任何线性变换都可以用 $T(x)=Ax$ 表示。通过 T 对标准基每个向量进行简单变换，然后将结果插入矩阵的列中，这样很容易就可以确定变换矩阵 A，即

$$A=(T(\vec{e}_1)\ T(\vec{e}_2)\cdots T(\vec{e}_m)) \tag{22-104}$$

一般来说，方阵能描述任意线性变换。线性变换保留了直线和平行线，但原点没有移动。线性变换保留直线的同时，其他的几何性质如长度、角度、面积和体积可能被变换改变了。从非技术意义上说，线性变换可能"拉伸"坐标系，但不会"弯曲"或"卷折"坐标系。

由此可见，线性变换能够用矩阵来表示。如果 T 是一个把 R^n 映射到 R^m 的线性变换，且 x 是一个 n 维向量，那么在 $T(x)=Ax$ 中就可以把 $m\times n$ 的矩阵 A，称为 T 的变换

矩阵。线性变换 T 的象空间的维数,称为线性变换 T 的秩。当 A 是满(降)秩矩阵时,线性变换叫作满(降)秩线性变换。当 A 的元素 a_{ij} 都是实数时,线性变换叫作实线性变换。这就是说,A 是实数的 $m\times n$ 矩阵,则规则 $T(x)=Ax$ 描述一个线性变换 $R^n \to R^m$。例如,三维向量空间中任一向量 (x,y,z) 在 XY 平面上的几何投影:$T(x,y,z)=(x,y)$,就是实数域 R 上三维向量空间 R^3 到二维向量空间 R^2 的一个线性变换。

同一域上两个向量空间之间的变换,是线性代数的一个主要研究对象。设 V 和 W 都是域 K 上有限维的向量空间,并且在这些向量空间中有选择好的基,则从 V 到 W 的所有线性变换可以被表示为矩阵。因此,它就可以进行具体的运算。

设 T 是从 V 到 W 的变换,$\{\vec{v}_1,\vec{v}_2,\cdots,\vec{v}_n\}$ 是 V 的一个基,则在 V 中的所有向量 $\vec{v}$ 是由 $c_1\vec{v}_1+c_2\vec{v}_2+\cdots+c_n\vec{v}_n$ 的系数 $c_1,c_2,\cdots,c_n$ 唯一确定的。如果 $f(V)\to W$ 是线性变换,那么

$$f(c_1\vec{v}_1+c_2\vec{v}_2+c_2 f(\vec{v}_2)+\cdots+c_n\vec{v}_n)=c_1 f(\vec{v}_1)+c_2 f(\vec{v}_2)+\cdots+c_n f(\vec{v}_n)$$

(22-105)

这就意味着函数 f 是完全由 $f(\vec{v}_1),f(\vec{v}_2),\cdots,f(\vec{v}_n)$ 的值确定的。

若设 $\{\vec{w}_1,\vec{w}_2,\cdots,\vec{w}_n\}$ 是 W 的基,则可以表示每个 $f(\vec{v}_j)$ 的值为

$$f(\vec{v}_j)=a_{1j}\vec{w}_1+a_{2j}\vec{w}_2+\cdots+a_{mj}\vec{w}_n$$

(22-106)

因此,函数 f 是完全由 a_{ij} 的值确定的。

如果把这些值放置到 $m\times n$ 矩阵 M 中,则可以方便地使用它来计算 f 在 V 中任何向量的值。如果放置 $c_1,c_2,\cdots,c_n$ 的值到 $n\times 1$ 矩阵 C,就有 $MC=f(v)$。

线性变换的复合是线性的:如果 $f°V\to W$ 和 $g°W\to Z$ 是线性的,则 $g°f°V\to Z$ 也是线性的。

线性变换的逆在有定义的时候也是线性变换。

如果 $f°_1V\to W$ 和 $f°_2V\to W$ 是线性的,则它们的和 f_1+f_2 也是线性的(这是由 $(f_1+f_2)(x)=f_1(x)+f_2(x)$ 定义的)。

如果 $f°V\to W$ 是线性的,而 a 是基础域 K 的一个元素,则定义自 $(af)(x)=a[f(x)]$ 的变换 af 也是线性的。

在给定有限维的情况下,如果基已经选择好了,任意线性变换都可以用矩阵表示为易于计算的一致形式。线性变换的复合对应于矩阵乘法,并且多个变换也可以很容易地通过矩阵的相乘连接在一起。此外,线性变换的加法对应于矩阵加法,而线性变换与标量的乘法对应于矩阵与标量的乘法。

从线性变换和矩阵的对应关系可知,这两者是同一的。但是,线性变换的矩阵与基有关,而线性变换却不受基的限制。线性变换使用起来要方便一些,线性变换不是唯一可以用矩阵表示的变换。R^n 维的仿射变换与透视投影都可以用齐次坐标表示为 RP^{n+1} 维(即 $n+1$ 维的真实投影空间)的线性变换。

在 m 维坐标系空间中,线性变换可以用 $m\times m$ 的变换矩阵表示。最为常用的几何

变换都是线性变换,包括旋转、缩放、切变、反射和正投影。不过,像组合变换与逆变换、其他类型的变换、仿射变换等往往就不是线性变换。如果按照不经过原点的直线的反射是仿射变换,那这样的变换也不是线性变换。对于简单的多元系统(如二元系统和三元系统)的非线性变换,一般可用几何图形来表达。

二、旋转变换

在 m 维向量坐标系空间中,当 M 为任意方阵时,映射 $F(\vec{a}) = \vec{a}M$。在三维线性空间中,如果以基向量 $(1,0,0),(0,1,0),(0,0,1)$ 乘以任意矩阵 M,就有

$$(1,0,0)\begin{pmatrix} m_{11} & m_{12} & m_{13} \\ m_{21} & m_{22} & m_{23} \\ m_{31} & m_{32} & m_{33} \end{pmatrix} = (m_{11}, m_{12}, m_{13})$$

$$(0,1,0)\begin{pmatrix} m_{11} & m_{12} & m_{13} \\ m_{21} & m_{22} & m_{23} \\ m_{31} & m_{32} & m_{33} \end{pmatrix} = (m_{21}, m_{22}, m_{23})$$

$$(0,0,1)\begin{pmatrix} m_{11} & m_{12} & m_{13} \\ m_{21} & m_{22} & m_{23} \\ m_{31} & m_{32} & m_{33} \end{pmatrix} = (m_{31}, m_{32}, m_{33})$$

用基向量 $(1,0,0)$ 乘以 M 时,结果是 M 的第 1 行;其他两行也有同样的结果。可见,矩阵的每一行都能解释为转换后的基向量。因此,可以得到两个重要性质:

(1)有了一种简单的方法来形象化解释矩阵所代表的变换。

(2)有了反向建立矩阵的可能——给出一个期望的变换(如旋转、缩放等),能够构造一个矩阵代表此变换。这就是说,只要计算基向量的变换,然后将变换后的基向量填入矩阵。

例如,若有一个 2×2 矩阵 $M = \begin{pmatrix} 2 & 1 \\ -1 & 2 \end{pmatrix}$,从这个矩阵中抽出基向量 $\vec{p}$ 和 $\vec{q}$,即 $\vec{p} = (2,1)$ 和 $\vec{q} = (-1,2)$。在二维笛卡尔直角坐标系 XY 平面中,以"原"基向量(X 轴,Y 轴)为参考,就可以在图 22-5 中展示这些向量。X 基向量变换至 $\vec{p}$ 向量,Y 基向量变换至 $\vec{q}$ 向量,所以在平面空间中想象矩阵的方法就是想象由行向量构成的"L"形状。在此例中,M 代表的部分变换就是逆时针旋转 $26°$。

当然,不只是基向量,而是所有向量都要被线性变换所影响。由于从"L"形状能够得到变换最直观的印象,因此在二维空间中把基向量构成的平行四边形画完整,有助于人们进一步看到变换对其他向量的影响,如图 22-6 所示。

平行四边形也可称作"偏转盒",在盒子中画一个物体有助于理解,如图 22-7 所示。

很明显,矩阵 M 不仅旋转坐标系,而且会拉伸它。

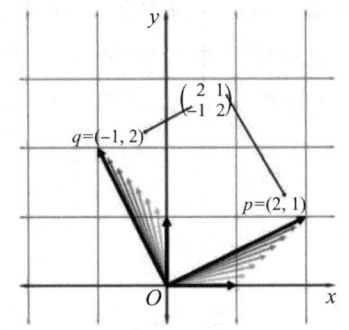
图 22-5 二维空间中"L"形的基向量

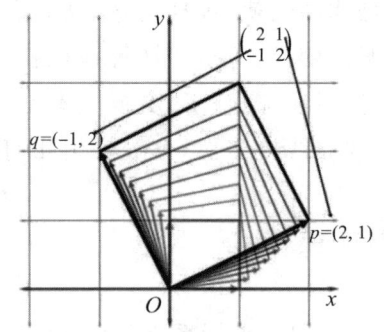
图 22-6 二维空间中基向量构成的平行四边形

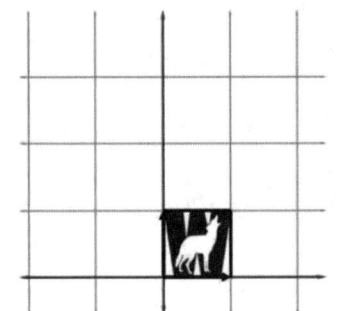
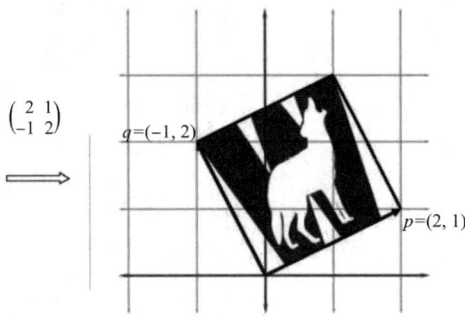

图 22-7 "偏转盒"

这种二维空间获得的技术可以应用到三维空间转换中。二维空间中有两个基向量，构成"L"形；而三维空间中有三个基向量，它们形成一个"三脚架"。在此，先展示出一个转换前的物品，如图 22-8 所示是一个茶壶（一个立方体），基向量在"单位"向量处（为了不使图形混乱，没有标出 Z 轴基向量 $(0,0,1)$，它被茶壶和立方体挡住了）。

从矩阵的行中抽出基向量，能想象出该矩阵所代表的变换。变换后的基向量、立方体和茶壶如图 22-9 所示。这个变换包含 Z 轴顺时针旋转 $45°$ 和不规则缩放，使得茶壶比以前"高"。在此要注意，变换并没有影响到 Z 轴，因为矩阵的第三行是 $(0,0,1)$。

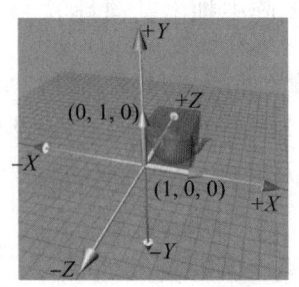
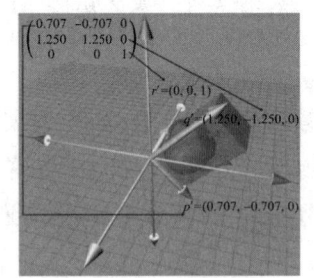

图 22-8 三维空间的基向量与转换前的物品　　图 22-9 变换后的基向量、立方体和茶壶

由此可见，通过让比例因子 k 按比例放大或缩小就可以缩放物体。如果在各方向应用同比例的缩放，并且沿原点"膨胀"物体，就是均匀缩放。均匀缩放可以保持物体的

角度和比例不变。如果增加长度或减小因子 k，则面积增加或减小 k^2。在三维空间中，体积将增加或减小 k^3。

如果需要"挤压"或"拉伸"物体，在不同的方向应用不同的因子即可，这称为非均匀缩放。非均匀缩放时，物体角度将发生变化。视各方向缩放因子的不同，长度、面积、体积的变化因子也各不相同。

如果 $|k|<1$，物体将"变短"；如果 $|k|>1$，物体将"变长"；如果 $k=0$，就是正交投影；如果 $k<0$，就是镜像。应用非均匀缩放的效果类似于切变，事实上，非均匀缩放和切变也真的很难区分。

三、缩放变换

（一）沿坐标轴的缩放

最简单的缩放方法是沿着每个坐标轴应用单独的缩放因子，缩放是沿着垂直的轴（如二维中）或平面（如三维中）或立体（如四维中）进行的。如果每个坐标轴的缩放因子相同，就是均匀缩放，否则是非均匀缩放。以二维空间为例，二维中有两个不同的缩放因子 k_X 和 k_Y，其缩放公式为 $x'=k_X x$ 与 $y'=k_Y y$，用矩阵表示就是

$$\begin{pmatrix} x' \\ y' \end{pmatrix} = \begin{pmatrix} k_X & 0 \\ 0 & k_Y \end{pmatrix} \begin{pmatrix} x \\ y \end{pmatrix}$$

图 22-10 展示了应用不同缩放因子后的缩放情况

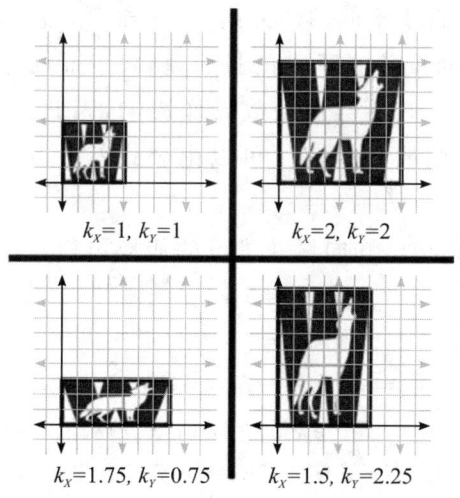

图 22-10 不同缩放因子的缩放变换

在此，凭直觉就可以知道，基向量 $\vec{p}$ 和基向量 $\vec{q}$ 由相应的缩放因子单独影响：

$$\vec{p}'=k_X \vec{p}=k_X(1,0)=(k_X,0)$$

$$\vec{q}' = k_Y \vec{q} = k_Y(0,1) = (0, k_Y)$$

用基向量构造矩阵,二维缩放矩阵为

$$S(k_X, k_Y) = \begin{pmatrix} \vec{p}' \\ \vec{q}' \end{pmatrix} = \begin{pmatrix} k_X & 0 \\ 0 & k_Y \end{pmatrix} \tag{22-107}$$

对于三维空间,需要增加第三个缩放因子 k_Z,三维缩放矩阵为

$$\vec{S}(k_X, k_Y, k_Z) = \begin{pmatrix} k_X & 0 & 0 \\ 0 & k_Y & 0 \\ 0 & 0 & k_Z \end{pmatrix} \tag{22-108}$$

以此类推,可以得到 m 维空间的缩放矩阵为

$$\vec{S}(k_1, k_2, \cdots, k_m) = \begin{pmatrix} k_1 & 0 & \cdots & 0 & 0 \\ 0 & k_2 & \cdots & 0 & 0 \\ \vdots & \vdots & k_k & \cdots & \vdots \\ 0 & 0 & \cdots & k_{m-1} & 0 \\ 0 & 0 & 0 & \cdots & k_m \end{pmatrix} \tag{22-109}$$

(二)沿任意方向缩放

对于不依赖于坐标系而沿任意方向进行缩放的情形,设 $\vec{n}$ 为平行于缩放方向的单位向量,k 为缩放因子,缩放沿穿过原点并平行于二维中的直线或三维中的平面进行。

给定向量 $\vec{v}$,可以通过 $\vec{v}$、$\vec{n}$ 和 k 来计算 $\vec{v}'$。为此,将向量 $\vec{v}$ 分解为分别平行和垂直于 $\vec{n}$ 的两个分向量 $\vec{v}_\parallel$ 和 $\vec{v}_\perp$,并满足 $\vec{v} = \vec{v}_\parallel + \vec{v}_\perp$。$\vec{v}_\parallel$ 是向量 $\vec{v}$ 在 $\vec{n}$ 上的投影,由 $(\vec{v} \cdot \vec{n})\vec{n}$ 可以得到 $\vec{v}_\parallel$。$\vec{v}_\perp$ 垂直于 $\vec{n}$,它不会被缩放操作影响,因此,$\vec{v}' = \vec{v}'_\parallel + \vec{v}'_\perp$。$\vec{v}_\parallel$ 平行于缩放方向,$\vec{v}_\parallel'$ 可以由公式 $k\vec{v}_\parallel$ 得出,如图 22-11 所示。

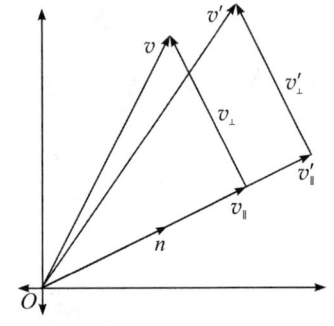

图 22-11 沿任意方向缩放

在上述推导过程中,总结已知向量并进行的代换包括

$$\vec{v} = \vec{v}_\parallel + \vec{v}_\perp \tag{22-110}$$

$$\vec{v}_\parallel = (\vec{v} \cdot \vec{n})\vec{n} \tag{22-111}$$

$$\vec{v}'_\perp = \vec{v}_\perp = \vec{v} - \vec{v}_\parallel = \vec{v} - (\vec{v} \cdot \vec{n})\vec{n} \tag{22-112}$$

$$\vec{v}'_\parallel = k\vec{v}_\parallel = k(\vec{v} \cdot \vec{n})\vec{n} \tag{22-113}$$

$$\vec{v}' = \vec{v}'_\parallel + \vec{v}'_\perp = k(\vec{v} \cdot \vec{n})\vec{n} + \vec{v} - (\vec{v} \cdot \vec{n})\vec{n} = \vec{v} + (k-1)(\vec{v} \cdot \vec{n})\vec{n} \tag{22-114}$$

对任意向量进行缩放后可以计算出缩放后的基向量。通过基向量构造矩阵,得到以单位向量 $\vec{n}$ 为缩放方向、k 为因子的缩放矩阵。例如,二维空间的缩放矩阵为

$$S(\vec{n}, k) = \begin{pmatrix} \vec{p}' \\ \vec{q}' \end{pmatrix} = \begin{pmatrix} 1+(k-1)\vec{n}_X^2 & (k-1)\vec{n}_X\vec{n}_Y \\ (k-1)\vec{n}_X\vec{n}_Y & 1+(k-1)\vec{n}_Y^2 \end{pmatrix} \tag{22-115}$$

四、投影变换

在 m 维希尔伯特空间中,经常涉及投影变换。一般来说,投影意味着降低维度来操作。正如三维空间可以看成由许多二维平面构成,m 维希尔伯特空间也可看作由许许多多的低维"世界"所构成。但是,每个"世界"都只能感受到那个 m 维空间中的形态在其中的投影,因此,在每个"世界"感觉到的 m 元系统形态都是不同的。[15]

如果有一种投影方法是在某个方向上用 0 作为缩放因子,那么在这种情况下的所有点都被拉平至二维坐标系垂直的坐标轴或三维坐标系的平面上。这种类型的投影称作正交投影(或者平行投影),因为从原来的点到投影点的直线相互平行。

透视投影是用中心投影法将形体投射到投影面上,从而获得的一种较为接近视觉效果的单面投影图。平行投影是线性变换,可以用矩阵表示。但是,透视投影不是线性变换,必须用齐次坐标表示。与平行投影沿着平行线将物体投影到图像平面上不同,透视投影按照从投影中心这一点发出的直线将物体投影到图像平面。这就意味着距离投影中心越远投影越小,距离越近投影越大。

(一)向坐标轴或平面投影

最简单的投影方式是向二维坐标系的坐标轴或三维坐标系的平面投影。但是,在不同的低维度"世界"观测到的事物形态的现象是不同的。例如,一个圆锥在 A 世界的投影是圆形的,而在 B 世界的投影是三角的,而"真实"的圆锥形态的向量就是 A 和 B 两个世界的投影形态的向量叠加,如图 22-12 所示。

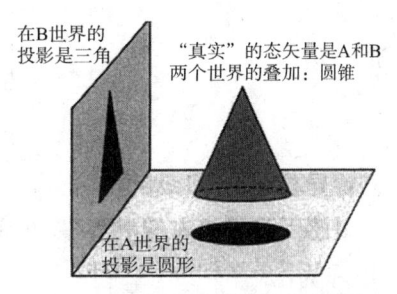

图 22-12 圆锥向不同平面投影

通过使垂直方向上的缩放因子为零,就能向坐标轴或平面投影。考虑到完整性,下面列出这些变换矩阵

$$P_x = S((0,1),0) = \begin{pmatrix} 1 & 0 \\ 0 & 0 \end{pmatrix} \quad (22\text{-}116)$$

$$P_Y = S((1,0),0) = \begin{pmatrix} 0 & 0 \\ 0 & 1 \end{pmatrix} \quad (22\text{-}117)$$

$$P_{XY} = S((0,0,1),0) = \begin{pmatrix} 1 & 0 & 0 \\ 0 & 1 & 0 \\ 0 & 0 & 0 \end{pmatrix} \quad (22\text{-}118)$$

$$P_{XZ} = S((0,1,0),0) = \begin{pmatrix} 1 & 0 & 0 \\ 0 & 0 & 0 \\ 0 & 0 & 1 \end{pmatrix} \quad (22\text{-}119)$$

$$P_{YZ}=S((1,0,0),0)=\begin{pmatrix} 0 & 0 & 0 \\ 0 & 1 & 0 \\ 0 & 0 & 1 \end{pmatrix} \tag{22-120}$$

不过,向坐标轴或平面投影在实际变换中不常发生,大多数情况是出现在向低维度的变换赋值且要抛弃维数时。例如,将三维点赋值给二维点,抛弃 z 分量,只复制 x 和 y。

(二)向任意直线或平面投影

为了将向量正投影到一条经过原点的直线,假设 (u_X, u_Y) 是直线方向的单位向量,变换矩阵为

$$\begin{pmatrix} x' \\ y' \end{pmatrix} = \begin{pmatrix} u_X^2 & u_X u_Y \\ u_X u_Y & u_Y^2 \end{pmatrix} \begin{pmatrix} x \\ y \end{pmatrix} \tag{22-121}$$

同反射一样,正投影到一条不经过原点的直线的变换是仿射变换,而不是线性变换。

向任意直线或平面投影,由于不考虑平移,这些直线或平面必须通过原点。投影由垂直于直线或平面的单位向量 $\vec{n}$ 定义。

通过使该方向的缩放因子为 0,能够导出向任意方向投影的矩阵。二维空间中的情况为

$$\begin{aligned} P(\vec{n}) &= S(\vec{n},0) \\ &= \begin{pmatrix} 1+(0-1)n_X^2 & (0-1)n_X n_Y \\ (0-1)n_X n_Y & 1+(0-1)n_Y^2 \end{pmatrix} \\ &= \begin{pmatrix} 1-n_X^2 & -n_X n_Y \\ -n_X n_Y & 1-n_Y^2 \end{pmatrix} \end{aligned} \tag{22-122}$$

记住这里 $\vec{n}$ 垂直于投影直线,而不是平行。三维空间中,向垂直于 $\vec{n}$ 的平面投影的矩阵为

$$\begin{aligned} P(\vec{n}) &= S(\vec{n},0) \\ &= \begin{pmatrix} 1+(0-1)n_X^2 & (0-1)n_X n_Y & (0-1)n_X n_Z \\ (0-1)n_X n_Y & 1+(0-1)n_Y^2 & (0-1)n_Y n_Z \\ (0-1)n_X n_Z & (0-1)n_Y n_Z & 1+(0-1)n_Z^2 \end{pmatrix} \\ &= \begin{pmatrix} 1-n_X^2 & -n_X n_Y & -n_X n_Z \\ -n_X n_Y & 1-n_Y^2 & -n_Y n_Z \\ -n_X n_Z & -n_Y n_Z & 1-n_Z^2 \end{pmatrix} \end{aligned} \tag{22-123}$$

(三)透视投影

最简单的透视投影将投影中心作为坐标原点,$z=1$ 作为图像平面,这样投影变换

为 $x' = \dfrac{x}{z}, y' = \dfrac{y}{z}$，用齐次坐标表示为

$$\begin{pmatrix} x_c \\ y_c \\ z_c \\ w_c \end{pmatrix} = \begin{pmatrix} 1 & 0 & 0 & 0 \\ 0 & 1 & 0 & 0 \\ 0 & 0 & 1 & 0 \\ 0 & 0 & 0 & 1 \end{pmatrix} \begin{pmatrix} x \\ y \\ z \\ 1 \end{pmatrix} \tag{22-124}$$

这个乘法的计算结果是 $(x_c, y_c, z_c, w_c) = (x, y, z, 1)$。

在进行乘法计算之后，通常齐次元素 w_c 并不为 1。为了映射回真实的平面，需要进行齐次除法，即每个元素都除以 w_c。

$$\begin{pmatrix} x' \\ y' \\ z' \end{pmatrix} = \begin{pmatrix} x_c/w_c \\ y_c/w_c \\ z_c/w_c \end{pmatrix} \tag{22-125}$$

更加复杂的透视投影可以是与旋转、缩放、平移、切变等组合在一起对图像进行变换。在三维图形学中，透视投影是一种重要的变换。

五、镜像变换

镜像（也叫作反射）是一种变换。在二维空间中，镜像的作用是将二元系统形态沿直线"翻折"，通过原点的镜像变换为 $x' = -x, y' = -y$，通过 Y 轴的镜像变换为 $x' = -x$，如图 22-13 所示。

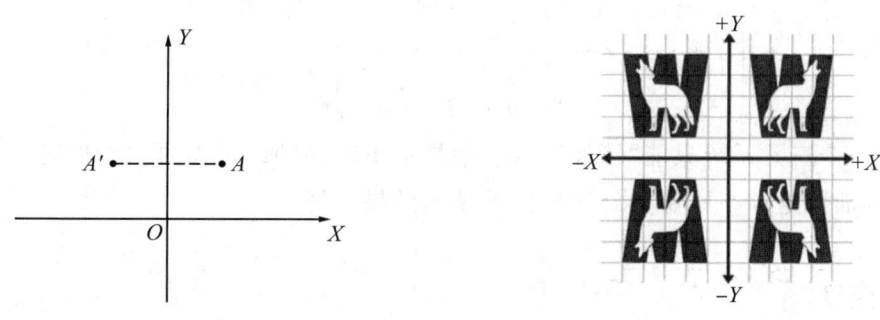

图 22-13 镜像变换　　　　图 22-14 镜像的四象

图 22-14 展示了镜像在二维直角坐标系四象空间的镜像效果。只要使缩放因子为 -1，就很容易实现镜像变换。设 $\vec{n}$ 为二维单位向量，下式所示的矩阵将沿通过原点且垂直于 $\vec{n}$ 的反射轴来进行镜像变换。

$$R(\vec{n}) = S(\vec{n}, -1)$$
$$= \begin{pmatrix} 1 + (-1-1)n_X^2 & (-1-1)n_X n_Y \\ (-1-1)n_X n_Y & 1 + (-1-1)n_Y^2 \end{pmatrix}$$

$$= \begin{pmatrix} 1-2n_X^2 & -2n_Xn_Y \\ -2n_Xn_Y & 1-2n_Y^2 \end{pmatrix} \tag{22-126}$$

在三维直角坐标系空间中，用反射平面代替直线，其作用就是将三元系统形态沿平面"翻折"，如图 22-15 所示。

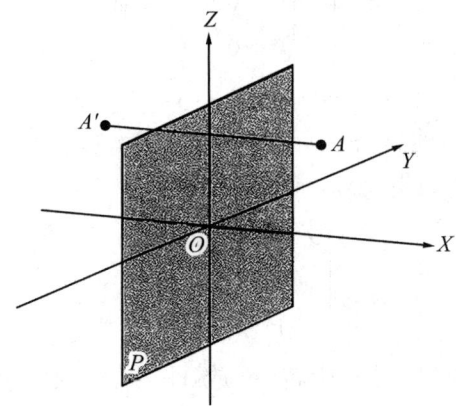

图 22-15 在三维空间中的"翻折"效果

下式中的矩阵将沿通过原点且垂直于 $\vec{n}$ 的平面来进行镜像变换：

$$R(\vec{n}) = S(\vec{n}, -1)$$

$$= \begin{pmatrix} 1+(-1-1)n_X^2 & (-1-1)n_Xn_Y & (-1-1)n_Xn_Z \\ (-1-1)n_Xn_Y & 1+(-1-1)n_Y^2 & (-1-1)n_Yn_Z \\ (-1-1)n_Xn_Z & (-1-1)n_Yn_Z & 1+(-1-1)n_Z^2 \end{pmatrix}$$

$$= \begin{pmatrix} 1-2n_X^2 & -2n_Xn_Y & -2n_Xn_Z \\ -2n_Xn_Y & 1-2n_Y^2 & -2n_Yn_Z \\ -2n_Xn_Z & -2n_Yn_Z & 1-2n_Z^2 \end{pmatrix} \tag{22-127}$$

注意一个三元系统只能"镜像"一次，如果沿不同的轴或平面再次镜像时，三元系统将翻回"正面"，这和在原位置旋转三元系统的效果一样。

六、切变变换

切变变换是一种坐标系"扭曲"变换，非均匀地拉伸它。切变的时候角度会发生变化，但是令人惊奇的是面积和体积保持不变。切变变换的基本思想是将某一坐标的乘积加到另一个坐标上。例如，二维空间中切变有两种可能的形式：

（1）平行于 X 轴的切变，这是将 y 乘以某个因子 k 然后加到 x 上，得到 $x'=x+ky$ 与 $y'=y$，矩阵表示为

$$\begin{pmatrix} x' \\ y' \end{pmatrix} = \begin{pmatrix} 1 & k \\ 0 & 1 \end{pmatrix} \begin{pmatrix} x \\ y \end{pmatrix} \tag{22-128}$$

(2) 平行于 Y 轴的切变，其变换为 $x'=x$ 与 $y'=y+kx$，矩阵表示为

$$\begin{pmatrix} x' \\ y' \end{pmatrix} = \begin{pmatrix} 1 & 0 \\ k & 1 \end{pmatrix} \begin{pmatrix} x \\ y \end{pmatrix} \tag{22-129}$$

其图像如图 22-16 所示

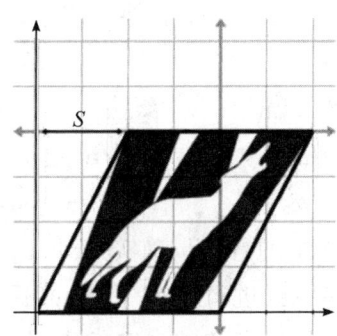

图 22-16　二维空间中的切变变换

同理，可以得到三维空间乃至 m 维空间中实现切变变换的矩阵。

七、变换的组合

用矩阵表示线性变换的一个主要动力就是可以很容易地进行组合变换。组合可以通过矩阵乘法来完成。如果 A 与 B 是两个线性变换，那么对向量 x 先进行 A 变换，然后进行 B 变换的过程为

$$B(A\vec{x}) = (BA)\vec{x} \tag{22-130}$$

换句话说，先 A 后 B 变换的组合等同于两个矩阵乘积的变换。需要注意的是，先 A 后 B 表示为 BA 而不是 AB。

设想客观世界中有一个任意方向与任意位置的物体，人们要把它渲染到任意方向与任意位置的摄像机中，为了做到这一点，必须将物体的所有顶点从物体坐标系变换到世界坐标系，接着再从世界坐标系变换到摄像机坐标系。其中的数学变换总结如下：

$$P_{\text{world}} = P_{\text{object}} M_{\text{object}\to\text{world}}$$

$$P_{\text{camera}} = P_{\text{world}} M_{\text{world}\to\text{camera}}$$

$$= (P_{\text{object}} M_{\text{object}\to\text{world}}) M_{\text{world}\to\text{camera}}$$

因为矩阵乘法满足结合律，所以人们能够用一个矩阵直接从物体坐标系变换到摄像机坐标系

$$P_{\text{camera}} = P_{\text{world}} M_{\text{world}\to\text{camera}}$$

$$= (P_{\text{object}} M_{\text{object}\to\text{world}}) M_{\text{world}\to\text{camera}}$$

这样就能在渲染的循环外先将所有矩阵组合起来，使循环内做矩阵乘法的时候只需要和一个矩阵相乘即可（物体有很多顶点，省一次矩阵乘法就会提高不少效率），如此

$$M_{\text{object}\to\text{camera}} = M_{\text{object}\to\text{world}} M_{\text{world}\to\text{camera}}$$
$$P_{\text{camera}} = P_{\text{object}} M_{\text{object}\to\text{camera}}$$

所以,矩阵组合从代数角度看是利用了矩阵乘法的结合律。矩阵的行向量就是变换后的基向量,这在多个变换的情况下也是成立的。考虑矩阵乘法 AB,结果中的每一行都是 A 中相应的行与矩阵 B 相乘的结果。换言之,设 a_1、a_2、a_3 为 A 的行,矩阵乘法能够写为

$$A = \begin{pmatrix} a_1 \\ a_2 \\ a_3 \end{pmatrix} \quad AB = \begin{pmatrix} a_1 \\ a_2 \\ a_3 \end{pmatrix} B = \begin{pmatrix} a_1 B \\ a_2 B \\ a_3 B \end{pmatrix} \tag{22-131}$$

这就使得结论更加清晰,AB 结果中的行向量确实是对 A 的基向量进行 B 变换的结果。

综上所述,平移变换只是将原图进行空间平移;欧氏变换加上了坐标旋转,但长度和角度保持不变;相似变换引入了尺度的放大和缩小;仿射变换则角度和长度都可以改变,但平行线仍然变为平行线;投影变换则更加放松了条件,不再保证平行线仍然平行。在仿射变换下不会改变的概念叫作仿射概念。几何图形的某种性质如果是用仿射概念刻画的,从而在仿射变换中保持不变,就称为仿射性质。从图 22-17 中所列出的平面上的各种几何变换的直观图像可以对"仿射"所表达的概念和性质获得更深刻的理解。[16]

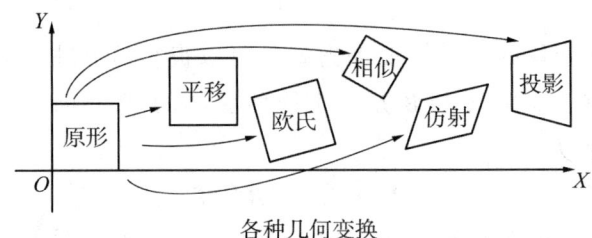

图 22-17 平面上的各种几何变换图像

第四节 信息论与分布函数的演绎

多元向量的内积是欧几里得空间的二元实值函数,欧几里得结构具有多个特点。m 元信息具有独立性、可交换性、可传播性等性质,由 m 元系统的两个质向量内积可以演绎出"信息论"及其有关熵的性质。进一步,还可以推演得到概率论中的乘法规则与加法规则以及数理统计学中的多元统计分布函数。

一、多元向量的内积

在 m 维质向量坐标系 $\vec{X_1}\vec{X_2}\cdots\vec{X_m}$ 的 $(\vec{X_1},\vec{X_2},\cdots,\vec{X_m})$ 空间中,每一个 m 元系统形态都对应一个 m 元质向量。在省却质向量关于质的规定的条件下,m 元系统形态之间的内在联系可以用 m 元向量之间的函数关系来表达,且 m 元向量符合向量之间的运算法则。

在向量分析中,两个非零向量的内积为一个实数。如果 m 维向量坐标系 $\vec{X_1}\vec{X_2}\cdots\vec{X_m}$ 的 $(\vec{X_1},\vec{X_2},\cdots,\vec{X_m})$ 空间是实数域 $\mathbf{R}$ 上的线性空间,这个特别的线性度量空间定义了正定对称双线型 g(g 称为内积),带有"内积"的实数域上的一类向量空间就成为欧几里得空间 V(或平直空间)。内积空间是对欧几里得空间的一般化,是指配备了内积的向量空间。任何有限维度的欧几里得空间,简称 m 维欧氏空间。希尔伯特空间则是欧几里得空间的一个推广,它是有限维欧几里得空间向无穷维的推广。希尔伯特空间被定义为"完备的内积空间",而所谓"完备"是指空间中任意柯西列都收敛。

m 维实数域欧几里得空间 V 是有限维、实数和内积空间,有时称之为实数坐标空间;m 维实数坐标空间是实 m 维向量坐标系空间中的原型。对任意一个正整数 m,实数的 m 组元的全体构成了实数域 $\mathbf{R}$ 上的一个 m 维向量坐标系 $\vec{X_1}\vec{X_2}\cdots\vec{X_m}$ 的空间,用 R^m 来表示。R^m 中的组元写作 $\vec{x}=\vec{x_1}+\vec{x_2}+\cdots+\vec{x_m}$,这里的 x_i 都是实数。

在实数域 $\mathbf{R}$ 的 m 维向量坐标系 $\vec{X_1}\vec{X_2}\cdots\vec{X_m}$ 的空间 R^m 上,内积 g 是 V 上的二元实值函数,这是指与实数域 $\mathbf{R}$ 上向量空间 V 中任意一对向量 $\vec{x}$、$\vec{y}$ 唯一对应的实数,这个实数记作 (x,y),即

$$\langle \vec{x},\vec{y} \rangle = \sum_{i=1}^{m} x_i y_i = x_1 y_1 + x_2 y_2 + \cdots + x_m y_m \qquad (22\text{-}132)$$

式中,$\vec{x}=(\vec{x_1},\vec{x_2},\cdots,\vec{x_m})$,$\vec{y}=(\vec{y_1},\vec{y_2},\cdots,\vec{y_m})$。

内积是一个度量概念,有明显的代数性质,且满足如下的关系:

(1) $g(x,y)=g(y,x)$。
(2) $g(x+y,z)=g(x,z)+g(y,z)$。
(3) $g(\lambda x,y)=\lambda g(x,y)$。
(4) $g(x,x) \geqslant 0$,而且 $g(x,x)=0$ 当且仅当 $x=0$ 时成立。

这里 x、y、z 是 V 中任意向量,λ 是任意实数。

可见,R^m 中的任意两个向量对应着一个实数值。R^m 和如此定义的内积称为 R^m 上的欧几里得结构。欧几里得结构表现了如下的特点:

(1) 实数轴上的点与全体实数 x 一一对应,记为 $\mathbf{R}$(或 R^1)。
(2) 在确定的平面坐标系下,平面上所有的点与所有有序实数对 (x,y) 一一对应,记为 R^2。

(3)在确定的空间坐标系下,空间中所有点与所有有序三元数组(x,y,z)一一对应,记为R^3。

(4)m维欧几里得空间为所有有序m元实数组$(x_1,x_2,\cdots,x_m)$所组成的集合,记为R^m,即$R'=\{(x_1,x_2,\cdots,x_m),x_i\in \mathbf{R},i=1,2,\cdots,m\}$。

(5)R^m中的一个点$(x_1,x_2,\cdots,x_m)$记为$x=(x_1,x_2,\cdots,x_m)$,其中x_i称为x的第i个分量,$i=1,2,\cdots,m$。$0=(0,0,\cdots,0)$称为R^m的坐标原点。点$\vec{x}$也可以看成是R^m中以0为始点和$\vec{x}$为终点的向量。

(6)m维欧式空间是线性空间。设$x=(x_1,x_2,\cdots,x_m)\in R',y=(y_1,y_2,\cdots,y_m)\in R',\lambda$和$\mu$是任意两个实数,则

$$\langle \vec{x}+\vec{y}\rangle=\langle \vec{x}_1+\vec{y}_1,\vec{x}_2+\vec{y}_2,\cdots,\vec{x}_m+\vec{y}_m\rangle \qquad (22\text{-}133)$$

$$\lambda\vec{x}=\langle \lambda\vec{x}_1,\lambda\vec{x}_2,\cdots,\lambda\vec{x}_m\rangle \qquad (22\text{-}134)$$

$$\langle \lambda x+\mu y\rangle=(\lambda x_1+\mu y_1,\lambda x_2+\mu y_2,\cdots,\lambda x_m+\mu y_m) \qquad (22\text{-}135)$$

(7)R'上的距离结构。

对任意的点$\vec{x}=(\vec{x}_1,\vec{x}_2,\cdots,\vec{x}_m)\in R'$和点$\vec{y}=(\vec{y}_1,\vec{y}_2,\cdots,\vec{y}_m)\in R'$,由(22-73)式$|\overrightarrow{AB}|=|\vec{A}-\vec{B}|=\sqrt{(x'_1-x_1)^2+(x'_2-x_2)^2+\cdots+(x'_m-x_m)^2}$,就可以得到点$\vec{x}$与$\vec{y}$之间的欧氏距离(简称为距离)为

$$\begin{aligned}\rho(\vec{x},\vec{y})&=|\vec{x}-\vec{y}|\\&=\sqrt{(x_1-y_1)^2+(x_2-y_2)^2+\cdots+(x_m-y_m)^2}\end{aligned} \qquad (22\text{-}136)$$

式中,$\rho(\vec{x},\vec{y})$表示向量$\vec{x}-\vec{y}$的模长(或称为长度或范数)。特别地,当$\vec{y}=0$时,(22-136)式也记为$|\vec{x}|$或$\rho(\vec{x})$,表示向量$\vec{x}$的模长。

(8)在m维向量坐标系$\vec{X}_1\vec{X}_2\cdots\vec{X}_m$的$(\vec{X}_1,\vec{X}_2,\cdots,\vec{X}_m)$空间中,向量对应于欧几里得平面中的点,加法运算对应于平移,内积蕴含了向量的夹角和距离的概念,且可被用来定义旋转。

每一个m维向量坐标系$\vec{X}_1\vec{X}_2\cdots\vec{X}_m$的向量空间$V$都可以看作实数坐标空间——$V$与$R^m$是同构的。不过,这个同构不是正则的,每个同构的选择都相当于在V中选择了一组基(即R^m的m个标准基在V中的同构像)。

通常引入实数坐标空间R^m的标准基

$$\vec{e}_1=(1,0,\cdots,0)$$
$$\vec{e}_2=(0,1,\cdots,0)$$
$$\vdots$$
$$\vec{e}_m=(0,0,\cdots,1)$$

于是,在m维向量坐标系$\vec{X}_1\vec{X}_2\cdots\vec{X}_m$的$(\vec{X}_1,\vec{X}_2,\cdots,\vec{X}_m)$欧氏空间中,对欧几里得空间$V$取一组基$\vec{e}_1,\vec{e}_2,\cdots,\vec{e}_m$,$R^m$中任意的两个向量就是

$$\vec{x} = x_1\vec{e}_1 + x_2\vec{e}_2 + \cdots + x_m\vec{e}_m = \sum_{i=1}^{m} x_i e_i$$

$$\vec{y} = y_1\vec{e}_1 + y_2\vec{e}_2 + \cdots + y_m\vec{e}_m = \sum_{i=1}^{m} y_i e_i$$

由内积的性质得

$$(\vec{x},\vec{y}) = (x_1\vec{e}_1 + x_2\vec{e}_2 + \cdots + x_m\vec{e}_m, y_1\vec{e}_1 + y_2\vec{e}_2 + \cdots + y_m\vec{e}_m) \qquad (22\text{-}137)$$

令

$$a_{ij} = (\vec{e}_i, \vec{e}_j) \quad (i,j=1,2,\cdots,m) \qquad (22\text{-}138)$$

显然，$a_{ij} = a_{ji}$，于是

$$\langle \vec{x},\vec{y} \rangle = \sum_{i=1}^{m} \sum_{j=1}^{m} a_{ij} x_i y_j \qquad (22\text{-}139)$$

利用矩阵，$\langle \vec{x}, \vec{y} \rangle$ 还可以写成

$$\langle \vec{x}, \vec{y} \rangle = X'AY \qquad (22\text{-}140)$$

其中

$$X = \begin{pmatrix} x_1 \\ x_2 \\ \vdots \\ x_m \end{pmatrix}, Y = \begin{pmatrix} y_1 \\ y_2 \\ \vdots \\ y_m \end{pmatrix}$$

分别是 $\vec{x}$、$\vec{y}$ 的坐标，而矩阵 $\mathbf{A} = (a_{ij})_{mm}$ 称为基 $\vec{e}_1, \vec{e}_2, \cdots, \vec{e}_m$ 的度量矩阵。

如果欧氏空间的两个向量 $\vec{x}$ 与 $\vec{y}$ 的内积为零，即 $\langle \vec{x}, \vec{y} \rangle = 0$，那么 $\vec{x}$ 与 $\vec{y}$ 称为正交的向量。在 m 维向量坐标系 $\vec{X}_1 \vec{X}_2 \cdots \vec{X}_m$ 空间（欧氏空间）中，由 m 个向量组成的正交向量组称为正交基，由单位向量组成的正交基称为标准正交基。

如果 $\vec{e}_1, \vec{e}_2, \cdots, \vec{e}_m$ 是一组标准正交基，则

$$(\vec{e}_i, \vec{e}_j) = \begin{cases} 1, i = j \\ 0, i \neq j \end{cases} \qquad (22\text{-}141)$$

任何一个 m 维欧氏空间 V 都有标准正交基。若 $\vec{e}_1, \vec{e}_2, \cdots, \vec{e}_m$ 是 m 维欧氏空间的一个标准正交基，$\vec{x} = \sum_{i=1}^{m} x_i e_i, \vec{y} = \sum_{i=1}^{m} y_i e_i$ 是 V 的任意向量，那么

$$\langle \vec{x}, \vec{y} \rangle = \sum_{i=1}^{m} \sum_{j=1}^{m} x_i y_j = \vec{x} \cdot \vec{y} = X'Y \qquad (22\text{-}142)$$

即在标准正交基下，两个向量的内积等于其对应坐标的乘积之和；向量的坐标可以通过内积简单地表示出来，而且内积有特别简单的表达式。(22-142)式正是几何中向量的内积在笛卡尔直角坐标系中坐标表达式的推广。

在 m 维向量坐标系 $\vec{X}_1 \vec{X}_2 \cdots \vec{X}_m$ 的 $(\vec{X}_1, \vec{X}_2, \cdots, \vec{X}_m)$ 空间中，一维 m 元向量 $\vec{x}_{1+2+\cdots+m}$ 由 m 个相互独立的分向量 $\vec{x}_1, \vec{x}_2, \cdots, \vec{x}_m$ 组成。如果赋予 m 元向量 $\vec{x}(\vec{x}_1,$

$\vec{x}_2,\cdots,\vec{x}_m$)的特质为信息 $\vec{P}$，那么 m 元质向量就是 $\vec{P}(\vec{P}_1,\vec{P}_2,\cdots,\vec{P}_m)$。一维 m 元信息向量 $\vec{P}$ 与 m 个相互独立的信息分向量 $\vec{P}_i(i=1,2,\cdots,m)$ 的加和关系可以表达为

$$\vec{P}=\vec{P}_{1+2+\cdots+m}=\vec{P}_1+\vec{P}_2+\cdots+\vec{P}_m \tag{22-143}$$

在 m 维向量坐标系 $\vec{X}_1\vec{X}_2\cdots\vec{X}_m$ 的 $(\vec{X}_1,\vec{X}_2,\cdots,\vec{X}_m)$ 空间中，一维 m 元向量 $\vec{x}_{1+2+\cdots+m}$ 由 m 个相互独立的分向量 $\vec{x}_1,\vec{x}_2,\cdots,\vec{x}_m$ 组成。如果赋予 m 元向量 $\vec{x}(\vec{x}_1,\vec{x}_2,\cdots,\vec{x}_m)$ 的特质为熵 $\vec{S}$，那么 m 元质向量就是 $\vec{S}(\vec{S}_1,\vec{S}_2,\cdots,\vec{S}_m)$，一维 m 元熵向量 $\vec{S}$ 与 m 个相互独立的熵分向量 $\vec{S}_i(i=1,2,\cdots,m)$ 的加和关系可以表达为

$$\vec{S}=\vec{S}_{1+2+\cdots+m}=\vec{S}_1+\vec{S}_2+\cdots+\vec{S}_m \tag{22-144}$$

同理，在 m 维向量坐标系 $\vec{X}_1\vec{X}_2\cdots\vec{X}_m$ 的 $(\vec{X}_1,\vec{X}_2,\cdots,\vec{X}_m)$ 空间中，如果赋予一维 m 元向量 $\vec{x}_{1+2+\cdots+m}$ 为其他特定的质向量，此一维 m 元质向量与 m 个相互独立的分质向量加和关系可由(22-70)式 $\vec{x}_{1+2+\cdots+m}=\vec{x}_1+\vec{x}_2+\cdots+\vec{x}_m$ 表示。例如，赋予一维 m 元向量 $\vec{x}_{1+2+\cdots+m}$ 的特质为能量 $\vec{E}$，那么能量 $\vec{E}$ 的 m 元质向量就是 $\vec{E}(\vec{E}_1,\vec{E}_2,\cdots,\vec{E}_m)$。一维 m 元能量向量 $\vec{E}$ 与 m 个相互独立的能量分向量 $\vec{E}_i(i=1,2,\cdots,m)$ 的加和关系可以表达为

$$\vec{E}_{1+2+\cdots+m}=\vec{E}_1+\vec{E}_2+\cdots+\vec{E}_m \tag{22-145}$$

如果赋予一维 m 元向量 $\vec{x}_{1+2+\cdots+m}$ 的特质为异质单元数 $\vec{n}_{1+2+\cdots+m}$，那么异质单元数 $\vec{n}_{1+2+\cdots+m}$ 的 m 元质向量就是 $\vec{n}(\vec{n}_1,\vec{n}_2,\cdots,\vec{n}_m)$。一维 m 元异质单元数向量 $\vec{n}$ 与 m 个相互独立的异质单元数 $\vec{n}_{1+2+\cdots+m}$ 分向量 $\vec{n}_i(i=1,2,\cdots,m)$ 的加和关系可以表达为

$$\vec{n}_{1+2+\cdots+m}=\vec{n}_1+\vec{n}_2+\cdots+\vec{n}_m \tag{22-146}$$

二、信息论的演绎

在 m 维向量坐标系 $\vec{X}_1\vec{X}_2\cdots\vec{X}_m$ 的 $(\vec{X}_1,\vec{X}_2,\cdots,\vec{X}_m)$ 空间中，向量 $\vec{A}$ 由 m 个相互独立的分向量 $\vec{x}_1,\vec{x}_2,\cdots,\vec{x}_m$ 组成，向量 $\vec{B}$ 由 m 个相互独立的分向量 $\vec{y}_1,\vec{y}_2,\cdots,\vec{y}_m$ 组成，由于它们具有共同的标准正交基，向量 $\vec{A}$ 和向量 $\vec{B}$ 的内积可以由(22-142)式 $\vec{A}\cdot\vec{B}=x_1y_1+x_2y_2+\cdots+x_my_m=X'Y$ 而得到。如果赋予 m 元向量 $\vec{x}(\vec{x}_1,\vec{x}_2,\cdots,\vec{x}_m)$ 的特质为信息 $\vec{P}$，那么这一 m 元质向量就是 $\vec{P}(\vec{P}_1,\vec{P}_2,\cdots,\vec{P}_m)$。因此，$m$ 元向量 $\vec{x}_1,\vec{x}_2,\cdots,\vec{x}_m$ 成为 m 元信息向量 $\vec{P}_1,\vec{P}_2,\cdots,\vec{P}_m$，另一 m 元向量 $x'_1,x'_2,\cdots,x'_m$ 成为 m 元信息向量 $\vec{Q}(\vec{Q}_1,\vec{Q}_2,\cdots,\vec{Q}_m)$，由(22-142)式 $\vec{A}\cdot\vec{B}=x_1y_1+x_2y_2+\cdots+x_my_m=X'Y$ 即可得到这两个质向量的内积为

$$\begin{aligned}\vec{P}\cdot\vec{Q}&=(\vec{P}_1+\vec{P}_2+\cdots+\vec{P}_m)\cdot(\vec{Q}_1+\vec{Q}_2+\cdots\vec{Q}_m)\\&=P_1Q_1+P_2Q_2+\cdots+P_mQ_m\end{aligned} \tag{22-147}$$

由(22-62)式也可以得到 m 元信息向量 $\vec{P}(\vec{P}_1,\vec{P}_2,\cdots,\vec{P}_m)$ 与另一 m 元信息向量

$\vec{Q}(\vec{Q}_1,\vec{Q}_2,\cdots,\vec{Q}_m)$ 内积的 $m\times m$ 矩阵表达式

$$\begin{pmatrix} P_1Q_1 & P_1Q_2 & \cdots & P_1Q_m \\ P_2Q_1 & P_2Q_2 & \cdots & P_2Q_m \\ \vdots & \vdots & & \vdots \\ P_mQ_1 & P_mQ_2 & \cdots & P_mQ_m \end{pmatrix} \qquad (22\text{-}148)$$

在省却质向量关于指向规定的情况下，把 m 元系统形态的信息 P 这一质变量看作概率，信息 $P(P_1,P_2,\cdots,P_m)$ 和信息 $Q(Q_1,Q_2,\cdots,Q_m)$ 分别代表两个 m 元系统形态（事件）的概率，由此就可以推演得到概率论的一个"公理"，即乘法规则：两个独立事件同时出现的概率是各自概率之积。

可见，尽管 m 元系统所受的环境作用可能是多重的或多向的或随机的，其行为特征又是通过光怪陆离的复杂现象来表现的，但是只要抓住 m 元系统质向量的本质与关系，就可以认识 m 元系统的各种复杂行为特征及其形态变化所隐含的规律。

在 m 维质向量坐标系 $\vec{X}_1\vec{X}_2\cdots\vec{X}_m$ 中，信息 $\vec{P}$ 是表征 m 元系统形态的质向量。信息具有独立性、可交换性、可传播性、可扩散性、可再生性、可压缩性、可分享性、无磨损性、知识性、创新性等性质。

（一）独立性

信息是反映 m 元系统形态变化量和有序性的形上参量，在客观世界中要通过形下的实物载体来表现。载体是信息赖以附载的物质基础，信息与载体在认知世界中是不可分离的。但是，抽象的信息与具体的载体之间具有相互独立性，这种独立性既包含信息与载体的物质或能量之间的相互独立性，又包含信息之间所存在的相互独立性。信息一经产生后，在内容和形态上都可以相对独立于它的母体，可以走出原载体而进入新载体（当然信息仍离不开具体的载体）。抽象的信息可以超越具体的载体进行传播，一定信息的直接载体是可变的，但是信息本身的信息量并不随着与之结合的物质或能量而变化，即不随着直接载体而变化。

从信息与载体的相互独立性还可以自然地得到以下这样一个重要概念，即不同载体承载的信息量和信息内容完全相同的信息是同一信息，作为信息不需要把它们加以分别。相同信息当是由不同载体承载时，作为信息它们之间并无区别，同一信息可以由不同的载体承载。这就告诉人们，世界上不同的事物可以具有某一方面的共同性质，这种共同性质是由信息的同一性决定的，它不受载体不同的影响。因而，人们认识事物不一定非要以直观的形式，也不一定以直接接触这一事物为获得认识的来源。

（二）可交换性

信息可以在不同载体之间交换，说明了在不同种类或不同层次的事物运动形式之间，信息是可以相互转移和相互变化的，不同的信息也可以相互转化和相互变换。不同

信息的信息量相互等效,任何新信息都不可能凭空创生,都只能由其他信息转化而来。例如,最初的生命信息是物理、化学等运动信息转换而来的;科学家、文学家的新理论、新作品信息是由遗传信息、自然信息、社会信息转换而来的;房屋、运河、工厂等人造物信息则是由自然信息、科学技术信息、人的思想信息转换而来的。

(三)可传播性

信息的传播运动不是普遍意义下的空间位移。一般的物质和运动的传播总是随着物质材料流动的。一定层次范围的信息可以在载体基本不流动的情况下,由一个载体流向另一个载体。传播前后不同载体所承载的是同一信息。若干信息由载体系统传播到某一载体系统时,它们之间及其与系统中原有信息的合成遵循集合论的加法法则。

信息的可传播性实质上反映了事物形态变化的波动性,因而信息在一定领域被称为概率波。对于事物形态变化的波动性,爱因斯坦曾经大发感叹:"科学的现代发展中所发生的最基本的问题之一是:怎样把物质和波这两种对立的观念统一起来。这是最基本的困难之一,一旦解决了,一定会促使科学的进展。"其实,统一科学关于单元系统的信息 $P=\frac{n}{N}$ 的定义式已经规定了信息 P 是异质单元数 n 和总体单元数 N 的函数,这个函数式就是以信息 P 来表征异质单元数 n 和总体单元数 N 的对立统一,所以信息 P 是联系事物形态变化波动性与粒子性的桥梁。

以信息 P 为研究对象,将关于信息的性质及其规律性的正确认识经过论证,并由一系列概念和原理表达出来的知识体系就称为"信息论"。而以熵 S 为研究对象,所形成的理论也应该称作"熵论"。不过,由于"信息论"早已深入人心,以熵或信息熵为核心形成的理论也就在20世纪中叶被人们归属于"信息论"的范畴。

信息 $\vec{P}$ 可以由 m 个独立的分质向量 $\vec{P}_1, \vec{P}_2, \cdots, \vec{P}_m$ 组成 $\vec{P}(\vec{P}_1, \vec{P}_2, \cdots, \vec{P}_m)$,即 $\vec{P} = \vec{P}_1 + \vec{P}_2 + \cdots + \vec{P}_m$;能量 $\vec{E}$ 也可以由 m 个独立的分质向量 $\vec{E}_1, \vec{E}_2, \cdots, \vec{E}_m$ 组成 $\vec{E}(\vec{E}_1, \vec{E}_2, \cdots, \vec{E}_m)$,即 $\vec{E} = \vec{E}_1 + \vec{E}_2 + \cdots + \vec{E}_m$。因此,由(22-142)式 $\langle \vec{x}, \vec{y} \rangle = \sum_{i=1}^{m}\sum_{j=1}^{m} x_i y_j = \vec{x} \cdot \vec{y} = X'Y$ 可以得到这两个质向量的内积为

$$\begin{aligned}\vec{P} \cdot \vec{E} &= (\vec{P}_1 + \vec{P}_2 + \cdots + \vec{P}_m) \cdot (\vec{E}_1 + \vec{E}_2 + \cdots + \vec{E}_m) \\ &= P_1 E_1 + P_2 E_2 + \cdots + P_m E_m \\ &= \frac{n_1}{N} E_1 + \frac{n_2}{N} E_2 + \cdots + \frac{n_m}{N} E_m \end{aligned} \quad (22\text{-}149)$$

再令 $\overline{\vec{E}} = \vec{P} \cdot \vec{E}$ 为 m 元系统的平均能量,而 $N = n_1 + n_2 + \cdots + n_m$,上式就可以表述为

$$\overline{E} = \frac{n_1 E_1 + n_2 E_2 + \cdots + n_m E_m}{n_1 + n_2 + \cdots + n_m}$$

$$= \frac{\sum_{i=1}^{m} n_i E_i}{\sum_{i=1}^{m} n_i}$$

$$= \sum_{i=1}^{m} P_i E_i \tag{22-150}$$

这里，m 元系统含有 m 个子系统，在某一形态下各子系统所占的单元数为 $n_1, n_2, \cdots, n_m$，而其对应的形态信息为 $P_1, P_2, \cdots, P_m$，且满足 $P_i \geqslant 0$ 和 $\sum_{i=1}^{m} P_i = 1$ 的条件，这样 (22-150) 式就代表着整个 m 元系统的平均能量。可见，为了求得 m 元系统的平均能量就要求得各子系统的形态信息 $P_1, P_2, \cdots, P_m$。例如，在统计力学中各子系统的形态信息就是各种能量分子的分布状态，当各种能量分子（子系统）达到平衡时，各种微观状态出现的概率相等的分布状态即为最可几分布状态。

对 (22-150) 式两边同除于能元 ε，所得到的就是平均能商

$$\bar{\xi} = \sum_{i=1}^{m} P_i \xi_i \tag{22-151}$$

在近平衡态和吸收发射条件下，把 $\xi = \xi_{\neq} + \ln P$ 代入上式，得到

$$\bar{\xi} = \sum_{i=1}^{m} P_i (\xi_{\neq i} + \ln P_i) = \sum_{i=1}^{m} P_i \xi_{\neq i} + \sum_{i=1}^{m} P_i \ln P_i \tag{22-152}$$

式中，$\sum_{i=1}^{m} P_i \xi_{\neq i}$ 为 m 元系统各组元的能阈与能元之商的均值，代表着 m 元系统实现形态根本转化的突跃点的阈限值。(22-152) 式表示 m 元系统能商 $\bar{\xi}$ 的数学期望，也是各组元能阈与能元之商的"加权"平均值。

作为质向量，熵 $\vec{S}$ 和信息 $\vec{P}$ 有其一系列相应的性质。如果把关于单元系统熵的定义 $S = \xi_{\neq} - \xi$ 扩大到 m 元系统，代入 (22-144) 式 $\vec{S} = \vec{S}_{1+2+\cdots+m} = \vec{S}_1 + \vec{S}_2 + \cdots + \vec{S}_m$，将 $\sum_{i=1}^{m} P_i \xi_{\neq i}$ 减去 m 元系统的平均能商 $\bar{\xi}$ 也就可以定义 m 元系统的熵为

$$\bar{S} = \sum_{i=1}^{m} P_i \xi_{\neq i} - \bar{\xi} \tag{22-153}$$

把 (22-152) 式与 (22-153) 式联系起来，就可以得到平均熵

$$\bar{S} = -\sum_{i=1}^{m} P_i \ln P_i \tag{22-154}$$

可见，统一科学在此就演绎出信息论中最重要的公式——信息熵。

其实，通过两个质向量的点积也可以直接求得信息熵。如果把组成一维 m 元信息 $\vec{P}$ 的 m 个相互独立的分质向量 $\vec{P}_1, \vec{P}_2, \cdots, \vec{P}_m$ 与组成一维 m 元熵 $\vec{S}$ 的 m 个相互独立的分质向量 $\vec{S}_1, \vec{S}_2, \cdots, \vec{S}_m$ 相乘，那么，由 (22-142) 式 $\langle \vec{x}, \vec{y} \rangle = \sum_{i=1}^{m} \sum_{j=1}^{m} x_i y_j = \vec{x} \cdot \vec{y} = X'Y$ 可以得到信息 $\vec{P}$ 和熵 $\vec{S}$ 的内积

$$\vec{P} \cdot \vec{S} = (\vec{P}_1 + \vec{P}_2 + \cdots + \vec{P}_m) \cdot (\vec{S}_1 + \vec{S}_2 + \cdots + \vec{S}_m)$$
$$= P_1 S_1 + P_2 S_2 + \cdots + P_m S_m$$
$$= \sum_{i=1}^{m} P_i S_i \tag{22-155}$$

令 $\overline{S} = \vec{P} \cdot \vec{S}$ 为 m 元系统的平均熵，再把近平衡态的信息熵 $S = -\ln P$ 代入上式，就可以直接得到(22-154)式 $\overline{S} = -\sum_{i=1}^{m} P_i \ln P_i$。

信息熵的提出建立了 m 元离散系统熵与信息的联系，并阐述了其相应的性质，这为人们从信息与熵的变化规律或分布规律来认识 m 元离散系统熵与信息的关系铺平了道路。1948年，美国工程师香农将熵的概念引进了信息论，由此就奠定了现代信息论的基础。他以 m 元离散系统为对象，把 m 元系统的平均熵叫作信源的平均信息量或信息熵，简称信息熵，并用符号 H 表示。但是，香农在定义信息熵时只是把信息熵作为一个获得离散信息源"产生"的信息量大小的公式。对于熵的概念泛化后就可以使熵理论从热力学领域脱颖而出，并渗透到人类思想、文化和科学技术等极不相关的各个领域，但现代信息论是无法自圆其说的。然而，统一科学由(22-154)式 $\overline{S} = -\sum_{i=1}^{m} P_i \ln P_i$ 就可以演绎出香农所定义的信息熵，并可拓展到信息科学涉及的所有领域。

此外，对于 m 元离散系统的熵 $\overline{S} = -\sum_{i=1}^{m} P_i \ln P_i$，既可保持以 e 为底的自然对数，也可将以 e 为底的自然对数替换为以其他数字的对数。例如，信息论中常取以 2 为底的对数，(22-154)式 $\overline{S} = -\sum_{i=1}^{m} P_i \ln P_i$ 的平均熵就变为[17]

$$\overline{S} = -\sum_{i=1}^{m} P_i \ln P_i$$
$$= -\frac{1}{\log_2 e} \sum_{i=1}^{m} P_i \log_2 P_i$$
$$= -C \sum_{i=1}^{m} P_i \log_2 P_i \tag{22-156}$$

在(22-156)式中取 $C = \frac{1}{\log_2 e} = 1$，熵的单位或信息量的单位就称为比特(bit)。

在信息论中，信息还有奈特(nat)、铁特(tet)、哈特(hart)、笛特(det)等几个单位。实质上，熵或平均熵都是没有量纲的，熵的不同"量纲"只是作为不同底的对数的标识。如果取以 2 为底的对数，则熵的单位称为比特(bit)；如果取以 e 为底的对数，则熵的单位称为奈特(nat)；如果取以 10 为底的对数，则熵的单位为哈特(hart)或笛特(det)；如果取以 3 为底的对数，则熵的单位为铁特(tet)。这些信息单位都是两个英文单词合二为一的藏头藏尾缩写，比特(bit)是 binary(二进制)和 digit(数字)；奈特(nat)是 nature(自然)和 digit(数字)；哈特(hart)是首先提出"信息"这一概念的哈特莱(Hartley)和

digit(数字);笛特(det)是 decimal(十进制)和 digit(数字);铁特(tet)是 ternary(三进制)和 digit(数字)。这些不同的单位可以互相转换,但最常用的还是比特。

为此,这里就依二进制单位来讨论 m 元系统的熵的性质。

(1)熵的非负性。

对于 m 元系统而言,因为各个子系统(组元)的异质信息 P_i 均满足 $0 \leqslant P_i \leqslant 1$,这样 $-P_i \log_2 P_i \geqslant 0$,而 m 元系统的熵是 m 个 $-P_i \log_2 P_i$ 相加,所以整个系统的平均熵不会出现负值,即 $\overline{S} \geqslant 0$。

(2)熵的连续性。

从熵的表达式可以看出它是信息值的连续函数,如果信息值变化很小,则 m 元系统的平均熵也做很小的变化。

(3)熵的极大值。

如果 m 元系统为二元系统($m=2$),当其中的一个子系统的异质信息表现为 $P_1=1$,而另一个子系统的异质信息表现为 $P_2=0$ 时,$\overline{S}=-1 \cdot \log_2 1 - 0 \cdot \log_2 0 = 0$,整个二元系统的熵为最小;而当 $P_1=P_2=\frac{1}{2}$ 时,$\overline{S}=-\frac{1}{2}\log_2\frac{1}{2}-\frac{1}{2}\log_2\frac{1}{2}=1$,熵为最大。

对于一个含有 m 个组元的 m 元系统,如果每个组元的异质信息相等($P_1=P_2=\cdots=P_m=\frac{1}{m}$),这时的熵最大,有

$$S_{\max} = \sum_{i=1}^{m} -P_i \log P_i = m\left(-\frac{1}{m}\log_2\frac{1}{m}\right) = \log_2 m \tag{22-157}$$

m 元系统平均熵的极大值为 $\log_2 m$,也就是 $\overline{S} \leqslant \log_2 m$,而根据熵的非负性则有 $\overline{S} \geqslant 0$,所以 $0 \leqslant \overline{S} \leqslant \log_2 m$。可见,在每个组元的信息相同情况下,等信息场有最大熵,即均匀分布是一种最稳定的状态。因此,可以把 $S_{\max} = \log_2 m$ 称为离散信息集合的最大熵定理。如此,还可以演绎到信息论中,如果每个信源符号等概率出现 $\left(P_1=P_2=\cdots=P_m=\frac{1}{m}\right)$,则称 $I=\log_2 m$ 具有 m 个等信息值的信源符号的信息量。

(4)熵的对称性。

由向量的加法交换律可知,m 元系统的平均熵只与各个子系统的信息 $P_1,P_2,\cdots,P_m$ 有关,与 P_i 的次序无关。在计算熵时,$\overline{S}=\sum_{i=1}^{m}-P_i\log_2 P_i$ 中 i 的序号并不影响计算结果,各个子系统的信息元 P_i 可以互换,这就是熵的对称性。

(5)熵的可加性。

m 元系统的熵 S 的可加性还可以从时间和空间两个方面来认识。

①熵的空间可加性。向量空间可加性表明了 m 元系统的一维 m 元熵向量 $\vec{S}$ 等于各个子系统的熵向量之和,即 $\vec{S}=\vec{S}_1+\vec{S}_2+\cdots+\vec{S}_m$,反映了各个子系统形态之间的相

互独立性。处在同一层次的 m 元系统，如果有若干个相互独立的自由度，则各自由度的熵都具有可加性。但是，熵不仅具有空间可加性，还具有层次可加性。层次间的可加性说明了同一层次系统内部的相关性：m 元系统的总熵并不简单地等于各子系统熵之和，而是等于各子系统的熵之和加上本层次系统的熵。可见，m 元系统熵与 m 元系统总熵是不同的概念，后者还考虑了单元作为子系统的熵。

② 熵的时间可加性。向量时间可加性表明了 m 元系统的信息 $\vec{P}$ 是由各个子系统的信息 $\vec{P}_1, \vec{P}_2, \cdots, \vec{P}_m$ 构成。在省却质向量关于性质和指向规定的情况下，如果每个子系统的信息 P_i 作为一个事件 A_i 的概率，那么 $\vec{P}(\vec{P}_1, \vec{P}_2, \cdots, \vec{P}_m)$ 就是由 m 个互不相容事件 $A_1, A_2, \cdots, A_i, \cdots, A_m$ 所组成的完备事件 A 的概率。m 元系统的平均熵为

$$\overline{S}(A) = \sum_{i=1}^{m} -P(A_i) \log_2 P(A_i) \tag{22-158}$$

可以假设 A_m 事件是由 m 个互不相容事件 $A_{m1}, A_{m2}, \cdots, A_{mi}, \cdots, A_{mM}$ 所组成的完备事件，这样有

$$\overline{S}(A) = \sum_{i=1}^{m-1} -P(A_i) \log_2 P(A_i) + \sum_{j=1}^{M} -P(A_{mj}) \log_2 P(A_{mj})$$

$$= \sum_{i=1}^{m} -P(A_i) \log_2 P(A_i) + P(A_m) \log_2 P(A_m) + \sum_{j=1}^{M} -P(A_{mj}) \log_2 P(A_{mj})$$

$$\tag{22-159}$$

同时有

$$\overline{S}(A_m) = \sum_{j=1}^{M} -\frac{P(A_{mj})}{P(A_m)} \log_2 \frac{P(A_{mj})}{P(A_m)}$$

$$= \sum_{j=1}^{M} -\frac{P(A_{mj})}{P(A_m)} \log_2 P(A_{mj}) + \sum_{j=1}^{M} -\frac{P(A_{mj})}{P(A_m)} \log_2 P(A_m)$$

由于 $\sum_{j=1}^{M} -\frac{P(A_{mj})}{P(A_m)} = 1$，因此 $\overline{S}(A_m) = \frac{1}{P(A_m)} \sum_{j=1}^{M} -P(A_{mj}) \log_2 P(A_m)$，这样

$$P(A_m) \overline{S}(A_m) = \sum_{j=1}^{M} -P(A_{mj}) \log_2 P(A_{mj}) + P(A_m) \log_2 P(A_m)$$

将上式代入 (22-158) 式 $\overline{S}(A) = \sum_{i=1}^{m} -P(A_i) \log_2 P(A_i)$ 中，就有熵的可加性

$$\overline{S}(A') = \sum_{j=1}^{m} -P(A_i) \log_2 P(A_i) + P(A_m) \overline{S}(A_m)$$

$$= \overline{S}(A) + P(A_m) \overline{S}(A_m) \tag{22-160}$$

可见，事件 A 的某一个事件又分为若干事件时，新的熵值等于原来的熵加上以某一个事件的信息乘上某一事件的熵值。

(6) 条件熵。

在上述熵的可加性的讨论中，每个子系统的信息 P_i 是作为一个事件 A_i 的概率。

如果把这完备事件 A 的概率仍用各个独立子系统的信息 $P_1, P_2, \cdots, P_m$ 表示,那么(22-160)式可以写作

$$\overline{S}(P') = \overline{S}(P) + P_m \overline{S}(P_m) \tag{22-161}$$

如果已经知道某一子系统的信息 $\vec{P}_i$,不失一般,在省却质向量关于指向规定的情况下,可以假设已知信息为 $q = P_m$。这样,令 $S_q(P) = \overline{S}(P')$ 称为条件熵,而 $S(P|q) = -P_m \overline{S}(P_m)$ 称为信息 q 已知时 q 对 P 所规定的条件熵。代入(22-161)式就得到信息 q 关于信息 P 的条件熵 $S_q(P)$ 为

$$S_q(P) = S(P) - S(P|q) \tag{22-162}$$

这是 P 的无条件熵 $S(P)$ 与 q 对 P 的条件熵 $S(P|q)$ 之差。其中,条件熵 $S(P|q)$ 是表示在 q 已知的条件下系统关于 P 的熵,或者说是在给定本质信息 q 的条件下异质信息 P 发生所携带的熵。

有关条件熵 $S(P|q)$ 最简单的例子就是自发发射条件下的信息熵 $S = -\ln\left(\dfrac{1-P}{P}\right) = -\ln\dfrac{P^0}{P}$,令 $q = P^0$ 代表本质信息,则 $S = \ln P - \ln P^0 = \ln\dfrac{P}{q}$,因而熵 S 表示为 $S(P|q)$,这个熵就是反映 q 对 P 的条件熵。

同样

$$S_P(q) = S(q) - S(q|P) \tag{22-163}$$

也可以写成

$$S_P(q) = S(q) - S(P) - S(q, P) \tag{22-164}$$

条件熵还具有其他的性质,诸如:①熵 $S_Y(X) \geqslant 0$;②当 Y 与 X 互相独立时,条件熵 $S_Y(X) = S_X(Y) = 0$;③$S_Y(X) = S_X(Y)$;④可加性。

上述讨论的这些多元系统的熵的性质是借鉴了信息论和香农的信息熵,这是因为在信息论中人们从信息的角度早就对 m 元系统的熵有过深入的分析。统一科学从表征 m 元系统形态的质向量出发,以两个质向量的内积就可以得到信息熵,也就可以演绎出信息论及其有关熵的性质。可见,统一科学完全可以把信息论统帅在其麾下。

三、多元统计分布函数

对表征 m 元系统形态的向量赋予信息的特性后,m 元系统的两个信息向量内积就可以演绎出信息论及其有关熵的性质。再深入一步,还可以推演得到数理统计学的多元统计分布函数。

由 m 个单元或子系统组成的 m 元系统,其异质信息 $\vec{P}$ 由各个单元或子系统信息 $\vec{P}_1, \vec{P}_2, \cdots, \vec{P}_m$ 构成,而 m 元系统的本质信息 $\vec{P}^0$ 也由各个单元或子系统本质信息 $\vec{P}_1^0, \vec{P}_2^0, \cdots, \vec{P}_m^0$ 构成。本质信息 $\vec{P}^0$ 与异质信息 $\vec{P}$ 存在互补归一的关系。

在同向平行发射的条件下，m 元系统形态的 m 维 m 元信息是各个单元或子系统完全不相关地平行地进行形态变化中的异质信息之乘积，即

$$\vec{P}_{12\cdots m} = \vec{P}_1 \times \vec{P}_2 \times \cdots \times \vec{P}_m \tag{22-165}$$

m 元系统形态的 m 维 m 元分布信息则是各个单元或子系统完全不相关的本质信息之乘积，即

$$\vec{P}^0_{12\cdots m} = \vec{P}^0_1 \times \vec{P}^0_2 \times \cdots \times \vec{P}^0_m \tag{22-166}$$

本质信息 $\vec{P}^0$ 与异质信息 $\vec{P}$ 存在互补归一的关系，由（22-143）式 $\vec{P} = \vec{P}_{1+2+\cdots+m} = \vec{P}_1 + \vec{P}_2 + \cdots + \vec{P}_m$ 可以得到一维 m 元本质信息 $\vec{P}^0_{1+2+\cdots+m}$ 与 m 个独立的本质信息分向量 $\vec{P}^0_i$ 的加和关系为

$$P^0 = \vec{P}^0_{1+2+\cdots+m} = \vec{P}^0_1 + \vec{P}^0_2 + \cdots + \vec{P}^0_m \tag{22-167}$$

在省却质向量关于指向规定的条件下，本质信息 $\vec{P}^0$ 可以改称为"概率" P^0，熵 $\vec{S}$ 则成为熵 S。如此，m 元系统各个单元或子系统的信息 $P_1, P_2, \cdots, P_m$ 被称为互斥事件的概率，在规定概率具有完全可加性（又称可列可加性）后，就可演绎出概率论中的加法规则：如果 m 个事件两两互不相容，则各个互斥事件之和的概率等于它们概率的和。

在省却质向量关于指向规定的条件下，二维二仪质向量坐标系 $\vec{P}^0 \vec{S}$ 成为二维二仪质变量坐标系 $P^0 S$，m 元系统的本质信息 P^0 与 m 个单元或子系统的熵 $S_1, S_2, \cdots, S_m$ 构成熵本质信息分布函数 $P^0(S_1, S_2, \cdots, S_m)$，熵本质信息分布函数 $P^0(S_1, S_2, \cdots, S_m)$ 为 m 个单元或子系统的熵 $S_1, S_2, \cdots, S_m$ 的联合分布函数。由于信息都是非负的，熵本质信息分布函数满足 $P^0(S) \geqslant 0$，因此 m 元系统熵本质信息分布函数 $P^0(S_1, S_2, \cdots, S_m) \geqslant 0$，即对熵 $S_1, S_2, \cdots, S_m$ 都是非负的。

如果 m 元系统的质变量是连续型的变量，$p^0(S_1, S_2, \cdots, S_m)$ 称为 m 元系统的联合分布密度函数，m 元系统各个子系统熵 $S_1, S_2, \cdots, S_m$ 的联合分布函数 $P^0(S_1, S_2, \cdots, S_m)$ 可以表示为

$$P^0(S_1, S_2, \cdots, S_m) = \int_{-\infty}^{S_1} \cdots \int_{-\infty}^{S_k} p^0(S_1, S_2, \cdots, S_m) \mathrm{d}S_1 \mathrm{d}S_2 \cdots \mathrm{d}S_m \tag{22-168}$$

式中，熵 $S = (S_1, S_2, \cdots, S_m)$ 为 m 元连续型质变量；$p^0(S_1, S_2, \cdots, S_m) \geqslant 0$，$(-\infty < S_1 < \infty), (-\infty < S_2 < \infty), \cdots, (-\infty < S_m < \infty)$。

m 元系统的联合分布密度函数为

$$p^0(S_1, S_2, \cdots, S_m) \equiv \frac{\mathrm{d}P^0(S_1, S_2, \cdots, S_m)}{\mathrm{d}S}$$
$$= \lim_{\substack{\Delta S_1 \to 0 \\ \Delta S_2 \to 0}} \frac{P_0(S_1 < S \leqslant S_1 + \Delta S_1, S_2 < S \leqslant S_2 + \Delta S_2, \cdots, S_m < S < S_m + \Delta S_m)}{\Delta S_1 \Delta S_2 \cdots \Delta S_m} \tag{22-169}$$

即

$$P^0(S_1 < S \leqslant S_1 + \mathrm{d}S_1, S_2 < S < S_2 + \mathrm{d}S_2, \cdots, S_m < S < S_m + \mathrm{d}S_m)$$

$$= p^0(S_1, S_2, \cdots, S_m) dS_1 dS_2 \cdots dS_m \tag{22-170}$$

m 元系统的熵信息分布函数满足归一化条件为

$$P^0(S_1, S_2, \cdots, S_m) = \int_{-\infty}^{+\infty} \cdots \int_{-\infty}^{+\infty} p^0(S_1, S_2, \cdots, S_m) dS_1 dS_2 \cdots dS_m = 1 \tag{22-171}$$

如果熵 $S_1, S_2, \cdots, S_m$ 都是连续型的熵变量,则熵 $S_1, S_2, \cdots, S_m$ 独立的充分必要条件是

$$p^0(S_1, S_2, \cdots, S_m) = p^0(S_1) p^0(S_2) \cdots p^0(S_m) \tag{22-172}$$

或

$$P^0(S_1, S_2, \cdots, S_m) = P^0(S_1) P^0(S_2) \cdots P^0(S_m) \tag{22-173}$$

对于独立同向平行发射的 m 元系统,由一种平衡态始发同向平行发射为 m 种终结的平衡态的情形,m 元系统形态的分布信息是各个单元或子系统完全不相关地平行地进行形态转化的分布信息之乘积。

把熵 $S_1, S_2, \cdots, S_m$ 的信息分布密度函数分别代入(22-172)式,就可以得到 m 元系统发生同向平行发射的信息分布密度函数,由此式也就可以得到 m 元系统同向平行发射的形态分布规律。

在近平衡态和吸收发射条件下,统一科学演绎得到了信息论中的信息熵为(22-154)式 $\overline{S} = -\sum_{i=1}^{m} P_i \ln P_i$。这一离散型的信息熵在 $m \to \infty$ 的条件下就趋于连续型的熵变量。设若连续型熵变量的信息密度分布函数为 $p^0(S)$,S 取值范围为 $[S, S+dS]$ 的本质信息为 $p^0(S)dS$,那么连续型熵变量的平均熵就是

$$\overline{S} = -\int_{-\infty}^{+\infty} p^0(S) \log_2 P^0(S) dS$$

$$= -\int_{-\infty}^{+\infty} \log_2 P^0 dP^0$$

$$= \int_{-\infty}^{+\infty} S p^0(S) dS \tag{22-174}$$

连续型熵变量的平均熵又叫作熵变量 S 的期待值,而期待值在数学上也叫数学期望。由于熵 S 围绕着期待值取值,期待值就是单峰对称曲线峰值的位置,因此连续型熵变量的平均熵 $\overline{S}$ 是熵信息密度分布函数曲线的重心位置。

在二维二仪质变量坐标系 $P^0 S$ 空间中,把吸收发射条件下的熵本质信息分布密度函数(7-11)式 $p_+^0(S) = \dfrac{e^S}{(1+e^S)^2}$ 代入(22-174)式,其平均熵为

$$\overline{S} = \int_{-\infty}^{+\infty} S \frac{e^S}{(1+e^S)^2} dS$$

$$= \int_{-\infty}^{+\infty} \frac{S}{(1+e^S)^2} d(1+e^S)$$

$$= -\frac{S}{(1+e^S)}\Big|_{-\infty}^{+\infty} + \int_{-\infty}^{+\infty} \frac{dS}{1+e^S} \tag{22-175}$$

在二维二仪质变量坐标系 P^0S 空间中，把吸收发射条件下的熵本质信息分布密度函数(7-18)式 $p^0 = \frac{1}{4}\text{sech}^2 \frac{S}{2}$ 代入(22-174)式，其平均熵为

$$\overline{S} = \int_{-\infty}^{+\infty} S p^0(S) dS$$

$$= \frac{1}{4} \int_{-\infty}^{+\infty} S \,\text{sech}^2 \frac{S}{2} dS$$

$$= S\tanh\frac{S}{2}\Big|_{-\infty}^{+\infty} - \int_{-\infty}^{+\infty} \tanh\frac{S}{2} dS \tag{22-176}$$

此外，二维二仪质变量坐标系 P_0S 可以映射到四维二仪质变量坐标系 $P^0EE_{\neq}\varepsilon$ 中，在四维二仪质变量坐标系 $P^0EE_{\neq}\varepsilon$ 的 $(P^0,E,E_{\neq},\varepsilon)$ 四维分质变量空间的 $(\vec{P}^0,\vec{E},\vec{C}_{E_{\neq}},\vec{C}_\varepsilon)$ 截面上，连续型能量的平均能量也就是能量 E 的数学期望。只要把熵与能量的关系式代入(22-174)式，转换变量即为

$$\overline{E} = -\int_{-\infty}^{+\infty} p^0\left(\frac{\mu-E}{\sigma}\right) \log_2 P^0\left(\frac{\mu-E}{\sigma}\right) dE$$

$$= \int_{-\infty}^{+\infty} \frac{\mu-E}{\sigma} p^0\left(\frac{\mu-E}{\sigma}\right) dE \tag{22-177}$$

式中，能阈 $\mu = C_{E_{\neq}}$；能元 $\sigma = C_\varepsilon$。

在此还要指出，由 m 元系统发生同向平行发射的信息分布密度函数 $p^0(S)$ 可以得到连续型熵变量的平均熵，但是熵变量的信息密度分布函数不同，所得到的信息分布及其平均熵的表达式也就不同。例如，被人们捧为连续随机变量分布之本的正态分布信息密度分布函数为

$$p^0(S) = p^0\left(\frac{\mu-E}{\sigma}\right) = \frac{1}{\sigma\sqrt{2\pi}} \exp\left[-\frac{1}{2}\left(\frac{\mu-E}{\sigma}\right)^2\right] \tag{22-178}$$

代入(22-177)式，其平均能量就是

$$\overline{E} = \int_{-\infty}^{+\infty} -\frac{1}{\sigma\sqrt{2\pi}} \exp\left[-\frac{1}{2}\left(\frac{\mu-E}{\sigma}\right)^2\right] \log_2\left\{\frac{1}{\sigma\sqrt{2\pi}} \exp\left[-\frac{1}{2}\left(\frac{\mu-E}{\sigma}\right)^2\right]\right\} dE$$

$$= \log_2\sqrt{2\pi e} + \log_2\sigma$$

$$= 2.045 + \log_2\sigma$$

$$= \ln(\sqrt{2\pi e}\,\sigma) \tag{22-179}$$

在信息论中，能量 E 的数学期望被称为信息量 H，且取决于能元 $\sigma = C_\varepsilon$。如果进一步省略质变量关于质的规定，则信息论中的信息密度分布函数及其相关的质参量与平均熵 $\overline{S}$ 或平均能量 $\overline{E}$ 就面目全非了。平均熵 $\overline{S}$ 或平均能量 $\overline{E}$ 都可以被称为数学期望，能元 $\sigma = C_\varepsilon$ 被称作方差或尺度参数，能阈 $\mu = C_{E_{\neq}}$ 则称为位置参数。所以，在数理统

计学中,人们对于各种各样不同形式的多元分布,只好采用一些有共同定义的特征数字来表征平均熵。

由此可见,省却了熵 $\vec{S}$、本质信息 $\vec{P}^0$ 和本质信息分布密度 $\vec{p}^0$ 以及能量 $\vec{E}$、能阈 $\vec{E}_{\neq}$ 和能元 $\vec{\varepsilon}$ 关于性质和指向的规定,这些忽略了内涵的质向量就成为数理统计学的随机变量和参量;表征 m 元系统形态的 m 元质向量也就成为 m 元变量 $x(x_1, x_2, \cdots, x_m)$。在统一科学中,通过多元系统同向平行发射的形态分布规律来演绎数理统计学的多元分布函数和概率密度,才能理清统计函数的变量和参量所代表的质参量的本义。

第五节 多元系统形态的变化规律

基于对多元系统形态和多元质向量的认识,才能由多元质向量函数来表述 m 元系统形态变化规律与分布规律。在多元质向量函数中,表现多元系统不同形态之间的关系不仅遵循多元向量的运算法则,而且可以用矩阵函数来表现多元质向量之间的内在关系。由此,就可以得到 m 元系统形态转化基元规律及其不同失衡态的形态变化规律。

一、多元质向量函数

统一科学理论体系的建立和发展与认识事物形态的质向量坐标系的维度增加是一致的,这与《周易》"无极生太极,太极生两仪,两仪生四象,四象生八卦,八卦生六十四卦"循序渐进的认知也是一致的。随着建构质向量坐标系的坐标轴维度的增多,人们对事物形态认知的广度和深度就得到拓展,人的认识能力也相应地得以提高。在 m 维质向量仿射坐标系中,人们就可以揭示多元系统形态变化规律。

(一) 多元系统形态及其变化

m 个相交的一维质向量坐标轴可以构建 m 维质向量仿射坐标系,在省却质向量坐标轴关于质的规定的条件下,m 维质向量仿射坐标系成为 m 维向量仿射坐标系。m 维向量仿射坐标系可以映射到坐标轴相互垂直的 m 维二仪向量坐标系 $\vec{X}_1 \vec{X}_2 \cdots \vec{X}_m$ 中。在 m 维二仪向量坐标系 $\vec{X}_1 \vec{X}_2 \cdots \vec{X}_m$ 的 2^m 个卦象的认知空间中:任何一个 m 元系统的确定形态都只是其中的一个 m 维超格子,并可用 m 维 m 元常质向量 $\vec{a}_{12\cdots m}$ 或 m 维超格子"对角线"的一维 m 元常质向量 $\vec{a}_{X_1+X_2+\cdots+X_m}$ 来表示;任何一个 m 元系统的不确定形态则是空间中一个不定形的 m 维超格子,并可用 m 维 m 元质向量 $\vec{z}_{12\cdots m}$ 或 m 维超格子"对角线"的一维 m 元质向量 $\vec{z}_{X_1+X_2+\cdots+X_m}$ 来表示。一个 m 元系统形态可以用一组 m 元向量表示,也就可以用一个点阵表示。一个 m 元系统最小的点阵为一个正当单位。

任何一个 m 元系统形态变化可以看作在 m 维二仪质向量坐标系 $\vec{X}_1\vec{X}_2\cdots\vec{X}_m$ 的 $(\vec{X}_1,\vec{X}_2,\cdots,\vec{X}_m)$ 空间的一定区间内变动,表现为从空间的一个点到另一个点的质向量变化,也就是两个点的质向量坐标的差值 $\Delta\vec{z}_{X_1+X_2+\cdots+X_m}$。一个 m 元系统从某一个形态变化到另一个形态可以用一维 m 元质向量 $\vec{z}_{X_1+X_2+\cdots+X_m}$ 的变化量 $\Delta\vec{z}_{X_1+X_2+\cdots+X_m}=\Delta\vec{z}_{1+2+\cdots+m}$ 表示。如果把 m 元系统形态在质向量场中一定区间变化的每一组质向量联系起来,所形成的形态序列就可以定质、定量、定向地描述 m 元系统形态变化规律。

在 m 维二仪质向量坐标系 $\vec{X}_1\vec{X}_2\cdots\vec{X}_m$ 的变化域中,m 元系统形态变化规律就是其在各个坐标轴上的分质向量的差值加和,即

$$\Delta\vec{z}_{1+2+\cdots+m}=\Delta\vec{z}_1+\Delta\vec{z}_2+\cdots+\Delta\vec{z}_m \tag{22-180}$$

其变化量可以表达为

$$|\Delta\vec{z}_{1+2+\cdots+m}|^2=|\Delta\vec{z}_1|^2+|\Delta\vec{z}_2|^2+\cdots+|\Delta\vec{z}_m|^2 \tag{22-181}$$

在 m 维二仪质向量坐标系 $\vec{X}_1\vec{X}_2\cdots\vec{X}_m$ 中,如果 m 元系统经历了一个形态转化基元过程,一维 m 元系统形态变化量 $\Delta\vec{z}_{1+2+\cdots+m}$ 就是一维 m 元单位质向量 $\vec{e}_{1+2+\cdots+m}$;对应地,一维二仪质向量坐标轴 $\vec{X}_1$ 上的形态变化量 $\Delta\vec{z}_1$ 为单位质向量 $\vec{e}_1$,一维二仪质向量坐标轴 $\vec{X}_2$ 上的形态变化量 $\Delta\vec{z}_2$ 为单位质向量 $\vec{e}_2$……一维二仪质向量坐标轴 $\vec{X}_m$ 上的形态变化量 $\Delta\vec{z}_m$ 为单位质向量 $\vec{e}_m$。把一维 m 元单位质向量 $\vec{e}_{1+2+\cdots+m}$ 与 $\vec{X}_1$ 轴,$\vec{X}_2$ 轴,$\cdots$,$\vec{X}_m$ 轴的单位质向量 $\vec{e}_1,\vec{e}_2,\cdots,\vec{e}_m$ 代入(22-180)式 $\Delta\vec{z}_{1+2+\cdots+m}=\Delta\vec{z}_1+\Delta\vec{z}_2+\cdots+\Delta\vec{z}_m$,可以得到

$$\vec{e}_{1+2+\cdots+m}=\vec{e}_1+\vec{e}_2+\cdots+\vec{e}_m \tag{22-182}$$

m 个单位质向量 $\vec{e}_1,\vec{e}_2,\cdots,\vec{e}_m$ 不仅是一维 m 元单位质向量 $\vec{e}_{1+2+\cdots+m}$ 的分质向量,而且是撑起 m 维二仪质向量坐标系 $\vec{X}_1\vec{X}_2\cdots\vec{X}_m$ 架构的基准。$\vec{e}_1,\vec{e}_2,\cdots,\vec{e}_m$ 是在各个一维质向量坐标轴上发生形态转化基元过程的形态变化量,所以一维 m 元单位质向量 $\vec{e}_{1+2+\cdots+m}$ 所表达的 m 元系统形态变化量就是 m 元系统形态转化基元规律。

m 元系统在其变化域中表现的形态变化规律可以用一维 m 元质向量 $\vec{z}_{X_1+X_2+\cdots+X_m}$ 的变化量 $\Delta\vec{z}_{1+2+\cdots+m}$ 表达,由此也就可以建立 m 维质向量空间模型。m 维质向量空间模型的最根本特点是用 m 元质向量的函数关系来描述 m 元系统形态变化规律。所以,m 元系统形态变化规律可以由 m 元向量函数(4-69)式 $\vec{y}=f(\vec{x}_1,\vec{x}_2,\cdots,\vec{x}_m)$ 来一般地表达。例如,草原植被有很多植物种(一般群落也有一百多个植物种),要建立草原植被向量空间模型,可先明确有多少植物种组成空间的向量,这样定义的 m 维向量空间才能进一步讨论草原植被形态变化问题。

m 维质向量空间模型不仅用 m 元质向量的各个分质向量描述 m 元系统形态对应的单元,而且用 m 元质向量 $\vec{x}(\vec{x}_1,\vec{x}_2,\cdots,\vec{x}_m)$ 的量值(向径长度)来表示 m 元系统的形态量,并用 m 元质向量的方向来表示 m 元系统形态的变化取向。这样,m 元质向量在 m 维空间的位置变化与角度的偏转就为人们提供了 m 元系统形态变化的信息。m 元

质向量是表达 m 元系统形态变化的度量工具，m 元质向量及其函数也是 m 元系统形态变化过程中变化方向的一般判定式。

例如，(6-391) $\mu = \dfrac{\mathrm{d}E}{\mathrm{d}n}$ 定义的势就是给单元系统添加或者减少一个异质单元数所需要的能量。但是，在物理化学中势就称为化学势。对于 m 个组元组成的 m 元系统而言，以 n_i 表示第 i 组元的摩尔数，则第 i 组元的化学势 μ_i 表示在温度、压强及其他组元的摩尔数 n_j 不变的条件下，每增加 1 摩尔 i 组元时，m 元系统的吉布斯函数的增量。第 i 组元的化学势就是吉布斯自由能对成分的偏微分

$$\mu_i = \frac{\partial E}{\partial n_0} = \frac{\partial G}{\partial n_j} \tag{22-183}$$

所以，第 i 组元的化学势又称为偏摩尔势能。[18]

如果多元单相系统的化学反应在温度和压强不变的情形下进行，则 m 元系统的总吉布斯函数的改变就是

$$\Delta G_i = \sum_i^m \mu_i \Delta n_i \tag{22-184}$$

式中，Δn_i 为反应中各组元摩尔数的改变量。

在 m 元系统中，能够进行分子和能量交换的两个子系统，其分子总是从化学势高的相进入化学势低的相，从而降低 m 元系统的总自由能，并使 m 元系统达到平衡态时满足温度相等和化学势相等的条件。当 m 元系统处在平衡态时，其吉布斯函数最小，即有 $\Delta G_i = 0$，所以 $\sum_i^m \mu_i \Delta n_i = 0$。如果平衡条件不能满足，则 $\sum_i^m \mu_i \Delta n_i = 0$ 不成立，于是就要发生化学反应。化学反应进行的方向必使吉布斯函数减少，即 $\sum_i^m \mu_i \Delta n_i < 0$。

一般情况，如果 $\sum_i^m \mu_i \Delta n_i < 0$，则化学反应正向进行；如果 $\sum_i^m \mu_i \Delta n_i > 0$，则化学反应逆向进行。由于 μ_i 在决定化学反应进行方向上的作用，因此称之为化学势。

如果以 μ_α 和 μ_β 分别代表第 i 组元在 α 相和 β 相中的化学势，当 $\mu_\alpha^i = \mu_\beta^i$ 时，两相中第 i 组元的子系统形态达到平衡。可见，当 m 元系统在两相中的化学势相等时，则相变过程停止，m 元系统达到平衡态。m 元系统在两相中的化学势不同，是发生相变的条件。在相变过程中，由于 m 元系统在不同组元间的转移是在恒温和恒压下进行的，因此可以通过比较两相中 m 元系统化学势的大小来判断 m 元系统在各组元间转移的方向和限度，即 m 元系统总是从化学势较高的相自发转移到化学势较低的相。如果化学势在两相中相等，则 m 元系统就不存在组成单元的交换。

多相（子系统）平衡系统在相平衡中，不论是由多少种特质和多少个相所构成，平衡时 m 元系统有相同的温度和压力，并且任一个子系统在含有该子系统的各个相中的化学势都相等。利用上述的形态转化平衡规律，完全可以演绎出理想气体和理想溶液中

各组分的化学势以及溶质在两互不相溶液相中的分配定律等,并建立相平衡曲线和描绘相图。化学势对于解决多相平衡非常有利;对于纯组分系统,化学势就等于纯态时摩尔吉布斯自由能,混合系统就是其偏摩尔量。在同样状态下,纯组分系统比混合系统的化学势高,由此就可以理解为半透膜两边化学势不相等,渗透压能使纯溶剂进入半透膜中的浓溶液。可见,化学势在处理相变和化学变化问题时具有重要意义。

(二) 多元向量函数

在 m 维二仪质向量坐标系 $\vec{X}_1\vec{X}_2\cdots\vec{X}_m$ 中,用动态分析法可以把 $(\vec{X}_1,\vec{X}_2,\cdots,\vec{X}_m)$ 空间由线性空间扩展到非线性空间,从而可以认识在不同失衡态的 m 元系统形态变化规律。不过,m 元系统形态变化规律由 m 元质向量的函数关系 $\vec{y}=f(\vec{x}_1,\vec{x}_2,\cdots,\vec{x}_m)$ 来表述,m 元质向量函数是表现 m 个质向量内在关系的函数。在省却质向量坐标轴关于性质规定的条件下,m 元质向量函数中表现 m 元系统不同形态之间的关系必须遵循 m 维向量运算法则。所以,必须对 m 元向量函数有一般的认识,进而才能深入认识以特定的质向量所反映的在特定失衡态下的 m 元系统形态变化规律。

函数的本质是一种关系,是两个集合间一种确定的对应关系。这两个集合的元素可以是数,也可以是点、线、面、体,还可以是向量、矩阵等。向量函数是自变量和因变量都是向量的函数,多元向量函数是表现多个多元向量内在关系的函数。

在 m 维二仪向量坐标系 $\vec{X}_1\vec{X}_2\cdots\vec{X}_m$ 空间中,m 元向量 $(\vec{x}_1,\vec{x}_2,\cdots,\vec{x}_m)\in G$ 就是一个点阵。对于每一个点阵 $(\vec{x}_1,\vec{x}_2,\cdots,\vec{x}_m)$,由某规则 f 有唯一的因变量 $\vec{y}\in U$ 与之对应:$f:G\rightarrow U,\vec{y}=f(\vec{x}_1,\vec{x}_2,\cdots,\vec{x}_m)$,则称 f 为一个 m 元向量函数,G 为定义域,U 为值域。其实,从 O 到点 $(\vec{x}_1,\vec{x}_2,\cdots,\vec{x}_m)$ 的向径 $\vec{x}_{1+2+\cdots+m}$(即为 $\vec{r}$)就是确定了 $\vec{x}_{1+2+\cdots+m}$ 作为 $(\vec{x}_1,\vec{x}_2,\cdots,\vec{x}_m)$ 的 m 元向量函数,记作 $\vec{x}=\vec{x}(\vec{x}_1,\vec{x}_2,\cdots,\vec{x}_m)$。因此,对每一个点阵 $(\vec{x}_1,\vec{x}_2,\cdots,\vec{x}_m)$,对应着一个 m 元向量 $\vec{x}_{1+2+\cdots+m}$,则表达 m 元系统形态的 $\vec{x}_{1+2+\cdots+m}$ 也是 $(\vec{x}_1,\vec{x}_2,\cdots,\vec{x}_m)$ 的 m 元向量函数,记为

$$\vec{x}=(x_1,x_2,\cdots,x_m)=\vec{x}_1(x_1,x_2,\cdots,x_m)+\vec{x}_2(x_1,x_2,\cdots,x_m)+\cdots+\vec{x}_m(x_1,x_2,\cdots,x_m) \tag{22-185}$$

如果对应于 m 个纯量 $u_1,u_2,\cdots,u_m$ 在其变化区域的每一组可取值都有确定的一维 m 元向量 $\vec{x}_{1+2+\cdots+m}$ 与之对应,则称一维 m 元向量 $\vec{x}_{1+2+\cdots+m}$ 为自变量 $u_1,u_2,\cdots,u_m$ 的 m 元向量函数,记作 $\vec{x}=\vec{x}(u_1,u_2,\cdots,u_m)$。如果对应于某一纯量 u 在其变化区域的每一个可取值都联系着分向量 $(\vec{x}_1,\vec{x}_2,\cdots,\vec{x}_m)$,则称 m 元向量 $\vec{x}$ 为 u 的一元函数,记作 $\vec{x}=\vec{x}(u)$。当 u 在 m 维向量空间变化时,$\vec{x}_{1+2+\cdots+m}$ 的终点画出了一条空间曲线,其参数方程为 $\vec{x}_1=\vec{x}_1(u),\vec{x}_2=\vec{x}_2(u),\cdots,\vec{x}_m=\vec{x}_m(u)$。所以,在 m 维向量坐标系 $\vec{X}_1\vec{X}_2\cdots\vec{X}_m$ 空间中,向量函数可以写成

$$\vec{x}(u)=\vec{x}_1(u)+\vec{x}_2(u)+\cdots+\vec{x}_m(u) \tag{22-186}$$

如果向量函数 $\vec{x}(u)$ 在 m 维二仪向量坐标系 $\vec{X}_1\vec{X}_2\cdots\vec{X}_m$ 各个坐标轴上的投影分别为 $x_1=x_1(u),x_2=x_2(u),\cdots,x_m=x_m(u)$，则

$$\vec{x}(u)=x_1(u)\vec{e}_1+x_2(u)\vec{e}_2+\cdots+x_m(u)\vec{e}_m \tag{22-187}$$

其中，$\vec{e}_1,\vec{e}_2,\cdots,\vec{e}_m$ 分别为沿着 $u_1,u_2,\cdots,u_m$ 坐标轴的单位向量。

一个 m 元向量函数 $\vec{x}(\vec{x}_1,\vec{x}_2,\cdots,\vec{x}_m)$ 定义了一个向量场，因为一个区域内的每一点都联系着一个向量，其中的每一个点阵联系着一组 m 元向量。类似地，$\varphi(\vec{x}_1,\vec{x}_2,\cdots,\vec{x}_m)$ 定义了一个纯量场，因为一个区域内的每一点都联系着一个纯量，其中的每一个点阵联系着一组 m 元纯量。

(三) 多元标量函数

在省却质向量坐标轴关于性质和指向的条件下，m 维二仪质向量坐标系 $\vec{X}_1\vec{X}_2\cdots\vec{X}_m$ 成为 m 维变量直角坐标系 $X_1X_2\cdots X_m$，而 m 元向量函数 $\vec{y}=f(\vec{x}_1,\vec{x}_2,\cdots,\vec{x}_m)$ 也相应成为 m 元标量函数 $y=f(x_1,x_2,\cdots,x_m)$。

在 m 维变量直角坐标系 $X_1X_2\cdots X_m$ 空间中，m 元系统的一个确定形态是由一组 m 元常量 $a_1,a_2,\cdots,a_m$ 确定的，而 m 元系统的不确定形态是由相互独立的一组 m 元变量 $x_1,x_2,\cdots,x_m$ 确定的。

1. 有序数组

设 D 为一个非空的 m 元有序数组的集合，f 为某一确定的对应规则。如果对于每一个有序数组 $(x_1,x_2,\cdots,x_m)\in D$，通过对应规则 f，都有唯一确定的实数 y 与之对应，则称对应规则 f 为定义在 D 上的 m 元实变函数，记为 $y=f(x_1,x_2,\cdots,x_m)$，$(x_1,x_2,\cdots,x_m)\in D$。变量 $x_1,x_2,\cdots,x_m$ 称为自变量，y 称为因变量。

当 $m=1$ 时，记为 $y=f(x),x\in D$，这是因变量与一个自变量之间的关系，即因变量的值只依赖于一个自变量，称为一元(标量)函数。

当 $m=2$ 时，记为 $y=f(x_1,x_2),(x_1,x_2)\in D$，这是因变量与两个自变量之间的关系，即因变量的值依赖于两个自变量，称为二元(标量)函数。

m 元及以上的(标量)函数统称为多元(标量)函数，这是因变量与 m 个自变量之间的关系，即因变量的值依赖于 m 个自变量。

2. m 维空间和笛卡尔积

设 D 是 m 维变量直角坐标系空间的一个点集，f 为某一确定的对应法则。如果对于每个点 $M(x_1,x_2,\cdots,x_m)\in D$，变量 z 按照对应法则 f 总有唯一确定的值和它对应，则称 z 是变量 $x_1,x_2,\cdots,x_m$ 的 m 元函数，记为 $z=f(x_1,x_2,\cdots,x_m),(x_1,x_2,\cdots,x_m)\in D$ 或 $z=f(M),M\in D$。

如果函数 f 的定义域 D 是实数集 $\mathbf{R}$ 的一个子集，即只依赖于一个自变量，就说 f 是一元函数。如果函数 f 的定义域 D 是 m 个 R 的笛卡尔积 $R\times R\times\cdots\times R=R^m$ 的子

集,即依赖于 m 个独立自变量,就说 f 是 m 元函数。当 $m \geqslant 3$ 时,m 元函数泛称为多元函数。

3. 定义域

集合 $D = \{(x_1, x_2, \cdots, x_m) \mid y = f(x_1, x_2, \cdots, x_m)\}$ 称为函数的定义域,也可以记为 $D = D(f)$ 或 D_f(f 是下标)。

4. 对应规则

对应规则(也称对应关系、对应法则、对应规律)f 可以用数学表达式(包括解析式)、图像、表格等表示。

5. 值　域

对于 $(x_{10}, x_{20}, \cdots, x_{m0}) \in D$ 所对应的 y 值,记为 $y_0 = f(x_{10}, x_{20}, \cdots, x_{m0})$,称为当 $(x_1, x_2, \cdots, x_m) = (x_{10}, x_{20}, \cdots, x_{m0})$ 时,函数 $y = f(x_1, x_2, \cdots, x_m)$ 的函数值。全体函数值的集合 $\{y \mid y = f(x_1, x_2, \cdots, x_m), (x_1, x_2, \cdots, x_m) \in D\}$ 称为函数的值域,记为 Z 或 $Z(f)$。

可见,多元函数就像一元函数一样,也有其定义域、值域、自变量、因变量、极限、导数等概念和性质,研究一元函数和二元函数的思想方法是研究多元函数的基础。

二、在不同失衡态的 m 元系统形态变化规律

在 m 维二仪质向量坐标系 $\vec{X}_1 \vec{X}_2 \cdots \vec{X}_m$ 的 $(\vec{X}_1, \vec{X}_2, \cdots, \vec{X}_m)$ 空间中,m 元系统发生形态变化时,其形态变化规律是 m 个子系统在各个坐标轴上的分质向量共同决定的。如果 m 元系统在不同维度垂直方向上的各个子系统的失衡情况全部一致,那么 m 元系统形态变化规律就是一种典型的质向量空间模型。在此,就在 m 维二仪质向量直角坐标系 $\vec{X}_1 \vec{X}_2 \cdots \vec{X}_m$ 的空间中讨论 m 元系统经历基元过程所表达的形态转化基元规律及其不同失衡态的形态变化规律。

(一)各个子系统为准平衡态的形态变化规律

在 m 维二仪质向量坐标系 $\vec{X}_1 \vec{X}_2 \cdots \vec{X}_m$ 中,m 元系统形态变化可以用(22-72)式 $\Delta \vec{x}_{1+2+\cdots+m} = \Delta \vec{x}_1 + \Delta \vec{x}_2 + \cdots + \Delta \vec{x}_m$ 表示。如果 m 维二仪质向量坐标系 $\vec{X}_1 \vec{X}_2 \cdots \vec{X}_m$ 各维度的质向量都规定为信息向量 $\vec{P}$,$\Delta \vec{x}_{1+2+\cdots+m} = \vec{P}_{1+2+\cdots+m}$,$\Delta \vec{x}_1 = \vec{P}_1$,$\Delta \vec{x}_2 = \vec{P}_2$,$\cdots$,$\Delta \vec{x}_m = \vec{P}_m$,这样,在 m 维二仪信息向量坐标系 $\vec{P}_1 \vec{P}_2 \cdots \vec{P}_m$ 的 $(\vec{P}_1, \vec{P}_2, \cdots, \vec{P}_m)$ 空间中,信息向量 $\vec{P}$ 与各个分信息向量 $\vec{P}_1, \vec{P}_2, \cdots, \vec{P}_m$ 的关系满足(22-143)式 $\vec{P} = \vec{P}_{1+2+\cdots+m} = \vec{P}_1 + \vec{P}_2 + \cdots + \vec{P}_m$,这一质向量的模为

$$|\vec{P}| = |\vec{P}_{1+2+\cdots+m}| = \sqrt{P_1^2 + P_2^2 + \cdots + P_m^2} \tag{22-188}$$

或
$$P^2 = P_{1+2+\cdots+m}^2 = P_1^2 + P_2^2 + \cdots + P_m^2 \tag{22-189}$$

在 m 维二仪信息向量坐标系 $\vec{P}_1\vec{P}_2\cdots\vec{P}_m$ 的 $(\vec{P}_1,\vec{P}_2,\cdots,\vec{P}_m)$ 空间中，如果 m 元系统形态变化在各个维度上均表现为准平衡态的变化，其形态变化规律就可以用线性函数来表现，且是 m 个维度线性变化规律的综合。

如果 m 维二仪质向量坐标系各个维度的质向量都规定其特质为熵向量 $\vec{S}$，且 $\Delta\vec{x}_{1+2+\cdots+m} = \vec{S}_{1+2+\cdots+m}$，$\Delta\vec{x}_1 = \vec{S}_1$，$\Delta\vec{x}_2 = \vec{S}_2$，$\cdots$，$\Delta\vec{x}_m = \vec{S}_m$，那么在 m 维二仪熵向量坐标系 $\vec{S}_1\vec{S}_2\cdots\vec{S}_m$ 的 $(\vec{S}_1,\vec{S}_2,\cdots,\vec{S}_m)$ 空间中，熵向量 $\vec{S}$ 与各个分熵向量 $\vec{S}_1,\vec{S}_2,\cdots,\vec{S}_m$ 的关系满足（22-144）式 $\vec{S} = \vec{S}_1 + \vec{S}_2 + \cdots + \vec{S}_m$，这一质向量的模为

$$|\vec{S}| = |\vec{S}_{1+2+\cdots+m}| = \sqrt{S_1^2 + S_2^2 + \cdots + S_m^2} \tag{22-190}$$

或
$$S^2 = S_{1+2+\cdots+m}^2 = S_1^2 + S_2^2 + \cdots + S_m^2 \tag{22-191}$$

在 m 维二仪熵向量坐标系 $\vec{S}_1\vec{S}_2\cdots\vec{S}_m$ 的 $(\vec{S}_1,\vec{S}_2,\cdots,\vec{S}_m)$ 空间中，如果 m 元系统的形态变化在各个维度上均表现为准平衡态的变化，其形态变化规律就可以用线性函数来表现，且是 m 个维度线性变化规律的综合。

处在准平衡态的 m 元系统形态变化，其信息向量变化量 $\Delta\vec{P}$ 和熵向量变化量 $\Delta\vec{S}$ 就是接近于零的无穷小量，即 $\Delta\vec{P} \to 0$ 和 $\Delta\vec{S} \to 0$。所以，m 元系统在准平衡态信息向量变化量 $\Delta\vec{P}$ 和熵向量变化量 $\Delta\vec{S}$ 还存在这样的关系式

$$\Delta\vec{P} = \pm\Delta\vec{S} \tag{22-192}$$

当 m 元系统处在准平衡态时，描述其形态变化的向量函数就是线性函数，其形态变化空间也是线性空间。m 维向量空间是线性代数的主体，也是数学中基本而又重要的概念，其概念是：设 V 为 m 维向量的集合，如果集合 V 非空，且集合 V 对于加法及数乘两种运算封闭，那么就称集合 V 为向量空间。

如果 m 元系统各个子系统信息向量 $\vec{P}_1,\vec{P}_2,\cdots,\vec{P}_m$ 为线性空间 L 的一个底，T 为一线性变换，那么准平衡态信息向量变化量 $\Delta\vec{P}$ 为从形态 $\vec{P}_1,\vec{P}_2,\cdots,\vec{P}_m$ 到形态 $\vec{P}_1',\vec{P}_2',\cdots,\vec{P}_m'$ 的变化量，可以表示为底中的线性组合

$$\begin{cases} \vec{P}_1' = \vec{P}_1 T = a_{11}\vec{P}_1 + a_{12}\vec{P}_2 + \cdots + a_{1m}\vec{P}_m \\ \vec{P}_2' = \vec{P}_2 T = a_{21}\vec{P}_1 + a_{22}\vec{P}_2 + \cdots + a_{2m}\vec{P}_m \\ \vdots \\ \vec{P}_m' = \vec{P}_m T = a_{m1}\vec{P}_1 + a_{m2}\vec{P}_2 + \cdots + a_{mm}\vec{P}_m \end{cases} \tag{22-193}$$

对于上述 $\vec{P}_1,\vec{P}_2,\cdots,\vec{P}_m$ 到 $\vec{P}_1',\vec{P}_2',\cdots,\vec{P}_m'$ 的线性变换，上式右边各个 $\vec{P}_1,\vec{P}_2,\cdots,\vec{P}_m$ 的系数构成一矩阵

$$A = \begin{pmatrix} a_{11} & a_{12} & \cdots & a_{1m} \\ a_{21} & a_{22} & \cdots & a_{2m} \\ \vdots & \vdots & & \vdots \\ a_{m1} & a_{m2} & \cdots & a_{mm} \end{pmatrix} \qquad (22\text{-}194)$$

就是变换 T 在底 $\vec{P}_1, \vec{P}_2, \cdots, \vec{P}_m$ 中的矩阵。

在 m 维二仪信息向量坐标系 $\vec{P}_1\vec{P}_2\cdots\vec{P}_m$ 的 $(\vec{P}_1, \vec{P}_2, \cdots, \vec{P}_m)$ 线性空间中，m 元系统在准平衡态的形态变化规律可用线性变换的矩阵形式表示为

$$\vec{P}' = A\vec{P} \qquad (22\text{-}195)$$

在同一给定的底中，另一线性变换 T' 的矩阵为

$$B = \begin{pmatrix} b_{11} & b_{12} & \cdots & b_{1m} \\ b_{21} & b_{22} & \cdots & b_{2m} \\ \vdots & \vdots & & \vdots \\ b_{m1} & b_{m2} & \cdots & b_{mm} \end{pmatrix} \qquad (22\text{-}196)$$

所以

$$\vec{P}'' = B\vec{P} \qquad (22\text{-}197)$$

且 $T+T'$ 的矩阵就是 $A+B$。如果以 C 表示变换 TT' 的矩阵，则这两个变换的乘积就等于其矩阵的乘积 $C=AB$。

为了利用矩阵研究线性变换，对于每个给定的线性变换，总是希望求得一个基，使得它的矩阵是最简形式。当阶数较高时，矩阵乘法将变得非常繁杂，也需要找出简单的方法。显然，如果能将一般矩阵和某个对角矩阵联系起来，就有希望简化计算。

设 T 是数域 F 上线性空间 L 中的线性变换，A 是数域 F 上的 m 阶矩阵，如果对于数域 F 中某一数 λ，存在非零向量 $\vec{x} \in F^m$，使得

$$T(\vec{x}) = A\vec{x} = \lambda\vec{x} \qquad (22\text{-}198)$$

则称 λ 为 T（或矩阵 A）的一个特征值（或特征根），而非零向量 $\vec{x}$ 称为 T（或矩阵 A）的对应于特征值 λ 的一个特征向量。

从几何上看，特征向量的方向经线性变换后，仍保持在原方向的同一直线上。当 $\lambda > 0$ 时，其方向不变；当 $\lambda < 0$ 时，其方向变成反向。因此，T 的特征向量经变换后，要么"伸长或缩短"，要么"反向伸长或反向缩短"。特别地，当 $\lambda = 0$ 时，特征向量经线性变换后变成零向量。

如果 $\vec{x}$ 是对应于特征值 λ 的特征向量，则 $k\vec{x}$ 也是对应特征值 λ 的特征向量，即

$$T(k\vec{x}) = \lambda(k\vec{x}) \qquad (22\text{-}199)$$

这说明特征向量不是被特征值所唯一决定的。相反，特征值却被特征向量所唯一决定。因此，一个特征向量只能属于一个特征值。

设 T 是线性空间 L 的一个线性变换，对于 T 的任一特征值，适合条件

$$T(\vec{x}) = \lambda_0 \vec{x} \qquad (22\text{-}200)$$

的向量组成的集，即属于 λ_0 的全体特征向量再加上零向量组成的集，称为 T 的一个特

征子空间,记为 L_{λ_0},用集合的记法可写成

$$L_{\lambda_0} = \{\vec{x} \mid T(\vec{x}) = \lambda_0 \vec{x}, \vec{x} \in L\} \tag{22-201}$$

显然,L_{λ_0} 的维数就是属于特征值 λ_0 的线性无关的特征向量的个数,称 $\dim(L_{\lambda_0})$ 为特征值的几何重数;而称 λ_0 在特征多项式 $f(\lambda)$ 中根的重数为特征值 λ_0 的代数重数。

相似矩阵之所以具有相同的特征值,是因为它们是同一个线性变换的特征值。因此,寻找矩阵的相似标准形的问题最终可以化为寻找线性变换的不变子空间,以便将整个线性空间 L 分解成不变子空间的直和。

同理,如果熵向量 $\vec{S_1}, \vec{S_2}, \cdots, \vec{S_m}$ 为线性空间 L 的一个底,T 为一线性变换,那么准平衡态熵向量变化量 $\Delta \vec{S}$ 就是从形态 $\vec{S_1}, \vec{S_2}, \cdots, \vec{S_m}$ 到形态 $\vec{S_1'}, \vec{S_2'}, \cdots, \vec{S_m'}$ 的变化量。各种关系与信息类同,不再赘述。

但是,在 m 维二仪信息向量坐标系 $\vec{P_1}\vec{P_2}\cdots\vec{P_m}$ 的 $(\vec{P_1}, \vec{P_2}, \cdots, \vec{P_m})$ 空间中,如果 m 元系统形态保持恒定,也就是环境与系统的作用达到一种均衡状态时,(22-189)式 $P^2 = P_1^2 + P_2^2 + \cdots + P_m^2$ 等式右边即为确定的常量

$$\begin{aligned} P^2 &= P_1^2 + P_2^2 + \cdots + P_m^2 \\ &= \frac{n_1^2}{N_1^2} + \frac{n_2^2}{N_2^2} + \cdots + \frac{n_m^2}{N_m^2} \\ &= C_P^2 \end{aligned} \tag{22-202}$$

同样,在 m 维二仪熵向量坐标系 $\vec{S_1}\vec{S_2}\cdots\vec{S_m}$ 的 $(\vec{S_1}, \vec{S_2}, \cdots, \vec{S_m})$ 空间中,如果 m 元系统形态保持恒定,也就是环境与系统的作用达到一种均衡状态时,(22-191)式 $S^2 = S_1^2 + S_2^2 + \cdots + S_m^2$ 等式右边即为确定的常量

$$S^2 = S_1^2 + S_2^2 + \cdots + S_m^2 = C_S^2 \tag{22-203}$$

(二)各个子系统为近平衡态的形态变化规律

当 m 元系统处在准平衡态的形态变化是线性时,其形态变化空间也就是线性空间。在 m 维二仪质向量坐标系 $\vec{X_1}\vec{X_2}\cdots\vec{X_m}$ 的 $(\vec{X_1}, \vec{X_2}, \cdots, \vec{X_m})$ 空间的线性空间里,如果 m 元系统在准平衡态已经有一个函数型的线性变换 $T(x)$,通过 T 对标准基每个质向量进行简单变换,然后将结果插入矩阵的列中,这样很容易就可以确定变换矩阵 $\mathbf{A}$。但是,如果 m 元系统处在近平衡态,其形态变化就是非线性的,其形态变化空间也就是非线性空间。

把 m 维二仪质向量 $\vec{X_1}\vec{X_2}\cdots\vec{X_m}$ 的 $(\vec{X_1}, \vec{X_2}, \cdots, \vec{X_m})$ 空间由线性空间扩展到非线性空间,就开辟了人们认识 m 元系统形态变化的空间。在 m 维二仪质向量坐标系 $\vec{X_1}\vec{X_2}\cdots\vec{X_m}$ 的 $(\vec{X_1}, \vec{X_2}, \cdots, \vec{X_m})$ 空间的非线性空间里,如果在近平衡态的 m 元系统形态变化规律要进行非线性函数的运算,就要以 m 元质向量指数函数或对数函数的矩阵函数来进行计算。m 元质向量是研究在近平衡态 m 元系统形态变化规律及其指数函数与对数函数的正确数学工具。

在省却质向量坐标轴关于性质和指向规定的条件下，矩阵函数 e^{At} 的计算（t 为参数）与一般的矩阵函数一样，都是相当复杂的。如果 A 是有限阶方阵，计算 $f(A)$ 的问题就是计算矩阵多项式的问题。每个 m 阶的矩阵都与一个 Jordan 标准形相似，这个 Jordan 标准形除了其中 Jordan 块的排列次序外被 A 唯一决定，而称其为 A 的 Jordan 标准形。因此，对任何方阵 A，总有 A 的 Jordan 标准形 J 及满秩方阵 P 使得

$$A = PJP^{-1} \tag{22-204}$$

经过相似变换可以将 A 化成 A 的 Jordan 标准形

$$J = \begin{pmatrix} J_1 & & & \\ & J_2 & & \\ & & \ddots & \\ & & & J_m \end{pmatrix} \tag{22-205}$$

其中方阵

$$J_i = \begin{pmatrix} \lambda_i & 1 & & \\ & \lambda_i & \ddots & \\ & & \ddots & 1 \\ & & & \lambda_i \end{pmatrix} \quad (i=1,2,\cdots,m)$$

称为 m 阶的 Jordan 块。

再计算 Jordan 块 J 的函数

$$f(J) = \begin{pmatrix} f(J_1) & & & \\ & f(J_2) & & \\ & & \ddots & \\ & & & f(J_k) \end{pmatrix} \tag{22-206}$$

其中

$$f(J_i) = \begin{pmatrix} f(\lambda_i) & f'(\lambda_i) & \dfrac{f''(\lambda_i)}{2!} & \cdots & \dfrac{f^{(l_i-1)}(\lambda_i)}{(l_i-1)!} \\ 0 & f(\lambda_i) & f'(\lambda_i) & \cdots & \dfrac{f^{(l_i-2)}(\lambda_i)}{(l_i-2)!} \\ \vdots & \vdots & \vdots & & \vdots \\ 0 & 0 & 0 & \cdots & f(\lambda_i) \end{pmatrix} \tag{22-207}$$

要计算矩阵函数 e^{At}，由于 $f(\lambda) = e^{\lambda t}$，$f'(\lambda) = t e^{\lambda t}$，$f''(\lambda) = t^2 e^{\lambda t}$，$\cdots$，$f^{(l_i-1)}(\lambda) = t^{l_i-1} e^{\lambda t}$，所以它的矩阵表示用特征分解可以表示为

$$e^{At} = P e^{Jt} P^{-1} = P \begin{pmatrix} e^{J_1 t} & & & \\ & e^{J_2 t} & & \\ & & \ddots & \\ & & & e^{J_m t} \end{pmatrix} P^{-1} \tag{22-208}$$

其中

$$e^{J_it} = \begin{pmatrix} e^{\lambda_i t} & te^{\lambda_i t} & \frac{1}{2!}t^2 e^{\lambda_i t} & \cdots & \frac{1}{(l_i-1)!}t^{l_i-1}e^{\lambda_i t} \\ 0 & e^{\lambda_i t} & te^{\lambda_i t} & \cdots & \frac{1}{(l_i-2)!}t^{l_i-2}e^{\lambda_i t} \\ \vdots & \vdots & \vdots & & \vdots \\ 0 & 0 & 0 & \cdots & e^{\lambda_i t} \end{pmatrix}_{l_i \times l_i} \quad (i=1,2,\cdots,m) \quad (22\text{-}209)$$

由于对数运算是指数运算的逆运算，因此从指数计算公式也可以得到 m 元向量的对数计算公式。这时，x 的自然对数 $\ln x$ 的矩阵表示式为

$$M(\ln x) = P\ln(\Lambda)P^{-1} = P\ln(\Lambda)P^{T} \quad (22\text{-}210)$$

其中

$$\ln(\Lambda) = \begin{pmatrix} \ln x_1 & & & \\ & \ln x_2 & & \\ & & \ddots & \\ & & & \ln x_m \end{pmatrix} \quad (22\text{-}211)$$

上述对角矩阵无异于 m 元向量。但是，这些矩阵函数是在省却质向量坐标轴关于性质和指向规定的条件下给出的表达式，若以此表明近平衡态 m 元系统形态变化规律，人们往往会混淆这些指数函数或对数函数变量的内涵。为此，还是要赋予这些函数变量特质的意义。

在近平衡态，m 元系统形态变化规律可以用熵信息的指数函数来表示 $\vec{P}=e^{\pm \vec{S}}$，把 (22-144) 式 $\vec{S}=\vec{S}_{1+2+\cdots+m}=\vec{S}_1+\vec{S}_2+\cdots+\vec{S}_m$ 代入 $\vec{P}=e^{\pm \vec{S}}$，就可得到

$$\begin{aligned} \vec{P} &= e^{\pm \vec{S}} \\ &= e^{\pm(\vec{S}_1+\vec{S}_2+\cdots+\vec{S}_m)} \\ &= e^{\pm \vec{S}_1} e^{\pm \vec{S}_2} \cdots e^{\pm \vec{S}_m} \\ &= \vec{P}_1 \vec{P}_2 \cdots \vec{P}_m \quad (i=1,2,\cdots,m) \end{aligned} \quad (22\text{-}212)$$

(22-212) 式表明，m 元系统在 m 维二仪信息向量坐标系 $\vec{P}_1\vec{P}_2\cdots\vec{P}_m$ 中的变化量是各个维度信息向量变化量的乘积，每一维度的信息变化是相互独立的。在近平衡态，每一维度的形态均按指数函数的规律变化。(22-212) 式也可以用矩阵来表示。其矩阵的特征分解可以表示为

$$M(e^{\pm \vec{S}}) = Pe^{\pm \vec{S}}P^{-1} = Pe^{\pm \vec{S}}P^{T} \quad (22\text{-}213)$$

其中

$$e^{\pm \vec{S}} = \begin{pmatrix} \exp(\pm S_1 \vec{e}_1) & & & \\ & \exp(\pm S_2 \vec{e}_2) & & \\ & & \ddots & \\ & & & \exp(\pm S_m \vec{e}_m) \end{pmatrix} \quad (22\text{-}214)$$

而 $\vec{e}_1,\vec{e}_2,\cdots,\vec{e}_m$ 为各个维度的基向量。

在近平衡态，m 元系统形态变化规律也可用信息熵的对数函数 $\vec{S}=\pm\ln\vec{P}$ 来表示，

把(22-165)式 $\vec{P}_{12\cdots m} = \vec{P}_1 \times \vec{P}_2 \times \cdots \times \vec{P}_m$ 代入 $\vec{S} = \pm \ln \vec{P}$，就是

$$\vec{S}_{12\cdots m} = \pm \ln \vec{P}_{12\cdots m} = \pm (\ln \vec{P}_1 + \ln \vec{P}_2 + \cdots \ln \vec{P}_m) \quad (22\text{-}215)$$

用矩阵来表示，其矩阵的特征分解就是

$$\boldsymbol{M}(\ln \vec{P}_{12\cdots m}) = \boldsymbol{P} \ln(\vec{P}_{12\cdots m}) \boldsymbol{P}^{-1} = \boldsymbol{P} \ln(\vec{P}_{12\cdots m}) \boldsymbol{P}^{\mathrm{T}} \quad (22\text{-}216)$$

其中

$$\ln(\vec{P}_{12\cdots m}) = \begin{pmatrix} \ln P_1 \vec{e}_1 & & & \\ & \ln P_2 \vec{e}_2 & & \\ & & \ddots & \\ & & & \ln P_m \vec{e}_m \end{pmatrix} \quad (22\text{-}217)$$

(三) 各个子系统为远离平衡态的形态变化规律

与近平衡态一样，在 m 维质向量坐标系的非线性空间里，在远离平衡态 m 元系统形态变化规律要进行非线性函数的运算。在省却质向量坐标轴关于性质和指向规定的条件下，要在 m 维笛卡尔直角坐标系中表达在远离平衡态 m 元系统形态变化规律，也要用 m 元向量函数的矩阵表示的特征分解式 $\boldsymbol{M}(x) = \boldsymbol{P} \boldsymbol{\Lambda} \boldsymbol{P}^{-1} = \boldsymbol{P} \boldsymbol{\Lambda} \boldsymbol{P}^{\mathrm{T}}$。

用类似求 $\vec{x}$ 的指数 $e^{\vec{x}}$ 的方法，可以求得双曲三角函数的计算公式。例如，$\vec{x}$ 的双曲正切函数 $\tanh \vec{x}$ 的矩阵表示式为

$$\boldsymbol{M}(\tanh \vec{x}) = \boldsymbol{P} \tanh(\vec{x}) \boldsymbol{P}^{-1} = \boldsymbol{P} \tanh(\boldsymbol{\Lambda}) \boldsymbol{P}^{\mathrm{T}} \quad (22\text{-}218)$$

其中

$$\tanh(\vec{x}) = \begin{pmatrix} \tanh(x_1 \vec{e}_1) & & & \\ & \tanh(x_2 \vec{e}_2) & & \\ & & \ddots & \\ & & & \tanh(x_m \vec{e}_m) \end{pmatrix} \quad (22\text{-}219)$$

不过，上述的矩阵函数也是在省却质向量坐标轴关于性质和指向的规定的条件下得到的。以此表明远离平衡态的 m 元系统形态变化规律，人们也难以分辨双曲正切函数变量的内涵。因此，也还是要赋予这些函数变量的特质意义。

其实，在 m 维二仪质向量坐标系 $\vec{X}_1 \vec{X}_2 \cdots \vec{X}_m$ 中，m 元系统在形态转化基元过程的形态变化量 $\Delta \vec{x}$ 可以用 $\vec{e}_{1+2+\cdots+m}$ 表示，而在各个坐标轴上的子系统在形态转化基元过程的形态变化量是 $\vec{e}_1, \vec{e}_2, \cdots, \vec{e}_m$，它们之间满足(22-182)式 $\vec{e}_{1+2+\cdots+m} = \vec{e}_1 + \vec{e}_2 + \cdots + \vec{e}_m$ 的关系。例如，在远离平衡态的 m 元系统形态转化基元规律可以用熵信息的双曲正切函数 $\vec{P} = \mp \frac{1}{2} \tanh \frac{\vec{S}}{2}$ 来表示，把 $\vec{S} = \vec{S}_{1+2+\cdots+m} = \vec{S}_1 + \vec{S}_2 + \cdots + \vec{S}_m$ 代入 $\vec{P} = \mp \frac{1}{2} \tanh \frac{\vec{S}}{2}$，就是

$$\vec{P} = \mp \frac{1}{2} \tanh \frac{\vec{S}}{2} = \mp \tanh \frac{\vec{S}_1 + \vec{S}_2 + \cdots + \vec{S}_m}{2} \quad (i = 1, 2, \cdots, m) \quad (22\text{-}220)$$

在省却质向量坐标轴关于指向的规定的条件下，(22-220)式也可以用矩阵来表示，其矩阵的特征分解可以表示为

$$\boldsymbol{M}\left(\mp\frac{1}{2}\tanh\frac{S}{2}\right)=\boldsymbol{P}\left[\mp\frac{1}{2}\tanh\frac{S}{2}\right]\boldsymbol{P}^{-1}=\boldsymbol{P}\left(\mp\frac{1}{2}\tanh\frac{S}{2}\right)\boldsymbol{P}^{\mathrm{T}} \quad (22\text{-}221)$$

其中

$$\mp\frac{1}{2}\tanh\frac{S}{2}=\begin{bmatrix}\mp\frac{1}{2}\tanh\left(\frac{1}{2}x_1\vec{e}_1\right) & & & \\ & \mp\frac{1}{2}\tanh\left(\frac{1}{2}x_2\vec{e}_2\right) & & \\ & & \ddots & \\ & & & \mp\frac{1}{2}\tanh\left(\frac{1}{2}x_m\vec{e}_m\right)\end{bmatrix}$$

$$(22\text{-}222)$$

而 $\vec{e}_1、\vec{e}_2、\cdots、\vec{e}_m$ 为各个维度的基向量。

由此可见，远离平衡态的 m 元系统形态转化基元规律的表达形式与一维空间、二维空间和三维空间……中的函数表达形式都一样，都可以用双曲正切函数 $P=\mp\frac{1}{2}\cdot\tanh\frac{S}{2}$ 来表示，只是其定义域不一样。远离平衡态的 m 元系统形态转化规律可以用双曲正切函数 $P=\mp\frac{1}{2}\tanh\frac{S}{2}$ 来表示，而双曲正切函数 $P(S)=\mp\frac{1}{2}\tanh\frac{S}{2}=\mp\frac{1}{2}\cdot\frac{e^S-e^{-S}}{e^S+e^{-S}}$ 是由近平衡态吸收发射的指数函数 $P_+=e^{+S}$ 与自发发射的指数函数 $P_-=e^{-S}$ 复合而成。

如果把 m 元系统形态转化基元规律与伊辛模型对应起来，那么在 m 维笛卡尔直角坐标系中 m 元系统的形态转化基元规律就可以通过 m 维伊辛模型来解释。在 m 维笛卡尔直角坐标系中，每一个点阵代表一个 m 元系统形态，如果以平衡态的 Z 点与平衡态的 Z' 点作为两种典型的对立形态，那么 m 元系统形态转化基元规律描述的就是从某一平衡态的 Z 点到另一平衡态的 Z' 点的形态变化。

虽然至今人们对于低维的伊辛模型的认识都举步维艰，所以尚不敢从 m 维伊辛模型的一般意义上来认识 m 元系统形态转化基元规律。但是，统一科学可以推断在 m 维笛卡尔直角坐标系中 m 维伊辛模型所描绘的轨迹就是吸收发射由阴之阳的超螺旋体与自发发射由阳之阴的超螺旋体的复合体。m 元系统在形态转化过程的生发超螺旋体和阻尼超螺旋体都是关于 m 维笛卡尔坐标系原点对称的。在紧邻平衡态的 Z 点或紧邻平衡态的 Z' 点处，m 元系统及其各个子系统都处在准平衡态，其形态变化规律可以在 m 维线性空间中表述。在平衡态的 Z 点或平衡态的 Z' 点附近，m 元系统及其各个子系统都处在近平衡态，其形态变化规律就要在 m 维非线性空间中表述。

在 m 维笛卡尔直角坐标系空间中，m 元系统在回复力大于变动力或向心力大于离心力的情况下，m 元系统的运动幅度一样要向心(向内)退缩以取得新的平衡。只要在运动过程中向心力大于离心力的条件没有改变，m 元系统运动幅度向心(向内)退缩的过程也将持续进行。其几何轨迹虽然无法表现，但是可以理解为凝聚、收缩、聚合、吸收、吸引等旋集的超螺旋体。反之，在变动力大于回复力或离心力大于向心力的情况下，m 元系统的运动幅度就要离心(向外)扩张以取得新的平衡。只要在运动过程中离心力大于向心力的条件没有改变，m 元系统运动幅度离心(向外)扩张的过程也将持续进行。其几何轨迹虽然也无法表现，但也可以理解为扩散、辐射、分裂、分离、升腾、爆炸等扩散的超螺旋体。

参考文献

[1] 斯蒂恩.今日数学[M].马继芳，译.上海:上海科学技术出版社，1982:376-377.
[2] 吴振奎，吴昊.数学中的美[M].哈尔滨:哈尔滨工业大学出版社，2011:63-64.
[3] 马天.从数学观点看物理世界[M].北京:科学出版社，2012:3.
[4] 陈方培.时空与物质:物理学的基本概念和基本规律[M].北京:科学出版社，2014:146-147.
[5] 徐道一.周易科学观[M].北京:地震出版社，1992:139-143.
[6] 顾明.周易象数图说[M].北京:中国社会科学出版社，1990:291.
[7] 张天蓉.世纪幽灵:走近量子纠缠[M].合肥:中国科学技术大学出版社，2013:91-98.
[8] 费恩曼，莱顿，桑兹.费恩曼物理学讲义:第3卷[M].潘笃武，李洪芳，译.上海:上海科学技术出版社，2005:238-239.
[9] 费恩曼，莱顿，桑兹.费恩曼物理学讲义:第2卷[M].李江芳，王子辅，钟万蘅，译.上海:上海科学技术出版社，2005:417-419.
[10] 么枕生，丁裕国.气候统计[M].北京:气象出版社，1990:266-270.
[11] 方开泰，范剑清，全辉，等.方向数据的统计分析(Ⅰ)[J].数理统计与管理，1989(1):57-64.
[12] 苏育才，姜翠波，张跃辉.矩阵理论[M].北京:科学出版社，2006:134-144.
[13] 李元生.方向数据统计[M].北京:中国科学技术出版社，1998:17-112.
[14] 维纳.控制论[M].郝季仁，译.北京:北京大学出版社，2007:48-54.
[15] 曹天元.上帝掷骰子吗?量子物理史话[M].北京:北京联合出版公司，2013:249.
[16] 尤承业.解析几何[M].北京:北京大学出版社，2004:211-213.
[17] 格雷厄姆·法米罗.天地有大美[M].涂泓，吴俊，译.上海:上海科技教育出版社，2006:178-201.
[18] 阚伟，刘宇辉，朱明远.物理化学理论与应用研究[M].北京:中国水利水电出版社，2014:82-89.

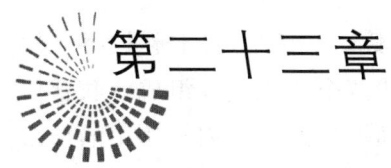

第二十三章

复杂系统与模型论

第一节 复杂系统的集成理论

复杂系统是由不同性质、不同数量和不同取向的单元（或子系统）组成的多元系统，多元系统最普遍的表现形态是复杂性现象。人们认识多元系统复杂性的秘诀一般都因循由简到繁的过程，在系统分析与纯化研究的基础上进行系统综合，就可以清晰地显现各个单元（或子系统）集成的复杂系统形态变化规律或分布规律。

一、复杂性现象与复杂系统

自然界和人世界本来就是一个复杂多样和不断变化着的缤纷世界，从破碎的浪花到千姿百态的云朵，从喧嚣的市井到变幻莫测的经济市场，自然和社会各种事物形态异彩纷呈的表现成就了现实世界的万千气象。现实世界中的事物都不是孤立的、静止的，而是相互联系、相互作用的。世界上除了一些非常简单的物理系统外，几乎所有的事、物和人都被裹罩在一个充满刺激、备受限制和相互联系的巨大的非线性"互联网"中。正因为事物之间是关联的，一事物才能作用于另一事物；而事物相互作用的过程和结果又往往可以产生新的形态，由此使得整个世界愈发精彩、更加复杂、生生不息、变幻无穷。

复杂性现象是事物最普遍的表现形态，复杂系统的复杂性行为特征是无法回避的客观实在。在客观现实中，人们随时随地都可以看到和发现各种各样的事物形态在变化中呈现复杂性现象。例如，一支燃着的香烟，在平衡的气流中缓缓升起一缕烟气，突然卷曲成一团扰动的烟雾而四处飘散；一个风和日丽的晴天，突如其来的暴风骤雨；一架装有最先进气象雷达的飞机在飞行中穿过看不到但能感受到的湍流时，宛如爆米花似地颠簸起来；生物体的自我复制或遗传产生多样化的生物形态……

在错综复杂的世界中，事物形态林林总总，各种自然现象千变万化，不胜枚举。然而，复杂性是事物的一种自然形态而不是变异，具有两个或两个以上组分组成的联合体就可能产生复杂性。丰富的复杂性现象是复杂系统内不同性质的组分相互作用的结果及其在不同环境作用下与在不同演化阶段的表现，组分的多样性和差异性造成了组分之间相互关系的多样性和差异性。

世界的复杂性是无限的，每一具体的事物往往又有着错综复杂的结构与性能，而不是质地单纯的物质。不过，虽然许许多多奇妙的复杂现象总让人们惊讶不已，然而现象的不同并不要求解释的不同，复杂性并不意味着复杂现象是无法掌握的混乱结构的表现形态，它们也存在着规律性。在对复杂现象的探究之中，人们已经瞥见了自然设计的美和简，窥视了自然的复杂是源于简单，复杂系统源于简单系统。

简单系统是指组成系统的单元的特质极少和变动方向比较一致，它们之间的相互作用又比较弱的系统。一个系统即使数量巨大，只要单元"花色品种"不多，取向相对集中，系统的结构就不会复杂。例如，某些非生命系统（像贝纳德流、激光系统），即使组成系统的单元个数非常多，但单元种类很少且它们之间关系比较简单行为相近，这类巨系统仍然是简单系统，而最简单的系统就是单元系统。

复杂系统是指组成系统的单元的特质、数量和取向比较多，它们之间存在着强烈的耦合作用且关系比较复杂，甚至有多种层次结构的系统。复杂系统往往由各种简单系统和小系统组成，如生态系统是由各个种群和各种生物组成。复杂系统的组成部分一般是简单的，只有相互连接或重混后才是复杂的。组分的多样性和差异性是产生结构复杂性的根源。所以，一个系统只要单元"花色品种"繁多，取向相对散漫，多元系统的结构就必然复杂。像宇宙系统、生物圈系统、人体系统和社会系统，不仅组成系统的单元种类很多，而且单元之间的关系相当复杂，即使组成系统的单元数量不大，但也还是复杂系统。

虽然在理论上关于什么是复杂系统，目前人们还有着各式各样的说法，但是多数人都认为具有复杂行为的系统就叫作复杂系统。首先，它表现在其是由次一级的子系统联结而成，而各子系统本身既是复杂系统相互作用的单元，又是由更次一级的系统联结而成的复杂系统。在这样的多级系统中，系统的单元之间或子系统之间有着很强的相互作用，大量单元或子系统的集体行为产生了复杂的行为模式。其次，复杂系统包含了多个单元的依赖关系，其形态由多个单元的相互关系所决定，人们往往不可能从数量上把握复杂系统的全部单元的变化规律。因此，通常把复杂系统形态视为具有随机性或不确定性，难以用传统的方法来建立复杂系统模型。最后，被研究的对象本身并不复杂，但是对这种对象加以控制后所形成的系统是在复杂的环境之中运动的，由于环境的复杂而导致在这一环境中能够有效运动的系统也必然是复杂的。

复杂系统的错综复杂行为，既出自于也可归结为在较低和较高描述层次上的简单行为。复杂系统的整体行为是通过单元或子系统之间的相互竞争、相互协作等局部相互作用而涌现出来的。人们所观察到的所有的千姿百态的复杂现象与复杂结构，并不是其运动规律的复杂性造成的后果，而是来自相当简单的事物形态变化规律被许多次反复地重混，归根到底只是由多个不同的单元或子系统相互作用引起的。复杂系统形态往往如同东方的围棋一样，规则很简单但变化很丰富。

但是，如果从复杂系统联合体的复杂形态出发进行研究，一般是很难着手的，也是很难奏效的，而经过简化或分解后的复杂系统，其单元或子系统之间的关系就比较容易把握。因此，只要以比较简单的受限生成过程为积木，就可以进一步生成较为复杂的受限生成过程。现实世界存在的客观事物基本上都是复杂系统，事物本身也往往蕴藏着各种不同的复杂性结构，所以人们考察事物形态的变化就不能仅仅局限于一个基元过程及其中间的过渡形态，而必须向更大更复杂的范围扩展，必须用更加高远的眼光和更加宽广的视角去探视事物错综复杂的关系及其表现的重混规律。

当简单系统在复杂的环境中时，其形态变化规律就要反映环境不同方向、不同强度或不同方式的作用（如智能机器人）。当复杂系统在简单的环境中时，其形态变化规律也要反映不同的单元或子系统在同一环境作用下的综合表现（如人体系统、人脑系统或部落、封建社会）。当复杂系统在复杂的环境中时，其形态变化规律既要反映环境不同方向、不同强度或不同方式的作用，还要反映不同的单元或子系统在复杂环境各种方式作用下错综复杂的表现。

人们有理由期望，在客观世界那些变化多端与扑朔迷离的复杂现象里，最终只是由若干个不同失衡态的简单系统形态变化规律所支配，不同失衡态下简单系统形态的变化规律的重混适用于相当大范围的复杂系统，而且这些规律性和原理会超出内容的界限。然而，由于复杂系统的单元或子系统之间仍然是相互联系着的，并非孤立的或与其他诸多单元或子系统无关的，因而在许多情形下还必须在复杂系统背景之下来考虑复杂系统的单元或子系统之间的相互关系。

由于自然和社会绝大多数事物的复杂现象都与人类现实生活和生产活动休戚相关，因而人们探索事物形态的复杂性已经历了很长的时期，而且是分散在自然科学、技术科学和社会科学的不同学科领域。不过，自近代科学以来的300多年间，科学的发展早已突破了最初所拥有的初级的无法适用于复杂系统的实验技术和理论的历史条件，许多物理学家在特定条件下也认识了一些简单系统在简单环境中形态变化的典型规律。这一方面在引导人们认知事物形态的本质及其变化规律上确实发挥了极大的作用，但是另一方面也引导人们将许多非线性非平衡的问题简单地线性化，将有结构的问题当作没有结构的来处理（如平均方法等），将动态的问题当作静态的问题来处理。许多科学工作者甚至习惯于把世界看作一个能被他们理解的规律所支配的世界，看作一个本质上很紧凑或可预测的极其美妙的世界，他们并不在乎物质世界实际所发生的一切，而是在简单设定的条件下或在准平衡态下不断取得属于线性系统的某些特殊类型的理想化的成果。

进入现代科学,人类的理性一方面还在积极寻求普适的事物形态转化基元规律,另一方面,通过分析复杂系统各个层次上的联系,力图用简单系统形态变化规律的组合来构建全面反映复杂系统形态变化规律的模型。然而,许多人并没有摆脱他们传统思想方法的羁绊,面对广泛的非线性开放的复杂系统,在复杂性研究上举步维艰或望而却步,甚至感慨"画山难画山高,画树难画树梢",因此复杂性问题的研究无论是在理论上还是在应用方法论上都没有形成重大的突破,更不用说是形成复杂性科学的统一范式。不过,尽管复杂系统关系错综复杂且形态千变万化,许多领域的科学家还是知难而上。人们围绕自然、工程、化学、生物、经济、管理、军事、政治和社会系统中的复杂性问题,运用各种手段来探讨复杂现象,总结归纳出许多经验规律和适用于一定范围的理论方法或定性、半定量乃至定量的方法,从各个不同侧面丰富和发展了复杂系统的理论。

直到 20 世纪 70 年代后期,人们在探索复杂性的进程中才取得较大的进展。人们从研究个别物质的个别反应发展到研究由几种物质和几种反应组成的反应体系,从研究平衡态发展到研究非平衡态。从此,以复杂系统为探索对象的复杂性科学的发展引起了人们的密切关注,各国都集中了一些优秀博学的科学家力图将隐藏于不同领域的复杂系统的大量的以前人们不知道或不理解的崭新现象及其特点和各种规律的共同本质及特征挖掘出来,公之于世。

复杂性问题研究的兴起被认为是科学发展新的转折点和当代世界最前沿的科学问题,已引起了人们对复杂系统密切的关注和强烈的兴趣。人们认为,当代科学正处于由大物理学时代向复杂性研究时代迅速过渡之中,所以几乎各个学科都集中了许多精兵强将展开了复杂性研究的攻势。1984 年,美国专门成立了研究复杂性的桑塔菲研究所(santa fe institute,SFI),这个机构不仅想培养出 21 世纪复兴式的科学家,而且还想真正地整合并最终统一所有学科。这个机构的科学家们从既有的科学出发,面对一个混沌无序的现实世界,正在复杂性的科学海洋里遨游,他们采取了让整体系统的复杂性行为自下而上"涌现"出来等研究方法,主张建立复杂系统的"一元化理论",并宣称"科学中正在涌现着的综合"就是复杂性研究。中国也有一批科学家自觉地投身于复杂性的研究中,他们以系统学为突破口,走过了"开放的复杂巨系统、综合集成法、定性定量相结合的综合集成法、从定性到定量的综合集成法、人机结合、从定性到定量的综合集成研讨厅体系"的发展道路。

迄今为止,复杂系统的研究已经形成了一个学科群,包括系统论、控制论、信息论、耗散结构论、协同学、突变论以及浑沌科学、分形理论等一系列新兴学科,它们一反过去的经典科学(如物理、化学、生物、天文学、地理学等)的特点,将揭示各门具体学科之间的共同形式与共同规律作为自己的追求,使自己成为介于各门具体学科和一般哲学之间的学科。这些学科在探求复杂系统的复杂规律、发现与处理它们的普遍性方面已经取得了许多明显的成就,并在处理复杂系统问题时取得了丰硕的应用成果,实验数学方法也起到了关键作用。例如,相干结构和孤子揭示了非线性作用引起的惊人的有序性;

确定性系统的混沌使人们看到了普遍存在于自然界而人们多年来视而不见的一种运动形式;分形和分维的研究把人们从线、面、体的常规几何观念中解放出来,而直接面对更为多样而真实的自然;自组织现象和图形生成反映了非线性地耦合到一起的大量单元或子系统中由于有序和浑沌竞争而形成的时空组织或时空过程。人们发现:浑沌和分形思想的本质在于世界并不是像拉普拉斯所断言的决定论的方式行事的,而是和不确定性、随机性等概率范畴的特质相纠缠。

在探索复杂系统的进程中,有些人已经发现复杂系统的复杂性主要表现在它有很高的(空间的和时间的)有序性,有很大的信息量,每一操作有很高的可信度,而且能够自我调控等。这不仅与复杂系统中的组分多或反应多有关,而且与复杂系统是开放的有关,但是最关键的还是绝大多数单元在形态空间上的定位方向是不一样的,而且是高度组织化的,是按指定方式"聚集"成的高级结构。高级结构的特征是空间有序性,从自缔合到自组织无不与空间有序性有关。这种有序性包含很多内容,有的表现为单元对称性高、结构单元重复性高,但也有许多并无对称性和重复性,仅仅在于结构单元间相对位置以及各自取向一定。高级结构的有序性还表现在其形态学上,它是动态的而又稳定的。在高级结构的复杂有序中,复杂系统的所有组成部分和谐地组织在一起,协同合作地表现出整体具有的独立性能。

当代复杂性科学的发展已经颠覆了许多传统的科学观念。许多科学家提出的关于复杂系统的理论确实有着独到之处,如有的科学家根据复杂系统的复杂性行为特征,把复杂性与随机性做了比较,指出随机性并不是复杂性,复杂性是有结构的且具有其相应性能的。另外,这些科学家之间也有很多相似之处,他们共同讨论的都是在远离平衡态的非线性区内系统的演化与突变的规律,都是利用微分方程的稳定性理论来分析和反映系统演化的宏观方程。因此,人们在非常不同的学科领域内各自发现的复杂现象往往呈现出许多共同的特征。例如,在耗散结构理论中提出的很多概念(像涨落、分岔、临界点等)在协同学理论中也存在类似的概念,甚至定义一样。

如今,在复杂性科学这个最为广泛、最为现实且还在萌芽状态的研究领域,只要某一个学科在探索复杂性上取得进展,很快就会被转换到其他学科,从而使交叉科学日益泛化,学科统一的疆域也日益拓展。当代科学在探索复杂性过程中取得的各种成就,为人们进一步研究复杂系统的形态变化问题提供了机遇,也为统一科学理论体系攻克复杂系统领域做了铺垫。

回顾科学发展历程,人类曾以有限的认知能力通过对复杂现象的理性认识而逐渐掌握了其中所隐含的客观规律,并创立了不同的学科。人类的科学认识本身是一个多层次、多因素和多形相的复杂运动过程。但是,"通往诺贝尔奖的堂皇道路通常是由简化论的思维取道的",也就是将世界分得尽可能地小和尽可能地简单,然后才为理想化了的问题寻找解决方案。[1]因此,人们认识复杂现象的方法都是从容易的情形开始,再一步步往难处走的。从无到有,从少到多,从简单到复杂,这种由潜在到显现的展开,从一种形态到另一种形态的转化,再从低级形态到高级形态的发展,是人们认识事物的自然发展过程。

人类对于各种事物形态的认识必然要因循由简入繁的路径,而且人们对事物的认识手段和方法亦如此,这是人类认知能力进步之使然。面对繁杂的实际的事物形态,科学也只能循序渐进地对一元系统形态到多元系统形态内蕴的规律性进行探索。统一科学在全面建立理论体系时,也必须遵循人类认识世界从简单到复杂的认识规律。

二、复杂系统的分析与综合

统一科学在建立理论大厦时,首要目标必然是解决最基础、最根本的问题——探索和发现单元系统形态转化基元规律。为了寻求这一"至简"的科学大道,统一科学在《周易》"一阴一阳之谓道"的思想和中华文明的启发引导下,在一维正向质向量坐标系$\vec{X}_+$太极空间中,揭示了单元系统由一形态$\vec{A}_+$向另一形态$\vec{B}_+$转化基元过程中的大道理,并深入探讨了貌似简单的单元系统形态转化基元规律中所包含的丰富内涵。反映单元系统形态转化的基元过程$\langle \vec{B}_+ | \vec{A}_+ \rangle$不仅是个普适过程,而且是个不可分割的最基本过程,因此单元系统形态转化基元规律就是一维正向单位质向量$\vec{e}_+$表达$\langle \vec{B}_+ | \vec{A}_+ \rangle$基元过程的元道理。

在一维正向质向量坐标系$\vec{X}_+$太极空间中,单元系统从一个定点$\vec{A}_+$向另一个定点$\vec{B}_+$的运动就是事物从一个平衡态$\vec{A}_+$向另一个平衡态$\vec{B}_+$的转化,而$\langle \vec{B}_+ | \vec{A}_+ \rangle$其间的每一个动点都是单元系统的失衡态。在一维正向质向量坐标系$\vec{X}_+$内部,还可以打开不同维度的分质向量及其显性因子的认知空间,所以,单元系统形态转化基元规律在平衡态、准平衡态、近平衡态和远离平衡态下可以用不同简化程度的函数形式来表示。在吸收发射或自发发射条件下单元系统与环境的作用方向不一,单元系统形态转化基元规律的各种函数形式中的符号也不一样。

各种具体事物只是穿上了不同特质的"外衣"来展示其特殊形态。尽管一维正向质向量坐标系$\vec{X}_+$内部不同维度的分质向量及其显性因子认知空间的定义域可以不一样,单元系统形态转化基元规律及其在不同失衡态的简化函数却保持着固有的内在关系和表现形式。任何一种物质或一个事件从某一特殊形态向另一特殊形态转化的"变质"或"变态"过程都遵循着单元系统形态转化基元规律。因此,统一科学可以打破学科的界线,让各个学科领域的小道理都服从统一科学的大道理;通过不同失衡态的单元系统形态转化基元规律,也可以演绎出不同学科具有的不同质参量的事物形态变化规律或特殊的经验定律。

在一维正向质向量坐标系$\vec{X}_+$中,任何一种平衡态和另一种平衡态是事物一阴一阳的两种典型形态,单元系统形态转化基元规律所反映的就是单元系统从一种平衡态向另一种平衡态转化的一般规律。单元系统形态转化基元规律在不同失衡态下可以用较简单的质向量函数替代，所反映的也是单元系统从一种平衡态向另一种平衡态转化中间过程的过渡态（准平衡态、近平衡态或远离平衡态）的变化规律。

统一科学在无穷事物形态的不易和变易中悟道，所揭示的单元系统形态转化基元规律已经达致发现终极真理的既定目标；单元系统形态转化基元规律作为至高无上、至简无内的元道理是无法用更一般的道理来说明的。通过最一般的大道理向特殊的小道理的推演，可以检验这一最普遍、最根本的规律是否是"放诸四海而皆准"的真理，也可以验证单元系统形态转化基元规律与科学的统一性。

关于单元系统形态转化基元规律所建立的理论可以完美地描述简单系统，并为建立统而为一的统一科学理论大厦奠定坚实的基础。正因为如此，统一科学的研究对象不应只是理想的系综或纯粹的单元系统，而且应当包括二元系统、三元系统，还应当包括多元系统；对事物形态变化规律的认识也不应只停留在揭示单元系统形态转化基元规律，在比基元过程更为广泛的空间里仅仅靠单元系统形态转化基元规律显然是无法反映非单元系统形态变化规律的，因为这广泛的空间已经是复杂系统的王国。

现实世界是由缤纷多彩、复杂多样的事物所组成，每一具体的事物往往又都有错综复杂的结构与性能，而不是符合理想模型的质地单一的纯物质或理想事件。人们日常看到的真实事物的运动都是具有一定特质的事物在相互联系和相互作用中产生的形态变化，而不是在严格苛刻的科学实验条件下单元系统由某一平衡态向另一平衡态变化的基元过程。

复杂系统的错综结构与复杂行为是由多个不同的单元或子系统相互作用或自我作用引起的。但是，一个复杂系统的复杂行为并非出自其联合体结构的复杂性，而是由许多独立的甚至相当简单的单元的相互作用形成的；简单的确定性系统可以滋生复杂行为，复杂性也可以呈现出简单行为。实际系统形态的演化从单一到多样、从简单到复杂是由分岔机制决定的。多元系统在演化中形成逐级的分岔系列，不断地分岔就会不断产生出新的分支，导致系统的多样性和复杂性不断增加。为此，统一科学在完成理论大厦的基础工程时，就必须循序渐进地从最简单的同向的两个形态变化开始再进入同向的多级形态连串变化，从同向的二元系统平行结构的形态变化开始再进入多元系统平行结构的形态变化，从二元系统的反向形态变化开始再进入多元系统的多向形态变化，在认识子系统之间同向作用、反向作用、异向作用、平行作用等构成的形态变化规律后，再向三级形态和三元系统乃至多级形态及多元系统的复杂形态与复杂结构扩展。

统一科学要实现统一所有学科的既定目标，就必须在揭示单元系统形态转化基元规律并在一些学科进行推演的基础上，继续大踏步地向多样性和复杂性挺进。统一科学在进入复杂性王国之后，必须在当代科学的前沿上参与复杂性的探索，并提纲挈领地展开复杂系统肇发性和拓异性的理论画卷。统一科学必须从小系统到大系统再到巨系统，从简单系统到多元系统再到复杂系统，去揭示各种光怪陆离的复杂现象所蕴藏的内在的和谐的规律。

从简单到复杂不是一蹴而就的,但是统一科学要构筑完整的理论大厦,就必须继续完成多样性和复杂性的工程,并进行构造图景的拓展和表现风格的深化,通过复杂性的细部图景和多样性的细部风格精装修,才能完成科学理论体系的统一大业。

在复杂性王国中,复杂系统的各个单元或子系统相互集成在一起,各个单元或子系统都遵循单元系统形态转化基元规律,但是它们彼此在这种错综复杂的关系中自然会在整体上产生一些奇特的综合效果。单元系统形态转化基元规律对处理单元系统的形态变化提供了统一的方法,但是面对"个性很强"的复杂系统也只能具体问题具体分析。单元系统形态转化基元规律及其简化形式是适合单元系统在不同平衡态变化的至简的理想标准模型;与之相反,复杂系统形态变化规律必然是具体特殊的大量微分方程的多繁"小道"的组合。日本物理学家南部阳一郎说过:"物理学的基本定律明明拥有很多对称性,为什么现实世界如此复杂?对称性自发破缺原理是打开这扇门的钥匙。基本定律是单纯的,世界却不是单调的。这是多么理想的组合啊!"[2]

复杂系统有不同于简单系统的特性与特征。复杂系统具有整体性与突变性、层次性与结构性、目的性与演化性、相干性与开放性等,还具有突现性、不稳性、非线性、不确定性、不可预测性等特征。但是,任何一个复杂系统都是把一些特殊的简单的单元或子系统以某种组织形式集成在同一环境中,构成一个结构上紧密联系、整体上具有独立性能的系统。每个单元或子系统以组合形式出现的结构是复杂系统所具有的共同特征。在复杂系统内部,每个单元或子系统作为系统结构的构件都遵循着单元系统形态转化基元规律,但是由于它们彼此之间相互连接又相互作用,一个子系统的输出就是另一个子系统的输入,因而它们不仅可以用公共的质向量表示,而且可以把各个单元或子系统所遵循的单元系统形态转化基元规律(可依其失衡程度取不同的简化形式)联结为一个有机联系的方程组,各个单元或子系统形态变化规律的集成也就是整个复杂系统的形态变化规律。

如果复杂系统整体是一个孤立系统,各个单元或子系统彼此之间存在着相互作用,每个单元或子系统的形态变化也遵循着单元系统形态转化基元规律,只是各个子系统在整个系统内的相互作用相互抵消,因此整个系统的表现是孤立的、静态的。如果复杂系统整体是一个开放系统,各个单元或子系统不仅彼此之间有相互作用,同时也受到外环境的作用,各个单元或子系统的形态变化还是遵循单元系统形态转化基元规律,但是它们彼此间的组合结果不会相互抵消,而是协同的或交错的,从而使整个复杂系统表现出一定的特性与动态。

复杂系统的构成往往是多方面或多层次的,既可以是空间和时间上的结构(空间结构和时间结构),也可以是物质种类和数量比例方面的结构(材料结构和数量结构),还可以是逻辑上的结构(逻辑结构)等。复杂系统模型的构建是不可穷尽的,关于复杂性的探索是一个只有里程碑而没有终点的科学探索。因此,统一科学在进入复杂性王国时,必然要应用已经取得的关于简单系统形态变化规律和分布规律的理论、方法和知识,来认识复杂系统内部的各单元或子系统按一定组合形式和关系形成的相对稳定的平衡结构和变动不息的非平衡结构。

为了揭开复杂系统的复杂性奥秘,并清晰地显现各个单元或子系统形态变化规律的集成,在研究方法上可以采取一些较为典型的多级系统或多元系统的系统分析与系统综合相结合的方式来进行。系统分析是简化、分解、建立简化模型的过程,而系统综合则是联结、综合、合成复杂模型的过程,也就是系统模拟的过程。系统分析是系统综合的基础和前提,是在还原论指导下揭示系统内部构成秩序的传统方法。

作为研究复杂系统形态变化的一种有效方法,系统分析要把复杂系统形态变化看作几个简单子系统形态变化的合成。系统分析把复杂的高级系统分解、简化成次一级的甚至更简单的系统,直到最简单的一对相互联系的单元,再分别对这些组成部分加以纯化研究。系统分析反映结构细节的离散化模拟,可以深入探讨复杂系统单元之间的数量关系,查明各级系统和系统单元互相联系的结构形式、性能特征和演变过程。系统分析是一个简化、分解大系统或高级系统使之成为简单结构形式的过程,也是认识结构形成机理和量化结构的有效手段。

复杂系统的形态变化规律是由各个单元或子系统的形态变化规律决定的,各个含有同质单元的子系统都满足单元系统形态转化基元规律,系统分析就是要根据复杂系统的单元或子系统的形态变化特征进行分段描述。但是,支配规则的简单性并不一定意味着所得结果的平庸性。虽然每一组同质单元或子系统的形态变化都遵循单元系统形态转化基元规律,可是每一组同质单元或子系统可能处于不同的失衡态。依照各组同质单元或子系统的失衡程度,其所依据的单元系统形态转化基元规律可取不同的形式;如果各个子系统在相互作用中形态变化的发射方向不同,其遵循的单元系统形态转化基元规律的符号也各不相同,在此基础上把各个子系统在协同作用下的形态变化规律综合起来,就可以共同组成复杂的多元系统在各种条件下的形态变化规律。

系统综合是在系统分析纯化研究的基础上,按各组同质单元或子系统相互之间的作用关系、形态变化的方向、失衡程度及其遵循的单元系统形态转化基元规律,逐步地把纯化时撇开的各种因素逐级联结起来,把细部重装到一起,形成从简单到复杂、从低级到高级的复杂系统的综合过程。系统综合法则是基于任何复杂系统的形态变化规律都可以在单元系统及其子系统形态变化规律的基础上发展起来的构思研究,是进行复杂系统形态变化研究的基本方法,也是人们在认识宇宙中各种事物形态过程中由单一跃向多样、由简单迈进复杂的桥梁。

其实,系统综合也可以叫作系统模拟。由于模拟总是略去实际系统许多次要因素和次要部分,建立起便于应用的简化的系统,因而系统综合实质上只是反映了复杂系统中某些需要人们探讨的方面。系统综合的结果往往并不是复杂系统本身,它总是某种简化的系统。如果系统综合的结果和客观事物的构成一样复杂,那么这样的系统综合必然工作量巨大,实际上也是难以实现的。

为了全面真切地反映复杂系统的本质特征及其形态变化规律,人们必须建立与其有关的多维质向量坐标系,也就是要确定度量复杂系统形态的质向量坐标轴。但是,在进行系统分析中经常会遇到这样的问题:一是为了避免遗漏复杂系统重要的信息,要考虑尽可能多的度量指标,即一个复杂系统需要由多个质向量来表示它们的形态,特别是描写复杂的巨系统形态所需的质向量会很多。二是随着度量指标的增多必然增加分析问题的复杂性,要列出各自满足质向量坐标轴的子系统形态变化规律(常以微分方程表示),经常需要列出十几个、几十个甚至更多微分方程组成的微分方程组,这不仅给求解造成了很大的困难,而且利用这些方程的解来分析复杂系统形态变化规律也很麻烦。同时,由于各个指标均是对同一复杂系统形态的反映,因此不可避免地造成信息的大量重叠,这种信息的重叠有时甚至会抹杀复杂系统的本质特征与内在规律。

不过,人们经过对用成百上千个变量描写的复杂系统进行分析已经发现,像高阶次、多重反馈回路和高度非线性的复杂系统一般都具有很强的反直观性,具有对系统内多数参数的变化不敏感性等特性。例如,复杂系统的诸多质向量都与时间因子有关联,根据众多的质向量随时间变化的特点,就可以采用随机的方法进行复杂系统分析。对于质向量不是太多的确定性方程组,则可以将质向量分为随时间变化快的快变量和随时间变化慢的慢变量。

20世纪70年代出现的自组织理论指出,在系统发生相变时,其演化过程的特点主要由慢变量决定,慢变量的个数少(仅有一个或几个),这种慢变量就称为序变量。慢变量主宰着系统的相变,快变量受慢变量的支配。这一特点推广到一般系统,就形成了一条普遍的原理—— 支配原则。自组织理论根据支配原则提出,在处理多个质变量描写系统演化时可以采取绝热消去近似。该理论认为系统的快变量首先达到定态,不必考虑它们随时间的变化,仅分析少数慢变量满足的方程就能使问题的求解过程大大简化。在处理复杂系统演化时,按照支配原则和绝热消去近似,可以把多个微分方程组成的微分方程组简化为一个或两个微分方程组成的微分方程组,从而使问题大大简化。因此,在人们处理复杂系统的演化和建立模型时,直接就可以选择少数慢变量,建立少数慢变量(序参量)满足的方程。

但是,在采用自组织理论分析实际问题时,需要先对复杂系统演化认真地做好分析,找出序参量,然后才能进一步分析复杂系统的演化方程,如果找不到序参量或者找错了序参量,那就无法得到正确的复杂系统演化模拟的理论模型。人们对任何事物形态的理性认知必须在一定维度的认知坐标系中进行。一个维度的质向量坐标轴是人们理性认知事物形态的一个度量指标,由m个序参量的质向量坐标轴构成的m维质向量坐标系是认知复杂系统形态的度量体系,也是构造m元质向量函数模型的要素。

如果人们认知复杂系统形态的坐标轴为质坐标轴,就可以对复杂系统的多元系统形态进行种类的定质度量;在m维质坐标系空间中,人们的认知对象就是m元系统。

如果人们认知复杂系统形态的坐标轴为质向量坐标轴，就可以对复杂系统的多元系统形态进行性质、数量和取向的度量。如果 m 个维度坐标轴都是质向量坐标轴，由此建立的 m 维认知坐标系就是 m 维质向量坐标系；在 m 维质向量坐标系空间中，人们所要认知的就是 m 元系统形态及其变化规律或分布规律。

在现实世界中，人们所面对的湍动的大气、奔腾的河流、被磁场束缚的高温电离气体、大量不同的原子结合起来的固体等研究对象，基本上都是多性质、多层次、多变量的多元系统，多元系统所受的环境作用也往往是多重的、多向的或随机的，所以人们一般是把 m 维质向量坐标系作为认知复杂系统形态及其变化规律或分布规律的理性认知坐标系。这就是说，根据组成质向量坐标系的坐标轴维度的多少来甄别 m 元系统：m 的数值小，m 元系统就是简单系统；m 的数值大，m 元系统就是复杂系统。

如果一个 m 元系统同时受到环境中不同方向的作用，就要响应这些不同方向的作用而发生相应的形态变化，所以 m 元系统的形态不仅种类繁多、性质各异，而且往往是结构复杂的。不过，人们在拉开复杂性研究的帷幕时已经注意到，在 m 维质向量坐标系空间里，m 元系统形态变化规律或分布规律是 m 个坐标轴上的子系统的相互关系共同决定的。m 元系统形态变化规律或分布规律可以由 m 元质向量函数模型来描述。例如，对于社会领域的历史事件这样的复杂系统，恩格斯就曾经说过，历史是无数个力的平行四边形的合力推动向前的。

在 m 维二仪质向量坐标系空间中，m 元系统在不同维度坐标轴上的失衡情况也是决定 m 元质向量函数模型构造的要素，不同失衡态具有不同的 m 元质向量函数模型。在一般情况下，m 元系统往往都会在一部分维度上表现为一种失衡态的情形，而在另一部分维度上则表现为另一种失衡态的情形，或者在某些部分维度上还会出现均衡态的情形。因此，要在 m 维质向量坐标系的空间中逐一地描述 m 元系统形态的各种可能情形是非常巨大的繁杂工程。

虽然人们无法像单元系统那样透彻而简捷地表述复杂系统形态的分布规律或变化规律，也不可能建立所有可能维度的质向量坐标系来认知复杂系统形态的分布规律或变化规律，但是人们还是创造了许多重要的研究方法。就像生理学家在破解一个又一个生物的基因图谱一样，对每一个基因组进行鉴定和排序是个巨大的工程，但是只要掌握合理的方法，还是可以在 m 元质向量坐标系空间中建立复杂系统的函数模型，揭示 m 元系统在不同维度的失衡态所构造的复杂形态的分布规律或变化规律。

总之，生生不息的世界中充满了不同事物的丰富形态，不同事物的丰富形态及其非线性的变化构成了世界的多样化和复杂化。为了全面自觉地认识和掌握不同事物形态的分布规律和变化规律，人们必须综合研究复杂系统的结构、性能和组织及其行为。

第二节 复杂系统的模型构建

模型是事物原型的代替物,由主体构建的复杂系统模型只是研究客体的一种仿真手段。在一定条件下建立的多元系统质向量函数模型,可以逻辑地表达复杂系统形态变化规律或分布规律。黑箱方法是认识复杂系统与建立仿真模型的简易方法,而平面中的 $\vec{n} \sim \vec{E}$ 关系曲线可以用谱图的形式来表达复杂系统形态变化规律。

一、表达复杂系统形态的仿真模型

在理性认知坐标系中,任何真实的事物被"粗粒化"后就成为具有一定特质与数量的质点——单元群体。在单元(或子系统)的集合体中,这些存在一定特质的单元(或子系统)彼此之间往往存在着相互作用和相互联系,因而各自也是有取向的,它们共同形成一个具体的结构并组织成为复杂系统。为此,人们面对各种不同特质单元杂交组成的错综复杂的关系网时,要对复杂系统进行有效的分析研究并得到有说服力的结果,不仅要寻求用理性抽象的方法来认识复杂系统的结构,而且要用简化的方法或建立合适的模型来研究复杂系统形态及其变化规律。

任何系统都处在一定的环境之中,系统与环境必然存在着相互作用的关系。实际的环境与系统发生作用,一般是不可能在完全受控的理想条件下进行的,因此客观环境中形成的物质形态必然存在着差异。例如,图3-1所示雪花和冰晶的一些骨架图案同属于冰的晶态,但是那些千姿百态的冰晶都是在微小环境差异下的产物。再比如,在建立生态学的种群增长模型时,环境的随机变化很容易造成种群不可预测的波动,加上种群的出生率和死亡率对环境因素反应的滞后、种群爆发或大发生、种群平衡、种群的衰落和灭亡、生态入侵等诸多因素,使得稳定的种群增长模型必须考虑时滞的因素等,从而变成了不规则的或周期性波动的不稳定模型。因此,其种群增长曲线必然会出现无法完全复原的单元系统形态变化滞留回线。

在现实世界里,理想化的系综是不存在的,实际的事物往往都不是纯粹的单元系统,而是多元的复杂系统。加上环境的扰动难以绝对受控,由经验总结的定律或实验证明的规律都可能偏离理想化的单元系统形态变化规律,因而以实际事物的形态变化归纳出来的各种经验规律来反映复杂系统形态变化的一般规律反而是不够"真实"的。要从具有一定特质和具体结构的客观事物形态变化规律归纳出具有典型意义的复杂系统形态变化的一般规律,就应当把客观事物形态非本质的感性素材扬弃,也就是要建立起刻画复杂系统形态的理论模型。

任何复杂系统都具有秩序与混沌的双重特点。不管复杂系统表现出如何复杂的行为，总有潜在的杂而不乱的秩序，这种确定的秩序就是复杂系统形态的规律性。复杂系统形态的内在秩序是人们建立模型的基础，而理论模型是开展复杂系统形态研究的主要方法。

其实，模型研究方法是人类最古老的工程方法之一，是指不直接研究自然现象或过程的本身，而是用与这些自然现象或实际过程相似的模型进行研究的一种方法。作为原型客体的代替物，模型是所研究的事物、过程或概念的一种表达形式。模型是人们为了一定的认识目的对现实原型的一种抽象形式，是人们采取间接的手段作为原型客体简化的同态系统，它与原型系统之间具有相似性或同构性。

模型是原型客体的近似反映，原型客体是模型的客观基础。模型的原意是指在特定指标上供人们对比、评价或模仿用的标准样本（标本）。模型可以就是具有某种典型意义的原型客体，像自然晶体就是质点按一定的对称性重复排列的规则固体，时装模特就是"以身作则"的标本，英雄和先进人物就是某个时代符合某些标准的楷模，字帖就是人们写字的标本，二十四节气也是让人们比较年度节点与气候关系的模型，如此等等。

作为客体的代替物，由主体创建的模型只是作为研究客体的一种仿真手段。模型并不需要与原型在外部形态、特征、质料、结构和性能上一一相似，但是必须仿照实际事物形态所要研究的某种特定问题和目的，因此必然在主体所要认知的某些特定形态量（质向量或其显性因子）上与原型客体形态有逼真的相似性。例如，人体照片就是三维人体在二维空间表现的平面模型；沙盘模型就是某区域的地貌按其空间形态的大小以一定比例做出的物理模型。

任何模型都是研究对象的描述、模仿与抽象，它由那些与分析的问题相关的因素构成，表明了有关因素间的相互关系。客观世界中系统之间的相似性或同构性是模型研究方法的基本原理。模型来自原型，但它不是对原型的简单模仿，而是为了按主体的使用目的而对原型所做的一个抽象和升华。科学的理论模型排除了原型客体中那些偶然的非本质的次要的因素，保留了原型客体中那些必然的本质的主要性质和关系等，有助于理清头绪来刻画复杂系统的形态。科学的理论模型既可以简化复杂系统中无关紧要的细节抓住实质要素进行分析，又可以再现、检验和改进复杂系统的理论研究。因此，科学的理论模型能够比原型客体更真切地反映复杂系统形态变化规律与分布规律。

质向量是构成统一科学理论模型的基本要素，也是刻画复杂系统形态特质、单元数量和变化动向的参量。人们只有确定了特征质向量，才能建立起相应维度的质向量坐标系，才能根据这些特征质向量的关系来构建与原型客体形态有逼真相似性的替代物——模型，并以此推断复杂系统形态及其变化规律或分布规律。那些被主体选择出来的 m 个质向量并不是复杂系统的所有质向量，而是主体认定的能反映复杂系统关键特征的质向量。主体以这些特征质向量构建的解析模型来研究复杂系统，就可以通过理论模型的结构与性能关系的解析使复杂系统的复杂关系白化或部分白化。主体通过对理论模型的分析、研究,不仅可以加深对复杂系统的理解和认识,提高复杂系统研究的科学性,而且借助于理论模型还可以清晰准确地建立起科学的理论体系。

在由质向量或其显性因子作为坐标轴构建的坐标系中,任何复杂系统形态间的相互关系都可以由质向量函数模型来逻辑地表达。不过,表达复杂系统形态所涉及的形态参量可能非常之多,有些形态参量还是彼此相关的,而且系统越复杂决定系统形态的参量就越多。所以,在对复杂系统进行认知和建模之前,主体一定要设法找出最有决定影响的形态参量,以此作为主要的特征质向量来认知复杂系统形态。

理论模型的设计实际上是设计特征质向量的函数组合形式。认识复杂系统形态的有效手段就是根据对复杂系统形态起决定作用的主次关系对复杂系统的相关特征质向量进行简化和优化处理,突出数量很有限的特征质向量。特征质向量的选取由研究者的目的所决定,既源于复杂系统形态,又是复杂系统形态的真实表达。例如,在进行环境质量分析前,要尽可能进行环境本底调查的全分析,在明确一定区域中究竟有哪些影响环境质量的污染物或敏感指标后,才能确定需要在该确定区域中重点监测分析哪些具体的污染物或敏感指标。

在由 m 个特征质向量坐标轴构成的 m 维质向量坐标系 $\vec{X_1}\ \vec{X_2}\cdots\vec{X_m}$ 的空间中,任何一个复杂系统形态都表现为一个点阵,都可以用一组 m 元质向量 $\vec{a}(\vec{a_1},\vec{a_2},\cdots,\vec{a_m})$ 来表示。在不同的环境条件下,复杂系统的表现形态就是 m 维质向量空间中的不同点阵。如果把复杂系统在质向量空间中从始态到终态的所有质向量点阵联系起来,这一轨迹是由无限多的过渡态的向量点阵构成的连续序列,所反映的就是复杂系统形态变化规律,也就是复杂系统形态的质向量函数模型。所以,任何复杂系统的形态变化都可以由 m 个质向量所构建的函数模型来描述。

但是,对于要刻画的同一个复杂系统形态,如果选择的特征质向量不一样,那么,所建立的质向量坐标系就不一样,而在其中建立的模型必然也不一样。例如,对于人体这一复杂的生命系统,人们为了了解自身的健康状态就要进行体检,体检时人们所选择的指标套餐却可以不一样。每一组指标套餐是刻画人体健康状况的一个多维指标坐标系,不同的指标套餐所建立的是不同维度的人体健康模型,每个指标的监测值则代表当时被测人体的健康状态的数字信息。

模型虽然可以由主体创建,但是又不能随意创建,否则模型泛滥就会让人们无所适从。多个不同的原型也可以得到同一个模型,而建成什么样的模型则依赖于人们的研究目的和认识水平。模型的建立一般要根据所研究的原型客体抽象出的系统层次、形态变化或分布范围及其各个组成单元的关系来择定,具有典型意义的模型才能作为系统形态构型的标准模型。然而,何谓典型意义以及如何选择特殊形态作为标准模型就充满着无限的创意。这不仅要严格遵循原型客体形态的内在规律,还要有一定的知识积累,而且在相当程度上就是建模者的智慧平台。例如,在建模过程中,有些原型客体的样本信息需要以调查者的主观判断为依据来抽取样本,即有意抽样(也称目的抽样)

来获取样本信息;而有些样本信息则要以概率论和随机原则为依据抽取样本,通过随机抽样来保证样本的代表性;还有一些样本信息甚至要按某种规律或按其他特定的方式来获取。

正如第四章第三节"质向量空间中的解析模型"所述,基于相似原理的模型包括直观的物质模型(形象模型)与理想模型(抽象模型)两大类。物质模型又包括直观模型、物理模型与模拟模型,而理想模型包括思维模型、数学模型和符号模型或概念性模型。数学模型方法是对系统形态所包含的数量关系和空间形式进行概括、描述和抽象的方法,描述的是系统的行为和特征而不是系统的实际结构。因此,数学模型一般都可以用数学公式来表示,且常常被称为模式,像人们分析研究复杂系统的形态特性与规律性所获致的多元统计分析模型就是一类数学模式。在建模时,能否用数学工具逻辑描述某一问题的特征是建构量化模式的前提。当一个数学模式揭示了某一学科中的基本规律时,此模式也就成了该学科基本理论的重要组成部分。

但是,模式与模型还应明确地加以区别,模式是系统的"抽象"形式,模式所强调的是系统间的内部关系,而忽略掉个体关系之外的所有其他特质。模型是由现实原型抽象、构造的产物,是相对具体的局部的模式,是一个特定的事物或现象的客观规律的"量化"表达,从而不具有模式那样的相对独立性和普遍意义。由于数学是研究各式各样的抽象"结构"或"模式"的性质,且数学模式具有演绎上的完善性,因此在各类模型中,思想模型中的数学模式是更抽象、更一般的数学模型。用同一种模式可以得到不同的模型,而用不同的模式则可以得到不同的模型。不过,同一个模型也可以用不同的模式得到。

理想模型是建立统一科学理论的主要手段,也是研究复杂现象背后的一般机制。统一科学在建立理论体系的过程中,通过对原型客体的形态进行"粗粒化",获取了客观事物形态掩饰下的具有内在性、抽象性与统率性的"本质实体",本质实体的单元都被看作质点或粒子。由于思想世界的知识符号与客观事物的形态存在一一对应的同构关系,因此统一科学在进入理性的认知世界中时能够以质向量或点(点阵)来表现原型客体的形态。通过一定维度质向量坐标系空间中不同的点(点阵)或质向量的关系就可以认识不同事物之间的相互关系,其理想模型的表征手段就是建立质向量函数;而表征事物形态变化的同态性关系就是用质向量函数模型及其空间的轨迹来表示。

质向量函数模型表达的是系统形态不同质向量之间的函数关系,刻画的是系统形态的分布特征或系统形态在变化过程中的规律。当然,统一科学归纳或演绎的各种质向量函数都是在不同条件下的事物形态变化规律或分布规律。每一个质向量函数表达的都是一定条件下的系统形态变化规律或系统形态分布规律;在不同维度的质向量坐标系空间和不同的条件下,系统形态的质向量函数必然不同。

事物形态的变化规律或分布规律不以人的意志为转移,不仅其自身的排序是固有的,而且其排序相互之间的内在关系也是不变的。在 m 维质向量坐标系空间中,这些序列之间的相互关系表现为一定的复合规律或空间结构；若通过一定的变换映射到另一 m 维质向量坐标系空间中，各个序列之间的相互关系保持不变。所以，事物形态变化与形态分布规律是恒定不变的，与人们认知坐标系的选择无关。

静态模型是刻画原型客体形态分布规律的一种同构性系统。在一定维度的质向量坐标系空间中，事物形态的分布规律反映了平衡系统的单元相互之间的作用达到平衡而以一定的质点群体的结构形式存在的分布状况。如果事物是同质单元系统，其在一维质向量坐标系空间中的分布就是一个质点；如果事物是均质二元系统，其在二维质向量坐标系空间中的分布就是二点分布；如果事物是 m 元系统，其在 m 维质向量坐标系空间中的分布就要由 m 种取向的点阵或 m 维 m 元常质向量 $\vec{a}_{12\cdots m}$ 或 m 维超格子"对角线"的一维 m 元常质向量 $\vec{a}_{X_1+X_2+\cdots+X_m}$ 来决定；如果事物是复杂系统，其在 m 维质向量坐标系空间中的分布就要由不同取向的复杂点阵——矩阵来决定。在平衡条件下，复杂系统有序结构为平衡结构，对外表现为一个孤立系统。

动态模型是刻画原型客体形态变化过程的同态性表述，是人们对一个系统运行过程的仿真。在一定维度的质向量坐标系空间中，事物形态的变化规律反映的是事物从始态到终态的所有质向量点的变化序列。例如，在一维正向质向量坐标系 $\vec{X}_+$ 的太极空间中，单元系统形态变化的轨迹表现为无数的点连串而成的一条有向直线；单元系统从一种平衡态转化成为另一种平衡态的关系，可以用单元系统形态转化基元规律这样的质向量函数模式来描述。单元系统在从一种平衡态向另一种平衡态转化的过程中，其在非平衡过渡态下的不完全转化关系则可以根据其转化的失衡程度，分别用远离平衡态、近平衡态、次准平衡态和准平衡态的单元系统形态变化规律的模式来描述。如果单元系统在完成一级形态转化以后，继续进行第二级、第三级……多级转化，那么单元系统形态的变化关系就要以连串发射过程的形态变化规律的模式来描述。

在二维二仪质向量坐标系 $\vec{X}\vec{Y}$ 的四象空间中，二元系统形态变化的轨迹表现为无数的点连片而成的一个有势平面。在三维二仪质向量坐标系 $\vec{X}\vec{Y}\vec{Z}$ 的八卦空间中，三元系统变化的轨迹则表现为无数的点连体而成的一个变动实体。在 m 维二仪质向量坐标系 $\vec{X}_1\vec{X}_2\cdots\vec{X}_m$ 的 2^m 卦空间中，m 元系统形态变化的轨迹就是无数的点连续而成的一个 2^m 维点阵的超实体变动之道。

在不同维度的质向量坐标系空间中，统一科学建立的质向量函数模型都是抽象的理论仿真模型。表征事物形态变化规律的质向量函数一般是由连续型的质向量所构成的可积函数，因而连续表述系统形态同态性关系的模型就是连续型模型。在以质向量函数表达的连续型模型中，单元系统形态转化基元规律是维度最少的事物形态转化基本模型；复杂系统形态变化规律则具有比较复杂的质向量函数形式。

作为原型客体的代替物，主体认定原型客体能起关键作用的特征形态量越多，主体所建立的模型就越复杂；反之，主体认定原型客体能起关键作用的特征形态量越少，主体所建立的模型就越简单。主体构建的复杂系统模型的特征形态量一般有 m 个，只有

1个特征形态量就是最简单的系统模型。例如,人体是一个复杂的生命系统,只要选择一个"血压值"的特征形态量就可以建立起人体的健康状态指标模型,就可以用数字信息来代表被测试人当下的身体健康状态。所以,复杂系统有可能用极少的特征形态量的简单模型来刻画其形态,通过相对简单的约化模型来理解一般性概念,而不用对具体系统进行详细的预测。

二、刻画复杂系统形态的简易方法

虽然人们无法得到全面反映复杂系统形态变化规律的模型,但是以复杂系统的某些特征形态量为切入点,还是可以用较简单的模型来表达复杂系统形态在某些方面的变化特征的。在此,先重温一下简单的黑箱模型是如何刻画复杂系统形态的输入与输出的响应关系,再介绍特征波谱分析就是人们常用的认知复杂系统结构特征的简易方法。

(一)黑箱模型认知方法

在理性世界中,人们在面对未知事物而未理解之时,往往把研究对象比喻成一只箱子里的机关,并想通过简易方法来揭示它的奥妙。但是,有许多事物的内部结构根本无法打开或不允许打开,不能通过分析其内部关系和特性而获取其运行机制的先验信息,人们就称之为黑箱。然而,在不少情形下,人们可深入许多事物内部来认知各种组分元素的构成关系——结构,从而获得所有必要的先验信息,故而称之为白箱。不过,人们所面对的更多事物都介于黑箱和白箱之间,故而称之为灰箱。

为了认识未知事物的外在形态与内在结构的关系,人们一般都尽可能要用白箱的明晰认知手段来把事物外在形态的内部构成搞得清清楚楚。但是,有些事物形态内部的元素种类众多、取向各异,系统的构成关系非常复杂,各个子系统的关系不论是用系统分析还是系统综合都难以分辨。所以,在不改变事物内部结构的前提下,人们往往通过科学实验改变环境条件来观察复杂系统形态变化的响应,并通过其属性变化的因果关系来认识复杂系统中众多元素的构成关系。

不论是用黑箱、灰箱还是白箱的方法来认知复杂系统,都旨在搞清楚复杂系统的外在形态与内在结构的关系,以建立模型来描述复杂系统形态变化规律或分布规律。但是,不论多么复杂的系统,只要处在平衡态,与环境都存在着既定的关系。通过改变环境输入来观察复杂系统形态变化的响应,就可以用黑箱的认知手段使复杂系统的结构得以一定的白化。这正如一种未知的化学试剂,可以通过化学实验和质谱、色谱、拉曼光谱、红外光谱分析等手段得知它的分子结构一样。

复杂系统作为黑箱的例子在人们日常生活中比比皆是。诸如心理学中的人脑、中医学中的人体、不懂修理技术的居民家中的电视机、电工学中的电阻、传统农业中的植物体、地壳包围的地球内部……都是黑箱。又如,考察一个人的思想品质也是把他作为一个黑箱来对待的,人们无法(就传统技术而言)打开他的头脑,或用一种仪器去测量他脑子里究竟在想些什么,人们只能通过输入(和他谈话,布置给他一定的工作,让他在各种环境下生活)和输出(听其言观其行,看他的一贯表现和工作业绩)来认识这个人的思想品德面貌。

黑箱方法只注意所需资源与产品之间的因果关系,而不顾它以什么方式来生产,因而在人类活动中被普遍应用,像现代的智能手机、"傻瓜"相机、"傻瓜"电器等智能产品都是黑箱方法在复杂系统上的应用。没有人因为不懂电机内部构造原理而拒绝使用电风扇,没有人以尚未学习过食品化学结构为理由而拒绝吃饭菜。人们在实际生活中揿按钮看效果或烹调中尝味道等行为,都是把对象当作黑箱来处理,都保留了一定程度的"知其然而不知其所以然"。建立在"司外揣内,见微知著,以常达变"原则上的中医,其诊察疾病的方法也是典型的黑箱方法,通过"望闻问切"四诊等外部观察手段对患者的症状、体征等外部表现变化进行全面了解,就是用黑箱方法来探索人体的复杂系统。

不过,黑箱的概念并不局限于内部无法打开或无法了解的复杂系统,从人类认识能力的不断深化来看,也不存在认识永远无法进入的"绝对黑箱"。虽然有些事物的内部是可以打开或者是可知的,但是应用黑箱的概念去认识,则会带来很大的方便。另外,有些认识手段直接介入复杂系统的内部,有时会严重干扰或破坏系统原有的内部联系和系统的固有性能,这时就必须应用黑箱这种简易方法,才能更好地认识复杂系统的外在形态与内在结构的关系。

复杂系统被当作黑箱并非不可研究或不可控制。黑箱也有其外部特征和形态参数可供观测,输入和输出就是这种外部特征。通过输入或输出的改变,就可以对复杂系统的内部特性有所了解。凡是不把复杂系统分解为组成部分,不是从研究结构及内部机制入手去了解复杂系统,而是通过外部观测和试验,输入一定的激励作用,测试产生的输出响应,通过对输出数据和资料的分析来了解复杂系统的形态特征,找到排除故障和实施控制的方法,都称为黑箱方法。因此,黑箱方法是认识复杂系统与建立仿真模型的初级而简易的方法。

运用黑箱简易方法来研究复杂系统应当遵循这样的原则:首先,要把复杂系统看作一个有机的整体,通过考察复杂系统的输入-输出方式,确定复杂系统的特征形态量。其次,在确定输入-输出的关系后,就要用建立模型的方法去描述复杂系统形态及其变化机理。最后,用黑箱方法研究复杂系统时,要突出有机联系和有机整体的原则。

通过黑箱的实验方法,主体可以借助作用于复杂系统的环境能量的输入与复杂系统形态量输出的响应关系,得到复杂系统的能量 E(或显性因子 θ)与其异质单元数 n(及其不同表现形式)的函数关系。改变复杂系统的输入与输出的关系,主体就可以提炼和认定若干个反映复杂系统形态变化的主变量或反映复杂系统形态分布的特征量。实际上,在一维正向质向量坐标系 $\vec{X}_+$ 内部 $(\vec{N}_+, \vec{n}_+, \vec{E}_+, \vec{E}_{\neq+}, \vec{\varepsilon}_+)$ 五维分质向量空间的 $(\vec{C}_N, \vec{n}_+, \vec{E}_+, \vec{C}_{E_{\neq+}}, \vec{C}_{\varepsilon_+})$ 截面上,省却了分质向量关于取向的规定,并取得复杂系统

$n\sim E$ 函数关系自变量与因变量的样本,主体就可以据此建立复杂系统的 $n\sim E$ 函数模型。不过,异质单元数 n 往往都穿上不同的外套以其与能量变化率——势 μ 的乘积 $\varphi=\mu n$ 形式来表征复杂系统形态,复杂系统的能量 E 也往往通过某一显性因子 θ 来表现。所以,黑箱的输入就是作用于复杂系统的能量 E 或其显性因子 θ,黑箱的输出也就是复杂系统的异质单元数 n 及其不同的表现形式。

在一维正向质向量坐标系 $\vec{X}_+$ 内部 $(\vec{N}_+,\vec{n}_+,\vec{E}_+,\vec{E}_{\neq +},\vec{\varepsilon}_+)$ 五维分质向量空间的 $(\vec{C}_{N_+},\vec{n}_+,\vec{E}_+,\vec{C}_{E_{\neq +}},\vec{C}_{\varepsilon_+})$ 截面上,通过黑箱方法来表达复杂系统形态,不仅可以用能量 $\vec{E}$ 与异质单元数 $\vec{n}$ 的函数关系来建立特征形态量的函数模型,而且可以用平面中的 $\vec{n}\sim\vec{E}$ 关系曲线来表达复杂系统形态的变化规律。省却了分质向量关于取向的规定,复杂系统的能量 E 可以用显性因子 θ 来表现,异质单元数 n 也可以用不同的形式来表现。不过,由于复杂系统的组成元素是多元的,其 $n\sim E$ 关系曲线就不可能像单元系统的 $n\sim E$ 关系曲线那样呈 S 形关系曲线,而是依不同子系统的异质单元数对于能量的响应来表现复杂系统的不同特征曲线。

(二)特征波谱分析

虽然人们无法得到全面反映复杂系统形态变化规律的模型,但是以简易的黑箱方法还是能够获取复杂系统形态变化一鳞半爪的特征信息的。不过,黑箱模型所表达的复杂系统形态的 $n\sim E$ 函数关系毕竟太粗糙了,因此人们还寻求了其他简易的认知复杂系统结构特征的方法。特征波谱分析就是人们常用的刻画物质微粒(或基团)结构信息随着环境入射能量变化而波动的图像方法。

复杂系统形态反映的是其内部结构的表象,复杂系统内部结构是其不同元素之间的构成关系。当复杂系统处在平衡态时,其结构的组织关系是稳定的、不变的。当复杂系统处在失衡态时,准平衡态和近平衡态只是对复杂系统内部结构构成关系的动摇,而远离平衡态则根本破坏了复杂系统旧结构的构成关系并将涌现出新结构的构成关系。复杂系统的环境发生变化,其内部结构的构成关系必然有所响应;通过测定不同环境条件下的复杂系统形态量的变化,往往可以揣测和推断复杂系统内部结构的构成关系。

复杂系统的结构在平衡态是稳定的,但是在环境的作用下,构成复杂系统的各个单元或若干单元在受到扰动后,就可能进入准平衡态和近平衡态的失衡状态。当环境作用没有因为持续增大而大到足以破坏复杂系统的结构时,偏离平衡态的那些受扰动的单元或子系统也可能因为抵抗环境的作用而回复平衡或再进入失衡态。只要这种环境作用的扰动存在,构成复杂系统的一些单元或子系统就会产生振动。

复杂系统内部结构的构成关系是其表现形态的决定因素。在复杂系统内部产生振动的那些单元作为振源可以把能量辐射到环境之中,环境在这些振源的强迫作用下产生受迫振动。环境作为受迫振动系统,其受迫振动就是波动。在波动过程中,随着波源的振动在介质中的传播,介质中的各质点都作为新的波源在各自的平衡态附近振动,能量也从介质的一部分传到另一部分。波动过程是传递能量的过程,其传递的是波源辐射的能量,因此复杂系统内部的单元或子系统振动所产生的辐射就是波的辐射。构成复杂系统的单元及其关系不同,它们在同样的环境作用下辐射的波也不一样,只要接收这些波的信息,就能够间接地掌握构成复杂系统的各个单元及其关系的信息。

自然界的绝大多数物质都隶属于复杂系统,每一种物质微粒(或基团)都被赋予一组基础态(本征态),每一种基础态都对应一种不同的结构。当物质微粒(或基团)受到电磁辐射干扰时,其基础态并未受到扰动;它们的结构保持不变,就像物质微粒与周围环境完全隔绝时一样。在周围环境入射能量 E 的作用下,同样的物质微粒(或基团)由于振动频率相同,所辐射的波是一样的,而不同的物质微粒(或基团)由于振动频率不同,所辐射的波是不一样的。像分子内的运动有平动、转动、原子间的相对振动、电子跃迁、核自旋跃迁等形式,各种运动都具有不同的能级,除了平动外其他运动的能级分布都是量子化的。从基态吸收特定能量的电磁波跃迁到高能级,就可以得到对应的波谱。因此,物质微粒(或基团)基于自身振动频率所辐射的波的变化信息都可以通过能量 E 或其显性因子与异质单元数 n 及其转换形式(信息或信息变化率)的特征谱线来表现,而把这些谱线联系起来就形成物质微粒内部构成的波谱图,如图 23-1 和图 23-2 所示。

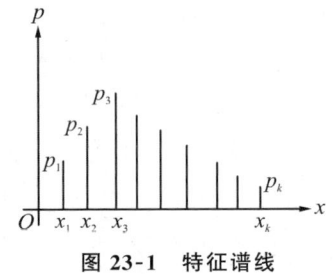

图 23-1　特征谱线

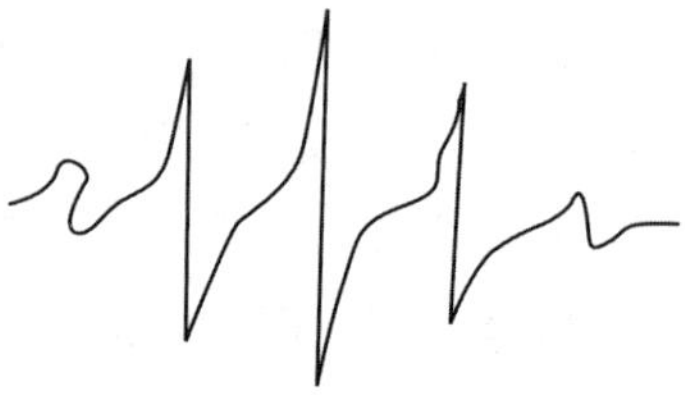

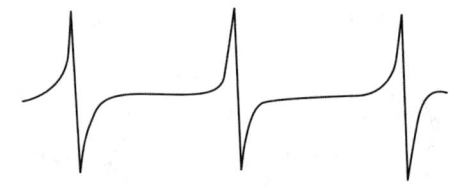

图 23-2　波谱

不连续的谱线图中所出现的特征谱线反映了不同的物质微粒在环境入射能量作用下的变化信息。如果人们仔细分辨波谱,不难发现分立的谱线其实是一组正切型曲线的排列。例如,图 23-1 是顺磁共振谱线,这是分子上的各个基团在环境作用下的 $E\sim p$ 关系曲线。如果基团是相同的,谱线就是如图 23-3 所示的等高的正切型曲线。

图 23-3　顺磁共振谱线

一定频率或波长的电磁波(光)与物质内部分子、电子或原子核等相互作用,物质吸收电磁波的能量就会从低能级跃迁到较高能级。被吸收的电磁波频率(或波长)取决于高低能级的能级差。通过测量被吸收的电磁波的频率(或波长)和强度,得到被测物质的特征波谱,特征波谱的频率(或波长)反映了被测物质的结构特征,可用作定性分析;波谱的强度则与物质的含量有关,可用于定量分析。利用物质对电磁波的选择性吸收对其进行分析的方法则统称为波谱分析。[3]

波谱是以平面图形展示电磁辐射强度与波长之间的关系。由于波谱图的每一条特征谱线都对应着特定的物质微粒（或基团），因此人们可以用物质微粒（或基团）的特征谱线构成的波谱图来刻画物质结构，波谱图所表现的就是物质微粒（或基团）随着环境入射能量变化而波动的图像信息。特征波谱分析不仅可以广泛地用于高分子的定性鉴别、定量分析和结构解析以及分类，而且极大地扩展了各种特殊材料、生化过程及生物大分子结构的研究，因而发展成为波谱学。

波谱学是通过射频或微波电磁场与物质的共振相互作用，研究物质的性态、结构和运动的物理学分支学科。用波谱学的分析手段可以表达波谱信息（波谱图）与分子结构的关系以及结构解析的原理、规律和过程，常用的技术手段有红外吸收光谱、核磁共振、电子自旋共振（顺磁共振）、穆斯堡尔效应等。各种波谱法原理不同，其特点和应用也各不相同。紫外光谱、红外光谱、核磁共振波谱和质谱是对有机化合物进行结构鉴定的主要波谱法，由此得到的各种相互补充的结构信息为有机物结构鉴定提供了可靠的依据，在此简述之。[4]

1. 紫外光谱

紫外光谱是分子中某些价电子吸收了一定波长的电磁波，由低能级跃迁到高能级而产生的一种光谱，也称为电子光谱。紫外光谱的基本原理是用不同波长的近紫外光（200～400 nm）依次照一定浓度的被测样品溶液时，就会发现部分波长的光被吸收了。如果以能量的显性因子——波长 λ 为横坐标，分子的特征形态量——吸收度 A 为纵坐标作图，即得到分子结构的紫外光谱，简称 UV。紫外光谱的波谱图是表达分子结构的价电子随着环境入射电磁波变化而波动的图像信息。

获取紫外光谱后就要进行分子结构的微粒（或基团）识别分析，分析时一般要顾及吸收带的位置、强度和形状三个方面。从吸收带（K 带）的位置可估计产生该吸收共轭体系的大小；从吸收带的强度有助于 K 带、B 带和 R 带的识别；从吸收带的形状可帮助判断产生紫外线吸收的基团，如某些芳香化合物在峰形上可显示一定程度的精细结构。一般紫外光谱都比较简单，大多数化合物只有 1～2 个吸收带，因此解析较为容易。

2. 红外光谱

红外光谱是分子吸收的一种。红外光谱法的工作原理是由于特定的基团、化学键振动能级不同且具有独特而唯一的红外线吸收频率（即特征"指纹"），共振频率或者振动频率取决于分子等势面的形状、原子质量和最终的相关振动耦合。根据不同物质会有选择性的吸收红外光区的电磁辐射，红外吸收光谱可以进行结构分析，用来鉴别一种化合物和研究样品的成分。对红外光谱进行分析，不仅可以对物质进行定性分析，而且可以根据反映在红外吸收光谱上的峰位置、吸收强度对各个物质的含量进行定量分析。

以能量 E 的显性因子——红外线吸收频率为横坐标，分子的特征形态量——共振频率为纵坐标作图，可以得到分子结构的红外光谱。红外光谱的波谱图也就是分子结构的物质微粒(或基团)随着环境入射能量变化而波动的图像。利用已知构型基团的红外光谱库来确定未知高分子中的分子构型,就是模型识别分析。进行分子结构式解析主要是解析红外光谱的三要素(位置、强度和峰形)和确定分子的官能团。

3. 核磁共振光谱

核磁共振光谱是基于原子尺度的量子磁物理性质研究射频能量与原子核的相互作用的一种波谱,是研究物质成分、分子结构和动力学的一种重要的谱学研究手段。由于多数原子核具有核自旋,原子核自旋会产生磁矩,当核磁矩处于静止外磁场中时产生进动核和能级分裂。在环境交变磁场的作用下,核自旋会吸收特定频率的电磁波,从较低的能级跃迁到较高能级。随着自旋量子数的不同,核自旋可以有多个能级;利用具有核磁矩的原子核作为磁探针探测分子内部的磁场变化,其共振频率在射频波段相应的跃迁是核自旋在核塞曼能级上的跃迁。

核磁共振全名是核磁共振成像(又称自旋成像)。核磁共振是处于静磁场中的原子核在另一交变电磁场作用下发生的物理现象。核磁共振过程就是磁矩不为零的原子核在外磁场连续改变辐射频率作用下找出自旋能级发生塞曼分裂的共振频率的物理过程。核磁共振测量处于外部强磁场下的核自旋的密度分布和取向。核磁共振观测原子的方法,是将被测原子核样品置于一强大的磁场中,同时加一射频辐照以得出共振信号,从而测量这些能级之间的跃迁。核自旋本身的磁场在外加磁场下重新排列,大多数核自旋会处于低能态。额外施加电磁场来干涉低能态的核自旋转向高能态,再回到平衡态便会释放出射频,这就是核磁共振信号。随着磁强度增强,共振频率也将线性增加,其他核的共振频率除氚外,一般均低于质子的频率。随着磁场均匀度的提高,核磁共振信号受到周围化学差异以及各种耦合的不同,谱线将进一步分裂,线形也会有各种变化,从而给人们提供原子水平的分子结构及动态信息。

如果以能量 E 的显性因子——外磁场的强度为横坐标,原子核样品的特征形态量——核磁共振信号为纵坐标作图,即得到分子结构的核磁共振光谱。核磁共振成像的波谱图就是分子结构的物质微粒(或基团)随着环境入射能量变化而波动的图像信息,其目的是以高空间分辨率和不同组织之间的高对比度使测量对象的结构可视化。用核磁共振可以表征从固体到液体以及介乎中间的软物质(如生物组织等)。

4. 质 谱

质谱又叫质谱法,是分离和记录离子化的原子或分子的方法。质谱法是以某种方式使有机分子电离、破碎,然后按离子的质荷比(电荷-质量比)大小把生成的各种离子分离,测量各种离子谱峰的强度,并将其排列成质谱图,从而实现分析目的的一种分析方法。这种通过制备、分离、检测气相离子来鉴定化合物的分析技术同时具备高特异性和高灵敏度,是广泛应用于各个学科领域的普适性的谱学方法。

质量是物质的固有特征之一,不同的物质有不同的质量谱——质谱,利用这一性质可以进行定性分析(包括分子质量和相关结构信息)。谱峰强度与它代表的化合物含量有关,可用于定量分析,且选择性、精度和准确度都比较高。如果一个中性分子丢失或得到一个电子,则分子离子的质荷比与该分子质量数相同。分子离子的各种化学键发生断裂后形成碎片离子,由此可以推断其裂解方式,得到相应的结构信息,所以质谱分析可在气相离子化学中用来分析同位素成分、有机物构造、元素成分等,在一次分析中就可提供丰富的结构信息。

如果以能量 E 的显性因子——物质离子化的程度为横坐标,化合物的特征形态量——离子谱峰强度为纵坐标作图,即可得到化合物的质谱。这一离子的波谱图也就是化合物分子结构的物质微粒(或基团)随着环境入射能量变化而波动的图像信息。

如果以能量 E 的显性因子——时间 t 为横坐标,以 $\varphi = \mu n$ 为纵坐标作图,其形态变化就是复杂系统的特征形态量 φ 与时间 t 形成的一条 $t \sim \varphi$ 关系曲线,这一时间序列谱图就是一个复杂系统动态的 $n \sim E$ 函数简易模型。

时间序列的形成是各种不同的影响复杂系统形态变化的因素共同作用的结果。以复杂系统形态的某一特征形态量所显现出来的数量特征为因子,对其时间序列进行描述、解释、预报和控制,就是动态分析法。动态分析法的一个重要特点是考虑时间因素的影响,并把复杂系统的形态变化当作一个时间序列的连续过程来看待。对时间序列进行动态分析还包括:建立各种复杂系统时间序列的概率模型及其拟合的方法,用自相关函数进行时域分析推理,基于谱密度函数进行频域分析推理,各种谱分析和预报方法等。但是,最常见的就是对复杂系统某一特征形态量的时间序列进行描述。

在波谱学中,波谱的研究对象可以是原子、分子及其凝聚态,也可以是中子、质子、电子、原子核和等离子体。对于纯品化合物,一般都要进行紫外光谱、红外光谱、核磁共振波谱、质谱等波谱的测定,然后综合分析各波谱数据,再与数据库中的谱图进行比较,从而推导出化合物的结构式。对于不同物质的混合物,采用色谱技术使混合物得到分离,然后再对各组分分别进行化学形态的定性分析、定量分析或收集,进而再用红外光谱、质谱或核磁共振等波谱学的技术分别提供其化合物分子结构信息。[5]

在四大波谱中,不同的波谱方法提供的有机物结构信息各有侧重,质谱在结构解析中提供的最重要信息是分子量和分子式;紫外光谱可用于确定分子中有何生色团、共轭体系类型和大小;红外光谱主要提供官能团的信息;核磁共振氢谱可以提供分子中氢原子数目、含氢基团类型、连接顺序等;核磁共振碳谱则可提供碳原子数目、类型、碳骨架等。相比之下,核磁共振谱的作用更为突出,这是因为核磁共振谱图规律性强,可分析性高,信息量大,谱图种类多,因此推导结构时往往以核磁共振谱为基础。不过,四大波谱各有其适用范围和局限性,在许多情况下仅依靠一种谱学方法提供的信息确定未知物结构是较为困难的,甚至是不可能的。如果合理结合几种波谱法,综合运用它们提供的信息相互补充和印证,既可以解决有机物结构问题,又可以降低仅依靠一种谱学方法解析有机物结构的难度。

第三节　复杂系统的统计分析

多元系统的特征形态量与样本数的合理确定是构建复杂系统统计模型的基础。多元统计分析方法是探讨多元系统形态分布规律和变化规律的一种综合数据分析方法。多元统计分析方法包括多元线性回归分析、线性逐步回归分析、对数回归分析、逻辑斯蒂回归分析、判别分析、聚类分析、主成分分析、因子分析、对应分析、典型相关分析等。

一、复杂系统的统计模型

复杂系统丰富多彩的形态是由其内部各单元或子系统的特质、数量和结构及其与环境相互作用等因素决定的。在许多情形下，人们无法深入复杂系统内部了解其构成，不可能或者也没有必要获取复杂系统形态的全部信息。但是，如果人们仅用黑箱模型或波谱特征分析等简易方法是不可能使复杂系统的内在关系白化或部分白化，更不用说认知复杂系统形态的分布规律或变化规律。

人们面对未知的复杂多变的客观事物时，往往不知道研究对象内部究竟有多少不同性质的单元，这些不同性质的单元又怎么杂交组成错综复杂的关系网，它们混杂在一起的结构与事物的性能存在什么样的关系，决定事物形态的关键要素有哪些……为此，对于那些内部结构和单元特质不很清楚，又不允许直接进行实验观察的复杂系统，人们就采用数据收集和统计分析方法来建造复杂系统模型。统计数学领域的工作者已建立了许多数理统计模型，以此来研判复杂系统在不同失衡态的特性并推断其总体及其组元与变量间的统计规律性。

为了认知复杂系统形态的变化规律和分布规律，主体虽然没有必要把原型客体的外在形态与内在结构的关系搞得真真切切，却必须认定原型客体起关键作用的特征形态量，才能建立起描述复杂系统形态的函数模型。主体在研究复杂系统形态及其变化规律或分布规律时，通过科学实验等方法确定的能起关键作用的特征形态量一般有 m 个，这样主体就可以把认知复杂系统从高维二仪质向量坐标系空间映射到 m 维二仪质向量坐标系 $\vec{X_1}\vec{X_2}\cdots\vec{X_m}$ 的特征空间。

在 m 维二仪质向量坐标系 $\vec{X_1}\vec{X_2}\cdots\vec{X_m}$ 的特征空间（又称表示空间）中，每一个复杂系统都是一个 m 元系统，据此特征形态量就可以建立起描述复杂系统同态关系的质向量函数模型。如此，每一个描述复杂系统形态及其变化规律的模型就是 m 元质向量函数模型，模型中的每一个质向量都具有非常明晰的意义。在省却了质向量坐标轴关于特质和指向的规定时，m 维二仪质向量坐标系成为 m 维笛卡尔直角坐标系。在 m

维笛卡尔直角坐标系的空间中,就只能用一组包括 m 个特征形态量的数字来定量地刻画一个 m 元系统形态,这一组数据 $a_1, a_2, \cdots, a_m$ 就叫作 m 元数据或多元数据。

在研究复杂系统形态的观察和实验的活动中,人们在许多情形下确实无法获取复杂系统的所有信息,或者没有必要获取复杂系统形态变化全程的所有过渡态信息。尽管人们已经拥有了越来越多的按不同精度要求提取复杂系统形态信息的观察测试手段,甚至完全可以按照人们的意愿通过实时"在线"监测获取近乎连续的动态样本特征形态量,不过在全面准确描述总体形态的前提下与节省采样人力、物力、财力投入的约束下,人们在设计获取逼近于总体真值的样本时,往往不需要获得表现复杂系统形态特征的样本的海量乃至无限量的大数据,而只要抽取一定量的样本数就可以推断复杂系统形态。如果提取 m 元系统的 l 个不同形态作为样本,那就有 l 组含 m 个质向量的样本值数据,而其中所有离散样本的质向量都是同簇的质向量。

样本数又称样本容量或样本大小,是指样本所包含的必要的抽样单位数目。在抽样设计时要决定样本数,因为适当的样本数是保证样本指标具有充分代表性的基本前提。如果样本数太大,则会造成人力、物力和财力的很大浪费;样本数太小,又会影响样本的代表性,使抽样误差增大而降低了最终推断的精确性。所以,必须有科学的抽样方法,才能根据有限的离散样本直接推断或归纳出整个复杂系统形态的变化规律及其组元分布的总体状况。否则,研究者即使考察了成千上万的个体对象,但是相对于包含了几百万、几千万、几亿个甚至无限的个体的总体而言仍然是极小的一部分,其本质仍是管中窥豹的个案性质。为此,必须科学抽样与优化样本。例如,环境监测要追求以最少的监测点位来获取最大的空间代表性数据,就必须对于空气[6-7]、水体[8]、声环境[9]及其他环境要素都开展环境监测优化布点研究[10]。

自人类社会进入信息时代后,随着互联网和物联网的快速发展,数据作为信息时代独一无二的传递媒介,似乎一切都可以被数据化。例如,在 2015 年人类总共创造了 4.4 ZB 的数据,而这个数字大约每两年就会翻倍。然而,人们受到处理巨量数据的能力限制,每年只有不到 10% 的数据会被分析。因此建立大数据分析技术的战略意义不在于掌握庞大的数据信息,而在于通过复杂系统各种数据集合并后的分析解读,寻找数据背后隐藏的信息和逻辑关系,建立量化分析模型,才能得出多元数据大量额外的有价值信息和揭示规律,帮助指导人们优化自身的决策和行为方式。大数据的目标是从散乱的数据中识别并提取有关联的信息、获取知识与推测趋势、掌握个性化特征和通过分析辨识真相。

如今,大数据已成为信息社会的热点。人类已经迈入一个深度挖掘数据内在信息和知识发现的大数据时代。但是当人们收集了复杂系统样本的大量数据之后,都会面临如何从大数据中找出规律性的东西。因此,必须解决两个基础性的问题:①要用多少个合理简化的特征量来决定复杂系统形态,即要用多少个特征形态量坐标轴来建立 m 维认知坐标系;②要从复杂系统总体中抽取多少个有限个体的样本数来推断总体的形态及其变化规律。如何选择适当的抽样方法来提高抽样精度,或在缩小样本形态参量与总体形态参量之间的差异的前提下减少样本数,这是从总体中抽样必须优化的两个方面。具体而言,如何兼顾完整性、精确度、同质性、财力投入、抽样类型、分析类别、实际操作的可实施性等因素,来优化样本量并以择定的不同样本来反映 m 元系统的形态特征。

以往,人们是根据复杂系统的特点和已有的理论或假说及黑箱实验的信息来选择 m 个关键性的质向量作为反映复杂系统形态特征的坐标轴。所谓特征也就是选定的一种度量,它对于一般的变形和失真保持不变或几乎不变,并且只含有尽可能少的冗余信息。通过这些简化后的质向量对复杂系统形态进行特性标定,以尽量完整地表征复杂系统的主要形态信息的同时设法去掉一些误差,复杂系统形态就可以由较为简单和理想化的 m 元系统形态来表达。

从复杂系统的分布形态抽取有限的样本或从复杂系统变化过程中抽取有限的过渡态的离散样本,是从复杂系统的总体样本中抽出 l 个能够反映总体特征的样本的简化过程,其目的是凭借 l 个样本的形态特征量来反映复杂系统形态的完整分布或变化过程的总体状况。抽样的一般程序是:规定研究总体→确定样本数→确定取样范围→抽取样本→评估样本的代表性。抽样方法有多种,像概率抽样方法就包括简单随机抽样、系统抽样、分层抽样、整群抽样和多段抽样。

对复杂系统形态进行特性标定并确定 m 个特征形态量,就可以建立 m 维二仪质向量坐标系 $\vec{X_1}\vec{X_2}\cdots\vec{X_m}$。如果省却了质向量坐标轴关于特质和指向的规定, m 维二仪质向量坐标系 $\vec{X_1}\vec{X_2}\cdots\vec{X_m}$ 就成为 m 维笛卡尔直角坐标系 $X_1X_2\cdots X_m$。在 m 维笛卡尔直角坐标系 $X_1X_2\cdots X_m$ 中,任何复杂系统都蕴含有本身的特征形态量,如果对它们的形态进行省却关于特质和指向的"数值化", m 元系统的形态量就可以用提取的 m 元数据刻画出来,通过实验设计或黑箱方法获得的每个样本也就可以由一组 m 元数据来表示。所以, l 个样本数的 m 个特征形态量描述的复杂系统形态信息就是一个 $l\times m$ 的数据矩阵,如此复杂系统形态的信息也就变换为适于计算机处理的数字信息。

数据挖掘概括了帮助人们从大数据中提取知识和规律的所有可能技术,包括了数理统计、模糊信息处理、神经网络、分形算法和运筹学的许多内容,不过最主要的还是多元数据的统计方法。不同样本产生的 l 组含 m 个特征形态量的数值一般是随机的,但是这些间断型的 $l\times m$ 数据矩阵又包含着复杂系统形态的重要信息,所以人们只能直接从离散的 l 个样本出发来研究 m 元系统形态的统计特征。根据从复杂系统总体中抽取的有限个体样本和多个指标互相关联的多元数据的内在关系,通过统计分析等方法的适当处理,人们就可以旁敲侧击地发现和推断复杂系统形态的分布规律或变化规律。

分析多元数据的统计方法叫作多元统计分析方法,这是探讨多元系统形态的分布规律和变化规律的一种综合数据分析方法。由于同一类复杂系统可以用不同样本的一组数来表示,不同样本产生的数值又往往是随机的,因此多元统计方法就成为进行特征选择的一个有效的方法。不过,要从这些样本——变量矩阵的有限数据库中挖掘出反映复杂系统形态变化与形态分布的有用信息,必须构建起某种函数形式的理论模型 $y=f(x_1,x_2,\cdots,x_m)$,这样的多元统计分析模型是人们运用数理统计的科学抽象法来研究复杂系统的数学工具。通过分析复杂系统的数字信息统计规律和进行模式识别,多元统计分析方法可以取代错综复杂的多元向量分析而成为认知复杂系统形态及其变化规律或分布规律的主要数理方法。

复杂系统的特征形态量与样本数的合理确定是构建理论模型的基础。不过,多元统计分析模型的简洁性与贴近复杂系统的现实性存在着天生难以化解的矛盾。若表征复杂系统形态的特征量择定不完备或观测值的样本数不适量,必然会带来一定的误差甚至导致建模的失败。通过复杂系统不同样本的 l 组含 m 个分量的 $l \times m$ 的离散数据矩阵所建立复杂系统的数理统计模型一般都是理想的连续的函数模型。然而,对于获致的 m 元数理统计模型,人们还必须把通过模型推算的理论数据与已经获取的实测数据相比对,通过试验验证和修正才可以看出统计模型的准确性,从而判断建模是否成功与理论模型是否可信。可信的理论模型就可以推断复杂系统的内部结构和变化机理,可以精确地描述复杂系统形态的变化规律或分布规律。

应用多元统计分析可以实现数据降维、分组和归类、调查变量间的依赖关系、预测和假设检验等目标。[11] 目前多元统计分析方法还在发展之中,许多方法都只能像盲人摸象一样根据样本数据来变动地探索或嵌套所适用的多元系统形态分布规律和变化规律。但是,多元统计分析对于探索多元系统复杂现象下所蕴含的一些形态特征和分布规律及变化规律仍起着积极的主导作用。

如今人们已经建立了许多关于多元统计分析的模型。多元统计分析方法的内容主要包括对数据的描述性分析方法和解析性分析方法两种基本统计方法。在进行数据分析时,一般要先对数据进行描述性统计分析。描述性分析方法的目的是要在大规模原始数据群中,迅速将重要信息提取出来,对系统的主要特征进行认识性研究,以发现其内在的规律。对调查总体所有变量的有关数据加以整理、归类、简化或绘制成图表,以此来描述和归纳数据的特征及变量之间的关系,就能有效地揭示复杂系统中的主要因素和分析系统构造。描述性分析方法主要涉及数据的集中趋势、离散程度、相关强度等。解析性分析方法是建立合理的解析性模型,以此来辨别复杂系统中变量的联系方式或判断样本点的总体及特性归属。

综上所述,统计方法的使用不仅体现在对基础数据的处理和结果的分析上,它更是一种对待复杂系统形态和研究问题的思想观念。多元统计分析是人们对复杂系统进行静态分析或某一阶段的形态变化分析的一个研究方向,而不是唯一的发展方向。多元统计分析方法是对复杂系统形态进行数字信息处理和特征抽取以及模式识别的主要方法。由于不存在对所有模式识别问题都适用的数理统计模型和解决复杂系统内在规律识别问题的单一技术,因此目前诸多的多元统计分析方法都有一定的局限性,还不能直截了当地揭示复杂系统形态分布规律或变化规律。多元统计分析方法主要包括多元线性回归分析、线性逐步回归分析、对数回归分析、逻辑斯蒂回归分析、判别分析、聚类分析、主成分分析、因子分析、对应分析、典型相关分析、多维标度法和多变量的可视化分析等。在此,仅对常用的多元统计分析方法进行介绍。

二、多元统计分析方法

(一)多元线性回归分析

m 维二仪质向量坐标系 $\vec{X_1}\vec{X_2}\cdots\vec{X_m}$ 是认知多元系统形态的理性坐标系。在省却质向量坐标轴关于质的规定时,m 维二仪质向量坐标系 $\vec{X_1}\vec{X_2}\cdots\vec{X_m}$ 成为 m 维二仪向量坐标系 $\vec{X_1}\vec{X_2}\cdots\vec{X_m}$。在 m 维二仪向量坐标系 $\vec{X_1}\vec{X_2}\cdots\vec{X_m}$ 中,每一个 m 元系统的确定形态可以用一组 m 元常向量 $\vec{a_1},\vec{a_2},\cdots,\vec{a_m}$ 表示,每一个 m 元系统的非确定形态可以用一组 m 元变向量 $\vec{x_1},\vec{x_2},\cdots,\vec{x_m}$ 表示。m 元系统形态之间的确定关系可以归结为常向量之间的联系,而 m 元系统形态之间存在的变动联系可以归结为变向量之间的联系。例如,三元常向量 $\vec{a}(\vec{a_X},\vec{a_Y},\vec{a_Z})$ 和三元常向量 $\vec{b}(\vec{b_X},\vec{b_Y},\vec{b_Z})$ 的夹角为零或 π,就存在实数 λ 使得平行或反平行的两个常向量 $\vec{a}$ 和 $\vec{b}$ 建立起(4-3)式的相关关系 $\vec{a}=\lambda\vec{b}$。常向量 $\vec{a}$ 和常向量 $\vec{b}$ 就称为线性相关,代表着常向量 $\vec{a}$ 和常向量 $\vec{b}$ 比例的 λ 就是相关系数。

在省却了向量坐标轴关于指向的规定时,m 维二仪向量坐标系 $\vec{X_1}\vec{X_2}\cdots\vec{X_m}$ 成为 m 维笛卡尔直角坐标系 $X_1X_2\cdots X_m$。在 m 维笛卡尔直角坐标系 $X_1X_2\cdots X_m$ 中,m 元系统的每一个确定形态都可以用一组 m 个常量 $a_1,a_2,\cdots,a_m$ 表示,m 元系统的每一个非确定形态也可以用一组 m 元变量 $x_1,x_2,\cdots,x_m$ 表示。m 元系统形态之间的联系可以是某一个因变量与其他另一些自变量 $x_1,x_2,\cdots,x_m$ 的关系或数学联系式。在特别情况下,还会遇到多个因变量 $y_1,y_2,\cdots,y_m$ 与多个自变量之间的联系。

不过,就变量之间的联系类型来说,不外乎两种关系:①确定性关系,即函数关系。只要知道了自变量 $x_1,x_2,\cdots,x_m$ 的取值,因变量 y 的值就唯一地确定了。②非确定性关系,即统计相关。虽然知道了自变量 $x_1,x_2,\cdots,x_m$ 的取值,因变量 y 的值并非唯一地确定,其取值依赖于 y 在自变量给定取值条件下的概率分布。

但是,表征 m 元系统不同形态的质向量在省却性质和指向以后就成为一群数据,人们在对原始数据进行分析之前,往往对数据的性质、结构几乎一无所知。为了确定两种或两种以上变量间相互依赖的定量关系,人们建立了一种称为回归分析的统计分析方法。回归分析用于辨识一个变量或一组变量的变动对另一个变量变动的影响程度。

在回归分析中,凡是 m 元系统形态变量之间的关系是线性关系的模型都称为线性回归模型;否则,就称为非线性回归模型。若 m 元系统形态量只包括一个自变量和一个因变量,且两者的关系可用一条直线近似表示,这种回归分析称为一元线性回归分析。若 m 元系统形态量包括两个或两个以上的自变量,且因变量和自变量之间是线性关系,则称为多元线性回归分析。

回归分析是应用极其广泛的数据分析方法之一。回归分析基于观测数据建立变量间适当的依赖关系,以分析 m 元系统形态存在的变化规律。回归分析按照涉及的因变量的多少,分为回归和多重回归分析;按照自变量的多少,可分为一元回归分析和多元回归分析;按照自变量和因变量之间的关系类型,可分为线性回归分析和非线性回归分析。

如果 m 元系统形态量有自变量 $x_1, x_2, \cdots, x_m$ 和因变量 y,则所建立的多元线性回归模型为

$$y = \beta_0 + \beta_1 x_1 + \cdots + \beta_m x_m + \varepsilon \tag{23-1}$$

多元线性回归分析的目的是要找到一个能说明在准平衡态条件下 m 元系统变量之间关系的多元回归方程,并检验数学模型的效果或者是应用模型分析这些自变量对因变量的影响程度,找出对因变量影响最大的自变量或用模型来进行预测。多元线性回归分析的统计学意义就在于寻求给定自变量 $x_1, x_2, \cdots, x_m$ 的条件下,概率分布 $f(y|x_1=x_1, x_2=x_2, \cdots, x_m=x_m)$ 随自变量取值 $x_1, x_2, \cdots, x_m$ 而变化的规律,它集中地表示为因变量 y 与自变量 $x_1, x_2, \cdots, x_m$ 之间的关联模式

$$y = \varphi(x_1, x_2, \cdots, x_m) + \varepsilon \tag{23-2}$$

式中,ε 为随机误差或误差项;$\varphi(x_1, x_2, \cdots, x_m)$ 为取决于自变量 $x_1, x_2, \cdots, x_m$ 的函数式。统计上已经证明,$\varphi(x_1, x_2, \cdots, x_m)$ 在一定的假设下就是多元回归方程,特别当 y 与 $x_1, x_2, \cdots, x_m$ 联合分布为正态时,多元回归方程就是在给定 $x_1=x_1, x_2=x_2, \cdots, x_m=x_m$ 条件下 y 的条件期望函数,即

$$\varphi(x_1, x_2, \cdots, x_m) = E(y|x_1, x_2, \cdots, x_m) \tag{23-3}$$

因此,(23-1)式 $y = \beta_0 + \beta_1 x_1 + \cdots + \beta_m x_m + \varepsilon$ 就称为理论的多元回归模式。

当自变量仅有一个时,(23-2)式和(23-3)式两式化为

$$y = E(y|x) + \varepsilon \tag{23-4}$$

上式即为一元回归模式,其中 $E(y|x)$ 称为一元回归方程。

(二)线性逐步回归分析

多元线性回归分析是指不止一个自变量的线性回归分析,而逐步回归分析的基本思想是:根据多元系统要素的重要性大小,每步选一个重要变量进入回归方程。第一步,使选择的要素有大于其他要素的回归平方和(也可以是使剩余平方和最小的要素);第二步,在未选的要素中选一个要素,使它与已选的要素构成二元回归方程,而比其

要素组成的二元回归方程有更大的回归平方和。依此类推，每选一次都进行显著性检验。同时，考虑已选要素是否会因后继选入的要素而使显著性降低，对其中回归平方和最小的要素进行显著性检验，把不显著的要素加以剔除。如此循环，进行到没有显著要素可剔除又无显著要素可选入为止。在选入与剔除过程中，采用先剔除后选入的次序。

线性逐步回归实质上是在准平衡态条件下建立 m 元系统形态量最优的多元线性回归方程。在建立多元线性回归方程之后，不仅必须对回归方程进行显著性检验，而且必须对每一个回归系数（即所考虑的每一个影响因素）进行显著性检验。然而，参加回归的 m 个自变量 $x_1, x_2, \cdots, x_m$ 中，有些因子单独看来与因变量 y 的相关程度很密切，但是 m 个因子合起来求回归方程时，有些因子的变化在回归方程中变得无足轻重。这是因为这些因子与其他自变量相互之间本来可能有相关关系，而进行回归时它们对 y 所起的作用被其他因子所代替了，这时如果把这些因子留在回归方程中，不仅增加了计算上不必要的麻烦，而且增加了回归方程的不稳定性。因此，常常在这 m 个变量 $x_1, x_2, \cdots, x_m$ 中选出其中与 y 关系密切的最具代表性因子 $x_{m1}, x_{m2}, \cdots, x_{ml}$ 作为 y 的一个偏回归方程来近似描述 y 的变化情况，即要得到包含一切对 y 作用显著的因子的偏回归方程

$$\begin{cases} y = \varphi(x) + \varepsilon \\ \varphi(x) = E(y|x) \end{cases}$$

$$y = b_0 + b_{m1} x_{m1} + b_{m2} x_{m2} + \cdots + b_{ml} x_{ml} \tag{23-5}$$

这样就抓住了主要矛盾，并用最少的自变量来最大限度地描述因变量 y 的平均变化情况。

（三）对数回归分析

处理非线性模型的基本思想是把非线性关系转化为线性关系，然后再运用线性回归的分析方法进行估计。非线性模型转换成线性模型的常用方法有直接代换法和间接代换法。直接代换法适用于变量之间虽然是非线性的，但因变量与参数之间关系是可线性的非线性模型，这时可以利用变量的直接代换将模型线性化。间接代换法是先通过方程两边取对数后再进行变量代换以转化为线性形式，而线性回归可用于对连续值函数建模。例如，对于指数模型

$$y = a e^{bx} \tag{23-6}$$

式中，系数 b 为正，指数模型描述一个成长过程；系数 b 为负，指数模型描述一个衰减过程。对 (23-6) 式两边取自然对数，可以得到

$$\ln y = \ln a + bx \tag{23-7}$$

令 $y' = \ln a$，则 (23-7) 式成为

$$y' = \ln a + bx \tag{23-8}$$

上述的对数回归是一种广义线性模型的常见形式。对数回归将某事件发生的概率

建模为预测变量集的线性函数,广义回归模型则提供了用线性回归方法给分类响应变量建模的理论基础。

其实,对数回归分析的目的是要在近平衡态条件下找到一个能说明 m 元系统变量间关系的多元回归方程。对数回归分析方法不是预测因变量的值,而是估计因变量取给定值的概率 P,因变量的实际状态通过观察估计概率来决定。对数回归中的概率 P 称为成功概率。不过,只有把模型的输出变量定义为二元分类变量,才能应用对数回归。另外,输入变量也应是定量的,所以对数回归支持更一般的输入数据集。假定输出 Y 有两个编码为 0 和 1 的分类值,由这些数据可以计算出所给输入样本取 0 和 1 的概率,拟合这些概率的模型可以用线性回归来表示

$$Y = \lg[P_j/(1-P_i)] = \alpha + \beta_1 X_{1j} + \beta_2 X_{2j} + \beta_3 X_{3j} + \cdots + \beta_n X_{nj} \tag{23-9}$$

这个方程式称为线性对数模型,函数 $\lg[P_j/(1-P_i)]$ 通常写成 $\mathrm{logit}(P)$。输出用对数表示的主要原因是避免它的预测概率超出要求的区间[0,1]。根据概率 P 的最终结果,可推出输出值 $Y=1$ 的可能性比另一个分类值 $Y=0$ 小。

对数回归在数据挖掘的应用中是一个简易而强大的分类工具。根据一组数据(训练集)就可以建立对数回归模型,再根据另一组数据(检验集)就可以分析在预测分类值时模型的性能。在应用中,还可以把由对数回归方法得到的结果和其他用于分类的数据挖掘方法(如决策规则、神经网络和贝叶斯方法)进行比较。

(四)逻辑斯蒂回归分析

逻辑斯蒂回归分析是多元回归分析的拓展,其因变量是分类变量,即二值变量(如 0/1、是/否、生/死、发生/不发生等量子变量)和多分类变量(优/良/中/差)等。逻辑斯蒂回归的自变量是特征的线性组合,可以是连续变量或分类变量或是两种类型的混合。逻辑斯蒂回归的特点就在于回归因变量是离散型而非连续型。逻辑斯蒂回归分析的目的是要找到一个能说明在远离平衡态条件下 m 元系统变量间关系的多元回归方程,即从特征学习出一个 0/1 分类模型。因此,逻辑斯蒂回归可以解决分类因变量与自变量的回归问题。[12]

假设自变量 x 是一个 m 维特征变量 $x=(x_1,x_2,\cdots,x_m)^\mathrm{T}$,每个维度独立;分类因变量为 y,也称为响应变量、被解释变量、被预测变量等。如果采用线性模型描述因变量和自变量的关系,则有如下的模型

$$y = f(x) = \theta_0 + \theta_1 x_1 + \cdots + \theta_m x_m \tag{23-10}$$

记 $\theta=(\theta_1,\theta_2,\cdots,\theta_m)^\mathrm{T}$,则

$$f(x) = \theta^\mathrm{T} X \tag{23-11}$$

式中,$X=(1,x_1,x_2,\cdots,x_m)^\mathrm{T}$。分类因变量 y 是一个二元分类变量,取值 0/1,则随机变量 y 取 1 的条件概率 $P(y=1|X)$ 可以假设随着自变量单调变化,也就是可以定义一个自变量为 X,在(0,1)之间单调变化的函数作为随机变量 y 取 1 的条件概率。

逻辑斯蒂回归函数的形式如下

$$y = \frac{1}{1+e^{-x}} \tag{23-12}$$

逻辑斯蒂回归函数的定义域为$(-\infty, +\infty)$，值域为$(0,1)$。逻辑斯蒂回归函数具有很多重要的性质，既可作为概率分布函数，也可作为输出开关函数。逻辑斯蒂回归函数也常记为P，$P = y = \frac{1}{1+e^{-x}}$。

用P表示正例（如输出变量为"1"）的概率，而$1-P$表示属于对立类的概率，比值$P/(1-P)$就被称作优势（odds）。对P做变换记做$l(P)$，称为logit函数，即优势函数的自然对数[13]

$$z = l(P) = \ln\frac{P}{1-P} \tag{23-13}$$

可见，logit函数是逻辑斯蒂回归函数$P = y = \frac{1}{1+e^{-x}}$的反函数。

将逻辑斯蒂函数的结果作为二分类因变量值为1的概率，可以得到

$$\begin{aligned} P(y=1|X) &= S(X) \\ &= \frac{1}{1+e^{-\theta^T X}} \\ &= \frac{e^{\theta^T X}}{1+e^{\theta^T X}} \\ &= \frac{e^{\theta_0 + \theta_1 x_1 + \cdots + \theta_m x_m}}{1+e^{\theta_0 + \theta_1 x_1 + \cdots + \theta_m x_m}} \end{aligned} \tag{23-14}$$

上式称为逻辑斯蒂回归模型，其基础是广义线性模型，但这并不是将自变量回归成一个实数值，而是判别因变量属于一个类比的概率。

根据logit函数的定义，可以得到逻辑斯蒂回归的另一种解释，即

$$z = l(P) = \ln\frac{P}{1-P} = \theta^T X = \theta_0 + \theta_1 x_1 + \cdots + \theta_m x_m \tag{23-15}$$

上式也称为logit回归模型，且具有很多线性回归的性质，可以采用线性回归模型进行求解。

逻辑斯蒂回归与线性回归有两个重要的区别：①逻辑斯蒂回归的自变量和因变量之间是非线性的；②逻辑斯蒂回归的因变量是分类变量，通常为一个二项分布。逻辑斯蒂回归的用途极为广泛，主要可用于寻找危险因素、预测和判别。

（五）判别分析

判别分析是用于判别个体所属群体的一种统计方法，在识别一个个体所属类别的情况下有广泛的应用。例如医生对一个前来求治的患者进行诊断和化验，得到诸如体

温、血压等一系列生理指标或医学影像资料,医生根据这些数据信息判别患者患了什么病,就是判别分析。

判别分析的任务是根据已经掌握的一批分类明确的样品的数据信息,总结出客观事物分类的规律性,建立判别函数和判别准则,使产生错判的事例最少,进而对给定的一个新样品,只要根据总结出来的判别函数和判别准则,就能判断它所属的类别。判别准则的最优化意义是希望错判代价极小。

判别分析要求:分组类型要在二组以上,解释变量必须是可测量的才能够计算其平均值和方差,使其能合理地应用于统计函数。每一个判别变量(解释变量)不能是其他判别变量的线性组合,各组变量的协方差矩阵相等。根据资料的性质,判别分析可以分为定性资料的判别分析和定量资料的判别分析;根据分布是否已知而采用不同的判别准则,又有贝叶斯判别法、费希尔判别法、距离判别法等。

贝叶斯判别法是分布已知时的判别法则,其基本思想是根据先验概率求出后验概率,并依据后验概率分布做出统计推断。先验概率就是用概率来描述人们事先对所研究对象的认识程度;后验概率就是根据具体资料、先验概率、特定的判别规则所计算出来的概率。后验概率是对先验概率修正后的结果。

费希尔判别法是分布完全未知的一种线性判别方法,其基本思想是使多维问题简化为一维问题来处理,即寻求一个将总体尽可能分开的适当投影轴,使所有的样品点的原数据系统都投影到这个轴上得到一个投影值。对投影轴的方向要求是使每一类内的投影值所形成的类内离差尽可能小,而不同类间的投影值所形成的类间离差尽可能大。

距离判别法也是分布完全未知的一种判别方法,其基本思想是根据各样品与各母体之间的距离远近做出判别,即根据资料建立关于各母体的距离判别函数式,将各样品数据逐一代入计算,得出各样品与各母体之间的距离值,再判定样品属于距离值最小的那个母体。在各种不同的距离判别法中,马氏距离判别法是常用的距离判别法,可以克服变量之间的相关性干扰并消除各变量量纲的影响。

(六)聚类分析

分类是人类认识客观世界的基础,分门别类地研究问题是科学研究的基本方法。自古以来,人们主要是凭经验和专业知识来进行事物的分类,现代多元统计数学的发展才使多元统计数值分类能够代替经典的指标分类。在多元系统分析中,往往需要将性质相似的事物或现象归为一类,以便找出它们之间的联系和内在规律性。聚类分析就是研究"物以类聚"的一种多元统计方法,其目的在于用某种相似性度量的方法将数据组织成有意义的和有用的各组数据,使类间对象的同质性最大化和类与类间对象的异质性最大化。

聚类分析是直接比较各事物之间的性质,将性质相近的归为一类,性质差别较大的归入不同类别的分析技术。聚类分析是对大量的样本点集合进行分类分析,或对众多变量进行归类划分，适用于多元系统类群构造及其内在相似性的研究。聚类分析的特点是事先不知道类别的个体所属结构，据以进行分析的数据是客体之间的相似性或相异性数据。在构造分类模式的分类和回归问题中，样本是用特征空间中的特征向量表示的。数据聚类实质上是一种"数据驱动"的方法，它试图去发现数据自身的内部结构，将特征向量的尺度属性以"聚类"的形式进行有意义的分组。

以 m 个变量为坐标轴可以建立 m 维变量坐标系，m 维变量坐标系空间中的一个点代表着复杂系统形态的一个样本，且可用一个变量表示。建立 m 维变量坐标系空间是为了对复杂系统形态的样本进行分析，找出样本之间或样本所代表的复杂系统形态之间的关系。对样本的聚类称为 Q 型聚类。所以，在 m 维变量坐标系空间对样本之间的关系进行分类分析的方法被称为 Q 型分析。

与变量空间相对应的是样本空间，这是统计学的基本概念之一。以 m 个样本为坐标轴也可以建立 m 维样本坐标系空间。在此是假定样本之间互相独立，而独立是指被选取的机会相等，通过随机取样，每个样本被选的概率是相等的。m 维样本坐标系空间中的一个点代表着复杂系统形态的 m 种特质，也可用一个变量表示。对变量的聚类称为 R 型聚类。在 m 维样本坐标系空间里，研究特质之间关系的方法被称为 R 型分析。常见的对判别要素所进行的统计分析大都属于 R 型分析。

系统聚类法是聚类分析法中最常用的一种方法，是根据所研究对象的各个组元（样品或变量）间的相似程度来进行的，即将每个组元（样品或变量）先各自看成一类，然后再根据组元（样品或变量）间的相似程度，逐次地合并新类。并类的原则是距离最近（或相似度最高）的一对并为新类，而规定类与类的相似性可按类间距离（最短距离法、最长距离法或平均距离法及重心法等）等相似系数来确定。这样，每次选择类与类距离最近（或最相似）的并为一个新类，直至所有组元（样品或变量）成为一类止。把不同的类型一一划分出来，形成一个由小到大的分类系统。最后，把整个分类系统画成一张分群图（谱系图），用它把所有的组元（样品或变量）间的亲疏关系表示出来。

常用的聚类方法不仅有系统聚类法，还有逐步聚类法和 K-均值聚类法以及有序样品的聚类分析法等。1965 年美国自动控制学家扎德提出模糊集合论以后，模糊聚类法也得到了广泛的应用。

（七）主成分分析

复杂系统的关系是错综复杂的，人们所选择的复杂系统特征形态量之间往往都有一定的相关性或重叠性，因而人们希望用较少的某些综合性指标来代替原来众多的特征形态量信息。例如，地质学家可以观测到地质系统形态从宏观到微观的一切地质的、岩石的、矿物的、物理的和化学的特征，特征数目的增加，给地质学家带来了许多解决地质复杂问题的信息，也使他们不得不去观察和分析海量的数据。地质学家知道，尽管观察到的地质现象和地质特征可以无限地增多，但是产生这些现象和特征的地质过程是极为有限的。各种各样的地质特征可以归结为产生这些地质特征的地质过程,如果用一个地质过程的概念来代表和归纳一组紧密相关的众多的原始地质特征,那么原始数据的面貌将大大地简化,而且具有鲜明的地质成因意义。

寻求用较少的某些综合性指标来代替原来众多的特征形态量,这样的综合性指标必然要保留起支配作用的特征形态量,该筛选过程就是主成分分析。主成分分析方法是利用降维的思想在损失很少信息的前提下把各个指标转化为几个综合指标的多元统计方法。主成分分析是基于正交变换的思想,保留那些有显著贡献的特征向量,每一个特征向量和一个方差对应,而这个方差又由对应的特征值表示。任取一个特征向量,如果它所对应的特征值在整个数据集上代表着一个显著的方差值,那么它就叫作这个数据集的一个主成分。

主成分分析也称主分量分析,是通过对原始变量相关矩阵或协方差矩阵内部结构关系的研究,利用原始变量的线性组合形成较少的几个综合指标(主成分)来代替原来较多的指标(变量)。这样,在保留原始变量主要信息的前提下起到降维与简化问题的作用,使得在模式识别和研究复杂问题时更易抓住主要矛盾。主成分分析是基于原始特征的一种线性变换,是把主成分表示成变量的线性组合,其重点在于解释各变量的总方差,当给定的协方差矩阵或者相关矩阵的特征值是唯一的时候,各主成分之间互不相关。在主成分分析中不需要有假设,成分的数量是一定的,一般主成分的数目大大少于原始变量的数目。

主成分分析是一种数据压缩的常用方法,主要作为一种降维处理的探索性技术,而前提是保证数据信息的损失最小。如果想把现有的变量变成少数几个新的变量(新的变量几乎带有原来所有变量的信息)来进入后续的分析,就可以使用主成分分析。主成分分析一般很少单独使用,但可以和聚类分析一起使用或者和判别分析一起使用。比如,当变量很多而样本数不多时,直接使用判别分析可能无解,这时候可以使用主成分分析简化变量。在多元回归分析中,主成分分析也可以帮助判断是否存在共线性,还可以用来处理共线性。通过主成分分析,可以从多元系统错综复杂的关系中找出一些主要成分,从而能有效利用大量统计数据进行定量分析,揭示变量之间的内在关系,得到对事物特征及其变化规律的认识。

(八)因子分析

因子分析是一种排序的多元统计分析方法。因子分析也是利用降维的思想,从研究原始变量相关矩阵内部的依赖关系出发,把一些具有错综复杂关系的变量归结为少数几个综合因子的一种多变量统计分析方法。因子分析的目的在于对大量观测数据用较少量的有代表性的"抽象"的隐变量来说明由多个组元所提供的信息,解释原始的显在变量之间的相关关系,从而期望得到科学的单纯性和描述的经济性。也就是说,用少数几个因子去描述许多指标或因素之间的联系,即将相关比较密切的几个变量归在同一类中，每一类变量就成为一个因子（之所以称其为因子，是因为它是不可观测的，即不是具体的变量），以较少的几个因子反映原资料的大部分信息。

相对于主成分分析，因子分析更倾向于描述原始变量之间的相关关系，因此因子分析的出发点是原始变量的相关矩阵。因子分析的特点就在于能从大量的数据中"由表及里""去粗取精"，揭露出原来的组元中究竟哪些较重要，哪些较次要，同时用较低维的公因子去代替原组元。在多变量分析中，某些变量间往往存在相关性。但是，究竟是什么原因使变量间有关联呢？是否存在不能直接观测到的但又影响可观测变量变化的公共因子？因子分析就是寻找这些公共因子的模型分析方法，是在主成分分析的基础上构筑若干意义较为明确的公共因子，以它们为框架分解原变量，以此考察原变量间的联系与区别。

因子分析法的基本思想是根据相关性大小将原始变量分组类，将相关性较高（即联系比较紧密）的变量分在同一类中，而不同类变量之间的相关性则较低，那么每一类理论变量就代表了一个基本结构，即公共因子。因子分析所研究的问题是试图用个数最少的不可测的所谓公共因子的线性函数与特殊因子之和来描述原来观测的每一分量。因子分析的核心问题有两个：一是如何构造因子变量；二是如何对因子变量进行命名解释。因此，因子分析的基本步骤和解决思路就是围绕这两个核心问题展开的。

因子分析可以通过检验变量间的关系（称 R 型）或样品间的关系（称 Q 型）来进行，即 R 型因子分析利用变量间的相关系数为基础，用于研究变量间的组合与关联状况；而 Q 型因子分析则是以样品间的相似系数为基础，用于研究样品间的组合、演化及相似的情况。但是，

因子分析的基本模型是

$$X_i = \sum_{j=1}^{m} a_{ij} Y_j + V_i e_i \quad (i=1,2,\cdots,p) \tag{23-16}$$

其中，全部共 $m+p$ 个排序轴 $Y_1, Y_2, \cdots, Y_m$，而 $e_1, e_2, \cdots, e_p$ 均彼此无关。

在上述模型中，每个组元被表示成公共因子（排序坐标轴）的线性组合，即原来的观察组元是新的排序变量的综合指标。公共因子的含义必须结合具体问题的实际意义而定。$e_1, e_2, \cdots, e_p$ 叫作特殊因子，是向量 x 的分量 $x_i (i=1,2,\cdots,p)$ 所特有的因子，各特殊因子之间以及特殊因子与所有公共因子之间都是相互独立的。模型中载荷矩阵 a 中的元素 (a_{ij}) 是因子载荷。因子载荷 a_{ij} 是 x_i 与 F_j 的协方差，也是 x_i 与 F_j 的相关系数，它表示 x_i 依赖 F_j 的程度。可将 a_{ij} 看作第 i 个变量在第 j 个公共因子上的权，a_{ij} 的绝对值越大（$|a_{ij}| \in 1|$），x_i 与 F_j 的相依程度越大，或称公共因子 F_j 对于 x_i 的载荷量越大。为了得到因子分析结果的经济解释，因子载荷矩阵 A 中有两个统计量十分重要，即变量共同度和公共因子的方差贡献。

通过计算组元之间的离差矩阵 S、求因子载荷矩阵的第一次估计 A_1，调整 S 并求因子负荷的第二次估计 A_2，重复上述过程最终得到因子负荷矩阵 A，最后计算实体的

排序坐标,就能实现因子分析的目的。

(九)对应分析

在因子分析中,如果研究对象是样品,就要采用 Q 型因子分析;如果研究对象是变量,则需采用 R 型因子分析。但是,这两种分析方法往往是相互对立的,必须分别对样品和变量进行处理。因为样品的特质是变化的,而样品却是固定的。因子分析对于分析样品的性质和样品之间的内在联系就比较困难,于是就产生了对应分析法。

对应分析法是对主成分分析方法的拓展,是在 R 型和 Q 型因子分析的基础上发展起来的一种多元统计分析方法,又称为 R-Q 型因子分析。对应分析综合了 R 型和 Q 型因子分析的优点,将它们统一起来使得由 R 型的分析结果很容易得到 Q 型的分析结果,这就克服了 Q 型分析计算量大的困难。更重要的是,把变量和样品的载荷反映在相同的公因子轴上,这样就把变量和样品联系起来便于解释和推断。

对应分析也是利用降维的思想,通过分析原始数据结构,旨在简洁明了地揭示复杂系统变量之间及样品之间的相关关系。对应分析主要是对复杂系统形态的定性数据(包括名义数据和有序数据)进行最佳综合简化,并实现高维定性数据系统的可视见性。其基本思想是将一个列联表的行和列中各元素的比例结构以点的形式在较低维的空间中表示出来。其最大特点是能把众多的样品和众多的变量同时画到同一张图解上,将样品的大类及其性质在图上直观明了地表示出来,具有直观性。另外,它还是一种直观、简单、方便的多元统计方法,省去了因子选择、因子轴旋转等复杂的数学运算及中间过程,可以从因子载荷图上对样品进行直观的分类,而且能够指示分类的主要参数(主因子)以及分类的依据。

对应分析法整个处理过程由表格和关联图两个部分组成。表格是一个二维表格,由行和列组成;每一行代表复杂系统的一个特质,依次排开;列则代表不同的复杂系统本身,它由样本集合构成,排列顺序并没有特别的要求。在关联图上,各个样本都浓缩为一个点集合,而样本的质变量在图上同样也是以点集合的形式显示出来的。

(十)典型相关分析

多元统计分析的一个重要内容就是研究随机向量之间的关系。不过,复杂系统形态之间有相关关系,却不一定是因果关系,也可能仅仅是伴随关系。但是,复杂系统之间只要存在因果关系,则两者必然是相关的。在分析复杂系统的两个变量之间的关系时,常常需要了解两者之间的关系是否密切。用以说明两个变量之间关系密切程度的统计指标叫作相关系数。

描述复杂系统的形态往往有两个以上的多个变量,且可以分成两组变量群。任何两组变量群之间(可能有线性也可能有非线性)的联系,除非通过其成因的物理机制来建立函数关系,主要是依靠统计方法来找出其相关关系,以便了解它们之间的相互关联情况和变化规律。典型相关分析是分析两组变量之间线性密切程度的统计方法,是两个变量间线性相关分析的拓广,是多元相关分析的一个有效手段。

典型相关分析借用主成分分析降维的思想,分别对两组变量提取主成分,且使两组变量提取的主成分之间的相关程度达到最大,而从投影组内部提取的各主成分之间互不相关,用从两组之间分别提取的主成分的相关性来描述两组变量整体的线性相关关系。这是考虑到两组集合体本身的各要素之间的相关结构,并从中提取综合性指标(主要信息)来建立代表这两组因素集合体之间的相关联系。典型相关分析用于分析两组变量之间的相关性有其特别的优点,即可以找出两组变量整体之间的相关程度及对相关贡献较大的变量群。

严格地说,一个典型相关系数描述的只是一对典型变量之间的相关,不是两个变量组之间的相关,而各对典型变量之间构成的多维典型相关才共同揭示了两个变量组之间的相关形式。典型相关分析的基本假设要求两组变量之间为线性关系,即每对典型变量之间为线性关系;每个典型变量与本组所有观测变量的关系也是线性关系,如果不是线性关系,可以先进行线性化。因此,典型相关分析在方法上一般要先进行总体意义下的典型相关,然后再进行样本典型相关系数和相关变量的计算,通过两组变量群各对典型相关变量的高荷载值就可以反映出这些典型相关的主要构成因素来自哪一些要素。

第四节 模型分类与模型识别

复杂系统形态是不可穷尽的,为了认识复杂系统形态及其变化规律或分布规律而建立的模型也是不可穷尽的。但是,在人们认知的过程中,只要把新建立的模型与标准模型进行类比,就可以识别模型的隶属。标准模型是人们进行分类与比较的基础,也是反映复杂系统形态变化规律与分布规律的依据。

一、标准模型的识别

在客观世界中,复杂系统形态是不可穷尽的,不过其表象往往具有一定的形式。为了认知复杂系统形态及其变化规律或分布规律,采用不同的特征量与样本数就可以构建不同的复杂系统形态的函数模型,因而推断复杂系统形态及其规律的认知模型也是不可穷尽的。即使对于同一个复杂系统形态,人们所选择的刻画复杂系统形态的特征形态量不同,所建立的认知模型也是不相同的。同一个复杂系统形态可以建立多个不同的认知模型,而不同的复杂系统形态却可能得到同一个认知模型。由于认知目的、认知方法和认知水平的不同,人们所建立的复杂系统认知模型具有多样性,因此,根据认知模型的共同点和差异点,还是可以把复杂系统认知模型划分为不同的种类。

复杂系统形态在客观世界是不可穷尽的,反映在主体的主观意识或精神世界之中也是不可穷尽的。有一些复杂系统形态是非常相似的,也有一些复杂系统形态是迥然不同的,还有一些复杂系统形态是似是而非的。那些非常相似的复杂系统形态"物以类聚",在主体的印象中就"自然"形成一定的类别或层次。复杂系统就是把多样性和多个层次束缚在一起,层次之间互相联系又互相区别,因此构成的整个宇宙也都是分层次的。

任何一个复杂系统形态都可以找到具有张力感的层次界面,复杂系统的层级结构是客观的。层次之间的区别不只是量的区别,上一个层次对下一个层次来说都是无穷大的。复杂系统形态的每一个层次都有自己独特的性质,从而使自己作为一个独立的层次而存在。不同的层次(特别是相邻层次之间以及它们的性质之间)是相互联系的,一方面高层次包括低层次,低层次从属于高层次,如在生物进化序列中,每一个较后的物种都把较前物种的特征作为从属的因素包含于自身,表现为明显的相关性。另一方面,低层次组成高层次,低层次是高层次的基础,一个层次就是一个粗粒度的组件,如分子由原子构成并组成各种物体。

实际上,一个复杂系统内部的层次就是子系统的排列次序,分层是指将一个复杂系统总体划分为多个子系统的过程,每个子系统由一组具有相同特征的单元聚集组成,每个子系统在局部上就构成了某种规定意义下的层次。所谓的分层就是从逻辑上将复杂系统划分成许多层次的子系统,而层次之间关系的形成要遵循一定的集合规则。如果认为上一层次的规律可以简单地归结为下一个层次,或者认为不同层次之间都服从于同样的有限的几条规律,那就在事实上否认了层次之间质的差别,也就从根本上抹杀了层次。

等级层次结构是复杂性的主要根源之一。复杂系统都是有结构和层次的,层次之间存在着隶属关系,它们不是孤立的,而是互相依赖、互相制约的。复杂系统的每个层次都代表着构成这一层次的单元共同形成了一种独特的性质,而构成这一层次的单元则代表着该层次的数量关系,因而确定了一个层次也就确定了该层次的子系统的质和量。

在确定了分层的根据后,人们就可以将复杂系统形态分为一定的层次。不过,对一个复杂系统形态进行分层,所依据的分异特征标准不同,就会有不同的分层结果。分异特征标准是定性的,分层得到的子系统序列就是定性的;分异特征标准是定量的,分层得到的子系统序列就是定量的。例如,按照大气系统形态在铅直方向的不同特性,可以将大气系统形态分成若干层次;按大气温度随高度分布的特征,可以把大气系统形态分成对流层、平流层、中间层、热层和散逸层;按大气系统各组成成分的混合状况,可以把大气系统分为均匀层和非均匀层;按大气系统电离状况,可以分为电离层和非电离层;

如此等等。

一个复杂系统形态的分层,如果以功能为分异的特征标准进行有序的分组,就是将子系统组织成不同的功能分层结构。像环境功能区划就是根据一定区域空间的区位、自然资源、环境条件和开发利用的要求,按照环境功能(环境各要素及其所构成的系统对人类生存、发展所承担的职能、任务和作用)标准,把整个区域划分为不同类型的功能区,以便具体研究各个不同功能的环境单元的环境承载力及环境质量的现状与发展变化趋势,提出不同功能环境单元的环境目标和环境管理对策。因此,对于不同的环境要素(如生态、海洋、大气、水、噪声等),都可以进行不同环境要素的功能区划[14]。

对一个复杂系统形态进行分层,依据的分异特征标准不同,就有不同的分层结果,也就有不同的认知模型。模型是对象的"物理"描述,不同模型可通过不同的表达方式、用途和制作过程以及制作材料而分类。模型分类可采取各种不同的形式,且不存在统一的分类原则。例如,按建模的目的分类,有描述模型、分析模型、预报模型、优化模型、决策模型、控制模型等;按模型的实际内涵分类,有同构模型、同态模型、形象模型、模拟模型、符号模型、数学模型、启发式模型等;按模型的应用领域分类,有人口模型、交通模型、环境模型、生态模型、城镇规划模型、水资源模型、再生资源利用模型、污染模型等;按模型的表现特性分类,有确定性模型和随机性模型或突变性模型和模糊性模型;按是否考虑时间因素引起的变化分类,有静态模型和动态模型;按应用离散方法或连续方法分类,有离散模型和连续模型;按建立模型的数学方法分类,有几何模型、微分方程模型、图论模型、规划论模型、马氏链模型等;按人们对模型内部结构的了解程度分类,有白箱模型、灰箱模型和黑箱模型;如此等等。

类别是与概念或原型相关的"自然"状态或对象种类。对复杂系统的不同认知模型进行分类,在一定的适用范围内都可以找到确定类别的标准模型。标准模型代表着一定类别的复杂系统本质属性和关系,而且排除了一些原型中偶然的、非本质的、次要的因素,所以确定了一个复杂系统形态的层次也就确定了该层次的标准模型的类别。

其实,分类的实质就是模型识别,"分"就是分辨、识别,即鉴定、描述和命名;而"类"就是标准模型,即按一定秩序排列类群。统计分类就是模型识别长期发展过程中建立起来的经典方法,它主要基于概率统计模型(一个类别已知的训练样本集)得到各类的特征向量分布,以取得分类功能。对于复杂系统形态的分类,一般都是建立标准模型再进行比较和归类。这在各个领域都存在广泛的事例,从古老的形态学到现代分子生物学的新成就都可以作为模型识别的范例。在此,以生物分类学和矿物分类学为例。

(一)生物分类学

地球上的生物个体数不胜数,且各不相同。任何一个生物个体都是一个复杂系统,一定量的生物群体也是一个复杂系统。但是,以生物性状差异的程度和亲缘关系的远近为依据来看,不论是活着的和已灭绝的生物都可以科学地划分到一种等级系统。如果不分类群或不立系统,各种生物便无从认识,难以鉴定、命名、描述和利用。

为此,生物学家将地球上现存的不同生物加以分门别类,依次分为:界、门、纲、目、科、属、种 7 个等级。

(1)界:所有的生物都属于生物界,生物界中包含许多门。

(2)门:具有一些共同特征来自不同纲的生物归入同一个门。

(3)纲:具有一些共同特征的来自不同目的生物归入同一个纲。

(4)目:具有一些共同特征的来自不同科的生物归入同一个目。

(5)科:具有一些共同特征的来自不同属的生物归入同一个科。

(6)属:具有一些共同特征的来自不同种的生物归入同一个属。例如,一些不同种的生物(像狗与狼的特征很相似)归入同一个属。

(7)种:分类的最基本阶元就是种。例如,每只狗是一个动物体,所有的狗属于同一个物种。

在生物的门类中,种是生物分类的基本单位。物种是分类系统最基本的阶元,是客观性的,有自己稳定明确的界限,可以与别的物种相区别。至于种下的鉴定,现代以亚种为种下分类阶元,种以下还可以分为变种和变型。凡是一个种内的类群,形态上有区别,分布上或生态上或季节上有隔离的类群为亚种;凡一个种有形态变异,而变异比较稳定,分布的范围(或地区)比起前述的亚种小的为变种;种下有形态变异,但看不出有一定的分布区,而是零星分布的个体为变型。凡是种别未见亚种分化的称为单型种,有亚种分化的称为多型种。

在对形形色色的生物进行分类时,不同等级的分类标准就是研究生物分类的模拟模型。在生物分类中,采集的生物样本称为标本,标本鉴定即为模型识别。但是,作为生物鉴定的标准模型是以种群而非以个体为单位的,它不是专靠个别标本而是以一系列标本为依据,从中选出作为标准的模型标本。

1. 动物的分类

任何一个动物标本都是一个复杂系统,动物标本鉴定就是复杂系统的模拟模型识别。代表复杂系统形态的特征形态量一般都多于两个,所以必须在多维质向量坐标系的空间来进行动物标本鉴定。表征动物共有的(或特有的)性状差异和亲缘关系的关键形态参量往往是定性的或是概念性的参量,也有定量的成分参量或者兼而有之。因此,动物标本鉴定一般以形态特征的相似度为基础且以种为单位,相近的种集合为属,而相异的种为亚种。

对于在种上的动物标本鉴定,相近属集合为科,科隶属于目,目隶属于纲,纲隶属于门。不过,动物鉴定时的分类又是依据不同类型而不同。目以上阶元的分类依据结构基型,即动物体内部特征;科属的分类依据比较突出,并且有一定适应性形态特征;属的分类依据是以共有的形态特征为主;种的分类依据不仅在于形态特征而且还在于生理上的特征,即不同种在自然界中彼此间不互配生育。

2. 植物的分类

任何一个植物标本也都是一个复杂系统,植物标本鉴定也是复杂系统的模拟模型识别。植物标本鉴定是将自然界的植物进行分门别类且鉴别到种的工作。植物标本鉴定是以植物形态和解剖上的相似性为基础的,按照国际上共同遵循的植物命名法规来定名。

鉴定种是植物分类的基本单位。对待植物种的划分主要是根据植物的形态,尤其是花和果实的形态差异来进行的,因此代表植物标本的特征形态量往往多于两个。不论表征植物共有的(或特有的)形态特征的关键形态参量是定性的还是概念性的参量,也不论是否还有定量的成分参量还是兼而有之,综合表达植物形态差异的特征量必须是比较稳定和可靠的,才能与相近的种区别开来。植物标本鉴定还必须做得细致和深入,因为有些种在外表形态上与其邻近种相似,但其化学成分有差异,它们并不是同一个种,绝不能混淆。

进行植物标本鉴定时,相近的种集合为属,而相异的种为亚种,新种的描述以模式标本为主要依据。模式标本对于鉴别植物物种十分重要,模式的方法也可用到属、科和目,因而人们利用业已建立的公认的植物模型标本来鉴定该植物的科、属、种,并参看种的描述及插图,检阅原始文献,查对每一种植物的模型标本,就能够准确鉴定。

植物检索表是鉴定植物的工具,也是植物分类的标准模型。检索表编制方法是运用植物形态比较方法,按照分析科、属、种的标准和特征,先选用一对具有明显不同特征的植物分为两类,再从每类中找出相对的特征区分为两类,依此下分,最后分出科、属、种。

(二)矿物分类学

与动物和植物标本鉴定类似,当研究对象为各种矿物和岩石时,就要进行岩矿分类及其标本鉴定。不同等级的分类标准是研究矿物和岩石分类的模拟模型。在矿物和岩石分类中,采集的矿物和岩石样本称为标本。岩石常由多种矿物组成,其标本鉴定必须以矿物鉴定为基础。岩矿标本鉴定的核心是矿物鉴定,即是对各种矿物、岩石、矿产标本的物质成分、内部结构、外表特征、性质等进行科学分类和命名。

任何一种矿物标本都是一个复杂系统,矿物标本鉴定也是复杂系统的模拟模型的识别。矿物标本鉴定作为鉴定的标准模型,同样不是专靠个别标本而是以一系列标本为依据,并从中选出公认的作为标准的模型标本。代表矿物标本的特征形态量往往多于两个,所以必须在多维质向量坐标系的空间进行矿物标本鉴定。

人们已经发现,地球上的岩石有 1 000 余种,按其成因通常分为火成岩、沉积岩、变质岩三大类,各种岩石均需从化学成分、矿物成分、结构构造、产出状况等方面进行鉴别。岩石矿物标本鉴定一般从以下 4 个方面进行:

(1)化学成分分析。查明岩石的化学成分。

(2)矿物成分鉴定。查明岩石中的主要矿物、次要矿物、副矿物、伴生矿物的种属及其含量。

(3)鉴别岩石的结构构造。查明组成岩石的矿物结晶程度、形状、大小以及晶粒彼此之间、晶粒与玻璃质之间的相互关系；进而还要查明岩石中不同矿物集合体的形状、大小及其彼此之间或岩石的各个组成部分之间的相互关系。

(4)调查研究岩石标本在地壳里的产出状况。主要是查明岩石的形态(层状、似层状、脉状、岩墙状、岩株状、岩基状等)、延长和倾斜方向、规模或大小等。

矿产是地壳里有经济和艺术价值的矿物和岩石，以固态为主，液态和气态次之。其标本的鉴定方法与上述岩石、矿物的鉴定法相同，一般方法有两种：

(1)外表特征鉴定法。凭借铁锤、放大镜、体视显微镜、小刀、瓷板、磁铁等简单工具，辅以盐酸、硼砂、钼酸铵等化学药物试剂，根据矿物的形态、颜色、光泽、透明度、比重、硬度、解理、断口、脆性、磁性、可燃性、味道、可溶性、化学反应等方面的属性特征，对矿物进行简易的鉴别。

(2)科学仪器鉴定法，包括物相分析法、结构分析法、化学成分分析法和波谱分析法。物相分析法是在矿物外表特征鉴定的基础上，比较精确地测定矿物的某些物理性质或晶体结构的某些参数，从而确定出矿物的种名。结构分析法是利用X射线等高能电磁波在晶体中产生的衍射效应来研究和确定矿物晶体的内部结构。化学成分分析法是确定矿物化学组成的方法。波谱分析法是利用从射频波、微波、红外线、可见光、紫外线直至X射线、γ射线等整个电磁波谱的发射和吸收效应，对矿物成分和结构进行测定的方法。

综上可见，复杂系统形态的分类是以主体确定的多元系统的特征形态量为基础建立标准的多元系统模拟模型，然后将采集的样本按照其共有的(或特有的)性状和亲缘关系相似性进行多元系统模型识别。模型识别系统的目标是要在表示空间和解释空间之间找到一种映射关系。多元系统模拟模型的特征形态量是对分类有用的特质或度量，可以是多元系统所含的主要成分或有效成分，也可以是多元系统的组织构造等形态特征。在进行多元系统模拟模型识别时，还要对模型进行试验验证和修正，再根据研究获取的资料来制作人工模拟系统或推断原系统的内部结构和机理，以达到较好地解决实际问题的目的。

在此还要指出，多元系统模拟模型最初的特征形态量选取是一门艺术，以往人们主要借助于经验来选取特征形态量。在20世纪出现的计算机，已经为人们研究多元系统模型提供了新的平台与方法，出现了在计算机上建立复杂系统模型的现代仿真技术。目前，人们不再因循从直观结构模拟到内在结构模拟再到性能模拟，而是对复杂系统的模拟信息和数字信息都可以借助于计算机建立多元系统模拟模型。

应用现代电子技术对某一事物的形态或变化过程进行模拟信息的鉴别和分类，所识别的模拟信息可以是文字、波谱(如声音、心电图、地震波)、图像(如各种照片、电影和电视画面)和数据(如遥测遥感中用多光谱扫描所得的数据)、符号等具体对象，也可以是状态、程度等抽象对象。这些图像信息作为模拟信息可以代表所研究的对象,但是其含义绝不只是指通常意义下的图像或照片。

二、适用模型的识别

在 m 维笛卡尔直角坐标系中,通过科学研究观察、黑箱方法等实验可以获得复杂系统形态的数据矩阵。但是,由于复杂系统形态所处的环境条件和特质内涵以及变化取向被省却,人们很难认定复杂系统处在什么样的平衡条件或失衡条件,哪些数据代表着什么样的质向量或其显性因子。为此,人们只能通过从多元系统总体中随机获取的样方×变量的数据矩阵或散点显露的蛛丝马迹等线索,来猜测和研判究竟符合哪一个复杂系统形态的变化模型或分布模型,这也就产生了理论模型是否适用以及如何识别复杂系统适用的模型的问题。

例如,反映不同环境条件下的复杂系统形态变化规律可以通过黑箱方法得到,m 元系统从始态到终态的所有变化就表现为 m 维点阵的轨迹,轨迹是由无限多的过渡态的 m 维点阵构成的连续序列。但是,如果 m 元系统形态变化规律的始态不是以平衡态为基始的,或者 m 元系统形态变化规律的终态不是以平衡态为终结的,那么其变化轨迹就是以某一过渡态为基始或者以某一过渡态为终结,如此获得的 m 元系统形态变化规律轨迹就是 m 元系统形态转化规律轨迹的片段。

在许多科学实验中,人们曾经设计了诸多的约束条件以求找到复杂系统平衡态作为研究复杂系统形态变化的(基态)起点。但是,现实中人们在研究复杂系统形态变化规律时始态的切入点或终态的结束点往往都不是平衡态,而是处于平衡态之间变化的过渡态。从某一过渡态出发,而不是从复杂系统的平衡态出发来研究复杂系统形态的变化规律;或者以某一过渡态终结而不是以复杂系统的平衡态终结来研究复杂系统形态的变化规律,那么得到的复杂系统形态变化规律就是多种多样的。例如,在催化动力学中,从实验上所得到的吸附等温线形状繁多,即使归纳起来还是可以得到如图 23-4 所示的 6 种基本类型的表现形式。因此,也就产生了吸附等温线的模型要与哪一类标准模型比对的识别问题。

例如,在环境科学中生化需氧量(BOD)是反映水质状况的一项重要指标。人们把外场采集的水样取到实验室中研究需氧量随时间变化的关系曲线,检测所得到的曲线与图 23-4 中Ⅳ型等温线具有类同的形式。在这条需氧量变化曲线中,起始部分反映的是以所采集水样的具有的某种浓度(这不是基态,而是过渡态)为起点的生物碳化过程需氧量的量变过程。第一个平台反映的是经历碳化阶段达到了一个新的稳定的平衡态;而从第一个平台到第二个平台的部分 S 形曲线则反映了在刚刚达到的平衡态上又开始了另一级硝化阶段的形态转化的情况。在此,两个平台的转换节点也同样存在着模型识别的问题。

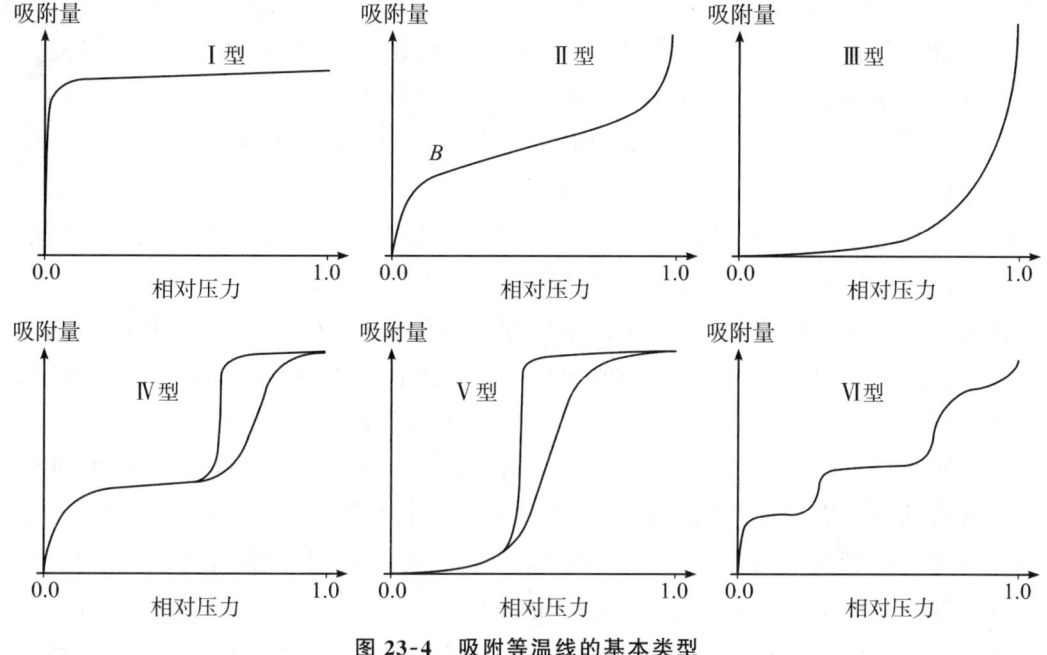

图 23-4 吸附等温线的基本类型

在认知复杂系统形态及其变化规律或分布规律的过程中,人们往往会把所获取的表征复杂系统形态某些特征的各种形式的(数值的、文字的和逻辑关系的)样本信息进行处理和分析,并把反映原型客体形态特征的关系转化成所谓的模型或模式。在掌握不同类型的典型模型基础上,通过比较就可以识别出所建立的仿真模型和哪一类的典型模型相同或者相近,依此就可以判定研究对象的形态变化规律或分布状况的类型归属。例如,模糊数学的模糊集合论就是以常用的 30 多种隶属函数作为标准模型的范畴,再对研究对象的特征指标通过隶属度进行隶属函数的识别和分类。

识别是对各种事物或现象的分析、描述和判断。模型识别是指在某些一定量度或观测基础上,把待识模型划分到各自的模型类中去,即根据模型的特性,将其判断为某一类。模型识别是人们认知复杂系统的一种基本手段,目标是要在表示空间和解释空间之间找到一种映射关系。这种映射可以是一个分类、回归或描述方案,也可以称之为假说。模型识别包含特质所描述复杂系统的数学模型,也涉及一般意义上对象间的相似性的抽象概念。模型识别的任务是要判别复杂系统形态的变化规律或分布规律与人们掌握的不同失衡态或不同条件下的确定标准模型是否一致,从而判定复杂系统形态的变化规律或分布状况的归属。在复杂系统模型的识别过程中,质向量可以从高维的质向量坐标系空间降格到低维的质向量坐标系空间,再对复杂系统形态的特征进行处理和分析。模型识别的过程就是将复杂系统形态所表达的特征信息与标准模型相应的形态信息相比较。[15]

在模型识别中,对于复杂系统形态初始特征的选择,绝大多数都是在考虑样本的可分性意义上进行的。所以,很多时候选择的初始特征集合都会包含大量互相关联的特征,它们对于样本的分类的贡献也是很不相同的。太大的特征向量集合有很多的不便,最明显的就是计算方面会有很大负担。所以,在模型识别问题中,通常的任务就是进行特征的选择。这种选择有两个目标:或者丢弃一些对分类贡献不大的特征;或者达到一定程度降维的目的,降维的方法通常是采用一个从初始特征衍生得到的更小的与原特征集相当的特征集合。

模型识别的概念是20世纪20年代才出现的,但这并不是信息学和人工智能的专利,在日常生活中,人们经常进行模型识别。例如,人们在体检时选择了一组项目套餐,在取得每个项目的检测值后,就要把这些检测值与标准模型的每一项指标的正常值进行比较,如果这一组项目的各个检测值的数字信息都在正常值范围内,那就表明经过模型识别被测的人体处在健康状态。又如,当一个作曲家按一定的节律以及不同的音高和音长来制作一首乐曲的乐谱后,乐曲的乐谱也就成了一个音高时间序列的标准模拟模型。所有的歌唱者在模拟这一系列音高和音长的符号组成的乐谱谱图歌唱时,由听众或裁判对歌唱者所唱的歌的音准是否靠谱进行鉴赏或评判,就是在进行模型识别。

描述复杂系统形态的质向量,除了性质以外,还应当包括单元的数量及其动向这两个要素。由于人们在构建复杂系统仿真模型时往往省却了质向量坐标轴关于性质和指向的规定,这样得到的定量模型也就成为模式,因此人们常常把模型识别也称为"模式识别";而对于以形象或图像来表现的模型,模式识别也称图像识别。

模型(模式或图像)识别是指在认知空间中对原型客体形态及其变化现象进行描述、辨认、分类和解释的过程。模型识别包括对观测获致的文字、波谱(语音波形、地震波、心电图、脑电图等)、图形(图片、照片、遥感图等)、符号(数学公式、轨迹图等)、生物传感器和医学诊断等对象进行分类和辨识。要识别的原型客体形态可以是声音、文字、具有特定形状的物品等,对它们的识别分别叫作"声音识别""文字识别""景物的分析和识别"等。例如,在文字识别方面,像汉字输入主要分为人工键盘输入和机器自动识别输入两种,自动输入又分为汉字识别输入及语音识别输入。在语音识别方面,声纹识别技术以其独特的方便性、经济性和准确性已成为人们日常生活和工作中重要且普及的安全验证方式。在指纹识别方面,人们手掌及其手指、脚、脚趾内侧表面的皮肤凹凸不平产生的纹路会形成各种各样的图案,而这些皮肤的纹路在图案、断点和交叉点上各不相同,依靠这种唯一性就可以将一个人同他的指纹对应起来,通过对他的指纹和指纹库进行比较,便可以验证他的真实身份。在遥感图像识别方面,遥感图像已广泛用于农作物估产、资源勘察、气象预报、军事侦察等。在医学诊断方面,血型分析、癌细胞检测、X射线照片分析、血液化验、血流分析、染色体分析、心电图诊断、脑电图诊断等项目上,模型识别也都已取得了明显的成效。

在上述的图形(图片、照片、遥感图……)模型、文字模型、波谱(语音波形、地震波、心电图、脑电图……)模型、符号模型和物理模型中,所能表达复杂系统形态特征的信息往往是模拟信号。识别过程就是将复杂系统相应的表达特征的模拟信息与标准的模型

（图像）相比较。如果在某一层次上与标准图像相合或相近者，就可以认为是与标准图像是同类（或同界、同门、同纲、同目、同科、同属、同种……）的。不过，模拟信息的比较和"匹配"的过程往往掺杂着人为的判断。

随着科技水平的提高和电子信息技术的发展，人们已经能够将许多复杂系统的形态量转换成数据的电子或电磁编码——信号。对应于模拟数据和数字数据，信号也可分为模拟信号和数字信号。模拟信号是随时间连续变化的电流、电压或电磁波，可以利用其某个参量（如幅度、频率或相位等）来表示要传输的数据；数字信号则是一系列离散的电脉冲，可以利用其某一瞬间的状态来表示要传输的数据。

如今，在各个领域都已经实现了利用计算机速度快、准确性高和效率高的显著特点，来进行复杂系统形态的模拟信息转化成数字信号的自动处理，使各种不同的原型客体都可以转换成空间的象元或数字再进行模型识别。例如，在谱分析中，标准物质波谱图所提供的是具有标准结构式的模拟模型。将每个样本的谱线中各信号峰与标准结构式模型的各种谱线的信号峰进行比对，就可以找出各谱线信号相应的归属，并在被推导的可能结构式中找出最合理的结构式。这种通过解析图谱的比对获得正确结构式的过程就是模拟模型识别的过程，也是复杂系统结构从黑箱到白箱的认识过程。

模型识别方法大致可以分成四类：统计决策法、结构模型识别法、模糊模型识别法与人工神经网络模型识别法。模型识别方法的选择取决于复杂系统的复杂程度及其结构信息。如果被识别的系统极为复杂，而且包含丰富的结构信息，一般采用结构方法，即把一个模型描述为较简单的子模型的组合，子模型又可描述为更简单的子模型的组合，最终得到一个树形结构，在底层的最简单的子模型称为模型基元。如果被识别的原型客体不很复杂或不含明显的结构信息，一般采用决策理论方法。在决策理论方法中，特征抽取占有重要的地位，但尚无通用的理论指导，只能通过分析具体识别对象来决定选取何种特征。特征抽取后可进行分类，即从特征空间再映射到决策空间。为此还要引入鉴别函数，由特征向量计算出相应于各类别的鉴别函数值，通过鉴别函数值的比较来实现分类。

三、模型识别的判定

近百年来，人们已经开发了多种多样的模型识别方法，但是对于如何将它们进行分类没有明确的定义。统计模型识别的基本原理是：有相似性的样本在模型空间中互相接近，并形成"集团"，即"物以类聚"。统计模型识别的主旨就是把 m 维质向量坐标系的空间转换到一个压缩了的较低维的变量空间上，以便考察和认知多元系统各组元的联合概率、回归、分类和相关及其主成分或主因子。但是，通过进一步压缩关键性的变量来简化多维变量空间，往往就会使得一些本来比较明确的概念也变得模糊，有些概念甚至难以描述和解释，由此也就产生了推断统计模型的识别技术。

在 m 维二仪质向量坐标系 $\vec{X}_1\vec{X}_2\cdots\vec{X}_m$ 中,任何一个 m 元系统的确定形态都可表现为一个点阵,也都可以用一组 m 元常质向量 $\vec{a}_1,\vec{a}_2,\cdots,\vec{a}_m$ 来表示。设起点为原点 O 的位置向量 $\vec{a}$ 的终点坐标是 $\vec{a}(a_1,a_2,\cdots,a_m)$,$m$ 元常质向量 $\vec{a}_1,\vec{a}_2,\cdots,\vec{a}_m$ 称为在 m 维二仪质向量坐标系 $\vec{X}_1\vec{X}_2\cdots\vec{X}_m$ 中各坐标轴方向的分质向量。m 元系统的一维 m 元常质向量 $\vec{a}_{1+2+\cdots+m}$ 就是 m 个子系统的分质向量之和,即 $\vec{a}_{1+2+\cdots+m}=\vec{a}_1+\vec{a}_2+\cdots+\vec{a}_m$。$\vec{a}_{1+2+\cdots+m}$ 的大小是 $a_{1+2+\cdots+m}=|\vec{a}_{1+2+\cdots+m}|=\sqrt{a_1^2+a_2^2+\cdots+a_m^2}$。

(一)贴近系数——距离

在 m 维二仪质向量坐标系 $\vec{X}_1\vec{X}_2\cdots\vec{X}_m$ 中,如果 $\vec{a}(a_1,a_2,\cdots,a_m)$ 是一个 m 元系统确定形态的点阵,$\vec{b}(b_1,b_2,\cdots,b_m)$ 是另一个 m 元系统确定形态的点阵;点阵 $\vec{a}(a_1,a_2,\cdots,a_m)$ 的位置向量为 $\vec{a}=\vec{a}_{1+2+\cdots+m}=\vec{a}_1+\vec{a}_2+\cdots+\vec{a}_m$,点阵 $\vec{b}(b_1,b_2,\cdots,b_m)$ 的位置向量为 $\vec{b}=\vec{b}_{1+2+\cdots+m}=\vec{b}_1+\vec{b}_2+\cdots+\vec{b}_m$,从点阵 $\vec{a}(a_1,a_2,\cdots,a_m)$ 到点阵 $\vec{b}(b_1,b_2,\cdots,b_m)$ 的向量为

$$\vec{ab}=\vec{b}-\vec{a}$$
$$=(\vec{b}_1+\vec{b}_2+\cdots+\vec{b}_m)-(\vec{a}_1+\vec{a}_2+\cdots+\vec{a}_m) \tag{23-17}$$

在 m 维二仪质向量坐标系 $\vec{X}_1\vec{X}_2\cdots\vec{X}_m$ 中,点阵 $\vec{a}(a_1,a_2,\cdots,a_m)$ 到点阵 $\vec{b}(b_1,b_2,\cdots,b_m)$ 的距离就是 $\vec{ab}$ 的大小 $d_{ab}=|\vec{ab}|$。显然,点阵 $\vec{a}(a_1,a_2,\cdots,a_m)$ 到点阵 $\vec{b}(b_1,b_2,\cdots,b_m)$ 的距离 $|\vec{ab}|$ 越小,点阵 $\vec{b}(b_1,b_2,\cdots,b_m)$ 就与点阵 $\vec{a}(a_1,a_2,\cdots,a_m)$ 越贴近。因此,从质向量的定量方面考虑,距离 $|\vec{ab}|$ 的大小可以成为两个质向量 $\vec{a}(a_1,a_2,\cdots,a_m)$ 与 $\vec{b}(b_1,b_2,\cdots,b_m)$ 是否相近的判据。

在同一个 m 维二仪质向量坐标系 $\vec{X}_1\vec{X}_2\cdots\vec{X}_m$ 空间中,进行两个 m 元系统形态贴近度的比较,这两个 m 元系统形态就是在同样属性和指向的维度空间中。省却了 m 维二仪质向量坐标系 $\vec{X}_1\vec{X}_2\cdots\vec{X}_m$ 每一维坐标轴关于性质和指向的规定,仍然可以在 m 维笛卡尔直角坐标系中进行两个复杂系统形态贴近度的比较和识别,因此可以在 m 维笛卡尔直角坐标系只考虑质向量的数量要素。

在数理统计学中,人们已经设计了一系列用于描述复杂系统形态点阵贴近程度的统计量,并称之为贴近系数。贴近系数的数值越小,表示两个复杂系统形态点阵越贴近,其典型代表就是距离系数。距离系数就是将 m 个形态特征量构成 m 个变量正交轴,每个复杂系统形态就对应于这 m 维笛卡尔直角坐标系空间的一个点阵,点阵与点阵之间可用某种法则来规定距离,并用 d_{ab} 来表示点阵 $\vec{a}$ 与点阵 $\vec{b}$ 的距离。

最常见的距离系数有明考斯基距离(包括海明距离、欧几里得距离和车贝晓夫距离)、广义距离、最短距离、最长距离、中间距离、弦距离、Gower 距离、Bray-Cartis 距离、Canberra 距离、斜距离等。不同的距离系数都是明考斯基距离的特例,而明考斯基距

离为

$$d_{ab}(q) = \Big[\sum_{i=1}^{m} |b_i - a_i|^q\Big]^{1/q} \tag{23-18}$$

当 $q=2$ 时，为欧几里得距离

$$d_{ab}(2) = \sqrt{\sum_{i=1}^{m}(b_i - a_i)^2} \tag{23-19}$$

（二）相似系数

不过，在 m 维二仪质向量坐标系 $\vec{X}_1\vec{X}_2\cdots\vec{X}_m$ 中，点阵 $\vec{a}(\vec{a}_1,\vec{a}_2,\cdots,\vec{a}_m)$ 是一组位置向量，点阵 $\vec{b}(\vec{b}_1,\vec{b}_2,\cdots,\vec{b}_m)$ 也是一组位置向量，点阵 $\vec{a}$ 到点阵 $\vec{b}$ 的质向量 $\vec{ab}$ 仍然是个有性质、有方向、有数量的质向量。点阵 $\vec{a}(\vec{a}_1,\vec{a}_2,\cdots,\vec{a}_m)$ 与点阵 $\vec{b}(\vec{b}_1,\vec{b}_2,\cdots,\vec{b}_m)$ 的指向可以用相似系数来描述质向量的相似关系。从质向量的取向方面考虑，相似系数可成为两个质向量 $\vec{a}(\vec{a}_1,\vec{a}_2,\cdots,\vec{a}_m)$ 与 $\vec{b}(\vec{b}_1,\vec{b}_2,\cdots,\vec{b}_m)$ 是否相似的判据。

相似系数是在 m 维二仪质向量坐标系 $\vec{X}_1\vec{X}_2\cdots\vec{X}_m$ 中，把每个复杂系统形态作为空间的一个点阵与原点组成一个位置向量，这样每个复杂系统形态都可以看作一组 m 元质向量。m 元质向量与 m 元质向量之间也可用某种法则来规定相似程度，一般用 r_{ab} 来表示 m 元系统形态 $\vec{a}$ 与 m 元系统形态 $\vec{b}$ 的相似系数。$|r_{ab}|$ 越接近于 1，形态 $\vec{a}$ 与形态 $\vec{b}$ 的关系越密切；$|r_{ab}|$ 越接近于 0，形态 $\vec{a}$ 与形态 $\vec{b}$ 的关系越淡薄。

在 m 维二仪质向量坐标系 $\vec{X}_1\vec{X}_2\cdots\vec{X}_m$ 中进行两个 m 元系统形态相似度的比较，这两个 m 元系统的形态就是在同样属性的维度空间中。省却了 m 维二仪质向量坐标系每一维坐标轴关于性质的规定，仍然可以在 m 维二仪向量坐标系中进行两个复杂系统形态相似度的比较和识别，也可以在 m 维笛卡尔直角坐标系中考虑数量和指向的要素。

在数理统计学中，也已经有一系列用于描述复杂系统形态点阵相似程度的相似系数，包括内积系数、指数相似系数、最大最小方法、算术平均最小方法、几何平均最小方法、数量积、非参数方法、绝对值指数方法、绝对值倒数方法、绝对值减数方法、主观评定法等统计量。

最常见的相似系数是内积，形态 $\vec{a}$ 与形态 $\vec{b}$ 的内积就是

$$(\vec{a},\vec{b}) = \sum_{i=1}^{p} a_i b_i \tag{23-20}$$

实际上，内积系数的数值是两个向量长度与其夹角余弦的乘积，其主要形式有以下几种：

（1）夹角余弦。

$$r_{ab} = \cos\langle \vec{a}, \vec{b}\rangle = \frac{\sum\limits_{i=1}^{m} a_i b_i}{\sqrt{\sum\limits_{i=1}^{m} a_i^2 \sum\limits_{i=1}^{m} b_i^2}} \tag{23-21}$$

(2) 相关系数。

$$r_{ab} = \frac{\sum\limits_{i=1}^{m}(a_i - \overline{a})(b_i - \overline{b})}{\sqrt{\sum\limits_{i=1}^{m}(a_i - \overline{a})^2 \sum\limits_{i=1}^{m}(b_i - \overline{b})^2}} \tag{23-22}$$

(3) 方差-协方差。

$$\sigma_{ab}^2 = \frac{1}{m-1}\sum\limits_{i=1}^{m}(a_i - \overline{a})(b_i - \overline{b}) \tag{23-23}$$

在 m 维二仪质向量坐标系 $\vec{X}_1 \vec{X}_2 \cdots \vec{X}_m$ 中，m 元系统形态点阵 $\vec{a}(\vec{a}_1, \vec{a}_2, \cdots, \vec{a}_m)$ 与 $\vec{b}(\vec{b}_1, \vec{b}_2, \cdots, \vec{b}_m)$ 之间的夹角余弦是用模标准化后的内积，是用角度分割法表示相似程度，是一个比例的测度。

由此可见，贴近系数只是描述复杂系统形态贴近程度的统计量，相似系数也只是描述复杂系统形态相似程度的统计量，它们都只是单一地从向量的大小或向量的方向来考虑不同向量点阵的差异，而没有从质向量的定质、定量和定向三个方面综合来考虑。

为了既考虑不同向量之间的值贴近，又体现它们的形相似，多元向量分析可以采用一种兼容贴近程度与相似程度的统计量——近似度来识别不同复杂系统形态的向量差异[16]。近似度由形系数 S_{ij} 和值系数 D_{ij} 两项共同决定，是同时描述样本贴近和相似程度的统计量。不同向量的相似或差异就要在希尔伯特空间中进行研判，否则从贴近度或相似度来判别都是片面的。

第五节　复杂轨线与浑沌机制

在单元系统形态转化基元过程中，其信息 P 与元频率 ν_ε 存在一维逻辑斯蒂映射的特定关系，单元系统行为的轨线可以产生吸引子、振荡、二分树、浑沌等景象。探索单元系统形态转化基元规律内涵，可以预测单元系统在不同失衡态的行为和解释费根鲍姆常数发生机制。单元系统形态基元规律与复杂性无关，却是建立复杂性理论的基础。

世界的复杂性是无限的。为了认识复杂系统形态及其变化规律或分布规律，人们通过建立复杂系统模型来代替事物原型，以期更好地认识复杂系统的外在形态与内在结构的关系。但是，不论是黑箱方法的简易模型，还是多元统计分析方法的函数模型，都只能使复杂系统的内在关系部分白化。绝大多数的具体事物都有着错综复杂的结构与特殊的表现形态,要寻求表达复杂系统形态变化规律和分布规律的统一的函数模型是不可能的。

虽然当今科学界尚无关于复杂性的准确定义,但是复杂性并不意味着复杂现象是无法掌握的混乱关系,它们也存在着规律性。因此,从20世纪80年代至今,复杂性研究的热潮方兴未艾。在人们发现复杂系统的复杂程度主要表现在它很高的有序性和很大的熵(信息量H)后,浑沌现象所具有的各种特点不仅成为复杂性探索的一个焦点,而且曾经引起世界学术界的一片惊呼与评价,并与相对论和量子力学一起被许多科学家誉为20世纪物理学上的三大革命。[17]

万事万物,莫不混沌;形态变化,皆有浑沌。混表示混乱、无序。混沌是一种无序状态。混沌并不是偶然的个别的事件,而是普遍存在于宇宙间处于平衡态的各种孤立系统内部单元的行为产生的无规则的随机的现象之中。但是,"道是无序却有序",事物形态从平衡到失衡的变化就是从无序到有序的变化,也就是从混沌到浑沌的变化。浑表示浑然一体。浑沌是一种有序状态。浑沌是非线性系统的固有特性,是非线性系统普遍存在的现象,是迄今已发现的最复杂的动力学运动形式。浑沌确有表观混乱的一面,但是浑沌不等于混乱。浑沌是种种不具备周期性和其他明显对称特征的"高级"有序运动。浑沌的复杂现象可以来自非常简单的确定性系统的演化,浑沌可以看作确定性动力学方程的无规运动。

探索浑沌的发生是从1889年庞加莱在创立三体问题的理论开始的,1963年洛伦茨在天气预报计算机模拟的数据中也发现了浑沌,由此洞开的浑沌世界令人惊奇不已,使人们关于浑沌的特征和含义的认识引向深入。1976年,美国生物学家梅发表了论文《表现非常复杂的动力学的简单数学模型》,他从离散化的一维逻辑斯蒂差分方程出发,用实验数学方法表明一个特别简单的动力系统能够产生复杂轨道的浑沌运动,揭示了大量的复杂行为可以是简单原因造成的,表明了某些类型的复杂性有可能用严格精确的科学方法进行研究。他由此感叹:"简单的数学模型也可能复杂得令人乍舌。"[18]

"浑沌开始之处,就是经典科学终止之时。"[19]近年来,人们逐渐从紊乱中总结出条理,从无序中找出规律,通过理解动力系统浑沌运动的特征和发生机制,已使浑沌理论成为一种精确定量化的知识体系,并使浑沌学成为复杂性科学的一个重要分支。浑沌学是研究具有确定性的非线性动力学系统所表现出来的复杂行为产生的机理、特征的表述,是把表现的随机性和系统内在的确定性进行有机结合并展现从有序到无序的演化及其反演化规律的科学。

确定性浑沌是确定性非线性动力学系统的通有行为,完整地应用浑沌理论的前提是对象为确定性系统,而且可以建立数学模型。一维逻辑斯蒂映射就是一类单峰映射中研究确定性浑沌的最简单模型,这一模型最早用于生态学中研究动植物群体与环境之间的关系,也称为虫口模型。一个种群总体数量为C_N的生态系统在一个有限的环境中生息繁衍,生物体数量 n 往往表现为无世代交替的代际的间断变化。如果将某一时间段 t 的生物体数量记为 $n_t(t=1,2,\cdots)$,环境能支撑和供养种群数量的最大限额记为 C_N,某一时间段 t 的种群密度(极限数目的百分比)记为 $x_t(x_t=\dfrac{n_t}{C_N})$;假设生物种群的出生率 λ_n 和死亡率 λ_{n_0} 都是依赖于生态条件的常数,则整个种群的实际增长率为 $\lambda=\lambda_n-\lambda_{n_0}$,那么,刻画生物种群密度变化的一维虫口消长模型就是

$$x_{t+1}=\lambda x_t(1-x_t) \quad x_t\in[0,1] \tag{23-24}$$

在一维逻辑斯蒂映射方程中,形态参量 x_t 和逻辑斯蒂参数 λ 都是与时间 t 相关的变量,所以逻辑斯蒂映射是以动力系统为研究对象的。虽然时间离散的动力系统差分方程不能直接求解,但是用逐次递推的迭代方法,给定一个初值,代入上式的右端得左端的值,再代入右端,又得左端的值;如此一直迭代下去。由初始值 x_1 就可以求出 x_2,x_3,$\cdots$,得到的这一迭代关系就是逻辑斯蒂迭代方程。

为了描述动力系统形态的演化,把动力系统在任一时刻所处的形态叫作相,并用相空间中一个点表示。动力系统在相空间中的一点或一个数的连续迭代产生的序列称为相轨道(相轨线),像形态参量 $x_0,x_1,x_2,\cdots$ 的值组成的序列就是 x 的相轨道。相轨线包含了动力系统形态在相空间中的演化史,只要让形态参量 x_t 的初始值 x_0 和逻辑斯蒂参数 λ 在一定的取值范围内的取值发生变化,也就可以看到动力系统在连续迭代过程中极限行为所产生的相轨线的多样形态和浑沌现象。所以,通过相轨线就可以很方便地观察动力系统形态变化的特征。

一维逻辑斯蒂映射方程表现的各种特征确实有点不可思议,因此关于浑沌本质与机制的理论作为复杂性科学研究的前沿一直引人关注。然而,自一维逻辑斯蒂映射方程问世后,科学界和数学界很快就将种群规模、承载力等与现实世界的联系抛到脑后,转而着迷于逻辑斯蒂映射方程本身,因为其特性太让人震惊了。不过,正因为人们舍弃了质向量关于特质与取向的规定,只是把一维逻辑斯蒂映射方程的特征作为趣味数学的涉猎对象,因此浑沌学诞生至今人们还无法达致建立复杂性一元化理论的初衷。

统一科学要一统所有学科理论,在此就应当验明一维逻辑斯蒂映射方程的正身,剖析一维逻辑斯蒂映射方程的内涵,并"理所当然"地演绎出浑沌学的相关理论。事实上,统一科学在建立理论体系的过程中,揭示了单元系统形态转化基元规律,这是单元系统经历(本质的)平衡态→准平衡态→近平衡态→近变相点→准变相点→(本质与异质的)变相点→准变相点→近变相点→近平衡态→准平衡态→(异质的)平衡态基元过程的形态变化规律。在一维质向量坐标系 $\vec{X}$ 内部不同的分质向量空间中,单元系统形态转化基元规律可以有不同的显函数表达形式,但仍万变不离其宗。

在一维正向质向量坐标系 $\vec{X}_+$ 内部 $(\vec{N}_+,\vec{n}_+,\vec{E}_+,\vec{E}_{\neq+},\vec{\varepsilon}_+)$ 五维分质向量空间的 $(\vec{C}_{N_+},\vec{n}_+,\vec{E}_+,\vec{C}_{E_{\neq+}},\vec{C}_{\varepsilon_+})$ 截面上,省却了分质向量关于方向的规定,把时间 t_+ 作为能量 E_+ 的显性因子 $\theta(E_+=F_{C_{N_+}}t_+)$,把异质单元数 n_+ 特定为某一时刻 t_+ 的种群个体

的数量,总体单元数 C_{N_+} 规定为环境容纳量;令 $a=\exp\left(\dfrac{C_{E_{\neq+}}}{C_{\varepsilon_+}}\right)$, $b=\dfrac{F}{C_{\varepsilon_+}}$,而 $\lambda=\dfrac{F_{C_{N_+}}}{C_{\varepsilon_+}}$ 只是 b 的一种特殊形式,这样,由吸收发射条件下单元系统形态转化基元规律的微分表达式 (6-289)式 $r_+=\dfrac{\mathrm{d}n_+}{\mathrm{d}E_+}=\dfrac{n_+}{C_{\varepsilon_+}}\left(1-\dfrac{n_+}{C_{N_+}}\right)$ 就可得到(10-1)式 $\gamma=\dfrac{\mathrm{d}n_+}{\mathrm{d}t_+}=\lambda n_+\left(1-\dfrac{n_+}{C_{N_+}}\right)$;由其积分表达式(6-81)式 $n_+=\dfrac{C_{N_+}}{1+\mathrm{e}^{(C_{E_{\neq+}}-E_+)/C_{\varepsilon_+}}}$ 也可得到(10-2)式 $n_+=\dfrac{C_{N_+}}{1+a\mathrm{e}^{-\lambda t_+}}$。如果以 $x_+=P_+=\dfrac{n_+}{C_{N_+}}$ 表示某一时刻 t_+ 的种群密度还可演绎出一维逻辑斯蒂增长模型(10-4)式 $y_+=\dfrac{\mathrm{d}x_+}{\mathrm{d}t_+}=\lambda x_+(1-x_+)$ 和(10-5)式 $x_+=\dfrac{1}{1+a\mathrm{e}^{-\lambda t_+}}$。

在一维逻辑斯蒂增长模型的微分方程及其积分表达式中,种群系统的生物体数量 n_+ 和种群密度 x_+ 及其对应的时刻 t_+ 都是连续变量,这样的种群系统是世代交叉重叠的。对于代际间断的种群系统,离散时间段的 $t=t_+$,一维逻辑斯蒂模型就要用差分方程表达的一维虫口模型。为此,将微分方程(5-11)式 $\dfrac{\mathrm{d}n_+}{\mathrm{d}E_+}=\kappa n_+\left(1-\dfrac{n_+}{C_{N_+}}\right)$ 改写为差分方程(10-14)式 $n_{t+1}-n_t=\lambda n_t\left(1-\dfrac{n_+}{C_{N_+}}\right)$;以 $x_t\left(x_t=P_t=\dfrac{n_t}{C_{N_t}}\right)$ 表示时段 t 的种群密度,差分方程(10-14)式就可表示为(23-24)式 $x_{t+1}=\lambda x_t(1-x_t)$,这是以种群密度 x_t 表达的一维虫口模型,也是一维逻辑斯蒂映射方程。[20]

在一维逻辑斯蒂映射的迭代方程 $x_{t+1}=\lambda x_t(1-x_t)$ 中,只有一个参数 λ,称为逻辑斯蒂参数,这个参数操纵着生物种群涨落的非线性参量的增长率。由于时间段 t 以离散间隔起作用,种群密度 x_t 就是一维逻辑斯蒂映射方程中某一时间段 t 的种群密度 x_+,也就是某一世代的种群信息 P_t。当逻辑斯蒂参数 λ 在一定时间段 t 和精度内作为常量时,就称为种群的内禀增长率,它与固有增长率 κ 的关系为 $\lambda=\dfrac{F_{C_{N_+}}}{C_{\varepsilon_+}}=\kappa F_{C_{N_+}}$。内禀增长率 λ 是由出生率和死亡率的效应而合成为一个数 $\lambda=\lambda_n-\lambda_{n_0}$,这个依赖于生态条件的数就对应于单元系统形态转化基元规律中的异质单元数 n_+ 变化率 κ_{n_+} 与本质单元数 n_+^0 变化率 $\kappa_{n_+^0}$ 的差值 $\kappa=\kappa_{n_+}-\kappa_{n_+^0}$。

其实,一维逻辑斯蒂映射差分方程(23-24)式 $x_{t+1}=\lambda x_t(1-x_t)$ 与逻辑斯蒂微分方程(10-4)式 $\dfrac{\mathrm{d}x_+}{\mathrm{d}t_+}=\lambda x_+(1-x_+)$ 所有参量和变量的内涵是一样的。但是,在推导(10-4)式 $\dfrac{\mathrm{d}x_+}{\mathrm{d}t_+}=\lambda x_+(1-x_+)$ 的过程中,逻辑斯蒂参数 λ 是被作为常量 $\lambda=\dfrac{F_{C_{N_+}}}{C_{\varepsilon_+}}=\kappa F_{C_{N_+}}$ 来表达的。如果能元 ε_+ 不是常量,且以 $\varepsilon_+=F_{C_{N_+}}t_\varepsilon$ 来表达,就可以看出逻辑斯蒂参数 λ 实质上就是元频率

$$\lambda = \frac{F_{C_{N_+}}}{\varepsilon_+} = \frac{1}{t_\varepsilon} = \nu_\varepsilon \qquad (23\text{-}25)$$

把元频率 $\lambda = \nu_\varepsilon$ 和信息 $P_+ = x_+ = \dfrac{n_+}{C_{N_+}}$ 代入(10-4)式 $\dfrac{\mathrm{d}x_+}{\mathrm{d}t_+} = \lambda x_+(1-x_+)$，单元系统形态转化基元规律就是信息 P_+ 和元频率 ν_ε 表达的微分方程

$$\frac{\mathrm{d}P_+}{\mathrm{d}t_+} = \nu_\varepsilon P_+(1-P_+) \qquad (23\text{-}26)$$

把元频率 $\lambda = \nu_\varepsilon$ 和信息 $P_+ = x_+ = \dfrac{n_+}{C_{N_+}}$ 代入(23-24)式 $x_{t+1} = \lambda x_t(1-x_t)$，单元系统形态转化基元规律就是信息 P_+ 和元频率 ν_ε 表达的差分方程

$$P_{t+1} = \nu_\varepsilon P_t(1-P_t) \qquad (23\text{-}27)$$

可见，在单元系统形态转化基元过程中，信息 P_+（或信息 P_t）与元频率 ν_ε 存在着特定的映射（函数）关系。如果在一维正向质向量坐标系 $\vec{X}_+$ 内部 $(\vec{P}_+, \vec{E}_+, \vec{E}_{\neq +}, \vec{\varepsilon}_+)$ 四维分质向量空间的 $(\vec{P}_+, \vec{E}_+, \vec{C}_{E_{\neq +}}, \vec{C}_{\varepsilon_+})$ 截面上，省却了分质向量关于方向的规定，研究信息 P_+ 与元频率 ν_ε 的关系，单元系统形态转化基元规律就可以用逻辑斯蒂微分方程(23-26)式 $\dfrac{\mathrm{d}P_+}{\mathrm{d}t_+} = \nu_\varepsilon P_+(1-P_+)$ 或逻辑斯蒂差分方程(23-27)式 $P_{t+1} = \nu_\varepsilon P_t(1-P_t)$ 来表现。由(23-27)式 $P_{t+1} = \nu_\varepsilon P_t(1-P_t)$ 也就可以演绎出浑沌学关于不同元频率 ν_ε 下的极限行为。下面分段讨论。

一、不动点（定常形态）

（一）$0 \leqslant \nu_\varepsilon \leqslant 1$

当元频率 $0 \leqslant \nu_\varepsilon \leqslant 1$ 时，一维逻辑斯蒂映射 $P_{t+1} = \nu_\varepsilon P_t(1-P_t)$ 只有一个不动点，$P_t = 0$。无论动力系统从何初值开始或元频率 ν_ε 取何值，动力系统的信息 P_t 最终都会渐近地趋于 0 这个固定值，并最终停在那里不动。

（二）$1 < \nu_\varepsilon \leqslant 3$

由于信息 $P_t \in [0,1]$，P_t 的初始值 P_0 也介于 0 和 1 之间。当元频率 $1 < \nu_\varepsilon \leqslant 3$ 时，不论 P_t 的初始值如何，代入一维逻辑斯蒂映射，迭代几次以后 P_t 的初始值为最大值的一半（都是 0.5）且以后就一直不变。

动力系统的轨线经过一段时间演变之后最终趋于一终态，就意味着动力系统进入了稳定态，这一相轨迹就像停在一个不动点上。不动点被称为相空间中的定态吸引子，因为任何初始位置最终都会"被吸引到其中"。吸引子是动力系统在相空间运动所收缩

的有限区域。定态吸引子的稳定值可随着元频率 ν_ε 发生变化。但是,只要元频率 $1 < \nu_\varepsilon \leq 3$,动力系统都会收敛到一个不动点,且保持不动。

一维逻辑斯蒂微分方程(23-26)式 $\dfrac{\mathrm{d}P_+}{\mathrm{d}t_+} = \nu_\varepsilon P_+(1-P_+)$ 表明,信息 P_+ 的时间变化率 $\dfrac{\mathrm{d}P_+}{\mathrm{d}t_+}$ 是信息 P_+ 的二次函数,其 $\dfrac{\mathrm{d}P_+}{\mathrm{d}t_+} \sim P_+$ 关系曲线是一条抛物线。在信息 P_+ 的变化范围内,$\dfrac{\mathrm{d}P_+}{\mathrm{d}t_+}$ 有一个极大值,且 $\left(\dfrac{\mathrm{d}P_+}{\mathrm{d}t_+}\right)_{\max} = \dfrac{\nu_\varepsilon}{4}$。以某一个参量 ν_ε 和初始值 P_0 代入一维逻辑斯蒂映射方程,就可以描绘出如图 23-5 所示的 $\dfrac{\mathrm{d}P_+}{\mathrm{d}t_+} \sim P_+$ 的关系曲线。

在图 23-5 中除了抛物线外,还画了一条分角线 $\dfrac{\mathrm{d}P_+}{\mathrm{d}t_+} = P_+$。从 P_0 出发,先作垂直线与抛物线交于 A 点,这时的纵坐标就是 P_1。再通过 A 点作水平线,与分角线交于 B,它的纵横坐标都是 P_1;然后作垂直线与抛物线交于 C,其纵坐标就是 P_2。如此循环下去,可以看出不管初始值 P_0 取什么值(只要不等于 0 或 1),多次迭代以后都逼近 Q 点,Q 点就是不动点。如果初始值就取在 $P_0 = 0.5 = x^*$ 处,则永远留在那里不动。

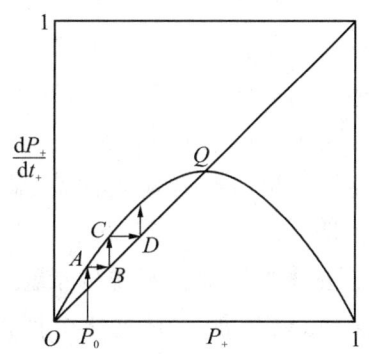

图 23-5　一维逻辑斯蒂映射的二次函数迭代

一维逻辑斯蒂差分方程(23-27)式 $P_{t+1} = \nu_\varepsilon P_t(1-P_t)$ 决定了动力系统的一切行为。如果元频率 ν_ε 取为常量,一维逻辑斯蒂映射就是个"确定论"的方程,只要给出初始值 P_0,后面的 $P_1, P_2, \cdots$ 都可完全确定地算出来,由此,也就很容易求出不动点。令 $P_{t+1} = P_t = P^*$,得到二次方程

$$P^* = \nu_\varepsilon P^*(1-P^*) \tag{23-28}$$

逻辑斯蒂二次函数的两个根就是迭代的极限点的稳定值——不动点,即

$$P_1^* = 0 \qquad P_2^* = 1 - \dfrac{1}{\nu_\varepsilon} \tag{23-29}$$

其中,$P_1^* = 0$ 对应的是 $\nu_\varepsilon < 1$ 时的不动点,$P_2^* = 1 - \dfrac{1}{\nu_\varepsilon}$ 对应的是 $\nu_\varepsilon > 1$ 的不动点,P_2^* 的精确位置连续依赖于 ν_ε。在 $\nu_\varepsilon = 1$ 处发生的分岔叫作跨临界分岔。以 ν_ε 为横轴,P_2^* 的位置为纵轴,可以得到图 23-6。因此,一维逻辑斯蒂映射

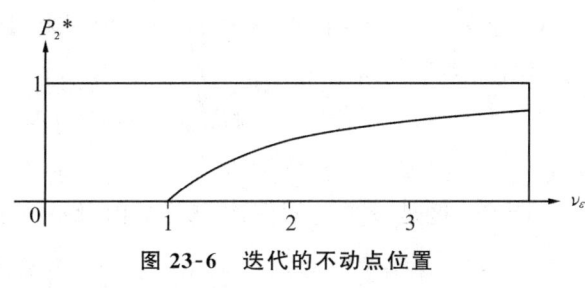

图 23-6　迭代的不动点位置

方程可用于在给定初始值 P_0 和元频率 ν_ε 的条件下预测动力系统的长期性态。例如，在产生中子的核反应堆中，让中子穿过石墨棒，从石墨棒出来的中子强度以信息 P_2^* 表示，元频率 ν_ε 与波长 λ 的关系为(17-48)式 $u_x = \nu\lambda$，在波速 u_x 恒定的情况下，从石墨棒出来的中子强度与波长的关系与图23-6类同，只是 $P_2^* = 0$ 必须换成 $\lambda_{\min}$。[21]

二、周期轨线

（一）$3 < \nu_\varepsilon < 3.4495$

对于元频率 $3 < \nu_\varepsilon < 3.4495$ 的情形，一维逻辑斯蒂映射的轨道可以展现出不同于不动点的变化。动力系统在 $P_{t+1} = \nu_\varepsilon P_t (1 - P_t)$ 的迭代过程中，信息 P_t 经过一段过渡后永远也不会停在一个不动点；迭代的终态是在一个长方形上循环地跳来跳去，即它最终会在两个值(0.5580141 和 0.7645665)之间反复振荡。如果将前者代入方程，就会得到后者；反过来也是一样。因此，这个2周期解的振荡会一直持续下去。不管动力系统的信息 P_t 的初始值 P_0 取什么值，最后都会形成这个振荡。迭代过程可以用图23-7所示的周期振荡相轨线来形象地表示。

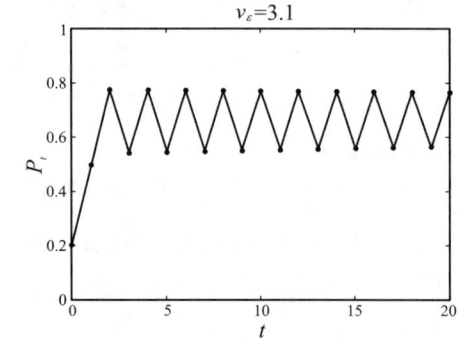

图23-7 周期振荡相轨线

因为动力系统的信息 P_t 是在两个不同值之间周期振荡（最终的振荡点由 ν_ε 决定）的，动力系统的周期为2，相轨迹是一条对初值不敏感的周期为2的轨线。这种振荡的相图呈现锯齿状，不对应任何一种定常的状态。一般地，当迭代方程 $P_{t+1} = \nu_\varepsilon P_t (1 - P_t)$ 的极限行为出现两个周期点的时候，不妨设这两个点为 P_1^* 和 P_2^*，则从 P_1^* 开始一步迭代应该能得到 P_2^*，而从 P_2^* 开始迭代又得到 P_1^*，周而复始，列出其方程即

$$\begin{cases} P_2^* = f(P_1^*) \\ P_1^* = f(P_2^*) \end{cases}$$

其中，定义 $f(P^*) = \nu_\varepsilon P^* (1 - P^*)$。如果将 $P_2^* = f(P_1^*)$ 代入第二个方程，那么上述方程组相当于求解

$$P^* = f[f(P^*)] = \nu_\varepsilon^2 P^* - \nu_\varepsilon^2 (P^*)^2 - \nu_\varepsilon^3 (P^*)^2 + 2\nu_\varepsilon^3 (P^*)^3 - \nu_\varepsilon^3 (P^*)^4 \tag{23-30}$$

显然，这是一个一元四次方程。由(23-30)式可化解出

$$\nu_\varepsilon P^{*2} - (\nu_\varepsilon + 1) P^* + 2 = -\frac{2}{\nu_\varepsilon} \tag{23-31}$$

求解该方程可以得到 4 个解,即

$$\begin{cases} P_1^* = \dfrac{1}{2}\left(1+\dfrac{1}{\nu_\varepsilon}+\dfrac{\sqrt{-3-2\nu_\varepsilon+\nu_\varepsilon^2}}{\nu_\varepsilon}\right) \\ P_2^* = \dfrac{1}{2}\left(1+\dfrac{1}{\nu_\varepsilon}-\dfrac{\sqrt{-3-2\nu_\varepsilon+\nu_\varepsilon^2}}{\nu_\varepsilon}\right) \\ P_3^* = 0 \\ P_4^* = \dfrac{\nu_\varepsilon-1}{\nu_\varepsilon} \end{cases} \quad (23\text{-}32)$$

其中,第 3 个解和第 4 个解是(23-29)式 $P_1^*=0$ 和 $P_2^*=1-\dfrac{1}{\nu_\varepsilon}$ 表达的不动点,而第 1 个解和第 2 个解是(23-31)式 $\nu_\varepsilon P^{*2}-(\nu_\varepsilon+1)P^*+2=-\dfrac{2}{\nu_\varepsilon}$ 的解。

如果 P^* 是一维逻辑斯蒂迭代方程的不动点,那么 P^* 一定也是迭代方程的 2 周期点,4 周期点,直至任意的周期点。可见,第 1 个解和第 2 个解才是真正的二分周期点。为了让这两个解有意义,ν_ε 必须使得根号中的式子大于 0,也就是 $-3-2\nu_\varepsilon+\nu_\varepsilon^2>0$,于是可推得 $\nu_\varepsilon>3$ 或 $\nu_\varepsilon<-1$。因为 ν_ε 始终在范围 [0,4] 之内,只要 $\nu_\varepsilon>3$ 就存在二分周期点。由两点周期的稳定条件及临界条件,还可以求出 2 分周期点的元频率 ν_ε 的值分别为 $\nu_{\varepsilon1}=3$ 和 $\nu_{\varepsilon2}=1+\sqrt{6}\approx 3.449\,5$,所以 $\nu_{\varepsilon1}=3$ 即为两点周期的分叉点。

(二) $3.449\,5<\nu_\varepsilon<3.544$

迭代关系必然决定这些分叉点所对的位置,但又不能仅仅根据满足迭代关系这一个条件来确定 2 分周期点发生的参数区间。当元频率 ν_ε 介于 3.449 5 和 3.544 时,情况就会改变。不管动力系统的信息 P_t 的初始值 P_0 如何,动力系统的信息 P_t 最终都会形成在 4 个值之间的周期振荡,即终态集是个 4 周期解,而不是 2 个。也就是说,元频率 ν_ε 在 3.449 5 和 3.544 之间的某个值,这里就会发生一次倍周期分叉,振荡周期会突然从 2 增加到 4。

(三) $3.544<\nu_\varepsilon<3.569\,946$

当元频率 ν_ε 为 3.544 和 3.564 之间的某个值时,振荡周期再次突然倍增,一下子跃升到 8;元频率 ν_ε 为 3.564 和 3.565 之间的某个值时,周期跃升到 16。元频率 ν_ε 在 3.568 7 和 3.568 8 之间,周期又跃升到 32;依此类推。周期每一次倍增,前后元频率 ν_ε 的间隔越来越小,周期变得越来越长;倍周期分叉速度如此之快,以至于到元频率 ν_ε 大约等于 3.569 946 时,周期长度已趋于无穷大。

对于 $3.544<\nu_\varepsilon<3.569\,946$,逻辑斯蒂方程迭代所构成的动力系统的轨线会趋于一个闭合曲线,称为周期吸引子,对应于动力系统做周期振荡运动。随着 ν_ε 的增大,动

力学系统周期轨道的长度也会相应增加。

三、浑沌系统

在一维逻辑斯蒂映射中,当元频率 ν_e 增大到大约等于 3.569 946 时,动力系统的信息 P_t 不再进入振荡,迭代运行的相轨线会在周期类型和浑沌类型之间来回切换但绝不自身相交,倍周期分叉现象突然中断,周期性让位于浑沌。在一定控制参数范围内,轨线在相空间被吸引到一个有限的区域,在此区域内,吸引子既不趋于一点也不趋于一个环,而表现为永不落入定态的随机涨落,因而被称为奇异吸引子,也称浑沌吸引子或洛仑兹吸引子。动力系统的这种行为就是浑沌。

奇异吸引子是指一个动力系统的解曲线最终被一个混乱不堪的吸引子吸进去了,其特点之一是终态值与初始值密切相关,或者说对初始值具有极端敏感性,初始取值的细微差别可能导致完全不同的结果。对于产生浑沌的元频率 ν_e 值,当改变一维逻辑斯蒂映射的一点点初始值时,迭代好多次后就会差别很大。例如,将初始值 P_0 设为 0.2,对逻辑斯蒂映射进行迭代,得到一条轨道。然后,细微地变动一下初始值 P_0,让 $P_0=0.200\,000\,000\,1$,再对逻辑斯蒂映射进行迭代,得到第二条轨道。这两条轨道开始的时候很接近(非常接近,以至于实线轨道把虚线轨道都盖住了),但经过足够长的时间后(在约 30 次迭代之后),两个初始时任意靠近的点在吸引子上明显分离开了,很快就不再具有相关性,且对应完全不同的状态。

对于一维逻辑斯蒂映射迭代方程而言,当元频率 $\nu_e=3.569\,946$ 时,发散还很慢;但是当元频率 ν_e 接近 4 的时候,形态参数 x_t 值开始变得更加无序。在元频率 ν_e 越接近 4 的地方,形态参数 x_t 取值范围越是接近平均分布在整个 0 到 1 的区域。如果将元频率 ν_e 设为 4.0,动力系统处于完全浑沌的状态,可以发现轨道极为敏感地依赖于初始值 x_0,最终的长期行为是各态历经在[0,1]区间上均匀分布。

动力系统的演变过程对初始态是十分敏感的。也就是说,让两条轨道从非常接近的值出发,结果不会收敛到同一个不动点或周期振荡,相反它们会逐渐散开。如果初始条件 x_0 在一维逻辑斯蒂映射作用下产生的序列是非周期的、不收敛的,此时任意接近于给定初值的另一个初值的轨道可能与原轨道相差甚远,乃至进入浑沌状态,这样的动力系统就称为浑沌系统。

浑沌系统所有不稳定的点构成的轨道是动力系统的浑沌集合的结构,其参数的微小改变可以引起浑沌集合结构的急剧变化。对于产生浑沌的元频率 ν_e 值,只要初始值 x_0 有不确定性,不管精确到小数点后多少位,最终都会在 t 大于某个值时变得无法预测。任意接近于给定初值的另一个初值的轨道也会与原轨道相差甚远,是不可预测的。

四、动力系统的演变特征

在动力系统形态转化的基元过程中,信息 P_t 与元频率 ν_ε 存在着特定的关系,元频率 ν_ε 取不同的量就有不同的信息 P_t。因此,弄清给定动力系统中轨道不稳定的点的集合及其特征是极其重要的。

(一)通往浑沌的倍周期之路

在浑沌现象的研究中,人们提出了许多通向湍流的道路。一维逻辑斯蒂映射迭代 $P_{t+1}=\nu_\varepsilon P_t(1-P_t)$ 在相空间中所刻画的是元频率 ν_ε 和信息 P_t 及其吸引子之间的关系图,图中不同的元频率 ν_ε 区间段所对应的信息 P_t 的关系图像是不同的。图 23-8 所示是横坐标为 ν_ε,纵坐标为各个 ν_ε 值对应的信息 P_t 及其吸引子的倍周期分叉图。这个干草叉形分岔图有点像一棵倒向一边的对称树,利用这一分支愈来愈密集的分叉图

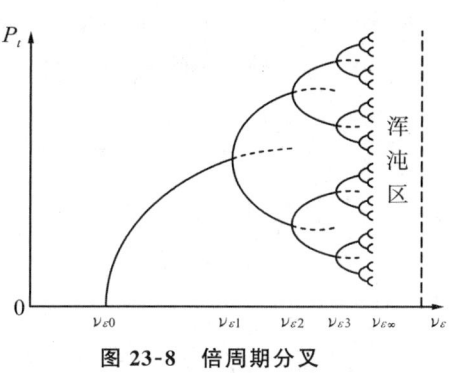

图 23-8 倍周期分叉

就可以表现一维逻辑斯蒂映射的全部动力学性态及其周期倍增的分叉。

随着元频率 ν_ε 从 2.0 增大到 4.0,一维逻辑斯蒂映射迭代方程 $P_{t+1}=\nu_\varepsilon P_t(1-P_t)$ 在相空间中最初会产生不动点。随着元频率 ν_ε 的增大,不动点 P_2^* 也增大,但是动力系统形态的本质属性没有变化。当元频率 $2\leqslant\nu_\varepsilon<3$ 时,所对应的信息 P_t 都是不动点,这一系列稳定的不动点可以用 $\nu_{\varepsilon0}\sim\nu_{\varepsilon1}$ 区间上方的那段弧线表示。由于函数 $\dfrac{dP_+}{dt_+}=f(P_+)$ 在这两个点的切线斜率不同,而斜率决定不动点的稳定性,因此在迭代过程中总是向着 P_2^* 逼近,而离 P_1^* 越来越远。

当元频率 $3<\nu_\varepsilon<1+\sqrt{6}$ 时,P_2^* 就失去稳定性,而出现一对稳定的周期点 P_1 和 P_2。在瞬态过程结束后,动力系统将稳定于 2 点的周期振荡,且对应于分叉为 $\nu_{\varepsilon1}=3$ 和 $\nu_{\varepsilon2}=1+\sqrt{6}$ 之间的上下两支弧线。这种在形态空间中出现的分叉现象是由于信息 P_t 变化所引起的动力系统的吸引子定性形式的变化。信息 P_t 所达到的引起分叉现象的临界点就叫作分叉点。因此,相图中的第一个分叉点就是元频率 $\nu_{\varepsilon1}=3$,不动点吸引子换成了 2 周期吸引子。

当元频率 $1+\sqrt{6}<\nu_\varepsilon<3.5441$ 时,迭代很快进入稳定的 4 周期,且对应于分叉为 $\nu_{\varepsilon2}=1+\sqrt{6}$ 和 $\nu_{\varepsilon3}\approx3.5441$ 之间的上方的两对弧线。4 周期吸引子之后又分叉为 8 周期吸引子,后面不断周期倍增,直至元频率 ν_ε 到达 3.569946 附近,扩散出现浑沌的发

端。这就是说,有一系列特殊的元频率$\nu_{\varepsilon k}$,每当$\nu_k < \nu_{\varepsilon k} < \nu_{k+1}$时,多次迭代就进入周期$2^k$。这些元频率$\nu_n$靠得越来越近,随着$k \to \infty$,元频率$\nu_{\varepsilon k}$很快达到$\nu_\infty \approx 3.569\,946\cdots$,即进入无穷长的周期,一切周期运动均失稳,而到了浑沌区。复杂而精致的分叉与浑沌特性反映了非线性动力学系统普遍存在的特性——普适性。

一维逻辑斯蒂映射方程是倍周期分叉的典型模型。随着元频率ν_ε从2.0增大到4.0,逻辑斯蒂迭代最初会产生不动点,然后是2周期振荡,再是4周期,而后是8周期,16周期,32周期,一直下去。图23-9所示的逻辑斯蒂映射充满着分叉,这种每经过一次分叉,稳定运动周期倍增的现象就称为倍周期分叉。一系列的倍周期分叉接着就是浑沌现象的出现。倍周期分叉是使浑沌开始发生的机制,不断分叉直至浑沌的过程就是"通往浑沌的倍周期之路",实质上这是一种特殊的连续分频模式。

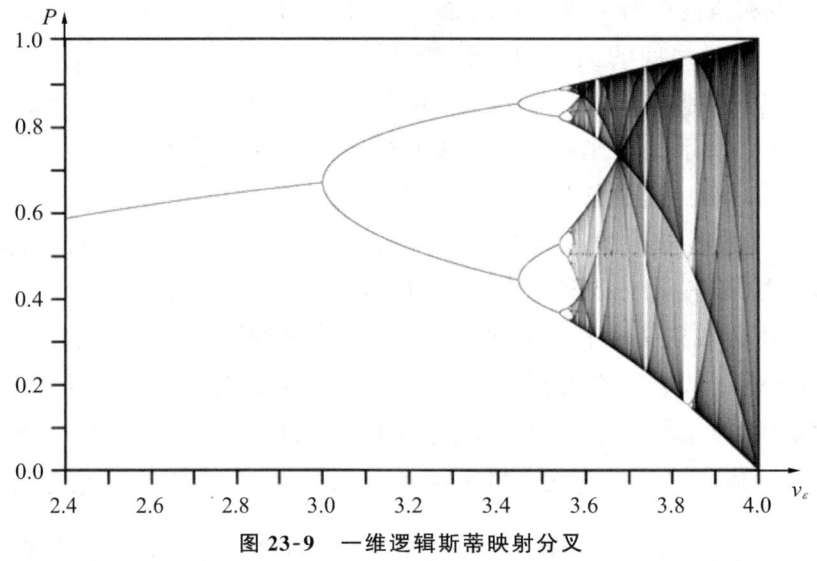

图23-9 一维逻辑斯蒂映射分叉

审视一维逻辑斯蒂映射分叉图,从元频率ν_ε由大到小看浑沌区的变化可以发现,元频率ν_ε为4时呈单片浑沌。当元频率ν_ε降至3.678 6时,浑沌区一分为二,迭代数值在两个浑沌带来回跳跃。元频率ν_ε为3.592 6时,2个浑沌带分成4个,然后8个,16个,直到临界元频率ν_ε为3.569 9为止。浑沌区以与周期区相反的方向从右向左依次分为$2^1, 2^2, \cdots, 2^n, \cdots$个倍增带,叫作浑沌区的倒分叉。

其次,浑沌区的窗口内也非空白。窗口内的演化是周期性的,最大的一个窗口是周期3窗口,位于元频率ν_ε等于3.828处。往左还有$5, 7, 9, \cdots$周期窗口。在2^n带区内有$2^n \times 3, 2^n \times 5, 2^n \times 7$等周期窗口。如果把周期窗口中某一部分放大,可以发现与分叉图相同的精细结构,这种二级结构与一级结构构成奇妙的自相似嵌套结构。进一步把二级结构放大,还会发现嵌套在内的三级结构、四级结构等。浑沌区中存在着无穷层次的自相似结构,浑沌运动中包含着无穷不稳定的周期轨道。

浑沌是一种貌似无序的高级有序,是一种有结构的无序,一种与平衡运动和周期运动本质不同的有序运动,因而也被称为浑沌序。相轨线的浑沌可表现出诸如倒分叉、周期窗口、自相似层次嵌套结构和普适性与标度律这样复杂而精致的有序性。如果数值的或实验的分辨率足够高,还可发现混杂在小尺度浑沌中的有序运动花样。在图 23-8 的相图中,浑沌的入口可理解为"中央之帝",$[\nu_\infty,4]$ 区间到达了"浑沌边缘",但是这一亚稳态复杂性高层结构的轨线绝非混乱一片,表面上看起来无规则的浑沌序实际包含着极为丰富的内在规律性。

(二)费根鲍姆常数及其发生机制

在动力系统通往浑沌的倍周期路上,可以算出倍周期分叉点的元频率 ν_ε 值:$\nu_{\varepsilon 1} \approx 3.0$ 对应周期 $2^1(=2)$,$\nu_{\varepsilon 2} \approx 3.449\,49$ 对应周期 $2^2(=4)$,$\nu_{\varepsilon 3} \approx 3.544\,09$ 对应周期 $2^3(=8)$,$\cdots$,$\nu_{\varepsilon n}$ 对应周期 $2^n(=2^n)$,$\nu_\varepsilon \approx 3.569\,946$ 对应周期为无穷大的轨道,这里用符号 ∞ 来标志浑沌的出现。将这些周期分叉点所对应的元频率 ν_ε 值记为 $\nu_{\varepsilon 1},\nu_{\varepsilon 2},\cdots$。随着周期增大,这些元频率 ν_ε 值之间的间距(即 $\Delta\nu_{\varepsilon k}=\nu_{\varepsilon k}-\nu_{\varepsilon(k-1)}$)会变得越来越小。用周期区分叉序列中两个相邻分叉点的间距 $\Delta\nu_{\varepsilon k}=\nu_{\varepsilon k}-\nu_{\varepsilon(k-1)}$ 计算分叉靠近的速度,还可以发现收缩的规律存在分叉间距比的极限

$$\lim_{k\to\infty}\delta_k=\lim_{k\to\infty}\frac{\nu_{\varepsilon k}-\nu_{\varepsilon(k-1)}}{\nu_{\varepsilon(k+1)}-\nu_{\varepsilon k}}=\lim_{i\to\infty}\frac{\Delta\nu_{\varepsilon k}}{\Delta\nu_{\varepsilon(k+1)}}=\delta \tag{23-33}$$

当 $\nu_\varepsilon=2$ 时,分叉间距比的收敛速度的极限等于常数,称为费根鲍姆常数 $\delta=4.669\,201\,609\,1\cdots$。在周期倍增级联分叉区域,相邻倍周期轨道之间的距离是收敛的。在 $P_t=0.5$ 处,相邻倍周期的分叉宽度也是常数 $\alpha=2.502\,907\,875\,09\cdots$,称为费根鲍姆第二常数或标度变换因子。

美国数学物理学家费根鲍姆发现的两个普适常数是浑沌现象隐藏着的内在规律的体现,是任何周期倍增级联的特征,而与映射的具体特性无关。像 α 的存在表明分岔过程中存在各种层次的相似性。但是,迄今为止浑沌学的研究并没有道明从倍周期分支到浑沌的过程都以费根鲍姆常数收敛速度走向浑沌的原委。费根鲍姆本人也无法说清楚费根鲍姆常数普适的究竟。费根鲍姆坦陈:周期倍增现象不只是像这样的二次迭代才有,别的迭代也会产生周期倍增现象。像下列"家谱"相距甚远的抛物映射、正弦映射和指数映射都可得到与(23-24)式 $x_{t+1}=\lambda x_t(1-x_t)$ 同样的费根鲍姆普适常数 δ。

$$x_{t+1}=1-\lambda x_t^2 \tag{23-34}$$

$$x_{t+1}=x_t e^{\lambda(1-x_t)} \tag{23-35}$$

$$x_{t+1}=\lambda\sin(\pi x_t) \tag{23-36}$$

只要右端函数的泰勒展开式中含有 2 次项,对所有的带参数"单峰函数"的分支点序列都按同样的普适常数 δ 行进着,然而人们对于超越函数的迭代也只能定量地给出说明。不过,应用统一科学的理论就可以解决上述困扰人们多时的理论问题。

在一维正向质向量坐标系 $\vec{X}_+$ 内部 $(\vec{P}_+,\vec{E}_+,\vec{E}_{\neq +},\vec{\varepsilon}_+)$ 四维分质向量空间的 $(\vec{P}_+,$

$\vec{E}_+, \vec{C}_{E_{\varepsilon+}}, \vec{C}_{\varepsilon+}$)截面上,省却了分质向量关于方向的规定,单元系统形态转化基元规律可用一维逻辑斯蒂微分方程(23-26)式 $\dfrac{dP_+}{dt_+} = \nu_\varepsilon P_+(1-P_+)$ 或一维逻辑斯蒂差分方程(23-27)式 $P_{t+1} = \nu_\varepsilon P_t(1-P_t)$ 来表现。在第五章第四节"信息与熵表达的变化率及其性质"中已指出,熵信息变化率为异质信息 P_+ 和本质信息 P_+^0 的乘积,在吸收发射条件下为(5-84)式 $p_+ = -P_+(1-P_+) = P_+^2 - P_+$,其熵信息变化率与信息的函数曲线表现为抛物线。因此,一维逻辑斯蒂微分方程(23-26)式 $\dfrac{dP_+}{dt_+} = \nu_\varepsilon P_+(1-P_+)$ 表现的 $\dfrac{dP_+}{dt_+} \sim P_+$ 关系曲线或一维逻辑斯蒂差分方程(23-27)式 $P_{t+1} = \nu_\varepsilon P_t(1-P_t)$ 表现的 $P_{t+1} \sim P_t$ 关系曲线都是抛物线。

由于元频率 $\lambda = \nu_\varepsilon$ 和信息 $P_+ = x_+$,(23-27)式 $P_{t+1} = \nu_\varepsilon P_t(1-P_t)$ 还可表示为(23-24)式 $x_{t+1} = \lambda x_t(1-x_t)$。显然,(23-34)式 $x_{t+1} = 1-\lambda x_t^2$ 与(23-24)式 $x_{t+1} = \lambda x_t - \lambda x_t^2$ 都是抛物线方程,只是对称轴发生了平移。因此,在动力系统通往浑沌的倍周期路上,通过迭代可得到费根鲍姆常数 δ。

对于(23-35)式 $x_{t+1} = x_t e^{\lambda(1-x_t)}$,通过傅里叶级数可以得到

$$e^{\lambda(1-x_t)} = 1 + \lambda(1-x_t) + \dfrac{[\lambda(1-x_t)]^2}{2!} + \dfrac{[\lambda(1-x_t)]^3}{3!} + \cdots \tag{23-37}$$

当 x_t 足够小时,略去(23-37)式 2 次方以上的项数,(23-35)式 $x_{t+1} = x_t e^{\lambda(1-x_t)}$ 可以写成

$$x_{t+1} = x_t e^{\lambda(1-x_t)} = (1+\lambda)x_t - \lambda x_t^2 \tag{23-38}$$

由于元频率 $\lambda = \nu_\varepsilon$ 和信息 $P_+ = x_+$,(23-38)式可以写成

$$P_{t+1} = P_t e^{\nu_\varepsilon(1-P_t)}$$
$$= (1+\nu_\varepsilon)P_t - \nu_\varepsilon P_t^2 \tag{23-39}$$

(23-39)式与(23-27)式 $P_{t+1} = \nu_\varepsilon P_t - \nu_\varepsilon P_t^2$ 一样都是抛物线方程,只是顶点发生了平移。因此,对于用指数函数表达的近变相点的 P_{t+1},通过迭代也可以得到费根鲍姆常数 δ。

同理,对于(23-36)式 $x_{t+1} = \lambda \sin(\pi x_t)$,通过傅里叶级数可以得到

$$\sin(\pi x_t) = \pi x_t (1 - x_t^2/1^2)(1 - x_t^2/2^2)(1 - x_t^2/3^2)(1 - x_t^2/4^2)\cdots \tag{23-40}$$

所以,(23-36)式 $x_{t+1} = \lambda \sin(\pi x_t)$ 可以转化为

$$x_{t+1} = \lambda \sin(\pi x_t) = \lambda \pi x_t (1 - x_t^2/1^2)(1 - x_t^2/2^2)(1 - x_t^2/3^2)(1 - x_t^2/4^2)\cdots$$
$$\tag{23-41}$$

当 x_t 足够小时,略去 2 次方以上的项数,(23-41)式近似于(23-24)式 $x_{t+1} = \lambda x_t(1-x_t)$。由于元频率 $\lambda = \nu_\varepsilon$ 和信息 $P_+ = x_+$,(23-41)式可写成

$$P_{t+1} = \nu_\varepsilon \sin(\pi P_t) \approx \lambda \pi P_t(1 - P_t^2) \tag{23-42}$$

由于 $P_t \in [0,1]$，$\nu_\varepsilon \sin(\pi P_t)$ 是带参数的"单峰函数"，其 $P_{t+1} \sim P_t$ 关系曲线是一条准抛物线，因此通过迭代也就可以得到费根鲍姆常数 δ。

在第六章第三节"坐标旋转下的形态转化基元规律"中已知，在一维二仪质向量坐标系 $\vec{X}$ 中，近变相点的一元系统形态转化基元规律可以用双曲正弦函数表示。一维二仪质向量坐标系 $\vec{X}$ 进行 $w = e^{i\frac{\pi}{2}}z = iz$ 的旋转变换成为一维二仪质向量坐标系 $\vec{X}_\perp$，近变相点的一元系统形态转化规律就可以用正弦函数表示。因此，对于用正弦函数表达的近变相点的 P_{t+1}，通过迭代也可以得到费根鲍姆普适常数 δ，而非凭运气捡漏。

在第十五章第一节"质向量守恒及分质向量转化规律"中，关于质向量的相对独立性原理指出：质向量守恒与转化规律并不因为所选择的参照系不同而有所变化；质向量既不创生也不消失，而只从一种形式转化为另一种形式，可以用比值 $\frac{\Delta \vec{x}_1}{\Delta \vec{x}_2} = \zeta$ 对于 $\Delta \vec{x}_1$ 的不同值保持为恒量来表述。(23-24)式、(23-34)式、(23-35)式和(23-36)式这几个表达式都是近变相点不同形式的映射，即 $P_{t+1} = f(P_t)$。在逼近变相点时，元频率 ν_ε 值之间的间距（即 $\Delta \nu_{\varepsilon k} = \nu_{\varepsilon k} - \nu_{\varepsilon(k-1)}$）会变得越来越小。令两个相邻分叉点的元频率间距 $\Delta \nu_{\varepsilon k} = \Delta \vec{x}_1$，$\Delta \nu_{\varepsilon(k+1)} = \Delta \vec{x}_2$，(23-33)式分叉间距比的极限 $\lim_{k \to \infty} \frac{\Delta \nu_{\varepsilon k}}{\Delta \nu_{\varepsilon(k+1)}} = \delta$ 就是质向量转化的比值 $\frac{\Delta \vec{x}_1}{\Delta \vec{x}_2} = \zeta$。因此，简单的费根鲍姆常数 δ 是一个与逻辑斯蒂映射的抛物性和指数映射或正弦映射等形式均无关的普适常数，如此，也就揭示了复杂浑沌运动的内在规律。

此外，(23-34)式 $x_{t+1} = 1 - \lambda x_t^2$ 是(23-24)式 $x_{t+1} = \lambda x_t(1-x_t)$ 的等价形式，而逻辑斯蒂参数 λ 就是元频率 ν_ε（即 $\lambda = \nu_\varepsilon$），信息 $P_t = x_t$，代入(23-34)式 $x_{t+1} = 1 - \lambda x_t^2$，就有

$$P_{t+1} = 1 - \nu_\varepsilon P_t^2 \tag{23-43}$$

当信息 P_t^* 为不动点，上式成为一个二次方程 $\nu_\varepsilon P_t^{*2} + P_t^* - 1 = 0$，这一方程在信息 P_t^* 的定义域 $P_t^* \in [0,1]$ 之间的唯一根是

$$P_t^* = \frac{1}{2\nu_\varepsilon}(-1 + \sqrt{4\nu_\varepsilon + 1}) \tag{23-44}$$

当元频率 $\nu_\varepsilon = 1$ 时，由(23-44)式可以得到

$$P_t^* = \frac{\sqrt{5}-1}{2} = 0.618\cdots \tag{23-45}$$

即不动点 P_t^* 就是阻尼振动的黄金分割数 $-\Phi_- = -\frac{1-\sqrt{5}}{2} = 0.618\cdots$。

在第十九章第四节"极坐标本质与黄金数天机"中阐述了斐波那契数数列前一数字与后一数字两数间的比值，随着数字的增大越来越接近一固定常数

0.618 033 988 749 894 848 2…，即 $\lim_{n\to\infty}\dfrac{N_{n-1}}{N_n}=-\Phi_-$ 的极限值就是黄金分割数 $-\Phi_-$ 的值。再将(19-95)式 $\Phi=\Phi_{\pm j}=\dfrac{N_{j-1}}{N_j}=e^{\mp\gamma\Xi}$ 与(23-39)式 $P_{t+1}=P_t e^{\nu_\varepsilon(1-P_t)}=(1+\nu_\varepsilon)P_t-\nu_\varepsilon P_t^2$ 比较，就可以看出 $\nu_\varepsilon(1-P_t)=\gamma\Xi$。

五、通向浑沌的相轨线

综上所述，一维逻辑斯蒂映射方程是最具典型意义的一维映象模型，是单峰映像中最简单的一个确定性的方程：每个形态参量 P_t 值都有且仅有一个映射值 P_{t+1}。通过元频率 ν_ε 在一定取值范围内的取值发生变化，就可以看到一维逻辑斯蒂映射方程会展现出平衡运动、周期运动、拟周期运动、浑沌运动等多种运动形式，其不同的动力学极限行为的最终状态包括不动点(定态吸引子，即最终 P_t 为同一个数值)、周期轨线(周期吸引子，即 x_t 会在 2 个或者多个数值之间振荡，并出现分叉)和浑沌(奇怪吸引子，即 P_t 的终态不会重复而会等概率地取遍某区间)。一维逻辑斯蒂映射方程对初始条件存在敏感的依赖性在于其内在的随机性，所以初始条件的微小改变对稳定的动力系统和浑沌系统的相应轨道是大相径庭的。当元频率 ν_ε 从 0 趋向 4 时，两个几乎完全一致的动力系统状态经过充分长时间后会变得毫无一致，动力学性态的复杂性稳定增长。

在一维正向质向量坐标系 $\vec{X}_+$ 内部的分质向量空间中，统一科学通过上述一维逻辑斯蒂映射 $P_{t+1}=\nu_\varepsilon P_t(1-P_t)$ 的元频率 ν_ε 与信息 P_t 的函数关系的讨论，成功地推演出动力系统的浑沌学理论，一维逻辑斯蒂映射可普遍地用于描述动力系统随时间发展变化的阻滞增长过程。通过单元系统形态转化基元规律在元频率 ν_+ 与信息 P_+ (或信息 P_t)表现的关系，给出了准平衡态、次准平衡态和近平衡态及远离平衡态的明确界限，并打开了有关复杂性理论的一片新天地。由于环境变化或动力系统自身变化或两者的变化，导致动力系统与环境不再适应，动力系统在准平衡态、次准平衡态和近平衡态及远离平衡态都会出现不同失衡态的相轨线变化。在相空间中，刻画动力系统行为的轨线就可产生吸引子、振荡、二分树、浑沌等景象，动力系统总是收敛于一定的吸引子。相轨线分叉现象是普遍发生的，表明分叉是动力系统演化过程中广泛存在的性态变化机制，是产生新形态和多样性之源。[22]

浑沌区是非线性动力系统所特有的一种有序运动，动力系统行为具备了丰富的内部层次的有序状态，它可能包含着无穷的内在层次，层次之间存在着自相似性或不尽相似。浑沌是一种吸引子，不过不是平衡点、极限环这类具有整数维的正常吸引子，而是分数维的奇异吸引子。奇异吸引子是非周期定态的，是轨道在相空间中经过无数次靠拢又分离，分离再折叠又再靠拢来回拉伸与折叠形成的复杂的几何图形，具有无穷嵌套的自相似结构，体现出标度不变性等浑沌运动的规律性。浑沌状态的定性特征是轨道永不重复但囿于有限范围、局部不稳定而整体稳定、无限自相似等,所有这些特征及其产生机制都是复杂性理论关注的话题。因此,单元系统形态转化基元规律在元频率 ν_+ 与信息 P_+ 关系上表现的相轨线变化,也就在复杂性科学中被讨论。

在一维逻辑斯蒂映射中,分叉或突变或浑沌等非平庸行为是非线性系统的本质特征。非线性动力系统进入不稳和发散的浑沌运动过程,并不意味着必然增加系统的多样性和复杂性。随着非线性动力系统越来越远离平衡点,不断加大的失衡度对应的分叉周期越来越短,在分叉的二分树展现枝繁叶茂的末端,动力系统从近平衡态→变相点的相轨线经历了一系列的分叉后就会呈现出有序的浑沌态。浑沌是嵌在无序中的有序,某些有意义的现象可能就发生在分叉周期转为浑沌的临界处,而浑沌到了变相点就会涌现出异质的形态。

浑沌理论提供了非周期定态、对初值的敏感依赖性、内在随机性、浑沌、奇异吸引子等新概念。但是,一维逻辑斯蒂映射方程所刻画的动力系统行为轨线产生的吸引子、振荡、二分树、浑沌等景象,只是单元系统形态转化基元规律在相空间中 $P_+ \sim \nu_+$ 关系曲线的展现。随着元频率 ν_+ 的增大,任何一个动力系统在这一历程中都要经历3个阶段:第一阶段是从平衡态到准平衡态吸引子所产生的澄明有序,第二阶段是从准平衡态到近平衡态所产生的振荡与二分树的分叉,第三阶段是变相点边缘产生的浑沌景象。所以,浑沌学关于动力系统从澄明到浑沌的理论,也是在无序平衡态→准平衡态→近平衡态→形态转化变相点附近高度有序的浑沌边缘的区间进行讨论的。

单元系统的形态变化都存在着从无序平衡态到形态转化变相点的三个变化阶段,特别是单元系统从近平衡态接近变相点时都会在一定条件下自发地出现混乱和噪声。例如,在流体力学中,当元频率较小时,流体呈现规则的层流现象;随着元频率的增大,流体开始呈现混乱的运动状态;而在元频率(或流速)增大到一定程度时,流体就会呈现无规则的湍流现象。仔细观察一个水龙头滴水的节奏(频率),起先每一滴水的节奏都是"滴-滴-滴……";把水龙头开大一点,水滴的节奏就变成"滴答-滴答-滴答……",每两滴重复一次且前后两滴大小不同时间间隔也有细微变化;让水滴流得再快一点,就会得到4滴的节奏"滴-答-滴-答……";再快一点,就会产生8滴的节奏"滴-答-滴-答-滴-答-滴-答……",这就是层流到湍流的变化过程。

湍流是人类寻常惯见的一种典型浑沌现象,但是湍流并不是流体特有的现象。苏联物理学家朗道认为,湍流是许许多多互不相容的频率叠加在一起的结果。美国数学物理学家茹厄勒和荷兰学者塔肯斯认为可以用浑沌来说明湍流的形成机制。湍流中的能量消耗必然要导致相空间的收缩,从而收向某种其他类型的吸引子。这种奇异吸引子应该具有稳定性、低维性和非周期性。[23]

在此还要指出,上述的讨论是把元频率 ν_ε 作为能元 ε 的一种显性因子 θ_ε,如果能元 ε 的显性因子 θ_ε 是温度 T,即 $\varepsilon=kT$,那么在热力学领域就可以重现图23-8的情形,只是参量改变而已。热力学系统随着温度 T 的增大也存在形态变化的3个阶段,人们可以据此设计类似贝纳德不稳定性的物理实验来验证图 23-8 的情形。在从平衡态到准平衡态的第一阶段,传热方式为热传导,水分子系统形态保持有序的状态;在从准平衡态到近平衡态的第二阶段,水分子系统形态将变得不稳定并开始对流循环;在达到变相点 ΔT_C 边缘的第三阶段,水分子系统形态便会发生激烈的变化,这时出现了临界振荡(或称"临界涨落"),传热方式也突然由热传导切变到了对流。

以其他的显性因子取代能元 ε,单元系统形态变化的相轨线在从平衡态通向浑沌的历程中都要经历 3 个阶段。单元系统在经历这 3 个阶段的过程中处于动态演变和创新的连续形态,单元系统信息 P 可以自发地在接近临界变相点涌现出来,因为这样的单元系统既具备足够的稳定性来储存信息,又具备足够的流动性来传输信息。像激光系统中的输入功率增大到使脉冲光失稳后,也会出现浑沌运动的紊光,这也是单元系统形态转化基元过程接近浑沌边缘的一种表现。

一维逻辑斯蒂映射通过倍周期分叉通向浑沌的相轨迹只是刻画了单元系统从(本质的)平衡态到(本质与异质的)变相点再到(异质的)平衡态整个形态转化基元过程的一半。如果突破近平衡态到变相点的浑沌边缘的限制,制出单元系统形态转化基元过程的图 23-10,就可以看到单元系统从平衡态到浑沌、突破变相点再从浑沌到新的平衡态的相轨迹。在图 23-9 中,突破变相点后的相轨迹与图 23-8 的相轨迹完全相反,由此可以说明相变是自然界中普遍存在的一类现象,各种事物在变相点附近的行为极为相似。各种相变有一个共同点就是相互转变的两相的势相同,在以往人们绘制的相图就以等相点或等相线表示,但是图 23-10 可以把浑沌边缘精细的情形表现出来。

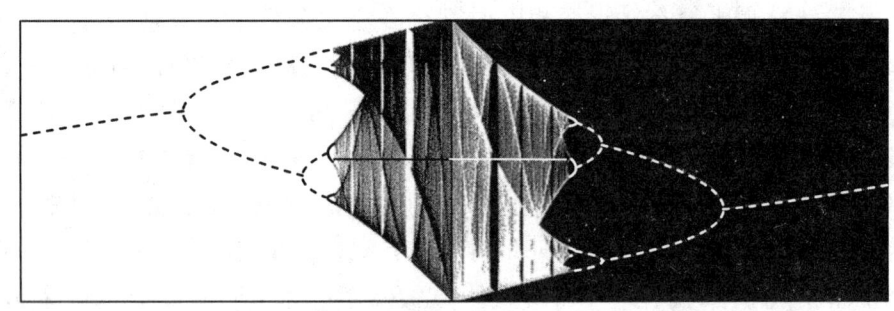

图 23-10　单元系统形态转化基元过程的信息-元频率相轨迹

"九九归一!"以 2^n 方式分叉的倍周期序列和费根鲍姆普适常数是整个一类非线性映射都无一例外遵从的,它与系统具体结构的细节无关,迭代过程所体现的特征是相同的。[24]可见,由一维逻辑斯蒂映射所得到的元频率 ν_ε 与信息 P 的关系及其相轨线虽然表现"复杂",实质上这只是单元系统形态转化基元规律的一种表达形式,只要人们澄清混沌与浑沌概念的内涵,就可以明了单元系统从无序到有序的变化规律本身与复杂性并无关系。

浑沌是打扮成无序的有序,是由精确规律产生的貌似无规律的行为。任何系统都存在着二维、三维和多维映射,它们通向浑沌的相轨线和形成的结构要比一维逻辑斯蒂映射复杂得多。但是,一维逻辑斯蒂映射是建立多维相空间复杂性理论的基础。统一科学深刻认识了浑沌的特征,如果对单元系统形态转化基元规律在相空间中信息 P_+ 与元频率 ν_e 及其他参量的关系再挖掘,就可以对任何特定事物在浑沌边缘的宝藏有新的发现。正如美国和英国科学家在《浑沌七鉴》一书中所说:"在我们思考浑沌和复杂性科学理论的社会意义时,中国古代哲学思想给我们以巨大的灵感。""浑沌新科学并行于或恰好赶上《庄子》或《易经》中所表现的那种中国古代智慧。"[25]

参考文献

[1]沃尔德罗普.复杂[M].北京:生活·读书·新知三联书店,1997:72.
[2]大栗博司.强力与弱力:破解宇宙深层的隐匿魔法[M].逸宁,译.北京:人民邮电出版社,2016:165.
[3]苏克曼,潘铁英,张玉兰.波谱解析法[M].上海:华东理工大学出版社,2002:61.
[4]常建华,董绮功.波谱原理及解析[M].北京:科学出版社,2001:2.
[5]卢佩章,戴朝政,张祥民.色谱理论基础[M].2版.北京:科学出版社,1997:14.
[6]庄世坚.城市大气环境监测最优测点数的确定[J].中国环境科学(学报),1992,12(6):410-414.
[7]庄世坚.环境监测优化布点的一种新方法[J].数理统计与管理,1992,11(5):8-11
[8]叶丽娜,庄世坚.水质监测项目及其测点优化的对应分析[J].环境科学学报,1991,11(1):90-96.
[9]庄世坚.城市环境噪声测量中布点的优化研究[J].环境科学学报,1988,8(1):20-26.
[10]庄世坚.关于环境监测布点方法的分析[J].环境科学,1988,9(3):64-67.
[11]吴密霞,刘春玲.多元统计分析[M].北京:科学出版社,2014:4.
[12]鲁道夫 J.弗洛伊德,威廉姆 J.威尔逊,平沙.回归分析[M].沈崇麟,译.重庆:重庆大学出版社,2012:317-325.
[13]弗雷德,潘佩尔.Logistic 回归入门[M].周穆之,译.上海:格致出版社,2015:13-18.
[14]庄世坚.划分城市大气环境功能区的研究[J].中国环境科学(学报),1990,10(4):250-254.
[15]杨帮华,李昕,杨磊,等.模式识别技术及其应用[M].北京:科学出版社,2016:1-17.
[16]庄世坚.环境监测中确定最佳点位的关键技术[J].中国环境监测,2001,17(5):24-29.
[17]王安麟.复杂系统的分析与建模[M].上海:上海交通大学出版社,2004:8.
[18]丁玖.智者的困惑[M].北京:高等教育出版社,2013:Ⅲ.
[19]格莱克.混沌——开创新科学[M].张淑誉,译.上海:上海译文出版社,1990:3.
[20]王静龙,梁小筠.定性数据分析[M].上海:华东师范大学出版社,2005:141-144.
[21]费恩曼,莱顿,桑兹.费恩曼物理学讲义:第3卷[M].潘笃武,李洪芳,译.上海:上海科学技术出版社,2005:18.
[22]李士勇,田新华.非线性科学与复杂性科学[M].哈尔滨:哈尔滨工业大学出版社,2006:75-83.
[23]大卫·吕埃勒.机遇与混沌[M].刘式达,梁爽,李滇林,译.上海:上海科技教育出版社,2005:59-82.
[24]高崇寿,谢柏青.今日物理[M].北京:高等教育出版社,2004:3.
[25]约翰·布里格斯,F.戴维·皮特.混沌七鉴:来自易学的永恒智慧[M].陈忠,金纬,译.上海:上海科技教育出版社,2001:中文版序言.

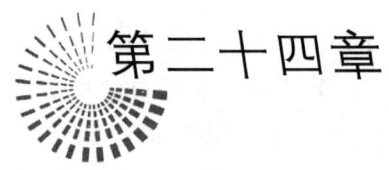

第二十四章

科学一统与道器论

第一节　统一科学与基础科学

统一科学在不同维度的质向量坐标系空间中，因循二分法的认识路线构建了理论体系。集大道和小道为一体的统一科学隶属于纯粹科学；百无一用的纯粹科学不计利害，是获致客观真理的途径。以实验求证作为立论根据的基础科学与纯粹科学的认识目的和特点基本是一致的，基础研究所获得的重大理论成果都是科学进步的里程碑。

一、统一科学与纯粹科学的关系

对宇宙中不同事物的认识是人类赖以生存和发展的基础，并贯穿于人类生存和发展的全部历史。人类认识世界的目的是为了去适应它，以此求得较为自由的生存发展机会和空间。亿万年来，人类迈着蹒跚的步履，历尽漫漫长路，上下求索，逐渐地认识自然、顺应自然、利用自然和改造自然，并在生存与发展的进程中形成社会、认识社会和管理社会，由此形成了人类社会的文明史。

人类在一定社会生产方式基础上产生的文明是随着社会进步而不断发展的。人类社会的发展经历了蒙昧时代、野蛮时代和文明时代，而其整体的进步与开化状态又经历了渔猎文明、农业文明、工业文明和现代文明。文明既是人的物质生活逐渐丰裕，精神世界趋于高级的过程，同时也是利用自然和改造自然并与自然互动的过程。文明是人类社会的一种进步状态。这种状态，与野蛮相对，与粗俗相向，与低趣相离；这种状态，走向是文雅，取向是善美，志向是高尚。

在人类文明不断发展的历史长河之中，文明从一开始就与社会文化现象发生直接的关联。文明是文化的历史积淀，文化则是文明的外在表现形式。文化是一种包含精神价值和生活方式的生态共同体，而作为组成共同体的各种不同文化要素都有其文明价值的特殊功能,以满足人类群体的需要。在文化范畴内,最能体现文明内在价值的就是科学。科学虽然是文化的组成部分,却主宰着一切事物形态内在规律的发现,是推动人类思维方式和生活方式变革的思想源头。

科学属于认识活动,而认识活动以真理为标准。科学是人们揭示真理的一种认识活动,通过这种活动,人类不断得到越来越完善、越来越准确的知识,增加自己适应环境、改变环境进而改变自己特性的能力。[1] 人的思维是人的纯粹的心智的"自由构造",但是人们对于真理的认知是通过破译宇宙奥秘的科学活动来获得的。在科学认知活动中,人类用追寻真理的浩瀚精神不断地揭开大自然的面纱,不断地研究和了解自然与社会的新现象,不断地发现和掌握客观世界不同事物的内在规律。

科学的任务在于认识世界,因而着力揭示世界的各种现象以及现象发生过程的真相和本质,着力发现事物形态的相互联系和客观规律。揭示事物的规律性就是要达到对于事物内在本质"真"的把握,进而在把握和解读这些事物内在规律的过程中预见新的现象和过程。科学只有在客观地反映人类对自然界、人类社会的真理性认识时,才能称之为"真"。科学向统一迈出的任何一步都是向真理靠近的一步。科学的品格和实事求是的精神体现于求真之中。科学作为一种创造性的人类活动,其核心在于思维方式、理念方法,即科学精神。科学精神的特点是超越实用性和功利性,只对知识本身感兴趣,并着迷于知识的确定性。就科学的原初意义而言,它并没有实用目的。

在人的求知欲和好奇心的驱动下,科学的认识对象是整个世界,大至宇宙中的日月星辰,小至构成物质的基本粒子,即一切事物的各种形态及其变化规律与分布规律等都是人们所要认识的对象。世界上无穷的事物形态及其千变万化的现象藏有太多的奥秘,人们只有从理性认识的高度进行科学真理的探索,才能在生产和社会实践中合理而有目的地利用这些规律开辟各种可能的途径。

人们的认识能力虽然受到客观世界与主观世界的诸多限制,古往今来却一直有无数的有识之士在其力所能及的范围内披荆斩棘,从不同的角度以不同的力度开展了不同深度的科学研究,逐渐地了解和认识了错综复杂的世界所呈现的一些事物形态及其隐含的内在规律,揭示了许多不同广度的经验定律与自然规律。随着人们理性认识能力的不断提高和理性思维的逐渐系统化,人们必然要从对客观事物支离破碎的零散认识发展到分科目、分领域的认识,通过其发展起来的基础理论来奠定一门学科的基础,从而形成不同学科的知识体系。

科学是历史的产物。在构建伟大神圣的科学殿堂的漫长历史进程中,科学超越了文化、民族和国界,成为推动人类进步的事业。在科学的发展中,人们在诸多学科领域已经认识了无数的事物形态并取得了卓越的理论成就。另外,人们却在许多学科领域对一些事物形态的认知仍一知半解,甚至对不少事物形态的认知还是空白的。

科学是在现象和数据基础上经过逻辑、推理和演绎得到的合理认识,也是反映事物形态变化规律和分布规律的知识体系。规律是事物形态在一定变化过程或范围的内在本质的必然联系,是在一定条件下可反复出现的序列,人们只能发现它却不能创造它。所以,各个学科的主旨就是揭示该学科研究对象的具体规律,并形成相应的理论。

科学作为一种理论形态是认识世界的指南针,它能够拨开人们思想认识上的迷雾。科学理论作为认识世界的望远镜,能够揭示事物形态的变化规律,说明事物发展的趋势和预见事物发展的未来,帮助人们认识规律和驾驭现实。科学理论作为认识世界的显微镜,能够透过现象看本质,深刻揭示客观事物形态的本来面目及其内在关系。

科学是人类最伟大的创造和追求真理最成功的事业。随着人们对科学的不断重视,科学探索也在加速发展,其结果就是从近代以来逐渐形成了一个个的学科山头和分支林立的庞大体系。到了20世纪中叶,这种学科并立甚至有些杂乱无章的局面已经临近顶峰,到了一个特别需要走出学科藩篱的重要阶段,需要在"融通"的基础上进行思维革命,把小理论尽收囊中提升为大理论,最后实现科学的大统一。

既然科学出现了要把现有纵向划分的学科沟通连缀起来的历史需要,时代呼唤着人们去攻克一个个学科山头,将不同学科关于不同事物形态的知识熔于一炉,就需要当代的科学工作者不仅要有把所有的学科统一为一个整体的崇高理想,而且要有像构筑万里长城那样把不同学科山头联系起来的工程手段,才能真正实现薛定谔"把所有已知的知识综合成一个统一体"的期盼。

其实,每个学科在各自领域充分发展之后,必然要向与其他学科接壤的边缘地段拓展,这就孕育了不同学科对事物形态的"片面"认识开始汇聚、碰撞、蝶变;学科交叉融合的不断加速,也促使了横断学科、交叉学科、边缘学科等认知形态在不同时代不断涌现。因此,原本分明的学科界限虽又变得模糊了,不同领域相互过渡的道路却被大科学打通了,这就使得统一科学完全具备了产生的内部条件与外部环境,具有了产生科学统一体的内在逻辑结构的历史必然性。

世界上的事物形态无穷无尽,事物形态的变化和转化张弛不息。人们对于各种事物的认知由现象而本质,由形态而规律,这些理性认识的积累就是科学知识。当今人类获得的科学知识包罗万象、浩如烟海,任何人即使焚膏继晷、穷毕生之力也无法全部加以通晓,更不可能曲尽其妙。但是,人们所发现的不同事物形态中蕴含的经验定律为数不多,能阐发事物形态本质联系的一般规律更是屈指可数。事物形态变化规律是反映事物本质逻辑联系的形而上的法则,每个学科都是在一定的认知领域揭示了反映其研究对象共同性质和普遍联系的一般规律,并据此形成一个理论体系。因此,只要揭示出适合所有认知领域的事物形态转化基元规律,并据此"放之四海而皆准"的科学常道来建立科学的"道统",就可构建统一科学的理论体系。

实际上,就在人类进入21世纪的前夜,一些学科重要领域已然出现群体突破的态势,统一科学也初步勾勒出一以贯之的恢宏画卷。但是,为了达到既要揭示关于宇宙各种事物形态最根本的一般规律,又能够由此演绎出各学科各种不同事物形态变化规律或分布规律的目的,必须抓住事物形态转化基元过程内在的真理性和规律性这个关键,才能构建起完整的统一科学理论体系。

统一科学在建立理论体系的过程中,先用"粗粒化"的方式扬弃了事物知觉形象的感性外观,通过"舍象法"来概括具体事物繁茂芜杂形态的一般概念,并由此归纳出适用于一般系统的度量基准。"从特殊到普遍,从具体到抽象,从要素到整体",选择一组具有普适意义的又能定质、定量、定向度量 m 元系统形态的质向量作为坐标轴,它们与原点就可以共同构成认知 m 元系统形态的 m 维质向量坐标系。

在一维正向质向量坐标系 $\vec{X}_+$ 内部可以打开 m 维分质向量空间,并可以推导出单元系统形态转化基元规律。在平衡态,准平衡态、近平衡态等失衡态,这一至真至简的科学大道具有不同的简化形式。通过引入万能的显性因子 θ,由单元系统形态转化基元规律就可以演绎得到各种平衡与失衡条件下的具体事物形态的特殊规律。

然而,统一科学并未止于至真!把发现这最一般真理的探索过程及其由一般演绎特殊的相关知识条理化和系统化后,也就架构了统一科学大厦的基础与四梁八柱。统一科学基础理论的建立,不仅可以用动态的观点观察事物,认识一般事物形态变化的特点及其形态生成的运动规律,通过涌现之道来统一"演化的"科学,而且可以用静止的观点来观察事物,认识特殊事物形态分布的表象及其内部构成的精细结构,通过统计之道来统一"存在的"科学。

统一科学的研究活动以揭示科学大道和追求真理为目标,以发现宇宙奥秘和寻求全知为主旨。从目的性来说,在不同维度的质向量坐标系认知空间中,揭示了事物形态异质变化规律和事物形态本质分布规律,并因循《周易》"太极—两仪—四象—八卦—万物"的认识路线来提纲挈领地构建理论体系,就能使科学演变为一个在任何一处都没有鸿沟的整体。因此,统而为一的科学"长城"就可以凌驾在各个学科领域的理论山头之上,并把它们联系为一完整的逻辑体系。

统一科学遵循理性主义,致力于构建一种内在一致的合乎逻辑的且具有必然性的一般规律体系。通过在逻辑思维空间的思辨和在不同维度质向量坐标系的抽象空间来认识各种事物的分布形态与变化现象,可以从根本上认识千姿百态、表象各异的具体事物的真实本质。在不同维度的质向量坐标系空间中,在不同条件下揭示的 m 元系统形态变化规律或分布规律是以抽象的质向量函数公式出现的,这些关于宇宙现象和事物形态间本质关系的质向量模型正是构成统一科学理论体系的基础和构架。统一科学超越物质形态所创建的理论体系,是纯粹理性认识的成果,也是运用思辨方法得到的理论知识。

古代人类的知识都直接来源于现场实践,一切知识都是生存实践的经验总结。由于现场实践的可重复性差,往往难以区分规律性和非规律性的东西,因而要靠思辨的悟性来把握(猜想)客观规律,带有很大的主观猜测性,必然暴露其合乎逻辑的理性认识不足。但是,自然科学知识脱离了思辨方法也寸步难行,因为从有限的事实和观察中概括出具有普遍性的科学定律,一定都需要思辨方法。思辨方法的任务是要致力于构建一种内在一致的合乎逻辑的且具有必然性的一般观念体系,根据这一体系,人们经验中的每个要素都能得到解释。事实上,并非只有实证性的科学知识才是重要的知识,思辨得来的知识就不是重要的知识。例如,通过思辨方法得来的哲学知识也是人类知识体系中极其重要的组成部分,而这类学问只有通过以理性的、直觉的和想象的方法等为特征的思辨方法才能获得。

爱因斯坦认为:"在一定意义上,纯粹思维能够理解现实,就像古人所梦想的一样。"德布罗意也说过:"科学家们越来越强烈地感到自然界存在着一种秩序,一种谐和一致,它至少是部分地可为我们的智慧所接受,科学家们每日都竭尽全力更多地揭示这种谐和的本质和范围,这样就诞生了我们经常说的'纯科学',也就是说我们的思维能动性能使其成果不为功利主义的偏见所左右。"因此,统一科学可谓纯粹科学,也就是纯科学。纯粹科学是对普遍性、绝对性、无限性的理智探求的学问。纯粹科学的研究目的在于发现关于现象和事实的基本规律,在于获取普遍的知识和深化人类的认识。纯粹科学的知识也只有通过以理性的、直觉的和想象的方法等为特征的思辨方法才能获得,诸如数学、系统科学和逻辑之类的知识都是通过思辨方法得来的纯粹科学知识。

庄子说过:"以道观之,物无贵贱。"道就是无党无偏、无私无蔽的客观规律。集大道和小道为一体的纯粹科学是大道无为而无不为。纯粹科学本身不能确定自己求索的方向,其揭示的那些已然存在的但又不为人所知的规律往往具有不可预测性,而且有一部分规律在一定的时期内是不可能看清楚其用处的,也不必考虑其直接的应用。纯粹科学是对于"应用"的超越,看上去百无一用,内力却如河水一样深远绵长。纯粹科学无一技之长,而有万技之长;无一专之能,而有万专之能;不能让人饱足,也无法给予温暖,却能穿越时空而代代流传。

追求真理的纯粹科学无所谓创新,没有特定的应用目的或具体的应用目标,没有功利可言,也不能够为"有意义"的问题提供答案。纯粹科学既不受任何政治决定的影响,也无关社会之一时的功利需要;没有国界,也没有诸如"投入与产出""竞争与效率"等功利可言,更没有眼前的商业利润或近期的经济效益。由于超脱的纯粹科学只问是非不计利害,没有直接的功利性和有用性,与国家建设和直接利益毫不相干,也不涉及对人类的终极关怀,更不能解决人类审美、道德、价值观等问题,因而在实用工具理性统治的现代社会,在追求效率和实施技术的过程中,这一"不切实际"的思辨产物经常受到不同程度的忽视和冷落,甚至受到来自外部不断加强的功利需要的干扰。

"为科学而科学"的纯粹科学是认识世界的一种特殊行为,属于以研究者求知欲和对知识的兴趣为引导的自由认识活动范畴,但不可看作猎奇的智力活动。对未知事物始终保持着如孩童般纯真的好奇心是人类对宇宙奥秘的认识本能与科学发展演变最重要的原始动力。亚里士多德在其《形而上学》中曾经对经验、技艺和科学做了区分。他认为,经验是关于个别事物的知识,技艺是关于普遍事物的知识,技艺高于经验,但还不是最高的"知","科学"才是最高的"知",因为它不以消磨时间、获得利益为目的——追求"科学"就是求知本身,而不为其他目的。求知是人的本性,它不服从于任何物质利益和外在目标。孔子也认为:"知之者不如好之者,好之者不如乐之者。"美籍物理学家丁肇中指出:"不出自于经济利益的好奇心,才是人类科学研究的原始动力。"

兴趣是一种带有倾向性与选择性的积极的态度和情绪,每一个人都会对他感兴趣的事情给予优先注意和用最自然、最本能的方式去积极探索。好奇心驱使的科学研究工作可以实事求是地按照科学规律的逻辑和寻求基本的理解而独立自由地进行,而不是履行一种为狭隘的实际问题提供有用的解决方法的责任。纯粹科学的自主探究首先是个人的思维活动,是思想者的事业,是行动者的头脑,是社会的灵魂,这是"没有异化的劳动",不存在工具性思维。因此,纯粹科学研究者不是鉴于外界的压力或勇于去承担科学对社会所负的责任,他是在自己良知的驱使下而不是他人的认可下去自由地探求自然界的难题。

当今,人们常常赋予科学家追求的远大理想和从事的纯粹科学基础研究活动以特别的神圣性。其实,当科学研究者把其个人毕生如一的兴趣和对科学由衷的热爱都聚焦于纯粹科学研究,他的价值取向和志趣追求以及好奇心理就成了他研究工作的原动力。古今中外都有一些迷恋和献身于科学事业的思者和智者,以特立独行的状态远离浮躁庸浅,以超凡脱俗的豁达、心如止水的意境在功利之外矢志追求真理。他们不是愤世嫉俗的苦行僧,也不是在象牙塔自我感动的科学怪人;他们可以穷其一生、倾其所有、毕其精力践诺其探索真理的高尚追求;他们可以淡泊名利、甘于孤独寂寞,乐此不疲地把追求和认知真理当作纯粹的风雅乐事,即使长期得不到社会的尊重和理解仍不为名利所动;他们徜徉在神圣世界和世俗世界或理想与现实之间,思常人之未想,言常人之未道;他们在充满艰辛的科学探索中殚精竭虑,脚踏实地潜心钻研,凭着想象力或直觉力揭示了世界一个又一个奥秘,使人们从不同的侧面逐渐认识了一些事物形态的经验规律和内在规律。

纯粹科学是老老实实的学问,来不得半点虚假。在名利诱惑的物化场域和喧嚣浮躁的世界中,要探求客观真理就需要安静的灵魂和深刻的思想,只有纯粹求知而非实用的纯粹科学才能抚慰扰攘红尘、利来利往对人们心灵产生的干扰和侵蚀。纯粹科学抽象的凌空蹈虚的思辨研究绝不是急功近利的事情,而是要花费心血长年积累的事情,没有十到几十年的积累与艰辛卓绝的努力一般是不可能产出重大成果的。纯粹科学的任何发展和进步,都是由汇集不同方面的科学成果点滴积累而成的,而且常常需要少数的纯粹科学研究者和众多的应用科学研究者几十年甚至几百年的努力才能迈出有意义的几步。所以,对待纯粹科学的态度,要入世必先出世,必须像韩愈所言:"勿诱于势利,勿望其速成。"

波澜壮阔的科学发展史告诉人们,真正在"阳春白雪"的纯粹科学理论世界里追梦的人为数并不多,石破天惊的原创性理论成果更是凤毛麟角。必须承认,绝大多数人只是被动接受科学教育或使用科技成果。少数从事基础研究的纯粹科学研究者长年累月的潜心耕耘,可能戮力追求一生也难以做出什么辉煌的事业,他们也有自我放逐而毅力懈怠或被边缘化而激情内敛的时候。他们为最终取得富有革命性的科学成果长期的辛劳或许只是为他人搭梯而已,但从科学发展史而言,他们的工作不可缺少。

学而无用的纯粹科学理论是不同学科理论的"众用之基",世界因纯粹科学理论无所不在的应用而带来进步。数学就隶属于纯粹科学,它极为实用,可以解决人类社会中任何需要推理的问题,人类社会的进步就是应用数学理论的明证。尽管社会把大量的价值实现归功于应用科学,很少归功于秉持高远精神执着求真的纯粹科学研究者,但是,一代代有志于纯粹科学的研究者怀抱"殉道者"精神"背对荣誉,面对科学",苟真理之可知,虽九死其犹未悔!在缤纷绚丽的世界里,他们默默耕耘、物我两忘、无怨无悔、上下求索,究古今之变,穷天人之理。他们安贫乐道、沉潜坚忍、耐得寂寞、不计利害、不慕纷华、心无旁骛,经常保持清静无欲的定力,所以可以观察天地万物的微妙之处,从科学宝库里发现一个个事物形态变化规律或分布规律。正如老子的《道德经》所言:"故常无欲以观其妙常有欲以观其徼。"

由于纯粹科学研究者能够摆脱名缰利锁的诱惑与折磨,又保持对常规科学局限性的警觉,因此古往今来对纯粹科学的自觉探索也大都是科学理论研究者。统一科学作为纯粹科学,其揭示的至真至简的科学大道和发现的一个个规律都是超越利害的,是百姓日用而不知而又不离于世界须臾的科学道理,是不以人的意志为转移的表现万物兴衰、消长、盈亏、沉浮、胜负、通变的客观规律。

二、基础科学与基础研究的特性

统一科学作为纯粹科学,在不同维度质向量坐标系的认知空间中"冒天下之道",揭示了世界上事物形态变化的最根本的一般规律。严格地说,单元系统形态转化基元规律既然是最普遍的规律,就无法用更一般的道理来说明。这也意味着,统一科学关于事物形态最一般的内在规律就是至真的"公理",这"放之四海而皆准"的科学大道是无法借助外在的经验或实验的手段来证实的。

理论的建立和发展是一个独一无二的过程,因为建立和发展理论不是每个人都可以做的。创建好的理论是非常困难的,除了要精通自己领域的先进理论,还要掌握合适的认知方法及其背后的哲学含义,更要深刻洞察研究对象的本质。建立统一科学理论体系是理性思维中的逻辑思维活动,这种纯粹的理性思维活动摆脱了外在的经验束缚,由此而产生的理论范式和基本规律也往往是无法用实践或特殊的实验手段来证实的。以科学大道为核心来建立统一科学的理论体系,其目的并不是为了服务于其他学科,而是基于真理自身的完美以及达到的和谐统一。庞加莱说过:"所谓有价值的科学是指发现普遍的定律。普遍的科学之所以具有价值,是因为它关系到了更多科学的发展。"

统一科学以"揭示事物发展的客观规律,探求客观真理"为根本任务,而统一科学理论体系的建立过程是由简到繁、由少到多的过程,是与人的认知能力的提高相得益彰的。理性认知坐标系具有多个维度的坐标轴,就具有多个认知事物形态的度量基准。随着理性认知坐标系中坐标轴维度的增多,人们认知事物形态的广度和深度就得到拓展。在多维质向量坐标系的空间中,人们可认知更为复杂的事物形态变化规律或分布规律,使得对客观事物的认识更加深化和全面。

统一科学理论体系的创立,必然对许多学科的原有概念和思维方式提出挑战。统一科学所发现的单元系统形态转化基元规律能否作为人们认识世界上各种事物形态变化规律和分布规律的"金钥匙",在不同条件下揭示的道理能否成为真理,人们必然期冀通过客观事物的具体实证来加以证实。但是,具有普遍性的规律如何去证实呢?除非你观察遍了一切现象,发现无一例外,才可以证实这一点。可见,统一科学以"形而上"认知方法所探索的真理要证实几乎是不可能的,那只能通过证伪的手段来加以证实。只有通过实证检验的纯粹科学理论才是构建科学殿堂的基础科学。波普尔认为,理论只要是合理的可以证伪的就可以了,至于它是从哪里产生的、什么时候产生的并不是关键。

纯粹科学可以使人的理性认识能力产生一次革命性的飞跃,但是建立在科学实验基础上的近代科学已经使"实践是检验真理的唯一标准"成为哲理,人们笃信只有通过理论与观测相互对证的研究成果才具有真理性。因此,科学实验在现代科学中依然是一种独立的实践活动,是一切知识与观念正确性的试金石,是科学"真理"的唯一鉴定者。纯粹科学提出的法则或揭示的规律似乎只有被实验所证实,才能成为科学的有效定律。人们虽然开拓了许多新的学科,但是绝大多数学科理论都倾向于像物理学那样以实验求证作为立论的根据,即使在思维科学中也要寻求思维实验来证实一些公理。所以,如果要验证纯粹科学,无论是用思辨或想象提出的抽象道理还是用逻辑推演和归纳的一般规律,都必须依附在具体特殊的事物形态上进行实验、推演和猜测。

基础科学居于理论与思想交汇的要冲,基础科学的基础理论隶属于纯粹科学,是人类论道和求真的范畴。基础科学是以发现客观的一般规律来奠定基础理论的,追求真理是基础科学承担的思想任务,基础理论的发展是由思想本身所引领的。因此,基础科学也必须保持对于社会利益体系的独立地位,并远离功利或与之保持足够的距离。正是源自这一距离,纯粹科学和基础科学才有纯洁性和基础性可言。因为基础科学一旦融入社会利益体系之中,成为某一特定的利益领域,其结果必定是丢弃基础科学为整个社会服务的使命;而这种丢弃即意味着基础科学背离了自己的本质,走向了异化。

基础科学的目的在于探索和揭示客观存在物本质的深层次奥秘与物质形态变化的基本规律,必然要以自然界某种特定的物质形态及其运动形式为研究对象,也必然要通过相应的实验技术进行实证。因此,基础科学工作者往往聚焦于纯粹科学唯象理论的那一部分,并认为基础理论不该是完全脱离实验的玄谈式研究或书斋中的穷经,经过实验和观测证实是唯象理论的生命所在,也是基础科学理论工作者的职责所系。

迄今为止,人们已经归纳出基础科学具有如下几个特点:

(1)基础科学是客观事物最本质的规律性反映,它的原始创新发现的是客观规律,其一般的表现形式是由概念、定理、定律等组成的严密的理论体系,与其他科学相比,抽象性和概括性最强。

(2)基础科学思索本源性的问题往往都需要宽松的环境,需要自由探索的氛围。基础科学以探索未知为主攻方向,不能直接为工程技术发展提供具体答案,需要通过一系列中间环节才能转化为物质生产力。

(3)基础科学具有很强的探索性和不可预测性。人们对其成果的实际应用前景没有明确的目的性,对社会的作用并不很清楚,或者虽然确知其应用前景但并不知道达到应用目标的具体方法和技术途径。

(4)基础科学研究是高度专业化的工作,具有长期性、艰苦性和连续性,甚至有的研究要耗费一个人的毕生精力或要经过几代人坚持不懈的努力。但是,厚积薄发的研究又具有自由性。科学家往往是受好奇心和兴趣驱动去自由探索、大胆创新来深化对客观规律的认识。

(5)基础科学具有普遍性和公共性。基础科学所获得的科研成果一般会及时公布于众,不具有保密性,且一经公开发表就成为全人类共同的精神财富。其研究成果可无偿地为每一个社会成员享用,而无专利可言。

在基础科学领域开展对客观事物本质和功能的研究,不论多么深奥、多么抽象、多么"脱离实际",作为"思想发动机"一般都会找到其用武之地。正如庄子所说的"无用之用,是为大用"。基础科学是无用之学却又无所不用,它的无用正是它最伟大的用处。1996年,诺贝尔物理学奖获得者奥谢罗夫说过:"在做基础研究的时候,你的确不知道自己会发现什么。有目的的基础研究其实是应用型研究,所以我一直在考虑基础研究到底是为了什么。自然科学的发现改变了世界,但这些发现是不可预测的,科学家应该采用相应的研究方法增加发现的机会。"确实,当年研究量子力学时,人们并不知道它有何用处,相对论产生之初看起来对人类的贡献也没有那么重要。可是,多少年后这些学问深刻地改变了人类的认识和历史。特别是,第二次工业革命之后,所有重大的技术创新和发明创造,都依赖于基础研究创造的重大发现。

因此,基础科学主要承担着基础研究及其理论验证的任务。基础研究是寻找真相和追求真理以及建立完整知识体系的智力活动。基础研究具有战略性、先导性和公益性的特点,对人类文明、可持续发展、科学的发展和现实生产力有着深远影响和不可估量的渗透力。

基础研究作为科学之根本、技术之源头,其重要性主要体现在:

(1)基础研究通常是技术创新的源泉和经济发展的先锋。基础研究依靠自己的力量拿出的原始创新成果可以成为基础理论新知识的储备,这是基础理论发挥枢轴作用与投入未来的科学资本。新技术、新工艺、新流程、新产品都是建立在新知识基础上的技术创新,都必须从新知识的储备中提取"科学资本"。基础研究的突破有可能颠覆一项技术的发展进程。基础研究是引不进、买不来的,是整个科技大厦的基础,也是现代社会抢占未来经济科技发展制高点的基础。[2]

(2)基础研究可以提高国家的(潜在的)综合国力和国际威望。基础研究是国家综合国力竞争的重要前沿,所获得的重大突破和重大发现都极大地推动了科学自身的发展和技术的巨大进步。基础研究拓宽了人类视野,改变了人类对自然界及人类自身的认识,也可以直接服务国家战略需求和拉动本国的技术研发,国家也因为人类文明做出了积极贡献而显著提升了其在国际上的地位和影响。

(3)基础研究是培养创新人才的捷径。基础研究有助于培养通用人才和专门人才,提高国民的智力水平,并进而诞生世界级的科学家和科技领军人才。应用人才大多数也是通过从事基础研究培养出来的。要建设发达的现代化社会,没有一大批训练有素的专门人才,没有国民智力水平的普遍提高,是很难成功的。通过一个时期进行纯粹科学的学习和从事一定时间的基础研究,有助于提高国民的智力水平,并从中受到科学方法和科学精神的熏陶,陶冶高尚的道德情操。

(4)基础研究是有价值的文化活动。科学(尤指纯粹科学)不仅是智力意义上的文化,而且是人类学意义上的文化,它可以视为人类文化最高尚、最独特的成就。以增进科学知识为目标的基础研究是人类活动的顶点和极致,它充分体现了科学的文化价值,是一项有价值的文化活动。基础研究的文化价值是无形的、抽象的、难以察觉的,因而有必要使之成为每一个人的自觉意识,且要鼓励个人的自由探索。

亚里士多德在其《形而上学》一书中说过:"有经验的人较之只有些感官的人为富于智慧;技术家较之经验家,大匠师又较之工匠为富于智慧,而理论部门的知识比之生产部门更应是较高的智慧。显然,智慧就是有关某些原理和原因的知识。"作为现代社会的基石,科学文化尊重智性的追求和对客观真理的理性探索,而要使科学生根和技术结果,基础科学不仅可以提供最富饶的土壤,而且最有可能实现各个学科道理的统一。

如今人们生活在一个日新月异的科技时代,思想式微的世界与众声喧腾的互联网世界同时出现,基础科学研究的周期长、难度大且需要大智慧,只有较少的人问津;人类对技术的认知发生翻天覆地的变化,而应用科学及其解释又容易给予碎片信息陶醉者心理上的满足。当代在科学领域能够自觉地进行基础探讨的理论工作者确实为数不多,在基础理论研究中进行具有奠基和开拓创新的思想家群体也显得如此黯然,所以有些大学者经常感叹基础科学殿堂的荒芜现状。

在基础研究上,发现事物普遍性的基本规律并创造出完整的知识体系是非常困难的,想用"板凳坐得十年冷,文章不写半句空"的精神去做基础研究实在太不容易了。因此,相当长的一个时期以来,人们一提起基础科学往往首先想的就是"这有什么用",许多基础科学研究者面对新兴的研究领域都没有勇气选择一条自己的羊肠小道。许多学者在基础研究上出现了一种明显偏好:从教科书或主流科学文献中套用已有的理论、概念和方法在新领域进行演绎性研究,或者验证了已有理论或者对其情境性边界进行延伸研究,这类研究成果只是说明如何使用现有研究成果来解释一些新情境下出现的独特现象和问题。但是,由于缺乏高质量的研究和理论化过程,因此导致了科学研究的"趋同化",既不能对特有事物的重要现象做出恰当的理解和解释,也不能对科学一般问题的本质认识做出新的全面解释,甚至还会阻碍科学有效的进步。

基础研究的目的在于帮助人们更好地了解自然、理解自然,最终使人类和谐地适应自然和利用自然。基础研究讲究证据和逻辑,是物理取得关于现象和可观察事实的基本原理的新知识所进行的理论性或实验性工作,它不以任何专门的或具体的应用或使用为目的。基础研究的方法确保了科学家的发现是接近于真理的。基础研究的每一个重大突破都可能在应用领域全面开花,且可能从根本上改变人们对时间、空间和物质运动规律的认识,催生变革性技术,开创人类文明新时代。基础研究能开拓人类认识自然的知识疆域,进一步认知客观规律,并将大大提高人类改造世界的能力。从近代发展史看,基础科学的重大发现往往能推动技术创新,极大地推动了人类社会的进步和经济发展。例如,电磁学理论的革命性突破,就使人类至今享受着其应用的无限风光。

科学是在历史上起推动作用的革命的力量。基础科学是科学文化和技术进步的源头,基础研究的积淀可以为科学革命和技术革命积蓄能量。基础研究在推动新科技革命中作用突出,在国家经济社会发展中发挥着基础支撑和前瞻引领作用。随着科学技术的飞速发展,源自经济社会发展重大需求的创新驱动式研究日趋增长,国民财富的增长和人类生活的改善越来越有赖于知识的积累和创新,由基础科学的发现向应用研究或直接生产力的转化周期已经大大缩短。科技竞争已经成为国际综合国力竞争的焦点,而基础研究对于提升国家竞争力和促进人类文明进步产生巨大的、不可估量的作用。谁在知识和科技创新方面占据优势,谁就能够在发展上掌握主动。

然而,在历史上除了教会势力阻碍基础科学的发展之外,近视的统治者也经常强调"经世致用"而影响了基础科学的发展。[3]当今时代世界各国已纷纷把推动科技进步和创新作为国家战略,围绕世界科学前沿和国家需求加强研究能力建设,促进学科交叉融合,大幅度提高科技投入,加快科技事业发展,打造国际先进的科研基础设施体系。许多国家因应学科交叉融合趋势,重视基础研究,重点发展战略高技术及其产业,加快科技成果向现实生产力转化,以利于为经济社会发展提供持久动力,在可能发生革命性变革的科技方向上抢抓先机,在国际经济、科技竞争中争取主动权,合作博弈激烈。

钱学森在《现代自然科学中的基础学科》中认为,"现代自然科学,不是单单研究一个个事物,一个个现象,而是研究事物、现象的变化发展过程,研究事物相互之间的关系。这就使自然科学发展成为严密的综合起来的体系。这是现代自然科学的重要特点"。当代科学前沿正在孕育着新的重大突破,人类认识的疆域不断拓展,国际科技竞争的关口已经前移到基础研究,强化基础研究已成为发展战略的关键。基础研究对科技发展、国家竞争力的提升和人类文明进步的影响更为深远,战略意义与引领效应日益凸显。人类社会步入了一个科技创新不断涌现的重要时期,国际研发格局深度调整,世界科技发展呈现出新的特点和趋势。需求导向的应用性基础研究极大地推动了科学、技术和工程之间,科技与经济社会发展之间的相互衔接与促进,其内在的统一与协调发展已成为统一科学的一个基本特征。

作为基础科学的核心,纯粹科学是对现有基础科学理论的进一步提升。例如,基础科学可以发现实际气体状态方程,而纯粹科学才可以发现理想气体方程。统一科学本身隶属于纯粹科学的范畴,它的任务是剥开对象世界的神秘表象,发现和揭示宇宙(包括自然界和社会)中事物形态存在与变化的最一般道理。统一科学的理论体系是由事物形态构成规律和生成规律及其演绎的理论知识所集成,是"形而上"的纯逻辑的抽象的理论形态。

统一科学构建的理论体系是通过单元系统形态转化基元规律的简化、复制、组合和集成以及变换等来演绎的。为了把道理讲清楚,科学大道在演绎出各种小道理和复合道理的过程中必然要时常以一些具体的事物及其在一定条件下所遵循的特殊规律来表现。在统一科学理论体系的构建过程中,系统生成基元规律和系统构成基本规律的神韵隐含在各种事物形态的不易与变易之中,所以也给了人们若即若离、无所不在、无时不有的感觉,正如《易·系辞下》所谓的"知变化之道者,其知神之所为乎"。

统一科学是以创建宇宙现象间相互关系理论为主的纯粹科学,既不直接涉及实验技术,也不产生经济效益,但是它又以实践作为其出发点与归宿点。单元系统形态转化基元规律和单元系统形态分布基本规律都是高度抽象的道之魂与理之元,它们只有依附在具体的特殊的事物形态之上,才能以一定的形式来展现事物形态的变化规律与分布规律。统一科学所揭示的纯粹而朴素的一般道理也只有依托一定的事物形态才能进行实证的检验。事实上,各个学科通过对原型客体所进行的科学实验和采用的分析手段,为统一科学理论体系的构建提供了实在的支持。统一科学建立的一般理论也必须经过应用科学和技术科学的研究才能发展成为实际运用的形式,才能达到科学认识的目的。

事物形态是无穷无尽的,具体事物形态的分布规律和变化规律不胜枚举,实证工作也是不可穷尽的。不过,统一科学理论一旦得到实际的证实后,就必然成为科学的工作法则或原理,就能理直气壮地成为整个基础科学的基石,也就奠定了应用科学和技术科学发展的坚实基础,这样形成的知识系统才是名副其实的基础科学。

披荆斩棘的先锋总要经历崎岖险阻,后来人却可能发现捷径。本书建构的统一科学理论体系是按照理性认识的规律展开的,是内在逻辑结构发展演化的表现。统一科学理论体系的建立过程是归纳、凝练、升华而达致揭示终极真理的收敛过程。不过,要把这些纯粹科学理论应用于各个领域的各种事物却是无限的发散过程。虽然统一科学依靠理论思维登上了纯粹科学的顶峰,但是真理只能证伪而不能证实,所以统一科学的实证及其引发的一系列特殊而迷人的新问题,正散发着勃勃的生命力。壁立千仞,高山仰止,或许在统一科学理论厚积薄发的实证和应用中,许多伟大的发现才刚刚开始。

第二节 统一科学与应用技术

认识与实践存在辩证关系。把纯粹科学或基础科学的一般理论应用于实践,就可产生应用科学和技术科学。纯粹科学、基础科学、应用科学和技术科学是不同类型的创造性活动。科学技术推动了人类社会的进步,也在功利导向下畸形发展。百无一用的统一科学昭示了真理的底蕴,还要引导人们在造福人类活动中遵循规律与有效运用之。

一、认识与实践的辩证关系

人们的认识是在实践基础上主体对客体的能动反映。一切以人类生存发展为目的的感性活动的总和就叫作实践。实践是人类自觉自我的一切行为,是人类改造世界(包括自然和社会)的有意识活动。实践是认识的直接来源,认识只有在实践的基础上才能发生,也只有依赖实践的推动才能发展。

人们认识过程的第一次飞跃是经由感性认识上升为理性认识,包括从纷繁复杂的现象入手区分真象和假象,抓住事物形态的本质特征,揭示其内在联系的规律并形成科学理论。感性认识指感觉、知觉和印象,理性认识指概念、判断和推理。理性认识是人类认识的高级形态。理性认识的形成以观察和实验事实为基本依据,以专门的仪器系统和符号系统为认识手段,以事物(包括人)形态为对象的认识活动和知识体系。

科学认识是人类在实践经验和感性认识的基础上产生的理性认识,这种能够正确反映事物形态的本质及其内在规律的理性认识都具有不依赖于主体的客观真理性。科学认识活动是探索和掌握真理的过程,它包括理论活动、评价活动和观察实验活动。

认识的最终目的是把理性认识用于指导实践。人们认识过程的第二次飞跃就是从理性认识到实践,只有通过这次更为重要的飞跃才能使人们的认识物化和对象化,使精神力量转化为现实的物质力量。不论现代人的认识手段、方法和形式如何多样化或精密化,各种仪器、电子计算机、模拟方法、模型方法、数学方法、符号系统等在人们认识过程中发挥何等作用,主体和客体之间的中间环节再复杂,认识的根本目的还是要把理性认识应用于实践,去指导实践和改造世界。

从理性认识到实践的过程是应用理论和解决实际问题的实践过程。实践的基本特点是:①实践是客观的物质性的活动。与主观认识活动和精神活动不同,实践具有直接现实性,是可以直接为人们感知的客观存在的活动。②实践是人类自觉的有意识的活动,体现了人类区别于一般动物的特殊能动性,一切活动都是在一定的思想支配下有目的地进行。③实践是社会生物性行为的活动。作为实践的主体不是抽象的人或孤立的人,而是处在一定社会关系及其历史发展之中的人,其行为是人们社会性的共同活动,具有社会历史性。

在社会历史发展过程中,人们对客观现实的认识不断地向前发展,人们的实践也不断地向前发展,在实践基础上由感性认识上升到理性认识,又由理性认识向实践能动地飞跃。实践、认识、再实践、再认识,循环往复以至无穷,认识的内容由此而不断地扩展和加深,展现了整个人类认识从相对真理向绝对真理不断迈进的辩证过程。

理论是人们在认识世界和改造世界的知与行中产生的。理论与实践的辩证关系要求理论只有回到实践中才能发挥其效用。理论回到实践,就要以理论为向导,以应用为中介。理论应用的正确取向就是推动科学实践的发展,但是只有人们自觉地按照事物的客观规律和科学理论来思考和实现具体事物形态与性能的行为才是科学实践。坐而论道容易,起而躬行不易。科学的发展总是得益于理论与实践之间的良性互动,不切实际的玄思空谈和狭隘的实用主义都是科学发展的天敌。

科学的崇高使命是揭示事物形态的客观规律并使人们能利用规律引导事物向着有利于社会进步的方向发展。科学理论能给事物的本质、属性、运行规律、未来走向等以系统而可信的阐释,是帮助人们建立一定的科学世界图景的望远镜和认识事物本质的显微镜,还是引领人们科学实践的指南针。人类正确认识世界的目的就是要"明体达用",在科学理论的帮助下有效地指导改造世界的实践。

科学实践是人们认识自然、探索和追求真理的活动,是检验和证实人的认识正确与否的唯一标准。主体的思维是否具有客观真理性,必须靠科学实践来证明。科学实践是主观和客观、主体和客体一致的基础,并在改造客观世界的过程中不断推动主体主观世界的改造,锻炼和提高主体的认识能力。科学实践的过程是检验理论和实现认识的过程,也是修正、补充、丰富和发展认识的过程,还是主体整个认识过程的继续。

科学实验是科学实践的基本形式,是现代获取科学知识的主要手段,其要点是:通过实验(包括观察)收集感性材料,积累数据,启发建立新概念、新命题的灵感,形成理论框架;通过实验取得数据资料,检验理论,修正和发展理论。在现代,科学实验的主要形式是实验室实验,这种经过特别改造的实践形式就是人们在实验室所进行的研究活动。实验室实验能摆脱现场实践种种特殊的、实时的、局域的、偶发的因素,能控制实践的环境、条件、内容、方式,能对实践客体进行必要的分离、选择、强化、改造,排除现场实践的地域性、实时性、特殊性,可以人为地加速或延缓某些自然进程,使那些在广阔范围或长远过程中起作用的事物本质和规律得以显露出来。[4]

在现代科学的许多领域,许多科学研究的对象已经扩展到现场实践无法触及的自然现象领域,包括微观世界和宇观世界以及宏观世界中那些不允许人直接进入的领域,基于现场实践获取科学知识和检验理论变得不再可能,实验室实验便成为科学实践的唯一选择。

不过,实验室实验能够取代现场实践还在于它有诸多的特点和优点:①能把实验对象从环境中分割出来,除了把必须考察的要素作为输入输出,跟外部环境的所有联系都被切断。②能把对象分解为彼此界限明确的组成部分或变量,可分别对它们进行实验研究。③所有操作都具有可重复性,不同实验者只要在相同条件下采用相同的方法,即可获得相同的结果。④现场实践的对象是客体的原型,实验室实验的对象是客体的模型,模型是根据现有科学理论和实验者的预测或猜想制定的,是经过实验者主观加工过(如简化、典型化等处理)的客体,已深深地打上主观认识活动的印迹。模型必须把原型显著地简化,足以放在实验室中重复运行,实验结果却能足够近似地反映对象原型的本质特点和运行规律。

如今,实验室工作已经成为一种主要由科学工作者来承担的社会劳动和社会职业。但是,这一切都不过是人类认识与实践的一种高级劳动方式。在认识世界和改造世界的"知与行"活动中,要做到"穷理尽性",就要有穷尽物理之究竟的认识,而且要通过科学实践尽可能地把道理的性能发挥得淋漓尽致,只有把"知"与"行"统一起来,知行合一才称得上"善",只有穷理尽性才能止于至善。

其实,按照科学的研究对象和认识目的来分类,科学可以看作由两大分支组成:一个是基础科学,另一个是应用科学。基础科学的目的在于揭示客观事物形态的基本规律,并以理性认识的观念形态成果来奠定基础理论。应用科学是把基础理论转化为实际运用的科学,是应用基础科学中的基本规律和理论来解决生产斗争中出现的问题的学问。其目的是为了改变客体的存在形态,获取有益于提高实践水平的知识,而手段是事物特殊形态和功能及其效益的具体化。

如果基础科学仅仅由抽象理论和逻辑技术组成就可称之为纯粹科学。把纯粹科学或基础科学的一般理论、概念和方法应用于自然和社会的具体实践,就可以产生主导人类物质文明进步的应用科学。应用科学的研究纲领是运用纯粹科学或基础科学揭示的已知原理及知识为探求具体事物的特定目标做全能服务。所以,英国博物学家赫胥黎在1880年的"科学与文化"演讲中说过:"人们称其为应用科学的东西,无非是纯粹科学对于特定种类问题的应用。它由借助推理和观察确立的、构成纯粹科学的普遍原理的推论组成。没有一个人在他牢固地把握这些原理之前,能够保险地做出这些推论;他只能通过它们赖以建立的观察和推理的操作的个人经验,才能达到这种把握。"[5]

纯粹科学与应用科学各自在科学体系中的定位不同,发展历史不同,各有自己的价值取向、行为规范、符号系统和理解环境的方式。纯粹科学与应用科学差异的突出之点在于:纯粹科学追求学术价值,应用科学崇尚商业价值。纯粹科学的目的是通过探索来发现真理并传播这些基本原则,所以科学组织寻求的是一种不变的东西——永恒的真理;而应用科学的目的则是通过畅销产品的开发和供应来获得利润,所以商业组织寻求的是一种不经久的东西——能卖的产品。

其实,庄子早在2300多年前就说过:"知无用而始可与言用矣。"纯粹虽然无关应用,纯粹科学固然无利可图,却可为社会应用提供理论工具,其成就必然惠及应用科学。

应用科学对社会大有裨益,反过来也会刺激纯粹科学的研究,并为纯粹科学的顺利进展提供器具和条件。作为人类文化的支柱,纯粹科学和应用科学就像"源"与"流","体"与"用",相辅相成,相得益彰。理清源流,使理论建立在科学基础之上,有助于让理论更好地服务于实践并在实践中进一步发展。

英国物理学家坎贝尔曾经指出:"纯粹科学和应用科学是经验知识这棵大树的根和分枝;理论和实际是不能分离的统一体,如果不给双方带来极大的破坏,就不能将其分开……只有当科学既作为一个满足知识需要的源泉,又作为满足物质需要的手段成为普遍认识的时候,从一个极端跳到另一个极端的危险才能避免。"[6]可见,人们只要把纯粹科学的理论植根于自然和社会生活实践中,就必然会在探索前沿新知的过程中获得强大的生命力而枝繁叶茂。如果能做到"源"与"流"的完美结合,就能获得对时代发展有价值的成果。

虽然应用科学的任何进步都是源于纯粹科学之体的引导,但是人类物质文明最显著的进步是在技术方面,科学在物质形态上所具有的功能是通过技术中介实现的。技术的发展依赖于科学技术原理的发现,也就是说先有原理的研究,然后才有以原理为基础发展起来的各种技术和各种具体应用。技术手段的合理应用也可以产生技术科学。因此,有必要理清纯粹科学与应用科学和技术科学的关系。

(一)应用科学

应用科学是把纯粹科学或基础科学的理论转化为实际运用的科学,是综合运用技术科学的理论成果创造新技术、新工艺和新生产模型的科学。应用科学提供了物化的现实,使知识得到有益的应用,其目的在于利用客观规律干预、调节、控制、改造自然界或创造人工世界、人造物,使人们日益增长的物质和精神需求不断得到满足。

应用科学的任务在于创造。应用科学是自然科学体系中的应用理论和应用方法,它研究的方向性、针对性和目的性都很明确。当它直接作用于生产时,可以创造性地解决具体生产和工程中的技术问题,又可以直接体现人的需求,凸显经济效益或社会效益。应用科学所包括的学科门类最多,社会对其投放的人力、物力和财力也最多。

应用科学直接涉及基础科学理论在现实中的应用,而应用科学与纯粹科学或基础科学的关系又是复杂的,一方面它们之间的联系是"共生的"和"紧密的",相互依赖、互为因果又相互影响,另一方面,无论它们是否被具体地分开,它们本来就具有某种对立和互斥的倾向。所以,科学的发展要求纯粹科学或基础科学的研究与应用研究永远不要彼此过于分离,而是要互补互惠、相互结合,才能收到珠联璧合和相得益彰的效果。虽然应用科学易收切近之功效而为人们所重视,但又不能因为取得显著的进步而忘本,更不能因此而排斥纯粹科学或基础科学。在应用科学的帮助下,人们可以提高控制能力,从而促使新的技术发明。可是,一旦没有了基础科学理论的强大支持,应用科学的发展就会受到很大的限制而停滞不前。

应用科学具有致用的强大功能,是为了获得新知识而针对具体的特殊事物进行的创造性研究,在获得知识的过程中主要是针对某一特定的实际目的或应用目标,所以应用科学又称为实用科学。[7]例如,经济学要经国济世,自然是以致用为目的而不是为学,为学只是手段。应用科学研究的特定目的不外乎两类:一是发展纯粹科学或基础科学的研究成果并确定其可能的用途;二是为达到具体的预定的目标而确定探索应采取的新的方法和途径。在进行应用研究的过程中,所获得的科学技术新知识是建立在开辟新的应用途径基础上的,是对现有知识的扩展,同时又为解决实际问题提供了科学依据,并在科学技术的有限范围内对具体领域、问题或情况的应用产生直接影响。

由于应用科学面对的是无限多的具体事物和特殊对象,因此人们在观察这些具有特定性质的事物时,不仅可以在一定的范围内发现其存在形态的共性和变化的规律,而且可以利用这些事物形态的特性,遵循或组合其中的某些(个)规律,或发现定律定理之类的"小道理",就能发明技术和产生应用成果,真正做到明体而达用。

此外,应用科学在借助于感性对理性世界再发现和创造的过程中,还明显地体现着心理学、生态学、美学的内容。例如,工程设计程序、劳动对象成型方法、对工艺可靠性的评估方法、保障优化生产的方法、减轻劳动强度和节约材料的方法等,都构成了应用科学的基本内容。

(二)技术科学

实践的需要和应用科学的发展不断地向人们提出认识世界和改造世界的课题,而解决这些课题必须有相应的技术提供必要的经验材料和必要的工具与手段。"技术"的本意为工艺、技能。技术以发明革新为核心,着重解决人类需要的事物"如何做"与"怎么做好"的问题。技术是从试验和错误当中直接发展起来的,一般不包含有条理、有系统的一系列观察。

技术与人类同生同长,制造工具的原始人是先掌握了技术,经过漫长的历史演变,人们才悟出其中的道理。技术的发明和使用比科学的历史久远得多,在人类生产发展史上的大部分时间里,生产活动主要依靠人们的经验。近代科学发轫初期,科学与技术的发展仍然分道扬镳。即使在今天,某些技术也可以脱离科学理论自主发展,甚至在较低层次或较小范围就可以由一些技师和工匠发明一些"雕虫小技"。

技术是人们为了特定目的所应用的一种手段和方法,包括客观的劳动手段(工具、设备等)和主观的精神因素(工艺流程和加工方法、知识、经验和技能及组织形式等)。技术是人类关于制造和操作的系统知识和技艺的总和。技术一般表现为三种形态:①抽象形态的技术,即技术科学;②物化形态的技术,即人所创造的工具、设备、仪器等;③功能形态的技术,指对客体的加工和改造方法。[8]

技术是人类智慧的结晶,可以发明创新,可以无中生有,但规律不能创新。科学研究对客观规律的探寻只能是发现,而不能改变。技术需要科学思想的统领和提升。把基础科学的规律和理论应用在具体的事物上就存在着技术,把基础科学转换为工程技术的学问就是技术科学。技术科学以扩展人类自身能力为目的,以基础科学理论为指导,研究和考察各个技术门类的特殊规律,建立共同性的技术理论,并提示同类技术的一般规律应用于工程技术客体。技术科学将科学理论转化为技术,又将技术知识提高到理论而成为科学。[9]

技术科学相对于基础科学而言是研究具体对象的特殊运动规律。技术科学的研究从一开始就带有明确的实用目的,即为了人的生存和发展而主动地改变客体的形态,它采用适当的策略和方法把一般规律应用在特殊事物上所取得的每一项成果都是发明。技术科学是纯粹科学或基础科学转化为直接生产力的桥梁,也是基础科学和应用科学的主要生长点。所以,技术科学已成为知识产业中的一项活动。

当技术科学自觉地综合利用了纯粹科学或基础科学的一些道理和知识,并以一定的技巧和方法来解决一些实际问题,就为适应人类越来越复杂和越来越高标准的生活的需要提供了便利的手段。当技术科学经历了"从普遍到特殊,从抽象到具体,从综合到分析"的过程,就实现了理论到现实应用的转化。技术科学能给解决实际问题提供直接的理论指导,是现代科学中最活跃、最富有生命力的研究领域。技术科学与生产实践的联系比较密切,因而发展极其迅速。

从基础理论到实际应用要借助于技术科学。应用科学是对功能技术形态的概括和总结,技术科学是科学与工程自觉的结合。应用科学虽然滞后于技术科学,基础科学滞后于应用科学,纯粹科学滞后于基础科学,但是纯粹科学或基础科学的基础研究是应用科学和技术科学创新的源泉。纯粹科学是应用科学之父,基础科学是技术科学之母。

回顾人类文明的发展史,应用科学和技术科学的实用性、经济性和可行性使得人们认识自然的手段不断增加并不断提高,其广泛的成果已普遍为人们所接受。现代科学生成了现代意义的技术科学体系,并带来现代技术万马奔腾的局面。时至今日,数量呈指数增长的科技成果绝大多数是体现在应用科学和技术科学层面上的,而不是在纯粹科学或基础科学的基础理论之上;就是为数不多的基础科学研究成果也主要是应用性的基础研究,而不是纯粹科学的理论研究。

纯粹科学、基础科学、应用科学和技术科学是不同类型的创造性活动,这四大门类都有各自的研究对象和目的,有着不同的内容,体现着不同的价值,既是自然科学体系中的不同组成部分,又是四个密切联系的不同层次,它们互相影响、互相促进。从每一门类的组成来看,它们又都是由相应的科学理论和技术方法所组成。这就像美国学者司托克斯提出的四象限模式:纯粹科学(处于第一象限)由抽象理论和逻辑技术所组成;基础科学(处于第二象限)由基础理论和实验技术所组成;应用科学(处于第三象限)由应用理论和应用技术所组成;技术科学(处于第四象限)则由技术理论和专业技术所组成。[10]

纯粹科学、基础科学、应用科学与技术科学的成果在形式上也是不同的。纯粹科学和基础科学是为开发未知领域提供精神财富,其研究成果表现为发现规律或提出概念、理论和论文及著作等形式,成果是全人类的共同财富或"公有的知识",由于没有商品载体而不具有商业性;应用科学与技术科学是为满足人类现实需要提供物质财富,其活动成果以工艺流程、设计图、配方、操作方法、诀窍等形式出现,成果在一定时间内是"私有的知识",可以形成专利和商品化。

纯粹科学、基础科学、应用科学与技术科学统称科学技术,而科技则是科学和技术的简称。科学与技术早已把道与器两者糅合在一起,成为难解难分的辩证统一体。所以,科学技术是纯粹科学、基础科学、应用科学和技术科学的共同体和生态链,有着不可分割的紧密联系,它们相互依存、相互渗透、相互转化。纯粹科学和基础科学的基础理论是应用科学和技术科学的根基;神形兼备的应用科学和技术科学是纯粹科学和基础科学的延伸和发展方向,又为推动纯粹科学和基础科学的发展及检验基础理论的真理性提供了无限广阔的天地。但是,社会生产力才是应用科学和技术科学发展的成果与归宿。

纯粹科学、基础科学、应用科学和技术科学可以协同进化。如果把科学技术看作一棵逻辑大树,其植物生长素就是纯粹科学,根系和树干就是基础科学,枝杈和树枝就是应用科学,而树叶就是技术科学。构成统一科学理论体系的单元系统形态转化基元规律就像植物生长素一样遍布整个科学技术大树的根系、树干、枝杈和树叶,而且单元系统形态转化基元规律或单元系统形态分布基元规律只有扎根于自然的土壤,只有付诸社会的实践才能充分吸收实践环境中的养分,也才能生长出称为应用科学和技术科学的干茎,而每一杈的干茎还可以不断生长出新学科的枝条和叶片。

二、功利导向下的科技发展

科学技术发展的最大进步是从自发阶段跨入自觉阶段,而科学技术进入自觉阶段之后必然有了实用和功利的目的。现代科学技术机制的成功运作,在推动社会进步的同时创造了巨大的社会财富,对经济社会发展具有决定性的作用。科学技术对大自然的探知可以使人们在一定程度上"先知先觉";可以引导人们适应和驾驭自然规律,实现人与自然和谐相处;可以开拓与创新资源,克服资源稀缺和边际效用递减的局限;可以将人类的理念物化为产品和产业,创造新的生产力;可以帮助人类预知和规避各类风险和自然灾难,保障经济社会安全发展。

作为科学技术这一链条始端的纯粹科学和基础科学当然具有实用价值,但通常是不以任何功利目的做指导的。纯粹科学和基础科学以论道和求真为本务,毫无功利可言。人们所认知的事物性能对于人类或可带来功利或可带来祸害,都是客观存在的;人们所揭示的事物形态的构成规律和生成规律也都是不以人的意志为转移的,是不可以用金钱来衡量其价值的。人们理性认识所发现的有关事物性能的科学知识可以说都是中性的,并不会对社会生态或自然生态带来坏的影响。例如,发现了X射线的科学家可能并未想到日后它会应用于医学。

然而,事物的性能之于人们在客观上确实存在着利与害的两面性,造福人、有利于人的性能就称为功能;危害人的性能就称为负功能。当人们在拥有了某些事物形态及其性能的知识或掌握了某些事物形态的变化规律以后,自然会把所认识的事物性能与其生计和利益联系起来,就会努力发明应用技术来趋利避害。当人类拥有的独一无二的思维与特定事物及其性能的科学知识和开发技术组合在一起时,技术发明所创造的成果就变成符合人们价值观的可以利用的东西。因此,技术发明家、工程师等就要通过对人们立竿见影的应用研究成果来体现自身价值,生产出人们所要的生活用品和其他产品。

虽然纯粹科学或基础科学不讲政治,也没有国家利益可言,但是什么人掌握它,通过什么方法去研究它,以什么目的去应用它,技术发明成果所带来的后果可能完全不同。在应用基础科学的理论和客观规律的过程中,人们是不可能"胸中廓然无一物"来"幻出奇诡"的。正因为纯粹科学或基础科学的研究成果能够帮助人们认识事物形态的特征性能和规律性,能够不断为人类生活的改善提供理论指导,人们必然自觉地加大技术开发力度;而应用科学的直接结果就是新技术、新工艺和新机器的涌现以及对某些人群有利益的产业的发展。

随着基础科学研究的深入,应用科学和技术科学往往会在人们的社会生产和生活意想不到的领域发挥不可思议的作用,由此引发的技术革命和解放的生产力对于人类文明、经济发展和社会进步都可以发挥巨大的推动作用。恩格斯曾说过,"社会上一旦有技术上的需要,这种需要就会比十所大学更能把科学推向前进"。像18世纪60年代的英国工业革命得益于工场手工业时期积累的生产技术和科学知识,社会生产力飞速提升;19世纪70年代,近代自然科学突破性地发展并与工业生产紧密结合,推动了第二次工业革命,内燃机、电动机逐步替代蒸汽机,社会生产组织形式和管理方式发生了巨大变革,促进了生产力突飞猛进地向前发展;20世纪四五十年代,科学理论的突破、"二战"期间和战后对科技的迫切需求推动了全方位的科技革命,引发了第三次工业革命,社会经济结构和生活结构发生了巨大变化。[11]

任何时代的经济发展和社会进步都离不开科学技术的支撑,而技术进步等实用价值是科学活动的结果。一部社会发展史,也是一部科技进步史。回首自18世纪发明蒸汽机进入工业革命以来至今科技进步的标志与社会发展的历程,人类创造的物质财富比之前数千年创造的物质财富总和还要多,人类社会每一次进步的决定性因素就是科学技术,科学技术是经济发展和社会进步的革命性推动力。

技术是为某一目的的共同协作组成的各种工具和规则体系,是应用科学知识来实现人类特定的目的,是人类"明体达用"的重要手段。由于应用研究和技术发明具有极强的实际目的或特定的应用目标,这就决定着科学技术的发展方向。人类认识世界是为了改造世界,人类改造客观世界的能力就体现在生产工具的变化上。在从手工工具到机器再到人工智能的变化过程中,社会生产力的发展由自然条件起决定作用演变成为人的地位和作用占据主导地位,进而人便从直接生产过程中解放出来,成为生产过程的监督者和调控者。在整个发展进程中,社会生产力中的科学技术由开始的比重较小上升为一种关键的力量,进入物质生产过程就逐渐成为决定性因素,从而使人类社会从蒙昧走向了文明。

当今世界,国家经济、民族文化、社会生活、人民教育等各项事业都与科学技术有着十分密切的关系,受到科学精神或生产技术的推动和引导。日新月异的科学技术正在全方位地影响着人们:从电脑到手机,从汽车到居室,从食品到药品,从旱灾到涝灾……科学技术已经渗透到了人类生活、工作、教育与娱乐的每个角落和经济社会的方方面面。现代科学技术给人类提供的知识和方法不但左右着社会文明的进程,也在改变着人类的生产方式、生活方式、思想方法和思维方式,甚至加快了人类的进化速度并在改变人类的基因。

科学技术与社会的关系从未像今天这样紧密,科学技术对于社会的繁荣、安全、健康、环境和生活质量比以往任何时候都更加重要,对当代人的生活影响更加巨大,作用更加明显。在今天,信息的爆炸、通信的快捷、生活的日趋智能,到处都显示着科学技术的威力,谁不重视科学技术,谁就要被淘汰。科学技术发展的脚步越来越快,它自身也在进化、上升和突破,并造就了一连串的新奇迹。科学技术已经成了人类文明发展进程中"活生生的一部分",成为引导人类开拓进取与积极向上的灵魂。

科学技术不仅成了现代人最为崇拜的对象,而且作为现实生产力和一个国家综合国力的代名词,被推崇为第一生产力。科技实力决定着国家的命运,科技创新是国家强盛的源泉,是人类社会发展进步的重要驱动力。没有高技术支撑,就不可能实现经济的快速增长,就不可能提高人民的生活质量,就不可能保障国家安全。因此,如今许多国家都致力于发展高技术。

然而,无论是面向国家安全还是面向国民经济的高技术都是以应用为目的的技术,人们一旦把现实利益做成基础理论的"运作平台",科学之道往往随之隐失。只要把事物的功能与相关者的利益相联系,科技发展就具有了功利性。应用科学和技术科学总要通过实用上的价值来体现,总有利害得失贯乎其中。在用效益或性价比进行评价时,人们必然只崇尚方法的高效和出产的丰厚。例如,纳米技术自"诞生"以来就在世界范围内掀起轩然大波,人们还来不及破解纳米技术对自然环境和人体健康的威胁或危害程度有多大,纳米材料就在商业应用的驱动下迅速走出实验室,变身为大众身边的消费品。

人类应用科学理论使得技术创新能力得以快速发展;科学技术与经济的结合也确实带来了财富等"功利",从而使科学技术发展本身获得了巨大而持久的推动力。但是,人类由此也就滋长了自我封闭与妄自尊大的思想,并形成了人类中心主义和功利主义。

因此,人类活动追求的全部的和唯一的目标都在"以人为本"的基础上变本加"利",人类以外的一切事物都被看成仅仅是有待加工的原材料。

回顾人类科学技术的发展来路,整个走向可以说大都是在人类功利主义驱动下形成的轨迹。科学技术发展的动力和趋向大都不是追求真理,而是人类控制事物性能的权力和能力。由于利益相关者的享乐之心、占有之心、贪婪之心、狂悖之心涌动不息,在许多方面人们甚至使得纯粹科学或基础科学的理论研究低级化、庸俗化或商业化,而且在观念形态上已经把世界理解为外在的、现成的、机械的事物,因而是可以宰制、改造、统治的事物。

科学技术被功利主义的人们狭隘、片面地理解和运用后,必然导致对科学技术的谬用、误用和不适当地利用,只偏重物质性、经济性的当前功利,进而导致人们在发展和应用科技上的"短期思想"和"短期行为",容易诱使人们为谋求眼前利益不恰当地使用科学技术,甚至为了穷奢极欲而严重地忽视科学技术的其他社会功能,造成过度开发自然、破坏生态环境甚至威胁人类生活与安全的巨大恶果。例如,近十几年来,分子生物学技术的进步使科研人员能够操控或重新设计不同生物组织的脱氧核糖核酸(DNA)编码区,在可预见的未来,DNA的演化与变异将不再仅仅发生在自然界,同时也可以在实验室或者医院里实现。另外,由分子生物学、基因组学、信息和工程技术交叉融合的合成生物学引发的生物技术革命又催生了新的产业。由于合成生物学旨在改造生命和创造新的生命形式,打破了"自然"和"非自然"的界限,随着合成生物学技术的扩散和制造成本的降低,"人造胚胎"和"基因占卜"等技术已经在社会上引起有关伦理道德的困惑与生物安全的争论。

科学技术推动了人类社会的进步,使人类在自然面前仿佛变得无比强大,然而人类本身就是自然的一部分,自然界的法则和事物的客观规律并不任由人们摆布!目前,科学技术不能解决的问题还俯拾即是。明白和承认这个事实,人类才能对科学技术形成恰如其分的认识和评价,才会对人类自身的能力有一个清醒的估计,才会对人与自然的关系(人类在大自然中的位置和角色)有一个恰当的定位。

对于人类来说,任何事物的性能都有两面性,任何一项科学技术进步也都有两面性。科学技术就像是一把所向披靡的双刃剑,其利害功过就在人们的把握与导向之中,需要人文精神来为它确定方向和力度。1931年,爱因斯坦就曾经向准备从事科学研究的青年人发出过忠告:"如果你们想使自己一生的工作有益于人类,只懂得应用科学本身是不够的。关心人的本身,应当始终成为一切技术上奋斗的主要目标;关心怎样组织人的劳动和产品分配这样一些尚未解决的重大问题,用以保证我们科学思想的成果会造福人类,而不致成为祸害。在你们埋头于图表和方程式时,千万不要忘记这一点。"

世间万物,凡兴一利必生一弊。对于现实生活最有功利价值的科学技术的负面作用是内生的,往往不可能通过进一步的发展得以解决。对科学抱有的功利性期待越多,距离真正的科学也就越远。带有功利色彩和目的预设的科学理念在一定的历史时期促进了科学技术的发展,科学技术进步可以改变世界却未必代表社会的进步,丧失价值或迷失方向"亦正亦邪"的技术(像军用人工智能、对抗性生成网络等)越精,破坏力反而越强。

科学技术本身是作为一类手段或工具而具有的力量,从文明社会的价值观来看,如果科学技术是为道德正义所驱动就是生产力,如果科学技术是为邪恶野蛮所驱动就是破坏力。在国民财富增长和人类生活改善越来越有赖于知识积累和科技创新的今天,在商品全球化和利益全球化的今天,在科技成果转化和产业更新换代周期越来越短的今天,处在"人类世"起点附近的人类如何约束自身理智地控制改造自然的冲动和安全地运用科学技术,如何让科技创新成为可持续提升生活品质与开拓美好未来的积极因素,已成为日益受到瞩目的问题,也成为需要科学界和全社会共同深入思考与急迫解决的问题。

三、统一科学的无用之大用

以认识自然为目的的纯粹科学和基础科学是没有任何功利目的的人类理性认识的结晶,科学理论本身是中性的,无所谓好坏。应用性需求与任务是基础科学无法承担的责任,由科学认识构成的学问体系可以达到十分理性的境界,却不能直接实现任何物质的实在。科学技术在其发端处并不是出自功利的欲求,也不想去改造什么而是作为一种探求世界本原和安顿人类心灵的文化而存在。在亚里士多德看来,求知是人的本性,哲学家研究哲学不是为了经世致用,而是因闲暇而沉思,因沉思而诧异,因诧异而求知,因求知而满足。"不论现在还是过去,人们只是由于诧异才开始研究哲学,他们起初对眼前的一些问题感到困惑,然后一点点地推进,提出较大的问题。"

认识世界始终是科学的基本目标,揭示真理则是纯粹科学的最高使命。统一科学是一门为知而知、为思辨而思辨的纯粹科学,以获致真理为最终归旨,因而是自由的学问,其主观目的只是满足人类的求知欲和好奇心而已。统一科学在揭示各种事物形态规律之间的关系中所表现出的完备的超功利特征,使得其纯粹性和真理性得以显现。

单元系统形态转化基元规律的发现奠定了统一科学理论体系的基础,统一科学创立的理论体系又为科学技术殿堂的建立奠定了坚实的基础。不过,如果统一科学仅仅停留在"魂不附体"的纯理论基础层面上坐而论道,则人们永远看不到神圣雄伟而又多彩多姿的科学技术殿堂。统一科学的任务除了要揭示事物形态的变化规律和分布规律,还要引导人们去认识规律和掌握规律,进而顺应规律和践行规律。

《荀子·修身》有言:"道虽迩,不行不至;事虽小,不为不成。"从纯粹科学和基础科学迈向应用科学和技术科学,是人们认识世界和改造世界的完整的生态链。现在,统一科学的真理底蕴已经昭示,并在科技结晶体内核发出了光芒,人们在此光辉的引导下就可以从理论自觉迈向行为自觉,以理导行,以行彰理,理行合一。统一科学也只有从纯粹科学迈向应用科学,把基础理论广泛应用于指导现实经济社会发展的具体实践,才能不断地演绎出应用科学和技术科学面临的各种实际的生动的知识,成为人类文明进步的动力。唯此而行,统一科学才能通过科技与经济协调发展真正造福人类,人类也才可能获得更加光明和美好的前途。

老子说过,无用之处有大用。统一科学理论体系的建立绝不是一种猎奇或一种雅兴,而是应用科学和技术科学的先导,也是技术活动和发明活动的基础和准备。作为实用型科研成果的根基,它为技术、应用和生产的发展开辟了各种可能的途径,提供了扩大人类利用自然力的可能性,形成了理论、技术、应用和生产的发展顺序。

从理性认识到实在事物的形态与性能实现,依其转化程度可以分为不同的发展层次。任何一项科学技术的发育,都要经历科学、技术、生产这三个阶段才能变成直接的生产力。在人们认识和改造世界的实践中,不断进步的科学技术作为第一生产力已经是人类社会进步的巨大推手,并且深刻地影响自然、经济和社会生产生活的方方面面,包括人们的思想观念、思维方式、生产方式、工作方式和生活方式。

认识世界的理论探索驰而不息,在从纯粹科学迈向应用科学的过程中,人的认识也会随之不断深化。科学理论的创新永不枯竭,改造世界的实践永无尽头,审视理论的验证也永无止境。随着主体认识能力的发展,认识客体的广度和深度也会因之扩大和加深,从而又推动科学技术更加全面、更加深入地发展。像现代科学技术的迅猛发展,各种科学方法和精确严密的技术手段被广泛地应用于实践和认识领域,人类的认识能力也得到了空前的提高。与此相适应,科学的认识对象也在广度和深度两方面以前所未有的速度扩展着。

基础研究是科学之本、技术之源,在世界范围内的许多创新都是从基础科学发展而来的。技术科学使基础科学转化为工程技术的时间大为缩短,使人们更加清楚地认识基础研究的重要性。人类社会已经进入空前的创新密集时代,科学理论的突破成为各行各业技术创新的源泉。在科技创新内在规律驱动和全球发展巨大需求拉动的共同作用下,新科技革命和产业变革的巨大能量已经迸发。如今,世界经济的发展与科技革命、科技创新相伴而行,以新技术催生新产品、培育新产业、开拓新市场已成为新时期国际竞争的鲜明特点。移动互联网、智能终端、大数据、云计算、高端芯片的发展,带动信息产业及其众多相关产业加快变革。生命科学、生物技术方兴未艾,带动健康产业、现代农业、生物能源、生物制造、环保产业不断壮大。信息技术与制造业、新能源、新材料、基因技术的交叉融合成为新的发展趋势。

统一科学是科学与理性的集中表现与高级形式。统一科学作为纯粹科学的确是没有什么用处的,但是统一科学最大的用处也许就在于它没有什么用处。正因为统一科学"无用"于社会,其"求真"的理性运作才不为社会价值所束缚。统一科学虽然为精神的自由解放创造了条件,并为广泛的应用提供了物化的可能,但是如果社会道德和生态伦理的缺位以及人的价值观错位,就可能导致技术成果的滥用与技术应用的无良发展。

科学播下文明的种子,技术却能把它连根拔起。

不过,统一科学在理论上实现重大突破后,已经为技术科学、应用科学和社会生产的加速发展提供了内在动力。只要人们认识、理解、尊重统一科学与应用科学的差异,就可能实现统一科学与应用科学的协同。只要人们自觉地掌握了统一科学的理论和放之四海而皆准的真理,就能在应用科学中以不变应万变。在正确的道德观引领下,将统一科学的理论成果应用于实际情况,必定极大地丰富人们进一步认识自然和改造自然的技术手段,必将在改变世界经济社会发展中占有重要的地位,其发挥的巨大威力必然极大地促进社会和文化的进步。因此,不能把统一科学揭示的规律和建立的理论束之高阁,必须在各个领域自觉地、能动地加以应用。统一科学只有完成从理性认识到感性认识的第二次飞跃,才能让人们感受到理论知识的强大生命力。

科学探索永无止境。科学对人类文明进步的贡献,对经济社会发展广泛而深刻的影响,无不以发现新的知识为前提。科学以探究真理、发现新知为使命,通过拓展认识的新疆域,增进对外部世界及人类自身的理解,引领人类不断摆脱蒙昧和迷信,从必然王国走向自由王国。[7]统一科学是人们认识世界和改造世界的指南,可以启迪人们的智慧,引发可产生链式反应的科学突破,为推动技术和经济发展开拓美好的前景。统一科学作为一种文明的力量,将不断改变人的认识能力,推动社会生产力的进步,从而在知识经济兴起的当代引起一系列产业结构、经济结构和社会结构的巨大变革,由此创造出现代新文明。

第三节　道理应用与技术发明

应用科学的规律和理论来能动地引领实践活动,要有确定的目的、计划、方案等策略设计形式。人们确定了所要追求的期望目标后,就要能动地进行策略设计和技术开发。技术发明只有通过模型的设计和试验,才能将知识性科研成果物化成产品,实现实践活动预期的价值目标。

一、策略设计与技术开发

在漫漫的历史长河中,人类为了生存、生活和发展,必须认识自然、适应自然和改造自然。科学和理性一直是人类面对自然的第一选择,没有科学和理性的人世界是难以想象的。科学和理性给人类提供的知识和方法,为人们认识世界的本质以及理解人与世界的关系提供了依据。在人们能动地探索自然和改造自然以及社会性的实践活动中,科学与理性一直在改变和完善人们的生产方式、生活方式和思维方式。

不过,科学与理性不会自然而然地走入每个人的头脑,也不可能为任何"有意义"的问题直接提供答案。科学与理性只能为人们提供一种达到目的的手段,人们借助于科学与理性的手段所开展的应用科学的活动才是可能达到既定目标的科学实践。许多纯粹科学成果的实用目的在当时甚至在很长时间都不能显示出来,许多技术也不是在科学的指导下发生的,而是一种带有偶然性的经验和技巧。科学与技术的自觉化是一个历史过程。人们在开发技术的过程中逐渐明白,科学所发现的规律可以为其所用,可以启发人们成为技术开发的理论依据,使技术开发能排除盲目性,成功的概率也就大些。

应用科学是人类自觉地、有目的地"利用"科学理论的实践活动,是实现从理性认识到实践的能动飞跃。在应用理论于实践的过程中,主体不仅要有确定的目的和需要,而且要在理论向现实转化的全过程自觉地遵循客观规律,才能形成合理的实践方法。应用科学的理论来能动地引领实践活动,要有确定的目的、计划、方案等策略设计形式,只有这样才能通过科学的实践活动来实现为人类谋福祉的实践目的。

人们的实践活动都是有目的的行为,改造世界的活动又以功效价值为标准。目的是人的悟性产生的一种行为动机,是人所产生的指导未来实践活动的并以行为结果的形式表现出来的主观意志。在不同的环境下,人的悟性和欲望都可以转化为具体人的行为动机的目的和意志,并构成人的行为和动力。每一个人都有他的目的和意志,并据此产生行为动机,构成他个人的行为和动力,而每个人又都在这种目的和意志支配之下活动着。

每一个人的悟性和欲望转化为他个人的行为和动力都是通过价值观来表现的。价值观是人们主观感觉的产物,是人们从价值角度对周围的客观事物(包括人、事、物)的意义、作用、效果和重要性持有的总的看法和根本观点,一方面表现为价值取向和价值追求,凝结为一定的价值目标,另一方面表现为价值尺度和准则,成为人们判断事物有无价值及价值大小的评价标准。价值观对人们自身行为的定向和调节起着非常重要的作用。价值观决定人的自我认识,直接影响和决定一个人的理想、信念、生活目标和追求方向的性质。

价值观是每一个人"利用"理论的动机和行为模式的统帅,代表一系列基本的"利益"信念。但是,个人价值观的形成是受其所处的社会生产方式及经济地位的影响决定的,而个人价值观又受制于人生观和世界观。一个人对各种事物的看法和评价在心目中的主次、轻重的排列次序,构成了一个人的价值观体系。价值观和价值观体系是决定人的行为及态度的基础,具有不同价值观的人会产生不同的态度和行为。

世人皆知事物用之为用,而事物所谓可用的价值特性是由社会观念所决定的社会价值决定的。人们的悟性和欲望所反映的是事物的价值特性,人们所得到的事物价值的高低,必然受到社会价值观的束缚,人们对于事物价值特性的总看法构成了社会的价值观。价值是以人和人的生活实践为中心,以"人的内在尺度"为根据,具有鲜明的主体性。价值是专属于人的范畴,其根据和秘密就在于人。人是一种现实活动着、创造着的存在物。人们认识世界的目的绝不是"为认识而认识",而是服从于人的价值目的与人变革世界的价值活动。在这种价值活动中，人不断地丰富着自己的内部世界，发展着自己的本质特征，使人之"成为人"永远处于一种创造和提升的状态。因此，人自身所特有的价值活动就是人之为人的根据，就是人之"成为人"的秘密。

价值表征的是"世界对于人的意义"。价值体现着人自身的本性和目的，体现着人的活动的方向性和目的性，体现着人对自身活动的自主调控。人们通过价值观来认识事物之间的价值联系与价值作用，并掌握各种事物价值特性运动与变化的客观规律，其目的在于指导人们的实践活动，使之按照自己的客观需要对不同的事物采取不同的选择倾向、原则立场和行为取向，从而达到最大的价值效用。

所有的应用科学的社会实践活动都是一定的群体在一定价值共识指导下有目的的实践活动，是为了共同的目的协同了一定量的具体的人的行为动机和意志而组织的集体行为。价值是人类实践活动的地盘，关注的是人的自由意志和道德选择，所以团体的实践活动就必然要由人们在社会活动中所形成的价值观来决定。价值观的力量会支持人们追求到预设的未来，并获得越来越多的利益。

不过，即使应用科学的理论和方法于实际的社会实践活动是以造福人类为目的的，但是幸福也是人们价值观等主观感觉的产物，是没有统一标准的，不同的个体或群体在不同时代或不同地域或不同境况下都有不同的概念和诠释，所以人们在社会实践过程中设定的具体价值指标都不可能完全相同。在不同时代或不同地域或不同境况下，在整个社会的大目标下，社会中不同的个体或特定的集体结合其特定的需求可以将大目标直接体现为某些具体的价值指标，并为实现这些特定的价值指标进行实际的有意识的活动。

人是世界上唯一具有目的和意志的动物，具备了有目的、有计划、积极主动的有意识的活动能力。人们确定了社会实践活动的目标，就相当于在一个只知道既定目标而没有路的地方开车或行走。为了达到社会实践活动的既定目标，人们一般都要预先根据可能出现的问题来设计具体的途径和若干对应的走法。为了实现某一个特定的目标，人们也要发挥主观能动性进行积极的思考，并遵循客观规律来探索达致目标的可能途径和应采取的相应方案及具体的行动。

在目标确定之后，遵循客观规律拟定出的各种达到目标的方案称为对策，这种可以实现目标的方案集合也叫作策略。根据涉猎全局与局部的范围之别，人们采取的策略可以分为战略和战术。战略泛指对全局性、长远性、根本性和高层次的重大问题的筹划和指导的宏观大略，是统揽全局与兼顾各方的策略和计划。战术是指为达到全局决策系统目标而运用谋略设计的微观方术，是对局部性具体问题的计策方案和方法手段或技巧。

"不谋万世者，不足谋一时；不谋全局者，不足谋一域。"为了实现某一个既定的目标，人们一般都要因势利导进行策略设计。在战略层面制定策略就是顶层设计，顶层设计是遵循事物的规律性把握事物形态发展趋势和方向而制定的大政方针；在战术层面制定策略就是基层设计,基层设计则是控制与实施具体项目的理论和实践。

对策是为达致目的所使用的手段,是因果之间必然联系的程序表述。在目标确定之后,达到目标的手段与方案都不是唯一的,一般都存在多种方式。如果根据目标的价值准则来衡量,这些达标手段和途径中必然存在一种较佳的对策。根据对策目标的价值准则,对多个对策进行分析评价的过程,称之为最佳化。人们经过最佳化选出最优对策,而决定采用的较佳对策就是决策。个人的目的和意志是个人带有方向性的决策,团体的目的和意志是团体带有方向性的决策。归纳社会上千差万别的个人活动和综合所有团体的活动对社会产生影响的总和,代表社会发展目的和全民意志的决策就是国家战略决策。

对于一个复杂的决策系统,决策活动的首要任务是开发出决策系统的战略目标。对决策系统目标的分析所采取的一般手段,要么是在多个目标中抓住主要目标作为决策系统的目标,然后对非主要目标进行概略的分析,要么是将多目标用统一的价值准则规范化,化多目标为单一目标。进行多目标决策必须综合考虑方案、目标及结果的概率描述,多目标决策往往是目标确定而方案不确定的灰色过程,像工程选址所涉及的目标就包括经济效益、环境效益和社会效益,这种外延确定而内涵不确定的灰色过程就可以采用多目标灰色局势决策。[12]

科学的决策是为未来的实践活动决定正确的方向、目标、原则、方法及解决方案。科学的决策是建立在牢靠的科学基础之上的,它是在科学理论指导下自觉地遵循事物形态变化规律或分布规律而做出的决定,是运用科学方法且经过优选的决策。然而,人们要做出符合客观规律的科学决策和顶层设计,关键还是要树立正确的价值观。

价值观决定战略目标,凭人们对事物性能的利用及其道德良知所形成的价值观是最后决定策略的核心因素。美国空气动力学家冯·卡门说过:"科学家研究已有的世界,工程师创造梦想中的世界。"工程师在价值观引领下确定了社会实践活动的目标,就要发挥主观能动性来探索达致既定目标的可能途径。为此,就要对事物形态的本质特征进行"结构—性能"分析,并提取其中与目标相关的典型功能信息,再运用科学家研究已有的世界所发现的事物形态变化规律,形成相应的实践观念和制定控制系统的可行策略。技术就是实现人们期望的事物功能或其他目标的可行策略,是人的价值观重要的呈现形态,也是设计者智慧的集中表现形式,是应用科学的必要概念。

"人能弘道,非道弘人。"作为理论的灵魂,抽象的事物形态变化规律或分布规律以及科学原理就是所谓的"道",而在实践过程中运用谋略计策所开发的方法、手段、技能、技艺和技巧则统称为"术"。科学研究成果是"不器"之用,基本规律是大道无术,而技术开发成果则表现为工艺流程、设计方案和技术装置。科学孕育技术,而科学与技术又是互补的,无用与有用是辩证合一的。"道"与"术"虽然同属于形而上,但它们是两个不同的概念。自古以来,中国人在论述"道"与"术"的关系时就认为:学问有道有术,术因道立,道因术显。术有助于对事物形态和变化过程的认识,而道有助于把握规律和建立共识。精于术而以道为本,守于道而以术御事。有道而乏术,易招人陷害,且不能发挥其所长;精于术而乏于道,乃无本之源,亦不能长久;只有精于术而明道者,才能生生不息!术合于道,相得益彰;道术相离,各见其害;轻道重术,则智术滥用;轻术重道,则徒劳无功。有道有术,以术传道,以道引术,方可谓道术合一。

科学和技术都是人类理性与智力的一种社会活动,但是科学不等于技术,其构成要素、任务、所要解决的问题、研究过程和劳动特点及成果的表现形式都不相同。例如,科学的要素是概念、范畴、定律、原理、公设、假说,技术的要素是经验、理论、技能等主体要素和工具、机器等客体要素。科学的任务是认识世界而有所发现,揭示自然界的新现象和新规律;技术的任务是利用自然与控制自然,创造人工自然物。像医生的医术再高明,也只能服务于同时代有限区域的一定数量的患者;技术也是如此,只能在一定的时空内服务于有限的人群。但是,科学理论能跨越地域、穿越时代,亘久地指导人们的行为,因为科学理论包含着不受时空限制的不以人的意志为转移的客观规律。

可见,科学技术之所以有用能用,并不是有学无术而是有学有术,基本规律和原理也只有在应用中才能显示大用的本色。人们能动地应用科学理论和遵循客观规律来设计、开发和发明适用的技术,是人们为达致某些特定的目标而开辟的弘道的可能途径。现代技术的发展离不开科学理论的指导,且已在很大程度上变成了"科学的应用"。现代科学的发展同样离不开技术,技术的需要往往成为科学研究的目的,而技术的发展又为科学研究提供了必要的技术手段。在科学与技术之间是一种互相联系、互相促进、互相制约的关系,现代科学技术的特征就是科学技术化和技术科学化。

二、技术设计的能动开发

人类社会的肇始,技术就与每个人息息相关,一刻也没有离开过。比如,古老的保留火种技术就是把雷电击中的枯树或者自燃起火的火种一直在岩洞洞穴中燃烧。直到火燧氏发明了钻木取火,才使人类的生活方式得以大大地改善。在石器时代,最早的技术是单纯地转变现有的天然资源(如石头、树木和其他草木及骨头和其他动物副产品)成为简单的工具,而后经由如刻、凿、刮、绕、烤等简单的技术手段,将物质原料转变为有用的制品。

技术一般要借助载体才可以流传和延续。像古代的甲骨文、竹简、印刷术和近代或现代的图纸、档案、各类多媒体存储记忆元器件、电脑芯片、电脑硬盘等,都是技术进程的标志性载体。

在西方,亚里士多德把技术看作制作的智慧。在东方,中国古代《史记》之《货殖列传》中,"技术"一词意为"技艺方术"。"技"与"术"是同一范畴,是根据生产实践经验和科学原理而发展成的各种工艺操作方法与技能,所以技术可以成为各个领域"术"的统称。不论何种文化,"术"都有异曲同工的词汇,只是在人类改变或控制其周围环境的不同领域中这些不同的手段或活动被赋予不同的名称,如技术、艺术、美术、学术、权术、手术、拳术、法术、战术、魔术、骗术……因为作为手段、方法、技巧的任何技术都是人们谋略或心计的主观产物,是人们按照事物的客观规律和原理构思的方法,蕴含着人们经验和知识的巧妙运用与智慧发挥的活动。所以,在古代术士就是施法者(即用术的人员),在现代某一领域的技术人员就是遵循科学规律和方法并利用掌握的仪器或设备来从事技术开发等活动的人士。

技术是人类为实现社会需要而创造和发展起来的手段、方法和技能的总和,是指人们按照一定的科学规律来处理一些实践问题的知识、技能、手段、规则和方法的集合。技术是发明那些在世界上前所未有的、有价值的、实用的人工事物,是人们发挥智慧使可能应用的理论变成现实,是遵循客观规律和运用知识经验恰到好处地建立人工-自然过程和人工-自然客体的各种方法和手段。技术是人们在对客体进行加工和改造时,把客观的劳动手段(工具、设备和仪器等)和主观能动的精神因素相互结合所采取的一定策略。

技术的基本任务是改造世界,有所发明,以创造人类的物质财富,丰富人类社会的精神文化生活。技术的根本职能在于对客观世界的控制和利用,即在于设计和制造用于生产活动、社会活动、科学实验的工具、方法和手段。技术开发、技术改造、技术协作、技术转移、技术评估和技术决策等是技术活动的重要形式。像工程设计程序、劳动对象成型方法、对工艺可靠性的评估方法、保障优化生产的方法、减轻劳动强度和节约材料的方法等都属于技术的范畴。

技术的产生及其演化的内在机制,是由技术系统内部各构成要素和它们之间的联系决定的。技术涉及工具、机器、设备及其使用方法,包括工艺技巧、信息知识(如计算书、配方或图样)和具有劳动经验的人才。技术发明既可表现为有形的工具装备、机器设备、实体物质等硬件,也可以表现为无形的工艺、方法、规则等知识软件,还可以表现为虽不是实体物质却又有物质载体的信息资料或设计图纸等。

技术人员一旦择定了一个既定的目标及其指标,其技术活动的方向性、针对性和目的性就很明确。但是,由于人们自身的智慧和能力的不同,遵循客观规律创造性地发明的技术或采取的策略不同,同样地干预、调节、控制于具体的实践过程,其自我意识的展现形式是不一样的,主观能动所发挥的事物的功能和产生的效益是不一样的,使人们需求得到满足的程度也是不一样的。这就是说,在一个目标确定而没有路的地方开车或行走,不同的人可以设计不同的途径和走法,尽管条条途径通终点,但是其中有的途径是捷径,也有些走法是快捷的走法。在此,可以用人们熟悉的艺术为例来进一步说明。

艺术是为了实现欣赏价值的目标而能动地开发和运用的一类技术。艺术是人类借助特殊的物质材料与工具,运用一定的审美能力和技巧,在精神与物质材料、心灵与审美对象的相互作用下,用特意的能动方式进行美的表现和创造,引发审美意境、渲染情绪氛围和传达丰富情感。"美"是人的本质的能动表现和感应与自然和社会的艺术性和谐。享受和欣赏美好事物的活动是人们生活中一种有目的的审美行为。艺术创作者从认定事物艺术性发挥的效益性、思想意境的合理性、心理共鸣的可感性等方面来设计让人们的审美享受和心灵共鸣得到满足的可行策略就是艺术。

每一种艺术都有特殊的表现手段,它构成了形象的外在形态。任何艺术一旦作为成品出现,就在一定的时间和空间中存在。从艺术作为审美活动这一事实出发,依据创作过程中审美意识的特点及物化的形式和方式,可以把艺术分为再现性艺术和表现性艺术两种。由于它们构成艺术形象所依赖的物质材料的不同(物化的媒介不同),有的是依赖静态的方式并列地呈现于空间之中,有的则以动态的方式顺序而呈现于一定的时间之中。因此,还可以把各种艺术分为五类:①表现性的空间艺术,包括工艺、书法、建筑等;②表现性的时间艺术,包括音乐、舞蹈等;③再现性的空间艺术,包括绘画、雕塑等;④再现性的时间艺术,包括戏剧、电影、电视等;⑤语言艺术,即文学。

人们创造艺术作品是为了反映和表达艺术创造者的特定认识、某种情绪和某种思想,各种不同的艺术都有不同的特性,也有不同的欣赏方法。任何一种艺术对文化创造和文化产品的过程和内容表达与阐释的充分性、完美性和精彩性是不同的,带给人的审美愉悦效果也是不同的。所以,艺术作为人类精神文化的创造行为和人们有意识地展示美感的一种特有的行为方式具有明显的人择性。

艺术创造者的审美理想和情感世界是驱动创作的重要引擎。在进行艺术创造时,其主观能动性起着决定性作用。如果艺术创造者自觉地遵循客观规律,能动地把握审美对象奇妙的组成关系,就可以恰到好处地使审美对象具有典型的美学意义,体现出使用与欣赏合意的理想的和谐关系,使人的情感体验和哲理领悟在心灵上产生强劲的美感冲击效应并感到快乐。例如,统一科学通过平面中两个垂向的生发振动或阻尼振动的合成规律揭示了等角螺线中起等角作用的常数就是神奇的黄金分割率,这是二元系统近平衡态的信息与远离平衡态的信息达到的均衡点。黄金分割率以严格的比例性、和谐性对人的视觉产生适度的刺激,其长短比例正好符合人的视觉习惯,使人感到赏心悦目,具有丰富的美学价值。只要人们在组成比例的分割艺术上自觉地遵循和运用这一客观规律,合理地配置审美对象相关元素的组成关系,就可以使相关的造型艺术作品获得一种使用与欣赏合意的、理想的、优美的和谐关系。希腊人最早通过详细观察自然界并用数字的方式分析出黄金分割的比例关系,而且自觉不自觉地以此优美的比例作为最高审美标准,从而创造了许多经典的绘画、雕塑、音乐、建筑、摄影作品等艺术品。

在人的社会生活中,任何一种事物只要具有欣赏价值,就可以与人们的幸福生活目标建立一定的联系。但是,人们选择了一定的欣赏价值作为人们享受幸福生活的一个标准后,整个审美行为的实践过程还需要通过一系列的中间活动环节。如何使人的本质的能动达到人们预期的思想意境的目标,发挥调控美感的理想效益与满足人们心理感受中审美共鸣的需求,取决于艺术工作者如何自觉地遵循客观规律进行创造性的发明艺术或采取合适的手段艺术。

可见,对于应用科学的实践活动,只要人们确定了典型意义的价值目标,就要能动地进行技术设计和运用合适的技术。只有通过表达思想、创造财物和丰富生活的特定技艺,才能达致人们价值观所追求的理想目标,才能满足人们个性化和多样化的需求。在把科学规律与科学理论应用于实践的过程中,要使技术设计和技术开发体现人的价值观所追求的理想目标,也必须最大限度地发挥人的主观能动性。

技术设计和技术开发对于实现人们实践活动预期的价值目标起着关键作用,发挥人的主观能动性也就是进行技术设计和技术开发。技术设计是根据开发和研制方案的要求,按照技术原理的构思,运用科学知识和技术经验知识,使开发和研制方案具体化的过程。技术设计是把科学原理转变为技术实体的桥梁,不仅能发挥将科学理论转化为生产的中介作用,而且具有系统综合作用,还能起到组织生产的作用。

对于任何事物的性能而言,只有一部分是与人们的功利需求相关的功能。在人们价值观追求的目标下,满足功能要求是技术设计的首要因素,任何设计法都必须首先着眼于功能。一般说来,技术产品的功能可分为基本功能和辅助功能两个方面。基本功能是直接满足主要技术目标的功能,而辅助功能则是为了保证实现基本功能在设计上添加的功能。基本功能是代替人直接作用于劳动对象的工作功能,而辅助功能则是代替或传递人的动力、控制功能来调节和发挥基本功能的作用。

同一基本功能可以由不同技术原理和手段来实现,辅助功能也可以在保证实现基本功能的前提下加以更替和变换,因此技术的基本功能和辅助功能都可以采取多种结构形式的设计方案。这也就是异构同功在功能设计中的体现。由于技术方法的差异,设计往往因人而异。根据不同的功能,技术还可以分为生产技术和非生产技术。生产技术是技术中最基本的部分,非生产技术(如科学实验技术、公用技术、军事技术、文化教育技术、医疗技术等)是为满足社会生活的多种需要的技术。生产技术的技术设计就是工艺设计,包括工艺方案的设计和工艺流程及工艺方法的设计与开发等。通过创造新的工艺、新的物质组合、新的产品形式,以满足人们关于工作便捷、安全、愉快、健康等物质目的和心理目的而形成的需求就是生产技术的需求。

科学要完成向生产力的转化,是以技术为中间环节的。通过技术手段,可以延长人的自然肢体和活动器官,放大人的劳动器官、感觉器官、思维器官的功能。因此,应用科学通过技术的中介就可以转化为生产力和促进社会进步的现实力量,可以提高人类利用和调控自然的能力。从科学中产生的知识是具备生产力的,人们在掌握有助于个人和社会福祉的生产性知识时,就要积极地开发可行的技术。但是,人们又不可低估技术的负能量,如人工智能的盲目研发与失控就有可能"反叛"其发展战略,甚至可能影响人类的生活与生存。只有满足人类生存、生存质量和生存安全的要求,技术进步才有明确的价值取向和追求,才能够成为人类不断进步的推动力。技术作为社会生产力的重要因素,技术进步必然促进社会生产力的发展,生产力的发展又会通过技术给人类带来福祉,方便人们的生活,提高效率,节约成本,不断满足人们生产和生活日益增长的需求。

三、技术开发的模型设计

技术是实现人的期望目的的一种手段,是实践和元器件的集成,是在某种文化中得以运用的装置和工程实践的集合。[13]技术本身是创造人工事物的各种工艺操作过程、方法和手段,是人类能动地改造客观世界的实践活动的必然结果。技术发明则是优先创造出具有一定结构、功能、方法的客观没有的人造物与技术方案。所以,技术开发活动是工具、技能、经验和人才的结合体。在人们应用科学于生活、生产和工程的具体实践过程中,技术开发一般都要先通过模型的设计和试验,设计付诸实施之后才能获得满足或吸引人们视觉、听觉、触觉、味觉、嗅觉等物质功能和精神感受的产品、服务和环境,实现用户、制造、行销、服务、社会和生态环境之间的多方协调平衡。

技术总是由一些基本的功能模块组合而成的。模型设计是人们为获取某些特定目的或满足某些需求而实施的各种手段,是把创意、计划、规划、设想以某种形式的模型来描述。模型设计的任务是赋予产品、服务、环境以优美的形式、卓越的功能、出色的用户体验。模型的设计过程既有演绎的成分,也有归纳的成分。模型设计和运用得当,就能达到建立模型的初衷,并达到实践活动的目的。技术开发大都是要获得模型"软件"所对应的器物"硬件",使模型通过一定的人工技术转化成为具有某一特定目的行为和性能的机器或物品。

设计就是关于解决方案的选择。设计模型和开发技术是与人高度相关的组织和行动过程,是人"先谋后动"的一种社会活动,包含目标的价值准则和严密的逻辑思维。设计模型和开发技术的目的是为了人而不是产品,这是人类为满足自己多方面的需要,遵循事物的规律性而能动地改造客观世界的实践活动的谋略。通过设计模型和开发技术,即使不对实际系统的现象进行观测和实验,或不建立实际的实体系统,也能十分有效地获得各种必要的设计参数与外界条件。

不过,人们在一项能动地改造客观世界的实践活动中,一种模型的设计和技术的开发一般只会考虑复杂系统中的若干个特定的形态量,其他的形态量往往都要被忽略。然而,这些被忽略的环境因素也可能影响技术发挥作用。随着人们认知能力的提高,之前在认知复杂系统建模中被忽略的形态量的影响必然还会不断地被人们所认识,所以人们对模型的设计和技术的开发是一个不断进步的过程。

设计一个模型就是设计一个系统控制方案,建立模型是策略设计中的常用方法。人们用"结构—性能"方法可以深入地认识系统,运用功能分析法或结构分析法也可以了解系统的结构与其性能所存在的一一对应关系,在获致相关形态量的结构信息及其性能信息的关系后,还可以建立仿真模型来描述系统的功能、特性和机理。

模型是一种参照性的指导方略。人们借助模型可方便地、经济地对客观事物的某一方面的本质关系或形态变化进行分析与研究,特别是对于复杂多变的巨系统,如果不借助于模型就必然会顾此失彼。在一个正确的或有价值的模型指导下,有助于高效地完成任务,有助于按照既定思路快速做出一个优良的设计方案,达到事半功倍的效果,而且会得到解决问题的最佳办法。但是,错误的模型往往是无用的或有害的。

模型是一种认识论意义上的确定思维方式,也是解决某一类问题的方法论。模型强调的是形式上的规律,而非实质上的规律。只要事物形态及其变化是一再重复出现的,就可能存在某种模型。模型是人们在生产生活实践中经过积累的经验的抽象和升华,是解决问题形成经验的高度归纳总结,是把解决某类问题的方法总结归纳到理论高度。当一个领域逐渐成熟的时候,自然就会出现很多模型。

模型是原型客体的一种同态系统,标志着事物内部元素之间隐藏的关系或规律,而这些元素并不一定是图像或图案,也可以是数字或抽象的关系,甚至是思维的方式。按照人们不同的目的,可以分出不同的模型。模型的分类方法很多,通常分为数学模型、描述模型、图形模型、物理模型、软件模型、硬件模型、计算机模型等。

建立模型的过程是一个科学研究的过程。在不同的领域,都需要进行模型设计。例如,建筑领域有建筑模式,软件设计领域也有设计模式。模型构建就是模型设计,模型设计是自由构思和创造性的活动,是人类特有的主观能动性的表现。建立模型的关键就是为所研究的实际系统或过程建立同态模型。建立模型是一种仿真模拟过程,模拟过程是显现与实际系统同态的某一模拟系统的功能特性与行为,而不必实地建造并运转这一实际系统。模拟方法是一种试验方法,先对所研究的系统构制出它的同态模型,然后不是按照传统的观念去求解这一模型,而是在各种外界条件不同的组合情况下运行这个模型,再对模拟运行结果进行评价,就可以为决策提供依据。

模拟模型的设计一般是按下列基本步骤进行的:①明确模拟对象,确定被模拟系统的边界条件和约束条件,确定衡量所模拟系统效果的价值准则。②确定模型所模拟的模拟对象的功能特性,分析掌握系统的功能特性元素及其逻辑结构。③建立能够模拟实际系统功能特性的同态模型。④设计并进行一系列试验,了解模型在限定条件下的运转情况。⑤分析模型的运行结果,并对实际系统在模拟外界条件下将如何运行进行推断。

用模型来模拟原型的功能和行为的方法称为功能模拟法。功能模拟法是以不同系统的功能和行为的相似(即同态)为基础的模拟方法。功能模拟法仅模拟原型的某种功能和行为特性,只从功能上描述和模仿原型对外界的反应能力,而不需要分析原型的基质和每一个要素,不要求在结构上与原型相同。所以,功能模拟法只是作为认识原型内部某种功能的一种手段。

模型应尽可能简单,只有这样才能将复杂问题简单化,将繁杂问题清晰化,否则将增加模拟过程所需的时间和费用,并使输出结果的准确度下降,造成分析困难。数学模型一般都是较为简单的模型。建立数学模型的过程是通过对大量偶然的独立的个别事件的观测,可以由实际系统的众多表象中抽象出元素、归纳出描述事物形态的变量、提炼出相关的参数,并以函数关系来设计模型。由此建立的数学模型应能反映实际系统的本质,并具备实际系统所具有的同态的功能特性与行为。

在建立了具有典型意义的数学模型以后,必然会引发人们反思,能否反其道而行之,通过模型中已经白化的元素、变量、参数和函数关系的确定信息,利用结构与其性能所存在的一一对应关系和事物形态的内在规律来预测和推断未来的现象和事件,并获致符合所建模型性能和构型的实际事物。实际上,这种应用模型的想法不仅是成立的而且是可行的,这不仅利用了系统与环境的作用和反作用的关系,也表达了结构决定性能以及性能对结构的反制。所以,在技术开发成熟之前,一般要对设计的模型进行小试或中试。

通过模型设计或其他途径完成技术设计之后,接下来就要进行技术开发。技术开发是将技术设计转换为产品、过程或体系的规定的特性或规范的一组过程。技术开发是指为满足社会进步、经济和生产发展的客观需要,在定向基础研究和应用研究的基础上,进行有目的、有计划、有组织和有目标的研制活动,把知识性科研成果物化成产品,使潜在的生产能力变为现实的生产能力。技术开发都会利用或开发某些效应或现象,而其最终成果大多数是十分具体的人工自然物,需要把原先被理论研究舍弃掉的因素和关系恢复起来或综合起来。

在长期的技术开发实践活动中,人们已经总结出了一系列的技术开发方法,包括规划、预测、发明、设计、试验、制造等。其中,人们总结出来的技术发明方法就达到300多种。发明是技术进步的起点,必须经过产品研制、设计、工艺开发、工业试验和推广应用诸多环节,才能成为生产技术或工程技术。发明创造不是凭空产生的,它往往通过把现有的知识和成果进行适当组合与重混,从而产生新的结构、功能和样式的产品或技术。技术组合法就是把不同领域中的各种技术或者产品的零部件重新集成或组合成一种新技术或新产品的方法。

人类技术开发的历史依循由简单的工具及能源(多为人力)至复杂的高技术工具及能源(现为清洁能源)的过程发展。几千年来,策略设计、技术设计与技术开发以及发明在社会中无所不在,已成为推动社会发展的根本动力,并在很大程度上改变了社会面貌。回首自18世纪发明蒸汽机进入工业革命以来的历程,人类已逐步进入了技术化的社会。在技术开发和应用科学研究过程中,人们是为了获得关于特有事物的陌生现象的知识,但是这种新知识是在开辟新的应用途径的基础上获得的,是对已有理论的验证和现有知识的扩展,是为解决一些新情境下出现的独特现象和实际问题提供科学依据。

如今,各国大批科技人员在政府的规划和引导下,从事各种技术与工程方面的源头式创新、技术型创新、开发式创新和管理型创新,将人类在基础科学研究上的潜力充分地释放出来,推动着各种技术开发应接不暇,应用性成果层出不穷,人类生活也从与时俱进的技术进步中不断地尝到甜头,因此科学技术被看作时代的火车头。

当前,人类的生产力、生产方式、生活方式、思维方式和经济社会发展格局正在发生深刻变革,传统意义上的基础研究、应用研究、技术开发和产业化的边界日趋模糊,科学技术日益成为经济社会发展的重要驱动力,原始创新、集成创新和引进消化吸收再创新的链条更加灵巧,技术更新和成果转化更加快捷,产业更新换代不断加快。一场影响深远的新科技革命和产业革命正在酝酿之中,并在一些重要科技领域显现发生突破的先兆。这些突破将再次展现科技的重大作用,开辟生产力发展的新空间,创造新的社会需求,带来社会的巨大变化。

第四节　器用合道与产品开发

人类社会依器存活和发展,应用科学就是器用之学。通过技术发明和开发合道的器物模型之后,还要选择不同器物的制造方法和技术来开发产品,通过不同的生产方式和工程活动来满足经济社会的需求。在产业发展和物质资料生产中,人们还必须合理配置相对稀缺的资源,以最佳的效益来发展生产力和造福人类。

一、合道的器用及其技术开发

《易·系辞上》上有一句名言:"形而上者谓之道,形而下者谓之器,化而裁之谓之变。"这就是说,自形外而上者谓之道也,自形内而下者谓之器。道是抽象的无体之名,器是具体的有质之称。道是形之上的,是无形象的,指在形体以上的理、规律和准则。器是形之下的,是有形象的,指形体本身的物或具体的物品。

在人类文明史上,器是先于道出现的。距今 200 多万年前,自从人类的祖先第一次捡起一块石头投向猎物、砍砸树木或者挖掘泥土时,这块石头就变成了石器。原始社会的石器制造技巧和技术,使石器成为人类应对猛兽和刀耕火种的利器。

说起器,人们笼统想到的是各种人工制作的物品,所以广义的物可以包括器。物是指能满足人们需要,具有一定的稀缺性,并能为人们所现实支配和控制的各种物质资源。器与物对举只是在狭义上相对人工与自然的区分而言,而器物连用指的一般是器。器物是凝聚人类思想的物质形态,从某种意义上说,是人类精神的象征和文化的载体。

从目标的价值准则来看,器是有不同类型的,至少可以分为工具、功能性的器物和礼器三种类型;或者说,器可以分为实用性、功能性与象征性三大范畴。实用性的器是发展生产、方便生活的工具或用具,即体现人类对自然知识的掌握以及根据自身的需要运用这些科技知识的能力。功能性的器是人类沟通的工具,如度量衡、货币与文字那样经过人加工过的物品。功能性的器虽品种不多,对生活的作用是间接的,但是如果没有它,社会生活就无法正常运行。象征性的器是指用以代表其他观念的器物,是体现观念价值(包括道德、宗教及审美)的符号。象征性的器与其所代表的观念的关系,主要不是基于器的物理作用,而是联想性的,最具代表性的便是典礼上用的礼器。

不同的器类有不同的意义。实用性、功能性与象征性三大器类在所有的文明中都是并存的,是同一系统中的不同组成部分。在实用性的器中,器与道是互动的。由于实用器具的使用习惯是新器换旧器,这种器与道互动就是一个不断向高级水平发展的过程。像当代人针对产品的形状、构造或两者结合所提出的适于实用的新的技术方案,所形成的实用新型专利就是器与道互动的记录。功能性的器则不然,器是可以变的,而道是不变的。例如,文字可以刻(或写)在不同的材料上,字体可以有篆书、隶书、楷书、行书、草书或繁体、简体的不同,但是文字作为人类沟通手段的基本功能几乎是不变的,所以人们可以用今文翻译古文,甚至从古代经典寻找范文。象征性的器又不一样,人们"藏礼于器"的器是不变的而道却是变化的。象征性的器具只要保存下来就能体现其价值,但是,所体现的价值未必是原初制作的意图所在,其价值已经转换。

人类社会是依器而存活和发展的,器随着人类社会的发展而发展,其发展方向包括两个方面:一是品种的增加,如从狩猎、牧耕、饮食、衣着、居住到运输的种种器具;二是更新品种的水平,如器皿从陶制变成青铜,或运输工具从马车发展到飞船等。《易·系辞上》说的"备物致用,立功成器,以为天下利"表明,制作器物的目的就在于使用,使用的目的则在功用,且要为社会所利用。

器的使用覆盖着社会生活和生产的所有领域,正是器的存在及其运用方式才使得社会生活结构化。在原始社会和奴隶社会初期,青铜器的铸造和铁器的使用使得社会财富成倍增长,引起社会形态的变化。原始的器具只是其物理性质的直接利用,再进一步才是观象制器的简单模仿,复杂的器具则是先掌握了相关的知识后才能制作使用,而新知识的增长又与对固有器物的运用有关,如技术实验。在18世纪的工业革命中,由于蒸汽机技术的广泛应用,才使工业革命进入了一个崭新的阶段,从而使资本主义世界的财富翻了一番。第二次世界大战后,由于以使用电器为主的第三次科学技术革命的影响,促使了社会财富的迅速增加和人民生活的根本改善,极大地推动了人类社会经济、政治、文化领域的变革,也影响了人类生活方式和思维方式。

在经验世界里,虽然人们目之所视、耳之所听、体之所触者,多是具象的器而非抽象的道。但是,道不离器,犹如影不离形。道与器是既对立又统一的一对基本范畴。道与器的关系是抽象的科学道理或技术方法与具体器具或实用物品之间的关系,表现在人们的实践中就是应用客观规律来制作特定功效的具体的人工产物的关系。人们揭示无形无象的科学道理或客观规律、设计技术或发明方法,建立模型或开发软件,最终还是要以有形有象的具体物品或硬件来实现人们实践活动的预期目的。所以,应用科学就是活脱脱的器用之学。

在人类社会不断地提高制器水平的进程中,为了达到制造出形下之器的目的,人们必须始终遵循形上之道。当人们发现某种器物具有某种功能时,就要对器物产生这种功能的运行结构原理进行研究并归结其器用；然后仿效这种器物的功用，用人工的技术制作人工器具以达到近似或更高的功用。当工具的复杂程度增加时，支撑其所需的经验以外的知识种类也增加了，而这些理性的知识就充斥着抽象之道。对于一些非常复杂的器具制造，还要运用多学科的基础知识、设计程序、复杂技术、系统工程及大型组织甚至整个产业来完成。

其实，人们在处理"道"与"器"关系上的观念是与其沉浮的命运息息相关的。在西方，"器"的被器重是同思想史上重经验、重实践、重制度、重经济等由虚指实的倾向一致的。人们认为，如果科学的一般规律或基本原理没有通过具体器物来实际表现，则真理往往会被空洞化与玄虚化。在不同的时期，就有一些人视纯粹科学为谈玄论道，而把它当作离形之影的屠龙术，理论科学家也被这些人视为没有一技之长或一专之能的谈禅家。然而，中国自古以来就形成了重"道"轻"器"的传统文化。人们把形而上者通通称之为道，形而下者通通称之为器。像历朝的帝王官宦和绅士都津津乐道，或乐于形而上的政道或崇尚思辨之哲理；骚人墨客创作的文章诗画等作品及其技术也因其"形而上"而被视为高雅的知识和艺术。另外，因器之"形而下"而得不到应有的重视，甚至由"匠人"或"艺人"在制器活动中所用的"方伎"(技术)也被视为不登大雅之堂的"贱技末业"。

器与道是有互动的。器不仅同人工制作与应用的有形物品相联系，而且与超越了经验描述的技术方法相联系。学术之外的很多事业关乎生计或利益，都是在器的层面，一般都要通过实用上的价值来体现，所以总有利害贯乎其中。其实，人类正确认识世界的目的是要在科学理论的帮助下指导改造世界的实践，追求科学真理也是为了更好地遵循客观规律来设计和控制器物。因此，作为社会利益体系中的一员，在认识事物形态变化规律或分布规律的基础上，如何自觉地应用统一科学理论中揭示的道理来产生某一特定利益领域的器物和控制器物是科学技术发展必须直面的问题。

在科学技术的发展过程中，纯粹科学或基础科学的认识成果是关于事物形态变化规律或分布规律及其相关的理论体系，这是为整个社会服务的道枢，也是应用科学和技术科学在完成人力创造时的指南。应用科学或技术科学的开发成果是具有特定目的行为和性能的机器或物品，只有与客观规律相容的创造性思维才可能取得成功。所以，符合客观规律的技术发明所制成的器才是合道的器。

不过，既然人们制器的目的在于器用，而功能是器物最重要的表现特性，人们研究、设计、组建、管理和使用任何器物就必须围绕如何获得和利用器物功能而展开。有了功能概念，围绕功能来讨论器物的研究、设计、组建、管理和使用，一切问题都会迎刃而解。抓住功能问题的实质就抓住了器物开发问题的关键。

为了实现器物的特定功能，人类就要开动脑筋、发挥智慧、拿出计策或方法来设计器物。设计，表面上是应对人的物质文明的需求而展开的造物或造境活动，并且延伸到产业发展和市场推广中；实际上是应对人的生活方式、生产方式、营造方式、服务方式……的整体构想与实现。像机器就是发挥人的机智、掌握事物形态和构造的枢要与机关、转换和利用物品性能或组合器物功能设计出来的机构。

在开发复杂器物的设计活动中,为了制出合道的器物,人们往往都要先制定实现器物特定功能的模型,因此就有了模型的"软件"设计和技术的发明。人们开发器物的模型或设计其构型是面对具体需求应答的智慧,旨在获得模型"软件"所对应的器物"硬件"的功能。为了获得模型设计所期望的功能,人们必须从器物的组分和性能出发,从不同的种类繁多的物质材料中选取若干种关键的原料或合成材料来制备器物。

二、器物产品开发与生产方式

人们用技术制作人工器具就是要利用这种器物产生的功能为人们服务。通过技术发明开发合道的器物模型之后,人们还必须从器物的结构和性能出发,选择不同器物的制造方法和技术,才能开发所需器物的产品,并通过大量生产来满足更多的人对产品功能的需求。

器物的生产是物质资料的生产,这是人类社会最基本的实践活动,是人类社会赖以生存和发展的基础。人们要生存,就必须有吃、穿、住、行等各方面的物质生活资料,而要获得这些生活资料,就要为社会所需要的产品而进行有目的的生产活动。任何社会如果不从事生产活动,人类就无法生活下去,更谈不上政治、文化、教育、科学、艺术和其他社会活动。

生产是从投入到输出的过程。人们组织用人工技术制造的任何人工器物所产出的制品就称为产品。产品是指能够提供给市场,被人们使用和消费并能满足人们某种需求的任何东西,包括有形的物品、无形的服务、组织、观念或它们的组合。产品的生产过程是一种透过投资来创造可以直接使用的人工器物或用以交易的商品的过程。

在经济社会中,由于社会需求是不断变化的,因此产品的品种、规格、款式也会相应改变。社会生产要针对不同的需求提供不同的产品、服务和解决方案,以持续提升的价值来适应、引导和创造需求。新产品的不断出现,产品质量的不断提高,产品数量的不断增加,是社会经济发展的显著特点。

社会生产的总过程包括生产、交换、分配和消费四个环节。在生产这个决定性的环节上,直接生产物质资料的过程是创造具有新价值和使用价值的物质财富的过程。物质资料的生产过程包括必需的原材料的储备阶段,劳动者使用生产工具作用于劳动对象的劳动过程,以及自然力对劳动对象独立发挥作用的过程等。

按照生产过程组织的构成要素,可以将生产过程分为物流过程、信息流过程和资金流过程。物流过程通常包括采购过程、工艺过程或服务过程、运输过程、仓储过程等一系列过程。凡是改变生产对象的形状、尺寸、位置、性质等,使之按人们预定目的成为成品或半成品的过程称为工艺过程。工艺过程是从原料到制成成品各项工序安排的程序,是生产过程的最基本部分,其他过程则称为辅助过程。工艺过程既是一个基本的生产过程，也是物料的转换过程和增值过程。任何产品生产的工艺过程就是产品开发的制造过程或服务的提供过程，是"一组将输入转化为输出的相互关联或相互作用的活动"的结果。

产品开发是指个人、科研机构、企业、学校、金融机构等创造性地研制新产品或者改良原有产品，是从研究选择适应市场需要的产品开始到产品设计、工艺制造设计，直到投入正常生产的一系列决策过程。产品开发需要经历调查研究、构思创意、产品设计各个阶段，其程序是指从提出产品构思到正式投入生产的整个过程。由于行业的差别和产品生产技术的不同特点，特别是选择产品开发方式的不同，新产品开发所经历的阶段和具体内容并不完全一样。

产品开发的重要环节是产品设计和工艺流程设计，是指从确定产品设计任务书起到确定产品结构为止的一系列技术工作的准备和管理。产品设计是一个将人的某种目的或需要转换为一个具体的物理形式或工具的过程，是一个把一种计划、规划设想、问题解决的方法通过具体的载体表达出来的一种创造性活动过程。工艺流程设计是通过选择和设计把投入变换成产出所需的资源、资源的组合方式、任务的进行方式、物流和信息流的流动方式。

产品设计是产品生产过程的开始，必须严格遵循初步设计、技术设计和工作图设计程序，才能进入产品试制与评价鉴定，再投入正式生产。产品设计决定产品的特征、功能和用途，包括产品的功能性设计、可制造性和可装配性设计、面向制造和装配的产品设计三个组成部分。产品的功能性设计注重产品的性能和质量，要求在产品设计中充分考虑顾客要求，体现产品的经济价值，并以此为原则保证高品质设计。产品的可制造性和可装配性设计（即产品设计）要满足产品制造和装配的工艺要求，其目的是在顾客可接受的价格下生产出功能和结构两方面都满意的产品。面向制造和装配的产品设计是在满足产品功能、质量、外观等要求下，从提高产品的可制造性和可装配性入手，以更低的产品开发成本、更短的产品开发周期和更高的产品质量进行产品开发。

产品开发后就要正式投入生产。因为各个产品制造企业在产品结构、生产方法、设备条件、生产规模、专业化程度、工人技术水平以及其他各个方面都具有各自不同的生产特点。所以，在生产工艺、设备、生产组织形式、计划工作等各个方面就会表现出单件生产、成批生产和大量生产三种生产方式。在单件生产中，由于大量采用通用的机器和工艺装备，手工操纵占相当大的比重，生产的自动化水平低，加工制造产品的劳动量大，劳动生产率低。在成批生产条件下，由于产量较大、产品品种较少、生产较稳定，有可能采用部分自动化设备、专用设备和专用工具、夹具和量具，手工操纵比重较单件生产为小，因此降低了产品的劳动量，提高了劳动生产率。在大量生产中，由于广泛采用高效率的自动化与半自动化设备、专用机器和专用工艺装备，生产的自动化水平高，手工操纵的比重减少到最低限度，为提高劳动生产率和降低产品劳动量创造了有利条件。

大量生产也称作量产，是指产品数量很大，大多数工作地点长期按照一定的生产节拍(在流水线生产中,相继完成两件制品之间的时间间隔)进行某一个零件的某一道工序的加工。由于大量生产品种单一、产量大和生产重复程度高,因此生产大批量标准化产品的生产类型又被称作重复生产。但是,量产的实行受制于规格化的先决条件。在规格化尚未达成之前,量产的对象仅限于低技术和低精密度的产业。随着规格化的普及,分工越细量产所能处理的对象也同时增多。由于进行大规模大批量生产可以大大提高生产效率和降低成本,因此在市场环境中具备一定规模的产业都采取规模生产的生产模式。在20世纪中大规模生产已成为最有效率和最具竞争力的生产方式。

在手工作坊中,用人工技术制作的人工器物往往因人而异,无规格化可言。但是,在大量生产的工厂里,生产组织为大量大批流水生产线则是按统一节拍进行组织生产的。为了使成批制造出来的器物具有统一的规格和功能,人们就要开发用来成型物品的工具——模具、机器和工序,并由装备良好的工厂来实现标准化的生产。

模具是以特定的结构形式通过一定方式使材料成型的一种器物,同时也是能够成批生产出具有一定形状和尺寸要求及确定功能的产品或零部件的一种生产工具。这种实物模型在工业生产上是用以注塑、吹塑、挤出、压铸或锻压成型、冶炼、冲压、拉伸等方法改变物品外形的加工得到所需产品的各种模子和工具。用模具生产制品所具备的高精度、高一致性和高生产率是任何其他加工方法所不能比拟的。只要批量生产就离不开模具,模具在很大程度上决定着产品的质量、效益和新产品开发能力。

不过,模具也可以是一个非实物模型。所谓的非实物模具,即标准模式或模型软件,它必须具有统一的形式并能够发挥统一的功能。例如,各种各样的技术规范、工艺标准、操作规程、规章制度和通用设计图乃至乐谱都是格式化或标准化的非实物模具。所谓的"格式化"最能够说明模型软件具有统一的形式并能够发挥统一的功能。格式化这一概念原先只应用于电脑硬盘,随着电子产品不断发展,很多存储器都用到了格式化这一名词。例如,磁盘格式化是指把一张空白的磁盘划分成一个个小区域并编号,只有在磁盘中建立磁道和扇区之后,计算机才可以使用数据清零的磁盘来储存数据,没有格式化的工作,计算机就不知在哪里写,从哪里读取数据。

然而,大规模生产模式在其形成过程中,人作为积极的具有创造性的生产要素反而被抽去了主体性的特质,沦为大机器生产的异化物,被当作活的"机器"看待。为此,人们又提出了一种全新的生产方式——大规模定制模式,这是充分利用企业已有的各种资源,在标准技术、现代设计方法、信息技术和先进制造技术的支持下,根据客户的个性化需求,以大批量生产的低成本、高质量和效率提供定制产品和服务的生产方式。

大规模定制生产结合了大批量生产中的优点和单件或小批生产中的优点,采用产品设计模块化、零件的高度标准化、产品信息的继续性、开发设计过程重组和生产组织上充分利用产品信息模块化的做法,因而这种知识型的生产方式是多品种小批量的柔性、集成化和智能化的生产方式。大规模定制的核心是产品品种的多样化和定制化急剧增加,而不相应增加成本。满足个性化定制产品的大规模生产的最大优点是提供战略优势和经济价值,因此,大规模定制也许会成为21世纪最重要最具竞争优势的生产方式。

上述几种生产方式有一个共同的特点就是产品设计与产品制造之间是线性的,其一般模式是"产品设计→产品开发→产品制造",科研部门与制造部门分设,设计人员与制造人员各有分工,制造仅是辅助创新的一个环节,即将设计制成产品。但是,当代数字化、网络化和智能化的制造技术已经使"设计与制造并行"的生产系统形成全新的制造系统。"设计与制造并行"表现为设计与制造的一体化,一种产品设计与制造可以在同一时间段内共同向产品形态推进,科研部门与制造部门可为同一个部门,研发人员与制造人员可为同一群人。在模具制造和工业设计等领域制造实物模型的过程中,如果让机器按照非实物数字模型的计算机程序把一些粉末状金属或塑料等可粘合材料逐层(打印)制造,就可以直接构造器物或即时使用的产品。当今风靡全球的3D打印生产系统就是"设计与制造并行"的产物,这是一种快速成形技术的非实物模型与实物模型的综合机器。因此,大规模量产产品的方式将得以改变,制造商们可以按顾客的不同需求随时打印出各种各样的零部件而不要维持大量的库存。

在物质资料的生产活动中,不同的工厂往往只是专门从事某一个器物的某一部分零件的生产,这是为了提高生产力而进行的社会分工或劳动分工,旨在通过专业化生产更熟练地完成某些加工任务或引入专业化的机器设备来完成精度更高的工作。分工只是人们在经济活动过程中技术上的联合方式,是提高总产出和生产效率的一种组织生产方法。生产的组织者只有掌握各个企业的生产环节、生产进度和协作关系的情况下进行生产调度,才能保障整个生产系统的正常运行。

此外,任何一种器物都有其对应的性能,多种器物也就有多种性能。在许多场合下,人们需要多种器物同步或异步发挥其既有的性能,那就必须把不同的器物组合起来形成一个复杂系统,以实现人们期望的功能。随着人类文明的发展,人们早就可以建造出比单一产品更大更复杂的产品,这些产品不再是结构或功能单一的器物,而是各种各样的所谓"人造系统"(如建筑物、轮船、铁路工程、海上工程、飞机等)。把不同的器物组合起来形成一个复杂系统的历程,需要较多的人力和物力来进行较大而复杂的工作,需要一个较长时间周期来完成,由此就产生了"工程"的概念。

工程是以某种设想的目标为依据,应用有关的科学理论、规律、原理和技术手段到具体的生产实践活动,使自然界的物质和能源的特性能够通过各种结构、机器、产品、系统和过程,以最短的时间和精而少的人力做出高效、可靠且对人类有用的东西。就狭义而言,工程定义为"以某种设想的目标为依据,应用有关的科学知识和技术手段,通过一群人的有组织活动将某个(或某些)现有实体(自然的或人造的)转化为具有预期使用价值的人造产品过程"。就广义而言,工程则定义为由一群人为达到某种目的,在一个较长时间周期内进行协作活动的过程。所以,现代社会目标专一地实现人们需求的一切实践活动都可视为工程。

工程是关于设计、制造、操作使用物质工具和机器的技术,着重于解决"做出了什么"的问题。科学揭示的道理是工程的理论基础和必须遵循的原则,工程技术是关于改造世界的知识,工程实践则是对科学研究的假说和所发现规律的最后检验。工程强调的是系统、集成和整体,既要安全和经济,还要与环境和社会相协调。

依照工程对科学的关系,工程各分支领域都有研究、开发、设计、施工、生产、操作、管理及其他职能。工程活动成果的主要形式是物质产品和物质设施。工程和技术是相辅相成的。技术是工程活动的基本要素,是手段性的活动。技术可以是知识形态的,也可以是实物形态的,当从知识形态向实物形态转化时就是工程活动。在工程活动中也有技术的发明和创造,但是这些技术发明和创造是工程活动的一个组成部分,是为工程的总体目的服务的。就像烹饪技术被看作厨艺,工程依据同样科学原理所创造的工程产品及其创造活动与艺术创造有着异曲同工之妙。钱学森指出:"工程科学的真正本质是将基础科学原理转化为服务于人类福利事业的技术。"[14]

三、资源优化配置和合理运筹

产业就是工程的积聚。近代以来,工程科技已经直接地把科学发现同产业发展联系在一起,成为经济社会发展的主要驱动力。一项工程科技创新可以催生一个产业,而技术研发和工程建造往往都来自人类经济社会发展的直接需求。由于经济状况影响每一个人,发展经济是社会的共同需求,因此社会经济的需求就是产业发展的原动力。产业的发展都是以社会经济需求为导向,从体系、结构、布局、品种、数量、品质、价格、服务等满足不同层次和不同维度的需求,并使产业体系与国家战略需求相吻合,产业结构与需求结构相匹配,产业发展与国内需求条件相适应,产业能力与需求质量相符合。

在经济社会发展及其产业发展中,物质资料的生产一直是主战场。每一个社会或经济组织都必须面对和解决生产什么、如何生产、为谁生产这三个基本问题。生产什么和生产多少是指一个社会必须在资源的不同组合之间进行选择,必须决定在诸多可能生产的物品和劳务中,应该生产多少以及何时生产。如何生产是指一个社会必须在不同的资源及生产技术之间进行选择,决定使用何种资源与采用何种生产技术及由谁来生产。为谁生产是指社会生产的物品和劳务如何进行分配,必须决定由谁消费生产出的物品和劳务。实际上,这三个基本问题就是经济学关于稀缺与效率的双重主题。

为了解决人类在有限的资源情况下做出合理选择的问题,人们建立了经济学来专门研究对产品和服务的生产、分配以及消费,研究价值的生产、流通、分配、消费的规律。经济学是以价值机制为核心,是关于有限资源合理配置的选择科学,是一门研究人类在"稀缺"问题下做出选择的行为科学,其目标是为大多数人提供最大最长久的福利。从本质上讲,经济学就是由于人类欲望的无限性以及资源的稀缺性而导致的关于资源配置的学问,是调节人类无止境的欲望与有限的可利用资源之间矛盾的学问。

在经济学上,"稀缺"属于相对性的概念。当价格并不等于零时,人对一物品或服务的需求量大于它的供应量,该物品或服务就存在着稀缺问题。当稀缺问题出现时,人们就要在选择之间做出取舍。在面临多方案择一决策时,被放弃的选项中价值最高者就是在该决策中的"机会成本"。

在一定的经济关系前提下,人们进行生产、交换、分配、消费以及与之有密切关联的经济活动,都存在以较少耗费取得较大效益的问题。一切涉及稀缺问题的人类行为都在经济学的研究范围内,而稀缺问题都暗示行为附带有机会成本,经济学研究都离不开成本。所以,人类社会在各个发展阶段上的各种经济活动和各种相应的经济关系,都存在稀缺资源的投入、资源的分配、分配机制上的选择,这就是"经济性"的决策学问。

资源是人类以功利或功用为价值的评判基准来审视事物性能而获致的概念。凡是能够成为人们在一定时期的一定活动中所需要资产的来源就是资源。在社会经济发展的一定阶段上,相对于人们的需求而言,资源总是表现出相对的稀缺性,从而要求人们对资源进行合理配置。资源配置是在一定的范围内,社会对其所拥有的各种资源在其不同用途之间分配。这是根据一定原则合理分配各种资源到各个用户单位的过程,是对相对稀缺的资源在各种不同用途上加以比较而做出的选择。任何一个经济体系都必须决定如何有效地分配和利用有限的资源,资源配置的实质就是社会总劳动时间在各个部门之间的分配。

资源的稀缺性决定了任何一个社会都必须通过一定方式把有限的资源合理分配到社会的各个领域中去,以实现资源的最佳利用,即用最少的资源耗费生产出最适用的商品和劳务,获取最佳的效益。资源如果能够得到相对合理的配置,经济效益就能显著提高,经济就能充满活力;否则,经济效益就明显低下,经济发展就会受到阻碍。在对社会物质资源的安排和搭配时,资源配置合理就能节约资源,从而带来巨大的社会经济效益;资源配置不合理,就会造成社会性资源浪费。资源配置合理与否,对一个国家经济发展的成败有着极其重要的影响。

随着社会和经济的发展,对资源的需求在不断增加,而大多数资源是有限的或不可再生的。因此,合理配置资源和使资源得到有效利用是经济发展的一项重大任务。要合理配置资源,必须做到以下几点:①优化配置资源。使全社会资源生产总量与使用总量平衡,资源的生产结构与需求结构一致,全社会资源配置合理。②节约使用资源。努力降低消耗,有效使用,对贵重稀缺资源可采取替代措施。③保证重点产业对资源的需要。根据重点产业对资源的要求,重点支持国家重点产业和企业的生产。资源配置的方法主要有计划配置和市场调节配置。在市场经济条件下,市场调节配置对资源配置起基础性作用,即根据市场供求规律自发地支配资源流向、流量及消费强度。

人类社会的经济发展既以物质资料的生产为主战场,材料就是其主要的标志。材料是人类用来制造机器、构件、器件和其他产品的物质,任何器具或物品要发挥人们设计的功能都必须以物质材料为基础。但是,同样的器物运用不同性质的材料其性能和用途就大不一样。

现实社会经济活动以提高经济效益为目的。在特定的资源投入和技术下,任何一个经济体均要致力于提高生产输出产品的效能。为此,企业要以最佳方式将各生产要素结合起来,对生产过程的各个阶段、环节、工序从时间和空间上进行合理安排,使它们能够形成一个相互衔接、密切配合的设计与组织工作的系统。经过这样的生产过程组织,就可以使产品在生产过程中行程最短、时间最省、耗费最小,既能提高生产效率和缩短生产周期,还能达到顾客要求。

任何一个产品的制造和一项服务的提供一般需要物料、设备、人力等多种资源要素的组合,不同组合方式可以生产出同一种产品和服务,但是生产过程——产品或服务的质量、成本、交货期可能不同。要合理地组织生产过程,企业就必须根据其生产目的和条件,把生产过程从空间和时间上有机地结合起来,采用适合自己生产特点的生产组织形式,使产品以最短的路线和最快的速度通过生产过程的各个阶段,并且使企业的人力、物力和财力得到充分的利用,占用和耗费最少,效率最高,达到高产、优质、低耗的生产成果和经济效益。

人是世界上唯一具有目的和意志的动物,但是不同的人有不同的悟性、意志和欲望。为了实现某一个目标或某些具体的指标或特定的需求,每个人由于其自我意识和自身的智慧及能力的不同,遵循客观规律所发明的技术或采取的策略是不同的,其主观能动所发挥的事物的功能和产生的效益是不一样的;不同的技术在作用、调节和控制于具体的实践过程中,使人们需求得到满足的程度也是不一样的。因此,在同样的目标下,人们能动发明出来的达标技术可以多种多样。

虽然"条条大路通罗马",但是在同一个确定的目标下一般都存在着通往终点的捷径。在实现既定目标的实践过程中,人们设计出经济可行的优化策略或发明出最佳适用技术就是找到了捷径。例如,黄金分割法是一种求最优化问题的优选法,可以使人们安排较少的科学试验次数就能找到合理的配方、配比和合适的工艺及操作条件;找出产品的最合理的设计参数,使产品的质量最好和产量最多,或在一定条件下使成本最低、消耗原料最少、生产周期最短等。

在所有的领域中,设计出最优可行的策略和发明出恰到好处的技术都是最富有创意的一项思维活动。在中国,田忌赛马的故事几乎路人皆知,这个竞争策略的故事表达的是博弈之术。博弈是在人们面临竞争的选择过程中,通过谋略计策的设计或技艺方术的开发,再经过合理筹划和比较选择所做出的成功策略,以使自己取得胜利。当人们对社会发展和人类竞争的基本内涵进行科学的概括和理性的总结时,研究人和人如何在错综复杂的相互影响中得出最合理策略的规律,并产生研究人类社会中具有斗争或竞争性质现象的理论和方法,通过建立自完备的逻辑框架和技艺方术体系就建立了博弈学。

不过,博弈学只是运筹学的一个分支学科。运筹学是在同样的价值指标下,利用像统计学、数学模型、算法等方法,对于人们能动地发明出来的多种达标技术的效益进行比较统筹分析,去寻找一些带有普遍性的复杂的运筹问题中的最佳或近似最佳的解答。运筹学主要用于合理配置各个组成元素的关系,改善或优化现有系统的效率。像合理组织生产,运筹学就可以大展拳脚。

实际上,在人们的科学活动中处处都存在合理配置各个组成元素的关系以取得最佳效益的问题。例如,在环境监测网络的顶层设计中也存在合理配置监测点位资源的问题。对于某一环境要素或指标在一个不均匀分布的区域布设测点,在同样的采样误差下,如果采用随机布点法所需的测点数就比较多,如果采用按功能分区随机布点法所需的测点数就比较少,如果采用按几何图形平均布点法所需的测点数就更少,而如果采用按分功能区策略布点法所需的测点数就最少。[15]这就说明,分层可以提高总体指标估计值的精确度,可以将一个内部变异很大的总体分成一些内部变异较小的层(次总体)。把分层抽样法用于环境监测网络的设计,可以降低每一层中抽样单元的变异性,从而在抽样风险没有成比例增加的前提下减小样本规模。在保证样本代表性的前提下使得环境监测点位优化,减少在监测点位上的人力、物力和财力投入,就是获得了环境监测资源合理配置的效益。[16]

在人们的社会实践中,也都处处存在着合理配置各个组成元素的关系以取得最佳效益的问题。为了统筹工程计划,人们已经发展出系统工程等应用于工程实践的技术。系统工程是把工程对象看作系统来处理系统问题的工程技术,即组织管理各种社会活动的方法、步骤和程序的总和。传统工程是直接应用于改造客观世界的实践活动的硬技术,系统工程是软技术,是事理工程技术,即人们办事的技术。系统工程通过研究包含各子项目的工程的结构、功能和行为之间的关系,也就是要对各类系统进行最优规划、设计、决策和控制。对于一个开放复杂的巨系统工程,人们也已经发展出综合集成工程。这种跨多学科领域的工程是不同于传统意义上单纯资本逻辑下追逐效用和效益的工程范式,能为选择最优的或次优的系统方案提供有力工具。

综上所述,科技创新可以分成四层"阶梯":源头式创新、技术型创新、开发式创新和管理型创新。源头式创新是从基础研究衍生出来,拥有完全自主知识产权的科学突破。技术型创新是应用研究突破关键性技术,技术是自己的,但没有涉及科学层面的原理创新,其源头知识来自他人。开发式创新是对别人的技术进行引进消化吸收再创新,或集成式创新,但不涉及新的技术突破。管理型创新只是从别国引进科学技术成果,在产业化等环节进行管理效率上的创新。原始创新的知识和技术来源于基础研究,技术发明是应用科学理论把科研成果物化为器物的桥梁。工程师通过合乎规律的技艺方术的不断创新和不断开发,自觉地将不同的材料进行合理配置,就可通过合理的工艺流程制备出有实用价值的器物来。通过以系统化、定量化和工程化为特征的"多学科会聚",合理配置相对稀缺的资源并以最佳的效益来发展生产力,就可满足社会不断增长的需求并造福人类美好未来。

从世界科技发展的态势来看，随着经济全球化、社会信息化深入发展，各类创新要素充分流动和优化配置，科技创新合作更加广泛深入，大大加快了新一轮科技革命和产业革命的步伐。人工智能、大数据、虚拟现实等正成为创新型企业竞相发展的重点。像正在兴起于各国的工业4.0通过物联网和大数据技术将生产、销售和消费各环节联系起来，实现生产、监测自动化的智能工厂，将为人类生产和生活图景描绘出无限生机。先进制造、清洁能源、人口健康、生态环境等重大创新领域加速发展，将持续涌现一批颠覆性技术，有可能从根本上改变现有的技术路径、产品形态、产业模式，成为重塑世界格局、创造人类未来的关键变量。

第五节　行道之福与生态文明

科学与技术本身是纯粹的，应用科学技术的人们的人性却是复杂的。科学技术在人类的生存与发展中影响着人类的自我定位和价值观，这把双刃剑若"因天之序"，则可以将人类引向幸福与繁荣；若大逆不道，则也可以将人类引入灾难与毁灭。把统一科学的普适规律应用于人学，以健康的社会核心价值观为引领，就能自觉地走上生态文明之路。

一、科学技术与人类福祉的关系

在浩渺的宇宙之中，人类本身只是自然界发展到一定阶段上分化出来的远古灵长类动物的偶然的后代，她一刻也无法脱离自然界而独立存在，她的各种演变与发展都与其周边的世界息息相关。在地球的生态圈中，人类虽然是后来者，却是最高级的生物。人来源于动物界，无疑又高于动物界，高就高在人有思想、有文字、有理智。人类可以有意识地利用生态圈的资源，为人类创造物质和精神财富。所以，人类社会不同于自然界，又与自然界有着内在的不可分割的联系，是从统一的物质世界中发展出来的最高级、最复杂的"物质"形态。

自然界的环境塑造着环境中的每一个系统，环境又是组成它的所有系统共同塑造的。存在于地球生态系统中的人类属于自然界，称得上自然之子，人类的任何活动都是在大自然及其规律作用范围内的活动。人类对自然界的任何"改造"活动只能是局域性的，不会超出大自然及其规律的范围，这些活动对自然界所产生的局部影响一般也是自然界某一层次某个系统形态的震荡。

人类要在不能由人的意志完全自由控制的自然界和人世界中生存发展，就必须认识和适应这个世界。人类独一无二的智能使得其在与自然界斗争的进程中逐步学会就地取材、趋利避害和依托自然获取延续生命与养育后代的基本物质资料，能够发现自然规律和建立科学理论,能够发明实用技术和提供软件服务,能够开发工具和生产人工器物,并使科学技术成为推动社会生产力发展的重要力量。

在人类历史中,每一次科技进步都使人类的认识水平达到新的高度,改造世界的能力实现新的飞跃,经济社会和人类文明上升到新的层次。科学技术的发展不断地赋予人类更大的能力,不断地满足人类不断增长的个性化、多样化需求,科技创新和革命展现出超乎想象的神奇魅力使人类曾经的许多幻想变成现实,自然界乃至人类都已成为科学技术的实验对象,并在一定程度上改变着人们的生活方式和文化。

科学技术在人类的生存发展中如此重要,它必然直接影响着人类的自我定位和宇宙价值观。人类不同的自我定位必然有不同的世界观和价值观。如《庄子·秋水》篇所言:"以物观之,自贵而相贱。"这就是说,从一人一物看来都会把自身看得高贵和不可或缺;而把他人他物看成委琐、卑贱和可有可无。所以,人类在由被自然统治和蹂躏转变为有能力改造世界的同时,有些人就把人定位在宇宙的中心,并产生了人类中心主义的超自然世界观。

人类中心主义以自我为中心的立场认为,人是大自然中唯一具有内在价值的存在物,人类就是自然的主人,人是万物之灵,人凭借自己的高贵和傲慢可以任意地宰割自然和驱使万物,而且征服自然与改造自然的成果是人的力量的确证和体现。人类中心主义以物的境界与单一的逐利动机为视角,强调人与自然的分离和对立,强调人类的主体性和人对自然客体的主宰性,主张人只对人类自身负有直接的道德义务。作为近代文化的产物,人类中心主义大大促进了人的主体能动性的发挥,推动了科学技术与社会生产力的迅速发展,但是它在成为人类全部物质成就和科学与文化等精神成就思想基础的同时,也成了人类粗暴干预自然和破坏生态环境的理论依据。

在人类中心主义声威所及的影响下,人们观察事物和认识问题必然缺乏应有的客观态度,占有物质财富的多少甚至成为衡量人们是否取得成功的唯一尺度与方向。一切从人的利益出发,奉自我为圭臬而变本加厉地为人的利益服务,必然在种种私见、偏见和成见的遮蔽下使人的主体性欲望不断膨胀,相信人类可走向上帝的绝对主体地位,而无视人与自然的相互依持与共生共荣的联系。因此,狭隘的科学功利主义、实用主义思想、"经世致用"的价值观等各种思潮也粉墨登场,无限膨胀的自我信念和唯利是图的观念给那些邪恶的心灵以魔鬼般的力量,诱导着各种各样的人不遗余力地去攫取自然和征服自然。

由于科学功利主义对科学技术的发展具有导向作用,对物质利益和财富的追求已成为任何国家、任何时代人们的普遍心态,实用取代"求真"已成为科学研究和教育的现实目标。自工业革命以来,人类对技术产品的使用取得了空前的巨大成就,科学技术对经济发展发挥了伟大的决定性作用,为人类创造了空前的物质文明、高度发达的生产力、巨大的社会财富和高福利水平的生活,并以人类性灵之光的耀眼辉煌大大推进了人类文化的发展与进步。科学技术因此变身成为这个世界上唯一正确的方向,一切与之违背的思想都要为之让路,什么人都敢讲科学技术"以人为本",一切以立竿见"钱"和点石成金的技术优先。因此,在人们社会活动和日常生活中,功利主义的价值观恣睢猖獗,物欲主义的人生观恣肆蔓延,工具主义的科学观恣意流布。

随着工业文明的发展和进化论思潮的影响,科学技术推动物质财富无限增长的发展观已然成为关于人类社会发展的核心内容。在现代社会,应用科学和技术科学对经济和社会发展的影响确实如日中天。由于科学技术手段在社会各个领域的广泛应用,极大地促进了社会的进步和对自然的异化,更进一步促使人们对科学技术的使用发展到了急不可耐的地步,科学技术发展的独立性也早已超出了人类的控制,并且正以前所未有的力量主宰着人类的命运,让人类不再觉得自己是自然的一部分,而不断地把大自然和人本身工具化。

科学技术既是文明发展的源泉,又是现代种种罪恶的渊薮。然而,科学革命和技术革命并不是一码事,科学革命是积极的、进步的,而技术革命却不一定是具有积极意义的,有时甚至是倒退的、毁灭人性的。在科学技术被神化,而大自然和人却被工具化的趋势下,科学技术这把双刃剑已逐渐变成了达摩克利斯之剑。譬如,人们揭示了原子核的性能,但在和平利用核电站的核能的同时,也受到了核武器点燃战火的威胁。当人们打开DNA链,在描绘人类基因图谱不断揭示生命现象秘密的同时,也面临着基因克隆的单一性导致生物的衰减和滥用基因技术对人类可能造成的伤害。

不过,科学技术这把双刃剑的负面作用和逼人寒光的影响却常常被人们加以淡化甚至忽略。当人类一次次自豪地表示,新科技正以最快的速度加以应用,表现出人类是多么高效率的时候,却未曾想过这也意味着人们对科技负面效应来不及了解,或者根本不想了解。例如,人们在发现DDT的杀虫活性后,由于DDT灭蚊效果好且对控制疟疾和维护人类健康做出了重大贡献,"DDT是为人类造福的好产品"似乎成了毫无疑义的真理。但是,后来人们才发现结构对称的DDT具有高度的稳定性和持久性,在土壤中可持续存在数十年,且可通过食物链而发生生物富集作用,在大气中传播又可到达远离源地的区域(包括极地),大规模使用DDT已经产生了破坏生态的恶果。面对这些很难降解的物质排放到自然界而引起的严重污染问题,人类不得不制定相关的国际公约来禁止生产、销售和使用。与此类似,像核武器和冰箱制冷剂氟利昂等都是当初"伟大"而事后却令人懊悔不已的发明。

其实,只要人们以人类中心主义和科技霸权主义的立场来对待自然界,必然导致人类对于自然的无限索取和压力;经年累月的堆积就要消耗许多亿万年的自然储备,也必然带来严重的问题和巨大的麻烦,并潜伏了灾难与毁灭的种子。人类对自然资源的透支和出现的无数违背自然规律的行为,已经在不同时期使不同尺度的生态系统遭到严重破坏;这反过来又使人类面临着严峻的资源和生态危机,甚至使人类自身经常受到自然界的惩罚。历史事实也一次次证明,技术是战争的引信,战争是政治的表达,政治是利益的代言,利益是技术的引擎。

日本理论物理学家汤川秀树说过："由于现代科学为人类提供了种种新的可能性，而使得这个时代成为了不起的时代。在这些可能性中，一些将人类引向幸福与繁荣，一些则将人类引向恐怖与毁灭。究竟选择哪种可能性？这一问题与其说是科学本身的问题，倒不如说是生活在科学发达的现代社会全体人类所面临的共同问题。"人的理性自负最终必然导致对理性的背叛，对人的能力的迷信必然遮蔽人的智慧，导致对于人之尊严、价值和自主性的漠视，造成严重的社会问题在全球范围内随时爆发，也必然导致"天地不位"和"万物不育"。

考察人类社会的发展史，不难看出人类企图主宰自然界和征服自然的实践活动的动机就是功利化的。人类在把自己变成自然的主宰者和世界的立法者的同时，也把自己变成了地球灾民。如今，地球进入了一个新的地质时期——人类世。世界就处在全球生态危机的边缘，人类正面临着气候变化、能源安全、粮食安全、环境保护、人口健康、疾病防控等许多生存安全问题的共同挑战。

在日益增多的自然灾害面前，"见多识广、无所不能、神通广大"的人类又显得十分脆弱、痛苦和无助。为此，人类不得不积极地寻求解决生态环境问题的良方。从1972年的《人类环境宣言》开始，人们就反思了生态危机的根源是以特殊的个人利益为价值尺度的人类中心主义、国家和民族中心主义等，其症结都在于人类只顾追求短期利益的心态。此后，全球性的、总结性的反思集中于对现代化的反思、对科技的反思和对人的最佳生活方式标准的反思，并提出了向自然的适度回归、向传统的适度回归和向相对朴素的生活回归。

确实，解决人类面临的生态危机的唯一办法就是要有中国传统文化中的"敬天重德""天人合一"的生态伦理思想。像《周易》就充分显现出把人与自然视为一个有机统一的生命系统的思想，而其最高境界就是天人合德。所以，李约瑟把天人合德的自然观称为"有机的自然主义"。《易·序卦》有言，"有天地，然后有万物，有万物然后有男女"。《易传》也论述了"与天地相似，故不违""知周乎万物，而道济天下，故不过"。《易·系辞上》还强调"成性存存，道义之门"。

"天人合一"思想认为，人与天地万物是一个有机整体，天人、物我、主客、身心之间不是彼此隔碍的，人类和其他事物相互联系、相互作用而构成整个宇宙。人类每时每刻都在与自然环境进行物质、能量和信息交换而得以生存，人类又依赖社会得以繁衍。宇宙的规律普遍适用于人类社会，人类的思维和行为就必须以宇宙的规律为基本准则。人只有在顺承天地之道的前提下才能使自身不断地发展强大，此即"天行健，君子以自强不息"。人类只有与自然和谐相处，"万物并育而不相害"才能进入"天人境界"，才能享受人生的快乐。

道家认为，天道就是指宇宙物理之道，将人类视为自然之道的一部分。道家主张以虚静空明的心态来"和于道"契合道，达到超越功利的物我合一的"大和"境界。老子在《道德经》中提出"天地与我同根，万物与我一体"，精辟地论述了人与自然环境之间应有的和谐关系。老子还以"人法地,地法天,天法道,道法自然"的论断,从道的高度深刻地揭示了人与天地万物的关系,说明它们之间存在着共同的本质,遵循着共同的法则,表现为一个同源同体和共生共荣的有机整体。庄子则提出"天地与我并生,而万物与我为一"的"物我齐一"思想,强调人与自然的会合就在于摈弃自我,汇入空明澄净的无穷大化之中。老庄追求人与自然相和谐,提倡遵道以行,率理而动,因势利导,合乎自然,虚静处下,海涵宽容。他们站在全人类乃至宇宙的高度上思考了物质文明的负面作用和社会发展的问题,提出用自然主义来矫正和补救人类行为的偏差和失误的对策。他们提出的"顺道而为,复归于朴"的主张,对于解决"天育物有时,地生财有限,而人之欲望无极"的矛盾,具有很重要的借鉴意义和启示价值。

中国传统生态世界观有着天、地、人、物、我之间的相互感通、整体和谐、动态圆融的理念与智慧,其所倡导的自然生机主义肯定世界是自己产生出来的,没有凌驾在世界之上之外的造物主或上帝。天人合一的文化理念表现在科学思想上,就是要"以辅万物之自然而不敢为"的态度,充分了解和尊重自然系统的相互制约、相互促进的关系,尽量采取顺应自然和因势利导的控制理念,不干预和破坏自然生成过程,使控制中的人工性减少到最低水平。譬如,水利工程如果按照现代科学技术无非是劈山凿洞、挖沟开渠、修堤筑坝,通过强行改变自然面貌而达到控制目标。但是,秦代李冰父子领导的都江堰水利工程就巧妙利用了当地山形、水势、沙流特定的相互作用,立足于合理分沙分水,执行因势利导的控制原则,以极少的人工设施就解决了问题,当地的自然环境极少被改变,所获取的水利成就却是惊人的。所以,历经2 000多年的运行,今天仍在造福人类,令人叫绝。

人们对于东方传统文化的回眸,是希望从古老智慧中获取顺应自然的现代灵感,顺天而动,适应自然。当代许多西方人都认同,人是自然的一部分,人与环境融合成了一个整体,人与自然不应存在鸿沟,它们同处于一个宇宙之中,根本不应该有天上世界和地上世界的差别,即使是科学家也不过是"'自然'这部推理小说"的读者。像普利高津就坚信,在统一的宇宙中,人既是观众又是演员,所以我们必须以新的形式和自然界开始新的对话,以寻求新的同盟。在人与自然的新对话中,自然界将聆听我们所弹奏的乐曲,并做出它的反应。[17]

现在越来越多的地球人已经从人的生存和文化状态形成了全球性的共识:人类并不是宇宙的孤儿,更不是自然的主宰,人与天地万物是同根同源和休戚与共的统一整体。自然原本是人类的生命之源、存在之源与价值之源。大自然为人类提供了一切生存之必需,是人类赖以生存的家园;人类在自然中繁衍生长,人与自然的和谐是人类社会和谐的外部环境和物质基础,也是社会和谐的生命线。但是,在人类社会发展的进程中,这个共有的家园已经遭到人类行为不同程度的糟蹋和破坏,自然环境已经用它的方式被迫实施了对人类强有力的报复,惩罚了人类对它的无视、征服和危害。在非人类所能抗衡的自然面前,人类绝不能再像以往那样肆无忌惮地向自然开战和无限制地开发、榨取、掠夺自然了。人类如果在欲望膨胀下继续杀鸡取卵地向自然索取,任意驱使自然力为人类服务,终将导致人和自然关系的扭曲;没有大自然的庇佑,人类终将走向末路。

生活在地球上的人类只是自然的一员,人与自然界之间存在着微妙的生态平衡。生态平衡是人类生存和可持续发展必须依靠的基础条件。生态系统本身是一种动态平衡,其中的各个子系统是相互制约的。尽管生态系统有很强的自我修复能力,然而在受到极端干扰时也会使最终的演替平衡出现重大紊乱。作为人类社会载体的地球,其自然资源是有限的;要满足人们日益增长的需求,自然资源则是稀缺的。资源驱动、投资驱动的发展方式必然受到能源、资源、生态环境等方面的严重制约。所以,人在本质上是有限存在的,人类社会不仅受着空间、时间的羁绊和种种社会环境、传统观念的约束,在经济、人口、能源等诸多方面的发展也必然存在增长的极限。

一部人类文明史就是人与自然关系的发展史。发展是人类社会永恒的主题,但是人类社会的基本生存公理就是要在保障整个人类社会及其种群生存和延续的基础上,对整个人类社会生存条件尽可能不断地进行科学有序的改善。人类世的到来表明人类需要减少对生物圈的压力,需要解决"自然—人—社会"紧张纠结的关系。然而,要能动地解决环境污染、能源危机、生态失衡等问题,要使人类特有的创造力成为真正创造人类生存条件的力量,成为有效制止破坏人类生存条件的力量,人类就应当正确地认识宇宙与自然界,正确地认识自己生存的空间和自身意志所能控制的自由空间,不能一般地和仅仅从生物的或知识的视角来认识人,不能把人从宇宙和自然之中孤立出来认识人,也不能平面和静态地来认识人。人必须从与自然为敌、向自然索取,压榨、剥夺和破坏自然,转变为与自然为友,既取自自然,又保护自然、养育自然,与自然协调共生。

为此,人类必须"究天人之际,通古今之变",正确地研究自然现象,深刻理解和认识自然现象的特征和自然规律以及人与自然相互作用的规律,才能自觉地去遵从不同事物形态变化规律,自觉地制约自己超越自然规律的思维和行为,明智地朝着生态平衡和生态健康的可持续发展方向前进。人类的任何活动都是在大自然及其规律作用范围内的活动,开发、利用与改造自然的任何活动都必须遵从自然界的客观规律,而不能超出大自然及其规律作用的范围,人类活动对自然界产生的局部影响也必须在人与自然和谐共生的前提下进行。

保护生态与发展经济的前提就是顺应自然规律,掌控好科技发展的方向与把握好"生态-经济兼容阈际"的兼容范围,把遵循自然规律与经济规律统一起来,发展生态生产力。根据生态要求进行产业和产品创新,大力发展生态环保产业,延长产业间和企业间的生态产业链,用生态理念提升传统产业,改造恶劣的生态资源,节约资源,发展生态型消费品等。循环经济就是人们近年来依托和运用生态生产力开拓新的经济增长点的基础形式,是人工再造一个生态循环圈,从中可以开拓出新的经济形态。发展循环经济是"因天之序"遵循自然规律的自然控制,也是追求人与自然和谐的特有的自组织方式。

人类社会的生存和延续及其文明进步呼唤着人们发展生态生产力。生态生产力是可持续发展的保障,可持续发展是不断科学有序地改善人类社会的生存条件的内涵,也是现代化的永恒主题。可持续发展必须依靠科技进步,但是并非一切科技进步都支持可持续发展。对人类文明的进步来讲,科学不应当只被功利性地看作技术和社会福利的工具,不能把认识自然与控制自然等同起来,也不能以"生态主义"抵制所谓科学的"工具主义"而让人类回归自然状态。

为了人类的永续发展及其生态福祉,生态生产力不能孤立地发挥作用,还要同科学技术及物质生产力相耦合,形成"全元生产力"。为此,人们应当通过前瞻性的基础研究,从本质上来认识事物形态的分布规律和变化规律,认识自然界变化的基本规律与人类社会发展的基本规律,牵引时代发展的方向,提高人类与自然和谐相处的能力。

协同学创立者哈肯认为:"19世纪以来,人们在寻找普适规律方面做了大量的工作,科学家们相信,从这样的规律出发,我们也可能得到人类生存的条件、形式及其发展演化。"在统一科学所构建的理论体系中,已经发现和揭示了许多关于事物形态变化与分布的普适规律。只要人们自觉地应用统一科学揭示的单元系统形态转化基元规律以及不同失衡态的 m 元系统形态变化规律,就能够从"宇观—宏观—微观—渺观"的不同视角和水平上,对宇宙、世界和人类自身进行战略性的思考和前瞻性的基础研究,掌握各种事物在极为广大渺远而又极为精细深微的状况下共同依存的内在关系,就能够在处理人与自然的关系上引导人们正确地把握好科学技术这把"达摩克利斯之剑"。

二、以德行道与生态文明

回顾人类文明历史,科学技术从来都是与人类生存息息相关的,又是与现实发展紧密联系在一起的。科学技术源于生活生产需要,又归于生活生产之中;而对幸福生活的追求是推动科学技术进步最持久的力量。科学技术作为历史进步的杠杆,是改变世界的重要力量,为人类文明进步提供了不竭的动力源泉,推动人类从蒙昧走向文明,从游牧文明走向农业文明、工业文明,走向信息化时代,推动着人类文明不断迈向新的更高的台阶。

人类文明进步的决定因素是科学技术,科学技术催发社会生产力的深刻变革。当今世界,科学技术作为第一生产力的作用愈益凸显,科学技术进步和创新已成为推动社会发展的重要引擎,并将成为人类实现美好梦想的翅膀。

从人类文明和社会经济发展历程的视角看,许多重要科学规律的发现和伟大技术的发明都改变了人类的历史进程。科学技术为人类创造了巨大的物质财富和精神财富,是支撑和引领人类文明进步的主要动力;科技创新对经济的增长起着核心推动作用,并使人类不断创造新的未来。然而,社会总体的科学技术力量是与社会的生产关系相联系,并统一于一定的社会生产方式之中。如果人们的价值观迷失,开发的技术不能正确地被人们加以利用,释放的只能是负能量。缺乏道德规范的技术,就会成为疯子手中的利刃,完全可能成为对人类社会和文明进程造成负面影响的重要因素。

"大道行于百代,权宜利于一时。"在当代社会,人们努力把科技成果同国家需要、公众要求和市场需求相结合,并通过科技创新来驱动经济社会发展。科技创新总会引起人类生活与利益关系的改变,必然影响着自然生态系统和经济社会体系,也必然带来许多关系的失衡。特别是,如今社会经济发展的需求动力已远远超出了人们的预测,而地球上有限的物质资源却越用越少,大量攫取和消耗物质资源的传统发展方式已经难以为继。如何通过科技创新更加高效理性地使用自然资源,又成为人类实现可持续发展的战略选择和新使命。

虽然科学技术关乎人类社会和各个国家的前途与命运,但事实上科学技术本身并不存在着是与非,完全与道德无关,完全不必负责任。要让科学技术更好地为人类服务、为社会服务、为国家服务,要让科学技术为提高人民生活质量提供新的可能,要让科学技术为解决全球性问题做出贡献,关键在于人们对于科学研究及其成果的合理利用和风险控制。马克思说:"科学绝不是一种自私自利的享乐,有幸能够致力于科学研究的人,首先应该拿自己的学识为人类服务。"寻觅真理是科学家的追求,服务社会也是科学家的责任。科技工作者只有牢记科学是首善之学,其目标是服务社会和造福人类,才能遵守人类社会和生态伦理的准则,才能尊重自然和珍惜生命,才能尊重人的价值和尊严。科技工作者只有承担起对科学技术后果进行评估和避免其负面效应方面的责任,才能避免对科学知识和技术成果的不恰当运用,才能为经济社会的可持续发展做出贡献。

不过,在当前这个充满利益冲突的世界上,要求任何一个国家或地区主动无条件地放弃经济发展以减少物质资源的占有和消费确实是极其困难的。科技工作者可以为政府制定政策提供前瞻思想、知识基础和科学依据,可以及时预测并向社会告知科学研究可能存在的风险和弊端,但是要求他们依靠高度的智慧凝结与科学严谨的技术来引领时代发展的方向、促进人类福祉和推动文明进步就勉为其难了。

科学丰富人类的精神世界,启迪人们的智慧,开辟发展的新道路,带来解决问题的新方法。但是,要在科学这棵逻辑进化树的荫庇下,让人们自觉地应用统一科学揭示的客观规律牵引科技进步和生产力发展,持续改善社会生活福利,提高人与自然和谐相处的能力,还必须回到做出决定的人本身。[18]

统一科学不啻以世界的事与物为研究对象,还包括了自然—人—社会。统一科学揭示了单元系统形态转化基元规律及其派生的规律,这些普适的道理包括了物理、事理和人理。物理涉及物质运动的机理,其对象是客观物质世界。事理指做事的道理,其对象是组织或系统。人理指为人处世的道理,其对象是人、群体或关系。懂物理、明事理、通人理应当成为应用统一科学理论和方法的实践准则。仅重视物理、事理而忽视人理,做事缺乏变通和沟通,没有感情和激情,很可能达不到系统的整体目标,甚至走错方向或提不出新的目标。但是,一味强调人理而违背物理和事理,则同样会导致失败。[19]

《中庸》有言如是:"道不远人。人之为道而远人,不可以为道。"道并不是与人隔绝而存在的,离开了人的为道过程,道只是抽象思辨的对象,难以呈现其真切实在性。实际生活和生产中处理任何"事"和"物"都离不开人,而判断这些"事"和"物"是否得当也得由人来完成,所以必须充分考虑最积极、最活跃、有思想、有意识、有情感的人的因素。人具有行为调整能力,人类的各种实践活动是物质世界、系统组织和人的动态统一。所以,在观察世界万物及其关系时,要以人类关系来理解和思索天地关系,又要从天地法则的高度来领悟和说明人类社会及其与自然的关系。

人们从事各种实践活动都要遵循一定的规律和规则,物理、事理和人理常用于表述不同对象或不同领域下适用的规律或法则。人们要自觉地应用和遵循统一科学揭示的客观规律,关键是在科技发展新的认知图景中不能把营营世念和眼前利益作为他们从事活动的自然动因,而且要对所要达致目标的价值有正确的理念和评判准则。评价功利的最终目的是要求思维主体在对客体的本质属性和变化规律认识的基础上,把自身需要的内在尺度运用于客体,对主体和客体之间的价值关系进行再分析,进而以科学的态度和广博的知识来发现问题,通过理性的批判性思考,通过缜密的思维、严谨的分析、深刻的判断和丰富的想象,深入到事物内部去寻求解决人与福祉实际问题产生的原因和机理,并力图找到改进的可能性和可行方法。

只要人们在处理人与自然、人与社会、人与人和人与自我的关系时,深刻地认识人类生存条件、形式和发展演化及其功能利用的利害关系,把统一科学理论与物理、事理和人理的普适规律应用于永续发展等人类亟待解决的重大而急迫的问题,就可以获得人类与自然重新构建和谐关系的条件、形式和发展演化的成果,还可以引导不同层次的人们正确处理自然与社会的关系,自觉走上生产发展、生活富裕、生态良好的道路,建立人类社会一种新的文明形态——生态文明。

人与自然是一个生命共同体。自然界是人类永远无法摆脱的物质和能量基础,自然规律从根本上制约着人的生存、活动和发展。自然资源是人类不可或缺而又极为有限的珍贵资源,人类只是自然界的一部分且必须依赖自然界而生存和发展。尊重自然就是珍惜人类生存发展的基础,顺应自然就要遵循自然界生存发展的客观规律,保护自然就是保护人类生存发展的根本空间。但是,生态文明不止于树立尊重自然、顺应自然、保护自然的理念,而是要效法自然生态的客观规律,突现经济和社会发展的和谐性、创新性和持续性,在此基础上构造出新的文化生态。[20]

生态文明的首要特征就是对生态价值的重视与强调,它要求人们在发展人类文明的同时高度重视生态和自然界的价值与意义。生态文明是人类文明的创举,是人类积极改善和优化人与自然关系建设相互依存、相互促进、共处共融生态社会而取得的物质成果、精神成果和制度成果的总和,是人类文明发展到一定阶段的必然产物。

生态兴则文明兴,生态衰则文明衰。生态文明与物质文明、政治文明和精神文明相互依存且关系密切。生态文明建设必须融入经济建设、政治建设、文化建设和社会建设各方面和全过程。生态文明建设以尊重、顺应和保护自然为前提,以人与自然、人与人、人与社会和谐共生、良性循环、全面发展、持续繁荣为基本宗旨。生态文明建设追求的是建立节约资源和保护环境自觉自律的生产生活方式,在更高层次上实现人与自然、环境与经济、人与社会的相互依存、相互促进、共处和谐。生态文明建设强调发挥人的主体性、能动性和创造性,运用人类自身的智慧,通过约束人类自身的行为和调整人类社会的社会关系来实现人与自然的和谐。

生态文明建设不是一个简单的如何保护环境的科学问题,本质上是一个自然科学与社会科学复合的文化生态问题。建设生态文明是要建设一种重视生态价值的人类文明和社会文明。这是人类认识的一大飞跃,是超越人类中心主义窠臼将人纳入自然界和宇宙之中予以通观,这样的认识构架是人不断对外探究事物客观规律追求普遍知识,对内不断反求诸己提高个人的精神境界和智慧能力。人作为一种特殊的存在物,是肉体和精神的物质辩证统一体,能融合主体与客体存在的一致性体验。人不仅需要物质意义上的家园,而且需要精神意义上的家园,还需要关注人自身的心灵世界并追寻生命的意义。社会是人生存发展的最重要环境,精神生活也是人生活的重要组成部分,经济社会环境越好,人的精神状态积极向上,其成员的生存发展就越好。

自然科学以"物-物"关系和"物"的规律为研究对象,而人们工具性地使用这些理论的对象也是"物",因此自然科学理论的规律性和工具性是统一的。社会科学以"人-人"及"人-物"的关系为研究对象,人的行动规律是真正意义上的研究对象。理论的使用者是"人",使用的对象也是"人",理论在被使用时本身是工具性的,但是这种使用是否符合规律性就不得而知。所以,文化生态的重构意味着社会发展观的重构和人理对物理与事理的作用。人理的作用可以反映在世界观、文化、信仰、宗教等方面,特别表现在人们处理一些"事"和"物"中的利益观和价值观上。在现实生活中,人们不断地追求和创造价值,同时又不断地认识和评价价值,并逐步形成了价值观。有了文化生态的重构意识,以人为中心的价值取向才能转变为生态价值,社会发展才有新的发展方向和价值尺度。

不过,要为社会的个体找到最适合的生活方式和全面发展途径,就要坚持对人的本质的认识,挖掘个体与世界的内在联系,从而促进人的成长与发展,帮助人获得自由与快乐,让他们认识到人生的意义和价值存在于为他人、为社会、为人类做出的贡献之中。只有人们确立了正确的宇宙观、人生观、价值观、时空观和发展观,人才会真正走上彻底自由和全面发展的道路。为此,人们在能动地应用人理来解决"人-人"主体相互作用和"人-物"主客体相互作用的关系问题时,还要改变传统科学研究只见事物不见人的方式,将以单元系统形态转化基元规律为通彻的统一科学应用于人学。

人学是关于人的存在、本质及其产生、运动、发展、变化规律的一门综合性的人文社会科学。人学所研究的是"完整的人"与宇宙的全面关系和联系,人学的历史使命是走向人的现实生活世界,洞察现实人的生存体验,关注人、尊重人、塑造人,为人类发展实践提供人文精神、核心的文化理念、合理的方式和观察方法。其实,统一科学应用于人学的关键还是要解决价值观念的问题。因为人心里面都有一种价值观念,人作为天道与自然的中介,可以保留人的主体性觉醒的人本思维进步成果,不断提升价值观念和思想境界,还可以在核心价值观的导引下固本培元,规范和约束人的主体性。

主体与客体间存在的特定关系是价值关系,也就是主体按照自己的需要对客体及其属性进行选择、利用和改造的关系。主体从自身需要出发对客体进行改造,让客体的属性和功能满足自己的需要,这是人与世界之间的价值关系,也是人学的意蕴。物及其属性是价值关系形成的客体依据,人及其需要是价值关系形成的主体依据,只有人才是价值的创造者、实现者和享有者。人是在需要的推动下从事实践活动的,把身外的事物变成自己活动的对象,变成自己的价值客体,价值关系就生成于人对自然的改造过程中。人们需要的内容及其满足就是利益。由此,价值关系的核心是利益,价值关系本质上就是利益关系。

人类社会产生以来,就有价值观作为人的行为规范,引导人们的行为和社会的发展。所谓价值观,是指人们关于如何区分好与坏、善与恶的总体观念,是关于应该做什么和不应该做什么的基本原则。人心里面本来就有一种价值观念,有对好坏、善恶、美丑、真伪评判的一杆秤。人心里面价值的积淀和价值的基因,已经成为价值选择的根基,甚至变成了一种本能。任何一种价值观都是特定时期、特定区域内的人们之间形成的共同认可并具有普遍约束力的准则和理念。

价值观是在一定的历史条件和文化背景下,不同的人对价值关系的理解和把握,是对价值关系应然状态的展示和期盼。任何价值观只有通过价值规范具体化为如何行动的规范,才能引导人们的活动。价值观的矛盾是错综复杂的,其中主要矛盾是社会的普世价值理想、价值规范和价值导向与个人的价值期待、价值取向和价值认同的矛盾,而矛盾的主要方面则是社会的普世价值理想、价值规范和价值导向,它规定着价值观的基本性质和发展方向。社会成员都是社会环境的主人,承担着社会环境的责任。每一个社会成员个人的价值期待、价值取向和价值认同,是与社会的普世价值理想、价值规范和价值导向密不可分的。社会价值导向是从人心当中提炼、挖掘、概括出来,经过许多有志于培育世道人心的人士的研究,成为社会认同的一面旗帜。其既以社会的名义提出价值要求,又以社会的名义引导个体认同这种价值要求。社会的价值导向从总体上规范个人的价值取向,并从总体上塑造和引导以价值观为核心的时代精神。

在现实生活中,社会成员个人的价值目标、价值观念和价值取向是多元的,与个人的利益、欲望、兴趣、情绪、嗜好等个性化因素直接相关,个人行为的选择也日益多样化。但是,个人的价值目标总是取决于社会的某种价值理想,个人的价值取向总是符合社会的某种价值导向,个人的价值认同总是服从社会的某种价值规范,个人的价值选择总是依据社会的某种价值标准。在社会的价值体系中,个人的价值目标、价值取向、价值认同和价值选择总是具有社会性内涵的,含义深邃的社会价值系统对于个体的人生具有影响深远的建构力量,解决个人价值取向问题最根本的还是解决社会的价值导向问题。

社会的价值观也是多元的,但是总存在着起主导作用的合功利性、合目的性、合科学性的核心价值观。核心价值观是一个社会处于主导地位、最重要、最根本、最能集中反映最大多数人的价值目标、价值取向和价值共识的一个最大公约数,是社会群体判断社会事务时依据的是非标准,遵循一致性和连贯性的行为准则。核心价值观是时代精神与民族精神、文化的世界性与本土性有机结合的产物,是一个民族赖以维系的精神纽带,也是一个国家共同的思想道德基础,是推动文明进步和国家发展最持久、最深沉的力量。历史表明,核心价值观引领国家的发展和进步,反映社会发展的要求和保障社会的和谐,影响人们判定事物的是非和美丑的思维方式与行为操守。

任何社会的核心价值观反映的都是该社会的本质特征和核心利益。习近平同志认为:"核心价值观,其实就是一种德,既是个人的德,也是一种大德,就是国家的德、社会的德。国无德不兴,人无德不立。""中国人历来'以至诚为道,以至仁为德'。为此,提倡中国全体国民"修德,加强道德修养,注重道德实践""使每个人都能感知它、领悟它,内化为精神追求,外化为实际行动,做到明大德、守公德、严私德"。这不仅诠释了"大学之道在明明德,在亲民,在止于至善",而且给当代道德建设规定了明确的价值标尺。

其实,真理或知识本身并没有独立的内在价值,是人的价值观、道德观决定着术与器等手段和工具的使用方向。统一科学的理性认识可谓达到了"真",但是认知事物形态变化规律和积累相关的科学知识只能称为"小学"之事。知识从来就附属于德行,人们追求真理和知识往往是为德行和人伦服务的。"大学之事,知之深而行之大者也",深明"物理-事理-人理"的真谛,懂得以合乎天理的方式生存和发展,践行穷理、正心、修己、治人的方法才是"大学"。从理性认识的"真"要飞跃到感性认识的"美",必须借助人类文明"善"的价值观的引导。人们只有真正认同"大道之行也,天下为公",才能把核心价值观内化为个体自己的价值观,才能以先进文化来统领、导航科技的运用。只有以对家国天下的责任来"修身齐家治国平天下",通过崇德向善的心性修养与"明明德"和"亲民"的道德实践,才能达致"至善"的美丽目标。

"仁者,以天地万物为一体。"真善美的统一是科学的一个本质属性,是科学活动的一项指导原则。真,是客观世界自身规律在人们认识中的正确反映;所表征的是科学理论所包含的真理性,即主体认识与客体的本质和规律相符合的程度。善,是客观事物在人的认识和实践活动中对主观目的的符合和社会需求的满足;所表征的是功利价值,即客体给主体所带来的利益。美,是合规律性与合目的性的统一;所表征的是审美价值,即客体所引起主体的美的感受。

古人云:"思以其道易天下。"中国古人思考的是遵循客观规律来改变天下、和谐社会、净化人心、安顿生命、培育人格。这一境界和状态,儒家谓之"至善",道家谓之"上善",佛家谓之"般若"。所以,"明心性"成为中华传统文化儒、道、佛三家共同的价值取向,天人合德、协和万邦、世界大同则是中华文明的世界理想。

马克思说过:"社会的进步就是人类对美的追求的结晶。"科学精神是人类文明的精华,指引着人类前进的方向。科学来源于实践,也要通过实践的检验才能发展。统一科学的理论具有无限的应用空间,只要社会成员"尊德性而道问学,致广大而尽精微,极高明而道中庸",遵守人类社会和生态的基本伦理准则,将持续健康发展和全面自由发展的目标置入科学普世的价值系统,以统一科学揭示的客观规律为依凭,就不仅能够开拓"以道观之"的宏大视野和提高认识世界的能力,而且能够自觉地"遵道而贵德",通过"道"与"德"来形成节约资源和环境友好的空间格局、产业结构、生产方式和生活方式,满足人类整体和长远利益的需要和实现人的全面发展,达致"各美其美,美人之美,美美与共,天下大同"的人与自然和谐共生的美好境界。

参考文献

[1] 弗里德曼.科学研究的原理[M].麦克唐纳出版社,1949:15.
[2] 布什,等.科学:没有止境的前沿[M].范岱年,等,译.北京:商务印书馆,2004:64.
[3] 李浙生.物理科学与认识论[M].北京:冶金工业出版社,2004:275.
[4] 苗东升.复杂性科学研究[M].2版.北京:中国书籍出版社,2015:236-238.
[5] HUXLEY T H, CASTELL A. Selections from the essays [M]. New York: Appleton-Century-Crofts, Inc., 1948:52.
[6] 李醒民.捍卫纯粹科学的理想[J].社会科学论坛(学术评论卷),2008(5):59-70.
[7] 李喜先.科学[M].贵阳:贵州人民出版社,2013:26.
[8] 姜玉平.钱学森与技术科学[M].上海:上海人民出版社,2015:1.
[9] 钱学森.论技术科学[J].科学通报,1957(4):3-18.
[10] 司托克斯.基础科学与技术创新[M].周春彦,谷春立,译.北京:科学出版社,1999:63.
[11] 白春礼.科技要更好地承担起支撑和引领中国发展的使命:不断提升科技创新能力 加快转变经济发展方式[J].求是,2011(15):39-37.
[12] 庄世坚.港口工程选址的多目标灰色局势决策[J].系统工程理论与实践,1988,8(4):59-66.
[13] 布莱恩·阿瑟.技术的本质[M].曹东溟,王健,译.杭州:浙江人民出版社,2014:26-28.
[14] 王寿云.钱学森文集[M].北京:科学出版社,1991:550-563.
[15] 庄世坚.关于环境监测布点方法的研究[J].环境科学,1988,9(3):64-67.
[16] 庄世坚,叶丽娜.区域水质监测最优布点数的研究[J].环境科学,1989,10(6):26-29.
[17] 湛垦华,沈小峰,等.普利高津与耗散结构理论[M].西安:陕西科学技术出版社,1982:221.
[18] 大卫·吕埃勒.机遇与混沌[M].刘式达,梁爽,李滇林,译.上海:上海科技教育出版社,2005:170.
[19] 顾基发,唐锡晋.物理-事理-人理系统方法论:理论与应用[M].上海:上海科技教育出版社,2006:15-16.
[20] 庄世坚.生态文明:迈向人与自然的和谐[J].马克思主义与现实,2007(3):99-105.